BEER의 정역학과 재료역학 3판

Statics and Mechanics of Materials

Statics and Mechanics of Materials, 3rd Edition

2 3 4 5 6 7 8 9 10 HA 20 25

Original: Statics and Mechanics of Materials, 3rd Edition © 2021
By Ferdinand P. Beer, E. Russell Johnston, Jr., John T. DeWolf, David F. Mazurek
ISBN 978-1-26-022675-1

This authorized Korean translation edition is jointly published by McGraw-Hill Education Korea, Ltd. and Hanbit Academy, Inc. This edition is authorized for sale in the Republic of Korea.

This book is exclusively distributed by Hanbit Academy, Inc.

When ordering this title, please use ISBN 979-11-5664-592-4

Printed in Korea

BEER의

정역학과 재료역학 3판

Ferdinand P. Beer, E. Russell Johnston, Jr.
John T. DeWolf, David F. Mazurek 지음
김경식, 박재균, 오창국, 이정휘 옮김

Statics and Mechanics of Materials 3rd Ed.

McGraw Hill

HB 한빛아카데미 Hanbit Academy, Inc.

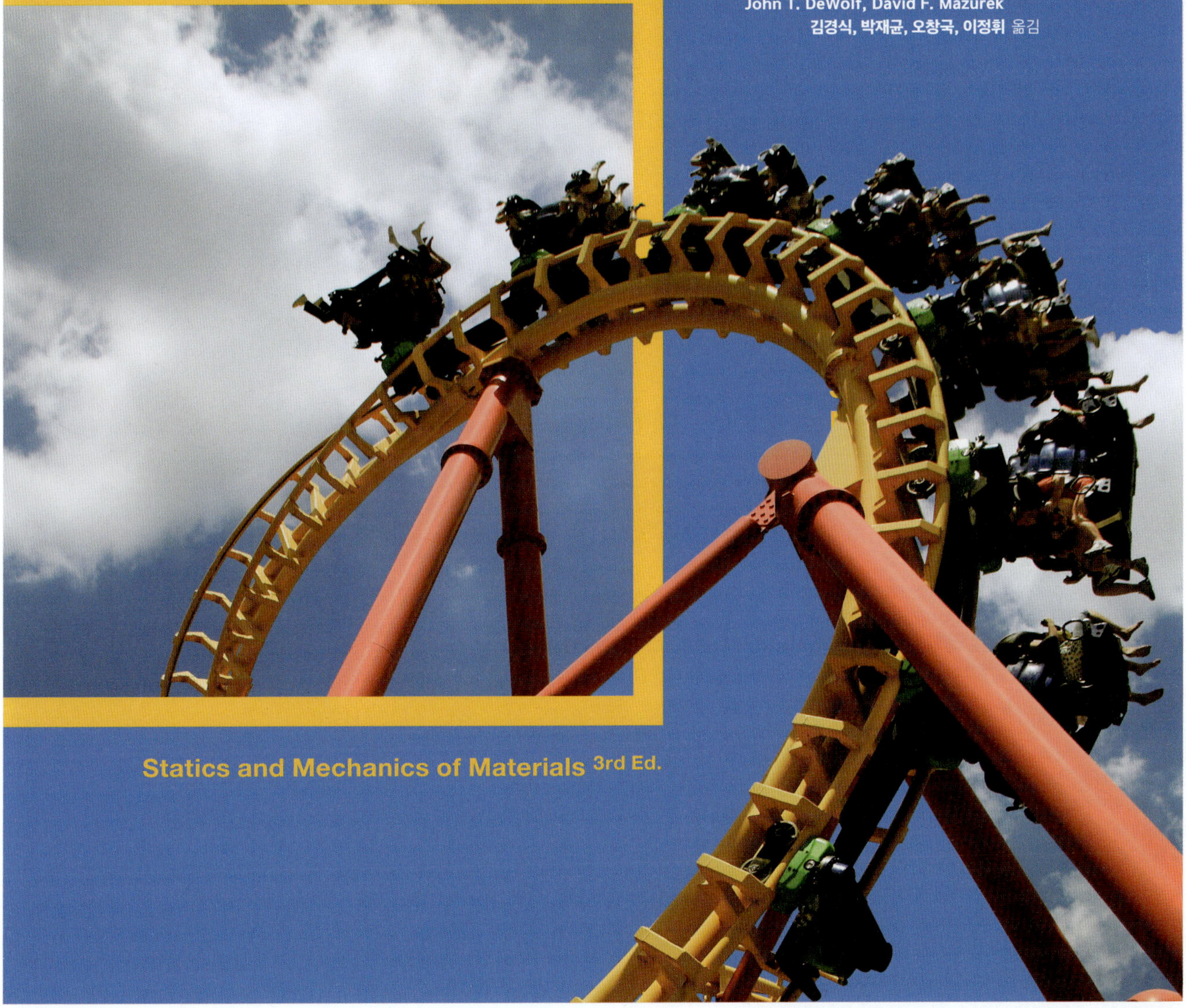

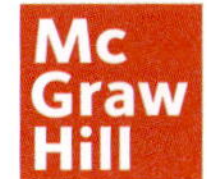

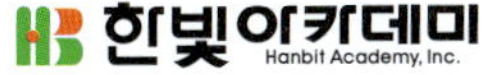

Beer의 정역학과 재료역학 3판 Statics and Mechanics of Materials

초판발행 2022년 3월 22일
2쇄발행 2025년 2월 3일

지은이 Ferdinand P. Beer, E. Russell Johnston, Jr., John T. DeWolf, David F. Mazurek
옮긴이 김경식, 박재균, 오창국, 이정휘 / **펴낸이** 전태호
펴낸곳 한빛아카데미(주) / **주소** 서울시 서대문구 연희로2길 62 한빛아카데미(주) 2층
전화 02-336-7112 / **팩스** 02-336-7199
등록 2013년 1월 14일 제2017-000063호 / **ISBN** 979-11-5664-592-4 93550

총괄 박현진 / **책임편집** 김평화 / **기획·편집** 김평화 / **진행** 김평화
디자인 윤혜원 / **전산편집** 임희남 / **제작** 박성우, 김정우
영업 김태진, 김성삼, 이정훈, 임현기, 이성훈, 김주성 / **마케팅** 김호철, 심지연

이 책에 대한 의견이나 오탈자 및 잘못된 내용은 출판사 홈페이지나 아래 이메일로 알려주십시오.
파본은 구매처에서 교환하실 수 있습니다. 책값은 뒤표지에 표시되어 있습니다.
홈페이지 www.hanbit.co.kr / 이메일 question@hanbit.co.kr

Published by HANBIT Academy, Inc. Printed in Korea

지은이 / 옮긴이 소개

지은이

John T. DeWolf

코네티컷대학교(University of Connecticut) 토목공학과 명예교수이다. **재료역학**(*Mechanics of Materials*, 2nd ed.)의 저자로 Beer와 Johnston 팀에 합류했다. DeWolf 교수는 하와이대학교(University of Hawaii)에서 토목공학 학사학위를 취득했고, 코넬대학교(Cornell University)에서 구조공학 석사학위 및 박사학위를 취득했다. 그는 미국토목학회(American Society of Civil Engineers)의 펠로우(Fellow)이고 코네티컷 이공계 아카데미(Connecticut Academy of Science and Engineering)의 일원이다. 또한 공인기술사로 등록되어 있으며 코네티컷 기술사회의 일원이다. 그는 2006년에 코네티컷대학교의 조교로 일하기도 했다. 전문적인 관심 분야는 탄성안정론, 교량 모니터링, 구조해석 및 설계이다.

David F. Mazurek

미국 해안경비대사관학교(United States Coast Guard Academy)의 교수이다. **정역학**(*Statics*, 8th ed.)과 **재료역학**(*Mechanics of Materials*, 5th ed.)의 저자로 Beer와 Johnston 팀에 합류했다. Mazurek 교수는 플로리다공과대학교(Florida Institute of Technology)에서 해양공학 학사학위와 토목공학 석사학위를 취득했고, 코네티컷대학교에서 토목공학 박사학위를 취득했다. 그는 미국토목학회의 펠로우이고 코네티컷 이공계 아카데미의 일원이다. 또한 공인기술사로 등록되어 있으며 1991년부터 미국 철도공학 및 정비협회의 위원회에서 봉사하고 있다. 그는 전미기술사협회(National Society of Professional Engineers)로부터 2015년 해안경비공학자(Coast Guard Engineer)로 뽑히기도 했다. 전문적인 관심 분야는 교량공학과 방폭설계(blast-resistant design) 등이다.

옮긴이

김경식 kkim@cju.ac.kr

서울대학교 토목공학과에서 학사와 석사 과정을 1994년에 마치고, 미국 오번대학교(Auburn University)에서 2004년 박사학위를 받았다. 포항산업과학연구원과 GS건설을 거쳐 2009년 청주대학교에 부임하여 현재까지 토목공학과에 재직 중이다. 정역학과 재료역학, 강구조공학, 교량공학, 탄성체역학 등을 강의하고 있다. 강교량 부재 강도 평가, 고성능강 활용성 평가, 강구조물의 효율적 설계기법 등의 연구에 관심을 갖고 있다. 『강구조공학』(구미서관, 2020)의 강구조학회 책임집필위원으로 참여했고, 공동편저로 『교량공학–한계상태설계(4판)』(동화기술, 2018)이 있다.

박재균 jpark@dankook.ac.kr

서울대학교 토목공학과에서 학사(1993), 석사(1995)를 마쳤다. UC 버클리대학교(UC, Berkeley)에서 박사(2002)를 마친 후 동 대학 박사 후 연구원, 서울대학교 BK연구교수로 있다가 2004년에 단국대학교에 부임하여 현재까지 토목환경공학과에 재직 중이다. 주요 연구 분야는 전산역학과 관계된 모델링과 해석이며, 공학수학, 응용역학, 연속체역학, 유한요소해석 등을 강의하고 있다. 근래에는 소성 연화현상에 따르는 시스템의 불안정성에 대한 연구에 관심을 갖고 있다. 저서로는 『유한요소법입문』(문운당, 2009)이 있다.

오창국 ockoogi@kookmin.ac.kr

서울대학교 토목공학과에서 학사(1998), 석사(2000)를 마치고 현대건설에서 근무했다. 이후 칼텍(CALTECH)에서 박사(2008)를 마치고, 카네기멜론대학교(Carnegie Mellon University)와 KAIST에서 박사 후 연구원으로 있다가 2010년부터 국민대학교 건설시스템공학부에 재직 중이다. 주요 연구 분야는 구조물 손상감지를 위한 인공지능 알고리즘 개발, 지진해석 및 내진보강, 장대교량 피로설계이며, 재료역학, 유한요소해석, 강구조설계 등을 강의하고 있다. 저역서로는 『Logan의 유한요소법 첫걸음(6판)』(센게이지러닝, 2018), 『재료역학』(시그마프레스, 2013), 『도로교설계기준(한계상태설계법)–케이블교량편』(건설정보사, 2018), 『강구조설계기준 및 해설–하중저항계수설계법』(한국강구조학회, 2018) 등이 있다.

이정휘 jwhee2@dankook.ac.kr

서울대학교 토목공학과에서 학사(1995), 석사(1997), 박사(2002)를 마쳤다. 이후 동 대학 박사 후 연구원, 버펄로대학교(SUNY at Buffalo) 박사 후 연구원을 거쳐 2005~2009년 (재)포항산업과학연구원 강구조연구소에서 근무했다. 2009년부터 단국대학교 토목환경공학과에 재직 중이다. 주요 연구분야는 충격(충돌 및 폭발)하중에 대한 전산구조해석 및 구조물의 동적응답 분석이며, 정역학, 응용역학, 강구조공학, 특수구조해석 등을 주로 강의하고 있다.

옮긴이 머리말

공학도를 대상으로 하는 기본역학 교육의 주요 목표는 역학의 기본원리를 바탕으로 주어진 문제를 논리적인 방식으로 분석하고, 솔루션을 도출하는 능력을 개발하는 것이다. 이 책은 정역학과 재료역학의 기본개념과 원리를 쉽게 설명하는 동시에 활용성이 높은 응용사례를 다루고 있다.

정역학 부분은 전반부 1장부터 7장까지 전개된다. 1장에서는 역학의 기본개념과 더불어 단위계를 소개한다. 2장에서는 입자의 정역학을, 3장과 4장에서는 강체의 정역학을 다룬다. 입자와 강체의 정역학에서는 힘과 힘에 의한 모멘트를 정의한다. 내력과 외력을 구분하고 자유물체도와 평형의 개념을 활용하는 방법을 다룬다. 5장에서는 도심과 무게중심의 개념을 정의하고 분포하중을 단순화하는 기법을 소개한다. 6장에서는 트러스 구조를 대상으로 내력을 산정하는 기법을 다룬다. 7장에서는 단면의 특성을 정의하고 평행축 정리를 통해 합성단면에 적용하는 방식을 소개한다.

재료역학 부분은 후반부 8장부터 16장까지 전개된다. 8장에서는 응력을 정의하고 설계기법을 소개한다. 다음으로 9장과 10장에서는 축력을 받는 부재와 비틀림을 받는 부재를 각각 다룬다. 11장과 12장에서는 휨을 받는 부재의 응력상태를 논의한다. 13장에서는 전단응력의 특성을 공식화하고 14장에서 응력의 변환을 수식화하여 설명한다. 15장과 16장에서는 휨을 받는 부재의 처짐이론과 기둥의 안정성을 각각 다룬다.

각 장의 구성을 살펴보면, 우선 해당 장에서 배울 '학습목표'를 구체적으로 제시한다. 그리고 기본개념을 설명한 후에 '예제'를 살펴보는데, 이때 해를 찾는 과정은 문제분석, 모델링, 풀이, 고찰로 구분하여 체계성을 갖추었다. 또한 '사례연구'에서는 다양한 공학영역에 적용된 실제 사례를 소개한다. 각 절의 끝에는 본문에서 살펴본 개념과 원리의 이해를 돕는 실용성 높은 '연습문제'를 제공한다. 각 장의 끝에는 주요 개념과 수식을 '핵심요약'에서 정리하고, 마지막으로 역학이 적용되는 공학실무 관점에서 '종합문제'를 제공한다.

이 책에서 다루는 문제들은 해를 구할 때 대수학, 삼각함수, 기초미적분학 수준을 초과하는 수학적 지식을 요구하지 않는다. 필요한 경우 수학적 배경을 설명했으며 연산 과정은 공학용 계산기의 활용을 전제로 했다. 현재 공학 분야에서 단위는 SI 단위로 통일하고 있으나 미국상용단위도 통용되고 있으므로, 문제 구성에 두 단위계를 균등하게 사용하여 익숙해질 수 있도록 했다. 공학 용어는 원문에 충실하게 번역했지만, 표준용어로 정착된 경우에는 이를 고려했다. 주요 용어 또는 의미 전달이 여려운 경우에는 원어를 병기했다.

역자 일동

지은이 머리말

목표

기본적인 역학 과목의 주된 학습목표는 학생들이 주어진 문제를 이해하기 쉽고 논리적인 방법으로 분석하고, 익히 알려진 핵심적 원리를 이용하여 해를 구하는 능력을 기르는 데 있다. 이 책은 정역학과 재료역학을 한 권으로 묶어서 공과대학 2학년 학부생에게 적합하도록 구성했다.

학습 방법

이 책은 정역학과 재료역학의 학습을 위해 기본적인 개념을 이해한 후, 간단한 모델에 적용할 수 있도록 구성했다. 이러한 학습 방법은 필요한 공식을 논리적으로 유도하고, 그 공식들을 실제 공학 구조물과 기계부품의 해석 및 설계에 적용할 수 있도록 한다.

실제적인 적용을 가능하게 한다.

이 책에 사용된 학습 방법의 특징 중 하나는 **입자**정역학 mechanics of particles과 **강체**정역학 mechanics of rigid bodies을 명백하게 분리해서 다루고 있다는 데 있다. 이러한 학습 방법은 학생들이 학습 초기에 내용을 쉽게 이해할 수 있게 하고, 이를 이용해 실제적인 적용을 가능하게 한다. 또한 다소 어려운 개념은 나중에 다룰 수 있도록 한다. 예를 들면, 입자정역학(2장)을 다룰 때, 벡터의 덧셈과 뺄셈 등 관련된 수학적 규칙을 배운 후에 작용하는 힘에 대해 힘의 평형원리를 적용할 수 있게 한다. 그리고 강체정역학(3~4장)을 다룰 때는 두 벡터의 벡터곱과 스칼라곱을 공부하고 한 점과 축에 대한 모멘트를 정의한 후에(3장), 힘의 등가시스템을 학습하고 강체의 평형을 포함한 실제적인 적용법을 배운다(4장).

쉬운 용어를 사용하여 새로운 개념을 소개한다.

이 책은 역학 과목을 처음 배우는 학생들이 사용할 수 있도록 쓰여졌기 때문에, 쉬운 용어를 사용하여 새로운 개념을 소개할 뿐 아니라 모든 단계를 가능한 한 상세하게 설명했다. 반면에, 주어진 문제를 풀 때는 폭넓게 토의하고 일반적인 상황에도 적용할 수 있는 방법을 강조함으로써 접근 방법을 지속적으로 발전시킬 수 있도록 했다.

기본원리는 쉽게 적용할 수 있도록 했다.

역학은 본질적으로 몇 가지 기본원리에 기반한 **연역적인**deductive 학문이다. 하지만 학습 과정은 대체로 **귀납적**inductive이므로 간단한 적용 내용을 먼저 학습할 수 있도록 했다. 예를 들어, 입자정역학을 강체정역학보다 먼저 배우도록 했고 내력과 관련된 문제는 추후에 학습하도록 했다(6장). 4장에서는 평면힘의 평형문제를 일반적인 수학적 기법을 적용하여 풀 수 있도록 했고, 3차원 힘과 벡터연산을 필요로 하는 문제들은 추후에 다루도록 했다.

재료역학에 관한 네 개의 장(8~11장)에서는 그 순서대로 여러 종류의 구조부재에 축력, 비틂, 순수 휨이 작용할 때 발생하는 응력과 변형을 다루었다. 나머지 다섯 개의 장(12~16장)에서는 8장부터 11장까지 배운 내용을 확장하여 기술했다. 12장에서는 전단력도와 휨모멘트도와 관련된 내용으로 시작해서 허용응력 설계법을 설명했다. 횡하중이 작용하는 보와 박판부재의 전단응력을 구하는 방법은 13장에서 다루었다. 14장은 응력의 변환과 박판 압력용기의 설계를 기술했고, 보의 처짐을 구하는 방법은 15장에서 배울 수 있도록 했다. 16장은 강재, 알루미늄, 목재 기둥의 설계를 다루었다. 해석은 부재에 작용하는 힘의 평형, 응력과 변형률의 관계, 그리고 하중과 반력 간의 조건 등 몇 가지 기본적인 개념을 근거로 한다. 방대한 예제와 문제를 이용하여 다양한 하중에 대해 공부할 수 있도록 했고, 해당 주제에 대한 학생의 이해도를 높일 수 있도록 구성했다.

이 책에서 다루는 대부분의 내용과 문제들은 대수학algebra, 삼각함수와 기본적인 미적분학을 이용하도록 했다. 또한 역학을 이해하는 데 필요한 벡터연산의 내용을 2 ~ 3장에서 설명했다. 이 책에서는 수학적 공식을 교묘하게 이용하는 것보다는 기본적인 수학적 개념을 올바르게 이해하고 적용하는 것을 강조했다. 예를 들면, 합성면적의 도심을 구하는 방법을 적분을 이용하여 도심을 구하는 방법보다 먼저 설명해서 면적의 모멘트에 대한 개념을 우선적으로 이해할 수 있도록 했다.

자유물체도를 이용한다.

이 책에서는 외력 또는 내력을 구할 때 자유물체도를 이용하도록 했다. 자유물체도와 같은 '그림 식'을 이용하는 것은 학생들이 하중, 응력, 변형의 중첩을 이해하는 데 도움이 될 것이다.

설계의 개념은 필요할 때마다 교재에 제공했다.

설계에서 사용되는 안전계수의 개념과 그 적용 방법은 허용응력 설계법이 처음 소개된 8장에서 볼 수 있다.

문제를 풀 때 SMART 방법을 적용하도록 했다.

학생들이 공학 문제를 풀 때 SMART 방법을 적용할 수 있도록 했다. SMART 방법이라는 명칭은 문제분석(**S**trategy), 모델링(**M**odeling), 풀이(**A**nalysis), 고찰(**R**eflect and **T**hink)의 앞글자에서 따왔다. 이 방법은 교재에 수록한 모든 예제에 사용했고, 학생들이 문제를 풀 때 직접 적용할 수 있도록 했다.

사례연구를 수록했다.

이 책에서 배운 원리는 설계뿐 아니라 해석 등 여러 공학 분야에 지금까지 광범위하게 사용되어 왔다. 과거의 성공적인 설계뿐 아니라 실패한 설계로부터 공학자들이 구조물을 어떻게 개발했는지 학습함으로써 새로운 통찰력을 얻을 수 있다. 이런 이유로 이 책에서는 실제적인 사례연구를 통해 적용된 공학 원리 등을 소개했다. 각 사례연구에서는 SMART 방법을 이용하여 다양한 상황을 분석했다.

SI 단위계와 미국상용단위계 간의 균형을 유지했다.

학생들이 SI 단위계와 미국상용단위계 모두를 효율적으로 다룰 수 있어야 하므로, 예제 및 문제를 SI 단위계 문제와 미국상용단위계 문제로 고르게 구성했다. 두 단위계를 사용한 문제가 충분히 수록되어 있으므로 과목을 가르치는 교수는 각 단위계를 사용한 문제를 적절하게 섞어서 활용할 수 있을 것이다.

SI 단위계와 미국상용단위계를 모두 사용하는 것은 변환계수를 사용하는 것 이상을 의미한다. 미국상용단위계는 시간, 길이, 힘에 기반한 중력시스템인 반면, SI 단위계는 시간, 길이, 질량에 기반한 절대적인 시스템이므로 문제를 푸는 데 있어서 접근 방법이 서로 다르다. 예를 들면, SI 단위계가 사용되는 경우, 일반적으로 킬로그램(kg) 단위로 물체의 질량이 주어지는데, 정역학의 대부분의 문제에서는 뉴턴newton 단위의 무게가 필요하고 이로 인해 질량에서 무게를 계산하는 추가적인 계산 과정이 필요하다. 하지만 미국상용단위계가 사용되는 경우, 파운드(lb) 단위로 물체의 무게가 주어지므로 추가적인 계산이 필요하지 않은 반면, 동역학 문제에서는 슬러그(slugs 또는 $\mathrm{lb \cdot s^2/ft}$) 단위로 표현되는 질량이 필요하므로 이를 구하기 위해 추가적인 계산이 필요하게 된다. 그러므로 이 책의 저자는 두 단위계를 모두 다루는 문제가 필요하다고 판단했다.

장 구성과 교수법의 특징

각 장은 먼저 학습목표를 소개하고 쉬운 용어를 이용하여 학습 내용과 공학적인 적용에 대해 설명한다.

학습 내용 이 책은 몇 가지 이론과 예제 및 연습문제로 구성된 절Section 단위로 나눌 수 있다. 각각의 절 잘 정의된 주제와 하나의 학습 내용으로 이뤄져 있다.

개념적용과 예제 이 책의 본문에는 주제와 관련된 이론과 이해를 돕기 위한 개념적용 문제가 포함되어 있으며, 배운 내용을 이용하여 공학 문제의 해를 찾을 수 있도록 예제가 함께 수록되어 있다. 이 예제는 학생들이 연습문제를 푸는 것과 동일한 형태로 설정되어 있으므로, 학생들은 이를 통해 본문 내용을 더 자세히 이해하고 자신만의 풀이법을 익히게 된다.

연습문제 이 책에 수록된 대부분의 연습문제들은 실제적인 적용을 포함하여 공학을 전공하는 학생들에게 유익하도록 구성했다. 연습문제는 학생들이 학습 내용과 역학의 기본적인 원리를 잘 이해할 수 있도록 만들었다. 연습문제는 몇 개의 그룹으로 묶어서 제공했고 문제의 난이도가 점점 높아지도록 구성했다. 빨간색 번호의 문제를 제외한 나머지 연습문제에 대한 답을 제공한다.

핵심요약 이 책의 각 장은 해당 장에서 다뤘던 주제의 핵심요약으로 마무리했다. 핵심요약은 학생들이 각 장에서 학습한 내용의 체계를 세우는 데 도움이 되도록 구성했고, 상호참조된 부분에서는 학생들이 특별히 주의해야 하는 내용을 표시했다.

종합문제 각 장의 마지막에 종합문제를 수록하여 학생들이 각 장에 소개된 주요 개념을 더욱 효과적으로 적용할 수 있도록 했다.

3판의 새로운 점

이 책은 2판과 비교하여 다음과 같은 몇 가지 중요한 변화가 있다.

- **사례연구** : 사례연구를 모든 장에 추가하여 학생들이 실제 접할 수 있는 문제를 제공했다. 이 사례연구는 공학을 전공하는 학생들로 하여금 실제로 발생하는 문제에 어떻게 접근해야 하는지 또 어떻게 풀어나가고 설계해야 하는지를 알려준다.
- **내용 수정** : 저자들은 이 책을 학생들이 더 쉽게 이해하도록 만들기 위해 지속적으로 수정했다.
- **사진 교체** : 많은 사진들을 최신 버전으로 바꾸었다.
- **문제 수정 및 교체** : 20% 이상의 문제들을 수정하거나 새롭게 추가했다.

감사의 글

이 책에 사용된 사진들을 제공해준 많은 회사에 감사드린다. 또한 수석 마케팅 매니저인 Shannon O'Donnell, 개발자인 Heather Ervolino와 수석 컨텐트 생산 매니저인 Laura Bies를 포함한 McGraw-Hill Education 팀의 노력에도 감사를 드린다. 이 책의 모든 문제에 대한 해답을 준비하고 확인해 준 Amy Mazurek(플로리다공대 토목공학 학사와 코네티컷대학 토목공학 석사)의 노고에 특별한 감사를 드린다.

또한 Beer & Johnston 공업역학 시리즈Engineering Mechanics series의 이전 판 사용자들에게도 많은 도움과 지적, 제안에 감사를 드린다.

John T. Dewolf

David F. Mazurek

미리보기

학습목표

- 2차원과 3차원 물체에 대한 무게중심을 이해한다.
- 선, 면적과 체적에 대한 도심을 정의한다.
- 선과 면적에 대한 1차모멘트의 개념과 그 성질을 이해한다.
- 더하는 방법을 이용하여 복합선, 합성면적, 복합체적에 대한 도심을 계산한다.
- 적분을 이용하여 합성면적의 도심을 계산한다.
- 파푸스-굴디누스 정리를 사용하여 회전하는 표면과 체적를 분석한다.
- 보에 작용하는 분포하중을 분석한다.

학습목표

해당 장에서 학습할 주제와 목표를 제시합니다.

개념적용 3.1

벡터곱 $\mathbf{V}=\mathbf{P}\times\mathbf{Q}$를 계산해보자. 여기서 벡터 $\mathbf{P}$는 크기가 6이고 x축과 30°의 각도로 평면 zx에 있다. 벡터 $\mathbf{Q}$는 크기가 4이고 x축을 따라 놓여 있다.

풀이

벡터곱의 정의에 따라 백터 $\mathbf{V}$는 y축을 따라 위의 방향으로 놓인다는 것을 알 수 있다. 그 크기는 다음과 같다.

$$V = PQ\sin\theta = (6)(4)\sin 30° = 12$$

그림 3.7 사잇각이 30°인 두 벡터 **P**와 **Q**

개념적용

본문에서 다룬 개념의 이해를 돕는 문제를 제시합니다.

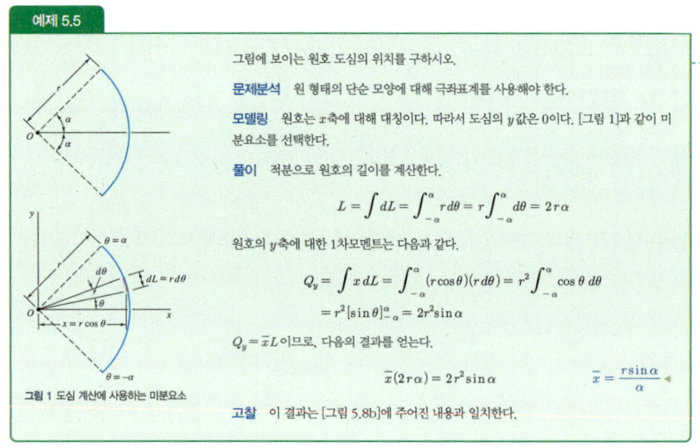
예제 5.5

그림에 보이는 원호 도심의 위치를 구하시오.

문제분석 원 형태의 단순 모양에 대해 극좌표계를 사용해야 한다.

모델링 원호는 x축에 대해 대칭이다. 따라서 도심의 y값은 0이다. [그림 1]과 같이 미분요소를 선택한다.

풀이 적분으로 원호의 길이를 계산한다.

$$L = \int dL = \int_{-\alpha}^{\alpha} r\,d\theta = r\int_{-\alpha}^{\alpha} d\theta = 2r\alpha$$

원호의 y축에 대한 1차모멘트는 다음과 같다.

$$Q_y = \int x\,dL = \int_{-\alpha}^{\alpha}(r\cos\theta)(r\,d\theta) = r^2\int_{-\alpha}^{\alpha}\cos\theta\,d\theta = r^2[\sin\theta]_{-\alpha}^{\alpha} = 2r^2\sin\alpha$$

$Q_y=\bar{x}L$이므로, 다음의 결과를 얻는다.

$$\bar{x}(2r\alpha) = 2r^2\sin\alpha \qquad \bar{x} = \frac{r\sin\alpha}{\alpha}$$

고찰 이 결과는 [그림 5.8b]에 주어진 내용과 일치한다.

그림 1 도심 계산에 사용하는 미분요소

예제

학습 내용을 적용한 문제를 [문제분석 – 모델링 – 풀이 – 고찰]의 과정을 통해 구체화하고 해결하는 과정을 연습합니다.

사례연구 3.1

벨기에 틸트 윙Tielt-Winge 지역에 있는 한 타워는 '동화의 숲'을 감상할 수 있는 독특한 형상으로 건설되었다(사진 CS3.1). 계단과 전망대는 내후성강(표면에 산화된 녹으로 안정층을 형성하여 추가의 부식을 억제하는 강재)으로 덮인 강재 프레임(사진 CS3.2)에 의해 지지된다. 전체적으로 이 캔틸레버 구조는 지면 위로 11.3 m 높이에 이르며 무게는 약 130 kN이다.[3]

Kris Van den Bosch

Courtesy of Yves Wille

사진 CS3.1 벨기에 틸트 윙 지역에 있는 전망대 타워 frame and anchor supports. Courtesy of Yves Willem

사례연구

본문에서 배운 이론이 적용된 실제 사례를 통해 공학적 문제에 어떻게 접근하고 풀어나가야 하는지 살펴봅니다.

2.1, 2.2 도해법으로 두 힘의 합력의 크기와 방향을 (a) 평행사변형법, (b) 삼각형법으로 구하시오.

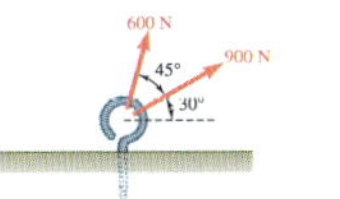

2.4 두 개의 구조부재 B와 C가 브라켓 A에 볼트로 고정되어 있다. 두 부재 모두 인장상태이고 $P=6\text{k ips}$, $Q=4\text{ kips}$인 경우 브라켓에 작용하는 합력의 크기와 방향을 (a) 평행사변형법, (b) 삼각형법으로 구하시오.

2.5 강재 탱크가 굴착지에 위치하고 있다. $\alpha=20°$일 때 삼각함수 해법으로 (a) A에 적용된 두 힘의 합 $\mathbf{R}$이 수직을 유지하는 데 필요한 힘 $\mathbf{P}$의 크기, (b) 그때 $\mathbf{R}$의 크기를 구하시오.

| 연습문제 |

각 절마다 학습 내용을 얼마나 이해했는지 연습문제를 통해 확인합니다.

Chapter 02 핵심요약

이 장에서는 작용하는 모든 힘이 같은 한 점에 적용된다고 가정할 수 있는 모양과 크기의 물체, 즉 입자에 작용하는 힘의 효과를 학습했다.

두 힘의 합력

힘은 벡터로서 작용점, 크기 및 방향으로 나타낼 수 있고, 평행사변형법에 따라 합산된다(그림 2.30). 도해법 또는 코사인법칙과 사인법칙을 사용하여 삼각형법에 의해 두 힘 $\mathbf{P}$와 $\mathbf{Q}$의 합력 $\mathbf{R}$의 크기와 방향을 구할 수 있다(예제 2.1).

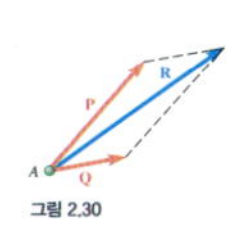

그림 2.30

| 핵심요약 |

해당 장에서 학습한 주요 개념과 공식을 정리합니다.

Chapter 02 종합문제

2.104 그림과 같이 두 구조부재 A와 B가 브라켓에 볼트로 고정되어 있다. 두 부재가 모두 압축상태에 있고 부재의 축력이 부재 A에서 15 kN, 부재 B에서 10 kN일 때, 부재 A와 B가 브라켓에 가한 힘의 합력의 크기와 방향을 삼각형법으로 구하시오.

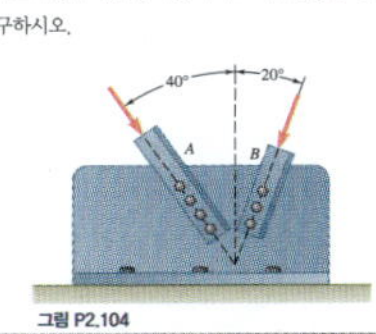

그림 P2.104

2.107 그림에서 $\alpha=40°$일 때 세 힘의 합력을 구하시오.

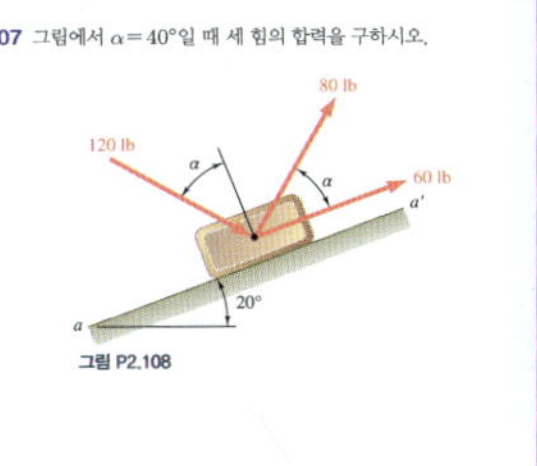

그림 P2.108

| 종합문제 |

해당 장에서 학습한 내용을 효과적으로 적용할 수 있는 공학응용 문제를 제시합니다.

■ **강의 보조 자료**

한빛아카데미 홈페이지에서 '교수회원'으로 가입하신 분은 인증 후 교수용 강의 보조 자료를 제공받을 수 있습니다. 한빛아카데미 홈페이지 상단의 〈교수전용공간〉 메뉴를 클릭하세요.

■ **온라인 자료 안내**

이 책의 연습문제 답안은 다음 경로에서 다운로드할 수 있습니다.

한빛아카데미 홈페이지 접속 → [도서명] 검색 → 도서 상세 페이지의 [부록 / 예제소스]

목차

CHAPTER 01 서론

CHAPTER 02 입자정역학

CHAPTER 03 강체 : 힘의 등가시스템

CHAPTER 04 강체의 평형

CHAPTER 05 분포하중-도심과 무게중심

CHAPTER
09 응력과 변형률 – 축방향 하중

CHAPTER
10 비틂

CHAPTER
11 순수 휨

CHAPTER
12 휨을 받는 보의 해석과 설계

CHAPTER
13 보와 박판부재의 전단응력

CHAPTER
14 응력의 변환

CHAPTER
15 보의 처짐

CHAPTER
16 기둥

기호

a 상수; 반지름; 거리
$\mathbf{A}, \mathbf{B}, \mathbf{C}, \cdots$ 힘; 지점과 연결부의 반력
$A, B, C, \cdots$ 점
$A, \mathcal{a}$ 면적 (폰트 확인)
b 폭; 거리
c 상수; 거리; 반지름
C 도심
$C_1, C_2, \cdots$ 적분상수
C_P 기둥안정계수
d 거리; 지름; 깊이
e 거리; 편심
E 탄성계수
$\mathbf{F}$ 힘; 마찰력
$F.S.$ 안전계수
g 중력가속도
G 강성계수; 전단탄성계수
h 거리; 높이
H, J, K 점
$\mathbf{i}, \mathbf{j}, \mathbf{k}$ 좌표축 단위벡터
$I, I_x, \cdots$ 단면2차모멘트
$\bar{I}$ 도심축에 대한 단면2차모멘트
J 극관성모멘트
k 스프링상수
K 응력집중계수; 회전스프링상수
l 길이
L 길이; 지간; 경간
L_e 유효길이
m 질량
$\mathbf{M}$ 모멘트
$M, M_x, \cdots$ 휨모멘트
n 숫자; 탄성계수비; 법선방향
$\mathbf{N}$ 반력의 수직성분
O 좌표축의 원점
p 압력
$\mathbf{P}$ 힘; 벡터
P_D 사하중 (하중저항계수설계법)
P_L 활하중 (하중저항계수설계법)
P_U 극한하중 (하중저항계수설계법)
q 단위길이당 전단력; 전단류
$\mathbf{Q}$ 힘; 벡터
Q 단면1차모멘트
$\bar{r}$ 도심축에 대한 회전반지름
$\mathbf{r}$ 위치벡터
r_x, r_y, r_O 회전반지름
r 반지름; 거리; 극좌표
$\mathbf{R}$ 합력; 합벡터; 반력
R 지구 반지름
s 길이
$\mathbf{S}$ 힘; 벡터
S 탄성단면계수
t 두께
$\mathbf{T}$ 힘; 비틂
T 인장; 온도
u, v 직교좌표
$\mathbf{V}$ 벡터곱; 전단력
V 체적; 전단
w 폭; 거리; 단위길이당 하중
$\mathbf{W}, W$ 무게; 하중
$\bar{x}, \bar{y}, \bar{z}$ 직교좌표; 거리; 변위; 처짐
도심좌표
α, β, γ 각
α 열팽창계수; 영향계수
γ 전단변형율; 비중
γ_D 하중계수, 사하중 (하중저항계수설계법)
γ_L 하중계수, 활하중 (하중저항계수설계법)
δ 변형; 변위; 신장
ε 수직변형률
θ 각; 처짐각
λ 임의의 방향 단위벡터
μ 마찰계수
ν 포아송비
ρ 곡률반지름; 거리; 밀도
σ 수직응력
τ 전단응력
ϕ 각; 비틂각; 저항계수

Renato Bordoni/Alamy Stock Photo

01

서론

서반구에서 가장 높은 빌딩인 세계무역센터One World Trade Center는 뉴욕시 스카이라인을 형성하는 명물이다. 이 고층빌딩은 기초부터 구조부재와 기계시스템에 이르기까지 모두 역학의 원리에 근거하고 있다.

목차

학습목표

- 역학의 기본원칙에 대해 정의한다.
- 국제단위규격(SI 단위계)과 미국상용단위계를 비교하여 살펴본다.
- 역학 문제의 해를 구하는 방법을 살펴보고, 지능적인 문제해결 방법론을 이해한다.
- 역학 문제의 해를 구하는 과정에서 수치의 정확도를 지배하는 요인을 살펴본다.

1.1 역학이란?

역학은 하중을 받는 물체의 정적상태를 기술하거나 운동을 예측하는 과학으로 정의된다. 그리고 강체역학 mechanics of rigid body, 변형체역학 mechanics of deformable body, 유체역학 mechanics of fluid 으로 구분된다.

강체역학은 정지상태에서 물체를 다루는 **정역학** statics 과 운동상태에서 물체를 다루는 **동역학** dynamics 으로 분류된다. 여기에서 물체는 완전한 강체로 간주한다. 실제 구조물과 기계는 절대적 의미에서 강체일 수는 없지만, 일반적으로 변형은 미소하기 때문에 고려 대상인 물체의 평형조건 또는 운동조건에 심각하게 영향을 주지 않는다.

그러나 변형이 구조물이 파괴에 이르는 강도와 관련되는 경우에는 중요하게 고려해야 한다. 변형은 변형체역학을 다루는 재료역학의 분야에서 다루도록 한다. 역학의 세 번째 분류인 유체역학은 비압축성 유체와 압축성 유체로 구분되는데, 대표적인 비압축성 유체인 물을 다루는 영역이 수리학 hydraulics 이다.

역학은 물리 현상에 대한 연구를 다루므로 물리학적 과학이라 할 수 있다. 또한 역학은 공학적 주제를 다루지만 수학과도 연계되어 있는데, 이러한 물리학 및 수학의 두 관점은 상당 부분 정당화될 수 있다. 역학은 대부분의 공학과 과학의 기초가 되므로 우선적으로 학습해야 하는 필수과목이다. 그러나 역학은 경험 또는 관찰에만 의존하는 경험주의를 용인하지 않는다. 역학에서 엄격성과 논리적 추론을 강조하는 것은 수학의 경우와 유사하지만, 역학은 순수과학보다는 응용과학에 가깝다.

역학은 그 목적이 물리 현상을 설명하고 예측하는 것이므로 공학 응용의 기초를 제공한다. 교량설계에서 어떤 위치에 얼마만 한 힘이 작용하고, 구조물이 그 힘을 버텨낼 수 있는지를 결정하기 위해서는 정역학을 알아야 한다. 강물에 놓인 댐이 견뎌내야 하는 힘을 산정할 때도 정역학이 필요하다. 크레인이 들어 올릴 수 있는 하중, 화물열차를 끌기 위해 기관차가 필요한 힘, 컴퓨터 회로판이 견디는 힘 등을 산정할 때도 정역학이 필요하다.

동역학의 개념은 제트기의 비행특성을 분석하고, 지진에 버티는 빌딩을 설계하고, 자동차 승객에 가해지는 충격과 진동을 완화하는 것을 가능하게 한다. 그뿐만 아니라 위성을 궤도에 보내는 데 필요한 힘과 200,000톤의 크루즈선을 가속하기 위한 힘을 계산할 때, 부서지지 않는 장난감 트럭을 고안하고자 할 때도 동역학의 개념이 필요하다. 여기서는 이러한 것에 대한 수행 방법을 다루지는 않지만, 실무에서 접하는 공학적 응용을 위한 기본개념을 배울 것이다.

1.2 기본개념과 원리

1.2.1 강체역학

역학의 연구는 아리스토텔레스Aristotle, 384 ~ 322 B.C.와 아르키메데스Archimedes, 287 ~ 212 B.C.의 시대까지 거슬러 올라가지만, 역학의 기본개념과 원리가 정립된 것은 뉴턴Newton, 1642 ~ 1727에 의해서였다. 이후 달랑베르d'Alembert, 라그랑주Lagrange, 해밀턴Hamilton에 의해 보완되었고, 그 타당성은 아인슈타인Einstein이 1905년에 **상대성 원리**theory of relativity를 발표하기 전까지 인정받았다. 비록 그 한계가 인지되기는 했지만 뉴턴역학은 공학의 기초이론으로서 오늘날까지 여전히 광범위하게 적용된다.

역학에 사용되는 기본개념은 공간 space, 시간 time, 질량 mass, 힘force이다. 이러한 개념들에 대한 실체적 정의는 어려울지라도 직관과 경험에 근거하여 받아들여진다.

공간의 개념은 점 P의 위치와 관련된다. P의 위치는 특정 기준점 또는 원점에서 세 개의 서로 다른 방향으로 각각의 길이를 제공함으로써 정의할 수 있다. 이러한 길이를 점 P의 좌표라고 한다. 어떠한 사건을 정의하기 위해서는 공간에서의 위치만으로는 불충분하다. 그 사건의 **시간** 또한 주어져야 한다. 근원적인 역학실험에 근거하여 물체를 특성화하고 비교하기 위해서는 **질량**의 개념이 필요하다. 예를 들면, 동일한 질량의 두 물체는 지구에 동일한 방식으로 반응하고, 병진운동의 변화량에 대해서도 동일한 저항을 보인다. **힘**은 한 물체와 다른 물체 사이의 작용을 의미하는데, 밀거나 당기는 것처럼 실제 접촉으로 작용할 수도 있고, 중력 또는 자력과 같이 비접촉으로 작용할 수도 있다. 힘은 작용점point of application, 크기magnitude, 방향direction으로 규정되며, 벡터vector의 특징을 가진다(2.1.2절).

뉴턴역학에서 공간, 시간, 질량은 서로 독립된 절대적 개념이다. 이러한 개념은 어떠한 사건의 지속시간이 위치에 따라 다르고, 질량이 물체의 속도에 의해 변화하는 **상대성 역학**relativistic mechanics에서는 성립되지 않는다. 반면에, 힘의 개념은 앞의 세 개념으로부터 독립적이지 못하다. 뒤에 소개할 뉴턴역학의 기본원리 중 하나에 의하면 한 물체에 작용하는 힘은 그 물체의 질량뿐 아니라 시간에 따른 속도의 변화와도 연관이 있다.

이 책에서는 앞에서 언급한 네 가지 기본개념에 근거하여 입자와 강체의 정지 또는 운동상태에 대해 다룬다. **입자**particle는 매우 작은 크기의 물질을 의미하고 공간에서 한 점을 점유한다고 가정한다. **강체**rigid body는 상대적으로 고정된 위치를 점유하는 다량의 입자로 구성된다. 강체역학을 학습하기 위해서는 먼저 입자역학을 이해해야 한다. 또한 입자역학은 정지 또는 운동상태에 있는 실제 물체의 다양한 문제에 적용할 수 있다.

기초역학의 연구는 실험적 검증에 의한 다음 여섯 개의 기본원리에 바탕을 두고 있다.

- **힘의 합을 구하는 평행사변형법**Parallelogram Law : 한 입자에 작용하는 두 힘은 하나의 힘으로 대체될 수 있다. 이 힘을 합력resultant이라 하고, 주어진 두 힘을 각각의 변으로 하는 평행사변형의 대각선으로 얻을 수 있다(2.1.1절).

- **전달성의 원리**Principle of Transmissibility : 강체의 위치에 작용하는 어떤 힘이 동일한 작용선상의 다른 위치에서 작용하는 크기와 방향이 같은 힘으로 대체되더라도 그 강체의 평형 또는 운동상태는 변하지 않고 유지된다(3.1.2절).
- **뉴턴의 운동법칙**Newton's Laws of Motion : 17세기 후반 아이작 뉴턴Isaac Newton이 정립한 세 법칙은 다음과 같다.

  제1법칙 한 입자에 작용하는 합력이 0이면, 그 입자는 움직이지 않거나(정지상태), 일정한 속도로 직선운동(운동상태)을 유지한다.

  제2법칙 한 입자에 작용하는 합력이 0이 아니면, 그 입자는 합력의 방향으로 합력의 크기에 비례하여 가속운동을 한다. 이 법칙은 다음과 같이 정의된다.

$$\mathbf{F} = m\mathbf{a} \tag{1.1}$$

  여기서 $\mathbf{F}$, m, $\mathbf{a}$는 각각 입자에 작용하는 합력, 입자의 질량 그리고 일치되는 단위계로 표현되는 입자의 가속도이다.

  제3법칙 접촉하고 있는 두 물체 사이 작용과 반작용의 두 힘은 동일한 작용선상에서 크기는 같고 방향은 서로 반대이다(6장 서론).
- **뉴턴의 중력법칙**Newton's Laws of Gravitation : 각각 질량 M과 m을 가지는 두 입자 사이에 작용하는 크기는 같고 방향은 반대인 두 힘 $\mathbf{F}$와 $-\mathbf{F}$의 크기 F는 다음 식과 같다.

$$F = G\frac{Mm}{r^2} \tag{1.2}$$

  여기서 r은 두 입자 사이의 거리이고 G는 중력상수이다. 뉴턴의 중력법칙은 거리를 두고 서로 작용하는 힘의 개념을 도입한 것으로 뉴턴의 제3법칙의 개념을 연장한 것이다. [그림 1.1]에 보인 작용력 $\mathbf{F}$와 반작용력 $-\mathbf{F}$는 크기가 같고 방향은 반대이며, 동일한 작용선을 가진다.

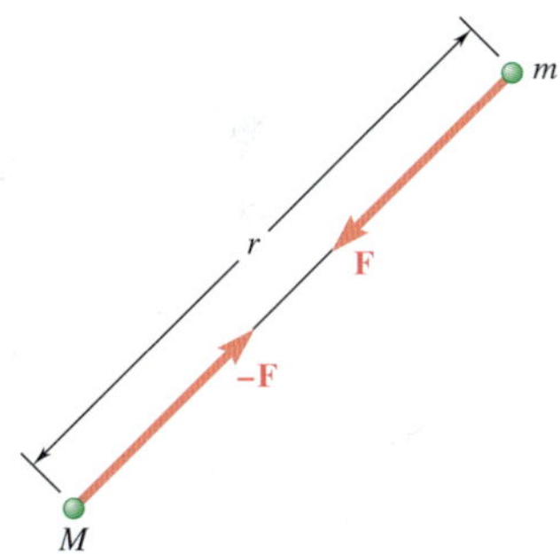

그림 1.1 뉴턴의 제3법칙 개념에 기원하는 뉴턴의 중력법칙에 의하면 각각 질량 M과 m을 가지는 두 입자는 크기는 같고 방향이 반대인 힘을 동일 작용선상에서 서로 작용한다.

지구와 지구표면에 있는 입자 사이에 작용하는 인력은 매우 중요하여, 특별하게 다루게 될 사안이다. 지구에 의해 입자에 작용하는 힘 $\mathbf{F}$를 물체의 무게 $\mathbf{W}$로 정의한다. 지구의 질량을 M, 물체의 질량을 m, 거리 r을 지구반경 R로 놓으면 다음과 같은 상수를 도입할 수 있다.

$$g = \frac{GM}{R^2} \tag{1.3}$$

질량 m을 가지는 입자 무게의 크기 W[1]는 다음과 같다.

$$W = mg \tag{1.4}$$

식 (1.3)에서 R값은 지구가 완전한 구체가 아니기 때문에 고려되는 위치의 고도와 위도에 따라 다를 수 있다. 따라서 g값도 위치에 따라 변하게 된다. 그러나 위치를 실제 지구표면에 한정한다면 대부분의 공학 계산에서는 g값을 9.81 m/s^2 또는 32.2 ft/s^{2}로 가정해도 충분한 정확도를 가진다.

1 무게 $\mathbf{W}$를 더욱 정확하게 정의하기 위해서는 지구의 자전효과가 고려되어야 한다.

사진 1.1 지구궤도에 있는 사람과 물체는 지표면 대비 90%의 중력을 받지만 무중력상태에 있을 수 있다. 이러한 모순은 뉴턴의 제2법칙을 입자의 운동에 적용하는 동역학에서 해결될 수 있다. NASA

앞에서 나열한 법칙들은 필요시 학습 중에 소개될 것이다. 2장에서 다루는 입자정역학은 합력을 구하는 평행사변형법과 뉴턴의 제1법칙에 근간을 두고 있다. 강체정역학을 다루는 3장에서는 전달성의 원리를 소개하고, 구조물을 구성하는 다양한 부재에 작용하는 힘을 다루는 6장에서 뉴턴의 제3법칙을 도입한다.

앞서 나열한 여섯 개의 기본원리는 실험적 증거에 근거하고 있다. 뉴턴의 제1법칙과 전달성의 원리를 제외한 나머지는 상호 간에 수학적으로 또는 여타의 물리법칙으로 유도될 수 없는 독립적 원리이다. 이러한 원리는 뉴턴역학의 다소 복잡하고 난해한 구조에 기인한다. 2세기 넘게 공학자들은 정지 또는 운동상태에 있는 강체, 변형체, 유체 등에 이러한 기본원리를 적용하여 수많은 문제의 해를 구해 왔다. 이렇게 구해진 해는 실험적 검토를 통해 깊이 있게 검증되었다. 20세기에 들어 원자운동과 행성운동의 연구에서 뉴턴역학의 한계가 발견되었는데, 이는 상대성 원리로 보완되어야만 했다. 그러나 빛의 속도에 비교할 수 없는 낮은 속도를 다루는 공학 규모에서 뉴턴역학은 여전히 유효하다.

1.2.2 변형체역학

재료역학Mechanics of Materials으로도 불리는 변형체역학Mechanics of Deformable Bodies에서 다루는 개념들은 다양한 기계류 및 내력 구조물을 해석하고 설계하는 데 필요하다. 이러한 개념에는 응력stress과 변형deformation이 필수적으로 고려된다. 8장부터 16장까지 축력, 비틂, 휨을 받는 구조부재에 대해 응력해석과 그에 상응하는 변형을 다룬다. 부재에 재하된 힘의 평형조건, 재료의 응력과 변형의 관계, 부재의 지점과 하중조건 등과 관련된 기본개념의 정립이 필요하다. 이후의 장에서는 이러한 개념을 더욱 확장하여 정역학적 평형으로 내력을 구할 수 없는 부정정 구조물의 설계에 필요한 기초를 제공한다.

1.3 단위계

앞서 논의된 여섯 개의 기본개념과 관련하여, 소위 운동학단위kinetic units는 길이, 시간, 질량 그리고 힘의 단위이다. 이들 단위는 식 (1.1)을 만족해야 한다면 독립적으로 선택할 수 없다. 이들 중 세 개의 물리량을 임의로 정의할 수 있으며, 이것을 **기본단위**basic units라 한다. 마지막 네 번째 물리량의 단위는 식 (1.1)에 맞게 정해지므로 **유도단위**derived unit가 된다. 이와 같이 결정된 운동학단위는 **일관된 단위계**consistent system of units를 형성하고 있다.

국제단위계(SI 단위계)[2] 기본단위로 길이, 질량, 시간을 **미터(m)**, **킬로그램(kg)**, **초(s)**를 각각 사용한다. 이 세 가지는 모두 임의로 정의된다. 시간단위 초second는 원래 평균 태양일의 86,400분의 1로 정의되었지만, 현재는 세슘-133 원자가 기저상태에서 방출하는 전자기파 9,192,631,770주기의 지속시간으로 정의된다.

2 SI는 불어 'Systeme International d'Unites'의 약자이다.

길이단위 미터는 원래 지구적도에서 극점까지 거리의 천만분의 일로 정의되었지만, 현재는 크립톤-86 원자가 전이상태에서 방출되는 빛의 파장 1,650,763.73배에 해당하는 길이로 정의된다. 질량단위 킬로그램은 대략 물 0.001 m^3에 해당하는 질량인데, 프랑스 세브르Sevres에 위치한 국제도량형국International Bureau of Weights and Measures에 보관 중인 플래티넘-이리듐 표준의 질량으로 정의된다. 힘의 단위는 유도단위로서 **뉴턴(N)**을 사용하고, [그림 1.2]와 같이 질량 1 kg의 물체에 1 m/s^2의 가속도를 발생시키는 힘으로 정의된다. 이는 식 (1.1)로부터 다음과 같이 표현된다.

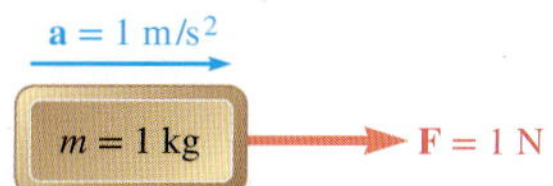

그림 1.2 질량 1 kg의 물체에 1 N의 힘을 가하면 1 m/s^2의 가속도가 발생한다.

$$1\,\text{N} = (1\,\text{kg})(1\,\text{m/s}^2) = 1\,\text{kg}\cdot\text{m/s}^2 \tag{1.5}$$

SI 단위계는 세 기본단위가 측정 위치에 따라 변하지 않기 때문에 절대단위계이다. m, kg, s는 지구상 어떤 곳 또는 다른 행성에서도 사용할 수 있으며 동일하게 중요하다.

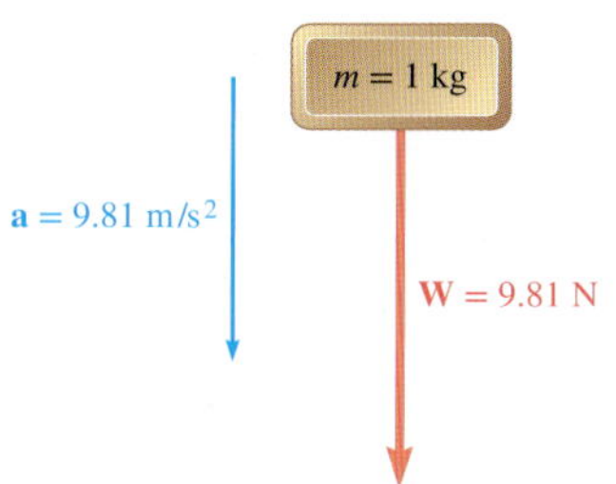

그림 1.3 중력가속도 9.81 m/s^2에 해당하는 가속도를 경험하는 질량 1 kg의 물체는 무게 9.81 N을 가진다.

어떤 물체의 무게 또는 그 물체에 가해지는 중력은 다른 힘과 마찬가지로 뉴턴단위로 표현해야 한다. 식 (1.4)로부터 질량 1 kg(그림 1.3) 물체의 무게는 다음과 같다.

$$\begin{aligned} W &= mg \\ &= (1\,\text{kg})(9.81\,\text{m/s}^2) \\ &= 9.81\,\text{N} \end{aligned}$$

기본 SI 단위계에서 사용하는 배수인자는 [표 1.1]에 정의된 접두사를 활용하여 표기된다. 공학에서 자주 사용되는 배수인자가 적용된 길이, 질량, 힘의 단위는 각각 km, mm, Mg[3], g, kN 등이고, [표 1.1]에 의하면 다음과 같다.

3 Mg은 metric ton으로도 사용한다.

$$\begin{aligned} 1\,\text{km} &= 1000\,\text{m} & 1\,\text{mm} &= 0.001\,\text{m} \\ 1\,\text{Mg} &= 1000\,\text{kg} & 1\,\text{g} &= 0.001\,\text{kg} \\ 1\,\text{kN} &= 1000\,\text{N} \end{aligned}$$

표 1.1 SI 접두사

치수단위	접두사	기호
1 000 000 000 000 = 10^{12}	tera	T
1 000 000 000 = 10^9	giga	G
1 000 000 = 10^6	mega	M
1 000 = 10^3	kilo	k
100 = 10^2	hecto	h
10 = 10^1	deka	da
0.1 = 10^{-1}	deci	d
0.01 = 10^{-2}	centi	c
0.001 = 10^{-3}	milli	m
0.000 001 = 10^{-6}	micro	μ
0.000 000 001 = 10^{-9}	nano	n
0.000 000 000 001 = 10^{-12}	pico	p
0.000 000 000 000 001 = 10^{-15}	femto	f
0.000 000 000 000 000 001 = 10^{-18}	atto	a

접두사를 사용한 단위와 기본단위 사이의 변환은 소수점을 왼쪽, 오른쪽으로 세 자리 이동하여 구할 수 있다. 예를 들어, 3.82 km를 m로 변환하기 위해서는 소수점을 세 자리 오른쪽으로 이동한다.

$$3.82 \text{ km} = 3{,}820 \text{ m}$$

유사하게 47.2 mm를 m로 변환하기 위해서는 소수점을 세 자리 왼쪽으로 이동한다.

$$47.2 \text{ mm} = 0.0472 \text{ m}$$

공학적 표기 방법을 사용하면 다음과 같다.

$$3.82 \text{ km} = 3.82 \times 10^3 \text{ m}$$
$$47.2 \text{ mm} = 47.2 \times 10^{-3} \text{ m}$$

시간단위의 배수는 분(min)과 시간(h)이다. 1분 = 60초, 1시간 = 60분 = 3,600초이므로 다른 단위와 달리 바로 변환할 수 없다.

주어진 단위에 적절한 접두사를 사용하면 아주 큰 수 또는 아주 작은 수를 피할 수 있다. 예를 들어, 427,200 m는 427.2 km, 0.00216 m는 2.16 mm로 단순하게 표기할 수 있다.

면적 및 부피단위 면적단위는 변의 길이가 1 m인 정사각형의 면적인 제곱미터(m^2)이고 부피단위는 변의 길이가 1 m인 정육면체의 부피인 세제곱미터(m^3)이다. 면적과 부피 계산에서 너무 작거나 큰 수의 표기를 피하기 위해 하위단위계가 사용된다. 밀리미터(mm)뿐만 아니라 데시미터(dm)와 센티미터(cm)도 다음과 같이 정의된다.

$$1 \text{ dm} = 0.1 \text{ m} = 10^{-1} \text{ m}$$
$$1 \text{ cm} = 0.01 \text{ m} = 10^{-2} \text{m}$$
$$1 \text{ mm} = 0.001 \text{ m} = 10^{-3} \text{ m}$$

해당하는 면적단위는 다음과 같다.

$$1 \text{ dm}^2 = (1 \text{ dm})^2 = (10^{-1} \text{ m})^2 = 10^{-2} \text{m}^2$$
$$1 \text{ cm}^2 = (1 \text{ cm})^2 = (10^{-2} \text{ m})^2 = 10^{-4} \text{ m}^2$$
$$1 \text{ mm}^2 = (1 \text{ mm})^2 = (10^{-3} \text{ m})^2 = 10^{-6} \text{ m}^2$$

해당하는 부피단위는 다음과 같다.

$$1 \text{ dm}^3 = (1 \text{ dm})^3 = (10^{-1} \text{ m})^3 = 10^{-3} \text{m}^3$$
$$1 \text{ cm}^3 = (1 \text{ cm})^3 = (10^{-2} \text{ m})^3 = 10^{-6} \text{ m}^3$$
$$1 \text{ mm}^3 = (1 \text{ mm})^3 = (10^{-3} \text{ m})^3 = 10^{-9} \text{ m}^3$$

유체의 부피를 측정할 때 세제곱데시미터(dm^3)는 리터(L)에 해당한다.

[표 1.2]는 힘, 모멘트, 일 등에 사용되는 물리량의 SI 단위계를 보여준다. 이후 필요한 각 장에서 소개하겠지만, 여기서 중요한 규칙은 기본단위를 나누어 유도단위를 얻을 때 유도단위의 분모가 아닌 분자에 접두사를 사용해야 한다는 것이다.

표 1.2 역학에서 사용하는 주요 SI 단위

물리량	기호	단위
가속도	···	m/s^2
각도	rad	†
각가속도	···	rad/s^2
각속력	···	rad/s
면적	···	m^2
밀도	···	kg/m^3
에너지	J	N·m
힘	N	$kg{\cdot}m/s^2$
주기	Hz	s^{-1}
충격량	···	$kg{\cdot}m/s^2$
길이	m	‡
질량	kg	‡
힘의 모멘트	···	N·m
힘	W	J/s
동력	Pa	$N{\cdot}m^2$
압력	Pa	$N{\cdot}m^2$
시간	s	‡
속도	···	m/s
부피		
유체	L	$10^{-3}m^3$
고체	···	m^3
일	J	N·m

† 보조단위(1회전 $= 2\pi$ rad $= 360°$)

‡ 기본단위

예를 들어, 하중 100 N을 받아 20 mm 늘어난 스프링 상수 k는 다음과 같이 표기한다.

$$k = \frac{100\ \text{N}}{20\ \text{mm}} = \frac{100\ \text{N}}{0.020\ \text{m}} = 5000\ \text{N/m} \quad \text{또는} \quad k = 5\ \text{kN/m}$$

이때 $k = 5$ N/mm로 표기하지 않음에 주의한다.

미국상용단위 대부분의 미국 공학자는 길이, 힘, 시간의 기본단위로 여전히 피트(ft), 파운드(lb), 초(s)를 사용한다. 초 단위는 SI 단위계와 일치하고 1 ft는 0.3048 m에 해당한다. 1 lb는 미국 워싱턴 D.C.Washington D.C.의 근교 국립표준기술연구소에서 보관 중인 질량 0.453 592 43 kg의 플래티넘 표준의 무게로 정의되며, 이를 표준 파운드라 한다. 물체의 무게는 위치에 따라 달라지는 지구 중력에 의존하므로 표준 파운드는 1파운드의 무게를 적절하게 정의하기 위해 해수면 기준으로 위도 45°에 위치시켜야 한다. 미국상용단위는 절대적 단위시스템을 구성하지는 못하고, 지구 중력에 의존하기 때문에 중력시스템 단위계로 이해될 수 있다.

표준 파운드는 미국 상업거래에서 질량단위로 사용되기는 하지만, 앞서 정의한 기본단위계와 일치되지 않기 때문에 공학 영역에서는 질량단위로 사용되지 않는다. 힘 1 lb가 작용하면 표준 파운드는 중력에 의해, 식 (1.1)에서 요구되는 단위가속도가 아닌 가속도 $g = 32.2$ ft/s^{2}만큼 받게 된다(그림 1.4).

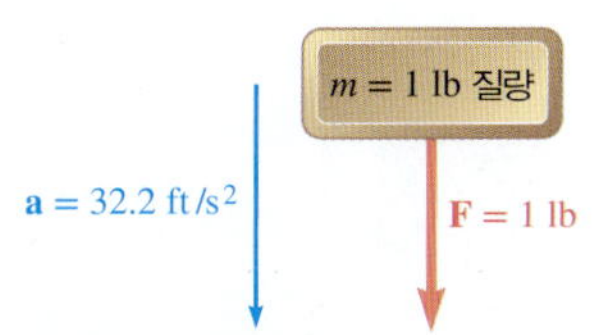

그림 1.4 질량 1파운드의 물체에 힘 1파운드가 가해지면 32.2 ft/s^{2}의 가속도가 발생한다.

피트, 파운드, 초 단위와 일치하는 단위질량이 1 lb를 받으면 1 ft/s^{2}의 가속도가 발생한다(그림 1.5). 이 질량단위는 슬러그(slug)로 불리는 $F=ma$ 공식에서 F에 1 lb, a에 1 ft/s^{2}를 대입하여 얻을 수 있다.

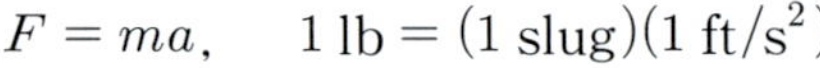

$$F = ma, \qquad 1\text{ lb} = (1\text{ slug})(1\text{ ft/s}^2)$$

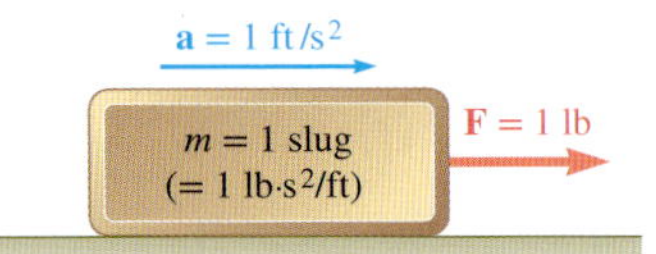

그림 1.5 질량 1슬러그의 물체에 힘 1파운드가 가해지면 1 ft/s^{2}의 가속도가 발생한다.

그러므로 다음을 얻는다.

$$1\text{ slug} = \frac{1\text{ lb}}{1\text{ ft/s}^2} = 1\text{ lb}\cdot\text{s}^2/\text{ft} \tag{1.6}$$

[그림 1.4]와 [그림 1.5]를 비교해보면 슬러그 질량은 표준 파운드 질량보다 32.2배 크다는 것을 알 수 있다.

미국상용단위 시스템에서는 질량단위의 슬러그보다 무게단위의 파운드가 특성화되므로 질량이 아닌 무게와 여타의 힘을 주로 다루는 정역학에서는 더 편리하게 이용된다. 그러나 힘, 질량, 가속도를 다루는 동역학에서는 파운드 단위의 무게 W가 주어지면 질량 m은 슬러그로 표현된다. 식 (1.4)로부터 다음을 얻는다.

$$m = \frac{W}{g} \tag{1.7}$$

여기서 g는 중력가속도($g=32.2$ ft/s^2)이다.

공학 문제에서 자주 접하는 또 다른 미국상용단위로는 5,280 ft에 해당하는 마일(mi), 1/12 ft에 해당하는 인치(in.), 1000 lb에 해당하는 킬로파운드(kip)를 들 수 있다. 톤(ton) 단위는 질량 2,000 lb를 나타내기 위해 사용하지만 파운드와 마찬가지로 공학 계산에서는 슬러그 단위로 환산되어야 한다.

여타의 다른 미국상용단위를 피트, 파운드, 초 단위로 환산할 때는 SI 단위계 환산의 경우보다 더 많은 주의가 필요하다. 예를 들어, 속도 $v=30$ mi/h를 ft/s로 환산해보자.

$$v = 30\,\frac{\text{mi}}{\text{h}}$$

마일 단위 대신에 피트 단위를 적용하려면 우항의 숫자에 분자가 피트이고 분모가 마일인 식을 곱한다. 우항의 값에는 변화가 있으면 안 되므로 단위값을 표현하는 (5,280 ft)/(1 mi)의 비율을 곱한다. 같은 방식으로 시간단위를 초 단위로 환산하기 위한 비율을 추가로 곱하면 다음과 같다.

$$v = \left(30\,\frac{\text{mi}}{\text{h}}\right)\left(\frac{5{,}280\text{ ft}}{1\text{ mi}}\right)\left(\frac{1\text{ h}}{3{,}600\text{ s}}\right)$$

수치계산을 수행하고 분모와 분자의 각 단위를 소거하면 다음을 얻는다.

$$v = 44\,\frac{\text{ft}}{\text{s}} = 44\text{ ft/s}$$

1.4 단위환산

미국상용단위계를 SI 단위계로 또는 그 반대의 단위환산 과정은 많은 공학 문제에서 볼 수 있다. 시간은 두 단위계에서 동일하기 때문에 두 가지 운동학의 기본단위만 환산된다. 다른 운동학단위는 이 기본단위로부터 유도할 수 있으므로 두 가지 환산계수만 기억하면 된다.

길이단위 길이를 표현하는 미국상용단위는

$$1 \text{ ft} = 0.3048 \text{ m} \tag{1.8}$$

$$1 \text{ mi} = 5{,}280 \text{ ft} = 5{,}280(0.3048 \text{ m}) = 1{,}609 \text{ m}$$

이므로

$$1 \text{ mi} = 1.609 \text{ km} \tag{1.9}$$

이다. 그리고 다음이 성립한다.

$$1 \text{ in.} = \frac{1}{12} \text{ ft} = \frac{1}{12}(0.3048 \text{ m}) = 0.0254 \text{ m}$$

$$1 \text{ in.} = 25.4 \text{ mm} \tag{1.10}$$

힘 단위 미국상용단위계의 힘은 파운드(lb)로 위도 45° 해수면 위치($g = 9.807 \text{ m/s}^2$)에서 표준 파운드(질량 0.4536 kg)의 무게로 정의된다. 식 (1.4)로부터

$$W = mg$$

$$1 \text{ lb} = (0.4536 \text{ kg})(9.807 \text{ m/s}^2) = 4.448 \text{ kg} \cdot \text{m/s}^2$$

가 되고, 식 (1.5)로부터 다음을 얻는다.

$$1 \text{ lb} = 4.448 \text{ N} \tag{1.11}$$

질량단위 미국상용단위계의 질량(slug)은 유도단위이다. 식 (1.6), 식 (1.8), 식 (1.11)로부터

$$1 \text{ slug} = 1 \text{ lb} \cdot \text{s}^2/\text{ft} = \frac{1 \text{ lb}}{1 \text{ ft/s}^2} = \frac{4.448 \text{ N}}{0.3048 \text{ m/s}^2} = 14.59 \text{ N} \cdot \text{s}^2/\text{m}$$

이고, 식 (1.5)로부터

$$1 \text{ slug} = 1 \text{ lb} \cdot \text{s}^2/\text{ft} = 14.59 \text{ kg} \tag{1.12}$$

이다. 일관된 질량단위로 사용될 수는 없지만 표준 파운드의 질량은 다음과 같이 정의할 수 있다.

$$1 \text{ lb} = 0.4536 \text{ kg} \tag{1.13}$$

이 상수는 미국상용단위계의 무게(lb)로 규정된 물체를 SI 단위계의 질량(kg)으로 환산할 때 사용된다.

미국상용단위를 SI 단위로 환산하기 위해서는 적절한 환산계수를 곱하거나 나누면 된다. 예를 들어, 모멘트 $M = 47$ lb·in.는 식 (1.10)과 식 (1.11)에 의해 다음과 같이 환산된다.

$$M = 47\ \text{lb}\cdot\text{in.} = 47(4.448\ \text{N})(25.4\ \text{mm})$$
$$= 5{,}310\ \text{N}\cdot\text{mm} = 5.31\ \text{N}\cdot\text{m}$$

그리고 환산계수를 이용하여 SI 단위로 얻은 값을 미국상용단위로 환산할 수 있다. 예를 들어, 모멘트 $M = 40$ N·m는 1.3절의 마지막에 제시된 과정을 따라 다음과 같이 된다.

$$M = 40\ \text{N}\cdot\text{m} = (40\ \text{N}\cdot\text{m})\left(\frac{1\ \text{lb}}{4.448\ \text{N}}\right)\left(\frac{1\ \text{ft}}{0.3048\ \text{m}}\right)$$

표 1.3 미국상용단위와 SI 단위

물리량	미국상용단위	SI 단위
가속도	ft/s^2	$0.3048\ m/s^2$
	$in./s^2$	$0.0254\ m/s^2$
면적	ft^2	$0.0929\ m^2$
	in^2	$645.2\ mm^2$
에너지	ft·lb	1.356 J
힘	kip	4.448 kN
	lb	4.448 N
	oz	0.2780 N
충격량 Impulse	lb·s	4.448 N·s
길이	ft	0.3048 m
	in.	25.40 mm
	mi	1.609 km
질량	oz mass	28.35 g
	lb mass	0.4536 kg
	slug	14.59 kg
	ton	907.2 kg
모멘트	lb·ft	1.356 N·m
	lb·in.	0.1130 N·m
관성모멘트		
면적	in^4	$0.4162 \times 10^6\ mm^4$
질량	$lb\cdot ft\cdot s^2$	$1.356\ kg\cdot m^2$
운동량 Momentum	lb·s	4.448 kg·m/s
동력 Power	ft·lb/s	1.356 W
	hp	745.7 W
압력 또는 응력	lb/ft^2	47.88 Pa
	lb/in^2 (psi)	6.895 kPa
속도	ft/s	0.3048 m/s
	in./s	0.0254 m/s
	mi/h (mph)	0.4470 m/s
	mi/h (mph)	1.609 km/h
부피	ft^3	$0.02832\ m^3$
	in^3	$16.39\ cm^3$
액체	gal	3.785 L
	qt	0.9464 L
일	ft·lb	1.356 J

그리고 수치계산과 분모 및 분자에 나타난 단위를 서로 소거하면 다음을 얻는다.

$$M = 29.5 \text{ lb} \cdot \text{ft}$$

역학에서 사용되는 미국상용단위를 SI 단위와 함께 [표 1.3]에 나타냈다.

1.5 문제의 해법

실제 공학적 상황과 같은 방식으로 역학 문제를 다뤄야 한다. 물리적 거동에 대한 자신의 경험과 직관을 활용하면 문제를 더 쉽게 이해하고 공식화할 수 있다. 일단 문제에 관한 기술과 이해가 명확해진 이후에는 해를 구하는 과정에 임의의 방법론은 배제해야 한다.

모든 해는 1.2.1절에 기술된 여섯 개의 기본원리 또는 이로부터 유도된 이론에 근거해야 한다.

해법의 모든 단계는 이 원칙에 부합해야 한다. 엄격한 규칙에 따라 직감이나 느낌을 배제하여 자동적 방식으로 해답을 도출해야 한다. 해를 구한 후에는 검토를 수행하는데, 이 단계에서 상식과 개인적 경험을 활용할 수 있다. 만약 결과가 완전히 만족스럽지 못하다면 문제의 공식화 과정, 해법의 타당성, 계산의 정확성을 면밀히 재검토한다.

일반적으로 문제를 해결하는 데는 여러 가지 방법이 있고 모두에게 적합한 하나의 접근 방식은 없다. 그러나 문제를 구성하고 해를 찾을 때 사용할 수 있는 일반적인 지침은 학생들에게 도움이 된다. 이 책의 예제에서는 문제의 접근 방법으로 SMART Strategy, Modeling, Analysis, Reflect and Think 방법이라 하는 4단계법을 이용한다.

1. **문제분석** Strategy 문제는 명확하고 정확하게 기술되어야 하며, 주어진 자료가 포함되어야 하고 어떤 정보가 요구되는지 분명해야 한다. 문제의 해법을 찾는 첫 단계는 주어진 상황에 어떠한 개념을 적용할지 결정하고 그 자료를 요구되는 정보와 연계시키는 것이다. 찾으려는 정보로부터 역으로 작업하는 것도 유용할 때가 있다. 답을 얻기 위해서 필요한 정보가 무엇인지 파악하고, 만약 이러한 정보의 일부가 구해져야 한다면 주어진 자료로부터 어떻게 얻을 것인가를 생각한다.

2. **모델링** Modeling 모델링의 첫 단계는 시스템을 정의하는 것이다. 즉, 해석을 위한 설정을 명확하게 정의하는 것이다. 시스템을 선택한 후 문제에서 보인 각 물체의 다이어그램 관련 정보가 모두 나타나는 스케치를 그린다. 평형 문제에서는 길이, 각도와 같은 기하학적 정보와 함께 각 물체에 작용하는 힘을 명백하게 표시한다. 이러한 다이어그램을 자유물체도 free-body diagram 라 하고, 2.3.3절과 4장 도입부에서 자세히 다룬다.

3. **풀이** Analysis 적절한 다이어그램을 그린 후에 1.2절에 나열된 역학의 기본원리를 이용하여 물체의 정지 또는 운동조건을 표현하는 식을 작성한다. 각각의 식은 해당 자유물체도와 명확히 관련이 있어야 하고 순서대로 번호를 부여한다. 만약 미지수를 풀 수 있는 충분한 식을 가지지 못했다면 다른 시스템을 고려해보거나 문제에 적용될 수 있는 추가

의 법칙이 있는지 다시 살펴본다. 충분한 수식을 확보했다면 일반 대수법칙에 따라 각 단계별로 계산을 수행하여 수치적 해를 구한다. 필요하다면 수식의 해를 찾는 데 계산기나 컴퓨터를 사용할 수 있다. 어떤 문제에서는 모델링과 풀이의 단계를 함께 시도하는 것이 편리할 수도 있지만, 전체 과정에서 이 두 단계는 필수적이다.

4. **고찰** Reflect and Think 해답을 얻은 후에는 신중히 검토를 수행한다. 문제의 맥락에서 타당하고 의미가 있는가? 예를 들어, 구조물의 한 위치에 작용하는 힘을 구하는 문제에서 음의 값이 해답으로 도출되었다면 그 힘은 어떤 의미를 가지는지를 검토한다.

단위를 검토하다 보면 논리적 추론의 실수를 찾아낼 수 있다. 예를 들어, 작용선으로부터 0.60 m 떨어진 위치에 50 N의 힘을 가했을 때 모멘트는 다음과 같다.

$$M = Fd = (30\ \mathrm{N})(0.60\ \mathrm{m}) = 30\ \mathrm{N \cdot m}$$

힘과 길이의 곱으로 얻어진 N·m 단위는 모멘트의 정확한 단위가 맞다. 만약 단위가 다르게 도출되었다면 과정에 실수가 있었다는 것을 인지할 수 있다.

결과로 얻은 해를 사용하지 않은 식에 대입한 후 그 식의 만족 여부를 확인함으로써 계산 오류를 인지할 수도 있다. 공학에서 정확한 계산의 중요성은 아무리 강조해도 지나치지 않다.

사례연구 1.1

메릴랜드주 볼티모어에 위치한 캐럴턴교Carrollton Viaduct는 북미지역에서 가장 오래된 철도교로, 1829년 개통되어 현재까지 이용되고 있다. 이 구조물은 [사진 CS1.1]과 같이 경간장 80 ft의 석조 아치교이다. 경간은 단위중량 170 lb/ft^{3}의 화강암granite 재질이며, 치수는 [그림 CS1.1]에 제시되었다. 이 경간의 중량을 산정해보도록 하자.[4]

사진 CS1.1 메릴랜드주 볼티모어에 위치한 캐럴턴교
AREA Bulletin 732 Volume 92 (October 1991) Courtesy of AREMA

4 American Railway Engineering Association, Bulletin 732, October 1991, p. 221에서 인용

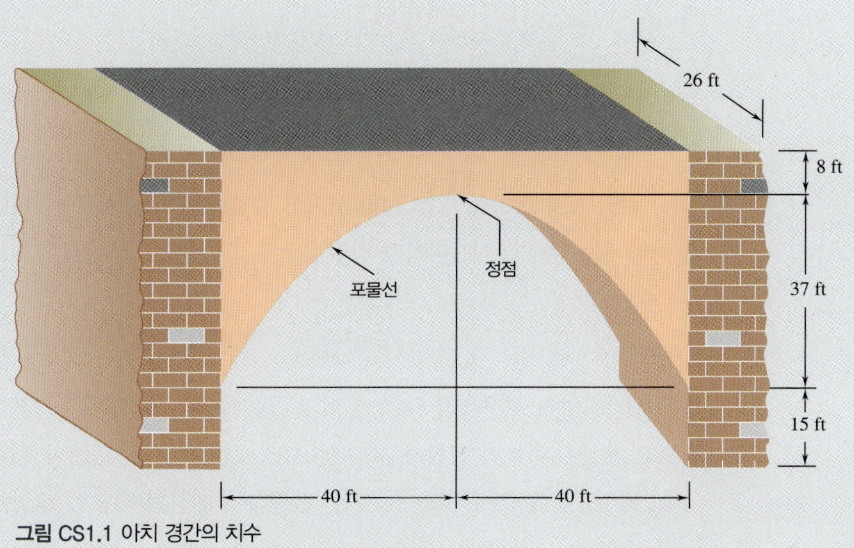

그림 CS1.1 아치 경간의 치수

문제분석 먼저 경간의 부피를 계산하고 그 부피에 단위중량을 곱한다.

모델링 경간은 [그림 CS1.2]와 같이 동일한 깊이 26 ft의 직사각형 부분에서 포물선 부분을 제거한 물체로 표현될 수 있다.

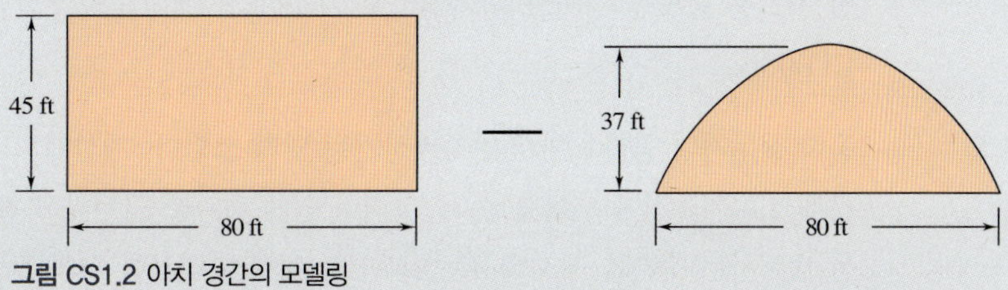

그림 CS1.2 아치 경간의 모델링

풀이

경간의 부피 V 직사각형에서 포물선 영역을 제거하면 다음과 같다.

$$V = \left[(80\ \text{ft})(45\ \text{ft}) - \frac{2}{3}(80\ \text{ft})(37\ \text{ft})\right](26\ \text{ft}) = 42{,}300\ \text{ft}^3$$

경간의 중량 W 부피에 단위중량을 곱하면 다음을 얻는다.

$$W = (170\ \text{lb}/\text{ft}^3)(42{,}300\ \text{ft}^3) = 7.19 \times 10^6\ \text{lb}$$

고찰 1829년에 완공되었지만 1831년이 되어서야 7,000 lb 요크York 증기기관차 통용이 개시되었다(그 이전에는 말이 객차를 끌었다). 1832년 당시 신형의 13,000 lb 애틀랜틱Atlantic 기관차가 도입되었을 때 석조 아치가 하중을 견뎌낼지에 대한 우려가 있었다. 이후에 역학 지식이 많이 발전함에 따라 이 육중한 아치가 그 하중을 견뎌낼 수 있다는 것을 쉽게 이해하게 되었다. [사진 CS1.1]은 현대의 석탄차가 동일한 경간을 지나가는 모습인데, 각 석탄차의 중량은 263,000 lb에 이른다. 아치는 압축을 통해 하중을 전달하므로 압축강도가 높은 석조 구조물에 적합하다. 교량을 통과하는 기차는 경간에 다른 영향을 미치지만, 경간의 육중한 자중(7.19×10^6 lb)은 차량하중을 월등히 초과하여 아치형상을 이루는 부재에 압축을 유지시킨다.

1.6 수치의 정확도

해답에 대한 정확도는 (1) 주어진 자료의 정확도와 (2) 수행된 계산의 정확도에 의존한다. 해답의 정확도는 이 두 요소 중 낮은 정확도보다 더 높을 수 없다.

예를 들어, 교량의 하중이 75,000 lb이고 증감에 대한 오차가 100 lb인 경우 자료의 정확도를 나타내는 상대오차는 다음과 같다.

$$\frac{100\ \text{lb}}{75{,}000\ \text{lb}} = 0.0013 = 0.13\%$$

교량지점의 반력 계산에서 14,322 lb로 값을 단순히 제시하는 것은 의미가 없다. 해답의 정확도는 계산이 아무리 정확하더라도 0.13%보다 높을 수 없으며 해답의 오차는 (0.13/100)(14,322 lb) ≒ 20 lb에 이를 수 있다. 적절하게 제시된 해답은 14,320 ± 20 lb가 된다.

공학 문제에서 0.2% 오차보다 정확한 자료는 거의 없다. 그러므로 문제의 해답이 0.2% 오차보다 더 정확한 값을 가진다고 정당화하기 어렵다. 실무에서 첫째 자릿수가 1이면 4자리 수를 사용하고 그렇지 않으면 3자리 수를 사용한다. 별도의 언급이 없다면 문제에 주어진 자료는 동일한 정확도를 가진다고 가정한다. 예를 들면, 힘 40 lb는 40.0 lb, 15 lb는 15.00 lb로 간주한다.

공학 실무자나 공학도에게 전자계산기는 널리 쓰인다. 계산기의 신속성과 정확성은 다양한 문제의 수치계산에 도움을 준다. 그러나 쉽게 결과를 얻는다고 해서 정당화할 수 있는 수준을 넘어서는 숫자를 제시해서는 안 된다. 위에서 언급한 바와 같이 공학 실무에서 0.2% 오차보다 높은 정확도는 불필요하고 의미가 없다.

Digital Vision/Getty Images

02

입자정역학

다양한 공학 문제는 '입자'의 평형을 고려하여 해결할 수 있다. 위 사진과 같이 제 위치에 놓이기 위해 올려진 보의 경우 케이블에 발생하는 인장력 사이의 관계는 케이블이 걸린 고리에서 평형을 고려하면 해결할 수 있다.

목차

학습목표

- 힘을 벡터로 표현한다.
- 힘의 해석에 유용한 벡터연산을 학습한다.
- 한 입자에 작용하는 여러 힘의 합력을 결정한다.
- 힘을 성분으로 분해한다.
- 직각성분으로 분해된 힘의 합력을 계산한다.
- 자유물체도 개념을 이해한다.
- 평면 및 공간에서 입자평형 문제에 자유물체도를 이용한다.

서론

이 장에서는 입자에 작용하는 힘의 효과를 학습한다. 여기서 '입자'는 원자 또는 전자처럼 단순히 물질의 작은 조각을 의미하지 않고, 고려되는 물체의 크기와 형상은 문제의 해답에 크게 영향을 주지 않는다는 의미이다. 즉, 주어진 물체에 작용하는 모든 힘은 동일한 점에 작용한다고 가정한다. 그렇다고 대상이 꼭 작아야 한다는 것은 아니다. 예를 들어, 우주의 은하수를 대상으로 역학 모델링을 한다면 태양을 포함한 전체 태양계는 하나의 입자로 다뤄질 수 있다.

첫 단계로 한 입자에 작용하는 둘 또는 그 이상의 힘을 동일한 효과를 가지는 하나의 힘으로 대체한다. 이 단일의 등가힘을 **합력**resultant이라 한다. 다음 단계는 **평형**equilibrium상태에 있는 입자에 작용하는 다양한 힘들의 상호관계를 유도하는 것이다. 이러한 관계는 입자에 작용하는 다수의 힘 중 일부를 구하는 데 이용한다.

이 장의 전반부에서는 단일평면 내에서 힘을 다룬다. 서로 다른 두 선은 하나의 평면을 결정하므로 이러한 상황은 두 힘을 받는 한 입자가 세 번째 힘을 지지하는 문제에서 발생한다. 두 개의 체인으로 들어 올린 화물 또는 두 개의 케이블로 지지된 신호등이 그 예가 될 수 있다. 이 장의 후반부에서는 3차원 공간에서 힘에 대한 더 일반적인 경우를 다룬다.

2.1 평면력의 합

다양하고도 중요한 공학 실무가 평면에서 힘을 다루는 것과 연계된다. 도르래에 작용하는 힘, 발사체 운동, 평평한 표면에서 평형상태에 있는 물체 등을 예로 들 수 있다. 3차원 공간에서 작용하는 힘의 추가적 복잡성을 다루기 전에 평면에서의 상황을 먼저 살펴본다.

2.1.1 입자에 작용하는 힘 : 두 힘의 합력

힘은 다른 물체에 대한 한 물체의 작용을 나타내고, 일반적으로 **작용점**point of application, **크기**magnitude, **방향**direction으로 규정한다. 하지만 주어진 입자에 작용하는 힘은 동일한 작용점을 가지므로 이 장에서 고려되는 힘은 그 크기와 방향만으로 정의된다.

힘의 크기는 특정한 단위로 표기된다. 1장에서 봤듯이 공학에서 힘의 크기를 다루는 SI 단위는 뉴턴(N)과 1,000 N에 해당하는 킬로뉴턴(kN)이다. 동일 목적의 미국상용단위로는 파운드(lb)와 1,000 lb에 해당하는 킬로파운드(kip)이다. 1장에서 445 N의 힘은 100 lb와 등가이고, 100 N의 힘은 대략 22.5 lb와 같다.

힘의 방향은 작용선line of action과 그 선상에서의 방향으로 정의한다. 작용선은 힘이 작용하는 무한직선으로 고정축과 이루는 각도로 특정한다(그림 2.1). 힘 자체는 해당 선분으로 표시되는데, 적정한 스케일에서 선분의 길이로 힘의 크기를 나타낸다.

작용선에서 힘의 방향은 화살촉으로 표시한다. 방향을 표시하는 것은 힘의 정의에서 필수적이다. 동일한 크기를 가지고 서로 작용하는 방향이 반대인 두 힘은 한 입자에서 정반대의 효과를 발생시킨다.

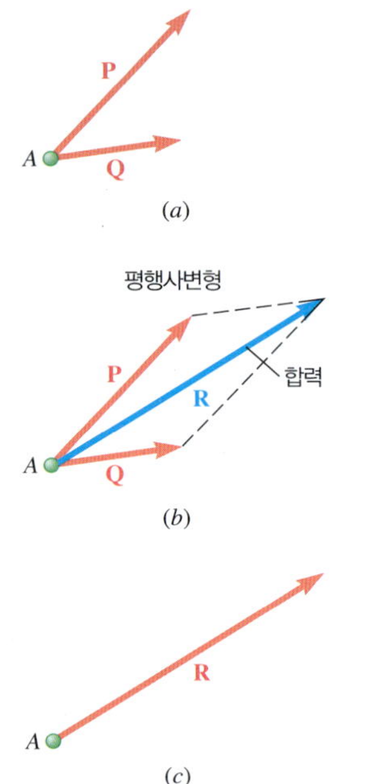

그림 2.2 (a) 입자 A에 작용하는 두 힘 **P**와 **Q** (b) **P**와 **Q**를 두 이웃변으로 하는 평행사변형 작도 후 A를 지나는 대각선 **R** (c) 두 힘 **P**와 **Q**의 등가 합력 **R**

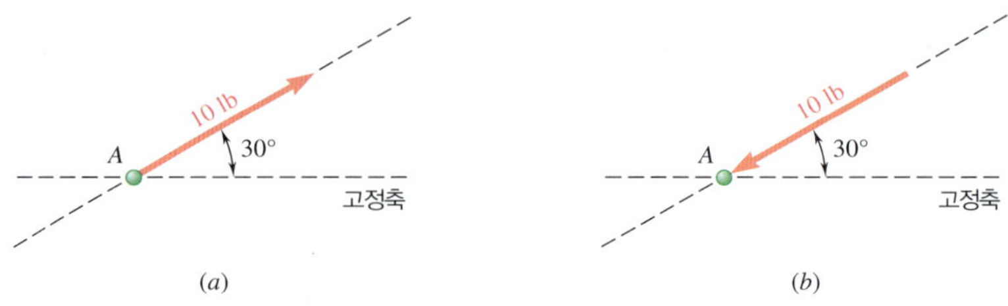

그림 2.1 주어진 고정축과 이루는 각도로 표시된 힘의 작용선
(a) 입자 A에서 멀어지는 방향의 10 lb 힘 (b) 입자 A로 다가가는 방향의 10 lb 힘

실험적 증명에 의하면 입자 A에 작용하는 두 힘 **P**와 **Q**(그림 2.2a)는 동일한 효과를 가지는 단일 힘 **R**(그림 2.2b)로 대체할 수 있다. 이 힘을 두 힘 **P**와 **Q**의 합력이라 하고 [그림 2.2b]에서 보인 바와 같이 **P**와 **Q**를 두 변으로 하는 평행사변형을 작도하여 얻을 수 있다. **A를 지나는 대각선**이 합력이다. 합력을 구하는 이러한 방법을 두 힘의 합력을 구하는 **평행사변형법**이라 한다. 이 방법은 실험적 증명에 근거하고 있고 수학적으로 증명되거나 유도될 수 없다.

2.1.2 벡터

사진 2.1 가장 순수한 형태의 줄다리기는 서로 반대 방향으로 그의 동일한 크기의 두 힘을 겨루는 것이다. 더 큰 힘을 발생시키는 팀이 승리하게 된다. 경쟁적인 줄다리기는 상당히 치열할 수 있다.
DGB/Alamy Stock Photo

힘은 일반 산술이나 대수에서 정의된 합산규칙을 따르지 않는다는 사실을 확인했다. 예를 들어, 서로 직각으로 작용하는 두 힘의 크기가 각각 4lb와 3lb일 때 그 합력은 두 힘 사이 방향으로 7 lb가 아닌 5 lb가 된다. 힘은 합의 평행사변형법을 따르는 유일한 물리량은 아니다. 이후 접하게 될 **변위**displacement, **속도**velocity, **가속도**acceleration, **모멘텀**momentum 등도 평행사변형법에 따라 합산되는 크기와 방향을 가지는 물리량이다. 이러한 물리량은 수학적으로 **벡터**vectors에 의해 표기될 수 있다. **부피, 질량, 에너지**와 같이 크기만 가지고 방향은 없는 물리량을 벡터와 분리하여 **스칼라**scalars라고 한다.

벡터는 **평행사변형법으로 합산되는 크기와 방향을 가지는 수학적 표현**으로 정의된다. 벡터는 다이어그램에서 화살표로 표시하고 스칼라와 구분하기 위해 문자로는 진한 글자체(**P**)로 표시한다. 보통의 필기법으로 글자 위에 화살표를 그려 넣어 표기하기도 한다($\vec{P}$). 벡터의 크기는 해당 화살표의 길이로 정의한다. 문서 표기로 백터의 크기를 표시할 때는 이탤릭 글자체를 사용한다. 즉, 벡터 **P**의 크기는 P로 표기한다.

주어진 입자에 작용하는 힘을 나타내는 벡터는 작용점이 잘 정의되어 있다. 작용점이 바로 입자 그 자체이기 때문인데, 이러한 벡터를 **고정벡터**fixed vector라 하고 문제의 조건이 변경되지 않는 한 움직일 수 없다. 그러나 강체rigid body에 작용하는 우력couples처럼(3장 참조) 어떤 물리량은 공간에서 자유롭게 움직이는 벡터로 표시된다. 이러한 벡터를 **자유벡터**free vector라 한다. 또한 강체에 작용하는 힘과 같이 어떤 물리량은 작용선상에서 움직일 수 있는 벡터로 표시되는데, 이러한 벡터를 **이동벡터**sliding vector라 한다.

동일한 작용점의 여부와 상관없이 동일한 크기와 방향을 가지는 두 벡터는 동등하다고 한다(그림 2.3). 동등한 벡터는 동일한 글자로 표기할 수 있다.

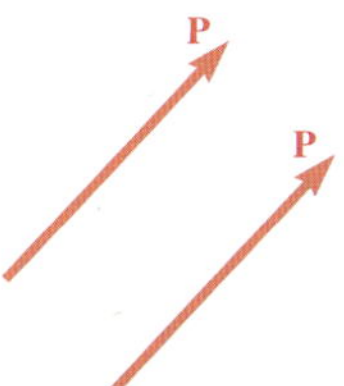

그림 2.3 동등한 벡터는 다른 작용점을 가지더라도 동일한 크기와 동일한 방향을 가진다.

벡터 **P**의 음의 벡터는 $-\mathbf{P}$로 표기하고 **동일한 크기**를 가지고 **방향은 반대**인 벡터로 정의한다(그림 2.4). 벡터 **P**와 $-\mathbf{P}$의 합은 자명하게 0이 된다.

$$\mathbf{P} + (-\mathbf{P}) = 0$$

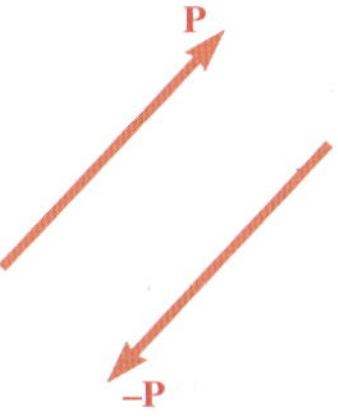

그림 2.4 음의 벡터는 주어진 벡터와 동일한 크기를 가지지만 방향은 반대이다.

2.1.3 벡터의 합

정의에 의해 벡터는 평행사변형법으로 합산해야 한다. 벡터 **P**와 **Q**의 합은 우선 두 벡터를 동일점 A에 시점을 붙이고 **P**와 **Q**를 두 이웃변으로 하는 평행사변형을 작도하여 얻는다(그림 2.5). A를 지나는 대각선이 두 벡터 **P**와 **Q**의 합이 되고 $\mathbf{P}+\mathbf{Q}$로 표기한다. + 표기가 벡터 및 스칼라의 연산에 공통으로 사용되지만, 벡터와 스칼라를 주의 깊게 구분하여 혼란이 없도록 해야 한다. 벡터 $\mathbf{P}+\mathbf{Q}$의 크기는 일반적으로 벡터 **P**와 **Q**의 각각의 크기의 합 $P+Q$와 같지 않음에 주의한다.

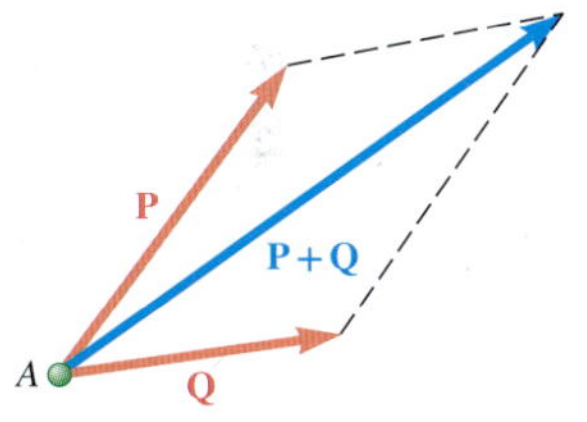

그림 2.5 평행사변형법에 의한 힘의 합

벡터 **P**와 **Q**에 의해 작도된 평행사변형은 **P**와 **Q**의 순서와는 무관하므로 두 벡터의 합에는 교환법칙이 성립한다.

$$\mathbf{P} + \mathbf{Q} = \mathbf{Q} + \mathbf{P} \tag{2.1}$$

두 벡터의 합을 구하는 또 다른 방법인 **삼각형법**triangle rule은 평행사변형법으로부터 유도할 수 있다. [그림 2.5]에서 벡터 **P**와 **Q**의 합은 평행사변형법으로 구했다. 평행사변형에서 **Q**의 반대편 변 또한 **Q**와 크기와 방향이 동일하기 때문에 평행사변형의 반쪽만 작도할 수 있다(그림 2.6a). 두 벡터의 합은 종점–시점 연결법으로 배열, 즉 **P**의 종점에 **Q**의 시점을 연결하고 **P**의 시점과 **Q**의 종점을 벡터로 얻는다.

[그림 2.6b]에는 평행사변형의 다른 반쪽을 이용한 것을 보여주는데 동일한 결과가 나온다. 이로써 벡터의 합은 교환법칙이 성립한다는 것을 확인할 수 있다.

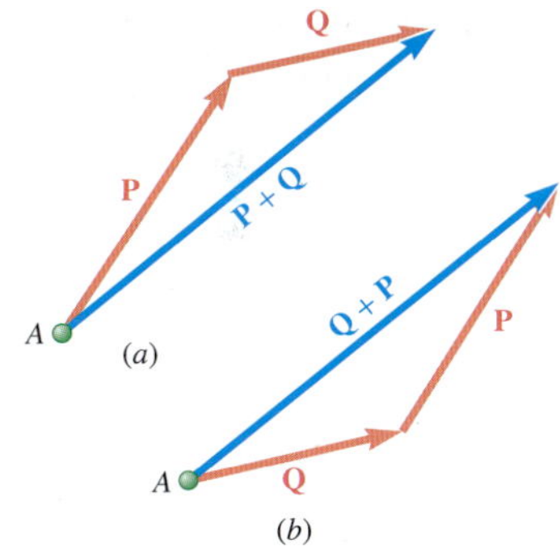

그림 2.6 벡터의 합을 위한 삼각형법 (a) 벡터 **P**에 대한 벡터 **Q**의 합은 (b) 벡터 **Q**에 대한 벡터 **P**의 합과 같다.

벡터의 차는 해당하는 벡터에 음의 벡터를 합하는 것으로 정의한다. 그러므로 벡터 **P**와 **Q** 사이의 차를 의미하는 벡터 $\mathbf{P}-\mathbf{Q}$는 벡터 **P**와 음의 벡터 $-\mathbf{Q}$의 합으로 구할 수 있다.

$$\mathbf{P} - \mathbf{Q} = \mathbf{P} + (-\mathbf{Q}) \tag{2.2}$$

여기서 벡터의 차를 나타낼 때도 스칼라 때와 동일한 기호가 사용되었지만 벡터와 스칼라를 주의 깊게 구분하여 혼란이 없도록 해야 한다.

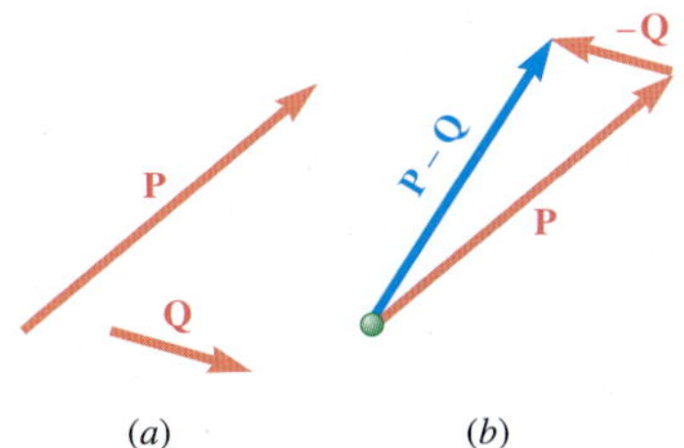

그림 2.7 벡터의 차 (a) 벡터 **P**에 대한 벡터 **Q**의 차는 (b) 벡터 **P**에 대한 벡터 $-\mathbf{Q}$의 합과 같다.

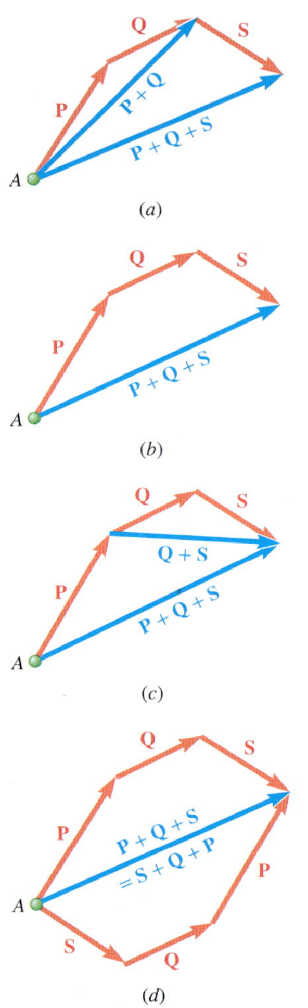

그림 2.8 도해법에 의한 벡터의 합 (a) 세 벡터의 합을 구하기 위해 사각형법을 두 번 적용 (b) 다각형법으로 한 번에 산정된 벡터의 합 (c) 결합법칙이 성립하는 벡터의 합 (d) 합의 순서는 무관

이제 셋 또는 그 이상의 벡터의 합을 고려해보자. 세 벡터 **P**, **Q**, **S**의 합은 정의에 의해 벡터 **P**와 **Q**의 합을 먼저 구하고, 벡터 **P**+**Q**와 벡터 **S**의 합을 구한다.

$$\mathbf{P} + \mathbf{Q} + \mathbf{S} = (\mathbf{P} + \mathbf{Q}) + \mathbf{S} \tag{2.3}$$

마찬가지로 네 개 벡터의 합은 처음 세 개 벡터의 합에 네 번째 벡터를 합하여 구한다. 따라서 여러 벡터의 합은 평행사변형법을 두 개의 벡터에 반복적으로 적용하여 모든 주어진 벡터가 하나의 벡터로 대체될 때까지 반복 수행하여 구할 수 있다.

주어진 벡터가 모두 동일한 평면 위에 있다면 그 합은 도해법을 이용하여 구할 수 있다. 이 경우 삼각형법을 반복 적용하는 것이 평행사변형법을 적용하는 것보다 쉽다. [그림 2.8a]에서 벡터 **P**, **Q** 및 **S**의 합을 이와 같은 방법으로 구했다. 먼저 벡터 **P**와 **Q**의 합 **P**+**Q**를 구하기 위해 삼각형법을 적용하고, 벡터 **P**+**Q**와 **S**의 합을 구하기 위해 다시 삼각형법을 적용한다. 벡터 **P**+**Q**를 구하는 것은 생략할 수 있으므로 [그림 2.8b]과 같이 세 벡터의 합은 주어진 벡터를 종점–시점 연결법으로 배열하고 처음 벡터의 시점과 마지막 벡터의 종점을 연결하여 구할 수 있다. 이러한 방법을 벡터합을 구하는 **다각형법**polygon rule이라 한다. [그림 2.8c]에 보인 바와 같이 벡터 **Q**, **S**를 벡터 **Q**+**S**로 바꾸어도 결과가 변하지 않는다는 것을 알 수 있으므로 다음과 같은 관계가 성립한다.

$$\mathbf{P} + \mathbf{Q} + \mathbf{S} = (\mathbf{P} + \mathbf{Q}) + \mathbf{S} = \mathbf{P} + (\mathbf{Q} + \mathbf{S}) \tag{2.4}$$

이는 결합법칙의 성립을 표현한다. 두 벡터의 합에서 교환법칙이 성립하므로 다음과 같이 쓸 수 있다.

$$\begin{aligned} \mathbf{P} + \mathbf{Q} + \mathbf{S} &= (\mathbf{P} + \mathbf{Q}) + \mathbf{S} = \mathbf{S} + (\mathbf{P} + \mathbf{Q}) \\ &= \mathbf{S} + (\mathbf{Q} + \mathbf{P}) = \mathbf{S} + \mathbf{Q} + \mathbf{P} \end{aligned} \tag{2.5}$$

이 식은 여러 벡터를 합할 때 그 순서는 무관하다는 것을 보여준다(그림 2.8d).

스칼라와 벡터의 곱 **P**+**P**를 2**P**, **P**+**P**+**P**는 3**P** 그리고 n개의 동일한 벡터 **P**의 합은 n**P**로 표기한다. 그러므로 양의 정수 n과 벡터 **P**의 곱은 벡터 **P**와 방향이 같고 크기가 n**P**인 벡터로 정의한다. 이를 모든 스칼라를 포함하는 것으로 확장하고 앞서 소개한 음의 벡터를 고려하면, 스칼라 k와 벡터 **P**의 곱 k**P**는 k가 양이면 **P**와 동일한 방향, k가 음이면 **P**와 반대 방향이고 크기는 P와 절댓값 k의 곱이 된다(그림 2.9).

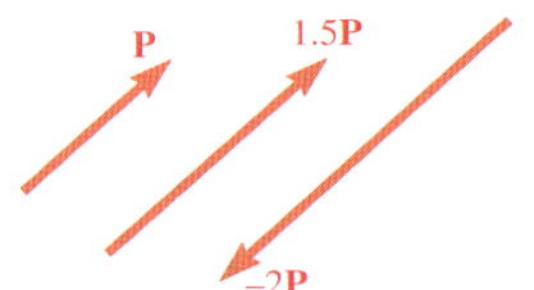

그림 2.9 벡터에 스칼라를 곱하면 벡터의 크기는 변하고 방향은 그대로이다. 만약 스칼라가 음수이면 방향은 반대가 된다.

2.1.4 절점력의 합력

동일 평면 내에서 다수의 힘을 받는 입자 A를 고려해보자(그림 2.10a). 이들 힘들은 모두 점 A를 공통으로 통과하기 때문에 A점에 대한 **절점력**concurrent force이라 하고, 다각형법에 의해 합을 구할 수 있다(그림 2.10b). 다각형법은 평행사변형법을 반복 적용하는 것이므로 벡터 **R**은 주어진 절점력의 합이다. 즉, 단일힘 **R**은 주어진 힘들과 동일한 효과를 가진다. 이전에 설명했듯이 주어진 벡터 **P**, **Q**, **S**를 합하는 순서는 상관이 없다.

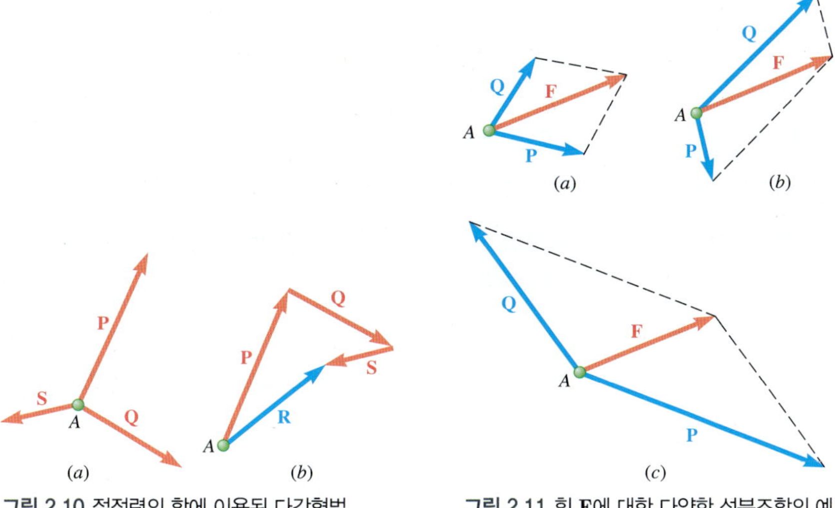

그림 2.10 절점력의 합에 이용된 다각형법

그림 2.11 힘 **F**에 대한 다양한 성분조합의 예

2.1.5 힘의 분해

한 입자에 작용하는 둘 또는 그 이상의 힘을 하나의 힘으로 대체할 수 있음을 배웠다. 반대로 한 입자에 작용하는 하나의 힘을 동일한 효과를 가지는 둘 또는 그 이상의 힘으로 대체할 수도 있다. 이러한 힘들을 원래 힘 **F**의 **성분**component이라 하고 **F**를 성분으로 대체하는 과정을 힘의 **분해**resolution라고 한다.

힘 **F**는 무한한 수의 성분으로 분해가 가능하다. 두 성분 **P**와 **Q**의 조합은 실제 응용에서 가장 중요하다. 힘 **F**가 두 성분으로 분해되는 조합의 수는 무한대라 할 수 있다(그림 2.11).

실무에서 힘 **F**가 주어지면 이에 대한 유용한 성분조합을 다양하게 고려해볼 수 있는데, 다음 두 경우가 대표적이다.

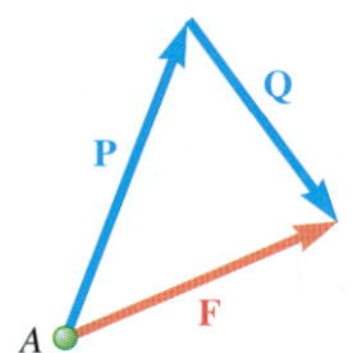

그림 2.12 성분 **P**가 주어졌을 때 성분 **Q**를 구하기 위해 삼각형법을 적용한다.

1. 두 성분 중 하나로 P가 주어진 경우

두 번째 성분 **Q**는 삼각형법을 적용, **P**의 종점과 **F**의 종점을 연결하여 구한다(그림 2.12). 크기와 방향은 도해법 또는 삼각함수를 이용하여 구한다. **Q**를 구하면 성분 **P**와 **Q**를 A에 작용시키는 것으로 표시한다.

2. 두 성분의 작용선이 주어진 경우

F의 종점에서 평행사변형법을 적용, 주어진 작용선에 평행선을 작도하여 성분의 크기와 방향을 구한다(그림 2.13). 도해법 또는 사인법칙을 응용한 삼각함수를 적용하여 **P**, **Q**를 구한다.

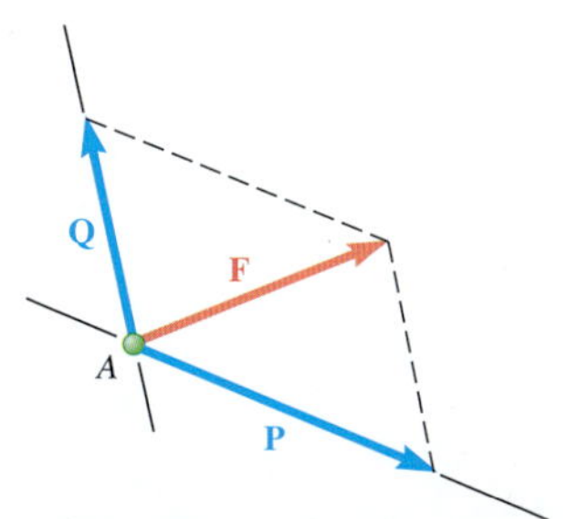

그림 2.13 두 작용선이 주어졌을 때 성분 **P**와 **Q**를 정하기 위해 평행사변형법을 적용한다.

유사한 경우가 많은데, 예를 들면 한 성분의 방향을 주고 다른 성분의 크기는 가능한 한 작게 하는 것이다(예제 2.2). 어떠한 경우라도 주어진 조건을 만족하는 적절한 삼각형 또는 평행사변형을 작도해야 한다.

예제 2.1

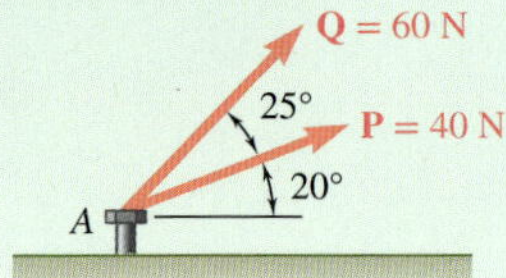

두 힘 **P**와 **Q**가 볼트 A에 작용할 때 합력을 구하라.

문제분석 두 선은 하나의 평면을 결정하므로 평면 내 작용하는 두 힘에 관한 문제이다. 도해법 또는 삼각함수를 이용하면 풀이가 가능하다.

모델링 도해법으로 평행사변형법 또는 삼각형법을 이용하여 백터의 합을 구할 수 있다. 코사인법칙 또는 직각삼각형의 특징을 이용한다.

풀이

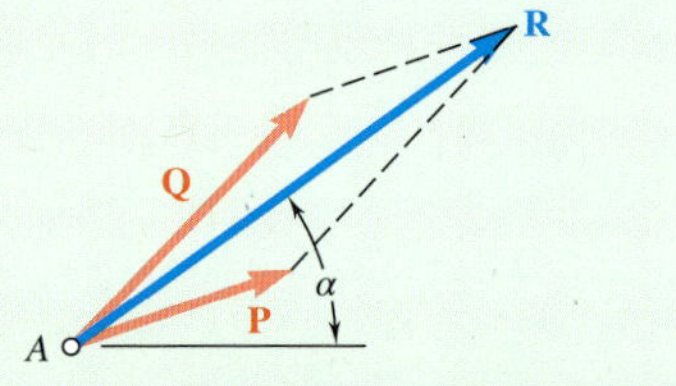

그림 1 평행사변형법에 의한 힘 **P**와 **Q**의 합

도해법 **P**와 **Q**를 변으로 하는 평행사변형을 스케일에 맞도록 작도하고(그림 1) 합력의 크기와 방향을 측정한다.

$$R = 98\text{ N}, \qquad \alpha = 35° \qquad\qquad \mathbf{R} = 98\text{ N} \measuredangle 35° ◀$$

삼각형법을 이용할 수도 있다. **P**와 **Q**를 종점-시점 연결법으로 작도하고(그림 2) 합력의 크기와 방향을 측정한다. 결과는 동일하다.

$$R = 98\text{ N}, \qquad \alpha = 35° \qquad\qquad \mathbf{R} = 98\text{ N} \measuredangle 35° ◀$$

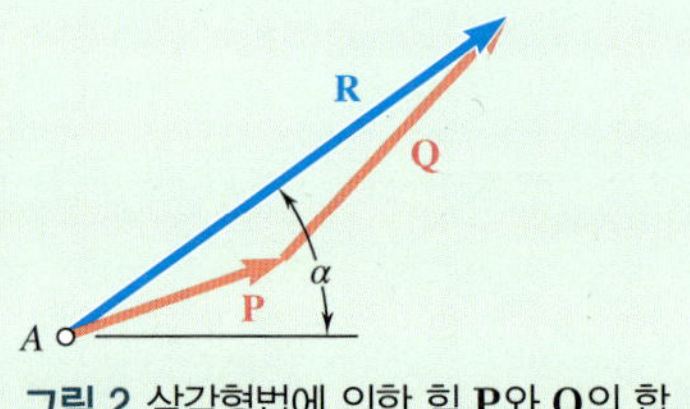

그림 2 삼각형법에 의한 힘 **P**와 **Q**의 합

삼각형법 삼각형법으로 두 변과 사잇각을 알 수 있다(그림 3). 코사인법칙으로부터 다음을 얻는다.

$$\begin{aligned} R^2 &= P^2 + Q^2 - 2PQ\cos B \\ &= (40\text{ N})^2 + (60\text{ N})^2 - 2(40\text{ N})(60\text{ N})\cos 155° \\ R &= 97.73\text{ N} \end{aligned}$$

사인법칙을 적용하면

$$\frac{\sin A}{Q} = \frac{\sin A}{R}, \qquad \frac{\sin A}{60\text{ N}} = \frac{\sin 155°}{97.73\text{ N}} \qquad (1)$$

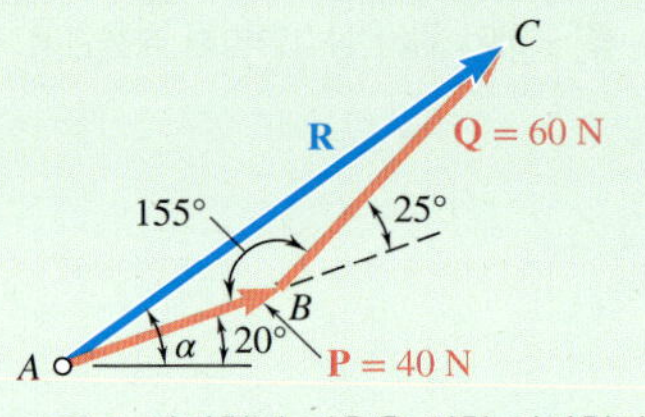

그림 3 삼각형법 적용을 위한 기하형상

이고, 식 (1)을 $\sin A$에 대해 풀면 다음과 같다.

$$\sin A = \frac{(60\text{ N})\sin 155°}{97.73\text{ N}}$$

계산기의 사인 역함수를 이용하여 각도를 구한다.

$$A = 15.04°, \qquad \alpha = 20° + A = 35.04°$$

유효숫자는 세 자리를 취한다(1.6절 참조).

$$\mathbf{R} = 97.7\text{ N} \measuredangle 35.0° ◀$$

삼각형법 대안 직각삼각형 BCD(그림 4)를 작도하고 다음을 계산한다.

$$CD = (60\text{ N})\sin 25° = 25.36\text{ N}$$

$$BD = (60\text{ N})\cos 25° = 54.38\text{ N}$$

그리고 삼각형 ACD로부터 다음을 얻는다.

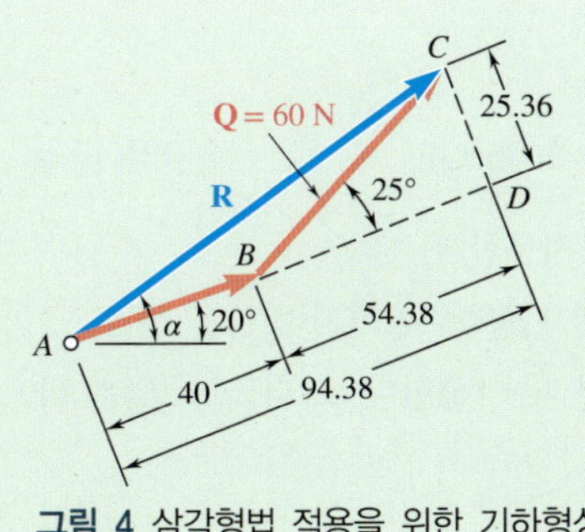

그림 4 삼각형법 적용을 위한 기하형상 대안

$$\tan A = \frac{25.36\ \text{N}}{94.38\ \text{N}}, \qquad A = 15.04°$$

$$R = \frac{25.36}{\sin A}, \qquad R = 97.73\ \text{N}$$

그러므로 다음을 얻는다.

$$\alpha = 20° + A = 35.04° \qquad \mathbf{R} = 97.7\ \text{N} \measuredangle 35.0° ◀$$

고찰 삼각형법을 이용한 해석적 해가 더 높은 정확도를 제공하지만, 도해법으로 검토해보는 것이 유용하다.

예제 2.2

두 척의 예인선이 바지선을 당기고 있다. 예인선에 의해 가해지는 힘의 결과가 바지선의 축선 방향으로 5,000 lb일 때 (a) $\alpha = 45°$인 경우 각 로프의 인장력, (b) 로프 2의 인장력이 최소가 되는 각도 α를 구하라.

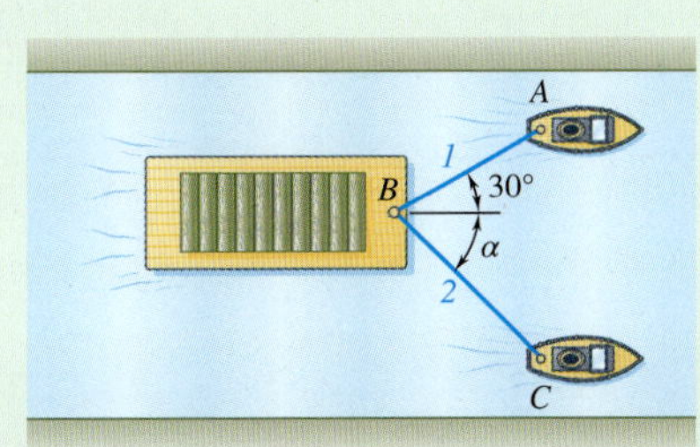

문제분석 동일한 평면상에 작용하는 두 힘을 구하는 문제이다. 그래픽으로 또는 도해법 또는 해석적 방법으로 문제 (a)를 해결할 수 있다. 문제 (b)에서는 도해법으로 로프 2에 필요한 방향을 찾고 해석적 방법으로 해답을 구할 수 있다.

모델링 삼각형법 또는 평행사변형법을 이용하여 문제 (a)를 해결할 수 있다. 문제 (b)의 경우 삼각형법을 응용한다.

풀이

a. $\alpha = 45°$일 때 인장력

도해법 평행사변형법을 적용한다. 합력(평행사변형의 대각선)의 크기는 5,000 lb이고 방향은 우측으로 향한다. 로프와 평행하게 변을 작도한다(그림 1). 스케일에 맞게 작도하여 측정한다.

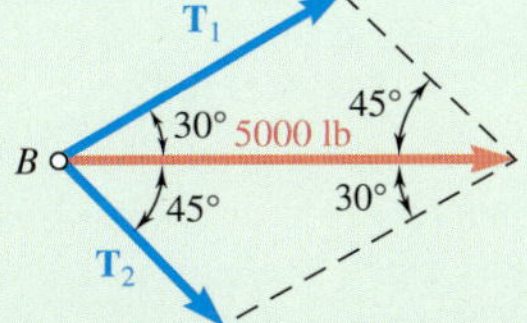

그림 1 힘 $\mathbf{T}_1$과 $\mathbf{T}_2$를 합하기 위해 적용된 평행사변형법

$$T_1 = 3{,}700\ \text{lb}, \qquad T_2 = 2{,}600\ \text{lb} ◀$$

삼각형법 삼각형법을 적용한다. [그림 2]의 삼각형은 [그림 1]의 평행사변형의 절반을 나타낸다. 사인법칙을 적용하면 다음을 얻는다.

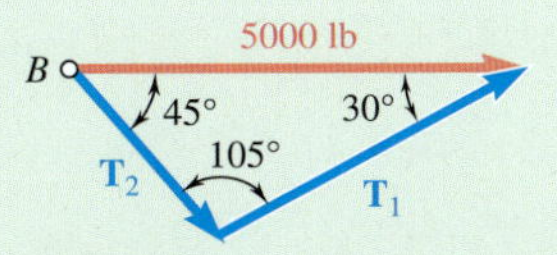

그림 2 힘 $\mathbf{T}_1$과 $\mathbf{T}_2$를 합하기 위해 적용된 삼각형법

$$\frac{T_1}{\sin 45°} = \frac{T_2}{\sin 30°} = \frac{5{,}000\ \text{lb}}{\sin 105°}$$

계산기를 이용해서 얻은 결과는 다음과 같다.

$$T_1 = 3{,}660 \text{ lb}, \qquad T_2 = 2{,}590 \text{ lb} \blacktriangleleft$$

b. 로프 2의 인장력이 최소가 될 때 각 α 삼각형법을 적용한다.

[그림 3]에서 선 $1-1'$은 $\mathbf{T_1}$의 주어진 방향이다. $\mathbf{T_2}$의 가능한 몇 가지 방향을 선 $2-2'$로 보였다. T_2의 최솟값은 $\mathbf{T_1}$와 $\mathbf{T_2}$가 서로 직각이 될 때 발생한다. 그러므로 T_2는 다음과 같다.

$$T_2 = (5000 \text{ lb}) \sin 30° = 2500 \text{ lb}$$

이에 해당하는 T_1과 α의 값은 다음과 같다.

$$T_1 = (5000 \text{ lb}) \cos 30° = 4330 \text{ lb}$$

$$\alpha = 90° - 30°$$

$$\alpha = 60° \blacktriangleleft$$

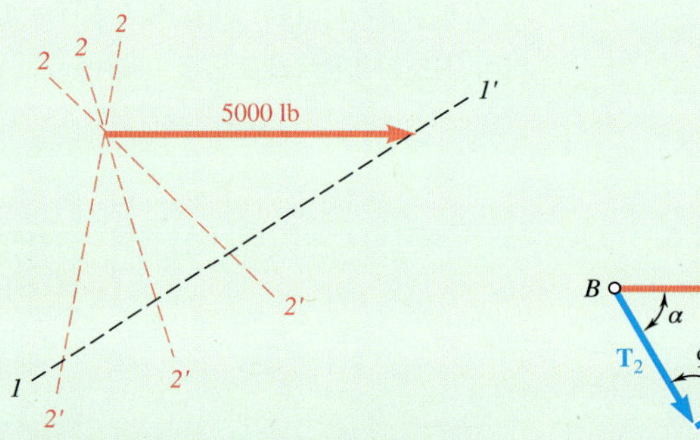

그림 3 최소의 $\mathbf{T_2}$를 가지기 위한 방향 결정

그림 4 $\mathbf{T_2}$가 최소일 때 삼각형법

고찰 (a)는 벡터의 성분 분해를 직접 응용하는 문제이다. (b)의 핵심은 T_2의 최솟값이 $\mathbf{T_1}$와 $\mathbf{T_2}$가 서로 직각이 될 때 발생한다는 것이다.

Section 2.1 연습문제

2.1 ~ 2.2 도해법으로 두 힘의 합력의 크기와 방향을 (a) 평행사변형법, (b) 삼각형법으로 구하시오.

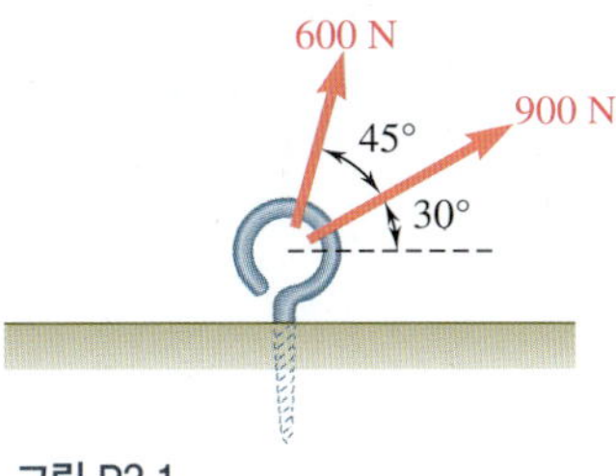

그림 P2.1

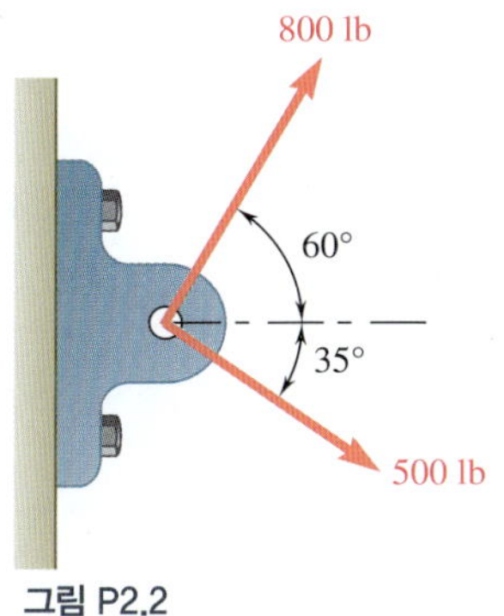

그림 P2.2

2.3 두 개의 구조부재 B와 C가 브라켓 A에 볼트로 고정되어 있다. 두 부재 모두 인장상태이고 $P = 10$ kN, $Q = 15$ kN인 경우 브라켓에 작용하는 합력의 크기와 방향을 (a) 평행사변형법, (b) 삼각형법으로 구하시오.

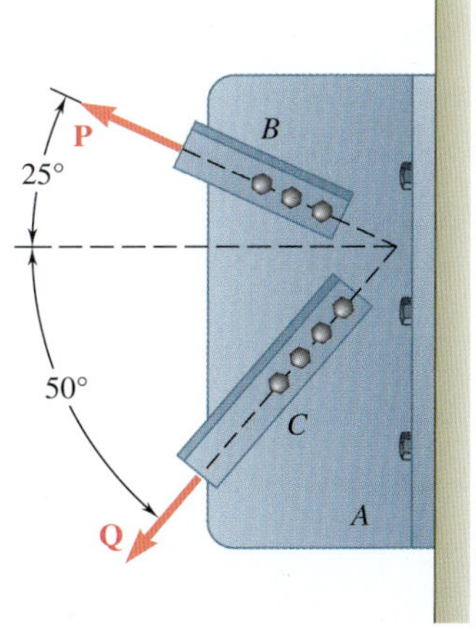

그림 P2.3 ~ 2.4

2.4 두 개의 구조부재 B와 C가 브라켓 A에 볼트로 고정되어 있다. 두 부재 모두 인장상태이고 $P = 6$ kips, $Q = 4$ kips인 경우 브라켓에 작용하는 합력의 크기와 방향을 (a) 평행사변형법, (b) 삼각형법으로 구하시오.

2.5 강재 탱크가 굴착지에 위치하고 있다. $\alpha = 20°$일 때 삼각함수 해법으로 (a) A에 적용된 두 힘의 합 $\mathbf{R}$이 수직을 유지하는 데 필요한 힘 $\mathbf{P}$의 크기, (b) 그때 $\mathbf{R}$의 크기를 구하시오.

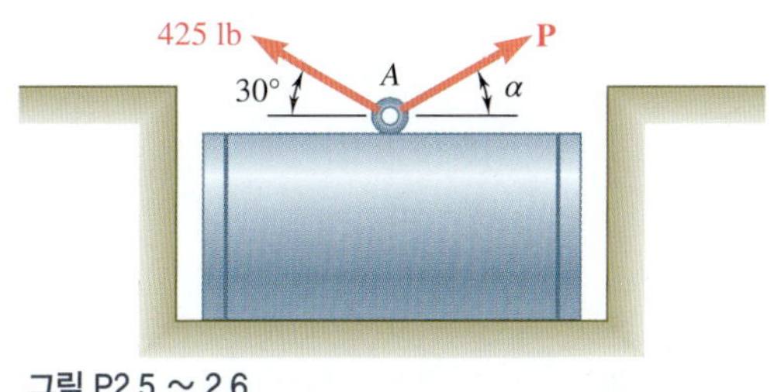

그림 P2.5 ~ 2.6

2.6 강재 탱크가 굴착지에 위치하고 있다. $\mathbf{P}$의 크기가 500 lb일 때 삼각함수 해법으로 (a) A에 적용된 두 힘의 합 $\mathbf{R}$이 수직을 유지하는 데 필요한 각도 α, (b) 그때 $\mathbf{R}$의 크기를 구하시오.

2.7 수평보를 따라 움직이는 트롤리에 그림과 같이 두 힘이 작용한다. (a) $\alpha = 25°$일 때 삼각함수 해법으로 트롤리에 가해지는 합력이 수직이 되도록 하는 힘 $\mathbf{P}$의 크기, (b) 그때 합력의 크기를 구하시오.

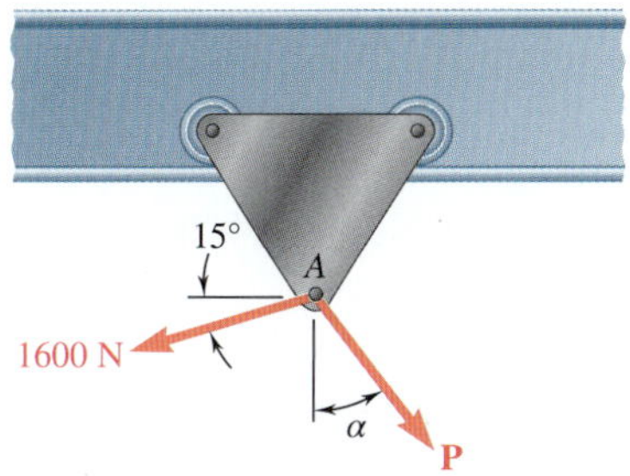

그림 P2.7, 2.11

2.8 그림과 같이 두 개의 로프를 사용하여 말뚝을 땅에서 뽑아내고 있다. $\alpha = 30°$일 때 삼각함수 해법으로 (a) 말뚝에 작용하는 합력이 수직이 되도록 하는 힘 **P**의 크기, (b) 그때 합력의 크기를 구하시오.

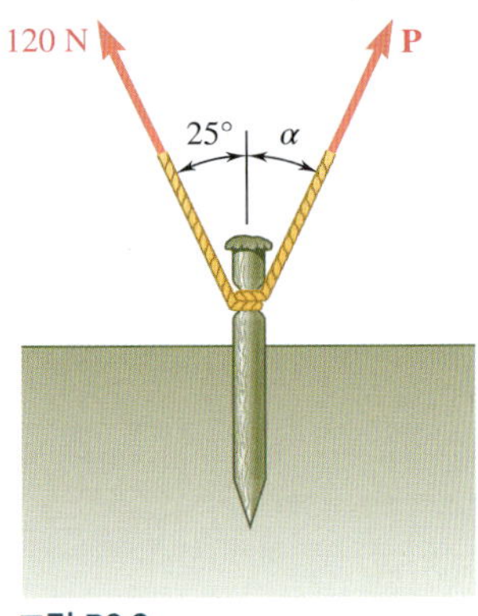

그림 P2.8

2.9 후크 지지대에 그림과 같이 두 힘이 작용한다. **P**의 크기가 35 N일 때 삼각함수 해법으로 (a) 지지대에 가해진 두 힘의 합 **R**이 수평을 유지하는 데 필요한 각도 α, (b) 그때 **R**의 크기를 구하시오.

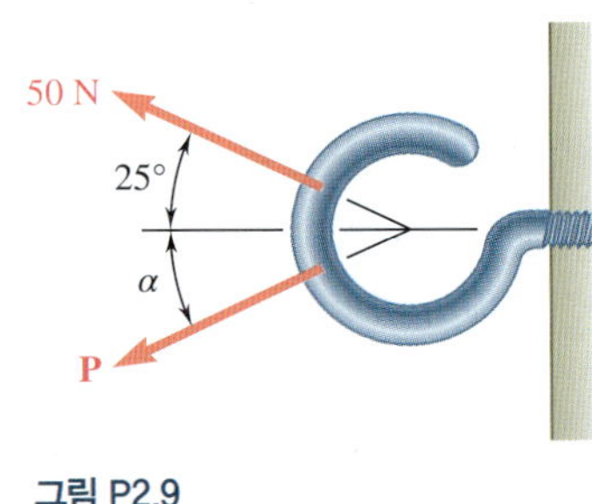

그림 P2.9

2.10 [문제 2.8]에서 한 로프의 장력이 120 N일 때 합력이 수직으로 160 N이 되도록, 삼각함수 해법으로 힘 **P**의 크기와 방향을 구하시오.

2.11 수평보를 따라 움직이는 트롤리는 그림과 같이 두 힘을 받는다. 합력이 2,500 N의 수직력이 되도록 삼각함수 해법으로 힘 **P**의 크기와 방향을 구하시오.

2.12 그림과 같이 고리 지지대에 두 힘이 작용할 때 삼각함수 해법으로 합력의 크기와 방향을 구하시오.

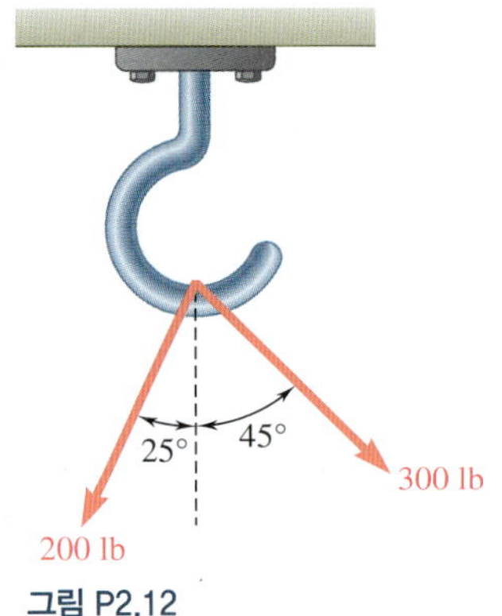

그림 P2.12

2.13 케이블 AB와 AD는 기둥 AC를 지지하고 있다. 인장력이 AB에서 120 lb, AD에서 40 lb임을 알 때 삼각함수 해법으로 점 A에 작용하는 합력의 크기와 방향을 구하시오.

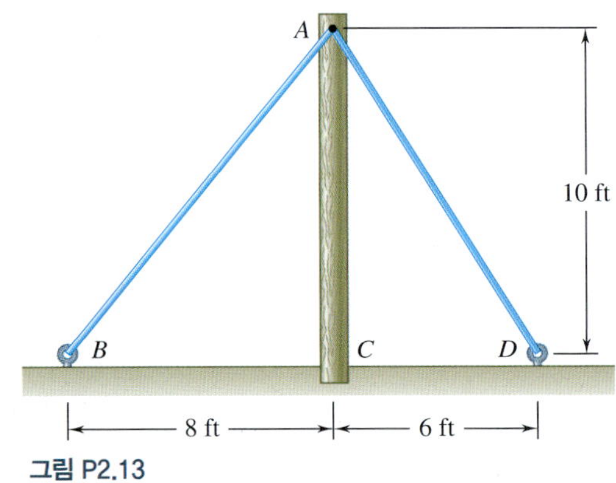

그림 P2.13

2.14 [문제 2.4]를 삼각함수 해법으로 구하라.

2.15 [문제 2.5]의 강재 탱크에서 삼각함수 해법으로 (a) 점 A에 작용하는 두 힘의 합력 **R**이 수직이 되는 최소의 힘 **P**의 크기와 방향, (b) 그때 합력 **R**의 크기를 구하시오.

2.2 성분을 이용한 힘의 합

2.1.5절에서 힘을 성분으로 분해하는 방법을 살펴보았다. 여기에서는 힘의 직각성분을 이용한 힘의 합에 대해 살펴본다. 이 방법은 힘을 합하는 가장 편리한 방법으로 실제로 가장 많이 사용된다. 이 절에서 정립된 벡터의 속성은 속도 또는 운동량과 같은 벡터의 직각성분을 다루는 데도 사용할 수 있다.

2.2.1 힘의 직각성분

문제에서 한 힘을 서로 직각인 두 성분으로 분해하면 편리한 경우가 많다. [그림 2.14]는 직교좌표계에서 힘 **F**에 대한 x축 성분 $\mathbf{F}_x$와 y축 성분 $\mathbf{F}_y$를 보여준다. 두 성분이 서로 직각을 이룰 때 $\mathbf{F}_x$와 $\mathbf{F}_y$를 **직각성분**rectangular components이라 한다. [그림 2.14]처럼 x축과 y축은 일반적으로 수평축과 수직축으로 선택되지만 [그림 2.15]처럼 두 축이 직각을 유지한다면 어떤 선택도 가능하다. 한 힘의 직각성분을 구할 때 [그림 2.14]와 [그림 2.15]에 보인 것처럼 각 축에 대해 수직한 방향이 아닌 평행한 방향의 선을 작도해야 한다. 이러한 연습은 2.1.5절에서 경사진 성분을 다룰 때 도움이 된다.

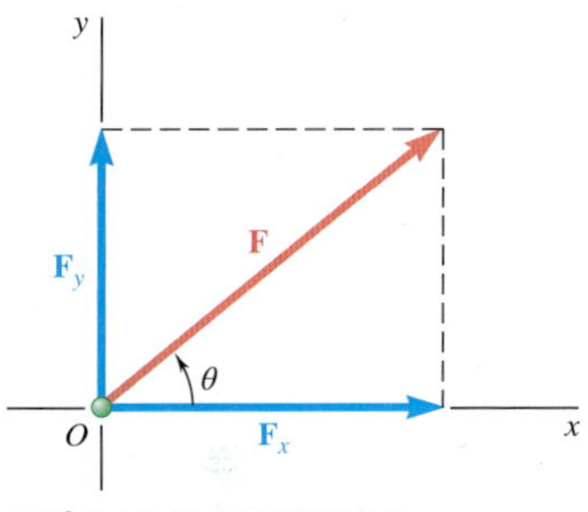

그림 2.14 힘 **F**의 직각성분

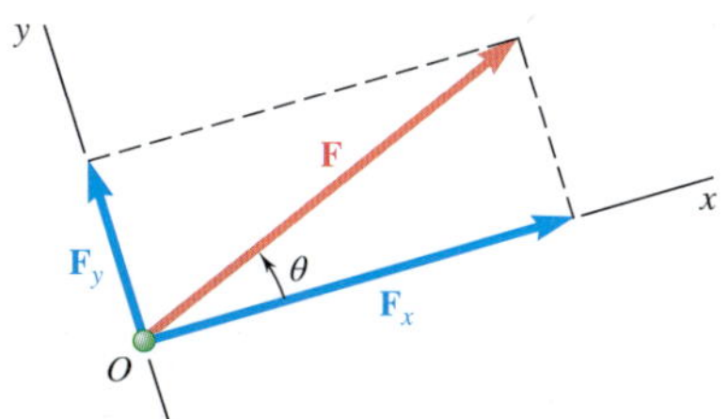

그림 2.15 좌표축이 회전된 상태에서 힘 **F**의 직각성분

단위벡터 힘 직각성분을 다룰 때 크기가 1(단위)이고 방향이 각각 양의 x축과 y축 방향인 두 힘을 사용하면 편리하다. 이러한 힘을 **단위벡터**unit vector라 하고 각각 **i**와 **j**로 표기한다(그림 2.16). 2.1.3절에서 다룬 벡터와 스칼라의 곱에 대한 정의를 이용하면 힘 **F**의 직각성분 $\mathbf{F}_x$와 $\mathbf{F}_y$를 단위벡터 **i**와 **j**에 적절한 스칼라를 곱하여 얻을 수 있다.

$$\mathbf{F}_x = F_x\mathbf{i}, \qquad \mathbf{F}_y = F_y\mathbf{j} \tag{2.6}$$

$$\mathbf{F} = F_x\mathbf{i} + F_y\mathbf{j} \tag{2.7}$$

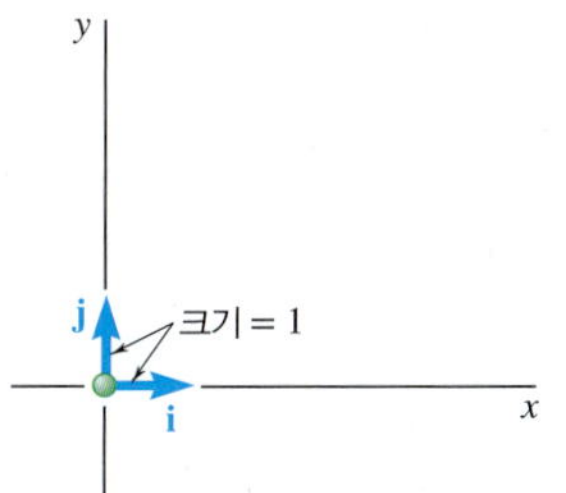

그림 2.16 x축과 y축에 대한 단위벡터

스칼라 F_x와 F_y는 직각성분 $\mathbf{F}_x$와 $\mathbf{F}_y$의 방향에 따라 양 또는 음의 값이 되지만 그 절댓값은 각각 $\mathbf{F}_x$와 $\mathbf{F}_y$의 크기와 같다. 스칼라 F_x와 F_y는 힘 **F**의 **스칼라 성분**scalar components이라 하고, 실제 힘으로서 성분 $\mathbf{F}_x$와 $\mathbf{F}_y$는 **벡터성분**vector components이라 한다. 그러나 혼돈의 여지가 없을 때는 스칼라든 벡터든 모두 단순하게 힘의 성분으로 부른다. 벡터성분 $\mathbf{F}_x$가 단위벡터 **i**와 방향이 일치할 때 스칼라 성분 F_x는 양의 값이 되고, **i**와 반대 방향이면 F_x는 음의 값이 된다. 스칼라 성분 F_y도 마찬가지다.

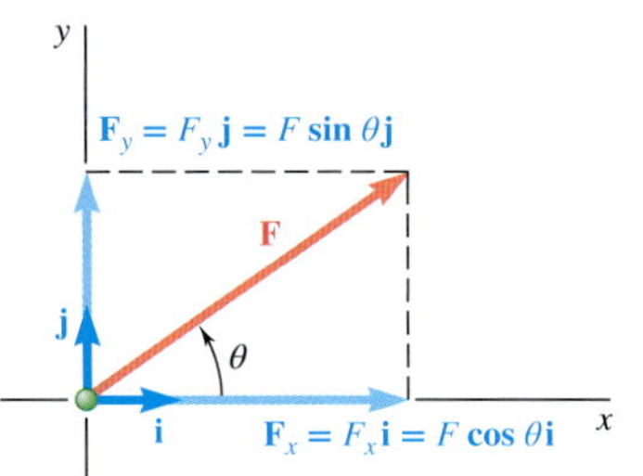

그림 2.17 단위벡터와 스칼라의 곱으로 표기된 힘 **F**의 성분

스칼라 성분 힘 **F**의 크기 F와 양의 x축 기준 반시계방향으로 측정했을 때, 각도 θ(그림 2.17)를 이용하여 **F**의 스칼라 성분은 다음과 같이 표현할 수 있다.

$$F_x = F\cos\theta, \quad F_y = F\sin\theta \tag{2.8}$$

이러한 관계는 각도 θ가 0°에서 360° 사이에서 성립되고, 스칼라 성분 F_x와 F_y의 부호와 절댓값이 결정한다.

개념적용 2.1

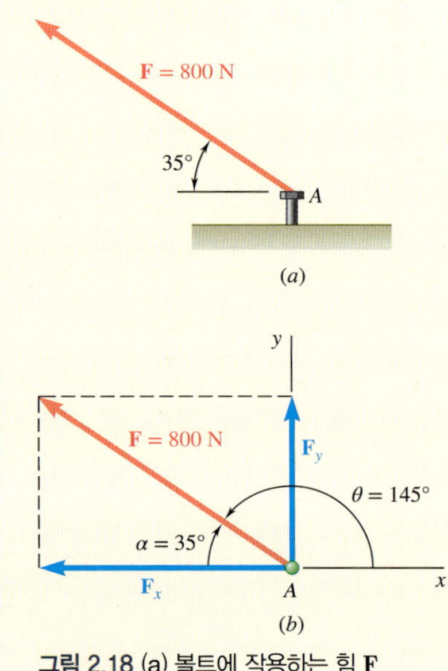

그림 2.18 (a) 볼트에 작용하는 힘 **F** (b) **F**의 직각성분

800 N의 힘이 볼트 A에 [그림 2.18a]와 같이 작용한다. 이 힘의 수평성분과 수직성분을 구하시오.

풀이

스칼라 성분 F_x와 F_y에 대한 기호를 정하기 위해 식 (2.8)의 θ에 180°−35°=145°를 대입한다. 그러나 F_x와 F_y의 기호는 관찰로 결정하는 것이 편할 수 있다(그림 2.18b). α=35°를 삼각함수에 대입하면 다음과 같다.

$$F_x = -F\cos\alpha = -(800\text{ N})\cos 35° = -655\text{ N}$$
$$F_y = +F\sin\alpha = +(800\text{ N})\sin 35° = +459\text{ N}$$

F의 벡터성분은

$$\mathbf{F}_x = -(655\text{ N})\mathbf{i}, \quad \mathbf{F}_y = +(459\text{ N})\mathbf{j}$$

이다. 그러므로 다음을 얻는다.

$$\mathbf{F} = -(655\text{ N})\mathbf{i} + (459\text{ N})\mathbf{j}$$ ◀

개념적용 2.2

[그림 2.19a]와 같이 건물 옥상에 부착된 로프에 300 N의 힘으로 당기고 있다. 점 A에서 로프에 작용하는 힘의 수평성분과 수직성분을 구하시오.

풀이

[그림 2.19b]로부터 다음을 얻는다.

$$F_x = +(300\text{ N})\cos\alpha, \quad F_y = -(300\text{ N})\sin\alpha$$

AB=10 m이므로 [그림 2.19a]로부터 다음을 얻는다.

$$\cos\alpha = \frac{8\text{ m}}{AB} = \frac{8\text{ m}}{10\text{ m}} = \frac{4}{5}, \quad \sin\alpha = \frac{6\text{ m}}{AB} = \frac{6\text{ m}}{10\text{ m}} = \frac{3}{5}$$

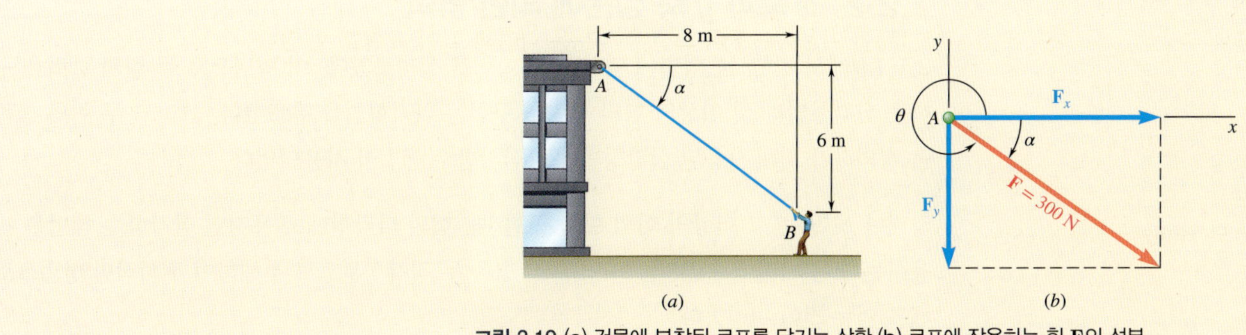

그림 2.19 (a) 건물에 부착된 로프를 당기는 상황 (b) 로프에 작용하는 힘 **F**의 성분

그러므로

$$F_x = +(300\ \text{N})\frac{4}{5} = +240\ \text{N}, \quad F_y = -(300\ \text{N})\frac{3}{5} = -180\ \text{N}$$

이고, 총 힘은 다음과 같다.

$$\mathbf{F} = (240\ \text{N})\mathbf{i} - (180\ \text{N})\mathbf{j}$$ ◀

힘의 방향 힘 **F**가 직각성분 F_x와 F_y(그림 2.17)로 정의될 때 방향을 결정하는 각도 θ는 다음과 같다.

$$\tan\theta = \frac{F_y}{F_x} \tag{2.9}$$

피타고라스 정리에 의해 힘의 크기 F는 다음과 같다.

$$F = \sqrt{F_x^2 + F_y^2} \tag{2.10}$$

또는 식 (2.8)에서 F에 대해서 풀어도 된다.

개념적용 2.3

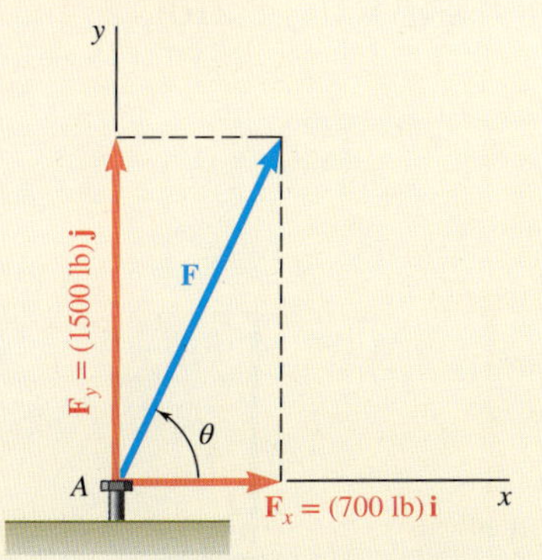

그림 2.20 볼트에 작용하는 힘 **F**의 성분

힘 $\mathbf{F} = (700\ \text{lb})\mathbf{i} + (1500\ \text{lb})\mathbf{j}$가 볼트 A에 작용한다. 힘의 크기와 수평축의 기준 각도 θ를 구하시오.

풀이

우선 두 직각성분과 각도 θ를 보여주는 그림을 작도한다. 식 (2.9)로부터 다음을 얻는다.

$$\tan\theta = \frac{F_y}{F_x} = \frac{1500\ \text{lb}}{700\ \text{lb}}$$

계산기를 이용해서 $\theta = 65°$를 얻고 식 (2.8)의 두 번째 식을 F에 대해 풀면 다음과 같다.

$$F = \frac{F_y}{\sin\theta} = \frac{1500\ \text{lb}}{\sin 65.0°} = 1655\ \text{lb}$$

2.2.2 x축과 y축 성분에 의한 합력

2.1.1절에서 평행사변형법에 의한 힘의 합력을 살펴보았다. 이 방법으로 두 힘의 합력을 구하는 삼각형법과 셋 이상의 힘의 합력을 구하는 다각형법을 유도했다. 그리고 두 힘의 합력을 정의하기 위해 사용된 삼각형법에는 삼각함수 해법이 사용되었다.

그러나 셋 또는 그 이상의 힘의 합을 구할 때, 힘의 다각형에 실용적인 삼각함수 해법을 적용하는 것은 어려울 수 있다. 이 경우 각 힘을 두 직각성분으로 분해하여 해석적인 방법으로 해를 얻는 것이 편리하다.

예를 들어, 한 입자에 작용하는 세 힘 **P**, **Q**, **S**를 고려해보자(그림 2.21a). 합력 **R**은

$$\mathbf{R} = \mathbf{P} + \mathbf{Q} + \mathbf{S} \tag{2.11}$$

이고, 각 힘을 직각성분으로 분해하면 다음과 같다.

$$\begin{aligned} R_x\,\mathrm{i} + R_y\,\mathrm{j} &= P_x\,\mathrm{i} + P_y\,\mathrm{j} + Q_x\,\mathrm{i} + Q_y\,\mathrm{j} + S_x\,\mathrm{i} + S_y\,\mathrm{j} \\ &= (P_x + Q_x + S_x)\mathrm{i} + (P_y + Q_y + S_y)\mathrm{j} \end{aligned}$$

이 식으로부터 다음을 확인할 수 있다.

$$R_x = P_x + Q_x + S_x, \quad R_y = P_y + Q_y + S_y \tag{2.12}$$

또는

$$R_x = \Sigma F_x, \quad R_y = \Sigma F_y \tag{2.13}$$

그러므로 다수의 힘이 한 입자에 작용할 때, **합력 R의 스칼라 성분 R_x와 R_y는 해당 스칼라 성분의 산술적 합**으로 얻을 수 있다.

실무에서 합력 **R**을 구할 때는 [그림 2.21]과 같이 세 단계로 수행한다.

❶ 주어진 힘(그림 2.21a)을 x와 y 성분으로 분해한다(그림 2.21b).
❷ 합력 **R**에 대한 x와 y 성분을 구하기 위해 각 성분의 합을 구한다(그림 2.21c).
❸ 합력 $\mathbf{F} = R_x\mathbf{i} + R_y\mathbf{j}$를 구하기 위해 평행사변형법을 적용한다(그림 2.21d).

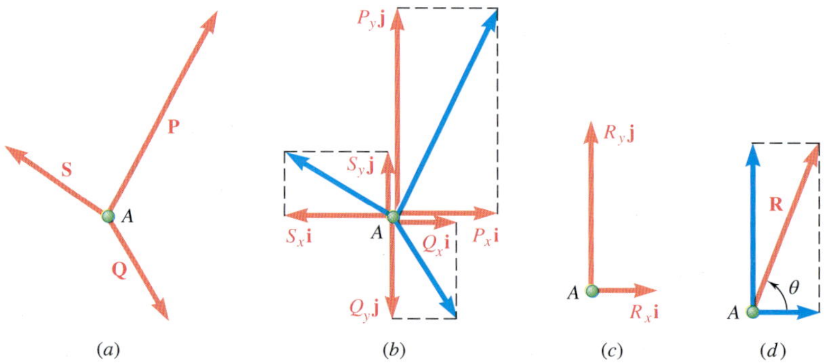

그림 2.21 (a) 입자에 작용하는 세 힘 (b) 각 힘의 직각성분 분해 (c) 성분의 합 (d) 성분으로부터 합력 계산

이러한 단계별 과정은 표(예제 2.3 참조)를 이용하여 계산하면 편리하다. 이 방법은 셋 또는 그 이상의 힘의 합력을 구할 때는 실용적이지만, 두 힘의 합력을 계산할 때는 삼각함수 해법이 좋을 수 있다.

예제 2.3

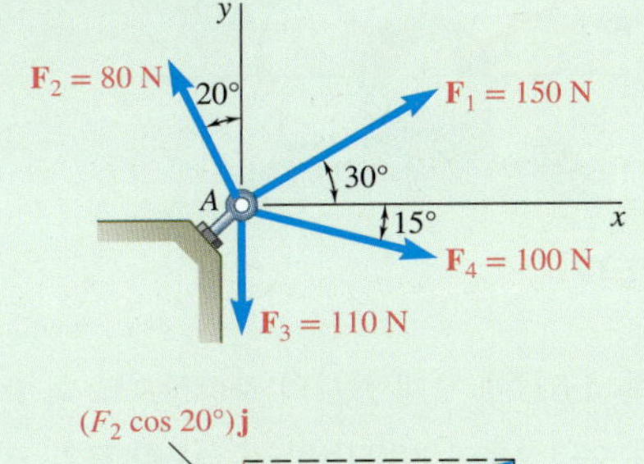

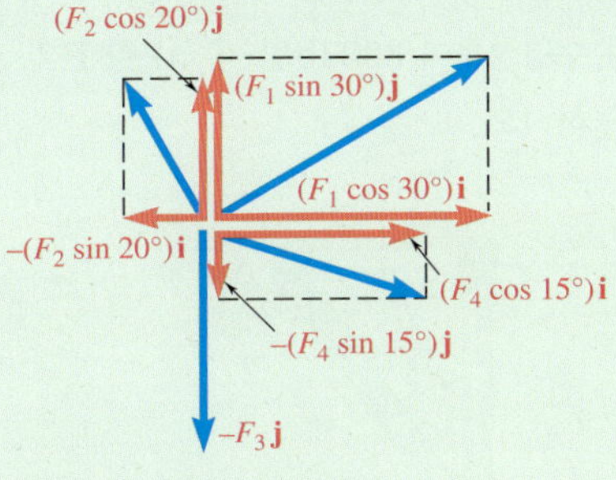

그림 1 각 힘의 직각성분

볼트 A에 네 힘이 작용하고 있다. 볼트에 작용하는 힘의 합력을 구하시오.

문제분석 네 힘의 합력을 구하는 문제에서 가장 간단한 접근법은 힘을 성분으로 분해하는 것이다.

모델링 다수의 힘이 작용하는 문제를 다룰 때 각 힘의 성분을 표시한 표를 이용하면 더 쉽게 풀 수 있다. 표에 삼각함수로 정해진 각 힘의 x와 y 성분을 입력한다(그림 1). 이 절에서 따르는 부호규약에 따라 힘의 성분이 해당 좌표축과 같은 방향이면 그 힘의 성분에 해당하는 스칼라의 부호는 양(+)이다. 따라서 우측 방향으로 작용하는 x 성분과 상향으로 작용하는 y 성분은 양수가 된다.

풀이

힘	크기, N	x 성분, N	y 성분, N
$\mathbf{F}_1$	150	+129.9	+75.0
$\mathbf{F}_2$	80	−27.4	+75.2
$\mathbf{F}_3$	110	0	−110.0
$\mathbf{F}_4$	100	+96.6	−25.9
		$R_x = +199.1$	$R_y = +14.3$

따라서 네 힘의 합력 **R**은 다음과 같다.

$$\mathbf{R} = R_x\mathbf{i} + R_y\mathbf{j} \qquad \mathbf{R} = (199.1\text{ N})\mathbf{i} + (14.3\text{ N})\mathbf{j} \blacktriangleleft$$

합력의 크기와 방향은 [그림 2]에 보인 삼각형으로부터 다음과 같이 구할 수 있다.

$$\tan\alpha = \frac{R_y}{R_x} = \frac{14.3\text{ N}}{199.1\text{ N}}, \qquad \alpha = 4.1°$$

$$R = \frac{14.3\text{ N}}{\sin\alpha} = 199.6\text{ N} \qquad \mathbf{R} = 199.6\text{ N} \measuredangle 4.1° \blacktriangleleft$$

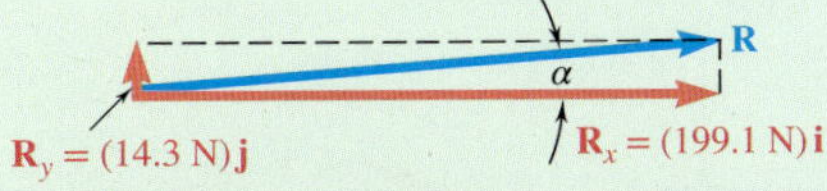

그림 2 주어진 힘의 최종 합력

고찰 표에 배열된 자료는 계산 과정을 따라가는 데 도움을 주고, 유사한 계산이 반복되므로 계산기를 사용하기에 더 편리하다.

Section 2.2 연습문제

2.16 ~ 2.17 그림과 같은 각 힘에 대한 x와 y 성분을 구하시오.

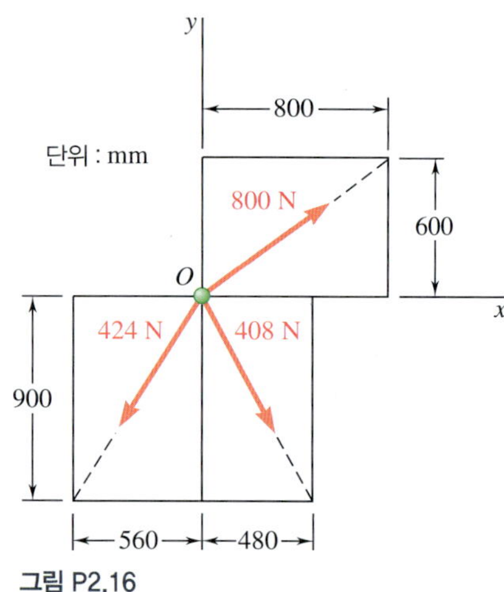

그림 P2.16

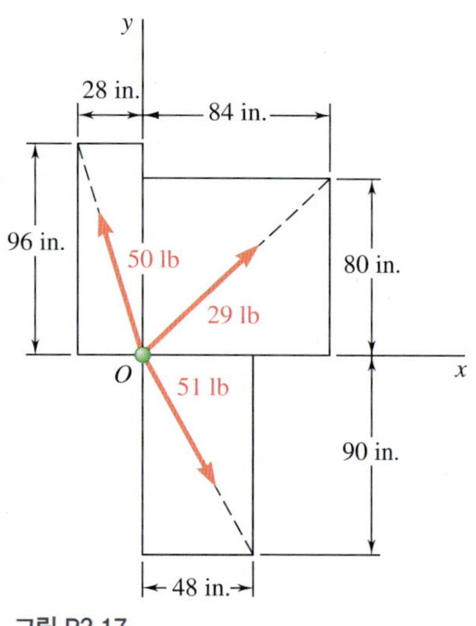

그림 P2.17

2.18 ~ 2.19 그림과 같은 각 힘에 대한 x와 y 성분을 구하시오.

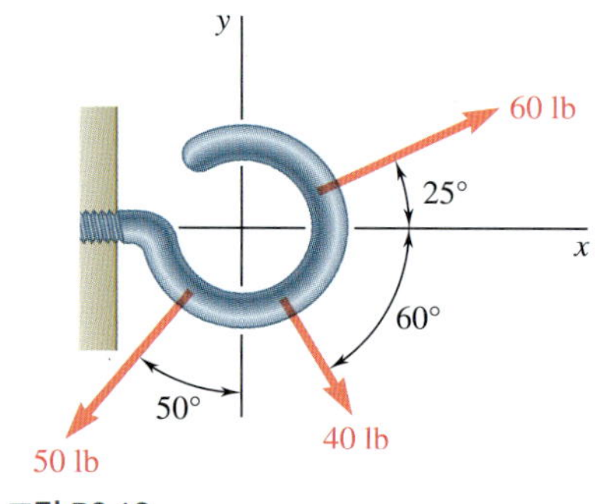

그림 P2.18

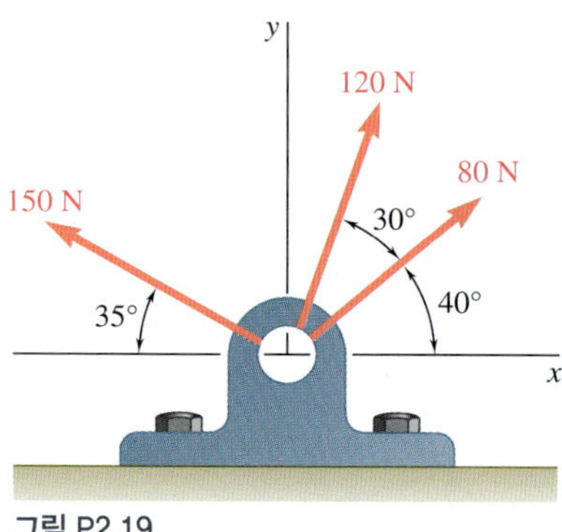

그림 P2.19

2.20 부재 BD는 부재 ABC에 부재 BD의 축방향으로 힘 $\mathbf{P}$를 작용시킨다. $\mathbf{P}$의 수평성분이 300 lb일 때 (a) 힘 $\mathbf{P}$의 크기, (b) 수직성분을 구하시오.

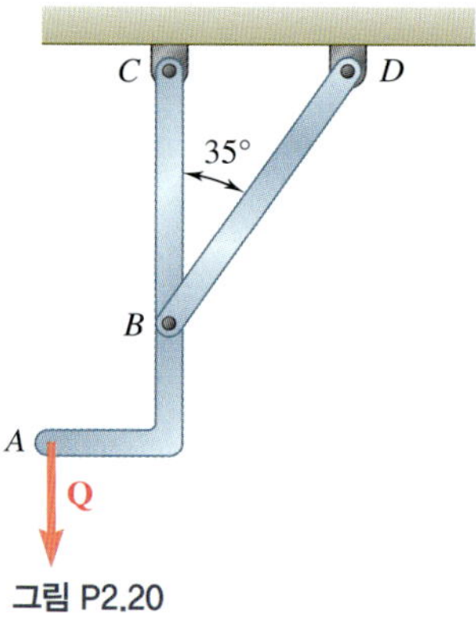

그림 P2.20

2.21 부재 BC는 부재 AC에 작용선 BC를 따라 힘 $\mathbf{P}$를 작용시킨다. 힘 $\mathbf{P}$의 수평성분이 325 N일 때 (a) 힘 $\mathbf{P}$의 크기, (b) 수평성분을 구하시오.

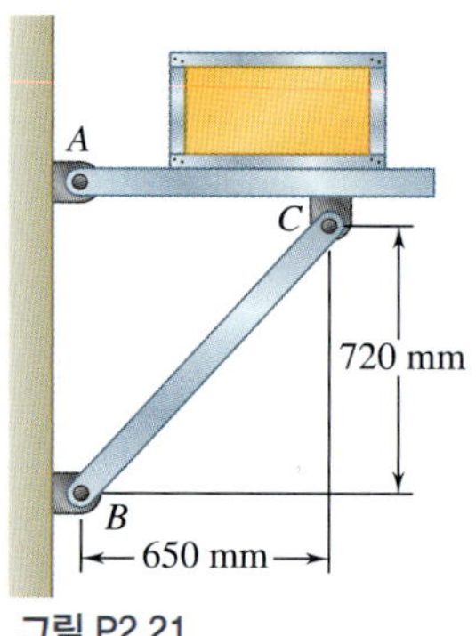

그림 P2.21

2.22 케이블 AC는 보 AB에 작용선 AC를 따라 힘 $\mathbf{P}$를 작용시킨다. 힘 $\mathbf{P}$가 350 lb의 수평성분을 가질 때 (a) 힘 $\mathbf{P}$의 크기, (b) 수평성분을 구하시오.

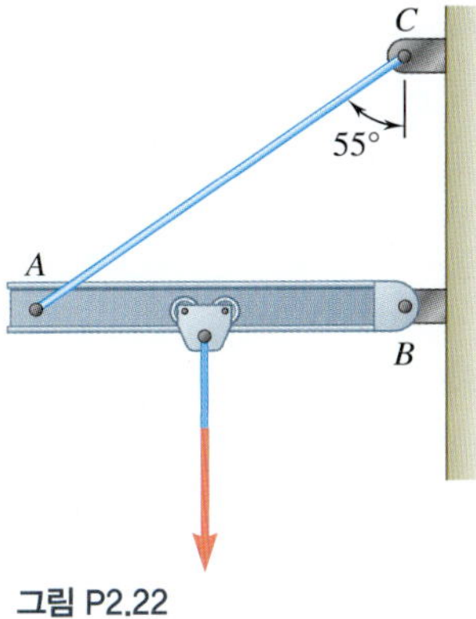

그림 P2.22

2.23 경사 와이어 BD는 전신주 AC에 작용선 BD를 따라 힘 $\mathbf{P}$를 작용시킨다. 힘 $\mathbf{P}$가 전신주 AC에 수직한 방향으로 720 N의 성분을 가질 때 (a) 힘 $\mathbf{P}$의 크기, (b) 선 AC 방향의 성분을 구하시오.

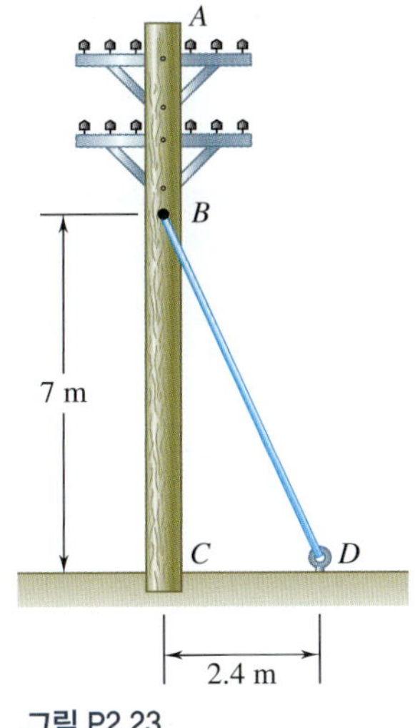

그림 P2.23

2.24 [문제 2.16]에서 세 힘의 합력을 구하시오.

2.25 [문제 2.17]에서 세 힘의 합력을 구하시오.

2.26 [문제 2.18]에서 세 힘의 합력을 구하시오.

2.27 [문제 2.19]에서 세 힘의 합력을 구하시오.

2.28 수직으로 설치된 부재에서 상하로 움직이는 고리부재가 그림과 같이 세 힘을 받고 있다. (a) 세 힘의 합력이 수평일 때 α의 값, (b) 그때 합력의 크기를 구하시오.

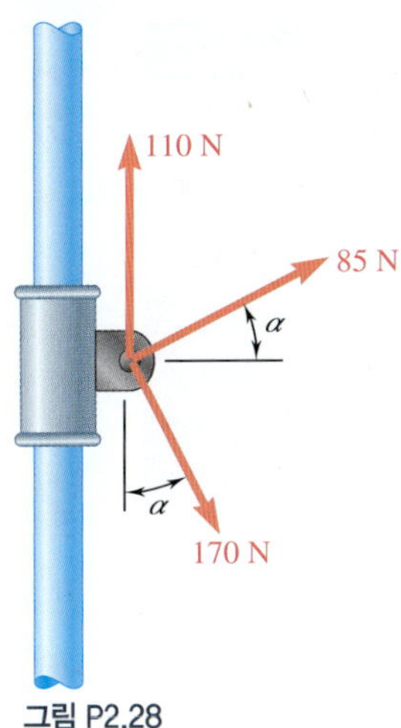

그림 P2.28

2.29 호이스트 트롤리hoist trolley가 그림에 표시된 세 힘을 받고 있다. $\alpha = 40°$일 때, (a) 세 힘의 합력이 수직일 때 힘 $\mathbf{P}$의 크기, (b) 그때 합력의 크기를 구하시오.

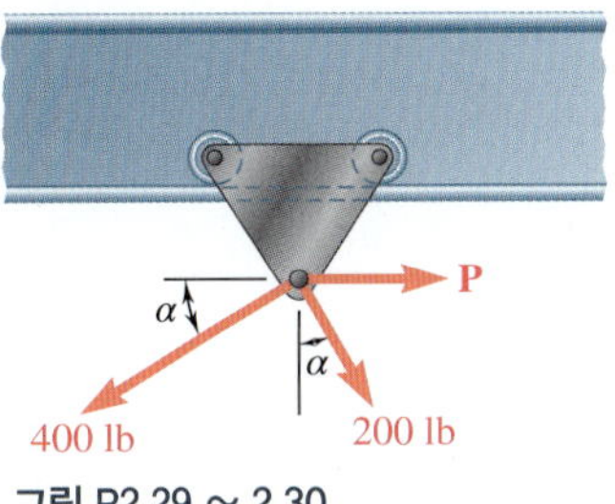

그림 P2.29 ~ 2.30

2.30 호이스트 트롤리가 그림과 같이 세 힘을 받고 있다. $P = 250$ lb일 때 (a) 세 힘이 합력이 수직일 때 α의 값, (b) 그때 합력의 크기를 구하시오.

2.31 그림과 같이 기둥이 하중을 받고 있다. (a) 점 C에서 세 힘의 합력이 수평일 때 로프 AC에 작용하는 인장력, (b) 그때 합력의 크기를 구하시오.

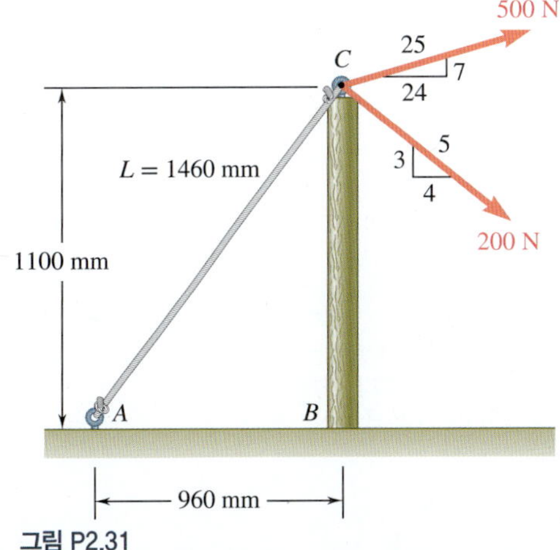

그림 P2.31

2.3 평면에서 힘의 평형

지금까지는 힘의 합력에 대해 배웠다. 이제 입자의 평형에 대해 알아보자. 평형과 힘의 합은 매우 직접적 관계에 있는데, 입자는 작용하는 힘의 합력이 0zero일 때만 평형상태에 있을 수 있다.

사진 2.2 연결고리에 작용하는 힘으로 소녀의 무게와 도르래가 당기는 힘이 있다. 연결고리를 입자로 취급하면 작용하는 모든 힘의 합이 0이기 때문에 평형상태에 있다.
Michael Doolittle/Alamy Stock Photo

2.3.1 입자의 평형

앞서 한 입자에 여러 힘이 작용할 때 그 힘의 합력을 어떻게 구하는지 살펴보았다. 지금까지는 고려하지 않았지만, 합력을 0으로 만드는 것이 가능하다. 이러한 경우 가해진 힘이 가지는 순수 효과는 없는 것이 되고, 평형상태에 있다고 할 수 있다. 즉, 다음과 같이 정의한다.

한 입자에 작용하는 모든 힘의 합력이 0이 될 때, 그 입자는 평형상태에 있다.

크기가 같고 방향이 서로 반대인 두 힘을 받는 입자는 평형상태에 있다. [그림 2.22]와 같이 두 힘의 합력이 0이 되기 때문이다.

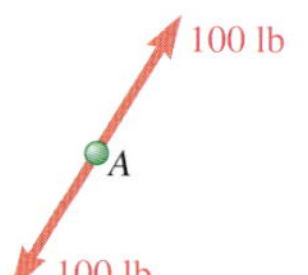

그림 2.22 입자가 평형상태에 있을 때 그 입자에 작용하는 모든 힘의 합력은 0이다.

[그림 2.23a]는 네 힘이 작용하는 입자평형의 또 다른 경우를 보여준다. [그림 2.23b]에서 다각형법을 사용하여 주어진 힘의 합력을 보였다. $\mathbf{F}_1$의 시점 O점에서 출발하여 각 힘을 시종점 연결법으로 배치하면 $\mathbf{F}_4$의 종점이 출발점인 O점과 일치한다. 그러므로 주어진 힘 시스템에 대한 합력 $\mathbf{R}$은 0이 되고 그 입자는 평형상태에 있다. [그림 2.23b]의 폐합다각형은 입자 A가 평형상태에 있다는 것으로, 도해법으로 보여준다. 평형조건을 대수적으로 표현하면 다음과 같다.

입자의 평형

$$\mathbf{R} = \Sigma \mathbf{F} = 0 \tag{2.14}$$

각 힘 $\mathbf{F}$를 직각성분으로 분해하면

$$\Sigma(F_x\mathbf{i} + F_y\mathbf{j}) = 0 \quad 또는 \quad (\Sigma F_x)\mathbf{i} + (\Sigma F_y)\mathbf{j} = 0$$

이다. 입자의 평형을 위한 필요충분조건은 다음과 같다.

입자의 평형(스칼라식)

$$\Sigma F_x = 0, \quad \Sigma F_y = 0 \tag{2.15}$$

[그림 2.23]에 보인 입자로 돌아가서 평형조건을 만족하는지 확인한다.

$$\begin{aligned}\Sigma F_x &= 300\text{ lb} - (200\text{ lb})\sin 30° - (400\text{ lb})\sin 30° \\ &= 300\text{ lb} - 100\text{ lb} - 200\text{ lb} = 0\end{aligned}$$

$$\begin{aligned}\Sigma F_y &= -173.2\text{ lb} - (200\text{ lb})\cos 30° + (400\text{ lb})\cos 30° \\ &= -173.2\text{ lb} - 173.2\text{ lb} + 346.4\text{ lb} = 0\end{aligned}$$

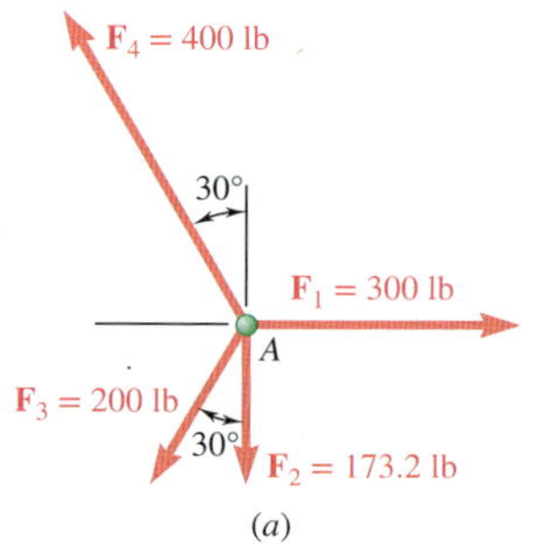

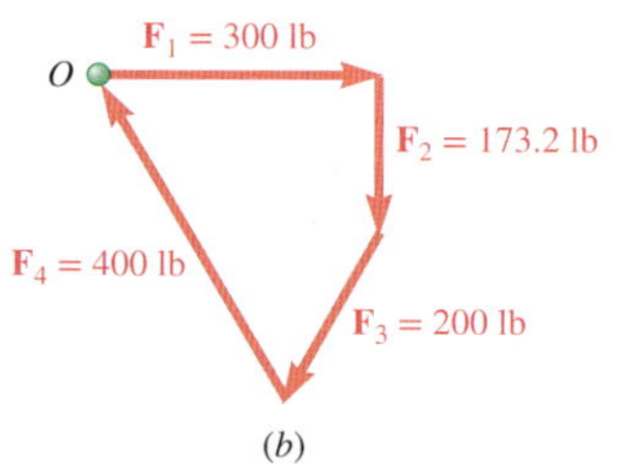

그림 2.23 (a) 입자 A에 작용하는 네 개의 힘 (b) 합력을 찾기 위해 다각형법이 적용되었고 그 합이 0이 되므로 입자는 평형상태에 있다.

2.3.2 뉴턴의 운동 제1 법칙

1.2절에서 살펴봤듯이 아이작 뉴턴Isaac Newton은 역학의 기초를 제공한 세 법칙을 발표했는데, 제1법칙은 다음과 같다.

한 입자에 작용하는 합력이 0일 때 그 입자는 정지상태(원래 정지해 있는 경우)를 유지하거나 등속 직선운동(원래 움직이고 있는 경우)을 한다.

이 법칙과 평형에 대한 정의로부터 평형상태에 있는 입자는 정지해 있거나 등속 직선운동을 한다는 사실을 알 수 있다. 이 두 가지 상태가 아니라면 입자는 평형상태에 있지 않고 작용하는 합력 또한 0이 아니다. 다음 절에서 입자평형에 대한 다양한 문제를 학습한다.

정역학에서 평형과 관련된 문제는 대부분 뉴턴의 운동 제1법칙을 이용하여 해결한다. 실무에서 교량이나 빌딩이 무너지지 않고 안정을 유지하도록 설계하는 데 이용한다. 또한 강풍이나 홍수 등과 같이 평형을 교란하는 하중에 대한 이해를 의미하기도 한다. 기본개념은 단순하지만 그 응용은 매우 다양하고 복잡할 수 있다.

2.3.3 자유물체도와 해법

실무에서 역학 문제는 실제의 물리적 상황에서 유도된다. 문제의 물리적 조건을 보여주는 스케치를 **공간 다이어그램**space diagram이라 한다.

앞 절에서 논의했던 해석 방법은 한 입자에 작용하는 일련의 힘에 적용된다. 그러나 실제 구조물과 관련된 다양한 문제는 입자평형 문제로 단순화할 수 있다. 대상이 되는 주요 입자를 선정하고 그 입자와 입자에 작용하는 모든 힘이 포함된 별도의 다이어그램을 그리는 것이다. 이러한 다이어그램을 **자유물체도**free-body diagram라고 한다(모든 물체 중에서 대상이 되는 물체를 선택하는 것은 '자유롭다free'에서 유래한 명칭이다).

[그림 2.24a]의 공간 다이어그램에 보인 75 kg 상자화물을 예로 들어보자. 이 상자화물을 두 인근 건물 사이에서 들어 올려 트럭에 싣고자 한다. 상자화물은 수직 케이블에 매달려 점 A에서 두 로프로 연결되어 들려 있고, 각 로프는 건물에 부착된 도르래를 통과하고 있다. 로프 AB와 AC에 각각 발생하는 인장력을 구하고자 한다.

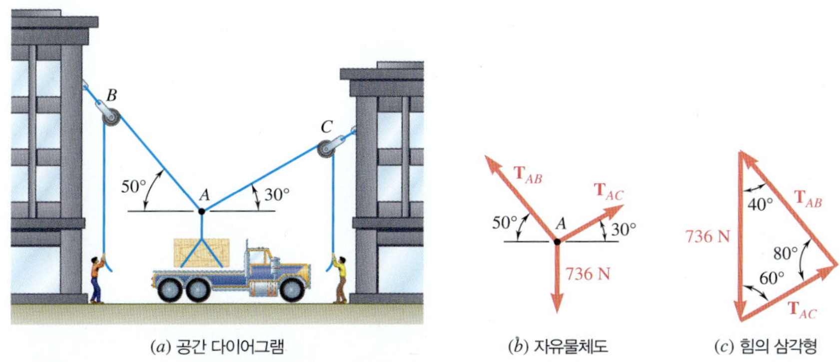

그림 2.24 (a) 공간 다이어그램은 문제의 물리적 상황을 보여준다. (b) 자유물체도는 하나의 중앙입자와 작용하는 힘을 보여준다. (c) 힘의 삼각형은 사인법칙으로 풀린다. 입자는 평형상태에 있고 합력은 0이므로 힘의 삼각형은 폐합을 이룬다.

이 문제를 풀기 위해서 먼저 평형상태에 있는 입자를 보여주는 자유물체도를 그린다. 로프에 걸리는 인장력을 구해야 하므로 자유물체도에는 최소한 한 로프의 인장력, 가능하다면 두 로프 인장력 모두를 포함해야 한다.

점 A에 대한 자유물체도는 [그림 2.24b]에 보였는데, 수직 케이블과 두 로프에 의해 점 A에 작용하는 모든 힘을 포함하고 있다. 케이블에 작용하는 힘은 아래 수직방향이고 그 크기는 상자화물 무게 W와 같다. 식 (1.4)에 의해 다음을 얻는다.

$$W = mg = (75\ \mathrm{kg})(9.81\ \mathrm{m/s^2}) = 736\ \mathrm{N}$$

이 값은 자유물체도에 표시되었다. 두 로프에 작용하는 힘은 미지수이다. 로프 AB와 AC의 인장력은 $\mathbf{T}_{AB}$와 $\mathbf{T}_{AC}$로 표기하여 점 A에서 멀어지는 방향으로 그리고, 다른 상세는 자유물체도에 포함하지 않았다.

점 A는 평형상태에 있으므로 작용하는 세 힘의 시종점을 각각 연결하면 폐합삼각형이 된다. 이 **힘의 삼각형**force triangle을 [그림 2.24c]에 보였다. 로프에 작용하는 인장력 $\mathbf{T}_{AB}$와 $\mathbf{T}_{AC}$는 스케일에 맞게 그렸다면 도해법으로 찾을 수 있고, 삼각함수 해법으로도 구할 수 있다. 삼각함수 해법에서 사인법칙을 이용하면 다음을 얻는다.

$$\frac{T_{AB}}{\sin 60^\circ} = \frac{T_{AC}}{\sin 40^\circ} = \frac{736\ \mathrm{N}}{\sin 80^\circ}$$
$$T_{AB} = 647\ \mathrm{N}$$
$$T_{AC} = 480\ \mathrm{N}$$

사진 2.3 [그림 2.24]와 같이 고리를 입자로 보고 평형방정식을 적용하면 프리캐스트 콘크리트 패널을 지지하는 케이블의 인장력을 구할 수 있다.
Mack7777/iStock/ Getty Images

세 힘을 받는 입자가 평형상태에 있다면 힘의 삼각형을 그려 문제를 해결할 수 있다. 마찬가지로 세 힘 이상의 힘을 받는 입자가 평형상태에 있다면 힘의 다각형을 그려 해결할 수 있다. 만약 해석적 해가 필요하다면 2.3.1절에 주어진 **평형방정식**equations of equilibrium을 풀어야 한다.

$$\Sigma F_x = 0, \quad \Sigma F_y = 0 \tag{2.15}$$

이러한 방정식은 오직 두 개 이하의 미지수에 대해서만 풀 수 있다. 마찬가지로 세 힘이 작용하는 평형에 사용되는 힘의 삼각형도 두 미지수에 대해서만 풀 수 있다.

미지수 두 개가 포함되는 가장 흔히 접하게 되는 문제 형식은 (1) 한 힘의 두 성분(또는 크기와 방향) 또는 (2) 각 방향이 주어진 두 힘의 크기이다. 한 힘의 크기에 대한 최댓값 또는 최솟값을 구하는 경우도 있다(문제 2.43 ~ 2.47).

예제 2.4

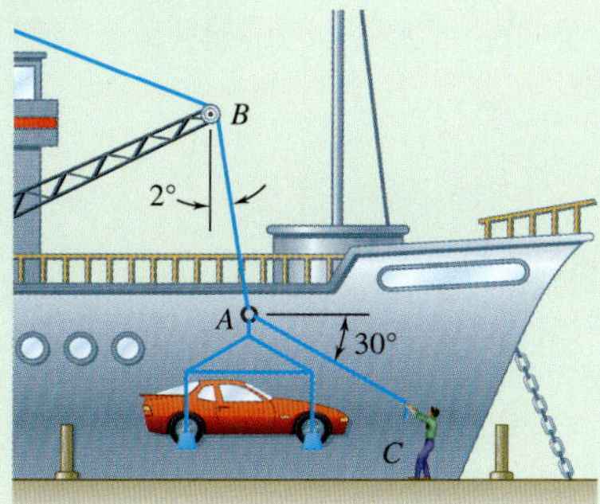

선박하역 작업 중 3,500 lb 무게의 자동차가 케이블에 지지되어 있다. 작업자는 케이블의 점 A에서 로프로 묶어 자동차를 의도한 위치로 옮기려고 한다. 그림에 보인 자동차는 움직이지 않는 상태에서 케이블과 수직선 사이 2°, 로프와 수평선 사이 30°를 유지하고 있다. 로프와 케이블에 작용하는 인장력은 얼마인가?

문제분석 동일 평면에 작용하는 세 힘의 평형에 관한 문제이다. 점 A를 입자로 보고 힘의 삼각형으로 문제를 푼다.

모델링과 풀이

자유물체도 점 A를 입자로 취하고 자유물체도를 그린다(그림 1). $\mathbf{T}_{AB}$와 $\mathbf{T}_{AC}$는 각각 케이블 AB와 AC에 작용하는 인장력이다.

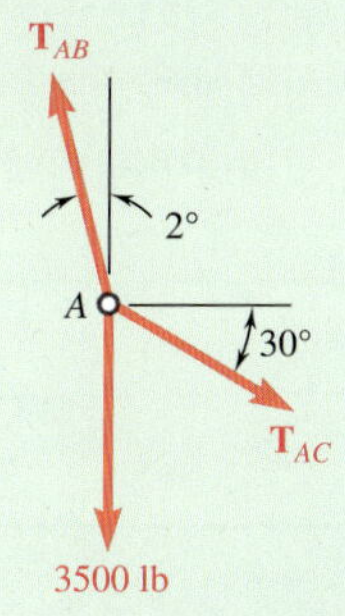

그림 1 입자 A에 대한 자유물체도

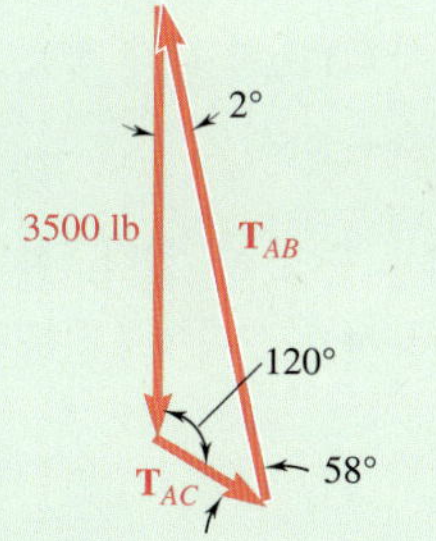

그림 2 입자 A에 작용하는 힘에 대한 힘의 삼각형

평형조건 점 A에 오직 세 힘만이 작용하므로 평형상태를 표현하는 힘의 삼각형을 그린다(그림 2). 사인법칙을 이용하여 다음을 얻는다.

$$\frac{T_{AB}}{\sin 120°} = \frac{T_{AC}}{\sin 2°} = \frac{3500 \text{ lb}}{\sin 58°}$$

계산기를 이용하여 마지막 값을 계산하고 저장한 후 사인 102°와 2°를 각각 곱하여 다음을 얻는다.

$$T_{AB} = 3570 \text{ lb}, \qquad T_{AC} = 144 \text{ lb} ◂$$

고찰 세 힘 중 하나를 알고, 주어진 기하를 이용해 나머지 두 힘을 구하는 전형적인 문제이다. 이런 기본 문제는 다소 복잡한 상황에서 부분 문제로 나타난다.

예제 2.5

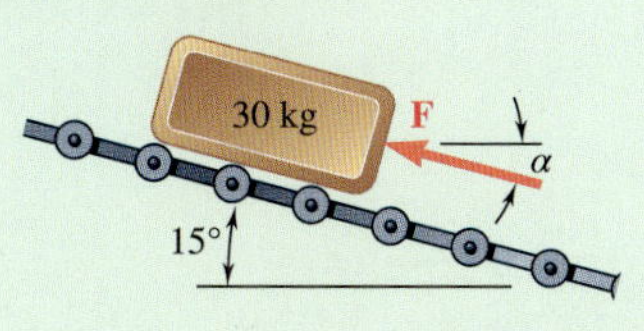

그림에서 30 kg 포장화물이 평형상태를 유지하기 위한 최소의 힘 **F**의 크기와 방향을 구하시오. 단, 롤러에 의해 화물에 작용하는 힘은 경사면에 수직방향이다.

문제분석 힘의 삼각형으로 풀 수 있는 동일 평면에 작용하는 세 힘의 평형에 관한 문제이다. 새로운 점은 최소의 힘을 정하는 것인데 [예제 2.2]와 유사한 방법으로 접근해 볼 수 있다.

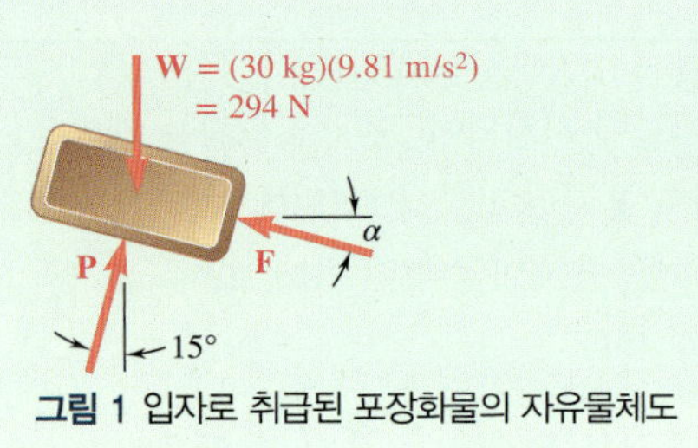

그림 1 입자로 취급된 포장화물의 자유물체도

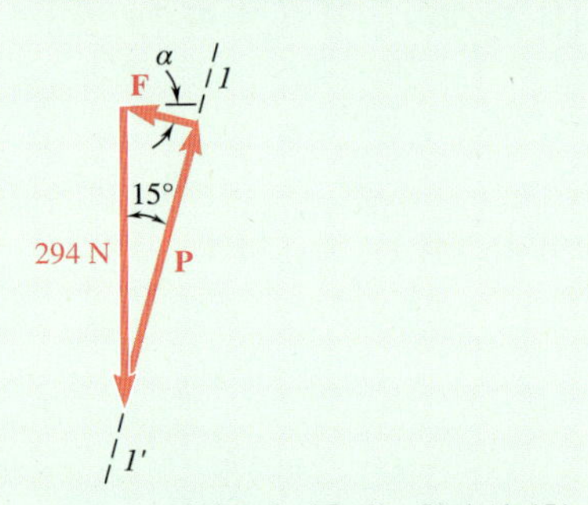

그림 2 포장화물에 작용하는 힘의 삼각형

모델링과 풀이

자유물체도 입자로 다룰 것을 가정하고 자유물체를 취한 후, 해당 자유물체도를 그린다(그림 1).

평형조건 세 힘이 작용하는 자유물체도이므로 평형상태를 표현하는 힘의 삼각형을 그린다(그림 2). 선 $1-1'$은 힘 **P**의 주어진 방향을 나타낸다. 힘 **F**의 최솟값을 얻기 위해 **P**의 방향과 수직으로 **F**의 방향을 선택한다. 이 삼각형의 기하로부터 다음을 얻는다.

$$F = (294\ \text{N})\sin 15° = 76.1\ \text{N}$$

$$\alpha = 15°$$

$$\mathbf{F} = 76.1\ \text{N} ∡ 15° \blacktriangleleft$$

고찰 평형을 유지하기 위한 최대 또는 최소 힘을 구하는 것은 실무에서 자주 마주친다. 이 문제에서 평형을 유지하기 위해 화물 중량의 25% 정도가 요구되는데, 경사도 15°임을 고려하면 합리적인 수준으로 보인다.

예제 2.6

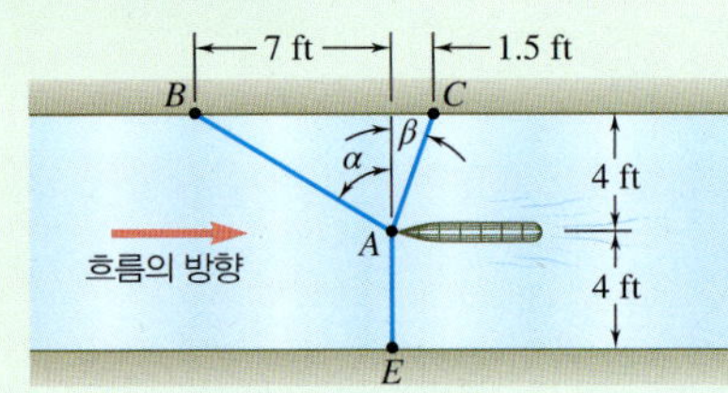

새로운 보트의 설계자는 주어진 유속에서 발생하는 항력drag force을 구하고자 한다. 보트 모델을 시험용 수로에 놓고 모델의 축선이 수로의 중심선을 유지하도록 세 개의 케이블을 이용하여 고정했다. 주어진 유속에서 케이블 AB에 40 lb, AE에 60 lb가 각각 작용한다. 보트 모델에 작용하는 항력과 케이블 AC에 작용하는 인장력을 구하시오.

문제분석 모든 테이블은 점 A에 연결되어 있으므로 입자평형으로 다룰 수 있다. 점 A에 네 힘(케이블에 작용하는 세 인장력과 보트 모델의 항력)이 작용하므로 평형조건을 사용하고 미지수를 구할 때는 성분의 합을 이용한다.

모델링과 풀이

각도계산 우선 케이블 AB와 AC의 방향을 정의하는 각도 α와 β를 구한다.

$$\tan\alpha = \frac{7\ \text{ft}}{4\ \text{ft}} = 1.75, \qquad \alpha = 60.26°$$

$$\tan\beta = \frac{1.5\ \text{ft}}{4\ \text{ft}} = 0.375, \qquad \beta = 20.56°$$

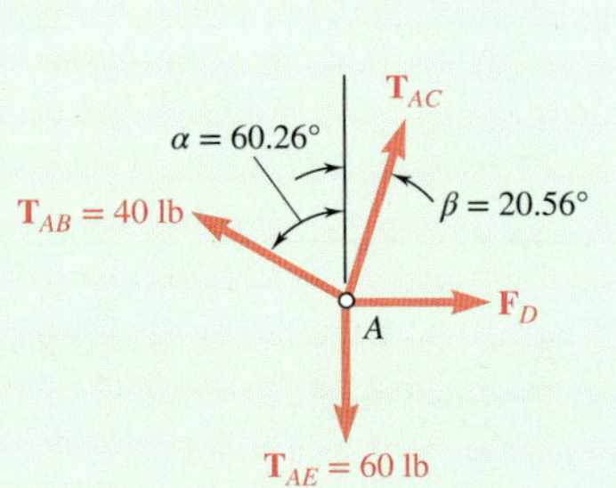

그림 1 입자 A에 대한 자유물체도

자유물체도 점 A를 자유물체로 선택하고 자유물체도를 그린다(그림 1). 거기에는 세 개의 케이블에 의해 작용하는 각 힘과 흐름에 저항하는 항력 $\mathbf{F}_D$가 포함되어 있다.

평형조건 점 A가 평형상태에 있으므로 합력은 0이 되어야 한다.

$$\mathbf{R} = \mathbf{T}_{AB} + \mathbf{T}_{AC} + \mathbf{T}_{AE} + \mathbf{F}_D = 0 \tag{1}$$

세 개를 초과하는 힘이 작용하므로 각 힘을 x와 y 성분으로 분해한다(그림 2).

$$\mathbf{T}_{AB} = -(40\text{ lb})\sin 60.26°\,\mathbf{i} + (40\text{ lb})\cos 60.26°\,\mathbf{j}$$
$$= -(34.73\text{ lb})\,\mathbf{i} + (19.84\text{ lb})\,\mathbf{j}$$
$$\mathbf{T}_{AC} = T_{AC}\sin 20.56°\,\mathbf{i} + T_{AC}\cos 20.56°\,\mathbf{j}$$
$$= 0.3512\,T_{AC}\,\mathbf{i} + 0.9363\,T_{AC}\,\mathbf{j}$$
$$\mathbf{T}_{AE} = -(60\text{ lb})\,\mathbf{j}$$
$$\mathbf{F}_D = F_D\,\mathbf{i}$$

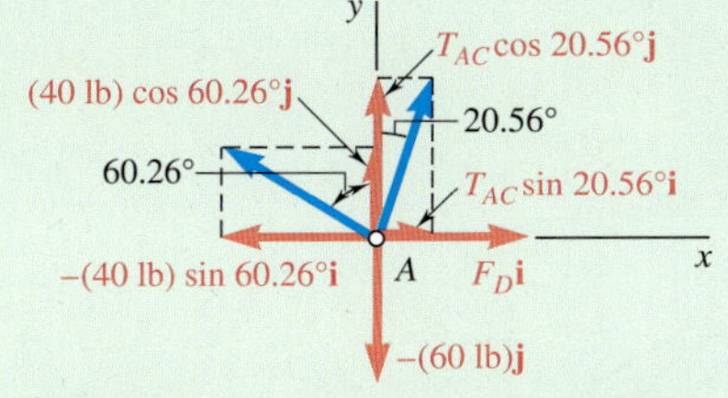

그림 2 입자 A에 작용하는 힘의 직각성분

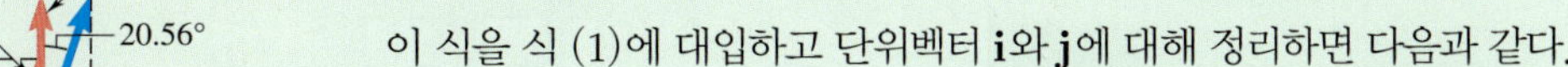

이 식을 식 (1)에 대입하고 단위벡터 **i**와 **j**에 대해 정리하면 다음과 같다.

$$(-34.73\text{ lb} + 0.3512\,T_{AC} + F_D)\mathbf{i} + (19.84\text{ lb} + 0.9363\,T_{AC} - 60\text{ lb})\mathbf{j} = 0$$

이 식은 **i**와 **j**의 계수가 각각 0이 될 때 만족한다. x 성분의 합과 y 성분의 합을 표현하는 식의 합이 각각 0이 되어야 하므로 다음과 같다.

$$\Sigma F_x = 0 : -34.73\text{ lb} + 0.3512\,T_{AC} + F_D = 0 \qquad (2)$$
$$\Sigma F_y = 0 : 19.84\text{ lb} + 0.9363\,T_{AC} - 60\text{ lb} = 0 \qquad (3)$$

식 (3)으로부터

$$T_{AC} = +42.9\text{ lb} \blacktriangleleft$$

이다. 이 값을 식 (2)에 대입하면 다음과 같다.

$$F_D = +19.66\text{ lb} \blacktriangleleft$$

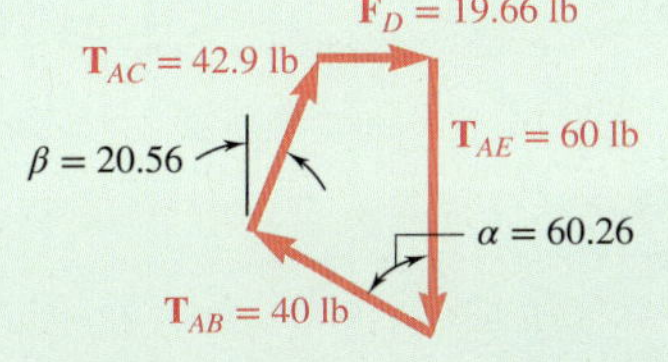

그림 3 입자 A에 작용하는 힘의 다각형

고찰 자유물체도를 작성할 때 대상이 되는 미지의 힘에 대해서 방향을 임의로 가정했다. 해답에서 양의 부호가 나왔다면 가정된 방향이 옳았다는 의미이다. 검토를 위해 힘의 다각형(그림 3)을 그려 볼 수 있다.

사례연구 2.1

1980년에 완공된 미주리주 캔자스시티Missouri Kansas City에 있는 한 건축물의 아트리움에는 매달린 방식으로 3개의 현수보행로suspended walkway가 있다. [그림 CS2.1]과 같이 2층과 4층 보행로는 동일한 행어시스템hanger system으로 지지했고, 3층 보행로는 독립적으로 지지되었다. 1981년 7월 17일 아트리움에서 댄스 대회가 열렸고, 많은 사람이 아트리움 1층과 3개의 매달린 보행로에 모였다. 갑자기 4층 보행로 연결이 파괴되어 이 보행로가 2층 보행로 위로 떨어졌고 두 보행로는 모두 1층 아트리움 바닥으로 추락했다(사진 CS2.1). 비극적으로 113명이 목숨을 잃었고 186명이 부상을 당했다. 인명 피해면에서 이 사고는 당시까지 미국 역사상 최악의 구조물 붕괴사고로 기록되었다.

각 보행로 지지체계는 [그림 CS2.1]에 보인 것처럼 횡방향으로 보 형식의 보행로 구조물이 행어로드hanger rod에 연결재로 부착되는 방식이었는데, 행어로드에서 연결재가 파괴되었다. 4층 보행로에 대한 초기의 행어로드와 연결재 설계 원안이 [그림 CS2.2a]에 도시되었다. 지지 역할을 하는 행어로드는 4층 보행로 연결부를 통과하여 2층 보행로 아래 끝까지 이어진다. 4층 보행로를 지지하기 위해서는 2층 끝에서 시작하여 4층 높이까지 행어로드 표면의 나사산을 통해 연결재를 돌려가며 4층 보행로 바로 아래까지 올려야 한다. 시공 중에 이러한 방식이 불가능함을 알게 되었고 새로운 구조 상세를 도입하여 [그림 CS2.2b]와 같이 시공했다.

사진 CS2.1 보행로 붕괴 잔해. 3층 보행로는 건재하다.
Pete Leabo/AP Images

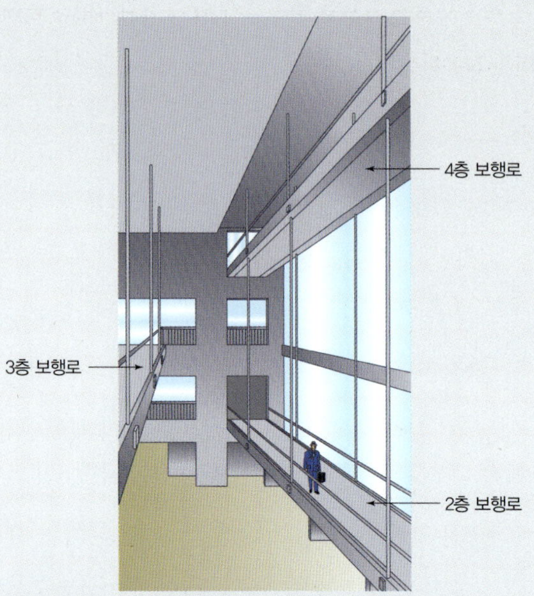

그림 CS2.1 아트리움 보행로의 설치체계[1]

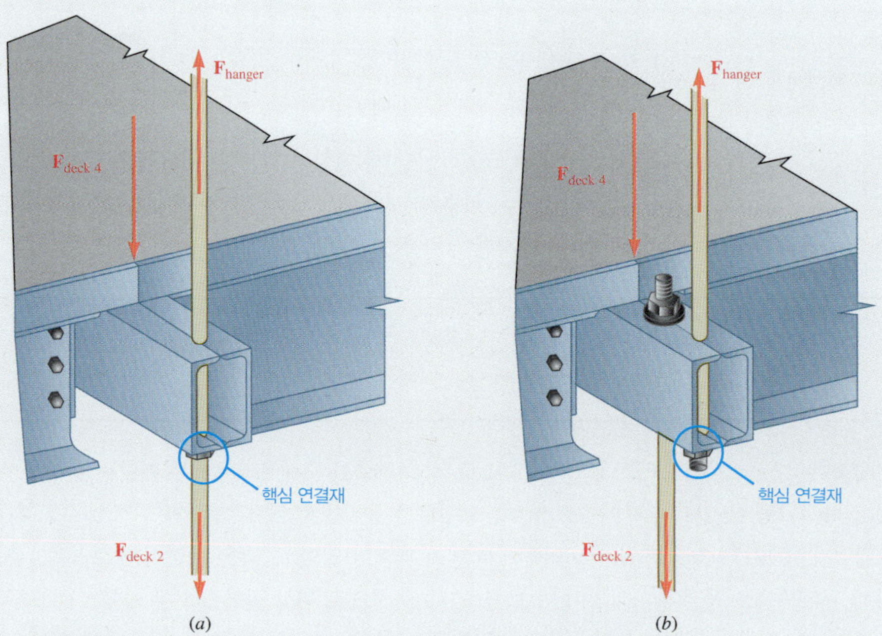

그림 CS2.2 4층 보행로 지지체계[2] (a) 원래 설계된 방식 (b) 실제 시공된 방식

1 Marshall, R. D., Pfrang, E. O., Leyendecker, E. V., Woodward, K. A., Reed, R. P., Kasen, M. B., and *Shives*, T. R. *NBS Building Science Series 143: Investigation of the Kansas City Hyatt Regency Walkways Collapse*. Washington, DC: US Department of Commerce, National Institute of Standards and Technology, May 1982.

2 Marshall, R. D., Pfrang, E. O., Leyendecker, E. V., Woodward, K. A., Reed, R. P., Kasen, M. B., and *Shives*, T. R. *NBS Building Science Series 143: Investigation of the Kansas City Hyatt Regency Walkways Collapse*. Washington, DC: US Department of Commerce, National Institute of Standards and Technology, May 1982.

연결부에 대한 설계 변경의 효과를 살펴보기 위해 정역학을 응용해보자.

문제분석 먼저 작용하는 하중을 확인하고, 연결재와 행어 일부를 입자로 취급하여 자유물체도를 그린 후 평형 해석을 수행한다.

모델링

자유물체도 작용하는 하중은 [그림 CS2.2]에 나타냈다. 행어시스템은 2층과 4층의 보행로를 지지하고 각각의 하중은 $\mathbf{F}_{\text{deck2}}$와 $\mathbf{F}_{\text{deck4}}$로 표기한다. 또한 4층에서 천정까지 행어에 작용하는 하중은 $\mathbf{F}_{\text{hanger}}$로 표기한다. 두 가지 경우 모두 행어는 두 층에 해당하는 보행로의 하중을 천정까지 전달해야 한다.

$$\mathbf{F}_{\text{hanger}} = \mathbf{F}_{\text{deck2}} + \mathbf{F}_{\text{deck4}}$$

핵심 연결재critical faster와 행어 일부를 입자로 보고 각각의 경우에 대해 [그림 CS2.3]처럼 자유물체도를 그린다.

풀이

실제 시공된 연결 [그림 CS2.3a]로부터 다음을 얻는다.

$$+\uparrow \Sigma F_y = 0 : \; F_{\text{hanger}} - F^{(a)}_{\text{fastener}} = 0$$
$$(F_{\text{deck 2}} + F_{\text{deck 4}}) - F^{(a)}_{\text{fastener}} = 0$$
$$F^{(a)}_{\text{fastener}} = +(F_{\text{deck 2}} + F_{\text{deck 4}})$$
$$F^{(a)}_{\text{fastener}} = (F_{\text{deck 2}} + F_{\text{deck 4}}) \downarrow \blacktriangleleft$$

설계 원안 연결 [그림 CS2.3b]로부터 다음을 얻는다.

$$+\uparrow \Sigma F_y = 0 : \; F_{\text{hanger}} - F^{(b)}_{\text{fastener}} - F_{\text{deck 2}} = 0$$
$$(F_{\text{deck 2}} + F_{\text{deck 4}}) - F^{(b)}_{\text{fastener}} - F_{\text{deck 2}} = 0$$
$$F^{(b)}_{\text{fastener}} = +(F_{\text{deck 4}})$$
$$F^{(b)}_{\text{fastener}} = F_{\text{deck 4}} \downarrow \blacktriangleleft$$

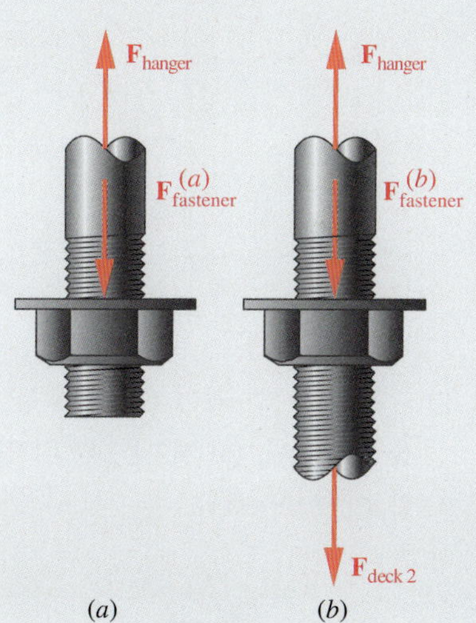

그림 CS2.3 핵심 연결재의 자유물체도
(a) 시공된 연결 (b) 설계된 연결

각 경우에 대해 연결재에 작용하는 힘을 비교해보면 변경된 연결방식에서 연결재는 2개의 보행로 하중을 모두 지지해야 한다. 원래 계획했던 설계에서 연결재는 4층 보행로 하중만을 지지하면 되는 방식이었다.

고찰 '즉석에서' 결정한 연결방식의 변경으로 인해 핵심 연결재가 한 개 층 대신 두 개 층의 하중을 받는 의도하지 않은 결과가 발생했다. 같은 방식으로 역학 문제를 해석하는 데 있어 지금과 같은 매우 간단한 상황에서도 완전한 SMART법을 사용해야 한다. 그리고 이 사례연구에서 다룬 상황 외에도 이 비극에 기여한 다른 중요한 요인이 있었다. 앞서 인용한 보고서와 함께 이러한 요인들은 다른 출판물에서도 논의되었으니 관심 있는 독자는 더 연구해 볼 것을 권한다.

Section 2.3 연습문제

2.32 두 개의 케이블이 C에서 함께 묶여 있고 그림과 같은 하중을 받고 있다. $\alpha = 30°$일 때 (a) 케이블 AC의 인장력, (b) 케이블 BC의 인장력을 구하시오.

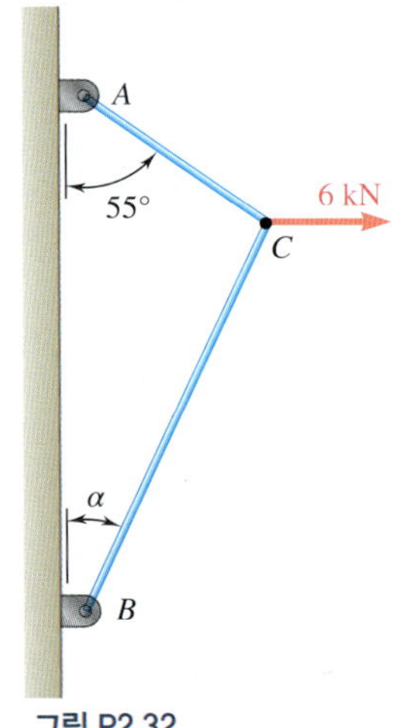

그림 P2.32

2.33 ~ 2.34 두 케이블이 C에 함께 묶여 있고 그림과 같은 하중을 받고 있다. (a) 케이블 AC의 인장력, (b) 케이블 BC의 인장력을 구하시오.

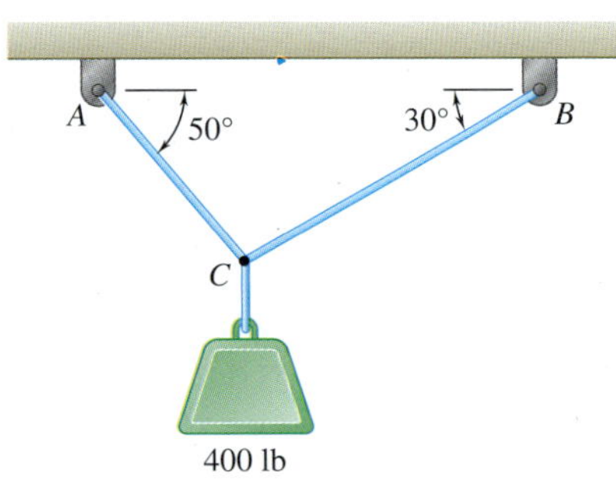

그림 P2.33

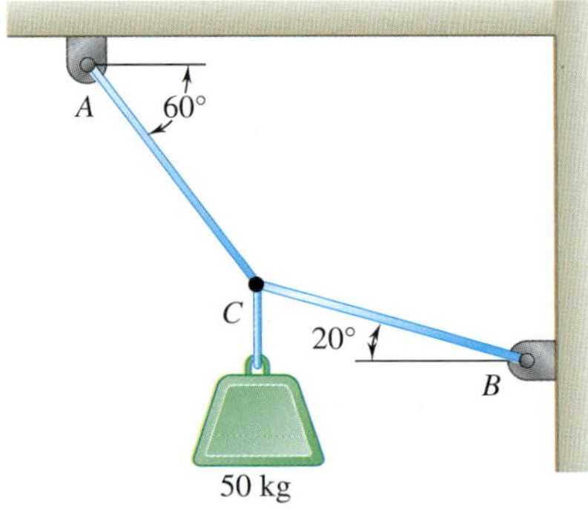

그림 P2.34

2.35 두 케이블이 C에 함께 묶여 있고 그림과 같은 하중을 받고 있다. (a) 케이블 AC의 인장력, (b) 케이블 BC의 인장력을 구하시오.

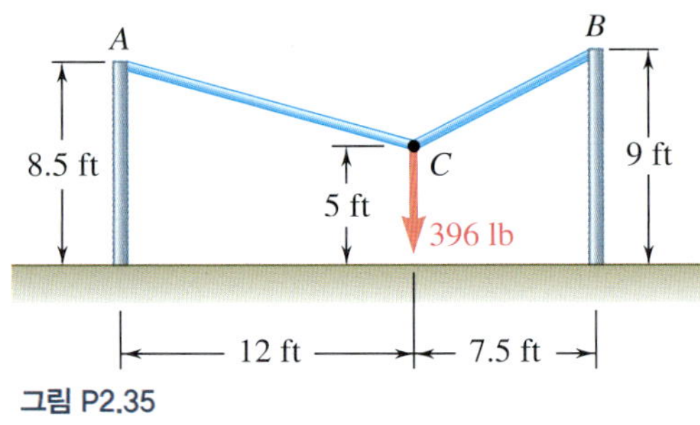

그림 P2.35

2.36 두 케이블이 C에 함께 묶여 있고 그림과 같은 하중을 받고 있다. $P = 500$ N, $\alpha = 60°$일 때 (a) 케이블 AC의 인장력, (b) 케이블 BC의 인장력을 구하시오.

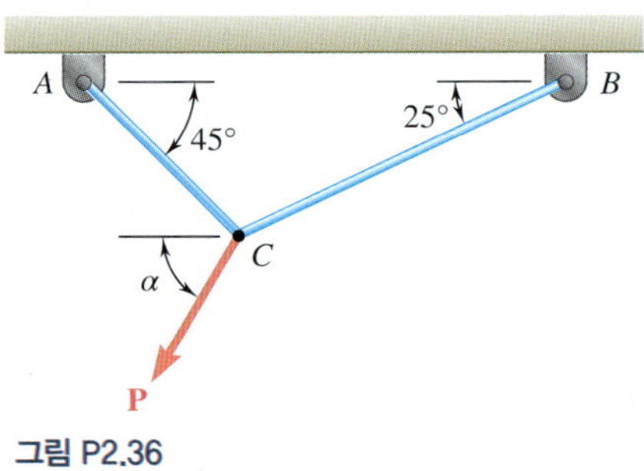

그림 P2.36

2.37 항공구조의 한 브라켓에 그림과 같이 두 개의 힘 **P**와 **Q**가 작용한다. 연결부는 평형상태에 있고 로드rod A와 B의 인장력이 각각 $T_A = 240$ lb, $T_B = 500$ lb일 때 **P**와 **Q**의 크기를 구하시오.

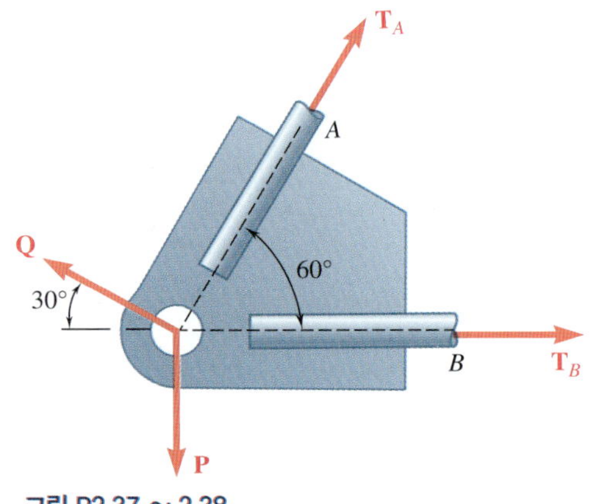

그림 P2.37 ~ 2.38

2.38 항공구조의 한 브라켓에 그림과 같이 두 개의 힘 **P**와 **Q**가 작용한다. 연결부는 평형상태에 있고 $P = 600$ lb, $Q = 800$ lb일 때, 로드 A와 B에 작용하는 인장력을 구하시오.

2.39 네 힘을 받는 용접 연결부가 평형상태에 있다. $F_A = 8$ kN이고 $F_B = 16$ kN일 때, 나머지 두 힘의 크기를 구하시오.

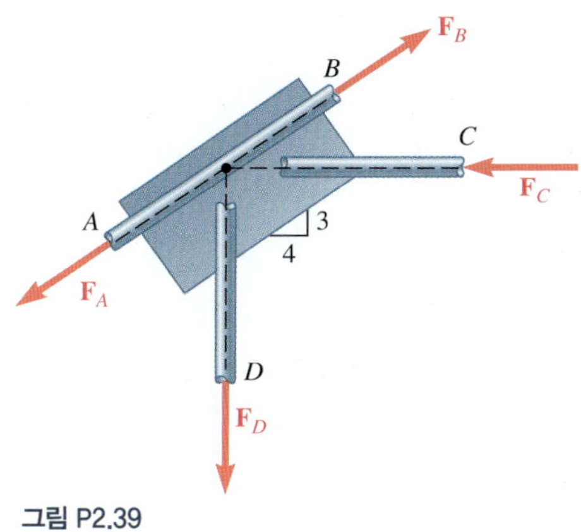

그림 P2.39

2.40 항공기 연결부에 그림과 같이 두 힘 **P**와 **Q**가 재하되었다. 연결부는 평형상태에 있고 $P = 500$ lb와 $Q = 650$ lb일 때, 로드 A와 B에 작용하는 인장력을 구하시오.

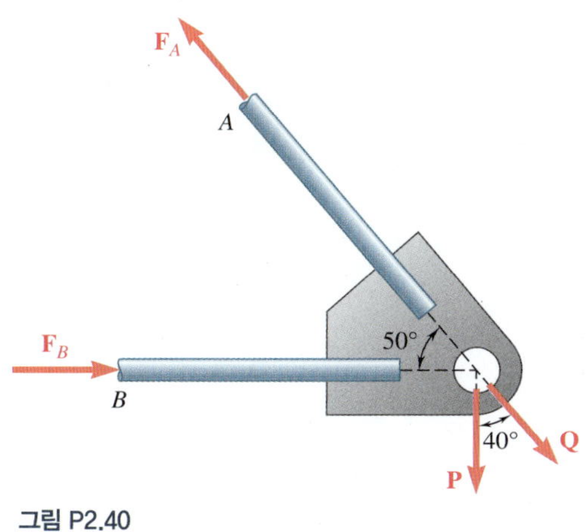

그림 P2.40

2.41 선원이 보슨체어[boatswain's chair]로 구조되고 있다. 보슨체어는 지지 케이블 ACB에 자유롭게 움직일 수 있는 도르래에 매달려 있고 케이블 CD에 의해 일정한 속도로 당겨진다. $\alpha = 30°$, $\beta = 10°$이고 보슨체어와 선원의 총 무게가 200 lb일 때 (a) 지지 케이블 ACB의 인장력, (b) 견인 케이블 CD의 인장력을 구하시오.

2.42 선원이 보슨체어로 구조되고 있다. 보슨체어는 지지 케이블 ACB에 자유롭게 움직일 수 있는 도르래에 매달려 있고 케이블 CD에 의해 일정한 속도로 당겨진다. $\alpha = 25°$, $\beta = 15°$이고 케이블 CD의 인장력이 20 lb일 때 (a) 보슨체어와 선원의 총무게, (b) 케이블 ACB의 인장력을 구하시오.

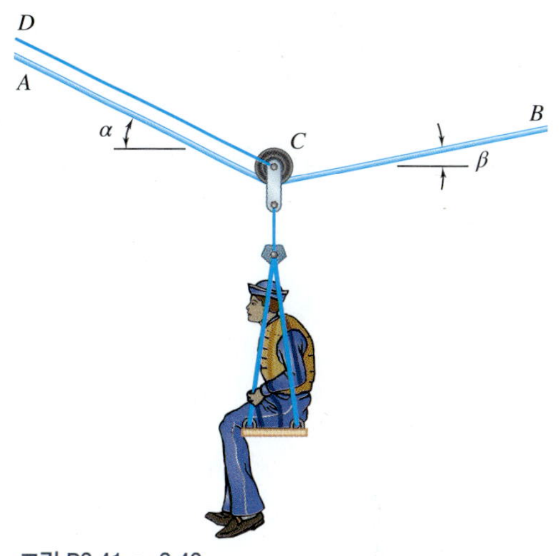

그림 P2.41 ~ 2.42

2.43 [문제 2.32]에서 (a) 케이블 BC에서 인장력이 최소가 되는 α값, (b) 두 케이블에서 동시에 인장력이 최소가 되는 α값을 구하시오. 각각의 경우 두 케이블의 장력을 구하시오.

2.44 [문제 2.36]에서 최대 허용인장력이 케이블 AC에서 600 N, 케이블 BC에서 750 N일 때 (a) 점 C에 가해질 수 있는 최대의 힘 P, (b) 그때 α값을 구하시오.

2.45 점 C에 함께 묶인 두 케이블이 그림과 같은 하중을 받고 있다. 각 케이블의 최대 허용 인장력이 800 N일 때 (a) 점 C에 가해질 수 있는 최대의 힘 **P**, (b) 그때 α값을 구하시오.

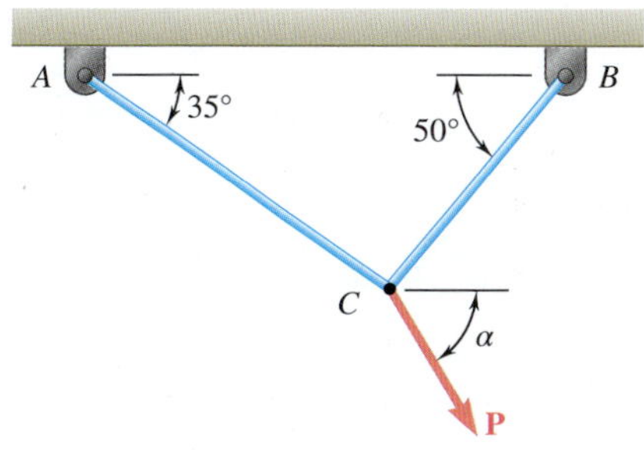

그림 P2.45 ~ 2.46

2.46 점 C에 함께 묶인 두 케이블이 그림과 같은 하중을 받고 있다. 최대 허용인장력이 케이블 AC에서 1200 N이고 케이블 BC에서 600 N일 때 (a) 점 C에 가해질 수 있는 최대의 힘 P, (b) 그때 α값을 구하시오.

2.47 점 C에 함께 묶인 두 케이블이 그림과 같은 하중을 받고 있다. 각 케이블에서 인장력이 60 lb를 초과하지 않도록하는 힘 Q의 범위를 구하시오.

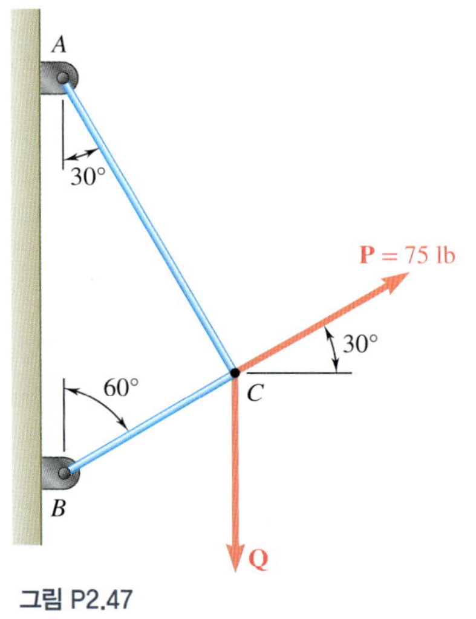

그림 P2.47

2.48 그림과 같이 50 lb 하중에 연결된 고리 A는 수평방향으로 마찰 없이 움직일 수 있다. (a) $x = 4.5$ in., (b) $x = 15$ in.일 때 고리가 평형을 유지할 수 있도록하는 힘 **P**의 크기를 구하시오.

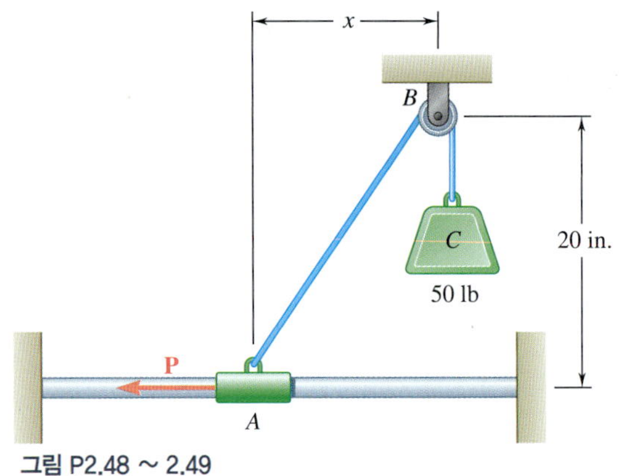

그림 P2.48 ~ 2.49

2.49 그림과 같이 50 lb 하중에 연결된 고리 A는 수평방향으로 마찰 없이 움직일 수 있다. $P = 48$ lb이고 고리가 평형상태에 있을 때 거리 x를 구하시오.

2.50 총길이 1.5 m의 루프 케이블을 이용하여 화물을 들어 올리고 있다. 화물 하중이 300 kg일 때 그림과 같은 화물 배치에서 케이블에 발생하는 인장력을 각각 구하시오.

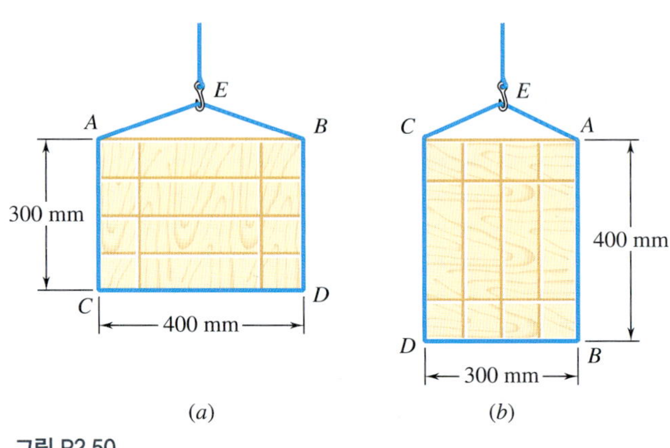

그림 P2.50

2.51 그림과 같이 600 lb 화물이 로프와 도르래로 지지되어 있다. 각각의 배치에 대해 로프에 발생하는 인장력의 크기를 구하시오. HINT 도르래를 지나는 로프 양쪽으로 인장력은 동일하다.

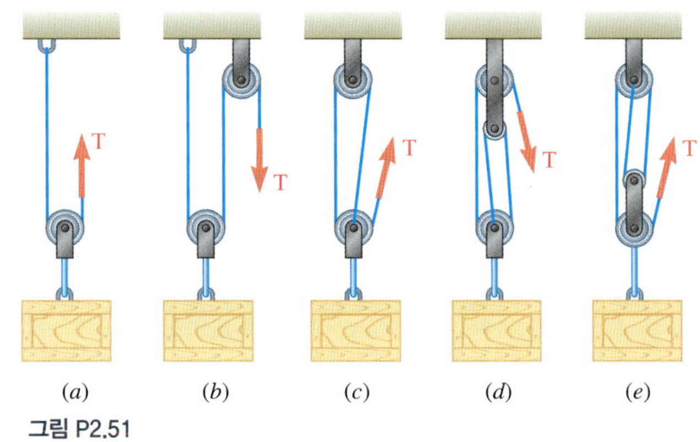

그림 P2.51

2.52 [문제 2.51]의 (b)와 (d)에서 로프의 끝에 화물이 부착되었을 때 로프의 인장력을 구하시오.

2.53 그림과 같이 200 kg 화물이 로프와 도르래로 지지되어 있다. 화물이 평형상태에 있을 때 로프 끝에 작용하는 힘의 크기 **P**와 방향 α를 구하시오.

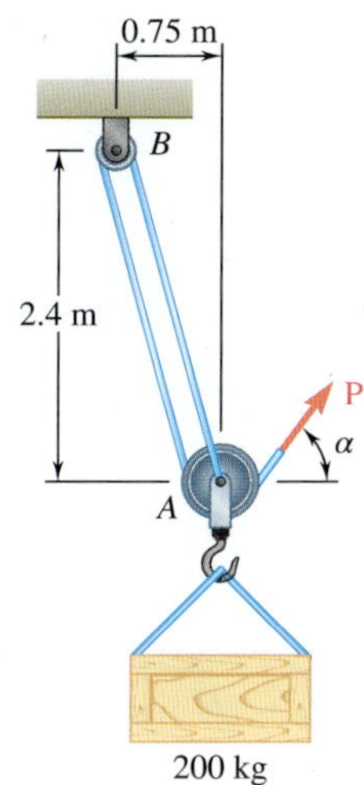

그림 P2.53

2.54 케이블 ACB 위로 움직이는 도르래 C에 하중 **Q**가 작용한다. 도르래 C는 도르래 A를 지나는 두 번째 케이블 CAD에 의해 지지되어 있고, 케이블 CAD에는 인장력 **P**가 작용하고 있다. $P = 750$ N일 때 (a) 케이블 ACB의 인장력, (b) 하중 **Q**의 크기를 구하시오.

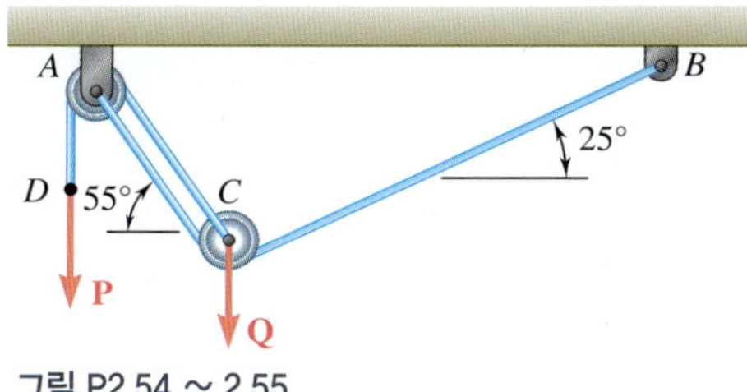

그림 P2.54 ~ 2.55

2.55 케이블 ACB 위로 움직이는 도르래 C에 하중 $Q = 1800$ N이 작용한다. 도르래 C는 도르래 A를 지나는 두 번째 케이블 CAD에 의해 지지되어 있고, 케이블 CAD에는 인장력 **P**가 작용하고 있다. (a) 케이블 ACB의 인장력, (b) 하중 인장력 P의 크기를 구하시오.

2.4 공간에서 힘의 합

지금까지 고려한 문제는 2차원에 관련되어 단일평면에서 공식화되어 해결되었다. 이제부터 공간의 3차원과 관련된 문제에 대해 논의한다.

2.4.1 공간에서 힘의 직각분력

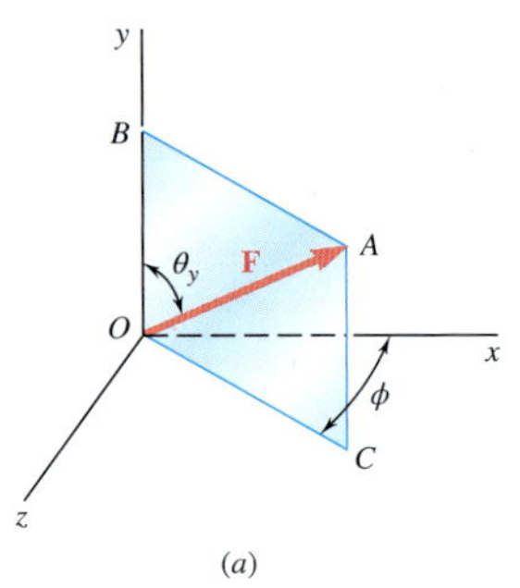

(a)

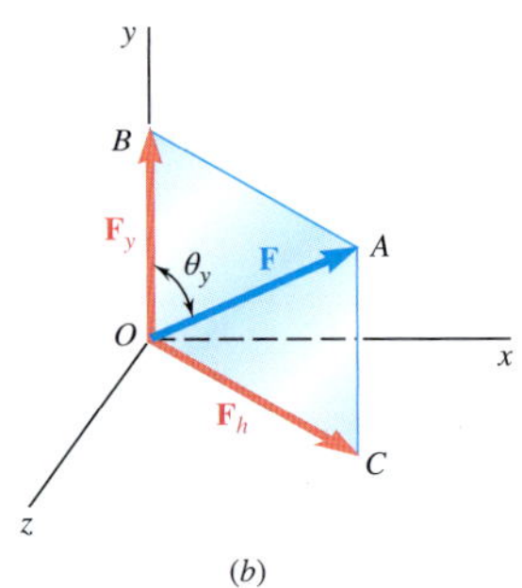

(b)

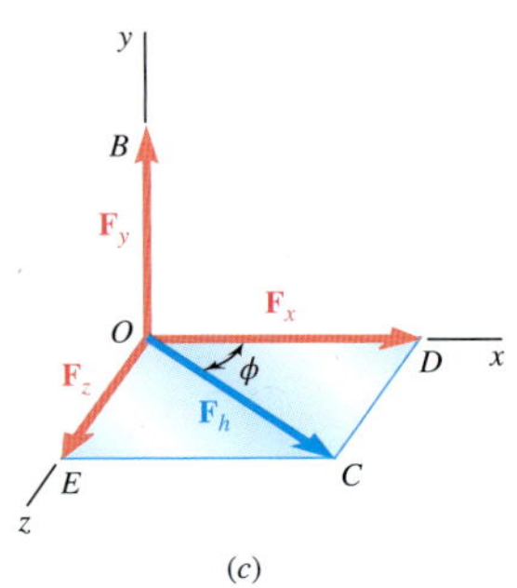

(c)

그림 2.25 (a) xyz 직교좌표계에서 힘 $\mathbf{F}$ (b) y축과 xz평면에 대한 $\mathbf{F}$의 성분 (c) 세 직교축에 대한 $\mathbf{F}$의 성분

직교좌표계의 원점 O를 기준으로 작용하는 힘 $\mathbf{F}$의 방향을 정의하기 위해 $\mathbf{F}$를 포함하는 수직평면 $OBAC$를 작도한다(그림 2.25a). 이 평면은 수직 y축을 포함하며 방향은 xy평면과 각 ϕ를 형성하고 있다. 이 평면에서 $\mathbf{F}$의 방향은 $\mathbf{F}$와 y축이 형성하는 각 θ_y로 정의된다. 힘 $\mathbf{F}$는 평면 $OBAC$에서 수직성분 $\mathbf{F}_y$, 수평성분 $\mathbf{F}_h$로 분해할 수 있다(그림 2.25b). 해당 스칼라 성분은 다음과 같다.

$$F_y = F\cos\theta_y, \qquad F_h = F\sin\theta_y \tag{2.16}$$

수평성분 $\mathbf{F}_y$는 다시 xz평면에서 x축과 y축에 대한 두 개의 직각성분 $\mathbf{F}_x$와 $\mathbf{F}_z$로 각각 분해될 수 있다(그림 2.25c). 해당되는 스칼라 성분은 다음과 같다.

$$\begin{aligned} F_x &= F_h\cos\phi = F\sin\theta_y\cos\phi \\ F_z &= F_h\sin\phi = F\sin\theta_y\sin\phi \end{aligned} \tag{2.17}$$

그러므로 주어진 힘 $\mathbf{F}$는 각 좌표축에 대해 세 개의 직각성분 $\mathbf{F}_x$, $\mathbf{F}_y$, $\mathbf{F}_z$로 분해된다. [그림 2.25]에서 삼각형 OAB와 OCD에 대해 피타고라스 정리를 이용하면 다음을 얻는다.

$$F^2 = (OA)^2 = (OB)^2 + (BA)^2 = F_y^2 + F_h^2$$
$$F_h^2 = (OC)^2 = (OD)^2 + (DC)^2 = F_x^2 + F_z^2$$

이 두 식에서 F_y^2을 소거하고 F에 대해 풀면 힘 $\mathbf{F}$의 크기와 직각성분의 관계는 다음과 같다.

공간에서 힘의 크기

$$F = \sqrt{F_x^2 + F_y^2 + F_z^2} \tag{2.18}$$

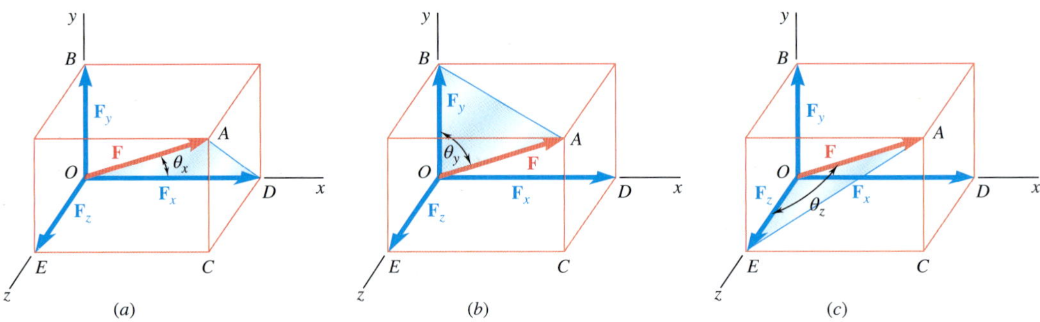

그림 2.26 (a) 3차원 상자에서 힘 BAC와 x축과 이루는 각 (b) 힘 BAC와 y축과 이루는 각 (c) 힘 $\mathbf{F}$와 z축과 이루는 각

힘 **F**와 세 성분 $\mathbf{F}_x$, $\mathbf{F}_y$, $\mathbf{F}_z$의 관계는 [그림 2.26]에서처럼 $\mathbf{F}_x$, $\mathbf{F}_y$, $\mathbf{F}_z$를 각 변으로 가지는 육면체를 그려보면 쉽게 시각화할 수 있다. 힘 **F**는 육면체에서 대각선 OA로 표시된다. [그림 2.26b]는 각 AOB가 식 (2.16)의 $F_y = F\cos\theta_y$를 유도하는 데 사용되었음을 보여준다. [그림 2.26a]와 [그림 2.26c]에서 힘 **F**가 x축, z축과 이루는 각도를 θ_x, θ_z로 각각 표기하면 $F_y = F\cos\theta_y$와 유사하게 다음과 같이 유도할 수 있다.

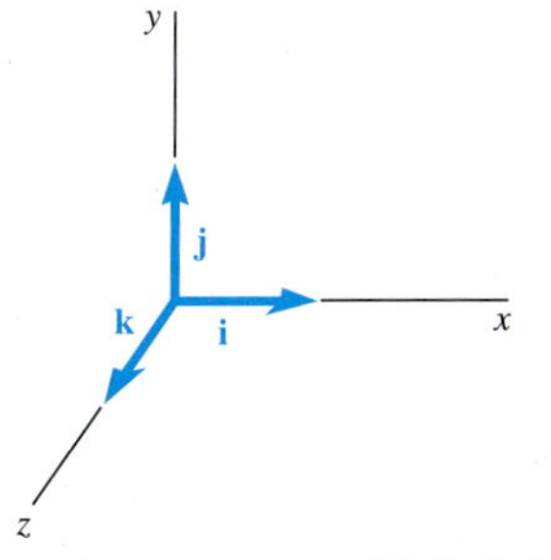

그림 2.27 x, y, z 방향의 각 축에 대한 단위벡터 **i**, **j**, **k**

힘 F의 스칼라 성분

$$F_x = F\cos\theta_x, \quad F_y = F\cos\theta_y, \quad F_z = F\cos\theta_z \tag{2.19}$$

세 각 θ_x, θ_y, θ_z는 힘 **F**의 방향을 정의하고, 각 값에 대한 코사인을 취하여 힘 **F**의 방향코사인이라 한다. x, y, z 방향의 각 축에 대한 단위벡터 **i**, **j**, **k**를 이용하면 힘 **F**는 다음과 같이 표현된다.

힘 F의 벡터표현

$$\mathbf{F} = F_x\mathbf{i} + F_y\mathbf{j} + F_z\mathbf{k} \tag{2.20}$$

여기서 스칼라 성분 F_x, F_y, F_z는 식 (2.19)에서 정의된다.

힘 **F**가 축과 이루는 각은 축의 양의 방향을 기준으로 측정되고 항상 0°에서 180° 사이의 값으로 표현된다. 그 각이 90°보다 작은 각(예각)이면 방향코사인 $\cos\theta_x$와 성분 F_x는 양수이고, 90°보다 큰 각(둔각)이면 음수가 된다. [개념적용 2.4]에서 각 θ_x와 θ_y는 예각이고 θ_z는 둔각이다. 결과적으로 F_x와 F_y는 양수이고 F_z는 음수이다.

개념적용 2.4

500 N의 힘은 x, y, z축과 각각 60°, 45°, 120°의 각을 형성한다. 힘의 성분 F_x, F_y, F_z를 구하고, 이 힘을 단위벡터로 표현하시오.

풀이

$F = 500$ N, $\theta_x = 60°$, $\theta_y = 45°$, $\theta_z = 120°$를 식 (2.19)에 대입한다. **F**의 스칼라 성분은 다음과 같다.

$$F_x = (500\text{ N})\cos 60° = +250\text{ N}$$
$$F_y = (500\text{ N})\cos 45° = +354\text{ N}$$
$$F_z = (500\text{ N})\cos 120° = -250\text{ N}$$

이 값을 식 (2.20)에 대입하면 다음과 같다.

$$\mathbf{F} = (250\text{ N})\mathbf{i} + (354\text{ N})\mathbf{j} - (250\text{ N})\mathbf{k}$$

2차원 문제의 경우와 마찬가지로 양의 기호는 해당 축과 동일한 방향을, 음의 기호는 반대 방향을 의미한다.

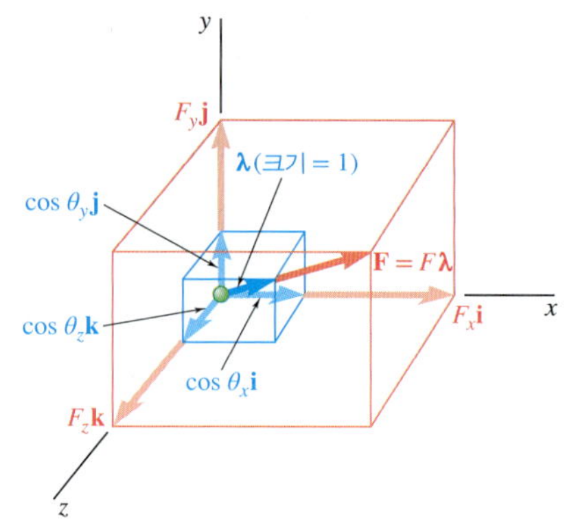

그림 2.28 힘 **F**는 성분의 크기 **F**와 **F**와 동일한 방향의 단위벡터 λ의 곱으로 표현할 수 있다. **F**의 각 성분과 축의 단위벡터로도 표시될 수 있다.

식 (2.19)에서 얻은 F_x, F_y, F_z를 식 (2.21)에 대입하면

$$\mathbf{F} = F(\cos\theta_x\mathbf{i} + \cos\theta_y\mathbf{j} + \cos\theta_z\mathbf{K}) \tag{2.21}$$

이다. 이 식은 힘 **F**가 스칼라 F와 다음의 벡터 λ로 표시될 수 있다.

$$\lambda = \cos\theta_x\mathbf{i} + \cos\theta_y\mathbf{j} + \cos\theta_z\mathbf{k} \tag{2.22}$$

벡터 λ는 크기가 1이고 방향이 **F**의 방향과 동일한 벡터이다(그림 2.28). 벡터 λ는 **F의 작용선을 따르는 단위벡터**라고 한다. 식 (2.22)에서 단위벡터 λ의 성분은 각각 **F**의 작용선에 대한 방향코사인과 동일하다.

$$\lambda_x = \cos\theta_x, \quad \lambda_y = \cos\theta_y, \quad \lambda_z = \cos\theta_z \tag{2.23}$$

세 각 θ_x, θ_y, θ_z의 값은 독립적이지 않고, 벡터를 구성하는 성분의 제곱의 합이 크기의 제곱과 같으므로 다음을 얻는다.

$$\lambda_x^2 + \lambda_y^2 + \lambda_z^2 = 1$$

λ_x, λ_y, λ_z에 식 (2.23)의 값을 대입하면 다음과 같다.

방향코사인 사이 관계식

$$\cos^2\theta_x + \cos^2\theta_y + \cos^2\theta_z = 1 \tag{2.24}$$

예를 들어, [개념적용 2.4]에서 $\theta_x = 60°$이고 $\theta_y = 45°$이면 θ_z값은 식 (2.24)를 만족해야 하므로 θ_z는 60° 또는 120°가 되어야 한다.

힘 F의 성분 F_x, F_y, F_z가 주어지면 식 (2.18)로부터 힘의 크기 **F**를 산정할 수 있다. 그런 다음 식 (2.19)를 이용하여 다음과 같이 방향코사인을 얻는다.

$$\cos\theta_x = \frac{F_x}{F}, \quad \cos\theta_y = \frac{F_y}{F}, \quad \cos\theta_z = \frac{F_z}{F} \tag{2.25}$$

방향코사인으로부터 힘 **F**의 방향을 특정하는 각 θ_x, θ_y, θ_z를 얻을 수 있다.

개념적용 2.5

힘 $\mathbf{F}$의 성분으로 $F_x = 20$ lb, $F_y = -30$ lb, $F_z = 60$ lb를 가진다. 힘의 크기 $\mathbf{F}$와 좌표축과 이루는 각도 θ_x, θ_y, θ_z를 구하시오.

풀이

힘 $\mathbf{F}$의 크기는 식 (2.18)로부터 얻을 수 있다.

$$\begin{aligned} F &= \sqrt{F_x^2 + F_y^2 + F_z^2} \\ &= \sqrt{(20 \text{ lb})^2 + (-30 \text{ lb})^2 + (60 \text{ lb})^2} \\ &= \sqrt{4900 \text{ lb}} = 70 \text{ lb} \end{aligned}$$

성분과 힘 $\mathbf{F}$의 크기를 식 (2.25)에 대입하면 다음과 같이 방향코사인을 얻는다.

$$\cos\theta_x = \frac{F_x}{F} = \frac{20 \text{ lb}}{70 \text{ lb}}, \qquad \cos\theta_y = \frac{F_y}{F} = \frac{-30 \text{ lb}}{70 \text{ lb}},$$

$$\cos\theta_z = \frac{F_z}{F} = \frac{60 \text{ lb}}{70 \text{ lb}}$$

각각의 값을 계산하고 코사인의 역함수를 이용하면 다음과 같다.

$$\theta_x = 73.4°, \qquad \theta_y = 115.4°, \qquad \theta_z = 31.0°$$

이러한 계산 과정에는 계산기를 활용한다.

2.4.2 크기와 작용선상 두 점으로 정의되는 힘

힘 $\mathbf{F}$의 방향은 작용선상에 위치한 두 점 $M(x_1, y_1, z_1)$과 $N(x_2, y_2, z_2)$의 좌표로 정의한다(그림 2.29). $\mathbf{F}$와 동일한 방향을 가지는 M과 N으로 연결된 벡터 $\overrightarrow{MN}$을 고려해보자. 스칼라 성분을 각각 d_x, d_y, d_z로 표시하면 다음과 같이 나타낼 수 있다.

$$\overrightarrow{MN} = d_x\mathbf{i} + d_y\mathbf{j} + d_z\mathbf{k} \tag{2.26}$$

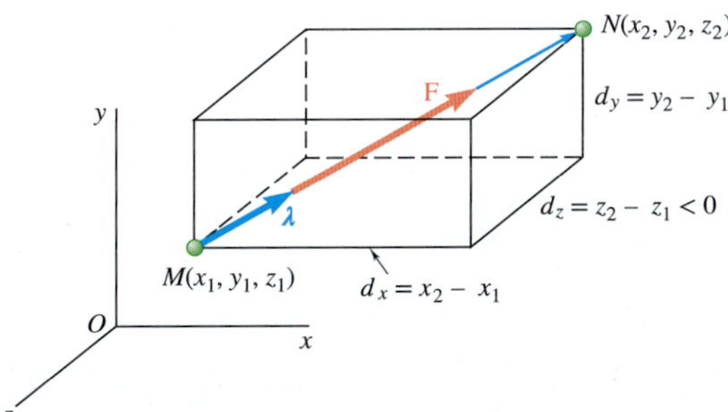

그림 2.29 힘 $\mathbf{F}$의 작용선이 두 점 M과 N에 의해 결정되는 경우, 힘 $\mathbf{F}$의 성분과 방향코사인은 벡터 $\overrightarrow{MN}$을 이용하여 계산할 수 있다.

벡터 $\overrightarrow{MN}$을 선분 MN의 크기로 나누면, 힘 $\mathbf{F}$의 작용선을 따르는(직선 MN상으로) 단위 벡터 λ를 구할 수 있다. 선분 MN의 크기는 점 M과 N 사이의 거리 d가 되므로 식 (2.26)에 대입하면

$$\lambda = \frac{\overrightarrow{MN}}{MN} = \frac{1}{d}(d_x\mathbf{i} + d_y\mathbf{j} + d_z\mathbf{k}) \tag{2.27}$$

을 얻고, 힘 $\mathbf{F}$가 F와 λ의 곱으로 표현됨을 상기하면

$$\mathbf{F} = F\lambda = \frac{F}{d}(d_x\mathbf{i} + d_y\mathbf{j} + d_z\mathbf{k}) \tag{2.28}$$

가 된다. 스칼라 성분은 각각 다음과 같다.

힘 F의 스칼라 성분

$$F_x = \frac{Fd_x}{d}, \quad F_y = \frac{Fd_y}{d}, \quad F_z = \frac{Fd_z}{d} \tag{2.29}$$

식 (2.29)에 보인 관계식을 이용하면 힘 $\mathbf{F}$의 작용선이 두 점 M과 N으로 정의될 때 힘 $\mathbf{F}$의 성분을 간단하게 구할 수 있다. 먼저 N의 좌표에서 M의 좌표를 빼서 $\overrightarrow{MN}$의 성분을 구한다. 그리고 M에서 N까지 거리 d를 계산한다.

$$d_x = x_2 - x_1, \quad d_y = y_2 - y_1, \quad d_z = z_2 - z_1$$

$$d = \sqrt{d_x^2 + d_y^2 + d_y^2}$$

F와 d_x, d_y, d_z 및 d를 식 (2.29)에 대입하면 성분 F_x, F_y, F_z를 구할 수 있다.

그런 다음 F가 식 (2.25)에 보인 방향코사인으로부터 각 θ_x, θ_y, θ_z를 얻을 수 있다. 식 (2.22)와 식 (2.27)을 비교하면 다음을 얻는다.

힘 F의 방향코사인

$$\cos\theta_x = \frac{d_x}{d}, \quad \cos\theta_y = \frac{d_y}{d}, \quad \cos\theta_z = \frac{d_z}{d} \tag{2.30}$$

이와 같이 벡터 $\overrightarrow{MN}$ 의 성분과 크기로 각 축과 이루는 각 θ_x, θ_y, θ_z를 바로 산정할 수 있다.

2.4.3 공간에서 절점력의 합력

직각성분의 합산으로 공간에서 둘 이상의 힘의 합력을 계산할 수 있다. 도해법 또는 삼각함수 해법은 일반적으로 공간에서 힘을 다룰 때 실용적이지 않다. 여기서 다루는 방법은 2.2.2절에서 평면 내 작용하는 힘을 다루었던 방법과 유사하다. 힘의 합력을 다음과 같이 표현한다.

$$\mathbf{R} = \Sigma\mathbf{F}$$

직교좌표계로 힘의 성분을 분해하면 다음과 같다.

$$R_x\mathbf{i} + R_y\mathbf{j} + R_z\mathbf{k} = \Sigma(F_x\mathbf{i} + F_y\mathbf{j} + F_z\mathbf{k})$$
$$= (\Sigma F_x)\mathbf{i} + (\Sigma F_y)\mathbf{j} + (\Sigma F_z)\mathbf{k}$$

합력의 직각성분

$$R_x = \Sigma F_x, \qquad R_y = \Sigma F_y, \qquad R_z = \Sigma F_z \tag{2.31}$$

합력의 크기와 합력이 좌표축과 이루는 각 θ_x, θ_y, θ_z는 앞서 논의한 방법으로 구할 수 있다.

공간에서 절점력의 합력

$$R = \sqrt{R_x^2 + R_y^2 + R_z^2} \tag{2.32}$$

$$\cos\theta_x = \frac{R_x}{R}, \qquad \cos\theta_y = \frac{R_y}{R}, \qquad \cos\theta_z = \frac{R_z}{R} \tag{2.33}$$

예제 2.7

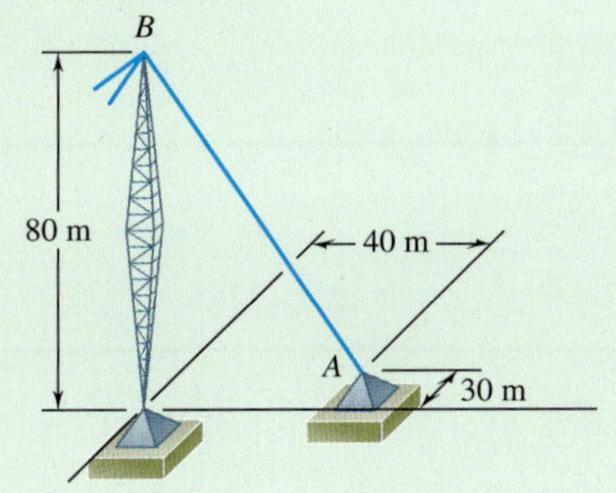

타워구조물을 A에서 볼트로 고정된 와이어가 지지하고 있다. 와이어에 작용하는 인장력은 2500 N이다. (a) 볼트에 작용하는 힘의 성분 F_x, F_y, F_z, (b) 힘의 방향을 정의하는 각 θ_x, θ_y, θ_z를 구하시오.

문제분석 주어진 거리로부터 와이어의 길이와 와이어와 동일한 방향의 단위벡터를 계산할 수 있다. 그 결과를 이용하여 인장력의 성분과 방향을 정의하는 각을 구한다.

모델링과 풀이

a. 힘의 성분 볼트에 작용하는 힘의 작용선은 점 A와 B를 지나고 힘은 A에서 B로 향한다. 벡터 $\overrightarrow{AB}$의 성분은 힘의 성분과 동일하다.

$$d_x = -40\text{ m}, \qquad d_y = +80\text{ m}, \qquad d_z = +30\text{ m}$$

A에서 B까지 거리는 다음과 같다.

$$AB = d = \sqrt{d_x^2 + d_y^2 + d_z^2} = 94.3\text{ m}$$

좌표축에 대한 단위벡터 **i**, **j**, **k**를 이용하면 벡터 $\overrightarrow{AB}$는

$$\overrightarrow{AB} = -(40\text{ m})\mathbf{i} + (80\text{ m})\mathbf{j} + (30\text{ m})\mathbf{k}$$

이고, 단위벡터 $\lambda = \overrightarrow{AB}/AB$(그림 1)를 이용하여 **F**를 구하면 다음과 같다.

$$\mathbf{F} = F\lambda = F\frac{\overrightarrow{AB}}{AB} = \frac{2500\text{ N}}{94.3\text{ m}}\overrightarrow{AB}$$

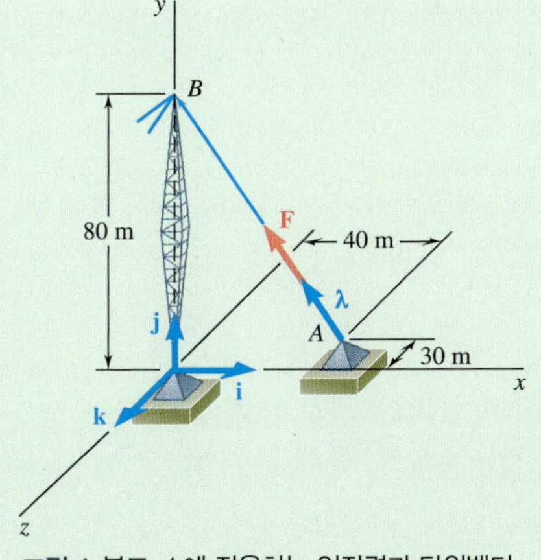

그림 1 볼트 A에 작용하는 인장력과 단위벡터

$\overrightarrow{AB}$를 대입하면

$$\mathbf{F} = \frac{2500\text{ N}}{94.3\text{ m}}[-(40\text{ m})\mathbf{i} + (80\text{ m})\mathbf{j} + (30\text{ m})\mathbf{k}]$$
$$= -(1060\text{ N})\mathbf{i} + (2120\text{ N})\mathbf{j} + (795\text{ N})\mathbf{k}$$

이므로, **F**의 성분은 다음과 같다.

$$F_x = -1060\text{ N}, \quad F_y = +2120\text{ N}, \quad F_z = +795\text{ N}$$ ◀

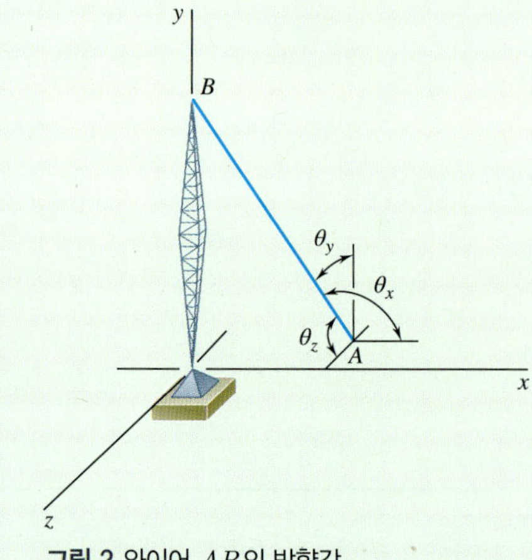

그림 2 와이어 AB의 방향각

b. 힘의 방향 식 (2.25)를 이용하면 방향코사인을 구할 수 있다(그림 2).

$$\cos\theta_x = \frac{F_x}{F} = \frac{-1060\text{ N}}{2500\text{ N}}, \quad \cos\theta_y = \frac{F_y}{F} = \frac{+2120\text{ N}}{2500\text{ N}},$$
$$\cos\theta_z = \frac{F_z}{F} = \frac{+795\text{ N}}{2500\text{ N}}$$

코사인 역함수를 계산하면 다음과 같다.

$$\theta_x = 115.1°, \quad \theta_y = 32.0°, \quad \theta_z = 71.5°$$ ◀

참고로, 힘 **F** 대신에 벡터 $\overrightarrow{AB}$의 성분과 크기를 이용해도 동일한 결과를 얻는다.

고찰 주어진 기하학적 형상에서 일정 성분과 각도가 합력 계산에 이용되었다. 힘의 성분과 기하학적 형상의 상관관계를 잘 활용해야 한다.

예제 2.8

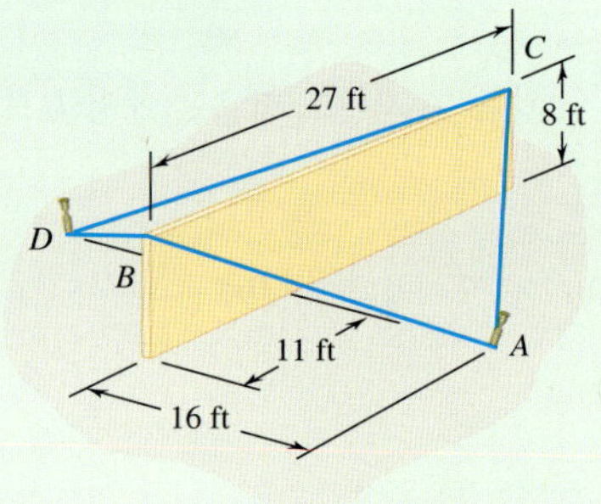

프리캐스트 콘크리트의 벽 부분이 그림과 같이 케이블로 임시로 고정되어 있다. 케이블 AB와 케이블 AC에 작용하는 인장력이 각각 840 lb과 1200 lb일 때, 케이블 AB와 AC가 말뚝 A에 가한 힘의 크기와 방향을 구하시오.

문제분석 공간에서 절점력의 합력을 구하는 문제이다. 가장 간단한 방법은 힘의 성분을 분해하여 성분별로 합해서 합력을 산정하는 것이다.

모델링과 풀이

힘의 성분 먼저 말뚝에 작용하는 각 케이블 인장력의 성분을 구한다. 이를 위해 벡터 $\overrightarrow{AB}$와 $\overrightarrow{AC}$의 성분과 크기를 계산한다(그림 1). 단위벡터 **i**, **j**, **k**를 이용하여 표현하면 다음과 같다.

$$\overrightarrow{AB} = -(16\text{ ft})\mathbf{i} + (8\text{ ft})\mathbf{j} + (11\text{ ft})\mathbf{k}, \quad AB = 21\text{ ft}$$
$$\overrightarrow{AC} = -(16\text{ ft})\mathbf{i} + (8\text{ ft})\mathbf{j} - (16\text{ ft})\mathbf{k}, \quad AC = 24\text{ ft}$$

AB 방향의 단위벡터를 λ_{AB}로 표기하면 AB에 작용하는 인장력은 다음과 같다.

$$\mathbf{T}_{AB} = T_{AB}\lambda_{AC} = T_{AB}\frac{\overrightarrow{AB}}{AB} = \frac{840\text{ lb}}{21\text{ ft}}\overrightarrow{AB}$$

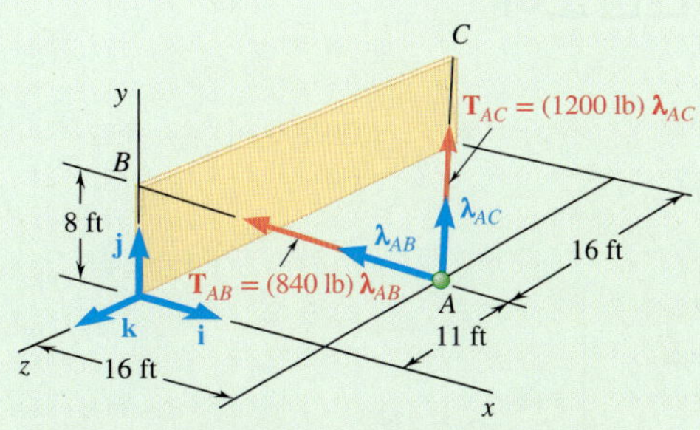

그림 1 말뚝에 작용하는 케이블 인장력과 단위벡터

$\overrightarrow{AB}$에 대한 수식을 입력하면 인장력은 다음과 같다.

$$\mathbf{T}_{AB} = \frac{840\text{ lb}}{21\text{ ft}}[-(16\text{ ft})\mathbf{i} + (8\text{ ft})\mathbf{j} + (11\text{ ft})\mathbf{k}]$$

$$\mathbf{T}_{AB} = -(640\text{ lb})\mathbf{i} + (320\text{ lb})\mathbf{j} + (440\text{ lb})\mathbf{k}$$

유사한 방식으로 AC 방향의 단위벡터를 λ_{AC}로 표기하면 AC에 작용하는 인장력은 다음과 같다.

$$\mathbf{T}_{AC} = T_{AC}\lambda_{AC} = T_{AC}\frac{\overrightarrow{AC}}{AC} = \frac{1200\text{ lb}}{24\text{ ft}}\overrightarrow{AC}$$

$$\mathbf{T}_{AC} = -(800\text{ lb})\mathbf{i} + (400\text{ lb})\mathbf{j} - (800\text{ lb})\mathbf{k}$$

힘의 합력 두 케이블에 의한 힘의 합력 $\mathbf{R}$은

$$\mathbf{R} = \mathbf{T}_{AB} + \mathbf{T}_{AC} = -(1440\text{ lb})\mathbf{i} + (720\text{ lb})\mathbf{j} - (360\text{ lb})\mathbf{k}$$

이고, 합력의 크기는

$$R = \sqrt{R_x^2 + R_y^2 + R_z^2} = \sqrt{(-1440)^2 + (720)^2 + (-300)^2}$$

$$R = 1650\text{ lb} \blacktriangleleft$$

이다. 합력의 방향코사인은 다음과 같다.

$$\cos\theta_x = \frac{R_x}{R} = \frac{-1440\text{ lb}}{1650\text{ lb}}, \qquad \cos\theta_y = \frac{R_y}{R} = \frac{+720\text{ lb}}{1650\text{ lb}},$$

$$\cos\theta_z = \frac{R_z}{R} = \frac{-360\text{ lb}}{1650\text{ lb}}$$

코사인 역함수를 이용하여 계산하면 다음을 얻는다.

$$\theta_x = 150.8°, \quad \theta_y = 64.1°, \quad \theta_z = 102.6° \blacktriangleleft$$

고찰 인장력이 작용하는 케이블에 대해 육안 관찰로 θ_x는 둔각이고 θ_y는 예각이라고 예상했을 수 있다. θ_z의 경우는 분명하지 않다.

Section 2.4 연습문제

2.56 (a) 힘 500 N의 x, y, z 성분, (b) 각 좌표축과 이루는 각도 θ_x, θ_y, θ_z를 구하시오.

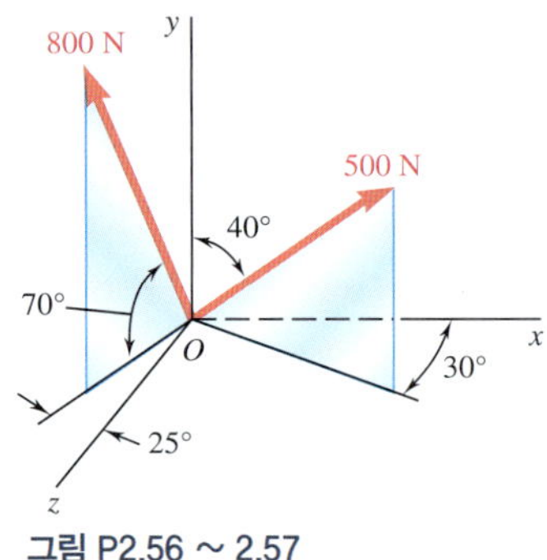

그림 P2.56 ~ 2.57

2.57 (a) 힘 800 N의 x, y, z 성분, (b) 각 좌표축과 이루는 각도 θ_x, θ_y, θ_z를 구하시오.

2.58 동축 케이블 AE의 끝은 기둥 AB에 부착되었고, 기둥 AB는 와이어 AC와 AD에 의해 지지되어 있다. 와이어 AC에 인장력 120 lb가 작용할 때 (a) 기둥에서 이 와이어에 작용하는 힘의 성분, (b) 각 좌표축과 이루는 각 θ_x, θ_y, θ_z를 구하시오.

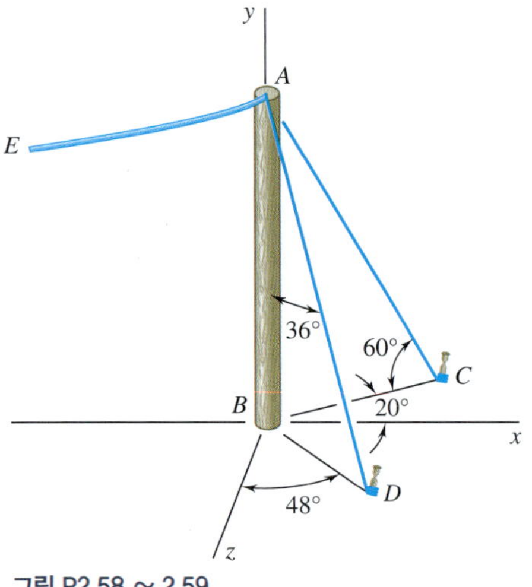

그림 P2.58 ~ 2.59

2.59 동축 케이블 AE의 끝은 기둥 AB에 부착되었고, 기둥 AB는 와이어 AC와 AD에 의해 지지되어 있다. 와이어 AD에 인장력 85 lb가 작용할 때 (a) 기둥에서 이 와이어에 작용하는 힘의 성분, (b) 각 좌표축과 이루는 각 θ_x, θ_y, θ_z를 구하시오.

2.60 총으로 북쪽 기준 동쪽으로 35°에 위치한 지점 A를 조준하고 있다. 총이 수평면과 40°의 각을 형성하고 총의 최대 반동력이 400 N일 때 (a) 해당 힘의 x, y, z 성분, (b) 반동력의 방향을 정의하는 각 θ_x, θ_y, θ_z를 구하시오. x, y, z축이 각각 동쪽, 위쪽, 남쪽을 향한다고 가정한다.

2.61 [문제 2.60]에서 지점 A가 서쪽 기준 북쪽으로 15°를 조준하고, 총이 수평면과 25°를 형성하고 있을 때 해당 값을 구하시오.

2.62 힘 $\mathbf{F} = (690 \text{ lb})\mathbf{i} + (300 \text{ lb})\mathbf{j} - (580 \text{ lb})\mathbf{k}$의 크기와 방향을 구하시오.

2.63 힘 $\mathbf{F} = (260 \text{ N})\mathbf{i} - (320 \text{ N})\mathbf{j} + (800 \text{ N})\mathbf{k}$의 크기와 방향을 구하시오.

2.64 한 힘이 좌표계의 원점에서 축과 이루는 각 $\theta_x = 69.3°$ 및 $\theta_z = 57.9°$로 작용한다. 이 힘의 y 성분이 -174.0 lb일 때 (a) 각 θ_y, (b) x 성분, z 성분, 힘의 크기를 구하시오.

2.65 한 힘이 좌표계의 원점에서 축과 이루는 각 $\theta_x = 70.9°$ 및 $\theta_y = 144.9°$로 작용한다. 이 힘의 z 성분이 -520.0 lb일 때 (a) 각 θ_z, (b) x 성분, y 성분, 힘의 크기를 구하시오.

2.66 한 힘이 좌표계의 원점에서 축과 이루는 각 $\theta_y = 55°$ 및 $\theta_z = 45°$로 작용한다. 이 힘의 x 성분이 -500 lb일 때 (a) 각 θ_x, (b) y 성분, z 성분, 힘의 크기를 구하시오.

2.67 크기 1,200 N인 힘 $\mathbf{F}$가 좌표계의 원점에 작용한다. 축과 이루는 각 $\theta_x = 65°$, $\theta_y = 40°$, $F_z > 0$일 때 (a) 힘 $\mathbf{F}$의 각 성분, (b) 각 θ_z를 구하시오.

2.68 그림과 같이 두 개의 케이블 BG 및 BH가 프레임 ACD에 연결되어 있다. 케이블 BG의 인장력이 540 N일 때, 케이블 BG가 B에서 프레임에 가하는 힘의 성분을 구하시오.

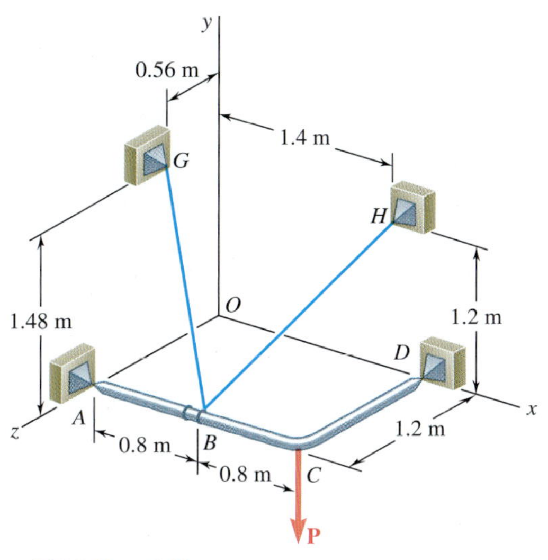

그림 P2.68 ~ 2.69

2.69 그림과 같이 두 개의 케이블 BG 및 BH가 프레임 ACD에 연결되어 있다. 케이블 BH의 인장력이 750 N일 때, 케이블 BH가 B에서 프레임에 가하는 힘의 성분을 구하시오.

2.70 난파된 트럭을 이동하기 위해 그림과 같이 두 개의 케이블을 A에 연결하여 권양기 B와 C로 당긴다. 케이블 AB의 인장력이 2 kips일 때, 케이블이 A에 작용하는 힘의 성분을 구하시오.

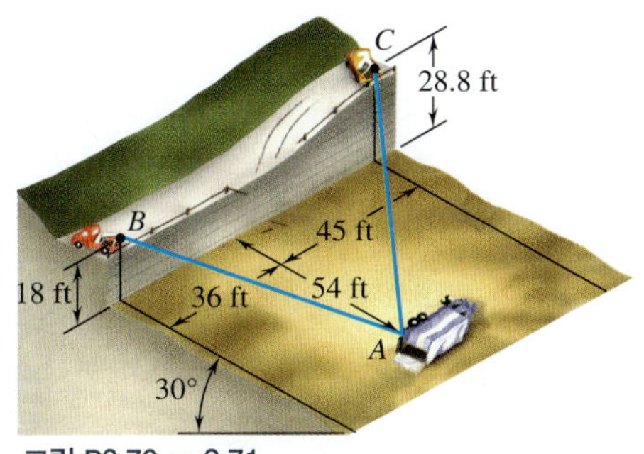

그림 P2.70 ~ 2.71

2.71 난파된 트럭을 이동하기 위해 그림과 같이 두 개의 케이블을 A에 연결하여 권양기 B와 C로 당긴다. 케이블 AC의 인장력이 1.5 kips일 때, 케이블이 A에 작용하는 힘의 성분을 구하시오.

2.72 $P = 300$ N, $Q = 400$ N일 때, 두 힘의 합력의 크기와 방향을 구하시오.

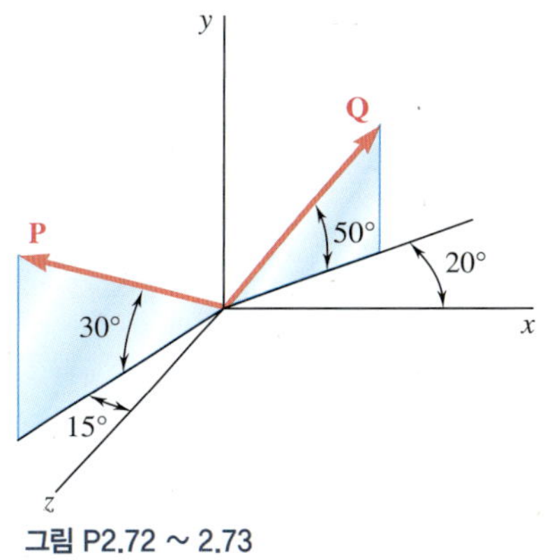

그림 P2.72 ~ 2.73

2.73 $P = 400$ N, $Q = 300$ N일 때, 두 힘의 합력의 크기와 방향을 구하시오.

2.74 인장력의 크기가 케이블 AB에서 425 lb, 케이블 AC에서 510 lb일 때, 두 케이블이 A에 가한 합력의 크기와 방향을 구하시오.

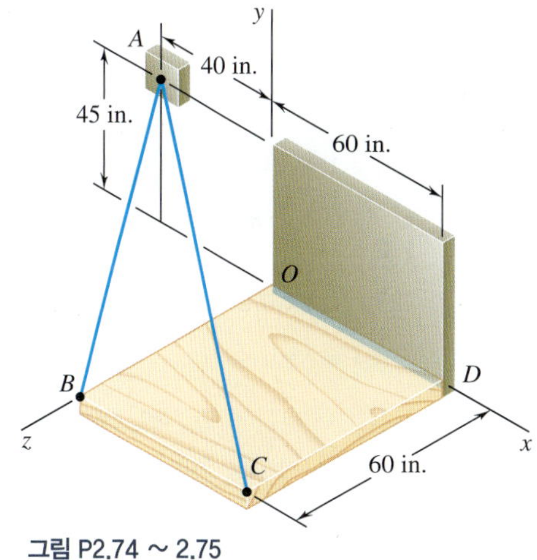

그림 P2.74 ~ 2.75

2.75 인장력의 크기가 케이블 AB에서 510 lb, 케이블 AC에서 425 lb일 때, 두 케이블이 A에 가한 합력의 크기와 방향을 구하시오.

2.76 프레임 ABC는 B에서 마찰이 없는 링을 통과하는 케이블 DBE에 의해 부분적으로 지지된다. 케이블의 인장력이 385 N일 때, B에서 케이블에 의해 가해지는 합력의 크기와 방향을 구하시오.

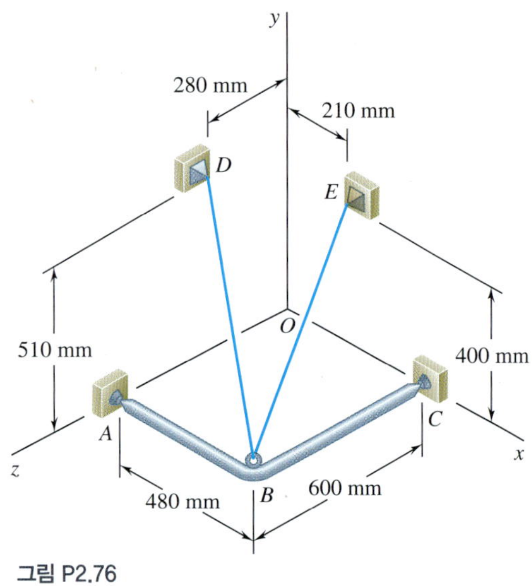

그림 P2.76

2.77 [문제 2.68]에서 인장력의 크기가 케이블 BG에서 540 N이고 케이블 BH에서 750 N일 때, B에서 케이블이 가하는 합력의 크기와 방향을 구하시오.

2.78 부재 OA는 하중 **P**를 부담하고 그림과 같이 두 개의 케이블로 지지된다. 케이블 AB의 인장력이 183 lb이고, 두 케이블의 인장력과 **P**와 합력이 부재 OA의 길이방향으로 작용할 때, 케이블 AC의 인장력을 구하시오.

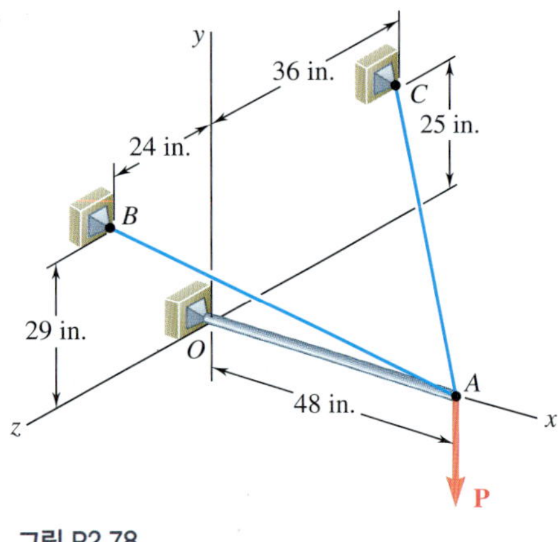

그림 P2.78

2.79 [문제 2.78]에서 하중 **P**의 크기를 구하시오.

2.5 공간에서 힘의 평형

2.3절에서 정의한 바에 따르면 입자 A에 작용하는 모든 힘의 합이 0이면 입자 A는 평형상태에 있다. 공간에서 합력의 성분 R_x, R_y, R_z는 식(2.31)에서 주어졌고, 합력이 0이 되므로 다음을 얻는다.

$$\Sigma F_x = 0, \quad \Sigma F_y = 0, \quad \Sigma F_z = 0 \tag{2.34}$$

식 (2.34)는 공간에서 입자의 평형을 위한 필요충분조건을 나타낸다. 이 식을 사용하면 3개 이하의 미지수를 포함하는 입자의 평형을 다루는 문제를 해결할 수 있다.

3차원 평형 문제를 푸는 첫 단계는 평형상태에 있는 입자와 그것에 작용하는 모든 힘을 보여주는 자유물체도를 그리는 것이다. 다음으로 평형방정식인 식 (2.34)을 이용하여 3개의 미지수를 풀 수 있다. 일반적인 유형의 문제에서 이러한 미지수는 (1) 단일 힘의 세 성분, (2) 방향이 주어진 상태에서 세 힘의 크기로 나타난다.

사진 2.4 식 (2.34)의 세 평형방정식을 사용하여 자동차를 지지하는 네 개 케이블의 인장력을 모두 구할 수는 없지만, 고리에서 평형을 분석하여 인장력 사이의 관계를 얻을 수 있다.

Neleman/WIN-Initiative/Getty Images

예제 2.9

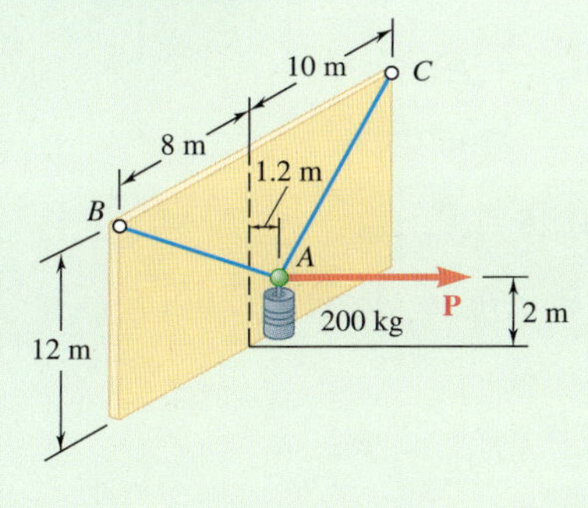

200 kg의 실린더가 수직 벽의 상단에 연결된 두 개의 케이블 AB와 AC를 통해 매달려 있다. 벽에 수직인 수평력 **P**는 실린더를 표시된 위치에서 유지된다. **P**의 크기와 각 케이블의 장력을 구하시오.

문제분석 연결점 A에는 실린더의 무게를 포함하여 네 힘이 작용한다. 주어진 형상을 사용하여 케이블 인장력 성분을 표현하고, 평형조건을 적용하면 인장력을 계산할 수 있다.

모델링과 풀이

자유물체도 점 A를 자유물체로 선택한다. 이 지점은 4개의 힘을 받는데 그 중 3개는 크기를 알 수 없다. 단위벡터 **i**, **j**, **k**를 도입하여 각 힘을 직교좌표계 구성요소로 분해한다(그림 1).

$$\mathbf{P} = P\mathbf{i}$$
$$\mathbf{W} = -mg\mathbf{j} = -(200\text{ kg})(9.81\text{ m/s}^2)\mathbf{j} = -(1962\text{ N})\mathbf{j} \tag{1}$$

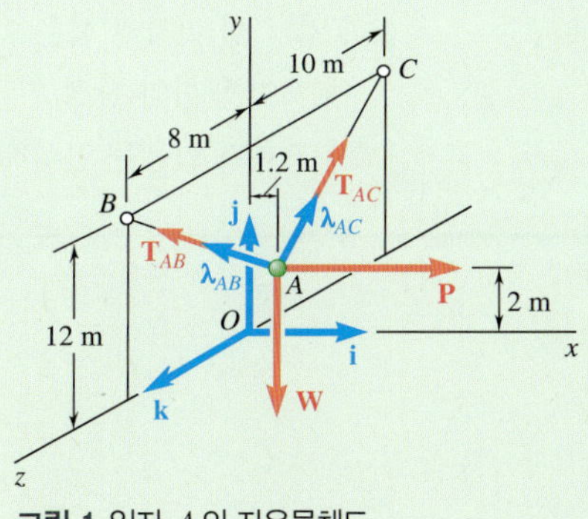

그림 1 입자 A의 자유물체도

$\mathbf{T}_{AB}$와 $\mathbf{T}_{AC}$를 구하기 위해서 우선 벡터 $\overrightarrow{AB}$와 $\overrightarrow{AC}$의 성분과 크기를 구해야 한다. AB 방향의 단위벡터를 $\boldsymbol{\lambda}_{AB}$로 표기하면 다음과 같이 $\mathbf{T}_{AB}$를 표현할 수 있다.

$$\overrightarrow{AB} = -(1.2\text{ m})\mathbf{i} + (10\text{ m})\mathbf{j} + (8\text{ m})\mathbf{k}, \qquad AB = 12.862\text{ m}$$

$$\boldsymbol{\lambda}_{AB} = \frac{\overrightarrow{AB}}{12.862\text{ m}} = -0.09330\mathbf{i} + 0.7775\mathbf{j} + 0.6220\mathbf{k} \tag{2}$$

$$\mathbf{T}_{AB} = T_{AB}\boldsymbol{\lambda}_{AB} = -0.09330T_{AB}\mathbf{i} + 0.7775T_{AB}\mathbf{j} + 0.6220T_{AB}\mathbf{k}$$

또한 AC 방향의 단위벡터를 $\boldsymbol{\lambda}_{AC}$로 표기하면 다음과 같이 $\mathbf{T}_{AC}$를 표현할 수 있다.

$$\overrightarrow{AC} = -(1.2\text{ m})\mathbf{i} + (10\text{ m})\mathbf{j} - (10\text{ m})\mathbf{k}, \qquad AC = 14.193\text{ m}$$

$$\boldsymbol{\lambda}_{AC} = \frac{\overrightarrow{AC}}{14.193\text{ m}} = -0.08455\mathbf{i} + 0.7046\mathbf{j} - 0.7046\mathbf{k} \tag{3}$$

$$\mathbf{T}_{AC} = T_{AC}\boldsymbol{\lambda}_{AC} = -0.08455T_{AC}\mathbf{i} + 0.7046\,T_{AC}\mathbf{j} - 0.7046\,T_{AC}\mathbf{k}$$

평형조건 점 A에서 평형을 이루고 있으므로

$$\Sigma\mathbf{F} = 0 : \mathbf{T}_{AB} + \mathbf{T}_{AC} + \mathbf{P} + \mathbf{W} = 0$$

이다. 또는 식 (1), 식 (2), 식 (3)에 힘을 대입하고 각 단위벡터에 대해 정리하면

$$\begin{aligned}&(-0.09330T_{AB} - 0.08455T_{AC} + P)\mathbf{i}\\ &+(0.7775T_{AB} + 0.7046T_{AC} - 1962\text{ N})\mathbf{j}\\ &+(0.6220T_{AB} - 0.7046T_{AC})\mathbf{k} = 0\end{aligned}$$

이다. 단위벡터 $\mathbf{i}$, $\mathbf{j}$, $\mathbf{k}$의 계수를 0으로 설정하면, 힘의 x, y, z 성분이 각각 0이 되는 세 개의 스칼라 방정식을 구할 수 있다.

$$\begin{aligned}\Sigma F_x = 0 &: -0.09330T_{AB} - 0.08455T_{AC} + P = 0\\ \Sigma F_y = 0 &: +0.7775T_{AB} + 0.7046T_{AC} - 1962\text{ N} = 0\\ \Sigma F_z = 0 &: +0.6220T_{AB} - 0.7046T_{AC} = 0\end{aligned}$$

이 식을 풀면 다음과 같다.

$$P = 235\text{ N}, \quad T_{AB} = 1402\text{ N}, \quad T_{AC} = 1238\text{ N} \blacktriangleleft$$

고찰 세 미지의 힘은 이 문제의 물리적 상황과 일치하는 양의 값으로 산출되었다. 만약에 케이블 힘의 산정 결과가 음수로 나와 인장력 대신 압축력으로 반영된 경우라면 해답에 오류가 있음을 인식해야 한다.

Section 2.5 연습문제

2.80 그림과 같이 컨테이너는 천장에 부착된 3개의 케이블로 지지된다. 케이블 AB의 인장력이 6 kN일 때 용기의 무게 W를 구하시오.

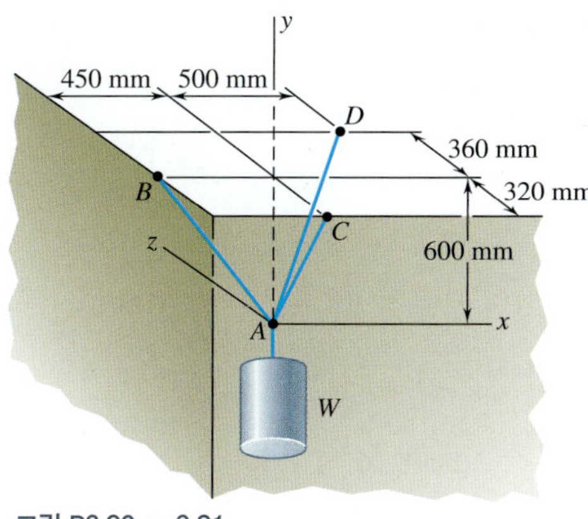

그림 P2.80 ~ 2.81

2.81 그림과 같이 컨테이너는 천장에 부착된 3개의 케이블로 지지된다. 케이블 AD의 인장력이 4.3 kN일 때 용기의 무게 W를 구하시오.

2.82 그림과 같이 3개의 케이블이 기구를 유지하는 데 사용된다. 기구가 A에서 800 N의 수직력을 발생시킬 때 각 케이블의 장력을 구하시오.

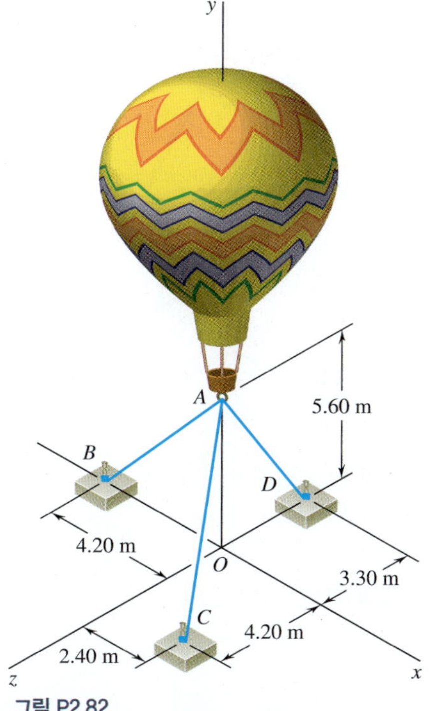

그림 P2.82

2.83 그림과 같이 화물이 3개의 케이블로 지지되어 있다. 케이블 AB에 1378 lb의 인장력이 작용할 때 화물의 무게 W를 구하시오.

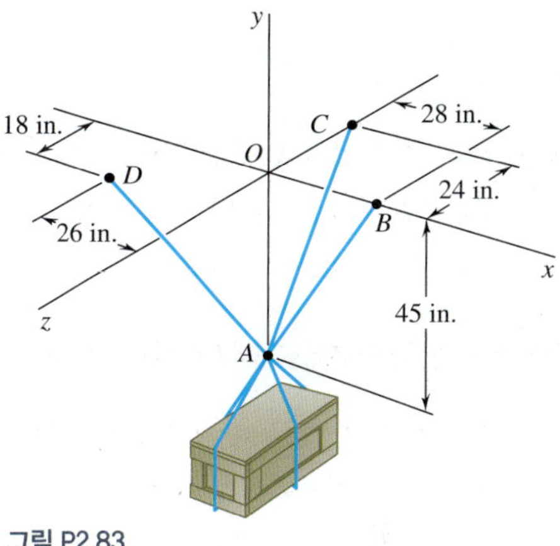

그림 P2.83

2.84 반지름 7 in.이고 무게가 12 lb인 원형판이 그림과 같이 각각 25 in. 와이어 3개로 지지된다. $\alpha = 30°$일 때 각 와이어의 장력을 구하시오.

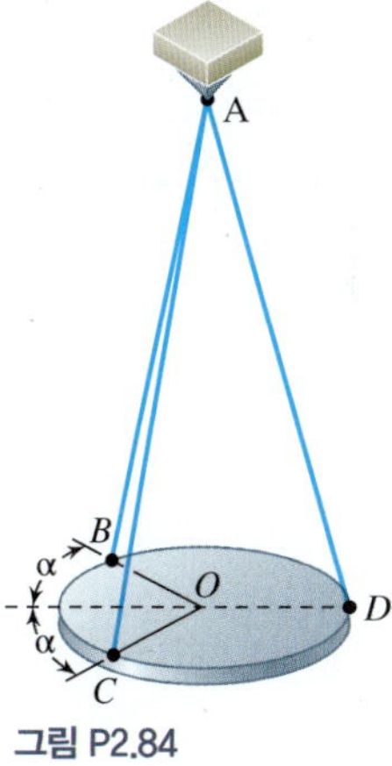

그림 P2.84

2.85 [문제 2.84]에서 $\alpha = 30°$일 때 각 와이어의 장력을 구하시오.

2.86 3개의 와이어가 T자형 파이프 지지대 ABC 아래로 18 in. 지점 D에 연결된다. 그림과 같이 180 lb 실린더가 지점 D에 매달려 있을 때 각 와이어의 인장력을 구하시오.

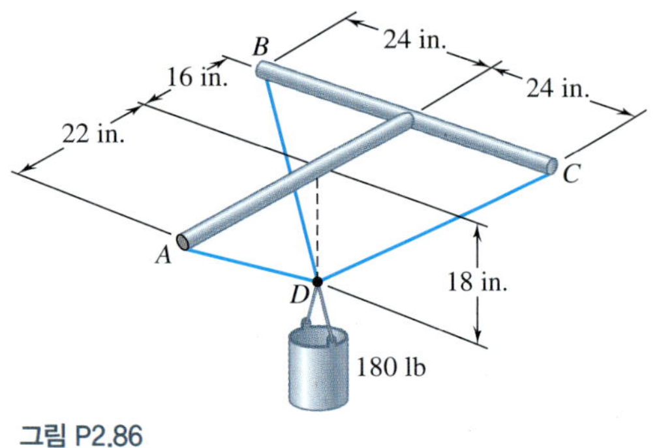

그림 P2.86

2.87 무게가 36 lb인 삼각형 판이 그림과 같이 3개의 와이어로 지지된다. $a = 6$ in.일 때 각 와이어의 장력을 구하시오.

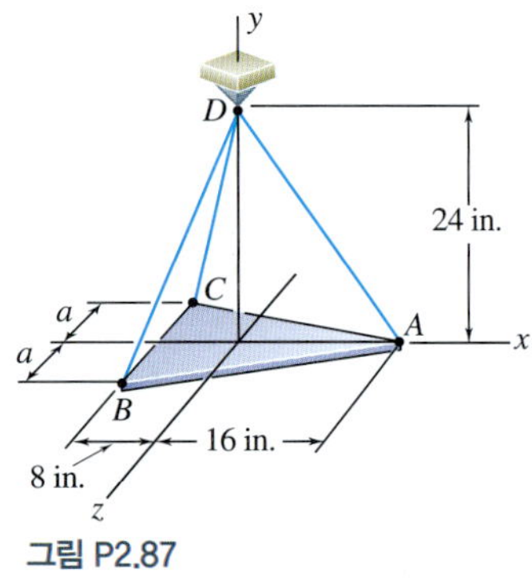

그림 P2.87

2.88 직사각형 판이 그림과 같이 3개의 케이블로 지지된다. 케이블 AC의 인장력이 60 N일 때 판의 무게를 구하시오.

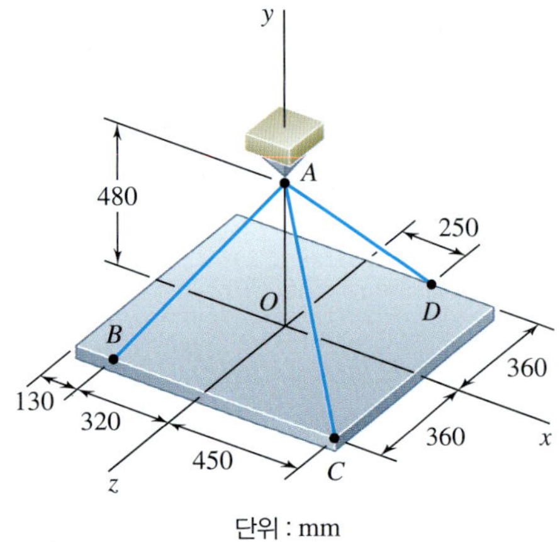

그림 P2.88 ~ 2.89

2.89 직사각형 판이 그림과 같이 3개의 케이블로 지지된다. 케이블 AD의 인장력이 520 N일 때 판의 무게를 구하시오.

2.90 미끄러운 얼음표면을 가로질러 이동하기 위해 175 lb의 남자가 두 개의 로프 AB와 AC를 사용한다. 얼음표면에서 이 남자에게 가해지는 힘은 표면에 수직으로 작용한다고 가정할 때, 각 로프의 인장력을 구하시오.

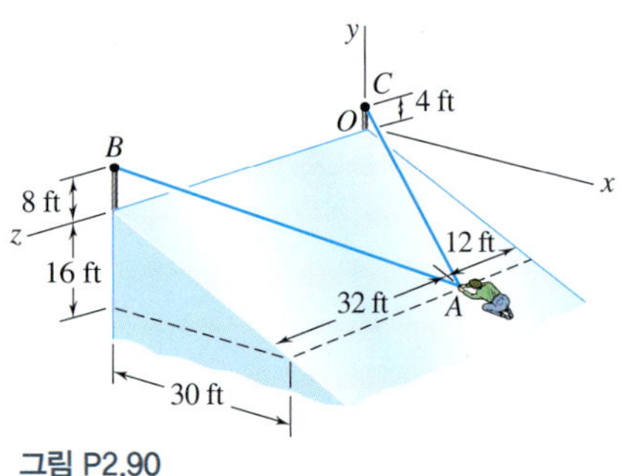

그림 P2.90

2.91 [문제 2.90]에서 친구가 점 A에서 남자를 $\mathbf{P} = -(45\text{ lb})\mathbf{k}$의 힘으로 끌어준다고 가정하고 구하시오.

2.92 세 개의 케이블이 그림과 같이 힘 $\mathbf{P}$와 $\mathbf{Q}$가 작용하는 A에 연결된다. $Q = 0$이고 케이블 AD의 인장력이 305 N일 때 힘 P의 값을 구하시오.

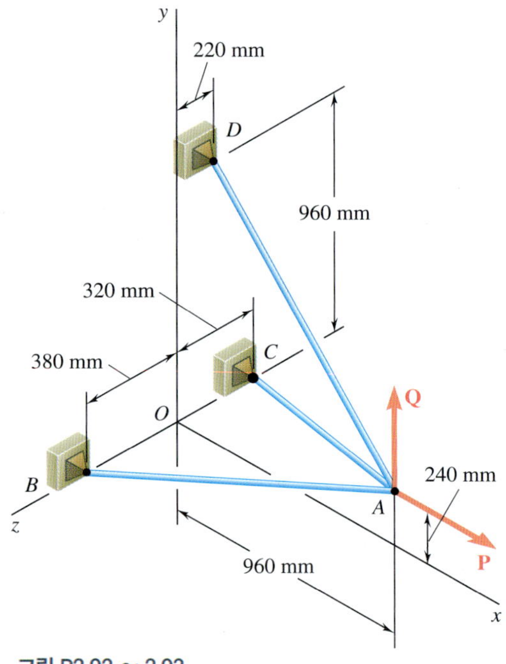

그림 P2.92 ~ 2.93

2.93 세 개의 케이블이 그림과 같이 힘 **P**와 **Q**가 작용하는 A에 연결된다. 이고 케이블 AD에 인장력이 작용하고 있을 때 Q의 최댓값을 구하시오.

2.94 무게 W의 컨테이너가 고리 A에 매달려 있다. 케이블 BAC가 고리를 통과하고 B와 C의 고정 지지대에 부착된다. 두 힘 $\mathbf{P}=P\mathbf{i}$와 $\mathbf{Q}=Q\mathbf{k}$를 고리에 작용시켜 컨테이너를 표시된 위치에 유지하고자 한다. $W=376$ N일 때 P와 Q를 구하시오. HINT 인장력은 케이블 BAC의 두 부분에서 동일하다.

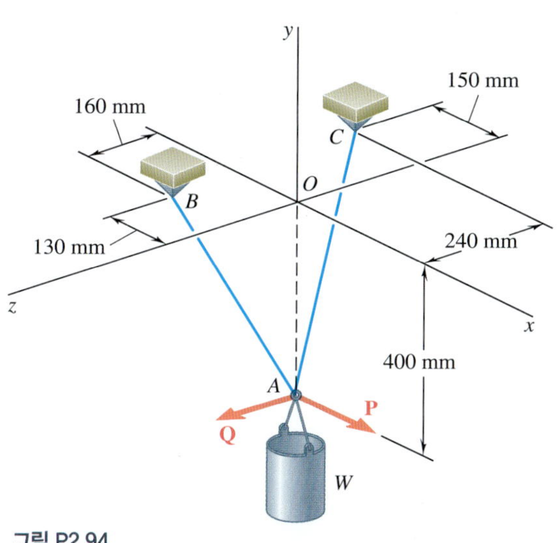

그림 P2.94

2.95 [문제 2.94]에서 $P=164$ N일 때 W와 Q를 구하시오.

2.96 케이블 BAC는 마찰이 없는 고리 A를 통과하여 B와 C의 고정 지지대에 부착되어 있는 반면, 케이블 AD와 AE는 고리에 묶여 있고 D와 E의 지지대에 각각 부착되어 있다. 200 lb 수직하중 **P**가 고리 A에 가해질 때 세 케이블의 장력을 각각 구하시오.

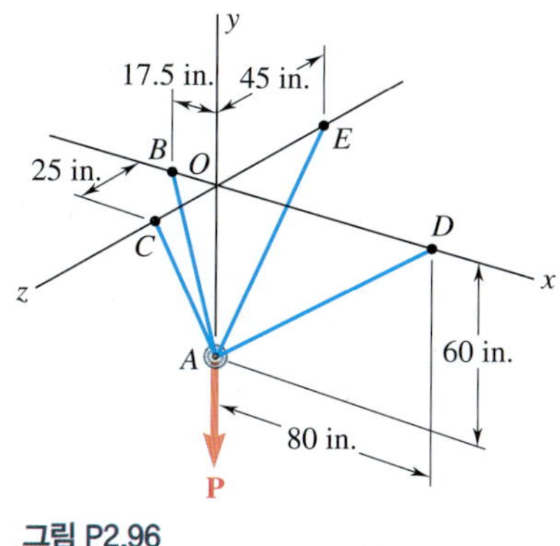

그림 P2.96

2.97 [문제 2.96]에서 케이블 AE의 인장력이 75 lb일 때 (a) 하중 **P**의 크기, (b) 케이블 BAC와 AD의 인장력을 구하시오.

2.98 무게가 W인 컨테이너를 두 케이블 AC와 AE가 고리 A에서 지지하고 있다. 세 번째 케이블 $FBAD$는 에서 도르래를 지나 고리 A를 통과하여 D에서 한쪽 끝이 지지되어 있고 다른 쪽 끝 F에는 수직력 **P**가 작용한다. $W=1000$ N일 때 **P**의 크기를 구하시오. HINT 인장력은 케이블 $FBAD$의 모든 부분에서 동일하다.

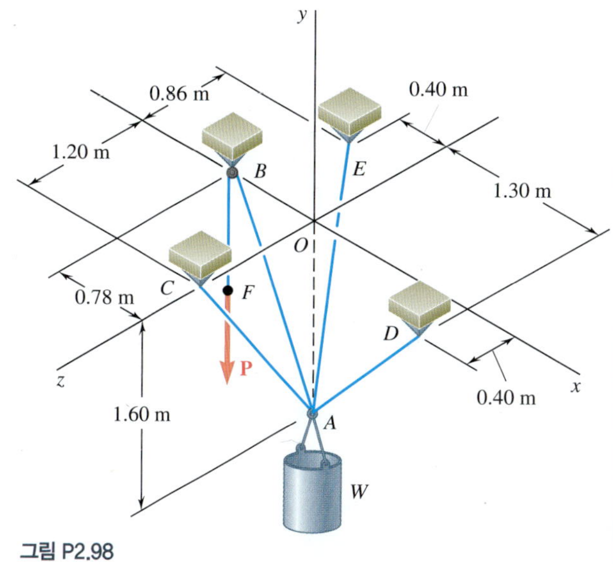

그림 P2.98

2.99 2명의 작업자가 2개의 로프와 롤러판을 사용하여 트럭에서 200 lb 주철부품을 내리고 있다. 표시된 순간에 주철부품은 움직이지 않고 점 A, B, C의 위치는 각각 A(0, −20 in., 40 in.), B(−40 in., 50 in., 0), C(45 in., 40 in., 0)이다. 주철부품과 롤러판 사이에 마찰이 없다고 가정하고 각 로프의 장력을 구하시오. HINT 마찰이 없으므로 롤러판이 주철제품에 가하는 힘은 롤러판에 수직방향이다.

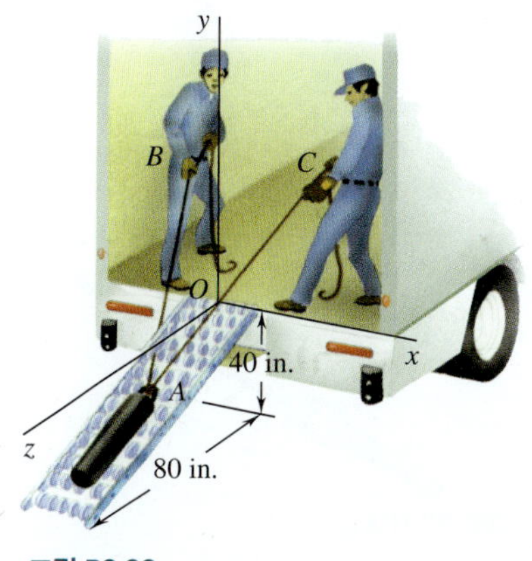

그림 P2.99

2.100 이음고리 A와 B는 25 in. 길이의 와이어로 연결되어 있으며 마찰이 없는 막대에서 자유롭게 미끄러질 수 있다. 그림과 같이 이음고리 B에 60 lb의 힘 $\mathbf{Q}$를 가했을 때, (a) $x = 9$ in.일 때 와이어의 장력, (b) 시스템의 평형을 유지하는 데 필요한 힘 $\mathbf{P}$의 크기를 구하시오.

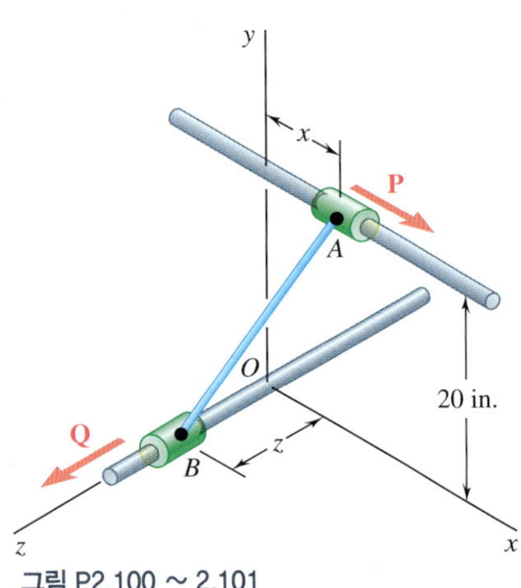

그림 P2.100 ~ 2.101

2.101 이음고리 A와 B는 25 in. 길이의 와이어로 연결되어 있으며 마찰이 없는 막대에서 자유롭게 미끄러질 수 있다. $P = 120$ lb, $Q = 60$ lb일 때, 시스템의 평형이 이루어지는 거리 x와 z를 구하시오.

2.102 이음고리 A와 B는 525 mm 길이의 와이어로 연결되며 마찰이 없는 막대에서 자유롭게 미끄러질 수 있다. 힘 $\mathbf{P} = (341\text{ N})\mathbf{j}$가 이음고리 A에 가해진다. (a) $y = 155$ mm일 때 와이어의 장력, (b) 시스템의 평형을 유지하는 데 필요한 힘 $\mathbf{Q}$의 크기를 구하시오.

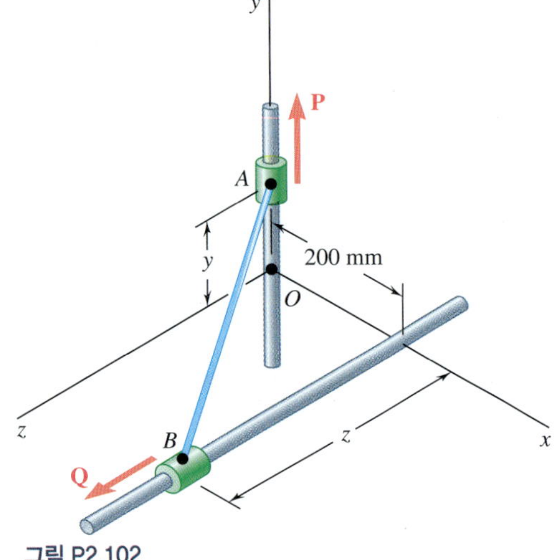

그림 P2.102

2.103 $y = 275$ mm일 때 [문제 2.102]를 푸시오.

Chapter 02 핵심요약

이 장에서는 작용하는 모든 힘이 같은 한 점에 적용된다고 가정할 수 있는 모양과 크기의 물체, 즉 입자에 작용하는 힘의 효과를 학습했다.

두 힘의 합력

힘은 벡터로서 작용점, 크기 및 방향으로 나타낼 수 있고, 평행사변형법에 따라 합산된다(그림 2.30). 도해법 또는 코사인법칙과 사인법칙을 사용하여 삼각형법에 의해 두 힘 **P**와 **Q**의 합력 **R**의 크기와 방향을 구할 수 있다(예제 2.1).

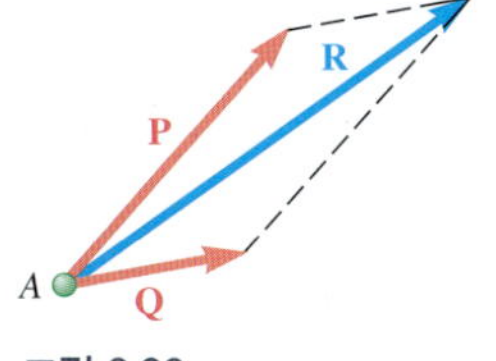

그림 2.30

힘의 성분

입자에 작용하는 힘은 둘 또는 그 이상의 성분으로 분해할 수 있다. 즉, 입자에 동일한 영향을 미치는 둘 이상의 힘으로 대체될 수 있다. 힘 **F**는 평행사변형을 그려서 두 성분 **P**와 **Q**로 분해할 수 있다. 힘 **F**를 대각선으로 표시하면 성분 **P**와 **Q**는 평행사변형의 인접한 두 변이 된다(그림 2.31). 도해법 또는 삼각형법으로 힘의 성분을 구할 수 있다(2.1.5절).

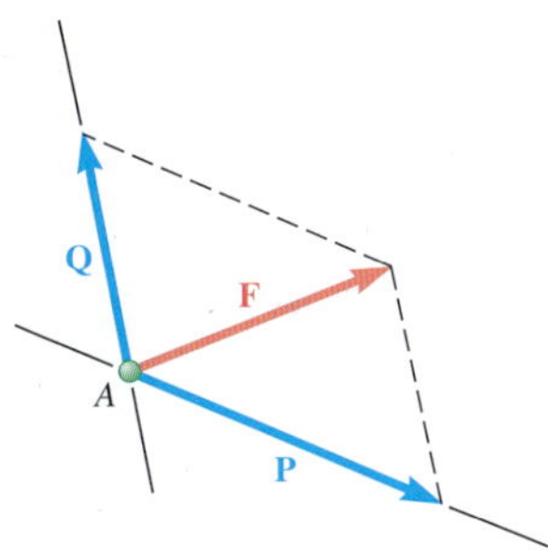

그림 2.31

직각성분 : 단위벡터

힘 **F**는 서로 수직인 좌표축을 따라 두 개의 성분으로 분해된다(그림 2.32). x축과 y축에 대한 단위벡터 **i**와 **j**를 각각 도입하면 성분을 포함하는 벡터는 다음과 같이 표기할 수 있다.

$$\mathbf{F}_x = F_x\mathbf{i}, \qquad \mathbf{F}_y = F_y\mathbf{j} \tag{2.6}$$

$$\mathbf{F} = F_x\mathbf{i} + F_y\mathbf{j} \tag{2.7}$$

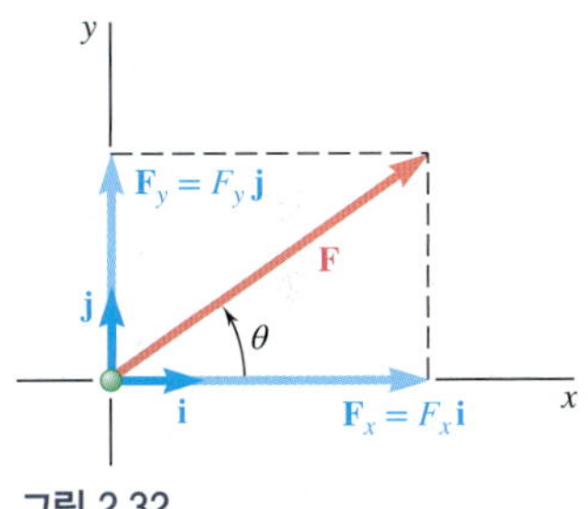

그림 2.32

여기서 F_x와 F_y는 힘 **F**의 스칼라 성분이다. 이 성분은 양 또는 음의 값을 가지며 다음과 같이 정의된다.

$$F_x = F\cos\theta, \qquad F_y = F\sin\theta \tag{2.8}$$

힘 **F**의 직각성분 F_x와 F_y가 주어지면 힘의 방향을 정의하는 각 θ를 구할 수 있다.

$$\tan\theta = \frac{F_y}{F_x} \tag{2.9}$$

힘의 크기 F는 식 (2.8)과 피타고라스 정리를 이용하여 얻는다.

$$F = \sqrt{F_x^2 + F_y^2} \tag{2.10}$$

동일 평면 내 힘의 합력

동일 평면 내 한 입자에 여러 힘이 작용할 때 합력 R의 각 직각성분은 해당 성분들의 합으로 구한다.

$$R_x = \Sigma F_x, \quad R_y = \Sigma F_y \tag{2.13}$$

합력 R의 크기와 방향은 식 (2.9)와 식 (2.10)의 관계식에서 결정된다.

공간에서의 힘

3차원 공간에서 힘 $\mathbf{F}$는 직각성분 F_x, F_y, F_z로 분해할 수 있다(2.4.1절). 힘 $\mathbf{F}$가 x, y, z축과 이루는 각을 각각 θ_x, θ_y, θ_z로 나타내면(그림 2.33), 각 성분은 다음과 같다.

$$F_x = F\cos\theta_x, \quad F_y = F\cos\theta_y, \quad F_z = F\cos\theta_z \tag{2.19}$$

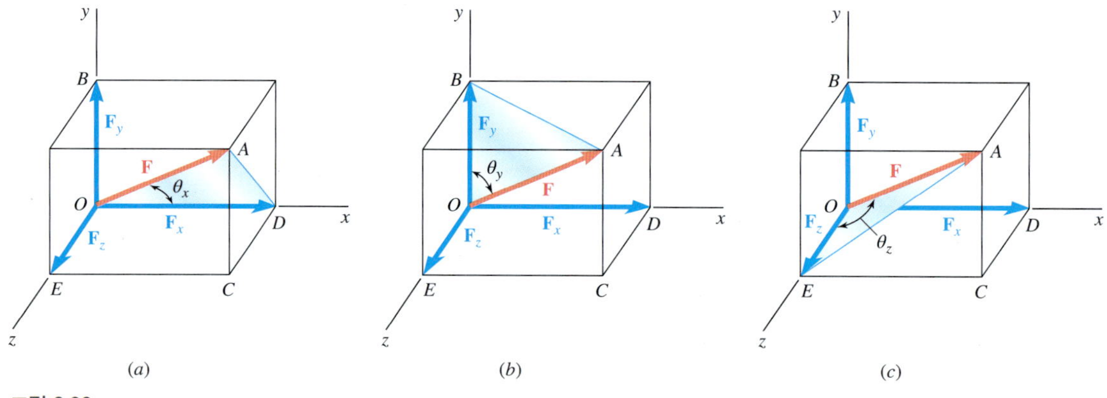

그림 2.33

방향코사인

θ_x, θ_y, θ_z의 코사인은 힘 $\mathbf{F}$의 방향코사인이라 한다. 좌표축을 따라 단위벡터 **i**, **j**, **k**를 도입하면 $\mathbf{F}$는 다음과 같이 표현할 수 있다.

$$\mathbf{F} = F_x\mathbf{i} + F_y\mathbf{j} + F_z\mathbf{k} \tag{2.20}$$

또는

$$\mathbf{F} = F(\cos\theta_x\mathbf{i} + \cos\theta_y\mathbf{j} + \cos\theta_z\mathbf{K}) \tag{2.21}$$

이 식은 힘 $\mathbf{F}$는 그 크기 F와 다음과 같은 단위벡터 λ의 곱으로 표현되는 것을 보여준다.

$$\lambda = \cos\theta_x\mathbf{i} + \cos\theta_y\mathbf{j} + \cos\theta_z\mathbf{k}$$

단위벡터 λ의 크기가 1이므로 다음을 얻는다.

$$\cos^2\theta_x + \cos^2\theta_y + \cos^2\theta_z = 1 \tag{2.24}$$

힘 $\mathbf{F}$의 성분 F_x, F_y, F_z가 주어졌을 때 $\mathbf{F}$의 크기는 다음과 같다.

$$F = \sqrt{F_x^2 + F_y^2 + F_z^2} \tag{2.18}$$

F의 방향코사인은 식 (2.19)로부터 얻는다.

$$\cos\theta_x = \frac{F_x}{F}, \qquad \cos\theta_y = \frac{F_y}{F}, \qquad \cos\theta_z = \frac{F_z}{F} \tag{2.25}$$

힘 **F**가 공간에서 크기 F와 작용선상의 두 점 M과 N으로 정의되면, 두 점 M과 N을 연결하는 벡터 $\overrightarrow{MN}$을 이용하여 직각성분을 구할 수 있다.

$$\overrightarrow{MN} = d_x\,\mathbf{i} + d_y\,\mathbf{j} + d_z\,\mathbf{k} \tag{2.26}$$

다음으로 벡터 $\overrightarrow{MN}$을 그 크기 $MN = d$로 나누면 작용선상의 단위벡터 λ를 얻는다.

$$\lambda = \frac{\overrightarrow{MN}}{MN} = \frac{1}{d}(d_x\,\mathbf{i} + d_y\,\mathbf{j} + d_z\,\mathbf{k}) \tag{2.27}$$

힘 **F**는 크기 F와 단위벡터 λ의 곱으로 표현되므로

$$\mathbf{F} = F\lambda = \frac{F}{d}(d_x\,\mathbf{i} + d_y\,\mathbf{j} + d_z\,\mathbf{k}) \tag{2.28}$$

이고, 이 식에서 힘 **F**의 스칼라 성분은 다음과 같다(예제 2.7과 예제 2.8).

$$F_x = \frac{Fd_x}{d}, \qquad F_y = \frac{Fd_y}{d}, \qquad F_z = \frac{Fd_z}{d} \tag{2.29}$$

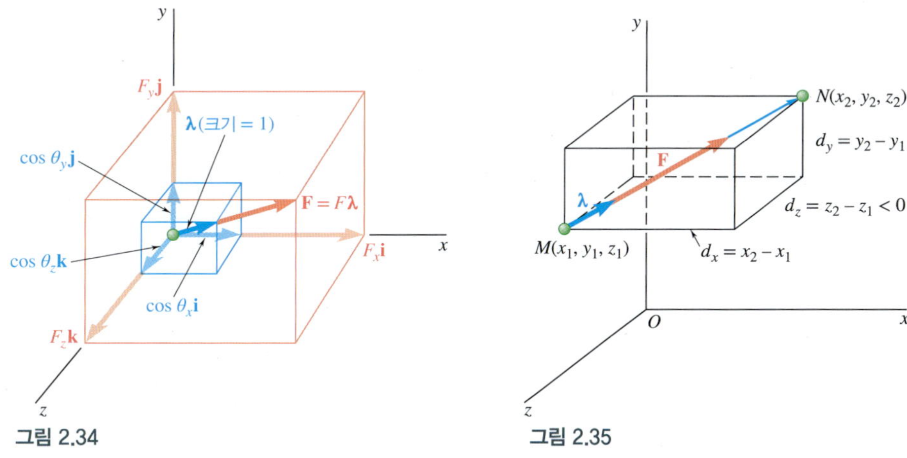

그림 2.34

그림 2.35

공간에서 힘의 합력

3차원 공간에서 둘 이상의 힘이 입자에 작용할 때, 주어진 힘의 해당 성분을 대수적으로 합하여 합력 **R**의 직각성분을 얻을 수 있다(2.4.3절).

$$R_x = \Sigma F_x, \qquad R_y = \Sigma F_y, \qquad R_z = \Sigma F_z \tag{2.31}$$

합력 R의 크기와 방향은 식 (2.18)과 식 (2.25)의 관계식에서 결정한다.

입자의 평형

입자에 작용하는 모든 힘의 합이 0일 때 입자는 평형상태에 있다고 한다(2.3.1절). 입자는 정지상태(원래 정지상태인 경우) 또는 등속 운동상태(원래 움직이고 있는 경우)를 유지한다(2.3.2절).

자유물체도

평형상태의 입자 문제를 해결하려면 먼저 입자에 작용하는 모든 힘을 보여주는 입자의 자유물체도를 작도한다(2.3.3절). 동일 평면상에서 세 힘이 입자에 작용하는 경우 힘의 삼각형을 그려 입자가 평형상태에 있음을 나타낼 수 있다. 도해법을 사용하여 이 삼각형에 대한 미지수를 2개까지 풀 수 있다(예제 2.4). 3개 이상의 힘이 관련된 경우 평형방정식을 사용한다.

$$\Sigma F_x = 0, \quad \Sigma F_y = 0 \tag{2.15}$$

이 식으로 미지수를 2개까지 구할 수 있다(예제 2.6).

공간에서의 평형

입자가 공간에서 평형상태에 있으면 다음의 세 평형방정식을 사용할 수 있다.

$$\Sigma F_x = 0, \quad \Sigma F_y = 0, \quad \Sigma F_z = 0 \tag{2.34}$$

이 식으로 미지수를 3개까지 구할 수 있다(예제 2.9).

Chapter 02 종합문제

2.104 그림과 같이 두 구조부재 A와 B가 브라켓에 볼트로 고정되어 있다. 두 부재가 모두 압축상태에 있고 부재의 축력이 부재 A에서 15 kN, 부재 B에서 10 kN일 때, 부재 A와 B가 브라켓에 가한 힘의 합력의 크기와 방향을 삼각형법으로 구하시오.

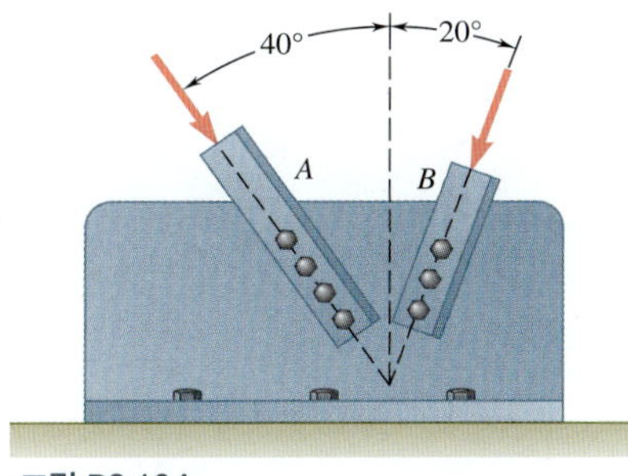

그림 P2.104

2.105 그림에 보인 각 힘의 x와 y 성분을 구하시오.

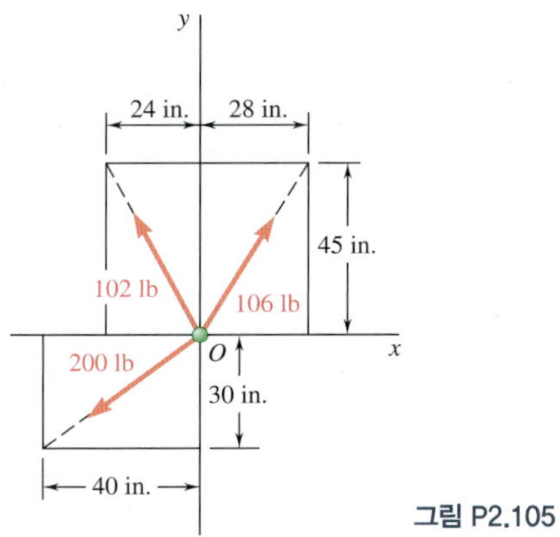

그림 P2.105

2.106 유압 실린더 BC는 선 BC를 따라 부재 AB에 힘 $\mathbf{P}$를 가한다. 이 힘은 그림과 같이 A에 가해진 모멘트 $\mathbf{M}$으로 인해 발생한다(모멘트 개념은 3장에서 소개한다). $\mathbf{P}$가 부재 AB에 수직방향으로 600 N 성분을 가질 때 (a) 힘 $\mathbf{P}$의 크기, (b) 선 AB를 따르는 힘의 성분을 구하시오.

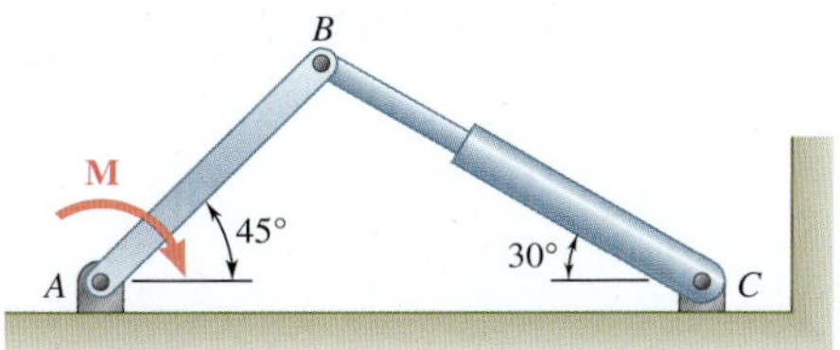

그림 P2.106

2.107 그림에서 $\alpha = 40°$일 때 세 힘의 합력을 구하시오.

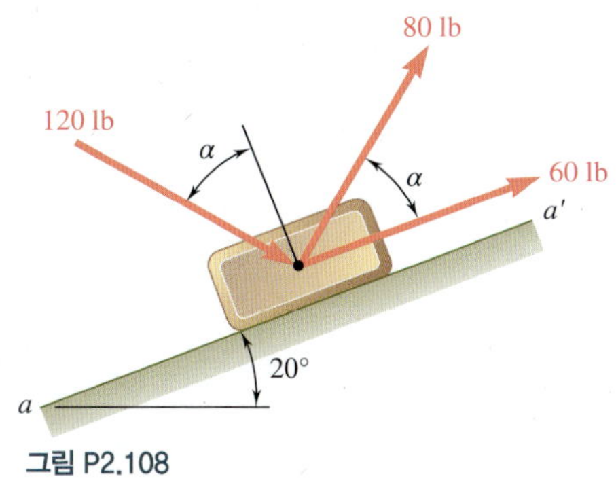

그림 P2.108

2.108 그림에서 $\alpha = 20°$일 때 (a) 케이블 AC, (b) 로프 BC의 인장력을 구하시오.

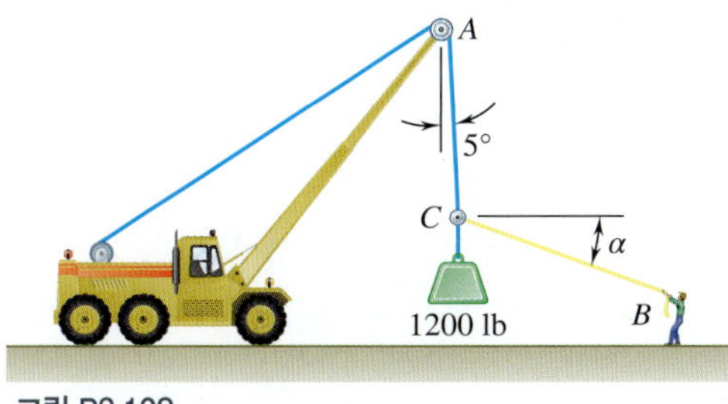

그림 P2.108

2.109 두 케이블은 그림과 같이 C에서 묶여 하중을 받고 있다. $P = 360$ N일 때 (a) 케이블 AC, (b) 케이블 BC의 인장력을 구하시오.

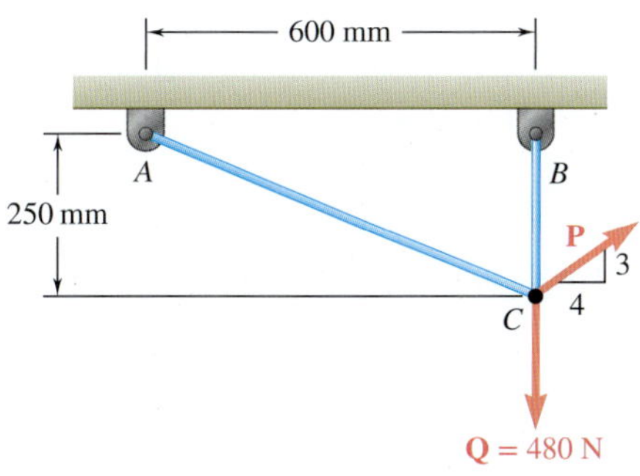

그림 P2.109

2.110 그림과 같이 브라켓에 세 힘이 작용한다. 두 개의 150 N 힘은 방향은 다를 수 있지만 힘 사이의 각은 항상 50°이다. A에 작용하는 합력의 크기가 600 N보다 작을 때 α값의 범위를 구하시오.

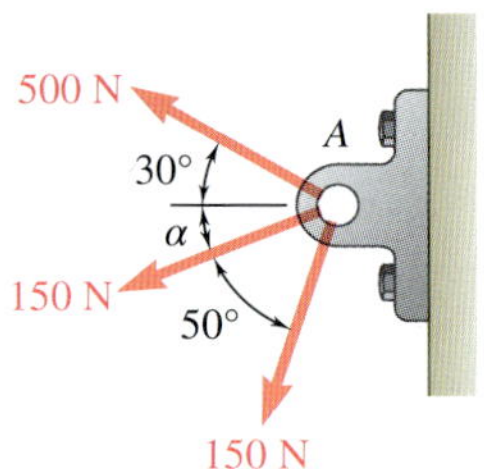

그림 P2.110

2.111 케이블 AB의 길이는 65 ft이고 인장력은 3900 lb이다. (a) 케이블이 지점 B에 작용시키는 힘의 x, y, z 성분, (b) 힘의 방향을 정의하는 각 θ_x, θ_y, θ_z를 구하시오.

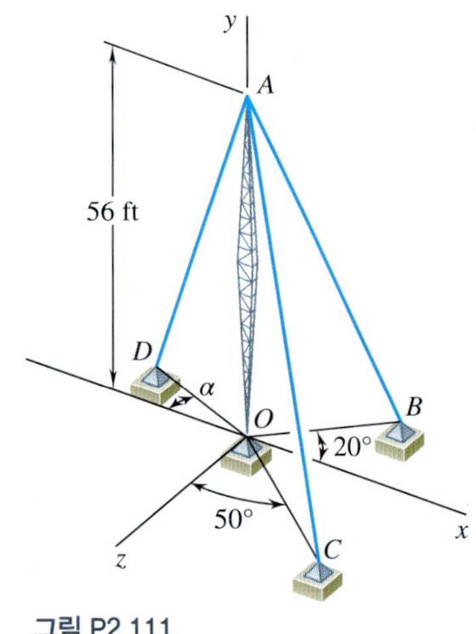

그림 P2.111

2.112 그림과 같이 3개의 케이블이 기구를 유지하는 데 사용된다. 케이블 AB의 인장력이 259 N일 때 A에서 기구가 발생시키는 수직력 $\mathbf{P}$를 구하시오.

2.113 그림과 같이 3개의 케이블이 기구를 유지하는 데 사용된다. 케이블 AC의 인장력이 444 N일 때 A에서 기구가 발생시키는 수직력 $\mathbf{P}$를 구하시오.

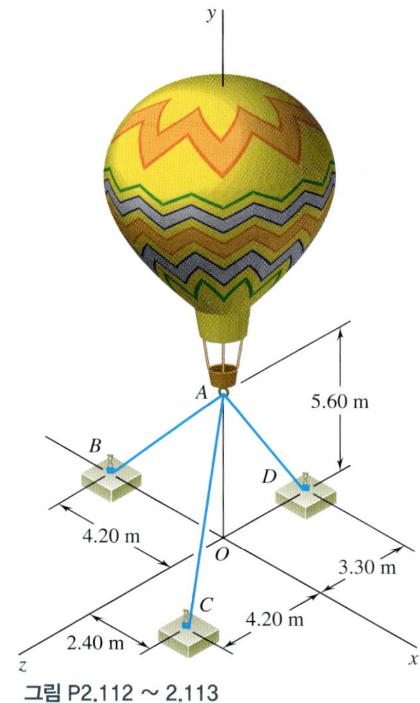

그림 P2.112 ~ 2.113

2.114 송전탑은 상부 A와 각 지점 B, C, D에 부착된 3개의 경사 와이어에 의해 고정된다. 와이어 AB의 인장력이 630 lb일 때 송전탑이 상부 A에서 받게 되는 수직력 $\mathbf{P}$를 구하시오.

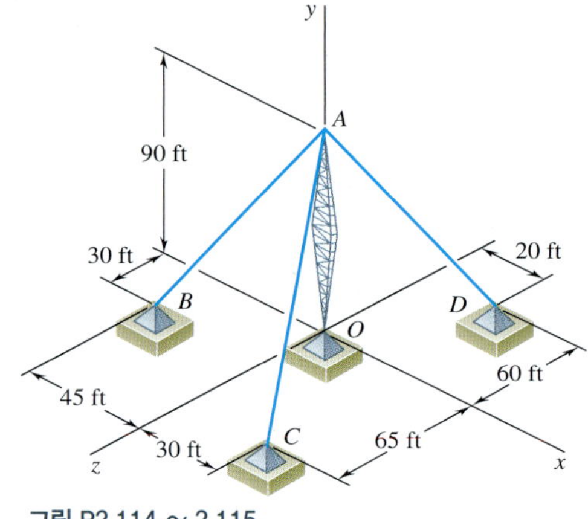

그림 P2.114 ~ 2.115

2.115 송전탑은 상부 A와 각 지점 B, C, D에 부착된 3개의 경사 와이어에 의해 고정된다. 와이어 AC의 인장력이 920 lb일 때 송전탑이 상부 A에서 받게 되는 수직력 $\mathbf{P}$를 구하시오.

St Petersburg Times/Zumapress/Newscom

03

강체 : 힘의 등가시스템

위 사진은 4척의 예인선이 협업으로 탬파만Tampa Bay에서 수로를 항해하려다가 좌초된 유조선 코스털이글포인트 Coastal Eagle Point호를 구출하고 있는 장면이다. 이 장에서는 다수의 예인선에 의해 선박에 가해지는 힘은 더 강력한 예인선에 의해 가해지는 동등한 하나의 힘으로 대체할 수 있음을 알아본다.

목차

학습목표

- 힘을 이동 가능한 벡터로 다루는 전달성의 원리를 이해한다.
- 한 점을 기준으로 힘이 발생시키는 모멘트를 정의한다.
- 벡터와 스칼라의 외적과 내적, 모멘트와 관련된 유용함을 조사한다.
- 바리뇽의 원리를 모멘트 해석에 응용한다.
- 세 벡터의 외적을 정의하고, 축에 대해 힘이 발생시키는 모멘트를 정의한다.
- 우력이 발생시키는 모멘트를 정의하고 우력의 특성을 고려한다.
- 주어진 힘을 등가의 다른 점을 기준으로 등가의 힘 또는 우력시스템으로 해결한다.
- 다수로 구성된 힘시스템을 등가의 힘 또는 우력으로 간소화한다.
- 다수로 구성된 힘을 단일의 힘으로 줄일 수 있는 조건을 검토한다.

서론

2장에서 물체를 하나의 입자로 가정할 수 있음을 학습했다. 하지만 이러한 관점이 항상 가능한 것은 아니다. 일반적으로 물체는 입자들의 조합으로 취급해야 한다. 이 경우 물체의 규모와 더불어 힘이 물체의 어느 부위에 어떠한 방향으로 작용하는지를 고려해야 한다.

기본 역학에서 다루는 대부분의 물체는 강체로 가정한다. **강체**는 변형이 발생하지 않는 물체로 정의된다. 실제 구조물과 기계류는 절대 강체일 수 없고 주어진 하중조건에 따라 필연적으로 변형이 발생한다. 하지만 이러한 변형은 일반적으로 매우 작아서 물체의 평형이나 운동의 조건에 영향을 미치지 못한다. 구조물이 파괴에 저항하는 능력과 관련된 재료역학의 영역에서 변형의 역할은 크지 않다.

이 장에서는 강체에 작용하는 힘의 효과를 학습하고 주어진 힘시스템을 단순화된 등가시스템으로 대체하는 방법을 배운다. 이 해석은 강체에 작용하는 힘이 작용선을 따라 움직인다면 그 힘의 효과는 변하지 않는다(전달성의 원리)는 근본적 가정에 근거한다. 2.1.2절에서 논의한 바와 같이 강체에 작용하는 힘은 이동벡터sliding vector로 볼 수 있다.

강체에 작용하는 힘의 효과와 관련된 두 가지 중요한 개념은 한 점에 대한 모멘트(3.1.5절)와 한 축에 대한 모멘트(3.2.3절)이다. 이러한 모멘트를 구하려면 두 벡터의 외적과 내적의 계산 과정이 필요하다. 그러므로 이 장에서는 벡터기하의 기초를 소개하고, 이를 강체에 작용하는 힘을 다루는 문제에 적용한다.

이 장에서 다루는 또 다른 개념은 우력couple이다. 우력은 크기는 같고 방향이 서로 다른 한 쌍의 힘으로 정의된다(3.3.1절). 강체에 작용하는 힘시스템은 한 위치에 작용하는 하나의 힘과 우력으로 구성되는 등가시스템으로 대체될 수 있다. 동시에 작용하는 힘, 동일 평면에 작용하는 힘, 평행하게 작용하는 힘 등의 경우에는 등가의 힘-우력시스템을 하나의 합력resultnat 또는 합우력resultant couple으로 간소화할 수 있다.

3.1 힘과 모멘트

힘에 대한 기본 정의는 힘이 점 또는 강체에 작용한다고 해서 변하지 않는다. 그러나 힘의 효과는 재하 지점이나 해당 힘의 작용선과 같은 요인에 따라 상당히 달라질 수 있다. 결과적으로 강체에 작용하는 힘의 계산은 일반적으로 한 점에 작용하는 힘을 다룰 때보다 더 복잡하다. 강체에 작용하는 힘의 일반적인 분류부터 먼저 살펴보자.

3.1.1 외력과 내력

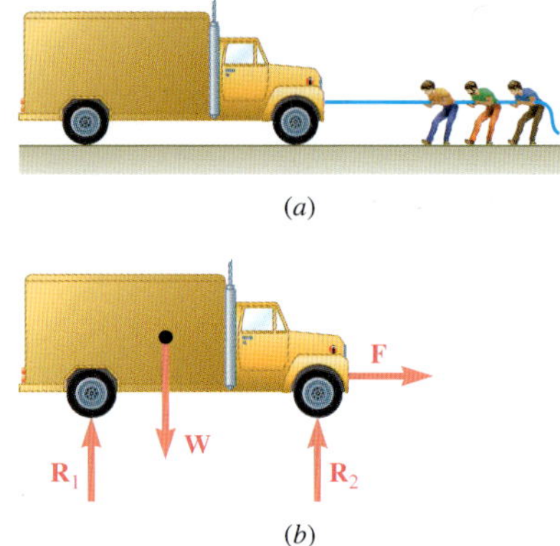

그림 3.1 (a) 로프로 트럭을 끄는 세 사람 (b) 입자가 아닌 강체로서 트럭의 자유물체도

강체에 작용하는 힘은 (1) 외력, (2) 내력으로 분류한다.

1. **외력**은 다른 물체에 의해 고려 중인 강체에 가해지는 힘이다. 외력은 강체를 움직이게 하거나 정지상태를 유지하도록 하여 강체의 외적 거동을 지배한다. 이 장과 4장, 5장에서는 외력에 대해서만 다룬다.
2. **내력**은 강체를 형성하는 입자 사이를 유지하는 결집력이다. 강체가 구조적으로 여러 부분으로 구성된 경우라면 구성요소를 유지하는 힘도 내력으로 정의된다. 6장, 7장에서는 내력을 다룬다.

외력의 예로, 세 사람이 앞범퍼에 연결된 로프를 당기고 있는 트럭에 작용하는 힘을 고려해 보자(그림 3.1a). 트럭에 작용하는 외력은 **자유물체도**에서 확인할 수 있다(그림 3.1b). 자유물체도는 대상을 표현하는 입자뿐만 아니라 전체 개체를 보여준다. 먼저 트럭의 무게를 고려해보자. 트럭을 구성하는 개개의 입자가 지구로부터 인력을 받게 되지만 트럭의 무게는 하나의 힘 **W**로 나타낼 수 있다. 이 힘이 작용하는 지점을 트럭의 무게중심으로 정의한다(5장에서 무게중심의 위치를 찾는 방법을 다룬다). 무게 **W**는 트럭을 수직 아래방향으로 움직이게 한다. 실제로 지면이 없으면 트럭이 아래쪽으로 이동한다. 즉, 낙하하게 된다. 지면은 반작용 $\mathbf{R}_1$과 $\mathbf{R}_2$로 트럭의 하향운동에 저항한다. 이러한 반력은 지면에 의해 트럭에 가해지므로 트럭에 작용하는 외력에 포함된다.

로프를 당기는 사람들은 힘 **F**를 가하게 되고 그 작용점은 앞범퍼에 있다. 힘 **F**는 트럭을 전방 직선으로 움직이게 하는 경향이 있다. 이 운동에 반대되는 외력이 없으므로 힘 **F**는 실제로 트럭을 움직이게 한다(여기서는 바퀴의 회전저항은 무시한다). 트럭의 바닥은 수평을 유지되고 벽은 수직을 유지한 채 전진하는 트럭의 이러한 이동을 병진translation이라 한다. 다른 힘으로 인해 트럭이 다르게 움직일 수 있다. 예를 들어, 앞바퀴 축 아래 잭으로 힘을 가하여 트럭이 뒷바퀴 축을 중심으로 트럭을 움직이게 할 수 있다. 이러한 운동은 회전rotation이다. 따라서 강체에 작용하는 각 외력은 반대의 힘이 없다면 강체에 병진운동이나 회전운동 또는 둘 다 발생시킬 수 있다.

3.1.2 전달성의 원리 : 등가력

그림 3.2 두 힘 **F**와 **F**′가 다른 위치에서 작용하더라도 크기와 방향이 같고 동일한 작용선을 가지면 등가이다.

전달성의 원리는 강체에 작용하는 힘 **F**가 동일 작용선상의 같은 크기와 방향의 힘 **F**′로 대체되어도 강체의 평형 또는 운동의 조건은 변하지 않는다는 것이다(그림 3.2). 두 힘 **F**와 **F**′는 강체에 동일한 영향을 미치며 등가력이라 한다. 힘의 작용이 작용선을 따라 전달될 수 있다는 이 원리는 실험적 증거를 기반으로 한다. 이 책에서 지금까지 확립된 이론으로는 유도할 수 없으므로 실험법칙으로 받아들이도록 한다. 따라서 강체의 정역학에 대한 학습은 지금까지 소개된 세 가지 원리, 즉 벡터합의 평행사변형법, 뉴턴의 제1법칙, 전달성의 원리를 기반으로 한다.

2장에서 입자에 작용하는 힘을 벡터로 나타낼 수 있음을 배웠다. 이러한 벡터는 입자 자체를 작용점으로 가지므로 고정벡터fixed vector이다. 그러나 강체에 작용하는 힘의 경우 작용선이 변하지 않는 한 힘의 작용점은 중요하지 않다. 강체에 작용하는 힘은 작용선을 따라 이동할 수 있으므로 이동벡터sliding vector이다. 강체에 작용하는 힘에 대해 유도되는 모든 속성은 이동벡터의 시스템에서 이해해야 한다. 그러나 보다 직관적으로 이해하기 위해 수학적 의미의 이동벡터보다는 물리적 힘의 관점에서 접근하도록 한다.

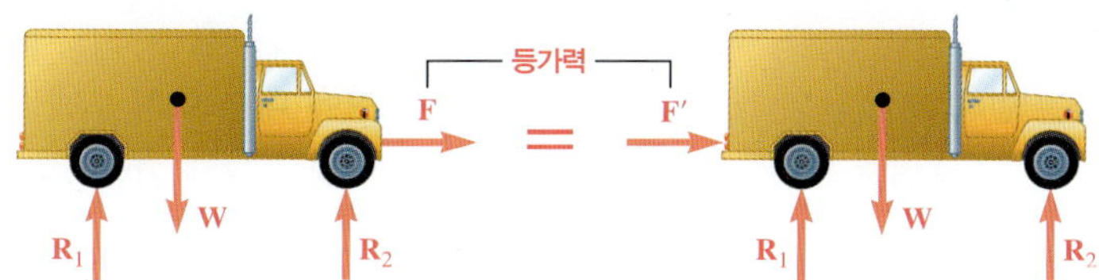

그림 3.3 힘 $\mathbf{F}'$는 힘 $\mathbf{F}$의 등가이고 트럭의 운동은 끌거나 밀어도 동일하다.

트럭의 예로 돌아가서 관찰해보면 힘 $\mathbf{F}$의 작용선이 트럭의 앞범퍼와 뒷범퍼를 통과하는 수평선임을 알 수 있다(그림 3.3). 따라서 전달성의 원리를 적용하여 $\mathbf{F}$를 뒷범퍼에 작용하는 등가력 $\mathbf{F}'$으로 대체할 수 있다. 즉, 사람이 앞범퍼를 당기지 않고 뒷범퍼를 밀어도 운동의 조건은 영향을 받지 않고 트럭에 작용하는 다른 모든 외력($\mathbf{W}$, $\mathbf{R}_1$, $\mathbf{R}_2$)도 그대로 유지된다.

전달성의 원리와 등가력의 개념에는 한계가 있다. 예를 들어, [그림 3.4a]에 표시된 것과 같이 크기가 같고 방향이 서로 반대인 축방향의 힘 $\mathbf{P}_1$ 및 $\mathbf{P}_2$가 작용하는 짧은 막대 AB를 고려해보자. 전달성의 원리에 의하면 힘 $\mathbf{P}_2$는 크기와 방향이 동일한 $\mathbf{P}_2'$을 B가 아닌 A에 작용시키는 것으로 대체할 수 있다(그림 3.4b). 동일한 입자에 작용하는 힘 $\mathbf{P}_1$과 $\mathbf{P}_2'$은 2장에서 논의한 대로 크기가 같고 방향이 서로 반대이므로 그 합은 0이 된다. 그러므로 이 막대에 대한 외력의 관점에서 [그림 3.4a]에 보인 원래 힘시스템은 힘을 전혀 작용하지 않는 상태와 같게 된다(그림 3.4c).

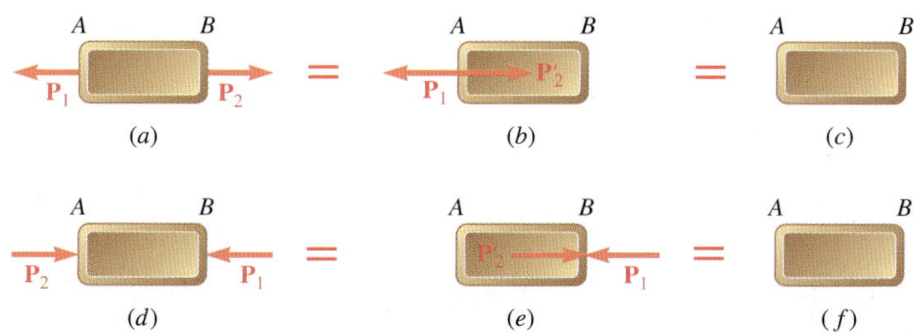

그림 3.4 (a) ~ (c) 막대 AB에 작용하는 등가력 시스템 (d) ~ (f) 막대 AB에 작용하는 또 다른 등가력 시스템. 동일한 외력효과를 가지지만 내력과 변형은 서로 다르다.

이제 [그림 3.4d]와 같이 막대 AB에 작용하는 크기가 같고 방향이 서로 반대인 두 힘 $\mathbf{P}_1$과 $\mathbf{P}_2$를 고려해보자. 힘 $\mathbf{P}_2$는 동일한 크기, 동일한 방향, 동일한 작용선을 갖지만 A 대신 B에 작용하는 힘 $\mathbf{P}_2'$로 대체할 수 있다(그림 3.4e). 힘 $\mathbf{P}_1$과 $\mathbf{P}_2'$의 합은 다시 0이 된다(그림 3.4f). 따라서 강체역학의 관점에서 볼 때 [그림 3.4a]와 [그림 3.4d]에 표시된 시스템은 동일하다. 그러나 두 힘시스템에 의해 생성되는 내력과 변형은 분명히 다르다.

[그림 3.4a]의 막대는 인장상태에 있으므로 재료가 절대적 강체가 아니라면 그 길이가 조금이라도 증가할 것이다. [그림 3.4d]의 막대는 압축상태에 있으므로 절대적 강체가 아니라면 길이가 약간 감소하게 된다. 따라서 전달성 원리는 강체의 운동 또는 평형상태에서 작용하는 외력을 산정하는 데 유용하지만, 내력과 변형을 구할 때는 이용하지 않거나 주의해야 한다.

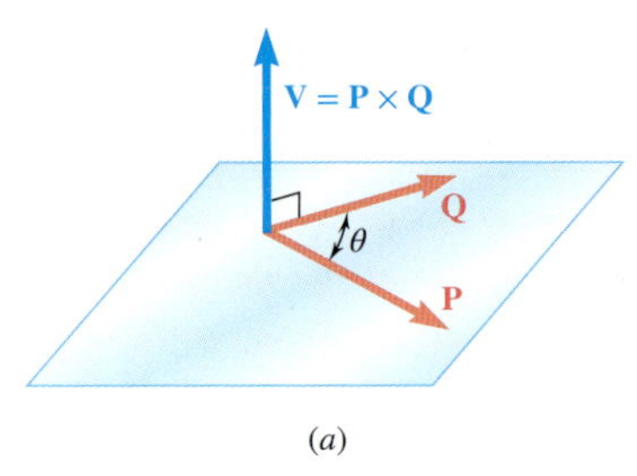

(a)

P에서 Q방향으로 오른손의 네 손가락을 감아쥔다.

V

V의 방향은 오른손 엄지손가락의 방향이 된다.

(b)

그림 3.5 (a) 벡터곱 **V**는 크기가 $PQ\sin\theta$ 이고, 방향은 **P**와 **Q**가 이루는 평면에 수직이다. (b) **V**의 방향은 오른손 법칙으로 결정된다.

3.1.3 벡터곱

강체에 작용하는 힘의 효과를 더 잘 이해하기 위해서 **한 점에 대한 힘의 모멘트**라는 새로운 개념을 도입한다. 이 개념은 두 벡터의 곱에 해당하는 수학적 도구에 기반하면 쉽게 이해되며 효과적으로 적용할 수 있다.

두 벡터 **P**와 **Q**의 **벡터곱**vector product은 다음 조건을 만족하는 벡터 **V**이다.

1. **V**의 작용선은 **P**와 **Q**를 포함하는 평면에 수직이다(그림 3.5a).
2. **V**의 크기는 **P**와 **Q**의 각 크기와 **P**와 **Q**가 형성하는 각(180° 이하의 각)의 사인값의 곱이다.

$$V = PQ\sin\theta \tag{3.1}$$

3. **V**의 방향은 오른손 법칙right hand rule을 따른다. **P**에서 **Q**방향으로 사잇각 θ를 오른손의 네 손가락으로 감아쥐었을 때 엄지손가락이 가리키는 방향이 벡터의 방향이다(그림 3.5b). **P**와 **Q**의 작용점이 일치하지 않으면 작용점을 일치시켜야 한다. 이러한 순서로 나열된 세 벡터 **P**, **Q**, **V**를 오른손 법칙을 따르는 세 벡터라 한다.[1]

1 2장에서 사용된 x, y, z축은 오른손 법칙을 따르는 직교좌표계이고, 2.4.1절에서 정의한 단위벡터 **i**, **j**, **k**는 오른손 법칙을 따르는 세 벡터를 구성한다.

이 세 조건을 만족하는 벡터 **V**는 **P**와 **Q**의 벡터곱이므로 수학적으로 표현하면 다음과 같다.

벡터곱

$$\mathbf{V} = \mathbf{P} \times \mathbf{Q} \tag{3.2}$$

표기 방법의 특징상 두 벡터 **P**와 **Q**의 벡터곱은 **P**와 **Q**의 외적cross product으로 불린다.

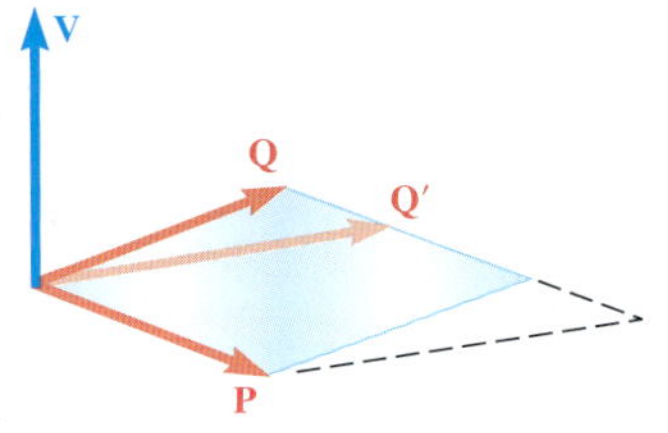

그림 3.6 벡터곱 **V**의 크기는 **P**와 **Q**가 이루는 평행사변형의 면적과 같다. 만약 **P**는 그대로인데 **Q**를 **Q**′으로 대체하면 평행사변형의 형상이 변한다. 그러나 면적은 변화 없이 일정하므로 **V**의 크기도 변하지 않는다.

식 (3.1)로부터 두 벡터 **P**와 **Q**가 동일한 방향 또는 반대 방향이면 그 벡터곱은 0이 된다. 두 벡터가 형성하는 각 θ가 0° 또는 180°가 아니면 식 (3.1)에서 벡터곱의 크기 V는 기하학적 의미로 **P**와 **Q**를 두 변으로 하는 평행사변형의 면적과 같다(그림 3.6). **Q**의 종점을 지나면서 **P**와 평행한 직선에 도달하는 또 다른 벡터 **Q**′이 있다. 이때 벡터곱 **P** × **Q**의 **Q**를 **Q**′으로 대체해도 그 결과는 변하지 않는다.

$$\mathbf{V} = \mathbf{P} \times \mathbf{Q} = \mathbf{P} \times \mathbf{Q}' \tag{3.3}$$

오른손 법칙을 따르는 세 벡터 **V**, **P**, **Q**를 정의하기 위해 사용된 세 번째 조건으로부터 벡터곱은 교환법칙이 성립하지 않는다. 즉, $\mathbf{P} \times \mathbf{Q}$는 $\mathbf{Q} \times \mathbf{P}$와 같지 않다. 벡터곱 $\mathbf{Q} \times \mathbf{P}$는 **V**와 크기는 같고 방향이 반대인 벡터 $-\mathbf{V}$와 같다.

$$\mathbf{Q} \times \mathbf{P} = -(\mathbf{P} \times \mathbf{Q}) \tag{3.4}$$

개념적용 3.1

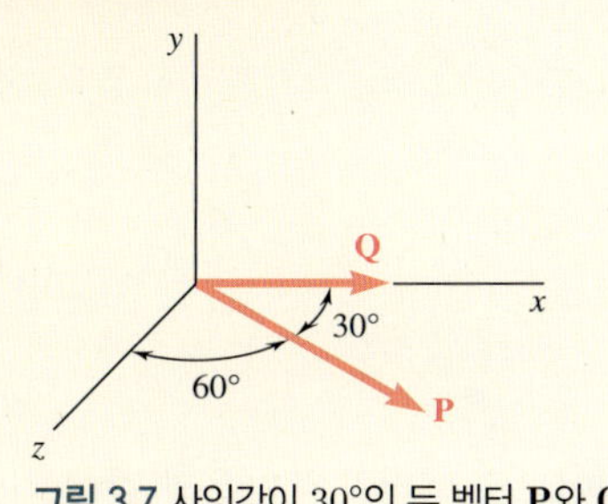

그림 3.7 사잇각이 30°인 두 벡터 **P**와 **Q**

벡터곱 $\mathbf{V} = \mathbf{P} \times \mathbf{Q}$를 계산해보자. 여기서 벡터 **P**는 크기가 6이고 x축과 30°의 각도로 평면 zx에 있다. 벡터 **Q**는 크기가 4이고 x축을 따라 놓여 있다.

풀이

벡터곱의 정의에 따라 벡터 **V**는 y축을 따라 위의 방향으로 놓인다는 것을 알 수 있다. 그 크기는 다음과 같다.

$$V = PQ\sin\theta = (6)(4)\sin 30° = 12$$

벡터곱에는 교환법칙이 성립하지 않지만, 분배법칙은 성립한다.

$$\mathbf{P} \times (\mathbf{Q}_1 + \mathbf{Q}_2) = \mathbf{P} \times \mathbf{Q}_1 + \mathbf{P} \times \mathbf{Q}_2 \tag{3.5}$$

반면에, 결합법칙은 성립하지 않는다.

$$(\mathbf{P} \times \mathbf{Q}) \times \mathbf{S} \neq \mathbf{P} \times (\mathbf{Q} \times \mathbf{S}) \tag{3.6}$$

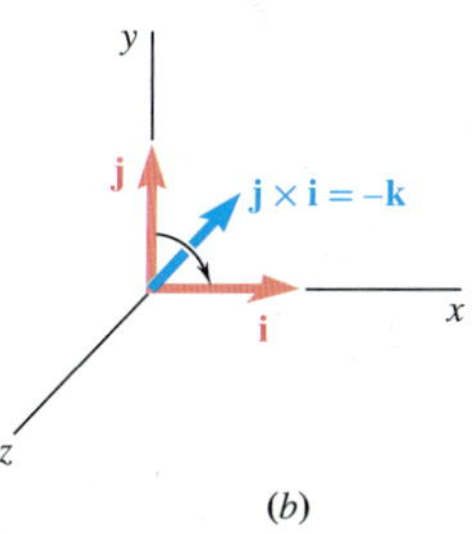

그림 3.8 (a) 단위벡터 **i**와 **j**의 벡터곱은 **k** (b) 단위벡터 **j**와 **i**의 벡터곱은 $-\mathbf{k}$이다.

3.1.4 벡터곱의 직각성분

강체에 작용하는 힘을 살펴보기 전에 직각성분을 이용하여 벡터곱을 표현하는 방법을 알아보자. 이를 위해 2장에서 정의한 단위벡터 **j**, **i**, **k**를 이용한다.

먼저 벡터곱 $\mathbf{i} \times \mathbf{j}$(그림 3.8a)을 살펴보자. 두 벡터는 크기는 1이고 서로 직각을 이루고 있으므로 그 벡터곱 또한 단위벡터가 된다. 이 단위벡터는 **k**와 일치한다. 왜냐하면 벡터 **i**, **j**, **k**가 서로 직각을 이루며 오른손 법칙을 따르기 때문이다. 마찬가지로 3.1.3절에서 보인 오른손 법칙에 따라 벡터곱 $\mathbf{j} \times \mathbf{i}$는 $-\mathbf{k}$와 같다. 그리고 $\mathbf{i} \times \mathbf{j}$와 같이 동일한 단위벡터의 벡터곱은 방향이 동일하므로 영zero이 된다. 단위벡터로 조합할 수 있는 벡터곱을 나열하면 다음과 같다.

$$\begin{aligned} &\mathbf{i} \times \mathbf{i} = 0, \quad && \mathbf{j} \times \mathbf{i} = -\mathbf{k}, \quad && \mathbf{k} \times \mathbf{i} = \mathbf{j} \\ &\mathbf{i} \times \mathbf{j} = \mathbf{k}, && \mathbf{j} \times \mathbf{j} = 0, && \mathbf{k} \times \mathbf{j} = -\mathbf{i} \\ &\mathbf{i} \times \mathbf{k} = -\mathbf{j}, && \mathbf{j} \times \mathbf{k} = \mathbf{i}, && \mathbf{k} \times \mathbf{k} = 0 \end{aligned} \tag{3.7}$$

단위벡터를 원으로 배열하고 곱하는 순서대로 읽으면 두 단위벡터의 벡터곱 부호를 간단히 결정할 수 있다(그림 3.9). 반시계방향이면 벡터곱은 양, 시계방향이면 음의 값을 갖는다.

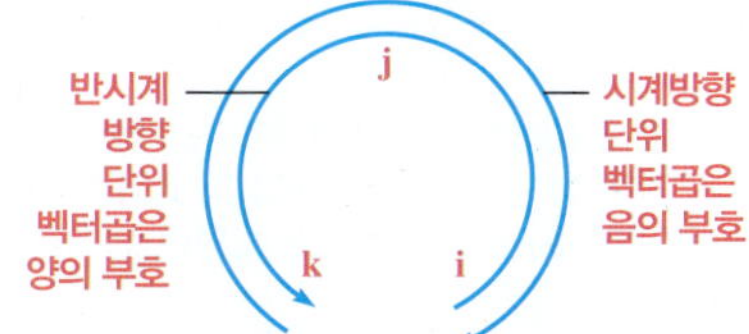

그림 3.9 **i**, **j**, **k**의 반시계방향 배열. 부호를 정하기 위해서 세 단위벡터의 순서를 고려한다.

두 벡터 **P**와 **Q**의 벡터곱 **V**는 각 벡터의 직각성분을 이용하여 나타낼 수 있다.

$$\mathbf{V} = \mathbf{P} \times \mathbf{Q} = (P_x\mathbf{i} + P_y\mathbf{j} + P_z\mathbf{k}) \times (Q_x\mathbf{i} + Q_y\mathbf{j} + Q_z\mathbf{k})$$

분배법칙을 이용하여 **V**를 $P_x\mathbf{i} \times Q_y\mathbf{j}$와 같은 벡터곱의 합으로 표현할 수 있다. 이때 각 항은 $\mathbf{i}\times\mathbf{j}$와 같은 단위벡터곱에 P_xQ_y와 같은 스칼라곱을 서로 곱하여 얻을 수 있다. 식 (3.7)에 보인 단위벡터곱의 결과를 이용하여 **i**, **j**, **k**에 대해 정리하면 다음을 얻는다.

$$\mathbf{V} = (P_yQ_z - P_zQ_y)\mathbf{i} + (P_zQ_x - P_xQ_z)\mathbf{j} + (P_xQ_y - P_yQ_x)\mathbf{k} \qquad (3.8)$$

벡터곱 **V**의 직각성분은 다음과 같다.

$$\begin{aligned} V_x &= P_yQ_z - P_zQ_y \\ V_y &= P_zQ_x - P_xQ_z \\ V_z &= P_xQ_y - P_yQ_x \end{aligned} \qquad (3.9)$$

식 (3.8)의 오른쪽 항은 행렬식determinant을 풀어 쓴 수식이므로 벡터곱은 다음과 같이 기억하기 쉬운 행렬식으로 표현할 수 있다.[2]

$$\mathbf{V} = \begin{vmatrix} \mathbf{i} & \mathbf{j} & \mathbf{k} \\ P_x & P_y & P_z \\ Q_x & Q_y & Q_z \end{vmatrix} \qquad (3.10)$$

2 세 개의 행과 세 개의 열로 구성된 행렬식은 1열과 2열을 3열 다음에 추가로 배열한 후, 각 대각선의 항들을 곱한 값으로 구할 수 있다. 검은 선을 따라 얻은 곱의 합에서 빨간색 선을 따라 얻은 곱의 합을 뺀다.

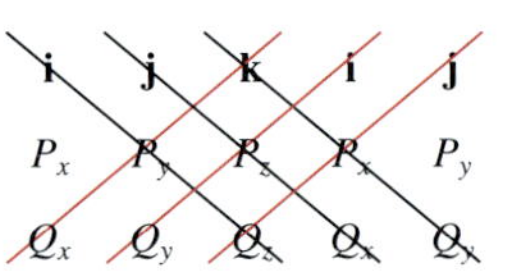

3.1.5 한 점에 대한 힘의 모멘트

강체에 작용하는 힘 **F**를 고려해보자(그림 3.10a). 힘 **F**는 크기와 방향을 정의하는 벡터로 표시하고 강체에 대한 힘의 효과는 적용점 A에 따라 달라진다. A의 위치는 기준점 O를 A와 연결하는 벡터 **r**로 정의할 수 있는데, 이 벡터를 A의 위치벡터라 한다. 위치벡터 **r**과 힘 **F**는 [그림 3.10a]에 나타낸 것처럼 하나의 평면을 정의할 수 있다. 점 O에 대한 모멘트는 **r**과 **F**의 벡터곱으로 정의된다.

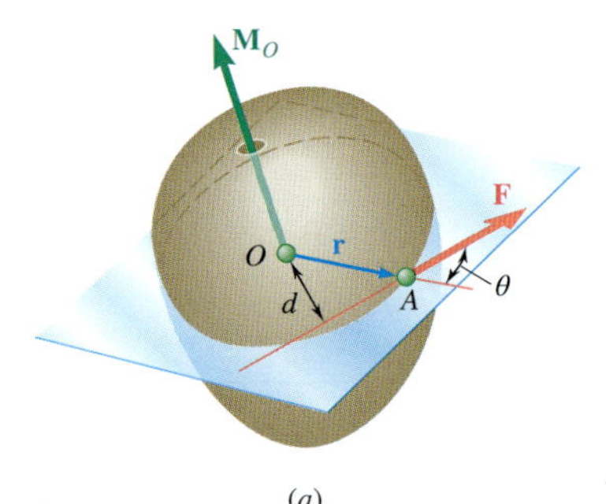

(a)

(b)

그림 3.10 한 점에 대한 힘의 모멘트 (a) 모멘트 $\mathbf{M}_O$는 위치벡터 **r**과 힘 **F**의 벡터곱이다. (b) $\mathbf{M}_O$의 방향은 오른손 법칙을 따른다.

점 O에 대한 모멘트

$$\mathbf{M}_O = \mathbf{r} \times \mathbf{F} \qquad (3.11)$$

3.1.3절에 보인 벡터곱의 정의에 의해 모멘트 $\mathbf{M}_O$는 점 O와 힘 **F**를 포함하는 평면에 수직인 방향이다. $\mathbf{M}_O$의 방향은 벡터 **r**에서 벡터 **F**로 회전하는 방향으로 정의되는데, 이 방향은 $\mathbf{M}_O$의 끝을 마주보는 관찰자의 관점에서 반시계방향이 된다. $\mathbf{M}_O$의 방향을 정의하는 또 다른 방법은 오른손 법칙의 응용이다. 점 O를 지나는 고정축을 기준으로 **r**에서 **F**방향으로 오른손을 감아쥐었을 때 엄지손가락이 가리키는 방향이 $\mathbf{M}_O$의 방향이다(그림 3.10b).

위치벡터 $\mathbf{r}$과 힘 $\mathbf{F}$의 사잇각을 θ로 표시하면, 점 O에 대한 $\mathbf{F}$의 모멘트는 다음과 같다.

$$M_O = rF\sin\theta = Fd \tag{3.12}$$

여기서 d는 O에서 $\mathbf{F}$의 작용선까지의 수직거리이다(그림 3.10). 고정축을 중심으로 강체의 회전을 유발하는 힘의 경향성은 힘 $\mathbf{F}$의 크기뿐만 아니라 해당 축으로부터 $\mathbf{F}$까지의 거리에 따라 달라진다. 예를 들어, 한 아이의 호흡은 장난감 바람개비를 돌리는 데 충분하지만(그림 3.11a), 풍력발전기 날개를 회전시켜 터빈에서 전기를 발생시키는 데는 상당한 바람이 필요하다(그림 3.11b). 그렇지만 회전을 발생시킬 때 회전중심과 힘의 작용선 사이의 수직거리(모멘트의 팔길이)가 가지는 의미는 상당하다. 만약 파이프에서 너트를 조일 때는 작은 양의 모멘트로 충분하므로 짧은 길이의 파이프 렌치만으로 충분만 팔길이를 확보할 수 있다(그림 3.11c). 그러나 만약 더욱 큰 모멘트가 필요할 때는 모멘트의 팔길이가 긴 렌치를 사용해야 한다(그림 3.11d). 그러므로 **$\mathbf{M}_O$의 크기는 고정축을 중심으로 강체를 $\mathbf{M}_O$의 방향으로 회전시키는 힘 $\mathbf{F}$의 경향성을 의미한다.**

(a) 작은 힘 darko64/123RF

(b) 큰 힘 Image Source/Getty Images

(c) 짧은 모멘트 팔길이 Valery Voennyy/Alamy Stock Photo

(d) 긴 모멘트 팔길이 Monty Rakusen/Cultura/Getty Images

그림 3.11 (a) ~ (b) 모멘트는 힘의 크기에 비례한다. (c) ~ (d) 모멘트는 또한 모멘트 팔길이에 비례한다.

힘과 거리를 각각 N과 m로 표시하는 SI 단위계에서 모멘트는 N · m로 표시된다. 힘이 lb로 표시되고 거리가 ft 또는 in.로 표시되는 미국상용단위계에서 모멘트는 lb · ft 또는 lb · in.로 표시한다.

임의의 점에 대한 모멘트 $\mathbf{M}_O$는 힘의 크기, 방향, 작용선에 따른 영향을 받지만, 힘이 작용하는 실제 위치와는 상관이 없다. 반대로 힘 $\mathbf{F}$의 모멘트 $\mathbf{M}_O$는 힘 $\mathbf{F}$의 작용 위치를 특정하지 않는다. 그러나 크기와 방향이 주어진 힘 $\mathbf{F}$에 의한 모멘트 $\mathbf{M}_O$는 $\mathbf{F}$의 작용선을 정의한다. $\mathbf{F}$의 작용선은 모멘트 $\mathbf{M}_O$에 수직인 O를 통과하는 평면에서 정의되고 O로부터의 거리 d는 $\mathbf{M}_O/F$의 값과 같다. $\mathbf{M}_O$의 방향으로부터 작용선상에 있는 $\mathbf{F}$의 방향을 알 수 있다.

3.1.2절에서 소개한 전달성의 원리에 의하면, 두 힘 $\mathbf{F}$와 $\mathbf{F}'$가 동일한 크기, 방향, 작용선을 가지면 등가이고 강체에 미치는 효과는 동일하다. 이 원리를 정리하면 다음과 같다.

두 힘 $\mathbf{F}$와 $\mathbf{F}'$은 크기와 방향이 같고 주어진 점 O에 대해 동일한 모멘트를 발생시키면 등가이다.

두 힘 $\mathbf{F}$와 $\mathbf{F}'$이 등가이기 위한 필요충분조건은

$$\mathbf{F} = \mathbf{F}', \quad \mathbf{M}_O = \mathbf{M}'_O \tag{3.13}$$

이고, 주어진 점 O에 대한 식 (3.13)을 만족하면 다른 점에 대해서도 이 조건은 성립한다.

2차원 문제 정역학에서 많은 문제들이 2차원 구조물로 응용된다. 이러한 구조물은 폭과 높이만으로 평면에 나타낼 수 있으며, 구조물이 받는 힘도 평면에 포함된다. 그러므로 구조물과 그 구조물이 받는 힘을 모두 종이나 판에 쉽게 표현할 수 있다. 3차원의 구조물과 힘을 다루는 것에 비하면 훨씬 단순하다.

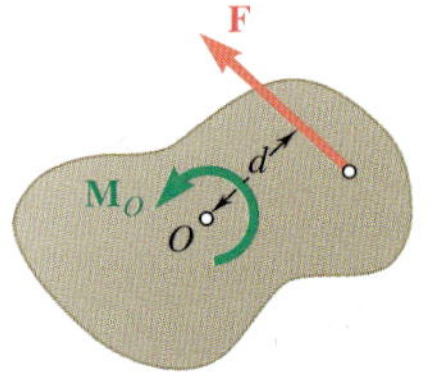

(a) $\mathbf{M}_O = +Fd$

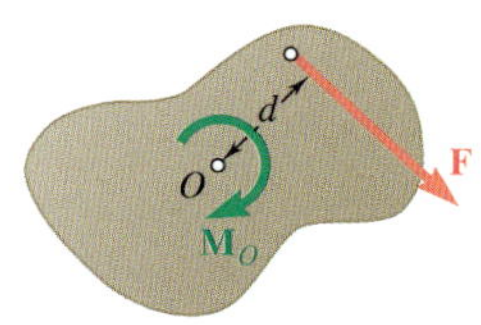

(b) $\mathbf{M}_O = -Fd$

그림 3.12 (a) 반시계방향 모멘트는 양의 부호로 정의한다. (b) 시계방향 모멘트는 음의 부호로 정의한다.

평면 내에서 힘 $\mathbf{F}$를 받는 강체 슬래브를 예로 들어보자(그림 3.12). 점 O에 대한 $\mathbf{F}$의 모멘트는 벡터 $\mathbf{M}_O$로 표시되는데 평면에 수직한 방향이고 크기는 Fd이다. [그림 3.12a]의 경우 벡터 $\mathbf{M}_O$는 평면 앞으로 나오는 방향이고, [그림 3.12b]의 경우 평면 속으로 들어가는 방향이다. 따라서 힘 $\mathbf{F}$는 [그림 3.12a]에서 반시계방향, [그림 3.12b]에서 시계방향으로 슬래브가 회전하는 경향이 있음을 알 수 있다. 그러므로 점 O에 대해 $\mathbf{F}$가 발생시키는 모멘트의 방향은 슬래브를 회전시키는 경향과 동일하게 [그림 3.12]에 각각 보인 반시계방향과 시계방향이 된다.

평면 내 작용하는 모멘트 $\mathbf{M}_O$는 방향이 그 평면에 수직이므로 점 O에 대한 힘 $\mathbf{F}$의 크기와 방향만으로 표시할 수 있다. 크기는 M_O로 표시하고 방향은 평면에서 나오는 방향과 평면으로 들어가는 방향에 따라 양과 음의 부호를 각각 부여한다.

3.1.6 모멘트의 직각성분

벡터곱의 분배법칙을 사용하면 동시에 작용하는 다수의 절점력이 발생시키는 모멘트를 구할 수 있다. [그림 3.13]와 같이 점 A에 다수의 힘 $\mathbf{F}_1$, $\mathbf{F}_2$, ⋯ 가 동시에 작용할 때, A의 위치벡터를 $\mathbf{r}$이라 하고 식 (3.5)의 분배법칙을 사용하면

$$\mathbf{r} \times (\mathbf{F}_1 + \mathbf{F}_2 + \cdots) = \mathbf{r} \times \mathbf{F}_1 + \mathbf{r} \times \mathbf{F}_2 + \cdots \tag{3.14}$$

을 얻고, 다음과 같이 정리된다.

주어진 점 O에 대해 동시에 작용하는 절점력의 합력에 의한 모멘트는 동일한 점 O에 대해 각각의 절점력에 의한 모멘트의 합과 같다.

벡터대수가 사용되기 전에 프랑스의 수학자 바리뇽Varignon, 1654~1722이 제시한 이 원리를 **바리뇽 정리**Varignon's theorem라고 한다.

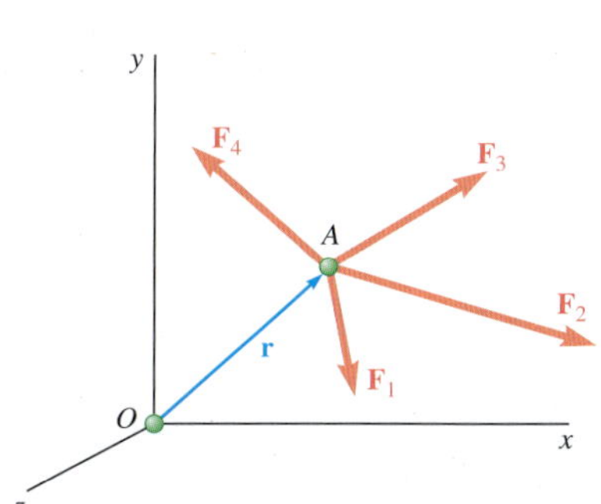

그림 3.13 바리뇽 정리에 의하면 점 O를 기준으로 네 힘의 합력에 의한 모멘트는 각 힘에 의한 모멘트의 합과 같다.

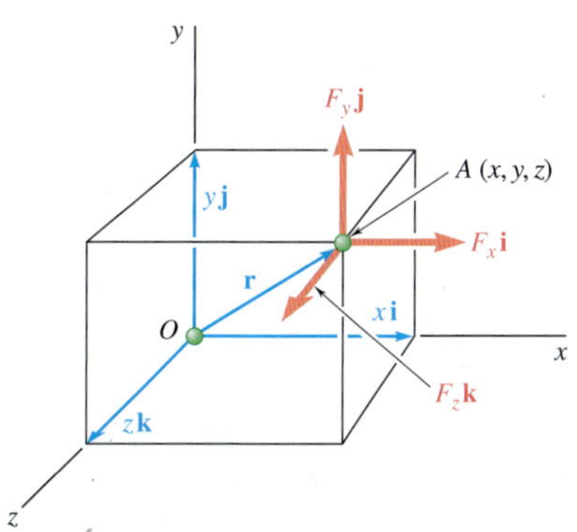

그림 3.14 점 O에 대한 모멘트 $\mathbf{M}_O$는 직각성분으로 표현할 수 있는 위치벡터 $\mathbf{r}$과 힘벡터 $\mathbf{F}$의 벡터곱이다.

식 (3.14)을 이용하여 힘 $\mathbf{F}$에 의한 모멘트를 두 개 이상의 분력에 의한 모멘트로 대체할 수 있다. 힘 $\mathbf{F}$는 일반적으로 좌표축에 평행한 분력으로 분해한다. 그러나 때로는 좌표축에 평행하지 않게 분력을 구하는 것이 효율적이다(예제 3.3).

일반적으로 공간에서 한 힘에 의한 모멘트를 구할 때 힘벡터과 위치벡터를 x, y, z성분으로 분해하면 그 과정을 상당히 단순화할 수 있다. 예를 들어, 점 O에 대해 모멘트 $\mathbf{M}_O$를 발생시키는 힘 $\mathbf{F}$의 x, y, z방향 성분이 각각 F_x, F_y, F_z이라 하자(그림 3.14). 위치벡터 $\mathbf{r}$의 성분이 각각 점 A의 x, y, z좌표와 동일하므로 $\mathbf{r}$와 $\mathbf{F}$는 다음과 같다.

$$\mathbf{r} = x\mathbf{i} + y\mathbf{j} + z\mathbf{k} \tag{3.15}$$

$$\mathbf{F} = F_x\mathbf{i} + F_y\mathbf{j} + F_z\mathbf{k} \tag{3.16}$$

식 (3.15)와 식 (3.16)의 $\mathbf{r}$와 $\mathbf{F}$를 다음 식에 대입하면, 다음과 같다.

$$\mathbf{M}_O = \mathbf{r} \times \mathbf{F} \tag{3.11}$$

식 (3.8)과 식 (3.9)에 의해 O에 대한 $\mathbf{F}$의 모멘트 $\mathbf{M}_O$를 다음과 같이 나타낼 수 있다.

$$\mathbf{M}_O = M_x\mathbf{i} + M_y\mathbf{j} + M_z\mathbf{k} \tag{3.17}$$

여기서 성분 M_x, M_y, M_z는 다음과 같다.

모멘트의 직각성분

$$\begin{aligned} M_x &= yF_z - zF_y \\ M_y &= zF_x - xF_z \\ M_z &= xF_y - yF_x \end{aligned} \tag{3.18}$$

3.2.3절에서 다루겠지만, 모멘트 $\mathbf{M}_O$의 스칼라 성분 M_x, M_y, M_z는 강체에 x, y, z축에 대한 회전을 각각 부여하는 힘 $\mathbf{F}$의 정도를 의미한다. 식 (3.18)을 식 (3.17)로 대입하면 $\mathbf{M}_O$를 다음과 같은 행렬식으로 나타낼 수 있다.

$$\mathbf{M}_O = \begin{vmatrix} \mathbf{i} & \mathbf{j} & \mathbf{k} \\ x & y & z \\ F_x & F_y & F_z \end{vmatrix} \tag{3.19}$$

점 A에 작용하는 힘 $\mathbf{F}$가 점 B를 기준으로 발생시키는 모멘트 $\mathbf{M}_B$를 계산하기 위해서는 점 B에서 점 A까지의 벡터를 위치벡터 $\mathbf{r}$로 고려해야 한다. 이 벡터를 B에 대한 A의 위치벡터 $\mathbf{r}_{A/B}$라 하고, 이는 다음과 같이 $\mathbf{r}_A$와 $\mathbf{r}_B$의 차로 구한다.

$$\mathbf{M}_B = \mathbf{r}_{A/B} \times \mathbf{F} = (\mathbf{r}_A - \mathbf{r}_B) \times \mathbf{F} \tag{3.20}$$

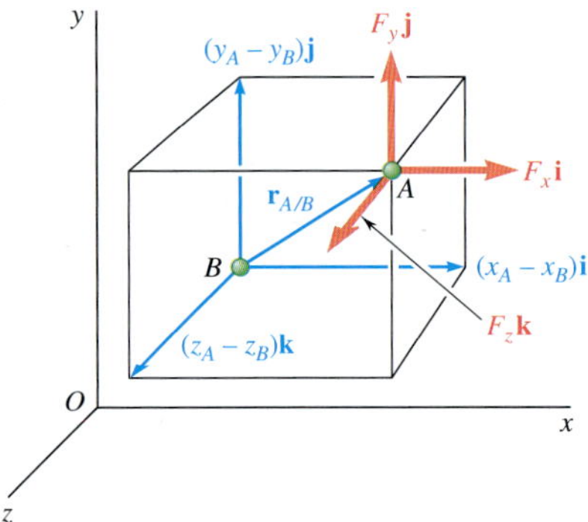

그림 3.15 점 A에 작용하는 힘 $\mathbf{F}$가 점 B를 기준으로 발생시키는 모멘트 $\mathbf{M}_B$는 위치벡터 $\mathbf{r}_{A/B}$와 힘 $\mathbf{F}$의 벡터곱이다.

또는 행렬식으로 다음과 같이 나타낸다.

$$\mathbf{M}_B = \begin{vmatrix} \mathbf{i} & \mathbf{j} & \mathbf{k} \\ x_{A/B} & y_{A/B} & z_{A/B} \\ F_x & F_y & F_z \end{vmatrix} \tag{3.21}$$

여기서 $x_{A/B}$, $y_{A/B}$, $z_{A/B}$는 벡터 $\mathbf{r}_{A/B}$의 성분을 의미한다.

$$x_{A/B} = x_A - x_B, \quad y_{A/B} = y_A - y_B, \quad z_{A/B} = z_A - z_B$$

2차원 문제에서 힘 $\mathbf{F}$는 평면 xy에 있다고 가정할 수 있다(그림 3.16). 식 (3.19)에서 $z=0$, $F_z=0$으로 놓으면 다음을 얻는다.

$$\mathbf{M}_O = (xF_y - yF_x)\mathbf{k}$$

점 O에 대한 힘 $\mathbf{F}$의 모멘트는 그림의 평면에 수직인 방향이고 스칼라는 다음과 같이 정의된다.

$$M_O = M_z = xF_y - yF_x \tag{3.22}$$

앞서 언급했듯이 $\mathbf{M}_O$의 양의 값은 벡터 $\mathbf{M}_O$가 지면에서 나오는 방향이다(힘 $\mathbf{F}$는 점 O에 대해 물체를 반시계방향으로 회전시킨다). $\mathbf{M}_O$의 음의 값은 지면으로 들어가는 방향이다(힘 $\mathbf{F}$는 점 O에 대해 물체를 시계방향으로 회전시킨다).

점 $A(x_A, y_A)$에 작용하는 평면 xy 내 힘이 점 $B(x_B, y_B)$를 기준으로 발생시키는 모멘트 $\mathbf{M}_B$를 계산할 때는 식 (3.21)에서 $z_{A/B}=0$, $F_z=0$으로 놓는다. 벡터 $\mathbf{M}_B$는 평면에 수직인 방향이고 크기는 다음과 같다.

$$M_B = (x_A - x_B)F_y - (y_A - y_B)F_x \tag{3.23}$$

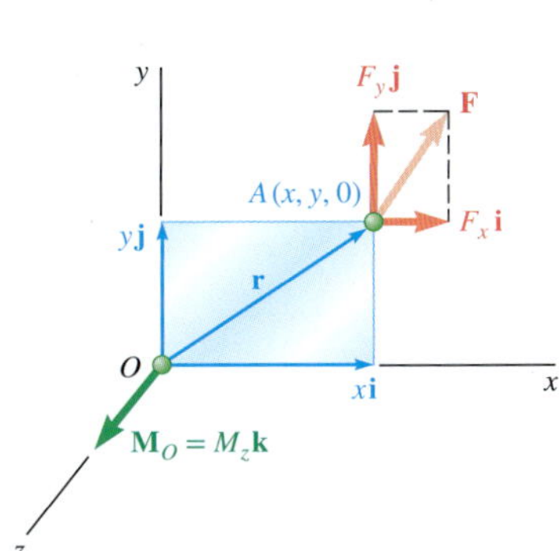

그림 3.16 2차원 문제에서 평면 xy 내 점 A에 작용하는 힘 $\mathbf{F}$에 의한 모멘트 $\mathbf{M}_O$는 $\mathbf{r}$과 $\mathbf{F}$의 벡터곱으로 z방향 성분만으로 단순화된다.

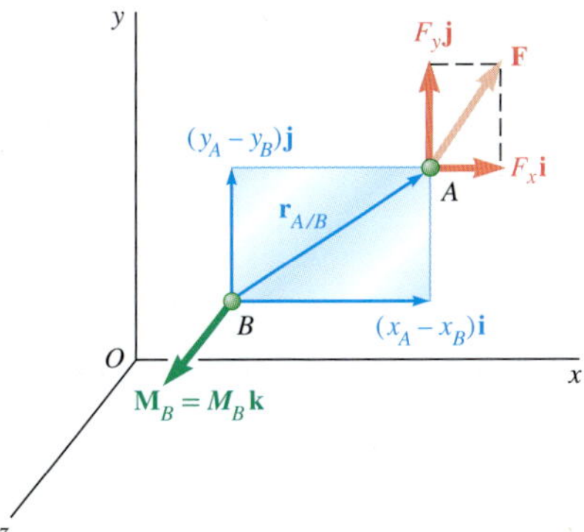

그림 3.17 2차원 문제에서 평면 xy 내 점 A에 작용하는 힘 $\mathbf{F}$가 점 B를 기준으로 발생시키는 모멘트 $\mathbf{M}_B$는 $\mathbf{r}_{A/B}$와 $\mathbf{F}$의 벡터곱으로 z방향 성분만으로 단순화된다.

예제 3.1

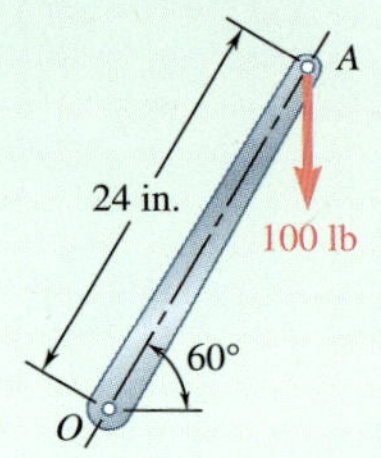

그림과 같이 레버의 단부 A에 수직력 100 lb가 작용한다. 이 레버는 점 O에서 샤프트에 부착되어 있다. 다음을 구하시오.

(a) 점 O에 대한 100 lb 힘의 모멘트

(b) 점 O에 대해 동일한 모멘트를 생성하기 위해 A에 작용하는 수평력

(c) 점 O에 대해 동일한 모멘트를 생성하기 위해 A에 가해지는 최소힘

(d) 점 O에 대한 동일한 모멘트를 생성하기 위해 수직력 240 lb가 작용하는 위치

(e) 문제 (b) ~ (d)에서 얻은 힘들과 원래 힘이 등가인지 아닌지를 검토하시오.

문제분석 모든 계산에는 모멘트를 정의하는 기본식 $\mathbf{M}_O = Fd$의 개념을 적용한다.

모델링과 풀이

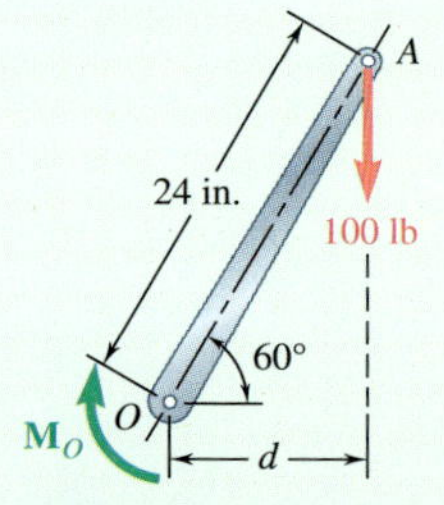

그림 1 수직거리 d와 100 lb에 의한 모멘트 계산

a. 점 O에 대한 모멘트 점 O로부터 100 lb의 작용선까지 수직거리는

$$d = (24 \text{ in.})\cos 60° = 12 \text{ in.}$$

이다. 100 lb가 점 O에 대해 발생시키는 모멘트의 크기는 다음과 같다.

$$M_O = Fd = (100 \text{ lb})(12 \text{ in.}) = 1200 \text{ lb}\cdot\text{in.}$$

이 힘은 점 O에 대해 레버를 시계방향으로 회전시키므로 모멘트 벡터 $\mathbf{M}_O$는 지면으로 들어가는 방향이고 다음과 같이 표기한다.

$$\mathbf{M}_O = 1200 \text{ lb}\cdot\text{in.} \circlearrowright \blacktriangleleft$$

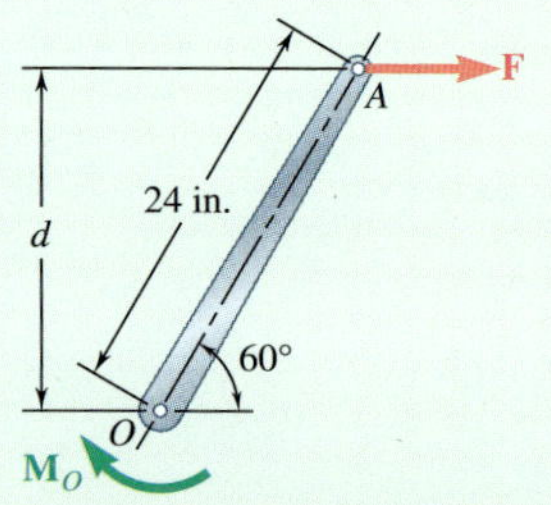

그림 2 점 O에 대한 동일한 모멘트를 발생시키는 수평력 계산

b. 수평력 이 경우 [그림 2]로부터 다음을 얻는다.

$$d = (24 \text{ in.})\sin 60° = 20.8 \text{ in.}$$

점 O에 대한 모멘트는 1200 lb·in.이므로 다음을 얻는다.

$$M_O = Fd$$
$$1200 \text{ lb}\cdot\text{in.} = F(20.8 \text{ in.})$$
$$F = 57.7 \text{ lb}$$

$$\mathbf{F} = 57.7 \text{ lb} \rightarrow \blacktriangleleft$$

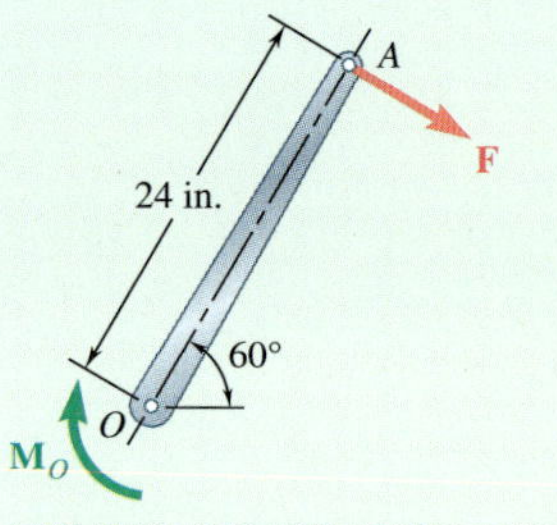

그림 3 점 O에 대한 동일한 모멘트를 발생시키는 최소힘 계산

c. 최소힘 $M_O = Fd$이므로 최소힘 F는 d가 최대일 때 발생한다. [그림 3]과 같이 $d = 24$ in.이고 OA에 수직하게 작용하는 힘이 작용할 때이므로 다음을 얻는다.

$$M_O = Fd$$
$$1200 \text{ lb}\cdot\text{in.} = F(24 \text{ in.})$$
$$F = 50 \text{ lb}$$

$$\mathbf{F} = 50 \text{ lb} \measuredangle 30° \blacktriangleleft$$

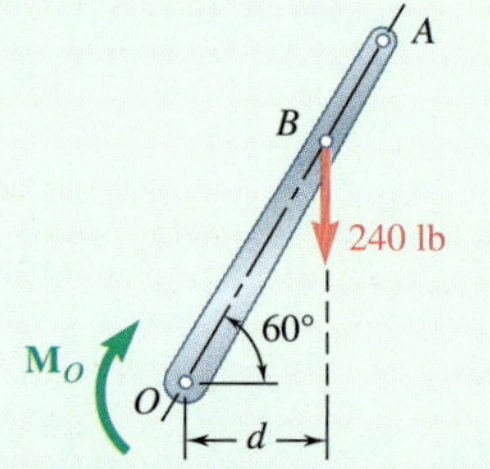

그림 4 점 O에 대한 동일한 모멘트를 발생시키는 수직력 240 lb의 위치

d. 수직력 240 lb 이 경우 [그림 4]에서 $M_O = Fd$로부터 다음을 얻는다.

$$1200 \text{ lb}\cdot\text{in.} = (240 \text{ lb})d, \quad d = 5 \text{ in.}$$

이고

$$OB\cos 60° = d$$

따라서 수직력은 다음과 같다.

$$OB = 10 \text{ in.}$$ ◀

e. 등가성 검토 문제 (b)~(d)에서 산정된 힘은 원래의 힘 100 lb와 동일하지 않다. 얻어진 힘들은 점 O에 대해 같은 모멘트를 발생시켰지만 x와 y의 성분력은 달랐다. 즉, 각각의 힘은 샤프트에 같은 영향을 미치면서 같은 방향으로 회전시켰지만, 레버를 당기는 방식은 동일하지 않았다.

고찰 힘과 레버 팔길이의 다양한 조합은 등가의 모멘트를 발생시킬 수 있지만, 힘과 모멘트의 시스템은 각각에서 다른 영향을 발생시킨다.

예제 3.2

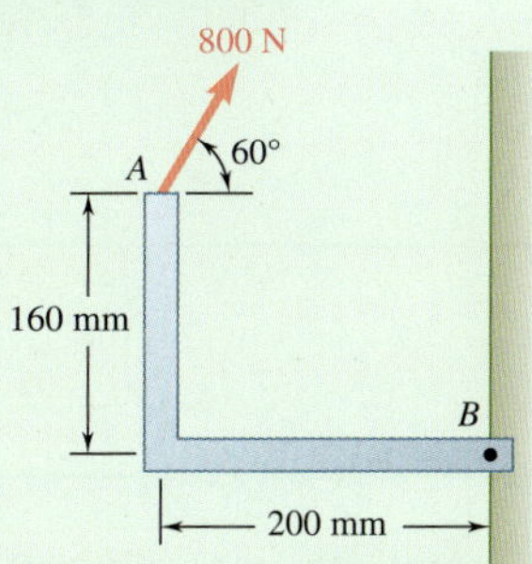

800 N의 힘이 그림과 같이 브라켓에 작용한다. 점 B에 대한 모멘트를 구하시오.

문제분석 점 B에서 점 A로의 위치벡터와 힘벡터의 직교성분을 이용하는 벡터연산을 통해 모멘트를 구할 수 있다.

모델링과 풀이 점 B에 대한 $\mathbf{F}$의 모멘트 $\mathbf{M}_B$는 벡터곱 정의에 의하여 다음을 얻는다.

$$\mathbf{M}_B = \mathbf{r}_{A/B} \times \mathbf{F}$$

여기서 $\mathbf{r}_{A/B}$는 점 B에서 점 A까지의 벡터이다(그림 1). $\mathbf{r}_{A/B}$와 $\mathbf{F}$를 직각성분으로 분해하면 다음과 같다.

$$\begin{aligned} \mathbf{r}_{A/B} &= -(0.2 \text{ m})\mathbf{i} + (0.16 \text{ m})\mathbf{j} \\ \mathbf{F} &= (800 \text{ N})\cos 60°\mathbf{i} + (800 \text{ N})\sin 60°\mathbf{j} \\ &= (400 \text{ N})\mathbf{i} + (693 \text{ N})\mathbf{j} \end{aligned}$$

식 (3.7)의 단위벡터에 대한 연산관계를 이용하면 모멘트 $\mathbf{M}_B$는

$$\begin{aligned} \mathbf{M}_B &= \mathbf{r}_{A/B} \times \mathbf{F} \\ &= [-(0.2 \text{ m})\mathbf{i} + (0.16 \text{ m})\mathbf{j}] \times [(400 \text{ N})\mathbf{i} + (693 \text{ N})\mathbf{j}] \\ &= -(138.6 \text{ N} \cdot \text{m})\mathbf{k} - (64.0 \text{ N} \cdot \text{m})\mathbf{k} \\ &= -(202.6 \text{ N} \cdot \text{m})\mathbf{k} \end{aligned}$$

$$M_B = 203 \text{ N}\cdot\text{m} \circlearrowright$$ ◀

그림 1 위치벡터 $\mathbf{r}_{A/B}$와 힘벡터 $\mathbf{F}$의 벡터곱으로부터 모멘트 $\mathbf{M}_B$를 구한다.

이다. 모멘트 $\mathbf{M}_B$는 지면으로 들어가는 방향이 된다.

고찰 이 문제는 힘벡터 $\mathbf{F}$와 위치벡터 $\mathbf{r}_{A/B}$의 성분을 이용하여 스칼라만으로도 풀이가 가능하다. 오른손 법칙에 따른 부호규약을 적용하면 모멘트는 다음과 같다.

$$\begin{aligned} +\circlearrowleft M_B = \Sigma M_B = \Sigma Fd &= -(400 \text{ N})(0.16 \text{ m}) - (693 \text{ N})(0.2 \text{ m}) \\ &= -202.6 \text{ N} \cdot \text{m} \end{aligned}$$

$$M_B = 203 \text{ N}\cdot\text{m} \circlearrowright$$ ◀

예제 3.3

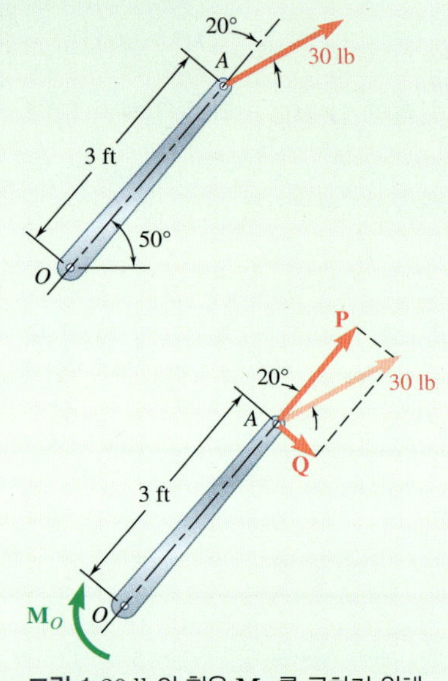

그림 1 30 lb의 힘은 $\mathbf{M}_O$를 구하기 위해 성분력 **P**와 **Q**로 분해된다.

30 lb의 힘이 3 ft 레버의 단부에 작용한다. 점 O에 대한 힘의 모멘트를 구하시오.

문제분석 힘을 레버 축에 수직으로 성분을 분해하면 모멘트 계산을 단순화할 수 있다.

모델링과 풀이 힘을 두 성분으로 분해한다. OA 방향의 성분 **P**와 OA에 수직인 성분 **Q**로 성분을 분해한다. 점 O가 **P**의 작용선상에 있기 때문에 **P**는 점 O에 대한 모멘트를 발생시키지 못한다. 그러므로 30 lb의 힘에 의한 모멘트는 **Q**에 의한 모멘트로 단순화된다. 이는 시계방향이고 음의 스칼라값으로 표현된다.

$$Q = (30\ \text{lb})\sin 20° = 10.26\ \text{lb}$$

$$M_O = -Q(3\ \text{ft}) = -(10.26\ \text{lb})(3\ \text{ft}) = -30.8\ \text{lb}\cdot\text{ft}$$

스칼라값으로 얻은 M_O가 음의 값이므로 모멘트 $\mathbf{M}_O$의 방향은 지면으로 들어가는 방향이 되고 다음과 같이 표기할 수 있다.

$$\mathbf{M}_O = 30.8\ \text{lb}\cdot\text{ft} \circlearrowright$$ ◀

고찰 계산의 양을 줄이는 단순화 과정에 신경을 쓸 필요가 있다.

예제 3.4

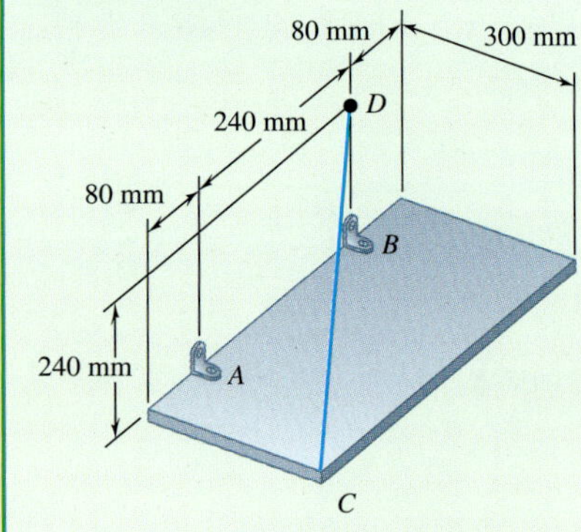

직사각형판이 브라켓 A와 B 그리고 와이어 CD로 지지되어 있다. 와이어의 인장력이 200 N일 때 점 C에서 와이어가 점 A에 대해 발생시키는 모멘트를 구하시오.

문제분석 와이어 인장력과 점 A에서 점 C까지의 위치벡터를 직교좌표계 내의 성분으로 분해한다. 힘의 성분과 더불어 단위벡터를 사용한다.

모델링과 풀이 점 C에 작용하는 와이어 인장력 **F**가 점 A에 대해 발생시키는 모멘트 $\mathbf{M}_A$는 벡터곱으로 구할 수 있다.

$$\mathbf{M}_A = \mathbf{r}_{C/A} \times \mathbf{F} \tag{1}$$

여기서 $\mathbf{r}_{C/A}$는 점 A에서 C까지의 위치벡터이다.

$$\mathbf{r}_{C/A} = \overrightarrow{AC} = (0.3\ \text{m})\mathbf{i} + (0.08\ \text{m})\mathbf{k} \tag{2}$$

그리고 **F**는 200 N이고 CD 방향이다(그림 1). 단위벡터를 이용하면

$$\boldsymbol{\lambda} = \overrightarrow{CD}/CD$$

F는 다음과 같이 표현할 수 있다.

$$\mathbf{F} = F\boldsymbol{\lambda} = (200\ \text{N})\frac{\overrightarrow{CD}}{CD} \tag{3}$$

벡터 $\overrightarrow{CD}$를 직교성분으로 분해하면

$$\overrightarrow{CD} = -(0.3\text{ m})\mathbf{i} + (0.24\text{ m})\mathbf{j} - (0.32\text{ m})\mathbf{k}, \qquad CD = 0.50\text{ m}$$

이고, 이를 식 (3)에 대입하면 다음과 같다.

$$\begin{aligned}\mathbf{F} &= \frac{200\text{ N}}{0.50\text{ m}}[-(0.3\text{ m})\mathbf{i} + (0.24\text{ m})\mathbf{j} - (0.32\text{ m})\mathbf{k}] \\ &= -(120\text{ N})\mathbf{i} + (96\text{ N})\mathbf{j} - (128\text{ N})\mathbf{k}\end{aligned} \tag{4}$$

식 (2)의 $\mathbf{r}_{C/A}$와 식 (4)의 $\mathbf{F}$를 식 (1)에 대입하고, 3.1.4절의 식 (3.7)의 관계를 고려하면 다음을 얻는다.

$$\begin{aligned}\mathbf{M}_A &= \mathbf{r}_{C/A} \times \mathbf{F} \\ &= (0.3\,\mathbf{i} + 0.08\mathbf{k}) \times (-120\,\mathbf{i} + 96\,\mathbf{j} - 128\,\mathbf{k}) \\ &= (0.3)(96)\mathbf{k} + (0.3)(-128)(-\mathbf{j}) + (0.08)(-120)\mathbf{j} \\ &\qquad + (0.08)(96)(-\mathbf{i})\end{aligned}$$

$$\mathbf{M}_A = -(7.68\text{ N}\cdot\text{m})\mathbf{i} + (28.8\text{ N}\cdot\text{m})\mathbf{j} + (28.8\text{ N}\cdot\text{m})\mathbf{k} \blacktriangleleft$$

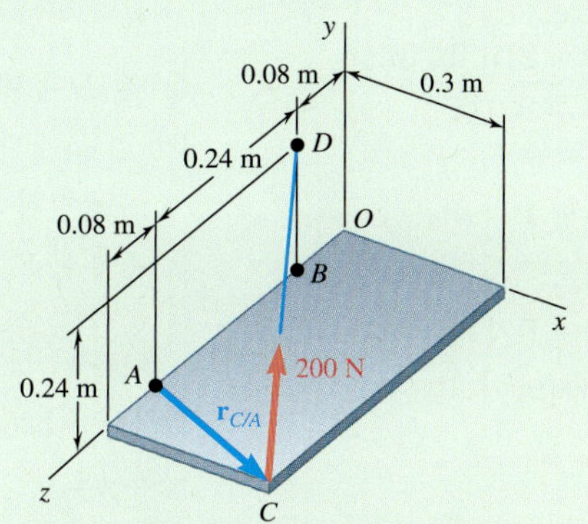

그림 1 위치벡터 $\mathbf{r}_{C/A}$와 힘벡터 $\mathbf{F}$로부터 모멘트 $\mathbf{M}_A$를 구한다.

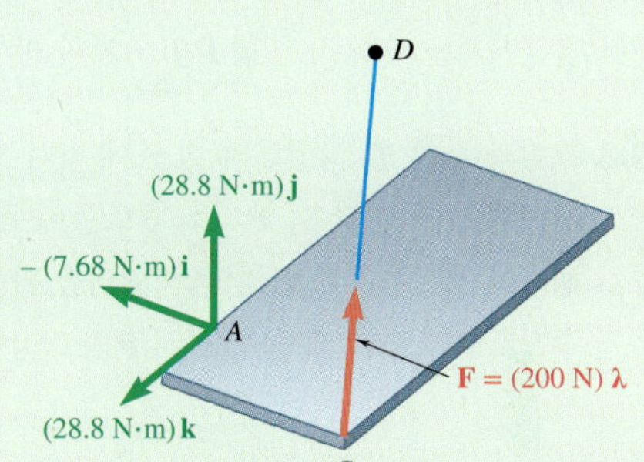

그림 2 점 A에 작용하는 모멘트 $\mathbf{M}_A$의 성분

대안 3.1.6절에서 살펴본 것처럼 모멘트 $\mathbf{M}_A$는 행렬식으로 표현할 수 있다.

$$\mathbf{M}_A = \begin{vmatrix} \mathbf{i} & \mathbf{j} & \mathbf{k} \\ x_C - x_A & y_C - y_A & z_C - z_A \\ F_x & F_y & F_z \end{vmatrix} = \begin{vmatrix} \mathbf{i} & \mathbf{j} & \mathbf{k} \\ 0.3 & 0 & 0.08 \\ -120 & 96 & -128 \end{vmatrix}$$

$$\mathbf{M}_A = -(7.68\text{ N}\cdot\text{m})\mathbf{i} + (28.8\text{ N}\cdot\text{m})\mathbf{j} + (28.8\text{ N}\cdot\text{m})\mathbf{k} \blacktriangleleft$$

고찰 2차원 문제는 보통 스칼라 접근법으로 쉽게 해결되지만 벡터의 해석은 이와 같은 3차원 문제 해결에 유용하다.

Section 3.1 연습문제

3.1 8 lb의 힘 **P**가 변속레버에 작용한다. 각 α가 25°일 때, 점 B에 대한 **P**의 모멘트를 구하시오.

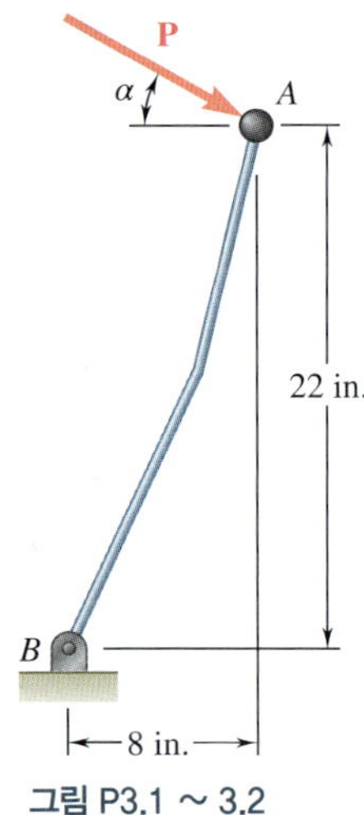

그림 P3.1 ~ 3.2

3.2 변속레버에서 점 B에 대한 시계방향 모멘트의 210 lb·in.를 발생시키는 가장 작은 힘 **P**의 크기와 방향을 구하시오.

3.3 그림과 같이 벨 크랭크의 점 A에 300 N의 힘 **P**가 작용한다. (a) 점 O에 대한 힘 **P**의 모멘트를 수평 및 수직성분으로 분해하여 계산하시오. (b) (a)의 결과를 활용하여 **P**가 선 OA와 수직으로 작용할 때 점 O에서 **P**의 작용선까지의 거리를 구하시오.

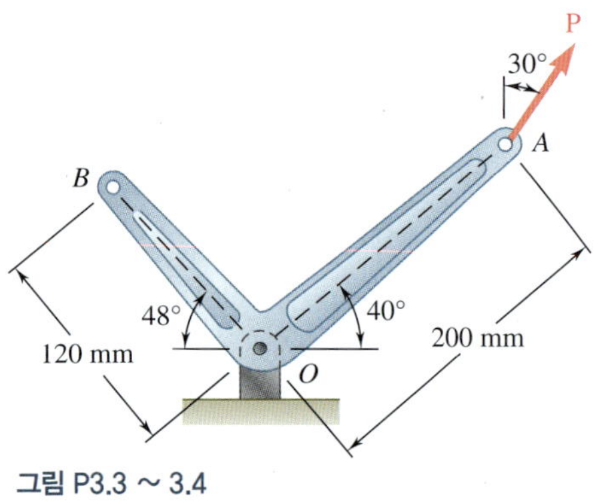

그림 P3.3 ~ 3.4

3.4 그림과 같이 벨 크랭크의 점 A에 400 N의 힘 **P**가 작용한다. (a) 점 O에 대한 힘 **P**의 모멘트를 선 OA 방향 성분과 그에 수직인 성분으로 분해하여 계산하시오. (b) 점 O에 대한 **P**의 모멘트와 동일하도록 점 B에 가할 수 있는 최소의 힘 **Q**의 크기와 방향을 구하시오.

3.5 그림과 같이 300 N의 힘이 점 A에 작용한다. (a) 점 D에 대한 300 N의 모멘트, (b) 점 D에 대한 동일한 모멘트가 발생하도록 점 B에 가할 수 있는 최소의 힘을 구하시오.

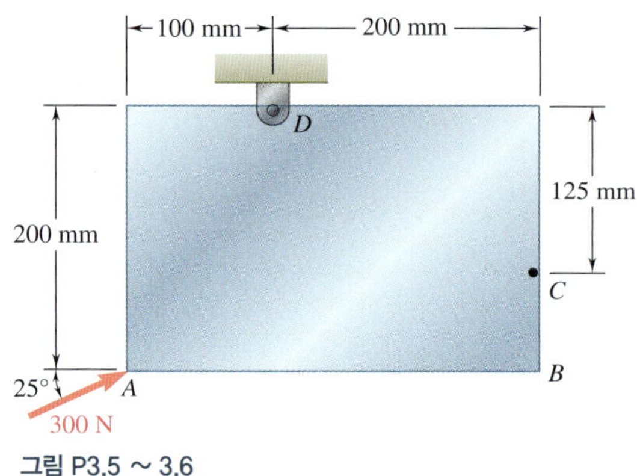

그림 P3.5 ~ 3.6

3.6 그림과 같이 300 N의 힘이 점 A에 작용할 때, 다음을 구하시오.

(a) 점 D에 대한 300 N의 모멘트

(b) 점 D에 대한 모멘트와 동일하도록 점 C에 가해지는 수평력의 크기와 방향

(c) 동일한 모멘트를 얻기 위해 점 C에 가해야 할 최소의 힘

3.7 ~ 3.8 자동차 뒷문이 유압부재 BC에 의해 지지되고 있다. 유압부재에 125 lb의 축력이 작용할 때, 점 A에 대한 모멘트를 구하시오.

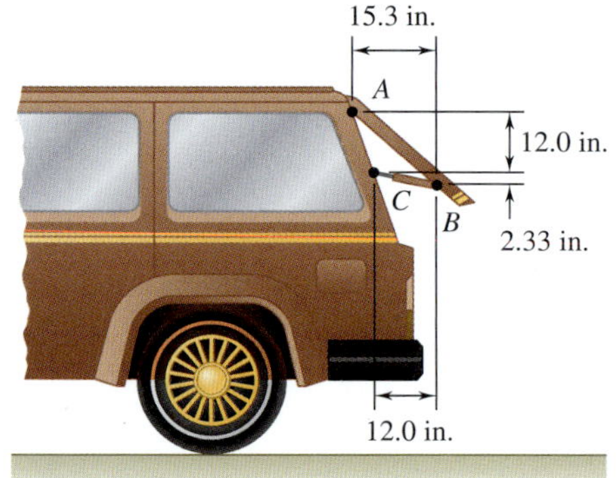

그림 P3.7

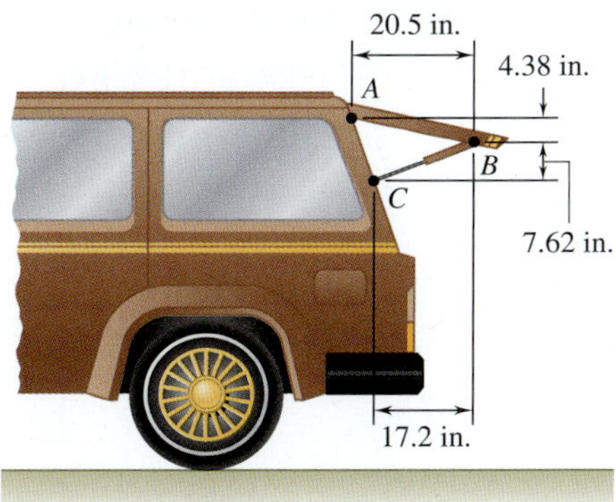

그림 P3.8

3.9 ~ 3.10 연결부재 AB는 크랭크 BC에 500 lb의 힘을 AB의 중심선을 따라 아래로 작용시킨다. 점 C에 대한 모멘트를 구하시오.

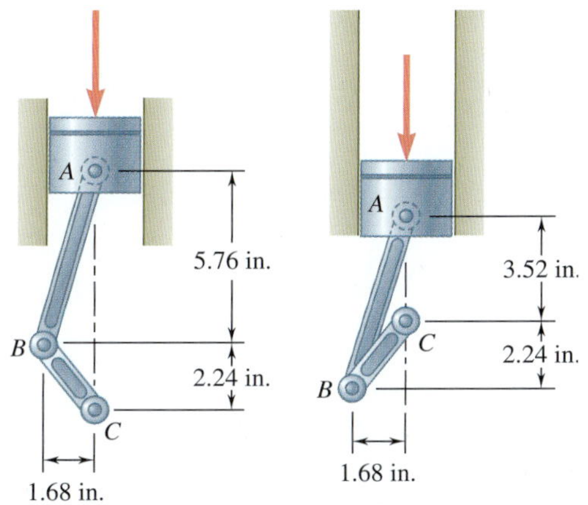

그림 P3.9　　그림 P3.10

3.11 로드rod AB는 코드 AC에 지지되어 있다. 코드 인장력이 1350 N이고 $c = 260$ mm이다. 점 B에 대한 코드 인장력의 모멘트를 (a) 점 A, (b) 점 C에서 수평 및 수직성분으로 분해하여 계산하시오.

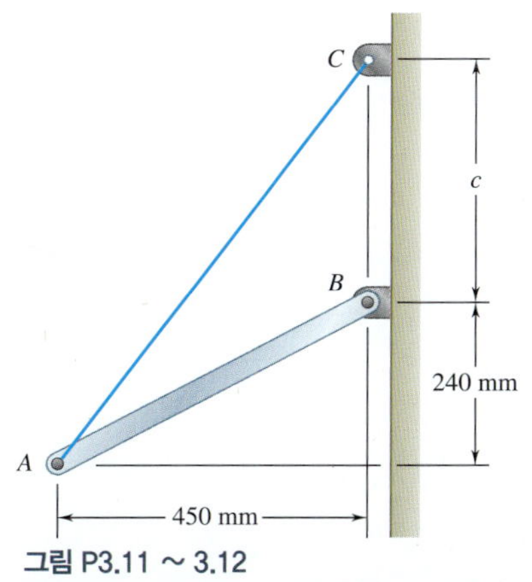

그림 P3.11 ~ 3.12

3.12 로드 AB는 코드 AC에 지지되어 있다. $c = 840$ mm이고 점 B에 대한 점 A에서 코드 인장력의 모멘트가 756 N·m일 때, 코드 인장력을 구하시오.

3.13 점 A에 작용하는 힘 $\mathbf{F} = 4\mathbf{i} - 3\mathbf{j} + 5\mathbf{k}$의 원점 O에 대한 모멘트를 구하시오. 점 A의 위치벡터는 다음과 같다고 가정한다.

(a) $\mathbf{r} = 2\mathbf{i} + 3\mathbf{j} - 4\mathbf{k}$　(b) $\mathbf{r} = -8\mathbf{i} + 6\mathbf{j} - 10\mathbf{k}$

(c) $r = 8\mathbf{i} - 6\mathbf{j} + 5\mathbf{k}$

3.14 점 A에 작용하는 힘 $\mathbf{F} = 4\mathbf{i} + 10\mathbf{j} + 6\mathbf{k}$의 원점 O에 대한 모멘트를 구하시오. 점 A의 위치벡터는 다음과 같다고 가정한다.

(a) $\mathbf{r} = 2\mathbf{i} - 3\mathbf{j} + 4\mathbf{k}$　(b) $\mathbf{r} = 2\mathbf{i} + 6\mathbf{j} + 3\mathbf{k}$

(c) $\mathbf{r} = 2\mathbf{i} + 5\mathbf{j} + 6\mathbf{k}$

3.15 6 ft 길이의 낚싯대 AB가 해변의 모래에 단단히 고정되어 있다. 물고기가 미끼를 잡은 후 줄에 작용하는 힘은 6 lb이다. 점 B에서 줄에 작용하는 힘이 점 A에 대해 발생시키는 모멘트를 구하시오.

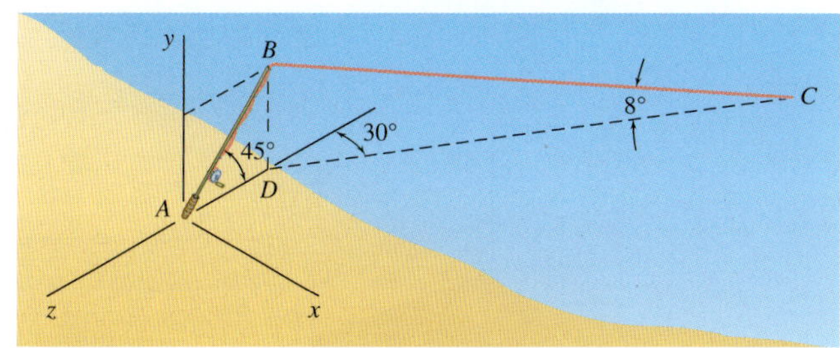

그림 P3.15

3.16 와이어 AE는 절곡판의 코너 A와 E에 연결되어 힘을 받고 있다. 와이어의 인장력이 435 N일 때 점 O에 대한 모멘트를 (a) 코너 A, (b) 코너 E에서 구하시오.

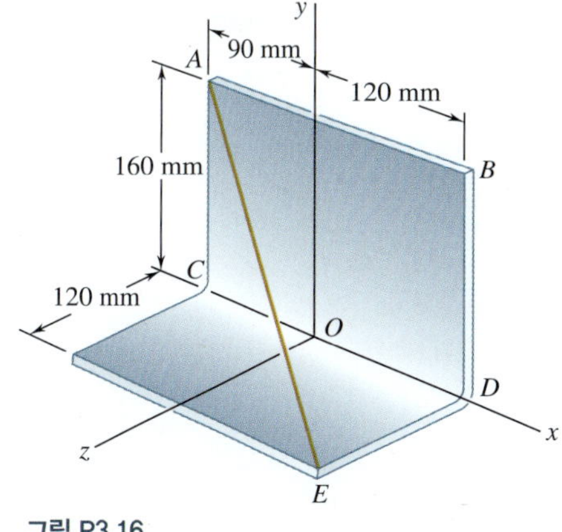

그림 P3.16

3.17 12 ft 길이의 붐이 A에 고정되어 있다. 강재 케이블이 붐의 자유단 B와 수평 벽의 C를 연결하고 있다. 케이블 인장력이 380 lb일 때, 점 B에서 케이블 인장력의 점 A에 대한 모멘트를 구하시오.

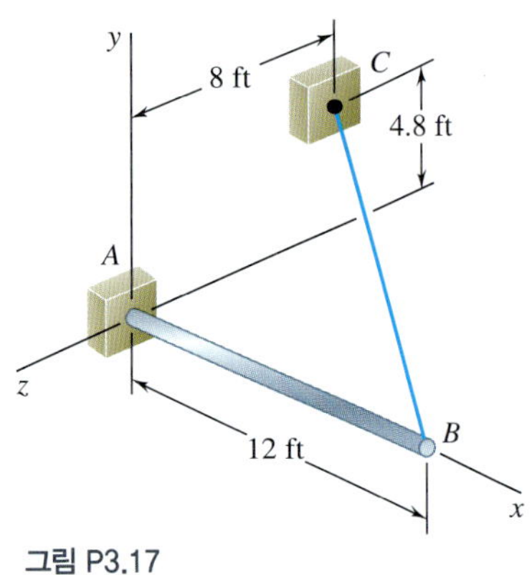

그림 P3.17

3.18 작은 지붕을 임시로 지지하는 목재 보드 AB의 점 A에 57 lb가 AB의 중심선을 따라 작용한다. 이 힘이 점 C에 대해 발생시키는 모멘트를 구하시오.

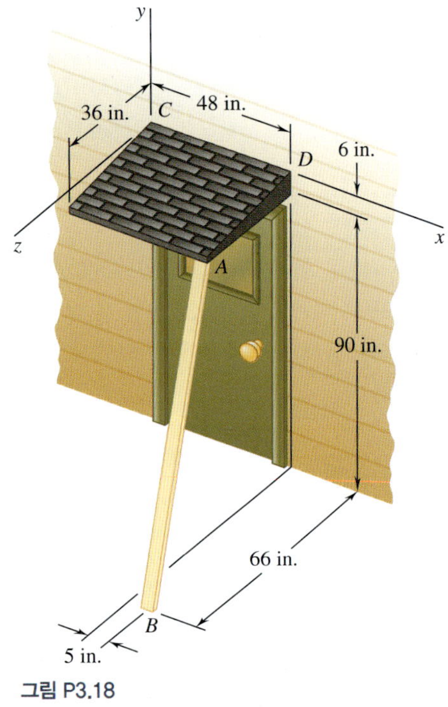

그림 P3.18

3.19 나무를 넘어뜨리기 전에 케이블 AB와 BC를 그림과 같이 고정했다. 케이블 AB와 BC에 작용하는 인장력이 각각 555 N과 660 N일 때, 점 B에서 나무에 작용하는 합력의 O에 대한 모멘트를 구하시오.

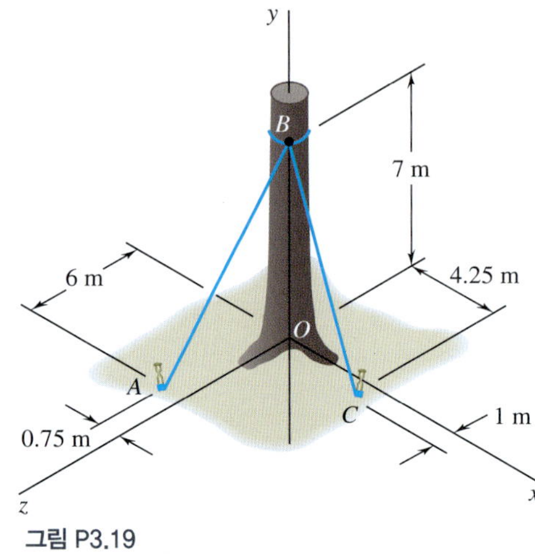

그림 P3.19

3.20 소형보트가 앞과 뒤에서 각각 줄에 매달려 있다. 앞부분의 줄은 그림과 같고 줄 $ABAD$에 작용하는 인장력은 82 lb이다. 점 A에서 합력 $\mathbf{R}_A$가 점 C에 대해 발생시키는 모멘트를 구하시오.

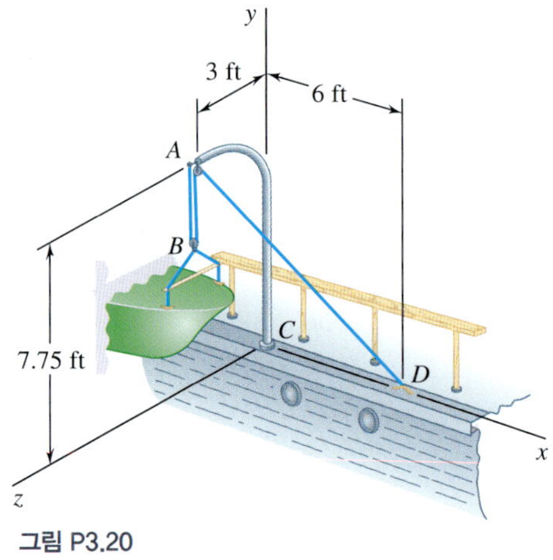

그림 P3.20

3.21 [문제 3.15]에서 점 A에서 점 B와 C를 지나는 직선까지의 수직거리를 구하시오.

3.22 [문제 3.16]에서 점 O에서 와이어 AE까지의 수직거리를 구하시오.

3.23 [문제 3.17]에서 점 A에서 케이블 BC까지의 수직거리를 구하시오.

3.24 점 A에서 200 N의 작용선까지의 수직거리를 구하시오.

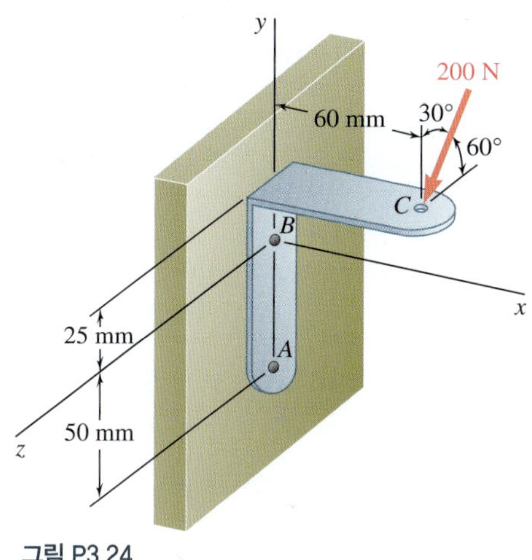

그림 P3.24

3.2 축에 대한 힘의 모멘트

이 절에서는 한 점에 대한 모멘트 개념을 축에 대한 모멘트의 개념으로 확장하고자 한다. 벡터연산은 여전히 훌륭한 도구이다. 앞에서 벡터곱이 두 벡터를 곱하고 새로운 벡터를 생성하는 것을 배웠다. 여기서는 두 벡터를 곱하여 스칼라를 생성하는 스칼라곱에 대해 알아보자.

3.2.1 스칼라곱

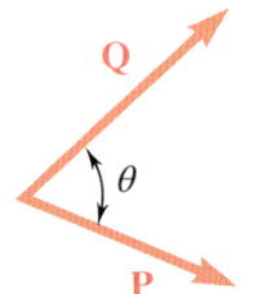

그림 3.18 θ를 사잇각으로 한 두 벡터 **P**, **Q**

두 벡터 **P**, **Q**의 **스칼라곱**scalar product은 **P**, **Q**의 크기와 **P**, **Q**에 의해 형성되는 각 θ의 cos값을 곱하는 것으로 정의한다(그림 3.18). **P**, **Q**의 스칼라곱은 **P**·**Q**로 표기하며 다음과 같다.

$$\mathbf{P} \cdot \mathbf{Q} = PQ\cos\theta \tag{3.24}$$

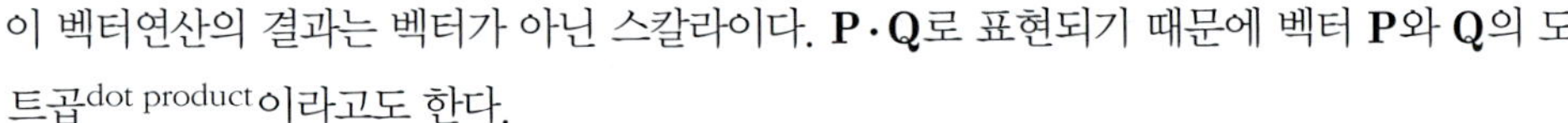

이 벡터연산의 결과는 벡터가 아닌 스칼라이다. **P**·**Q**로 표현되기 때문에 벡터 **P**와 **Q**의 도트곱dot product이라고도 한다.

두 벡터의 스칼라곱은 교환법칙을 만족한다.

$$\mathbf{P} \cdot \mathbf{Q} = \mathbf{Q} \cdot \mathbf{P} \tag{3.25}$$

분배법칙도 다음과 같이 성립한다.

$$\mathbf{P} \cdot (\mathbf{Q}_1 + \mathbf{Q}_2) = \mathbf{P} \cdot \mathbf{Q}_1 + \mathbf{P} \cdot \mathbf{Q}_2 \tag{3.26}$$

결합법칙에 대해서는 스칼라곱이 적용되지 않는다. 사실상 (**P**·**Q**)·**S**는 **P**·**Q**가 이미 스칼라이기 때문에 의미가 없다.

두 벡터 **P**와 **Q**의 스칼라곱은 직교성분으로 표현할 수 있다. **P**와 **Q**를 성분으로 분해하면 다음과 같다.

$$\mathbf{P} \cdot \mathbf{Q} = (P_x\mathbf{i} + P_y\mathbf{j} + P_z\mathbf{k}) \cdot (Q_x\mathbf{i} + Q_y\mathbf{j} + Q_z\mathbf{k})$$

분배법칙을 이용하면 **P**·**Q**를 $P_x\mathbf{i} \cdot Q_x\mathbf{i}$와 $P_x\mathbf{i} \cdot Q_y\mathbf{j}$처럼 스칼라곱의 합으로 표현할 수 있다. 스칼라곱의 정의에 의해 단위벡터의 스칼라곱은 0 또는 1의 값을 가진다.

$$\begin{aligned} \mathbf{i} \cdot \mathbf{i} = 1, \quad \mathbf{j} \cdot \mathbf{j} = 1, \quad \mathbf{k} \cdot \mathbf{k} = 1 \\ \mathbf{i} \cdot \mathbf{j} = 1, \quad \mathbf{j} \cdot \mathbf{k} = 1, \quad \mathbf{k} \cdot \mathbf{i} = 1 \end{aligned} \tag{3.27}$$

P·**Q**는 다음과 같이 단순화하여 나타낼 수 있다.

$$\mathbf{P} \cdot \mathbf{Q} = P_xQ_x + P_yQ_y + P_zQ_z \tag{3.28}$$

P와 **Q**가 동일한 경우에는 다음과 같이 된다.

$$\mathbf{P} \cdot \mathbf{P} = P_x^2 + P_y^2 + P_z^2 = P^2 \tag{3.29}$$

스칼라곱의 응용

1. 두 벡터에 의해 형성된 각 다음과 같이 성분으로 주어진 두 벡터가 있다.

$$\mathbf{P} = P_x\mathbf{i} + P_y\mathbf{j} + P_z\mathbf{k}$$
$$\mathbf{Q} = Q_x\mathbf{i} + Q_y\mathbf{j} + Q_z\mathbf{k}$$

이때 두 벡터에 의해 형성되는 각을 구하기 위해 식 (3.24)와 식 (3.28)에서 우항의 스칼라곱은 같다는 것을 이용한다.

$$PQ\cos\theta = P_xQ_x + P_yQ_y + P_zQ_z$$

$\cos\theta$에 대해 풀면 다음과 같다.

$$\cos\theta = \frac{P_xQ_x + P_yQ_y + P_zQ_z}{PQ} \tag{3.30}$$

2. 주어진 축에 대한 벡터의 투영 주어진 임의의 축 OL과 각도 θ를 형성하는 벡터 $\mathbf{P}$를 고려해보자(그림 3.19). 축 OL에 대한 $\mathbf{P}$의 투영projection은 다음과 같이 스칼라이다.

$$P_{OL} = P\cos\theta \tag{3.31}$$

투영 P_{OL}의 크기는 선분 OA의 길이와 같고 OA가 축 OL과 같은 방향이면 양의 값을 가진다. 이 경우 각도 θ는 예각이 된다. 그렇지 않으면 음의 값을 가진다. $\mathbf{P}$와 축 OL이 직각을 이룬다면 $\mathbf{P}$의 축 OL에 대한 투영은 0이 된다.

이제 축 OL과 동일한 방향의 벡터 $\mathbf{Q}$를 고려해보자(그림 3.19). $\mathbf{P}$와 $\mathbf{Q}$의 스칼라곱은 다음과 같다.

$$\mathbf{P}\cdot\mathbf{Q} = PQ\cos\theta = P_{OL}Q \tag{3.32}$$

이로부터 다음을 얻는다.

$$P_{OL} = \frac{\mathbf{P}\cdot\mathbf{Q}}{Q} = \frac{P_xQ_x + P_yQ_y + P_zQ_z}{Q} \tag{3.33}$$

축 OL을 따르는 단위벡터 $\boldsymbol{\lambda}$를 도입하면

$$P_{OL} = \mathbf{P}\cdot\boldsymbol{\lambda} \tag{3.34}$$

이다. 2.4.1절로부터 좌표축에 $\boldsymbol{\lambda}$의 성분은 축 OL의 각 방향코사인과 같다는 것을 알 수 있다. $\mathbf{P}$와 $\boldsymbol{\lambda}$를 직교좌표계의 성분으로 분해하면 축 OL에 $\mathbf{P}$의 대한 투영은 다음과 같이 표현할 수 있다.

$$P_{OL} = P_x\cos\theta_x + P_y\cos\theta_y + P_z\cos\theta_z \tag{3.35}$$

여기서 θ_x, θ_y, θ_z는 축 OL과 각 좌표축 사이의 각도이다.

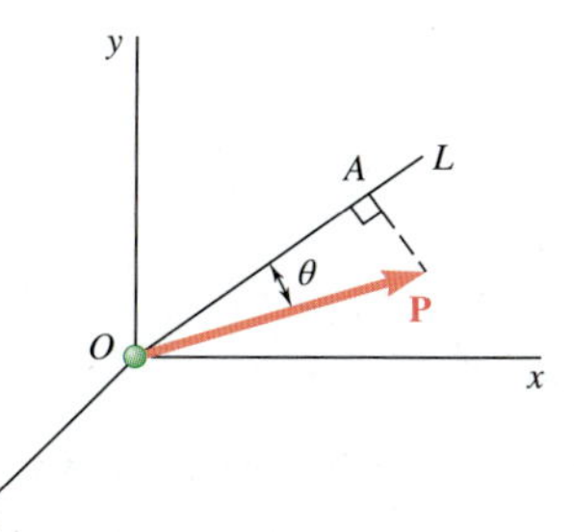

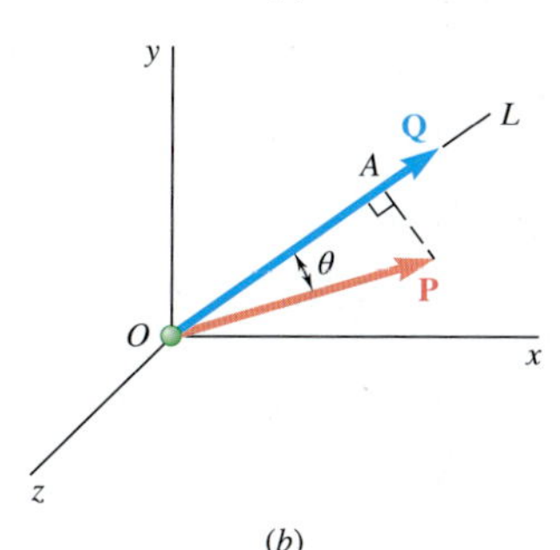

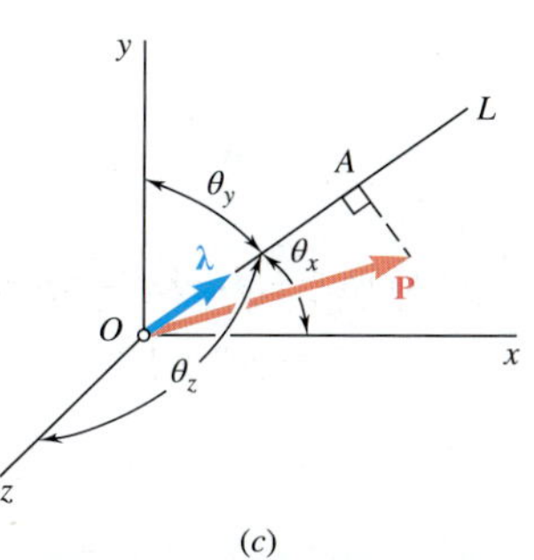

그림 3.19 (a) 축 OL과 각도 θ를 이루는 벡터 $\mathbf{P}$의 투영 (b) 벡터 $\mathbf{P}$의 투영과 축 OL 상의 벡터 $\mathbf{Q}$ (c) 벡터 $\mathbf{P}$의 투영, 축 OL의 단위벡터 $\boldsymbol{\lambda}$, 좌표축과 축선 OL이 이루는 각도

3.2.2 혼합 삼중곱

이제까지 두 벡터를 곱하는 두 가지 형태, 즉 벡터곱과 스칼라곱을 알아보았다. 여기서는 세 벡터 **S**, **P**, **Q**의 **혼합 삼중곱**mixed triple product을 스칼라 표현식으로 정의한다.

$$\mathbf{S}\cdot(\mathbf{P}\times\mathbf{Q}) \tag{3.36}$$

이 식은 벡터 **S**와 벡터곱 $\mathbf{P}\times\mathbf{Q}$ 사이의 스칼라곱을 의미한다.

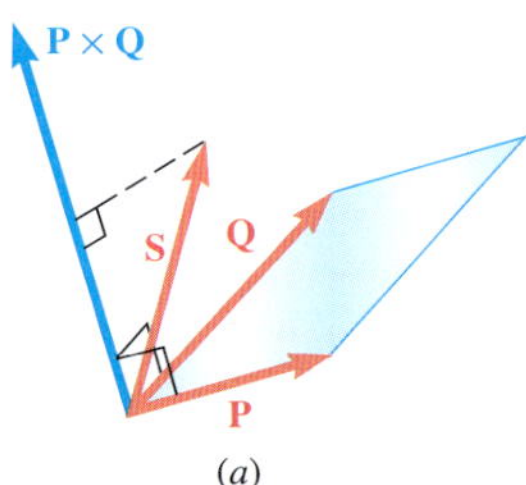

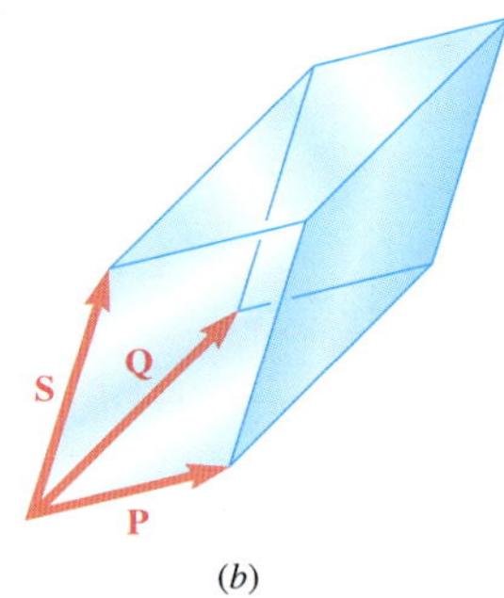

그림 3.20 (a) 혼합 삼중곱은 두 벡터의 벡터곱의 크기에 세 번째 벡터의 벡터곱에 대한 투영의 크기를 곱한 값이다. (b) 그 결과는 세 벡터가 이루는 평행육면체의 부피와 같다.

세 벡터 **S**, **P**, **Q**의 혼합 삼중곱은 기하학적으로 단순한 의미를 가진다(그림 3.20a). 3.4절에서 벡터곱 $\mathbf{P}\times\mathbf{Q}$는 **P**와 **Q**를 포함하는 평면과 수직인 방향이고, 그 크기는 **P**와 **Q**를 각 변으로 하는 평행사변형의 면적과 동일함을 학습했다. 그리고 식 (3.32)는 **S**와 $\mathbf{P}\times\mathbf{Q}$의 스칼라곱은 $\mathbf{P}\times\mathbf{Q}$의 크기(**P**와 **Q**로 정의되는 평행사변형의 면적)에 벡터 $\mathbf{P}\times\mathbf{Q}$에 대한 **S**의 투영(평행사변형을 포함하는 평면에 수직인 축에 대한 **S**의 투영)을 곱하여 구한다는 것을 의미한다. 그러므로 혼합 삼중곱의 절댓값은 세 벡터 **S**, **P**, **Q**를 각 변으로 하는 평행육면체의 부피와 같다(그림 3.20). 혼합 삼중곱의 부호는 오른손 법칙으로 구한다. 즉, $\mathbf{S}\cdot(\mathbf{P}\times\mathbf{Q})$에서, **P**에서 **Q**로 회전하는 방향을 오른손의 네 손가락으로 감싸쥐었을 때 엄지가 가리키는 방향과 **S**의 방향이 예각을 이루면 양의 부호이다. 세 벡터 **S**, **P**, **Q**가 한 평면에 존재하면 혼합 삼중곱은 0이 된다.

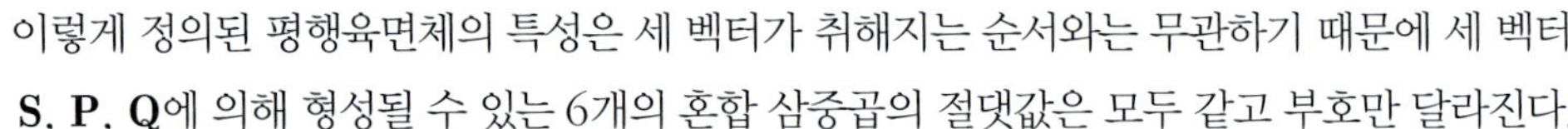

이렇게 정의된 평행육면체의 특성은 세 벡터가 취해지는 순서와는 무관하기 때문에 세 벡터 **S**, **P**, **Q**에 의해 형성될 수 있는 6개의 혼합 삼중곱의 절댓값은 모두 같고 부호만 달라진다.

$$\begin{aligned}\mathbf{S}\cdot(\mathbf{P}\times\mathbf{Q}) &= \mathbf{P}\cdot(\mathbf{Q}\times\mathbf{S}) = \mathbf{Q}\cdot(\mathbf{S}\times\mathbf{P})\\ &= -\mathbf{S}\cdot(\mathbf{Q}\times\mathbf{P}) = -\mathbf{P}\cdot(\mathbf{S}\times\mathbf{Q}) = -\mathbf{Q}\cdot(\mathbf{P}\times\mathbf{S})\end{aligned} \tag{3.37}$$

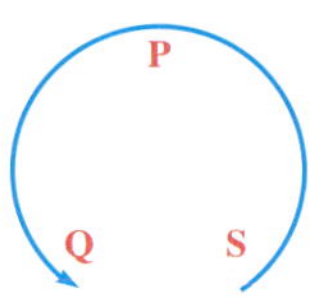

그림 3.21 **P**, **Q**, **S**의 혼합 삼중곱의 부호를 구하기 위한 반시계방향 배열

하나의 원에 세 벡터를 나타내는 글자를 반시계방향으로 나열하고(그림 3.21), 어디서 출발하든 동일한 방향, 즉 반시계방향을 취하면 혼합 삼중곱의 부호는 변하지 않는다. 이러한 순열을 원순열 circular permutation이라 한다. 식 (3.37)에 따르면 세 벡터 **S**, **P**, **Q** 사이에는 결합법칙이 성립한다.

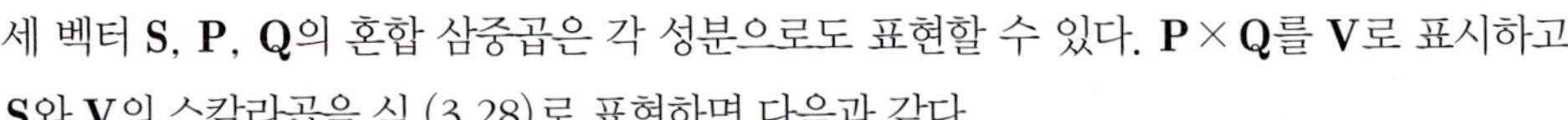

세 벡터 **S**, **P**, **Q**의 혼합 삼중곱은 각 성분으로도 표현할 수 있다. $\mathbf{P}\times\mathbf{Q}$를 **V**로 표시하고 **S**와 **V**의 스칼라곱을 식 (3.28)로 표현하면 다음과 같다.

$$\mathbf{S}\cdot(\mathbf{P}\times\mathbf{Q}) = \mathbf{S}\cdot\mathbf{V} = S_xV_x + S_yV_y + S_zV_z$$

식 (3.9)의 관계식을 **V**의 성분으로 대입하면

$$\begin{aligned}\mathbf{S}\cdot(\mathbf{P}\times\mathbf{Q}) = S_x(P_yQ_z - P_zQ_y) &+ S_y(P_zQ_x - P_xQ_z)\\ &+ S_z(P_xQ_y - P_yQ_x)\end{aligned} \tag{3.38}$$

를 얻는데, 행렬식을 이용하면 보다 간단하게 표현할 수 있다.

혼합 삼중곱 행렬식

$$\mathbf{S}\cdot(\mathbf{P}\times\mathbf{Q}) = \begin{vmatrix} S_x & S_y & S_z \\ P_x & P_y & P_z \\ Q_x & Q_y & Q_z \end{vmatrix} \tag{3.39}$$

행력식에서 행의 순열규칙을 적용하면 기하학적으로 유도한 식 (3.37)을 증명할 수 있다.

3.2.3 주어진 축에 대한 힘의 모멘트

이제 필요한 수학적 도구를 갖추었으니 한 축에 대한 힘의 모멘트 개념을 소개한다. 강체에 작용하여 O에 대한 모멘트 $\mathbf{M}_O$를 발생시키는 힘 $\mathbf{F}$를 고려해보자.

축 OL에 대한 $\mathbf{F}$의 모멘트 $\mathbf{M}_O$는 축 OL에 대한 $\mathbf{M}_O$의 투영 OC로 정의된다.

축 OL 방향의 단위벡터를 $\boldsymbol{\lambda}$로 표기하고, 주어진 축에 대한 투영과 힘 $\mathbf{F}$의 모멘트 $\mathbf{M}_O$를 구하기 위해서 식 (3.34)와 식 (3.11)을 이용하면 $\mathbf{M}_{OL}$은 다음과 같다.

원점을 통과하는 축에 대한 모멘트

$$M_{OL} = \boldsymbol{\lambda}\cdot\mathbf{M}_O = \boldsymbol{\lambda}\cdot(\mathbf{r}\times\mathbf{F}) \tag{3.40}$$

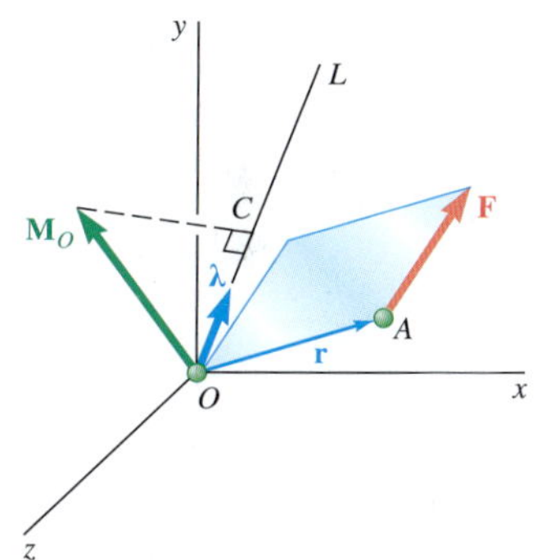

그림 3.22 축 OL에 대한 $\mathbf{F}$의 모멘트 $\mathbf{M}_{OL}$은 축 OL에 대한 $\mathbf{M}_O$의 투영이다. 계산에는 축 OL을 따르는 단위벡터 $\boldsymbol{\lambda}$와 O에서 $\mathbf{F}$의 작용점 A까지의 위치벡터 $\mathbf{r}$을 이용한다.

이 식은 축 OL에 대한 힘 $\mathbf{F}$의 모멘트 M_{OL}은 $\boldsymbol{\lambda}$, $\mathbf{r}$, $\mathbf{F}$의 혼합 삼중곱으로 정의되는 스칼라임을 보여준다. M_{OL}은 다음과 같이 행렬식으로 나타낼 수 있다.

$$M_{OL} = \begin{vmatrix} \lambda_x & \lambda_y & \lambda_z \\ x & y & z \\ F_x & F_y & F_z \end{vmatrix} \tag{3.41}$$

$\lambda_x, \lambda_y, \lambda_z =$ 축 OL의 방향코사인

$x, y, z =$ $\mathbf{F}$의 작용점 좌표

$F_x, F_y, F_z =$ $\mathbf{F}$의 성분

고정축 OL에 대해 힘 $\mathbf{F}$가 발생시키는 모멘트 M_{OL}의 물리적 중요성은 $\mathbf{F}$를 직교성분 $\mathbf{F}_1$과 $\mathbf{F}_2$로 분해하면 더욱 명확해진다. 이때 $\mathbf{F}_1$은 축 OL 방향으로, $\mathbf{F}_2$는 축 OL에 수직인 평면 P 안에 놓이도록 분해한다(그림 3.23). 위치벡터 $\mathbf{r}$도 같은 방식으로 $\mathbf{r}_1$과 $\mathbf{r}_2$로 분해하고 $\mathbf{F}$와 $\mathbf{r}$을 식 (3.40)에 대입하면 다음을 얻는다.

$$\begin{aligned} M_{OL} &= \boldsymbol{\lambda}\cdot[(\mathbf{r}_1+\mathbf{r}_2)\times(\mathbf{F}_1+\mathbf{F}_2)] \\ &= \boldsymbol{\lambda}\cdot(\mathbf{r}_1+\mathbf{F}_1) + \boldsymbol{\lambda}\cdot(\mathbf{r}_1+\mathbf{F}_2) + \boldsymbol{\lambda}\cdot(\mathbf{r}_2+\mathbf{F}_1) + \boldsymbol{\lambda}\cdot(\mathbf{r}_2+\mathbf{F}_2) \end{aligned}$$

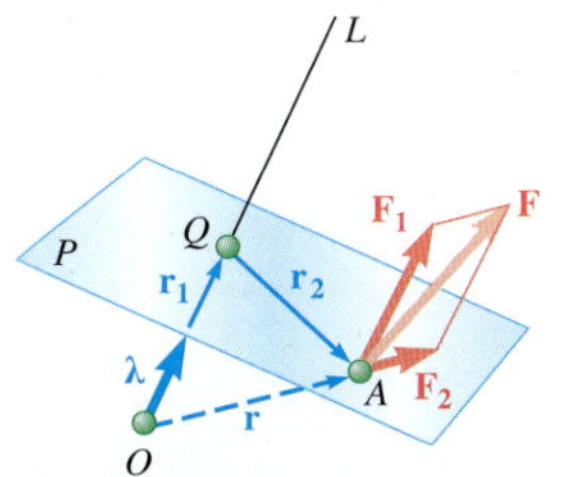

그림 3.23 힘 $\mathbf{F}$를 축 OL에 평행한 성분과 수직한 성분으로 분해하면 $\mathbf{F}$가 발생시키는 모멘트 $\mathbf{M}_{OL}$이 축 OL을 기준으로 강체를 회전시키는 정도를 파악할 수 있다.

마지막 항을 제외한 모든 항에서 각 벡터는 같은 평면에 존재하므로 혼합 삼중곱은 0이 된다(3.2.2절). 그러므로 이 식은 다음과 같이 간단하게 표현할 수 있다.

$$M_{OL} = \boldsymbol{\lambda}\cdot(\mathbf{r}_2\times\mathbf{F}_2) \tag{3.42}$$

벡터곱 $\mathbf{r}_2 \times \mathbf{F}_2$는 평면 P에 수직인 방향이고 $\mathbf{F}$의 성분 $\mathbf{F}_2$가 발생시키는 점 Q에 대한 모멘트가 되므로, 스칼라 M_{OL}은 $\mathbf{r}_2 \times \mathbf{F}_2$와 축 OL이 같은 방향이면 양의 값을 가지고 그렇지 않으면 음의 값을 가진다. $\mathbf{F}_2$는 축 OL에 대해 물체를 회전시키는 능력이 있지만 $\mathbf{F}_1$은 축 OL과 평행하므로 물체를 회전시킬 수는 없다.

축 OL에 대한 $\mathbf{F}$의 모멘트 $\mathbf{M}_{OL}$은 힘 $\mathbf{F}$가 고정축 OL에 대해 강체를 회전하게 하는 정도를 의미한다.

모멘트는 정의에 의하면 힘 $\mathbf{F}$가 각 좌표축에 발생시키는 모멘트는 점 O에 대한 모멘트 $\mathbf{M}_O$의 각 성분과 같다. 식 (3.40)에서 λ 대신에 단위벡터 $\mathbf{i}$, $\mathbf{j}$, $\mathbf{k}$를 대입하면 각 좌표축에 대한 $\mathbf{F}$의 모멘트를 얻을 수 있다. 이 식은 점 O에 대한 힘 $\mathbf{F}$의 모멘트 $\mathbf{M}_O$의 각 성분과 같다.

$$\begin{aligned} M_x &= yF_z - zF_y \\ M_y &= zF_x - xF_z \\ M_z &= xF_y - yF_x \end{aligned} \tag{3.18}$$

강체에 작용하는 힘 $\mathbf{F}$의 각 성분 F_x, F_y, F_z가 강체를 x, y, z방향으로 움직이게 하는 정도를 의미한다면, 각 좌표축에 대한 모멘트 성분 M_x, M_y, M_z는 힘 $\mathbf{F}$가 각 축에 대해 강체를 회전시키는 정도를 의미한다.

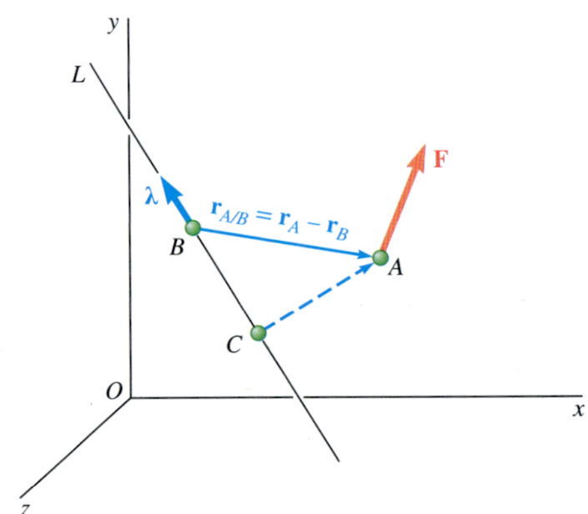

그림 3.24 축 또는 선 L에 대한 모멘트는 선상의 임의의 점 B에서 혼합 삼중곱으로 구할 수 있다. 선상의 다른 점, 예를 들어 점 C를 취하더라도 결과는 동일하다.

일반적으로 점 A에 작용하는 힘 $\mathbf{F}$가 원점을 지나지 않는 임의 축에 대해 발생시키는 모멘트는 해당 축상에 있는 점 B를 취하고(그림 3.24), 점 B에 대한 힘 $\mathbf{F}$의 모멘트 $\mathbf{M}_B$를 축 BL에 투영하여 얻을 수 있다. 이 투영에 대한 식은 다음과 같다.

임의의 축에 대한 모멘트

$$M_{BL} = \boldsymbol{\lambda} \cdot \mathbf{M}_B = \boldsymbol{\lambda} \cdot (\mathbf{r}_{A/B} \times \mathbf{F}) \tag{3.43}$$

여기서 $\mathbf{r}_{A/B}=\mathbf{r}_A-\mathbf{r}_B$는 점 B에서 점 A까지의 벡터를 나타낸다. 식 (3.43)을 행렬식으로 표현하면 다음과 같다.

$$M_{BL} = \begin{vmatrix} \lambda_x & \lambda_y & \lambda_z \\ x_{AB} & y_{A/B} & z_{A/B} \\ F_x & F_y & F_z \end{vmatrix} \tag{3.44}$$

$\lambda_x, \lambda_y, \lambda_z =$ 축 BL의 방향코사인

$x_{A/B} = x_A - x_B$

$y_{A/B} = y_A - y_B$

$z_{A/B} = z_A - z_B$

$F_x, F_y, F_z = \mathbf{F}$의 성분

주어진 축상에서 점 B는 어디를 선택해도 결과는 동일하다. 또 다른 점 C에 대한 모멘트를 M_C로 표시하면 다음과 같다.

$$\begin{aligned} M_{CL} &= \boldsymbol{\lambda} \cdot [(\mathbf{r}_A - \mathbf{r}_C) \times \mathbf{F}] \\ &= \boldsymbol{\lambda} \cdot [(\mathbf{r}_A - \mathbf{r}_B) \times \mathbf{F}] + \boldsymbol{\lambda} \cdot [(\mathbf{r}_B - \mathbf{r}_C) \times \mathbf{F}] \end{aligned}$$

벡터 $\boldsymbol{\lambda}$와 $\mathbf{r}_B-\mathbf{r}_C$는 동일선상에 있으므로 벡터 $\boldsymbol{\lambda}$, $\mathbf{r}_B-\mathbf{r}_C$, $\mathbf{F}$를 각 변으로 하는 평행육면체의 부피는 0이 된다. 따라서 이 세 벡터의 혼합 삼중곱도 0이 된다(3.2.2절). 그러므로 M_{CL}에 대한 식은 앞서 M_{BL}을 정의했을 때와 마찬가지로 첫 번째 항으로 단순화된다. 또한 3.1.5절에서 주어진 축에 대한 $\mathbf{F}$의 모멘트를 구할 때 점 A가 $\mathbf{F}$의 작용선상의 점이라면 어떤 위치라도 상관이 없다는 것을 다루었다.

예제 3.5

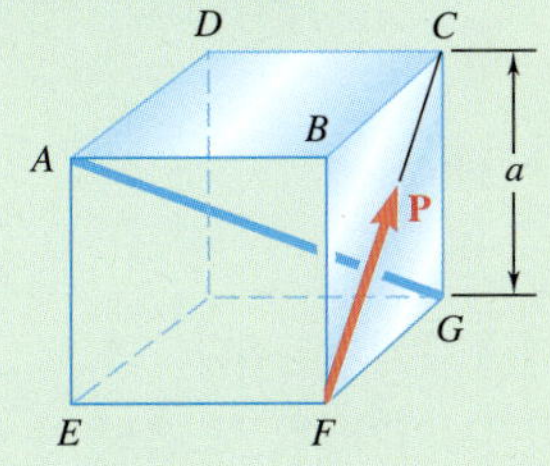

한 변의 길이가 a인 정육면체의 한 면에서 그림과 같이 대각선 방향으로 힘 $\mathbf{P}$가 작용하고 있다. (a) 점 A, (b) 변 AB, (c) 정육면체의 대각선 AG에 대해 $\mathbf{P}$가 발생시키는 모멘트를 구하시오. (d) (c)의 결과를 이용하여 AG와 FC 사이의 수직거리를 구하시오.

문제분석 모멘트를 구하기 위해 제시된 수식을 활용한다. AG와 FC 사이의 수직거리는 모멘트 M_{AG}를 산정하는 식으로부터 구할 수 있다.

모델링과 풀이

a. 점 A에 대한 모멘트 [그림 1]과 같이 x, y, z축을 정하고 힘 $\mathbf{P}$와 점 A에서 점 F까지의 위치벡터 $\mathbf{r}_{F/A}=\overrightarrow{AF}$의 직교성분을 분해한다.

$$\begin{aligned} \mathbf{r}_{F/A} &= a\mathbf{i} - a\mathbf{j} = a(\mathbf{i}-\mathbf{j}) \\ \mathbf{P} &= (P/\sqrt{2})\mathbf{j} - (P/\sqrt{2})\mathbf{k} = (P/\sqrt{2})(\mathbf{j}-\mathbf{k}) \end{aligned}$$

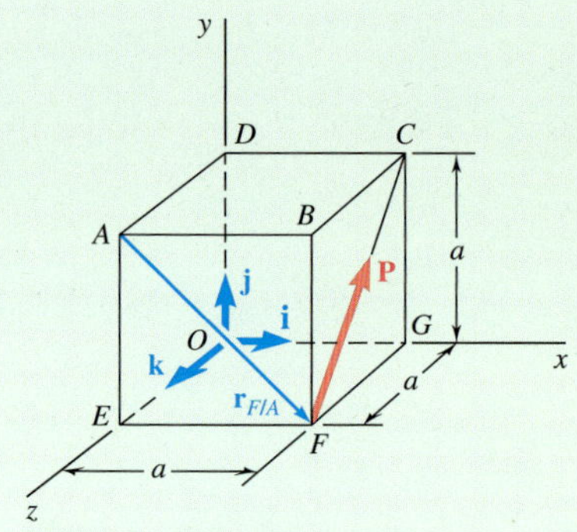

그림 1 선택된 좌표계에서 위치벡터 $\mathbf{r}_{F/A}$와 힘벡터 $\mathbf{P}$

점 A에 대한 $\mathbf{P}$의 모멘트는 두 벡터의 벡터곱이므로 다음과 같다.

$$\mathbf{M}_A = \mathbf{r}_{F/A} \times \mathbf{P} = a(\mathbf{i}-\mathbf{j}) \times (P/\sqrt{2})(\mathbf{j}-\mathbf{k})$$

$$\mathbf{M}_A = (aP/\sqrt{2})(\mathbf{i}+\mathbf{j}+\mathbf{k}) \blacktriangleleft$$

b. AB에 대한 모멘트 선 AE 위로 $\mathbf{M}_A$의 투영

$$M_{AB} = \mathbf{i}\cdot\mathbf{M}_A = \mathbf{i}\cdot(aP/\sqrt{2})(\mathbf{i}+\mathbf{j}+\mathbf{k})$$

$$M_{AB} = aP/\sqrt{2} \blacktriangleleft$$

AB는 x축에 평행하므로 M_{AB}는 $\mathbf{M}_A$의 x성분이 된다.

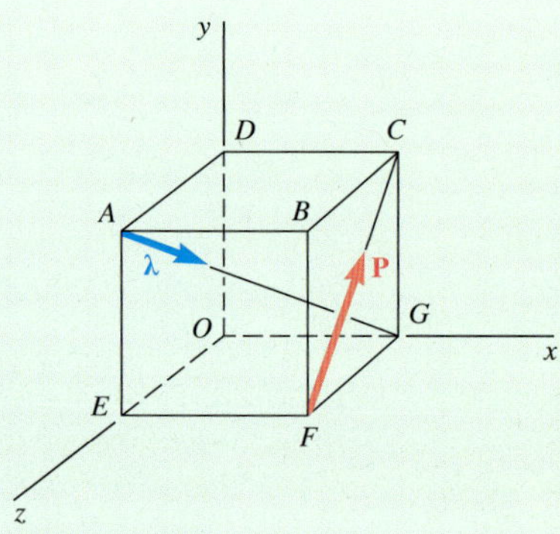

그림 2 AG에 대한 $\mathbf{P}$의 모멘트를 구하기 위한 단위벡터 λ

c. 대각선 AG에 대한 모멘트 AG에 대한 $\mathbf{P}$의 모멘트는 $\mathbf{M}_A$를 AG에 투영하여 구한다. AG를 따르는 단위벡터를 $\boldsymbol{\lambda}$로 표시하면 다음을 얻는다.

$$\boldsymbol{\lambda} = \frac{\overrightarrow{AG}}{AG} = \frac{a\mathbf{i}-a\mathbf{j}-a\mathbf{k}}{a\sqrt{3}} = (1/\sqrt{3})(\mathbf{i}+\mathbf{j}+\mathbf{k})$$

$$M_{AG} = \boldsymbol{\lambda}\cdot\mathbf{M}_A = (1/\sqrt{3})(\mathbf{i}-\mathbf{j}-\mathbf{k})\cdot(aP/\sqrt{2})(\mathbf{i}+\mathbf{j}+\mathbf{k})$$

$$M_{AG} = (aP/\sqrt{6})(1-1-1)$$

$$M_{AG} = -aP/\sqrt{6} \blacktriangleleft$$

대안 AG에 대한 $\mathbf{P}$의 모멘트는 행렬식으로 계산할 수도 있다.

$$M_{AG} = \begin{vmatrix} \lambda_x & \lambda_y & \lambda_z \\ x_{F/A} & y_{F/A} & z_{F/A} \\ F_x & F_y & F_z \end{vmatrix} = \begin{vmatrix} 1/\sqrt{3} & -1/\sqrt{3} & -1/\sqrt{3} \\ a & -a & 0 \\ 0 & P/\sqrt{2} & -P/\sqrt{2} \end{vmatrix}$$

$$= -aP/\sqrt{6}$$

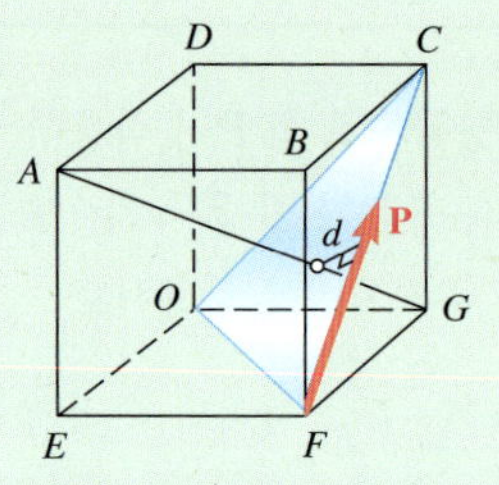

그림 3 AG에서 FC까지의 수직거리

d. AG와 FC 사이의 수직거리 $\mathbf{P}$는 대각선 AG에 수직임을 이용하여 스칼라곱 $\mathbf{P}\cdot\boldsymbol{\lambda}$을 취하고, 그 결과를 0으로 놓으면 다음과 같다.

$$\mathbf{P}\cdot\boldsymbol{\lambda} = (P/\sqrt{2})(\mathbf{j}-\mathbf{k})\cdot(1/\sqrt{3})(\mathbf{i}-\mathbf{j}-\mathbf{k})$$

$$= (P\sqrt{6})(0-1+1) = 0$$

M_{AG}는 $-Pa$로 나타낼 수 있다. 여기서 d는 AG에서 FC까지 수직거리이다(그림3). 점 G에 있는 관측자 입장에서 $\mathbf{P}$는 시계방향으로 육면체를 회전시키기 때문에 음의 기호를 사용했다. (c)에서 구한 M_{AG}를 적용하면 수직거리는 다음과 같다.

$$M_{AG} = -Pd = -aP/\sqrt{6}$$

$$d = a/\sqrt{6} \blacktriangleleft$$

고찰 이러한 문제에서는 힘과 모멘트를 3차원으로 시각화하는 것이 중요하다. 적절한 수식을 선택하고 기하학적 상관관계를 잘 인지하도록 한다.

Section 3.2 연습문제

3.25 벡터 $\mathbf{P}=3\mathbf{i}-\mathbf{j}+2\mathbf{k}$, $\mathbf{Q}=4\mathbf{i}+5\mathbf{j}-3\mathbf{k}$, $\mathbf{S}=-2\mathbf{i}+3\mathbf{j}-\mathbf{k}$일 때, 스칼라곱 $\mathbf{P}\cdot\mathbf{Q}$, $\mathbf{P}\cdot\mathbf{S}$, $\mathbf{Q}\cdot\mathbf{Q}$를 구하시오.

3.26 스칼라곱 $\mathbf{B}\cdot\mathbf{C}$를 계산하여 얻은 결과를 사용하여 다음 식을 증명하시오.

$$\cos(\alpha-\beta)=\cos\alpha\cos\beta+\sin\alpha\sin\beta$$

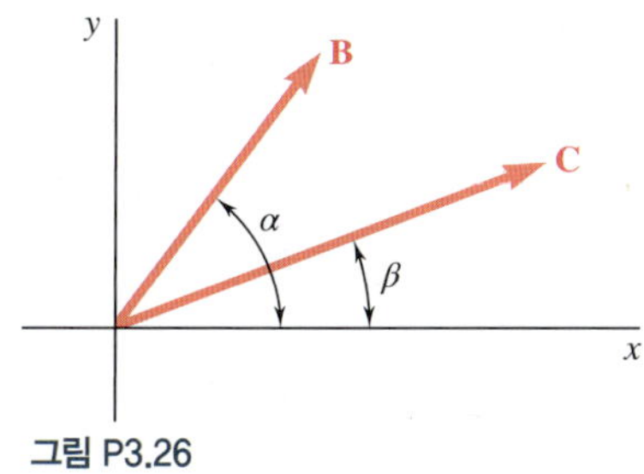

그림 P3.26

3.27 케이블 AC에 작용하는 인장력이 1260 N일 때 (a) 케이블 AC와 붐 AB 사이의 각도, (b) 점 A에서 케이블 AC에 작용하는 힘의 AB에 대한 투영을 구하시오.

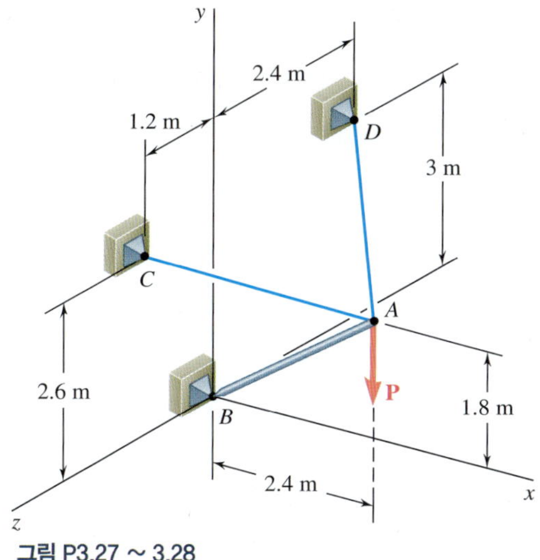

그림 P3.27 ~ 3.28

3.28 케이블 AD에 작용하는 인장력이 405 N일 때 (a) 케이블 AD와 붐 AB 사이의 각도, (b) 점 A에서 케이블 AD에 작용하는 힘의 AB에 대한 투영을 구하시오.

3.29 그림과 같이 케이블 세 개가 타워의 상단 A에 부착되어 있다. 케이블 AB와 AC가 이루는 각도를 구하시오.

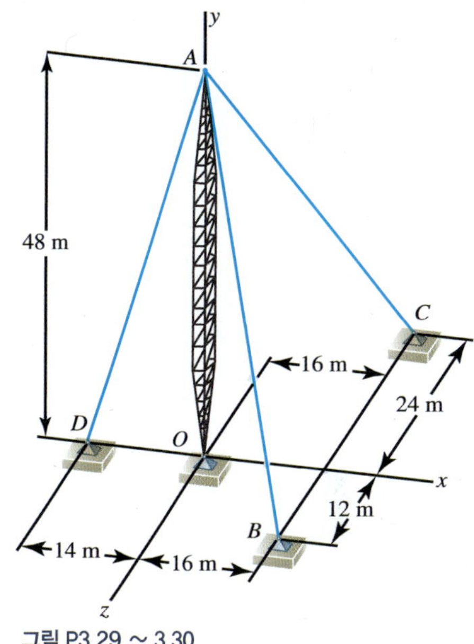

그림 P3.29 ~ 3.30

3.30 그림과 같이 케이블 세 개가 타워의 상단 A에 부착되어 있다. 케이블 AD와 AB가 이루는 각도를 구하시오.

3.31 20 in. 강관 AB는 수평한 방향으로 로드를 따라 움직일 수 있다. 강관의 끝 A와 B는 코드로 점 C에 고정되어 있다. $x=11$ in.일 때 두 코드가 이루는 각도를 (a) 식 (3.30)을 이용하여, (b) 삼각형 ABC에서 코사인 법칙을 이용하여 구하시오.

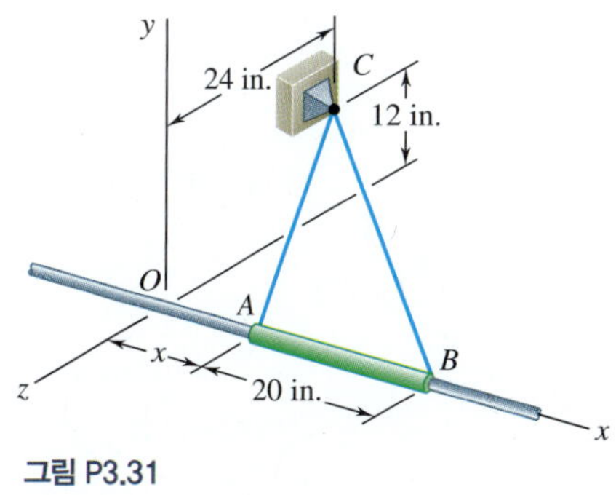

그림 P3.31

3.32 $x=4$ in.일 때, [문제 3.31]을 푸시오.

3.33 [그림 3.20b]의 평행육면체의 체적을 구하시오.

(a) $\mathbf{P}=4\mathbf{i}-3\mathbf{j}+2\mathbf{k}$, $\mathbf{Q}=-2\mathbf{i}-5\mathbf{j}+\mathbf{k}$, $\mathbf{S}=7\mathbf{i}+\mathbf{j}-\mathbf{k}$

(b) $\mathbf{P}=5\mathbf{i}-\mathbf{j}+6\mathbf{k}$, $\mathbf{Q}=2\mathbf{i}+3\mathbf{j}+\mathbf{k}$, $\mathbf{S}=-3\mathbf{i}-2\mathbf{j}+4\mathbf{k}$

3.34 세 벡터 $\mathbf{P}=3\mathbf{i}-1\mathbf{j}+1\mathbf{k}$, $\mathbf{Q}=4\mathbf{i}+Q_y\mathbf{j}-2\mathbf{k}$, $\mathbf{S}=2\mathbf{i}-2\mathbf{j}+2\mathbf{k}$가 동일 평면에 있을 때, Q_y를 구하시오.

3.35 케이블 AB에 작용하는 인장력이 570 N일 때, 점 B에서 판에 작용하는 힘이 각 좌표축에 대해 발생시키는 모멘트를 구하시오.

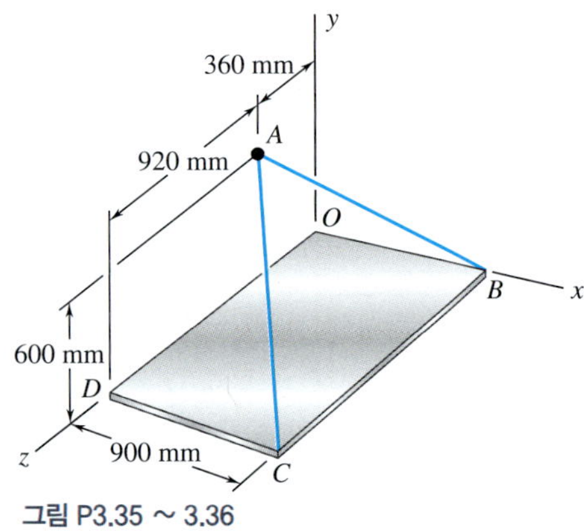

그림 P3.35 ~ 3.36

3.36 케이블 AC에 작용하는 인장력이 1065 N일 때, 점 C에서 판에 작용하는 힘이 각 좌표축에 대해 발생시키는 모멘트를 구하시오.

3.37 한 농부가 케이블과 윈치 풀러 B와 E를 사용하여 헛간의 한 쪽을 연결했다. 점 A와 D에서 케이블 인장력이 x축에 발생시키는 각 모멘트의 합이 4728 lb·ft이고 $T_{AB}=255$ lb일 때, T_{DE}의 크기를 구하시오.

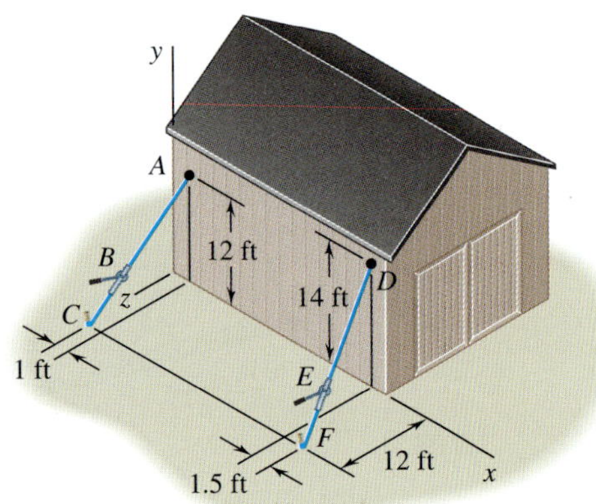

그림 P3.37

3.38 케이블 AB의 인장력이 306 lb일 때, [문제 3.37]을 푸시오.

3.39 상자를 들어올리기 위해 I빔의 하단 고리 B에 부착된 블록과 태클이 사용된다. 로프의 부분 AB에 의해 B에서 가해지는 힘이 y축과 z축에 대해 발생시키는 모멘트는 각각 120 N·m과 −460 N·m이다. 이때 거리 a를 구하시오.

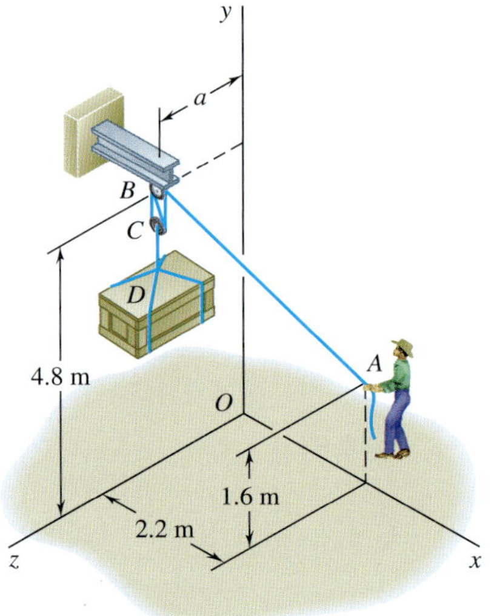

그림 P3.39 ~ 3.40

3.40 상자를 들어올리기 위해 I빔의 하단 고리 B에 부착된 블록과 태클이 사용된다. 점 A에서 로프를 당기는 힘이 195 N이고, y축에 대해 발생시키는 모멘트는 각각 132 N·m일 때, 거리 a를 구하시오.

3.41 얼어붙은 밸브를 풀기 위해 밸브 핸들에 70 lb의 힘 $\mathbf{F}$를 가한다. $\theta=25°$이고 $M_x=-61$ lb·ft, $M_z=-43$ lb·ft일 때, ϕ와 d를 구하시오.

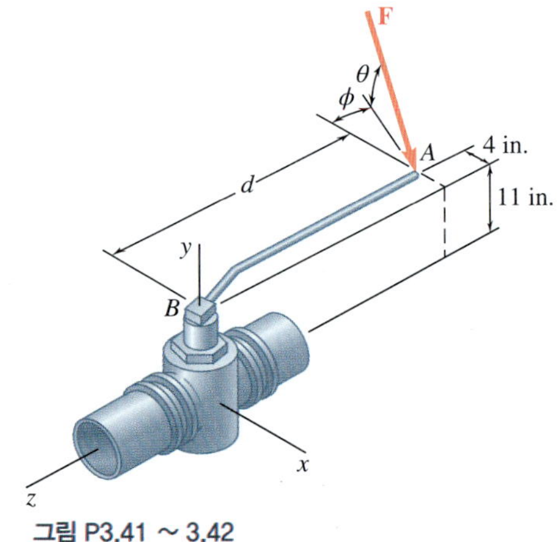

그림 P3.41 ~ 3.42

3.42 그림과 같이 밸브 핸들에 힘 **F**를 가할 때 x축과 z축에 대한 모멘트는 각각 $M_x = -77\ \text{lb}\cdot\text{ft}$, $M_z = -81\ \text{lb}\cdot\text{ft}$이다. $d = 27$ in.일 때, y축에 대한 **F**의 모멘트 M_y를 구하시오.

3.43 고르지 않은 지면에 세워진 표지판이 케이블 EF와 EG로 지지되어 있다. E에서 케이블 EF에 의해 가해진 힘이 46 lb일 때, A와 D를 잇는 선에 대한 모멘트를 구하시오.

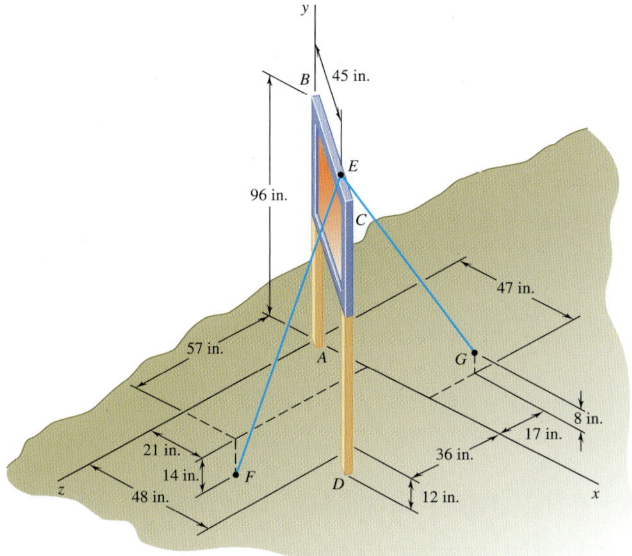

그림 P3.43 ~ 3.44

3.44 고르지 않은 지면에 세워진 표지판이 케이블 EF와 EG로 지지되어 있다. E에서 케이블 EG에 의해 가해진 힘이 54 lb일 때, A와 D를 잇는 선에 대한 모멘트를 구하시오.

3.45 프레임 ACE는 A와 D에서 힌지로 연결되어 있다. B에서 링을 통과하고 G와 H의 고리에서 케이블로 지지되어 있다. 케이블의 장력이 450 N일 때, 케이블 BH의 장력이 대각선 AD에 대해 발생시키는 모멘트를 구하시오.

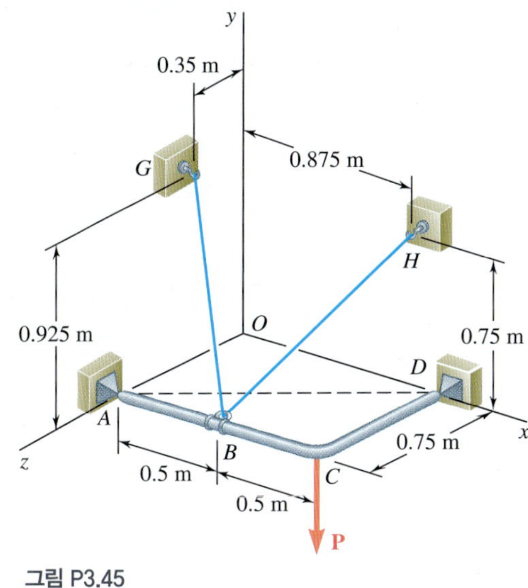

그림 P3.45

3.46 [문제 3.45]에서 케이블 BG의 장력이 대각선 AD에 대해 발생시키는 모멘트를 구하시오.

3.47 크기 520 lb의 힘 **P**가 E로 표시된 프레임에 작용한다. O와 D를 잇는 선에 대한 **P**의 모멘트를 구하시오.

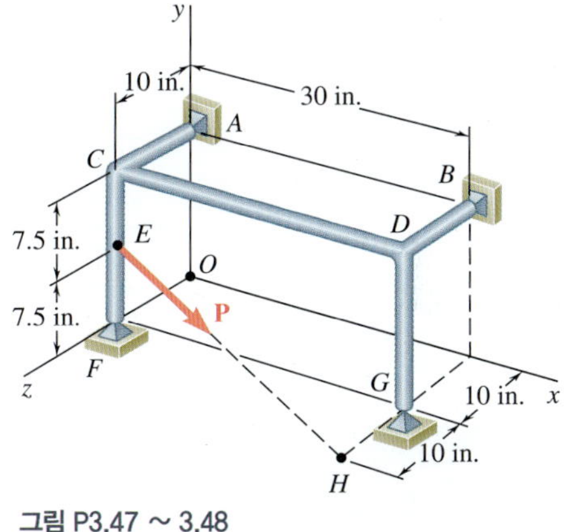

그림 P3.47 ~ 3.48

3.48 힘 **P**가 E로 표시된 프레임에 작용한다. F와 B를 잇는 선에 대한 P의 모멘트가 절댓값으로 300lb·ft일 때 힘 **P**의 크기를 구하시오.

3.3 우력과 힘-우력시스템

강체에 대한 힘과 모멘트의 영향을 배웠다. 이제 그 효과가 유지되면서 힘과 모멘트의 시스템을 단순화하는 방법을 알아보자. 힘과 모멘트의 시스템은 더 간단하면서도 동등한 시스템으로 대체할 수 있다. 이러한 대체 과정에 사용되는 핵심 아이디어의 하나가 우력이다.

3.3.1 우력모멘트

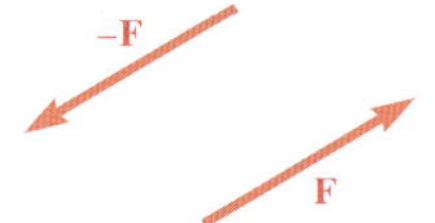

그림 3.25 우력은 크기는 같고 작용선은 평행하며, 방향이 서로 반대인 두 힘으로 구성된다.

크기는 같고 작용선은 평행하며, 방향이 서로 반대인 두 힘 **F**와 −**F**를 **우력**couple이라고 한다(그림 3.25). 어떤 방향에서든 이 두 힘의 합력은 0이 된다. 그러나 모멘트의 관점에서 주어진 축에 대해 두 힘이 작용시키는 모멘트의 합은 0이 아니다. 함께 작용하는 이 두 힘은 물체를 직선상으로 움직이게 하는 병진운동을 유발하지는 못한다. 그러나 그 물체에 회전운동은 유발할 수는 있다.

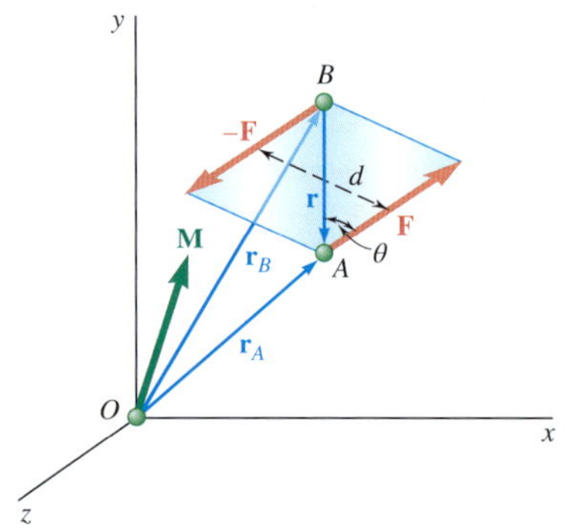

그림 3.26 O에 대한 우력모멘트 **M**은 O에 대한 **F**와 −**F**가 발생시키는 각 모멘트의 합이다.

F와 −**F**의 작용점 위치벡터를 각각 $\mathbf{r}_A$와 $\mathbf{r}_B$로 표기하면(그림 3.26), O에 대한 두 힘의 모멘트의 합은 다음과 같다.

$$\mathbf{r}_A \times \mathbf{F} + \mathbf{r}_B \times (-\mathbf{F}) = (\mathbf{r}_A - \mathbf{r}_B) \times \mathbf{F}$$

$\mathbf{r}_A - \mathbf{r}_B = \mathbf{r}$로 두면 **r**은 두 힘의 작용점을 연결하는 벡터가 되고, O에 대해 **F**와 −**F**가 발생시키는 모멘트의 합은 다음과 같다.

$$\mathbf{M} = \mathbf{r} \times \mathbf{F} \tag{3.45}$$

벡터 **M**을 **우력모멘트**moment of couple라 한다. 우력모멘트는 두 힘을 포함하는 평면에 수직인 방향이고, 그 크기는 다음과 같다.

$$M = rF \sin\theta = Fd \tag{3.46}$$

여기서 d는 **F**와 −**F**의 작용선 사이의 수직거리이고, θ는 **F**(또는 −**F**)와 **r** 사이의 각도이다. 벡터 **M**의 부호는 오른손 법칙을 따른다.

사진 3.1 러그넛 렌치lug nut wrench에 서로 평행하게 위아래로 작용하는 같은 크기의 두 힘은 우력의 한 예이다.
Lucinda Dowell/McGraw-Hill Education

식 (3.45)의 벡터 **r**은 좌표축의 원점 O의 위치와는 무관하다. 따라서 **F**와 −**F**의 모멘트가 다른 점 O'에 대해 계산해도 동일한 결과를 얻는다. 우력모멘트 **M**은 개념적으로 자유벡터(2.1.2절)이며, 어떤 위치에 적용해도 동일한 값을 가진다(그림 3.27).

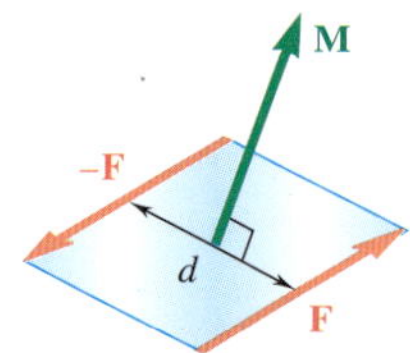

그림 3.27 우력모멘트 **M**은 **F**와 d의 곱과 같고, 우력이 포함된 평면에 수직인 방향이며 평면 내 어느 위치에서도 재하가 가능하다.

우력모멘트의 정의에 의해 두 우력 $\mathbf{F}_1$, $-\mathbf{F}_1$과 $\mathbf{F}_2$, $-\mathbf{F}_2$(그림 3.28)가 다음의 조건을 만족하면 동일한 모멘트이다.

$$F_1 d_1 = F_2 d_2 \tag{3.47}$$

두 우력이 평행한 평면 또는 동일한 평면에 있다면(시계방향이든 반시계방향이든) 동일한 방향을 가진다.

그림 3.28 방향이 같은 두 우력이 서로 평행한 평면에 있고 $F_1 d_1 = F_2 d_2$이면 동일한 모멘트이다.

3.3.2 등가의 우력

직육면체에 작용하는 세 우력을 비교해보자(그림 3.29). 우력이 강체에 유발할 수 있는 유일한 동작은 회전이다. 표시된 세 우력은 동일한 모멘트 $\mathbf{M}$(동일한 방향 및 동일한 크기 $M = 120$ lb·in.)을 유발하므로 각 우력은 직육면체에 동일한 효과를 준다고 할 수 있다.

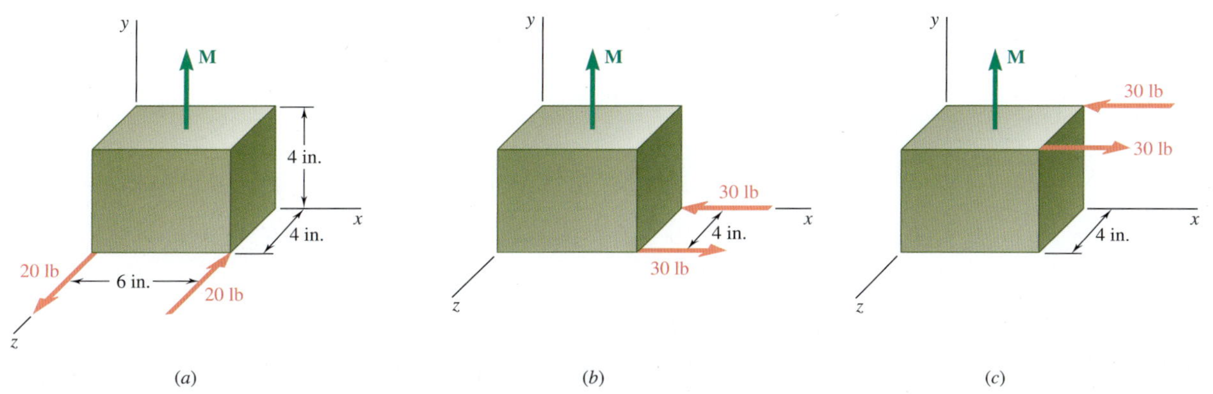

그림 3.29 등가의 세 우력 (a) 위에서 보았을 때 반시계방향 회전을 유발하는 육면체 하부에 작용하는 우력 (b) (a)의 경우보다 더 큰 힘으로 구성된 동일 평면에서 동일한 방향의 우력 (c) 같은 방향이지만 다른 평면에 작용하는 우력

이 결론이 합리적으로 보이더라도 성급하게 받아들여서는 곤란하다. 직관은 역학 문제의 접근에는 도움이 되지만 논리적 추론을 대체할 수는 없다. 서로 다른 힘시스템이 강체에 동일한 영향을 미칠 수 있다는 것은 지금까지 소개한 실험적 증거로 증명할 수 있다. 여기에 사용될 수 있는 증거로는 두 힘의 합을 구하는 평행사변형법(2.1.1절)과 전달성의 원리(3.1.2절)가 있다.

한 시스템을 다음의 방법을 통해 다른 시스템으로 전환시킬 수 있다면 이 두 힘시스템은 등가이다. 즉, 두 시스템이 강체에 미치는 효과는 동일하다. (1) 동일한 입자에 작용하는 두 힘을 합력으로 대체, (2) 하나의 힘을 두 성분으로 분해, (3) 동일한 입자에 작용하는 크기가 같고 방향이 반대인 두 힘을 소거, (4) 동일한 입자에 크기가 같고 방향이 반대인 두 힘을 추가, (5) 동일한 작용선상에서 힘을 이동하는 방법 등이다.

동일한 모멘트 M을 유발하는 두 우력이 등가임을 증명하기 위해 우선 동일 평면에 작용하는 두 우력을 고려해보자(그림 3.30). 첫 번째 우력은 $\mathbf{F}_1$와 $-\mathbf{F}_1$으로 구성되어 크기 F_1을 가지고 거리 d_1만큼 떨어져 있다(그림 3.30a).

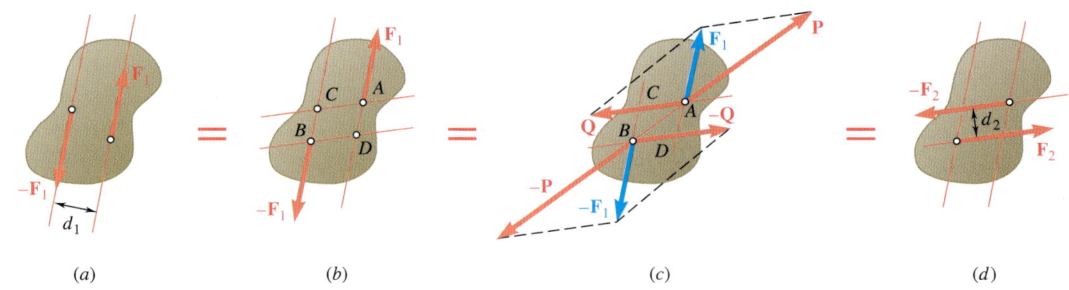

그림 3.30 동일 평면에서 한 우력을 다른 우력으로 전환하는 단계 (a) 전환 전 우력 (b) 두 우력의 작용선의 교차점 (c) 전환 전 우력의 성분 분해 (d) 전환 후 우력

두 번째 우력은 $\mathbf{F}_2$와 $-\mathbf{F}_2$로 구성되어 크기 F_2를 가지고 거리 d_2만큼 떨어져 있다(그림 3.30d). 두 우력은 동일한 모멘트 $\mathbf{M}$을 유발하므로 작용하는 평면에 수직인 방향으로 그 방향이 같고, 다음 관계를 만족한다.

$$F_1 d_1 = F_2 d_2 \tag{3.47}$$

두 우력이 등가임을 증명하기 위해서는 첫 번째 우력이 두 번째 우력으로 전환이 가능함을 보여야 한다.

두 우력의 작용선이 서로 교차하여 만나는 점을 각각 A, B, C, D로 표시한다. 먼저 $\mathbf{F}_1$과 $-\mathbf{F}_1$을 밀어 [그림 3.30b]에 보인 것처럼 작용점이 각각 A와 B에 일치하도록 한다. 그리고 $\mathbf{F}_1$을 AB 방향 성분 $\mathbf{P}$와 AC 방향 성분 $\mathbf{Q}$로 분해한다(그림 3.30c). 동일한 방식으로 $-\mathbf{F}_1$을 AB 방향의 $-\mathbf{P}$와 BD 방향의 $-\mathbf{Q}$로 성분을 분해한다. 두 힘 $\mathbf{P}$와 $-\mathbf{P}$는 동일한 크기를 가지고 동일한 작용선상에 있으며 서로 반대의 방향을 가진다. 두 힘을 동일 작용점으로 옮기면 서로 상쇄되므로 $\mathbf{F}_1$과 $-\mathbf{F}_1$에 의해 생성된 우력은 $\mathbf{Q}$와 $-\mathbf{Q}$로 구성되는 우력으로 등가이다.

힘 $\mathbf{Q}$, $-\mathbf{Q}$는 각각 힘 $-\mathbf{F}_1$, $\mathbf{F}_1$과 같다는 것을 확인할 수 있다. B에 대해 $\mathbf{Q}$가 발생시키는 모멘트를 계산하면 $\mathbf{Q}$와 $-\mathbf{Q}$에 의한 우력모멘트를 얻을 수 있다. 마찬가지로 $\mathbf{F}_1$과 $-\mathbf{F}_1$에 의해 형성된 우력모멘트는 B에 대해 $\mathbf{F}_1$이 발생시키는 모멘트와 같다. 바리뇽 정리에 따르면, $\mathbf{F}_1$의 모멘트는 성분 P와 Q의 모멘트의 합과 같다. B에 대한 $\mathbf{P}$의 모멘트는 0이므로 $\mathbf{Q}$와 $-\mathbf{Q}$에 의해 형성된 우력모멘트는 $\mathbf{F}_1$과 $-\mathbf{F}_1$으로 형성된 우력모멘트와 같게 된다. 식 (3.47)에 따르면

$$Qd_2 = F_1 d_1 = F_2 d_2, \quad Q = F_2$$

이므로, 두 힘 $\mathbf{Q}_1$, $-\mathbf{Q}_1$은 각각 $\mathbf{F}_1$, $-\mathbf{F}_1$과 동일하고 [그림 3.30a]의 우력은 [그림 3.30d]의 우력과 등가가 된다.

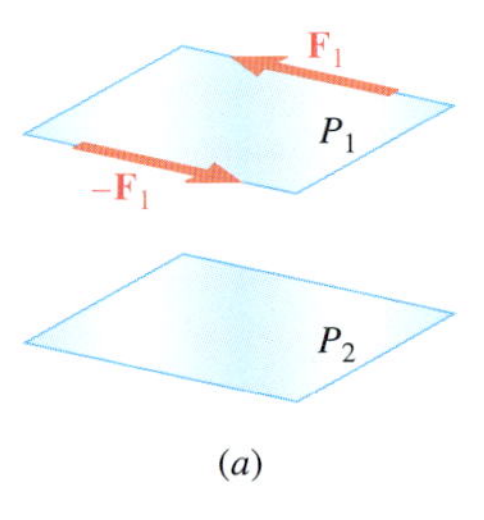

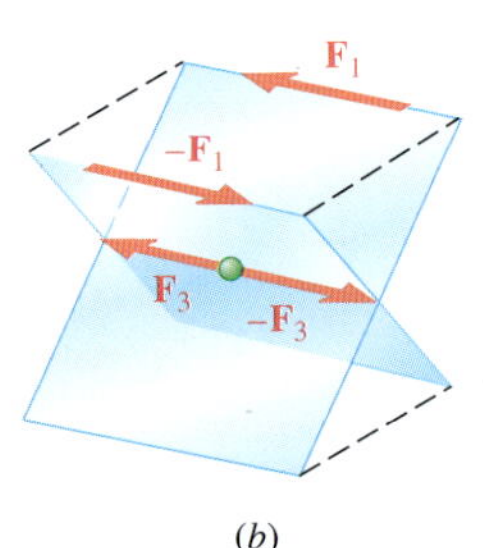

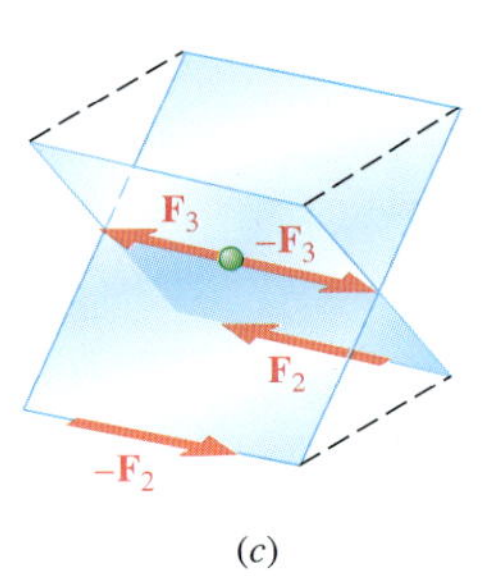

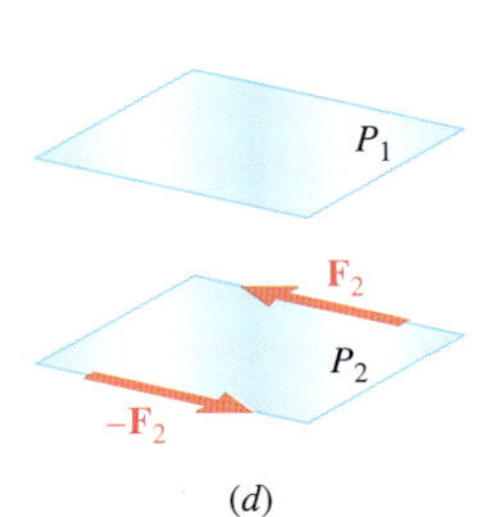

그림 3.31 평행한 평면으로 우력을 전환하는 단계 (a) 전환 전 우력 (b) 두 대각면의 교차선에 두 힘의 생성 (c) 두 우력을 동일한 평면 내 등가의 우력으로 교체 (d) 전환 후 우력

이제 동일한 모멘트를 생성하는 두 우력의 등가성을 증명하기 위해 평행한 평면 P_1과 P_2에 각각 놓여 있는 두 우력을 생각해보자. 우력은 평행선을 따라 작용하는 동일한 크기 F의 힘으로 구성된다(그림 3.31a, d). 평면 P_1에 포함된 우력은 평면 P_2에 포함된 우력으로 전환할 수 있다.

$\mathbf{F}_1$과 $-\mathbf{F}_2$의 작용선과 $-\mathbf{F}_1$과 $\mathbf{F}_2$의 작용선에 의해 각각 정의되는 두 대각평면을 고려해보자(그림 3.31b). 두 힘 $\mathbf{F}_1$과 $-\mathbf{F}_1$은 각각 동일한 두 힘 $\mathbf{F}_3$와 $-\mathbf{F}_3$를 두 평면이 만나는 교차선의 한 점에서 우선 생성시킨다. $\mathbf{F}_1$과 $-\mathbf{F}_3$에 의한 우력은 $\mathbf{F}_3$와 $-\mathbf{F}_2$로 구성되는 우력으로 대체할 수 있다(그림 3.31c). 두 우력은 동일한 모멘트를 발생시키며, 동일한 대각선 평면에 포함되어 있다. 유사한 방식으로 $-\mathbf{F}_1$과 $\mathbf{F}_3$에 의한 우력은 $-\mathbf{F}_3$와 $\mathbf{F}_2$로 구성되는 우력으로 대체할 수 있다. 크기가 동일하고 방향이 서로 반대인 두 힘 $\mathbf{F}_3$와 $-\mathbf{F}_3$를 서로 상쇄시키면 평면 P_2에서 원하는 우력을 얻을 수 있다(그림 3.31d). 따라서 동일한 모멘트 $\mathbf{M}$을 가지는 두 우력이 같은 평면에 포함되어 있거나 서로 평행한 평면에 포함되어 있으면 등가라고 결론 내릴 수 있다.

이와 같은 우력의 속성은 강체역학을 이해하는 데 매우 중요하다. 우력이 강체에 작용할 때 그 우력을 구성하는 두 힘이 작용하는 위치, 크기, 방향은 문제가 되지 않는다. 중요한 것은 우력모멘트의 크기와 방향이다. 동일한 모멘트를 유발하는 우력은 강체에 미치는 영향력도 동일하다.

3.3.3 우력의 합

교차하는 두 평면 P_1과 P_2와 각 평면에 작용하는 두 우력을 고려해보자. 각 우력은 해당 평면에서 자유벡터이며, 크기는 동일하고 방향은 서로 반대인 평행한 두 힘과 수직거리의 조합으로 표현된다. 평면 P_1 내에 있는 우력은 두 평면의 교차선에 수직인 방향으로, A와 B에 각각 작용하는 두 힘 $\mathbf{F}_1$과 $-\mathbf{F}_1$으로 구성된다고 가정한다(그림 3.32a). 유사한 방식으로 평면 P_2 내의 우력은 AB에 수직이고, A와 B에 각각 작용하는 두 개의 힘 $\mathbf{F}_2$와 $-\mathbf{F}_2$로 구성된다고 가정한다. $\mathbf{F}_1$과 $\mathbf{F}_2$의 합력 $\mathbf{R}$과 $-\mathbf{F}_1$과 $-\mathbf{F}_2$의 합력 $-\mathbf{R}$은 우력을 형성한다. B에서 A를 잇는 벡터를 $\mathbf{r}$로 표시하고 우력모멘트의 정의(3.3.1절)를 이용하면 합력의 모멘트 $\mathbf{M}$은 다음과 같다.

$$\mathbf{M} = \mathbf{r} \times \mathbf{R} = \mathbf{r} \times (\mathbf{F}_1 + \mathbf{F}_2)$$

바리뇽 정리에 의해 다음과 같이 확장된다.

$$\mathbf{M} = \mathbf{r} \times \mathbf{F}_1 + \mathbf{r} \times \mathbf{F}_2$$

이 식의 첫째 항은 P_1에서 우력모멘트 $\mathbf{M}_1$을 나타내고, 둘째 항은 P_2에서 우력모멘트 $\mathbf{M}_2$를 나타내므로 다음 식을 얻는다.

$$\mathbf{M} = \mathbf{M}_1 \times \mathbf{M}_2 \tag{3.48}$$

두 모멘트 $\mathbf{M}_1$과 $\mathbf{M}_2$를 각각 구성하는 우력의 합은 두 모멘트 $\mathbf{M}_1$과 $\mathbf{M}_2$의 벡터합인 모멘트 $\mathbf{M}$을 구성하는 우력과 같다(그림 3.32b). 이러한 결론을 확장하면 다수의 우력을 합하여 하나의 합력우력을 생성할 수 있다.

$$\mathbf{M} = \Sigma\mathbf{M} = \Sigma(\mathbf{r} \times \mathbf{F})$$

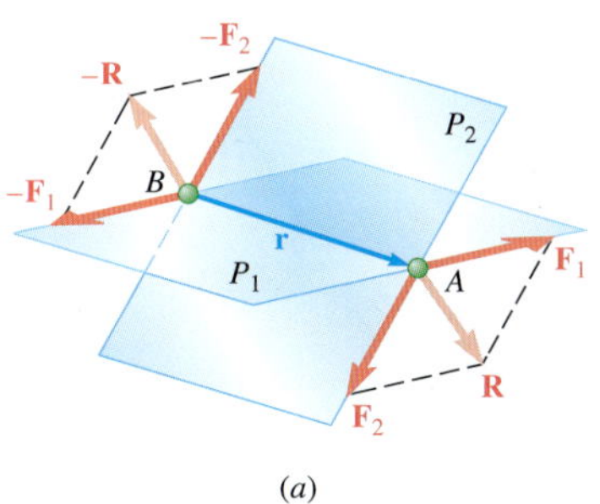

(a)

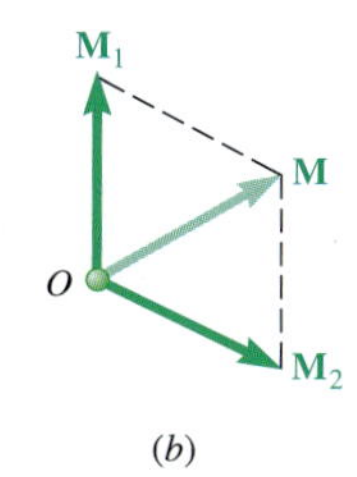

(b)

그림 3.32 (a) 교차하는 두 면에 각각 우력을 생성할 수 있다. (b) 우력의 합력에 의한 모멘트는 각 성분력으로 구성되는 우력에 의한 모멘트의 벡터합과 같다.

3.3.4 우력벡터

동일한 모멘트를 발생시키는 우력은 동일한 평면 또는 평행한 평면에서 작용할 때 등가임을 알았다. 따라서 강체에 미치는 영향을 정의하기 위해 주어진 우력을 형성하는 실제 힘을 그릴 필요는 없다(그림 3.33a). 우력에 의한 모멘트 $\mathbf{M}$과 크기와 방향이 동일한 하나의 화살표를 그리는 것으로 충분하다(그림 3.33b). 그리고 두 우력의 합은 하나의 우력으로, 모멘트 $\mathbf{M}_1$과 $\mathbf{M}_2$의 벡터합 $\mathbf{M}$의 우력을 형성하는 것을 배웠다. 우력은 벡터합의 법칙을 따르므로 [그림 3.33a]에서 정의된 우력을 나타내기 위해 [그림 3.33b]에서 사용된 화살표를 벡터로 다뤄야한다.

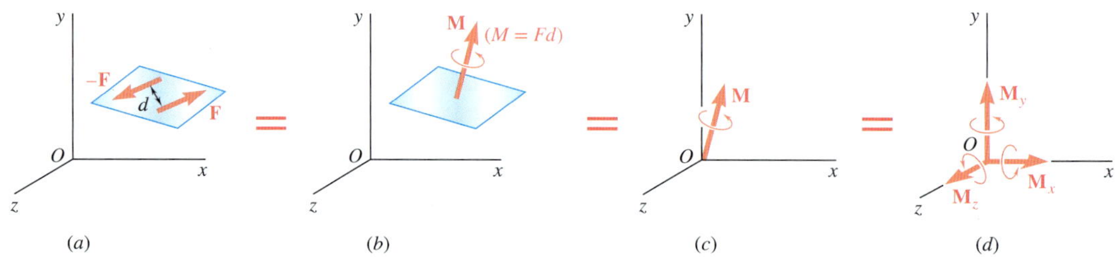

그림 3.33 (a) 두 힘에 의해 형성되는 우력 (b) 우력이 작용하는 평면에 수직인 방향의 우력벡터 (c) 우력벡터는 자유벡터로 작용점을 이동시킬 수 있다. (d) 우력벡터는 각 좌표축의 성분으로 분해할 수 있다.

우력으로 표현하는 벡터를 **우력벡터**couple vector라고 한다. [그림 3.33]에서 빨간색 화살표는 우력 자체나 우력벡터를 나타낸다. 힘을 나타내는 벡터와의 혼동을 피하기 위해 우력벡터를 나타내는 화살표에는 기호 ―가 추가로 표시한다. 우력벡터는 자유벡터로서 원하는 경우 좌표계의 원점을 작용점으로 선택 할 수 있다(그림 3.33c). 또한 우력벡터 $\mathbf{M}$은 각 좌표축에 대해 성분벡터 $\mathbf{M}_x$, $\mathbf{M}_y$, $\mathbf{M}_z$로 분해할 수 있다(그림 3.33d). 이러한 성분벡터는 각각 평면 yz, 평면 zx, 평면 xy에 작용하는 우력을 의미한다.

3.3.5 힘에 대한 힘-우력 분해

위치벡터 $\mathbf{r}$로 정의되는 점 A에서 강체에 작용하는 힘 $\mathbf{F}$를 고려해보자(그림 3.34a). 어떤 이유로 이 힘이 점 O에 작용한다면 해석이 단순화되는 상황이 발생할 수 있다. 작용선을 따라 $\mathbf{F}$를 움직일 수 있지만(전달성 원리), 강체에 대한 $\mathbf{F}$의 작용을 수정하지 않고는 원래 작용선에 있지 않은 점 O로 $\mathbf{F}$를 이동할 수는 없다.

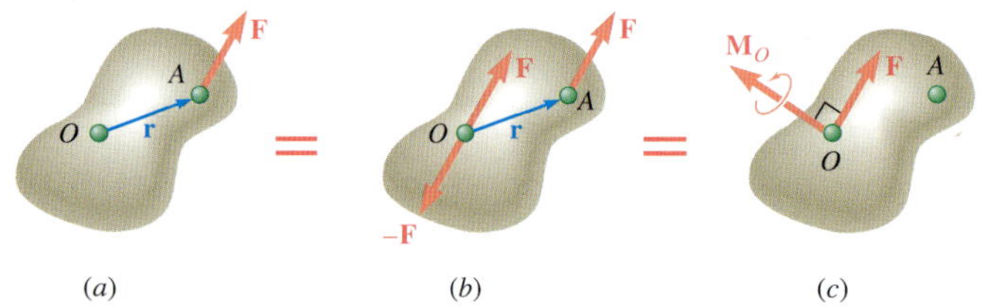

그림 3.34 하나의 힘을 힘과 우력으로 대체하는 과정 (a) 점 A에 작용하는 힘 $\mathbf{F}$ (b) 점 O에 크기는 같고 방향이 서로 반대인 두 힘을 추가 (c) 점 O에 작용하는 힘 $\mathbf{F}$와 우력

그러나 강체에 대한 원래 힘의 작용을 유지하면서 점 O에 두 개의 힘 $\mathbf{F}$와 $-\mathbf{F}$를 가할 수 있다(그림 3.34b). 그 결과 점 O에 작용하는 힘 $\mathbf{F}$가 남고, 다른 두 힘은 우력모멘트 $\mathbf{M}_O = \mathbf{r} \times \mathbf{F}$를 형성하게 된다.

강체에 작용하는 힘 $\mathbf{F}$는 점 O에 대한 $\mathbf{F}$의 모멘트와 같은 크기를 발생시키는 우력을 추가하면 임의의 점 O로 이동할 수 있다.

이 우력은 힘 $\mathbf{F}$가 점 O로 이동하기 전에, 강체를 회전시키고자 하는 정도와 동일하게 점 O에 대한 회전운동을 유발한다. 우력모멘트 $\mathbf{M}_O$는 $\mathbf{r}$과 $\mathbf{F}$를 포함하는 평면에 수직인 방향이고 자유벡터로서 어디에나 작용할 수 있다. 그러나 편의상 우력벡터는 $\mathbf{F}$와 함께 점 O에 작용하는 것으로 나타내고, 이를 **힘-우력시스템**force-couple system이라고 한다(그림 3.34c).

만약 힘 $\mathbf{F}$를 점 A에서 다른 점 O'으로 이동하면(그림 3.35a, c), 점 O'에 대한 $\mathbf{F}$의 모멘트 $\mathbf{M}_{O'} = \mathbf{r}' \times \mathbf{F}$를 계산하고 $\mathbf{F}$와 $\mathbf{M}_{O'}$으로 구성되는 새로운 힘-우력시스템을 추가해야 한다.

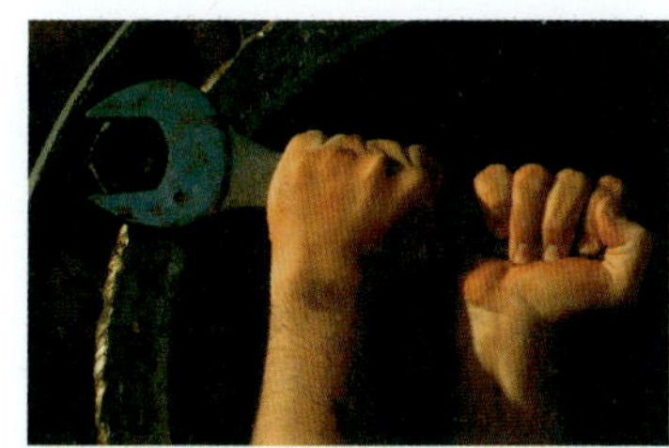

사진 3.2 렌치를 쥐고 있는 손을 통해 가해지는 힘은 너트에 작용하는 등가의 힘-우력시스템으로 전환할 수 있다. Steve Hix

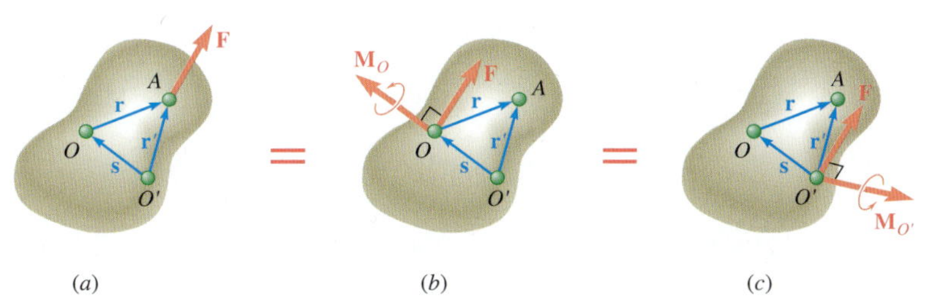

그림 3.35 힘의 이동 (a) 점 A에 작용하는 힘 $\mathbf{F}$ (b) 점 O에 작용하는 힘 $\mathbf{F}$와 하나의 우력 (c) 점 O'에 작용하는 힘 $\mathbf{F}$와 또 다른 우력

점 O에 대한 $\mathbf{F}$의 모멘트와 점 O'에 대한 모멘트 사이의 관계는 다음과 같다.

$$\mathbf{M}_{O'} = \mathbf{r}' \times \mathbf{F} = (\mathbf{r} + \mathbf{s}) \times \mathbf{F} = \mathbf{r} \times \mathbf{F} + \mathbf{s} \times \mathbf{F}$$

$$\mathbf{M}_{O'} = \mathbf{M}_O + \mathbf{S} \times \mathbf{F} \tag{3.49}$$

여기서 $\mathbf{s}$는 점 O'에서 점 O까지의 위치벡터이다. 그러므로 점 O'에 대한 $\mathbf{F}$의 모멘트 $\mathbf{M}_{O'}$은 점 O에 대한 $\mathbf{F}$의 모멘트 $\mathbf{M}_O$에 벡터곱 $\mathbf{s} \times \mathbf{F}$를 합하여 얻는다.

점 O에 작용하는 힘-우력시스템(그림 3.35b, c)을 점 O'으로 전달하기 위해 우력벡터 $\mathbf{M}_O$를 점 O'으로 이동시킬 수 있다. 그러나 힘 $\mathbf{F}$를 점 O에서 점 O'으로 이동시키려면 점 O에 작용하는 힘 $\mathbf{F}$가 점 O'에 대해 발생시키는 모멘트 효과가 이동되는 $\mathbf{F}$에 추가되어야 한다. 따라서 우력벡터 $\mathbf{M}_{O'}$은 $\mathbf{M}_O$와 벡터 $\mathbf{s} \times \mathbf{F}$의 합이 된다.

힘 $\mathbf{F}$를 점 A에서 점 O로 전달하여 얻은 힘-우력시스템은 $\mathbf{F}$와 $\mathbf{F}$에 수직인 우력벡터 $\mathbf{M}_O$로 구성된다. 반대로, 힘 $\mathbf{F}$와 그에 수직인 우력벡터 $\mathbf{M}_O$로 구성되는 모든 힘-우력시스템은 하나의 등가힘으로 대체할 수 있다. 점 O에 대한 모멘트가 제거되는 우력모멘트와 같아질 때까지 $\mathbf{M}_O$에 수직인 평면 내에서 힘 $\mathbf{F}$를 이동시키는 과정을 통해 단일 등가힘의 위치를 찾을 수 있다.

예제 3.6

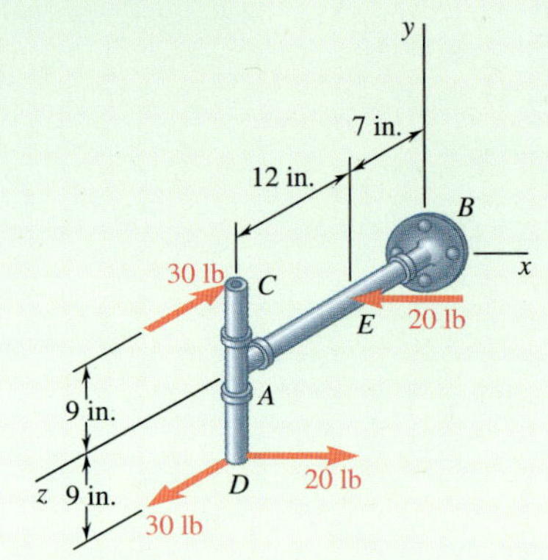

그림의 두 우력과 동일한 효과가 있는 단일 등가우력의 성분을 구하시오.

문제분석 기존 우력을 구성하는 힘과 함께 새로운 우력을 생성할 수 있는 크기는 같고 방향이 반대인 두 힘을 추가하는 방법을 찾는다. 이들 성분은 하나의 등가우력으로 조합될 수 있다.

모델링 크기는 20 lb로 같고 방향이 반대인 두 힘을 점 A에 재하한다(그림 1). 추가로 재하된 이 두 힘은 기존의 20 lb 크기인 두 힘과 각각 다른 두 우력을 형성한다. 하나는 평면 zx에서, 다음 하나는 평면 xy에서 형성된다.

풀이 각 좌표축의 기준(그림 1)으로 발생하는 세 우력모멘트를 $\mathbf{M}_x$, $\mathbf{M}_y$, $\mathbf{M}_z$로 나타내면, 해당 성분은 다음과 같다.

$$M_x = -(30\text{ lb})(18\text{ in.}) = -540\text{ lb}\cdot\text{in.}$$
$$M_y = +(20\text{ lb})(12\text{ in.}) = +240\text{ lb}\cdot\text{in.}$$
$$M_z = +(20\text{ lb})(9\text{ in.}) = +180\text{ lb}\cdot\text{in.}$$

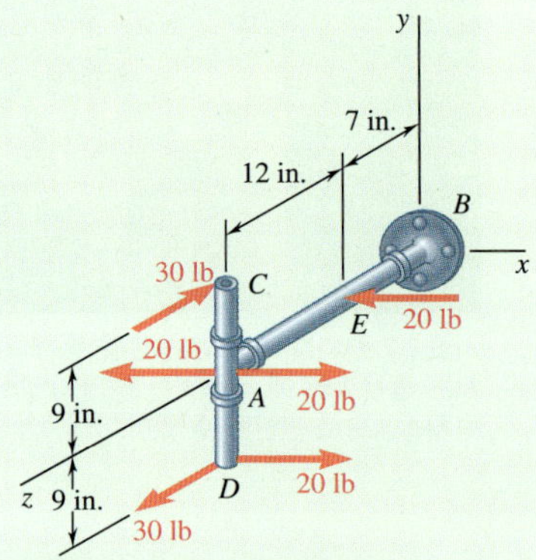

그림 1 방향이 서로 반대인 크기 20 lb인 두 힘을 점 A에 재하

여기서 세 모멘트는 주어진 두 우력으로 발생한 단일 우력모멘트 $\mathbf{M}$의 성분이 된다.

$$\mathbf{M} = -(540\text{ lb}\cdot\text{in.})\mathbf{i} + (240\text{ lb}\cdot\text{in.})\mathbf{j} + (180\text{ lb}\cdot\text{in.})\mathbf{k} \blacktriangleleft$$

고찰 등가의 단일 우력모멘트 $\mathbf{M}$의 성분은 임의의 점에 대해 네 힘이 각각 발생시키는 모멘트의 합으로 계산할 수 있다. 점 D를 대입하여 모멘트를 계산하면(그림 3)

$$\mathbf{M} = \mathbf{M}_D = (18\text{ in.})\mathbf{j} \times (-30\text{ lb})\mathbf{k} + [(9\text{ in.})\mathbf{j} - (12\text{ in.})\mathbf{k}] \times (-20\text{ lb})\mathbf{i}$$

이 되어, 동일한 결과를 얻는다.

$$\mathbf{M} = -(540\text{ lb}\cdot\text{in.})\mathbf{i} + (240\text{ lb}\cdot\text{in.})\mathbf{j} + (180\text{ lb}\cdot\text{in.})\mathbf{k} \blacktriangleleft$$

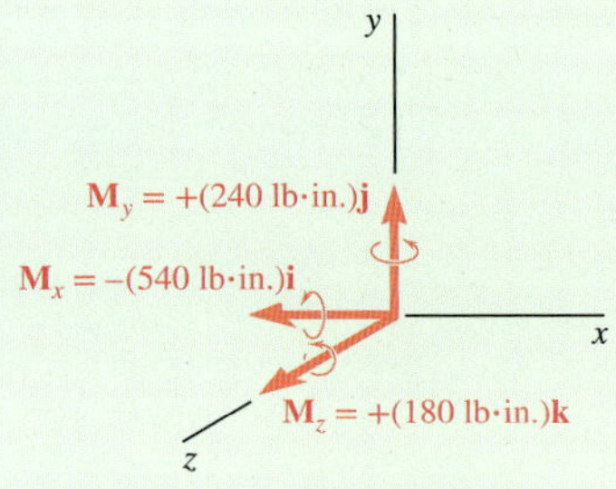

그림 2 우력벡터로서 세 성분

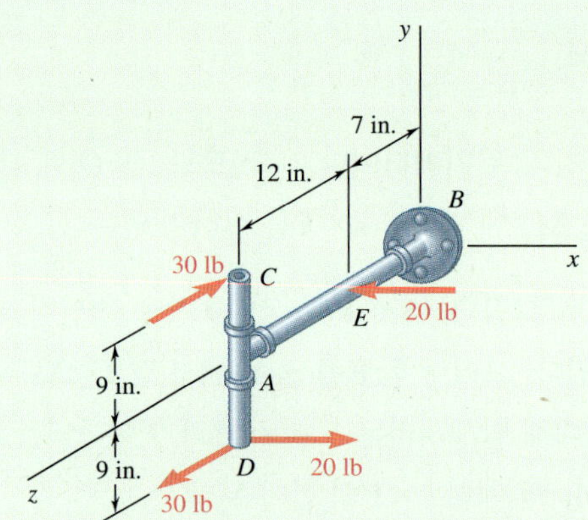

그림 3 주어진 힘이 임의의 점(예 : 점 D)에 대해 발생시키는 모멘트를 계산하여 합하면 등가의 단일 우력모멘트를 얻을 수 있다.

예제 3.7

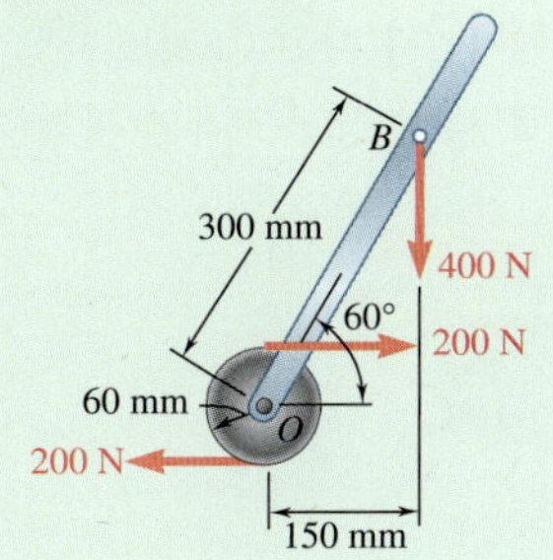

그림과 같은 우력과 힘을 레버에 재하되는 등가의 단일힘으로 치환하시오. 등가의 단일힘이 재하되는 위치를 샤프트로부터의 거리로 나타내시오.

문제분석 우선 주어진 힘과 우력을 점 O에 등가의 힘–우력시스템으로 대체한다. 힘–우력시스템에서 힘을 우력과 동일한 모멘트를 발생시키는 위치로 이동하면 하나의 등가힘으로 치환할 수 있다.

모델링과 풀이 주어진 힘과 우력을 대체하기 위해 힘 $\mathbf{F} = -(400\ \mathrm{N})\mathbf{j}$를 점 O로 이동하고, 동시에 원래 위치에서 힘의 점 O에 대한 모멘트와 동일한 우력모멘트 $\mathbf{M}_O$를 추가한다(그림 1).

$$\mathbf{M}_O = \overrightarrow{OB} \times \mathbf{F} = [(0.150\ \mathrm{m})\mathbf{i} + (0.260\ \mathrm{m})\mathbf{j}] \times (-400\ \mathrm{N})\mathbf{j}$$
$$= -(60\ \mathrm{N \cdot m})\mathbf{k}$$

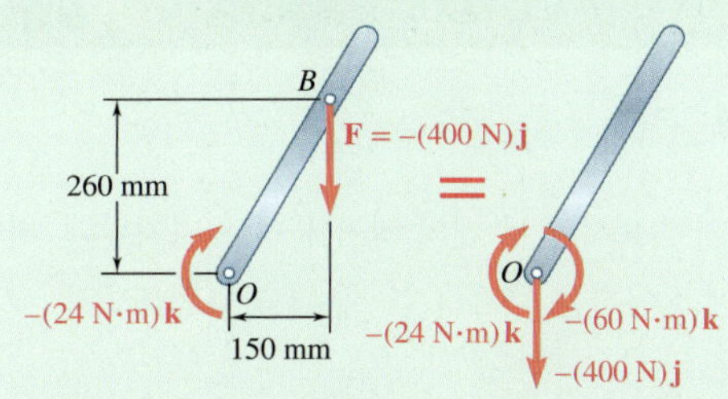

그림 1 주어진 힘과 우력을 점 O에서 등가의 힘–우력으로 교체

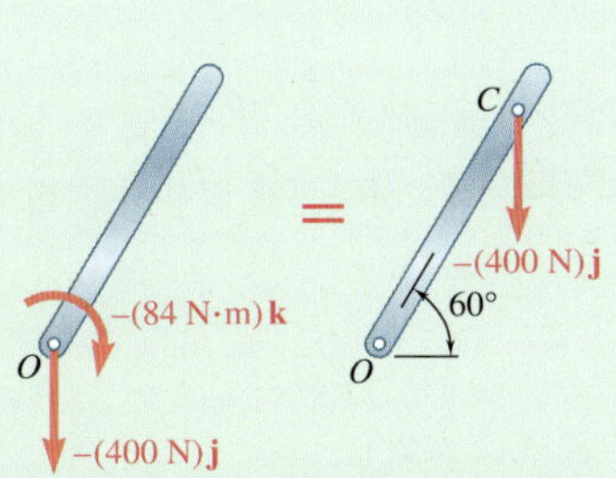

그림 2 힘 **F**를 이동하여 소거된 우력

새로운 우력을 200 N 크기의 두 힘에 의해 형성된 우력모멘트 $-(24\ \mathrm{N \cdot m})\mathbf{k}$에 추가하면 우력모멘트 $-(84\ \mathrm{N \cdot m})\mathbf{k}$를 얻는다(그림 2). 이러한 방식으로 선택한 점 C에 **F**를 작용시키면 마지막 우력을 대체할 수 있다.

$$-(84\ \mathrm{N \cdot m})\mathbf{k} = \overrightarrow{OC} \times \mathbf{F}$$
$$= [(OC)\cos 60°\,\mathbf{i} + (OC)\sin 60°\,\mathbf{j}] \times (-400\ \mathrm{N})\mathbf{j}$$
$$= -(OC)\cos 60°(400\ \mathrm{N})\mathbf{k}$$

따라서 다음의 결과를 얻는다.

$$(OC)\cos 60° = 0.210\ \mathrm{m} = 210\ \mathrm{mm} \qquad OC = 420\ \mathrm{mm}$$ ◀

고찰 우력의 효과는 그 위치와 무관하기 때문에 우력모멘트 $-(24\ \mathrm{N \cdot m})\mathbf{k}$를 점 B로 이동하면, 점 B에서 힘–우력시스템을 얻을 수 있다(그림 3). 다음 식으로부터 결정된 점 C에 **F**를 작용시키면 이 우력을 소거할 수 있다.

$$-(24\ \mathrm{N \cdot m})\mathbf{k} = \overrightarrow{BC} \times \mathbf{F}$$
$$= -(BC)\cos 60°(400\ \mathrm{N})\mathbf{k}$$

결과는 다음과 같다.

$$(BC)\cos 60° = 0.060\ \mathrm{m} = 60\ \mathrm{mm}, \qquad BC = 120\ \mathrm{mm}$$
$$OC = OB + BC = 300\ \mathrm{mm} + 120\ \mathrm{mm}$$
$$OC = 420\ \mathrm{mm}$$ ◀

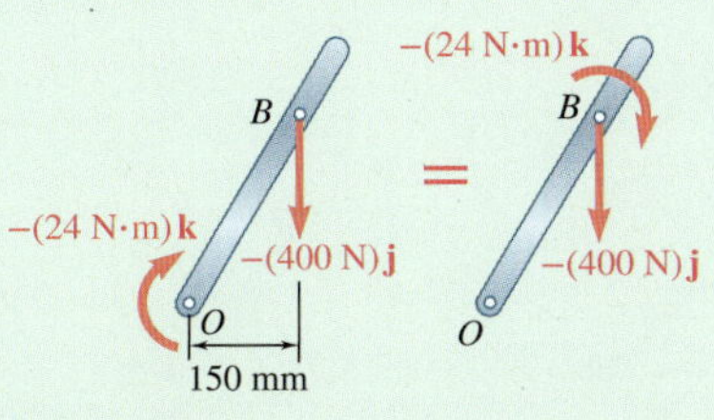

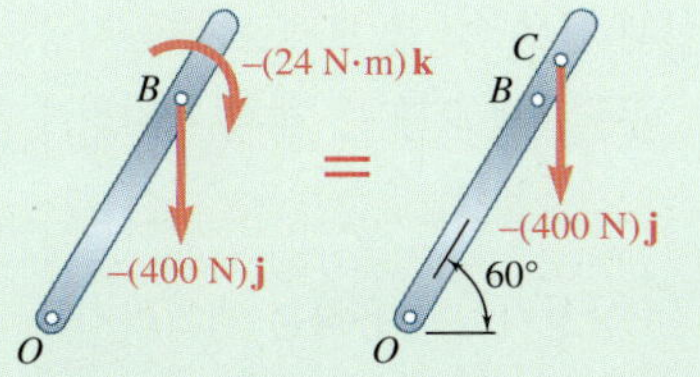

그림 3 효과의 변화 없이 우력은 B로 이동될 수 있다. 이 우력은 힘 **F**를 이동하여 소거될 수 있다.

사례연구 3.1

벨기에 틸트 윙[Tielt-Winge] 지역에 있는 한 타워는 '동화의 숲'을 감상할 수 있는 독특한 형상으로 건설되었다(사진 CS3.1). 계단과 전망대는 내후성강(표면에 산화된 녹으로 안정층을 형성하여 추가의 부식을 억제하는 강재)으로 덮인 강재 프레임(사진 CS3.2)에 의해 지지된다. 전체적으로 이 캔틸레버 구조는 지면 위로 11.3 m 높이에 이르며 무게는 약 130 kN이다.[3]

Kris Van den Bosch

Courtesy of Yves Wille

사진 CS3.1 벨기에 틸트 윙 지역에 있는 전망대 타워

타워의 하부는 [사진 CS3.2]에 표시된 두 개의 앵커에 의해 지지된다. 타워의 자체 무게만을 고려하여 들림[uplift]을 방지하는 지지점(즉, 타워의 뒤쪽 앵커)에 작용하는 등가의 힘-우력을 추정해보자. 그리고 등가의 힘-우력을 사용하여 지지점에 작용하는 상향력[uplift force]을 구한다.

사진 CS3.2 강재 프레임과 앵커 지지점을 보여주는 시공 중인 타워 Courtesy of Yves Willem

문제분석 2차원 모델을 사용하여 타워를 표현하고 단순화된 지지점(핀과 롤러)을 사용하여 실제 하부조건을 모델링한다. 자중의 효과를 상향력이 발생하는 앵커 지지점에서 등가의 힘-우력모멘트로 대체한다. 그런 다음, 우력모멘트를 두 개의 지지점에 가해지는 수직력으로 대체하여 전체 상향력을 계산한다.

모델링 [그림 CS3.1]은 타워형상과 타워하부의 지지점 A와 B의 위치를 보여준다(지지점 A는 상향력이 작용하는 앵커리지를 반영한다). 135 kN의 고정하중은 구조물의 무게중심에 작용하는데, 이에 대한 개념은 5장에서 자세히 다룬다(무게중심 G의 위치는 [그림 CS3.1]과 같이 가정한다. 타워의 하부로 갈수록 구조물이 무거워지므로, 약간 좌측에 위치시켰다).

3 "What's Cool in Steel?" Modern Steel Construction, Chicago, IL: The American Institute of Steel Construction, August 2016, pp. 42–43.

풀이

a. A에 작용하는 힘-우력시스템 주어진 135 kN의 힘을 대체하기 위해 힘 $\mathbf{F} = -(135\text{ kN})\mathbf{j}$를 A로 이동하고 동시에 원래 위치에 있는 힘이 A에 대해 발생시키는 모멘트와 동일한 크기의 우력모멘트 $\mathbf{M}_A$를 추가한다(그림 CS3.2a).

$$\begin{aligned}\mathbf{M}_A &= \overrightarrow{AG} \times \mathbf{F} = [(8.6\text{ m})\mathbf{i} + (4.7\text{ m})\mathbf{j}] \times (-135\text{ kN})\mathbf{j} \\ &= -(1161\text{ kN}\cdot\text{m})\mathbf{k}\end{aligned}$$

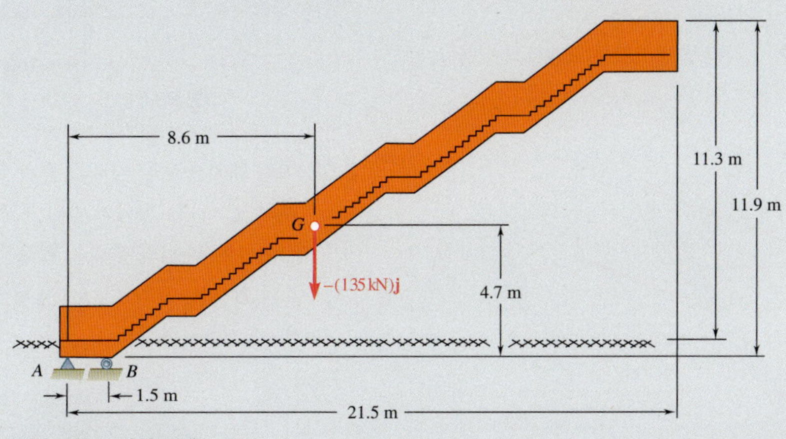

그림 CS3.1 타워 모델

b. 우력모멘트 M_A와 등가인 수직력 수직거리 $d = 1.5$ m만큼 떨어진 지지점 위치 A와 B에 크기가 동일하고 방향이 반대인 두 수직의 힘으로 우력모멘트 $\mathbf{M}_A$를 대체하기 위해 M_A를 이 수직거리로 나눈다. 각 힘의 크기는

$$F = \frac{M_A}{d} = \frac{1161\text{ kN}\cdot\text{m}}{1.5\text{ m}} = 774\text{ kN}$$

이다. 각 힘의 방향은 [그림 CS3.2b]에 나타내었다.

c. 앵커 A에서 상향력 [그림 CS3.2b]에서 A에 작용하는 힘과 [그림 CS3.2c]에 보인 결과를 조합한다. 원래 하중과 완전히 등가인 시스템으로서 [그림 CS3.2c]에 보인 한 쌍의 힘은 타워의 자체 중량이 지지점에 가하는 총 하중을 의미한다. 따라서 지지점 A에 가해진 상향력은 이 지점에서 등가의 힘이다. (구조 프레임은 양쪽에서 두 개로 구성되므로 상향력은 절반으로 나누어져 분담된다.)

639 kN ↑ ◀

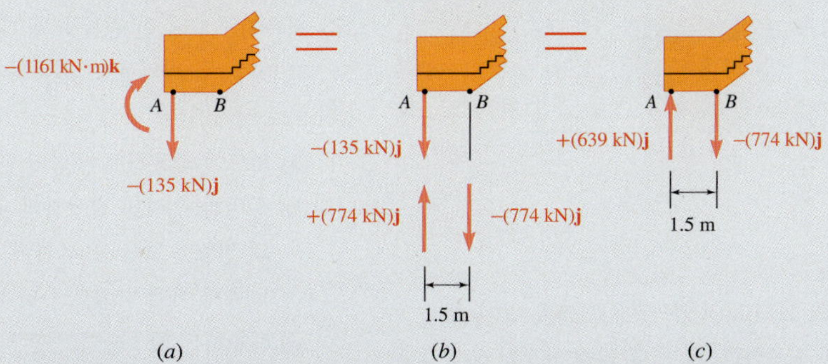

그림 CS3.2 (a) A에서 등가의 힘-우력모멘트 (b) 두 수직력으로 대체된 우력모멘트 (c) 지지점 A와 B에 작용하는 등가의 수직력

고찰 [그림 CS3.2c]와 같이 지지점에 가해진 등가의 힘은 반력과 비교하면 그 크기는 같고 방향은 반대가 된다. 이러한 반력에 대한 개념은 4장(강체의 평형)에서 자세히 다룬다.

Section 3.3 연습문제

3.49 두 개의 평행한 60 N의 힘이 그림과 같이 레버에 작용한다. 두 힘에 의해 형성되는 우력모멘트를 다음의 방법으로 구하시오.

(a) 각 힘을 수평성분과 수직성분으로 분해하는 방법

(b) 두 힘의 수직거리를 이용하는 방법

(c) 점 A에 대해 두 힘이 각각 발생시키는 모멘트의 합을 이용하는 방법

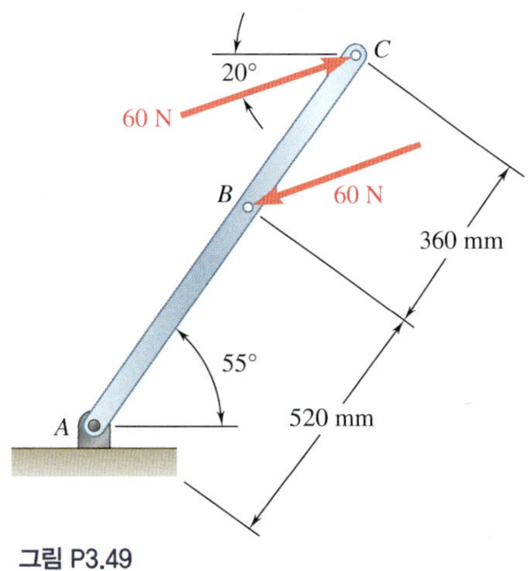

그림 P3.49

3.50 평행사변형판에 우력이 작용한다. (a) 21 lb의 두 힘으로 구성되는 우력모멘트, (b) 두 우력에 의한 모멘트의 합이 0일 때 12 lb의 두 힘 사이의 수직거리, (c) d가 42 in.이고 두 우력에 의한 모멘트의 합이 시계방향으로 72 lb·in.일 때 α 값을 구하시오.

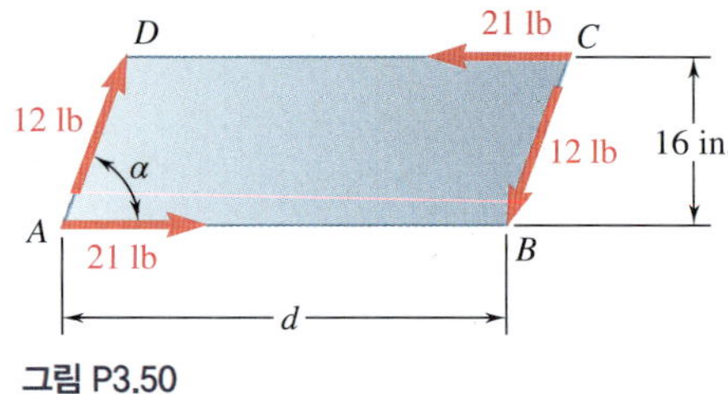

그림 P3.50

3.51 200 mm 정사각형판의 모서리 A와 C에 그림과 같이 두 개의 평행한 60 N 힘이 작용한다. 두 힘에 의해 형성된 우력모멘트를 다음의 방법으로 구하시오.

(a) 힘의 크기에 수직거리를 곱하는 방법

(b) 두 힘을 수직성분과 수평성분으로 분해하고 각 성분력에 의한 모멘트의 합을 이용하는 방법

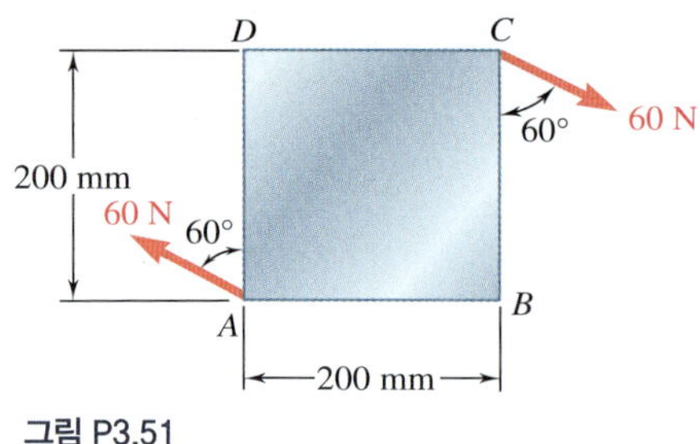

그림 P3.51

3.52 여러 개의 구멍을 차례로 뚫기 위해 작업대에 합판 조각이 두 개의 못으로 고정되어 있다. 구멍을 뚫을 때, 드릴이 합판 조각에 12 N·m의 우력을 발생시킨다. 못의 위치가 각각 (a) A와 B, (b) B와 C, (c) A와 C일 때 각 못에 가해지는 힘의 크기를 구하시오.

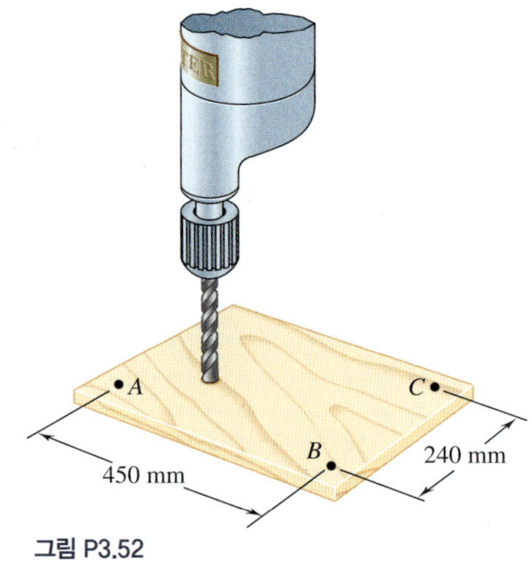

그림 P3.52

3.53 지름이 1.5 in.인 원통못 네 개가 그림과 같이 보드에 부착되어 있다. 두 개의 끈이 원통못 주변을 지나 그림에 표시된 힘으로 당겨진다.

(a) 보드에 작용하는 우력의 합을 구하시오.

(b) 동일한 우력을 생성하기 위해 한 줄만 사용하는 경우 줄의 장력을 최소로 하기 위해서는 어떤 원통못 주변을 통과해서 어떤 방향으로 당겨야 하는가?

(c) 해당하는 최소장력의 값은 얼마인가?

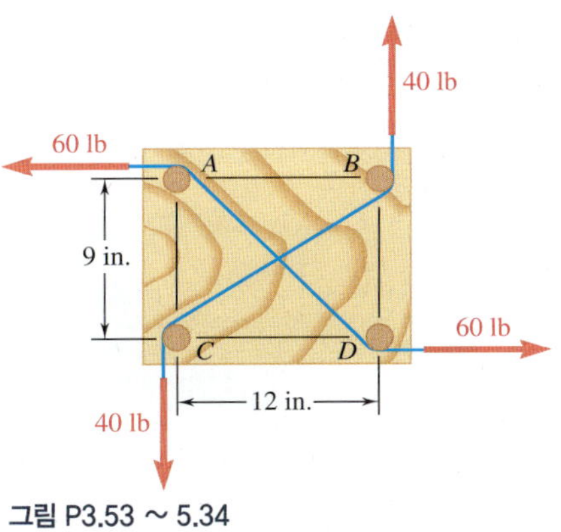

그림 P3.53 ~ 5.34

3.54 원통못 네 개가 그림과 같이 보드에 부착되어 있다. 두 개의 끈이 원통못 주변을 지나 그림과 같이 표시된 힘으로 당겨진다. 보드에 가해진 우력의 합력이 반시계방향으로 1132.5 lb·in.일 때, 원통못의 지름을 구하시오.

3.55 제조공정에서 공작물에 구멍 세 개가 동시에 뚫린다. 구멍의 방향은 공작물의 표면에 수직이다. 드릴에 의해 작용하는 우력을 하나의 등가우력으로 대체하고, 그 크기와 축 방향을 지정하시오.

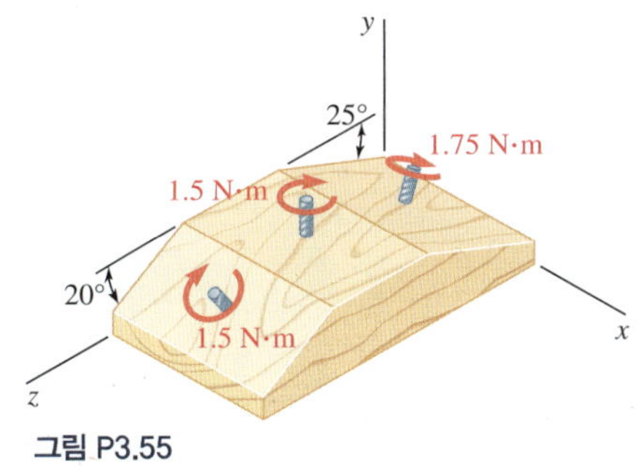

그림 P3.55

3.56 감속장치의 두 축은 각각 $M_1 = 15$ lb·ft와 $M_2 = 3$ lb·ft의 우력을 받는다. 크기와 축 방향을 지정하여 두 우력을 하나의 등가우력으로 대체하시오.

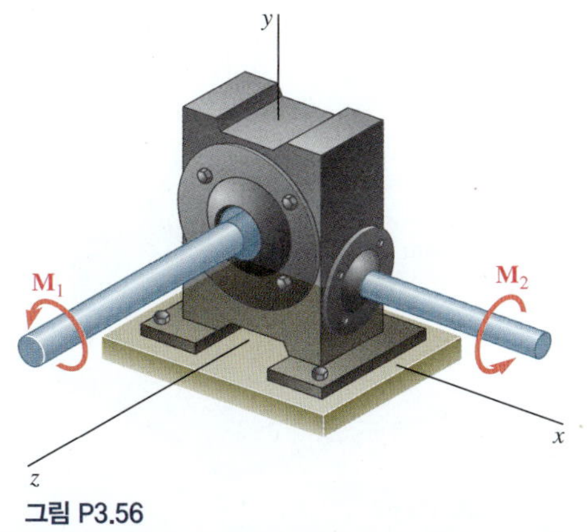

그림 P3.56

3.57 표시된 두 우력을 하나의 등가우력으로 교체하고자 한다. (a) 등가우력을 나타내는 우력벡터, (b) 해당 우력을 형성하기 위해 점 B와 C에 작용하는 두 힘을 구하시오.

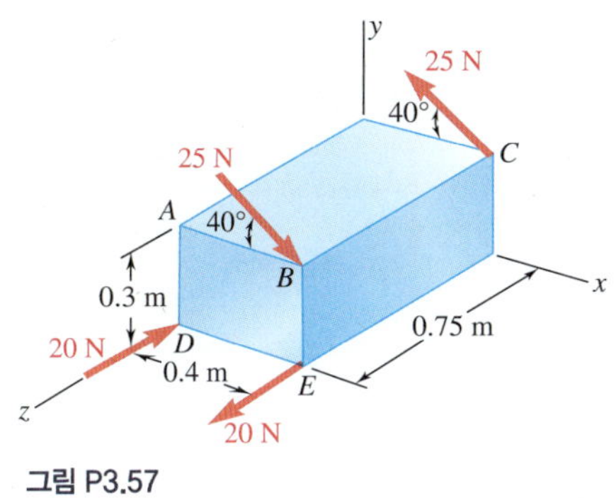

그림 P3.57

3.58 [문제 3.57]에서 두 개의 15 N 수직력이 A에서 상향, C에서 하향으로 각각 작용한다고 가정하고 다시 푸시오.

3.59 샤프트 A와 B는 기어박스를 트랙터의 바퀴에 연결하고 샤프트 C는 엔진으로 연결된다. 샤프트 A와 B는 수직인 yz 평면에 있고 샤프트 C는 x축을 따른다. 샤프트에 적용된 우력을 하나의 등가우력으로 대체하고, 그 크기와 축방향을 지정하시오.

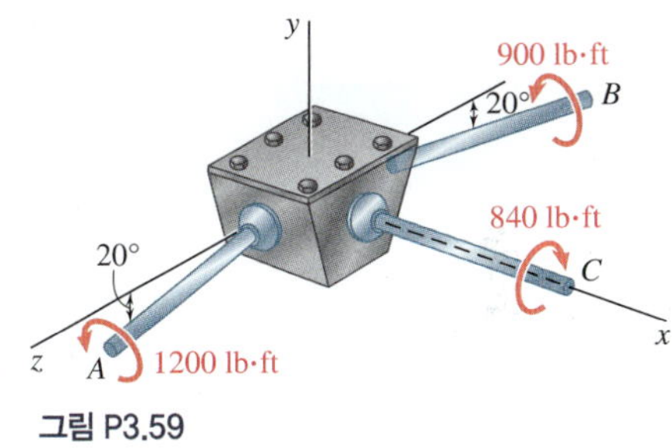

그림 P3.59

3.60 $P = 20$ lb일 때 세 우력을 하나의 등가우력으로 대체하고, 그 크기와 축 방향을 지정하시오.

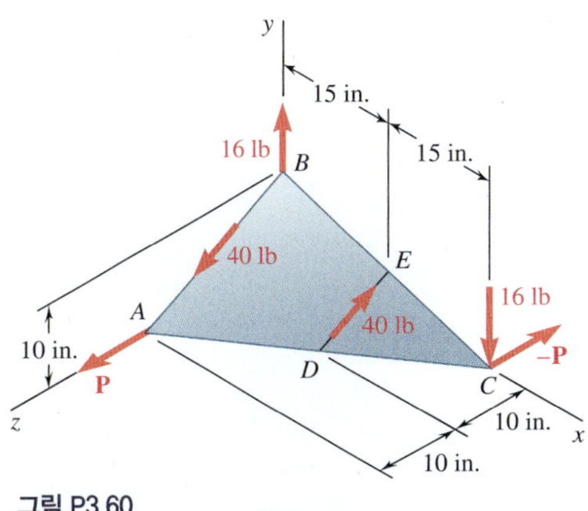

그림 P3.60

3.61 그림과 같이 B와 C에서 나사로 고정된 브라켓의 A에 30 lb 수직력 **P**가 작용한다.

(a) **P**를 B에서 등가의 힘–우력시스템으로 대체하시오.

(b) (a)에서 구한 우력과 등가가 되도록 B와 C에 각각 작용할 두 수평력을 구하시오.

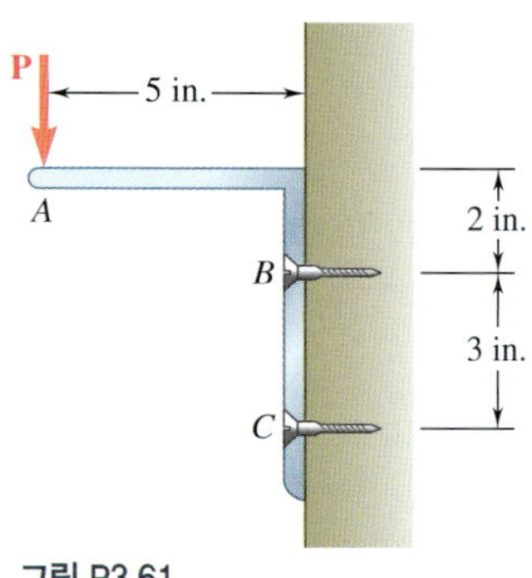

그림 P3.61

3.62 브라켓 A와 B에 부착된 500 mm 막대 AC의 단부 C에 250 N의 힘 **P**가 작용한다. $\alpha = 30°$ 및 $\beta = 60°$일 때, 힘 **P**를 (a) B에서의 등가의 힘–우력시스템, (b) A와 B에 각각 작용하는 두 개의 수평력 등가시스템으로 대체하시오.

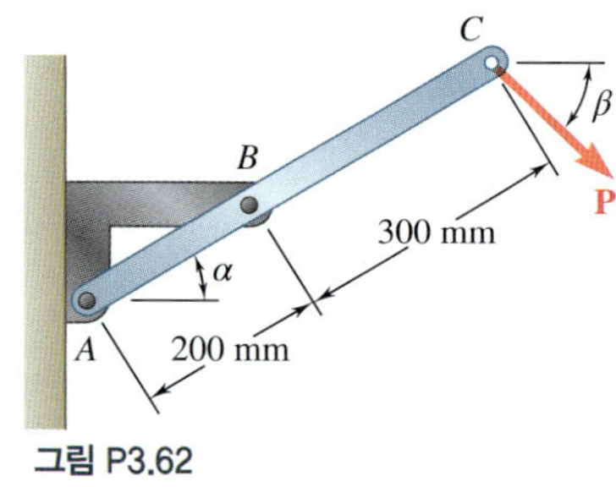

그림 P3.62

3.63 [문제 3.62]에서 $\alpha = \beta = 25°$로 가정하고 다시 푸시오.

3.64 크레인 기둥은 그림과 같이 16 kips 하중을 지지한다. 하중을 AB를 따른 축력과 우력으로 구성된 등가시스템으로 대체하시오.

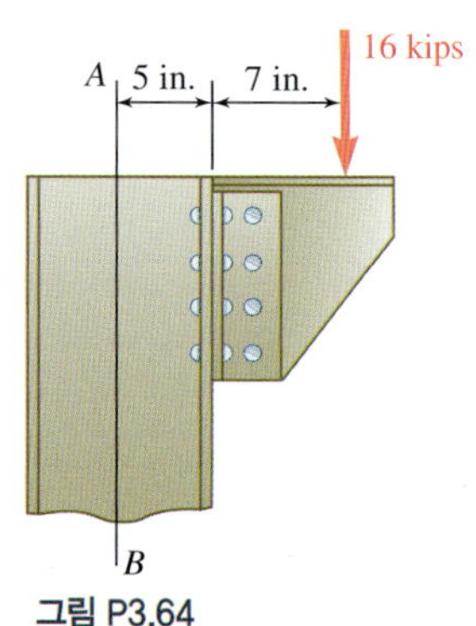

그림 P3.64

3.65 비행선은 선실 B에 연결된 케이블로 묶여 있다. 케이블의 장력이 1040 N일 때, 케이블이 B에 가하는 힘을 등가시스템으로 A와 C에서 평행하게 작용하는 두 힘으로 대체하시오.

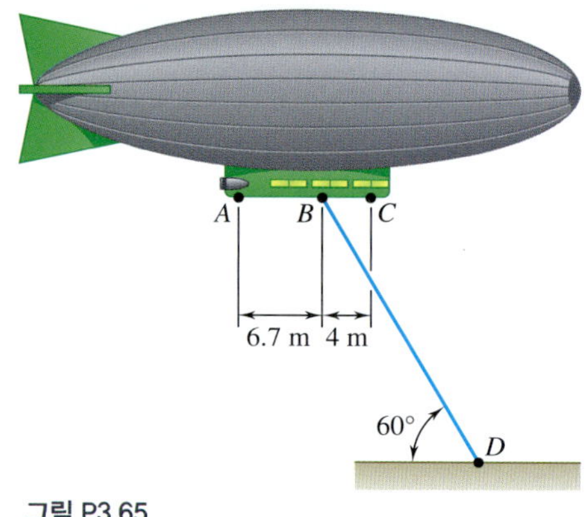

그림 P3.65

3.66 한 변의 길이가 $a = 25$ in.인 정사각형판에 힘과 우력이 작용한다. $P = 60$ lb, $Q = 40$ lb, $\alpha = 50°$일 때, (a) 선 AB 상에서 주어진 힘과 우력을 한 점에 적용된 단일힘으로 대체하시오. (b) 선 AC 상에서 주어진 힘과 우력을 한 점에 적용된 단일힘으로 대체하시오. 각각의 경우 A에서 힘의 작용점까지의 거리를 나타내시오.

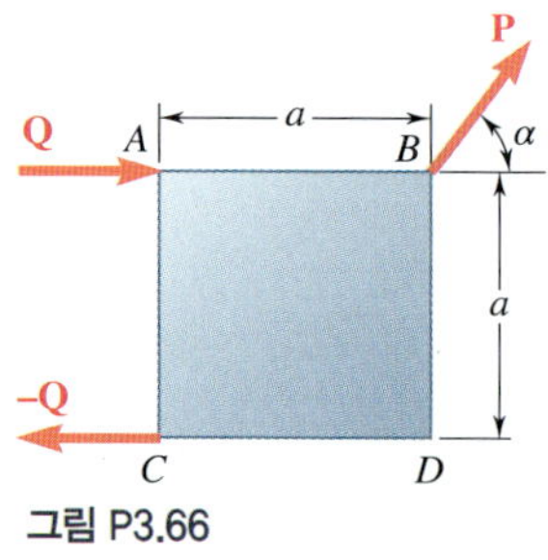

그림 P3.66

3.67 250 kN의 힘 **P**를 G에 작용하는 등가의 힘–우력시스템으로 대체하시오.

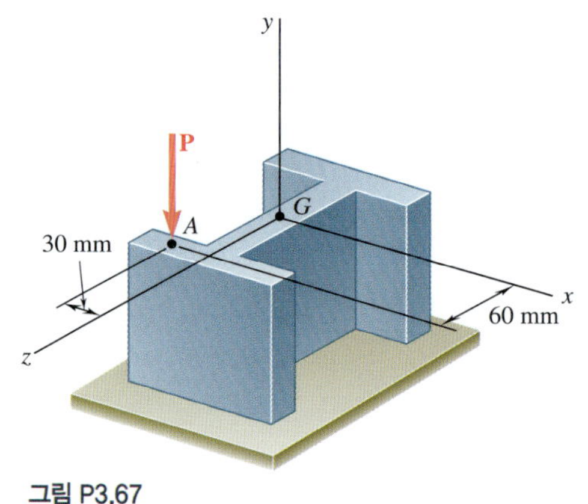

그림 P3.67

3.68 그림과 같이 안테나는 세 개의 경사케이블로 지지된다. 케이블 AB의 장력이 288 lb일 때, 케이블 AB가 A에 가하는 힘을 안테나 하부베이스의 중심 O에 작용하는 등가의 힘-우력시스템으로 대체하시오.

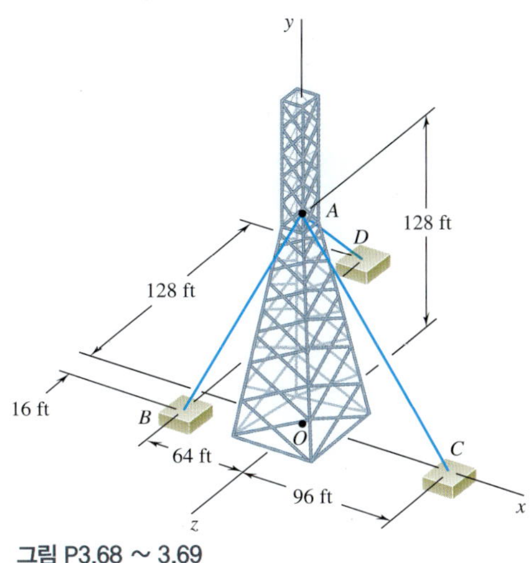

그림 P3.68 ~ 3.69

3.69 그림과 같이 안테나는 세 개의 경사케이블로 지지된다. 케이블 AD의 장력이 270 lb일 때, 케이블 AD가 A에 가하는 힘을 안테나 하부베이스의 중심 O에 작용하는 등가의 힘-우력시스템으로 대체하시오.

3.70 문이 닫힌 상태를 유지하기 위해 바닥과 문의 손잡이 사이에 나무막대를 끼어 두었다. 막대는 선 AB 방향으로 175 N의 힘을 B에 가한다. 이 힘을 C에서 등가의 힘-우력시스템으로 대체하시오.

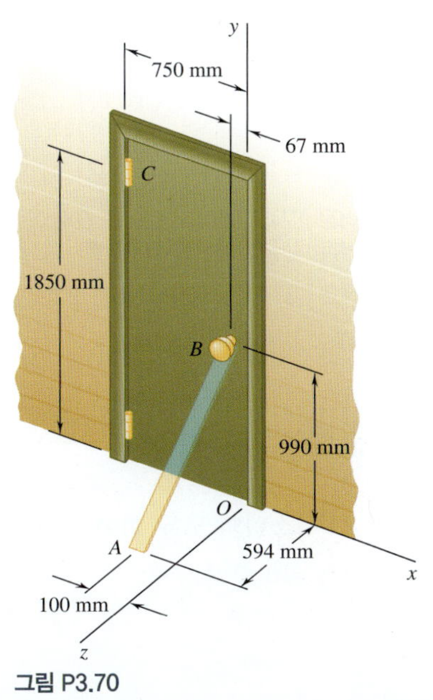

그림 P3.70

3.71 그림과 같이 주철기둥의 점 D에 힘 2.6 kips가 작용한다. 하부베이스의 중앙 A에서 해당 힘을 등가의 힘-우력시스템으로 대체하시오.

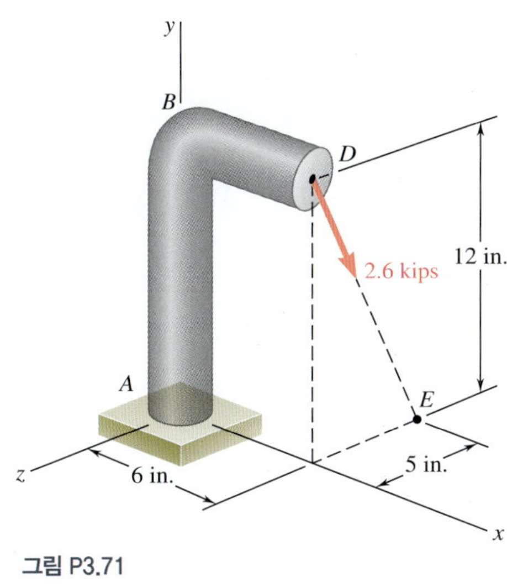

그림 P3.71

3.72 평면 yz와 평행한 수직면에 작용하는 110 N의 힘이 길이 220 mm인 수평 핸들 AB에 작용한다. 이 힘을 좌표계의 원점 O에서 등가의 힘-우력시스템으로 대체하시오.

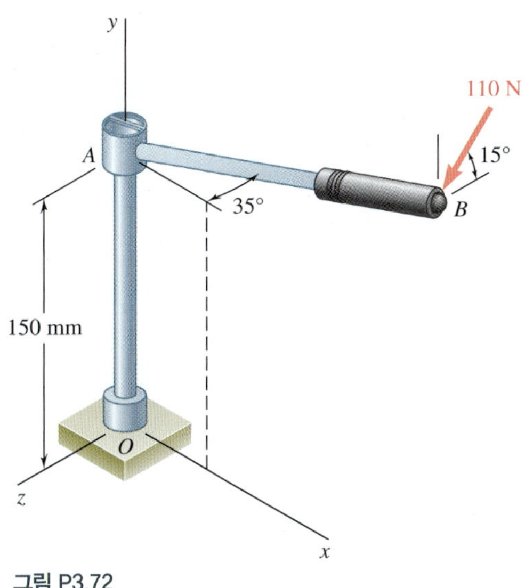

그림 P3.72

3.4 힘시스템의 단순화

이전 절에서 강체에 작용하는 힘은 해석하기 더 수월한 힘-우력시스템으로 대체할 수 있음을 보았다. 그러나 힘-우력시스템의 진정한 가치는 하나의 힘뿐만 아니라 **다수의 힘으로 구성되는 힘시스템**까지 대체할 수 있다는 데 있다.

3.4.1 힘시스템의 힘-우력시스템 전환

임의의 강체에 작용하는 힘 $\mathbf{F}_1$, $\mathbf{F}_2$, $\mathbf{F}_3$, …으로 정의되는 힘시스템을 고려해보자. 각 힘은 강체의 위치 A_1, A_2, A_3, …에서 작용하고 위치벡터는 $\mathbf{r}_1$, $\mathbf{r}_2$, $\mathbf{r}_3$, …으로 주어진다(그림 3.36a). 이전 절에서 보았듯이 점 O에 대한 $\mathbf{F}_1$의 모멘트 $\mathbf{r}_1 \times \mathbf{F}_1$과 동일한 우력모멘트 $\mathbf{M}_1$을 추가하면 A_1에서 주어진 점 O로 $\mathbf{F}_1$을 이동할 수 있다. 이 과정을 $\mathbf{F}_2$, $\mathbf{F}_3$, …에 대해 반복하면 [그림 3.36b]의 시스템을 얻는다. 이 시스템은 O에 작용하는 원래 힘과 추가된 우력벡터로 구성된다. 이제 모든 힘이 한 점에 작용하기 때문에 벡터합을 구하면 하나의 합력 $\mathbf{R}$로 대체할 수 있다. 유사한 방식으로, 우력벡터 $\mathbf{M}_1$, $\mathbf{M}_2$, $\mathbf{M}_3$, …도 벡터합으로 단일 우력벡터 $\mathbf{M}_O^R$로 대체할 수 있다.

어떤 복잡한 힘시스템이라 하더라도 주어진 점 O에 작용하는 등가의 힘-우력시스템으로 대체할 수 있다.

[그림 3.36b]에서 각 우력벡터 $\mathbf{M}_1$, $\mathbf{M}_2$, $\mathbf{M}_3$, …은 대응하는 힘에 수직이다. 하지만 [그림 3.36c]에 보인 합력 $\mathbf{R}$과 합벡터 $\mathbf{M}_O^R$는 일반적으로 서로 수직이 아니다.

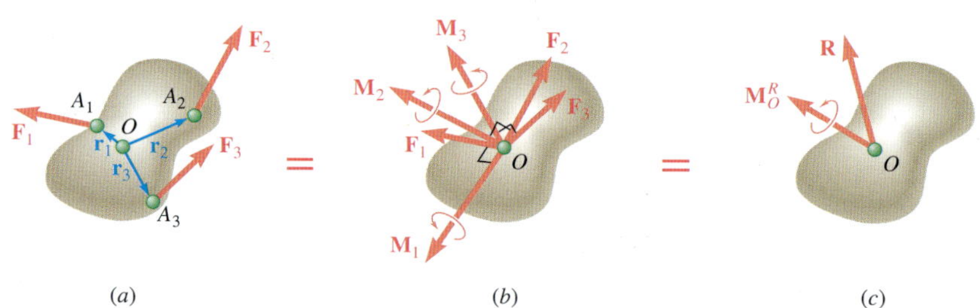

그림 3.36 힘시스템의 힘-우력시스템 전환 (a) 주어진 힘시스템 (b) 모든 힘은 O로 이동되고, 해당하는 우력벡터가 추가된다. (c) 모든 힘은 합력벡터로, 모든 우력은 합우력벡터로 대체된다.

등가의 힘-우력시스템은 다음과 같이 정의된다.

$$\mathbf{R} = \Sigma \mathbf{F}, \quad \mathbf{M}_O^R = \Sigma \mathbf{M}_O = \Sigma(\mathbf{r} \times \mathbf{F}) \tag{3.50}$$

이 식은 시스템의 모든 힘을 합하여 $\mathbf{R}$을 얻고, 시스템의 모든 힘이 O에 대해 발생시키는 모멘트를 합하여 우력벡터 $\mathbf{M}_O^R$를 얻는다는 것을 의미한다.

주어진 힘시스템이 O에서 하나의 힘과 하나의 우력으로 대체되었다면, 이 시스템은 다시 다른 점 O'에서 힘과 우력으로 대체될 수 있다. 이때 합력 $\mathbf{R}$은 그대로 유지되는 반면, 새로 추가되는 모멘트 $\mathbf{M}_{O'}^R$은 기존 모멘트 $\mathbf{M}_O^R$와 합력 $\mathbf{R}$이 O'에 대해 발생시키는 모멘트의 합과 같다(그림 3.37).

$$\mathbf{M}_{O'}^R = \mathbf{M}_O^R + \mathbf{s} \times \mathbf{R} \tag{3.51}$$

주어진 힘시스템을 O에서 각 힘 $\mathbf{R}$과 우력벡터 $\mathbf{M}_O^R$로 대체하는 과정을 각 벡터성분의 관점에서 살펴보자. 시스템의 각 위치벡터 $\mathbf{r}$과 각 힘 $\mathbf{F}$를 직교성분으로 분해하면

$$\mathbf{r} = x\mathbf{i} + y\mathbf{j} + z\mathbf{k} \tag{3.52}$$

$$\mathbf{F} = F_x\mathbf{i} + F_y\mathbf{j} + F_z\mathbf{k} \tag{3.53}$$

이고, $\mathbf{r}$과 $\mathbf{F}$를 식 (3.50)에 대입하고, 단위벡터 $\mathbf{i}$, $\mathbf{j}$, $\mathbf{k}$를 이용하여 $\mathbf{R}$과 $\mathbf{M}_O^R$를 나타내면 다음과 같다.

$$\begin{aligned} \mathbf{R} &= R_x\mathbf{i} + R_y\mathbf{j} + R_z\mathbf{k} \\ \mathbf{M}_O^R &= M_x^R\mathbf{i} + M_y^R\mathbf{j} + M_z^R\mathbf{k} \end{aligned} \tag{3.54}$$

성분 R_x, R_y, R_z는 각각 주어진 힘의 x, y, z방향 성분의 합으로서, 강체를 x, y, z의 축 방향으로 움직이는 정도를 의미한다. 그리고 성분 M_x^R, M_y^R, M_z^R은 주어진 힘이 각각 x, y, z축에 대한 발생시키는 모멘트의 합으로, 강체를 x, y, z축에 대해 회전시키는 정도를 의미한다.

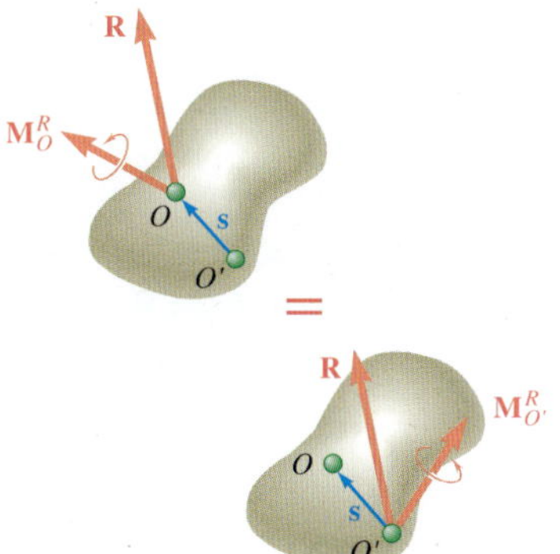

그림 3.37 힘시스템이 한 점에서 힘–우력시스템으로 전환되면 다른 점으로 이동할 수 있다. 이동 후 합력은 유지되지만 우력모멘트의 경우 이동 전 합력이 이동되는 점에 대해 발생시키는 모멘트만큼 더해줘야 한다.

힘 $\mathbf{R}$의 크기와 방향을 알아야 하는 경우, 2.4.1절의 식 (2.18)과 식 (2.19)의 관계를 통해 성분 R_x, R_y, R_z를 얻을 수 있다. 이러한 계산 방식으로 우력벡터 $\mathbf{M}_O^R$의 크기와 방향을 산출할 수 있다.

3.4.2 힘시스템의 등가와 동치

강체에 작용하는 모든 힘시스템이 주어진 점 O에서 힘–우력시스템으로 대체될 수 있음을 보았다. 등가 힘–우력시스템을 통해 주어진 힘시스템이 강체에 어떤 영향을 미치는지 파악할 수 있다.

서로 다른 힘시스템이 주어진 점 O에서 동일한 힘–우력시스템으로 대체할 수 있으면 이 두 힘시스템은 등가이다.

점 O에서 시스템은 식 (3.50)의 관계로 정의되므로 다음의 결론에 도달한다.

동일한 강체에 작용하는 서로 다른 힘시스템 F_1, F_2, F_3, ⋯과 F'_1, F'_2, F'_3, ⋯에서 합력과 점 O에 대한 모멘트합이 각각 동일하면 이 두 힘시스템은 등가이다.

두 힘시스템이 등가이기 위한 필요충분조건은 다음과 같다.

$$\Sigma \mathbf{F} = \Sigma \mathbf{F}', \quad \Sigma \mathbf{M}_O = \Sigma \mathbf{M}_O{}' \tag{3.55}$$

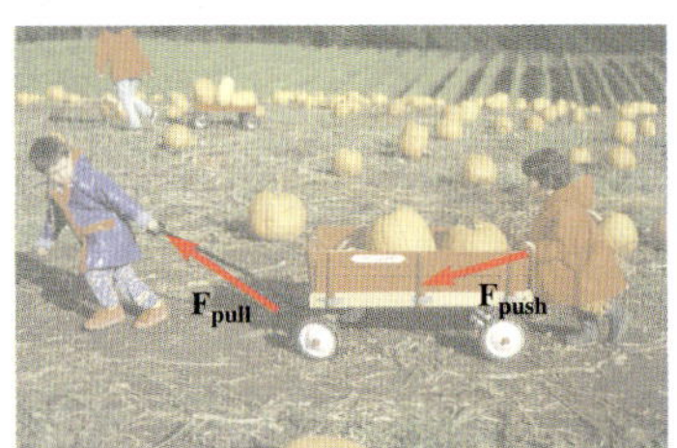

사진 3.3 아이들이 수레에 작용한 힘은 등가의 힘-우력시스템으로 전환할 수 있다.
Ingram Publishing/Getty Images

두 힘시스템이 등가라는 것을 증명하기 위해서는 오직 한 점 O에 대해 식 (3.55)의 두 번째 관계가 성립됨을 보이면 된다. 두 힘시스템이 등가라면 임의의 점에 대해서도 이 관계는 유지된다.

식 (3.55)의 힘과 모멘트를 직각성분으로 분해했을 때 강체에 작용하는 두 힘시스템의 등가성이 성립하기 위한 필요충분조건은 다음과 같다.

$$\begin{aligned} \Sigma F_x &= \Sigma F_x{}', \quad & \Sigma F_y &= \Sigma F_y{}', \quad & \Sigma F_z &= \Sigma F_z{}' \\ \Sigma M_x &= \Sigma M_x{}', \quad & \Sigma M_y &= \Sigma M_y{}', \quad & \Sigma M_z &= \Sigma M_z{}' \end{aligned} \tag{3.56}$$

이 식은 단순하지만, 다음과 같은 물리적 중요성을 가진다.

어떤 두 힘시스템이 강체에 (1) x, y, z방향으로 각각 동일한 병진이동을 유발하고, (2) x, y, z축에 대해서 동일한 회전운동을 유발한다면 이 두 힘시스템은 서로 등가이다.

일반적으로 두 벡터시스템이 식 (3.55) 또는 식 (3.56)을 만족한다면, 즉 임의의 점 O에 대한 합력과 모멘트의 합이 각각 같을 때 두 시스템은 동치equipollent라고 한다. 이러한 성립관계은 다시 다음과 같이 기술할 수 있다.

한 강체에 작용하는 두 힘시스템이 동치라면 두 힘시스템은 등가이다.

하지만 이 서술이 모든 벡터시스템에 적용되지 않는다는 점에 유의해야 한다. 예를 들어, 강체가 아닌 한 집합을 구성하는 독립 입자에 작용하는 힘시스템을 고려해보자. 동일한 입자에 서로 다른 힘시스템이 동일한 효과(동일한 합력과 모멘트합)를 유발한다면 동치일 수 있다. 그러나 같은 시스템의 다른 힘이 다양한 입자에 작용하므로, 각 입자에 미치는 각 힘의 영향은 서로 다를 수 있다. 이러한 경우 두 힘시스템은 동치이지만 등가는 아니다.

3.4.3 힘시스템의 단순화

강체에 작용하는 임의의 주어진 힘시스템이 O에서 합력 $\mathbf{R}$과 합모멘트 $\mathbf{M}_O^R$로 구성되는 등가의 힘-우력시스템으로 대체할 수 있음을 보았다.

$\mathbf{R} = 0$일 때 힘-우력시스템은 우력벡터 $\mathbf{M}_O^R$로 단순화된다. 즉, 주어진 힘시스템은 하나의 **합우력**resultant couple으로 나타낼 수 있다.

주어진 힘시스템이 하나의 힘으로 단순화될 수 있는 조건은 무엇인가? 이전 절에서 $\mathbf{R}$과 $\mathbf{M}_O^R$가 서로 수직인 경우 O에서 힘-우력시스템은 이동된 임의의 작용점에서 하나의 힘 $\mathbf{R}$로 대체가 가능하다는 것을 다루었다.

다시 말해, 하나의 힘으로 단순화될 수 있는 힘시스템은 힘 **R**과 우력벡터 $\mathbf{M}_O^R$가 서로 수직인 시스템이다. 이 조건은 일반적으로 공간에 있는 힘시스템에서는 만족하지 않는다. 하지만 (1) 동일한 점에 작용하는 힘, (2) 동일한 평면에 있는 힘, (3) 평행한 힘으로 구성된 시스템에서는 만족한다. 각각의 경우를 살펴보도록 하자.

1. **동일한 점에 작용하는 절점력**concurrent forces은 바로 합력 **R**을 구할 수 있으므로 힘시스템을 하나의 힘으로 단순화할 수 있다. 동일점에 작용하는 절점력은 2장에서 상세히 다루었다.
2. **동일한 평면 내 힘**coplanar forces은 지면 내에 있는 것으로 가정한다(그림 3.38a). 힘시스템의 합력 **R**은 그림이 있는 지면 내에 있는 반면, O에 대한 각 힘의 모멘트와 그 합모멘트 $\mathbf{M}_O^R$는 해당 지면에 수직이다. 따라서 O에서의 힘-우력시스템은 서로 수직인 힘 **R**과 우력벡터 $\mathbf{M}_O^R$로 구성된다(그림 3.38b).[4] O에 대한 모멘트가 $\mathbf{M}_O^R$와 같아질 때까지 그림의 평면에서 **R**을 이동하면 하나의 힘 **R**로 단순화할 수 있다. O에서 **R**의 작용선까지 수직거리는 $d = \mathbf{M}_O^R / R$이다(그림 3.38c).

4 우력벡터 $\mathbf{M}_O^R$는 그림의 평면에 수직이기 때문에 기호 ↺로 표시한다. 반시계방향 우력 ↺는 지면에서 나오는 벡터를 나타내고 시계방향 우력 ↻는 지면으로 들어가는 벡터를 나타낸다.

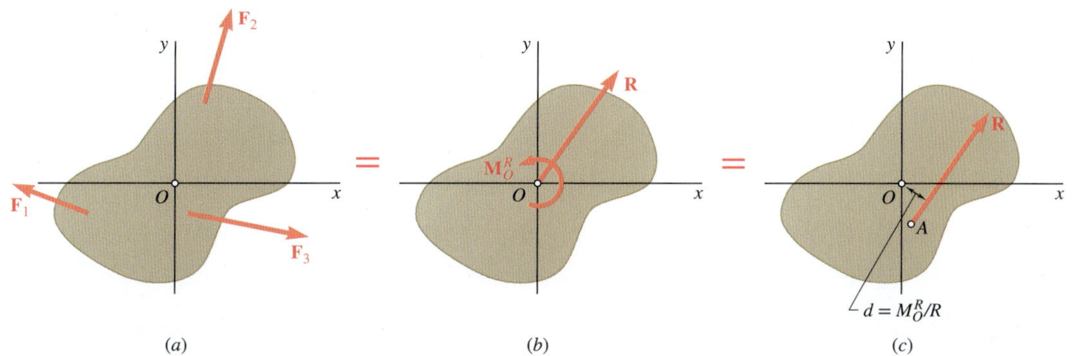

그림 3.38 동일한 평면 내 힘의 단순화 (a) 주어진 힘시스템 (b) O에서 등가의 힘-우력시스템 (c) 합력 **R**이 O에 대해 발생시키는 모멘트가 우력벡터와 같아지도록 위치 A로 합력 **R**을 이동한다.

앞서 언급했듯이, 힘을 직교성분으로 분해하면 힘시스템의 단순화가 더욱 용이하다. O에서의 힘-우력시스템은 구성성분으로 특성화된다(그림 3.39a).

$$R_x = \Sigma F_x, \qquad R_y = \Sigma F_y, \qquad M_z^R = M_O^R = \Sigma M_O \tag{3.57}$$

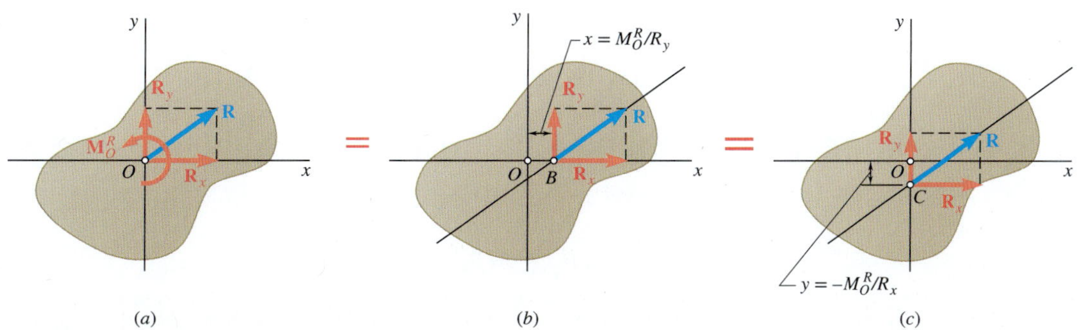

그림 3.39 직교성분을 이용한 동일한 평면 내 힘의 단순화 (a) [그림 3.38b]의 합력을 x, y성분으로 분해 (b) 합력의 작용선과 x축이 만나는 절편 (c) 합력의 작용선과 y축이 만나는 절편

시스템을 하나의 힘 $\mathbf{R}$로 단순화하려면 O에 대한 $\mathbf{R}$의 모멘트가 $\mathbf{M}_O^R$와 같아야 한다. 합력의 작용점 좌표를 x와 y로 표시하고 3.1.6절의 식 (3.22)를 적용하면 다음과 같다.

$$xR_y - yR_x = M_O^R$$

이 식은 합력 $\mathbf{R}$의 작용선을 평면에 나타내는 식이다. 또한 $\mathbf{R}$이 B에 작용할 때(그림 3.39b), $\mathbf{M}_O^R$의 크기가 $\mathbf{R}$의 y성분이 O에 대해 발생시키는 모멘트와 같아야 한다는 점을 이용하면 x축 절편을 구할 수 있다. 동일한 개념으로 $\mathbf{R}$이 C에 작용할 때(그림 3.39c), y축 절편을 구할 수 있다.

3. **평행한 힘**Parallel forces은 방향이 같을 수도 있고 다를 수도 있다. 여기서 힘이 y축에 평행하다고 가정하면 합력도 y축에 평행하다(그림 3.40a). 한편, 주어진 힘의 모멘트는 그 힘에 수직이어야 하므로 시스템을 구성하는 각 힘의 O에 대한 모멘트와 그 합모멘트 $\mathbf{M}_O^R$는 평면 zx에 있다. 따라서 O에서 힘–우력시스템은 서로 수직인 힘 $\mathbf{R}$과 우력벡터 $\mathbf{M}_O^R$로 구성된다(그림 3.40b). 이 조합은 하나의 힘 $\mathbf{R}$(그림 3.40c)로, $\mathbf{R}=0$인 경우 하나의 우력모멘트 $\mathbf{M}_O^R$로 단순화할 수 있다.

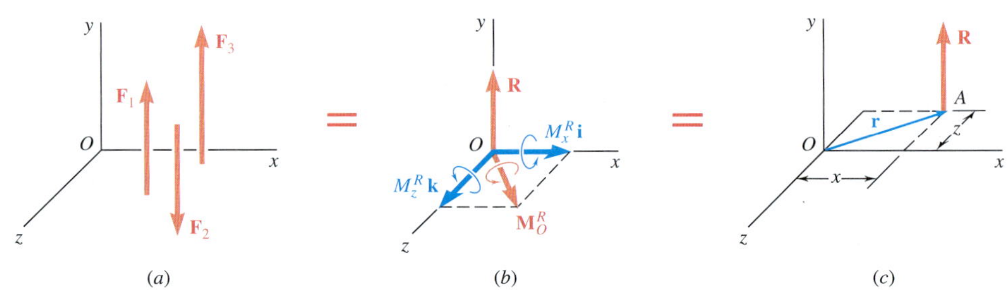

그림 3.40 평행한 힘의 단순화 (a) 주어진 평행한 힘 (b) O에서 등가의 힘–우력시스템과 우력모멘트 분력 (c) O에 대한 $\mathbf{R}$의 모멘트가 우력모멘트와 같아지도록 선택된 위치 A에 합력 $\mathbf{R}$을 이동한다.

사진 3.4 도로 표지판에 작용하는 평행한 힘들은 하나의 등가력으로 대체할 수 있다. 이 등가력은 지점에 작용하는 힘의 계산을 단순화할 수 있다.

Images-USA/Alamy Stock Photo

O에서 힘–우력시스템은 다음의 성분으로 나타낼 수 있다.

$$R_y = \Sigma F_y, \qquad M_x^R = \Sigma M_x, \qquad M_z^R = \Sigma M_z \tag{3.58}$$

하나의 힘으로 표현하는 시스템의 단순화는 O에 대한 $\mathbf{R}$의 모멘트가 $\mathbf{M}_O^R$와 같도록 선택된 새로운 작용점 $A(x, 0, z)$로 $\mathbf{R}$을 이동하여 수행한다.

$$\mathbf{r} \times \mathbf{R} = \mathbf{M}_O^R$$
$$(x\mathbf{i} + z\mathbf{k}) \times R_y\mathbf{j} = M_x^R\,\mathbf{i} + M_z^R\,\mathbf{k}$$

벡터곱을 수행하고 이 식의 양쪽에서 해당 단위벡터의 계수를 동일하게 두면 A의 좌표를 정의하는 다음과 같은 두 개의 스칼라식을 얻을 수 있다.

$$-zR_y = M_x^R, \qquad -xR_y = M_z^R$$

이 식은 $\mathbf{R}$이 x, y축에 대해 발생시키는 모멘트 성분이 각각 M_x^R과 M_z^R이라는 것을 의미한다.

예제 3.8

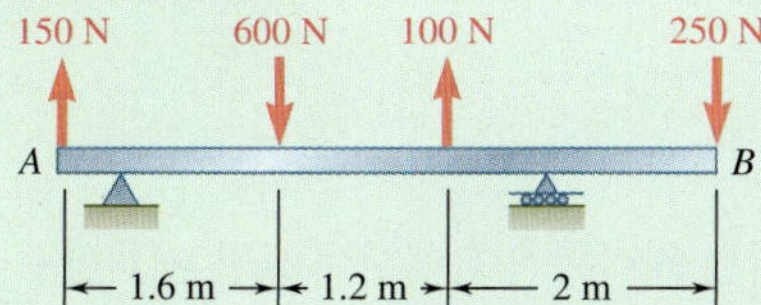

4.80 m 길이의 보가 그림과 같은 힘을 받는다. 주어진 힘시스템을 (a) 점 A에서의 등가 힘–우력시스템, (b) 점 B에서의 등가 힘–우력시스템, (c) 하나의 힘으로 단순화하시오. HINT 지지점에서 반력은 주어진 힘시스템에 포함되지 않으므로, 주어진 이 시스템은 보를 평형상태로 유지하지 않는다.

문제분석 등가의 힘–우력시스템에서 힘 부분은 힘의 단순한 합이다. 우력 부분은 해당 지점을 기준으로 각 힘에 의해 발생하는 모멘트의 합이다. 한 지점에서 등가의 힘–우력을 찾으면 모멘트 계산을 통해 시스템을 다른 지점으로 이동시킬 수 있다.

모델링과 풀이

a. 점 A에서의 힘–우력시스템 주어진 힘시스템과 등가인 점 A에서의 힘–우력시스템은 힘 $\mathbf{R}$과 우력모멘트 $\mathbf{M}_A^R$으로 구성된다(그림 1).

$$\begin{aligned}\mathbf{R} &= \Sigma\mathbf{F}\\ &= (150\ \text{N})\mathbf{j} - (600\ \text{N})\mathbf{j} + (100\ \text{N})\mathbf{j} - (250\ \text{N})\mathbf{j}\\ &= -(600\ \text{N})\mathbf{j}\end{aligned}$$

$$\begin{aligned}\mathbf{M}_A^R &= \Sigma(\mathbf{r}\times\mathbf{F})\\ &= (1.6\,\mathbf{i})\times(-600\,\mathbf{j}) + (2.8\,\mathbf{i})\times(100\,\mathbf{j}) + (4.8\,\mathbf{i})\times(-250\,\mathbf{j})\\ &= -(1880\ \text{N}\cdot\text{m})\mathbf{k}\end{aligned}$$

그림 1 주어진 힘시스템과 등가인 점 A에서의 힘–우력시스템

점 A에서 등가의 힘–우력시스템은 다음과 같다.

$$\mathbf{R} = 600\ \text{N}\downarrow,\quad \mathbf{M}_A^R = 1880\ \text{N}\cdot\text{m} \circlearrowright \blacktriangleleft$$

b. 점 B에서의 힘–우력시스템 점 A에서 작용하는 힘–우력시스템과 등가이면서 점 B에 작용하는 힘–우력시스템을 찾아야 한다. 힘 $\mathbf{R}$이 변하지 않도록 하는 새로운 우력모멘트 $\mathbf{M}_B^R$을 구해야 한다. $\mathbf{M}_B^R$은 앞서 구한 힘–우력시스템이 점 B에 발생시키는 모멘트와 같아야 한다.

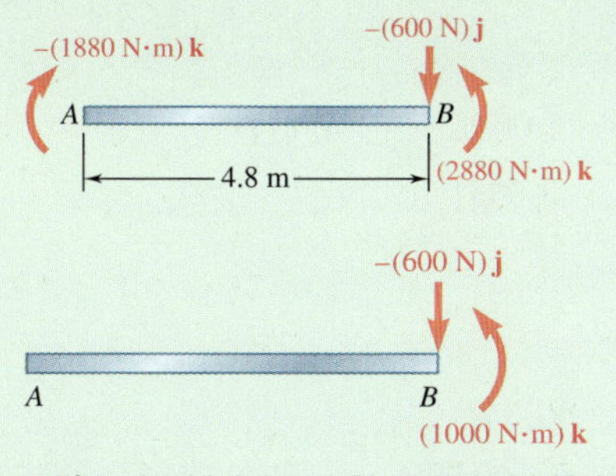

그림 2 점 B에서의 등가 힘–우력시스템 계산

$$\begin{aligned}\mathbf{M}_B^R &= \mathbf{M}_A^R + \overrightarrow{BA}\times\mathbf{R}\\ &= -(1880\ \text{N}\cdot\text{m})\mathbf{k} + (-4.8\ \text{m})\mathbf{i}\times(-600\ \text{N})\mathbf{j}\\ &= -(1880\ \text{N}\cdot\text{m})\mathbf{k} + (2880\ \text{N}\cdot\text{m})\mathbf{k}\\ &= +(1000\ \text{N}\cdot\text{m})\mathbf{k}\end{aligned}$$

점 B에서 등가의 힘–우력시스템은 다음과 같다.

$$\mathbf{R} = 600\ \text{N}\downarrow,\quad \mathbf{M}_B^R = 1000\ \text{N}\cdot\text{m} \circlearrowleft \blacktriangleleft$$

c. 단일힘 또는 합력 주어진 힘시스템의 합력은 $\mathbf{R}$과 같고, 그 작용점은 점 A에 대한 $\mathbf{R}$의 모멘트가 $\mathbf{M}_A^R$와 같아야 한다(그림 3).

$$\begin{aligned}\mathbf{r}\times\mathbf{R} &= \mathbf{M}_A^R\\ x\mathbf{i}\times(-600\ \text{N})\mathbf{j} &= -(1880\ \text{N}\cdot\text{m})\mathbf{k}\\ -x(600\ \text{N})\mathbf{k} &= -(1880\ \text{N}\cdot\text{m})\mathbf{k}\end{aligned}$$

그림 3 주어진 힘시스템과 등가인 하나의 힘

x에 대해 풀면 $x = 3.13$ m가 된다. 따라서 주어진 시스템에 해당하는 하나의 힘은 다음과 같이 정의된다.

$$\mathbf{R} = 600\ \text{N} \downarrow, \quad x = 3.13\ \text{m} ◂$$

고찰 주어진 힘시스템을 하나의 등가력으로 줄이는 원리는 역학에서 중요한 매개변수인 무게중심과 질량중심을 찾을 때도 동일하게 사용한다.

예제 3.9

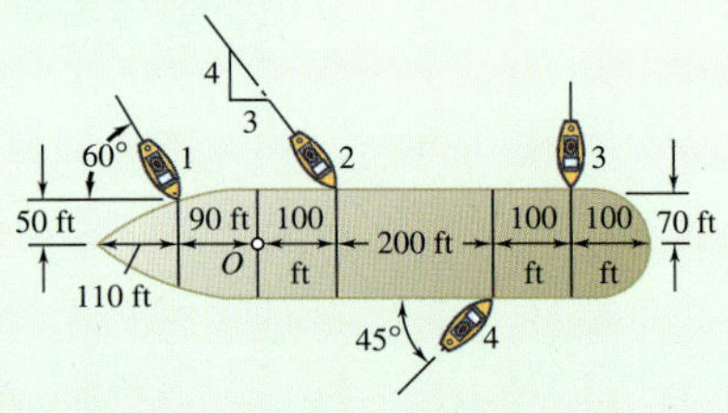

네 척의 예인선이 원양선을 부두로 인접시키고 있다. 각 예인선은 표시된 방향으로 5,000 lb의 힘을 가한다. (a) 원양선 앞쪽 위치 O에서의 등가 힘–우력시스템, (b) 더 강력한 단일 예인선이 네 척의 예인선과 동일한 효과를 생성하기 위해 가해야 하는 선체의 지점을 구하시오.

문제분석 등가의 힘–우력시스템은 주어진 힘의 합과 특정 지점에 대한 모멘트의 합으로 정의된다. 단일 예인선은 동일한 모멘트를 생성하는 작용점에 합력을 가하도록 배치한다.

모델링과 풀이

a. O에서 힘–우력시스템 주어진 힘의 각각을 [그림 1]과 같이 성분요소로 분해한다(kip 단위). 주어진 힘시스템과 등가인 O에서의 힘–우력시스템은 다음과 같은 힘 $\mathbf{R}$과 우력모멘트 $\mathbf{M}_O^R$으로 구성된다.

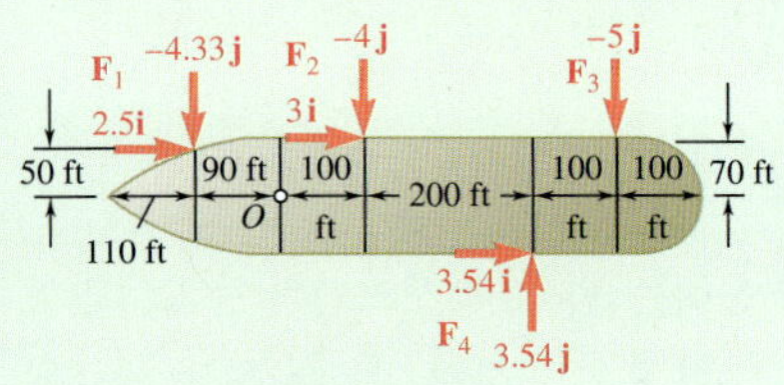

그림 1 성분으로 분해된 힘

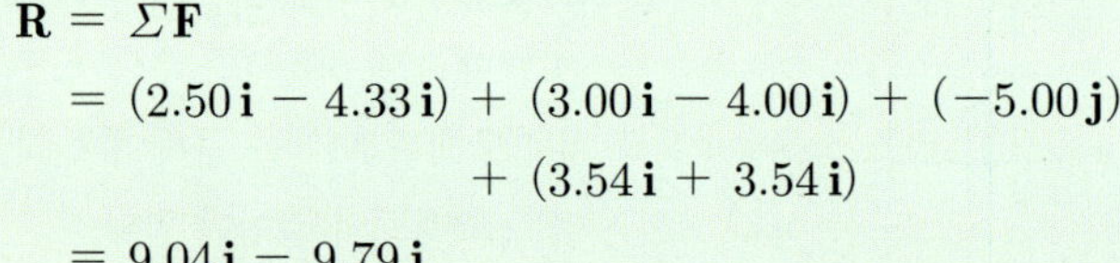

$$\begin{aligned}\mathbf{R} &= \Sigma\mathbf{F}\\ &= (2.50\,\mathbf{i} - 4.33\,\mathbf{i}) + (3.00\,\mathbf{i} - 4.00\,\mathbf{i}) + (-5.00\,\mathbf{j})\\ &\qquad + (3.54\,\mathbf{i} + 3.54\,\mathbf{i})\\ &= 9.04\,\mathbf{i} - 9.79\,\mathbf{j}\end{aligned}$$

$$\begin{aligned}\mathbf{M}_O^R &= \Sigma(\mathbf{r}\times\mathbf{F})\\ &= (-90\,\mathbf{i} + 50\,\mathbf{j}) \times (2.50\,\mathbf{i} - 4.33\,\mathbf{j})\\ &\quad + (100\,\mathbf{i} + 70\,\mathbf{j}) \times (3.00\,\mathbf{i} - 4.00\,\mathbf{j})\\ &\quad + (400\,\mathbf{i} + 70\,\mathbf{j}) \times (-5.00\,\mathbf{j})\\ &\quad + (300\,\mathbf{i} - 70\,\mathbf{j}) \times (3.54\,\mathbf{i} + 3.54\,\mathbf{j})\\ &= (390 - 125 - 400 - 210 - 2000 + 1062 + 248)\,\mathbf{k}\\ &= -1035\,\mathbf{k}\end{aligned}$$

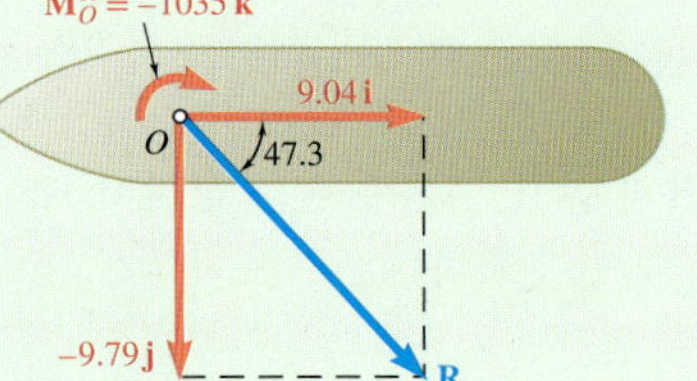

그림 2 O에서의 등가 힘–우력시스템

O에서 등가의 힘–우력시스템(그림 2)은 다음과 같다.

$$\mathbf{R} = (9.04\ \text{kips})\mathbf{i} - (9.79\ \text{kips})\mathbf{j}, \quad \mathbf{M}_O^R = -(1035\ \text{kip}\cdot\text{ft})\mathbf{k}$$

$$\mathbf{R} = 13.33\ \text{kips} ⦪ 47.3°, \quad \mathbf{M}_O^R = 1035\ \text{kip}\cdot\text{ft} ↻ ◂$$

참고 모든 힘이 그림의 지면에 포함되어 있으므로 모멘트의 합은 지면에 수직이다. 각 성분력의 크기와 O에 대한 수직거리를 곱하고, 모멘트의 크기를 구하고 방향에 따라 부호를 지정하는 방식으로 [그림 1]에서 직접 모멘트의 합을 구할 수 있다.

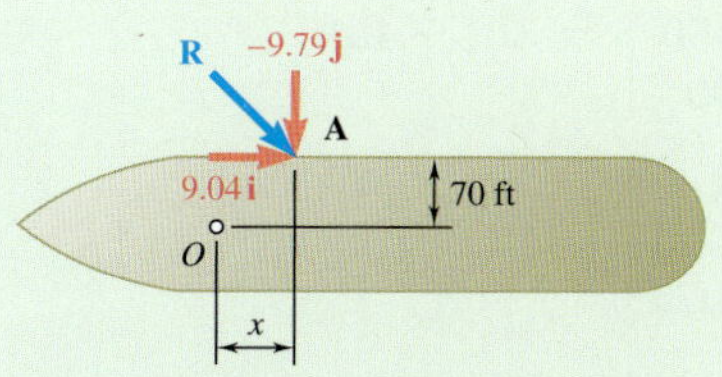

그림 3 주어진 힘시스템과 동일한 효과를 가지는 단일 예인선의 작용 위치

b. 단일 예인선 단일 예인선이 가하는 힘은 $\mathbf{R}$과 같아야 하고 작용점 A는 O에 대한 $\mathbf{R}$의 모멘트가 $\mathbf{M}_O^R$과 같게 되는 위치여야 한다(그림 3). A의 위치벡터를

$$\mathbf{r} = x\mathbf{i} + 70\mathbf{j}$$

로 두고, x에 대해 풀면 다음과 같다.

$$\mathbf{r} \times \mathbf{R} = \mathbf{M}_O^R$$

$$(x\mathbf{i} + 70\mathbf{j}) \times (9.04\,\mathbf{i} - 9.79\,\mathbf{j}) = -1035\,\mathbf{k}$$

$$-x(9.79)\mathbf{k} - 633\,\mathbf{k} = -1035\,\mathbf{k}$$

$$x = 41.1 \text{ ft}$$ ◀

고찰 주어진 상황을 하나의 힘이 작용하는 상황으로 단순화하면 원양선을 움직이는 예인선의 전반적인 효과를 더 쉽게 시각화할 수 있다. 그러나 실제로 네 척의 배가 힘을 작용하면 혼잡한 항구에서 대형 선박을 감속시키거나 선회시키는 조정에 더 효과적이다.

예제 3.10

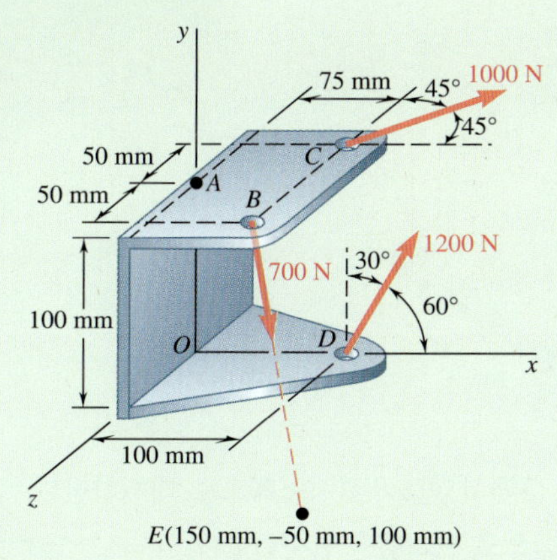

그림과 같이 케이블 세 개가 브라켓에 부착되어 있다. 케이블에 의한 힘을 A에서 등가의 힘-우력시스템으로 대체하시오.

문제분석 먼저 A에서 힘이 작용하는 점까지 상대적인 위치벡터를 구하고, 각 힘을 직교성분으로 분해한다. 그런 다음 성분에 대해 힘과 모멘트를 각각 합산한다.

모델링과 풀이 $\mathbf{F}_B = (700\text{ N})\boldsymbol{\lambda}_{BE}$이고, 여기서

$$\boldsymbol{\lambda}_{BE} = \frac{\overrightarrow{BE}}{BE} = \frac{75\mathbf{i} - 150\mathbf{j} + 50\mathbf{k}}{175}$$

이다. 길이와 힘의 단위는 m와 N이다. 위치벡터와 힘벡터는 다음과 같다.

$$\mathbf{r}_{B/A} = \overrightarrow{AB} = 0.075\mathbf{i} + 0.050\mathbf{k}, \quad \mathbf{F}_B = 300\mathbf{i} - 600\mathbf{j} + 200\mathbf{k}$$

$$\mathbf{r}_{C/A} = \overrightarrow{AC} = 0.075\mathbf{i} - 0.050\mathbf{k}, \quad \mathbf{F}_C = 707\mathbf{i} - 707\mathbf{k}$$

$$\mathbf{r}_{D/A} = \overrightarrow{AD} = 0.100\mathbf{i} - 0.100\mathbf{j}, \quad \mathbf{F}_D = 600\mathbf{i} + 1039\mathbf{j}$$

주어진 힘과 등가인 A에서의 힘-우력시스템은 힘 $\mathbf{R} = \Sigma\mathbf{F}$와 우력 $\mathbf{M}_A^R = \Sigma(\mathbf{r} \times \mathbf{F})$로 구성된다. 주어진 힘의 x, y, z성분을 각각 더하여 힘 $\mathbf{R}$을 얻는다.

$$\mathbf{R} = \Sigma\mathbf{F} = (1607\text{ N})\mathbf{i} + (439\text{ N})\mathbf{j} - (507\text{ N})\mathbf{k}$$ ◀

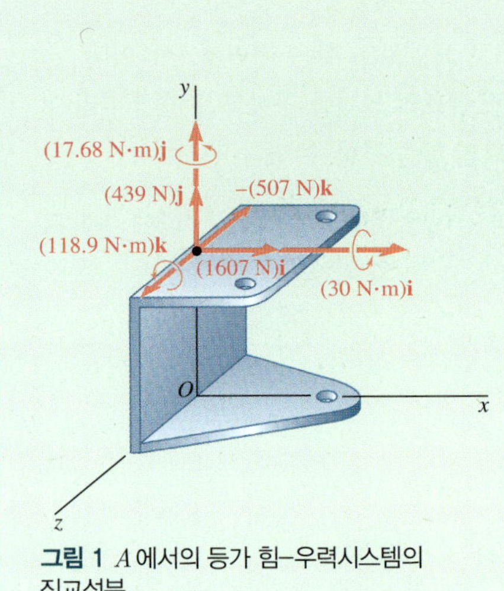

그림 1 A에서의 등가 힘−우력시스템의 직교성분

$\mathbf{M}_A^R$을 계산할 때 3.1.6절에 소개한 행렬식을 이용한다.

$$\mathbf{r}_{B/A} \times \mathbf{F}_B = \begin{vmatrix} \mathbf{i} & \mathbf{j} & \mathbf{k} \\ 0.075 & 0 & 0.050 \\ 300 & -600 & 200 \end{vmatrix} = 30\mathbf{i} - 45\mathbf{k}$$

$$\mathbf{r}_{C/A} \times \mathbf{F}_C = \begin{vmatrix} \mathbf{i} & \mathbf{j} & \mathbf{k} \\ 0.075 & 0 & -0.050 \\ 707 & 0 & -707 \end{vmatrix} = 17.68\mathbf{j}$$

$$\mathbf{r}_{D/A} \times \mathbf{F}_D = \begin{vmatrix} \mathbf{i} & \mathbf{j} & \mathbf{k} \\ 0.100 & -0.100 & 0 \\ 600 & 1039 & 0 \end{vmatrix} = 163.9\mathbf{k}$$

$$\mathbf{M}_A^R = \Sigma(\mathbf{r} \times \mathbf{F}) = (30\ \mathrm{N \cdot m})\mathbf{i} + (17.68\ \mathrm{N \cdot m})\mathbf{j} + (118.9\ \mathrm{N \cdot m})\mathbf{k}$$ ◀

[그림 1]은 힘 $\mathbf{R}$과 우력 $\mathbf{M}_A^R$의 직교성분을 나타낸다.

고찰 모멘트 계산을 위한 행렬식 접근법은 3차원 문제에서 장점이 있다.

예제 3.11

정사각형 기초매트가 그림과 같이 네 개의 기둥을 지지한다. 네 하중의 합력 크기와 작용 지점을 구하시오.

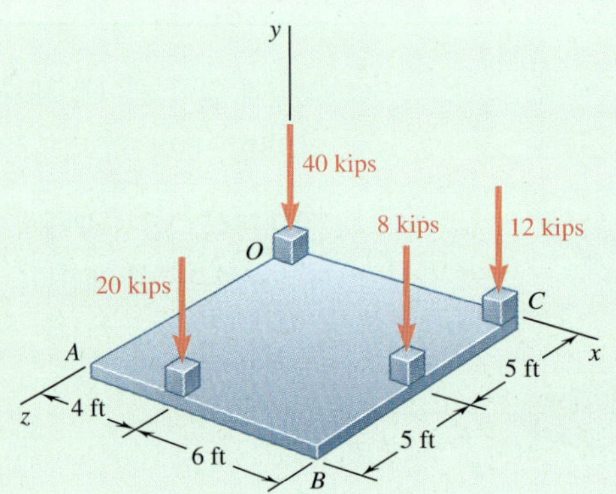

문제분석 주어진 힘시스템을 좌표계의 원점 O에서 힘−우력시스템으로 대체한다. 그런 다음 평면 xz 내 한 지점에 작용하는 단일힘으로 시스템을 단순화한다.

모델링 힘−우력시스템은 힘 $\mathbf{R}$과 우력벡터 $\mathbf{M}_O^R$으로 구성된다.

$$\mathbf{R} = \Sigma\mathbf{F}, \qquad \mathbf{M}_O^R = \Sigma(\mathbf{r} \times \mathbf{F})$$

풀이 힘의 작용점에 대한 위치벡터를 구한 후 표를 이용해 계산하면 편리하다. 결과는 [그림 1]에 나타냈다.

$\mathbf{r}$, ft	$\mathbf{F}$, kips	$\mathbf{r} \times \mathbf{F}$, kip·ft
0	$-40\mathbf{j}$	0
$10\mathbf{i}$	$-12\mathbf{j}$	$-120\mathbf{k}$
$10\mathbf{i} + 5\mathbf{k}$	$-8\mathbf{j}$	$40\mathbf{i} - 80\mathbf{k}$
$4\mathbf{i} + 10\mathbf{k}$	$-20\mathbf{j}$	$200\mathbf{i} - 80\mathbf{k}$
	$\mathbf{R} = -80\mathbf{j}$	$\mathbf{M}_O^R = 240\mathbf{i} - 280\mathbf{k}$

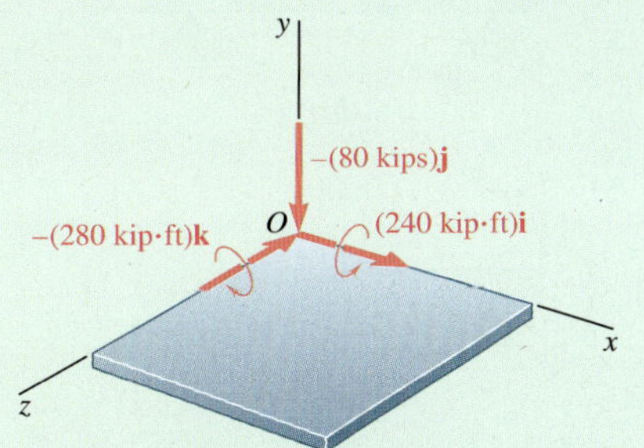

그림 1 주어진 힘시스템과 등가인 O에서의 힘–우력시스템

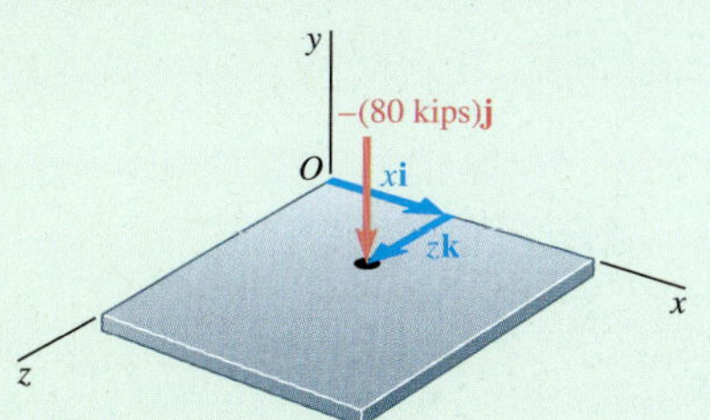

그림 2 주어진 힘시스템과 등가인 단일힘

힘 $\mathbf{R}$과 우력벡터 $\mathbf{M}_O^R$은 서로 수직이므로 힘–우력시스템을 단일힘 $\mathbf{R}$로 더 단순화할 수 있다. O에 대한 $\mathbf{R}$의 모멘트가 $\mathbf{M}_O^R$과 같아지도록 매트의 평면 xz에서 $\mathbf{R}$의 새로운 작용점을 찾는다(그림 2).

$$\mathbf{r} \times \mathbf{F} = \mathbf{M}_O^R$$
$$(x\mathbf{i} + z\mathbf{k}) \times (-80\mathbf{j}) = 240\mathbf{i} - 280\mathbf{k}$$
$$-80x\mathbf{k} + 80z\mathbf{i} = 240\mathbf{i} - 280\mathbf{k}$$

식을 계산하면

$$-80x = -280, \quad 80z = 240$$
$$x = 3.50 \text{ ft}, \quad z = 3.00 \text{ ft}$$

이므로, 주어진 힘시스템의 합력은 다음과 같다.

$$\mathbf{R} = 80 \text{ kips} \downarrow \quad \text{at } x = 3.50 \text{ ft}, \quad z = 3.00 \text{ ft}$$ ◀

고찰 여기서 주어진 힘이 모두 평행하므로 2차원 계산으로 단순화할 수 있다.

Section 3.4 연습문제

3.73 길이가 4 m인 보가 다양한 하중을 받고 있다. (a) 각 하중을 보의 단부 A에서 동등한 힘-우력시스템으로 대체하시오. (b) 등가의 하중은 어떤 것인가?

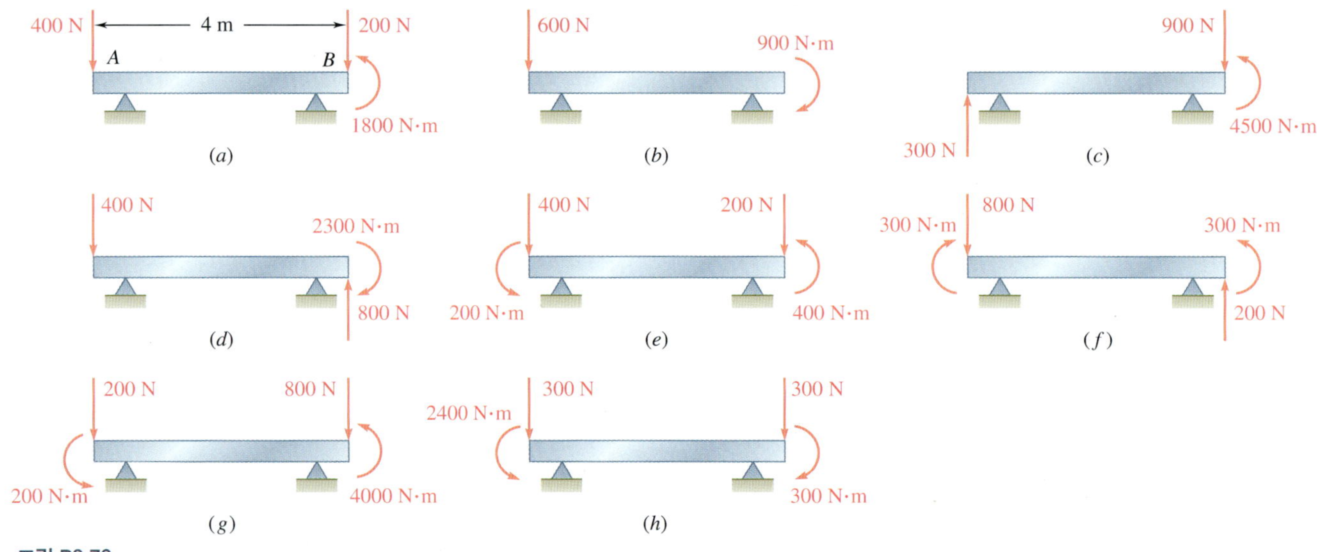

그림 P3.73

3.74 길이가 4 m인 보가 그림과 같이 하중을 받고 있다. 이 하중과 등가인 하중을 [그림 3.73]에서 찾으시오.

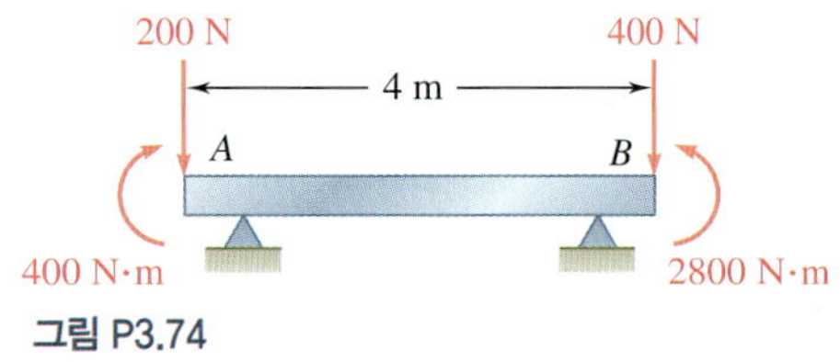

그림 P3.74

3.75 (a) [그림 3.73b], (b) [그림 3.73d], (c) [그림 3.73e]에서 등가의 단일힘으로 대체할 때 그 크기를 구하고, 위치를 A로부터의 거리로 나타내시오.

3.76 시소의 끝 A와 B에 앉아 있는 두 아이 몸무게는 각각 84 lb와 64 lb이다. 세 번째 아이 몸무게가 (a) 60 lb, (b) 52 lb일 때 세 아이들 몸무게 합이 C에 작용하도록 하려고 한다. 이때 세 번째 아이가 앉아야 할 위치를 구하시오.

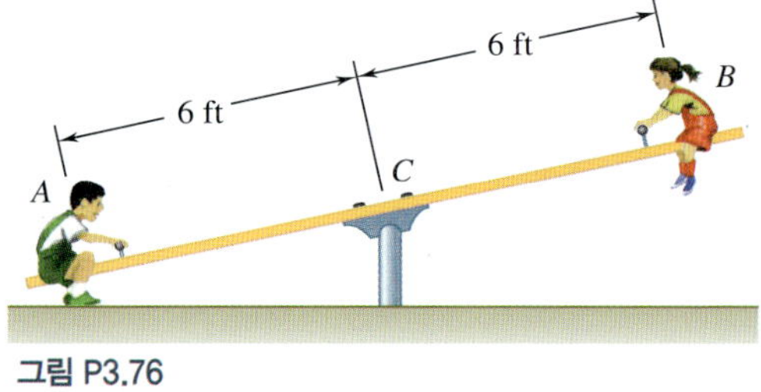

그림 P3.76

3.77 그림과 같이 세 개의 무대조명이 파이프에 장착된다. A와 B에 있는 조명의 무게는 각각 4.1 lb이고 C에 있는 조명의 무게는 3.5 lb이다. (a) $d = 25$ in.인 경우 세 조명의 무게 합력의 작용 위치를 D에서 거리로 나타내시오. (b) 합력이 파이프의 중간점에 작용하도록 d의 값을 구하시오.

3.78 그림과 같이 다섯 개의 힘-우력시스템이 판금 조각의 모서리에 작용한다. 이 시스템 중 어느 것이 원점에 재하되는 힘 $\mathbf{F} = (10\text{ lb})\mathbf{j}$와 우력모멘트 $\mathbf{M} = (15\text{ lb}\cdot\text{ft})\mathbf{j} + (15\text{ lb}\cdot\text{ft})\mathbf{k}$에 해당하는지 찾으시오.

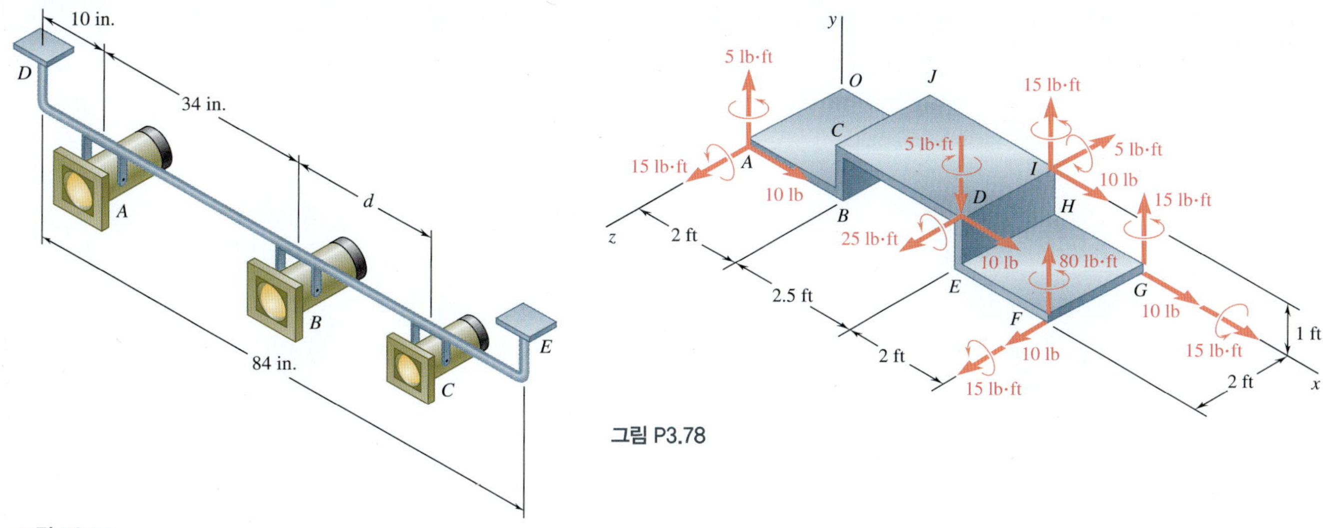

그림 P3.77

그림 P3.78

3.79 주어진 크기의 세 하중과 크기가 위치의 함수인 네 번째 하중을 지지하는 보가 있다. $b = 1.5$ m이고 하중이 등가의 단일 힘으로 대체되어야 하는 경우 (a) 지점 A에서 등가힘의 작용선까지의 거리가 최대가 되는 a의 값, (b) 등가힘의 크기와 작용 위치를 구하시오.

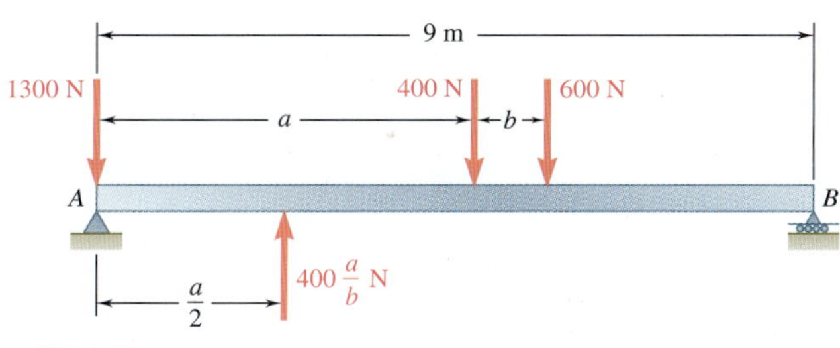

그림 P3.79

3.80 32 lb인 모터가 바닥에 장착되어 있다. 모터 무게와 벨트에 가해진 힘의 합력을 찾고, 그 합력의 작용선과 바닥 수평선의 교차점 위치를 구하시오.

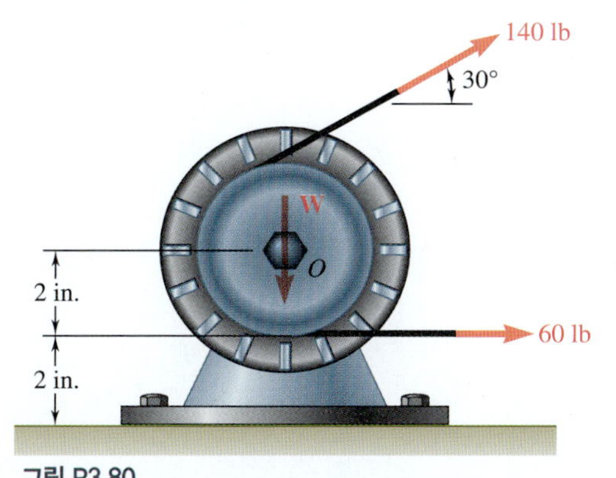

그림 P3.80

3.81 6×12 in.인 판이 그림과 같이 네 하중을 받고 있다. 네 하중의 합력을 구하고, 합력의 작용선이 판의 모서리와 교차하는 두 점의 위치를 찾으시오.

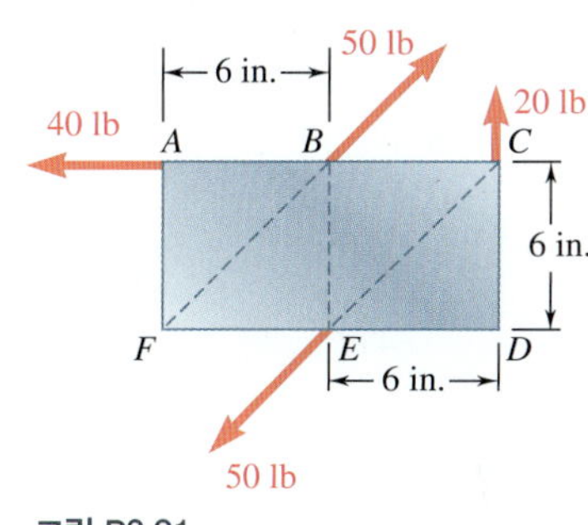

그림 P3.81

3.82 기어 C는 손잡이 AB에 단단히 부착되어 있다. 표시된 힘과 우력이 A에서 등가의 단일힘으로 대체될 때 등가힘과 우력 **M**의 크기를 구하시오.

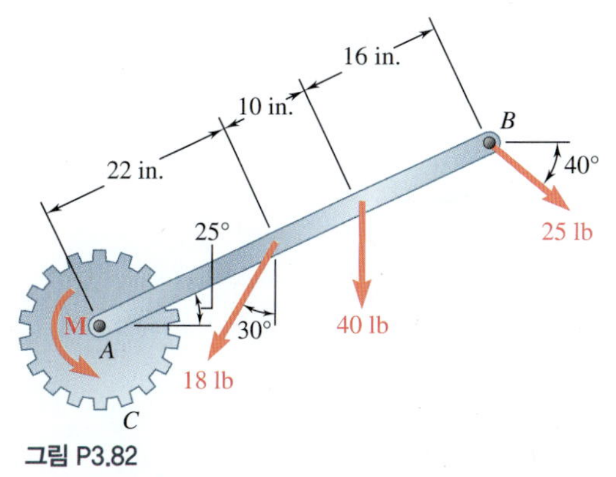

그림 P3.82

3.83 한 기계부품이 그림에 표시된 힘과 우력을 받는다. 이 부품은 힘에는 저항할 수 있지만 우력에는 저항하지 못하는 단일 리벳으로 한 위치에 고정되어야 한다. $P = 0$인 경우 리벳 구멍의 위치를 (a) 선 FG 상, (b) 선 GH 상에서 구하시오.

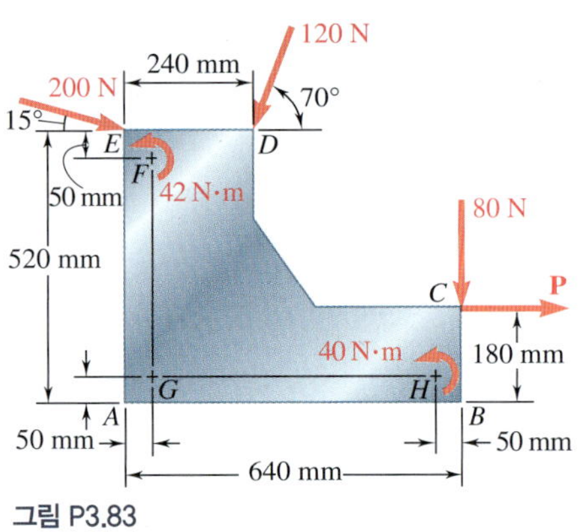

그림 P3.83

3.84 $P = 60$ N일 때 [문제 3.83]을 다시 푸시오.

3.85 조정이 가능한 버팀대 BC가 벽을 수직으로 세워 올리는 데 사용되면서 그림과 같은 힘-우력시스템이 벽에 가해진다. $R = 21.2$ lb, $M = 13.25$ lb·ft일 때 A에서 등가의 힘-우력시스템으로 대체하시오.

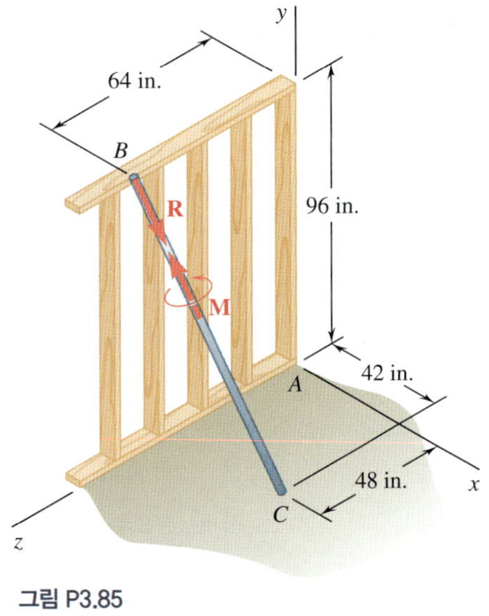

그림 P3.85

3.86 플라스틱 부품을 지름이 60 mm인 원통형 공간에 밀착 삽입할 때 삽입도구는 그림과 같은 힘을 가하게 된다. 각 힘은 좌표축 중 하나에 평행하다. 이 힘들을 C에서 등가의 힘-우력시스템으로 대체하시오.

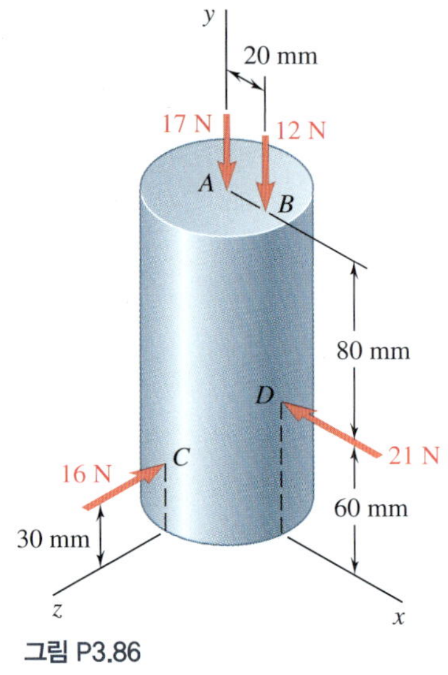

그림 P3.86

3.87 샤프트 AD에 지름이 150 mm인 풀리pulley 두 개가 장착되어 있다. B와 C의 벨트는 평면 yz와 평행한 수직평면에 있다. 그림에 표시된 벨트의 힘을 A에서 등가의 힘-우력시스템으로 대체하시오.

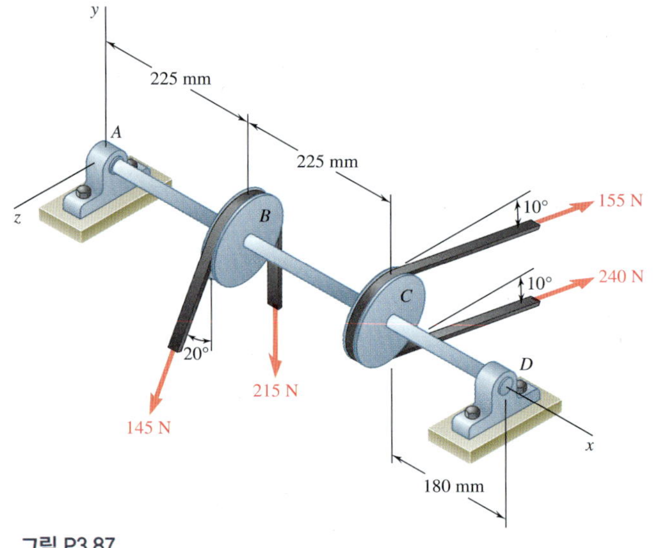

그림 P3.87

3.88 정비공이 렌치장비를 사용하여 점 C의 볼트를 풀려고 한다. 지점 A와 B에 각각 힘을 가한다. 이 힘의 조합과 점 C에서 등가인 힘–우력시스템이 힘 $\mathbf{C} = -(8 \text{ lb})\mathbf{i} + (4 \text{ lb})\mathbf{k}$와 우력 $\mathbf{M}_C = (360 \text{ lb} \cdot \text{in.})\mathbf{i}$로 구성될 때 지점 A와 B에 가해진 힘을 구하시오. 단, $A_z = 2$ lb이다.

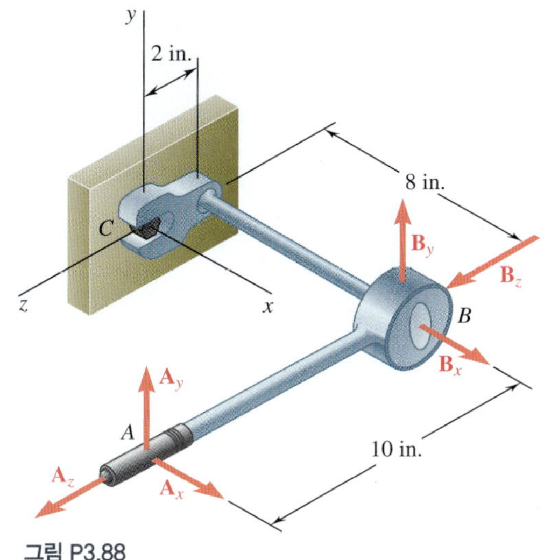

그림 P3.88

3.89 수도꼭지 A를 풀기 위해 배관공은 그림과 같이 두 개의 파이프 렌치를 사용한다. 파이프 축에서 10 in.의 거리에서 파이프와 렌치에 수직인 방향으로 각 렌치에 40 lb의 힘을 작용시킨다. (a) 엘보[elbow] C가 수직축을 중심으로 회전하지 않도록 A에서 렌치가 수직과 형성해야 하는 각도 θ, (b) 이 조건을 만족할 때 두 40 lb 힘을 대체하는 C에서 등가의 힘–우력시스템을 구하시오.

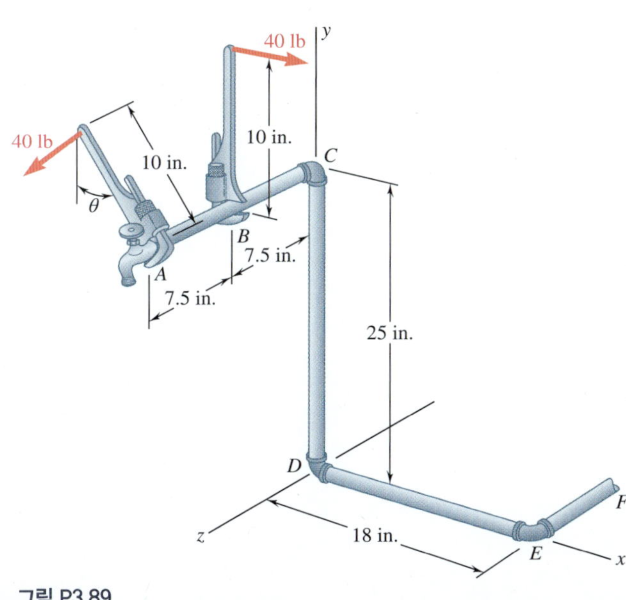

그림 P3.89

3.90 [문제 3.89]에서 $\theta = 60°$일 때, 40 lb의 두 힘을 D에서 등가의 힘–우력시스템으로 대체하고 이때 배관공의 동작이 (a) 파이프 CD와 엘보 D, (b) 엘보 D와 파이프 DE 사이의 조인트를 조이게 하는지 풀리게 하는지를 판단하시오. 단, 파이프 나사의 진행 방향은 오른손 법칙을 따른다.

3.91 그림과 같이 네 힘이 기계 구성요소 $ABDE$에 적용된다. 네 힘의 조합을 A에서 등가의 힘–우력시스템으로 대체하시오.

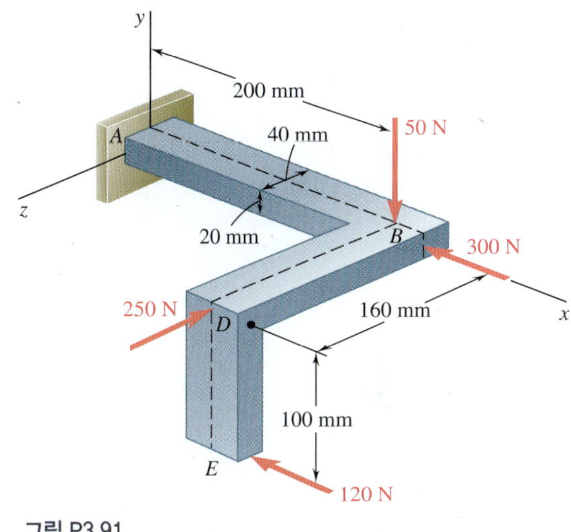

그림 P3.91

3.92 고속도로를 가로지르는 프레임 구조에 네 개의 표지판이 설치되어 있으며 각 표지판에 작용하는 수평 풍력의 크기는 그림과 같다. $a = 1$ ft, $b = 12$ ft일 때, 각 풍력에 대한 합력의 크기와 작용 위치를 구하시오.

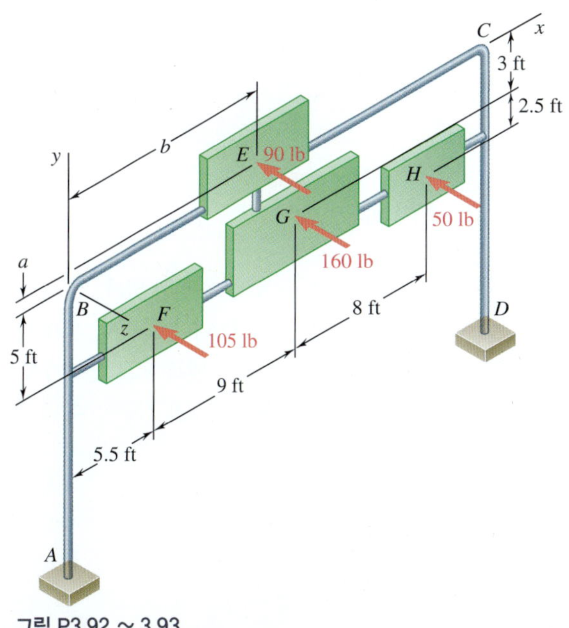

그림 P3.92 ~ 3.93

3.93 고속도로를 가로지르는 프레임 구조에 네 개의 표지판이 설치되어 있으며 각 표지판에 작용하는 수평 풍력의 크기는 그림과 같다. $a = 1$ ft, $b = 12$ ft일 때, 각 풍력에 대한 합력의 작용 위치가 점 G가 되도록 하는 a와 b를 구하시오.

3.94 반지름이 5 m인 콘크리트 기초매트는 중심에서 4 m 떨어진 동일 간격의 기둥 네 개를 지지한다. 네 하중에 대한 합력의 크기와 작용 위치를 구하시오.

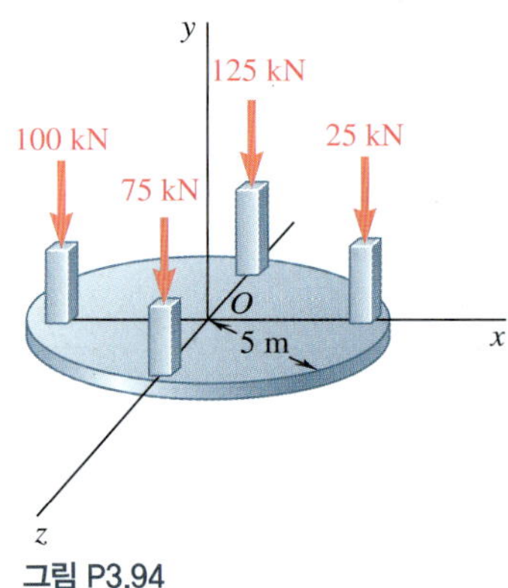

그림 P3.94

3.95 세 명의 아이가 5×5 m 뗏목 위에 서 있다. 점 A, B, C에서 아이들의 몸무게가 각각 375 N, 260 N, 400 N일 때, 합력의 크기와 작용 위치를 구하시오.

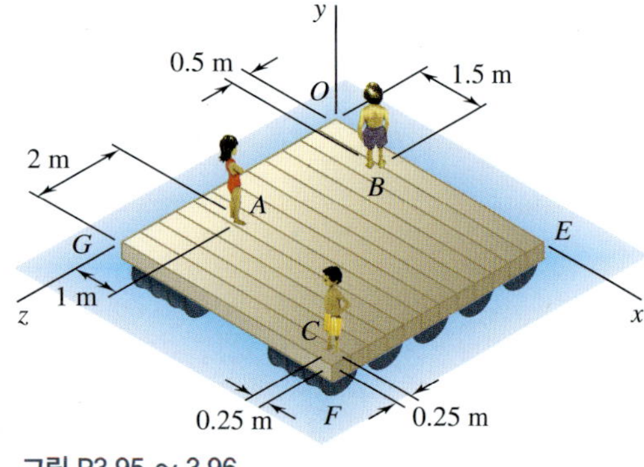

그림 P3.95 ~ 3.96

3.96 세 명의 아이가 5×5 m 뗏목 위에 서 있다. 점 A, B, C에서 아이들의 몸무게는 각각 375 N, 260 N, 400 N이다. 체중이 425 N인 네 번째 아이가 뗏목 위로 올라가서 네 명의 아이들 몸무게 합력이 뗏목의 중심에 작용할 때 네 번째 어린이의 위치를 구하시오.

Chapter 03 핵심요약

전달성의 원리

이 장에서는 강체에 가해지는 힘의 효과를 알아보았다. 외력external force과 내력internal force을 구별하는 것으로 시작했다(3.1.1절). 그리고 전달성의 원리에 따라 강체에 작용하는 외력의 효과는 작용선을 따라 힘을 이동하면 변경되지 않고 유지된다는 것을 배웠다(3.1.2절). 서로 다른 위치에서 한 강체에 작용하는 두 개의 힘 **F**와 **F**′은 크기, 방향, 작용선이 같으면 해당 물체에 동일한 영향을 미친다(그림 3.41). 이러한 두 힘을 등가라고 한다.

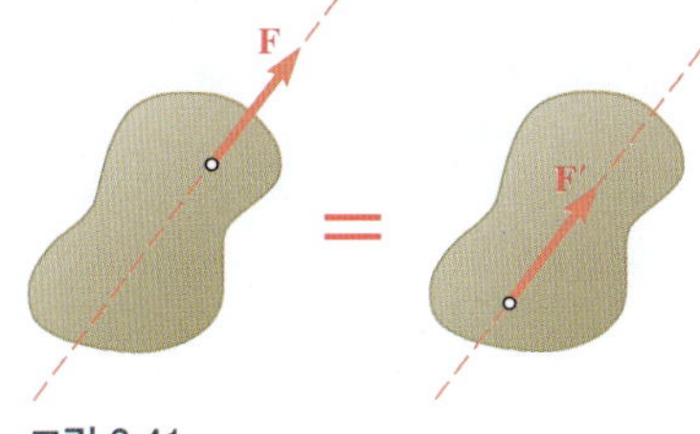

그림 3.41

벡터곱

힘의 등가시스템에 대한 논의를 진행하기 전에 두 벡터의 벡터곱vector product의 개념을 배웠다(3.1.3절). 벡터 **P**와 **Q**의 벡터곱의 정의는 다음과 같다.

$$\mathbf{V} = \mathbf{P} \times \mathbf{Q}$$

벡터곱 **V**는 **P**와 **Q**를 포함하는 평면에 수직이고, 크기는

$$V = PQ \sin \theta \tag{3.1}$$

이다. 지면 위의 관찰자가 보았을 때 벡터 **P**를 벡터 **Q**로 일치시키는 반시계방향으로 θ를 선정한다. 벡터 **V**의 방향은 세 벡터 **P**, **Q**, **V**를 순서대로 적용했을 때 오른손 법칙으로 정해진다. 벡터곱 **Q**×**P**와 **P**×**Q**는 크기는 같고 방향은 서로 반대인 벡터로 나타낼 수 있다.

$$\mathbf{Q} \times \mathbf{P} = -(\mathbf{P} \times \mathbf{Q}) \tag{3.4}$$

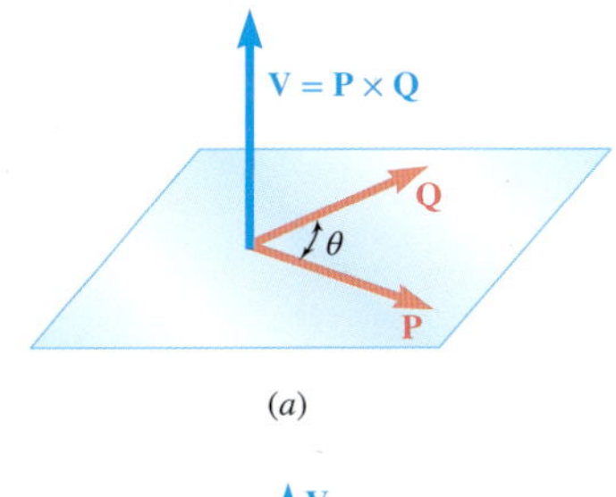

(a)

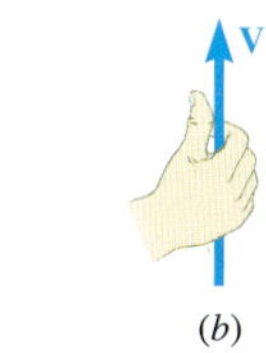

(b)

그림 3.42

정의에 의해 단위벡터 **i**, **j**, **k**의 벡터곱은 다음과 같다.

$$\mathbf{i} \times \mathbf{i} = 0, \quad \mathbf{i} \times \mathbf{j} = \mathbf{k}, \quad \mathbf{j} \times \mathbf{i} = -\mathbf{k}$$

두 단위벡터에 대한 벡터곱의 부호는 단위벡터를 나타내는 3개의 문자를 원으로 배열하고 반시계방향으로 정렬하여 결정할 수 있다(그림 3.43). 반시계방향의 벡터곱은 양이 되고 시계방향의 벡터곱은 음이 된다.

그림 3.43

벡터곱의 직교성분

두 벡터 **P**와 **Q**의 벡터곱 **V**의 직교성분은 다음과 같다(3.1.4절).

$$\begin{aligned} V_x &= P_y Q_z - P_z Q_y \\ V_y &= P_z Q_x - P_x Q_z \\ V_z &= P_x Q_y - P_y Q_x \end{aligned} \tag{3.9}$$

이 식은 다음과 같은 행렬식으로 나타낼 수 있다.

$$\mathbf{V} = \begin{vmatrix} \mathbf{i} & \mathbf{j} & \mathbf{k} \\ P_x & P_y & P_z \\ Q_x & Q_y & Q_z \end{vmatrix} \tag{3.10}$$

그림 3.44

한 점에 대한 힘의 모멘트

점 O에 대한 힘 $\mathbf{F}$의 모멘트는 벡터곱으로, 다음과 같이 정의된다.

$$\mathbf{M}_O = \mathbf{r} \times \mathbf{F} \tag{3.11}$$

여기서 $\mathbf{r}$은 O에서 힘 $\mathbf{F}$가 작용하는 위치 A까지의 위치벡터이다(그림 3.44). $\mathbf{r}$과 $\mathbf{F}$의 작용선 사잇각을 θ로 두면 O에 대한 $\mathbf{F}$의 모멘트의 크기는

$$M_O = rF \sin\theta = Fd \tag{3.12}$$

가 된다. 여기서 d는 O에서 $\mathbf{F}$의 작용선까지의 수직거리이다.

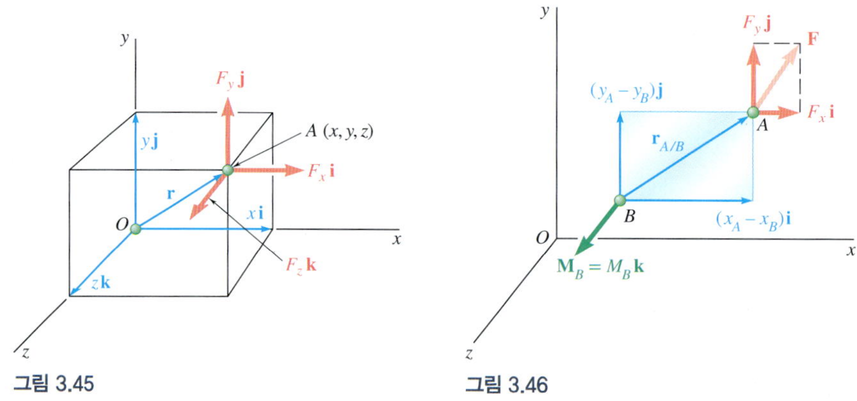

그림 3.45 그림 3.46

모멘트의 직교성분

힘 $\mathbf{F}$의 모멘트 $\mathbf{M}_O$의 직교성분은 다음과 같다(3.1절).

$$\begin{aligned} M_x &= yF_z - zF_y \\ M_y &= zF_x - xF_z \\ M_z &= xF_y - yF_x \end{aligned} \tag{3.18}$$

여기서 x, y, z는 위치벡터 $\mathbf{r}$의 성분이다(그림 3.45). 행렬식으로 나타내면 다음과 같다.

$$\mathbf{M}_O = \begin{vmatrix} \mathbf{i} & \mathbf{j} & \mathbf{k} \\ x & y & z \\ F_x & F_y & F_z \end{vmatrix} \tag{3.19}$$

점 A에 작용하는 힘 $\mathbf{F}$가 임의의 점 B에 대해 발생시키는 모멘트는 다음과 같다.

$$\mathbf{M}_B = \begin{vmatrix} \mathbf{i} & \mathbf{j} & \mathbf{k} \\ x_{A/B} & y_{A/B} & z_{A/B} \\ F_x & F_y & F_z \end{vmatrix} \tag{3.21}$$

여기서 $x_{A/B}$, $y_{A/B}$, $z_{A/B}$는 벡터 $\mathbf{r}_{A/B}$의 성분이다.

$$x_{A/B} = x_A - x_B, \quad y_{A/B} = y_A - y_B, \quad z_{A/B} = z_A - z_B$$

2차원 문제에서는 힘 $\mathbf{F}$가 평면 xy에 있다고 가정한다. 동일 평면에 있는 점 B에 대한 모멘트 $\mathbf{M}_B$는 해당 평면에 수직방향이고, 그 크기는 다음과 같이 스칼라로 정의된다.

$$M_B = (x_A - x_B)F_y - (y_A - y_B)F_x \tag{3.23}$$

한 점에 대한 힘의 모멘트를 계산하는 다양한 방법을 [예제 3.1] ~ [예제 3.4]에서 살펴보았다.

두 벡터의 스칼라곱

두 벡터 $\mathbf{P}$와 $\mathbf{Q}$의 스칼라곱(3.2.1절)은 $\mathbf{P}\cdot\mathbf{Q}$로 나타내고, 스칼라로 정의된다.

$$\mathbf{P}\cdot\mathbf{Q} = PQ\cos\theta \tag{3.24}$$

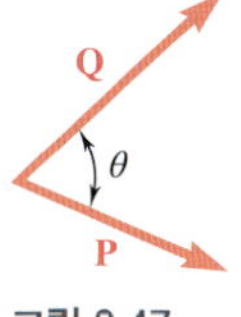

그림 3.47

여기서 θ는 $\mathbf{P}$와 $\mathbf{Q}$의 사잇각이다. 두 벡터 $\mathbf{P}$와 $\mathbf{Q}$를 직교성분으로 나타내면 다음과 같다.

$$\mathbf{P}\cdot\mathbf{Q} = P_xQ_x + P_yQ_y + P_zQ_z \tag{3.28}$$

벡터의 축에 대한 투영

벡터 $\mathbf{P}$와 OL축을 따르는 단위벡터 $\boldsymbol{\lambda}$의 스칼라곱으로 OL축에 대한 벡터 $\mathbf{P}$의 투영projection을 얻는다(그림 3.48).

$$P_{OL} = \mathbf{P}\cdot\boldsymbol{\lambda} \tag{3.34}$$

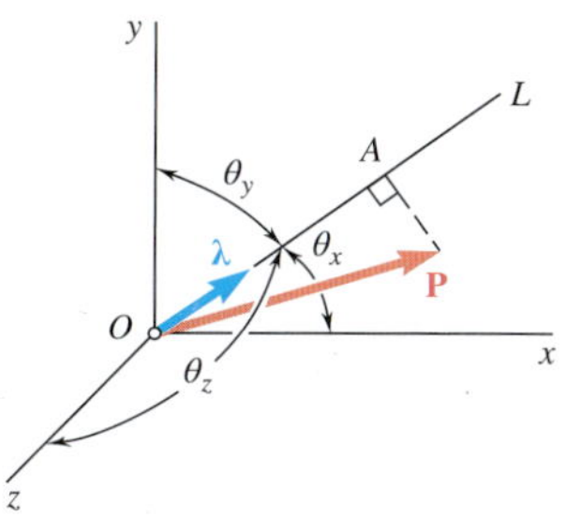

그림 3.48

이 식을 직교성분으로 표현하면 다음과 같다.

$$P_{OL} = P_x\cos\theta_x + P_y\cos\theta_y + P_z\cos\theta_z \tag{3.35}$$

여기서 θ_x, θ_y, θ_z는 OL축과 각 좌표축이 이루는 각도이다.

세 벡터의 혼합 삼중곱

세 벡터 $\mathbf{S}$, $\mathbf{P}$, $\mathbf{Q}$의 혼합 삼중곱mixed triple product은 스칼라로 정의된다.

$$\mathbf{S}\cdot(\mathbf{P}\times\mathbf{Q}) \tag{3.36}$$

벡터 $\mathbf{S}$와 벡터곱 $\mathbf{P}\times\mathbf{Q}$ 사이의 스칼라곱으로 얻는다.

$$\mathbf{S}\cdot(\mathbf{P}\times\mathbf{Q}) = \begin{vmatrix} S_x & S_y & S_z \\ P_x & P_y & P_z \\ Q_x & Q_y & Q_z \end{vmatrix} \tag{3.39}$$

여기서 행렬식의 각 요소는 세 벡터의 직교성분이다.

축에 대한 힘의 모멘트

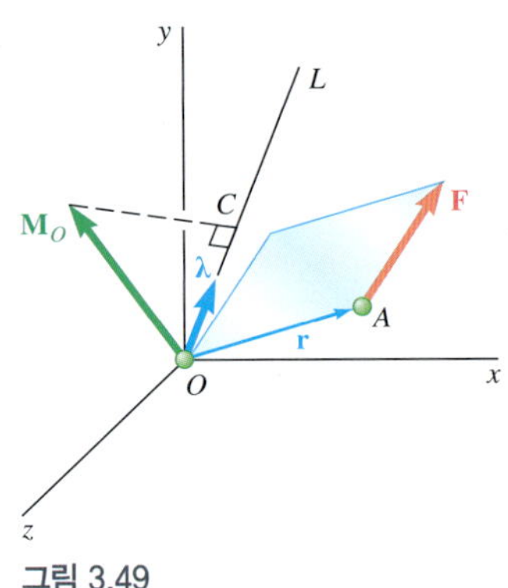

그림 3.49

OL축에 대한 힘 $\mathbf{F}$의 모멘트는 O에 대한 모멘트 $\mathbf{M}_O$의 OL축에 대한 투영, 즉 단위벡터 $\boldsymbol{\lambda}$, 위치벡터 $\mathbf{r}$, 힘 $\mathbf{F}$의 혼합 삼중곱으로 정의된다.

$$M_{OL} = \boldsymbol{\lambda} \cdot \mathbf{M}_O = \boldsymbol{\lambda} \cdot (\mathbf{r} \times \mathbf{F}) \tag{3.40}$$

혼합 삼중곱의 행렬식은 다음과 같다.

$$M_{OL} = \begin{vmatrix} \lambda_x & \lambda_y & \lambda_z \\ x & y & z \\ F_x & F_y & F_z \end{vmatrix} \tag{3.41}$$

$\lambda_x, \lambda_y, \lambda_z = OL$ 축의 방향코사인

$x, y, z = \mathbf{r}$의 성분

$F_x, F_y, F_z = \mathbf{F}$의 성분

기울어진 축에 대한 힘의 모멘트를 계산하는 예시는 [예제 3.5]에서 다루었다.

우력

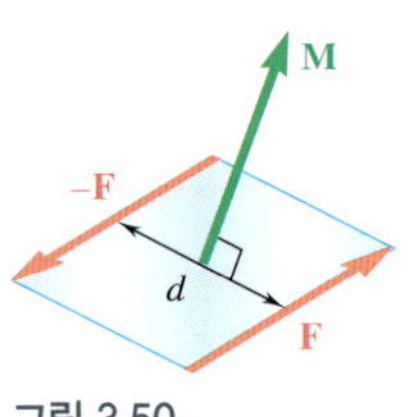

그림 3.50

크기가 같고 작용선이 평행하며 방향이 서로 반대인 두 힘 $\mathbf{F}$와 $-\mathbf{F}$는 우력couples을 형성한다(3.3.1절). 우력모멘트는 계산되는 기준점과는 무관하다. 우력을 형성하는 평면에 수직인 방향이고 그 크기는 힘의 크기 $\mathbf{F}$와 작용선 사이 수직거리 d의 곱과 같다(그림 3.50).

동일한 모멘트 $\mathbf{M}$을 갖는 두 우력은 등가이다. 즉, 주어진 강체에 대해 동일한 효과를 가진(3.3.2절) 두 우력의 합도 그 자체로 우력이고(3.3.3절), 우력의 합에 의한 모멘트 $\mathbf{M}$은 각 우력에 의한 모멘트 $\mathbf{M}_1$과 $\mathbf{M}_2$의 벡터합이다(예제 3.6). 따라서 우력은 우력벡터로 다룰 수 있고, 이때 우력벡터의 크기와 방향은 우력이 생성하는 모멘트와 같다(3.3.4절). 우력벡터는 원점 O에 작용시킬 수 있고, 성분으로 분해될 수 있는 자유벡터이다(그림 3.51).

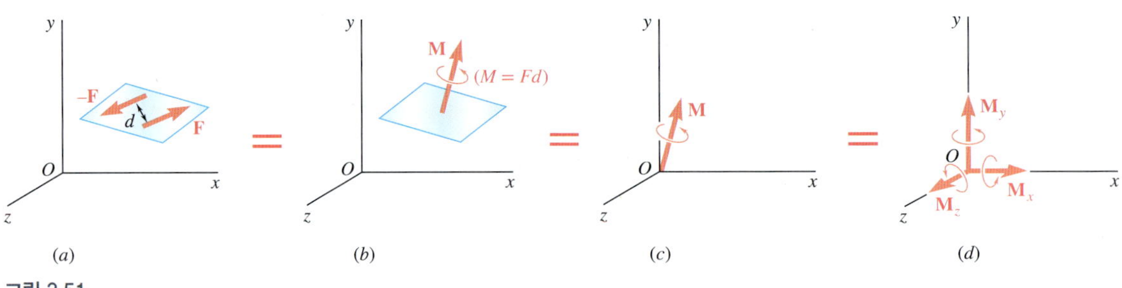

그림 3.51

힘–우력시스템

강체의 점 A에 작용하는 힘 $\mathbf{M}$은 임의 점 O에 작용하는 힘과 점 O에 대한 우력모멘트 $\mathbf{M}_O$로 구성되는 힘–우력시스템force–couple system으로 대체할 수 있다(3.3.5절). 힘 $\mathbf{F}$와 우력벡터 $\mathbf{M}_O$는 항상 서로 수직이다(그림 3.52).

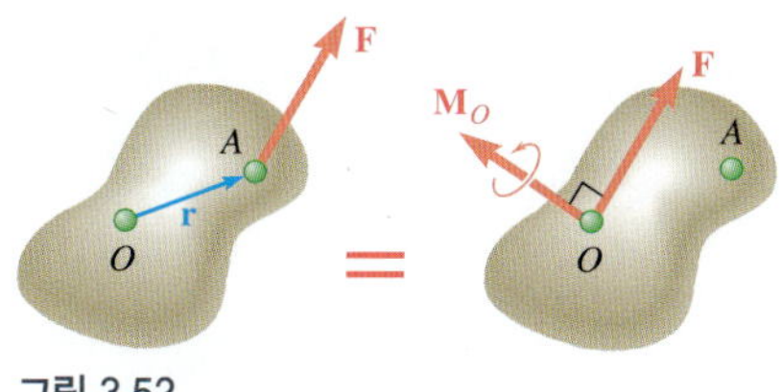

그림 3.52

힘–우력시스템으로 힘시스템의 단순화

시스템으로 주어진 각 힘을 점 O(그림 3.53)에서 등가의 힘–우력시스템으로 단순화할 수 있다. 모든 힘의 합력 $\mathbf{R}$과 모든 우력벡터의 합벡터 $\mathbf{M}_O^R$을 계산하여 주어진 점 O에 재하하는 방식이다(예제 3.8 ~ 3.11). 일반적으로 합력 $\mathbf{R}$과 우력벡터 $\mathbf{M}_O^R$는 서로 수직이 아니다.

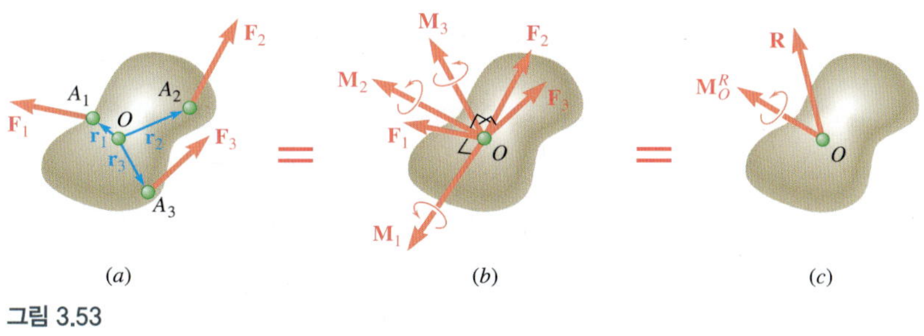

그림 3.53

등가의 힘시스템

강체에 작용하는 경우 두 힘시스템 $\mathbf{F}_1$, $\mathbf{F}_2$, $\mathbf{F}_3$, …와 $\mathbf{F}_1'$, $\mathbf{F}_2'$, $\mathbf{F}_3'$, …은 다음을 만족하면 등가이다.

$$\Sigma \mathbf{F} = \Sigma \mathbf{F}', \quad \Sigma \mathbf{M}_O = \Sigma \mathbf{M}_O' \tag{3.55}$$

단일힘으로 힘시스템의 단순화

합력 $\mathbf{R}$과 우력벡터의 벡터합 $\mathbf{M}_O^R$이 서로 수직이면 점 O에서 힘–우력시스템을 하나의 합력으로 더 단순화할 수 있다(3.4.3절). 이것은 (a) 한 점에 동시에 작용하는 힘(2장 참조), (b) 동일한 평면 내 힘(예제 3.8 ~ 3.9), (c) 서로 평행한 힘(예제 3.11)으로 구성되는 시스템의 경우에 해당한다. 합력 $\mathbf{R}$과 우력벡터 $\mathbf{M}_O^R$이 서로 수직이 아닌 경우 시스템은 단일힘으로 단순화하여 대체할 수 없다.

Chapter 03 종합문제

3.97 그림과 같은 판에서 못 C를 제거하려면 200 lb의 수직력이 필요하다. 못이 빠지기 시작할 때 (a) 못에 가해진 힘의 B에 대한 모멘트, (b) $\alpha = 10°$일 때 B에 대한 동일한 모멘트를 생성하는 힘 $\mathbf{P}$의 크기, (c) B에 대해 동일한 모멘트를 생성하는 최소의 힘 $\mathbf{P}$를 구하시오.

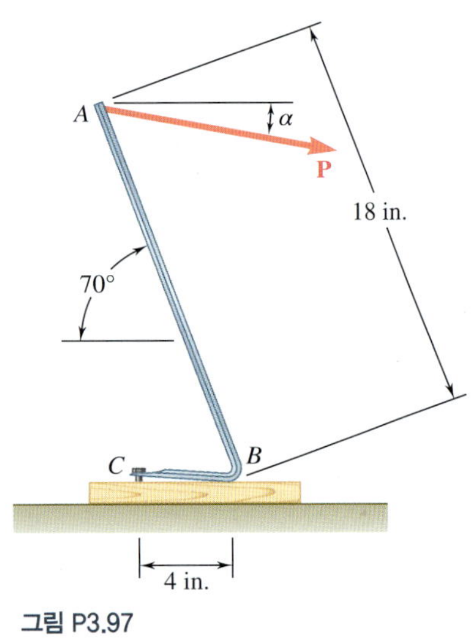

그림 P3.97

3.98 배구용 그물이 걸리는 기둥과 그것을 지지하는 경사 와이어 AB와 AC에 의해 형성된 각도를 구하시오.

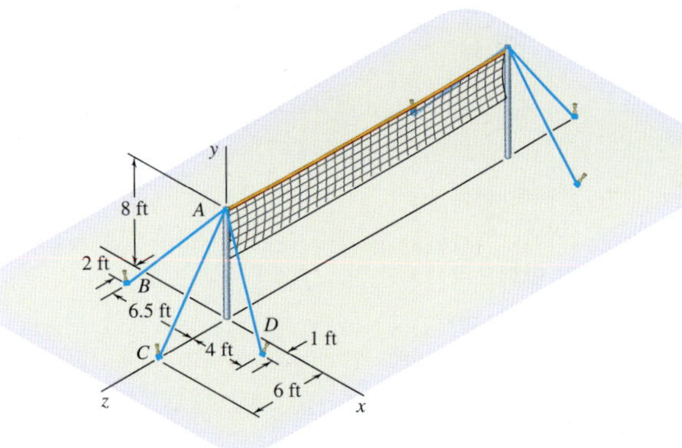

그림 P3.98

3.99 크레인의 25 m 붐 AO는 yz평면에 있다. 그림에 보인 케이블 AB의 인장력은 4 kN이다. 케이블 AB에 의해 A에 가해진 힘이 각 좌표축에 대해 발생시키는 모멘트를 구하시오.

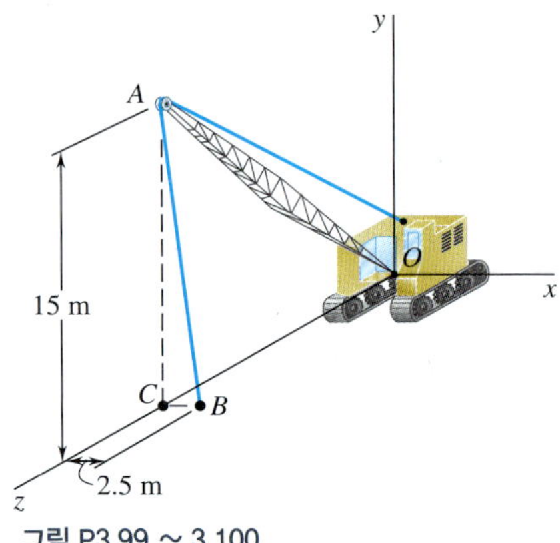

그림 P3.99 ~ 3.100

3.100 크레인의 25 m 붐 AO는 yz평면에 있다. 케이블 AB에 의해 A에 가해진 힘이 좌표축에 발생시키는 모멘트의 절댓값이 다음과 같이 제한될 때, 케이블 AB의 최대 허용 인장력을 구하시오.

$$|M_x| \le 60\ \text{kN}\cdot\text{m}$$
$$|M_y| \le 12\ \text{kN}\cdot\text{m}$$
$$|M_z| \le 8\ \text{kN}\cdot\text{m}$$

3.101 단일힘 $\mathbf{P}$는 크랭크 핸들 BC에 수직인 방향으로 C에 작용한다. $M_y = -15\ \text{N}\cdot\text{m}$, $M_z = -36\ \text{N}\cdot\text{m}$, $\theta = 65°$일 때, x축에 대한 $\mathbf{P}$의 모멘트 M_x를 구하시오.

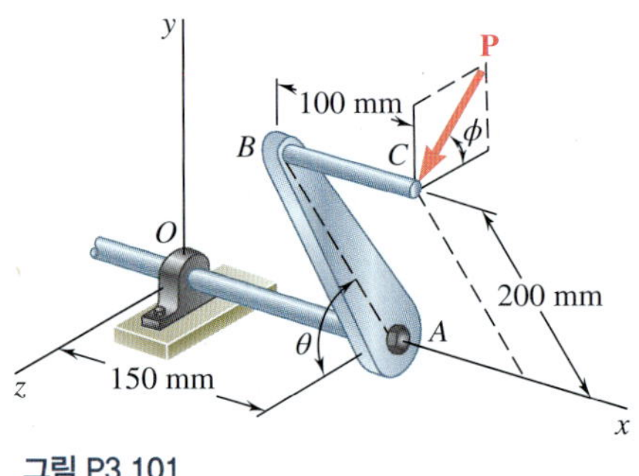

그림 P3.101

3.102 기계공은 구멍을 뚫고자 탭 렌치의 핸들에 그림과 같이 힘을 가한다. 이 두 힘을 등가의 단일힘으로 대체하고, 그 작용점의 위치를 지정하시오.

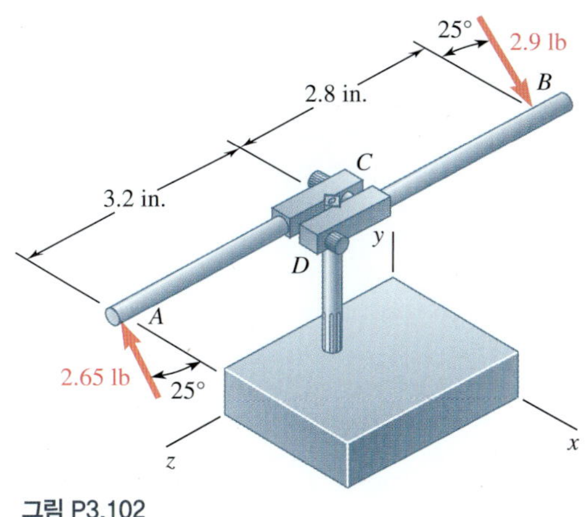

그림 P3.102

3.103 그림과 같은 판에 500 N의 힘이 작용한다. (a) B에서 등가의 힘-우력시스템, (b) A에 작용하는 수직력과 B에 작용하는 힘으로 구성되는 등가시스템을 구하시오.

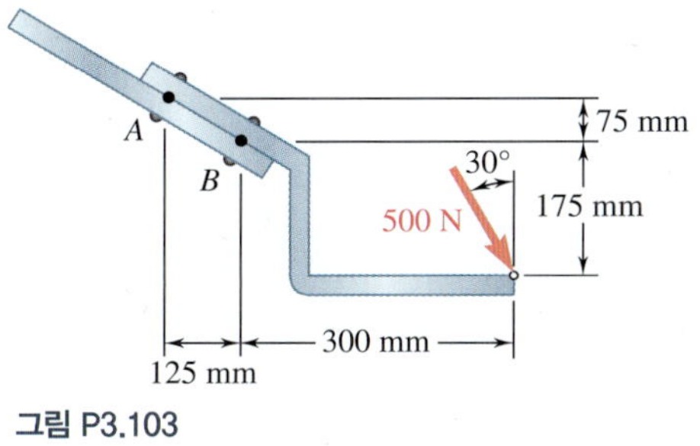

그림 P3.103

3.104 외팔보의 단부에 그림과 같이 힘과 우력이 작용한다. (a) 이 시스템을 C에 작용하는 단일힘 $\mathbf{F}$로 대체하고, 점 C에서 선 DE까지의 거리 d를 구하시오. (b) 두 360 N 힘의 방향이 주어진 방향과 반대일 때 (a)를 다시 푸시오.

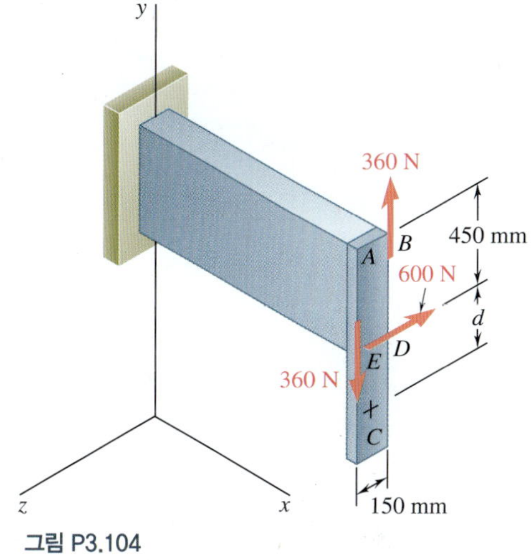

그림 P3.104

3.105 고리 P는 막대 OA를 따라 이동이 가능하다. 코드 PC는 고리와 수직부재 BC에 부착되었다. O에서 P까지의 거리가 6 in.이고 코드의 인장력이 3 lb일 때 (a) 코드와 막대 OA 사이의 각도, (b) P에서 코드 PC의 인장력이 OA축에 발생시키는 힘의 투영을 구하시오.

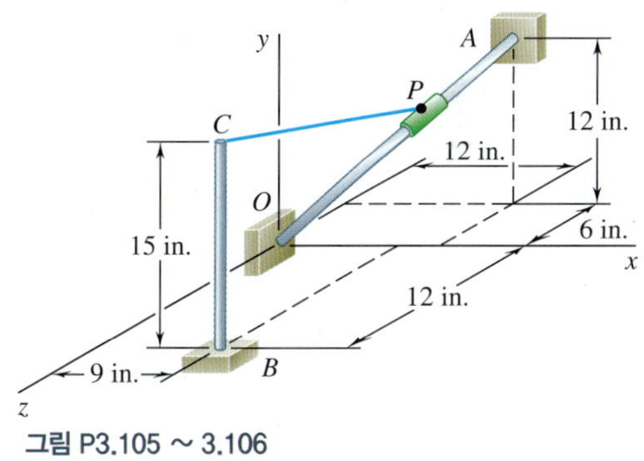

그림 P3.105 ~ 3.106

3.106 고리 P는 막대 OA를 따라 이동이 가능하다. 코드 PC는 고리와 수직부재 BC에 부착되었다. 코드 PC와 막대 OA가 수직을 이룰 때 O에서 P까지의 거리를 구하시오.

3.107 도르래 A와 B는 브라켓 $CDEF$에 장착되었다. 두 벨트의 양쪽 인장력은 그림과 같다. 네 가지 힘을 하나의 등가 힘으로 대체하고, 그 작용선이 브라켓의 하단 가장자리와 교차하는 위치를 찾으시오.

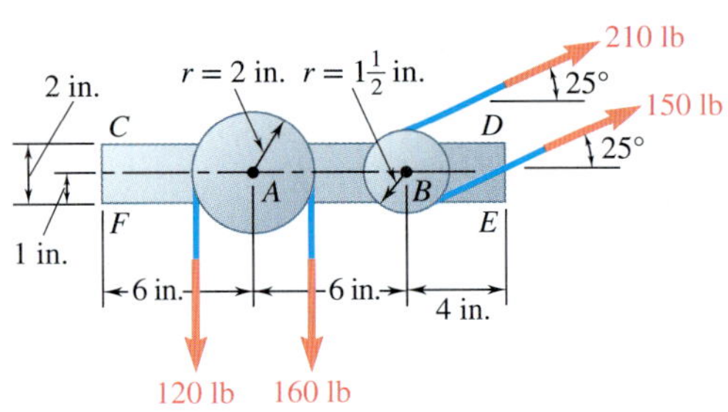

그림 P3.107

3.108 그림과 같은 정사면체에는 길이가 a인 모서리가 6개 있다. 힘 $\mathbf{P}$는 모서리 BC를 따라 작용한다. 모서리 OA에 대해 힘 $\mathbf{P}$가 발생시키는 모멘트를 구하시오.

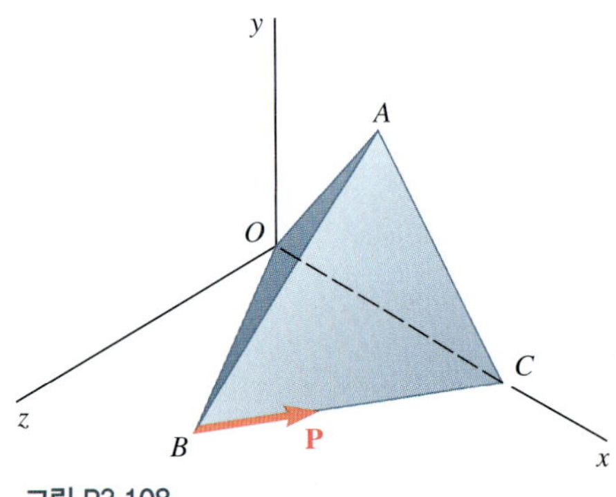

그림 P3.108

View Stock/Getty Images

04

강체의 평형

톈진아이Tianjin Eye는 중국 하이허강Haihe River을 가로지르는 교량 위의 대관람차이다. 중심의 휠 베어링과 프레임 구조는 수직방향으로는 중력의 영향을, 수평방향으로는 바람의 영향을 고려하여 평형을 유지하도록 설계되었다.

목차

학습목표

- 2차원과 3차원 내 강체의 정적평형을 해석한다.
- 강체의 평형해석을 위한 필수 도구로서 적절하게 작성된 자유물체도의 특성을 고려한다.
- 부정정 반력과 부분구속에 의해 지지되는 강체를 살펴본다.
- 두 가지의 특별한 경우로 2력 평형과 3력 평형을 학습한다.
- 건조마찰의 법칙과 접촉면에서 마찰을 고려한 강체의 평형을 살펴본다.

서론

3장에서 임의의 점 O에서 강체에 작용하는 외력을 힘-우력시스템으로 단순화하는 방법을 학습했다. 힘과 우력이 모두 0일 때 외력은 0에 해당하는 시스템을 형성한다. 이때 강체는 평형상태에 있다고 한다.

3.4.1절의 식 (3.50)의 관계에서 $\mathbf{R}$과 $\mathbf{M}_O^R$를 0으로 설정함으로써 강체의 평형을 위한 필요충분조건을 얻을 수 있다.

$$\Sigma \mathbf{F} = 0, \quad \Sigma \mathbf{M}_O = \Sigma(\mathbf{r} \times \mathbf{F}) = 0 \tag{4.1}$$

각 힘과 각 모멘트를 직각성분으로 분해하면 강체의 평형에 대한 벡터방정식을 다음 여섯 개의 스칼라식으로 대체할 수 있다.

$$\Sigma F_x = 0, \quad \Sigma F_y = 0, \quad \Sigma F_z = 0 \tag{4.2}$$
$$\Sigma M_x = 0, \quad \Sigma M_y = 0, \quad \Sigma M_z = 0 \tag{4.3}$$

이 식을 사용하여 강체에 작용하는 미지의 힘 또는 반력을 구할 수 있다. 식 (4.2)는 x, y, z의 방향으로 외력성분이 평형을 이루고 있다는 것을 나타낸다. 그리고 식 (4.3)은 x, y, z 축에 대해 외력이 발생시키는 모멘트 성분이 각각 평형을 이루고 있다는 것을 나타낸다. 평형상태에 있는 강체는 병진운동 또는 회전운동이 발생하지 않는다.

강체에 대한 평형방정식을 작성하려면, 먼저 해당 강체에 작용하는 모든 힘을 식별하고 그에 상응하는 자유물체도를 그려야 한다. 이 장에서는 자유물체도를 그리기 위해 먼저 평면에서 힘을 받는 2차원 구조물의 평형을 고려한다. 구조물에 작용하는 힘 외에도 지점에서 구조물에 작용하는 반력도 고려해야 한다. 구체적인 반력은 지점의 형식에 따라 다르게 나타난다. 미지의 힘과 반력이 포함된 평형방정식을 적절히 풀 수 있는가는 구조물의 지지상태를 확인하여 결정할 수 있다.

2차원 문제를 다룬 후에는 3차원 구조물의 평형을 고려한다. 이후 마찰력이 작용하는 표면에 지지되는 강체의 평형을 다룬다.

자유물체도

평형상태에 있는 강체 문제를 풀기 위해서는 물체에 작용하는 모든 힘을 고려해야 한다. 물체에 직접 가해지지 않는 힘은 배제한다. 필수적인 힘을 생략하거나 불필요한 힘을 추가하면 평형조건이 성립하지 않는다. 따라서 문제를 해결하기 위한 첫 번째 단계는 대상이 되는 강체에 대한 **자유물체도**free-body diagrams를 정확히 작도하는 것이다.

2장에서도 자유물체도를 다루었지만, 평형 문제를 해결하는 데 자유물체도가 매우 중요하므로, 다음과 같이 올바른 자유물체도의 작성법을 단계별로 살펴보자.

1. 분석할 자유물체를 명확하게 결정한다. 대상이 되는 물체를 지면 또는 바닥뿐 아니라 다른 물체와 떼어내고, 분리된 물체에 대한 윤곽을 스케치한다.
2. 자유물체도에 모든 외력을 표시한다. 외력은 지면 또는 바닥에서 작용하는 힘과 다른 물체에 의해 가해지는 힘을 포함한다. 다양한 지지점에서의 반력과 다른 물체에 연결되어 전달되는 힘이 모두 자유물체도에 적용되어야 한다. 일반적으로 자유물체의 무게는 자유물체를 구성하는 다양한 입자와 지구 사이의 인력을 나타내므로 외력으로 포함해야 한다. 물체의 무게는 해당 물체의 무게중심에 작용하도록 그린다. 자유물체가 여러 부품으로 이루어진 경우, 외력 중에서 부품들이 서로에게 상호작용하는 힘은 제외한다. 이러한 힘은 자유물체도에서 내력에 해당한다.
3. 주어진 **기지의 외력**known external forces은 그 크기와 방향을 자유물체도에 명확하게 표시한다. 힘의 방향을 나타낼 때 힘은 자유물체에 가해지는 것이지 자유물체가 가하는 것이 아니라는 것에 유념한다. 주어진 외력은 자유물체의 무게와 목적을 가지고 가해진 모든 힘을 포함한다.
4. **미지의 외력**unknown external forces은 바닥면과 다른 물체에 의해 자유물체가 움직이지 않도록 지지되는 위치에서의 반력으로 구성된다. 반력은 자유물체가 현재 위치를 유지할 수 있도록 해주기 때문에 **구속력**constraining forces이라고도 한다. 반력은 자유물체가 지지되거나 다른 물체와 연결되는 위치에 정확히 작용하도록 작도한다. 반력에 대해서는 4.1절과 4.3절에서 상세하게 다룬다.
5. 힘뿐만 아니라 모멘트 계산을 위해 자유물체도에는 치수가 포함되어야 한다. 다른 불필요한 세부사항은 생략한다.

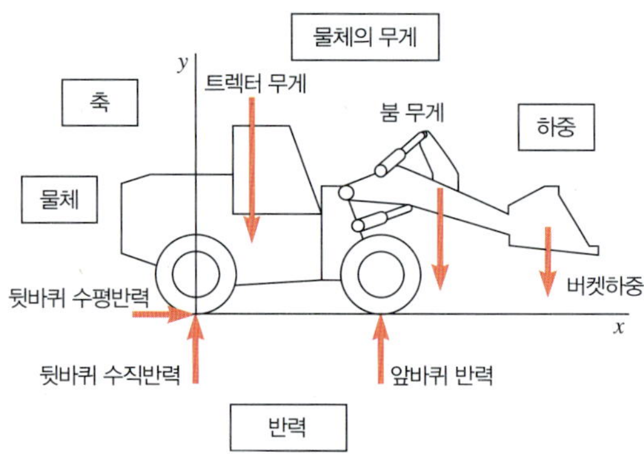

사진 4.1 버켓하중을 지지하는 트랙터. 자유물체도는 트랙터에 작용하는 모든 외력을 포함해야 한다.

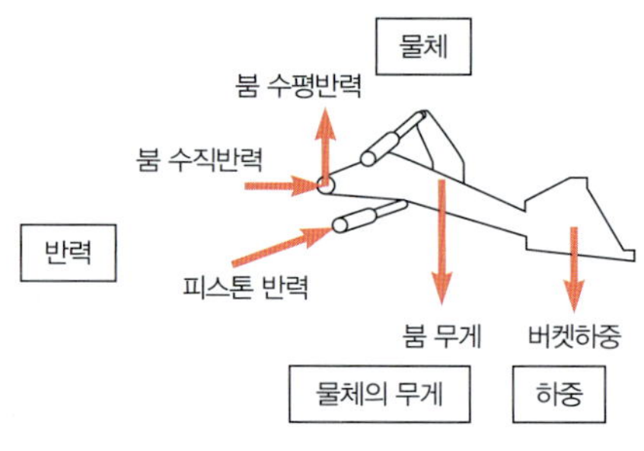

사진 4.2 트랙터의 버켓과 붐. 자유물체도를 이용하여 상호 연결된 물체 간의 내력을 구하는 방법은 6장에서 다룬다.

4.1 2차원 평형

여기서는 2차원 구조물의 평형을 고려한다. 즉, 해석의 대상인 구조물과 이에 작용하는 힘은 모두 동일한 평면에 있다고 가정한다. 구조물을 유지하는 반력 또한 동일한 평면에서 작용한다.

4.1.1 2차원 구조물의 반력

2차원 구조물에 작용하는 반력은 지점와 연결부에 따라 다음과 같이 세 가지 범주로 구분한다.

1. **작용선이 주어지는 반력**

   롤러rollers, 로커rockers, 마찰이 없는 표면, 짧은 링크와 케이블, 마찰이 없는 봉과 연결고리, 마찰이 없는 슬롯과 핀 등이 이러한 범주에 해당한다. 이것은 자유물체의 운동을 오직 한 방향으로 구속하는 역할을 한다. [그림 4.1]은 이러한 지점 또는 연결부를 각각에 해당하는 반력의 방향과 함께 보여준다. 이 경우 구해야 하는 미지의 반력은 단 하나이고 문제해결을 위해 그 크기를 적절한 문자로 표시한다. 반력의 작용선이 주어지므로 자유물체도에 명확하게 나타낼 수 있다. 마찰이 없는 표면과 케이블의 경우 반력의 방향은 [그림 4.1]과 같이 각각 자유물체를 미는 방향과 자유물체를 당기는 방향이 된다. 롤러, 링크, 봉과 연결고리, 슬롯과 핀 등의 경우, 반력의 방향은 자유물체를 밀거나 당기는 방향 어느 쪽이든 가능하다. 일반적으로 롤러와 로커는 반대편에 설치할 수 있으므로 해당 반력은 양방향의 어느 쪽이든 작용할 수 있다.

2. **크기와 방향이 주어지지 않는 반력**

   마찰이 없는 구멍에 맞춰진 핀, 힌지, 거친 표면 등이 이 범주에 해당한다. 이러한 반력은 모든 방향으로 자유물체의 운동은 구속하지만 회전은 허용한다. 이 부류의 지점 또는 연결부에서 반력은 x와 y의 방향으로 각각 작용하는 크기는 미지인 두 힘으로 표시된다. 거친 표면의 경우 표면에 수직인 반력성분은 자유물체를 떠받치는 방향이 된다.

3. **힘과 모멘트로 표시되는 반력**

   이러한 반력은 자유물체의 모든 운동을 저지하는 고정지점fixed supports에 의해 발생한다. 고정지점은 실제로 전 접촉면에 대해 반력을 발생시키지만 하나의 힘과 모멘트 조합으로 단순화할 수 있다. 이 부류의 반력은 총 세 개의 미지수, 즉 두 개의 힘 성분과 하나의 모멘트 성분을 가진다.

미지의 힘 또는 모멘트의 방향이 명확하지 않으면 임의의 방향으로 먼저 가정한다. 계산의 결과를 통해 가정된 방향의 부합 여부를 확인할 수 있다. 계산 결과가 양수이면 가정이 제대로 되었다는 것을, 음수이면 실제와 반대 방향으로 가정되었다는 것을 의미한다.

지점 또는 연결부	반력	미지수 개수
롤러 / 로커 / 마찰이 없는 표면	표면의 수직방향으로 작용하는 힘	1
짧은 케이블 / 짧은 링크	케이블 또는 링크 길이방향으로 작용하는 힘	1
마찰이 없는 로드와 이음고리 / 마찰이 없는 슬롯과 핀	90° 로드 또는 슬롯 길이방향과 수직으로 작용하는 힘	1
마찰이 없는 핀 또는 힌지 / 거친 표면	or α 미지의 방향으로 작용하는 힘	2
고정지점	or α 힘과 모멘트	3

그림 4.1 2차원 지점반력과 연결부

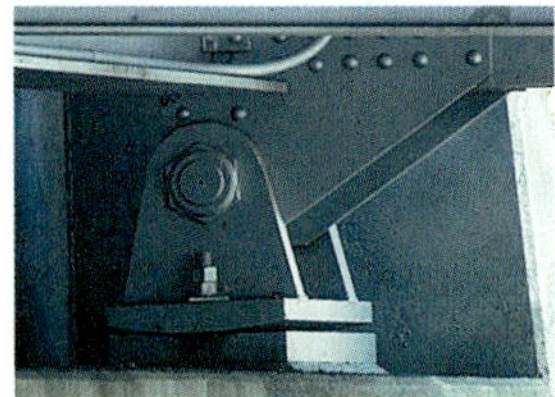

교량의 무게를 지지하는 로커. 로커의 오목한 표면은 미소한 수준이지만 교량의 수평방향으로 이동하게 한다.

교량의 경간을 지지하는 링크

여닫이 창문의 개폐장치에 사용된 로드와 연결고리

교량 하부에 설치된 핀 지지

한쪽은 고정지지이고 다른 한쪽은 지지점이 없는 외팔보 구조물

Courtesy Godden Collection. National Information Service for Earthquake Engineering, University of California, BerkeleyCourtesy Michigan Department of TransportationLucinda Dowell/McGraw-Hill EducationCourtesy Michigan Department of TransportationRichard Ellis/Alamy Stock Photo

4.1.2 2차원 강체의 평형

식 (4.2)와 식 (4.3)에서 기술한 강체의 평형조건은 2차원 구조물의 경우 훨씬 간단해진다. 구조물이 있는 평면에서 xy 좌표계을 취하면 구조물에 작용하는 각 힘은 z방향 성분이 없으므로 다음을 만족한다.

$$F_z = 0, \quad M_x = M_y = 0, \quad M_z = M_O$$

그러므로 식 (4.2)와 식 (4.3)에 보인 여섯 개의 평형조건식은 다음과 같이 세 개로 줄일 수 있다.

$$\Sigma F_x = 0, \quad \Sigma F_y = 0, \quad \Sigma M_O = 0 \tag{4.4}$$

원점 O의 선택과 관계없이 $\Sigma M_O = 0$을 만족해야 하므로, 보다 일반적인 표현으로 2차원 구조물에 대한 평형방정식을 나타내면 다음과 같다.

2차원 평형방정식

$$\Sigma F_x = 0, \quad \Sigma F_y = 0, \quad \Sigma M_A = 0 \tag{4.5}$$

여기서 A는 구조물이 있는 평면에서 임의의 위치를 의미한다. 이 세 개의 식으로 **세 개의 미지수**까지 해를 구할 수 있다.

미지수로 표현되는 반력은 해당 반력을 일으키는 지점 또는 연결부 유형에 따라 그 개수가 정해진다. [그림 4.1]을 참조하여 식 (4.5)를 사용하면 롤러 두 개와 케이블 하나, 하나의 고정지점, 각각의 롤러와 핀 등으로 구성되는 구조물의 반력체계를 구할 수 있다.

예를 들어, [그림 4.2a]에 보인 힘 **P**, **Q**, **S**를 받는 트러스를 살펴보자. 이 구조물은 A에서 핀, B에서 롤러로 지지되어 있다. 핀은 A 위치에서 반력으로 트러스의 움직임을 막아준다. 이 반력은 x, y방향의 성분 $\mathbf{A}_x$와 $\mathbf{A}_y$로 분해될 수 있다. 롤러는 B 위치에서 수직반력 **B**로 구조물이 A에 대해 회전하지 않도록 막아준다. 이 트러스의 자유물체도는 [그림 4.2]에 주어졌는데, 반력 $\mathbf{A}_x$, $\mathbf{A}_y$, **B**와 x, y성분으로 표시된 작용하중 **P**, **Q**, **S**와 자중 **W**를 포함하고 있다.

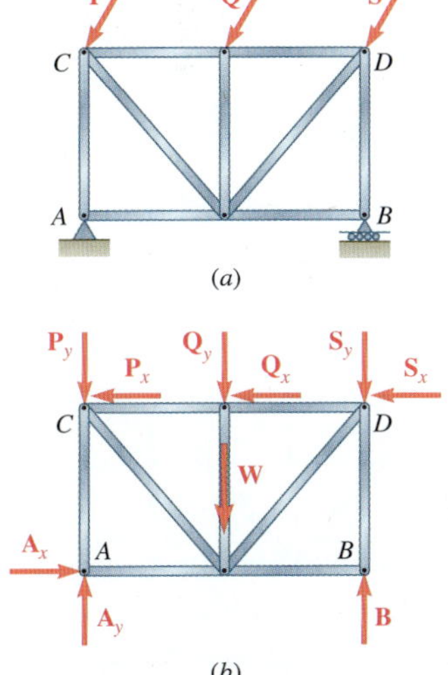

그림 4.2 (a) 핀과 롤러로 지지된 트러스 (b) 트러스의 자유물체도

트러스가 평형상태에 있으므로 [그림 4.2b]에 표시된 모든 힘이 A에 대해 발생시키는 모멘트의 합은 0 또는 $\Sigma M_A = 0$이 된다. 이 식에는 $\mathbf{A}_x$ 또는 $\mathbf{A}_y$가 포함되어 있지 않기 때문에 이 식으로 크기 **B**를 구할 수 있다. 그리고 힘의 x성분과 y성분의 합이 각각 0이므로 식 $\Sigma F_x = 0$과 $\Sigma F_y = 0$을 얻는다. 이 두 식으로부터 성분 A_x와 A_y를 구할 수 있다.

A 이외의 한 점에 대한 외력의 모멘트합이 0이라는 것으로부터 추가의 식을 도출할 수 있다. 예를 들어, $\Sigma M_B = 0$을 고려해보자. 이 식에는 [그림 4.2b]의 자유물체도에 표시된 힘 시스템이 0이 된다는 것을 이미 설정했으므로 새로운 정보가 포함되어 있지 않다. 추가의 식은 독립적이지 않으며 네 번째 미지수를 구하는 데 사용할 수 없다. 그러나 세 개의 평형 방정식으로 얻은 해를 확인하는 데에는 도움이 된다.

세 개의 평형방정식에 연립방정식의 의미를 가지는 다른 식을 추가할 수는 없지만, 세 평형방정식 중 어느 것이라도 다른 식으로 대체할 수는 있다. 적절하게 선택하면 새로운 연립방정식의 체계는 평형조건을 기술하면서도 해를 찾는 과정을 쉽게 해준다. 예를 들어, 다음과 같은 연립 평형방정식이 있을 수 있다.

$$\Sigma F_x = 0, \quad \Sigma M_A = 0, \quad \Sigma M_B = 0 \tag{4.6}$$

여기서 두 번째로 취한 모멘트 기준점 B는 A를 지나는 수직한 축에 놓여서는 안 된다(그림 4.2b). 이 연립 평형방정식은 트러스 평형의 충분조건이다. 처음의 두 식은 모든 외력이 A에 작용하는 하나의 수직력으로 대체되어야 성립한다. 세 번째 식은 이 수직력이 작용선상에 있지 않은 B에 대해 발생시키는 모멘트가 0이 되어야 함을 의미하므로, 이 수직력은 0이 되어야 한다. 결과적으로 강체는 평형상태에 있게 된다.

세 번째 가능한 연립 평형방정식은 다음과 같다.

$$\Sigma M_A = 0, \quad \Sigma M_B = 0, \quad \Sigma M_C = 0 \tag{4.7}$$

여기서 A, B, C는 일직선상 놓여서는 안 된다. 첫 번째 식은 모든 외력이 방향과는 상관없이 A에 작용하는 하나의 힘으로 대체될 수 있을 때 성립한다. 두 번째 식은 이 힘이 B를 지난다는 의미이고, 세 번째 식은 이 힘이 C를 지날 때 성립한다. 세 점 A, B, C는 일직선상에 있지 않으므로 이 힘의 크기는 0이 되어야 하고, 강체가 평형상태에 있다는 것을 확인할 수 있다.

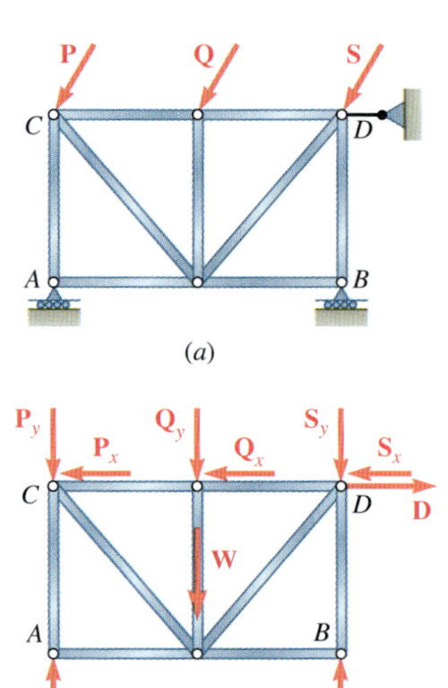

그림 4.3 (a) 두 개의 롤러와 한 개의 짧은 링크로 지지된 트러스 (b) 트러스의 자유물체도

핀 A에 대한 모멘트합이 0임을 나타내는 식 $\Sigma M_A = 0$은 식 (4.7)의 다른 두 식보다 물리적 의미가 더 명확하다. 이 두 식은 실제로 힌지가 아닌 위치에서의 모멘트 평형을 나타내고 있지만, 첫 번째 식만큼 유용하다. 평형방정식을 선택할 때 물리적 의미를 과도하게 고려할 필요는 없다. 미지수가 하나인 식을 선택하는 것이 바람직한데, 이렇게 하면 연립방정식을 풀 필요가 없기 때문이다. 두 작용선의 교차점을 모멘트 기준점으로 취하거나 두 힘이 동일 방향으로 작용하는 경우 수직인 방향으로 합력을 취하면 미지수가 하나만 포함된 식을 얻을 수 있다.

예를 들어, [그림 4.3]과 같이 A와 B는 롤러로, D는 짧은 링크로 지지된 트러스에서 x 방향 합력을 취하면 A와 B에서 반력을 소거할 수 있다. 또한 C에 대한 모멘트를 취하면 A와 D에서 반력을, D에 대한 모멘트를 취하면 B와 D에서 반력을 소거할 수 있다. 해당 식은 다음과 같다.

$$\Sigma F_x = 0, \quad \Sigma M_C = 0, \quad \Sigma M_D = 0$$

각 식은 오직 하나의 미지수만 가진다.

4.1.3 부정정 반력과 부분구속

[그림 4.2]와 [그림 4.3]에서 어떤 하중이 작용하더라도 강체는 움직일 수 없는 지지 유형을 다루었다. 이러한 경우를 **완전구속**complete constraints이라 한다. 이러한 구속조건에는 세 개의 미지수 반력이 있고, 세 개의 평형방정식을 연립으로 풀어 그 미지수를 구할 수 있다. 이때 반력은 정역학적으로 정할 수 있으므로 **정정**statically determinate이라 한다.

[그림 4.4a]처럼 A와 B의 핀으로 지지된 트러스를 살펴보자. 이러한 지지조건은 주어진 하중조건에서 트러스가 움직이지 않도록 하는 데 필요한 것보다 더 많은 구속을 포함한다. [그림 4.4b]의 자유물체도에서는 4개의 미지수를 확인할 수 있다. 4.1.2절에서 세 개의 평형방정식만 독립적으로 사용할 수 있다는 것을 다루었다. 따라서 이 경우 방정식의 개수보다 미지수가 더 많으므로 모든 미지수를 구할 수 없다. 식 $\Sigma M_A = 0$과 $\Sigma M_B = 0$은 각각 수직성분 B_y와 A_y를 포함하지만 방정식 $\Sigma F_x = 0$은 A와 B에서 수평성분의 합 $A_x + B_x$만 제공한다. 반력성분 A_x와 B_x는 정역학적으로 정할 수 없는 **부정정**statically indeterminate이다. 하중에 의해 발생하는 트러스의 변형을 고려하면 이 반력의 크기를 구할 수 있다. 그러나 이는 정역학의 범위를 벗어나므로 이후 재료역학에서 다루도록 한다.

이번에는 [그림 4.5a]와 같이 A와 B에서 롤러로 지지된 트러스를 살펴보자. 이러한 지지조건은 트러스가 움직이지 않도록 하기에 충분한 구속을 제공하지 못한다. 수직운동은 방지되지만 트러스는 수평으로 자유롭게 이동할 수 있다. 이 트러스를 **부분구속**partial constraint[1] 되었다고 한다. [그림 4.5b]의 자유물체도에서 A와 B의 반력으로 미지수가 두 개만 확인된다. 세 개의 평형방정식을 만족해야 하는데, 방정식의 개수보다 미지수가 더 적다. 이러한 경우 일반적으로 평형방정식 중 하나가 만족이 되지 않는다.

1 부분적으로 구속된 물체는 불안정unstable하다고도 한다. 충분하지 못한 구속조건으로 인한 이러한 유형의 불안정과 16장에서 다루는 기둥의 거동과 관련된 불안정은 구분할 필요가 있다. 혼동을 피하기 위해 안정stable과 불안정unstable이라는 용어의 사용을 후자의 경우로 제한한다.

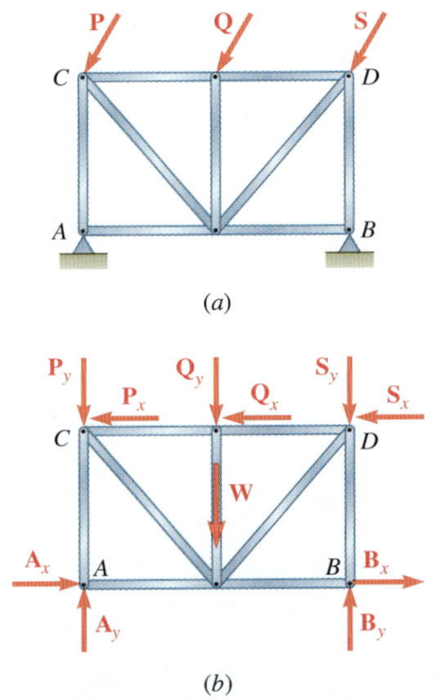

그림 4.4 (a) 부정정 반력을 가지는 트러스
(b) 자유물체도

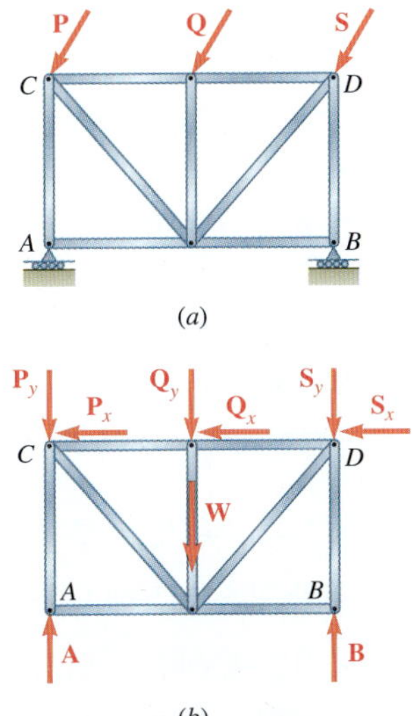

그림 4.5 (a) 부분구속을 가지는 트러스
(b) 자유물체도

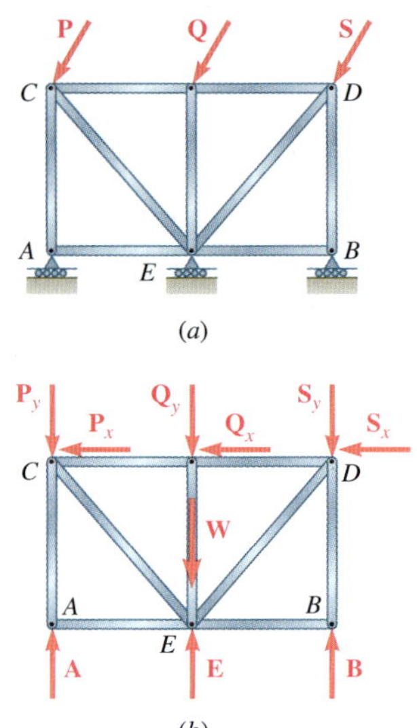

그림 4.6 (a) 부적절한 구속을 가지는 트러스 (b) 자유물체도

식 $\Sigma M_A = 0$과 $\Sigma M_B = 0$은 A와 B에서 적절한 반력을 선택하면 만족할 수 있지만 식 $\Sigma F_x = 0$은 수평성분의 합이 0이 되지 않는 한 만족하지 않는다. 따라서 [그림 4.5]의 트러스는 일반적인 하중조건에서 평형을 유지할 수 없다.

강체가 완전히 구속되고 지점에서 모든 반력이 정정이려면 **평형방정식의 개수만큼 미지수가 있어야 한다.** 이 조건이 충족되지 않으면 강체가 완전히 구속되지 않았거나 지점반력이 정정이 아니라는 의미가 된다. 강체가 완전히 구속되지 않고 반력이 부정정인 경우도 가능하다.

그러나 이 조건은 필요조건이지 충분조건은 아니다. 미지수의 개수가 방정식의 개수와 일치한다고 해서 강체가 완전구속되거나 지점반력이 정정으로 결정된다는 보장은 없다. [그림 4.6a]의 A, B, E에서 롤러로 지지된 트러스를 살펴보자. 세 개의 반력 A, B, E([그림 4.6b)가 있지만 식 $\Sigma F_x = 0$이 성립한다는 보장이 없다. 구속의 개수는 충분하지만 구속이 제대로 배치되지 않아 트러스가 수평으로 움직일 수 있다. 이런 트러스는 **부적절**하게 **구속**되었다고 한다. 세 개의 미지수에 두 개의 평형방정식만 적용할 수 있으므로 이 반력은 부정정이다. 따라서 부적절한 구속은 정역학적으로 부정정을 생성한다.

[그림 4.7]의 트러스는 부적절한 구속과 그로 인한 부정정의 또 다른 예이다. 이 트러스는 A에서 핀으로, B와 C에서 롤러로 지지되어 있고 모두 네 개의 미지수를 포함한다. 세 개의 독립적인 평형방정식만 사용할 수 있으므로 지점반력은 부정정이다. 반력 **B**와 **C**의 작용선이 A를 통과하기 때문에 식 $\Sigma M_A = 0$은 일반 하중조건에서 만족할 수 없다. 이 트러스는 부적절한 구속으로 A를 중심으로 회전이 발생한다.[2]

[그림 4.6]과 [그림 4.7]의 예로부터 다음과 같은 결론에 도달한다.

모든 지점반력의 작용선이 한 점에서 만나는 경우 또는 평행한 경우 강체는 부적절하게 구속된다.[3]

요약하면, 2차원 강체가 완전구속되고 지점반력이 정정이 되도록 하려면 세 개의 반력을 가지면서 각 반력의 작용선은 한 점에 만나지 않고 평행하지도 않다는 것을 확인해야 한다.

부정정 지점반력을 설계에 고려할 때는 발생할 수 있는 문제를 충분히 숙지해야 한다. 한편, 부정정 반력을 포함하는 구조해석에서도 반력의 일부는 정역학적으로 구할 수 있다. 예를 들어, [그림 4.4]의 트러스에서 A와 B에서 반력의 수직성분은 평형방정식으로 구할 수 있다.

구조물 설계에서 부분구속 또는 부적절한 구속은 지점조건에서 피해야 한다. 그러나 부분구속 또는 부적절한 구속이라 해도 구조물이 반드시 붕괴되는 것은 아니다. 특정 하중조건에서는 평형이 유지된다. 예를 들어, [그림 4.5]와 [그림 4.6]의 트러스는 가해진 힘 **P**, **Q**, **S**가 수직인 경우 평형을 이룰 수 있다. 또한 이동이 가능하도록 설계된 구조물은 부분구속이 될 수밖에 없다. 예를 들어, 브레이크가 영구적으로 작동되어 구속된 철도차량은 용도에 의미가 없으므로 이러한 궤도차량은 항상 부분구속이 유지된다.

2 A에 대한 트러스의 회전이 발생하기 위해서는 B와 C의 지점에서 어느 정도 '유격'이 필요하다. 이러한 유격은 롤러 B와 C의 발생 가능한 변위로서 실제로 항상 존재한다. 만약 이 유격을 작게 유지하면 A에서 B와 C의 반력 작용선까지의 수직거리도 각각 작은 값으로 제한한다는 의미이다. 이렇게 되면 식 $\Sigma M_A = 0$을 만족시키기 위해서 반력 B와 C가 매우 커질 수 있고, 그로 인해 B와 C에서 지점 파손이 초래될 수도 있다.

3 이러한 상황은 지점을 기하학적으로 부적절하게 배열함으로써 발생하기 때문에 기하학적 불안정성이라고도 한다.

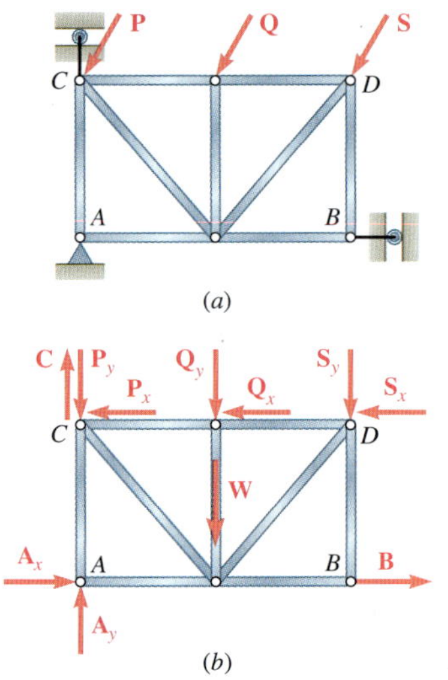

그림 4.7 (a) 부적절한 구속을 가지는 트러스 (b) 자유물체도

예제 4.1

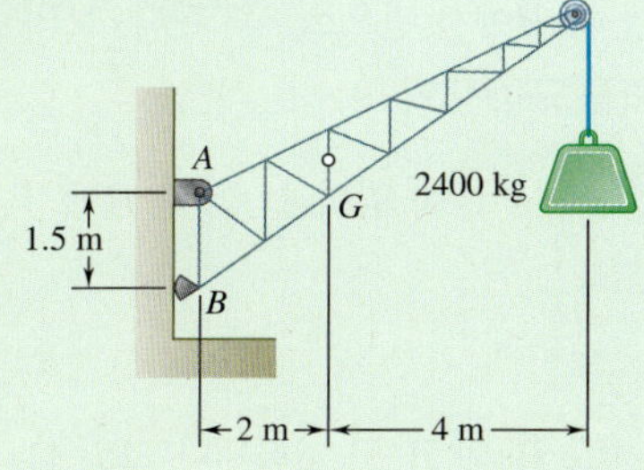

질량이 1,000 kg인 고정 크레인이 화물 2,400 kg을 들어올린다. 크레인은 A에서 핀과 B에서 로커로 지지되었다. 크레인의 무게중심은 G에 있다. 이때 A와 B의 반력성분을 구하시오.

문제분석 크레인에 작용하는 모든 힘이 포함된 자유물체도를 작도하고, 미지의 반력은 평형방정식으로 구한다.

모델링

자유물체도 주어진 크레인과 화물의 질량에 각각 $g = 9.81\ \text{m/s}^2$을 곱하면 9.81 kN과 23.5 kN을 얻는다(그림 1). 핀 A에서 반력은 방향을 알 수 없으므로 성분 $\mathbf{A}_x$ 및 $\mathbf{A}_y$로 나타낸다. 로커 B에서의 반력은 표면에 수직이므로 수평방향이 된다. $\mathbf{A}_x$, $\mathbf{A}_y$, $\mathbf{B}$는 [그림 1]에 표시된 방향으로 작용한다고 가정한다.

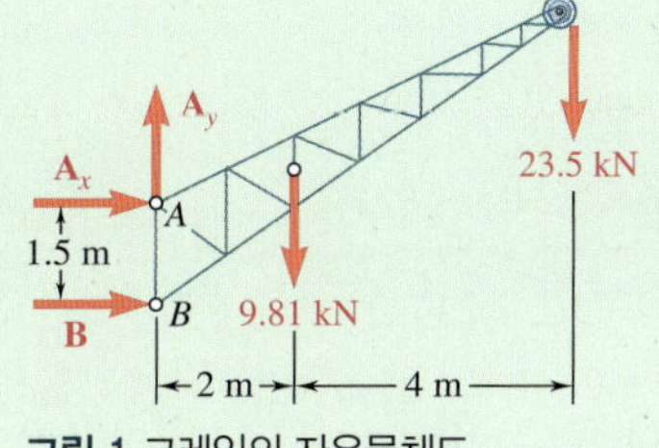

그림 1 크레인의 자유물체도

풀이

반력 B A에 대한 모든 외력의 모멘트는 그 합이 0이다. A에 대해서 $\mathbf{A}_x$와 $\mathbf{A}_y$가 발생시키는 모멘트는 0이므로 고려하지 않아도 된다. 각 힘의 크기에 A로부터의 수직거리를 곱하면 다음과 같다.

$$+\circlearrowleft \Sigma M_A = 0: \ +B(1.5\ \text{m}) - (9.81\ \text{kN})(2\ \text{m}) - (23.5\ \text{kN})(6\ \text{m}) = 0$$

$$B = +107.1\ \text{kN}$$

$$\mathbf{B} = 107.1\ \text{kN} \rightarrow ◀$$

결과가 양이므로 반력의 방향은 가정한 방향과 동일하다.

반력 $\mathbf{A}_x$ 모든 외력의 수평성분의 합을 0으로 두고 $\mathbf{A}_x$를 계산하다.

$$\overset{+}{\rightarrow} \Sigma F_x = 0: \ A_x + B = 0$$

$$A_x + 107.1\ \text{kN} = 0$$

$$A_x = -107.1\ \text{kN}$$

$$\mathbf{A}_x = 107.1\ \text{kN} \leftarrow ◀$$

결과가 음이므로 $\mathbf{A}_x$의 방향은 가정한 방향과 반대이다.

반력 $\mathbf{A}_y$ 수평성분의 합이 0이 되어야 하므로 다음을 얻는다.

$$\overset{+}{\rightarrow} \Sigma F_y = 0: \ A_y - 9.81\ \text{kN} - 23.5\ \text{kN} = 0$$

$$A_y = +33.3\ \text{kN}$$

$$\mathbf{A}_y = 33.3\ \text{kN} \uparrow ◀$$

성분 $\mathbf{A}_x$와 $\mathbf{A}_y$를 벡터합으로 표현하면 A에서 반력은 122.2 kN ∡ 17.3°이다.

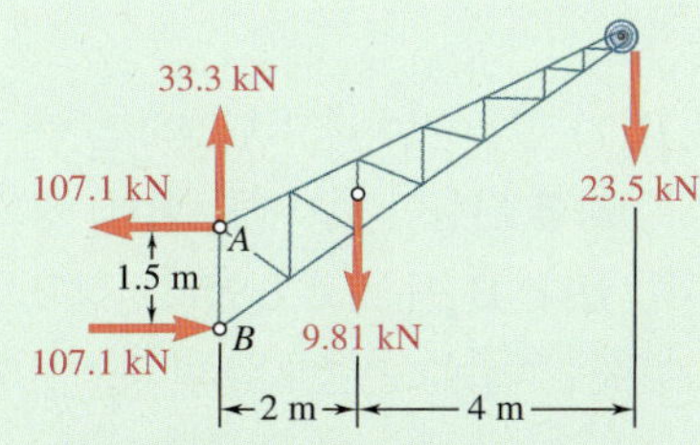

그림 2 반력이 표시된 크레인 자유물체도

고찰 임의의 점에 대한 모든 외력의 모멘트합이 0이 되어야 한다는 평형정리로 구한 반력을 재검토해볼 수 있다. 예를 들어, 점 B에 대한 모멘트를 적용하면 다음과 같다.

$$+\circlearrowleft \Sigma M_B = -(9.81\ \text{kN})(2\ \text{m}) - (23.5\ \text{kN})(6\ \text{m}) + (107.1\ \text{kN})(1.5\ \text{m}) = 0$$

예제 4.2

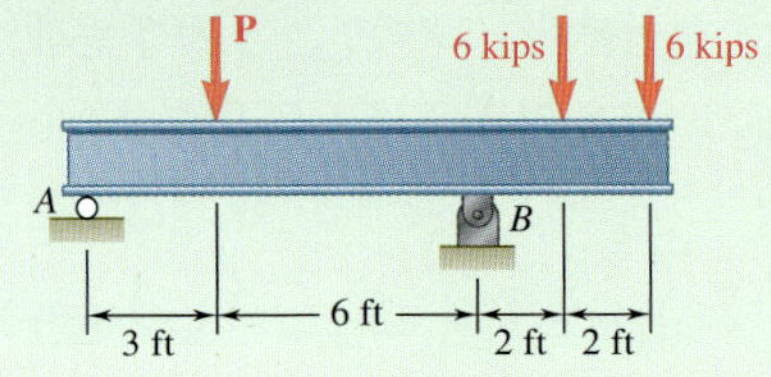

그림과 같이 세 하중이 보에 작용한다. 보는 A에서 롤러, B에서 핀으로 지지된다. 보의 무게는 무시하고 $P=15$ kips일 때, A와 B에서 반력을 구하시오.

문제분석 보의 자유물체도를 먼저 그리고, 평형방정식의 x 방향 힘의 합, A와 B에서 모멘트의 합을 계산한다.

모델링

자유물체도 A에서 반력을 $\mathbf{A}$로, B에서 반력은 성분별로 $\mathbf{B}_x$와 $\mathbf{B}_y$로 나타낸다(그림 1). 각 성분은 그림에 보인 방향으로 작용한다고 가정한다.

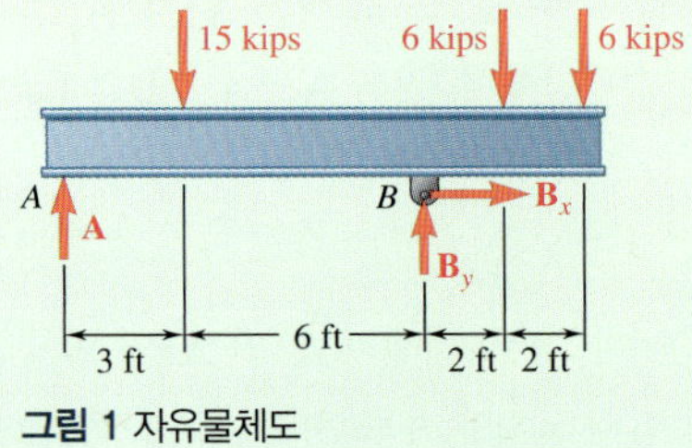

그림 1 자유물체도

풀이

평형방정식 세 개의 평형방정식을 이용하여 반력을 구한다.

$$\overset{+}{\rightarrow}\Sigma F_x = 0 : B_x = 0 \qquad \mathbf{B}_x = 0 ◀$$

$$+\circlearrowleft \Sigma M_A = 0 :$$

$$-(15\text{ kips})(3\text{ ft}) + B_y(9\text{ ft}) - (6\text{ kips})(11\text{ ft}) - (6\text{ kips})(13\text{ ft}) = 0$$

$$B_y = +21.0\text{ kips} \qquad \mathbf{B}_y = 21.0\text{ kips}\uparrow ◀$$

$$+\circlearrowleft \Sigma M_B = 0 :$$

$$-A(9\text{ ft}) + (15\text{ kips})(6\text{ ft}) - (6\text{ kips})(2\text{ ft}) - (6\text{ kips})(4\text{ ft}) = 0$$

$$A = +6.00\text{ kips} \qquad \mathbf{A} = 6.00\text{ kips}\uparrow ◀$$

고찰 모든 외력에 대한 수직성분의 합을 검토한다.

$$+\uparrow\Sigma F_y = +6.00\text{ kips} - 15\text{ kips} + 21.0\text{ kips} - 6\text{ kips} - 6\text{ kips} = 0$$

토의 이 문제의 A와 B에서 반력은 모두 수직방향이다. 이 때문에 A에서 롤러로 지지되므로 반력은 수평성분을 가질 수 없다. 또한 B에서 반력의 수평성분도 0이다. 왜냐하면 평형방정식 $\Sigma F_x=0$을 만족해야 하는 상황에서 보에 작용하는 다른 힘은 수평성분이 없기 때문이다.

문제를 접했을 때 B에서 반력이 수직이고 수평반력 $\mathbf{B}_x$가 없을 것이라고 단정하면 안 된다. 수평력이 포함된 하중조건에 대해서 반력 $\mathbf{B}_x$를 간과할 위험이 있기 때문이다. 평형방정식 $\Sigma F_x=0$에 의해 수평반력 $\mathbf{B}_x$가 0임을 알 수 있다. $\mathbf{B}_x$를 바로 0으로 설정하면 실제로 이 식을 사용했다는 사실을 깨닫지 못할 수도 있고, 결과적으로 사용된 방정식의 개수를 추적하지 못할 수 있다.

예제 4.3

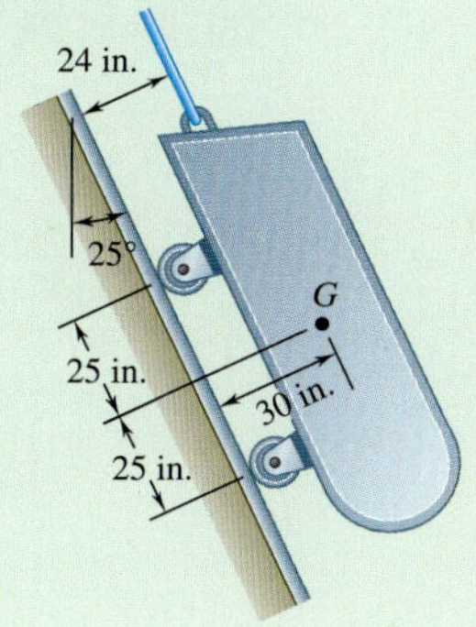

화물차량이 수직선과 25°의 각도를 이루는 선로에 정지해 있다. 차량과 화물의 총 중량은 5,500 lb이고 선로에서 30 in. 떨어진 두 차축의 중간에 작용한다. 차량은 선로에서 24 in. 떨어진 위치에서 케이블로 지지된다. 케이블의 인장력과 각 바퀴에서 반력을 구하시오.

문제분석 미지의 반력이 포함된 자유물체도를 그리고, A와 B에서 모멘트의 합을 취하는 평형방정식을 이용하여 반력을 구한다.

모델링

자유물체도 각 바퀴에서 반력은 선로에 수직인 방향이고, 인장력 **T**는 선로에 평행한 방향이다. 따라서 편의상 x축을 선로와 평행한 방향으로, y축은 선로에 수직인 방향으로 설정한다(그림 1). 다음으로 5,500 lb의 무게를 x와 y방향으로 성분을 분해한다.

$$W_x = +(5{,}500 \text{ lb})\cos 25° = +4{,}980 \text{ lb}$$
$$W_y = -(5{,}500 \text{ lb})\sin 25° = -2{,}320 \text{ lb}$$

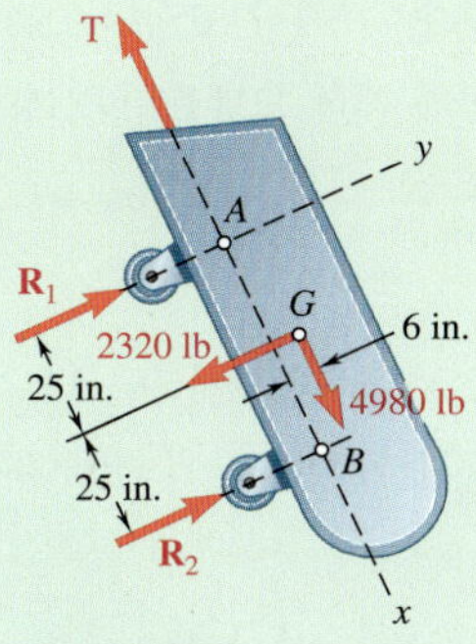

그림 1 차량의 자유물체도

풀이

평형방정식 **T**와 $\mathbf{R}_1$을 소거하기 위해 A에 대한 모멘트를 취한다.

$$+\circlearrowleft \Sigma M_A = 0: -(2{,}320 \text{ lb})(25 \text{ in.}) - (4{,}980 \text{ lb})(6 \text{ in.}) + R_2(50 \text{ in.}) = 0$$
$$R_2 = +1{,}758 \text{ lb} \qquad \mathbf{R}_2 = 1{,}758 \text{ lb} \nearrow ◀$$

그리고 **T**와 $\mathbf{R}_2$를 소거하기 위해 B에 대한 모멘트를 취한다.

$$+\circlearrowleft \Sigma M_B = 0: (2{,}320 \text{ lb})(25 \text{ in.}) - (4{,}980 \text{ lb})(6 \text{ in.}) - R_1(50 \text{ in.}) = 0$$
$$R_1 = +562 \text{ lb} \qquad \mathbf{R}_1 = 562 \text{ lb} \nearrow ◀$$

x방향 합력을 취하여 T의 크기를 구한다.

$$+\searrow \Sigma F_x = 0: +4{,}980 \text{ lb} - T = 0$$
$$T = +4980 \text{ lb} \qquad \mathbf{T} = 4{,}980 \text{ lb} \nwarrow ◀$$

[그림 2]는 반력의 계산 결과를 보여준다.

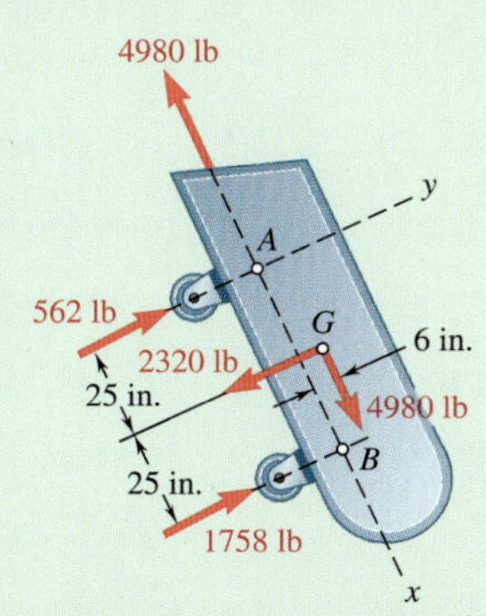

그림 2 산정된 반력이 포함된 자유물체도

고찰 y방향의 합력을 구하여 검증해볼 수 있다.

$$+\nearrow \Sigma F_y = +562 \text{ lb} + 1{,}758 \text{ lb} - 2{,}320 \text{ lb} = 0$$

A 또는 B가 아닌 임의의 점에 대하여 모멘트를 계산하여 검증할 수도 있다.

예제 4.4

그림과 같은 프레임은 건물 지붕의 일부를 지지한다. 케이블의 인장력이 150 kN일 때, 고정단 E에서의 반력을 구하시오.

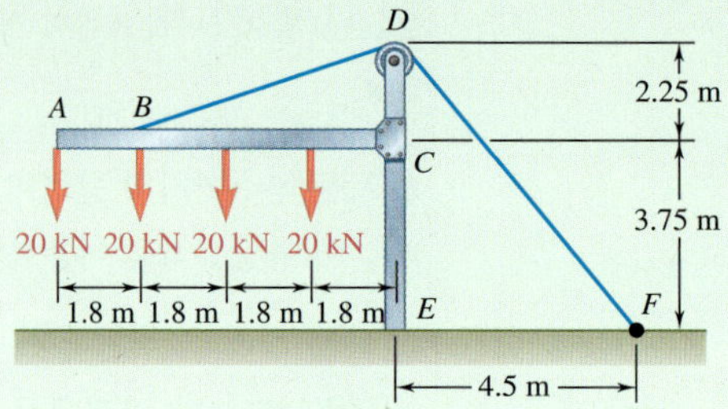

문제분석 먼저 프레임과 케이블 BDF의 자유물체도를 그린다. E에서 고정단으로 지지되므로 모멘트 반력이 포함되고, 그 크기를 구하기 위해 E에 대해 모멘트합을 계산한다.

모델링

자유물체도 고정단 E에서 발생하는 반력 중 힘 성분을 $\mathbf{E}_x$와 $\mathbf{E}_y$로, 모멘트 성분을 $\mathbf{M}_E$로 표시한다(그림 1). 자유물체도에 작용하는 다른 힘 성분으로 네 개의 20 kN 하중과 F에서 작용하는 150 kN의 케이블 인장력이 있다.

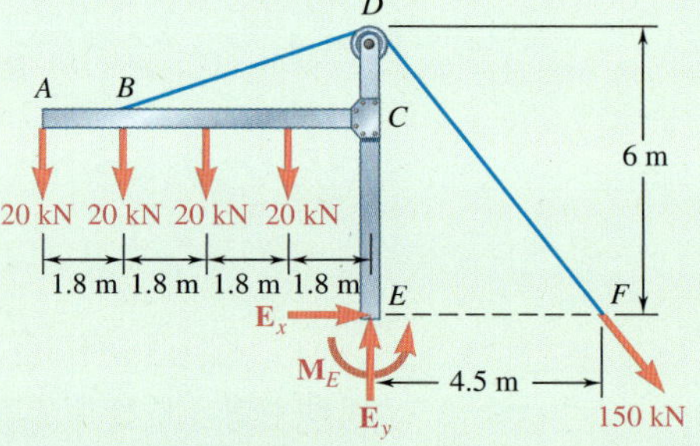

그림 1 프레임의 자유물체도

풀이

평형방정식 먼저 DF의 길이는

$$DF = \sqrt{(4.5\ \text{m})^2 + (6\ \text{m})^2} = 7.5\ \text{m}$$

이고, 세 평형방정식으로 점 E에서 반력은 다음과 같이 구한다.

$$\overset{+}{\rightarrow}\Sigma F_x = 0 : E_x + \frac{4.5}{7.5}(150\ \text{kN}) = 0$$

$$E_x = -90.0\ \text{kN} \qquad \mathbf{E}_x = 90.0\ \text{kN} \leftarrow ◀$$

$$+\uparrow\Sigma F_y = 0 : E_y - 4(20\ \text{kN}) - \frac{6}{7.5}(150\ \text{kN}) = 0$$

$$E_y = +200\ \text{kN} \qquad \mathbf{E}_y = 200\ \text{kN} \uparrow ◀$$

$$+\circlearrowleft\Sigma M_E = 0 : (20\ \text{kN})(7.2\ \text{m}) + (20\ \text{kN})(5.4\ \text{m}) + (20\ \text{kN})(3.6\ \text{m})$$
$$+ (20\ \text{kN})(1.8\ \text{m}) - \frac{6}{7.5}(150\ \text{kN})(4.5\ \text{m}) + M_E = 0$$

$$M_E = +180.0\ \text{kN}\cdot\text{m} \qquad \mathbf{M}_E = 180.0\ \text{kN}\cdot\text{m} \circlearrowleft ◀$$

고찰 케이블은 이 문제를 부정정으로 만드는 네 번째 구속이 된다. 여기서는 이 문제를 정정으로 만들기 위해 케이블 인장력의 크기가 주어졌다. 세 평형방정식을 사용하여 나머지 미지의 반력 3개를 구할 수 있다.

예제 4.5

무게 400 lb가 그림과 같은 레버의 A에 부착되어 있다. 스프링 BC의 스프링 상수는 $k=250$ lb/in.이고 $\theta=0$일 때 스프링은 늘어나지 않았다. 원통이 평형상태에 있을 때, 레버의 위치를 구하시오.

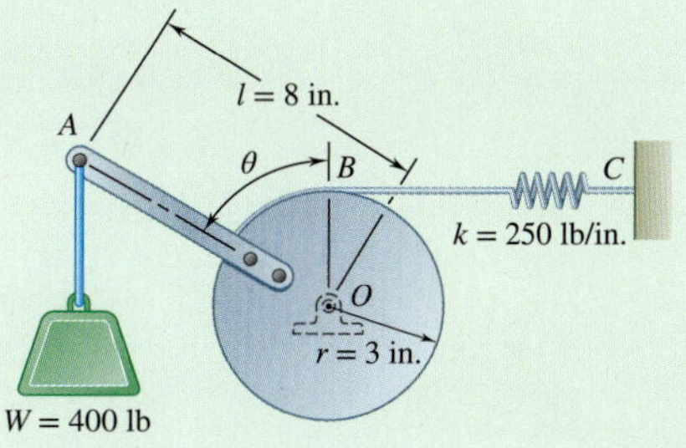

문제분석 물체에 작용하는 모든 힘이 포함된 자유물체도를 그린다(그림 1). O에 대해 모멘트합을 취하여 각도 θ를 구한다.

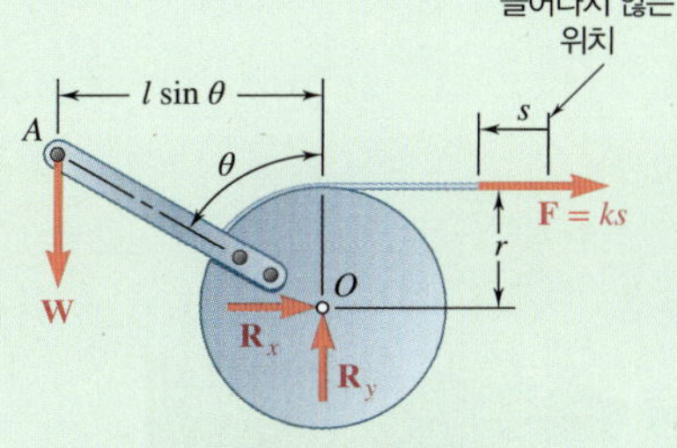

그림 1 레버와 원통의 자유물체도

모델링

자유물체도 스프링의 늘어난 길이를 s로 표현하면 $s=r\theta$가 된다. 그러면 스프링에 작용하는 힘 F는 $F=ks=kr\theta$가 된다.

풀이

평형방정식 O에 대한 $\mathbf{W}$와 $\mathbf{F}$의 모멘트합을 구하면 실린더를 지지하는 반력성분을 소거할 수 있다.

$$+\circlearrowleft \Sigma M_O = 0 : Wl\sin\theta - r(kr\theta) = 0, \qquad \sin\theta = \frac{kr^2}{Wl}\theta$$

주어진 값을 대입하면 다음과 같다.

$$\sin\theta = \frac{(250 \text{ lb/in.})(3 \text{ in.})^2}{(400 \text{ lb})(8 \text{ in.})}\theta$$

$$\sin\theta = 0.703\,\theta$$

시행착오법trial and error method으로 풀면 다음과 같다.

$$\theta = 0, \qquad \theta = 80.3^\circ$$ ◀

고찰 무게는 레버에 수직력으로 작용한다. 이 문제의 핵심은 스프링에 작용하는 힘을 각도 θ의 함수로 표현하는 것이다.

사례연구 4.1

미국 코네티컷주에 있는 미아누스교Mianus River Bridge는 1958년에 완공된 24경간 왕복 6차선 고속도로용 교량이다. 이 교량에는 캔틸레버 거더에 양단이 지지되는 100 ft 길이의 현수경간suspended span이 포함되어 있다(그림 CS4.1). 현수경간은 각 방향으로 두 개의 거더로 구성되고 한쪽에는 핀 역할을 하는 블록지지, 다른 한쪽에는 링크 역할을 하는 행어지지로 연결되었다(그림 CS4.2). 1983년 6월 북측 현수경간이 붕괴되어 차량 2대와 트럭 2대가 함께 떨어졌고 두 명의 사망자와 다수의 부상자가 발생했다(사진 CS4.1). 사고의 최초 원인은 부식에 의한 행어 핀의 이탈로 파악되었다. 하나의 행어가 연결 기능을 상실한 후 경간하중이 나머지 행어로 집중되면서 이 행어의 핀이 파괴되었고, 결국 경간이 붕괴되었다. 바닥판 위의 물과 제빙제는 경간 사이로 흘러내리면서 행어 연결부의 부식을 가속시켰다. 일상적인 관리검사가 제대로 수행되지 않아 사고 직전까지도 심각하게 손상된 행어상태를 파악하지 못하여 결국 이러한 사고가 초래되었다.[4]

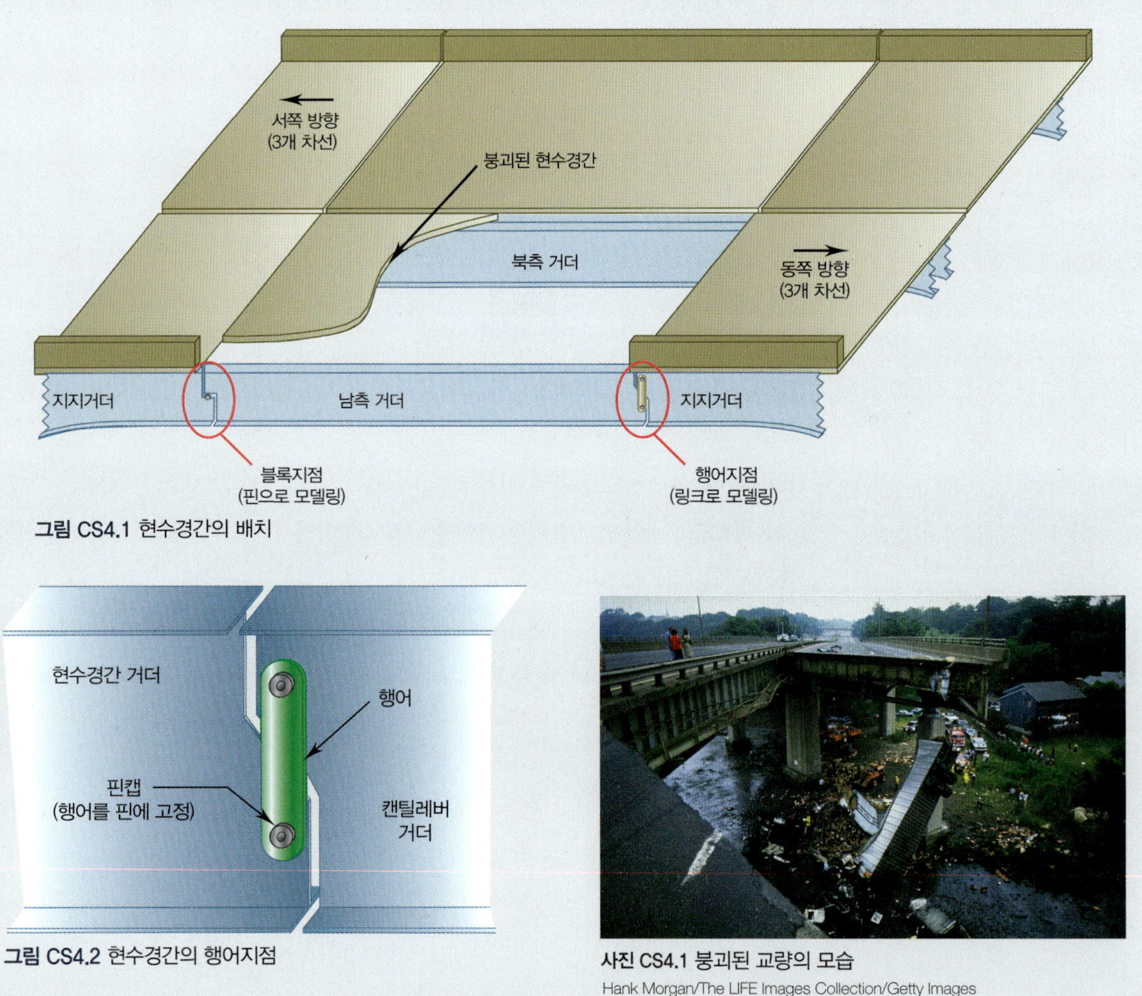

그림 CS4.1 현수경간의 배치

그림 CS4.2 현수경간의 행어지점

사진 CS4.1 붕괴된 교량의 모습

Hank Morgan/The LIFE Images Collection/Getty Images

교량설계에 적용되는 하중으로 [그림 CS4.3]에 보인 표준트럭 하중을 활하중으로 3개 차선 각각에 재하했다. 이 활하중으로 행어 연결부에서 발생하는 최대 지점반력을 구해보자.

4 "Highway Accident Report—Collapse of a Suspended Span of Interstate Route 95 Highway Bridge Over the Mianus River, Greenwich, Connecticut, June 28, 1983," Report No. NTSB/HAR-84/03, National Transportation Safety Board, July 19, 1984.

문제분석 각 차선에 재하된 총 3대의 트럭은 교량 횡방향으로 균등하게 분배되어 양측 거더에 균등하게 분배된다고 가정한다. 그러므로 양측의 각 거더로 전달되는 활하중은 [그림 CS4.4]와 같이 트럭 축하중의 1.5배가 된다. B 지점에서 행어반력의 최댓값은 트럭 축하중 중 하나가 거더 단부에 재하될 때 발생한다. 세 가지 가능한 경우에 대하여 자유물체도를 그리고, 단부 A에 대한 모멘트를 취하여 최대반력을 구할 수 있다.

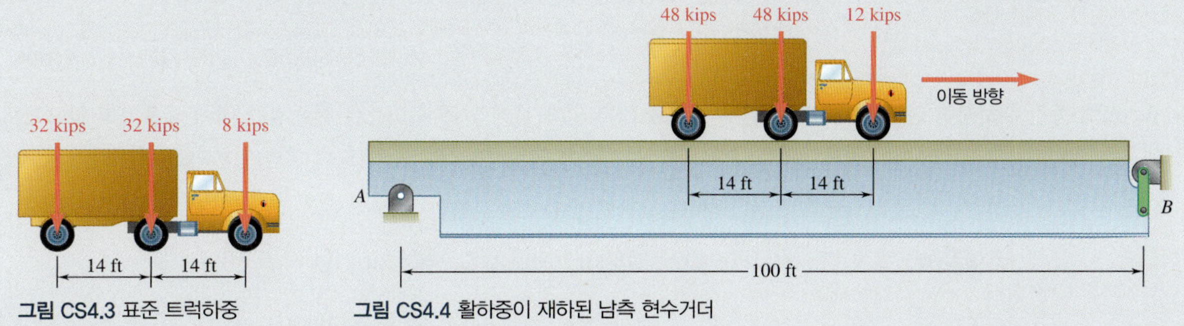

그림 CS4.3 표준 트럭하중

그림 CS4.4 활하중이 재하된 남측 현수거더

모델링 12 kips의 축하중이 거더 단부에 재하된 Case I에 대한 자유물체도를 [그림 CS4.5]에 보였다. B 지점의 행어 위치와 교량 바닥판 하중 재하 위치는 약간의 차이가 있지만 경간의 길이 100 ft에 비해 상대적으로 작은 값이므로 무시한다. 동일한 방식으로 트럭의 중간 축하중이 단부에 재하되는 Case II에 대한 자유물체도를 [그림 CS4.6]에 나타냈다. 그림에서는 보이진 않지만 트럭 뒤쪽 축하중이 단부에 재하된 경우가 Case III에 해당한다.

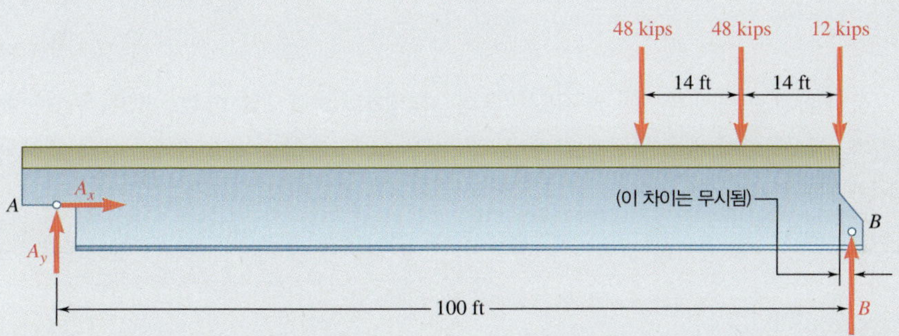

그림 CS4.5 Case I : 앞쪽 축하중(12 kips)이 우측 단부에 재하되는 경우

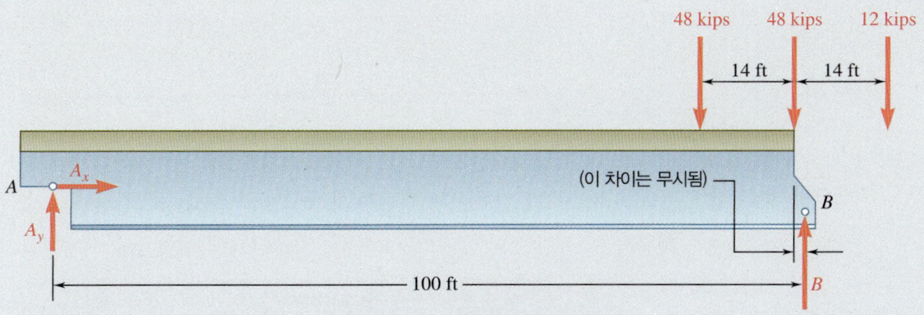

그림 CS4.6 Case II : 중간 축하중(48 kips)이 우측 단부에 재하되는 경우

풀이

Case I : 트럭 앞쪽 축하중이 단부에 재하되는 경우 [그림 CS4.5]의 자유물체도를 참조하여 A 지점에 대한 모멘트합을 계산하여 0으로 놓는다.

$$+\circlearrowleft \Sigma M_A = 0 : +B(100\ \text{ft}) - (48\ \text{kips})(72\ \text{ft}) - (48\ \text{kips})(86\ \text{ft}) - (12\ \text{kips})(100\ \text{ft}) = 0$$

$$B = 87.8\ \text{kips} \qquad \mathbf{B} = 87.8\ \text{kips} \uparrow \blacktriangleleft$$

Case II : 트럭 중간 축하중이 단부에 재하되는 경우 [그림 CS4.6]과 같이 앞쪽 축하중은 현수경간 내에 작용하지 않으므로 평형해석에서 제외한다. 그러므로 자유물체도에서 나타내지 않는 것이 적절하다. 자유물체도에 나타난 힘만을 고려하여 A 지점에 대해 모멘트합을 구하고, 그 결과를 0으로 놓고 반력을 구한다.

$$+\circlearrowleft \Sigma M_A = 0 : +B(100\ \text{ft}) - (48\ \text{kips})(86\ \text{ft}) - (48\ \text{kips})(100\ \text{ft}) = 0$$

$$B = 89.3\ \text{kips} \qquad \mathbf{B} = 89.3\ \text{kips} \uparrow \blacktriangleleft$$

Case III : 트럭 뒤쪽 축하중이 단부에 재하되는 경우 하나의 축하중 48 kips만 고려된다. 직관적으로 단부에 재하된 이 힘은 B의 반력과 같음을 알 수 있다.

$$\mathbf{B} = 48\ \text{kips} \uparrow \blacktriangleleft$$

세 경우를 비교하면 Case II가 지배적임을 알 수 있다.

$$\mathbf{B}_{\text{max}} = 89.3\ \text{kips} \uparrow \blacktriangleleft$$

고찰 이 행어는 여기서 고려된 활하중 외에 추가적 하중을 받는다. 추가되는 하중으로 현수경간의 자중과 활하중의 일정 비율로 규정된 충격하중 등이 있다. 트럭하중이 반대 방향으로 재하되는 경우 더 큰 축하중이 단부에 가깝게 재하되어 행어에 발생하는 최대반력(97.9 kips)이 더 크게 나타난다.

Section 4.1 연습문제

4.1 그림과 같은 하중을 받는 보가 있다. (a) A에서 반력, (b) 케이블 BC의 인장력을 구하시오.

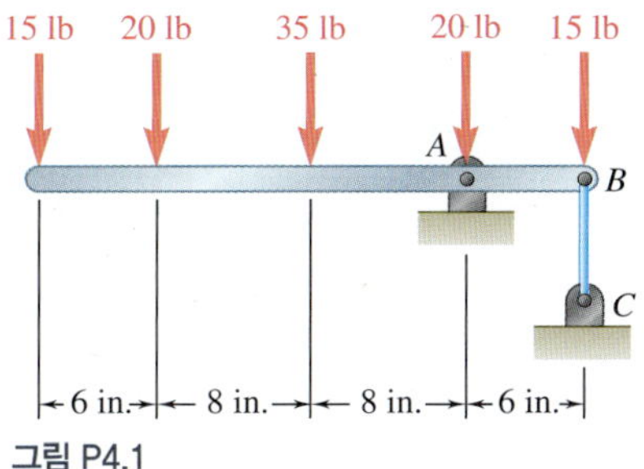

그림 P4.1

4.2 무게가 2,100 lb인 트랙터가 900 lb의 자갈을 들어올린다. (a) 뒷바퀴 A에서 반력, (b) 앞바퀴 B에서 반력을 구하시오.

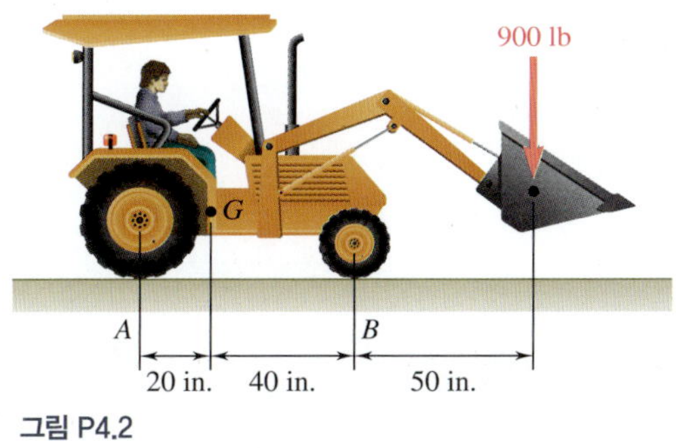

그림 P4.2

4.3 정원사가 60 N의 수레를 이용하여 250 N의 비료를 운반한다. 각 핸들에 작용해야 하는 힘의 크기를 구하시오.

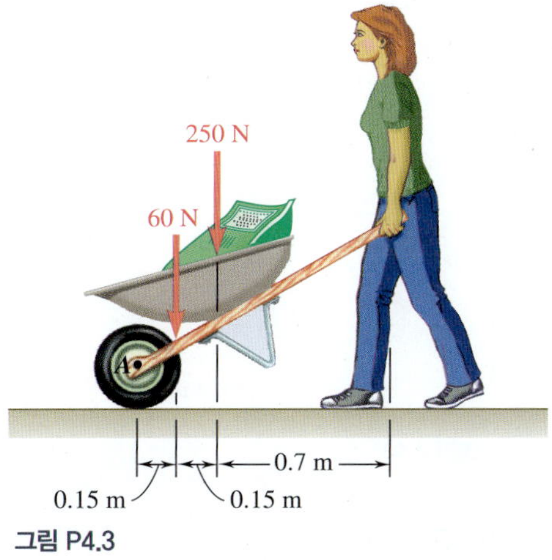

그림 P4.3

4.4 무게가 $W=25$ kN인 목재를 이동식 크레인으로 들어올렸다. 케이블 AEF의 모든 부분에서 인장력이 25 kN이고 붐 ABC의 무게가 3 kN일 때 (a) 로드 CD의 인장력, (b) 핀 B에서 반력을 구하시오.

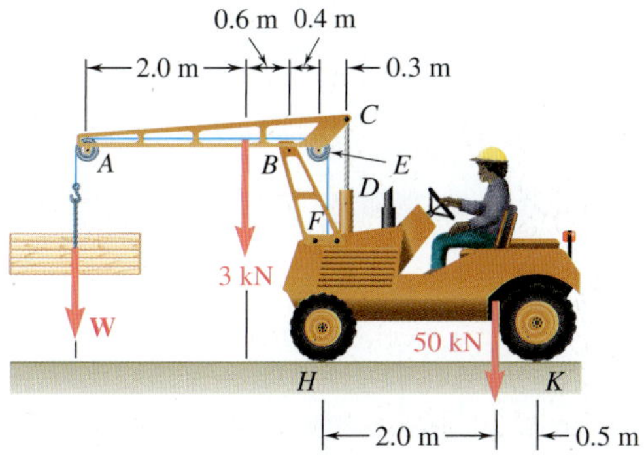

그림 P4.4

4.5 B와 D에서 케이블로 지지된 경량보는 그림과 같은 세 하중을 받는다. 경량보의 무게를 무시한다. $P=0$일 때 두 케이블 모두 인장력을 유지하는 Q값의 범위를 구하시오.

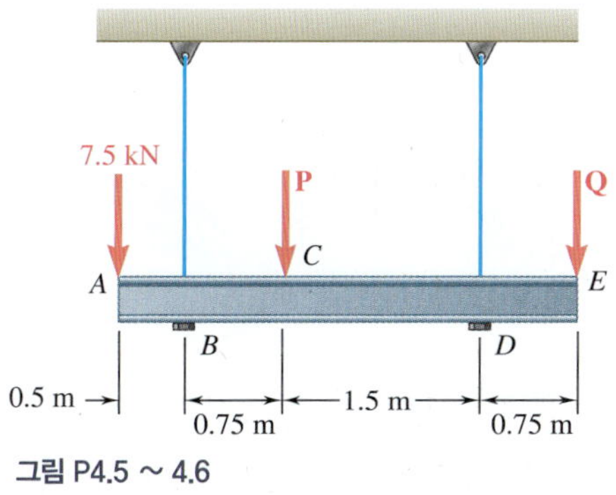

그림 P4.5 ~ 4.6

4.6 B와 D에서 케이블로 지지된 경량보는 그림과 같은 세 하중을 받는다. $P=0$이고 각 케이블의 최대 허용인장력이 12 kN일 때, 하중 Q의 범위를 구하시오. 경량보의 무게는 무시한다.

4.7 그림과 같은 하중을 받는 보의 B지점에서 반력이 아래쪽으로 100 lb, 위쪽으로 200 lb를 초과하지 않는다. 이때 거리 a의 범위를 구하시오.

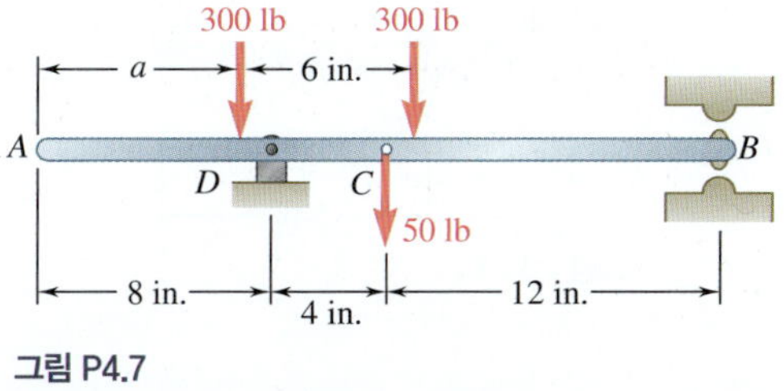

그림 P4.7

4.8 [예제 4.2]의 보에서 각 반력의 허용값이 25 kips이고 A에서 반력이 위쪽을 향할 때 하중 P의 범위를 구하시오.

4.9 길이가 L이고 무게가 W인 사다리 AE는 케이블 BC로 들어올릴 수 있다. (a) 사다리를 바닥에서 들어올리기 위해 필요한 인장력 T를 (a) W와 θ로 나타내시오. (b) $h=8$ ft, $L=10$ ft, $W=35$ lb일 때 T를 값으로 구하시오.

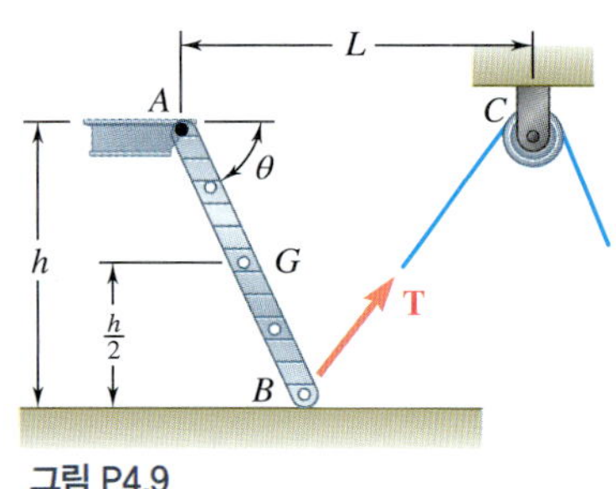

그림 P4.9

4.10 두 개의 링크 AB와 DE는 그림과 같이 벨 크랭크로 연결된다. 링크 AB의 인장력이 150 lb일 때 (a) 링크 DE의 장력, (b) C에서 반력을 구하시오.

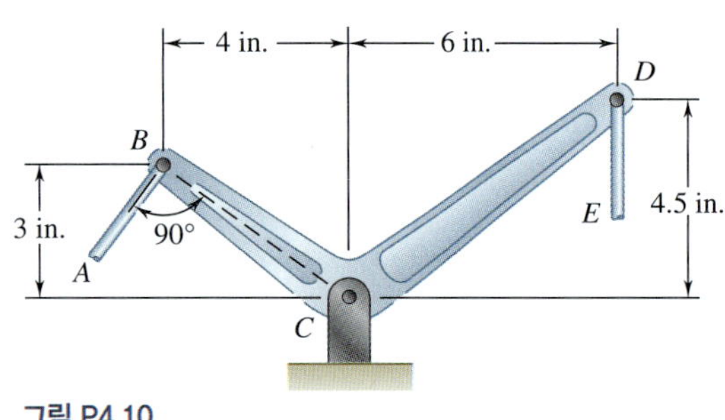

그림 P4.10

4.11 그림과 같은 프레임과 하중에 대해 (a) $\alpha=30°$, (b) $\alpha=45°$일 때 A와 E에서 반력을 구하시오.

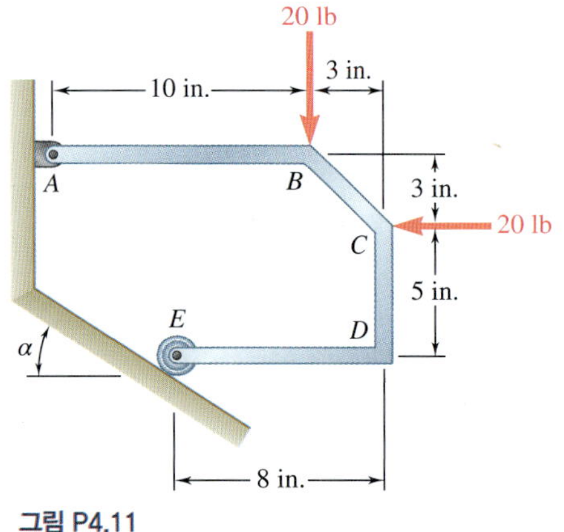

그림 P4.11

4.12 레버 AB는 C에서 힌지로 연결되어 있고 A에서 케이블로 연결되어 있다. 레버가 B에서 500 N의 수평력을 받을 때 (a) 케이블의 인장력, (b) C에서 반력을 구하시오.

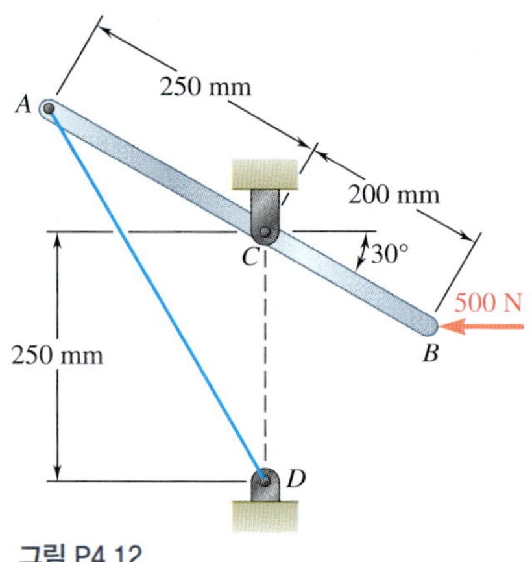

그림 P4.12

4.13 (a) $\alpha=0$, (b) $\alpha=90°$, (c) $\alpha=30°$일 때 A와 B에서 반력을 구하시오.

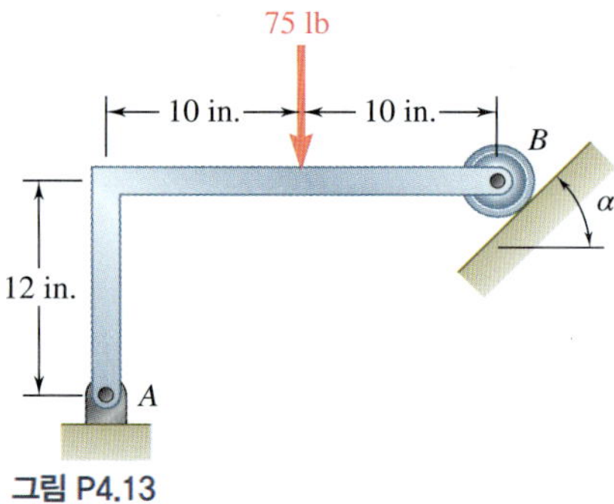

그림 P4.13

4.14 브라켓 BCD는 C에서 힌지로, B에서 케이블로 연결된다. 그림과 같은 하중에 대해 (a) 케이블의 인장력, (b) C에서의 반력을 구하시오.

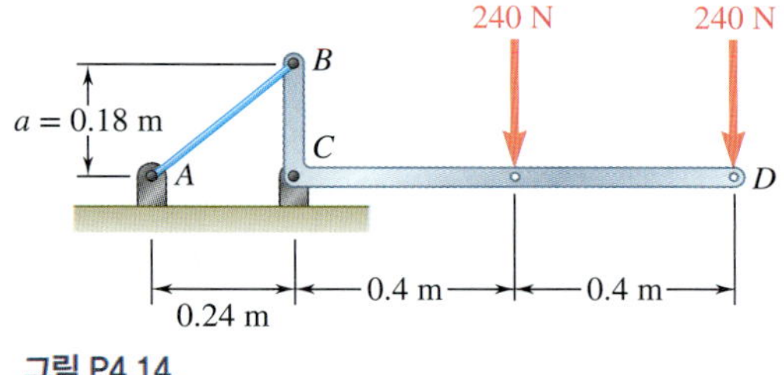

그림 P4.14

4.15 $a=0.32$m일 때 [문제 4.14]를 다시 푸시오.

4.16 (a) $h=0$, (b) $h=200\text{mm}$일 때 A와 B에서의 반력을 구하시오.

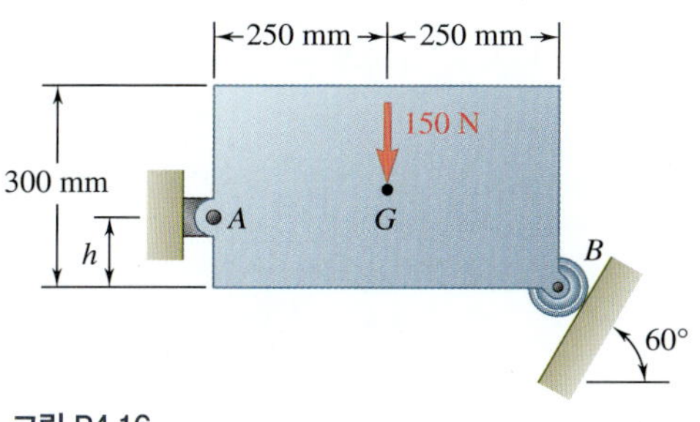

그림 P4.16

4.17 가벼운 막대 AD는 케이블 BE로 매달려 있고 C에서 50 lb 블록을 지지하고 있다. 막대의 끝 A와 D는 마찰이 없는 수직벽과 접촉하고 있다. 케이블 BE의 인장력과 A와 D에서 반력을 구하시오.

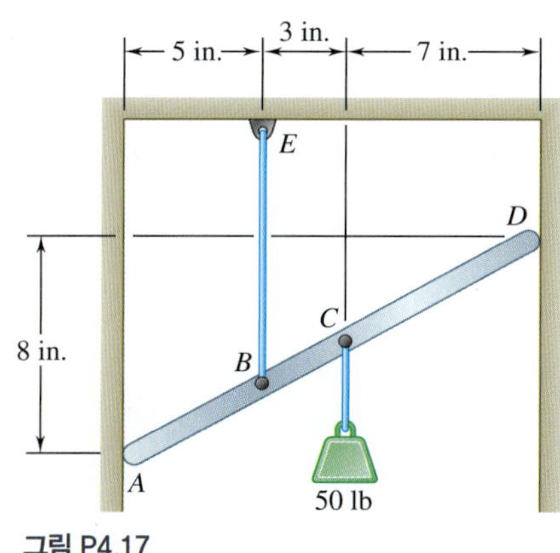

그림 P4.17

4.18 막대 AD는 그림처럼 막대를 따라 움직이는 고리 A와 C에 부착되어 있다. 케이블 BE가 막대 AD와 수직일 때($\alpha=0$), 케이블의 인장력과 A와 C에서의 반력을 구하시오.

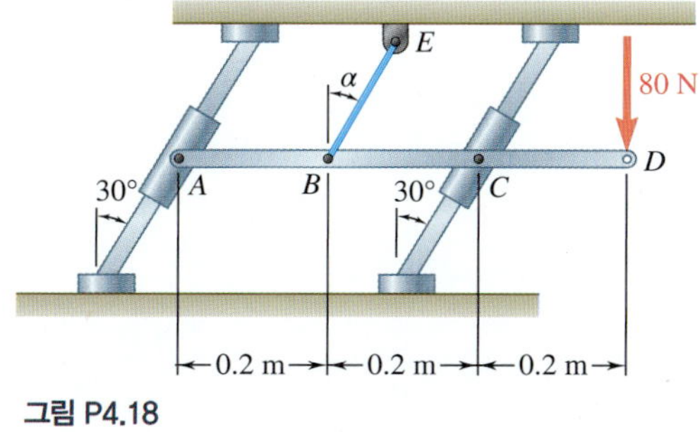

그림 P4.18

4.19 $\alpha=30°$일 때 [문제 4.18]을 다시 푸시오.

4.20 판 DEF에서 두 개의 슬롯이 마찰이 없는 핀 A와 E에 끼워져 있다. $P=15$ lb일 때 (a) 각 핀이 판에 가하는 힘, (b) F에서의 반력을 구하시오.

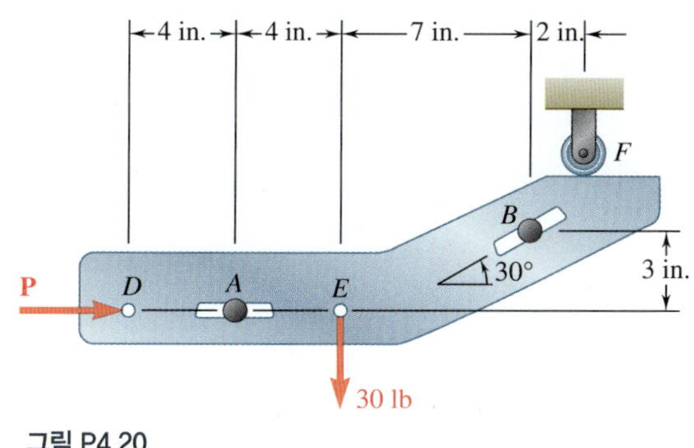

그림 P4.20

4.21 무게가 1,600 N인 6 m 전신주가 두 전선의 끝을 지지하고 있다. 전선은 수평선으로부터 그림과 같이 표시된 각도를 형성한다. 전선의 장력은 각각 $T_1=600$ N, $T_2=375$ N이다. 이때 고정단 A에서 반력을 구하시오.

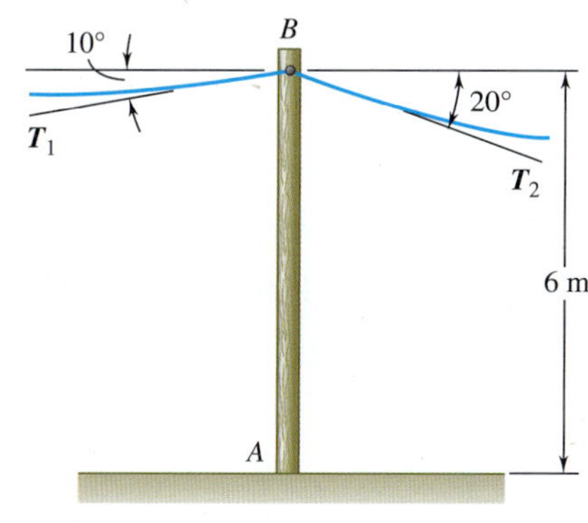

그림 P4.21

4.22 보 AD는 그림처럼 40 lb의 두 하중을 받는다. 이 보는 D의 고정단과 평형추 W에 부착된 케이블 BE에 의해 지지된다. (a) $W=100$ lb, (b) $W=90$ lb일 때 D에서 반력을 구하시오.

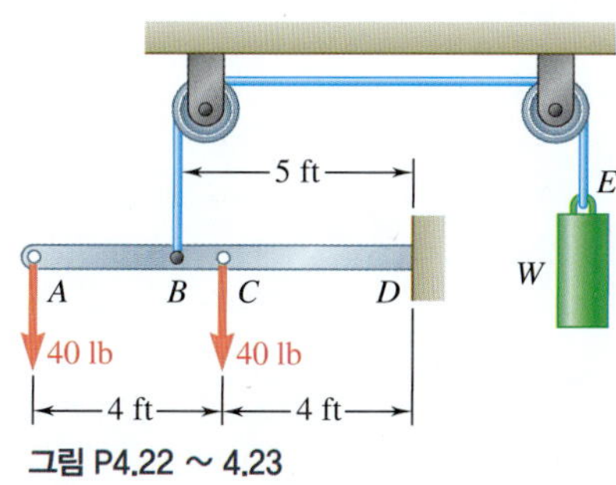

그림 P4.22 ~ 4.23

4.23 그림과 같은 보와 하중에 대해 D에서 모멘트 크기가 40 lb·ft를 초과하지 않는 W값의 범위를 구하시오.

4.24 그림과 같은 지지시스템을 통과하는 테이프는 20 N의 장력이 유지된다. 각 도르래의 반지름이 10 mm일 때 C에서 반력을 구하시오.

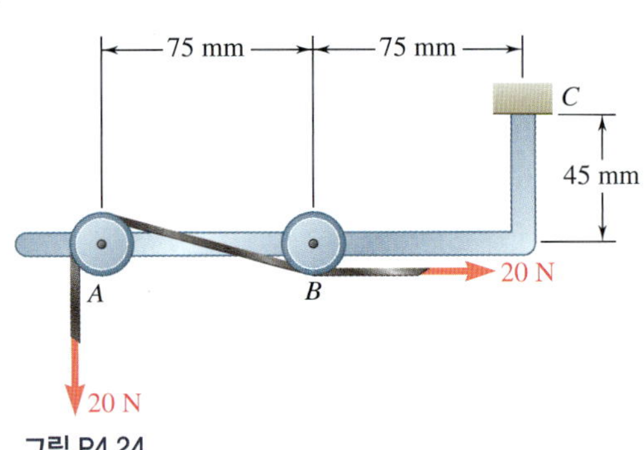

그림 P4.24

4.25 브라켓 ABC는 표시된 8가지 방법으로 지지될 수 있다. 모든 연결은 부드러운 핀, 롤러, 짧은 링크로 구성된다. 각각의 경우에 대해 (a) 완전구속인지 부분구속인지, 아니면 부적절한 구속인지 여부, (b) 반력이 정정인지 부정정인지 여부, (c) 평형의 유지 여부를 구하시오. 그리고 가능한 경우 힘 **P**의 크기가 100 lb라고 가정하고 반력을 구하시오.

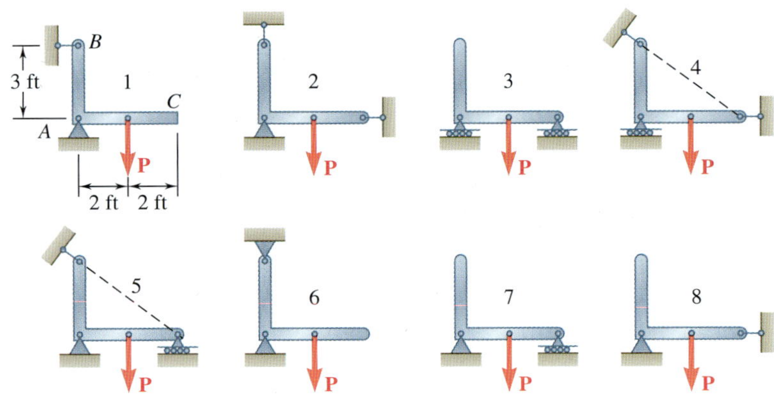

그림 P4.25

4.26 질량이 $m = 40$ kg인 동일한 500×750mm 직사각형판 8개가 그림과 같이 수직평면에 고정되어 있다. 모든 연결은 마찰이 없는 핀, 롤러, 짧은 링크로 구성된다. 각각의 경우에 대해 (a) 완전구속인지 부분구속인지, 아니면 부적절한 구속인지 여부, (b) 반력이 정정인지 부정정인지 여부, (c) 평형의 유지 여부를 구하시오. 그리고 가능한 경우 반력을 구하시오.

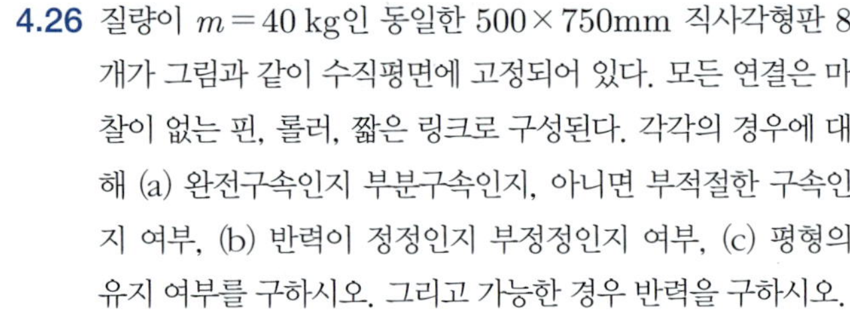

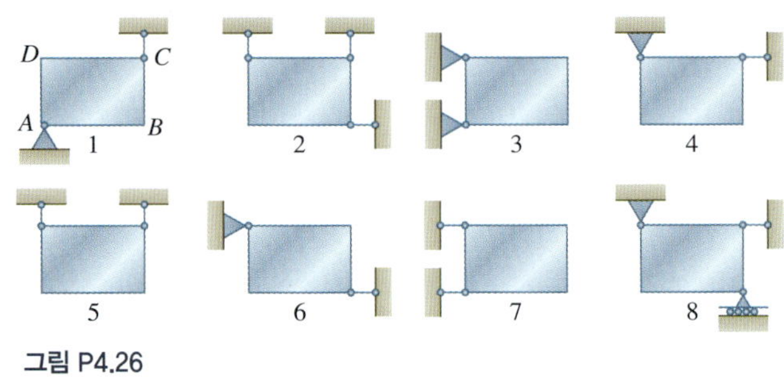

그림 P4.26

4.2 2력 평형과 3력 평형

평형의 단순한 사례는 복잡한 해석의 일부 또는 완전한 모델로서 자주 발생한다. 이러한 사례의 특성을 잘 이해하면 전체 해석을 단순화할 수 있다.

4.2.1 2력 물체의 평형

실무에서 많이 사용되는 평형의 특정 사례 중 하나는 **2력 물체**two-force body라 불리는 두 힘을 받는 강체이다. **2력 물체가 평형상태에 있다면 두 힘은 동일 작용선상에 있고, 크기는 같고 방향은 서로 반대여야 한다.**

A와 B에 각각 작용하는 두 개의 힘 $\mathbf{F}_1$과 $\mathbf{F}_2$를 받는 모서리 판을 고려해보자(그림 4.8a). 판이 평형상태에 있으면 임의의 축에 대한 $\mathbf{F}_1$과 $\mathbf{F}_2$의 모멘트합은 0이어야 한다. 먼저 A에 대한 모멘트합을 취한다. $\mathbf{F}_1$의 모멘트는 명백히 0이므로 $\mathbf{F}_2$의 모멘트도 0이어야 한다. 따라서 $\mathbf{F}_2$의 작용선은 A를 통과해야 한다(그림 4.8b). 유사하게 B에 대한 모멘트합을 취하면 $\mathbf{F}_1$의 작용선이 B를 통과해야 함을 알 수 있다(그림 4.8c). 따라서 두 힘은 동일한 작용선(AB선)을 갖게 된다. 식 $\Sigma F_x = 0$ 또는 $\Sigma F_y = 0$에서 두 힘은 크기는 같지만 방향이 반대여야 함을 추가로 알 수 있다.

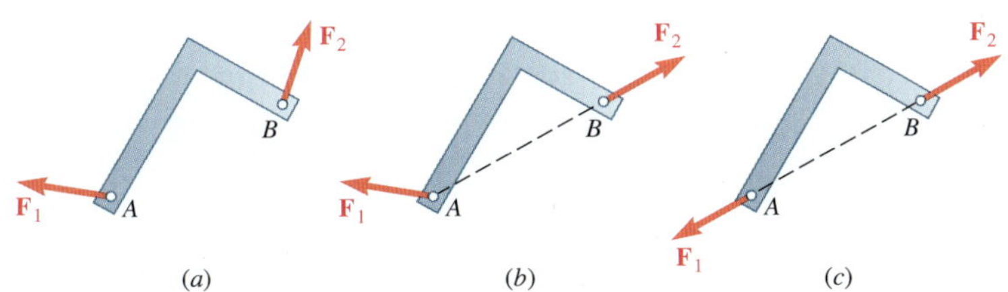

그림 4.8 2력 물체의 평형 (a) 물체의 두 위치에 작용하는 힘 (b) A에 대한 모멘트합은 $\mathbf{F}_2$의 작용선이 A를 지나야 함을 보여준다. (c) B에 대한 모멘트합은 $\mathbf{F}_1$의 작용선이 A를 지나야 함을 보여준다.

여러 힘이 두 점 A와 B에 작용하면 A에 작용하는 힘은 합력 $\mathbf{F}_1$으로 대체될 수 있고, B에 작용하는 힘은 합력 $\mathbf{F}_2$로 대체될 수 있다. 따라서 2력 물체는 **오직 두 위치에서만 힘을 받는 강체**로 정의할 수 있다. 합력 $\mathbf{F}_1$과 $\mathbf{F}_2$는 동일한 작용선과 동일한 크기를 가지지만 서로 반대 방향으로 작용한다(그림 4.8).

이후에 구조, 프레임, 기계 등을 다룰 때 2력 물체의 인식이 어떻게 특정 문제의 해를 단순화하는지 살펴볼 것이다.

4.2.2 3력 물체의 평형

실용성이 높은 평형의 또 다른 사례는 **3력 물체**three-force body, 즉 **세 위치에서 힘을 받는 강체**이다. A, B, C에 각각 힘 $\mathbf{F}_1$, $\mathbf{F}_2$, $\mathbf{F}_3$를 받는 강체를 고려해보자(그림 4.9a). 물체가 평형상태에 있으면 **세 힘의 작용선이 한 점에서 만나거나 모두 평행해야 한다.**

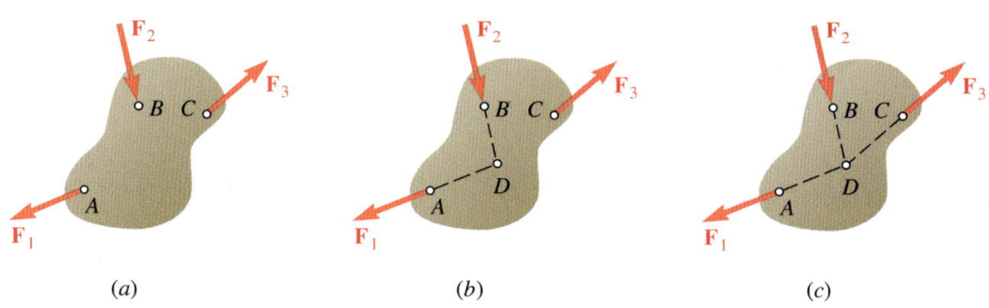

그림 4.9 3력 물체의 평형. 세 힘의 작용선은 한 점에서 만나거나 평행해야 한다.

강체가 평형상태이므로 임의의 축에 대한 $\mathbf{F}_1$, $\mathbf{F}_2$, $\mathbf{F}_3$의 모멘트합은 0이어야 한다. $\mathbf{F}_1$과 $\mathbf{F}_2$의 작용선의 교차점을 D로 표시하고 D에 대한 모멘트합을 구한다(그림 4.9b). D에 대한 $\mathbf{F}_1$과 $\mathbf{F}_2$의 모멘트는 명백히 0이고, D에 대한 $\mathbf{F}_3$의 모멘트도 0이어야 한다. 따라서 $\mathbf{F}_3$의 작용선은 D를 통과해야 한다(그림 4.9c). 그러므로 세 작용선은 한 점에서 만난다. 어떤 작용선도 교차하지 않는 유일한 예외는 작용선이 모두 평행한 경우이다.

3력 물체에 관한 문제는 4.1절의 일반적인 방법으로도 해결되지만, 3력 물체의 특성이 도해법, 삼각함수법, 기하하적 방법 등과 함께 문제를 해결할 수 있다(예제 4.6 참조).

예제 4.6

한 남자가 질량이 10 kg, 길이가 4 m인 기둥을 로프로 세우고 있다. 로프의 장력 $\mathbf{T}$와 A에서 반력을 구하시오.

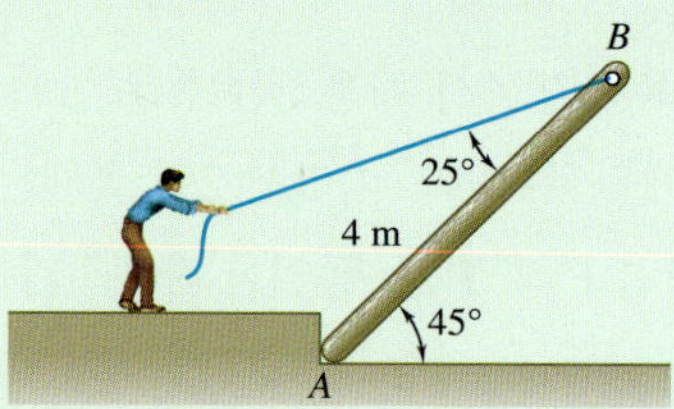

문제분석 기둥에는 세 힘, 즉 무게 $\mathbf{W}$, 로프 인장력 $\mathbf{T}$, A에서의 지면반력 $\mathbf{R}$이 작용한다. 따라서 3력 물체이며, 힘의 삼각형을 사용하여 작용력을 계산할 수 있다.

모델링 먼저 무게를 구하면 다음과 같다.

$$W = mg = (10\ \text{kg})(9.81\ \text{m/s}^2) = 98.1\ \text{N}$$

기둥이 3력 물체이므로 힘의 작용선은 한 점에서 만난다. 반력 **R**의 작용선은 무게 **W**와 인장력 **T**의 작용선의 교차점 C를 지난다(그림 1). 이 특성을 이용하여 **R**이 수평선과 이루는 각도 α를 구할 수 있다.

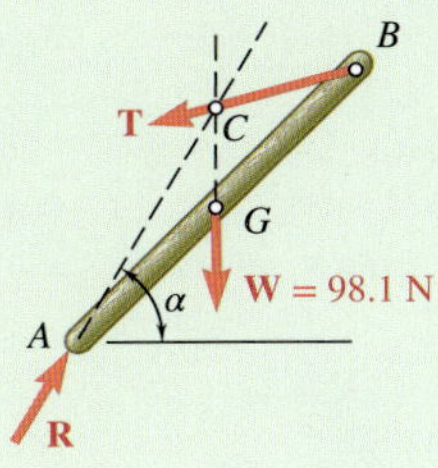

그림 1 기둥의 자유물체도

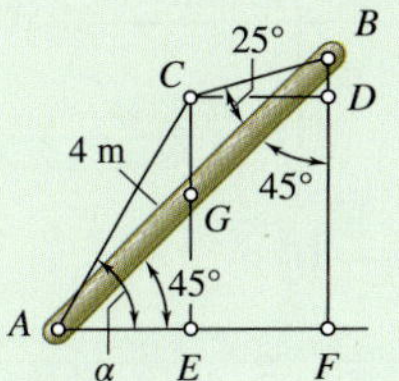

그림 2 C에서 만나는 세 힘의 작용선과 기하특성

풀이 B를 지나는 수직선 BF와 C를 지나는 수평선을 그리면(그림 2), 다음과 같다.

$$AF = BF = (AB)\cos 45° = (4 \text{ m})\cos 45° = 2.828 \text{ m}$$

$$CD = EF = AE = \frac{1}{2}(AF) = 1.414 \text{ m}$$

$$BD = (CD)\cot(45° + 25°) = (1.414 \text{ m})\tan 20° = 0.515 \text{ m}$$

$$CE = DF = BF - BD = 2.828 \text{ m} - 0.515 \text{ m} = 2.313 \text{ m}$$

각도 α를 구하면 다음과 같다.

$$\tan\alpha = \frac{CE}{AE} = \frac{2.313 \text{ m}}{1.414 \text{ m}} = 1.636 \qquad \alpha = 58.6° ◀$$

기둥에 작용하는 모든 힘의 방향은 [그림1]의 자유물체도에 나타나 있다.

힘의 삼각형 힘의 방향을 고려하여 계산된 내각을 기본으로 [그림 3]과 같이 힘의 삼각형을 그린다. 그런 다음 사인법칙을 사용하여 미지의 힘을 구할 수 있다.

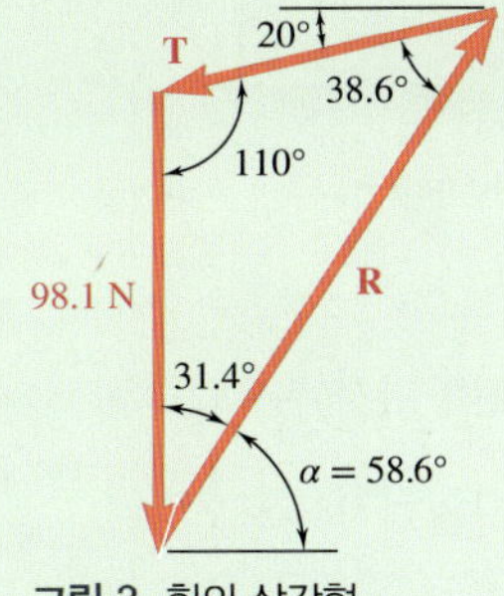

그림 3 힘의 삼각형

$$\frac{T}{\sin 31.4°} = \frac{R}{\sin 110°} = \frac{98.1 \text{ N}}{\sin 38.6°}$$

$$T = 81.9 \text{ N} ◀$$

$$\mathbf{R} = 147.8 \text{ N} \measuredangle 58.6° ◀$$

고찰 실무에서 3력 부재는 많이 보게 되므로, 이러한 해석 기법을 익혀두면 많은 도움이 된다.

Section 4.2 연습문제

4.27 $a = 30$ mm일 때 B와 C에서 반력을 구하시오.

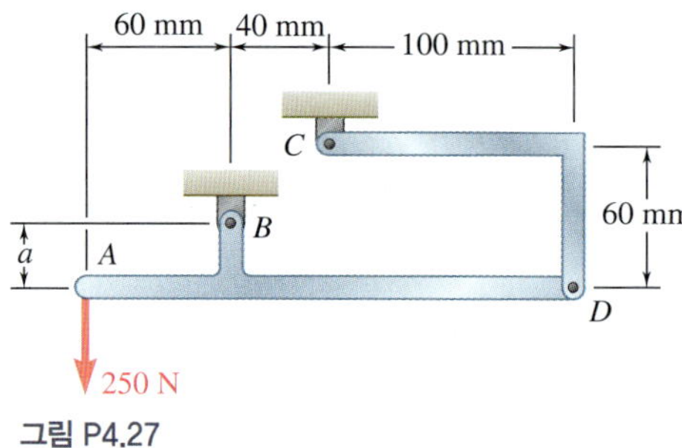

그림 P4.27

4.28 지름이 8 ft인 500 lb의 원통형 탱크를 2 ft 높이의 장애물 위로 들어올리려 한다. 그림과 같이 케이블이 탱크를 감싸고 수평방향으로 당긴다. A에서 장애물 모서리가 거칠어 미끄러지지 않을 때 케이블에서 필요한 장력과 A에서 반력을 구하시오.

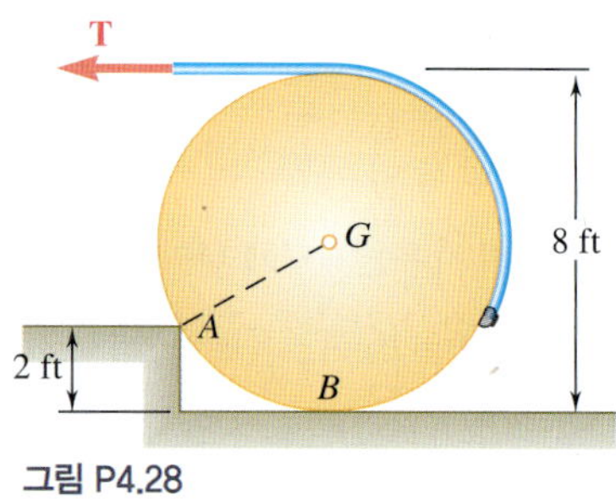

그림 P4.28

4.29 무게가 80 lb인 12 ft 목재보는 A의 핀과 케이블 BC로 지지된다. A에서의 반력과 케이블의 인장력을 구하시오.

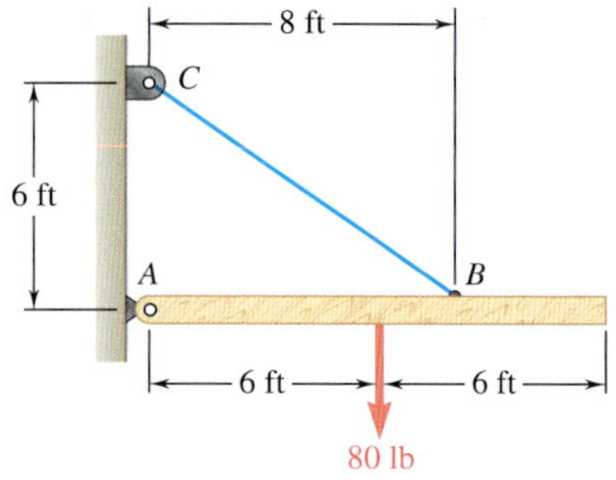

그림 P4.29

4.30 $b = 60$ mm일 때 B와 D에서 반력을 구하시오.

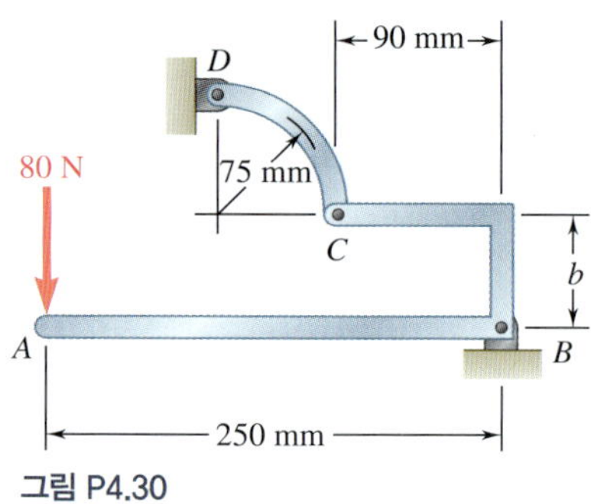

그림 P4.30

4.31 부재 AB의 한쪽 끝은 모서리 A에 있고 다른 쪽 끝은 로프 BD에 연결되어 있다. 부재가 중간점 C에서 150 N의 하중을 받을 때, A에서 반력과 로프의 장력을 구하시오.

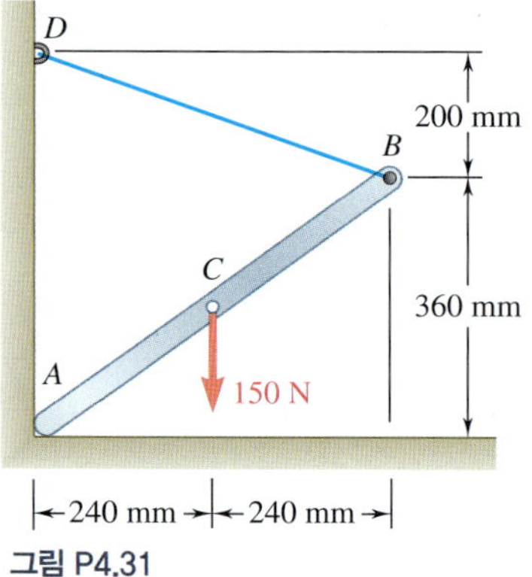

그림 P4.31

4.32 4.2.2절의 방법으로 [문제 4.12]를 다시 푸시오.

4.33 4.2.2절의 방법으로 [문제 4.16]을 다시 푸시오.

4.34 지름이 8 in.인 40 lb의 롤러가 그림과 같이 바닥 타일 공사에 사용된다. 각 타일의 두께가 0.3 in.일 때 롤러를 타일 위로 이동시키는 데 필요한 힘 **P**를 구하시오.

(a) 왼쪽으로 밀어서 이동시킬 때

(b) 오른쪽으로 당겨서 이동시킬 때

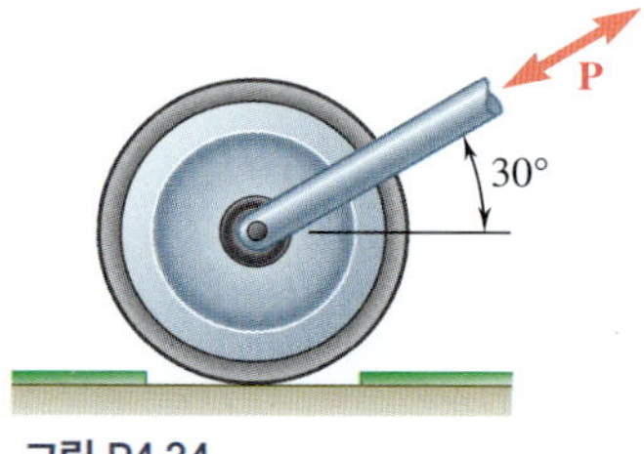

그림 P4.34

4.35 부재 ABC는 B에서 핀으로 지지되고, A와 C에서 부착되어 D에서 마찰이 없는 도르래를 통과하는 로프에 의해 지지된다. 로프의 인장력은 AD와 CD 부분에서 동일하다고 가정한다. 도르래의 크기는 무시하고, 주어진 하중에 의해 발생하는 로프의 인장력과 B에서 반력을 구하시오.

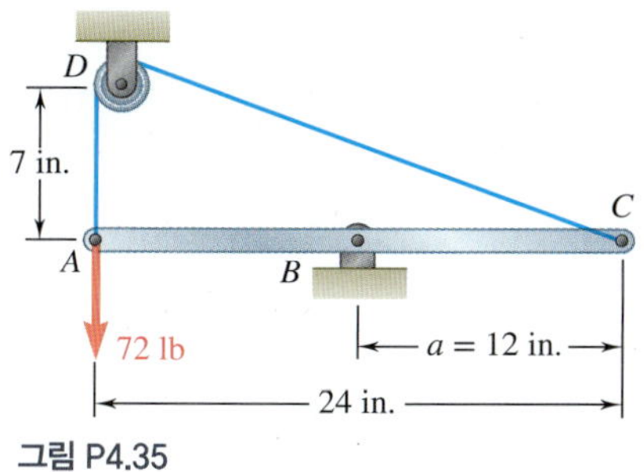

그림 P4.35

4.36 $\beta = 30°$일 때 A와 D에서 반력을 구하시오.

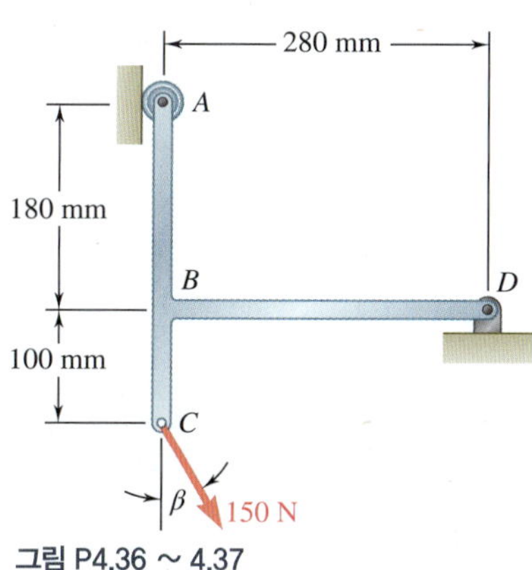

그림 P4.36 ~ 4.37

4.37 $\beta = 60°$일 때 A와 D에서 반력을 구하시오.

4.38 그림과 같이 하중을 받는 프레임에 대해 C와 D에서 반력을 구하시오.

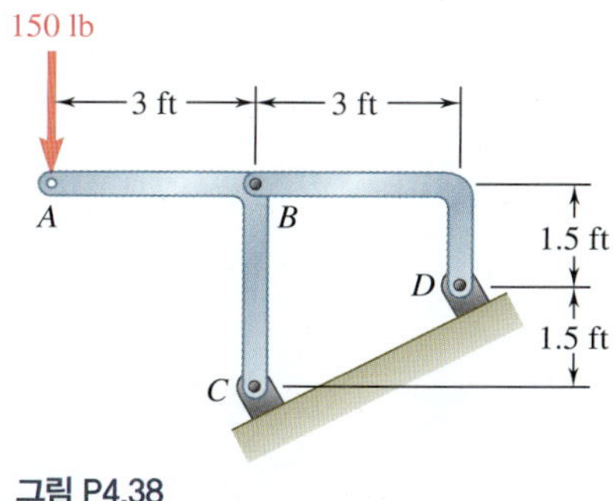

그림 P4.38

4.39 그림과 같이 하중을 받는 붐부재에 대해 (a) 로프 BD의 인장력, (b) C에서 반력을 구하시오.

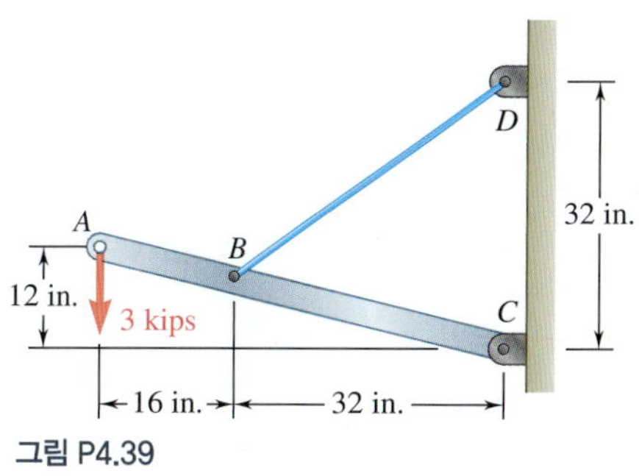

그림 P4.39

4.40 무게가 6,000 lb인 균일한 거더를 두 개의 크레인 케이블로 수평을 유지하고 있다. 각 케이블의 각도 α와 인장력을 구하시오.

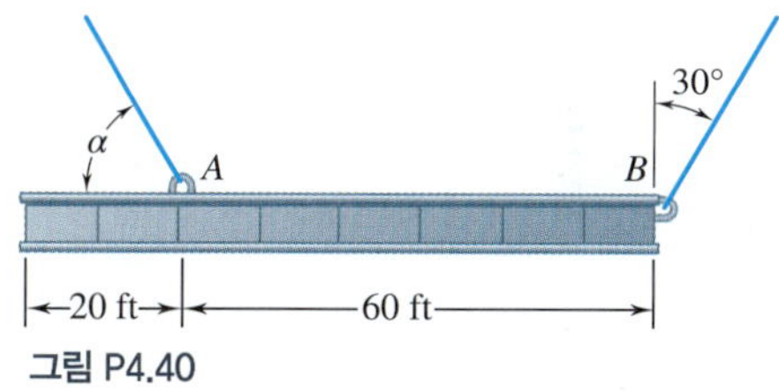

그림 P4.40

4.41 $\theta = 30°$일 때 (a) B에서 반력, (b) C에서 반력을 구하시오.

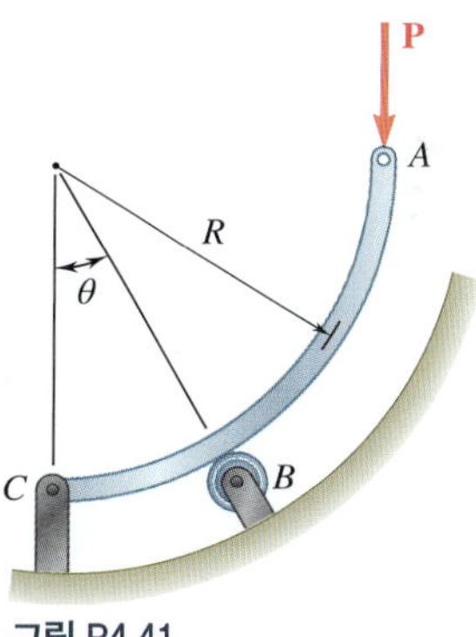

그림 P4.41

4.42 길이가 L인 부재가 그림과 같은 가이드를 따라 움직이는 고리에 부착되어 있다. 부재가 평형상태에 있을 때 각도 θ에 대한 식을 각도 β로 유도하시오.

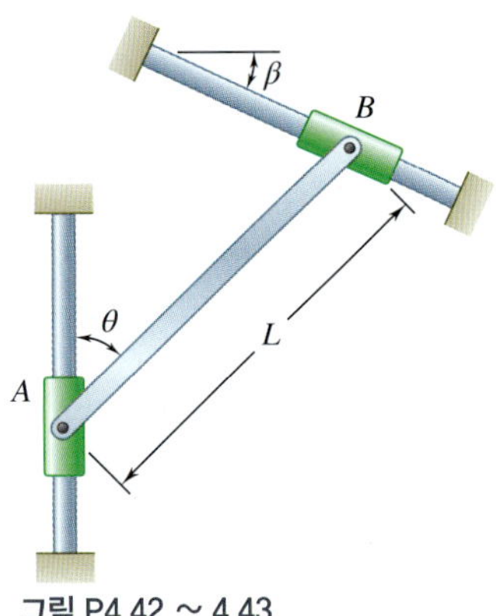

그림 P4.42 ~ 4.43

4.43 길이가 L인 8 kg의 부재가 그림과 같은 가이드를 따라 움직이는 고리에 부착되어 있다. 부재가 평형상태에 있고 $\beta = 30°$일 때 (a) 부재가 수직선과 이루는 각도 θ, (b) A와 B에서 반력을 구하시오.

4.44 로드 AB는 A에서 핀으로 지지되고 C에서는 마찰이 없는 못에 기대어 있다. B에서 170 N의 수직력이 가해질 때 A와 C에서 반력을 구하시오.

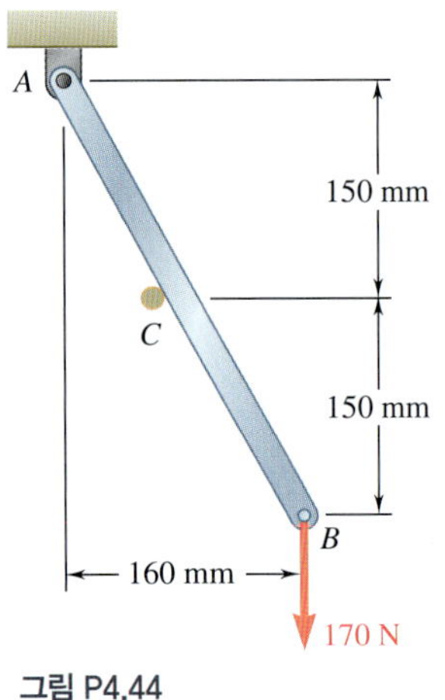

그림 P4.44

4.45 [그림 4.44]의 B에 수평방향으로 170 N의 힘이 왼쪽으로 작용할 때 문제를 다시 푸시오.

4.46 $\beta = 50°$일 때 A와 B에서 반력을 구하시오.

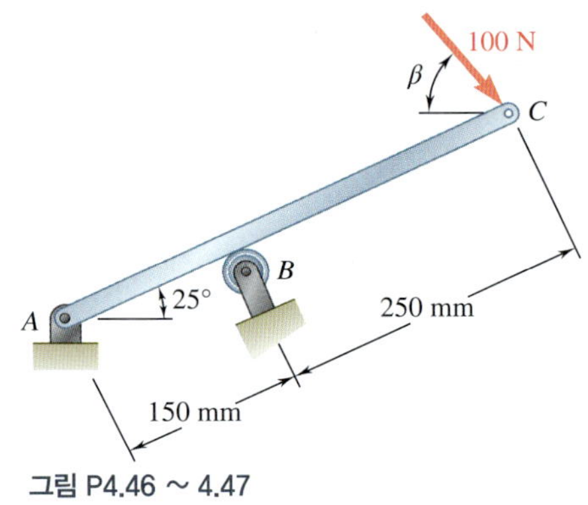

그림 P4.46 ~ 4.47

4.47 $\beta = 80°$일 때 A와 B에서 반력을 구하시오.

4.48 길이가 L이고 무게가 W인 막대의 A는 고리에 부착되어 있고 B는 작은 바퀴를 가진다. 바퀴가 반지름 R의 원통형 표면을 따라 마찰 없이 자유롭게 움직인다. 막대의 평형상태를 만족하기 위한 조건식을 θ, L, R로 유도하시오.

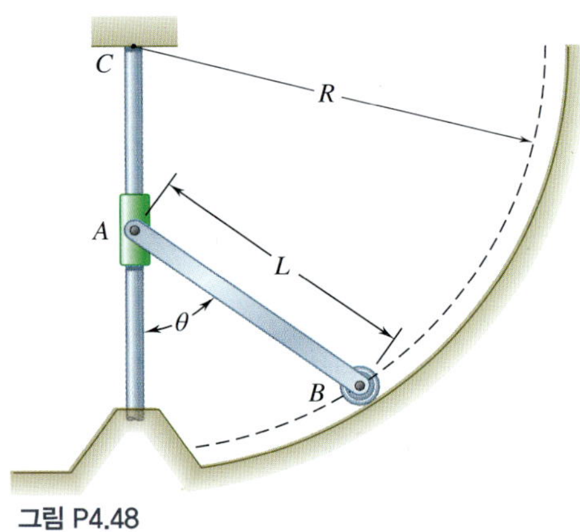

그림 P4.48

4.49 [문제 4.48]에서 $L = 15$ in., $R = 20$ in., $W = 10$ lb일 때 (a) 평형상태에서 각도 θ, (b) A와 B에서 반력을 구하시오.

4.50 그림과 같이 길이가 $2R$인 막대 AB가 반지름이 R인 반구형 그릇 안에 있다. 마찰을 무시한 평형상태에서 각도 θ를 구하시오.

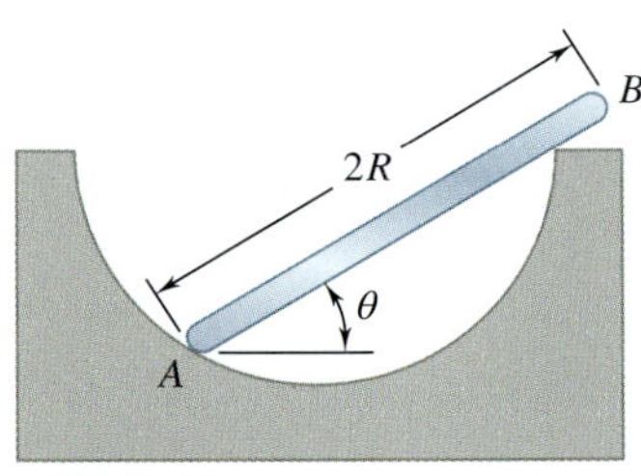

그림 P4.50

4.3 3차원 평형

강체의 평형에 대한 가장 일반적 상황은 3차원에서 발생한다. 이러한 상황을 모델링하고 해석하는 접근 방식은 2차원에서와 동일하다. 먼저 자유물체도를 작도하고 평형방정식을 이용하여 해를 도출한다. 다만, 3차원에서는 더 많은 방정식과 변수를 처리해야 한다. 그리고 하나의 지점에 세 개의 힘 성분과 세 개의 모멘트 성분이 작용할 수 있어, 지점과 연결부에서 반력이 더욱 다양하게 나타난다. 예제에서 보겠지만 3차원으로 명확하게 시각화하고, 2장과 3장의 벡터해석을 활용할 수 있어야 한다.

4.3.1 3차원 강체의 평형

4.1절에서 3차원에서 강체의 평형조건은 다음과 같이 여섯 개의 스칼라 방정식임을 살펴보았다.

$$\Sigma F_x = 0, \quad \Sigma F_y = 0, \quad \Sigma F_z = 0 \tag{4.2}$$

$$\Sigma M_x = 0, \quad \Sigma M_y = 0, \quad \Sigma M_z = 0 \tag{4.3}$$

일반적으로 지점 또는 연결부에서 반력을 나타내는 여섯 개 이하의 미지수에 대해서는 이 방정식으로 해를 구할 수 있다.

대부분의 문제는 강체의 평형조건을 벡터로 작성하면 식 (4.2)와 식 (4.3)의 스칼라 방정식을 편하게 얻을 수 있다.

$$\Sigma \mathbf{F} = 0, \quad \Sigma \mathbf{M}_O = \Sigma(\mathbf{r} \times \mathbf{F}) = 0 \tag{4.1}$$

그런 다음 힘 $\mathbf{F}$와 위치벡터 $\mathbf{r}$을 스칼라 성분과 단위벡터로 표현할 수 있다. 이를 통해 직접 계산을 하거나 행렬식을 사용하여 벡터곱을 계산할 수 있다(3.1.6절 참조). 점 O를 잘 선택하면 계산 과정에서 최대 세 개의 반력성분을 소거할 수 있다. 식 (4.1)의 힘과 모멘트 각각에서 단위벡터의 계수를 0으로 두면 원하는 스칼라식을 얻을 수 있다.[5]

일부 평형 문제에서는 작용하중 또는 지점반력으로 개별 모멘트 $\mathbf{M}_i$를 포함한다. 이러한 경우 식 (4.1)의 두 번째 식에 다음과 같이 개별 모멘트를 포함시킬 수 있다.

$$\Sigma \mathbf{M}_O = \Sigma(\mathbf{r} \times \mathbf{F}) + \Sigma \mathbf{M}_i = 0 \tag{4.1'}$$

5 어떤 문제에서는 평형방정식 $\Sigma M_{AB} = 0$을 취하여 두 점 A와 B에서의 반력을 해에서 제거하는 것이 편리할 수도 있다. 여기에는 점 A와 B를 연결하는 축 AB에 대한 모멘트를 계산하는 과정을 포함한다(예제 4.10 참조).

4.3.2 3차원 구조물의 반력

3차원 구조물의 반력은 마찰이 없는 표면의 단일힘에서부터 고정점에 가해지는 힘-모멘트 시스템에 이르기까지 다양하다. 결과적으로, 3차원 구조물의 평형과 관련된 문제는 최대 여섯 개의 미지수가 각 지점 또는 연결부에서의 반력과 관련되어 있다.

사진 4.3 자동차 구동축에 적용되는 유니버설 조인트는 일치하지 않는 두 축의 회전운동을 전달한다.
Lucinda Dowell/McGraw-Hill Education

[그림 4.10]은 다양한 유형의 지점과 해당 반력을 보여준다. 주어진 지점 또는 연결부에 해당하는 반력과 관련된 미지수의 수를 구하는 간단한 방법은 여섯 가지 기본운동(x, y, z방향으로의 병진과 x, y, z축에 대한 회전) 중에서 어떤 것이 허용되고 어떤 것이 제한되는지로 알 수 있다. 제한된 동작의 개수가 바로 반력 개수가 된다.

예를 들어, 볼 지점, 마찰이 없는 표면, 케이블 등은 한 방향으로만 이동하는 것을 방지하므로 작용선이 알려진 하나의 힘으로 반력을 발생시킨다. 거친 표면 위의 롤러와 레일 위의 바퀴는 두 방향으로 이동하는 것을 방지하므로 해당 반력은 두 개의 미지의 힘 성분으로 구성된다. 물체가 직접 접촉하는 거친 표면, 볼과 소켓 지점은 회전을 허용하지만 세 방향으로의 이동은 방지한다. 이러한 지점은 미지의 세 반력을 포함한다. 어떤 지점과 연결부는 회전과 병진을 모두 방지한다. 이에 해당하는 반력에는 힘뿐만 아니라 모멘트도 포함된다. 예를 들어, 모든 운동(회전 및 병진)을 방지하는 고정점에서 반력은 3개의 미지수 힘과 3개의 미지수 모멘트로 구성된다. 두 축을 중심으로 회전하도록 설계된 유니버설 조인트에는 3개의 미지수 힘과 1개의 미지수 모멘트로 구성된 반력이 발생한다(사진 4.3).

사진 4.4 블록 베어링이 산업시설용 팬 샤프트를 지지하고 있다.
Courtesy of SKF Group

병진운동을 주로 방지하는 지점 또는 연결부도 있다. 대응하는 반력은 본질적으로 힘으로 구성되지만 모멘트를 포함하기도 한다. 이 유형의 지점에는 방사하중radial load에 저항하여 이동을 제한하는 목적으로 설계된 힌지와 베어링이 포함된다. 대응하는 반력은 기본적으로 두 개의 힘 성분으로 구성되지만, 잠정적으로 두 개의 모멘트 성분이 포함될 수도 있다. 다른 유형으로 방사하중뿐 아니라 축방향 추력thrust에 저항할 수 있도록 설계된 핀-브라켓 지점, 힌지, 베어링 등이 있다. 이에 대응하는 반력은 세 가지 힘 성분으로 구성되지만 두 개의 모멘트 성분을 포함할 수도 있다. 그러나 이러한 지점은 일반적인 사용조건에서 모멘트 저항을 발휘하지 않는다고 본다. 따라서 강체의 평형을 유지하기 위해 모멘트가 필요하다는 것이 명확하지 않으면 반력으로 힘 성분만을 고려한다(문제 4.71 ~ 4.72 참조).

반력이 6개를 초과하는 미지수를 포함하는 경우, 식의 개수보다 미지수가 더 많아 일부 반력은 부정정이 된다. 반력이 6개 미만의 미지수를 포함하는 경우 미지수보다 식이 더 많으므로 일부 평형방정식은 충족될 수 없다. 이 경우 강체는 부분구속 상태에 있다. 그러나 특정 하중조건에서 추가되는 방정식은 종종 $0=0$과 같은 무의미한 항등식으로 나타나 무시된다. 강체는 부분구속이지만 평형을 유지한다(예제 4.7 ~ 4.8 참조). 미지수가 6개 이상인 경우에도 일부 평형방정식이 충족되지 않을 수 있다. 이러한 경우는 주어진 지점과 관련된 반력이 평행하거나 같은 선과 교차할 때 발생할 수 있고, 이 경우 강체가 부적절 구속상태에 있다고 한다.

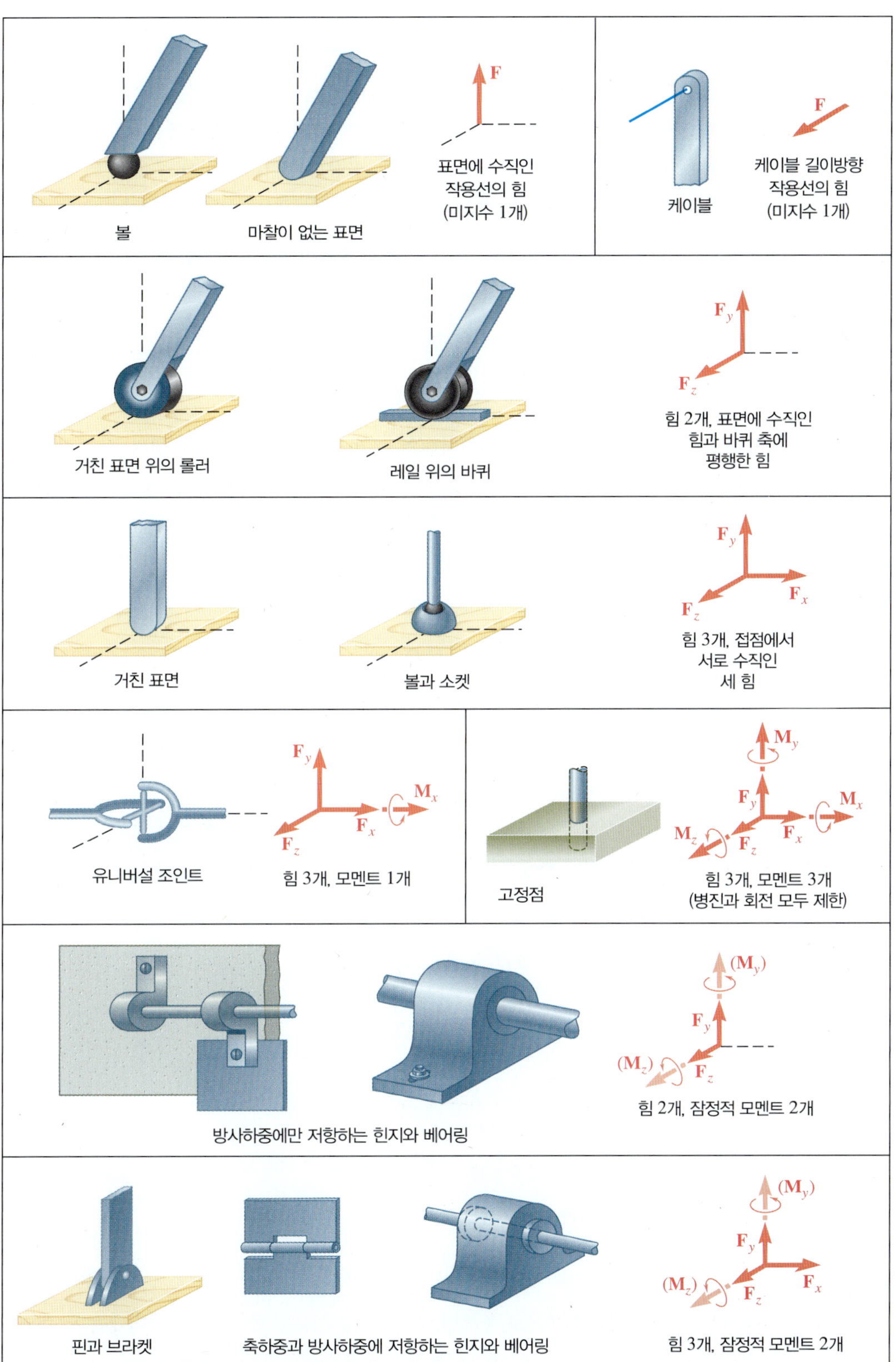

그림 4.10 3차원 지점과 연결부에서 반력

예제 4.7

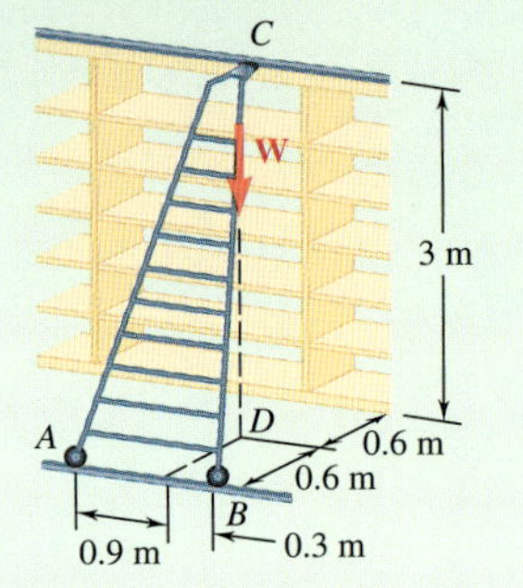

창고의 높은 선반에 도달하는 데 사용되는 20 kg의 사다리는 레일에 장착된 두 개의 바퀴 A, B와 벽에 고정된 레일에 기대어 설치된 볼ball 지점 C로 지지된다. 80 kg의 사람이 사다리 위에 서서 오른쪽으로 몸을 기울인다. 사람과 사다리를 합한 무게 **W**의 작용선은 D에서 바닥과 교차한다. A, B, C에서의 반력을 구하시오.

문제분석 사다리의 자유물체도를 그리고, 3차원 평형방정식을 작성한다.

모델링

자유물체도 사람과 사다리 무게를 구하면 다음과 같다.

$$\mathbf{W} = -mg\mathbf{j} = -(80\text{ kg} + 20\text{ kg})(9.81\text{ m/s}^2)\mathbf{j} = -(981\text{ N})\mathbf{j}$$

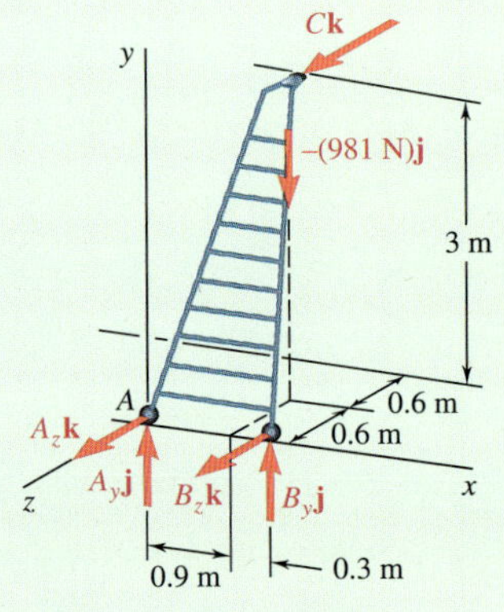

그림 1 사다리의 자유물체도

미지의 반력성분은 5개로, 각 사다리 아래의 바퀴 지점에 2개, 사다리 위의 볼 지점에 1개이다(그림 1). 따라서 사다리는 부분구속 상태이므로 레일을 따라 자유롭게 움직일 수 있다. 그러나 $\Sigma F_x = 0$을 만족하므로 주어진 하중에서 사다리는 평형상태이다.

풀이

평형방정식 사다리에 작용하는 힘의 합력은 0이 된다.

$$\Sigma\mathbf{F} = 0 : A_y\mathbf{j} + A_z\mathbf{k} + B_y\mathbf{j} + B_z\mathbf{k} - (981\text{ N})\mathbf{j} + C\mathbf{k} = 0$$
$$(A_y + B_y - 981\text{ N})\mathbf{j} + (A_z + B_z + C)\mathbf{k} = 0 \qquad (1)$$

$$\Sigma\mathbf{M}_A = \Sigma(\mathbf{r}\times\mathbf{F}) = 0 :$$
$$1.2\mathbf{i}\times(B_y\mathbf{j} + B_z\mathbf{k}) + (0.9\mathbf{i} - 0.6\mathbf{k})\times(-981\mathbf{j})$$
$$+ (0.6\mathbf{i} + 3\mathbf{j} - 1.2\mathbf{k})\times C\mathbf{k} = 0$$

벡터곱을 계산하면 다음과 같다.[6]

$$1.2B_y\mathbf{k} - 1.2B_z\mathbf{j} - 882.9\mathbf{k} - 588.6\mathbf{i} - 0.6C\mathbf{j} + 3C\mathbf{i} = 0$$
$$(3C - 588.6)\mathbf{i} - (1.2B_z + 0.6C)\mathbf{j} + (1.2B_y - 882.9)\mathbf{k} = 0 \qquad (2)$$

6 [예제 4.8]과 [예제 4.9]와 마찬가지로, 이 예제에서도 모멘트는 행렬식으로 표현이 가능하다.

식 (2)에서 **i**, **j**, **k**의 계수를 0으로 놓으면 다음 세 개의 스칼라식이 생성되며, 각 좌표축에 대한 모멘트의 합은 0임을 보여준다.

$$3C - 588.6 = 0, \qquad C = +196.2\text{ N}$$
$$1.2B_z + 0.6C = 0, \qquad B_z = -98.1\text{ N}$$
$$1.2B_y - 882.9 = 0, \qquad B_y = +736\text{ N}$$

그러므로 B와 C에서 반력은 다음과 같다.

$$\mathbf{B} = +(736\text{ N})\mathbf{j} - (98.1\text{ N})\mathbf{k}, \qquad \mathbf{C} = +(196.2\text{ N})\mathbf{k} \blacktriangleleft$$

식 (1)에서 **j**와 **k**의 계수를 0으로 놓으면, y와 z방향 성분의 합이 0임을 나타내는 두 개의 스칼라식을 얻을 수 있다. B_y, B_z, C를 대입하여 정리하면 다음과 같다.

$$A_y + B_y - 981 = 0, \qquad A_y + 736 - 981 = 0, \qquad A_y = +245\text{ N}$$
$$A_z + B_z + C = 0, \qquad A_z - 98.1 + 196.2 = 0, \qquad A_z = -98.1\text{ N}$$

그러므로 A에서 반력은 다음과 같다.

$$\mathbf{A} = +(245\ \text{N})\mathbf{j} - (98.1\ \text{N})\mathbf{k}$$ ◀

고찰 풀이의 일부 과정으로 A에 대한 모멘트를 합산했다. 이 결과를 사용하여 점 B와 같은 임의의 점에 대한 모멘트의 합도 0임을 확인할 수 있다.

예제 4.8

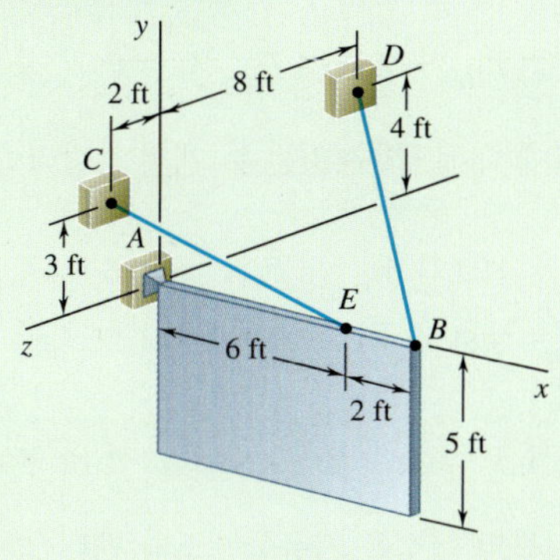

5×8 ft 표지판은 무게가 270 lb이며, A에서 볼–소켓 조인트와 두 개의 케이블로 지지된다. 각 케이블의 인장력과 A에서의 반력을 구하시오.

문제분석 표지판의 자유물체도를 그리고, 직교벡터로 미지의 케이블의 인장력을 표현한다. 그리고 평형방정식을 이용하여 케이블 인장력과 A에서 반력을 구한다.

모델링

자유물체도 표지판에 작용하는 힘은 무게 $\mathbf{W} = -(270\ \text{lb})\mathbf{j}$와 A, B, E에서의 반력이다(그림 1). A에서의 반력은 3개의 미지수 성분으로 표현되는 힘이다. 케이블에 의해 작용하는 힘은 방향을 알고 있으므로 T_{BD}와 T_{EC}의 각 크기만 미지수로 표현된다. 총 5개의 미지수는 표지판이 부분구속임을 의미한다. x축을 중심으로 회전할 수 있지만 식 $\Sigma M_x = 0$을 충족하므로 주어진 하중조건에서 표지판은 평형상태이다.

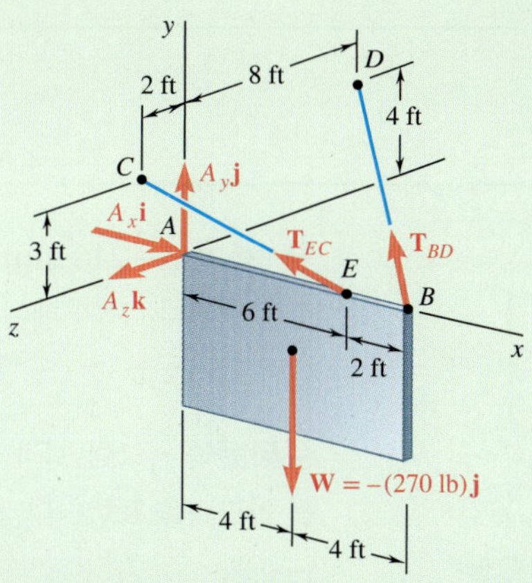

그림 1 자유물체도

풀이 T_{BD}, T_{EC}의 성분을 다음과 같이 미지의 크기 $\mathbf{T}_{BD}$ 및 $\mathbf{T}_{EC}$로 표현할 수 있다.

$$\overrightarrow{BD} = -(8\ \text{ft})\mathbf{i} + (4\ \text{ft})\mathbf{j} - (8\ \text{ft})\mathbf{k}, \qquad BD = 12\ \text{ft}$$

$$\overrightarrow{EC} = -(6\ \text{ft})\mathbf{i} + (3\ \text{ft})\mathbf{j} + (2\ \text{ft})\mathbf{k}, \qquad EC = 7\ \text{ft}$$

$$\mathbf{T}_{BD} = T_{BD}\left(\frac{\overrightarrow{BD}}{BD}\right) = T_{BD}\left(-\frac{2}{3}\mathbf{i} + \frac{1}{3}\mathbf{j} - \frac{2}{3}\mathbf{k}\right)$$

$$\mathbf{T}_{EC} = T_{EC}\left(\frac{\overrightarrow{EC}}{EC}\right) = T_{EC}\left(-\frac{6}{7}\mathbf{i} + \frac{3}{7}\mathbf{j} - \frac{2}{7}\mathbf{k}\right)$$

평형방정식 표지판에 작용하는 힘과 모멘트합은 0이 된다.

$$\Sigma \mathbf{F} = 0 : A_x\mathbf{i} + A_y\mathbf{j} + A_z\mathbf{k} + \mathbf{T}_{BD} + \mathbf{T}_{EC} - (270\ \text{lb})\mathbf{j} = 0$$

$$\left(A_x - \frac{2}{3}T_{BD} - \frac{6}{7}T_{EC}\right)\mathbf{i} + \left(A_y + \frac{1}{3}T_{BD} + \frac{3}{7}T_{EC} - 270\ \text{lb}\right)\mathbf{j} + \left(A_z - \frac{2}{3}T_{BD} + \frac{2}{7}T_{EC}\right)\mathbf{k} = 0 \quad (1)$$

$$\Sigma \mathbf{M}_A = \Sigma(\mathbf{r} \times \mathbf{F}) = 0 :$$

$$(8\ \text{ft})\mathbf{i} \times T_{BD}\left(-\frac{2}{3}\mathbf{i} + \frac{1}{3}\mathbf{j} - \frac{2}{3}\mathbf{k}\right) + (6\ \text{ft})\mathbf{i} \times T_{EC}\left(-\frac{6}{7}\mathbf{i} + \frac{3}{7}\mathbf{j} + \frac{2}{7}\mathbf{k}\right) + (4\ \text{ft})\mathbf{i} \times (-270\ \text{lb})\mathbf{j} = 0$$

$$(2.667T_{BD} + 2.571T_{EC} - 1{,}080\ \text{lb})\mathbf{k} + (5.333T_{BD} - 1.714T_{EC})\mathbf{j} = 0 \quad (2)$$

식 (2)에서 $\mathbf{j}$와 $\mathbf{k}$의 계수를 0으로 놓으면 T_{BD}와 T_{EC}에 대해 풀 수 있는 두 개의 스칼라 식을 얻을 수 있다.

$$T_{BD} = 101.3\ \text{lb}, \quad T_{EC} = 315\ \text{lb} \blacktriangleleft$$

식 (1)에서 $\mathbf{i}$, $\mathbf{j}$, $\mathbf{k}$의 계수를 0으로 놓으면 A의 성분을 구할 수 있는 3개의 식이 추가로 생성된다.

$$\mathbf{A} = +(338\ \text{lb})\mathbf{i} + (101.2\ \text{lb})\mathbf{j} - (22.5\ \text{lb})\mathbf{k} \blacktriangleleft$$

고찰 케이블에는 인장력만 작용하는데, 이러한 케이블의 특성은 자유물체도와 벡터식에서도 일치한다. 해석 결과 케이블 작용력은 양의 값이다. 이는 케이블이 인장상태에 있다는 것을 의미하므로 해석 결과의 타당성을 증명한다.

예제 4.9

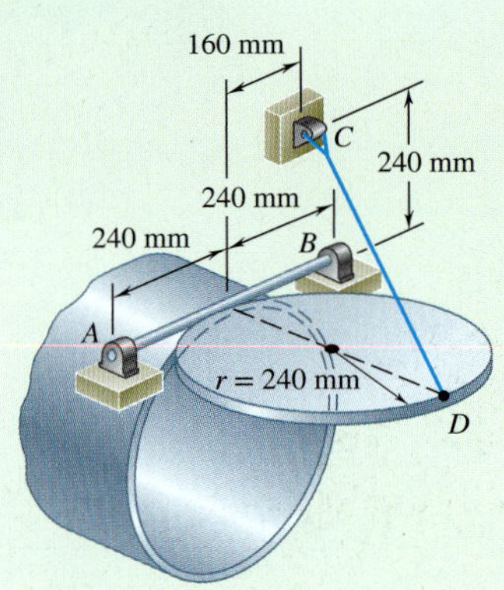

반지름이 $r = 240$ mm이고 질량이 30 kg인 파이프 덮개가 케이블 CD에 의해 수평으로 유지된다. B의 베어링에서 축방향 저항이 없을 때 케이블의 인장력과 A, B의 반력을 구하시오.

문제분석 [그림 1]과 같은 좌표계에서 자유물체도를 그리고, 직교벡터로 미지의 케이블 인장력을 표현한다. 그리고 평형방정식으로 케이블의 인장력과 지점 반력을 구한다.

모델링

자유물체도 자유물체도에 표시된 하중은 다음과 같다.

$$\mathbf{W} = -mg\mathbf{j} = -(30\ \text{kg})(9.81\ \text{m/s}^2)\mathbf{j} = -(294\ \text{N})\mathbf{j}$$

반력은 케이블 인장력 $\mathbf{T}$, 힌지 A에서 3개의 힘 성분, B에서 2개의 힘 성분 등 총 6개이다. 벡터 $\overrightarrow{DC}$를 직각성분으로 분해하여 미지의 성분 T를 나타낸다.

$$\overrightarrow{DC} = -(480\ \text{mm})\mathbf{i} + (240\ \text{mm})\mathbf{j} - (160\ \text{mm})\mathbf{k}, \quad DC = 560\ \text{mm}$$

$$\mathbf{T} = T\frac{\overrightarrow{DC}}{DC} = -\frac{6}{7}T\mathbf{i} + \frac{3}{7}T\mathbf{j} - \frac{2}{7}T\mathbf{k}$$

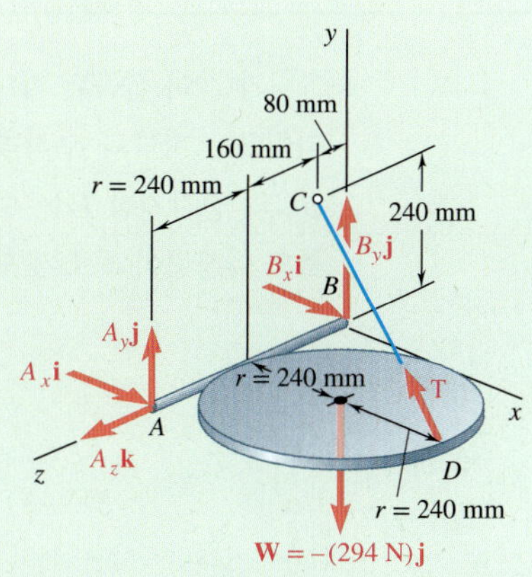

그림 1 파이프 덮개 자유물체도

풀이

평형방정식 파이프 덮개에 작용하는 힘과 모멘트의 합은 0이 된다.

$$\Sigma \mathbf{F} = 0 : A_x\mathbf{i} + A_y\mathbf{j} + A_z\mathbf{k} + B_x\mathbf{i} + B_y\mathbf{j} + \mathbf{T} - (294\text{ N})\mathbf{j} = 0$$

$$\left(A_x + B_x - \frac{6}{7}T\right)\mathbf{i} + \left(A_y + B_y + \frac{3}{7}T - 294\text{ N}\right)\mathbf{j} + \left(A_z - \frac{2}{7}T\right)\mathbf{k} = 0 \tag{1}$$

$$\Sigma \mathbf{M}_B = \Sigma(\mathbf{r} \times \mathbf{F}) = 0 :$$

$$2r\mathbf{k} \times (A_x\mathbf{i} + A_y\mathbf{j} + A_z\mathbf{k})$$
$$+ (2r\mathbf{i} + r\mathbf{k}) \times \left(-\frac{6}{7}T\mathbf{i} + \frac{3}{7}T\mathbf{j} - \frac{2}{7}T\mathbf{k}\right)$$
$$+ (r\mathbf{i} + r\mathbf{k}) \times (-294\text{ N})\mathbf{j} = 0$$

$$\left(-2A_y - \frac{3}{7}T + 294\text{ N}\right)r\mathbf{i} + \left(2A_x - \frac{2}{7}T\right)r\mathbf{j} + \left(\frac{6}{7}T - 294\text{ N}\right)r\mathbf{k} = 0 \tag{2}$$

식 (2)에서 단위벡터의 각 계수를 0으로 놓으면, 다음 세 개의 스칼라식을 얻는다.

$$A_x = +49.0\text{ N}, \quad A_y = +73.5\text{ N} \qquad T = 343\text{ N} ◀$$

식 (1)에서 단위벡터의 각 계수를 0으로 놓으면 추가로 세 개의 스칼라식을 얻는다. T, A_x, A_y를 대입하면 다음을 얻는다.

$$A_z = +98.0\text{ N}, \quad B_x = +245\text{ N}, \quad B_y = +73.5\text{ N}$$

그러므로 A와 B에서 반력은 다음과 같다.

$$\mathbf{A} = +(49.0\text{ N})\mathbf{i} + (73.5\text{ N})\mathbf{j} + (98.0\text{ N})\mathbf{k} ◀$$
$$\mathbf{B} = +(245\text{ N})\mathbf{i} + (73.5\text{ N})\mathbf{j} ◀$$

고찰 스칼라 해석으로 케이블 인장력을 검토해볼 수 있다. 오른손 법칙을 적용하면 다음을 얻는다.

$$\Sigma M_z = 0 : \frac{3}{7}T(0.48\text{ m}) - (294\text{ N})(0.24\text{ m}) = 0 \qquad T = 343\text{ N} ◀$$

예제 4.10

그림과 같이 절곡된 파이프 $ABCD$의 한 모서리 C에 450 lb의 하중이 걸려 있다. 전체 파이프는 바닥과 수직벽에 각각 고정되는 볼-소켓 조인트 A와 D로 지지되고, 파이프 BC의 중간지점 E는 수직벽의 한 지점 G에 부착된 케이블에 의해 지지된다. (a) 케이블의 인장력이 최소가 되는 G의 위치, (b) 그때 인장력의 최솟값을 구하시오.

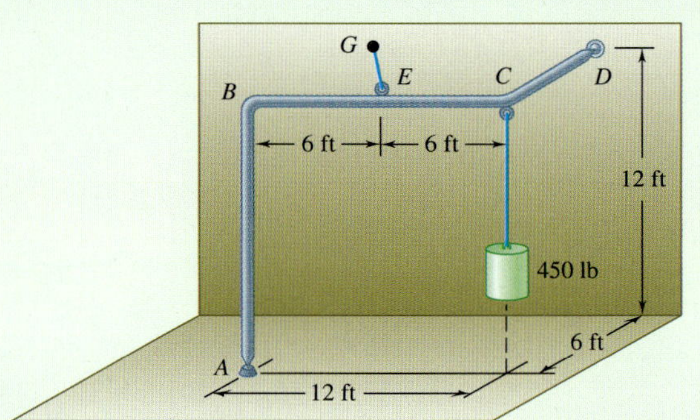

문제분석 A와 D에서 반력이 포함된 파이프의 자유물체도를 그린다. 대각선 AD에 대한 모멘트합을 취하여 미지의 인장력 **T**와 하중 **W**를 분리하고, 평형방정식으로 그 값을 계산한다.

모델링과 풀이

자유물체도 파이프의 자유물체도는 하중 $\mathbf{W} = (-450\text{ lb})\mathbf{j}$, A와 D에서 반력, 케이블 인장력 **T**를 포함한다(그림 1). A와 D에서의 반력을 소거하려면 선 AD에 대한 모멘트합을 취하여 0으로 놓는다. AD와 함께 단위벡터를 $\boldsymbol{\lambda}$로 나타내면 다음 식을 얻는다.

$$\Sigma M_{AD} = 0 : \boldsymbol{\lambda}\cdot(\overrightarrow{AE} \times \mathbf{T}) + \boldsymbol{\lambda}\cdot(\overrightarrow{AC} \times \mathbf{W}) = 0 \qquad (1)$$

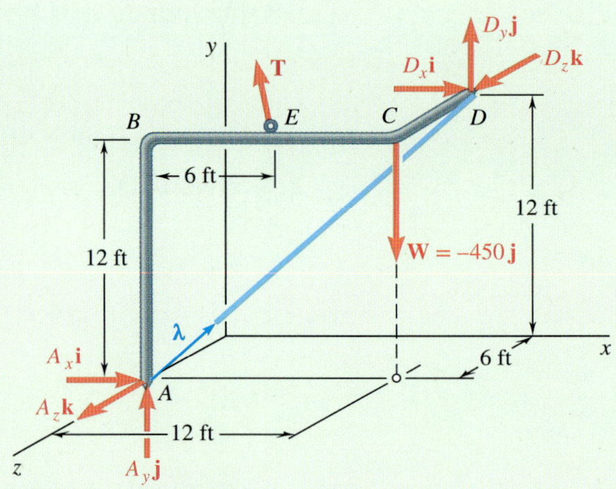

그림 1 파이프 자유물체도

식 (1)의 두 번째 항은 다음과 같이 계산할 수 있다.

$$\overrightarrow{AC} \times \mathbf{W} = (12\mathbf{i} + 12\mathbf{j}) \times (-450\mathbf{j}) = -5{,}400\mathbf{k}$$

$$\boldsymbol{\lambda} = \frac{\overrightarrow{AD}}{AD} = \frac{12\mathbf{i} + 12\mathbf{j} - 6\mathbf{k}}{18} = \frac{2}{3}\mathbf{i} + \frac{2}{3}\mathbf{j} - \frac{1}{3}\mathbf{k}$$

$$\boldsymbol{\lambda} \cdot (\overrightarrow{AC} \times \mathbf{W}) = \left(\frac{2}{3}\mathbf{i} + \frac{2}{3}\mathbf{j} - \frac{1}{3}\mathbf{k}\right) \cdot (-5{,}400\mathbf{k}) = +1{,}800$$

이 값을 식 (1)에 대입하면 다음과 같다.

$$\boldsymbol{\lambda} \cdot (\overrightarrow{AE} \times \mathbf{T}) = -1{,}800 \text{ lb} \cdot \text{ft} \tag{2}$$

인장력이 최솟값 혼합 삼중곱의 교환법칙을 이용하면 식 (2)는 다음과 나타낼 수 있다.

$$\mathbf{T} \cdot (\boldsymbol{\lambda} \times \overrightarrow{AE}) = -1{,}800 \text{ lb} \cdot \text{ft} \tag{3}$$

이 식은 벡터 $\overrightarrow{AE}$에 $\mathbf{T}$의 투영은 상수라는 것을 보여준다. $\mathbf{T}$는 해당 벡터에 평행할 때 최소가 된다.

$$\boldsymbol{\lambda} \times \overrightarrow{AE} = \left(\frac{2}{3}\mathbf{i} + \frac{2}{3}\mathbf{j} - \frac{1}{3}\mathbf{k}\right) \times (6\mathbf{i} + 12\mathbf{j}) = 4\mathbf{i} - 2\mathbf{j} + 4\mathbf{k}$$

이때 단위벡터는 $\frac{2}{3}\mathbf{i} - \frac{1}{3}\mathbf{j} + \frac{2}{3}\mathbf{k}$이므로

$$\mathbf{T}_{\text{min}} = T\left(\frac{2}{3}\mathbf{i} - \frac{1}{3}\mathbf{j} + \frac{2}{3}\mathbf{k}\right) \tag{4}$$

이다. 식 (3)의 $\mathbf{T}$와 $\boldsymbol{\lambda} \times \overrightarrow{AE}$에 각각 대입하고 계산을 수행하면 $6T = -1{,}800$이 되어 $T = -300$을 얻는다. 이 값을 식 (4)에 대입하면 다음과 같다.

$$\mathbf{T}_{\text{min}} = -200\mathbf{i} + 100\mathbf{j} - 200\mathbf{k} \qquad T_{\text{min}} = 300 \text{ lb} \blacktriangleleft$$

G의 위치 벡터 $\overrightarrow{EG}$와 힘 $\mathbf{T}_{\text{min}}$은 같은 방향이므로 두 벡터의 성분은 비례 관계에 있다. G의 좌표를 $(x, y, 0)$으로 놓으면 다음 비례식을 얻는다(그림 2).

$$\frac{x-6}{-200} = \frac{y-12}{+100} = \frac{0-6}{-200} \qquad x = 0, \quad y = 15 \text{ ft} \blacktriangleleft$$

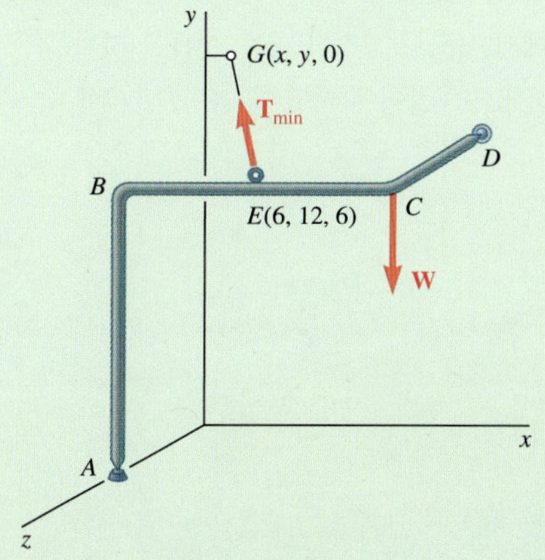

그림 2 케이블에 최소 인장력이 발생하는 G의 위치

Section 4.3 연습문제

4.51 두 개의 트랜스미션 벨트가 베어링 A와 D로 지지되는 차축에 설치된 이중 풀리를 통해 각각 통과한다. 내측 풀리의 반지름은 125 mm이고, 외측 풀리의 반지름은 250 mm이다. 시스템이 정지상태에서 벨트 B의 양측에서 인장력이 90 N이고 벨트 O의 양측에서 인장력이 150 N일 때 A와 D에서 반력을 구하시오. 단, 베어링 D에서 축방향 저항은 없다고 가정한다.

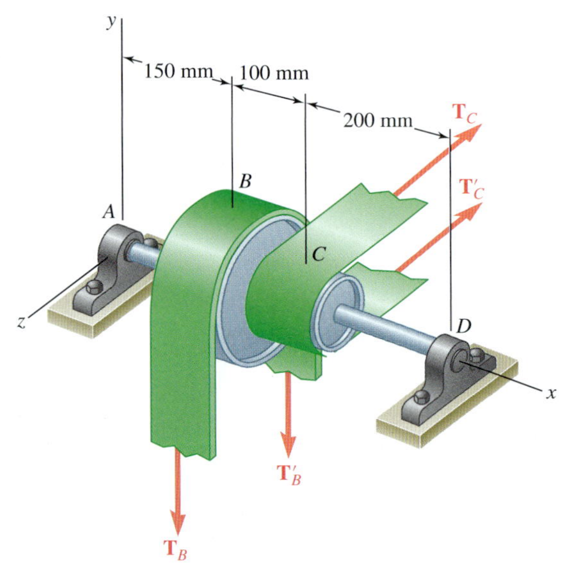

그림 P4.51

4.52 [문제 4.51]에서 풀리가 일정한 속도로 회전하고 $T_B = 104$ N, $T'_B = 84$ N, $T_C = 175$ N이라고 가정하고 다시 푸시오.

4.53 무게가 40 lb인 4×8 ft 합판을 기둥 CD에 임시로 받쳐 놓았다. 합판은 A와 B에서 못으로 고정한 나무 블록에 지지되어 있다. 모든 접촉면에서 마찰이 무시될 때 A, B, C에서 반력을 구하시오.

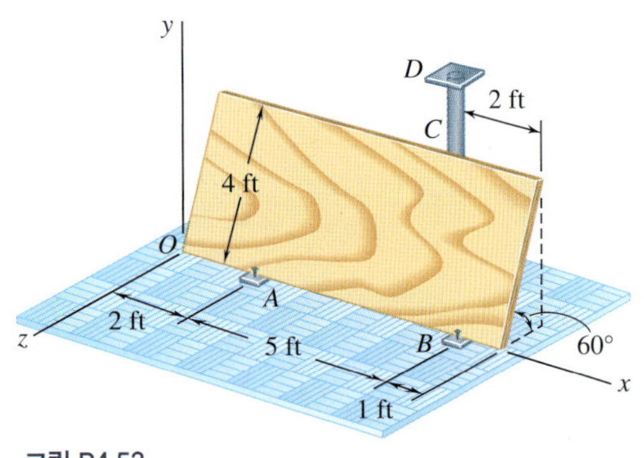

그림 P4.53

4.54 작은 윈치winch는 120 lb의 하중을 올리는 데 사용된다. (a) 그림의 위치에서 평형을 유지하기 위해 C에 작용하는 수직력 $\mathbf{P}$의 크기와 (b) B의 베어링에서 축방향 저항이 없을 때, A와 B에서의 반력을 구하시오.

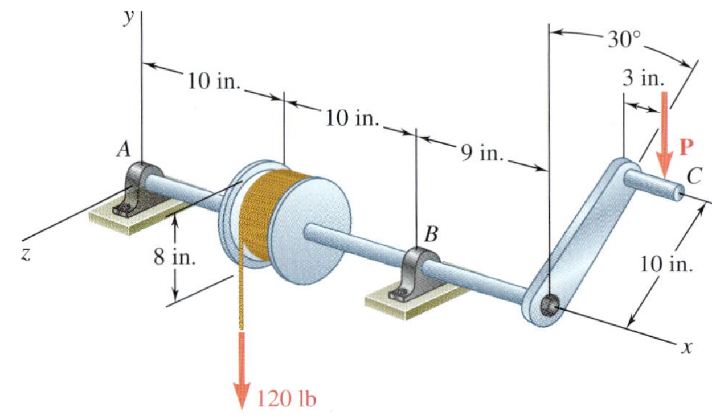

그림 P4.54

4.55 200 mm 레버와 240 mm 지름의 풀리는 베어링 C와 D에서 지지되는 차축 BE에 용접되었다. 레버가 수평이고 A에 720 N 수직하중이 가해질 때 (a) 코드의 장력, (b) C와 D에서의 반력을 구하시오. 단, 베어링 D에서 축방향 저항은 없다고 가정한다.

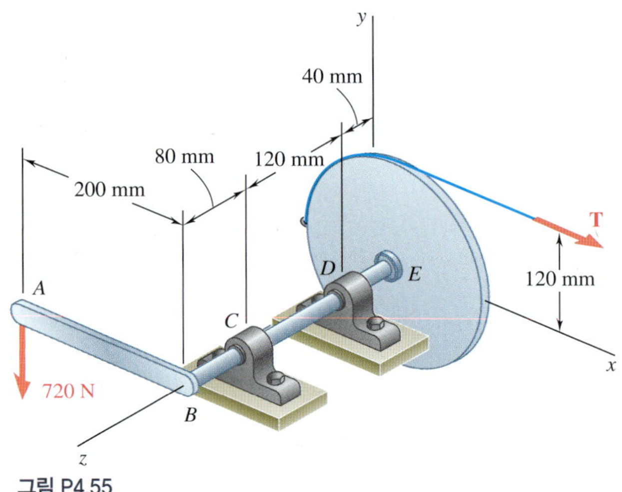

그림 P4.55

4.56 치수가 250×400 mm이고 질량이 12 kg인 판과 300 mm 지름의 풀리가 베어링 A와 B에서 지지되는 차축 AC에 용접으로 접합되었다. $\beta=30°$일 때 (a) 케이블의 인장력, (b) A와 B에서 반력을 구하시오. 단, 베어링 B에서 축방향 저항은 없다고 가정한다.

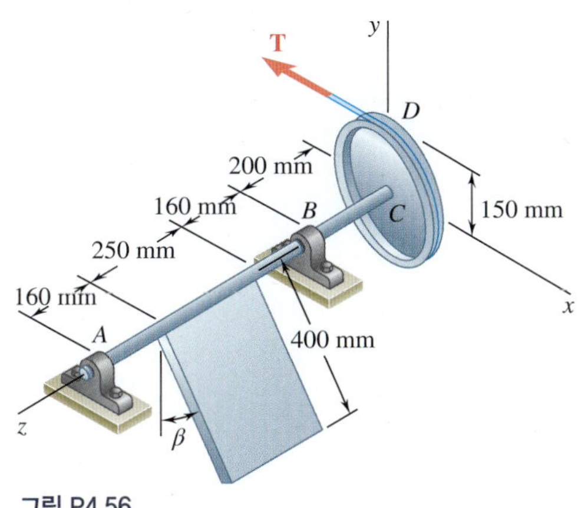

그림 P4.56

4.57 그림과 같은 직사각형판의 무게는 80 lb이고 세 개의 수직 와이어로 지지된다. 각 와이어의 인장력을 구하시오.

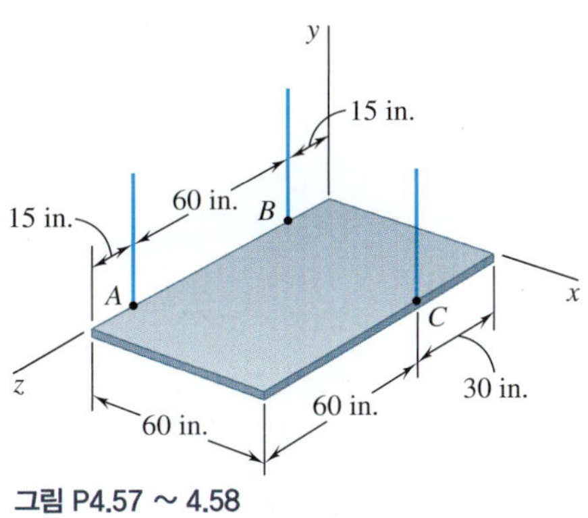

그림 P4.57 ~ 4.58

4.58 그림과 같은 직사각형판의 무게는 80 lb이고 세 개의 수직 와이어로 지지된다. 세 와이어의 인장력을 모두 동일하게 하기 위해 판 위에 놓아야 하는 가장 가벼운 블록의 무게와 위치를 구하시오.

4.59 단위길이당 질량이 8 kg/m인 두 강관 AB와 BC를 B에서 용접하고 수직와이어 세 개로 지지한다. $a=0.4$ m일 때 각 와이어의 인장력을 구하시오.

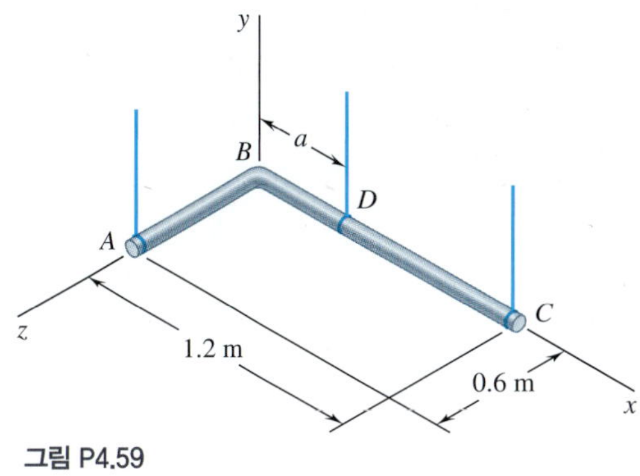

그림 P4.59

4.60 [문제 4.59]의 파이프 조립품에서 (a) 파이프 조립품이 기울어지지 않는 경우 a의 최대 허용값, (b) 그때 각 와이어의 인장력을 구하시오.

4.61 48 in. 붐은 볼–소켓 조인트 C와 두 개의 케이블 BF와 DAE로 지지된다. 케이블 DAE는 A에서 마찰이 없는 도르래를 통과한다. 표시된 하중에 대해 각 케이블의 인장력과 C에서 반력을 구하시오.

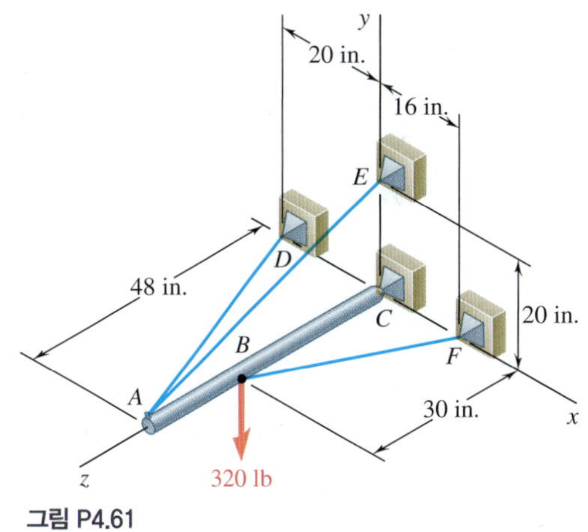

그림 P4.61

4.62 [문제 4.61]에서 320 lb 하중이 A에 작용할 때 문제를 다시 푸시오.

4.63 그림과 같이 6 m의 기둥 ABC는 455 N의 힘을 받는다. 이 기둥은 A에서 볼–소켓 조인트와 두 개의 케이블 BD와 BE로 지지된다. $a = 3$ m일 때 각 케이블의 인장력과 A에서 반력을 구하시오.

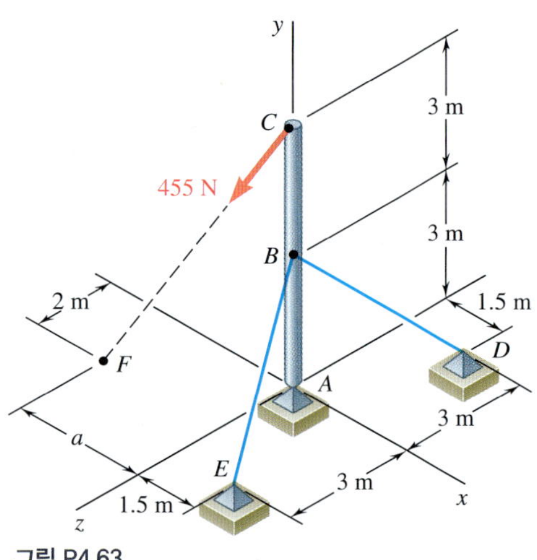

그림 P4.63

4.64 7 ft 붐은 A에서 볼–소켓 조인트와 두 개의 케이블 EBF와 DC에 의해 지지된다. 케이블 EBF는 B에서 마찰이 없는 고리를 통과한다. 각 케이블의 인장력을 구하시오.

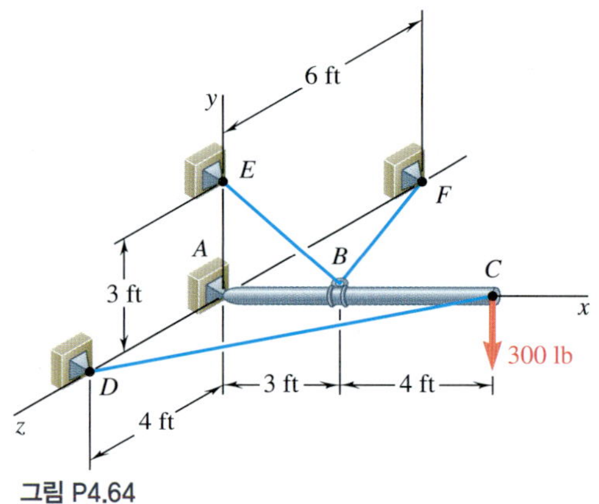

그림 P4.64

4.65 수평 플랫폼 $ABCD$의 무게는 60 lb이고 중앙에서 240 lb 하중을 받는다. 플랫폼은 경첩 A와 B, 그리고 가새brace CE와 DE로 지지되었다. 가새 DE가 제거된 경우 힌지에서 반력과 남은 가새 CE에 작용하는 힘을 구하시오. 단, 경첩 A는 축방향으로 저항하지 않는다.

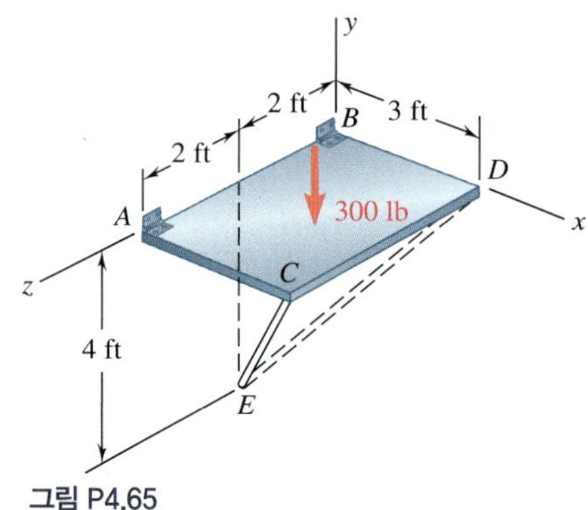

그림 P4.65

4.66 100 kg의 직사각형 판은 경첩 A, B, C에서 마찰이 없는 고리를 통과하는 케이블 DCE에 의해 지지된다. 케이블의 두 부분에서 인장력은 동일하다고 가정할 때 (a) 케이블 인장력, (b) A와 B에서 반력을 구하시오. 단, 경첩 B는 축방향으로 저항하지 않는다.

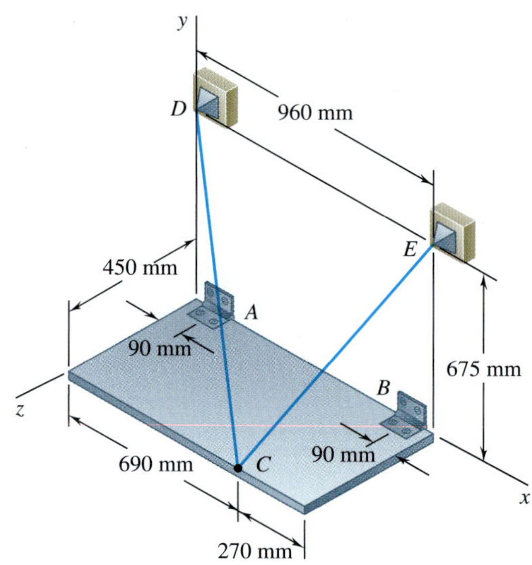

그림 P4.66

4.67 그림과 같은 직사각형판의 무게는 75 lb이고 경첩 A, B 그리고 케이블 EF로 지지된다. 경첩 B는 축방향 저항이 없다고 가정할 때 (a) 케이블의 인장력, (b) A와 B에서 반력을 구하시오.

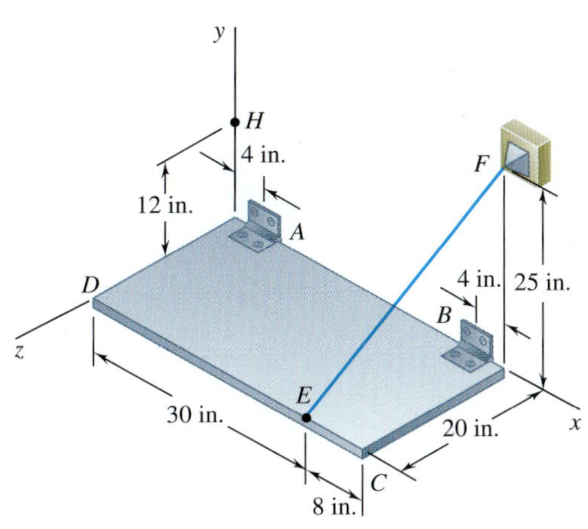

그림 P4.67

4.68 지붕에 설치된 현창 덮개의 무게는 75 lb이다. 덮개의 모서리 A와 B에 경첩이 달려 있고 C를 중심으로 회전하는 로드 CD를 통해 덮개의 위치를 조절한다. 로드 끝 L에 있는 핀은 덮개 가장자리에 있는 여러 구멍 중 하나에 맞게 설계되었다. $\alpha = 50°$의 경우 (a) 로드 CD에 의해 가해지는 힘의 크기, (b) 경첩에서 반력을 구하시오. 단, B의 경첩은 축방향으로 저항하지 않는다고 가정한다.

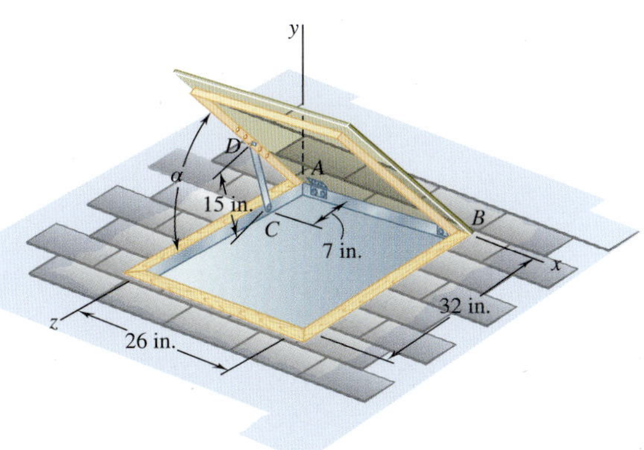

그림 P4.68

4.69 900 × 1,500 mm 크기의 10 kg 창문은 A와 B에서 경첩으로 지지된다. 그림과 같이 길이가 600 mm인 막대 CD가 창문의 아래를 받치고 있다. 경첩 A는 축방향으로 저항하지 않는다고 할 때, 막대가 가하는 힘의 크기와 A와 B에서 반력성분을 구하시오.

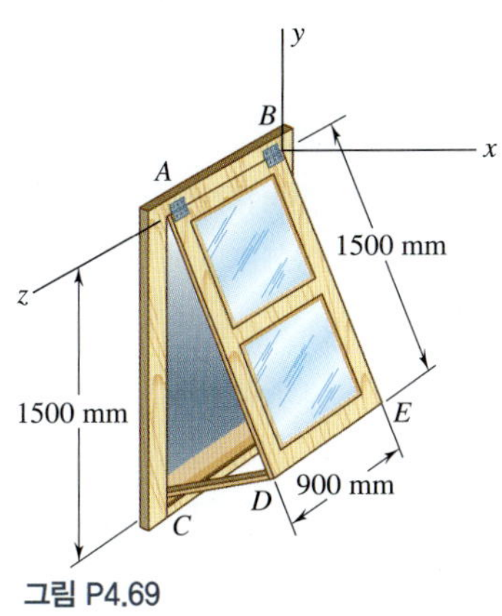

그림 P4.69

4.70 절곡된 로드 $ABEF$는 베어링 C, D 그리고 와이어 AH로 지지된다. AB가 250 mm일 때 (a) 와이어 AH의 인장력, (b) C와 D에서 반력을 구하시오. 단, 베어링 D에서 축방향 저항은 없다고 가정한다.

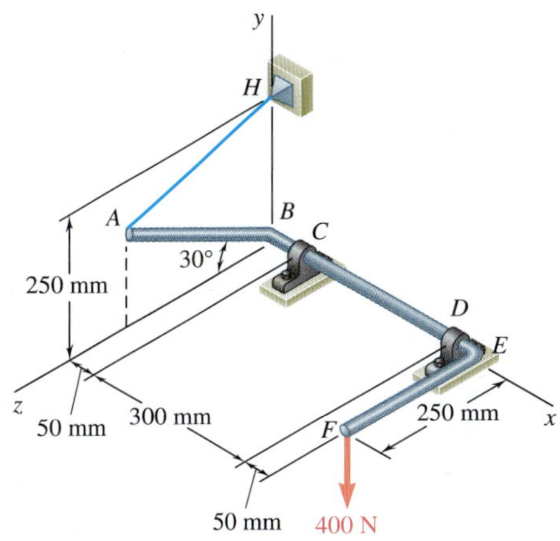

그림 P4.70

4.71 [문제 4.65]에서 B의 경첩이 제거되고, A의 경첩에서 x축과 y축에 평행한 축에 대한 회전과 축방향 이동이 구속되었다고 가정하고 다시 푸시오.

4.72 [문제 4.69]에서 A의 경첩이 제거되고, B의 경첩에서 x축과 y축에 평행한 축에 대한 회전과 축방향 이동이 구속되었다고 가정하고 다시 푸시오.

4.73 L자형 강체부재 ABC는 A에서 볼-소켓 조인트와 3개의 케이블로 지지된다. 각 케이블의 인장력과 G에 가해진 5 kN 하중으로 발생하는 A에서 반력을 구하시오.

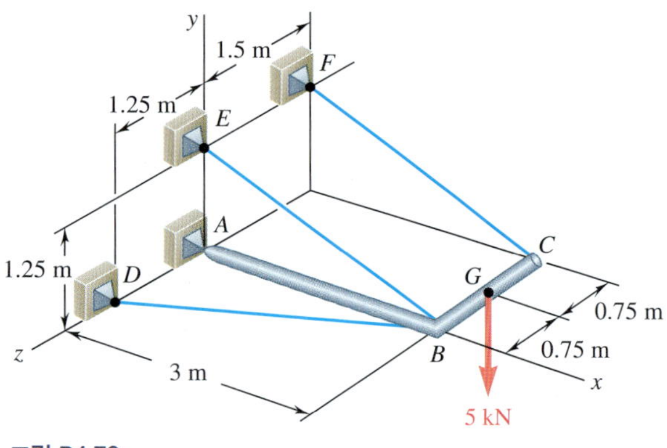

그림 P4.73

4.74 3개의 로드를 용접하여 직각으로 연결해 만든 코너부재가 그림과 같이 3개의 아이볼트로 지지된다. $P = 240$ lb, $a = 12$ in., $b = 8$ in., $c = 10$ in.일 때 A, B, C에서 반력을 구하시오. 단, 마찰은 무시한다.

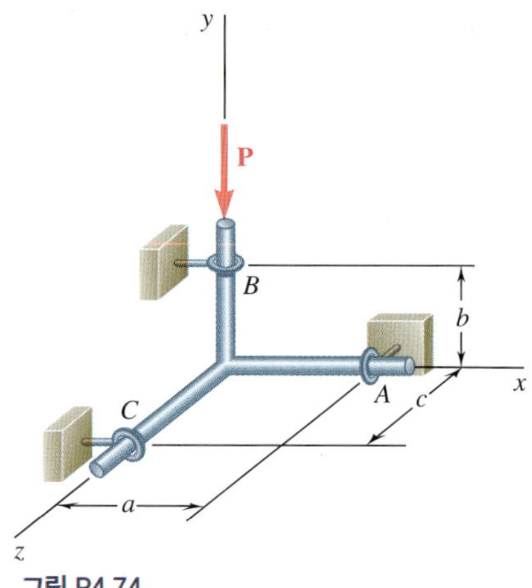

그림 P4.74

4.4 마찰력

지금까지 접촉하는 표면은 마찰이 없거나 거칠다고 가정했다. 마찰이 없으면 각 표면이 다른 표면에 가하는 힘은 표면에 수직이고 두 표면은 서로에 대해 자유롭게 이동할 수 있다. 거친 표면의 경우 두 표면 사이의 상대적 이동을 구속하는 접선력tangential forces이 발생한다.

실제로 완벽하게 마찰이 없는 표면은 존재하지 않는다. 두 표면이 접촉할 때 **마찰력**이라고 불리는 접선력은 한 표면을 다른 표면에 대해 이동하려고 할 때 항상 발생한다. 그러나 이러한 마찰력은 크기가 제한적이기 때문에 충분히 큰 힘을 가하면 움직임에 방해받지 않는다. 마찰이 없는 표면과 거친 표면의 구별은 정도의 문제이다. 이 장에서는 마찰의 특성과 마찰이 공학 실무에서 어떻게 적용되는지에 대해 알아본다.

마찰은 **건조마찰**dry friction과 **유체마찰**fluid friction의 두 유형으로 분류된다. 이 두 유형은 각각 쿨롱마찰Coulomb friction과 점성viscosity으로 불리기도 한다. 유체마찰은 서로 다른 속도로 움직이는 유체의 층 사이에서 발생한다. 관을 통한 유체의 흐름을 분석하거나 움직이는 유체에 잠긴 물체를 다룰 때 매우 중요하게 고려해야 한다. 또한 윤활 메커니즘 해석을 위한 필수요소이기도 하다. 여기서는 건조마찰, 즉 윤활되지 않은 표면을 따라 접촉하는 강체와 관련된 상황으로 제한한다.

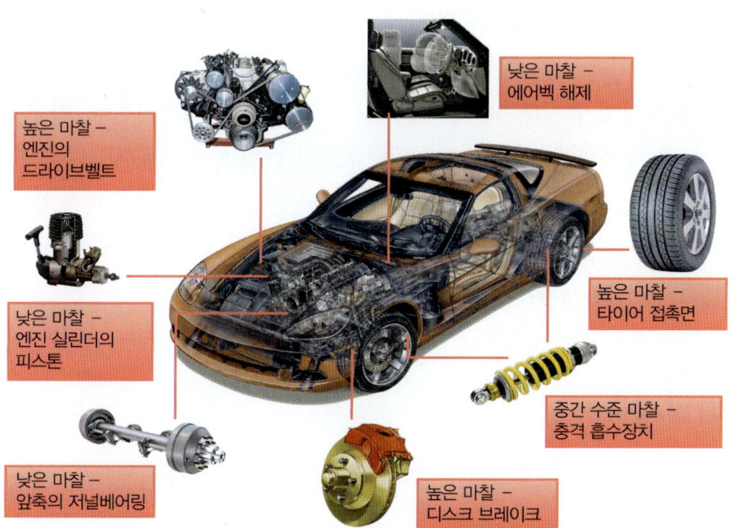

사진 4.5 자동차에 적용된 마찰의 예. 응용방식에 따라 마찰의 정도가 조정된다.

4.4.1 건조마찰의 법칙

우선 간단한 실험으로 건조마찰의 법칙law of dry friction을 살펴보자. 수평면 위에 무게가 **W**인 블록이 놓여 있다(그림 4.11a). 블록에 작용하는 힘은 무게 **W**와 표면의 반작용이다. 무게에 수평성분이 없으므로 표면의 반력에도 수평성분이 없다. 따라서 반력은 표면에 수직이며 [그림 4.11a]에서 **N**으로 표시된다.

이제 블록에 수평력 **P**가 작용한다고 가정하자(그림 4.11b). **P**의 크기가 작아 블록이 움직이지 않더라도 **P**와 평형을 이루는 다른 수평력이 존재해야 한다. 수평력 **P**와 평형을 이루는 이 다른 힘이 블록과 수평면 사이의 접촉면에 작용하는 정적마찰력static-friction force **F**이다. 실제로는 접촉하는 전체 표면에서 발생하는 많은 힘들의 합력에 해당한다. 이러한 힘의 본질은 정확히 알려지지 않았지만 일반적으로 접촉면의 불규칙성과 일정 정도의 분자 인력에 기인한다고 가정한다.

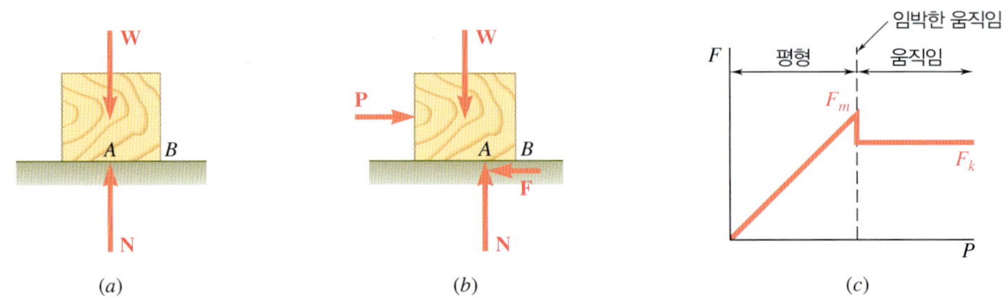

그림 4.11 (a) 수평면 위의 블록(마찰력은 0) (b) 수평력 **P**는 반대 방향의 마찰력 **F**를 발생시킨다. (c) **P**가 증가할 때 **P**의 그래프

힘 **P**를 증가시키면 마찰력 **F**도 증가하여 크기가 특정 최댓값 F_m에 도달할 때까지 **P**에 계속 같은 크기로 저항한다(그림 4.11c). **P**가 더욱 증가하면 마찰력이 평형을 유지하지 못하고 블록이 미끄러지기 시작한다. 블록이 움직이기 시작하면 **F**의 크기는 F_m에서 조금 낮은 값 F_k로 떨어진다. 이는 접촉하는 표면이 서로에 대해 상대적 이동이 시작되면 접촉하는 두 표면의 불규칙성 사이에 상호 침투의 기회가 줄어들기 때문이다. 그때부터 F_k로 표시되는 운동마찰력은 일정하게 유지되지만 블록은 증가하는 속도로 미끄러진다. 마찰력의 크기 F가 0에서 F_m으로 증가함에 따라 접촉표면에 수직인 반력 **N**의 작용점 A는 오른쪽으로 이동한다. 이런 방식으로 **P**와 **F**, **W**와 **N**이 각각 형성한 우력모멘트는 평형을 유지한다. F가 최댓값 F_m에 도달하기 전에 **N**이 B에 도달하면 블록은 미끄러지지 않고 점 B를 기준으로 넘어지는 전도가 발생한다(예제 4.14 참조).

4.4.2 마찰계수

실험적 증거에 의하면 정적마찰력의 최댓값 F_m은 표면에 수직한 반력성분 N에 비례한다.

정적마찰

$$F_m = \mu_s N \tag{4.8}$$

여기서 μ_s는 상수로 정적마찰계수coefficient of static friction이다. 운동마찰력의 크기 F_k는 다음과 같이 표현할 수 있다.

운동마찰

$$F_k = \mu_k N \tag{4.9}$$

여기서 μ_k는 상수로 운동마찰계수coefficient of kinetic friction이다. 마찰계수 μ_s와 μ_k는 접촉면의 면적과는 상관이 없다. 그러나 두 계수 모두 접촉면의 물질 특성에 크게 의존하고, 표면의 상태에 따라 조금씩 달라지기도 한다. 건조한 표면의 정적마찰계수의 범위는 [표 4.1]에 나타냈다. 운동마찰계수의 값은 대략 25%만큼 작다. 마찰계수 단위는 무차원으로, [표 4.1]에 주어진 값은 SI 단위와 미국상용단위에 모두 사용할 수 있다.

표 4.1 건조한 표면의 정적마찰계수

금속 위의 금속	0.15~0.60
나무 위의 금속	0.20~0.60
돌 위의 금속	0.30~0.70
가죽 위의 금속	0.30~0.60
나무 위의 나무	0.25~0.50
가죽 위의 나무	0.25~0.50
돌 위의 돌	0.40~0.70
흙 위의 흙	0.20~1.00
콘크리트 위의 고무	0.60~0.90

정리하면, 강체가 수평면과 접촉할 때 다음의 네 가지 상황이 일어날 수 있다.

1. 접촉면을 따라 물체를 움직이게 하는 힘의 성분이 없으므로 마찰력도 없다(그림 4.12a).
2. 접촉면을 따라 몸체를 움직일 수 있는 힘의 성분이 있지만, 그 크기가 작아 움직이지 않는다. 물체의 평형방정식으로 발생하는 정적마찰력 **F**를 찾을 수 있다. **F**가 최댓값에 도달했다는 보장이 없으므로 방정식 $F_m = \mu_s N$을 사용하여 마찰력을 구할 수 없다(그림 4.12b).
3. 가해진 힘의 크기가 물체가 미끄러지기 직전까지 도달하여 움직임이 임박한 상황이다. 마찰력 **F**는 최댓값 F_m에 도달했으며 표면 수직력 **N**과 함께 힘의 평형을 유지한다. 평형방정식과 식 $F_m = \mu_s N$을 모두 사용할 수 있다. 마찰력은 임박한 움직임의 방향과 반대라는 점에 유의한다(그림 4.12c).
4. 가해진 힘에 의해 물체가 미끄러지고 평형방정식은 더 이상 적용되지 못한다. 그러나 F는 $\mathbf{F}_k$와 같으며, 식 $F_k = \mu_k N$을 사용할 수 있다. $\mathbf{F}_k$의 방향은 움직임이 발생하는 방향과 반대이다(그림 4.12d).

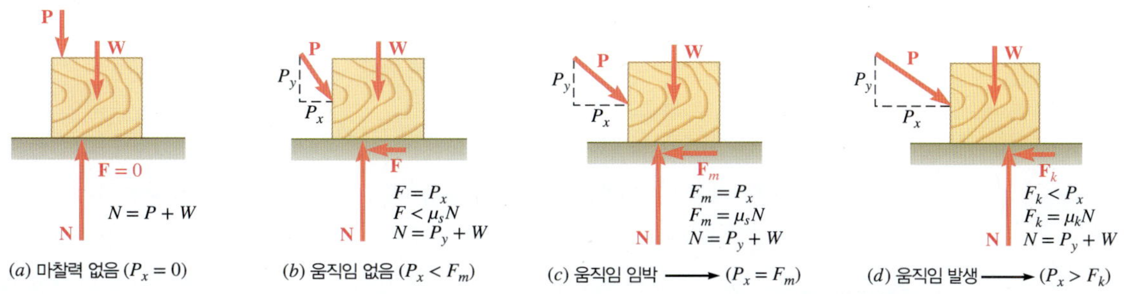

그림 4.12 (a) 가해진 힘은 수직이고 마찰력은 없다. (b) 가해진 힘의 수평성분이 F_m보다 작아 움직임이 발생하지 않는다. (c) 가해진 힘의 수평성분이 F_m에 도달하여 움직임이 임박하다. (d) 가해진 힘의 수평성분이 F_k보다 커서 힘의 평형을 이루지 못하고 계속 움직인다.

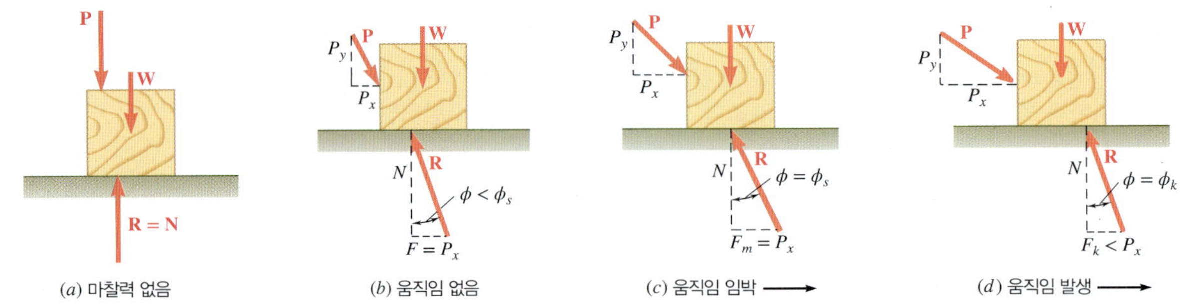

그림 4.13 (a) 가해진 힘은 수직이고 마찰력은 없다. (b) 경사가 있는 힘의 수평성분은 합력 **R**의 수평성분과 평형을 이룬다. (c) 움직임이 임박한 상황에서 가해진 힘의 수평성분은 합력 **R**의 수평성분의 최댓값과 같다. (d) 움직임이 발생하면 합력 **R**의 수평성분은 가해진 힘의 수평성분보다 작아진다.

4.4.3 마찰각

수직반력 **N**과 마찰력 **F**를 합력 **R**로 대체하면 편리한 경우가 많다. 수평한 표면에 놓인 무게가 **W**인 블록을 다시 살펴보자. 블록에 작용하는 수평력이 없으면 합력 **R**은 수직반력 **N**과 같다(그림 4.13a). 그러나 가해진 힘 **P**에 블록을 움직일 수 있는 수평성분 $\mathbf{P}_x$가 있다면 합력 **R**도 수평성분 **F**를 가지고 표면의 법선과 각 ϕ를 형성한다(그림 4.13b). 움직임이 임박할 때까지 $\mathbf{P}_x$를 크게 하면 **R**과 수직선 사이의 각도는 커지고 최댓값에 도달한다(그림 4.13c). 이 값을 **정적마찰각**angle of static friction이라고 하며 ϕ_k로 표기한다. [그림 4.13c]의 기하형상을 고려하면 다음과 같다.

정적마찰각

$$\tan\phi_s = \frac{F_m}{N} = \frac{\mu_s N}{N}$$

$$\tan\phi_s = \mu_s \tag{4.10}$$

움직임이 발생하면 마찰력의 크기는 F_k로 떨어진다. 유사하게, **R**과 **N** 사이의 각도는 **운동마찰각**angle of kinetic friction으로 불리는 더 낮은 값 ϕ_k로 떨어진다(그림 4.13d). [그림 4.13d]의 기하형상을 고려하면 다음과 같다.

운동마찰각

$$\tan\phi_k = \frac{F_k}{N} = \frac{\mu_k N}{N}$$

$$\tan\phi_k = \mu_k \tag{4.11}$$

또한 마찰각은 특정 유형의 문제에서 유리하게 사용될 수 있다. 바닥판 위에 놓여 있고 무게 **W**와 반력 **R** 외에 다른 외력이 없는 블록을 예로 살펴보자. 바닥판은 원하는 기울기로 조정할 수 있다. 바닥판이 수평인 경우 접촉면에 작용하는 반력 **R**은 바닥판에 수직이고 무게 **W**와 평형을 유지한다(그림 4.14a). 바닥판에 작은 경사각 θ가 주어지면 반력 **R**은 바닥판에 수직인 방향에서 각도 θ만큼 기울어져 **W**와 평형을 계속 유지한다(그림 4.14b). 이때 반력 **R**은 크기가 $N = W\cos\theta$인 법선성분 **N**과 크기가 $F = W\sin\theta$인 접선성분 **F**를 가진다.

경사각을 계속 높이다 보면 움직임이 임박한 순간이 온다. 이때 **R**과 법선 사이의 각도는 최댓값 $\theta = \phi_s$에 도달한다(그림 4.14c). 임박한 움직임에 해당하는 경사각의 값을 **안식각** angle of repose이라 하고, 그 크기는 정적마찰각 ϕ_s와 일치한다. 경사각 θ를 더욱 높이면 움직임이 시작되고 **R**과 법선 사이의 각도는 더 낮은 값 ϕ_k로 떨어진다(그림 4.14d). 이때 반력 **R**은 더 이상 수직이 아니고 블록에 작용하는 힘은 평형을 이루지 못한다.

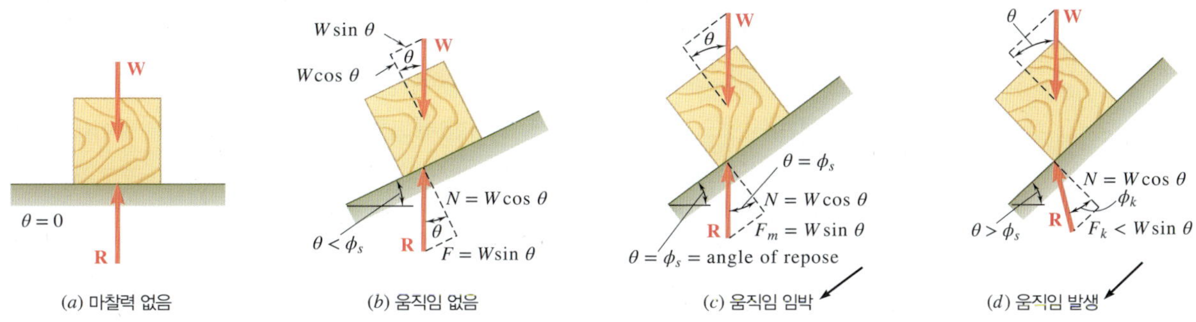

그림 4.14 (a) 수평면 위의 블록(마찰력은 없음) (b) 바닥판 경사가 정적마찰각보다 작은 경우 움직임은 없다. (c) 바닥판의 경사가 마찰각과 같은 경우 움직임이 임박하다. (d) 경사가 마찰각보다 크면 평형을 유지하지 못하고 움직임이 발생한다.

4.4.4 건조마찰을 포함하는 문제

여러 공학응용 분야에서 건조마찰을 다룬다. 어떤 문제는 방금 기술된 평면에서 미끄러지는 블록과 같은 간단한 상황일 수 있고, 어떤 문제는 [예제 4.13]과 같이 좀더 복잡한 상황과 관련이 있을 수도 있다. 그리고 어떤 문제는 가속운동에서 강체의 안정성을 다루기도 하는데, 이는 동역학의 영역에 속한다. 또한 쐐기, 나사, 베어링, 벨트 변속기를 포함한 여러 기계 메커니즘에 건조마찰의 법칙을 적용한다.

사진 4.6 화물과 경사진 컨베이어 벨트 사이의 정적마찰계수는 화물이 미끄러지지 않고 이동될 수 있도록 충분히 커야 한다.
Tomohiro Ohsumi/Bloomberg/Getty Images

건조마찰을 포함하는 문제를 해결하는 방법은 이전 장과 동일하다. 문제에서 회전운동은 없고 병진운동만 포함하는 경우 고려 대상인 물체를 입자로 취급하여 2장의 방법을 사용할 수 있다. 회전이 가능한 경우라면 대상을 강체로 취급하고 이 장에서 제시하는 방법을 사용해야 한다.

물체에 셋 이상의 힘(접촉면에서의 반력 포함)이 작용한다면, 각 표면에서의 반력을 성분 **N**과 **F**로 표현하고, 평형방정식을 사용하여 문제를 푼다. 물체에 세 힘만 작용한다면 각 반력을 하나의 힘 **R**로 표현하고 힘의 삼각형을 사용하여 문제를 해결하는 것이 편리하다.

마찰과 관련된 문제는 대부분 다음의 세 경우 중 하나에 속한다.

1. 작용하는 모든 힘과 마찰계수가 주어진 경우

물체가 정지상태에 있는지 아니면 미끄러지는지를 결정해야 한다. 평형을 유지하기 위해 필요한 마찰력 **F**는 미지의 상태(그 크기는 $\mu_s N$과 같지 않음)이고, 자유물체도를 그리고 평형방정식으로 법선력 **N**과 함께 미지수를 구한다(그림 4.15a). 구한 마찰력의 크기 **F**를 최대 정적마찰력 $F_m = \mu_s N$과 비교한다. F가 F_m보다 작거나 같으면 물체는 정지상태를 유지한다. F가 F_m보다 크면 평형은 유지되지 못하고 움직임이 발생한다. 이후 마찰력의 크기는 $F_k = \mu_k N$이 된다.

2. **작용하는 모든 힘이 주어지고 움직임이 임박한 경우**

   정적마찰계수의 값을 구해야 한다. 다시 자유물체도를 그리고 평형방정식을 풀어 마찰력 **F**와 법선력 **N**을 구한다(그림 4.15b). F의 값이 최댓값 F_m에 해당하므로 식 $F_m = \mu_s N$을 풀어 마찰계수를 구한다.

3. **정적마찰계수가 주어지고 방향이 정해진 움직임이 임박한 경우**

   작용하는 힘 중 하나의 크기나 방향을 구해야 한다. 마찰력은 $F_m = \mu_s N$의 크기로 움직임과 반대되는 방향으로 자유물체도에 표시한다(그림 4.15c). 이후 평형방정식을 통해 원하는 힘을 구할 수 있다.

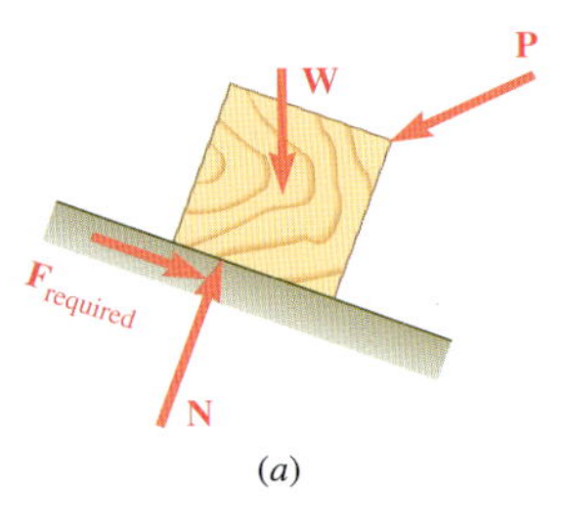

(a)

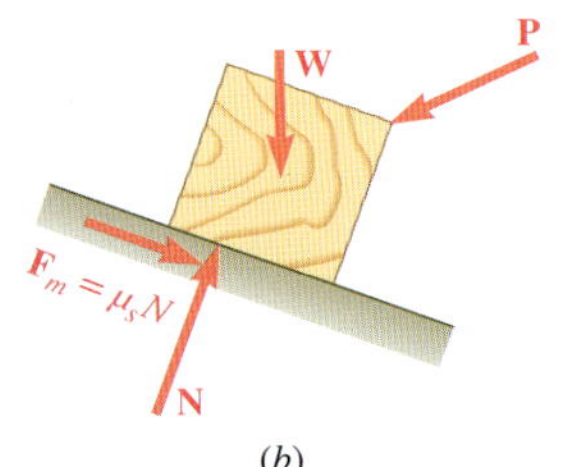

(b)

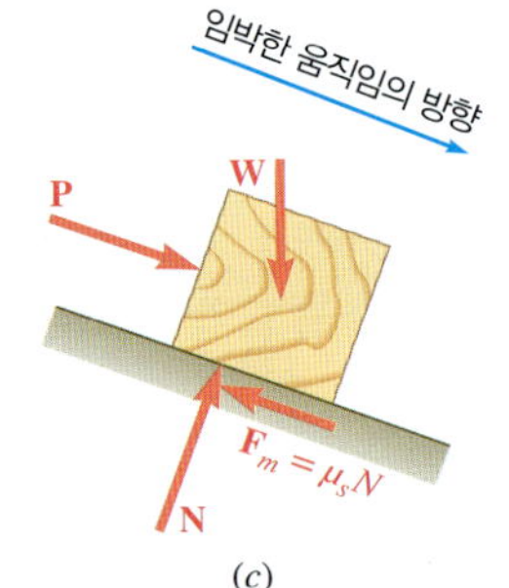

(c)

그림 4.15 세 유형의 마찰 문제 (a) 주어진 힘과 마찰계수 조건에서 블록의 정지상태 여부 결정하기 (b) 주어진 힘 조건에서 움직임이 임박할 때 마찰계수 구하기 (c) 주어진 마찰계수 조건에서 움직임이 임박할 때 작용력 구하기

세 힘이 포함된 경우 접촉면에서 반작용을 하나의 힘 **R**로 표현하고 힘의 삼각형을 그려 문제를 해결하는 것이 편리할 수 있다. [예제 4.12]에서 이러한 방법을 소개한다.

두 물체 A와 B가 접촉하고 있을 때(그림 4.16a), A와 B에 가하고 B가 A에 서로 가하는 마찰력은 그 크기가 각각 같고 방향은 반대이다(뉴턴의 제3법칙). 자유물체도에 마찰력을 나타낼 때 올바른 방향을 함께 보이는 것이 중요하다. 따라서 다음 규칙을 준수하도록 한다. 물체 A에 작용하는 마찰력의 방향은 B에서 관찰할 때 A의 운동방향과 반대이다(그림 4.16b). A에서 관찰할 때 B에 작용하는 마찰력의 방향도 같은 방식으로 결정된다(그림 4.16c). B에서 관찰할 때 A의 움직임은 상대적인 운동이라는 점에 유의한다. 예를 들어, 물체 A가 고정되어 있고 물체 B가 움직이면 물체 A는 B에 대해 상대적인 운동을 한다. 또한 B와 A가 모두 아래로 움직인다고 하더라도 B가 A보다 빠르게 움직이면 B에서 관찰했을 때 물체 A는 위로 이동한다.

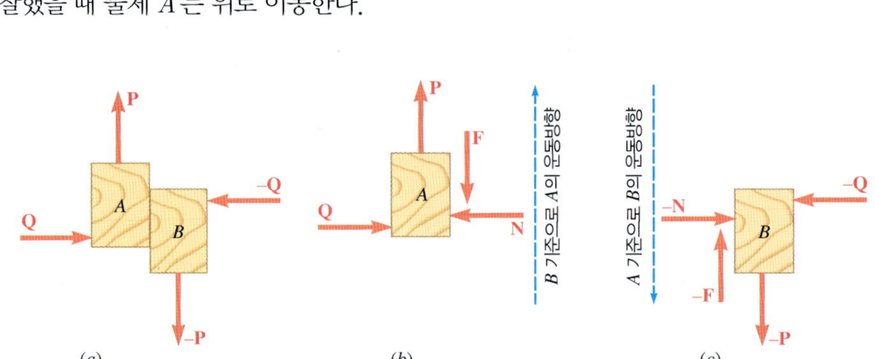

그림 4.16 (a) 힘을 받는 접촉된 두 블록 (b) 마찰력의 방향이 포함된 블록 A의 자유물체도 (c) 마찰력의 방향이 포함된 블록 B의 자유물체도

예제 4.11

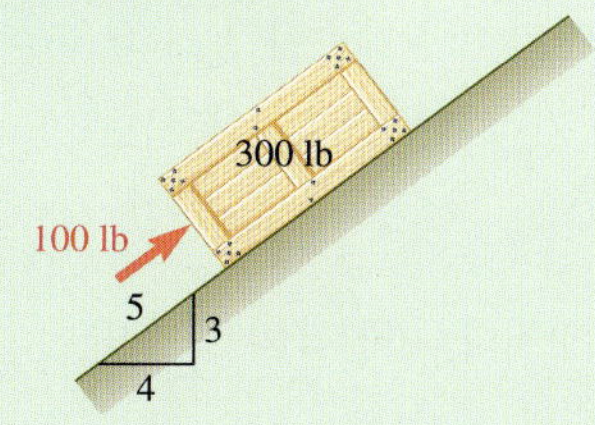

그림과 같이 100 lb의 힘이 경사면에 놓인 화물상자 300 lb에 작용한다. 화물상사와 경사면 사이의 마찰계수는 $\mu_s = 0.25$, $\mu_k = 0.20$이다. 화물상자가 평형상태에 있는지 확인하고 마찰력을 구하시오.

문제분석 이 문제는 첫 번째 유형의 마찰문제로서, 힘과 마찰계수를 알고 있을 때 화물상자가 움직이는지를 우선 결정해야 한다. 그리고 마찰력을 구한다.

모델링과 풀이

평형에 요구되는 힘 먼저 평형을 유지하는 데 필요한 마찰력을 구한다. 마찰력 **F**는 왼쪽 아래로 향한다고 가정하고, 자유물체도(그림 1)를 그리고 평형방정식의 해를 구한다.

$$+\nearrow \Sigma F_x = 0 : \ 100\ \text{lb} - \frac{3}{5}(300\ \text{lb}) - F = 0$$

$$F = -80\ \text{lb}, \qquad \mathbf{F} = 80\ \text{lb} \nearrow$$

$$+\nwarrow \Sigma F_y = 0 : \ N - \frac{4}{5}(300\ \text{lb}) = 0$$

$$N = +240\ \text{lb}, \qquad \mathbf{N} = 240\ \text{lb} \nwarrow$$

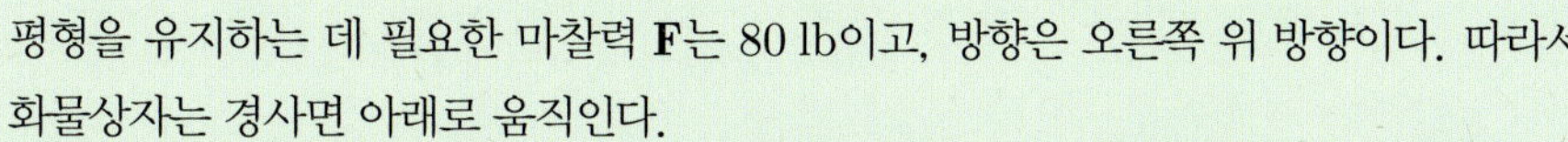

평형을 유지하는 데 필요한 마찰력 **F**는 80 lb이고, 방향은 오른쪽 위 방향이다. 따라서 화물상자는 경사면 아래로 움직인다.

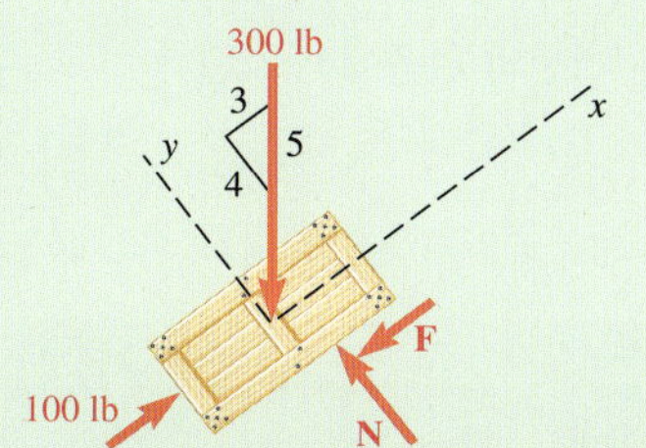

그림 1 가정된 마찰력 방향을 보여주는 자유물체도

최대 마찰력 화물상자와 경사면 사이에 발생하는 최대 마찰력의 크기는 다음과 같다.

$$F_m = \mu_s N, \qquad F_m = 0.25(240\ \text{lb}) = 60\ \text{lb}$$

평형을 유지하는 데 필요한 힘의 크기(80 lb)는 최대 정적마찰력(60 lb)보다 크므로 평형은 유지되지 않고 화물상자는 경사면 아래로 움직인다. ◀

실제 마찰력 실제 마찰력의 크기는 다음과 같다.

$$F_{\text{actual}} = F_k = \mu_k N = 0.20(240\ \text{lb}) = 48\ \text{lb}$$

방향은 물체의 움직임과 반대이다. 따라서 힘의 방향은 오른쪽 위 방향(그림 2)이 된다.

$$\mathbf{F}_{\text{actual}} = 48\ \text{lb} \nearrow \ ◀$$

화물상자에 작용하는 힘은 평형을 이루지 못한다. 그 합력은 다음과 같다.

$$\frac{3}{5}(300\ \text{lb}) - 100\ \text{lb} - 48\ \text{lb} = 32\ \text{lb} \swarrow$$

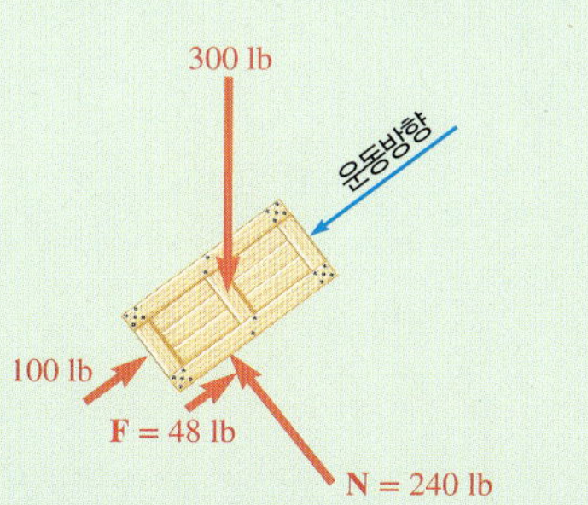

그림 2 실제 마찰력을 보여주는 자유물체도

고찰 이 문제는 첫 번째 유형의 전형적인 마찰 문제이다. 상자가 움직이는지 확인하기 위해 정적마찰계수를 사용했지만, 상자가 움직인다는 것을 확인한 이후에는 마찰력 계산 시 운동마찰계수를 사용해야 한다.

예제 4.12

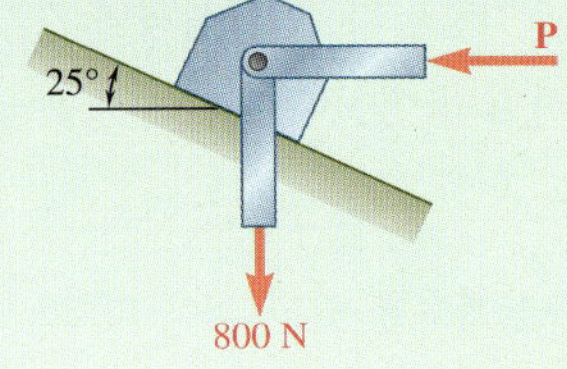

블록에 그림과 같이 두 힘이 작용한다. 블록과 경사면 사이의 마찰계수가 $\mu_s = 0.35$, $\mu_k = 0.25$이다. (a) 블록이 경사면 위로 이동하기 시작할 때, (b) 위로 계속 이동하고 있을 때, (c) 미끄러져 내려가지 않을 때, 필요한 힘 **P**를 구하시오.

문제분석 이 문제는 세 번째 유형의 마찰 문제가 변형된 것이다. 마찰각의 개념을 이용하여 해를 구한다.

모델링

자유물체도 문제의 각 부분에 대해 블록의 자유물체도를 작성하고, 수직력 800 N, 수평력 **P**, 경사면이 블록에 가하는 합력 **R**로 구성되는 힘의 삼각형을 그린다. 각각의 경우에서 **R**의 방향을 찾아야 한다. **P**는 힘 800 N에 수직방향이기 때문에 힘의 삼각형은 **P**에 대해 간단히 풀 수 있는 직각삼각형이다. 그러나 대부분의 문제에서 힘의 삼각형은 일반 삼각형이므로 사인법칙을 이용한다.

풀이

a. 블록이 위로 움직이기 시작할 때 필요한 힘 P 이 경우 움직임은 경사면 위로 향하기 때문에 합력 **R**의 방향은 [그림 1]과 같은 정적마찰각을 따른다. 마찰력(그림에 나타나 있지 않음)이 움직임에 반대 방향으로 작용하도록 합력은 법선의 왼쪽에 배치된다.

$$P = (800\ \text{N})\tan 44.29^\circ \qquad \mathbf{P} = 780\ \text{N} \leftarrow$$

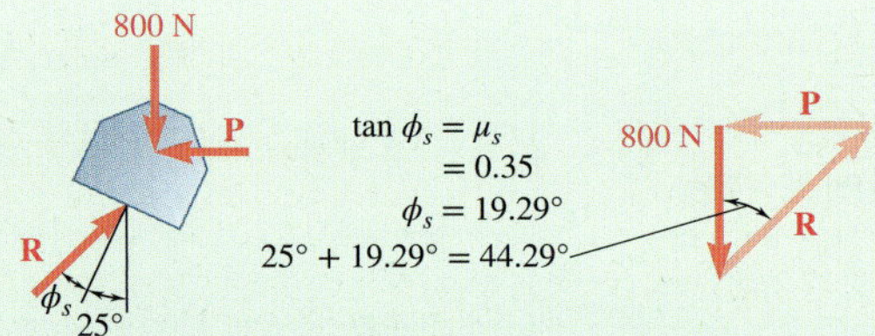

그림 1 자유물체도와 힘의 삼각형 – 위로 움직임이 임박한 경우

b. 블록이 위로 계속 움직일 때 필요한 힘 P 움직임이 계속되고 있으므로 합력 **R**은 운동마찰각 방향을 따른다(그림 2). 여전히 마찰력이 움직임에 반대 방향으로 작용하도록 합력은 법선의 왼쪽에 배치된다.

$$P = (800\ \text{N})\tan 39.04^\circ \qquad \mathbf{P} = 649\ \text{N} \leftarrow$$

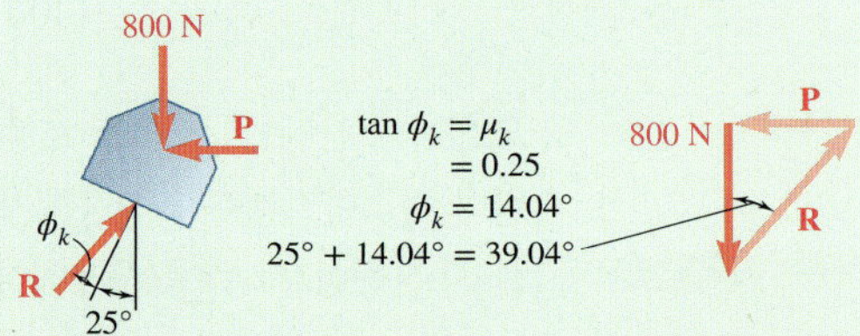

그림 2 자유물체도와 힘의 삼각형 – 위로 계속 움직이는 경우

c. 미끄러짐을 방지하기 위해 필요한 힘 P 움직임의 방향이 경사면 아래 방향이고 합력은 정적마찰각 방향을 따른다(그림 3). 마찰력이 움직임과 반대 방향을 작용하도록 합력은 법선의 오른쪽에 배치된다.

$$P = (800\text{ N})\tan 5.71° \qquad \mathbf{P} = 80.0\text{ N} \leftarrow ◀$$

그림 3 자유물체도와 힘이 삼각형 – 아래로 미끄러짐이 방지되는 경우

고찰 예상대로 블록이 경사면을 따라 미끄러지는 것을 방지하기 필요한 힘보다 블록을 경사면 위로 움직이기 위해 필요한 힘이 더 크다.

예제 4.13

그림의 가동 브라켓은 지름이 3 in.인 강관의 어떤 위치라도 배치할 수 있다. 강관과 브래킷 사이의 정적마찰계수가 0.25일 때 하중 **W**를 지지할 수 있는 최소거리 x를 구하시오. 단, 브래킷의 무게는 무시한다.

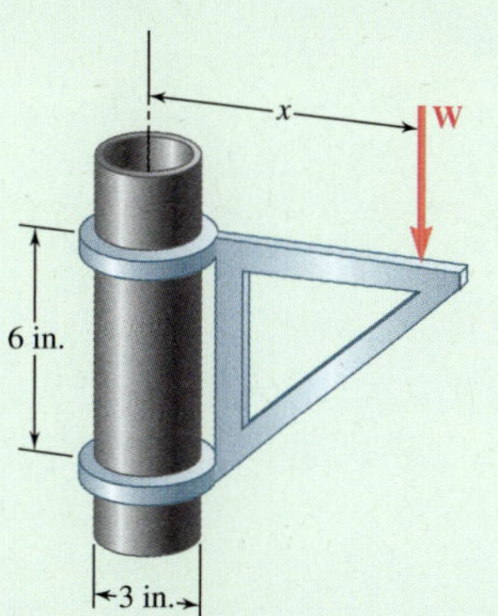

문제분석 세 번째 유형의 마찰 문제를 변형한 것으로 정적마찰계수와 운동이 임박했다는 가정이 주어졌다. 이 문제에서는 회전에 대한 저항을 고려하기 때문에 모멘트와 힘의 평형 모두 적용한다.

모델링

자유물체도 브래킷의 자유물체도를 작성한다(그림 1). **W**가 강관 중심축에서 최소거리 x에 배치되면 브래킷이 미끄러지기 시작하고 A와 B의 마찰력이 최대에 도달한다.

$$F_A = \mu_s N_A = 0.25 N_A$$
$$F_B = \mu_s N_B = 0.25 N_B$$

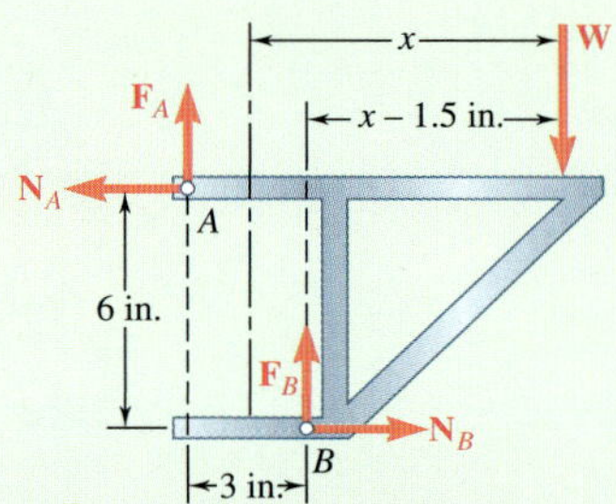

그림 1 브리켓의 자유물체도

풀이

평형방정식

$$\xrightarrow{+} \Sigma F_x = 0 : N_B - N_A = 0$$
$$N_B = N_A$$

$$+\uparrow \Sigma F_y = 0 : \quad F_A + F_B - W = 0$$
$$0.25 N_A + 0.25 N_B = W$$

N_B는 N_A와 같으므로

$$0.50 N_A = W$$
$$N_A = 2W$$

$$+\circlearrowleft \Sigma M_B = 0 : N_A(6 \text{ in.}) - F_A(3 \text{ in.}) - W(x - 1.5 \text{ in.}) = 0$$
$$6N_A - 3(0.25 N_A) - W_x + 1.5W = 0$$
$$6(2W) - 0.75(2W) - W_x + 1.5W = 0$$

이다. W로 나누고 x에 대해 풀면 다음을 얻는다.

$$x = 12 \text{ in.}$$ ◀

고찰 자유물체도를 작성하고 주어진 정보와 구해야 할 정보를 정리하고 검토하면 해답에 접근하는 방법을 찾을 수 있다. 이 문제에서는 거리를 구해야 하므로 모멘트 평형을 평가해야 한다.

예제 4.14

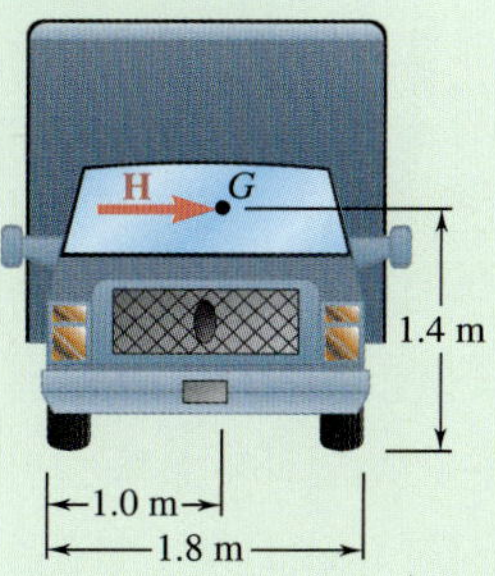

8,400 kg의 트럭이 수평면 내에 곡선 도로를 따라 이동하고 있어 횡방향 힘 **H**(트럭의 무게중심 G에 작용)가 발생한다. 강체시스템으로 취급되는 트럭의 무게중심의 위치는 그림과 같다. 타이어 바깥쪽 모서리까지의 거리가 1.8 m일 때, (a) 트럭이 전도되기 전까지 가할 수 있는 힘 **H**의 최댓값, (b) 트럭이 전도되기 전에 미끄러짐을 방지하기 위한 타이어와 도로 사이의 최소 정적마찰계수를 구하시오.

문제분석 **H**의 방향을 보면 트럭은 오른쪽 타이어의 바깥쪽 모서리를 기준으로 전도될 가능성이 있다. 전도가 임박한 순간에 수직력과 마찰력은 왼쪽 타이어에서 0이고, 오른쪽 타이어에서 수직력은 바깥쪽 모서리에 작용한다. 전도에 필요한 **H**의 크기와 미끄러짐을 방지하는 데 필요한 마찰력을 구하기 위해 평형조건을 적용한다.

모델링 지점 B를 기준으로 전도가 임박했을 때 트럭의 자유물체도(그림 1)를 작성한다. 트럭의 무게는 8,400 kg에 $g = 9.81\ \text{m/s}^2$를 곱하여 $W = 82{,}400$ N 또는 82.4 kN을 얻는다.

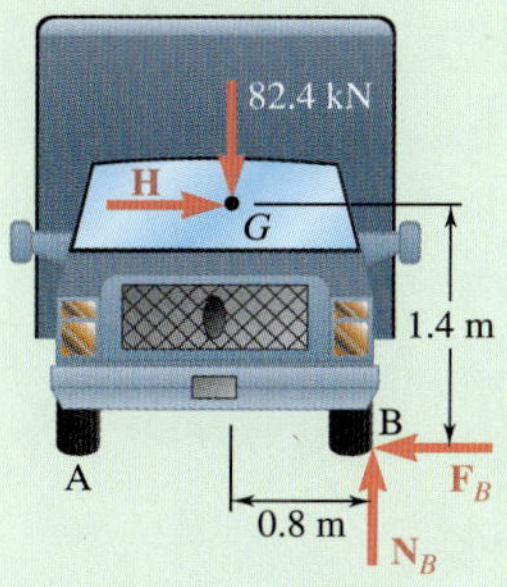

그림 1 트럭의 자유물체도

풀이

트럭의 자유물체도(그림 1)

$$+\circlearrowleft \Sigma M_B = 0: \ (82.4\ \text{kN})(0.8\ \text{m}) - H(1.4\ \text{m}) = 0$$

$$H = +47.1\ \text{kN} \qquad \mathbf{H} = 47.1\ \text{kN} \rightarrow \blacktriangleleft$$

$$+\rightarrow \Sigma F_x = 0: \ 47.1\ \text{kN} - F_B = 0$$

$$F_B = +47.1\ \text{kN}$$

$$+\uparrow \Sigma F_y = 0: \ N_B - 82.4\ \text{kN} = 0$$

$$N_B = +82.4\ \text{kN}$$

최소 정적마찰계수 발생될 수 있는 최대 마찰력의 크기는

$$F_m = \mu_s N_B = \mu_s (82.4\ \text{kN})$$

이다. 이 값을 요구되는 마찰력 $F_B = 47.1$ kN과 같다고 놓으면 다음을 얻는다.

$$\mu_s (82.4\ \text{kN}) = 47.1\ \text{kN} \qquad \mu_s = 0.572 \blacktriangleleft$$

고찰 물리학에서 **H**는 트럭의 구심 가속도(질량 m)에 의한 힘이고, 그 크기는 다음과 같다.

$$H = m(v^2/\rho)$$

여기서 v는 트럭의 속도, ρ는 도로의 곡률 반지름이다.

이 문제에서 트럭이 100 m 반지름(점 G를 기준으로 측정)의 곡선 도로를 주행하고 있다면, 트럭이 기울어지기 시작하는 속도는 23.7 m/s(또는 85.2 km/h)가 된다.

사례연구 4.2

강재 프레임 구조물에서 적용되는 구조상세 중 하나는 단순 전단연결shear connection이다. [사진 CS4.1]에서 원으로 표시된 부분은 이러한 연결의 예로, 기둥과 보의 연결을 보여준다. 보의 웨브web 양쪽에는 용접으로 부착되고 기둥의 플랜지에는 볼트로 접합된 한 쌍의 L형 앵글이 사용되었다. [그림 CS4.1]은 연결의 세부사항을 추가로 보여준다. I형 보의 플랜지는 주로 휨모멘트에 저항하고, 웨브는 대부분의 전단에 저항한다. 이 접합부에서는 웨브만 단순 전단연결이 되었기 때문에 휨모멘트는 거의 전달되지 않는다. 이러한 이유로 보의 단부에서 모멘트는 0으로 가정하고 접합부는 핀 연결로 모델링된다. 미국철강건설협회(AISC)는 강구조물 설계에 필수적인 강구조 설계기준(AISC 360-10)을 발행한다. AISC 360-10에 따르면, 단순 전단연결용 볼트는 미끄럼방지 방식으로 설계될 수 있는데, 고정된 경계면의 마찰이 보의 단부 전단을 지지하는 방식이다. [사진 CS4.1]에서 연결은 3/4 in. 볼트가 사용된 미끄럼방지 방식으로 설계되었다. 설계기준으로부터 그룹 A 볼트로 결정된 보의 단부 전단저항 능력은 75.9 kips로 제시되었다. 연결부의 마찰이 설계를 지배한다고 가정하고, 이 전단강도를 확인하는 해석을 수행해보자(연결의 전반적 강도를 제어하는 다른 요소가 있을 수 있다).

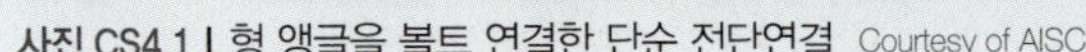

사진 CS4.1 L형 앵글을 볼트 연결한 단순 전단연결 Courtesy of AISC

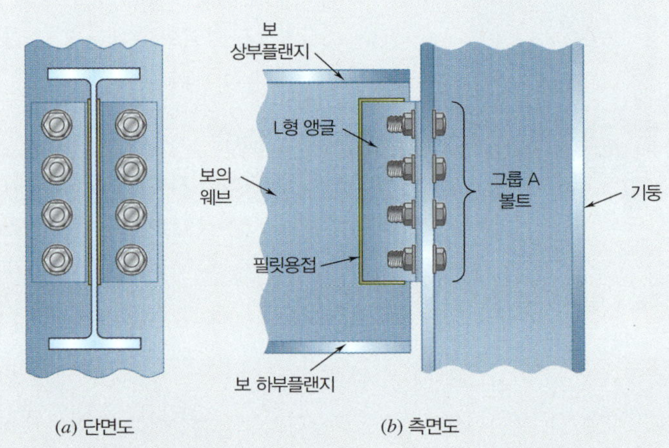

(a) 단면도 (b) 측면도

그림 CS4.1 연결부 상세

문제분석 연결부의 마찰력은 경계면에 작용하는 수직력과 적절한 정적마찰계수를 사용하여 구할 수 있다. 여기서 이 수직력은 볼트 축력의 합력으로 발생한다. AISC 360-10의 규정으로부터 마찰계수와 볼트의 최소축력을 얻을 수 있다.

모델링 두 L형 앵글 중 하나를 용접과 볼트로부터 잘라내어 자유물체도를 작성한다(그림 CS4.2). 보의 단부를 지지하는 L형 앵글이 두 개이므로 해당 단부 전단력의 절반만 표시된다. 각 볼트의 장력은 AISC 360-10에서 얻을 수 있고, 적절하게 설치된 3/4 in. 그룹 A 볼트의 최소장력은 28 kips이다. 볼트의 평균장력은 이 최솟값보다 다소 높을 것으로 예상할 수 있다. 그러므로 설계기준에서 13% 증가를 허용한다. 공장에서 출시된 도장되지 않은 강재 표면의 경우 AISC 360-10은 정적마찰계수로 $\mu = 0.30$을 지정한다.

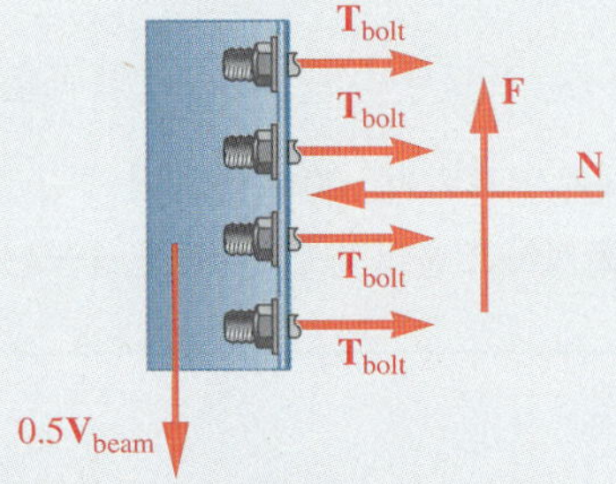

그림 CS4.2 L형 앵글의 자유물체도

풀이

법선력 각 볼트를 통해 작용하는 힘은 13% 할증된 최소 볼트 장력이다.

$$T_{\text{bolt}} = 1.13(28\text{ kips}) = 31.64\text{ kips}$$

평형상태(그림 CS4.2)를 적용하면 다음을 얻는다.

$$+\rightarrow \Sigma F_x = 0 : 4T_{\text{bolt}} - N = 4(31.64\text{ kips}) - N = 0 \qquad \mathbf{N} = 126.56\text{ kips} \leftarrow$$

최대 마찰력 발생할 수 있는 최대 마찰력은 다음과 같다.

$$F_m = \mu N = (0.30)(126.56\text{ kips}) = 37.968\text{ kips}$$

연결부 성능 연결부의 저항능력은 보의 단부에서 지지될 수 있는 전단력의 크기 V_{beam}을 의미한다. 평형상태(그림 CS4.2)를 적용하면 다음을 얻는다.

$$+\uparrow \Sigma F_y = 0 : -0.5V_{\text{beam}} + F_m = -0.5V_{\text{beam}} + 37.968\text{ kips} = 0 \qquad V_{\text{beam}} = 75.9\text{ kips (검토)}$$

고찰 미끄럼방지 방식의 볼트 연결은 예상되는 최대 설계하중이 작용할 때 미끄러지지 않도록 의도된 설계방식이다. 연결요소가 미끄러지는 과부하 상황이 발생하더라도 볼트가 끊어지지 않는 한 연결부는 파괴되지 않는다. 때때로 미끄러짐을 유발하는 힘보다 훨씬 더 큰 하중이 필요한 경우가 있어 연결부의 전반적인 안전여유도를 증가시키기도 한다.

Section 4.4 연습문제

4.75 그림의 블록이 평형상태에 있는지 확인하시오. $\theta = 25°$, $P = 750$ N일 때 마찰력의 크기와 방향을 구하시오.

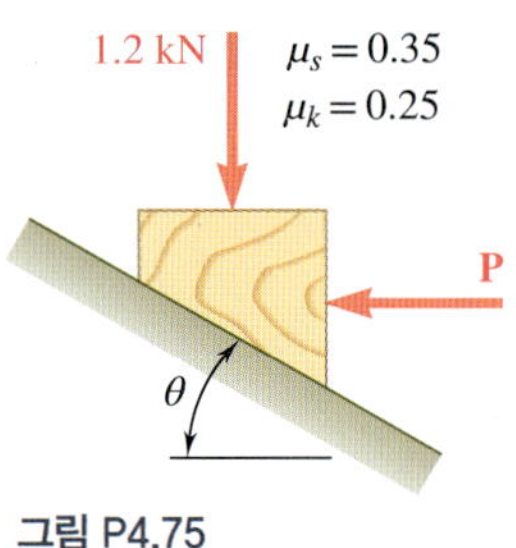

그림 P4.75

4.76 [문제 4.75]에서 $\theta = 30°$이고 $P = 150$ N일 때 문제를 다시 푸시오.

4.77 그림의 블록이 평형상태에 있는지 확인하고, $P = 120$ lb일 때 마찰력의 크기와 방향을 구하시오.

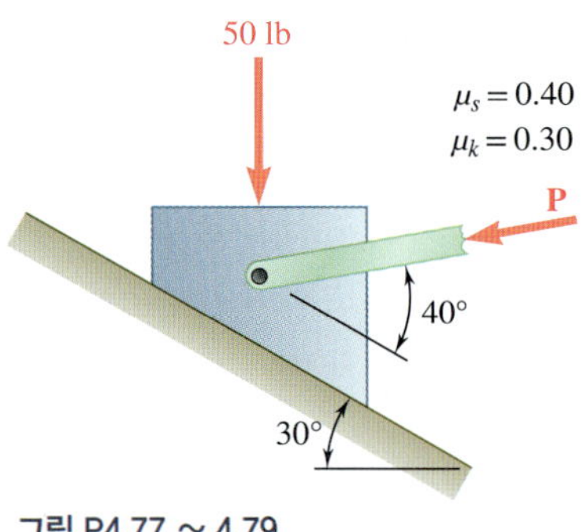

그림 P4.77 ~ 4.79

4.78 그림의 블록이 평형상태에 있는지 확인하고, $P = 80$ lb일 때 마찰력의 크기와 방향을 구하시오.

4.79 (a) 경사면 위로 블록이 움직이기 시작할 때, (b) 위로 계속 움직일 때 필요한 P의 최솟값을 구하시오.

4.80 80 lb의 블록은 링크 AB에 연결되어 있고 움직이는 벨트에 놓여 있다. $\mu_s = 0.25$이고 $\mu_k = 0.20$일 때 (a) 오른쪽으로, (b) 왼쪽으로 벨트의 움직임을 유지하기 위해 벨트에 가해야 하는 수평력 **P**의 크기를 구하시오.

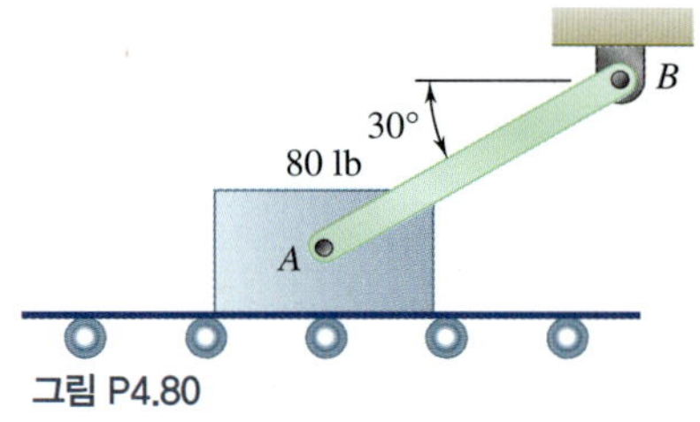

그림 P4.80

4.81 50 lb의 블록 A와 25 lb의 블록 B는 그림과 같은 위치에서 유지되는 경사로 지지된다. 정적마찰계수가 두 블록 사이에서 0.15이고 블록 B와 경사면 사이에서 0이다. 움직임이 임박할 때 θ값을 구하시오.

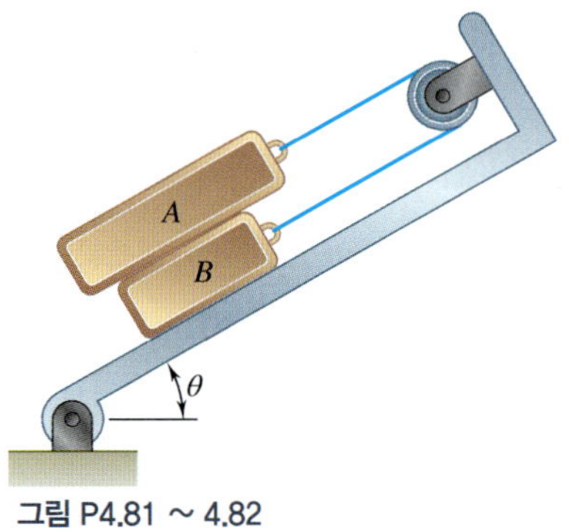

그림 P4.81 ~ 4.82

4.82 50 lb의 블록 A와 25 lb의 블록 B는 그림과 같은 위치에서 유지되는 경사로 지지된다. 정적마찰계수가 모든 접촉면 사이에서 0.15이다. 움직임이 임박할 때 θ 값을 구하시오.

4.83 4 kg 상자 A, B, C가 정지해 있는 컨베이어 벨트에 놓여 있다. 벨트와 두 상자 A와 C 사이의 마찰계수는 $\mu_s = 0.30$, $\mu_k = 0.20$이다. 상자 B와 벨트 사이의 마찰계수는 $\mu_s = 0.10$, $\mu_k = 0.08$이다. 상자들은 서로 접촉하여 벨트 위에 놓여 정지해 있다. 어떤 상자가 움직이는지 선택하고 각 상자에 작용하는 마찰력을 구하시오.

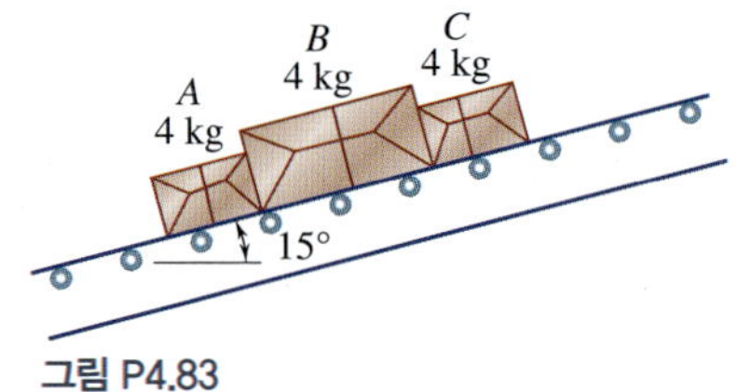

그림 P4.83

4.84 $P = 100\ \text{N}$일 때 7.5 kg의 블록의 평형이 유지되는 θ값의 범위를 구하시오.

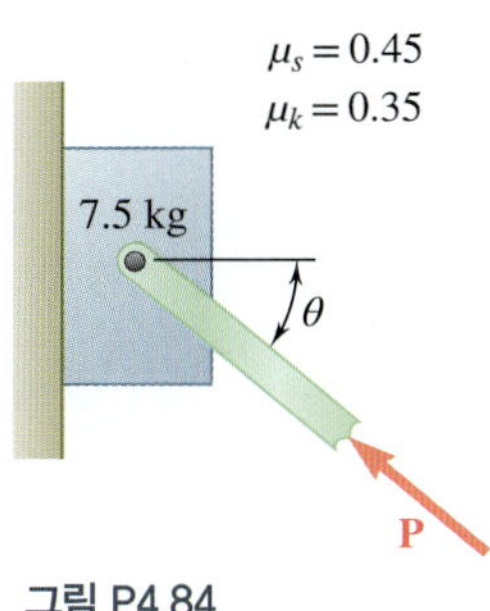

그림 P4.84

4.85 120 lb의 캐비닛은 그림과 같이 잠금장치가 있는 바퀴에 장착되어 있다. 바닥과 각 바퀴 사이의 정적마찰계수는 0.30이고 $h = 32$ in.일 때 캐비닛을 오른쪽으로 이동하는 데 필요한 힘 **P**의 크기를 구하시오.

(a) 모든 바퀴가 잠겨 있는 경우

(b) B의 바퀴가 잠겨 있고 A의 바퀴는 자유롭게 회전할 수 있는 경우

(c) A의 바퀴가 잠겨 있고 B의 바퀴가 자유롭게 회전하는 경우

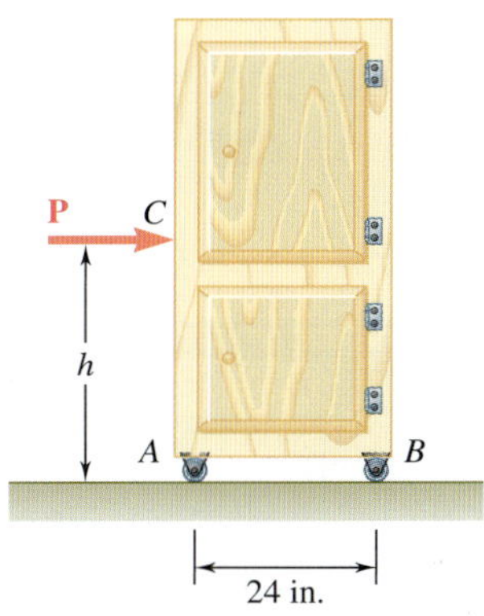

그림 P4.85 ~ 4.86

4.86 20 lb의 캐비닛은 그림과 같이 잠금장치가 있는 바퀴에 장착되어 있다. 바닥과 각 바퀴 사이의 정적마찰계수는 0.30이다. A와 B의 바퀴가 모두 잠겨 있는 경우 (a) 캐비닛을 오른쪽으로 이동하는 데 필요한 힘 **P**, (b) 캐비닛이 전도되지 않는 경우 허용 가능한 h의 최댓값을 구하시오.

4.87 무게가 30 kg인 균일한 상자를 경사 15°를 따라 전도 없이 위로 옮겨야 한다. 힘 **P**가 수평으로 작용할 때 (a) 상자와 경사면 사이에서 허용되는 최대 정적마찰계수, (b) 그때 힘 **P**의 크기를 구하시오.

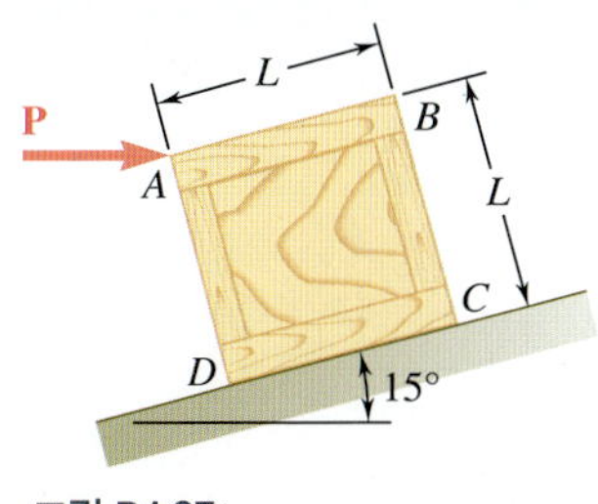

그림 P4.87

4.88 작업자는 그림과 같이 모서리 B에 힘 **P**를 가하여 선적장을 따라 50 kg의 화물상자를 왼쪽으로 천천히 움직인다. $a = 200$ mm일 때 화물상자가 선적장 가장자리 E를 기준으로 전도가 발생한다. (a) 화물상자와 선적장 사이의 운동마찰계수, (b) 힘의 크기 **P**를 구하시오.

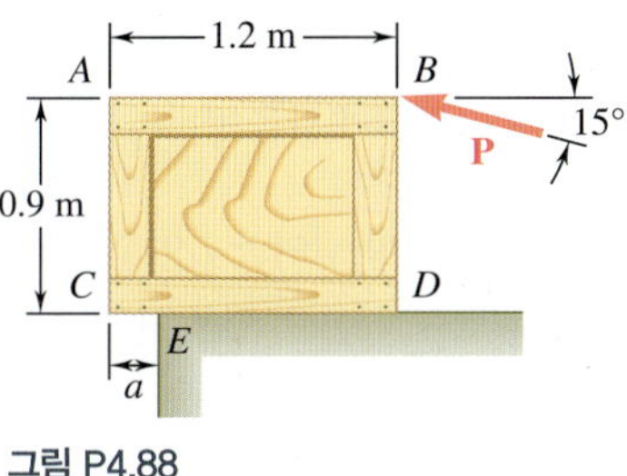

그림 P4.88

4.89 ~ 4.90 마찰계수는 모든 접촉면 사이에서 $\mu_s = 0.40$와 $\mu_k = 0.30$이다. 그림과 같이 케이블 AB가 (a) 부착되어 있을 때, (b) 제거되었을 때, 30 kg의 블록을 움직이는 데 필요한 힘 **P**의 최솟값을 구하시오.

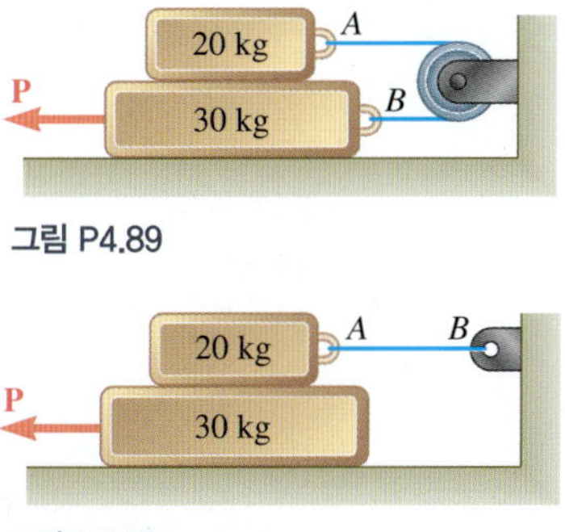

그림 P4.89

그림 P4.90

4.91 그림과 같이 길이가 6.5 m인 사다리 AB가 벽에 기대어 있다. 정적마찰계수 μ_s가 B에서 0이라고 가정하고, 평형이 유지되는 A에서 μ_s의 최솟값을 구하시오.

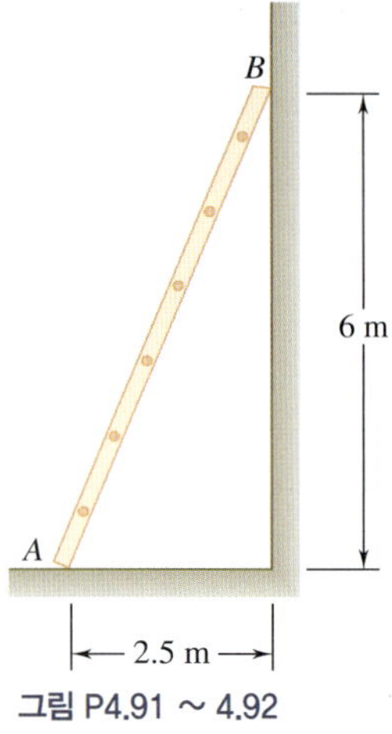

그림 P4.91 ~ 4.92

4.92 그림과 같이 길이가 6.5 m인 사다리 AB가 벽에 기대어 있다. 정적마찰계수 μ_s가 A와 B에서 같다고 가정하고, 평형이 유지되는 μ_s의 최솟값을 구하시오.

4.93 ~ 4.94 그림과 같이 길이가 L이고 무게가 W인 가늘고 균일한 막대가 있다. 막대의 단부 A는 표면에 놓여 있고 단부 B는 와이어 BC에 의해 지지된다. 마찰계수가 $\mu_s = 0.40$와 $\mu_k = 0.30$일 때 (a) 움직임이 임박한 때 θ의 최댓값, (b) 해당하는 와이어 인장력을 구하시오.

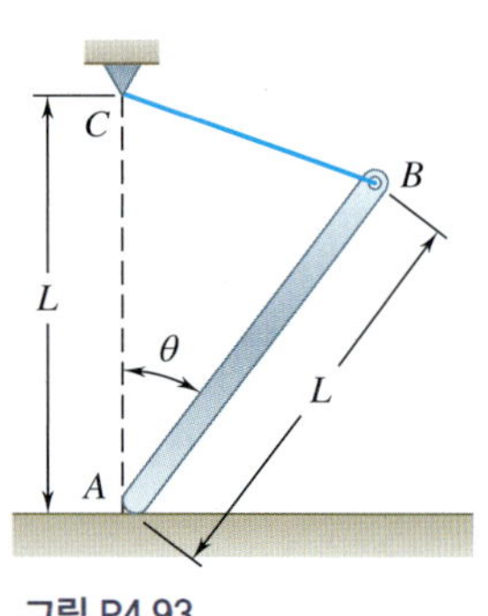

그림 P4.93

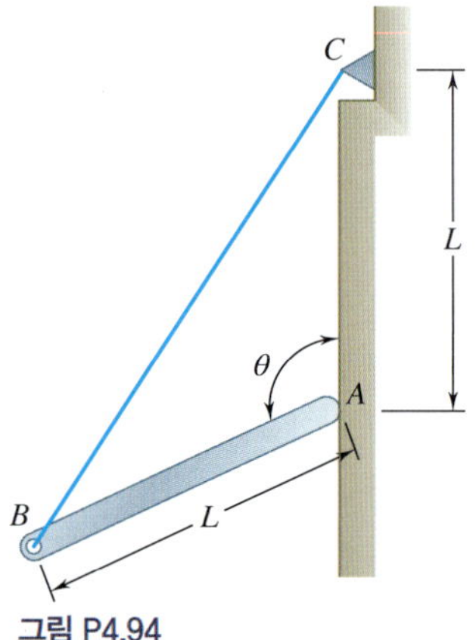

그림 P4.94

4.95 무게를 무시할 수 있는 두 개의 막대가 C에서 핀으로 연결되고 무게가 W인 블록 A와 B에 부착된다. $\theta = 80°$이고 블록과 수평면 사이 정적마찰계수가 0.30일 때, 평형이 유지되는 P의 최댓값을 구하시오.

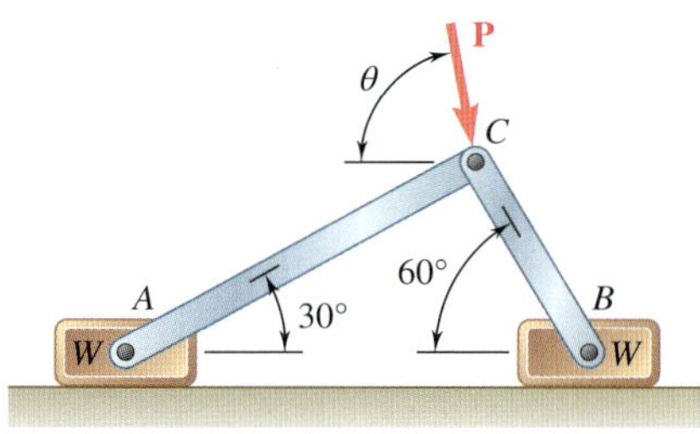

그림 P4.95 ~ 4.96

4.96 무게를 무시할 수 있는 두 개의 막대가 C에서 핀으로 연결되고 무게가 W인 블록 A와 B에 부착된다. $P = 1.260\ W$이고 블록과 수평면 사이 정적마찰계수가 0.30일 때, 평형이 유지되는 θ값 범위를 0에서 180° 사이에서 구하시오.

4.97 그림과 같이 무게가 1,200 lb인 10 ft의 보를 플랫폼의 왼쪽으로 이동해야 한다. 마찰이 없는 바퀴가 장착된 돌리 dolly에 수평력 **P**가 가해진다. 모든 표면 사이의 마찰계수는 $\mu_s = 0.30$, $\mu_k = 0.25$이고 $x = 2$ ft이다. 돌리의 상단 표면이 플랫폼보다 약간 높다고 가정할 때 보를 움직이는 데 필요한 힘 **P**를 구하시오. HINT 보는 A와 D에서 지지된다.

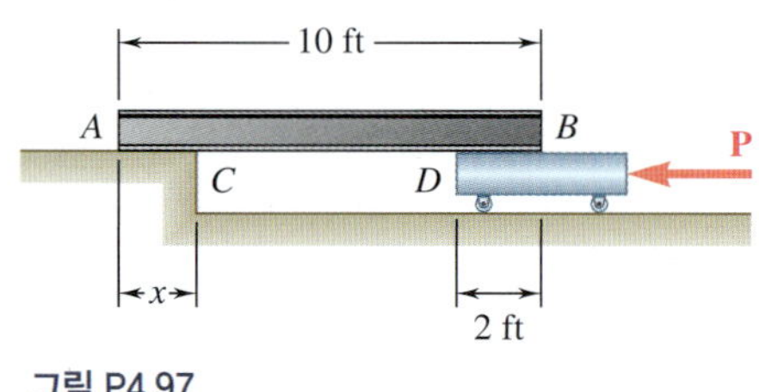

그림 P4.97

4.98 [문제 4.97]에서 (a) 돌리의 상단 표면이 플랫폼보다 낮으면 보가 움직일 수 없음을 증명하시오. (b) 175 lb 작업자 두 명이 보의 위 B에 서 있으면 보가 움직일 수 있음을 증명하고, 왼쪽으로 이동할 수 있는 최대거리를 구하시오.

Chapter 04 핵심요약

평형방정식

이 장에서 강체의 평형, 즉 강체에 작용하는 모든 외력이 합이 0인 상황에 대해 다루었다.

$$\Sigma \mathbf{F} = 0, \quad \Sigma \mathbf{M}_O = \Sigma(\mathbf{r} \times \mathbf{F}) = 0 \tag{4.1}$$

힘과 모멘트를 직각성분으로 분해하면 다음 6개의 스칼라식으로 강체의 평형을 위한 필요충분조건을 표현할 수 있다.

$$\Sigma F_x = 0, \quad \Sigma F_y = 0, \quad \Sigma F_z = 0 \tag{4.2}$$
$$\Sigma M_x = 0, \quad \Sigma M_y = 0, \quad \Sigma M_z = 0 \tag{4.3}$$

이 식을 사용하여 강체에 가해지는 미지의 힘이나 지점반력을 구할 수 있다.

자유물체도

강체의 평형 문제에서 강체에 작용하는 모든 힘을 고려해야 한다. 문제 해결의 첫 단계는 강체와 주어진 힘뿐만 아니라 미지의 모든 힘이 포함된 자유물체도free-body diagram를 작성하는 것이다.

2차원 구조물의 평형

4.1절에서 2차원 구조물의 평형을 다루었다. 고려된 구조물과 작용하는 힘이 동일한 평면에 있다고 가정했다. 지점에서 구조물에 가해지는 미지의 반력 개수는 지점 유형에 따라 1~3개이다.

2차원 구조물의 경우 주어진 평형방정식은 세 개로 줄어든다.

$$\Sigma F_x = 0, \quad \Sigma F_y = 0, \quad \Sigma M_A = 0 \tag{4.5}$$

여기서 A는 구조물이 있는 평면의 임의의 점이다(4.1.2절). 이 식을 사용하여 미지수를 3개까지 구할 수 있다. 식 (4.5)의 평형방정식에 새로운 식이 추가될 수는 없지만, 세 개의 식 중 어느 것이라도 다른 식으로 대체될 수는 있다. 따라서 다음과 같은 대체 평형방정식을 작성할 수 있다.

$$\Sigma F_x = 0, \quad \Sigma M_A = 0, \quad \Sigma M_B = 0 \tag{4.6}$$

여기서 점 B는 선 AB가 y축과 평행하지 않도록 선택되어야 한다. 또 다른 대체 식은 다음과 같다.

$$\Sigma M_A = 0, \quad \Sigma M_B = 0, \quad \Sigma M_C = 0 \tag{4.7}$$

여기서 점 A, B, C는 하나의 직선 위에 있어서는 안 된다.

부정정, 부분구속, 부적절 구속

평형방정식의 구성은 3개의 미지수에 대해서만 풀 수 있기 때문에 2차원 구조물의 지점반력이 3개를 초과하는 경우 모두 구할 수 없다. 이러한 반력을 부정정statically indeterminate이라 한다(4.1.3절). 한편, 반력이 3개 미만의 미지수를 포함하는 경우 일반적 하중조건에서 평형이 유지되지 않고, 구조물은 부분구속partial constraints되었다고 한다. 반력이 정확히 3개의 미지수를 포함한다고 해서 3개의 미지수 모두가 평형방정식으로 얻어진다는 보장은 없다. 반력의 작용선이 한 점에서 만나거나 모두 평행하게 배열되는 경우 반력은 부정적이고, 구조물은 부적절하게 구속되었다고 한다.

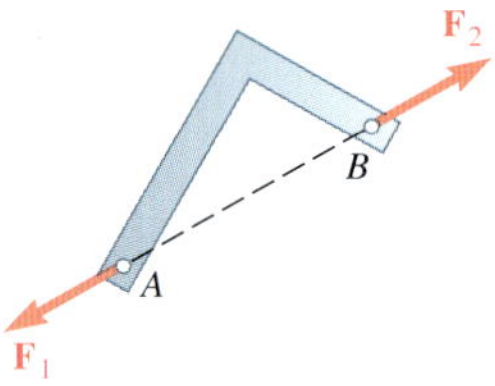

그림 4.17

2력 물체, 3력 물체

4.2절에서 강체의 평형에 대한 두 가지 특정한 경우를 다루었다. 2력 물체는 두 지점에서만 힘을 받는 강체로 정의했고, 두 힘 $\mathbf{F}_1$과 $\mathbf{F}_2$는 동일한 크기와 작용선을 가지지만 서로 반대 방향으로 작용한다(그림 4.17). 3력 물체는 3개의 지점에서만 힘을 받는 강체로 정의했고, 세 힘 $\mathbf{F}_1$, $\mathbf{F}_2$, $\mathbf{F}_3$는 작용선이 한 점에서 만나거나(그림 4.18) 서로 평행한다.

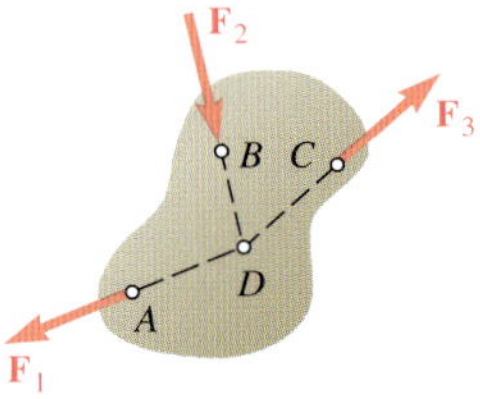

그림 4.18

3차원 물체의 평형

4.3절에서 3차원 물체의 평형을 다루었다. 지점에서 물체에 가해지는 미지의 반력 개수는 지점 유형에 따라 1~6개이다.

3차원 물체의 평형으로부터 식 (4.2)와 식 (4.3)의 여섯 개 스칼라 평형방정식은 미지수 6개에 대한 해를 제공한다(4.3.2절). 대부분의 문제에서 다음 식을 이용하면 6개의 식을 얻을 수 있다.

$$\Sigma \mathbf{F} = 0, \qquad \Sigma \mathbf{M}_O = \Sigma(\mathbf{r} \times \mathbf{F}) = 0 \tag{4.1}$$

이 식에서 힘 $\mathbf{F}$와 위치벡터 $\mathbf{r}$을 스칼라 성분으로 표현하면 식을 간단하게 얻을 수 있다. 벡터곱을 직접 수행하거나 행렬식으로 계산할 수 있으며, 단위벡터의 계수를 0으로 두면 원하는 스칼라식을 얻을 수 있다(예제 4.7 ~ 4.9).

식 (4.1)의 두 번째 식 $\Sigma\mathbf{M}_O$의 계산에서 점 O를 적절하게 선택하면 세 개의 반력 미지수를 소거할 수 있다. 또한 점 A와 B를 연결하는 축 AB에 대한 모멘트합을 0으로 두는 식 $\Sigma M_{AB}=0$을 이용하면 A와 B에서 지점반력을 소거할 수 있다(예제 4.10).

대상 물체가 하중 또는 반력으로 개별 모멘트 $\mathbf{M}_i$를 추가로 받을 때, 식 (4.1)의 두 번째 식을 다음과 같이 표현하면 개별 모멘트를 포함할 수 있다.

$$\Sigma \mathbf{M}_O = \Sigma(\mathbf{r} \times \mathbf{F}) + \Sigma \mathbf{M}_i = 0 \tag{4.1'}$$

반력이 6개를 초과하는 미지수를 가지는 경우 일부 반력은 부정정이다. 미지수가 6개 미만인 경우 강체는 부분구속이 된다. 미지수가 6개 또는 초과의 경우에도 지점반력이 평행하거나 동일선과 교차하는 경우 강체는 부적절 구속이 된다.

정적마찰과 운동마찰

4.4절에서 건조마찰, 즉 윤활되지 않은 표면을 따라 접촉하는 강체와 관련된 문제를 다루었다. 수평면에 놓인 블록에 수평력 **P**를 가할 때 블록이 처음에는 움직이지 않는다. 이는 마찰력 **F**가 **P**와 평형을 이루고 있기 때문이다(그림 4.19). **P**의 크기가 증가함에 따라 **F**의 크기도 최댓값 F_m에 도달할 때까지 증가한다. **P**가 더 증가하면 블록이 움직이기 시작하고 **F**의 크기는 F_m보다 더 낮은 F_k로 떨어진다. 실험적 증거에 의하면 F_m과 F_k는 표면에서 반력의 법선성분 N에 비례한다.

$$F_m = \mu_s N, \quad F_k = \mu_k N \tag{4.8, 4.9}$$

여기서 μ_s와 μ_k는 각각 정적마찰계수와 운동마찰계수라고 한다. 이러한 계수는 접촉하는 표면의 특성과 상태에 따라 다르다. 대표적인 정적마찰계수의 값은 [표 4.1]에 보였다.

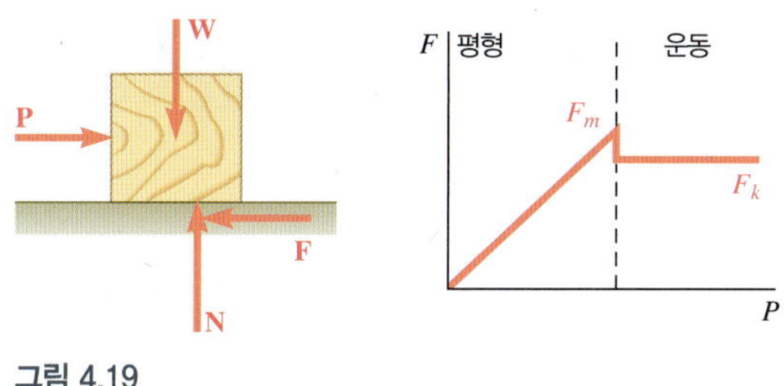

그림 4.19

마찰각

법선반력 **N**과 마찰력 **F**를 합력 **R**로 표현하면 편리한 경우가 있다(그림 4.20). 마찰력이 증가하면 최댓값 $F_m = \mu_s N$에 도달하게 된다. **R**이 표면의 법선과 형성하는 각도 ϕ도 함께 증가하여 최댓값 ϕ_k에 도달하게 되는데, 이를 정적마찰각이라고 한다. 움직임이 실제로 발생하면 **F**의 크기는 F_k로 약간 줄어든다. 마찬가지로 각도 ϕ는 운동마찰각인 ϕ_k로 작아진다. 4.4.3절에서와 같이 다음의 관계를 가진다.

$$\tan\phi_s = \mu_s, \quad \tan\phi_k = \mu_k \tag{4.10, 4.11}$$

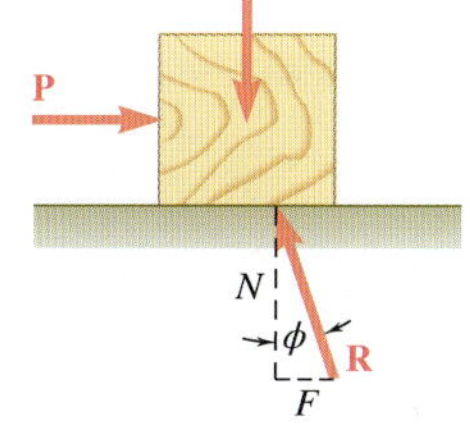

그림 4.20

마찰과 관련된 문제

마찰과 관련된 평형을 다룰 때 마찰력의 크기 F는 물체가 움직임이 임박한 때에만 $F_m = \mu_s N$과 같다(4.4.4절). 움직임이 임박하지 않는 경우 F와 N을 평형방정식에서 구하려면 독립적인 미지수로 다루어야 한다(그림 4.21a). 또한 평형을 유지하는 데 필요한 F의 크기가 F_m보다 크지 않도록 해야 한다. 만약 F가 F_m보다 크면 물체는 움직이고 마찰력의 크기는 $F_k = \mu_k N$이 된다(예제 4.11). 반면에, 움직임이 임박한 경우 F는 최댓값 $F_m = \mu_s N$(그림 4.21b)을 평형방정식에 대입한다(예제 4.13). 자유물체도에 물체와 접촉하는 표면의 반력 **R**을 포함하여 세 가지 힘만 포함되는 경우 힘의 삼각형으로 문제를 해결하는 것이 편리하다(예제 4.12). 일부 문제에서 임박한 움직임이 접촉면 사이에서의 상대적인 이동이 아닌 물체의 전도로 발생할 수 있다. 이러한 상태를 평가하려면 물체의 모멘트 평형에 대한 분석이 필요하다(예제 4.14).

두 물체 A와 B가 서로에게 힘을 가하는 문제에서는 각 물체 작용하는 마찰력의 방향을 정확하게 표시하는 것이 중요하다. 예를 들어, B가 A에 가하는 마찰력의 방향은 B에 대한 A의 상대적인 운동의 방향과 반대가 된다(그림 4.16).

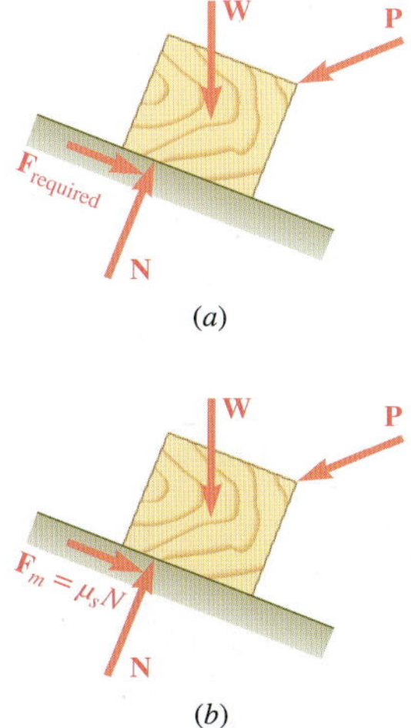

그림 4.21

Chapter 04 종합문제

4.99 T자형 브라켓은 그림과 같은 하중을 지지한다. (a) $a = 10$ in.일 때, (b) $a = 7$ in.일 때, A와 B에서 반력을 구하시오.

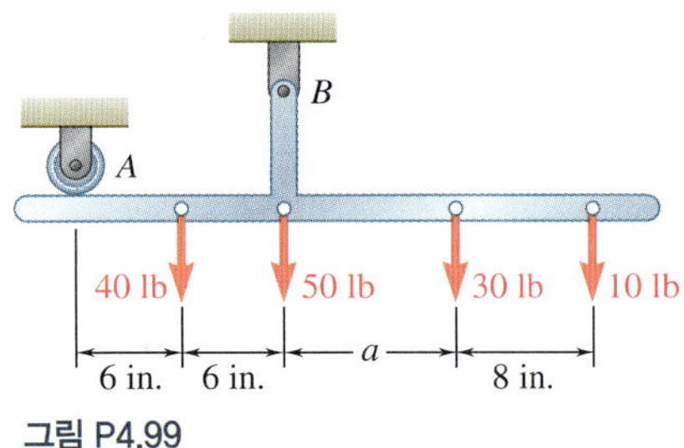

그림 P4.99

4.100 마찰과 도르래의 반지름을 무시하고 (a) 케이블 ADB의 장력, (b) C에서의 반력을 구하시오.

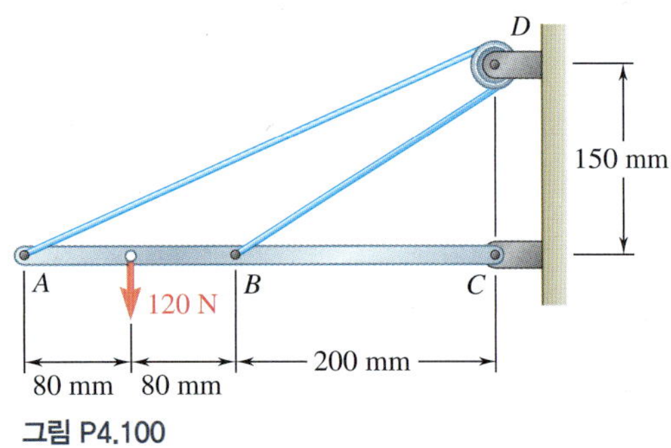

그림 P4.100

4.101 부재 ABC는 B에서 핀으로 지지되고 A와 C에서 부착되고 D에서 마찰이 없는 도르래를 지나는 와이어에 의해 지지된다. 와이어 인장력은 AD와 CD 부분에서 동일하다. 도르래의 크기는 무시하고, 그림과 같은 하중에 대해 와이어 인장력과 B에서 반력을 구하시오.

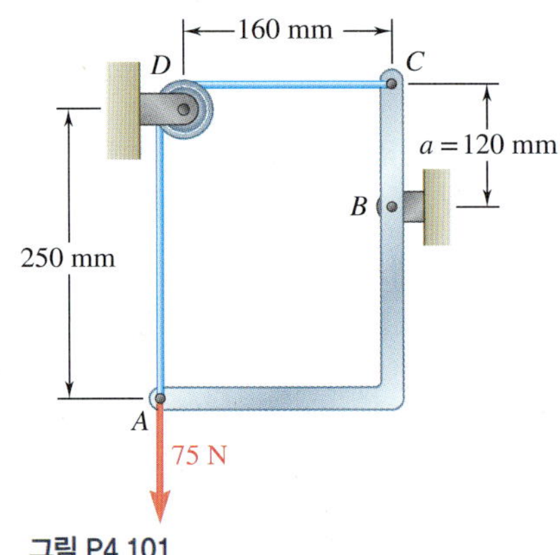

그림 P4.101

4.102 50 kg의 화물상자가 그림과 같이 트롤리에 매달려 있다. $a = 1.5$ m일 때 (a) 케이블 CD의 장력, (b) B에서 반력을 구하시오.

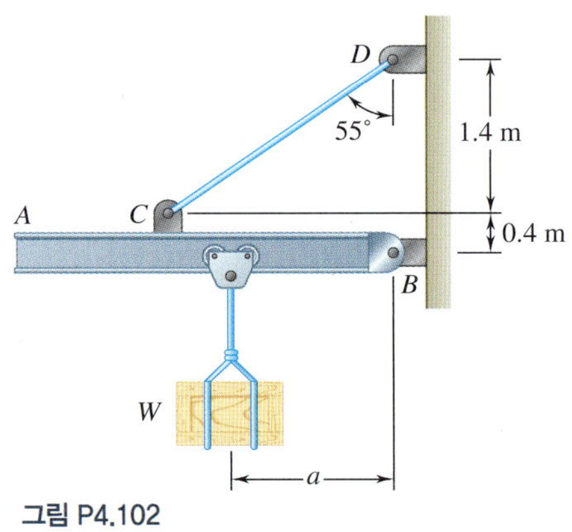

그림 P4.102

4.103 원호의 모양으로 휘어져 있는 부재 AB는 두 개의 못 D와 E 사이에 끼워져 그림과 같이 B에서 수직력 **P**를 받는다. $a = 20$ mm, $R = 100$ mm이고 부재가 평형상태에 있을 때, 거리 c를 구하시오. 단, 마찰과 부재의 자중을 무시한다.

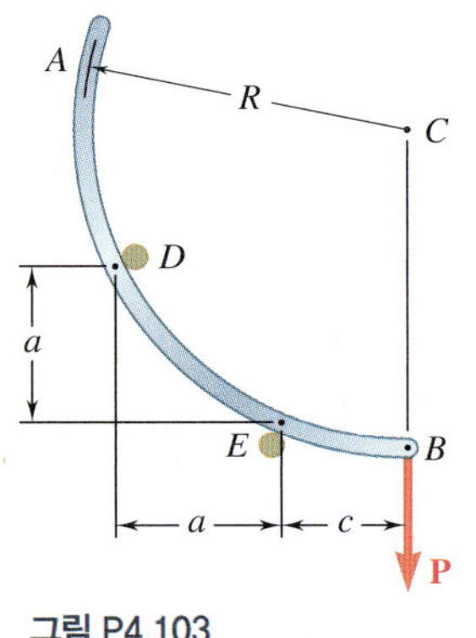

그림 P4.103

4.104 질량이 2 kg이고 반지름이 140 mm인 얇은 고리가 길이가 125 mm인 끈 AB에 의해 마찰이 없는 벽에 붙어 있다. (a) 거리 d, (b) 끈의 인장력, (c) C에서 반력을 구하라.

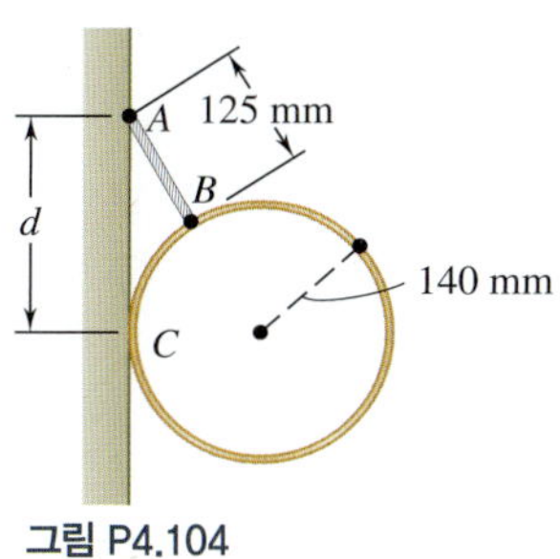

그림 P4.104

4.105 그림과 같은 테이블의 무게는 30 lb이고 지름은 4 ft이다. 이 테이블은 가장자리에 균등한 간격으로 설치된 세 개의 다리로 지지된다. 100 lb의 수직하중 **P**가 테이블 위 D에서 재하된다. 테이블이 전도되지 않도록 하는 a의 최댓값을 구하시오. **P**가 재하될 수 있는 면적을 그림으로 보이시오.

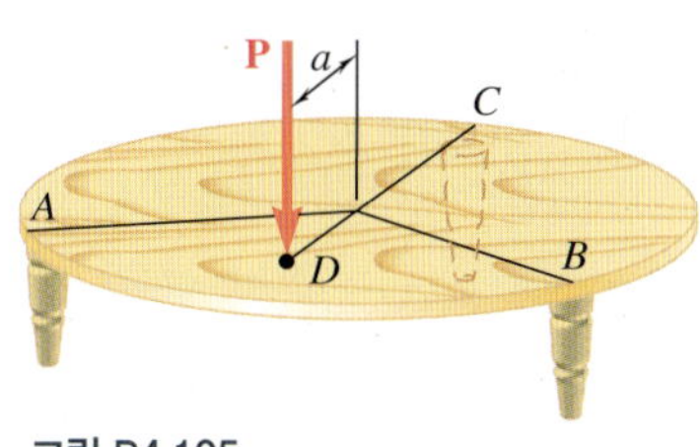

그림 P4.105

4.106 수직하중 **P**가 막대 BC의 끝 B에 작용한다. 용수철의 상수는 k이고 $\theta = 60°$일 때 용수철은 늘어나지 않은 상태이다. (a) 막대의 무게를 무시하고 평형 위치에 해당하는 각도 θ를 F, k, l로 나타내시오. (b) $P = \frac{1}{4}kl$일 때 평형에 해당하는 θ의 값을 구하시오.

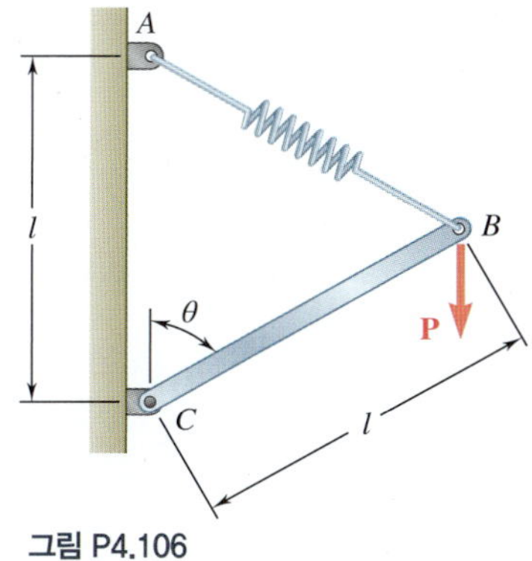

그림 P4.106

4.107 그림과 같이 서로 다르게 지지된 부재 ABC에 힘 **P**가 작용한다. 각각의 경우에 지점반력을 구하시오.

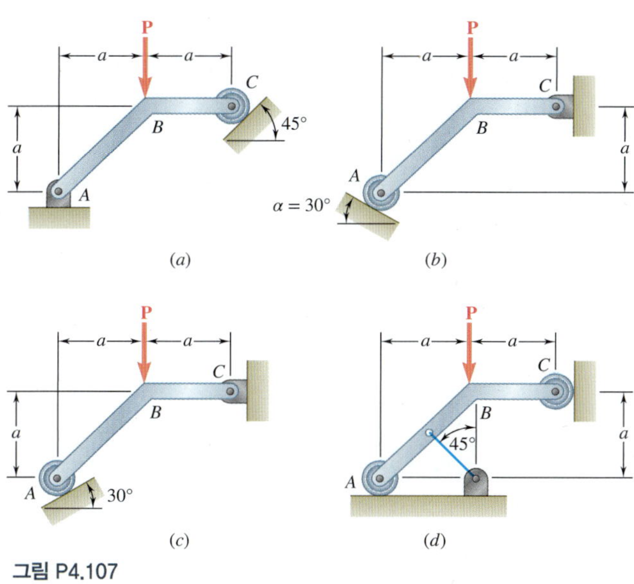

그림 P4.107

4.108 L자형 강체부재 ABF는 A에서 볼–소켓 조인트와 세 개의 케이블로 지지된다. 그림과 같은 하중에 대해 각 케이블의 인장력과 A에서 반력을 구하시오.

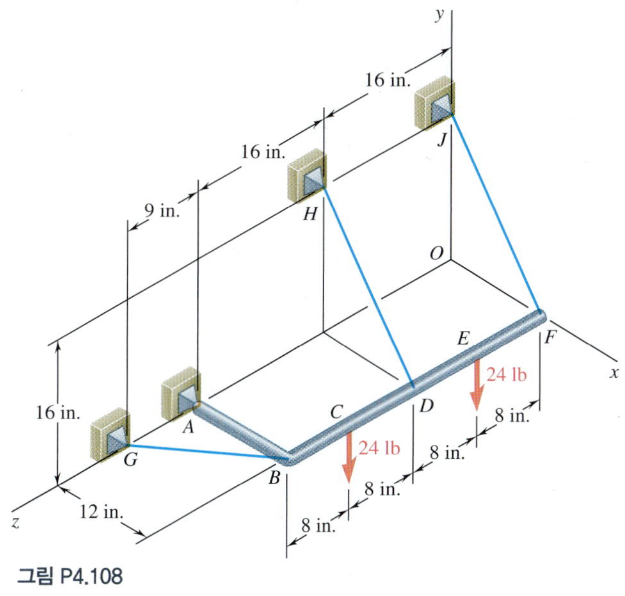

그림 P4.108

4.109 질량이 3 kg이고 길이가 1.2 m인 널판이 두 개의 들보 위에 놓여 있다. 널판과 들보 사이의 정적마찰계수가 0.30이다. (a) $a = 750$ mm일 때, (b) $a = 900$ mm일 때, 널판을 움직이는 데 필요한 수평력의 크기를 구하시오.

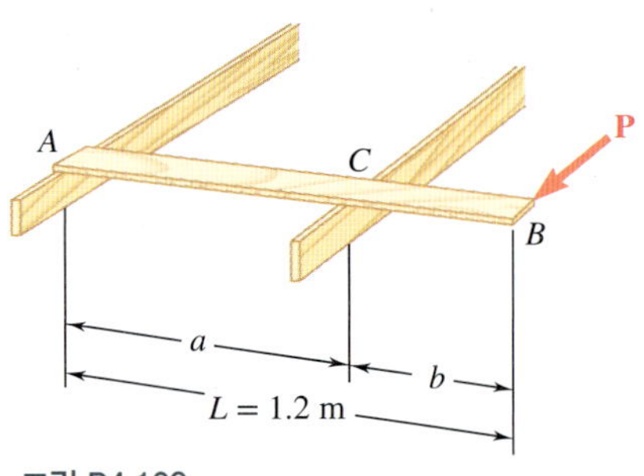

그림 P4.109

4.110 10 lb의 블록 A와 B는 무시할 수 있는 무게의 막대로 연결되어 있다. 모든 접촉면 사이의 정적마찰계수는 0.30이며, 막대는 수직면과 $\theta = 30°$의 각도를 이룬다. (a) $P = 0$일 때 시스템이 평형상태에 있음을 보이시오. (b) 평형이 유지되기 위해 요구되는 P의 최댓값을 구하시오.

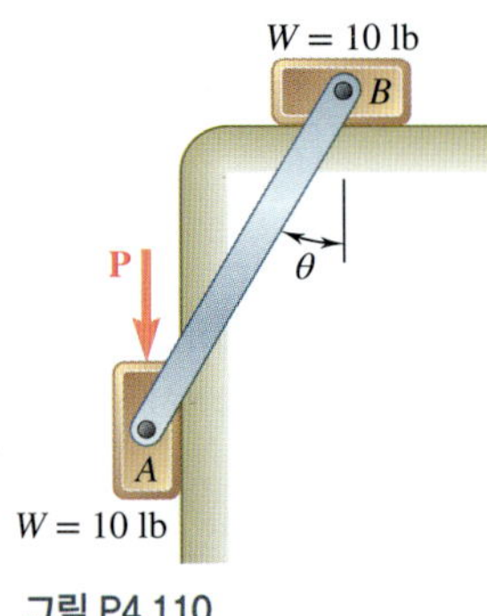

그림 P4.110

Photo courtesy of Massachusetts Department of Transportation

05

분포하중 – 도심과 무게중심

고속도로 위의 신설 교차로에 대한 프리캐스트 단면을 갠트리 크레인으로 내리는 사진이다. 이 장에서는 면적에 대한 도심의 개념을 소개하고 이후 장들에서는 도심의 위치와 하중을 받는 구조물의 거동 사이의 관계를 설정한다.

목차

학습목표

- 2차원과 3차원 물체에 대한 무게중심을 이해한다.
- 선, 면적과 체적에 대한 도심을 정의한다.
- 선과 면적에 대한 1차모멘트의 개념과 그 성질을 이해한다.
- 더하는 방법을 이용하여 복합선, 합성면적, 복합체적에 대한 도심을 계산한다.
- 적분을 이용하여 합성면적의 도심을 계산한다.
- 파푸스-굴디누스 정리를 사용하여 회전하는 표면과 체적를 분석한다.
- 보에 작용하는 분포하중을 분석한다.

서론

지금까지 하나의 강체에 적용하는 지구의 인력은 하나의 힘 **W**로 나타낼 수 있다고 가정했다. 중력 또는 물체의 무게라고 불리는 이 힘은 물체의 무게중심에 작용한다(3.1.1절). 실제로 지구는 물체를 구성하는 각각의 입자에 대해 이 힘을 발휘하고, 따라서 지구가 강체에 가하는 인력을 물체 전체에 분포된 많은 숫자의 작은 힘으로 나타낼 수 있다. 그러나 이번 장에서는 모든 작은 힘들은 하나의 동등한 힘 **W**로 대체할 수 있다는 점을 배운다. 그리고 다양한 모양의 물체에 대해 합력 **W**가 작용하는 점인 무게중심을 계산하는 방법을 살펴본다.

이 장의 앞부분에서는 편평한 판이나 그 평면에 포함된 선들과 같은 2차원 물체를 다룬다. 판이나 선에 대한 무게중심과 매우 관계가 깊은 두 개의 개념을 소개한다. 면적과 선에 대한 도심과 주어진 축에 대한 면적 또는 선의 1차모멘트에 대한 개념. 회전하는 표면의 면적이나 회전하는 체적의 부피를 계산하는 것은 회전하는 표면이나 체적을 생성하는 데 사용된 선과 면적의 도심을 구하는 것과 직접 관계가 있다(파푸스-굴디누스 정리). 그리고 5.3절에서 보는 바와 같이 면적의 도심을 구하면 분포하중을 받는 보의 해석을 쉽게 할 수 있다.

사진 5.1 모빌 구성요소들의 균형을 정확히 맞추기 위해서는 이 장의 주제인 무게중심과 도심에 대한 이해가 필요하다.

이 장의 끝부분에서는 3차원 물체의 무게중심을 계산하는 방법과 체적의 도심을 구하는 방법, 체적의 좌표평면에 대한 1차모멘트를 계산하는 방법에 대해 배운다.

5.1 평면 무게중심과 도심

3장에서 힘의 작용선 위치가 동일한 크기의 힘과 우력시스템으로 바꾸는 데 미치는 영향을 살펴보았다. 이 절에서는 이 개념을 확장하여 어떻게 분포하중 시스템을 대상의 한 점에 대한 하나의 힘으로 교체하는지 살펴본다. 특히, 대상의 무게는 한 점에 대한 하나의 힘으로 대체할 수 있다. 그 점을 대상의 무게중심이라 한다.

5.1.1 2차원 물체의 무게중심

먼저 편평한 수평판을 생각해보자(그림 5.1). 판은 n개의 작은 요소로 나눌 수 있다. 첫 요소의 좌표는 x_1, y_1으로 나타내며, 두 번째 요소의 좌표는 x_2, y_2로 나타낸다. 지구가 판의 각 요소에 가하는 힘은 각각 $\Delta\mathbf{W}_1$, $\Delta\mathbf{W}_2$, ⋯, $\Delta\mathbf{W}_n$으로 표기한다. 이들 힘 또는 무게는 지구의 중심을 향한다. 여기서 이 힘들이 평행하다고 가정해보자. 그러면 그 합력은 같은 방향을 향하는 하나의 힘이다. 이 힘의 크기 **W**는 각 요소의 무게를 더해서 얻는다.

$$\Sigma F_z : W = \Delta W_1 + \Delta W_2 + \cdots + \Delta W_n$$

합력 **W**가 작용하는 점 G의 좌표 $\bar{x}$, $\bar{y}$를 구하기 위해, y와 x축에 대한 **W**의 모멘트들은 각 무게요소의 모멘트 합과 같다는 것을 적용한다.

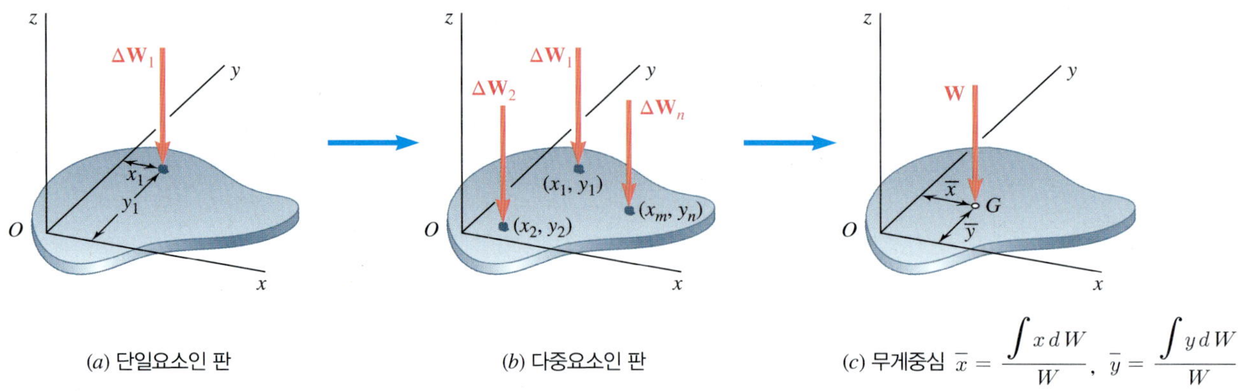

그림 5.1 판의 무게중심은 판의 총 무게가 작용하는 점이다. 이것은 판을 구성하는 무게요소의 가중평균이다.

즉, 다음과 같다.

$$\Sigma M_y : \bar{x}\,W = x_1 \Delta W_1 + x_2 \Delta W_2 + \cdots + x_n \Delta W_n$$
$$\Sigma M_x : \bar{y}\,W = y_1 \Delta W_1 + y_2 \Delta W_2 + \cdots + y_n \Delta W_n \tag{5.1}$$

식 (5.1)을 $\bar{x}$, $\bar{y}$에 대해 풀면, 다음의 결과를 얻는다.

$$\bar{x} = \frac{x_1 \Delta W_1 + x_2 \Delta W_2 + \cdots + x_n \Delta W_n}{W}$$

$$\bar{y} = \frac{y_1 \Delta W_1 + y_2 \Delta W_2 + \cdots + y_n \Delta W_n}{W}$$

이 식들은 각각의 무게 W를 가지는 n개의 요소로 이루어진 물체의 무게중심을 찾는 데 사용한다. 요소의 숫자를 늘리고 동시에 각 요소의 크기를 줄인다면, 미세 크기의 무한대로 많은 요소의 극한상태에서 다음의 식을 얻는다.

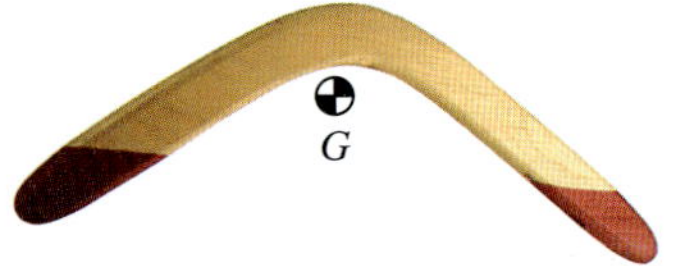

사진 5.2 부메랑의 무게중심은 그 안에 있지 않다.

무게와 판의 무게중심

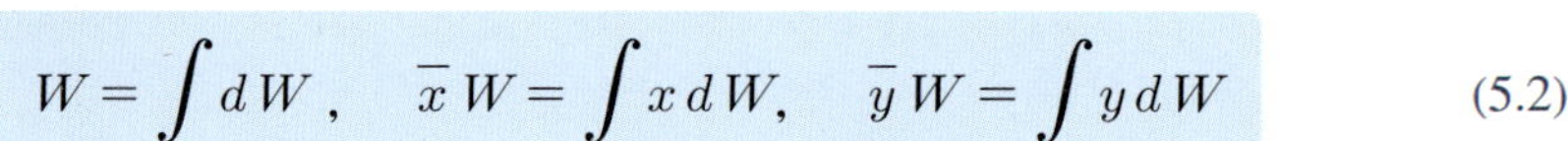

$$W = \int dW, \quad \bar{x}\,W = \int x\,dW, \quad \bar{y}\,W = \int y\,dW \tag{5.2}$$

식 (5.2)를 $\bar{x}$, $\bar{y}$에 대해 풀면,

$$W = \int dW, \quad \bar{x} = \frac{\int x\,dW}{W}, \quad \bar{y} = \frac{\int y\,dW}{W} \tag{5.2$'$}$$

이다. 이 식들은 무게 **W**와 판의 무게중심 G의 좌표인 $\bar{x}$, $\bar{y}$를 정의한다. 이제 평면 xy에 존재하는 하나의 철사wire에 대해 같은 식을 유도할 수 있다(그림 5.2). 이 철사에 대한 무게중심 G는 보통 철사 위에 있지 않음에 주의한다.

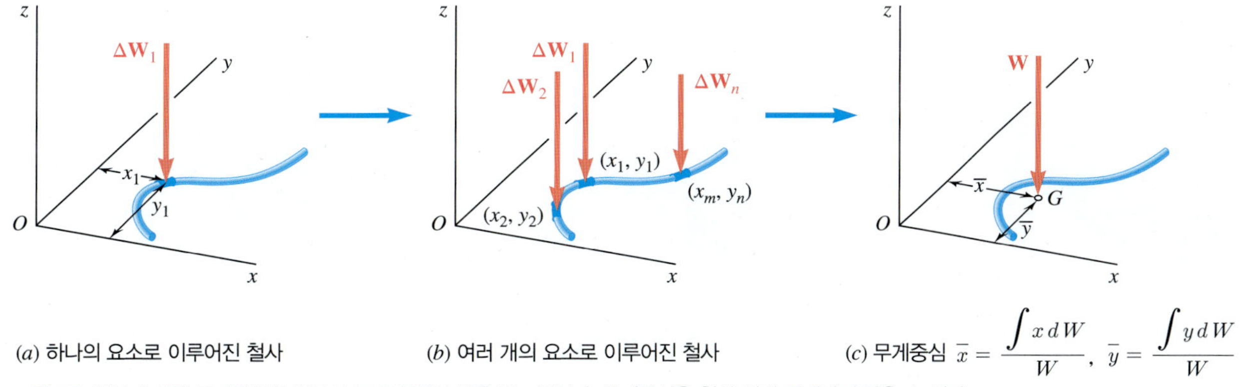

(a) 하나의 요소로 이루어진 철사 (b) 여러 개의 요소로 이루어진 철사 (c) 무게중심 $\bar{x} = \dfrac{\int x\,dW}{W}$, $\bar{y} = \dfrac{\int y\,dW}{W}$

그림 5.2 철사에 대한 무게중심은 철사의 무게 합력이 작용하는 점이다. 무게중심은 철사 위에 존재하지 않을 수 있다.

5.1.2 면적과 선의 도심

균일한 두께를 가지는 편평한 균질의 판에 대해, 판을 이루는 한 요소의 무게를 다음과 같이 나타낸다.

$$\Delta W = \gamma t \Delta A$$

$\gamma =$ 물질의 비중
(단위부피당 무게)
$t =$ 판의 두께
$\Delta A =$ 요소의 면적

같은 방법으로 판 전체의 무게 W를 다음과 같이 나타낸다.

$$W = \gamma t A$$

여기서 A는 판의 전체 면적이다.

미국상용단위계를 사용하면, 비중 γ는 lb/ft^3, 두께 t는 ft, 면적 ΔA와 A는 ft^2로 나타낸다. 무게 ΔW와 W는 파운드(lb)로 표현한다. 만약 SI 단위계를 사용하면, γ는 N/m^3, t는 m, 그리고 면적 ΔA와 A는 m^2으로 나타낸다. 무게 ΔW와 W는 N(newton)으로 표현한다.[1]

모멘트 식 (5.1)의 ΔW와 W 자리에 대입하고 γ와 t로 나누면, 다음의 식을 얻는다.

$$\Sigma M_y \;:\; \bar{x}A = x_1 \Delta A_1 + x_2 \Delta A_2 + \cdots + x_n \Delta A$$
$$\Sigma M_x \;:\; \bar{y}A = y_1 \Delta A_1 + y_2 \Delta A_2 + \cdots + y_n \Delta A_n$$

면적 A가 나눠지는 수를 증가시키고 동시에 각 요소의 크기를 줄이면, 극한에서 다음 식을 얻는다.

면적 A의 도심

$$\bar{x}A = \int x\,dA, \quad \bar{y}A = \int y\,dA \tag{5.3}$$

1 SI 단위계에서, 주어진 물질의 특성은 일반적으로 비중 γ보다는 밀도 ρ(단위부피당 질량)로 표현된다. 비중값은 다음의 관계에서 얻을 수 있다.

$$\gamma = \rho g$$

여기서 중력가속도는 $g = 9.81\text{m/s}^2$이다. 밀도의 단위가 kg/m^3이므로, 비중의 단위는 $(\text{kg/m}^3)(\text{m/s}^2)$ 또는 N/m^3인 것에 주의한다.

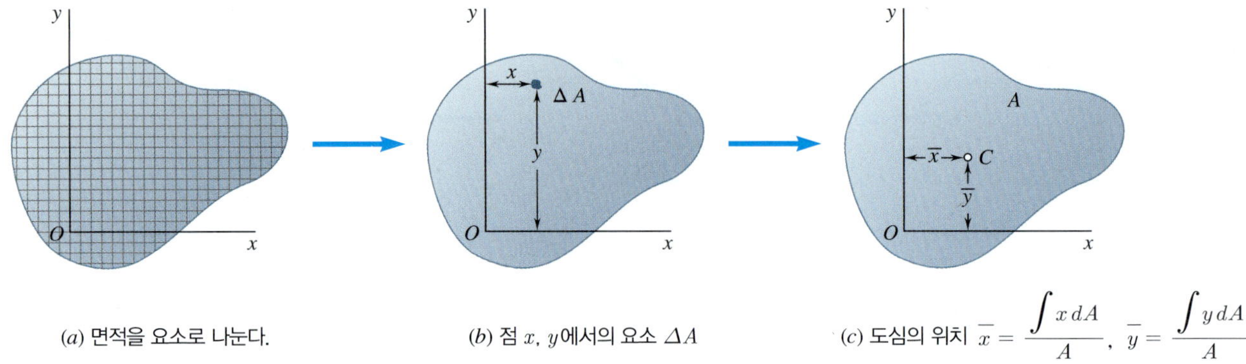

(*a*) 면적을 요소로 나눈다. (*b*) 점 x, y에서의 요소 ΔA (*c*) 도심의 위치 $\bar{x} = \dfrac{\int x\,dA}{A}$, $\bar{y} = \dfrac{\int y\,dA}{A}$

그림 5.3 면적의 도심은 균일한 두께를 가지는 균질한 판이 균형을 잡는 점이다.

식 (5.3)을 $\bar{x}$와 $\bar{y}$에 대해 풀면,

$$\bar{x} = \frac{\int x\,dA}{A}, \quad \bar{y} = \frac{\int y\,dA}{A} \tag{5.3'}$$

이다. 이 식들은 균질한 판의 무게중심 좌표 $\bar{x}$와 $\bar{y}$를 정의한다. 이 좌표는 판의 면적 A의 도심이기도 하다(그림 5.3). 만약 판이 균질하지 않으면, 이 식을 판의 무게중심을 구하는 데에는 사용할 수 없다. 그러나 그럴 경우에도 이 식들은 면적의 도심을 정의한다.

단일 단면적을 가지는 균질한 철사의 경우 철사요소의 무게 ΔW는 다음의 식으로 계산한다.

$$\Delta W = \gamma a \Delta L$$

γ = 재료의 비중
a = 선의 단면적
ΔL = 요소의 길이

이때 선의 무게중심은 선의 모양을 정의하는 선 L의 도심과 일치한다(그림 5.4). 선 L의 도심의 좌표 $\bar{x}$와 $\bar{y}$는 다음 식으로 계산한다.

선 L의 도심

$$\bar{x}L = \int x\,dL, \quad \bar{y}L = \int y\,dL \tag{5.4}$$

식 (5.4)를 좌표 $\bar{x}$와 $\bar{y}$에 대해 풀면,

$$\bar{x} = \frac{\int x\,dL}{L}, \quad \bar{y} = \frac{\int y\,dL}{L} \tag{5.4'}$$

이다.

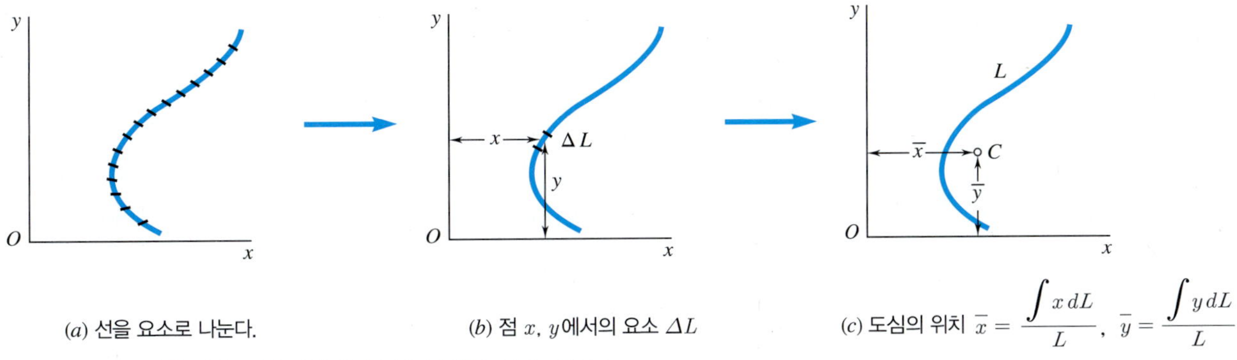

(a) 선을 요소로 나눈다. (b) 점 x, y에서의 요소 ΔL (c) 도심의 위치 $\bar{x} = \dfrac{\int x\,dL}{L}$, $\bar{y} = \dfrac{\int y\,dL}{L}$

그림 5.4 선의 도심은 단일단면을 가진 균질한 선이 평형을 이루는 점이다.

5.1.3 면적과 선의 1차모멘트

식 (5.3)에서 적분 $\int x\,dA$는 y축에 대한 면적의 1차모멘트이고, Q_y로 표기한다. 같은 방법으로, 적분 $\int y\,dA$는 x축에 대한 면적의 1차모멘트이고 Q_x로 나타낸다.

면적 A의 1차모멘트

$$Q_y = \int x\,dA, \quad Q_x = \int y\,dA \tag{5.5}$$

식 (5.3)을 식 (5.5)와 비교하면, 면적 A의 1차모멘트는 면적과 도심 좌표의 곱으로 나타낼 수 있다.

$$Q_y = \bar{x}A, \quad Q_x = \bar{y}A \tag{5.6}$$

도심의 좌표는 식 (5.6)을 이용하여, 면적의 1차모멘트를 면적값으로 나눠서 구한다. 단면 1차모멘트는 재료역학에서 수직하중을 받는 보의 전단응력을 구할 때도 유용하다. 식 (5.6)에서 알 수 있듯이, 만약 면적의 도심이 좌표축 위에 있다면 그 축에 대한 1차모멘트는 영이다. 반대로, 만약 특정 좌표축에 대한 면적의 1차모멘트 값이 0이면 그 면적의 도심은 좌표축 위에 있다. 특정 좌표축에 대한 선의 1차모멘트를 정의하고 이 모멘트를 선의 길이 L과 도심의 좌표 $\bar{x}$와 $\bar{y}$의 곱으로 표현하기 위해 식 (5.5), 식 (5.6)과 유사한 식들을 사용할 수 있다.

면적 A 내의 임의의 점 P에 대해 같은 면적 내에 P'이 존재하여, 선 PP'이 축 BB'에 대해 수직이고 이 축에 의해 A의 면적이 이등분 될 때, 면적 A는 **축 BB'에 대해 대칭**이라고 말한다(그림 5.5a). 이때 축 BB'은 대칭축이다. 만약 선 L이 비슷한 조건을 만족하면, 선 L은 축 BB'에 대해 대칭이다. 면적 A 또는 선 L이 대칭축 BB'을 가질 때, 축 BB'에 대한 1차모멘트 값은 영이고, 도심은 그 축 위에 위치한다. 예를 들어, [그림 5.5b]의 면적 A의 경우 y축에 대칭인데, x축 위의 임의의 면적요소 dA에 대해 가로좌표 $-x$를 갖는 같은 면적의 요소 dA'이 존재한다.

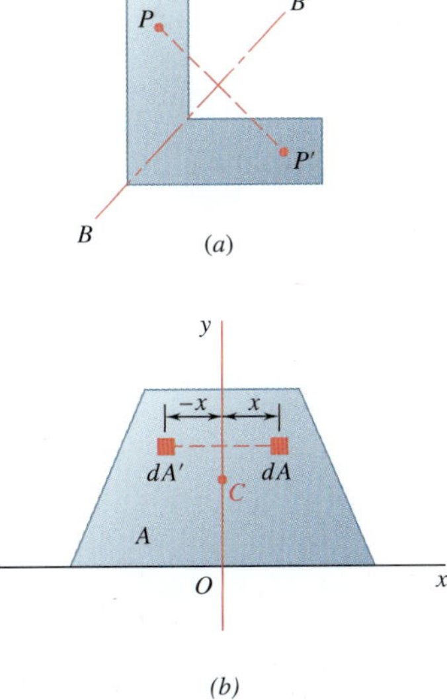

그림 5.5 축에 대한 대칭 (a) 면적은 축 BB'에 대해 대칭이다. (b) 면적의 도심은 대칭축 위에 있다.

식 (5.5)의 첫 부분에 있는 적분들의 값은 영이다. 따라서 $Q_y = 0$이다. 그리고 식 (5.3)의 첫 관계식으로부터 $\bar{x} = 0$이다. 따라서 면적 A나 선 L이 대칭축을 가지고 있다면, 그 도심은 대칭축 위에 있다.

어떤 면적이나 선이 두 개의 대칭축을 가지고 있다면, 도심 C는 반드시 두 축의 교차점에 위치한다(그림 5.6). 이 성질을 이용하면 원주 모양의 선들, 정사각형의 둘레뿐만 아니라 원, 타원, 정사각형, 직사각형, 정삼각형 등의 도심 위치를 바로 구할 수 있다.

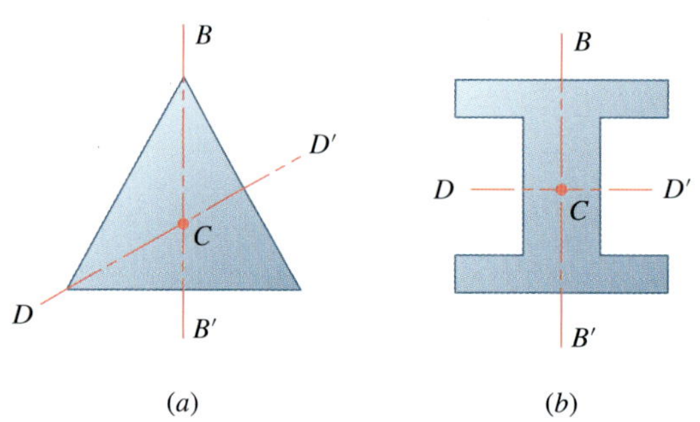

그림 5.6 면적이 두 개의 대칭축을 가지면, 도심은 그 교차점에 위치한다.
(a) 두 개의 대칭축을 가지고, 대칭중심은 없는 면적
(b) 두 개의 대칭축을 가지고 대칭중심이 있는 면적

좌표가 x와 y인 임의의 면적요소 dA에 대해 좌표가 $-x$, $-y$이면서 같은 면적의 요소 dA'이 존재한다면 면적 A는 **중심 O에 대해 점대칭**이다(그림 5.7). 이 경우 식 (5.5)의 적분값은 둘 다 영이므로 $Q_x = Q_y = 0$이다. 그리고 식 (5.3)으로부터 $\bar{x} = \bar{y} = 0$이다. 즉, 면적의 도심은 대칭중심 O와 일치한다. 같은 방법으로 선이 대칭중심 O를 가지면 선의 도심은 O와 일치한다.

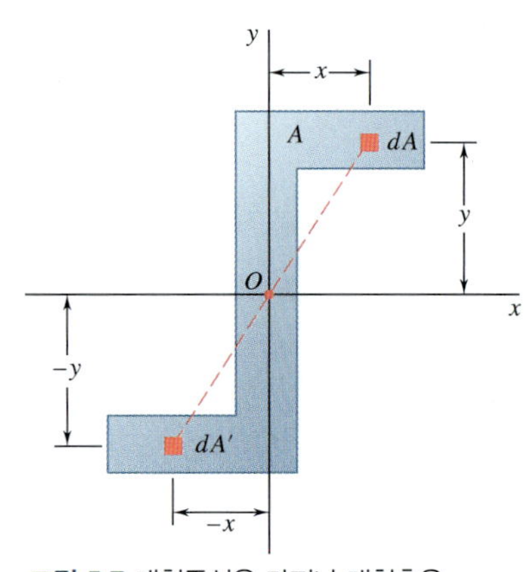

그림 5.7 대칭중심은 가지나 대칭축은 가지지 않는 면적

대칭중심을 가지는 도형이 반드시 대칭축을 가지는 것은 아니다(그림 5.7). 반면에 두 개의 대칭축이 있는 도형이 반드시 대칭중심을 가지는 것은 아니다(그림 5.6a). 그러나 어떤 도형이 서로 직각인 두 개의 대칭축을 가지면, 두 축의 교차점이 대칭중심이 된다(그림 5.6b).

대칭하지 않는 면적과 선, 하나의 대칭축을 가지는 면적과 선에 대한 도심을 구하는 것은 다음 절에서 다룬다. 일반적인 모양의 면적과 선에 대한 도심은 [그림 5.8a]와 [그림 5.8b]에 나타나 있다.

모양		$\bar{x}$	$\bar{y}$	면적
삼각형 면적	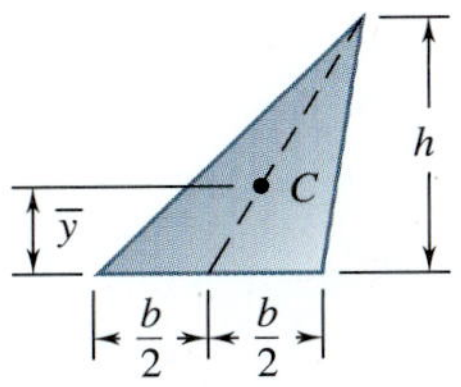	–	$\dfrac{h}{3}$	$\dfrac{bh}{2}$
$\dfrac{1}{4}$ 원 면적	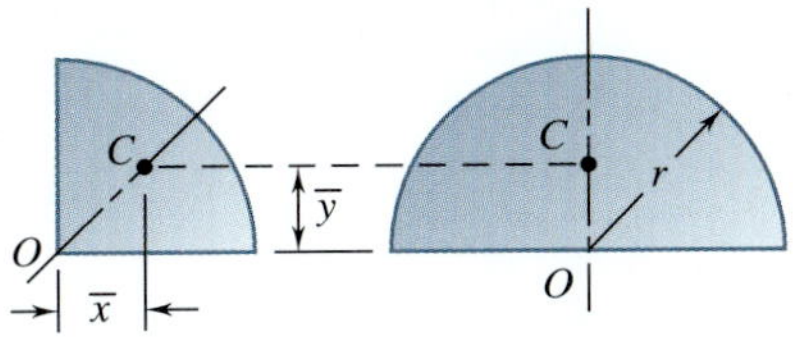	$\dfrac{4r}{3\pi}$	$\dfrac{4r}{3\pi}$	$\dfrac{\pi r^2}{4}$
반원 면적		0	$\dfrac{4r}{3\pi}$	$\dfrac{\pi r^2}{2}$
$\dfrac{1}{4}$ 타원 면적	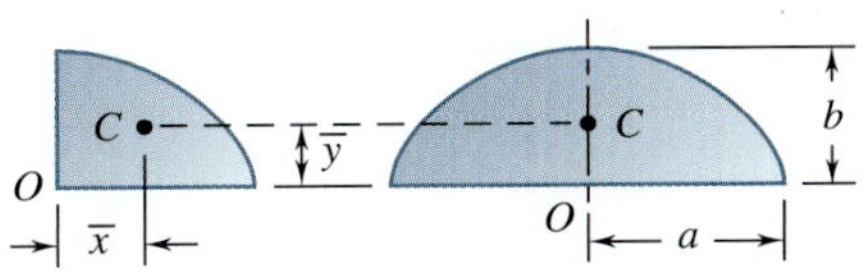	$\dfrac{4a}{3\pi}$	$\dfrac{4b}{3\pi}$	$\dfrac{\pi ab}{4}$
반타원 면적		0	$\dfrac{4b}{3\pi}$	$\dfrac{\pi ab}{2}$
반포물선 면적	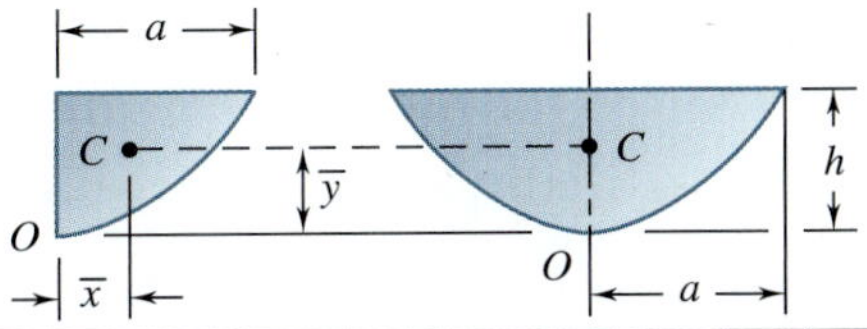	$\dfrac{3a}{8}$	$\dfrac{3h}{5}$	$\dfrac{2ah}{3}$
포물선 면적		0	$\dfrac{3h}{5}$	$\dfrac{4ah}{3}$
포물선 스팬드럴	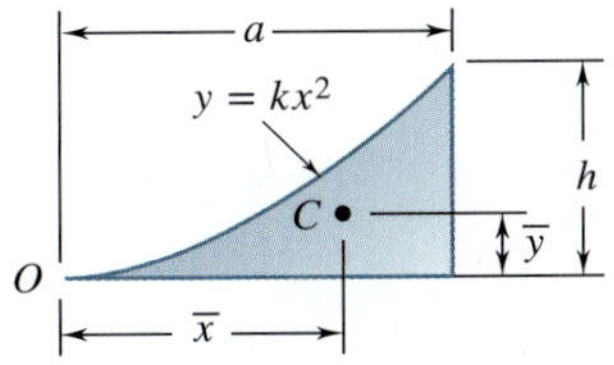 $y = kx^2$	$\dfrac{3a}{4}$	$\dfrac{3h}{10}$	$\dfrac{ah}{3}$
일반 스팬드럴	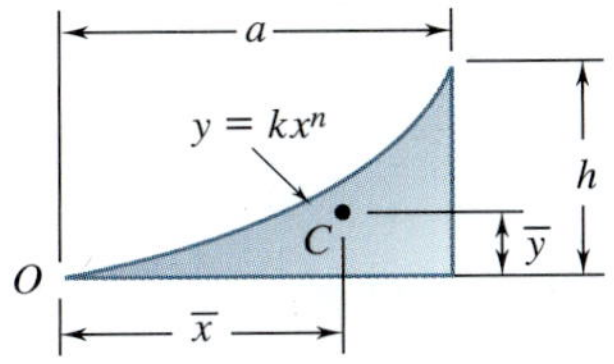 $y = kx^n$	$\dfrac{n+1}{n+2}a$	$\dfrac{n+1}{4n+2}h$	$\dfrac{ah}{n+1}$
부채꼴	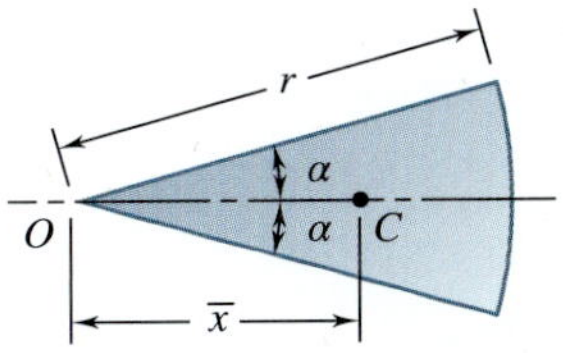	$\dfrac{2r \sin \alpha}{3\alpha}$	0	αr^2

그림 5.8a 상용도형의 면적에 대한 도심

모양		$\bar{x}$	$\bar{y}$	면적
$\frac{1}{4}$ 원호		$\frac{2r}{\pi}$	$\frac{2r}{\pi}$	$\frac{\pi r}{2}$
반원호		0	$\frac{2r}{\pi}$	πr
원호		$\frac{r \sin \alpha}{\alpha}$	0	$2\alpha r$

그림 5.8b 상용도형의 선에 대한 도심

5.1.4 합성판과 선

대부분 하나의 평판은 [그림 5.8a]에서 보는 바와 같이 여러 개의 직사각형, 삼각형 또는 다른 일반적인 모양으로 나눌 수 있다. 판의 무게중심 G의 좌표 $\overline{X}$를 여러 부분의 무게중심 좌표 $\bar{x}_1$, $\bar{x}_2$, $\cdots$, $\bar{x}_n$으로부터 구할 수 있다.

이것을 하기 위해서, 전체 판의 y축에 대한 무게의 모멘트를 각 부분의 y축에 대한 무게의 모멘트 합과 같게 둔다(그림 5.9). 같은 방법으로 x축에 대한 모멘트를 같게 하여 판의 무게중심에 대한 좌표 $\overline{Y}$를 얻을 수 있다. 수학적으로 다시 쓰면, 다음과 같다.

$$\Sigma M_y: \ \overline{X}(W_1 + W_2 + \cdots + W_n) = \bar{x}_1 W_1 + \bar{x}_2 W_2 + \cdots + \bar{x}_n W_n$$
$$\Sigma M_x: \ \overline{Y}(W_1 + W_2 + \cdots + W_n) = \bar{y}_1 W_1 + \bar{y}_2 W_2 + \cdots + \bar{y}_n W_n$$

조금 더 함축적인 기호를 사용하면 다음과 같다.

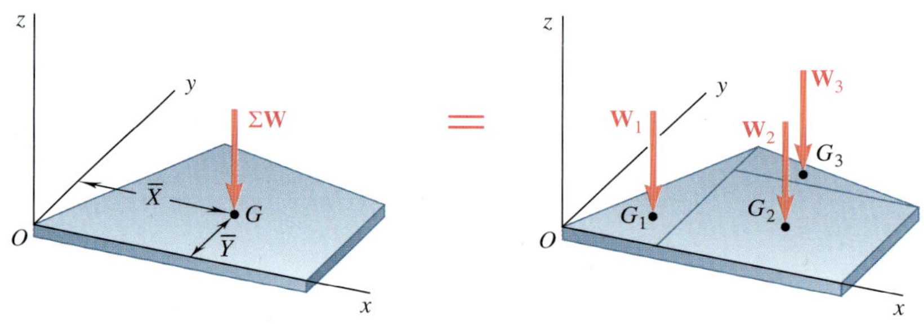

$$\Sigma M_y : \ \overline{X} \Sigma W = \Sigma \ \bar{x} W$$
$$\Sigma M_x : \ \overline{Y} \Sigma W = \Sigma \ \bar{y} W$$

그림 5.9 합성판의 무게중심 위치는 구성요소인 판들의 무게중심인 G_1, G_2, $\cdots$로부터 계산할 수 있다.

합성판의 무게중심

$$\overline{X} = \frac{\Sigma\,\overline{x}\,W}{W}, \qquad \overline{Y} = \frac{\Sigma\,\overline{y}\,W}{W} \tag{5.7}$$

요소의 무게중심으로부터 판의 무게중심의 좌표 $\overline{X}$, $\overline{Y}$를 찾는 데 이 식들을 사용할 수 있다.

만약 판이 균질하고 균일한 두께를 가진다면, 무게중심은 면적의 도심과 일치한다. 합성면적의 y축에 대한 1차모멘트 Q_y를 (1) $\overline{X}$와 합성면적의 곱으로 나타낼 수 있다는 점과 (2) 요소면적들의 y축에 대한 1차모멘트들의 합으로 나타낼 수 있다는 점을 주의하여 면적의 도심 좌표 $\overline{X}$를 구할 수 있다(그림 5.10).

도심의 좌표 $\overline{Y}$도 같은 방법으로 합성면적의 x축에 대한 1차모멘트 Q_x를 얻는다.

$$Q_y = \overline{X}(A_1 + A_2 + \cdots + A_n) = \overline{x}_1 A_1 + \overline{x}_2 A_2 + \cdots + \overline{x}_n A_n$$
$$Q_x = \overline{Y}(A_1 + A_2 + \cdots + A_n) = \overline{y}_1 A_1 + \overline{y}_2 A_2 + \cdots + \overline{y}_n A_n$$

위 내용을 간략히 하면 다음과 같다.

합성면적의 도심

$$Q_y = \overline{X}\Sigma A = \Sigma\overline{x}A, \qquad Q_x = \overline{Y}\Sigma A = \Sigma\overline{y}A \tag{5.8}$$

이 식들로 합성면적의 1차모멘트를 계산하거나, 도심의 좌표 $\overline{X}$, $\overline{Y}$를 구할 수 있다.

면적의 1차모멘트는 힘의 1차모멘트와 마찬가지로, 양의 수이거나 음의 수이다. 그러므로 각 면적에 대한 모멘트에 적절한 부호를 붙여야 한다. 예를 들어 도심이 y축의 왼쪽에 있는 면적은 그 축에 대해서 음의 1차모멘트를 가진다. 또한 원형 구멍의 면적도 음의 1차모멘트를 가진다(그림 5.11)

같은 방법으로, 많은 경우에 합성 철사의 무게중심이나 도심도 더 단순한 요소로 나누어서 계산할 수 있다(예제 5.2 참조).

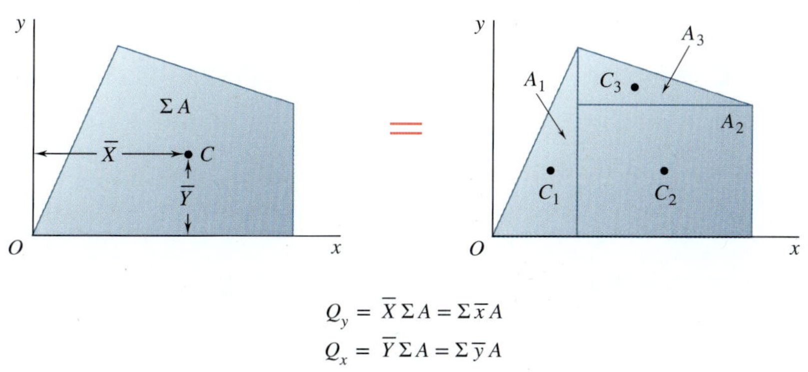

$Q_y = \overline{X}\,\Sigma A = \Sigma\,\overline{x}A$
$Q_x = \overline{Y}\,\Sigma A = \Sigma\,\overline{y}A$

그림 5.10 구성면적의 도심으로부터 합성면적의 도심을 찾을 수 있다.

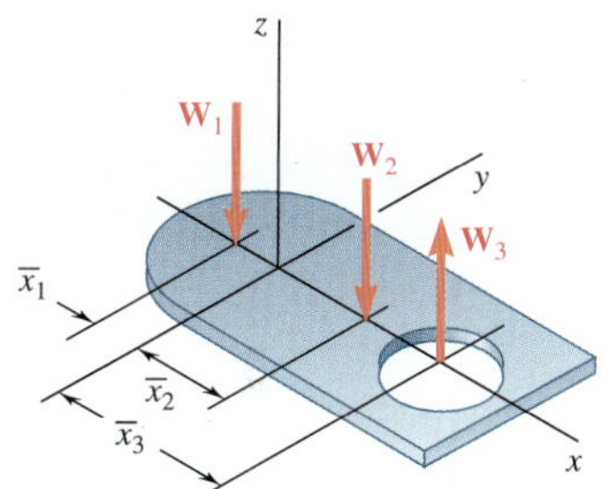

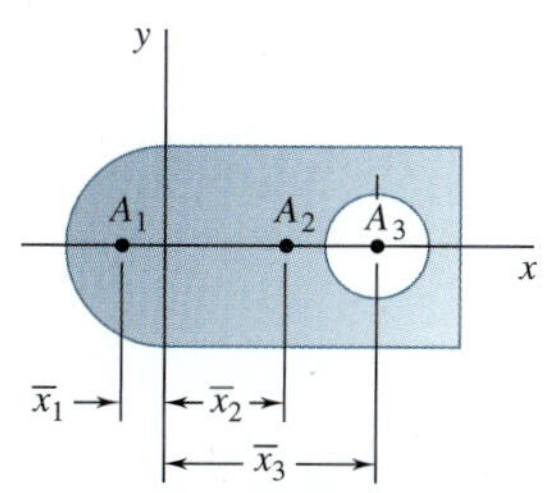

	$\overline{x}$	A	$\overline{x}A$
A_1 반원	−	+	−
A_2 직사각형 전체	+	+	+
A_3 원형 구멍	+	−	−

그림 5.11 합성면적의 도심을 계산할 때, 요소의 도심이 원점에서 음의 거리만큼 떨어져 있거나 그 면적이 비어 있는 구멍을 나타내면, 1차모멘트는 음수이다.

예제 5.1

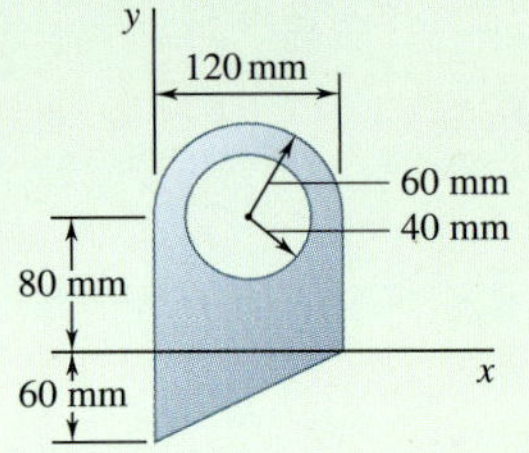

그림의 면적에 대해 (a) x와 y축에 대한 1차모멘트, (b) 도심의 위치를 구하시오.

문제분석 주어진 면적을 단순한 요소로 나누고, 각 요소의 도심을 찾은 다음에 전체 면적의 1차모멘트와 도심을 계산한다.

모델링 [그림 1]에서 보이는 바와 같이 직사각형, 삼각형 그리고 반원을 더한 다음 원을 빼서 주어진 전체 면적을 얻는다. 그림의 좌표축을 이용하여 각 요소면적의 도심 좌표를 찾는다. 정보를 따라가기 위해 이 값들을 표에 정리한다. 원의 면적은 다른 면적에서 빼는 부분이기 때문에 음수로 표시된다. 삼각형 도심의 좌표 $\bar{y}$는 좌표축을 기준으로 음수이다. 요소면적들의 1차모멘트를 좌표축에 대해 계산하고 표에 넣는다.

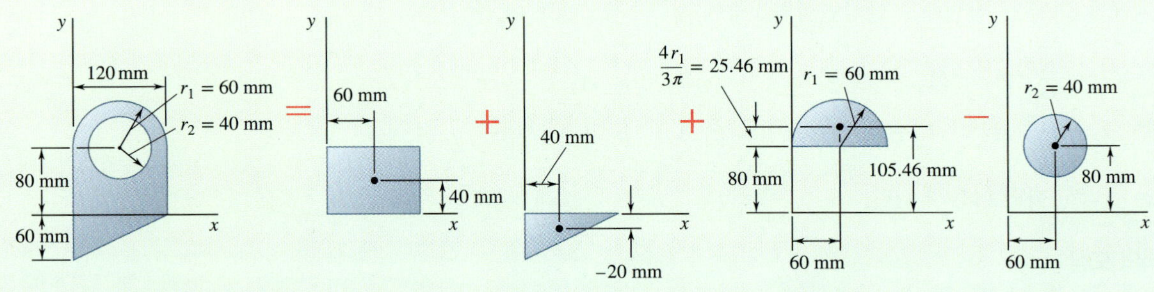

구성요소	A, mm²	$\bar{x}$, mm	$\bar{y}$, mm	$\bar{x}A$, mm³	$\bar{y}A$, mm³
직사각형	$(120)(80) = 9.6 \times 10^3$	60	40	$+576 \times 10^3$	$+384 \times 10^3$
삼각형	$\frac{1}{2}(120)(60) = 3.6 \times 10^3$	40	−20	$+144 \times 10^3$	-72×10^3
반원	$\frac{1}{2}\pi(60)^2 = 5.655 \times 10^3$	60	105.46	$+339.3 \times 10^3$	$+596.4 \times 10^3$
원	$-\pi(40)^2 = -5.027 \times 10^3$	60	80	-301.6×10^3	-402.2×10^3
	$\Sigma A = 13.828 \times 10^3$			$\Sigma \bar{x}A = +757.7 \times 10^3$	$\Sigma \bar{y}A = +506.2 \times 10^3$

그림 1 단순한 기하학적 모양들의 조합으로 모델링된 면적

풀이

a. 면적의 1차모멘트 식 (5.8)을 사용하여 다음을 얻는다.

$$Q_x = \Sigma \bar{y}A = 506.2 \times 10^3 \text{ mm}^3 \qquad Q_x = 506 \times 10^3 \text{ mm}^3 ◀$$

$$Q_y = \Sigma \bar{x}A = 757.7 \times 10^3 \text{ mm}^3 \qquad Q_y = 758 \times 10^3 \text{ mm}^3 ◀$$

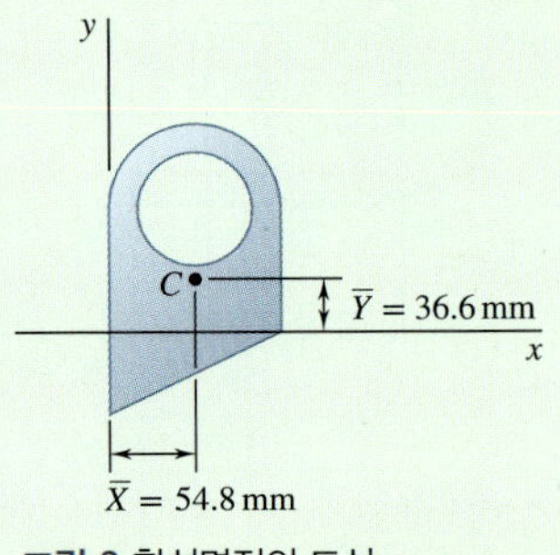

그림 2 합성면적의 도심

b. 도심의 위치 표에 있는 값들을 식에 넣어서 합성면적의 도심을 구한다(그림 2).

$$\bar{X}\Sigma A = \Sigma \bar{x}A : \ \bar{X}(13.828 \times 10^3 \text{ mm}^3) = 757.7 \times 10^3 \text{ mm}^3$$

$$\bar{X} = 54.8 \text{ mm} ◀$$

$$\bar{Y}\Sigma A = \Sigma \bar{y}A : \ \bar{Y}(13.828 \times 10^3 \text{ mm}^3) = 506.2 \times 10^3 \text{ mm}^3$$

$$\bar{Y} = 36.6 \text{ mm} ◀$$

고찰 아래쪽 면적이 왼쪽으로 더 크고 위쪽은 구멍이 있는 것을 고려하면, 눈으로 보았을 때 도심의 위치는 적절하다.

예제 5.2

그림의 모양은 가늘고 균질한 하나의 철사로 만들어졌다. 무게중심의 위치를 구하시오.

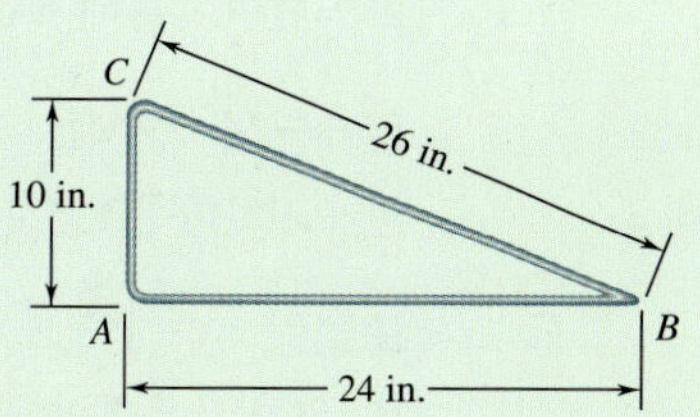

문제분석 이 모양이 균질한 철사로 만들어졌기 때문에 무게중심은 철사의 도심과 일치한다. 그러므로 단순하게 도심을 구할 수 있다.

모델링 [그림 1]과 같이 좌표축과 원점 A를 잡고, 각 선분의 도심 좌표를 결정하고 좌표축에 대한 1차모멘트를 계산한다. 계산 결과를 표로 정리하는 것이 편리하다.

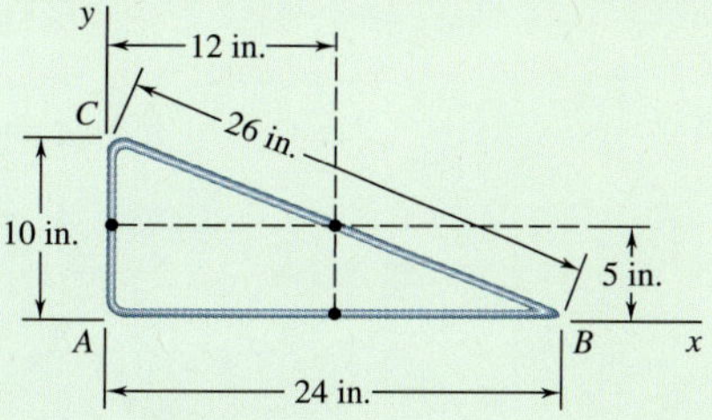

그림 1 각 선분의 도심 위치

선분	L, in.	$\bar{x}$, in.	$\bar{y}$, in.	$\bar{x}L$, in^2	$\bar{y}L$, in^2
AB	24	12	0	288	0
BC	26	12	5	312	130
CA	10	0	5	0	50
	$\Sigma L = 60$			$\Sigma \bar{x}L = 600$	$\Sigma \bar{y}L = 180$

풀이 표에서 얻은 값들을 합성 선의 도심을 정의하는 식에 대입하면 다음과 같다.

$$\overline{X}\Sigma L = \Sigma \bar{x}L : \overline{X}(60 \text{ in.}) = 600 \text{ in}^2$$

$$\overline{X} = 10 \text{ in.} ◀$$

$$\overline{Y}\Sigma L = \Sigma \bar{y}L : \overline{Y}(60 \text{ in.}) = 180 \text{ in}^2$$

$$\overline{Y} = 3 \text{ in.} ◀$$

고찰 도심은 선 위에 있지 않고 선으로 둘러싸인 면적 안에 있다.

예제 5.3

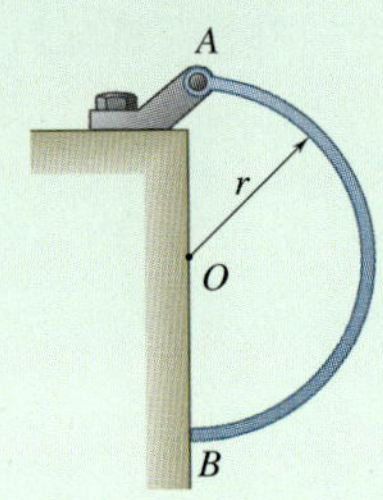

단면이 일정한 반원형의 무게 W, 반지름 r인 막대가 A에서 핀에 연결되어 있고, 미끄러운 표면의 B에 놓여 있다. A와 B의 반력을 구하시오.

문제분석 문제를 푸는 열쇠는 막대의 무게 W가 어디에 작용하는지 찾는 것이다. 막대가 기하학적으로 단순한 모양이므로 선의 도심 위치에 대해 [그림 5.8]을 참조한다.

모델링 막대의 자유물체도를 그린다(그림 1). 막대에 작용하는 힘은 그것의 자중 W(위치는 무게중심 G이고 [그림 5.8b]에서 얻는다), A_x와 A_y로 나타나는 A에서의 반력 그리고 B에서의 수평반력이다.

풀이

$$+\circlearrowleft \Sigma M_A = 0 : B(2r) - W\left(\frac{2r}{\pi}\right) = 0$$

$$B = +\frac{W}{\pi} \qquad \mathbf{B} = \frac{W}{\pi} \rightarrow \blacktriangleleft$$

$$\overset{+}{\rightarrow} \Sigma F_x = 0 : A_x + B = 0$$

$$A_x = -B = -\frac{W}{\pi}, \quad \mathbf{A}_x = \frac{W}{\pi} \leftarrow$$

$$+\uparrow \Sigma F_y = 0 : A_y - W = 0, \quad \mathbf{A}_y = W \uparrow$$

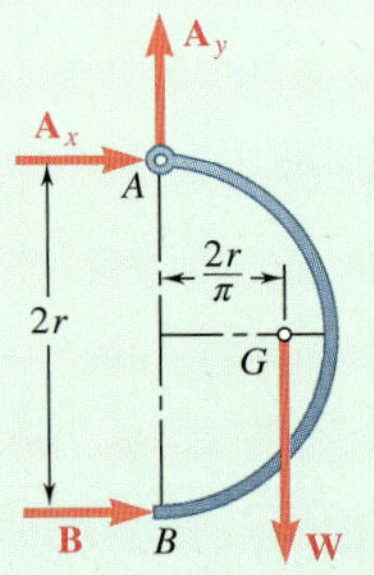

그림 1 막대의 자유물체도

A(그림 2)에서 반력의 두 요소를 더하면 다음과 같다.

$$A = \left[W^2 + \left(\frac{W}{\pi}\right)^2\right]^{1/2} \qquad A = W\left(1 + \frac{1}{\pi^2}\right)^{1/2} \blacktriangleleft$$

$$\tan\alpha = \frac{W}{W/\pi} = \pi \qquad \alpha = \tan^{-1}\pi \blacktriangleleft$$

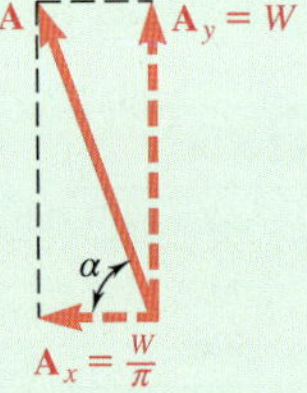

그림 2 A의 반경

따라서 정답은 다음과 같다.

$$\mathbf{A} = 1.049\,W \measuredangle 72.3° \blacktriangleleft$$

$$\mathbf{B} = 0.318\,W \rightarrow \blacktriangleleft$$

고찰 막대의 무게중심을 알면, 4장의 개념을 적용해서 답을 구할 수 있는 문제이다.

Section 5.1 연습문제

5.1 ~ **5.8** 그림과 같은 면적의 도심 위치를 찾으시오.

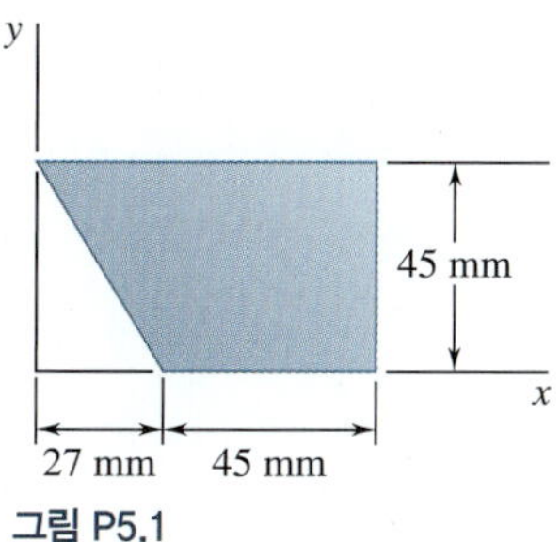

그림 P5.1

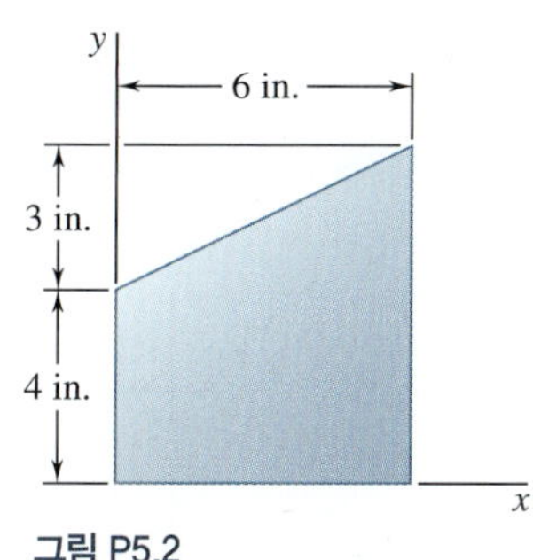

그림 P5.2

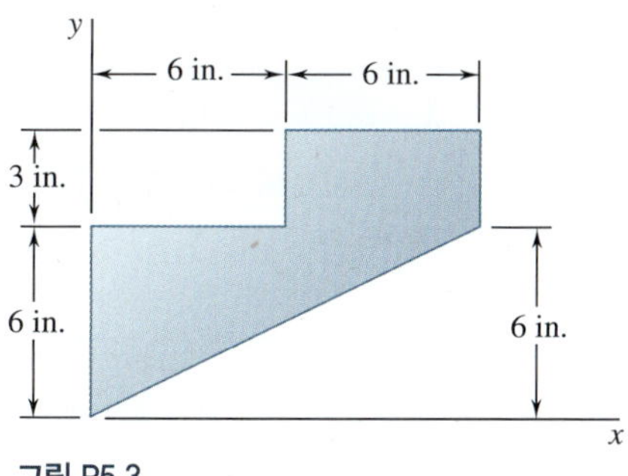

그림 P5.3

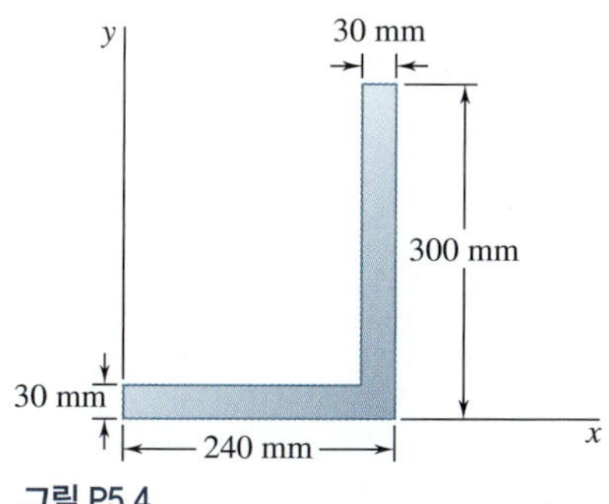

그림 P5.4

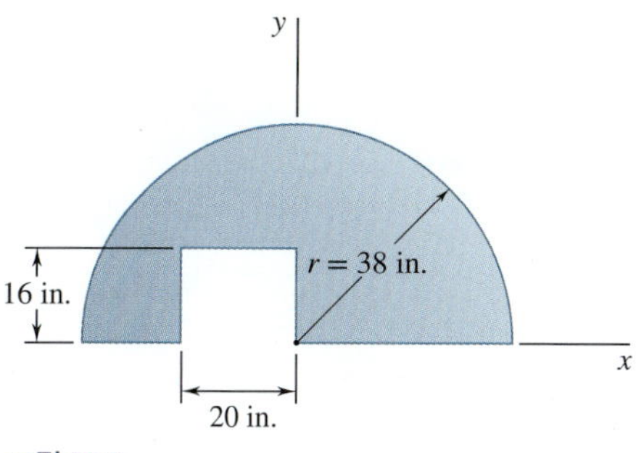

그림 P5.5

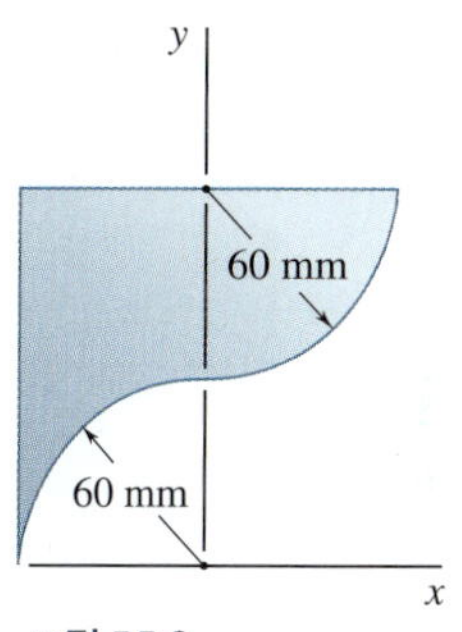

그림 P5.6

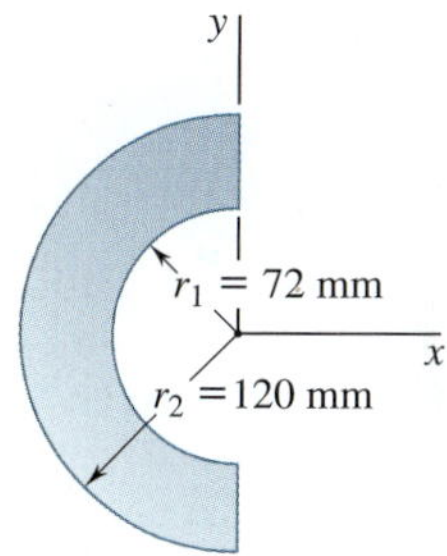

그림 P5.7

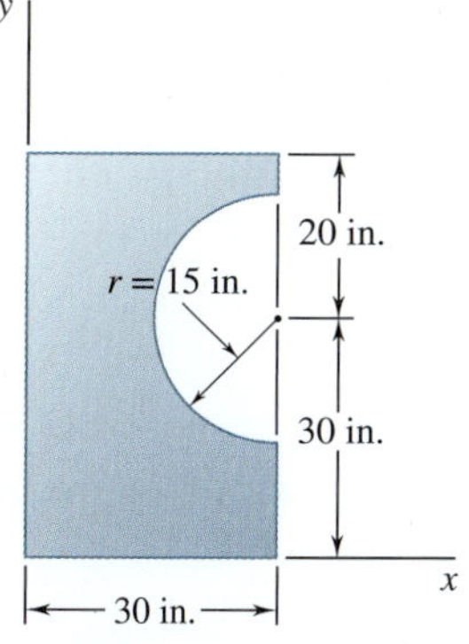

그림 P5.8

5.9 ~ 5.12 그림과 같은 면적의 도심 위치를 찾으시오.

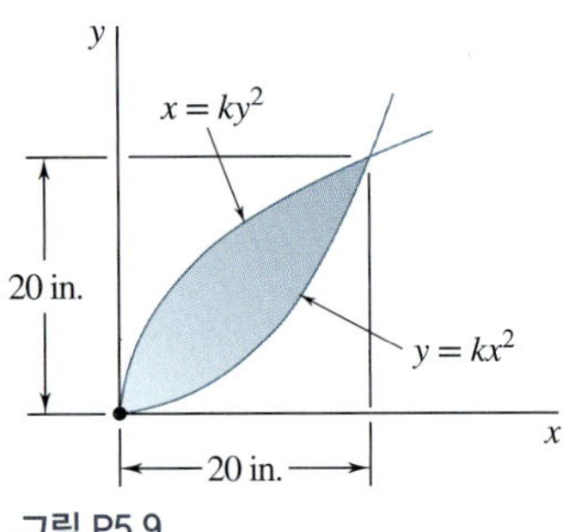

그림 P5.9

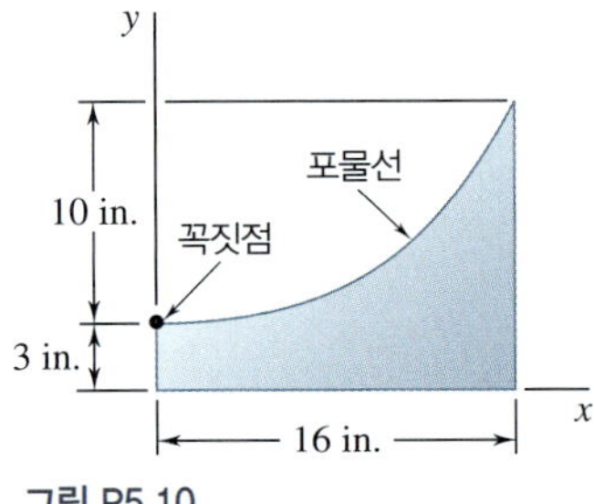

그림 P5.10

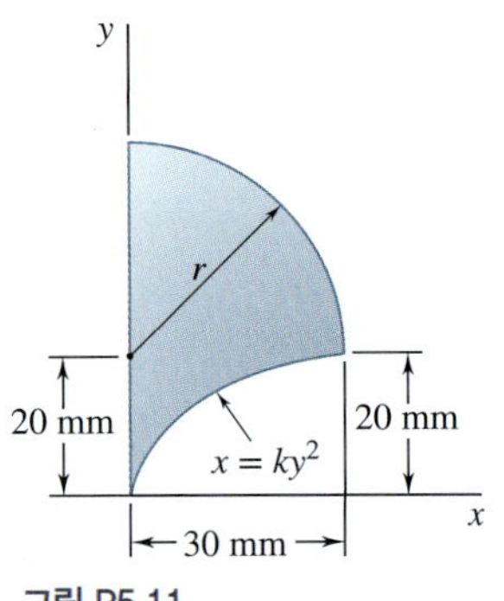

그림 P5.11

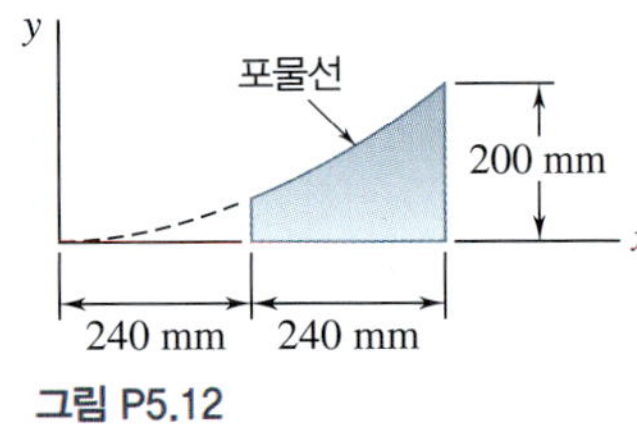

그림 P5.12

5.13 ~ 5.14 수평 x축은 그림의 면적 도심을 통과하여 두 개의 요소면적 A_1과 A_2로 나눈다. x축에 대한 각 요소면적의 1차모멘트를 계산하고 얻은 결과를 설명하시오.

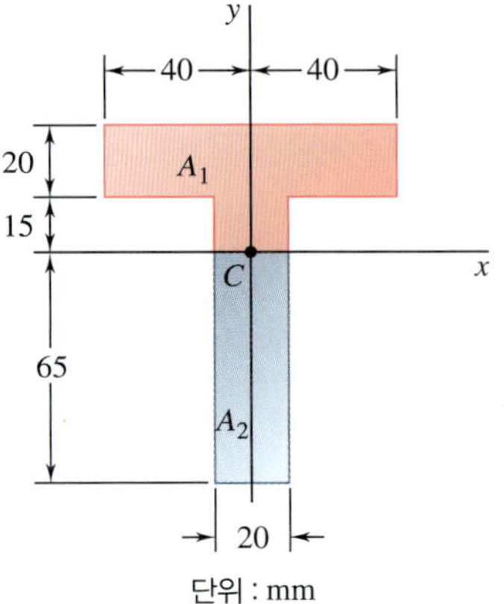

그림 P5.13

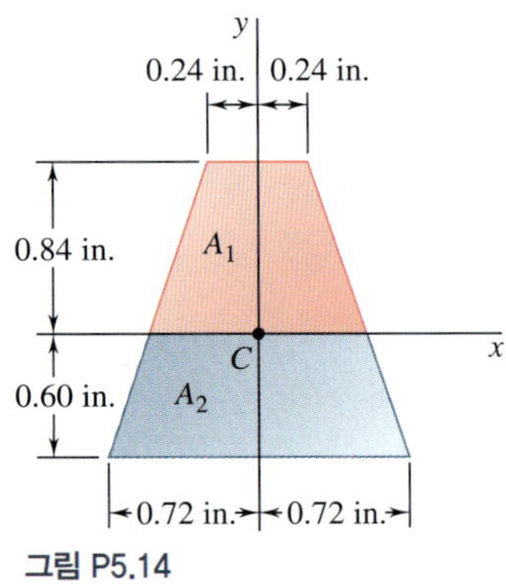

그림 P5.14

5.15 음영 처리된 면적의 x축에 대한 1차모멘트는 Q_x로 표기한다.

(a) Q_x를 b, c와 음영 부분의 바닥에서 x축까지의 거리인 y로 표현하시오.

(b) y값이 얼마일 때 Q_x가 최댓값이 되며, 그때의 최댓값은 얼마인가?

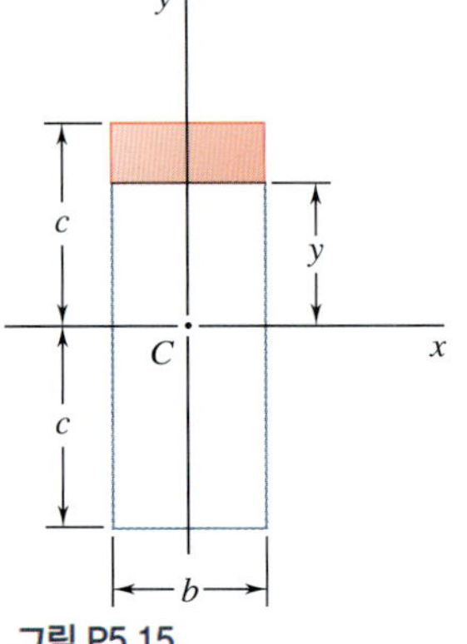

그림 P5.15

5.16 그림과 같이 네 개의 판을 네 개의 60×60×12 mm 앵글에 볼트로 연결하여 합성보를 만들었다. 볼트는 보를 따라서 같은 간격으로 배치되었고, 보는 수직하중을 받는다. 재료역학에서 증명한 대로, A와 B에서 볼트에 작용하는 전단력은 그림의 a와 b 부분에서 적색 음영 면적의 도심을 지나는 x축에 대한 1차모멘트에 각각 비례한다. 볼트 A에 작용하는 힘이 280 N일 때, 볼트 B에 작용하는 힘을 구하시오.

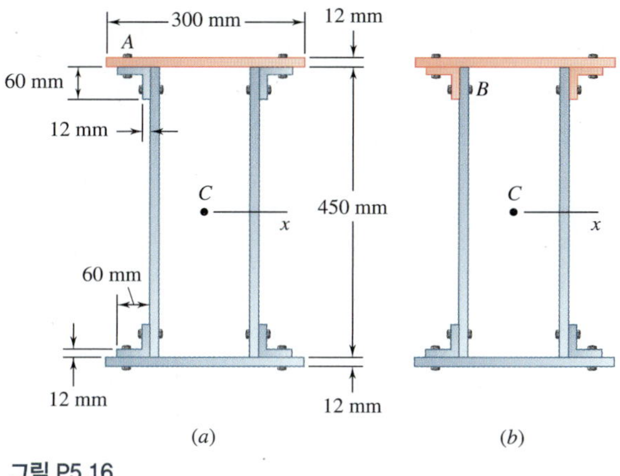

그림 P5.16

5.17 ~ 5.20 가늘고 균질한 철사를 구부려 임의의 모양의 둘레를 형성한다. 그렇게 만들어진 철사의 무게중심 위치를 찾으시오.

5.17 [그림 P5.1]
5.18 [그림 P5.2]
5.19 [그림 P5.4]
5.20 [그림 P5.5]

5.21 균질한 철사 $ABCD$가 그림과 같이 구부러졌고, C에서 힌지hinge에 연결되었다. BCD 부분이 수평이 되게 하는 길이 L을 구하시오.

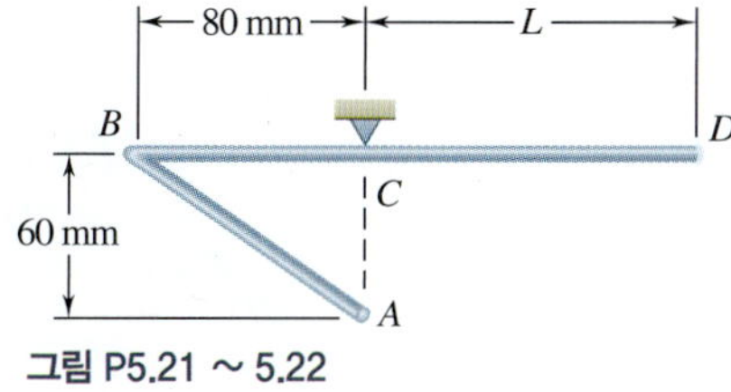

그림 P5.21 ~ 5.22

5.22 균질한 철사 $ABCD$가 그림과 같이 구부러졌고, C에서 힌지에 연결되었다. AB 부분이 수평이 되게 하는 길이 L을 구하시오.

5.23 무게가 8 lb이고 반지름이 10 in.인 균일단면의 원형 막대가 C에서 핀에 연결되어 있고, A에서는 케이블 AB와 연결되어 있다. (a) 케이블의 인장력, (b) C의 반력을 구하시오.

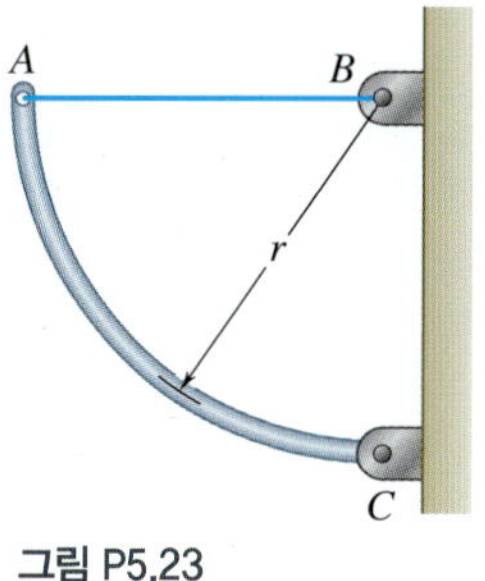

그림 P5.23

5.24 균질한 철사 ABC가 반원 모양과 직선 모양으로 그림과 같이 휘어 있고, A에서 힌지에 연결되어 있다. 철사가 표시된 위치에서 평형상태에 있도록 각 θ의 값을 구하시오.

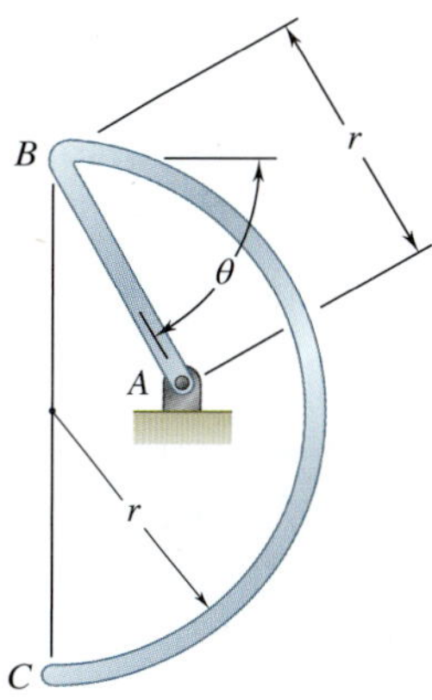

그림 P5.24

5.2 도심에 대한 추가사항

5.1절에서 분석한 대상은 직사각형, 삼각형 그리고 원 같은 기본적인 도형이었다. 더 복잡한 모양을 가진 대상에 대해 무게중심이나 도심의 위치를 찾는 데에 같은 이론을 적용하지만, 위치를 찾는 수학적 방법은 조금 더 어렵다.

5.2.1 적분을 이용한 도심의 계산

해석적 곡선(대수방정식으로 정의되는 곡선)으로 경계가 정해지는 면적에 대해, 식 (5.3′)의 적분값을 계산하여 도심을 구한다.

$$\bar{x} = \frac{\int x\, dA}{A}, \quad \bar{y} = \frac{\int y\, dA}{A} \tag{5.3′}$$

만약 면적요소 dA가 dx, dy의 변을 가지는 작은 직사각형일 때, 이 적분들의 값을 정하기 위해서 x와 y에 대한 이중적분이 필요하다. 극좌표계가 사용되어 dr과 $rd\theta$의 변을 가지는 작은 요소 dA의 경우도 이중적분이 필요하다.

그러나 대부분 단일적분을 수행하여 면적의 도심 좌표를 구한다. 면적요소 dA는 얇은 직사각형이나 띠 모양 또는 얇은 부채꼴이나 파이 모양으로 선택하여 나타낼 수 있다(그림 5.12). 얇은 직사각형의 도심은 그 중심에 있고, 얇은 부채꼴의 도심은 꼭짓점에서 $(2/3)r$ 지점에 있다(삼각형의 경우와 마찬가지다). 그리고 각 좌표축에 대한 전체 면적의 1차모멘트가 요소면적에 해당하는 모멘트의 합(또는 적분)과 같다고 놓고 그 면적에 대한 도심의 좌표를 얻는다.

요소 dA의 도심의 좌표를 $\bar{x}_{el}$과 $\bar{y}_{el}$로 표기하면 다음과 같다.

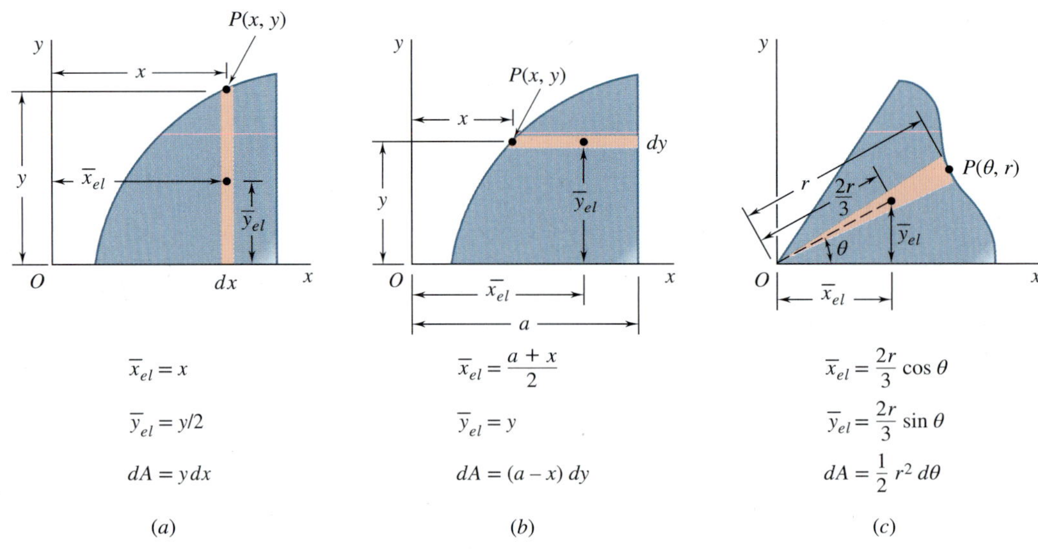

그림 5.12 미분요소의 도심과 면적 (a) 수직 직사각형 띠 (b) 수평 직사각형 띠 (c) 삼각형 부채꼴

면적의 1차모멘트

$$Q_y = \bar{x}A = \int \bar{x}_{el}\, dA \qquad Q_x = \bar{y}A = \int \bar{y}_{el}\, dA \tag{5.9}$$

만약 면적 A를 알지 못하면, 식 (5.9)를 사용해서 계산할 수 있다.

적분을 수행하기 위해 면적요소 dA의 도심 좌표인 $\bar{x}_{el}$과 $\bar{y}_{el}$는 대상 면적을 둘러싸는 곡선상에 위치하는 점의 좌표로 나타내야 한다. 그리고 요소 dA의 면적을 그 점의 좌표와 적절한 미분요소로 표현해야 한다. [그림 5.12]에서 일반적인 세 가지 종류의 요소에 대해 설명하고 있다. 면적을 둘러싸는 곡선의 방정식이 극좌표계로 주어졌을 때 [그림 5.12c] 파트의 파이 모양 요소가 사용되어야 한다. [그림 5.12c]의 식을 식 (5.9)에 대입하고, 테두리 곡선의 식 $r = r(\theta)$을 사용해 하나의 좌표로 나타낸다. 이 과정은 이중적분을 단일적분으로 바꾼다. 면적을 결정하고 식 (5.9)의 값을 계산하면, 면적 도심의 좌표 $\bar{x}$, $\bar{y}$에 대해서 풀 수 있다.

선이 대수방정식으로 정의되면, 식 (5.4′)의 적분을 계산하여 도심을 구할 수 있다.

$$\bar{x} = \frac{\int x\, dL}{L}, \qquad \bar{y} = \frac{\int y\, dL}{L} \tag{5.4′}$$

선을 정의하기 위해 사용된 식(이 식들은 피타고라스 정리를 사용하여 유도될 수 있다)에서 독립변수로 어느 좌표(x, y 또는 θ)가 사용되었는지에 따라 미소길이 dL은 다음 중 하나로 대치한다.

$$dL = \sqrt{1 + \left(\frac{dy}{dx}\right)^2}\, dx$$

$$dL = \sqrt{1 + \left(\frac{dx}{dy}\right)^2}\, dy$$

$$dL = \sqrt{r^2 + \left(\frac{dr}{d\theta}\right)^2}\, d\theta$$

좌표 중 어느 하나를 다른 하나로 나타내기 위해 선에 대한 식을 사용하고, 적분을 수행한다. 선의 도심 좌표 x, y를 구하기 위해 식 (5.4)를 사용한다.

5.2.2 파푸스–굴디누스의 정리

파푸스–굴디누스Pappus–Guldinus의 정리는 그리스의 기하학자 파푸스가 서기 3세기에 처음 식을 유도했고, 나중에 스위스의 수학자 굴디누스1577~1643가 다시 정리한 것으로, 회전면과 회전체를 다룬다. **회전면**은 평면곡선을 고정된 축에 대해 회전시킬 때 생성된다. 예를 들어, 반원에 해당하는 호 ABC를 지름 AC(그림 5.13)에 대해 회전시키면 구의 표면을 얻는다.

사진 5.3 사진의 저장 탱크들은 회전체이다. 따라서 파푸스–굴디누스의 정리를 사용하여 표면면적과 체적을 계산할 수 있다.

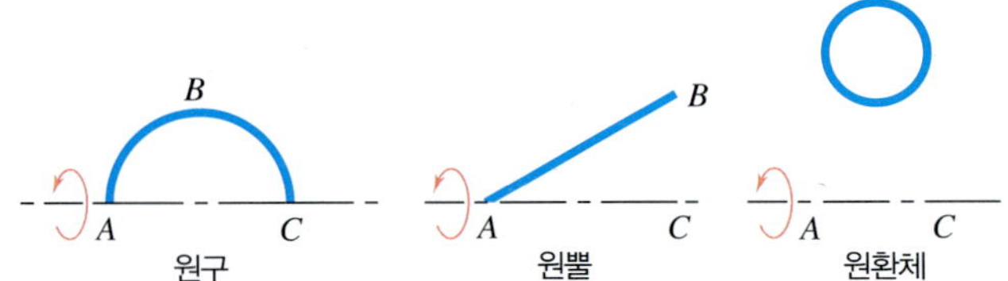

그림 5.13 평면곡선을 축에 대해 회전시키면 회전면을 생성한다.

같은 방법으로, 직선 AB를 축 AC에 대해 회전시키면 원추의 표면을 얻고, 서로 교차하는 않는 축에 대해 원의 둘레를 회전시키면 원환면torus 또는 링ring의 표면을 얻는다. **회전체**는 평면면적을 고정된 축에 대해 회전시킬 때 생성되는 체적이다. [그림 5.14]와 같이 적절한 모양을 표시된 축에 대해 회전시켜 원구, 원뿔 그리고 원환체를 생성한다.

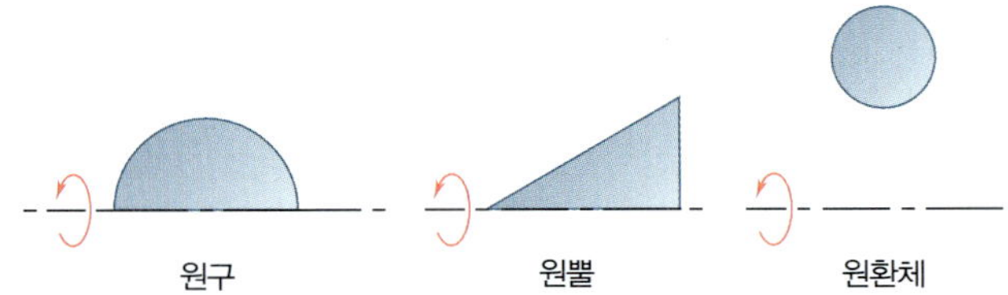

그림 5.14 평면면적을 축에 대해 회전시키면 회전체를 생성한다.

정리 1 회전면의 면적은 회전면을 생성하는 곡선의 길이와 곡선의 도심이 회전하는 동안 이동하는 거리의 곱과 같다.

증명 x축을 중심으로 회전한 선 L의 요소 dL을 생각해보자(그림 5.15). 요소 dL로 생성된 원형 띠는 크기 $2\pi y dL$인 면적요소 dA를 가진다.

앞에서 나온 적분 $\int y dL$의 값이 $\bar{y}L$이라는 결과를 이용하면, 다음 식을 얻는다.

$$A = 2\pi \bar{y} L \tag{5.10}$$

여기서 $2\pi y$는 선 L의 도심 C가 움직인 거리이다(그림 5.15). 면을 생성하는 곡선이 회전축을 지나가서는 안 된다. 만약 선이 축을 지나가면, 축 양쪽에서 서로 반대부호를 가지는 면적을 생성하므로 정리를 적용할 수 없다.

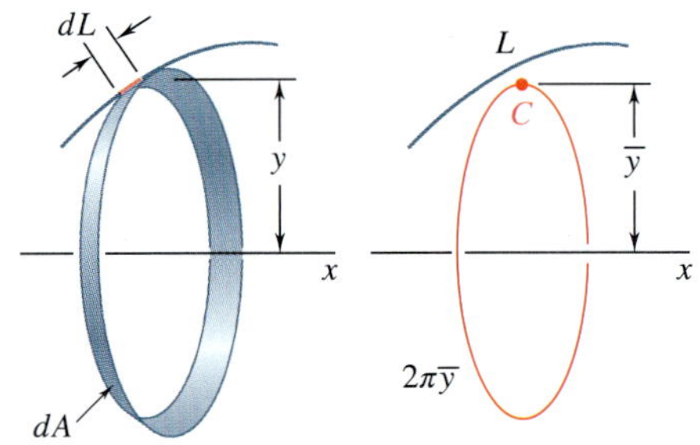

그림 5.15 x축을 중심으로 회전한 길이요소 dL은 면적 dA를 가지는 원형 띠를 생성한다. 전체 회전면의 면적은 선의 길이 L과 선의 도심 C가 한 번 회전하는 동안 움직인 거리를 곱한 값이다.

정리 2 회전체의 체적은 생성되는 면적과 면적의 도심이 회전하는 동안 이동하는 거리의 곱과 같다.

증명 x축에 대해 회전하는 면적 A의 요소 dA를 생각해보자(그림 5.16). 요소 dA에 의해 생성되는 원형 링의 체적 dV의 값은 $2\pi y dA$이다. 따라서 A에 의해 생성되는 전체 체적은 $V = \int 2\pi y dA$이고, 앞에서 보인 바와 같이 적분 $\int y dA$의 값이 $\bar{y}A$와 같으므로 다음 식을 얻는다.

$$V = 2\pi\bar{y}A \tag{5.11}$$

여기서 $2\pi y$는 A의 도심이 이동한 거리이다. 선의 경우와 마찬가지로, 체적을 생성하는 면적이 회전축을 지나가면 이 정리는 적용되지 않는다.

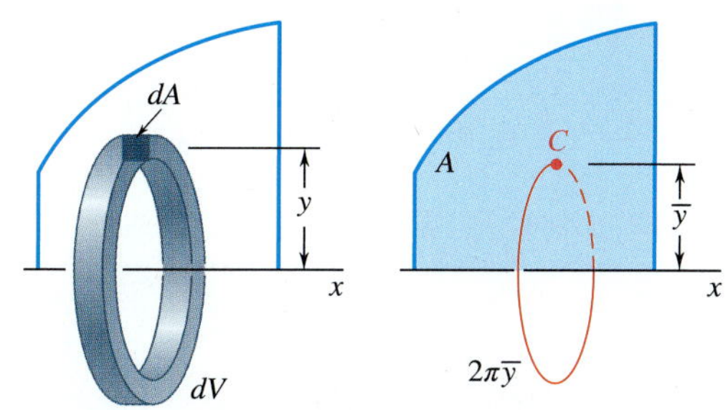

그림 5.16 x축에 대해 회전한 면적요소 dA는 체적 dV인 원형 링을 생성한다. 전체 회전체의 체적은 영역 A의 면적과 한 번 회전하는 동안 영역 A의 도심이 이동한 거리의 곱과 같다.

파푸스–굴디누스 정리는 회전면의 면적과 회전체의 체적을 간단하게 계산하는 방법을 제공한다. 반대로 곡선에 의해 생성되는 회전면의 면적을 알거나 면적에 의해 생성되는 회전체의 체적을 알 때, 그 곡선과 면적의 도심을 구할 때 사용할 수 있다(예제 5.8 참조).

예제 5.4

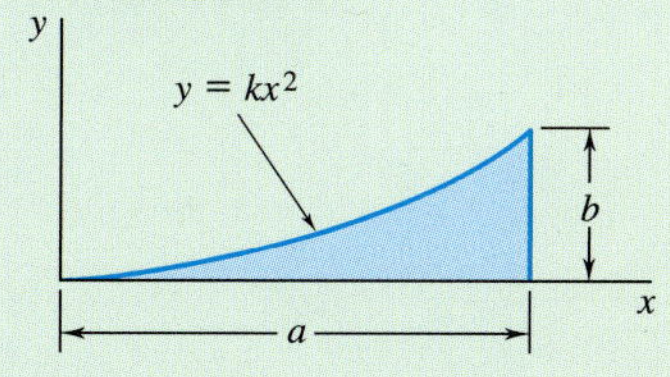

포물선 모양의 스팬드럴spandrel의 도심을 직접적분으로 구하시오.

문제분석 먼저 매개변수 a와 b를 사용하여 포물선을 표현한다. 다음으로 면적의 미분요소를 선택하고 그 면적을 a, b, x, y로 표현한다. 먼저 수직요소를 가지고 정답을 설명하고, 다음으로 수평요소를 사용한다.

모델링

상수 k의 결정 주어진 방정식에 $x = a$와 $y = b$를 대입하여 k값을 계산한다. 식 $b = ka^2$ 또는 $k = b/a^2$이 성립한다. 따라서 곡선의 방정식은 다음과 같다.

$$y = \frac{b}{a^2}x^2 \qquad \text{또는} \qquad x = \frac{a}{b^{1/2}}y^{1/2}$$

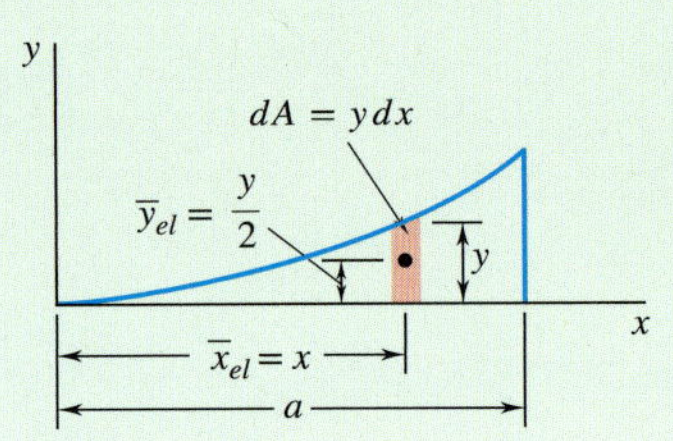

그림 1 도심을 결정하는 데 사용된 수직 미분요소

풀이

수직 미분요소 [그림 1]에 보이는 미분요소를 선택하면, 전체 영역의 면적은 다음과 같다.

$$A = \int dA = \int y\,dx = \int_0^a \frac{b}{a^2}x^2\,dx = \left[\frac{b}{a^2}\frac{x^3}{3}\right]_0^a = \frac{ab}{3}$$

미분요소의 y축에 대한 1차모멘트는 $\bar{x}_{el}dA$이다. 따라서 전체 면적의 이 축에 대한 1차모멘트는 다음과 같다.

$$Q_y = \int \bar{x}_{el}\,dA = \int xy\,dx$$
$$= \int_0^a x\left(\frac{b}{a^2}x^2\right)dx = \left[\frac{b}{a^2}\frac{x^4}{4}\right]_0^a = \frac{a^2 b}{4}$$

$Q_x = \bar{x}A$ 이므로, 다음 결과를 얻는다.

$$\bar{x}A = \int \bar{x}_{el}dA, \qquad \bar{x}\frac{ab}{3} = \frac{a^2b}{4} \qquad\qquad \bar{x} = \frac{3}{4}a \blacktriangleleft$$

같은 방법으로, 미분요소의 x축에 대한 1차모멘트는 $\bar{y}_{el}dA$이다. 따라서 전체 면적의 x축에 대한 1차모멘트는 다음과 같다.

$$Q_x = \int \bar{y}_{el}\,dA = \int \frac{y}{2}y\,dx$$
$$= \int_0^a \frac{1}{2}\left(\frac{b}{a^2}x^2\right)^2 dx = \left[\frac{b^2}{2a^4}\frac{x^5}{5}\right]_0^a = \frac{ab^2}{10}$$

$Q_x = \bar{y}A$ 이므로, 다음 결과를 얻는다.

$$\bar{y}A = \int \bar{y}_{el}dA, \qquad \bar{y}\frac{ab}{3} = \frac{ab^2}{10} \qquad\qquad \bar{y} = \frac{3}{10}b \blacktriangleleft$$

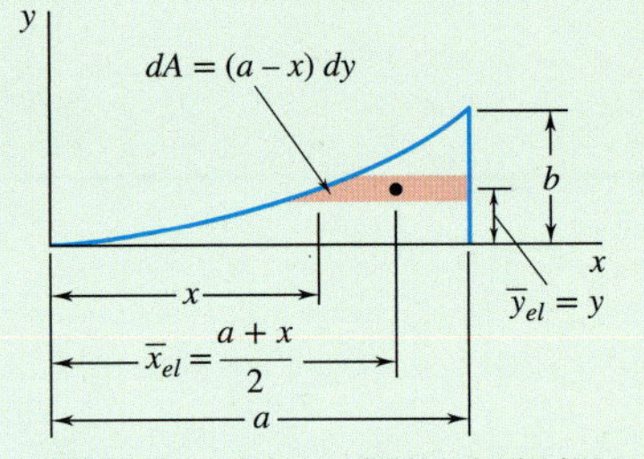

그림 2 도심 계산에 사용하는 수평 미분요소

수평 미분요소 수평요소를 고려해도 같은 결과를 얻는다(그림 2). 면적의 1차모멘트는 다음과 같다.

$$Q_y = \int \bar{x}_{el}\,dA = \int \frac{a+x}{2}(a-x)\,dy = \int_0^b \frac{a^2-x^2}{2}\,dy$$
$$= \frac{1}{2}\int_0^b \left(a^2 - \frac{a^2}{b}y\right)dy = \frac{a^2b}{4}$$

$$Q_x = \int \bar{y}_{el}\,dA = \int y(a-x)\,dy = \int y\left(a - \frac{a}{b^{1/2}}y^{1/2}\right)dy$$
$$= \int_0^b \left(ay - \frac{a}{b^{1/2}}y^{3/2}\right)dy = \frac{ab^2}{10}$$

도심 $\bar{x}$, $\bar{y}$의 값을 계산하기 위해 다시 이 식들을 면적의 도심을 정의하는 식 (5.9)에 대입한다.

고찰 면적의 수직 또는 수평요소을 선택하는 것과 관계없이 같은 결과를 얻으며, 그래야 한다. 계산할 때 두 방법을 다 사용해서 실수를 막을 수 있다.

예제 5.5

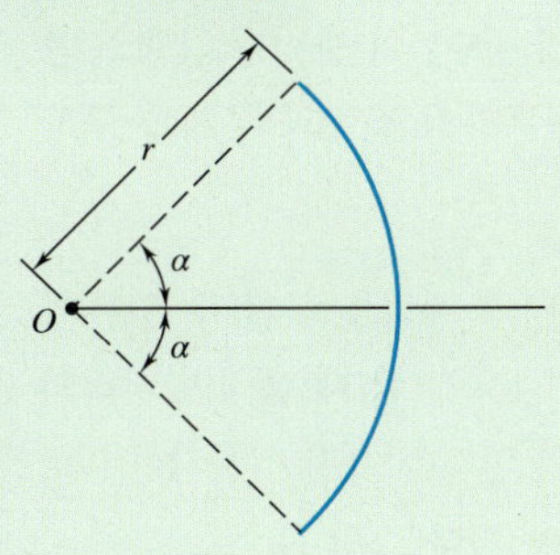

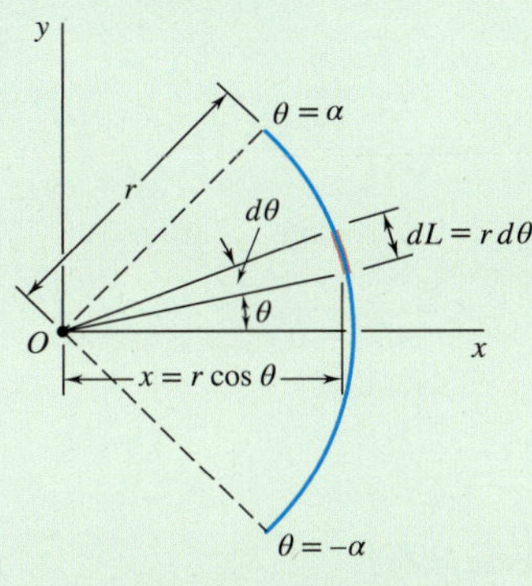

그림 1 도심 계산에 사용하는 미분요소

그림에 보이는 원호 도심의 위치를 구하시오.

문제분석 원 형태의 단순 모양에 대해 극좌표계를 사용해야 한다.

모델링 원호는 x축에 대해 대칭이다. 따라서 도심의 y값은 0이다. [그림 1]과 같이 미분요소를 선택한다.

풀이 적분으로 원호의 길이를 계산한다.

$$L = \int dL = \int_{-\alpha}^{\alpha} r\,d\theta = r\int_{-\alpha}^{\alpha} d\theta = 2r\alpha$$

원호의 y축에 대한 1차모멘트는 다음과 같다.

$$Q_y = \int x\,dL = \int_{-\alpha}^{\alpha} (r\cos\theta)(r\,d\theta) = r^2\int_{-\alpha}^{\alpha} \cos\theta\,d\theta$$
$$= r^2[\sin\theta]_{-\alpha}^{\alpha} = 2r^2\sin\alpha$$

$Q_y = \bar{x}L$ 이므로, 다음의 결과를 얻는다.

$$\bar{x}(2r\alpha) = 2r^2\sin\alpha \qquad \bar{x} = \frac{r\sin\alpha}{\alpha} ◀$$

고찰 이 결과는 [그림 5.8b]에 주어진 내용과 일치한다.

예제 5.6

수직축에 대해 1/4원호를 회전시켜 얻은 회전면의 면적을 구하시오.

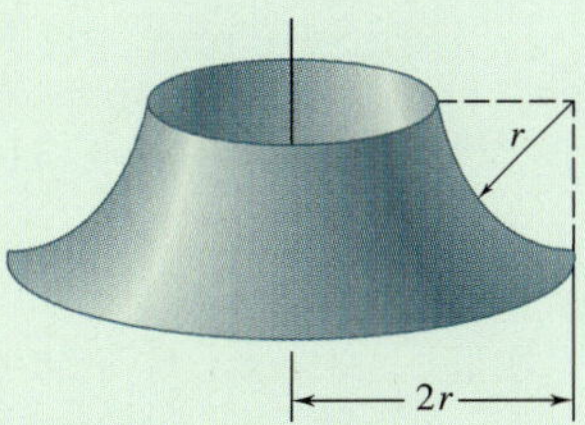

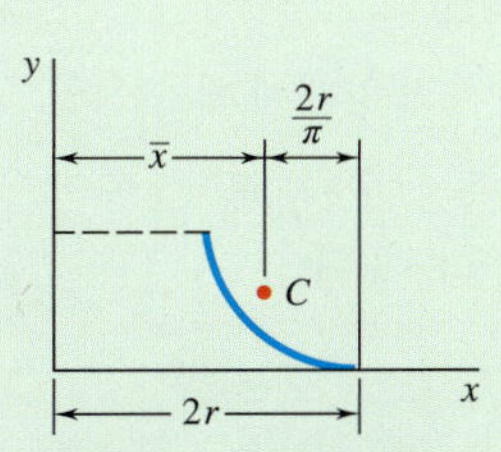

그림 1 원호의 도심 위치

문제분석 파푸스–굴디누스의 제1정리에 의하면 회전면의 면적은 호의 길이와 그 도심의 이동거리의 곱과 같다.

모델링과 풀이 [그림 5.8b]와 [그림 1]을 통해 다음의 값을 얻는다.

$$\bar{x} = 2r - \frac{2r}{\pi} = 2r\left(1 - \frac{1}{\pi}\right)$$

$$A = 2\pi\bar{x}L = 2\pi\left[2r\left(1 - \frac{1}{\pi}\right)\right]\left(\frac{\pi r}{2}\right)\}$$

$$A = 2\pi r^2(\pi - 1) ◀$$

예제 5.7

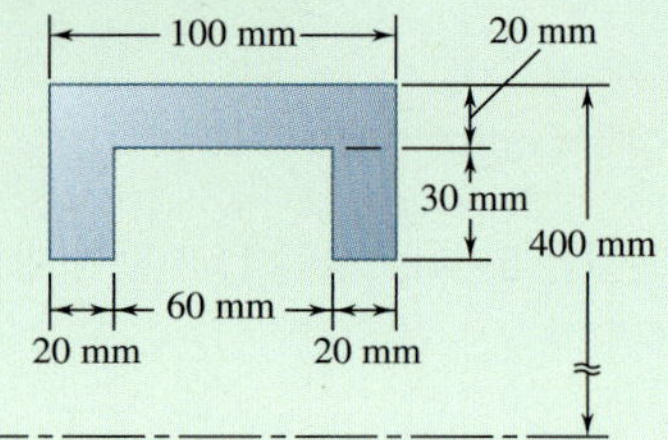

풀리pulley의 외경은 0.8 m이고, 테두리rim의 단면은 그림과 같다. 이 풀리는 강재로 만들어졌다. 강재의 밀도가 $\rho = 7.85 \times 10^3\ \text{kg/m}^3$일 때, 테두리의 질량과 무게를 구하시오.

문제분석 파푸스-굴디누스의 제2정리를 적용하여 테두리의 체적을 구할 수 있는데, 이 정리에서 체적은 주어진 단면적과 단면의 도심이 완전히 1회전 할 때 움직인 거리의 곱이다. 그러나 단면이 양의 면적을 가진 직사각형 I과 음의 면적을 가진 직사각형 II로부터 형성될 수 있다는 것을 고찰하면 더 쉽게 체적을 찾을 수 있다(그림 1).

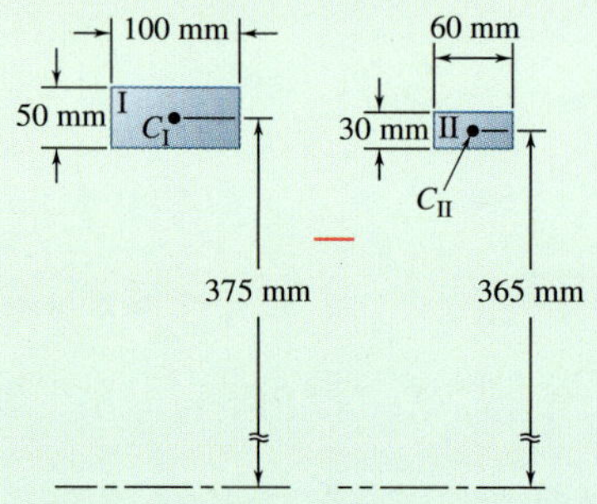

그림 1 면적 I에서 면적 II를 빼서 주어진 면적을 모델링

모델링 데이터를 따라가기 위해서 5.1절에서와 같이 표를 사용한다.

	면적, mm^2	$\bar{y}$, mm	C가 움직인 거리, mm	체적, mm^3
I	+5000	375	$2\pi(375) = 2356$	$(5000)(2356) = 11.78 \times 10^6$
II	−1800	365	$2\pi(365) = 2293$	$(-1800)(2293) = -4.13 \times 10^6$
				테두리의 체적 $= 7.65 \times 10^6$

풀이 $1\ \text{mm} = 10^{-3}\ \text{m}$이므로 $1\ \text{mm}^{-3} = (10^{-3}\ \text{m})^3 = 10^{-9}\ \text{m}^3$이다. 따라서 $V = 7.65 \times 10^6\ \text{mm}^3 = (7.65 \times 10^6)(10^{-9}\ \text{m}^3) = 7.65 \times 10^{-3}\ \text{m}^3$를 얻는다.

$$m = \rho V = (7.85 \times 10^3\ \text{kg/m}^3)(7.65 \times 10^{-3}\ \text{m}^3)$$

$$m = 60.0\ \text{kg}$$ ◀

$$W = mg = (60.0\ \text{kg})(9.81\ \text{m/s}^2) = 589\ \text{kg} \cdot \text{m/s}^2$$

$$W = 589\ \text{N}$$ ◀

고찰 단면을 여러 개의 단순한 모양들로 나눌 수 있는 경우에는 각 모양에 대해 도심의 좌표($\bar{y}$)와 면적(A) 또는 면적의 1차모멘트($\bar{y}A$)를 찾는 방법으로 파푸스-굴디누스의 제2정리를 적용할 수 있다. 그러므로 전체 단면의 도심을 찾을 필요는 없다.

예제 5.8

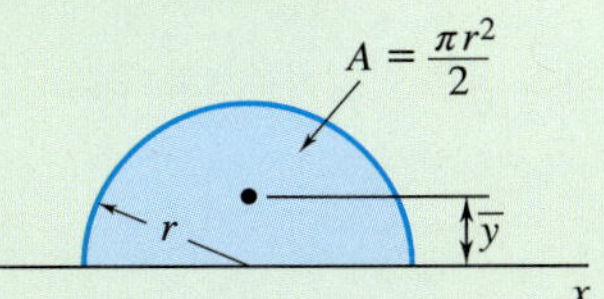

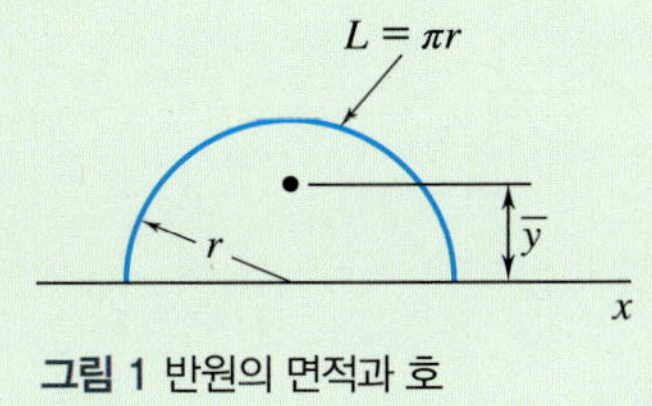

그림 1 반원의 면적과 호

파푸스–굴디누스 정리를 사용하여, (a) 반원면적의 도심, (b) 반원 모양의 호에 대한 도심을 구하시오. 원구의 체적과 표면적은 각각 $\frac{4}{3}\pi r^3$와 $4\pi r^2$이다.

문제분석 원구의 체적은 반원의 면적과 반원의 도심이 x축에 대해 한 번 회전할 때 움직인 거리의 곱이다. 주어진 체적에 대해 도심이 이동한 거리를 계산할 수 있다. 따라서 x축에 대한 도심의 거리를 계산할 수 있다. 같은 방법으로 원구의 면적은 원구를 생성하는 반원의 길이와 그것의 도심이 한 번 회전할 때 움직인 거리의 곱과 같다. 이것을 호의 도심 위치를 찾는 데 사용할 수 있다.

모델링 반원면적과 반원호의 다이어그램을 그리고(그림 1), 중요한 기하학적 요소에 이름을 붙인다.

풀이 파푸스–굴디누스 정리에서 묘사된 등식을 세우고 두 개의 도심 위치를 구한다.

$$V = 2\pi \bar{y} A, \quad \frac{4}{3}\pi r^3 = 2\pi \bar{y}\left(\frac{1}{2}\pi r^2\right) \qquad \bar{y} = \frac{4r}{3\pi}$$

$$A = 2\pi \bar{y} L, \quad 4\pi r^2 = 2\pi \bar{y}(\pi r) \qquad \bar{y} = \frac{2r}{\pi}$$

고찰 이 결과값이 [그림 5.8]에 주어진 경우들과 일치하는 것을 확인한다.

Section 5.2 연습문제

5.25 ~ 5.28 그림과 같은 면적의 도심을 직접적분으로 구하시오.

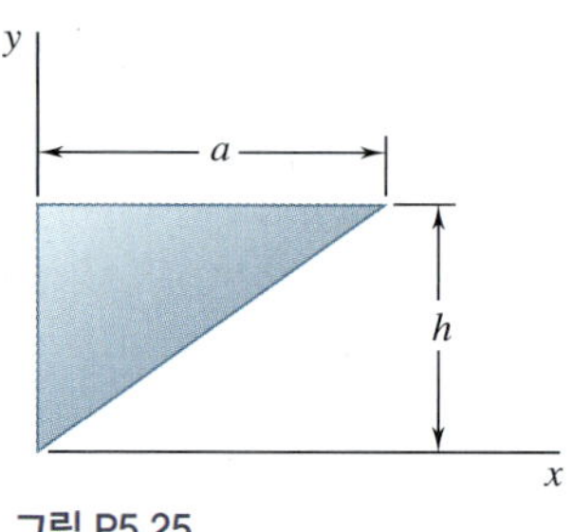

그림 P5.25

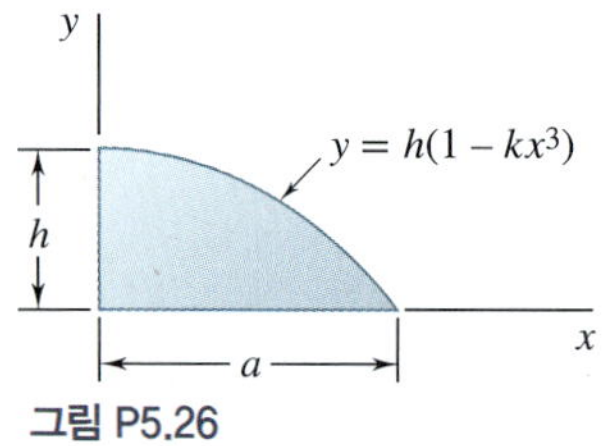

그림 P5.26

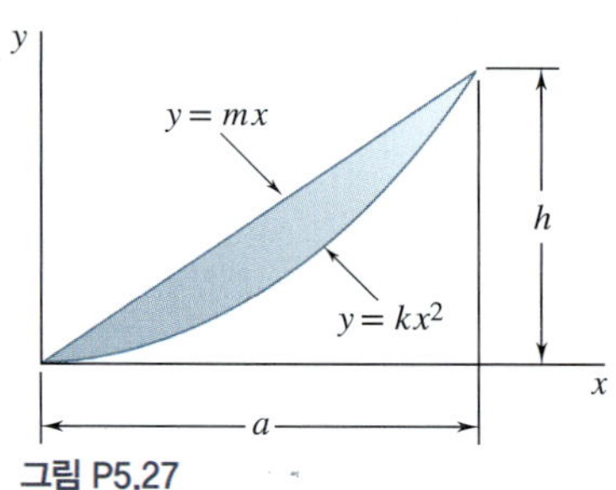

그림 P5.27

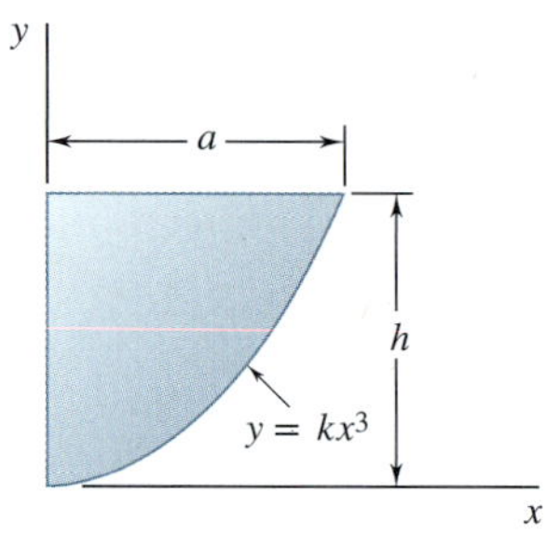

그림 P5.28

5.29 ~ 5.31 그림과 같은 면적의 도심을 직접적분으로 구하시오.

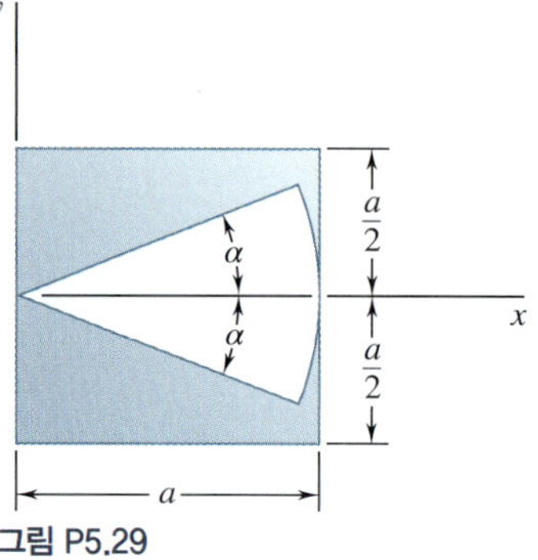

그림 P5.29

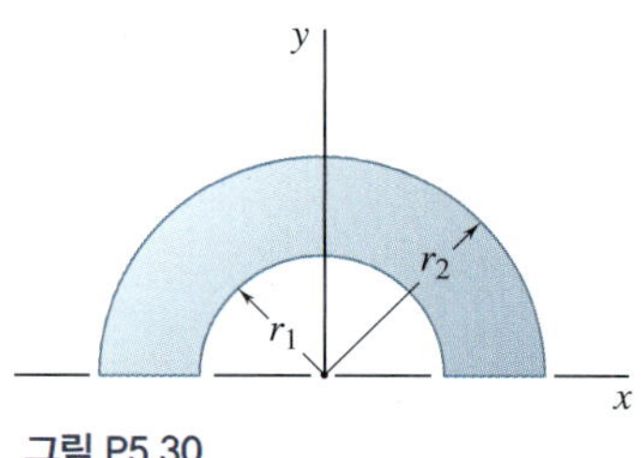

그림 P5.30

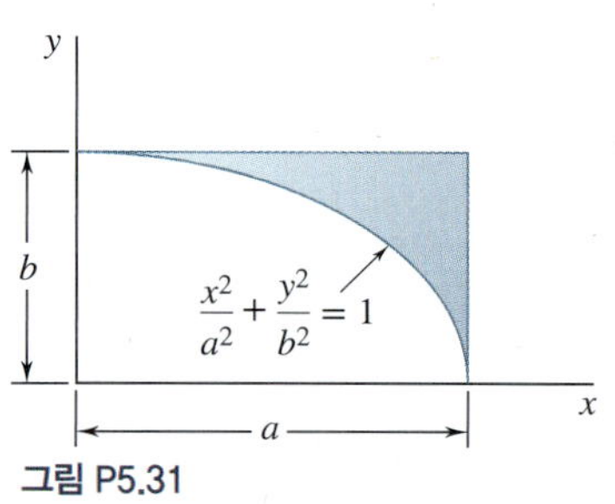

그림 P5.31

5.32 ~ 5.34 그림과 같은 면적의 도심을 직접적분으로 구하시오.

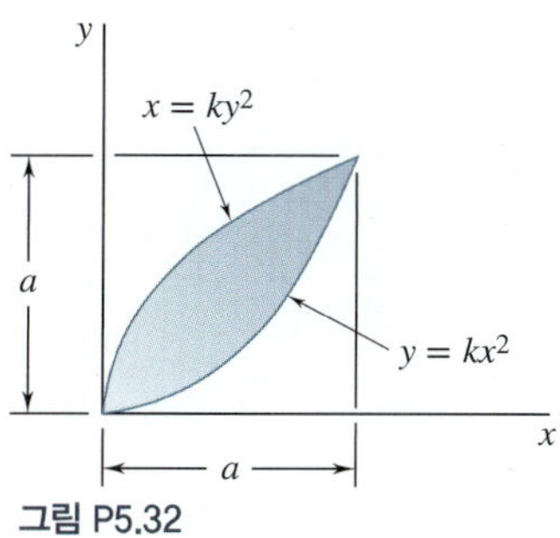

그림 P5.32

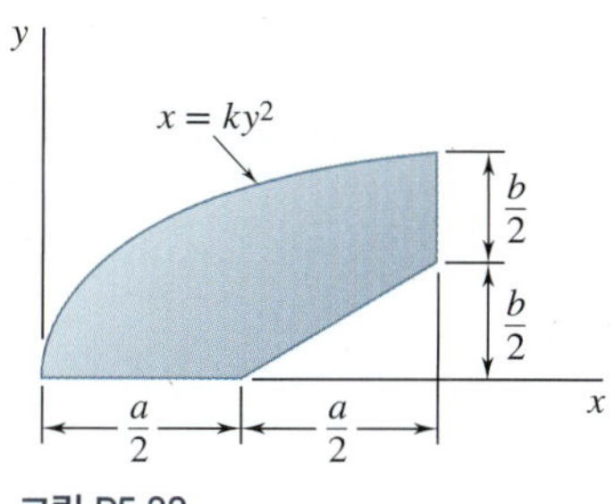

그림 P5.33

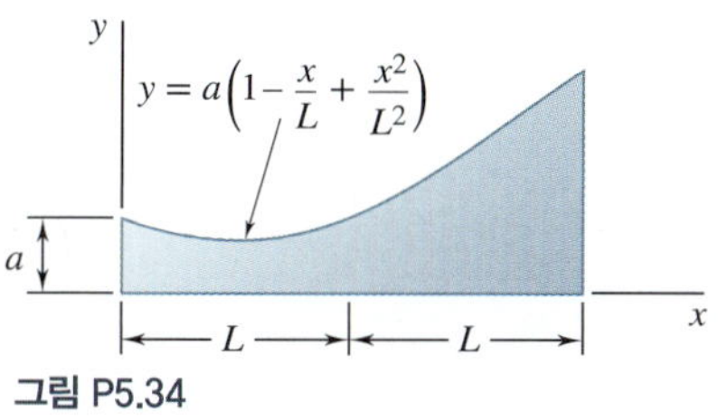

그림 P5.34

5.35 $a = 4$ in.일 때 그림과 같은 면적의 도심을 구하시오.

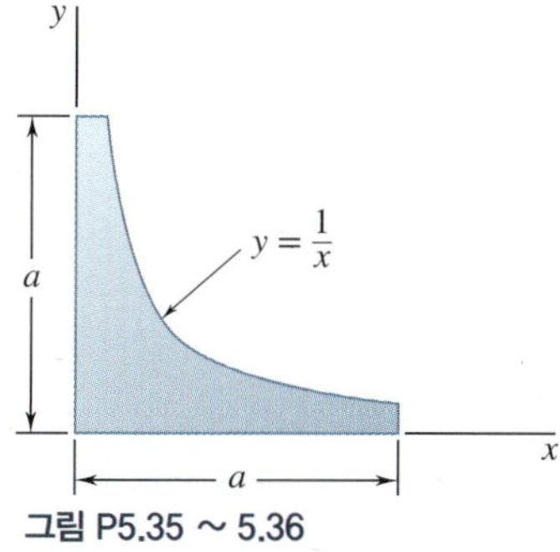

그림 P5.35 ~ 5.36

5.36 그림과 같은 면적의 도심을 a를 사용하여 구하시오.

5.37 [문제 5.1]의 면적을 (a) x축, (b) 선 $x = 72$ mm에 대해 회전시켜서 얻은 고체의 체적과 표면적을 구하시오.

5.38 [문제 5.6]의 면적을 (a) 선 $x = -60$ mm, (b) 선 $y = 120$ mm에 대해 회전시켜서 얻은 고체의 체적과 표면적을 구하시오.

5.39 [문제 5.8]의 면적을 (a) x축, (b) y축에 대해 회전시켜서 얻은 고체의 체적과 표면적을 구하시오.

5.40 그림과 같은 포물선 면적을 (a) x축, (b) AA'축에 대해 회전시켜서 생성된 고체의 체적을 구하시오.

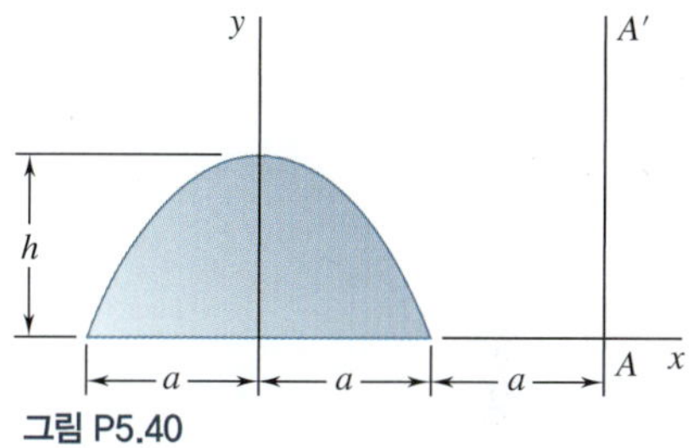

그림 P5.40

5.41 반지름 $R = 260$ mm일 때, 그림의 펀치 볼Punch Bowl 용량을 리터 단위로 구하시오.

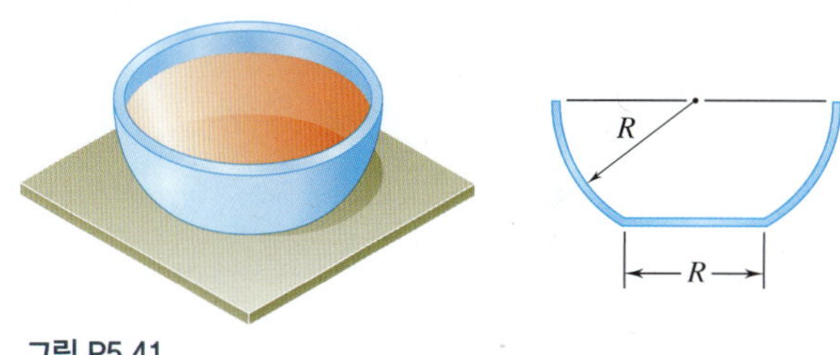

그림 P5.41

5.42 그림과 같은 작은 고강도 램프의 알루미늄 쉐이드shade가 균등하게 1 mm의 두께를 가진다. 알루미늄의 밀도가 2800 kg/m^{3}일 때, 쉐이드의 질량을 구하시오.

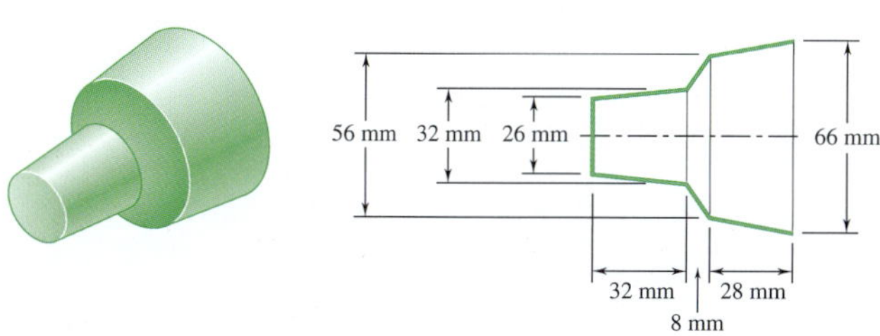

그림 P5.42

5.43 지름이 10 in.인 나무 원구의 양쪽 끝을 똑같이 제거했을 때, 남은 부분의 전체 표면적을 구하시오.

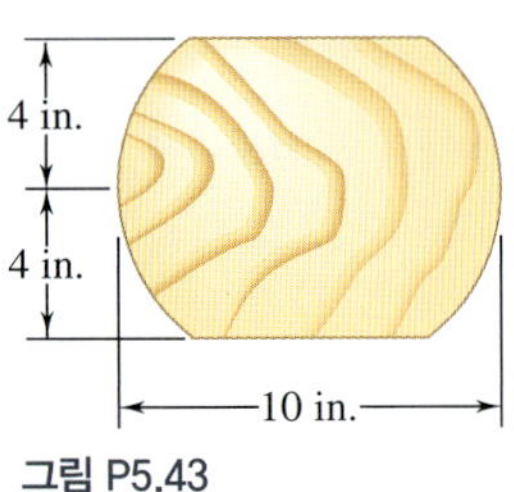

그림 P5.43

5.44 세 개의 다른 드라이브 벨트 프로파일drive belt profiles을 연구한다. 항상 벨트가 풀리 둘레의 절반과 접촉한다고 할 때, 각 디자인에 대해 벨트와 풀리의 접촉면적을 구하시오.

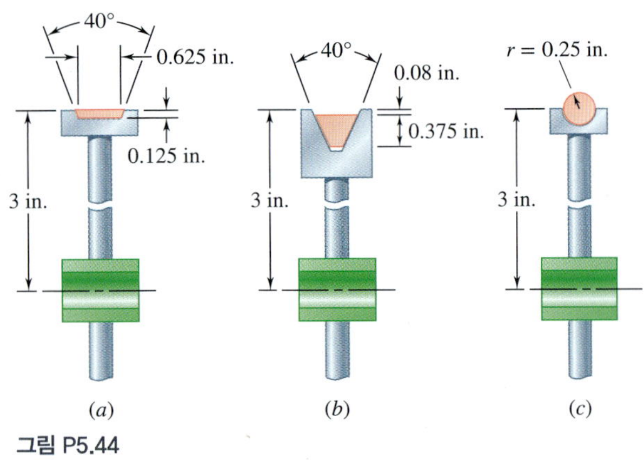

그림 P5.44

5.45 황동의 비중이 0.306 lb/in.^{3}일 때, 그림에 보이는 고체 황동 손잡이의 체적과 무게를 구하시오.

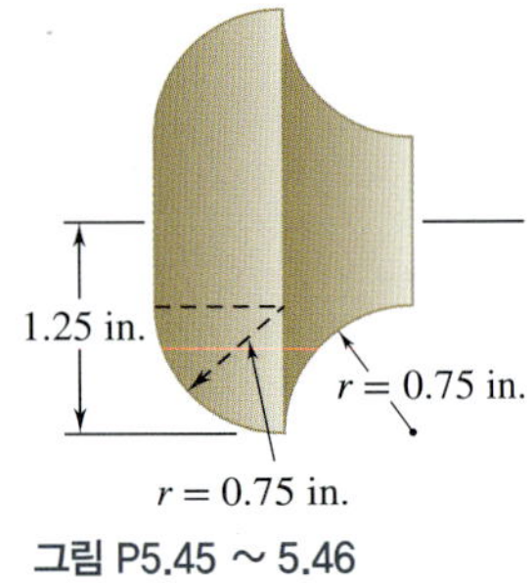

그림 P5.45 ~ 5.46

5.46 그림과 같은 고체 황동 손잡이의 전체 표면적을 구하시오.

5.47 그림과 같은 물체의 체적과 전체 표면적을 구하시오.

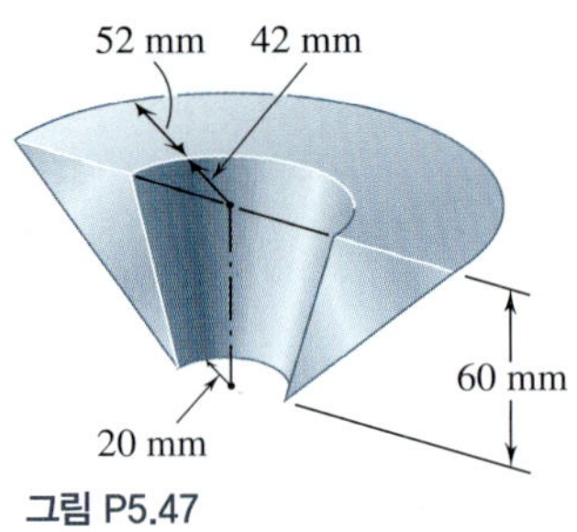

그림 P5.47

5.48 그림과 같은 손잡이 덮판escutcheon(벽에서 관이 나올 때 관에 설치되는 장식판)은 황동으로 주조cast한 것이다. 황동의 밀도가 8470 kg/m^{3}일 때, 덮판의 질량을 구하시오.

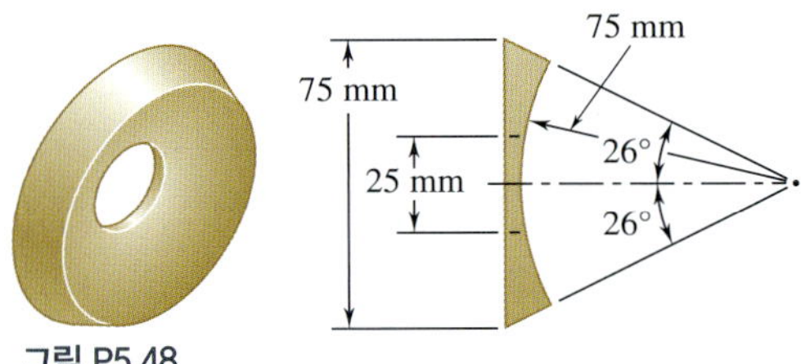

그림 P5.48

5.3 보에 작용하는 분포하중

중력의 중심이나 면적이 도심에 대한 개념은 평판의 무게를 다루는 문제 이외에도 다른 문제를 푸는 데 이용할 수 있다. 예를 들어, 분포하중을 지지하는 보를 생각해보자. 이 하중은 보로 직접 또는 간접적으로 지지되는 물체들의 무게로 이루어졌거나, 바람 또는 정수압에 의한 것일 수 있다. 분포하중은 단위길이로 지지되는 하중 w를 표시하여 나타낼 수 있다(그림 5.17). 이 하중은 N/m 또는 lb/ft로 표현된다. 길이 dx인 보의 요소에 작용하는 힘의 크기는 $dW = w dx$이고, 보가 지지하는 전체 하중은 다음과 같다.

$$W = \int_0^L w\,dx$$

곱 $w\,dx$는 [그림 5.17a]에 나타낸 요소면적 dA의 크기와 같다는 것에 주의한다. 하중 W는 하중곡선 아래의 전체 면적 A의 크기와 같다.

$$W = \int dA = A$$

총 합력이 W인 분포하중이 지지단에 발생시키는 반력과 같은 크기의 반력을 발생시키기 위해 크기 W인 집중하중이 보의 어디에 작용해야 하는지를 결정하려고 한다(그림 5.17b). 그러나 주어진 분포하중의 합력을 나타내는 집중하중 **W**는 전체 보의 자유물체도를 고려할 때만 분포하중과 동등하다. 동등한 집중하중 **W**의 작용점 P는 점 O에 대한 **W**의 모멘트를 O에 대한 요소하중 dW의 합과 같다고 놓는다.

$$(OP)\,W = \int x\,dW$$

$dW = w\,dx = dA$, $W = A$이므로, 다음을 얻는다.

$$(OP)A = \int_0^L x\,dA \tag{5.12}$$

식 (5.12)는 하중곡선의 아래 면적의 w축에 대한 1차모멘트를 나타내기 때문에, 그것을 $\bar{x}A$로 대체할 수 있다. 그러므로 $OP = \bar{x}$이고, 여기서 $\bar{x}$는 w축에서 면적 A의 도심 C까지 거리이다(이것은 보의 도심이 아니다).

이 결과를 다음과 같이 요약할 수 있다.

보에 작용하는 분포하중을 하나의 집중하중으로 대체할 수 있다. 이 단일하중의 크기는 분포하중 곡선 아래의 면적과 같고, 그 작용선은 이 면적의 도심을 통과한다.

그러나 집중하중은 외력에 대해서만 주어진 하중과 동등하다. 따라서 반력을 계산하는 데 사용될 수 있으나 내력과 처짐을 계산할 때는 사용하면 안 된다.

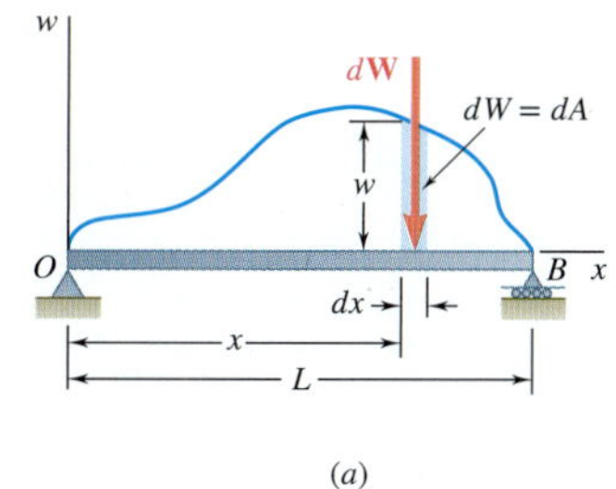

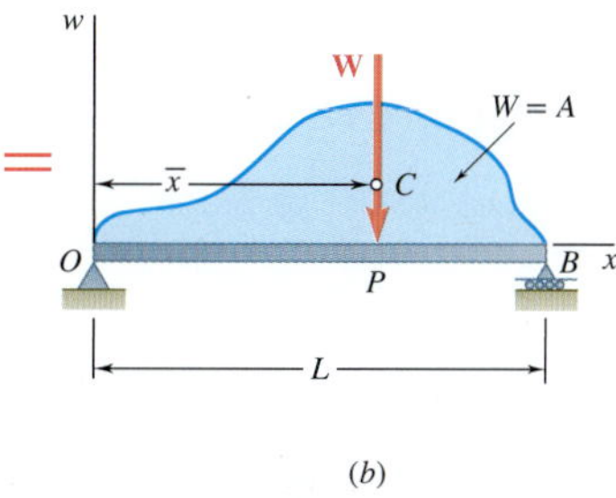

그림 5.17 (a) 요소길이가 dx인 수평보를 따라 하중의 분포를 나타내는 하중곡선 (b) 합력 W는 하중곡선의 아래 면적 A와 그 크기가 같고 면적의 도심을 관통하여 작용한다.

사진 5.4 그림에 보이는 건물의 지붕은 눈의 전체 무게뿐만 아니라 눈이 밀려 쌓여서 생긴 비대칭 분포하중도 지지할 수 있어야 한다.

예제 5.9

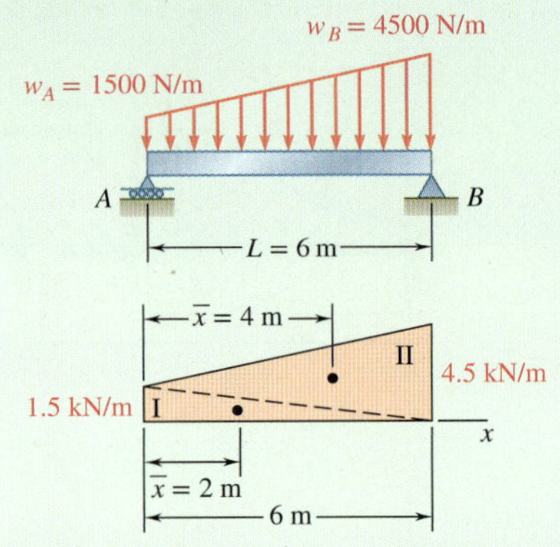

그림 1 두 개의 삼각형 면적으로 모델링된 하중

보가 [그림 1]과 같은 분포하중을 지지한다. (a) 동등한 집중하중과 (b) 지점에서의 반력을 구하시오.

문제분석 합력의 크기는 하중곡선 아래의 면적과 같고, 합력의 작용선은 같은 면적의 도심을 통과한다. 쉬운 계산을 위해 면적을 나누고 합력을 구한다. 반력을 결정하기 위해 계산된 힘들 또는 그들의 합력을 사용한다.

모델링과 풀이

a. 동등한 집중하중 하중곡선 아래의 면적을 두 개의 삼각형들로 나눈다(그림 1). 그리고 다음의 표를 작성한다. 계산과 표 작성을 단순화하기 위해 주어진 단위길이당 하중은 kN/m로 변환한다.

구성요소	A, kN	$\bar{x}$, m	$\bar{x}A$, kN·m
삼각형 I	4.5	2	9
삼각형 II	13.5	4	54
	$\Sigma A = 18.0$		$\Sigma \bar{x}A = 63$

따라서

$$\bar{X}\Sigma A = \Sigma \bar{x}A : \bar{X}(18\ \mathrm{kN}) = 63\ \mathrm{kN\cdot m}, \quad \bar{X} = 3.5\ \mathrm{m}$$

이고, 동등한 집중력은(그림 2) 다음과 같다.

$\mathbf{W} = 18\ \mathrm{kN}\downarrow$ ◀

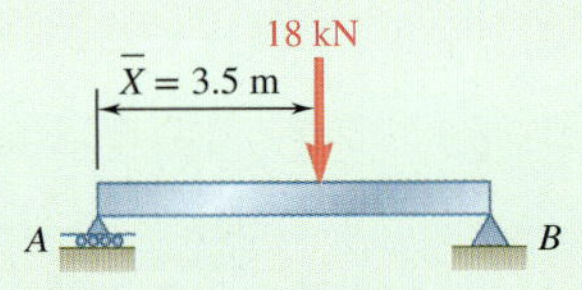

그림 2 동등한 집중하중

그 힘의 작용선은 다음에 위치한다.

A의 오른쪽으로 $\bar{X} = 3.5$ m 위치 ◀

b. 반력들 A의 반력은 수직방향이고 $\mathbf{A}$로 표기한다. B에서의 반력은 그 성분인 $\mathbf{B}_x$와 $\mathbf{B}_y$로 나타낸다. 주어진 하중을 두 개의 삼각형 하중들의 합으로 생각해보자(그림 3 참조). 각 삼각형 하중의 합력은 삼각형의 면적과 같고 그 도심에 작용한다.

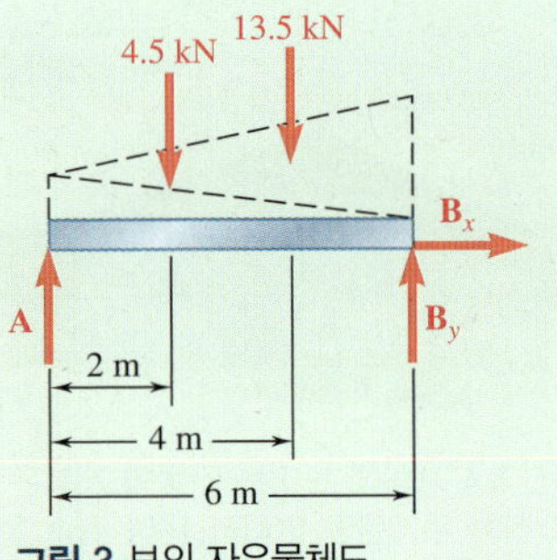

그림 3 보의 자유물체도

자유물체도로부터 다음의 평형방정식을 작성한다.

$\overset{+}{\rightarrow} \Sigma F_x = 0 :$ $\qquad \mathbf{B}_x = 0$ ◀

$$+\circlearrowleft \Sigma M_A = 0 : -(4.5\ \mathrm{kN})(2\ \mathrm{m}) - (13.5\ \mathrm{kN})(4\ \mathrm{m}) + B_y(6\ \mathrm{m}) = 0$$

$\mathbf{B}_y = 10.5\ \mathrm{kN}\uparrow$ ◀

$$+\circlearrowleft \Sigma M_B = 0 : +(4.5\ \mathrm{kN})(4\ \mathrm{m}) + (13.5\ \mathrm{kN})(2\ \mathrm{m}) - A(6\ \mathrm{m}) = 0$$

$\mathbf{A} = 7.5\ \mathrm{kN}\uparrow$ ◀

고찰 주어진 분포하중을 합력으로 대체할 수 있는데, 이 내용은 문제 (a)의 풀이에 있다. 평형방정식 $\Sigma F_x = 0$, $\Sigma M_A = 0$, $\Sigma M_B = 0$으로부터 반력을 구할 수 있다. 다시 이 결과들은 다음과 같다.

$\mathbf{B}_x = 0, \quad \mathbf{B}_y = 10.5\ \mathrm{kN}\uparrow, \quad \mathbf{A} = 7.5\ \mathrm{kN}\uparrow$ ◀

사례연구 5.1

다중-레벨의 지붕으로 이루어진 구조물에 대해 낮은 쪽 지붕 위의 눈은 [사진 CS5.1]과 같이 종종 높은 빌딩 구조 쪽으로 밀려서 쌓이는drift 경향이 있다. 미국에서 구조연구자들이 사용하는 ASCE 표준 7[2]에는 설하중에 대한 요구사항으로 그러한 드리프트에 대해 언급하고 있다. 예를 들어, 미네소타주 덜루스Minnesota Duluth에 있는 10 m 길이의 편평한 지붕이 더 높은 빌딩에 붙은 실내 주차 구조물을 생각해보자. 이 지붕은 1.2 m 등간격으로 배치된 보로 지지된다. ASCE 표준 7의 조항을 권고사항으로 하여 빌딩의 모양, 바람에 대한 노출, 지붕의 열에 대한 특성, 구조물의 기능 등의 조합을 가정한다. 그 결과로 [그림 CS5.1]의 쌓인 설하중값을 구할 수 있다. 이 분포하중에 대해 여러 보 중 하나에 작용하는 합력의 크기와 위치를 구해보자. 이때 B에서 보는 롤러로, C에서는 핀으로 연결하여 이 위치에서의 반력을 구한다.

사진 CS5.1 아래 지붕으로 밀려서 쌓인 눈. 윗쪽에 가까울수록 깊이가 증가한다. Courtesy of Jessica Puckett

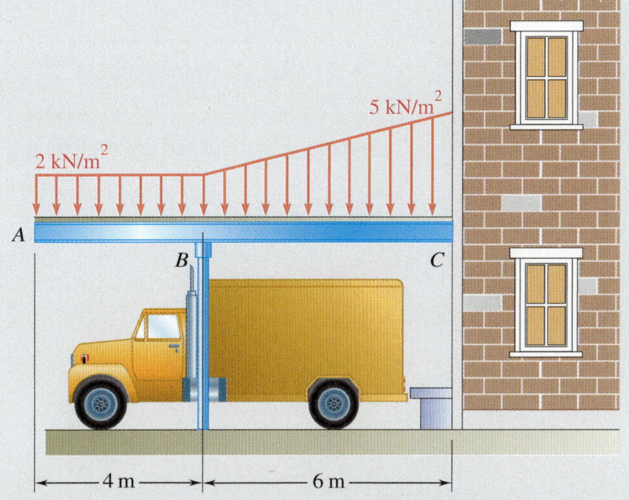

그림 CS5.1 눈이 쌓인 지붕하중을 가진 실내 주차 구조물 설계

문제분석 보는 같은 간격으로 설치되었으므로, 한 보에 적용되는 하중은 주어진 지붕하중에 1.2 m의 보 간격을 곱한 값이다(다시 말해, 이것이 전체 지붕하중 중에서 하나의 보에 작용하는 부분이다). [그림 CS5.2]에서 그 보에 대해 가정되는 지점조건과 함께 결과가 되는 하중을 보여준다. 이 분포하중의 합력 크기는 하중곡선 아래의 면적이고, 그 작용 위치는 하중 영역의 도심이다. 전체 하중면적은 단순한 모양의 더 작은 면적들로 나눠질 수 있고 합력의 크기와 위치를 계산하는 데 사용된다. 이렇게 구한 합력은 자유물체도에 적용해 반력을 계산하는 데 사용된다.

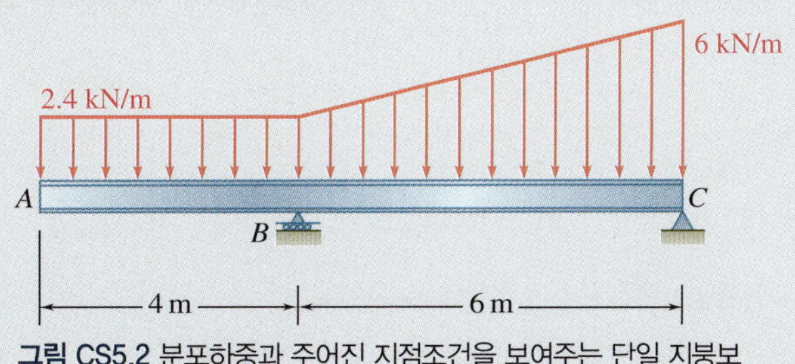

그림 CS5.2 분포하중과 주어진 지점조건을 보여주는 단일 지붕보

2 Source: "ASCE/SEI 7–05," Minimum Design Loads for Buildings and Other Structures, Reston, VA: American Society of Civil Engineers, 2005, Ch. 7.

모델링과 풀이

a. 동등한 집중하중 하중곡선의 아래 면적을 직사각형과 삼각형으로 나누고(그림 CS5.3), 다음 표를 작성한다.

구성요소	A, kN	$\bar{x}$, m	$\bar{x}A$, kN·m
면적 I	24	5	120
면적 II	10.8	8	86.4
	$\Sigma A = 34.8$		$\Sigma \bar{x}A = 206.4$

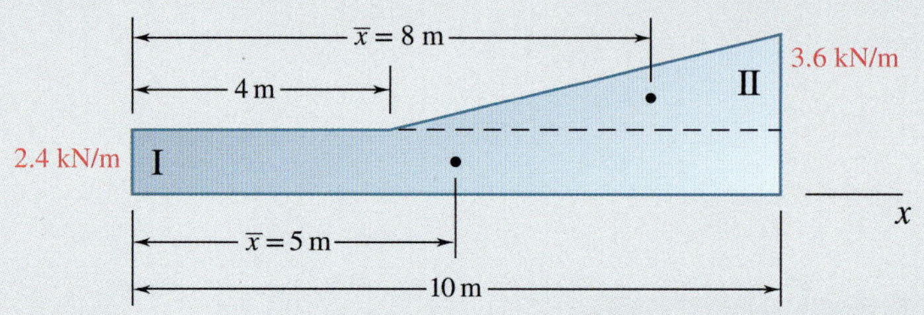

그림 CS5.3 삼각형과 직사각형 면적으로 모델링한 하중

동등한 집중하중(그림 CS5.4)은 다음과 같다.

$$W = 34.8 \text{ kN}$$ ◀

그 힘의 작용선은 다음 위치에 있다.

A의 오른쪽으로 $\bar{X} = 5.93$ m 위치 ◀

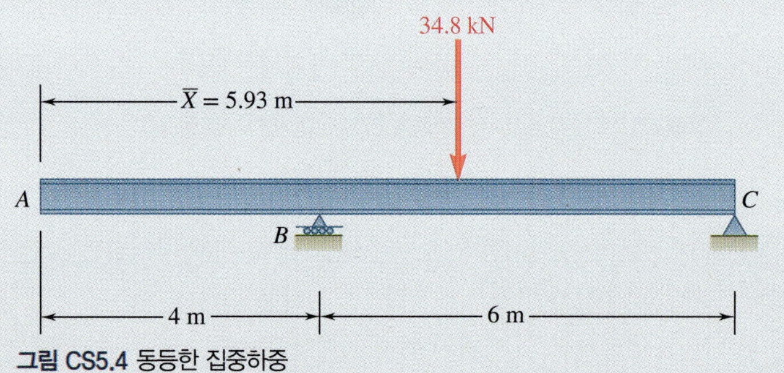

그림 CS5.4 동등한 집중하중

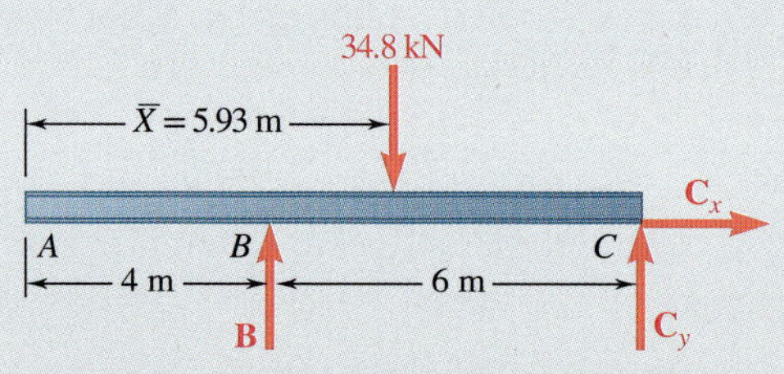

그림 CS5.5 동등한 집중하중을 받는 보의 자유물체도

b. 반력 B의 반력은 수직방향이고 **B**로 표기한다. C의 반력은 성분 $\mathbf{C}_x$와 $\mathbf{C}_y$로 나타낸다. 적용된 합력 [그림 CS5.5]를 가지는 보의 자유물체도를 참고하여, 다음의 평형방정식을 작성한다.

$$+\rightarrow \Sigma F_x = 0 : \qquad \mathbf{C}_x = 0$$ ◀

$$+\circlearrowleft \Sigma M_C = 0 : +(34.8 \text{ kN})(10 \text{ m} - 5.93 \text{ m}) - B(6 \text{ m}) = 0 \qquad \mathbf{B} = 23.6 \text{ kN} \uparrow$$ ◀

$$+\uparrow \Sigma F_y = 0 : -(34.8 \text{ kN}) + (23.6 \text{ kN}) + C_y = 0 \qquad \mathbf{C}_y = 11.2 \text{ kN} \uparrow$$ ◀

고찰 자연과 인간의 영향으로 설하중의 일부가 제거될 수 있고, 종종 구조물의 특정 매개변수들에 나쁜 영향을 줄 수 있다. 그런 이유로, ASCE 표준 7은 부분적인 설하중의 고려도 요구한다. 여기서 조사한 하중의 영향뿐만 아니라 부분 하중들의 잠재적 효과를 연구하기 위해, [사례연구 12.1]에서 이 시나리오를 다시 다룬다.

Section 5.3 연습문제

5.49 ~ 5.50 그림과 같은 보와 하중에 대해 (a) 분포하중 합력의 크기와 작용 위치, (b) 지점의 반력들을 구하시오.

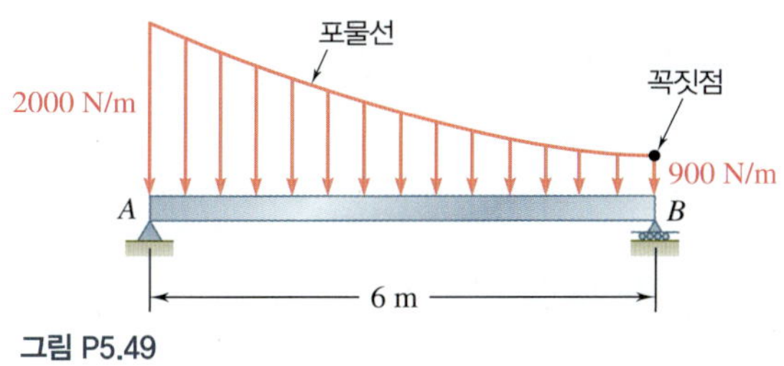

그림 P5.49

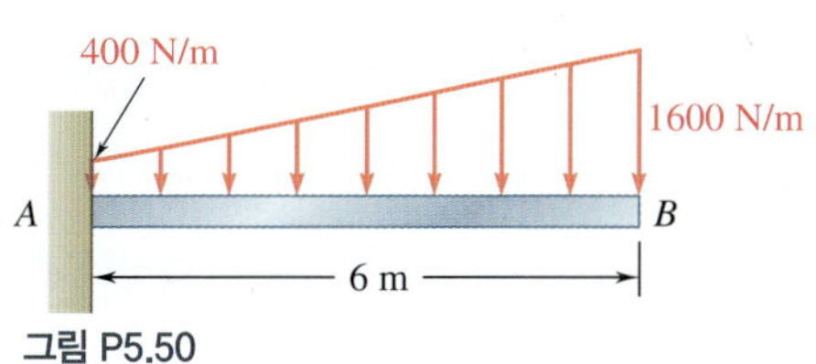

그림 P5.50

5.51 ~ 5.56 그림과 같은 하중에 대해 지점의 반력을 구하시오.

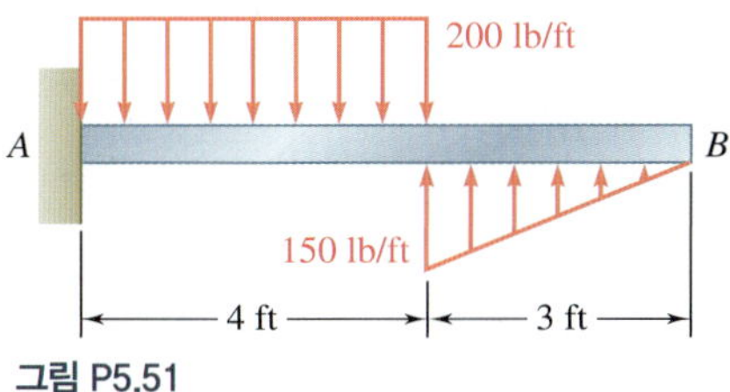

그림 P5.51

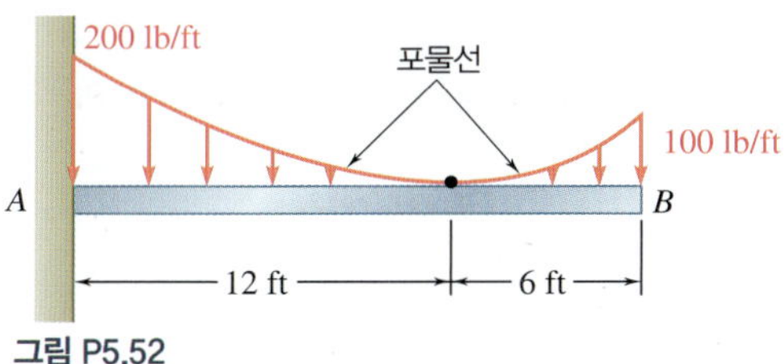

그림 P5.52

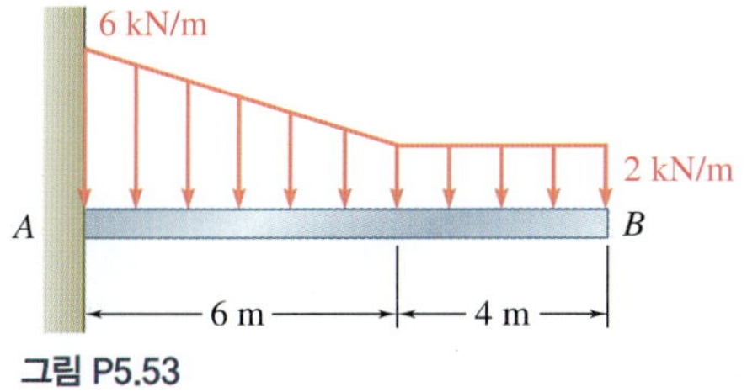

그림 P5.53

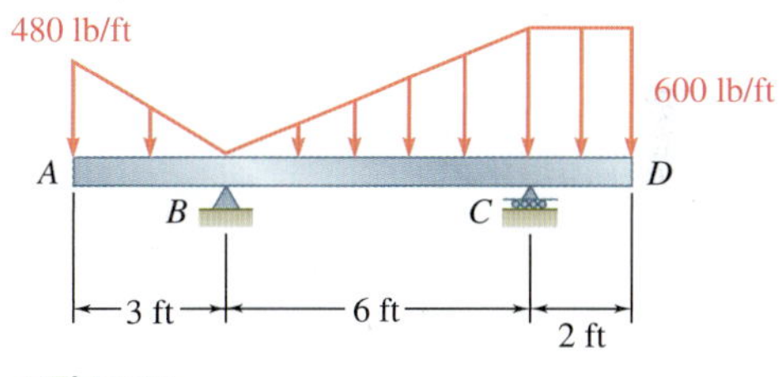

그림 P5.54

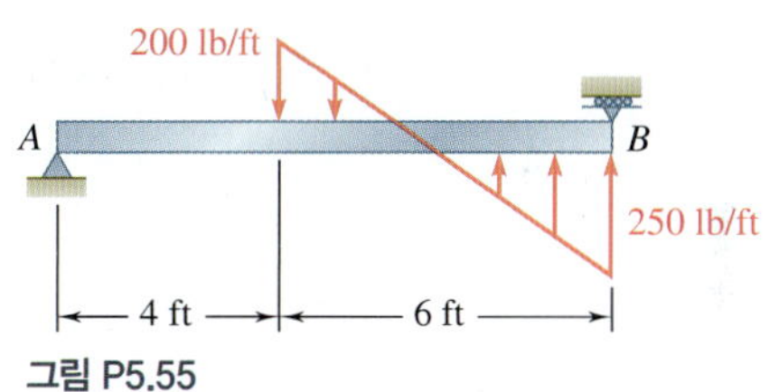

그림 P5.55

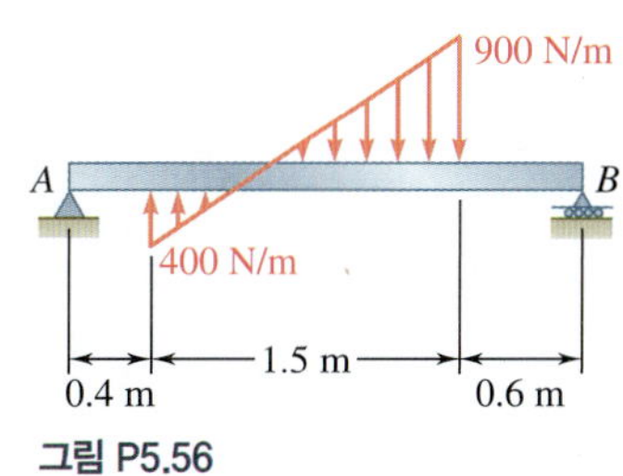

그림 P5.56

5.4 체적의 무게중심과 도심

지금까지는 편평한 판과 평면 표면 같은 2차원 면적과 대상들의 무게중심과 도심을 찾는 방법을 다루었다. 그러나 동일한 내용은 3차원 대상에도 적용된다. 일반적으로 해석을 위해 다중적분을 이용하지만, 계산을 단순화하기 위해 종종 대칭성을 고려하기도 한다. 이 절에서는 3차원 대상의 무게중심과 도심을 구하는 방법을 배운다.

5.4.1 3차원 물체의 무게중심과 도심

사진 5.5 우주 왕복선을 나르기 위해 개조된 보잉747의 비행 특성을 예측하기 위해, 공학자들은 각 비행체의 무게중심을 계산해야 했다.

3차원 물체에 대해, 물체를 작은 요소로 나누어 무게중심 G를 얻는다. G에 작용하는 물체의 하중 $\mathbf{W}$는 작은 요소들의 무게를 나타내는 분포하중들 $\Delta\mathbf{W}$의 시스템과 동등하다. 좌표 y의 축을 수직으로 선택한 후 위 방향을 양으로 한다(그림 5.18). G의 위치벡터를 $\bar{\mathbf{r}}$로 표기한 다음, $\mathbf{W}$가 요소무게 $\Delta\mathbf{W}$의 합과 같다고 놓고, O에 대한 모멘트가 요소무게들의 O에 대한 모멘트의 합과 같다고 놓는다.

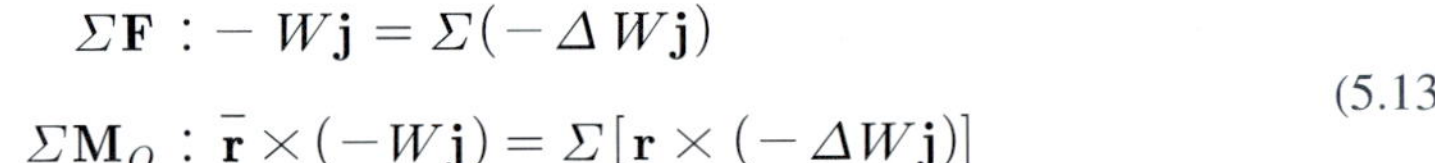

$$\begin{aligned} \Sigma\mathbf{F} &: -W\mathbf{j} = \Sigma(-\Delta W\mathbf{j}) \\ \Sigma\mathbf{M}_O &: \bar{\mathbf{r}} \times (-W\mathbf{j}) = \Sigma[\mathbf{r} \times (-\Delta W\mathbf{j})] \end{aligned} \tag{5.13}$$

마지막 식은 다음 형식으로 다시 쓸 수 있다.

$$\bar{\mathbf{r}}W \times (-\mathbf{j}) = (\Sigma\mathbf{r}\,\Delta W) \times (-\mathbf{j}) \tag{5.14}$$

이 식들로부터 물체의 무게 $\mathbf{W}$는 다음의 조건을 만족할 때 요소들의 무게 $\Delta\mathbf{W}$의 시스템과 동등하다는 것을 알 수 있다.

$$W = \Sigma\Delta W, \quad \bar{\mathbf{r}}W = \Sigma\mathbf{r}\,\Delta \mathrm{W}$$

요소의 숫자를 늘리는 동시에 각 요소의 크기를 줄이면, 극한에서 다음을 얻는다.

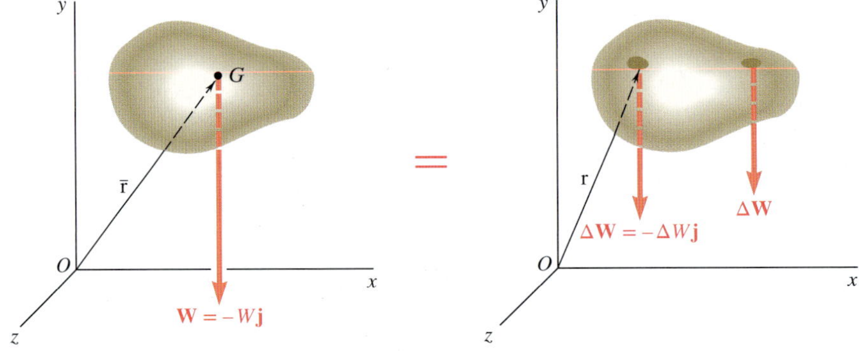

그림 5.18 3차원 물체에 대해, 무게중심 G를 통과하여 작용하는 무게 $\mathbf{W}$와 O에 대한 $\mathbf{W}$의 모멘트는 물체의 모든 요소에 작용하는 분포된 하중시스템과 O에 대한 분포하중 모멘트의 합과 동등하다.

3차원 물체의 무게, 무게중심

$$W = \int dW, \quad \bar{\mathbf{r}}W = \int \mathbf{r}\,dW \tag{5.15}$$

이 관계들은 물체의 방향과 무관하다. 예를 들어, 만약 물체와 좌표축이 회전하여 z축이 위를 향하면, 식 (5.13)과 (5.14)에서 단위벡터 $-\mathbf{j}$는 $-\mathbf{k}$로 바뀌지만, 식 (5.15)의 관계들은 변함없다. 벡터 $\bar{\mathbf{r}}$과 $\mathbf{r}$을 수직요소로 분해하면, 식 (5.15)의 두 번째 관계식은 세 개의 스칼라 방정식과 동등하다.

$$\bar{x}W = \int x\,dW, \quad \bar{y}W = \int y\,dW, \quad \bar{z}W = \int z\,dW \tag{5.16}$$

또는

$$\bar{x} = \frac{\int x\,dW}{W}, \quad \bar{y} = \frac{\int y\,dW}{W}, \quad \bar{z} = \frac{\int z\,dW}{W} \tag{5.16$'$}$$

만약 물체가 비중 γ를 가지는 균질한 물질로 만들어졌다면, 미세요소의 무게 크기 dW를 요소의 체적 dV의 항으로 나타낼 수 있고, 전체 무게 크기 W를 전체 체적 V의 항으로 나타낼 수 있다. 즉,

$$dW = \gamma dV, \quad W = \gamma V$$

이다. 식 (5.15)의 두 번째 관계식의 dW와 W의 자리에 대입하면, 다음 식을 얻는다.

$$\bar{\mathbf{r}}V = \int \mathbf{r}\,dV \tag{5.17}$$

스칼라 형식으로는 다음과 같이 나타낸다.

체적의 도심

$$\bar{x}V = \int x\,dV, \quad \bar{y}V = \int y\,dV, \quad \bar{z}V = \int z\,dV \tag{5.18}$$

또는

$$\bar{x} = \frac{\int x\,dV}{V}, \quad \bar{y} = \frac{\int y\,dV}{V}, \quad \bar{z} = \frac{\int z\,dV}{V} \tag{5.18$'$}$$

좌표가 $\bar{x}$, $\bar{y}$, $\bar{z}$인 균질한 물체의 무게중심은 **물체 체적 V의 도심**이기도 하다. 만약 물체가 균질하지 않다면, 물체의 무게중심을 결정하는 데 식 (5.18)을 사용할 수 없다. 그러나 식 (5.18)은 여전히 체적의 도심을 정의한다.

적분 $\int x\,dV$는 **체적의 평면 yz에 대한 1차모멘트**이다. 비슷하게, 적분 $\int y\,dV$와 $\int z\,dV$는 각각 평면 zx와 평면 xy에 대한 체적의 1차모멘트를 정의한다. 식 (5.18)에서, 만약 체적의 도심이 좌표평면에 위치하면 체적의 그 평면에 대한 1차모멘트는 영이다.

만약 체적 안의 모든 점 P에 대해, 체적 안에 다른 점 P'이 있어서 선 PP'이 주어진 평면과 수직이고 그 평면에 의해 절반으로 나뉠 때, 그 체적은 주어진 평면에 대해 대칭적이라고 말한다. 또한 그 평면은 주어진 체적에 대한 **대칭면**이라 한다. 체적 V가 대칭면을 가질 때, V의 그 평면에 대한 1차모멘트는 영이고, 체적의 도심은 대칭면 안에 위치한다. 만약 하나의 체적이 두 개의 대칭면을 가지면, 그 체적의 도심은 두 평면의 교차선 위에 위치한다. 최종적으로 만약 체적이 하나의 잘 정의된 점(즉 하나의 공통선 위에 있는 것이 아닌)에서 만나는 세 개의 대칭면을 가지면, 세 평면의 교차점은 체적의 도심과 일치한다. 이러한 성질 때문에 원구, 타원체, 정육면체, 직육면체 등의 도심 위치를 바로 계산할 수 있다. 비대칭이거나 하나 내지 두 개의 대칭면을 가지는 체적의 경우, 도심의 위치는 적분으로 계산할 수 있다.[3] 여러 상용도형들에 대한 도심이 [그림 5.19]에 나타나 있다. 일반적으로 회전체의 도심은 그 단면의 도심과 일치하지 않는다. 따라서 반구의 도심은 반원 면적의 도심과 다르고, 원뿔의 도심은 삼각형의 도심과 다르다.

3 적분에 의한 체적의 도심 결정을 위해 다음을 참고한다. Ferdinand P. Beer, E. Russell Johnston, Jr., and David F. Mazurek, Vector Mechanics for Engineers: Statics, 12th ed., McGraw-Hill, New York, 2019, Sec. 5.4C.

5.4.2 복합체

만약 한 물체를 [그림 5.19]의 여러 상용도형으로 나눌 수 있으면, O에 대한 전체 무게의 1차모멘트를 여러 구성요소 무게의 O에 대한 1차모멘트의 합과 같다고 하여 무게중심 G를 구할 수 있다. 따라서 무게중심 G의 좌표 $\overline{X}$, $\overline{Y}$, $\overline{Z}$를 정의하는 다음의 식들을 얻는다.

무게 W를 가지는 물체의 무게중심

$$\overline{X}\Sigma W = \Sigma \overline{x}\,W, \quad \overline{Y}\Sigma W = \Sigma \overline{y}\,W, \quad \overline{Z}\Sigma W = \Sigma \overline{z}\,W \tag{5.19}$$

또는

$$\overline{X}\Sigma W = \frac{\Sigma \overline{x}}{\Sigma W}, \quad \overline{Y} = \frac{\Sigma \overline{y}\,W}{\Sigma W}, \quad \overline{Z} = \frac{\Sigma \overline{z}\,W}{\Sigma W} \tag{5.19'}$$

만약 물체가 균질한 물질로 만들어졌다면, 무게중심은 체적의 도심과 일치하고 다음과 같다.

체적의 도심

$$\overline{X}\Sigma V = \Sigma \overline{x}\,V, \quad \overline{Y}\Sigma V = \Sigma \overline{y}\,V, \quad \overline{Z}\Sigma V = \Sigma \overline{z}\,V \tag{5.20}$$

또는

$$\overline{X} = \frac{\Sigma \overline{x}\,V}{\Sigma V}, \quad \overline{Y} = \frac{\Sigma \overline{y}\,V}{\Sigma V}, \quad \overline{Z} = \frac{\Sigma \overline{z}\,V}{\Sigma V} \tag{5.20'}$$

도형		$\bar{x}$	체적
반구	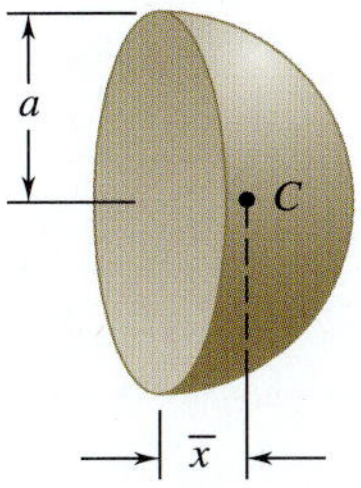	$\frac{3a}{8}$	$\frac{2}{3}\pi a^3$
반타원의 회전체	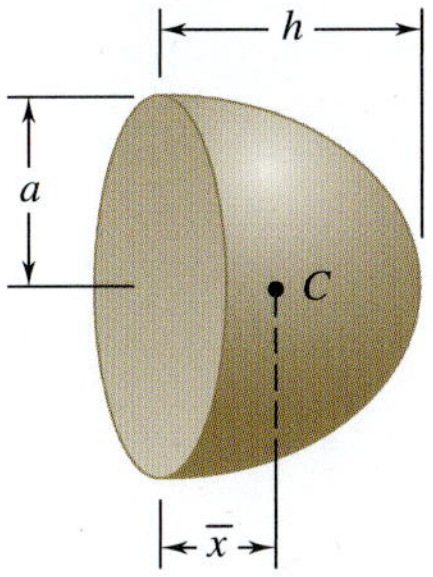	$\frac{3h}{8}$	$\frac{2}{3}\pi a^2 h$
포물선의 회전체	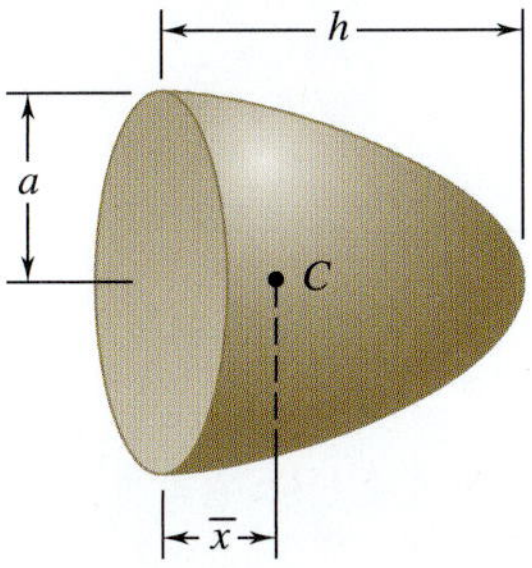	$\frac{h}{3}$	$\frac{1}{2}\pi a^2 h$
원뿔	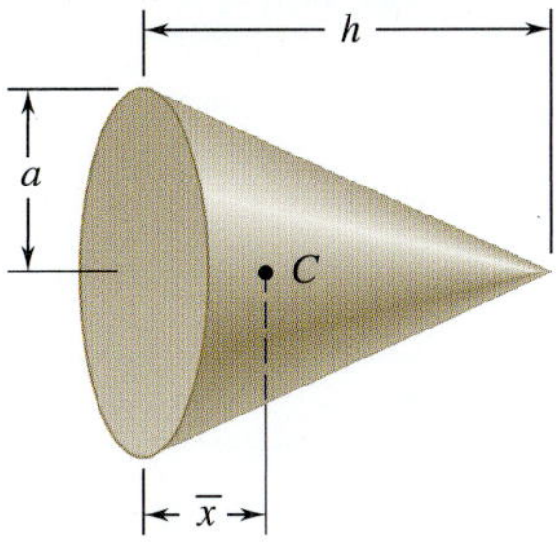	$\frac{h}{4}$	$\frac{1}{3}\pi a^2 h$
피라미드	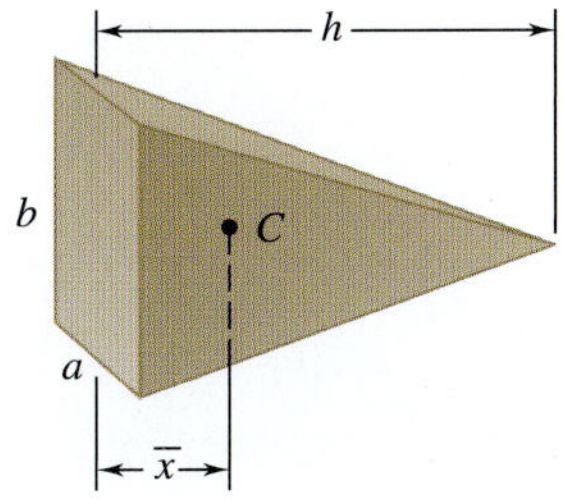	$\frac{h}{4}$	$\frac{1}{3} abh$

그림 5.19 상용도형에 대한 도심과 체적

예제 5.10

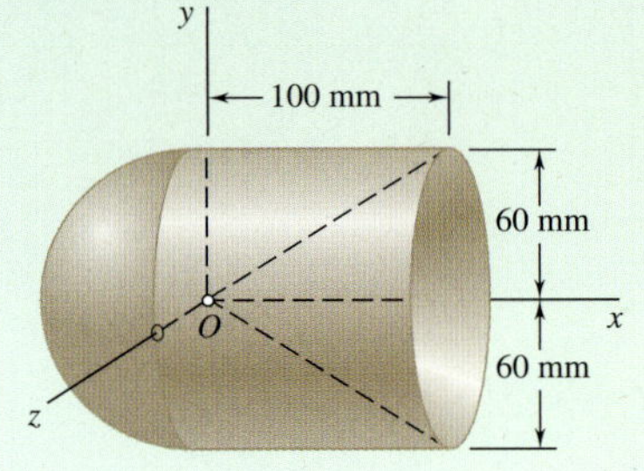

반구와 실린더를 연결하고 원뿔 모양을 깎아 만든 그림의 균질한 회전체의 무게중심을 구하시오.

문제분석 물체는 균질하며, 따라서 무게중심은 도심과 일치한다. 물체가 세 개의 단순한 모양의 복합체이기 때문에, 각 모양의 도심을 찾고 식 (5.20)을 사용하여 결합할 수 있다.

모델링 대칭성 때문에 무게중심은 x축 위에 있다. [그림 1]에서 보는 것처럼 물체는 반구를 실린더에 더하고 원뿔을 빼서 만들어졌다. [그림 5.19]에서 이 구성요소들 각각의 체적과 도심의 좌표 x를 구하고 다음과 같이 표로 정리한다. 물체의 전체 체적과 그 체적의 평면 yz에 대한 1차모멘트를 계산할 수 있다.

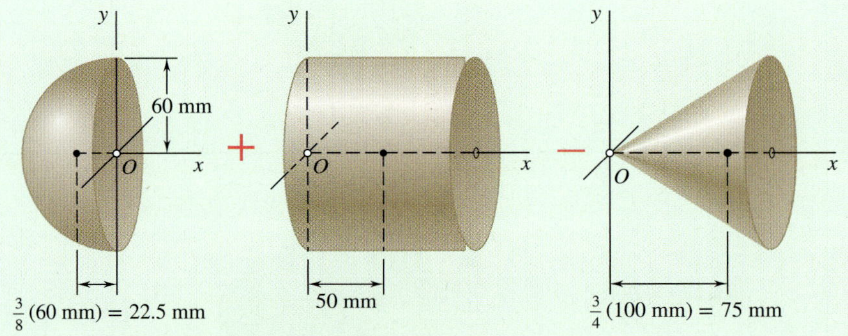

그림 1 단순한 기하 도형의 조합으로 모델링한 물체

풀이 반구의 도심 좌표는 중심보다 왼쪽에 있으므로 음수이다.

구성요소	체적, mm^3	$\bar{x}$, mm	$\bar{x}V$, mm^4
반구	$\frac{1}{2}\frac{4\pi}{3}(60)^3 = 0.4524 \times 10^6$	−22.5	-10.18×10^6
실린더	$\pi(60)^2(100) = 1.1310 \times 10^6$	+50	$+56.55 \times 10^6$
원뿔	$-\frac{\pi}{3}(60)^2(100) = -0.3770 \times 10^6$	+75	-28.28×10^6
	$\Sigma V = 1.206 \times 10^6$		$\Sigma\bar{x}V = +18.09 \times 10^6$

따라서 다음을 얻는다.

$$\overline{X}\,\Sigma V = \Sigma\bar{x}\,V, \qquad \overline{X}(1.206 \times 10^6\ \text{mm}^3) = 18.09 \times 10^6\ \text{mm}^4$$

$$\overline{X} = 15\ \text{mm}$$ ◂

고찰 반구를 더하고 원뿔을 빼는 것은 복합체의 도심을 실린더(50 mm) 도심의 왼쪽으로 옮기는 효과가 있다. 그러나 원통 체적의 1차모멘트는 반구와 원뿔을 조합한 체적의 1차모멘트보다 크므로 복합체의 도심은 여전히 양의 영역 x에 있다고 예측할 수 있다. 따라서 눈으로 대략 검사했을 때, +15 mm 결과는 합리적이다.

예제 5.11

그림과 같은 강재 기계부품의 무게중심을 찾으시오. 각 구멍의 지름은 1 in.이다.

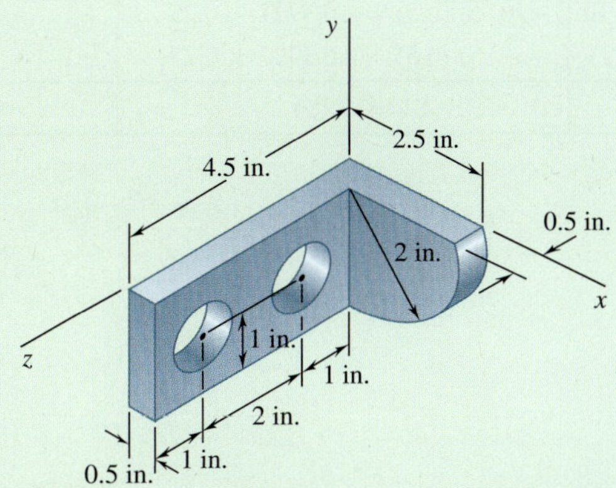

문제분석 이 부품은 두 개의 물체를 더하고 더 작은 두 개의 물체(구멍들)를 빼서 만들 수 있다. 각 물체의 체적과 도심을 구하고, 전체 도심을 구하는 데 식 (5.20)을 사용한다.

모델링 기계부품은 [그림 1]과 같이 직육면체(I)를 1/4실린더(II)에 더하고 두 개의 지름 1 in.인 실린더(III과 IV)를 빼서 얻을 수 있다. 각 요소의 체적과 도심 좌표를 계산하고 다음과 같이 표로 정리한다. 표를 사용하여 전체 체적과 체적의 각 좌표평면에 대한 1차모멘트를 계산한다.

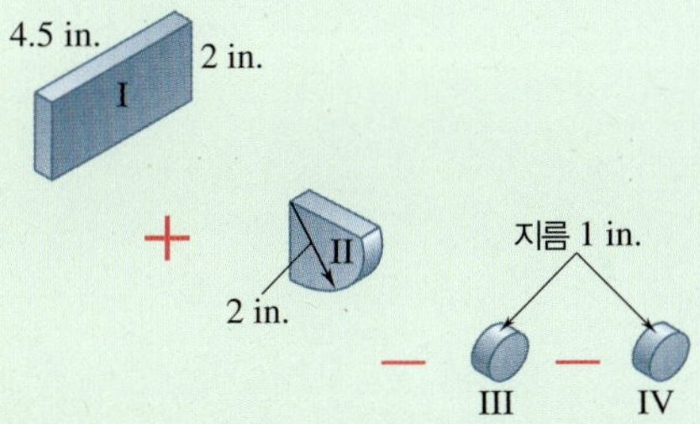

그림 1 단순한 기하 모양의 조합으로 모델링된 물체

풀이 체적과 도심을 찾는 데 [그림 5.8a]를 사용하여 각 요소 체적을 평면 모양으로 다룰 수 있으나, 요소 I과 II를 직각으로 연결하기 위해서는 3차원 계산이 필요하다. 도심을 주의 깊게 표시한 요소들의 더 자세한 스케치(그림 2)가 도움이 된다.

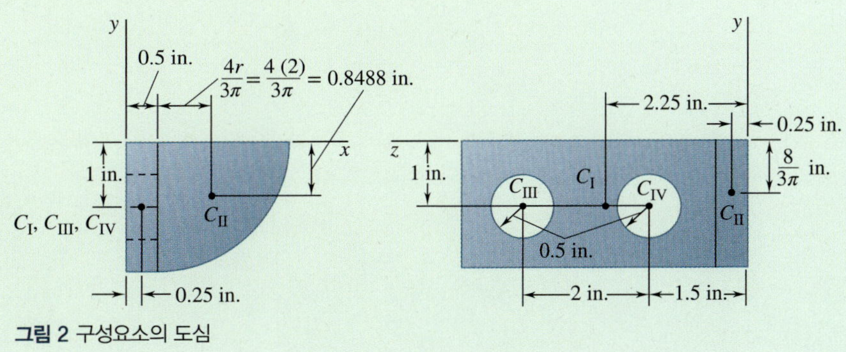

그림 2 구성요소의 도심

	V, in^3	$\bar{x}$, in.	$\bar{y}$, in.	$\bar{z}$, in.	$\bar{x}V$, in^4	$\bar{y}V$, in^4	$\bar{z}V$, in^4
I	$(4.5)(2)(0.5) = 4.5$	0.25	−1	2.25	1.125	−4.5	10.125
II	$\frac{1}{4}\pi(2)^2(0.5) = 1.571$	1.3488	−0.8488	0.25	2.119	−1.333	0.393
III	$-\pi(0.5)^2(0.5) = -0.3927$	0.25	−1	3.5	−0.098	0.393	−1.374
IV	$-\pi(0.5)^2(0.5) = -0.3927$	0.25	−1	1.5	−0.098	0.393	−0.589
	$\Sigma V = 5.286$				$\Sigma\bar{x}V = 3.048$	$\Sigma\bar{y}V = -5.047$	$\Sigma\bar{z}V = 8.555$

따라서, 다음을 얻는다.

$$\bar{X}\Sigma V = \Sigma\bar{x}V : \bar{X}(5.286\ \text{in}^3) = 3.048\ \text{in}^4 \qquad \bar{X} = 0.577\ \text{in.} \blacktriangleleft$$

$$\bar{Y}\Sigma V = \Sigma\bar{y}V : \bar{Y}(5.286\ \text{in}^3) = -5.047\ \text{in}^4 \qquad \bar{Y} = -0.955\ \text{in.} \blacktriangleleft$$

$$\bar{Z}\Sigma V = \Sigma\bar{z}V : \bar{Z}(5.286\ \text{in}^3) = 8.555\ \text{in}^4 \qquad \bar{Z} = 1.618\ \text{in.} \blacktriangleleft$$

고찰 $\bar{X}$와 $\bar{Z}$가 각각 (1/2)(2.5 in.)와 (1/2)(4.5 in.)보다 현저하게 작고, $\bar{Y}$는 그 크기가 (1/2)(2 in.)보다 약간 작다는 것을 알 수 있다. 따라서 대략 눈으로 확인할 때, 결과는 예상대로다.

Section 5.4 연습문제

5.57 그림의 복합체를 생각해보자. (a) $h = L/2$일 때 x의 값, (b) $x = L$일 때 비율 h/L을 구하시오.

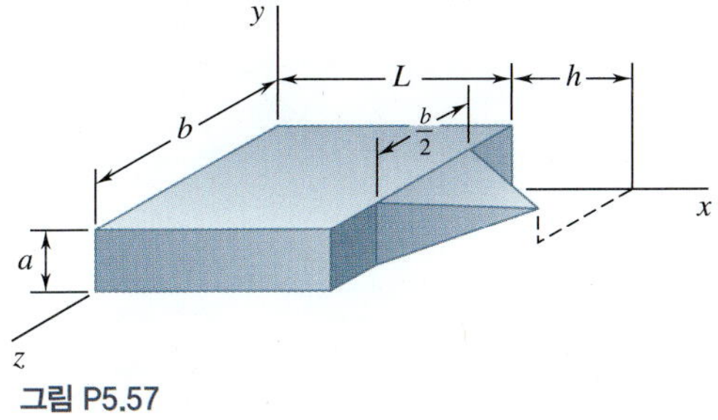

그림 P5.57

5.58 그림의 물체에 대한 무게중심의 y좌표를 구하시오.

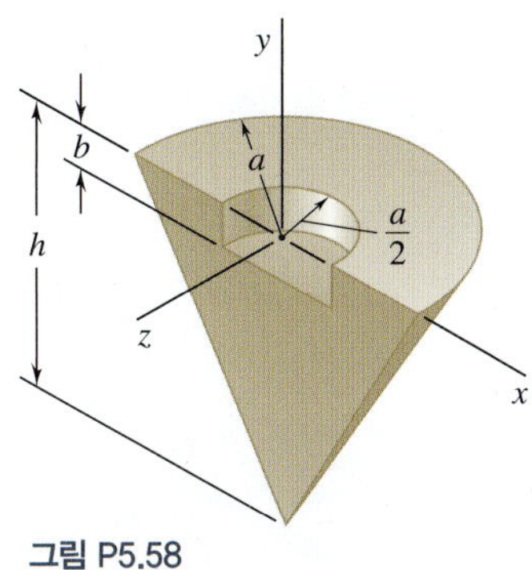

그림 P5.58

5.59 그림과 같은 복합체는 반지름 a인 반구로부터 장축 h, 단축 $a/2$인 반타원체를 제거하여 얻는다. (a) $h = a/2$일 때 도심의 y좌표, (b) $\overline{y} = -0.4a$가 되게 하는 h/a를 구하시오.

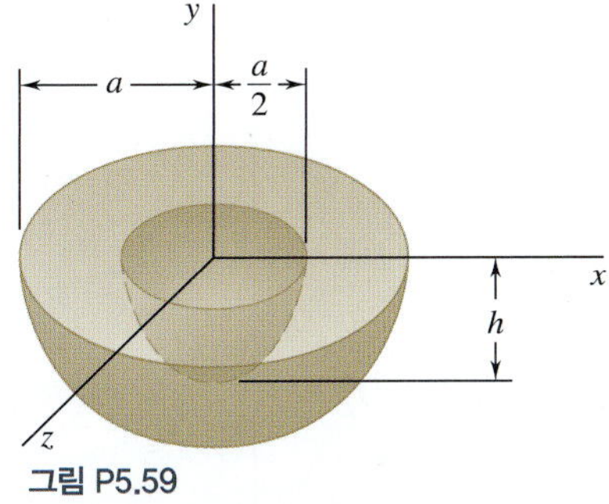

그림 P5.59

5.60 원뿔의 절두체frustrum에 대해 $r_1 = 40$ mm, $r_2 = 50$ mm, $h = 60$ mm일 때, 도심의 위치를 찾으시오.

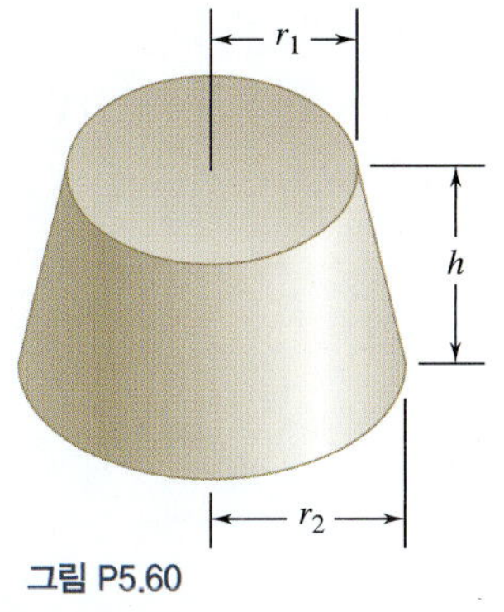

그림 P5.60

5.61 그림의 기계요소에 대해 무게중심의 y좌표를 구하시오.

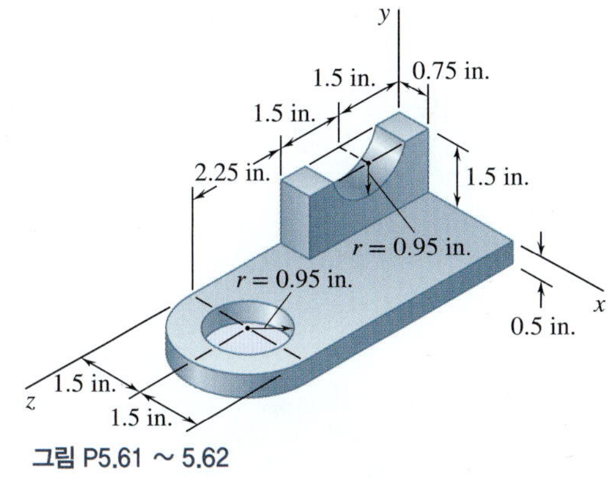

그림 P5.61 ~ 5.62

5.62 그림의 기계요소에 대해 무게중심의 z좌표를 구하시오.

5.63 그림의 정지 브라켓bracket에 대해 무게중심의 x좌표를 구하시오.

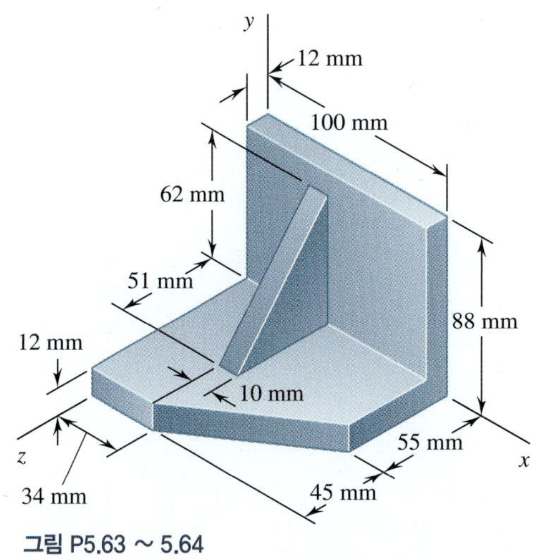

그림 P5.63 ~ 5.64

5.64 그림의 정지 브라켓에 대해 무게중심의 z좌표를 구하시오.

5.65 방의 구석에 맞도록 설계된 휴지통의 높이가 16 in.이고, 바닥은 10 in.의 반지름을 가지는 1/4원 모양이다. 균일한 두께를 가지는 얇은 금속으로 만들어졌을 때, 휴지통 무게중심의 위치를 찾으시오.

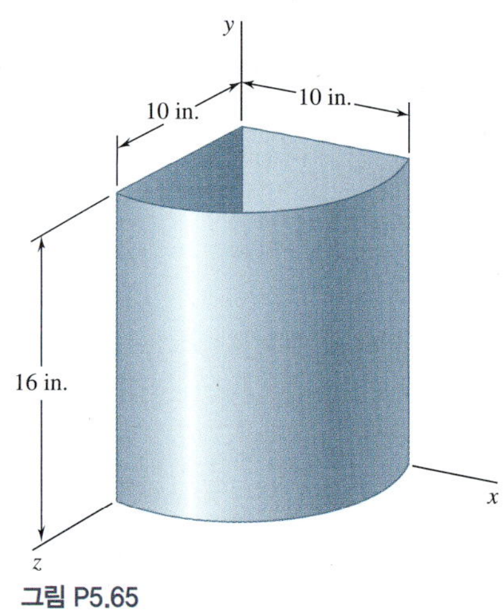

그림 P5.65

5.66 ~ 5.67 그림과 같은 얇은 금속 형태의 무게중심을 구하시오.

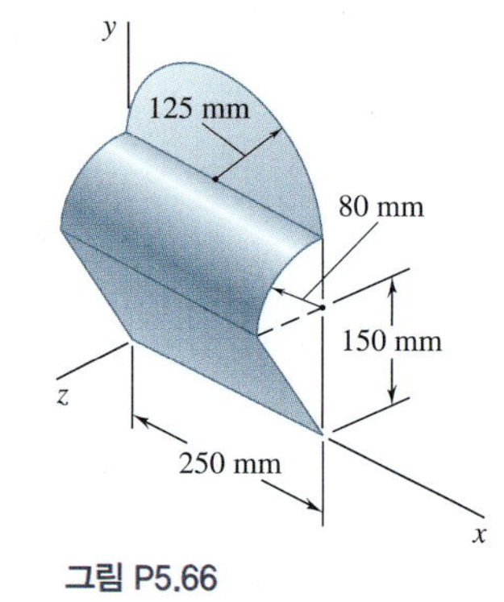

그림 P5.66

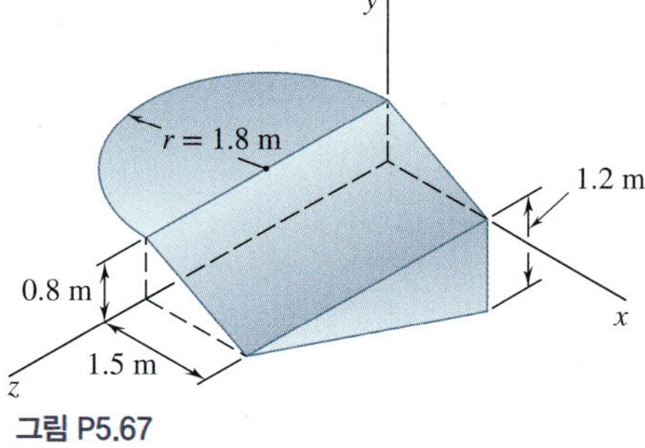

그림 P5.67

5.68 레이더 추적을 위한 구석 반사판corner reflector은 반지름이 15 in.인 1/4원 모양인 두 개의 면과 삼각형 모양인 하나의 면으로 이루어져 있다. 모두 동일한 두께를 가진 얇은 금속판으로 만들어졌을 때, 무게중심의 위치를 찾으시오.

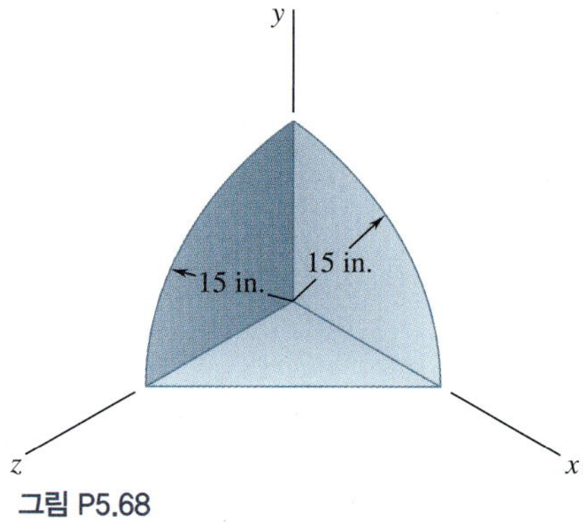

그림 P5.68

5.69 균일한 단면을 가지는 가는 철사가 휘어져서 그림의 모양이 되었다. 무게중심의 위치를 찾으시오.

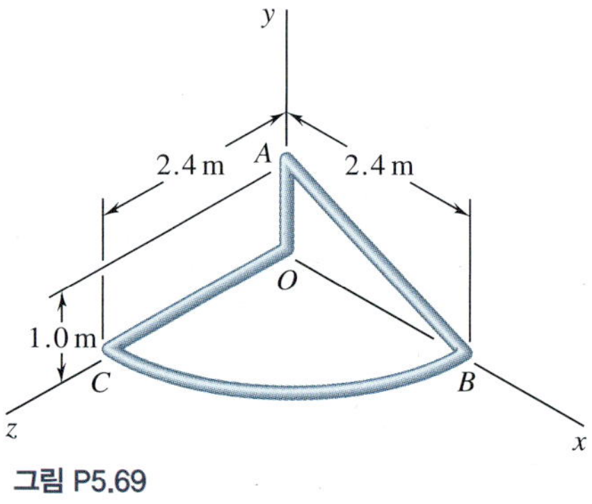

그림 P5.69

5.70 균일한 지름을 가지는 황동 막대기로 만들어진 그림의 모양에 대해 무게중심의 위치를 찾으시오.

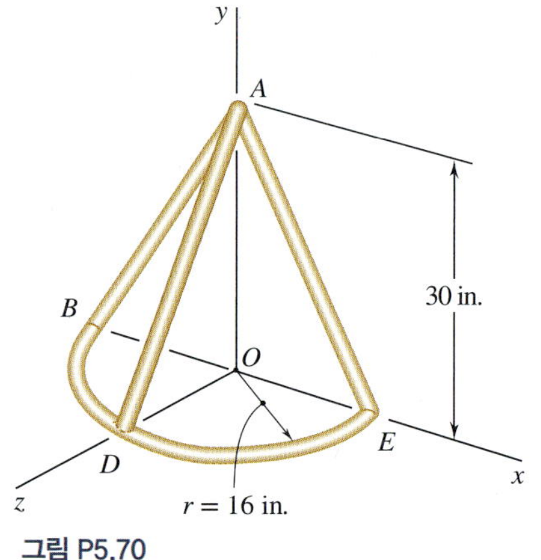

그림 P5.70

5.71 세 개의 황동판을 강관에 용접하여 그림과 같은 깃대 받침을 만들었다. 관 벽의 두께가 8 mm이고 각 판의 두께가 6 mm일 때, 받침의 무게중심 위치를 찾으시오. 밀도는 황동 = 8470 kg/m^3, 강 = 7860 kg/m^{3}이다.

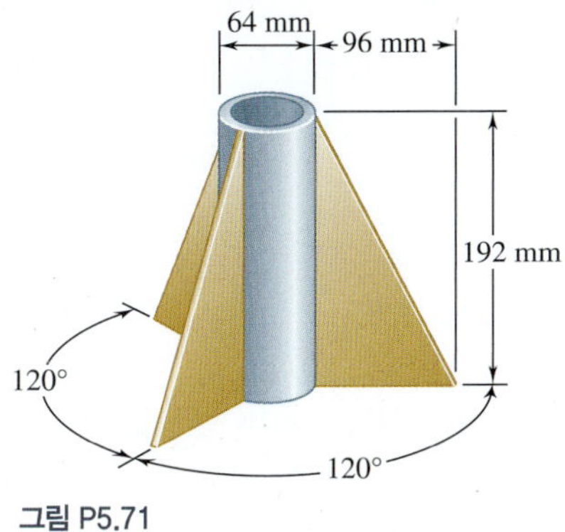

그림 P5.71

5.72 강재 슬리브sleeve의 안쪽에 황동 부싱bushing이 설치되었다. 황동의 비중이 0.318 lb/in^{3}이고, 강의 비중이 0.284 lb/in^{3}일 때, 전체 구조물의 무게중심 위치를 찾으시오.

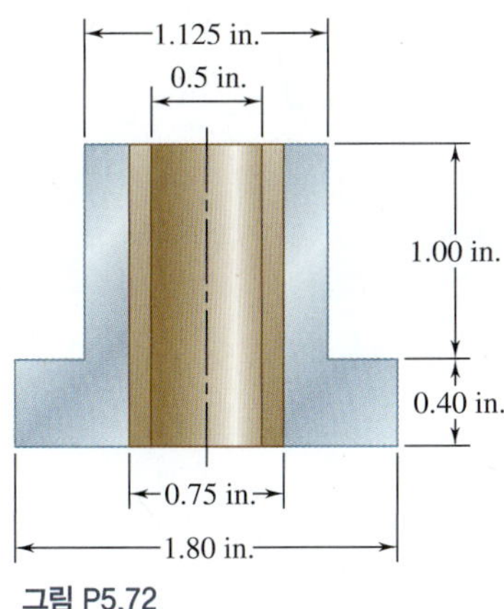

그림 P5.72

Chapter 05 핵심요약

이 장에서는 강체의 무게중심을 찾는 방법을 학습했다. 즉, 물체에 대한 지구의 인력효과를 나타내기 위해 물체의 무게 **W**인 단일 힘이 작용하는 점 G를 구했다.

2차원 물체의 무게중심

이 장의 첫 부분에서 평판과 평면 xy에 속한 선 등을 고려했다. 수직 z방향의 힘과 수평 y와 x축(5.1.1절)에 대한 모멘트를 더하여, 다음 식을 유도했다.

$$W = \int dW, \quad \bar{x}W = \int x\,dW, \quad \bar{y}W = \int y\,dW \tag{5.2}$$

식 (5.2)는 물체의 무게와 무게중심의 좌표 $\bar{x}$와 $\bar{y}$를 정의한다.

면적과 선의 도심

균질한 균일 두께 평판의 경우(5.1.2절), 판의 무게중심 G는 판의 면적 A의 도심과 일치한다. 좌표는 다음 관계들로 정의된다.

$$\bar{x}A = \int x\,dA, \quad \bar{y}A = \int y\,dA \tag{5.3}$$

마찬가지로, 평면 안에 있는 균일단면을 가지는 균질한 철사의 무게중심을 계산하는 것은 철사를 나타내는 선 L의 도심 C를 결정하는 것과 같다.

$$\bar{x}L = \int x\,dL, \quad \bar{y}L = \int y\,dL \tag{5.4}$$

1차모멘트

식 (5.3)의 적분은 면적 A의 y와 x축에 대한 1차모멘트라 하고, 각각 Q_y, Q_x라 한다(5.1.3절).

$$Q_y = \bar{x}A, \quad Q_x = \bar{y}A \tag{5.6}$$

선의 1차모멘트는 비슷한 방법으로 정의될 수 있다.

대칭의 성질

면적이나 선의 도심 C를 결정하는 것은 면적이나 선이 대칭에 대한 특정 성질들을 가지고 있을 때 단순화할 수 있다. 만약 면적이나 선이 하나의 축에 대칭이면, 그 도심은 축 위에 있다. 만약 그것이 두 개의 축에 대칭이면, C는 두 축의 교차점에 있다. 만약 그것이 중심 O에 대한 대칭이면, C는 O와 일치한다.

복합체의 무게중심

여러 가지 상용도형에 대한 면적과 도심은 [그림 5.8]에 표로 만들어져 있다. 하나의 평판을 여러 개의 이런 도형들로 나눌 수 있을 때, 무게중심 G의 좌표 $\overline{X}$와 $\overline{Y}$는 여러 (가지) 파트part들의 무게중심 G_1, G_2, ⋯의 좌표들 $\bar{x}_1$, $\bar{x}_2$, ⋯와 $\bar{y}_1$, $\bar{y}_2$,⋯로부터 결정된다(5.1.4절). y와 x축에 대한 모멘트를 각각 같게 하면(그림 5.20), 다음과 같다.

$$\bar{X} = \frac{\Sigma \bar{x} W}{W}, \qquad \bar{Y} = \frac{\Sigma \bar{y} W}{W} \tag{5.7}$$

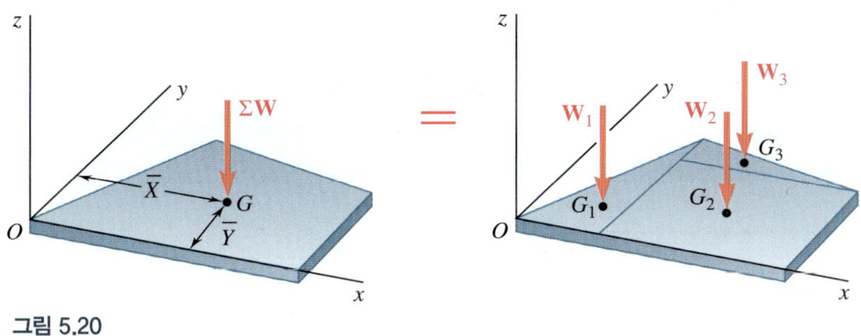

그림 5.20

만약 판이 균질하고 균일한 두께를 가지면, 무게중심은 판 면적의 도심과 일치하고, 식 (5.7)은 다음 식이 된다.

$$Q_y = \bar{X}\Sigma A = \Sigma \bar{x} A, \qquad Q_x = \bar{Y}\Sigma A = \Sigma \bar{y} A \tag{5.8}$$

이 식들은 복합체 면적에 대한 1차모멘트를 계산하거나, 도심의 좌표 $\bar{X}$, $\bar{Y}$를 얻기 위해 풀 수 있다(예제 5.1). 복합 철사의 무게중심은 비슷한 방식으로 구한다(예제 5.2).

적분으로 도심 계산하기

면적이 해석적 곡선으로 둘러싸여 있으면, 도심의 좌표를 적분으로 계산할 수 있다(5.2.1절). 이는 식 (5.3)의 이중적분이나 [그림 5.12]와 같은 얇은 직사각형이나 파이 형태의 면적요소를 사용하는 단일적분을 이용하여 계산한다. 요소 dA의 도심 좌표를 $\bar{x}_{el}$과 $\bar{y}_{el}$로 나타내면 다음과 같다.

$$Q_y = \bar{x} A = \int \bar{x}_{el}\, dA, \quad Q_x = \bar{y} A = \int \bar{y}_{el}\, dA \tag{5.9}$$

1차모멘트 Q_y와 Q_x를 둘 다 구하기 위해 동일한 면적요소를 사용하는 것이 유리하다. 역시 같은 요소를 사용하여 면적 A를 계산할 수 있다(예제 5.4).

파푸스-굴디누스의 정리

파푸스-굴디누스의 정리는 회전면의 면적 또는 회전체의 체적을 생성하는 곡선이나 면적의 도심과 연결하는 것이다(5.2.2절). 길이 L인 곡선을 고정축(그림 5.21a)에 대해 회전시켜 생성한 면적 A는 다음과 같다.

$$A = 2\pi \bar{y} L \tag{5.10}$$

여기서 $\bar{y}$는 곡선의 도심 C에서 고정축까지의 거리이다. 마찬가지로, 면적 A를 고정축(그림 5.21b)에 대해 회전시켜 생성한 물체의 체적 V는 다음과 같다.

$$V = 2\pi \bar{y} A \tag{5.11}$$

여기서 $\bar{y}$는 면적의 도심 C에서 고정축까지의 거리이다.

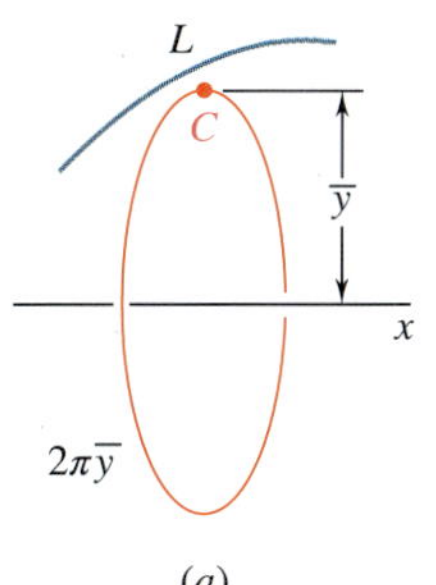

(a)

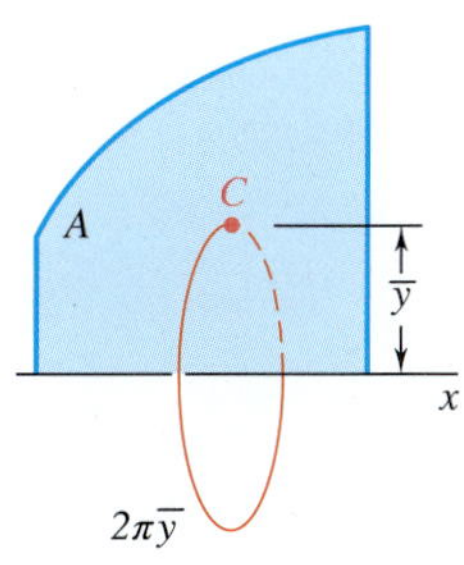

(b)

그림 5.21

분포하중

면적의 도심이라는 개념은 평판의 하중을 다루는 문제를 푸는 데에도 사용한다. 예를 들어, 보의 지점에서 반력을 계산하기 위해(5.3절), 분포하중 w를 하중곡선 아래의 면적 A와 크기가 같고 그 면적의 도심을 통과하는 집중하중 **W**로 대체할 수 있다(그림 5.22).

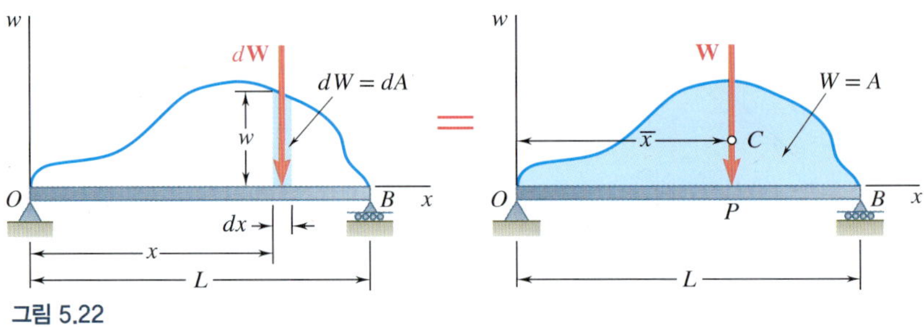

그림 5.22

3차원 물체의 무게중심

이 장의 마지막에서는 3차원 물체의 무게중심 G를 계산하는 방법을 다뤘다. 무게중심 G의 좌표 $\bar{x}$, $\bar{y}$, $\bar{z}$는 다음의 관계로 정의된다.

$$\bar{x}W = \int x\,dW, \quad \bar{y}W = \int y\,dW, \quad \bar{z}W = \int z\,dW \tag{5.16}$$

체적의 도심

균질한 물체의 경우, 무게중심 G는 물체 체적의 도심 C와 일치한다. 도심 C의 좌표는 다음의 관계로 정의된다.

$$\bar{x}V = \int x\,dV, \quad \bar{y}V = \int y\,dV, \quad \bar{z}V = \int z\,dV \tag{5.18}$$

만약 체적이 대칭면을 가지면, 도심 C는 그 대칭면에 위치한다. 체적이 두 개의 대칭면을 가지면, 도심은 두 평면의 교차선에 위치한다. 체적이 세 개의 대칭면을 가지면, 대칭면은 한 점에서 만나며, 이 점은 도심 C와 일치한다(5.4.1절).

복합체의 무게중심

여러 가지 상용 3차원 도형들의 체적과 도심들이 [그림 5.19]에 표로 정리되어 있다. 하나의 물체를 여러 개의 이런 도형들로 나눌 때, 그 물체의 여러 (가지) 파트part의 무게중심 좌표로부터 물체의 무게중심 C의 좌표를 계산할 수 있다(5.4.2절). 즉,

$$\bar{X}\Sigma W = \Sigma \bar{x} W, \quad \bar{Y}\Sigma W = \Sigma \bar{y} W, \quad \bar{Z}\Sigma W = \Sigma \bar{z} W \tag{5.19}$$

이다. 물체가 균질한 재료로 만들어졌다면, 무게중심은 체적의 도심과 일치하고, 다음 식을 얻는다(예제 5.10 ~ 5.11).

$$\bar{X}\Sigma V = \Sigma \bar{x} V, \quad \bar{Y}\Sigma V = \Sigma \bar{y} V, \quad \bar{Z}\Sigma V = \Sigma \bar{z} V$$

Chapter 05 종합문제

5.73 ~ **5.74** 그림과 같은 평면의 도심을 구하시오.

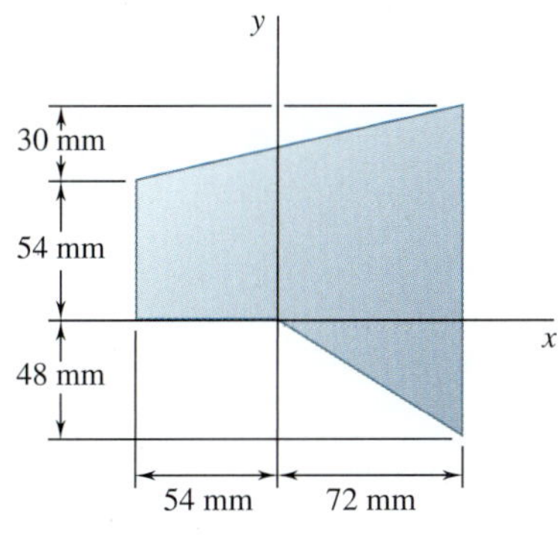

그림 P5.73

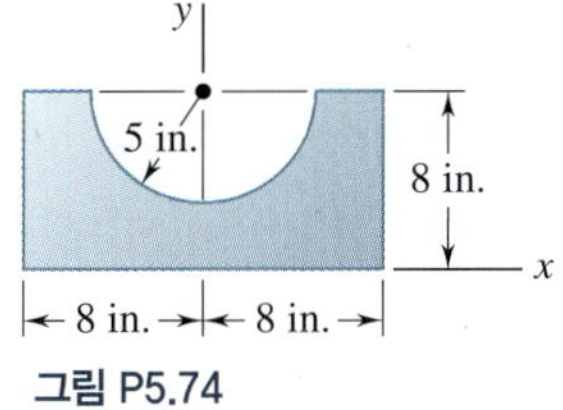

그림 P5.74

5.75 가늘고 균질한 철사가 휘어져서 [문제 5.73]의 평면면적 둘레가 되었다. 그렇게 만들어진 철사 모양의 도심 위치를 찾으시오.

5.76 단위길이당 질량이 4.73 kg/m인 가늘고 편평한 강재 봉을 이용하여 신호 프레임을 만들었다. 이 프레임은 C에서의 핀과 케이블 AB로 지지되었다. (a) 케이블의 인장력과 (b) C에서의 반력을 계산하시오.

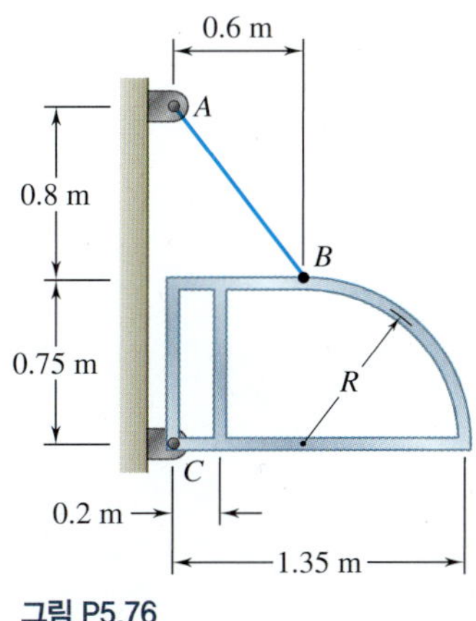

그림 P5.76

5.77 직접적분으로 그림과 같은 면적의 도심을 구하시오.

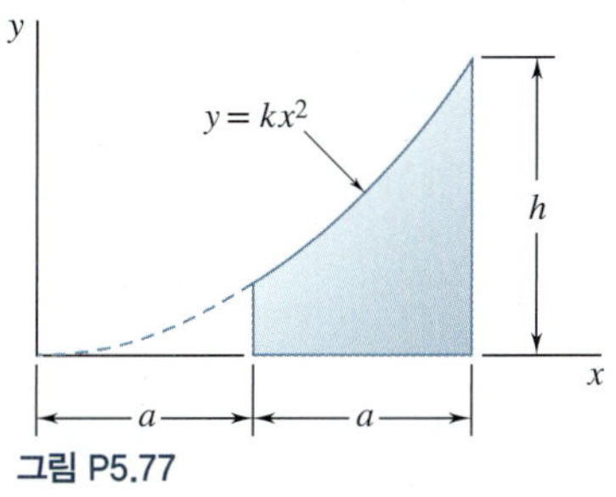

그림 P5.77

5.78 직접적분으로 그림과 같은 면적의 도심을 구하시오.

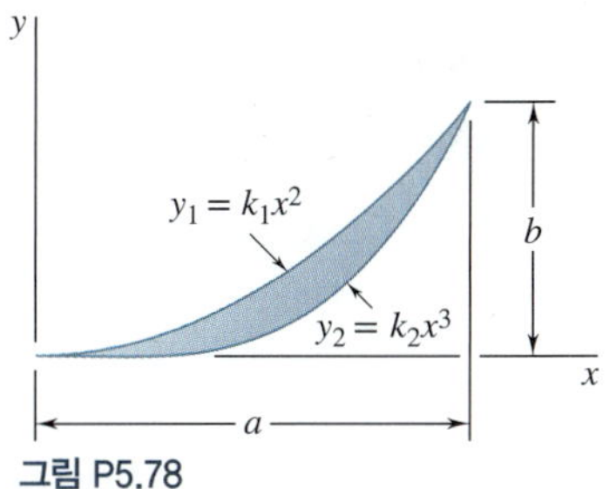

그림 P5.78

5.79 1 in. 두께의 강재에 지름 3/4 in.의 구멍이 뚫었다. 이후, 구멍을 그림과 같은 원추형으로 넓혔다. 넓어지는 과정에서 제거된 강재의 부피를 구하시오.

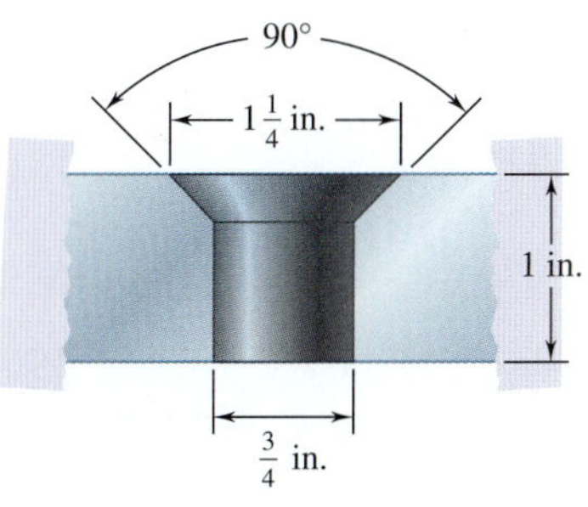

그림 P5.79

5.80 한 제조업자는 그림과 같은 모양을 가진 20,000개의 나무 페그peg를 생산할 계획이다. 각각의 페그에 페인트칠을 두 번 할 것이다. 1갤런gallon의 페인트로 100 ft²를 칠할 수 있다고 할 때, 얼마나 많은 갤런의 페인트를 주문해야 하는지 구하시오.

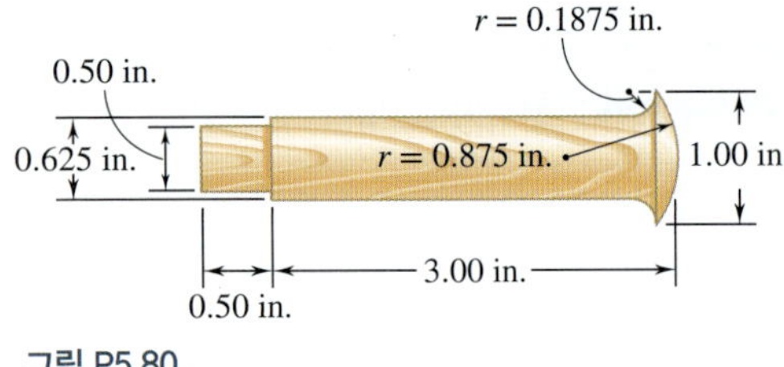

그림 P5.80

5.81 분포하중이 $w_0 = 400$ lb/ft일 때, 주어진 하중에 대한 보의 지점반력을 구하시오.

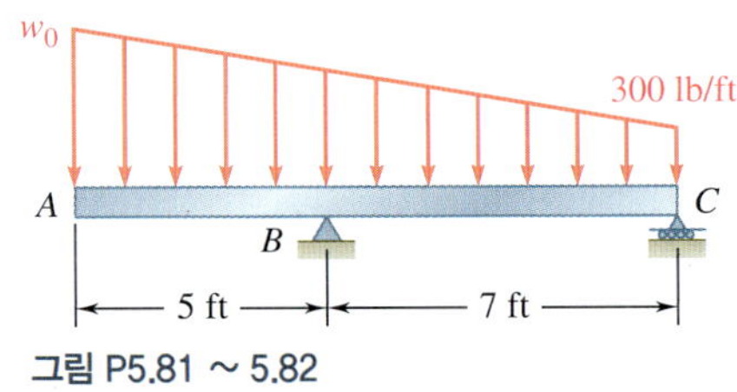

그림 P5.81 ~ 5.82

5.82 (a) C에서의 반력이 영이 되게 하는 A의 분포하중값 w_0와 (b) 그에 상응하는 B에서의 반력을 구하시오.

5.83 그림과 같은 기계부품에 대해 무게중심의 z 좌표를 찾으시오.

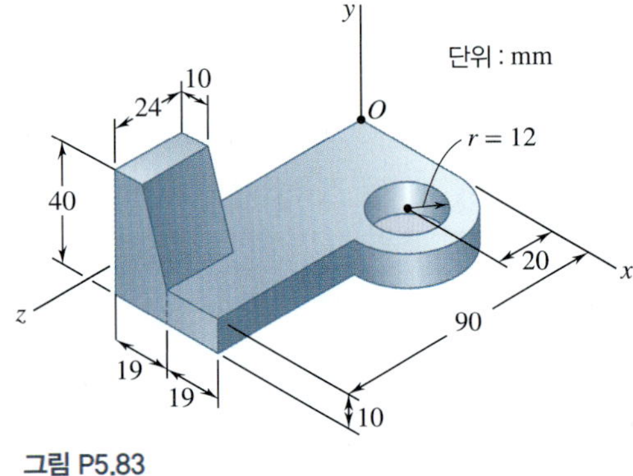

그림 P5.83

5.84 스크래치 송곳은 플라스틱 손잡이, 강재 날 그리고 끝단으로 되어 있다. 플라스틱의 밀도가 1030 kg/m^{3}이고 강재의 밀도가 7860 kg/m^{3}일 때, 송곳의 무게중심 위치를 찾으시오.

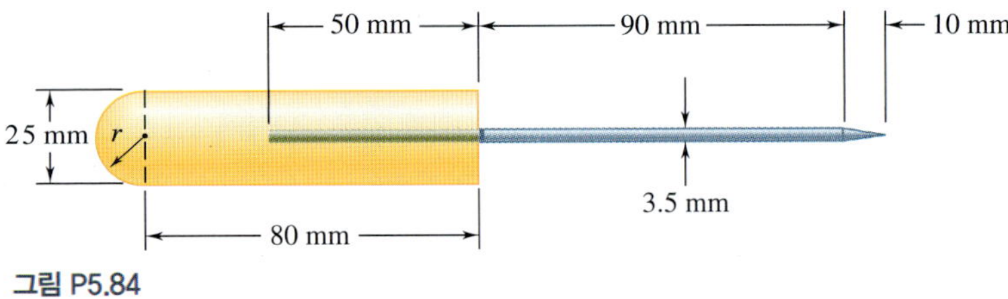

그림 P5.84

Lee Rentz/Photoshot

06

구조해석

위 사진에 보이는 워싱턴주의 디셉션패스Deception Pass를 지나는 캔틸레버cantilever 아치교 같은 트러스는 많은 공학 문제에서 실용적이면서 경제적인 해결책을 준다.

목차

학습목표

- 이상적인 트러스를 정의하고, 단순 트러스의 성질을 이해한다.
- 절점법을 사용하여 평면 트러스를 해석한다.
- 특수한 하중과 기하학적 조건들을 인식하여 특정 트러스 해석들을 단순화한다.
- 단면법을 사용하여 트러스를 해석한다.
- 합성 트러스의 특징을 살펴본다.
- 프레임, 기계와 같이 다력을 받는 부재를 포함하는 구조를 해석한다.

서론

이전 장들에서는 하나의 강체에 대한 평형을 다루었고, 포함된 모든 힘은 강체에 대한 외력이었다. 이제 여러 개의 연결된 부재로 만들어진 구조물의 평형을 고려해보자. 이 상황에서는 구조물에 작용하는 외력과 구조물의 여러 부재를 하나로 잡아주는 힘을 계산해야 한다. 구조물을 하나로 보는 관점에서, 이 힘들은 **내력**이다.

[그림 6.1a]와 같이 하중 W를 지지하는 크레인을 생각해보자. 이 크레인은 세 개의 부재 AD, CF, BE로 이루어져 있고, 마찰 없는 핀으로 연결되어 있다. 이것은 A에서의 핀과 케이블 DB가 지지하고 있다. [그림 6.1b]는 크레인의 자유물체도를 나타낸다. 그림에 보이는 외력은 무게 $\mathbf{W}$, A의 두 반력성분 $\mathbf{A}_x$, $\mathbf{A}_y$ 그리고 D에서 케이블에 작용하는 힘 $\mathbf{T}$이다. 크레인의 여러 부분을 잡아주는 내력들은 자유물체도에는 나타나지 않는다. 그러나 크레인을 분해하여 각각의 구성요소의 자유물체도를 그린다면, 이 내력들은 각 구성요소의 관점에서는 외력이기 때문에 이 세 개의 부재를 하나로 만드는 힘을 볼 수 있다(그림 6.1c)

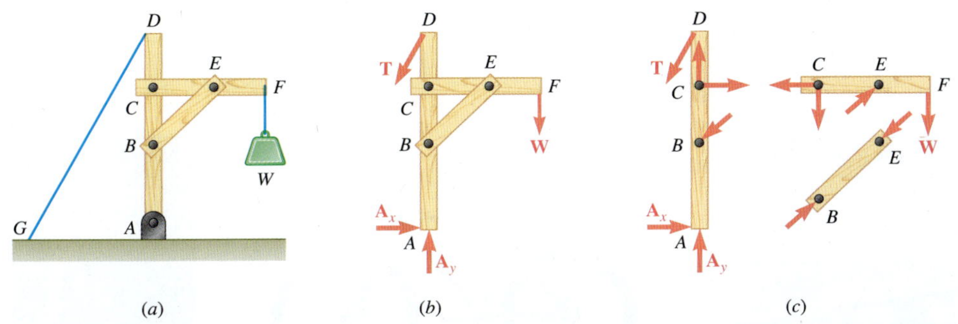

그림 6.1 평형상태의 구조물 (a) 하중을 지지하는 크레인 (b) 크레인의 자유물체도 (c) 크레인 구성 부품의 자유물체도

B에서 부재 BE가 부재 AD에 작용하는 힘은 같은 점에서 부재 AD가 부재 BE에 작용하는 힘과 크기가 같고 방향이 반대로 나타난다. 마찬가지로, E에서 부재 BE가 CF에 작용하는 힘은 CF가 BE에 작용하는 힘과 같은 크기이고 반대 방향이다. C에서 부재 CF가 AD에 작용하는 힘의 분력은 AD가 CF에 작용하는 힘의 분력과 크기가 같고 방향이 반대이다. 이러한 표현들은 뉴턴의 제3법칙과 일치하며, 그 내용은 다음과 같다.

접촉하는 두 물체 사이의 작용과 반작용의 힘은 같은 크기를 가지며, 작용선이 같고, 반대 방향이다.

1장에서 살펴봤듯이, 실험적 증거에 근거한 이 법칙은 기초역학의 여섯 가지 기본법칙 중 하나이다. 이 법칙을 적용하면 연결된 물체와 관련된 문제를 해결할 수 있다.

이 장에서는 다음 세 가지 범주의 구조물을 살펴본다.

1. 트러스

트러스는 하중을 지지하도록 설계되고, 보통 정적이며 완전히 구속된 구조물이다. 또한 각 부재 끝에 있는 절점에서 연결되는 직선 부재들로만 이루어져 있다. 트러스의 부재들은 2력 부재two-force member이다. 즉, 구조물을 따라서 두 개의 크기가 같고 반대 방향으로 작용하는 힘을 받는다.

2. 프레임

프레임도 하중을 지지하도록 설계되고, 보통 정적이며 완전히 구속된 구조물이다. 그러나 [그림 6.1]의 크레인처럼 프레임은 적어도 한 개의 다력 부재, 즉 일반적으로 부재 방향이 아닌 세 개 또는 그 이상의 힘을 받는 부재를 포함한다.

3. 기계

기계는 힘을 전달하고 바꾸도록 설계되며 움직이는 부품을 가지는 구조물이다. 기계는 프레임처럼 적어도 한 개의 다력 부재를 가진다.

(a) 트러스트교
Datacraft Co Ltd/imagenavi Getty Images

(b) 자전거 프레임
Ned Frisk/ Fuse/Getty Images

(c) 유압 기계팔
Ken Welsh/DesignPics

사진 6.1 주변에 있는 하중을 지지하거나 힘을 전달하는 구조물들은 일반적으로 트러스, 프레임 또는 기계에 해당한다.

6.1 트러스 해석

트러스는 공학 구조물의 주요 유형 중 하나이다. 이는 많은 공학적 상황에서, 특히 교량과 건물의 설계에서 실용적이고 경제적인 답을 준다. 이 절에서는 트러스의 기본요소를 설명하고 트러스 안에서 작용하는 힘을 해석하는 일반적인 방법을 연구한다.

6.1.1 단순 트러스

트러스는 [그림 6.2a]에서 보이는 것처럼, 절점에서 연결되는 직선 부재들로 이루어져 있다. 트러스 부재는 그것의 끝단에서만 연결된다. 절점을 통과하여 계속 연속인 부재는 없다. 예를 들어, [그림 6.2a]에서 부재 AB는 없다. 대신 두 개의 다른 부재 AD와 DB가 있다. 대부분의 실제 구조물들은 여러 개의 트러스가 함께 모여서 만들어진 공간 프레임워크 Framework으로 만들어진다. 각 트러스는 그 자신의 평면에 작용하는 하중을 지탱하도록 설계되었고, 따라서 2차원 구조로 취급될 수 있다.

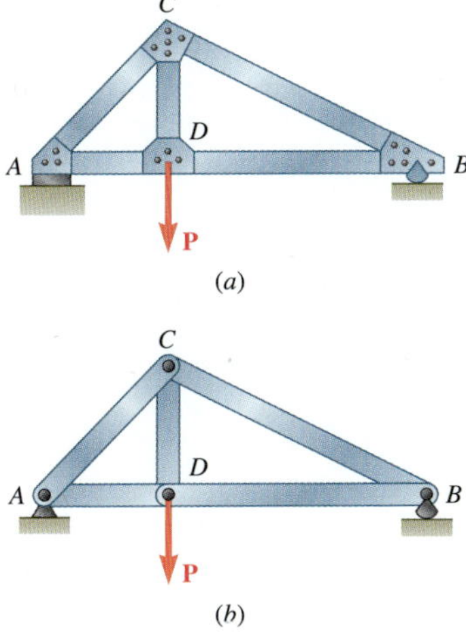

그림 6.2 (a) 전형적인 트러스는 절점에서 연결되는 직선 부재들로 이루어져 있다. (b) 트러스는 핀으로 연결된 2력 부재로 모델링할 수 있다.

일반적으로 트러스의 부재는 가늘고 측면하중을 거의 지지할 수 없다. 그러므로 모든 하중은 여러 가지 절점에 작용해야 하며 부재에 직접 작용해서는 안 된다. 집중하중이 두 절점 사이에 적용돼야 하거나, 트러스가 분포하중을 지지해야 할 때는 교량 트러스의 경우처럼 바닥시스템이 공급돼야 한다. 바닥이 스트링거와 바닥보를 이용하여 하중을 절점으로 전달한다(그림 6.3).

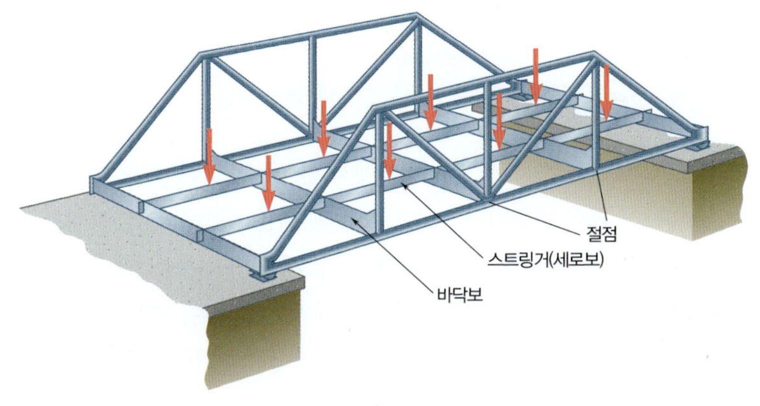

그림 6.3 트러스의 마루시스템은 받은 하중을 트러스의 절점으로 전달하기 위해 스트링거와 바닥보를 사용한다.

사진 6.2 샌프란시스코-오클랜드 베이 브리지의 이전 접근경간에 있는 핀 접점 연결

트러스 부재의 무게는 절점에 적용되는데, 부재를 연결하는 두 절점에 각 부재 무게의 절반이 적용된다. 실제로 부재는 용접, 볼트, 리벳으로 연결되지만, 여기서 부재들은 핀으로 연결된 것으로 간주한다. 그러므로 부재의 끝단에 작용하는 힘은 단일 힘이며 우력이 아니다. 그러므로 트러스 부재에 작용하는 힘은 양 끝단에서 하나의 힘으로 모델링할 수 있다. 그러면, 각 부재를 2력 부재로 다룰 수 있고, 트러스 전체를 핀과 2력 부재들의 집합으로 간주할 수 있다(그림 6.2b).

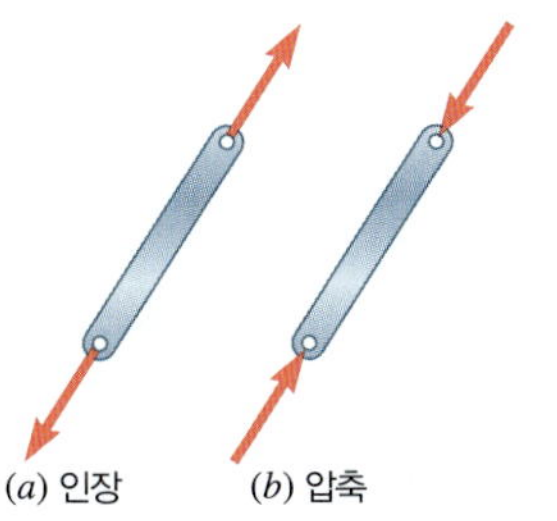

그림 6.4 트러스의 2력 부재는 인장 또는 압축 상태이다.

하나의 독립적인 부재는 [그림 6.4]의 두 그림 중 하나에서 보이는 것처럼 힘을 받는다. [그림 6.4a]에서 힘들은 부재를 잡아당겨서 분리하려고 하고, 부재는 인장력을 받는다. [그림 6.4b]에서는 힘들이 부재를 밀어서 합치려고 하고, 부재는 압축력을 받는다. [그림 6.5]는 몇 가지의 전형적인 트러스를 보여준다.

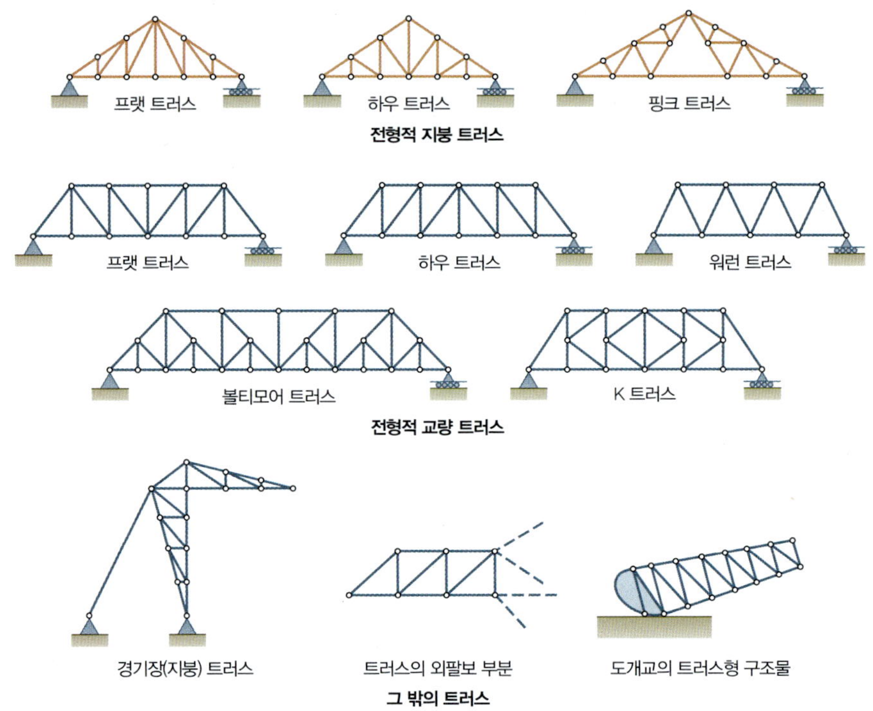

그림 6.5 건물 지붕, 교량 또는 다른 큰 구조물의 설계에서 종종 트러스를 볼 수 있다.

[그림 6.6a]의 트러스는 부재 네 개를 A, B, C, D에서 핀으로 연결하여 만들어졌다. 하중이 B에 가해지면, 트러스는 많이 변형되어 원래의 모양을 완전히 잃게 된다. 반대로, [그림 6.6b]의 트러스는 A, B, C, D에서 핀으로 연결된 세 부재로 만들어졌는데, B에 하중이 작용한 상태에서 약간만 변형된다. 이 트러스는 유일하게 약간의 길이 변화만 유일하게 가능하다. [그림 6.6b]의 트러스는 강성rigid 트러스로 불린다. '강성'이라는 용어는 트러스가 붕괴되지 않는다는 것을 나타내기 위해 사용되었다.

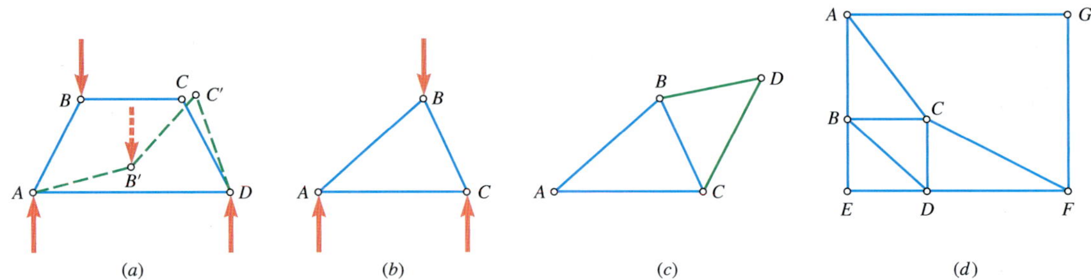

그림 6.6 (a) 잘못 설계되어 하중을 지지할 수 없는 트러스 (b) 단순한 삼각형으로 구성된 가장 기본적인 강성 트러스 (c) (b)의 삼각형을 키운 더 큰 강성 트러스 (d) 삼각형만으로 만들어지지 않은 강성 트러스

[그림 6.6c]처럼 [그림 6.6b]의 단순 삼각형 트러스에 두 부재 BD, CD를 더하여 더 큰 강성 트러스를 얻을 수 있다. 이 과정은 원하는 만큼 여러 번 할 수 있다. 만약 매번 두 개의 새 부재를 이미 존재하는 두 개의 절점에 연결하고, 두 부재가 새로운 절점에서 연결되면, 강체 트러스가 만들어진다(세 개의 절점이 직선 위에 있어서는 안 된다). 이런 방법으로 만들어지는 트러스를 단순 트러스라 한다.

단순 트러스는 반드시 삼각형만으로만 만들지는 않는다. 예를 들어, [그림 6.6d]의 트러스는 삼각형 ABC에 절점 D, E, F, G를 연속으로 더해서 만든 단순 트러스이다. 한편, 강성 트러스는 삼각형으로 만들어진 것처럼 보여도 항상 단순 트러스는 아니다. [그림 6.5]에 보이는 핑크와 볼티모어 트러스는 단순 트러스가 아니다. 왜냐하면 이것들은 방금 설명한 방식으로 하나의 삼각형으로 만들 수 없기 때문이다. [그림 6.5]에 보이는 다른 모든 트러스들은 단순 트러스임을 쉽게 확인할 수 있다(K 트러스의 경우, 중앙의 삼각형 중 어느 하나에서 시작한다).

또한 [그림 6.6b]의 기본 삼각 트러스는 세 개의 부재와 세 개의 절점을 가지고 있다. [그림 6.6c]의 트러스는 두 개의 부재와 하나의 절점이 더 있다. 즉, 전부 합쳐서 다섯 개의 부재와 네 개의 절점을 가진다. 두 개의 부재를 더할 때마다 절점은 한 개가 늘어나므로, 단순 트러스에서 전체 부재의 숫자는 $m = 2n - 3$이다. 여기서 n은 전체 절점의 개수이다.

사진 6.3 움직이는 교량의 주요요소로 두 개의 K 트러스가 사용되었는데, 교량은 대량으로 비축해 놓은 광물 위를 움직였다. 트러스 아래 양동이가 광물을 들어 올리고 그것이 완전히 섞일 때까지 다시 저장한다. 그런 다음 처리하여 강재가 되도록 공장으로 보낸다.

6.1.2 절점법

지금까지 본 것처럼, 트러스는 핀과 2력 부재의 집합group으로 생각할 수 있다. 따라서 [그림 6.2]의 트러스는 절단할 수 있다. 이 자유물체도는 [그림 6.7a]에 보이며, 각각의 핀과 부재에 대해 자유물체도를 그릴 수 있다(그림 6.7b). 각 부재는 양쪽 끝단에서 하나씩, 총 두 개의 힘을 받는다. 이 힘들은 크기와 작용선이 같으며, 방향만 반대이다(4.2.1절). 뉴턴의 제3법칙에서도 부재와 핀 사이의 작용과 반작용의 힘은 크기가 같고 방향은 반대이다. 따라서 부재에 의해 두 개의 핀에 작용하는 힘은 부재를 따라 작용하며, 크기는 같고 방향은 반대이다. 부재에 의해 트러스를 연결하는 두 핀에 작용하는 힘의 크기는, 이 양이 스칼라임에도 불구하고 일반적으로 부재력이라고 부른다. 트러스 내부의 모든 힘의 작용선을 알고 있으므로, 트러스 해석은 여러 가지 부재 안의 힘을 계산하고, 각 부재가 인장 또는 압축상태인지를 결정하는 것이다.

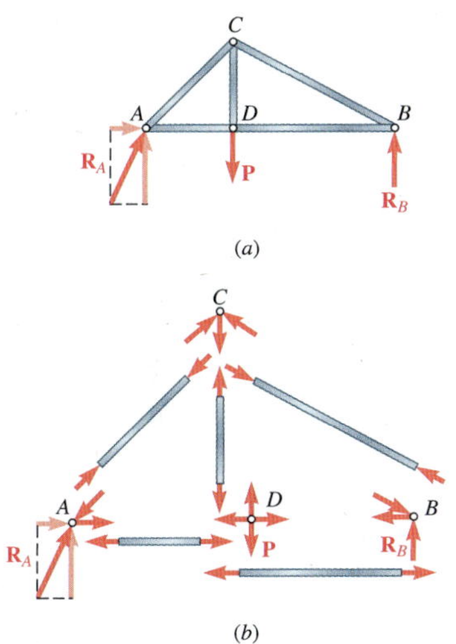

그림 6.7 (a) 강체인 트러스의 자유물체도 (b) 트러스를 만드는 다섯 개의 부재와 네 개 핀의 자유물체도

전체 트러스가 평형상태이므로, 각각의 핀도 평형상태이다. 핀의 자유물체도를 그리고 두 개의 평형방정식을 쓰는 데에 핀이 평형상태라는 사실을 이용한다(2.3.1절). 그러므로 트러스가 n개의 핀을 가지면 $2n$개의 방정식을 쓸 수 있으며, $2n$개의 미지수에 대해서 풀 수 있다. 단순 트러스의 경우, 식은 $m = 2n - 3$이다. 즉, $2n = m + 3$이 된다. 그리고 핀의 자유물체도에서 구할 수 있는 미지수의 개수는 $m + 3$이다. 핀들의 자유물체도를 고려하면, 부재의 모든 힘, 반력 $\mathbf{R}_A$와 $\mathbf{R}_B$의 두 성분을 찾을 수 있다.

[그림 6.7a]의 자유물체도에 나타낸 힘들을 포함하는 세 개의 추가 방정식을 작성하기 위해, 전체 트러스가 평형상태인 강체라는 사실을 이용할 수 있다. 이 식들이 어떤 새로운 정보를 포함하지 않기 때문에, 핀의 자유물체도에 관계된 방정식들과 독립적이지 않다. 그런데도 지점에서 반력의 성분을 계산하는 데 그 식들을 사용할 수 있다. 단순 트러스에서의 핀과 부재의 배열로 인해 두 개의 미지 부재력만 포함하는 절점은 항상 찾을 수 있다. 2.3.3절의 방법을 사용하고, 그 값들을 근처의 절점에 보낸 다음, 이 절점에서 이미 아는 값으로 처리해 이런 힘들을 구할 수 있다. 이러한 과정을 반복하여 모든 미지력을 구한다.

사진 6.4 지붕 트러스들은 끝단에서만 지점이 필요하므로, 크고 막히지 않은 형태의 건물을 건설할 수 있다.
Sabina Dowell/McGraw-Hill Education

예를 들어, 두 개의 미지력만 존재하는 절점을 시작으로 각각의 핀의 평형을 순서대로 고려하여 [그림 6.7]의 트러스를 해석해보자. 이 트러스에서 모든 핀들은 적어도 세 개의 미지력을 가진다. 그러므로 먼저 전체 트러스의 자유물체도를 고려하여 강체의 평형방정식으로 지점의 반력을 계산해야 한다. 이런 방법으로, $\mathbf{R}_A$가 수직방향인 것을 찾고 $\mathbf{R}_A$와 $\mathbf{R}_B$의 크기를 계산한다.

이렇게 절점 A에서 미지력의 개수를 둘로 줄이고, 핀 A에서 힘의 평형을 고려하여 이 힘들을 계산할 수 있다. 반력 $\mathbf{R}_A$, 부재 AC와 AD에 의해서 각각 핀 A에 가해지는 힘 $\mathbf{F}_{AC}$와 $\mathbf{F}_{AD}$는 힘의 삼각형을 구성해야만 한다. 먼저 $\mathbf{R}_A$(그림 6.8)를 그린다. $\mathbf{F}_{AC}$와 $\mathbf{F}_{AD}$가 각각 AC, AD를 따르는 방향이라는 것에 주의하여, 삼각형을 완성하고 $\mathbf{F}_{AC}$와 $\mathbf{F}_{AD}$의 크기와 방향을 계산한다. $\mathbf{F}_{AC}$와 $\mathbf{F}_{AD}$의 크기는 부재 AC와 AD의 힘을 나타낸다. $\mathbf{F}_{AC}$가 왼쪽 아래 방향을 향하므로(즉, 절점 A방향) 부재 AC는 핀 A를 밀어내고 압축력을 받는다(뉴턴의 제3법칙에 따르면 핀 A는 부재 AC를 밀어낸다). $\mathbf{F}_{AD}$가 절점 A에서 멀어지므로, 부재 AD는 핀 A를 잡아당기고 인장력을 받는다(뉴턴의 제3법칙에 따르면 핀 A는 부재 AD를 잡아당긴다).

	자유물체도	힘의 다각형
절점 A	$\mathbf{F}_{AC}$, A, $\mathbf{F}_{AD}$, $\mathbf{R}_A$	$\mathbf{F}_{AC}$, $\mathbf{R}_A$, $\mathbf{F}_{AD}$
절점 D	$\mathbf{F}_{DC}$, $\mathbf{F}_{DA}$, $\mathbf{F}_{DB}$, D, $\mathbf{P}$	$\mathbf{F}_{DB}$, $\mathbf{F}_{DC}$, $\mathbf{P}$, $\mathbf{F}_{DA}$
절점 C	C, $\mathbf{F}_{CA}$, $\mathbf{F}_{CB}$, $\mathbf{F}_{CD}$	$\mathbf{F}_{CB}$, $\mathbf{F}_{CD}$, $\mathbf{F}_{CA}$
절점 B	$\mathbf{F}_{BC}$, $\mathbf{F}_{BD}$, B, $\mathbf{R}_B$	$\mathbf{F}_{BD}$, $\mathbf{R}_B$, $\mathbf{F}_{BC}$

그림 6.8 [그림 6.7]에서 핀과 트러스 부재의 힘을 계산하는 데 사용하는 자유물체도와 힘의 다각형

이제 절점 D로 진행할 수 있는데, 여기서는 $\mathbf{F}_{DC}$와 $\mathbf{F}_{DB}$ 두 힘만이 미지력이다. 다른 힘은 주어진 하중 $\mathbf{P}$와 부재 AD로 핀에 전달되는 힘 $\mathbf{F}_{DA}$이다. 앞에서 지적한 대로, 이 힘은 같은 부재가 핀 A에 가하는 힘 $\mathbf{F}_{AD}$와 같은 크기이고 반대 방향이다. [그림 6.8]에 나타낸 것처럼, 절점 D에 해당하는 힘의 다각형을 그리고, 그 다각형으로부터 힘 $\mathbf{F}_{DC}$와 $\mathbf{F}_{DB}$를 구할 수 있다. 그러나 세 힘보다 더 많이 포함된 경우에는 두 개의 미지력에 대해 평형방정식 $\Sigma F_x = 0$과 $\Sigma F_y = 0$을 푸는 것이 일반적으로 더 편리하다. 두 힘이 모두 절점 D에서 멀어지는 방향이므로, 부재 DC와 DB는 핀을 잡아당기고 인장력을 받는다.

다음으로 절점 C를 생각해보자. [그림 6.8]은 자유물체도를 나타낸다. 이전의 절점 해석으로부터 $\mathbf{F}_{CD}$와 $\mathbf{F}_{CA}$를 알고 있으며, 따라서 $\mathbf{F}_{CB}$만 미지력이다. 각 핀의 평형이 두 개의 미지력을 구하는 데 충분한 정보를 제공하므로, 이 절점에서 해석을 점검할 수 있다. 힘의 삼각형을 그리고 $\mathbf{F}_{CB}$의 크기와 방향을 계산한다. 힘 $\mathbf{F}_{CB}$가 절점 C를 향하므로, 부재 CB는 핀 C를 밀어 압축상태이다. 힘 $\mathbf{F}_{CB}$와 부재 CB가 평행이라는 것을 확인하여 검산한다.

마지막으로, 절점 B에서는 모든 힘을 알고 있다. 해당하는 핀는 평형상태에 있으므로 힘의 삼각형은 폐합돼야 하며, 해석에 대한 추가 검산을 할 수 있다.

[그림 6.8]의 힘의 다각형이 유일하지 않다는 것에 주의한다. 각각은 대체 형상으로 대치할 수 있다. 예를 들어, 절점 A에 대응하는 힘의 삼각형은 [그림 6.9]처럼 그릴 수 있다. [그림 6.8]에서의 삼각형은 실제로 세 힘 $\mathbf{R}_A$, $\mathbf{F}_{AC}$, $\mathbf{F}_{AD}$의 작용선이 절점 A 주위로 시계방향으로 움직일 때 나타나는 순서에 따라 꼬리 잇기 방식으로 세 점을 그려서 구했다.

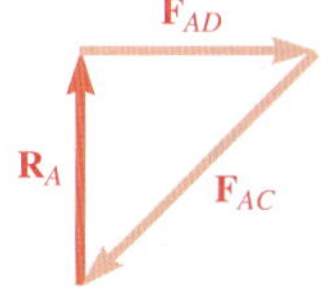

그림 6.9 절점 A에 대한 [그림 6.8]의 대안이 되는 힘의 다각형

6.1.3 특수한 하중조건에서의 절점

트러스에서 부재들의 특정한 기하학적 배열들은 특별히 관찰로 해석하기 쉽다. 예를 들어, [그림 6.10a]는 두 개의 교차하는 직선으로 놓여 있는 네 개의 부재를 연결하는 절점을 보여준다. [그림 6.10b]의 자유물체도는 핀 A가 두 쌍의 정반대인 힘을 받는 것을 나타낸다. 그러므로 대응되는 힘의 다각형은 반드시 평행사변형이고(그림 6.10c), 반대쪽 부재들의 힘의 크기는 같아야 한다.

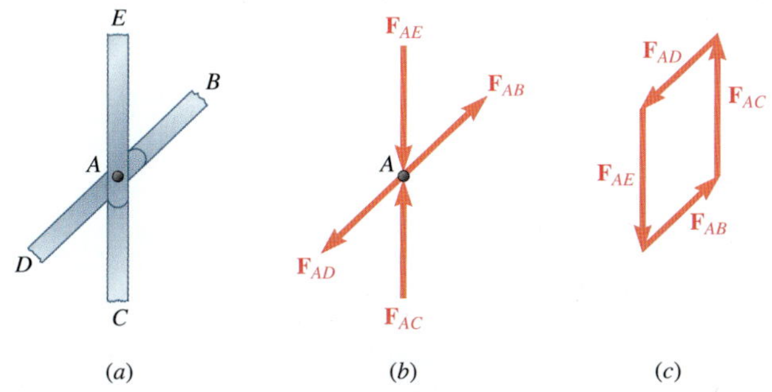

그림 6.10 (a) 네 개의 트러스 부재를 두 개의 직선으로 연결하는 절점 A (b) 핀 A의 자유물체도 (c) 핀 A에 대한 힘의 다각형(평행사변형). 반대쪽 부재의 힘의 크기는 같다.

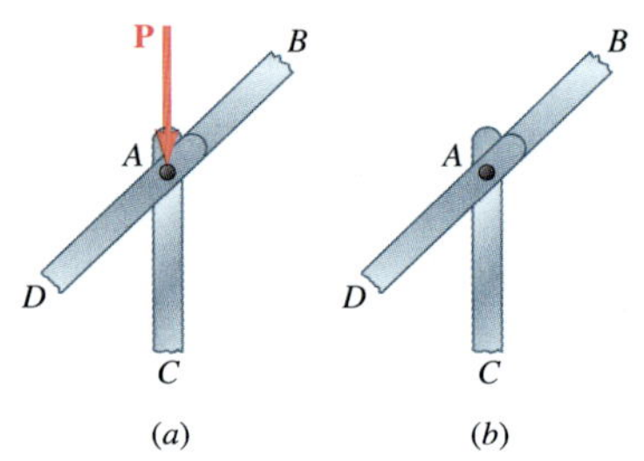

그림 6.11 (a) 세 부재를 연결하는 절점 A, 두 개는 직선 위에, 나머지 하나는 힘의 방향이다. 세 번째 부재의 내력은 하중과 같다. (b) 만약 하중이 영이면, 세 번째 부재는 무력부재이다.

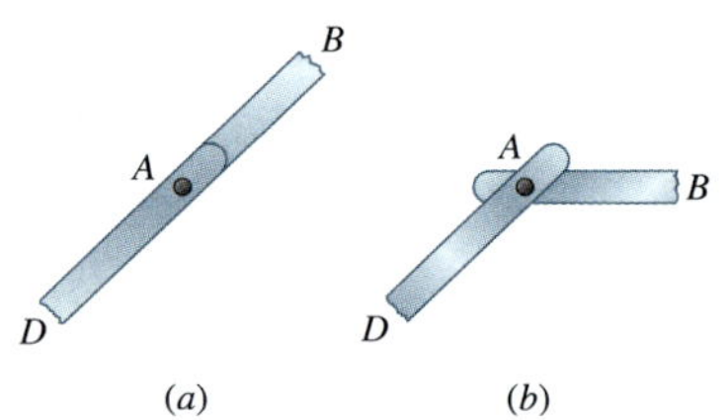

그림 6.12 (a) 하나의 직선 위에 두 부재를 연결하는 트러스의 한 절점. 부재의 힘들은 크기가 같다. (b) 만약 두 부재가 하나의 직선 위에 있지 않으면, 둘은 반드시 무력부재이다.

다음 [그림 6.11a]에서, 절점이 세 개의 부재를 연결하고 하중 **P**를 지지하는 경우를 알아보자. 두 부재는 하나의 선 위에 놓여 있고, 하중 **P**는 세 번째 부재와 같은 방향이다. 핀 A의 자유물체도와 거기에 대응하는 힘의 다각형은 [그림 6.10b]와 [그림 6.10c]에서 $\mathbf{F}_{AE}$를 **P**로 대체한 것과 같다. 그러므로 두 반대하는 부재들의 힘은 같아야 하고, 또 다른 부재의 힘은 **P**와 같아야 한다. [그림 6.11b]는 특별히 주목해야하는 특수한 경우를 보여준다. 이 경우는 절점에 외력이 작용하지 않으므로 $P=0$이고, 부재 AC의 힘은 영이다. 부재 AC를 무력부재(부재력이 영인 부재)라고 한다.

이제 두 부재만을 연결하는 절점을 생각해보자. 2.3.1절에서 두 힘을 받는 입자는 두 힘이 같은 크기이며, 같은 작용선을 가지고, 반대 방향이어야 평형상태에 있다. 같은 선상에 놓은 두 개의 부재 AB와 AD를 연결하는 [그림 6.12a]의 절점의 경우, 핀 A가 평형이려면 두 부재의 부재력이 같아야 한다. [그림 6.12b]의 절점은 두 부재의 힘이 모두 영이 아니면 핀 A는 평형상태일 수 없다. 그러므로 [그림 6.12b]에 보이는 것처럼 연결된 부재들은 반드시 무력부재이다.

앞에서 묘사한 특수한 하중조건에서 절점들을 찾아내면, 트러스의 해석이 빨라진다. 예를 들어, [그림 6.13]에 보인 것처럼 하중을 받는 하우[howe] 트러스를 생각해보자. 녹색 선으로 표현된 모든 부재가 무력부재인 것을 알 수 있다. 절점 C는 세 개의 부재를 연결하는데, 두 개는 하나의 선 위에 놓여 있고 외력을 받지 않는다. 따라서 부재 BC는 무력부재이다. 절점 K에 같은 논리를 적용하면 부재 JK도 무력부재이다. 그러나 절점 J는 이제 절점 C나 K와 같은 상황이므로, 부재 IJ 역시 무력부재이다. 절점 C, J, K를 조사하면, 부재 AC와 CE의 힘의 크기가 같고 부재 HJ와 JL의 힘의 크기도 같으며, 부재 IK와 KL의 힘의 크기가 같다는 것을 보여준다. 20 kN의 하중이 부재 HI와 같은 선상에 있는 절점 I로 관심을 돌리면, 부재 HI의 부재력은 20 kN(인장)이고, 부재 GI와 IK의 부재력은 같음을 알 수 있다. 따라서 부재 GI, IK, KL의 부재력은 같다.

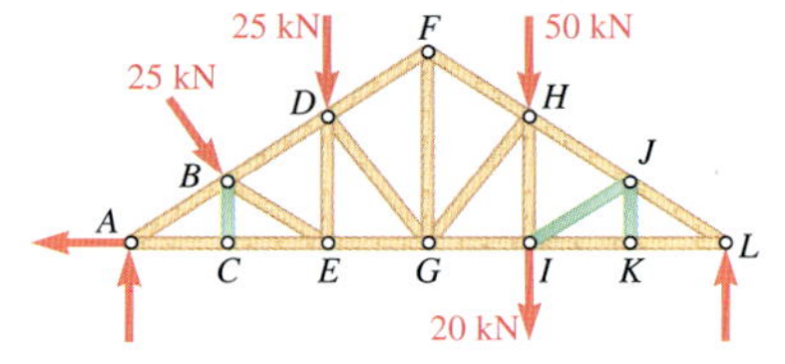

그림 6.13 하우 트러스에 가한 하중의 예 : 특수한 하중조건을 파악하기

위에 기술된 조건은 [그림 6.13]의 절점 B와 D에는 적용되지 않는 것에 주의한다. 따라서 부재 DE의 힘이 25 kN이라고 가정하거나 부재 AB와 BD의 힘이 같다고 가정하는 것은 틀리다. 이 부재들과 남은 모든 부재의 힘을 구하려면 절점 A, B, D, E, F, G, H, L에 대해 일반적인 방법으로 해석해야 한다. 그러므로 이 절에서 묘사한 규칙을 적용하기 위한 조건들에 익숙해질 때까지는 고려하고 있는 절점들이 위에서 기술한 특수한 하중조건에 있는지를 알기 위해, 모든 핀에 대해 자유물체도를 그려서 상응하는 평형방정식을 작성해야 한다(또는 해당하는 힘의 다각형을 그려야 한다).

무력부재에 대한 마지막 설명으로, 이 부재들은 쓸모없지 않다. 이를테면, [그림 6.13]의 무력부재는 보이는 하중조건에서 아무 힘도 지지하지 않지만, 하중조건이 바뀌면 같은 부재가 하중을 지지할 것이다. 게다가 설령 고려한 경우라도 이 부재는 트러스의 무게를 지지하기 위해, 그리고 트러스를 원하는 모양으로 유지하기 위해 필요하다.

예제 6.1

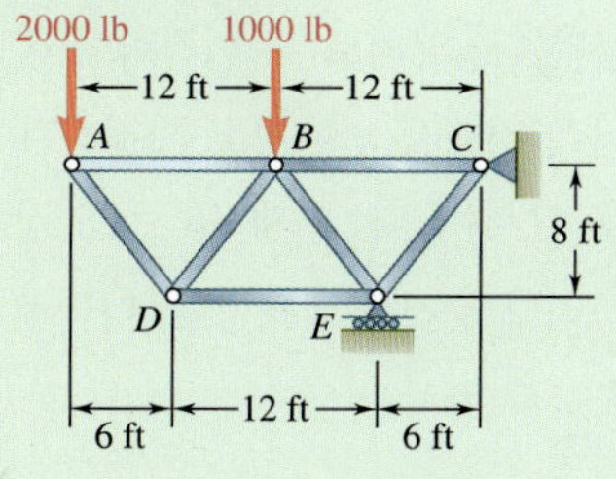

절점법을 사용하여 그림과 같은 트러스의 각 부재력을 구하시오.

문제분석 절점법을 사용하기 위해, 전체 트러스의 자유물체도 해석으로 시작한다. 그리고 계산의 시작점으로 두 개의 부재를 연결하는 절점을 찾는다. 절점 A에서 시작하여 절점 D, B, E, C로 진행한다. 그러나 절점 C에서 시작하여 절점 E, B, D, A로 갈 수도 있다.

모델링과 풀이 트러스의 각 절점에 대해 다음의 절차를 차례로 결합할 수 있다. 자유물체도를 그리고, 힘의 다각형을 그리거나 평형방정식을 쓰고, 미지의 힘에 대해 푼다.

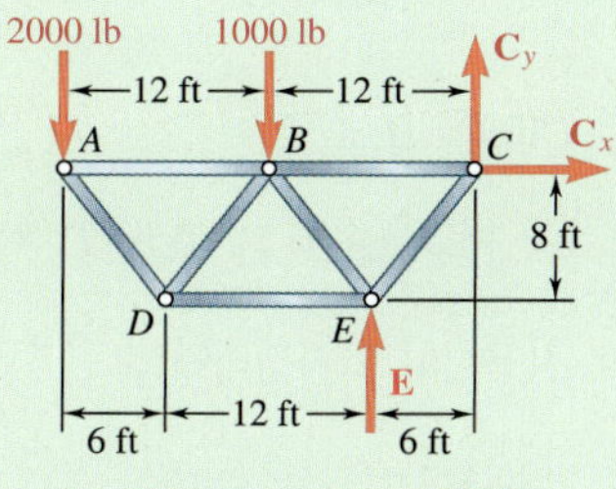

그림 1 전체 트러스의 자유물체도

전체 트러스 전체 트러스의 자유물체도를 그린다(그림 1). 이 자유물체에 작용하는 외력은 적용된 하중과 C와 E의 반력들이다. 절점 C를 중심으로 모멘트의 합을 계산하고, 평형방정식을 사용한다.

$$+\circlearrowleft \Sigma M_C = 0: \ (2000\text{ lb})(24\text{ ft}) + (1000\text{ lb})(12\text{ ft}) - E(6\text{ ft}) = 0$$

$$E = +10,000\text{ lb} \qquad \mathbf{E} = 10,000\text{ lb}\uparrow$$

$$\overset{+}{\rightarrow}\Sigma F_x = 0: \qquad \mathbf{C}_x = 0$$

$$+\uparrow\Sigma F_y = 0: \ -2000\text{ lb} - 1000\text{ lb} + 10,000\text{ lb} + C_y = 0$$

$$C_y = -7000\text{ lb} \qquad \mathbf{C}_y = 7000\text{ lb}\downarrow$$

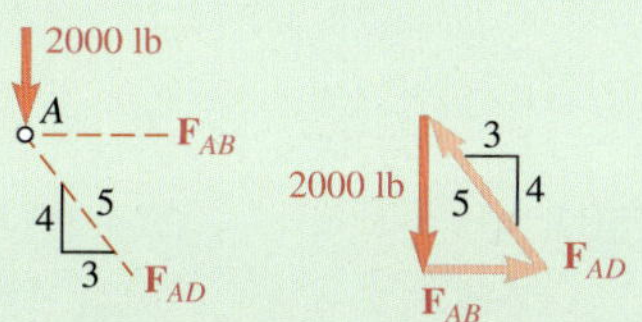

그림 2 절점 A의 자유물체도

절점 A 이 절점은 부재 AB와 AD에 의해 가해지는 힘, 즉 두 개의 미지력만 존재한다. 힘 F_{AB}와 F_{AD}를 계산하는 데 힘의 삼각형을 사용한다(그림 2). 부재 AB는 절점을 잡아당겨서 인장력을 받고, 부재 AD는 절점을 밀어서 압축력을 받는다. 두 힘의 크기를 비례식에서 얻는다.

$$\frac{2000\text{ lb}}{4} = \frac{F_{AB}}{3} = \frac{F_{AD}}{5}$$

$$F_{AB} = 1500\text{ lb } T \blacktriangleleft$$

$$F_{AD} = 2500\text{ lb } C \blacktriangleleft$$

힘의 삼각형 접근접의 대안으로 더 일반적인 해석을 사용할 수 있다는 점을 명심하자. 이 대안적 방법은, 특히 넷 이상의 힘을 포함하는 절점 평형 문제에 도움되고, 이 예제의 후반부에서 절점 B, E, C의 해석을 위한 예시로도 나온다.

$F_{DA} = 2500$ lb, F_{DB}, D, F_{DE}, F_{DE}, F_{DB}, 4, 5, 5, 4, 3, 3, F_{DA}

그림 3 절점 D의 자유물체도

절점 D 부재 AD가 가하는 힘을 이미 구했으므로, 이 절점에는 두 개의 미지력만 남아 있다. 부재 DB와 DE의 미지력을 결정하기 위해 다시 힘의 삼각형을 사용한다(그림 3).

$$F_{DB} = F_{DA} \qquad F_{DB} = 2500\text{ lb } T \blacktriangleleft$$

$$F_{DE} = 2\left(\frac{3}{5}\right)F_{DA} \qquad F_{DE} = 3000\text{ lb } C \blacktriangleleft$$

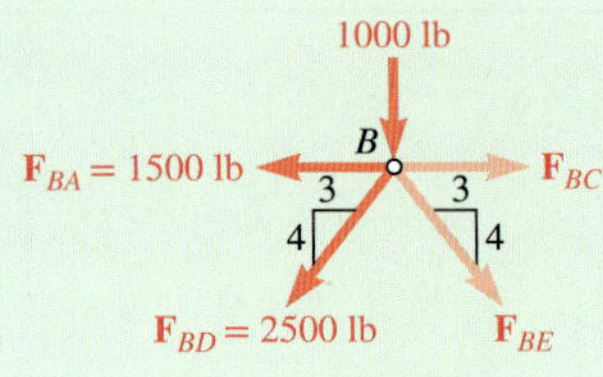

그림 4 절점 B의 자유물체도

절점 B 이 절점에는 네 개 이상의 힘이 작용하므로(그림 4), 평형방정식 $\Sigma F_x = 0$과 $\Sigma F_y = 0$을 풀어서 두 개의 미지력인 $\mathbf{F}_{BC}$와 $\mathbf{F}_{BE}$를 계산한다. 임의로 두 미지력이 절점으로부터 멀어지는 방향으로 작용한다고, 즉 부재들이 인장력을 받는다고 가정하자. $\mathbf{F}_{BC}$값에 대해서 양수를 얻으면 이 가정이 맞는다는 것을 알 수 있다. 부재 BC는 인장력을 받는다. $\mathbf{F}_{BC}$의 값이 음수인 것은 두 번째 가정이 틀리다는 것을 알려준다. 따라서 부재 BE는 압축력을 받는다.

$$+\uparrow \Sigma F_y = 0: -1000 - \frac{4}{5}(2500) - \frac{4}{5}F_{BE} = 0$$

$$F_{BE} = -3750 \text{ lb} \qquad F_{BE} = 3750 \text{ lb } C \blacktriangleleft$$

$$\xrightarrow{+} \Sigma F_x = 0: F_{BC} - 1500 - \frac{3}{5}(2500) - \frac{3}{5}(3750) = 0$$

$$F_{BC} = +5250 \text{ lb} \qquad F_{BC} = 5250 \text{ lb } T \blacktriangleleft$$

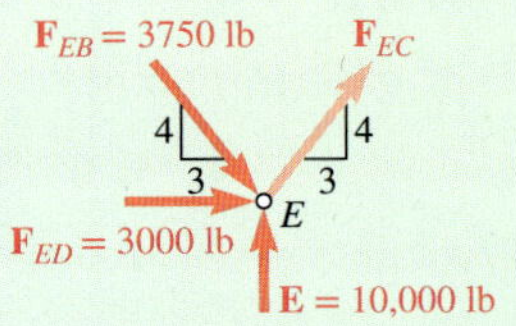

그림 5 절점 E의 자유물체도

절점 E 미지력 $\mathbf{F}_{EC}$가 절점으로부터 멀어지는 방향으로 작용한다고 가정하자(그림 5). 좌표축의 x성분들을 더하면 다음을 얻는다.

$$\xrightarrow{+} \Sigma F_x = 0: \frac{3}{5}F_{EC} + 3000 + \frac{3}{5}(3750) = 0$$

$$F_{EC} = -8750 \text{ lb} \qquad F_{EC} = 8750 \text{ lb } C \blacktriangleleft$$

좌표축의 y성분들을 더하면 계산의 검증을 얻는다.

$$+\uparrow \Sigma F_y = 10{,}000 - \frac{4}{5}(3750) - \frac{4}{5}(8750)$$

$$= 10{,}000 - 3000 - 7000 = 0 \qquad \text{(확인)}$$

C_y = 7000 lb
F_CB = 5250 lb
C_x = 0
C
4
3
F_CE = 8750 lb

그림 6 절점 C의 자유물체도

고찰 $\mathbf{F}_{CB}$와 $\mathbf{F}_{CE}$의 계산값을 사용하면 절점 C에서의 평형으로부터 반력 $\mathbf{C}_x$와 $\mathbf{C}_y$를 구할 수 있다(그림 6). 이 반력들은 이미 전체 트러스의 평형으로부터 이미 계산되었으므로, 이 결과는 계산을 두 번 검증하는 것이다. 모든 절점에 작용하는 힘들의 계산값을 이용하여(부재력과 반력) 그 절점이 평형상태인 것을 확인할 수 있다.

$$\xrightarrow{+} \Sigma F_x = -5250 + \frac{3}{5}(8750) = -5250 + 5250 = 0 \qquad \text{(확인)}$$

$$+\uparrow \Sigma F_y = -7000 + \frac{4}{5}(8750) = -7000 + 7000 = 0 \qquad \text{(확인)}$$

Section 6.1 연습문제

6.1 ~ **6.14** 절점법을 사용하여 그림과 같은 트러스의 각 부재력을 구하시오. 각 부재가 인장력을 받는지 아니면 압축력을 받는지 쓰시오.

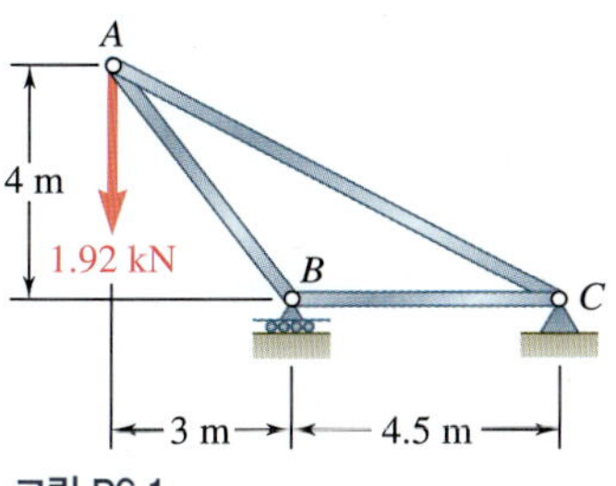

그림 P6.1

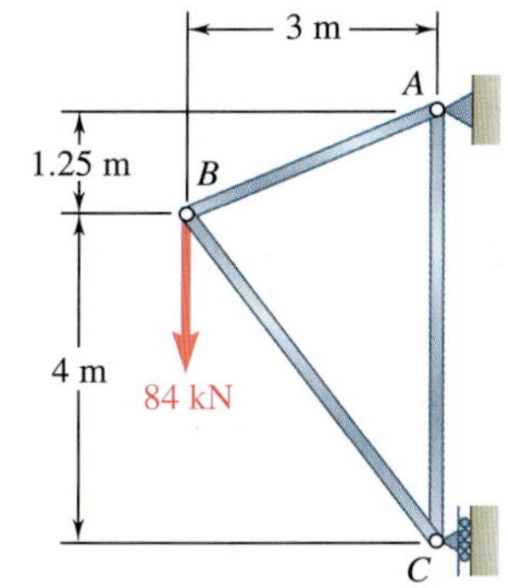

그림 P6.2

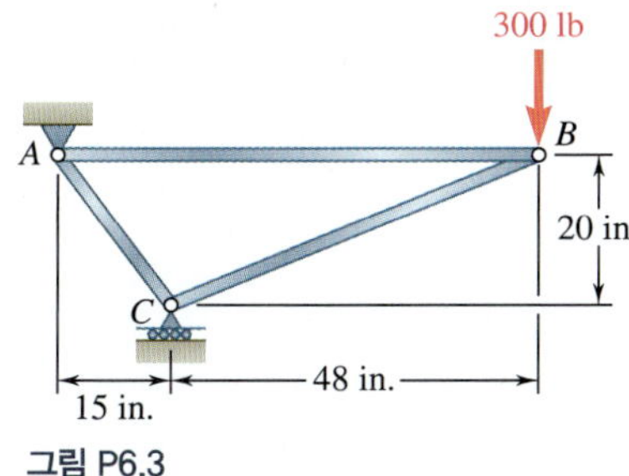

그림 P6.3

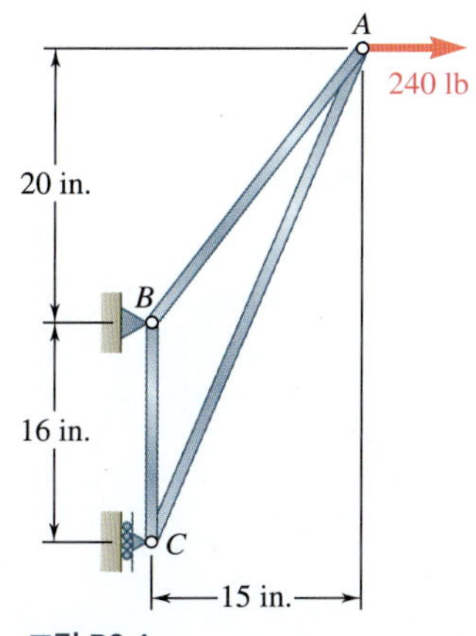

그림 P6.4

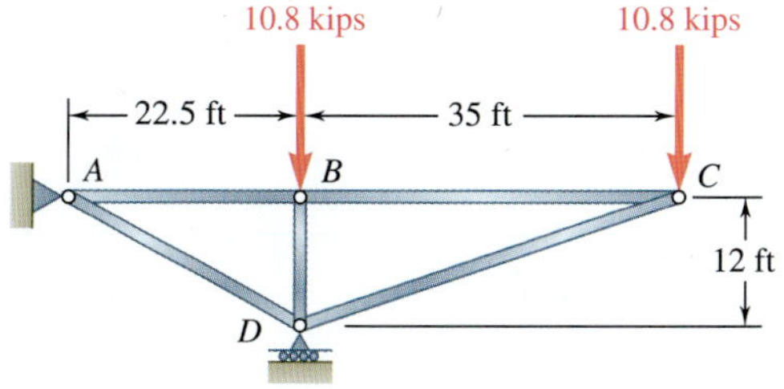

그림 P6.5

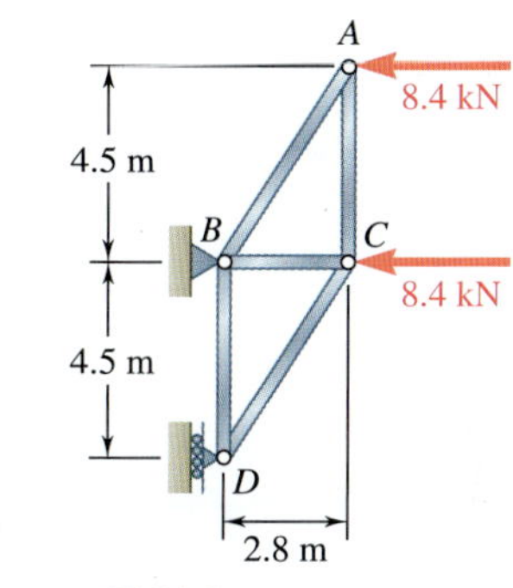

그림 P6.6

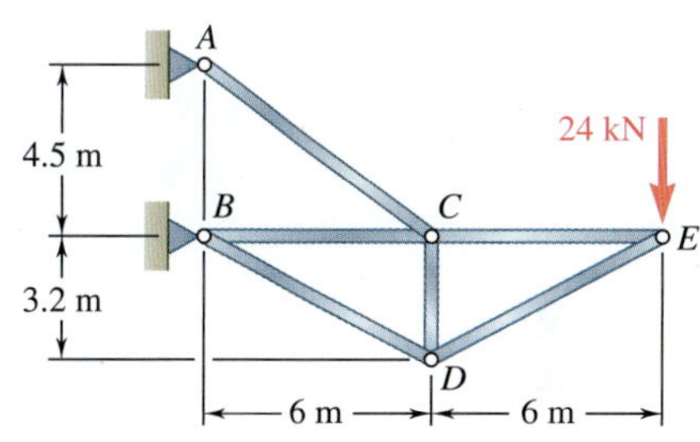

그림 P6.7

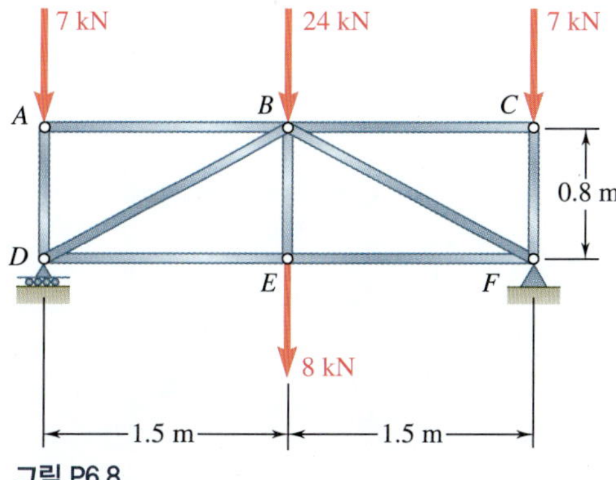

그림 P6.8

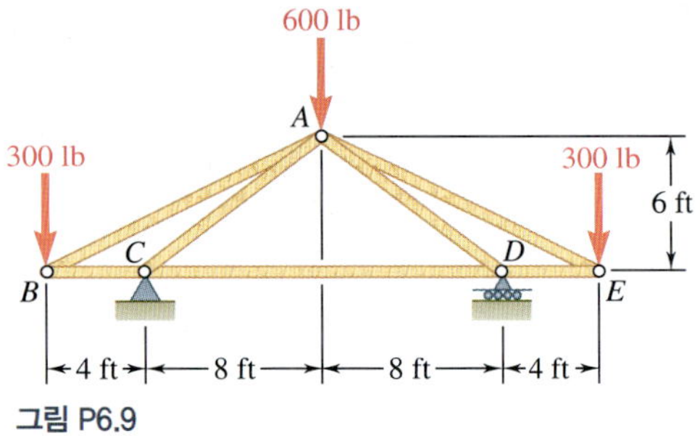

그림 P6.9

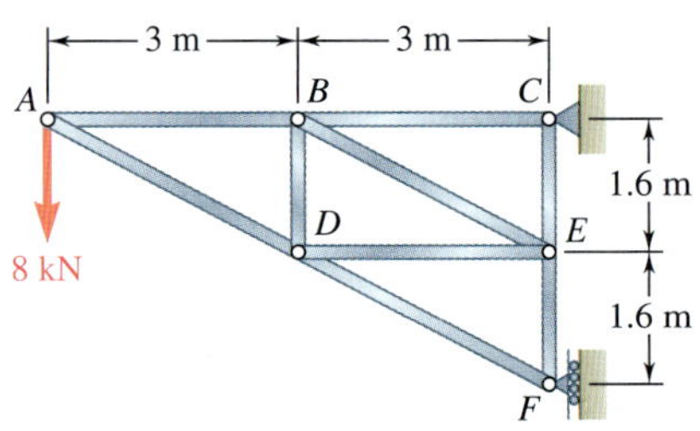

그림 P6.10

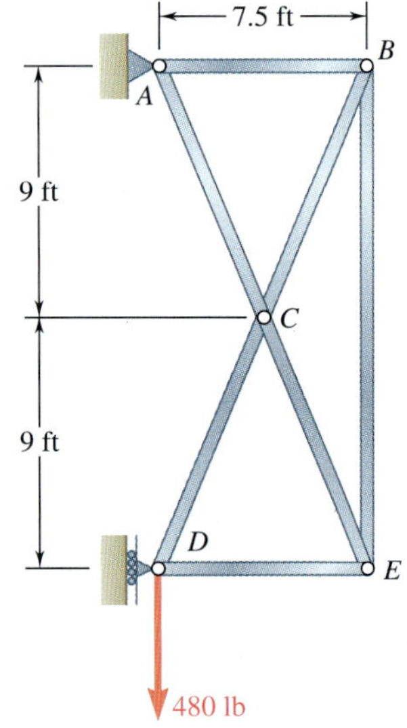

그림 P6.11

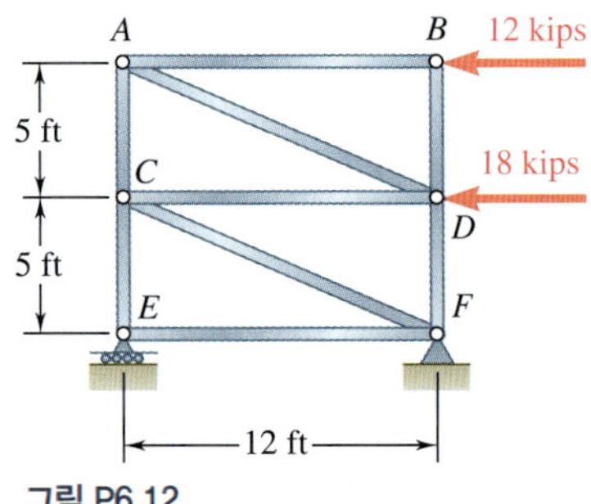

그림 P6.12

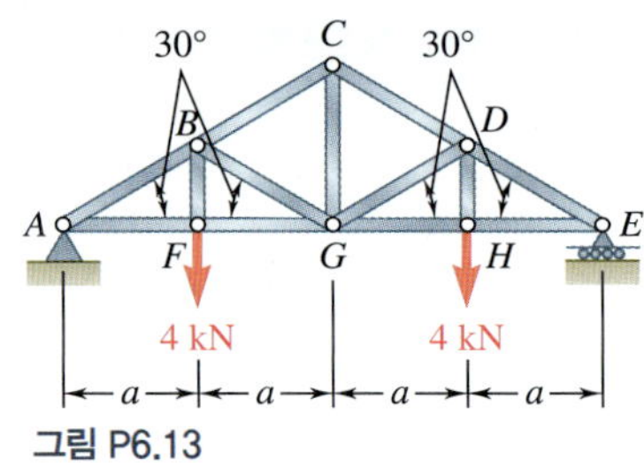

그림 P6.13

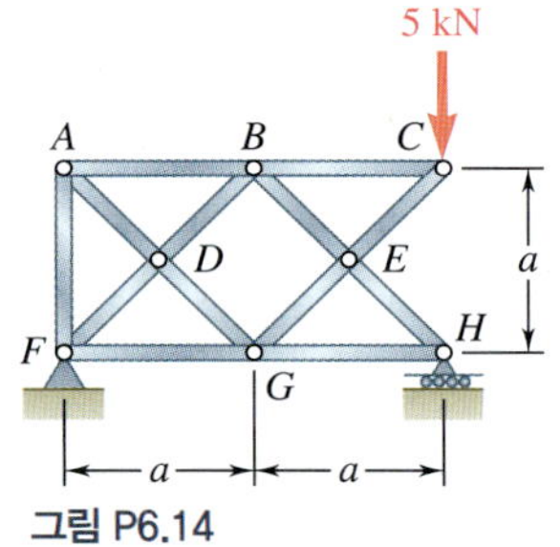

그림 P6.14

6.15 그림과 같은 하우Howe 지붕 트러스의 각 부재력을 구하시오. 각 부재가 인장력을 받는지 아니면 압축력을 받는지 쓰시오.

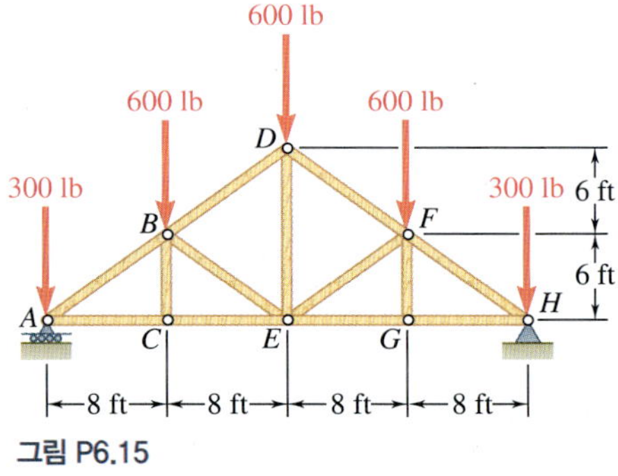

그림 P6.15

6.16 그림과 같은 갬브럴Gambrel 지붕 트러스의 각 부재력을 구하시오. 각 부재가 인장력을 받는지 아니면 압축력을 받는지 쓰시오.

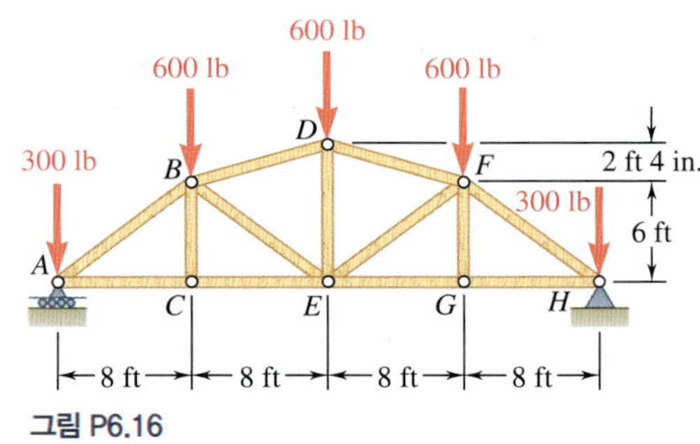

그림 P6.16

6.17 그림과 같은 트러스는 여러 개의 광고 지지판 중 하나이다. 보이는 두 힘과 동등한 바람하중에 대해 트러스의 각 부재력을 구하시오. 각 부재가 인장력을 받는지 아니면 압축력을 받는지 쓰시오.

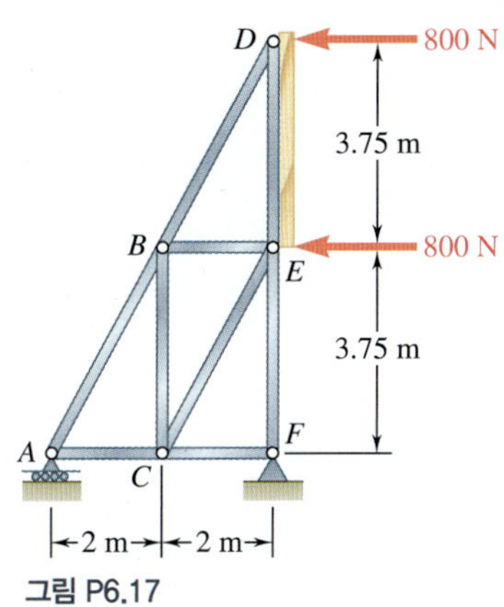

그림 P6.17

6.18 그림과 같은 워런[warren] 교량 트러스의 각 부재력을 구하시오. 각 부재가 인장력을 받는지 아니면 압축력을 받는지 쓰시오.

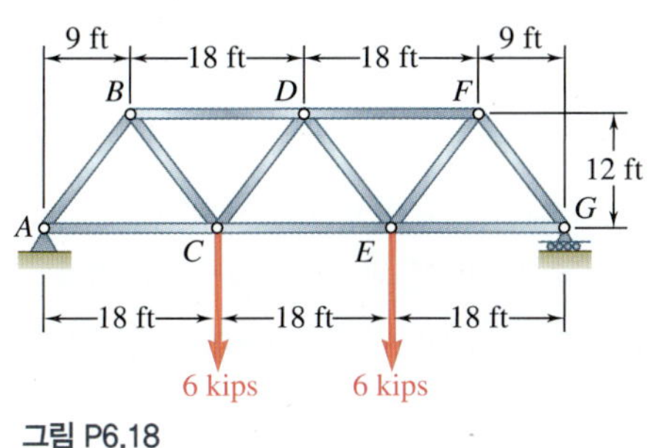

그림 P6.18

6.19 [문제 6.21]과 [문제 6.24]의 트러스가 단순 트러스인지 구하시오.

6.20 [문제 6.22]와 [문제 6.23]의 트러스가 단순 트러스인지 구하시오.

6.21 ~ 6.24 주어진 하중에 대해 그림과 같은 트러스의 무력부재를 구하시오.

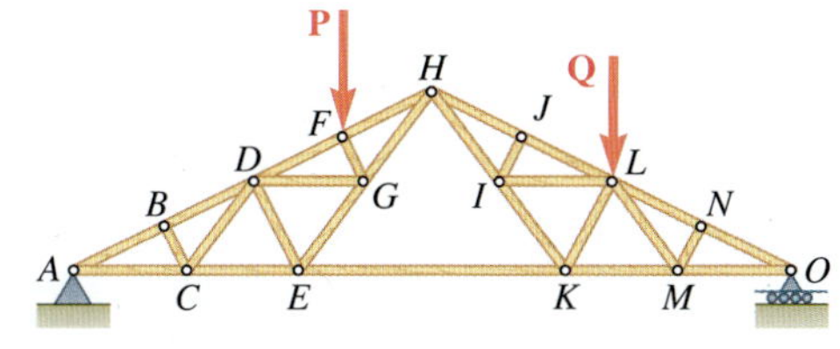

그림 P6.21

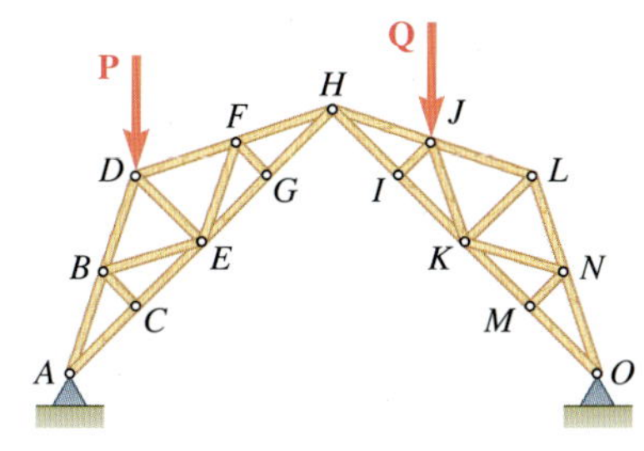

그림 P6.22

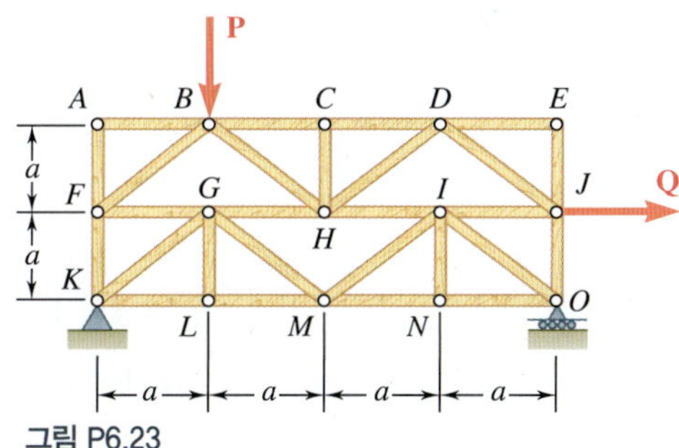

그림 P6.23

그림 P6.24

6.2 그 밖의 트러스 해석

절점법은 트러스 모든 부재의 내력을 계산할 때 가장 효과적이다. 그러나 만약 단 하나의 부재 또는 매우 적은 숫자의 부재들의 내력을 계산해야 할 때는 단면법이 더 효율적이다.

6.2.1 단면법

[그림 6.14a]에 보이는 트러스의 부재 BD의 내력을 계산한다고 가정하자. 이를 위해 부재 BD가 절점 B 또는 D에 작용하는 힘을 계산해야 한다. 만약 절점법을 사용한다면 절점 B나 D를 자유물체로 선택해야 한다.

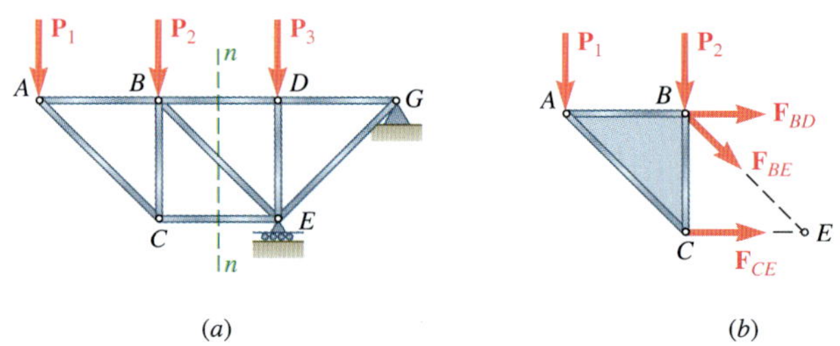

그림 6.14 (a) 트러스의 단면 nn을 통과하여, 세 부재 BD, BE, CE를 나눌 수 있다. (b) 트러스의 일부인 ABC의 자유물체도. 부재 BD, BE, CE는 인장력을 받는다고 가정한다.

그러나 구하고자 하는 부재력이 트러스의 일부분에 작용하는 외력이라면, 여러 개의 절점과 부재로 이루어지는 트러스의 더 큰 부분을 자유물체로 선택할 수도 있다. 추가로, 합해서 3개의 미지력만 작용하도록 트러스의 일부를 선택하면 구하고자 하는 부재력은 선택한 부분에 대한 평형방정식을 풀어서 구할 수 있다. 실제로, 원하는 부재를 포함하여 세 개의 부재를 지나도록 단면을 잘라 트러스의 일부를 분리한다. 즉, 트러스를 두 개로 완전히 나누는 선을 그리지만, 그 선이 세 개 이상의 부재를 교차하지 않게 한다. 잘린 부재들이 제거된 후 얻어지는 트러스의 두 부분의 어느 하나라도 자유물체로 이용될 수 있다.[1]

[1] 어떤 트러스를 해석할 때, 잘린 부재들의 하나 또는 두 개의 힘들을 계산할 때 사용할 수 있는 하나의 미지수를 포함하는 평형방정식을 쓸 수 있다면, 셋 이상의 부재의 단면을 통과할 수 있다. [문제 6.41]에서 [문제 6.43]까지를 참조하라.

[그림 6.14a]에서 단면 nn은 부재 BD, BE, CE를 통과하고, 트러스의 ABC 부분을 자유물체로 선택한다(그림 6.14b). 이 자유물체에 작용하는 힘은 각각 A와 B에 작용하는 하중 $\mathbf{P}_1$과 $\mathbf{P}_2$ 그리고 세 개의 미지력 $\mathbf{F}_{BD}$, $\mathbf{F}_{BE}$, $\mathbf{F}_{CE}$이다. 제거된 부재의 부재력이 인장인지 압축인지 모르므로, 세 개의 힘은 마치 부재들이 인장을 받는 것처럼 자유물체로부터 멀어지는 방향으로 임의로 그린다.

세 개의 미지력을 구하기 위해 세 개의 방정식을 사용하려면 강체 ABC가 평형상태에 있다는 사실을 활용한다. 힘 $\mathbf{F}_{BD}$만 구하려면 방정식이 다른 미지력을 포함하지 않는다는 조건으로 방정식 하나만 사용한다. 그러므로 방정식 $\Sigma M_E = 0$으로 $\mathbf{F}_{BD}$의 크기를 구한다(그림 6.14b). 구한 값에서 양의 부호는 $\mathbf{F}_{BD}$의 방향에 대한 원래의 가정이 옳았으며, 부재 BD가 인장력을 받는다는 것을 나타낸다. 즉, 음의 부호는 처음의 가정이 틀렸고 BD가 압축력을 받는다는 것을 나타낸다.

한편, 부재력 $\mathbf{F}_{BE}$만 원한다면 $\mathbf{F}_{BD}$와 $\mathbf{F}_{BE}$를 포함하지 않는 방정식을 작성해야 한다. 적절한 방정식은 $\Sigma M_B = 0$이다. 다시, 구하고자 하는 힘의 크기 F_{CE}의 양의 부호는 가정이 옳았으며, 인장력을 받았음을 나타낸다. 그리고 음의 부호는 가정이 틀렸으며 압축력을 받았음을 나타낸다.

만약 부재력 $\mathbf{F}_{BE}$만 원한다면, 적절한 방정식은 $\Sigma F_y = 0$이다. 부재가 인장력을 받는지 아니면 압축력을 받는지는 다시 한번 답의 부호로 결정된다. 하나의 부재력만 구했을 때, 독립적인 검산은 불가능하다. 그러나 자유물체에 작용하는 모든 미지력을 계산하면, 추가 방정식을 써서 검산할 수 있다. 예를 들어, $\mathbf{F}_{BD}$, $\mathbf{F}_{BE}$, $\mathbf{F}_{CE}$를 구했다면 $\Sigma F_x = 0$을 확인하여 그 결과를 검산할 수 있다.

6.2.2 여러 개의 단순 트러스로 구성된 트러스

두 개의 단순 트러스 ABC와 DEF를 생각해보자. [그림 6.15a]와 같이 그 둘을 부재 BD, BE, CE로 연결하면 다 같이 강체 트러스 $ABDF$를 형성한다. 트러스 ABC와 DEF는 절점 B와 D를 하나의 절점 B로 합치고 절점 C와 E를 부재 CE로 연결하면 하나의 강체 트러스가 된다(그림 6.15b). 이것은 핑크 트러스fink truss라고 한다. [그림 6.15a]와 [그림 6.15b]의 트러스들은 단순 트러스가 아니다. 6.1.1절에서 묘사된 것과 같이 삼각형 트러스에 계속 두 개씩의 부재를 더하여 만들 수 없다. 그러나 이들은 단순 트러스 ABC와 DEF를 합쳐 주는 연결시스템(그림 6.15a에서 3개의 봉, 그림 6.15b에서 하나의 핀과 하나의 봉)과 4.1절에서 설명한 반력시스템을 비교하여 검토하면, 강체 트러스가 된다는 것을 알 수 있다. 여러 개의 단순 트러스를 강체로 연결하여 만든 트러스를 **합성 트러스**compound truss라고 한다.

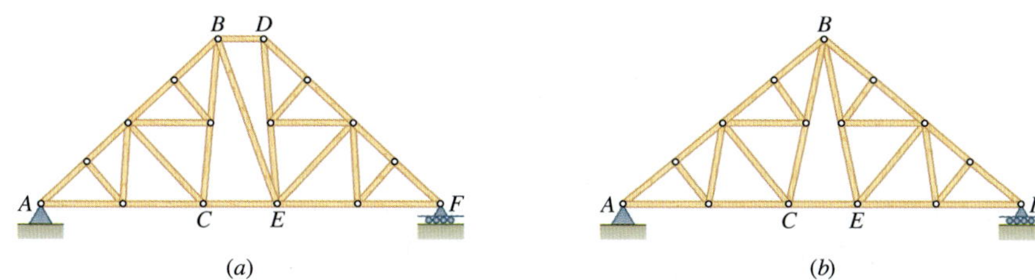

그림 6.15 합성 트러스 (a) 두 단순 트러스 ABC와 DEF가 세 개의 부재로 연결되어 있다. (b) 두 단순 트러스 ABC와 DEF가 하나의 절점과 하나의 봉(핑크 트러스)으로 연결되어 있다.

합성 트러스에서 부재의 개수 m과 절점의 수 n은 식 $m = 2n - 3$의 관계가 있다. 마찰이 없는 핀과 롤러(세 개의 미지반력을 포함하는)가 합성 트러스를 지지하고 있다면(세 개의 미지반력을 포함하는), 전체 미지수의 개수는 $m + 3$이고, 이 숫자는 n개의 핀이 평형상태에 있다는 것을 나타내므로 얻어지는 $2n$개의 방정식 수와 같아야 한다. 결국 $m = 2n - 3$이 된다.

핀과 롤러에 의해서 혹은 동등한 반력시스템으로 지지되는 합성 트러스는 정역학적으로 결정되고(정정), 강체이며 완전하게 구속되어 있다. 이것은 모든 미지반력과 부재력을 정역학적인 방법으로 구하며, 이 트러스는 붕괴하지도 움직이지도 않는다는 것을 의미한다. 그러나 절점법을 사용하여 모든 부재의 내력을 계산하는 유일한 방법은 복잡한 연립방정식의 풀이를 요구한다. 예를 들어, [그림 6.15a]의 복합 트러스의 경우, 부재 BD, BE, CE를 통과하게 단면을 잘라 이 부재들의 내력을 구하는 것이 더 효율적이다.

이제 단순 트러스 ABC와 DEF가 네 개의 부재 BD, BE, CD, CE에 의하여 연결된다고 가정하자(그림 6.16). 이때 부재의 수 m은 $2n-3$보다 크다. 이 트러스는 지나친 강체overrigid이고, 네 개의 부재 BD, BE, CD, CE 중 하나는 남는 부재redundant이다. 만약 트러스가 A에서 핀으로, F에서 롤러로 지지된다면, 전체 미지수의 수는 $m+3$이다. 전체 부재의 수 m은 이제 $2n-3$보다 크다. $m>2n-3$이므로, $m+3$개의 미지수는 가용 독립 방정식의 수 $2n$보다 크다. 트러스는 정적으로 결정되지 않는다(부정정).

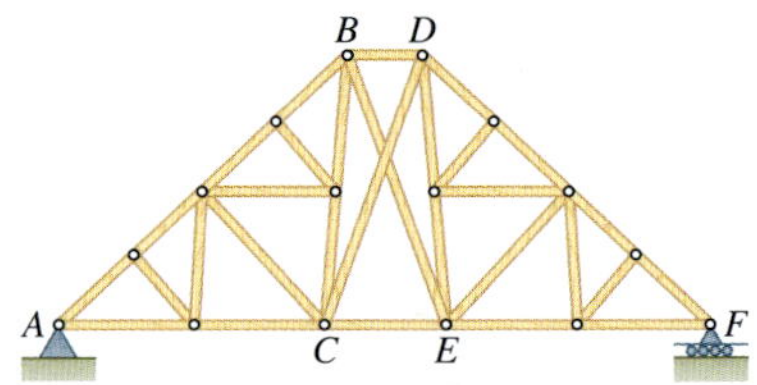

그림 6.16 남는 부재 때문에 부정정이면서 지나친 강체인 합성 트러스

마지막으로, 두 개의 단순 트러스 ABC와 DEF가 [그림 6.17a]에 보이는 것처럼 하나의 핀으로 연결되었다고 가정하자. 부재의 수 m은 $2n-3$보다 작다. A의 핀과 F의 롤러가 트러스를 지지한다면, 전체 미지수의 수는 $m+3$이다. 부재의 수 $m<2n-3$이므로, 미지수의 수 $m+3$은 이제 만족해야 하는 평형방정식의 수 $2n$보다 작아진다. 이 트러스는 비강체nonrigid이고 그 자신의 무게로 붕괴될 것이다. 그러나 만약 두 개의 핀을 그것을 지지하는 데 사용하면, 트러스는 강체가 되고 붕괴되지 않을 것이다(그림 6.17b). 전체 미지수의 수는 이제 $m+4$이고, 방정식의 수인 $2n$은 같다. 더 일반적으로, 지점의 반력이 r개의 미지수를 포함한다면 합성 트러스는 정역학적으로 정정이고, 강체이며 완전히 구속되기 위한 조건은 $m+r=2n$이다. 그러나 이것은 지점에서 분리했을 때 강체가 되지 않는 구조물의 평형에 대해서는 필요조건이지만 충분조건은 아니다(6.3.2절 참조).

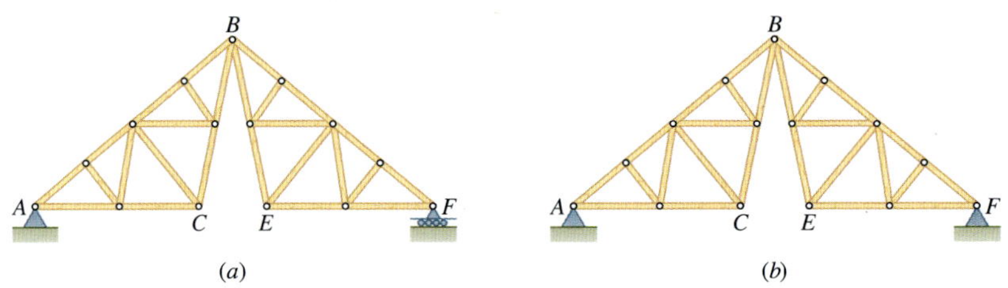

그림 6.17 핀으로 연결된 두 개의 단순 트러스 (a) 핀과 롤러로 지지되는 경우 트러스는 자중으로 붕괴된다. (b) 두 개의 핀으로 지지되는 경우 트러스는 강체가 되며 붕괴되지 않는다.

예제 6.2

그림과 같은 트러스의 부재 EF와 GI의 내력을 구하시오.

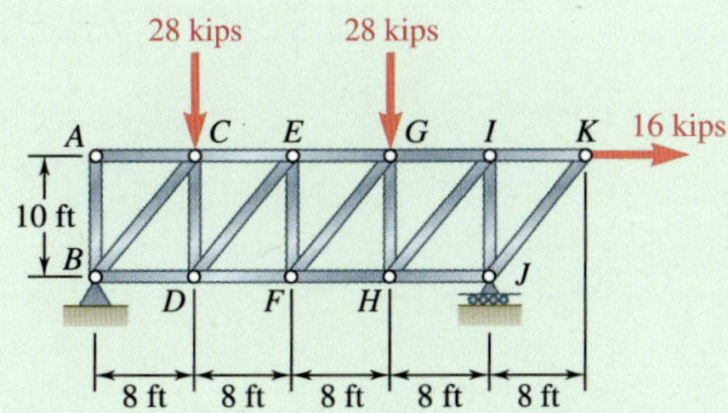

문제분석 이 트러스에서 단지 두 개의 부재력만 계산하면 되므로 절점법보다 단면법이 더 적절하다. 반력을 계산하는 데 도움이 되도록 전체 트러스에 대한 자유물체도를 사용할 수 있고, 그 후에 원하는 힘을 계산하기 위해 트러스의 단면을 통과하여 그 일부를 분리할 수 있다.

모델링과 풀이 지점반력을 계산하고, 트러스의 일부를 해석하기 위한 다음의 단계들을 따라간다.

자유물체 : 전체 트러스 전체 트러스의 자유물체도를 그린다. 이 자유물체에 작용하는 외력은 가해진 하중과 B와 J에서의 반력이다(그림 1). 다음의 평형방정식을 사용하여 해를 구한다.

$$+\circlearrowleft \Sigma M_B = 0:$$

$$-(28\text{ kips})(8\text{ ft}) - (28\text{ kips})(24\text{ ft}) - (16\text{ kips})(10\text{ ft}) + J(32\text{ ft}) = 0$$

$$J = +33\text{ kips} \qquad \mathbf{J} = 33\text{ kips}\uparrow$$

$$\overset{+}{\rightarrow} \Sigma F_x = 0: \; B_x + 16\text{ kips} = 0$$

$$B_x = -16\text{ kips} \qquad \mathbf{B}_x = 16\text{ kips}\leftarrow$$

$$+\circlearrowleft \Sigma M_J = 0:$$

$$(28\text{ kips})(24\text{ ft}) + (28\text{ kips})(8\text{ ft}) - (16\text{ kips})(10\text{ ft}) - B_y(32\text{ ft}) = 0$$

$$B_y = +23\text{ kips} \qquad \mathbf{B}_y = 23\text{ kips}\uparrow$$

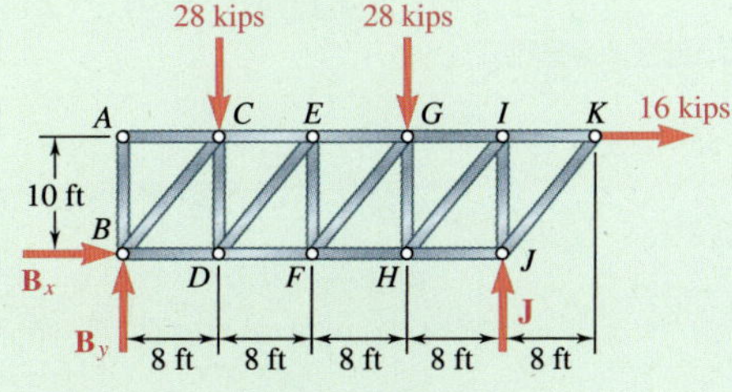

그림 1 전체 트러스의 자유물체도

부재 EF의 내력 대각선 방향인 단면 nn으로 트러스를 통과하여 부재 EF와 두 개의 추가 부재를 자르게 된다(그림 2). 잘린 부재들을 제거하고 트러스의 왼쪽 부분을 자유물체로 선택한다(그림 3). 세 개의 미지수가 포함되어 있으므로 두 개의 수평력을 제거한다.

$$+\uparrow \Sigma F_y = 0 : +23 \text{ kips} - 28 \text{ kips} - F_{EF} = 0$$

$$F_{EF} = -5 \text{kips}$$

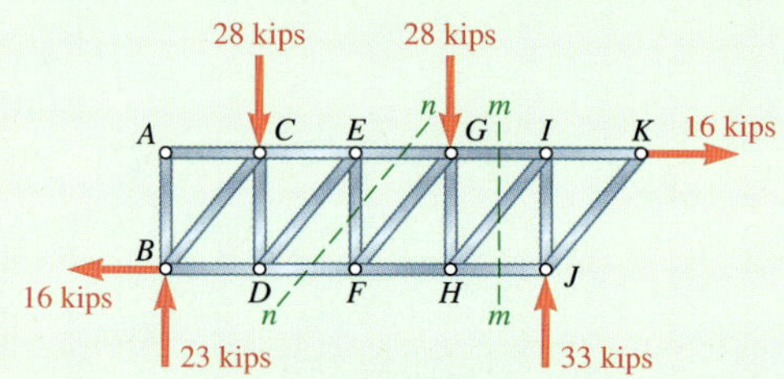

그림 2 부재 EF와 GI를 해석하기 위해 사용될 단면 nn과 mm

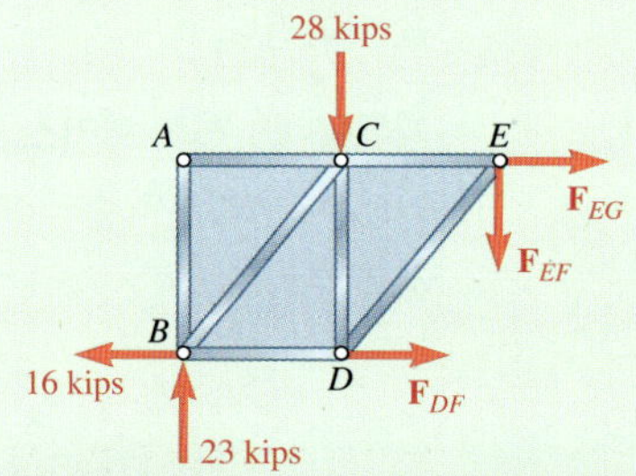

그림 3 부재 EF를 해석하기 위한 자유물체도

힘 $\mathbf{F}_{EF}$의 방향은 부재 EF가 인장력을 받는다고 가정하여 결정한다. 음의 부호는 그 부재가 압축력을 받는다는 것을 알려준다.

$F_{EF} = 5 \text{ kips } C$ ◀

부재 GI의 내력 트러스를 통과하여 단면 mm을 수직으로 지나서, 부재 GI와 두 개의 추가 부재를 잘라낸다(그림 2). 잘린 부재를 제거하고 트러스의 오른쪽 부분을 자유물체로 선택한다(그림 4). 다시 세 개의 미지력이 관련되어 있으므로 점 H를 통과하는 두 힘을 제거하기 위해 그 점에 대한 모멘트를 더한다.

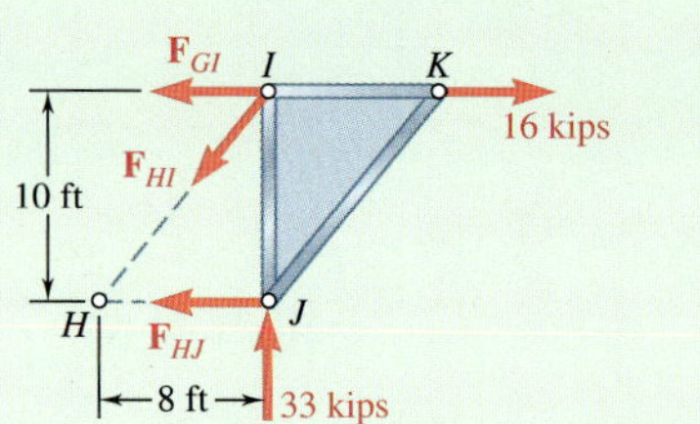

그림 4 부재 GI를 해석하기 위한 자유물체도

$$+\circlearrowleft \Sigma M_H = 0 : (33 \text{ kips})(8 \text{ ft}) - (16 \text{ kips})(10 \text{ ft}) + F_{GI}(10 \text{ ft}) = 0$$

$$F_{GI} = -10.4 \text{ kips}, \qquad F_{GI} = 10.4 \text{ kips } C \blacktriangleleft$$

고찰 트러스를 통과하는 단면은 수직이거나 수평일 필요가 없다. 그것은 대각선 방향일 수도 있다. 미지력을 가지는 부재가 셋을 넘지 않도록 자르는 방향이면서, 평형방정식을 써서 미지력을 계산하기에 가장 단순한 트러스의 일부가 되도록 방향을 선택한다.

예제 6.3

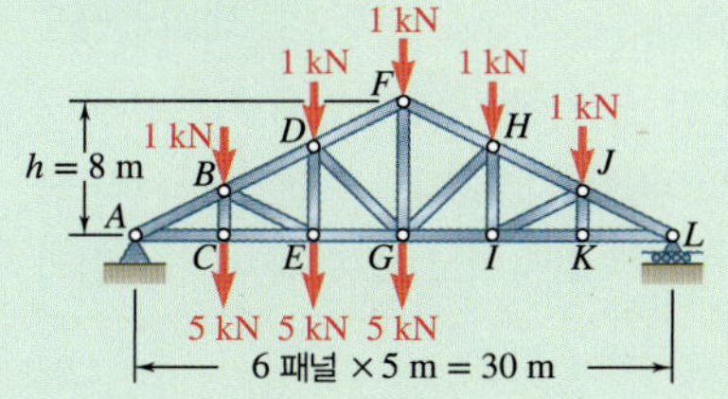

그림과 같은 지붕 트러스의 부재 FH, GH, GI의 내력을 구하시오.

문제분석 트러스의 세 부재의 내력만 구하면 되기 때문에 단면법을 사용한다. 전체 트러스를 자유물체로 놓고 반력을 계산하고, 그 일부를 해석하기 위해 분리한다. 이 경우, 모든 필요한 힘들을 계산하는 데 그 분리된 작은 부분을 사용할 수 있다.

모델링과 풀이 논리적 사고와 계산은 여기 주어진 순서대로 진행되어야 한다.

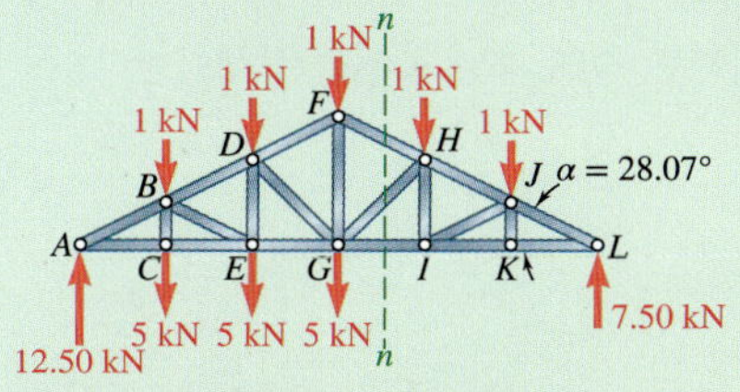

그림 1 전체 트러스의 자유물체도

자유물체 : 전체 트러스 전체 트러스의 자유물체도(그림 1)로부터 A와 L에서의 반력을 찾는다.

$$\mathbf{A} = 12.50\ \text{kN}\uparrow, \qquad \mathbf{L} = 7.50\ \text{kN}\uparrow$$

다음의 결과에 주의한다.

$$\tan\alpha = \frac{FG}{GL} = \frac{8\ \text{m}}{15\ \text{m}} = 0.5333, \qquad \alpha = 28.07°$$

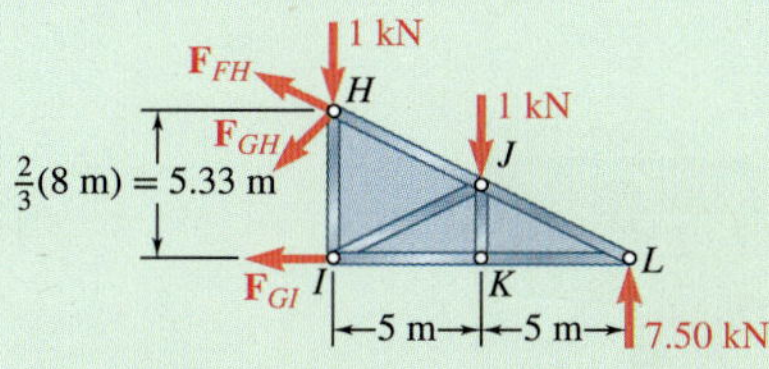

그림 2 부재 GI를 해석하기 위한 자유물체도

부재 GI의 내력 단면 nn을 따라 수직으로 트러스를 통과한다(그림 1). 트러스의 HLI 부분을 자유물체로 사용하여(그림 2), FGI의 값을 얻는다.

$$+\circlearrowleft\Sigma M_H = 0 : (7.50\ \text{kips})(10\ \text{m}) - (1\ \text{kN})(5\ \text{m}) - F_{GI}(5.33\ \text{m}) = 0$$

$$F_{GI} = +13.13\ \text{kN} \qquad\qquad F_{GI} = 13.13\ \text{kN}\ T \blacktriangleleft$$

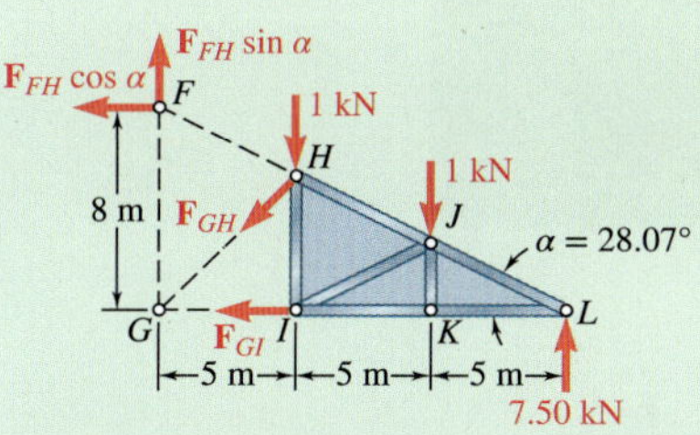

그림 3 부재 FH의 내력을 점 F로 옮겨서 해석을 단순화하기

부재 FH의 내력 방정식 $\Sigma M_G = 0$으로부터 F_{FH}의 값을 계산한다. 이를 $\mathbf{F}_{FH}$를 그 작용선을 따라 움직여서 점 F에 작용하게 한다. 여기에서 그 힘을 x성분과 y성분으로 분해할 수 있다(그림 3). 점 G에 대한 $\mathbf{F}_{FH}$의 모멘트는$(F_{FH}\cos\alpha)(8\ \text{m})$이다.

$$+\circlearrowleft\Sigma M_G = 0 :$$

$$(7.50\ \text{kN})(15\ \text{m}) - (1\ \text{kN})(10\ \text{m}) - (1\ \text{kN})(5\ \text{m}) + (F_{FH}\cos\alpha)(8\ \text{m}) = 0$$

$$F_{FH} = -13.81\ \text{kN} \qquad\qquad F_{FH} = 13.81\ \text{kN}\ C \blacktriangleleft$$

부재 GH의 내력 먼저 다음에 주의한다.

$$\tan\beta = \frac{GI}{HI} = \frac{5\ \text{m}}{\frac{2}{3}(8\ \text{m})} = 0.9375, \qquad \beta = 43.15°$$

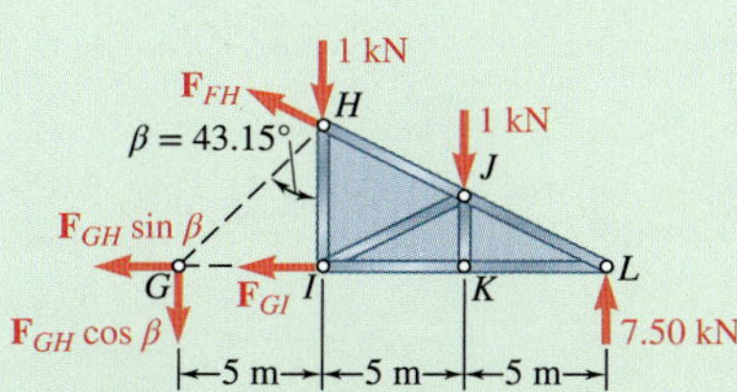

그림 4 먼저 부재 GH의 내력을 점 G로 옮겨서 해석을 단순화하기

이제 $\mathbf{F}_{GH}$를 점 G에서 x성분과 y성분으로 분해하고 방정식 $\Sigma M_L = 0$을 풀어서 F_{GH}의 값을 계산한다.

$$+\circlearrowleft\Sigma M_L = 0 : (1\ \text{kN})(10\ \text{m}) + (1\ \text{kN})(5\ \text{m}) + (F_{GH}\cos\beta)(15\ \text{m}) = 0$$

$$F_{GH} = -1.371\ \text{kN} \qquad\qquad F_{GH} = 1.371\ \text{kN}\ C \blacktriangleleft$$

고찰 종종 힘을 평형방정식에 포함하려면 그 성분으로 분해해야 한다. 먼저 이 힘을 작용선을 따라 미끄러지게 해서 더 전략적인 점으로 옮기면, 그 성분 중 하나를 모멘트 평형방정식에서 제거할 수도 있다.

사례연구 6.1

[사진 CS6.1]에 보이는 핀으로 연결된 트러스는 코네티컷Connecticut의 동부 윈저에 있는 웨어하우스 포인트에서 코네티컷강을 가로지르는 철도교의 일부이다. 1900년대 초반 뉴욕의 뉴헤이븐 & 하트포드 철도회사에서 만든, 일곱 개의 패널로 이루어진 구조물로 볼티모어와 프랫 트러스의 특징을 모두 가지고 있다. 가장 낮은 수평 부재들(현재)의 절점에 연결되었을 뿐만 아니라 바닥시스템은 중앙 패널 점들에서 매달린 행어들에 의해서도 지지된다. 중앙의 세 개 패널은 대각선 카운터도 사용하는데, 그 결과로 이 패널들은 특징적인 'X'자 모양이 된다(문제 6.65 ~ 6.68 참조).

트러스의 두 면 중 하나에 대해 [그림 CS6.1]에 보이는 모양을 가정해보자. 절점 D에 1 kip의 하중이 가해졌을 때 현재 CF에 발생하는 내력을 계산하고, 단위하중을 절점 G로 옮기고 해석을 반복하자. 명확하게 하려면 중앙 패널 행어들은 생략한다. 두 하중 케이스 모두 무력부재이기 때문이다(다른 어떤 무력부재가 존재하는가?).

사진 CS6.1 코네티컷주 웨어하우스 포인트에 있는 핀-연결 트러스교

Courtesy of Jeff Mazurek

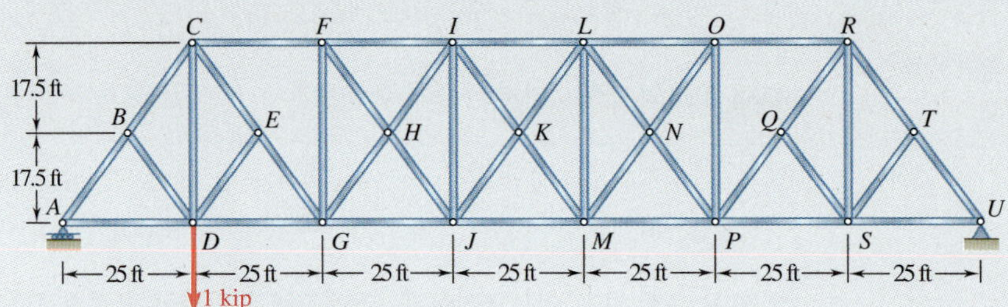

그림 CS6.1 가정한 트러스의 모양과 하중

문제분석 각각의 하중 케이스에 대해, 전체 트러스를 자유물체로 간주하여 반력을 계산한다. 단면법을 사용하여 두 번째 패널을 통과하여 절단하고 부재 CF의 부재력을 노출시키고, 내력을 계산하기 위해 힘의 평형을 적용한다.

모델링과 풀이

Case I : D에서의 단위 1 kip 하중 이 하중 케이스에 대해 [그림 CS6.2]는 전체 트러스의 자유물체도를 나타낸다. 이 자유물체도에서 A의 반력을 찾는다.

$$+\circlearrowleft \Sigma M_U = 0 : +(1\text{ kip})(150\text{ ft}) - A(175\text{ ft}) = 0 \qquad \mathbf{A} = 0.8571\text{ kips} \uparrow$$

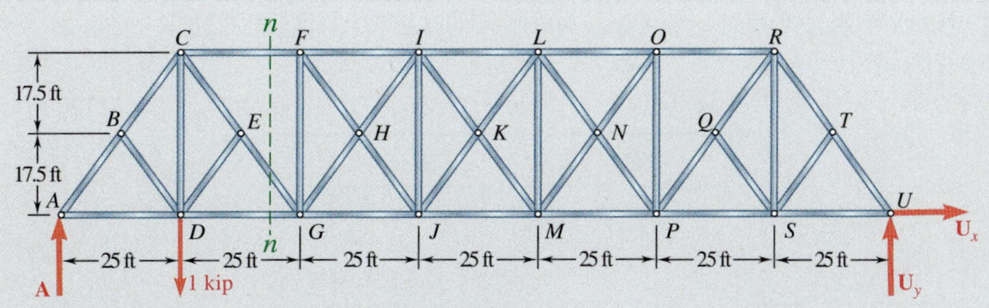

그림 CS6.2 Case I에 대한 전체 트러스의 자유물체도

이제 트러스를 수직으로 관통하는 단면 nn으로 자르고(그림 CS6.2) 왼쪽 부분을 자유물체로 선택한다(그림 CS6.3). 힘의 평형을 적용하여, 다음과 같이 구한다.

$$+\circlearrowleft \Sigma M_G = 0 : +(0.8571 \text{ kips})(50 \text{ ft}) - (1 \text{ kip})(25 \text{ ft}) + F_{CF}(35 \text{ ft}) = 0$$

$$F_{CF} = -0.5101 \text{ kips}, \quad F_{CF} = 0.5101 \text{ kips } C ◂$$

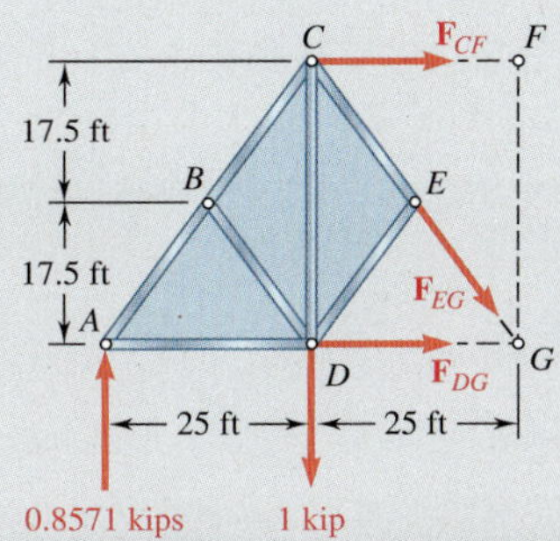

그림 CS6.3 Case I에 대한 자유물체도 : D에서의 단위하중

Case II : G에서의 단위 1 kip 하중 단위하중을 점 D에서 G로 옮기고 Case I에서의 반력 찾기 과정을 반복한다.

$$\mathbf{A} = 0.7143 \text{ kips} \uparrow$$

다시, 트러스를 수직으로 관통하는 단면 nn으로 자르고(그림 CS6.2) 왼쪽 부분을 자유물체로 선택한다(그림 CS6.4). 단위하중이 더 이상 선택한 자유물체에 직접 작용하지 않으므로, 이 그림에서는 보이지 않는다. 힘의 평형을 적용하여, 다음과 같이 구한다.

$$+\circlearrowleft \Sigma M_G = 0 : +(0.7143 \text{ kips})(50 \text{ ft}) + F_{CF}(35 \text{ ft}) = 0$$

$$F_{CF} = -1.0204 \text{ kips}, \quad F_{CF} = 1.0204 \text{ kips } C ◂$$

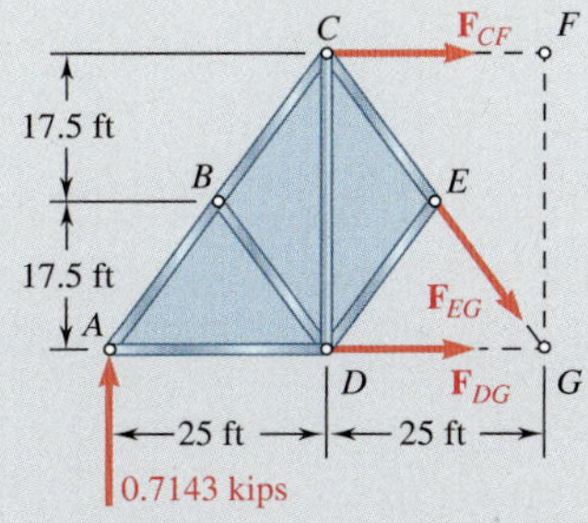

그림 CS6.4 Case II에 대한 자유물체도 : G에서의 단위하중

고찰 아래쪽 코드를 따라서 각 절점에 걸린 단위 1 kip 하중에 의한 CF의 부재력을 계산하는 과정을 반복하면 다음의 표를 만들 수 있다.

하중의 위치	F_{CF}, kips
A	0
D	−0.5101
G	−1.0204
J	−0.8163
M	−0.6123
P	−0.4082
S	−0.2041
U	0

이 결과들은 [그림 CS6.5]에서 보는 바와 같이 도표로 만들 수 있다. 이 도표는 영향선이라 하며, 단위하중이 데크를 이동할 때, 부재 CF에 발생하는 내력을 표시한다. 교량 설계에서 중요한 도구로, 공학자가 이런 영향선을 이용하여 움직이는 하중의 구조적 효과를 연구한다. 그리고 이러한 도면들이 여기서 한 것처럼 하나의 단위하중을 이용하여 개발되었으나, [사진 CS6.1]에 보이는 열차와 같이 다중-축 하중의 계산에 쉽게 적용되도록 하는 기술이 존재한다.

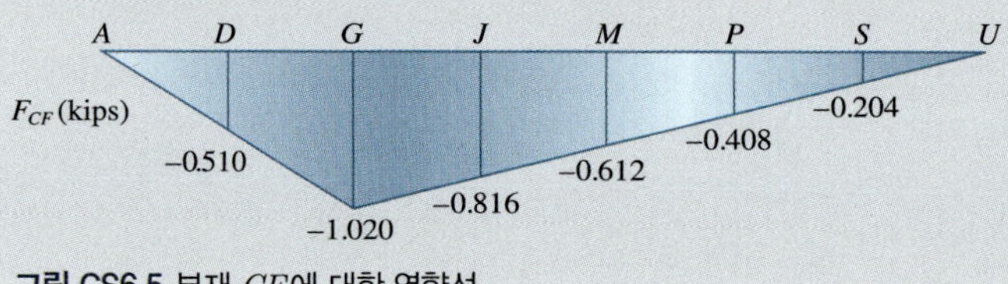

그림 CS6.5 부재 CF에 대한 영향선

Section 6.2 연습문제

6.25 그림과 같은 트러스의 부재 BD와 CD의 내력을 구하시오.

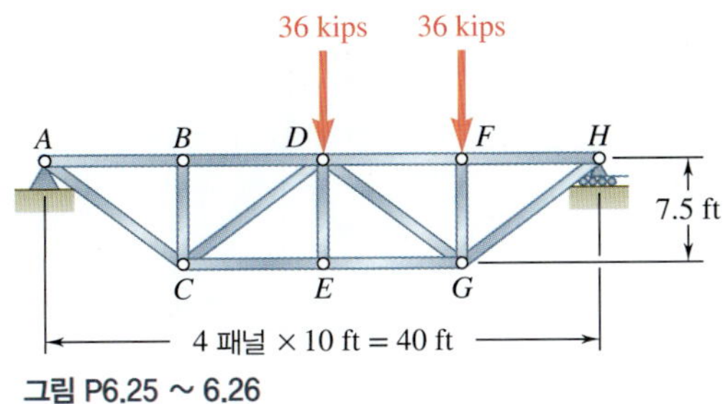

그림 P6.25 ~ 6.26

6.26 그림과 같은 트러스의 부재 DF와 DG의 내력을 구하시오.

6.27 그림과 같은 트러스의 부재 BD와 DE의 내력을 구하시오.

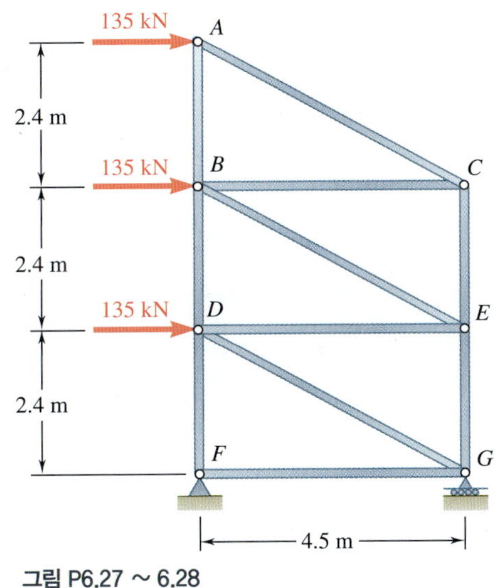

그림 P6.27 ~ 6.28

6.28 그림과 같은 트러스의 부재 DG와 EG의 내력을 구하시오.

6.29 그림과 같은 트러스의 부재 DE와 DF의 내력을 구하시오.

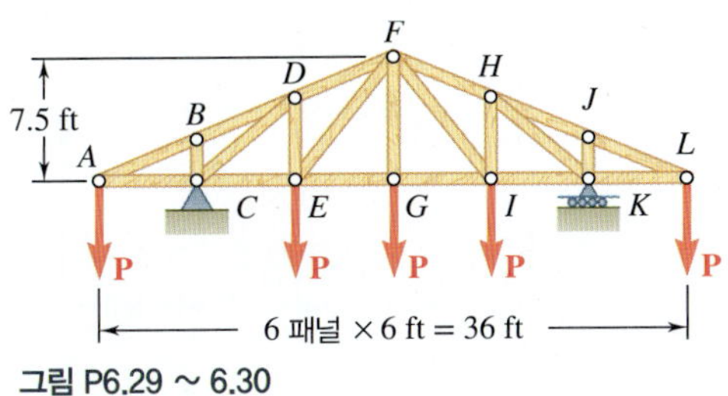

그림 P6.29 ~ 6.30

6.30 $P = 20$ kips일 때, 그림과 같은 트러스의 부재 EG와 EF의 내력을 구하시오.

6.31 바닥 트러스가 그림과 같이 하중을 받는다. 부재 CF, EF, EG의 내력을 구하시오.

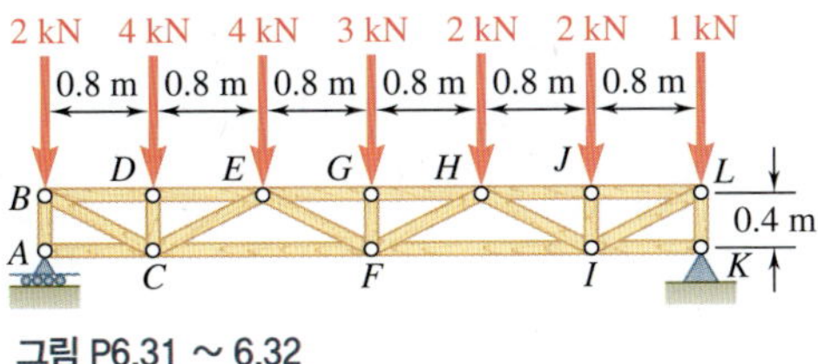

그림 P6.31 ~ 6.32

6.32 바닥 트러스가 그림과 같이 하중을 받는다. 부재 FI, HI, HJ의 내력을 구하시오.

6.33 단일 경사를 가지는 지붕 트러스가 그림과 같이 하중을 받는다. 부재 CE, DE, DF의 내력을 구하시오.

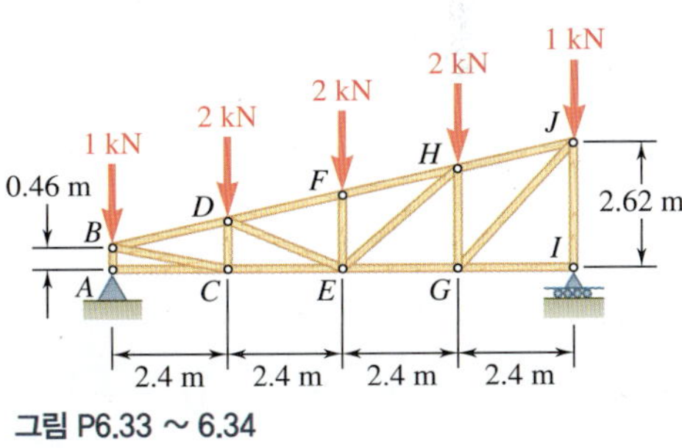

그림 P6.33 ~ 6.34

6.34 단일 경사를 가지는 지붕 트러스가 그림과 같이 하중을 받는다. 부재 EG, GH, HJ의 내력을 구하시오.

6.35 경기장의 지붕 트러스가 그림과 같이 하중을 받는다. 부재 AB, AG, FG의 부재력을 구하시오.

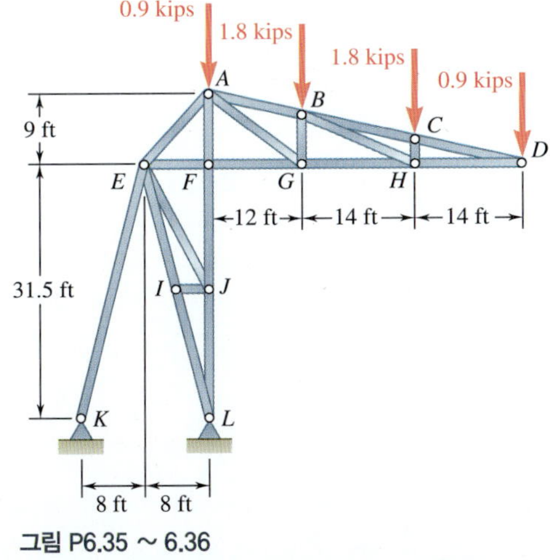

그림 P6.35 ~ 6.36

6.36 경기장의 지붕 트러스가 그림과 같이 하중을 받는다. 부재 AE, EF, FJ의 부재력을 구하시오.

6.37 그림과 같은 트러스의 부재 DF, EF, EG의 내력을 구하시오.

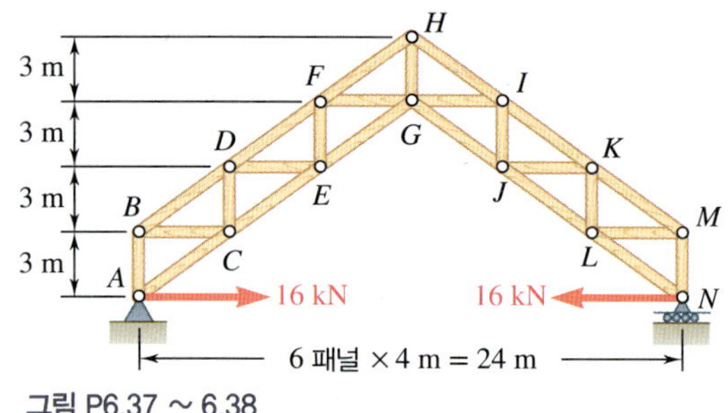

그림 P6.37 ~ 6.38

6.38 그림과 같은 트러스의 부재 GI, GJ와 HI의 내력을 구하시오.

6.39 하우 시저Howe Scissors 지붕 트러스가 그림과 같이 하중을 받는다. 부재 DF, DG, EG의 내력을 구하시오.

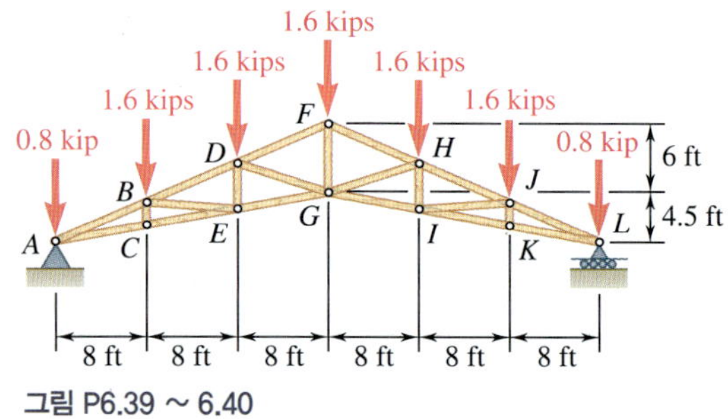

그림 P6.39 ~ 6.40

6.40 하우 시저 지붕 트러스가 그림과 같이 하중을 받는다. 부재 GI, HI, HJ의 내력을 구하시오.

6.41 그림과 같은 트러스의 부재 DG와 FI의 내력을 구하시오.
HINT 단면 aa를 사용하시오.

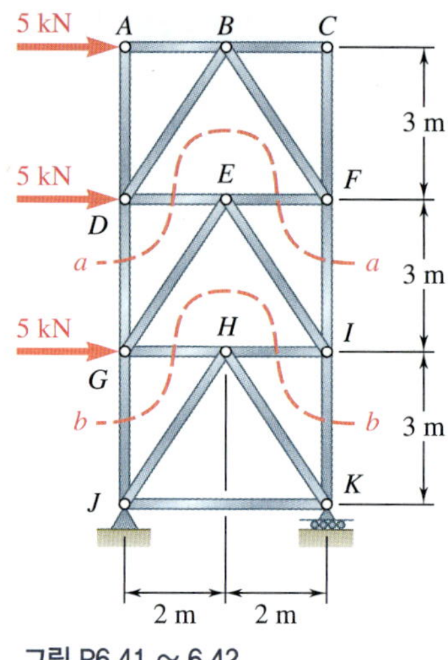

그림 P6.41 ~ 6.42

6.42 그림과 같은 트러스의 부재 GJ와 IK의 내력을 구하시오.
HINT 단면 bb를 사용하시오.

6.43 그림과 같은 트러스의 부재 DG와 FH의 내력을 구하시오.
HINT 단면 aa를 사용하시오.

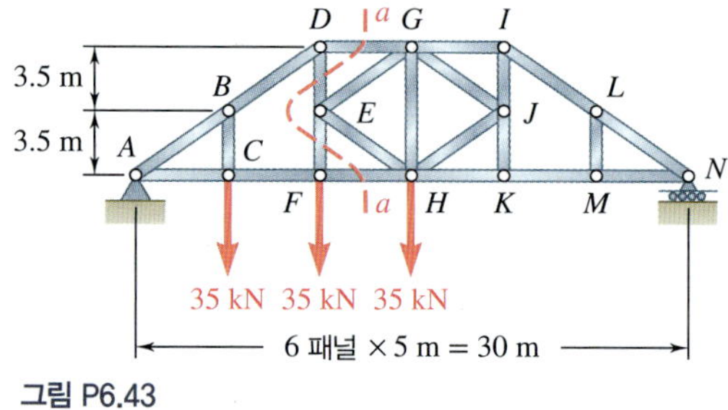

그림 P6.43

6.44 그림과 같은 트러스의 중앙 패널에 있는 대각 부재들은 매우 가늘고 인장력만 받을 수 있다. 이런 부재를 카운터라고 한다. 주어진 하중을 받는 상태에서 부재 DE와 카운터들의 내력을 구하시오.

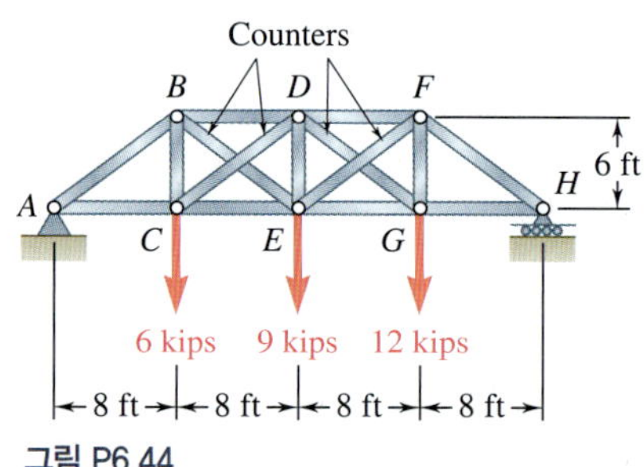

그림 P6.44

6.45 9 kip 하중이 제거되었다고 가정하고 [문제 6.44]를 푸시오.

6.46 그림과 같은 트러스의 중앙 패널에 있는 대각 부재들은 매우 가늘고 인장력만 받을 수 있다. 이런 부재들은 카운터라고 한다. 주어진 하중을 받는 상태에서 카운터들의 내력을 구하시오.

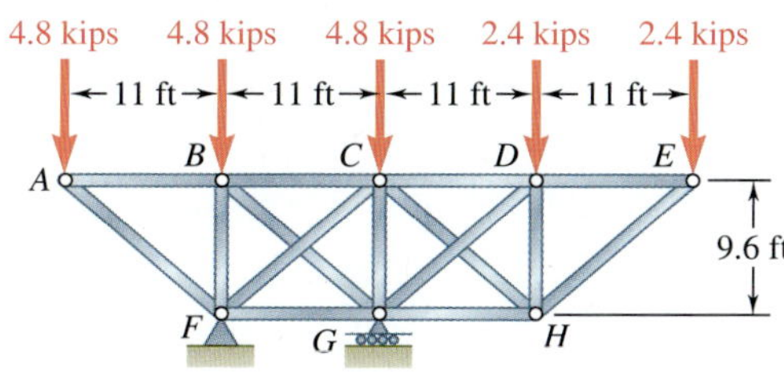

그림 P6.46

6.47 ~ 6.48 그림과 같은 구조들이 각각 완전히, 부분적 혹은 부적절하게 구속되었는지를 구분하시오. 만약 완전히 구속되었다면 추가로 정정 구조인지 부정정 구조인지 구분하시오. 모든 부재는 인장과 압축력을 받을 수 있다.

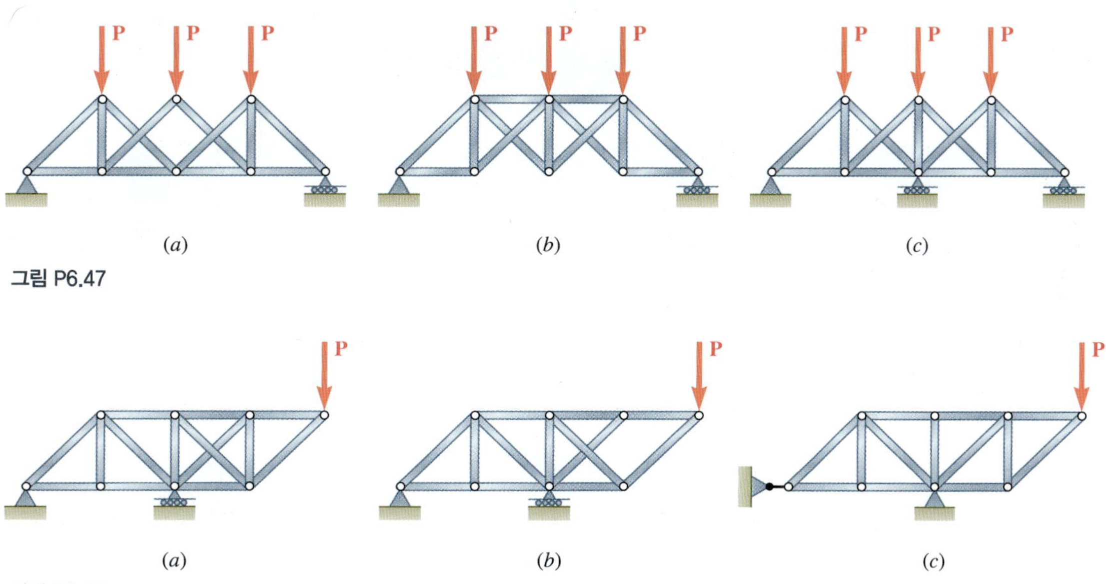

그림 P6.47

그림 P6.48

6.3 프레임(뼈대구조)

트러스를 공부할 때, 전체가 핀과 직선 2력 부재들로 구성된 구조물을 보았다. 2력 부재에 작용하는 힘들은 부재의 길이방향이다. 이제 부재들 중 적어도 하나는 다력 부재(셋 또는 그 이상의 힘을 받는 부재)인 구조물을 고려한다. 이 힘들은 일반적으로 그 힘이 작용하는 부재의 길이방향이 아니다. 힘의 방향을 알 수 없으므로, 힘을 두 개의 미지요소로 표현해야 한다.

프레임과 기계는 다력 부재를 포함하는 구조이다. 프레임은 하중을 지지하도록 설계되었고 일반적으로 정지상태이며, 완전히 구속된 구조물이다. 기계는 힘을 전달하고 변환하도록 설계되었다. 기계는 정지상태이거나 아닐 수 있고, 언제나 움직이는 부품을 가진다.

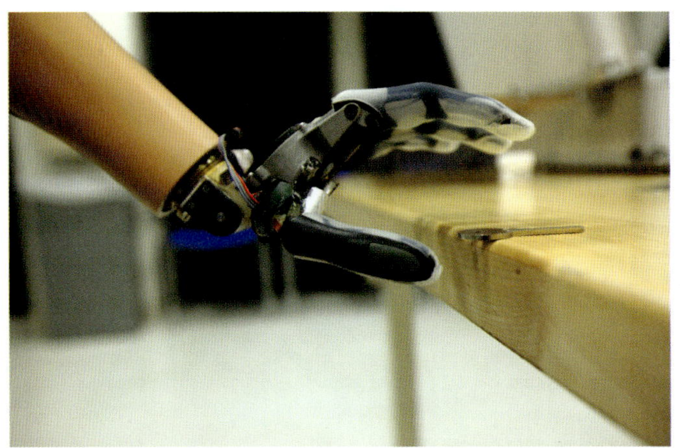

사진 6.5 프레임과 기계는 다력 부재를 포함한다. 프레임은 완전히 구속된 구조물인 반면에, 사진의 인공 손과 같은 기계는 움직일 수 있고 힘을 전달하거나 바꿀 수 있도록 설계된다.
Mark Thiessen/National Geographic/Alamy Stock Photo

6.3.1 프레임 해석

프레임 해석의 첫 예시로, 6.1절에서 묘사한 하중 W를 받는 크레인을 다시 생각해보자(그림 6.18a). [그림 6.18b]는 전체 프레임의 자유물체도를 보여준다. 이 자유물체도를 이용하여 프레임에 작용하는 외력을 계산할 수 있다. A에 대한 모멘트를 더하여, 케이블에 의해 작용하는 힘 $\mathbf{T}$를 먼저 계산한다. 이제 x와 y성분들을 더하여 핀 A의 반력 $\mathbf{A}_x$와 $\mathbf{A}_y$를 계산한다.

프레임의 여러 부품을 하나로 잡아주는 내력들을 계산하기 위해, 프레임을 분해하고 각 요소부품에 대한 자유물체도를 그려야 한다(그림 6.18c). 먼저, 2력 부재들을 조사한다. 프레임에서는 부재 BE가 유일한 2력 부재이다. 이 부재의 양단에 작용하는 힘은 그 크기와 작용선이 같고, 방향이 반대여야 한다(4.2.1절). 그러므로 그들은 BE의 길이방향이고, 각각 $\mathbf{F}_{BE}$와 $-\mathbf{F}_{BE}$로 표기된다. [그림 6.18c]와 같이 그 방향은 임의로 가정한다. 두 힘의 공통 크기 F_{BE}에 대해 얻은 부호로, 이 가정의 옳고 그름을 확인할 수 있다.

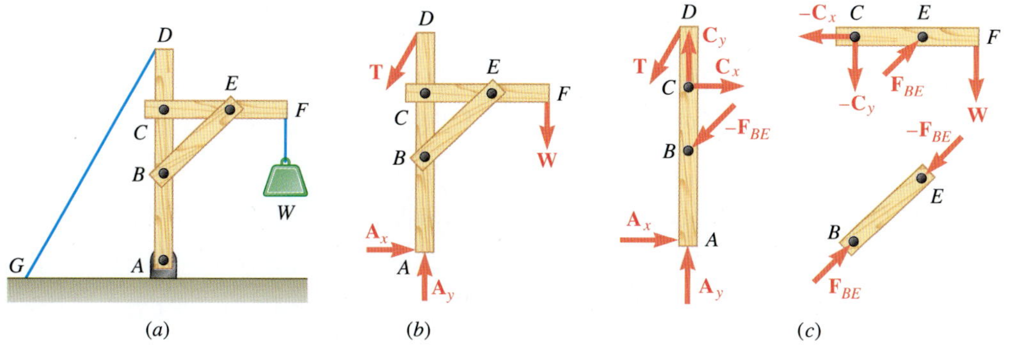

그림 6.18 평형상태의 프레임 (a) 하중을 받는 크레인 (b) 크레인의 자유물체도 (c) 크레인 요소의 자유물체도

이제 다력 부재, 즉 세 개 이상의 힘을 받는 부재를 고려한다. 뉴턴의 제3법칙에 따라 B에서 부재 BE가 부재 AD에 대해 작용하는 힘은 AD가 BE에 작용하는 힘 $\mathbf{F}_{BE}$와 크기가 같고 방향이 반대이다. 마찬가지로, E에서 부재 BE가 부재 CF에 대해 작용하는 힘은 CF가 BE에 작용하는 힘 $-\mathbf{F}_{BE}$와 크기가 같고 방향이 반대이다. 따라서 2력 부재 BE가 AD와 CF에 작용하는 힘은 각각 $-\mathbf{F}_{BE}$와 $\mathbf{F}_{BE}$이다. 이들은 같은 크기 F_{BE}를 가지고, 서로 반대 방향이며, [그림 6.18c]의 방향이어야 한다.

절점 C는 두 개의 다력 부재를 연결한다. C에 작용하는 힘의 방향과 크기가 모두 미지수이므로, 이 힘들을 x와 y성분으로 나타낸다. 부재 AD에 작용하는 힘의 성분 $\mathbf{C}_x$와 $\mathbf{C}_y$는 임의로 오른쪽과 위쪽으로 가정한다. 뉴턴의 제3법칙에 따라 부재 CF가 AD에 작용하는 힘과 AD가 CF에 작용하는 힘은 크기가 같고 방향이 반대이므로, 부재 CF에 작용하는 힘의 성분은 왼쪽과 아래쪽이어야 한다. 그들은 각각 $-C_x$와 $-C_y$로 표기된다. 힘 C_x가 실제로 오른쪽이고, 힘 $-C_x$가 왼쪽인지 여부는 나중에 그들의 공통된 크기 C_x의 부호로부터 결정된다. 양의 부호이면 가정이 옳은 것이고, 음의 부호이면 가정이 틀린 것이다. 다력 부재에 대한 자유물체도는 A, D와 F에 작용하는 외력들을 보여줌으로써 완성된다.[2]

이제 두 다력 부재 중 어느 하나의 자유물체도를 고려하여 내력을 계산할 수 있다. 예를 들면, CF의 자유물체도를 선택하여 각각 크기의 값 F_{BE}, C_y와 C_x를 제공하는 방정식 $\Sigma M_C = 0$, $\Sigma M_E = 0$, $\Sigma F_x = 0$을 작성한다. 부재 AD 역시 평형상태에 있음을 입증하여 이 값들을 확인할 수 있다.

[그림 6.18]의 핀은 연결된 두 부재 중 어느 하나와 합쳐져 있으므로 자유물체도는 필요하지 않다. 이렇게 가정하면 프레임과 기계의 해석을 항상 단순화할 수 있다. 그러나 핀이 셋 또는 그 이상의 부재를 연결할 때, 혹은 핀이 지점과 두 개 또는 그 이상의 부재를 연결할 때, 혹은 핀에 하중이 작용할 때에는 핀이 어느 부재에 속하는지 확실한 결정을 내려야 한다(다력 부재들이 포함된다면, 핀은 이 부재 중 어느 하나에 부착되어야 한다). 이때 핀에 작용하는 여러 가지 힘들을 명확하게 판별해야 한다. 해당 내용은 [예제 6.6]에서 살펴보자.

2 한 부재가 다른 부재에 대해 작용하는 힘을 크기가 같고 방향이 반대인 두 번째 부재가 첫 번째 부재에 작용하는 힘과 음의 부호를 써서 구별한다. 두 힘이 서로 다른 자유물체도에 속하여 쉽게 혼동되지 않기 때문이다. 그러므로 전적으로 필요한 것은 아니다. 예제는 서로 다른 자유물체에 작용하는 크기가 같고 방향이 반대인 힘을 같은 기호를 사용하여 나타낸다. 이러한 조건이라면, 주어진 힘 성분의 부호는 그 성분의 방향과 해당하는 좌표축의 방향을 직접 관련시키는 것은 아니라는 점에 주의한다. 양의 부호는 자유물체도에서 그 성분에 대해 가정된 방향이 옳다는 것을 나타내고, 음의 부호는 틀렸다는 것을 나타낸다.

6.3.2 지점이 없으면 붕괴되는 프레임

6.3.1절에서 해석한 크레인은 지점의 도움이 없어도 같은 형상을 유지할 수 있도록 제작되었으므로 강체로 간주한다. 그러나 많은 프레임은 지점에서 분리되면 붕괴된다. 이러한 프레임은 강체로 간주할 수 없다. 예를 들어, [그림 6.19a]와 같이 각 부재의 중점에 하중 **P**와 **Q**를 받는 두 부재 AC와 CB로 구성되는 프레임을 생각해보자. 이 부재들은 A와 B에서 핀으로 지지되어 있고 점 C에서 핀으로 연결되어 있다. 이 프레임은 지점에서 분리되면 자기 모양을 유지하지 못한다. 따라서 이것은 개별적으로 강체인 AC와 CB로 구성된 것으로 간주한다.

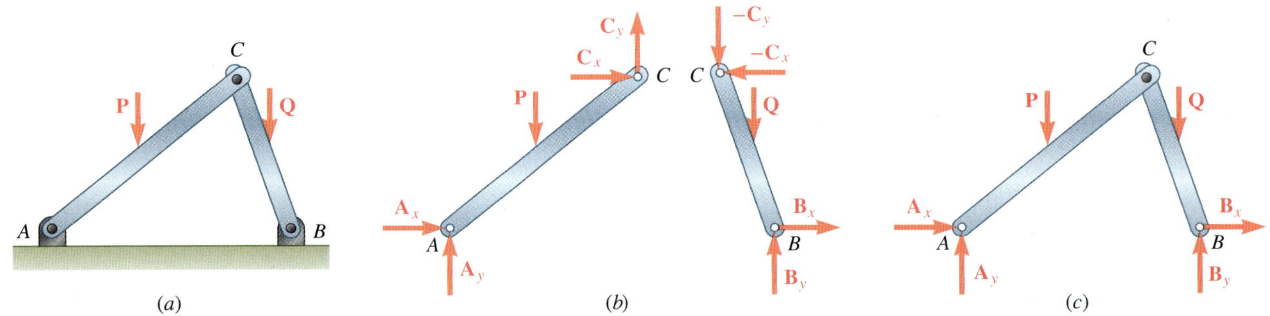

그림 6.19 (a) 두 개의 핀으로 지지되고 세 번째 핀으로 연결된, 두 부재로 만들어진 프레임. 지지부가 없으면 프레임은 무너질 것이므로, 강체가 아니다. (b) 두 부재의 자유물체도 (c) 전체 프레임의 자유물체도

방정식 $\Sigma F_x = 0$, $\Sigma F_y = 0$ 그리고 $\Sigma M = 0$(임의의 주어진 점에 대해)는 강체에 대한 평형 조건을 나타낸다(4장). 강체에 대한 자유물체도, 즉 부재 AC와 CB(그림 6.19b)에 대한 자유물체도와 연결하여 이 방정식을 사용해야 한다. 이 부재들은 다력 부재이고, 또한 지점과 연결부에서 핀이 사용되므로 A와 B에서의 반력과 C에서의 힘은 각각 두 성분으로 나타낸다. 뉴턴의 제3법칙에 따라 CB가 AC에 작용하는 힘의 성분과 AC가 CB에 작용하는 힘의 성분을 크기가 같고 방향이 반대인 벡터로 나타낸다. 따라서 첫 번째 성분들이 $\mathbf{C}_x$와 $\mathbf{C}_y$로 구성된다면, 두 번째 성분들은 $-\mathbf{C}_x$와 $-\mathbf{C}_y$로 나타낸다.

자유물체 AC에는 4개의 미지력 성분이 작용하지만, 자유물체가 평형인 것을 나타내기 위해 세 개의 독립된 평형방정식만 필요하다. 마찬가지로, CB에 대해서도, 4개의 미지수와 단 세 개의 방정식이 관련된다. 그러나 두 개의 부재에 대한 해석은 6개의 서로 다른 미지수가 포함되어 있고, 부재들의 평형을 표현하기 위해 6개의 방정식을 이용할 수 있다. 자유물체 AC에 대해 $\Sigma M_A = 0$을 작성하고 CB에 대해서 $\Sigma M_B = 0$을 작성하면, 성분 $\mathbf{C}_x$와 $-\mathbf{C}_x$의 공통크기 C_x와 성분 $\mathbf{C}_y$와 $-\mathbf{C}_y$의 공통크기 C_y를 구할 수 있는 이원연립방정식을 얻는다. 이제 각각의 두 자유물체에 대해서 $\Sigma F_x = 0$과 $\Sigma F_y = 0$을 작성하고, 순차적으로 크기 A_x, A_y, B_x, B_y를 얻는다.

자유물체 AC에 작용하는 힘들이 평형방정식 $\Sigma F_x = 0$, $\Sigma F_y = 0$과 $\Sigma M = 0$(임의의 주어진 점에 대해)을 만족하고, 또한 CB에 작용하는 힘들이 평형방정식을 만족하므로 두 자유물체에 작용하는 힘들을 동시에 고려해도 이 식들이 만족됨을 알 수 있다. 점 C에서의 내력들은 서로 상쇄되므로, 프레임 ACB가 강체가 아닐지라도 프레임의 자유물체도에 나오는 외력들이 평형방정식을 만족해야 한다(그림 6.19c). 이 방정식들은 A와 B에서의 반력 성분 중 몇 개를 계산하는 데 사용될 수도 있다. 그러나 **전체 프레임에 대한 자유물체도로부터 모든 반력을 완벽하게 계산할 수 없음을 발견한다.** 따라서 외력만을 구하고자 한다고 해도, 프레임을 분해해서 구성 부분들의 자유물체도를 고려해야한다(그림 6.19b). 그 이유는 강체가 아닌 구조물의 평형에 대해서 자유물체 ACB의 평형방정식이 충분조건이 아니고 필요조건이기 때문이다.

여기서 설명한 해법은 연립방정식을 포함한다. 이제 자유물체 AC와 CB뿐만 아니라 자유물체 ACB를 이용하는 더 효율적인 방법을 제시한다. 자유물체 ACB에 대해 $\Sigma M_A = 0$과 $\Sigma M_B = 0$을 작성하여 B_y와 A_y를 얻는다. 자유물체 AC에 대해 $\Sigma M_C = 0$, $\Sigma F_x = 0$, $\Sigma F_y = 0$으로부터, 순차적으로 A_x, C_x, C_y를 구한다. 마지막으로, ACB에 대해 $\Sigma F_x = 0$을 이용하여 B_x를 얻는다.

[그림 6.19]의 프레임에 대한 해석은 여섯 개의 미지력 성분과 여섯 개의 독립된 평형방정식을 포함한다(전체 프레임에 대한 평형방정식은 원래의 여섯 개의 방정식으로부터 구한 것이고, 따라서 서로 독립이 아니다). 또한 모든 미지력을 실제로 구할 수 있고, 모든 방정식을 만족한다는 것을 확인했다. 이 프레임은 정역학적으로 정정이고, 강체이다(여기서 '강체'의 의미는 프레임이 지점에 붙어 있는 동안 그 모양을 유지한다는 것을 나타낸다).

일반적으로 구조물이 정역학적으로 정정이고 강체인지 여부를 결정하기 위해서는, 구조물의 각 구성요소에 대한 자유물체도를 그려서 포함된 반력과 내력의 수를 세어보아야 한다. 이제 독립된 평형방정식의 수(전체 구조물이나 이미 해석된 구성요소의 일부에 대한 방정식은 제외하고)를 계산해야 한다. 방정식의 수보다 미지수의 수가 더 많으면, 이 구조물은 정역학적으로 부정정이다. 방정식의 수보다 미지수의 수가 적으면, 이 구조물은 강체가 아니다. 미지수의 수가 방정식의 수와 같고, 모든 미지수를 구할 수 있으며, 모든 방정식이 일반적인 하중조건에서 만족하면, 이 구조물은 정역학적으로 정정이고 강체이다. 그러나 부재와 지점의 부적절한 배치로 인하여, 모든 미지수를 구할 수 없고, 모든 방정식을 만족할 수 없으면, 이 구조물은 **정역학적으로 부정정이고 강체가 아니다.**

예제 6.4

그림과 같은 프레임에서 부재 ACE와 BCD는 점 C에서 핀으로 연결되었고 링크 DE로 연결되었다. 보이는 하중에 대해 링크 DE의 내력과 점 C에서 부재 BCD에 작용하는 힘의 성분을 구하시오.

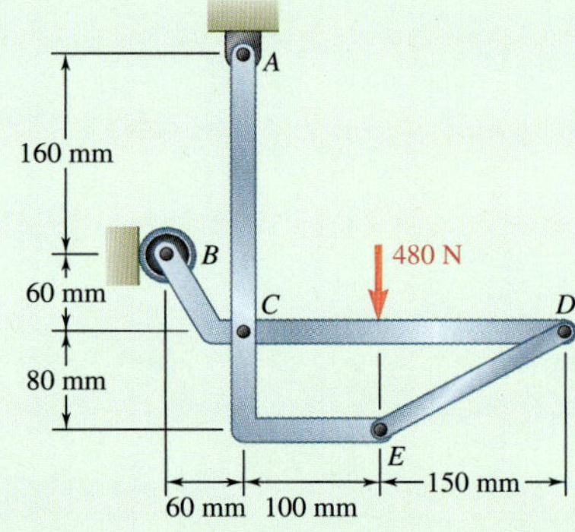

문제분석 이 절에서 다룬 일반적인 과정을 따른다. 먼저 전체 프레임을 자유물체로 간주하고, A와 B의 반력을 찾는다. 프레임을 분해하고 각 부재를 자유물체로 간주하면, 점 C에서의 힘을 찾는 데 필요한 방정식을 얻는다.

모델링과 풀이

외부반력이 세 개의 미지수만을 포함하기 때문에, 전체 프레임의 자유물체도를 고려하여 반력을 계산한다(그림 1).

$$+\uparrow \Sigma F_y = 0: \quad A_y - 480\text{ N} = 0, \quad A_y = +480\text{ N} \qquad \mathbf{A}_y = 480\text{ N}\uparrow$$

$$+\circlearrowleft \Sigma M_A = 0: \quad -(480\text{ N})(100\text{ mm}) + B(160\text{ mm}) = 0$$

$$B = +300\text{ N} \qquad \mathbf{B} = 300\text{ N}\rightarrow$$

$$\overset{+}{\rightarrow} \Sigma F_x = 0: \quad B + A_x = 0$$

$$300\text{ N} + A_x = 0, \quad A_x = -300\text{ N} \qquad \mathbf{A}_x = 300\text{ N}\leftarrow$$

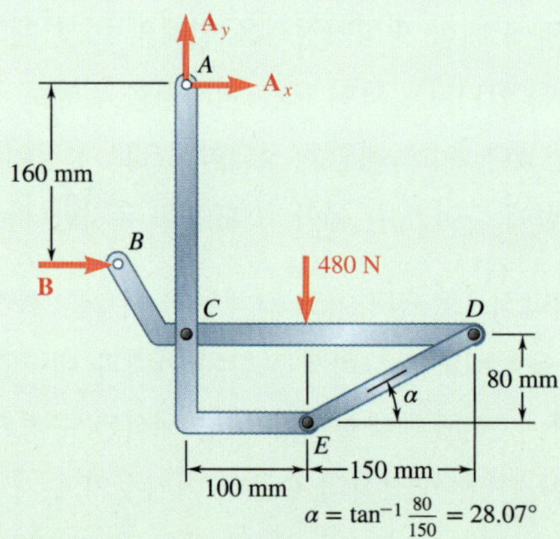

그림 1 전체 프레임의 자유물체도

이제 프레임을 분해한다(그림 2～3). 점 C에 두 부재만 연결되어 있으므로, ACE와 BCD에 작용하는 미지력의 성분들은 각각 크기가 같고 방향이 반대이다. 링크 DE가 인장력을 받고(그림 3) D와 E에 크기가 같고 방향이 반대인 힘을 그림에 보이는 방향으로 가한다고 가정한다.

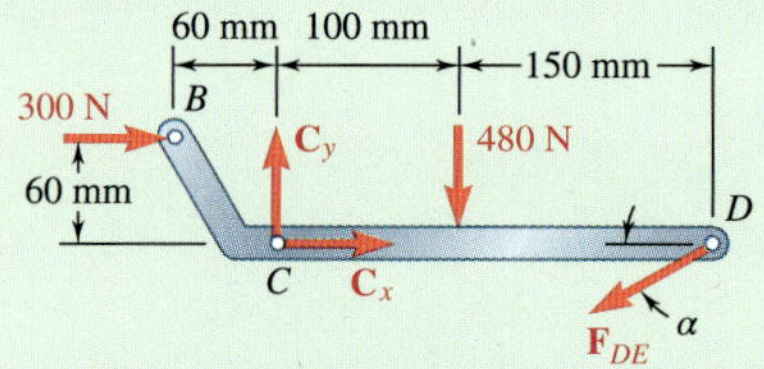

그림 2 부재 BCD의 자유물체도

자유물체 : 부재 BCD 자유물체 BCD를 사용하여(그림 2), 세 개의 평형방정식을 쓰고 해를 구할 수 있다.

$$+\circlearrowleft \Sigma M_C = 0 :$$
$$(F_{DE} \sin\alpha)(250\ \text{mm}) + (300\ \text{N})(60\ \text{mm}) + (480\ \text{N})(100\ \text{mm}) = 0$$
$$F_{DE} = -561\ \text{N} \qquad F_{DE} = 561\ \text{N}\ C \blacktriangleleft$$

$$\overset{+}{\rightarrow}\Sigma F_x = 0 : C_x - F_{DE}\cos\alpha + 300\ \text{N} = 0$$
$$C_x - (-561\ \text{N})\cos 28.07° + 300\ \text{N} = 0, \quad C_x = -795\ \text{N}$$

$$+\uparrow\Sigma F_y = 0 : C_y - F_{DE}\sin\alpha - 480\ \text{N} = 0$$
$$C_y - (-561\ \text{N})\sin 28.07° - 480\ \text{N} = 0, \quad C_y = +216\ \text{N}$$

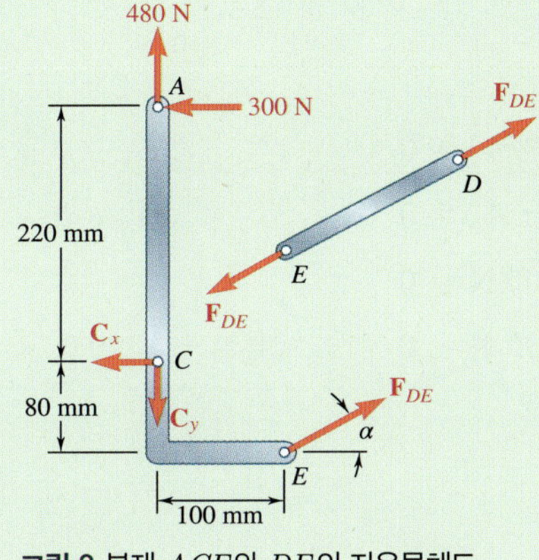

그림 3 부재 ACE와 DE의 자유물체도

C_x와 C_y에 대해 얻은 부호로부터, 부재 BCD에 가해진 힘의 성분 $\mathbf{C}_x$와 $\mathbf{C}_y$는 각각 왼쪽과 위쪽을 향한다. 그러므로 다음과 같다.

$$\mathbf{C}_x = 795\ \text{N} \leftarrow, \quad \mathbf{C}_y = 216\ \text{N}\uparrow \blacktriangleleft$$

고찰 자유물체 ACE(그림 3)를 고려하여 계산을 확인한다. 예를 들면 다음과 같다.

$$+\circlearrowleft \Sigma M_A = 0 :$$
$$(F_{DE}\cos\alpha)(300\ \text{mm}) + (F_{DE}\sin\alpha)(100\ \text{mm}) - C_x(220\ \text{mm})$$
$$= (-561\cos\alpha)(300) + (-561\sin\alpha)(100) - (-795)(220) = 0$$

예제 6.5

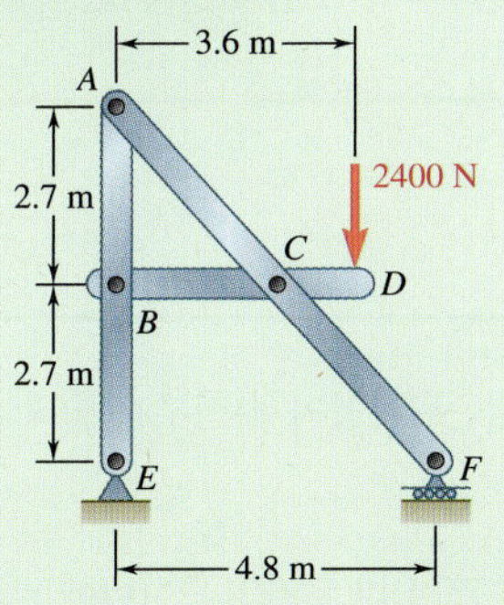

그림과 같은 프레임의 각 부재에 작용하는 힘들의 성분을 구하시오.

문제분석 이 해석에 대한 접근은 반력을 계산하기 위해 전체 프레임을 자유물체로 간주하고, 그런 후에 각각의 부재를 고려한다. 그러나 이 경우에 두 번째 부재를 동시에 해석하지 않고 하나의 부재력을 계산할 수 없다.

모델링과 풀이 외부반력은 세 개의 미지수만 포함하고, 전체 프레임의 자유물체도(그림 1)를 고려하여 반력을 계산한다.

$$+\circlearrowleft \Sigma M_E = 0 : -(2400\ \text{N})(3.6\ \text{m}) + F(4.8\ \text{m}) = 0$$
$$F = +1800\ \text{N} \qquad \mathbf{F} = 1800\ \text{N}\uparrow \blacktriangleleft$$

$$+\uparrow\Sigma F_y = 0 : -2400\ \text{N} + 1800\ \text{N} + E_y = 0, \quad A_y = +480\ \text{N}$$
$$E_y = +600\ \text{N} \qquad \mathbf{E}_y = 600\ \text{N}\uparrow \blacktriangleleft$$

$$\overset{+}{\rightarrow}\Sigma F_x = 0 : \qquad \mathbf{E}_x = 0 \blacktriangleleft$$

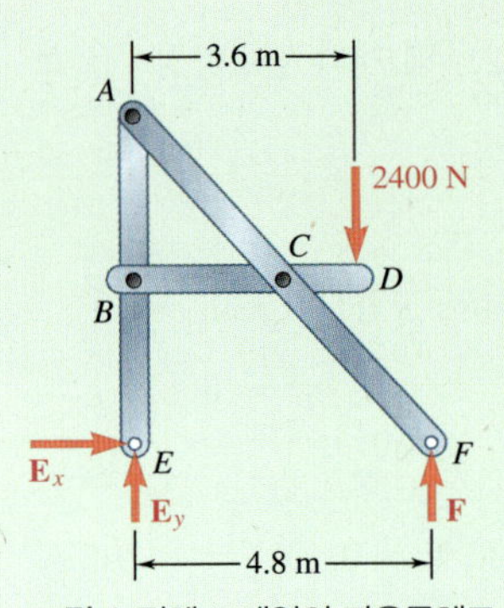

그림 1 전체 프레임의 자유물체도

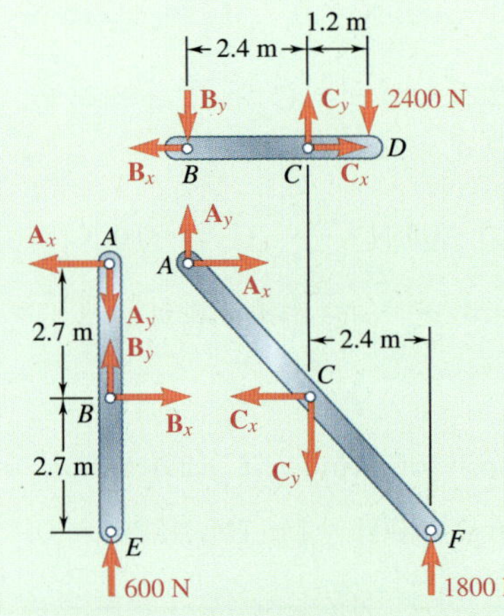

그림 2 각 부재들의 자유물체도

이제 프레임을 분해한다. 각 절점에 두 개의 부재만 연결되었기 때문에, 각 절점의 부재에서 힘의 성분은 크기가 같고 방향이 반대이다(그림 2).

자유물체 : 부재 BCD

$$+\circlearrowleft \Sigma M_B = 0 : -(2400\ \text{N})(3.6\ \text{m}) + C_y(2.4\ \text{m}) = 0 \qquad C_y = +3600\ \text{N} ◀$$
$$+\circlearrowleft \Sigma M_C = 0 : -(2400\ \text{N})(1.2\ \text{m}) + B_y(2.4\ \text{m}) = 0 \qquad B_y = +1200\ \text{N} ◀$$
$$\overset{+}{\rightarrow} \Sigma F_x = 0 : -B_x + C_x = 0$$

부재 BCD만 고려하면 B_x와 C_x를 둘 다 얻을 수 없다. 부재 ABE를 봐야 한다. B_y와 C_y에 대해서 얻은 값이 양수이기 때문에 두 힘의 성분 $\mathbf{B}_y$와 $\mathbf{C}_y$가 가정한 방향과 같다.

자유물체 : 부재 ABE

$$+\circlearrowleft \Sigma M_A = 0 : \qquad B_x(2.7\ \text{m}) = 0 \qquad B_x = 0 ◀$$
$$\overset{+}{\rightarrow} \Sigma F_x = 0 : \qquad +B_x - A_x = 0 \qquad A_x = 0 ◀$$
$$+\uparrow \Sigma F_y = 0 : \qquad -A_y + B_y + 600\ \text{N} = 0$$
$$-A_y + 1200\ \text{N} + 600\ \text{N} = 0 \qquad A_y = +1800\ \text{N} ◀$$

자유물체 : 부재 BCD

부재 BCD에서 식은 다음과 같다.

$$\overset{+}{\rightarrow} \Sigma F_x = 0 : -B_x + C_x = 0, \quad 0 + C_x = 0 \qquad C_x = 0 ◀$$

고찰 이제 모든 미지의 성분을 찾았다. 결과를 검증하기 위해, 부재 ACF가 평형상태에 있는 것을 확인할 수 있다.

$$+\circlearrowleft \Sigma M_C = (1800\ \text{N})(2.4\ \text{m}) - A_y(2.4\ \text{m}) - A_x(2.7\ \text{m})$$
$$= (1800\ \text{N})(2.4\ \text{m}) - (1800\ \text{N})(2.4\ \text{m}) - 0 = 0 \qquad \text{(확인)}$$

예제 6.6

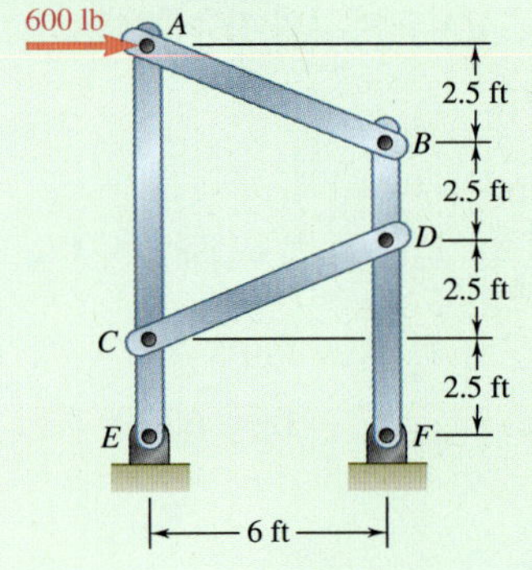

그림과 같은 프레임의 핀 A에 600 lb의 수평하중이 작용했다. 프레임의 수직부재에 작용하는 힘을 구하시오.

문제분석 다른 문제와 같이 전체 프레임의 자유물체도로 시작한다. 그러나 이번에는 모든 반력을 계산하지 못한다. 남아 있는 반력을 계산하려면 독립적인 부재를 해석하고 전체 프레임의 해석으로 돌아와야 한다.

모델링과 풀이 전체 프레임을 자유물체로 선택하여(그림 1), 두 힘의 요소인 $\mathbf{E}_y$와 $\mathbf{F}_y$를 결정하기 위한 평형방정식을 작성할 수 있다. 그러나 이 식들은 $\mathbf{E}_x$와 $\mathbf{F}_x$를 계산하기에 충분하지 않다.

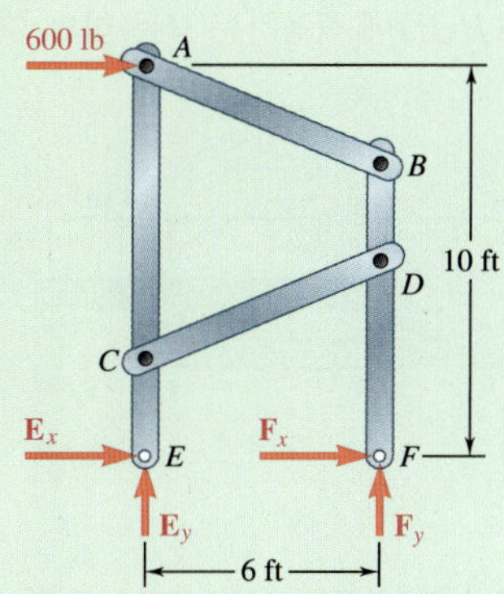

그림 1 전체 프레임의 자유물체도

$$+\circlearrowleft \Sigma M_E = 0 : -(600\text{ lb})(10\text{ ft}) + F_y(6\text{ ft}) = 0$$

$$F_y = +1000\text{ lb} \qquad \mathbf{F}_y = 1000\text{ lb}\uparrow \blacktriangleleft$$

$$+\uparrow \Sigma F_y = 0 : E_y + F_y = 0$$

$$E_y = -1000\text{ lb} \qquad \mathbf{E}_y = 1000\text{ lb}\downarrow \blacktriangleleft$$

답을 구하기 위해 여러 부재들의 자유물체도를 생각한다(그림 2). 프레임을 분해할 때, 핀 A가 다력 부재인 ACE에 붙여서 600 lb의 힘이 이 부재에 작용한다고 가정한다. AB와 CD는 2력 부재임에 주의한다.

자유물체 : 부재 ACE

$$+\uparrow \Sigma F_y = 0 : -\frac{5}{13}F_{AB} + \frac{5}{13}F_{CD} - 1000\text{ lb} = 0$$

$$+\circlearrowleft \Sigma M_E = 0 :$$

$$-(600\text{ lb})(10\text{ ft}) - \left(\frac{12}{13}F_{AB}\right)(10\text{ ft}) - \left(\frac{12}{13}F_{CD}\right)(2.5\text{ ft}) = 0$$

이 방정식을 동시에 풀면, 다음을 얻는다.

$$F_{AB} = -1040\text{ lb}, \quad F_{CD} = +1560\text{ lb} \blacktriangleleft$$

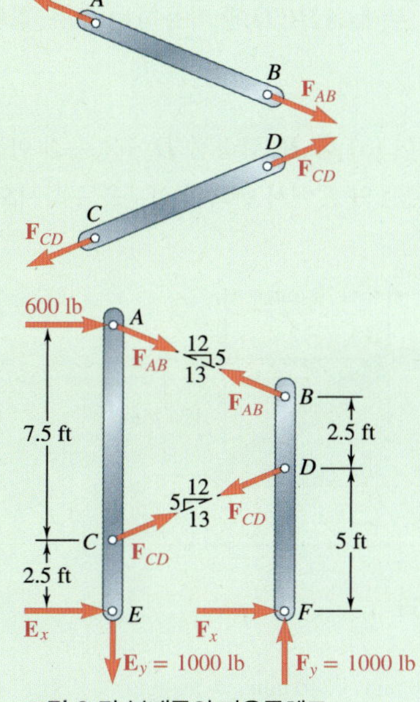

그림 2 각 부재들의 자유물체도

부호를 보면 가정한 F_{CD}의 방향은 맞았고 F_{AB}의 방향은 틀렸다는 것을 알 수 있다. 이제 x성분을 더하면, 다음과 같다.

$$\overset{+}{\rightarrow} \Sigma F_x = 0 : 600\text{ lb} + \frac{12}{13}(-1040\text{ lb}) + \frac{12}{13}(1560\text{ lb}) + E_x = 0$$

$$E_x = -1080\text{ lb} \qquad \mathbf{E}_x = 1080\text{ lb}\leftarrow \blacktriangleleft$$

자유물체 전체 프레임 $\mathbf{E}_x$를 계산했으므로, 전체 프레임의 자유물체도로 돌아간다.

$$\overset{+}{\rightarrow} \Sigma F_x = 0 : 600\text{ lb} - 1080\text{ lb} + F_x = 0$$

$$F_x = +480\text{ lb} \qquad \mathbf{F}_x = 480\text{ lb}\rightarrow \blacktriangleleft$$

고찰 방정식 $\Sigma M_B = 0$이 부재 BDF에 작용하는 힘들로 만족되는 것을 검증하여 계산을 확인하다.

$$+\circlearrowleft \Sigma M_B = \left(-\frac{12}{13}F_{CD}\right)(2.5\text{ ft}) + (F_x)(7.5\text{ ft})$$

$$= -\frac{12}{13}(1560\text{ lb})(2.5\text{ ft}) + (480\text{ lb})(7.5\text{ ft})$$

$$= -3600\text{ lb}\cdot\text{ft} + 3600\text{ lb}\cdot\text{ft} = 0 \qquad \text{(확인)}$$

Section 6.3 연습문제

6.49 ~ 6.50 부재 BD의 힘과 점 C에서의 반력성분을 구하시오.

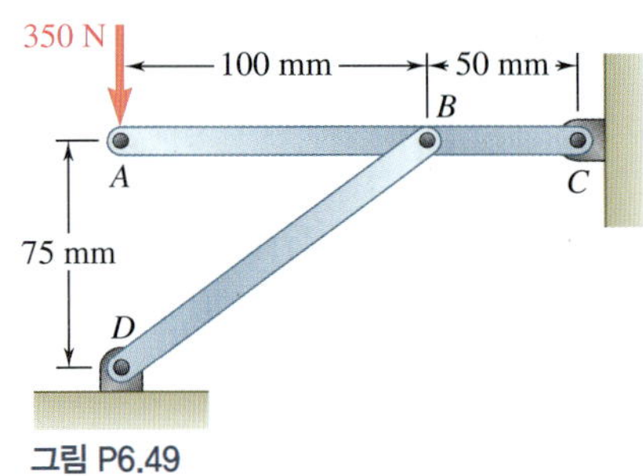

그림 P6.49

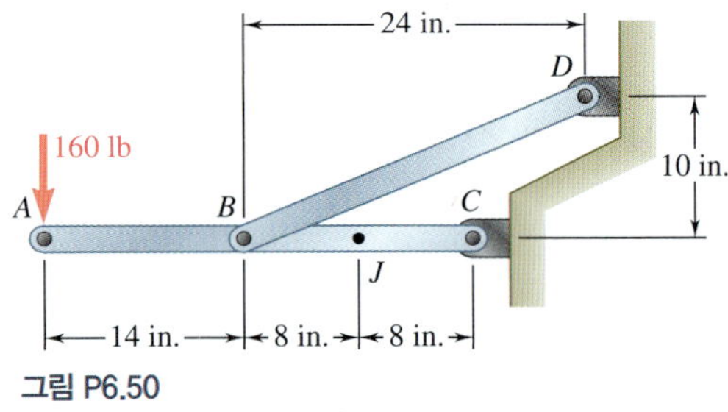

그림 P6.50

6.51 그림과 같은 프레임과 하중에 대해 부재 ABC의 (a) 점 B, (b) 점 C에 작용하는 힘을 구하시오.

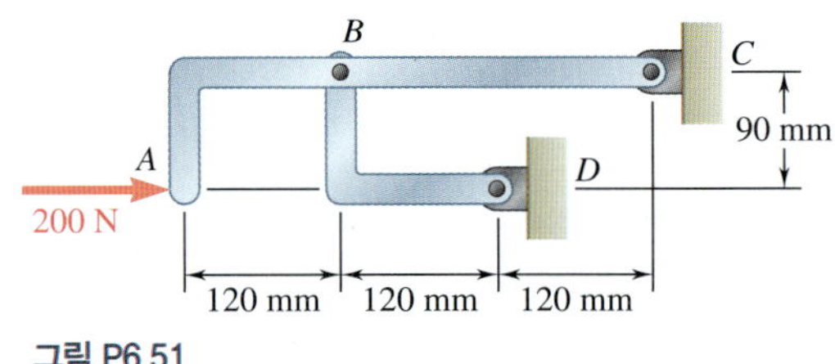

그림 P6.51

6.52 그림과 같은 조립체의 부재 $ABCD$에 작용하는 모든 힘의 요소를 구하시오.

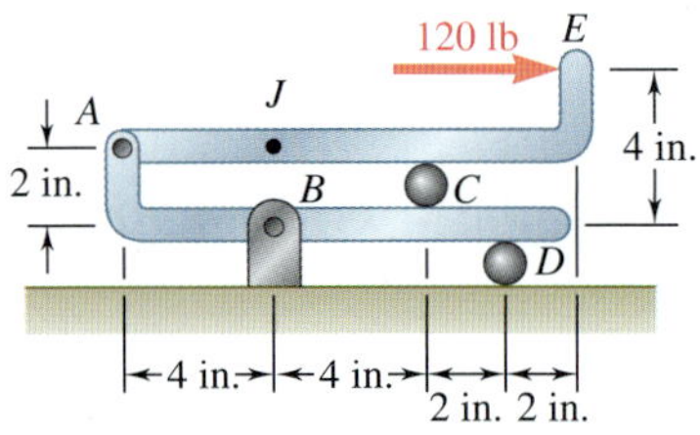

그림 P6.52

6.53 각도 $\theta=0$일 때, 부재 $ABCD$에 작용하는 모든 힘의 요소를 구하시오.

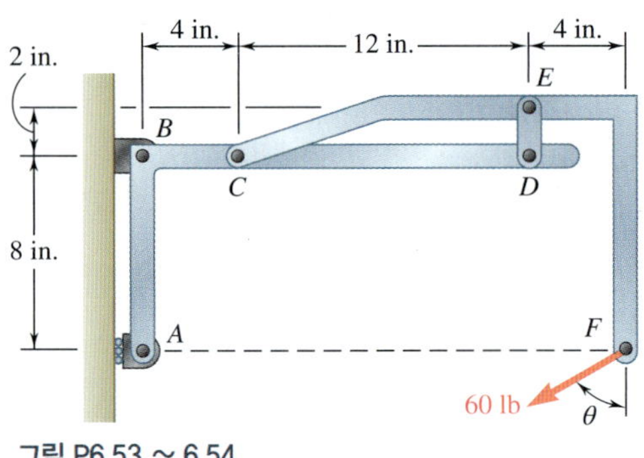

그림 P6.53 ~ 6.54

6.54 각도 $\theta=90°$일 때, 부재 $ABCD$에 작용하는 모든 힘의 요소를 구하시오.

6.55 ~ 6.56 750 N의 힘이 (a) 점 B, (b) 점 D에서 수직 아래 방향으로 작용한다면, A와 E에서 반력의 성분을 구하시오.

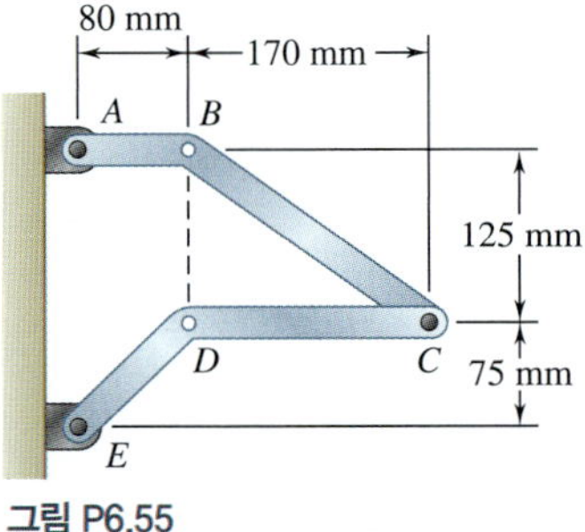

그림 P6.55

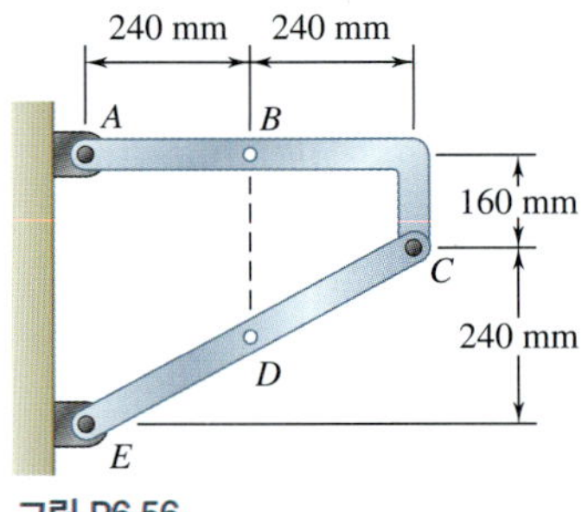

그림 P6.56

6.57 힘 $P = 90$ lb이고 $Q = 60$ lb임을 알 때, 그림과 같은 조립체의 부재 $BCDE$에 작용하는 모든 힘의 요소를 구하시오.

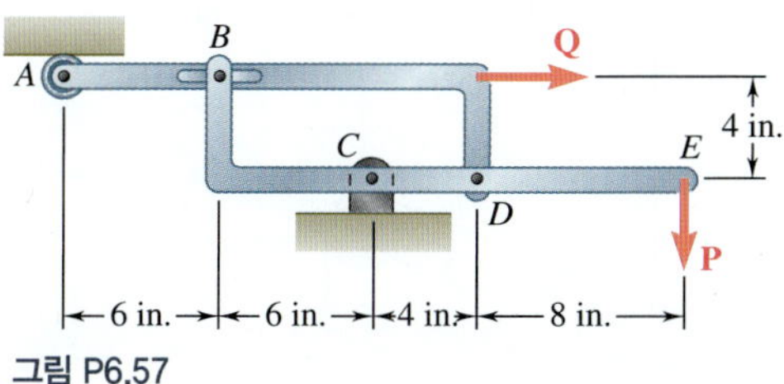

그림 P6.57

6.58 (a) 800 N 하중이 그림처럼 작용할 때, (b) 800 N하중이 힘의 작용선을 따라 이동해서 D에 작용할 때, A와 E에서 반력의 성분을 구하시오.

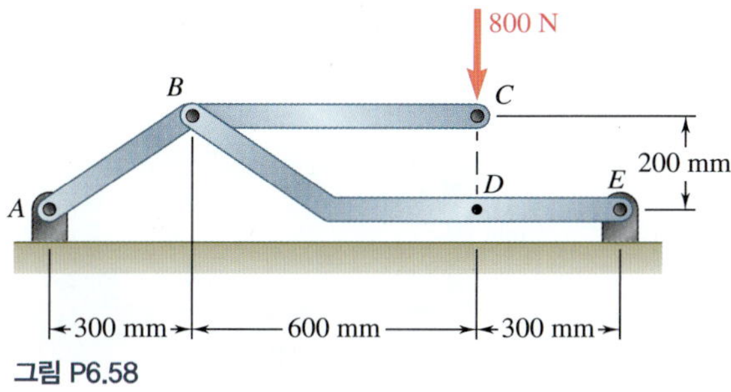

그림 P6.58

6.59 프레임에 크기 150 N·m인 시계방향의 우력이 (a) 점 A, (b) 점 B에 작용할 때, D와 E에서 반력의 성분을 구하시오.

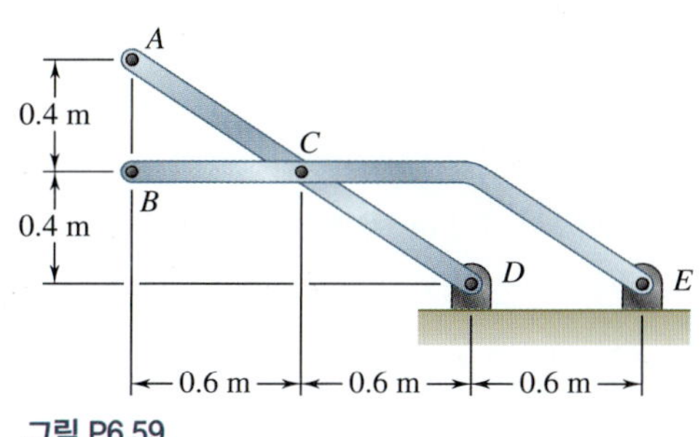

그림 P6.59

6.60 48 lb 하중이 그림과 같이 힘의 작용선을 따라 움직이고, A, D 또는 E에 작용할 수 있다. 하중이 (a) 점 A, (b) 점 D, (c) 점 E에 작용했을 때, B와 F에서의 반력의 성분을 구하시오.

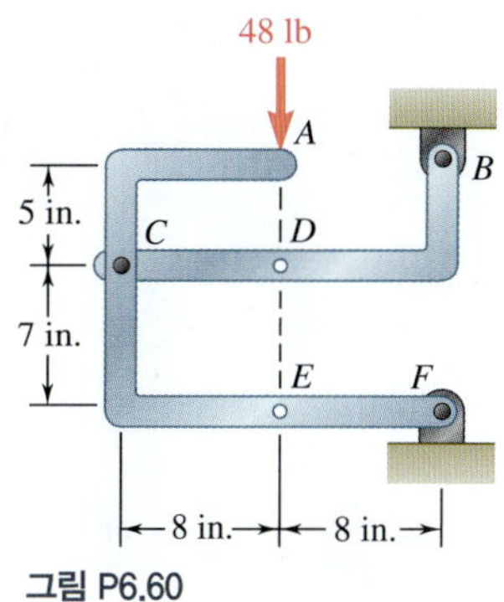

그림 P6.60

6.61 (a) 60 lb 하중이 그림처럼 작용한다면, (b) 만약 60 lb 하중이 힘의 작용선을 따라 움직여서 E에 작용한다면, A와 B에서의 반력의 성분을 구하시오.

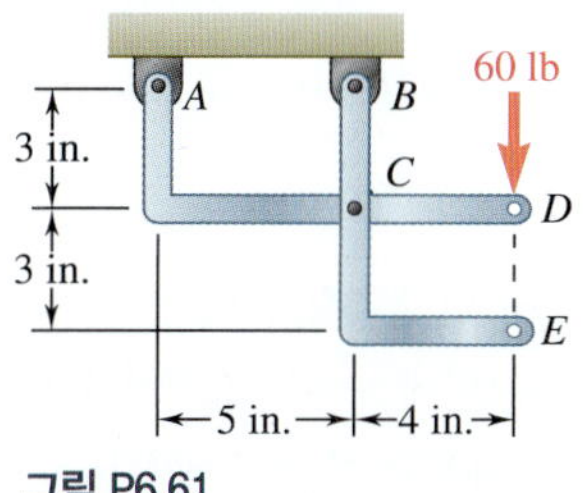

그림 P6.61

6.62 수평과 수직면에서의 마찰 효과를 무시하고, B와 C에서 부재 BCE에 가하는 힘을 구하시오.

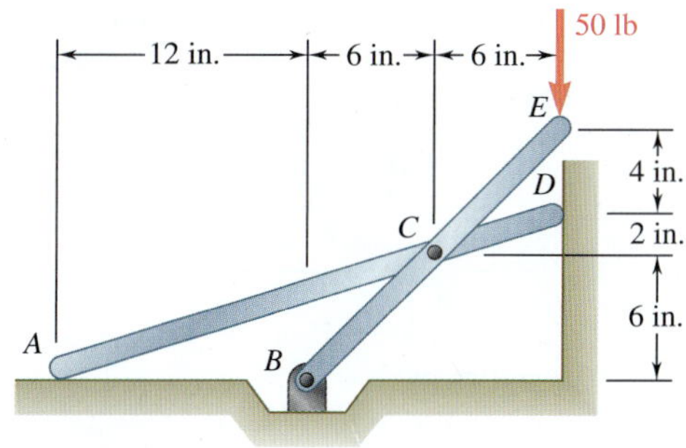

그림 P6.62

6.63 부분적으로 봉 DE의 위치를 제어하는 수압 실린더 CF가 그림에 보이는 위치에서 잠겨 있다. 각도 $\theta = 60°$를 알고 있을 때 (a) 링크 AB의 인장력이 410 N이 되는 힘 $\mathbf{P}$, (b) 그때 C에서 부재 BCD에 가하는 힘을 구하시오.

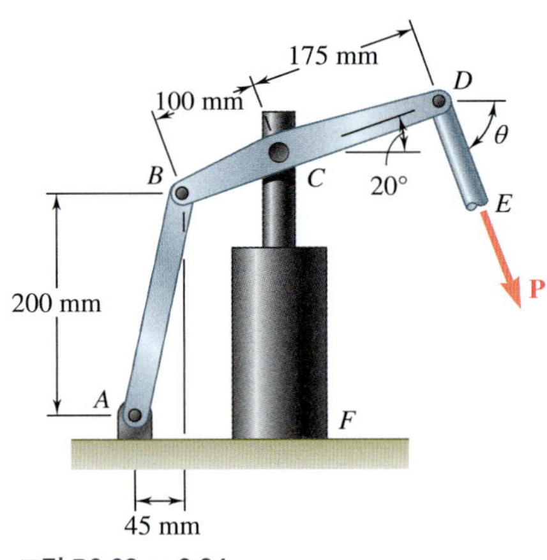

그림 P6.63 ~ 6.64

6.64 부분적으로 봉 DE의 위치를 제어하는 유압 실린더 CF가 그림에 보이는 위치에서 잠겨 있다. 힘 $P = 400$ N, $\theta = 75°$일 때 (a) 링크 AB의 힘, (b) 그때 C에서 부재 BCD에 가하는 힘을 구하시오.

6.65 지름이 9 in.인 두 개의 파이프(파이프 1과 파이프 2)는 7.5 ft마다 그림에 보이는 프레임의 지지를 받고 있다. 각 파이프와 그 내용물을 합한 무게가 30 lb/ft임을 알고, 마찰 없는 표면을 가정했을 때, A와 G에서 반력의 성분을 구하시오.

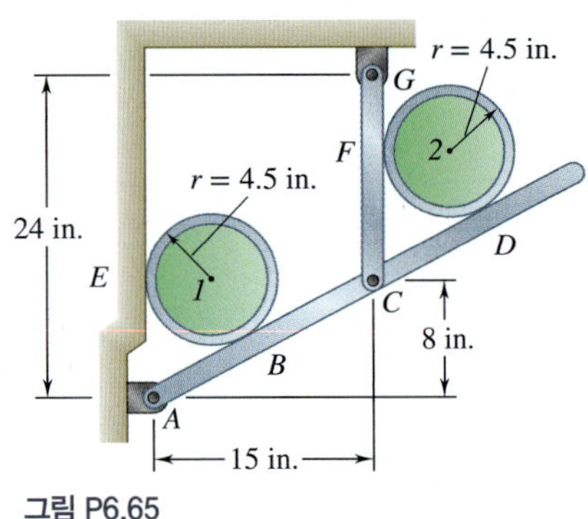

그림 P6.65

6.66 파이프 1이 제거되고 파이프 2만 프레임의 지지를 받는다고 가정하고, [문제 6.65]의 해를 구하시오.

6.67 각 도르래의 반지름이 250 mm일 때, D와 E에서 반력의 성분을 구하시오.

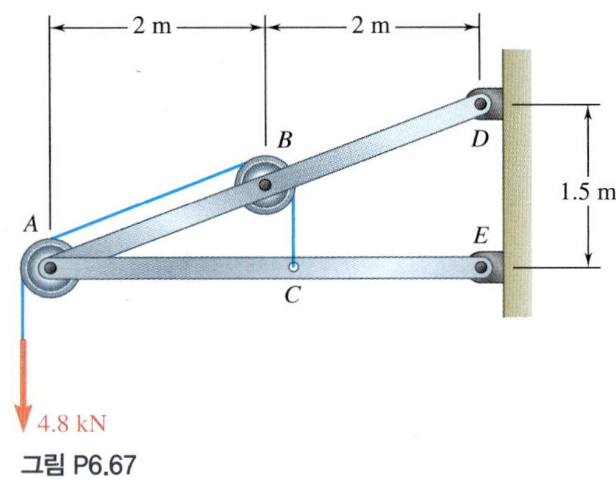

그림 P6.67

6.68 각 도르래의 반지름이 75 mm일 때, A와 B에서 반력의 성분을 구하시오.

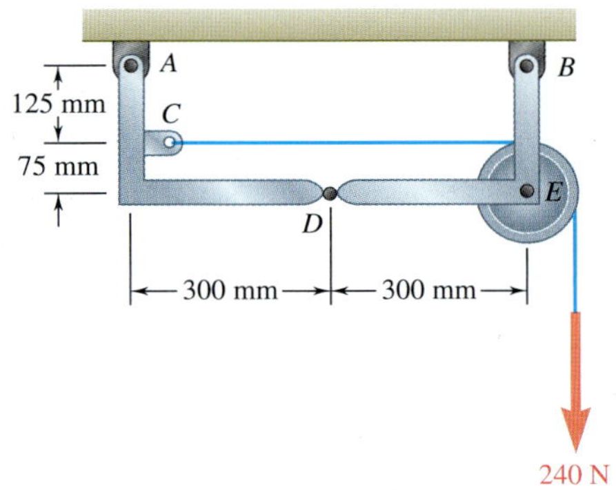

그림 P6.68

6.69 그림과 같이 적하기front-end loader의 승차부와 구동부는 승차부 바퀴에서 2 m 뒤에 있는 수직 핀으로 연결되어 있다. C에서 D까지의 거리는 1 m이다. 300 kN 구동부의 무게중심은 G_m에 있고, 100 kN 승차부와 75 kN 무게중심은 각각 G_C와 G_l에 있다. 적하기의 브레이크가 풀린 상태에서 정지해 있는 것을 알 때, (a) 네 바퀴 각각의 반력, (b) C와 D에서 구동부에 가한 힘을 구하시오.

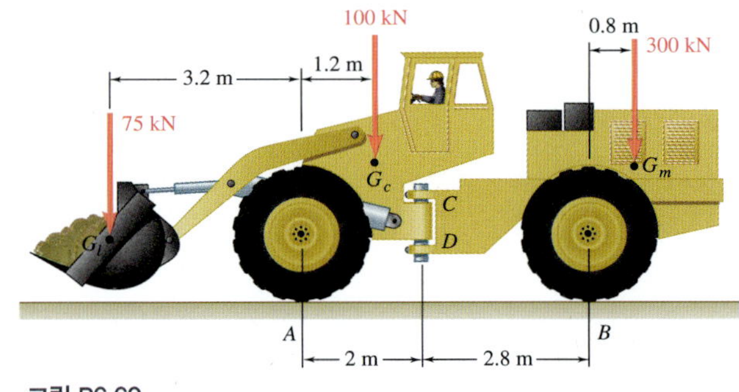

그림 P6.69

6.70 75 kN 하중이 제거되었다고 가정하고, [문제 6.69]를 푸시오.

6.71 2400 lb의 트레일러가 D에서 공ball과 소켓socket으로 이루어진 트럭 히치truck hitch로 2900 lb 픽업트럭에 연결되어 있다. (a) 트럭과 트레일러가 정지 상태일 때 각 여섯 개 바퀴의 반력, (b) 트레일러로 인해 트럭의 각 바퀴에 추가되는 하중을 구하시오.

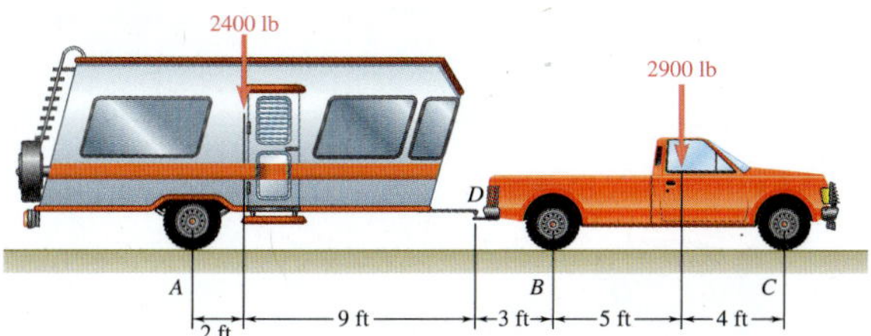

그림 P6.71

6.72 [문제 6.71]에 나온 픽업트럭의 네 바퀴에 대해 더 나은 무게의 분포를 얻기 위해, 그림과 같이 보충 히치compensating hitch가 트레일러를 트럭에 붙이는 데 사용되었다. 히치는 트럭에 강체로 붙어 있는 지지부 안의 베어링에 맞는 두 개의 막대 모양 스프링(그림에서는 하나만 보임)으로 구성되어 있다. 스프링은 트레일러 프레임에 체인으로 연결되어 있고, 특별히 만들어진 갈고리로 두 체인이 인장력을 받도록 설치할 수 있다. (a) 트레일러 때문에 추가되는 하중이 트럭의 네 바퀴에 똑같이 분포되도록 하는 데 필요한 각 체인의 인장력을 구하시오. (b) 결과적으로 트럭–트레일러 조합의 모든 여섯 개의 바퀴에 발생하는 반력은 얼마인가?

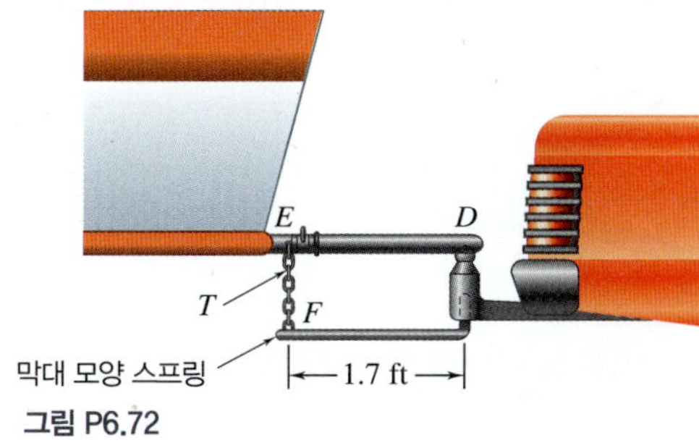

그림 P6.72

6.4 기계

기계는 힘을 전달하고 변환하도록 설계된 구조물이다. 간단한 도구나 복잡한 기구를 포함하는데, 주요 목적은 입력되는 힘을 출력되는 힘으로 변환하는 것이다. 예를 들어, 철사를 자르기 위해 사용하는 집게를 생각해보자(그림 6.20a). 손잡이의 크기가 같고 반향이 반대인 두 힘 **P**와 −**P**를 가하면, 철사에는 크기가 같고 방향이 반대인 두 힘 **Q**와 −**Q**를 가해진다(그림 6.20b).

사진 6.6 이 램프는 다양한 곳에 놓일 수 있다. 스프링의 하중과 절점의 내력을 계산하려면 램프의 구성요소들을 자유물체로 간주해야 한다. EyeWire/Getty Images

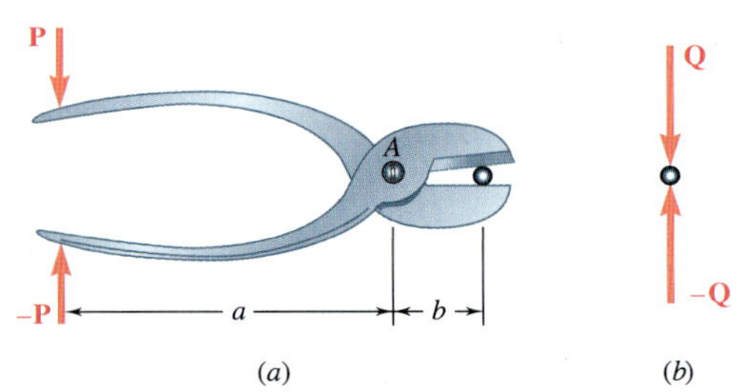

그림 6.20 (a) 집게의 손잡이에 가해지는 입력하중 (b) 선을 자르는 출력하중

입력하중의 크기 P를 알 때, 출력하중의 크기 Q를 계산하기 위해(혹은 반대로 Q를 알 때 P를 계산하기 위해), 입력하중 **P**와 −**P** 그리고 선이 집게에 가하는 반력 −**Q**와 **Q**를 보여주는 집게만의(즉, 철사 없이) 자유물체도를 그린다(그림 6.21). 그러나 집게는 강체가 아닌 구조물이므로 미지력을 계산하기 위해 구성요소 가운데 하나를 자유물체로 사용한다. 예를 들어, [그림 6.22a]에서 점 A에 대한 모멘트를 취하여, P의 항으로 Q를(혹은 Q의 항으로 P를) 정의하는 관계식 $Pa = Qb$를 얻는다. 같은 자유물체도를 사용하여 A에서의 내력성분을 계산할 수 있다. $A_x = 0$이고 $A_y = P + Q$이다.

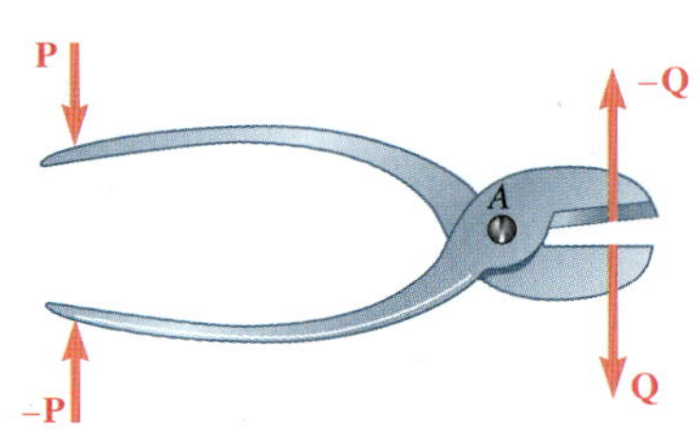

그림 6.21 평형상태에 있는 집게의 자유물체도를 보이기 위해 입력하중과 출력하중에 대한 반력을 포함한다.

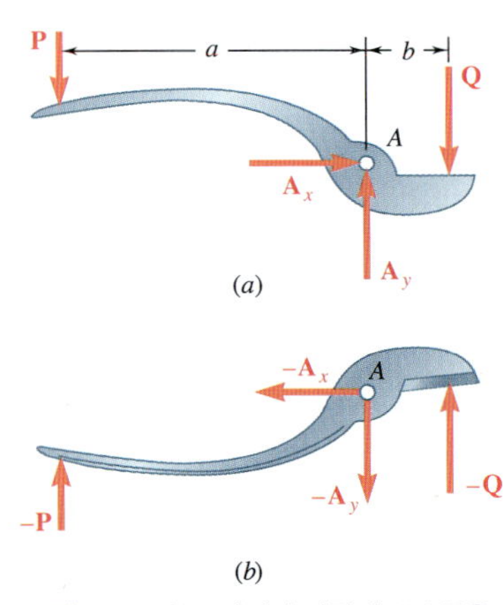

그림 6.22 점 A에서의 내력의 요소들을 보여주는 집게 부재의 자유물체도

더욱 복잡한 기계의 경우, 일반적으로 여러 개의 자유물체를 이용하여 여러 내력을 포함하는 연립방정식을 풀어야 한다. 자유물체는 입력하중과 출력하중에 대한 반력을 포함하도록 선택하고, 포함된 미지력 성분의 총수가 이용 가능한 독립된 방정식의 수를 초과하지 말아야 한다. 문제 풀이를 시도하기 전에, 대상 구조물의 정정 여부를 결정하는 것이 바람직하다. 기계는 움직이는 부분을 포함하고 있어서 강체가 아니므로, 기계가 강체인가에 대해 논의하는 것은 의미가 없다.

예제 6.7

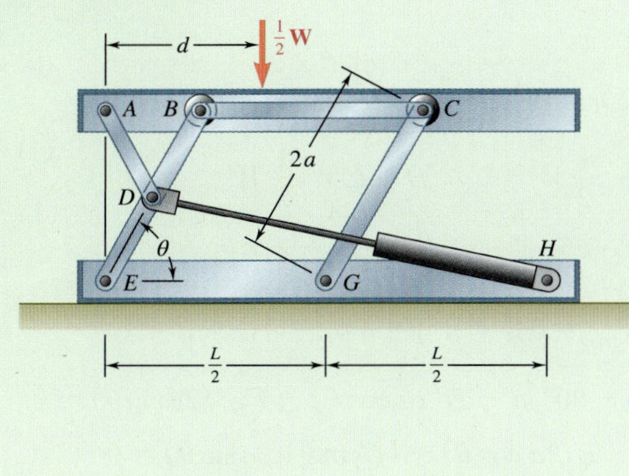

1000 kg인 상자를 들어 올리기 위해 유압 리프트 테이블을 사용한다. 테이블은 가동판과 유압 실린더가 같은 힘을 가하는 두 개의 똑같은 연결장치로 이루어져 있다(그림에는 한 개의 연결장치와 한 개의 실린더만 보인다). 부재 EDB와 CG는 각각 길이가 $2a$이고, 부재 AD는 EDB의 중점에서 핀으로 연결된다. 상자 무게의 반이 그림의 시스템에 의해 지지되도록 상자가 판 위에 놓여 있다면, $\theta = 60°$, $a = 0.70$ m, $L = 3.20$ m인 경우 상자를 들어 올리기 위해 각각의 실린더가 가해야 하는 힘을 구하시오. 그리고 구한 결과가 거리 d에 독립적임 보이시오.

문제분석 가동판과 연결장치 시스템의 자유물체도는 셋보다 많은 미지수를 포함한다. 그래서 단독으로는 문제의 답을 구할 수 없다. 대신에 기계 각 요소의 자유물체도를 그리고 그것을 이용한다.

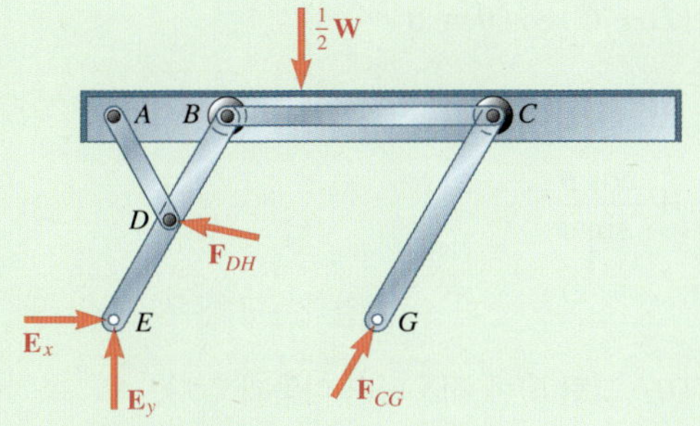

그림 1 기계의 자유물체도

모델링 기계는 가동판과 연결장치로 이루어져 있다. 자유물체도(그림 1)는 실린더에 의한 입력 하중 $\mathbf{F}_{DH}$를 포함한다. 하중 $\mathbf{W}/2$는 출력하중과 같고 방향이 반대이다. 그리고 E와 G의 반력은 그림과 같은 방향으로 가정한다. 기구를 분해하고 그것의 각 구성 부품에 대한 자유물체도를 그린다(그림 2). 부재 AD, BC, CG는 2력 부재인 것에 주의한다. 부재 CG는 압축력을 받는 것으로 가정했다. 이제 AD와 BC가 인장력을 받는다고 가정하고, 이들에 작용하는 힘들의 방향을 [그림 2]처럼 놓는다. 2력 부재들이 가동판, 부재 BDE 그리고 롤러 C에 가하는 힘들을 나타내기 위해 크기가 같고 방향이 반대인 벡터를 사용한다.

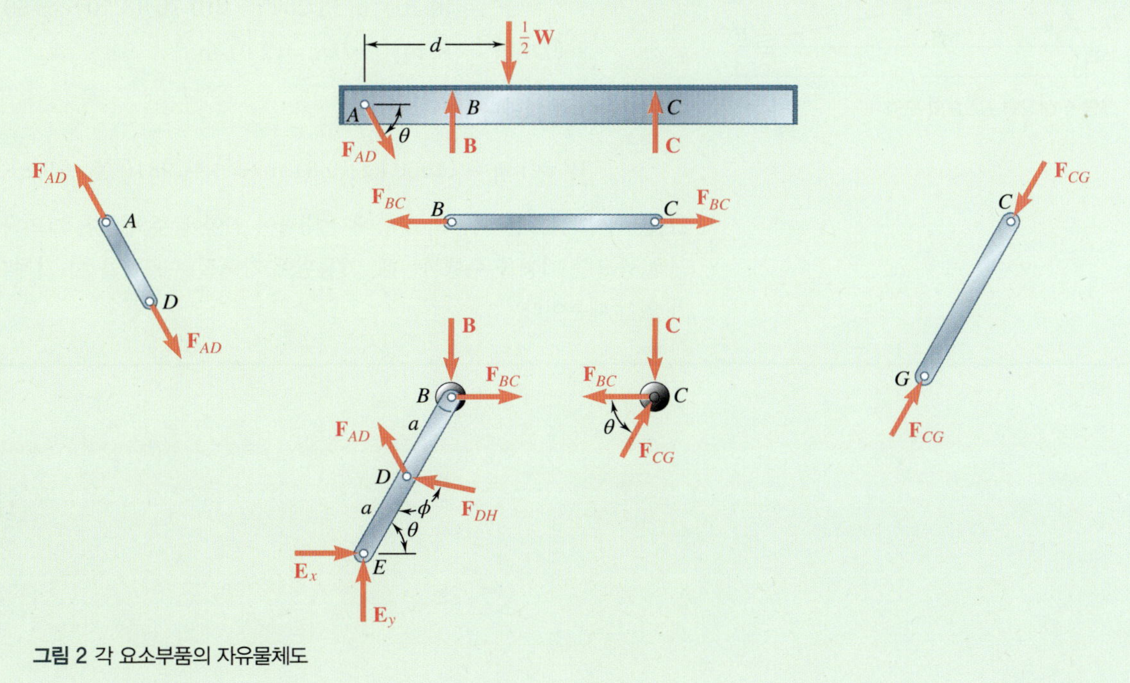

그림 2 각 요소부품의 자유물체도

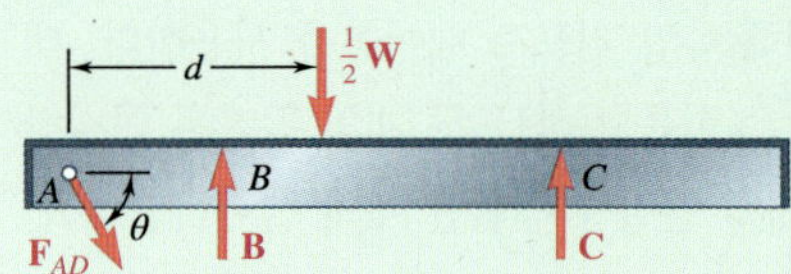

그림 3 가동판 ABC의 자유물체도

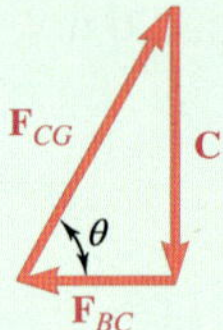

그림 4 롤러 C의 자유물체도와 힘의 삼각형

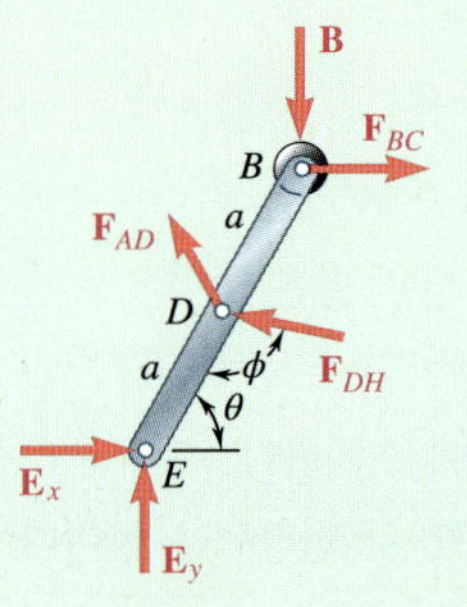

그림 5 부재 BDE의 자유물체도

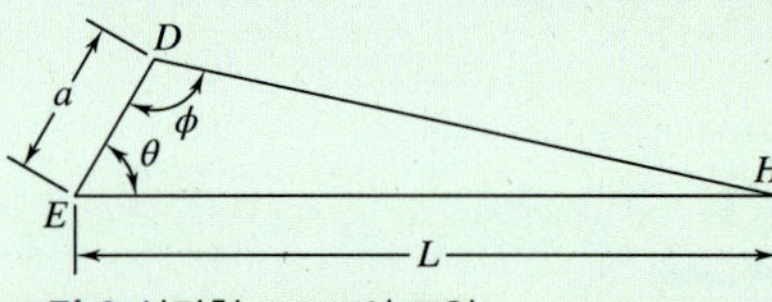

그림 6 삼각형 EDH의 모양

풀이

자유물체 : 가동판 ABC(그림 3)

$$\overset{+}{\rightarrow}\Sigma F_x = 0 : F_{AD}\cos\theta = 0, \qquad F_{AD} = 0$$

$$+\uparrow\Sigma F_y = 0 : B + C - \frac{1}{2}W = 0, \quad B + C = \frac{1}{2}W \tag{1}$$

자유물체 : 롤러 C(그림 4) 힘의 삼각형과 $F_{BC} = C\cot\theta$를 얻는다.

자유물체 : 부재 BDE(그림 5) $F_{AD} = 0$을 적용하여 구하면 다음과 같다.

$$+\circlearrowleft\Sigma M_E = 0 : F_{DH}\cos(\phi - 90°)a - B(2a\cos\theta) - F_{BC}(2a\sin\theta) = 0$$

$$F_{DH}\sin\phi - B(2a\cos\theta) - (C\cot\theta)(2a\sin\theta) = 0$$

$$F_{DH}\sin\phi - 2(B + C)\cos\theta = 0$$

식 (1)로부터 다음을 얻는다.

$$F_{DH} = W\frac{\cos\theta}{\sin\phi} \tag{2}$$

결과는 d와 무관하다. ◀

정현법칙(사인 제1법칙)을 삼각형 EDH(그림 6)에 적용하면 다음과 같다.

$$\frac{\sin\phi}{EH} = \frac{\sin\theta}{DH}, \qquad \phi = \frac{EH}{DH}\sin\theta \tag{3}$$

이제 여현법칙(코사인 법칙)을 적용하면 다음과 같다.

$$(DH)^2 = a^2 + L^2 - 2aL\cos\theta$$

$$= (0.70)^2 + (3.20)^2 - 2(0.70)(3.20)\cos 60°$$

$$(DH)^2 = 8.49, \qquad DH = 2.91\text{ m}$$

이며 다음에 주의한다.

$$W = mg = (1000\text{ kg})(9.81\text{ m/s}^2) = 9810\text{ N} = 9.81\text{ kN}$$

고찰 링크 AD는 지금의 상황에서 내력이 영임에 주의한다. 그러나 이 부재는 여전히 중요한 기능을 수행하는데, 가동판에 가해질 수평력을 이 기계가 지지할 필요가 있기 때문이다.

Section 6.4 연습문제

6.73 토글 바이스toggle vise의 지점 C에 수직 하향하중 100 lb가 작용했다. 링크 BD가 6 in.이고, $a = 4$ in.일 때, 블록 E에 작용하는 수평력을 구하시오.

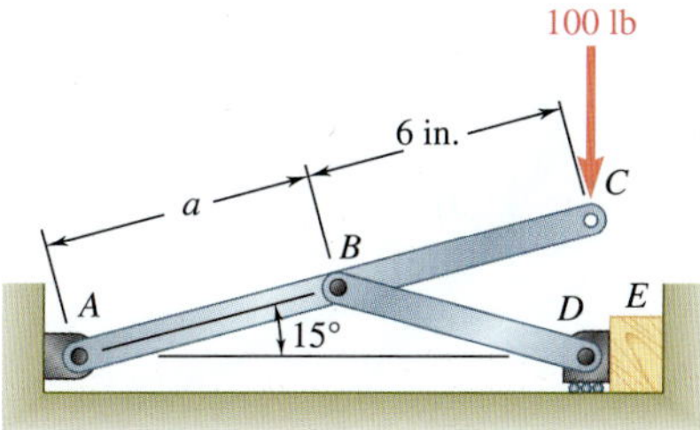

그림 P6.73 ~ 6.74

6.74 토글 바이스의 지점 C에 수직 하향하중 100 lb가 작용했다. 링크 BD가 6 in.이고, $a = 8$ in.일 때, 블록 E에 작용하는 수평력을 구하시오.

6.75 제어봉 CE가 그림과 같은 토글시스템 몸체에 있는 수평 구멍을 통과한다. 링크 BD의 길이가 250 mm인 것을 알 때, $\beta = 20°$에서 시스템의 평형상태를 유지하는 데 필요한 힘 **Q**를 구하시오.

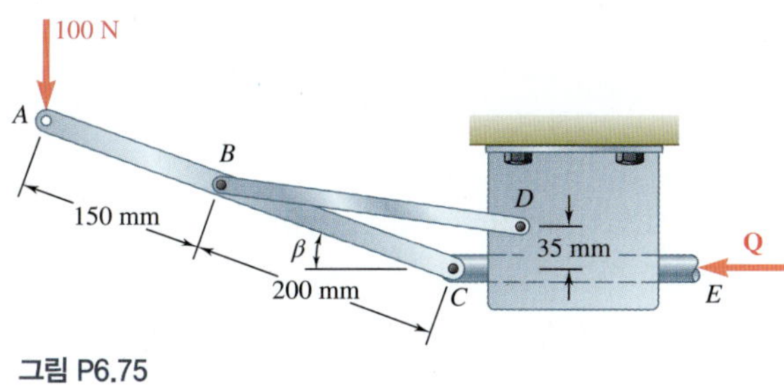

그림 P6.75

6.76 그림과 같은 압축기는 E에서 작은 도장을 찍는 데 사용된다. $P = 250$ N일 때 (a) 도장에 작용하는 힘의 수직성분, (b) A에서의 반력을 구하시오.

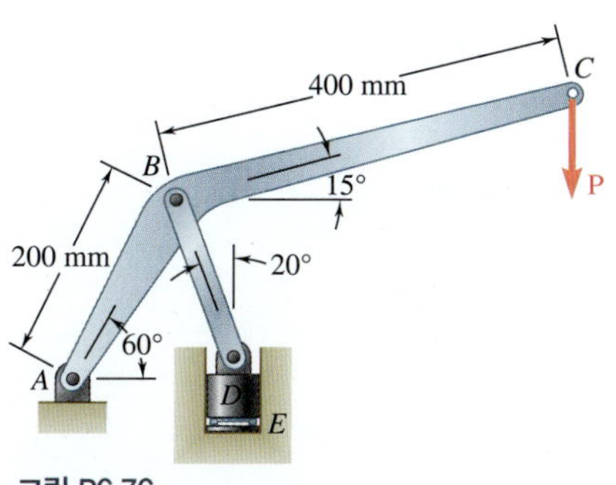

그림 P6.76

6.77 단위길이당 중량 44 lb/ft인 철로rail 39 ft를 그림에 나타낸 것처럼 집게로 들어 올렸다. D와 F에서 집게 BDF에 작용하는 힘을 구하시오.

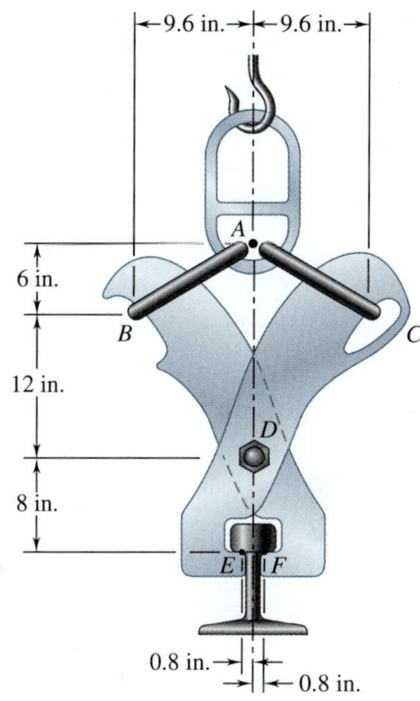

그림 P6.77

6.78 그림의 집게는 파이프 뚜껑에 총 45k N의 위로 향하는 힘을 작용시키는 데 사용된다. D와 F에서 집게 ADF에 작용하는 힘을 구하시오.

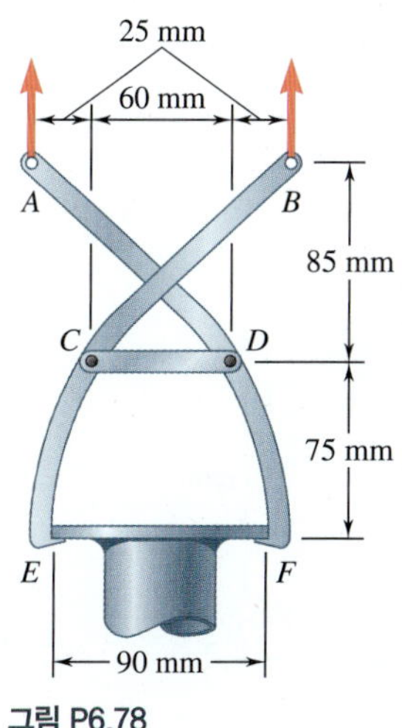

그림 P6.78

6.79 그림의 토글이 [문제 6.78]의 집게에 더해지고 G에 하나의 수직력이 작용한다면, D와 F에서 집게 ADF에 가하는 힘을 구하시오.

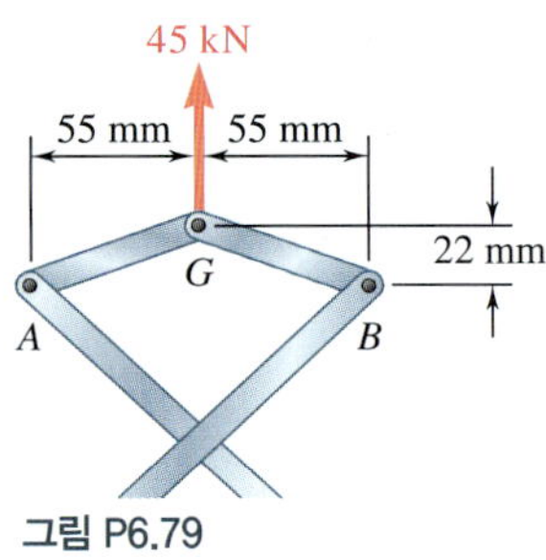

그림 P6.79

6.80 60 lb의 중량을 가지는 작은 통을 그림과 같이 한 쌍의 집게로 들어 올렸다. 길이 $a = 5$ in.일 때, B와 D에서 ABD에 가하는 힘을 구하시오.

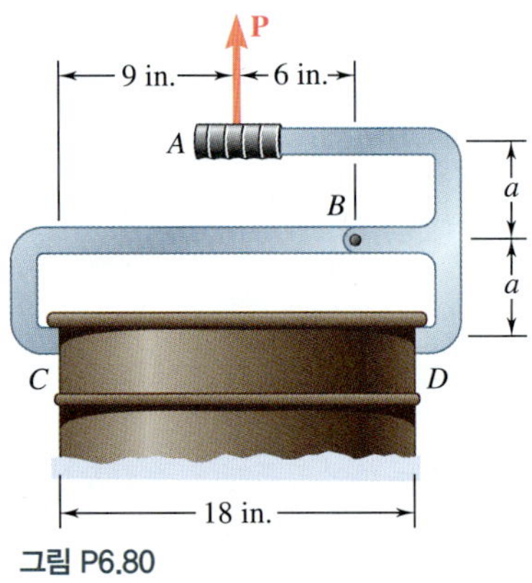

그림 P6.80

6.81 크기 2.4 kN인 힘 **P**가 그림과 같은 엔진시스템의 피스톤에 작용되었다. 보이는 각각의 두 위치에서 시스템을 평형상태로 유지하는 데 필요한 우력 **M**을 구하시오.

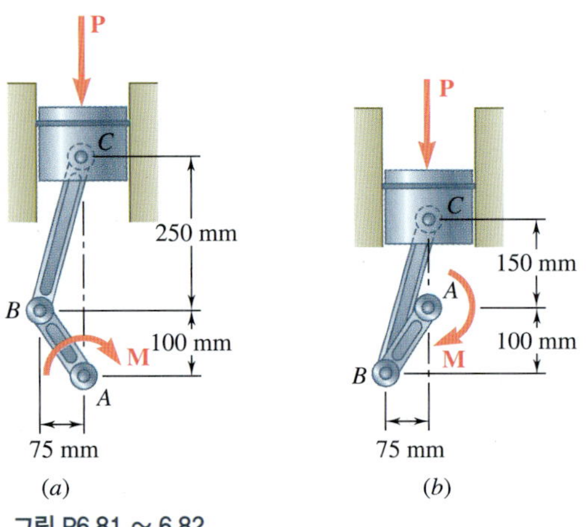

그림 P6.81 ~ 6.82

6.82 크기 315 N · m인 우력 **M**이 그림과 같은 엔진시스템의 크랭크에 적용되었다. 보이는 각각의 두 위치에서 시스템을 평형상태로 유지시키는 데 필요한 힘 **P**를 구하시오.

6.83 ~ 6.84 두 개의 봉이 그림과 같이 슬라이더 블록slider block으로 연결되어 있다. 마찰의 영향을 무시하고, 시스템이 평형상태를 유지하는 데 필요한 우력 $\mathbf{M}_A$를 구하시오.

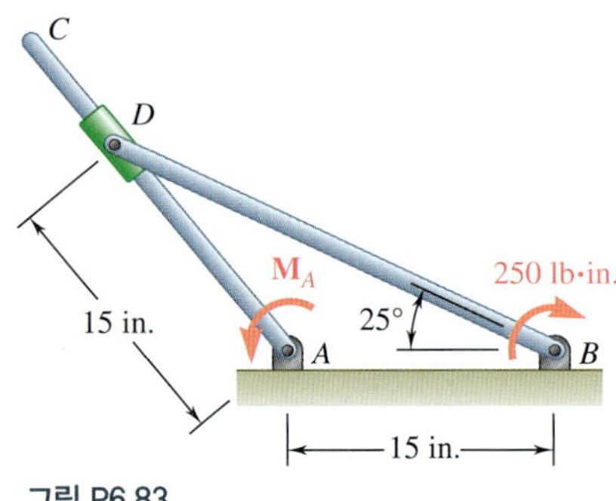

그림 P6.83

그림 P6.84

6.85 집게를 지름이 0.3 in.인 봉을 잡는 데 사용했다. 집게 손잡이에 두 개의 60 lb 힘을 가할 때, (a) 막대에 작용한 힘의 크기, (b) A에서 핀이 집게의 부분 AB에 가한 힘을 구하시오.

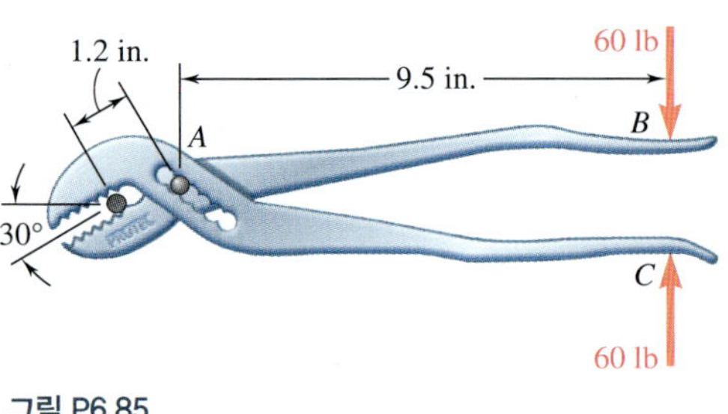

그림 P6.85

6.86 복합-레버 가위의 위쪽 날과 아래쪽 손잡이는 주요 요소인 ABE의 A와 B에서 각각 핀으로 연결되어 있고, 짧은 링크 CD의 C와 D에서 각각 핀으로 연결되어 있다. 두 개의 120 N 힘이 손잡이에 작용할 때, 작은 나뭇가지에 가해진 힘을 구하시오.

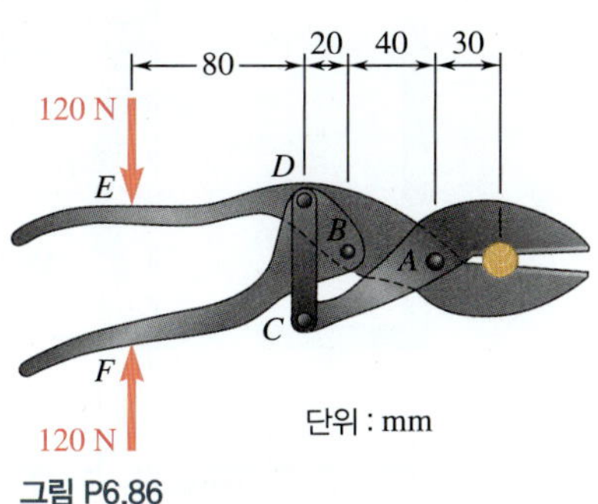

그림 P6.86

6.87 정원 가위는 그림과 같이 두 개의 날과 두 개의 손잡이로 구성되어 있다. 두 개의 손잡이는 핀 C로 연결되어 있고, 두 개의 날은 핀 D로 연결되어 있다. 왼쪽 날과 오른쪽 손잡이는 핀 A로 연결되어 있다. 오른쪽 날과 왼쪽 손잡이는 핀 B로 연결되어 있다. 그림에서 보는 것처럼 두 개의 80 N힘이 손잡이에 작용할 때, E에 있는 작은 가지에 가해지는 힘의 크기를 구하시오.

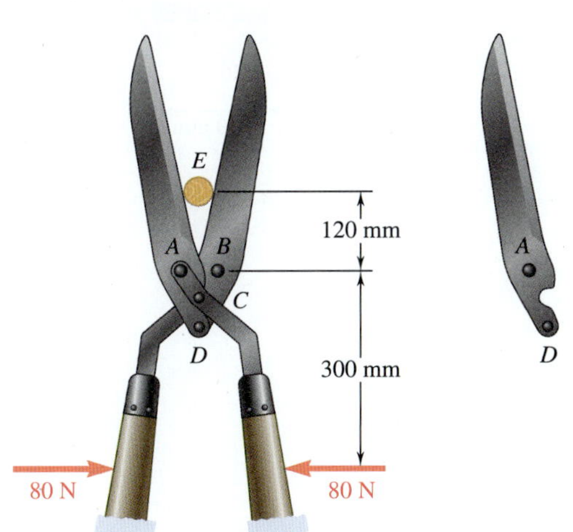

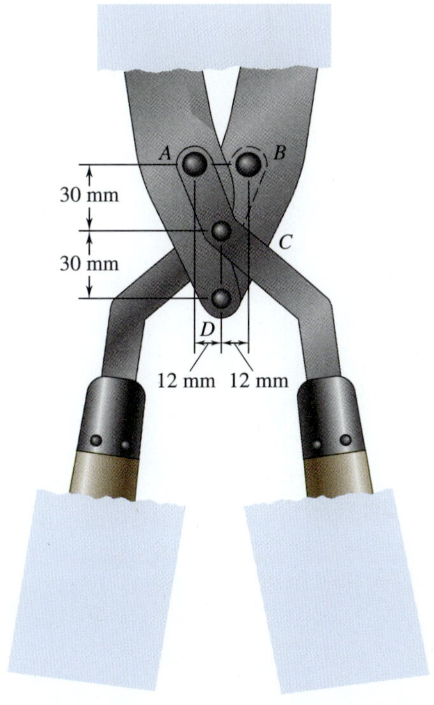

그림 P6.87

6.88 손으로 작동되는 유압 실린더가 공간이 심하게 제한적인 곳에서 사용되도록 설계되었다. 그림과 같이 두 개의 90 lb 힘이 작용할 때, D에서 피스톤에 작용하는 힘의 크기를 구하시오.

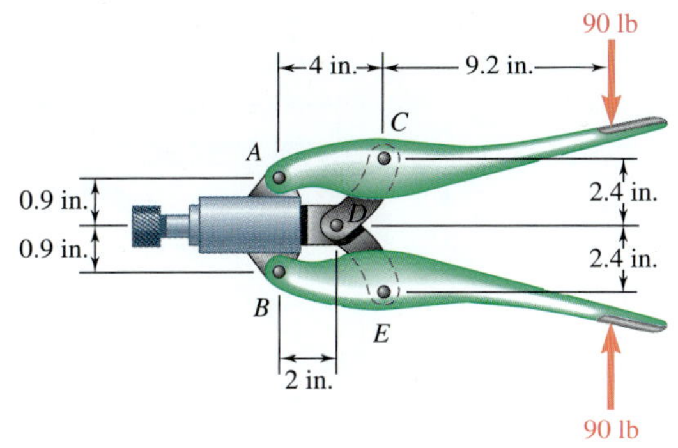

그림 P6.88

6.89 45 lb의 선반이 스스로 잠기는 브레이스로 수평으로 지탱되어 있고, 이 브레이스는 두 개의 부속 EDC와 CDB가 C에서 힌지로 연결되어 있다. D에서는 베어링으로 서로 저항하는 구조이다. 브레이스를 풀리게 하는 데 필요한 힘 $\mathbf{P}$를 구하시오.

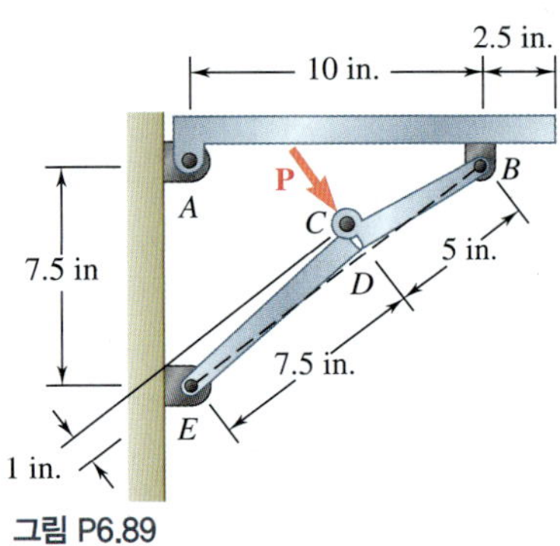

그림 P6.89

6.90 힘 $\mathbf{P}$의 크기가 매우 작은 경우에도 그림과 같은 브레이스가 그 위치를 유지하기 위해 하나의 안전 스프링이 D와 E에 연결되어 있다. 스프링 DE는 50 lb/in.의 상수를 가지고 있고, 초기 길이가 7in.이다. 길이 $l = 10$ in.이고, $\mathbf{P}$의 크기가 800 lb일 때, 브레이스를 풀기 위해 요구되는 힘 $\mathbf{Q}$를 구하시오.

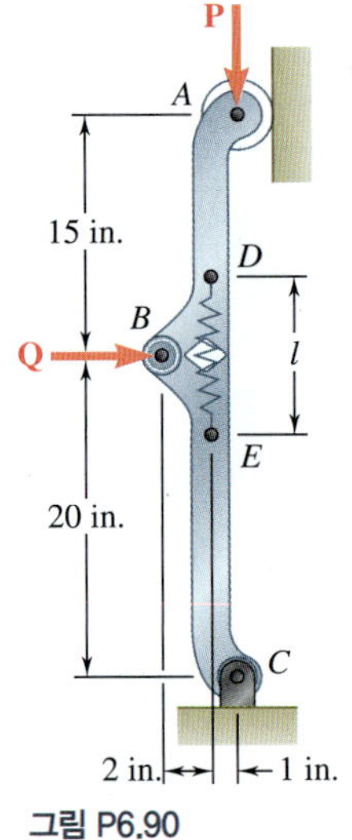

그림 P6.90

6.91 ~ 6.92 브라켓 ABC가 그림과 같은 위치를 유지하도록 토글 CDE에 작용해야 하는 힘 $\mathbf{P}$를 구하시오.

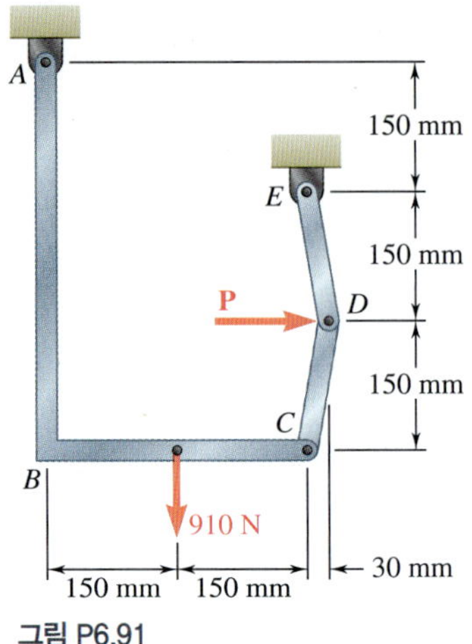

그림 P6.91

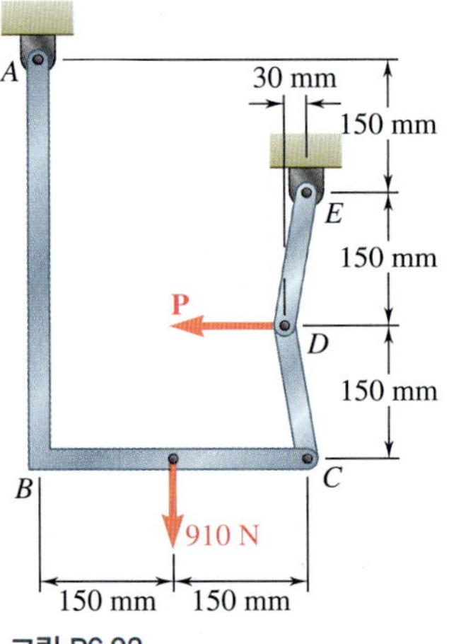

그림 P6.92

6.93 건설노동자들이 더 높은 위치에서 작업할 수 있도록 플랫폼으로 텔레스코핑 암telescoping arm ABC를 사용한다. 노동자들과 플랫폼을 합쳐서 질량이 200 kg이며, C의 바로 위에 조합의 무게중심이 위치한다. 각도 $\theta = 20°$인 위치에 대해 (a) 유압 실린더 BD에 의해 B에 가해진 힘, (b) A에서 지지차량에 가한 힘을 구하시오.

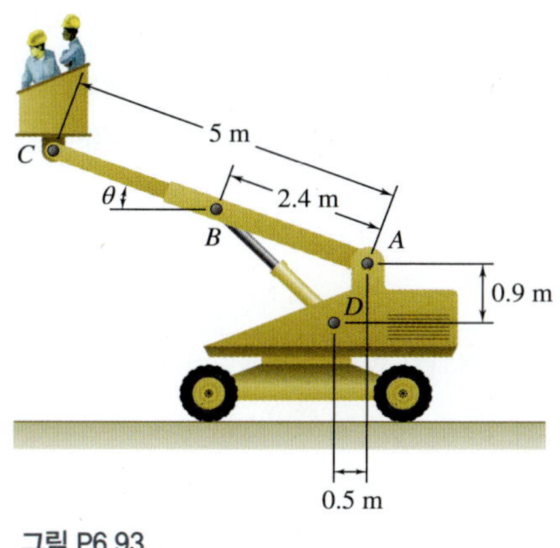

그림 P6.93

6.94 [문제 6.93]의 텔레스코핑 암 ABC는 끝부분인 C가 지면에 가까워질 때까지 내려갈 수 있다. 그래서 노동자들이 쉽게 플랫폼에 올라탈 수 있다. 각도 $\theta = -20°$인 위치에 대해 (a) 유압 실린더 BD에 의해 B에 가해진 힘, (b) A에서 지지차량에 가한 힘을 구하시오.

6.95 플랫폼의 높이는 두 개의 똑같은 기구로 제어되는데, 그림에서는 둘 중 하나만 보인다. 하중 1200 lb가 그림에 보이는 기구에 적용되었다. C에서의 핀은 오직 수평하중만 전달할 수 있을 때 (a) 링크 BE의 내력, (b) 유압 실린더에 의해 핀 H에 가해지는 힘의 성분을 구하시오.

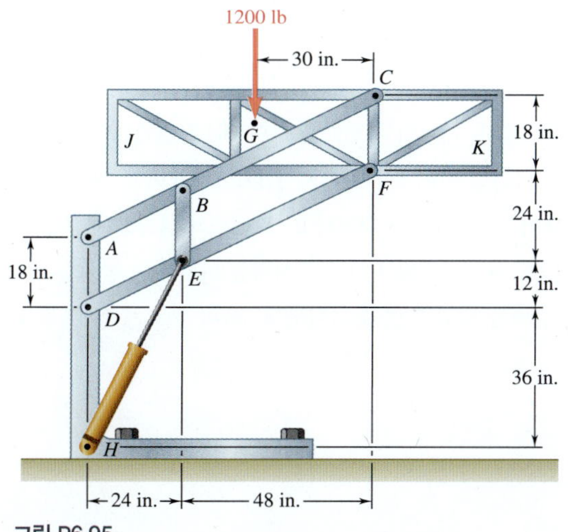

그림 P6.95

6.96 백호 버킷backhoe bucket의 동작은 그림과 같이 세 개의 유압 실린더로 제어된다. 그림과 같이 3000 lb의 하중을 지지할 때, 각 실린더에 걸리는 힘을 구하시오.

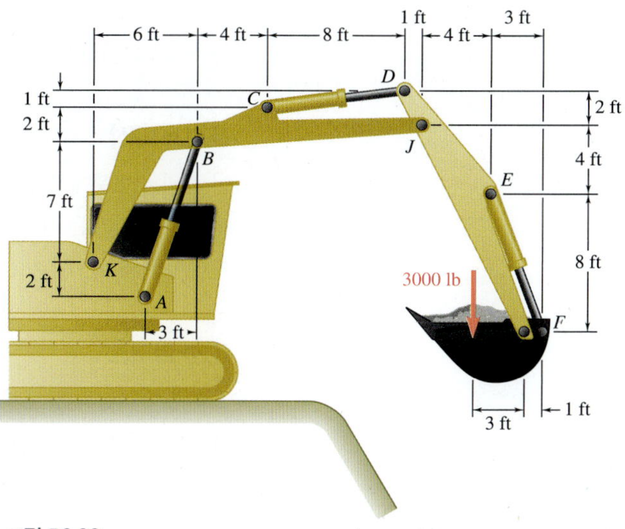

그림 P6.96

Chapter 06 핵심요약

이 장에서는 구조물의 여러 요소를 붙잡아주는 내력을 계산하는 방법을 공부했다.

트러스 해석

이 장의 전반부에서는 트러스 해석, 즉 양단에서만 연결된 직선 부재들로 구성된 구조물의 해석에 집중했다. 부재는 세장하고 횡하중을 지지할 수 없으므로, 모든 하중은 절점에만 작용해야 한다. 따라서 트러스는 핀과 2력 부재들로 구성된다고 가정할 수 있다(6.1.1절).

단순 트러스

트러스가 작은 하중에서 크게 변형되거나 붕괴되지 않도록 설계되었다면, 이 트러스는 강체이다. 세 개의 절점에서 연결된 세 개의 부재로 구성되는 삼각형 트러스는 강체 트러스이다(그림 6.23a). 새로운 두 개의 부재를 첫 번째 것에 추가하고, 새로운 절점을 연결하여 얻은 트러스도 역시 강체이다(그림 6.23b). 이 과정을 되풀이하여 얻은 트러스는 단순 트러스라고 불린다. 단순 트러스의 전체 부재의 수는 $m=2n-3$이고, 여기서 n은 전체 절점의 수임을 알 수 있다(6.1.1 절).

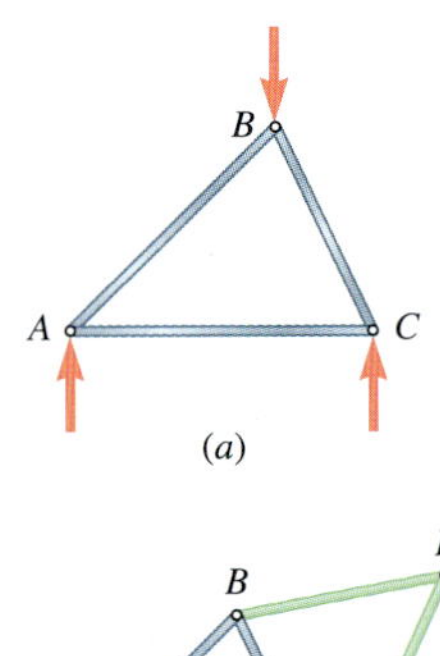

(a)

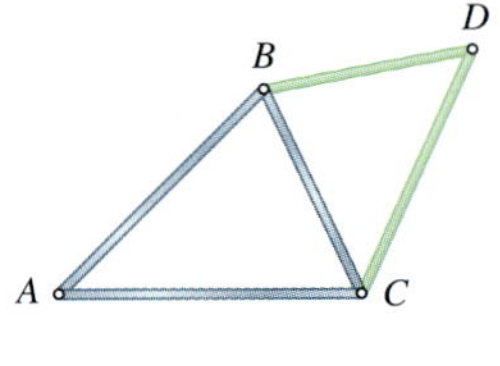

(b)

그림 6.23

절점법

단순 트러스의 여러 부재의 부재력은 절점법을 사용하여 계산할 수 있다(6.1.1절). 먼저 전체 트러스를 자유물체로 간주하여 지점에서의 반력을 얻는다. 그리고 각각의 핀에 대한 자유물체도를 그려서, 부재나 그것이 연결된 지점이 핀에 작용하는 힘들을 표시한다. 부재는 직선 2력 부재이므로 부재가 핀에 작용하는 힘들은 부재 방향이고, 힘의 크기만이 미지수이다. 단순 트러스의 경우 항상 단 두 개의 미지력이 각각의 자유물체도에 포함되도록 순서를 정하여 핀의 자유물체도를 그릴 수 있다. 이 힘들은 해당하는 두 개의 평형방정식으로부터 구하거나, 세 개의 힘만이 포함될 경우 상응하는 힘의 삼각형으로부터 구한다. 부재가 핀에 대해서 발휘하는 힘이 핀을 향한다면, 이 부재는 압축력을 받는다. 힘이 핀으로부터 멀어지는 방향이라면, 이 부재는 인장력을 받는다(예제 6.1). 먼저 특수한 하중조건을 받는 절점을 확인하면 신속하게 트러스를 해석할 수 있다(6.1.3절).

단면법

트러스의 단 하나의 부재력 혹은 매우 작은 개수의 부재력을 구할 때, 절점법보다는 단면법을 선호한다(6.2.1절). 예를 들어, [그림 6.24a]의 트러스에서 부재 BD의 부재력을 계산하기 위해 부재 BD, BE, CE를 지나는 단면을 내어 이 부재들을 제거하고, 트러스의 ABC 부분을 자유물체로 사용한다(그림 6.24b). $\Sigma M_E=0$으로 놓고, 부재 BD의 부재력을 나타내는 힘 $\mathbf{F}_{BD}$의 크기를 계산한다. 양의 부호는 이 부재가 인장력을 받고 있음을 나타낸다. 음의 부호는 이 부재가 압축력을 받고 있음을 나타낸다(예제 6.2 ~ 6.3).

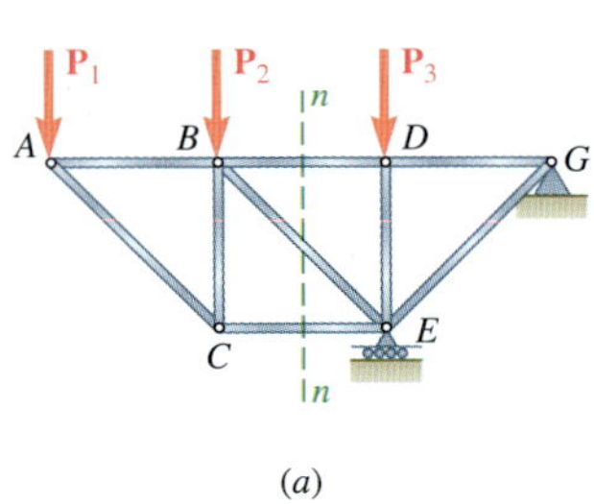

(a)

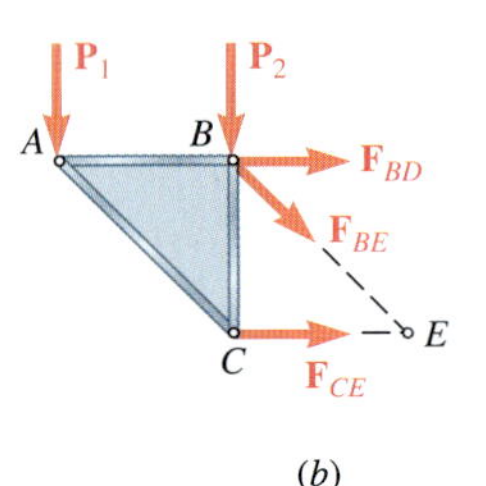

(b)

그림 6.24

합성 트러스

단면법은 합성 트러스, 즉 [그림 6.23a]의 기본 삼각형으로 만들 수 없고, 여러 개의 단순 트러스를 강체로 연결하여 만들어지는 트러스의 해석에 있어서 특히 유용하다(6.2.2절). 합성 트러스가 적절하게 연결되어 있다면(예를 들어, 한 개의 핀과 한 개의 링크 혹은 한 점에서 만나지 않고 평행하지도 않은 세 개의 링크), 그리고 결과의 트러스가 적절한 지지를 받는다면(예를 들어, 한 개의 핀과 한 개의 롤러), 이 합성 트러스는 정역학적으로 정정이고, 강체이며 완전하게 구속되어 있다. 이 경우 다음의 필요조건이(충분조건은 아님) 만족된다. $m + r = 2n$, 여기서 m은 전체 부재의 수, r은 지점반력을 나타내는 미지수의 수, n은 절점의 수이다.

프레임과 기계

프레임과 기계는 다력 부재, 즉 세 개 이상의 힘을 받는 부재를 포함한다. 프레임은 하중을 지지하도록 설계되어 보통은 움직이지 않고, 완전히 구속된 구조물이다. 기계는 힘을 전달하거나 변환하도록 설계되고 언제나 움직이는 부분을 포함한다(6.3절).

프레임 해석

프레임을 해석하기 위해, 먼저 전체 프레임을 자유물체로 가정하여 세 개의 평형방정식을 작성한다(6.3.1절). 프레임을 지점에서 분리했을 때 강체를 유지한다면, 반력은 단지 세 개의 미지수만을 포함하고 이 방정식들을 사용하여 계산할 수도 있다(예제 6.4와 예제 6.5). 한편, 프레임을 지점에서 분리했을 때 강체가 아니라면, 반력은 세 개 이상의 미지수를 포함하고 프레임의 평형방정식으로부터 완전히 계산할 수 없다(6.3.2절, 예제 6.6).

다력 부재

프레임을 분할하여 여러 부재들이 2력 부재인지 다력 부재인지 확인한다. 핀은 그들이 연결된 부재의 어느 하나에 합쳐져 있다고 가정한다. 두 개의 다력 부재가 하나의 2력 부재에 연결되어 있을 때, 2력 부재는 다력 부재에, 미지이지만 크기가 같은 서로 반대 방향의 힘을 미친다는 것을 주의하여, 각각의 다력 부재에 대한 자유물체도를 그린다. 두 개의 다력 부재가 핀에 연결되어 있을 때, 이들은 서로에 대해 크기가 같고 방향이 반대이면서 방향을 모르는 두 미지의 성분으로 표시되는 힘을 가한다. 다력 부재들에 대한 자유물체도로부터 얻은 방정식을 풀어서 여러 내력들을 구한다(예제 6.4와 예제 6.5). 또한 지점에서 반력을 계산하는 데 평형방정식을 사용할 수 있다(예제 6.6). 실제로 프레임이 정역학적으로 정정이고 강체이면, 다력 부재의 자유물체도는 미지력(반력 포함)의 개수와 같은 개수의 평형방정식을 제공할 수 있다(6.3.2절). 그러나 연립해서 풀어야 하는 방정식의 수를 최소화하기 위해 먼저 전체 프레임의 자유물체도를 고려하는 것이 바람직하다.

기계 해석

기계를 해석하기 위해, 기계를 해체하고 프레임과 같은 과정을 거쳐, 각각의 다력 부재에 대한 자유물체도를 그린다. 이에 상응하는 평형방정식은 기계의 출력하중을 여러 연결부의 내력, 기계에 적용된 입력하중의 항으로 나타낸다(6.4절, 예제 6.7).

Chapter 06 종합문제

6.97 그림과 같은 트러스의 각 부재의 내력을 구하시오.

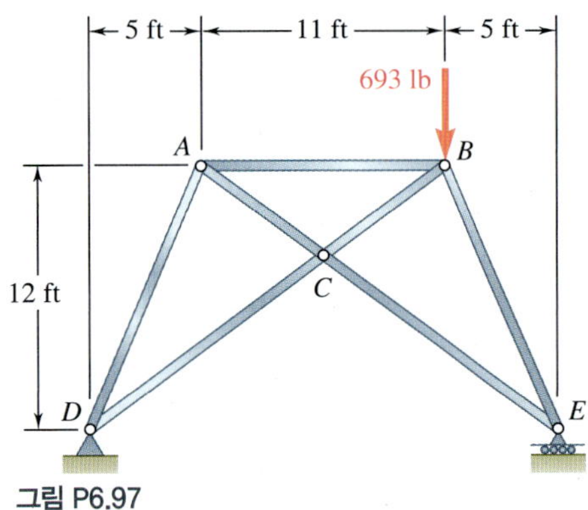

그림 P6.97

6.98 그림과 같이 뒤집힌 하우루프 트러스howe roof truss에서 부재 DE와 DE의 왼쪽에 있는 각 부재의 내력을 구하시오.

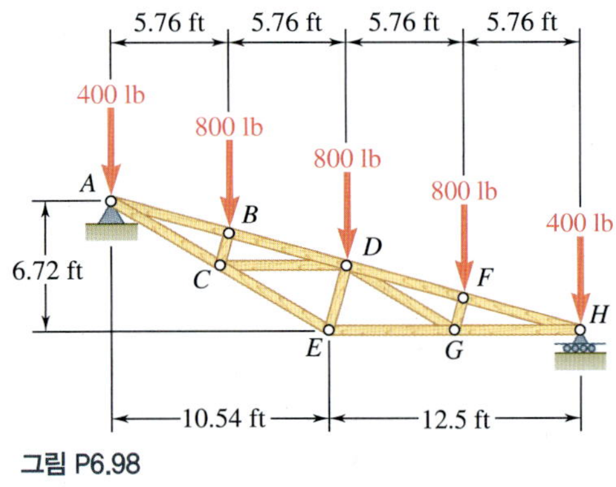

그림 P6.98

6.99 힘 $P = Q = 1.2$ kN일 때, 그림과 같은 트러스의 부재 AF와 EJ의 내력을 구하시오. HINT 단면 aa를 사용하시오.

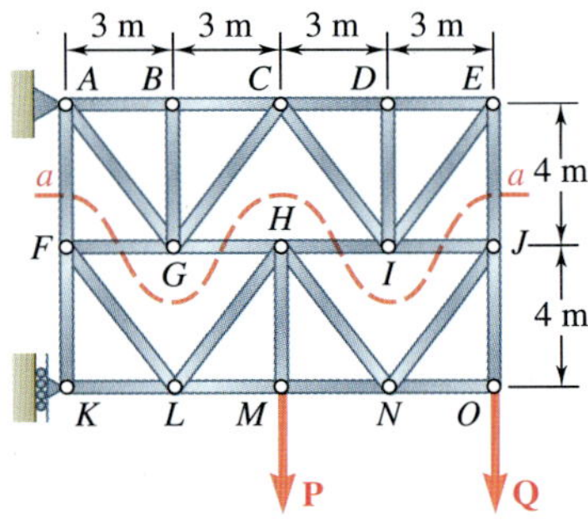

그림 P6.99

6.100 그림과 같은 트러스의 부재 HJ와 IL의 내력을 구하시오. HINT 단면 bb를 사용하시오.

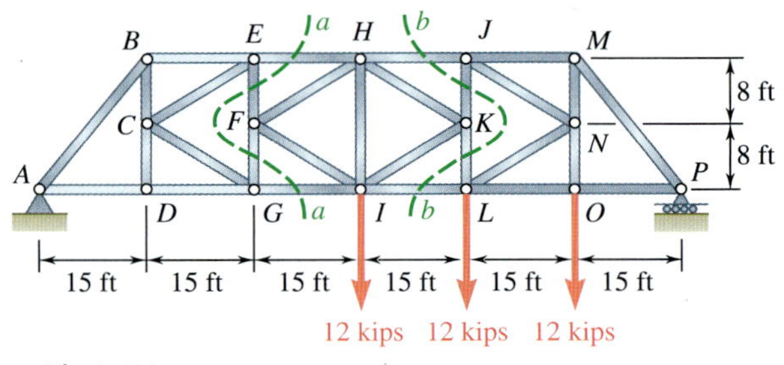

그림 P6.100

6.101 그림과 같은 로우 베드 트레일러low-bed trailer는 장비나 파손된 차량 싣기에 용이하도록 베드의 뒤 끝부분이 바닥까지 내려갈 수 있게 설계되어 있다. 1400kg짜리 자동차가 윈치winch에 의해 그림에 보이는 위치까지 옮겨졌다. 그 후, 트레일러는 $\alpha = 0$이고 AB와 BE가 수평 위치가 되는 위치로 돌아갔다. 고장 난 자동차의 무게만 고려할 때, $\alpha = 0$의 위치를 유지하기 위해 유압 실린더로 가해야 하는 힘의 크기를 구하시오.

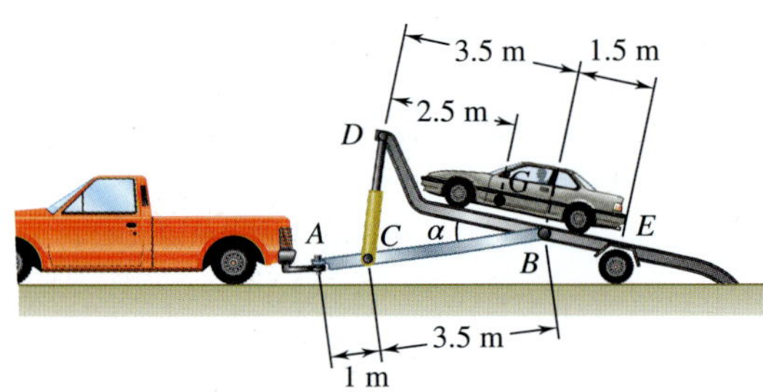

그림 P6.101

6.102 3힌지 아치 ABC는 포물선 모양이고 B에 정점이 있다. $P = 112$ kN이고 $Q = 140$ kN일 때 (a) A에서 반력의 성분, (b) B에서 세그먼트 AB에 가하는 힘의 성분을 구하시오.

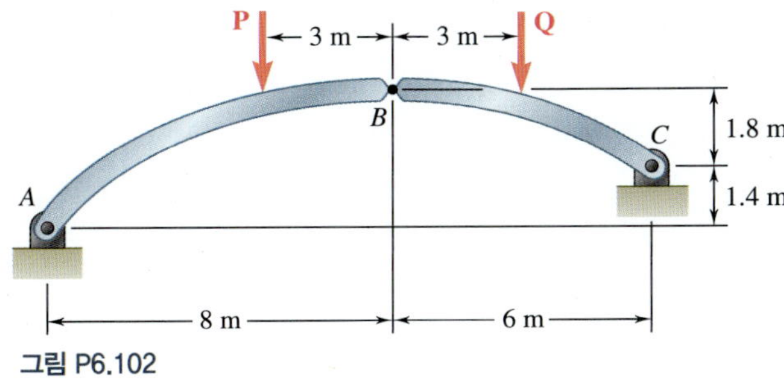

그림 P6.102

6.103 지름이 48 mm인 파이프가 그림과 같이 스틸슨 렌치Stillson wrench에 고정되어 있다. 렌치의 AB와 DE 부분은 강체로 서로 붙어 있고, CF 부분은 핀으로 D에 연결되었다. 파이프와 렌치 사이에 미끄러짐은 없다고 가정할 때, A와 C에서 파이프에 가해지는 힘의 성분을 구하시오.

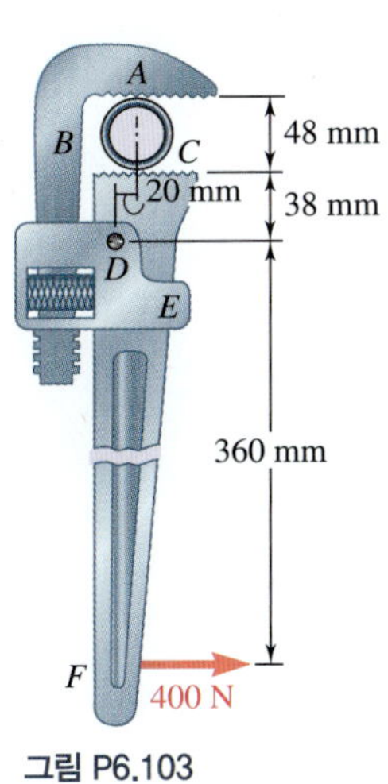

그림 P6.103

6.104 그림과 같은 복합-레버 가지치기 가위는 핀 A를 칼날 ACE의 여러 래칫 위치에 놓아 조정한다. 작은 가지의 가지치기를 마치는 데 300 lb의 수직력이 필요할 때, 가위가 그림처럼 조절된 상태에서 손잡이에 가해야 하는 힘의 크기 P를 구하시오.

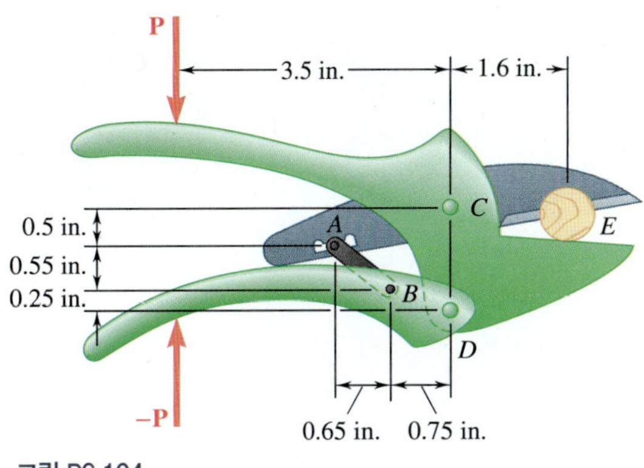

그림 P6.104

6.105 그림과 같이 한 쌍의 집게로 800 lb인 통나무를 들었다. E와 F에서 집게 DEF에 가하는 힘을 구하시오.

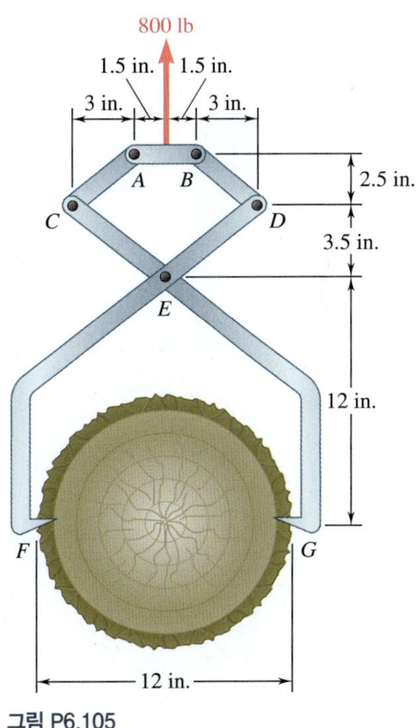

그림 P6.105

6.106 지름 3 ft인 파이프가 그림과 같은 작은 프레임으로 16 ft마다 지지되고 있다. 파이프와 그 내용물의 조합하중이 500 lb/ft이고 표면에 마찰이 없을 때 (a) E의 반력, (b) C에서 부재 CDE에 가하는 힘의 성분을 구하시오.

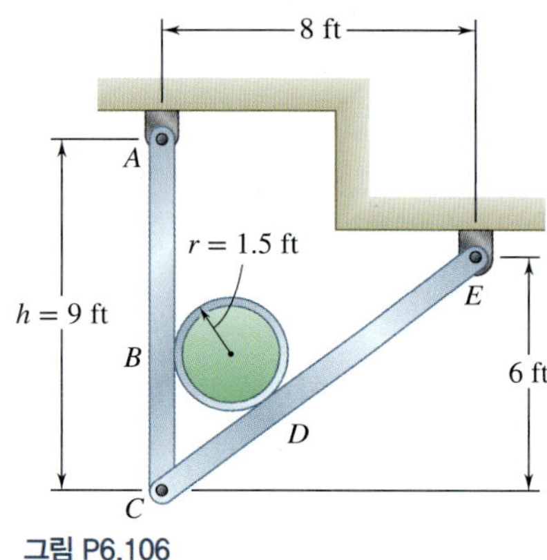

그림 P6.106

6.107 그림과 같은 베벨-기어 시스템에 대해 M_A에 대한 M_B의 비율을 3이 되도록 하는 α값을 구하시오.

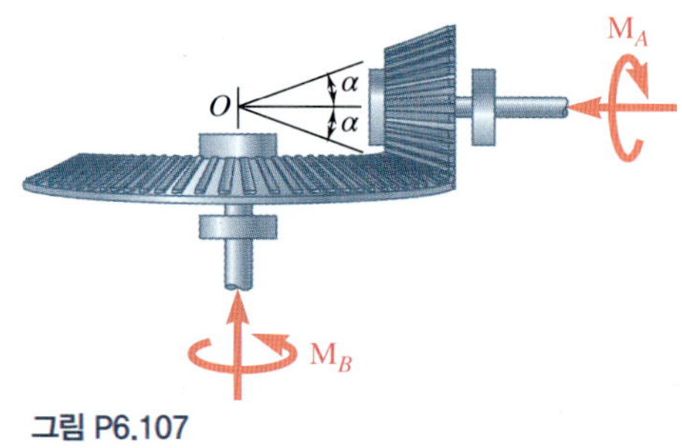

그림 P6.107

6.108 도르레의 반지름이 50 mm일 때, B와 E에서 반력의 성분을 구하시오.

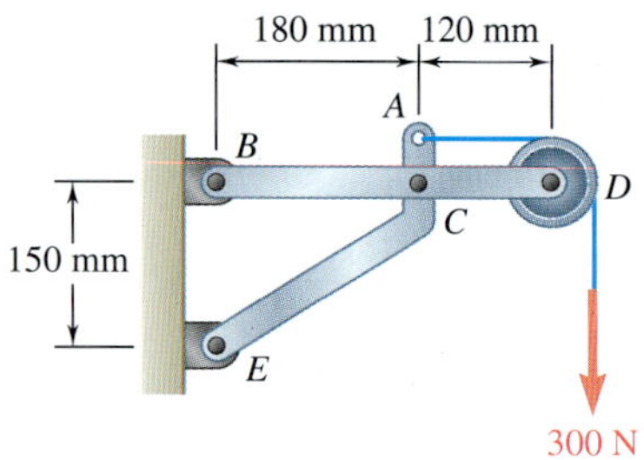

그림 P6.108

Giles Barnard/Construction Photography/Photoshot

07

분포하중 – 관성모멘트

건설에 사용되는 구조부재의 강도는 상당 부분 단면의 성질에 의존한다. 단면의 성질에는 단면의 면적에 대한 2차모멘트 또는 관성모멘트도 포함되어 있다.

목차

학습목표

- 면적의 2차모멘트 또는 관성모멘트를 설명할 수 있다.
- 면적에 대한 관성모멘트와 극관성모멘트, 회전반경을 적분으로 계산할 수 있다.
- 평행축 정리를 유도하고, 합성면적에 대한 관성모멘트를 구하는 데 적용할 수 있다.

서론

5장에서 우리는 면적 또는 부피에 분포된 여러 힘시스템에 대해 해석했다. 고려했던 세 가지 중요한 유형의 시스템은 (1) 단일한 두께를 가지는 균질한 판의 무게(5.1절과 5.2절), (2) 보에 작용하는 분포하중(5.3절), (3) 균질한 3차원 물체의 무게(5.4절)이다. 이 모든 경우에서 분포하중은 그것들과 관계된 요소의 면적 또는 부피와 비례했다. 그러므로 해당하는 면적이나 부피를 더해서 이 힘들의 합력을 얻을 수 있었고, 특정 축에 대한 면적 또는 부피의 1차모멘트를 계산하여 합력의 모멘트를 구했다.

이 장에서는 분포하중 $\Delta\mathbf{F}$를 고려하는데, 이 하중의 크기는 힘이 작용하는 요소면적 ΔA에만 의존하는 것이 아니라 ΔA로부터 특정 축까지의 거리에도 의존한다. 더 정확하게는, 단위면적당 힘 $\Delta F/\Delta A$가 축으로부터의 거리에 따라 선형으로 변한다고 가정한다. 이런 종류의 힘은 보의 휨에 대한 연구에서 발생한다.

관계된 요소의 힘들이 면적 A에 분포되어 있고, x축에 대한 거리 y에 따라 선형으로 변한다는 가정에서 출발하여, 합력 $\mathbf{R}$의 크기가 면적에 대한 1차모멘트 Q_x에 의존한다는 것을 살펴볼 것이다. 그러나 $\mathbf{R}$이 작용하는 점의 위치는 그 영역의 x축에 대한 단면2차모멘트 I_x에 의존한다. 여러 가지 면적에서의 x, y축에 대한 관성모멘트를 계산하는 방법을 배운다. 그리고 면적의 극관성모멘트 J_O를 소개한다. 이러한 계산들을 쉽게 하기 위해서 면적 A의 x축에 대한 관성모멘트 I_x와 A의 도심에서 평행한 x'축에 대한 관성모멘트 $I_{x'}$의 관계를 정립한다(평행축 정리로 알려진 관계).

7.1 면적의 관성모멘트

이 장에서는 분포하중 $\Delta\mathbf{F}$의 크기가 그 힘이 작용하는 요소의 면적 ΔA에 비례하고, 동시에 주어진 축에 대한 ΔA의 거리에 선형으로 변한다고 가정한다.

7.1.1 면적의 2차모멘트 또는 관성모멘트

균등한 단면을 가지는 보의 양 끝에 크기는 같고 방향은 반대인 두 우력이 적용되는 경우를 생각해보자. 이러한 보는 순수 휨 상태라고 말한다. 보의 내력은 어떤 단면에서든 그 크기 $\Delta F = ky\Delta A$가 면적 ΔA와 단면의 도심을 통과하는 축 사이의 거리 y에 따라 선형으로 변한다(이는 재료역학 과정에서 유도될 수 있다). [그림 7.1]에서 x축으로 나타낸 이 축은 단면의 중립축이라 한다. 중립축의 한쪽에 있는 힘들은 압축력이고, 다른 쪽에 있는 힘들은 인장력이다. 중립축 위에서는 힘이 영이다.

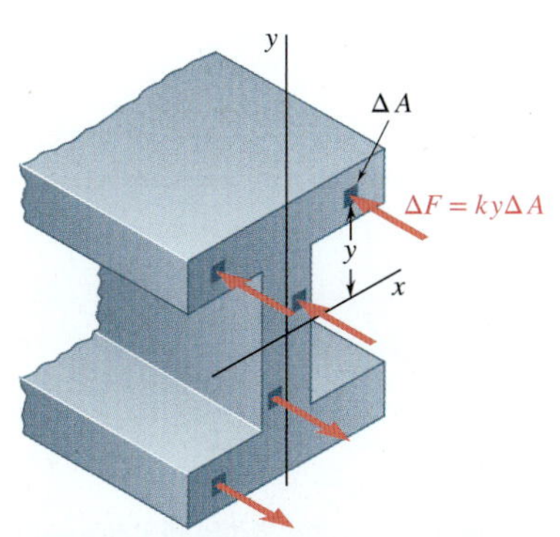

그림 7.1 끝단에 동일하거나 반대인 우력을 받는 단면에 나타나는 힘들

전체 단면에 작용하는 요소의 힘 $\Delta\mathbf{F}$의 합력 $\mathbf{R}$의 크기는 다음과 같다.

$$R = \int ky\,dA = k\int y\,dA$$

마지막 적분이 단면의 x축에 대한 1차모멘트인 것을 알 수 있다. 이것은 $\bar{y}A$와 같으므로 영이다. 왜냐하면 단면의 도심은 x축 위에 있기 때문이다. 그러므로 $\Delta\mathbf{F}$의 시스템은 우력이 된다. 이 우력(휨모멘트)의 크기 M은 요소의 힘에 의한 모멘트 $\Delta M_x = y\Delta F = ky^2\Delta A$의 합과 같아야 한다. 전체 단면에 대해 적분하면 다음을 얻는다.

$$M = \int ky^2\,dA = k\int y^2\,dA$$

이 마지막 적분은 x축에 대한 보의 2차모멘트 또는 관성모멘트로 알려져 있으며, I_x로 나타낸다.[1] 각 요소의 면적 dA를 x축과의 거리 제곱에 곱하고 보 단면에 대해 적분하여 이 값을 얻는다. 각각의 곱 y^2dA가 y의 부호와 관계없이 양의 값 또는 영이므로(만약 $y=0$이라면), 적분값 I_x는 언제나 양이다.

1 2차모멘트라는 용어가 관성모멘트라는 용어보다 더 적절하다. 이론적으로 관성모멘트는 질량에 대한 적분을 나타낼 때만 사용해야 한다. 그러나 공학적 관습에서 관성모멘트는 질량뿐만 아니라 면적과 관련해서도 사용한다.

7.1.2 적분을 이용한 관성모멘트의 정의

면적 A의 x축에 대한 단면2차모멘트 I_x가 정의되었다. 비슷한 방법으로 면적 A의 y축에 대한 단면2차모멘트 I_y를 정의할 수 있다(그림 7.2a).

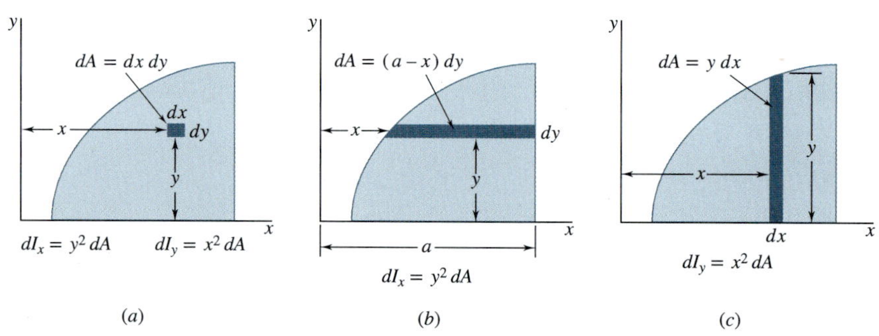

그림 7.2 (a) 면적 dA에 대한 직사각형 관성모멘트 I_x와 I_y (b) 수평 띠로 I_x 계산 (c) 수직 띠로 I_y 계산

면적의 관성모멘트

$$I_x = \int y^2\,dA, \qquad I_y = \int x^2\,dA \tag{7.1}$$

미소면적 dA를 좌표축 중 하나에 평행한 얇은 띠로 선택하면, 면적 A의 직사각형 관성모멘트로 알려진 이 적분을 더 쉽게 계산할 수 있다. I_x를 계산하기 위해 x축에 평행한 띠를 선택하여, 띠의 모든 점들이 x축으로부터 같은 거리 y를 가지게 한다(그림 7.2b). 띠의 관성모멘트 dI_x는 면적 dA에 y^2을 곱하여 얻는다. I_y를 계산하기 위해 y축에 평행한 띠를 선택하여, 띠의 모든 점들이 y축으로부터 같은 거리 x를 가지게 한다(그림 7.2c). 그러면 띠의 관성모멘트 dI_y는 x^2dA가 된다.

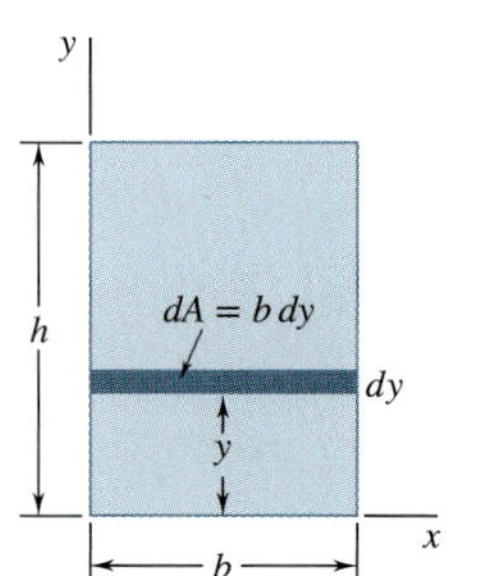

그림 7.3 직사각형 면적의 바닥면에 대한 관성모멘트 계산

직사각형 면적의 관성모멘트 직사각형의 바닥에 대한 관성모멘트를 구하는 예를 살펴보자(그림 7.3). 직사각형을 x축에 평행한 띠로 나누면, 다음과 같은 식을 얻는다.

$$dA = b\,dy, \qquad dI_x = y^2 b\,dy$$
$$I_x = \int_0^h by^2 dy = \frac{1}{3}bh^3 \tag{7.2}$$

같은 요소의 띠들을 사용하여 I_x와 I_y를 계산하기 [그림 7.2c]에 색칠된 띠와 같은 y축에 평행한 직사각형 띠의 x축에 대한 관성모멘트 dI_x를 구하기 위해 식 (7.2)를 사용할 수 있다. 식 (7.2)에서 $b = dx$와 $h = y$를 적용하면 다음과 같은 결과를 얻는다.

$$dI_x = \frac{1}{3}y^3\,dx$$

또한 다음의 결과도 얻는다.

$$dI_y = x^2\,dA = x^2 y\,dx$$

따라서 주어진 면적에 대한 관성모멘트 I_x와 I_y를 계산할 때, 같은 요소를 사용할 수 있다(그림 7.4).

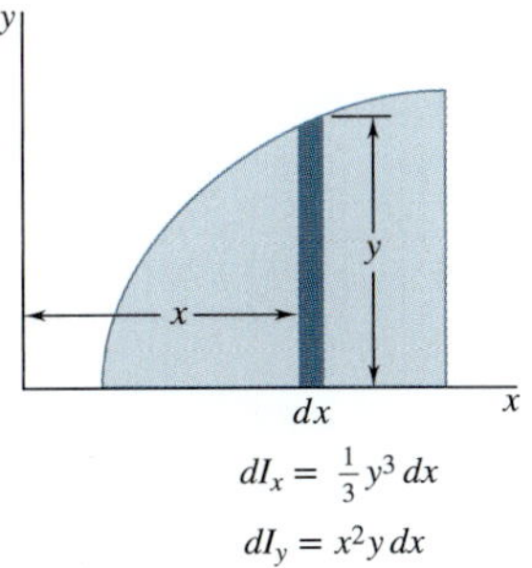

그림 7.4 주어진 면적의 I_x와 I_y를 계산하기 위해 같은 띠 요소를 사용

7.1.3 극관성모멘트

원형 축의 비틂과 관련된 문제나 슬리브의 회전을 다루는 문제 등에서 매우 중요한 적분이 극관성모멘트이다.

$$J_O = \int \rho^2\,dA \tag{7.3}$$

여기서 ρ는 점 O에서 면적요소 dA까지의 거리이다(그림 7.5). 이 적분은 면적 A의 원점(극점) O에 대한 극관성모멘트라 한다. 주어진 면적에 대한 관성모멘트 I_x와 I_y를 이미 안다면, 이 값으로부터 극관성모멘트를 계산할 수 있다. $\rho^2 = x^2 + y^2$를 적용하면, 극관성 모멘트는 다음과 같다.

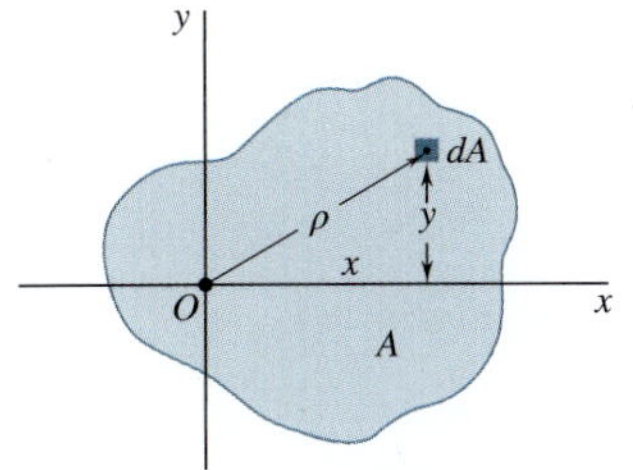

그림 7.5 면적 A의 극관성모멘트를 계산하는 데 사용되는 거리 ρ

$$J_O = \int \rho^2\,dA = \int (x^2 + y^2)\,dA = \int y^2\,dA + \int x^2\,dA$$

즉, 다음과 같이 나타낼 수 있다.

$$J_O = I_x + I_y \tag{7.4}$$

7.1.4 단면의 회전반경

x축에 대한 관성모멘트 I_x를 가지는 면적 A를 생각해보자(그림 7.6a). 면적 A를 x축에 평행한 띠로 만들었다고 가정한다. 면적 A로 만들어진 띠가 x축에 대해 같은 관성모멘트를 가진다면, 그 띠는 x축으로부터 r_x만큼 떨어진 곳에 놓여야 하며, r_x는 다음의 관계로 정의된다.

$$I_x = r_x^2 A$$

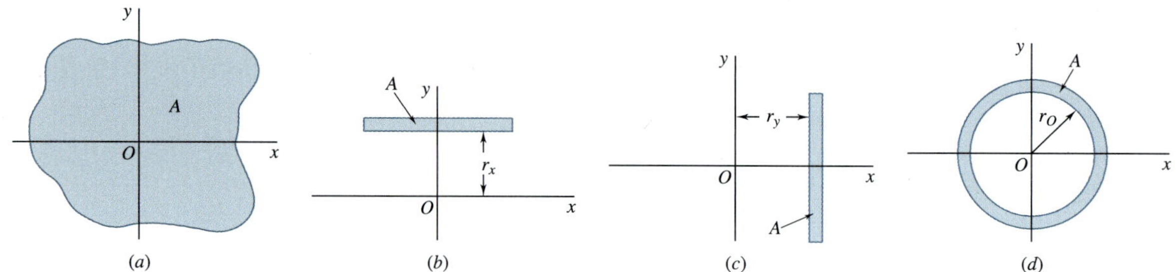

그림 7.6 (a) 관성모멘트 I_x가 주어진 면적 A (b) 면적을 회전반경 r_x를 가진 수평 띠 모양으로 압축 (c) 면적을 회전반경 r_y를 가진 수직 띠 모양으로 압축 (d) 면적을 극 회전반경 r_O를 가진 원형 링으로 압축

r_x에 대해 풀면 회전반경은 다음과 같다.

$$r_x = \sqrt{\frac{I_x}{A}} \tag{7.5}$$

거리 r_x를 x축에 대한 면적의 **회전반경**radius of gyration of the area이라고 한다. 비슷한 방법으로, 회전반경 r_y와 r_O를 정의할 수 있다(그림 7.6c, d).

$$I_y = r_y^2 A, \qquad r_y = \sqrt{\frac{I_y}{A}} \tag{7.6}$$

$$J_O = r_O^2 A, \qquad r_O = \sqrt{\frac{J_O}{A}} \tag{7.7}$$

식 (7.4)를 회전반경을 이용하여 다시 쓰면, 다음과 같다.

$$r_O^2 = r_x^2 + r_y^2 \tag{7.8}$$

개념적용 7.1

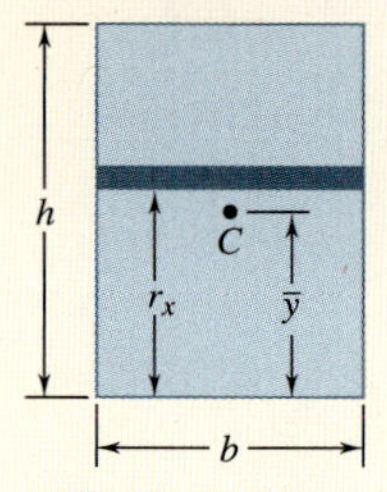

그림 7.7 바닥면에 대한 직사각형의 회전반경

[그림 7.7]과 같은 직사각형에 대해 바닥면에 대한 회전반경 r_x를 구하시오. 식 (7.5)와 식 (7.2)를 사용하면 다음을 얻을 수 있다.

$$r_x^2 = \frac{I_x}{A} = \frac{\frac{1}{3}bh^3}{bh} = \frac{h^2}{3}, \qquad r_x = \frac{h}{\sqrt{3}}$$

[그림 7.7]에 직사각형의 회전반경 r_x를 면적에 대한 도심 좌표 $\bar{y} = h/2$와 혼동하지 말아야 한다. 회전반경 r_x는 단면2차모멘트에 의존하지만, 좌표 $\bar{y}$는 면적의 1차모멘트와 관련되어 있다.

예제 7.1

바닥면에 대한 삼각형의 관성모멘트를 구하시오.

문제분석 바닥면에 대해서 관성모멘트를 찾기 위해, 바닥면에 평행한 면적의 미분 띠를 사용하는 것이 편리하다. 적분을 수행하기 위해 상황의 기하학을 사용한다.

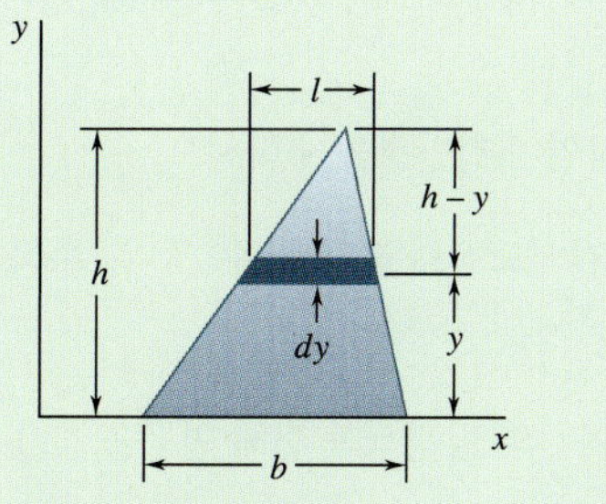

그림 1 바닥면에 평행인 미분 띠 요소를 가지는 삼각형

모델링 바닥길이 b와 높이 h를 가진 삼각형을 그리고, 바닥면과 일치하는 x축을 잡는다(그림 1). x축에 평행한 미분 띠를 dA로 선택한다. 띠의 모든 부분에서 x축과의 거리가 같으므로, 다음 식을 얻는다.

$$dI_x = y^2\,dA, \qquad dA = l\,dy$$

풀이 비슷한 삼각형을 사용하면 다음 식을 얻을 수 있다.

$$\frac{l}{b} = \frac{h-y}{h}, \qquad l = b\frac{h-y}{h}, \qquad dA = b\frac{h-y}{h}dy$$

dI_x를 $y=0$부터 $y=h$까지 적분하면, 다음과 같다.

$$I_x = \int y^2\,dA = \int_0^h y^2 b\frac{h-y}{h}\,dy = \frac{b}{h}\int_0^h (hy^2 - y^3dy)$$

$$= \frac{b}{h}\left[h\frac{y^3}{3} - \frac{y^4}{4}\right]_0^h \qquad I_x = \frac{bh^3}{12} ◀$$

고찰 이 문제는 바닥면에 수직인 미분 띠에 식 (7.2)가 띠의 관성모멘트를 표현하도록 하여 풀 수도 있다. 그러나 삼각형의 모양 때문에 답을 구하는 데 두 개의 적분이 필요하다.

예제 7.2

(a) 직접적분을 사용하여 원형 면적의 도심에 대한 극관성모멘트를 구하시오.
(b) 문제 (a)의 결과를 이용하여 원형 면적의 지름에 대한 관성모멘트를 구하시오.

문제분석 면적이 원형이기 때문에, 동심원 모양의 미분 면적을 사용하여 문제 (a)를 계산할 수 있다. 문제 (a)에 대해서는 지름에 대한 관성모멘트를 계산하기 위해 대칭성과 식 (7.4)를 사용한다.

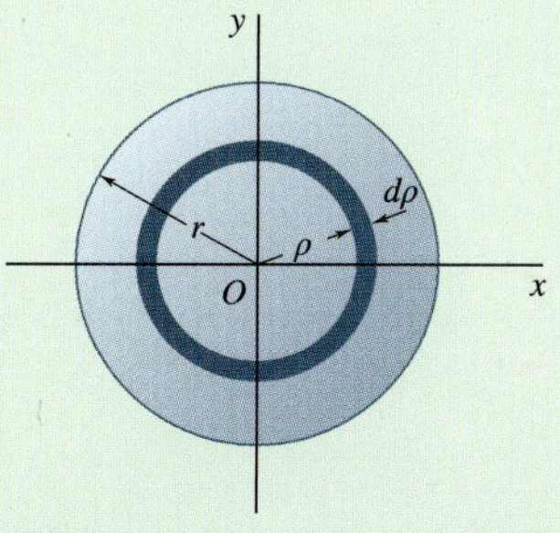

그림 1 동심원의 미분요소를 가지는 원형 면적

모델링과 풀이

a. 극관성모멘트 동심원 모양의 미분 면적요소를 dA로 선택한다(그림 1). 미분 면적의 모든 곳에서 중심까지의 거리가 같으므로 다음 식을 얻는다.

$$dJ_O = \rho^2\,dA, \qquad dA = 2\pi\rho\,d\rho$$

$$J_O = \int dJ_O = \int_0^r \rho^2(2\pi\rho\,d\rho) = 2\pi\int_0^r \rho^3\,d\rho \qquad J_O = \frac{\pi}{2}r^4 ◀$$

b. 지름에 대한 관성모멘트 원형 면적은 대칭성을 가지므로 $I_x = I_y$이다. 식 (7.4)로부터 다음 식을 얻는다.

$$J_O = I_x + I_y = 2I_x, \qquad \frac{\pi}{2}r^4 = 2I_x \qquad I_{\text{diameter}} = I_x = \frac{\pi}{4}r^4 ◀$$

고찰 언제나 대칭성을 이용하여 문제를 단순화하는 방법을 찾는다. 원이나 구와 관련한 상황에서 특히 그렇다.

예제 7.3

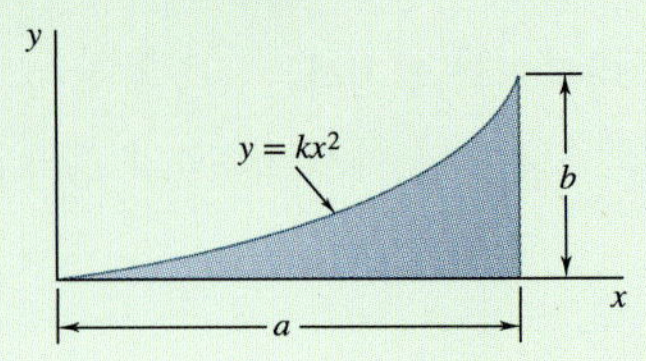

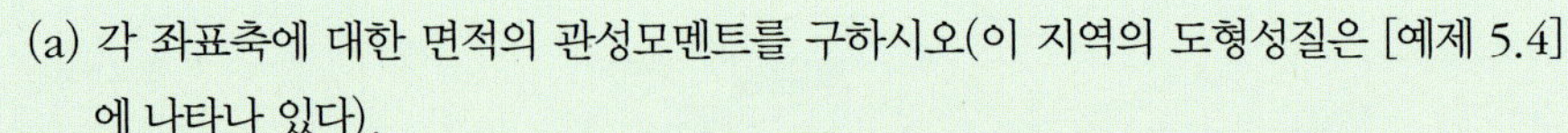

(a) 각 좌표축에 대한 면적의 관성모멘트를 구하시오(이 지역의 도형성질은 [예제 5.4]에 나타나 있다).

(b) 문제 (a)의 결과를 이용하여 각 좌표축에 대한 면적의 회전반경을 구하시오.

문제분석 면적에 대한 하나의 미분 띠를 사용하여 관성모멘트를 구할 수 있다. 수직 띠가 더 편리하다. 관성모멘트와 면적으로부터의 회전반경을 계산할 수 있다.

모델링 [예제 5.4]를 참고하면, 다음 식을 사용하여 곡선의 방정식과 전체 면적을 찾을 수 있다.

$$y = \frac{b}{a^2}x^2, \qquad A = \frac{1}{3}ab$$

풀이

a. 관성모멘트

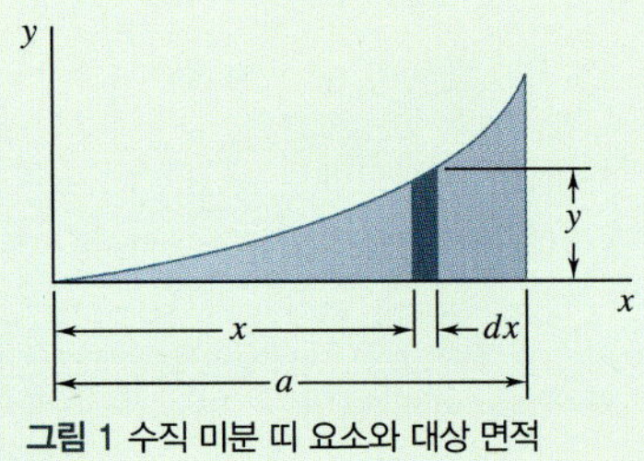

그림 1 수직 미분 띠 요소와 대상 면적

관성모멘트 I_x dA를 위해 면적에 대한 수직 미분요소를 선택한다(그림 1). 이 요소의 모든 부분이 x축으로부터 같은 거리에 있지 않으므로 요소를 얇은 직사각형으로 다루어야 한다. 따라서 x축에 대한 요소의 관성모멘트는 다음과 같다.

$$dI_x = \frac{1}{3}y^3\,dx = \frac{1}{3}\left(\frac{b}{a^2}x^2\right)^3 dx = \frac{1}{3}\frac{b^3}{a^6}x^6\,dx$$

$$I_x = \int dI_x = \int_0^a \frac{1}{3}\frac{b^3}{a^6}x^6\,dx = \left[\frac{1}{3}\frac{b^3}{a^6}\frac{x^7}{7}\right]_0^a$$

$$I_x = \frac{ab^3}{21} \blacktriangleleft$$

관성모멘트 I_y 같은 수직 미분요소를 사용한다. 요소의 모든 부분에서 y축까지의 거리가 같으므로 다음을 얻는다.

$$dI_y = x^2 dA = x^2(y\,dx) = x^2\left(\frac{b}{a^2}x^2\right)dx = \frac{b}{a^2}x^4\,dx$$

$$I_y = \int dI_y = \int_0^a \frac{b}{a^2}x^4\,dx = \left[\frac{b}{a^2}\frac{x^5}{5}\right]_0^a$$

$$I_y = \frac{a^3b}{5} \blacktriangleleft$$

b. 회전반경 r_x와 r_y 회전반경의 정의로부터 다음을 얻는다.

$$r_x^2 = \frac{I_x}{A} = \frac{ab^3/21}{ab/3} = \frac{b^2}{7} \qquad r_x = \sqrt{\frac{1}{7}}\,b \blacktriangleleft$$

$$r_y^2 = \frac{I_y}{A} = \frac{a^3b/5}{ab/3} = \frac{3}{5}a^2 \qquad r_y = \sqrt{\frac{3}{5}}\,a \blacktriangleleft$$

고찰 이 문제는 같은 띠 요소를 사용해서 어떻게 I_x와 I_y를 계산할 수 있는지를 보여준다. 그러나 각 경우에 일반적인 수학적 접근은 명확하게 다르다.

Section 7.1 연습문제

7.1 ~ 7.4 그림과 같은 면적의 y축에 대한 관성모멘트를 직접적분으로 구하시오.

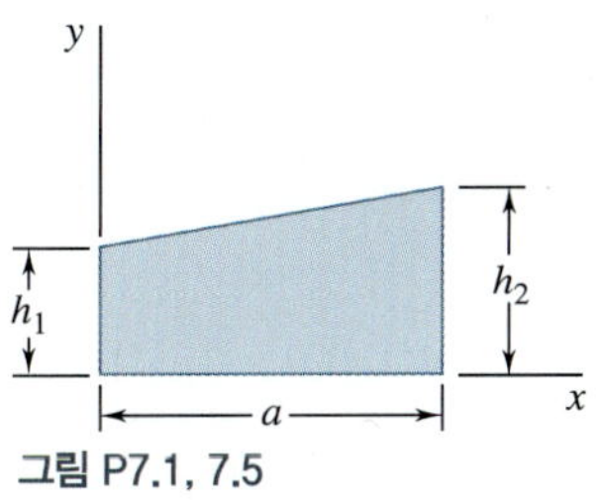

그림 P7.1, 7.5

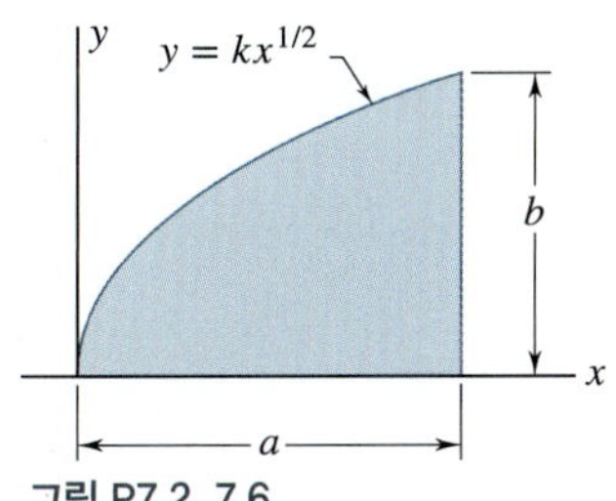

그림 P7.2, 7.6

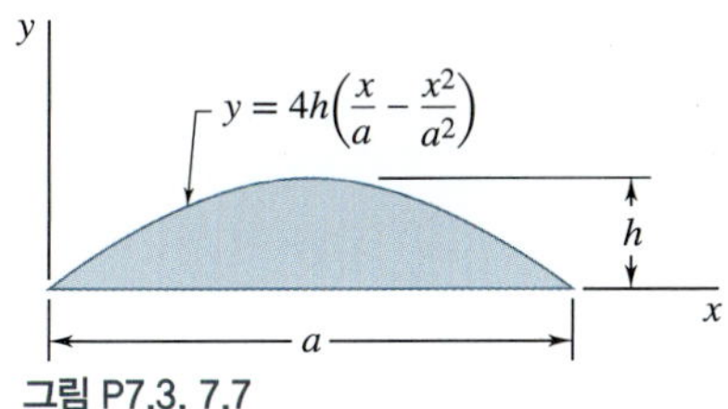

그림 P7.3, 7.7

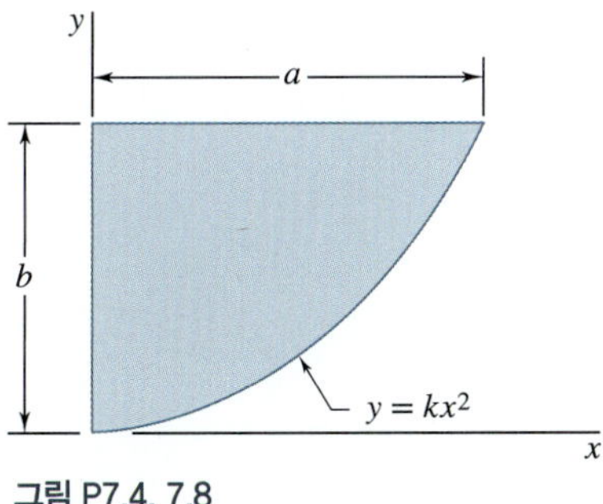

그림 P7.4, 7.8

7.5 ~ 7.8 그림과 같은 면적의 x축에 대한 관성모멘트를 직접적분으로 구하시오.

7.9 ~ 7.12 그림과 같은 면적의 x축에 대한 관성모멘트와 회전반경을 직접적분으로 구하시오.

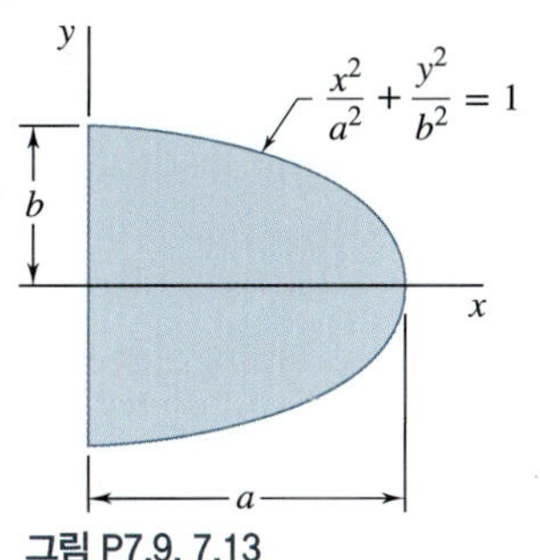

그림 P7.9, 7.13

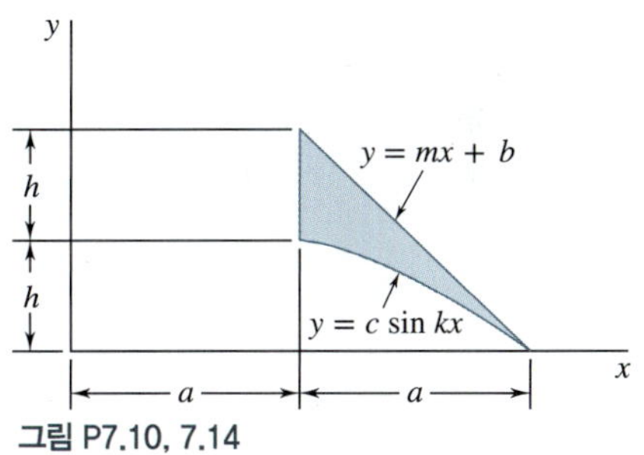

그림 P7.10, 7.14

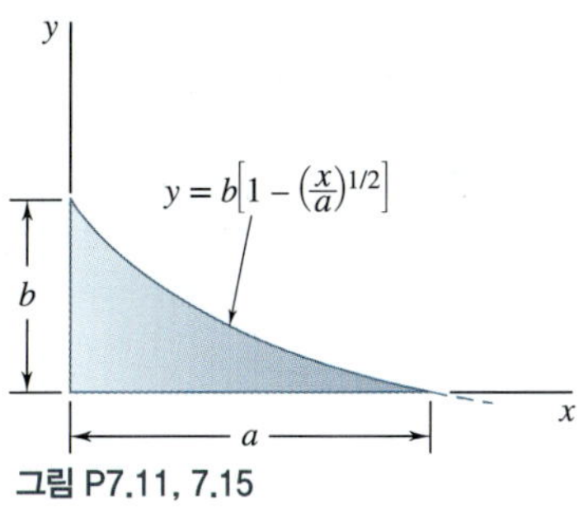

그림 P7.11, 7.15

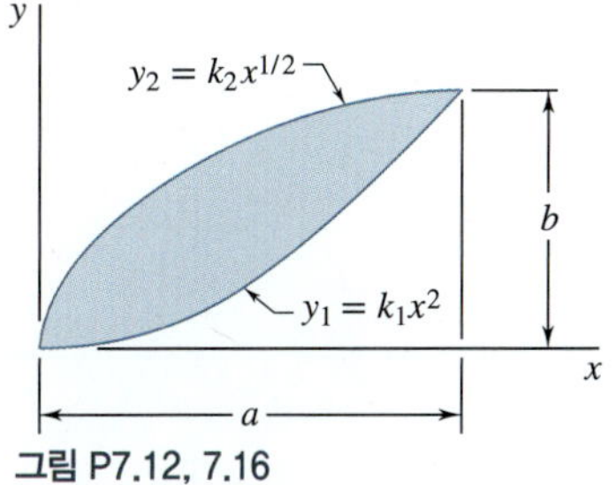

그림 P7.12, 7.16

7.13 ~ 7.16 그림과 같은 면적의 y축에 대한 관성모멘트와 회전반경을 직접적분으로 구하시오.

7.17 그림과 같은 직사각형의 (a) 긴 면의 중심, (b) 짧은 면의 중심에 대한 극관성모멘트와 극회전반경을 구하시오.

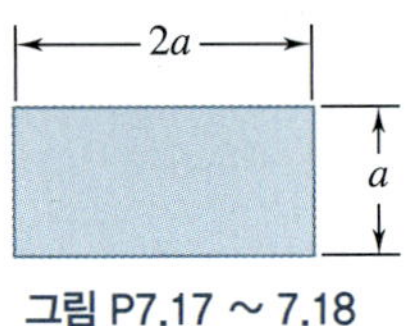

그림 P7.17 ~ 7.18

7.18 그림과 같은 직사각형의 모서리 중 하나에 대한 극관성모멘트와 극회전반경을 구하시오.

7.19 ~ 7.20 그림과 같은 면적의 점 P에 대한 극관성모멘트와 극회전반경을 구하시오.

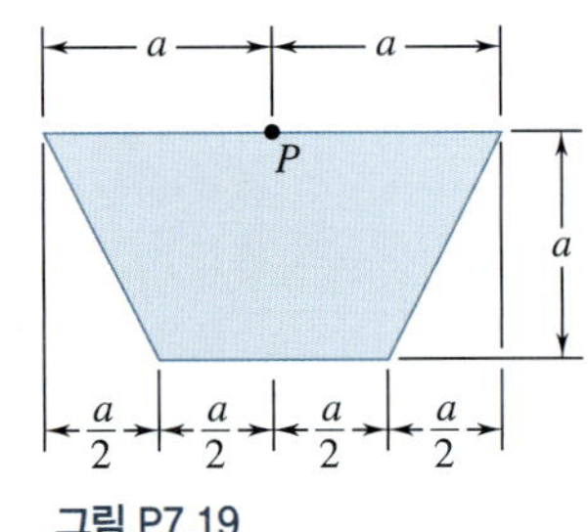

그림 P7.19

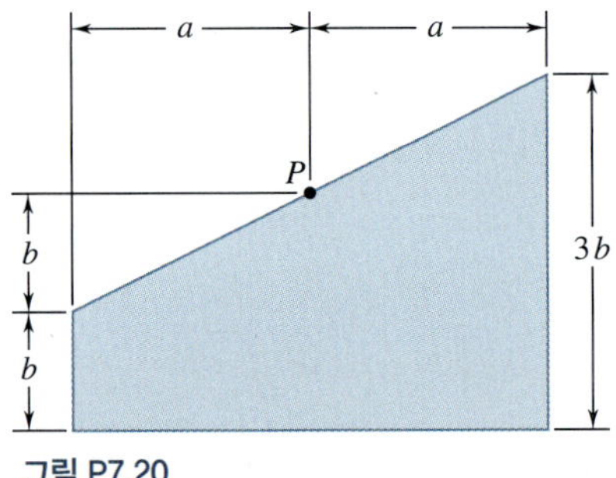

그림 P7.20

7.21 (a) 그림과 같은 동심원 모양 면적의 점 O에 대한 극관성모멘트를 직접적분으로 구하시오. (b) 문제 (a)의 결과를 이용하여 주어진 면적의 x축에 대한 관성모멘트를 구하시오.

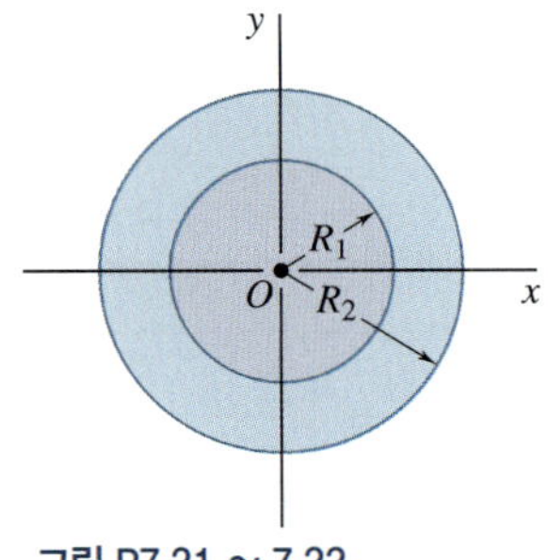

그림 P7.21 ~ 7.22

7.22 (a) 그림과 같은 동심원 모양 면적의 극회전반경은 작은 값의 두께 $t = R_2 - R_1$에 대해 근사적으로 평균 반지름 $R_m = (R_1 + R_2)/2$와 같다는 것을 보이시오. (b) 다음 t/R_m값들에 대해 r_O 대신에 R_m을 사용해서 발생하는 퍼센트 오차를 구하시오.

$$t/R_m\text{값} : 1,\ \frac{1}{2},\ \frac{1}{10}$$

7.23 면적의 x축에 대한 관성모멘트를 구하시오.

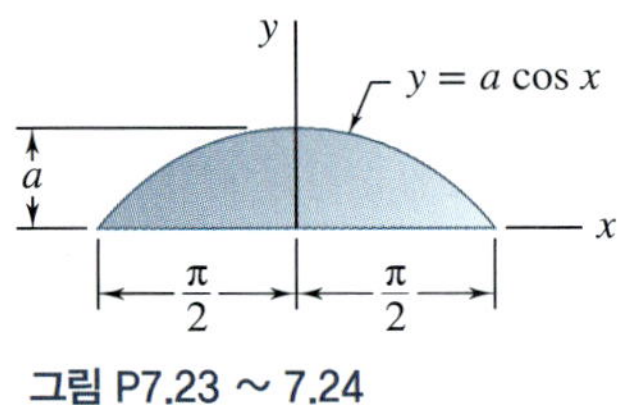

그림 P7.23 ~ 7.24

7.24 면적의 y축에 대한 관성모멘트를 구하시오.

7.2 평행축 정리와 합성면적

실무에서 종종 단순한 면적의 합으로 나누어질 수 있는 복잡한 면적에 대한 관성모멘트를 결정하게 된다. 그러나 이 계산을 하는 과정에서 각 단순 면적의 같은 축에 대한 관성모멘트를 구해야 한다. 이 절에서는 먼저 주어진 축에 평행한 도심축에 대한 관성모멘트를 계산하는 식을 유도한다. 그 후에 합성면적에 대한 관성모멘트를 찾는데, 이 식을 어떻게 사용하는지 보여준다.

7.2.1 평행축 정리

면적 A의 축 AA'에 대한 관성모멘트 I를 생각해보자(그림 7.8). 면적 dA에서 AA'까지의 거리를 y로 나타내면 다음의 식이 성립한다.

$$I = \int y^2\,dA$$

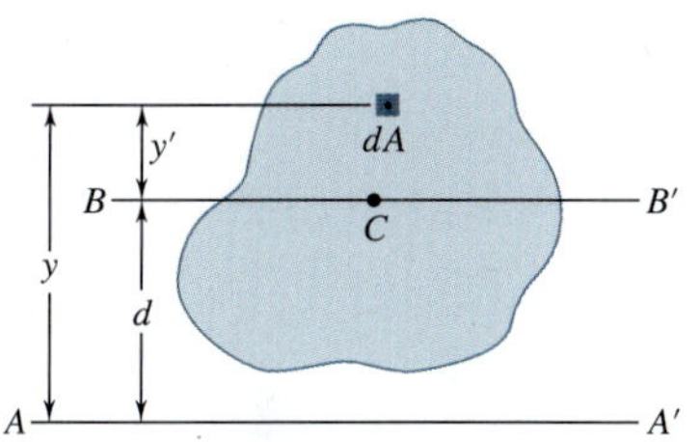

그림 7.8 면적 A의 축 AA'에 대한 관성모멘트는 도심축 BB'과 AA' 사이의 거리 d를 포함한 계산을 통해 도심축에 대한 관성모멘트로부터 구할 수 있다.

이제 주어진 도형의 도심 C를 지나면서 AA'에 평행인 축 BB'을 그린다. 이 축을 도심축이라 한다. 요소 dA부터 BB'까지의 거리를 y'으로 나타내면, $y = y' + d$를 얻는다. 여기서 d는 축 AA'과 BB' 사이의 거리이다. 이를 적분식의 y에 대입하면 다음과 같다.

$$\begin{aligned} I &= \int y^2\,dA = \int (y' + d)^2\,dA \\ &= \int y'^2\,dA + 2d\int y'\,dA + d^2\int dA \end{aligned}$$

첫 번째 적분은 면적의 도심축 BB'에 대한 관성모멘트 $\bar{I}$를 나타낸다. 두 번째 적분은 면적의 BB'축에 대한 단면1차모멘트를 나타내는데, 면적의 도심 C가 이 축 위에 있으므로 두 번째 적분은 영이 된다. 마지막 적분은 전체 면적 A와 같다. 그러므로 다음 식을 얻는다.

평행축 정리

$$I = \bar{I} + Ad^2 \tag{7.9}$$

식 (7.9)는 한 면적의 임의의 축 AA'에 대한 관성모멘트 I가, AA'과 평행한 그 면적의 도심축 BB'에 대한 면적의 관성모멘트에, 면적 A와 두 축 사이의 거리 d의 제곱의 곱을 더한 것과 같다는 것을 의미한다. 이 정리는 평행축 정리로 알려져 있다. r^2A 자리에 I를 넣고, $\bar{r}^2A$ 대신에 $\bar{I}$를 넣으면, 이 정리를 다음과 같이 표현할 수 있다.

$$r^2 = \bar{r}^2 + d^2 \tag{7.10}$$

면적의 한 점 O에 대한 극관성모멘트 J_O를 같은 면적의 그 도심에 대한 극관성모멘트와 연결하는 비슷한 정리가 있다. 점 O와 C 사이의 거리를 d로 나타내면, 다음 식을 얻는다.

$$J_O = \bar{J}_C + Ad^2 \quad \text{또는} \quad r_O^2 = \bar{r}_C^2 + d^2 \tag{7.11}$$

개념적용 7.2

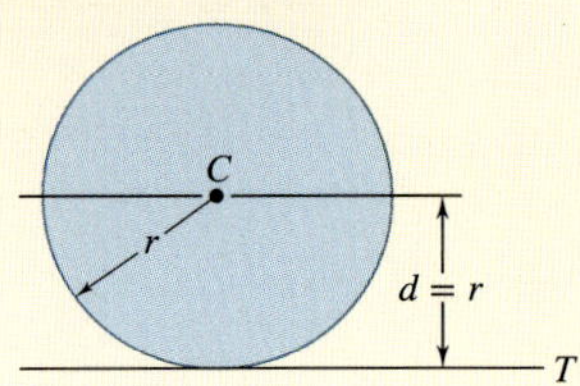

그림 7.9 원형 면적의 접선에 대한 관성모멘트

평행축 정리의 응용으로, 원형 면적의 그 원의 접선에 대한 관성모멘트를 구하시오(그림 7.9). [예제 7.2]에서 원형 면적의 도심에 대한 관성모멘트는 $I = \frac{1}{4}\pi r^2$이다. 그러므로

$$I_T = \overline{I} + Ad^2 = \frac{1}{4}\pi r^4 + (\pi r^2)r^2 = \frac{5}{4}\pi r^4$$

이다.

개념적용 7.3

면적의 평행축에 대한 관성모멘트를 알 때, 그 면적의 도심축에 대한 관성모멘트를 구하기 위해 평행축 정리를 사용할 수 있다. 예를 들어, 삼각형 면적(그림 7.10)을 생각해보자. [예제 7.1]에서 삼각형의 그 바닥선 AA'에 대한 관성모멘트는 $\frac{1}{12}bh^3$임을 알았다. 평행축 정리를 사용하면, 다음 식을 얻는다.

$$I_{AA'} = \overline{I}_{BB'} + Ad^2$$

$$I_{BB'} = I_{AA'} - Ad^2$$

$$= \frac{1}{12}bh^3 - \frac{1}{2}bh\left(\frac{1}{3}h\right)^2 = \frac{1}{36}bh^3$$

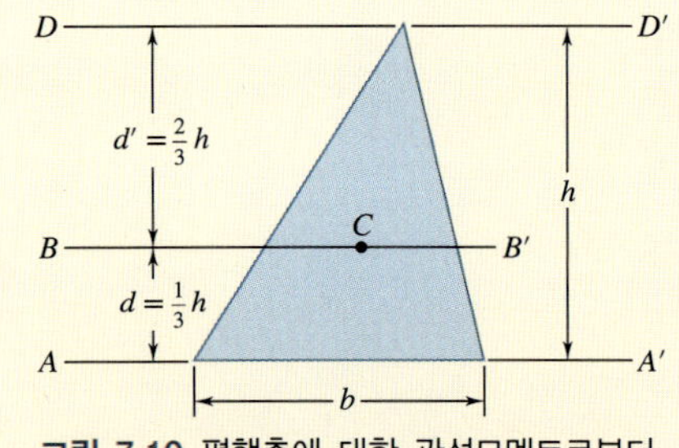

그림 7.10 평행축에 대한 관성모멘트로부터 삼각형의 도심축에 대한 관성모멘트 찾기

삼각형의 도심축에 대한 관성모멘트를 얻기 위해서 주어진 관성모멘트에서 곱 Ad^2을 뺀다. 즉 Ad^2의 값은 도심축에서 평행축으로 옮길 때는 더하고, 도심축으로 옮길 때는 뺀다. 다시 말하면, 면적의 도심축에 대한 관성모멘트는 다른 어떤 축에 대한 관성모멘트보다 작다.

[그림 7.10]에서 삼각형의 선 DD'(위 꼭짓점을 통과하는)에 대한 관성모멘트는 다음과 같다.

$$I_{DD'} = \overline{I}_{BB'} + Ad'^2$$

$$= \frac{1}{36}bh^3 + \frac{1}{2}bh\left(\frac{2}{3}h\right)^2 = \frac{1}{4}bh^3$$

여기서 $I_{DD'}$을 $I_{AA'}$로부터 직접 얻을 수 없다는 것에 주의한다. 두 개의 평행한 축들 중 하나가 면적의 도심을 통과할 때만 평행축 정리를 적용할 수 있다.

7.2.2 합성면적의 관성모멘트

여러 개의 요소 면적들 A_1, A_2, A_3, ⋯로 만들어진 합성면적을 생각해보자. A의 관성모멘트를 표현하는 적분은 A_1, A_2, A_3, ⋯에 대해 계산되는 적분들로 나누어질 수 있다. 그러므로 A의 주어진 축에 대한 관성모멘트는 면적 A_1, A_2, A_3, ⋯들의 같은 축에 대한 관성모멘트들을 더해서 얻을 수 있다.

[그림 7.11]에 여러 가지 일반적인 기하형상과 면적에 대한 관성모멘트 식들이 있다. 요소 면적들에 대한 관성모멘트를 더하기 전에, 각 관성모멘트를 원하는 축으로 옮기기 위해 평행축 정리를 사용한다. [예제 7.4]와 [예제 7.5]에서 이 방법을 보여준다.

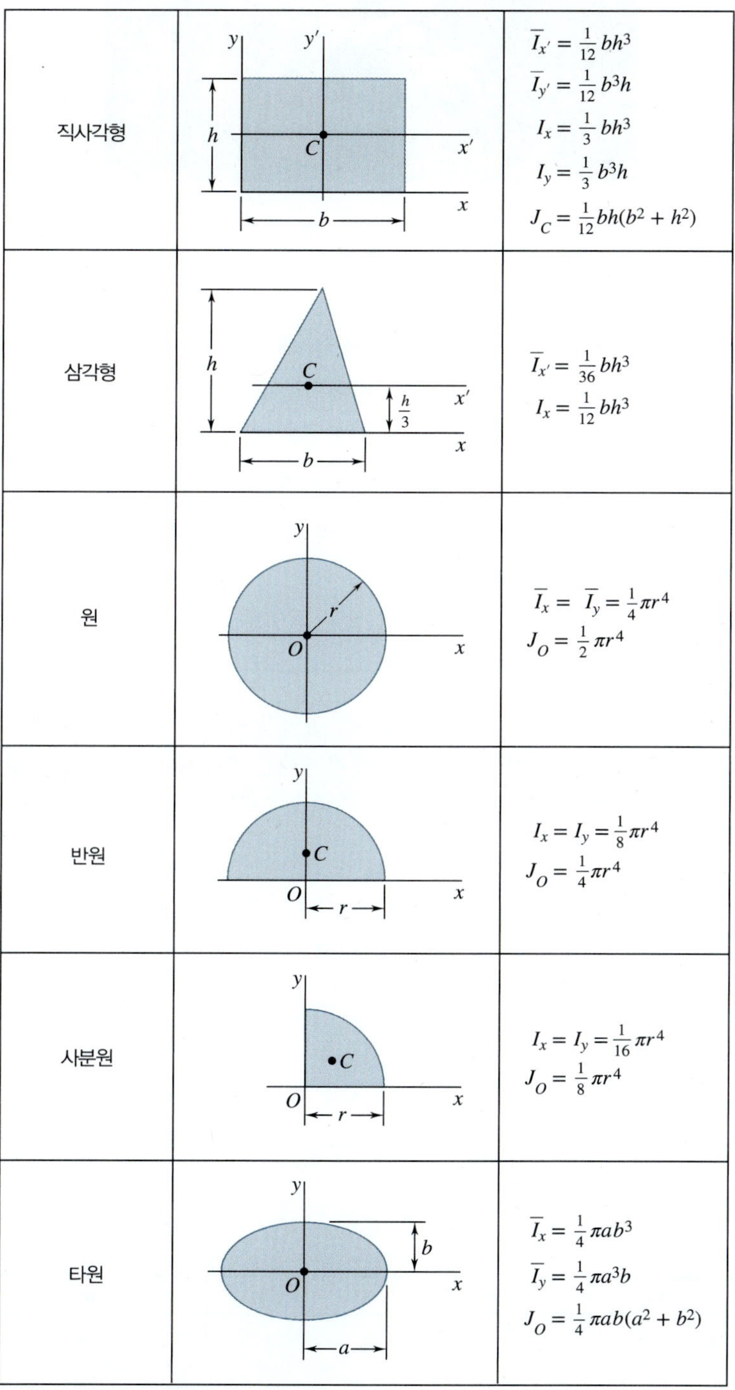

그림 7.11 일반 기하형상의 관성모멘트

사진 7.1 〈부록 D〉에 쉽게 구할 수 있는 압연강재 단면들에 대한 자료가 표로 정리되어 있다. 사진은 건물 공사에서 흔하게 사용되는 광폭플랜지보(H형강)를 나타낸다.

Barry Willis/Photographer's Choice/Getty Images

여러 가지 구조형상 부재의 단면성질들이 〈부록 D〉에 실려 있다. 7.1.1절에서와 같이, 중립축에 대한 보 단면의 관성모멘트는 보의 단면에서의 휨모멘트를 계산하는 것과 밀접하게 관계되어 있다. 그러므로 관성모멘트를 계산하는 것은 구조부재의 해석과 설계에 필수적으로 선행된다. 합성면적의 회전반경은 요소면적 회전반경의 합과 같지 않다. 합성면적의 회전반경을 결정하기 위해 면적의 관성모멘트를 먼저 계산해야 한다.

예제 7.4

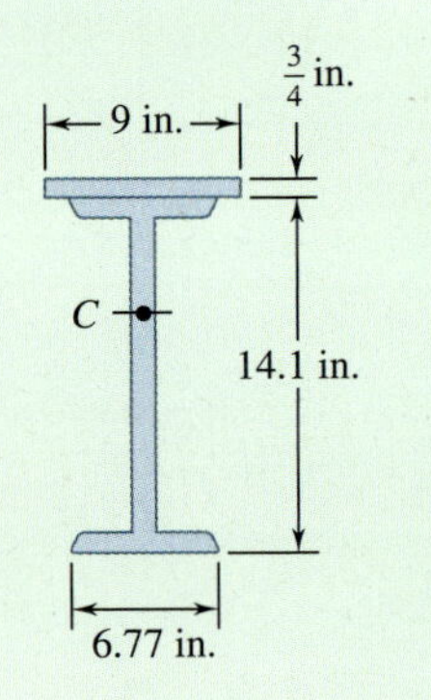

그림과 같이 W14×38 압연강재 보의 강도를 높이기 위해 상부 플랜지를 9×3/4 in. 판으로 보강했다. 단면의 도심 C를 지나고 판에 평행한 축에 대한 합성단면의 관성모멘트와 회전반경을 구하시오.

문제분석 이 문제는 합성면적에서 그 도심에 대한 관성모멘트를 찾는 내용을 포함한다. 먼저 도심의 위치를 찾아야 한다. 그리고 평행축 정리를 사용하여, 각 요소의 도심에 대한 관성모멘트들로부터 전체 단면의 도심에 대한 관성모멘트를 구할 수 있다.

모델링과 풀이 W형강wide-flange shape의 도심에 좌표의 중심 O를 두고, 5장(그림 1)의 방법들을 사용하여 합성면적의 도심까지의 거리 $\overline{Y}$를 계산한다. W형강의 면적을 찾기 위해 〈부록 D〉를 참조한다. 판의 면적과 도심 좌표 y는 다음과 같다.

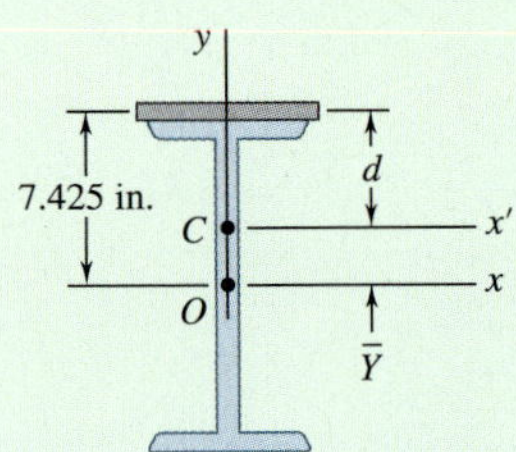

그림 1 W형강의 도심에 놓인 좌표계의 원점

$$A = (9\text{ in.})(0.75\text{ in.}) = 6.75\text{ in}^2$$

$$\bar{y} = \frac{1}{2}(14.1\text{ in.}) + \frac{1}{2}(0.75\text{ in.}) = 7.425\text{ in.}$$

단면	면적, in^2	$\bar{y}$, in.	$\bar{y}A$, in^3
판	6.75	7.425	50.12
W형강	11.2	0	0
	$\Sigma A = 17.95$		$\Sigma\bar{y}A = 50.12$

$$\overline{Y}\,\Sigma A = \Sigma\bar{y}A, \quad \overline{Y}(17.95) = 50.12, \quad \overline{Y} = 2.792\text{ in.}$$

관성모멘트 W형강과 판의 x'축에 대한 관성모멘트를 결정하기 위해 평행축 정리를 사용한다. 이 축은 합성면적에 대한 도심축이고, 따로 고려한 각 요소에 대한 도심축이 아니다. W형강에 대한 I_x값은 〈부록 D〉에서 얻을 수 있다.

$$\text{W형강}: \bar{I}_{x'} = I_x + AY^2 = 385 + (11.2)(2.792)^2 = 472.3\ \text{in}^4$$

$$\text{판}: \bar{I}_{x'} = I_x + Ad^2$$

$$= \left(\frac{1}{12}\right)(9)\left(\frac{3}{4}\right)^3 + (6.75)(7.425 - 2.792)^2 = 145.2\ \text{in}^4$$

$$\text{합성면적}: I_{x'} = 472.3 + 145.2 = 617.5\ \text{in}^4$$

$$I_{x'} = 618\ \text{in}^4$$

회전반경 앞에서 계산한 관성모멘트와 면적으로부터 다음 식을 얻는다.

$$r_{x'}^2 = \frac{I_{x'}}{A} = \frac{617.5\ \text{in}^4}{17.95\ \text{in}^2} \qquad r_{x'} = 5.87\ \text{in.}$$

고찰 대부분의 경우 이 예제와 같은 계산 방법을 사용한다. 데이터를 표에 작성하여 숫자를 추적해 필요한 데이터를 찾는 것이 도움이 된다.

예제 7.5

면적의 x축에 대한 관성모멘트를 구하시오.

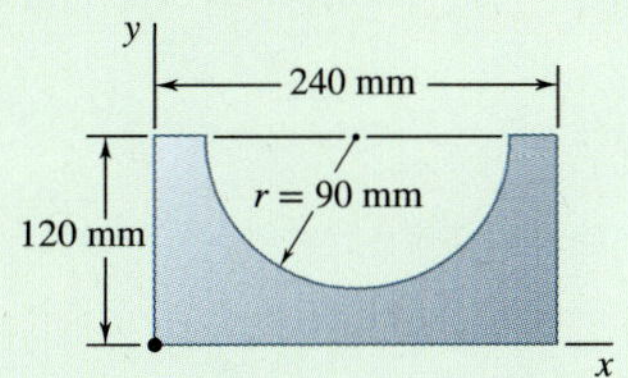

문제분석 직사각형에서 반원을 빼서 주어진 면적을 얻을 수 있다(그림 1). 이제 직사각형과 반원의 관성모멘트를 각각 계산한다.

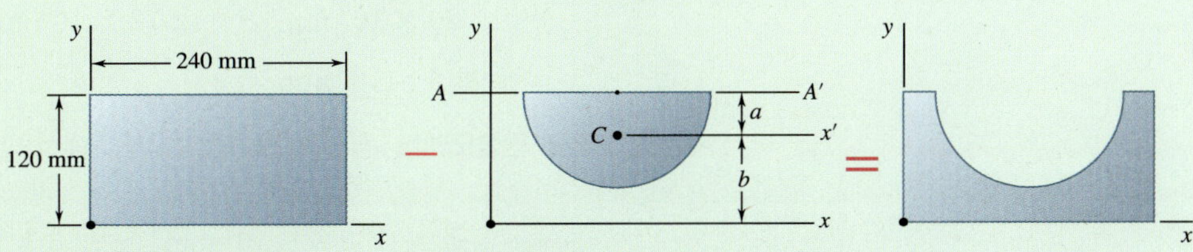

그림 1 직사각형에서 반원을 빼 주어진 면적을 모델링하기

모델링과 풀이

직사각형의 관성모멘트 [그림 7.11]을 참조하면 다음을 얻는다.

$$I_x = \frac{1}{3}bh^3 = \frac{1}{3}(240\text{ mm})(120\text{ mm})^3 = 138.2 \times 10^6\text{ mm}^4$$

반원의 관성모멘트 [그림 5.8]을 참고하여 반원의 지름 AA'에 대한 도심 C의 위치를 결정한다. [그림 2]와 같이 다음을 얻는다.

$$a = \frac{4r}{3\pi} = \frac{(4)(90\text{ mm})}{3\pi} = 38.2\text{ mm}$$

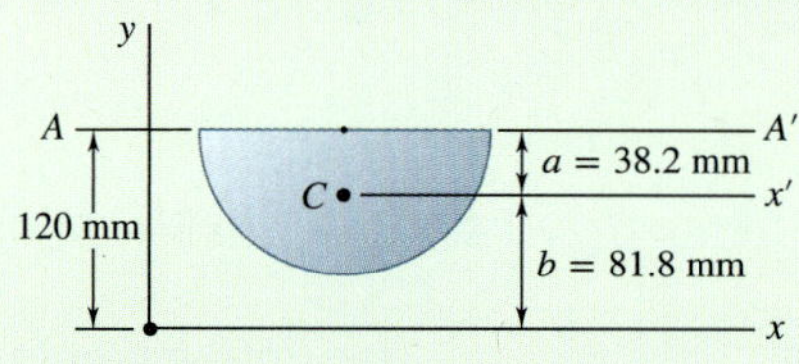

그림 2 반원의 도심 위치

도심 C로부터 x 축까지의 거리 b는 다음과 같다.

$$b = 120\text{ mm} - a = 120\text{ mm} - 38.2\text{ mm} = 81.8\text{ mm}$$

[그림 7.11]을 참조하여, 반원의 지름 AA'에 대한 관성모멘트와 반원의 면적을 계산한다.

$$I_{AA'} = \frac{1}{8}\pi r^4 = \frac{1}{8}\pi(90\text{ mm})^4 = 25.76 \times 10^6\text{ mm}^4$$

$$A = \frac{1}{2}\pi r^2 = \frac{1}{2}\pi(90\text{ mm})^2 = 12.72 \times 10^3\text{ mm}^2$$

평행축 정리를 사용하여, 다음과 같이 $\bar{I}_x{}'$를 구할 수 있다.

$$I_{AA'} = \bar{I}_{x'} + Aa^2$$

$$25.76 \times 10^6\text{ mm}^4 = \bar{I}_{x'} + (12.72 \times 10^3\text{ mm}^2)(38.2\text{ mm})^2$$

$$\bar{I}_{x'} = 7.20 \times 10^6\text{ mm}^4$$

다시 평행축 정리를 사용하여, I_x를 계산한다.

$$\begin{aligned} I_x &= \bar{I}_{x'} + Ab^2 \\ &= 7.20 \times 10^6\text{ mm}^4 + (12.72 \times 10^3\text{ mm}^2)(81.8\text{ mm})^2 \\ &= 92.3 \times 10^6\text{ mm}^4 \end{aligned}$$

주어진 면적의 관성모멘트 직사각형의 관성모멘트에서 반원의 관성모멘트를 빼면 다음을 얻는다.

$$I_x = 138.2 \times 10^6\text{ mm}^4 - 92.3 \times 10^6\text{ mm}^4$$

$$I_x = 45.9 \times 10^6\text{ mm}^4 \blacktriangleleft$$

고찰 [그림 5.8]과 [그림 7.11]은 자주 쓰는 모양들의 도심 위치를 정하고 관성모멘트를 계산하는 데 유용하다.

사례연구 7.1

철도와 고속도로 경간에 트윈-거더Twin-girder 강교가 자주 사용된다. 하나의 형식은 통과판through plate 거더교인데, 여기서 바닥판은 양쪽 옆을 거더로 지지하는 바닥시스템으로 지지되며, 교통 흐름은 거더의 사이를 지나가거나 거더를 통과하여 이루어진다. [사진 CS7.1]은 이런 교량을 보여주는데, 강판과 앵글은 두 개의 거더를 만들기 위해 리벳으로 연결되었다. 또한 어떻게 거더의 플랜지가 층이 있는 덮개판을 이용해서 만들어지는지를 보여주는데, 교량의 중심부로 갈수록 더 많은 층으로 되어 있다. 그리고 사진에 보이는 절단점에서 이어지는 층들이 끝난다.

재료역학 수업에서 다룰 내용으로, 보의 휨모멘트 용량은 휨축에 대한 단면의 관성모멘트와 관계가 있다. 상판하중으로 인한 거더의 휨모멘트는 중앙 경간으로 갈수록 커진다. 플랜지는 종종 여기에 예시하는 방법같이 점차 관성모멘트를 증가시켜 이 부분의 휨모멘트 용량을 증가시키는 방식으로 강화된다.

사진 CS7.1 리벳으로 연결된 판-거더 철도교 Martin C. Matlack

해리먼선Harriman Lines[2]에서 사용하는 표준 60 ft 판-거더 철도교 디자인에 근거하여, [사진 CS7.1]은 거더의 절반(나머지 절반은 대칭 모양)에 대한 주 특징을 보여준다. [사진 CS7.2]는 단면 $n-n$에서 단면의 대략적인 치수를 보여주는데, 위와 아래의 플랜지를 이루기 위해 세 개의 $16\times1/2$ in. 덮개판이 두 개의 $L6\times6\times\dfrac{5}{8}$ 앵글에 붙어 있다. 복부는 $76\times\dfrac{3}{8}$ in. 판이다. 휨축에 대한축, 도심의 x축) 합성면적의 관성모멘트를 찾아보자.

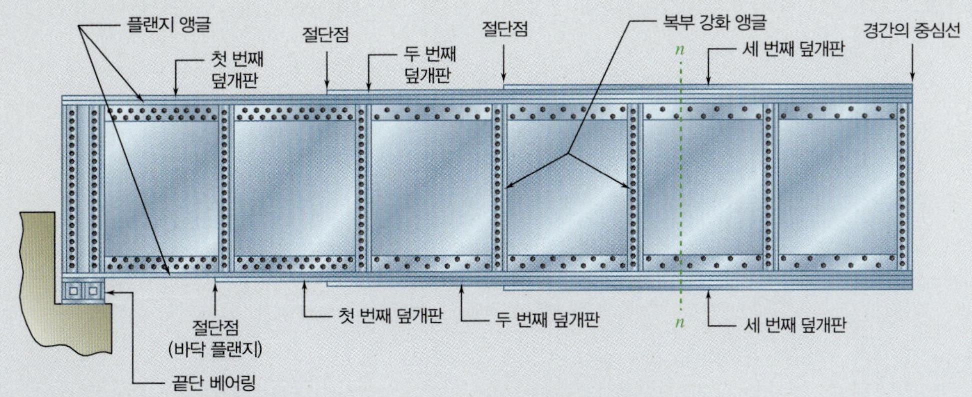

그림 CS7.1 (경간의 절반을 보여주는) 해리먼선 60 ft 판-거더 철도교의 특징
Ketchum, M. S., Structural Engineers Handbook, 3e, New York: McGraw-Hill, 1924, p. 238.

2 Ketchum, M. S., Structural Engineers Handbook, 3e, McGraw-Hill, 1924, p.238.

문제분석 도심축 중 하나에 대한 합성면적의 관성모멘트를 결정하기 위한 첫 번째 단계는 보통 도심의 위치를 찾는 것이다. 대칭성 때문에 이 도심은 [그림 CS7.2a]처럼 조사에 의해 찾을 수 있다. 평행축 정리를 사용해서 합성면적의 도심에 대한 각 요소의 관성모멘트를 구한다. 합성면적의 관성모멘트는 요소들의 관성모멘트를 더하여 구할 수 있다.

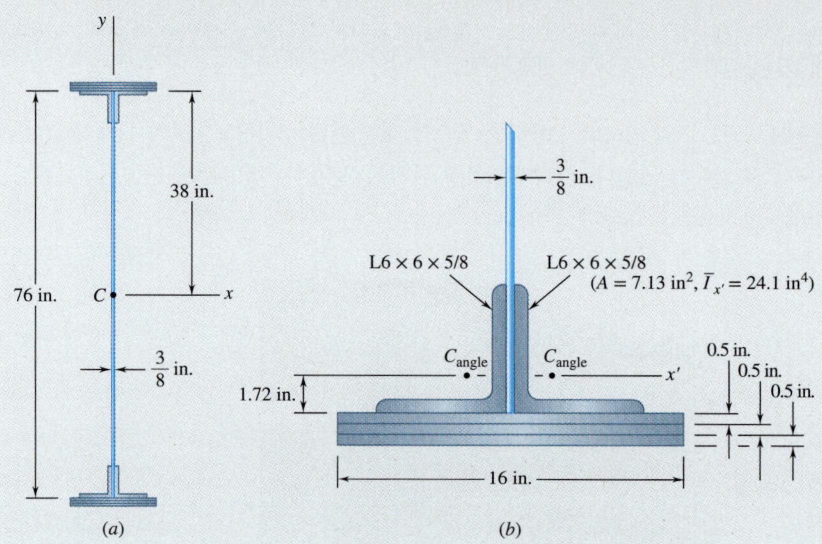

그림 CS7.2 (a) $n-n$에서의 거더 단면 (b) 하부 플랜지의 세부설명(상부 플랜지도 유사)

모델링과 풀이

복부판의 관성모멘트 [그림 7.11]을 참조하면 다음과 같다.

$$I_x = \frac{1}{12}bh^3 = 1/12(0.375\text{ in.})(76\text{ in.})^3 = 13{,}718\text{ in}^4$$

플랜지 앵글의 관성모멘트 평행축 정리와 [그림 CS7.2b]에 보이는 $L6 \times 6 \times \frac{5}{8}$ 자료를 사용하여, 다음과 같이 구한다.

$$I_x = \Sigma(\bar{I}_{x'} + Ad^2) = 4[24.1\text{ in}^4 + (7.13\text{ in}^2)(38\text{ in.} - 1.72\text{ in.})^2]$$
$$= 37{,}636\text{ in}^4$$

덮개판의 관성모멘트 [그림 7.11]을 참조하여, 덮개판의 면적과 도심축 x'에 대한 관성모멘트는 다음과 같다.

$$A = (16\text{ in.})(0.5\text{ in.}) = 8\text{ in}^2$$

$$\bar{I}_{x'} = \frac{1}{12}bh^3 = \frac{1}{12}(16\text{ in.})(0.5\text{ in.})^3 = 0.1667\text{ in}^4$$

첫 번째 쌍의 덮개판(즉, 상부와 하부 플랜지)에 대해 평행축 정리를 사용하면, 다음과 같다.

$$I_x = \bar{I}_{x'} + Ad^2 = 2[0.1667\text{ in}^4 + (8\text{ in}^2)(38\text{ in.} + 0.25\text{ in.})^2]$$
$$= 23{,}409\text{ in}^4$$

두 번째 쌍의 덮개판에 대해

$$I_x = \bar{I}_{x'} + Ad^2 = 2[0.1667\text{ in}^4 + (8\text{ in}^2)(38\text{ in.} + 0.75\text{ in.})^2]$$
$$= 24{,}025\text{ in}^4$$

세 번째 쌍의 덮개판에 대해

$$I_x = \bar{I}_{x'} + Ad^2 = 2[0.1667 \text{ in}^4 + (8 \text{ in}^2)(38 \text{ in.} + 1.25 \text{ in.})^2]$$
$$= 24,649 \text{ in}^4$$

이다. 따라서 합성면적의 관성모멘트는 다음과 같다.

$$I_x = 13,718 + 37,636 + 23,409 + 24,025 + 24,649 = 123,437 \text{ in}^4$$

$I_x = 123,400 \text{ in}^4$ ◀

고찰 여기서 고려한 판-거더와 같은 I형강은 휨에 저항하기 위해 재료를 분산시키는 효과적인 수단이다. 비교하기 위해, [그림 CS 7.3]에 보이는 단면을 만드는 데 필요한 거더의 세 쌍의 덮개판을 단단하게 합쳐서 만든 가상의 보를 생각해보자.

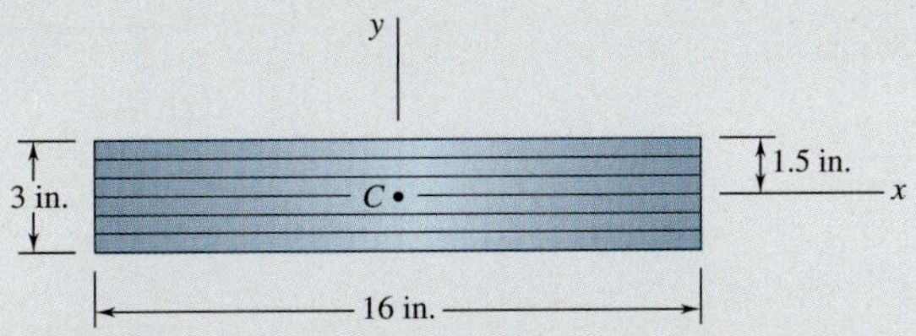

그림 CS7.3 세 쌍의 덮개판으로 이루어진 가상 보의 단면

휨축(즉, 도심을 통과하는 x축)에 대한 관성모멘트는 평행축 정리를 여섯 개의 덮개판 각각에 적용하여 구할 수 있다.

$$\begin{aligned} I_x &= \Sigma(\bar{I}_{x'} + Ad^2) \\ &= 2[0.1667 \text{ in}^4 + (8 \text{ in}^2)(0.25 \text{ in.})^2] \\ &\quad + 2[0.1667 \text{ in}^4 + (8 \text{ in}^2)(0.75 \text{ in.})^2] \\ &\quad + 2[0.1667 \text{ in}^4 + (8 \text{ in}^2)(1.25 \text{ in.})^2] \\ &= 36 \text{ in}^4 \end{aligned}$$

[그림 7.11]을 참조하여 합성 16×3 in. 직사각형 단면을 전체로 계산하면 같은 결과를 더 직접적으로 얻을 수 있다.

$$I_x = \frac{1}{12}bh^3 = \frac{1}{12}(16 \text{ in.})(3 \text{ in.})^3 = 36 \text{ in}^4$$

[그림 CS7.2]의 판 거더에 대해, 동일한 덮개판들에 대한 총 관성모멘트는 다음과 같다.

$$I_x = 23,409 + 24,025 + 24,649 = 72,083 \text{ in}^4$$

따라서 거더의 플랜지를 형성하도록 덮개판들을 분리하면 휨축에 대한 이 판들과 관련된 관성모멘트는 2,000배 이상 커졌다! 개별의 판으로 생각해보면, 이 증가는 평행축 정리의 두 번째 항(Ad^2) 때문이며, 첫 번째 항인 각 판의 도심에 대한 관성모멘트 ($\bar{I}_{x'} = 0.1667 \text{ in}^4$)는 상대적으로 무시할 수 있다.

그뿐만 아니라, 판 거더의 전체 능력에 기여하는 추가적인 요소들도 있다. 그럼에도 불구하고, 관성모멘트를 증가시키는 이런 전략은 휨강도를 크게 향상할 수 있다.

Section 7.2 연습문제

7.25 ~ 7.28 음영면적의 x축에 대한 관성모멘트와 회전반경을 구하시오.

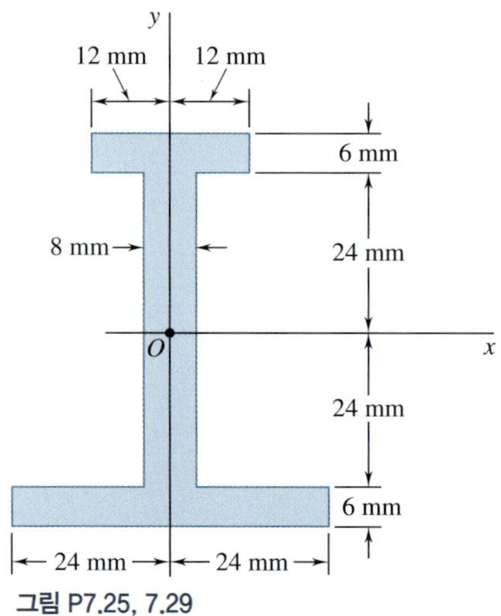

그림 P7.25, 7.29

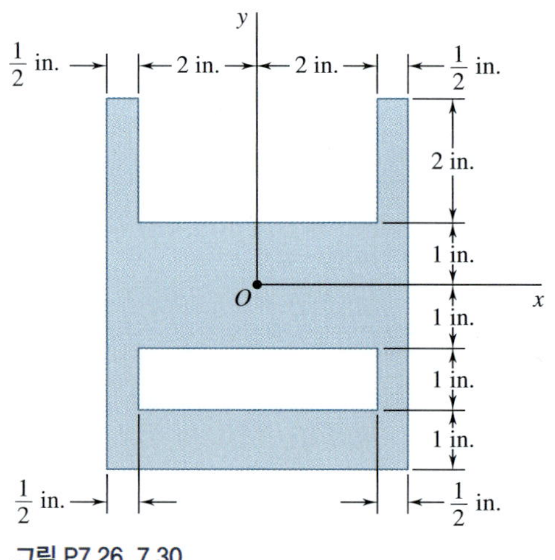

그림 P7.26, 7.30

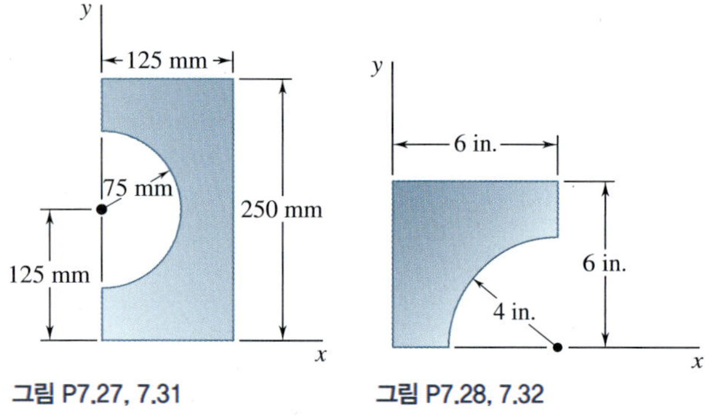

그림 P7.27, 7.31

그림 P7.28, 7.32

7.29 ~ 7.32 음영면적의 y축에 대한 관성모멘트와 회전반경을 구하시오.

7.33 음영면적은 5000 mm^2이다. $2\bar{I}_x = \bar{I}_y$ 와 점 A에 대한 면적의 극관성모멘트가 $J_A = 22.5 \times 10^6\ \text{mm}^4$ 인 것을 알 때, 도심축에 대한 관성모멘트 $\bar{I}_x$ 와 $\bar{I}_y$ 를 구하시오.

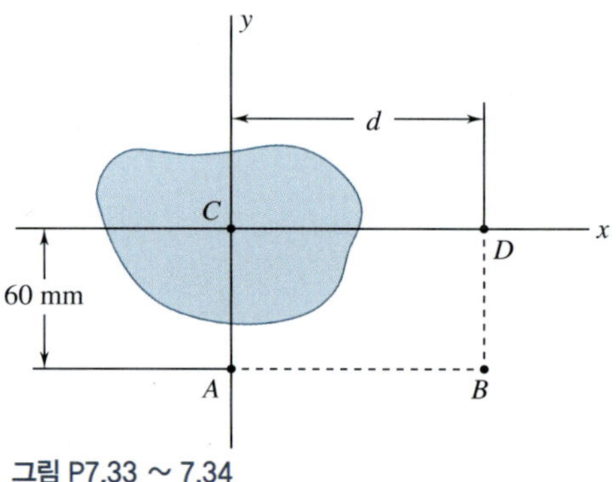

그림 P7.33 ~ 7.34

7.34 음영면적의 점 A, B, D에 대한 극관성모멘트는 각각 $J_A = 28.8 \times 10^6\ \text{mm}^4$, $J_B = 67.2 \times 10^6\ \text{mm}^4$, $J_D = 45.6 \times 10^6\ \text{mm}^4$이다. 면적의 도심에 대한 극관성모멘트 $\bar{J}_C$ 그리고 점 C에서 D까지의 거리 d를 구하시오.

7.35 ~ 7.37 그림과 같은 면적의 선 AB와 각각 평행이고 수직인 도심축에 대한 관성모멘트 $\bar{I}_x$ 와 $\bar{I}_x$ 를 구하시오.

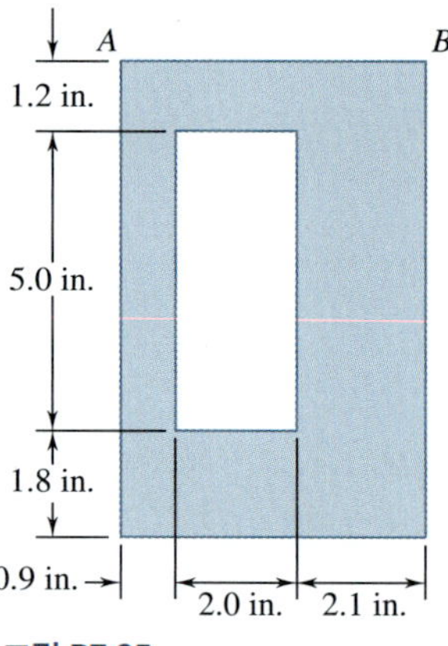

그림 P7.35

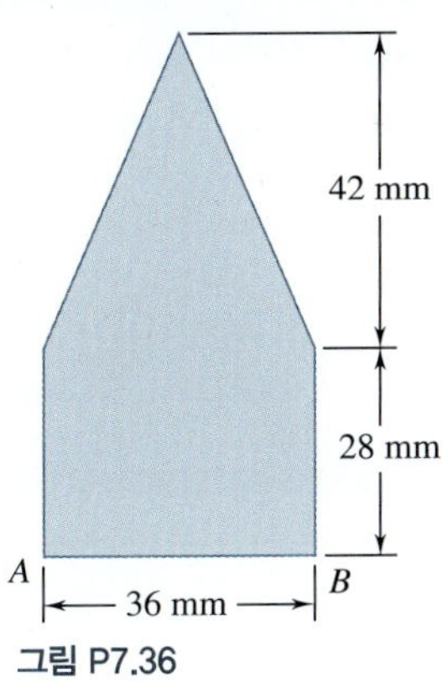

그림 P7.36

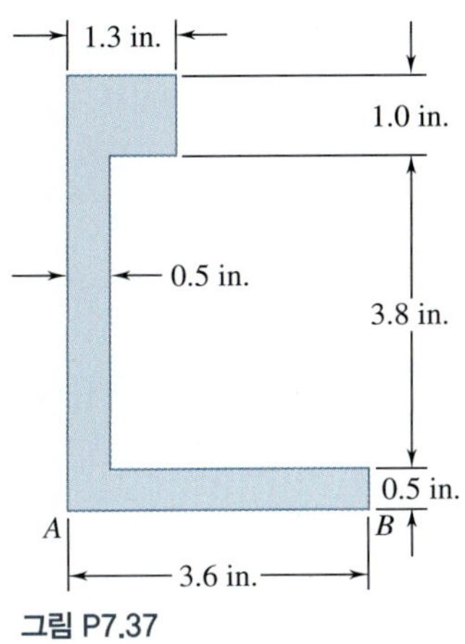

그림 P7.37

7.38 ~ 7.40 그림과 같은 면적의 (a) 점 O, (b) 면적의 도심에 대한 극관성모멘트를 구하시오.

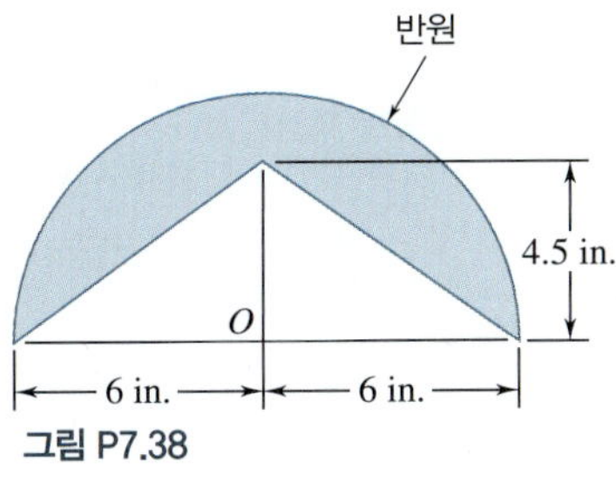

그림 P7.38

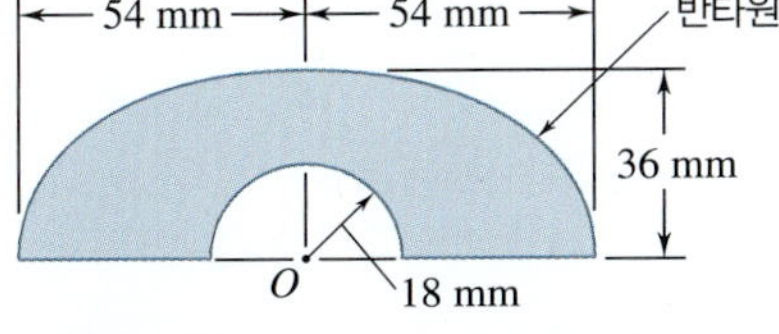

그림 P7.39

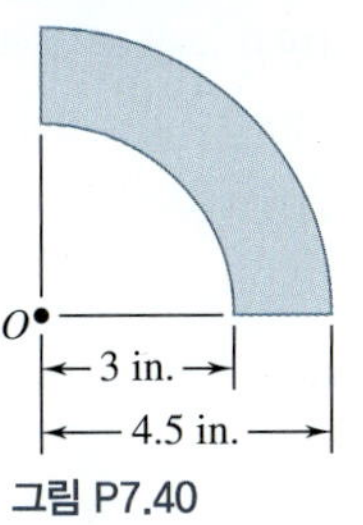

그림 P7.40

7.41 그림과 같이 두 개의 채널(ㄷ형강)을 용접하여 압연 W형강 단면을 만들었다. 결합된 단면의 도심 x축과 y축에 대한 관성모멘트와 회전반경을 구하시오.

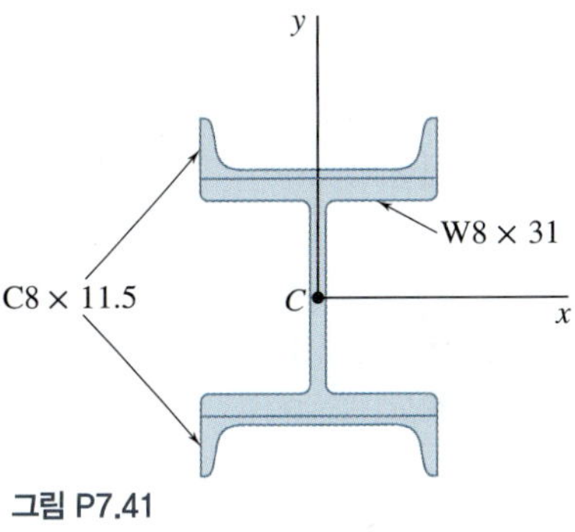

그림 P7.41

7.42 두 개의 L6×4×12 in. 앵글을 용접으로 붙여서 그림에 보이는 단면을 만들었다. 결합된 단면의 도심 x축과 y축에 대한 관성모멘트와 회전반경을 구하시오.

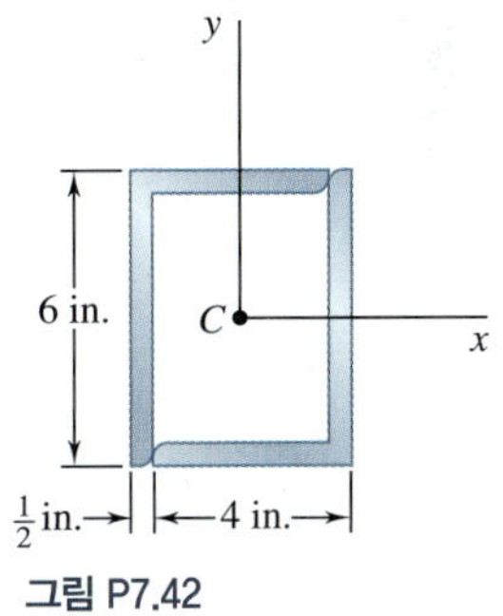

그림 P7.42

7.43 강화된 박스 단면을 만들기 위해 두 개의 압연 W형강과 두 개의 판들이 용접으로 접합되었다. 결합된 단면의 그림에 보이는 도심축에 대한 관성모멘트와 회전반경을 구하시오.

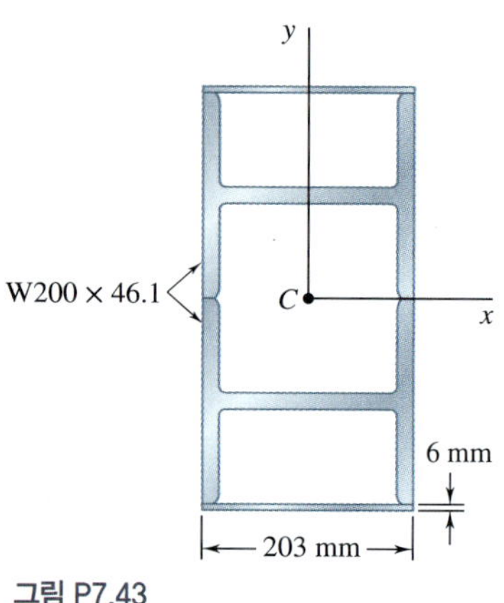

그림 P7.43

7.44 그림과 같이 두 개의 20 mm강판이 압연 S강판에 용접되었다. 결합된 단면의 도심 x, y축에 대한 관성모멘트와 회전반경을 구하시오.

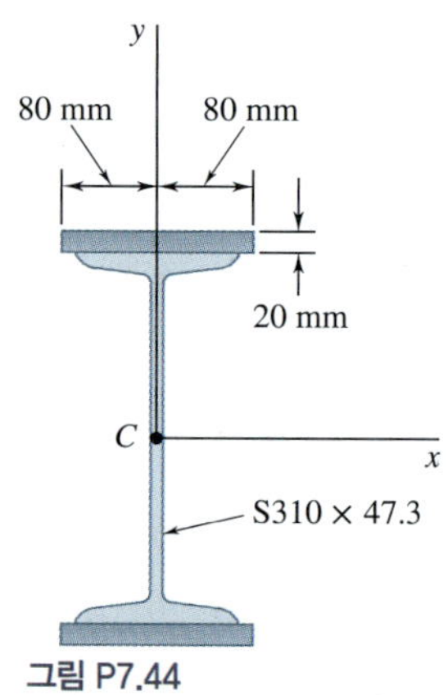

그림 P7.44

7.45 그림과 같이 두 개의 채널이 $d \times 12$ in. 철판에 용접되었다. 단면의 도심축에 대한 관성모멘트비 $\bar{I}_x/\bar{I}_y$가 16이 되는 폭 d를 구하시오.

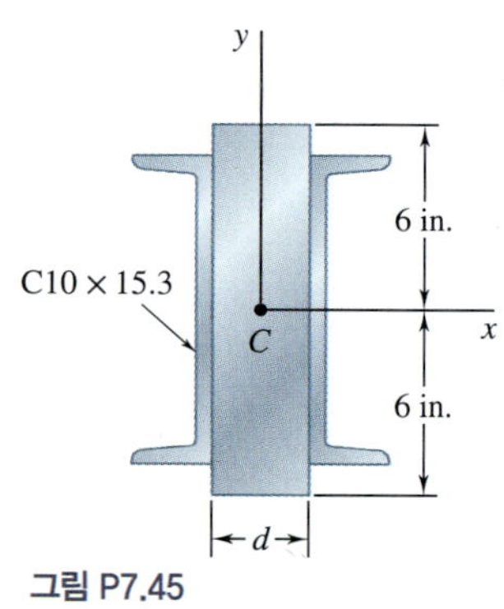

그림 P7.45

7.46 그림과 같이 채널과 철판이 용접되어 있고 y축에 대칭인 단면을 형성한다. 결합된 단면의 도심 x, y축에 대한 관성모멘트를 구하시오.

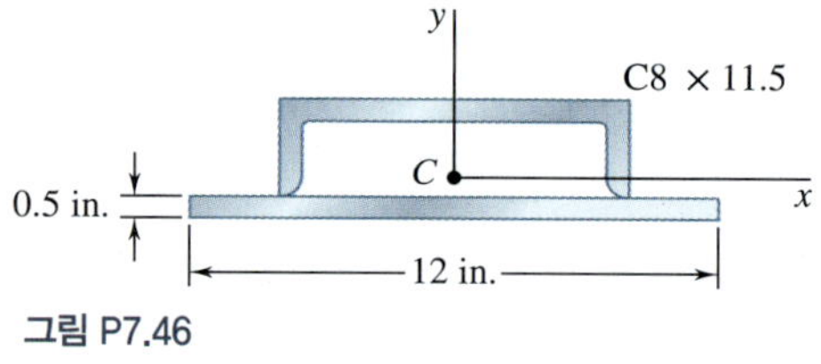

그림 P7.46

7.47 두 개의 L76×76×6.4 mm 앵글을 용접하여 C250×22.8 채널에 붙였다. 결합된 단면의 채널 복부에 각각 평행하고 수직인 도심축에 대한 관성모멘트를 구하시오.

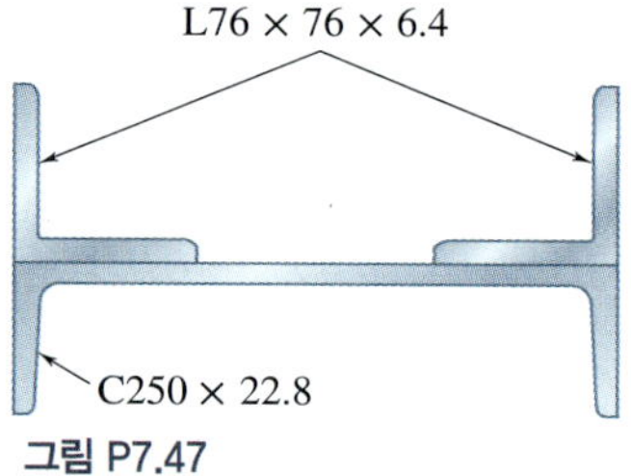

그림 P7.47

7.48 압연 W형강의 상부 플렌지에 채널을 용접하여 그 강도를 증가시켰다. 결합된 단면의 도심 x, y축에 대한 관성모멘트를 구하시오.

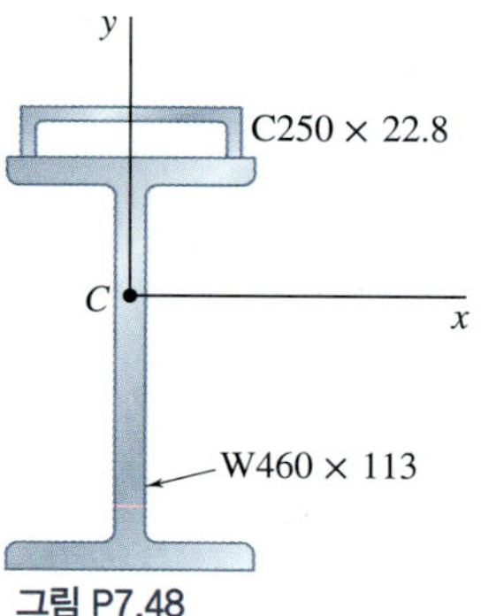

그림 P7.48

Chapter 07 핵심요약

이 장에서는 평면 면적에 분포된 힘 $\Delta\mathbf{F}$의 크기가 그 힘들이 작용하는 요소의 면적들 ΔA와 이 요소들과 주어진 x축과의 거리 y에 비례할 때, 그 힘들의 합력 $\mathbf{R}$을 구하는 방법을 배웠다. 결과적으로 $\Delta F = ky\Delta A$를 얻었다. 합력 $\mathbf{R}$이 면적 A의 1차모멘트 $Q_x = \int y\,dA$에 비례하고, 반면에 x축에 대한 $\mathbf{R}$의 모멘트는 A의 같은 축에 대한 2차모멘트 또는 관성모멘트인 $I_x = \int y^2\,dA$에 비례한다(7.1.1절).

관성모멘트

면적의 관성모멘트 I_x와 I_y(7.1.2절)는 다음의 적분을 계산하여 얻는다.

$$I_x = \int y^2\,dA, \qquad I_y = \int x^2\,dA \tag{7.1}$$

좌표축 중 하나에 평행한 얇은 띠를 dA로 선택하여 계산을 단순화한다. 또한, 직사각형 영역에 대한 관성모멘트를 구하는 공식을 사용하여 같은 요소 띠(그림 7.12)로부터 I_x와 I_y를 계산할 수 있다.(예제 7.3).

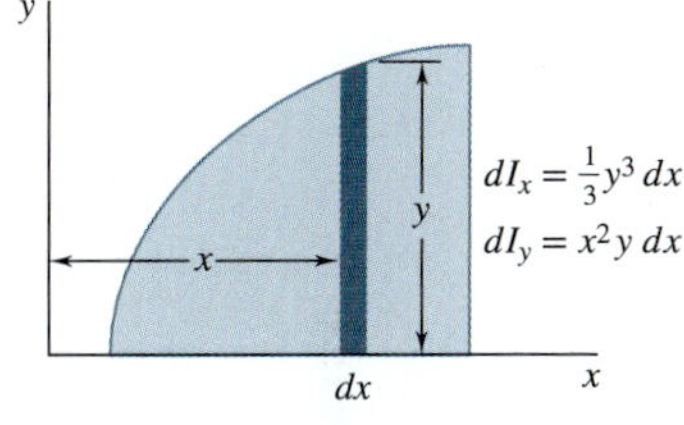

그림 7.12

극관성모멘트

극점 O에 대한 면적의 극관성모멘트를 다음과 같이 정의했다(7.1.3절)

$$J_O = \int \rho^2\,dA \tag{7.3}$$

여기서 ρ는 점 O에서 면적요소 dA까지의 거리이다(그림 7.13). 식 $\rho^2 = x^2 + y^2$으로부터 다음 식을 얻는다.

$$J_O = I_x + I_y \tag{7.4}$$

그림 7.13

회전반경

면적 A의 x축에 대한 회전반경은 거리 r_x로 정의되며(7.1.4절), 여기서 $I_x = r_x^2 A$이고, y축과 점 O에 대한 정의도 유사하다.

$$r_x = \sqrt{\frac{I_x}{A}}, \quad r_y = \sqrt{\frac{I_y}{A}}, \quad r_O = \sqrt{\frac{J_O}{A}} \tag{7.5 ~ 7.7}$$

평행축 정리

평행축 정리(7.2.1절)는 면적의 주어진 축 AA'(그림 7.14)에 대한 관성모멘트는 면적의 축 AA'에 평행한 도심축 BB'에 대한 관성모멘트 더하기 면적 A와 두 축 사이의 거리 d의 제곱과의 곱과 같다.

$$I = \bar{I} + Ad^2 \tag{7.9}$$

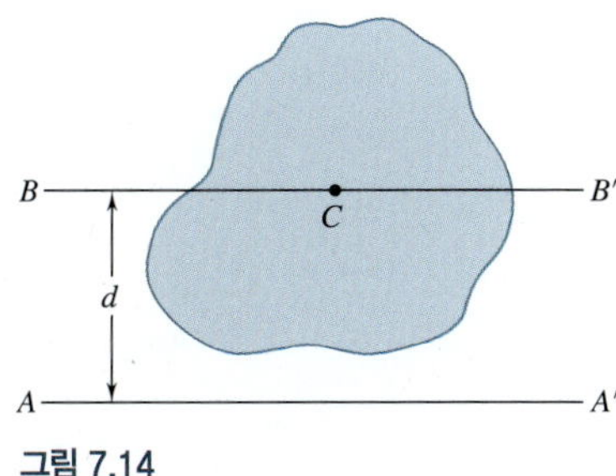

그림 7.14

만약 평행축 AA'에 대한 관성모멘트를 안다면, 이 식을 도심축 BB'에 대한 관성모멘트를 결정하기 위해 사용할 수 있다. 그러나 이 경우 곱 Ad^2은 아는 관성모멘트 값에서 빼야 한다.

면적의 점 O에 대한 극관성모멘트 J_O와 같은 면적의 도심 C에 대한 극관성모멘트 $\overline{J}_C$ 사이에도 비슷한 관계가 유효하다.

$$J_O = \overline{J}_C + Ad^2 \tag{7.11}$$

합성면적

합성면적의 주어진 축에 대한 관성모멘트를 계산하는 데 평행축 정리가 매우 효과적으로 사용된다(7.2.2절). 각 부속 면적을 따로 고려하여, 먼저 각 면적의 도심축에 대한 관성모멘트를 계산하고, 가능하면 [그림 7.11]과 〈부록 D〉에 제공되는 정보를 사용한다. 이제 각 부속 면적의 원하는 축에 대한 관성모멘트를 결정하기 위해 평행축 정리를 적용하고, 그 값들을 더한다(예제 7.4 ~ 7.5).

Chapter 07 종합문제

7.49 음영면적의 y축에 대한 관성모멘트를 직접적분법으로 구하시오.

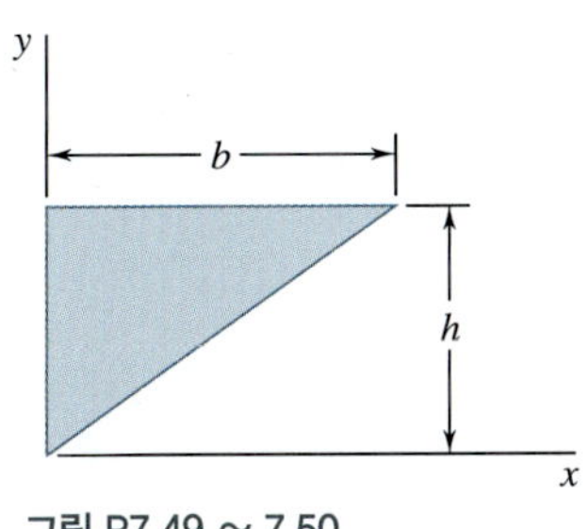

그림 P7.49 ~ 7.50

7.50 음영면적의 x축에 대한 관성모멘트를 직접적분법으로 구하시오.

7.51 음영면적의 x축에 대한 관성모멘트와 회전반경을 구하시오.

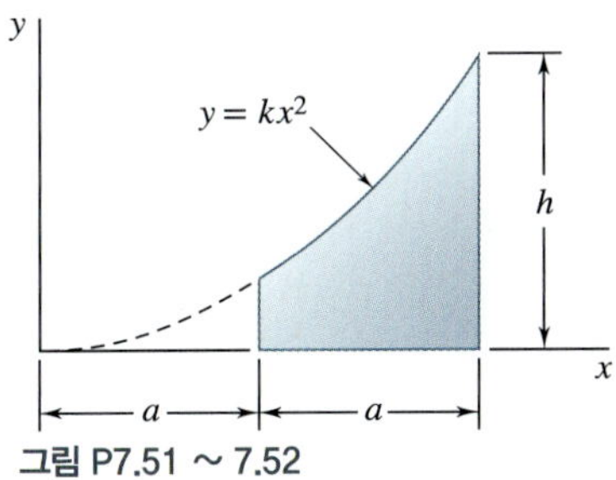

그림 P7.51 ~ 7.52

7.52 면적의 y축에 대한 관성모멘트와 회전반경을 구하시오.

7.53 그림과 같은 이등변삼각형의 점 O에 대한 극관성모멘트와 극회전반경을 구하시오.

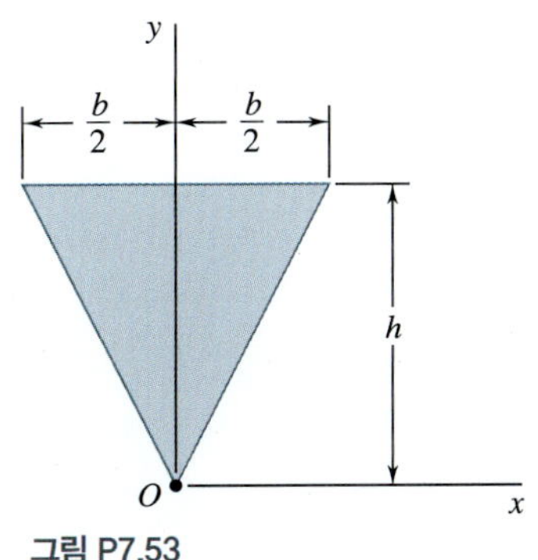

그림 P7.53

7.54 거리 $a = 20$ mm일 때, 음영면적의 x와 y축에 대한 관성모멘트를 구하시오.

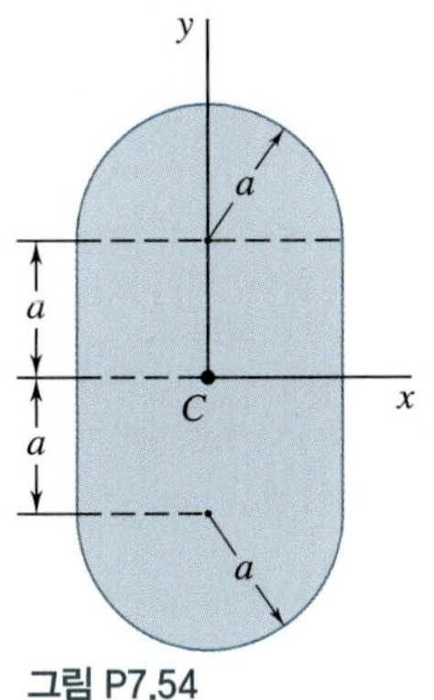

그림 P7.54

7.55 ~ 7.56 그림과 같은 면적의 AB면에 각각 평행하고 수직인 도심축에 대한 관성모멘트 $\bar{I}_x$와 $\bar{I}_y$를 구하시오.

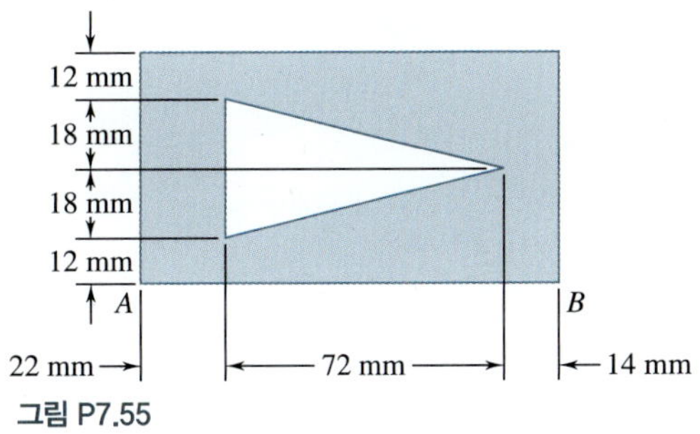

그림 P7.55

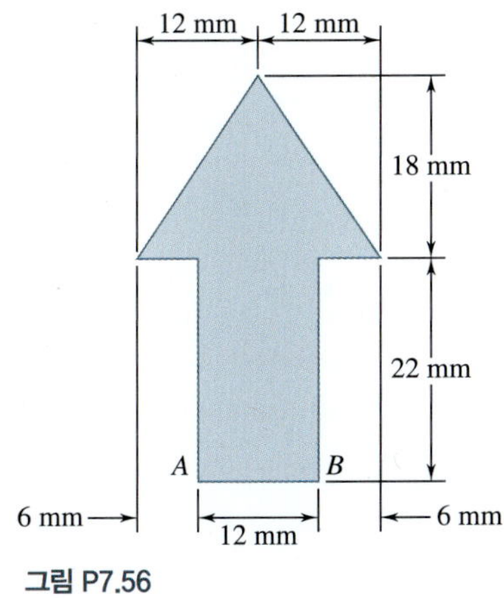

그림 P7.56

7.57 면적이 25 in^2이고 AA'에 대한 관성모멘트가 800 in^4인 것을 알 때, $d_1=5$ in.이고 $d_2=2$ in.인 경우 BB'에 대한 관성모멘트를 구하시오.

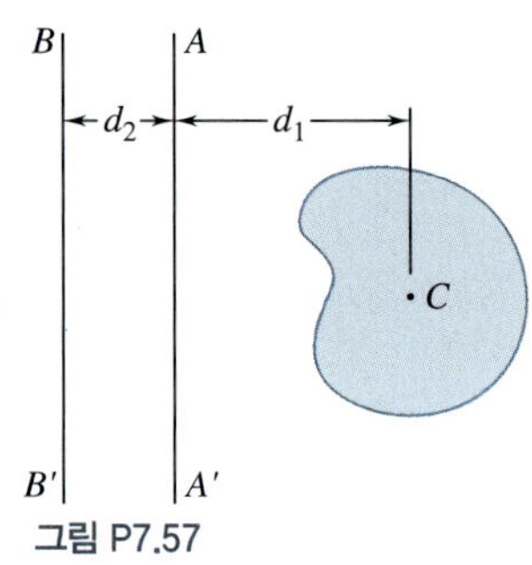

그림 P7.57

7.58 ~ 7.59 그림과 같은 면적의 (a) 점 O, (b) 도심에 대한 극관성모멘트를 구하시오.

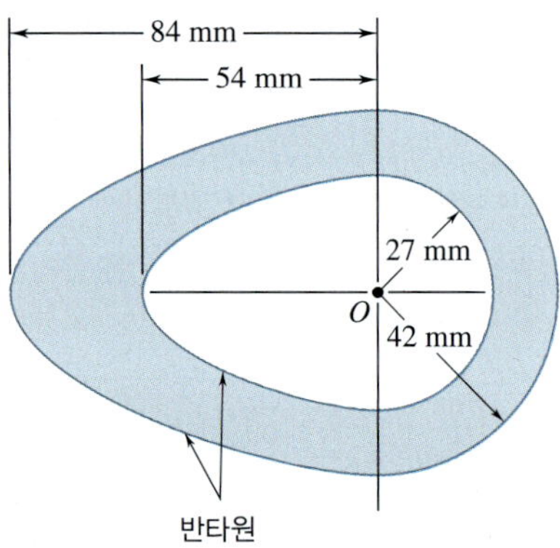

그림 P7.58

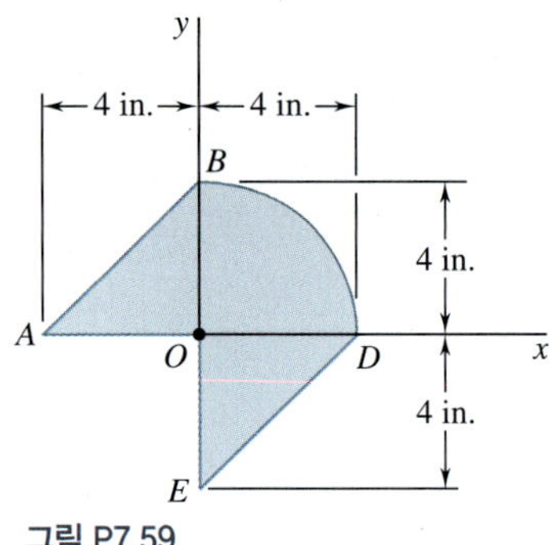

그림 P7.59

7.60 그림과 같이 두 개의 철판을 용접하여 압연 W형강 단면을 만들었다. 결합된 단면의 도심에 대한 관성모멘트 $\bar{I}_x$와 $\bar{I}_y$가 같다는 것을 알 때 (a) 거리 a, (b) 도심 x와 y축에 대한 관성모멘트를 구하시오.

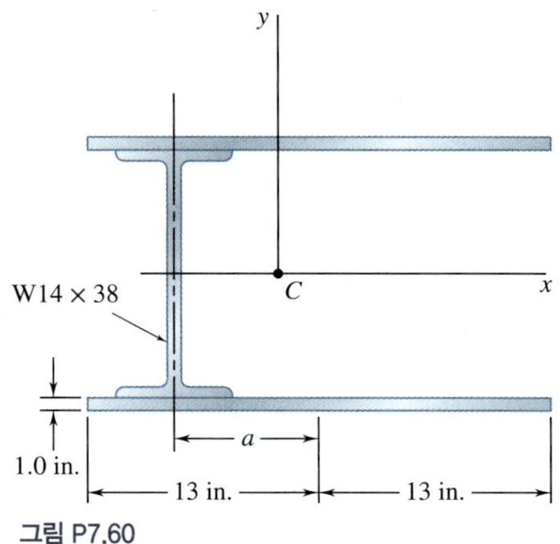

그림 P7.60

Pete Ryan/National Geographic/Getty Images

08

응력의 개념

응력은 하중을 받는 모든 구조물에서 발생한다. 이 장에서는 위 사진에 보이는 구조물에 사용된 2력 부재, 볼트, 핀 같은 요소들에서 단순한 상태의 응력을 조사한다.

목차

학습목표

- 응력의 개념을 이해한다.
- 축방향 수직응력, 전단응력, 지압응력 등 다양한 응력을 계산할 수 있다.
- 공학자의 주 업무인 구조물과 기계의 해석과 설계를 할 수 있다.
- 다른 평면 위 또는 다른 하중조건에서의 응력성분을 계산할 수 있다.
- 설계를 준비하기 전에 공학자가 살펴봐야 하는 설계의 고려사항들을 이해한다.

서론

이 책의 나머지 부분은 재료역학에 초점을 맞추고 있다. 이는 미래의 공학자에게 응력과 변형의 결정을 포함하는 여러 가지 기계와 하중을 견디는 구조물에 대해 해석하고 설계하는 방법을 알려준다.

8.1절에서는 구조물의 부재에서 응력의 개념과 어떻게 그 응력이 부재의 힘으로부터 결정될 수 있는지를 소개한다. 축하중을 받는 부재의 수직응력, 같은 크기의 반대 방향인 횡방향 힘을 적용하여 발생하는 전단응력, 그들이 연결하는 부재들 안에서 볼트와 핀에 의해 생성되는 지압응력을 살펴볼 것이다. 8.1절의 예제에서는 단순 2차원 구조에서 어떻게 응력이 결정될 수 있는지를 보여준다.

8.2절에서는 축력을 받는 2력 부재를 다루는데, 경사면의 응력이 수직응력과 전단응력을 모두 포함한다. 반면에, 8.3절에서는 가장 일반적인 하중을 받는 물체의 한 점에서 응력의 상태를 묘사하는 데 필요한 6개의 성분을 다룬다. 8.4절은 시험체의 극한강도 결정과 그 재료로 만들어진 구조요소에 대한 허용력을 계산하기 위한 안전계수의 사용을 다룬다.

8.1 구조부재에서의 응력

[그림 8.1]에서 등분포하중을 보자. 단위면적당 힘 또는 주어진 단면에 분포된 힘의 집중도를 응력이라 하며, 그리스 문자 σ sigma로 나타낸다. 축하중 **P**를 받는 단면 A를 가지는 부재의 응력은 하중의 크기 P를 면적 A로 나누어 얻는다.

$$\sigma = \frac{P}{A} \tag{8.1}$$

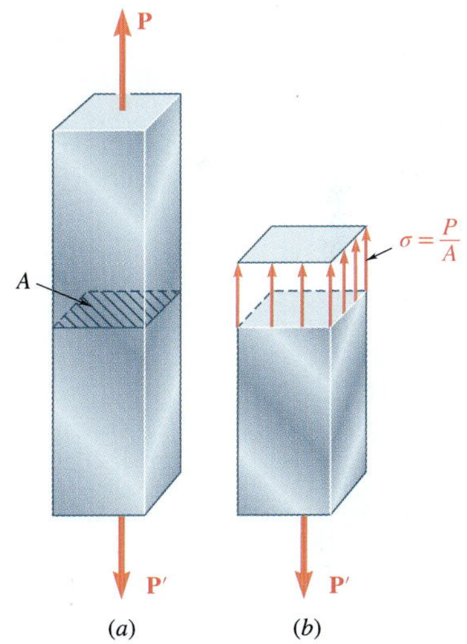

그림 8.1 (a) 축력을 받는 부재 (b) 임의의 단면에 작용하는 이상화된 등분포응력

양의 부호는 인장응력(장력을 받는 부재), 음의 부호는 압축응력(압축을 받는 부재)을 나타낸다.

응력과 관계된 단위는 다음과 같다. SI 단위를 사용하면 P는 뉴턴(N), A는 제곱미터(m^2)이므로, 응력 σ는 N/m^2로 표시한다. 이 단위는 파스칼(Pa)이라 부른다. 그러나 파스칼은 매우 작은 양이며, 킬로파스칼(kPa), 메가파스칼(MPa), 기가파스칼(GPa)과 같이 종종 단위의 배수를 사용해야 한다.

$$\begin{aligned} 1\,\text{kPa} &= 10^3\,\text{Pa} = 10^3\,\text{N/m}^2 \\ 1\,\text{MPa} &= 10^6\,\text{Pa} = 10^6\,\text{N/m}^2 \\ 1\,\text{GPa} &= 10^9\,\text{Pa} = 10^9\,\text{N/m}^2 \end{aligned}$$

미국상용단위계 U.S. customary units를 사용하면 P는 보통 파운드(lb) 또는 킬로파운드(kip), A는 제곱인치(in^2)로 표시한다. 따라서 응력 σ는 제곱인치(in^2)당 파운드(psi) 또는 제곱인치당 킬로파운드(ksi)로 나타낸다.[1]

[1] 역학에 사용되는 SI 단위와 미국상용단위는 [표 1.3]에 나타냈다. 표에 의하면 1 psi는 근사적으로 7 kPa과 같고, 1 ksi는 근사적으로 7 MPa과 같다.

8.1.1 축응력

[그림 8.1]에 보이는 부재는 끝단에 적용된 하중 **P**와 **P**′을 받는다. 이 힘들은 부재의 축 방향을 향하며, 부재가 축하중을 받는다고 말한다. 축하중을 받는 구조부재의 실제 예시는 [사진 8.1]에 보이는 교량 트러스 부재에서 볼 수 있다.

사진 8.1 이 교량 트러스는 인장력 또는 압축력을 받고 있는 2력 부재들로 구성된다.
Vince Streano/Corbis Documentary/Getty Images

[그림 8.1]에서 보이는 것처럼, 봉의 내력을 결정하는 데 필요한 봉을 관통하는 단면과 해당하는 응력은 봉의 축에 수직이다. 해당하는 응력은 수직응력으로 나타낸다. 따라서 식 (8.1)은 축하중을 받는 부재의 수직응력을 나타낸다.

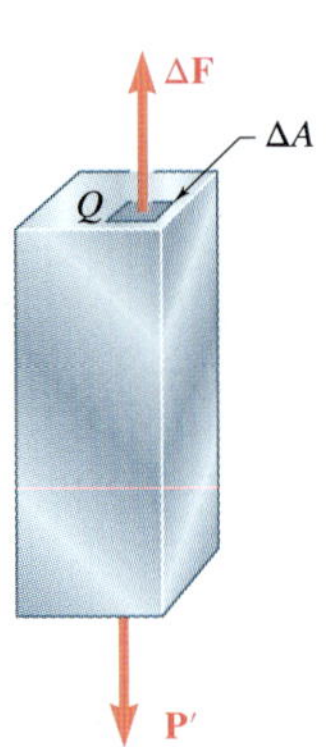

그림 8.2 단면 내의 임의의 점에 있는 작은 면적 ΔA가 이 길이방향 부재에서 ΔF를 받는다.

식 (8.1)에서 σ는 단면의 특정점에서의 응력이라기보다는 단면에 대한 응력의 평균값을 나타낸다. 단면에 주어진 점 Q에서 응력을 정의하기 위해, 작은 면적 ΔA (그림 8.2)를 고려한다. $\Delta\mathbf{F}$를 ΔA로 나누어, ΔA에 대한 응력의 평균값을 얻는다. ΔA를 영으로 접근시키면 Q에서의 응력은 다음과 같다.

$$\sigma = \lim_{\Delta A \to 0} \frac{\Delta F}{\Delta A} \tag{8.2}$$

일반적으로 단면의 주어진 점 Q에서 응력 σ의 값은 식 (8.1)로 주어지는 평균응력과 다르다. 같은 크기, 반대 방향인 두 힘, 집중하중 **P**와 **P**′을 받는 가는 봉에서(그림 8.3a), 집중하중이 적용되는 점에서 먼 단면에서는 이 변화가 적다(그림 8.3c). 그러나 점의 주변에 가까워지면 꽤 두드러진 변화가 나타난다(그림 8.3b, d).

식 (8.2)로부터 분포된 내력의 합력 크기는 다음과 같이 구한다.

$$\int dF = \int_A \sigma\, dA$$

그러나 [그림 8.3]과 같은 봉의 각 부분에서의 평형조건에 의해 이 크기는 집중하중의 크기 P와 같아야 한다. 그러므로 다음 식을 얻는다.

$$P = \int dF = \int_A \sigma \, dA \tag{8.3}$$

이 식은 [그림 8.3]의 각 응력면 아래의 부피는 하중의 크기 P와 같다는 것을 의미한다. 이것은 봉의 여러 단면에서 수직응력의 분포와 관련하여 정역학으로부터 유도된 유일한 정보이다. 어떤 주어진 단면에서도 실제 응력분포는 정역학적으로 결정되지 못한다(부정정). 이 분포에 대해 더 배우기 위해서는, 봉 끝에서 특별한 유형의 하중 적용으로 인한 변형들을 고려해야 한다. 이것은 9장에서 추가로 다룬다.

현장에서는 축방향 하중을 받는 부재의 수직응력 분포는 균등하다고 가정한다. 하중이 가해지는 바로 근처의 점에서만 예외이다. 응력의 값 σ는 σ_{ave}와 같고, 식 (8.1)로 구한다. 그러나 단면에서 응력이 균등하게 분포한다고 가정하면, 기본적인 정역학[2]으로부터 내력의 합력인 **P**는 단면의 도심 C에 작용해야만 한다(그림 8.4). 이것은 균등한 응력의 분포가 집중하중 **P**와 **P**′의 작용선이 단면의 도심을 통과할 때만 가능하다는 것을 의미한다(그림 8.5).

이런 종류의 하중을 중심하중이라고 하며, 트러스와 핀으로 연결된 구조물에서 발견되는 모든 직선형의 2력 부재에서 발생한다. 그러나 만약 2력 부재가 축방향 힘을 받을 때 [그림 8.6b]와 같은 편심이 있으면, [그림 8.6b]에 보이는 부재 일부의 평형조건처럼 주어진 단면의 내력은 단면의 도심에 작용하는 힘 **P**와 모멘트 $M = Pd$인 우력 **M**과 동등하다. 이 힘의 분포와 그에 해당하는 응력의 분포는 균등할 수 없다. 응력의 분포가 대칭적일 수도 없다. 이 점은 11장에서 자세히 다룬다.

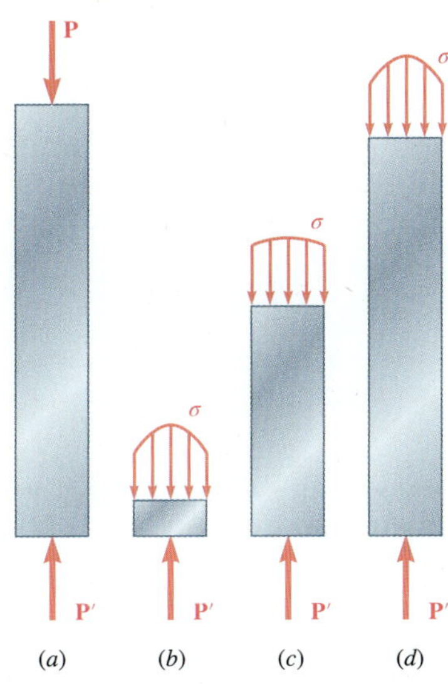

그림 8.3 축방향 하중을 받는 부재를 따라 다른 단면에서의 응력분포

2 Ferdinand P. Beer and E. Russell Johnston, Jr., Mechanics for Engineers, 5th ed., McGraw-Hill, New York, 2008, or Vector Mechanics for Engineers, 12th ed., McGraw-Hill, New York, 2019, Sec. 5.1.

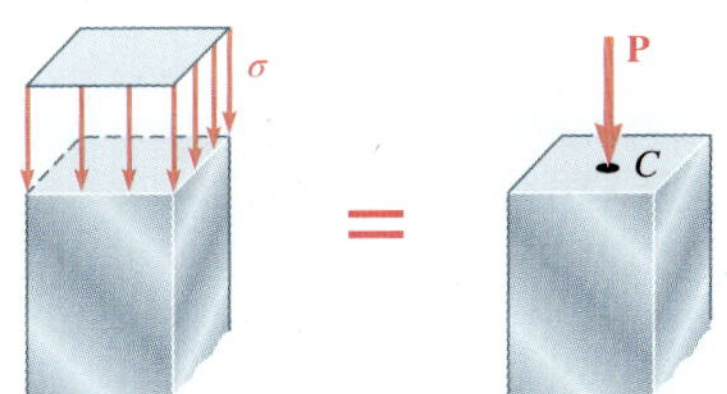

그림 8.4 이상적인 균일 응력분포는 합력이 단면의 중심을 통과한다는 것을 뜻이다.

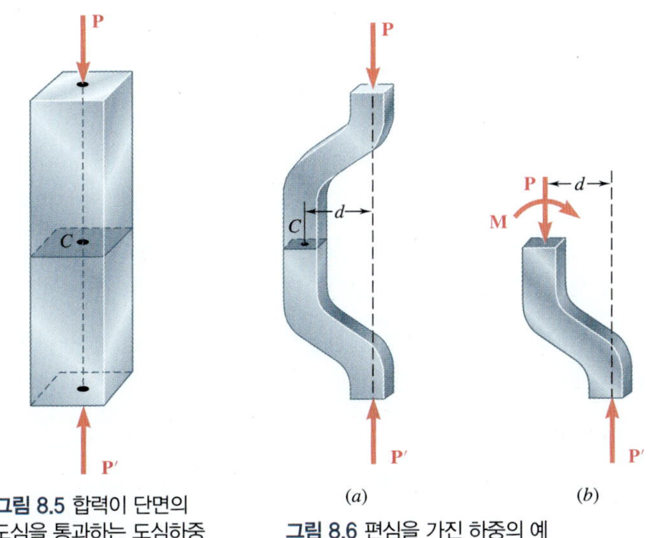

그림 8.5 합력이 단면의 도심을 통과하는 도심하중

그림 8.6 편심을 가진 하중의 예

8.1.2 전단응력

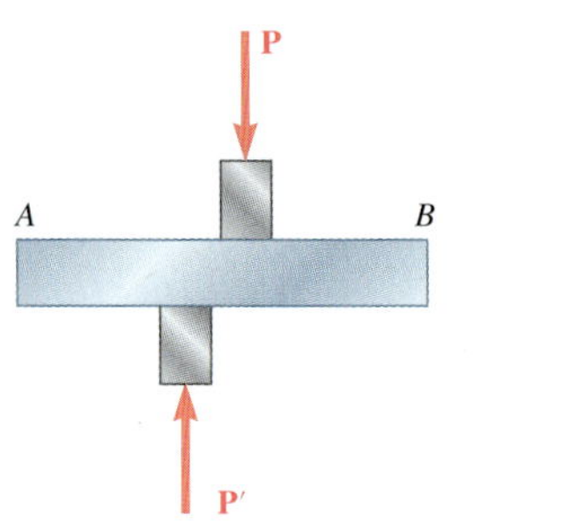

그림 8.7 부재 AB에 전단력을 발생시키는 반대 방향의 횡하중

8.1.1절에서 다룬 내력과 그곳에 해당하는 응력은 고려하는 단면에 수직이다. 부재 AB(그림 8.7)에 횡방향 힘 $\mathbf{P}$와 $\mathbf{P}'$이 작용할 때 매우 다른 종류의 응력을 얻는다. 작용하는 두 힘 사이의 점 C의 단면을 잘라서(그림 8.8a), [그림 8.8b]에 보이는 부분 AC의 다이어그램을 얻는다. 단면의 평면에 내력들이 반드시 존재하며, 그 합력은 $\mathbf{P}$와 같다. 이 합력을 전단력이라 부른다. 전단력 P를 단면의 면적 A로 나누면, 단면의 평균 전단응력을 얻는다. 전단응력은 그리스 문자 τ(타우)로 나타내며, 다음과 같이 구한다.

$$\tau_{\text{ave}} = \frac{P}{A} \tag{8.4}$$

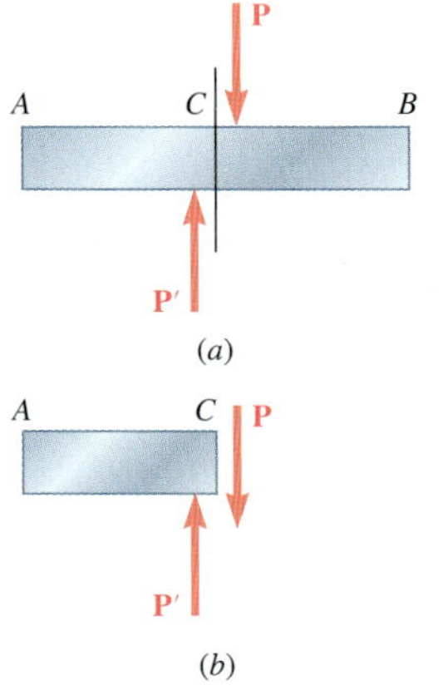

그림 8.8 두 횡하중 사이의 단면에서 발생하는 내부 전단력

여기서 얻은 값은 전체 면에 대한 전단응력의 평균값이다. 수직응력에 대해 앞에서 말한 것과 반대로, 단면의 전단응력 분포는 균등하다고 가정할 수 없다. 13장에서 학습할 내용처럼, 전단응력의 실제값 τ는 부재 표면에서의 영부터, 평균값 τ_{ave}보다 훨씬 큰 최댓값 $\tau_{\max}$까지 변한다.

사진 8.2 전단을 받는 볼트 연결의 절단면

Courtesy of John DeWolf

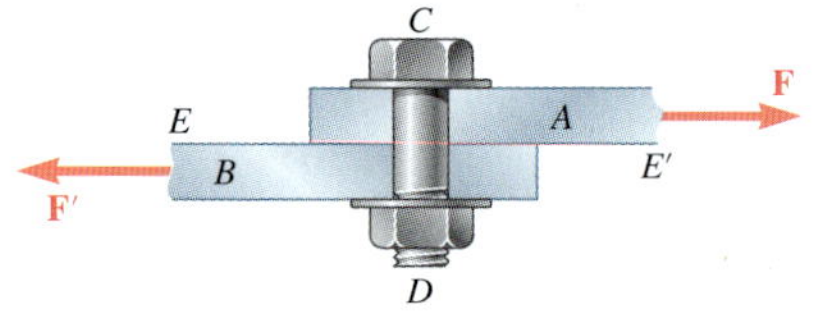

그림 8.9 단일전단을 받는 볼트

전단응력은 여러 가지 구조부재와 기계부속을 연결하는 데 사용되는 볼트, 핀, 리벳에서 흔하게 발견된다(사진 8.2). 볼트 CD로 연결되어 있는 두 개의 판 A와 B가 있다(그림 8.9). 만약 판들이 크기가 F의 인장력을 받는다면, 평면 EE'에 해당하는 볼트의 단면에 응력이 발생한다. 볼트와 평면 EE' 위쪽 부분의 다이어그램을 그리면(그림 8.10), 단면의 전단력 P는 F와 같다. 단면의 평균 전단응력은 식 (8.4)를 사용하여 전단력 $P=F$를 단면의 면적 A로 나누어서 구한다.

$$\tau_{\text{ave}} = \frac{P}{A} = \frac{F}{A} \tag{8.5}$$

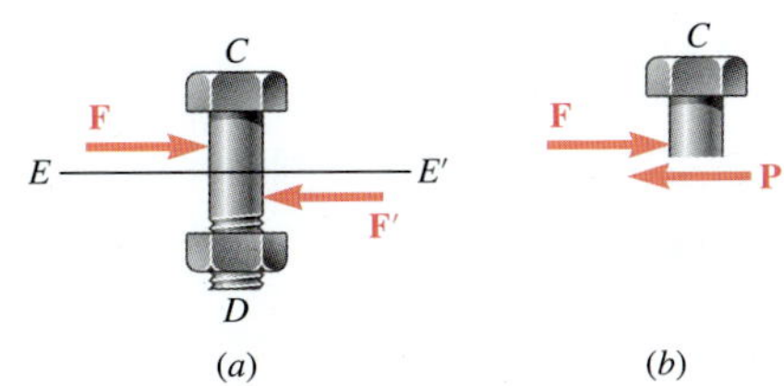

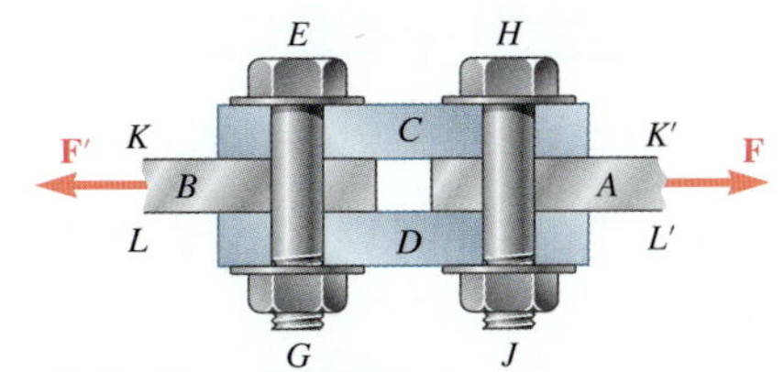

그림 8.10 (a) 단일전단을 받는 볼트의 다이어그램 (b) 볼트의 단면 EE'

그림 8.11 이중전단을 받는 볼트

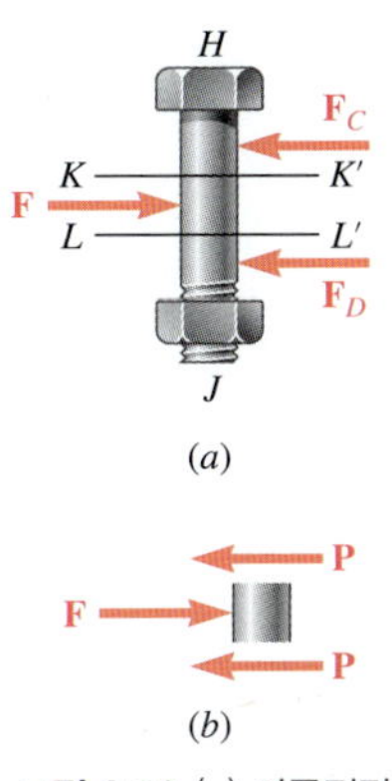

그림 8.12 (a) 이중전단을 받는 볼트의 다이어그램 (b) 볼트의 단면 KK'과 LL'

[사진 8.2]의 볼트는 단일전단 상태이다. 그러나 다른 하중 상황이 발생할 수 있다. 예를 들어, 판 A와 B를 연결하기 위해 덧판 C와 D가 사용되면(그림 8.11), 전단력이 볼트 HJ의 면 KK'과 LL'에 각각 발생한다(볼트 EG에서도 비슷하다). 볼트는 이중전단 상태이다. 각 평면에서의 평균 전단응력을 결정하기 위해, 볼트 HJ와 두 평면 사이의 부분에 대한 자유물체도를 그린다(그림 8.12). 각 단면에서의 전단력 P가 $P = F/2$이므로, 평균 전단응력은 다음과 같다.

$$\tau_{\text{ave}} = \frac{P}{A} = \frac{F/2}{A} = \frac{F}{2A} \tag{8.6}$$

8.1.3 연결부에서의 지압응력

볼트, 핀, 리벳은 지압면 또는 접촉면을 따라서 연결하는 부재에 응력을 생성한다. 예를 들어, [그림 8.9]에서 다룬 볼트 CD에 의해 연결된 두 개의 판 A와 B를 생각해보자. 볼트가 판 A에 가하는 힘 $\mathbf{P}$는 판이 볼트에 가하는 힘 $\mathbf{F}$와 크기가 같고 방향이 반대이다(그림 8.13). 힘 $\mathbf{P}$는 판의 두께와 같은 t의 길이를 가지고 지름이 d인 실린더 반쪽의 내부 표면에 분포된 요소 힘들의 합력이다. 힘 $\mathbf{P}$와 그에 대응하는 응력들의 분포는 매우 복잡하기 때문에, 실제로는 응력의 평균 공칭값 σ_b를 사용한다. 이를 지압응력이라 하는데, 하중 P를 볼트를 판 단면에 내린 정사영을 나타내는 직사각형의 면적으로 나누어서 구한다(그림 8.14). 이 면적은 td와 같다. 여기서 t는 판의 두께이고 d는 볼트의 지름이므로 지압응력은 다음과 같이 정의한다.

$$\sigma_b = \frac{P}{A} = \frac{P}{td} \tag{8.7}$$

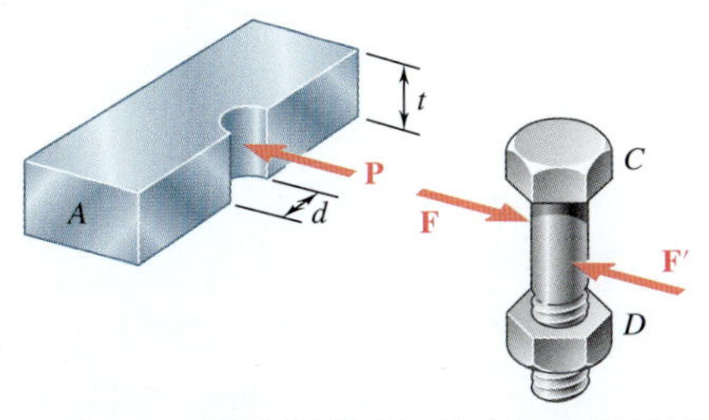

그림 8.13 지압면에 작용하는 판과 볼트 사이의 힘. 크기는 같고 방향은 반대이다.

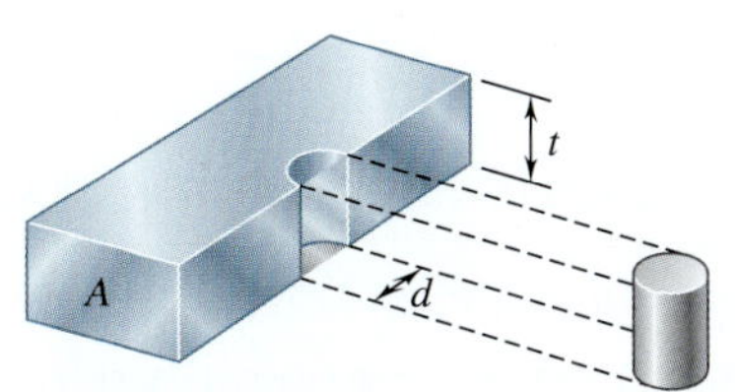

그림 8.14 지압응력의 면적을 계산하기 위한 치수

8.1.4 단순한 구조물의 해석과 설계

이제 2차원 구조물의 부재와 연결부의 응력을 구하고, 그것을 구조물을 설계하는 데 사용하려고 한다. 이는 다음의 개념적용을 통해 살펴볼 것이다.

사진 8.3 선박을 싣거나 내리는 데 사용하는 크레인 붐Crane boom
David R. Frazier/Science Source

개념적용 8.1

[그림 8.15]과 같은 구조물은 30 kN 하중을 지지하도록 설계되었다. 이 구조물은 30×50 mm 직사각형 단면을 가지는 붐 AB와 지름이 20 mm인 원형 단면의 봉 BC로 이루어져 있다. 붐과 봉은 B에서 핀으로 연결되어 있고 A와 C에서 핀과 브라켓으로 각각 지지되어 있다.

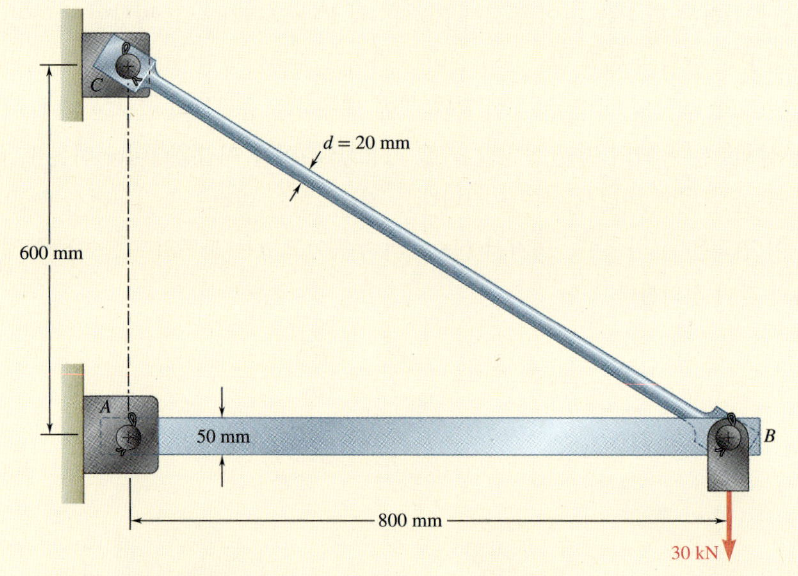

그림 8.15 30kN 하중을 지지하는 데 사용된 붐

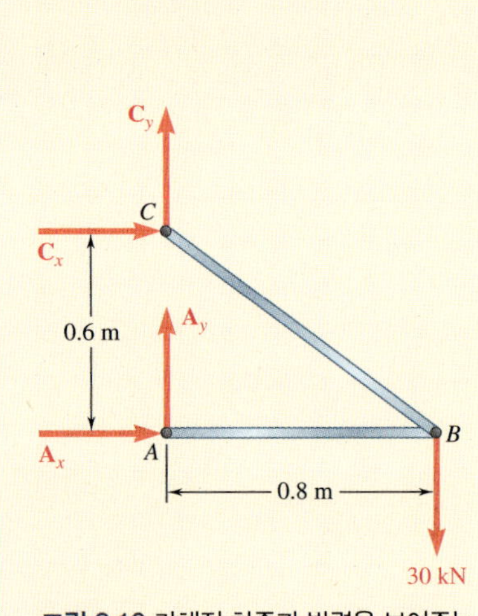

그림 8.16 가해진 하중과 반력을 보여주는 붐의 자유물체도

먼저 반력을 구하고 부재의 내력을 찾기 위해 기본적인 정역학의 방법을 사용한다. 구조물을 지지부 A, C에서 떼어 내서 자유물체도를 그리고, 지지부가 구조물에 가하는 반력을 구한다(그림 8.16).

반력은 A 에서 $\mathbf{A}_x$와 $\mathbf{A}_y$로 나타나고, C에서 $\mathbf{C}_x$와 $\mathbf{C}_y$로 나타난다. 따라서 다음 세 개의 평형방정식을 얻는다.

$$+\circlearrowleft \Sigma M_C = 0 : \ A_x(0.6 \text{ m}) - (30 \text{ kN})(0.8 \text{ m}) = 0$$

$$A_x = +40 \text{ kN} \qquad (1)$$

$$\xrightarrow{+} \Sigma F_x = 0 : \ A_x + C_x = 0$$

$$C_x = -A_x, \qquad C_x = -40 \text{ kN} \qquad (2)$$

$$+\uparrow \Sigma F_y = 0 : \ A_y + C_y - 30 \text{ kN} = 0$$

$$A_y + C_y = +30 \text{ kN} \qquad (3)$$

네 개의 미지 값 중 두 개를 찾았다. 이제 구조물을 해체해야 한다. 붐 AB의 자유물체도를 고려하면(그림 8.17), 다음의 평형방정식을 구할 수 있다.

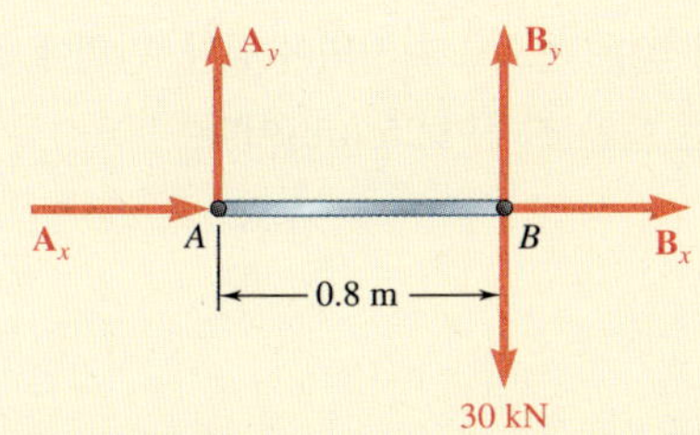

그림 8.17 구조물로부터 해체된 부재 AB의 자유물체도

$$+\circlearrowleft \Sigma M_B = 0 : \ -A_y(0.8 \text{ m}) = 0, \qquad A_y = 0 \qquad (4)$$

A_y에 대해 식 (4)를 식 (3)에 대입하면 $C_y = +30$ kN을 얻는다. A와 C에서의 반력을 위해 얻은 결과를 벡터로 표현하면, 다음과 같다.

$$\mathbf{A} = 40 \text{ kN} \rightarrow, \qquad \mathbf{C}_x = 40 \text{ kN} \leftarrow, \qquad \mathbf{C}_y = 30 \text{ kN} \uparrow$$

A의 반력은 붐 AB의 축방향이고 부재에 압축력을 발생시킨다. C에서의 반력성분 C_x와 C_y가 각각 B에서 C로 가는 거리의 수평, 수직의 성분에 비례하는 것으로부터 C에서의 반력이 50 kN이고, 봉 BC의 축방향이며, 그 부재에 인장력을 발생시킨다는 결론을 얻는다.

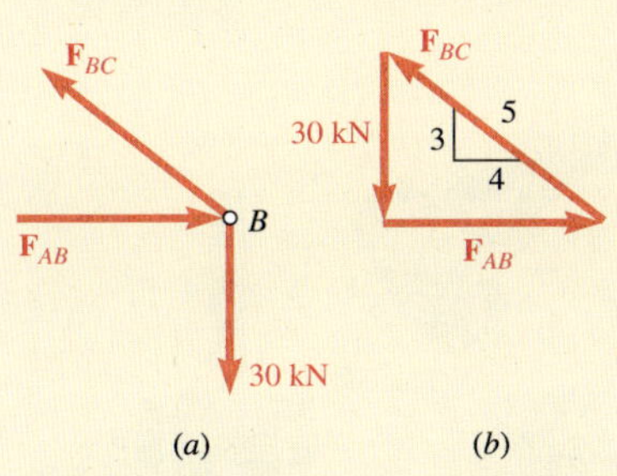

그림 8.18 붐의 절점 B의 자유물체도와 관련된 힘의 삼각형

이 결과는 AB와 BC가 2력 부재, 즉 두 점에서만 힘을 받으며, 이 점들이 부재 AB에서는 A와 B, 부재 BC에서는 B와 C라는 것을 인식함으로써 예상할 수 있다. 실제로 2력 부재에 대해, 각 두 점에 가해지는 힘력의 작용선은 같고 방향은 반대이며 두 점을 모두 통과한다. 이 성질을 사용하여 핀 B의 자유물체도를 고려하면 보다 단순한 답을 얻을 수 있다. 핀 B에 대한 힘은 힘 $\mathbf{F}_{AB}$와 $\mathbf{F}_{BC}$인데, 각각 부재 AB와 BC에 의해 가해진 것이고, 하중 30 kN이다(그림 8.18a). 해당하는 힘의 삼각형을 그려서 핀 B가 평형상태에 있다는 것을 나타낼 수 있다(그림 8.18b).

힘 $\mathbf{F}_{BC}$가 부재 BC 방향이므로, 그 기울기도 BC의 기울기와 같은 3/4이다. 그러므로 다음과 같은 비례식을 쓸 수 있다.

$$\frac{F_{AB}}{4} = \frac{F_{BC}}{5} = \frac{30 \text{ kN}}{3}$$

이 식으로부터 다음을 얻는다.

$$F_{AB} = 40 \text{ kN}, \qquad F_{BC} = 50 \text{ kN}$$

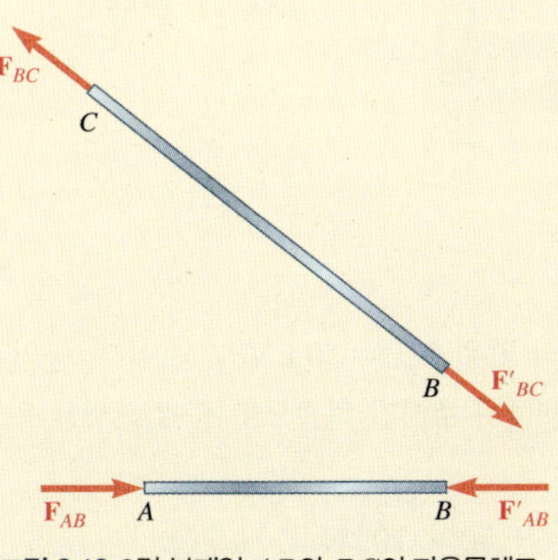

그림 8.19 2력 부재인 AB와 BC의 자유물체도

핀 B에 의해 붐 AB와 봉 BC에 각각 가해지는 힘들 $\mathbf{F}'_{AB}$와 $\mathbf{F}'_{BC}$는 $\mathbf{F}_{AB}$, $\mathbf{F}_{BC}$와 크기가 같고 방향이 반대이다(그림 8.19). 각 부재의 끝에 있는 힘들을 알 때, 부재의 내력을

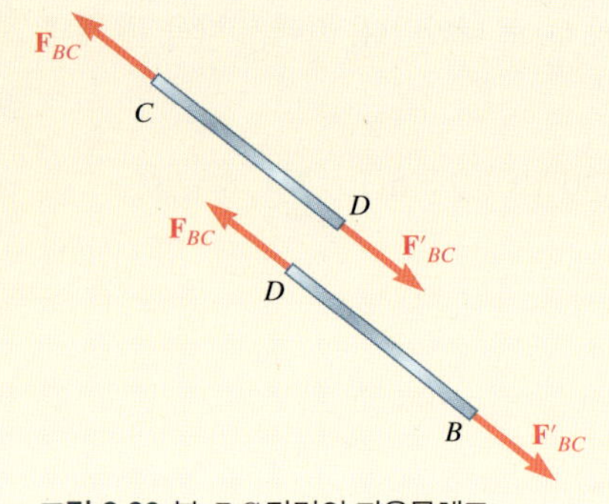

그림 8.20 봉 BC 단면의 자유물체도

구할 수 있다. 봉 BC의 임의의 한 점 D에서 단면을 자르면, 두 부분 BD와 CD를 얻는다(그림 8.20). D에서 봉을 평형상태로 유지하려면 봉의 양쪽 부분에 50 kN의 힘이 가해져야 하므로, 30 kN의 하중이 B에 적용될 때 봉 BC에 내력 50 kN이 생성된다는 결론을 얻는다. [그림 8.20]의 힘 $\mathbf{F}_{BC}$와 $\mathbf{F}'_{BC}$의 방향으로부터 봉은 인장을 받고 있다는 것을 추가로 확인한다. 유사한 과정을 통해 붐 AB의 내력이 40 kN이고 붐이 압축력을 받는다는 것을 알 수 있다.

이제 부재와 연결부의 응력을 구해보자. [그림 8.21]과 같이 지름 20 mm인 봉 BC는 20×40 mm의 직사각형 단면으로 된 납작한 끝단을 가진다. 한편, 붐 AB는 30×50 mm의 직사각형 단면을 가지며 끝단 B에서 클레비스에 맞도록 되어 있다. 두 부재가 모두 B에서 핀으로 연결되어 있고, 그곳으로부터 U자형의 브라켓에 의해 30 kN 하중이 걸려 있다. 붐 AB는 A에서 이중 브라켓에 딱 맞는 핀으로 지지되어 있다. 반면에, 봉 BC는 C에서 단일 브라켓에 연결되어 있다. 모든 핀은 지름이 25 mm이다.

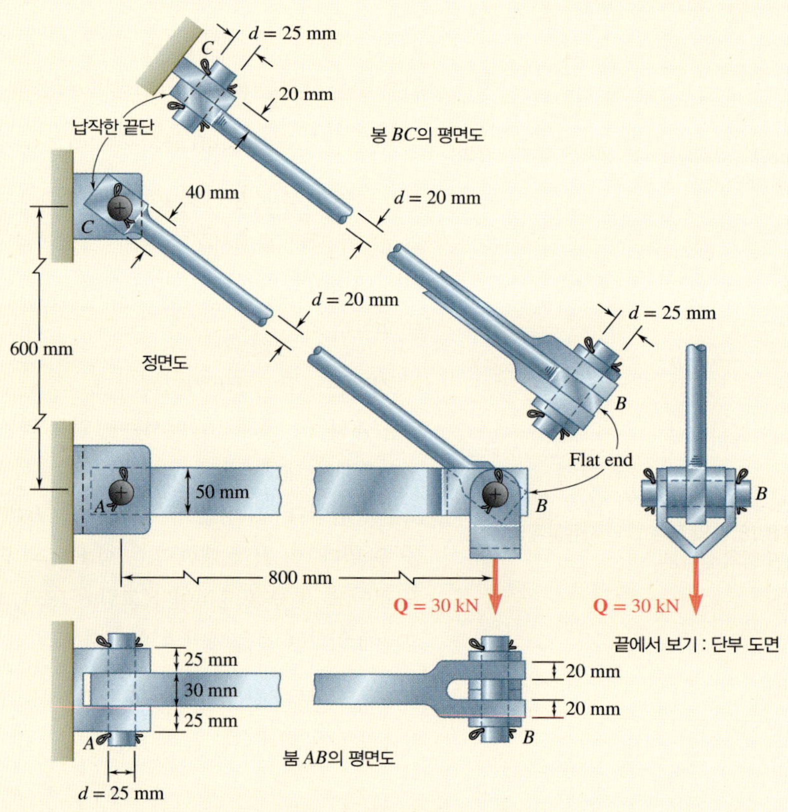

그림 8.21 30 kN 하중을 지지하기 위한 붐의 부속들

a. 붐 AB와 봉 BC의 수직응력 결정 봉 BC의 힘은 F_{BC}=50 kN(인장)이다. 봉의 지름이 20 mm인 것을 고려하여, 식 (8.1)을 사용하여 주어진 하중으로 봉에 발생한 응력을 구한다.

$$P = F_{BC} = +50\text{ kN} = +50 \times 10^3\text{ N}$$

$$A = \pi r^2 = \pi\left(\frac{20\text{ mm}}{2}\right)^2 = \pi(10 \times 10^{-3}\text{ m})^2 = 314 \times 10^{-6}\text{ m}^2$$

$$\sigma_{BC} = \frac{P}{A} = \frac{+50 \times 10^3 \text{ N}}{314 \times 10^{-6} \text{ m}^2} = +159 \times 10^6 \text{ Pa} = +159 \text{ MPa}$$

그러나 봉의 납작한 부분 역시 인장력을 받고 있으며, 구멍이 위치하는 가장 좁은 단면에서 다음을 갖는다.

$$A = (20 \text{ mm})(40 \text{ mm} - 25 \text{ mm}) = 300 \times 10^{-6} \text{ m}^2$$

여기에 해당하는 응력의 평균값은 다음과 같다.

$$(\sigma_{BC})_{\text{end}} = \frac{P}{A} = \frac{50 \times 10^3 \text{ N}}{300 \times 10^{-6} \text{ m}^2} = 167 \text{ MPa}$$

9.9절에서 배울 내용과 같이, 구멍 근처에서의 응력은 실제로 훨씬 큰 값에 도달한다. 하중이 증가할 때, 봉은 실린더 부분보다는 구멍 근처에서 파괴된다. 그러므로 설계는 봉의 납작한 끝단의 두께나 넓이를 증가시켜 개선시킬 수 있다.

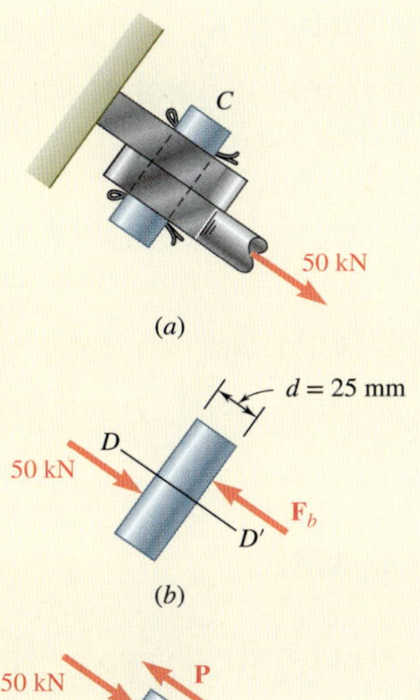

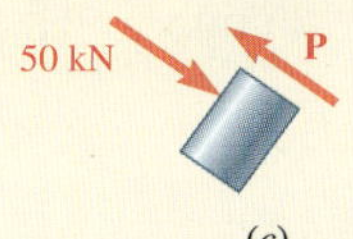

그림 8.22 C에서 단일전단을 받는 핀의 다이어그램

다시 붐 AB로 돌아와, 붐의 힘이 $F_{AB} = 40$ kN(압축)인 것을 기억하자. 붐의 직사각형 단면은 $A = 30 \text{ mm} \times 50 \text{ mm} = 1.5 \times 10^{-3} \text{ m}^2$이므로, 핀 A와 B 사이의 봉의 주요 부분에서 수직응력의 평균값은 다음과 같다.

$$\sigma_{AB} = -\frac{40 \times 10^3 \text{ N}}{1.5 \times 10^{-3} \text{ m}^2} = -26.7 \times 10^6 \text{ Pa} = -26.7 \text{ MPa}$$

붐이 압축력을 받으므로, A와 B에서 최소면적을 가지는 단면들은 응력을 받지 않는다. 그러므로 봉 BC처럼 핀을 잡아당기는 대신에 핀을 밀어낸다.

b. 여러 연결에서의 전단응력 결정 볼트, 핀, 리벳 같은 연결부의 전단응력을 구하기 위해 연결된, 여러 가지 부재에 의해 가해지는 힘들을 먼저 확실하게 보여준다. 그러므로 예제에 나온 핀 C의 경우(그림 8.22a), [그림 8.22b]를 그리고, 부재 BC가 핀에 가한 50 kN의 힘과 브라켓이 가한 같은 크기, 반대 방향의 힘을 보였다. 그리고 전단응력이 발생하는 평면 DD' 아래에 위치한 핀 일부의 다이어그램을 그려서(그림 8.22c), 그 평면의 전단력이 $P = 50$ kN라는 결론을 얻는다. 핀의 단면적은 다음과 같다.

$$A = \pi r^2 = \pi\left(\frac{25 \text{ mm}}{2}\right)^2 = \pi(12.5 \times 10^{-3} \text{ m})^2 = 491 \times 10^{-6} \text{ m}^2$$

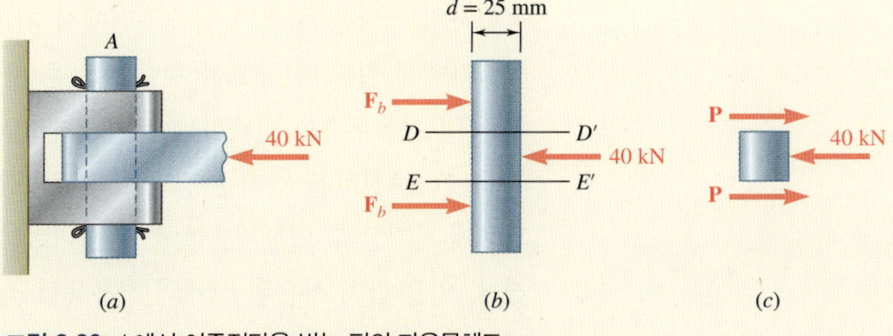

그림 8.23 A에서 이중전단을 받는 핀의 자유물체도

C에 있는 핀이 받는 전단응력의 평균값은 다음과 같다.

$$\tau_{\text{ave}} = \frac{P}{A} = \frac{50 \times 10^3\ \text{N}}{491 \times 10^{-6}\ \text{m}^2} = 102\ \text{MPa}$$

A에 있는 핀을 고려하면(그림 8.23), 그것이 이중전단 상태임을 알 수 있다. 핀과 전단응력이 발생하는 평면 DD'과 EE' 사이의 핀 일부의 자유물체도를 그리면, $P = 20$ kN의 결론을 얻는다.

$$\tau_{\text{ave}} = \frac{P}{A} = \frac{20\ \text{kN}}{491 \times 10^{-6}\ \text{m}^2} = 40.7\ \text{MPa}$$

(a)

B에서 핀을 고려할 때(그림 8.24a), 핀이 붐, 봉, 브라켓에 의해 힘을 받는 다섯 부분으로 나누어질 수 있다. 연속적으로 DE(그림 8.24b)와 DG(그림 8.24c)부분을 고려하면 단면 E의 전단력이 $P_E = 15$ kN이고, 단면 G의 전단력은 $P_G = 25$ kN라는 결론을 얻는다. 핀에 가해지는 하중이 대칭이므로, 핀 B가 받는 전단력의 최댓값은 $P_G = 25$ kN이고, 최대 전단응력은 단면 G와 H에서 발생한다는 결론을 얻는다.

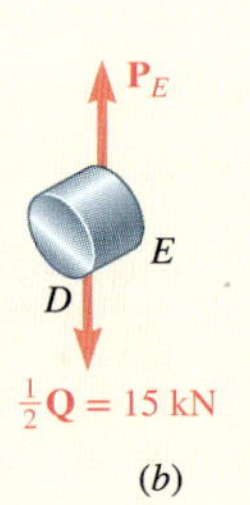

(b)

$$\tau_{\text{ave}} = \frac{P_G}{A} = \frac{25\ \text{kN}}{491 \times 10^{-6}\ \text{m}^2} = 50.9\ \text{MPa}$$

c. 지압응력의 결정 부재 AB의 A에서 공칭 지압응력을 구하기 위해, 8.1.3절의 식(8.7)을 사용한다. [그림 8.21]로부터 $t = 30$ mm이고 $d = 25$ mm이다. $P = F_{AB} = 40$ kN인 것을 이용하면, 다음을 얻는다.

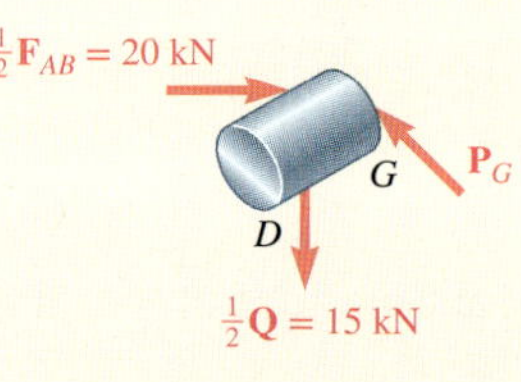

(c)

그림 8.24 핀 B의 여러 가지 단면에 대한 자유물체도

$$\sigma_b = \frac{P}{td} = \frac{40\ \text{kN}}{(30\ \text{mm})(25\ \text{mm})} = 53.3\ \text{MPa}$$

브라켓의 A에서 지압응력을 얻기 위해 $t = 2(25\ \text{mm}) = 50$ mm와 $d = 25$ mm를 이용한다.

$$\sigma_b = \frac{P}{td} = \frac{40\ \text{kN}}{(50\ \text{mm})(25\ \text{mm})} = 32.0\ \text{MPa}$$

부재 AB의 B 위치, 부재 BC의 B와 C 위치, 그리고 브라켓의 C 위치에서의 지압응력도 비슷한 방법으로 찾는다.

공학자의 역할은 주어진 하중조건에서 기존의 구조물과 기계의 해석에 국한되지 않는다. 공학자에게 훨씬 더 중요한 것은 새로운 구조물과 기계의 설계이다. 즉, 주어진 일을 수행하는 적절한 부속을 선택하는 것이다. [그림 8.15]의 구조물에서 봉 BC가 최대 허용응력 $\sigma_{\text{all}} = 165$ MPa을 가지는 강재로 만들어졌다고 가정하자. 봉 BC는 가해지는 하중을 안전하게 지지할 수 있는가? 봉이 받는 내력의 크기는 50 kN, 응력 σ_{BC}는 159 MPa로 구해졌다. 얻은 값이 사용된 강재의 허용응력 σ_{all}보다 작으므로, 봉 BC는 가해지는 하중을 안전하게 지지할 수 있다는 결론을 얻는다. 주어진 하중 때문에 발생하는 변형을 받아들일 수 있는지 역시 결정해야 한다. 축하중을 받을 때의 변형은 9장의 주제가 될 것이다. 압축을 받는 부재들에 요구되는 추가적인 고려사항에는 부재의 안정성도 포함되어 있다. 즉, 위치의 급격한 변화를 겪지 않고 주어진 하중을 지지하는 능력이다. 이는 16장에서 다룰 것이다.

개념적용 8.2

[그림 8.15]의 구조물을 허용응력이 $\sigma_{all} = 100$ MPa인 알루미늄으로 제작했다고 가정하자. 주어진 하중에서 봉 BC의 내력은 여전히 $P = F_{BC} = 50$ kN이므로, 식 (8.1)로부터 다음을 얻는다.

$$\sigma_{all} = \frac{P}{A}, \qquad A = \frac{P}{\sigma_{all}} = \frac{50 \times 10^3 \text{ N}}{100 \times 10^6 \text{ Pa}} = 500 \times 10^{-6} \text{ m}^2$$

그리고 $A = \pi r^2$이므로,

$$r = \sqrt{\frac{A}{\pi}} = \sqrt{\frac{500 \times 10^{-6} \text{ m}^2}{\pi}} = 12.62 \times 10^{-3} \text{ m} = 12.62 \text{ mm}$$

$$d = 2r = 25.2 \text{ mm}$$

이다. 따라서 지름 26 mm 또는 그 이상의 봉이 적절하다.

예제 8.1

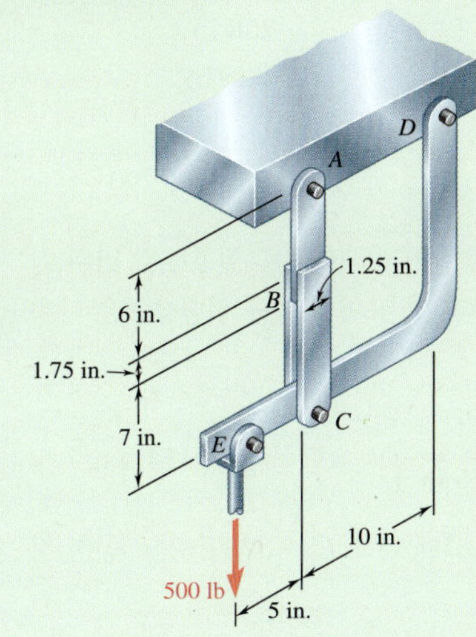

그림과 같은 행어hanger에서 링크 ABC의 윗부분 두께가 $\frac{3}{8}$ in.이고 아랫부분 두께는 각각 $\frac{1}{4}$ in.이다. 윗부분과 아랫부분을 B에서 붙이기 위해 에폭시 레진을 사용했다. A에 있는 핀의 지름은 $\frac{3}{8}$ in.이고, C에 있는 핀의 지름은 $\frac{1}{4}$ in.이다. (a) 핀 A의 전단응력, (b) 핀 C의 전단응력, (c) 링크 ABC에서 수직응력의 최댓값, (d) B에 있는 붙은 면에서의 평균 전단응력, (e) 링크의 C에서 지압응력을 구하시오.

문제분석 행어의 자유물체를 고려하여 부재 AB의 내력을 구하고 핀에 적용할 수 있는 전단과 지압력을 구한다. 이 힘들은 이후에 응력을 구하는 데 사용할 수 있다.

모델링 지지부의 반력을 결정하기 위해 행어의 자유물체도를 그린다(그림 1). 원하는 응력을 결정하는 데 필요한 힘들을 보여주는 관련된 여러 가지 요소의 다이어그램을 그린다(그림 2 ~ 6).

풀이

자유물체 전체 행어. 링크 ABC는 2력 부재이므로(그림 1), A에서의 반력은 수직방향이다. D에서의 반력은 그 성분인 $\mathbf{D}_x$와 $\mathbf{D}_y$로 표현된다.

$$+\circlearrowleft \Sigma M_D = 0 : (500 \text{ lb})(15 \text{ in.}) - F_{AC}(10 \text{ in.}) = 0$$

$$F_{AC} = +750 \text{ lb}, \quad F_{AC} = 750 \text{ lb} \qquad \text{(인장력)}$$

a. 핀 A에서의 전단응력 $\frac{3}{8}$ in. 지름을 가지는 핀은 단일전단 상태이다(그림 2). 그러므로 다음을 얻는다.

$$\tau_A = \frac{F_{AC}}{A} = \frac{750 \text{ lb}}{\frac{1}{4}\pi(0.375 \text{ in.})^2} \qquad \tau_A = 6790 \text{ psi} ◀$$

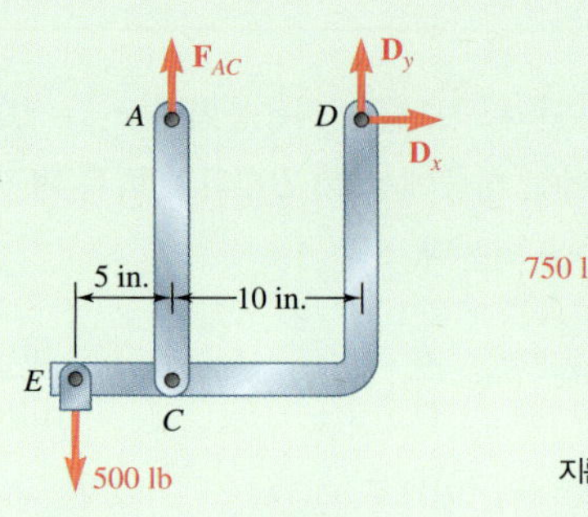

그림 1 행어의 자유물체도

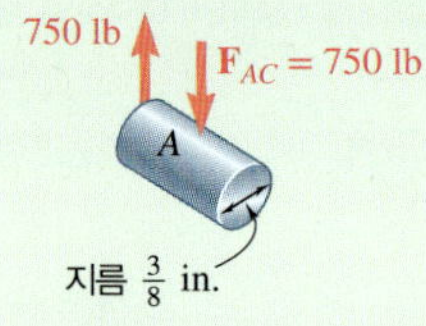

그림 2 핀 A

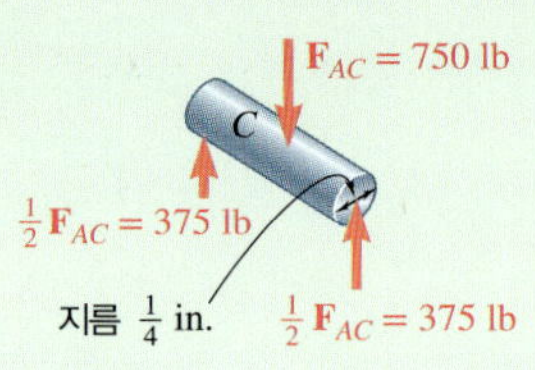

그림 3 핀 C

b. 핀 C에서의 전단응력 $\dfrac{1}{4}$ in. 지름을 가지는 핀은 이중전단 상태이다(그림 3). 그러므로 다음을 얻는다.

$$\tau_C = \frac{\frac{1}{2}F_{AC}}{A} = \frac{375\text{ lb}}{\frac{1}{4}\pi(0.25\text{ in.})^2} \qquad \tau_C = 7640\text{ psi} \blacktriangleleft$$

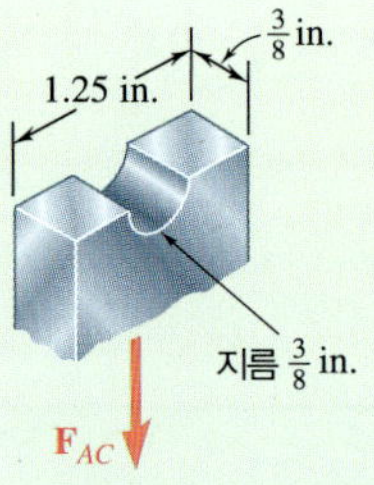

그림 4 A에서의 링크 ABC 단면

c. 링크 ABC 내의 최대 수직응력 면적이 가장 작은 곳에서 가장 큰 응력이 발견된다. 이것은 $\dfrac{3}{8}$ in. 구멍이 위치한 A에서의 단면에서 발생한다(그림 4).

$$\sigma_A = \frac{F_{AC}}{A_{\text{net}}} = \frac{750\text{ lb}}{\left(\frac{3}{8}\text{ in.}\right)(1.25\text{ in.} - 0.375\text{ in.})} = \frac{750\text{ lb}}{0.328\text{ in}^2}$$

$$\sigma_A = 2290\text{ psi} \blacktriangleleft$$

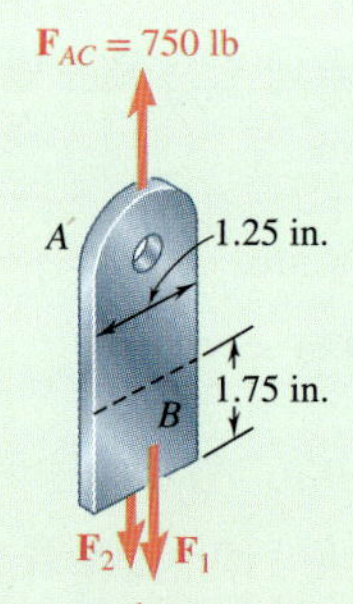

그림 5 요소 AB

d. B에서의 평균 전단응력 링크 윗부분의 양쪽에 접착이 존재하고(그림 5), 각 면의 전단력이 $F_1 = (750\text{ lb})/2 = 375\text{ lb}$라는 것에 주의한다. 각 표면의 평균 전단응력은 다음과 같다.

$$\tau_B = \frac{F_1}{A} = \frac{375\text{ lb}}{(1.25\text{ in.})(1.75\text{ in.})} \qquad \tau_B = 171.4\text{ psi} \blacktriangleleft$$

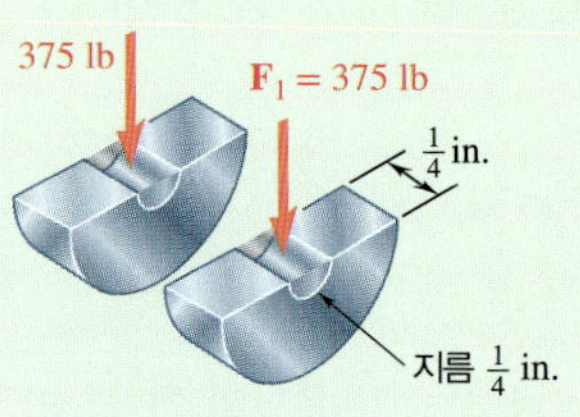

그림 6 C에서의 링크 ABC 단면

e. 링크의 C에서의 지압응력 링크의 각 부분(그림 6)에 대해 $F_1 = 375\text{ lb}$이고 공칭 지압면적은 $(0.25\text{ in.})(0.25\text{ in.}) = 0.625\text{ in}^2$이다.

$$\sigma_b = \frac{F_1}{A} = \frac{375\text{ lb}}{0.0625\text{ in}^2} \qquad \sigma_b = 6000\text{ psi} \blacktriangleleft$$

고찰 이 예제는 각 요소에 대한 자유물체도를 그리고, 각 요소의 거동을 주의 깊게 고려하는 것의 필요성을 보여준다. 예를 들어, 행어의 외관 검사에 기초하여 부재 AC는 주어진 하중에 대해 인장력을 받는 것이 명백하며, 해석 결과는 이것을 확인해준다. 압축력의 결과가 대신 나왔다면, 해석을 철저히 재조사해야한다.

예제 8.2

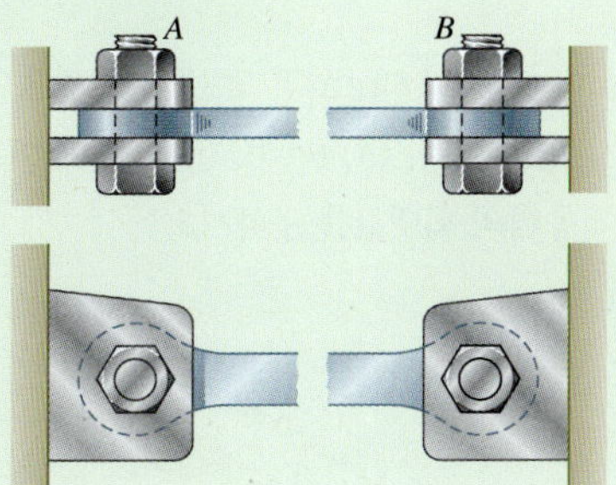

그림과 같은 강재 연결 바[bar]는 A와 B의 이중 브라켓 사이에 볼트로 연결되었을 때, 크기 $P = 120$ kN의 인장력을 받도록 설계되었다. 이 바는 20 mm 두께의 판 뭉치로 만들 예정이다. 사용할 강재의 등급에 대한 최대 허용응력은 $\sigma = 175$ MPa, $\tau = 100$ MPa, $\sigma_b = 350$ MPa이다. (a) 볼트의 지름 d, (b) 바의 양 끝에서의 치수 b, (c) 바의 치수 h를 구하고, 연결 바를 설계하시오.

문제분석 설계 인장력에 대한 응력을 얻는 데 필요한 힘을 구하기 위해 자유물체도를 사용한다. 이 응력을 허용응력과 동일하게 놓고 필요한 치수를 구한다.

모델링과 풀이

a. 볼트의 지름 볼트가 이중전단을 받으므로(그림 1), 다음을 얻는다.

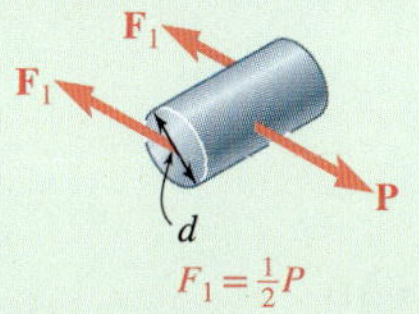

그림 1 단면으로 잘린 볼트

$$F_1 = \frac{1}{2}P = 60 \text{ kN}$$

$$\tau = \frac{F_1}{A} = \frac{60 \text{ kN}}{\frac{1}{4}\pi d^2}, \qquad 100 \text{ MPa} = \frac{60 \text{ kN}}{\frac{1}{4}\pi d^2}, \qquad d = 27.6 \text{ mm}$$

$d = 28$ mm ◀

여기서 20 mm 두께의 판과(그림 2) 지름 28 mm인 볼트 사이의 지압응력을 확인한다.

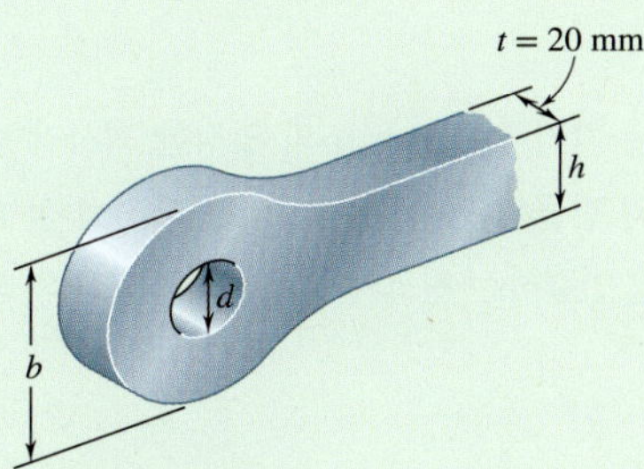

그림 2 바의 모양

$$\sigma_b = \frac{P}{td} = \frac{120 \text{ kN}}{(0.020 \text{ m})(0.028 \text{ m})} = 214 \text{ MPa} < 350 \text{ MPa}$$

b. 바의 각 끝단에서의 치수 b [그림 3]에서 바의 끝부분 중 하나를 고려한다. 강재 판의 두께가 $t = 20$ mm인 것과 평균 인장응력이 175 MPa을 초과하면 안 된다는 것을 기억하면, 다음을 얻는다.

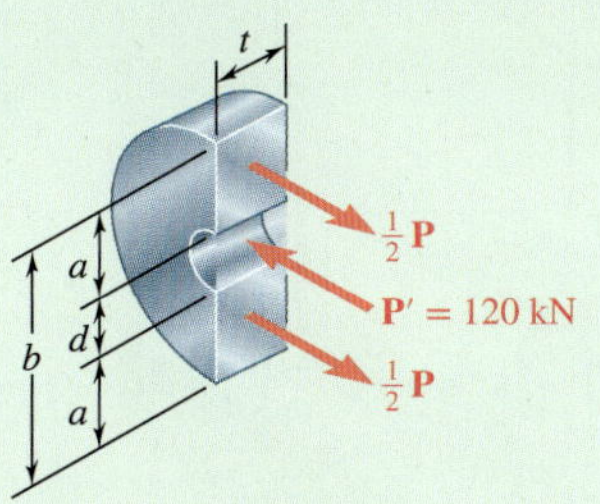

그림 3 바의 끝 단면

$$\sigma = \frac{\frac{1}{2}P}{ta}, \qquad 175 \text{ MPa} = \frac{60 \text{ kN}}{(0.02 \text{ m})a}, \qquad a = 17.14 \text{ mm}$$

$$b = d + 2a = 28 \text{ mm} + 2(17.14 \text{ mm})$$

$b = 62.3$ mm ◀

c. 바의 치수 h 바의 중앙 부분 단면을 고려한다(그림 4). 강재 판의 두께가 $t = 20$ mm이므로, 다음을 얻는다.

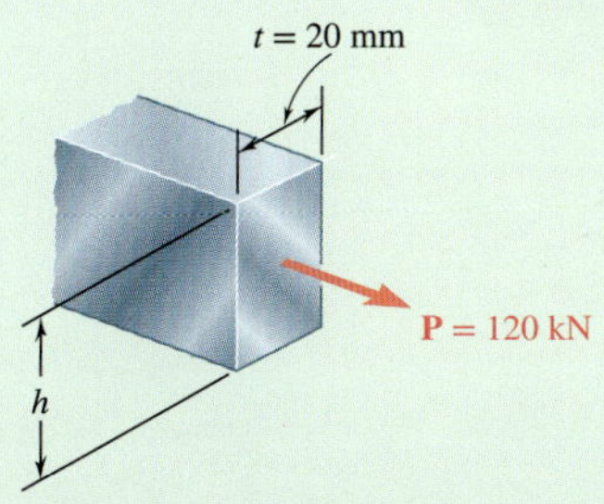

그림 4 바의 중앙 부분 단면

$$\sigma = \frac{P}{th}, \qquad 175 \text{ MPa} = \frac{120 \text{ kN}}{(0.020 \text{ m})h}, \qquad h = 34.3 \text{ mm}$$

$h = 35$ mm ◀

고찰 볼트의 전단에 기초하여 d의 크기를 구하고, 연결 바에서 지압을 확인했다. 만약 최대 허용 지압응력을 초과했다면, 지압의 기준에 의해 d를 다시 계산해야 한다.

Section 8.1 연습문제

8.1 두 개의 속이 꽉 찬 실린더형 봉 AB와 BC가 B에서 용접되어 그림과 같이 하중을 받는다. $d_1 = 50$ mm, $d_2 = 30$ mm일 때 (a) 봉 AB, (b) 봉 BC의 중간 단면에서 평균 수직응력을 구하시오.

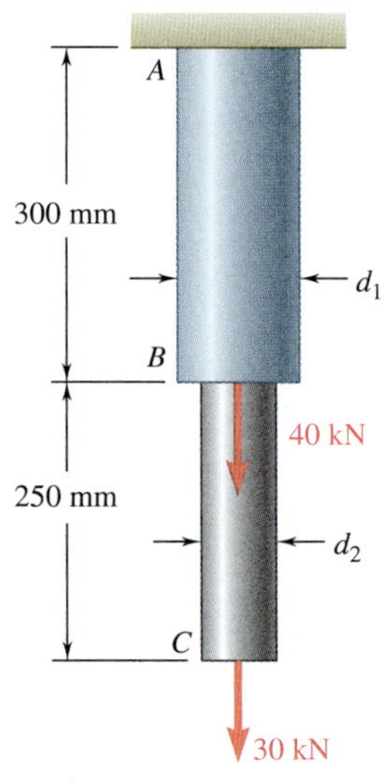

그림 P8.1 ~ 8.2

8.2 두 개의 속이 꽉 찬 실린더형 봉 AB와 BC가 B에서 용접되어 그림과 같이 하중을 받는다. 평균 수직응력이 봉 AB에서는 175 MPa을 넘을 수 없고, 봉 BC에서는 150 MPa을 넘을 수 없을 때, d_1과 d_2의 허용 가능한 최솟값을 구하시오.

8.3 두 개의 속이 꽉 찬 실린더형 봉 AB와 BC가 B에서 용접되어 그림과 같이 하중을 받는다. $P = 40$ kips일 때 (a) 봉 AB, (b) 봉 BC의 중간 단면에서 평균 수직응력을 구하시오.

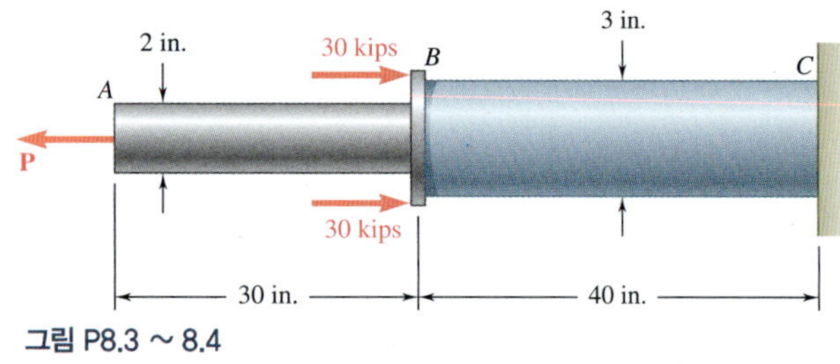

그림 P8.3 ~ 8.4

8.4 [문제 8.3]에서 봉 AB의 인장응력의 크기가 봉 BC의 압축응력 크기의 두 배가 되도록 하는 힘 **P**의 크기를 구하시오.

8.5 링크 BD는 폭 36 mm, 두께 18 mm인 단일 바로 만들어졌다. 각 핀의 지름이 12 mm이다. (a) $\theta = 0$, (b) $\theta = 90°$일 때, 링크 BD의 평균 수직응력의 최댓값을 구하시오.

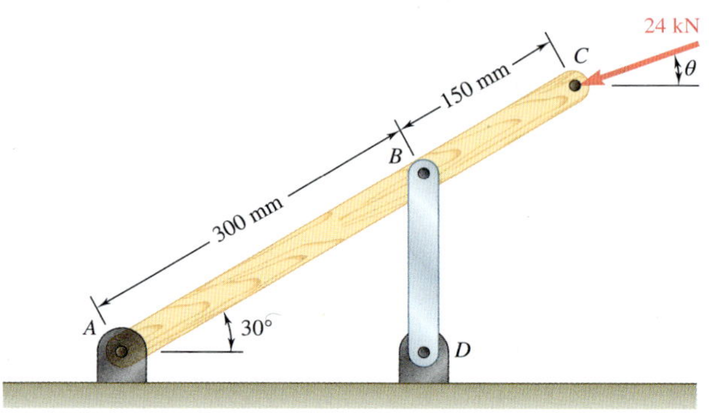

그림 P8.5

8.6 네 개의 수직 링크는 각각 8×36 mm의 일정한 직사각형 단면을 가지고, 네 개의 판들의 지름은 16 mm이다. (a) 점 B와 D, (b) 점 C와 E를 연결하는 링크에서 평균 수직응력의 최댓값을 구하시오.

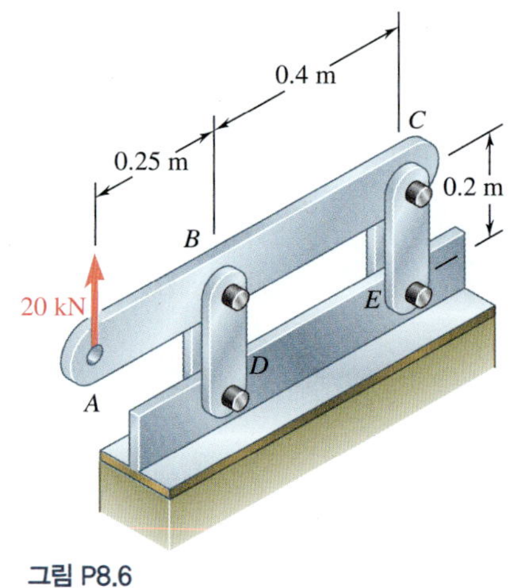

그림 P8.6

8.7 링크 AC는 두께 $\frac{1}{8}$ in., 폭 1 in.인 직사각형 단면을 가진다. 링크의 중앙 부분에서 수직응력을 구하시오.

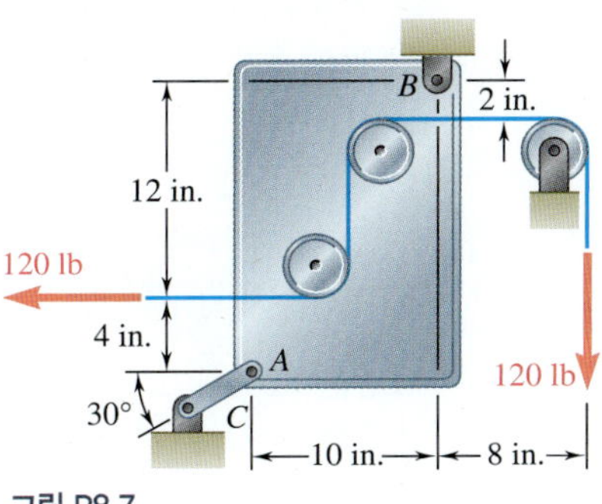

그림 P8.7

8.8 그림과 같은 결합체의 핀 B에 두 개의 수평방향 5 kip 힘이 작용한다. 각 연결부에 지름 0.8 in.인 핀이 사용되었다. 이때 (a) 링크 AB, (b) 링크 BC에서의 평균 수직응력의 최댓값을 구하시오.

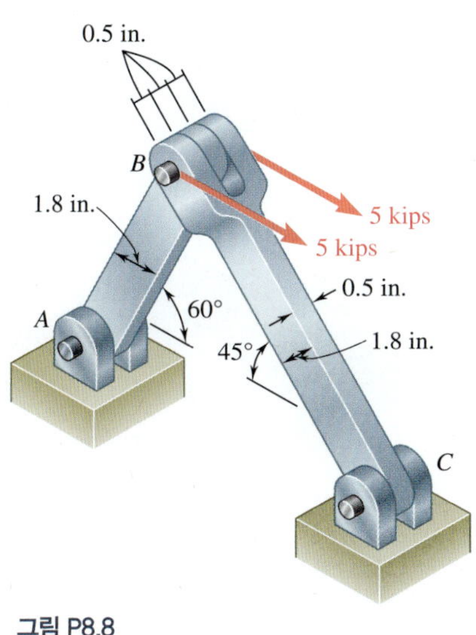

그림 P8.8

8.9 강체 바 EFG가 그림과 같은 트러스 시스템으로 지지되고 있다. 부재 CG가 지름 0.75 in.를 가지는 속이 꽉 찬 원형 봉이다. 이때 CG의 수직응력을 구하시오.

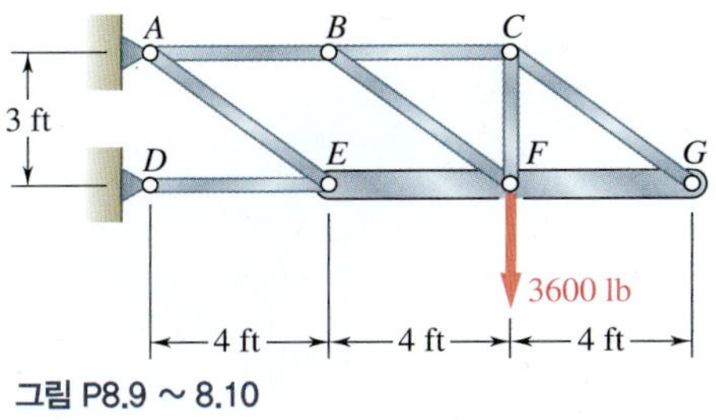

그림 P8.9 ~ 8.10

8.10 강체 바 EFG가 그림과 같은 트러스 시스템으로 지지되고 있다. 부재 AE의 수직응력이 15 ksi일 때, 단면의 면적을 구하시오.

8.11 크기 1500 N·m인 우력모멘트가 엔진의 크랭크에 작용한다. 그림과 같은 위치에서 (a) 엔진시스템을 평형상태로 유지시키는 데 필요한 힘 **P**, (b) 450 mm^{2}의 일정 단면을 가지는 연결봉 BC의 평균 수직응력을 구하시오.

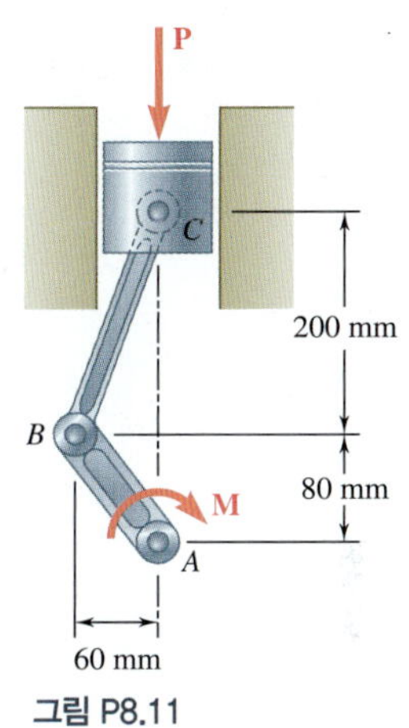

그림 P8.11

8.12 지름이 25 mm인 강봉에 의해 두 개의 동일한 암앤휠[arm and wheel] 유닛 EDF에 연결된 단일 유압 실린더를 이용하여 비행기 토우 바를 장착했다. 전체 토우 바의 질량은 200 kg이고, 무게중심은 G에 있다. 그림과 같은 위치에서 봉의 수직응력을 구하시오.

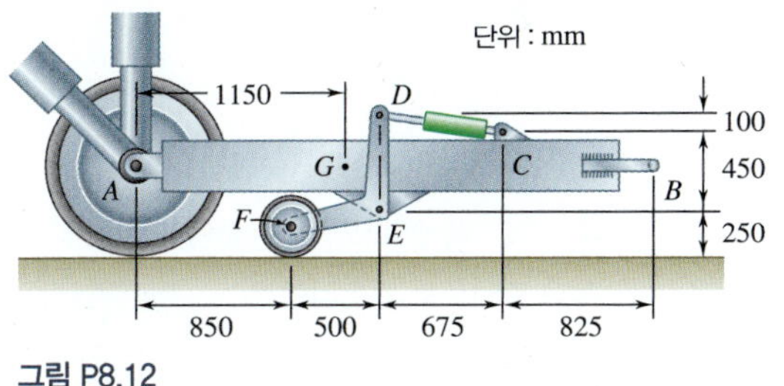

그림 P8.12

8.13 나무부재인 A와 B가 접촉하는 면에 접착제를 완전히 바른 합판 연결판으로 연결되어야 한다. 조인트joint 설계의 일부로 부재 끝단 사이의 간격이 8 mm라는 것을 알 때, 접착제의 평균 전단응력이 800 kPa을 넘지 않도록 하는 가장 작은 허용길이 L을 구하시오.

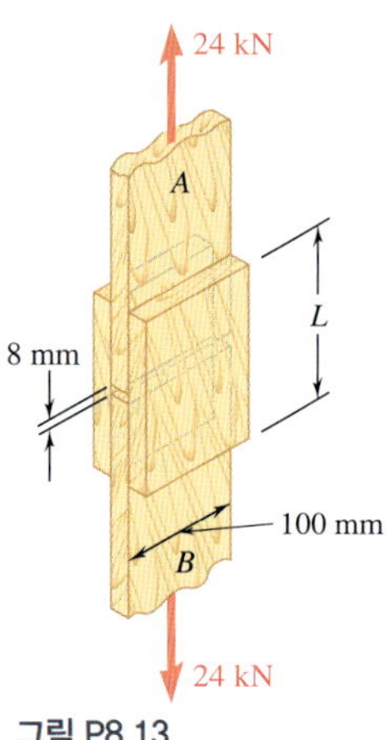

그림 P8.13

8.14 두께가 $t=5$ mm인 알루미늄 막에 지름이 $d=20$ mm인 구멍을 내려면 크기 50 kN의 힘 **P**가 필요하다. 이때 알루미늄이 파괴될 때의 평균 전단응력을 구하시오.

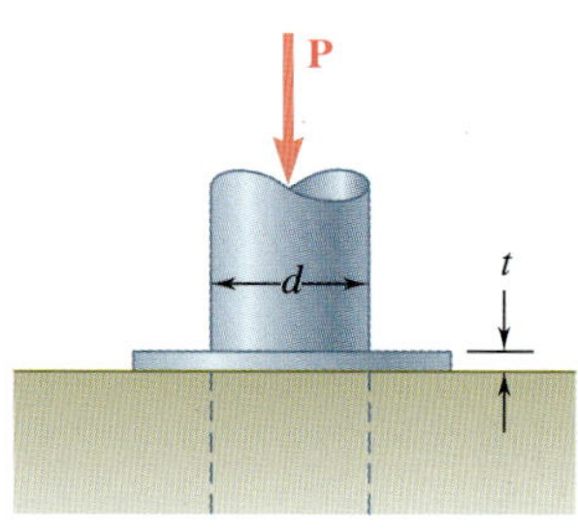

그림 P8.14

8.15 각각 두께 2 in., 폭 9 in.인 나무 플랭크 두 개가 그림과 같은 마른 격자 조인트로 연결되어 있다. 평균 전단응력이 1.20 ksi에 이르면 사용된 나무가 결을 따라 전단파괴 된다. 이때 조인트가 파괴되게 하는 축하중 **P**의 크기를 구하시오.

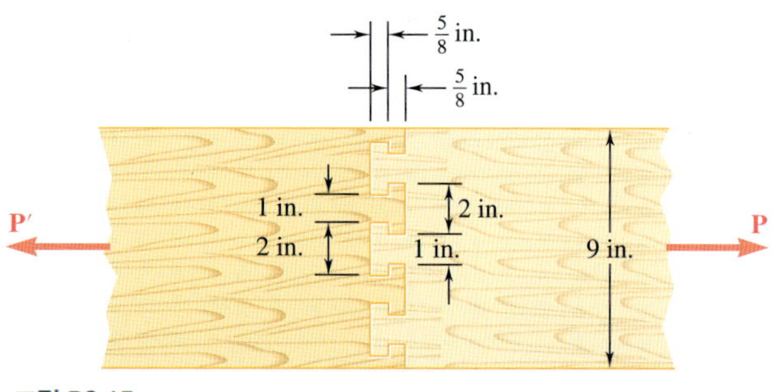

그림 P8.15

8.16 그림과 같이 지름 0.6 in.의 구멍이 뚫린 알루미늄판의 지지를 받는 강재 봉에 하중 **P**가 걸려 있다. 전단응력이 강재 봉에서는 18 ksi를 넘을 수 없고, 알루미늄판에서는 10 ksi를 넘을 수 없다. 이때 봉에 가할 수 있는 가장 큰 하중 **P**를 구하시오.

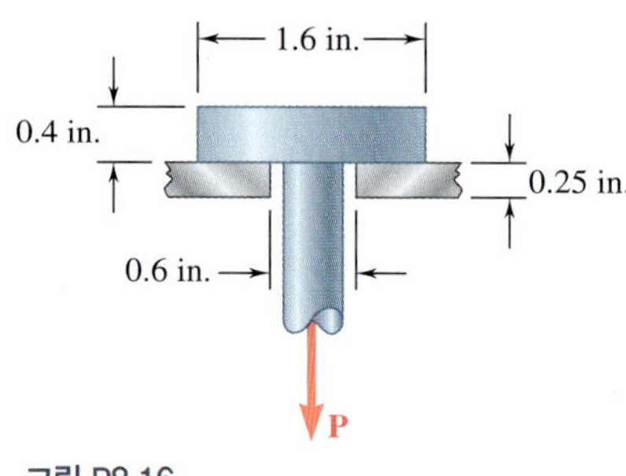

그림 P8.16

8.17 그림과 같이 축하중 **P**가 단면적 $A=11.7\ \text{in}^2$인 짧은 W8×40 기둥의 지지를 받으며 정사각형 판에 의해 콘크리트 기초로 분포되어 있다. 기둥의 평균 수직응력이 30 ksi를 넘어서지 못하고 콘크리트 기초의 지압응력이 3.0 ksi를 넘어서지 못한다. 이때 가장 경제적이고 안전한 설계를 제공하는 판의 측면 치수 a를 구하시오.

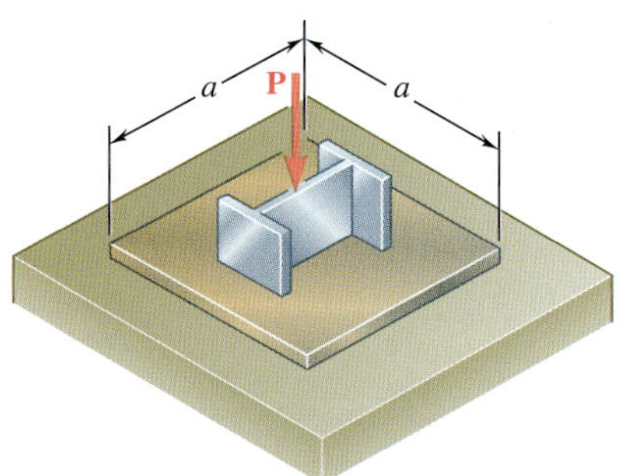

그림 P8.17

8.18 그림과 같은 팀버timber 보를 지지하는 기둥의 축력은 $P=20$ ksi이다. 만약 팀버의 지압응력이 400 psi를 넘어설 수 없다면, 지압판의 허용 가능한 최소길이 L을 구하시오.

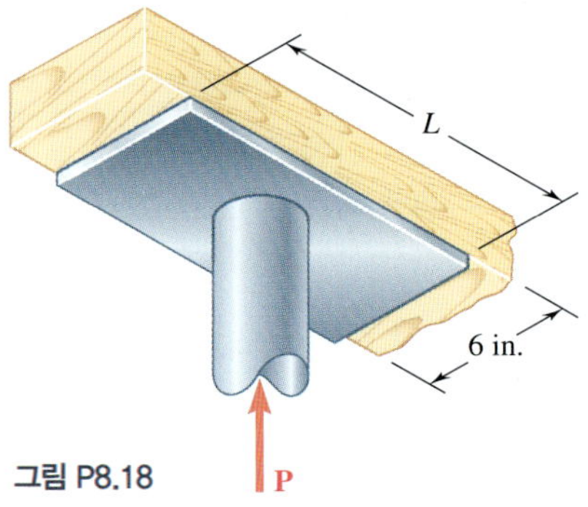

그림 P8.18

8.19 기둥을 만들기 위해 세 개의 나무판자를 일련의 볼트로 묶었다. 각 볼트의 지름은 12 mm이고, 각 워셔의 내부 지름은 16 mm인데, 이것은 판자에 있는 구멍의 지름보다 조금 크다. 볼트의 평균 수직응력이 36 MPa이고 워셔와 판자 사이의 지압응력은 8.5 MPa를 넘을 수 없다. 이때 워셔의 허용 가능한 가장 작은 바깥 지름 d를 구하시오.

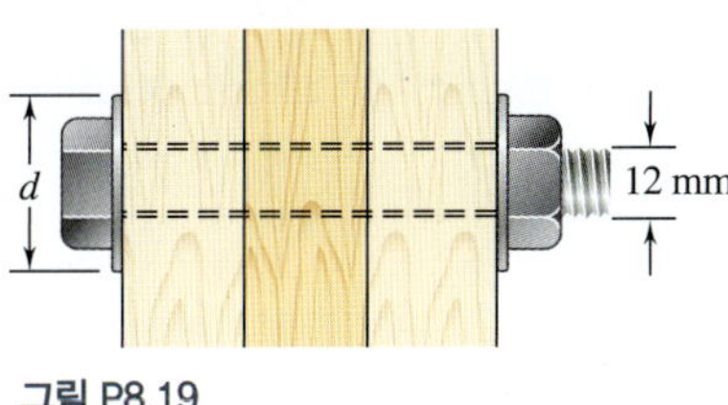

그림 P8.19

8.20 수평보의 끝을 지지하기 위해 폭 $b = 50$ mm, 두께 $t = 6$ mm인 링크 AB가 사용되었다. 링크의 평균 수직응력이 -140 MPa, 두 핀 각각의 평균 전단응력이 80 MPa이다. 이때 (a) 핀의 지름 d, (b) 링크의 평균 지압응력을 구하시오.

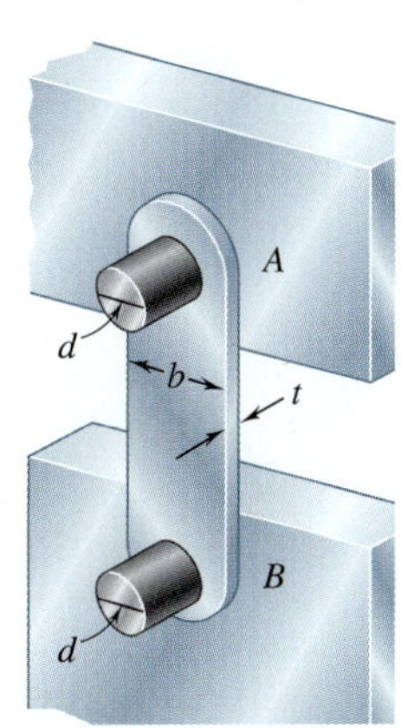

그림 P8.20

8.21 [문제 8.8]의 결합체와 하중에 대해 (a) 핀의 C에서의 평균 전단응력, (b) 부재 BC의 C에서의 평균 지압응력, (c) 부재 BC의 B에서의 평균 지압응력을 구하시오.

8.22 부분적으로 봉 DE의 위치를 제어하는 유압 실린더 CF가 그림과 같은 위치에서 잠겼다. 부재 BD는 두께 $\frac{5}{8}$ in.이고 지름 $\frac{3}{8}$ in.인 볼트로 수직 봉에 연결되어 있다. (a) 볼트의 평균 전단응력, (b) 부재 BD의 C에서의 지압응력을 구하시오.

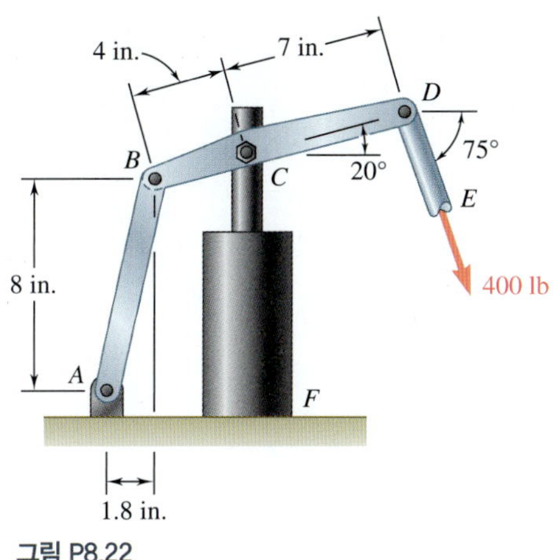

그림 P8.22

8.23 그림과 같은 페달의 연결부 C에 지름 6 mm의 핀이 사용되었다. $P = 500$ N일 때 (a) 핀의 평균 전단응력, (b) C에서 페달의 공칭 지압응력, (c) C에서 각 지지 브라켓의 공칭 지압응력을 구하시오.

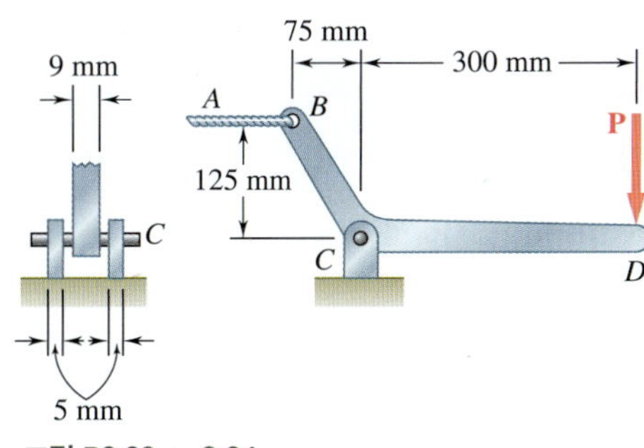

그림 P8.23 ~ 8.24

8.24 그림과 같은 페달에 크기 750 N인 힘 **P**가 작용한다. 이때 (a) 핀의 평균 전단응력이 40 MPa이 되는 C에서의 핀의 지름, (b) 그것에 해당하는 페달의 C에서의 평균 지압응력, (c) 그것에 해당하는 C에서 각 지지 브라켓의 지압응력을 구하시오.

8.2 축하중 상태에서 경사면의 응력

2력 부재(그림 8.25a)에 축력이 가해지면 그 부재에 수직응력을 발생시켰고(그림 8.25b), 볼트와 핀(그림 8.26a)에 가해진 횡하중은 그 연결부에 전단응력을 발생시켰다(그림 8.26b). 축력과 수직응력 사이, 횡하중과 전단응력 사이의 관계가 관찰되었는데, 부재나 연결부의 축방향에 수직인 평면에 대해서만 결정된 응력에 대한 것이다. 이 절에서는 부재의 축에 수직이 아닌 평면 위에서의 수직응력과 전단응력을 알아볼 것이다. 비슷하게, 볼트나 핀에 가해지는 횡방향 힘은 볼트나 핀의 축에 수직이 아닌 평면에 수직응력과 전단응력을 발생시킨다.

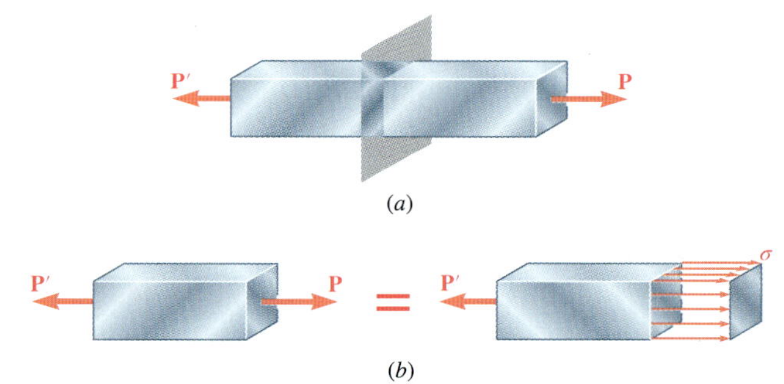

그림 8.25 2력 부재에 작용하는 축방향 힘 (a) 하중 재하 점에서 먼 곳에서 부재에 수직인 단면 (b) 도심에 작용하는 합력의 동등한 힘 다이어그램 모델과 균일 수직응력

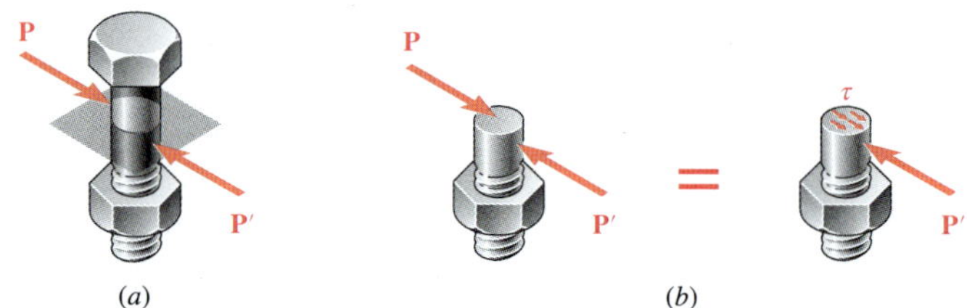

그림 8.26 (a) 볼트에 수직인 단면 평면을 가지는 단일전단 조인트로부터의 볼트 다이어그램 (b) 단면 도심에 작용하는 합력의 동등한 힘 다이어그램 모델과 균일한 평균 전단응력

축력 **P**와 **P**′을 받는 [그림 8.25]의 2력 부재를 고려해보자. 수직 평면과 각 θ를 만드는 단면을 자르고(그림 8.27a) 단면의 왼쪽에 있는 부재의 일부에 대한 자유물체도를 그리면(그림 8.27b), 정적평형에 의해 단면에 작용하는 분포하중은 힘 **P**와 동등해야 한다.

P를 성분인 **F**와 **V**로 분해하면, 각 단면에 수직이고 접선방향이므로(그림 8.27c)

$$F = P\cos\theta, \qquad V = P\sin\theta \tag{8.8}$$

이다. 힘 **F**는 단면에 분포된 수직 힘의 합력을 나타내고, 힘 **V**는 전단방향 힘의 합력이다(그림 8.27d). 그에 해당하는 수직과 전단응력의 평균값은 F와 V를 단면의 면적인 A_θ로 나누어서 얻는다.

$$\sigma = \frac{F}{A_\theta}, \qquad \tau = \frac{V}{A_\theta} \tag{8.9}$$

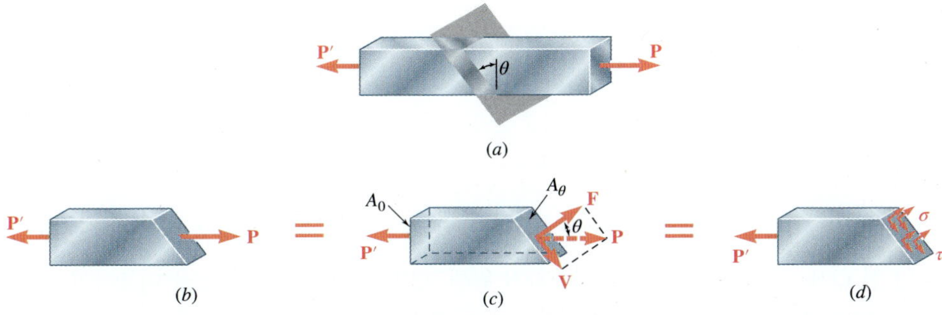

그림 8.27 2력 부재를 관통하는 경사면 (a) 부재의 수직 면에 각도 θ를 이루는 단면 (b) 내부 합력 $\mathbf{P}$를 가지는 왼쪽 단면의 자유물체도 (c) 단면 평면의 수직과 접선방향을 각각 따르는 성분 $\mathbf{F}$와 $\mathbf{V}$로 분리된 합력의 자유물체도 (d) 단면의 힘 $\mathbf{F}$와 $\mathbf{V}$가 수직응력 σ와 전단응력 τ로 표현되는 자유물체도

식 (8.9)의 F와 V 자리에 식 (8.8)을 대입하고, [그림 8.27c]에서 $A_0 = A_\theta \cos\theta$ 또는 $A_0 = A_\theta / \cos\theta$를 관찰하면(여기서 A_0는 부재의 축방향에 수직인 단면의 면적) 다음을 얻는다.

$$\sigma = \frac{P\cos\theta}{A_0/\cos\theta}, \qquad \tau = \frac{P\sin\theta}{A_0/\cos\theta}$$

또는

$$\sigma = \frac{P}{A_0}\cos^2\theta, \qquad \tau = \frac{P}{A_0}\sin\theta\cos\theta \tag{8.10}$$

식 (8.10)의 첫 번째 식에서, 수직응력 σ는 $\theta = 0$일 때 최대(즉, 단면의 평면이 부재의 축에 수직)이다. 그 값은 θ가 90°에 접근할 때 영에 가까워진다. 각도 $\theta = 0$일 때 σ의 값은 다음과 같이 구한다.

$$\sigma_m = \frac{P}{A_0} \tag{8.11}$$

식 (8.10)의 두 번째 식은 $\theta = 0$과 $\theta = 90°$에 대해 전단응력 τ가 영이라는 것을 보여준다. 각 $\theta = 45°$에 대해, 그 값은 최댓값에 도달한다.

$$\tau_m = \frac{P}{A_0}\sin 45° \cos 45° = \frac{P}{2A_0} \tag{8.12}$$

식 (8.10)의 첫 번째 식은 $\theta = 45°$일 때 수직응력 σ'도 $P/2A_0$와 같음을 나타낸다.

$$\sigma' = \frac{P}{A_0}\cos^2 45° = \frac{P}{2A_0} \tag{8.13}$$

식 (8.11), 식 (8.12), 식 (8.13)에서 얻은 결과들은 [그림 8.28]에서 도식적으로 보여준다. 동일한 하중은 단면의 방향에 따라 수직응력 $\sigma_m = P/A_0$을 생성하고 전단응력을 만들지 않거나(그림 8.28b) 같은 크기의 수직응력과 전단응력 $\sigma' = \tau_m = P/2A_0$(그림 8.28c, d)를 만들 수 있다.

(a) 축방향 하중

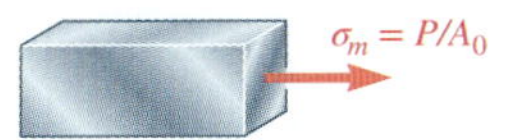

(b) $\theta = 0$에 대한 응력

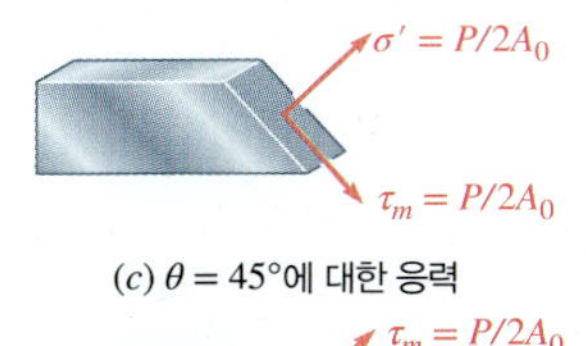

(c) $\theta = 45°$에 대한 응력

$\tau_m = P/2A_0$

$\sigma' = P/2A_0$

(d) $\theta = -45°$에 대한 응력

그림 8.28 축방향 하중에 대한 선별된 응력 결과

8.3 일반적인 하중조건에서의 응력 : 응력의 성분

이전 예제들은 축력을 받는 부재와 횡하중을 받는 연결부에 제한되었다. 대부분의 구조부재와 기계부품은 더 복잡한 하중을 받는다.

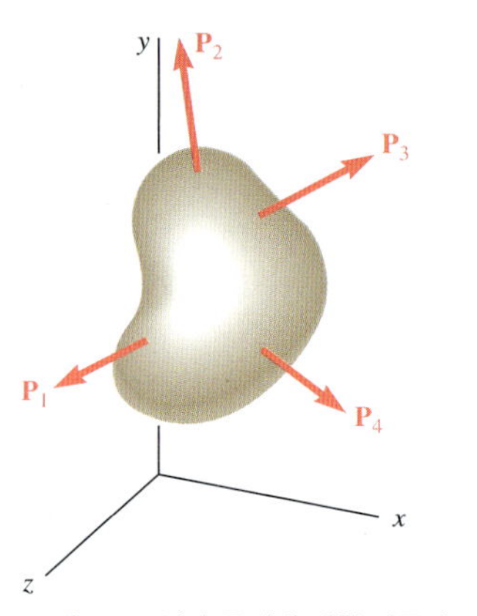

그림 8.29 일반 물체에 대한 다중하중

여러 하중 $\mathbf{P}_1$, $\mathbf{P}_2$ 등을 받는 물체body를 생각해보자(그림 8.29). 이 하중들에 의해 물체 안의 한 점 Q에 생성된 응력조건을 이해하기 위해, 평면 yz에 평행한 평면을 이용하여, 먼저 점 Q를 지나는 단면을 자른다. 단면의 왼쪽 물체 부분은 원래 하중의 일부와 단면에 분포된 수직과 전단력을 받는다. $\Delta\mathbf{F}^x$과 $\Delta\mathbf{V}^x$를 각각 사용하여, 점 Q를 둘러싼 작은 면적 ΔA에 작용하는 수직력과 전단력을 나타낸다(그림 8.30a). 위첨자 x는 힘 $\Delta\mathbf{F}^x$와 $\Delta\mathbf{V}^x$가 x축에 수직인 면 위에 작용함을 나타낸다. 수직력 $\Delta\mathbf{F}^x$는 한 방향을 가지는 것에 반하여, 전단력 $\Delta\mathbf{V}^x$는 단면 평면의 어느 방향이든 가질 수 있다. 그러므로 $\Delta\mathbf{V}^x$를 y축과 z축에 각각 평행한 $\Delta\mathbf{V}_y^x$와 $\Delta\mathbf{V}_z^x$, 두 성분의 힘으로 분리한다(그림 8.30b). 각 힘의 크기를 면적 ΔA로 나누고 ΔA를 영으로 근접시켜 [그림 8.31]에 보이는 세 개의 응력성분을 정의한다.

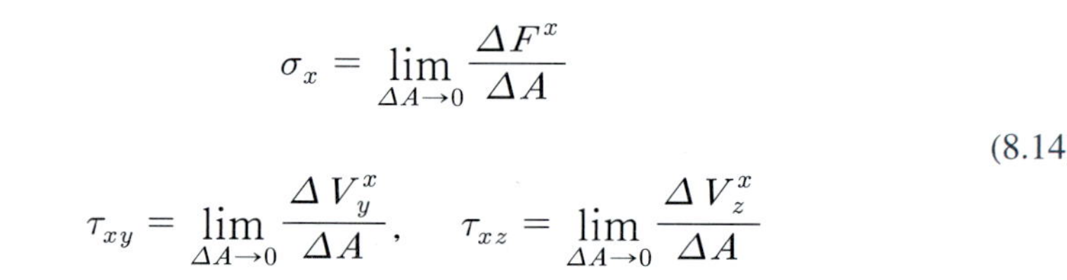

$$\sigma_x = \lim_{\Delta A \to 0} \frac{\Delta F^x}{\Delta A}$$

$$\tau_{xy} = \lim_{\Delta A \to 0} \frac{\Delta V_y^x}{\Delta A}, \qquad \tau_{xz} = \lim_{\Delta A \to 0} \frac{\Delta V_z^x}{\Delta A} \tag{8.14}$$

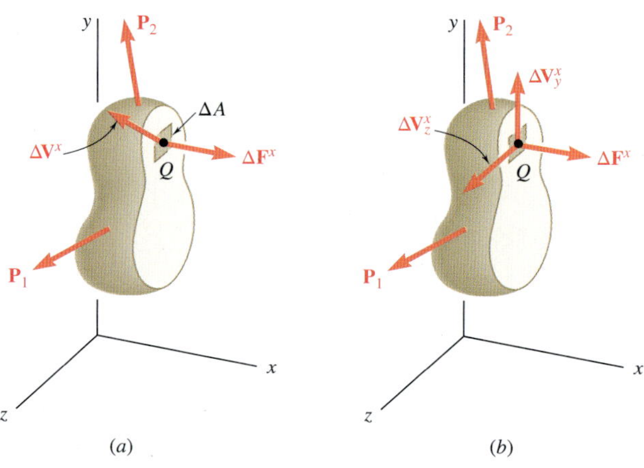

그림 8.30 (a) 점 Q의 작은 면적 ΔA에 작용하는 합 전단력과 수직력 $\Delta\mathbf{V}^x$와 $\Delta\mathbf{F}^x$
(b) 좌표 방향들로 분리된 ΔA 위의 힘들

응력 σ_x, τ_{xy}, τ_{xz}에서 첫 번째 아래첨자는 응력이 x축에 수직인 면에서 작용하는 것을 나타내기 위해 사용되었다. 응력 τ_{xy}와 τ_{xz}의 두 번째 아래첨자는 성분의 방향을 알려준다. 수직응력 σ_x는 해당하는 화살이 양의 x방향이면 양의 값이고(즉, 물체가 인장을 받는 상태), 그렇지 않으면 음의 값이다. 마찬가지로, 전단응력 τ_{xy}와 τ_{xz}는 해당하는 화살이 각각 양의 y방향과 z방향을 가리키면 양의 값이다.

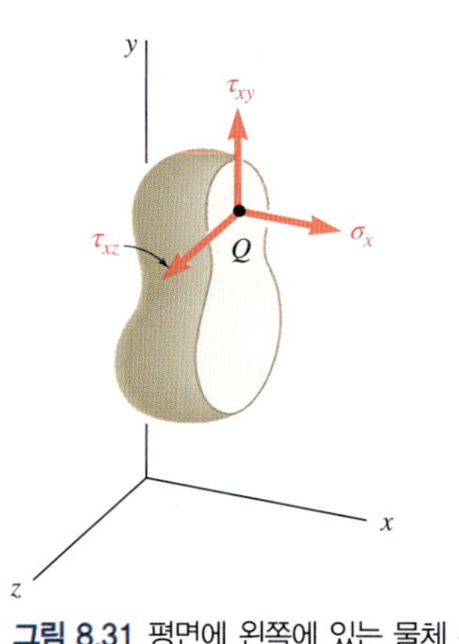

그림 8.31 평면에 왼쪽에 있는 물체 위의 점 Q에서의 응력성분

이러한 해석은 점 Q를 지나는 수직 평면의 오른쪽에 있는 물체의 일부를 고려해서도 수행할 수 있다(그림 8.32). 수직력과 전단력 $\Delta\mathbf{F}^x$, $\Delta\mathbf{V}_y^x$, $\Delta\mathbf{V}_z^x$에 대해 크기는 같고 방향은 반대인 힘을 얻을 수 있다. 그러므로 해당하는 응력성분에 대해 같은 값을 얻는다. 그러나 [그림 8.32]의 단면은 이제 음의 x축 방향을 향하므로, σ_x의 양의 부호는 해당하는 화살이 음의 x방향으로 향한다는 것을 나타낸다. 마찬가지로, [그림 8.32]에 보이는 것처럼, τ_{xy}와 τ_{xz}에 대한 양의 부호는 해당하는 화살이 음의 y와 z방향을 향한다는 것을 나타낸다.

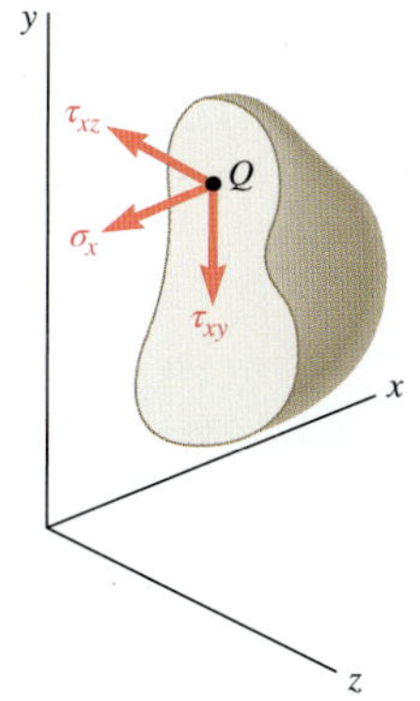

그림 8.32 평면의 오른쪽에 있는 물체 위의 점 Q에서의 응력성분

평면 zx에 평행이면서 점 Q를 지나는 단면을 잘라서, 응력성분 σ_y, τ_{yz}, τ_{yx}를 정의한다. 이제 평면 xy에 평행이면서 점 Q를 지나는 단면은 성분 σ_z, τ_{zx}, τ_{zy}를 만든다.

점 Q에서 응력의 상태는 변의 길이 a이고 중심이 Q에 있는 작은 큐브(정육면체) 위에서 보일 수 있는데, 변들은 좌표축에 평행하거나 수직이다(그림 8.33). 보이는 응력성분들은 σ_x, σ_y, σ_z이다. 이 응력들은 각각 x, y, z축에 수직인 면에서의 수직응력들과, 여섯 개의 전단응력성분들 τ_{xy}, τ_{xz} 등을 나타낸다. 응력 τ_{xy}가 x축에 수직인 평면에 작용하는 전단응력의 y방향 성분임을 기억한다. 한편, τ_{yx}는 y축에 수직인 면에 작용하는 전단응력의 x성분을 나타낸다. [그림 8.33]에서 큐브의 세 개의 면만 보인다는 사실과 크기는 같고 방향이 반대인 응력성분들은 보이지 않는 면에서 작용하고 있다. 큐브의 면에 작용하는 응력이 점 Q에서의 응력과 약간 다르지만, 포함된 오차는 작고, 큐브의 한 변이 영으로 근접하면 사라진다.

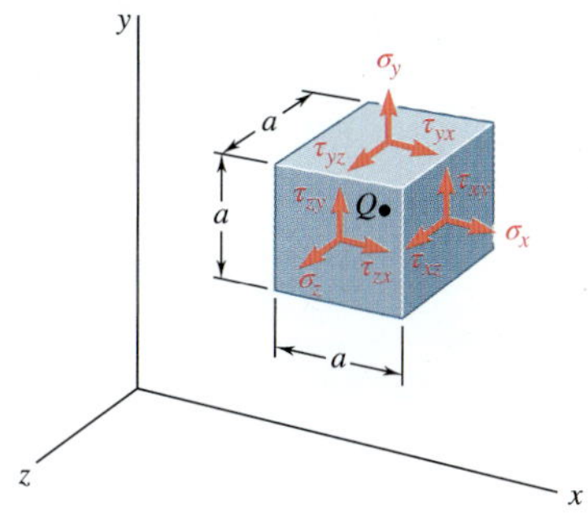

그림 8.33 점 Q에서의 양의 응력성분

전단응력성분 점 Q에 중심을 둔 작은 큐브의 자유물체도를 고려한다 (그림 8.34). 큐브의 여러 면에 작용하는 수직과 전단력들은 대응되는 응력성분과 각 면의 면적 ΔA를 곱해서 얻는다. 다음 세 개의 평형방정식을 보자.

$$\Sigma F_x = 0, \quad \Sigma F_y = 0, \quad \Sigma F_z = 0 \tag{8.15}$$

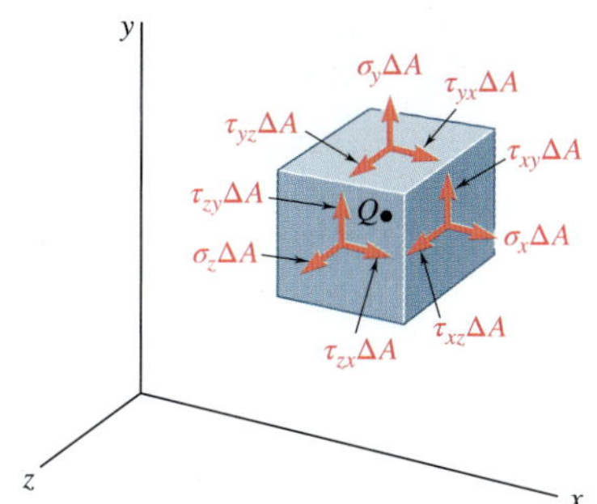

그림 8.34 일반적인 응력의 상태로부터 야기된 점 Q에 있는 작은 요소 위의 양의 합력

[그림 8.34]에 실제로 보이는 힘과 크기가 같고 방향이 반대인 힘들이 큐브의 숨겨진 면에서 작용하기 때문에 식 (8.15)를 만족한다. 점 Q로부터 그려진, x, y, z축 방향에 평행인 x', y', z'축에 대한 힘의 모멘트를 고려하면, 세 개의 추가적인 방정식은 다음과 같다.

$$\Sigma M_{x'} = 0, \quad \Sigma M_{y'} = 0, \quad \Sigma M_{z'} = 0 \tag{8.16}$$

평면 $x'y'$에 대한 투영projection을 사용하여(그림 8.35), z축에 대한 힘의 모멘트가 영이 아닌 힘만이 전단력이다. 이 힘들은 두 개의 우력을 형성한다. 하나는 반시계방향(양의) 모멘트 $(\tau_{xy}\Delta A)a$이고 다른 하나는 시계방향(음의) 모멘트 $-(\tau_{yx}\Delta A)a$이다. 식 (8.16)의 마지막으로부터, 다음을 얻을 수 있다.

$$+\circlearrowleft \Sigma M_z = 0 : (\tau_{xy}\Delta A)a - (\tau_{yx}\Delta A)a = 0$$

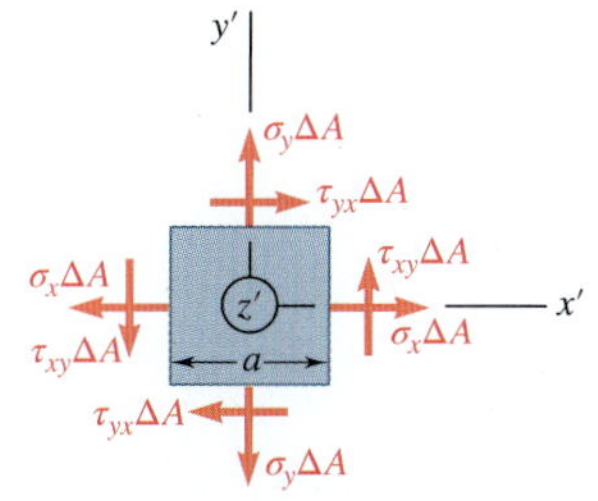

그림 8.35 z'축에 수직인 투영된 평면에서 본 점 Q에 있는 작은 요소의 자유물체도. 양의 z'면과 음의 z'면(보이지 않는)의 합력은 z'축을 따라서 작용한다. 그러므로 그 축에 대한 모멘트에는 기여하지 않는다.

이로부터 다음을 유도한다.

$$\tau_{xy} = \tau_{yx} \tag{8.17}$$

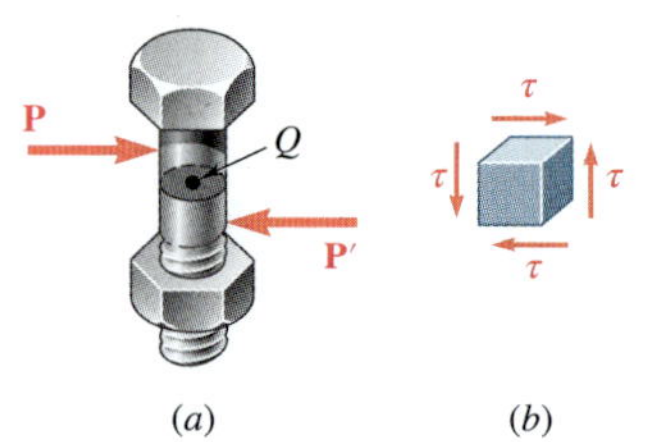

그림 8.36 (a) 점 Q가 중심에서 정해진 단일전단 볼트 (b) 점 Q에서의 순수 전단 응력요소

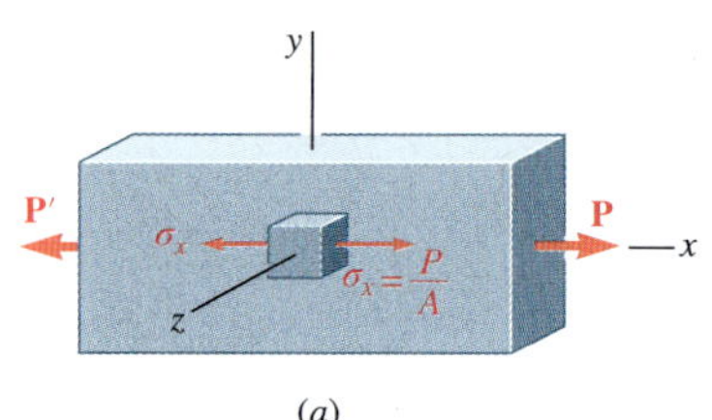

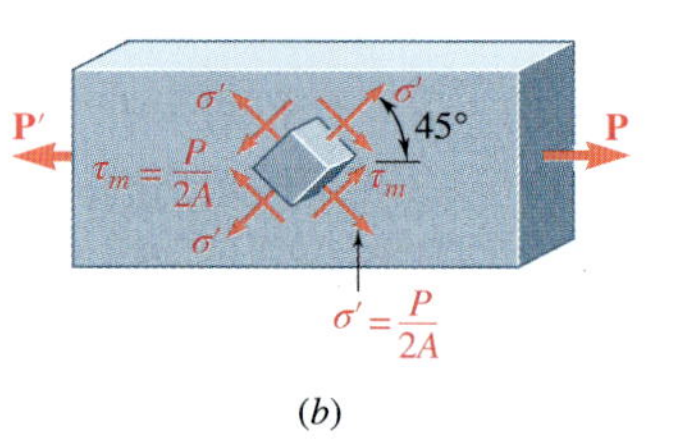

그림 8.37 응력요소의 방향을 바꾸면 같은 응력상태에 대해 다른 응력성분을 생산한다. 이것은 14장에서 자세히 다룬다.

이 관계는 x축에 수직인 면에 작용하는 전단응력의 y성분은 y축에 수직인 면에 작용하는 전단응력의 x성분과 같다. 식 (8.16)의 나머지 부분으로 다음을 유도한다.

$$\tau_{yz} = \tau_{zy} \quad , \quad \tau_{zx} = \tau_{xz} \tag{8.18}$$

식 (8.17)과 식 (8.18)로부터, 주어진 점 Q에 대한 응력의 상태를 정의하기 위해 처음에 가정한 아홉 개 대신에 여섯 개의 응력성분만 필요하다는 결론을 얻는다. 이 성분들은 σ_x, σ_y, σ_z, τ_{xy}, τ_{yz}, τ_{zx}이다. 주어진 점에서 전단이 하나의 평면에서만 일어날 수는 없다. 하나의 같은 크기의 전단응력은 첫 번째 평면에 수직인 또 다른 평면에도 작용해야 한다. 예를 들어, [그림 8.26]의 볼트와 중심 Q에 있는 작은 큐브를 생각하면(그림 8.36a), 같은 크기의 전단응력이 큐브의 두 수평면에 작용하고 힘 **P**와 **P**′에 수직인 두 면에 작용해야 한다(그림 8.36b).

축방향 하중 축방향 하중을 받는 부재를 생각해보자. 면이 각각 부재의 면과 평행한 작은 큐브를 고려하고, 8.2절에서 얻는 결과를 기억하면, 부재의 응력상태는 [그림 8.37a]와 같이 나타낼 수 있다. 부재의 유일한 응력은 x축에 수직인 큐브의 면에 작용하는 수직응력이다. 그러나 만약 작은 큐브가 z축에 대해 45° 회전하여, 그 새로운 방향이 [그림 8.28c]와 [그림 8.28d]에서 고려한 단면의 방향과 일치하면, 같은 크기의 수직응력과 전단응력이 큐브의 네 면에 작용한다(그림 8.37b). 따라서 고려하는 요소의 방향에 따라, 같은 하중조건이라도 주어진 점에서의 응력상태에 따라 다른 해석이 가능하다. 이에 대해서는 14장에서 더 알아볼 것이다.

8.4 설계의 고려사항

공학 문제에서 응력의 계산은 그 자체로 끝나는 일이 거의 없다. 공학자는 응력에 대한 지식을 안전하고 경제적으로 특정 역할을 수행하는 구조물과 기계를 설계하는 데 사용하기 때문이다.

8.4.1 재료의 극한강도 결정

설계자가 고려해야 하는 중요한 요소는 하중을 받을 때 재료가 어떻게 거동하는가이다. 이것은 준비된 재료 시편을 이용한 특정한 시험을 통해 알 수 있다. 예를 들어, 강재의 시험 시편은 도심에 작용하는 인장력을 가하기 위해 연구실 시험기계에 놓여서 준비된다(9.1.2절에서 살펴볼 것이다). 힘의 크기가 증가함에 따라 길이와 지름과 같은 여러 가지 치수의 변화가 측정된다. 마침내 시편에 적용될 수 있는 가장 큰 힘에 도달하면, 시편은 부서지거나 더 작은 하중을 받기 시작한다. 이 가장 큰 힘을 극한하중이라 하며, P_U로 표기한다. 하중이 중심에 작용하므로, 재료의 극한 수직응력을 얻으려면 극한하중을 원래 봉의 단면적으로 나누어야 한다. 이 응력을 인장에 대한 극한강도라고 한다.

$$\sigma_U = \frac{P_U}{A} \tag{8.19}$$

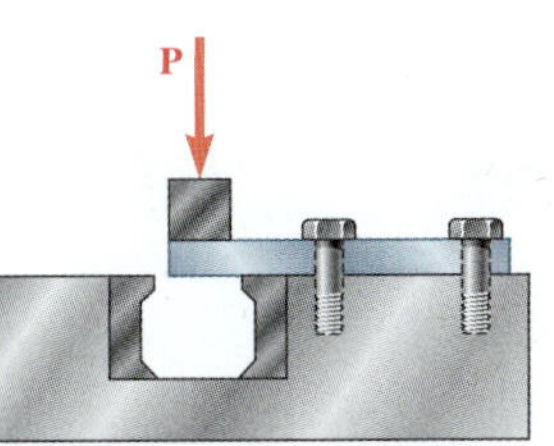

그림 8.38 단일전단 시편 시험

극한 전단응력 또는 전단에서의 극한강도를 결정하기 위한 몇 가지의 시험 과정이 있다. 가장 흔하게 사용되는 과정에는 원형 튜브를 비트는 것도 포함한다(10.2절). 더 직접적이지만 대신 정확도는 약간 떨어지는 과정은 전단 도구에서 직사각형 또는 원형의 바를 집게로 고정하고(그림 8.38) 단일전단에 대한 극한하중 P_U를 얻을 때까지 증가하는 P를 적용하는 것이다. 만약 시편의 자유단이 단단한 다이의 양쪽에 놓일 때, 이중전단에 대한 극한하중이 얻을 수 있다. 두 경우에 모두 극한 전단응력 τ_U는 다음과 같다.

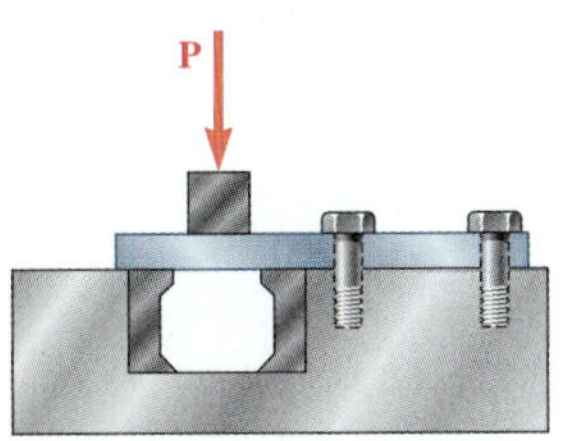

그림 8.39 이중전단 시편 시험

$$\tau_U = \frac{P_U}{A} \tag{8.20}$$

단일전단에서는 이 면적이 시편의 단면적 A이고, 이중전단에서는 이 면적이 단면적의 두 배이다.

8.4.2 허용하중과 허용응력 : 안전계수

일반적인 조건에서 구조부재나 기계요소가 받을 수 있는 최대하중은 극한하중보다 상당히 작다. 이때 더 작은 하중이 허용하중이다(사용하중working load 또는 설계하중design load으로도 불린다). 그러므로 허용하중이 재하되었을 때, 부재의 극한하중 용량의 일부만이 사용된다. 부재의 하중 지지력 중 남은 부분은 안전한 거동을 보장하기 위해 예비로 보관된다. 극한하중과 허용하중의 비가 안전계수이다.[3]

3 항공공학에서 안전계수 대신 안전마진 the margin of safety을 사용한다. 안전마진은 안전계수에서 1을 뺀 값이다. 즉, 안전마진 =F.S −1.00이다.

$$\text{안전계수} = F.S. = \frac{\text{극한하중}}{\text{허용하중}} \tag{8.21}$$

안전계수의 또 다른 정의는 응력의 사용에 기초한다.

$$\text{안전계수} = F.S. = \frac{\text{극한응력}}{\text{허용응력}} \tag{8.22}$$

두 식은 하중과 응력 사이에 선형관계가 존재하면 완전히 같다. 그러나 대부분의 공학 문제에서 이 관계는 하중이 극한값으로 접근하면 선형이 아니게 된다. 따라서 식 (8.22)에서 얻은 안전계수는 주어진 설계의 안전성에 대해서는 제대로 된 평가가 되지 못한다. 그럼에도 불구하고 식 (8.22)의 사용에 기초한 허용응력 설계법은 널리 사용된다.

8.4.3 안전계수 선택

사용할 안전계수를 선택하는 것은 가장 중요한 공학 실무 중 하나이다. 만약 안전계수가 너무 작으면 파괴 확률이 수용할 수 없게 커진다. 반대로 안전계수가 불필요하게 크면 그 설계는 경제적이지 않거나 기능적이지 못한 것이다.

주어진 설계 문제에 대한 안전계수의 선택은 많은 고려사항에 근거한 공학적 판단을 요구한다.

1. **부재의 성질에서 일어날 수 있는 변화** 부재의 구성, 강도, 치수는 모두 제작 과정에서 작은 변화를 겪는다. 그리고 제작, 저장, 운송, 건설 도중에 일어날 수 있는 가열이나 변형으로 물성이 바뀌고 잔류응력이 발생할 수 있다.
2. **구조물 또는 기계의 생애 동안 예상되는 하중의 수** 대부분의 재료에서 하중 반복횟수가 늘어나면 극한응력이 줄어든다. 이 현상은 피로fatigue라고 하며, 만약 무시하면 갑작스러운 파괴로 이어질 수 있다(9.1.5절 참조).
3. **설계 과정에서 계획되었거나 미래에 일어날 수 있는 하중 종류** 완전한 정확도를 가진 하중은 거의 없다. 대부분의 설계하중은 공학적 추정이다. 게다가, 미래에 변경되거나 사용법에 변화가 일어나면 실제 하중의 변경을 유도할 수 있다. 동적, 반복적, 충격하중에는 더 큰 안전계수가 요구된다.
4. **파괴의 종류** 일반적으로 취성 재료는 갑자기 파괴되며, 붕괴가 임박했다는 사전 조짐이 없다. 그러나 구조용 강재 같은 연성 재료는 과하중이 있다는 경고로, 파괴되기 전에 항복이라고 부르는 상당한 변형이 발생한다. 대부분의 좌굴 또는 안정성 파괴는 재료가 취성이든 아니든 갑작스럽다. 갑작스러운 파괴의 가능성이 존재하면, 분명한 경고 신호가 선행할 때보다 더 큰 안전계수를 사용해야 한다.
5. **해석방법으로 인한 불확실성** 모든 설계법은 계산된 응력이 실제 응력의 근삿값이 되는 특정한 단순화 가정에 근거한다.
6. **유지관리 부족과 막을 수 없는 자연적 원인으로 발생하는 열화** 부식을 제어하거나 발견하기 어려운 조건의 장소에서는 더 큰 안전계수가 필요하다.
7. **주어진 부재의 전체 구조물의 완전성에 대한 중요도** 많은 경우에 브레이싱과 2차 부재들은 주 부재들에 사용되는 안전계수보다는 더 낮은 안전계수로 설계될 수 있다.

이러한 고려사항 외에도 파괴로 인한 생명과 재산에 대한 위험의 우려가 있다. 파괴가 생명에 대한 위험은 초래하지 않고 재산에 대한 최소한의 위험만 발생시키는 경우에더 작은 안전계수를 사용할 수 있다. 마지막으로, 적절한 안전계수를 사용하는 신중한 설계를 사용하지 않으면 구조물이나 기계는 그 기능을 제대로 수행하지 못할 수도 있다. 예를 들어, 높은 안전계수가 오히려 비행기의 무게가 감당하지 못하는 영향을 줄 수 있다.

많은 구조와 기계 문제에서 안전계수는 전문 모임, 산업계, 국가, 주, 또는 시 관련자와 함께 일하는 숙련된 공학자의 위원회가 작성한 설계지침 또는 건축시방서에 지정되어 있다. 그러한 설계지침과 건축시방서의 예시는 다음과 같다.

1. **강재** 미국 강구조 건설협회, 구조용 강구조 빌딩을 위한 지침
2. **콘크리트** 미국 콘크리트 협회, 구조용 콘크리트를 위한 건축시방서 요구사항
3. **목재** 미국 산림 및 제지협회, 목재 건설을 위한 국가 설계지침
4. **고속도로 교량** 미국 주도로 교통행정관협회, 고속도로 교량을 위한 표준지침

8.4.4 하중과 저항성 계수 설계

허용응력법은 구조물 또는 기계요소의 설계와 관련된 모든 불확실성이 하나의 안전계수로 모이는 것을 요구한다. 대체 설계법을 사용하면 구조물의 강도와 그것이 지지하도록 설계된 하중과 관련된 불확실성을 구별할 수 있다. 하중과 저항성 계수 설계법(LRFD) Load and Resistance Factor Design 이라고 불리는 이 방법은 설계자가 활하중 P_L(즉, 구조물의 지지를 받는 능동적 또는 시간에 따라 변하는 하중)과 사하중 P_D(즉, 전체 하중에 포함되는 구조물의 하중)을 구별할 수 있도록 한다. LRFD법을 사용할 때, 구조물의 극한하중(즉, 구조물을 사용할 수 없게 되는 하중) P_U가 결정되어야 한다. 제안된 설계는 다음의 부등식을 만족해야 한다.

$$\gamma_D P_D + \gamma_L P_L \leq \phi P_U \tag{8.23}$$

계수 ϕ는 저항계수인데, 구조물 자체와 관계된 불확실성을 설명한다. 보통 1보다 작은 값을 가진다. 계수 γ_D와 γ_L은 하중계수이다. 이들은 사하중, 활하중과 관계된 불확실성을 설명한다. 보통 1보다 큰 값을 가지며, γ_L이 일반적으로 γ_D보다 크다. 이 책에서는 허용응력법을 사용한다.

예제 8.3

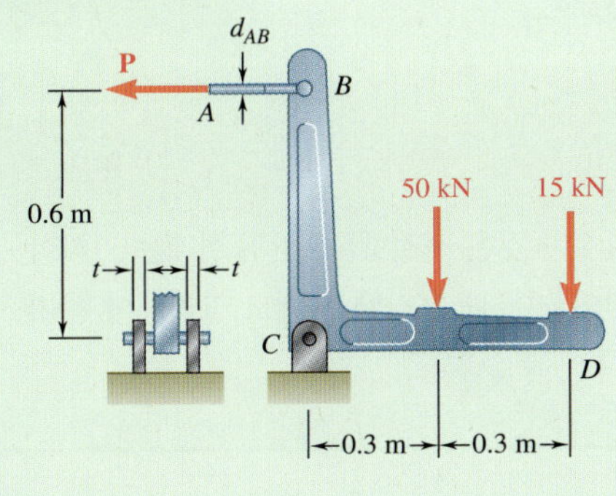

그림과 같이 브라켓 BCD에 두 개의 하중이 걸려 있다.

(a) 제어봉 AB가 600 MPa의 극한 수직응력을 가지는 강재로 만들어졌다. 이때 파괴에 대한 안전계수가 3.3이 되도록 하는 봉의 지름을 구하시오.

(b) C의 핀은 350 MPa의 극한 전단응력을 가지는 강재로 만들어졌다. 핀 C의 전단에 대한 안전계수가 3.3이 되도록 하는 지름을 구하시오. (c) 강재의 허용 지압응력이 300 MPa일 때, C에 있는 브라켓 지지대에 요구되는 두께를 구하시오.

문제분석 브라켓의 자유물체를 고려하여 힘 **P**와 C의 반력을 구한다. 그 결과로 발생한 힘들은 요구되는 치수를 얻기 위해, 안전계수로 계산한 허용응력과 함께 사용한다.

모델링 브라켓(그림 1)과 C에 있는 핀(그림 2)의 자유물체도를 그린다.

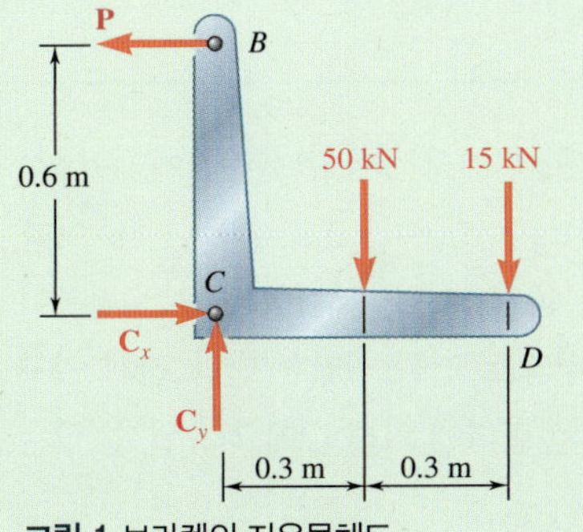

그림 1 브라켓의 자유물체도

풀이

자유물체 : 전체 브라켓 [그림 1]을 사용하여, C에서의 반력은 그 성분인 $\mathbf{C}_x$와 $\mathbf{C}_y$로 나타낸다.

$$+\circlearrowleft \Sigma M_C = 0 : \ P(0.6\text{ m}) - (50\text{ kN})(0.3\text{ m}) - (15\text{ kN})(0.6\text{ m}) = 0$$

$$P = 40\text{ kN}$$

$$\Sigma F_x = 0 : \ C_x = 40\text{ kN}$$

$$\Sigma F_y = 0 : \ C_y = 65\text{ kN}, \qquad C = \sqrt{C_x^2 + C_y^2} = 76.3\text{ kN}$$

a. 제어봉 AB 안전계수가 3.3이므로 허용응력은 다음과 같다.

$$\sigma_{\text{all}} = \frac{\sigma_U}{F.S.} = \frac{600\text{ MPa}}{3.3} = 181.8\text{ MPa}$$

힘 $P = 40$ kN에 대해 요구되는 단면적은 다음과 같다.

$$A_{\text{req}} = \frac{P}{\sigma_{\text{all}}} = \frac{40 \text{ kN}}{181.8 \text{ MPa}} = 220 \times 10^{-6} \text{ m}^2$$

$$= \frac{\pi}{4} d_{AB}^2 = 220 \times 10^{-6} \text{ m}^2$$

$d_{ab} = 16.74$ mm ◀

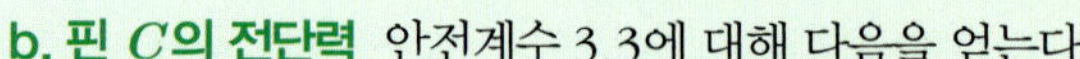

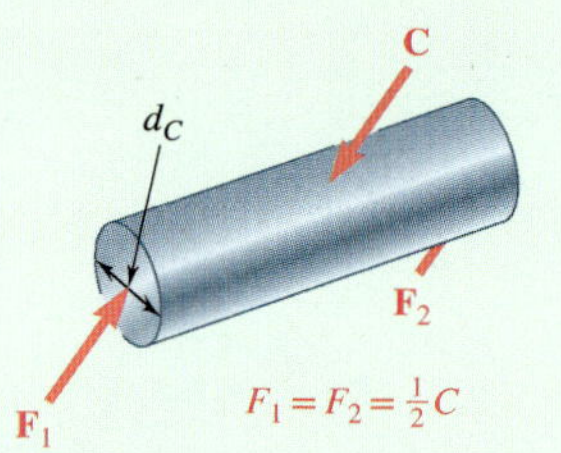

그림 2 점 C에 있는 핀의 자유물체도

b. 핀 C의 전단력 안전계수 3.3에 대해 다음을 얻는다.

$$\tau_{\text{all}} = \frac{\tau_U}{F.S.} = \frac{350 \text{ MPa}}{3.3} = 106.1 \text{ MPa}$$

[그림 2]에서 보이는 것처럼, 핀은 이중전단을 받는다.

$$A_{\text{req}} = \frac{C/2}{\tau_{\text{all}}} = \frac{(76.3 \text{ kN})/2}{106.1 \text{ MPa}} = 360 \text{ mm}^2$$

$$A_{\text{req}} = \frac{\pi}{4} d_C^2 = 360 \text{ mm}^2, \quad d_C = 21.4 \text{ mm}$$

사용 : $d_C = 22$ mm ◀

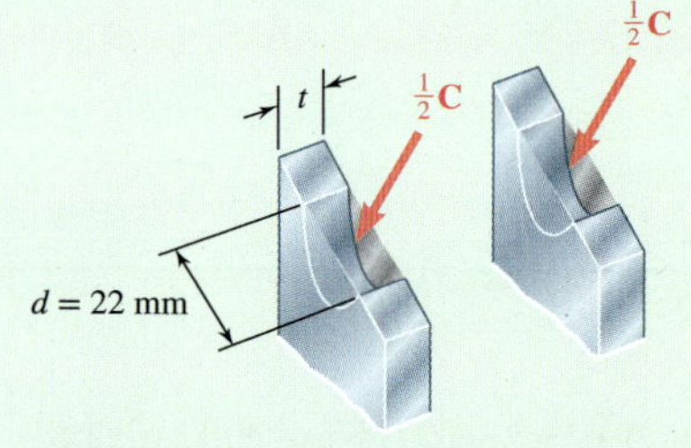

그림 3 점 C에 있는 브라켓 지지대의 지압하중

c. C에서의 지압응력 지름 $d = 22$ mm를 사용하면 각 브라켓의 공칭 지압면적은 $22t$이다. [그림 3]으로부터 각 브라켓이 지지하는 하중은 $C/2$이고 허용 지압응력은 300 MPa이다.

$$A_{\text{req}} = \frac{C/2}{\sigma_{\text{all}}} = \frac{(76.3 \text{ kN})/2}{300 \text{ MPa}} = 127.2 \text{ mm}^2$$

따라서 다음을 얻는다.

$$22t = 127.2, \qquad t = 5.78 \text{ mm}$$

사용 : $t = 6$ mm ◀

고찰 핀 C를 먼저 설계하고 나서 브라켓을 설계한 것은 적절했다. 핀의 설계는 기하학적으로 지름에만 의존하지만, 브라켓 설계는 핀의 지름과 브라켓 두께도 고려해야 하기 때문이다.

예제 8.4

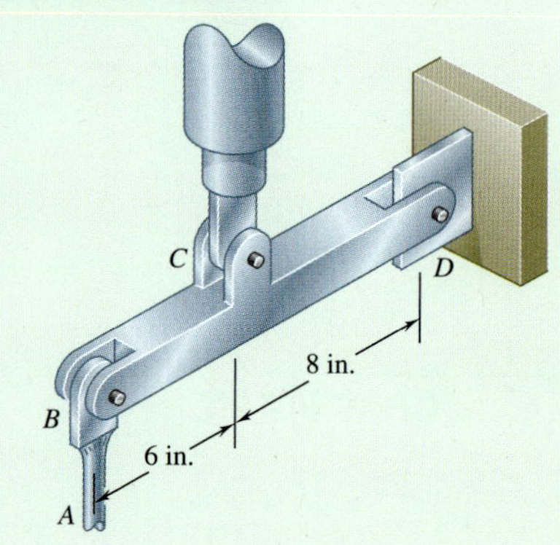

강체 보 BCD가 볼트를 사용하여 B에서는 제어봉에, C에서는 유압 실린더에, D에서는 고정 지지단에 붙어 있다. 사용된 볼트의 지름은 $d_B = d_D = \frac{3}{8}$ in., $d_C = \frac{1}{2}$ in.이다. 각 볼트는 이중전단을 받고, 극한 전단응력은 $\tau_U = 40$ ksi이다. 제어봉 AB는 지름이 $d_A = \frac{7}{16}$ in.이고 극한 인장응력이 $\sigma_U = 60$ ksi인 강재로 만들어졌다. 만약 전체 기구에 대한 최소 안전계수가 3.0이 되어야 한다면, 유압 실린더에 의해 C에 적용될 수 있는 최대 상향 힘을 구하시오.

문제분석 파괴에 대한 안전계수는 세 개의 볼트와 제어봉에서 3.0 이상이어야 한다. 이들 네 개의 독립적인 기준은 별도로 고려해야 한다.

모델링 바(그림 1)와 B, C에서의 볼트(그림 2 ~ 3)에 대한 자유물체도를 그린다. 각 파트에 요구되는 설계기준에 기초하여 힘 $\mathbf{C}$의 허용값을 구한다.

풀이

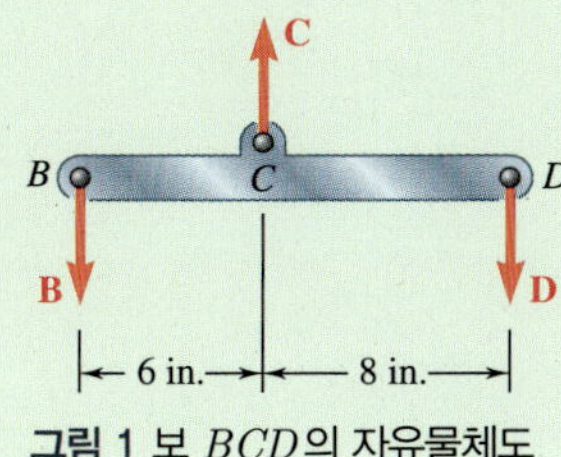

그림 1 보 BCD의 자유물체도

자유물체 : 보 BCD [그림 1]에서 B와 D의 힘을 사용하여 C에서의 힘을 구한다.

$$+\circlearrowleft \Sigma M_D = 0 : B(14 \text{ in.}) - C(8 \text{ in.}) = 0 \qquad C = 1.750B \quad (1)$$

$$+\circlearrowleft \Sigma M_B = 0 : -D(14 \text{ in.}) + C(6 \text{ in.}) = 0 \qquad C = 2.33D \quad (2)$$

제어봉 안전계수 3.0에 대해 다음을 얻는다.

$$\sigma_{\text{all}} = \frac{\sigma_U}{F.S.} = \frac{60 \text{ ksi}}{3.0} = 20 \text{ ksi}$$

제어봉의 허용력은 다음과 같다.

$$B = \sigma_{\text{all}}(A) = (20 \text{ ksi})\frac{1}{4}\pi\left(\frac{7}{16} \text{ in.}\right)^2 = 3.01 \text{ kips}$$

식 (1)을 사용하여 허용되는 가장 큰 C의 값을 구하면 다음과 같다.

$$C = 1.750B = 1.750(3.01 \text{ kips}) \qquad C = 5.27 \text{ kips} \blacktriangleleft$$

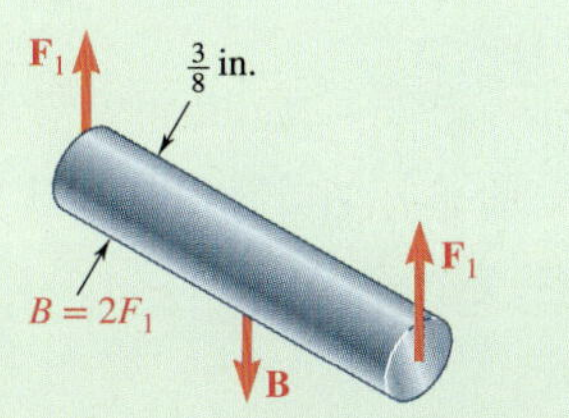

그림 2 점 B에서 핀의 자유물체도

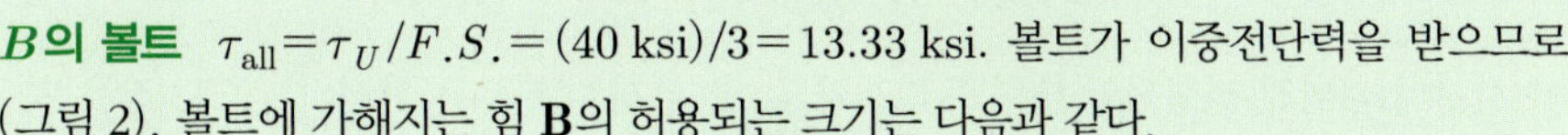

B의 볼트 $\tau_{\text{all}} = \tau_U/F.S. = (40 \text{ ksi})/3 = 13.33$ ksi. 볼트가 이중전단력을 받으므로 (그림 2), 볼트에 가해지는 힘 $\mathbf{B}$의 허용되는 크기는 다음과 같다.

$$B = 2F_1 = 2(\tau_{\text{all}}A) = 2(13.33 \text{ ksi})\left(\frac{1}{4}\pi\right)\left(\frac{3}{8} \text{ in.}\right)^2 = 2.94 \text{ kips}$$

식 (1)로부터 다음을 얻는다.

$$C = 1.750B = 1.750(2.94 \text{ kips}) \qquad C = 5.15 \text{ kips} \blacktriangleleft$$

D의 볼트 이 볼트는 B의 볼트와 같으므로 허용력은 $D = B = 2.94$ kips이다. 식 (2)로부터 다음을 얻는다.

$$C = 2.33D = 2.33(2.94 \text{ kips}) \qquad C = 6.85 \text{ kips} \blacktriangleleft$$

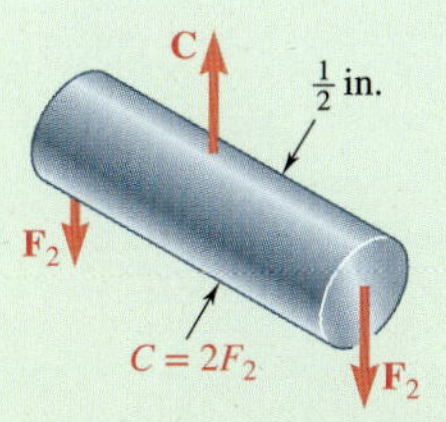

그림 3 점 C에서 핀의 자유물체도

C의 볼트 $\tau_{\text{all}} = 13.33$ ksi. [그림 3]을 사용하여 다시 다음 식을 얻는다.

$$C = 2F_2 = 2(\tau_{\text{all}}A) = 2(13.33 \text{ ksi})\left(\frac{1}{4}\pi\right)\left(\frac{1}{2} \text{ in.}\right)^2 \qquad C = 5.23 \text{ kips} \blacktriangleleft$$

요약 힘 C에 대한 네 개의 최대 허용값을 따로 찾았다. 이 기준들을 모두 만족하기 위해 가장 작은 값을 선택한다.

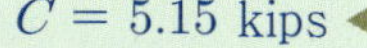

$$C = 5.15 \text{ kips} \blacktriangleleft$$

고찰 이 예제는 모든 부품이 적절한 설계기준을 만족해야 한다는 것을 보여준다. 그 결과로, 일부 부품은 필요한 것보다 더 큰 용량을 가진다.

사례연구 8.1

[사진 CS8.1]는 다중-경간 철도 트러스교의 병렬 경간을 보여준다. 이 교량은 1905년에 건설되었다. 두 경간에는 각각 두 개의 선로가 있고, 각 방향으로 총 일곱 개의 경간이 있다. 이 교량은 미국에서 가장 많이 이용되는 철도시스템 중에 하나를 승객과 화물을 뉴욕시 안과 밖으로 수송한다. 교량의 상태와 하중을 수용하는 능력을 평가하기 위해 광범위한 조사가 이루어졌다.

사진 CS8.1 다중-경간 철도 트러스교의 사진 Courtesy of Connecticut Department of Transportation

이 시기에 지어진 전형적인 대형 트러스와 같이, 부재 대부분은 아이바eyebar, 작은 앵글, 채널, 판, 레이싱lacing 그리고 바와 같은 조립부재로 건설되었다. 연결부는 종종 큰 핀으로 만들어졌다. [사진 CS8.2]에 이 부재들의 일부가 보인다. 이러한 철도 트러스의 특정 요소는 [개념적용 8.1]에서 사용된 구조물과 유사한데, 아이바 부재나 핀으로 된 연결부 같은 것들이다.

사진 CS8.2 두 세트의 트랙을 가지는 교량의 단면 Courtesy of Connecticut Department of Transportation

계속되는 현장 조사에서 교량의 거동에 대한 의문이 제기되었다. 그 중 하나는 실제 하중의 분포가 최초의 해석과 설계에서 가정한 것과 얼마나 다른가 하는 것이었다. 특히 트러스의 핀 연결 조인트에서의 무슨 일이 일어나는가 같은 조인트 거동에 관한 관심이 컸다. 조사 결과, 몇 개의 핀과 관계된 변위들이 있었는데, 원래의 설계에는 없었던 것들이었다. 이것은 여러 요소들로 만들어진 개별 부재들을 포함한, 다른 부재들로 활하중이 어떻게 분포되는지에 대한 관심을 일으켰다. 특히 매일 횡단하는 기차가 훨씬 더 많고, 이들 중 일부는 원래 설계에서 가정한 것보다 큰 하중을 가하기 때문에, 교량의 실제 수행능력이 처음의 설계와 얼마나 달라졌는지 이해할 필요가 있었다.

[그림 CS8.1]에 트러스가 보인다. 전형적인 대각부재인 부재 MN를 살펴보자. 이것은 네 개의 $8 \times 1\frac{1}{2}$ in. 강재 아이바로 만들어졌다. 바닥시스템을 통해 기차에 의해 가해진 하중을 추적하고 하중을 이용해서 바닥 조인트의 트러스에 가해지는 합력을 구한다. 그리고 부재 MN의 힘을 추정하기 위해 이 장에서 살펴본 해석 방법을 사용한다. 교량을 건너는 다른 기차의 하중 사례를 고려하여, 기차로부터 이 부재에 가해진 최대 힘이 64 kips로 추정하는 해석을 했다고 가정하자(이것은 교량의 무게로 인해 부재가 받는 힘은 포함하지 않았다). 그리고 거기에 해당하는 아이바의 응력을 계산할 것이다.

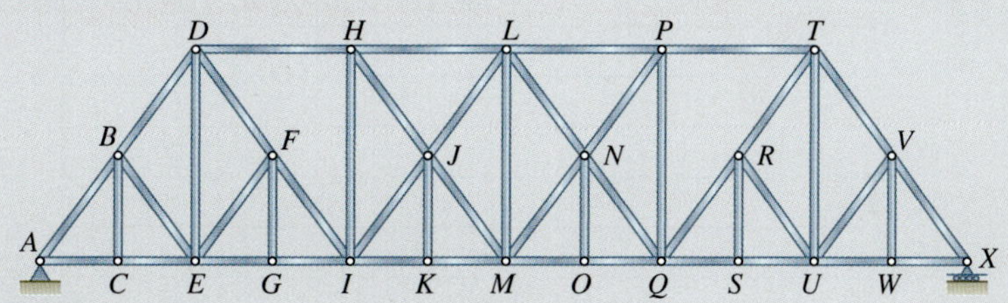

그림 CS8.1 다중-경간 교량에 사용되는 전형적인 트러스

문제분석 부재 MN의 네 개의 아이바는 크기가 같으므로, 각 아이바가 하중을 동일하게 나누어 받는다고 가정한다. 각각의 아이바에 같은 응력이 있다는 가정을 평가하기 위해, 개별 아이바의 실제 응력을 측정하기 위한 실험적 조사로부터 얻은 결과와 이 해석 결과를 비교할 것이다.

모델링 [그림 CS8.2]은 부재 MN의 네 개의 아이바 중 하나의 자유물체도를 보여준다. 트러스의 해석은 활화중을 받는 교량의 거동을 평가하기 위한 넓은 범위의 실험적 연구와 병행되었다.[4] 응력은 각 요소에 적용된 게이지를 사용한 시험에서 구한다. 이 게이지는 변형률을 측정한다(변형률은 9장에서 다룬다). 실험의 수집장비는 기차가 교량을 건널 때 여러 게이지로부터 정보를 수집하며, 이 정보를 응력으로 변환한다.

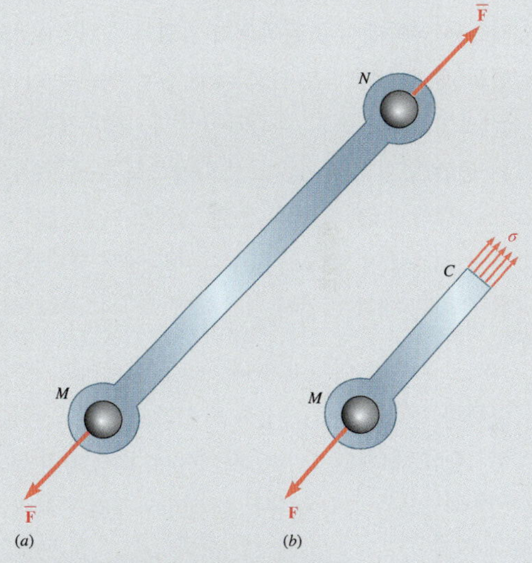

그림 CS8.2 하중을 받는 부재 MN

풀이 대각부재 MN은 [그림 CS8.1]에 보이는 트러스의 네 번째 패널에 있다. 앞에서 언급한 것처럼, 이 부재는 네 개의 똑같은 크기의 아이바로 이루어져 있다. 구조 해석의 결과로, 철도 운행으로 인한 부재 MN에 발생한 최대 힘은 64 kips(인장)이다. 네 개의 아이바 각자가 이 힘을 균등하게 나누어 받는다고 가정하면, 각 아이바의 응력은 식 (8.1)을 이용하여 구할 수 있다.

$$P_{MN} = F_{MN} = +64 \text{ kips}$$

$$P_{eyebar} = \frac{F_{MN}}{4} = \frac{+64 \text{ kips}}{4} = +16 \text{ kips}$$

$$A_{eyebar} = (8 \text{ in.})(1.5 \text{ in.}) = 12.0 \text{ in}^2$$

$$\sigma_{eyebar} = \frac{P_{eyebar}}{A_{eyebar}} = \frac{+16 \text{ kips}}{12.0 \text{ in}^2} = +1.333 \text{ ksi}$$

4 M. R. DelGrego, M. P. Culmo, and J. T. DeWolf, "Performance Evaluation through Field Testing of Century-Old Railroad Truss Bridge," Journal of Bridge Engineering, American Society of Civil Engineers, 2008 March/April, Volume 13.

고찰 실험에서 얻은 정보를 취합하여 두 개의 기관차와 여섯 개의 객차로 이루어진 기차가 교량을 건널 때, 대각부재 MN의 각 아이바에 대한 실제 응력의 그래프를 [그림 CS8.3]에 나타냈다. 기차 축의 위치가 고려하는 대각부재의 옆에 있는 트러스 패널의 점에 최대하중을 가할 때, 일련의 극댓값들이 발생한다.

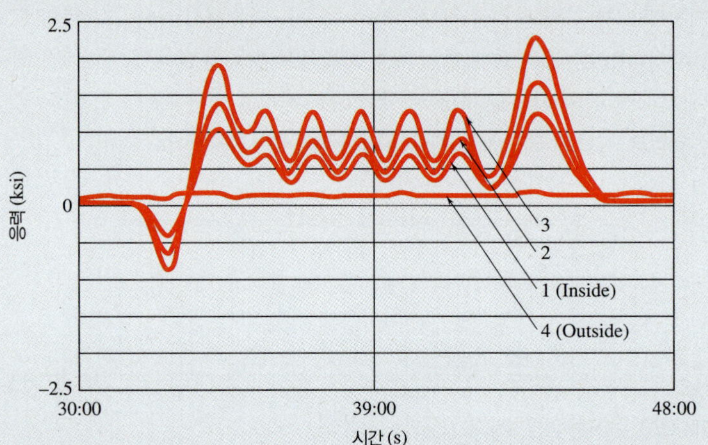

그림 CS8.3 기관차가 두 개인 기차가 교량을 지나갈 때, 실험에서 얻은 정보로부터 결정된 부재 MN의 응력

여러 개의 아이바를 가지는 부재 MN에서 볼 수 있듯이, 세 개의 아이바 요소들만 하중을 받는다. 바깥쪽의 아이바는 본질적으로 응력을 받지 않으므로, 부재의 하중을 받아주는 능력에 기여하지 않는다. 부재 MN의 다른 세 개 요소의 응력은 변화하며, 트러스의 안쪽에서 바깥쪽으로 가면서 증가한다. MN의 64 kip의 축력이 이 부재의 네 개의 아이바에 균일하게 작용한다고 가정했을 때, 평균응력은 1.333 ksi이다. 이것은 아이바 3에 기록된 약 2.25 ksi보다 상당히 작다. 응력의 분포가 균일하지 않은 것은 끝 조인트의 거동과 관계되어 있다. 현장 조사에서 일부 아이바의 핀 구멍이 늘어난 것이 관찰되었는데, 아마도 아이바를 사용하는 동안 변형되거나 닳았기 때문으로 추정된다. 개별 아이바 사이의 응력 차이는 다른 건설의 오차한계 때문은 아닐 것이다. 만약 그렇다면 (응력)변화가 한 측에서 다른 쪽으로 가면서 증가하는 것과는 달리 무작위이기 때문이다. 교량을 평가한 공학자들은 바닥 시스템이 트러스 부재의 바닥에서 평면을 벗어나는 회전을 발생시켰다는 점에 주목했다. 이것은 네 아이바 사이로 서로 다른 응력에 대한 원인이 된다.

그러므로 다중 아이바가 하중을 균일하게 나누어 받는다는 가정은 거의 유효하지 않다. [그림 CS8.2]에 보이는 것처럼, 이상화된 균등한 응력분포의 가정은 하중이 단면의 도심을 지나고 네 개의 아이바가 연결하는 핀을 따라 같은 지압력을 받을 때만 가능하다. 사실 네 개의 아이바 사이에서 실제 힘의 분포를 더 잘 예측하기 위해서는 부정정statically indeterminate 해석이 수행되어야 한다. 편심하중, 휨, 불균등한 신장, 그리고 부정정 해석 등의 복잡한 요인들은 다음 장에서 다룰 것이다.

이 사례연구는 모든 구조 문제가 [개념적용 8.1]에서 수행된 것과 같은 해석적인 접근만으로 풀리는 것은 아니라는 것을 보여준다. 해석에서 사용되는 가정들이 언제나 정확한 것은 아니다. 대체 방법은 평가에 사용할 수 있는 추가 정보를 얻기 위해 실험적 연구를 수행하는 것이다. 여기서 연구한 교량의 현장조사에서 강조한 것처럼, 이것은 구조물이 긴 시간에 거쳐 변화를 겪었을 때 특히 중요하다.

이 연구의 결과는 교량의 복구 설계를 책임지는 공학자들을 돕는 데 사용되었다. 현장시험 결과는 공학자들에게 어떤 수리가 필요하고, 어떤 수리는 필요하지 않으며, 어떻게 교량의 남은 수명을 산정하는지에 대한 신중한 결정을 하는 데에 필요한 추가적인 정보를 제공했다. 결과적으로, 교량은 개조되어 새 교량을 설계하고 건설할 때까지 그 사용 기간을 연장했다.

Section 8.2 ~ 8.4 연습문제

8.25 균일한 직사각형 단면을 가지는 두 개의 나무부재가 그림과 같이 단순 접착제 스카프 접합으로 연결되었다. $P = 11$ kN일 때, 접착된 접합면의 수직응력과 전단응력을 구하시오.

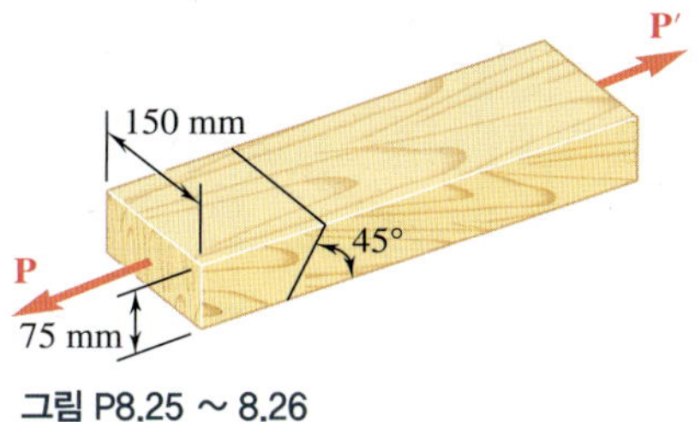

그림 P8.25 ~ 8.26

8.26 균일한 직사각형 단면을 가지는 두 개의 나무부재가 그림과 같이 단순 접착제 스카프 접합으로 연결되었다. 접착된 접합면의 최대 허용 전단응력이 620 kPa일 때 (a) 안전하게 가할 수 있는 최대하중 **P**, (b) 상응하는 접합면의 인장응력을 구하시오.

8.27 1.4 kip의 하중 **P**가 그림과 같이 단순 접착된 접합으로 연결된 균일한 단면을 가지는 두 개의 나무부재로 지지되어 있다. 접착된 접합면의 수직응력과 전단응력을 구하시오.

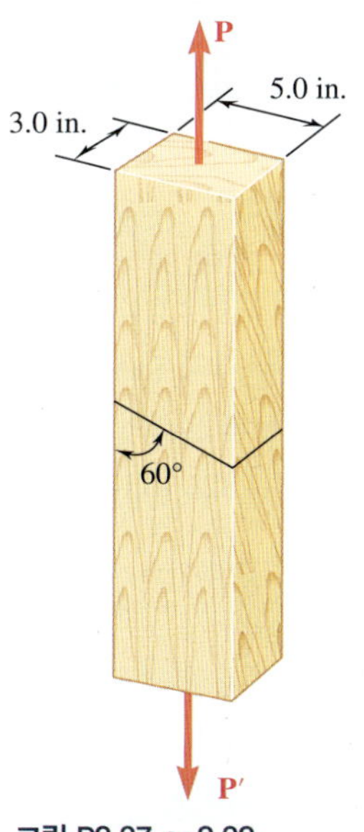

그림 P8.27 ~ 8.28

8.28 균일한 직사각형 단면을 가지는 두 개의 나무부재가 그림과 같이 단순 접착제 스카프 접합으로 연결되었다. 접착된 접합면의 최대 허용 인장응력이 75 psi일 때 (a) 안전하게 지지될 수 있는 최대하중 **P**, (b) 접합면의 전단응력을 구하시오.

8.29 240 kip의 하중 **P**가 그림과 같이 화강암 블록에 작용한다. 결과로 나오는 (a) 수직응력, (b) 전단응력의 최댓값을 구하시오. 이 최댓값이 발생하는 각 평면의 방향을 지정하시오.

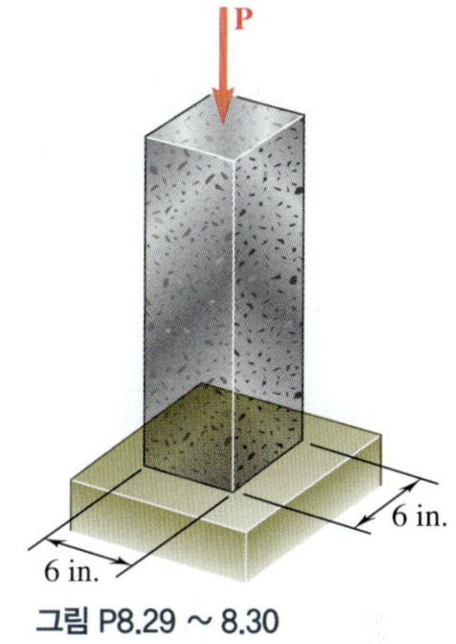

그림 P8.29 ~ 8.30

8.30 중심하중 **P**가 그림과 같이 화강암 블록에 작용한다. 블록의 전단응력 최댓값이 2.5 ksi일 때 (a) **P**의 크기, (b) 최대 전단응력이 발생하는 표면의 방향, (c) 표면에 가해지는 수직응력, (d) 블록 내부의 최대 수직응력을 구하시오.

8.31 두께가 10 mm인 강판을 파이프의 축과 수직인 평면과 20°를 이루는 헬릭스helix를 따라 용접하여 바깥 지름 400 mm인 강재 파이프를 만들었다. 파이프에 300 kN의 축력이 가해졌을 때, 용접면에 수직방향과 접선방향에 대해 각각 수직응력과 전단응력을 구하시오.

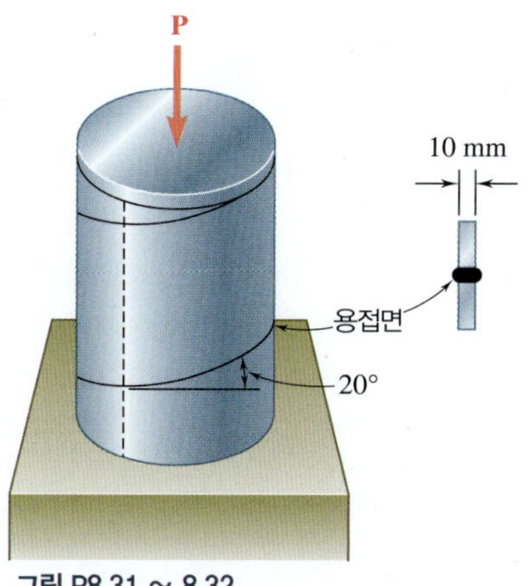

그림 P8.31 ~ 8.32

8.32 두께가 10 mm인 강판을 파이프의 축과 수직인 평면과 20°를 이루는 헬릭스를 따라 용접하여 바깥 지름 400 mm인 강재 파이프를 만들었다. 용접면에 수직방향과 접선방향에 대해 최대 허용 수직응력과 전단응력이 $\sigma = 60$ MPa와 $\tau = 36$ MPa일 때, 파이프에 가해질 수 있는 가장 큰 축력 **P**의 크기를 구하시오.

8.33 링크 AB는 극한 수직응력 450 MPa인 강재로 만들어졌다. 안전계수가 3.50이 되게 하는 링크 AB의 단면적을 구하시오. 핀 A와 B 근처에서 링크는 적절하게 보강되었다고 가정한다.

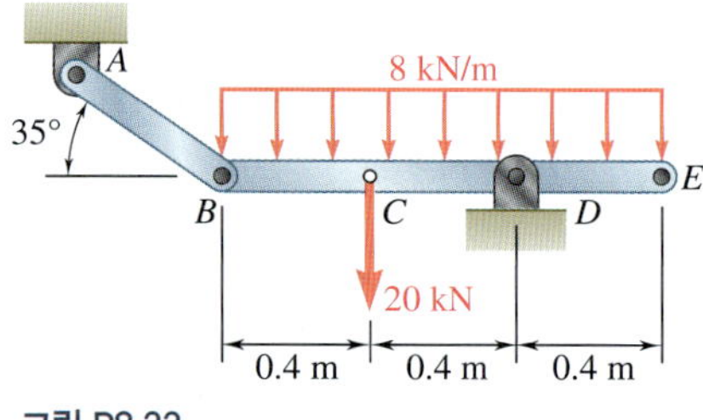

그림 P8.33

8.34 그림과 같은 트러스의 봉 AC, AD와 같은 재료로 만들어진 $\frac{3}{4}$ in.의 지름을 가지는 봉을 파괴될 때까지 시험했더니 극한하중의 값이 29 kips였다. 안전계수 3.0을 사용하여 (a) 봉 AC, (b) 봉 AD의 지름을 구하시오.

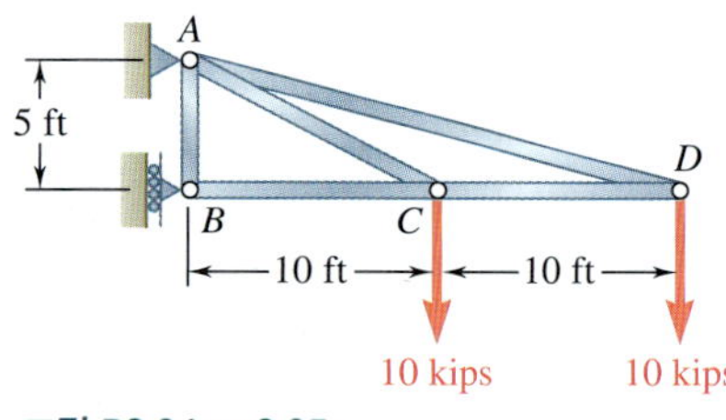

그림 P8.34 ~ 8.35

8.35 그림과 같은 트러스에서 부재 AC와 AD는 같은 금속 합금으로 만들어진 봉으로 이루어졌다. 부재 AC의 지름이 1 in.이고, 그 봉의 극한하중이 75 kips일 때, (a) 부재 AC의 안전계수, (b) 두 봉이 같은 안전계수를 가지도록 할 때 요구되는 부재 AD의 지름을 구하시오.

8.36 케이블 BD의 극한하중이 100 kN이고 케이블 파괴에 대한 안전계수 3.2가 요구될 때, 그림과 같이 부재 ABC에 안전하게 가해질 수 있는 최대 힘 **P**의 크기를 구하시오.

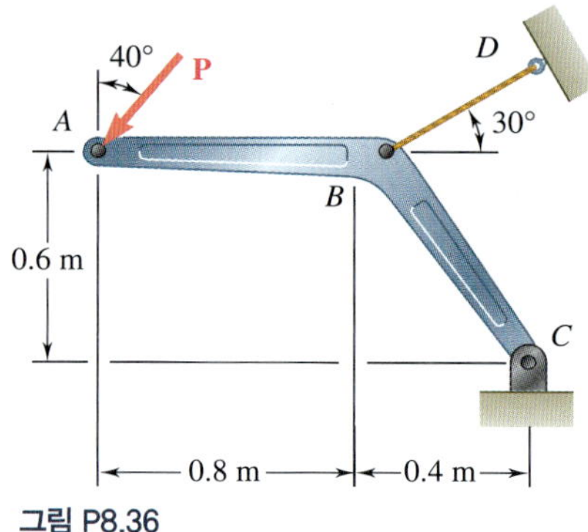

그림 P8.36

8.37 지름이 $\frac{3}{4}$ in.인 세 개의 강재 볼트는 그림과 같은 강재 판을 나무 보에 붙이는 데 사용된다. 판이 하중 $P = 24$ kips를 지지하고, 사용된 강재의 극한 전단응력이 52 ksi일 때, 이 설계에 대한 안전계수를 구하시오.

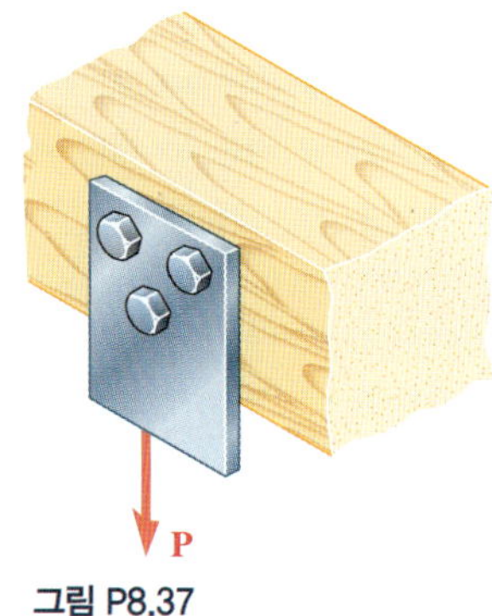

그림 P8.37

8.38 두께가 $\frac{1}{8}$ in.인 두 개의 판은 그림과 같은 플라스틱 띠를 접합하는 데 쓰인다. 표면 사이의 접착에 대한 극한 전단응력이 130 psi이고, $P = 325$ lb일 때 전단에 대한 안전계수를 구하시오.

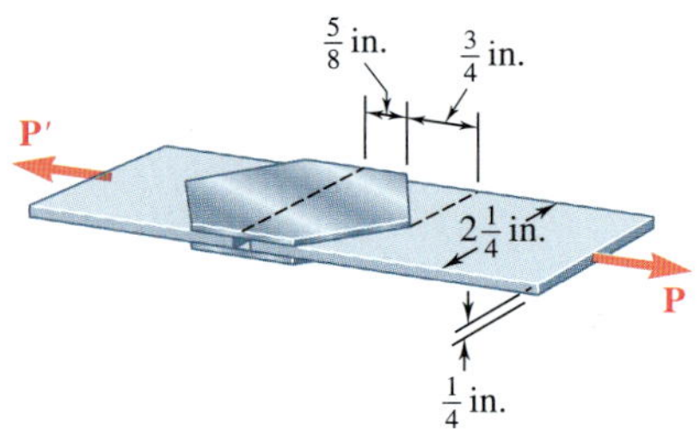

그림 P8.38

8.39 두 개의 나무부재가 접촉면에 완전히 접착된 플라이우드 접합 판으로 연결되어 있다. 부재 끝 사이의 간격이 6 mm이고 접착된 조인트의 극한 전단응력이 2.5 MPa일 때, 그림에 보이는 하중에 대해 안전계수가 2.75가 되는 길이 L을 구하시오.

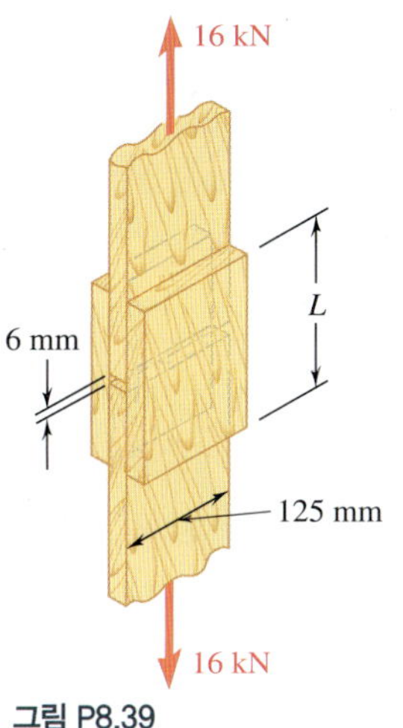

그림 P8.39

8.40 [문제 8.39]의 조인트와 하중에 대해 $L = 180$ mm일 때의 안전계수를 구하시오.

8.41 두께가 $\frac{5}{16}$ in.인 강재 판이 수평방향의 콘크리트 슬래브에 끼워져 있고, 그림에 보이는 것처럼 고강도 수직 케이블을 고정하기 위해 사용되었다. 판에 있는 구멍의 지름은 $\frac{3}{4}$ in., 사용된 강재의 극한강도는 36 ksi, 판과 콘크리트 사이의 극한 연결응력ultimate bonding stress은 300 psi이다. $P = 2.5$ kips일 때 안전계수 3.60이 요구된다면 (a) 요구되는 판의 폭 a, (b) 판이 콘크리트 슬래브에 끼워져야 하는 최소깊이 b를 구하시오. 콘크리트와 판 아래쪽 끝 사이의 수직응력은 무시한다.

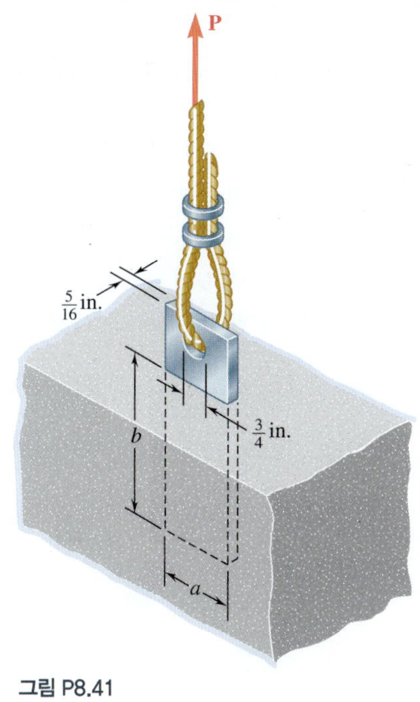

그림 P8.41

8.42 $P = 3$ kips이고, $a = 2$ in., $b = 7.5$ in.일 때, [문제 8.41]의 케이블 앵커에 대한 안전계수를 구하시오.

8.43 그림과 같은 강재 구조물에서 C에는 지름 6 mm의 핀이 사용되고 B와 D에는 지름 10 mm인 핀이 사용되었다. 극한 전단응력은 모든 연결부에서 150 MPa이고, 링크 BD에서 극한 수직응력은 400 MPa이다. 안전계수 3.0이 요구될 때, A에 작용할 수 있는 최대하중 **P**를 구하시오. 링크 BD는 핀의 구멍 근처에서 보강되지 않음에 주의한다.

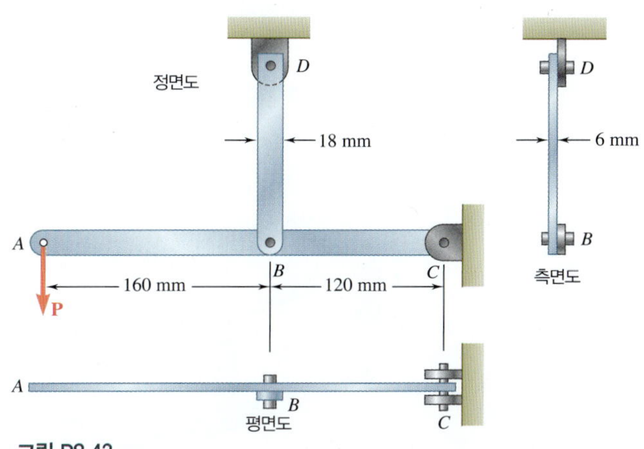

그림 P8.43

8.44 구조물이 재설계되어 B와 D에서 지름 12 mm인 핀을 사용하고 다른 변경사항은 없을 때, [문제 8.43]을 다시 푸시오.

8.45 링크 AC는 65 ksi의 극한 수직응력을 가지는 강재로 만들어졌고, $\frac{1}{4} \times \frac{1}{2}$ in.의 균일 직사각형 단면을 가진다. A에서 지지부에 연결되고, C에서 지름이 $\frac{3}{8}$ in.인 핀으로 부재 BCD에 연결되었다. 부재 BCD는 B에서 지름이 $\frac{5}{16}$ in.인 핀으로 지지부 B에 연결되었다. 모든 핀은 극한 전단응력 25 ksi를 가지는 강재로 만들어졌고 단일전단을 받는다. 안전계수 3.25가 요구될 때, D에 가해질 수 있는 최대하중 **P**를 구하시오. 링크 AC는 핀의 구멍 주위에서 보강되지 않음에 주의한다.

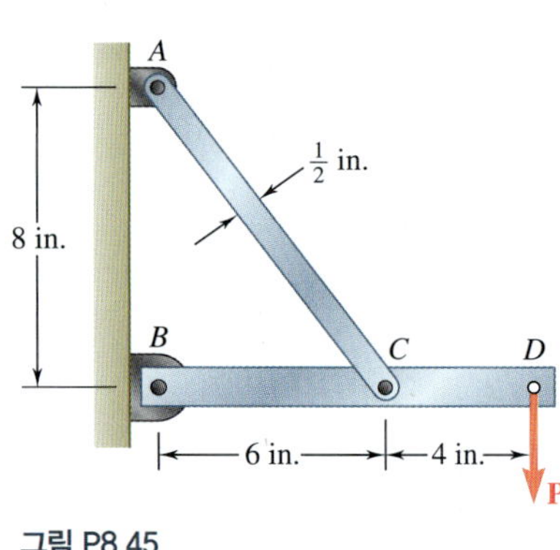

그림 P8.45

8.46 구조물이 B뿐만 아니라 A와 C에서도 지름이 $\frac{5}{16}$ in.인 핀을 사용하도록 재설계되었다고 가정하고, 다른 변경은 없을 때 [문제 8.45]를 다시 푸시오.

8.47 두 개의 수평부재 AD와 EG를 연결하는 두 개의 수직 링크 CF 각각은 10×40 mm 균일 직사각형 단면을 가지며 인장의 극한강도는 400 MPa인 강재로 만들어졌고, C와 F의 핀들은 지름 20 mm이고 극한 전단강도 150 MPa를 가지는 강재로 만들어졌다. 링크 CF와 그들을 수평부재와 연결하는 핀들에 대한 전체적인 안전계수를 구하시오.

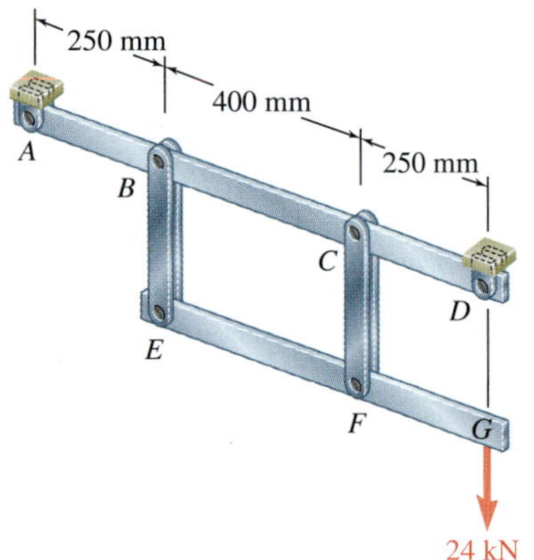

그림 P8.47

8.48 C와 F의 핀들이 지름 30 mm인 핀들로 교체되었다고 가정하고, [문제 8.47]을 다시 푸시오.

Chapter 08 핵심요약

이 장에서는 응력의 개념과 기계와 하중을 받는 구조물에 대한 해석과 설계에 사용하는 방법을 소개했다. 구조물의 여러 부재에서 내력을 찾기 위해 자유물체도를 이용하는 것을 강조했다.

축하중 : 수직응력

축력을 받는 2력 부재를 고려하여 응력의 개념을 먼저 소개했다. 부재에서의 수직응력(그림 8.40)은 다음 식으로 얻는다.

$$\sigma = \frac{P}{A} \tag{8.1}$$

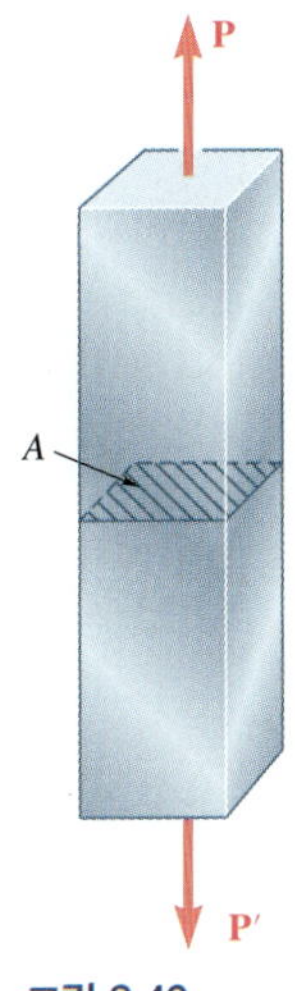

그림 8.40

식 (8.1)로부터 얻은 σ의 값은 단면의 특정점 Q에서의 응력이라기보다는 단면에 대한 평균응력을 나타낸다. Q를 둘러싼 작은 면적 ΔA와 ΔA에 가해지는 힘의 크기 ΔF를 고려하면, 점 Q에서의 응력은 다음과 같다.

$$\sigma = \lim_{\Delta A \to 0} \frac{\Delta F}{\Delta A} \tag{8.2}$$

일반적으로 식 (8.2)의 점 Q에서의 응력 σ는 식 (8.1)로 얻는 평균응력과 다르고, 단면을 가로질러 변한다. 그러나 모든 단면에서 하중이 적용되는 점에서 멀어질수록 변화는 매우 작다. 그러므로 축방향 하중을 받는 부재에서 수직응력의 분포는 하중이 가해지는 점의 바로 근처를 제외하고, 균일하다고 가정한다.

주어진 단면에서 응력의 분포가 균일하기 위해서, 하중 **P**와 **P**′의 작용선은 반드시 도심 C를 통과해야 한다. 그런 하중을 중심의centric 축하중이라고 한다. 편심을 가지는 축하중의 경우에는 응력의 분포가 균일하지 않다.

횡하중과 전단응력

크기가 동일하고 방향이 반대인 횡하중 **P**와 **P**′이 부재 AB에 작용할 때(그림 8.41), 두 힘이 작용하는 점 사이에 위치하는 모든 단면에 대해 전단응력 τ가 생성된다.

그림 8.41

이 응력들은 단면을 가로질러 크게 변하며, 그 분포는 균일하다고 가정할 수 없다. 그러나 단면의 전단력이라 부르는 크기 P를 단면적 A로 나누면, 평균 전단응력은 다음과 같다.

$$\tau_{\text{ave}} = \frac{P}{A} \tag{8.4}$$

단일전단과 이중전단

전단응력은 두 구조부재 또는 기계요소를 연결하는 볼트, 핀, 리벳에서 발견된다. 예를 들어, 단일전단을 받는 볼트 CD(그림 8.42)의 전단응력은 다음과 같다.

$$\tau_{\text{ave}} = \frac{P}{A} = \frac{F}{A} \tag{8.5}$$

이중전단을 받는 볼트 EG와 HJ(그림 8.43)의 전단응력은 다음과 같다.

$$\tau_{\text{ave}} = \frac{P}{A} = \frac{F/2}{A} = \frac{F}{2A} \tag{8.6}$$

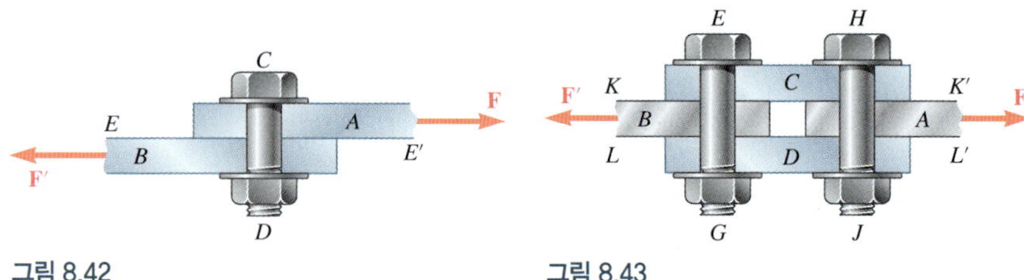

그림 8.42 그림 8.43

지압응력

볼트, 핀, 리벳은 연결된 부재에 지압면 또는 접촉면을 따라 응력을 발생시킨다. [그림 8.42]의 볼트 CD는 접촉판(그림 8.44) A의 반-실린더형 표면에 응력을 발생시킨다. 이 응력의 분포는 매우 복잡하므로, 응력의 평균 공칭값 σ_b을 사용하고, 이를 지압응력이라 한다.

$$\sigma_b = \frac{P}{A} = \frac{P}{td} \tag{8.7}$$

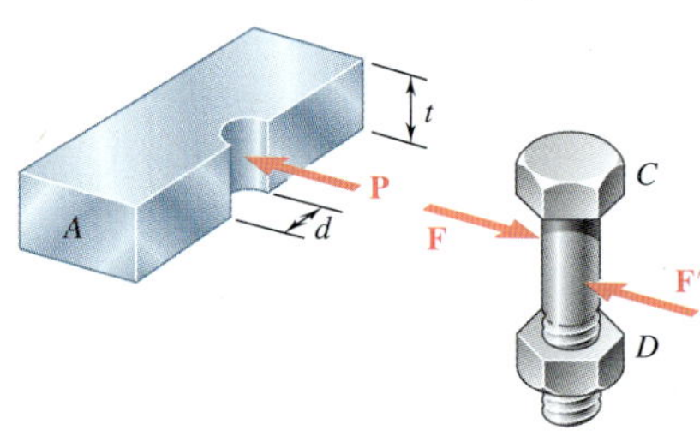

그림 8.44

경사진 단면에서의 응력

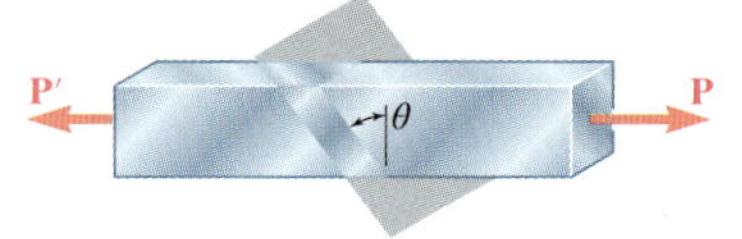

그림 8.45

2력 부재가 축하중을 받을 때, 경사 단면에서 수직응력과 전단응력이 발생한다. 수직 단면과의 각도를 θ로 나타내고(그림 8.45), 부재축에 수직인 면의 면적을 A_0로 나타내면, 경사면의 수직응력 σ와 전단응력 τ는 다음과 같다.

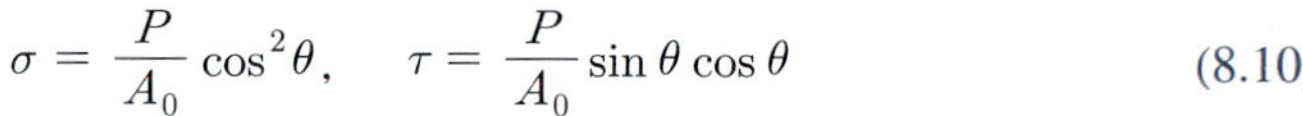

$$\sigma = \frac{P}{A_0}\cos^2\theta, \qquad \tau = \frac{P}{A_0}\sin\theta\cos\theta \tag{8.10}$$

이 식들에서 수직응력은 $\theta = 0$에서 최댓값 $\sigma_m = P/A_0$이고, 전단응력은 $\theta = 45°$에서 최댓값 $\tau_m = P/2A_0$임을 알았다. 또한 $\theta = 0$에서 $\tau = 0$이고, $\theta = 45°$에서 $\sigma = P/2A_0$이다.

일반 하중에서의 응력

점 Q에 중심을 둔 작은 큐브를 생각하면(그림 8.46), σ_x는 x축에 수직인 면에 작용하는 수직응력이고, τ_{xy}와 τ_{xz}는 큐브의 같은 면에 작용하는 전단응력의 y와 z성분이다. 큐브의 다른 두 면에 대해서도 이 과정을 반복하고 $\tau_{xy}=\tau_{yx}$, $\tau_{yz}=\tau_{zy}$, $\tau_{zx}=\tau_{xz}$를 관찰하여, 주어진 점 Q에서 응력의 상태를 정의하는 데 여섯 개의 응력성분 σ_x, σ_y, σ_z, τ_{xy}, τ_{yz}, τ_{zx}이 요구된다는 것을 알았다.

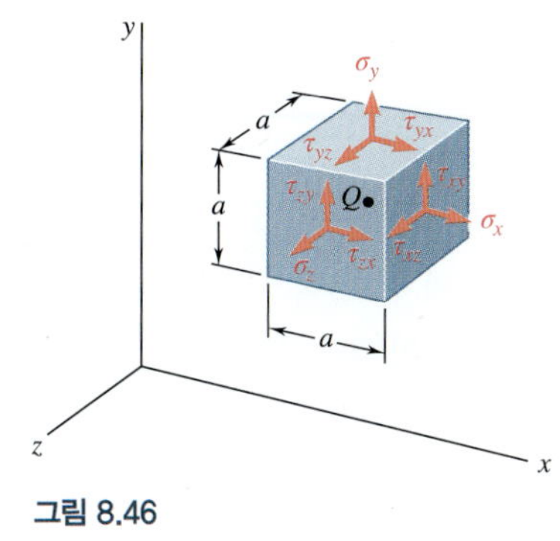

그림 8.46

안전계수

주어진 구조부재나 기계요소의 극한하중은 부재나 요소가 파괴될 것으로 기대되는 하중이다. 이것은 사용된 재료의 극한응력 또는 극한강도로부터 계산된다. 극한하중은 허용하중(즉, 부재나 요소가 정상적인 상태에서 받을 수 있는 하중)보다 현저하게 커야 한다. 극한하중의 허용하중에 대한 비율이 안전계수이다.

$$\text{안전계수} = F.S. = \frac{\text{극한하중}}{\text{허용하중}} \tag{8.21}$$

하중과 저항성 계수 설계법

하중과 저항성 계수 설계법은(LRFD) 공학자가 구조물과 관계된 불확실성과 하중과 관계된 불확실성을 구별할 수 있도록 한다.

Chapter 08 종합문제

8.49 교란되지 않은 토양undisturbed soil에 놓인 콘크리트 기초로 지지되는 나무 기둥에 축력 40 kN을 가한다. (a) 콘크리트 기초의 최대 지압응력, (b) 토양의 평균 지압응력이 145 kPa이 되게 하는 기초의 크기 b를 구하시오.

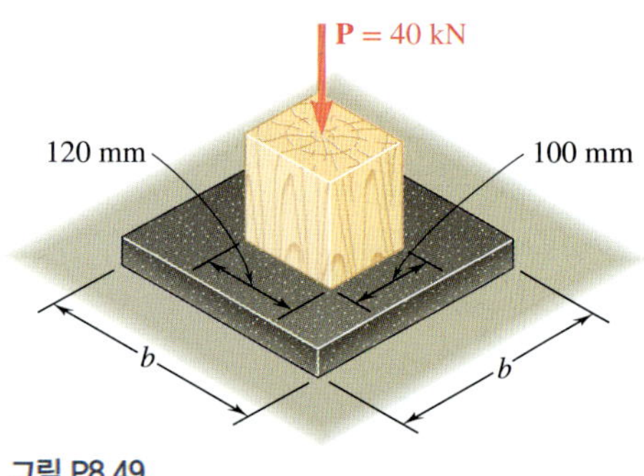

그림 P8.49

8.50 그림과 같은 프레임은 네 개의 나무부재 ABC, DEF, BE, CF로 구성되어 있다. 각 부재가 2×4 in. 직사각형 단면을 가지고 각 핀의 지름이 $\frac{1}{2}$ in.일 때 (a) 부재 BE, (b) 부재 CF에서 평균 수직응력의 최댓값을 구하시오.

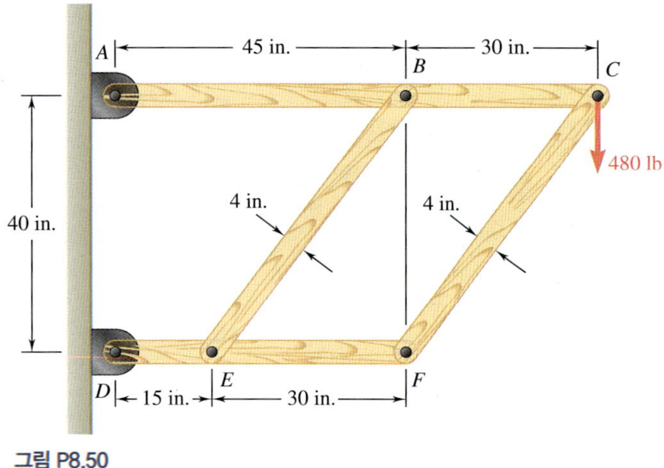

그림 P8.50

8.51 두 개의 강재 판은 실린더형의 황동 스페이서에 잘 맞는 지름 16 mm의 고강도 강재 볼트로 같이 고정되어 있다. 평균 수직응력이 볼트에서 200 MPa을 넘어서는 안 되며, 스페이서에서는 130 MPa을 넘어서는 안 된다. 이때 가장 경제적이고 안전한 설계가 되는 스페이서의 바깥 지름을 구하시오.

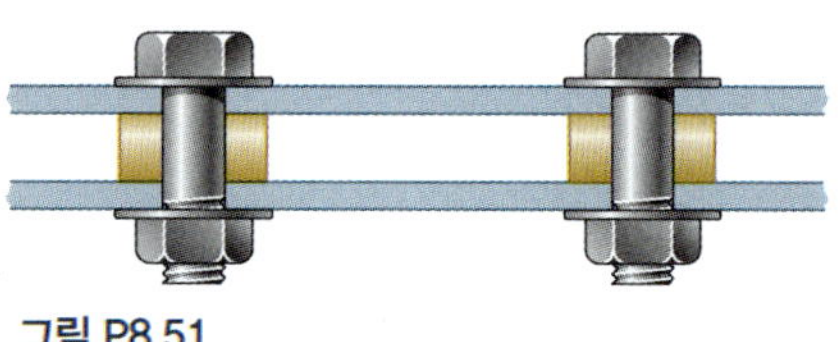

그림 P8.51

8.52 힘 **P**가 8 kN에 도달할 때, 그림과 같은 나무 시편이 점선으로 표시된 면을 따라서 파괴되었다. 파괴 시 면을 따라 존재하는 평균 전단응력을 구하시오.

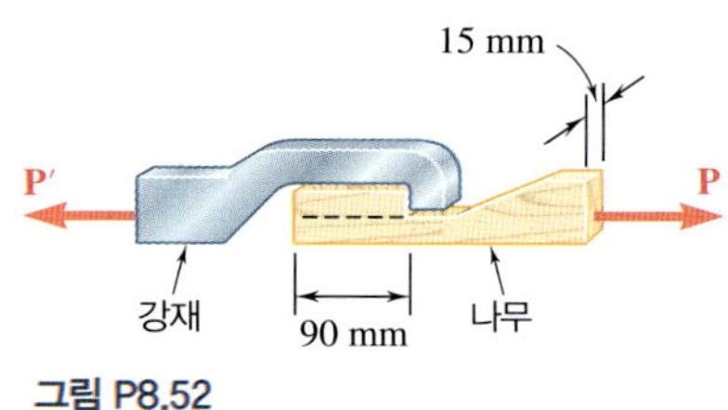

그림 P8.52

8.53 링크 DE의 두께가 $\frac{1}{8}$ in.이고 폭이 1 in.이다. (a) $\theta = 0$, (b) $\theta = 90°$일 때 링크의 중앙 부분에서 수직응력을 구하시오

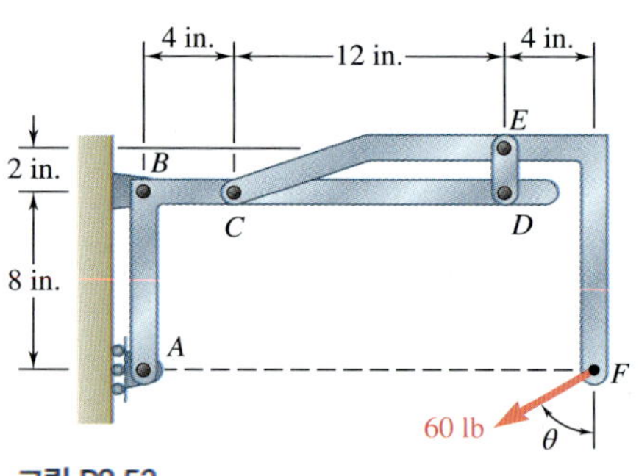

그림 P8.53

8.54 길이가 5 ft, 지름이 $\frac{3}{8}$ in.인 강재 루프 $ABCD$가 그림과 같이 지름 1 in.인 알루미늄 봉 AC 주위에 놓였다. 지름 $\frac{1}{2}$ in.인 케이블 BE와 DF가 하중 $\mathbf{Q}$를 주기 위해서 사용되었다. 루프와 케이블에 사용된 강재의 극한강도가 70 ksi이고 봉에 사용된 알루미늄의 극한강도가 38 ksi일 때, 요구되는 전체 안전계수 3에 대해 가해질 수 있는 최대 힘 $\mathbf{Q}$를 구하시오.

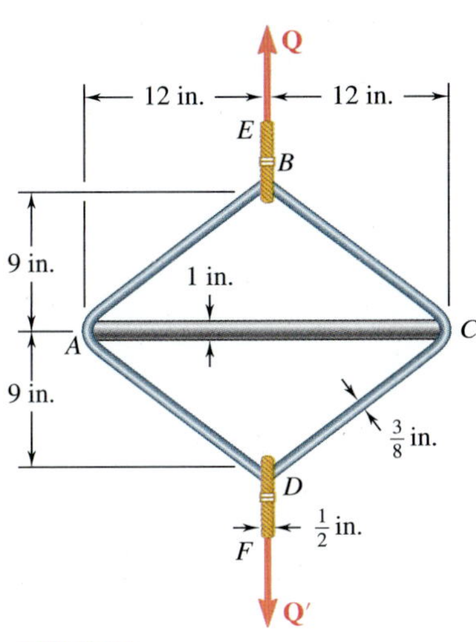

그림 P8.54

8.55 두 개의 동일한 링키지-유압 실린더linkage-and-hydraulic-cylinder 시스템이 포크-리프트fork-lift 트럭의 포크 위치를 제어한다. 그림과 같이 하나의 시스템에 의해 지지되는 하중은 1500 lb이다. 부재 BD의 두께가 $\frac{5}{8}$ in.일 때 (a) B에 있는 지름이 $\frac{1}{2}$ in.인 핀의 평균 전단응력, (b) 부재 BD의 B에서의 지압응력을 구하시오.

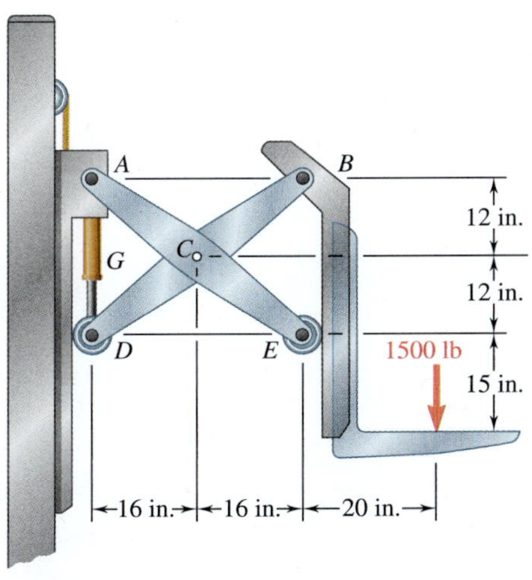

그림 P8.55

8.56 지름이 $\frac{5}{8}$ in.인 강봉 AB가 나무부재 CD의 끝단 C 근처의 둥근 구멍에 맞게 끼워져 있다. 표시된 하중에 대해 (a) 목재 내부의 최대 평균 수직응력, (b) 점선으로 나타나는 면 위에서 평균 전단응력이 100 psi가 되게 하는 거리 b, (c) 나무 위의 평균 지압응력을 구하시오.

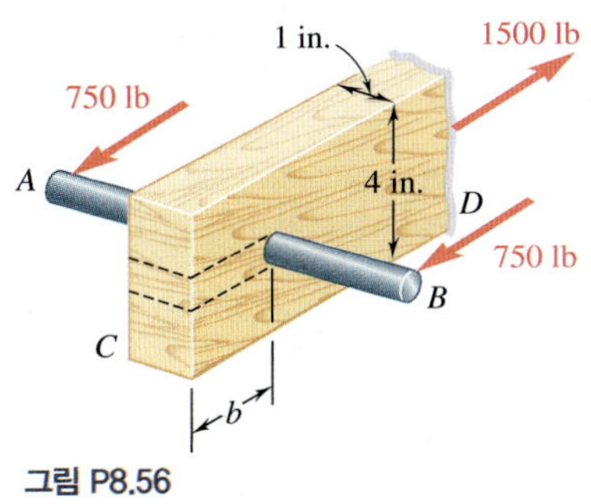

그림 P8.56

8.57 링크 BC는 두께가 6 mm, 인장에 대한 극한강도 450 MPa을 가지는 강재로 만들어졌다. 만약 그림과 같은 구조물이 20 kN인 하중 $\mathbf{P}$를 안전계수 3으로 지지하도록 설계된다면, 폭 w는 얼마여야 하는가?

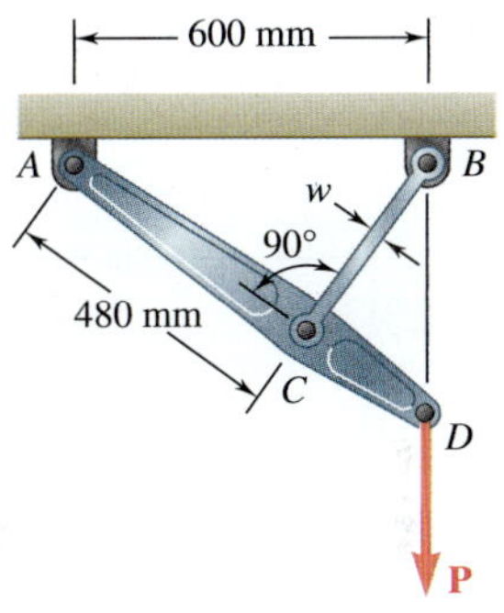

그림 P8.57

8.58 두 변이 $a = 100$ mm, $b = 60$ mm인 균일한 직사각형 단면을 가지는 두 개의 나무부재가 그림과 같이 단순 접착 조인트로 연결되어 있다. 조인트의 극한응력이 인장에 대해서 $\sigma_U = 1.26$ MPa, 전단에 대해 $\tau_U = 1.50$ MPa, $P = 6$ kN일 때 (a) $\alpha = 20°$, (b) $\alpha = 35°$, (c) $\alpha = 45°$에 대해 조인트의 안전계수를 구하시오. 각 α값에 대해, 만약 P가 계속 증가해서 구조물이 파괴된다면, 조인트가 인장으로 파괴될지 또는 전단으로 파괴될지 구하시오.

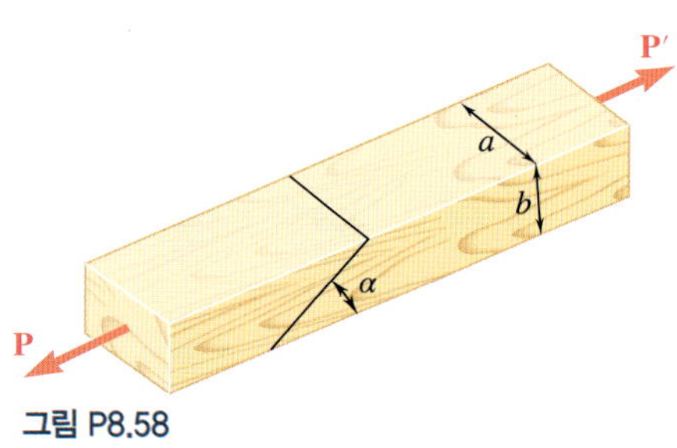

그림 P8.58

8.59 2000 lb의 하중이 보 BD를 따라서 정지점 E와 F 사이의 어떤 위치로도 움직일 수 있다. 봉 AB와 CD에 사용된 강재에 대해 허용응력 $\sigma_{all} = 6$ ksi일 때, 만약 하중의 허용된 움직임을 최대로 커지게 하려면 정지점이 어디에 위치해야 할지 구하시오.

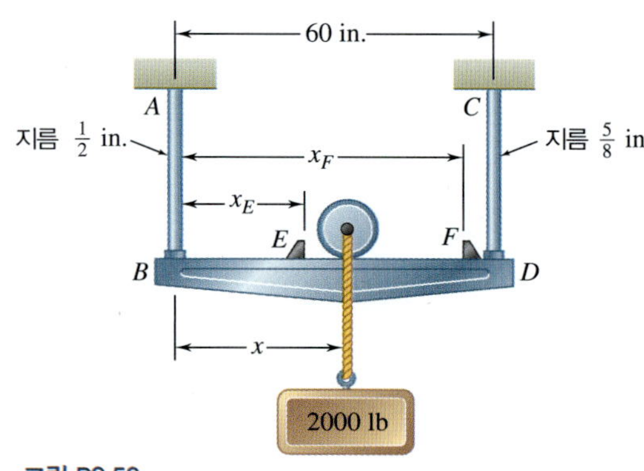

그림 P8.59

8.60 힘의 크기가 $P = 4$ kN인 세 힘이 그림과 같은 메커니즘에 적용되었다. 수직응력이 +100 MPa가 되게 하는 봉 BE의 균일한 부분의 단면적을 구하시오.

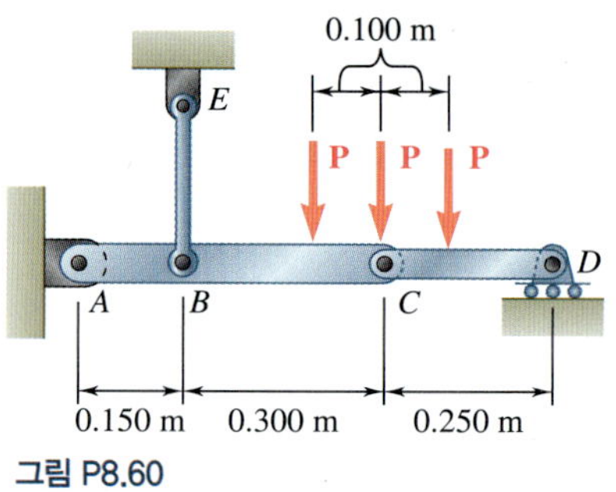

그림 P8.60

Sylvain Grandadam/age fotostock

09

응력과 변형률 – 축방향 하중

이 장에서는 축방향 하중을 받는 구조요소에 발생되는 변형에 대해 다룬다. 경사 배치된 케이블에 발생하는 길이의 변화는 이 사진과 같은 사장교의 설계에서 매우 신중하게 고려된다.

목차

학습목표

- 변형률의 개념을 이해한다.
- 여러 가지 재료의 응력과 변형률 관계에 대해 이해한다.
- 축방향 하중을 받는 부재의 길이변화를 계산한다.
- 후크의 법칙과 탄성계수를 이해한다.
- 횡방향 변형률과 포아송비의 개념을 이해한다.
- 부정정 문제의 풀이에 축방향 변형을 이용할 수 있다.
- 생-베낭의 원리Saint-Venant's principle와 응력분포에 대해 파악한다.
- 응력집중에 대해 검토하고 이것이 설계에 어떻게 고려되는지 이해한다.
- 탄성거동과 소성거동의 차이점을 확인한다.
- 섬유보강 복합소재, 피로 및 다축하중에 관한 주제를 살펴본다.

서론

구조물의 해석과 설계에 있어서 중요한 부분인 **변형**deformation은 구조물에 작용하는 하중에 의해 발생한다. 구조물에 지나치게 큰 변형이 발생하게 되면 구조물이 원래 의도한 기능을 발휘하지 못하게 될 수 있다. 그러므로 과도한 변형이 발생하지 않도록 하는 것은 중요하다. 또한 변형에 대한 해석은 응력을 계산하는 데 필요한 경우도 있다. 사실 **부정정**statically indeterminate 구조물과 같이 정역학적 원리만을 사용하여 부재 내의 힘, 즉 부재력을 알아낼 수 없는 경우도 있다. 이것은 정역학 이론이 물체가 변형되지 않는다는 가정을 전제로 하고 있기 때문이다. 부정정 구조물의 부재력을 계산하기 위해서는, 먼저 구조물이 변형될 수 있다고 생각해야 한다. 또한 구조물을 이루고 있는 여러 부재의 변형을 계산하는 과정이 필요하다. 하지만 부재력을 알아냈다고 하더라도 부재 내의 응력의 분포는 여전히 정역학 이론만으로 알아낼 수 없다.

이 장에서는 **축방향 하중**axial loading을 받는 봉, 막대 또는 판과 같은 구조부재의 변형에 대해 알아볼 것이다. 우선 **수직변형률**normal strain ε을 **부재의 단위길이당 길이변화**로 정의한다. 하중이 증가함에 따라 나타나는 응력 σ와 변형률 ε의 변화를 그래프로 나타내면 그 재료의 **응력-변형률선도**stress–strain diagram를 얻게 되는데, 이 그래프로부터 재료의 **탄성계수**modulus of elasticity나 그 재료가 **연성**ductile인지 **취성**brittle인지 파악하는 것과 같은 재료의 중요한 성질을 알아낼 수 있게 된다.

응력-변형률선도로부터 알 수 있는 또 다른 점은, 하중의 작용으로 시편에 발생했던 변형률이 하중을 제거하고 난 뒤에 사라질 것인지(이런 경우에 이 재료는 탄성거동을 한다고 말한다), 아니면 **영구변형**permanent set, 즉 **소성변형**plastic deformation이 남게 될 것인지 하는 것이다. 다음으로 **피로**fatigue라는 현상에 대해서 알아본다. 피로는 매우 많은 횟수의 반복하중에 의해 구조부재 또는 기계부품이 파괴되는 현상인데, 반복하중에 의한 응력이 탄성범위 이내에 있을 때도 피로파괴가 발생할 수 있다.

9.2절과 9.3절에서는 **부정정 문제**statically indeterminate problem에 대해 다루는데, 부정정 문제는 정역학 원리만을 사용해서는 반력이나 부재 내력을 구할 수 없는 문제를 말한다. 이런 경우에는 부재의 자유물체도로부터 얻은 평형방정식과 더불어 기하학적 조건으로부터 얻은 변형에 대한 관계식[1]을 함께 사용해야 한다.

[1] **역자주**: 이를 **적합방정식**equation of compatibility이라고 한다.

9.4절부터 9.7절까지는 등방성 재료(방향과 무관하게 역학적 성질이 일정한 재료)에 대한 추가적인 재료상수를 소개할 것이다. 여기에는 횡방향 변형률과 축방향 변형률 사이의 비를 나타내는 **포아송비**Poisson's ratio, 전단응력과 전단변형률 사이의 관계를 나타내는 **전단탄성계수**shear modulus of elasticity가 포함된다. 그리고 여기에서 다축하중을 받는 등방성 재료의 응력-변형률 관계를 구할 것이다.

8장에서는 응력이 단면 내에 균일하게 분포되며, 탄성범위의 값을 갖는 것으로 가정했다. 첫 번째 가정의 타당성은 9.8절에서 논의할 것이며, 판재에 원형 구멍hole이나 필릿fillet이 있을 때, 이 주변에서 발생하는 응력집중은 9.9절에서 다룰 것이다.

9.1 응력과 변형률의 기본원리

9.1.1 축방향 하중에 의한 수직변형률

그림 9.1 축방향 하중을 받는 봉의 변형 전후 형상

길이가 L이고 균일한 단면적 A를 갖는 봉 BC가 점 B가 고정된 상태로 매달려 있다고 생각해보자(그림 9.1a). 만일 $\mathbf{P}$라는 하중을 점 C에 작용시키게 되면 봉의 길이는 늘어나게 될 것이다(그림 9.1b). 작용한 하중의 크기 P를 봉이 늘어난 길이 δ(그리스 문자 델타)에 대해 그래프로 표현하면 [그림 9.2]와 같은 하중-변형 선도를 얻게 된다.

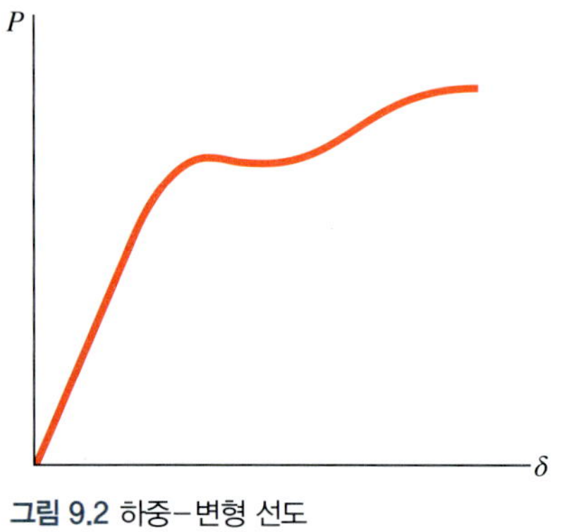

그림 9.2 하중-변형 선도

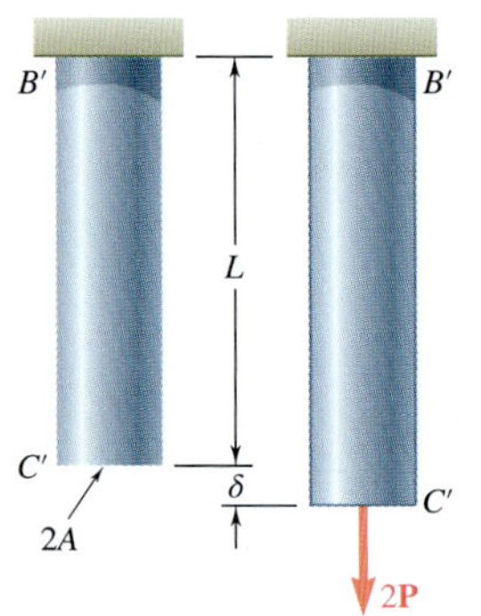

그림 9.3 단면적이 두 배가 되면 같은 길이변화 δ를 일으키기 위해 두 배의 힘이 필요하게 된다.

이 그래프는 봉의 거동을 분석하는 데 유용한 정보를 주긴 하지만, 이 그래프를 사용해서는 같은 재료로 만들어진 다른 치수를 갖는 봉의 변형을 예측할 수 없다. 봉 BC에 하중 $\mathbf{P}$를 작용시켰을 때 길이가 δ만큼 늘어났다면, 길이가 L로 같고 단면적이 $2A$인 봉 $B'C'$에 동일한 변형 δ를 발생시키기 위해서는 $2\mathbf{P}$의 하중이 필요하다(그림 9.3). 여기서 주목해야 할 점은 두 봉에 발생하는 응력의 크기는 $\sigma = P/A$로 서로 같다는 점이다.

반면에, 단면적이 A로 같고 길이가 $2L$인 봉 $B''C''$에 하중 $\mathbf{P}$가 작용했을 때는 2δ의 변형이 봉에 발생하게 되는데(그림 9.4), 이 경우에도 늘어난 길이와 원래 길이의 비율은 δ/L로 같게 되며, 여기에서 **변형률**strain의 개념이 나오게 된다. 축방향 하중을 받는 봉의 **수직변형률**normal strain은 **단위길이당 봉의 길이변화**로 정의한다. 다시 말해, 봉이 늘어나거나 줄어든 길이를 원래의 길이로 나눈 값이 된다. 즉, 수직변형률 ε(그리스 문자 엡실론)은 다음과 같다.

$$\varepsilon = \frac{\delta}{L} \tag{9.1}$$

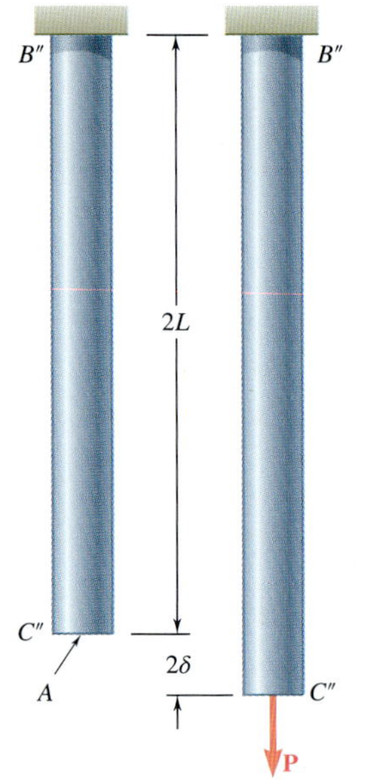

그림 9.4 하중 $\mathbf{P}$와 단면적 A가 동일한 상태로 봉의 길이가 두 배가 되면 두 배의 변형이 발생한다.

응력 $\sigma = P/A$의 그래프를 변형률 $\varepsilon = \delta/L$에 대해 작성하면 시편의 치수와 무관한 재료의 특성을 나타내는 곡선을 얻게 된다. 이때 이 곡선을 **응력-변형률선도**stress-strain diagram라고 한다.

[그림 9.1]에 나타낸 봉은 단면적이 A로 일정하므로 이 봉의 수직응력 σ는 봉의 전체 길이에 걸쳐서 P/A로 일정한 값을 갖는다. 또한 변형률 ε은 봉 전체의 길이변화 δ와 봉의 원래 길이 L 사이의 비율이며, 변형률 역시 봉의 전체에 걸쳐서 일정한 값을 갖는다. 하지만

단면적 A가 길이를 따라서 변화하는 부재의 경우에는 수직응력 $\sigma = P/A$의 크기가 부재의 축을 따라서 달라지며, 이런 경우에는 변형 전 길이가 Δx인 미소요소를 사용하여 부재 내의 한 지점 Q에서의 변형률을 정의할 필요가 있다(그림 9.5). 주어진 하중에 의한 미소요소의 변형을 $\Delta\delta$로 표기하면 점 Q에서의 수직변형률은 다음과 같다.

$$\varepsilon = \lim_{\Delta x \to 0} \frac{\Delta\delta}{\Delta x} = \frac{d\delta}{dx} \tag{9.2}$$

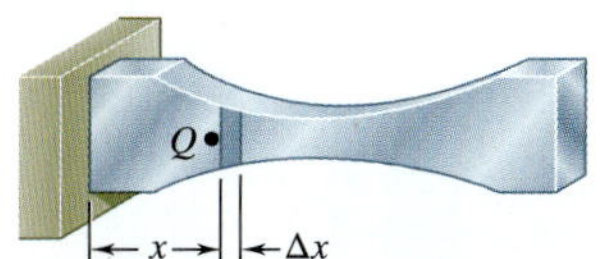

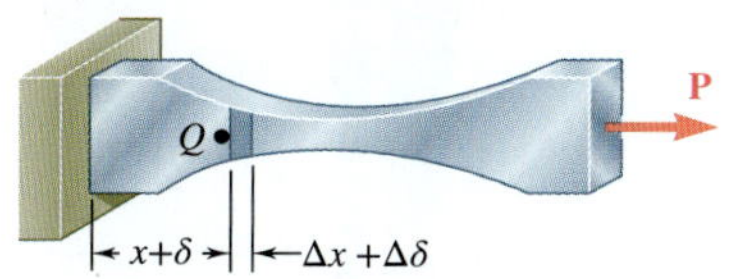

그림 9.5 축방향 하중을 받는 단면적이 변화하는 부재의 변형

길이의 변화(또는 변형, δ)와 길이(L)가 서로 같은 단위를 사용하기 때문에 δ를 L로 나누어(또는 $d\delta$를 dL로 나누어) 얻은 수직변형률 ε은 단위가 없는 물리량(무차원량)이 된다. 따라서 SI 단위계를 사용하는 경우나 미국상용단위계U.S. customary units를 사용하는 경우나 수직변형률을 계산하면 같은 값을 얻게 된다. 예를 들어, 길이 $L = 0.600$ m이고 균일단면을 갖는 봉에 $\delta = 150 \times 10^{-6}$ m의 변형이 발생했다고 하면, 변형률은

$$\begin{aligned}\varepsilon = \frac{\delta}{L} &= \frac{150 \times 10^{-6}\ \text{m}}{0.600\ \text{m}} \\ &= 250 \times 10^{-6}\ \text{m/m} \\ &= 250 \times 10^{-6}\end{aligned}$$

이 된다. 늘어난 길이를 마이크로미터(μm) 단위로 $\delta = 150\ \mu$m와 같이 나타낼 수도 있으며, 이때는 변형률을 다음과 같이 쓸 수 있다.

$$\varepsilon = \frac{\delta}{L} = \frac{150\ \mu\text{m}}{0.600\ \text{m}} = 250\ \mu\text{m/m} = 250\ \mu$$

미국상용단위계를 사용하는 경우에는 같은 봉의 길이와 변형이 $L = 23.6$ in.와 $\delta = 5.91 \times 10^{-3}$ in.가 되며, 이때는

$$\varepsilon = \frac{\delta}{L} = \frac{5.91 \times 10^{-3}\ \text{in.}}{23.6\ \text{in.}} = 250 \times 10^{-6}\ \text{in./in.}$$

가 되고, 이 값은 SI 단위계를 사용하여 계산한 결과와 같다. 변형률을 단위가 없이 숫자만으로 표현하는 것도 가능하지만, 길이나 변형의 단위, 즉 미터나 마이크로미터(μm)를 그대로 유지하여 $\varepsilon = 250 \times 10^{-6}$ m/m 또는 $\varepsilon = 250\ \mu$m/m와 같이 기록하는 것이 더 명확하다.

9.1.2 응력–변형률선도

인장시험 재료의 응력–변형률선도를 얻기 위해서, 인장시편을 사용한 **인장시험**tensile test을 수행한다. 여러 종류의 인장시편 중 한 예를 [사진 9.1]에 나타냈다. 인장시험을 수행하기 위해서는 시편 중앙 원기둥 부분의 정확한 단면적값을 알고 있어야 한다. 그리고 이 중앙부에는 거리가 L_0만큼 떨어져 있는 두 개의 표점gage mark이 새겨져 있는데, 두 표점 사이의 거리 L_0를 시편의 **표점거리**gage length라고 한다.

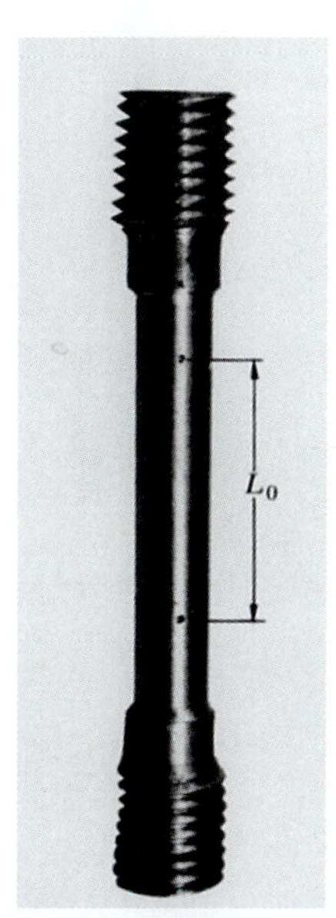

사진 9.1 전형적인 인장시편의 모습. 변형 전 표점 사이의 거리는 L_0이다.

이 인장시편은 [사진 9.2]와 같이 인장시험기에 장착되어 인장하중 **P**를 받게 되고, 하중 **P**가 증가함에 따라 두 표점 사이의 거리 L은 증가한다(사진 9.3).

사진 9.3 하중 **P**에 의해 변형된 인장시편. 변형 후 표점 사이의 거리는 $L > L_0$이다.

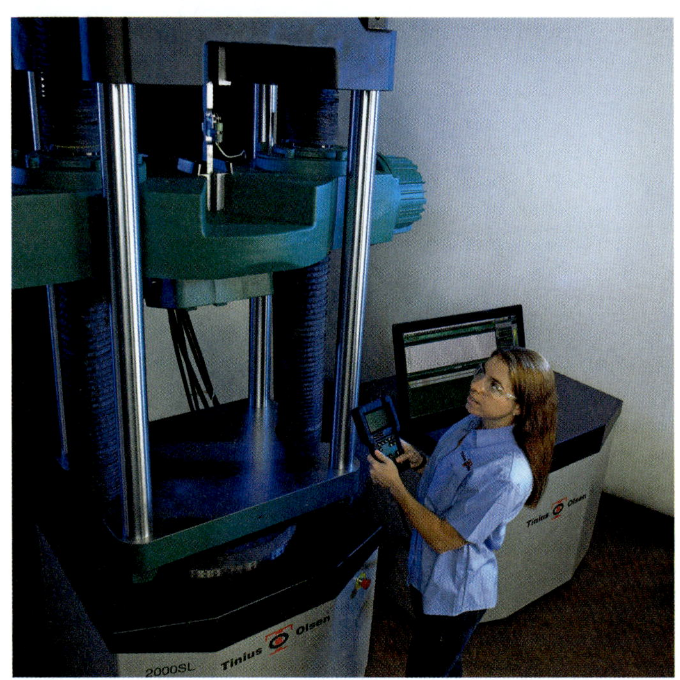

사진 9.2 인장시험을 수행 중인 만능재료시험기
Universal test machine, U.T.M.

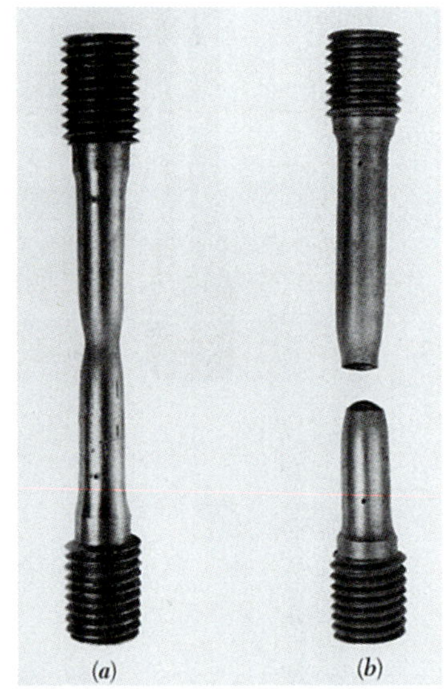

사진 9.4 연성재료의 시험 후 모습
(a) 네킹 (b) 파단

표점 사이의 거리 L은 다이얼게이지를 사용하여 측정하며, 매 하중 단계 P에서의 신장량 $\delta = L - L_0$가 기록된다. 종종 또 하나의 다이얼게이지를 사용하여 시편 지름의 변화를 동시에 측정 및 기록하기도 한다. 측정된 P와 δ값을 사용하여 다음과 같이 공학응력engineering stress σ와 공학변형률engineering strain ε을 계산한다.

$$\sigma = \frac{P}{A_0} \tag{9.3}$$

$$\varepsilon = \frac{\delta}{L_0} \tag{9.4}$$

변형률 ε을 가로축, 응력 σ를 세로축으로 하여 그래프를 그리면 응력-변형률선도를 얻게 된다. 여러 가지 재료에 대한 응력-변형률선도의 모양은 매우 다양하게 나타나며, 같은 재료에 대한 시험이라고 하더라도 시편의 온도나 하중의 재하속도에 따라 다른 결과가 나타난다. 하지만 응력-변형률선도에는 공통적으로 나타나는 특징이 있으며, 구조재료는 이 특징에 따라 크게 **연성재료**ductile material와 **취성재료**brittle material의 두 가지 종류로 구분된다.

구조용 강재와 여러 가지 합금강을 포함하는 연성재료는 상온에서 **항복**yield이라는 특성을 갖는다. 시편 길이는 시편에 작용하는 하중이 증가함에 따라 매우 서서히 선형적으로 증가한다. 따라서 응력-변형률선도의 시작 부분은 매우 가파른 기울기의 직선이 된다(그림 9.6).

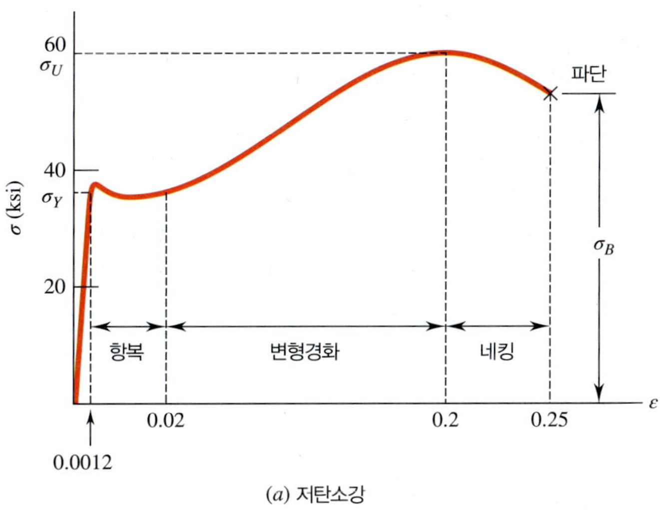

(*a*) 저탄소강

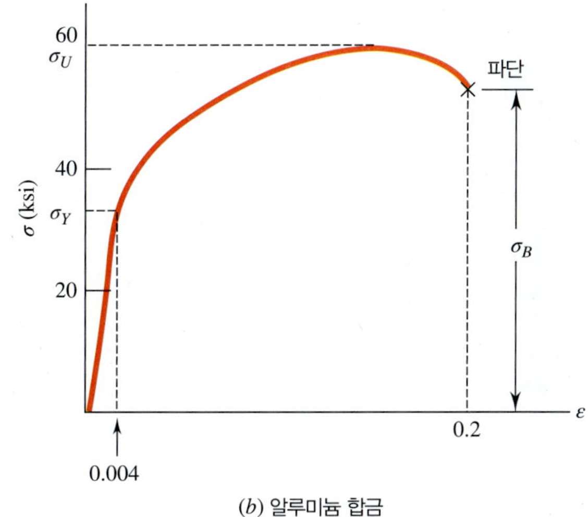

(*b*) 알루미늄 합금

그림 9.6 두 가지 전형적인 연성재료의 응력–변형률선도

하지만 응력이 임계값 σ_Y에 도달하게 되면 상대적으로 작은 하중의 증가로 인해 큰 변형이 일어나게 되는데, 이러한 변형은 주로 전단응력에 의해 경사면을 따라 발생하는 분자 사이의 미끄러짐slippage에 기인한다. 최대하중에 도달한 뒤에는 국부적인 불안정성으로 인해 시편 일부분의 단면적이 감소하게 되며(사진 9.4a), 이러한 현상을 **네킹**necking이라고 한다. 네킹이 발생한 이후에는 하중이 감소해도 변형은 증가하며, 시편은 파단에 이르게 된다(사진 9.4b). 이러한 파단은 시편의 원래 표면으로부터 약 45°의 각도를 갖는 원뿔 모양의 면을 따라 발생한다는 점에 주목하자. 이것은 연성재료의 파단이 주로 전단 때문에 발생한다는 것을 뜻하며, 축방향 하중을 받는 부재에 발생하는 전단응력은 45° 경사면에서 가장 크다는 사실을 다시 확인시켜 준다(8.2절 참고). [그림 9.6]에 나타난 바와 같이 연성재료의 파단 시 신장량은 항복 시 신장량의 200배 정도로 크다. 항복이 시작되는 응력인 σ_Y를 재료의 **항복강도**yield strength [2]라고 하며, 최대하중에 대응되는 응력 σ_U는 **극한강도**ultimate strength, 파단 시의 응력 σ_B는 **파단강도**breaking strength라고 한다.

2 역자주 : 또는 **항복응력**yield stress이라고 하기도 한다.

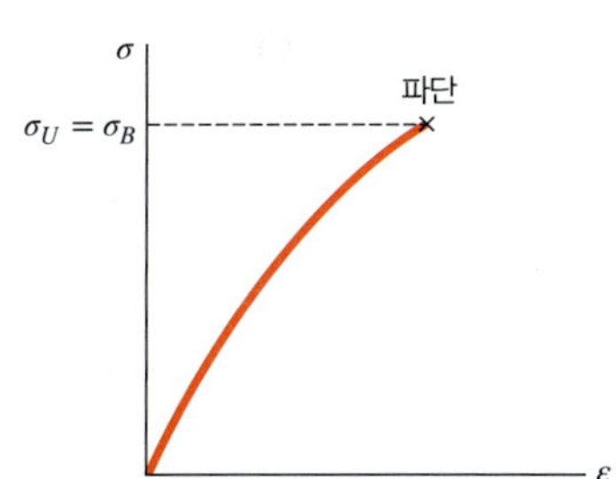

그림 9.7 전형적인 취성재료의 응력–변형률선도

주철, 유리, 석재 등과 같은 취성재료는 파단이 일어나기 전까지 응력–변형률선도의 기울기가 크게 변화하지 않는다(그림 9.7). 따라서 취성재료는 극한강도와 파단강도의 차이가 없으며, 파단 시 변형률은 연성재료에 비해 매우 작다. 또한 [사진 9.5]와 같이 취성재료에서는 네킹 현상이 발생하지 않으며, 파단 면은 하중의 방향과 직각을 이룬다. 이로부터 취성재료의 파단은 주로 수직응력에 의해 발생한다는 것을 알 수 있다.[3]

3 이 절에서 설명하는 인장시험은 상온에서 실시하는 것으로 가정했다. 하지만 상온에서 연성인 재료가 매우 낮은 온도에서는 취성거동을 하거나, 상온에서 취성인 재료가 매우 높은 온도에서 연성거동을 하는 경우도 있다. 따라서 상온이 아닌 경우에는 연성재료나 취성재료라는 용어가 아닌 연성상태의 재료, 취성상태의 재료라는 용어를 사용해야 한다.

[그림 9.6]의 응력–변형률선도에 나타난 바와 같이 구조용 강재와 알루미늄은 모두 연성재료이지만, 두 재료의 항복특성은 서로 다르다. 구조용 강재의 경우(그림 9.6a), 항복이 시작된 이후부터 상당한 변형률 범위에 걸쳐 응력이 일정한 값을 유지하지만, 그 뒤에는 시편이 더 늘어나게 하려면 응력이 최대 σ_U에 도달할 때까지 증가해야 한다. 이것은 **변형경화**strain–hardening라고 부르는 재료의 성질 때문이다. 구조용 강재의 항복강도는 인장시험 중 시험기기에 표시되는 하중의 변화를 관찰함으로써 결정할 수 있다. 시험 초기에는 하중이 일정한 속도로 증가하다가 어느 순간이 되면 약간 낮은 값으로 감소하게 되고, 이 값을 한동

안 유지하면서 시편의 길이가 계속 늘어나게 된다. 매우 정밀하게 시험을 수행하는 경우에는 항복이 시작되기 직전의 하중에 대응되는 **상항복점**upper yield point과 항복을 유지하는 데 필요한 하중에 대응되는 **하항복점**lower yield point을 각각 확인할 수 있지만, 상항복점은 순간적으로 나타나는 것이기 때문에 재료의 항복강도로는 하항복점을 사용한다.

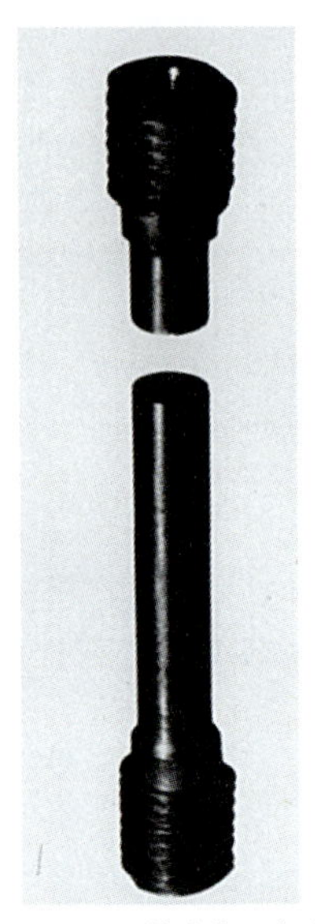

사진 9.5 취성재료의 파단

[그림 9.6b]에 나타낸 알루미늄을 포함한 많은 연성재료는 극한강도에 도달할 때까지 응력이 계속 증가하며(선형적으로 증가하지는 않을 수도 있음) 그 이후에 네킹이 일어나고 마침내 파단된다. 이러한 재료에서는 항복강도 σ_Y를 오프셋 방법을 사용해 결정할 수 있다. 예를 들어, 0.2% 오프셋 항복강도는 가로축(x축)에서 $\varepsilon = 0.2\%$(즉, $\varepsilon = 0.002$)인 점을 지나고 응력–변형률선도의 초기 기울기와 평행한 직선이 응력–변형률선도와 만나는 점(그림 9.8의 점 Y)의 σ값이 된다.

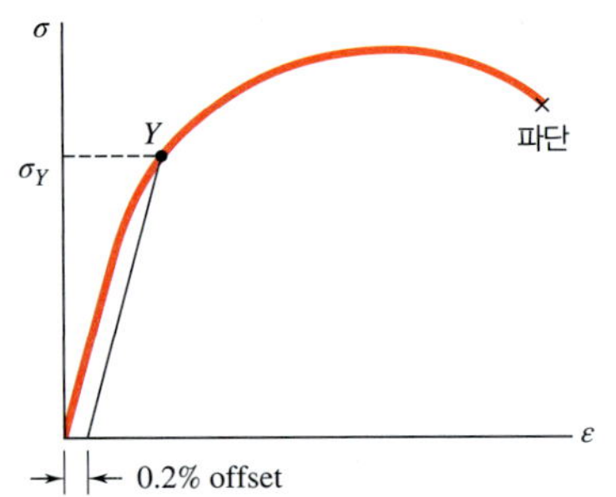

그림 9.8 0.2% 오프셋 방법에 의한 항복강도의 결정

재료의 연성도ductility를 나타내는 표준적인 수치는 **연신율**percent elongation이다.

$$\text{연신율} = 100\frac{L_B - L_0}{L_0}$$

여기서 L_0와 L_B는 각각 시편의 초기 길이와 파단 시 길이를 나타낸다. 표점거리가 2 in.인 항복강도 50 ksi 이하 일반 강재 시편의 최소 연신율 규정specified minimum elongation은 21%이며, 이것은 파단 시 변형률이 최소한 0.21 in./in.는 되어야 한다는 뜻이다.

재료의 연성도에 관한 또 다른 척도는 **단면감소율**percent reduction in area이다.

$$\text{단면감소율} = 100\frac{A_0 - A_B}{A_0}$$

여기서 A_0와 A_B는 각각 시편의 초기 단면적과 파단 시 최소 단면적을 나타낸다. 구조용 강재의 단면감소율은 일반적으로 60%에서 70% 사이의 값을 갖는다.

압축시험 연성재료 시편에 인장하중 대신 압축하중을 가해 얻게 되는 응력–변형률선도의 형태는 초기의 직선부, 이후의 항복 및 변형경화 등 기본적으로 인장에 대한 응력–변형률선도와 동일하다. 여기서 특별히 언급할 만한 점은 강재의 경우 인장과 압축에 대한 항복강도가 동일하다는 것이다. 변형률의 값이 커짐에 따라 인장과 압축에 대한 응력–변형률선도에 차이가 나타나게 되며, 압축의 경우에는 네킹 현상이 관찰되지 않는다. 취성재료는 대부분 인장강도와 비교해 상당히 큰 값의 압축강도를 나타내는데, 이는 재료 내에 존재하는 미세한 균열이나 공동cavity과 같은 결함이 인장 시에는 재료를 약하게 만들지만, 압축 시에는 강도에 큰 영향을 미치지 않기 때문이다.

인장과 압축에 대한 거동이 다르게 나타나는 취성재료의 대표적인 예로 콘크리트의 인장–변형률선도를 [그림 9.9]에 나타냈다. 그림의 인장측 부분을 살펴보면, 초기에 변형률이 응력과 비례관계를 보이는 선형탄성구간이 존재하며, 항복점에 도달한 이후에는 응력보다 변형률이 빠르게 증가하게 되고 곧이어 파단이 발생한다.

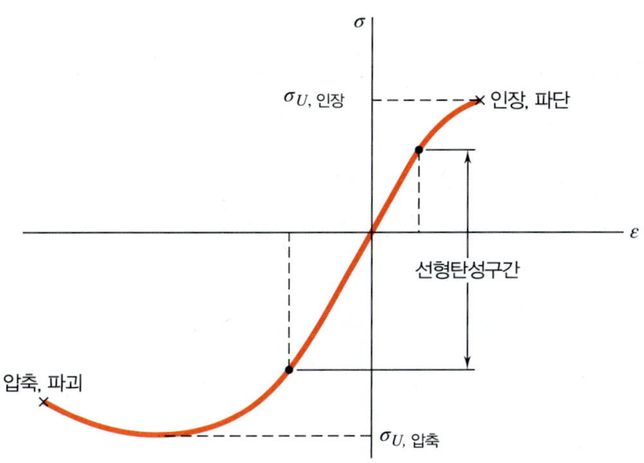

그림 9.9 콘크리트의 응력-변형률선도는 인장과 압축거동에 차이가 있다.

재료의 압축거동은 이와 다른 특징을 보이는데, 우선 선형탄성구간이 현저히 길다. 그리고 응력의 최대치에서 파괴가 일어나지 않고, 압축 파괴 발생 전에 변형률은 증가하지만 응력이 감소하는 구간이 나타난다. 여기서 주목할 부분은 인장측과 압축측의 탄성계수, 즉 선형구간의 기울기는 동일하다는 점이며, 이는 취성재료에서 대부분 공통으로 나타나는 성질이다.

9.1.3 후크의 법칙 : 탄성계수

탄성계수 대부분의 공학적인 구조물은 응력-변형률선도의 직선 부분에 해당하는 미소 변형만 발생되도록 설계한다. 그러므로 응력-변형률선도의 초기 부분(즉, [그림 9.6]의 $\varepsilon=0$에서 0.0012 구간)에서 응력 σ는 변형률 ε과 비례한다.

$$\sigma = E\varepsilon \tag{9.5}$$

따라서 응력과 변형률 사이의 관계를 식 (9.5)와 같이 나타낼 수 있으며, 이 식은 응용역학의 창시자인 영국의 과학자 로버트 후크Robert Hooke, 1635~1703의 이름을 따서 **후크의 법칙** Hooke's law이라고 부른다. 여기서 상수 E는 **탄성계수**modulus of elasticity 또는 **영계수**Young's modulus라고 하며, 영계수는 영국의 과학자 토마스 영Thomas Young, 1773~1829의 이름을 딴 것이다. 변형률 ε이 단위를 갖지 않는 무차원량이므로 E와 σ는 동일한 단위를 갖게 된다. 즉, SI 단위계를 사용하는 경우에는 파스칼 계열의 단위(Pa, kPa, MPa, GPa 등)를 갖게 되며, 미국상용단위계로는 psi 또는 ksi가 사용된다.

후크의 법칙을 적용할 수 있는 응력의 최댓값을 **비례한도**proportional limit라고 한다. 항복점이 뚜렷하게 나타나는 연성재료의 경우에는 [그림 9.6a]에 나타난 바와 같이 비례한도와 항복점이 거의 일치한다.

σ와 ε 사이의 비례관계가 더 이상 성립하지 않게 되는 σ의 한곗값을 명확하게 파악하기 어려운 재료에 대해서는 비례한도의 정의가 쉽지 않지만, 이런 재료에서도 비례한도를 약간 초과하는 응력값에 대해 후크의 법칙을 적용했을 때 심각한 오차가 발생하지는 않는다.

구조용 금속재료의 물리적 성질, 즉 강도, 연성도, 내부식성 등은 합금화, 열처리 및 제조공정의 영향을 크게 받는다. 예를 들어, 순철과 세 가지 서로 다른 강도를 갖는 강재는 [그림 9.10]에 나타난 바와 같이 항복강도, 극한강도, 파단 시 변형률(연성도) 등에서 큰 차이를 보인다. 하지만 이들은 모두 동일한 탄성계수를 가진다. 이것은 변형에 저항하는 능력, 즉 강성stiffness이 선형구간에서 모두 동일함을 뜻한다. 따라서 구조물의 치수는 동일한 상태에서 재료만 저강도강을 고강도강으로 대체하면 구조물이 견딜 수 있는 최대하중의 크기(내하력)는 증가하지만 강성은 달라지지 않는다.

σ
열처리 합금강 (A709)
고강도, 저합금강 (A992)
탄소강 (A36)
순철
ε

그림 9.10 순철 및 여러 등급의 강재에 대한 응력-변형률선도

지금까지 다룬 재료에서, 수직응력과 수직변형률 사이의 관계, 즉 $\sigma = E\varepsilon$은 하중의 작용방향과 무관하게 적용할 수 있으며, 이것은 탄성계수 E를 포함한 재료의 역학적 성질이 방향에 무관하기 때문이다. 이런 재료를 **등방성**isotropic 재료라고 하며, 등방성이 아닌 재료, 즉 방향에 따라 다른 역학적 성질을 갖는 재료를 **이방성**anisotropic 재료라고 한다.

섬유보강 복합소재 이방성 재료의 하나로 최근 주목받고 있는 재료는 **섬유보강 복합소재**fiber-reinforced composite materials이다. 이 소재는 고강도, 고강성의 보강 섬유를 상대적으로 저강도, 저강성인 바탕질matrix 내에 혼합해 제작되는데, 주로 사용되는 보강 섬유로는 탄소섬유graphite, 유리섬유, 고분자섬유polymer 등이 있고, 바탕질로는 다양한 종류의 수지resin가 사용된다. [그림 9.11]에는 바탕질 속에 수많은 보강 섬유를 한 방향으로 정렬 배치하여 만든 복합소재의 층 구조layer 또는 lamina를 나타냈다. 층 구조의 x축 방향(보강 섬유와 나란한 방향)으로 축하중을 재하하면 수직응력 σ_x와 수직변형률 ε_x가 발생하며, 이들은 층 구조의 탄성범위 내에서 후크의 법칙을 만족한다. 마찬가지로, 축방향 하중을 y축 방향(보강 섬유와 수직인 방향)으로 재하했을 때 발생하는 수직응력 σ_y와 수직변형률 ε_y, z축 방향으로 재하했을 때 발생하는 σ_z와 ε_z도 후크의 법칙을 만족한다. 하지만 각 방향으로의 탄성계수 E_x, E_y, E_z의 값은 서로 다르다. 보강 섬유가 x축 방향으로 정렬되어 있으므로 층 구조는 x방향으로 하중이 가해졌을 때 훨씬 더 큰 저항력을 보이고, E_x가 E_y나 E_z에 비해 매우 큰 값을 갖게 된다.

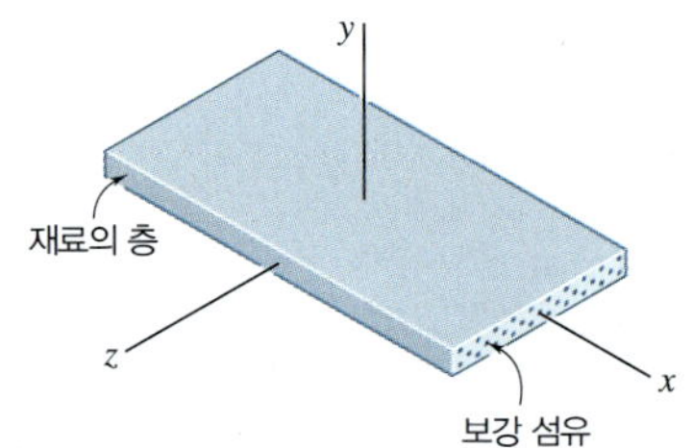

그림 9.11 섬유보강 복합소재의 층 구조

적층 평판flat laminate은 여러 개의 층 구조를 겹으로 쌓아서 만든 부재이다. 만일 적층 평판이 고정된 한 방향의 인장력만 받게 된다면, 모든 층의 방향을 하중의 방향과 동일하게 제작하여 최대의 강도를 얻을 수 있다. 하지만 적층 평판이 압축력을 받는 경우에는 바탕질이 보강 섬유의 꺾임이나 좌굴을 방지할 수 있을 정도로 충분한 강성을 제공하지 못할 수 있다. 이런 경우, 일부 층을 하중의 방향과 직각으로 배치함으로써 횡방향 안정성(좌굴 저항성능)을 증가시킬 수 있다. 또한 일부 층의 방향을 30°, 45° 또는 60°로 배치하여 면내 전단저항을 증가시킬 수 있다.

*9.1.4 재료의 탄성거동과 소성거동

재하되어 있던 하중이 없어졌을 때 하중에 의해 시편에 발생한 변형률이 사라지는 경우, 다시 말해 하중이 제거되었을 때 원래의 형상으로 복원되는 경우에 이 재료는 탄성거동을 한다고 말한다. 이때 탄성거동이 일어나는 응력의 최댓값을 **탄성한계**elastic limit라고 한다.

만일 [그림 9.6a]와 같이 재료의 항복점이 명확한 경우 탄성한계, 비례한도 및 항복점은 근본적으로 동일하다. 즉, 항복점에 도달하기 전에는 재료가 선형적이고 탄성적으로 변화한다. 하지만 항복점에 도달한 뒤에는 9.1.2절에서 설명한 바와 같이 항복이 일어나게 되고, 항복이 발생한 뒤에 하중이 제거되면 하중 증가 시 응력-변형률선도의 초기 직선 부분 AB와 평행한 직선 CD를 따라 응력과 변형률은 선형적으로 감소하게 된다(그림 9.12). 따라서 하중이 완전히 제거되고 난 뒤에도 변형률은 0으로 돌아오지 않으며, 이러한 경우에 영구변형permanent set 또는 소성변형plastic deformation이 발생했다고 한다. 대부분의 재료에서 소성변형은 하중을 제거하기 전에 도달했던 최대응력의 크기와 하중이 제거되기 전까지 경과한 시간에 의해서 발생한다. 소성변형 중 응력 의존적인 부분은 슬립slip이라고 하며, 시간 의존적 부분(이 부분은 온도의 영향도 받는다)은 크리프creep라고 부른다.

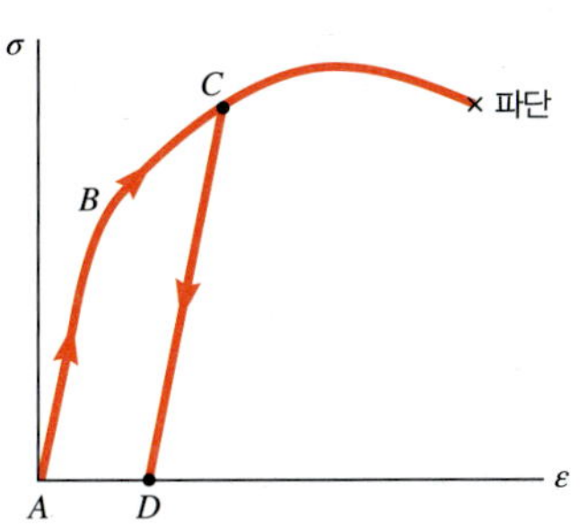

그림 9.12 연성재료의 응력-변형률 거동 : 항복점 이후까지 재하한 뒤 하중을 제거한 경우

재료의 항복점이 명확하지 않은 경우에는 정확한 탄성한계를 정의하기 어렵지만, 9.1.2절에서 설명한 오프셋 방법으로 결정한 항복강도와 탄성한도가 같다고 가정해도 오차는 크지 않다. [그림 9.8]을 다시 보면 점 Y를 결정하기 위해서 사용한 직선은 최대응력 σ_Y에 도달한 뒤 하중을 제거했을 때 응력과 변형률이 감소하는 직선과 동일하다. 재료가 완전히 탄성거동을 하지 않았지만, 하중 제거 후 남는 소성변형률의 크기가 항복점 결정을 위해 사용한 오프셋의 크기와 같으므로 매우 작은 값이 된다.

만일 하중을 제거한 이후에 다시 하중을 증가시키게 되면(그림 9.13), 새로운 증가곡선은 점 C에 근접할 때까지 이전의 감소곡선을 따라가며, 이후에 점차 오른쪽으로 구부러지면서 원래의 응력-변형률선도와 만나게 된다. 새로운 증가곡선의 직선부는 원래 응력-변형률선도의 직선부보다 길어졌으며, 이는 이전의 재하 과정에서 발생한 변형경화의 결과로 비례한도와 항복강도가 증가했음을 뜻한다. 하지만 파단점 R의 위치는 변함이 없으므로 점 D를 기준으로 측정한 두 번째 재하 시의 연성도는 이전보다 감소했다.

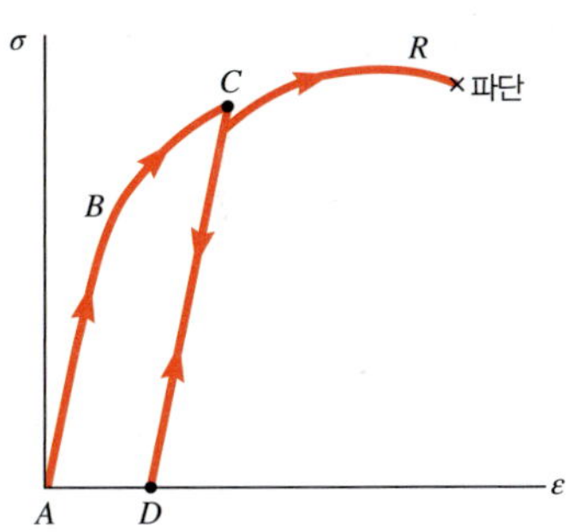

그림 9.13 연성재료의 응력-변형률 거동 : 항복 후 하중을 제거했다가 다시 하중을 재하한 경우

지금까지는 같은 방향으로의 하중이 두 번 재하되는 경우, 즉 두 번의 하중이 모두 인장력인 경우에 대해 알아보았다. 이제 두 번째 하중이 처음 하중과 반대 방향으로 작용하는 경우에 대해 생각해보자.[4] 고려하는 재료는 인장측과 압축측의 항복강도가 동일한 연강mild steel이라고 가정한다. 처음 재하하는 하중은 인장력이며, [그림 9.14]에 표시된 점 C에 도달할 때까지 하중을 증가시킨다. 인장하중을 제거하여 점 D에 도달한 뒤에는 압축력이 재하되며, 점 H에 도달하여 응력이 $-\sigma_Y$가 될 때까지 압축력을 증가시킨다. 여기서 주목할 부분은 점 D에서 점 H까지 이동하는 동안 응력-변형률선도가 곡선을 이루며, 인장 시와 같이 뚜렷한 항복점이 나타나지 않는다는 점이다. 점 H에 도달한 뒤 압축하중이 유지되면 HJ 선을 따라 항복이 진행된다.

4 **역자주** : 이와 같이 인장과 압축이 번갈아 작용하는 경우를 **교번하중**reverse loading이라고 한다.

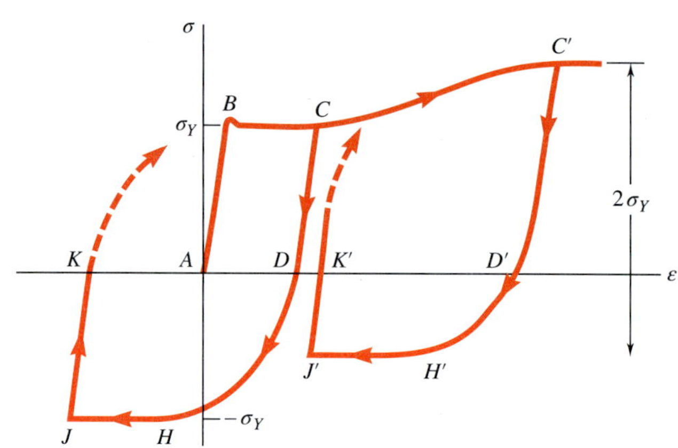

그림 9.14 두 가지 경우의 교번하중에 대한 연강의 응력–변형률선도

점 J에 도달한 뒤 하중을 제거하면 응력은 JK선을 따라 0까지 줄어들게 되는데, 이 JK선의 기울기는 탄성계수 E와 같다. 이때 발생하는 영구변형 AK는 선분 BC와 HJ의 상대적인 길이에 따라 양수, 음수 또는 0이 될 수 있다. 만일 이 이후에 다시 인장하중을 재하하면 응력–변형률선도는 점선으로 표시된 부분과 같이 점 K에서 출발하여 오른쪽으로 구부러진 곡선을 그리며 σ_Y에 도달할 때까지 증가한다.

만일 처음 재하한 인장하중이 변형경화를 발생시킬 정도로 커서 응력–변형률선도가 C'에 이르렀다면, 하중 제거 시의 감소곡선은 $C'D'$이 된다. 곧이어 재하되는 압축력에 의해 단면의 응력은 압축응력으로 바뀌게 되며, 최대 압축응력 H'에 도달한 뒤 $H'J'$선을 따라 항복이 진행된다. 이때 발생하는 최대 압축응력의 크기는 σ_Y보다 작지만, C'과 H' 사이에서 발생한 응력의 변화는 $2\sigma_Y$로 이전의 경우와 같다.[5]

5 **역자주**: 이와 같이 변형경화에 의해 재료의 항복점이 이동하는 현상을 **바우싱거 효과**Bauschinger effect라고 한다.

만일 점 K나 점 K'이 원점 A와 일치하게 되면 영구변형은 0이 되고, 겉으로 보기에 원래의 길이로 복원된 것처럼 보일 수 있다. 하지만 내부적으로는 재료적인 변화가 일어난 것이고, 이로 인해 그 이후에는 많지 않은 횟수의 반복하중에 의해 징조 없이 파괴가 발생할 수 있다. 이와 같이 과도한 소성변형은 재료의 역학적 성질에 급격한 변화를 일으키므로, 소성구간에 이르는 교번하중은 손상된 부재를 바로잡는 경우나 구조물 또는 기계의 최종 정렬 시와 같이 매우 정밀하게 제어되는 경우를 제외하고는 허용되는 경우가 거의 없다.

*9.1.5 반복하중과 피로

하중에 의해 발생하는 응력이 탄성범위 안에 있기만 하면 그 하중은 여러 번 반복해서 재하해도 괜찮을까? 하중의 반복횟수가 수십 번 또는 수백 번 정도라면 맞는 말일 수도 있다. 하지만 하중의 반복횟수가 수천 번이나 수백만 번 정도로 늘어나게 되면 이 결론은 더 이상 옳지 않게 된다. 이런 경우에는 일반적인 정적 파단강도보다 훨씬 낮은 응력수준에서도 파단이 발생할 수 있으며, 이러한 현상을 **피로**fatigue라고 한다. 피로파괴는 일반적인 연성재료에서도 취성적으로 일어난다.

반복하중repeated load이나 변동하중fluctuated load을 받는 구조물 및 기계부품을 설계할 때 피로가 반드시 고려되어야 하며, 설계수명 동안 겪게 될 하중의 반복횟수는 경우에 따라서 매우 다르다. 예를 들어, 산업용 크레인을 지지하는 보는 25년 동안 약 2백만 회의 반복하중을 받고(하루에 약 300회), 자동차의 크랭크축crankshaft은 자동차가 20만 마일(약 32만 km) 주행하는 동안 약 5억 회의 반복하중을 받는다. 그리고 터빈의 날개는 설계수명 동안 수천억 회의 반복하중을 겪는다.

어떤 하중은 변동성을 갖기도 하는데, 예를 들어, 교량 위를 통과하는 차량하중은 교량의 자중으로 발생하는 응력값을 중심으로 하는 응력의 변동을 야기한다. 더욱 심각한 경우는 인장력과 압축력이 번갈아 작용하게 되는 경우인데, 예를 들어 열차의 차축에 발생하는 응력은 차륜이 반 바퀴 회전할 때마다 그 부호가 바뀐다.

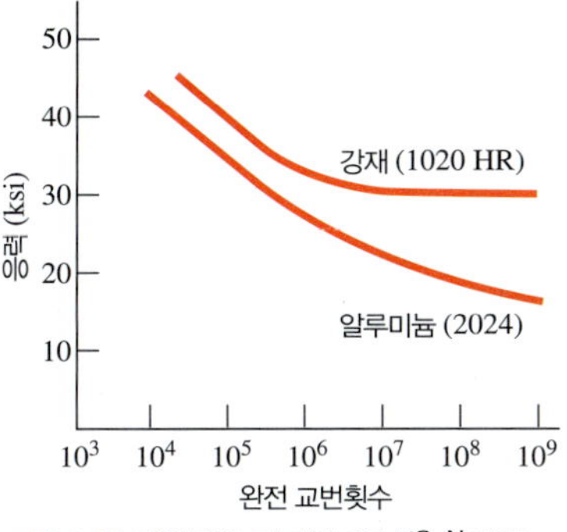

그림 9.15 전형적인 피로강도곡선S–N curve

주어진 응력수준에서 피로파괴를 발생시키는 반복하중 또는 교번하중의 횟수는 실험을 통하여 구할 수 있다. 여러 가지 응력수준에 대한 일련의 피로시험 결과를 사용하여 피로강도곡선S–N curve을 작성하게 되는데, 가로축은 하중의 반복횟수(N), 세로축은 최대 응력수준(S)으로 하여 그래프를 작성한다. 피로파괴에 필요한 하중 반복횟수 N은 일반적으로 매우 큰 숫자가 되므로 가로축은 로그 스케일로 한다.

강재의 전형적인 피로강도곡선을 [그림 9.15]에 나타내었다. 작용한 최대응력의 수준이 높으면 상대적으로 적은 횟수의 반복하중에 의해 파괴가 일어난다. 최대응력의 크기가 줄어듦에 따라 파괴를 유발하는 하중 반복횟수는 증가하게 되고, 일정 수준 이하의 응력은 무한한 횟수가 반복되더라도 파괴가 발생하지 않는다. 이와 같이 무한히 반복되어도 파괴가 발생하지 않는 응력수준의 최댓값을 **내구한도**endurance limit라고 한다. 구조용 강재와 같은 저탄소강의 내구한도는 대략 극한강도의 절반 정도가 된다.

[그림 9.15]와 같이 알루미늄이나 구리와 같은 비철금속의 전형적인 피로강도곡선은 응력수준이 감소함에 따라 하중 반복횟수가 계속해서 감소하는 형태를 보인다. 이러한 금속의 **피로한도**fatigue limit는 정해진 파괴유발 하중 반복횟수에 대응되는 응력을 뜻한다.

피로파괴가 발생한 시편, 축shaft, 스프링 및 기타 부재들의 파괴 면을 살펴보면 파괴는 미세균열microscopic crack이나 이와 유사한 결함으로부터 시작된다는 것을 알 수 있다. 하중이 한 번씩 재하될 때마다 미세균열은 아주 조금씩 성장한다. 반복적인 하중재하에 의해 균열이 단면을 관통하여 진전하게 되고, 남은 단면적이 최대하중에 저항하기에 부족할 정도로 작게 되면 갑작스러운 취성파괴가 발생한다. [사진 9.6]은 고속도로 교량 거더에 발생한 피로균열의 사례로, 덮개판cover plate의 용접부에서 시작된 균열이 플랜지를 관통하여 복부판까지 진전했다. 피로파괴는 어떤 균열이나 결함에서도 시작될 수 있으므로 피로시험의 결과로 얻어지는 내구한도는 시편의 표면상태의 영향을 크게 받는다. 표면을 기계 가공하거나 연마한 시편의 내구한도는 압연 또는 단조로 제작된 경우 및 표면이 부식된 경우에 비해 큰 값을 보인다. 바닷물 속, 해안 및 부식이 예상되는 환경에서는 내구한도가 50%까지 낮아질 수 있다.

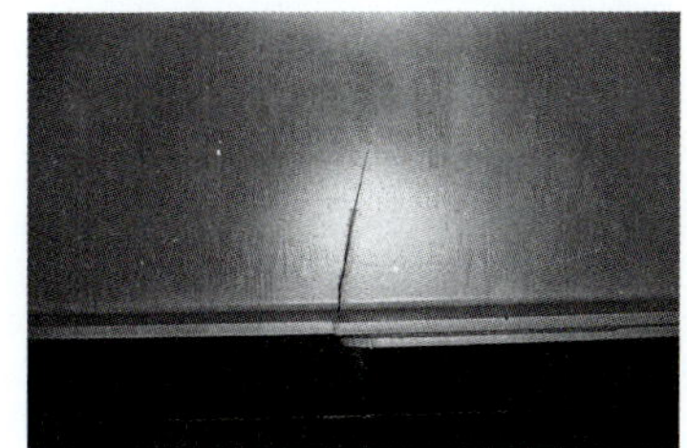

사진 9.6 코네티컷주 Yellow Mill Pond Bridge 강거더의 피로균열(보수전)

9.1.6 축방향 하중을 받는 부재의 변형

그림 9.16 축방향 하중을 받는 봉의 변형 전, 후 상태

길이가 L, 단면적이 A인 균일단면 봉 BC가 [그림 9.16]과 같이 중심하중 $\mathbf{P}$를 받고 있다. 단면의 응력 $\sigma = P/A$가 비례한도를 초과하지 않는다면, 후크의 법칙을 사용할 수 있다. 즉,

$$\sigma = E\varepsilon \tag{9.5}$$

이고, 이로부터 다음과 같이 변형률을 얻을 수 있다.

$$\varepsilon = \frac{\sigma}{E} = \frac{P}{AE} \tag{9.6}$$

9.1.1절에서 설명한 변형률의 정의 $\varepsilon = \delta/L$을 사용하면

$$\delta = \varepsilon L \tag{9.7}$$

이 되고, 식 (9.6)을 식 (9.7)에 대입하면 다음을 얻게 된다.

$$\delta = \frac{PL}{AE} \tag{9.8}$$

식 (9.8)은 봉의 재료가 균질하고, 즉 탄성계수 E 및 단면적 A가 일정하며, 봉의 끝에 하중이 작용하는 경우에만 사용될 수 있다. 하중이 단부가 아닌 다른 곳에 작용하거나, 봉의 단면적 또는 구성재료가 구간에 따라서 다른 경우에는 식 (9.8)을 적용할 수 있도록 봉을 여러 개의 구간으로 나누어서 생각해야 한다. i번째 구간이 내력 P_i, 길이 L_i, 단면적 A_i, 탄성계수 E_i를 갖는다면, 전체 봉의 길이변화는 다음과 같다.

$$\delta = \sum_i \frac{P_i L_i}{A_i E_i} \tag{9.9}$$

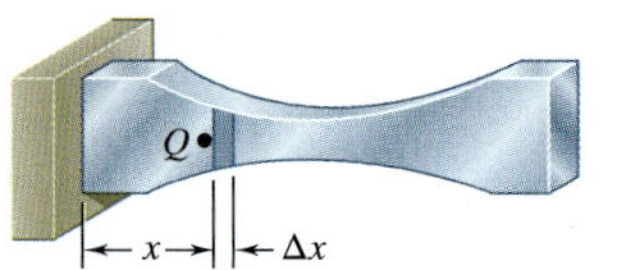

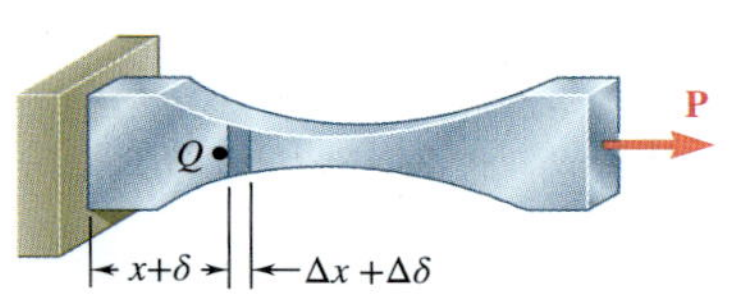

그림 9.17 축방향 하중을 받는 변단 면 부재의 변형

[그림 9.17]과 같이 봉의 단면적이 연속적으로 변화하는 경우에는 변형률 ε이 Q의 위치에 따라서 달라지며, 9.1.1절에서 설명한 바와 같이 그 값은 $\varepsilon = d\delta/dx$가 된다. 이 식을 $d\delta$에 대해서 정리하고, 식 (9.6)을 ε에 대입하면 길이 dx인 미소요소의 길이변화는 다음과 같다.

$$d\delta = \varepsilon\, dx = \frac{P\,dx}{AE}$$

봉 전체의 길이변화 δ는 이 식을 길이에 대해 적분해서 얻을 수 있다.

$$\delta = \int_0^L \frac{P\,dx}{AE} \tag{9.10}$$

단면적 A가 x의 함수이거나, 연직으로 매달려 있는 봉의 자중을 고려하는 경우와 같이, 내력 P가 x의 함수인 경우에는 식 (9.8) 대신 식 (9.10)을 사용한다.

개념적용 9.1

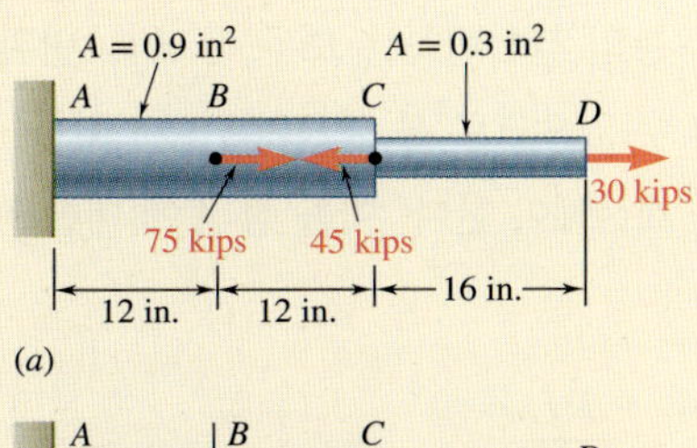

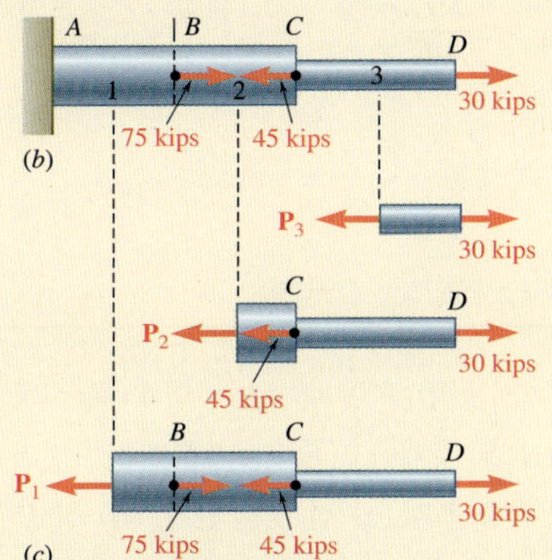

그림 9.18 (a) 축방향 하중을 받는 봉 (b) 세 구간으로 분리 (c) 내력 P_1, P_2, P_3를 갖는 각 구간의 자유물체도

주어진 하중에 의해 [그림 9.18a]의 강봉에 발생하는 길이변화를 구하시오(탄성계수 $E = 29 \times 10^6$ psi). 강봉은 [그림 9.18b]와 같이 세 구간으로 나뉘며, 각 구간에서

$$L_1 = L_2 = 12 \text{ in.}, \qquad L_3 = 16 \text{ in.}$$
$$A_1 = A_2 = 0.9 \text{ in}^2, \qquad A_3 = 0.3 \text{ in}^2$$

이 된다. 각 구간의 내력 P_1, P_2, P_3를 구하기 위해 각 구간의 중간을 절단하고, 절단면의 오른쪽 부분에 대한 자유물체도를 그린다(그림 9.18c). 각각의 자유물체는 평형상태에 있어야 하므로

$$P_1 = 60 \text{ kips} = 60 \times 10^3 \text{ lb}$$
$$P_2 = -15 \text{ kips} = -15 \times 10^3 \text{ lb}$$
$$P_3 = 30 \text{ kips} = 30 \times 10^3 \text{ lb}$$

이고, 식 (9.9)를 사용하면 다음의 결과를 얻는다.

$$\delta = \sum_i \frac{P_i L_i}{A_i E_i} = \frac{1}{E}\left(\frac{P_1 L_1}{A_1} + \frac{P_2 L_2}{A_2} + \frac{P_3 L_3}{A_3}\right)$$

$$= \frac{1}{29 \times 10^6}\left[\frac{(60 \times 10^3)(12)}{0.9} + \frac{(-15 \times 10^3)(12)}{0.9} + \frac{(30 \times 10^3)(16)}{0.3}\right]$$

$$\delta = \frac{2.20 \times 10^6}{29 \times 10^6} = 75.9 \times 10^{-3} \text{ in.}$$

식 (9.8)을 유도하기 위해 사용했던 [그림 9.16]의 봉 BC와 [개념적용 9.1]의 봉 AD는 모두 한쪽 끝이 고정되어 있고, 봉의 길이변화 δ는 자유단의 변위와 같다. 하지만 봉의 양쪽 끝이 모두 움직일 수 있는 경우에는 봉의 길이변화는 한쪽 끝의 변위와 반대쪽 끝의 변위 차이, 즉 상대변위로 계산해야 한다. [그림 9.19a]에 나타난 조립체를 살펴보자.

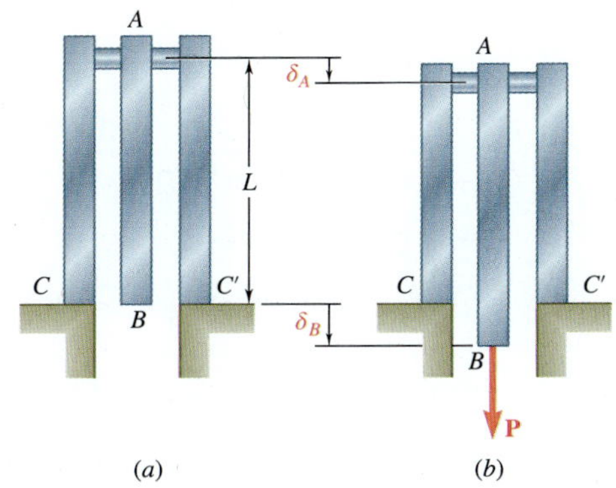

그림 9.19 가운데 봉에 발생하는 단부 상대변위의 예 (a) 재하 전 (b) 재하 후 변형 형상

길이가 L로 같은 세 개의 탄성체 봉이 강체 핀으로 점 A에서 연결되어 있다. [그림 9.19b]와 같이 하중 $\mathbf{P}$가 점 B에 가해지면 세 개의 봉의 길이가 모두 변하게 되는데, 봉 AC와 AC'은 고정지점 C와 C'에 연결되어 있으므로 두 봉의 길이변화는 모두 점 A의 변위 δ_A가 된다. 반면에, 봉 AB는 양쪽 끝이 모두 움직일 수 있으므로 봉 AB의 길이변화를 구하려면 점 A의 변위 δ_A와 점 B의 변위 δ_B의 차이를 계산해야 한다. 이를 점 A에 대한 점 B의 상대변위 $\delta_{B/A}$라고 하며, 다음과 같다.

$$\delta_{B/A} = \delta_B - \delta_A = \frac{PL}{AE} \tag{9.11}$$

이 식에서 A는 봉 AB의 단면적, E는 탄성계수이다.

예제 9.1

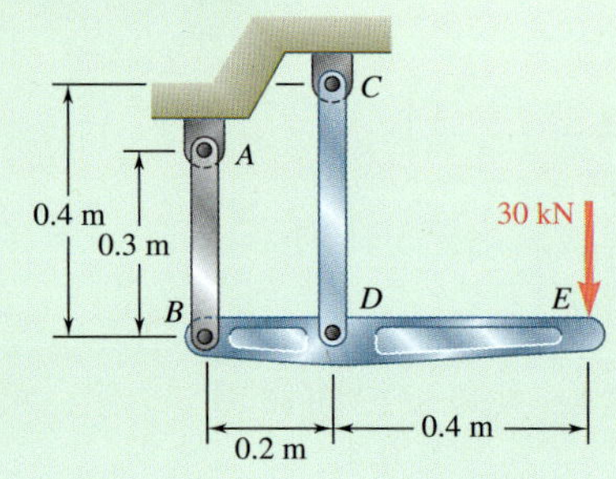

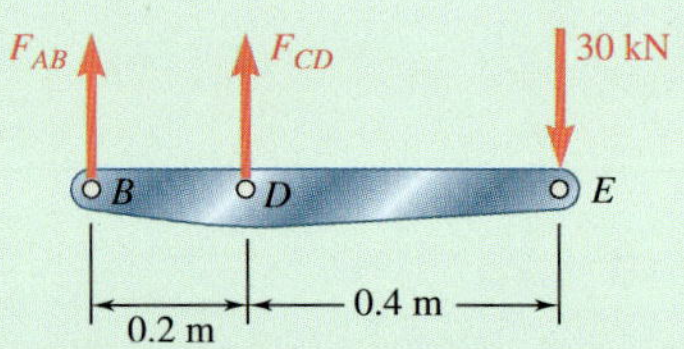

그림 1 강체 봉 BDE의 자유물체도

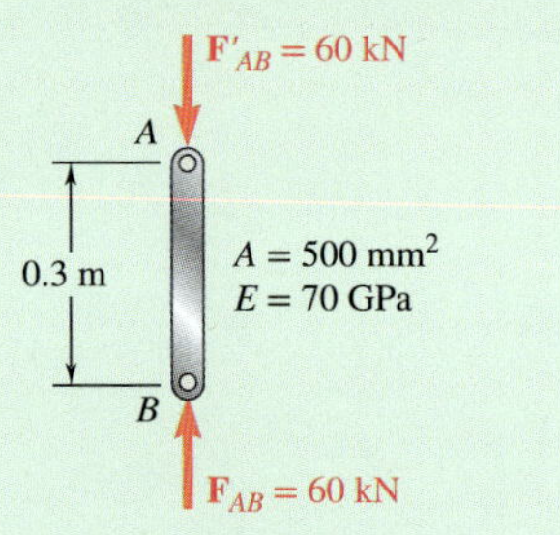

그림 2 두 힘을 받는 부재 AB의 자유물체도

두 개의 부재 AB와 CD는 강체 봉 BDE를 지지하고 있다. 부재 AB는 알루미늄이며($E=70$ GPa) 단면적이 500 mm^{2}이다. 부재 CD는 강재이고($E=200$ GPa) 단면적이 600 mm^{2}이다. 그림과 같이 30 kN의 하중이 작용할 때 (a) 점 B의 변위, (b) 점 D의 변위, (c) 점 E의 변위를 구하시오.

문제분석 우선 강체 봉의 자유물체도로부터 강체 봉과 연결된 두 부재의 내력을 구한다. 이들 내력과 부재의 물성을 사용하여 각 부재의 길이변화를 계산할 수 있으며, 기하학적 조건을 이용하면 점 B, D, E의 변위를 계산할 수 있다.

모델링 강체 봉의 자유물체도(그림 1)를 그리고 두 연결부재의 자유물체도(그림 2 ~ 3)를 그린다.

풀이

강체 봉 BDE의 자유물체도(그림 1)

$$+\circlearrowleft \Sigma M_B = 0 : -(30\text{ kN})(0.6\text{ m}) + F_{CD}(0.2\text{ m}) = 0$$

$$F_{CD} = +90\text{ kN}, \qquad F_{CD} = 90\text{ kN} \quad (\text{인장})$$

$$+\circlearrowleft \Sigma M_D = 0 : -(30\text{ kN})(0.4\text{ m}) - F_{AB}(0.2\text{ m}) = 0$$

$$F_{AB} = -60\text{ kN}, \qquad F_{AB} = 60\text{ kN} \quad (\text{압축})$$

a. 점 B의 변위 부재 AB의 내력이 압축력이므로(그림 2), $P=-60$ kN이다. 따라서

$$\delta_B = \frac{PL}{AE} = \frac{(-60\times 10^3\text{ N})(0.3\text{ m})}{(500\times 10^{-6}\text{ m}^2)(70\times 10^9\text{ Pa})} = -514\times 10^{-6}\text{ m}$$

이다. 마이너스 부호는 부재 AB의 길이가 줄어들었음을 나타낸다. 따라서 점 B는 상향 변위를 갖는다.

$\delta_B = 0.514\text{ mm}\uparrow$ ◀

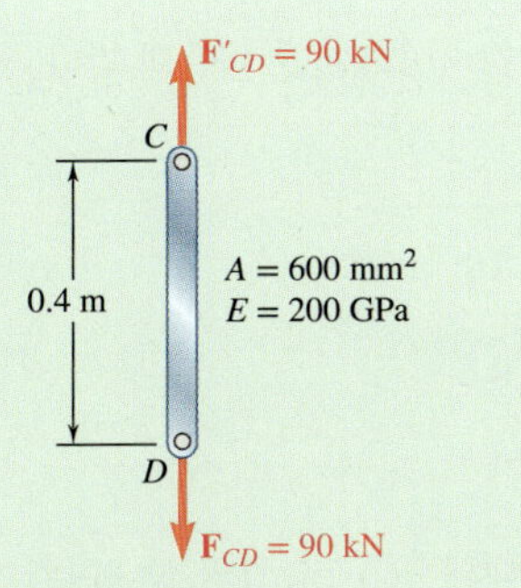

그림 3 두 힘을 받는 부재 CD의 자유물체도

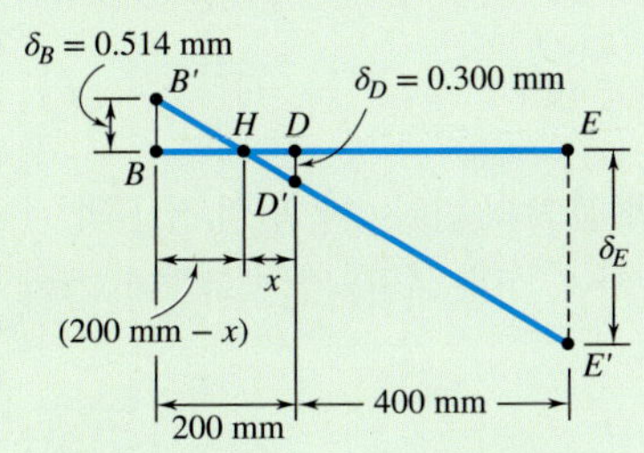

그림 4 점 B와 점 D의 변위를 사용한 δ_E의 계산

b. 점 D의 변위 부재 CD에서는 $P = 90$ kN이므로

$$\delta_D = \frac{PL}{AE} = \frac{(90\times 10^3\ \text{N})(0.4\ \text{m})}{(600\times 10^{-6}\ \text{m}^2)(200\times 10^9\ \text{Pa})}$$

$$= 300\times 10^{-6}\ \text{m} \qquad \delta_D = 0.300\ \text{mm}\downarrow \blacktriangleleft$$

이다.

c. 점 E의 변위 [그림 4]와 같이 점 B와 점 D가 이동한 위치를 B'과 D'에 표시하면, 봉 BDE가 강체이므로 B', D' 및 E'은 직선상에 놓이게 된다. 따라서,

$$\frac{BB'}{DD'} = \frac{BH}{HD}, \qquad \frac{0.514\ \text{mm}}{0.300\ \text{mm}} = \frac{(200\ \text{mm}) - x}{x}, \qquad x = 73.7\ \text{mm}$$

$$\frac{EE'}{DD'} = \frac{HE}{HD}, \qquad \frac{\delta_E}{0.300\ \text{mm}} = \frac{(400\ \text{mm}) + (73.7\ \text{mm})}{73.7\ \text{mm}}$$

$$\delta_E = 1.928\ \text{mm}\downarrow \blacktriangleleft$$

고찰 결과로 얻어진 변위의 상대적인 크기와 방향을 비교해 보면, 구한 답이 하중의 방향 및 [그림 4]에 표시된 변위와 일관성이 있음을 확인할 수 있다.

예제 9.2

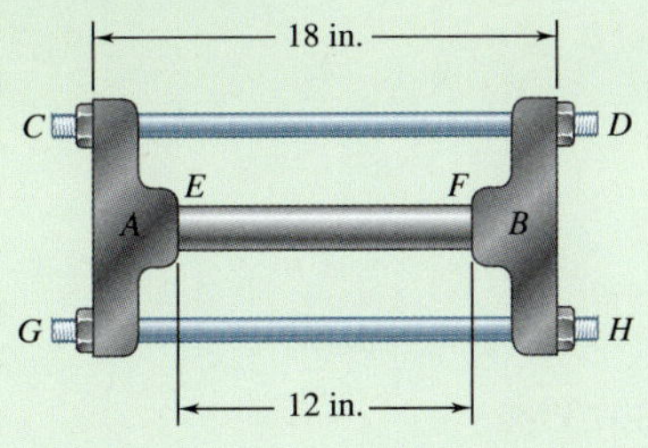

강체 주물 A와 B는 지름이 3/4 in.인 두 개의 강재 볼트 CD와 GH로 연결되어 있으며, 지름이 1.5 in.인 알루미늄 봉의 양 끝과 닿아 있다. 볼트의 나사산 간격pitch은 0.1 in.이고, 주물과 알루미늄 봉이 살짝 닿도록 조립한 뒤에 D와 H의 너트를 1/4바퀴씩 더 조였다. 강재와 알루미늄의 탄성계수 E가 각각 29×10^6 psi, 10.6×10^6 psi라면, 봉에 발생하는 수직응력을 구하시오.

문제분석 너트를 조이면 볼트 끝과 강체 주물 사이에 상대변위가 발생하며, 이 상대변위는 볼트와 알루미늄 봉의 길이변화의 차이와 같다. 이로부터 강체 주물에 의해 조립되었을 때 볼트의 내력과 봉의 내력 사이의 관계를 알 수 있고, 이 관계식을 풀면 봉의 내력과 응력을 구할 수 있다.

풀이

길이변화

a. 볼트 CD와 GH 너트를 조이면 볼트에 인장이 발생한다(그림 1). 대칭조건에 의해 두 볼트의 내력은 P_b로 같고, 동일한 길이변화 δ_b가 발생한다.

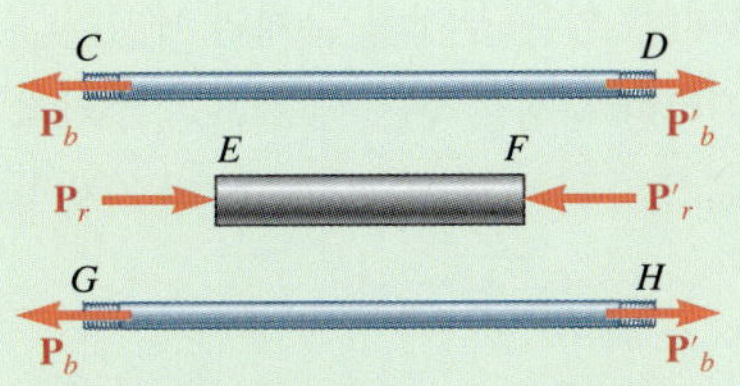

그림 1 볼트와 알루미늄 봉의 자유물체도

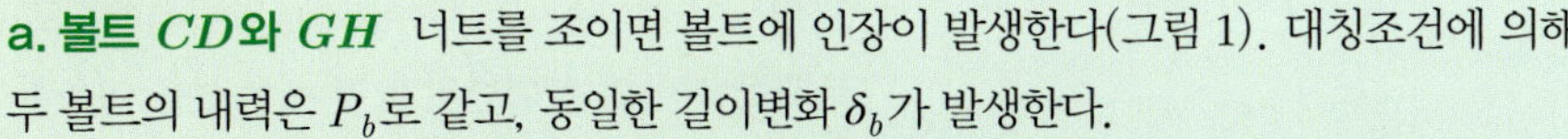

$$\delta_b = +\frac{P_b L_b}{A_b E_b} = +\frac{P_b(18\ \text{in.})}{\frac{1}{4}\pi(0.75\ \text{in.})^2(29\times 10^6\ \text{psi})} \qquad (1)$$

$$= +1.405\times 10^{-6} P_b$$

b. 봉 EF 봉은 압축상태가 되며(그림 1), 내력은 P_r이고, 길이변화 δ_r는 다음과 같다.

$$\delta_r = -\frac{P_r L_r}{A_r E_r} = -\frac{P_r(12 \text{ in.})}{\frac{1}{4}\pi(1.5 \text{ in.})^2(10.6 \times 10^6 \text{ psi})} \tag{2}$$

$$= -0.6406 \times 10^{-6} P_r$$

c. 점 B에 대한 점 D의 상대변위

너트를 1/4바퀴 조이면 두 볼트의 끝 D와 H는 주물 B에 대해 $\frac{1}{4}(0.1 \text{ in.})$의 상대변위를 일으킨다.

$$\delta_{D/B} = \frac{1}{4}(0.1 \text{ in.}) = 0.025 \text{ in.} \tag{3}$$

여기서 $\delta_{D/B} = \delta_D - \delta_B$이고, δ_D와 δ_B는 각각 점 D와 점 B의 변위이다. 만일 점 D와 점 B의 너트를 조이는 동안 주물 A는 고정되어 있다고 하면, 이들 변위는 볼트와 봉의 길이 변화와 같게 되므로

$$\delta_{D/B} = \delta_b - \delta_r \tag{4}$$

이 되고, 식 (1) ~ (3)을 식 (4)에 대입하면

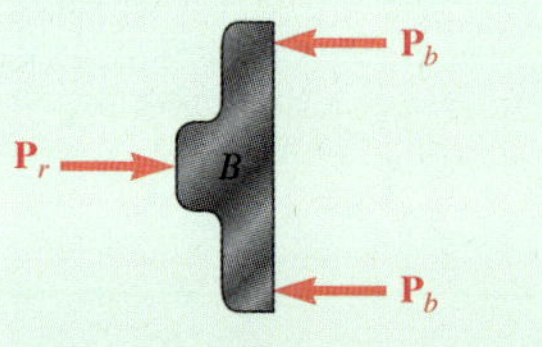

그림 2 강체 주물의 자유물체도

$$0.025 \text{ in.} = 1.405 \times 10^{-6} P_b + 0.6406 \times 10^{-6} P_r \tag{5}$$

이 된다.

주물 B의 자유물체도(그림 2)

$$\overset{+}{\rightarrow} \Sigma F = 0 : P_r - 2P_b = 0, \qquad P_r = 2P_b \tag{6}$$

볼트와 봉의 부재력

식 (6)의 P_r을 식 (5)에 대입하여 풀면 다음과 같다.

$$0.025 \text{ in.} = 1.405 \times 10^{-6} P_b + 0.6406 \times 10^{-6}(2P_b)$$

$$P_b = 9.307 \times 10^3 \text{ lb} = 9.307 \text{ kips}$$

$$P_r = 2P_b = 2(9.307 \text{ kips}) = 18.61 \text{ kips}$$

봉의 응력

$$\sigma_r = \frac{P_r}{A_r} = \frac{18.61 \text{ kips}}{\frac{1}{4}\pi(1.5 \text{ in.})^2}$$

$\delta_r = 10.53$ ksi ◀

고찰 이 문제는 부재력이 평형방정식만으로 구해지지 않는 부정정 문제의 예시이다. 부재들 사이의 상대변위가 갖는 특성을 이용하여 이러한 문제를 푸는 데 필요한 추가적인 방정식(적합방정식)을 이끌어 낼 수 있다. 이런 종류의 문제는 다음 절에서 더 자세히 다룬다.

Section 9.1 연습문제

9.1 지름이 1/4 in.이고 길이가 4.8 ft인 강재 와이어가 750 lb의 인장력을 받고 있다. 탄성계수가 $E=29\times10^6$ psi일 때, (a) 와이어의 신장량과 (b) 이때의 수직응력을 구하시오.

9.2 지름이 12 mm이고 탄성계수가 $E=73$ GPa, 극한강도가 140 MPa인 시편에 정확하게 250 mm 간격으로 두 개의 표점이 새겨져 있다. 하중이 재하된 뒤에 두 표점 사이의 거리가 250.28 mm가 되었다면, (a) 시편에 발생한 응력과 (b) 안전계수를 구하시오.

9.3 나일론 실이 8.5 N의 힘으로 당겨지고 있다. $E=3.3$ GPa이고, 실의 길이가 1.1 % 늘어났다면, (a) 실의 지름과 (b) 실에 발생한 응력을 구하시오.

9.4 지름이 5 mm이고 길이가 18 m인 강재 와이어가 프리스트레스트 콘크리트 보의 제작에 사용되었다. 인장력 **P**에 의해 와이어의 길이가 45 mm 늘어났고, 와이어의 탄성계수가 $E=200$ GPa이라면, (a) 작용한 하중 **P**의 크기와 (b) 이때 와이어에 발생한 수직응력을 구하시오.

9.5 2 lb의 인장력에 저항해야 하는 나일론 실이 있다. $E=0.5\times10^6$ psi이고 허용 수직응력이 6 ksi라면, (a) 실의 지름은 얼마 이상이어야 하는지, (b) 이때 실의 신장률은 얼마인지 구하시오.

9.6 60 m 길이의 강재 와이어가 6 kN의 인장력을 받고 있다. $E=200$ GPa이고 하중에 의해 와이어의 길이가 48 mm 증가했다면, (a) 선택할 수 있는 와이어 지름의 최솟값과 (b) 이때 와이어의 수직응력을 구하시오.

9.7 인장하중이 재하되었을 때 길이가 0.05 in. 이상 늘어나면 안 되는 알루미늄 파이프가 있다. $E=10.1\times10^6$ psi이고 허용 수직응력이 14 ksi라면, (a) 허용할 수 있는 파이프의 최대길이와 (b) 인장력이 127.5 kips일 때 파이프의 소요 단면적을 구하시오.

9.8 압축하중을 받는 주물 강관이 있다. $E=10\times10^6$ psi이고 허용 신장률은 0.025 %라면, (a) 강관에 발생하는 최대 수직응력과 (b) 하중이 1600 lb이고 바깥쪽 지름이 2.0 in.일 때 강관의 최소 벽두께를 구하시오.

9.9 2.5 lb의 인장력에 저항해야 하는 나일론 실이 있다. $E=0.5\times10^6$ psi이고 허용 수직응력이 6 ksi이며, 실의 길이가 1 % 이상 늘어나지 않아야 한다면, 실의 소요 지름을 구하시오.

9.10 길이가 4 m인 강봉이 있다. 10 kN의 하중이 작용했을 때, 길이는 3 mm 이상 늘어나지 않아야 하고, 수직응력은 150 MPa을 초과하지 않아야 한다면, 봉의 소요 지름은 얼마가 되는가? 단, $E=200$ GPa이다.

9.11 지름이 4 mm인 케이블 BC가 $E=200$ GPa인 강재로 만들어져 있다. 케이블에 발생하는 최대응력이 190 MPa을 초과하지 않고, 케이블의 길이가 6 mm 이상 늘어나지 않아야 한다면, 그림에 표시된 하중 **P**는 최대 얼마까지 재하할 수 있는지 구하시오.

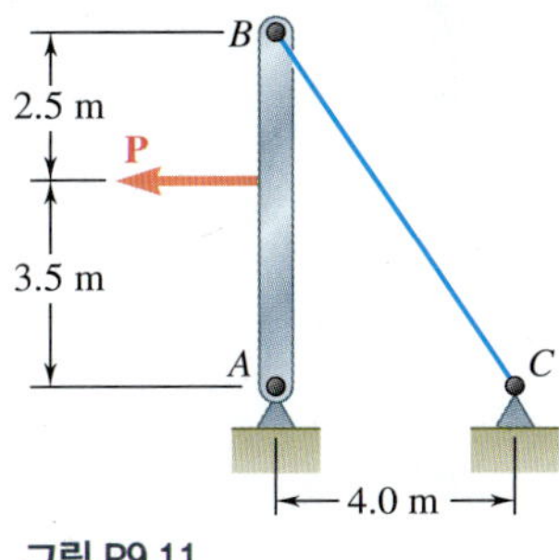

그림 P9.11

9.12 강재($E=29\times10^6$ psi) 봉 BD가 축방향으로 압축을 받고 있는 부재 ABC와 가로로 연결되어 있다. 부재 BD에 발생할 힘의 최댓값은 0.02 P이다. 최대응력은 18 ksi를 초과할 수 없고, BD의 길이변화는 ABC의 길이의 0.001배를 초과할 수 없다면, 부재 BD로 사용할 수 있는 부재 지름의 최솟값을 구하시오.

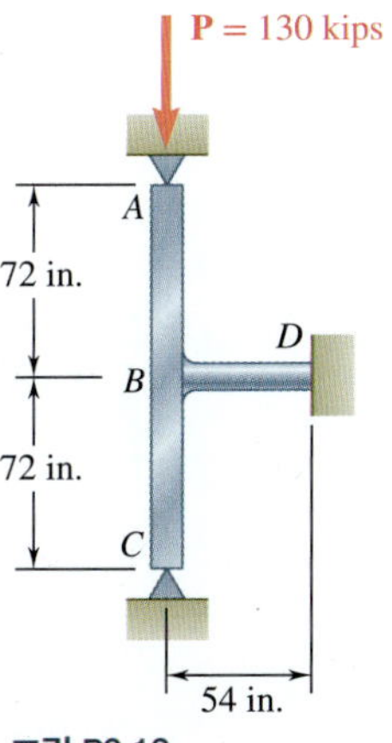

그림 P9.12

9.13 축방향 하중 $P = 15$ kips가 강봉 ABC의 끝 점 C에 작용하고 있다. $E = 30 \times 10^6$ psi일 때, 점 C의 변위가 0.05 in.가 되기 위한 BC 부분의 지름 d를 구하시오.

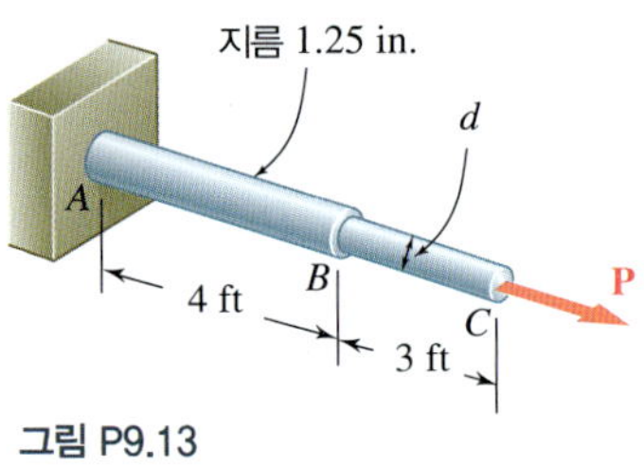

그림 P9.13

9.14 탄성계수가 $E = 70$ GPa인 알루미늄으로 제작된 봉 $ABCD$가 그림과 같이 하중을 받고 있을 때, (a) 점 B와 (b) 점 D의 처짐을 구하시오.

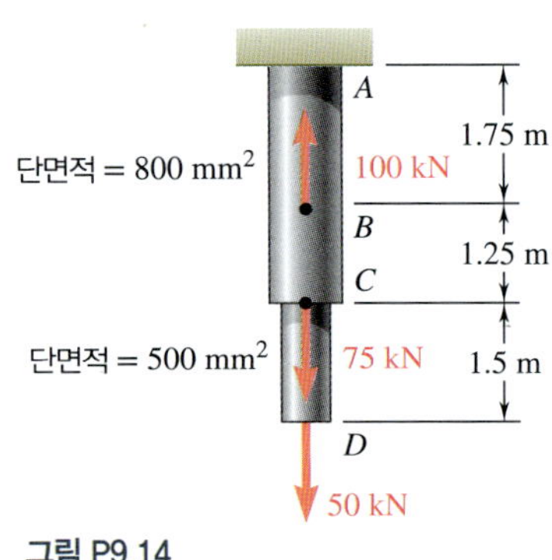

그림 P9.14

9.15 그림과 같은 시편을 두께 5 mm인 비닐 시트에서 채취했다($E = 3.10$ GPa). 1.5 kN의 인장하중이 작용할 때, (a) 시편의 전체 길이변화와 (b) 시편 중앙부 BC의 길이변화를 구하시오.

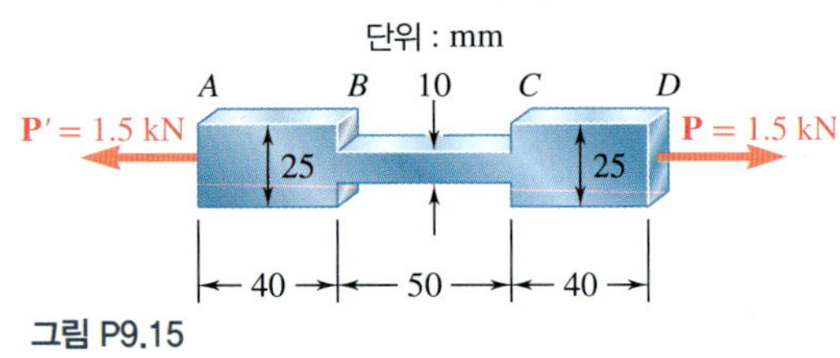

그림 P9.15

9.16 두 개의 속이 꽉 찬 원형단면의 봉이 점 B에서 연결되어 있으며 그림과 같은 하중을 받고 있다. 봉 AB는 강재($E = 29 \times 10^6$ psi), 봉 BC는 황동($E = 15 \times 10^6$ psi)으로 만들어졌다면 (a) 전체 봉 ABC의 길이변화와 (b) 점 B의 변위를 구하시오.

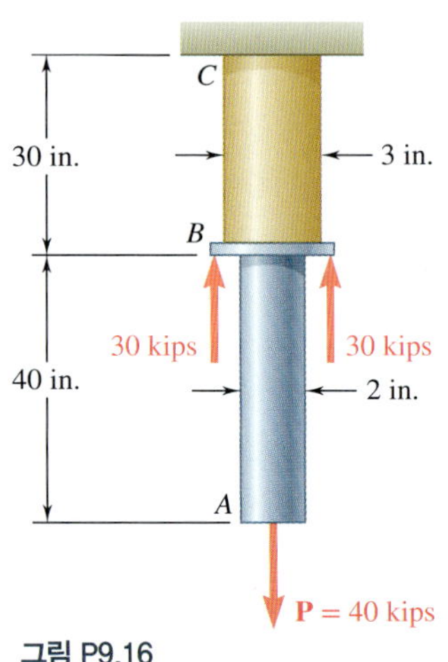

그림 P9.16

9.17 4 ft 길이의 단면적 1.75 in^{2}인 알루미늄 파이프가 고정된 지점 A 위에 올려져 있다. 지름이 5/8 in.인 강봉 BC가 파이프 상단의 점 B에 놓인 강체 막대에 연결되어 매달려 있고 강재와 알루미늄의 탄성계수가 각각 29×10^6 psi와 10.4×10^6 psi라면, 점 C에 15 kip의 하중이 작용했을 때 점 C에 발생하는 처짐을 구하시오.

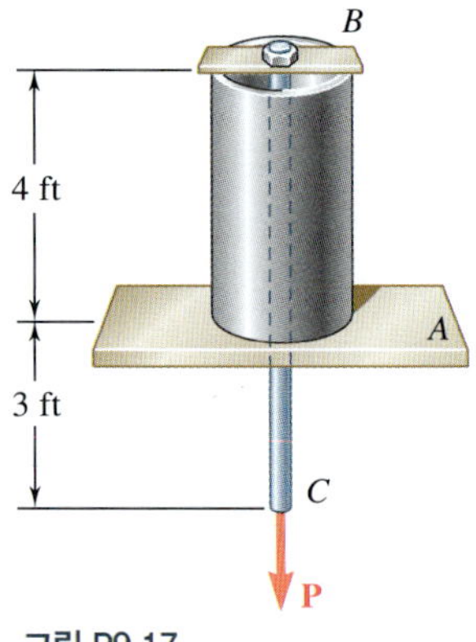

그림 P9.17

9.18 점 B에서 연결된 두 개의 속이 꽉 찬 원형단면 봉이 그림과 같이 하중을 받고 있다. 봉 AB는 강재($E = 200$ GPa), 봉 BC는 황동($E = 105$ GPa)으로 되어 있다면, (a) 전체 봉 ABC의 길이변화와 (b) 점 B의 처짐을 구하시오.

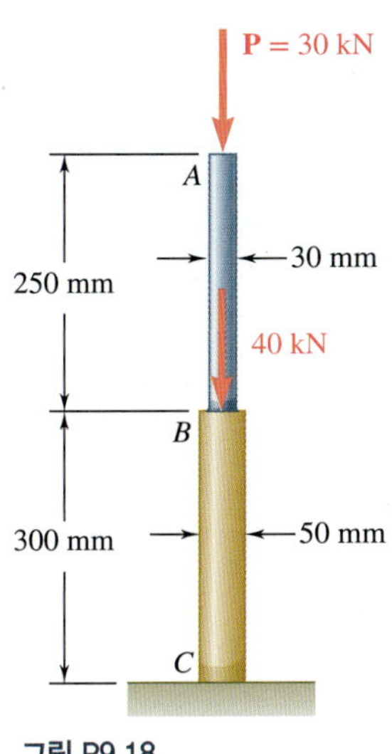

그림 P9.18

9.19 $E = 200$ GPa인 강재로 제작된 그림의 프레임에서 경사부재 BD의 단면적이 1920 mm^2일 때, 부재 BD의 길이변화가 1.6 mm를 초과하지 않기 위해서 재하할 수 있는 하중 **P**의 최댓값을 구하시오.

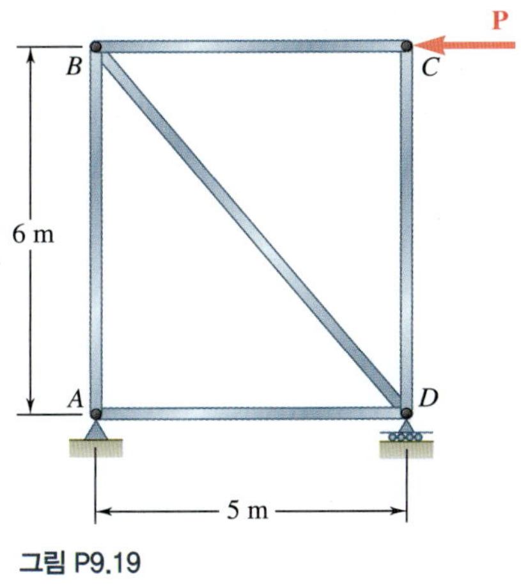

그림 P9.19

9.20 $E = 29 \times 10^6$ psi인 강재로 제작된 트러스에 그림과 같이 하중이 작용하고 있다. 부재 BD와 부재 DE의 단면적이 각각 2 in^2와 3 in^2일 때 두 부재의 길이변화를 구하시오.

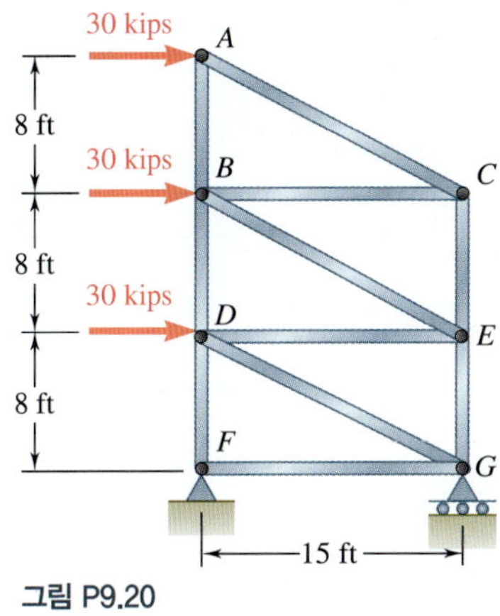

그림 P9.20

9.21 $E = 29 \times 10^6$ psi인 강재로 제작된 연결부재 AB와 CD가 강체 막대 BCE에 그림과 같이 연결되어 있다. 연결부재는 $1/4 \times 1$ in.인 균일한 직사각형 단면을 가지며, 점 E의 처짐이 0.01 in.를 초과하지 않아야 한다면 점 E에 아래쪽으로 작용할 수 있는 하중의 최댓값을 구하시오.

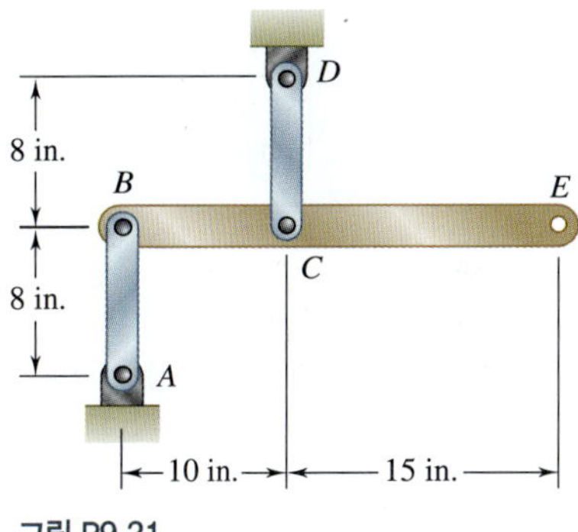

그림 P9.21

9.22 강체 막대 ABC와 DEF가 $E = 200$ GPa인 강재 부재로 그림과 같이 연결되어 있다. 연결부재 BE와 CF가 25×35 mm의 직사각형 단면을 갖는다면, (a) 부재 BE와 (b) 부재 CF의 길이변화를 구하시오.

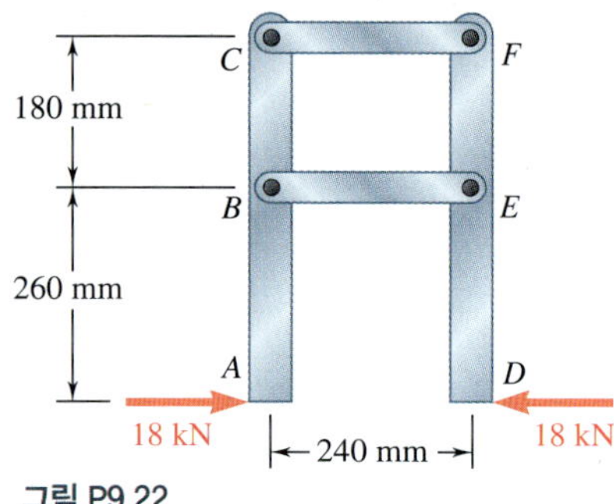

그림 P9.22

9.23 $E = 10.9 \times 10^6$ psi이고 단면적이 $0.2\ \text{in}^2$인 알루미늄 부재 AB와 CD가 강체 막대 BC와 그림과 같이 연결되어 있다. 그림의 하중에 대해 점 E의 처짐을 구하시오.

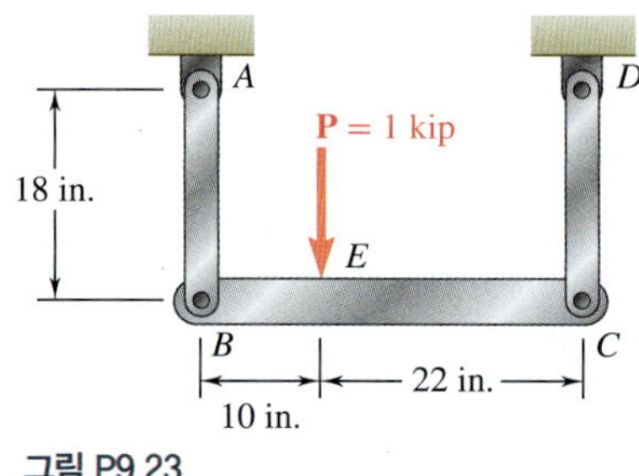

그림 P9.23

9.24 그림의 트러스에서 (a) 부재 AB와 (b) 부재 BE의 신장량을 구하시오. 두 부재는 모두 지름 25 mm인 강재 부재이다 ($E = 200$ GPa).

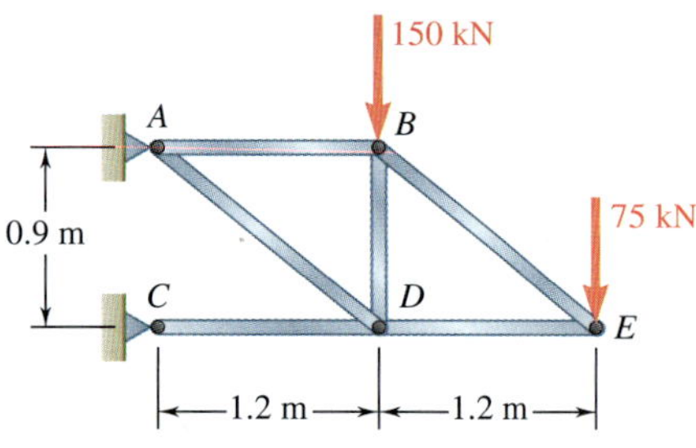

그림 P9.24

9.2 부정정 문제

이전의 절에서 풀었던 문제에서는 주어진 하중에 의해 발생하는 부재 내 여러 구간에서의 부재력을 구하기 위해 항상 자유물체도와 평형방정식을 이용했다. 하지만 정역학적 원리만으로 부재의 내력을 구할 수 없는 문제도 많이 있다. 때에 따라 자유물체도와 평형방정식만으로는 반력조차 구할 수 없는 경우도 있다. 이것은 그 문제에 주어진 구속조건의 개수가 정적 평형을 유지하는 데 필요한 구속조건의 최소 개수보다 더 많기 때문이다. 이런 경우에는 평형방정식과 더불어 그 구조물의 기하학적 조건으로부터 유도된 변형의 관계식(즉, 적합방정식)을 함께 사용해야 한다. 이런 종류의 문제는 정역학靜力學, statics 원리만으로 부재력이나 반력을 결정決定, determine할 수 없으므로不, **부정정**不靜定, statically indeterminate이라고 한다. 다음의 [개념적용 9.2]에서 이런 문제 유형을 어떻게 풀 수 있는지 알아보자.

개념적용 9.2

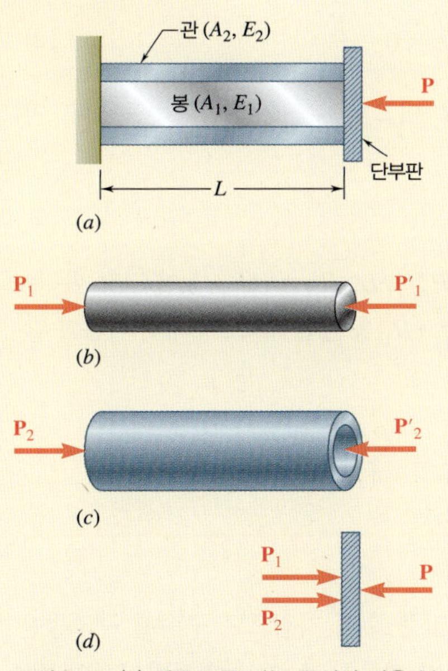

그림 9.20 (a) 하중 **P**를 받는 중심이 같은 봉과 관 (b) 봉의 자유물체도 (c) 관의 자유물체도 (d) 단부판의 자유물체도

길이가 L이고 단면적이 A_1, 탄성계수가 E_1인 봉rod이 같은 길이의 단면적이 A_2, 탄성계수가 E_2인 관tube의 안쪽에 [그림 9.20a]와 같이 끼워져 있다. 강체인 단부판end plate에 하중 **P**가 작용했을 때 발생하는 봉과 관의 길이변화는 얼마인가?

봉과 관에 작용하는 하중을 각각 P_1과 P_2라고 하고 [그림 9.20b~d]와 같이 세 요소의 자유물체도를 그려보면, [그림 9.20d]로부터 다음의 관계를 알 수 있다.

$$P_1 + P_2 = P \tag{1}$$

이 하나의 평형방정식만으로는 두 개의 미지수 P_1과 P_2를 구하는 것이 불가능하므로, 이 문제는 부정정이다.

하지만 이 문제의 기하학적 조건으로부터 봉과 관의 길이변화 δ_1과 δ_2가 서로 같아야 함을 알 수 있다. 앞의 식 (9.8)을 다시 이용하면

$$\delta_1 = \frac{P_1 L}{A_1 E_1}, \qquad \delta_2 = \frac{P_2 L}{A_2 E_2} \tag{2}$$

이고, 두 식이 같아야 하므로

$$\frac{P_1}{A_1 E_1} = \frac{P_2}{A_2 E_2} \tag{3}$$

이다. 식 (1)과 식 (3)을 연립하여 풀면 P_1과 P_2는 다음과 같다.

$$P_1 = \frac{A_1 E_1 P}{A_1 E_1 + A_2 E_2}, \qquad P_2 = \frac{A_2 E_2 P}{A_1 E_1 + A_2 E_2}$$

봉과 관의 길이변화는 서로 같으므로 식 (2) 중 어느 것을 사용해도 결과는 같다.

개념적용 9.3

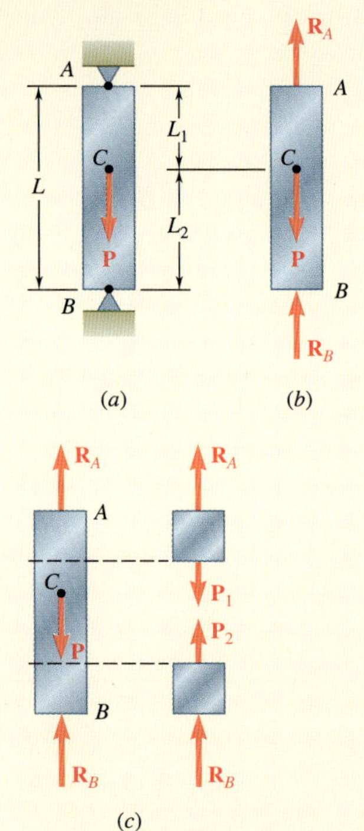

그림 9.21 (a) 축하중을 받는 구속된 봉 (b) 봉의 자유물체도 (c) 내력 P_1과 P_2를 구하기 위해 점 C의 위쪽과 아래쪽으로 나누어 그린 자유물체도

길이가 L인 균일단면의 봉 AB가 하중이 가해지기 전에 지점 A와 B에 고정되었다. 점 C에 가해진 하중 P에 의해 봉의 각 부분 AC와 BC에 발생하는 응력은 얼마인가(그림 9.21a)?

[그림 9.21b]와 같이 자유물체도를 그리면 다음의 평형방정식을 얻는다.

$$R_A + R_B = P \tag{1}$$

이 식만으로는 두 개의 미지 반력 R_A와 R_B를 구할 수 없으므로, 이 문제는 부정정이다.

하지만 이 구조물의 기하학적 조건을 살펴보면 봉 전체의 길이변화 δ는 0이 되어야 한다는 것을 알 수 있고, 이로부터 반력을 계산할 수 있다. 즉, 두 부분 AC와 BC의 길이변화를 각각 δ_1과 δ_2라고 하면

$$\delta = \delta_1 + \delta_2 = 0$$

이고, 식 (9.8)을 이용하면 δ_1과 δ_2는 다시 해당 부분의 내력 P_1과 P_2를 사용하여 다음과 같이 나타낼 수 있다.

$$\delta = \frac{P_1 L_1}{AE} + \frac{P_2 L_2}{AE} = 0 \tag{2}$$

여기서 [그림 9.21c]의 자유물체도로부터 $P_1 = R_A$이고 $P_2 = -R_B$임을 알 수 있다. 이 들 값을 식 (2)에 대입하면

$$R_A L_1 - R_B L_2 = 0 \tag{3}$$

이 되며, 식 (1)과 식 (3)을 연립하여 풀면 $R_A = PL_2/L$, $R_B = PL_1/L$이 되고, 두 부분 AC와 BC의 응력 σ_1과 σ_2는 $P_1 = R_A$와 $P_2 = -R_B$를 단면적으로 나누어 다음과 같이 구할 수 있다.

$$\sigma_1 = \frac{PL_2}{AL}, \qquad \sigma_2 = -\frac{PL_1}{AL}$$

중첩법 평형상태를 유지하는 데 필요한 것보다 많은 수의 지점으로 구속된 구조물은 언제나 부정정이다. 이런 경우에는 미지 반력의 개수가 활용할 수 있는 평형방정식의 개수보다 더 많게 된다. 이러한 문제를 푸는 편리한 방법의 하나로, 반력 중 하나를 **잉여**redundant로 지정하고 해당 지점을 제거하는 방법이 있다. 문제에서 주어진 조건이 바뀔 수는 없으므로, **잉여반력**redundant reaction은 풀이 과정 동안 유지되어야 한다. 이 반력은 문제를 푸는 동안 미지의 하중으로 취급되며, 다른 하중들과 함께 작용하여 원래 문제에서 주어진 지점 조건에 부합하는 변위를 발생시키게 된다. 실제로 문제를 풀 때는 주어진 하중에 의해 발생하는 변위와 잉여반력에 의해 발생하는 변위를 각각 구한 뒤에 이 둘을 더하게(중첩하게) 된다. 이와 같은 방법으로 여러 하중의 결합 효과를 구할 수 있는 일반적인 조건은 9.5절에서 다루게 될 것이다.

개념적용 9.4

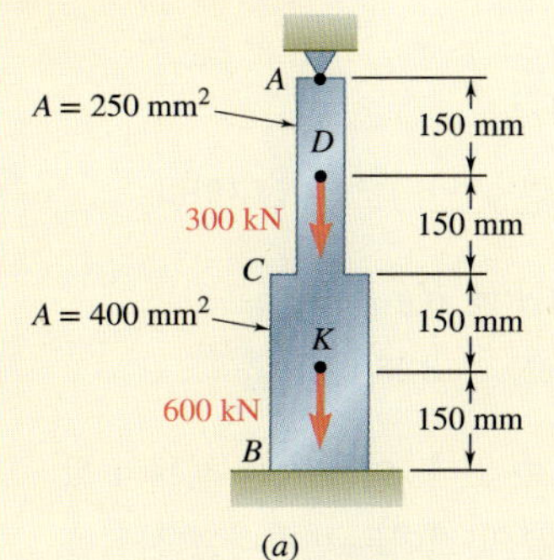

(a)

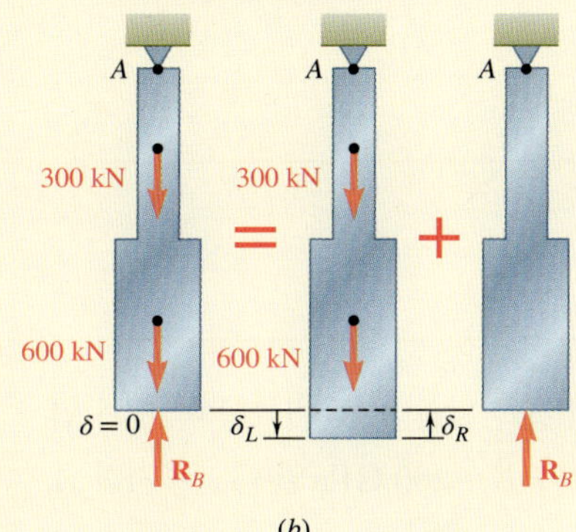

(b)

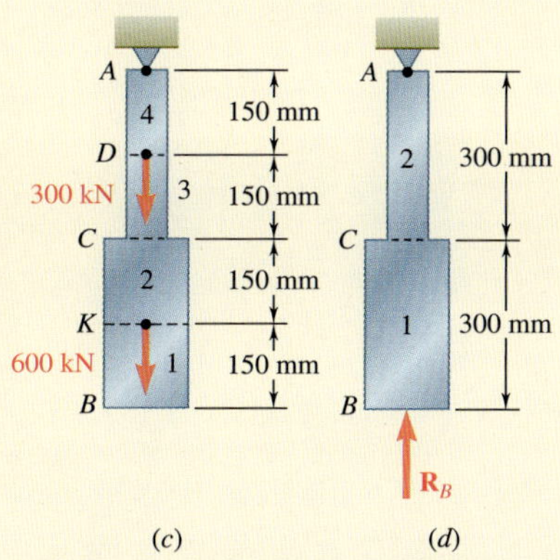

(c) (d)

그림 9.22 (a) 축하중을 받는 구속된 봉 (b) 지점 B를 제거하고 점 B에 압축력을 도입하여 점 B의 변위가 0이 된다는 조건으로부터 반력을 구함 (c) 지점이 제거된 구조물 (d) 점 B의 변위가 0이 되도록 점 B에 하중을 도입한 상태

하중이 작용하기 전에 강봉이 두 지점 사이에 딱 맞는 길이였다면, [그림 9.22a]에 주어진 하중에 의해 강봉의 두 지점 A와 B에 발생하는 반력을 구하시오.

지점 B의 반력을 잉여반력으로 하고 지점 B를 제거하면, 반력 $\mathbf{R}_B$는 미지의 하중이 되고, 봉의 길이변화 δ가 0이라는 조건을 사용하면 $\mathbf{R}_B$의 값을 구할 수 있게 된다.

문제를 풀기 위해 주어진 하중에 의해 발생하는 길이변화 δ_L과 잉여반력 $\mathbf{R}_B$에 의해 발생하는 길이변화 δ_R을 각각 계산한다(그림 9.22b).

δ_L은 [그림 9.22c]와 같이 봉을 네 부분으로 나눈 뒤 식 (9.9)를 적용하여 구한다. [개념적용 9.1]에서와 같은 과정을 따르면

$$P_1 = 0, \quad P_2 = P_3 = 600 \times 10^3 \text{ N}, \quad P_4 = 900 \times 10^3 \text{ N}$$
$$A_1 = A_2 = 400 \times 10^{-6} \text{ m}^2, \quad A_3 = A_4 = 250 \times 10^{-6} \text{ m}^2$$
$$L_1 = L_2 = L_3 = L_4 = 0.150 \text{ m}$$

가 되고, 이들 값을 식 (9.9)에 대입하면

$$\delta_L = \sum_{i=1}^{4} \frac{P_i L_i}{A_i E}$$
$$= \left(0 + \frac{600 \times 10^3 \text{ N}}{400 \times 10^{-6} \text{ m}^2} + \frac{600 \times 10^3 \text{ N}}{250 \times 10^{-6} \text{ m}^2} + \frac{900 \times 10^3 \text{ N}}{250 \times 10^{-6} \text{ m}^2}\right) \frac{0.150 \text{ m}}{E}$$
$$\delta_L = \frac{1.125 \times 10^9}{E} \tag{1}$$

이 된다. 이제 잉여반력 $\mathbf{R}_B$에 의한 봉의 길이변화를 구하자. [그림 9.22d]와 같이 봉을 두 부분으로 나누면

$$P_1 = P_2 = -R_B$$
$$A_1 = 400 \times 10^{-6} \text{ m}^2, \quad A_2 = 250 \times 10^{-6} \text{ m}^2$$
$$L_1 = L_2 = 0.300 \text{ m}$$

이므로, 이 값들을 식 (9.9)에 대입하면

$$\delta_R = \frac{P_1 L_1}{A_1 E} + \frac{P_2 L_2}{A_2 E} = -\frac{(1.95 \times 10^3) R_B}{E} \tag{2}$$

이고, 봉 전체의 길이는 변화하지 않아야 하므로

$$\delta = \delta_L + \delta_R = 0 \tag{3}$$

이다. 이 식 (3)에 식 (1)과 식 (2)를 대입하면 다음과 같다.

$$\delta = \frac{1.125 \times 10^9}{E} - \frac{(1.95 \times 10^3) R_B}{E} = 0$$

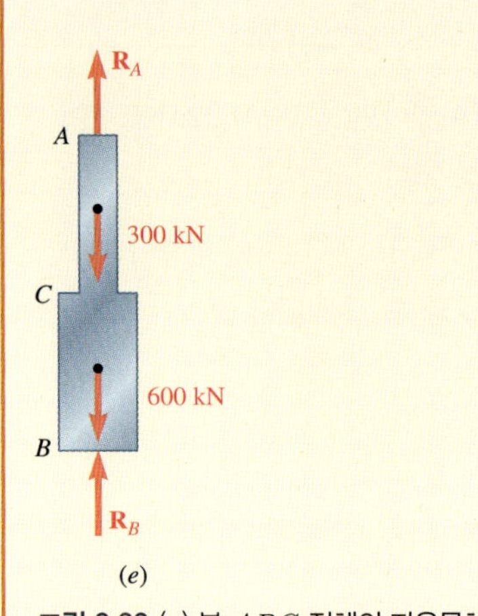

그림 9.22 (e) 봉 ABC 전체의 자유물체도

이 식에서 R_B를 구하면,

$$R_B = 577 \times 10^3 \text{ N} = 577 \text{ kN}$$

이 된다. 위쪽 지점의 반력 $\mathbf{R}_A$는 봉 전체의 자유물체도(그림 9.22e)로부터 구한다.

$$+\uparrow \Sigma F_y = 0 : R_A - 300 \text{ kN} - 600 \text{ kN} + R_B = 0$$
$$R_A = 900 \text{ kN} - R_B = 900 \text{ kN} - 577 \text{ kN} = 323 \text{ kN}$$

반력을 구하고 난 뒤에는 봉의 응력과 변형률은 쉽게 구할 수 있다. 여기서 봉 전체의 길이변화는 0이지만 주어진 지점조건과 하중조건에서 각 부분의 길이는 변한다는 사실을 간과하면 안 된다.

개념적용 9.5

[개념적용 9.4]에서 이번에는 하중이 작용하기 전에 봉과 지점 사이에 [그림 9.23]과 같이 4.5 mm의 틈이 있었다고 생각해보자. 탄성계수가 $E = 200$ GPa일 때, 두 지점 A와 B에 발생하는 반력을 구하라.

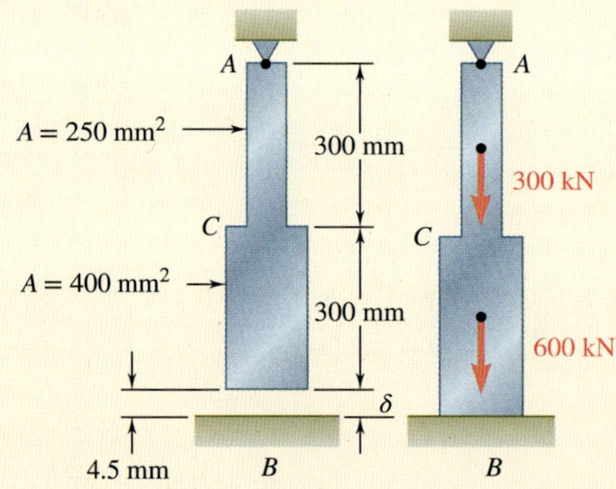

그림 9.23 초기 간극 4.5 mm를 갖는 봉. 하중이 작용한 뒤에는 지점과 접촉하게 된다.

지점 B의 반력을 잉여반력이라고 하고, 주어진 하중과 잉여반력 $\mathbf{R}_B$에 의한 길이변화 δ_L과 δ_R을 계산한다. 이번에는 봉 전체의 변형량은 $\delta = 4.5$ mm가 되어야 한다.

$$\delta = \delta_L + \delta_R = 4.5 \times 10^{-3} \text{ m} \tag{1}$$

δ_L과 δ_R을 식 (1)에 대입하고, $E = 200 \text{ GPa} = 200 \times 10^9$ Pa을 적용하면

$$\delta = \frac{1.125 \times 10^9}{200 \times 10^9} - \frac{(1.95 \times 10^3)R_B}{200 \times 10^9} = 4.5 \times 10^{-3} \text{ m}$$

이다. 이 식을 R_B에 대해서 풀면 다음과 같다.

$$R_B = 115.4 \times 10^3 \text{ N} = 115.4 \text{ kN}$$

점 A의 반력은 봉의 자유물체도(그림 9.22e)로부터 다음과 같이 구할 수 있다.

$$+\uparrow \Sigma F_y = 0 : R_A - 300\text{ kN} - 600\text{ kN} + R_B = 0$$
$$R_A = 900\text{ kN} - R_B = 900\text{ kN} - 115.4\text{ kN} = 785\text{ kN}$$

9.3 온도변화에 관한 문제

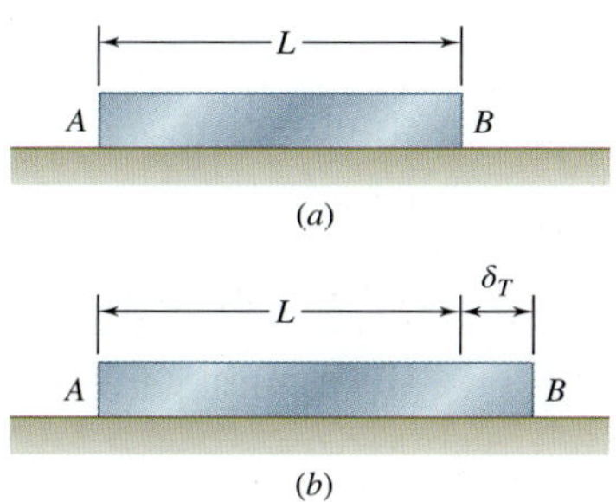

그림 9.24 구속되지 않은 봉의 온도증가에 의한 길이변화

고체는 온도가 증가하면 팽창하고, 온도가 감소하면 수축한다. 균질한 재료로 만들어진 균일단면의 봉 AB가 매끄러운 바닥 위에 구속조건 없이 올려져 있다고 생각해보자(그림 9.24a). 봉의 온도가 ΔT만큼 증가한다면 봉의 길이는 δ_T만큼 길어지는데, 이러한 길이의 증가는 온도변화 ΔT와 봉의 길이 L에 비례한다(그림 9.24b).

$$\delta_T = \alpha(\Delta T)L \tag{9.12}$$

여기서 비례상수 α는 **열팽창계수**coefficient of thermal expansion라고 하는 재료의 특성치이다. δ_T와 L의 단위가 모두 길이의 단위로 같으므로 온도의 단위로 섭씨Celsius를 사용한 경우에 α의 단위는 /℃, 화씨Fahrenheit를 사용한 경우는 /℉가 된다.

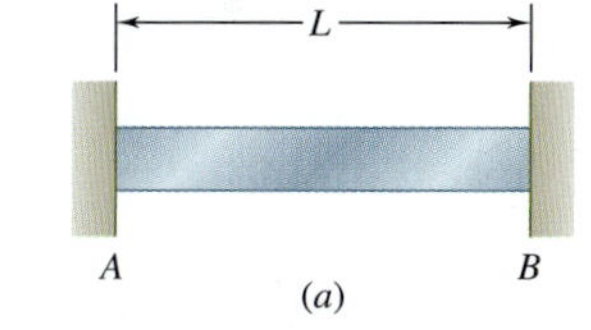

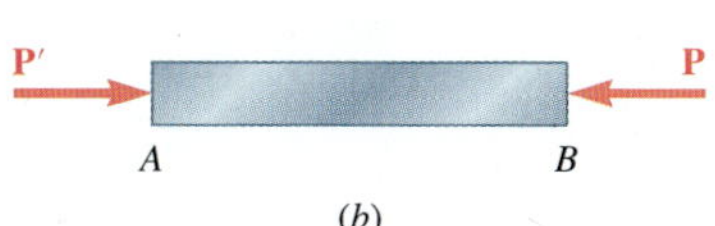

그림 9.25 봉의 양단 A와 B가 고정되어 있을 때 봉의 온도증가로 발생하는 힘 **P**

길이변화 δ_T는 변형률 $\varepsilon_T = \delta_T / L$을 발생시키며, 식 (9.12)로부터

$$\varepsilon_T = \alpha \Delta T \tag{9.13}$$

가 된다. 이 변형률 ε_T는 부재의 온도변화 때문에 발생한 것이므로, 이를 **열변형률**thermal strain이라고 한다. 하지만 이 경우에 ε_T 때문에 부재에 응력이 발생하지는 않는다.

이번에는 동일한 봉 AB의 양단이 [그림 9.25a]와 같이 고정되어 있다고 생각해보자. 온도변화가 일어나기 전인 초기상태에서 이 봉에는 응력이나 변형률이 없다. 봉의 양단이 고정되어 있으므로 온도를 ΔT만큼 증가시켜도 봉의 길이는 변화할 수 없다. 따라서 봉의 δ_T는 0zero이다. 봉의 단면이 일정하고 균질한 재료로 이루어져 있으므로 봉의 임의 지점에서 $\varepsilon_T = \delta_T / L$이며, 이 역시 0이다. 하지만 부재의 온도가 증가한 뒤에 봉의 길이가 늘어나는 것을 막기 위해 양단의 지점에는 크기가 같고 방향이 반대인 반력 **P**와 **P**′이 발생한다(그림 9.25b). 이로부터 이 경우에는 부재 내에 변형률은 발생하지 않지만 응력은 발생한다는 사실을 알 수 있다.

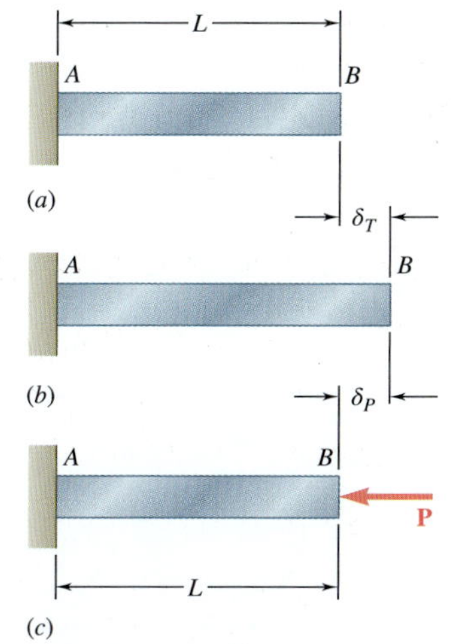

그림 9.26 양단 구속된 봉 AB의 열팽창에 의한 점 B의 반력을 중첩법으로 구하기 (a) 초기상태 (b) 온도증가에 의한 길이변화 (c) 변위를 0으로 만드는 하중 **P**

이와 같은 온도변화 ΔT와 관련된 문제는 부정정이며, 반력 **P**의 크기는 봉의 길이변화가 0이 되어야 한다는 조건으로부터 구해진다. 9.2절에서 배운 중첩법을 사용해보자. 우선 [그림 9.26a]와 같이 지점 B를 제거하면 온도변화 ΔT에 의해 봉의 길이는 자유롭게 늘어나게 된다(그림 9.26b). 식 (9.12)를 사용하면, 길이변화는

$$\delta_T = \alpha(\Delta T)L$$

이다. 이제 지점 B의 잉여반력에 해당하는 미지하중 $\mathbf{P}$를 점 B에 재하하고, 이에 대한 변위 δ_P를 식 (9.8)을 사용하여 계산하면(그림 9.26c) 다음과 같다.

$$\delta_P = \frac{PL}{AE}$$

전체 길이변화가 0이 되어야 하므로

$$\delta = \delta_T + \delta_P = \alpha(\Delta T)L + \frac{PL}{AE} = 0$$

이고, 이 식으로부터

$$P = -AE\alpha(\Delta T)$$

임을 알 수 있다. 따라서 온도변화 ΔT에 의해 봉에 발생하는 응력은 다음과 같다.

$$\sigma = \frac{P}{A} = -E\alpha(\Delta T) \tag{9.14}$$

봉의 변형률이 0이 되는 것은 봉의 단면이 일정하고 재료가 균질한 경우에만 나타나는 결과이며, 이와 다른 경우의 구속된 구조물의 온도변화 문제는 주어진 상황에 맞게 해석해야 한다. 하지만 온도변화에 의한 길이변화와 잉여반력에 의한 길이변화를 각각 계산하고 이 둘을 중첩하는 접근법은 일반적으로 적용할 수 있다.

개념적용 9.6

[그림 9.27a]에 나타난 강재 봉에서 봉의 온도가 -50°F일 때, 구간 AC와 구간 CB에 발생하는 응력을 구하시오. 이 봉은 온도가 +75°F일 때 두 지점 사이에 딱 맞도록 만들어져 있다. 강재의 탄성계수와 열팽창계수는 각각 $E = 29 \times 10^6$ psi와 $\alpha = 6.5 \times 10^{-6}$/°F이다.

부정정 문제이므로, 지점반력을 구하기 위해 지점 B를 제거하여 봉의 길이가 자유롭게 변화할 수 있도록 만든다. 이때 온도변화는

$$\Delta T = (-50\,°\text{F}) - (75\,°\text{F}) = -125\,°\text{F}$$

이고, 이로 인한 봉의 길이변화는(그림 9.27c)

$$\begin{aligned}\delta_T = \alpha(\Delta T)L &= (6.5 \times 10^{-6}/°\text{F})(-125\,°\text{F})(24\text{ in.})\\ &= -19.50 \times 10^{-3}\text{ in.}\end{aligned}$$

이 된다. 이제 미지의 힘 $\mathbf{R}_B$를 점 B에 재하하고(그림 9.27d), 식 (9.9)를 사용하여 이 힘으로 발생하는 길이변화 δ_R을 구한다.

$$L_1 = L_2 = 12\text{ in.}$$
$$A_1 = 0.6\text{ in}^2, \qquad A_2 = 1.2\text{ in}^2$$
$$P_1 = P_2 = R_B, \qquad E = 29 \times 10^6\text{ psi}$$

이 값들을 식 (9.9)에 대입하면

$$\delta_R = \frac{P_1 L_1}{A_1 E} + \frac{P_2 L_2}{A_2 E} = \frac{R_B}{29 \times 10^6 \text{ psi}}\left(\frac{12 \text{ in.}}{0.6 \text{ in}^2} + \frac{12 \text{ in.}}{1.2 \text{ in}^2}\right)$$
$$= (1.0345 \times 10^{-6} \text{ in./lb})R_B$$

이고, 두 길이변화의 합이 0이 되어야 하므로

$$\delta = \delta_T + \delta_R = 0$$
$$= -19.50 \times 10^{-3} \text{ in.} + (1.0345 \times 10^{-6} \text{ in./lb})R_B = 0$$

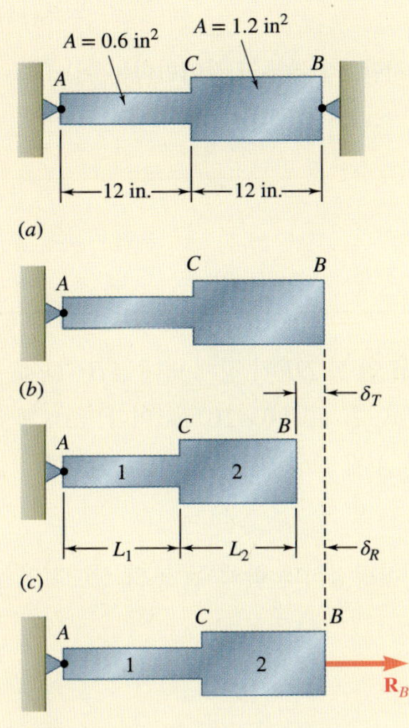

그림 9.27 (a) 구속된 봉 (b) 온도가 $+75°\text{F}$일 때의 봉 (c) 더 낮은 온도의 봉 (d) B 점의 변위가 0이 되게 하는 힘 $\mathbf{R}_B$

을 얻는다. 이로부터

$$R_B = 18.85 \times 10^3 \text{ lb} = 18.85 \text{ kips}$$

이며, 점 A의 반력은 R_B와 크기가 같고 부호는 반대이다.

두 구간 AC와 CB의 부재력은 $P_1 = P_2 = 18.85$ kips로 같으므로 각 구간의 응력은

$$\sigma_1 = \frac{P_1}{A_1} = \frac{18.85 \text{ kips}}{0.6 \text{ in}^2} = +31.42 \text{ ksi}$$
$$\sigma_2 = \frac{P_2}{A_2} = \frac{18.85 \text{ kips}}{1.2 \text{ in}^2} = +15.71 \text{ ksi}$$

이다. 여기서 봉 전체의 길이변화는 0이 되어야 하지만, 각 구간 AC와 CB의 길이변화가 0이 아니라는 사실은 매우 중요하다. 각 구간의 길이변화가 0이라고 가정하고 문제를 풀면 틀린 답을 얻게 되며, 두 구간 AC와 CB의 길이변화는 어느 쪽도 0이라고 가정해서는 안 된다. 이점을 강조하기 위해, 구간 AC의 변형률 ε_{AC}를 구해보자. ε_{AC}는 두 성분으로 나누어 생각할 수 있는데, 첫 번째는 구속을 해제한 상태에서 온도변화 ΔT에 의해 발생하는 열변형률 ε_T이다(그림 9.27c). 식 (9.13)으로부터

$$\varepsilon_T = \alpha \Delta T = (6.5 \times 10^{-6}/°\text{F})(-125°\text{F})$$
$$= -812.5 \times 10^{-6} \text{ in./in.}$$

이다. ε_{AC}의 두 번째 성분은 봉에 가해진 하중 $\mathbf{R}_B$에 의해 발생하는 응력 σ_1과 관련되며(그림 9.27d), 후크의 법칙에 따라 이 성분을 구하면

$$\frac{\sigma_1}{E} = \frac{+31.42 \times 10^3 \text{ psi}}{29 \times 10^6 \text{ psi}} = +1083.4 \times 10^{-6} \text{ in./in.}$$

이다. 이 두 값을 더하여 구간 AC의 변형률 ε_{AC}를 구하면

$$\varepsilon_{AC} = \varepsilon_T + \frac{\sigma_1}{E} = -812.5 \times 10^{-6} + 1083.4 \times 10^{-6}$$
$$= +271 \times 10^{-6} \text{ in./in.}$$

이고, 마찬가지 방법으로 구간 CB의 변형률 ε_{CB}를 구하면

$$\varepsilon_{CB} = \varepsilon_T + \frac{\sigma_2}{E} = -812.5 \times 10^{-6} + 541.7 \times 10^{-6}$$
$$= -271 \times 10^{-6} \text{ in./in.}$$

이다. 따라서 두 구간의 길이변화 δ_{AC}와 δ_{CB}는 각각

$$\delta_{AC} = \varepsilon_{AC}(AC) = (+271 \times 10^{-6})(12 \text{ in.})$$
$$= +3.25 \times 10^{-3} \text{ in.}$$
$$\delta_{CB} = \varepsilon_{CB}(CB) = (-271 \times 10^{-6})(12 \text{ in.})$$
$$= -3.25 \times 10^{-3} \text{ in.}$$

이다. 이로부터 두 값의 합 $\delta = \delta_{AC} + \delta_{CB}$은 0이 되지만, 각 부분의 길이변화는 어느 쪽도 0이 아님을 확인할 수 있다.

예제 9.3

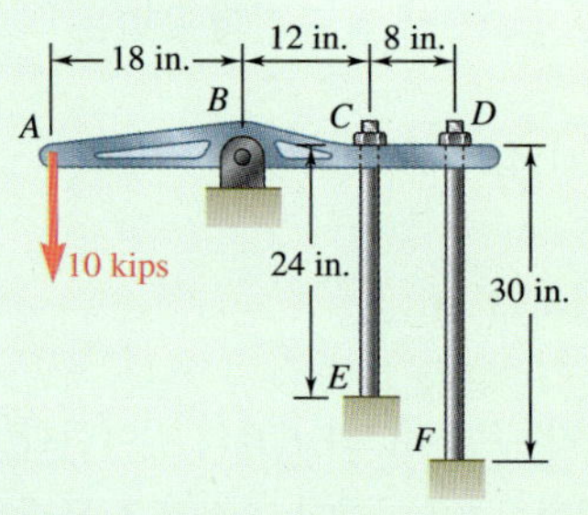

그림과 같이 지름이 1/2 in.인 봉 CE와 지름이 3/4 in.인 봉 DF가 강체 막대 $ABCD$에 연결되어 있다. 봉 부재들은 알루미늄으로 제작되었고, $E = 10.6 \times 10^6$ psi이다. (a) 그림의 하중에 의해 각 봉에 발생하는 부재력과 (b) 점 A에 발생하는 처짐의 크기를 구하시오.

문제분석 이러한 부정정 문제를 풀기 위해서는 평형방정식과 함께 두 봉의 상대적인 처짐에 대해 분석해야 한다.

모델링 강체 막대의 자유물체도를 그린다(그림 1).

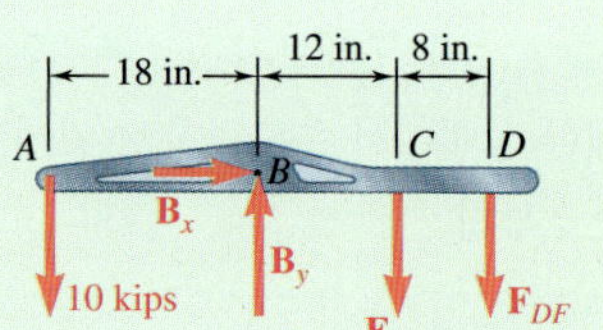

그림 1 강체 막대 $ABCD$의 자유물체도

풀이

평형조건 [그림 1]에 나타난 강체 막대 $ABCD$의 자유물체도에서 점 B의 반력과 두 봉에 의해 막대에 작용하는 힘들은 미지수이며, 점 B에 대한 모멘트 평형조건으로부터

$$+\circlearrowleft \Sigma M_B = 0 : (10 \text{ kips})(18 \text{ in.}) - F_{CE}(12 \text{ in.}) - F_{DF}(20 \text{ in.}) = 0$$
$$12F_{CE} + 20F_{DF} = 180 \qquad (1)$$

임을 알 수 있다.

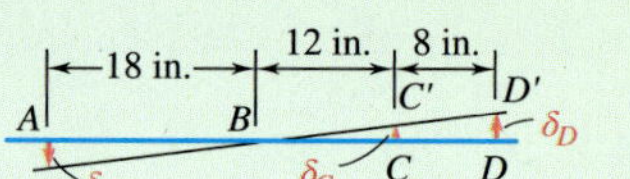

그림 2 강체 막대 $ABCD$ 주변 변위의 비례관계

기하학적 조건 10 kip의 하중이 작용한 뒤에 강체 막대의 위치는 $A'BC'D'$가 되고(그림 2), 세 삼각형 BAA', BCC', BDD'이 닮음이므로

$$\frac{\delta_C}{12 \text{ in.}} = \frac{\delta_D}{20 \text{ in.}}, \qquad \delta_C = 0.6\,\delta_D \qquad (2)$$

$$\frac{\delta_A}{18 \text{ in.}} = \frac{\delta_D}{20 \text{ in.}}, \qquad \delta_A = 0.9\,\delta_D \qquad (3)$$

이다.

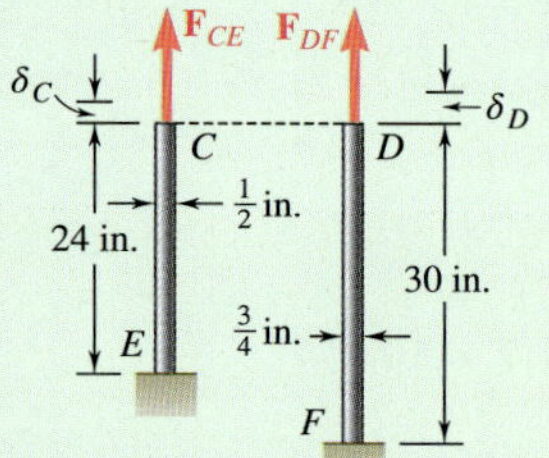

그림 3 부재 CE와 DF의 길이변화

길이변화 식 (9.8)과 [그림 3]에 표시된 기호를 사용하면

$$\delta_C = \frac{F_{CE} L_{CE}}{A_{CE} E}, \qquad \delta_D = \frac{F_{DF} L_{DF}}{A_{DF} E}$$

이고, δ_C와 δ_D를 식 (2)에 대입하면

$$\delta_C = 0.6\,\delta_D, \qquad \frac{F_{CE}\,L_{CE}}{A_{CE}\,E} = 0.6\,\frac{F_{DF}\,L_{DF}}{A_{DF}\,E}$$

$$F_{CE} = 0.6\,\frac{F_{DF}\,A_{CE}}{L_{CE}\,A_{DF}}\,F_{DF} = 0.6\left(\frac{30\text{ in.}}{24\text{ in.}}\right)\left[\frac{\frac{1}{4}\pi\left(\frac{1}{2}\text{ in.}\right)^2}{\frac{1}{4}\pi\left(\frac{3}{4}\text{ in.}\right)^2}\right]F_{DF}$$

$$F_{CE} = 0.333F_{DF}$$

가 된다.

각 봉의 부재력 F_{CE}를 식 (1)에 대입하면, 힘의 단위가 kip이므로

$$12(0.333F_{DF}) + 20F_{DF} = 180 \qquad F_{DF} = 7.50\text{ kips} ◀$$

$$F_{CE} = 0.333F_{DF} = 0.333(7.50\text{ kips}) \qquad F_{CE} = 2.50\text{ kips} ◀$$

이다.

처짐 점 D의 처짐은 다음과 같다.

$$\delta_D = \frac{F_{DF}L_{DF}}{A_{DF}\,E} = \frac{(7.50\times 10^3\text{ lb})(30\text{ in.})}{\frac{1}{4}\pi\left(\frac{3}{4}\text{ in.}\right)^2(10.6\times 10^6\text{ psi})}$$

$$\delta_D = 48.0\times 10^{-3}\text{ in.}$$

식 (3)을 이용하면 다음과 같다.

$$\delta_A = 0.9\,\delta_D = 0.9(48.0\times 10^{-3}\text{ in.}) \qquad \delta_A = 43.2\times 10^{-3}\text{ in.} ◀$$

고찰 이 문제에서 강체 막대가 점 B를 중심으로 회전하기 때문에 점 C와 D의 변위는 점 B로부터 떨어진 거리에 비례하여 발생하지만, 봉에 의해 점 C와 D에 작용하는 힘의 크기는 그렇지 않다는 점에 유의해야 한다. 이 문제는 부정정 문제이기 때문에 이들 힘은 강체 막대의 평형조건과 더불어 각 봉의 처짐 사이의 상관관계를 함께 고려해서 구해야 한다.

예제 9.4

강체 막대 CDE가 점 E에서 핀으로 지지되어 있고, 점 B는 지름이 30 mm인 황동 실린더 BD가 받치고 있다. 지름이 22 mm인 강재 봉 AC는 강체 막대의 구멍을 통과하여 너트로 고정되어 있으며, 전체 조립체의 온도가 20 °C일 때 딱 맞도록 제작되었다. 조립이 완료된 뒤, 황동 실린더를 가열하여 50 °C가 되었으며, 강재 봉의 온도는 20 °C로 유지되었다. 온도변화 전에는 모든 부재의 응력이 0인 상태였다면, 온도가 변화된 뒤 실린더의 응력을 계산하시오.

봉 AC : 강재	실린더 BD : 황동
$E = 200$ GPa	$E = 105$ GPa
$\alpha = 11.7\times 10^{-6}/°\text{C}$	$\alpha = 20.9\times 10^{-6}/°\text{C}$

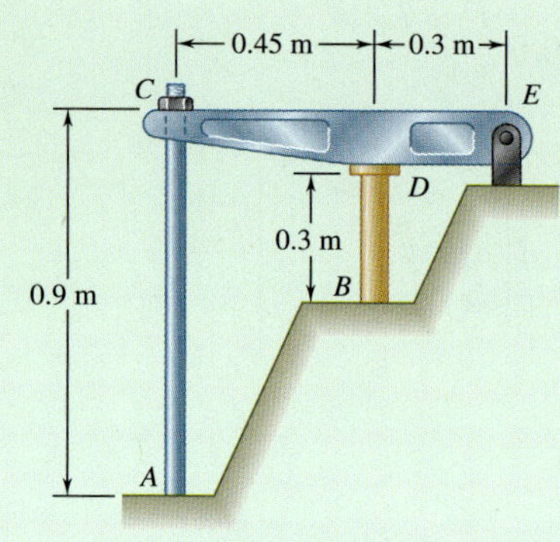

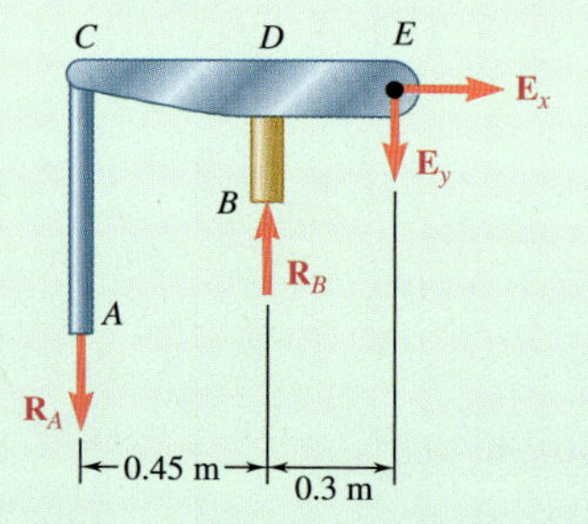

그림 1 볼트, 실린더 및 봉의 자유물체도

문제분석 $\mathbf{R}_B$를 잉여반력으로 두고 중첩법을 사용한다. 지점 B를 제거하면 실린더의 온도상승으로 점 B가 δ_T만큼 아래쪽으로 이동한다. $\mathbf{R}_B$의 작용으로 δ_T와 같은 크기의 처짐 δ_1이 발생하여 점 B의 최종 처짐은 0이 되어야 한다(그림 2).

모델링 전체 조립체의 자유물체도를 작성한다(그림 1).

풀이

평형조건 전체 조립체의 자유물체도에서 점 E에 대한 모멘트 평형을 생각하면

$$+\circlearrowleft \Sigma M_E = 0 : R_A(0.75\ \text{m}) - R_B(0.3\ \text{m}) = 0, \quad R_A = 0.4R_B \tag{1}$$

이다.

처짐 δ_T 황동 실린더의 온도는 50℃−20℃=30℃만큼 상승했으므로 길이변화 δ_T(그림 2a)는

$$\delta_T = L(\Delta T)\alpha = (0.3\ \text{m})(30℃)(20.9 \times 10^{-6}/℃)$$
$$= 188.1 \times 10^{-6}\ \text{m} \downarrow$$

이다.

처짐 δ_1 [그림 2b]에서 $\delta_D = 0.4\delta_C$이고, $\delta_1 = \delta_D + \delta_{B/D}$이다.

$$\delta_C = \frac{R_A L}{AE} = \frac{R_A(0.9\ \text{m})}{\frac{1}{4}\pi(0.022\ \text{m})^2(200\ \text{GPa})} = 11.84 \times 10^{-9} R_A \uparrow$$

$$\delta_D = 0.40\delta_C = 0.4(11.84 \times 10^{-9} R_A) = 4.74 \times 10^{-9} R_A \uparrow$$

$$\delta_{B/D} = \frac{R_B L}{AE} = \frac{R_B(0.3\ \text{m})}{\frac{1}{4}\pi(0.03\ \text{m})^2(105\ \text{GPa})} = 4.04 \times 10^{-9} R_B \uparrow$$

이며, 식 (1)에서 $R_A = 0.4R_B$이므로

$$\delta_1 = \delta_D + \delta_{B/D} = [4.74(0.4R_B) + 4.04R_B]10^{-9} = 5.94 \times 10^{-9} R_B \uparrow$$

이다. $\delta_T = \delta_1$이므로 다음을 얻는다.

$$188.1 \times 10^{-6}\ \text{m} = 5.94 \times 10^{-9} R_B, \qquad R_B = 31.7\ \text{kN}$$

실린더의 응력

$$\sigma_B = \frac{R_B}{A} = \frac{31.7\ \text{kN}}{\frac{1}{4}\pi(0.03\ \text{m})^2} \qquad \sigma_B = 44.8\ \text{MPa} ◀$$

고찰

이 문제를 통해 그렇게 크지 않은 온도변화도 부정정 구조물의 부재 내에 상당한 응력을 발생시킬 수 있다는 것을 알았다. 이 문제에서 조립체가 정정 구조물이었다면(즉, 강재 봉이 없었다면), 온도가 변화해도 실린더에는 응력이 발생하지 않는다는 점을 기억하자.

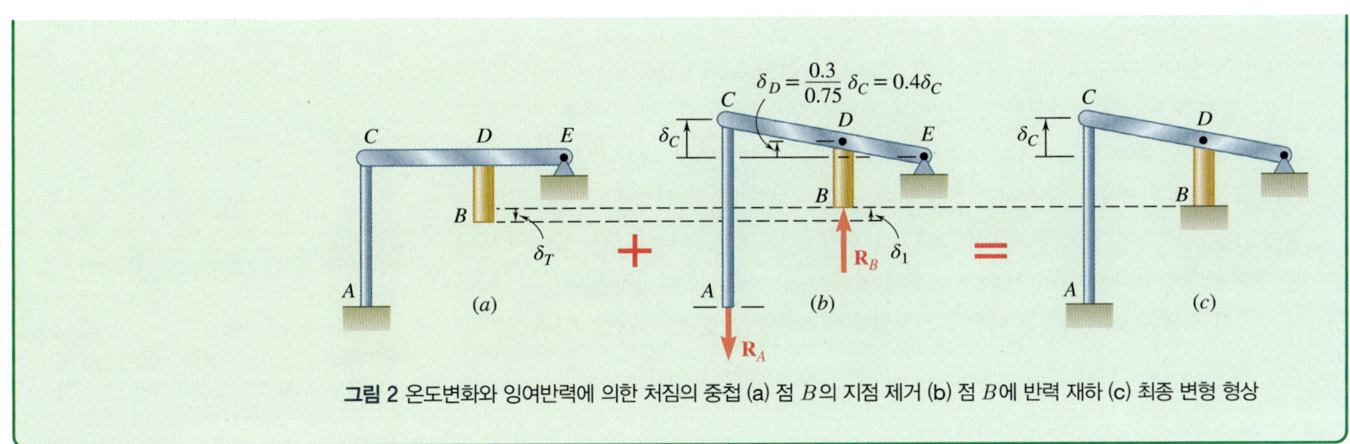

그림 2 온도변화와 잉여반력에 의한 처짐의 중첩 (a) 점 B의 지점 제거 (b) 점 B에 반력 재하 (c) 최종 변형 형상

사례연구 9.1

현대적인 철도 궤도의 설계법이 개발되던 초기에 레일은 일반적으로 39 ft 길이로 제작하고 현장에서 볼트 체결봉을 사용해 연결했다(길이를 39 ft로 한 이유는 단지 40 ft 길이의 보통 화차에 싣기 위해서였다). 이러한 궤도건설 방법은 최근에도 자주 사용되며, [사진 CS9.1]에 예시를 나타내었다. 이 연결 방법의 장점은 기온변화에 의한 레일의 팽창이나 수축을 흡수할 수 있다는 것이다. 하지만 이 연결 방법은 궤도에 국부적인 취약부를 만들게 되고, 이로 인해 처짐이 증가하며, 바퀴가 통과할 때마다 발생하는 충격으로 인해 해당 구역의 레일-타이 구조, 자갈 및 노반의 열화를 가속한다. 이러한 단점을 보완하기 위해 장대레일continuous welded rail, CRW이 개발되어 제2차세계대전 이래로 널리 사용되고 있다.[6] [사진 CS9.2]에 보인 것과 같은 용접 이음을 통해 레일의 연속성을 유지하고 볼트 연결의 특징인 취약부를 제거할 수 있다.

사진 CS9.1 볼트 체결봉으로 레일을 연결한 궤도
Courtesy of Jeffrey C. Mazurek

사진 CS9.2 장대레일 궤도의 용접연결부
Courtesy of Jeffrey C. Mazurek

볼트 연결을 포함한 신축형 연결부를 제거함으로써 발생하는 장대레일의 문제점은 온도변화로 발생하는 팽창 및 수축을 수용할 방법이 없다는 것이다. 이 점을 자세히 살펴보기 위해 기온 35 ℃에서 무응력 상태로 부설된 강재 레일($E = 200$ GPa, $\alpha = 11.7 \times 10^{-6}/$℃)의 단면을 고려해보자. 이 레일의 온도가 −25 ℃가 되었을 때 단면에 발생하는 응력을 구하시오.

문제분석 이 레일은 매우 긴 길이에 걸쳐서 연속인 것으로 가정할 수 있으므로, 축방향 변형은 발생할 수 없는 것으로 생각한다.[7] 따라서 이 문제는 레일의 일부분에 대해서 양단이 고정된 조건으로 검토하면 된다. 이 문제는 부정정이므로 온도변화로 단면에 발생하는 응력을 구하기 위해 중첩법을 사용한다.

6 A. D. Kerr의 "Fundamentals of Railway Track Engineering", Simmons-Boardman Books, Omaha, NE, 2003.
7 이와 같이 특정 방향으로의 이동이 전체적으로 구속된 상황을 평면변형률 상태라고 한다.

모델링과 풀이 레일의 일부분을 [그림 CS9.1]과 같이 모델링했으며, 여기서 양단은 고정지점으로 처리하여 가정한 평면변형률 상태를 반영했다. 레일은 일정한 단면과 균질한 재료로 이루어져 있으며, 초기응력은 없는 것으로 생각한다. 온도가 낮아지면, 양단의 고정지점은 레일이 수축하는 것을 막게 되고 이로 인해 양 지점에 크기가 같고 방향이 반대인 반력이 발생한다(그림 CS9.1b). 이것은 [그림 9.25]와 [그림 9.26]에 나타낸 것과 동일한 상태이며, 이번에는 온도가 낮아졌다는 점만이 이전과 달라졌다. 따라서 앞에서 적용한 풀이 과정이 이번에도 동일하게 적용할 수 있으므로 식 (9.14)를 사용하면, 다음을 얻는다.

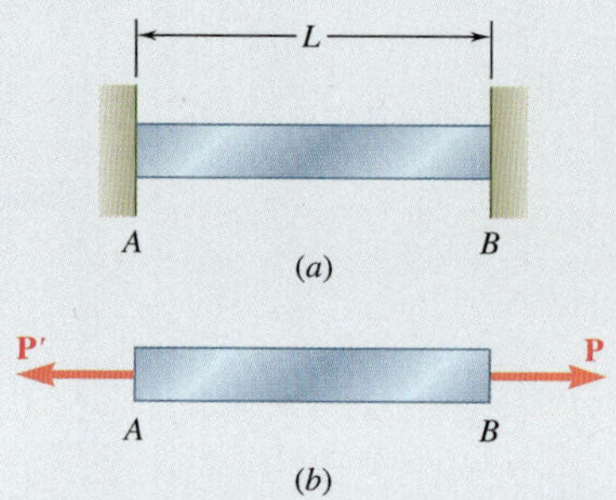

그림 CS9.1 초기에 무응력 상태인 장대레일의 일부분 (a) 양단 고정상태의 모델 (b) 온도하강으로 발생한 지점반력에 대한 자유물체도

$$\Delta T = -25℃ - (35℃) = -60℃$$

$$\sigma = -E\sigma(\Delta T)$$

$$= -(200\times 10^3\ \mathrm{MPa})(11.7\times 10^{-6}/℃)(-60℃)$$

$$\sigma = 140.4\ \mathrm{MPa}\ (\text{인장})$$

고찰 레일에 사용되는 고강도 경화강은 상온에서 극한강도가 900 MPa 이상 되는 경우가 많다. 이 사례연구에서 60 ℃의 큰 온도하강에 의해 장대레일에 발생하는 응력이 140.4 MPa로 900 MPa에 크게 미치지 못함을 알았다. 이러한 결과로부터 온도 변화로 레일이 파단될 가능성이 크지 않다고 결론 내릴 수 있을지 모르겠지만, 이것은 사실과 매우 다르다. [사진 CS9.3]에는 한파로 발생한 레일의 파단 사례를 나타내었다.

사진 CS9.3 낮은 기온 조건에서 파단된 레일
Brandon Warnick

사진 CS9.4 높은 기온 조건에서 좌굴이 발생한 궤도
Mike Danneman

레일 내부, 특히 용접부의 결함과 불연속성으로 인해 단면의 응력은 결과적인 응력집중보다도 더 크게 증폭될 수 있으며, 초저온(이 문제에서 고려한 −25 ℃와 같은) 상태에서는 강재의 파괴인성fracture toughness이 급격하게 낮아지므로 극한강도에 해당하는 하중보다 크게 낮은 하중에서도 레일의 파단이 발생할 수 있다. 그리고 이와 같은 열응력은 철도 차량 하중과 같은 무시할 수 없는 크기의 다른 하중들과 조합되어 작용한다.

온도 효과에 의한 레일의 파단을 방지하기 위한 간단한 방법으로 기온이 낮을 때 레일을 부설하는 것을 생각할 수 있다. 하지만 그렇게 할 경우에는 반대로 기온이 높아졌을 때 레일에 큰 압축응력이 발생하게 되며(문제 9.40 참조), 이것은 [사진 CS9.4]와 같은 궤도의 좌굴이라는 또 다른 문제를 발생시킨다. 이러한 두 가지 상충하는 조건 사이에서 균형점을 찾기 위해, 장대레일은 신중하게 선택된 중립 온도라고 불리는 온도에서 무응력 상태가 되도록 부설된다.

Section 9.2 ~ 9.3 연습문제

9.25 그림과 같은 조립체의 상단에 강체인 덮개판을 두고 그 위로 축방향 하중 200 kN이 작용하고 있다. (a) 알루미늄 피복에 발생하는 수직응력과 (b) 조립체의 길이변화를 구하시오.

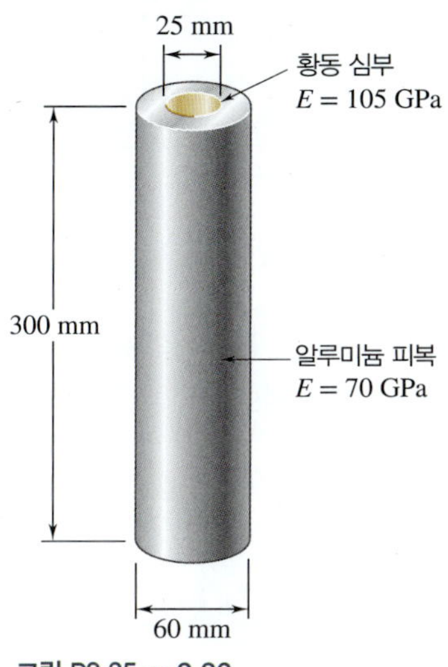

그림 P9.25 ~ 9.26

9.26 축방향 하중에 의해 조립체의 길이가 0.40 mm 감소했다.

(a) 작용한 하중의 크기는 얼마인가?

(b) 황동 심부에 발생하는 응력은 얼마인가?

9.27 지름이 7/8 in.인 철근 6개로 보강된 높이 5 ft의 철근콘크리트 기둥이 있다. 철근과 콘크리트의 탄성계수가 각각 $E_s = 29 \times 10^6$ psi, $E_c = 3.6 \times 10^6$ psi이고, 200 kips의 축력이 기둥에 작용하고 있을 때, 철근과 콘크리트에 발생하는 수직응력을 구하시오.

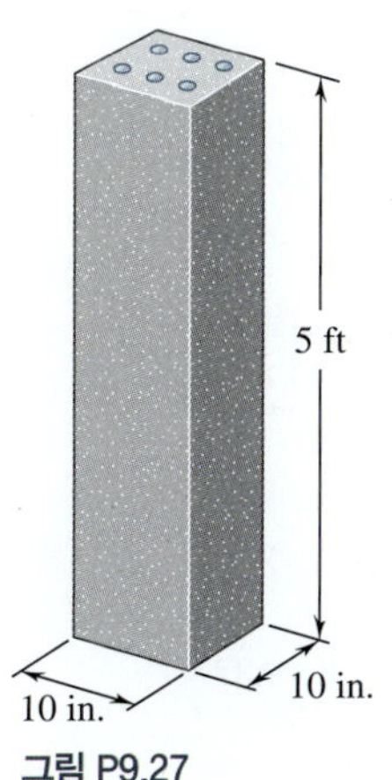

그림 P9.27

9.28 [문제 9.27]의 기둥에서 철근과 콘크리트의 허용 수직응력이 각각 15 ksi와 1.6 ksi라면, 기둥에 작용할 수 있는 최대 축방향 하중의 크기를 구하시오.

9.29 세 개의 강봉($E = 29 \times 10^6$ psi)이 8.5 kips의 하중 **P**를 지지하고 있다. 강봉 AB와 BC의 단면적은 0.32 in^{2}이고, 강봉 EF의 단면적은 1 in^{2}이다. 막대 BED의 변형을 무시할 수 있다면, (a) 강봉 EF의 길이변화와 (b) 각각의 강봉에 발생하는 응력을 구하시오.

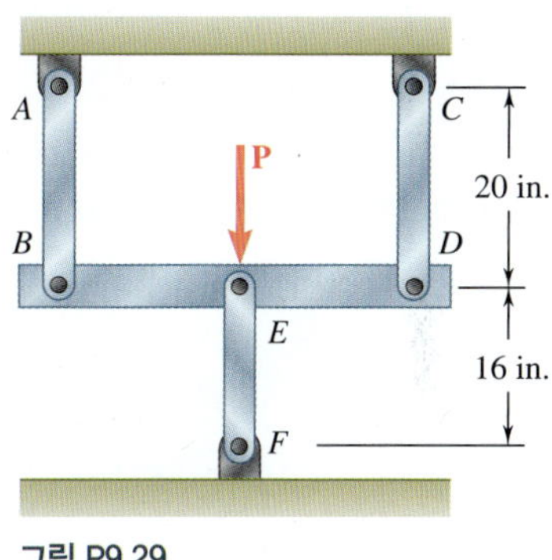

그림 P9.29

9.30 두 개의 원형단면 봉이 점 C에서 연결되어 있으며, 점 A와 E는 고정되어 있다. 봉 AC는 강재, 봉 CE는 황동이고, $E_s = 200$ GPa, $E_b = 105$ GPa일 때, 그림의 하중에 의해 발생하는 (a) 점 A와 E의 반력과 (b) 점 C의 변위를 구하시오.

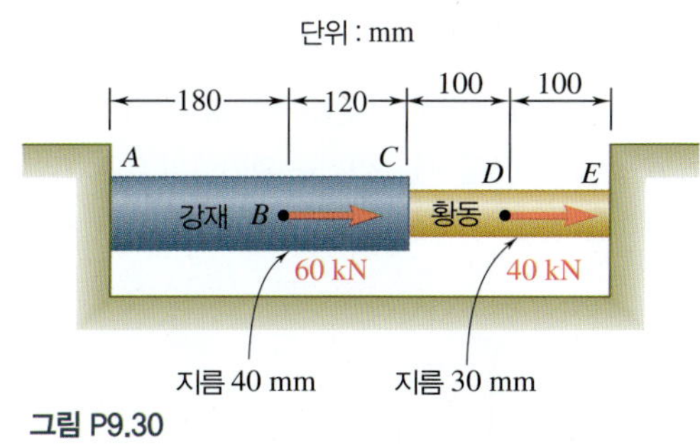

그림 P9.30

9.31 [문제 9.30]을 봉 AC가 황동, 봉 CE가 강재인 것으로 가정하여 다시 푸시오.

9.32 두 원형단면 구간 AB와 BC로 구성된 폴리스티렌 봉이 양단이 고정된 상태에서 그림과 같이 두 개의 6 kips의 하중을 받고 있다. $E = 0.45 \times 10^6$ psi라면, (a) 점 A와 C의 반력과 (b) 봉의 각 부분에 발생하는 수직응력을 구하시오.

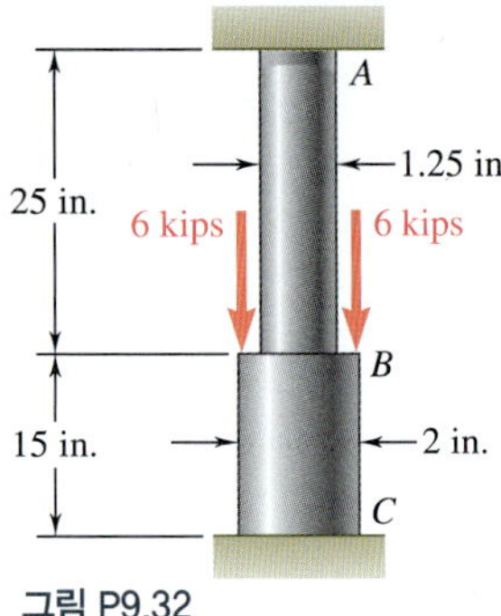

그림 P9.32

9.33 세 개의 와이어에 의해 판이 그림과 같이 매달려 있다. 지름 1/8 in.의 알루미늄 와이어가 점 A와 B에 연결되어 있으며, 지름 1/12 in.의 강재 와이어가 점 C에 연결되어 있다. 알루미늄과 강재의 허용응력이 각각 14 ksi와 18 ksi, 탄성계수가 $E_a = 10.4 \times 10^6$ psi와 $E_s = 29 \times 10^6$ psi일 때, 작용할 수 있는 하중 **P**의 최댓값을 구하시오.

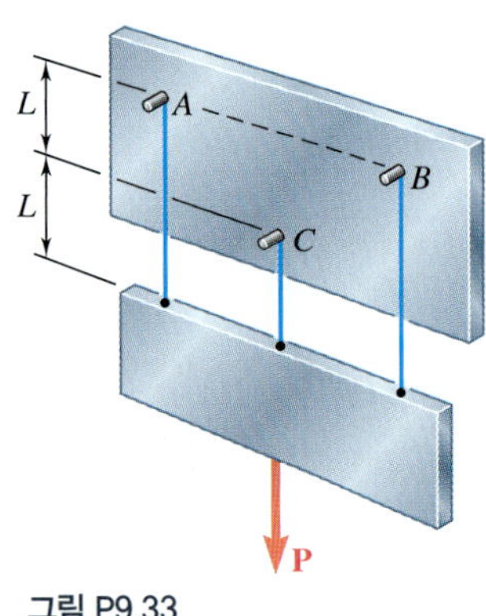

그림 P9.33

9.34 강체 막대 AD가 지름이 1/16 in.인 두 개의 강재 와이어($E = 29 \times 10^6$ psi)와 점 D의 핀으로 지지되어 있다. 와이어가 초기에 팽팽한 상태였다면, (a) 120 lb의 하중 **P**가 점 B에 재하되었을 때 추가되는 와이어의 인장력과 (b) 이때 발생하는 점 B의 처짐을 구하시오.

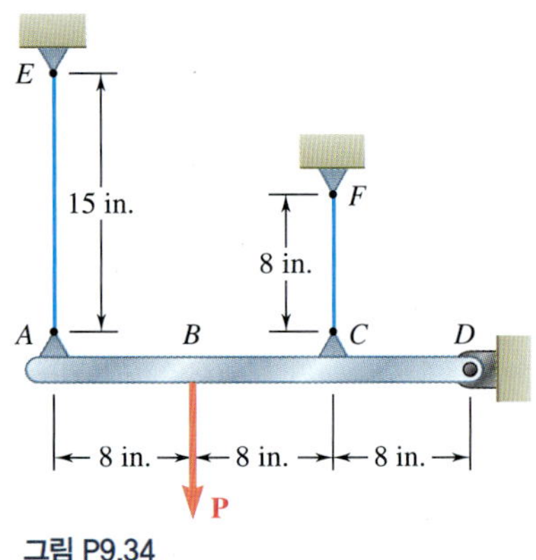

그림 P9.34

9.35 강체 막대 ABC가 동일한 재질의 와이어 세 개에 매달려 있다. 점 B에 연결된 와이어의 단면적은 다른 두 개의 와이어 단면적의 1/2이다. 하중 **P**에 의해 각 케이블에 발생하는 인장력을 구하시오.

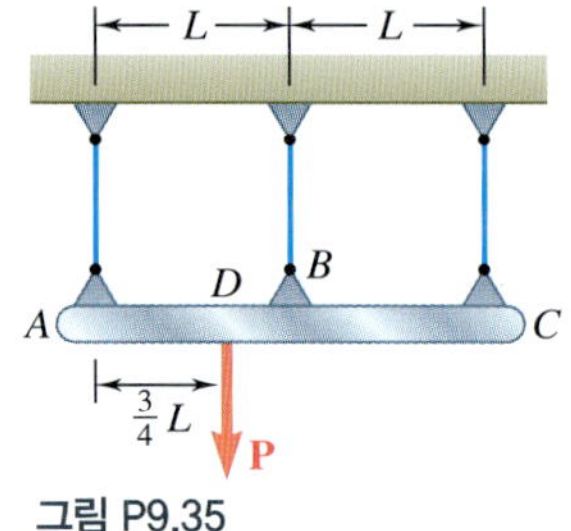

그림 P9.35

9.36 강체 막대 $ABCD$가 네 개의 동일한 와이어에 매달려 있다. 하중 **P**에 의해 각 와이어에 발생하는 인장력을 구하시오.

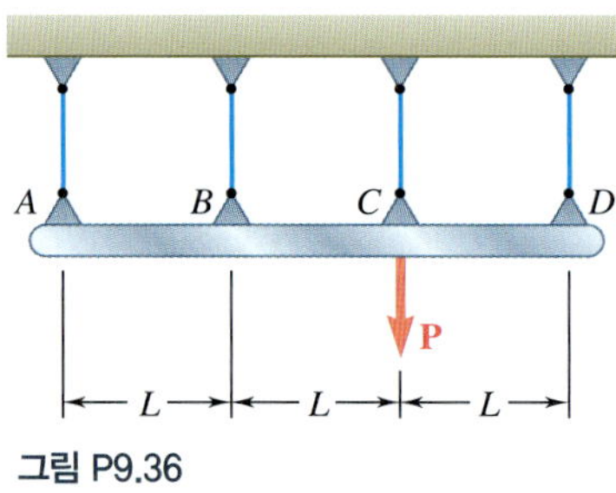

그림 P9.36

9.37 황동 피복($\alpha_b = 11.6 \times 10^{-6}/°F$)과 강재 심부($\alpha_s = 6.5 \times 10^{-6}/°F$)가 완전히 접착되어 있다. 강재 심부의 응력이 8 ksi를 넘지 않아야 한다면, 이 조립체가 견딜 수 있는 온도 증가의 최댓값을 구하시오.

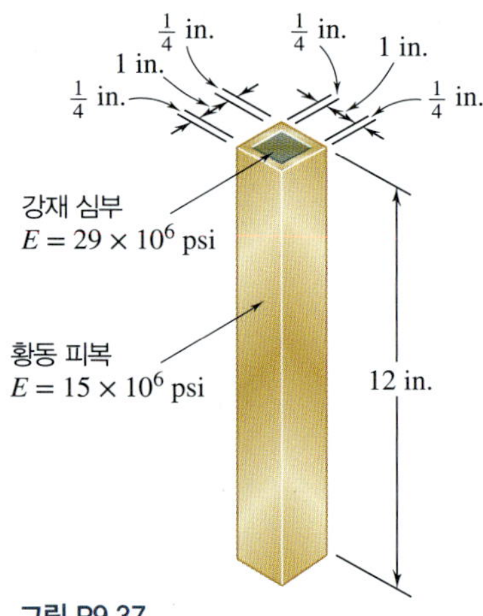

그림 P9.37

9.38 알루미늄 피복과 황동 심부가 완전히 접착되어 있으며, 조립체는 온도 15℃일 때 무응력 상태이다. 축방향 길이변화만을 고려하여 온도가 195℃일 때, 알루미늄에 발생하는 응력을 구하시오.

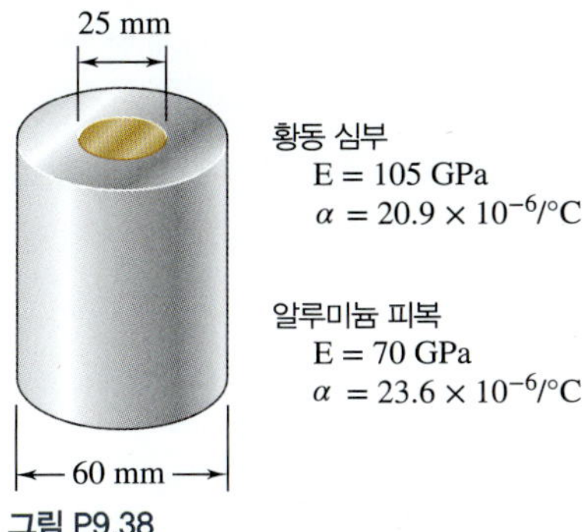

그림 P9.38

9.39 6개의 철근으로 보강된 철근콘크리트 기둥이 있다. 철근의 지름이 7/8 in.이고 철근과 콘크리트의 탄성계수가 각각 $E_s = 29 \times 10^6$ psi, $E_c = 3.6 \times 10^6$ psi이고, 열팽창계수는 $\alpha_s = 6.5 \times 10^{-6}/°F$, $\alpha_c = 5.5 \times 10^{-6}/°F$일 때, 온도상승 65℉에 의해 철근과 콘크리트에 발생하는 수직응력을 구하시오.

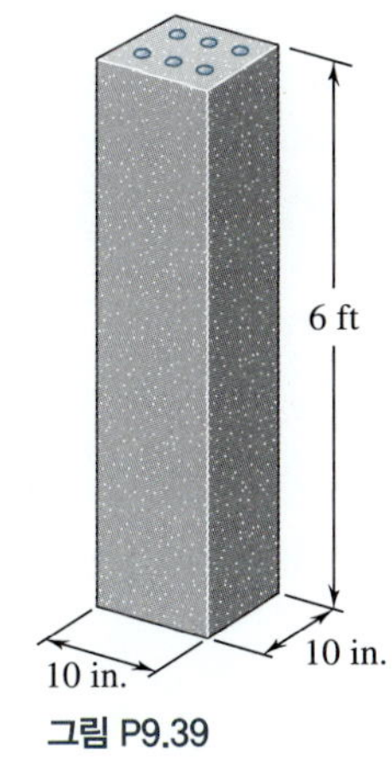

그림 P9.39

9.40 철도 궤도의 강재 레일($E_s = 200$ GPa, $\alpha_s = 11.7 \times 10^{-6}/°C$)이 기온 6°C일 때 설치되었다. 온도가 48°C가 되었을 때, 레일의 수직응력을 다음 조건을 적용하여 구하시오.

(a) 레일이 용접되어 장대레일로 건설된 경우

(b) 레일 하나의 길이가 10 m이고, 레일 사이에 3 mm의 간극이 있는 경우

9.41 두 원형단면의 구간 AB와 BC로 이루어진 봉의 양단이 고정되어 있다. 구간 AB는 강재($E_s = 200$ GPa, $\alpha_s = 11.7 \times 10^{-6}/°C$), 구간 BC는 황동($E_b = 105$ GPa, $\alpha_b = 20.9 \times 10^{-6}/°C$)으로 제작되었다. 봉이 초기에 무응력 상태였다면, 온도증가 50°C에 의해 봉에 발생하는 압축력을 구하시오.

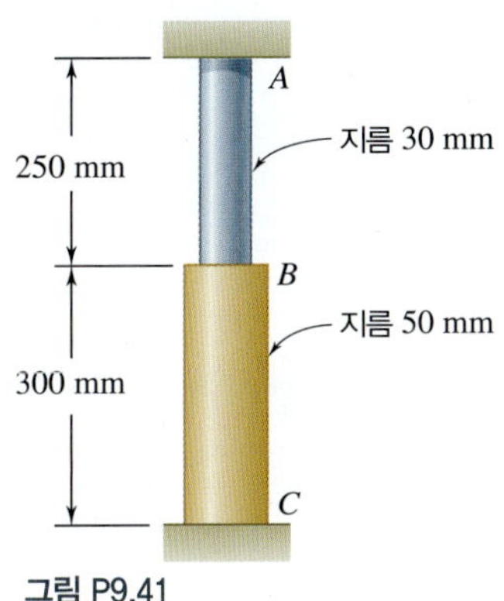

그림 P9.41

9.42 두 원형단면의 구간 AB와 BC로 이루어진 봉의 양단이 고정되어 있다. 구간 AB는 강재($E_s = 29 \times 10^6$ psi, $\alpha_s = 6.5 \times 10^{-6}/°F$), 구간 BC는 알루미늄($E_a = 10.4 \times 10^6$ psi, $\alpha_a = 13.3 \times 10^{-6}/°F$)으로 제작되었다. 봉이 초기에 무응력 상태였다면, (a) 온도증가 70°F에 의해 봉의 각 구간에 발생하는 수직응력과 (b) 이때 점 B의 변위를 구하시오.

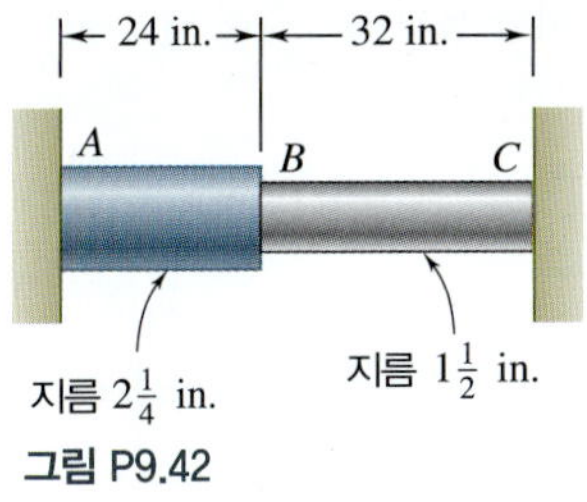

그림 P9.42

9.43 [문제 9.42]를 구간 AB가 알루미늄, 구간 BC가 강재인 것으로 가정하여 다시 푸시오.

9.44 (a) 그림의 봉에서 온도증가가 180°F일 때 봉에 발생하는 압축력과 (b) 이때 청동 봉에 발생하는 길이변화를 구하시오.

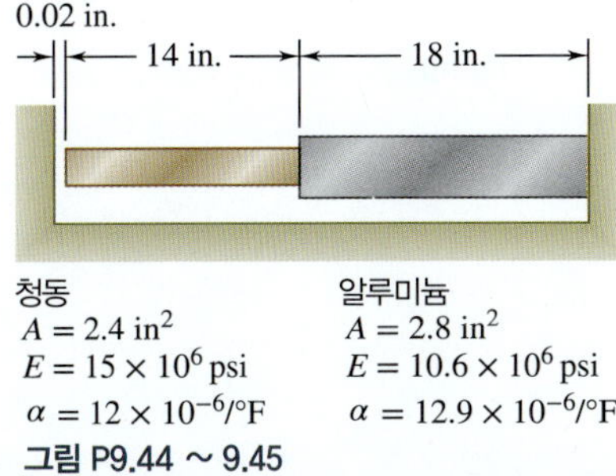

그림 P9.44 ~ 9.45

9.45 온도가 75°F일 때 0.02 in.의 간극이 있었다면, (a) 알루미늄 봉의 수직응력이 −11 ksi일 때의 온도와 (b) 이때 알루미늄 봉의 정확한 길이를 구하시오.

9.46 상온 20°C에서 0.5 mm의 간극이 두 봉 사이에 있었다. 온도가 140°C가 되었을 때 (a) 알루미늄 봉의 수직응력과 (b) 알루미늄 봉의 길이변화를 구하시오.

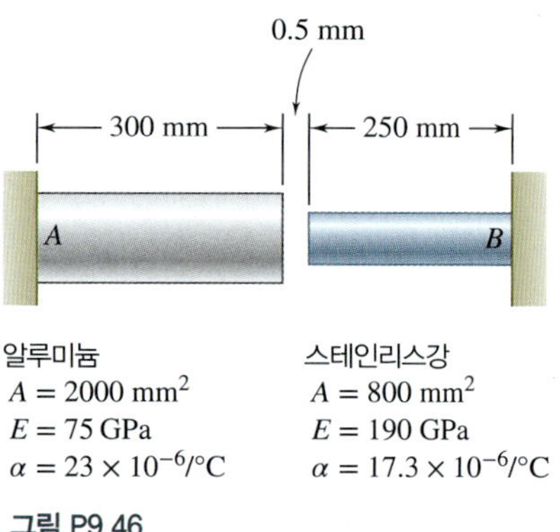

그림 P9.46

9.47 알루미늄 봉($E_a = 70$ GPa, $\alpha_a = 23.6 \times 10^{-6}/°C$)과 강재 링크($E_s = 200$ GPa, $\alpha_s = 11.7 \times 10^{-6}/°C$)가 온도 20°C일 때 그림과 같은 치수를 갖는다. 알루미늄 봉을 강재 링크 안에 삽입할 수 있게 될 때까지 강재 링크를 가열하고, 봉을 삽입한 뒤에 전체 조립체의 온도를 150°C까지 증가시켰다. (a) 알루미늄 봉과 (b) 강재 링크에 최종 발생하는 수직응력을 구하시오.

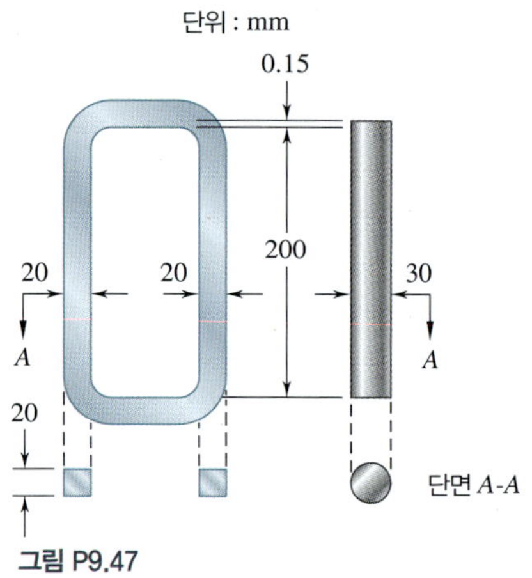

그림 P9.47

9.48 두 개의 강재 막대($E_s = 200$ GPa, $\alpha_s = 11.7 \times 10^{-6}/°C$)가 $P = 25$ kN의 하중을 받는 황동 막대($E_b = 105$ GPa, $\alpha_b = 20.9 \times 10^{-6}/°C$)를 보강하기 위해 사용된다. 강재 막대를 제작하고 나서 보니 핀을 꽂기 위한 구멍 사이의 간격이 원래 요구되는 2 m보다 0.5 mm 짧아서, 강재 막대를 오븐에 넣고 가열하여 길이를 늘어나게 한 뒤에 조립했다. 조립이 끝난 뒤에 강재 막대의 온도는 다시 상온으로 낮아졌다. (a) 강재 막대와 핀을 조립하는 데 필요했던 온도증가는 얼마인가? (b) 하중이 재하된 뒤에 황동 막대에 발생하는 응력은 얼마인가?

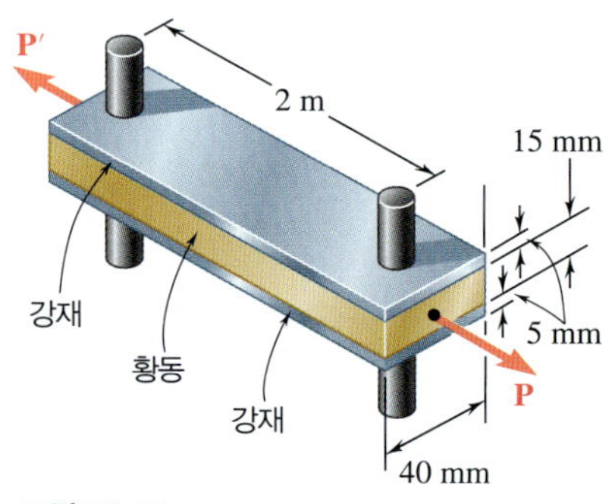

그림 P9.48

9.4 포아송비

균질한 재료의 세장한 봉이 축방향 하중을 받으면, 탄성한도 내에서 발생하는 응력과 변형률은 후크의 법칙을 따른다. [그림 9.28a]와 같이 하중 **P**가 x축 방향으로 작용한다면, $\sigma_x = P/A$가 되고, 여기서 A는 봉의 단면적을 뜻한다. 후크의 법칙에 의해 변형률은

$$\varepsilon_x = \sigma_x / E \tag{9.15}$$

이고, 여기서 E는 재료의 탄성계수이다.

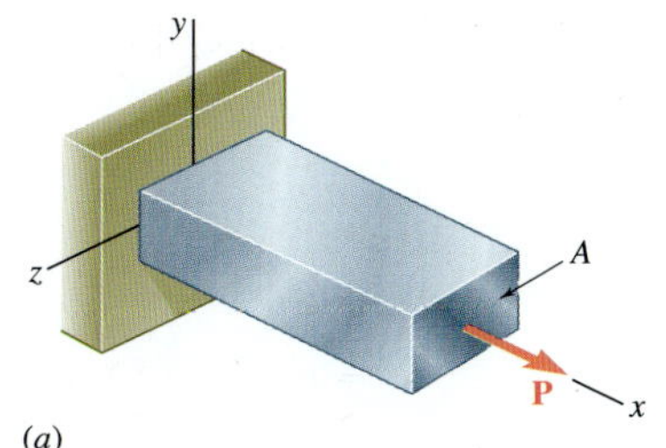

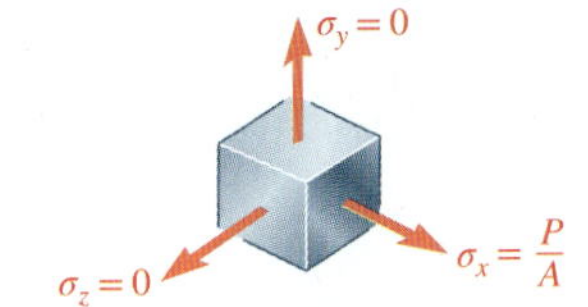

그림 9.28 축방향 인장력을 받는 부재와 3차원 응력요소

또한 y축과 z축에 수직한 면에 발생하는 수직응력은 0zero, 즉 $\sigma_y = \sigma_z = 0$(그림 9.28b)이다. 이 부분에서 ε_y와 ε_z도 0이 된다고 착각하기 쉬운데, 사실은 그렇지 않다. 모든 구조재료에 축방향 인장력 **P**가 작용하면 하중이 작용한 방향으로는 길이가 늘어나지만, 하중 작용방향에 수직인 방향으로는 길이가 줄어든다(그림 9.29). 이 절과 이후의 절에서는 모든 재료는 **균질성**homogeneous이면서 **등방성**isotropic이라고 가정한다. 즉, 재료의 역학적 성질이 위치와 방향과 관계없이 일정하다는 것이다. 따라서 하중방향에 수직인 두 방향으로의 변형률은 서로 같으며, [그림 9.28]의 하중에 의해 $\varepsilon_y = \varepsilon_z$가 된다. 이를 **횡방향 변형률**lateral strain이라고 하며, 횡방향 변형률과 축방향 변형률의 비를 **포아송비**Poisson's ratio라고 한다. 포아송비는 재료의 역학적 성질 중 중요한 하나이며, 프랑스의 수학자 Siméon Denis Poisson1781~1840의 이름을 딴 것으로, 그리스 문자 누(ν, nu)로 표시한다.

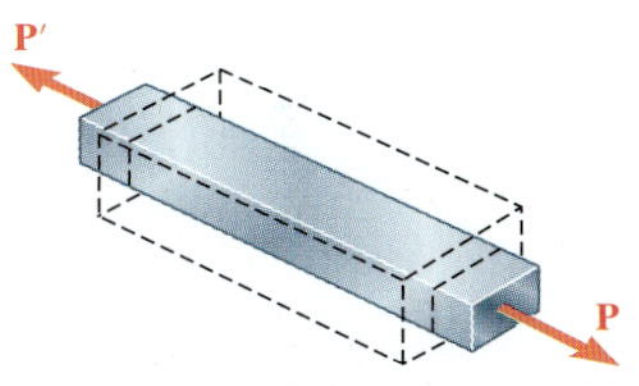

그림 9.29 축방향 인장력에 의한 축방향 신장 및 횡방향 수축

$$\nu = -\frac{\text{횡방향 변형률}}{\text{축방향 변형률}} \tag{9.16}$$

[그림 9.28]의 하중조건에서는,

$$\nu = -\frac{\varepsilon_y}{\varepsilon_x} = -\frac{\varepsilon_z}{\varepsilon_x} \tag{9.17}$$

이다. 모든 구조재료에서 축방향 변형률과 횡방향 변형률의 부호는 항상 반대이므로[8] 위의 식에 마이너스(−) 부호를 포함하여 ν의 값을 항상 양수가 되도록 했다. 식 (9.17)을 ε_y와 ε_z에 대해 정리하고 식 (9.15)를 적용하면, x방향 하중에 의해 발생하는 모든 방향의 변형률을 나타내는 완전한 식을 얻을 수 있다.

$$\varepsilon_x = \frac{\sigma_x}{E}, \quad \varepsilon_y = \varepsilon_z = -\frac{\nu\sigma_x}{E} \tag{9.18}$$

8 고분자 폼polymer foam과 같은 실험적인 재료에서는 축방향 인장에 의해 횡방향으로도 길이가 늘어나는 경우가 있다. 이러한 재료에서는 축방향 변형률과 횡방향 변형률이 같은 부호를 갖게 되므로, 포아송비는 음수가 된다. (Roderic Lakes의 "Foam Structures with a Negative Poisson's Ratio," Science, 27 February 1987, Volume 235, pp. 1038~1040.)

개념적용 9.7

균질성, 등방성 재료로 만들어진 길이 500 mm, 지름 16 mm인 봉에 12 kN의 인장력이 작용하고 있다. 봉의 길이가 300 μm 늘어나고 지름은 2.4 μm 줄어들었다면 이 재료의 탄성계수와 포아송비를 구하시오.

봉의 단면적은

$$A = \pi r^2 = \pi (8 \times 10^{-3}\ \text{m})^2 = 201 \times 10^{-6}\ \text{m}^2$$

이고, [그림 9.30]과 같이 봉의 길이방향을 x로 설정하면,

y
$\delta_x = 300\ \mu$m
$L = 500$ mm
z
x
$d = 16$ mm
$\delta_y = -2.4\ \mu$m
12 kN

그림 9.30 축방향 하중을 받는 봉

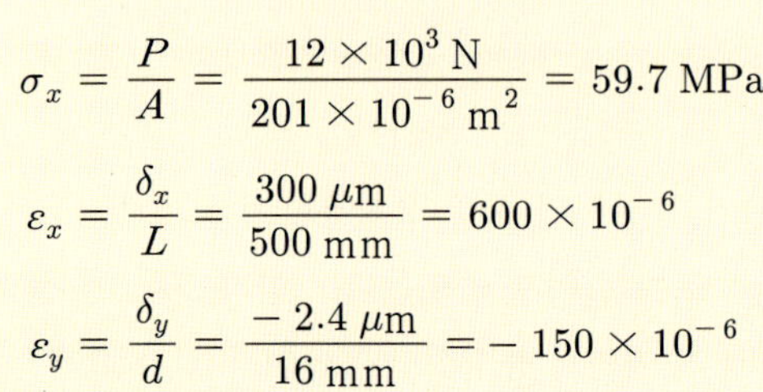

$$\sigma_x = \frac{P}{A} = \frac{12 \times 10^3\ \text{N}}{201 \times 10^{-6}\ \text{m}^2} = 59.7\ \text{MPa}$$

$$\varepsilon_x = \frac{\delta_x}{L} = \frac{300\ \mu\text{m}}{500\ \text{mm}} = 600 \times 10^{-6}$$

$$\varepsilon_y = \frac{\delta_y}{d} = \frac{-2.4\ \mu\text{m}}{16\ \text{mm}} = -150 \times 10^{-6}$$

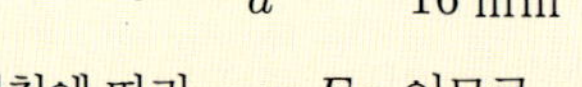

이다. 후크의 법칙에 따라 $\sigma_x = E\varepsilon_x$이므로,

$$E = \frac{\sigma_x}{\varepsilon_x} = \frac{59.7\ \text{MPa}}{600 \times 10^{-6}} = 99.5\ \text{GPa}$$

이고, 식 (9.17)에 의하면

$$\nu = -\frac{\varepsilon_y}{\varepsilon_x} = -\frac{-150 \times 10^{-6}}{600 \times 10^{-6}} = 0.25$$

이다.

9.5 다축하중 : 후크의 법칙 일반화

이 장에서 지금까지 다루었던 문제들은 모두 세장한 부재에 축방향 하중이 작용하는 경우, 즉 하중이 한 방향으로만 작용하는 경우에 관한 것이었다. 이제는 보다 일반적으로, 세 좌표축 방향으로 모두 하중이 작용하는 구조부재에 대해 생각해보자. 이 경우에는 [그림 9.31]에 나타낸 바와 같이 세 방향으로 모두 0이 아닌 수직응력이 발생하며, 이러한 조건을 **다축하중**multiaxial loading이라고 한다. 여기서 유의할 점은 다축하중에 의한 응력상태가 앞의 8.3절에서 배운 일반적인 응력상태와는 다르다는 것이다. 다축하중에 의해서는 [그림 9.31]과 같이 전단응력이 발생하지 않는다.

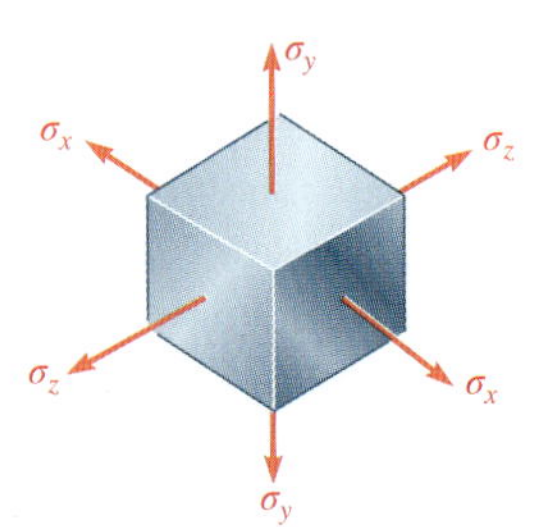

그림 9.31 다축하중의 응력상태

[그림 9.32a]와 같은 등방성 재료로 이루어진 구조부재 내의 정육면체 응력요소를 생각해 보자. 변형 전 응력요소의 모든 변의 길이는 1이고, 이 응력요소의 모양은 다축하중의 작용으로 정육면체에서 직육면체로 바뀌게 된다. 변형 후 각 변의 길이는 $1+\varepsilon_x$, $1+\varepsilon_y$ 및 $1+\varepsilon_z$가 되고, 여기서 ε_x, ε_y, ε_z는 각 축방향의 수직변형률을 나타낸다(그림 9.32b). 이 응력요소 주변의 변형으로 인해 응력요소의 위치가 이동될 수 있지만, 여기서는 응력요소의 순수한 변형만을 생각하고 강체운동은 고려하지 않는다.

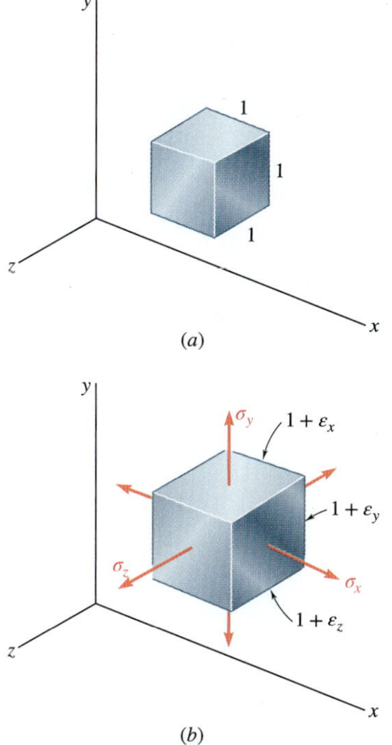

그림 9.32 다축하중을 받는 단위 응력요소의 변형 (a) 변형 전 (b) 변형 후

각 방향의 수직변형률 ε_x, ε_y, ε_z를 각 방향 응력성분 σ_x, σ_y, σ_z를 사용하여 나타내기 위해 각 방향 응력의 영향을 별도로 구한 뒤 그 결과를 합산해보자. 이런 접근 방법은 **중첩의 원리**principle of superposition에 근거한 것이며, 이 책에서 자주 사용될 것이다. 중첩의 원리에 의하면, 여러 개의 하중에 의한 구조물의 응답은 각각의 하중에 의한 응답을 개별적으로 구한 뒤 그 결과들을 더하여 얻을 수 있다. 이 방법을 사용하려면 다음의 전제조건을 만족해야 한다.

1. 각각의 응답은 그 응답을 발생시키는 하중과 선형 관계여야 한다.
2. 한 하중에 의해 발생하는 변형은 그 크기가 작아야 하며, 다른 하중의 작용에 영향을 미치지 않아야 한다.

다축하중 조건은 하중에 의해 발생하는 응력이 비례한도 이내이면 위의 첫 번째 조건을 만족하는 것이고, 한 면에 발생하는 응력이 다른 면의 응력 계산에 영향을 미칠 정도로 큰 변형을 다른 면에 일으키지 않으므로 두 번째 조건도 만족한다.

응력성분 σ_x에 의해 발생하는 결과를 생각해보면, 앞의 9.4절에서 이야기한 바와 같이, σ_x로 인해 σ_x/E의 변형률이 x방향으로 발하되고, y방향과 z방향으로는 $-\nu\sigma_x/E$인 동일한 크기의 변형률이 발생한다. 마찬가지로, σ_y가 단독으로 작용한다면 이로 인해 y방향으로 σ_y/E, 다른 두 방향으로는 $-\nu\sigma_y/E$의 변형률이 발생한다. 마지막으로, σ_z에 의해서는 z방향으로 σ_z/E, 다른 두 방향으로 $-\nu\sigma_z/E$의 변형률이 발생한다. 이 결과를 모두 더하면, 다축하중의 작용으로 발생하는 각 방향의 변형률을 다음과 같이 구할 수 있다.

$$\begin{aligned}
\varepsilon_x &= +\frac{\sigma_x}{E} - \frac{\nu\sigma_y}{E} - \frac{\nu\sigma_z}{E} \\
\varepsilon_y &= -\frac{\nu\sigma_x}{E} + \frac{\sigma_y}{E} - \frac{\nu\sigma_z}{E} \\
\varepsilon_z &= -\frac{\nu\sigma_x}{E} - \frac{\nu\sigma_y}{E} + \frac{\sigma_z}{E}
\end{aligned} \tag{9.19}$$

식 (9.19)는 균질성, 등방성 재료의 다축하중에 대한 일반화된 후크의 법칙이다. 앞에서 언급한 바와 같이, 이 결과는 응력이 비례한도 이내이고, 변형이 미소할 때만 유효하다. 또한 응력의 부호가 양(+)이면 인장응력을, 음(−)이면 압축응력을 나타내며, 변형률의 부호 역시 양(+)일 때 신장, 음(−)일 때 수축을 뜻한다.

개념적용 9.8

[그림 9.33]에 나타낸 강재 블록이 모든 표면에 균등한 압력을 받고 있다. 변 AB의 길이가 -1.2×10^{-3} in.만큼 변했다면, (a) 다른 두 변의 길이변화와 (b) 이 블록에 작용하고 있는 균등압력 p의 크기를 구하시오. 단, $E=29\times10^{-6}$ psi이고, $\nu=0.29$이다.

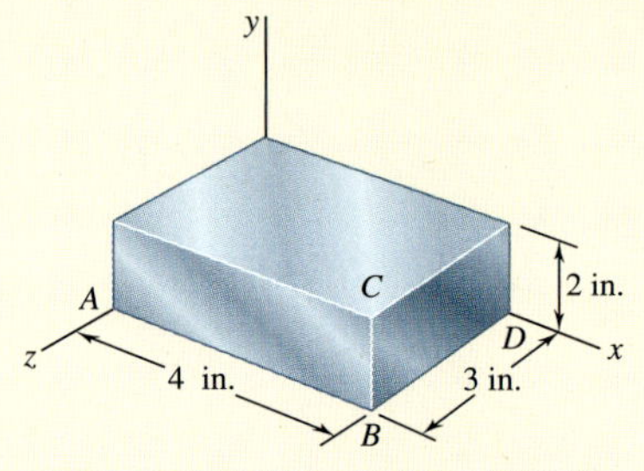

그림 9.33 균등 압력 p를 받는 강재 블록

a. 다른 두 변의 길이변화 식 (9.19)에 $\sigma_x=\sigma_y=\sigma_z=-p$를 대입하면, 세 방향의 변형률은 모두 같은 값을 가지며

$$\varepsilon_x = \varepsilon_y = \varepsilon_z = -\frac{p}{E}(1-2\nu) \tag{1}$$

이다. 여기서

$$\begin{aligned}\varepsilon_x &= \delta_x/AB = (-1.2\times10^{-3}\text{ in.})/(4\text{ in.})\\ &= -300\times10^{-6}\text{ in./in.}\end{aligned}$$

이므로

$$\varepsilon_y = \varepsilon_z = \varepsilon_x = -300\times10^{-6}\text{ in./ in.}$$

이 되고, 이로부터

$$\begin{aligned}\delta_y &= \varepsilon_y(BC) = (-300\times10^{-6})(2\text{ in.}) = -600\times10^{-6}\text{ in.}\\ \delta_z &= \varepsilon_z(BD) = (-300\times10^{-6})(3\text{ in.}) = -900\times10^{-6}\text{ in.}\end{aligned}$$

를 얻을 수 있다.

b. 압력 식 (1)을 p에 대해 풀면 다음과 같다.

$$p = -\frac{E\varepsilon_x}{1-2\nu} = -\frac{(29\times10^6\text{ psi})(-300\times10^{-6})}{1-0.58}$$

$$p = 20.7\text{ ksi}$$

9.6 전단변형률

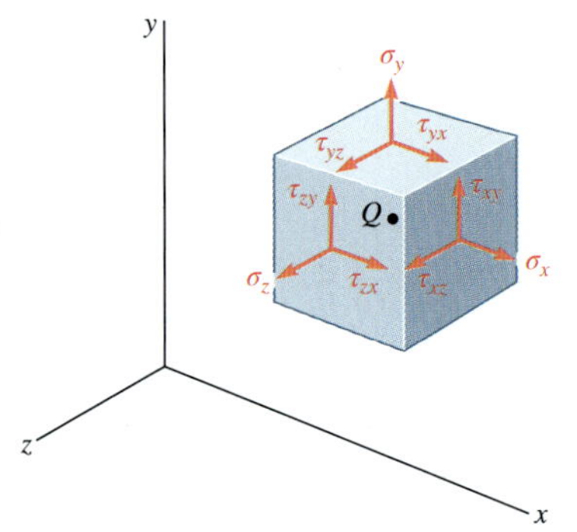

그림 9.34 일반적인 응력상태의 점 Q에 대한 양(+)의 응력성분

9.5절에서 균질성 등방성 재료의 수직응력과 수직변형률 사이의 관계를 나타내는 식 (9.19)를 유도할 때, 전단응력은 없는 것으로 가정했다. [그림 9.34]와 같이 일반적인 응력상태에서는 전단응력 τ_{xy}, τ_{yz}, τ_{zx}(또는 이와 대응되는 전단응력 τ_{yx}, τ_{zy}, τ_{xz})가 존재하지만, 이들 전단응력은 수직변형률에 직접적인 영향을 미치지 않으며, 변형이 미소하다면 식 (9.19)의 유도 과정이나 결과에도 영향을 미치지 않는다. 하지만 전단응력에 의해 정육면체이던 응력요소의 형태가 평행육면체oblique parallelepiped로 변하게 된다.

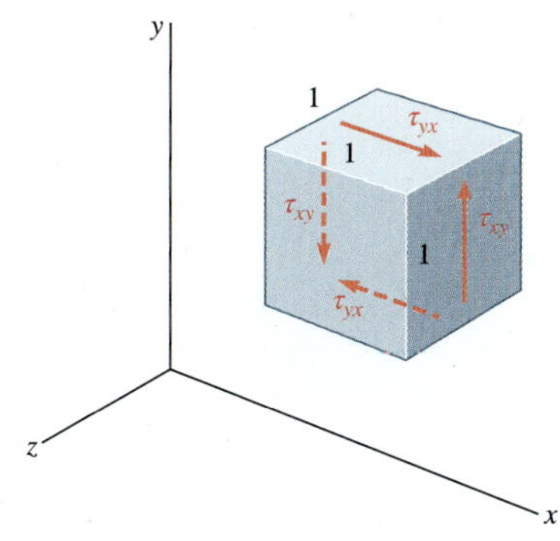

그림 9.35 전단응력을 받는 단위 응력요소

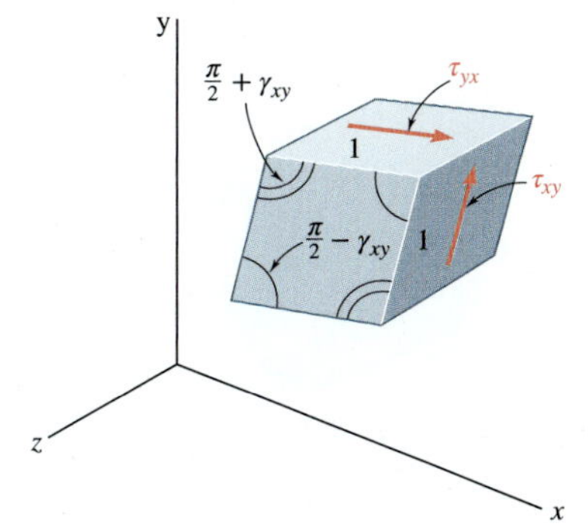

그림 9.36 전단응력에 의한 단위 응력요소의 변형

[그림 9.35]와 같이 정육면체 응력요소가 x축과 y축에 수직인 면에 전단응력 τ_{xy}와 τ_{yx}만을 받고 있다(8.3절의 내용을 상기해보면 $\tau_{xy} = \tau_{yx}$이다). 변형 전에 정육면체이던 응력요소는 전단응력에 의해 [그림 9.36]과 같이 각 변의 길이가 1인 마름모꼴 기둥 형태로 변형되며, 전단응력이 작용하고 있는 네 면 중 두 면이 이루는 각은 $\pi/2$에서 $\pi/2 - \gamma_{xy}$로 줄어들고, 다른 두 면이 이루는 각은 $\pi/2$에서 $\pi/2 + \gamma_{xy}$로 늘어난다. 라디안radian 단위로 표시된 미소각도 γ_{xy}는 정사각형이 마름모꼴로 변형된 정도를 나타내며, 이를 x방향과 y방향에 대한 **전단변형률**shearing strain로 정의한다. 전단변형률 γ_{xy}의 부호는 [그림 9.36]에 표시된 경우와 같이 $+x$방향과 $+y$방향에 수직인 두 면 사이의 각이 감소했을 때를 양(+)으로 하며, 반대의 경우는 음(−)이 된다.

응력요소 주변의 변형으로 인해 응력요소가 전체적으로 회전할 수 있으나, 여기에서 고려하고 있는 것은 순수한 변형actual deformation에 대한 것이며 강체운동에 대해서는 고려하지 않는다.[9]

9 전단변형률 를 설명하기 위해서, 어떤 책에서는 [그림 9.37]과 같이 응력요소의 수평면은 회전하지 않는다고 임의로 가정하고, 다른 두 면이 회전한 각도를 γ_{xy}로 정의하기도 하며, 다른 책에서는 [그림 9.38]과 같이 수평면은 반시계방향, 수직면은 시계방향으로 각각 $\frac{1}{2}\gamma_{xy}$만큼씩 회전하는 것으로 가정하기도 한다. 두 가지 가정이 모두 불필요하고, 혼란을 줄 수 있다고 판단하여, 이 책에서는 전단변형률을 두 면 사이의 각도 변화로 설명했다.

하중의 증가에 따른 τ_{xy}의 변화를 γ_{xy}에 대해 그래프로 표시하면 그 재료의 전단에 대한 응력−변형률선도를 얻게 된다(이 그래프는 이후의 10장에서 다룰 비틂시험으로 얻을 수 있다). 이 선도는 앞에서 배운 인장시험으로부터 얻어지는 수직응력에 대한 응력−변형률선도와 비슷한 형태를 보이지만, 전단에 대한 극한강도나 항복강도 등은 인장의 경우에 비해 약 절반 정도로 작은 값을 갖는다. 인장에 대한 응력−변형률선도에서와 마찬가지로 전단에 대한 응력−변형률선도 역시 초기에는 직선부를 가지며, 직선부에 해당하는 전단응력, 즉 비례한도를 초과하지 않는 범위의 균질성 등방성 재료에는 다음 식을 적용할 수 있다.

$$\tau_{xy} = G\gamma_{xy} \tag{9.20}$$

이 식을 **전단에 대한 후크의 법칙**이라고 하며, 상수 G를 재료의 전단탄성계수shear modulus of elasticity라고 한다.

전단변형률 γ_{xy}가 라디안 단위의 각도로 정의되기 때문에, 전단변형률은 무차원량이 되고, 전단탄성계수 G는 전단응력 τ_{xy}와 같은 단위, 즉 Pa이나 psi를 갖게 된다. 그리고 재료의 전단탄성계수 G는 탄성계수 E의 1/2에서 1/3 사이의 값을 갖는다.

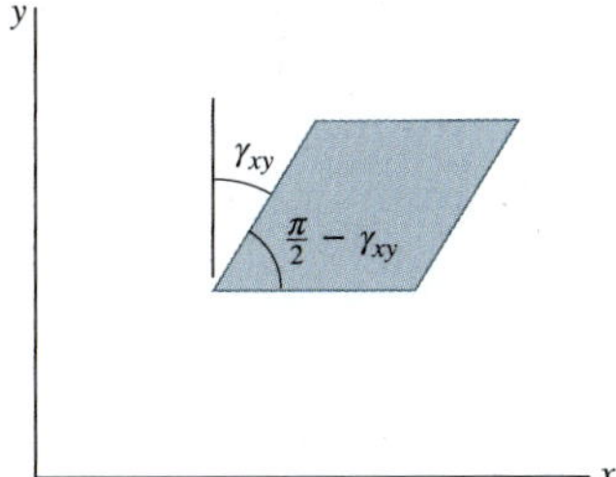

그림 9.37 평면 xy에 표시한 강체 회전이 발생한 정육면체 응력요소

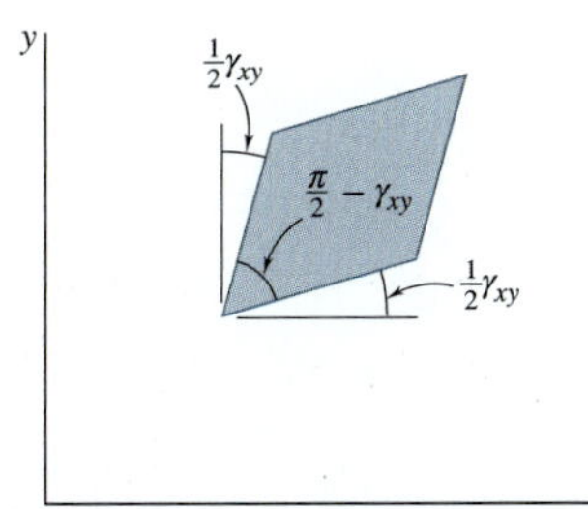

그림 9.38 x와 y면에 대해 동일한 회전각을 갖도록 평면 xy에 표시한 정육면체 응력요소

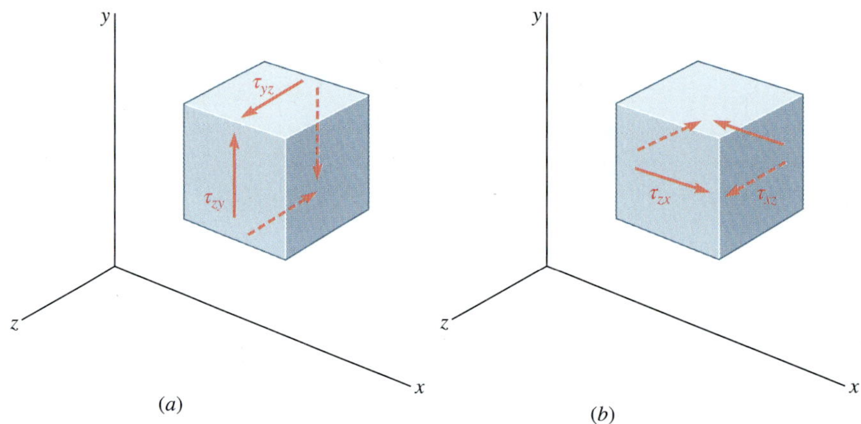

그림 9.39 (a) 평면 yz 상의 순수전단 상태 (b) 평면 xz 상의 순수전단 상태

이번에는 [그림 9.39a]에 나타난 것과 같은 전단응력 τ_{yz}와 τ_{zy}를 받는 응력요소를 생각해 보자. 이때 전단변형률 γ_{yz}는 응력을 받는 두 면 사이의 각도변화를 뜻한다. 마찬가지로, 전단변형률 γ_{zx}는 [그림 9.39b]와 같이 τ_{zx}와 τ_{xz}를 받는 응력요소에서 구할 수 있다. 전단응력이 비례한도를 초과하지 않는다면 다음과 같이 두 개의 추가적인 관계식을 얻을 수 있으며, 이 식에서 상수 G는 식 (9.20)에서와 같다.

$$\begin{aligned} \tau_{yz} &= G\gamma_{yz} \\ \tau_{zx} &= G\gamma_{zx} \end{aligned} \tag{9.21}$$

[그림 9.34]와 같은 일반적인 응력조건에서, 모든 응력이 비례한도 이내라면 중첩의 원리를 사용하여 지금까지의 결과들을 모두 합산한 관계식을 이끌어 낼 수 있다. 따라서 가장 일반적인 응력조건에서 균질성, 등방성 재료의 일반화된 후크의 법칙은 다음과 같다.

$$\begin{aligned} \varepsilon_x &= +\frac{\sigma_x}{E} - \frac{\nu\sigma_y}{E} - \frac{\nu\sigma_z}{E} \\ \varepsilon_y &= -\frac{\nu\sigma_x}{E} + \frac{\sigma_y}{E} - \frac{\nu\sigma_z}{E} \\ \varepsilon_z &= -\frac{\nu\sigma_x}{E} - \frac{\nu\sigma_y}{E} + \frac{\sigma_z}{E} \end{aligned} \tag{9.22}$$

$$\gamma_{xy} = \frac{\tau_{xy}}{G}, \quad \gamma_{yz} = \frac{\tau_{yz}}{G}, \quad \gamma_{zx} = \frac{\tau_{zx}}{G}$$

식 (9.22)를 살펴보면 임의의 응력조건에 의해 발생하는 변형률을 알아내기 위해 세 가지 상수 E, ν, G가 필요하다는 것을 알 수 있다. 어떤 재료에서든 이 세 가지 상수 중 두 개의 값은 실험을 통해 알아내야 하며, 두 상수의 값을 알고 나면 나머지 한 상수의 값은 간단한 계산을 통해 구할 수 있다. 이 부분은 다음 절에서 자세히 다룰 것이다.

개념적용 9.9

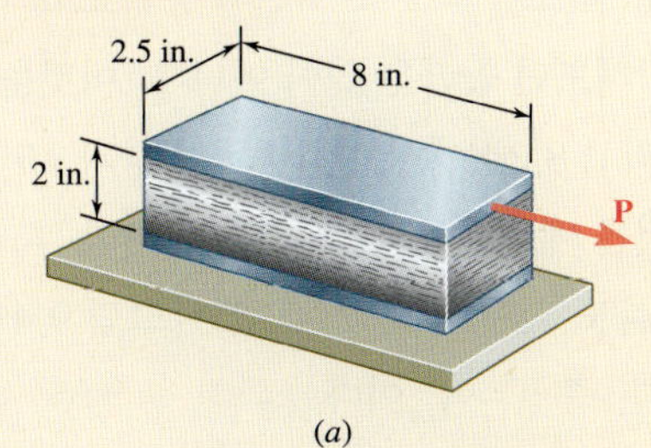

(a)

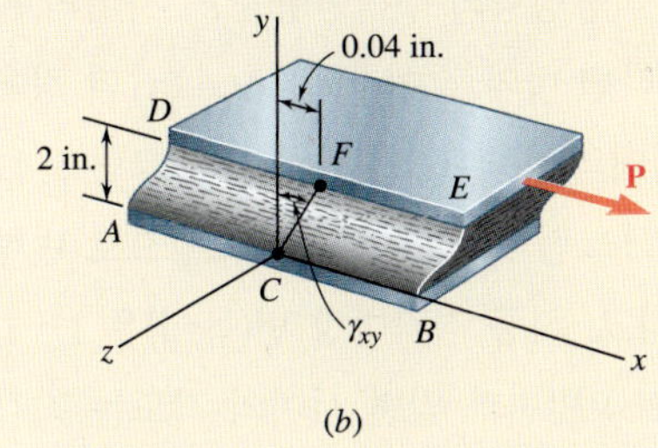

(b)

그림 9.40 (a) 전단력을 받고 있는 직육면체 블럭 (b) 블록의 변형된 모양과 전단변형률

전단탄성계수가 $G = 90$ ksi인 재료로 만들어진 직육면체 블럭이 두 장의 강체 평판 사이에 접착되어 있다. 아래쪽 판은 고정된 상태로 위쪽 판에 수평하중 **P**가 [그림 9.40a]와 같이 작용했다. 작용한 하중에 의해 위쪽 판이 0.04 in. 이동했다면, (a) 재료에 발생한 평균 전단변형률과 (b) 위쪽 판에 작용한 하중 **P**의 크기를 구하시오.

a. 전단변형률 [그림 9.40b]와 같이 좌표계의 원점은 변 AB의 중점 C에 있다. 이때 전단변형률 γ_{xy}는 변 AB와 변 DE의 중점을 연결하는 선분 CF가 y축과 이루는 각도이다. 이 각도는 매우 작은 크기이며, 각도의 단위로 라디안을 사용하므로

$$\gamma_{xy} \approx \tan \gamma_{xy} = \frac{0.04 \text{ in.}}{2 \text{ in.}}, \qquad \gamma_{xy} = 0.020 \text{ rad}$$

이다.

b. 위쪽 판에 작용한 하중 우선 재료에 작용한 전단응력 τ_{xy}를 구한다. 전단에 대한 후크의 법칙을 사용하면

$$\tau_{xy} = G\gamma_{xy} = (90 \times 10^3 \text{ psi})(0.020 \text{ rad}) = 1800 \text{ psi}$$

이므로, 위쪽 판에 작용한 하중은 다음과 같다.

$$P = \tau_{xy} A = (1800 \text{ psi})(8 \text{ in.})(2.5 \text{ in.})$$
$$= 36.0 \times 10^3 \text{ lb} = 36.0 \text{ kips}$$

*9.7 축방향 하중에 의한 변형 : E, ν 및 G의 관계

9.4절에서 설명한 바와 같이, 세장한 봉에 축방향 인장력 **P**가 x축 방향으로 작용하면 x방향으로는 길이가 늘어나고 x축과 직각인 두 방향, 즉 y방향과 z방향으로는 길이가 줄어든다. 축방향 변형률을 ε_x라고 하면, 횡방향 변형률은 $\varepsilon_y = \varepsilon_z = -\nu\varepsilon_x$가 되고, 여기서 ν는 포아송비이다. 따라서 [그림 9.4a]와 같이 좌표축과 나란히 놓인, 변형 전 각 변의 길이가 1인 정육면체 응력요소는 변형 후 각 변의 길이가 $1+\varepsilon_x$, $1-\nu\varepsilon_x$, $1-\nu\varepsilon_x$인 직육면체가 된다(그림에는 응력요소의 한쪽 면만을 나타내었다).

반면에, [그림 9.4b]와 같이 응력요소를 하중방향과 45° 각도로 돌려놓으면 그림에 보이는 응력요소의 면은 정사각형에서 마름모꼴 모양으로 변형된다. 이로부터 축방향 하중 **P**에 의해서 전단변형률 γ'이 발생함을 알 수 있으며, 이때의 전단변형률은 [그림 9.41b]에 표시된 응력요소의 두 변 사이 각의 증가 또는 감소량과 같다.

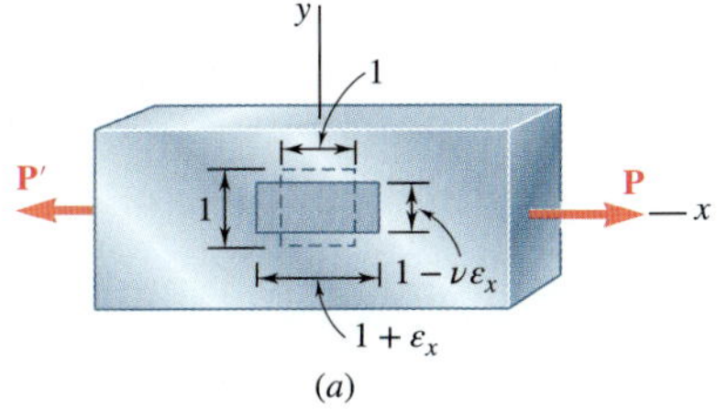

(a)

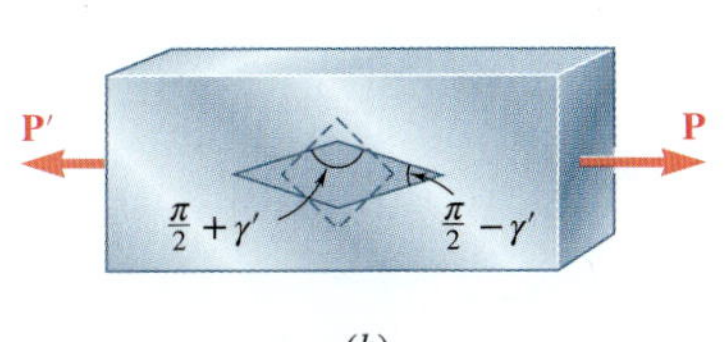

(b)

그림 9.41 축방향 하중을 받는 봉의 변형률 (a) 좌표축에 나란하게 놓인 응력요소 (b) z축에 대해 45° 회전된 응력요소

축력에 의해서 수직변형률뿐만 아니라 전단변형률도 발생한다. 이 사실은 8.3절의 마지막 부분에서 배운 내용, 즉 축력 **P**에 의해 부재축과 45° 각도를 갖도록 회전된 응력요소의 네 면에 같은 크기의 전단응력이 발생한다는 것을 생각해보면 놀라운 일이 아니다. 이것을 설명하는 [그림 8.37]을 여기에 다시 나타내었다. 그리고 8.2절에서는 하중의 방향과 45° 각도를 갖는 경사면에서 전단응력이 최대가 된다는 것을 배웠다. 그리고 전단에 대한 후크의 법칙을 생각해보면 전단응력이 최대일 때 전단변형률도 최대가 될 것이므로, [그림 9.41b]에 나타난 전단변형률 γ'도 최댓값이 됨을 알 수 있다. 즉 $\gamma' = \gamma_m$이다.

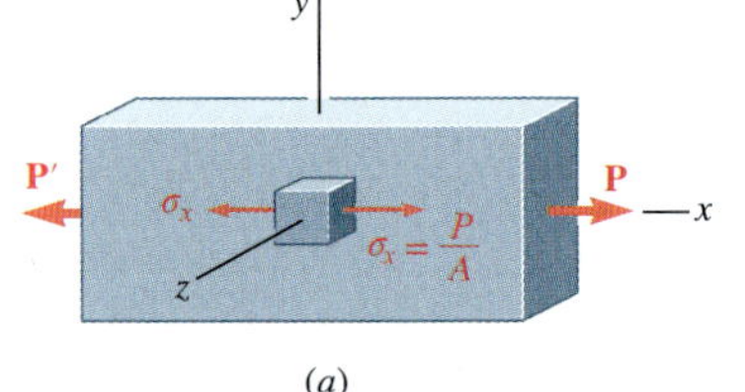

(a)

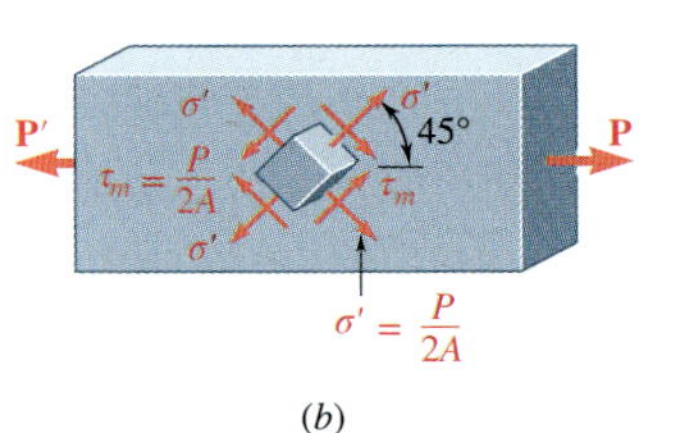

(b)

그림 8.37 (반복)

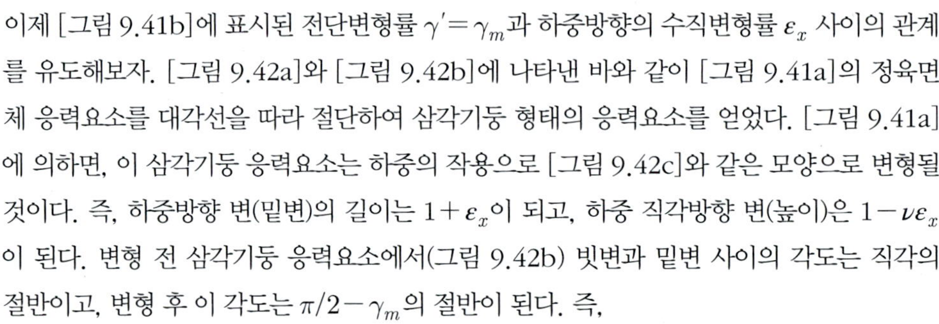

이제 [그림 9.41b]에 표시된 전단변형률 $\gamma' = \gamma_m$과 하중방향의 수직변형률 ε_x 사이의 관계를 유도해보자. [그림 9.42a]와 [그림 9.42b]에 나타낸 바와 같이 [그림 9.41a]의 정육면체 응력요소를 대각선을 따라 절단하여 삼각기둥 형태의 응력요소를 얻었다. [그림 9.41a]에 의하면, 이 삼각기둥 응력요소는 하중의 작용으로 [그림 9.42c]와 같은 모양으로 변형될 것이다. 즉, 하중방향 변(밑변)의 길이는 $1+\varepsilon_x$이 되고, 하중 직각방향 변(높이)은 $1-\nu\varepsilon_x$이 된다. 변형 전 삼각기둥 응력요소에서(그림 9.42b) 빗변과 밑변 사이의 각도는 직각의 절반이고, 변형 후 이 각도는 $\pi/2-\gamma_m$의 절반이 된다. 즉,

$$\beta = \frac{\pi}{4} - \frac{\gamma_m}{2}$$

이다. 이제 삼각함수의 덧셈공식을 사용하면

$$\tan\beta = \frac{\tan\dfrac{\pi}{4} - \tan\dfrac{\gamma_m}{2}}{1 + \tan\dfrac{\pi}{4}\tan\dfrac{\gamma_m}{2}} = \frac{1 - \tan\dfrac{\gamma_m}{2}}{1 + \tan\dfrac{\gamma_m}{2}}$$

이고, 각도 $\gamma_m/2$는 매우 작은 값이므로

$$\tan\beta = \frac{1 - \dfrac{\gamma_m}{2}}{1 + \dfrac{\gamma_m}{2}} \tag{9.23}$$

이다. [그림 9.42c]에서

$$\tan\beta = \frac{1 - \nu\varepsilon_x}{1 + \varepsilon_x} \tag{9.24}$$

이므로, 식 (9.23)과 식 (9.24)에서 $\tan\beta$를 소거하고 γ_m에 대해 정리하면 다음과 같다.

$$\gamma_m = \frac{(1+\nu)\varepsilon_x}{1 + \dfrac{1-\nu}{2}\varepsilon_x}$$

$\varepsilon_x \ll 1$이므로, 이 식의 분모는 1과 같다고 생각할 수 있다. 따라서

$$\gamma_m = (1+\nu)\varepsilon_x \tag{9.25}$$

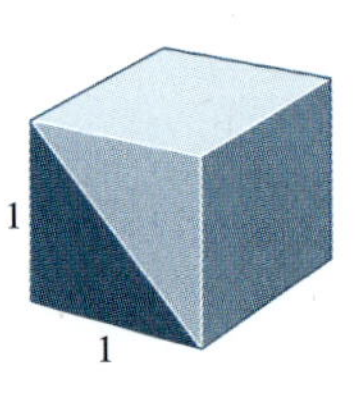

(a)

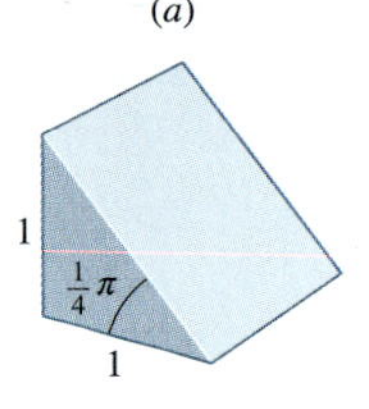

(b)

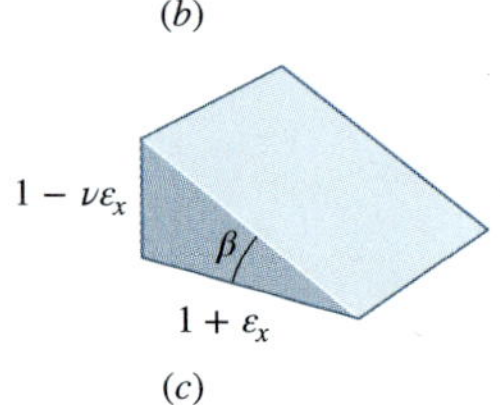

(c)

그림 9.42 (a) 정육면체 응력요소의 대각선방향 절단 (b) 삼각기둥 응력요소의 변형 전 형상 (c) 삼각기둥 응력요소의 변형 후 형상

이다. 이 식이 우리가 구하고자 했던 최대 전단변형률 γ_m과 수직변형률 ε_x 사이의 관계식이다.

세 재료상수 E, ν, G 사이의 관계식을 유도하기 위해, 전단과 인장에 대한 후크의 법칙 $\gamma_m = \tau_m / G$와 $\varepsilon_x = \sigma_x / E$를 사용하여 식 (9.25)를 다시 쓰면

$$\frac{\tau_m}{G} = (1+\nu)\frac{\sigma_x}{E}$$

이고, 즉 다음과 같다.

$$\frac{E}{G} = (1+\nu)\frac{\sigma_x}{\tau_m} \tag{9.26}$$

[그림 8.37]에서 $\sigma_x = P/A$, $\tau_m = P/2A$이므로 $\sigma_x/\tau_m = 2$이고, 이를 식 (9.26)에 대입하고 양변을 2로 나누면

$$\frac{E}{2G} = 1+\nu \tag{9.27}$$

의 관계식을 얻게 된다. 이 관계로부터 세 재료상수 E, ν, G 중 두 개의 값을 알면 나머지 한 값을 계산해 낼 수 있다. 즉, G를 다른 상수로부터 계산하는 식은 다음과 같다.

$$G = \frac{E}{2(1+\nu)} \tag{9.28}$$

예제 9.5

두께가 $t = 3/4$ in.인 무응력 상태의 알루미늄판에 지름 $d = 9$ in.인 원이 그려져 있다. 이후에 면내 하중이 작용하여 $\sigma_x = 12$ ksi 및 $\sigma_z = 20$ ksi의 수직응력이 발생했다. $E = 10 \times 10^6$ psi이고 $\nu = 1/3$일 때, (a) 원의 지름 AB의 변화, (b) 원의 지름 CD의 변화, (c) 판의 두께 변화를 구하시오.

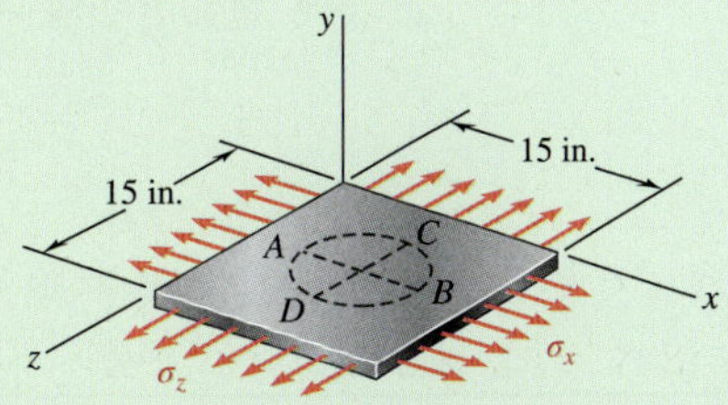

문제분석 각 방향의 변형률을 구하기 위해 일반화된 후크의 법칙을 사용한다. 각 방향 변형률이 구해지면 이로부터 판에 발생하는 여러 가지 치수의 변화를 계산할 수 있다.

풀이

후크의 법칙 $\sigma_y = 0$이므로, 식 (9.19)로부터 각 방향의 변형률이 다음과 같이 계산된다.

$$\varepsilon_x = +\frac{\sigma_x}{E} - \frac{\nu\sigma_y}{E} - \frac{\nu\sigma_z}{E}$$

$$= \frac{1}{10 \times 10^6 \text{ psi}}\left[(12 \text{ ksi}) - 0 - \frac{1}{3}(20 \text{ ksi})\right]$$

$$= +0.533 \times 10^{-3} \text{ in./in.}$$

$$\varepsilon_y = -\frac{\nu\sigma_x}{E} + \frac{\sigma_y}{E} - \frac{\nu\sigma_z}{E}$$

$$= \frac{1}{10 \times 10^6 \text{ psi}}\left[-\frac{1}{3}(12 \text{ ksi}) + 0 - \frac{1}{3}(20 \text{ ksi})\right]$$

$$= -1.067 \times 10^{-3} \text{ in./in.}$$

$$\varepsilon_z = -\frac{\nu\sigma_x}{E} - \frac{\nu\sigma_y}{E} + \frac{\sigma_z}{E}$$

$$= \frac{1}{10 \times 10^6 \text{ psi}}\left[-\frac{1}{3}(12 \text{ ksi}) - 0 + (20 \text{ ksi})\right]$$

$$= +1.600 \times 10^{-3} \text{ in./in.}$$

a. 지름 AB 지름의 변화 $\delta_{B/A} = \varepsilon_x d$이다.

$$\delta_{B/A} = \varepsilon_x d = (+0.533 \times 10^{-3} \text{ in./in.})(9 \text{ in.})$$

$\delta_{B/A} = +4.8 \times 10^{-3}$ in. ◀

b. 지름 CD

$$\delta_{C/D} = \varepsilon_z d = (+1.600 \times 10^{-3} \text{ in./in.})(9 \text{ in.})$$

$\delta_{C/D} = +14.4 \times 10^{-3}$ in. ◀

c. 두께 변형 전 판의 두께가 $t = 3/4$ in.이므로 다음을 얻는다.

$$\delta_t = \varepsilon_y t = (-1.067 \times 10^{-3} \text{ in./in.})\left(\frac{3}{4} \text{ in.}\right)$$

$\delta_t = -0.800 \times 10^{-3}$ in. ◀

Section 9.4 ~ 9.7 연습문제

9.49 지름 22 mm의 봉에 75 kN의 인장력이 작용하고 있다. $\nu=0.30$, $E=200$ GPa일 때, 다음을 구하시오.

(a) 표점거리 200 mm 사이의 신장량

(b) 봉의 지름변화

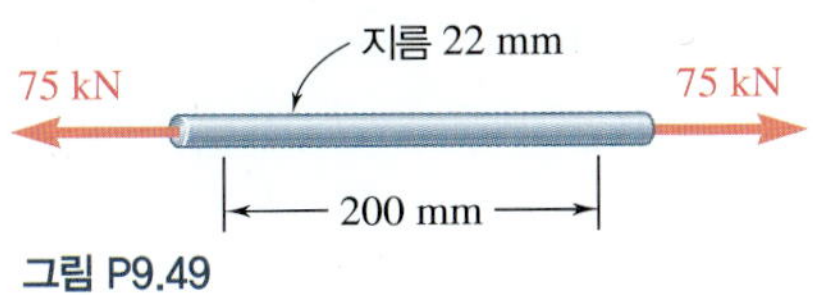

그림 P9.49

9.50 실험에 사용할 플라스틱 소재의 물성을 파악하기 위해 인장 시험을 수행했다. 시편의 지름은 5/8 in.이고, 인장력 800 lb가 작용했다. 이 하중에 의해 표점거리 5 in.에 대해 신장량 0.45 in., 지름감소 0.025 in.가 발생했다면, 이 재료의 탄성계수, 전단탄성계수 및 포아송비를 구하시오.

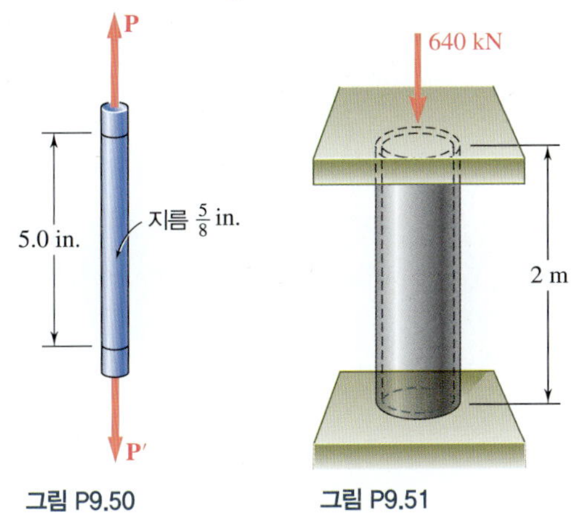

그림 P9.50 그림 P9.51

9.51 바깥지름 240 mm, 벽두께 10 mm, 길이 2 m인 알루미늄 파이프가 중심 축하중 640 kN을 지지하기 위한 기둥으로 사용되었다. 탄성계수가 $E=73$ GPa, 포아송비가 $\nu=0.33$일 때, 다음을 구하시오.

(a) 파이프의 길이변화

(b) 바깥지름의 변화

(c) 벽두께의 변화

9.52 너트를 조였을 때 강재 볼트에 발생하는 지름의 변화를 정밀하게 측정했다. $E=29\times10^6$ psi, $\nu=0.30$이고, 볼트의 지름이 0.5×10^{-3} in.만큼 줄어들었다면, 이 볼트에 작용한 축방향 하중은 얼마인지 구하시오.

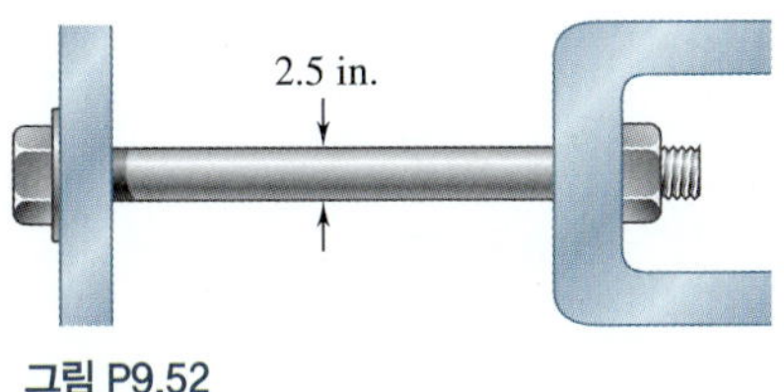

그림 P9.52

9.53 $E=74$ GPa, $\nu=0.33$인 알루미늄판에 인장력이 작용하여 그림과 같이 수직응력 σ가 발생했다. 하중을 재하하기 전에 판재에 2 : 1 기울기의 선을 그려 놓았다면, $\sigma=125$ MPa일 때 이 선의 기울기는 얼마가 되겠는가?

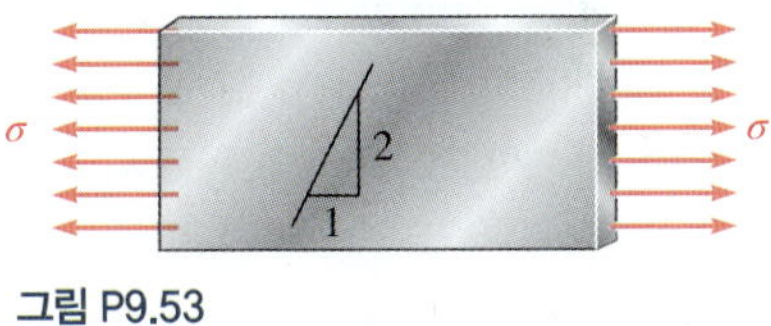

그림 P9.53

9.54 두께 1.6 mm인 판 형태의 강재 인장시편에 2.75 kN의 인장력이 작용했다($E=200$ GPa, $\nu=0.30$). 다음을 구하시오.

(a) 50 mm 표점거리의 변화

(b) 인장시편의 중앙부 구간 AB의 폭변화

(c) 인장시편의 중앙부 구간 AB의 두께변화

(d) 인장시편의 중앙부 구간 AB의 단면적 변화

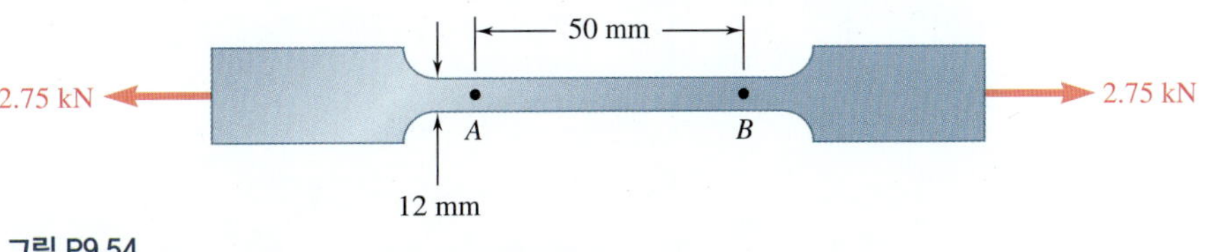

그림 P9.54

9.55 알루미늄 봉 AD의 중앙부 12 in. 길이의 구간 BC에 재킷을 사용하여 6000 psi의 정수압을 작용시켰다. $E = 10.1 \times 10^6$ psi, $\nu = 0.36$일 때 다음을 구하시오.

(a) 봉의 총 길이 AD의 변화

(b) 봉 중앙부 지름의 변화

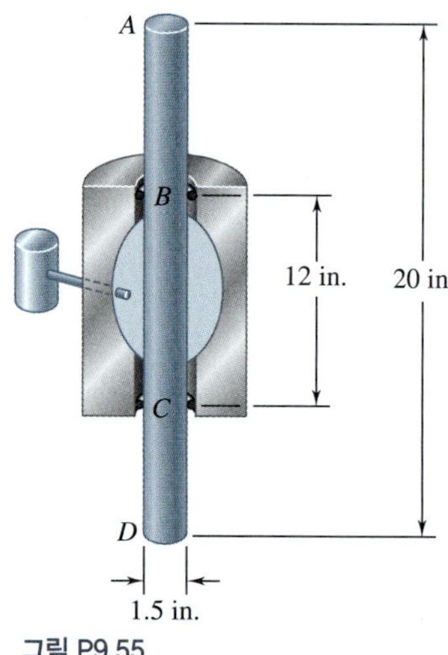

그림 P9.55

9.56 [문제 9.55]의 봉에서 다음 조건에 대해 봉의 양단 A와 D에 작용해야 하는 하중을 구하시오.

(a) 정수압이 작용했을 때 구간 BC의 축방향 변형률이 0이 되어야 한다.

(b) 봉의 총 길이 AD가 변하지 않는다.

9.57 대형 강재 압력용기의 표면에 한 변의 길이가 30 mm인 정사각형이 그려져 있다. 용기에 압력이 가해진 뒤 그림과 같은 2축 응력이 발생했다. $E = 200$ GPa, $\nu = 0.30$일 때, 다음 길이의 변화를 구하시오.

(a) 변 AB (b) 변 BC (c) 대각선 AC

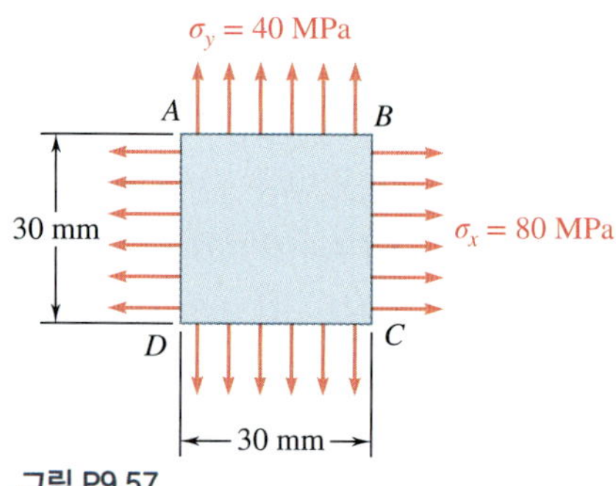

그림 P9.57

9.58 직물 소재fabric가 그림과 같이 2축 응력상태에 있다. $\sigma_x = 120$ MPa, $\sigma_z = 160$ MPa이고, 소재의 물성이 $E = 87$ GPa, $\nu = 0.34$라면, 다음 길이의 변화를 구하시오.

(a) 변 AB (b) 변 BC (c) 대각선 AC

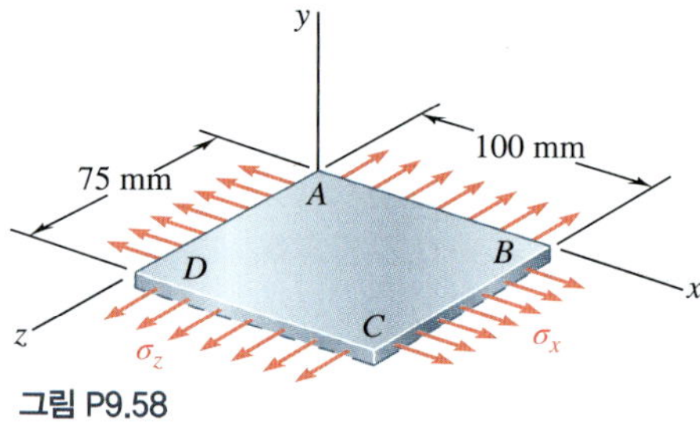

그림 P9.58

9.59 특정 방향의 수직응력이 0이 되는 경우가 종종 발생하는데, 예를 들면, 그림과 같은 얇은 판에서는 $\sigma_z = 0$이 된다. 이런 경우를 평면응력plane stress 상태라고 한다. 평면응력 상태에서 ε_x와 ε_y의 값을 실험으로 측정했다면 σ_x, σ_y, ε_z를 다음 식과 같이 계산할 수 있음을 보이시오.

$$\sigma_x = E\frac{\varepsilon_x + \nu\varepsilon_y}{1 - \nu^2}$$

$$\sigma_y = E\frac{\varepsilon_y + \nu\varepsilon_x}{1 - \nu^2}$$

$$\sigma_z = -\frac{\nu}{1 - \nu}(\varepsilon_x + \varepsilon_y)$$

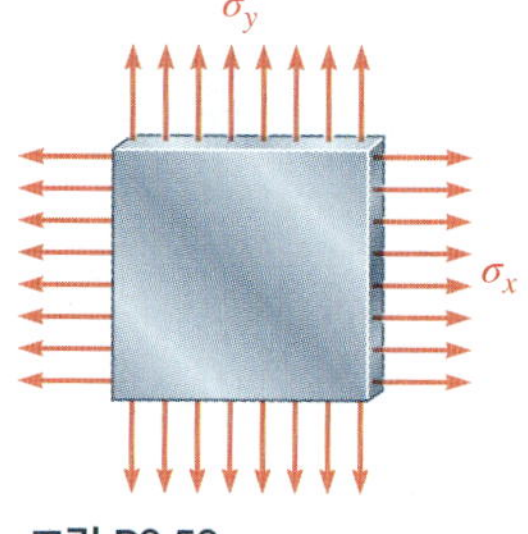

그림 P9.59

9.60 실제 상황에서 물리적인 구속조건으로 인해 특정 방향의 변형률이 발생하지 못하는 경우가 종종 있다. 예를 들면, 그림과 같이 사각기둥의 길이방향 움직임이 모든 점에서 구속된 경우에는 $\varepsilon_z = 0$이 되며, 부재의 축방향에 직각이며 평면인 두 단면은 변형 후에도 평면을 유지하고 두 평면 사이의 거리는 변하지 않는다. 이러한 경우를 **평면변형률** plane strain 상태라고 한다. 평면변형률 상태에서 σ_z, ε_x, ε_y가 다음 식과 같이 됨을 보이시오.

$$\sigma_z = \nu(\sigma_x + \sigma_y)$$

$$\varepsilon_x = \frac{1}{E}[(1-\nu^2)\sigma_x - \nu(1+\nu)\sigma_y]$$

$$\varepsilon_y = \frac{1}{E}[(1-\nu^2)\sigma_y - \nu(1+\nu)\sigma_x]$$

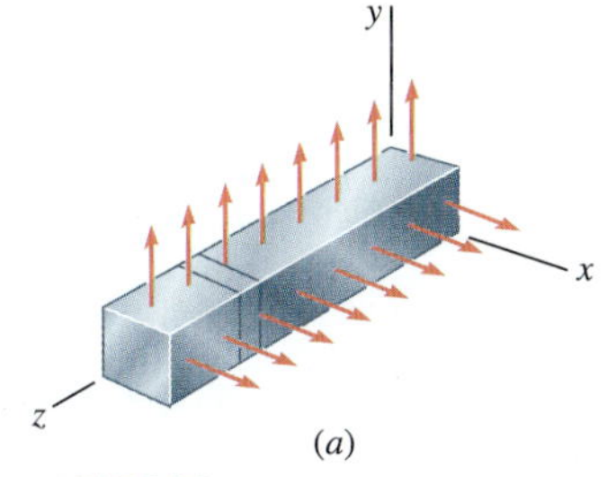

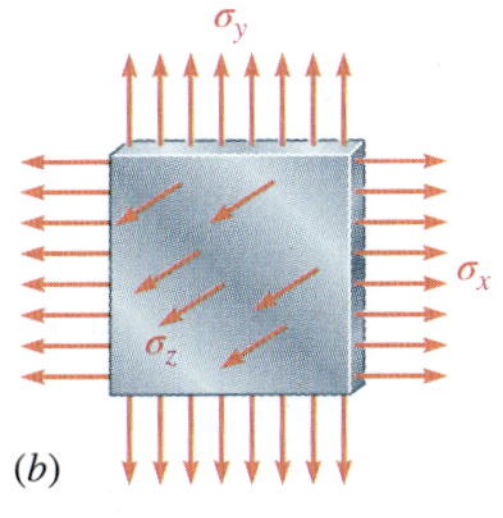

그림 P9.60

9.61 그림과 같은 플라스틱 블록이 아랫면은 바닥에 고정되어 있고, 윗면은 강체 판에 접착되어 있으며, 강체 판에는 하중 **P**가 작용한다. 이 플라스틱의 $G = 55$ ksi이고 $P = 9$ kips일 때, 강체 판의 변위를 구하시오.

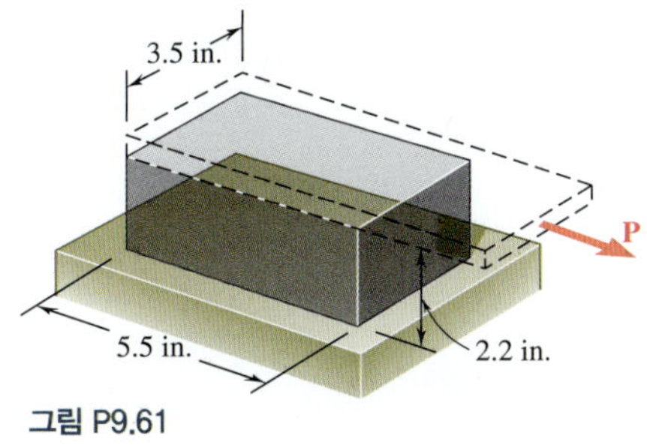

그림 P9.61

9.62 폭 $w = 60$ mm인 두 개의 고무 블록이 그림과 같이 상, 하의 고정지점과 가운데의 이동 가능한 판 AB에 접착되어 있다. 크기 $P = 19$ kN의 하중에 의해 $\delta = 3$ mm의 변위가 판 AB에 발생했다면, 이 고무의 전단탄성계수는 얼마인지 구하시오.

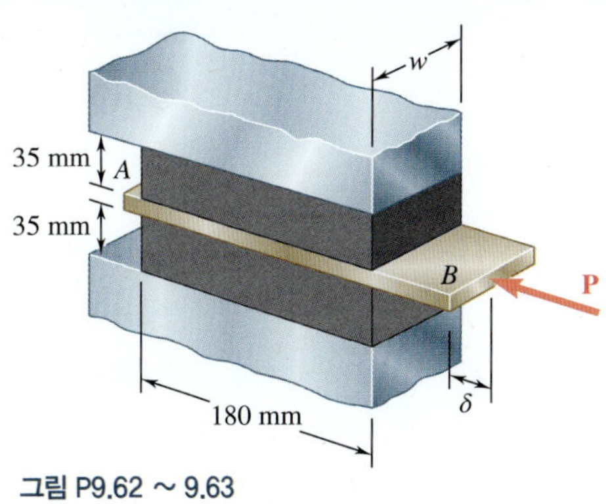

그림 P9.62 ~ 9.63

9.63 전단탄성계수가 $G = 7.5$ MPa인 두 개의 고무 블록이 그림과 같이 상, 하의 고정지점과 가운데의 이동 가능한 판 AB에 접착되어 있다. 고무 블록의 폭 $w = 80$ mm이고, 판에 작용한 하중의 크기를 P, 발생한 변위를 δ라고 할 때, 이 시스템의 유효 스프링계수 $k = P/\delta$를 구하시오.

9.64 $G = 130$ psi인 탄성받침이 지진에 대한 유연성을 제공하기 위해 교량의 거더를 지지하는 데 사용되었다. 5 kip의 수평하중에 의해 발생하는 거더의 변위는 3/8 in.를 넘지 않아야 한다. 최대 허용 전단응력이 60 psi라면, (a) 탄성받침 치수 b의 최소허용치와 (b) 두께 a의 최소요구치를 구하시오.

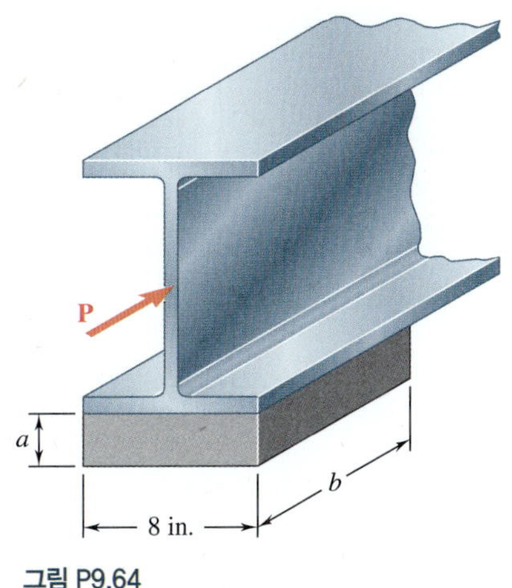

그림 P9.64

9.8 축방향 하중에 의한 응력과 변형률의 분포 : 생-베낭의 원리

그림 9.43 강체 판을 통해 재하되는 하중

지금까지 우리는 축방향 하중을 받는 부재에서 부재축에 수직인 단면에 발생하는 수직응력은 단면 내에 균일하게 분포하는 것으로 생각했다. 8.1.1절에서 보았던 바와 같이, 이러한 가정은 하중의 작용점에 근접한 영역에서는 상당한 오차를 유발할 수 있다. 하지만 단면 내의 실제 응력분포를 계산하기 위해서는 부정정 문제를 풀어야 한다. 9.2절에서 살펴본 바와 같이 부정정 문제에서 힘을 계산하기 위해서는 그 힘으로 발생하는 변형을 함께 고려해야 한다. 같은 맥락에서, 단면 내의 응력분포를 구하기 위해서는 응력에 의해 발생하는 변형률에 대한 분석이 수반되어야 한다는 결론에 도달할 수 있다. 이것이 더 높은 수준(대학원 수준)의 교재에서 사용하는 접근 방법의 핵심이며, 단부에 작용하는 다양한 하중조건에 의해 발생하는 응력분포를 수학적인 탄성체 이론을 사용하여 구할 수 있다. 이 책에서는 복잡한 수학이론을 사용하지 않고 응력을 계산할 수 있는 경우, 즉 하중이 양단의 무한한 강성을 갖는(강체) 판을 통해 부재에 전달되는 경우만 다루기로 한다. 그리고 재료는 등방성, 균질성인 것으로 가정한다(그림 9.43).

만일 하중이 부재의 양쪽 끝에서 단면의 중심에 작용한다면[10] 두 강체 판은 회전하지 않고 서로 가까워지는 방향으로 평행이동할 것이며, 부재의 길이는 짧아지게 되고, 동시에 부재의 폭과 두께는 증가하게 된다. 이때 부재는 직선을 유지하고, 평면인 단면은 평면을 유지하며, 모든 부재 내의 요소들은 같은 형태로 변형한다고 가정하게 되는데, 이는 이러한 가정이 주어진 단부조건에 적합하기 때문이다. [그림 9.44]에는 하중 재하 전, 후의 고무 모델을 나타내었다.[11] 여기서 부재 내의 모든 요소가 같은 형태로 변형하기 때문에, 부재 내에서 변형률의 분포는 균일하게 된다. 즉, 축방향 변형률 ε_y와 횡방향 변형률 $\varepsilon_x = -\nu\varepsilon_y$는 상수이다. 그리고 응력이 비례한도를 초과하지 않는다면 후크의 법칙으로 $\sigma_y = E\varepsilon_y$가 되며, 수직응력 σ_y 역시 상수가 된다. 따라서 부재 내의 응력이 균일하게 분포하게 되므로, 부재 내 모든 점에서 다음과 같다.

10 더 정확하게는, 하중의 작용선이 부재 단면의 도심을 통과하는 경우를 말한다(8.1.1절 참고).

11 길이가 길고 가는(세장한) 부재에 충분히 큰 하중이 작용하게 되면, 이와는 달리 곡선 형태의 변형이 더 자주 발생할 수 있는데, 이를 좌굴이라고 한다. 이것은 16장에서 자세히 다룰 것이다.

$$\sigma_y = (\sigma_y)_{\text{ave}} = \frac{P}{A}$$

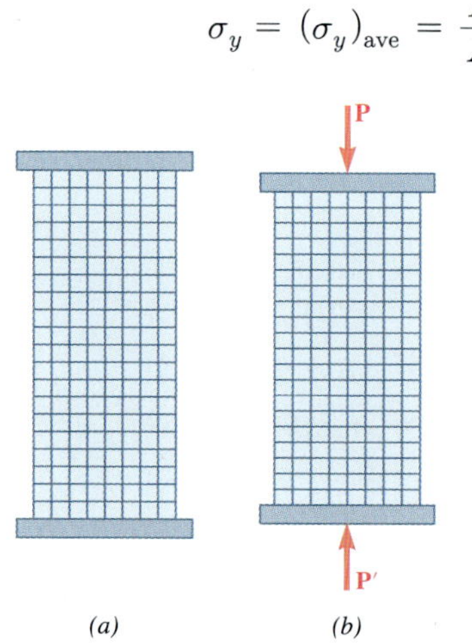

그림 9.44 강체 판을 통해 고무 모델에 작용하는 축방향 하중

만일 [그림 9.45]에서와 같이 한 점에 집중하중이 작용한다면, 하중이 작용한 점에 아주 가까운 요소에는 매우 큰 응력이 발생하지만, 모서리에 가까운 요소들은 하중의 영향을 별로 받지 않을 것이다. 결과적으로 하중 작용점 부근에서는 매우 큰 변형, 변형률 및 응력이 발생하지만 모서리 부근에는 변형이 일어나지 않는다. 하지만 단면이 단부에서 멀어질수록 단면 내 변형의 차이는 점점 작아지고 응력과 변형률의 분포는 점점 균일하게 된다. 대학원 수준의 수학적 탄성체 이론을 동원하여 얇은 직사각형 판재의 여러 단면에서 발생하는 응력의 분포를 계산한 결과를 [그림 9.46]에 나타내었다. 그림에 나타난 바와 같이, 단부로부터 떨어진 거리가 부재의 폭 b와 같아지면 단면 내 응력의 분포는 거의 균일하게 되며, 단면 내 임의의 위치에서 응력 σ_y의 크기는 평균응력 P/A와 거의 같게 된다. 따라서 단부로부터 떨어진 거리가 부재의 폭과 같거나 더 먼 경우에는 하중이 [그림 9.43]과 같이 작용하는 경우나 [그림 9.45]와 같이 작용하는 경우에 응력의 분포가 거의 같다. 다시 말해, 하중 작용점에서 아주 가까운 영역을 제외하면 응력의 분포는 실제 하중의 작용 형태와 무관하게 된다. 이러한 사실은 축방향 하중뿐만 아니라 어떠한 현실적인 하중조건에 대해서도 성립하며, 이를 프랑스의 수학자이자 공학자인 Adhémar Barré de Saint-Venant$^{1797\sim1886}$의 이름을 따서 **생-베낭의 원리**Saint-Venant's principle라고 한다.

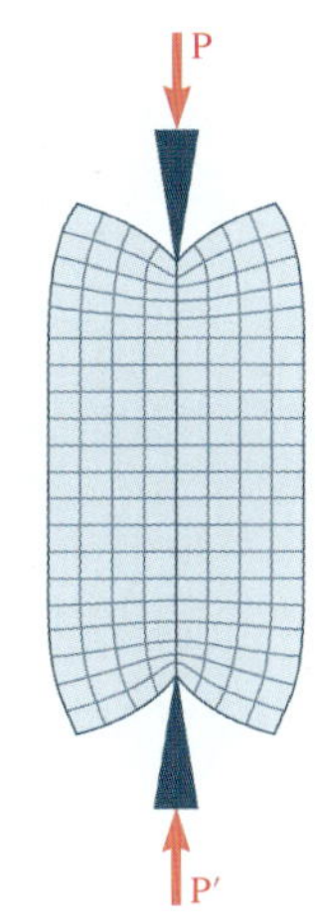

그림 9.45 고무 모델에 작용하는 축방향 집중하중

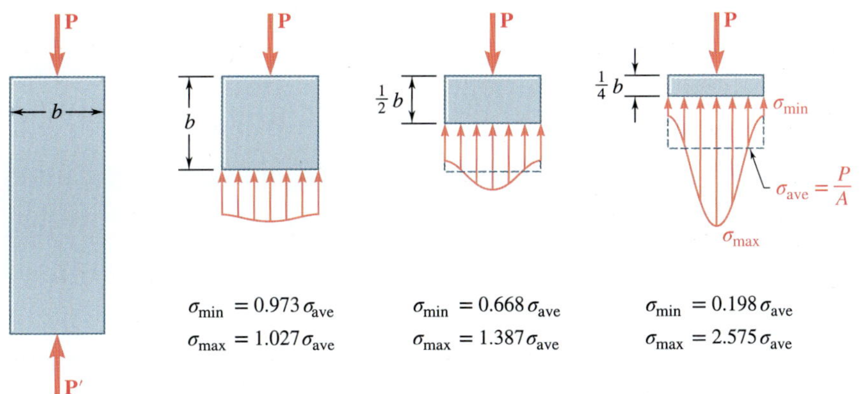

그림 9.46 축방향 집중하중을 받는 판재의 응력분포

생-베낭의 원리를 이용하면 주어진 하중조건을 더 단순한 하중조건으로 대체하여 부재의 응력을 계산하는 것이 가능해지지만, 이 원리를 적용할 때는 다음의 두 가지 중요한 점을 잊지 말아야 한다.

1. 실제로 작용하는 하중과 응력을 계산하기 위해 사용한 하중은 서로 정역학적으로 등가statically equivalent여야 한다.
2. 하중의 작용점에 근접한 영역에서는 이 방법으로 응력을 계산할 수 없다. 이런 경우에는 고급이론이나 실험적인 방법을 사용하여 응력분포를 구해야 한다.

또 한 가지 주목할 점은 [그림 9.44]에서 부재에 균일한 응력분포를 발생시키기 위해 사용한 강체 판은 부재가 횡방향으로 자유롭게 변형하는 것을 허용해야 한다는 것이다. 즉, 강체 판과 부재가 완전히 접착되어 있으면 안 되고, 접촉면이 매우 매끄러운 상태로 서로 닿아 있어서 부재가 횡방향으로 저항 없이 늘어날 수 있어야 한다. 압축을 받는 부재에서는 이런 단부조건을 구현할 수 있지만, 인장을 받는 부재에서 이런 상태를 구현하는 것은 물리적으로 불가능하다. 하지만 단면 내 균일한 응력분포를 얻기 위해서 실제로 이와 같은 단부조건을 구현하고 하중을 재하할 수 있는지 여부가 중요한 것은 아니다. 보다 중요한 것은 이와 같이 균일한 응력분포가 발생될 수 있는 모델을 상상하고, 실제의 하중 재하조건과 비교할 수 있도록 염두에 두는 것이다.

9.9 응력집중

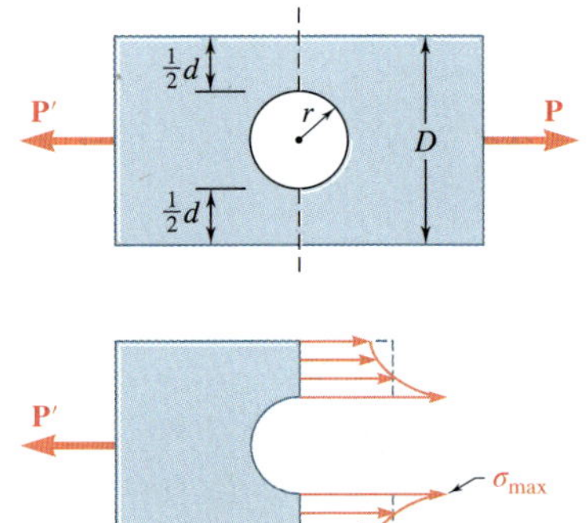

그림 9.47 축방향 하중을 받는 판재에서 원형 구멍 주위의 응력분포

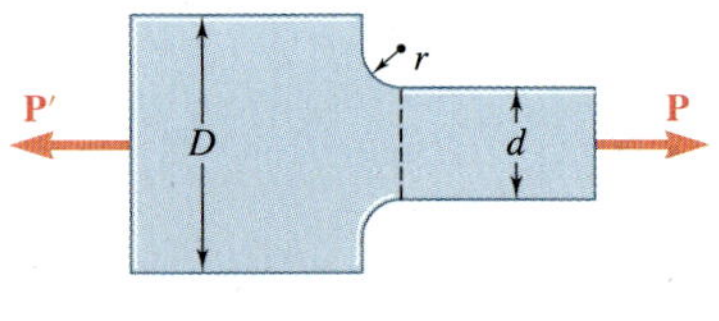

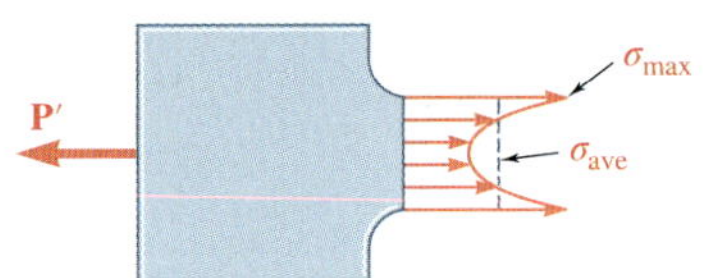

그림 9.48 축방향 하중을 받는 판재에서 필릿 주위의 응력분포

이전의 절에서 살펴본 바와 같이, 집중하중의 작용점 근처에서 발생하는 응력은 단면의 평균응력보다 훨씬 큰 값이 될 수 있다. 그리고 단면에 구멍이 있거나 단면의 모양이 갑자기 변하는 경우와 같이 부재의 단면에 불연속성이 존재하는 경우에도 국부적으로 큰 응력이 발생할 수 있다. [그림 9.47]과 [그림 9.48]에 두 가지 경우에 대한 위험단면의 응력분포를 나타내었다. [그림 9.47]은 평판 부재에 원형 구멍이 존재하는 경우, 구멍을 가로지르는 단면에 발생하는 응력의 분포를 나타낸 것이다. [그림 9.48]에는 서로 다른 폭을 갖는 평판 부재의 두 부분을 필릿fillet으로 연결한 경우를 나타냈으며, 여기서 폭이 좁은 부분, 즉 최대응력이 발생하는 단면의 응력분포를 도시했다. 이 결과들은 광탄성법photo-elastic method이라는 방법을 사용하여 실험적으로 구한 것인데, 공학자들에게는 다행스럽게도 이 결과는 부재의 크기나 재료와는 무관하며, 오로지 기하학적인 변수들의 비율에만 영향을 받는다. 즉, 원형 구멍의 경우에는 $2r/D$, 필릿의 경우에는 r/d와 D/d만이 결과에 영향을 미친다. 여기서 설계자들이 주로 관심을 두는 것은 단면 내의 응력분포보다는 응력의 최댓값이며, 최댓값의 발생위치 보다는 이 최대 발생응력의 허용응력 초과 여부를 파악하는 것이 중요하다. 따라서 다음 식의 비율을 부재에서 가장 큰 응력이 발생하는 위험단면critical section, 즉 불연속 부분에서 폭이 가장 좁은 단면에서 계산하게 된다.

$$K = \frac{\sigma_{max}}{\sigma_{ave}} \tag{9.29}$$

이 비율을 불연속부의 **응력집중계수**stress-concentration factor라고 하며, 위험단면에서 발생하는 최대응력과 평균응력의 비율을 나타낸다. 응력집중계수는 관련되는 부재의 치수들 사이의 비율로부터 계산할 수 있으며, 그 결과는 표나 [그림 9.49]와 같은 그래프로 나타낼 수 있다. 주어진 축방향 하중 P에 의해 부재의 불연속부 주변에서 발생하는 최대응력의 크기를 구하기 위해서는 우선 해당 위험단면의 평균응력 $\sigma_{ave} = P/A$를 계산하고, 여기에 적절한 응력집중계수 K를 곱해주면 된다. 이 방법은 최대응력 σ_{max}가 재료의 비례한도를 초과하지 않을 때만 사용할 수 있다는 사실에 유의해야 하는데, 그 이유는 [그림 9.49]에 표시된 K값이 응력과 변형률 사이의 선형관계를 가정하여 구해진 것이기 때문이다.

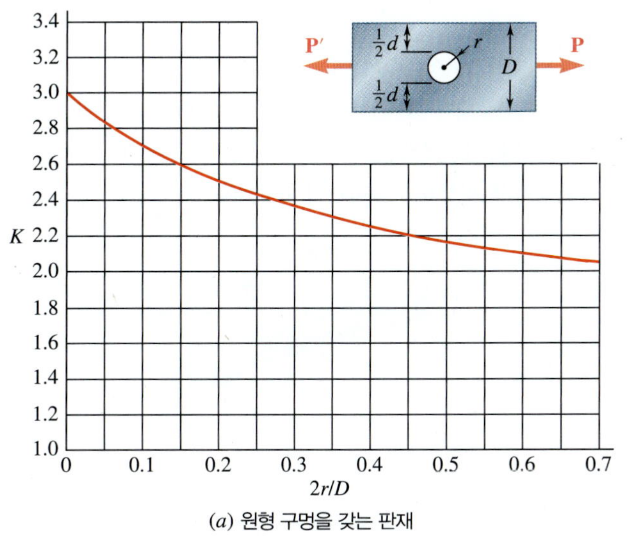

(a) 원형 구멍을 갖는 판재

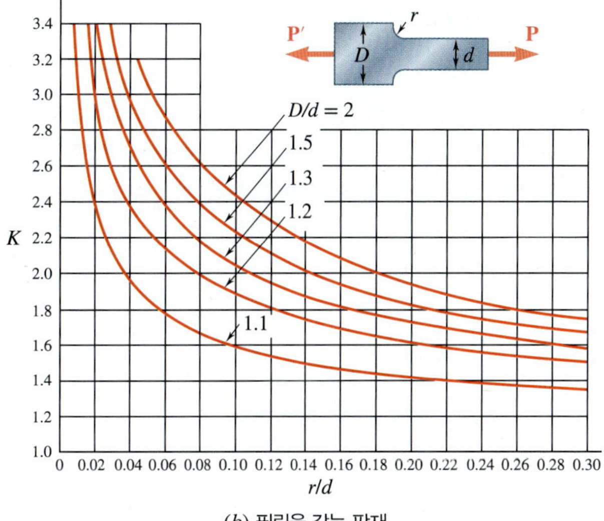

(b) 필릿을 갖는 판재

그림 9.49 축방향 하중을 받는 평판부재의 응력집중계수(평균응력은 반드시 최소폭 단면에서 계산되어야 함. 즉 $\sigma_{ave} = P/ta$이며, t는 판재의 두께임)

Pilkey, Walter D., and Deborah F. Pilkey. Peterson's Stress Concentration Factors, 3rd ed., John Wiley & Sons, 2008.

개념적용 9.10

폭이 40 mm와 60 mm의 두 부분으로 구성된 두께 10 mm의 판재가 반지름 $r = 8$ mm인 필릿fillet으로 연결되어 있을 때, 이 부재에 안전하게 재하할 수 있는 최대 축방향 하중 **P**를 구하시오. 재료의 허용 수직응력은 165 MPa이다.

응력집중계수를 구하는 데 필요한 치수들 사이의 비율을 먼저 계산한다.

$$\frac{D}{d} = \frac{60 \text{ mm}}{40 \text{ mm}} = 1.50, \qquad \frac{r}{d} = \frac{8 \text{ mm}}{40 \text{ mm}} = 0.20$$

[그림 9.49b]의 그래프로부터 $D/d = 1.50$이고 $r/d = 0.20$일 때의 응력집중계수를 구하면

$$K = 1.82$$

이다. 식 (9.29)에 이 값을 대입하고 σ_{ave}에 대해 정리하면

$$\sigma_{ave} = \frac{\sigma_{max}}{1.82}$$

가 되며, 여기서 σ_{max}는 허용응력 $\sigma_{all} = 165$ MPa를 초과할 수 없으므로, 이 값을 σ_{max}에 대입하면 최소폭 부분에 발생하는 평균응력은 다음 값을 초과할 수 없게 됨을 알 수 있다.

$$\sigma_{ave} = \frac{165 \text{ MPa}}{1.82} = 90.7 \text{ MPa}$$

$\sigma_{ave} = P/A$이므로 다음을 얻는다.

$$P = A\sigma_{ave} = (40 \text{ mm})(10 \text{ mm})(90.7 \text{ MPa}) = 36.3 \times 10^3 \text{ N}$$
$$= 36.3 \text{ kN}$$

Section 9.8 ~ 9.9 연습문제

9.65 그림과 같이 긴 강판부재에 드릴을 사용하여 두 개의 구멍을 뚫었다. 이 부재에 $P=6.5$ kips의 중심하중이 작용했을 때, (a) 구멍 A와 (b) 구멍 B 주변의 최대응력을 구하시오.

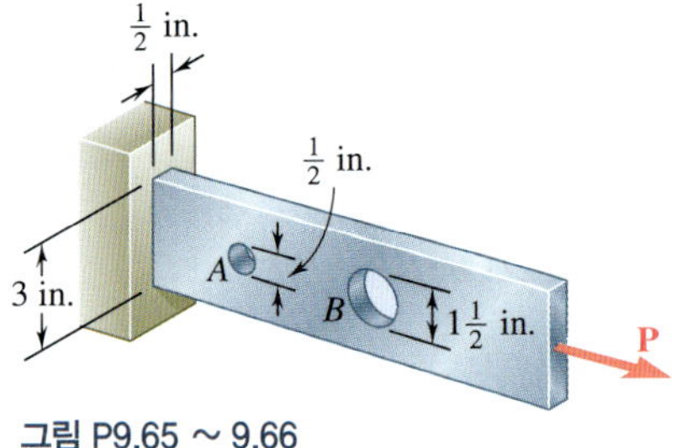

그림 P9.65 ~ 9.66

9.66 $\sigma_{all}=16$ ksi일 때, 중심하중 **P**의 최대 허용값을 구하시오.

9.67 그림과 같은 판재의 허용응력이 125 MPa라면, 다음 조건에 대해 작용하중 P의 최대 허용값을 구하시오.

(a) $r=12$ mm

(b) $r=18$ mm

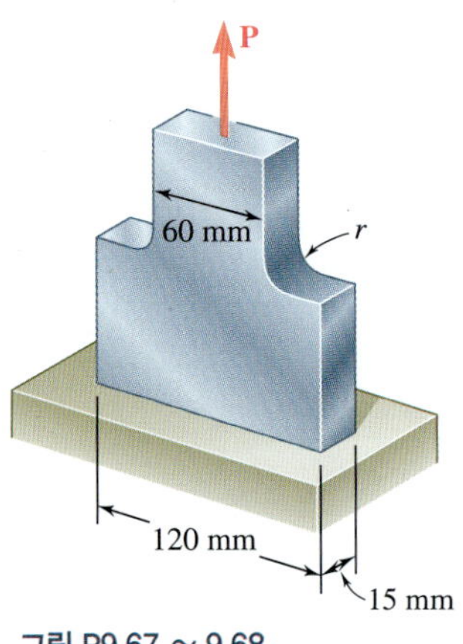

그림 P9.67 ~ 9.68

9.68 $P=38$ kN일 때 다음 조건에 대해 최대응력을 구하시오.

(a) $r=10$ mm

(b) $r=16$ mm

(c) $r=18$ mm

9.69 (a) 허용응력이 20 ksi일 때, 중심하중 **P**의 최대 허용값을 구하시오. (b) 부재 단부의 확폭 구간이 없다면 **P**의 최대 허용값이 몇 퍼센트 변화하는지 구하시오.

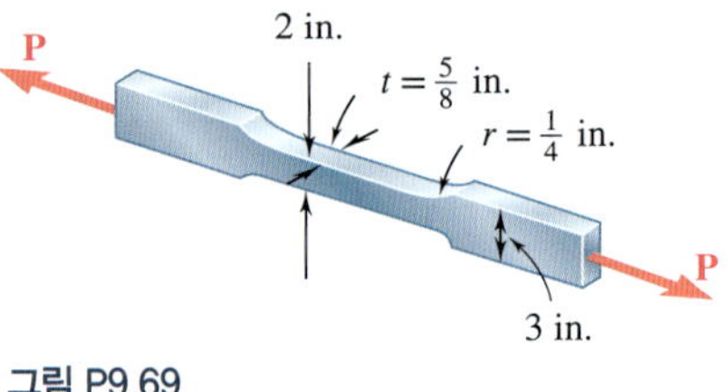

그림 P9.69

9.70 그림과 같이 중심 축방향 하중이 작용하고 있다. $\sigma_{all}=20$ ksi일 때, 최대 허용하중 **P**를 구하시오.

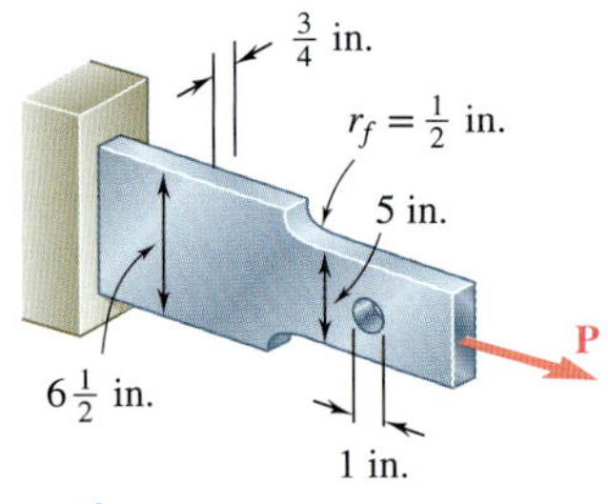

그림 P9.70

9.71 원형 구멍의 지름이 9 mm일 때, (a) 원형 구멍 A의 주변과 필릿fillet 주변의 최대응력값이 같게 되기 위한 필릿의 반지름 r_f를 구하시오. (b) 허용응력이 100 MPa일 때, 최대 허용하중 **P**을 구하시오.

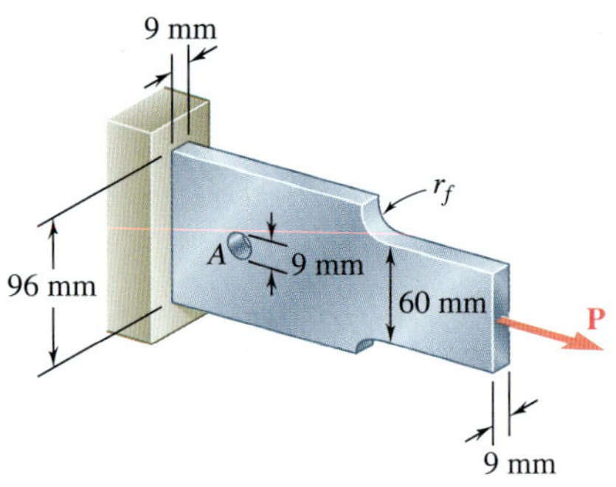

그림 P9.71

9.72 $P = 100$ kN이고 허용응력이 125 MPa일 때, 요구되는 판 두께 t의 최솟값을 구하시오.

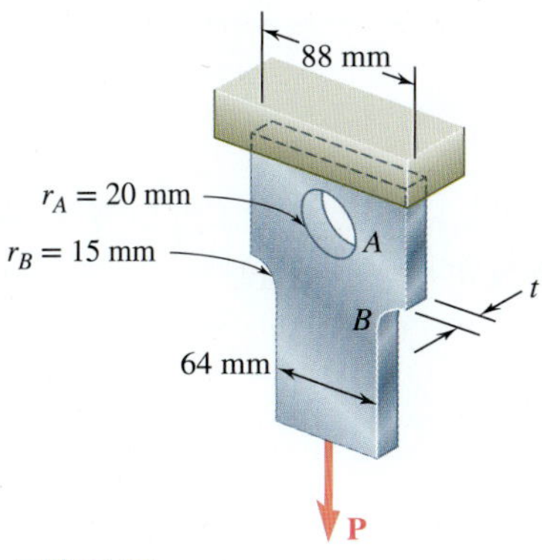

그림 P9.72

Chapter 09 핵심요약

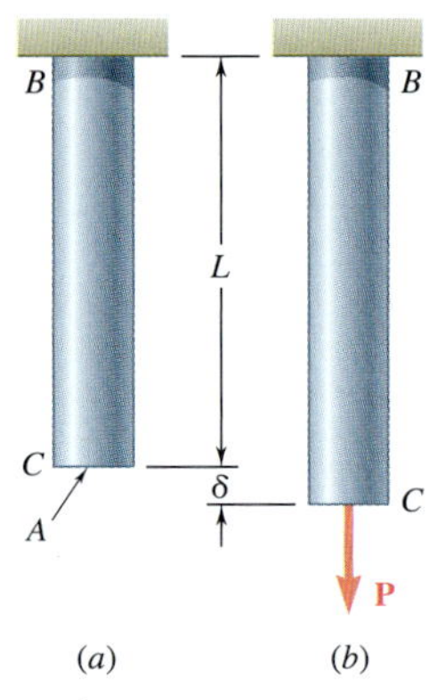

그림 9.50

수직변형률

길이가 L이고 일정한 단면적을 갖는 봉이 있다. [그림 9.50]과 같이 이 봉에 축방향 하중 **P**가 작용하여 δ만큼 길이가 늘어났을 때, 이 봉에 발생하는 수직변형률normal strain ε은 **단위길이당 길이 변화**로 정의한다.

$$\varepsilon = \frac{\delta}{L} \tag{9.1}$$

봉의 단면적이 길이에 따라 달라지는 경우, 임의의 위치 Q에서의 수직변형률은 점 Q에 위치한 미소요소를 사용하여 구한다.

$$\varepsilon = \lim_{\Delta x \to 0} \frac{\Delta \delta}{\Delta x} = \frac{d\delta}{dx} \tag{9.2}$$

그림 9.51

응력-변형률선도

응력-변형률선도stress-strain diagram는 하중을 증가시키면서 얻은 응력을 변형률에 대한 그래프로 표시하여 얻을 수 있고, 응력-변형률선도로부터 재료가 **취성**brittle인지 **연성**ductile인지 파악할 수 있다. 취성재료는 파괴되기 전까지 길이가 늘어나는 속도가 눈에 띄게 달라지지 않지만(그림 9.51), 연성재료는 [그림 9.52]처럼 응력이 한곗값 σ_Y 즉, **항복강도**yield stress에 도달한 이후에 **항복**yield이 일어나며, 파단이 일어나기 전에는 상대적으로 작은 하중 증가로 인장시편에 큰 변형이 발생한다. 인장과 압축에 대해 서로 다른 재료적 성질을 보이는 취성재료의 예로는 콘크리트가 있다.

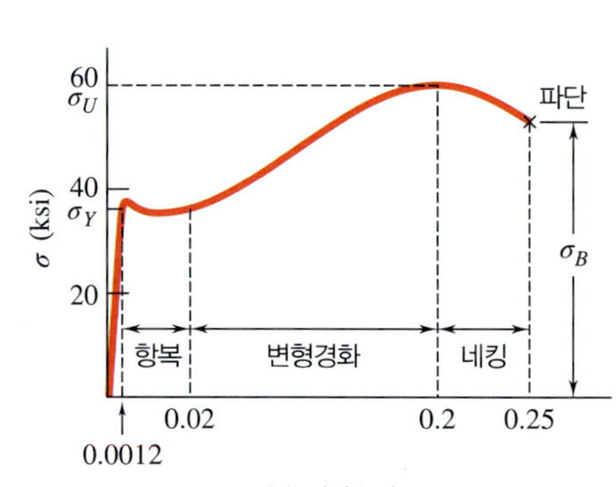

(a) 저탄소강

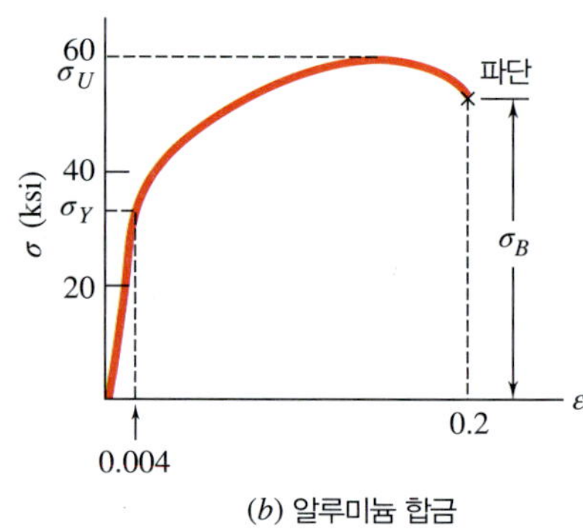

(b) 알루미늄 합금

그림 9.52

후크의 법칙과 탄성계수

응력-변형률선도의 시작 부분은 직선이며, 이것은 변형의 크기가 작을 때에는 응력이 변형률과 비례관계라는 뜻이다. 즉, 다음과 같다.

$$\sigma = E\varepsilon \tag{9.5}$$

이 관계를 **후크의 법칙**Hooke's Law이라고 하며, 비례상수 E를 재료의 **탄성계수**modulus of elasticity라고 한다. 또한 식 (9.5)를 적용할 수 있는 응력의 상한값을 **비례한도**proportional limit라고 한다.

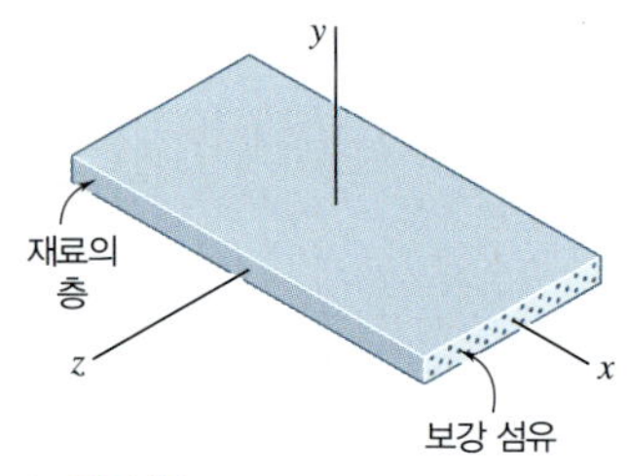

그림 9.53

등방성isotropic 재료의 역학적 성질은 방향과 무관한 반면, **이방성**anisotropic 재료의 역학적 성질은 방향에 따라 다르다. **섬유보강 복합소재**fiber–reinforced composite materials는 고강도, 고강성의 보강 섬유를 상대적으로 강도와 강성이 낮은 재료 속에 혼합하여 제작한다(그림 9.53).

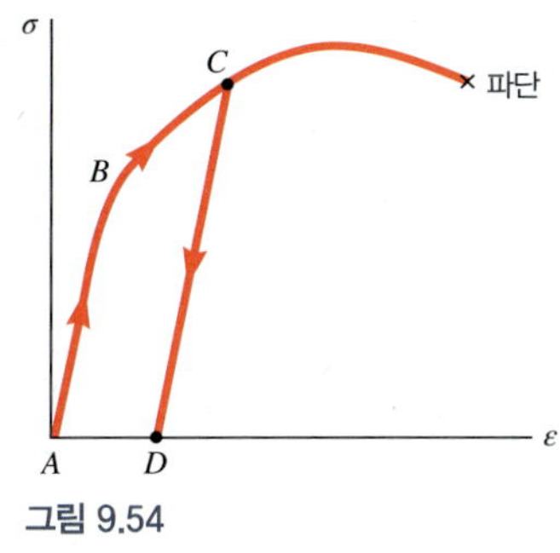

그림 9.54

탄성한계와 소성변형

하중에 의해 시편에 발생한 변형률이 재하되어 있던 하중을 제거했을때 사라지는 경우, 이 재료는 탄성거동을 한다고 말한다. 이때 탄성거동이 일어나는 응력의 최댓값을 **탄성한계**elastic limit라고 한다. 탄성한계를 초과할 때까지 하중을 증가시켰다가 제거하면 응력과 변형률은 선형적으로 감소하며, [그림 9.54]와 같이 변형률은 0zero으로 돌아오지 않는다. 즉, **영구변형**permanent set 또는 **소성변형**plastic deformation이 발생하게 된다.

피로와 내구한도

피로fatigue는 매우 많은 횟수의 반복하중에 의해 구조부재나 기계부품이 파괴되는 현상을 말하며, 피로파괴는 응력이 탄성범위 이내일 때도 발생할 수 있다. 표준 피로시험을 통해 최대 응력수준 σ에 대해 파괴를 발생시키는 하중 반복횟수 N을 구할 수 있으며, 이로부터 피로강도곡선S–N curve을 얻을 수 있다. 무한한 횟수를 반복하여도 파괴가 발생하지 않는 응력수준 σ를 **내구한도**endurance limit라고 한다.

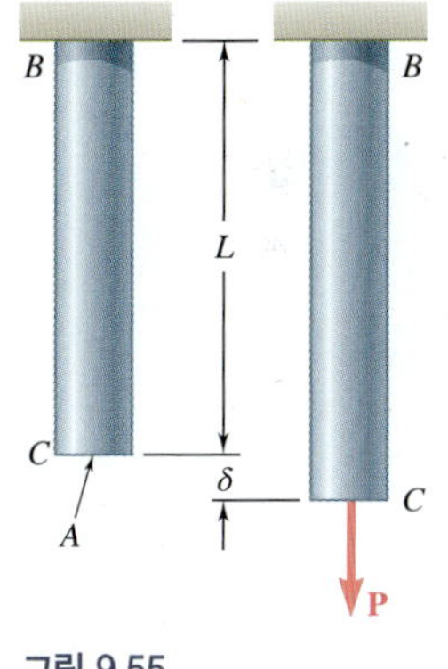

그림 9.55

축방향 하중에 의한 탄성변형

[그림 9.55]와 같이 길이가 L이고 일정한 단면적 A를 갖는 봉의 끝에 중심 축하중 **P**가 작용할 때 발생하는 길이의 변화는

$$\delta = \frac{PL}{AE} \tag{9.8}$$

이다. 만일 봉의 여러 부분에 하중이 작용하고 있고, 봉이 서로 다른 단면적과 재료로 구성된 여러 구간으로 이루어져 있다면, 봉 전체의 길이변화 δ는 각 구간의 길이변화의 합으로 나타내야 한다.

$$\delta = \sum_i \frac{P_i L_i}{A_i E_i} \tag{9.9}$$

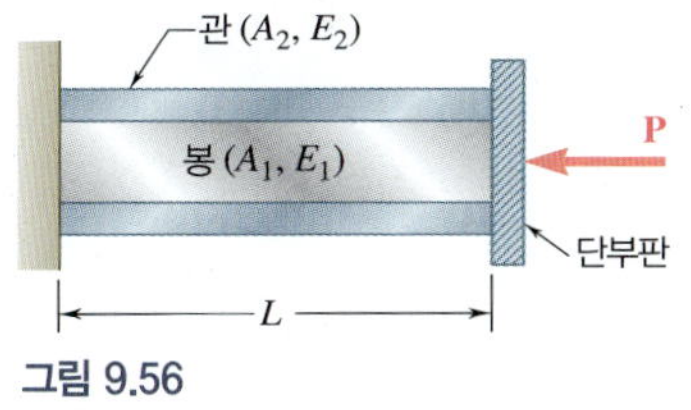

그림 9.56

부정정 문제

부정정 문제statically indeterminate problem는 지점반력이나 부재력을 정역학적 방법만으로 구할 수 없는 문제를 말한다. 부정정 문제를 풀기 위해서는 부재의 자유물체도로부터 얻은 평형방정식과 함께 기하학적 조건으로부터 유도된 변형의 관계식(즉, 적합방정식)이 필요하다. 예를 들어, [그림 9.56]에 표시된 봉rod과 관tube에 작용하는 각각의 힘을 구하기 위해서는, 두 힘의 합이 외력 P와 같다는 평형조건과 각 힘이 봉과 관에 같은 크기의 길이변화를 발생시킨다는 사실을 이용해야 한다. 이와 비슷하게 [그림 9.57]에 표시된 두 지점의 반력은 자유물체도와 이로부터 얻어진 평형방정식만으로는 구할 수 없으며, 봉 전체의 길이변화가 0이라는 사실을 함께 이용해야 한다.

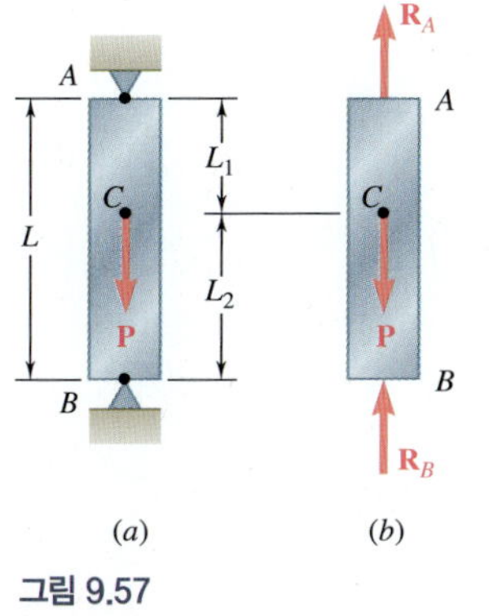

그림 9.57

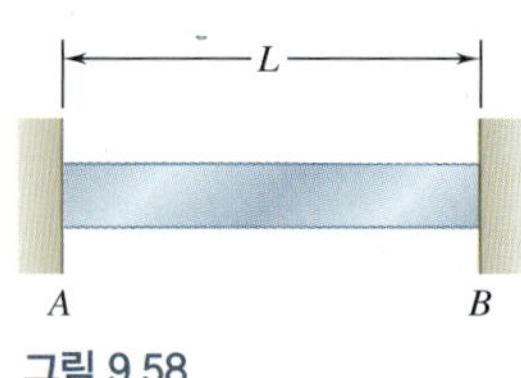

그림 9.58

온도변화에 관한 문제

변형 전의 길이가 L인 **구속되지 않은 봉** AB의 온도가 DT만큼 증가하면, 봉의 길이는 늘어나게 되고, 신장량은

$$\delta_T = \alpha(\Delta T)L \tag{9.12}$$

이 된다. 여기서 α는 **열팽창계수**coefficient of thermal expansion이다. 이때 발생하는 변형률을 열변형률thermal strain이라고 하고

$$\varepsilon_T = \alpha \Delta T \tag{9.13}$$

이다. 이와 같이 봉의 길이변화가 구속되어 있지 않은 경우에는 봉에 변형률이 발생하지만 응력은 발생하지 않는다. 하지만 [그림 9.58]과 같이 봉 AB의 길이가 자유롭게 늘어나지 못하도록 봉의 양단이 구속되어 있다면, 온도증가로 양단 지점에 반력이 발생하고, 부재 내에는 응력이 발생한다. 이때 지점에 발생하는 반력의 크기 P를 구하려면 우선 [그림 9.59a]와 같이 지점 B를 제거하고, 이 상태에서 온도변화로 발생하는 봉의 신장량 δ_T를 구한 뒤(그림 9.59b), 같은 크기의 길이변화(수축) δ_P를 발생시켜 봉을 원래 길이로 돌아가도록 하는 데 필요한 힘 **P**를 구하면 된다(그림 9.59c).

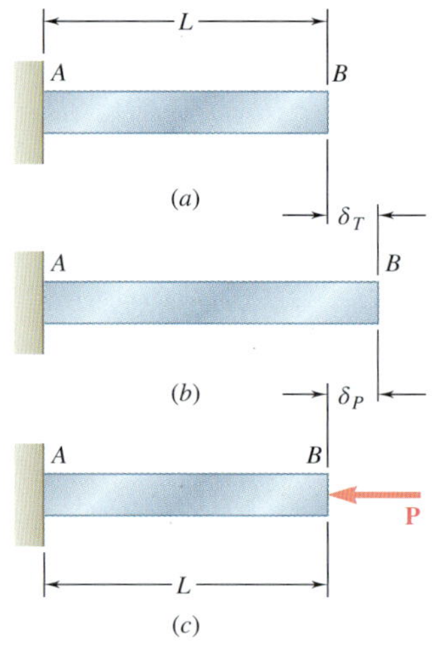

그림 9.59

횡방향 변형률과 포아송비

축방향 하중 **P**가 균질한 재료로 만들어진 세장한 봉에 [그림 9.60]과 같이 작용하고 있다면, 이 하중으로 인해 부재의 축방향뿐만 아니라 축방향에 수직한 두 방향으로도 변형률이 발생한다. 이를 **횡방향 변형률**lateral strain이라고 하며, 축방향 변형률과 횡방향 변형률의 비를 **포아송비**Poisson's ratio라고 한다.

$$\nu = -\frac{\text{횡방향 변형률}}{\text{축방향 변형률}} \tag{9.16}$$

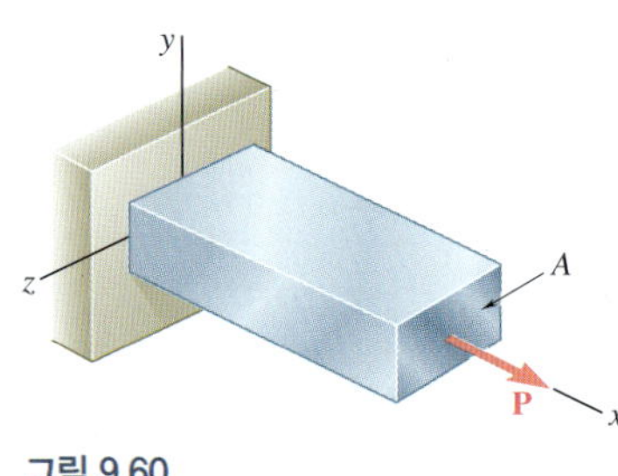

그림 9.60

다축하중

x방향으로의 축방향 하중이 작용하고 있을 때의 변형률 상태는

$$\varepsilon_x = \frac{\sigma_x}{E}, \quad \varepsilon_y = \varepsilon_z = -\frac{\nu\sigma_x}{E} \tag{9.18}$$

와 같다. **다축하중**multiaxial loading에 의한 응력상태는 [그림 9.61]과 같으며, 이로 인해 발생하는 변형률 상태는 일반화된 후크의 법칙generalized Hooke's law으로 표현된다.

$$\begin{aligned}\varepsilon_x &= +\frac{\sigma_x}{E} - \frac{\nu\sigma_y}{E} - \frac{\nu\sigma_z}{E}\\ \varepsilon_y &= -\frac{\nu\sigma_x}{E} + \frac{\sigma_y}{E} - \frac{\nu\sigma_z}{E}\\ \varepsilon_z &= -\frac{\nu\sigma_x}{E} - \frac{\nu\sigma_y}{E} + \frac{\sigma_z}{E}\end{aligned} \tag{9.19}$$

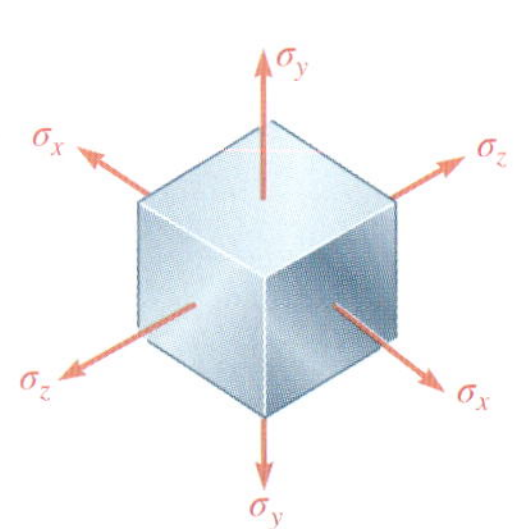

그림 9.61

전단변형률 : 전단탄성계수

가장 일반적인 하중조건에 의해 재료에 발생하는 응력상태는 [그림 9.62]에 나타난 바와 같이 수직응력뿐만 아니라 전단응력을 포함한다. 전단응력에 의해 응력요소의 모양은 정육면체에서 평행육면체oblique parallelpiped의 형태로 변형된다. [그림 9.63]에 표시된 전단응력 τ_{xy}와 τ_{yx}는 이 전단응력이 작용하고 있는 두 면 사이의 각도를 작은 각도 γ_{xy}만큼 늘어나거나 줄어들게 한다. 이 각도의 변화를 x와 y방향에 대한 **전단변형률**shear strain로 정의한다. 마찬가지 방법으로 전단변형률 γ_{yz}와 γ_{zx}도 다음과 같이 쓸 수 있다.

$$\tau_{xy} = G\gamma_{xy}, \quad \tau_{yz} = G\gamma_{yz}, \quad \tau_{zx} = G\gamma_{zx} \qquad (9.20, 9.21)$$

이 식은 균질성, 등방성 재료에 비례한도 이내의 전단응력이 작용할 때 유효하다. 여기서 비례상수 G는 **전단탄성계수**shear modulus of elasticity이며, 이 식은 **전단에 대한 후크의 법칙**Hooke's law for shearing stress and strain이라고 부른다. 이 식은 식 (9.19)와 함께 균질성, 등방성 재료의 가장 일반적인 응력상태에 대한 일반화된 후크의 법칙을 나타내는 식들이 된다.

[그림 9.64]와 같이 축방향 하중이 작용하는 세장한 봉에서 부재축에 나란히 놓인 응력요소에는 축방향 또는 횡방향의 수직변형률만이 발생하지만, 부재축에 대해 45° 회전된 응력요소에는 수직변형률뿐만 아니라 전단변형률도 함께 발생한다. 세 개의 재료상수 E, ν, G는 서로 독립적이지 않으며, 다음의 관계식을 만족한다.

$$\frac{E}{2G} = 1 + \nu \qquad (9.27)$$

이 식을 이용하면 세 상수 중 임의의 두 개의 값을 사용하여 나머지 하나의 값을 구할 수 있다.

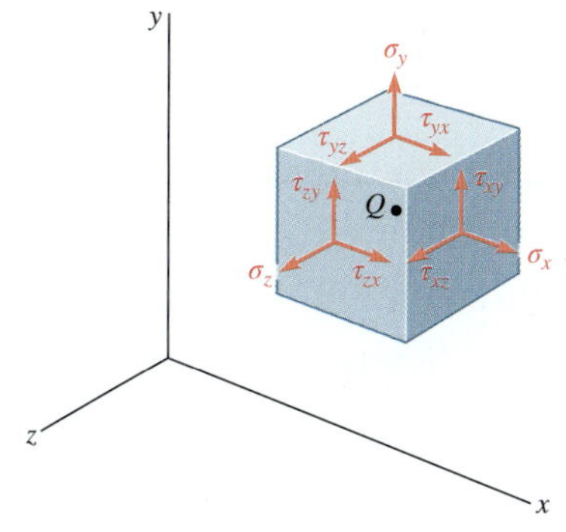

그림 9.62

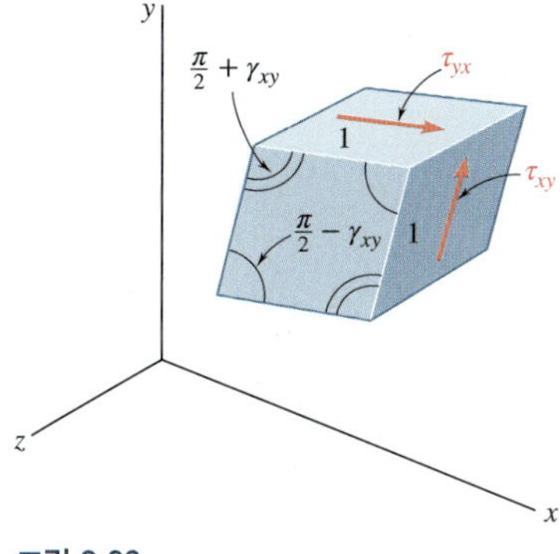

그림 9.63

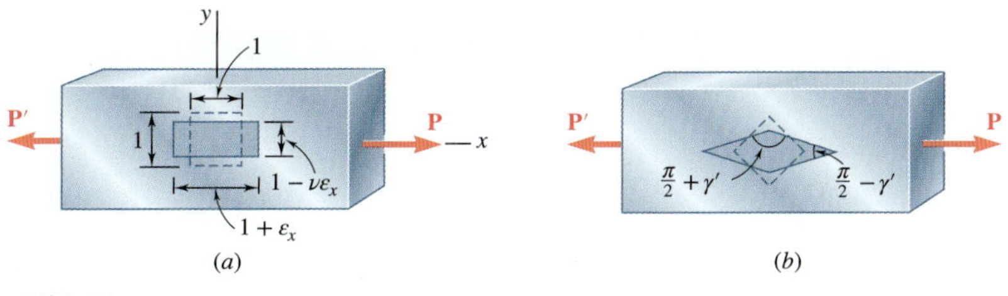

그림 9.64

생-베낭의 원리

생-베낭의 원리Saint-Venant's principle에 따르면, 하중 작용점에 근접한 구역을 제외하면 부재 내 응력의 분포는 하중의 실제 작용 형태actual mode of application에 무관하다. 이 원리를 활용하여 집중 축하중이 작용하는 부재에서 단면 내의 균일한 응력분포를 가정할 수 있다. 단, 하중 작용점 부근에서는 응력의 집중이 일어나기 때문에 응력의 분포가 균일하지 않다.

응력집중

구멍이나 단면 형상의 급격한 변화와 같이 부재에 기하학적인 불연속성이 있는 경우, 그 부근에서 응력집중이 발생한다. 불연속점 부근 발생응력의 최댓값과 위험단면에서 계산된 응력의 평균값 사이의 비율을 불연속부의 **응력집중계수** stress-concentration factor라고 하며, 다음 식과 같다.

$$K = \frac{\sigma_{\max}}{\sigma_{\text{ave}}} \qquad (9.29)$$

Chapter 09 종합문제

9.73 두 부분의 원기둥 AB와 BC로 이루어진 알루미늄 봉 ABC ($E = 10.1 \times 10^6$ psi)를 같은 길이의 원형단면 강봉 DE ($E = 29 \times 10^6$ psi)로 대체하려고 한다. 같은 크기의 하중이 작용했을 때, 강봉에 발생하는 변형이 알루미늄 봉에 발생하는 변형보다 커서는 안 되고, 강봉의 허용응력이 24 ksi보다 크지 않다면 강봉의 요구 지름 d의 최솟값을 구하시오.

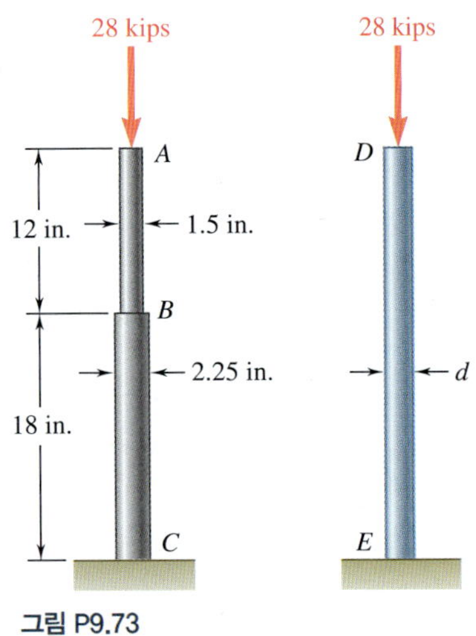

그림 P9.73

9.74 변형 전 길이가 $2l$인 일정한 단면의 와이어 ABC가 그림과 같이 두 지점 사이에 고정된 상태에서 중앙점 B에 수직하중 **P**가 작용했다. 와이어의 단면적을 A, 탄성계수를 E라고 하고, $\delta \ll 1$이라고 가정할 때, 점 B의 처짐이 다음 식과 같이 됨을 보이시오.

$$\delta = l\sqrt[3]{\frac{P}{AE}}$$

그림 P9.74

9.75 하중이 작용하지 않는 상태에서 강체 보 ACB의 끝점 B와 지점 E 사이에 1/16 in.의 틈이 생기도록 지름 3/32 in.인 강재 케이블 CD의 길이를 맞춰 놓았다. $E = 29 \times 10^6$ psi일 때, 50 lb의 블록을 적당한 위치에 올려놓아 점 B와 E가 서로 접촉하게 하고자 한다. 이때 블록의 위치 x를 구하시오.

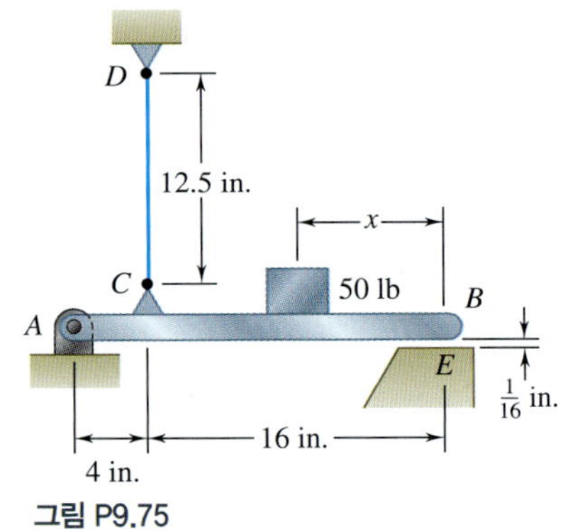

그림 P9.75

9.76 두 개의 강체 수평부재를 연결하기 위해 네 개의 수직부재를 사용했다. 수직부재는 $E = 70$ GPa인 알루미늄으로 제작되었고, 단면은 10×40 mm인 직사각형이라면 주어진 하중에 의해 발생하는 다음 지점의 처짐을 구하시오.

(a) 점 E (b) 점 F (c) 점 G

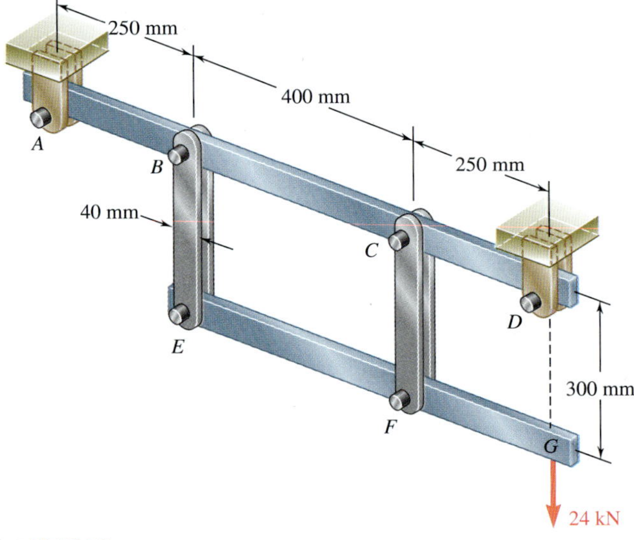

그림 P9.76

9.77 봉 BD와 CE는 $E = 105$ GPa인 황동으로 제작되었으며, 단면적은 200 mm^{2}이다. 강체 부재 ABC의 끝점 A에 2 kN의 하중이 작용했을 때, 점 A에 발생하는 처짐을 구하시오.

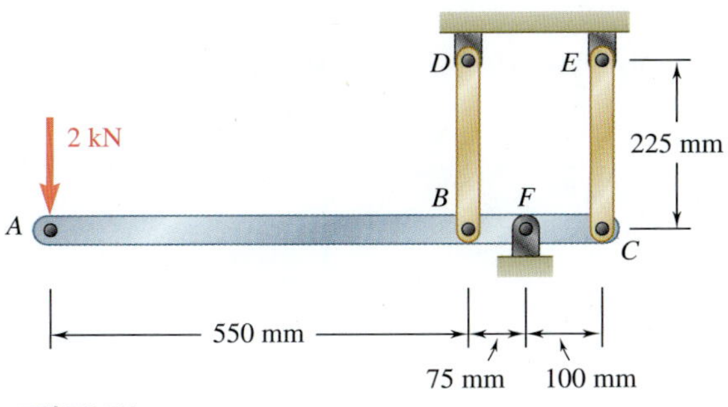

그림 P9.77

9.78 황동 판재 AB가 점 A에 고정되어 있고, 표면이 거친 점 B 위에 놓여 있다. 판재와 점 B 사이의 마찰계수가 0.60이라면, 미끄러짐이 발생하는 데 온도를 얼마나 낮춰야 하는지 구하시오.

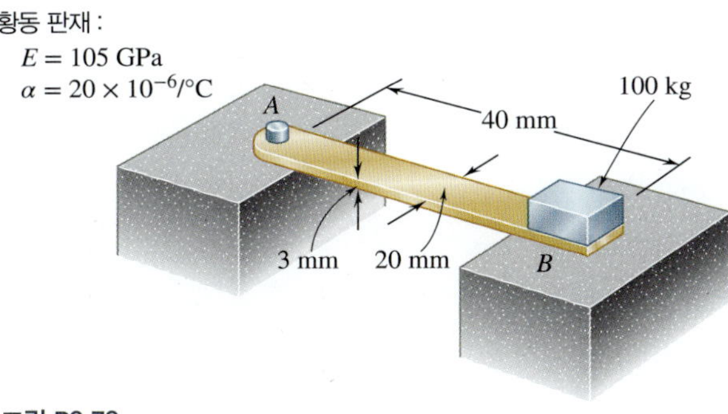

그림 P9.78

9.79 축방향 중심하중 **P**가 그림과 같이 합성 블록에 강체 단부판을 통하여 작용하고 있다. (a) 알루미늄판이 부담하는 하중이 황동 코어가 부담하는 하중의 절반이 되려면 h는 얼마가 되어야 하는가? (b) 황동 코어에 발생하는 수직응력이 80 MPa이라면 작용하고 있는 하중의 크기는 얼마인가?

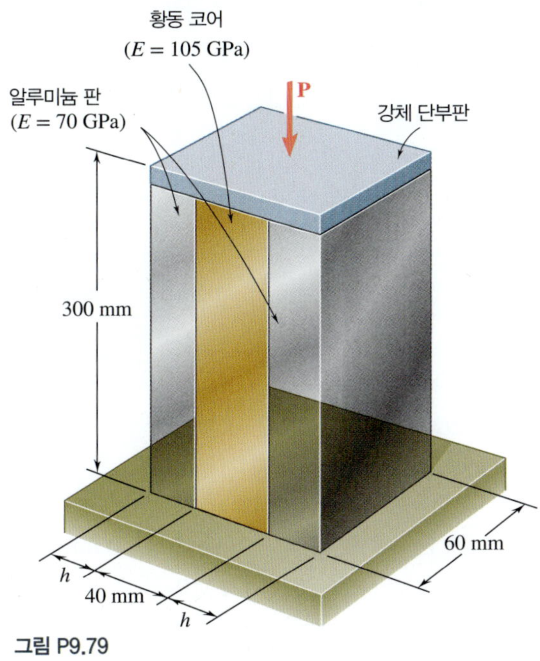

그림 P9.79

9.80 그림과 같이 알루미늄 쉘과 강재 코어가 완전히 접착된 조립체가 있다. 알루미늄은 $E_a = 10.6 \times 10^6$ psi, $\alpha_a = 12.9 \times 10^{-6}$/℉이고, 강재는 $E_s = 29 \times 10^6$ psi, $\alpha_s = 6.5 \times 10^{-6}$/℉이다. (a) 알루미늄 쉘에 발생하는 응력이 6 ksi를 초과하지 않으려면 온도변화를 얼마까지 허용할 수 있는가? (b) 이때 조립체의 길이변화를 구하시오.

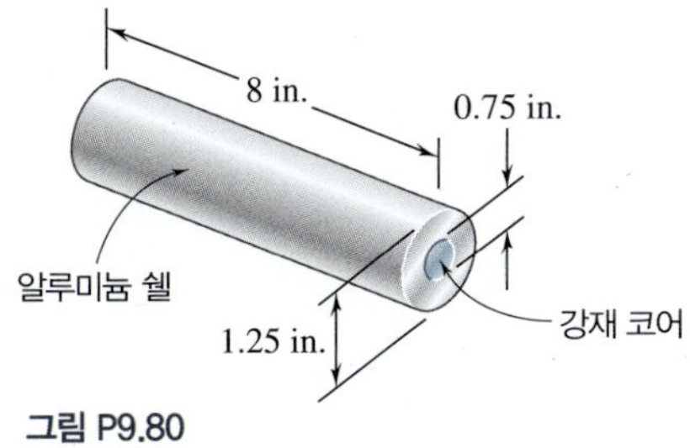

그림 P9.80

9.81 그림의 블록은 $E = 45$ GPa이고 $\nu = 0.35$인 마그네슘 합금으로 만들어져 있다. $\sigma_x = -180$ MPa일 때, 다음을 구하시오.

(a) 블록의 높이가 변하지 않기 위한 σ_y의 크기
(b) 이때 발생하는 면 $ABCD$의 면적변화
(c) 이때 발생하는 블록의 부피변화

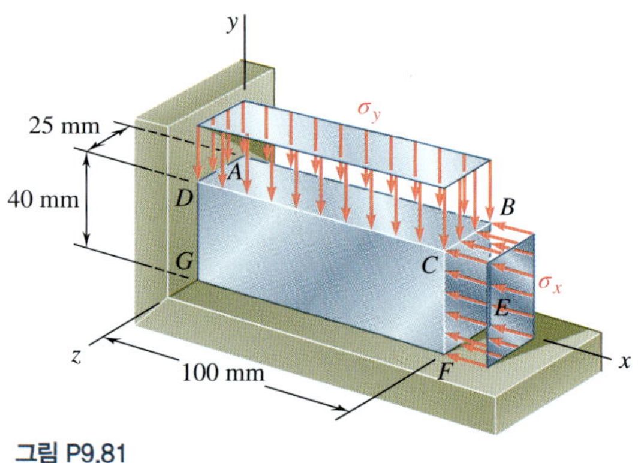

그림 P9.81

9.82 $G = 12$ MPa인 고무 블록 두 개가 그림과 같이 두 고정지점과 판 AB에 접착되어 있다. $c = 100$ mm, $P = 45$ kN이고, 고무의 전단응력은 1.4 MPa를 초과하지 않아야 하며, 판의 변위는 최소 5 mm 이상 발생해야 한다면, a와 b의 최소 허용치수를 구하시오.

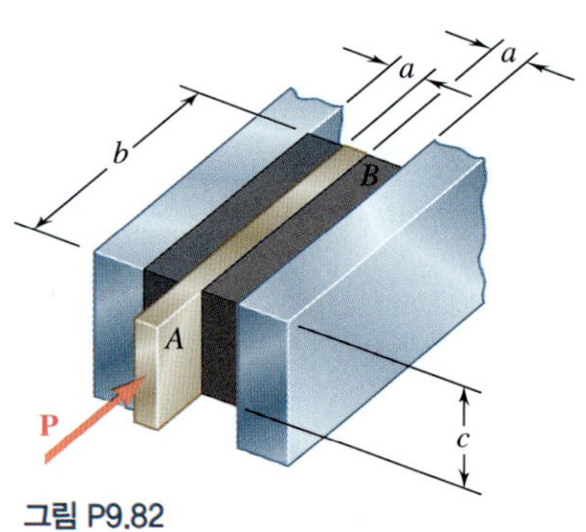

그림 P9.82

9.83 판재의 점 A에 구멍을 뚫으려고 한다. 사용 가능한 드릴의 비트는 지름 $\frac{1}{2}$에서 $1\frac{1}{2}$까지 1/4 in. 간격으로 있다. 판재의 허용응력이 21 ksi일 때 다음을 구하시오.

(a) 천공부의 허용하중 **P**가 필렛부의 허용 하중보다 크기 위해서 가능한 구멍의 최대 지름은 얼마인가?
(b) 이때 허용하중의 크기 **P**를 구하시오.

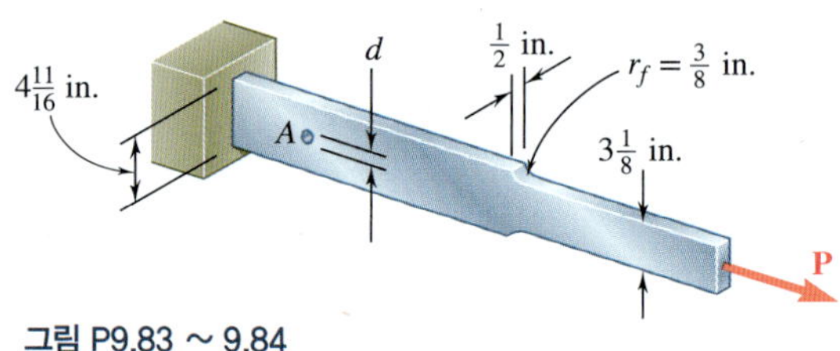

그림 P9.83 ~ 9.84

9.84 (a) $P = 13$ kips, $d = 1/2$ in.일 때, 판재에 발생하는 최대응력을 구하시오. (b) 점 A에 구멍을 뚫지 않았다고 가정하고 (a)를 다시 푸시오.

incamerastock/ICP/Alamy Stock Photo

10

비틂

위 사진에 보이는 제트 엔진의 부품 중에서 중심 샤프트는 항공기가 앞으로 나아가게 하는 추진력을 발생시키기 위해 엔진의 각 요소를 서로 연결해준다.

목차

학습목표

- 구조부재와 기계부품에서 발생하는 비틂의 개념을 이해한다.
- 비틂을 받는 원형단면 샤프트에서 전단응력과 전단변형률을 구할 수 있다.
- 작용한 토크, 샤프트의 형상 및 재료가 주어졌을 때 발생하는 비틂각을 구할 수 있다.
- 부정정 문제의 풀이에 비틂변형을 이용할 수 있다.

서론

이 장에서는 비틂을 받는 구조부재 또는 기계부품에 대해 다루게 되며, 특히 원형단면을 갖는 부재가 비틂모멘트 또는 토크[torque] **T**와 **T**′을 받을 때 부재 내에 발생하는 응력 및 변형률에 대해 중점적으로 다룬다(그림 10.1). 양단의 비틂모멘트는 같은 크기 T를 가지며, 서로 반대 방향으로 작용한다. 비틂모멘트는 벡터량이며, [그림 10.1a]와 같이 둥근 화살표로 표시하거나 [그림 10.1b] 또는 [그림 10.1c]와 같이 표시하기도 한다. [그림 10.1c]의 경우는 오른손 법칙을 사용하여 오른손의 네 손가락을 토크의 회전방향으로 감았을 때 엄지손가락이 가리키는 방향을 토크의 방향으로 하고, 힘벡터와 구분하기 위해 머리가 두 개인 화살표를 사용하여 표시한 것이다.

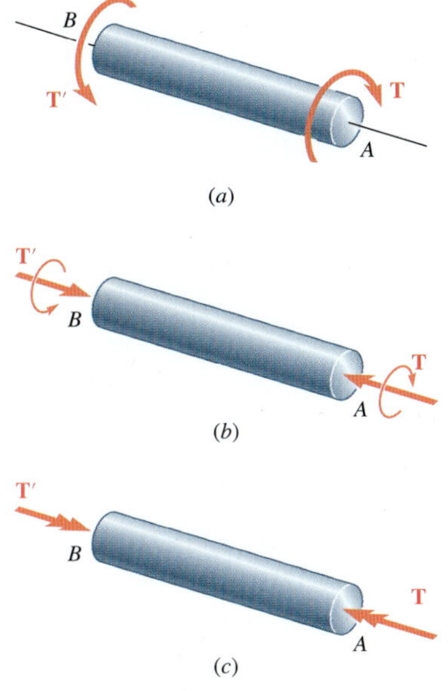

그림 10.1 자유물체도에 토크를 표시하는 세 가지 방법

비틂을 받는 부재는 공학적으로 다양한 곳에 사용되는데, 가장 일반적으로 볼 수 있는 사례로는 한 곳에서 다른 곳으로 동력을 전달하기 위해 사용되는 **전동축**[transmission shaft]이 있다(사진 10.1). 이러한 전동축은 [그림 10.1]과 같이 속이 꽉 찬 단면(중실단면)으로 만들어지는 경우도 있고, 속이 빈 단면(중공단면)인 경우도 있다.

사진 10.1 자동차의 파워트레인에서 전동축은 엔진에서 만들어진 동력을 후륜으로 전달한다.
videodoctor/Shutterstock

[그림 10.2a]의 시스템은 터빈 A와 발전기 B 그리고 이 둘을 연결하는 전동축 AB로 구성되어 있다. 이 시스템의 세 부분을 각각 분리하여 살펴보면(그림 10.2b), 터빈으로부터 비틂모멘트 또는 토크 **T**가 샤프트에 작용하고, 같은 토크가 다시 발전기로 전달된다. 동시에 발전기의 반작용으로 크기가 같고 방향이 반대인 토크 **T**′이 샤프트에 작용되며, 샤프트의 반작용 토크 **T**′이 다시 터빈으로 전달된다.

이 장에서는 우선 원형단면 샤프트에 발생하는 응력과 변형에 대해서 분석하고, 다음으로 원형단면 샤프트에 대한 다음의 중요한 성질을 배울 것이다. **원형단면 샤프트가 비틂을 받으면, 모든 단면은 평면을 유지하고 뒤틀리지 않는다.** 따라서 원형단면 샤프트 내의 여러 단면은 각자 서로 다른 각도로 회전하지만 각각의 단면들은 모두 강체 판처럼 회전하게 된다. 이러한 성질은 **원형단면 샤프트에 발생하는 전단변형률의 분포**를 파악하는 데 도움이 되며, 이로부터 **전단변형률은 샤프트의 중심으로부터 떨어진 거리에 비례한다**는 결론을 얻게 된다.

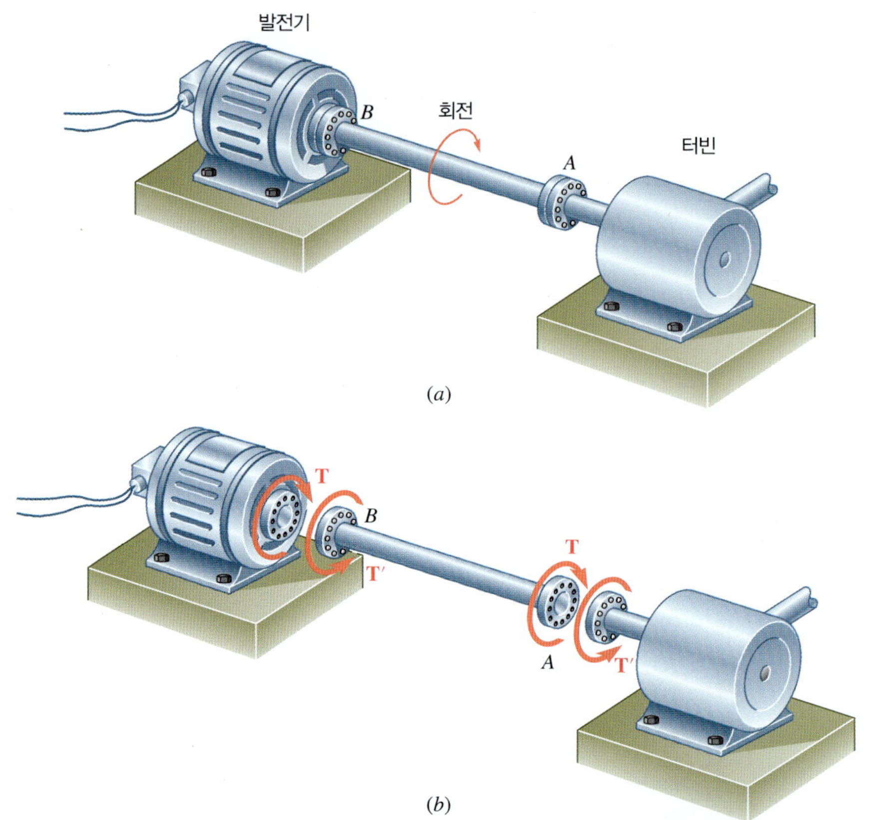

그림 10.2 (a) 발전기는 일정한 분당 회전수로 회전하는 샤프트 AB를 통해 터빈으로부터 동력을 전달받는다. (b) 발전기와 터빈에 대한 작용 및 반작용 토크를 각각 표시한 샤프트 AB의 자유물체도

탄성구간의 변형을 가정하고 전단에 대한 후크의 법칙을 사용하면 원형단면 샤프트에 대한 전단응력의 분포를 구할 수 있고, 이로부터 **탄성 비틂공식**이 유도된다.

10.2절에서는 주어진 토크에 의해 발생하는 원형단면 샤프트의 **비틂각**angle of twist을 탄성구간에서 계산하는 방법을 다룰 것이며, **부정정 샤프트**statically indeterminate shaft에 관한 문제의 풀이 방법은 10.3절에서 다룰 것이다.

10.1 비틂을 받는 원형단면 샤프트

10.1.1 샤프트에 발생하는 응력

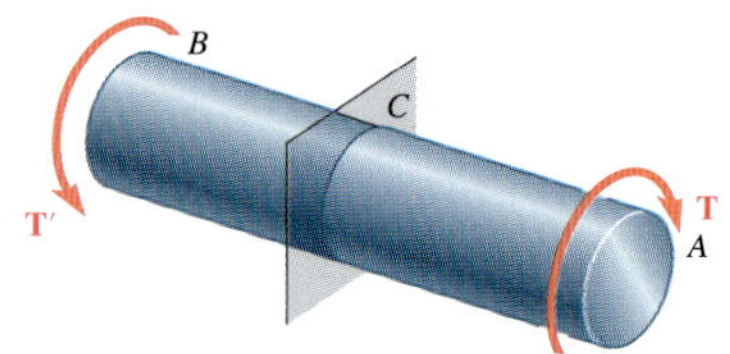

그림 10.3 토크를 받는 샤프트와 점 C의 단면

양단 A와 B에서 크기가 같고 방향이 반대인 토크 $\mathbf{T}$와 $\mathbf{T}'$을 받는 샤프트 AB를 생각해보자. [그림 10.3]과 같이 샤프트 내부의 임의의 지점 C를 통과하며 부재축axis에 수직인 단면을 가정하고, 이 단면을 기준으로 샤프트를 두 부분으로 나눈 뒤, 구간 BC의 자유물체도를 그려 [그림 10.4b]에 나타냈다. 구간 BC가 평형상태를 유지하기 위해서는 점 C를 포함하는 단면 내에 힘 $d\mathbf{F}$가 존재해야 한다. 이 힘들은 샤프트가 비틀림에 따라 구간 AC가 구간 BC에 가하는 토크로 인해 발생한다(그림 10.4a). 구간 BC의 평형조건을 만족하기

위해서는 단면 내에 발생하는 힘계는 내력 토크 **T**와 등가이고 **T**′과 크기가 같고 방향이 반대여야 한다(그림 10.4b). $d\mathbf{F}$가 부재축으로부터 떨어진 수직 거리를 ρ로 표시하고, $d\mathbf{F}$의 부재축에 대한 모멘트의 합이 토크 **T**의 크기와 같음을 식으로 표시하면 다음과 같다.

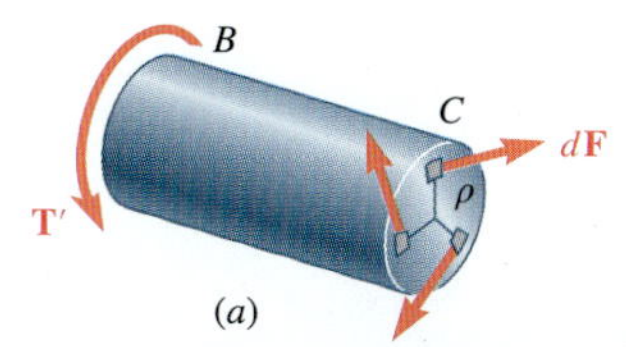

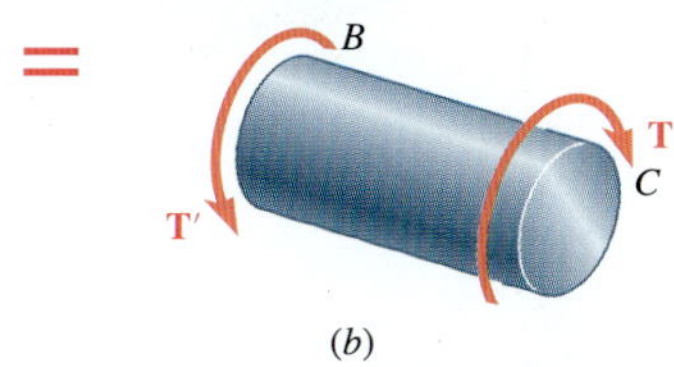

그림 10.4 (a) 부재축으로부터 ρ만큼 떨어진 미소면적에 작용하는 힘 dF로 단면 C에 작용하는 토크를 나타낸 구간 BC의 자유물체도 (b) 미소면적을 모두 합산하여 토크 T로 표현한 구간 BC의 자유물체도

$$\int \rho \, dF = T$$

여기서 미소면적 dA에 작용하는 전단응력을 τ로 표시하면 $dF = \tau dA$이다. 따라서 이 식은 다음과 같이 다시 쓸 수 있다.

$$\int \rho \, (\tau \, dA) = T \tag{10.1}$$

식 (10.1)은 샤프트 내 임의의 단면에서 전단응력에 의해 만족되어야 하는 중요한 조건을 나타내고 있다. 하지만 단면 내에서 전단응력의 분포를 설명해 주지는 않는다. 따라서 주어진 하중에 의해 발생하는 단면 내의 응력의 실제 분포는 부정정이다(즉, 이 응력분포는 정역학적인 방법만으로는 구할 수 없다). 8.1.1절에서 축방향 하중에 의해 봉에 발생하는 수직응력은 단면 내에 균일하게 분포하는 것으로 가정했고, 9.8절에서 이러한 가정이 집중하중의 작용점 부근만 제외하면 타당하다는 것을 설명했다. 하지만 비틀을 받는 탄성 샤프트에서 발생하는 전단응력의 분포에 대해서도 비슷한 가정을 한다면 그것은 옳지 않은 것이 된다. 다음 절에서 비틀을 받는 샤프트에서 발생하는 변형에 대해 살펴볼 것이다. 그리고 단면 내 전단응력의 분포가 실제로 어떻게 되는지는 그 이후에 다시 논의하겠다.

8.3절에서 설명한 바와 같이 전단응력은 하나의 평면에서만 발생할 수는 없다. [그림 10.5]에 나타낸 비틀 샤프트의 미소요소를 생각해보자. 샤프트에 작용하는 토크에 의해 부재축에 직각인 두 면에 전단응력 τ가 발생하며, 동시에 8.3절에서 설명했던 평형조건에 의해 부재축을 포함하는 두 면에도 같은 크기의 전단응력이 발생한다. 비틀을 받는 샤프트에서는 실제로 이와 같은 전단응력이 발생하는데, 이러한 사실은 [그림 10.6a]와 같이 여러 개의 긴 띠를 양단의 원판에 핀으로 고정해 놓은 조립체를 사용하여 설명할 수 있다. 인접한 두 개의 띠에 페인트로 표시해 놓은 뒤, 조립체의 양단에 크기가 같고 방향이 반대인 토크를 작용시켜 비틀면 [그림 10.6b]와 같이 인접한 두 띠는 서로 반대 방향으로 미끄러진다. 이러한 미끄러짐이 균질한 재료로 만들어진 샤프트에서 실제로 발생하는 것은 아니지만 이와 같이 미끄러지려고 하는 경향은 존재하며, 이로부터 부재축에 수직인 평면뿐만 아니라 축방향 평면에도 전단응력이 발생한다는 것을 알 수 있다.[1]

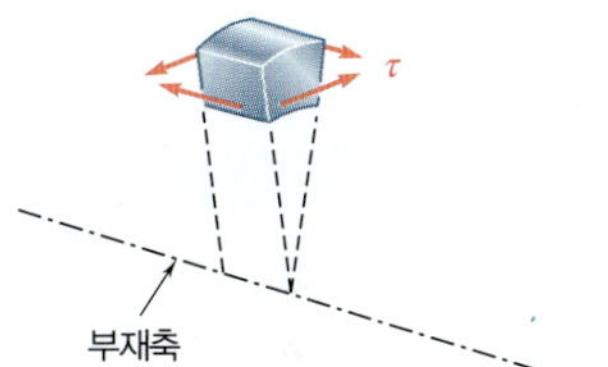

그림 10.5 샤프트의 미소요소에 작용하는 전단응력

1 두꺼운 종이로 만든 원형 관에 길이방향으로 칼집을 내고 비틀어보아도 축방향 평면에 전단응력이 존재함을 볼 수 있다.

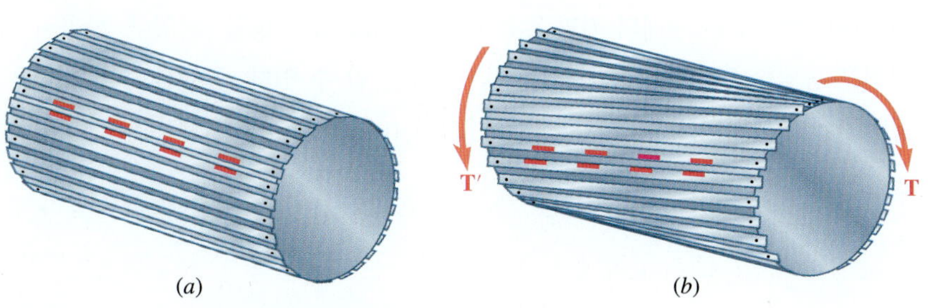

그림 10.6 샤프트에 발생하는 전단변형 (a) 변형 전 (b) 변형 후

10.1.2 원형단면 샤프트의 변형

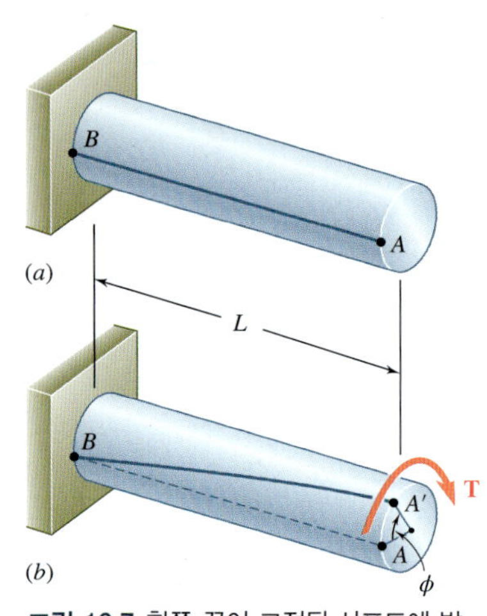

그림 10.7 한쪽 끝이 고정된 샤프트에 발생하는 비틂변형 (a) 재하 전 (b) 재하 후

변형의 특성 [그림 10.7]과 같이 한쪽 끝이 고정된 원형단면 샤프트를 생각해보자. 반대쪽 끝에 토크 **T**가 작용하면 샤프트는 비틀리고, 고정되지 않은 쪽 단면은 **비틂각**angle of twist이라고 부르는 각도 ϕ만큼 회전할 것이다. 적절한 범위의 T에 대해서 이 비틂각 ϕ는 T에 비례하며, 또한 샤프트의 길이 L에도 비례한다. 즉, 동일한 재료로 만들어지고, 동일한 단면을 갖는 샤프트를 길이만 두 배로 길게 하면 같은 크기의 토크 **T**가 작용했을 때 비틂각은 두 배가 된다.

원형단면의 샤프트가 비틂을 받으면 **모든 단면은 평면을 유지한다**. 즉, 모든 단면이 평평한 상태로 뒤틀리지 않는다. 따라서 원형단면 샤프트 내의 여러 단면은 각자 서로 다른 각도로 회전하지만 각 단면은 모두 강체판처럼 움직인다. 고무로 만들어진 원형단면 샤프트의 비틂변형을 [그림 10.8a]에 나타냈다. 원형단면 샤프트는 속이 꽉 차 있는 경우(중실단면)나 속이 비어 있는 경우(중공단면)나 모두 비틂에 대해 이러한 변형의 특성을 보인다. 하지만 단면이 원형이 아닌 경우에는 그렇지 않다. 예를 들면, [그림 10.8b]에 보인 것과 같이 정사각형 단면의 샤프트를 비틀면 단면에 뒴warp이 발생하고 단면은 평면을 유지하지 못한다.

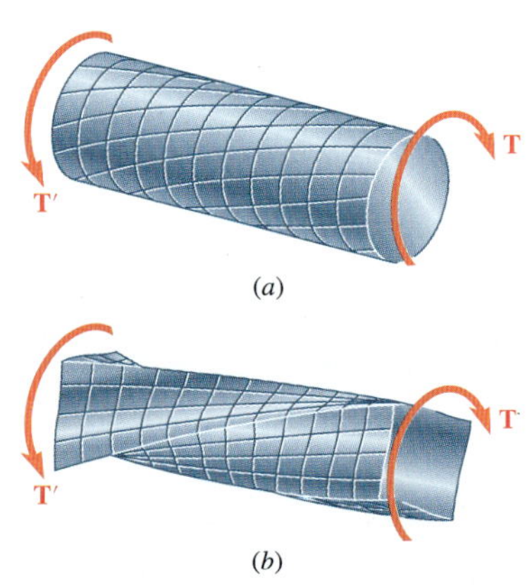

그림 10.8 변형 형태의 비교 (a) 원형단면 (b) 정사각형 단면

원형단면의 샤프트에서 단면이 평면을 유지하고 뒤틀리지 않는 것은 단면이 **축대칭**axisymmetric이기 때문이다(즉, 시점을 고정한 상태에서 대칭축에 대해 임의의 각도로 회전시켰을 때 항상 같은 모양으로 보인다). 이와 달리 정사각형 단면의 샤프트는 90° 또는 180°를 회전시켰을 때만 같은 모양으로 보인다. 이론적으로, 원형단면 샤프트의 이러한 축대칭성을 이용하면 단면이 평면을 유지하고 뒤틀리지 않는다는 사실을 증명할 수 있다.

한 단면에서 원둘레를 따라 놓인 두 점 C와 D가 있다. 이 두 점은 샤프트의 비틂으로 각각 C'과 D'으로 이동한다(그림 10.9a). 점 C가 C'으로 이동했다면, 축 대칭성을 만족하기 위해서 점 D는 D'으로 이동하게 된다. 이때 점 C'과 D'은 하나의 원 위에 있고 호 CD와 $C'D'$의 길이는 같아야 한다(그림 10.9b).

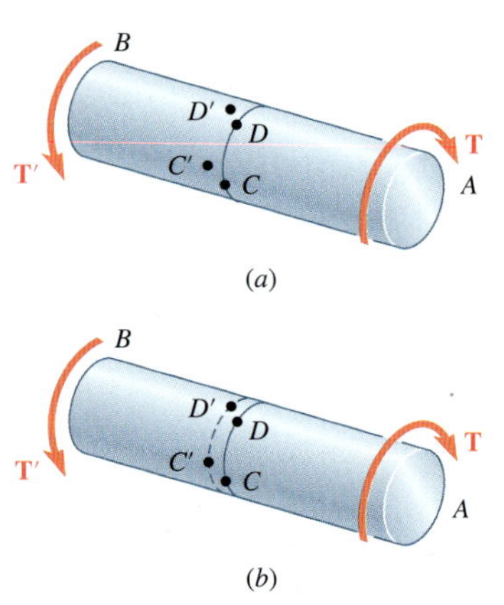

그림 10.9 비틂을 받는 샤프트

이제 [그림 10.9b]와 같이 점 C'과 D'이 원래의 원과는 다른, 원래 원의 약간 왼쪽에 있는, 새로운 원 위에 있다고 가정해보자. 이것은 A에서 B방향으로 바라봤을 때 원래의 원이 토크 T에 의해 관찰자에게서 멀어지는 방향으로 이동한 것이다. 반대로 B에서 A방향으로 바라보면, 동일한 하중에 의해(즉 관찰자 멀리에 반시계방향, 가까이에 시계방향 토크가 작용함) 원래의 원이 관찰자 쪽으로 가까워진 것이 된다. 이러한 모순으로부터 점 C'과 D'은 점 C와 D가 놓여 있던 원래의 원과 같은 원 위에 있음을 증명할 수 있다. 따라서 비틂에 의해 단면은 동일한 평면상에서 회전만 한다는 것을 알 수 있다. 동일한 추론을 같은 단면 내의 동심원에 대해서 적용할 수 있으므로, [그림 10.10]과 같이 단면 전체가 평면을 유지한다는 결론에 도달하게 된다.

위의 결론이 [그림 10.10]에 나타난 동일 단면 내의 동심원들이 모두 같은 각도만큼 회전한다는 뜻은 아니다. 만일 동심원들의 회전각이 서로 다르다면, 원의 중심을 통과하는 직선이 샤프트의 비틂에 의해 [그림 10.11a]와 같이 곡선으로 변형될 것이다. 이 곡선을 A쪽에서 바라보면 바깥쪽 원이 안쪽 원들보다 더 많이 회전한 것으로 보이지만, 반대쪽에서 바라보면 반대로 보인다(그림 10.11b). 이것 역시 모순이므로 단면의 중심을 통과하는 직선은 변형 후에도 직선을 유지한다는 결론에 도달하며(그림 10.11c), 최종적으로 원형단면 샤프트의 모든 단면은 변형 후에도 평면을 유지하고 뒤틀리지 않는다는 것을 알 수 있다.

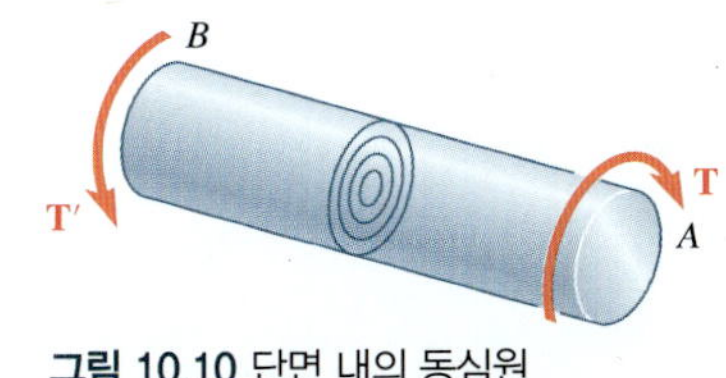

그림 10.10 단면 내의 동심원

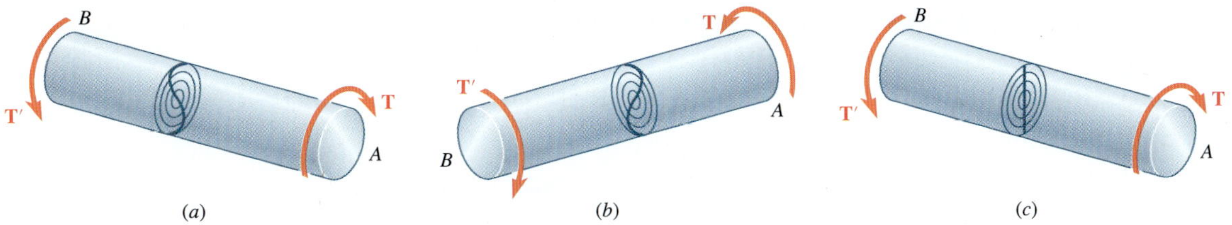

그림 10.11 (a), (b) 단면 내 동심원들의 회전각이 서로 다를 때와 (c) 모두 같을 때 발생하는 지름의 변형

이제 비틂모멘트 **T**와 **T**′의 재하방식에 대해 생각해보자. 만일 샤프트의 한쪽 끝에서 반대쪽 끝까지 모든 단면이 평면을 유지하고 뒤틀리지 않으려면, 비틂모멘트는 샤프트의 단부가 평면을 유지하고 뒤틀리지 않도록 재하되어야 한다. 이것은 [그림 10.12a]에 나타낸 것과 같이 샤프트의 양 끝에 강체 판을 부착한 뒤 이 강체 판에 비틂모멘트를 재하하면 가능하다. 이렇게 하면 비틂이 일어나는 동안 샤프트 내의 모든 단면이 평면을 유지하고 뒤틀리지 않을 것이며, 발생하는 변형은 샤프트의 전체 길이에 걸쳐서 균일하게 된다. [그림 10.12a]와 같이 샤프트에 등간격으로 원을 그려놓고 샤프트를 비틀면 모든 원이 이웃한 원에 대해 같은 각도로 회전하게 되고, 길이방향 직선들은 나선 형태의 곡선으로 변형되며, 나선과 원이 교차하는 각도는 모두 같게 된다(그림 10.12b).

전단변형률 이 절과 다음 절에서 다루는 예제들은 모두 단부에 강체 판이 있는 것으로 가정하고 있다. 하지만 하중조건은 [그림 10.12]에 표시된 것과 다를 수 있다. 이 모델은 정해를 구할 수 있는 비틂 문제를 정의하는 데 도움이 된다. 생-베낭의 원리를 이용하면 이 이상화된 모델에서 얻을 수 있는 결과는 대부분의 공학적 문제에 확장될 수 있다.

이제 길이가 L이고 반지름이 c인 원형단면 샤프트에 비틂각 ϕ가 발생했을 때 **전단변형률** shear strain의 분포를 구해보자(그림 10.13a). 이 샤프트에서 반지름이 ρ인 원기둥을 분리하고, [그림 10.13b]와 같이 두 개의 인접한 원과 두 개의 평행선으로 이루어지는 원기둥 표면의 미소 정사각형 요소를 가정한다. 샤프트에 비틂하중이 작용하면, 이 정사각형 요소는 [그림 10.13c]와 같이 마름모꼴로 변형될 것이다. 여기서 전단변형률 γ는 정사각형 요소의 두 변 사이의 각도 변화로 정의된다(9.6절 참고). 인접한 두 개의 원으로 만들어진 정사각형 요소의 두 변에는 변화가 없으므로, 전단변형률 γ는 선 AB와 $A'B$ 사이의 각도와 같다.

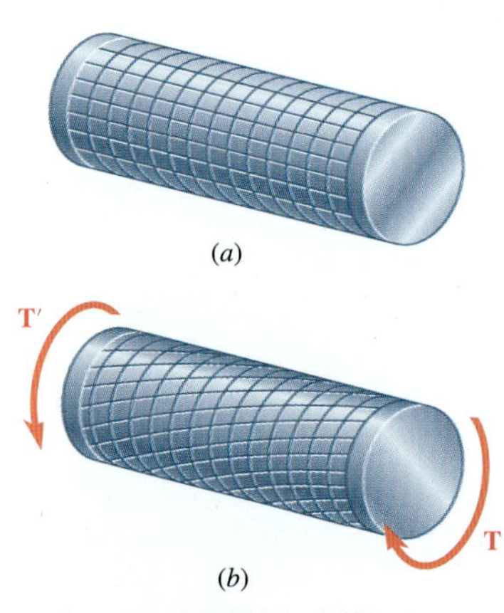

그림 10.12 비틂변형의 시각화
(a) 변형 전 (b) 변형 후

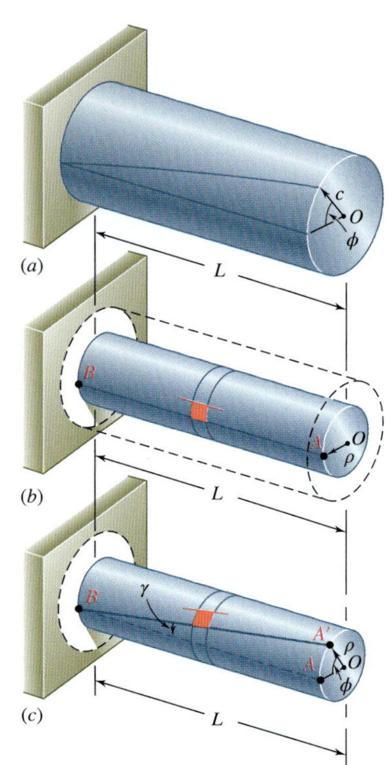

그림 10.13 샤프트의 비틀변형 (a) 비틀각 ϕ (b) 반지름 ρ인 부분의 변형 전 형상 (c) 변형 후 형상. 비틀각 ϕ와 전단변형률 γ는 호 AA'을 공유한다.

[그림 10.13c]에서 γ의 크기가 작을 때, 원호 AA'의 길이는 $AA' = L\gamma$이고 $AA' = \rho\phi$이므로 $L\gamma = \rho\phi$이다. 즉, 다음과 같이 된다.

$$\gamma = \frac{\rho\phi}{L} \tag{10.2}$$

여기서 γ와 ϕ의 단위는 라디안이다. 이 식으로부터, 비틂을 받는 샤프트의 주어진 지점에 발생하는 전단변형률은 비틂각 ϕ와 그 지점이 부재축으로부터 떨어진 거리 ρ에 비례함을 알 수 있다. **따라서 원형단면 샤프트에 발생하는 전단변형률은 부재축 위치에서 0^{zero}이고, 부재축에서 멀어질수록 선형적으로 증가한다.**

식 (10.2)에서 전단변형률의 최댓값은 샤프트의 표면에서, 즉 $\rho = c$일 때 발생한다.

$$\gamma_{\max} = \frac{c\phi}{L} \tag{10.3}$$

식 (10.2)와 식 (10.3)에서 ϕ를 소거하면 부재축으로부터 ρ만큼 떨어진 지점에 발생하는 전단변형률은 다음과 같다.

$$\gamma = \frac{\rho}{c}\gamma_{\max} \tag{10.4}$$

10.1.3 탄성범위의 응력

토크 $\mathbf{T}$에 의해 샤프트에 발생하는 전단응력이 모두 항복응력 τ_Y보다 작다면, 샤프트에 발생하는 응력은 비례한도와 탄성한계를 모두 초과하지 않으므로 후크의 법칙을 적용할 수 있고, 영구변형은 발생하지 않는다.

9.6절에서 배운 전단에 대한 후크의 법칙을 다시 적어 보면,

$$\tau = G\gamma \tag{10.5}$$

이다. 여기서 G는 전단탄성계수이다. 식 (10.4)의 양변에 G를 곱하면

$$G\gamma = \frac{\rho}{c}G\gamma_{\max}$$

이고, 식 (10.5)를 적용하면 다음 식을 얻는다.

$$\tau = \frac{\rho}{c}\tau_{\max} \tag{10.6}$$

이 식으로부터 원형단면 샤프트에 발생하는 응력이 항복응력 또는 비례한도를 초과하지 않는다면, **단면의 응력 역시 부재축으로부터 떨어진 거리 ρ에 선형적으로 비례함**을 알 수 있다.

[그림 10.14a]에는 반지름이 c인 중실 원형단면 샤프트의 응력분포를 나타냈으며 [그림 10.14b]에는 안쪽 반지름 c_1, 바깥쪽 반지름 c_2인 중공 원형단면 샤프트의 응력분포를 나타냈다. 식 (10.6)으로부터 중공 원형단면 샤프트에서 다음 관계가 성립함을 알 수 있다.

$$\tau_{\min} = \frac{c_1}{c_2}\tau_{\max} \tag{10.7}$$

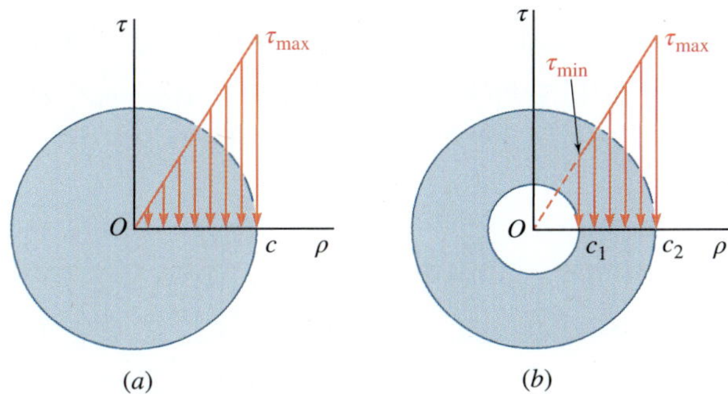

그림 10.14 비틂을 받는 샤프트의 전단응력 분포 (a) 중실 원형단면 (b) 중공 원형단면

10.1.1절의 내용을 다시 상기해보면, 다음 식 (10.1)과 같이 임의의 단면에서 미소요소에 작용하는 힘에 의한 모멘트를 모두 합산하면 샤프트에 가해진 토크 T의 크기와 같다.

$$\int \rho\,(\tau\,dA) = T \tag{10.1}$$

식 (10.6)의 τ를 식 (10.1)에 대입하면

$$T = \int \rho\tau\,dA = \frac{\tau_{\max}}{c}\int \rho^2\,dA$$

이다. 이 식에서 마지막의 적분 부분은 단면의 중심 O에 대한 단면의 **극관성모멘트**polar moment of inertia를 나타내므로

$$T = \frac{\tau_{\max}J}{c} \tag{10.8}$$

이 되며, $\tau_{\max}$에 대해 정리하면 다음과 같다.

$$\tau_{\max} = \frac{Tc}{J} \tag{10.9}$$

식 (10.9)의 $\tau_{\max}$를 식 (10.6)에 대입하면 부재축으로부터 ρ만큼 떨어진 임의의 위치에 대한 전단응력의 식을 얻을 수 있다.

$$\tau = \frac{T\rho}{J} \tag{10.10}$$

식 (10.9)와 식 (10.10)을 **탄성 비틂공식**elastic torsion formula이라고 한다. 정역학에서 다룬 바와 같이 반지름 c인 원의 극관성모멘트는 $J=\frac{1}{2}\pi c^4$이며, 안쪽 반지름 c_1, 바깥쪽 반지름 c_2인 중공 원형단면 샤프트의 극관성모멘트는 다음 식과 같다.

$$J = \frac{1}{2}\pi c_2^4 - \frac{1}{2}\pi c_1^4 = \frac{1}{2}\pi(c_2^4 - c_1^4) \tag{10.11}$$

SI 단위계를 사용하는 경우 T의 단위는 N·m, c와 ρ의 단위는 m, J의 단위는 m^4이 되며, 전단응력의 단위는 N/m^2, 즉 파스칼(Pa)이 된다. 미국상용단위계를 사용하는 경우에는 T는 lb·in., c와 ρ는 in., J는 in^4의 단위를 갖고, 전단응력의 단위는 psi가 된다.

개념적용 10.1

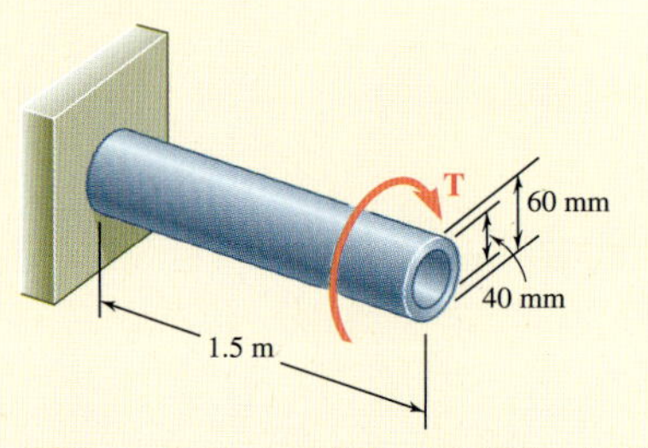

그림 10.15 토크 **T**를 받는 한쪽 끝이 고정된 샤프트

길이가 1.5 m, 내경과 외경이 각각 40 mm, 60 mm인 중공 원형단면 강재 샤프트가 있다(그림 10.15). (a) 이 샤프트에 발생하는 전단응력이 120 MPa를 초과하지 않아야 한다면, 샤프트에 작용할 수 있는 최대 토크의 크기는 얼마인가? (b) 이때 샤프트에 발생하는 최소 전단응력의 크기는 얼마인가?

축에 작용할 수 있는 최대 토크 **T**는 $\tau_{max}=120$ MPa가 되게 하는 토크이다. 이 응력값은 강재의 항복응력을 초과하지 않으므로, 식 (10.9)를 사용할 수 있다. 이 식을 T에 대해 정리하면 다음과 같다.

$$T = \frac{J\tau_{max}}{c} \tag{1}$$

극관성모멘트 J는 식 (10.11)로 계산할 수 있으며, $c_1=\frac{1}{2}(40\text{ mm})=0.02\text{ m}$이고, $c_2=\frac{1}{2}(60\text{ mm})=0.03\text{ m}$이다. 따라서 다음을 얻는다.

$$J = \frac{1}{2}\pi(c_2^4 - c_1^4) = \frac{1}{2}\pi(0.03^4 - 0.02^4) = 1.021\times10^{-6}\text{ m}^4$$

J와 τ_{max}를 식 (1)에 대입하고, $c=c_2=0.03$ m를 적용하면

$$T = \frac{J\tau_{max}}{c} = \frac{(1.021\times10^{-6}\text{ m}^4)(120\times10^6\text{ Pa})}{0.03\text{ m}} = 4.08\text{ kN·m}$$

를 얻을 수 있다.

최소 전단응력은 중공 샤프트의 안쪽 표면에서 발생하며, 식 (10.7)에 따라 τ_{min}과 τ_{max}는 각각 c_1과 c_2에 비례하므로

$$\tau_{min} = \frac{c_1}{c_2}\tau_{max} = \frac{0.02\text{ m}}{0.03\text{ m}}(120\text{ MPa}) = 80\text{ MPa}$$

이다.

식 (10.9)와 식 (10.10)의 비틂공식은 균일한 원형단면의 샤프트의 양 끝에 토크가 작용하는 경우에 대해 유도되었다. 하지만 이 공식은 [그림 10.16a]와 같이 변단면이거나 샤프트의 양 끝이 아닌 곳에 토크가 작용하는 경우에도 사용할 수 있다. 이 경우에도 주어진 단면 S에서의 전단응력 분포는 식 (10.9)를 사용하여 구할 수 있는데, 이때 J는 해당 단면의 극관성모멘트, T는 해당 단면의 내력 토크를 사용한다. 내력 토크 T는 단면의 한쪽 부분에 대한 자유물체도로부터 구할 수 있으며(그림 10.16b), 내력 토크와 외력 토크 전체의 합이 0이 된다는 평형조건으로부터 구할 수 있다(예제 10.1 참고).

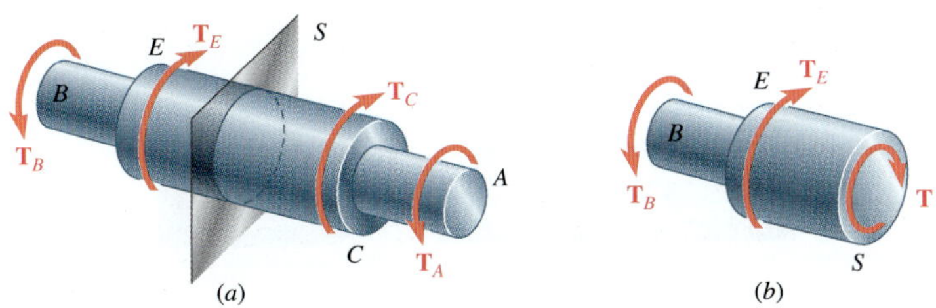

그림 10.16 변단면 샤프트 (a) 여러 개의 작용 토크와 단면 S (b) 단면의 왼쪽 부분에 대한 자유물체도

지금까지 다룬 비틂을 받는 샤프트에 발생하는 응력에 대한 분석은 전단응력에 대해서만 이뤄졌으며, 이것은 우리가 고려한 응력요소의 면들이 부재축에 수직 또는 평행인 방향으로 놓여 있었기 때문이다(그림 10.5). 이제 원형단면 샤프트에 서로 다른 방향으로 놓여 있는 응력요소 a와 b를 생각해보자(그림 10.17). 응력요소 a의 경우는 면들이 부재축에 수직이거나 나란한 방향으로만 놓여 있으므로 응력요소에 발생하는 응력은 전단응력밖에 없다.

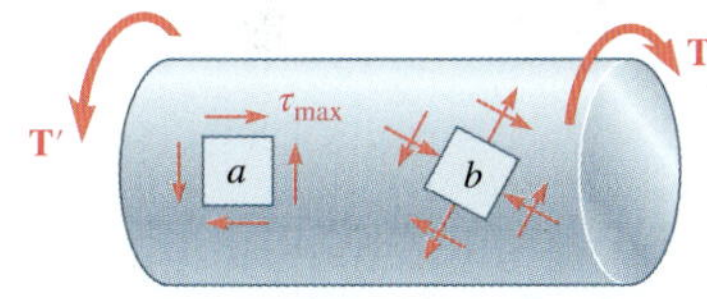

그림 10.17 원형단면 샤프트에 서로 다른 방향으로 놓인 응력요소

$$\tau_{max} = \frac{Tc}{J} \tag{10.9}$$

반면에, 응력요소 b의 경우는 면들이 부재축과 임의의 각도를 이루고 있으며, 응력요소의 표면에는 전단응력과 수직응력이 함께 발생한다.

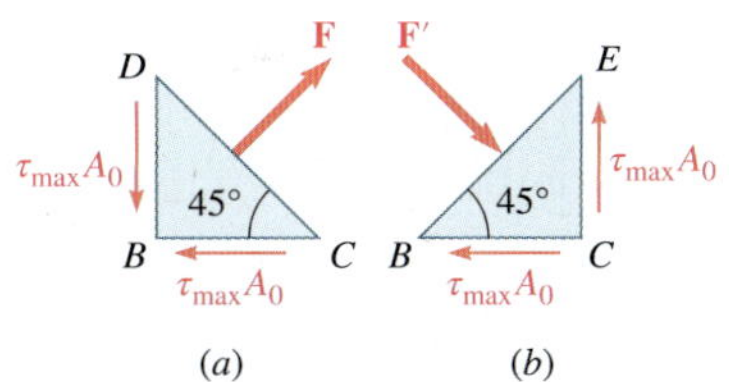

그림 10.18 부재축과 45° 방향의 면에 작용하는 힘

부재축과 45° 각도를 이루는 면에 발생하는 응력과 이들 응력의 합으로 구해지는 힘을 생각해보자. 두 개의 삼각형 응력요소의 자유물체도를 [그림 10.18]에 나타냈다. [그림 10.18a]에서 두 면 BC와 BD에 작용하는 응력은 $\tau_{max} = Tc/J$이며, 대응되는 전단력의 크기는 $\tau_{max} A_0$이다. 여기서 A_0는 응력이 작용하는 면의 면적이다. 이제 두 전단력의 DC 방향으로의 성분을 생각해보면, 두 전단력의 DC 방향 성분은 크기가 같고 방향이 서로 반대이므로 상쇄된다. 따라서 면 DC에 작용하는 힘 $\mathbf{F}$는 면에 수직방향(이 경우에는 인장방향) 성분만을 갖게 된다. 이 힘의 크기는 다음과 같이 계산할 수 있다.

$$F = 2(\tau_{max} A_0)\cos 45° = \tau_{max} A_0 \sqrt{2} \tag{10.12}$$

대응되는 응력은 이 힘 F를 면 DC의 면적 A로 나누어 구할 수 있으며, $A = A_0\sqrt{2}$이므로

$$\sigma = \frac{F}{A} = \frac{\tau_{max} A_0 \sqrt{2}}{A_0 \sqrt{2}} = \tau_{max} \tag{10.13}$$

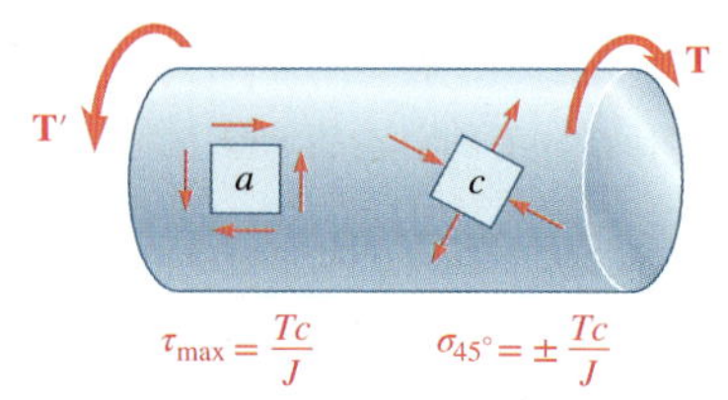

그림 10.19 전단응력 또는 수직응력만이 발생하는 응력요소

이다. [그림 10.18b]의 응력요소에 대해 같은 계산을 반복해보면 면 BE에 발생하는 응력은 $\sigma = -\tau_{max}$이다. 결과적으로 [그림 10.19]의 응력요소 a는 순수전단 상태에 있는 반면에, 응력요소 c는 두 면에 수직 인장응력, 다른 두 면에 수직 압축응력을 받고 있다. 또한 여기에 나타나는 모든 응력은 같은 크기 Tc/J를 갖는다.[2]

2 [그림 10.18b]와 같이 임의의 방향으로 놓인 응력요소에 발생하는 응력은 14장에서 다룰 것이다.

연성재료는 일반적으로 전단에 의해 파괴되기 때문에, 비틂을 받는 시편은 부재축에 수직인 평면을 따라 파괴된다(사진 10.2a). 반면에 취성재료는 전단보다는 인장에 더 약하기 때문에 비틂을 받았을 때 인장응력이 최대가 되는 방향에 수직인 면을 따라, 즉 부재축과 45° 각도로 파괴되는 경향이 있다(사진 10.2b).

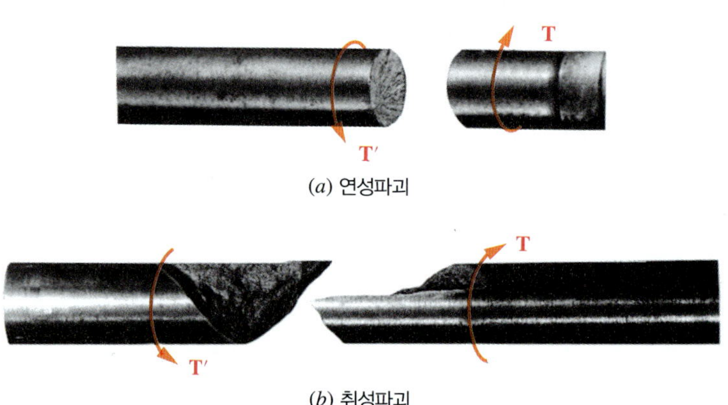

사진 10.2 비틂을 받는 샤프트의 전단파괴
Courtesy of John DeWolf

예제 10.1

샤프트의 구간 BC는 내경과 외경이 각각 90 mm와 120 mm인 중공 원형단면이며, 두 구간 AB와 CD는 지름이 d인 중실 원형단면이다. 그림과 같이 하중이 작용했을 때, (a) 샤프트 BC의 최대응력과 최소응력, (b) 구간 AB와 CD구간의 허용 전단응력이 65 MPa일 때, 이들 샤프트의 요구 지름 d를 구하시오.

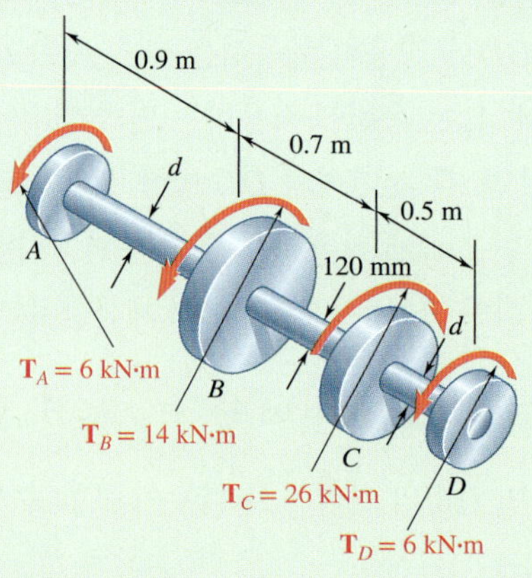

문제분석 샤프트의 각 부분에 발생하는 내력 토크를 구하기 위해 자유물체도를 이용한다. 이 내력 토크를 이용하여 샤프트 BC의 응력과 샤프트 AB 및 CD의 요구지름을 계산할 수 있다.

모델링 [그림 1]과 같이 샤프트 AB의 내력 토크를 $\mathbf{T}_{AB}$라 하고 AB 사이를 절단한 왼쪽 부분의 자유물체도에 대한 평형조건으로부터 다음 식과 같이 T_{AB}를 구한다.

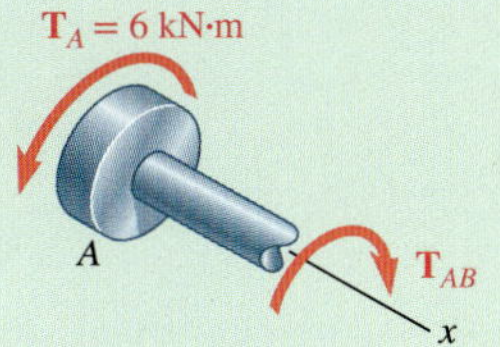

그림 1 A와 B 사이에서 절단한 왼쪽 부분의 자유물체도

$$\Sigma M_x = 0 : (6 \text{ kN}\cdot\text{m}) - T_{AB} = 0, \quad T_{AB} = 6 \text{ kN}\cdot\text{m}$$

다음으로, BC 사이를 절단한 [그림 2]의 자유물체도에서 T_{BC}를 구할 수 있다.

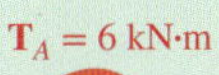

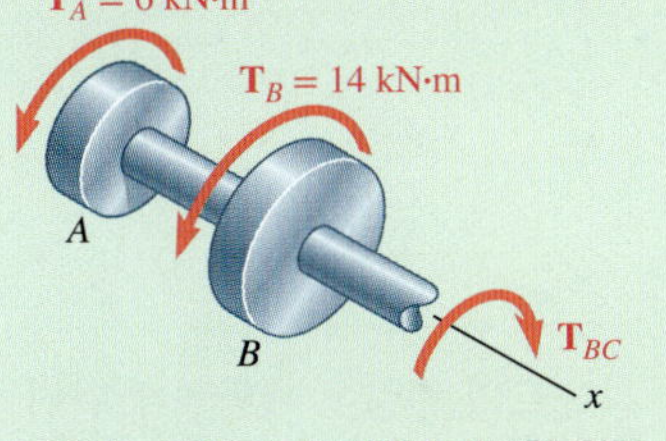

그림 2 B와 C 사이에서 절단한 왼쪽 부분의 자유물체도

$$\Sigma M_x = 0 : (6 \text{ kN}\cdot\text{m}) + (14 \text{ kN}\cdot\text{m}) - T_{BC} = 0, \quad T_{BC} = 20 \text{ kN}\cdot\text{m}$$

풀이

a. 샤프트 BC 중공 원형단면의 극관성모멘트 J는 다음 식과 같다.

$$J = \frac{\pi}{2}(c_2^4 - c_1^4) = \frac{\pi}{2}[(0.060)^4 - (0.045)^4]$$

$$= 13.92 \times 10^{-6} \text{ m}^4$$

최대 전단응력 최대 전단응력은 샤프트의 바깥 표면에서 다음 식과 같이 구할 수 있다.

$$\tau_{\max} = \tau_2 = \frac{T_{BC}\,c_2}{J} = \frac{(20 \text{ kN}\cdot\text{m})(0.060 \text{ m})}{13.92 \times 10^{-6} \text{ m}^4}$$

$$\tau_{\max} = 86.2 \text{ MPa} ◀$$

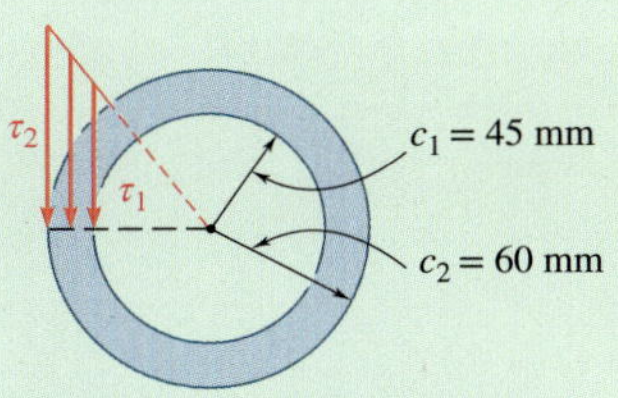

그림 3 단면 내 전단응력의 분포

최소 전단응력 [그림 3]에 표시된 것과 같이 응력은 부재축에서 떨어진 거리에 비례하므로, 최소 전단응력은 다음과 같다.

$$\frac{\tau_{\min}}{\tau_{\max}} = \frac{c_1}{c_2}, \quad \frac{\tau_{\min}}{86.2 \text{ MPa}} = \frac{45 \text{ mm}}{60 \text{ mm}}$$

$$\tau_{\min} = 64.7 \text{ MPa} ◀$$

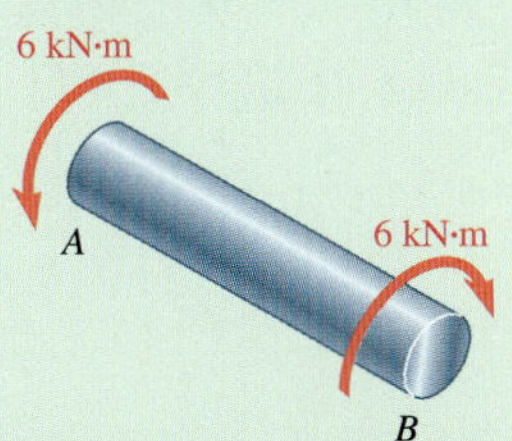

그림 4 샤프트의 구간 AB에 대한 자유물체도

b. 샤프트 AB와 CD 두 샤프트의 내력 토크는 [그림 4]에 나타난 것과 같이 $T = 6 \text{ kN}\cdot\text{m}$로 같으므로, 샤프트의 지름을 c로 놓고 $\tau_{\text{all}} = 65 \text{ MPa}$를 적용하면, 다음과 같이 d를 구할 수 있다.

$$\tau = \frac{Tc}{J}, \quad 65 \text{ MPa} = \frac{(6 \text{ kN}\cdot\text{m})c}{\frac{\pi}{2}c^4}$$

$$c^3 = 58.8 \times 10^{-6} \text{ m}^3, \quad c = 38.9 \times 10^{-3} \text{ m}$$

$$d = 2c = 2(38.9 \text{ mm}) \qquad d = 77.8 \text{ mm} ◀$$

예제 10.2

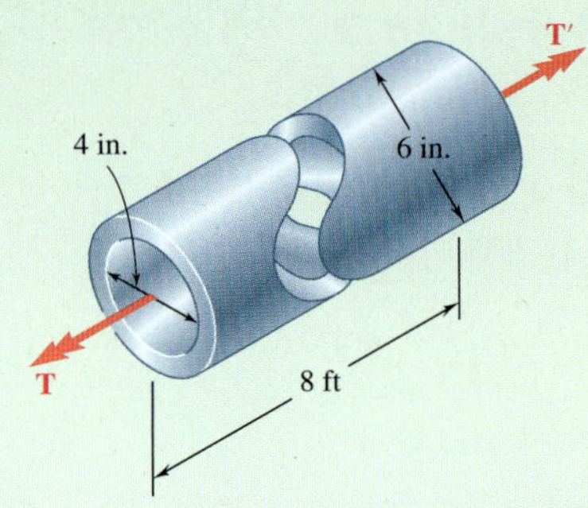

모터와 발전기를 연결하는 샤프트의 예비설계 결과로 내경과 외경이 각각 4 in.와 6 in.인 중공 원형단면이 사용되었다. 허용 전단응력이 12 ksi라면 다음 각각의 경우에 대해 샤프트가 전달할 수 있는 최대 토크의 크기를 구하시오.

(a) 예비설계 단면을 그대로 사용하는 경우

(b) 중량이 같은 중실단면으로 변경하는 경우

(c) 중량이 같고 외경이 8 in.인 중공단면으로 변경하는 경우

문제분석 허용응력으로부터 최대 토크를 구하기 위해 식 (10.9)를 사용한다.

모델링과 풀이

a. 예비설계 단면 [그림 1]과 $\tau_{all} = 12$ ksi임을 활용하면

$$J = \frac{\pi}{2}(c_2^4 - c_1^4) = \frac{\pi}{2}[(3\text{ in.})^4 - (2\text{ in.})^4] = 102.1\text{ in}^4$$

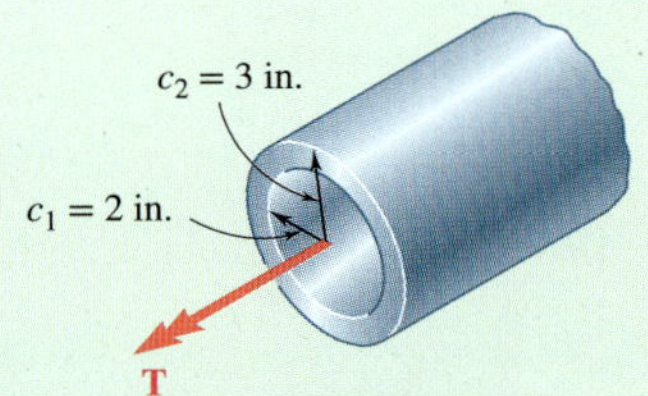

그림 1 샤프트의 예비설계 단면

이고, 식 (10.9)로부터 다음을 얻는다.

$$\tau_{max} = \frac{Tc_2}{J}, \quad 12\text{ ksi} = \frac{T(3\text{ in.})}{102.1\text{ in}^4} \qquad T = 408\text{ kip}\cdot\text{in.}$$

b. 동일 중량의 중실 원형단면 축의 길이는 일정하므로, 샤프트의 중량이 예비설계 단면과 같아지려면 샤프트의 단면적이 같아야 한다. 따라서 $A_{(a)} = A_{(b)}$로부터 중실단면의 반지름 c_3은 다음과 같다.

$$\pi[(3\text{ in.})^2 - (2\text{ in.})^2] = \pi c_3^2, \qquad c_3 = 2.24\text{ in.}$$

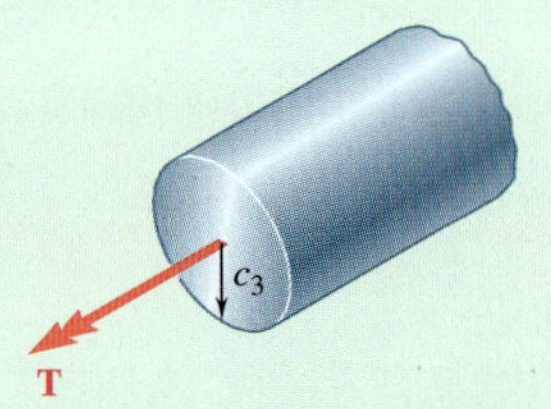

그림 2 동일 중량의 중실 원형단면

[그림 2]와 $\tau_{all} = 12$ ksi임을 활용하면 다음을 얻는다.

$$\tau_{max} = \frac{Tc_3}{J}, \quad 12\text{ ksi} = \frac{T(2.24\text{ in.})}{\frac{\pi}{2}(2.24\text{ in.})^4} \qquad T = 211\text{ kip}\cdot\text{in.}$$

c. 외경이 8 in.인 동일 중량의 중공 원형단면 축의 중량이 예비설계 단면과 같아지려면 샤프트의 단면적이 같아야 하므로, $A_{(a)} = A_{(c)}$로부터 중공단면의 내경 c_5는 다음과 같다.

$$\pi[(3\text{ in.})^2 - (2\text{ in.})^2] = \pi[(4\text{ in.})^2 - c_5^2], \qquad c_5 = 3.317\text{ in.}$$

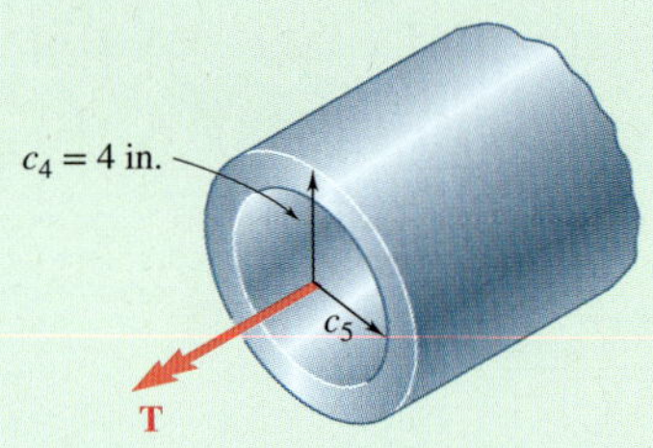

그림 3 외경이 8 in.인 동일 중량의 중공 원형단면

$c_5 = 3.317$ in.와 $c_4 = 4$ in.이므로

$$J = \frac{\pi}{2}[(4\text{ in.})^4 - (3.317\text{ in.})^4] = 212\text{ in}^4$$

이고, $\tau_{all} = 12$ ksi, $c_4 = 4$ in.로부터 다음과 같다.

$$\tau_{max} = \frac{Tc_4}{J}, \quad 12\text{ ksi} = \frac{T(4\text{ in.})}{212\text{ in}^4} \qquad T = 636\text{ kip}\cdot\text{in.}$$

고찰 이 문제에서는 재료를 부재축으로부터 멀리 배치하여 얻을 수 있는 이점을 보인다.

사례연구 10.1

[사진 CS10.1]에 나타낸 구동축drive shaft은 후륜구동 자동차에서 동력을 엔진과 변속기transmission로부터 후륜축의 차동기어differential gear로 전달한다. 스포츠카와 같은 차종에서는 전륜과 후륜 사이의 중량비를 개선하기 위해 변속기를 차의 뒤쪽에 두기도 하는데, 이런 경우에는 구동축이 차의 앞쪽에 배치된 엔진과 뒤쪽의 변속기를 연결하게 된다. 이 사례연구에서는 이와 같은 경우를 살펴보려고 한다.

구동축은 일반적으로 강재, 알루미늄 또는 탄소섬유 복합소재carbon–fiber composite 재질의 중공 원형단면으로 제작된다. [사진 CS10.1]에는 일체형 알루미늄 구동축을 나타냈다. 구동축의 제작은 매우 정밀하게 이루어져야 하며, 양단의 연결부 또한 신중하게 만들어져야 한다. 구동축이 작동하는 공간은 매우 협소하고 지면에 가까워 흙먼지에 노출되며 고속으로 회전한다. 구동축의 파손은 특히 자동차 경주와 같은 경우에 비극적인 결과를 초래할 수 있다.

사진 CS10.1 알루미늄 구동축 Courtesy of The Driveshaft Shop

구동축의 설계는 사용되는 재료의 설계 전단응력을 기반으로 이루어지며, 이는 구동축에 의해 전달되는 토크와 연관된다. 일반적으로 자동차 엔진의 출력은 마력 단위로 표시되며, 이것은 일반적으로 **rpm**revolusions per minute(분당 회전수)으로 나타내는 구동축의 회전 속도의 함수이다. 엔진의 마력을 rpm에 대한 그래프로 나타내면 **마력선도**horsepower curve를 얻게 되는데, [사진 CS10.1]에는 지금 우리가 이야기하고 있는 스포츠카에 사용될 고성능 엔진의 마력선도를 나타냈다. 이 선도를 보면 최대 출력이 약 5000 rpm 부근에서 발생됨을 알 수 있다.

구동축에 작용하는 토크를 구하기 위해서, 강체 회전에 대한 출력 P와 토크 **T** 사이에 다음의 관계를 사용할 수 있다.

$$P = T\omega \tag{1}$$

여기서 ω는 rad/s 단위로 표시된 각속도이다. 또한 $\omega = 2\pi f$이며, f는 회전의 주파수frequency, 즉 초당 회전수를 뜻한다. 주파수의 단위는 s^{-1}이며, 종종 헤르츠(Hz)로 쓰기도 한다. 식 (1)을 주파수를 사용하여 나타내면

$$P = 2\pi f T \tag{2}$$

이다(SI 단위계를 사용하여 f를 Hz로, T를 N·m로 나타내면 출력의 단위는 N·m/s, 즉 와트(W)가 된다). 식 (2)를 T에 대해 정리하면, 동력 P를 초당 회전수 f로 전달하는 구동축에 작용하는 토크는 다음과 같다.

$$T = \frac{P}{2\pi f} \tag{3}$$

이 사례연구에서는 허용응력이 4.5 ksi이며 지름이 3 in.인 알루미늄 튜브로 구동축을 설계해보자.

문제분석 구동축 설계의 기본원리는 전달해야 하는 동력power과 구동축의 회전수speed of rotation에 기반한다. 따라서 첫 번째로 필요한 것은 마력선도로부터 최대 토크를 구하는 것이다. 이 최대 토크를 사용하면 허용응력을 바탕으로 구동축의 두께를 계산할 수 있다.

모델링과 풀이 엔진에서 최대 토크가 발생하는 회전수는 일반적으로 최대 마력이 발생하는 회전수와 일치하지 않는다. 식 (3)을 사용하면 [그림 CS10.1]의 마력선도에서 주어진 출력 P에 대한 토크 T를 계산할 수 있다. 한 예로, 회전수가 2000 rpm일 때를 생각해보자. 우선 [그림 CS10.1]에서 $P = 110$ hp이므로, P의 단위를 in.·lb/s로, f의 단위를 s^{-1}(또는 Hz)로 변환하면 다음과 같다.

$$P = (110\ \text{hp})\left(\frac{6600\ \text{in.}\cdot\text{lb/s}}{1\ \text{hp}}\right) = 726.0 \times 10^3\ \text{in.}\cdot\text{lb/s}$$

$$f = (2000\ \text{rpm})\frac{1\ \text{Hz}}{60\ \text{rpm}} = 33.33\ \text{Hz} = 33.33\ \text{s}^{-1}$$

다음으로 식 (3)에 이 값들을 대입하여 토크 T를 계산한다.

$$T = \frac{P}{2\pi f} = \frac{726.0 \times 10^3\ \text{in.}\cdot\text{lb/s}}{2\pi(33.33\ \text{s}^{-1})}$$
$$= 3466.4\ \text{lb}\cdot\text{in.} = 288.9\ \text{lb}\cdot\text{ft}$$

이러한 방법을 사용하여 엔진축 회전수의 전 범위에 대한 토크를 계산했으며, 이를 [그림 CS10.2]에 나타냈다. 이 그래프로부터 토크 T의 최댓값은 2000 rpm일 때 발생하며, 그 값은 289 lb·ft임을 알 수 있다.

$$\frac{J}{c} = \frac{T}{\tau_{\max}} = \frac{(289\ \text{lb}\cdot\text{ft})(12\ \text{in.})}{4500\ \text{psi}} = 0.77031\ \text{in}^3$$

식 (10.11)에 샤프트의 외경 3.0 in.를 대입하면, 다음과 같이 c_1을 구할 수 있다.

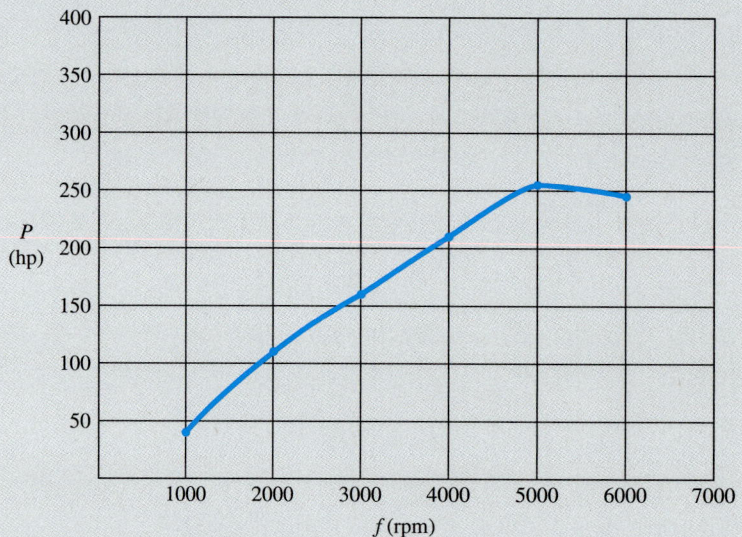

그림 CS10.1 고성능 엔진의 마력선도 예

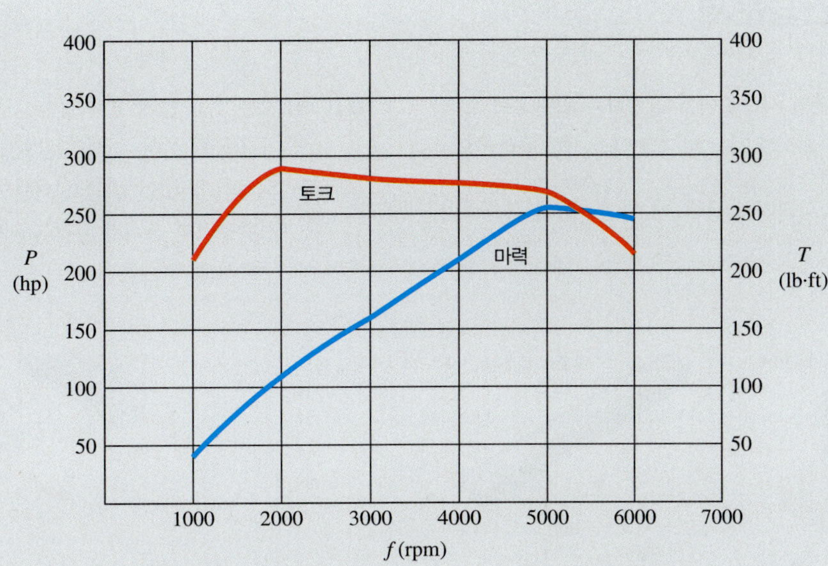

그림 CS10.2 고성능 엔진의 마력 및 토크 선도

다음으로 이 최대 토크값을 사용하여 구동축의 두께를 결정한다. 식 (10.9)에 T와 τ_{max}를 대입하면 다음과 같다.

$$\frac{J}{c_2} = \frac{\frac{1}{2}\pi(c_2^4 - c_1^4)}{c_2} = \frac{\frac{1}{2}\pi[(1.50\,\text{in.})^4 - c_1^4]}{1.50\,\text{in.}}$$

$$= \frac{\pi}{3.0\,\text{in.}}[(1.50\,\text{in.})^4 - c_1^4] = 0.77031\,\text{in}^3$$

$$c_1 = 1.442\ \text{in.}$$

고찰 이 구동축의 제작을 위해 외경이 3.0 in.이고 벽두께는 최소 0.0577 in. 이상인 원형 관을 사용할 수 있음을 알았다. 알루미늄 구동축의 제작에 자주 사용되는 재료는 a 6061 T6 합금이며, 이 재료를 사용하면 두께 0.065 in.인 관을 사용할 수 있다.

변속기와 후륜축 사이의 각도는 구동축에 대한 후륜의 움직임으로 인해 지속적으로 변화하며, 구동축은 이러한 각도 변화에서 안정적으로 작동해야 한다. 단부의 연결은 이러한 샤프트의 움직임이나 도로의 불규칙성에 의해 발생하는 미소 길이변화를 수용할 수 있어야 한다. 구동축이 적절하게 정렬되어 있지 않거나, 노후로 인한 마모가 일어나면 진동으로 인한 파괴가 발생할 수 있다.

Section 10.1 연습문제

10.1 그림의 강재 원형단면 샤프트에서 발생하는 전단응력의 최댓값이 70 MPa이 되도록 하는 토크 T의 크기를 구하시오.

10.2 $T = 800$ N·m의 토크가 작용할 때 발생하는 전단응력의 최댓값을 구하시오.

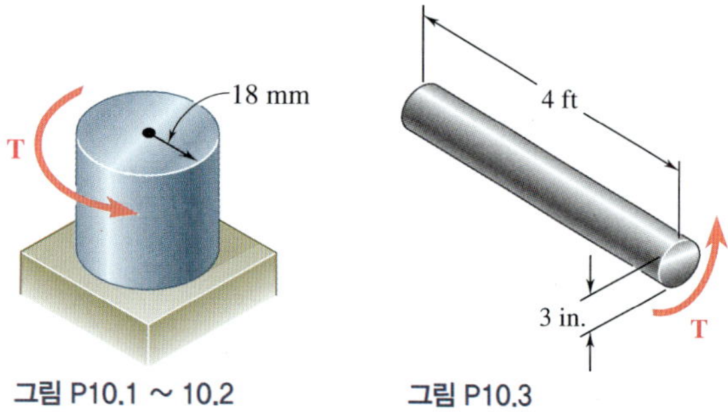

그림 P10.1 ~ 10.2　　그림 P10.3

10.3 (a) 그림과 같이 지름이 3 in.인 중실 알루미늄 샤프트에 40 kip·in.의 토크가 작용했을 때 발생하는 최대 전단응력을 구하시오. (b) 문제 (a)에서 샤프트가 외경 3 in., 내경 1 in.인 중공 원형단면일 때 최대 전단응력을 구하시오.

10.4 (a) 허용 전단응력이 80 MPa일 때, 지름이 20 mm인 중실 원형단면 샤프트에 재하할 수 있는 토크의 최댓값을 구하시오. (b) 문제 (a)에서 단면이 중공단면으로 바뀌었으며, 단면적은 동일하고 내경이 외경의 1/2일 때, 문제 (a)를 다시 푸시오.

10.5 그림과 같은 중실 원형단면 샤프트에 1.75 kN·m의 토크가 작용했다. (a) 샤프트에 발생하는 최대 전단응력, (b) 중심부 지름 25 mm 부분이 부담하고 있는 토크는 전체의 몇 퍼센트인지 구하시오.

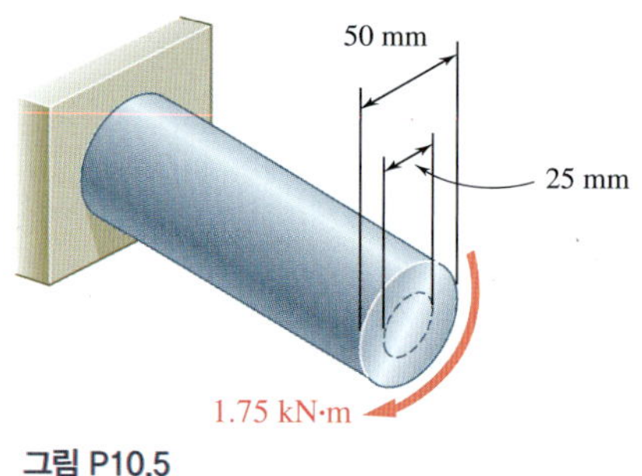

그림 P10.5

10.6 (a) 지름 3 in.인 중실 원형단면 샤프트에 그림과 같은 토크가 작용했을 때, 발생하는 최대 전단응력을 구하시오.

(b) 외경이 4 in.인 중공 원형단면 샤프트에 발생하는 최대 전단응력의 크기가 문제 (a)와 같다면 내경은 얼마인지 구하시오.

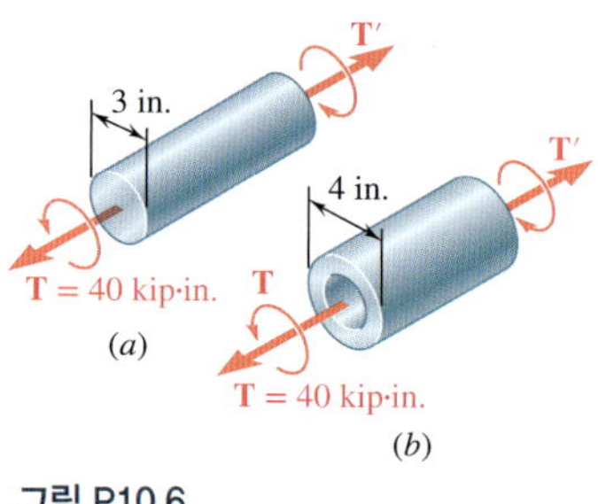

그림 P10.6

10.7 그림과 같이 풀리pulley A, B, C에 토크가 작용하고 있다. 두 샤프트가 모두 중실 원형단면일 때 (a) 샤프트 AB와 (b) 샤프트 BC에 발생하는 최대 전단응력을 구하시오.

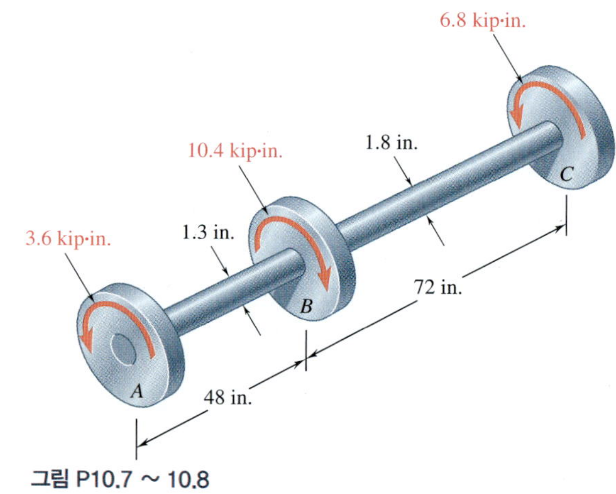

그림 P10.7 ~ 10.8

10.8 [문제 10.7]의 샤프트를 다시 설계하려고 한다. 각 샤프트의 허용 전단응력이 8.5ksi라면 (a) 샤프트 AB와 (b) 샤프트 BC의 최소 허용지름을 구하시오.

10.9 일반적인 작동조건에서 전기모터는 12 kip·in.의 토크를 점 E에 작용시킨다. 각 샤프트가 모두 중실 원형단면일 때 (a) 샤프트 BC, (b) 샤프트 CD, (c) 샤프트 DE에 발생하는 최대 전단응력을 구하시오.

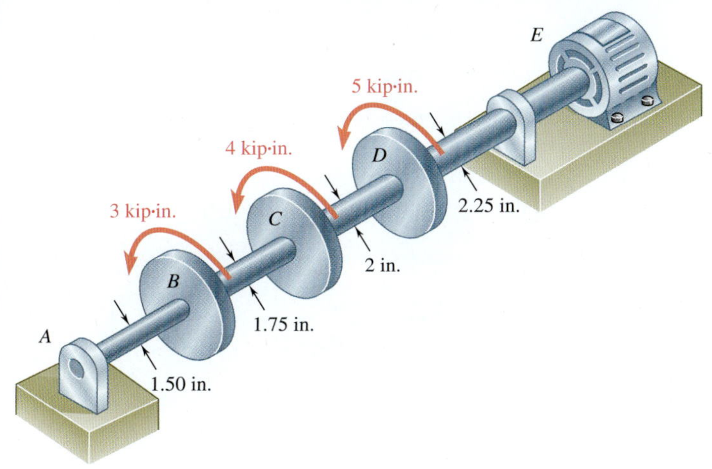

그림 P10.9

10.10 [문제 10.9]에서 각 샤프트에 지름 1 in.의 구멍이 뚫려 있다고 가정하고 문제를 다시 푸시오.

10.11 풀리 A와 B에 그림과 같은 토크가 작용하고 있다. 두 샤프트가 모두 중실단면이라면 (a) 샤프트 AB와 (b) 샤프트 BC에 발생하는 최대 전단응력을 구하시오.

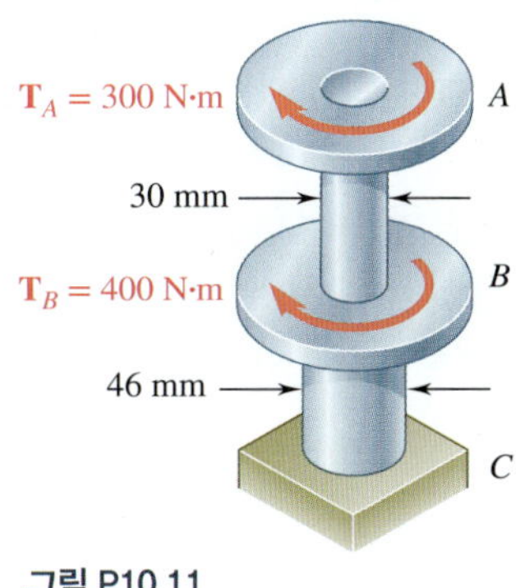

그림 P10.11

10.12 [문제 10.11]에서 조립체의 총 질량을 낮추기 위해 샤프트 BC의 지름을 더 작게 다시 설계하려 한다. 조립체의 최대 전단응력이 더 증가하지 않는 조건에서 샤프트 BC의 최소 지름을 구하시오.

10.13 지름이 1.5 in.인 강재 샤프트 AB의 허용 전단응력은 15 ksi이고, 지름이 1.8 in.인 황동 샤프트 BC의 허용 전단응력은 8 ksi이다. 응력집중 효과는 무시하고, A에 작용하는 토크의 최댓값을 구하시오.

10.14 강재 샤프트 AB의 허용 전단응력은 15 ksi이고, 황동 샤프트 BC의 허용 전단응력은 8 ksi이다. 점 A에 작용하고 있는 토크 $T = 10$ kip · in.이고, 응력집중 효과를 무시할 때 (a) 샤프트 AB, (b) 샤프트 BC의 소요 지름을 구하시오.

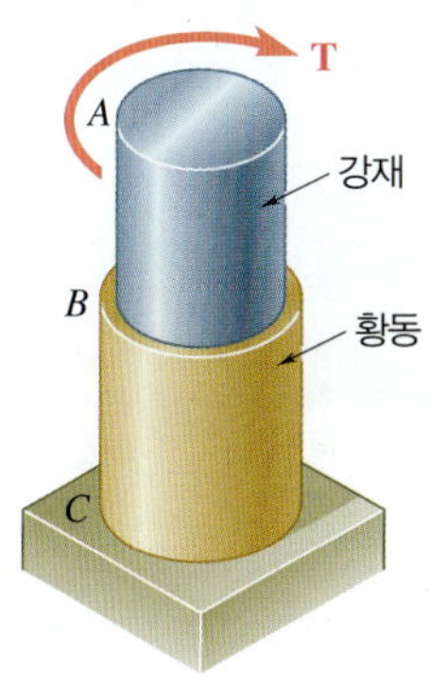

그림 P10.14

10.15 샤프트 AB는 허용 전단응력이 90 MPa인 강재로 만들어졌으며, 샤프트 BC는 허용 전단응력 60 MPa인 알루미늄으로 만들어졌다. 샤프트 BC의 지름이 50 mm이고, 응력집중 효과를 무시할 때, 다음을 구하시오.

(a) 샤프트 BC의 허용응력을 초과하지 않기 위해 점 A에 작용할 수 있는 토크 **T**의 최댓값

(b) 이때 샤프트 AB의 소요 지름

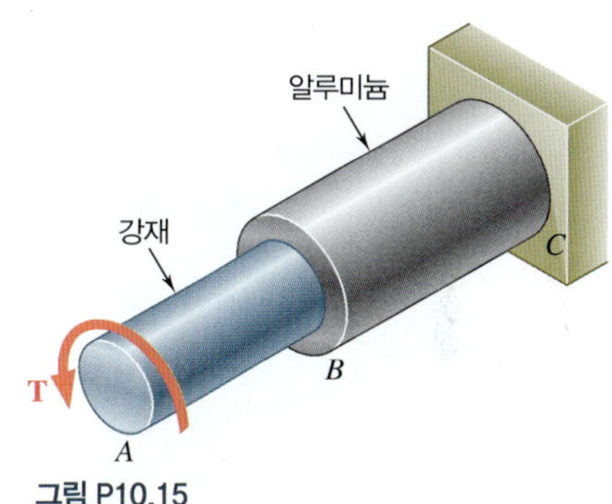

그림 P10.15

10.16 황동 샤프트 AB의 허용 전단응력은 50 MPa이고, 알루미늄 샤프트 BC의 허용 전단응력은 25 MPa이다. 점 A에 $T = 1250$ N · m의 토크가 작용했을 때, 다음을 구하시오.

(a) 샤프트 AB의 소요 지름

(b) 샤프트 BC의 소요 지름

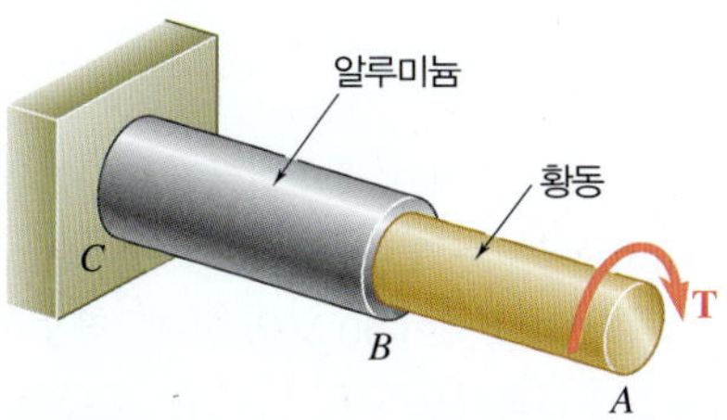

그림 P10.16

10.17 그림의 샤프트는 중실 원형단면이며 허용 전단응력이 55 MPa인 황동으로 제작되었다. 응력집중 효과를 무시할 때, 허용 전단응력을 초과하지 않기 위한 각 구간의 최소 지름 d_{AB}와 d_{BC}를 구하시오.

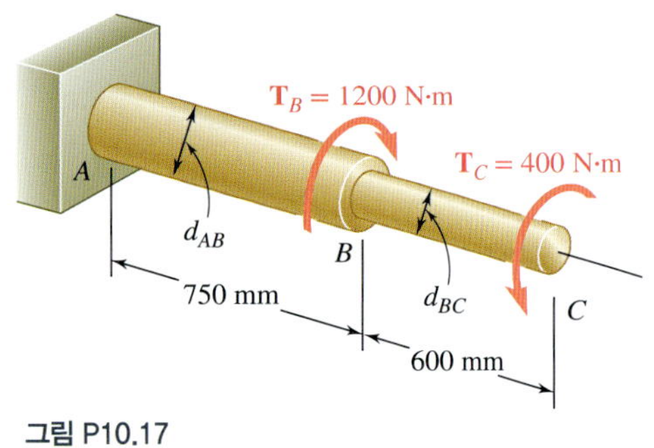

그림 P10.17

10.18 토크 $\mathbf{T}_C$의 방향이 반대로 바뀌었을 때 [문제 10.17]을 다시 푸시오.

10.19 일반적인 작동조건에서 모터에 의해 $T_F = 1200$ lb·in. 크기의 토크가 점 F에 작용한다. $r_D = 8$ in., $r_G = 3$ in.이고 각 샤프트의 허용 전단응력이 10.5 ksi일 때, 다음 샤프트의 소요 지름을 구하시오.

(a) 샤프트 CDE　　(b) 샤프트 FGH

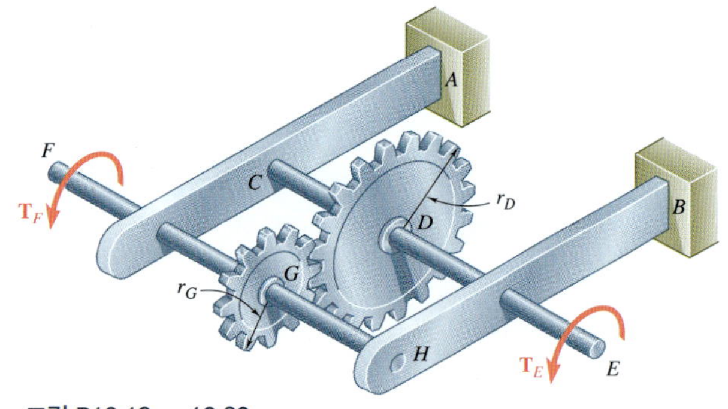

그림 P10.19 ~ 10.20

10.20 일반적인 작동조건에서 모터에 의해 크기가 T_F인 토크가 점 F에 작용한다. 샤프트가 허용 전단응력 12 ksi인 강재로 제작되었고 지름 $d_{CDE} = 0.900$ in., $d_{FGH} = 0.800$ in.이다. $r_D = 6.5$ in., $r_G = 4.5$ in.일 때, 허용할 수 있는 토크 T_F의 최댓값을 구하시오.

10.21 그림의 기어 열에서 세 중실단면 샤프트의 지름이 $d_{AB} = 20$ mm, $d_{CD} = 25$ mm, $d_{EF} = 40$ mm이다. 각 샤프트의 허용 전단응력이 60 MPa일 때, 작용 가능한 토크 $\mathbf{T}$의 최댓값을 구하시오.

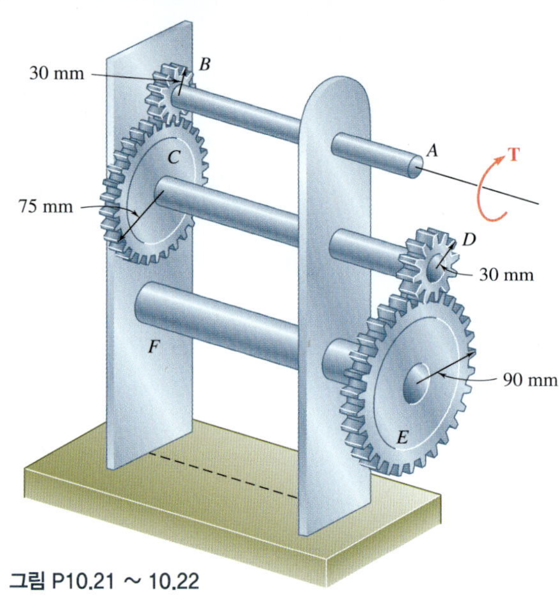

그림 P10.21 ~ 10.22

10.22 $T = 900$ N·m인 토크가 그림과 같이 기어 열의 샤프트 AB에 작용하고 있다. 허용 전단응력이 80 MPa일 때, 다음 각 샤프트의 소요 지름을 구하시오.

(a) 샤프트 AB　　(b) 샤프트 CD　　(c) 샤프트 EF

10.23 그림과 같이 두 개의 중실단면 샤프트가 기어로 연결되어 있으며, 샤프트는 허용 전단응력이 8500 psi인 강재로 제작되었다. $T_C = 5$ kip·in. 크기의 토크가 점 C에 작용하고 있고, 조립체가 평형상태에 있을 때, (a) 샤프트 BC, (b) 샤프트 EF의 소요 지름을 구하시오.

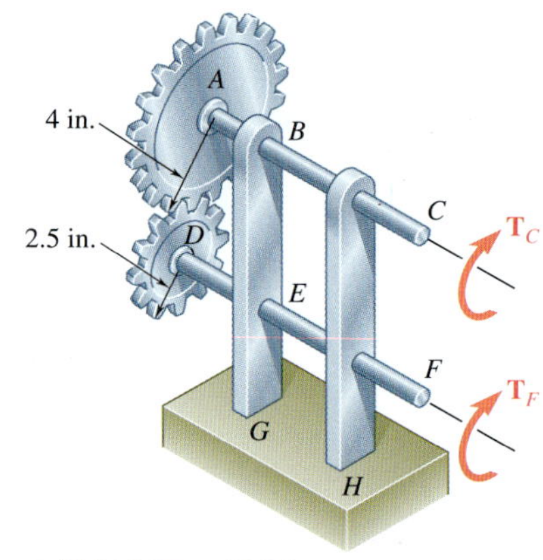

그림 P10.23 ~ 10.24

10.24 그림과 같이 두 개의 중실단면 샤프트가 기어로 연결되어 있으며, 샤프트는 허용 전단응력이 7000 psi인 강재로 제작되었다. 두 샤프트의 지름이 각각 $d_{BC} = 1.6$ in., $d_{EF} = 1.25$ in.일 때, 점 C에 재하할 수 있는 토크 $\mathbf{T}_C$의 최댓값을 구하시오.

10.2 탄성구간의 비틂각

이 절에서는 토크 **T**와 비틂각 ϕ 사이의 관계를 원형단면 샤프트에 대해 유도할 것이다. 샤프트는 전체적으로 탄성상태인 것으로 가정한다. 우선 [그림 10.20]과 같이 한쪽 끝이 고정된 길이가 L이고, 반지름이 c인 원형단면 샤프트의 반대쪽 자유단에 토크 **T**가 작용하는 경우를 생각해보자. 이때 발생하는 비틂각 ϕ와 최대 전단변형률 $\gamma_{\max}$ 사이에는 다음의 관계가 성립함을 앞에서 유도했다.

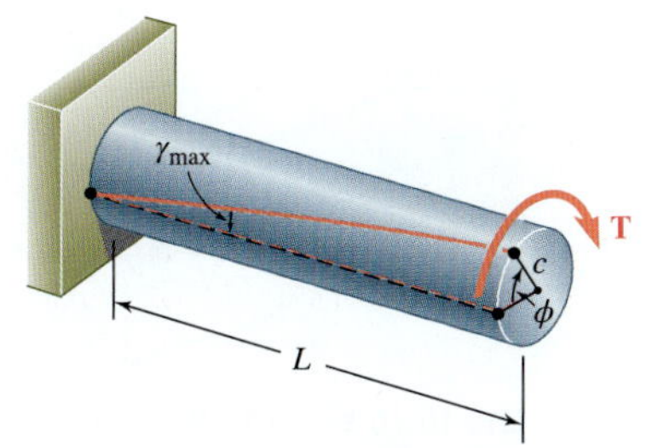

그림 10.20 샤프트의 단부에 작용하는 토크에 의해 발생하는 비틂각 ϕ

$$\gamma_{\max} = \frac{c\phi}{L} \tag{10.3}$$

탄성범위에서는 샤프트의 어느 부분에서도 항복응력을 초과하는 응력이 발생하지 않으므로, 후크의 법칙을 적용할 수 있다. 이전의 식 (10.9)에 따르면 $\gamma_{\max} = \tau_{\max}/G$이므로

$$\gamma_{\max} = \frac{\tau_{\max}}{G} = \frac{Tc}{JG} \tag{10.14}$$

이고, 식 (10.3)과 식 (10.14)의 우변끼리 같다고 놓고 ϕ에 대해 정리하면 다음 식을 얻는다.

$$\phi = \frac{TL}{JG} \tag{10.15}$$

여기서 ϕ의 단위는 라디안이다. 주어진 샤프트에서 L, J, G는 상수이므로, 이 식은 탄성범위 내에서 발생하는 비틂각 ϕ는 샤프트에 작용하는 토크 T에 비례함을 나타낸다. 이것은 10.1.2절에서 논의한 바와 같다.

식 (10.15)를 이용하면 재료의 전단탄성계수를 손쉽게 측정할 수 있다. [사진 10.3]에 보인 비틂시험장치torsion testing machine에 원형단면 샤프트를 설치하고, 이 시편에 작용하는 토크 T의 크기를 점차 증가시키면서 시편의 길이 L 사이에서 발생하는 비틂각 ϕ를 측정한다. 항복응력을 초과하지 않는 범위에서는 ϕ와 T의 그래프가 직선을 이루며, 그 기울기는 JG/L과 같게 되고, 이로부터 G를 계산할 수 있다.

사진 10.3 비틂시험장치
Courtesy of Tinius Olsen Testing Machine Co., Inc.

개념적용 10.2

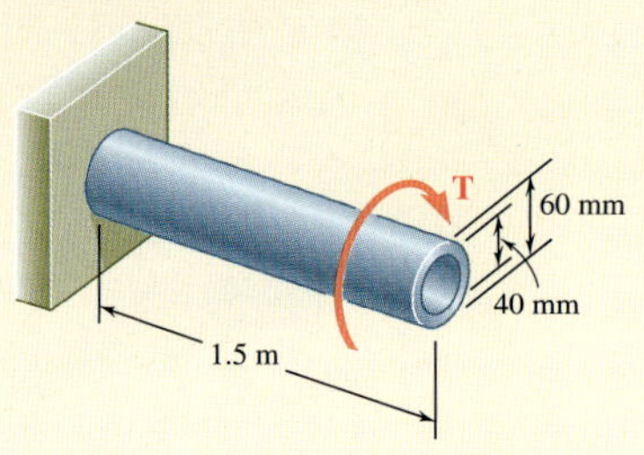

그림 10.15 토크 **T**를 받는 한쪽 끝이 고정된 샤프트(반복)

[개념적용 10.1]의 샤프트에서 2°의 비틂각이 발생하려면 작용하는 토크의 크기는 얼마가 되어야 하는가? 강재의 전단탄성계수 $G = 77$ GPa이다.

식 (10.15)를 T에 대해 풀면 다음 식을 얻을 수 있다.

$$T = \frac{JG}{L}\phi$$

이 식에 주어진 수치를 대입하고,

$$G = 77 \times 10^9 \text{ Pa}, \quad L = 1.5 \text{ m}$$

$$\phi = 2°\left(\frac{2\pi \text{ rad}}{360°}\right) = 34.9 \times 10^{-3} \text{ rad}$$

이전에 계산한 단면의 극관성모멘트를 활용하면,

$$J = 1.021 \times 10^{-6} \text{ m}^4$$

다음과 같이 토크의 크기를 구할 수 있다.

$$T = \frac{JG}{L}\phi = \frac{(1.021 \times 10^{-6} \text{ m}^4)(77 \times 10^9 \text{ Pa})}{1.5 \text{ m}}(34.9 \times 10^{-3} \text{ rad})$$

$$= 1.829 \times 10^3 \text{ N} \cdot \text{m} = 1.829 \text{ kN} \cdot \text{m}$$

개념적용 10.3

[개념적용 10.1]과 [개념적용 10.2]의 샤프트 내부 표면에 70 MPa의 전단응력이 발생하려면 비틂각은 얼마여야 하는가?

이 문제를 풀기 위한 한 가지 방법은 식 (10.10)을 사용하여 토크 T의 크기를 구한 뒤, 다음으로 식 (10.15)를 사용하여 앞서 구한 토크 T에 의해 발생하는 비틂각 ϕ를 구하는 것이다.

보다 직접적인 풀이 방법은 후크의 법칙을 이용하여 샤프트의 내부 표면에 발생하는 전단변형률을 구하는 것이다.

$$\gamma_{\text{min}} = \frac{\tau_{\text{min}}}{G} = \frac{70 \times 10^6 \text{ Pa}}{77 \times 10^9 \text{ Pa}} = 909 \times 10^{-6}$$

이전의 [그림 10.13c]에서 호의 길이 AA'의 길이를 γ와 ϕ로 나타내어 유도한 식 (10.2)를 사용하면,

$$\phi = \frac{L\gamma_{\text{min}}}{c_1} = \frac{1500 \text{ mm}}{20 \text{ mm}}(909 \times 10^{-6}) = 68.2 \times 10^{-3} \text{ rad}$$

를 얻을 수 있으며, 이 값을 도^{degree} 단위로 변환하면 다음과 같이 된다.

$$\phi = (68.2 \times 10^{-3} \text{ rad})\left(\frac{360°}{2\pi \text{ rad}}\right) = 3.91°$$

식 (10.15)는 샤프트의 재료가 균질성(전단탄성계수 G가 일정)이고 단면이 일정하며, 샤프트의 단부에 토크가 작용하는 경우에만 비틂각 계산에 활용할 수 있다. 만일 샤프트의 단부가 아닌 곳, 즉 샤프트의 중간에 토크가 작용하거나, 샤프트가 서로 다른 형태의 단면을 갖거나 다른 재료로 이루어진 몇 개의 부분으로 구성된 경우에 식 (10.15)를 적용하려면 샤프트를 몇 개의 구간으로 나누어 생각할 필요가 있다. 즉, [그림 10.21]에 나타난 샤프트 AB의 경우에는 샤프트를 AC, CD, DE, EB와 같이 네 개의 구간으로 나누어 생각해야 한다. 샤프트 전체의 비틂각, 즉 점 A가 점 B에 대해 회전한 각도는 각 구간의 비틂각을 산술적으로 합산하여 구한다. 구간 i의 내력 토크, 길이, 단면의 극관성모멘트, 전단탄성계수를 각각 T_i, L_i, J_i, G_i로 표시하면, 샤프트의 전체 비틂각은 다음과 같다.

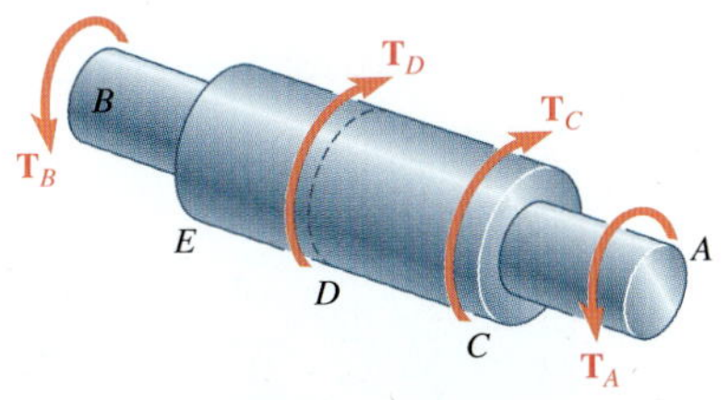

그림 10.21 여러 개의 단면으로 이루어진 여러 개의 토크가 작용하는 샤프트

$$\phi = \sum_i \frac{T_i L_i}{J_i G_i} \tag{10.16}$$

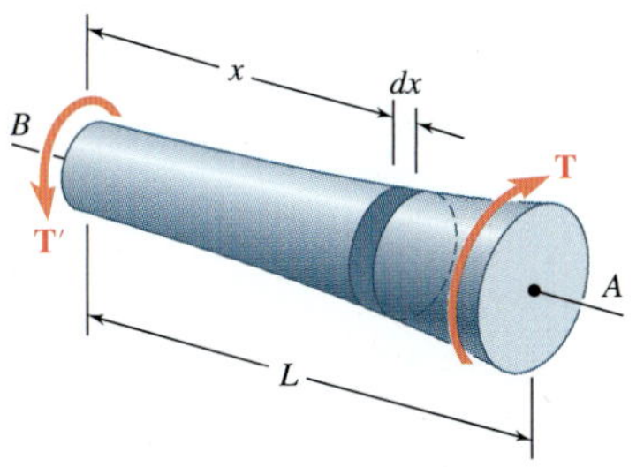

그림 10.22 단면의 모양이 연속적으로 변하는 샤프트

단면의 내력 토크 T_i를 구하기 위해서는 해당 구간의 중간을 절단한 뒤 절단면을 기준으로 한쪽 편에 대한 자유물체도를 그리고, 평형조건을 적용하면 된다. 이 과정은 [예제 10.3]에 설명했다.

[그림 10.22]와 같이 단면의 모양이 연속적으로 변하는 원형단면 샤프트의 경우 미소두께 dx에 대해 식 (10.15)를 적용한다. 미소두께의 디스크에서 발생하는 비틂각은 다음 식과 같으며, 여기서 J는 x의 함수이다.

$$d\phi = \frac{T\,dx}{JG}$$

$d\phi$를 0부터 L까지 x에 대해 적분하면 샤프트의 비틂각을 구할 수 있다.

$$\phi = \int_0^L \frac{T\,dx}{JG} \tag{10.17}$$

[그림 10.15]와 [그림 10.20]의 샤프트는 둘 다 한쪽 끝이 고정되어 있으며, 비틂각 ϕ는 자유단의 회전각과 같다. 만약 양쪽 끝이 모두 고정되어 있지 않고 회전할 수 있다면 샤프트의 비틂각은 한쪽 끝의 다른 쪽 끝에 대한 상대 회전과 같게 된다.

예를 들어, [그림 10.23a]의 조립체를 생각해보자. 조립체의 두 개의 샤프트 AD와 BE는 모두 길이 L, 지름 c, 전단탄성계수 G이고, 점 C에서 기어에 맞물려 있다. 만일 토크 $\mathbf{T}$가 점 E에 작용한다면(그림 10.23b), 두 샤프트가 모두 비틀릴 것이다. 샤프트 AD의 점 D가 고정되어 있으므로 샤프트 AD의 비틂각은 점 A의 회전각 ϕ_A가 된다. 반면에, 샤프트 BE는 양단 모두 회전이 가능하므로, 샤프트 BE의 비틂각은 양단의 회전각 ϕ_B와 ϕ_E의 차이, 즉 점 E가 점 B에 대해 회전한 각도가 되며, 이를 식으로 표현하면 다음과 같다.

$$\phi_{E/B} = \phi_E - \phi_B = \frac{TL}{JG}$$

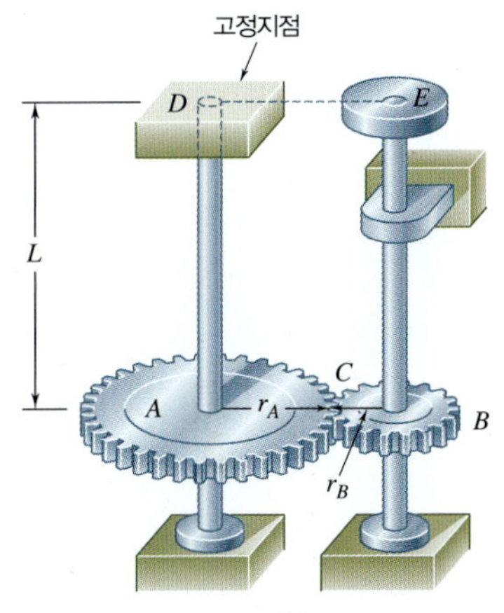

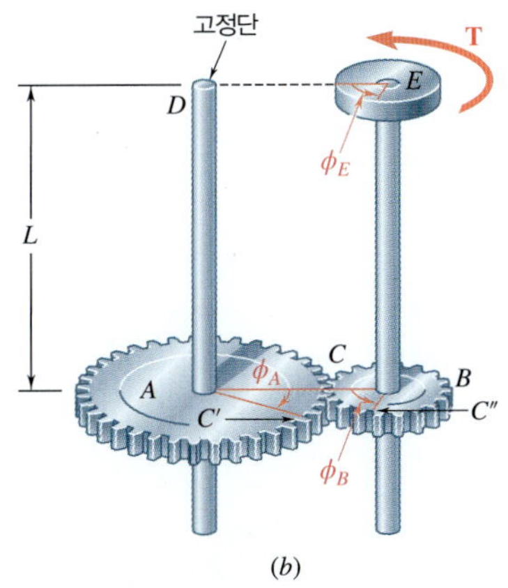

그림 10.23 (a) 점 E에서 점 D로 토크를 전달하기 위한 기어 조립체 (b) 원판 E, 기어 B와 A에 발생하는 비틂각

개념적용 10.4

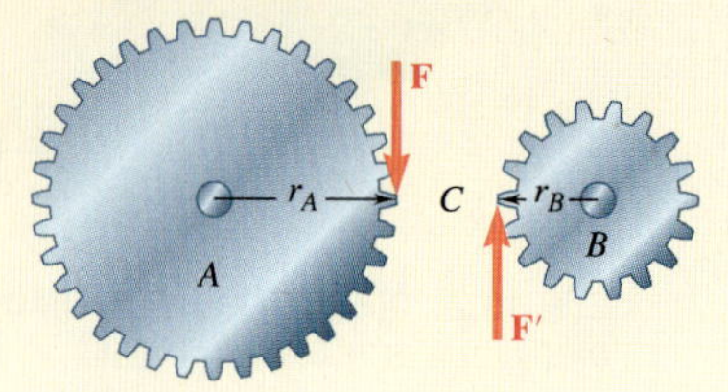

그림 10.24 기어 A와 B에서 톱니에 작용하는 힘

[그림 10.23]의 조립체에서 $r_A = 2r_B$일 때, 점 E에 작용하는 토크 $\mathbf{T}$에 의해 발생하는 점 E의 회전각을 구하시오.

우선 샤프트 AD에 작용하는 토크 $\mathbf{T}_{AD}$를 구한다. [그림 10.24]와 같이 크기가 같고 방향이 반대인 힘 $\mathbf{F}$와 $\mathbf{F}'$이 점 C에서 두 기어에 작용하고 $r_A = 2r_B$이므로, 샤프트 AD에 작용하는 토크는 샤프트 BE에 작용하는 토크의 두 배가 된다. 즉, $T_{AD} = 2T$이다.

축 AD의 점 A는 고정되어 있으므로 기어 A의 회전각 ϕ_A는 샤프트의 비틂각과 같다.

$$\phi_A = \frac{T_{AD}L}{JG} = \frac{2TL}{JG}$$

[그림 10.23b]에서 호 CC'과 CC''은 길이가 같아야 하므로 $r_A\phi_A = r_B\phi_B$이다. 따라서

$$\phi_B = (r_A / r_B)\phi_A = 2\phi_A$$

가 되고,

$$\phi_B = 2\phi_A = \frac{4TL}{JG}$$

이다. 이제 샤프트 BE를 살펴보자. 샤프트의 비틂각은 점 E가 점 B에 대해 회전한 각도 $\phi_{E/B}$와 같으므로

$$\phi_{E/B} = \frac{T_{BE}L}{JG} = \frac{TL}{JG}$$

이고, 점 E의 회전각은 다음과 같다.

$$\begin{aligned}\phi_E &= \phi_B + \phi_{E/B} \\ &= 4\frac{TL}{JG} + \frac{TL}{JG} = \frac{5TL}{JG}\end{aligned}$$

10.3 부정정 샤프트

정역학적 방법만으로는 내력 토크를 구할 수 없는 경우가 종종 발생하며, 이런 경우에는 전체 샤프트의 자유물체도로부터 외력 토크(즉 지점이나 연결부로부터 샤프트에 가해지는 토크)를 구할 수 없다. 이러한 상황은 9.2절에서 논의한 축방향 하중에 대한 부정정 문제와 유사하며, 이와 같은 문제를 풀기 위해서는 9.2절에서와 마찬가지로 평형방정식과 적합방정식(샤프트의 변형과 기하학적 조건으로부터 유도된 추가적인 관계식)을 사용해야 한다. 이를 부정정 샤프트라고 한다. [개념적용 10.5]와 [예제 10.5]를 통해 이와 같은 부정정 샤프트 문제의 풀이 방법을 알아보자.

개념적용 10.5

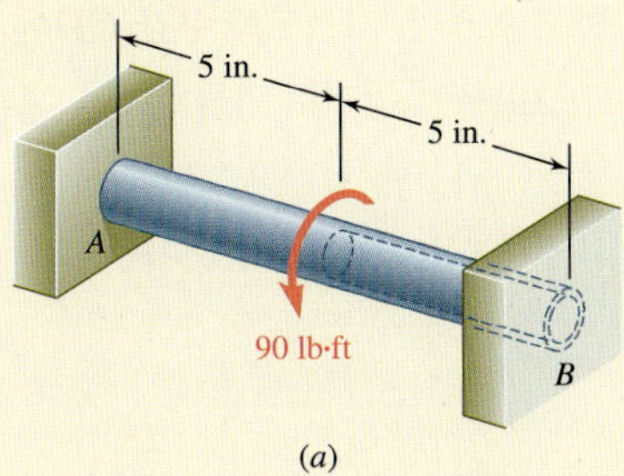

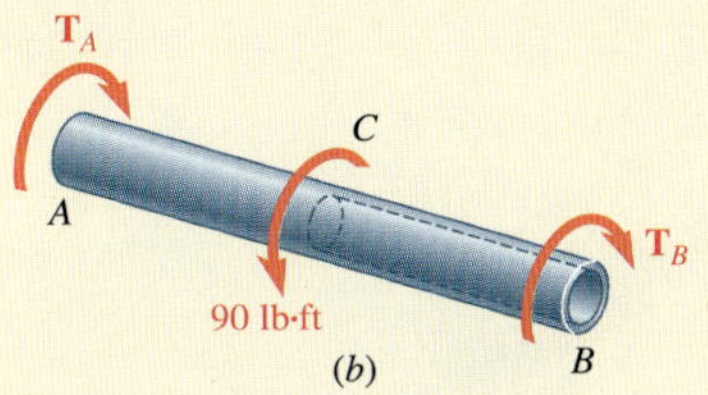

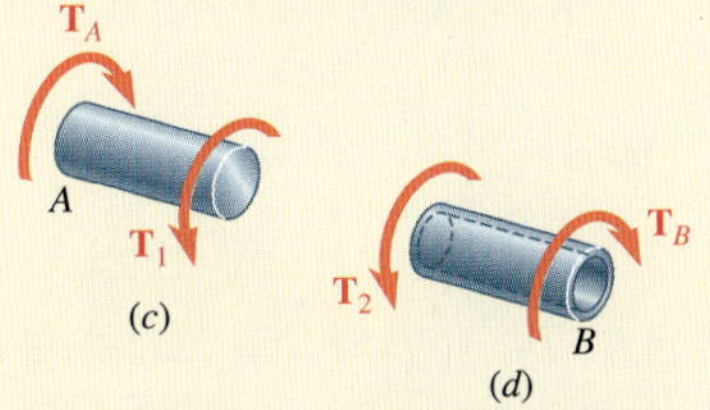

그림 10.25 (a) 중앙에 토크가 작용하는 양단이 고정된 샤프트 (b) 샤프트 AB의 자유물체도 (c) 중실 구간의 자유물체도 (d) 중공 구간의 자유물체도

길이가 10 in.이고 지름이 7/8 in.인 강재 원형단면 샤프트 AB에서 B단으로부터 드릴을 사용하여 깊이 5 in., 지름 5/8 in.의 구멍을 팠다. 샤프트의 양단이 고정된 상태에서 [그림 10.25a]와 같이 샤프트의 중앙점에 90 lb · ft의 토크가 작용한다. 양 지점에서 샤프트에 작용하는 토크를 구하시오.

[그림 10.25b]와 같이 샤프트의 자유물체도를 그리고, 양 지점에서 작용하는 토크를 $\mathbf{T}_A$와 $\mathbf{T}_B$라 하면, 평형조건에 의해

$$T_A + T_B = 90 \text{ lb} \cdot \text{ft}$$

이다. 이 식 하나만으로 두 미지의 토크 $\mathbf{T}_A$와 $\mathbf{T}_B$를 구할 수 없으므로 이 샤프트는 부정정이다. 하지만 이 샤프트는 양 단이 고정되어 있으므로 샤프트 AB 전체의 비틂각은 0이 되어야 하고, 이 조건으로부터 $\mathbf{T}_A$와 $\mathbf{T}_B$를 구할 수 있다. 구간 AC와 CB의 비틂각을 각각 ϕ_1과 ϕ_2라 하면

$$\phi = \phi_1 + \phi_2 = 0$$

이다. 이제 점 A를 포함하는 미소구간의 자유물체도(그림 10.25c)로부터 구간 AC의 내력 토크 T_1이 T_A와 같음을 알 수 있고, 점 B를 포함하는 미소구간의 자유물체도(그림 10.25d)로부터 구간 CB의 내력 토크 T_2와 T_B가 같음을 알 수 있다. 구간 AC와 CB는 서로 반대 방향으로 비틀리므로, 식 (10.15)를 사용하면

$$\phi = \phi_1 + \phi_2 = \frac{T_A L_1}{J_1 G} - \frac{T_B L_2}{J_2 G} = 0$$

이 되고, 이 식을 T_B에 대해 풀면

$$T_B = \frac{L_1 J_2}{L_2 J_1} T_A$$

이다. 이 식에 주어진 수치들을 대입하면

$$L_1 = L_2 = 5 \text{ in.}$$

$$J_1 = \frac{1}{2}\pi\left(\frac{7}{16} \text{ in.}\right)^4 = 57.6 \times 10^{-3} \text{ in}^4$$

$$J_2 = \frac{1}{2}\pi\left[\left(\frac{7}{16} \text{ in.}\right)^4 - \left(\frac{5}{16} \text{ in.}\right)^4\right] = 42.6 \times 10^{-3} \text{ in}^4$$

이고, 따라서

$$T_B = 0.740\, T_A$$

이다. 이 조건을 처음의 평형방정식에 대입하면 다음과 같다.

$$1.740\, T_A = 90 \text{ lb} \cdot \text{ft}$$

$$T_A = 51.7 \text{ lb} \cdot \text{ft}$$

$$T_B = 38.3 \text{ lb} \cdot \text{ft}$$

예제 10.3

점 D에서 고정된 샤프트 AD가 그림과 같은 토크를 받고 있으며, 샤프트의 구간 CD에는 지름 44 mm의 구멍이 뚫려 있다. 샤프트를 $G = 77$ GPa인 강재로 만들었다면, A단의 비틂각을 구하시오.

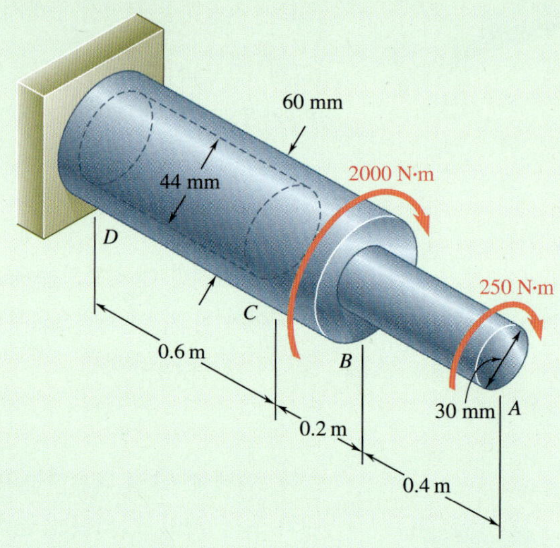

문제분석 자유물체도를 이용하여 샤프트의 각 구간 AB, BC, CD의 내력 토크를 구한다. 다음으로 식 (10.16)을 사용하여 점 A의 비틂각을 구한다.

모델링 [그림 1]과 같이 샤프트의 점 A와 B 사이를 절단하고 평형조건을 적용하면 다음과 같이 T_{AB}를 구할 수 있다.

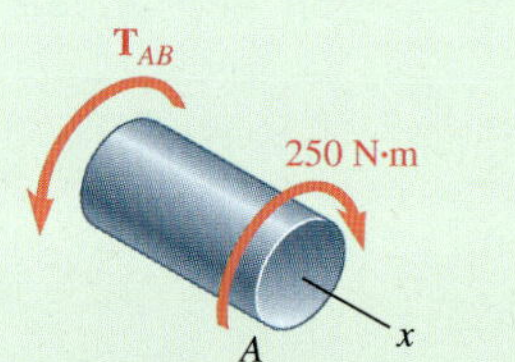

그림 1 구간 AB의 내력 토크를 구하기 위한 자유물체도

$$\Sigma M_x = 0 : (250\ \text{N} \cdot \text{m}) - T_{AB} = 0$$
$$T_{AB} = 250\ \text{N} \cdot \text{m}$$

다음으로 [그림 2]와 같이 점 B와 C 사이를 절단하여 T_{BC}를 구한다.

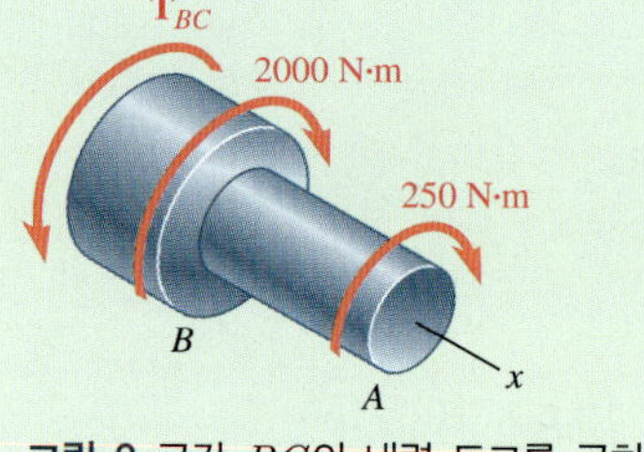

그림 2 구간 BC의 내력 토크를 구하기 위한 자유물체도

$$\Sigma M_x = 0 : (250\ \text{N} \cdot \text{m}) + (2000\ \text{N} \cdot \text{m}) - T_{BC} = 0$$
$$T_{BC} = 2250\ \text{N} \cdot \text{m}$$

점 C에 작용하고 있는 토크는 없으므로 다음을 얻는다.

$$T_{CD} = T_{BC} = 2250\ \text{N} \cdot \text{m}$$

풀이

극관성모멘트 [그림 3]으로부터 각 단면의 극관성모멘트를 구한다.

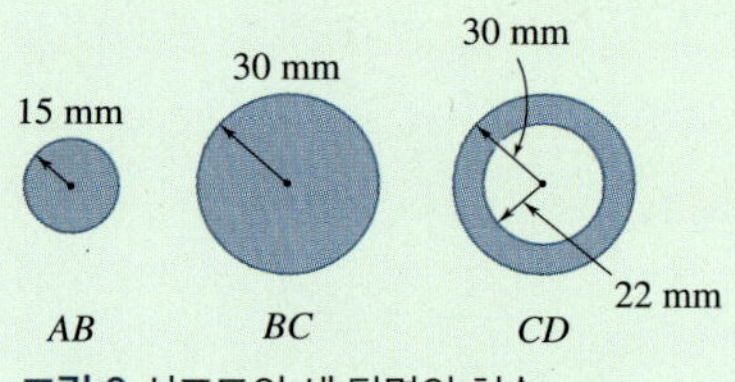

그림 3 샤프트의 세 단면의 치수

$$J_{AB} = \frac{\pi}{2}c^4 = \frac{\pi}{2}(0.015\ \text{m})^4 = 0.0795 \times 10^{-6}\ \text{m}^4$$

$$J_{BC} = \frac{\pi}{2}c^4 = \frac{\pi}{2}(0.030\ \text{m})^4 = 1.272 \times 10^{-6}\ \text{m}^4$$

$$J_{CD} = \frac{\pi}{2}(c_2^4 - c_1^4) = \frac{\pi}{2}[(0.030\ \text{m})^4 - (0.022\ \text{m})^4]$$
$$= 0.904 \times 10^{-6}\ \text{m}^4$$

그림 4 A단의 비틀각

비틀각

[그림 4]에서 식 (10.16)을 사용하고, $G = 77$ GPa를 대입하면 샤프트 전체의 비틀각을 다음과 같이 계산할 수 있다.

$$\phi_A = \sum_i \frac{T_i L_i}{J_i G} = \frac{1}{G}\left(\frac{T_{AB}L_{AB}}{J_{AB}} + \frac{T_{BC}L_{BC}}{J_{BC}} + \frac{T_{CD}L_{CD}}{J_{CD}}\right)$$

$$\phi_A = \frac{1}{77\ \text{GPa}}\left[\frac{(250\ \text{N}\cdot\text{m})(0.4\ \text{m})}{0.0795\times 10^{-6}\ \text{m}^4} + \frac{(2250)(0.2)}{1.272\times 10^{-6}} + \frac{(2250)(0.6)}{0.904\times 10^{-6}}\right]$$

$$= 0.01634 + 0.00459 + 0.01939 = 0.0403\ \text{rad}$$

$$= (0.0403\ \text{rad})\frac{360°}{2\pi\ \text{rad}} \qquad \phi_A = 2.31° ◀$$

예제 10.4

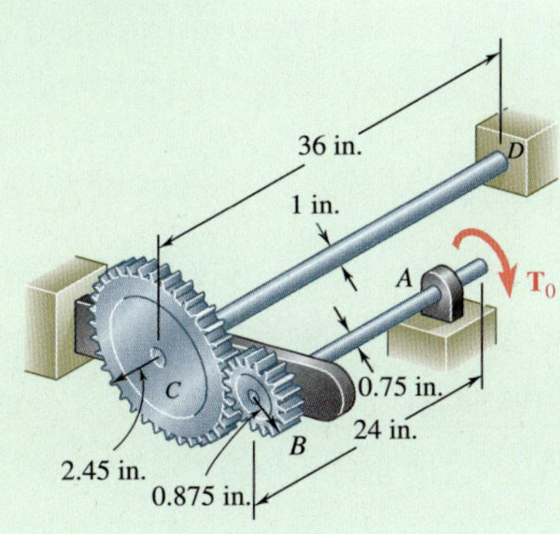

두 개의 강재 중실단면 샤프트가 그림과 같이 기어로 연결되어 있다. 각 샤프트의 $G = 11.2\times 10^6$ psi이고, 허용 전단응력은 8 ksi일 때 다음을 구하시오.

(a) 샤프트 AB의 A단에 작용할 수 있는 토크 $\mathbf{T}_0$의 최댓값

(b) 이때 샤프트 AB의 A단이 회전한 각도

문제분석 각각의 샤프트 AB와 CD에 발생하는 토크와 비틀각의 관계를 구하기 위해 자유물체도와 운동학kinematics을 이용한다. 다음으로 허용응력을 이용하여 최대 토크를 계산하고, 식 (10.15)로부터 A단의 회전각을 구한다.

모델링 [그림 1]과 같이 두 기어의 맞물린 톱니 사이에 작용하는 접선방향의 힘을 F라고 하면, 다음과 같이 T_{CD}를 구할 수 있다.

기어 B $\sum M_B = 0 : F(0.875\ \text{in.}) - T_0 = 0 \qquad T_{CD} = 2.8\,T_0 \quad (1)$

기어 C $\sum M_C = 0 : F(2.45\ \text{in.}) - T_{CD} = 0$

[그림 2]와 운동학을 이용하면, 두 기어의 회전에 의한 호의 길이가 서로 같아야 하므로 다음과 같이 구할 수 있다.

$$r_B\phi_B = r_C\phi_C, \quad \phi_B = \phi_C\frac{r_C}{r_B} = \phi_C\frac{2.45\ \text{in.}}{0.875\ \text{in.}} = 2.8\,\phi_C \qquad (2)$$

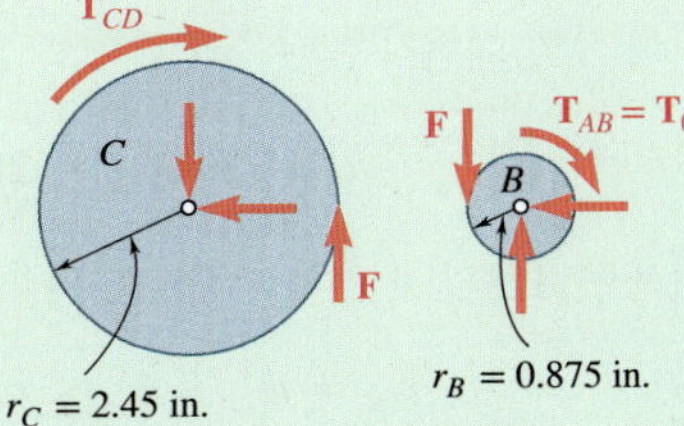

그림 1 기어 B와 C의 자유물체도

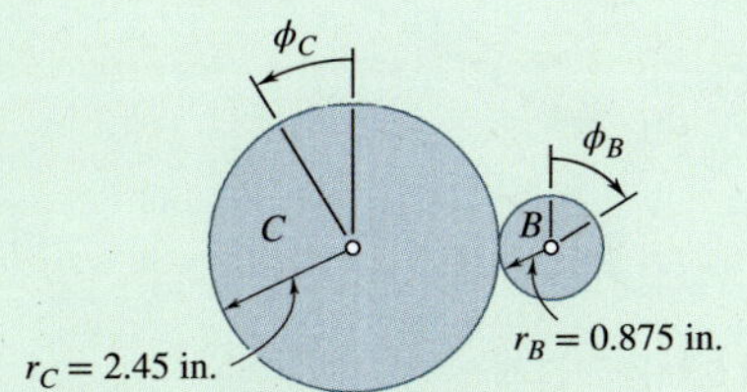

그림 2 기어 B와 C의 비틀각

풀이

a. 토크 T_0 샤프트 AB에서 $T_{AB} = T_0$이고 $c = 0.375$ in.이므로(그림 3), 허용 전단응력으로부터 다음과 같이 T_0를 구할 수 있다.

$$\tau = \frac{T_{AB}c}{J}, \quad 8000 \text{ psi} = \frac{T_0(0.375 \text{ in.})}{\frac{1}{2}\pi(0.375 \text{ in.})^4} \qquad T_0 = 663 \text{ lb} \cdot \text{in.} ◀$$

그림 3 샤프트 AB의 자유물체도

식 (1)을 사용하면 샤프트 CD에서 $T_{CD} = 2.8T_0$, $c = 0.5$ in., $\tau_{\text{all}} = 8000$ psi이므로(그림 4), 또 하나의 T_0는 다음과 같이 구할 수 있다.

$$\tau = \frac{T_{CD}c}{J}, \quad 8000 \text{ psi} = \frac{2.8\ T_0(0.5 \text{ in.})}{\frac{1}{2}\pi(0.5 \text{ in.})^4}$$

$$T_0 = 561 \text{ lb} \cdot \text{in.} ◀$$

허용 전단응력은 샤프트 AB와 샤프트 CD의 어느 쪽에서도 초과하면 안 되므로, 두 T_0 값 중에서 더 작은 값이 A단에 작용할 수 있는 토크의 최댓값이 된다.

$$T_0 = 561 \text{ lb} \cdot \text{in.} ◀$$

b. 점 A의 회전각 우선 각 샤프트의 비틂각을 구한다.

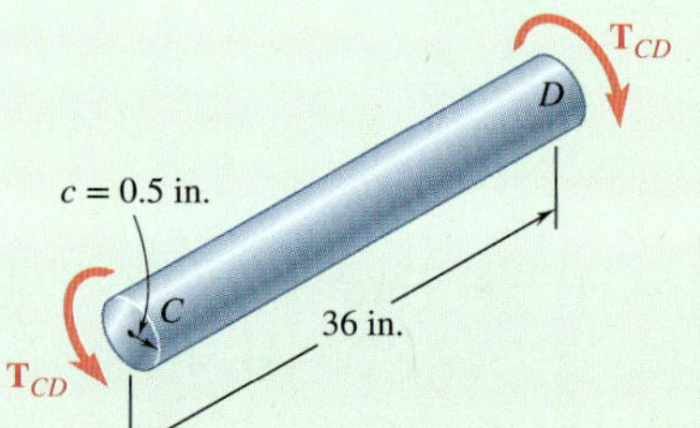

그림 4 샤프트 CD의 자유물체도

축 AB $T_{AB} = T_0 = 561$ lb · in.이므로, 비틂각은 다음과 같다.

$$\phi_{A/B} = \frac{T_{AB}L}{JG} = \frac{(561 \text{ lb} \cdot \text{in.})(24 \text{ in.})}{\frac{1}{2}\pi(0.375 \text{ in.})^4(11.2 \times 10^6 \text{ psi})} = 0.0387 \text{ rad} = 2.22°$$

축 CD $T_{CD} = 2.8T_0 = 2.8(561$ lb · in.)이므로, 비틂각은 다음과 같다.

$$\phi_{C/D} = \frac{T_{CD}L}{JG} = \frac{2.8(561 \text{ lb} \cdot \text{in.})(36 \text{ in.})}{\frac{1}{2}\pi(0.5 \text{ in.})^4(11.2 \times 10^6 \text{ psi})} = 0.0514 \text{ rad} = 2.95°$$

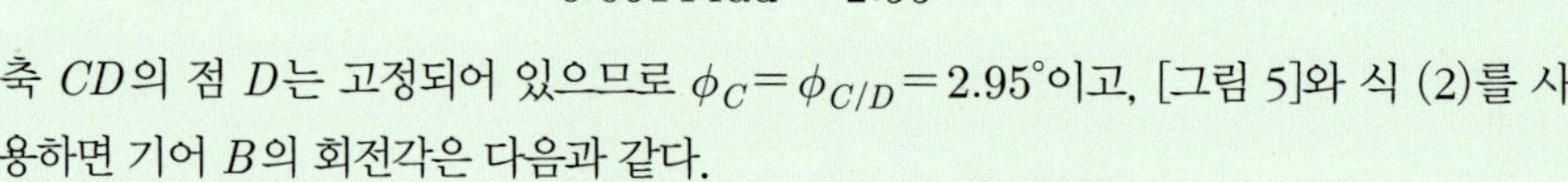
축 CD의 점 D는 고정되어 있으므로 $\phi_C = \phi_{C/D} = 2.95°$이고, [그림 5]와 식 (2)를 사용하면 기어 B의 회전각은 다음과 같다.

$$\phi_B = 2.8\phi_C = 2.8(2.95°) = 8.26°$$

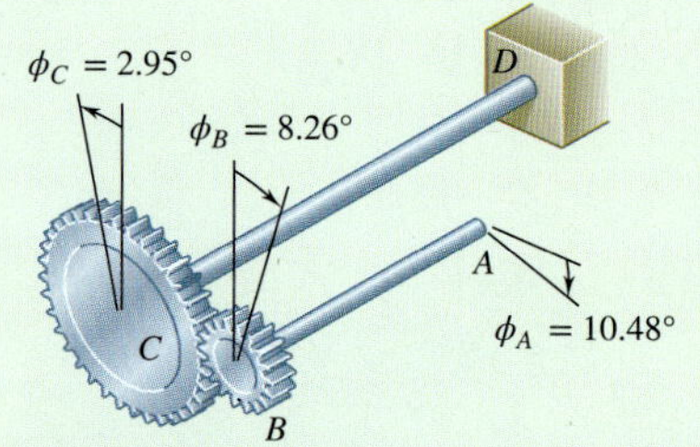

그림 5 비틂각 결과

따라서 샤프트 AB의 A단의 회전각은 다음과 같다.

$$\phi_A = \phi_B + \phi_{A/B} = 8.26° + 2.22° \qquad \phi_A = 10.48° ◀$$

예제 10.5

다음 그림과 같이 강재 샤프트와 알루미늄 관이 고정지점과 강체 판에 연결되어 있다. 토크가 작용하기 전에 각 부분의 응력은 0이고, 강재의 허용응력은 120 MPa, 알루미늄의 허용응력은 70 MPa일 때, 이 조립체에 작용할 수 있는 토크 $\mathbf{T}_0$의 최댓값을 구하시오. 강재와 알루미늄의 전단탄성계수는 각각 77 GPa와 27 GPa이다.

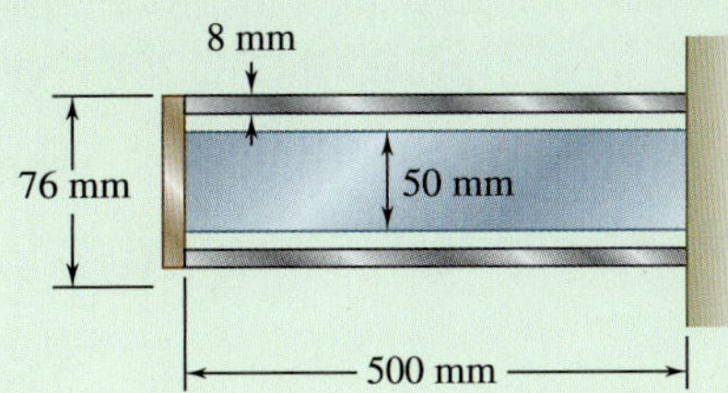

문제분석 강재 샤프트와 알루미늄 관 모두가 작용 토크에 저항하는 것은 알 수 있지만 두 부분이 부담하는 토크가 각각 얼마인지는 모른다. 따라서 샤프트의 변형에 대해서 살펴봐야 한다. 강재 샤프트와 알루미늄 관이 강체 판에 연결되어 있으므로 두 부분의 비틂각은 같아야 하고, 이 조건을 이용하여 각 부분에 작용하는 토크를 구할 수 있다. 다음으로 각 부분의 허용응력을 사용하여 어느 부분이 최대토크의 크기를 결정하는지 알 수 있고, 이로부터 토크의 최댓값을 구할 수 있다.

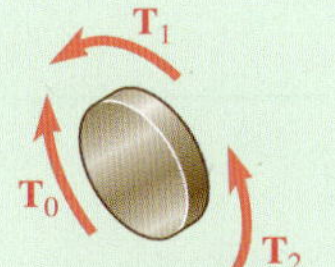

그림 1 단부판의 자유물체도

모델링 [그림 1]과 같이 단부의 강체 판에 대한 자유물체도를 먼저 그려보면, 이로부터 다음 평형조건을 얻을 수 있다.

$$T_0 = T_1 + T_2 \tag{1}$$

축과 관의 비틂각이 서로 같으므로, 다음과 같이 T_1과 T_2의 관계식을 구할 수 있다.

$$\phi_1 = \phi_2 : \frac{T_1 L_1}{J_1 G_1} = \frac{T_2 L_2}{J_2 G_2}$$

$$\frac{T_1\,(0.5\text{ m})}{(2.003\times 10^{-6}\text{ m}^4)(27\text{ GPa})} = \frac{T_2\,(0.5\text{ m})}{(0.614\times 10^{-6}\text{ m}^4)(77\text{ GPa})}$$

$$T_2 = 0.874\,T_1 \tag{2}$$

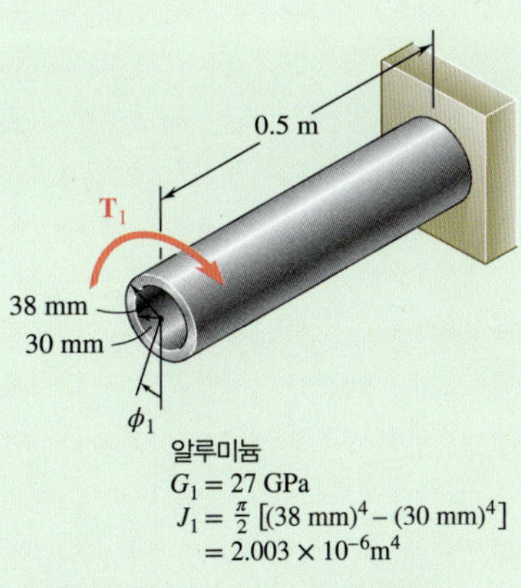

그림 2 중공 샤프트의 토크와 비틂각

풀이 다음으로 강재 샤프트와 알루미늄 관 중 어느 쪽이 먼저 허용응력에 도달하는지 파악해야 한다. 이를 위해 임의로 $\tau_{\text{alum}} \le 70$ MPa 조건이 결정적이라고 가정하면, [그림 2]에서 알루미늄 관의 토크는

$$T_1 = \frac{\tau_{\text{alum}} J_1}{c_1} = \frac{(70\text{ MPa})(2.003\times 10^{-6}\text{ m}^4)}{0.038\text{ m}} = 3690\text{ N}\cdot\text{m}$$

이 된다. 식 (2)를 사용하여 T_2를 구한 뒤, 강재 샤프트의 최대 전단응력을 계산하면(그림 3), 다음과 같다.

$$T_2 = 0.874\,T_1 = 0.874(3690) = 3225\text{ N}\cdot\text{m}$$

$$\tau_{\text{steel}} = \frac{T_2 c_2}{J_2} = \frac{(3225\text{ N}\cdot\text{m})(0.025\text{ m})}{0.614\times 10^{-6}\text{ m}^4} = 131.3\text{ MPa}$$

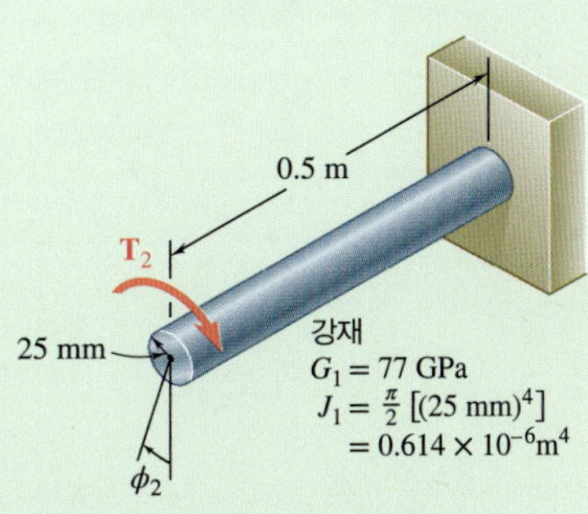

그림 3 중실 샤프트의 토크와 비틂각

이 값은 앞에서 주어진 강재의 허용응력 120 MPa을 초과하므로 이 가정은 잘못되었음을 알 수 있다. 따라서 최대토크 $\mathbf{T}_0$의 값은 $\tau_{\text{steel}} = 120$ MPa이라는 조건으로부터 구해진다. 강재 샤프트의 토크 $\mathbf{T}_2$를 먼저 구하면

$$T_2 = \frac{\tau_{\text{steel}} J_2}{c_2} = \frac{(120 \text{ MPa})(0.614 \times 10^{-6} \text{ m}^4)}{0.025 \text{ m}} = 2950 \text{ N} \cdot \text{m}$$

이고, 식 (2)를 사용하면

$$2950 \text{ N} \cdot \text{m} = 0.874 T_1, \qquad T_1 = 3375 \text{ N} \cdot \text{m}$$

이다. 이제 식 (1)로부터 최대 허용 토크의 크기를 다음과 같이 구할 수 있다.

$$T_0 = T_1 + T_2 = 3375 \text{ N} \cdot \text{m} + 2950 \text{ N} \cdot \text{m}$$

$$T_0 = 6.325 \text{ kN} \cdot \text{m}$$ ◀

고찰 이 문제에서는 각 부분의 응력이 모두 허용응력을 초과해서는 안 된다는 것을 보였다. 강재 샤프트가 허용응력에 먼저 도달했으므로, 알루미늄 관의 응력은 허용응력보다 낮은 값을 갖는다.

Section 10.2 ~ 10.3 연습문제

10.25 그림의 알루미늄 샤프트에 대해($G = 3.9 \times 10^6$ psi) 다음을 구하시오.

(a) 비틂각 5°를 발생시키는 토크 **T**

(b) 길이와 단면적이 동일한 중실 원형단면 샤프트에 동일한 토크 **T**가 작용했을 때 발생하는 비틂각

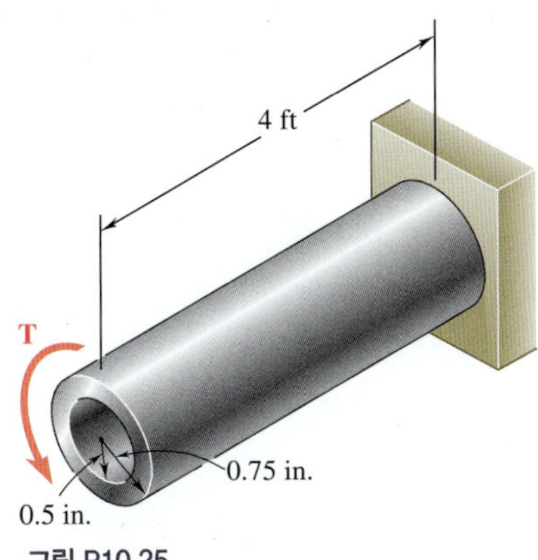

그림 P10.25

10.26 (a) 그림과 같은 지름이 3 in.인 중실단면 알루미늄 샤프트에 40 kip·in.의 토크 **T**가 작용했을 때($G = 3.7 \times 10^6$ psi) 비틂각을 구하시오. (b) 샤프트가 외경 3 in., 내경 1 in.의 중공단면으로 변경되었을 때 문제 (a)를 다시 푸시오.

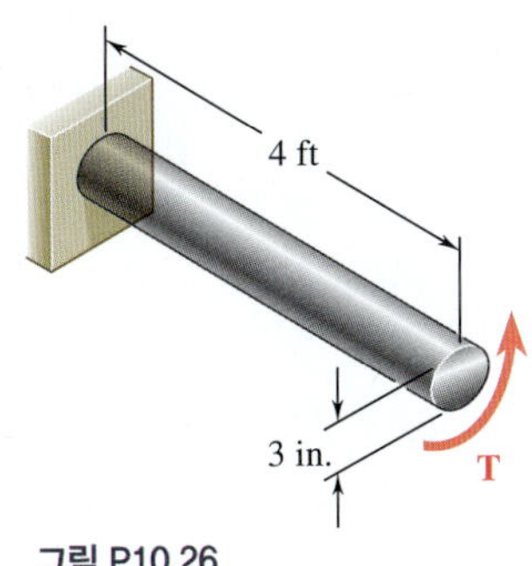

그림 P10.26

10.27 길이가 10 ft인 강재 샤프트($G = 11.2 \times 10^6$ psi)에 비틂각 30°가 발생했을 때, 허용응력이 12 ksi를 초과하지 않기 위해 필요한 최대 허용지름을 구하시오.

10.28 유전을 개발하기 위해 점 A에 있는 배에서 5000 ft 깊이의 해저면에 구멍을 뚫기 시작했다. 점 B의 드릴 비트[drill bit]가 움직이기 전까지 지름 8 in.의 강재 드릴 파이프($G = 11.2 \times 10^6$ psi)가 두 바퀴 회전했다면, 파이프의 비틂에 의해 발생한 최대 전단응력을 구하시오.

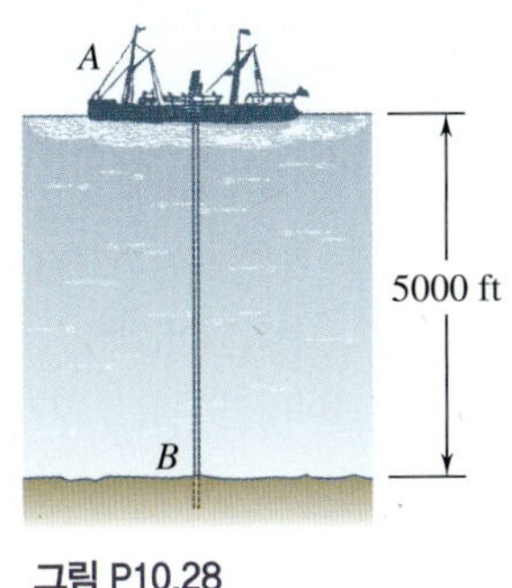

그림 P10.28

10.29 풀리 A와 B에 그림과 같은 토크가 작용하고 있다. 샤프트는 중실단면의 강재($G = 77$ GPa)로 만들어져 있을 때, 다음을 구하시오.

(a) A와 B 사이의 비틂각

(b) A와 C 사이의 비틂각

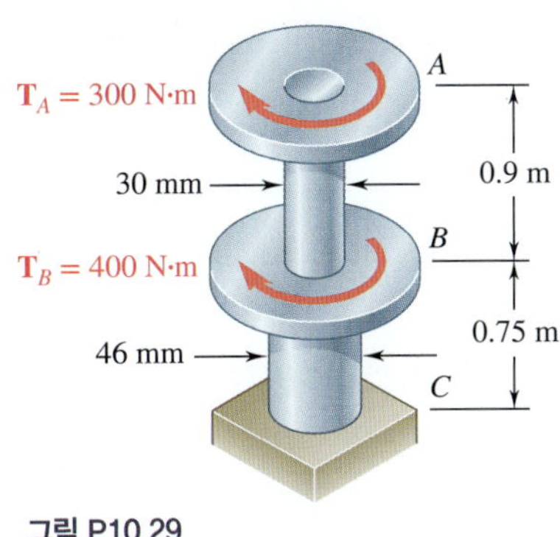

그림 P10.29

10.30 전기모터가 일정한 속도로 회전하면서 샤프트 $ABCD$에 500 N·m의 토크를 가하고 있다. 풀리 B와 C에 그림과 같은 토크가 작용하고 있다. $G = 27$ GPa일 때, 다음을 구하시오.

(a) B와 C 사이의 비틂각

(b) B와 D 사이의 비틂각

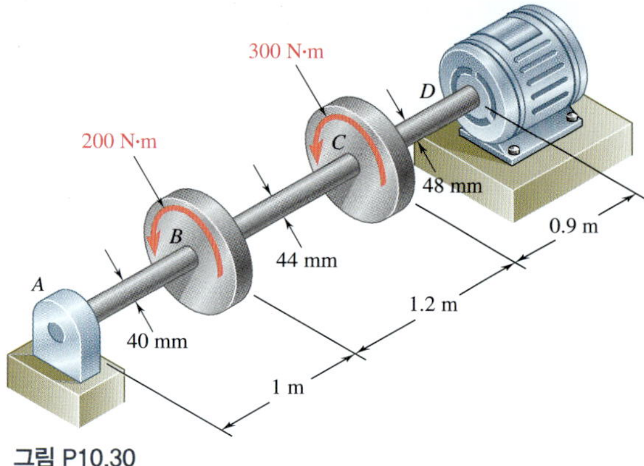

그림 P10.30

10.31 알루미늄 샤프트 $BC(G=26\text{ GPa})$가 황동 샤프트 AB $(G=39\text{ GPa})$와 접착되어 있다. 각 샤프트가 지름 12 mm인 중실 원형단면이라면 다음을 구하시오.

(a) 점 B의 비틂각 (b) 점 C의 비틂각

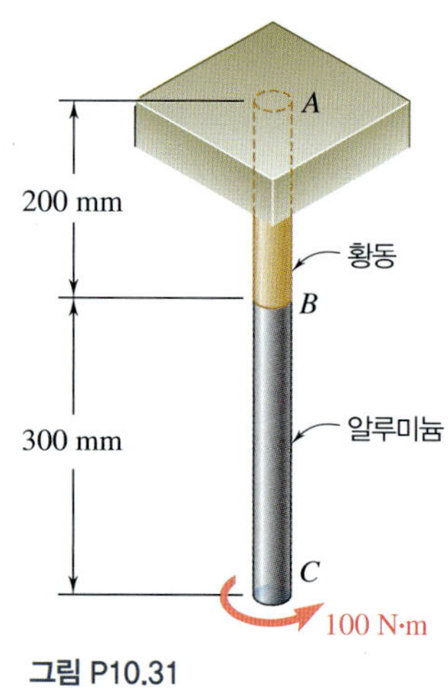

그림 P10.31

10.32 알루미늄 샤프트 $AB(G=27\text{ GPa})$가 황동 샤프트 BD $(G=39\text{ GPa})$와 접착되어 있다. 황동 샤프트의 구간 CD는 내경 40 mm인 중공단면이라면 점 A의 비틂각을 구하시오.

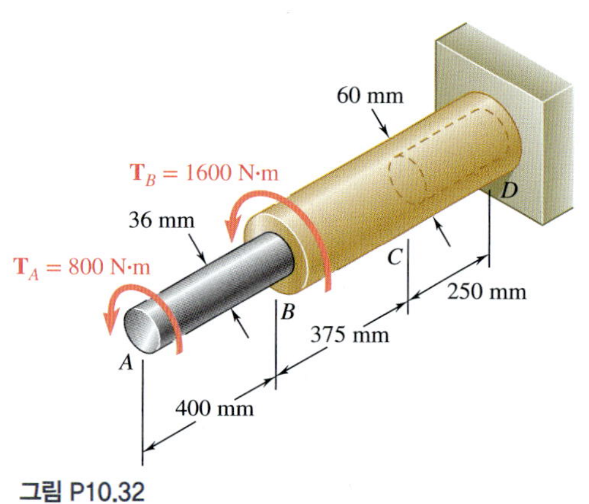

그림 P10.32

10.33 두 개의 중실단면 샤프트가 그림과 같이 기어로 연결되어 있다. 모든 샤프트가 $G=77\text{ GPa}$이라면, $T_A=1200\text{N}\cdot\text{m}$에 의해 발생하는 점 A의 회전각을 구하시오.

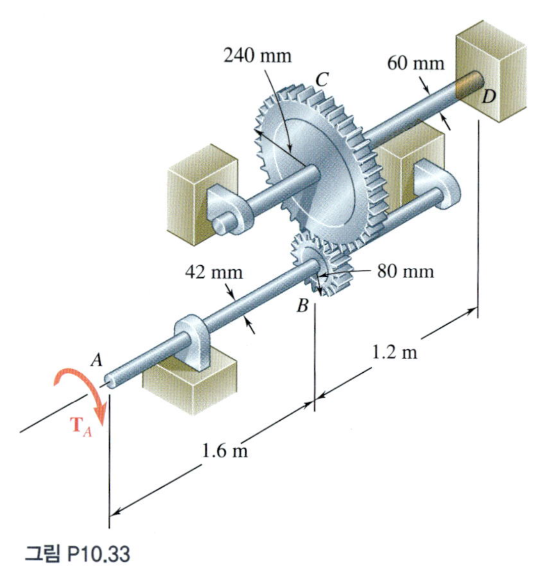

그림 P10.33

10.34 지름 30 mm인 두 개의 강재 중실단면 샤프트가 그림과 같이 기어로 연결되어 있다. 모든 샤프트가 $G=77.2\text{ GPa}$이라면, $T=200\text{ N}\cdot\text{m}$이 점 A에 작용했을 때 발생하는 점 A의 회전각을 구하시오.

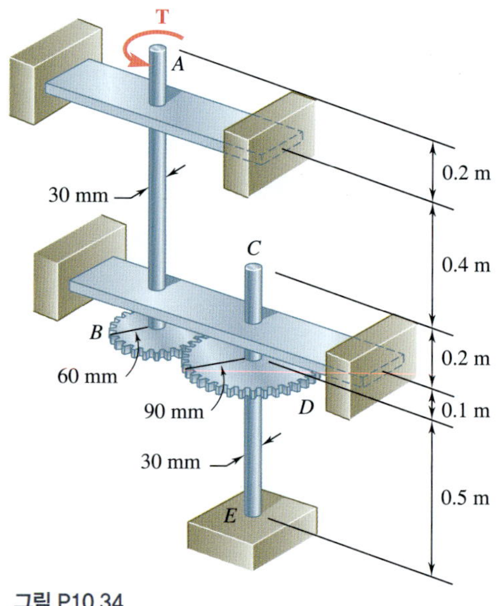

그림 P10.34

10.35 지름 7/8 in.인 두 개의 강재 중실단면 샤프트가 그림과 같이 기어로 연결되어 있다. 모든 샤프트가 $G=11.2\times10^6$ psi이고 점 F가 고정되어 있다면, 1.2 kip·in.의 토크가 점 A에 작용했을 때 발생하는 점 A의 회전각을 구하시오.

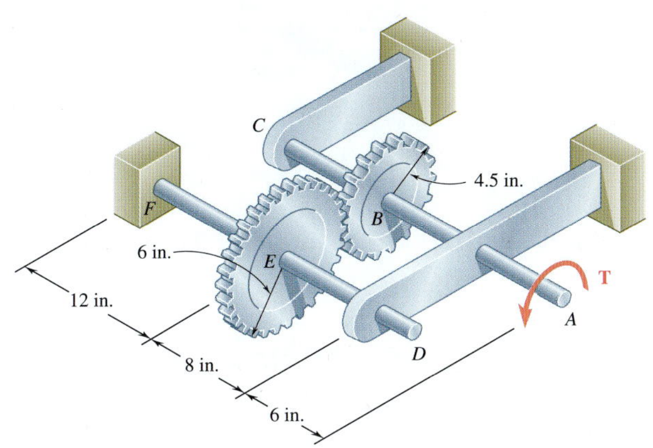

그림 P10.35

10.36 샤프트 A의 회전을 디지털 형식으로 기록하기 위한 부호기coder F가 그림과 같이 기어 열에 의해 샤프트에 연결되어 있다. 기어 열은 네 개의 톱니바퀴와 세 개의 지름이 d인 강재 샤프트로 구성되어 있으며, 톱니바퀴 두 개는 지름이 r이고, 나머지 두 개의 지름은 r이다. 만일 부호기 F의 회전이 구속되어 있다면, A단의 회전각을 T, l, G, J, n으로 나타내시오.

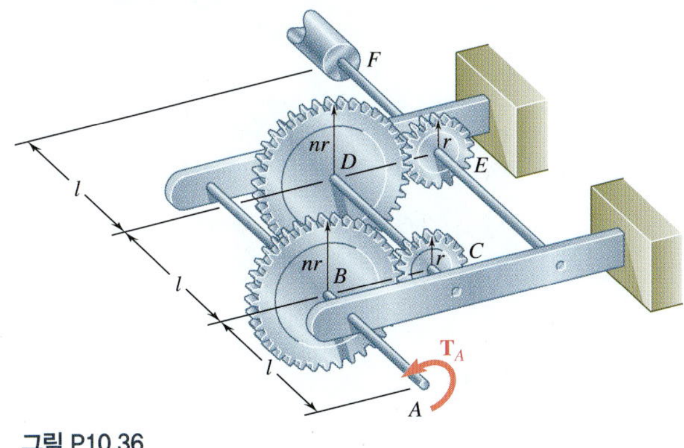

그림 P10.36

10.37 길이 1.2 m인 중실단면 변속기 샤프트의 설계 기준에 따르면, 750 N·m의 토크가 작용했을 때 발생하는 비틂각이 4°를 초과하면 안 된다. 샤프트의 전단탄성계수가 77.2 GPa, 허용 전단응력이 90 MPa인 강재로 제작되었을 때, 샤프트의 소요 지름을 구하시오.

10.38 길이 2 m인 중실 원형단면 변속기 샤프트의 설계 기준에 따르면, 9 kN·m의 토크가 작용했을 때 발생하는 비틂각이 3°를 초과하면 안된다. 다음 조건에 대한 샤프트의 소요 지름을 구하시오.

(a) 샤프트의 전단탄성계수가 77.2 GPa, 허용 전단응력이 90 MPa인 강재로 제작되었을 때

(b) 샤프트의 전단탄성계수가 42 GPa, 허용 전단응력이 35 MPa인 청동으로 제작되었을 때

10.39 ~ 10.40 길이가 $L=24$ in.인 중실 원형단면 샤프트 BC가 길이가 $a=15$ in.인 강체 레버 AB와 연결되어 있으며, 점 C에 고정되어 있다. 설계기준의 요구조건은 100 lb의 힘 **P**가 점 A에 작용했을때 점 A의 처짐이 1 in.를 초과하지 않아야 한다는 것이다. 다음의 재료에 대해 샤프트의 소요 지름을 구하시오.

10.39 강재 : $\tau_{all}=15$ ksi, $G=11.2\times10^6$ psi
10.40 알루미늄 : $\tau_{all}=10$ ksi, $G=3.9\times10^6$ psi

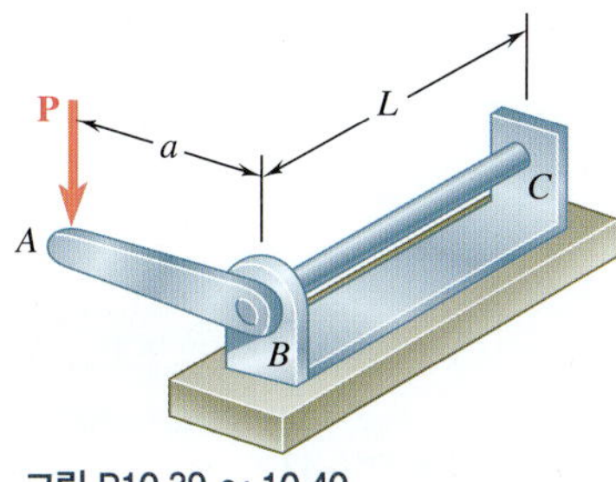

그림 P10.39 ~ 10.40

10.41 그림과 같은 합성 샤프트의 A단에 $T=4$ kN·m의 토크가 작용하고 있다. 강재와 알루미늄의 전단탄성계수가 각각 77 GPa와 27 GPa일 때, 다음을 구하시오.

(a) 강재 코어에 발생하는 최대 전단응력

(b) 알루미늄 재킷에 발생하는 최대 전단응력

(c) 점 A의 비틂각

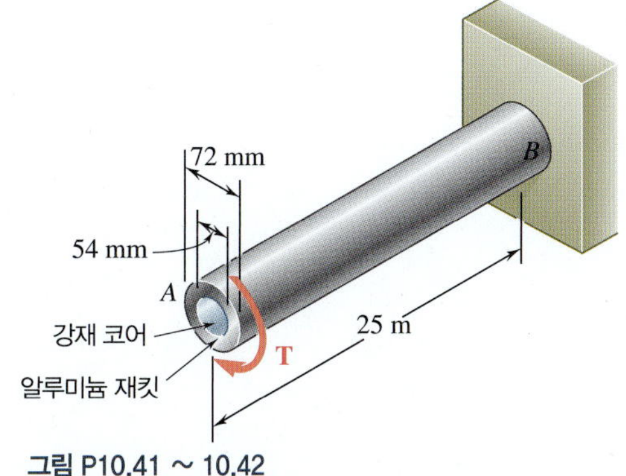

그림 P10.41 ~ 10.42

10.42 그림과 같은 합성 샤프트의 A단에 토크 $\mathbf{T}$가 작용하고 있다. 강재와 알루미늄의 전단탄성계수가 각각 77 GPa와 27 GPa이고, 허용 전단응력이 각각 $\tau_{steel} = 60$ MPa, $\tau_{aluminum} = 45$ MPa일 때, 점 A에 발생할 수 있는 최대 회전각을 구하시오

10.43 중실 원형단면 샤프트 AB와 BC가 점 B에서 접착되어 있으며, 점 A와 C는 고정되어 있다. 알루미늄과 황동의 전단탄성계수가 각각 3.7×10^6 psi와 5.6×10^6 psi일 때 다음을 구하시오.

(a) 샤프트 AB의 최대 전단응력

(b) 샤프트 BC의 최대 전단응력

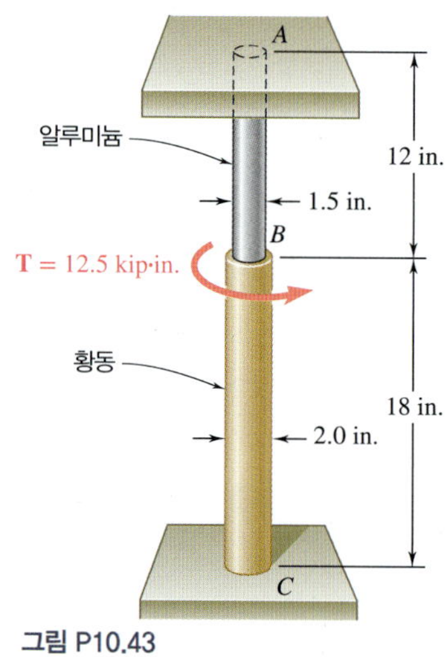

그림 P10.43

10.44 샤프트 AB를 $G = 11.2 \times 10^6$ psi인 강재로 만들었을 때, [문제 10.43]을 다시 푸시오.

10.45 두 개의 강재 샤프트($G = 77.2$ GPa)이 연결 판 B로 연결되어 있으며, 점 A와 C는 고정되어 있다. 주어진 하중에 대해 다음을 구하시오.

(a) 양 지점에 발생하는 반력 토크

(b) 샤프트 AB에 발생하는 최대 전단응력

(c) 샤프트 BC에 발생하는 최대 전단응력

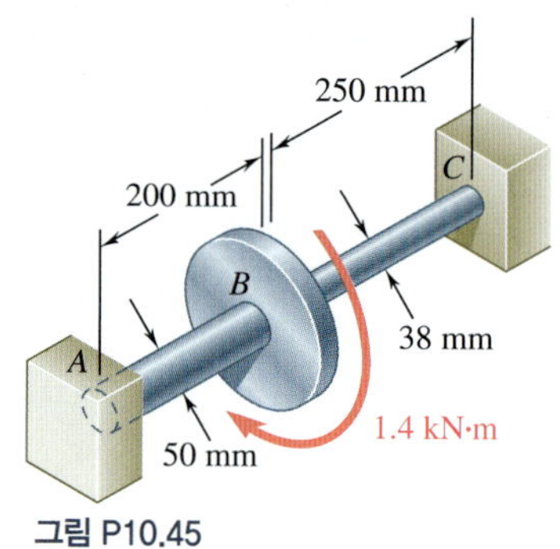

그림 P10.45

10.46 샤프트 AB가 외경 50 mm, 내경 25 mm인 중공 원형단면으로 교체되었을 때, [문제 10.45]를 다시 푸시오.

10.47 그림과 같은 기어-샤프트 시스템의 설계 요구조건에 의하면 두 샤프트의 지름이 같아야 하고, 풀리 D가 고정된 상태로 2 kip·in.의 토크 $\mathbf{T}_A$가 작용했을 때, 풀리 A의 회전각이 7.5°를 초과하면 안 된다. 두 샤프트를 모두 $G = 11.2 \times 10^6$ psi, $\tau_{all} = 12$ ksi인 강재로 만들려고 할 때, 샤프트의 요구 지름을 구하시오.

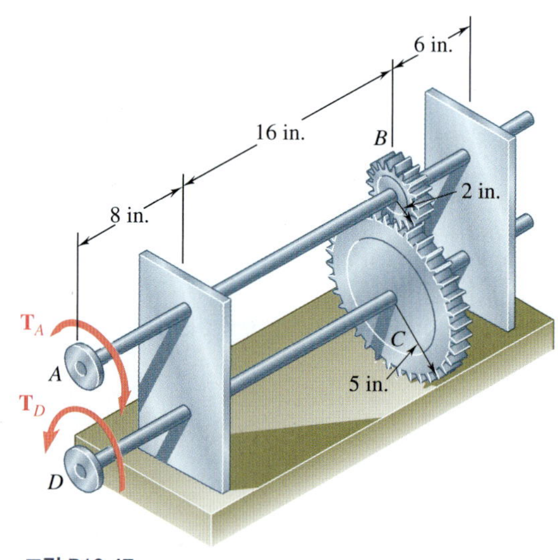

그림 P10.47

10.48 두 샤프트가 모두 $G = 5.6 \times 10^6$ psi, $\tau_{all} = 8$ ksi인 황동으로 제작된다고 가정하고, [문제 10.47]을 다시 푸시오.

Chapter 10 핵심요약

이 장에서는 비틂모멘트, 즉 **토크**torque를 받는 **샤프트**shaft의 설계와 해석에 관한 내용을 다루었으며, 마지막의 두 절을 제외하면 원형단면 샤프트circular shaft에 관한 내용만 알아보았다.

원형단면 샤프트의 비틂변형

원형단면 샤프트의 단면에 발생하는 응력의 분포는 부정정이다. 따라서 이들 응력을 구하기 위해서는 샤프트에 발생하는 변형에 대한 해석이 필요하다(10.1.2절). 비틂을 받는 원형단면 샤프트에서 **모든 단면은 평면을 유지하며 뒤틀리지 않는다.** 부재축에서 ρ만큼 떨어진 모든 면이 부재축과 평행하거나 수직인 미소요소에 발생하는 전단변형률은 다음 식과 같이 계산할 수 있다.

$$\gamma = \frac{\rho\phi}{L} \qquad (10.2)$$

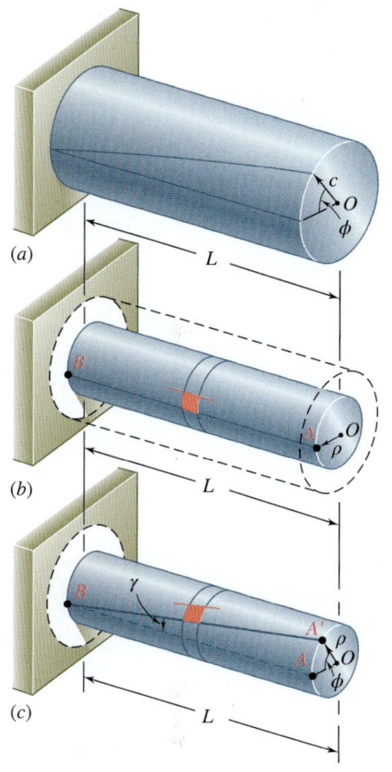

그림 10.26

여기서 ϕ는 길이가 L인 샤프트에 발생하는 비틂각이다(그림 10.26). 식 (10.2)는 **원형단면 샤프트에 발생하는 전단변형률은 부재축으로부터 떨어진 거리에 선형적으로 비례한다**는 것을 나타낸다. 따라서 단면에서 발생하는 최대 변형률은 ρ가 단면의 반지름 c와 같을 때, 즉 샤프트의 표면에서 발생한다.

$$\gamma_{\max} = \frac{c\phi}{L}, \qquad \gamma = \frac{\rho}{c}\gamma_{\max} \qquad (10.3,\ 10.4)$$

탄성범위 내의 전단응력

탄성범위 내에서 원형단면 샤프트에 발생하는 전단응력 사이의 관계식은 10.1.3절에서 유도한 바와 같이 전단에 대한 후크의 법칙을 $\tau = G\gamma$로부터 다음과 같이 얻을 수 있다.

$$\tau = \frac{\rho}{c}\tau_{\max} \qquad (10.6)$$

이 식은 원형단면 샤프트에 발생하는 응력이 탄성범위를 벗어나지 않는다면, **단면의 응력 역시 부재축으로부터 떨어진 거리 ρ에 선형적으로 비례**함을 뜻한다. 샤프트의 임의의 단면에서 미소요소에 작용하는 힘에 의한 모멘트를 모두 합산한 값이 샤프트에 가해진 토크 T의 크기와 같다는 사실로부터 다음과 같이 탄성 비틂공식을 유도할 수 있다.

$$\tau_{\max} = \frac{Tc}{J}, \qquad \tau = \frac{T\rho}{J} \qquad (10.9,\ 10.10)$$

여기서 c는 단면의 반지름, J는 도심에 대한 단면의 극관성모멘트이다. 중실 원형단면에서 $J = \frac{1}{2}\pi c^4$이며, 안쪽 반지름이 c_1, 바깥쪽 반지름이 c_2인 중실 원형단면에서는 $J = \frac{1}{2}\pi(c_2^4 - c_1^4)$이다.

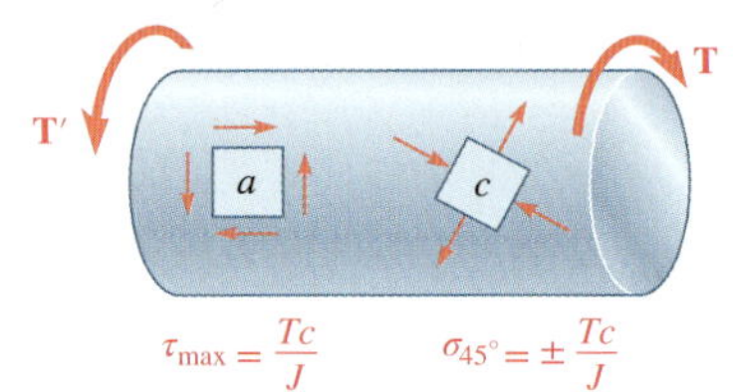
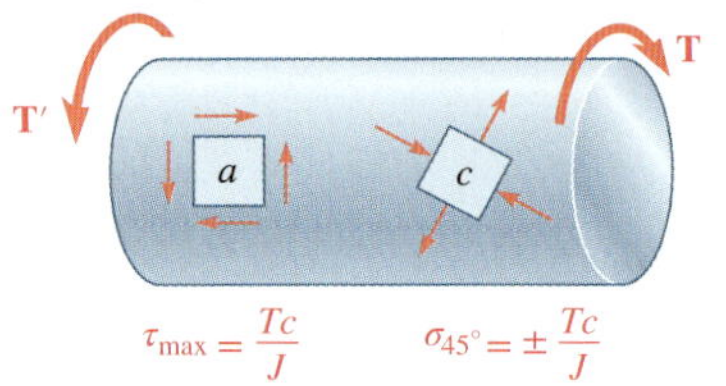

그림 10.27

[그림 10.27]의 샤프트에서 응력요소 a는 순수전단 상태에 있다. 반면에, 응력요소 c는 요소 a에 발생하는 전단응력과 같은 크기, 즉 Tc/J의 수직응력을 두 면에는 인장으로 다른 두 면에는 압축으로 받게 된다. 이것이 비틂시험을 했을 때 연성재료와 취성재료의 파괴 면이 서로 다른 양상을 보이게 되는 이유를 설명한다. 즉, 연성재료는 일반적으로 전단에 의해 파괴되기 때문에 부재축에 수직인 평면을 따라 파괴가 발생하지만, 취성재료는 전단보다 인장에 더 약하기 때문에 부재축과 45° 각도를 이루는 면을 따라 파괴가 일어난다.

비틂각

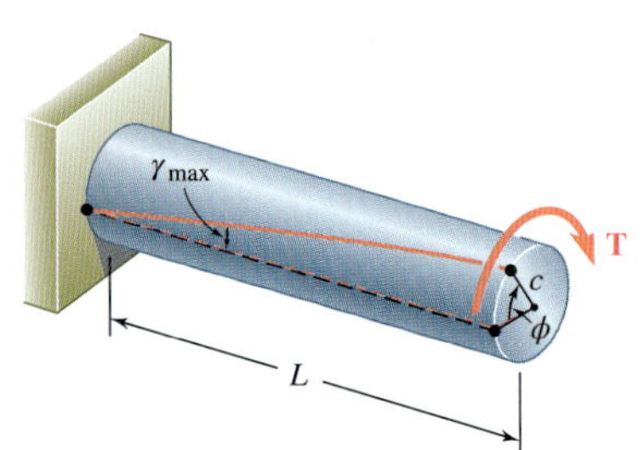

그림 10.28

[그림 10.28]에서 원형단면 샤프트에 발생하는 비틂각 ϕ는 작용하는 토크의 크기 T에 비례한다.

$$\phi = \frac{TL}{JG} \tag{10.15}$$

L = 축의 길이
J = 단면의 극관성모멘트
G = 재료의 전단탄성계수

만일 샤프트의 단부가 아닌 곳, 즉 샤프트의 중간에 토크가 작용하거나, 샤프트가 서로 다른 형태의 단면을 갖거나 다른 재료로 이루어진 몇 개의 부분으로 구성된 경우에는, 샤프트의 비틂각은 각 구간의 비틂각을 산술적으로 합산하여 구한다.

$$\phi = \sum_i \frac{T_i L_i}{J_i G_i} \tag{10.16}$$

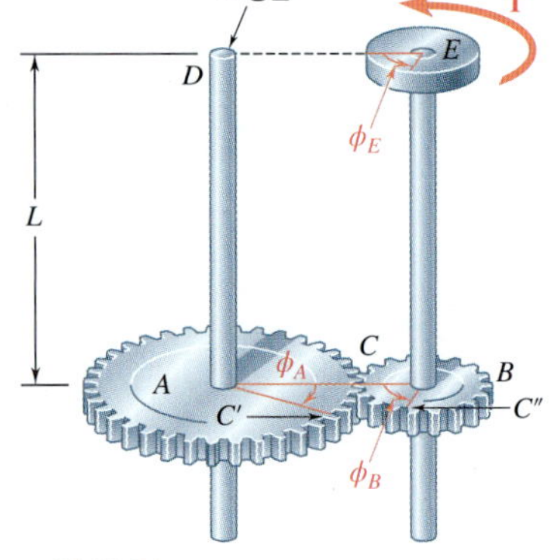

그림 10.29

[그림 10.29]의 샤프트 BE와 같이 샤프트의 양쪽 끝이 모두 회전하는 경우에 샤프트의 비틂각은 한쪽 끝의 다른 쪽 끝에 대한 상대 회전, 즉 ϕ_B와 ϕ_E의 차이와 같다. 두 개의 샤프트 AD와 BE가 두 개의 기어 A와 B로 연결되어 있을 때, 기어 A에 의해 샤프트 AD에 작용하는 토크와 기어 B에 의해 샤프트 BE에 작용하는 토크는 두 기어의 반지름 r_A와 r_B에 정비례하게 되는데, 이것은 점 C에서 맞물린 톱니에 의해 두 기어에 작용하는 힘들이 크기가 같고 방향이 서로 반대이기 때문이다. 반면에, 기어가 회전하면서 맞물려 지나간 톱니의 수는 두 기어에서 같으므로, 호 CC'과 CC''의 길이가 서로 같고, 따라서 비틂각 ϕ_A와 ϕ_B는 기어의 반지름 r_A와 r_B에 반비례한다.

부정정 샤프트

정역학적 방법만으로 지점의 반력토크나 부재의 내력 토크를 결정할 수 없는 경우, 이 샤프트는 **부정정**statically indeterminate이라고 한다. 이와 같은 문제를 풀기 위해서는 평형방정식과 함께 샤프트의 변형과 기하학적 조건으로부터 유도된 추가적인 관계식(적합방정식)을 사용해야 한다.

Chapter 10 종합문제

10.49 그림의 중공 원형단면 샤프트에서 내경 $d = 0.9$ in.일 때, 토크 $T = 9$ kip·in.에 의해 발생하는 전단응력의 최댓값을 구하시오.

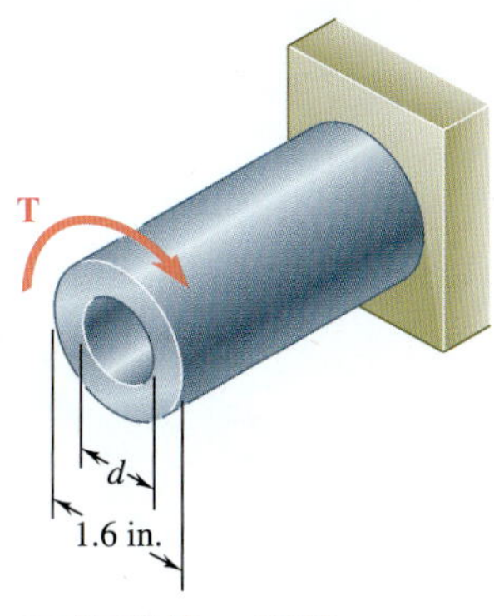

그림 P10.49 ~ 10.50

10.50 그림의 중공 원형단면 샤프트에서 $d = 1.2$ in.일 때, 최대 전단응력 7.5 ksi를 발생시키는 토크 **T**를 구하시오.

10.51 중실 원형단면 샤프트 AB의 지름이 $d_s = 1.5$ in.이며, 허용 전단응력이 12 ksi인 강재로 제작되었고, 슬리브sleeve CD는 허용 전단응력이 7 ksi인 황동으로 만들어졌다. 점 A에 작용하는 토크 **T**의 최댓값을 구하시오.

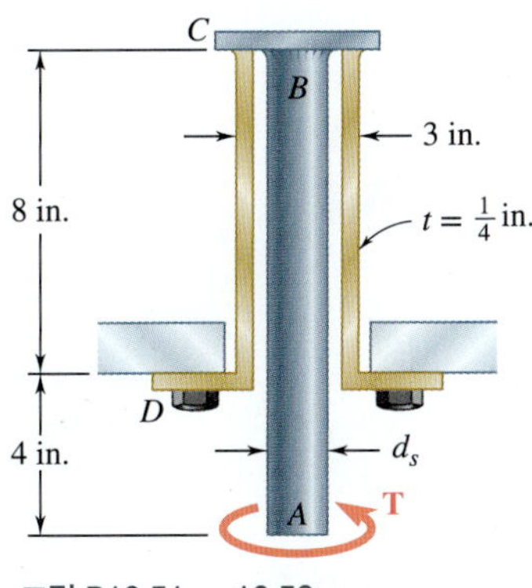

그림 P10.51 ~ 10.52

10.52 중실 원형단면 샤프트 AB의 지름이 $d_s = 1.75$ in.이며, $G = 11.2 \times 10^6$ psi, $\tau_{all} = 12$ ksi인 강재로 제작되었고, 슬리브 CD는 $G = 5.6 \times 10^6$ psi, $\tau_{all} = 7$ ksi인 황동으로 만들어졌다.

(a) 점 A에 작용하는 토크 **T**의 최댓값을 구하시오. 주어진 허용 전단응력을 초과하지 않아야 하며, 슬리브 CD의 비틂각이 0.375°를 초과하지 않아야 한다.

(b) 이때 점 A의 회전각을 구하시오.

10.53 두께가 1/4 in.인 강판을 나선형으로 감아서 외경 12 in.의 강관을 제작했다. 나선형 용접선은 부재축과 45° 각도를 이루고 있으며, 용접부의 허용 인장응력은 12 ksi이다. 강관에 작용하는 최대 토크의 크기를 구하시오.

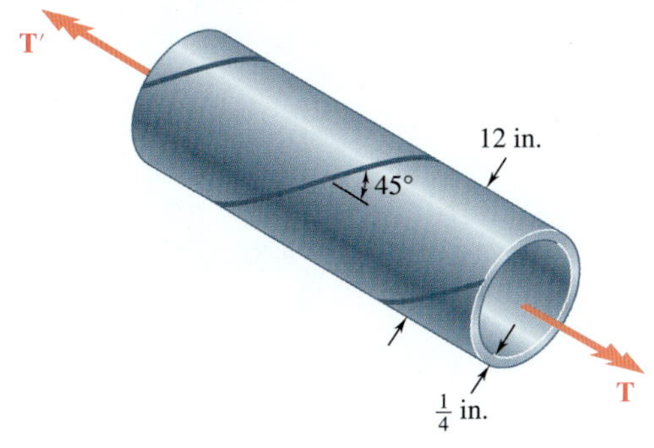

그림 P10.53

10.54 그림과 같이 두 개의 황동 샤프트 AB와 CD가 황동 슬리브 EF에 접착되어 있다. 샤프트와 슬리브에 발생하는 최대 전단응력의 크기가 같기 위한 지름의 비 d_2/d_1을 구하시오.

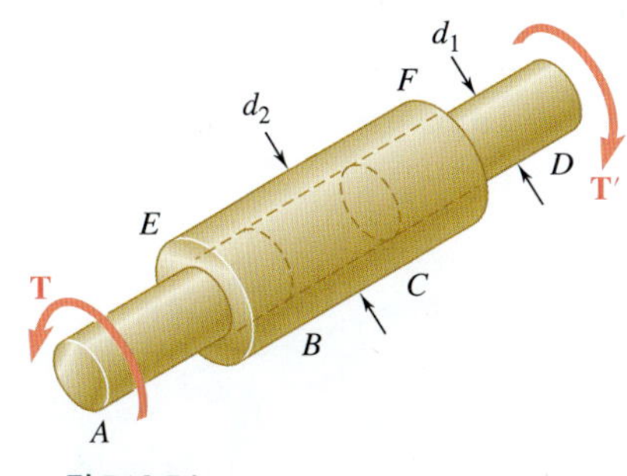

그림 P10.54

10.55 그림과 같은 기어–축 시스템의 설계 요구조건이 다음과 같다. 샤프트 AB와 샤프트 CD는 같은 지름의 강재로 제작되어야 하며, $\tau_{max} \le 60$ MPa이고, 샤프트 CD의 점 D가 회전하는 각도 ϕ_D는 1.5°를 초과하지 않아야 한다. $G = 77.2$ GPa일 때, 샤프트의 소요 지름을 구하시오.

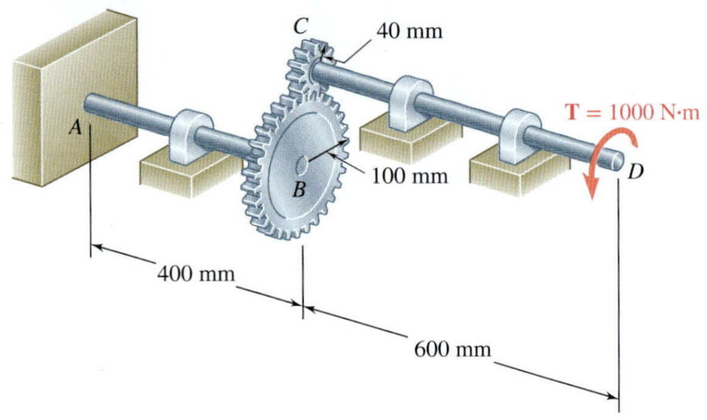

그림 P10.55

10.56 그림과 같은 베벨기어bevel-gear 시스템에서 $\alpha = 18.43°$이다. 각 샤프트의 허용 전단응력이 8 ksi이고 시스템이 평형상태에 있을 때, 점 A에 작용할 수 있는 최대 토크 $\mathbf{T}_A$를 구하시오.

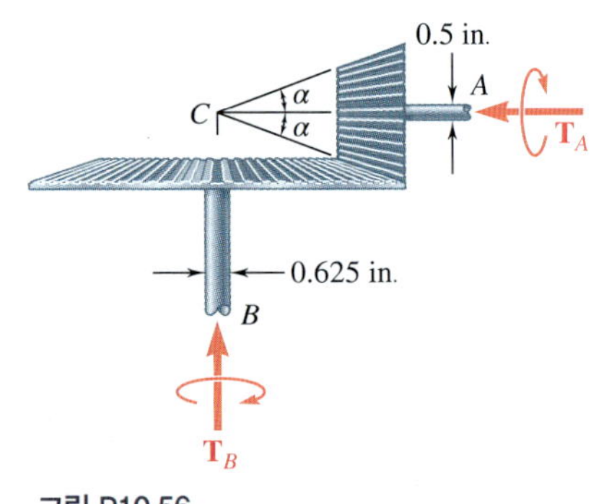

그림 P10.56

10.57 두 샤프트의 하단이 회전하지 못하도록 고정되었을 때, 50 N·m의 토크가 샤프트 AB의 점 A에 작용했다. 두 샤프트의 전단탄성계수가 77.2 GPa일 때, 다음을 구하시오.

(a) 샤프트 CD의 최대 전단응력

(b) 점 A의 회전각

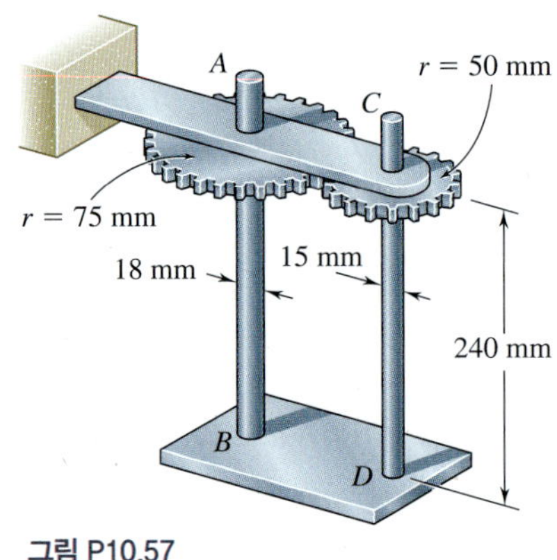

그림 P10.57

10.58 두 개의 강재 중실 원형단면 샤프트가 그림과 같이 플랜지와 볼트로 연결되어 있다. 볼트가 약간 작게 제작되어서 두 샤프트가 일체로 회전하기 전까지 1.5°의 상대회전이 플랜지 사이에서 발생할 수 있다. $G = 77.2$ GPa일 때, 500 N·m의 토크 $\mathbf{T}$에 의해 각각의 샤프트에 발생하는 최대 전단응력을 구하시오.

(a) 토크 $\mathbf{T}$가 플랜지 B에 작용했을 때

(b) 토크 $\mathbf{T}$가 플랜지 C에 작용했을 때

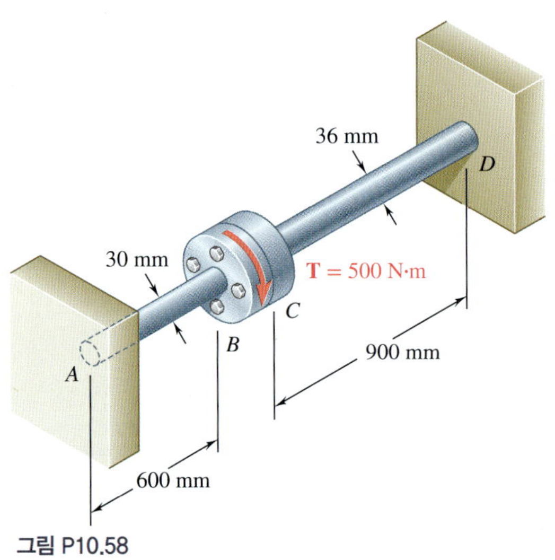

그림 P10.58

10.59 강재 재킷 CD와 지름 40 mm인 강재 샤프트 AE가 강체 플랜지에 용접되어 있다. 재킷의 외경은 80 mm이고 벽두께는 4 mm이다. 그림과 같이 500 N·m의 토크가 작용했을 때, 재킷에 발생하는 최대 전단응력을 구하시오.

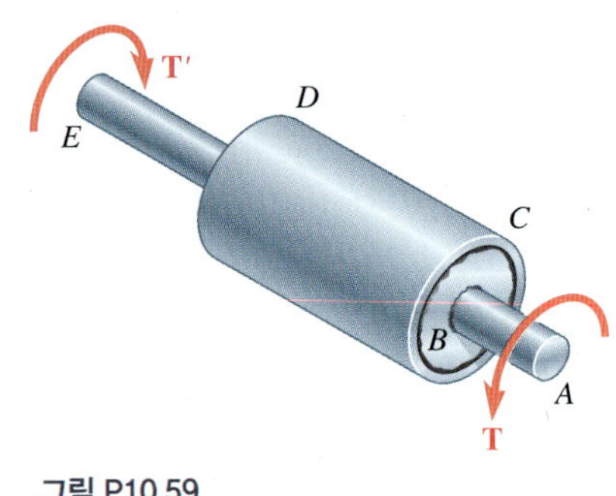

그림 P10.59

Mel Curtis/Photographer's Choice/Getty Images

11

순수 휨

이 장에서는 위 사진에 나타난 역기의 가운데 부분과 같은 경우에 해당하는, 순수 휨에 의해 발생되는 수직응력과 곡률에 대해 알아본다.

목차

학습목표

- 휨 거동의 일반적인 원리를 배운다.
- 순수 휨 상태의 부재에서 변형, 변형률, 수직응력을 구할 수 있다.
- 하나 이상의 재료로 구성된 복합재료 보의 거동을 이해한다.
- 축방향 응력과 휨 응력을 동시에 발생시키는 편심축하중을 받는 부재를 해석한다.
- 비대칭 휨, 즉 휨이 대칭 평면 내에서 일어나지 않는 경우에 대해 살펴본다.

서론

이 장과 이후 두 개의 장에서는 **휨**bending을 받는 균일단면prismatic 부재에서 발생하는 응력과 변형률에 대한 분석을 수행한다. 휨은 보beam나 거더girder와 같은 구조부재 또는 기계부품의 설계에 활용되는 중요한 개념이다. 이 장에서는 [그림 11.1]과 같이 크기가 같고 방향이 반대이며 동일한 축방향 평면에 작용하는 모멘트 **M**과 **M**′을 받는 균일단면 부재의 해석을 다룬다. 이러한 부재를 **순수 휨**pure bending 상태에 있다고 한다. 부재는 그림과 같이 대칭면을 가지며, 모멘트 **M**과 **M**′은 이 대칭면에 작용한다고 가정한다.

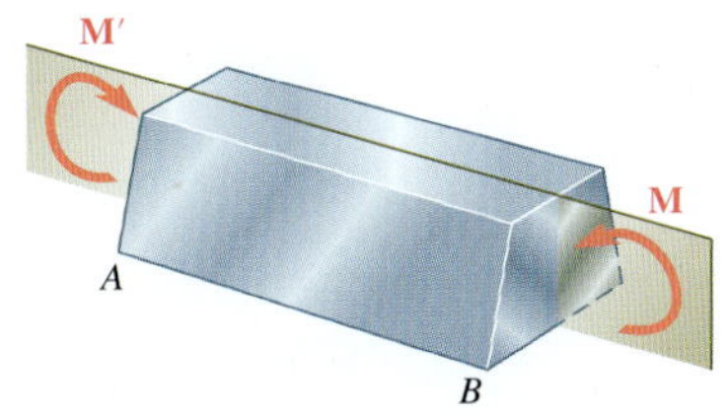

그림 11.1 순수 휨 상태의 부재

순수 휨에 대한 예시로, 이 장의 표지에 사진을 제시했다. 사진에서 역도 선수가 머리 위로 들어 올린 역기의 봉은 순수 휨 상태에 있다. 이 봉은 역도 선수의 손으로부터 같은 거리만큼 떨어진 지점에 작용하고 있는 같은 크기의 하중을 받고 있다. 역기 봉의 자유물체도는 [그림 11.2a]와 같이 좌우대칭이므로, 손의 위치에 발생하는 반력은 두 하중과 크기가 같고 방향이 반대이다. 따라서 봉의 중앙 부분 CD만 놓고 보면, 하중과 반력은 두 개의 크기가 같고 방향이 반대인 960 lb · in.의 우력모멘트로 치환할 수 있으며(그림 11.2b), 이로부터 봉의 중앙 부분이 순수 휨 상태임을 알 수 있다. [사진 11.1]에 나타난 소형 스포츠 버기카sport buggy car를 대상으로 분석했을 때도 차축이 프레임과 연결된 두 점 사이 구간에서 순수 휨이 일어남을 알 수 있다.

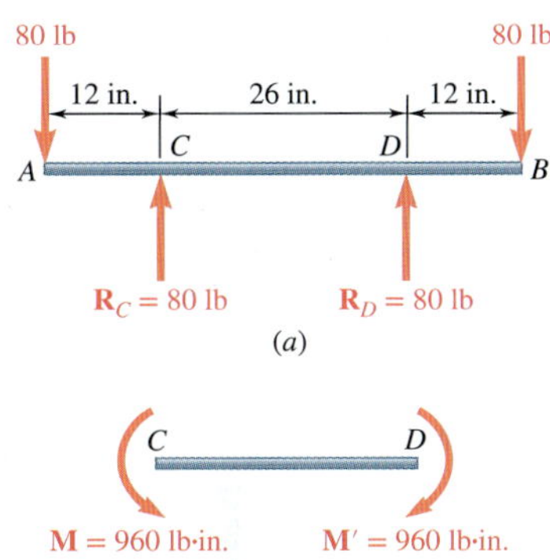

그림 11.2 (a) 역기 봉의 자유물체도 (b) 순수 휨 상태인 역기 봉 중앙 부분의 자유물체도

순수 휨에 대해 얻은 결과는 다른 종류의 하중, 즉 **편심축하중**eccentric axial loading이나 직각방향 하중transverse loading의 해석에도 활용된다.

사진 11.1 스포츠 버기카의 후륜 축 중앙 부분은 순수 휨 상태이다. Sven Hagolani/fStop/Getty Images

사진 11.2 두 개의 목재를 접착하기 위해 사용된 클램프 Tony Freeman/PhotoEdit

[사진 11.2]에는 접착제로 붙인 두 개의 목재에 150 lb의 힘을 가하기 위해 사용된 12 in. 길이의 강봉 클램프를 나타냈으며, [그림 11.3a]에는 목재에 의해 클램프에 작용되는, 크기가 같고 방향이 반대인 힘을 표시했다. 이 힘들은 클램프의 직선 부분에 편심하중을 작용시킨다. [그림 11.3b]에 단면 CC'의 윗부분에 대한 자유물체도를 나타내었다. 절단면에는 150 lb

의 인장력 **P**와 750 lb·in.의 모멘트 **M**이 내력으로 발생한다. 이와 같이 편심하중을 받는 부재의 단면에 발생하는 응력분포는 이전에 배운 축하중을 받는 부재의 응력분포에 순수 휨을 받는 부재의 응력분포를 더하여 구할 수 있으며, 자세한 내용은 11.4절에서 다룰 것이다.

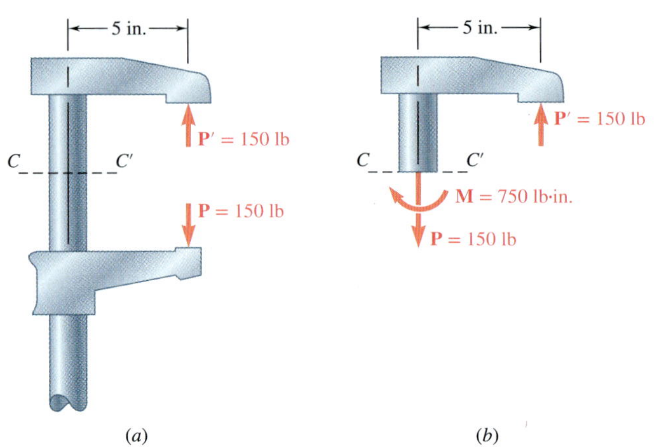

그림 11.3 (a) 클램프의 자유물체도 (b) 클램프 절단면의 윗부분에 대한 자유물체도

이번 장에서 다루는 순수 휨에 대한 내용은 균일단면보, 즉 일정한 단면을 가지며 여러 가지 횡방향 하중에 저항하는 부재의 연구에 있어서 중요한 역할을 한다. [그림 11.4a]와 같이 자유단에 집중하중 **P**를 받고 있는 캔틸레버보 AB를 생각해보자. 점 A로부터 x만큼 떨어진 곳에 위치한 점 C를 지나는 단면의 왼쪽 부분(구간 AC)에 대한 자유물체도를 그려보면(그림 11.4b), 단면에 발생하는 내력은 하중 **P**와 크기가 같고 방향이 반대인 전단력 **P**′과 크기 $M=Px$인 휨모멘트 **M**인 것을 알 수 있다. 단면에 발생하는 수직응력의 분포는 순수 휨 상태의 보에서와 마찬가지로 보에 작용하는 휨모멘트 **M**으로부터 구할 수 있다. 또한 단면의 전단력 **P**′에 의해서는 단면에 전단응력이 발생하며, 전단응력의 분포는 13장에서 다룰 것이다.

이 장의 앞부분에서는 순수 휨 상태의 보에서 발생하는 응력과 변형에 대해 다룬다. 여기서 보의 재료는 균질성homogeneous이고, 후크의 법칙을 따르며, 보의 단면은 대칭면을 가지는 것으로 가정한다. 11.1.1절에서는 정역학적 방법을 사용하여 부재 내의 임의의 단면에서 수직응력이 만족시켜야 하는 세 개의 기본 방정식을 유도한다. 11.1.2절에서는 순수 휨 상태의 보에서 **횡단면**transverse section **이 평면을 유지함**을 증명한다. 11.2절에서는 탄성범위 내에서 **수직응력**normal stress과 **곡률반경**radius of curvature을 계산하기 위한 공식을 유도한다.

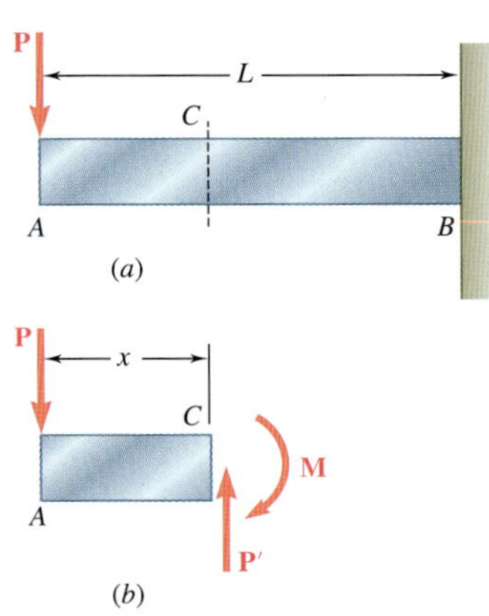

그림 11.4 (a) 단부하중을 받는 캔틸레버보 (b) 구간 AC에서 알 수 있듯이 보는 순수 휨 상태가 아니다.

11.3절에서는 하나 이상의 재료로 만들어지는 **합성부재**composite member에 발생하는 응력과 변형을 다룬다. 대표적인 합성부재로는 철근콘크리트보가 있으며, 철근과 콘크리트의 장점을 활용하여 교량이나 건물의 건설에 광범위하게 활용된다. 여기서 합성부재의 **환산단면**transformed section에 대해 배운다. 환산단면은 동일한 하중이 작용했을 때, 합성부재와 같은 변형을 일으키는 단일 재료로 이루어진 단면을 뜻한다. 환산단면을 이용하여 합성단면에 발생하는 응력과 변형을 구할 수 있다. 11.4절에서는 [그림 11.3]에 나타낸 것과 같은, 대칭면 내의 **편심축하중**eccentric axial loading에 대해 해석하며, 이를 위해 순수 휨에 의한 응력과 중심축하중에 의한 응력을 중첩하는 방법을 사용한다.

균일단면보의 휨에 대한 마지막 내용으로, 11.5절에서는 비대칭 휨unsymmectic bending에 대한 해석을 다루며, 11.6절에서는 편심축하중의 일반적인 경우를 살펴볼 것이다.

11.1 순수 휨을 받는 대칭부재

11.1.1 내력모멘트와 응력의 관계

[그림 11.5]와 같이 대칭면을 가지며, 대칭면 상에서 크기가 같고 방향이 반대인 한 쌍의 모멘트 **M**과 **M**′이 작용하고 있는 균일단면 부재 AB를 생각해보자. 부재 AB 내의 임의의 점 C를 통과하는 단면을 가정하고, 이 단면의 왼쪽 부분 AC에 대한 평형조건을 고려해 보면, 단면에 발생하는 내력은 모멘트 **M**과 같아야 한다(그림 11.5b).

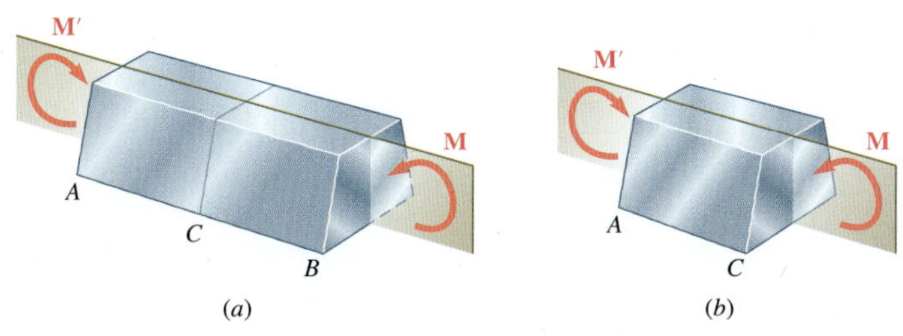

그림 11.5 (a) 순수 휨 상태의 부재 (b) 보 AB 내의 임의의 부분 역시 순수 휨 상태에 있게 된다.

이 모멘트의 크기 M을 그 단면에서의 **휨모멘트**bending moment라고 하며, 일반적으로 휨모멘트의 부호는 [그림 11.5a]와 같은 방향의 휨이 발생할 때(보의 위쪽 면이 오목하게 될 때, 즉 상연에 압축이 발생할 때) 양(+)으로 표시하고, 반대의 경우에 음(−)으로 표시한다. 단면 내 임의의 지점에 발생하는 수직응력을 σ_x, 전단응력을 τ_{xy}, τ_{xz}라 하고, 단면 내에서 이들 응력에 의한 요소 내력의 모멘트를 모두 합하면 우력모멘트 **M**과 같다(그림 11.6a).

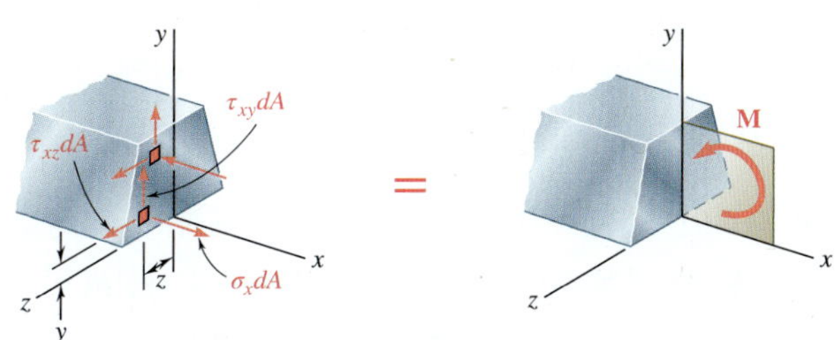

그림 11.6 순수 휨모멘트 **M**으로부터 발생한 응력

우력모멘트 **M**은 크기가 같고 방향이 반대인 두 개의 힘으로 이루어진다. 따라서 이들 힘의 합은 모든 방향으로 0zero이다. 또한 우력모멘트의 크기는 모멘트의 평면에 수직인 축에 대해서는 축의 위치에 무관하게 모두 동일하며, 모멘트의 평면에 포함되는 축에 대해서는 모두 0이 된다. [그림 11.6]과 같이 임의로 z축을 설정하고, 요소 내력에 의한 모멘트의 합과 우력모멘트 **M**이 같음을 각 방향의 힘 및 모멘트의 식으로 표현하면 다음과 같다.

$$x\text{방향 힘 : } \int \sigma_x \, dA = 0 \tag{11.1}$$

$$y\text{축에 대한 모멘트 : } \int z\sigma_x \, dA = 0 \tag{11.2}$$

$$z\text{축에 대한 모멘트 : } \int -y\sigma_x \, dA = M \tag{11.3}$$

y방향 힘, z방향 힘, x축에 대한 모멘트의 합이 0이 된다는 조건으로부터 세 개의 식이 추가로 유도되지만, 이들 식에는 전단응력만이 포함된다. 다음 절에서 자세히 다루겠지만, 이들 전단응력은 모두 0이다.

여기서 다음의 두 가지 내용을 짚어두자.

1. 식 (11.3)에서 음(−)의 부호는 인장응력($\sigma_x > 0$)에 의한 요소 내력 $\sigma_x \, dA$이 z축에 대한 음(−)의 모멘트(시계방향 모멘트)를 발생시킴을 뜻한다.
2. 부재 AB의 대칭면에 우력모멘트를 작용시켰을 때 발생하는 수직응력의 분포는 y축에 대칭이 될 것이므로, 식 (11.2)는 예상할 수 있다.

앞에서도 언급했듯이, 단면에서 실제로 발생하는 응력의 분포는 정역학적 방법만으로는 구해지지 않는 부정정 문제이며, 응력의 분포를 알아내기 위해서는 부재에 발생하는 변형에 대한 해석이 필요하다.

그림 11.7 순수 휨을 받는 직선부재는 원호 모양으로 변형된다.

11.1.2 변형

이제 보의 대칭면에 작용하는 한 쌍의 모멘트 $\mathbf{M}$과 $\mathbf{M}'$에 의해 균일단면보에 발생하는 변형을 해석해보자. [그림 11.7]과 같이 한 쌍의 모멘트의 작용에 의해 보에 휨이 발생하지만, 대칭면을 기준으로 대칭이라는 점은 변형이 발생한 이후에도 달라지지 않는다. 또한 부재의 모든 단면에서 휨모멘트 M의 크기가 일정하기 때문에, 부재는 균일하게 휘어진다. 따라서 부재의 윗면과 대칭면이 교차하면서 만들어내는 곡선 AB는 일정한 곡률curvature을 갖는다. 다시 말해, 곡선 AB는 중심이 C인 원호이고, 곡선 $A'B'$(부재의 아랫면과 대칭면이 만나는 곡선) 역시 마찬가지이다. 여기서 양의 휨모멘트($M > 0$)에 의해 곡선 AB의 길이는 짧아지며, 곡선 $A'B'$의 길이는 길어진다.

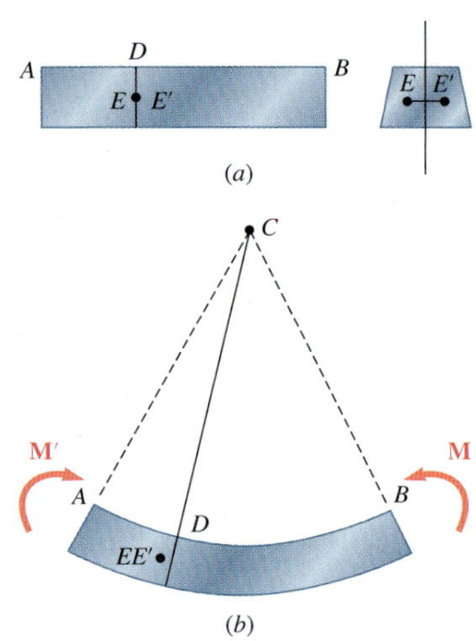

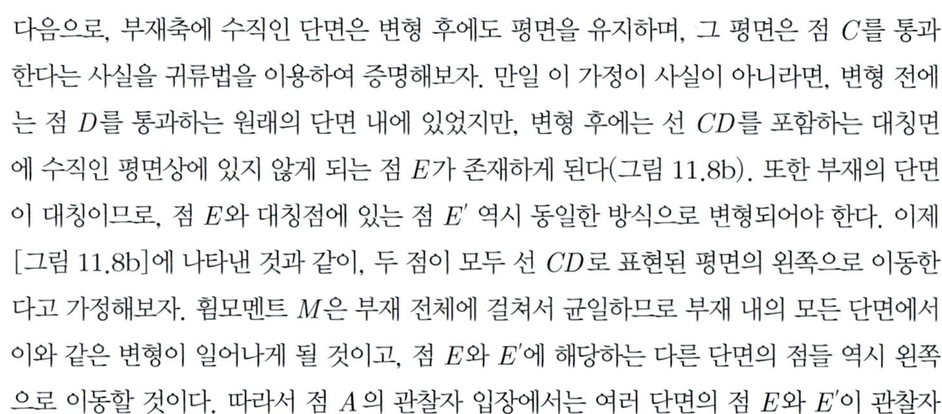

그림 11.8 (a) 점 D를 지나는 단면 내에 위치한 부재축에 수직인 두 점 (b) 두 점이 휨에 의해 단면 밖으로 이동할 수 있다고 가정한 상황

다음으로, 부재축에 수직인 단면은 변형 후에도 평면을 유지하며, 그 평면은 점 C를 통과한다는 사실을 귀류법을 이용하여 증명해보자. 만일 이 가정이 사실이 아니라면, 변형 전에는 점 D를 통과하는 원래의 단면 내에 있었지만, 변형 후에는 선 CD를 포함하는 대칭면에 수직인 평면상에 있지 않게 되는 점 E가 존재하게 된다(그림 11.8b). 또한 부재의 단면이 대칭이므로, 점 E와 대칭점에 있는 점 E' 역시 동일한 방식으로 변형되어야 한다. 이제 [그림 11.8b]에 나타낸 것과 같이, 두 점이 모두 선 CD로 표현된 평면의 왼쪽으로 이동한다고 가정해보자. 휨모멘트 M은 부재 전체에 걸쳐서 균일하므로 부재 내의 모든 단면에서 이와 같은 변형이 일어나게 될 것이고, 점 E와 E'에 해당하는 다른 단면의 점들 역시 왼쪽으로 이동할 것이다. 따라서 점 A의 관찰자 입장에서는 여러 단면의 점 E와 E'이 관찰자

와 가까워지는 방향으로 이동한 것이 된다. 하지만 점 B에서 점 E와 E'을 관찰하게 되면(이 경우에는 점 E와 E'이 서로 맞바뀌게 됨), 동일한 하중조건에 의해 반대의 결론에 이르게 된다. 이것은 모순이므로, 점 E와 E'은 변형 후에도 CD로 정의되는 평면 내에 있게 된다. 따라서 단면은 평면을 유지하고 점 C를 지난다는 결론에 이르게 된다. 하지만 이 증명이 단면 내에서 변형이 일어날 가능성까지 없애주는 것은 아니다.

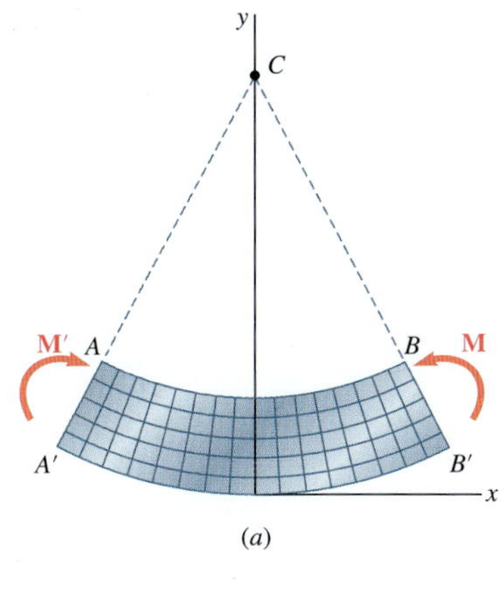

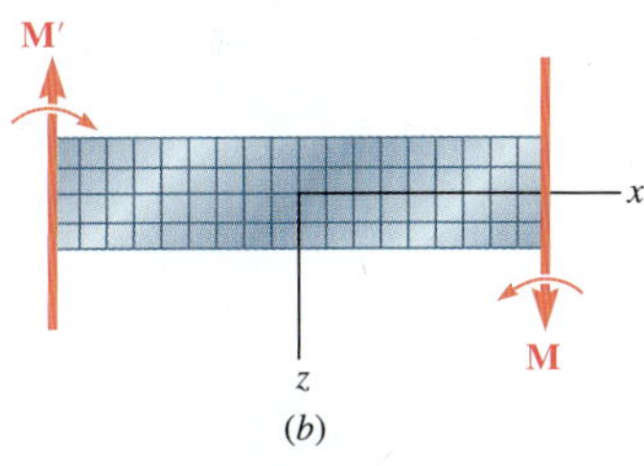

그림 11.9 두 방향에서 바라본 순수 휨을 받는 부재 (a) 평면 xy(대칭면) (b) 평면 xz

부재가 수많은 정육면체 요소들로 이루어져 있으며, 이 요소의 표면은 세 좌표평면과 평행을 이루고 있다고 가정하자. 앞에서 증명한 성질에 의해 이 요소들은 한 쌍의 모멘트 **M**과 **M**′에 의해 [그림 11.9]와 같이 변형되어야 한다. [그림 11.9]에 나타난 서로 다른 방향에서 바라본 그림에서, 변형된 요소들의 면들이 변형 전과 마찬가지로 서로 90°를 유지하고 있으므로 $\gamma_{xy}=\gamma_{zx}=0$이고, 또한 $\tau_{xy}=\tau_{xz}=0$이라는 결론에 이른다. 이제 아직 논의하지 않은 세 개의 응력성분 σ_y, σ_z, τ_{yz}에 대해서 생각해보자. 이들 응력성분은 부재의 표면에서는 0^zero^이다. 그리고 부재에 변형이 발생하기 위해 하나의 횡단면에서 요소 사이의 상호 작용이 필요하지 않으므로, 이 세 응력성분이 부재 내에서도 전체적으로 0이라고 가정할 수 있다. 이러한 가정은 미소변형 하에서 세장한^slender^ 부재에 대해 실험적인 방법이나 탄성학의 이론적인 방법을 통해 증명되었다. 결론적으로, 지금 고려하고 있는 작은 정육면체 요소들에 발생하는 응력요소 중 0이 아닌 값을 갖는 것은 σ_x뿐이다. 즉, 순수 휨을 받는 세장한 부재 내의 임의의 점은 **일축응력**^uniaxial stress^ 상태에 있게 된다. 앞에서 언급한 바와 같이, 양의 모멘트($M>0$)에 의해 곡선 AB의 길이는 줄어들고 곡선 $A'B'$의 길이는 늘어난다. 따라서 ϵ_x와 σ_x는 보의 윗부분에서는 음(−)의 부호를 갖고(압축), 보의 아랫부분에서는 양(+)의 부호를 갖는다(인장).

이로부터 알 수 있는 것은, 부재의 윗면과 아랫면 사이에 이 면들과 평행하며 ϵ_x와 σ_x가 0인 면이 존재한다는 사실이다. 이 면을 **중립면**^neutral surface^이라고 하며, 이 중립면과 대칭면은 원호 DE에서 교차하게 된다(그림 11.10a). 또한 중립면과 횡단면이 교차하는 선은 직선이 되며, 이를 **중립축**^neutral axis^이라고 한다(그림 11.10.b). 이제부터 좌표축의 원점은 부재의 아랫면이 아닌, 부재의 중립면 상에 설정한다. 그러면 y좌표는 중립면으로부터 떨어진 거리를 나타내게 된다.

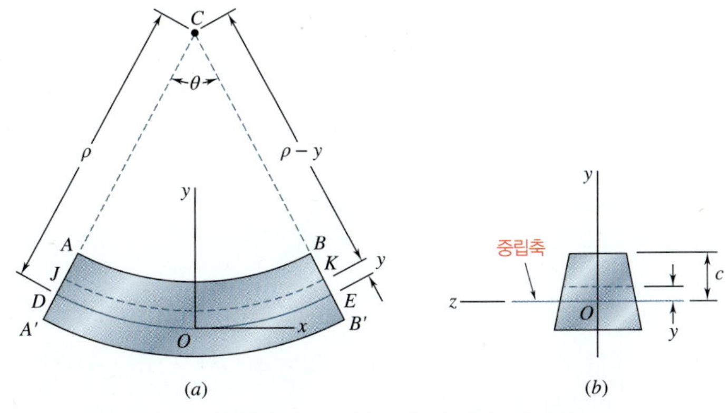

그림 11.10 중립축의 설정 (a) 평면 xy(대칭면) (b) 원점에서의 횡단면

[그림 11.10a]와 같이 원호 DE의 반지름을 ρ, 중심각을 θ로 표시하면, 호 DE의 길이는 변형 전 보의 길이 L과 같으므로 다음 식을 얻는다.

$$L = \rho\theta \tag{11.4}$$

중립면으로부터 위쪽으로 y만큼 떨어진 호 JK의 길이 L'은 다음 식과 같게 된다.

$$L' = (\rho - y)\theta \tag{11.5}$$

호 JK의 변형 전 길이는 L이므로, JK의 길이변화는 다음과 같다.

$$\delta = L' - L \tag{11.6}$$

식 (11.4)와 식 (11.5)를 식 (11.6)에 대입하면 다음과 같다.

$$\delta = (\rho - y)\theta - \rho\theta = -y\theta \tag{11.7}$$

JK의 축방향 변형률 ε_x는 δ를 원래의 길이 L로 나누어 얻을 수 있으므로

$$\varepsilon_x = \frac{\delta}{L} = \frac{-y\theta}{\rho\theta}$$

이며, 결과적으로 다음과 같다.

$$\varepsilon_x = -\frac{y}{\rho} \tag{11.8}$$

이 식에 음(−)의 부호가 포함된 이유는 정모멘트가 작용하여 위로 오목한(위쪽이 압축인) 상태를 가정했기 때문이다.

단면은 평면을 유지한다는 조건으로부터 대칭면에 평행한 모든 평면에서 같은 변형이 발생하며, 식 (11.8)은 보 내의 길이방향 위치와 관계없이 어느 단면에서나 유효하다. 또한 **길이방향 수직변형률 ε_x는 중립면으로부터 떨어진 거리 y에 선형 비례함**을 나타낸다.

변형률 ε_x의 절대최댓값maximum absolute value은 y의 절댓값이 최대인 곳에서 발생한다. 중립면으로부터 떨어진 거리의 최댓값을 c라 하면(이 값은 부재의 윗면 또는 아랫면을 나타냄), 수직변형률의 절대최댓값 ε_m은 다음과 같다.

$$\varepsilon_m = \frac{c}{\rho} \tag{11.9}$$

식 (11.9)를 이용하여 식 (11.8)의 ρ를 소거하면 다음 식을 얻는다.

$$\varepsilon_x = -\frac{y}{c}\varepsilon_m \tag{11.10}$$

부재 내의 한 점에서 발생하는 응력이나 변형률을 계산하기 위해서 먼저 중립면의 위치를 알아야 한다. 이를 위해서는 사용된 재료의 응력−변형률 관계가 정의되어야 한다. 이에 관한 자세한 내용은 다음 절에서 다룬다.[1]

1 만일 부재의 단면이 좌우 및 상하로 모두 대칭이고(예를 들면, 직사각형 단면), 인장과 압축에 대한 응력−변형률 곡선이 동일한 경우에는 중립면은 대칭면과 같다.

11.2 탄성구간의 응력과 변형

이제부터 휨모멘트 M에 의해 단면에 발생하는 수직응력은 항복강도 σ_Y를 초과하지 않는 것으로 가정하자. 이것은 부재의 응력이 비례한도나 탄성한계를 초과하지 않는다는 뜻이다. 따라서 부재에 영구변형은 발생하지 않으며, 일축응력에 대한 후크의 법칙을 적용할 수 있다. 사용되는 재료는 균질한 것으로 생각하고, 탄성계수를 E로 표시하면 부재의 길이방향(x방향) 수직응력은 다음과 같다.

$$\sigma_x = E\varepsilon_x \tag{11.11}$$

앞의 식 (11.10)의 양변에 E를 곱하여 다음 식을 얻고,

$$E\,\varepsilon_x = -\frac{y}{c}(E\varepsilon_m)$$

다시 식 (11.11)을 적용하면,

$$\sigma_x = -\frac{y}{c}\sigma_m \tag{11.12}$$

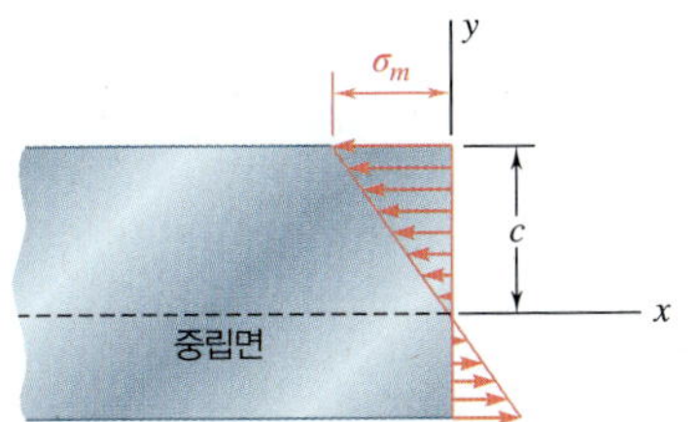

그림 11.11 휨응력은 중립면으로부터 떨어진 거리에 선형 비례한다.

이 된다. 여기서 σ_m은 수직응력의 절대최댓값을 뜻한다. 이 식으로부터, **탄성범위에서 수직응력이 중립면으로부터 떨어진 거리에 선형 비례한다**는 것을 알 수 있다(그림 11.11).

이제 중립면의 위치를 구하고, 이어서 최대응력 σ_m의 값을 구해보자. 이 값들은 식 (11.1)과 식 (11.3)을 이용하여 구할 수 있다. 식 (11.12)의 σ_x를 식 (11.1)에 대입하면

$$\int \sigma_x\,dA = \int\left(-\frac{y}{c}\sigma_m\right)dA = -\frac{\sigma_m}{c}\int y\,dA = 0$$

이다. 따라서 다음을 얻는다.

$$\int y\,dA = 0 \tag{11.13}$$

이 식은 단면의 중립축에 대한 단면1차모멘트가 0임을 뜻한다. 따라서 순수 휨 상태의 부재에서 **응력이 탄성범위 내에 있다면, 중립축은 단면의 도심**centroid**을 지난다**는 사실을 알 수 있다. 임의의 z축에 대해 앞에서 유도된 식 (11.3)을 다시 쓰면 다음과 같다.

$$\int(-y\sigma_x\,dA) = M \tag{11.3}$$

z축을 단면의 중립축과 일치하도록 놓고, 식 (11.12)의 σ_x를 식 (11.3)에 대입하면 다음과 같다.

$$\int(-y)\left(-\frac{y}{c}\sigma_m\right)dA = M$$

정리하면, 다음 식을 얻는다.

$$\frac{\sigma_m}{c}\int y^2\,dA = M \tag{11.14}$$

2 이 식은 정모멘트가 작용하는 경우에 대해 유도된 것이다. 만일 부모멘트가 작용하는 경우라면 식 (11.15)의 M은 절댓값 $|M|$으로 바뀌어야 한다.

순수 휨의 경우 단면의 중립축은 단면의 도심을 통과하며, I는 모멘트 $\mathbf{M}$이 작용하는 평면에 수직인 도심축에 대한 단면2차모멘트 또는 관성모멘트이므로, 식 (11.14)를 σ_m에 대해 정리하면 다음과 같다.[2]

$$\sigma_m = \frac{Mc}{I} \tag{11.15}$$

식 (11.15)의 σ_m을 식 (11.12)에 대입하면 중립축으로부터 임의의 거리 y만큼 떨어진 지점에서 발생하는 수직응력 σ_x의 식을 다음과 같이 얻을 수 있다.

$$\sigma_x = -\frac{My}{I} \tag{11.16}$$

식 (11.15)와 식 (11.16)을 **탄성휨공식**elastic flexure formula이라고 한다. 부재의 휨에 의해 발생되는 수직응력 σ_x를 종종 **휨응력**flexural stress이라고 부르기도 한다. 정모멘트($M>0$)가 작용하는 경우 중립축 위쪽($y>0$)에서 압축응력($\sigma_x<0$)이 발생하며, 부모멘트($M<0$)가 작용하는 경우 인장응력($\sigma_x>0$)이 발생한다.

개념적용 11.1

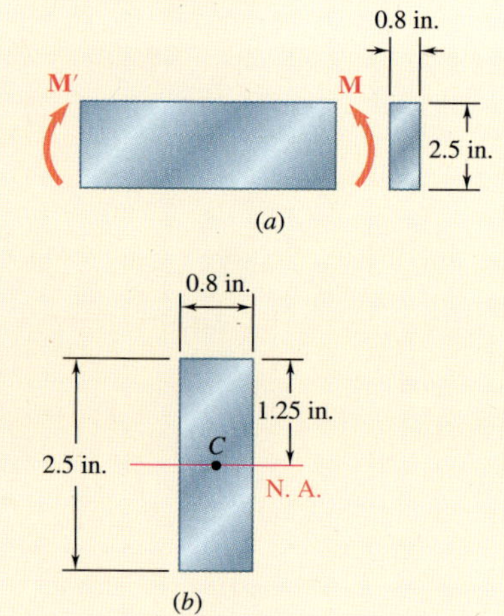

그림 11.12 (a) 순수 휨 상태의 직사각형 단면을 갖는 보 (b) 단면의 치수와 도심

[그림 11.12a]와 같이 0.8×0.25 in.의 직사각형 강재 보가 크기가 같고 방향이 반대인 한 쌍의 모멘트를 부재의 수직 대칭면에서 받고 있다. 강재의 항복응력이 $\sigma_Y = 36$ ksi일 때, 보에 항복을 일으키는 휨모멘트 M의 값을 구하시오.

중립축이 단면의 도심 C를 통과해야 하므로 $c = 1.25$ in.이다(그림 11.12b). 그리고 직사각형 단면의 도심축에 대한 단면2차모멘트는 다음과 같다.

$$I = \frac{1}{12}bh^3 = \frac{1}{12}(0.8 \text{ in.})(2.5 \text{ in.})^3$$
$$= 1.042 \text{ in}^4$$

식 (11.15)를 M에 대해 풀고, 앞에서 구한 값을 대입하면 다음과 같다.

$$M = \frac{I}{c}\sigma_m = \frac{1.042 \text{ in}^4}{1.25 \text{ in.}}(36 \text{ ksi})$$
$$M = 30 \text{ kip} \cdot \text{in.}$$

다시 식 (11.15)로 돌아가보자. I/c는 오로지 단면의 형상에만 관계되는 값이며, 이 값을 **탄성단면계수**elastic section modulus S라고 한다.

$$S = \frac{I}{c} \tag{11.17}$$

식 (11.15)에서 I/c를 S로 치환하면 다음의 공식을 얻을 수 있다.

$$\sigma_m = \frac{M}{S} \tag{11.18}$$

단면의 최대응력 σ_m이 탄성단면계수 S에 반비례하므로, 보를 설계할 때는 실용적인 범위에서 가장 큰 S값을 갖는 단면을 선택한다.

예를 들어, 폭이 b이고 높이가 h인 직사각형 단면을 갖는 목재보의 단면계수는 다음과 같다.

$$S = \frac{I}{c} = \frac{\frac{1}{12}bh^3}{h/2} = \frac{1}{6}bh^2 = \frac{1}{6}Ah \tag{11.19}$$

여기서 A는 보의 단면적을 나타낸다. [그림 11.13]에 나타난 동일한 단면적을 갖는 두 가지 단면을 생각해보자. 높이 h의 값이 더 큰 단면이 단면계수가 더 크고, 따라서 휨에 저항하는 데 더 효율적이다.[3]

[사진 11.3]에 나타난 것처럼, 구조용 강재의 경우 여러 가지 단면들 중에서 미국표준보American standard beam, S-beam와 광폭플랜지보wide-flange beam, W-beam가 가장 선호된다.[4] 그 이유는 단면적의 많은 부분이 중립축으로부터 먼 곳에 배치되어 있기 때문이다(그림 11.14). 이렇게 하면 같은 단면적과 같은 높이를 갖더라도 I값(단면2차모멘트)과 S값(단면계수)이 더 커지기 때문에 설계가 효율적으로 될 수 있다. 일반적으로 사용되는 기성제품 단면의 탄성단면계수는 제조사에서 제공하는 표에 수록되어 있으며, 여기에는 단면계수를 비롯한 여러 가지 기하학적 특성치들이 포함되어 있다(〈부록 D〉에 일반적으로 사용되는 보 단면의 예를 수록했다). 표준 보의 단면에서 발생하는 응력의 최댓값 σ_m을 구하기 위해서, 설계자는 표에서 부재의 단면계수 값을 찾은 뒤, 그 단면에 발생하는 휨모멘트 M을 단면계수 S로 나누기만 하면 된다.

휨모멘트 M에 의해 보 부재에 발생하는 변형은 중립면의 **곡률**curvature로 측정한다. 곡률은 곡률반경 ρ의 역수로 정의되며, 식 (11.9)를 $1/\rho$에 대해 정리하여 다음과 같이 구할 수 있다.

$$\frac{1}{\rho} = \frac{\varepsilon_m}{c} \tag{11.20}$$

탄성범위에서 $\varepsilon_m = \sigma_m/E$이다. 식 (11.20)의 ε_m을 이 값으로 대체하고, 식 (11.15)를 적용하면 다음의 결과를 얻는다.

$$\frac{1}{\rho} = \frac{\sigma_m}{Ec} = \frac{1}{Ec}\frac{Mc}{I}$$

이 식을 다시 정리하면 다음과 같다.

$$\frac{1}{\rho} = \frac{M}{EI} \tag{11.21}$$

사진 11.3 건물의 뼈대를 구성하기 위해 사용된 광폭플랜지보(H형강)

Hisham Ibrahim/Stockbyte/Getty Images

3 하지만 폭과 높이의 비 h/b가 커지게 되면 횡방향 불안정성 문제가 발생할 수 있다.

4 역자주: 우리나라에서는 S-beam을 I형강, W-beam을 H형강으로 부른다(KS D 3502 참고).

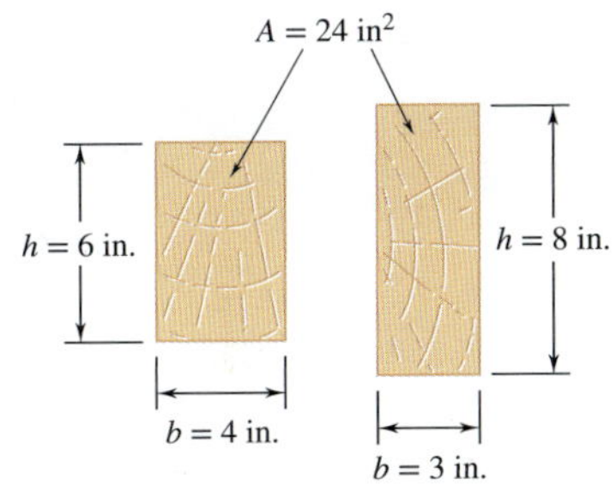

그림 11.13 목재보의 단면

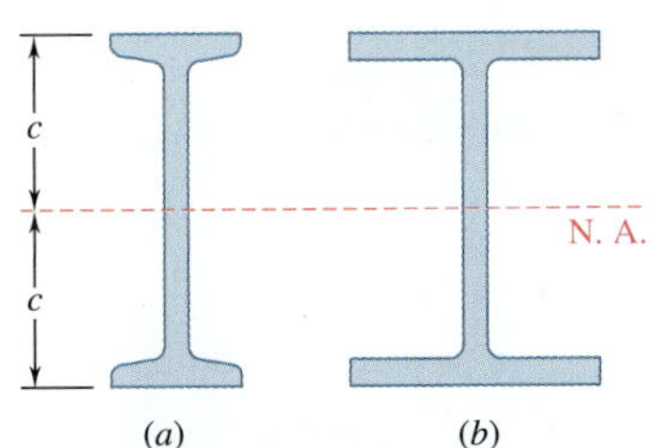

그림 11.14 강재 보의 두 가지 단면
(a) 미국표준보(S) (I형강)
(b) 광폭플랜지보(W) (H형강)

개념적용 11.2

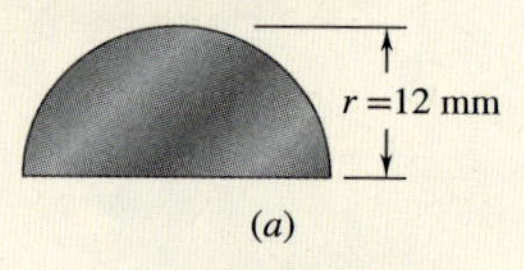

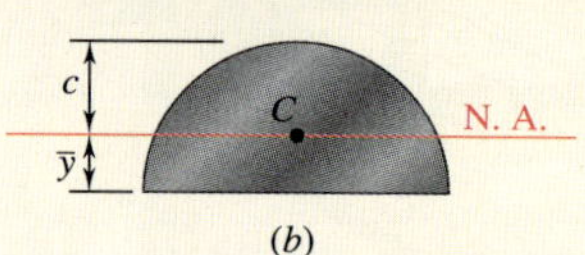

그림 11.15 (a) 순수 휨 상태의 반원 단면 보 (b) 단면의 도심과 중립축

[그림 11.15]의 반지름 $r = 12$ mm인 반원 단면의 알루미늄보가 원호 형태로 휘어졌으며, 이때 평균 곡률반경 $\rho = 2.5$ m이다. 보의 평평한 면이 호의 곡률중심 쪽으로 놓여 있을 때, 보에 발생되는 최대 인장응력과 압축응력을 구하시오. $E = 70$ GPa이다.

곡률반경 ρ가 주어졌을 때 휨모멘트를 구하기 위해서 식 (11.21)을 사용할 수 있다. 그리고 식 (11.15)를 사용하여 σ_m을 계산할 수 있다. 하지만 식 (11.9)를 사용하여 ε_m을 구한 뒤, 후크의 법칙을 사용하여 σ_m을 계산하는 것이 더 간단하다.

반원 단면의 도심 C의 세로방향 위치 $\bar{y}$는 다음과 같다.

$$\bar{y} = \frac{4r}{3\pi} = \frac{4(12\text{ mm})}{3\pi} = 5.093\text{ mm}$$

중립축은 C를 통과하며(그림 11.15b), 중립축으로부터 가장 먼 점이 중립축과 떨어진 거리 c는

$$c = r - \bar{y} = 12\text{ mm} - 5.093\text{ mm} = 6.907\text{ mm}$$

이다. 식 (11.9)를 사용하면

$$\varepsilon_m = \frac{c}{\rho} = \frac{6.907 \times 10^{-3}\text{ m}}{2.5\text{ m}} = 2.763 \times 10^{-3}$$

이며, 후크의 법칙으로부터 다음을 얻는다.

$$\sigma_m = E\varepsilon_m = (70 \times 10^9\text{ Pa})(2.763 \times 10^{-3}) = 193.4\text{ MPa}$$

이 점은 곡률중심으로부터 먼 쪽에 있으므로, 구해진 응력은 인장응력이다. 최대 압축응력은 평평한 면에서 발생하며, 응력은 중립축으로부터 떨어진 거리에 비례한다는 사실을 이용하면, 다음과 같이 그 값을 계산할 수 있다.

$$\sigma_{\text{comp}} = -\frac{\bar{y}}{c}\sigma_m = -\frac{5.093\text{ mm}}{6.907\text{ mm}}(193.4\text{ MPa})$$
$$= -142.6\text{ MPa}$$

예제 11.1

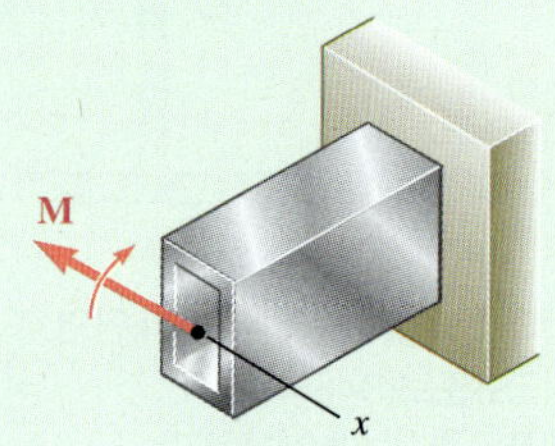

그림과 같이 알루미늄 직사각형 각관으로 만들어진 캔틸레버가 휨모멘트를 받고 있다. 알루미늄의 $\sigma_Y = 40$ ksi, $\sigma_U = 60$ ksi, $E = 10.6 \times 10^6$ psi이다. 필릿[fillet]의 영향은 무시하고, (a) 안전계수가 3.00이 되기 위한 휨모멘트 M, (b) 이때 각관에 발생하는 곡률반경을 구하시오.

문제분석 안전계수를 사용하여 허용응력을 구한 뒤, 식 (11.15)와 식 (11.21)을 사용하여 휨모멘트 및 곡률반경을 계산한다.

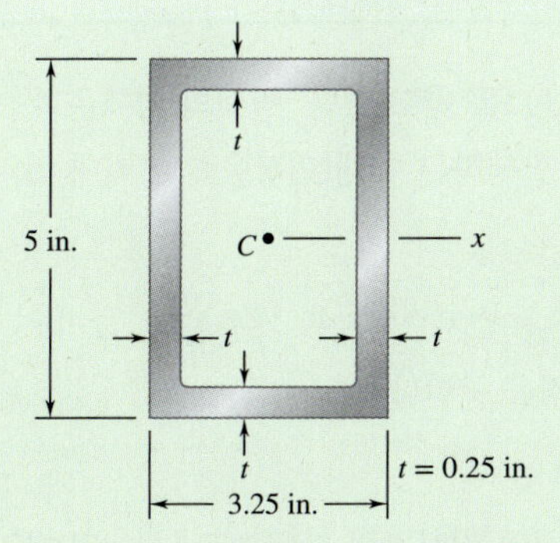

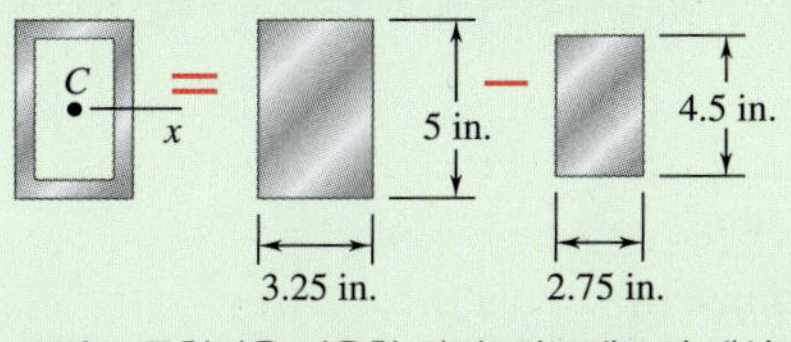

그림 1 중첩법을 이용한 단면2차모멘트의 계산

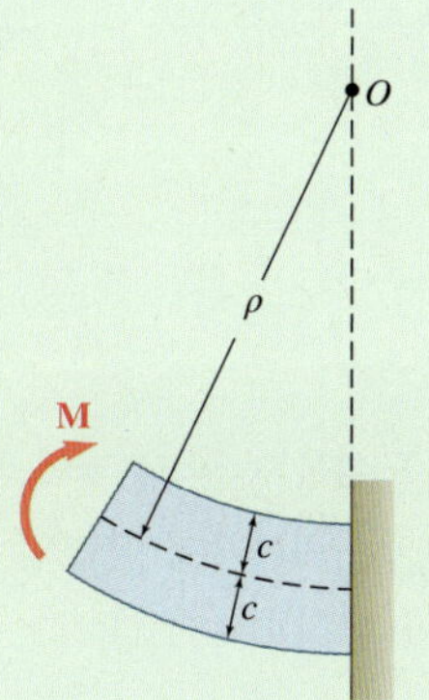

그림 2 보의 변형 후 형상

모델링과 풀이

단면2차모멘트 주어진 각관의 단면을 [그림 1]과 같이 두 직사각형 단면의 차로 생각하고, 직사각형 단면의 도심축에 대한 단면2차모멘트 공식을 활용하여 단면2차모멘트를 구한다.

$$I = \frac{1}{12}(3.25)(5)^3 - \frac{1}{12}(2.75)(4.5)^3, \quad I = 12.97 \text{ in}^4$$

허용응력 안전계수가 3.00, 극한강도 $\sigma_U = 60$ ksi이므로 허용응력은 다음과 같다.

$$\sigma_{\text{all}} = \frac{\sigma_U}{F.S.} = \frac{60 \text{ ksi}}{3.00} = 20 \text{ ksi}$$

$\sigma_{\text{all}} < \sigma_Y$이므로 각관은 탄성범위 내에 있으며, 11.2절의 내용을 적용할 수 있다.

a. 휨모멘트 $c = \frac{1}{2}(5 \text{ in.}) = 2.5$ in.이므로 휨모멘트는 다음과 같다.

$$\sigma_{\text{all}} = \frac{Mc}{I}, \quad M = \frac{I}{c}\sigma_{\text{all}} = \frac{12.97 \text{ in}^4}{2.5 \text{ in.}}(20 \text{ ksi})$$

$M = 103.8$ kip·in. ◀

b. 곡률반경 [그림 2]를 참고하여 주어진 $E = 10.6 \times 10^6$ psi와 앞에서 구한 I와 M을 식 (11.21)에 대입하면, 다음과 같이 곡률반경을 계산할 수 있다.

$$\frac{1}{\rho} = \frac{M}{EI} = \frac{103.8 \times 10^3 \text{ lb·in.}}{(10.6 \times 10^6 \text{ psi})(12.97 \text{ in}^4)} = 0.755 \times 10^{-3} \text{ in}^{-1}$$

$$\rho = 1325 \text{ in.}$$

$\rho = 110.4$ ft ◀

고찰 식 (11.9)를 활용해도 곡률반경을 구할 수 있다. 최대응력은 $\sigma_{\text{all}} = 20$ ksi이므로 최대 변형률 ε_m은 후크의 법칙으로 구할 수 있다. 이 값을 식 (11.9)에 대입하면 다음과 같이 곡률반경을 구할 수 있다.

$$\varepsilon_m = \frac{\sigma_{\text{all}}}{E} = \frac{20 \text{ ksi}}{10.6 \times 10^6 \text{ psi}} = 1.887 \times 10^{-3} \text{ in./in.}$$

$$= \frac{c}{\rho}, \quad \rho = \frac{c}{\varepsilon_m} = \frac{2.5 \text{ in.}}{1.887 \times 10^{-3} \text{ in./in.}} = 1325 \text{ in.}$$

$\rho = 110.4$ ft ◀

예제 11.2

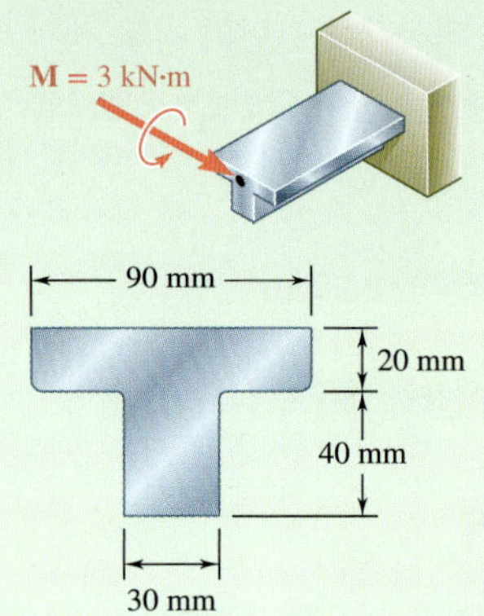

그림과 같이 주철로 만든 기계부품이 3 kN·m의 모멘트를 받고 있다. 필릿의 영향은 무시하고 탄성계수가 $E = 165$ GPa일 때, (a) 단면에 발생하는 최대 인장응력과 최대 압축응력, (b) 주철부품에 발생하는 곡률반경을 구하시오.

문제분석 단면의 중립축을 구한 뒤 중립축에 대한 단면2차모멘트를 계산한다. 그리고 식 (11.15)와 식 (11.21)을 사용하여 응력과 곡률반경을 구한다.

모델링과 풀이

도심 [그림 1]에 나타낸 바와 같이 T형 단면을 두 개의 직사각형 단면으로 나눈 뒤 다음 표와 같이 도심의 수직 위치를 구한다.

	면적, mm²	$\bar{y}$, mm	$\bar{y}A$, mm³
1	(20)(90) = 1800	50	90×10^3
2	(40)(30) = 1200	20	24×10^3
	$\Sigma A = 3000$		$\Sigma \bar{y}A = 114 \times 10^3$

$\bar{Y}\Sigma A = \Sigma \bar{y}A$

$\bar{Y}(3000) = 114 \times 10^3$

$\bar{Y} = 38$ mm

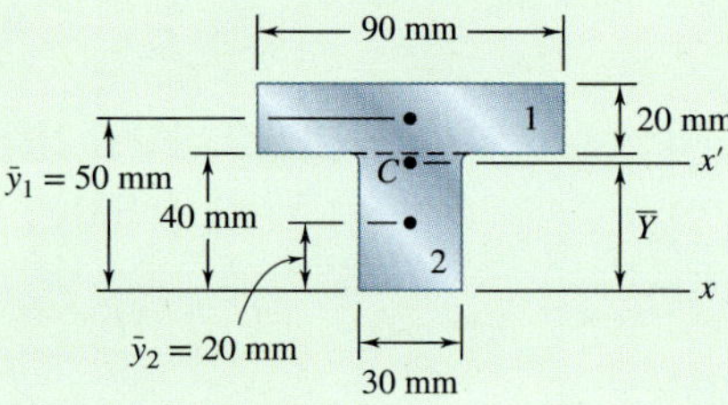

그림 1 합성단면의 도심

중립축에 대한 단면2차모멘트 평행축 정리를 이용하여 합성단면의 도심을 통과하는 x'축(중립축)에 대한 각 직사각형의 단면2차모멘트를 구한다(그림 2). 두 직사각형 단면의 단면2차모멘트를 합산하면 합성단면의 단면2차모멘트를 얻을 수 있다.

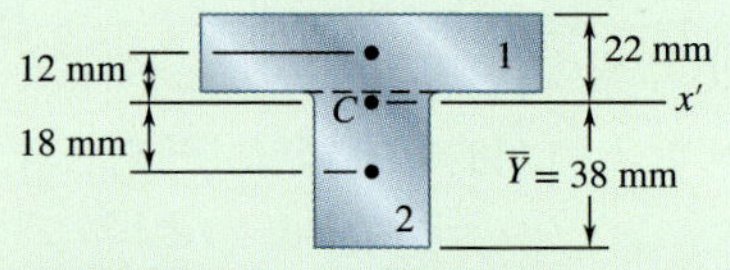

그림 2 합성단면의 단면2차모멘트

$$I_{x'} = \Sigma(\bar{I} + Ad^2) = \Sigma\left(\frac{1}{12}bh^3 + Ad^2\right)$$

$$= \frac{1}{12}(90)(20)^3 + (90 \times 20)(12)^2 + \frac{1}{12}(30)(40)^3 + (30 \times 40)(18)^2$$

$$= 868 \times 10^3 \text{ mm}^4$$

$$I = 868 \times 10^{-9} \text{ m}^4$$

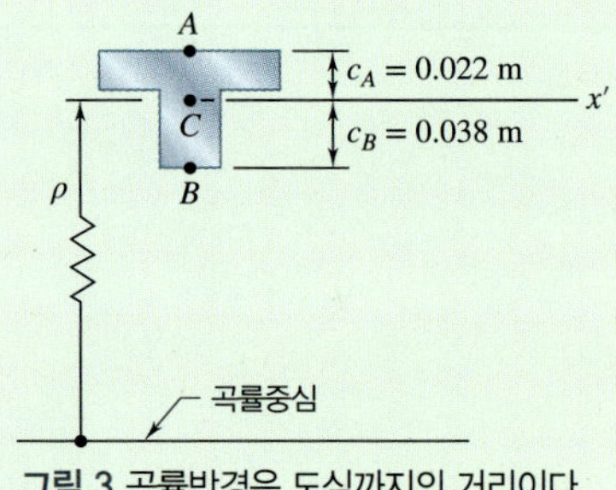

그림 3 곡률반경은 도심까지의 거리이다.

a. 최대 인장응력 작용하고 있는 모멘트에 의해 부품이 아래쪽으로 휘므로, 곡률의 중심은 단면의 아래쪽에 위치하게 된다. 따라서 최대 인장응력은 [그림 3]의 점 A, 즉 곡률 중심으로부터 가장 멀리 떨어져 있는 점에서 발생한다.

$$\sigma_A = \frac{Mc_A}{I} = \frac{(3 \text{ kN}\cdot\text{m})(0.022 \text{ m})}{868 \times 10^{-9} \text{ m}^4} \qquad \sigma_A = +76.0 \text{ MPa} \blacktriangleleft$$

최대 압축응력 최대 압축응력은 [그림 3]의 점 B에서 발생된다.

$$\sigma_B = -\frac{Mc_B}{I} = -\frac{(3 \text{ kN}\cdot\text{m})(0.038 \text{ m})}{868 \times 10^{-9} \text{ m}^4} \qquad \sigma_B = -131.3 \text{ MPa} \blacktriangleleft$$

b. 곡률반경 식 (11.21)과 [그림 3]으로부터 다음과 같이 곡률반경이 계산된다.

$$\frac{1}{\rho}=\frac{M}{EI}=\frac{3\ \mathrm{kN}\cdot\mathrm{m}}{(165\ \mathrm{GPa})(868\times10^{-9}\ \mathrm{m}^4)}$$

$$=20.95\times10^{-3}\ \mathrm{m}^{-1} \qquad \rho=47.7\ \mathrm{m}$$ ◀

고찰 이 문제에서 T형 단면은 수직 대칭면을 가지며, 모멘트가 대칭면 상에 작용하고 있다. 따라서 이 부품에는 대칭 휨symmetrical bending이 발생한다. 만일 모멘트가 다른 평면에 작용한다면 비대칭 휨이 발생하게 되며, 11.5절의 이론을 적용해야 해결할 수 있다.

사례연구 11.1

9.1.2절에서 살펴본 바와 같이, 콘크리트는 취성재료이며 인장강도가 압축강도에 비해 현저히 낮다. [그림 9.9]에 일반적으로 사용되는 콘크리트의 전형적인 응력-변형률선도가 나타나 있다. 콘크리트의 압축강도를 측정하기 위해 콘크리트 공시체를 [사진 9.2]와 비슷하게 시험기에 넣는다(압축강도 측정을 위해서는 가동부의 아래쪽에 공시체를 위치시킨다는 점이 인장시험의 경우와 다르다).

콘크리트의 인장강도를 측정하기 위해서 압축시험의 경우와 같이 축방향 인장하중을 가하는 것은 현실적으로 불가능하다. 그 이유는 공시체를 잡아당기기 위해 양 끝을 붙잡아야 하는데, 적절한 방법이 없기 때문이다. 따라서 콘크리트의 인장강도를 측정하기 위해 사용되는 방법 중 하나는 원기둥 모양의 공시체를 가로로 눕히고 위에서 누르는 것이다. 그러면 실린더의 단면에 가로방향으로 인장응력이 발생하게 되고, 결과적으로 실린더는 두 개의 반원기둥으로 쪼개지게 된다. 이러한 시험방법을 쪼갬 인장강도 시험split cylinder test이라고 한다. [사진 CS11.1]에 쪼갬 인장강도 시험을 수행하고 있는 시험기를 수록했다.

사진 CS11.1 쪼갬 인장강도 시험기
Courtesy of Controls Group

콘크리트의 인장강도를 측정하기 위한 또 다른 방법은 휨 강도 시험이다. 이 시험은 미국 고속도로 및 교통협회(AASHTO)American Association of State Highway and Transportation Officials에서 규정한 방법을 사용하여 수행하며, 콘크리트의 휨 강도는 재료의 파괴 이전까지 견딜 수 있는 최대 인장강도에 기반한다.[5] 시험은 [그림 11.2]에 나타난 것과 유사하게 시험체에 순수 휨을 발생시키는 방법으로 수행되며, 이 방법을 사용하면 보에 최대 모멘트가 일정하게 발생하는 구간이 만들어진다. 콘크리트는 압축에 비해 인장에 현저하게 약하기 때문에 보의 인장측, 즉 최대 인장강도에 도달하는 곳에서 파괴가 일어난다. 이 하중단계에서는(콘크리트의 압축강도에 훨씬 못 미치는 하중임) 보가 탄성거동을 하는 것으로 볼 수 있다.

AASHTO 시험방법은 보 높이의 세 배 길이의 시험체를 사용하도록 규정하고 있으며, 보의 폭에 대한 요구조건은 없다. 또한 하중은 [그림 CS11.1]과 같이 보의 3등분점에 재하하도록 한다. 따라서 이를 **3등분점 재하법**third-point loading test 또는 **4점 재하법**이라고 한다.[6]

5 ASTM C78/C78M-18 Standard Test Method for Flexural Strength of Concrete (Using Simple Beam with Third-Point Loading), American Association State Highway and Trans\-portation Officials Standard AASHTO No. T97.
역자주: 우리나라는 KS F 2408에서 시험방법을 규정하고 있다.
6 **역자주**: KS F 2408에서는 '4점 재하법'이라고 한다.

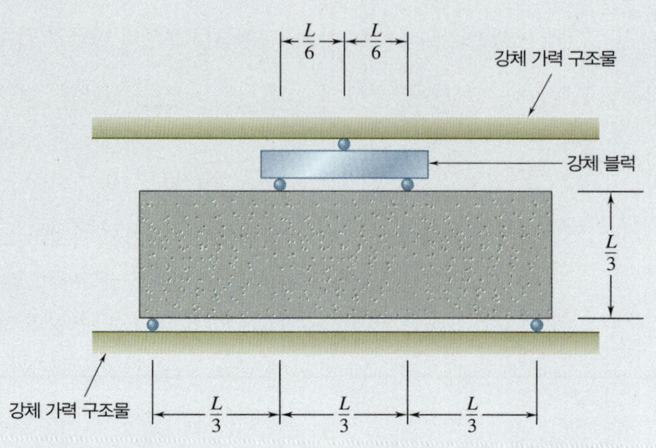

그림 CS11.1 4점 재하법에 의한 콘크리트의 휨 강도 시험

이러한 실험 설정의 결과로 상부에서 재하한 총 하중은 콘크리트보 위의 두 개의 가력점에 균등하게 배분되고, 대칭성에 의해 두 지점에 발생하는 반력은 가력점에 작용한 하중과 같은 크기가 된다. 결과적으로 보의 중앙 1/3 구간은 순수 휨 상태가 되고, 최대 휨모멘트를 받게 된다. 다음의 [사진 CS11.2]에 시험장치의 설정을 나타내었다. 파괴는 보의 아랫면에서 발생하며, 일반적으로 보의 중앙 1/3 구간에서 응력이 인장강도 또는 **파괴계수**modulus of rupture에 도달했을 때 일어난다. 이 시험에서 작용한 총 하중과 파괴 시 발생하는 최대 인장응력의 관계를 알아보자.

사진 CS11.2 콘크리트보의 4점 재하법 Courtesy of ADMET, Inc.

문제분석 정적 평형조건과 등가하중을 이용하면 보의 중앙 1/3 구간에 발생하는 휨모멘트를 총 작용하중의 함수로 나타낼 수 있다. 다음으로, 식 (11.15)를 사용하여 총 작용하중과 최대 인장응력의 관계를 구한다.

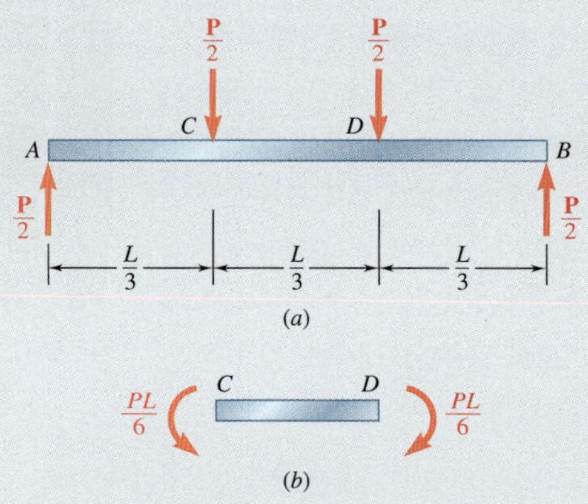

그림 CS11.2 보 시험체의 자유물체도

모델링 [그림 CS11.2a]에 보 시험체의 자유물체도를 나타내었다. 시험기에 의해 재하된 총 하중은 P이다. 구조물과 하중이 대칭이므로 지점에 발생하는 반력의 크기는 각각 $P/2$이다.

풀이 [그림 11.2]에서 보인 역기 봉의 사례와 마찬가지로, [그림 CS11.2]에 나타난 보의 중앙부는 크기가 같고 방향이 반대인 우력모멘트를 양단에 받고 있다. 따라서 이 부분은 순수 휨 상태이다. 중앙부의 휨모멘트는 다음과 같이 계산된다.

$$M = \frac{P}{2}\frac{L}{3} = \frac{PL}{6} \tag{1}$$

이를 [그림 CS11.2b]에 나타내었다. 이제 식 (11.15)를 이용하여 최대응력을 구하면 다음과 같다.

$$\sigma_m = \frac{Mc}{I} = \frac{PLc}{6I} \tag{2}$$

폭과 높이가 각각 b와 d인 직사각형 단면이므로, 최대응력을 보의 치수를 사용하여 표현하면 다음과 같다.

$$\sigma_{\max} = \frac{PL\dfrac{d}{2}}{6\dfrac{1}{12}b(d)^3} = \frac{PL}{bd^2} \tag{3}$$

인장이 지배하므로, 이 최대응력이 콘크리트의 파괴 시 인장응력이 된다.

고찰 텍사스 오스틴 대학의 연구자들은 콘크리트의 파괴계수를 결정하기 위한 4점 재하법의 타당성을 확인하기 위해 일련의 휨 강도 시험을 수행했다.[7] 이 연구의 목적은 4점 재하법을 사용한 경우와 기존에 사용해오던 3점 재하법을 사용한 경우의 결과를 비교하려는 것이었다. 연구에 사용된 시험체는 단면이 6×6 in.이고 길이가 20 in.였으며, 양생 기간은 7일로 했다. 700개 이상의 시험체에 대한 실험을 수행하며, 시험체 크기, 골재 크기, 골재의 종류 등을 변수로 강도에 미치는 영향을 분석했다. 연구는 두 단계로 나누어 진행되었다. 1단계는 서로 다른 배합에 대한 변수를 위주로 진행되었으며, 2단계는 1단계의 결론을 바탕으로 진행되었다. 이 단계에서는 두 가지 배합의 140개 시험체가 사용되었으며, 절반은 4점 재하법으로 실험을 수행했다. 다시 이들 중 절반은 4.5×4.5 in. 단면의 길이 20 in.인 시험체였으며, 나머지 절반은 6×6 in. 단면의 길이가 20 in.인 시험체였다. 2단계 실험에서 얻은 동일한 배합의 실험결과를 하나씩 다음에 예시했다.

4.5×4.5 in. 단면의 시험체, $P = 4.88$ kips 식 (3)을 사용하면 파괴 시 인장응력은 다음과 같다.

$$\sigma_t = \frac{(4.88\text{ kips})(18\text{ in.})}{(4.5\text{ in.})(4.5\text{ in.})^2} = 0.964\text{ ksi} = 964\text{ psi}$$

6×6 in. 단면의 시험체, $P = 9.67$ kips 식 (3)을 사용하면 파괴 시 인장응력은 다음과 같다.

$$\sigma_t = \frac{(9.67\text{ kips})(18\text{ in.})}{(6\text{ in.})(6\text{ in.})^2} = 0.806\text{ ksi} = 806\text{ psi}$$

시험에 사용된 배합에 대한 평균 파괴계수는 4.5×4.5 in. 단면의 경우 963 psi이고, 6×6 in. 단면에서는 806 psi였다. 단면이 더 작은 시험체에서 강도가 더 높게 나타나는 이유 중 하나는 골재 크기와 시편 크기의 상대적인 비율 때문이다. 콘크리트 시험에서는 배합비, 골재 크기를 포함한 일반적인 재료의 비균질성으로 인해 시험결과에 상당한 변동성이 나타난다. 하지만 이 연구의 연구진은 이 실험을 통해 4점 재하법이 기존의 방법에 비하여 통계적으로 더욱 일관성 있는 파괴계수의 추정치를 제공한다는 사실을 입증했다.

콘크리트의 인장강도는 압축강도와 비교해 매우 작기 때문에, 콘크리트 재료는 주로 압축에 저항하는 데에 유용하게 활용된다. 무근 콘크리트보의 휨 시험에서 입증된 바와 같이, 보의 하면에서 인장균열이 발생하면 보의 단면적이 감소하고, 처음 발생한 균열과 거의 동시에 파괴가 일어난다. 따라서 콘크리트보의 설계는 기본적으로 인장 측에 철근을 배근하여 콘크리트는 압축력을 부담하고 철근이 인장력을 부담하도록 한다. 철근콘크리트 부재에 대한 구체적인 내용은 11.3절에서 다룰 것이다.

7 P.M. Carrasquillo and R.L. Carrasquillo, *Improved Concrete Quality Control Procedures Including Third Point Loading*, Research Report 1119-1F, Center for Transportation Research, University of Texas at Austin, Austin, Texas, 1987.

Section 11.1 ~ 11.2 연습문제

11.1 ~ 11.2 수직면에 그림과 같은 우력모멘트가 작용하고 있다. (a) 점 A, (b) 점 B에서 발생하는 응력을 구하시오.

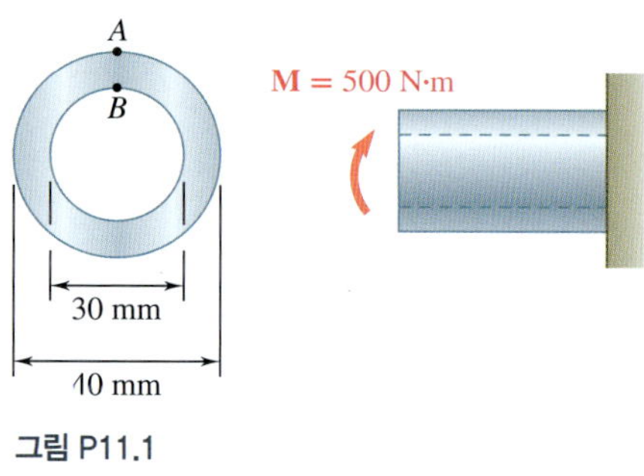

그림 P11.1

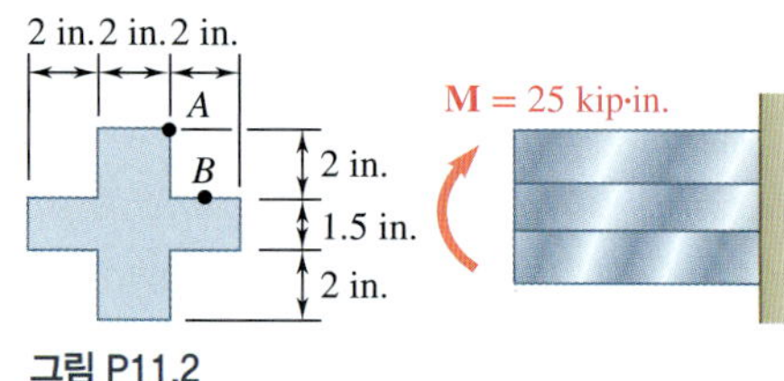

그림 P11.2

11.3 허용응력 155 MPa을 사용하여 그림의 H형강의 최대 휨모멘트 M_x를 구하시오. 필릿의 영향은 무시한다.

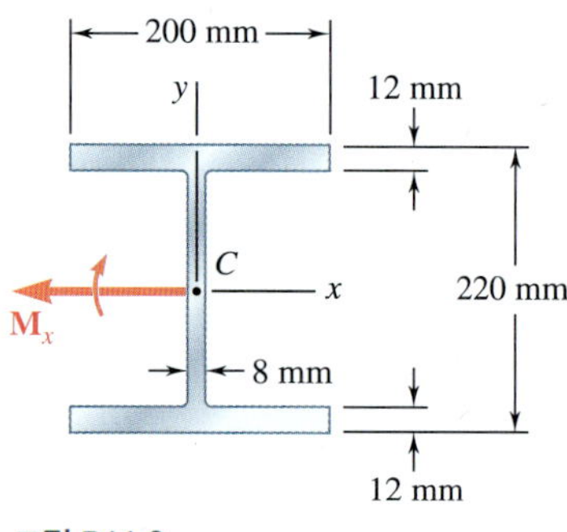

그림 P11.3

11.4 [문제 11.3]에서 H형강에 휨모멘트 M_y에 의해 y축에 대한 휨이 발생한다고 가정하고 다시 푸시오.

11.5 그림의 단면을 갖는 알루미늄 합금 봉이 압출성형으로 제작되었다. $\sigma_Y = 250$ MPa, $\sigma_U = 450$ MPa일 때, 안전계수 3.00을 적용하여 보에 작용할 수 있는 최대 모멘트 M_z를 구하시오.

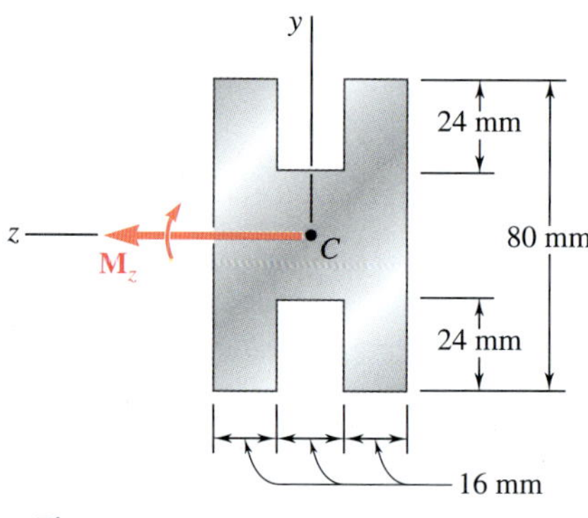

그림 P11.5

11.6 허용응력 16 ksi를 이용하여 각 파이프에 작용할 수 있는 최대 휨모멘트를 구하시오.

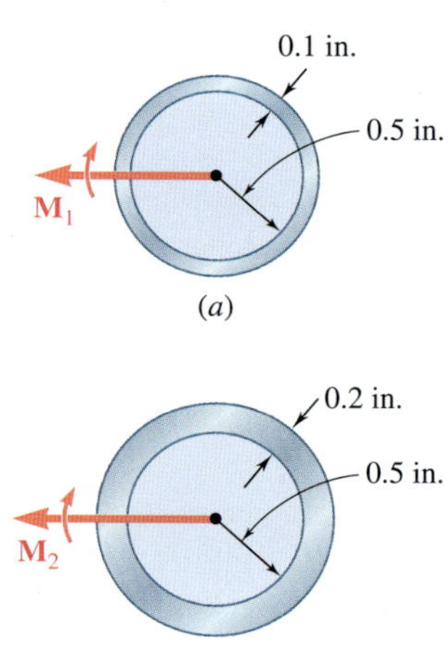

그림 P11.6

11.7 ~ 11.8 두 개의 W4×13 압연형강이 그림과 같이 용접되어 있다. $\sigma_U = 58$ ksi일 때, 안전계수 3.0을 적용하여 보에 작용할 수 있는 최대 휨모멘트 M_z를 구하시오. 보에는 z축에 대한 휨이 발생한다.

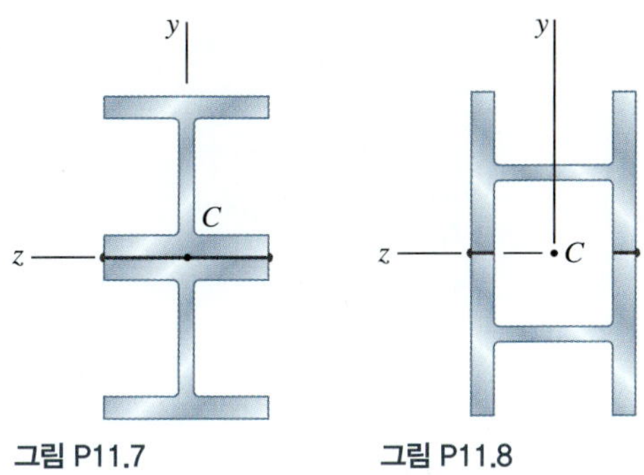

그림 P11.7 그림 P11.8

11.9 ~ 11.11 그림에 주어진 단면을 갖는 보가 두 개의 수직하중을 받고 있다. 보의 구간 BC에 발생하는 최대 압축응력과 인장응력을 구하시오.

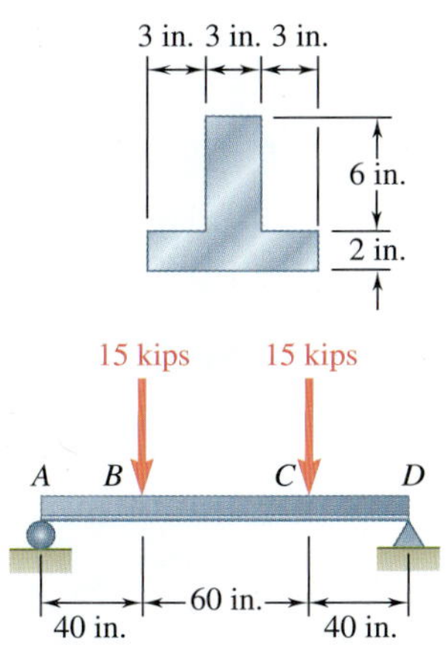

그림 P11.9

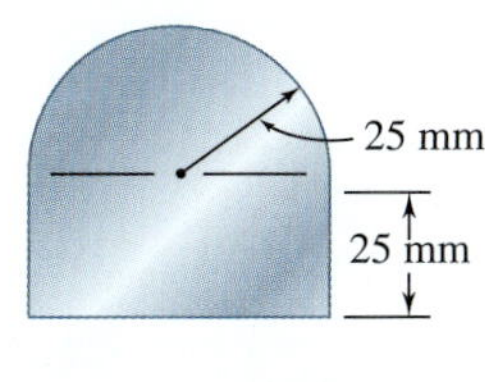

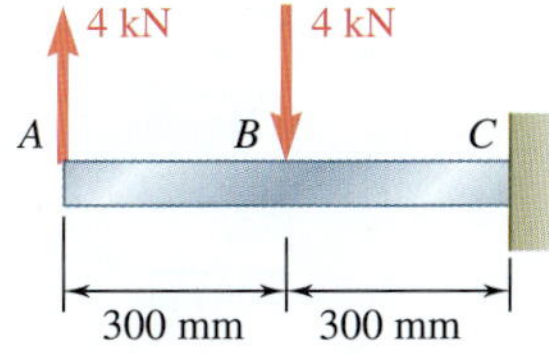

그림 P11.10

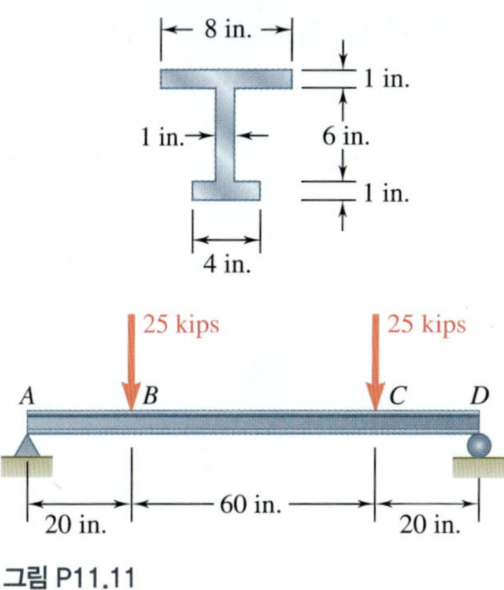

그림 P11.11

11.12 그림의 보에서 허용 인장응력이 120 MPa, 허용 압축응력이 150 MPa일 때, 보에 작용 가능한 최대 우력모멘트 **M**을 구하시오.

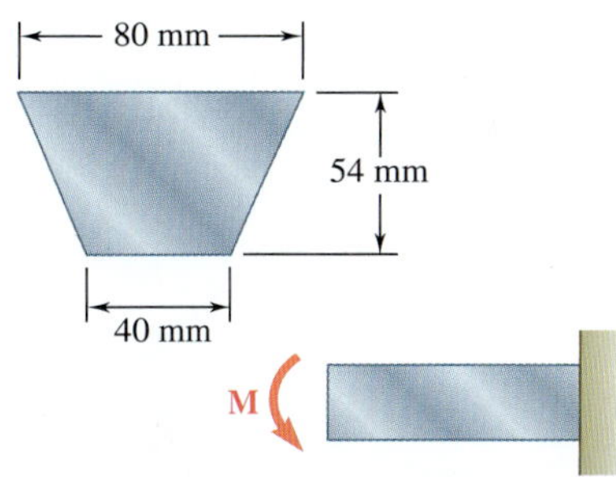

그림 P11.12

11.13 그림의 단면을 갖는 보에 수평축에 대한 휨이 발생했으며, 휨모멘트의 크기는 50 kip·in.이다. (a) 상부 플랜지에 작용한 합력, (b) 복부판의 음영 부분에 작용한 합력을 구하시오.

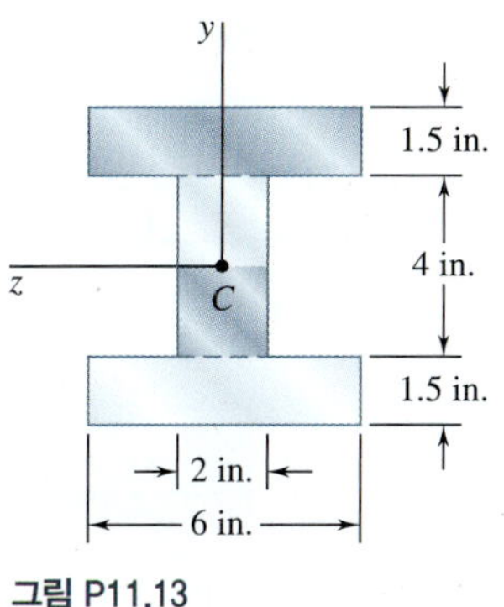

그림 P11.13

11.14 그림의 단면을 갖는 보에 수평축에 대한 휨이 발생했으며, 휨모멘트의 크기는 4 kN·m이다. 보 단면의 음영 부분에 작용한 힘의 합력을 구하시오.

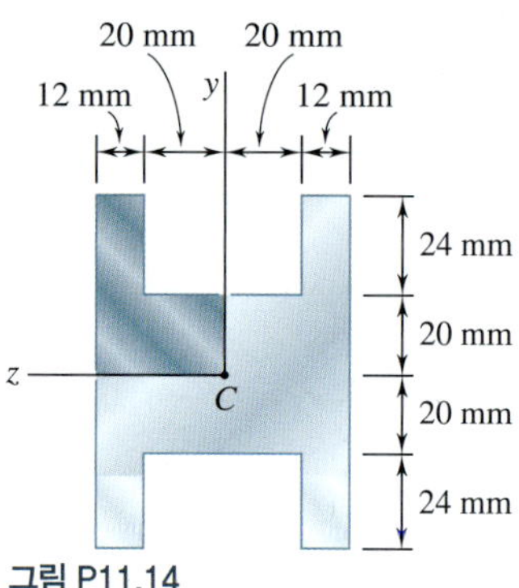

그림 P11.14

11.15 그림의 단면을 갖는 보에 수평축에 대한 휨이 발생했으며, 휨모멘트의 크기는 6 kN·m이다. 복부판의 음영 부분에 작용한 합력을 구하시오.

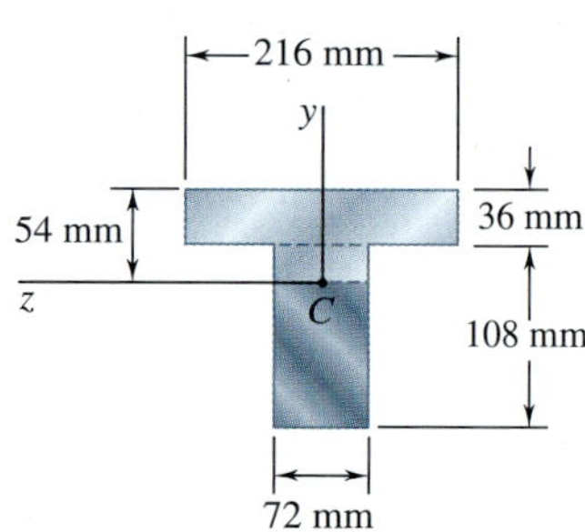

그림 P11.15

11.16 그림의 보에서 허용 인장응력이 5 ksi, 허용 압축응력이 18 ksi일 때, 보에 작용 가능한 최대 우력모멘트 **M**을 구하시오.

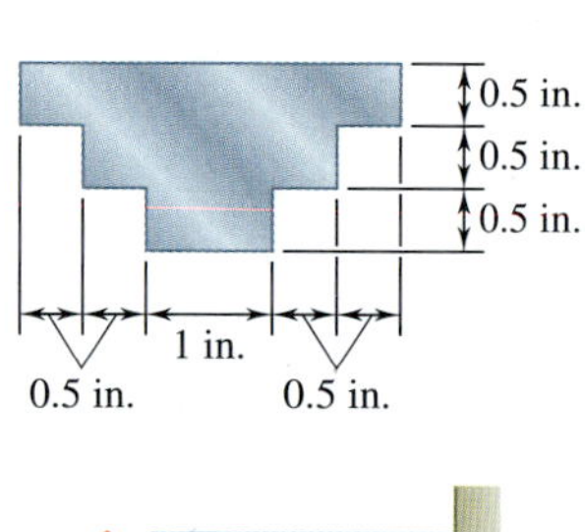

그림 P11.16

11.17 그림의 압출 보에서 허용 인장응력이 120 MPa, 허용 압축응력이 150 MPa일 때, 보에 작용 가능한 최대 우력모멘트 **M**을 구하시오.

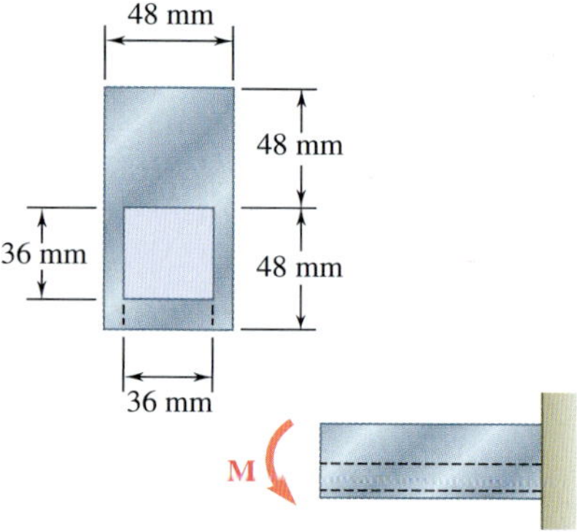

그림 P11.17

11.18 다음의 허용응력을 초과하지 않으면서 보에 가해질 수 있는 최대 우력모멘트 **M**의 크기를 구하시오.

$$\sigma_{\text{all}} = +6 \text{ ksi}, \quad \sigma_{\text{all}} = -15 \text{ ksi}$$

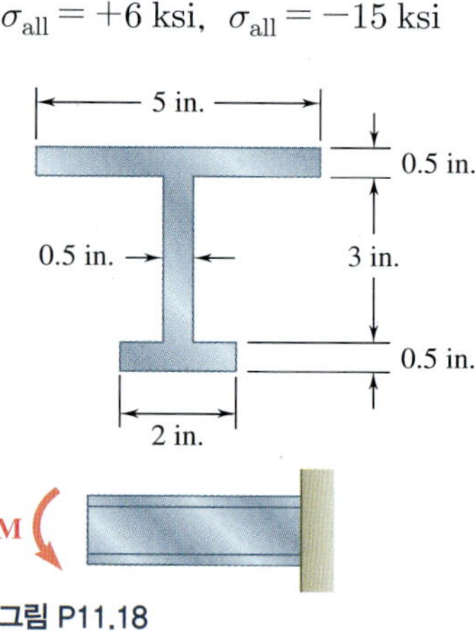

그림 P11.18

11.19 그림의 보에서 허용 인장응력이 24 MPa, 허용 압축응력이 30 MPa일 때, 보에 작용 가능한 최대 우력모멘트 **M**을 구하시오.

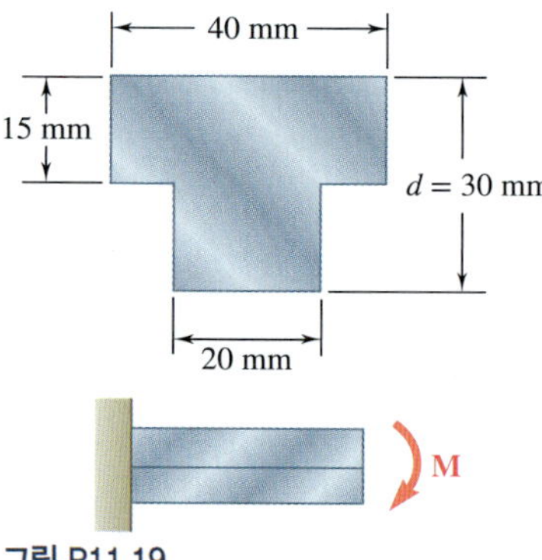

그림 P11.19

11.20 그림의 압출 보에서 허용 인장응력이 120 MPa, 허용 압축응력이 150 MPa일 때, 보에 작용 가능한 최대 우력모멘트 **M**을 구하시오.

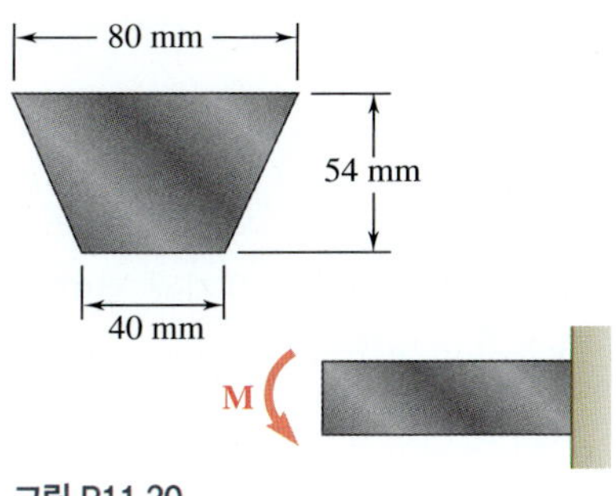

그림 P11.20

11.21 그림의 보에서 허용 인장응력이 12 ksi, 허용 압축응력이 16 ksi일 때, 보에 작용할 수 있는 우력모멘트 **M**의 최댓값을 구하시오.

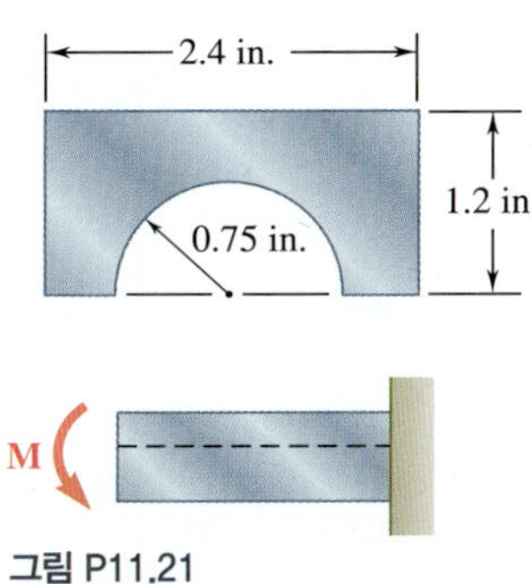

그림 P11.21

11.22 그림과 같이 벽이 두꺼운thick-walled 파이프가 우력모멘트 **M**에 의해 수평축에 대한 휨을 받고 있다. 파이프는 설계에 따라 네 개의 돌출부가 있는 경우와 없는 경우가 있다. (a) 허용응력 20 ksi를 사용하여 네 개의 돌출부가 있는 파이프에 작용할 수 있는 최대 우력모멘트를 구하시오. (b) 돌출부가 없는 단면에 대해 문제 (a)를 푸시오.

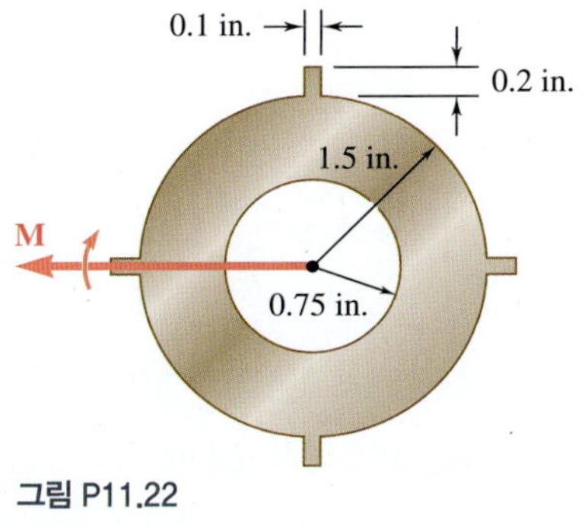

그림 P11.22

11.23 60 N · m의 우력모멘트가 강재 보에 작용하고 있다.

(a) 우력모멘트가 그림과 같이 z축 방향으로 작용하고 있을 때, 보에 발생하는 최대응력과 곡률반경을 구하시오.

(b) 우력모멘트가 y축 방향으로 작용할 때 (a)를 다시 푸시오. $E = 20$ GPa이다.

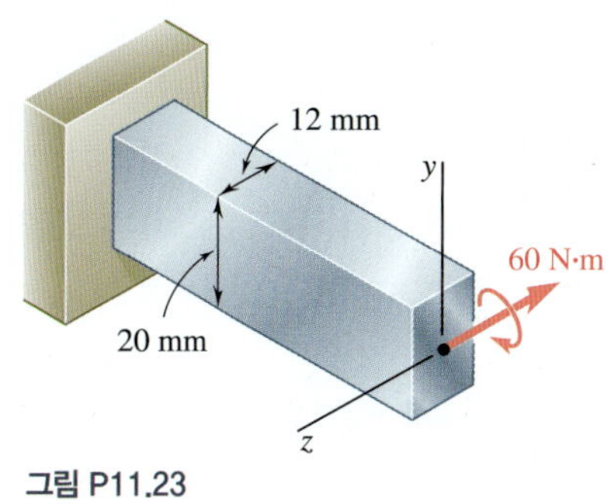

그림 P11.23

11.24 크기가 M인 우력모멘트가 한 변의 길이가 a인 정사각형 단면의 보에 작용하고 있다. 그림에 나타난 각 경우에 대해 보에 발생하는 최대응력과 곡률을 구하시오.

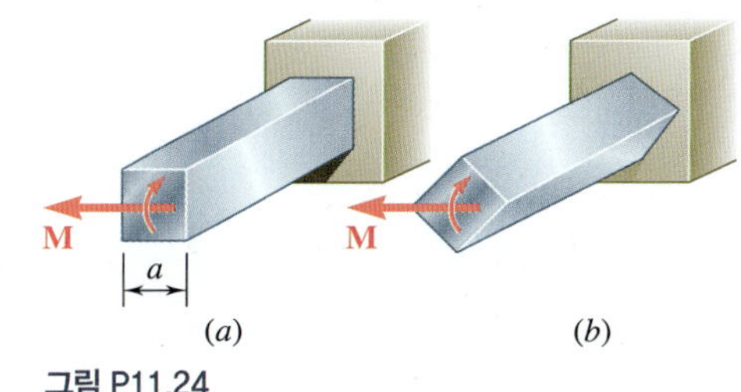

그림 P11.24

11.3 합성단면보

11.2절에서 유도한 내용은 보가 탄성계수가 E인 균질성 재료로 만들어졌다는 가정을 바탕으로 한 것이다. 만약 보가 탄성계수가 서로 다른 둘 혹은 그 이상의 재료로 만들어졌다면, 이런 보를 합성단면보 또는 합성보라고 한다.

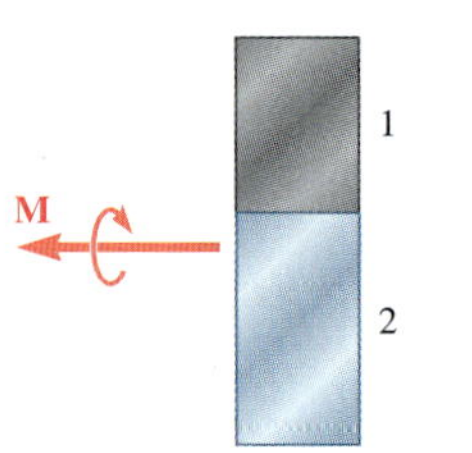

그림 11.16 서로 다른 재료로 구성된 단면

[그림 11.16]에 나타낸 것과 같이, 서로 다른 재료로 만들어진 두 부분을 접착하여 만든 보를 생각해보자. 이 보의 단면은 길이 전체에 대해 일정하게 유지될 것이다. 그리고 11.1.2절의 유도과정에서 보를 구성하고 있는 재료의 응력-변형률 관계는 사용하지 않았으므로, 이 보는 11.1.2절에서 설명한 것과 마찬가지로 변형될 것이다. 따라서 합성보에서도 수직응력 ε_x는 단면의 중립축으로부터 떨어진 거리 y에 비례하며(그림 11.17a, b), 식 (11.8) 역시 유효하다.

$$\varepsilon_x = -\frac{y}{\rho} \tag{11.8}$$

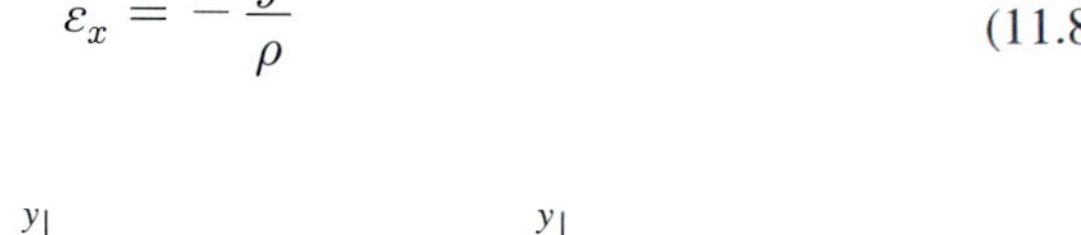

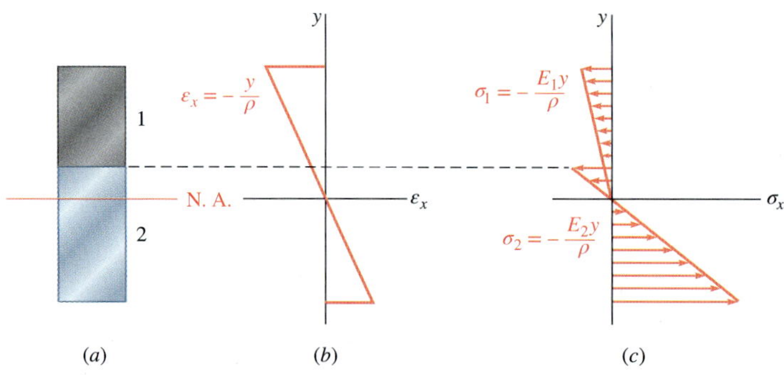

그림 11.17 두 재료로 구성된 단면에서 응력과 변형률의 분포
(a) 도심과 일치하지 않는 중립축 위치 (b) 변형률 분포 (c) 대응되는 응력분포

하지만 합성단면에서는 중립축이 도심을 통과하지 않기 때문에, 합성단면보를 해석하기 위해서는 먼저 중립축의 위치를 파악해야 한다.

두 재료의 탄성계수 E_1과 E_2가 서로 다른 값을 가지므로, 각 재료에 발생하는 수직응력은 다음과 같다.

$$\begin{aligned} \sigma_1 &= E_1 \varepsilon_x = -\frac{E_1 y}{\rho} \\ \sigma_2 &= E_2 \varepsilon_x = -\frac{E_2 y}{\rho} \end{aligned} \tag{11.22}$$

따라서 단면의 응력분포는 [그림 11.17c]에 보인 바와 같이 두 개의 직선 구간으로 이루어진다. 식 (11.22)로부터 단면의 윗부분에 속하는 요소면적 dA에 작용하는 힘 dF_1은 다음 식 (11.23)과 같이 계산되며, 단면 아랫부분에 속하는 같은 넓이의 요소면적 dA에 작용하는 힘 dF_2는 식 (11.24)와 같다.

$$dF_1 = \sigma_1 dA = -\frac{E_1 y}{\rho} dA \tag{11.23}$$

$$dF_2 = \sigma_2 dA = -\frac{E_2 y}{\rho} dA \tag{11.24}$$

두 재료의 탄성계수 비 E_2/E_1을 n이라고 하면, 식 (11.24)는 다음과 같이 변형된다.

$$dF_2 = -\frac{(nE_1)y}{\rho} dA = -\frac{E_1 y}{\rho}(n\,dA) \tag{11.25}$$

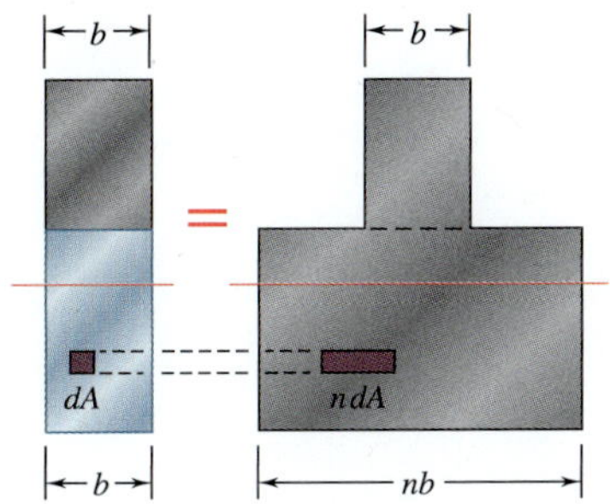

그림 11.18 아래쪽 단면의 재료를 위쪽 재료로 환산한 환산단면

식 (11.23)과 식 (11.25)를 비교해보면, 식 (11.25)의 힘 dF_2는 첫 번째 재료로 만들어진 $n\,dA$의 면적에 작용하는 힘과 같음을 알 수 있다. 따라서 합성단면에서 두 번째 재료로 만들어진 부분의 폭을 n배 하면, 합성단면보와 동일한 휨 저항을 갖는, 첫 번째 재료만으로 구성된 보로 변환할 수 있다. 여기서 $n>1$인 경우에는 폭이 넓어지고, $n<1$인 경우는 폭이 좁아진다. 폭의 변화는 중립축에 평행한 방향으로만 일어나야 한다는 점을 확실히 해두자. 이것은 요소가 중립축으로부터 떨어진 거리 y가 변하지 않아야 하기 때문이다. 이렇게 얻어진 새로운 단면은 [그림 11.18]의 오른쪽과 같으며, 이 단면을 부재의 **환산단면**transformed section이라고 한다.

환산단면은 탄성계수가 E_1인 한 가지 균질한 재료로 구성된 부재의 단면을 나타내므로, 11.2절의 방법이 중립축 계산 및 단면 내 여러 위치에서의 수직응력 계산에 활용될 수 있다. 따라서 [그림 11.19]와 같이 **합성단면의 중립축은 환산단면의 도심을 통과**하며, 환산단면의 임의의 지점에서 발생하는 수직응력은 다음과 같다.

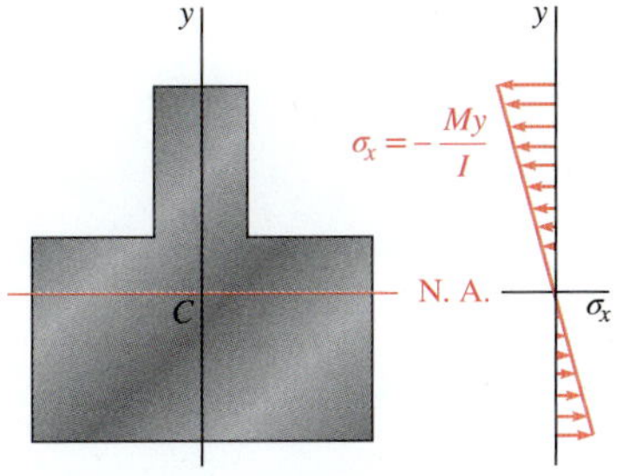

그림 11.19 환산단면의 응력분포

$$\sigma_x = -\frac{My}{I} \tag{11.16}$$

여기서 y는 중립면으로부터 떨어진 거리이며, I는 중립축에 대한 환산단면의 단면2차모멘트이다.

합성보의 위쪽 단면에 발생하는 응력 σ_1은 환산단면에서 해당 위치의 응력 σ_x와 같지만, 아래쪽 단면의 응력 σ_2를 구하려면 **$\boldsymbol{\sigma_x}$에 $\boldsymbol{n}$을 곱해야 한다**. 동일한 크기의 힘 dF_2가 환산단면에서는 $n\,dA$의 면적에 작용했지만, 원래의 합성단면에서는 dA의 면적에 작용한 것이므로, 원래의 합성단면에 발생되는 응력 σ_2는 해당 위치의 환산단면 응력과 n배만큼 차이가 나게 된다.

합성단면보의 변형을 구하는 데에도 환산단면을 활용할 수 있다. 환산단면은 탄성계수가 E_1인 단일 재료로 이루어진, 합성단면과 같은 변형을 하는 단면이므로, 식 (11.21)을 사용하여 합성보의 곡률을 구하면 다음과 같다.

$$\frac{1}{\rho} = \frac{M}{E_1 I}$$

여기서 I는 중립축에 대한 환산단면의 단면2차모멘트이다.

개념적용 11.3

[그림 11.20a]와 같이 강재($E_s = 29 \times 10^6$ psi)와 황동($E_b = 15 \times 10^6$ psi)을 접합하여 만든 보의 단면이 있다. 보가 휨모멘트 $M = 40$ kip · in.를 받는 순수 휨 상태에 있을 때, 강재와 황동 부분에 발생하는 최대응력을 구하시오.

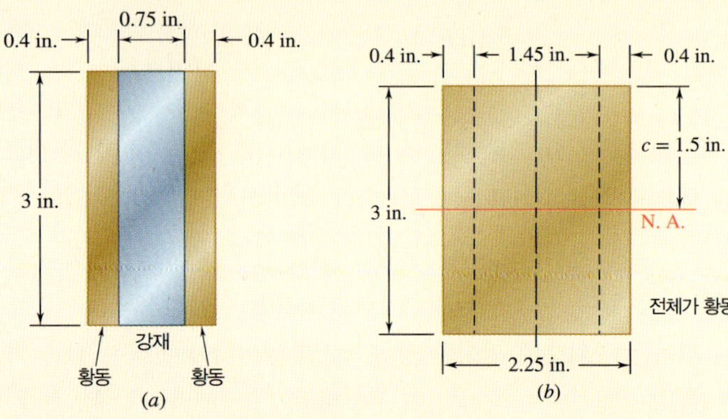

그림 11.20 (a) 합성단면 (b) 환산단면

전체가 황동으로 이루어진 등가의 환산단면은 [그림 11.20b]와 같으며, 탄성계수 비는

$$n = \frac{E_s}{E_b} = \frac{29 \times 10^6 \text{ psi}}{15 \times 10^6 \text{ psi}} = 1.933$$

이므로, 중앙의 원래 강재였던 부분을 황동으로 환산했을 때 얻어지는 폭은 원래의 폭에 1.993을 곱하면 된다.

$$(0.75 \text{ in.})(1.933) = 1.45 \text{ in.}$$

여기서 폭의 변화는 중립축과 평행한 방향으로 발생한다. 중립축에 대한 환산단면의 단면2차모멘트는 다음과 같다.

$$I = \frac{1}{12} bh^3 = \frac{1}{12}(2.25 \text{ in.})(3 \text{ in.})^3 = 5.063 \text{ in}^4$$

또한 단면에서 중립축으로부터 가장 멀리 떨어진 곳까지의 거리가 $c = 1.5$ in.이므로, 식 (11.15)로부터 환산단면의 최대응력을 구하면 다음과 같다.

$$\sigma_m = \frac{Mc}{I} = \frac{(40 \text{ kip} \cdot \text{in.})(1.5 \text{ in.})}{5.063 \text{ in}^4} = 11.85 \text{ ksi}$$

이 값은 원래의 합성단면에서 황동 부분에 발생하는 최대응력의 값과 같다. 강재 부분에 발생되는 최대응력을 계산하기 위해서는 환산단면의 해당 부분의 면적을 원래의 면적으로 감소시켜야 하며, 그 결과로 얻어지는 강재 부분의 응력은 환산단면 응력의 n배가 된다.

$$(\sigma_{\text{brass}})_{\text{max}} = 11.85 \text{ ksi}$$
$$(\sigma_{\text{steel}})_{\text{max}} = (1.933)(11.85 \text{ ksi}) = 22.9 \text{ ksi}$$

두 가지 재료로 이루어진 구조부재의 중요한 사례로 **철근콘크리트보**reinforced concrete beam가 있다(사진 11.4). 철근콘크리트보는 정모멘트가 작용했을 때, 보의 아래쪽 면에 가깝게 배치된 철근에 의한 보강효과를 얻는다(그림 11.21a). 콘크리트는 인장에 취약하기 때문에, 중립면 아래쪽의 콘크리트에는 균열이 발생하고, 단면의 인장력은 모두 철근이 부담하게 된다. 반면에, 중립면 위쪽 단면에 작용하는 압축력은 콘크리트가 부담한다.

사진 11.4 건물의 철근콘크리트 뼈대
Bohemian Nomad Picturemakers/Corbis Documentary/Getty Images

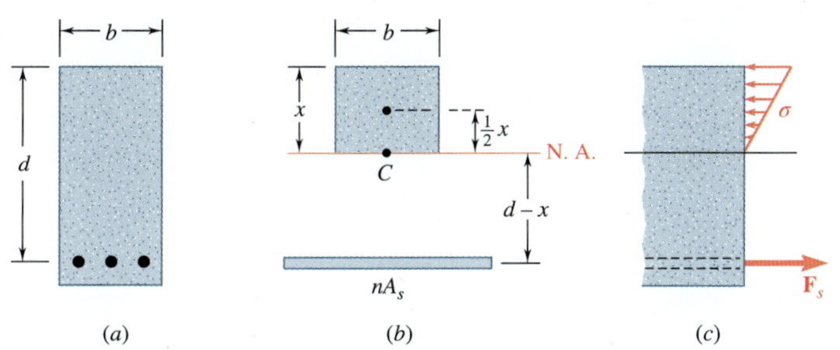

그림 11.21 철근콘크리트보 (a) 철근이 포함된 단면 (b) 강재를 콘크리트로 환산한 단면 (c) 콘크리트 단면의 응력과 강재에 작용하는 합력

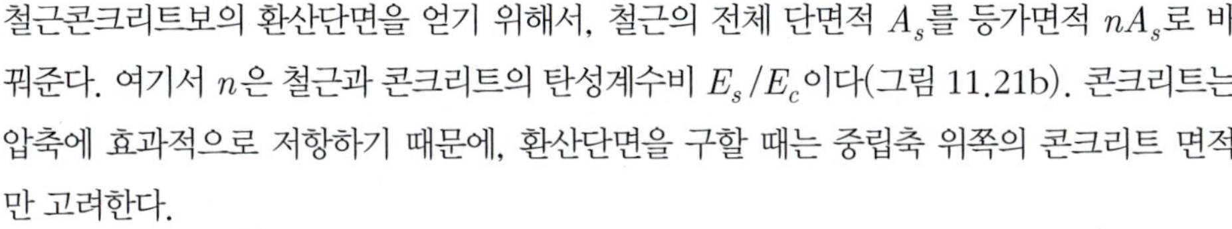

철근콘크리트보의 환산단면을 얻기 위해서, 철근의 전체 단면적 A_s를 등가면적 nA_s로 바꿔준다. 여기서 n은 철근과 콘크리트의 탄성계수비 E_s/E_c이다(그림 11.21b). 콘크리트는 압축에 효과적으로 저항하기 때문에, 환산단면을 구할 때는 중립축 위쪽의 콘크리트 면적만 고려한다.

중립축의 위치는 환산단면의 도심 C가 단면의 윗면(상연)으로부터 떨어진 거리 x를 구하여 결정할 수 있다. 중립축에 대한 단면의 단면1차모멘트는 0이 되어야 하고, 각 부분의 중립축에 대한 단면1차모멘트는 각 부분의 면적과 도심이 중립축으로부터 떨어진 거리를 곱하여 얻을 수 있다. 보의 폭을 b, 철근의 중심선으로부터 윗면까지의 거리를 d라고 하면, 다음과 같은 식을 얻게 된다.

$$(bx)\frac{x}{2} - nA_s(d - x) = 0$$

이 식을 x에 대한 2차 방정식의 형태로 정리하면 다음과 같다.

$$\frac{1}{2}bx^2 + nA_s x - nA_s d = 0 \qquad (11.26)$$

이 방정식을 풀면, 중립축의 위치 x와 유효한 부분(즉, 압축응력을 받는 부분)의 콘크리트 단면적을 구할 수 있다.

환산단면에서의 응력은 이 절의 앞부분에서 설명한 방법으로 구할 수 있으며(예제 11.4 참고), 콘크리트 부분의 압축응력 분포와 철근에 작용하는 인장력의 합력 $\mathbf{F}_s$를 [그림 11.21c]에 나타냈다.

예제 11.3

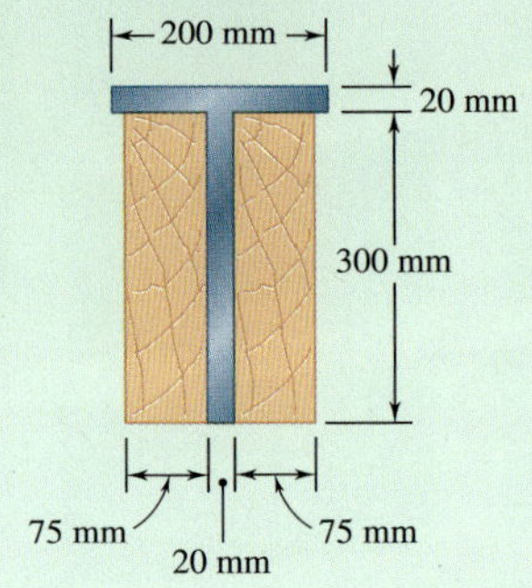

그림과 같이 두 장의 강판을 용접하여 T형 단면을 만들고 참나무 목재와 볼트로 단단히 연결하여 보강했다. 목재의 탄성계수는 12.5 GPa, 강재의 탄성계수는 200 GPa이다. 이 합성보에 $M = 50\ \text{kN}\cdot\text{m}$의 휨모멘트가 작용했을 때, 다음을 구하시오.

(a) 목재에 발생하는 최대응력

(b) 강재단면의 윗면에 발생하는 응력

문제분석 먼저 합성단면을 단일 재료(목재 또는 강재)로 이루어진 환산단면으로 변환한다. 다음으로 환산단면의 단면2차모멘트를 구하고, 이 값을 사용하여 요구하는 응력을 계산한다. 실제 응력은 원래의 재료에 대한 값으로 계산해야 한다.

모델링

환산단면 우선 탄성계수비 n을 계산한다.

$$n = \frac{E_s}{E_w} = \frac{200\ \text{GPa}}{12.5\ \text{GPa}} = 16$$

합성단면의 강재 부분의 가로 치수에 $n = 16$을 곱하여 목재만으로 이루어진 환산단면을 얻는다.

중립축 [그림 1]에 환산단면을 나타내었다. 중립축은 환산단면의 도심을 통과한다. 단면은 두 개의 직사각형으로 이루어져 있으므로, 임의로 설정한 원점 O로부터 도심 C까지의 거리 $\overline{Y}$를 구하면 다음과 같다.

$$\overline{Y} = \frac{\Sigma\,\overline{y}A}{\Sigma A} = \frac{(0.160\ \text{m})(3.2\ \text{m}\times 0.020\ \text{m}) + 0}{3.2\ \text{m}\times 0.020\ \text{m} + 0.470\ \text{m}\times 0.300\ \text{m}}$$
$$= 0.050\ \text{m}$$

중립축에 대한 단면2차모멘트 [그림 2]와 평행축 정리를 이용하면, 다음과 같이 단면2차모멘트를 구할 수 있다.

$$I = \frac{1}{12}(0.470)(0.300)^3 + (0.470\times 0.300)(0.050)^2$$
$$+ \frac{1}{12}(3.2)(0.020)^3 + (3.2\times 0.020)(0.160 - 0.050)^2$$
$$= 2.19\times 10^{-3}\ \text{m}^4$$

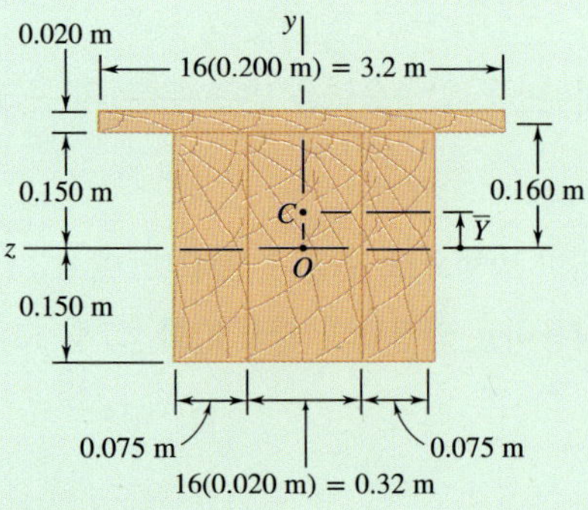

그림 1 환산단면

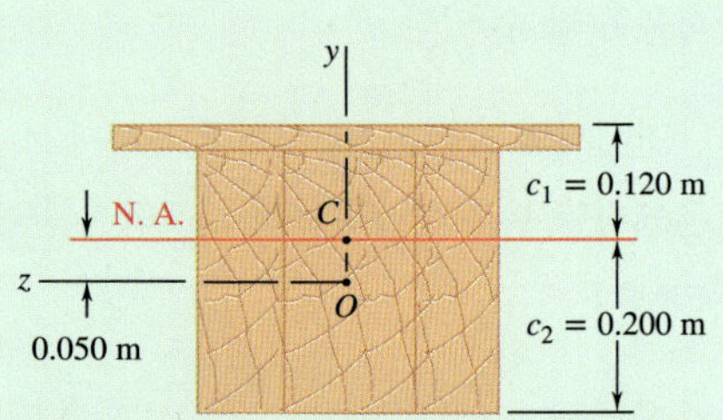

그림 2 중립축과 연단거리가 표시된 환산단면

풀이

a. 목재의 최대응력 목재 단면에서 중립축으로부터 가장 멀리 떨어진 점은 아랫면이며, 중립축까지의 거리 $c_2 = 0.200$ m이다. 따라서 최대응력은 다음과 같다.

$$\sigma_w = \frac{Mc_2}{I} = \frac{(50 \times 10^3 \,\mathrm{N \cdot m})(0.200\,\mathrm{m})}{2.19 \times 10^{-3}\,\mathrm{m}^4}$$

$$\sigma_w = 4.57\ \mathrm{MPa}$$ ◀

b. 강재 윗면의 응력 중립축에서 윗면까지의 거리 $c_1 = 0.120$ m이며, 목재 환산단면의 윗면 응력을 n배 하면 강재 윗면의 응력을 구할 수 있다.

$$\sigma_s = n\frac{Mc_1}{I} = (16)\frac{(50 \times 10^3\,\mathrm{N \cdot m})(0.120\,\mathrm{m})}{2.19 \times 10^{-3}\,\mathrm{m}^4}$$

$$\sigma_s = 43.8\ \mathrm{MPa}$$ ◀

고찰 이 문제의 풀이에서 전 단면이 목재로 구성된 환산단면을 사용했기 때문에, 강재에 발생하는 응력을 구하기 위해서는 탄성계수비 n을 곱해야 한다. 또한 중립축으로부터 떨어진 거리가 같은 경우 강재에 발생하는 응력이 목재의 응력보다 훨씬 큰 값을 가지는데, 이것은 강재의 탄성계수가 목재에 비하여 매우 크기 때문이다.

예제 11.4

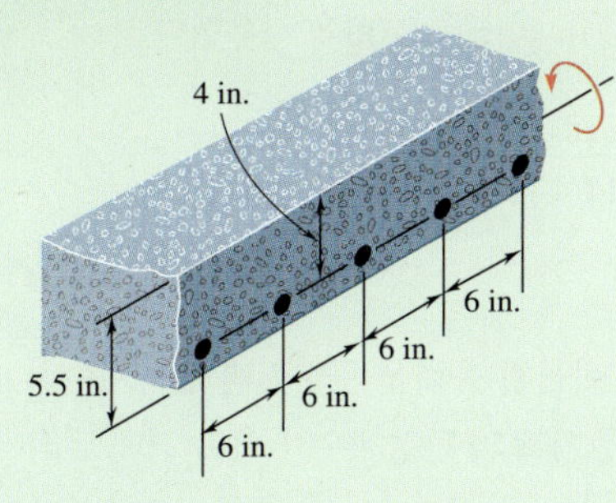

콘크리트 바닥 슬래브slab를 그림과 같이 철근으로 보강했다. 철근은 슬래브의 아랫면으로부터 1.5 in. 위에 배치했으며, 5/8 in. 직경의 철근을 6 in. 중심간격으로 배근했다. 콘크리트의 탄성계수는 3.6×10^6 psi, 철근의 탄성계수는 29×10^6 psi이다. 슬래브의 단위 폭 1 ft에 40 kip · in.의 휨모멘트가 작용할 때, (a) 콘크리트에 발생하는 최대응력, (b) 철근에 발생하는 응력을 구하시오.

문제분석 콘크리트만으로 이루어진 환산단면을 구하고, 환산단면의 단면2차모멘트를 계산한다. 이어서 문제에서 요구한 응력을 계산하는데, 이때 계산하는 응력은 원래 재료에 대한 것임을 기억하자.

모델링

환산단면 폭이 12 in.인 슬래브의 일부분을 생각하면, 철근 두 개가 포함되므로 철근의 단면적은 다음과 같다.

$$A_s = 2\left[\frac{\pi}{4}\left(\frac{5}{8}\ \mathrm{in.}\right)^2\right] = 0.614\ \mathrm{in}^2$$

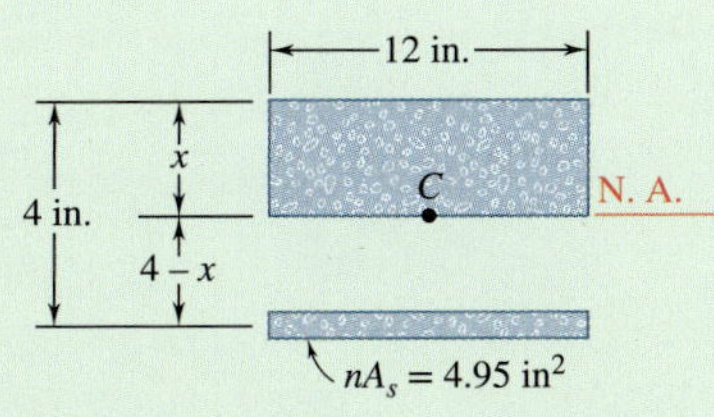

그림 1 환산단면

콘크리트는 압축에 대해서만 작용하고, 모든 인장력은 철근이 부담하는 것으로 생각한다. 환산단면은 [그림 1]과 같이 두 개의 서로 떨어져 있는 부분으로 이루어진다. 윗부분은 압축에 저항하는 콘크리트 단면이며(중립축 윗부분), 아랫부분은 콘크리트로 환산된 면적 nA_s를 갖는 철근의 단면이다.

$$n = \frac{E_s}{E_c} = \frac{29 \times 10^6 \text{ psi}}{3.6 \times 10^6 \text{ psi}} = 8.06$$

$$nA_s = 8.06(0.614 \text{ in}^2) = 4.95 \text{ in}^2$$

중립축 슬래브의 중립축은 환산단면의 도심을 통과한다. 윗면으로부터 도심까지의 거리를 미지수 x로 두고, 중립축에 대한 환산단면의 단면1차모멘트가 0이라는 식을 세우면, 다음과 같이 중립축의 위치를 구할 수 있다.

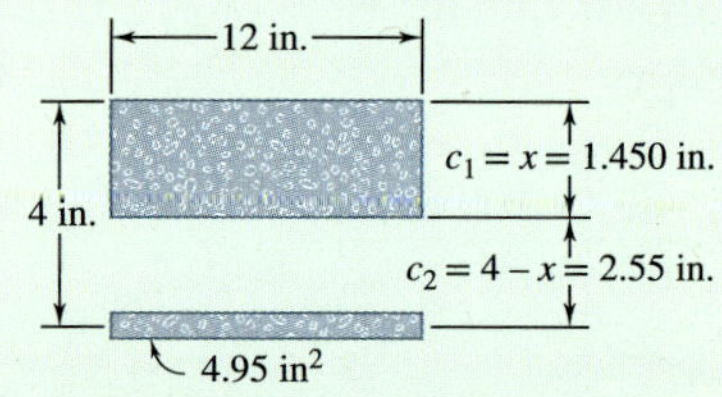

그림 2 단면2차모멘트의 계산에 필요한 치수들

$$12x\left(\frac{x}{2}\right) - 4.95(4 - x) = 0, \quad x = 1.450 \text{ in.}$$

단면2차모멘트 [그림 2]를 사용하여 환산단면의 중립축에 대한 단면2차모멘트를 다음과 같이 계산한다.

$$I = \frac{1}{3}(12)(1.450)^3 + 4.95(4 - 1.450)^2 = 44.4 \text{ in}^4$$

풀이

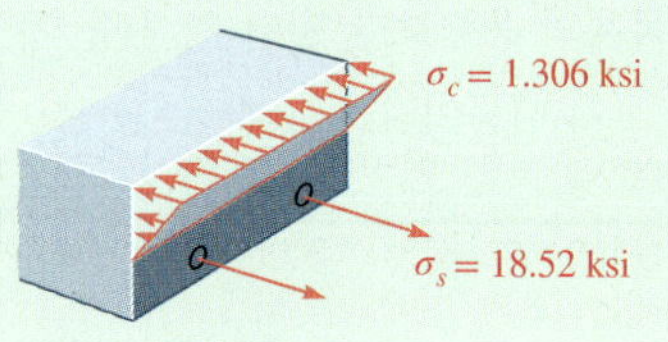

그림 3 응력분포

a. 콘크리트의 최대응력 [그림 3]에 단면의 응력분포를 나타내었다. 중립축으로부터 상연까지의 거리 $c_1 = 1.450$ in.이므로, 다음과 같이 콘크리트의 최대응력을 구할 수 있다.

$$\sigma_c = \frac{Mc_1}{I} = \frac{(40 \text{ kip} \cdot \text{in.})(1.450 \text{ in.})}{44.4 \text{ in}^4}$$

$$\sigma_c = 1.306 \text{ ksi} \blacktriangleleft$$

b. 철근의 응력 철근의 응력을 구하는 데 $c_2 = 2.55$ in.와 $n = 8.06$을 사용한다.

$$\sigma_s = n\frac{Mc_2}{I} = 8.06\,\frac{(40 \text{ kip} \cdot \text{in.})(2.55 \text{ in.})}{44.4 \text{ in}^4}$$

$$\sigma_s = 18.52 \text{ ksi} \blacktriangleleft$$

고찰 환산단면은 콘크리트를 기준으로 했으므로, 철근의 응력을 구하려면 탄성계수비 n을 곱해야 한다. 결과로 얻어지는 응력의 차이는 두 재료의 탄성계수가 서로 크게 달라서 나타나는 것이다.

Section 11.3 연습문제

11.25 ~ 11.26 그림과 같은 보의 단면은 황동과 알루미늄을 접합하여 제작되었다. 아래 주어진 수치를 사용하여 보에 작용할 수 있는 최대 휨모멘트를 구하시오. 휨은 수평축에 대해 발생한다.

	알루미늄	황동
탄성계수	70 GPa	105 GPa
허용응력	100 MPa	160 MPa

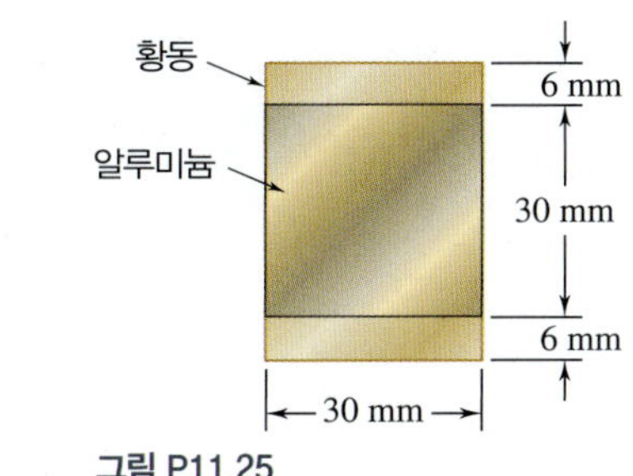

그림 P11.25

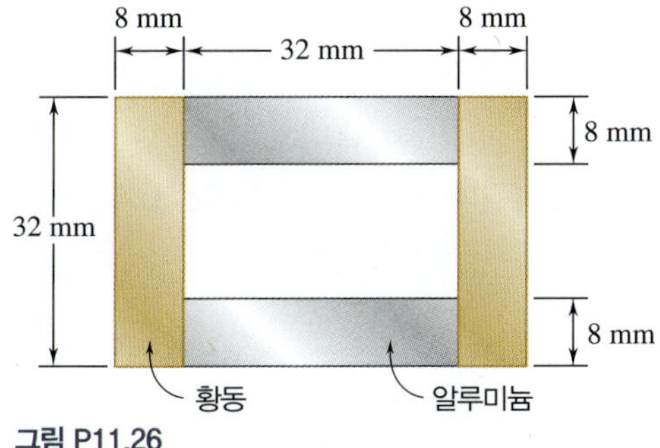

그림 P11.26

11.27 ~ 11.28 수직축에 대한 휨이 발생할 때, 주어진 합성단면 보에 작용 가능한 최대 휨모멘트를 구하시오.

11.27 [문제 11.25]의 단면

11.28 [문제 11.26]의 단면

11.29 세 개의 목재보와 두 장의 강판을 볼트로 단단히 접합하여 그림과 같은 합성단면을 제작했다. 아래 주어진 수치를 사용하여 보에 작용할 수 있는 최대 휨모멘트를 구하시오. 휨은 수평축에 대해 발생한다.

	목재	강재
탄성계수	2×10^6 psi	29×10^6 psi
허용응력	2,000 psi	22,000 psi

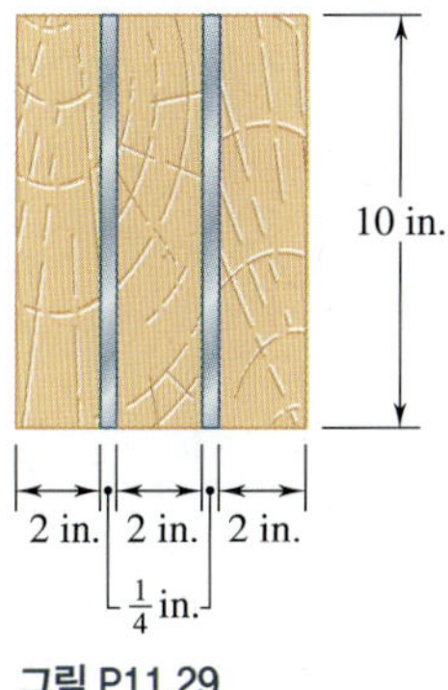

그림 P11.29

11.30 [문제 11.29]의 합성단면에 수직축에 대한 휨이 발생할 때, 보에 작용 가능한 최대 휨모멘트를 구하시오.

11.31 구리($E_c = 105$ GPa)와 알루미늄($E_a = 75$ GPa) 단면을 접합하여 그림과 같은 합성단면을 만들었다. 보에 수평축에 대한 휨모멘트 $M = 35$ N·m가 작용할 때, (a) 알루미늄 단면에 발생하는 최대응력, (b) 구리 단면에 발생하는 최대응력을 구하시오.

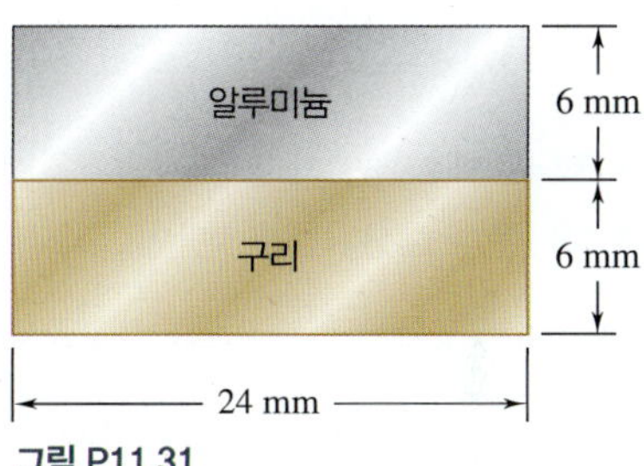

그림 P11.31

11.32 강재단면과 알루미늄 단면을 접합하여 그림과 같은 합성단면을 제작했다. 알루미늄과 강재의 탄성계수는 각각 70 GPa와 200 GPa이다. 합성보에 수평축에 대한 휨모멘트 $M = 1500$ N·m가 작용했을 때, (a) 알루미늄 부분의 최대응력, (b) 강재 부분의 최대응력을 구하시오.

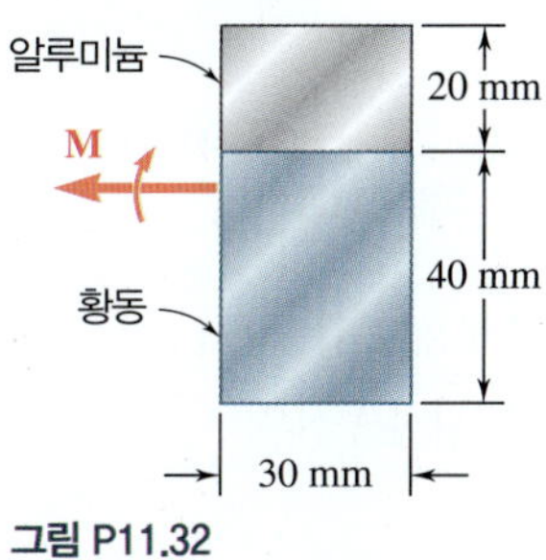

그림 P11.32

11.33 ~ 11.34 6×12 in. 단면의 목재보에 그림과 같이 강재 보강재를 볼트로 연결하여 보강했다. 목재와 강재의 탄성계수는 각각 1.8×10^6 psi와 29×10^6 psi이다. 보에 수평축에 대한 휨모멘트 450 kip·in.가 작용했을 때, (a) 목재 부분의 최대응력, (b) 강재 부분의 최대응력을 구하시오.

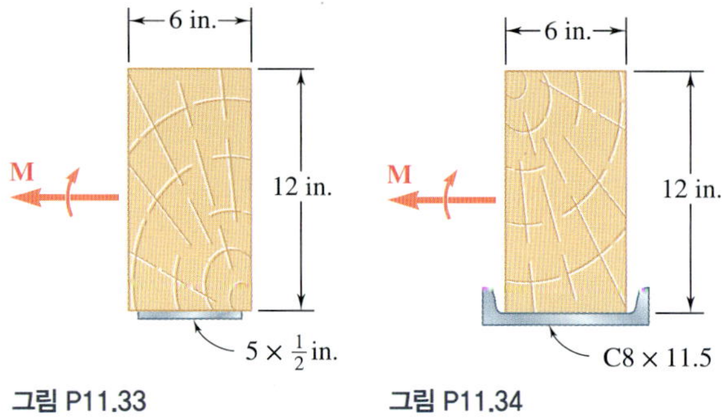

그림 P11.33　　그림 P11.34

11.35 [문제 11.31]의 합성보에서 휨모멘트 35 N·m에 의해 발생하는 곡률반경을 구하시오.

11.36 [문제 11.32]의 합성보에서 휨모멘트 1500 N·m에 의해 발생하는 곡률반경을 구하시오.

11.37 ~ 11.38 주어진 합성단면에 대해, 휨모멘트 450 kip·in.에 의해 발생하는 곡률반경을 구하시오.

11.37 [문제 11.33]의 합성단면
11.38 [문제 11.34]의 합성단면

11.39 그림의 철근콘크리트보가 양의 휨모멘트 175 kN·m를 받고 있다. 콘크리트의 탄성계수는 25 GPa, 철근의 탄성계수는 200 GPa일 때, (a) 철근의 응력, (b) 콘크리트의 최대응력을 구하시오.

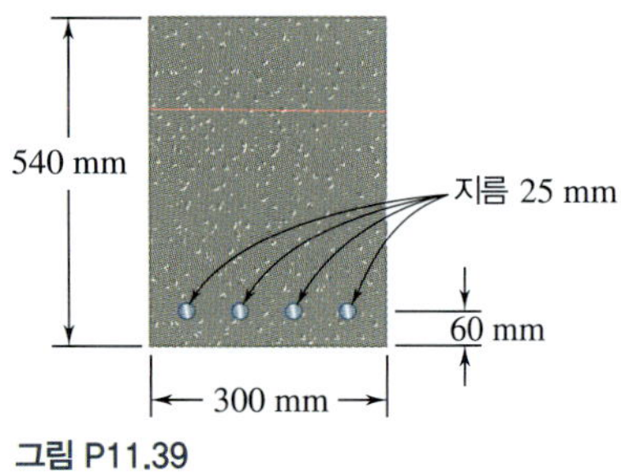

그림 P11.39

11.40 보의 폭이 300 mm에서 350 mm로 증가했을 때, [문제 11.39]를 다시 푸시오.

11.41 콘크리트 슬래브가 그림과 같이 5.5 in. 중심간격으로 배치된 5/8 in. 지름의 철근으로 보강되어 있다. 콘크리트와 철근의 탄성계수는 각각 3×10^6 psi와 29×10^6 psi이다. 콘크리트와 철근의 허용응력이 각각 1400 psi와 20 ksi일 때, 1 ft 폭의 슬래브에 대한 최대 허용 정모멘트를 구하시오.

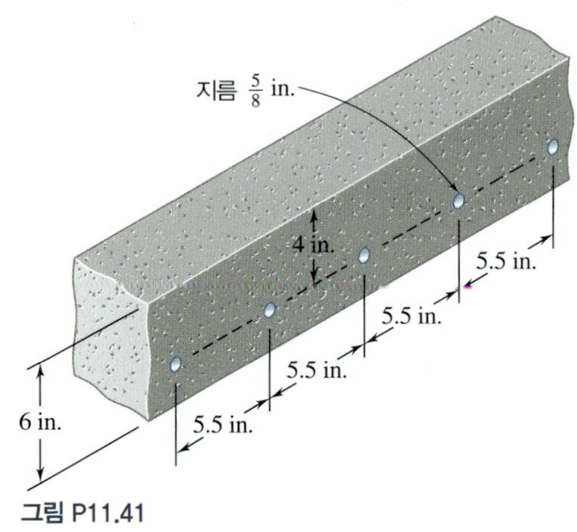

그림 P11.41

11.42 철근의 중심간격이 7.5 in.로 늘어났을 때, [문제 11.41]을 다시 푸시오.

11.43 그림의 철근콘크리트보에 +100 kip·ft의 휨모멘트가 작용하고 있다. 콘크리트와 철근의 탄성계수가 각각 3.625×10^6 psi와 29×10^6 psi일 때, (a) 철근의 응력, (b) 콘크리트의 최대응력을 구하시오.

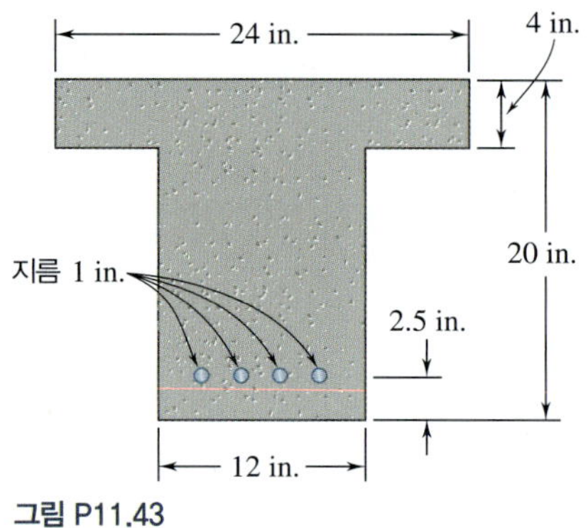

그림 P11.43

11.44 콘크리트보가 그림과 같이 세 개의 철근으로 보강되어 있다. 콘크리트와 철근의 탄성계수는 각각 3×10^6 psi와 30×10^6 psi이다. 콘크리트와 철근의 허용응력이 각각 1350 psi와 20 ksi일 때, 보의 최대 허용 정모멘트를 구하시오.

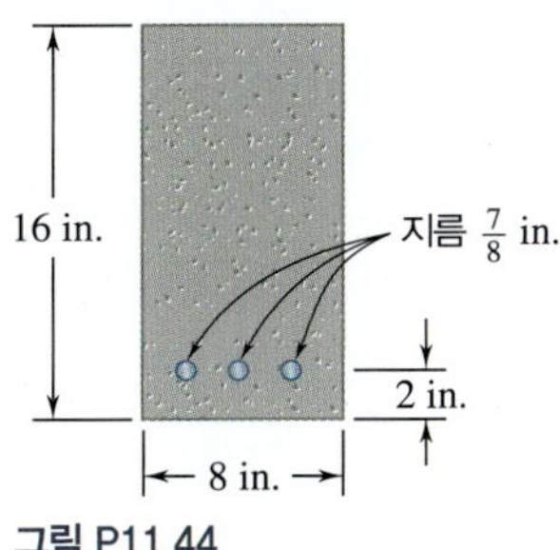

그림 P11.44

11.45 ~ 11.46 그림과 같이 다섯 개의 0.5×1.5 in. 크기의 금속 띠를 접합하여 합성단면을 제작했다. 각 재료의 탄성계수는 강재 30×10^6 psi, 황동 15×10^6 psi, 알루미늄 10×10^6 psi이고, 보에는 수평축에 대한 휨모멘트 12 kip·in.가 작용했다. 다음을 구하시오.

(a) 세 금속에 발생하는 최대응력

(b) 합성보에 발생하는 곡률반경

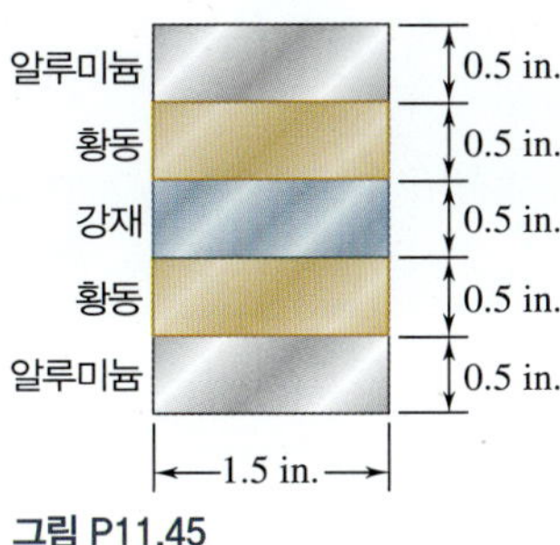

그림 P11.45

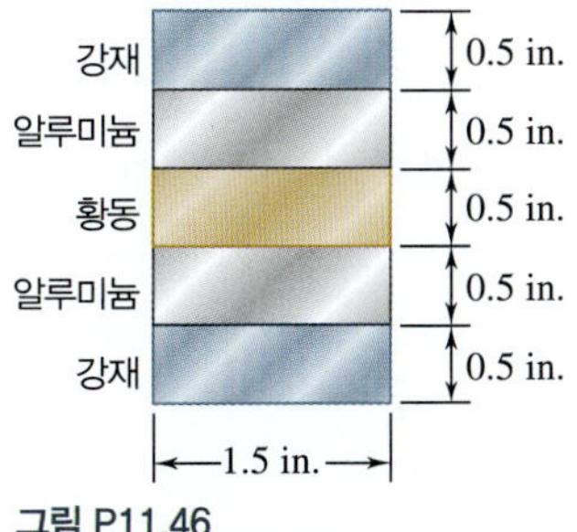

그림 P11.46

11.47 그림의 합성단면은 반원 단면의 황동 봉과 알루미늄 봉을 접합하여 제작했다. 각 재료의 탄성계수는 황동 105 GPa, 알루미늄 70 GPa이며, 수평축에 대한 휨모멘트 900 N·m가 작용하고 있을 때, 다음을 구하시오.

(a) 황동 부분에 발생하는 최대응력

(b) 알루미늄 부분에 발생하는 최대응력

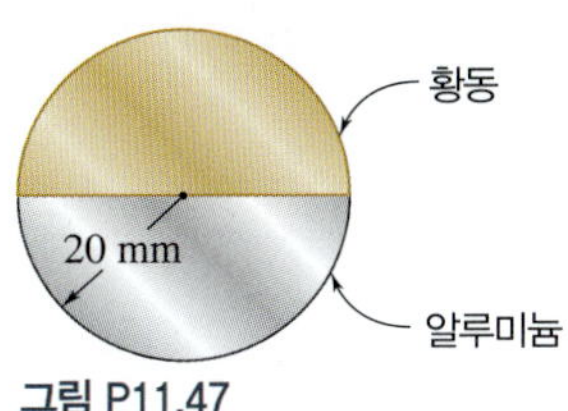

그림 P11.47

11.48 강재 파이프와 알루미늄 파이프를 접합하여 그림과 같은 합성단면의 보를 만들었다. 강재와 알루미늄의 탄성계수는 각각 200 GPa와 70 GPa이며, 500 N·m의 휨모멘트가 보에 작용하고 있을 때, 다음을 구하시오.

(a) 알루미늄에 발생하는 최대응력

(b) 강재에 발생하는 최대응력

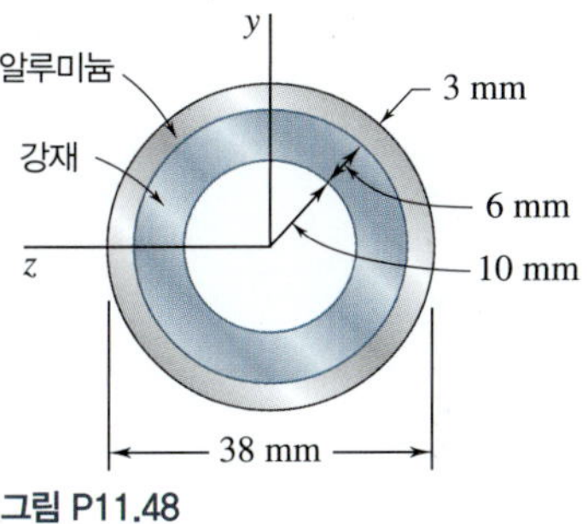

그림 P11.48

11.4 대칭면에 작용하는 편심축하중

8.1.1절에서 축방향 하중을 받는 부재에서 하중 **P**와 **P**′이 단면의 도심에 작용하는 경우에 단면에 발생하는 응력의 분포는 균등한 것으로 가정할 수 있다는 것을 배웠다. 이러한 하중을 **중심하중**centric load이라고 한다. 이제 하중의 작용선이 단면의 도심을 지나지 않는 경우에 발생하는 응력분포에 대해서 생각해보자. 이러한 하중을 **편심하중**eccentric load이라고 하며, 편심하중은 수직력과 휨모멘트를 동시에 발생시킨다.

편심하중에 대한 두 가지 사례를 [사진 11.5]와 [사진 11.6]에 나타내었다. [사진 11.5]에는 가로등의 중량이 기둥에 편심하중으로 작용하고 있으며, [사진 11.6]의 프레스에 작용하는 수직방향의 힘은 프레스의 뒤쪽 기둥에 편심하중을 발생시킨다.

사진 11.5 가로등
Tony Freeman/Photo Edit

사진 11.6 탁상용 프레스
Courtesy of John DeWolf

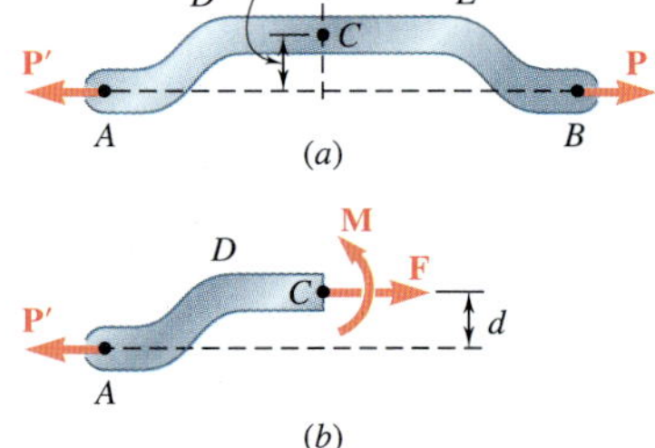

그림 11.22 (a) 편심하중을 받는 부재 (b) 단면 C에서 내력을 표시한 자유물체도

이 절에서는 [그림 11.22a]와 같이 대칭면을 갖는 부재에서 대칭면 상에 하중이 작용하는 경우에 대해 알아본다. 단면에 발생되는 내력은 도심 C에 작용하는 하중 **F**와 대칭면에 작용하는 우력모멘트 **M**으로 나타낼 수 있다(그림 11.22b). 구간 AC의 자유물체도에서 평형조건을 적용하면 내력 **F**는 외력 **P**′과 크기가 같고 방향이 반대이며, 우력모멘트 **M**은 외력 **P**′의 도심 C에 대한 모멘트와 크기가 같고 방향이 반대이어야 한다. 여기서 하중 **P**와 **P**′의 작용선 AB와 단면의 도심 C 사이의 거리를 d라 하면, 평형조건은 다음의 식과 같이 표현할 수 있다.

$$F = P \quad \text{그리고} \quad M = Pd \tag{11.27}$$

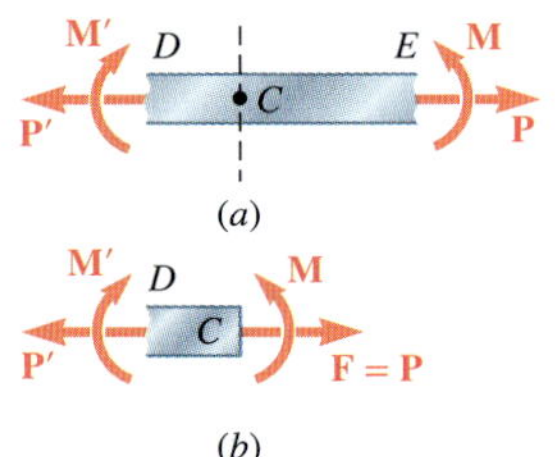

그림 11.23 (a) 직선구간 DE에 대한 자유물체도 (b) 구간 CD의 자유물체도

이렇게 구한 단면 C의 내력 **F**와 **M**은 [그림 11.23]과 같이 전체 부재 AB에서 직선구간 DE를 분리하고, 중심하중 **P**와 **P**′, 우력모멘트 **M**과 **M**′을 동시에 작용시켰을 때 단면 C에 발생되는 내력과 같다. 따라서 원래의 편심하중에 의해 단면에 발생되는 응력의 분포는

중심하중 **P**와 **P**′에 의해 발생하는 균등한 응력분포와 우력모멘트 **M**과 **M**′에 의해 발생되는 선형 응력분포를 중첩하여 [그림 11.24]와 같이 구할 수 있다.

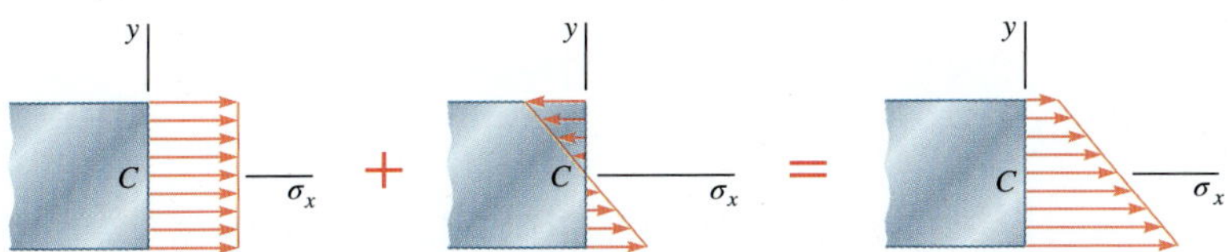

그림 11.24 중심하중과 순수 휨의 응력분포를 중첩하여 편심하중의 응력분포를 구한다.

즉, 다음을 얻는다.

$$\sigma_x = (\sigma_x)_{\text{centric}} + (\sigma_x)_{\text{bending}}$$

이 식에 앞에서 유도한 식 (8.5)와 식 (11.16)을 대입하면, 다음 식을 얻을 수 있다.

$$\sigma_x = \frac{P}{A} - \frac{My}{I} \tag{11.28}$$

여기서 A는 단면적, I는 도심에 대한 단면2차모멘트, y는 도심으로부터 측정한 거리이다. 이러한 관계로부터 편심하중에 의한 단면의 응력분포는 균일하지 않고 선형이 됨을 알 수 있다. 단면의 형상 및 하중의 편심량에 따라 단면에 발생하는 응력의 부호는 [그림 11.24]와 같이 단면 내에서 모두 같을 수도 있고, [그림 11.25]와 같이 일부분에는 인장, 다른 부분에는 압축응력이 발생할 수도 있다. 두 번째 경우에는 단면 내에 $\sigma_x = 0$이 되는 선이 만들어지게 되는데, 이 선이 단면의 **중립축**neutral axis이다. 따라서 편심하중이 작용하는 경우에는 중립축이 단면의 도심을 통과하지 않는다는 것을 알 수 있으며, $y = 0$인 경우, 즉 도심축에서는 $\sigma_x \neq 0$이다.

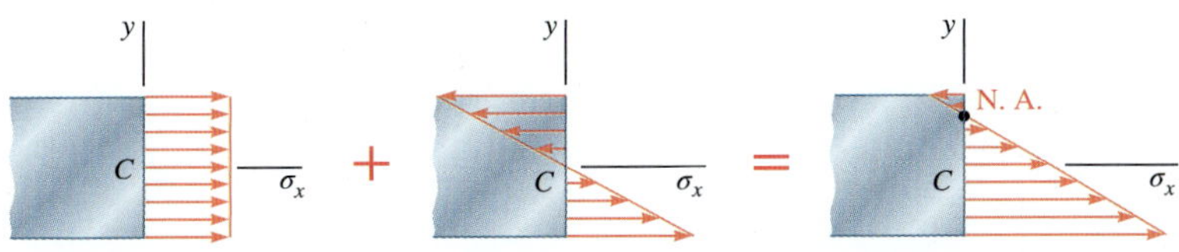

그림 11.25 단면 내에 인장구역과 압축구역이 동시에 발생되는 편심하중에 의한 응력분포

이 결과는 9.5절에서 설명했던 중첩의 원리가 적용되기 위한 조건과 9.8절의 생-베낭의 원리의 적용조건을 만족하는 경우에만 유효하다. 즉, 단면에 발생하는 응력이 비례한도를 초과하지 않아야 하며, 휨 변형에 의해 [그림 11.22a]에 표시된 거리 d가 크게 변하지 않아야 한다. 그리고 응력을 계산하는 단면은 점 D와 E에 너무 가깝지 않아야 한다. 첫 번째 조건에 의해 소성변형이 발생하는 경우에는 중첩의 원리를 적용할 수 없다는 것을 알 수 있다.

개념적용 11.4

지름이 0.5 in.인 저탄소강 소재의 강봉을 구부려서 [그림 11.26a]와 같은 쇠사슬의 열린 고리를 만들었다. 고리에 160 lb의 하중이 작용하고 있을 때, 다음을 구하시오.

(a) 고리의 직선 부분에 발생하는 인장응력과 압축응력의 최댓값

(b) 단면의 도심축과 중립축 사이의 거리

a. 인장응력과 압축응력의 최댓값 단면의 도심에 내력으로 발생되는 중심축력 **P**와 휨모멘트 **M**의 크기는 다음과 같다.

$$P = 160 \text{ lb}$$
$$M = Pd = (160 \text{ lb})(0.65 \text{ in.}) = 104 \text{ lb}\cdot\text{in.}$$

각각에 의해 단면에 발생하는 응력분포를 [그림 11.26c]와 [그림 11.26d]에 나타내었다. 중심축력 **P**에 의해 단면에 $\sigma_0 = P/A$의 균등한 응력이 발생된다.

$$A = \pi c^2 = \pi(0.25 \text{ in.})^2 = 0.1963 \text{ in}^2$$
$$\sigma_0 = \frac{P}{A} = \frac{160 \text{ lb}}{0.1963 \text{ in}^2} = 815 \text{ psi}$$

휨모멘트 **M**에 의한 응력은 단면에 선형으로 분포하며, 최대응력은 $\sigma_m = Mc/I$이다.

$$I = \frac{1}{4}\pi c^4 = \frac{1}{4}\pi(0.25 \text{ in.})^4 = 3.068 \times 10^{-3} \text{ in}^4$$
$$\sigma_m = \frac{Mc}{I} = \frac{(104 \text{ lb}\cdot\text{in.})(0.25 \text{ in.})}{3.068 \times 10^{-3} \text{ in}^4} = 8475 \text{ psi}$$

이 두 응력분포를 중첩하면 주어진 편심하중에 의해 발생하는 응력분포를 구할 수 있다 (그림 11.2e). 따라서 단면에 발생하는 인장응력과 압축응력의 최댓값은 다음과 같다.

$$\sigma_t = \sigma_0 + \sigma_m = 815 + 8475 = 9290 \text{ psi}$$
$$\sigma_c = \sigma_0 - \sigma_m = 815 - 8475 = -7660 \text{ psi}$$

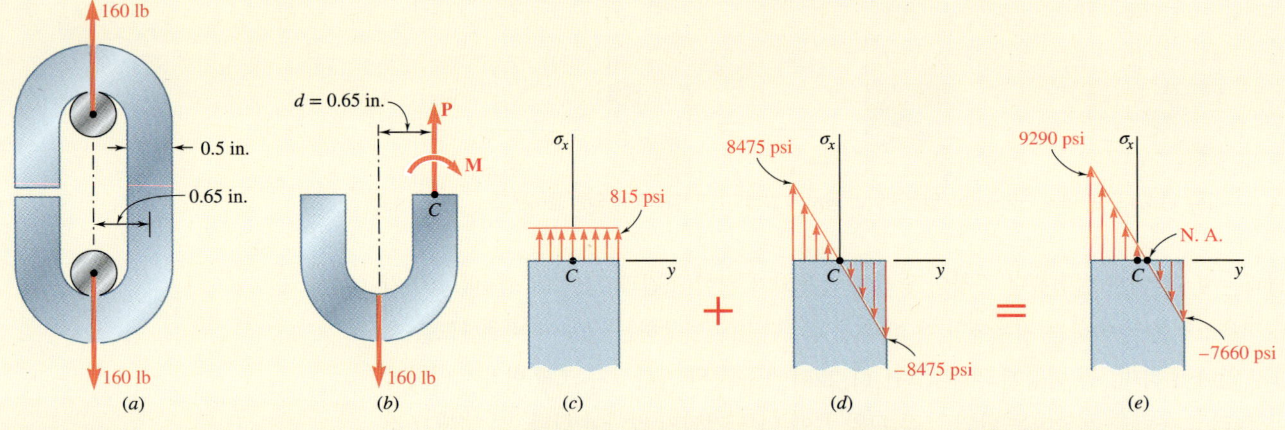

그림 11.26 (a) 하중을 받는 쇠사슬의 열린 고리 (b) 단면 C의 자유물체도 (c) 중심하중에 의한 단면 C의 응력분포 (d) 휨모멘트에 의한 단면 C의 응력분포 (e) 응력의 중첩

b. 도심축과 중립축 사이의 거리 도심축과 중립축 사이의 거리는 식 (11.28)에서 $\sigma_x = 0$으로 놓고 y_0에 대해 풀면 구할 수 있다.

$$0 = \frac{P}{A} - \frac{My_0}{I}$$

$$y_0 = \left(\frac{P}{A}\right)\left(\frac{I}{M}\right)$$

$$= (815 \text{ psi})\frac{3.068 \times 10^{-3} \text{ in}^4}{104 \text{ lb} \cdot \text{in.}} = 0.0240 \text{ in.}$$

예제 11.5

[예제 11.2]에서 사용했던 T형 단면으로 그림과 같은 주철 연결부재를 만들었다. 재료의 허용응력은 인장에 대해 30 MPa, 압축에 대해 120 MPa이다. 부재에 작용할 수 있는 하중 **P**의 최댓값을 구하시오.

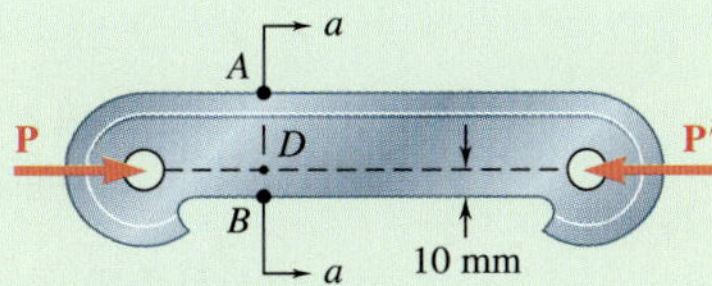

그림 1 도심을 구하기 위한 단면의 형상

문제분석 도심축에 대한 편심하중에 의해 발생하는 축력과 휨모멘트를 구하고, 각각에 대한 응력분포를 중첩하여 최대응력을 계산한다. 단면은 1축 대칭이므로 **P**의 최댓값을 구하기 위해서는 단면의 최대 인장응력과 최대 압축응력을 각각 허용치와 비교해야 한다.

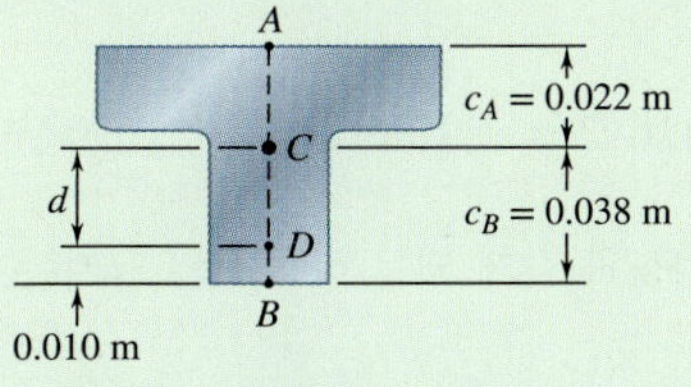

그림 2 d를 구하기 위한 치수

모델링과 풀이

단면의 특성치 단면의 형상은 [그림 1]에 나타난 바와 같으며, [예제 11.2]에서 구해 놓은 단면의 특성치를 이용한다.

$$A = 3000 \text{ mm}^2 = 3 \times 10^{-3} \text{ m}^2$$

$$\overline{Y} = 38 \text{ mm} = 0.038 \text{ m}$$

$$I = 868 \times 10^{-9} \text{ m}^4$$

[그림 2]로부터

$$d = (0.038 \text{ m}) - (0.010 \text{ m}) = 0.028 \text{ m}$$

이다.

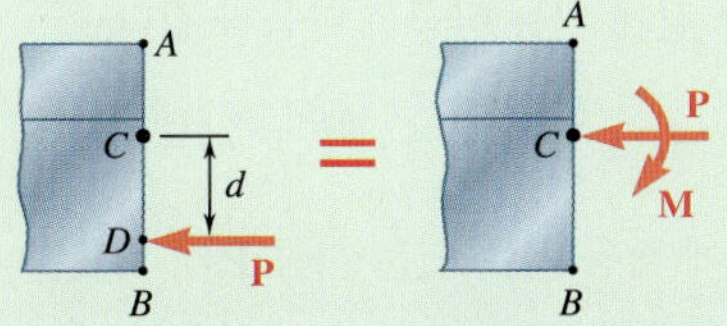

그림 3 도심에 대한 등가의 축력과 휨모멘트

점 C에서의 축력과 휨모멘트 [그림 3]과 같이 편심하중 **P**를 도심에 대한 등가의 축력과 휨모멘트로 대체한다.

$$P = P, \quad M = P(d) = P(0.028 \text{ m}) = 0.028P$$

도심에 작용하는 축력 **P**는 단면에 균등한 응력분포를 발생시키며(그림 4a), 휨모멘트 **M**은 선형 응력분포를 발생시킨다(그림 4b).

$$\sigma_0 = \frac{P}{A} = \frac{P}{3\times 10^{-3}} = 333\,P \qquad \text{(압축)}$$

$$\sigma_1 = \frac{Mc_A}{A} = \frac{(0.028\,P)(0.022)}{868\times 10^{-9}} = 710\,P \qquad \text{(인장)}$$

$$\sigma_2 = \frac{Mc_B}{A} = \frac{(0.028\,P)(0.038)}{868\times 10^{-9}} = 1226\,P \qquad \text{(압축)}$$

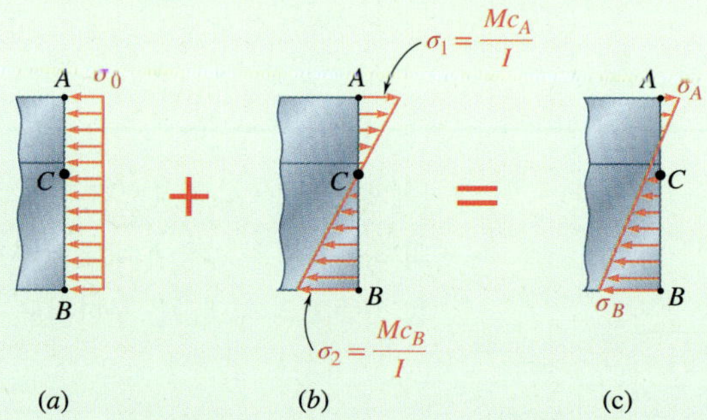

그림 4 점 C를 지나는 단면의 응력분포는 축력과 휨모멘트에 대한 응력분포를 중첩하여 얻는다.

중첩 편심하중에 의한 단면의 응력분포는 중심하중 **P**와 휨모멘트 **M**에 의한 응력분포를 중첩하여 얻는다(그림 4c). 인장을 양(+), 압축을 음(−)으로 표시하면 결과는 다음과 같다.

$$\sigma_A = -\frac{P}{A} + \frac{Mc_A}{I} = -333\,P + 710\,P = +377\,P \qquad \text{(인장)}$$

$$\sigma_B = -\frac{P}{A} - \frac{Mc_B}{I} = -333\,P - 1226\,P = -1559\,P \qquad \text{(압축)}$$

최대 허용하중 점 A의 응력이 허용 인장응력 30 MPa과 같게 되는 하중 **P**의 크기는 다음과 같다.

$$\sigma_A = 377\,P = 30 \text{ MPa} \qquad P = 79.6 \text{ kN} \blacktriangleleft$$

또한 점 B에서의 응력이 허용 압축응력 120 MPa과 같게 되는 하중은 다음과 같다.

$$\sigma_B = -1559\,P = -120 \text{ MPa} \qquad P = 77.0 \text{ kN} \blacktriangleleft$$

따라서 두 허용응력을 모두 초과하지 않으면서 단면에 작용할 수 있는 하중 **P**의 최댓값은 앞에서 구한 두 하중값 중 더 작은 값이 된다.

$$P = 77.0 \text{ kN} \blacktriangleleft$$

Section 11.4 연습문제

11.49 반지름이 r인 중실 원형단면 기둥 위에 판이 용접되어 있고, 이 판에 두 개의 하중 **P**가 작용한다. 두 하중은 동시에 작용할 수도 있고, 각각 작용할 수도 있다. 원형 기둥에 발생하는 압축응력의 최댓값을 구하시오.

(a) 두 하중이 동시에 작용하는 경우

(b) 하중이 하나만 작용하는 경우

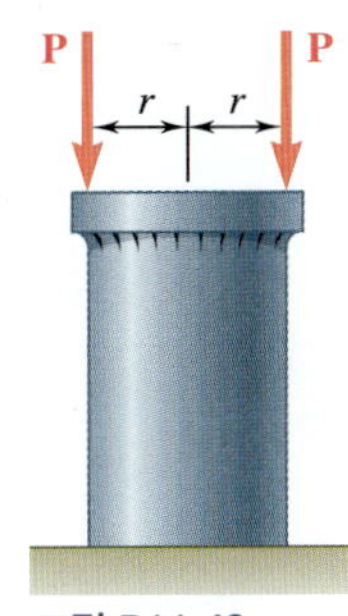

그림 P11.49

11.50 짧은 막대 DE가 10×10 in.의 기둥 위에 그림과 같이 올려져 있다. 막대로부터 충분히 떨어져 있어서 변형 후에도 평면을 유지하는 단면 ABC의 다음 위치에서 발생하는 응력을 구하시오.

(a) 모서리 A

(b) 모서리 C

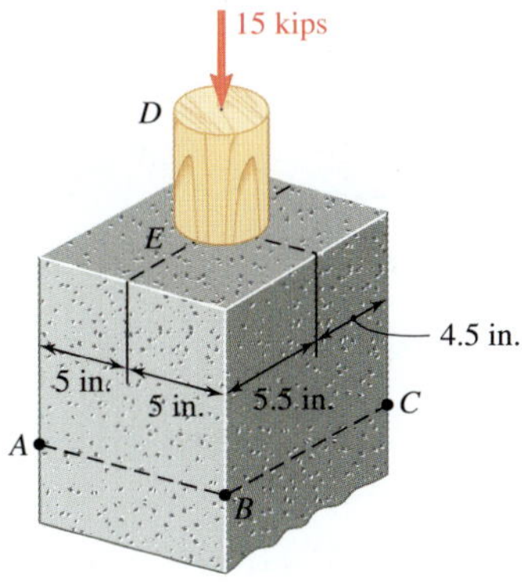

그림 P11.50

11.51 그림과 같이 짧은 목재 기둥이 6 kip의 축하중을 받고 있다. 다음 조건에서 점 A에 발생하는 응력을 구하시오.

(a) $b = 0$

(b) $b = 1.5$ in.

(c) $b = 3$ in.

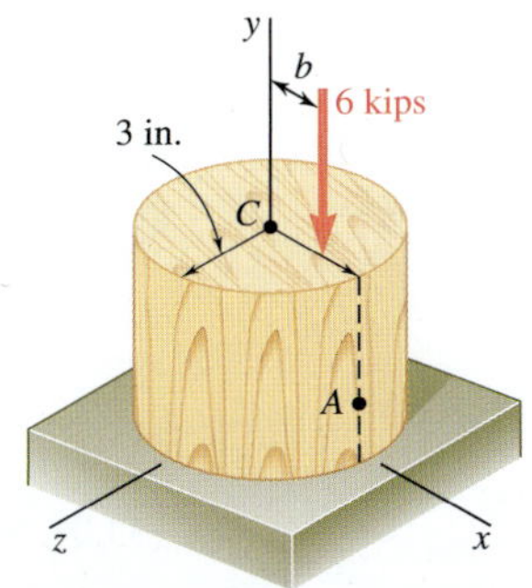

그림 P11.51

11.52 수직하중 **P**의 크기가 2 kN일 때, (a) 점 A, (b) 점 B에서 발생하는 응력을 구하시오.

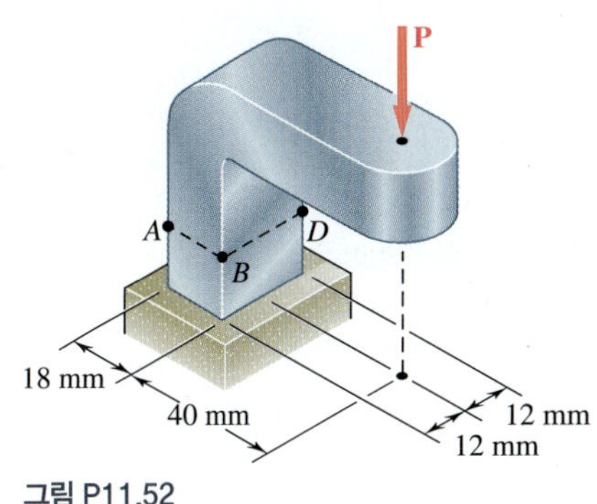

그림 P11.52

11.53 프레스의 수직부재는 벽두께가 $t = 10$ mm인 직사각형 관으로 만들어졌다. 목재 판을 접착제로 붙이기 위해 프레스로 $P = 20$ kN의 힘을 가하여 고정했을 때, (a) 점 A, (b) 점 B에서의 응력을 구하시오.

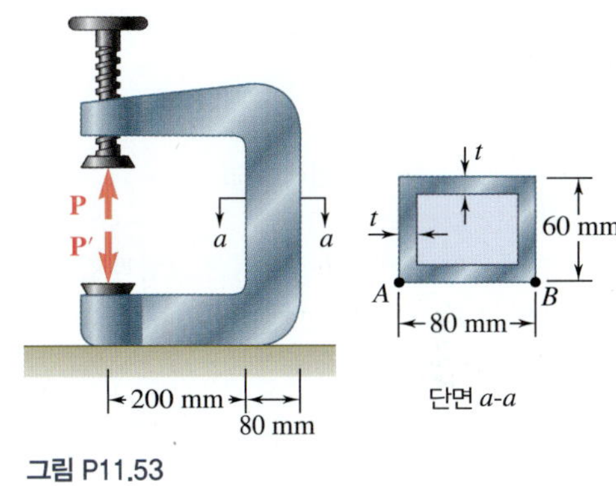

그림 P11.53

11.54 벽두께가 $t = 8$ mm일 때, [문제 11.53]을 다시 푸시오.

11.55 두 개의 10 kN 하중이 20×60 mm 단면의 직사각형 봉에 그림과 같이 작용하고 있다. 다음 조건에서 점 A의 응력을 구하시오.

(a) $b = 0$ (b) $b = 15$ mm (c) $b = 25$ mm

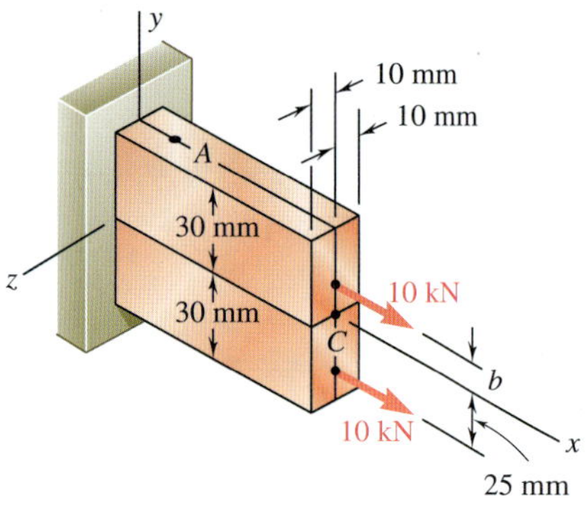

그림 P11.55

11.56 그림과 같이 외경 8 in., 내경 7 in.의 강관 위에 강체 판을 올려놓고, 강체 판에 두 개의 하중을 재하했다. 강관에 발생한 최대 압축응력이 15 ksi일 때 하중 **P**의 크기를 구하시오.

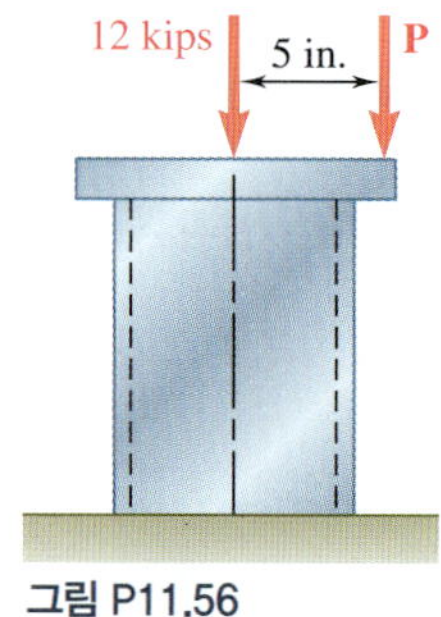

그림 P11.56

11.57 지름이 d인 중실단면 원형 봉을 그림과 같이 h의 오프셋이 발생하도록 구부리려고 한다. 봉을 구부린 뒤에 발생하는 최대응력이 직선일 때의 최대응력의 네 배를 넘지 않아야 한다면, 도입할 수 있는 오프셋 거리의 최댓값은 얼마인가?

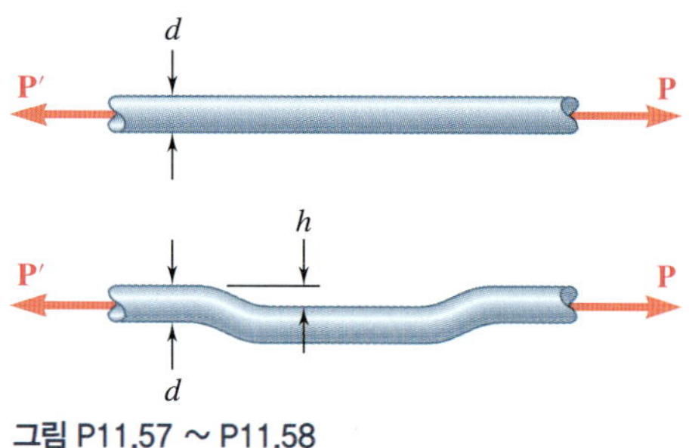

그림 P11.57 ~ P11.58

11.58 외경 0.75 in., 벽두께 0.08 in.인 금속관을 h의 오프셋이 발생하도록 구부리려고 한다. 관을 구부린 뒤에 발생하는 최대응력이 직선일 때의 최대응력의 네 배를 넘지 않아야 한다면, 도입할 수 있는 오프셋 거리의 최댓값은 얼마인가?

11.59 2×4 in. 목재에 두 장의 1×4 in. 판재를 그림과 같이 못으로 고정하여 짧은 기둥을 만들었다. 그림과 같이 가운데 목재의 중심에 12 kip의 하중이 작용했을 때 발생하는 최대 압축응력을 다음 조건에 대해 구하시오.

(a) 문제에서 설명한 기둥 단면

(b) 판재 1을 제거했을 때

(c) 두 개의 판재를 모두 제거했을 때

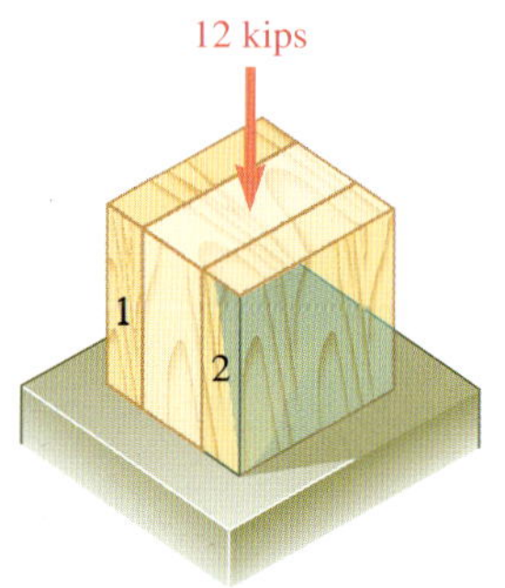

그림 P11.59

11.60 단면 ABD의 허용응력이 10 ksi일 때, 그림의 브라켓bracket에 적용할 수 있는 하중 **P**의 최댓값을 구하시오.

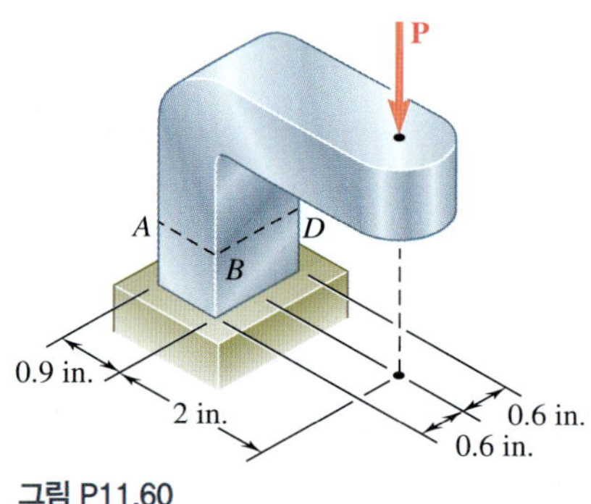

그림 P11.60

11.61 밀링가공을 하여 정사각형 중실단면 봉의 일부분을 그림과 같이 깎아냈다. $a = 30$ mm, $d = 20$ mm, $\sigma_{all} = 60$ MPa일 때, 봉의 양 끝 단면의 중심에 안전하게 재하할 수 있는 축하중의 최대 크기 P를 구하시오.

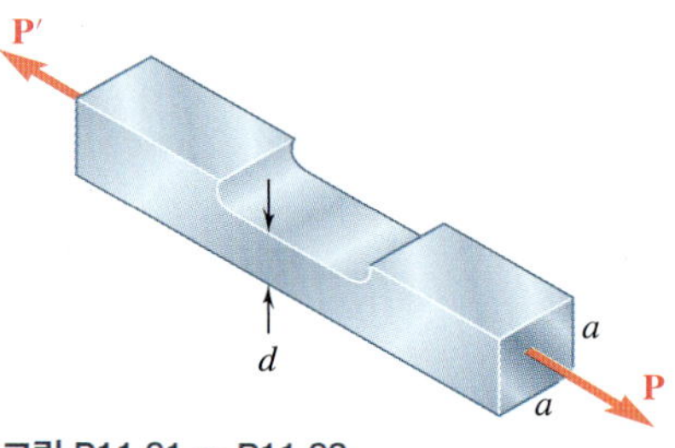

그림 P11.61 ~ P11.62

11.62 밀링가공을 하여 정사각형 중실단면 봉의 일부분을 그림과 같이 깎아냈다. $a=30$ mm, $\sigma_{all}=135$ MPa이며, 봉의 양 끝 단면의 중심에 작용한 하중의 크기 $P=18$ kN이다. 깎인 단면의 두께 d의 최소 허용치를 구하시오.

11.63 그림과 같이 주철 행어의 점 A에 수직 봉을 연결했다. 행어의 허용응력이 $\sigma_{all}=+5$ ksi와 $\sigma_{all}=-12$ ksi일 때, 봉에 작용 가능한 최대 하향력과 상향력의 크기를 구하시오.

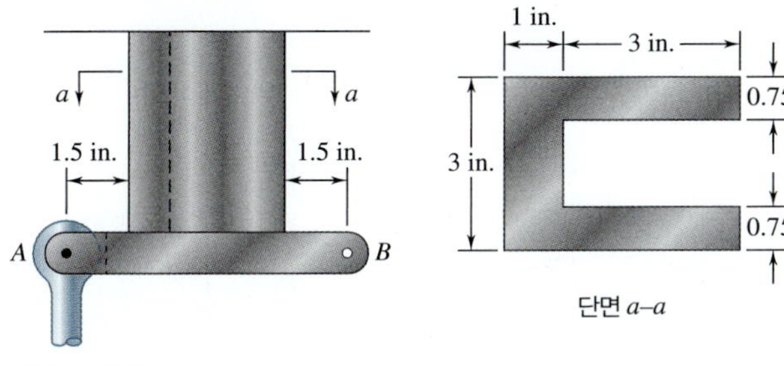

그림 P11.63

11.64 그림과 같이 강판에 강봉을 용접하여 기계부품을 만들었다. 허용응력이 135 MPa일 때, 다음을 구하시오. 단면의 도심 C의 위치는 그림에 나타나 있으며, $I_z=4195$ mm^{4}이다.

(a) 부품에 작용할 수 있는 하중 **P**의 최댓값

(b) 이때 단면의 중립축 위치

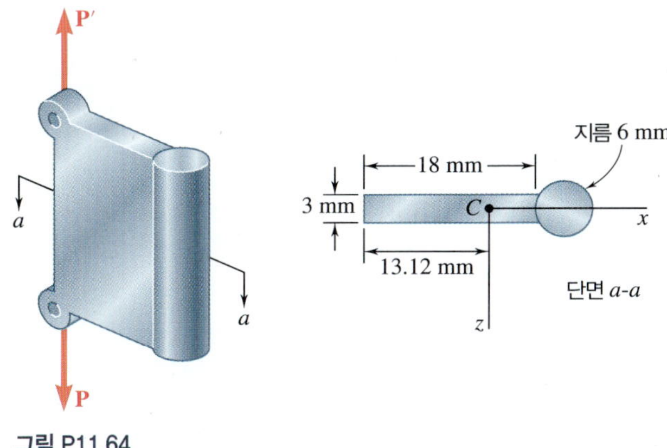

그림 P11.64

11.65 얇은 강판을 접어서 그림과 같은 단면을 만들었다. 판의 두께 t가 측면의 길이 a에 비해 충분히 작을 때, (a) 점 A (b) 점 B (c) 점 C에서의 응력을 구하시오.

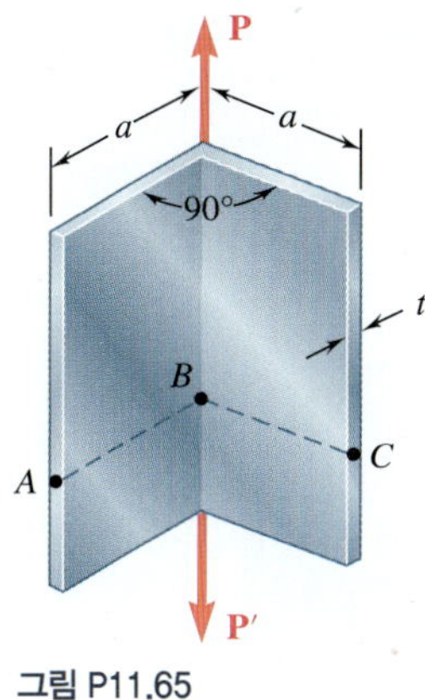

그림 P11.65

11.66 여러 장의 나무판을 접착제로 붙이기 위해 그림의 클램프를 사용하여 $P=400$ N의 하중을 가했다. 단면 $a-a$에서 다음을 구하시오.

(a) 점 A의 응력 (b) 점 D의 응력 (c) 중립축의 위치

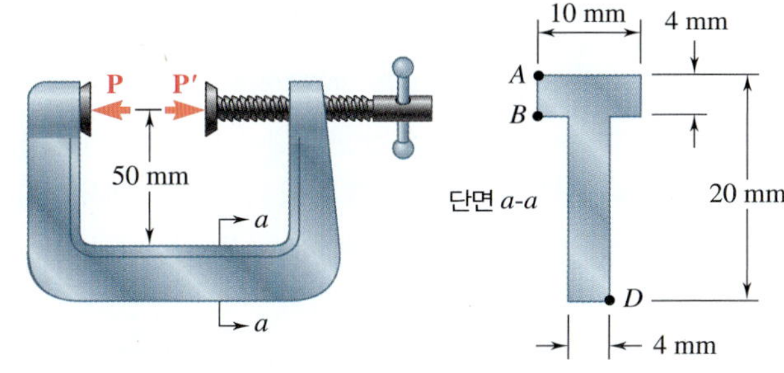

그림 P11.66

11.67 20 kips의 수직하중 **P**가 짧은 기둥의 대칭면 상의 점 C에 작용하고 있다. $y=5$ in.일 때, 다음을 구하시오.

(a) 점 A의 응력 (b) 점 B의 응력 (c) 중립축의 위치

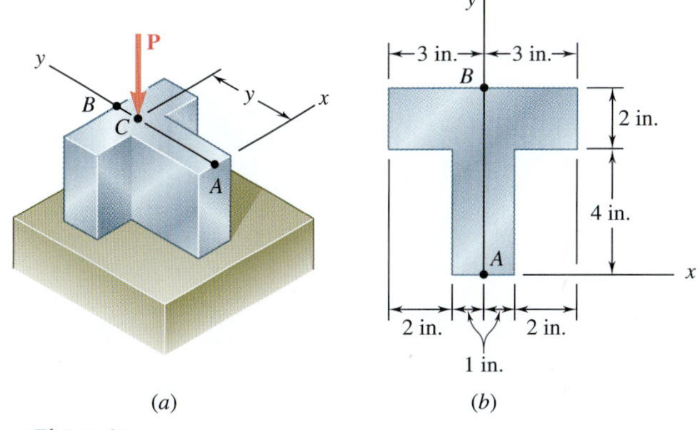

그림 P11.67

11.68 그림에 나타난 유압 프레스의 단면 $a-a$에서 허용응력이 인장에 대해 6 ksi, 압축에 대해 12 ksi이다. 프레스로 가할 수 있는 하중 **P**의 최댓값을 구하시오.

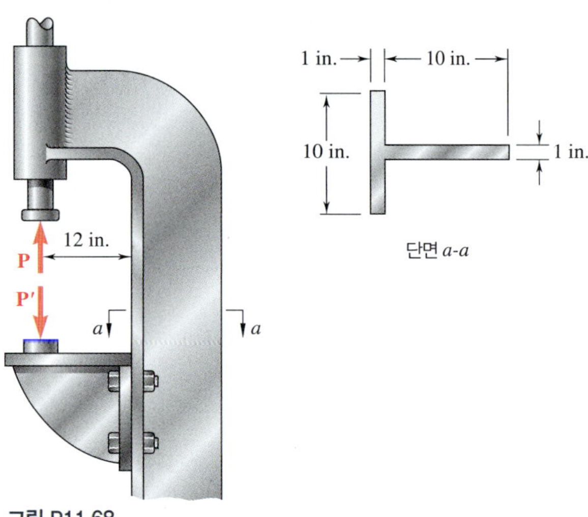

그림 P11.68

11.69 그림과 같은 C자형 강봉을 사용하여 작용하중 P의 크기를 측정하고자 한다. 강봉은 한 변의 길이가 40 mm인 정사각형 단면을 가지며, 안쪽 면에 부착된 변형률계에서 450 μ의 변형률이 측정되었다. 탄성계수 $E=200$ GPa일 때, 작용한 하중의 크기 P를 구하시오.

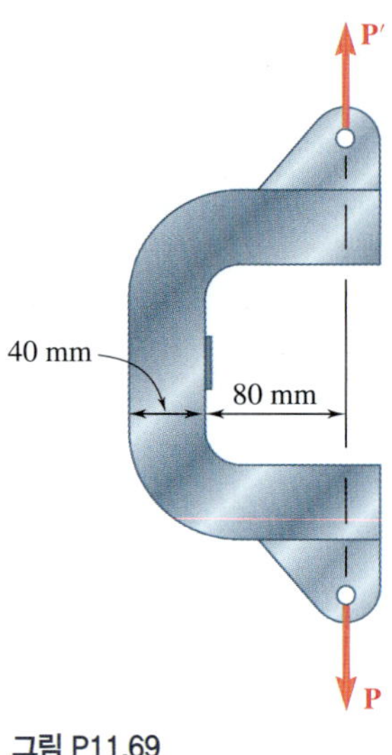

그림 P11.69

11.70 그림과 같이 두 개의 하중 **P**와 **Q**가 작용하고 있는 강체 판이 짧은 형강 기둥 위에 놓여 있다. 양쪽 플랜지 바깥면의 중심선 위에 있는 두 점 A와 B에서 측정된 변형률은 다음과 같다.

$$\varepsilon_A = -400\times10^{-6}\text{ in./in.}$$
$$\varepsilon_B = -300\times10^{-6}\text{ in./in.}$$

탄성계수 $E=29\times10^6$ psi일 때, 두 하중의 크기를 각각 구하시오.

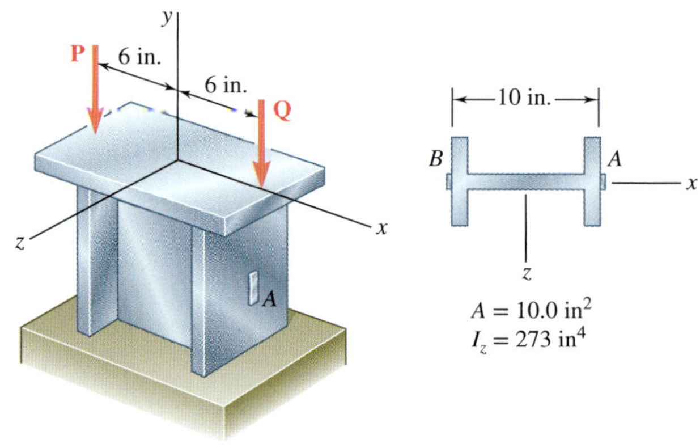

그림 P11.70

11.71 25×90 mm 단면의 강봉에 그림과 같이 편심하중 **P**가 작용하고 있고, 점 A와 B에서 측정된 변형률은 다음과 같다.

$$\varepsilon_A = +350\ \mu, \quad \varepsilon_B = -70\ \mu$$

$E=200$ GPa일 때, (a) 편심거리 d, (b) 하중 **P**의 크기를 구하시오.

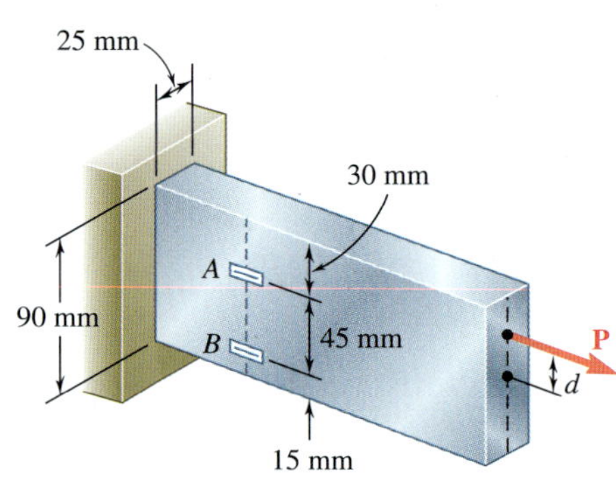

그림 P11.71

11.72 측정된 변형률의 크기가 다음과 같을 때, [문제 11.71]을 다시 푸시오.

$$\varepsilon_A = +600\ \mu, \quad \varepsilon_B = +420\ \mu$$

11.5 비대칭 휨

지금까지의 순수 휨에 대한 분석은 보에 최소한 하나 이상의 대칭면이 존재하고, 우력모멘트가 그 대칭면 위에서 작용하는 경우에 대한 것이었다. 이와 같이 부재와 하중이 모두 대칭인 경우에는 변형 후에도 부재가 대칭을 유지하게 된다. 따라서 휨은 대칭면 내에서 발생한다(11.1.2절). [그림 11.27]에 이러한 상황을 나타내었다. (a)는 단면이 두 개의 대칭면, 즉 수평면과 수직면을 갖는 경우이며, (b)는 한 개의 수직 대칭면을 갖는 경우이다. 두 경우 모두 우력모멘트는 수직 대칭면에 작용하고 있으며, 이를 수평 우력벡터 **M**으로 나타내었다. 또한 단면의 중립축은 우력의 축과 일치한다.

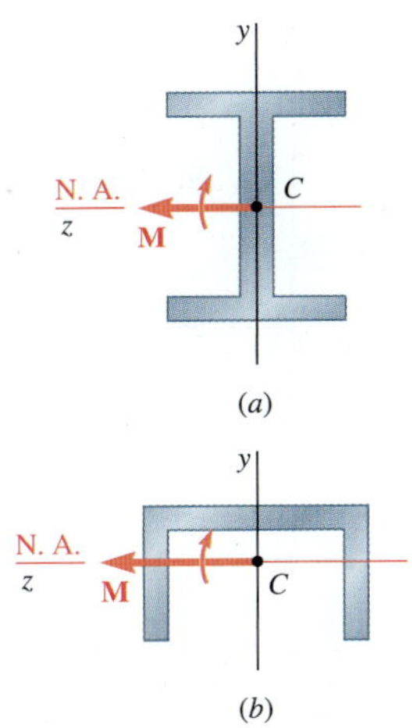

그림 11.27 대칭면에 작용하는 휨모멘트

이제 휨모멘트가 부재의 대칭면에 작용하지 않는 경우를 생각해보자. 이런 상황은 [그림 11.28a, b]와 같이 대칭면이 아닌 면에 우력이 작용하는 경우일 수도 있고, [그림 11.28c]와 같이 단면이 대칭이 아닌 경우일 수도 있다. 이와 같은 상황에서는 부재의 휨이 우력과 같은 평면에서 발생할 것이라고 가정할 수 없다. [그림 11.28]의 모든 경우에서 단면에 작용하고 있는 우력은 수직면 위에 작용하고 있으며, 이를 수평 우력벡터 **M**으로 나타내었다. 하지만 수직면이 단면의 대칭면이 아니므로, **부재의 휨이 수직면에서 발생할 것이라고 예상할 수 없으며, 단면의 중립축이 우력모멘트의 축과 일치할 것이라고 기대할 수도 없다.**

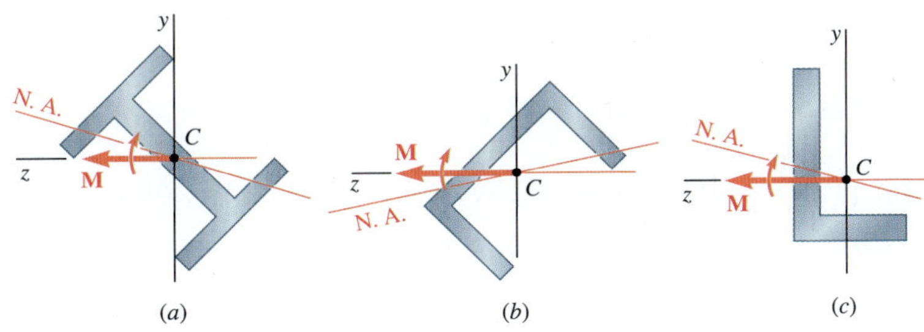

그림 11.28 대칭면에 작용하지 않는 휨모멘트

[그림 11.29]에는 임의의 형상을 가진 단면의 중립축이 단면에 작용하는 하중에 의한 우력모멘트 **M**의 축과 일치하는 조건을 나타내었다. 우력모멘트 벡터 **M**과 단면의 중립축이 모두 z축 방향을 향하고 있다. 11.1.1절의 내용을 상기해보면, 요소 내력 $\sigma_x\,dA$에 의한 모멘트의 합과 우력모멘트 **M**은 같다. 이를 각 방향의 힘 및 모멘트의 식으로 표현하면 다음과 같다.

$$x\text{방향 힘 :}\ \int \sigma_x\,dA = 0 \tag{11.1}$$

$$y\text{축에 대한 모멘트 :}\ \int z\sigma_x\,dA = 0 \tag{11.2}$$

$$z\text{축에 대한 모멘트 :}\ \int -y\sigma_x\,dA = M \tag{11.3}$$

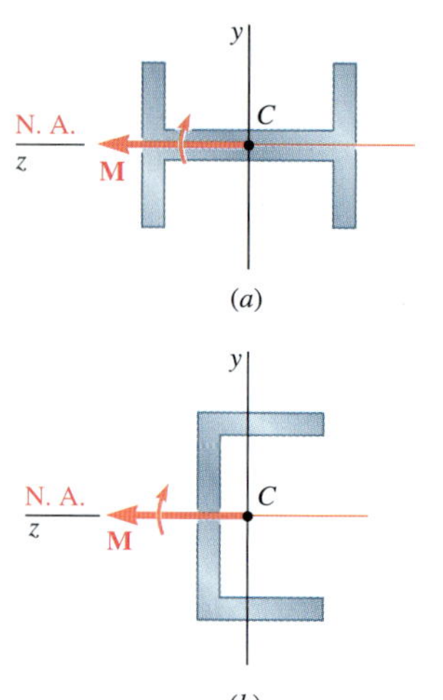

그림 11.30 주도심축과 정렬된 모멘트

8, 9 Ferdinand P. Beer and E. Russell Johnston, Jr., *Mechanics for Engineers*, 5th ed., McGraw-Hill, New York, 2008, 및 *Vector Mechanics for Engineers*, 12th ed., McGraw-Hill, New York, 2019, 9.3-9.4절

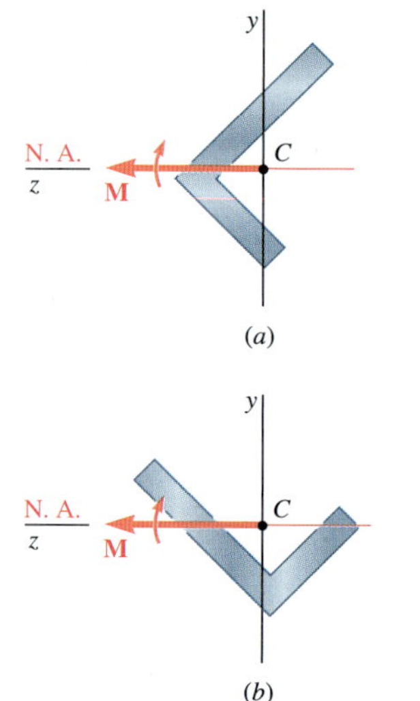

그림 11.31 비대칭 단면에서 주도심축과 정렬된 모멘트

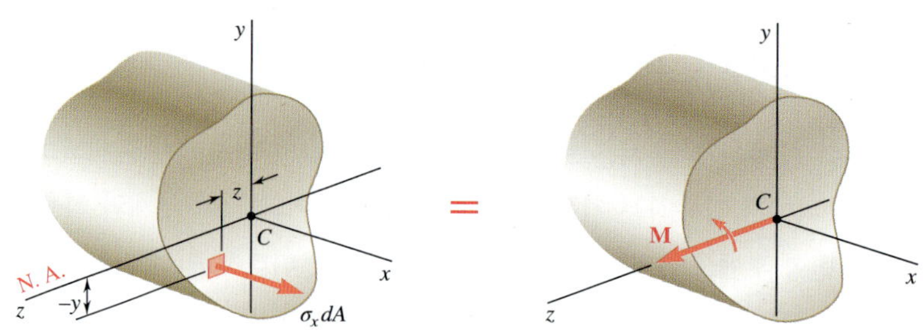

그림 11.29 우력모멘트 M의 축과 중립축이 일치하는 임의의 형상 보

모든 응력이 비례한도를 초과하지 않는다면, 첫 번째 식으로부터 중립축이 단면의 도심과 일치함을 알 수 있고, 세 번째 식에서 탄성휨공식 $\sigma_x = -My/I$가 유도된다. 11.1.1절에서는 단면이 y축에 대해 대칭이라고 가정했으므로, 식 (11.2)는 특별한 의미가 없었다. 하지만 임의의 형상을 갖는 단면에서는 식 (11.2)가 매우 중요하다. 단면의 응력이 재료의 비례한도를 초과하지 않는다고 가정하면, 식 (11.2)에 $\sigma_x = -\sigma_m\, y/c$를 대입하여 다음 식을 얻게 된다.

$$\int z\left(-\frac{\sigma_m y}{c}\right)dA = 0 \quad \text{또는} \quad \int yz\, dA = 0 \tag{11.29}$$

여기서 적분 $\int yz\, dA$는 y축과 z축에 대한 단면상승모멘트product of inertia I_{yz}이며, 이들 두 축이 단면의 주도심축principal centroidal axes of the cross section과 일치한다면 I_{yz}의 값은 0이 된다.[8] 따라서 우력모멘트 벡터 **M**의 방향이 단면의 주도심축 중 하나의 방향과 일치할 때만 단면의 중립축과 우력모멘트 **M**의 축이 일치하게 된다.

여기서 [그림 11.27]에 나타낸 단면은 최소한 하나의 좌표축에 대칭이며, 우력모멘트 벡터 **M**이 주도심축 중 하나의 방향으로 작용하고 있기 때문에 중립축과 우력모멘트의 축이 일치한다. 그리고 [그림 11.30]과 같이 단면을 90° 회전시켰을 때도 우력모멘트 벡터의 축이 주도심축 중 하나의 방향과 일치하므로, 비록 [그림 11.30b]의 경우에는 우력모멘트가 단면의 대칭면 위에 작용하고 있는 것은 아니지만, 두 경우 모두 중립축은 우력모멘트의 축과 일치하게 된다.

[그림 11.28]의 단면에서는 어느 경우도 좌표축이 단면의 대칭축과 일치하지 않으며, 좌표축과 주축이 일치하지도 않는다. 따라서 우력모멘트 벡터 **M**의 방향은 주도심축의 방향과 같지 않고, 중립축도 우력모멘트의 축과 일치하지 않게 된다. 하지만 [그림 11.28c]와 같은 비대칭 단면을 포함한 어떠한 모양의 단면에서도 주도심축은 존재하며, 주도심축은 모어원Mohr's circle[9]을 사용하여 해석적으로 구할 수 있다. 만일 우력모멘트 벡터 **M**이 단면의 주도심축 중 하나를 따라 작용한다면, [그림 11.31]과 같이 중립축은 우력모멘트의 축과 일치하게 되고, 대칭단면에 대해 유도된 식을 사용하여 단면의 응력을 계산할 수 있다.

이제 중첩의 원리를 사용해보자. 중첩의 원리는 휨 문제 중에서 가장 일반적인 경우인 비대칭 휨에서, 단면의 응력을 구하는 데에도 활용할 수 있다. [그림 11.32]에는 수직 대칭면을 갖는 부재가 대칭면과 θ만큼의 각도를 이루는 평면에 작용하는 우력모멘트 **M**과 **M**′을 받는 경우를 나타내었다. 이 경우 우력모멘트 벡터 **M**은 [그림 11.33]에 나타낸 바와 같이 수평축인 z축과 θ의 각을 이룬다. 이제 우력모멘트 벡터 **M**을 z축과 y축 방향의 성분 $\mathbf{M}_z$와 $\mathbf{M}_y$로 분해하면, 각 벡터의 크기는 다음과 같다.

$$M_Z = M\cos\theta, \qquad M_y = M\sin\theta \tag{11.30}$$

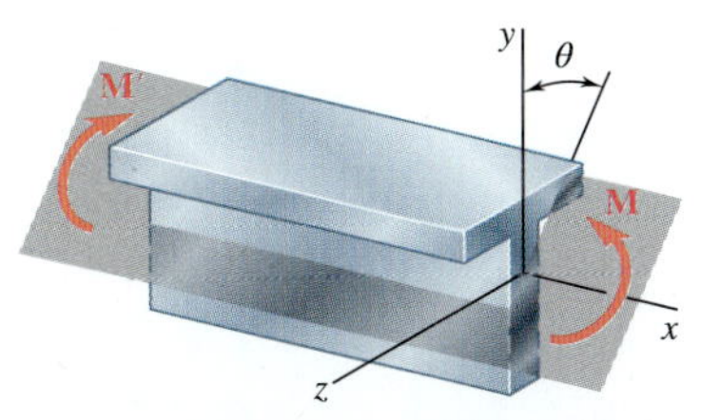

그림 11.32 휨모멘트가 대칭면에 작용하지 않는 비대칭 휨

여기서 y축과 z축은 단면의 주도심축이므로, $\mathbf{M}_z$와 $\mathbf{M}_y$에 의해 단면에 발생하는 응력은 식 (11.16)을 사용하여 구할 수 있다. 수직평면에 작용하는 우력모멘트 $\mathbf{M}_z$에 의해 동일한 평면에서 부재의 휨이 발생하며(그림 11.34), 발생하는 응력은 다음과 같다.

$$\sigma_x = -\frac{M_z y}{I_z} \tag{11.31}$$

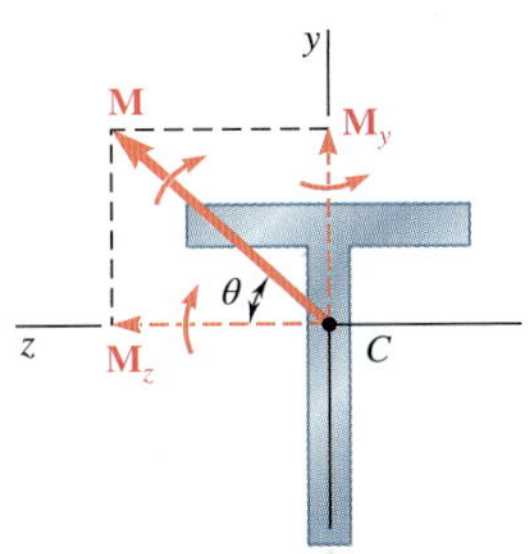

그림 11.33 y방향 및 z방향 성분으로 분해된 작용모멘트

여기서 I_z는 주도심축인 z축에 대한 단면2차모멘트이다. (−) 부호는 평면 xz의 위쪽($y>0$)에서 압축응력, 아래쪽($y<0$)에서 인장응력이 발생함을 나타낸다. 또한 [그림 11.35]에 나타낸 것과 같이, $\mathbf{M}_y$는 수평면에 작용하며 동일한 평면 내의 휨을 발생시킨다. 이때 발생하는 응력은 다음과 같다.

$$\sigma_x = +\frac{M_y z}{I_y} \tag{11.32}$$

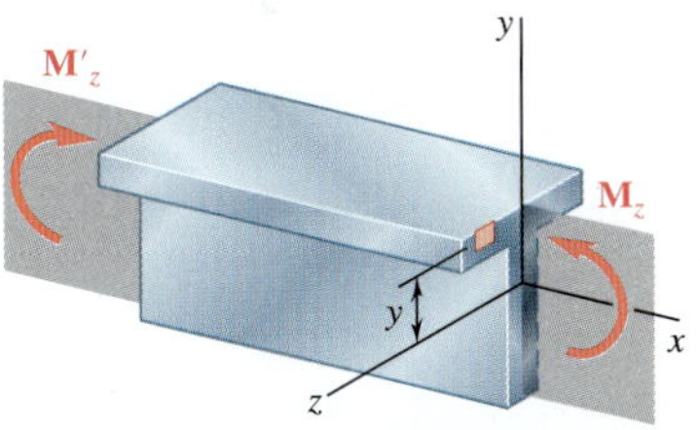

그림 11.34 주도심축을 포함하는 평면에 작용하는 $\mathbf{M}_z$에 의해 수직면에서 휨이 발생한다.

여기서 I_y는 주도심축인 y축에 대한 단면2차모멘트이며, 이 식에 (+) 부호가 사용된 것은 수직면인 평면 xy의 왼쪽($z>0$)에서 인장응력, 오른쪽($z<0$)에서 압축응력이 발생하기 때문이다.

이제 부재에 작용한 원래의 우력모멘트 **M**에 의해 단면에 발생하는 응력은 위의 식 (11.31)과 식 (11.32)를 중첩하여 구할 수 있으며, 그 결과는 다음과 같다.

$$\sigma_x = -\frac{M_z y}{I_z} + \frac{M_y z}{I_y} \tag{11.33}$$

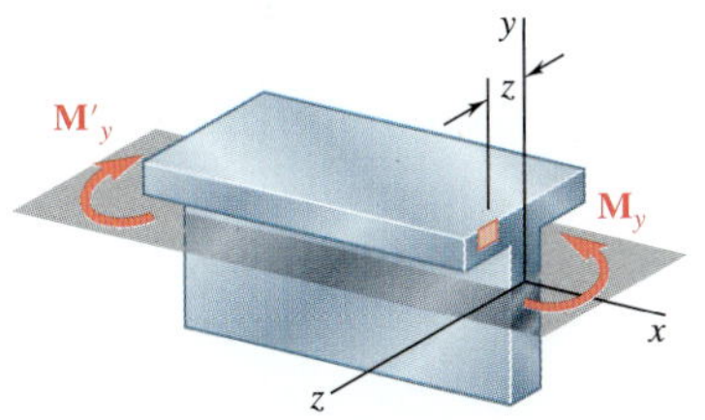

그림 11.35 주도심축을 포함하는 평면에 작용하는 $\mathbf{M}_y$에 의해 수평면에서 휨이 발생한다.

이 식은 [그림 11.36]과 같은 비대칭 단면에서 응력을 계산할 때도 사용할 수 있는데, 이 식을 사용하기 위해서는 먼저 단면의 도심과 두 주도심축인 y축과 z축을 구해야 한다. 하지만 식 (11.33)은 중첩의 원리를 적용하기 위한 전제조건을 만족할 때만 사용할 수 있다. 즉, 조합응력이 비례한도를 초과하거나 하나의 우력모멘트에 의해 발생하는 변형이 다른 우력모멘트에 의한 응력분포에 큰 영향을 미치는 경우에는 사용할 수 없다.

식 (11.33)은 비대칭 휨에 의해 발생하는 응력의 분포가 선형임을 나타낸다. 하지만 단면의 중립축은 일반적으로 우력모멘트의 축과 일치하지 않는다. 중립축 위의 모든 점에서 수직응력은 0이기 때문에, 식 (11.33)에서 $\sigma_x=0$으로 놓으면 중립축을 구할 수 있다.

$$-\frac{M_z y}{I_z} + \frac{M_y z}{I_y} = 0$$

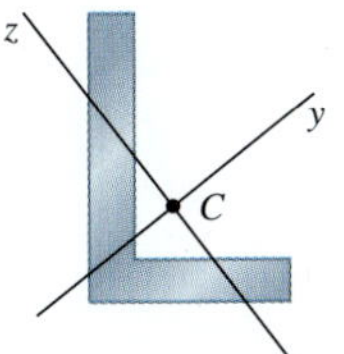

그림 11.36 비대칭 단면의 주축

이 식을 y에 대해 풀고, M_z와 M_y에 식 (11.30)을 대입하면 다음 식을 얻을 수 있다.

$$y = \left(\frac{I_z}{I_y}\tan\theta\right)z \tag{11.34}$$

이 식은 기울기가 $m = (I_z/I_y)\tan\theta$인 직선을 나타낸다. 따라서 [그림 11.37]에 표시된 중립축이 z축과 이루는 각도 ϕ는 다음과 같다.

$$\tan\phi = \frac{I_z}{I_y}\tan\theta \tag{11.35}$$

그림 11.37 비대칭 휨에서 중립축

여기서 θ는 우력모멘트 벡터 $\mathbf{M}$이 z축과 이루는 각도이다. I_z와 I_y는 모두 양수이므로, ϕ와 θ는 같은 부호를 갖는다. 또한 $I_z > I_y$이면 $\phi > \theta$가 되고, $I_z < I_y$이면 $\phi < \theta$가 된다. 결과적으로, 중립축은 항상 우력벡터 $\mathbf{M}$과 약축(단면2차모멘트가 최소인 주도심축)의 사이에 위치하게 된다.

개념적용 11.5

[그림 11.38a]와 같이, 1.5×3.5 in. 직사각형 단면의 목재보에 1600 lb·in.의 우력모멘트가 작용하고 있으며, 우력모멘트는 수직면과 30° 경사를 이루는 평면에 작용하고 있다. (a) 보에 발생하는 최대응력, (b) 중립면이 수평면과 이루는 각도를 구하시오.

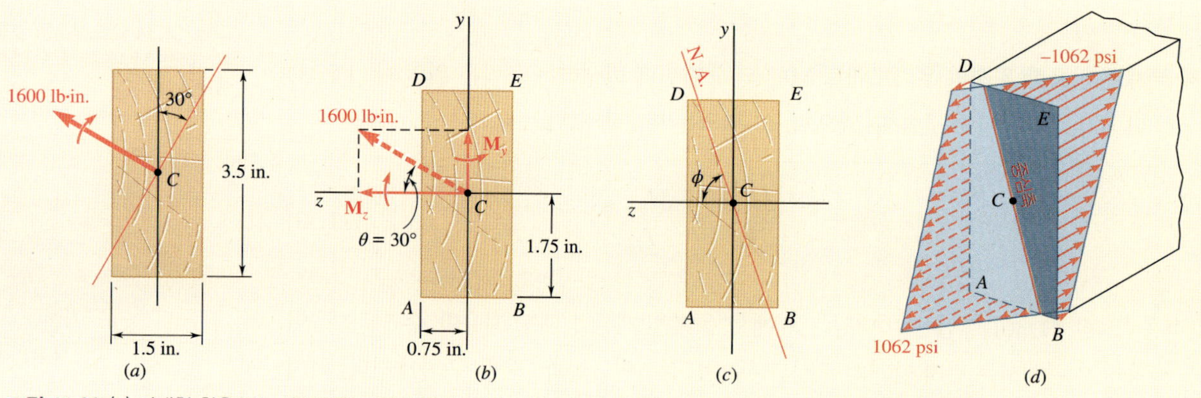

그림 11.38 (a) 비대칭 휨을 받는 직사각형 단면의 목재보 (b) 성분으로 분해된 휨모멘트 (c) 단면의 중립축 (d) 응력분포

a. 최대응력 우선 우력벡터의 각 방향 성분 $\mathbf{M}_z$와 $\mathbf{M}_y$를 구한다(그림 11.38b).

$$M_z = (1600\ \text{lb}\cdot\text{in.})\cos 30° = 1386\ \text{lb}\cdot\text{in.}$$

$$M_y = (1600\ \text{lb}\cdot\text{in.})\sin 30° = 800\ \text{lb}\cdot\text{in.}$$

다음으로 z축과 y축에 대한 단면2차모멘트를 계산한다.

$$I_z = \frac{1}{12}(1.5\ \text{in.})(3.5\ \text{in.})^3 = 5.359\ \text{in}^4$$

$$I_y = \frac{1}{12}(3.5\ \text{in.})(1.5\ \text{in.})^3 = 0.9844\ \text{in}^4$$

$\mathbf{M}_z$에 의한 최대 인장응력은 변 AB에서 발생하며, 그 값은 다음과 같다.

$$\sigma_1 = \frac{M_z y}{I_z} = \frac{(1386\ \text{lb}\cdot\text{in.})(1.75\ \text{in.})}{5.359\ \text{in}^4} = 452.6\ \text{psi}$$

$\mathbf{M}_y$에 의한 최대 인장응력은 변 AD에서 발생하며, 그 값은 다음과 같다.

$$\sigma_2 = \frac{M_y z}{I_y} = \frac{(800\ \text{lb}\cdot\text{in.})(0.75\ \text{in.})}{0.9844\ \text{in}^4} = 609.5\ \text{psi}$$

따라서 조합하중에 의한 최대 인장응력은 점 A에서 발생하며, 그 값은 다음과 같다.

$$\sigma_{\max} = \sigma_1 + \sigma_2 = 452.6 + 609.5 = 1062\ \text{psi}$$

최대 압축응력의 크기는 최대 인장응력의 크기와 같고 점 E에서 발생한다.

b. 중립면과 수평면이 이루는 각도 [그림 11.38c]에 표시된 중립면과 수평면이 이루는 각도 ϕ는 식 (11.35)를 사용하여 다음과 같이 구한다.

$$\tan\phi = \frac{I_z}{I_y}\tan\theta = \frac{5.359\ \text{in}^4}{0.9844\ \text{in}^4}\tan 30° = 3.143$$

$$\phi = 72.4°$$

단면 내 응력분포는 [그림 11.38d]에 나타내었다.

11.6 편심축하중의 일반적인 경우

11.4절에서는 부재의 대칭면에 작용하는 편심축하중에 의해 단면에 발생되는 응력에 대해 알아보았다. 이 경우에 부재의 휨은 우력이 작용하는 평면에서 일어났다. 이 절에서는 보다 일반적인 경우로, 편심축하중이 단면의 대칭면 이외의 점에 작용하는 경우에 대해 알아보자.

[그림 11.39a]에 나타난 직선부재 AB를 보면, 부재는 두 개의 크기가 같고 방향이 반대인 편심축하중 $\mathbf{P}$와 $\mathbf{P}'$을 받고 있다. a와 b는 하중의 작용선이 두 개의 주도심축과 떨어진 거리를 나타낸다. 편심하중 $\mathbf{P}$는 [그림 11.39b]에 표시된 것과 같이 중심하중 $\mathbf{P}$와 두 개의 우력모멘트 $\mathbf{M}_y$, $\mathbf{M}_z$와 정적으로 등가이고, 두 우력모멘트의 크기는 $M_y = Pa$, $M_z = Pb$이다. 또한 편심하중 $\mathbf{P}'$은 중심하중 $\mathbf{P}'$, 우력모멘트 $\mathbf{M}'_y$, $\mathbf{M}'_z$와 등가이다.

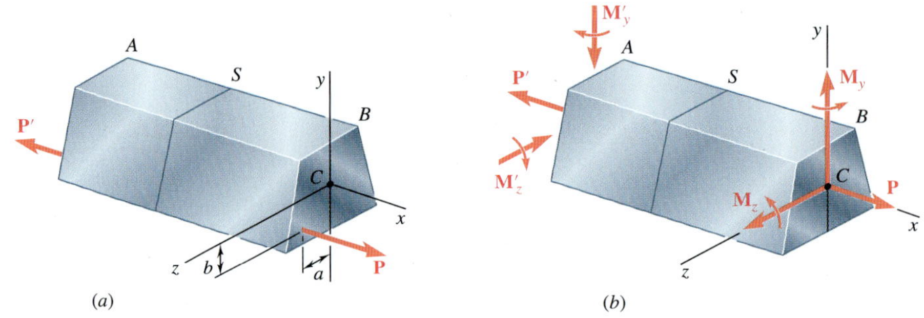

그림 11.39 편심축하중 (a) 단면의 도심에서 떨어진 지점에 작용하는 축하중 (b) 도심에 작용하는 등가의 힘-우력계

9.8절에서 배운 생-베낭의 원리Saint-Venant's principle에 따라, 단부로부터 너무 가깝지 않은 단면 S에 발생하는 응력을 구하기 위해서 [그림 11.39a]에 나타난 원래의 편심하중을 [그림 11.39b]에 표시된 등가하중으로 대체할 수 있다. 또한 9.5절에서 배운 중첩의 원리를 적용하기 위한 전제조건을 만족한다면, 이들 등가하중에 의해 단면에 발생하는 응력은 각각의 하중, 즉 중심축하중 $\mathbf{P}$, 우력모멘트 $\mathbf{M}_y$ 및 $\mathbf{M}_z$에 의해 발생하는 응력들을 중첩하여 얻을 수 있다. 중심축하중 $\mathbf{P}$에 의한 응력은 식 (8.1)과 같고, 우력모멘트에 의한 응력은 식 (11.33)과 같으므로, 전체 응력은 다음과 같이 구할 수 있다.

$$\sigma_x = \frac{P}{A} - \frac{M_z y}{I_z} + \frac{M_y z}{I_y} \tag{11.36}$$

여기서 y와 z는 응력을 계산하는 지점이 단면의 주도심축으로부터 떨어진 거리이다. 이 식으로부터 단면에 발생하는 응력은 선형으로 분포함을 알 수 있다.

식 (11.36)을 사용하여 조합응력을 계산할 때는 우변의 각 항들의 부호에 유의해야 한다. 이 항들의 부호는 하중 $\mathbf{P}$ 및 $\mathbf{P}'$의 방향 및 단면의 주도심축에 대한 하중 작용선의 위치에 따라 양이 될 수도, 음이 될 수도 있다. 따라서 식 (11.36)을 사용하여 계산할 수 있는 단면 내의 여러 지점에서 발생하는 조합응력 σ_x는 경우에 따라 모두 같은 부호일 수도 있고, 단면 내의 위치에 따라 부호가 달라질 수도 있다. 후자의 경우에는 단면 내에서 응력이 0이 되는 직선이 만들어지는데, 식 (11.36)에서 $\sigma_x = 0$으로 두고 정리하면 이 직선, 즉 중립축의 식을 다음과 같이 얻을 수 있다.

$$\frac{M_z}{I_z} y - \frac{M_y}{I_y} z = \frac{P}{A}$$

개념적용 11.6

[그림 11.40a]와 같이 80×120 mm의 직사각형 단면을 갖는 목재 기둥에 4.80 kN의 편심 수직하중이 작용하고 있을 때, (a) 점 A, B, C, D에 발생하는 응력, (b) 단면의 중립축을 구하시오.

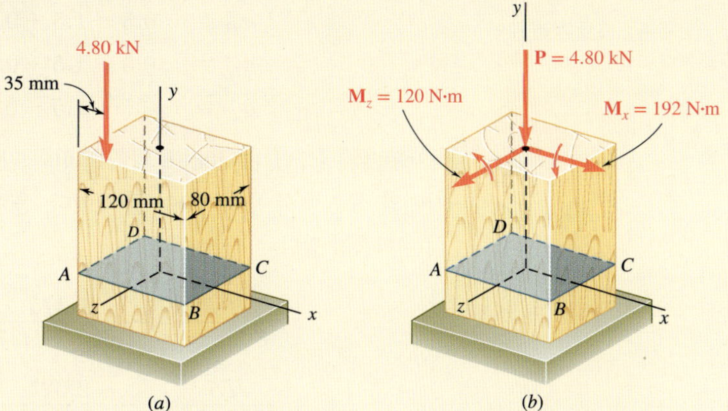

그림 11.40 (a) 직사각형 단면의 목재 기둥에 작용하는 편심하중 (b) 편심하중과 등가인 힘–우력계

a. 각 점의 응력 주어진 편심하중은 [그림 11.40b]와 같이 등가의 중심하중 **P**와 주도심축 방향의 두 개의 우력모멘트 $\mathbf{M}_x$ 및 $\mathbf{M}_z$로 대체할 수 있으며, 두 우력모멘트의 크기는 다음과 같다.

$$M_x = (4.80 \text{ kN})(40 \text{ mm}) = 192 \text{ N} \cdot \text{m}$$

$$M_z = (4.80 \text{ kN})(60 \text{ mm} - 35 \text{ mm}) = 120 \text{ N} \cdot \text{m}$$

단면의 면적과 두 축에 대한 단면2차모멘트를 계산하면 다음과 같다.

$$A = (0.080 \text{ m})(0.120 \text{ m}) = 9.60 \times 10^{-3} \text{ m}^2$$

$$I_x = \frac{1}{12}(0.120 \text{ m})(0.080 \text{ m})^3 = 5.12 \times 10^{-6} \text{ m}^4$$

$$I_z = \frac{1}{12}(0.080 \text{ m})(0.120 \text{ m})^3 = 11.52 \times 10^{-6} \text{ m}^4$$

중심하중 **P**에 의한 응력 σ_0는 음수이고, 단면에 균등하게 분포한다.

$$\sigma_0 = \frac{P}{A} = \frac{-4.80 \text{ kN}}{9.60 \times 10^{-3} \text{ m}^2} = -0.5 \text{ MPa}$$

두 우력모멘트 $\mathbf{M}_x$ 및 $\mathbf{M}_z$에 의한 응력은 단면에 선형으로 분포하며 최댓값은 다음과 같다.

$$\sigma_1 = \frac{M_x z_{\max}}{I_x} = \frac{(192 \text{ N} \cdot \text{m})(40 \text{ mm})}{5.12 \times 10^{-6} \text{ m}^4} = 1.5 \text{ MPa}$$

$$\sigma_2 = \frac{M_z x_{\max}}{I_z} = \frac{(120 \text{ N} \cdot \text{m})(60 \text{ mm})}{11.52 \times 10^{-6} \text{ m}^4} = 0.625 \text{ MPa}$$

단면의 네 꼭짓점에서 발생하는 응력은 다음과 같다.

$$\sigma_y = \sigma_0 \pm \sigma_1 \pm \sigma_2$$

여기서 각 항의 부호는 [그림 11.40b]를 보고 정해야 한다. $\mathbf{M}_x$에 의한 응력은 점 C와 D에서 음수이고, 점 A와 B에서는 양수이다. 또한 $\mathbf{M}_z$에 의한 응력은 점 B와 C에서 음수, 점 A와 D에서 양수이다. 따라서 네 꼭짓점에서 발생되는 응력은 다음과 같다.

$$\sigma_A = -0.5 - 1.5 - 0.625 = -2.625 \text{ MPa}$$
$$\sigma_B = -0.5 - 1.5 + 0.625 = -1.375 \text{ MPa}$$
$$\sigma_C = -0.5 + 1.5 + 0.625 = +1.625 \text{ MPa}$$
$$\sigma_D = -0.5 + 1.5 - 0.625 = +0.375 \text{ MPa}$$

b. 중립축 [그림 11.40c]에 나타낸 바와 같이 점 B와 C 사이의 점 G 및 점 D와 A 사이의 점 H에서 응력이 0이 될 것이다. 응력이 선형으로 분포하므로, 점 G와 H의 위치는 다음과 같다.

$$\frac{BG}{80 \text{ mm}} = \frac{1.375}{1.625 + 1.375}, \qquad BG = 36.7 \text{ mm}$$

$$\frac{HA}{80 \text{ mm}} = \frac{2.625}{2.625 + 0.375}, \qquad HA = 70 \text{ mm}$$

중립축은 [그림 11.40d]에 나타낸 바와 같이 점 G와 H를 연결한 직선이며, 단면에 발생하는 응력의 분포는 [그림 11.40e]와 같다.

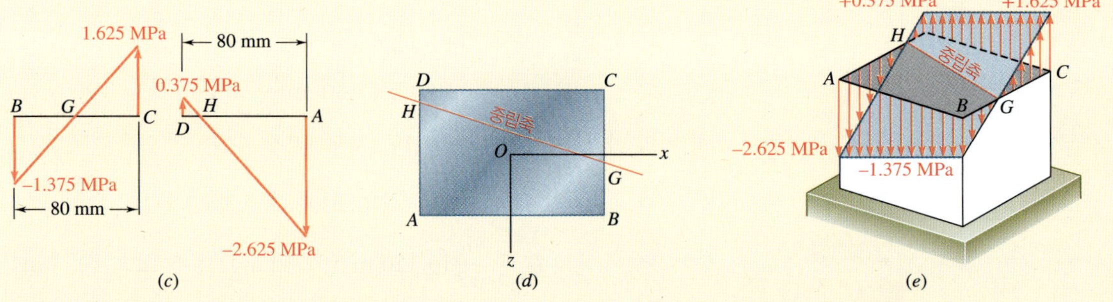

그림 11.40 (c) 모서리 BC와 AD의 응력분포 (d) 점 G와 H를 연결하는 중립축 (e) 편심하중에 의한 응력분포

예제 11.6

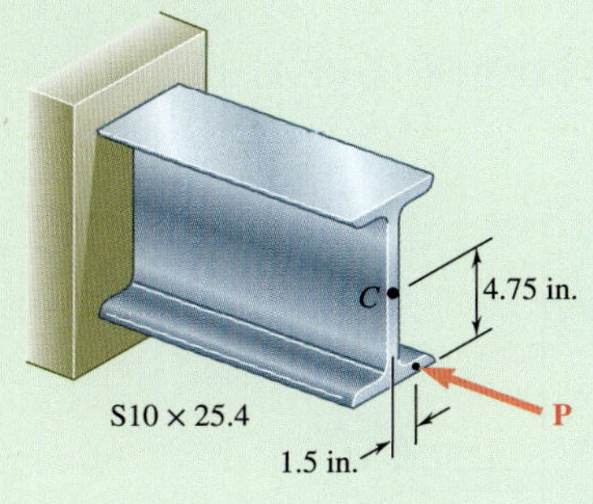

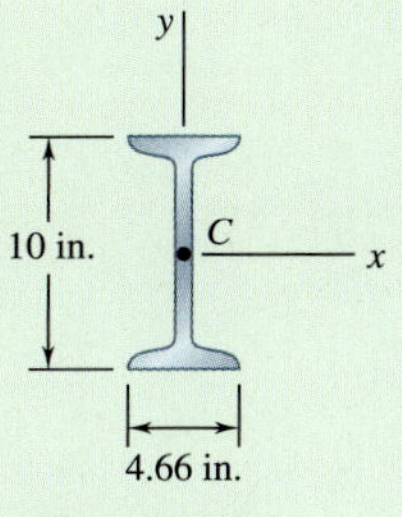

그림 1 압연형강

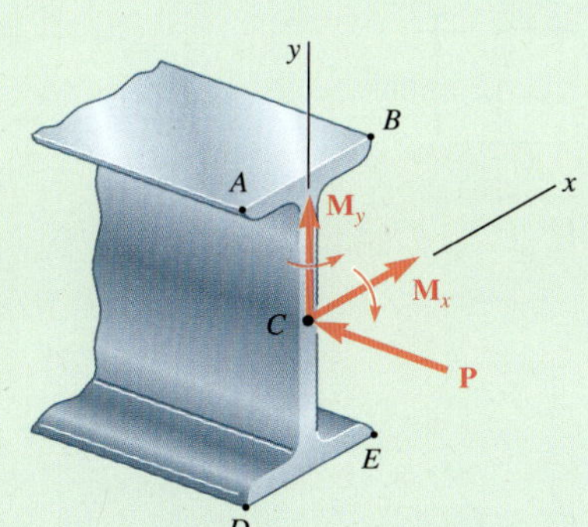

그림 2 도심에 대한 등가 힘–우력계

수평하중 $\mathbf{P}$가 S10×25.4 단면의 짧은 압연형강에 그림과 같이 작용하고 있다. 단면에 발생한 압축응력이 12 ksi를 초과하지 않아야 한다면 하중 $\mathbf{P}$의 최대 허용값을 구하시오.

문제분석 하중은 단면의 두 주도심축으로부터 모두 편심을 가지고 작용하고 있다. 작용하중을 도심에 대한 등가의 힘–우력계로 대체하고 난 뒤, 중심축하중과 두 개의 우력모멘트에 대한 응력을 각각 구하여 중첩하면 단면의 최대응력을 구할 수 있다.

모델링과 풀이

단면의 특성값 단면의 형상은 [그림 1]과 같으며, 〈부록 D〉로부터 다음의 단면값을 얻었다.

$$\text{단면적}: A = 7.46 \text{ in}^2$$
$$\text{단면계수}: S_x = 24.7 \text{ in}^3, \quad S_y = 2.91 \text{ in}^3$$

점 C의 힘과 우력모멘트 [그림 2]와 같이 편심하중 $\mathbf{P}$를 도심 C에 대한 등가의 힘–우력계로 대체했다.

$$M_x = (4.75 \text{ in.})P, \qquad M_y = (1.5 \text{ in.})P$$

여기서 두 우력모멘트 벡터 $\mathbf{M}_x$와 $\mathbf{M}_y$는 각각 두 개의 주도심축의 방향으로 작용하고 있다.

수직응력 중심축하중 $\mathbf{P}$와 두 개의 우력모멘트 $\mathbf{M}_x$와 $\mathbf{M}_y$에 의해 점 A, B, D, E에 발생되는 응력성분의 절댓값은 다음과 같다.

$$\sigma_1 = \frac{P}{A} = \frac{P}{7.46 \text{ in}^2} = 0.1340\,P$$

$$\sigma_2 = \frac{M_x}{S_x} = \frac{4.75\,P}{24.7 \text{ in}^3} = 0.1923\,P$$

$$\sigma_3 = \frac{M_y}{S_y} = \frac{1.5P}{2.91 \text{ in}^3} = 0.5155\,P$$

중첩 각 점에 발생하는 전체 응력은 $\mathbf{P}$, $\mathbf{M}_x$, $\mathbf{M}_y$에 의한 응력을 중첩하여 다음과 같이 구한다. 이때 각 항의 부호는 힘–우력계를 표시한 그림에서 확인한다.

$$\sigma_A = -\sigma_1 + \sigma_2 + \sigma_3 = -0.1340\,P + 0.1923\,P + 0.5155\,P = +0.574\,P$$
$$\sigma_B = -\sigma_1 + \sigma_2 - \sigma_3 = -0.1340\,P + 0.1923\,P - 0.5155\,P = -0.457\,P$$
$$\sigma_D = -\sigma_1 - \sigma_2 + \sigma_3 = -0.1340\,P - 0.1923\,P + 0.5155\,P = +0.189\,P$$
$$\sigma_E = -\sigma_1 - \sigma_2 - \sigma_3 = -0.1340\,P - 0.1923\,P - 0.5155\,P = -0.842\,P$$

최대 허용하중 최대 압축응력은 점 E에서 발생되며, 이 값의 허용치가 $\sigma_{\text{all}} = -12$ ksi이므로 최대 허용하중은 다음과 같다.

$$\sigma_{\text{all}} = \sigma_E, \qquad -12 \text{ ksi} = -0.842\,P \qquad P = 14.3 \text{ kips} ◀$$

Section 11.5 ~ 11.6 연습문제

11.73 ~ 11.78 단면의 수직축과 β의 각도를 이루는 평면에 우력모멘트 **M**이 작용하고 있다. 그림의 단면에서 (a) 점 A, (b) 점 B, (c) 점 D에 발생하는 응력을 구하시오.

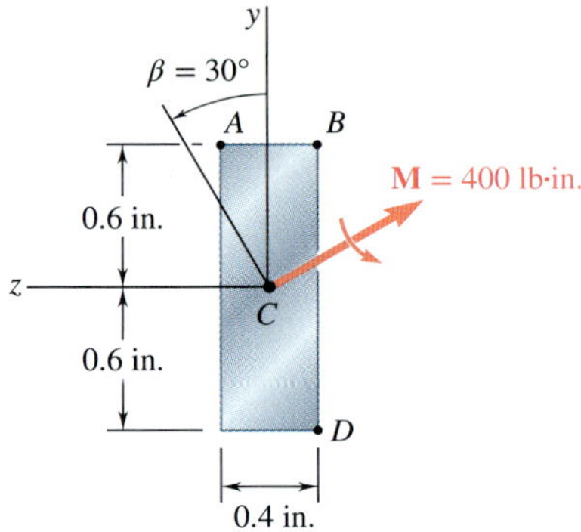

그림 P11.73

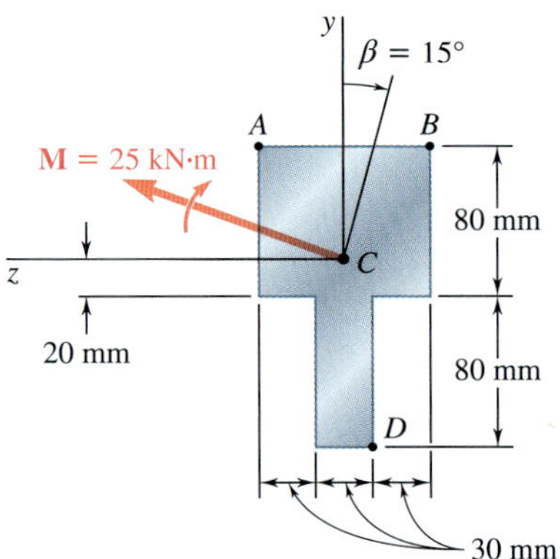

그림 P11.74

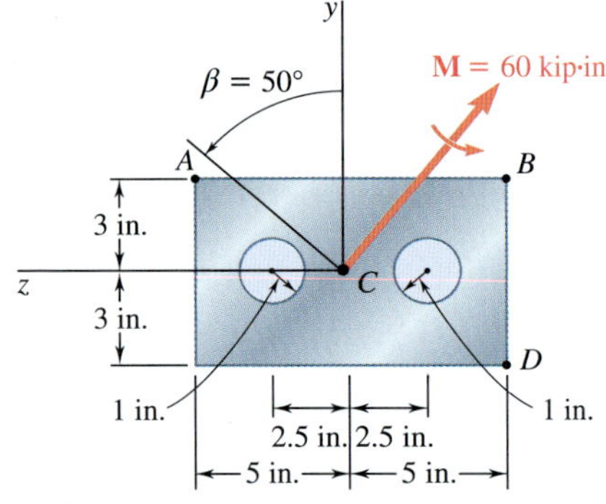

그림 P11.75

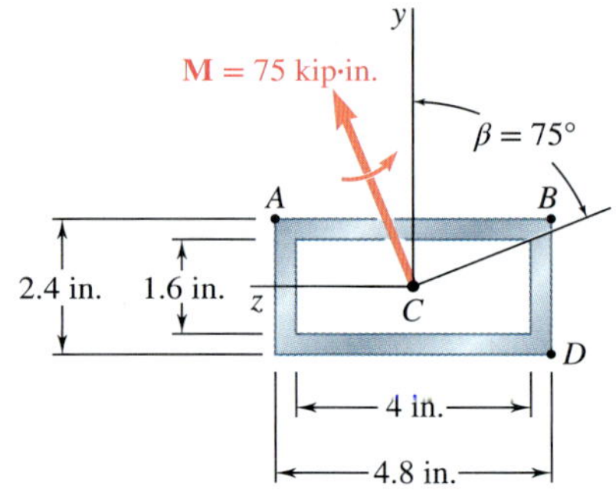

그림 P11.76

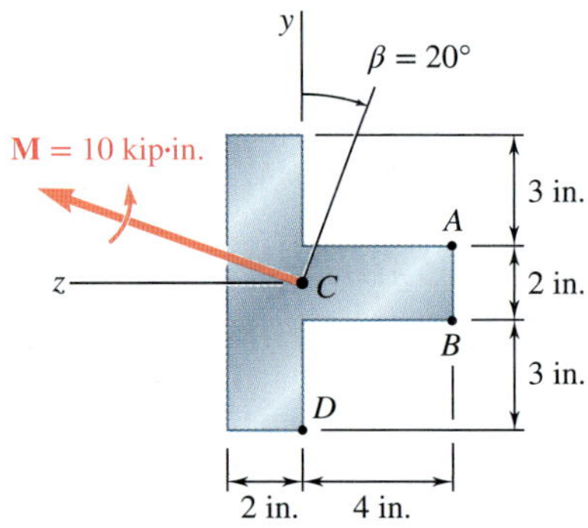

그림 P11.77

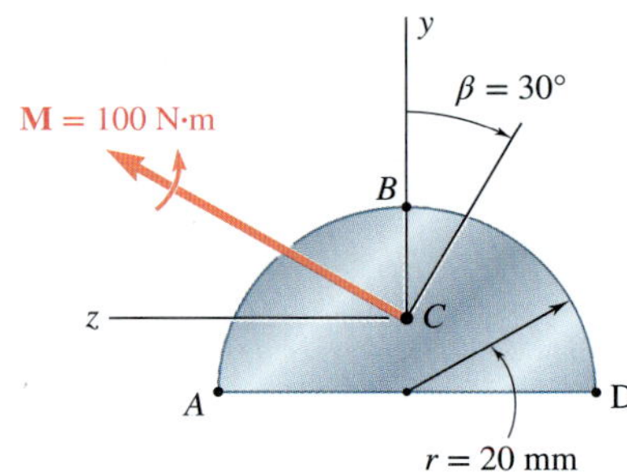

그림 P11.78

11.79 ~ 11.84 그림과 같이 회전된 단면의 수직면에 우력모멘트 **M**이 작용하고 있다. 다음을 구하시오.

(a) 중립축이 수평면과 이루는 각도

(b) 단면에 발생하는 최대 인장응력

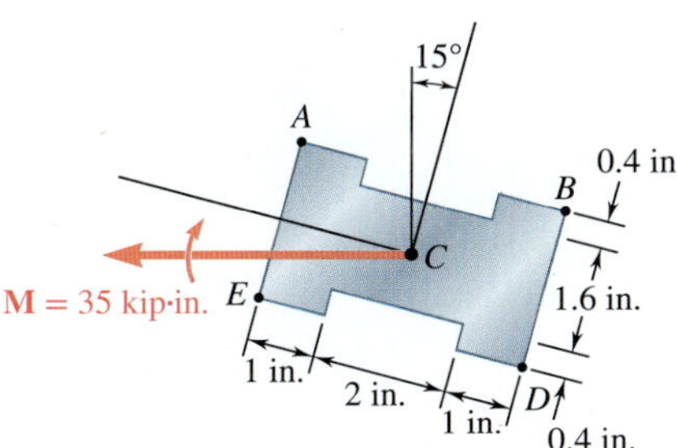

그림 P11.79

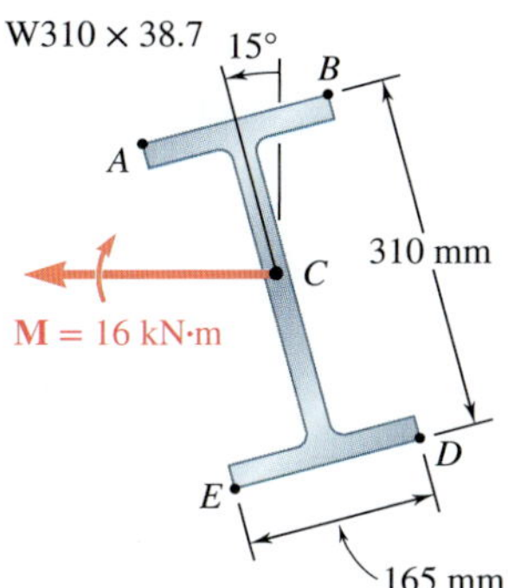

그림 P11.80

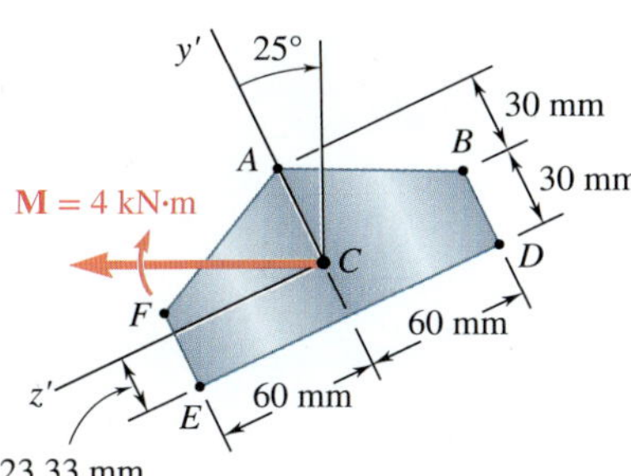

그림 P11.81

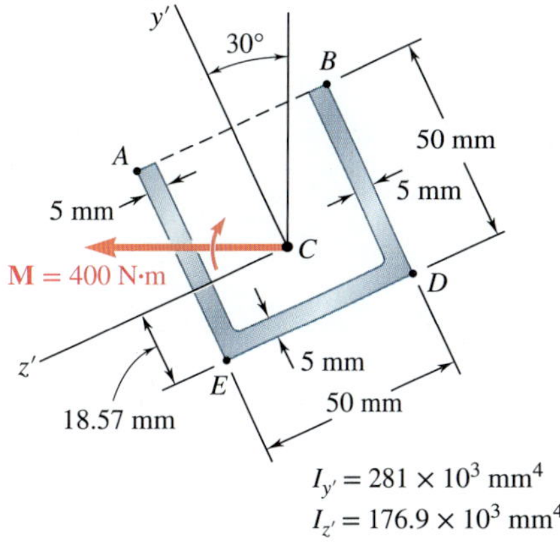

그림 P11.82

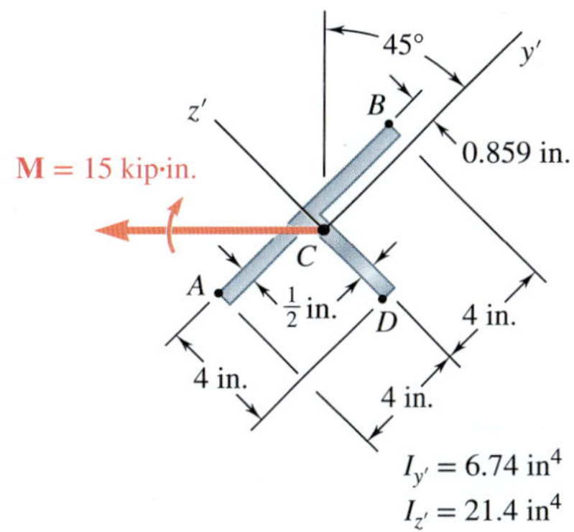

그림 P11.83

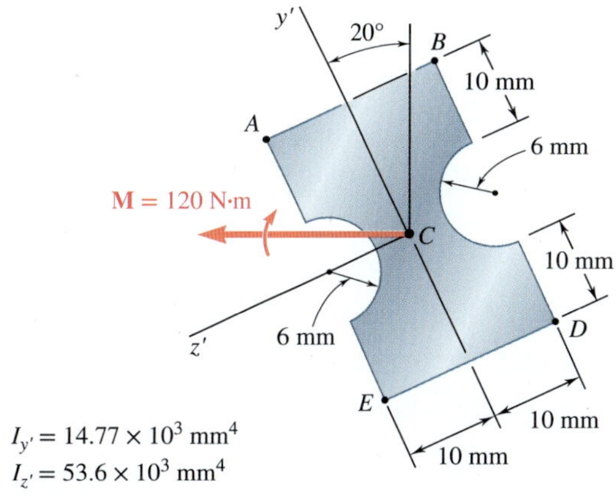

그림 P11.84

11.85 그림과 같이 하중이 작용하고 있을 때, 다음을 구하시오.

(a) 점 A와 B에 발생하는 응력

(b) 중립축이 선 ABD와 교차하는 지점

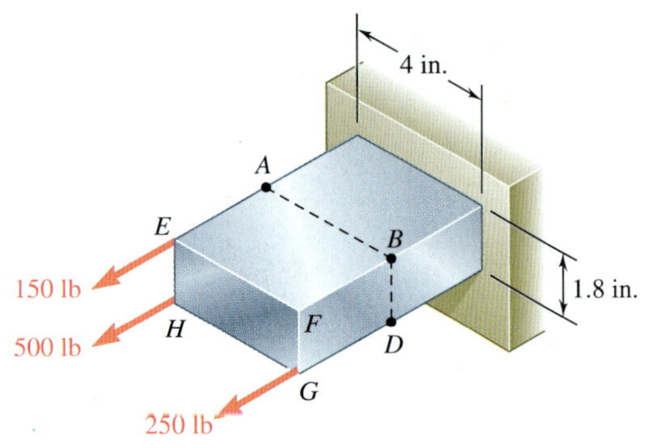

그림 P11.85

11.86 점 G에 작용하는 하중이 250 lb에서 400 lb로 증가했을 때, [문제 11.85]를 다시 푸시오.

11.87 그림의 각관에서 벽두께는 12 mm이다. 주어진 하중에 대해 다음을 구하시오.

(a) 점 A와 B에 발생하는 응력

(b) 중립축이 선 ABD와 교차하는 지점

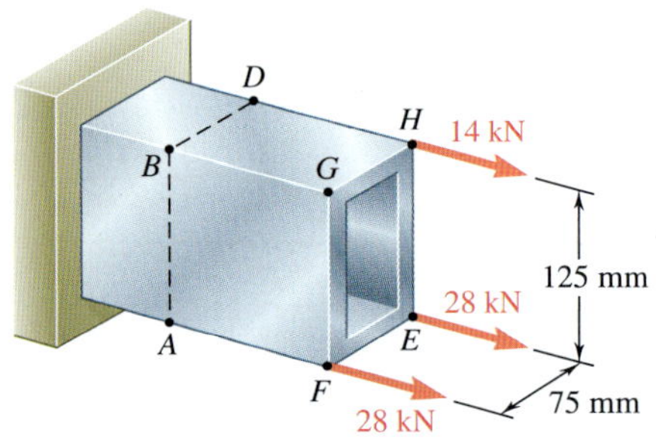

그림 P11.87

11.88 점 E의 하중 28 kN이 제거되었을 때, [문제 11.87]을 다시 푸시오.

11.89 편심하중의 크기가 $P = 90$ kips이다. 단면에 발생하는 최대 압축응력의 크기가 18 ksi를 초과하지 않아야 한다면, 그림에 표시된 거리 a의 최댓값은 얼마인지 구하시오.

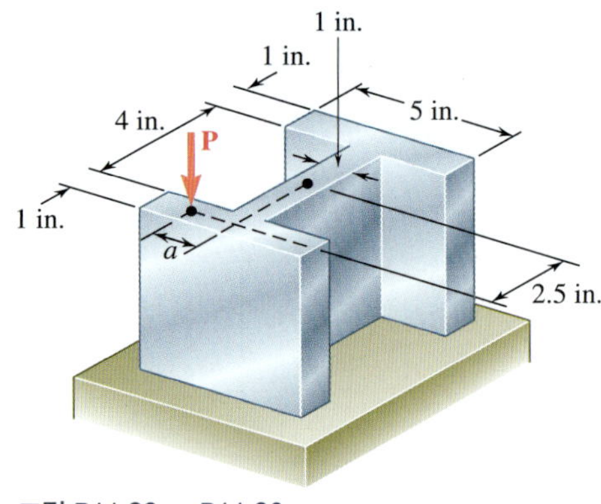

그림 P11.89 ~ P11.90

11.90 $a = 1.25$ in.일 때, 다음의 허용응력을 초과하지 않는 편심하중 $\mathbf{P}$의 최대 허용치를 구하시오.

$$\sigma_{\text{ten}} = 10 \text{ ksi}, \quad \sigma_{\text{comp}} = 18 \text{ ksi}$$

11.91 그림과 같이 120 kN의 하중이 반지름이 40 mm인 원둘레의 임의의 지점에 작용할 수 있다. $\theta = 20°$일 때, 다음을 구하시오.

(a) 점 A의 응력

(b) 점 B의 응력

(c) 중립축이 선 ABD와 교차하는 지점

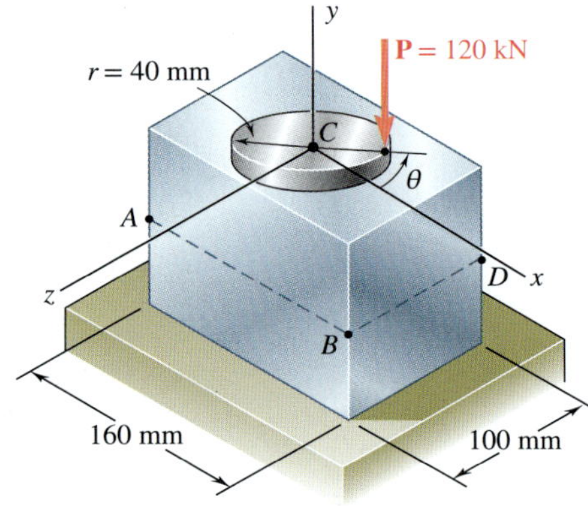

그림 P11.91 ~ P11.92

11.92 그림과 같이 120 kN의 하중이 반지름이 40 mm인 원둘레의 임의의 지점에 작용할 수 있다. 다음을 구하시오.

(a) 점 D의 응력이 최대가 될 때의 θ값

(b) 이때 점 A, B, D의 응력

Chapter 11 핵심요약

이 장에서는 순수 휨을 받는 보의 해석에 대해 알아보았다. [그림 11.41]과 같이 동일한 평면에 작용하는 크기가 같고 방향이 반대인 두 우력모멘트 **M**과 **M**′에 의해 부재에 발생하는 응력과 변형에 대해 배웠다.

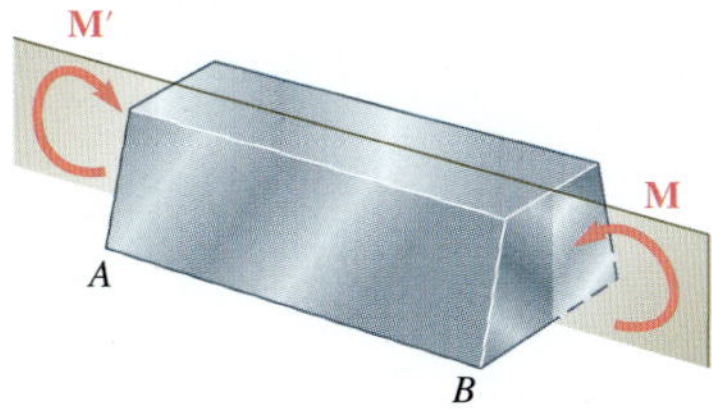

그림 11.41

휨에 의한 수직변형률

부재가 대칭면을 가지고, 우력모멘트가 그 대칭면에 작용하는 경우에는 부재가 변형하더라도 단면은 평면을 유지한다는 것을 증명했다. 또한 순수 휨을 받는 부재에는 수직응력과 수직변형률이 모두 0인 **중립면**neutral surface이 존재하고, 축방향 수직변형률 ε_x는 중립면으로부터 떨어진 거리 y에 대해 선형적으로 변화함을 알았다.

$$\varepsilon_x = -\frac{y}{\rho} \qquad (11.8)$$

여기서 ρ는 [그림 11.42]에 나타난 중립면의 곡률반경radius of curvature이다. 중립면과 부재의 단면이 교차하는 선을 중립축neutral axis이라고 한다.

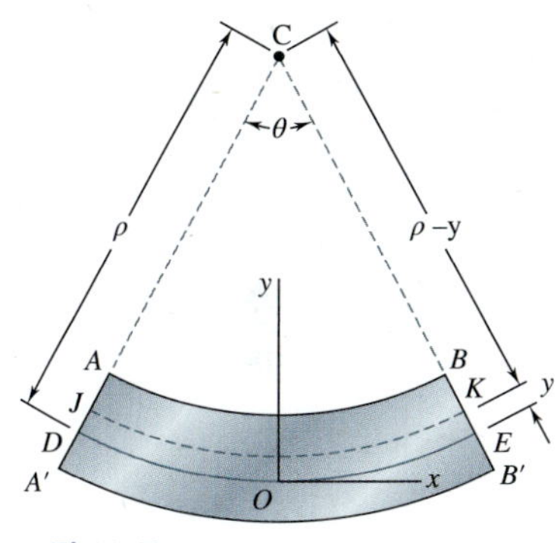

그림 11.42

탄성범위의 수직응력

후크의 법칙을 따르는 재료로 만들어진 부재에서 수직응력 σ_x는 [그림 11.43]에 나타난 바와 같이 중립축으로부터 떨어진 거리에 대해 선형적으로 변화한다. 따라서 최대응력 σ_m을 사용하여 수직응력을 나타내면 다음과 같다.

$$\sigma_x = -\frac{y}{c}\sigma_m \qquad (11.12)$$

여기서 c는 단면에서 중립축으로부터 가장 멀리 떨어진 지점까지의 거리이다.

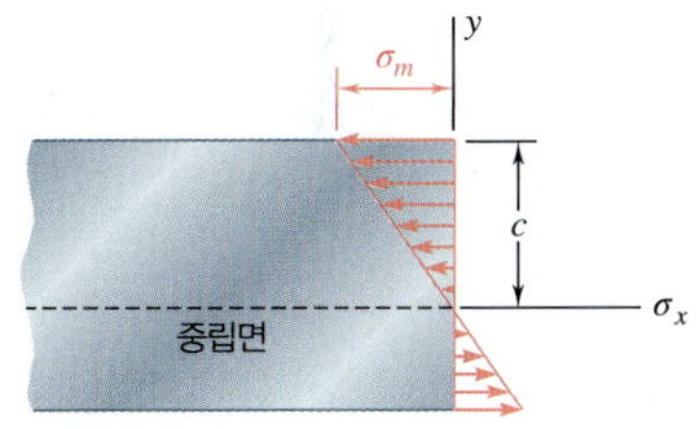

그림 11.43

탄성휨공식

순수 휨을 받는 부재에서 단면의 요소힘 $\sigma_x\, dA$ 의 총합이 0이 된다는 사실로부터 단면의 **중립축이 단면의 도심을 지난다**는 것을 증명했다. 다음으로 단면의 요소힘에 대한 모멘트의 합이 휨모멘트와 같다는 사실로부터 다음과 같은 **탄성휨공식**elastic flexture formula을 얻었다.

$$\sigma_m = \frac{Mc}{I} \qquad (11.15)$$

여기서 I는 중립축에 대한 단면2차모멘트이다. 또한 중립축으로부터 떨어진 거리가 y인 지점에 발생하는 수직응력은 다음과 같다.

$$\sigma_x = -\frac{My}{I} \qquad (11.16)$$

탄성단면계수

탄성단면계수elastic section modulus는 단면의 형상에만 관련된 값인 I와 c를 사용하여 다음과 같이 정의한다.

$$S = \frac{I}{c} \tag{11.17}$$

이 탄성단면계수를 사용하면 최대 수직응력을 다음과 같이 간단하게 나타낼 수 있다.

$$\sigma_m = \frac{M}{S} \tag{11.18}$$

부재의 곡률

부재의 **곡률**curvature은 곡률반경의 역수이며, 다음과 같다.

$$\frac{1}{\rho} = \frac{M}{EI} \tag{11.21}$$

여러 재료로 구성된 보(합성보)

탄성계수가 서로 다른 여러 가지 재료로 단면이 구성된 보(합성보)의 휨 거동을 알아보았다. 단면은 부재에 휨이 발생하더라도 평면을 유지하지만, [그림 11.44]와 같이 합성단면의 중립축은 도심을 통과하지 않는다. 단면을 구성하는 재료들의 탄성계수 사이의 비율을 사용하여 단면 전체가 한 가지 재료로만 이루어진 등가의 환산단면transformed section을 구할 수 있었다. 앞에서 균질한 단면에 대해 유도한 식을 사용하여 [그림 11.45]와 같이 환산단면의 응력을 계산하고, 탄성계수비를 사용하여 원래의 합성단면에 발생하는 응력을 구했다.

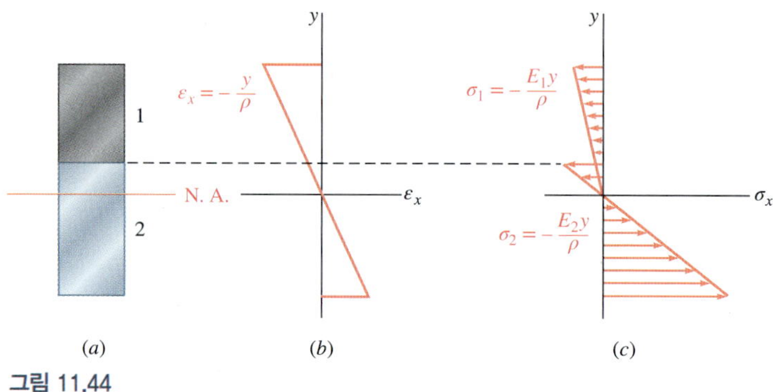

그림 11.44

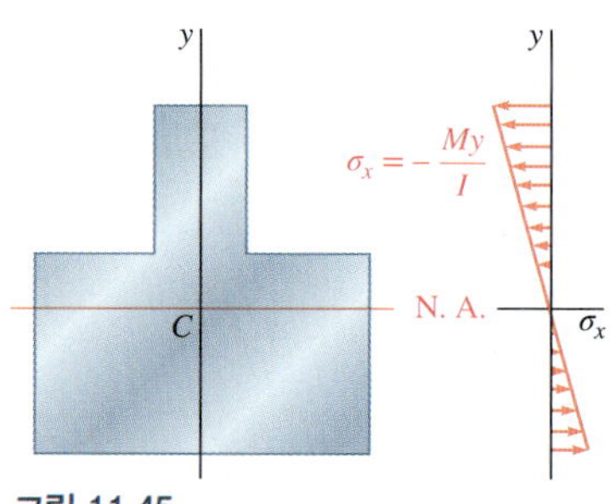

그림 11.45

편심축하중

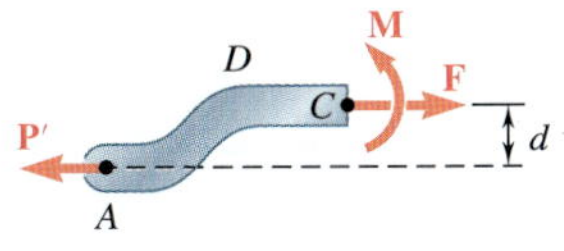

그림 11.46

부재의 대칭면 안에서 편심을 가지고 하중이 작용하는 경우, 편심하중eccentric load은 단면의 도심에 작용하는 힘-우력계로 대체된다(그림 11.46). 중심축하중과 우력모멘트에 의한 응력을 중첩하면(그림 11.47) 다음 식과 같다.

$$\sigma_x = \frac{P}{A} - \frac{My}{I} \tag{11.28}$$

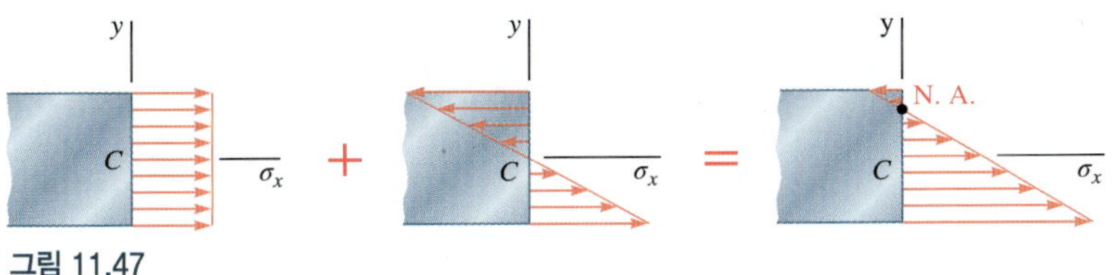

그림 11.47

비대칭 휨

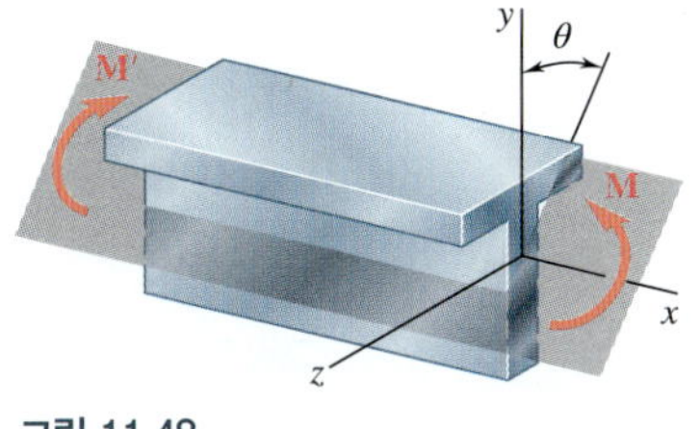

그림 11.48

비대칭 단면을 갖는 부재에 휨이 발생하는 경우, 우력모멘트 벡터 **M**의 방향이 단면의 주도심축 중 하나의 방향과 일치할 때만 휨공식을 사용할 수 있다. **M**의 방향이 주도심축 방향과 일치하지 않는 경우, **M**을 두 주도심축 방향의 성분으로 분해한 뒤, 각 성분 모멘트에 대한 응력을 중첩하여 단면의 응력을 구할 수 있다(그림 11.48, 그림 11.49).

$$\sigma_x = -\frac{M_z y}{I_z} + \frac{M_y z}{I_y} \tag{11.33}$$

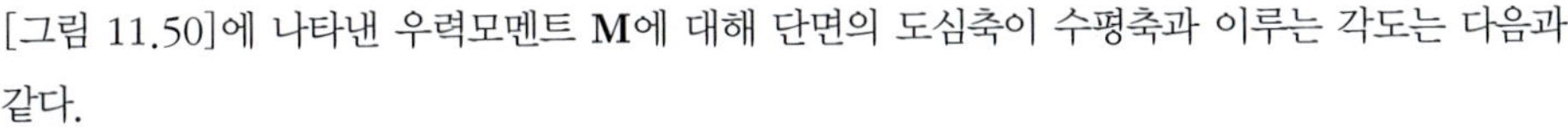

[그림 11.50]에 나타낸 우력모멘트 **M**에 대해 단면의 도심축이 수평축과 이루는 각도는 다음과 같다.

$$\tan\phi = \frac{I_z}{I_y}\tan\theta \tag{11.35}$$

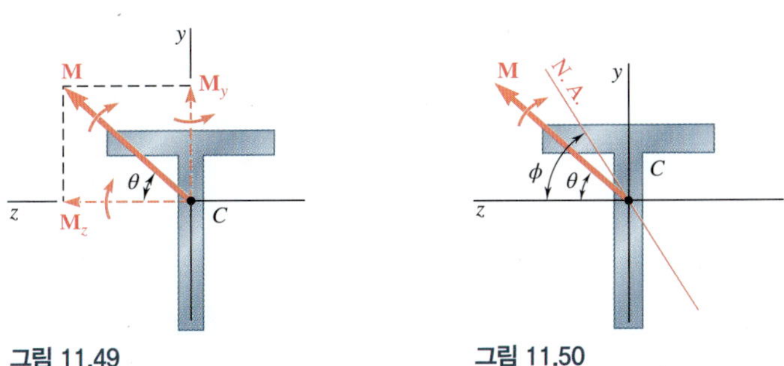

그림 11.49

그림 11.50

편심축하중의 일반적인 경우

편심축하중이 부재의 대칭면 안에서 작용하지 않는 일반적인 경우에 대해, 편심하중은 단면의 도심에 작용하는 힘-우력계로 대체할 수 있다. 이때 힘-우력계는 하나의 중심축하중과 두 개의 우력모멘트로 이루어진다. 두 개의 우력모멘트는 주축방향으로 작용하며, 단면의 수직응력은 다음과 같이 각각의 응력을 중첩하여 구한다.

$$\sigma_x = \frac{P}{A} - \frac{M_z y}{I_z} + \frac{M_y z}{I_y} \tag{11.36}$$

Chapter 11 종합문제

11.93 그림과 같은 단면을 갖는 보에 두 개의 수직방향 하중이 작용하고 있다. 보의 구간 BC에 발생하는 최대 인장응력과 최대 압축응력을 구하시오.

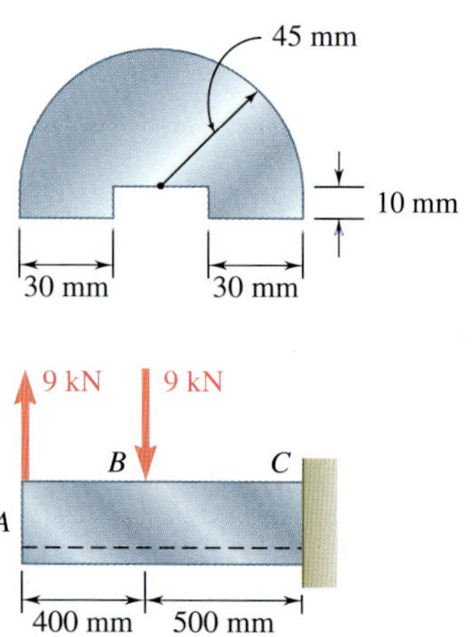

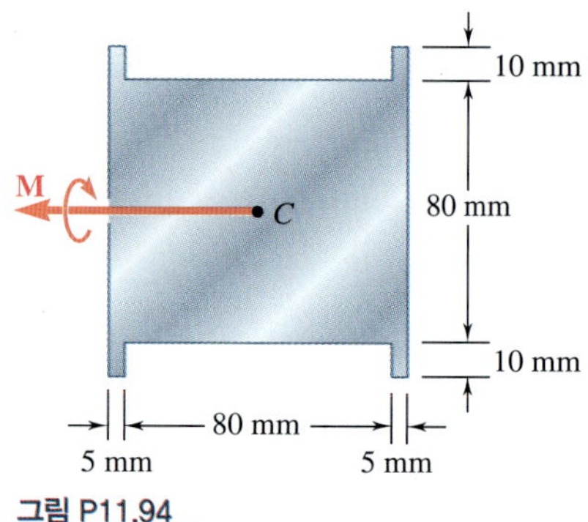

그림 P11.93

11.94 (a) 허용응력이 120 MPa일 때, 그림의 단면을 갖는 보에 작용할 수 있는 우력모멘트 **M**의 최댓값을 구하시오.

(b) 보의 단면이 한 변의 길이가 80 mm인 정사각형일 때, 문제 (a)를 다시 푸시오.

그림 P11.94

11.95 강재와 알루미늄 단면을 합성하여 그림과 같은 합성보를 제작했다. 강재와 알루미늄의 탄성계수는 각각 $E_s = 210$ GPa, $E_a = 70$ GPa이다. 수평축에 대한 휨모멘트가 $M = 60$ N·m일 때, 다음을 구하시오.

(a) 알루미늄 단면에 발생하는 최대응력

(b) 강재단면에 발생하는 최대응력

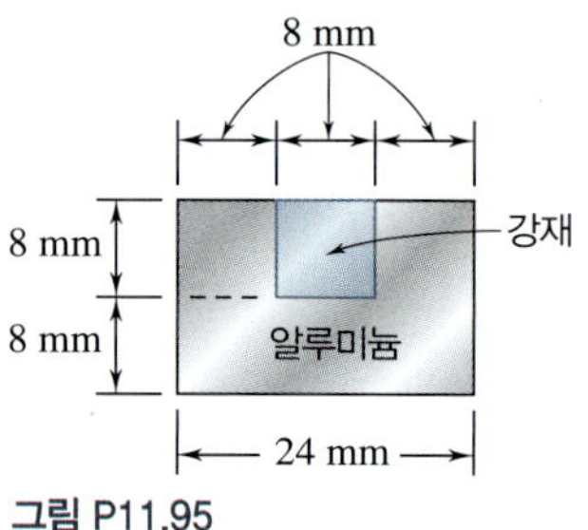

그림 P11.95

11.96 원래는 직선인 전기띠톱band saw의 강재 톱날이 전기톱에 장착하면 지름이 8 in.인 풀리pulley의 둘레를 감게 된다. 톱날에 발생하는 최대응력을 구하시오. 톱날의 두께는 0.018 in., 폭은 0.625 in.이고 $E = 29 \times 10^6$ psi이다.

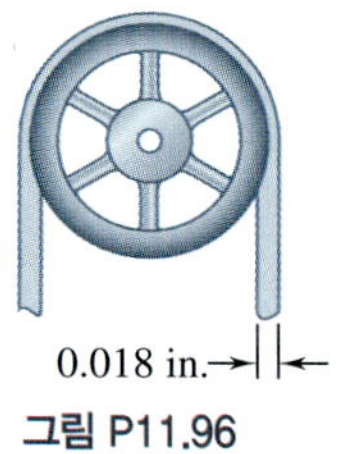

그림 P11.96

11.97 그림의 단면을 갖는 보에 두 개의 수직하중이 작용한다. 보의 구간 BC에 발생하는 최대 인장응력과 최대 압축응력을 구하시오.

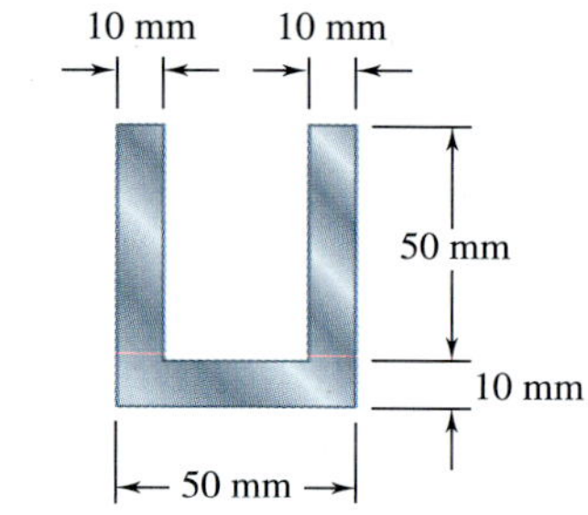

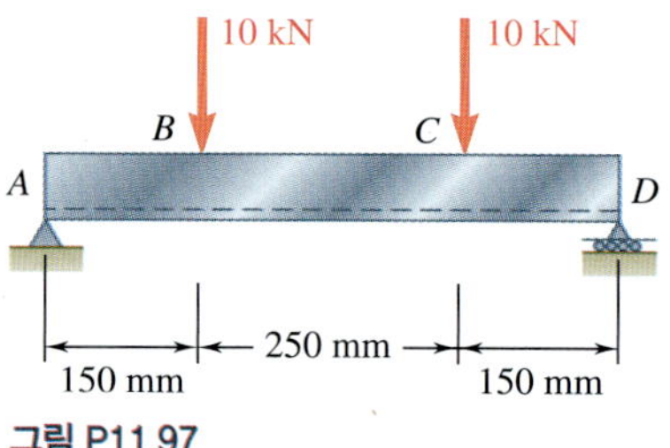

그림 P11.97

11.98 내부식성을 높이기 위해 그림과 같이 강재 보의 겉에 두께 2 mm의 알루미늄 피복을 입혔다. 강재와 알루미늄의 탄성계수는 각각 $E_s = 200$ GPa, $E_a = 70$ GPa이다. 300 N·m의 모멘트가 작용했을 때, 다음을 구하시오.

(a) 강재단면의 최대응력

(b) 알루미늄 단면의 최대응력

(c) 보의 곡률반경

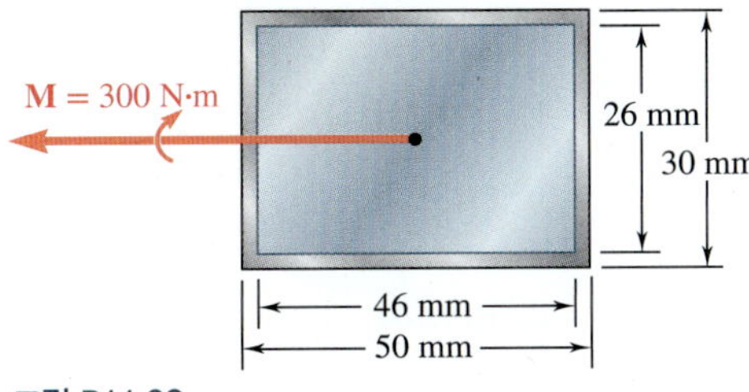

그림 P11.98

11.99 그림과 같이 6×10 in. 단면의 목재보에 강재 스트랩을 볼트로 접합하여 보강했다. 탄성계수는 목재 $E = 1.5 \times 10^6$ psi, 강재 $E = 30 \times 10^6$ psi이다. 수평축에 대한 모멘트 200 kip·in.가 보에 작용했을 때, 다음을 구하시오.

(a) 목재에 발생하는 최대응력

(b) 강재에 발생하는 최대응력

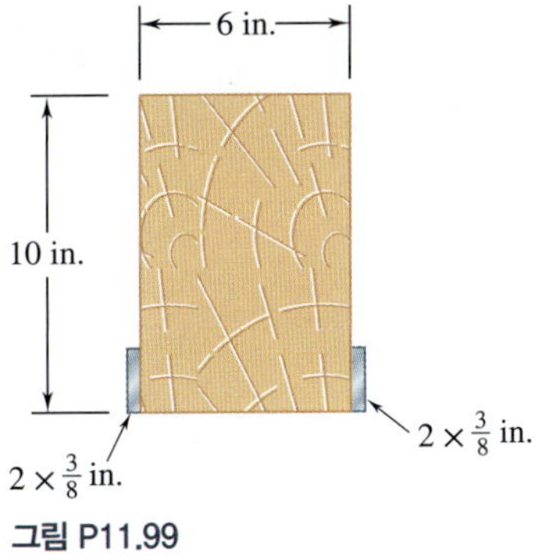

그림 P11.99

11.100 반지름이 a인 중실 원형단면 기둥 위에 놓인 강체 판에 그림과 같이 네 개의 수직하중이 작용하고 있다. $P =$ 24 kips, $a = 1.6$ in.일 때, 다음 조건에 대해 기둥에 발생하는 최대응력을 구하시오.

(a) 하중 D가 제거되었을 때

(b) 하중 C와 D가 제거되었을 때

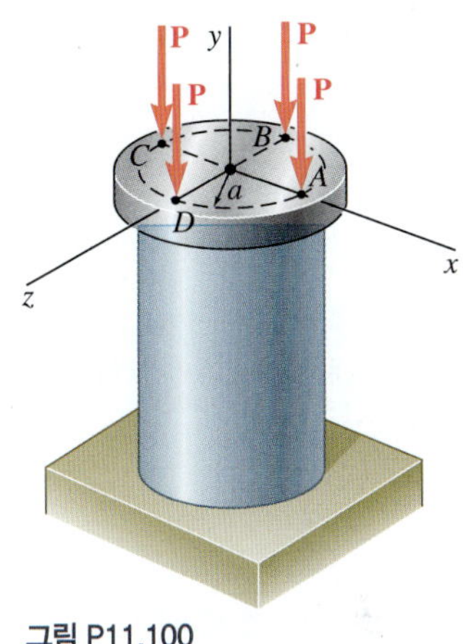

그림 P11.100

11.101 그림과 같이 기울어진 W 200×19.3 압연형강 보의 수직면에 8 kN·m의 우력모멘트가 작용하고 있을 때, 다음을 구하시오.

(a) 중립축과 수평면이 이루는 각도

(b) 보에 발생하는 최대응력

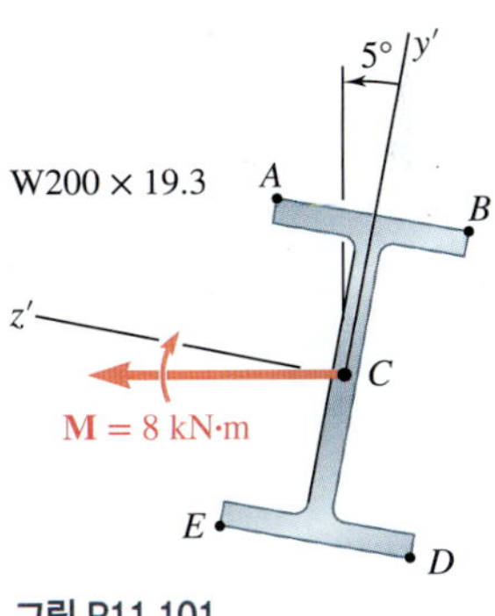

그림 P11.101

11.102 $\frac{1}{2} \times \frac{1}{2}$ in. 단면의 정사각형 봉을 구부려서 그림과 같이 두 개의 기계부품을 만들었다. 허용응력이 15 ksi일 때, 각 부품에 가할 수 있는 하중의 최댓값을 구하시오.

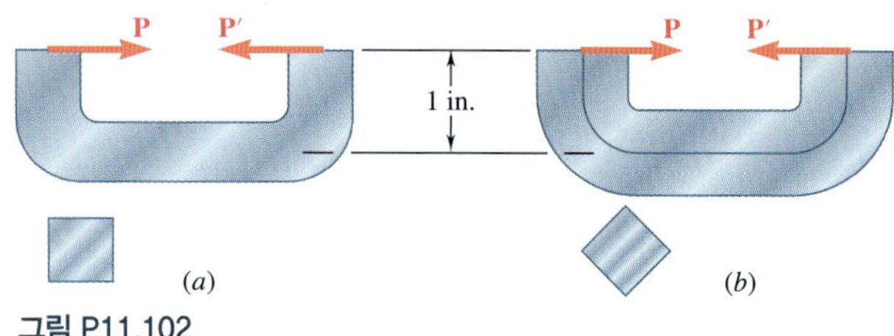

그림 P11.102

11.103 4×4 in. 각목에 네 개의 1×4 in. 나무판을 붙여서 그림과 같은 기둥을 만들었다. 허용응력이 600 psi일 때, 다음 조건에 대해 기둥의 상면 중심에 작용하는 압축력 **P**의 최댓값을 구하시오.

(a) 기둥이 그림과 같은 단면일 때

(b) 나무판 1을 제거했을 때

(c) 나무판 1과 2를 제거했을 때

(d) 나무판 1, 2, 3을 제거했을 때

(e) 나무판을 모두 제거했을 때

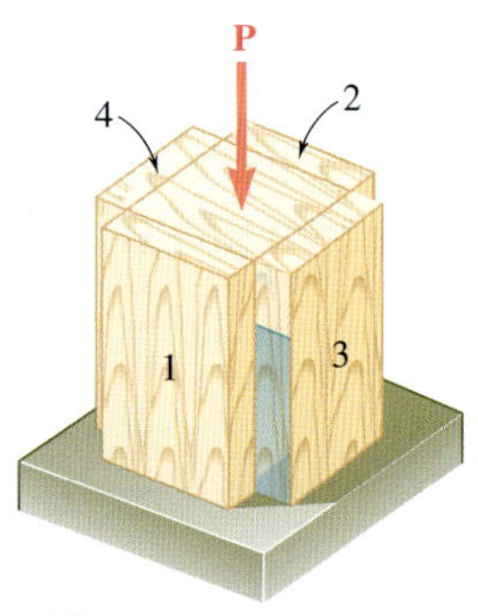

그림 P11.103

11.104 원형 단면의 통나무를 잘라서 만든 직사각형 단면의 목재 보에 우력모멘트 **M**이 작용하고 있다. 다음 조건에 대해 d/b를 구하시오.

(a) 최대응력 σ_m이 최소가 될 것

(b) 보의 곡률반경이 최대가 될 것

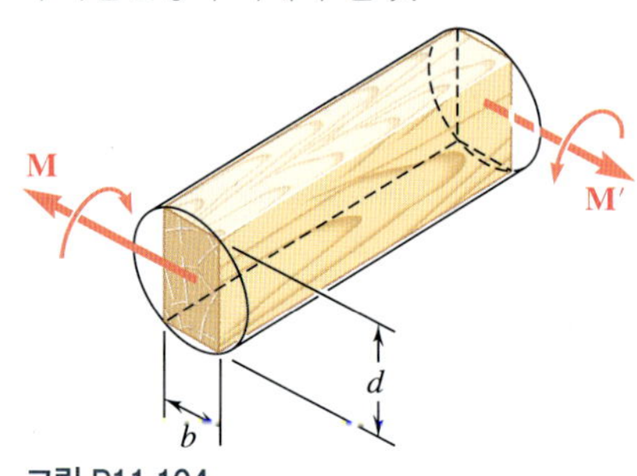

그림 P11.104

Tcly/Shutterstock

12

휨을 받는 보의 해석과 설계

위의 사진에 보이는 크레인을 지지하고 있는 보는 수직방향 하중을 받게 되고, 이로 인해 보에 휨이 발생한다. 이 장에서는 이러한 하중에 의해 보에 발생하는 수직응력에 대해 알아본다.

목차

학습목표

- 단면의 평형조건을 사용하여 전단력도와 휨모멘트도를 그릴 수 있다.
- 보 부재에서 전체적으로 성립하는 하중, 전단력, 휨모멘트 사이의 관계를 설명할 수 있다.
- 보의 설계를 위해 단면계수를 활용할 수 있다.

서론

이 장과 다음 장에서는 **보**beam의 해석과 설계에 관한 내용을 다룬다. 보는 길이방향을 따라 여러 지점에서 하중을 받는 구조부재로, 일반적으로 길이가 길고 직선이며 단면의 형상이 균일하다prismatic. 구조공학 및 기계공학 분야에서 강재보와 알루미늄보는 중요한 역할을 하고, 주택을 건설하는 데에는 목재보 역시 널리 사용된다(사진 12.1). 대부분의 경우, 보에 작용하는 하중은 부재의 축과 직각을 이루며, 이러한 **직각방향하중**transverse loading은 부재에 휨과 전단을 발생시킨다. 하중의 방향이 부재의 축과 직각을 이루지 않는 경우에는 부재에 축력이 함께 발생한다.

사진 12.1 주택의 건설에 사용되는 목재보
Huntstock/age fotostock

보에 작용하는 직각방향하중의 대표적인 예로는 [그림 12.1a]에 $\mathbf{P}_1$, $\mathbf{P}_2$로 나타낸 **집중하중**concentrated load과 [그림 12.1b]에 w로 나타낸 **분포하중**distributed load이 있다. 집중하중의 단위로는 뉴턴(N), 파운드(lb) 및 이들의 배수 단위인 kN, kips 등이 사용되며, 분포하중의 단위로는 N/m, kN/m, lb/ft 및 kips/ft 등이 사용된다.

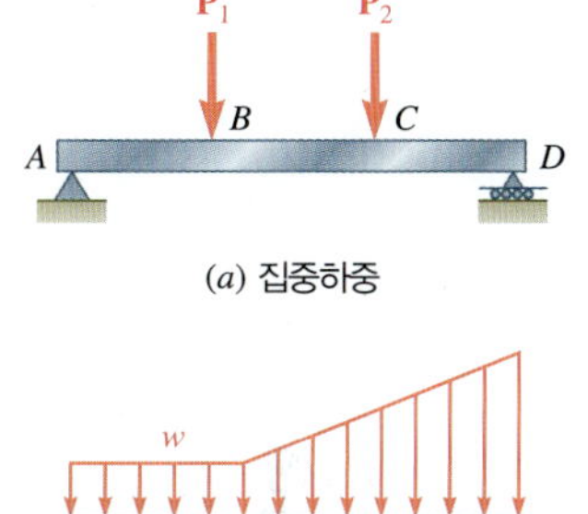

그림 12.1 직각방향하중을 받는 보

보의 종류는 종종 지지조건에 따라 분류하게 되는데, [그림 12.2]에 가장 일반적으로 사용되는 지지조건들을 나타내었다. 지점 사이의 거리 L은 **지간**span이라고 한다. 여기서 [그림 12.2a~c]는 지점반력이 총 세 개의 미지수를 포함하고 있으므로 평형방정식을 사용하여 정역학적 방법으로 지점반력을 구할 수 있고, 이러한 구조물을 정정靜定, statically determinate이라고 한다. 반면에, [그림 12.2d~f]는 지점반력이 네 개 이상의 미지수를 포함하고 있으므로 정역학적인 방법만으로는 지점반력을 구할 수 없다. 이 경우 보의 처짐을 함께 고려해야 하며, 이러한 구조물을 부정정不靜定, statically indeterminate이라고 한다. 부정정 구조물의 해석은 15장에서 다룬다.

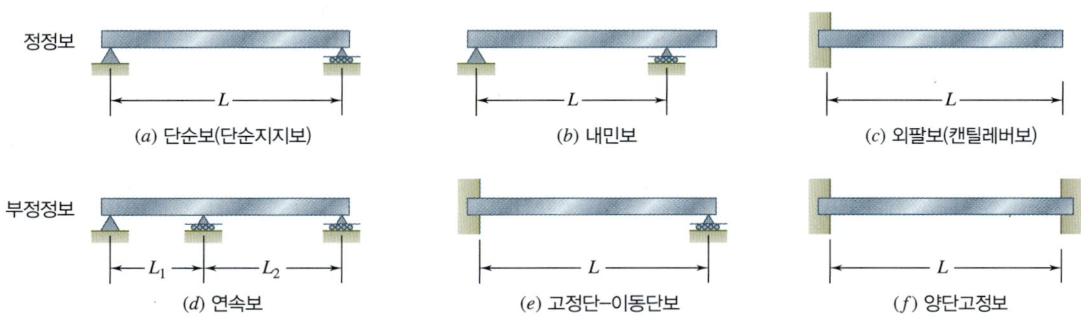

그림 12.2 일반적인 보의 지지조건

때로는 두 개 이상의 보를 힌지hinge로 연결하여 하나의 연속된 구조물을 만들기도 한다. [그림 12.3]에 이러한 경우의 두 가지 예를 나타내었다. 여기서 지점반력은 네 개의 미지수를 포함하고 있기 때문에, 두 개의 보로 이루어진 전체 시스템의 자유물체도에서 반력을 구할 수 없다. 이 경우에는 내부 힌지에서 휨모멘트가 0이 된다는 조건을 추가로 사용해야 반력을 구할 수 있다. 즉, 각각의 보에 대한 자유물체도를 작성하면 내부 힌지에서 두 방향의 부재력(축력과 전단력)을 포함한 총 여섯 개의 미지수가 나타나게 되고, 평형방정식 역시 여섯 개를 활용할 수 있으므로 네 개의 지점반력 성분을 포함한 모든 미지수를 구할 수 있다.

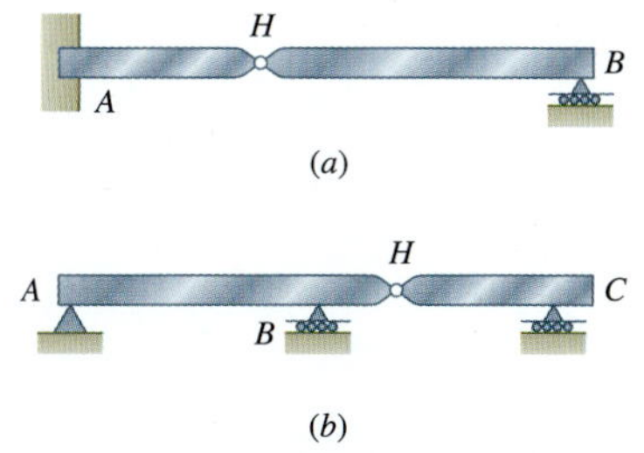

그림 12.3 힌지로 연결된 보

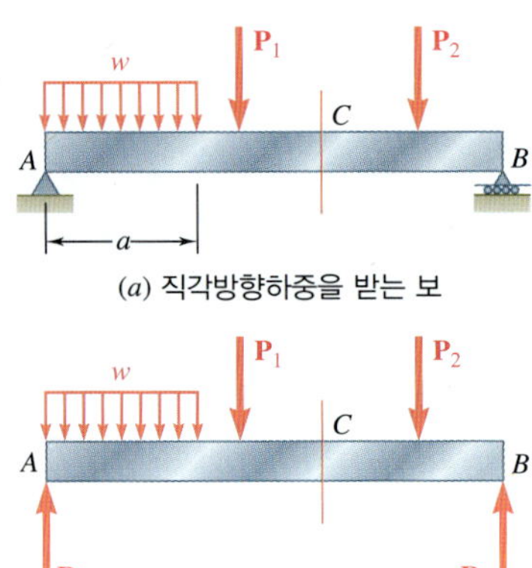

(a) 직각방향하중을 받는 보

(b) 지점반력을 계산하기 위한 자유물체도

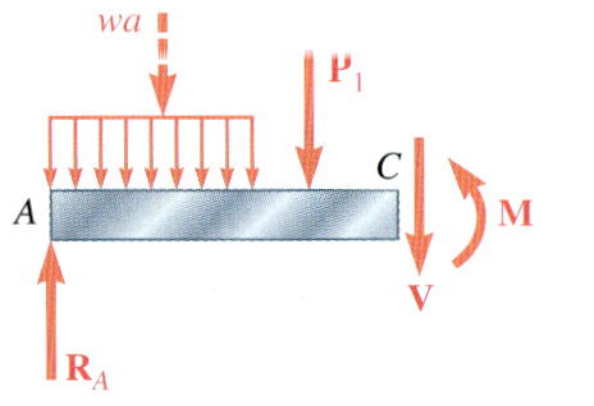

(c) 점 C에서 부재내력을 구하기 위한 자유물체도

그림 12.4 단순보의 해

외부에서 작용하는 직각방향하중(보의 부재축 방향과 직각을 이루는 하중)은 보의 내부에 힘(부재내력)을 발생시키게 되는데, 보의 임의의 단면에서 발생하는 내력은 전단력 **V**와 휨모멘트 **M**으로 구성된다.

예를 들어, [그림 12.4a]와 같이 두 개의 집중하중과 하나의 등분포하중을 받고 있는 단순보 AB를 생각해보자. 점 C를 지나는 단면에 발생하는 내력을 구하기 위해, 먼저 보 전체에 대한 자유물체도로부터 지점반력을 구한다(그림 12.4b). 그리고 점 C의 한쪽(그림 12.4c에서는 왼쪽)에 대한 자유물체도를 그려 평형조건을 적용하면, 부재내력 **V**와 **M**을 구할 수 있다.

휨모멘트 **M**에 의해서 부재 단면에 수직응력normal stress이 발생하고, 전단력 **V**에 의해서는 전단응력shear stress이 발생한다. 대부분의 경우 보의 강도설계를 지배하게 되는 것은 수직응력의 최댓값이다. 따라서 이 장에서는 보에서 발생하는 수직응력에 대해 먼저 알아보고자 하며, 전단응력에 대해서는 13장에서 다루도록 하겠다.

단면에서 수직응력의 분포는 휨모멘트 M과 단면의 형상에만 관련되므로,[1] 11.2절에서 유도한 탄성휨공식을 사용하여 최대 휨응력 σ_m과 단면 내 임의의 점에서의 수직응력 σ_x를 다음과 같이 구할 수 있다.[2]

$$\sigma_m = \frac{|M|c}{I} \tag{12.1}$$

$$\sigma_x = -\frac{My}{I} \tag{12.2}$$

여기서 I는 우력의 평면에 수직인 도심축에 대한 단면2차모멘트이며, y는 중립축으로부터의 거리이다. 그리고 c는 [그림 11.11]에 나타낸 바와 같이 y의 최댓값을 뜻한다. 11.2절에서 설명한 바와 같이, 단면의 수직응력의 최댓값 σ_m은 단면계수 S를 사용하여 다음과 같이 나타낼 수도 있다.

$$\sigma_m = \frac{|M|}{S} \tag{12.3}$$

σ_m은 S에 반비례하므로, 단면계수의 값이 큰 보를 선택할수록 최대응력이 감소한다. 다양한 압연형강의 단면계수를 〈부록 D〉에 수록했으며, 직사각형 단면의 단면계수는 다음과 같이 계산할 수 있다.

$$S = \frac{1}{6}bh^2 \tag{12.4}$$

여기서 b와 h는 단면의 폭과 높이를 나타낸다.

식 (12.3)은 균일단면보에서 σ_m은 $|M|$에 비례함을 나타낸다. 즉 수직응력의 최댓값은 $|M|$이 최대인 단면에서 발생한다. 따라서 주어진 하중조건에 대해 보를 설계할 때는 최대 모멘트가 발생하는 위치와 그 크기를 구하는 것이 매우 중요하다.

1 여기서 단면의 수직응력 분포는 전단응력에 의해 발생하는 변형의 영향을 받지 않는 것으로 가정한다.

2 11.1절에서 설명한 바와 같이, 보가 아래로 볼록하게 휘는지 위로 볼록하게 휘는지에 따라 휨모멘트 **M**의 부호는 양수가 될 수도, 음수가 될 수도 있다. 그리고 직각방향하중이 작용하는 경우 휨모멘트 **M**의 부호는 길이방향 위치에 따라 바뀔 수 있다. 반면, σ_m은 항상 양수여야 하므로 식 (12.1)에서는 **M**에 절댓값을 취했다.

휨모멘트의 최댓값 및 발생 위치는 휨모멘트도bending-moment diagram를 작성하면 쉽게 구할 수 있다. 휨모멘트도는 보의 여러 위치에서 발생하는 휨모멘트 M의 값을 보의 한쪽 끝으로부터의 거리 x에 대해 도식적으로 나타낸 그래프이며, 전단력 V를 x에 대해 나타낸 그래프인 전단력도를 먼저 그리면 더욱 쉽게 작성할 수 있다. 전단력과 휨모멘트의 부호를 정하는 방법은 12.1절에서 다룬다.

12.2절에서는 하중, 전단력, 휨모멘트 사이의 관계를 유도하고, 이를 이용하여 전단력도와 휨모멘트도를 작성하는 방법을 알아본다. 휨모멘트도를 작성하면 보에서 발생하는 휨모멘트의 절대최댓값을 알 수 있고, 이로부터 최대 수직응력을 구할 수 있게 된다. 12.3절에서는 보에 발생하는 최대응력이 허용응력을 초과하지 않도록 보를 설계하는 방법을 배운다.

12.1 전단력도와 휨모멘트도

보의 한쪽 끝으로부터 측정한 거리 x에 대해 전단력 V와 휨모멘트 M의 그래프를 그리면, 보에 발생하는 전단력과 휨모멘트의 절대최댓값을 쉽게 구할 수 있다. 전단력도와 휨모멘트도를 작성하거나 전단력과 휨모멘트의 함수식을 구해두면 그 결과를 다른 곳에도 활용할 수 있다. 예를 들면, 보의 처짐을 구하기 위해서는(15장) x의 함수로 표현된 휨모멘트의 식을 필수로 사용한다.

이 절에서는 보의 한 곳에서 구한 V와 M의 값을 이용해서 전단력도와 휨모멘트도를 작성한다. 전단력과 휨모멘트의 값은 [그림 12.5a]와 같이 부재력을 구하고자 하는 단면을 기준으로 보를 두 부분으로 나눈 뒤, 어느 한쪽 부분에 대한 평형방정식을 사용하여 구한다(그림 12.5b). 단면에 발생하는 전단력 $\mathbf{V}$와 $\mathbf{V}'$은 서로 부호가 반대이며, AC와 CB 중 어느 쪽 구간을 고려하고 있는지에 따라서 점 C에서 전단력의 방향이 서로 반대가 된다.

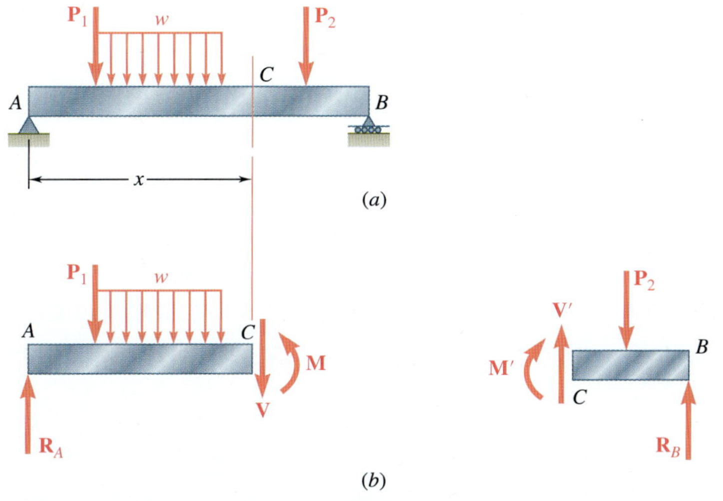

그림 12.5 주어진 단면에서 전단력 V와 휨모멘트 M 구하기 (a) 임의의 위치 x의 단면이 표시된 하중이 재하된 보 (b) 단면 C의 왼쪽 및 오른쪽 부분에 대한 자유물체도

3 이러한 부호규약은 11.1절에서 사용했던 것과 동일하다.

그러므로 전단력 V의 부호는 [그림 12.5b]에 표시된 방향으로 작용할 때 양(+)의 방향이고, 반대일 때 음(−)의 방향이다. 휨모멘트에 대한 부호도 이와 같이 작용한다.[3] 결론적으로, 부호규약에 대해 요약하면 다음과 같다.

보의 한 점에 발생하는 부재내력 V와 M의 부호는 [그림 12.6a]와 같은 방향일 때 양(+)으로 표시한다.

1. 부재 내 임의의 점에서 전단력의 부호는 외력(하중 및 지점반력)에 의한 보의 전단변형이 [그림 12.6b]와 같은 형태가 될 때 양(+)이다.
2. 부재 내 임의의 점에서 휨모멘트의 부호는 외력에 의한 보의 휨변형이 [그림 12.6c]와 같은 형태(즉, 아래로 볼록한 형태)일 때 양(+)이다.

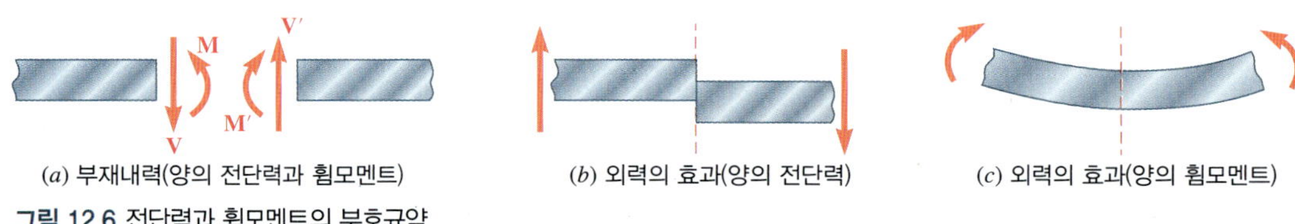

그림 12.6 전단력과 휨모멘트의 부호규약

[개념적용 12.1]에서 배우겠지만, 중앙에 집중하중을 받는 단순보에서 보의 왼쪽 부분에 발생하는 전단력과 휨모멘트의 부호가 양(+)임을 기억해 두면 편리하다.

개념적용 12.1

[그림 12.7a]와 같이 지간 중앙점 C에서 하나의 집중하중 **P**를 받고 있는 단순보 AB에 대해 전단력도와 휨모멘트도를 작성하시오.

[그림 12.7b]와 같이 보 전체에 대한 자유물체도를 사용하여 지점반력을 먼저 구하면, 양쪽 지점에 발생하는 반력은 모두 $P/2$이다.

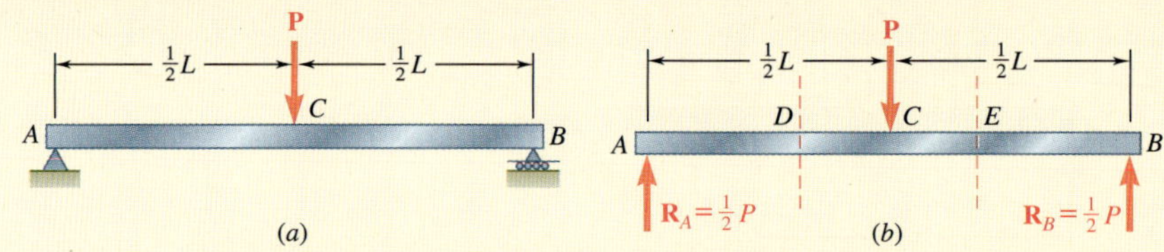

그림 12.7 (a) 중앙에 하중 **P**를 받고 있는 단순보 (b) 보 전체의 자유물체도

다음으로 점 A와 C 사이의 임의의 지점 D에서 보를 두 구간으로 나누고, 양쪽 구간 AD와 DB에 대한 자유물체도를 그린다. 단면의 전단력과 휨모멘트의 부호는 아직 알 수 없으므로, 모두 플러스라고 가정하고 전단력 **V**와 **V**′, 휨모멘트 **M**과 **M**′의 화살표 방향을 표시한다.

이제 보의 왼쪽 부분, 즉 구간 AD의 자유물체도를 살펴보면 수직방향 힘의 합과 점 D를 중심으로 한 모멘트의 합이 각각 0이 되어야 하므로 $V=+P/2$, $M=+Px/2$가 얻어진다. 두 값의 부호는 모두 양(+)이며, 이는 점 A의 지점반력이 보에 [그림 12.6b~c]와 같은 전단 및 휨변형을 발생시킬 것이라는 점에서 재확인할 수 있다.

이제 [그림 12.7d~e]와 같이 점 A와 C 사이에서 V와 M의 그래프를 작성할 수 있다. 전단력은 $V=P/2$로 일정한 값이며, 휨모멘트는 $x=0$에서 $x=L/2$ 사이에서 $M=0$에서 $M=PL/4$까지 선형으로 증가한다.

이번에는 점 C와 B 사이의 임의의 지점 E에서 구간을 나누고, [그림 12.7d]와 같이 구간 EB에 대한 자유물체도를 고려한다. 수직방향 힘의 합과 점 E에 대한 모멘트의 합이 0이 되어야 하므로 $V=-P/2$, $M=P(L-x)/2$가 얻어진다. 따라서 전단력의 부호는 음(−)이고, 휨모멘트의 부호는 양(+)이다. 이는 점 B의 지점반력에 의해 점 E에서 [그림 12.6c]와 같은 형태의 휨변형이 발생하지만, 전단변형은 [그림 12.6b]의 형태와 반대로 발생한다는 점으로부터 재확인할 수 있다.

이제 [그림 12.7d~e]의 전단력도와 휨모멘트도를 완성할 수 있다. 전단력은 점 C와 B 사이에서 $V=-P/2$의 일정한 값을 가지며, 휨모멘트는 $x=L/2$에서 $M=PL/4$, $x=L$에서 $M=0$으로 선형 감소한다.

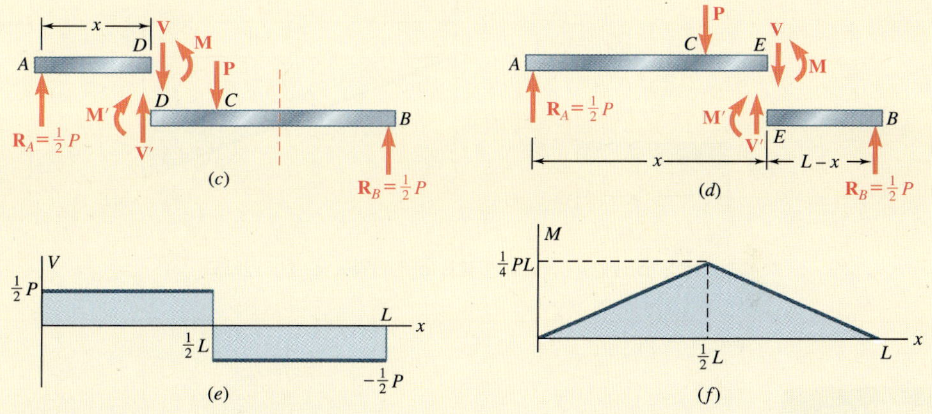

그림 12.7 (c) 하중 **P**의 왼쪽 부분을 절단한 경우의 자유물체도 (d) 하중 **P**의 오른쪽 부분을 절단한 경우의 자유물체도 (e) 전단력도 (f) 휨모멘트도

[개념적용 12.1]에서 보에 집중하중만 작용하는 경우, 전단력은 집중하중 사이에서 일정한 값을 가지며, 휨모멘트는 집중하중 사이에서 선형으로 변화한다는 것을 확인했다. 이와 같은 경우에는 집중하중과 지점반력이 작용하는 지점의 바로 왼쪽과 바로 오른쪽에 발생하는 전단력과 휨모멘트를 구하면 이 값들을 사용하여 전단력도와 휨모멘트도를 쉽게 작성할 수 있다(예제 12.1 참고).

개념적용 12.2

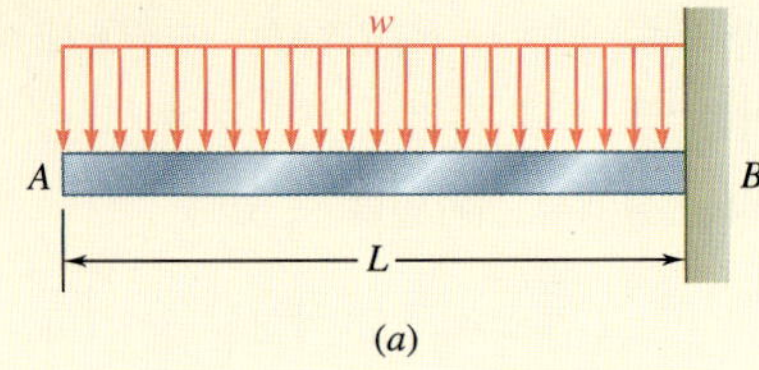

그림 12.8 (a) 등분포하중을 받고 있는 캔틸레버보

[그림 12.8a]와 같이 길이가 L이고 등분포하중 w를 받고 있는 외팔보 AB의 전단력도와 휨모멘트도를 작성하시오.

점 A와 B 사이의 임의의 지점 C에서 보의 구간을 나누고, [그림 12.8b]와 같이 구간 AC에 대한 자유물체도를 그린다. **P**와 **M**의 방향은 [그림 12.6a]와 같이 양의 방향으로 표시한다. 점 A에서 C까지의 거리를 x라고 하고, 구간 AC에 작용하고 있는 분포하중을 구간 AC의 중앙점에 작용하는 합력 wx로 대체하면 다음과 같은 계산식을 얻는다.

$$+\uparrow \Sigma F_y = 0 : \ -wx - V = 0, \qquad V = -wx$$

$$+\circlearrowleft \Sigma M_C = 0 : \ wx\left(\frac{x}{2}\right) + M = 0, \qquad M = -\frac{1}{2}wx^2$$

따라서 전단력도는 [그림 12.8c]와 같이 경사를 갖는 직선이 되며, 휨모멘트도는 [그림 12.8d]와 같이 2차식, 즉 포물선이 된다. V와 M의 최댓값은 모두 점 B에서 발생하며, 그 값은 다음과 같다.

$$V_B = -wL, \qquad M_B = -\frac{1}{2}wL^2$$

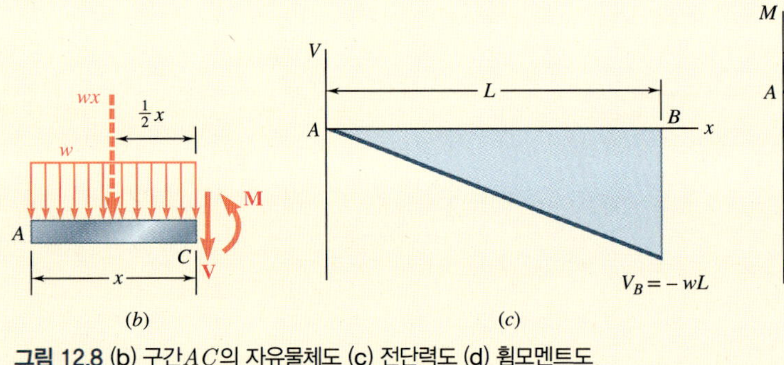

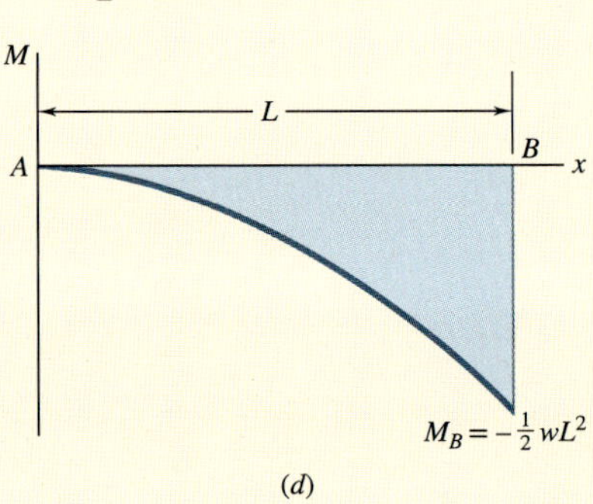

그림 12.8 (b) 구간AC의 자유물체도 (c) 전단력도 (d) 휨모멘트도

예제 12.1

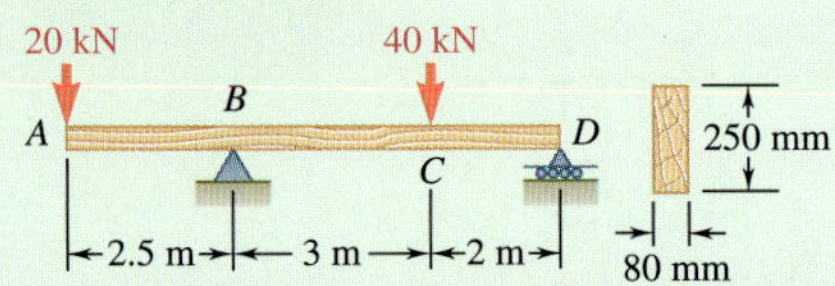

그림과 같이 목재보에 하중이 작용하고 있다. 전단력도와 휨모멘트도를 작성하고, 휨에 의한 수직응력의 최댓값을 구하시오.

문제분석 평형조건을 이용하여 반력을 구하고, 내력을 구할 단면을 정한다. 각 집중하중의 바로 왼쪽과 오른쪽 단면에서 부재내력 V와 M의 값을 구한다.

모델링과 풀이

반력 보 전체에 대한 자유물체도를 [그림 1]과 같이 작성하면 다음과 같이 반력을 구할 수 있다.

$$\mathbf{R}_B = 46 \text{ kN}\uparrow, \qquad \mathbf{R}_D = 14 \text{ kN}\uparrow$$

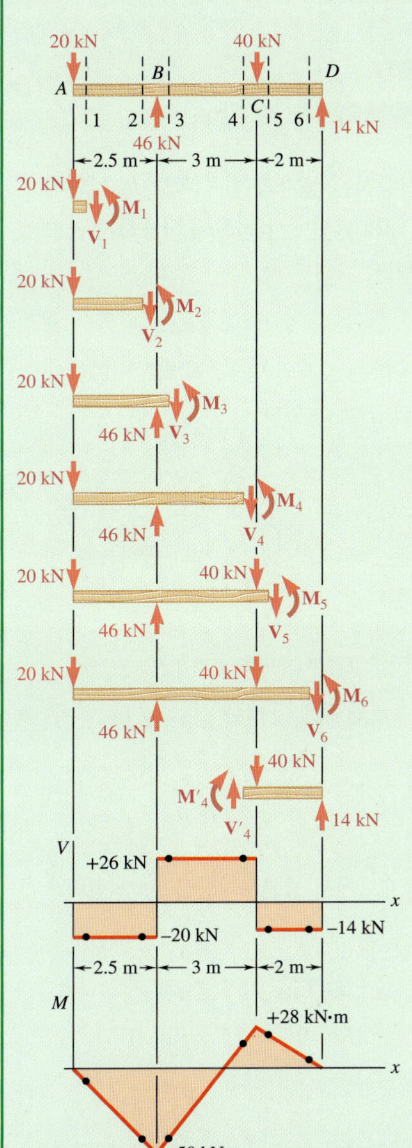

그림 1 보 전체의 자유물체도, 단면 왼쪽 부분의 자유물체도, 전단력도, 휨모멘트도

전단력도 및 휨모멘트도 먼저 점 A에 작용하고 있는 하중 20 kN의 바로 오른쪽 단면에 발생하는 내력을 구한다. 단면 1의 왼쪽 짧은 구간에 대한 자유물체도를 그리고, 미지의 내력은 양의 방향으로 표시한 뒤 평형조건을 적용하면 다음과 같다.

$$+\uparrow \Sigma F_y = 0: -20\text{ kN} - V_1 = 0, \qquad V_1 = -20\text{ kN}$$

$$+\circlearrowleft \Sigma M_1 = 0: (20\text{ kN})(0\text{ m}) + M_1 = 0, \qquad M_1 = 0$$

다음으로 단면 2의 왼쪽 부분에 대한 자유물체도에서 다음 결과를 얻는다.

$$+\uparrow \Sigma F_y = 0: -20\text{ kN} - V_2 = 0, \qquad V_2 = -20\text{ kN}$$

$$+\circlearrowleft \Sigma M_2 = 0: (20\text{ kN})(2.5\text{ m}) + M_2 = 0, \qquad M_2 = -50\text{ kN}\cdot\text{m}$$

단면 3, 4, 5, 6에서의 부재내력 역시 동일한 방법으로 [그림 1]에 표시된 자유물체도를 사용하여 구할 수 있으며, 그 결과는 다음과 같다.

$$V_3 = +26\text{ kN}, \qquad M_3 = -50\text{ kN}\cdot\text{m}$$
$$V_4 = +26\text{ kN}, \qquad M_4 = +28\text{ kN}\cdot\text{m}$$
$$V_5 = -14\text{ kN}, \qquad M_5 = +28\text{ kN}\cdot\text{m}$$
$$V_6 = -14\text{ kN}, \qquad M_6 = 0$$

뒤쪽 몇 개의 단면에서는 단면의 오른쪽 부분에 대한 자유물체도를 사용하는 것이 더 간단할 수 있다. 예를 들어, 단면 4의 오른쪽 부분에 대한 평형조건을 사용하면 다음과 같은 결과를 얻는다.

$$+\uparrow \Sigma F_y = 0: V_4 - 40\text{ kN} + 14\text{ kN} = 0, \qquad V_4 = +26\text{ kN}$$

$$+\circlearrowleft \Sigma M_4 = 0: -M_4 + (14\text{ kN})(2\text{ m}) = 0, \qquad M_4 = +28\text{ kN}\cdot\text{m}$$

이제 이 여섯 단면의 부재력을 사용하여 전단력도와 휨모멘트도를 작성할 수 있다. 앞에서도 언급한 바와 같이 전단력은 집중하중 사이에서 일정한 값을 가지며, 휨모멘트는 선형적으로 변화한다.

최대 수직응력 최대 수직응력은 $|M|$의 값이 최대가 되는 점 B에서 발생한다. 식 (12.4)를 이용하여 보의 단면계수를 구하면 다음과 같다.

$$S = \frac{1}{6}bh^2 = \frac{1}{6}(0.080\text{ m})(0.250\text{ m})^2 = 833.33 \times 10^{-6}\text{ m}^3$$

이 단면계수와 $|M| = |M_B| = 50 \times 10^3\text{ N}\cdot\text{m}$를 식 (12.3)에 대입하면 다음과 같이 최대 수직응력을 구할 수 있다.

$$\sigma_m = \frac{|M_B|}{S} = \frac{(50 \times 10^3\text{ N}\cdot\text{m})}{833.33 \times 10^{-6}} = 60.00 \times 10^6\text{ Pa}$$

보에 발생하는 최대 수직응력 = 60.0 MPa ◀

예제 12.2

그림과 같이 W10×112 단면의 압연형강 AB와 보에 용접된 짧은 부재들로 이루어진 구조물이 있다. (a) 주어진 하중조건에 대해 보의 전단력도와 휨모멘트도를 작성하시오. (b) 점 D의 바로 왼쪽과 바로 오른쪽 단면에 발생되는 최대 수직응력을 구하시오.

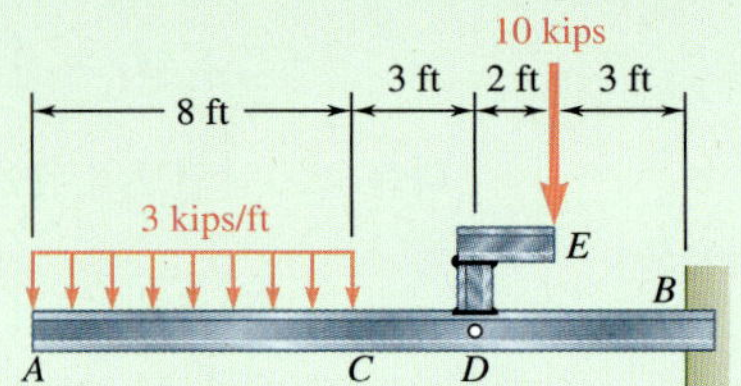

문제분석 우선 10 kips의 집중하중을 점 D에 작용하는 등가의 힘-우력계로 치환해야 한다. 다음에 등분포하중이 작용하고 있는 구간 내의 단면에서(하중이 작용하지 않고 있는 구간도 포함) 전단력과 휨모멘트의 식을 구한다.

모델링과 풀이

보의 등가하중 10 kips의 집중하중을 점 D에 작용하는 등가의 힘-우력계로 치환한다. 점 B의 반력은 보 전체의 자유물체도(그림 1)로부터 구할 수 있다.

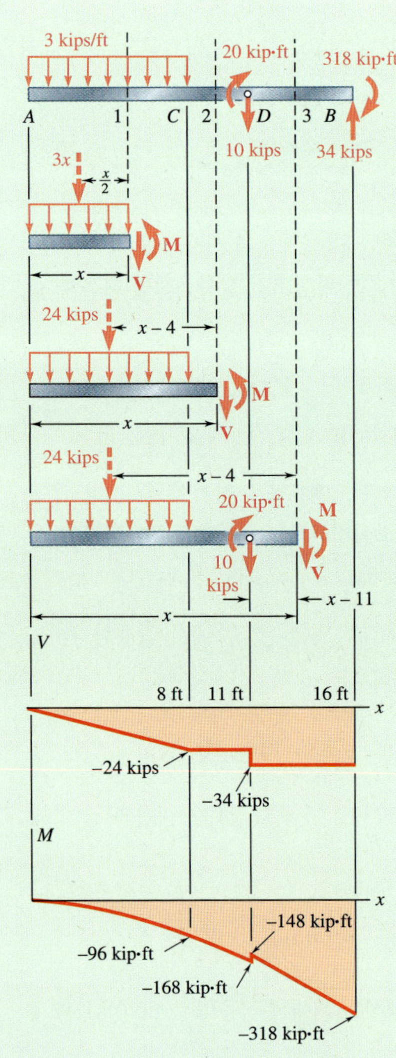

그림 1 보 전체의 자유물체도, 단면 왼쪽 부분의 자유물체도, 전단력도, 휨모멘트도

a. 전단력도 및 휨모멘트도

구간 $A \sim C$ 점 A에서 x만큼 떨어진 단면의 부재내력을 단면 1의 왼쪽 부분에 대한 자유물체도로부터 구한다. 이 구간에 작용하고 있는 등분포하중을 등가의 합력으로 대체하고, 다음 식을 통해 해당 단면의 부재내력을 구한다.

$$+\uparrow \Sigma F_y = 0 : -3x - V = 0, \qquad V = -3x \text{ kips}$$

$$+\circlearrowleft \Sigma M_1 = 0 : 3x\left(\frac{1}{2}x\right) + M = 0, \qquad M = -1.5x^2 \text{ kip}\cdot\text{ft}$$

[그림 1]의 자유물체도는 8 ft보다 작은 모든 x값에 적용할 수 있으므로, 위에 구한 V와 M은 $0 < x < 8$ ft 범위에서 유효하다.

구간 $C \sim D$ 단면 2의 왼쪽 부분에 대한 자유물체도에서 등분포하중을 등가 합력으로 바꾸면 다음과 같이 계산할 수 있다.

$$+\uparrow \Sigma F_y = 0 : -24 - V = 0, \qquad V = -24 \text{ kips}$$

$$+\circlearrowleft \Sigma M_2 = 0 : 24(x-4) + M = 0, \qquad M = 96 - 24x \text{ kip}\cdot\text{ft}$$

이 V와 M은 8 ft $< x <$ 11 ft 범위에서 유효하다.

구간 $D \sim B$ 단면 3의 왼쪽 부분에 대한 자유물체도에서 11 ft $< x <$ 16 ft 범위의 V와 M은 다음과 같다.

$$V = -34 \text{ kips}, \qquad M = 226 - 34x \text{ kip}\cdot\text{ft}$$

이제 위의 결과들을 사용하여 보 전체의 전단력도와 휨모멘트도를 그릴 수 있다. 여기서 점 D에 작용하는 집중모멘트에 의해 휨모멘트도에 불연속점이 만들어진다.

b. 점 D의 왼쪽 및 오른쪽에서의 최대 수직응력

〈부록 D〉에서 W10×112 단면의 $X-X$축에 대한 단면계수를 찾으면 $S=126 \text{ in}^3$이다.

점 D의 왼쪽 $|M|=168 \text{ kip}\cdot\text{ft}=2016 \text{ kip}\cdot\text{in.}$이므로 식 (12.3)에 $|M|$와 S를 대입하면 다음과 같은 값을 얻을 수 있다.

$$\sigma_m = \frac{|M|}{S} = \frac{2016 \text{ kip}\cdot\text{in.}}{126 \text{ in}^3} = 16.00 \text{ ksi}$$

$\sigma_m = 16.00 \text{ ksi}$ ◀

점 D의 오른쪽 $|M|=148 \text{ kip}\cdot\text{ft}=1776 \text{ kip}\cdot\text{in.}$이므로 식 (12.3)에 $|M|$와 S를 대입하면 다음과 같은 값을 얻을 수 있다.

$$\sigma_m = \frac{|M|}{S} = \frac{1776 \text{ kip}\cdot\text{in.}}{126 \text{ in}^3} = 14.10 \text{ ksi}$$

$\sigma_m = 14.10 \text{ ksi}$ ◀

고찰 이 문제에서는 지점반력을 구하지 않고도 전단력도와 휨모멘트를 작성할 수 있었다. 하지만 지점반력을 먼저 구한 뒤 전단력도와 휨모멘트도를 그리면 오른쪽 끝 지점에서의 값이 정확하게 계산되었는지 확인하는 데에 활용할 수 있다.

Section 12.1 연습문제

12.1 ~ 12.4 그림과 같은 보와 하중조건에 대해 (a) 전단력도와 휨모멘트도를 그리시오. (b) 전단력과 휨모멘트의 식을 구하시오.

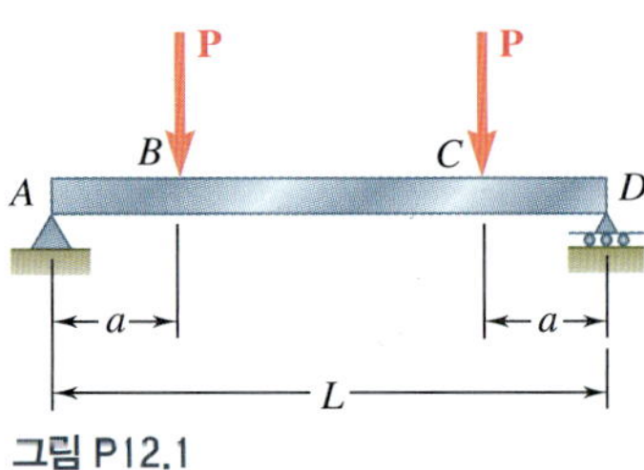

그림 P12.1

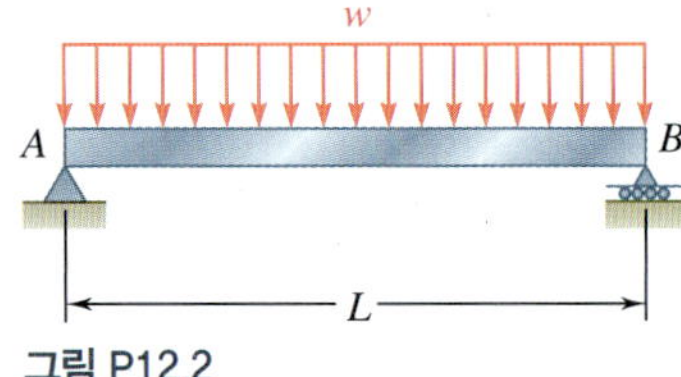

그림 P12.2

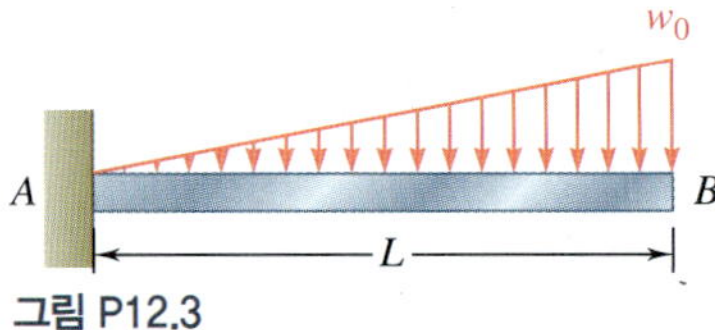

그림 P12.3

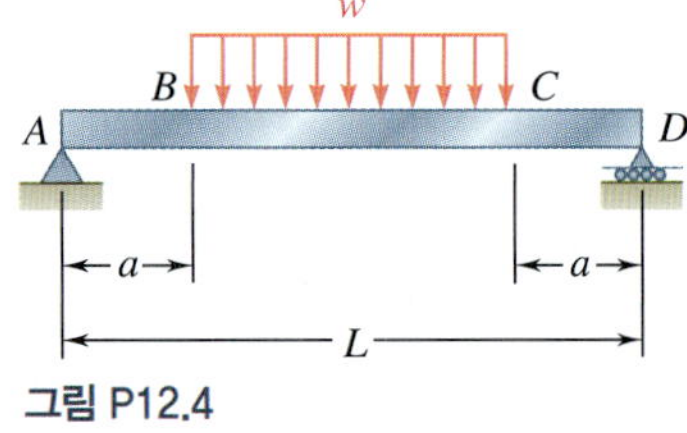

그림 P12.4

12.5 ~ 12.6 그림과 같은 보와 하중조건에 대해 전단력도와 휨모멘트도를 작성하고, (a) 전단력의 절대최댓값과 (b) 휨모멘트의 절대최댓값을 구하시오.

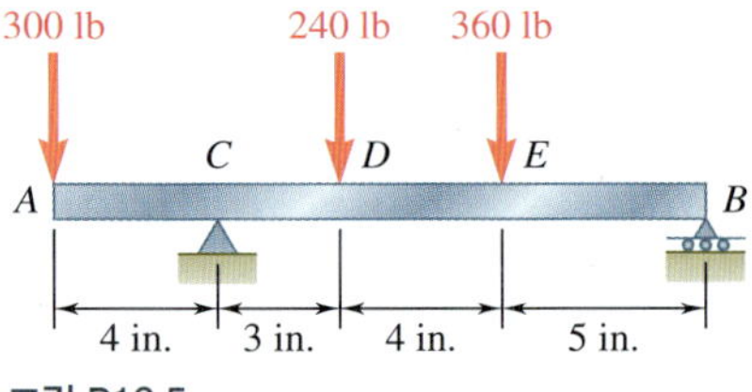

그림 P12.5

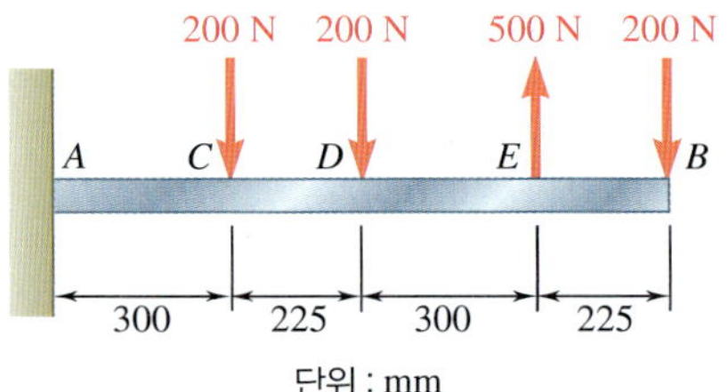

그림 P12.6

12.7 ~ 12.8 그림과 같은 보와 하중조건에 대해 전단력도와 휨모멘트도를 작성하고, (a) 전단력의 절대최댓값과 (b) 휨모멘트의 절대최댓값을 구하시오.

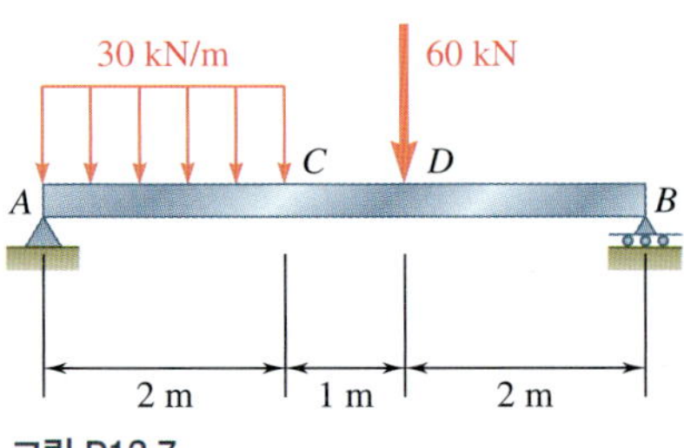

그림 P12.7

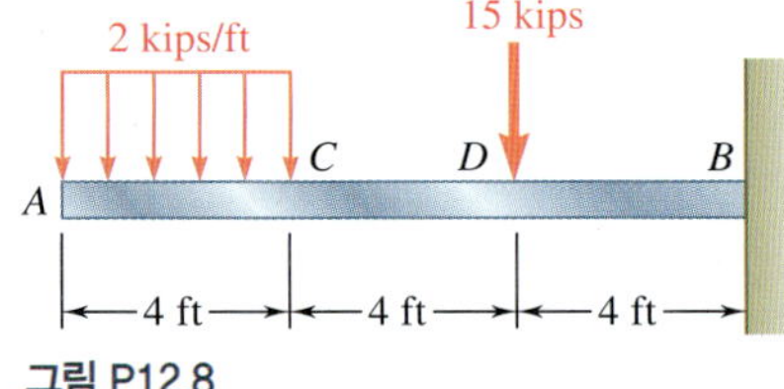

그림 P12.8

12.9 ~ 12.10 그림과 같은 보와 하중조건에 대해 전단력도와 휨모멘트도를 작성하고, (a) 전단력의 절대최댓값과 (b) 휨모멘트의 절대최댓값을 구하시오.

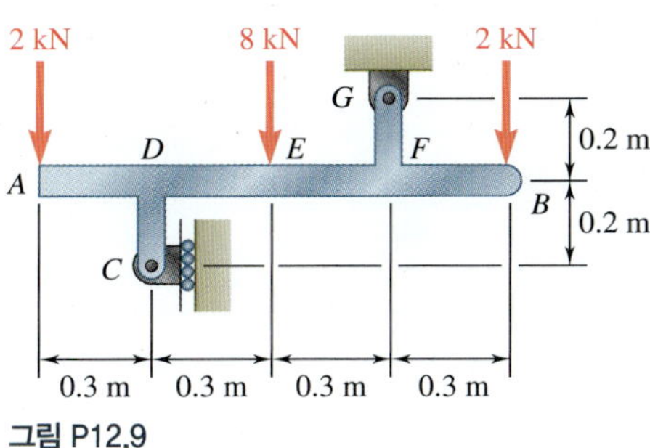

그림 P12.9

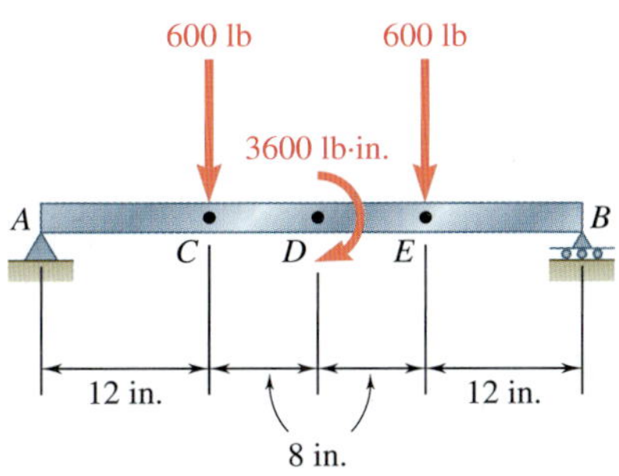

그림 P12.10

12.11 ~ 12.12 그림과 같이 지반 위에 놓인 보에서, 지반에 의해 발생하는 반력의 분포가 균일하다고 가정하고 보 AB의 전단력도와 휨모멘트도를 작성하시오. 그리고 (a) 전단력의 절대최댓값과 (b) 휨모멘트의 절대최댓값을 구하시오.

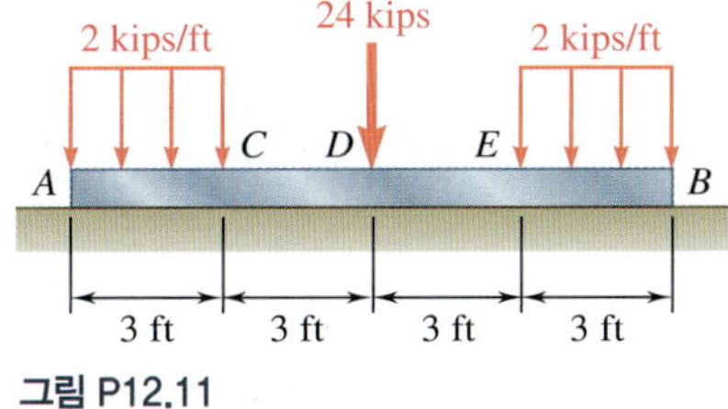

그림 P12.11

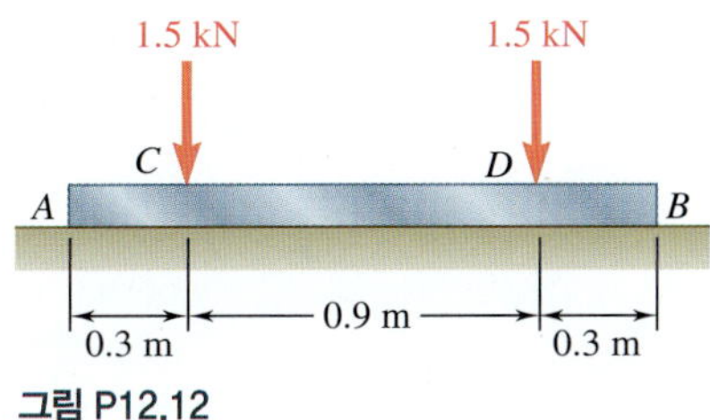

그림 P12.12

12.13 ~ 12.14 그림과 같은 보와 하중조건에 대해 단면 C에 발생하는 수직응력의 최댓값을 구하시오.

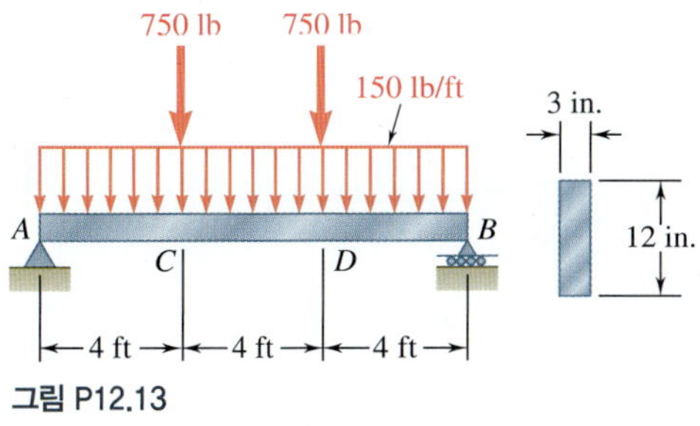

그림 P12.13

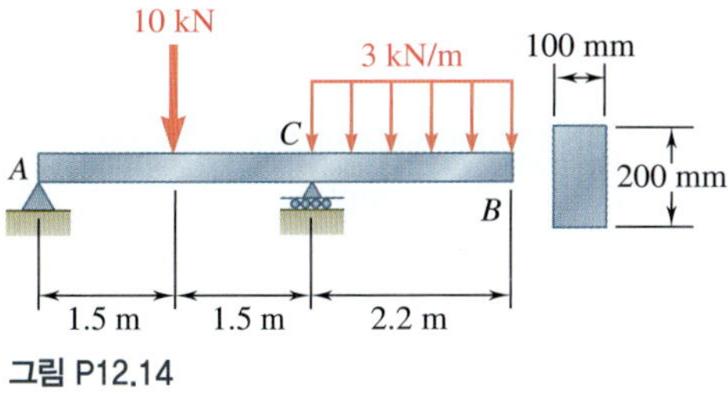

그림 P12.14

12.15 그림과 같은 보와 하중조건에 대해 단면 $a-a$에 발생하는 수직응력의 최댓값을 구하시오.

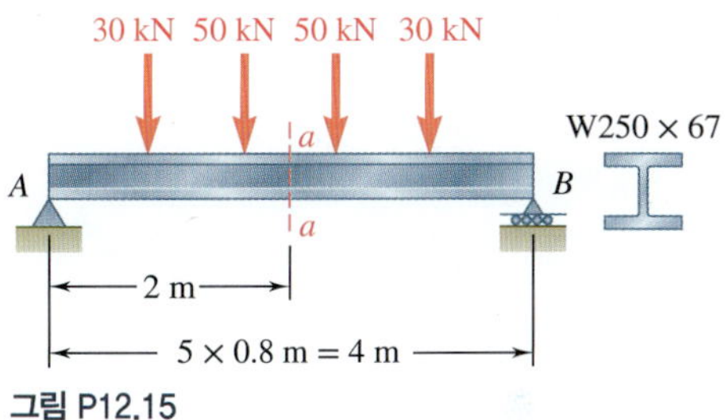

그림 P12.15

12.16 그림과 같은 보와 하중조건에 대해 단면 C에 발생하는 수직응력의 최댓값을 구하시오.

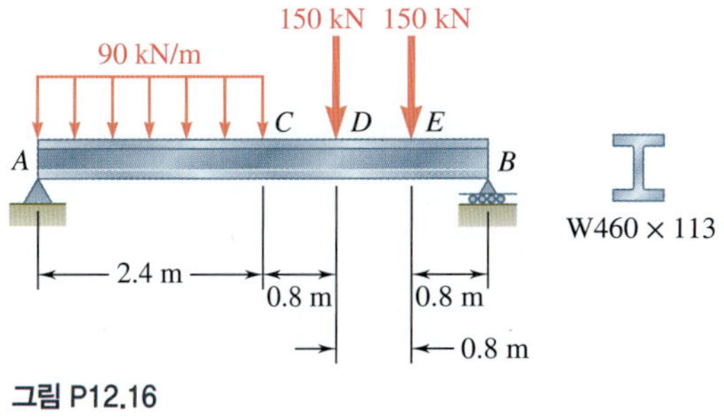

그림 P12.16

12.17 ~ 12.18 그림과 같은 보와 하중조건에 대해 단면 C에 발생하는 수직응력의 최댓값을 구하시오.

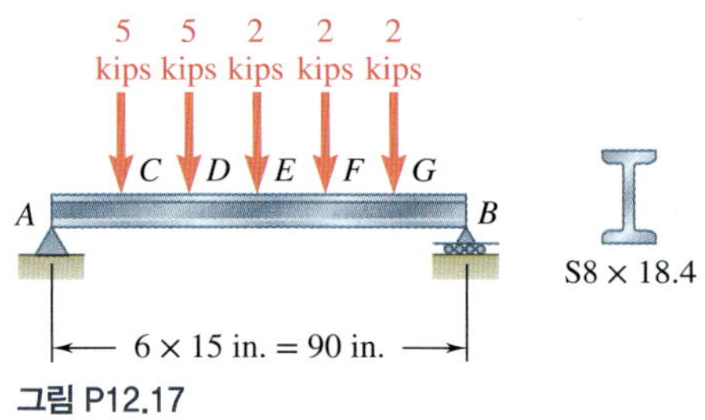

그림 P12.17

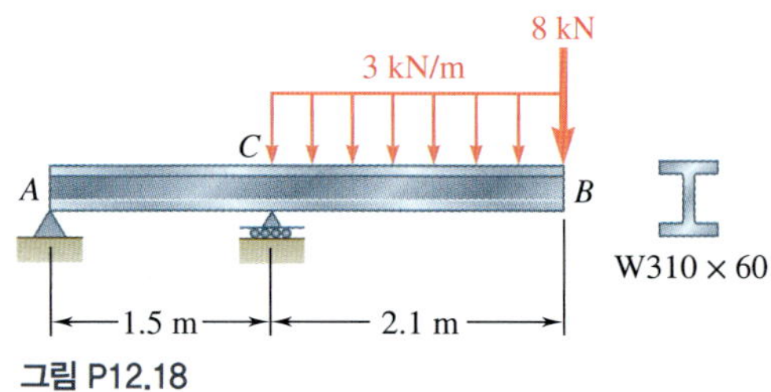

그림 P12.18

12.19 ~ 12.20 그림과 같은 보와 하중조건에 대해 전단력도와 휨모멘트도를 작성하고, 보에 발생하는 최대 수직응력을 구하시오.

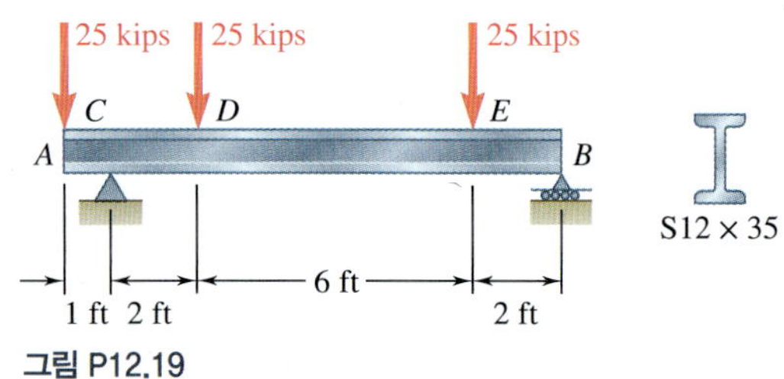

그림 P12.19

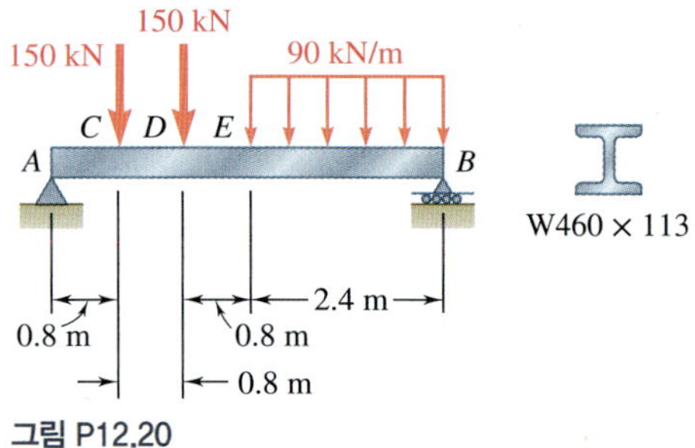

그림 P12.20

12.21 ~ 12.22 그림과 같은 보와 하중조건에 대해 전단력도와 휨모멘트도를 작성하고, 보에 발생하는 최대 수직응력을 구하시오.

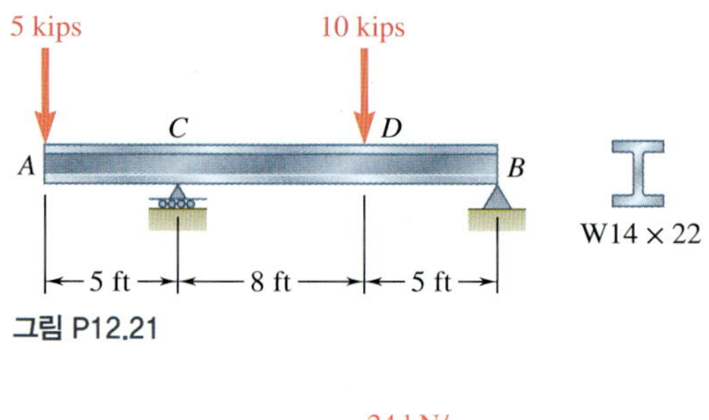

그림 P12.21

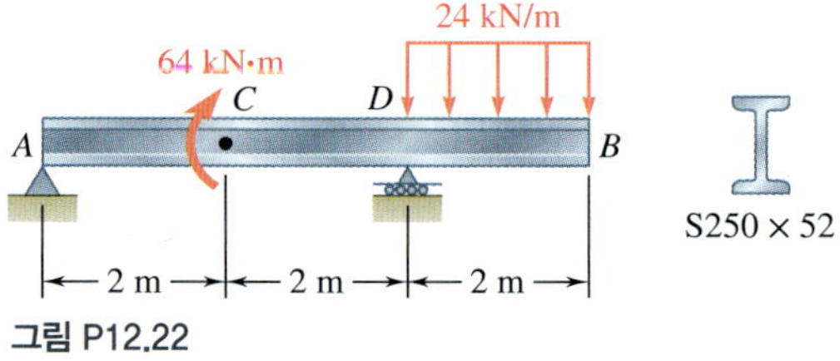

그림 P12.22

12.23 그림과 같은 보와 하중조건에 대해 전단력도와 휨모멘트도를 작성하고, 보에 발생하는 최대 수직응력을 구하시오.

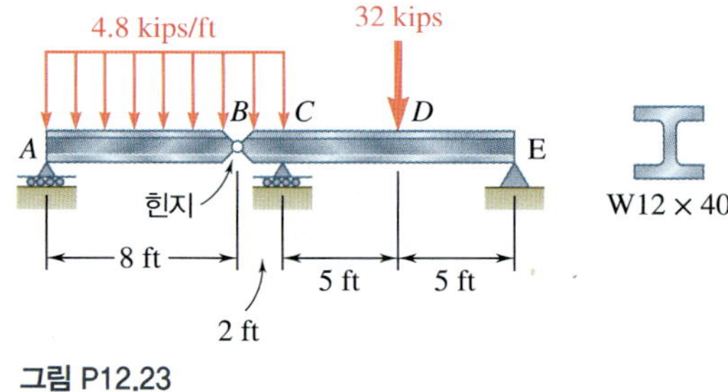

그림 P12.23

12.24 $W = 3$ kips일 때, 보 AB의 전단력도와 휨모멘트도를 작성하고, 보에 발생하는 최대 수직응력을 구하시오.

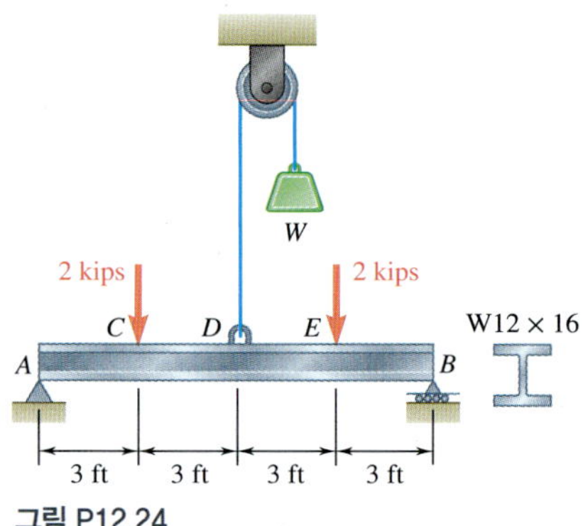

그림 P12.24

12.25 $P = Q = 480$ N일 때, (a) 보에 발생하는 휨모멘트의 절댓값을 최소가 되기 위한 a값, (b) 이때 발생하는 최대 수직응력을 구하시오. **HINT** 보의 휨모멘트도를 작성한 뒤, 양의 최댓값과 음의 최댓값의 절댓값이 같아야 한다는 조건을 이용하라.

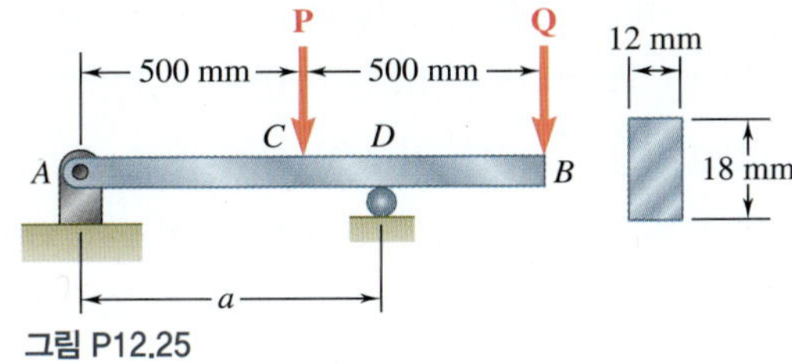

그림 P12.25

12.26 $P = 480$ N, $Q = 320$ N일 때 [문제 12.25]를 다시 푸시오.

12.27 (a) 보에 발생하는 휨모멘트의 절댓값을 최소가 되기 위한 a값, (b) 이때 발생하는 최대 수직응력을 구하시오. [문제 12.25]의 **HINT** 를 참고하시오.

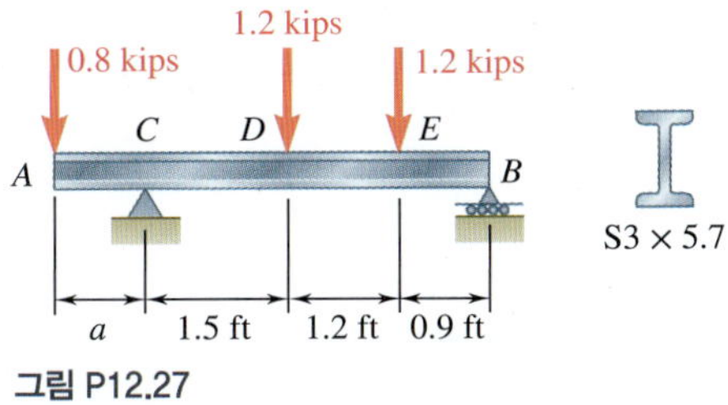

그림 P12.27

12.28 지름이 d인 강봉이 그림과 같이 지지되어 있다. 강재의 단위중량 $\gamma = 490$ lb/ft^{3}일 때, 휨에 의해 발생하는 수직응력이 4 ksi를 넘지 않기 위한 지름 d의 최솟값을 구하시오.

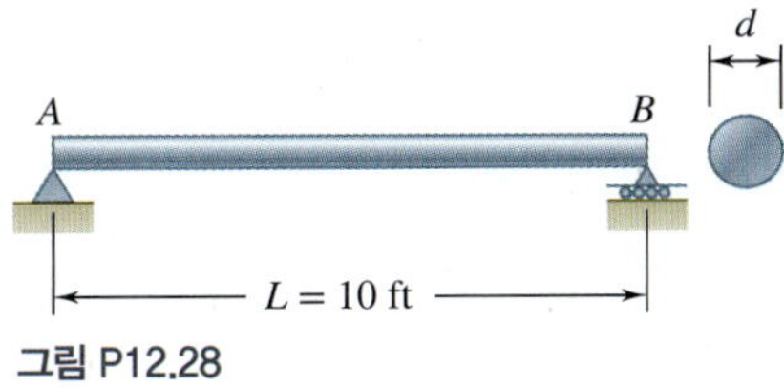

그림 P12.28

12.2 하중, 전단력, 휨모멘트 사이의 관계

보에 두 개 이상의 집중하중이 작용하거나 분포하중이 작용하는 경우에는 12.1절에서 설명한 방법으로 전단력도와 휨모멘트도를 작성하는 것은 번거로운 작업이다. 하지만 하중, 전단력, 휨모멘트 사이에 존재하는 상관관계를 이용하면 전단력도와 휨모멘트도를 훨씬 쉽게 작성할 수 있다. 예를 들어, [그림 12.9a]와 같이 단순보 AB에 단위길이당 w의 분포하중이 작용하고 있는 경우를 생각해보자. 보 위의 두 점 C와 C'은 서로 Δx만큼 떨어져 있으며, 점 C에서의 전단력과 휨모멘트를 각각 V와 M이라고 하자. 여기서 V와 M의 부호는 모두 양(+)으로 가정한다. 또한 점 C'에서의 전단력과 휨모멘트는 각각 $V+\Delta V$와 $M+\Delta M$이라고 하자.

[그림 12.9b]에는 보의 짧은 구간 CC'을 분리하여 작성한 자유물체도를 나타내었다. 이 자유물체에 작용하고 있는 힘에는 크기가 $w\Delta x$인 하중과 점 C와 C'에서의 전단력 및 휨모멘트가 포함된다. 전단력과 휨모멘트의 부호를 양(+)으로 가정했기 때문에 화살표의 방향을 그림과 같이 표시했다.

하중과 전단력 사이의 관계 자유물체에 작용하고 있는 수직방향 힘들의 합이 0이 되어야 하므로, 다음의 관계를 얻을 수 있다.

$$+\uparrow \Sigma F_y = 0 : \; V - (V + \Delta V) - w\,\Delta x = 0$$
$$\Delta V = -w\,\Delta x$$

양변을 Δx로 나누고 Δx가 0에 접근한다고 하면, 다음의 식을 얻는다.

$$\frac{dV}{dx} = -w \tag{12.5}$$

식 (12.5)로부터 [그림 12.9a]와 같이 보에 하중이 작용하는 경우에 전단력도의 기울기 dV/dx의 부호는 음(−)이 되고, 임의의 점에서 전단력도의 기울기 값은 그 위치에서 분포하중의 크기(단위길이당 하중)와 같게 된다는 것을 알 수 있다.

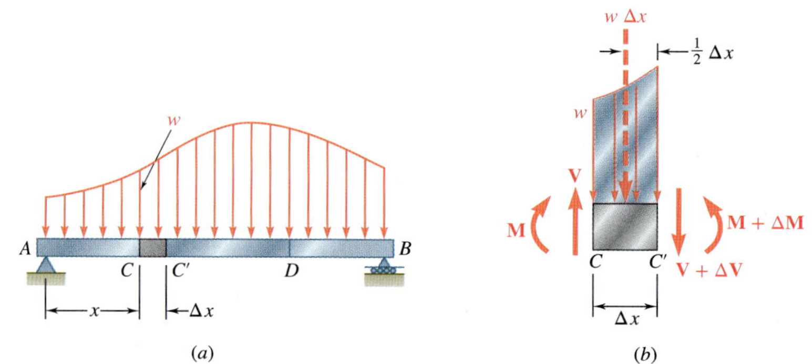

그림 12.9 (a) 분포하중을 받고 있는 단순보 (b) 점 C와 C'사이 짧은 구간에 대한 자유물체도

식 (12.5)를 점 C와 D 사이의 구간에서 적분하면 다음과 같다.

$$V_D - V_C = -\int_{x_C}^{x_D} w\,dx \tag{12.6a}$$

$$V_D - V_C = -(\text{구간 } CD\text{에서 하중선도 아래의 면적}) \tag{12.6b}$$

이 결과를 [그림 12.10b]에 도식적으로 나타내었다. 이 결과는 보 CD의 평형조건을 생각해도 알 수 있는 것인데, 이는 하중선도의 면적이 곧 점 C와 D 사이에 작용한 총 하중의 크기가 되기 때문이다.

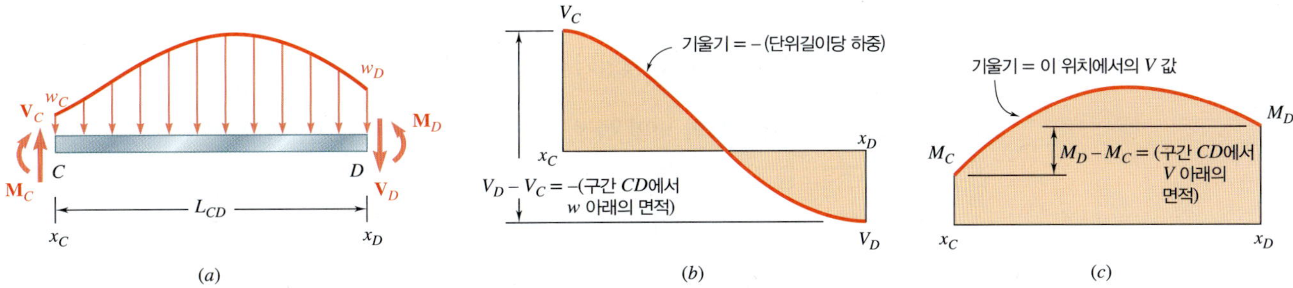

그림 12.10 하중, 전단력, 휨모멘트 사이의 관계 (a) 하중을 받는 보의 구간 (b) 해당 구간에서의 전단력 (c) 해당 구간에서의 휨모멘트

12.1절에서 살펴본 것과 같이 집중하중이 작용하는 점에서는 전단력도가 불연속이 되기 때문에 식 (12.5)는 집중하중이 작용하는 경우에는 사용할 수 없다. 마찬가지로, 식 (12.6a)와 식 (12.6b)를 유도하는 과정에서 집중하중에 의한 전단력의 불연속적인 변화를 고려하지 않았기 때문에, 점 C와 D 사이에 집중하중이 작용하는 경우에는 이 식들을 사용할 수 없다. 결과적으로 식 (12.6a)와 식 (12.6b)는 집중하중 사이 구간에서만 적용할 수 있다.

전단력과 휨모멘트 사이의 관계 [그림 12.9b]의 자유물체도에서 점 C'에 대한 모멘트의 합이 0이 됨을 이용하면 다음 식을 얻는다.

$$+\circlearrowleft \Sigma M_{C'} = 0 : (M + \Delta M) - M - V\Delta x + w\Delta x\,\frac{\Delta x}{2} = 0$$

$$\Delta M = V\Delta x - \frac{1}{2}w(\Delta x)^2$$

양변을 Δx로 나누고 Δx가 0에 접근한다고 하면, 다음의 식을 얻는다.

$$\frac{dM}{dx} = V \tag{12.7}$$

식 (12.7)로부터 휨모멘트도의 기울기 dM/dx는 전단력의 크기와 같다는 것을 알 수 있으며, 이는 전단력의 값이 하나로 정의되는 곳(즉, 집중하중이 작용하지 않는 곳)에 모두 적용된다. 식 (12.7)은 M이 극값을 갖는 곳에서 V가 0이 됨을 뜻한다. 이러한 성질로부터 보에서 휨에 취약한 위치를 파악할 수 있다.

식 (12.7)을 점 C와 D 사이의 구간에서 적분하면 다음과 같다.

$$M_D - M_C = \int_{x_C}^{x_D} V\,dx \tag{12.8a}$$

$$M_D - M_C = \text{구간 } CD\text{에서 전단력도 아래의 면적} \tag{12.8b}$$

이 결과를 [그림 12.10c]에 도식적으로 나타내었다. 여기서 전단력의 부호가 양(+)인 경우 전단력도 아래 면적의 부호를 양(+)으로, 전단력이 음(−)인 곳에서는 전단력도 아래의 면적의 부호를 음(−)으로 하기로 한다. 전단력도를 올바르게 작성했다면, 식 (12.8a)와 식 (12.8b)는 구간 CD에 집중하중이 작용하는 경우에도 사용할 수 있다. 하지만 구간 CD에 집중모멘트가 작용하는 경우에는 사용할 수 없는데, 이는 집중모멘트에 의해 모멘트선도에 발생하는 불연속을 고려하지 않았기 때문이다(예제 12.6 참고).

많은 공학 문제에서 보의 몇몇 특정 위치에서의 휨모멘트 값만이 필요한 경우가 발생한다. 이때 전단력도를 작성하고 보의 한 쪽 끝에서의 휨모멘트를 계산하면, 전단력도 아래의 면적과 식 (12.8b)를 이용하여 원하는 위치의 휨모멘트값을 구할 수 있다.

개념적용 12.3

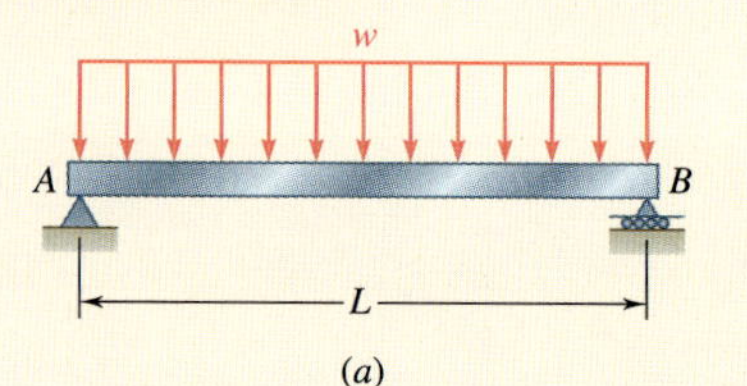

그림 12.11 (a) 등분포하중을 받고 있는 단순보

[그림 12.11a]에 보인 단순보에 대해 전단력도와 휨모멘트도를 작성하고, 휨모멘트의 최댓값을 구하시오.

보 전체의 자유물체도(그림 12.11b)에서 양 지점에 발생하는 반력을 구한다.

$$R_A = R_B = \frac{1}{2}wL$$

다음으로 전단력도를 그린다. 점 A에서 전단력은 R_A(즉, $\frac{1}{2}wL$)이고, 이는 보 단부의 매우 짧은 구간에 대한 자유물체도로부터 확인할 수 있다. 식 (12.6a)를 사용하면 A로부터 x만큼 떨어진 지점의 전단력 V는 다음과 같다.

$$V - V_A = -\int_0^x w\,dx = -wx$$

$$V = V_A - wx = \frac{1}{2}wL - wx = w\left(\frac{1}{2}L - x\right)$$

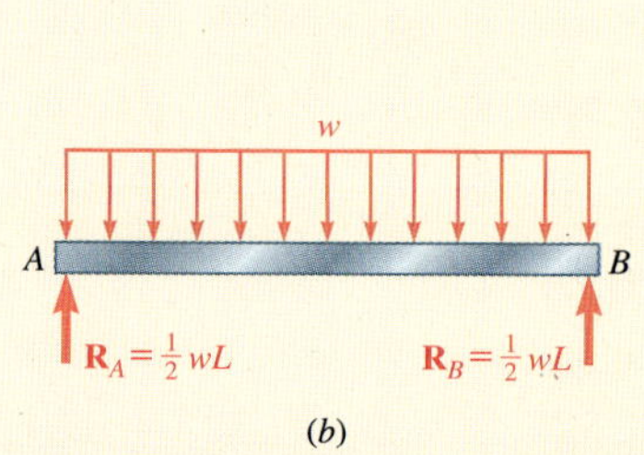

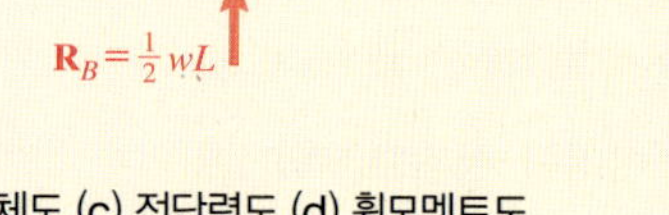

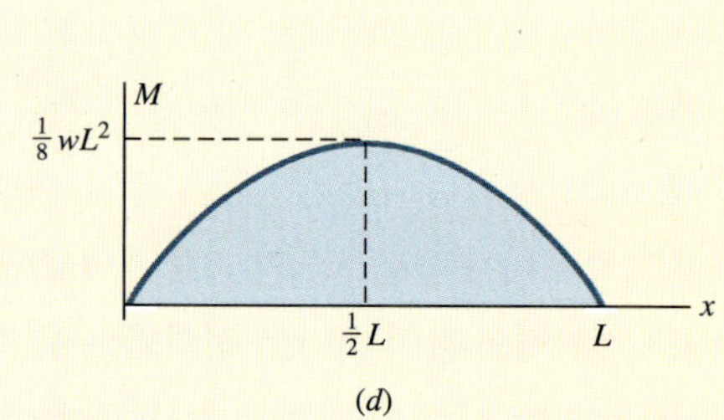

그림 12.11 (b) 자유물체도 (c) 전단력도 (d) 휨모멘트도

따라서 전단력의 그래프는 x축과 $x=L/2$ 지점에서 교차하는 경사진 직선이다(그림 12.11c). 이제 휨모멘트를 살펴보자. $M_A=0$이므로 A로부터 x만큼 떨어진 지점의 휨모멘트는 식 (12.8a)를 사용하면 다음과 같이 구할 수 있다.

$$M - M_A = \int_0^x V dx$$

$$M = \int_0^x w\left(\frac{1}{2}L - x\right)dx = \frac{1}{2}w(Lx - x^2)$$

즉, 휨모멘트도는 포물선이 된다. $x=L/2$ 지점에서 V가(즉, dM/dV가) 0이므로 휨모멘트의 최댓값이 이 위치에서 발생된다. 따라서 마지막 식에 $x=L/2$를 대입하면 $M_{\max}=wL^2/8$이다(그림 12.11d).

보에 발생하는 최대 휨모멘트를 구하는 또 다른 방법을 [개념적용 12.3]에 소개했으며, 여기서는 [그림 12.11c]의 전단력도를 사용했다. 이 보에서 $M_A=0$이므로, 휨모멘트의 최댓값을 구하기 위해서는 [그림 12.11c]의 전단력도에서 양의 부호를 갖는 삼각형의 면적을 다음과 같이 계산하기만 하면 된다.

$$M_{\max} = \frac{1}{2}\frac{L}{2}\frac{wL}{2} = \frac{wL^2}{8}$$

[개념적용 12.3]에서 하중선도는 수평직선이며, 전단력도는 경사를 갖는 직선이고 휨모멘트도는 포물선 곡선이다. 만일 하중선도가 1차식(경사를 갖는 직선)이라면 전단력도가 2차식(포물선)이 되고, 휨모멘트도는 3차곡선이 될 것이다. 즉, 전단력도와 휨모멘트도의 함수식은 하중선도의 차수보다 항상 1차 및 2차가 높다. 그러므로 함수 $V(x)$와 $M(x)$를 실제로 구하지 않아도 전단력도와 휨모멘트도를 그릴 수 있다. 불연속점이 없는 구간에서 전단력도의 기울기가 $-w$와 같고 휨모멘트도의 기울기가 V와 같다는 점을 활용하면 전단력도와 휨모멘트도의 개형을 보다 정확하게 그릴 수 있다.

예제 12.3

그림의 보와 하중에 대해 전단력도와 휨모멘트도를 작성하시오.

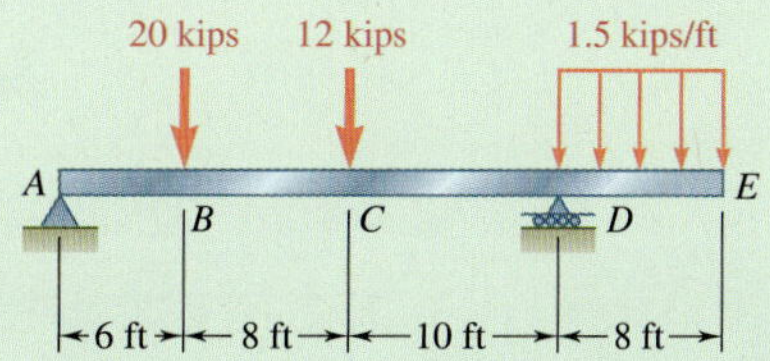

문제분석 보는 두 개의 집중하중과 하나의 분포하중을 받고 있다. 이 절에서 유도한 식들을 집중하중의 사이 및 분포하중이 작용하고 있는 구간에 적용할 수 있으며, 집중하중의 작용에 의한 불연속적인 변화를 반영해야 한다.

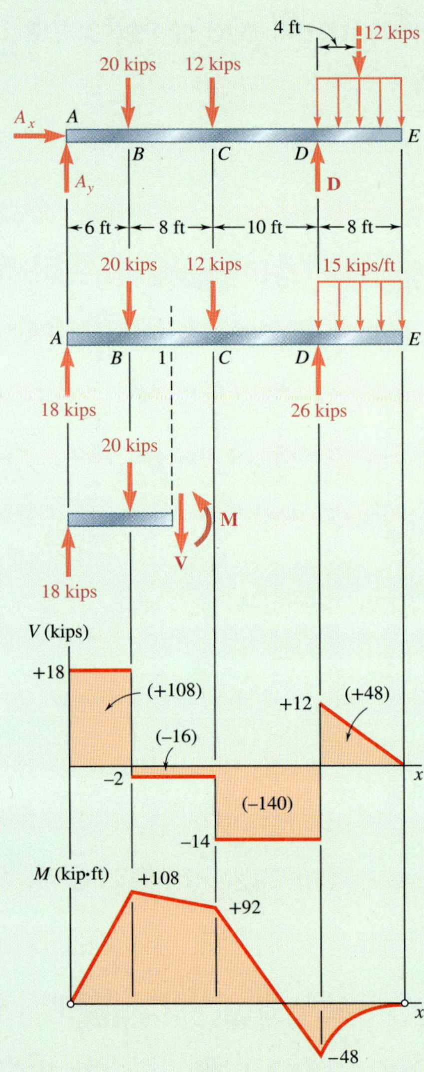

그림 1 보 전체의 자유물체도, 단면의 왼쪽 부분에 대한 자유물체도, 전단력도, 휨모멘트도

모델링과 풀이

반력 [그림 1]과 같이 보 전체의 자유물체도를 그리면 다음과 같이 반력을 구할 수 있다.

$$+\circlearrowleft \Sigma M_A = 0:$$

$$D(24\text{ ft}) - (20\text{ kips})(6\text{ ft}) - (12\text{ kips})(14\text{ ft}) - (12\text{ kips})(28\text{ ft}) = 0$$

$$D = +26\text{ kips} \qquad \mathbf{D} = 26\text{ kips}\uparrow$$

$$+\uparrow \Sigma F_y = 0:$$

$$A_y - 20\text{ kips} - 12\text{ kips} + 26\text{ kips} - 12\text{ kips} = 0$$

$$A_y = +18\text{ kips} \qquad \mathbf{A}_y = 18\text{ kips}\uparrow$$

$$\overset{+}{\rightarrow}\Sigma F_x = 0: A_x = 0 \qquad \mathbf{A}_x = 0$$

점 A와 E에서 휨모멘트는 0이므로, 휨모멘트도가 지나는 두 점을 알 수 있다(그림에 동그라미로 표시되어 있다).

전단력도 $dV/dx = -w$이므로 반력과 집중하중들의 사이에서 전단력도의 기울기는 0이다(즉, 전단력은 상수이다). 임의의 지점에서 전단력의 값은 해당 지점에서 보를 둘로 분리하고, 한쪽에 대한 자유물체도에 평형조건을 적용하여 구할 수 있다. 예를 들어, 단면 1 왼쪽의 자유물체도에서 점 B와 C 사이의 전단력을 다음과 같이 구할 수 있다.

$$+\uparrow \Sigma F_y = 0: +18\text{ kips} - 20\text{ kips} - V = 0 \qquad V = -2\text{ kips}$$

또한 점 D의 바로 오른쪽에서 전단력은 +12 kips이고, 점 E에서는 0이 된다. 전단력도의 기울기 $dV/dx = -w$가 점 D와 E사이에서 일정하므로 이 두 점 사이에서 전단력도는 직선이 된다.

휨모멘트도 두 점 사이의 전단력도 아래 면적은 같은 두 점 사이의 휨모멘트의 변화와 같다. 편의상 [그림 1]에서 전단력도의 각 부분의 면적을 괄호 안에 표시해 놓았다. 보의 왼쪽 끝에서의 휨모멘트 M_A가 0이라는 사실을 알고 있으므로, 각 지점의 휨모멘트를 다음과 같이 순차적으로 계산할 수 있다.

$$M_B - M_A = +108, \qquad M_B = +108\text{ kip}\cdot\text{ft}$$

$$M_C - M_B = -16, \qquad M_C = +92\text{ kip}\cdot\text{ft}$$

$$M_D - M_C = -140, \qquad M_D = -48\text{ kip}\cdot\text{ft}$$

$$M_E - M_D = +48, \qquad M_E = 0$$

M_E의 값이 0이라는 것을 알고 있었으므로, 위의 계산 과정에 오류는 없다.

집중하중들과 반력들의 사이에서 전단력은 일정한 값을 갖는다. 따라서 휨모멘트도의 기울기 dM/dx는 상수가 되고, 구간에서 양 끝값을 구한 뒤 직선으로 연결하면 해당 구간의 휨모멘트도가 된다. 점 D와 E 사이와 같이 전단력도가 경사를 갖는 직선인 경우 휨모멘트도는 포물선이 된다.

전단력도와 휨모멘트도로부터 $V_{max} = 18$ kips이고 $M_{max} = 108$ kip·ft임을 확인할 수 있다.

고찰 예상한 바와 같이, 집중하중이 작용하는 위치에서 전단력도에 불연속이 발생하고, 휨모멘트도에는 기울기의 불연속적인 변화가 나타난다.

예제 12.4

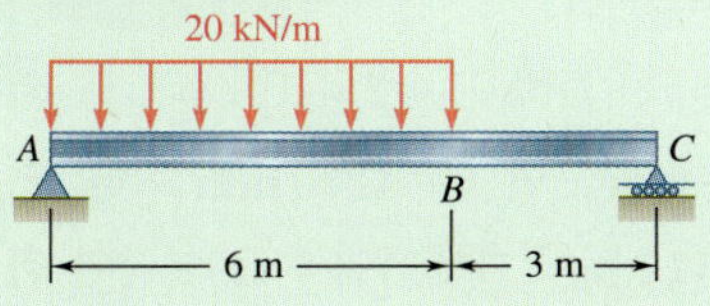

W360×79 단면의 압연형강보 AC가 그림과 같이 단순지지된 상태로 등분포하중을 받고 있다. 보의 전단력도와 휨모멘트도를 작성하고, 휨에 의해 발생하는 수직응력의 최댓값과 발생 위치를 구하시오.

문제분석 분포하중이 보의 일부분에 작용하고 있으므로, 분포하중이 작용하고 있는 구간과 작용하지 않는 구간으로 나누어 생각한다. 이 절에서 배운 내용에 따르면 하중이 작용하고 있는 구간에서는 전단력도가 경사를 갖는 직선이 되고, 그 다음에는 수평선이 된다는 것을 예상할 수 있다. 그러므로 휨모멘트도는 하중이 작용하는 구간에서는 포물선, 그 뒤에는 경사를 갖는 직선이 될 것이다.

모델링과 풀이

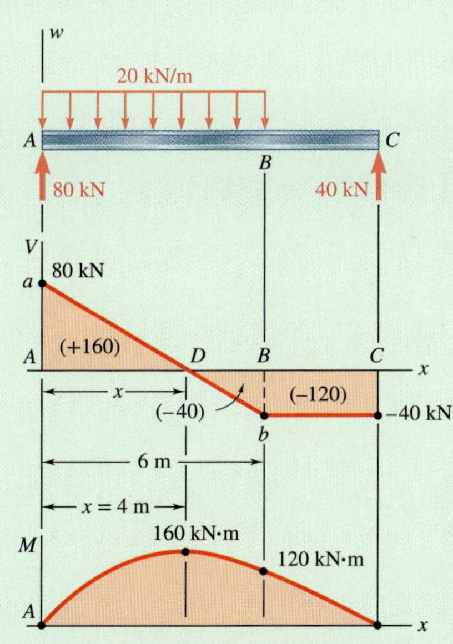

그림 1 자유물체도, 전단력도, 휨모멘트도

반력 보 전체의 자유물체도(그림 1)로부터 다음 반력을 얻는다.

$$\mathbf{R}_A = 80 \text{ kN} \uparrow, \quad \mathbf{R}_C = 40 \text{ kN} \uparrow$$

전단력도 점 A의 바로 오른쪽 지점에서의 전단력 $V_A = +80$ kN이다. 두 점 사이에서 전단력의 변화는 두 점 사이의 하중선도 면적에 -1을 곱한 것과 같으므로 V_B는 다음과 같다.

$$V_B - V_A = -(20 \text{ kN/m})(6 \text{ m}) = -120 \text{ kN}$$

$$V_B = -120 + V_A = -120 + 80 = -40 \text{ kN}$$

점 A와 B 사이에서 전단력도의 기울기 $dV/dx = -w$가 일정한 값을 가지므로, 이 두 점 사이의 전단력도는 직선이 된다. 점 B와 C 사이에는 작용하고 있는 하중이 없으므로 하중선도 아래의 면적은 0이다. 따라서 다음을 얻는다.

$$V_C - V_B = 0, \quad V_C = V_B = -40 \text{ kN}$$

점 B와 C 사이의 전단력은 일정한 값을 갖는다.

휨모멘트도 보의 양 끝에서 휨모멘트가 0이라는 것과 최대 휨모멘트가 발생하는 지점 D에서 전단력 $V = 0$임을 이용하여 최대 휨모멘트의 발생 위치를 구한다.

$$V_D - V_A = -wx$$

$$0 - 80 \text{ kN} = -(20 \text{ kN/m})x$$

x에 대해 풀면, $x = 4$ m ◀

최대 휨모멘트는 $dM/dx = V = 0$인 점 D에서 발생한다. 전단력도에서 각 부분의 면적을 괄호 안에 표시해 놓았으며, 두 점 사이에서 전단력도의 면적이 같은 두 점 사이에서 휨모멘트의 변화와 같으므로, 각 점에서의 휨모멘트 값을 구하면 다음과 같다.

$$M_D - M_A = +160\ \text{kN}\cdot\text{m}, \quad M_D = +160\ \text{kN}\cdot\text{m}$$
$$M_B - M_D = -40\ \text{kN}\cdot\text{m}, \quad M_B = +120\ \text{kN}\cdot\text{m}$$
$$M_C - M_B = -120\ \text{kN}\cdot\text{m}, \quad M_C = 0$$

휨모멘트도는 포물선과 직선으로 이루어진다. 점 A에서 포물선의 접선의 기울기는 같은 점에서의 전단력 V의 값과 같다.

최대 수직응력 최대 수직응력은 $|M|$이 최대가 되는 점 D에서 발생된다. 〈부록 D〉에서 W360×79 압연형강의 수평축에 대한 단면계수를 찾으면 $S = 1270\ \text{mm}^3$이다. 단면계수값과 $|M| = |M_D| = 160\times10^3\ \text{N}\cdot\text{m}$를 식 (12.3)에 대입하여 다음과 같이 최대 수직응력을 계산한다.

$$\sigma_m = \frac{|M_D|}{S} = \frac{160\times10^3\ \text{N}\cdot\text{m}}{1270\times10^{-6}\ \text{m}^3} = 126.0\times10^6\ \text{Pa}$$

보에 발생하는 최대 수직응력 = 126.0 MPa ◀

예제 12.5

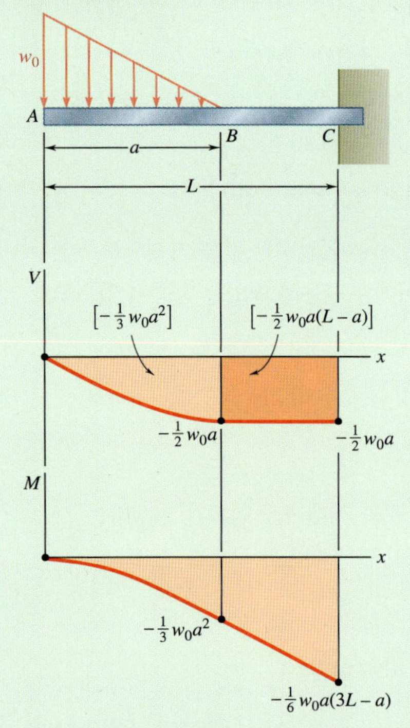

그림 1 하중을 받고 있는 보, 전단력도, 휨모멘트도

[그림 1]에 주어진 캔틸레버보에 대해 전단력도와 휨모멘트도를 작성하시오.

문제분석 오른쪽 끝에 도달할 때까지는 반력이 없으므로, 이 문제에서는 자유물체도나 평형조건을 이용하지 않고 공식만으로 문제를 해결할 수 있다. 분포하중의 크기가 1차식의 형태로 변화하므로, 전단력도는 2차식, 휨모멘트도는 3차식의 형태가 될 것임을 예상할 수 있다.

모델링과 풀이

전단력도 보의 자유단에서 $V_A = 0$이며, 점 A와 B 사이에서 하중선도 아래의 면적은 $\frac{1}{2}w_0a$이다. 따라서 V_B는 다음과 같다.

$$V_B - V_A = -\frac{1}{2}w_0a, \quad V_B = -\frac{1}{2}w_0a$$

점 B와 C 사이에서는 보에 작용하는 하중이 없으므로, $V_C = V_B$이다. 점 A에서 $w = w_0$이므로, 식 (12.5)에 따라 점 A에서 전단력도의 기울기는 $dV/dx = -w_0$이며, 점 B에서는 $dV/dx = 0$이 된다. 점 A와 B 사이에서 하중이 1차식의 형태로 감소하므로 전단력도는 포물선(2차곡선)이 된다. 점 B와 C 사이에서는 $w = 0$이므로 전단력도는 수평선이다.

휨모멘트도 보의 자유단에서 휨모멘트 M_A는 0이다. 전단력도 각 부분의 면적을 이용하여 보의 여러 위치에서 휨모멘트를 다음과 같이 계산한다.

$$M_B - M_A = -\frac{1}{3}w_0 a^2, \quad M_B = -\frac{1}{3}w_0 a^2$$

$$M_C - M_B = -\frac{1}{2}w_0 a(L-a)$$

$$M_C = -\frac{1}{6}w_0 a(3L-a)$$

휨모멘트도의 개략적인 형태는 $dM/dx = V$임을 이용하여 완성할 수 있다. 점 A와 B 사이에서 휨모멘트도는 점 A에서 접선의 기울기가 0인 3차곡선이며, 점 B와 C 사이에서는 직선(1차식)이 된다.

고찰 이 문제를 풀이하기 위해 반드시 필요한 것은 아니지만, 지점반력을 구해두면 전단력도와 휨모멘트도가 올바르게 작성되었는지 확인하는 용도로 유용하게 활용할 수 있다.

예제 12.6

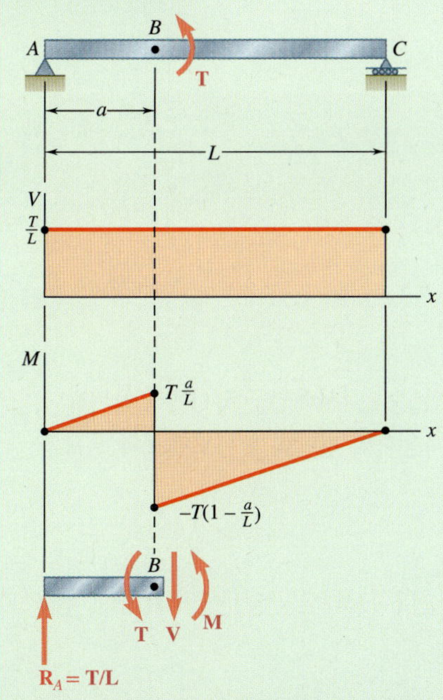

그림 1 하중을 받고 있는 보, 전단력도, 휨모멘트도, 점 B 왼쪽 부분의 자유물체도

[그림 1]과 같이 단순보의 점 B에 집중모멘트 T가 작용하고 있다. 이 보의 전단력도와 휨모멘트도를 작성하시오.

문제분석 보에 작용하고 있는 하중은 집중모멘트이다. 보에 작용하고 있는 수직방향 힘은 지점반력뿐이므로, 전단력은 일정한 값을 갖게 됨을 예상할 수 있다. 하지만 휨모멘트도는 집중모멘트의 작용에 의해 점 B에서 불연속이 될 것이다.

모델링과 풀이 보 전체의 자유물체도로부터 반력을 구한다.

$$\mathbf{R}_A = \frac{T}{L}\uparrow, \quad \mathbf{R}_C = \frac{T}{L}\downarrow$$

보의 임의의 단면에서 발생하는 전단력은 T/L로 일정한 값을 갖는다. 점 B에 집중모멘트가 작용하고 있으므로, 휨모멘트도는 점 B에서 불연속이 된다. 즉, 휨모멘트도는 두 개의 경사를 갖는 직선으로 이루어지며 점 B에서 값이 T만큼 감소하게 된다. 이러한 불연속성은 평형조건으로도 확인할 수 있다. 즉 [그림 1]에 나타난 점 A에서 점 B의 바로 오른쪽까지의 구간에 대한 자유물체도를 이용하면 M은 다음과 같다.

$$+\circlearrowleft \Sigma M_B = 0 : -\frac{T}{L}a + T + M = 0, \quad M = -T\left(1 - \frac{a}{L}\right)$$

고찰 집중하중이 전단력도의 불연속적인 변화를 일으키는 것과 마찬가지로, 집중모멘트는 휨모멘트도의 불연속적인 변화를 발생시킨다.

사례연구 12.1

미국토목학회(ASCE)에서 제정한 건축구조물 하중기준에 따라, [사례연구 5.1]에서는 [그림 CS12.1]에 나타낸 바와 같이 주차공간의 평면지붕에 작용하는 설雪하중을 모델링했다. 지붕틀로는 1.2 m의 일정한 간격으로 배치된 보가 사용되었으며, 각각의 보는 [그림 CS12.2]에 나타낸 지지조건을 갖는다. 또한 [그림 CS12.2]에는 [사례연구 5.1]의 설하중 조건으로부터 계산된 하나의 보에 작용하는 하중조건이 함께 표시되어 있다. 이 보에 대한 전단력도와 휨모멘트도를 작성해보자.

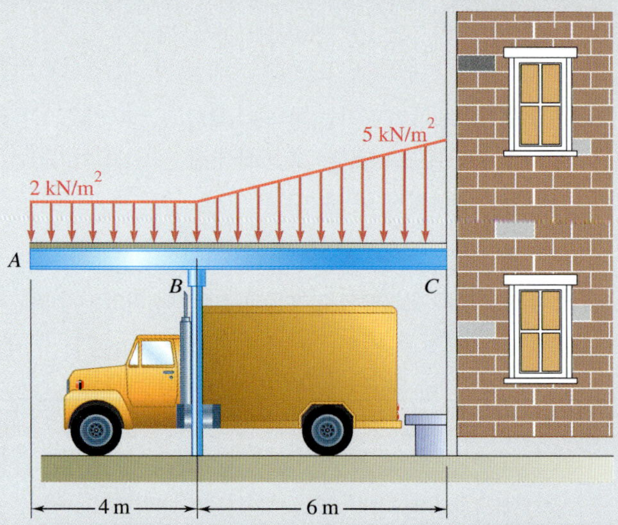

그림 CS12.1 설계 설하중이 재하되어 있는 주차공간의 지붕구조물

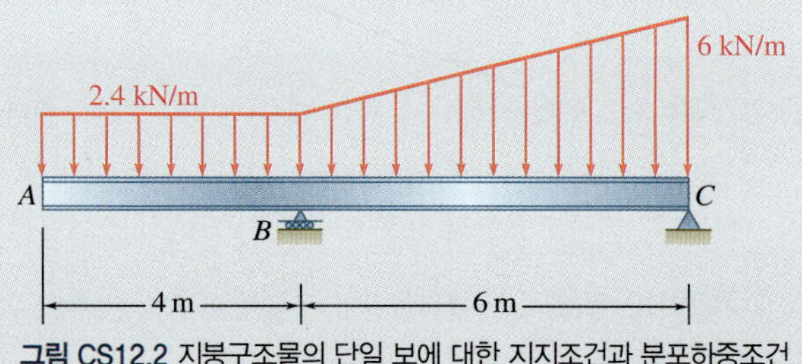

그림 CS12.2 지붕구조물의 단일 보에 대한 지지조건과 분포하중조건

문제분석 일반적으로 보의 자유물체도를 그리고, 평형조건을 적용하여 반력을 계산하지만, 이는 [사례연구 5.1]에서 살펴봤다. 따라서 이 문제에서는 보의 두 구간 AB와 BC의 단면에 대해, 이 절에서 유도한 공식을 사용하여 전단력과 휨모멘트의 분포를 구한다.

모델링과 풀이

보 전체의 자유물체도 [그림 CS12.3]과 같이 보 전체에 대한 자유물체도로부터 반력을 구한다. [사례연구 5.1]에서 계산한 바와 같이 반력은 다음과 같다.

$$\mathbf{R}_B = 23.6\ \text{kN} \uparrow, \quad \mathbf{R}_C = 11.2\ \text{kN} \uparrow$$

전단력도 점 A에서의 전단력은 0이다. 그리고 두 점 사이의 전단력의 차이는 그 구간의 하중선도 면적에 −1을 곱한 값과 같으므로, 다음과 같이 V_B를 구할 수 있다.

$$V_B - V_A = -(2.4\ \text{kN/m})(4\ \text{m}) = -9.6\ \text{kN}$$
$$V_B = -9.6 + V_A = -9.6 + 0 = -9.6\ \text{kN}$$

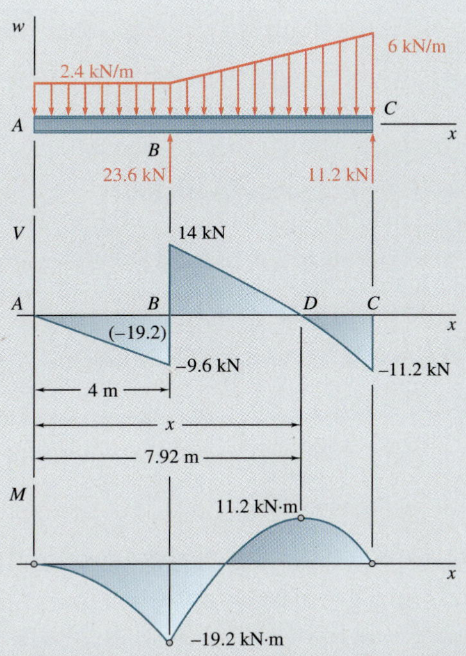

그림 CS12.3 보 전체의 자유물체도, 전단력도, 휨모멘트도

점 A와 B 사이에서 전단력도의 기울기 $dV/dx = -w$가 일정하므로 전단력도는 이 두 점 사이에서 직선이 된다. 다음으로, 점 B의 바로 오른쪽에서 보를 분리하고 구간 AB의 자유물체도에서 y방향 힘의 합이 0임을 이용하면, $V_B = +14$ kN이 된다. [그림 CS12.3]에서 점 A를 원점으로 하고 점 B와 C 사이에서 하중함수를 구하면 다음과 같다.

$$w = (0.6x)\ \mathrm{kN/m}$$

식 (12.6)을 사용하면, 점 B와 C 사이의 임의의 지점 x에서의 전단력 V를 다음과 같이 구할 수 있다.

$$\begin{aligned} V - V_B &= -\int_{x_B}^{x} w\,dx = -\int_{4}^{x} (0.6x)x\,dx \\ &= -0.3x^2 + 0.3(4)^2 \\ &= (-0.3x^2 + 4.8)\ \mathrm{kN} \end{aligned}$$

$$\begin{aligned} V &= V_B - 0.3x^2 + 4.8 = 14 - 0.3x^2 + 4.8 \\ &= (-0.3x^2 + 18.8)\ \mathrm{kN} \end{aligned}$$

이 구간에서의 전단력도는 [그림 CS12.3]에 나타난 것과 같이 포물선이다. 전단력도가 x축과 교차하는 점을 구하기 위해서 전단력을 0으로 두고 x를 구한다.

$$V = (-0.3x^2 + 18.8)\ \mathrm{kN} = 0, \qquad x = 7.92\ \mathrm{m}$$

휨모멘트도 점 A에서 휨모멘트는 0이다. 두 점 사이의 휨모멘트의 차이는 그 구간에서 전단력도의 면적과 같으므로, M_B는 다음과 같다.

$$M_B - M_A = \frac{1}{2}(-9.6\ \mathrm{kN})(4\ \mathrm{m}) = -19.2\ \mathrm{kN\cdot m}$$

$$M_B = -19.2 + M_A = -19.2 + 0 = -19.2\ \mathrm{kN\cdot m}$$

점 A와 B 사이에서 전단력도가 직선이므로, 이 구간에서 휨모멘트도는 포물선이다(그림 CS12.3). 또한 점 A에서 전단력이 0이므로, 이 점에서 휨모멘트도의 기울기가 0이 된다. 식 (12.8)을 사용하면 점 B와 C 사이의 임의의 지점 x에서의 휨모멘트 M의 식을 다음과 같이 구할 수 있다.

$$M - M_B = \int_{x_B}^{x} V dx = \int_{4}^{x} (-0.3x^2 + 18.8)dx$$
$$= [-0.1x^3 + 18.8x + 0.1(4)^3 - 18.8(4)] \text{ kN} \cdot \text{m}$$
$$M = M_B - 0.1x^3 + 18.8x - 68.8$$
$$= (-19.2 - 0.1x^3 + 18.8x - 68.8) \text{ kN} \cdot \text{m}$$
$$M = (-0.1x^3 + 18.8x - 88.0) \text{ kN} \cdot \text{m}$$

따라서 이 구간에서 휨모멘트 곡선은 [그림 CS12.3]에 나타난 바와 같이 3차식이며, 휨모멘트의 최댓값은 전단력이 0인 $x = 7.92$ m 지점에서 발생한다.

고찰 [사례연구 5.1]에서 살펴본 바와 같이, 미국토목학회(ASCE)의 하중기준에서는 보의 일부분에만 하중이 재하되는 경우에 대해서도 검토할 것을 요구한다. 이는 부분적으로 하중이 작용하는 경우에 구조물에 더 불리한 영향을 미칠 수도 있기 때문이다. 보 전체에 설하중이 재하되는 경우, 이 문제에서 구한 것과 같이 최대 전단력과 휨모멘트는 점 B에서 발생하고, 그 크기는 각각 14 kN과 19.2 kN·m이다. 이제 지붕을 보호하기 위해 지붕의 내민 부분 AB에서부터 눈을 치우기 시작했다고 가정해보자. 원래의 하중에 대해 적용한 것과 같은 방법을 사용하여 [그림 CS12.4]와 같이 전단력도와 휨모멘트도를 구할 수 있으며, 그림에 나타난 바와 같이 이 부분하중에 의해 발생하는 최대 전단력은 점 C에서 14.4 kN, 최대 휨모멘트는 구간 BC에서 19.0 kN·m로 나타난다. 이들 값은 원래 하중에 의해 발생하는 값과 비슷하며, 점 C에 발생하는 반력은 부분하중이 작용하는 경우에 훨씬 크다. 따라서 보와 벽의 연결 부분은 부분하중에 의한 반력을 고려하여 적절히 설계해야 한다.

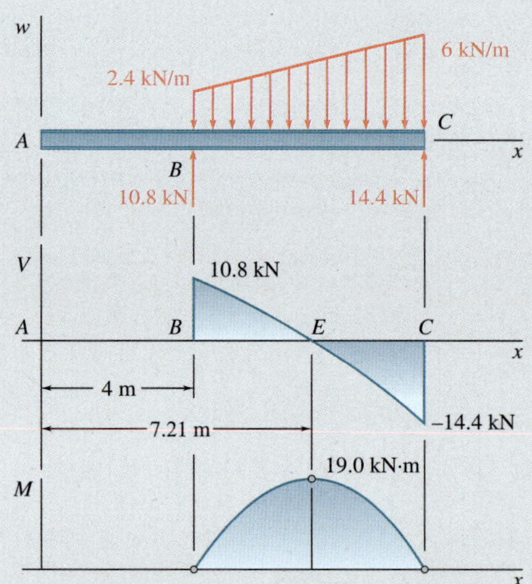

그림 CS12.4 부분적으로 하중이 작용하는 경우에 대한 보의 자유물체도, 전단력도, 휨모멘트도

Section 12.2 연습문제

12.29 12.2절의 방법을 사용하여 [문제 12.1a]를 푸시오.

12.30 12.2절의 방법을 사용하여 [문제 12.2a]를 푸시오.

12.31 12.2절의 방법을 사용하여 [문제 12.3a]를 푸시오.

12.32 12.2절의 방법을 사용하여 [문제 12.4a]를 푸시오.

12.33 12.2절의 방법을 사용하여 [문제 12.5]를 푸시오.

12.34 12.2절의 방법을 사용하여 [문제 12.6]을 푸시오.

12.35 12.2절의 방법을 사용하여 [문제 12.7]을 푸시오.

12.36 12.2절의 방법을 사용하여 [문제 12.8]을 푸시오.

12.37 ~ 12.40 그림과 같은 보에 대해 전단력도와 휨모멘트도를 작성하고, (a) 전단력의 절대최댓값과 (b) 휨모멘트의 절대최댓값을 구하시오.

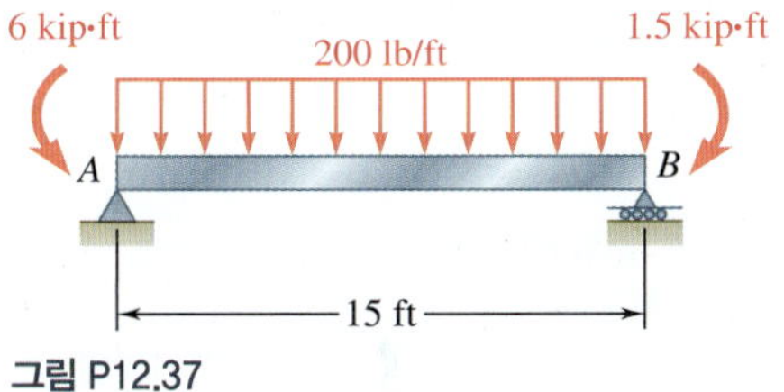

그림 P12.37

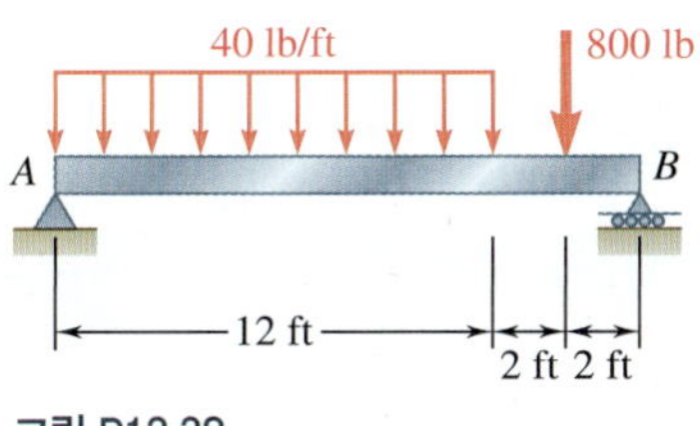

그림 P12.38

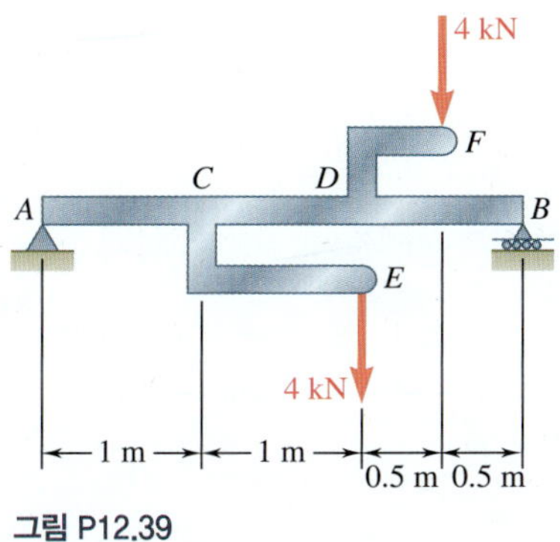

그림 P12.39

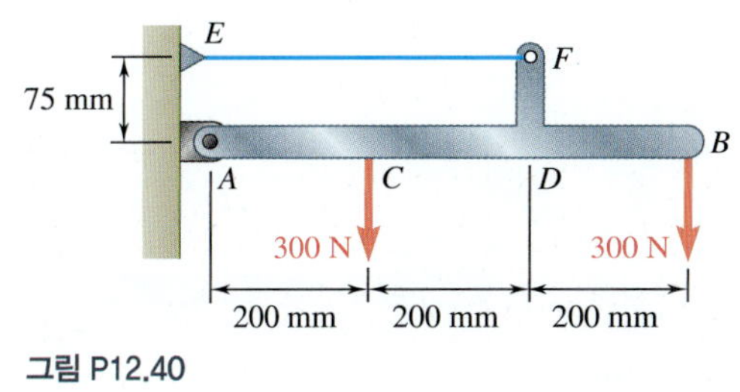

그림 P12.40

12.41 12.2절의 방법을 사용하여 [문제 12.13]을 푸시오.

12.42 12.2절의 방법을 사용하여 [문제 12.14]를 푸시오.

12.43 12.2절의 방법을 사용하여 [문제 12.15]를 푸시오.

12.44 12.2절의 방법을 사용하여 [문제 12.17]을 푸시오.

12.45 ~ 12.46 그림과 같은 보에 대해 (a) 전단력과 휨모멘트의 식을 구하고, (b) 보에 발생되는 휨모멘트의 절대최댓값을 구하시오.

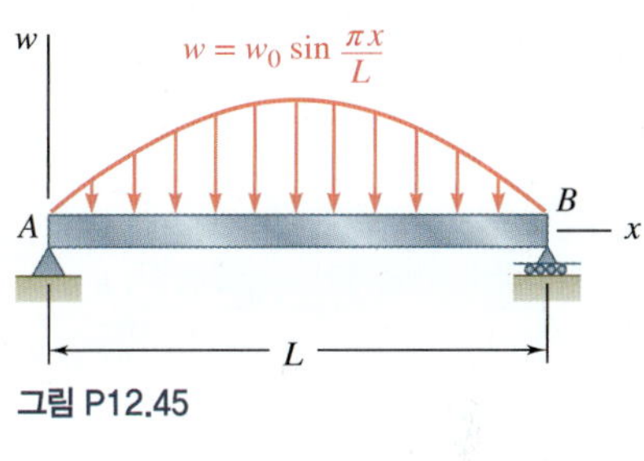

그림 P12.45

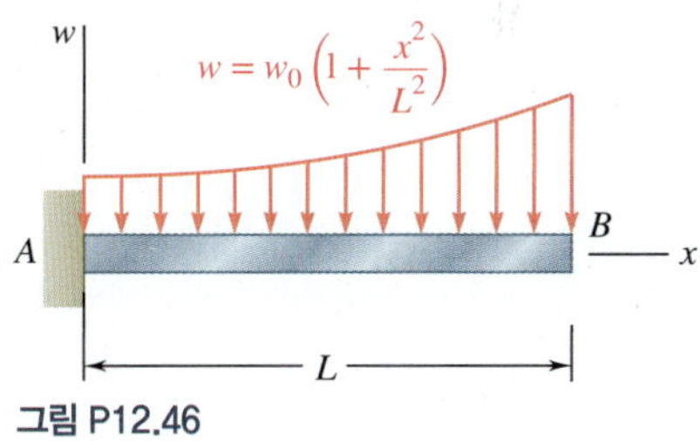

그림 P12.46

12.47 그림과 같은 보에 대해 (a) 전단력과 휨모멘트의 식을 구하고, (b) 보에 발생하는 휨모멘트의 절대최댓값을 구하시오.

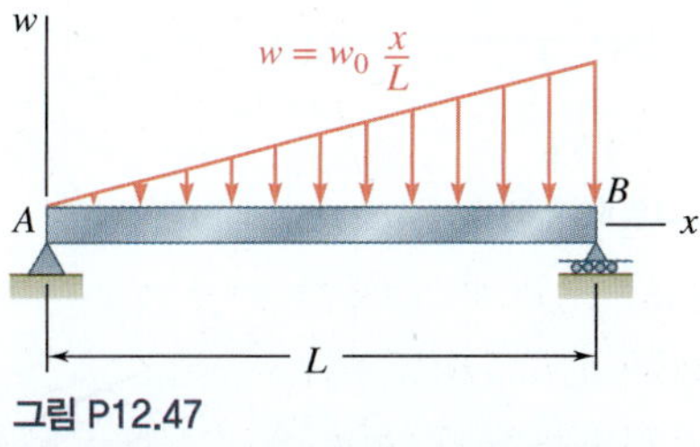

그림 P12.47

12.48 그림과 같은 보에서 (a) $k=1$, (b) $k=0.5$에 대해 전단력과 휨모멘트의 식을 구하고, 보에 발생되는 휨모멘트의 절대최댓값을 구하시오.

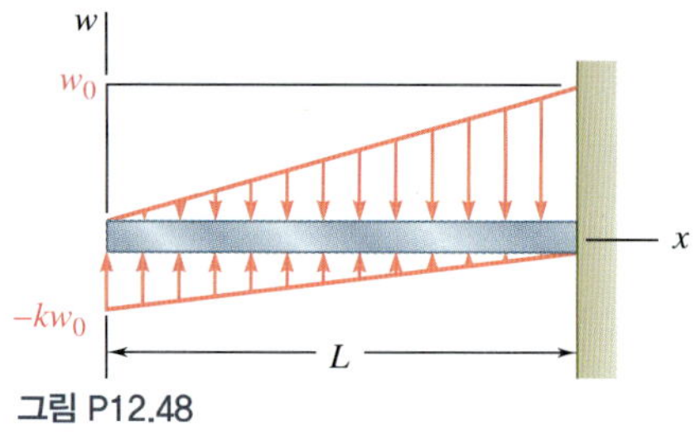

그림 P12.48

12.49 ~ 12.50 그림과 같은 보에 대해 전단력도와 휨모멘트도를 그리고, 휨에 의해 발생하는 수직응력의 최댓값을 구하시오.

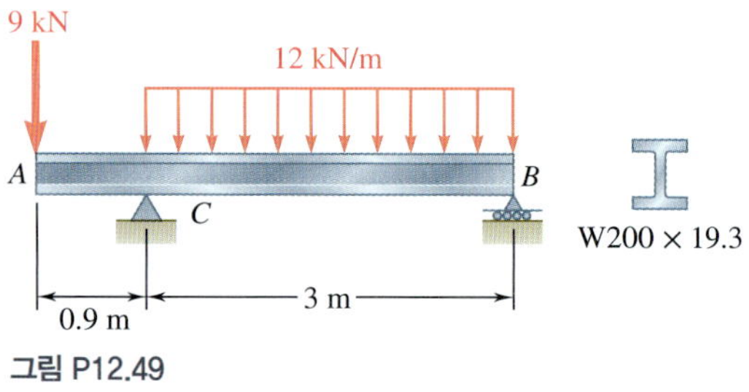

그림 P12.49

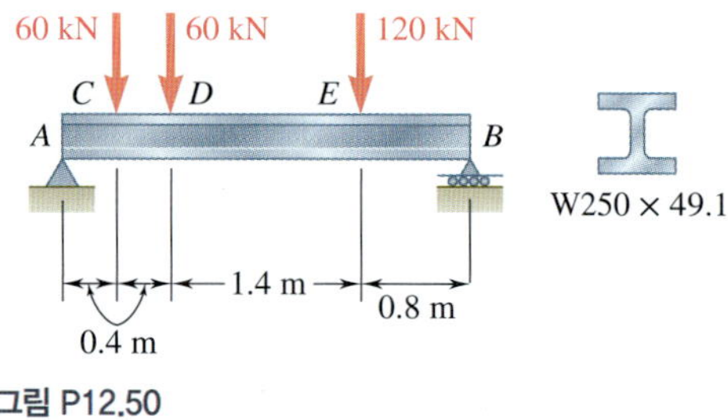

그림 P12.50

12.51 ~ 12.52 그림과 같은 보에 대해 전단력도와 휨모멘트도를 그리고, 휨에 의해 발생하는 수직응력의 최댓값을 구하시오.

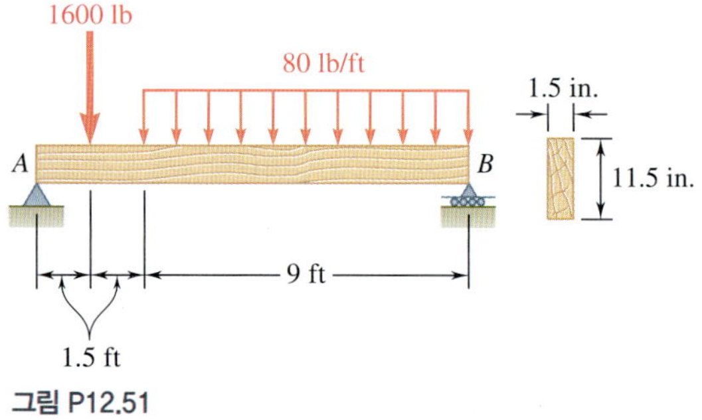

그림 P12.51

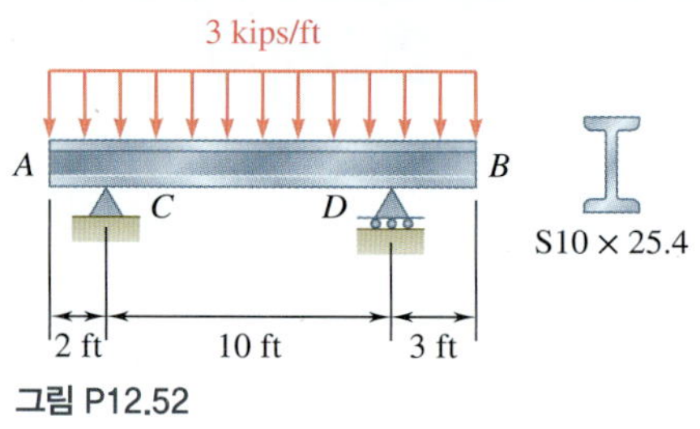

그림 P12.52

12.53 ~ 12.54 그림과 같은 보에 대해 전단력도와 휨모멘트도를 그리고, 휨에 의해 발생하는 수직응력의 최댓값을 구하시오.

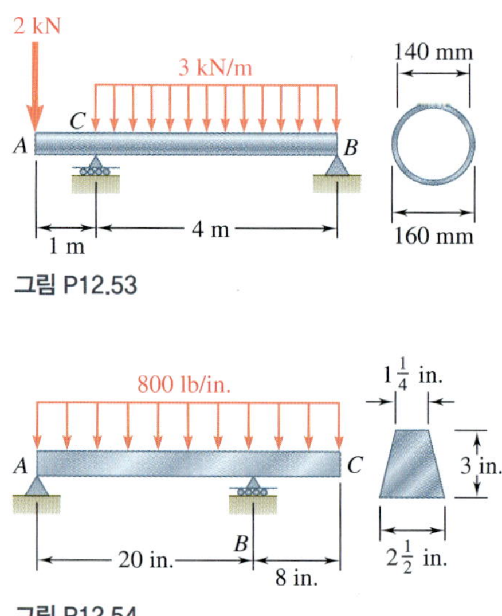

그림 P12.53

그림 P12.54

12.55 ~ 12.56 그림과 같은 보에 대해 전단력도와 휨모멘트도를 그리고, 휨에 의해 발생하는 수직응력의 최댓값을 구하시오.

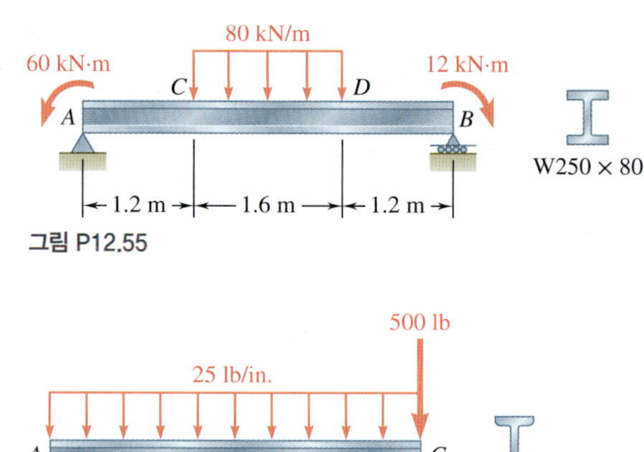

그림 P12.55

그림 P12.56

12.3 휨을 받는 균일단면보의 설계

보의 설계는 일반적으로 보에 발생하는 휨모멘트의 절대최댓값 $|M|_{max}$에 의해 결정된다. 최대 수직응력 σ_m은 $|M|_{max}$가 발생하는 단면의 표면에서 발생하며, 식 (12.1) 또는 식 (12.3)에서 $|M|$을 $|M|_{max}$로 대체하여 구할 수 있다.[4]

$$\sigma_m = \frac{|M|_{max} c}{I} \tag{12.1a}$$

$$\sigma_m = \frac{|M|_{max}}{S} \tag{12.3a}$$

4 중립면에 대해 대칭이 아닌 단면을 갖는 보에서는 식 (12.1)과 단면계수 $S = I/c$를 계산할 때, 중립면으로부터 보의 상연 또는 하연까지의 거리 중에서 큰 값을 c로 사용해야 한다.

안전한 설계를 위해서 $\sigma_m \leq \sigma_{all}$이어야 하는데, 여기서 σ_{all}은 사용된 재료의 허용응력이다. 식 (12.3a)에서 σ_m에 σ_{all}을 대입하고 S에 대해 풀면, 설계 대상인 보가 가질 수 있는 단면계수의 최소허용값을 얻을 수 있다.

$$S_{min} = \frac{|M|_{max}}{\sigma_{all}} \tag{12.9}$$

이 절에서는 일반적인 형태의 보를 설계하는 과정에 대해 알아본다. 여기에는 직사각형 단면의 목재보나 다양한 단면의 압연형강보가 포함된다. 적절한 설계과정을 통하여 가장 경제적인 단면을 얻게 되는데, 이것은 다른 조건이 모두 같다면 동일한 재료와 종류의 보 중에서 단위길이당 무게가 가장 가벼운 단면, 즉 단면적이 가장 작은 단면을 선택하게 된다는 뜻이다. 따라서 결과적으로 가장 경제적인 단면을 선택하게 된다.

설계의 과정은 일반적으로 다음과 같은 단계로 진행된다.[5]

5 이 장에서 다루는 모든 보는 횡좌굴lateral buckling이 발생하지 않도록 적절히 구속되어 있다고 가정하며, 압연형강보에서는 복부판의 국부좌굴local buckling, crippling을 방지하기 위해 집중하중 재하점에 지압판bearing plate을 두는 것으로 가정한다.

❶ 먼저 사용하고자 하는 재료의 σ_{all}값을 재료표나 설계기준에서 확인한다. 또는 재료의 극한강도 σ_U를 적절한 안전계수로 나누어 허용응력을 계산한다(8.4.3절 참고). 인장과 압축에 대한 허용응력은 동일한 것으로 가정하고 다음 단계를 진행한다.

❷ 주어진 하중조건에 대해 전단력도와 휨모멘트도를 작성하고, 보에 발생하는 휨모멘트의 절대최댓값 $|M|_{max}$를 구한다.

❸ 식 (12.9)를 사용하여 사용될 수 있는 단면계수의 최소허용값 S_{min}을 구한다.

❹ 목재보의 설계에서는 보의 높이 h와 보의 폭 b 또는 이 둘 사이의 비율 h/b가 결정해야 하는 값이 되며, 식 (11.19)에서 $\frac{1}{6}bh^2 \geq S_{min}$ 관계를 사용하여 단면의 치수를 결정한다.

❺ 압연형강을 사용하는 경우에는 〈부록 D〉의 표를 참고한다. 사용 가능한 단면들 중에서 단면계수 $S \geq S_{min}$인 단면들만 고려대상이 되며, 단위길이당 중량이 가장 가벼운 단면을 선택한다. 이렇게 하면 $S \geq S_{min}$의 조건을 만족하는 가장 경제적인 설계가 된다.

여기서 반드시 S값이 가장 작은 단면을 선택해야만 하는 것은 아니다(개념적용 12.4 참고). 어떤 경우에는 단면의 허용 높이나 보의 허용 처짐과 같은 다른 설계 제한조건에 의해 단면이 결정될 수 있다(15장 참고).

개념적용 12.4

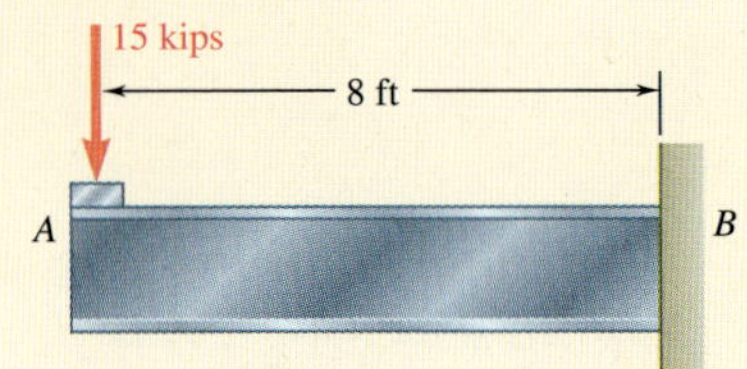

그림 12.12 단부에 하중이 작용하고 있는 H형강 캔틸레버보

[그림 12.12]와 같이 15 kips의 하중을 받는 캔틸레버보에 사용할 H형강의 단면을 결정하시오. 강재의 허용응력은 24 ksi이다.

1. 재료의 허용 수직응력은 주어진 값을 사용한다.

$$\sigma_{\text{all}} = 24 \text{ ksi}$$

2. 전단력은 15 kips로 일정하며, 휨모멘트는 점 B에서 다음과 같은 최댓값을 갖는다.

$$|M|_{\max} = (15 \text{ kips})(8 \text{ ft}) = 120 \text{ kip}\cdot\text{ft} = 1440 \text{ kip}\cdot\text{in.}$$

3. 단면계수의 최소허용값은 다음과 같다.

$$S_{\min} = \frac{|M|_{\max}}{\sigma_{\text{all}}} = \frac{1440 \text{ kip}\cdot\text{in.}}{24 \text{ ksi}} = 60.0 \text{ in}^3$$

4. 〈부록 D〉의 표를 참고하여 단면을 선택한다. 표는 높이가 같은 단면들을 한 그룹으로 정리했으며, 같은 그룹 안에서는 단위길이당 무게가 큰 단면이 먼저 오도록 정렬되어 있다. 각 그룹에서 단면계수 $S = I/c$가 $S_{\min}$보다 크거나 같은 단면 중 가장 가벼운 단면을 선택하여 다음 표에 정리했다.

단면	S, in^3
W21 × 44	81.6
W18 × 50	88.9
W16 × 40	64.7
W14 × 43	62.6
W12 × 50	64.2
W10 × 54	60.0

표에서 가장 경제적인 단면은 W16×40이며, 다른 두 단면보다 단면계수는 더 크지만 중량은 40 lb/ft 밖에 되지 않는다. 따라서 보의 총 중량은 (8 ft)×(40 lb) = 320 lb이다. 이 자중은 외부 하중 15,000 lb에 비하여 매우 작으므로 무시한다.

지금까지는 인장과 압축에 대한 허용응력이 σ_{all}로 같다고 가정했다. 만일 σ_{all}이 인장과 압축에 대해 다른 값을 갖는다면, 인장응력과 압축응력에 대해 모두 $\sigma_m \le \sigma_{\text{all}}$인 단면을 선택해야 한다. 또한 단면이 중립축에 대해 대칭이 아닌 경우에는 최대 인장응력과 최대 압축응력 모두 $|M|$이 최대인 단면에서 발생하지 않을 수도 있다(즉, 하나는 M이 최대인 단면, 다른 하나는 M이 최소인 단면에서 발생할 수 있음). 이러한 경우에는 앞의 설계절차 2단계에서 $M_{\max}$와 $M_{\min}$을 모두 파악하고, 3단계에서는 인장응력과 압축응력을 각각 따져보아야 한다. 마지막으로, 이 절에서 설명한 설계절차는 보의 표면(즉, 상연과 하연)에서 발생하는 수직응력만 고려한 것이다. 짧은 보에서는(특히 목재의 경우) 수직하중에 의해 전단파괴가 발생할 수 있으며, 보에 발생하는 전단응력에 대해서는 13장에서 다룰 것이다.

예제 12.7

그림과 같이 등분포하중과 집중하중을 지지하는 전체 길이가 12 ft이고 지간장 AB가 8 ft인 목재 내민보 AC를 설계하고자 한다. 공칭 폭이 4 in.(실제 폭은 3.5 in.)이고 허용응력이 1.75 ksi인 목재를 사용한다고 할 때, 보의 최소 요구 높이 h를 구하시오.

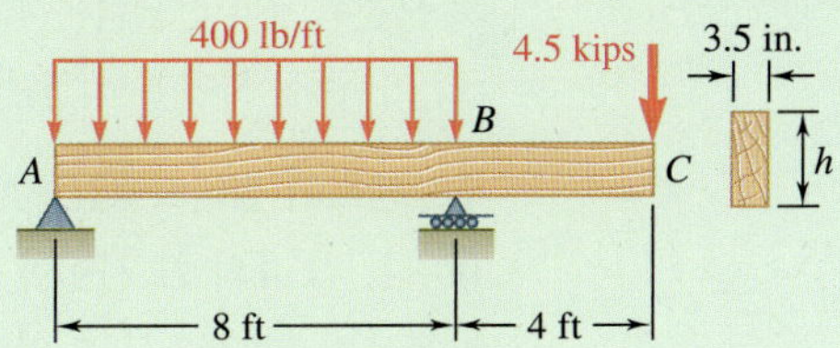

문제분석 먼저 휨모멘트도를 작성하여 휨모멘트의 절대최댓값을 구한다. 다음으로 휨모멘트값을 사용하여 주어진 허용응력을 만족하는 소요 단면값을 구할 수 있다.

모델링과 풀이

반력 [그림 1]과 같이 보 전체의 자유물체도를 그리고, 반력을 구한다.

$$+\circlearrowleft \Sigma M_A = 0 : B(8 \text{ ft}) - (3.2 \text{ kips})(4 \text{ ft}) - (4.5 \text{ kips})(12 \text{ ft}) = 0$$

$$B = 8.35 \text{ kips} \qquad \mathbf{B} = 8.35 \text{ kips} \uparrow$$

$$\overset{+}{\rightarrow} \Sigma F_x = 0 : A_x = 0$$

$$+\uparrow \Sigma F_y = 0 : A_y + 8.35 \text{ kips} - 3.2 \text{ kips} - 4.5 \text{ kips} = 0$$

$$A_y = -0.65 \text{ kips} \qquad \mathbf{A} = 0.65 \text{ kips} \downarrow$$

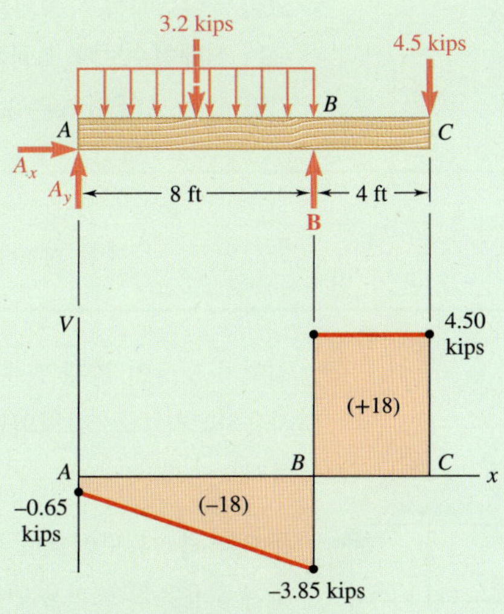

그림 1 보의 자유물체도와 전단력도

전단력도 점 A의 바로 오른쪽 단면에서 전단력은 $V_A = A_y = -0.65$ kips이다. 점 A와 B 사이에서 전단력의 차이는 그 구간에서 하중선도 아래의 면적에 −1을 곱한 것과 같으므로, V_B는 다음과 같이 계산할 수 있다.

$$V_B - V_A = -(400\ \text{lb/ft})(8\ \text{ft}) = -3200\ \text{lb} = -3.20\ \text{kips}$$

$$V_B = V_A - 3.20\ \text{kips} = -0.65\ \text{kips} - 3.20\ \text{kips} = -3.85\ \text{kips}$$

지점 B에서의 반력은 8.35 kips만큼의 순간적인 전단력 증가를 유발하므로 점 B의 바로 오른쪽에서 전단력은 4.5 kips가 된다. 점 B와 C 사이에는 작용하는 하중이 없으므로, 이 두 점 사이에서 전단력은 일정한 값으로 유지된다.

휨모멘트의 절대최댓값 $|M|_{max}$ 보의 양단에서 휨모멘트는 0이다. 즉, $M_A = M_C = 0$이다. 점 A와 B 사이에서 휨모멘트는 전단력도의 면적만큼 감소하며, 점 B와 C 사이에서는 해당 부분의 전단력도 면적만큼 증가한다. 따라서 휨모멘트의 절대최댓값 $|M|_{max} = 18.00\ \text{kip}\cdot\text{ft}$이다.

최소 허용 단면계수 식 (12.9)에 σ_{all}과 $|M|_{max}$를 대입하면 다음과 같다.

$$S_{min} = \frac{|M|_{max}}{\sigma_{all}} = \frac{(18\ \text{kip}\cdot\text{ft})(12\ \text{in./ft})}{1.75\ \text{ksi}} = 123.43\ \text{in}^3$$

보의 최소 요구 높이 앞의 설계절차 4단계에서 언급한 식에 b와 S_{min}값을 대입하면 다음 결과를 얻는다.

$$\frac{1}{6}bh^2 \geq S_{min}, \quad \frac{1}{6}(3.5\ \text{in.})h^2 \geq 123.43\ \text{in}^3, \quad h \geq 14.546\ \text{in.}$$

보의 최소 요구 높이는 $h = 14.55$ in.이다.◀

고찰 실무에서 사용되는 목재보의 표준단면 명칭에는 공칭치수를 사용하는데, 공칭치수는 실제치수보다 조금씩 더 크다. 이 문제에서 선택한 단면은 공칭 4×16 in. 단면이지만 실제 보의 단면은 3.5×15.25 in. 치수를 갖는다.

예제 12.8

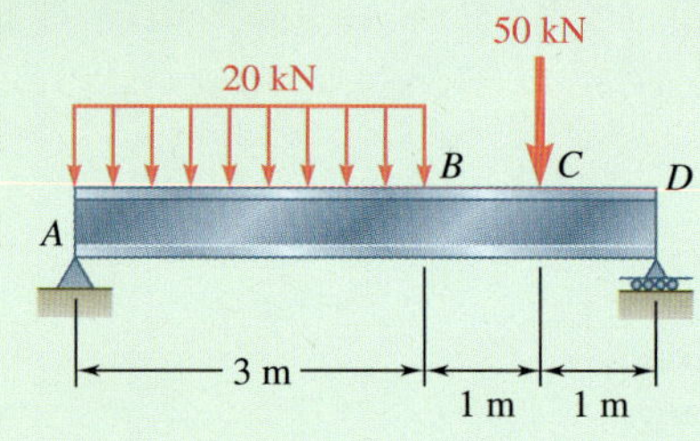

길이가 5 m인 강재 단순보 AD가 그림과 같이 분포하중과 집중하중을 지지해야 한다. 사용하고자 하는 강재의 허용응력이 160 MPa일 때, 사용 가능한 H형강의 단면을 선택하시오.

문제분석 휨모멘트도를 그려서 휨모멘트의 절대최댓값을 구한다. 이 모멘트값을 사용하여 허용응력 조건을 만족하기 위한 소요 단면계수를 구할 수 있다.

모델링과 풀이

반력 [그림 1]에 나타난 보 전체의 자유물체도로부터 반력을 구한다.

$$+\circlearrowleft \Sigma M_A = 0 : \; D(5\text{ m}) - (60\text{ kN})(1.5\text{ m}) - (50\text{ kN})(4\text{ m}) = 0$$

$$D = 58.0\text{ kN} \qquad \mathbf{D} = 58.0\text{ kN} \uparrow$$

$$\overset{+}{\rightarrow} + \Sigma F_x = 0 : \; A_x = 0$$

$$+\uparrow \Sigma F_y = 0 : \; A_y + 58.0\text{ kN} - 60\text{ kN} - 50\text{ kN} = 0$$

$$A_y = 52.0\text{ kN} \qquad \mathbf{A} = 52.0\text{ kN} \uparrow$$

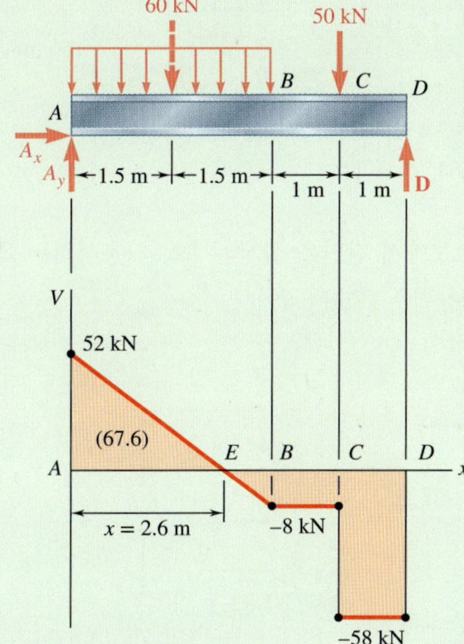

그림 1 보의 자유물체도와 전단력도

전단력도 점 A의 바로 오른쪽에서 전단력은 $V_A = A_y = +52.0$ kN이다. 점 A와 B 사이에서 전단력의 차이는 하중선도의 면적에 −1을 곱한 값과 같으므로, V_B는 다음과 같다.

$$V_B = 52.0\text{ kN} - 60\text{ kN} = -8\text{ kN}$$

점 B와 C 사이에서 전단력은 일정한 값으로 유지되며, 점 C에서 −58 kN으로 하락하여 점 D까지 유지된다. 전단력 $V = 0$인 점 E의 위치를 구하기 위해 다음과 같은 계산을 수행한다.

$$V_E - V_A = -wx$$

$$0 - 52.0\text{ kN} = -(20\text{ kN/m})x$$

따라서 $x = 2.60$ m이다.

휨모멘트의 절대최댓값 $|M|_{max}$ 휨모멘트는 전단력 $V = 0$인 점 E에서 최대가 된다. 지점 A에서 휨모멘트가 0이므로, 점 E에 발생되는 최대 휨모멘트는 점 A와 E 사이 전단력도의 면적과 같다. 따라서 $|M|_{max} = M_E = 67.6$ kN·m이다.

최소 허용 단면계수 식 (12.9)에 σ_{all}과 $|M|_{max}$를 대입하면 다음과 같이 S_{min}을 얻는다.

$$S_{min} = \frac{|M|_{max}}{\sigma_{all}} = \frac{67.6\text{ kN}\cdot\text{m}}{160\text{ MPa}} = 422.5 \times 10^{-6}\text{ m}^3 = 422.5 \times 10^3\text{ mm}^3$$

H형강 단면의 선택 〈부록 D〉에서 S_{min}보다 큰 단면계수를 가지며, 보의 높이 그룹에서 가장 가벼운 단면을 다음 표에 나타내었다.

단면	S, mm^3
W410 × 38.8	629
W360 × 32.9	475
W310 × 38.7	547
W250 × 44.8	531
W200 × 46.1	451

이들 단면 중 가장 중량이 가벼운 것은 W360×32.9이다.◂

고찰 수직 허용응력이 보의 유일한 설계조건일 때, 선택할 수 있는 중량이 가장 가벼운 단면은 다른 보에 비해 단면의 높이가 높은 경향이 있다. 실제로 보를 설계할 때는 최종적으로 단면을 선택할 때 고려해야 하는 다른 설계조건들이 존재하게 된다.

Section 12.3 연습문제

12.57 ~ 12.58 그림과 같은 보에서 단면을 설계하시오. 사용하려는 목재의 수직 허용응력은 12 MPa이다.

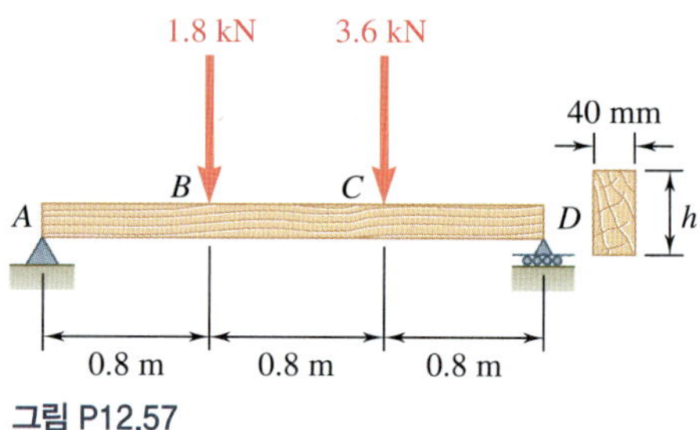

그림 P12.57

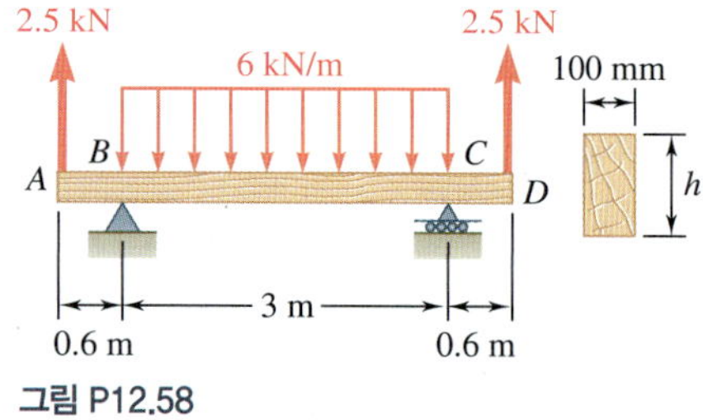

그림 P12.58

12.59 ~ 12.60 그림과 같은 보에서 단면을 설계하시오. 사용하려는 목재의 수직 허용응력은 1750 psi이다.

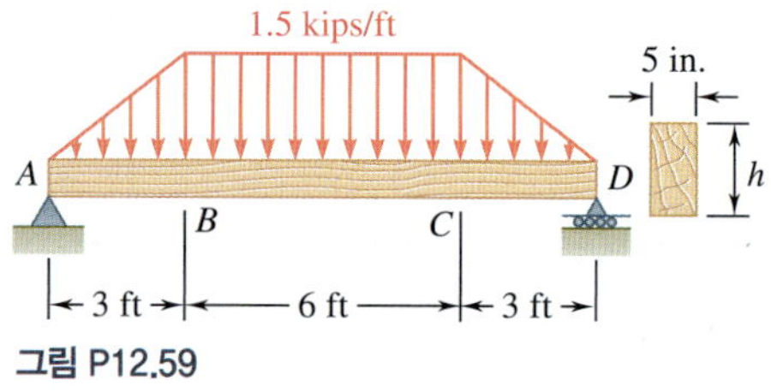

그림 P12.59

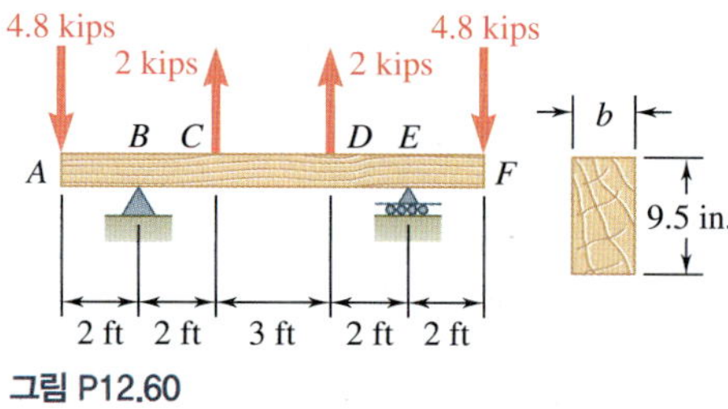

그림 P12.60

12.61 그림과 같은 보에서 단면을 설계하시오. 사용하려는 목재의 수직 허용응력은 12 MPa이다.

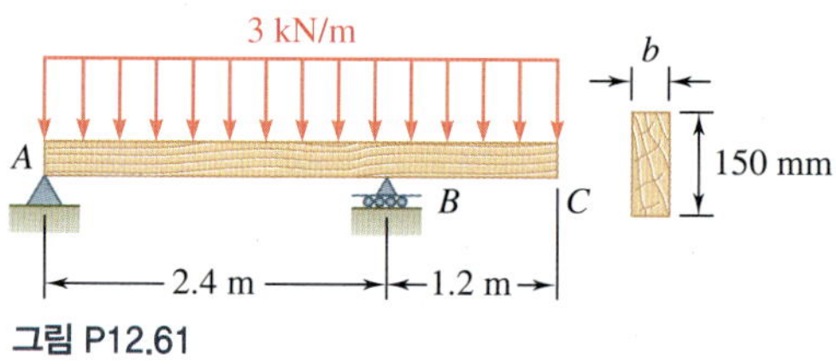

그림 P12.61

12.62 그림과 같은 보에서 단면을 설계하시오. 사용하려는 목재의 수직 허용응력은 1750 psi이다.

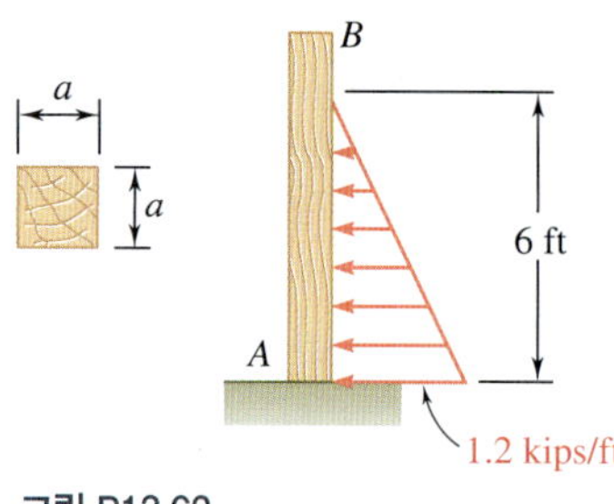

그림 P12.62

12.63 ~ 12.64 그림과 같은 보에서 가장 경제적인 H형강의 단면을 선택하시오. 사용하는 강재의 수직 허용응력은 24 ksi이다.

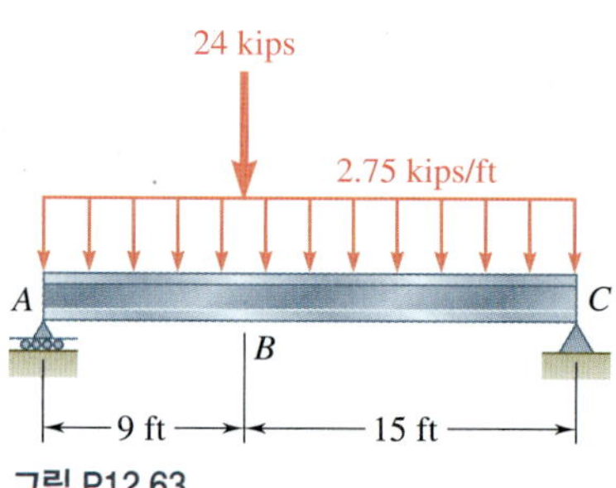

그림 P12.63

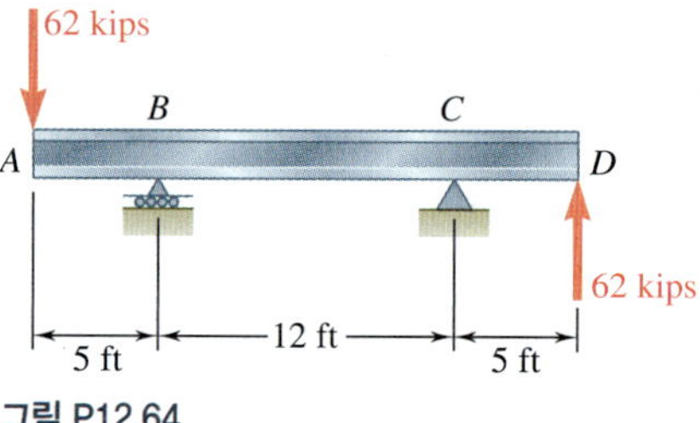

그림 P12.64

12.65 ~ 12.66 그림과 같은 보에서 가장 경제적인 H형강의 단면을 선택하시오. 사용하는 강재의 수직 허용응력은 160 MPa이다.

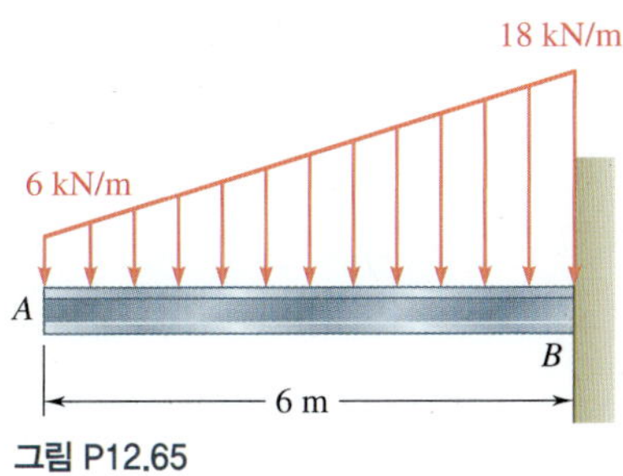

그림 P12.65

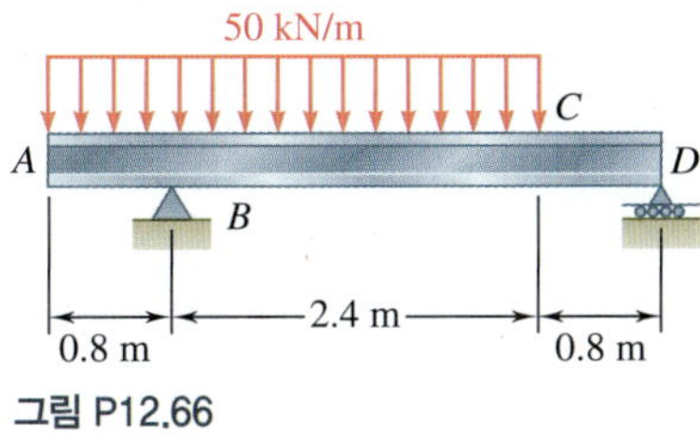

그림 P12.66

12.67 ~ 12.68 그림과 같은 보에서 가장 경제적인 I형강의 단면을 선택하시오. 사용하는 강재의 수직 허용응력은 160 MPa이다.

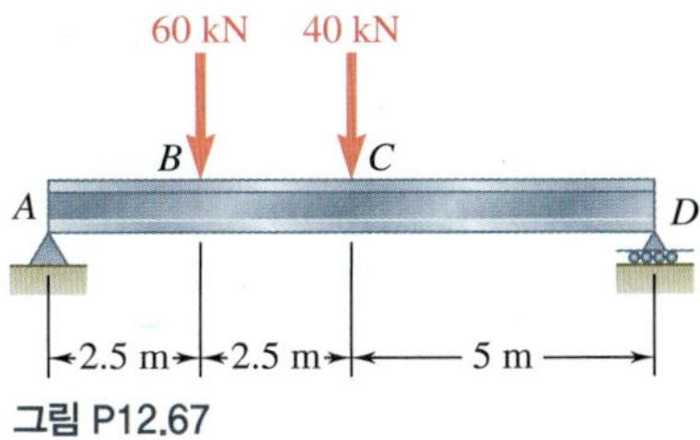

그림 P12.67

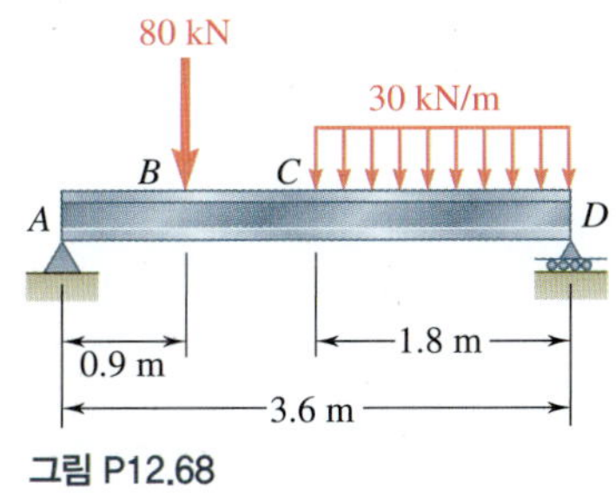

그림 P12.68

12.69 ~ 12.70 그림과 같은 보에서 가장 경제적인 I형강의 단면을 선택하시오. 사용하는 강재의 수직 허용응력은 24 ksi이다.

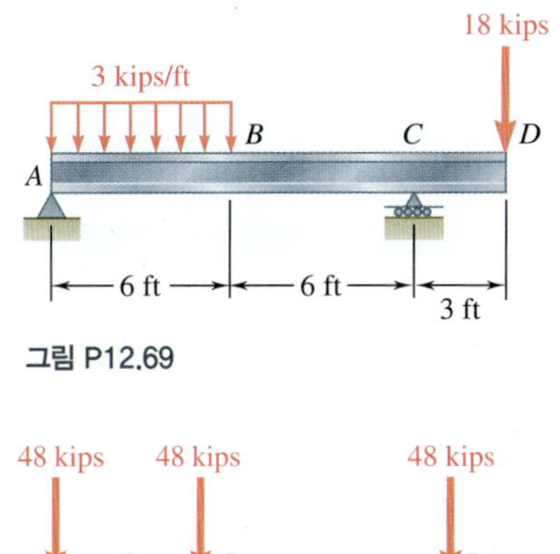

그림 P12.69

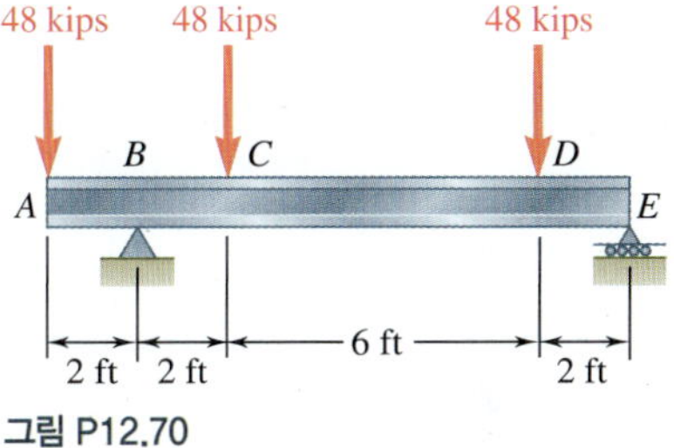

그림 P12.70

12.71 두 개의 압연 ㄷ형강channel을 등을 맞대어 용접한 뒤, 그림과 같은 하중을 지지하는 보의 부재로 사용하려고 한다. 사용하려는 강재의 수직 허용응력이 30 ksi일 때, 가장 경제적인 ㄷ형강의 단면을 선택하시오.

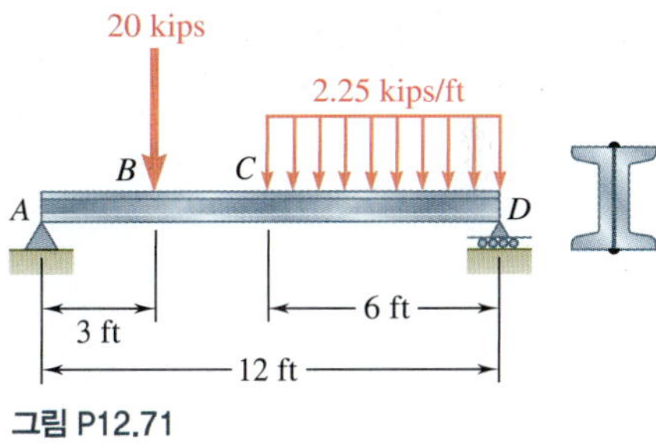

그림 P12.71

12.72 두 개의 압연 ㄷ형강을 모서리를 맞대어 용접한 뒤, 그림과 같은 하중을 지지하는 보의 부재로 사용하려고 한다. 사용하려는 강재의 수직 허용응력이 150 MPa일 때, 가장 경제적인 ㄷ형강의 단면을 선택하시오.

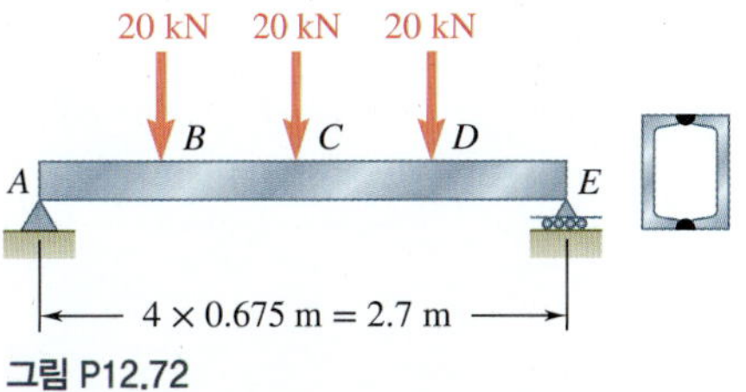

그림 P12.72

12.73 두 개의 L4×3 형강을 볼트로 연결하여 그림과 같은 하중을 지지하는 보의 부재로 사용하려고 한다. 사용하려는 강재의 수직 허용응력이 24 ksi일 때, 사용할 수 있는 L형강의 최소 두께를 구하시오.

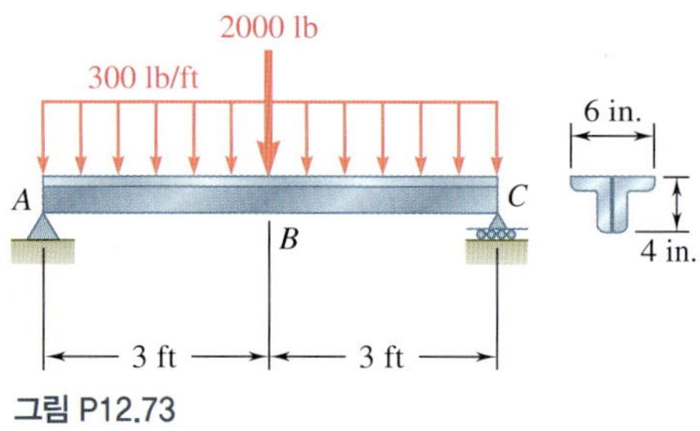

그림 P12.73

12.74 바깥지름이 100 mm인 강재 파이프를 사용하여 그림과 같은 하중을 지지하려고 한다. 사용할 수 있는 파이프의 두께는 6 mm에서 24 mm까지 3 mm 간격으로 존재하며, 강재의 수직 허용응력은 150 MPa이다. 사용할 수 있는 파이프의 두께 t의 최솟값을 구하시오.

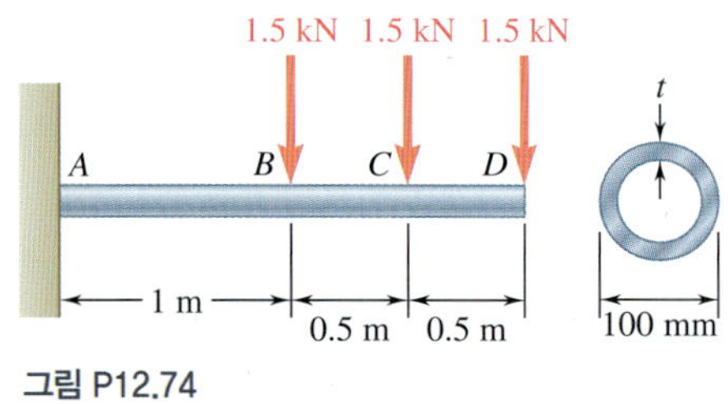

그림 P12.74

12.75 지반에서 발생하는 수직방향 반력은 등분포인 것으로 가정한다. 사용하려는 강재의 수직 허용응력이 170 MPa임을 알고 있을 때, 그림의 하중을 지지하기 위해 사용할 수 있는 가장 경제적인 H형강의 단면을 선택하시오.

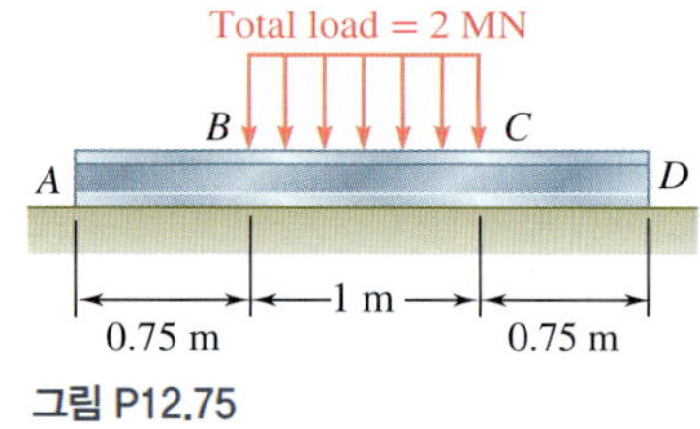

그림 P12.75

12.76 지반에서 발생하는 수직방향 반력은 등분포인 것으로 가정한다. 사용하려는 강재의 수직 허용응력이 24 ksi일 때, 그림의 하중을 지지하기 위해 사용할 수 있는 가장 경제적인 H형강의 단면을 선택하시오.

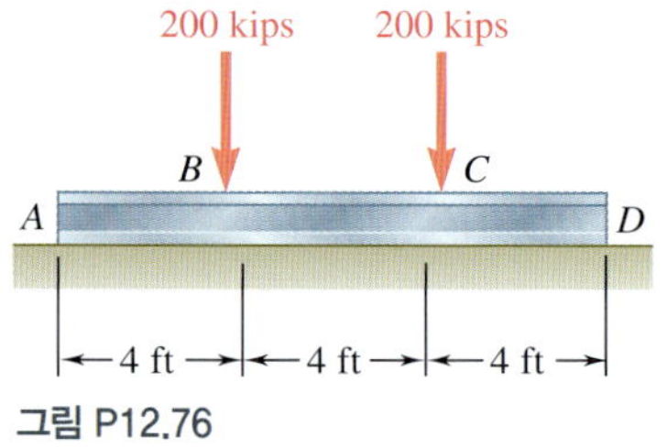

그림 P12.76

Chapter 12 핵심요약

균일단면보의 설계

이 장에서는 분포하중 또는 집중하중과 같이 부재의 축과 직각방향으로 작용하는 직각방향하중 transverse loading을 받는 보의 해석과 설계에 대해 다루었다. 보는 [그림 12.13]과 같이 지지조건에 따라 분류되며, 이 장에서는 평형조건으로부터 반력을 구할 수 있는 정정보statically determinate beam 만을 대상으로 했다.

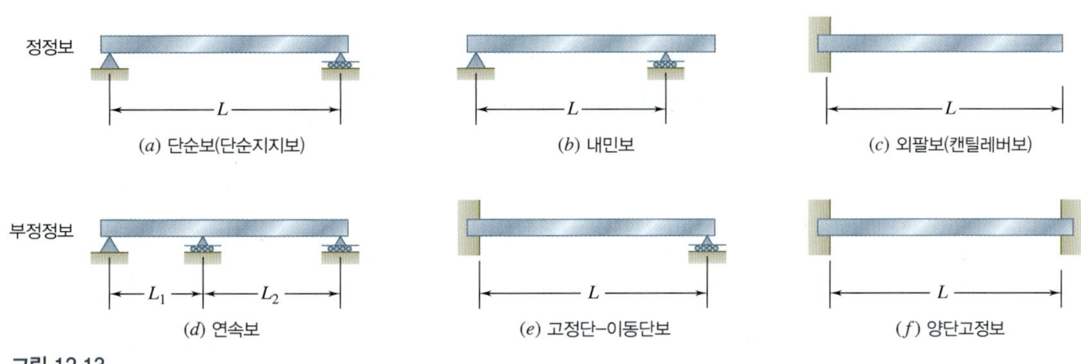

그림 12.13

휨에 의해 발생하는 수직응력

직각방향하중에 의해 보에는 전단력과 휨모멘트가 발생하지만, 휨에 의해 발생되는 수직응력이 보의 강도설계에서 더 지배적인 기준이 된다(12.1절). 따라서 이 장에서는 보의 수직응력에 대해 먼저 다루었으며, 전단응력에 관한 내용은 다음 장에서 다룬다.

보의 한 단면에서 발생하는 수직응력의 최댓값 σ_m을 구하기 위해 사용되는 휨공식은 다음과 같다.

$$\sigma_m = \frac{|M|c}{I} \tag{12.1}$$

여기서 I는 우력모멘트 $\mathbf{M}$이 작용하는 평면에 수직인 주도심축에 대한 단면2차모멘트이며, c는 중립면으로부터 가장 멀리 떨어진 점까지의 거리이다(그림 12.14). 탄성단면계수 $S = I/c$를 사용하면 단면에 발생하는 최대 수직응력을 다음과 같이 나타낼 수 있다.

$$\sigma_m = \frac{|M|}{S} \tag{12.3}$$

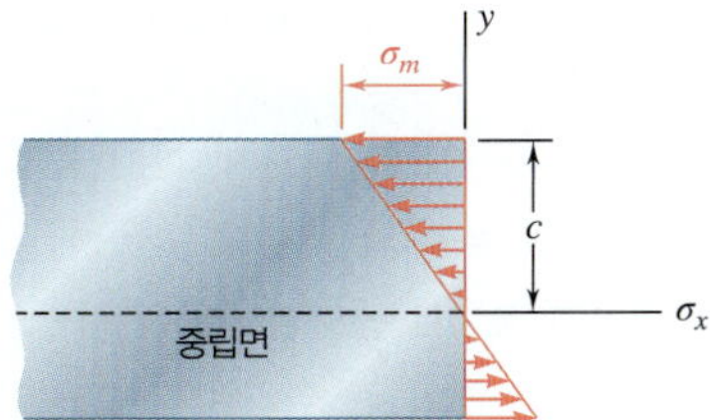

그림 12.14

전단력도와 휨모멘트도

식 (12.1)로부터 최대 수직응력은 $|M|$이 최대인 단면에서 발생하며, 단면 내에서는 중립축으로부터 가장 먼 지점에서 발생한다는 것을 알 수 있다.

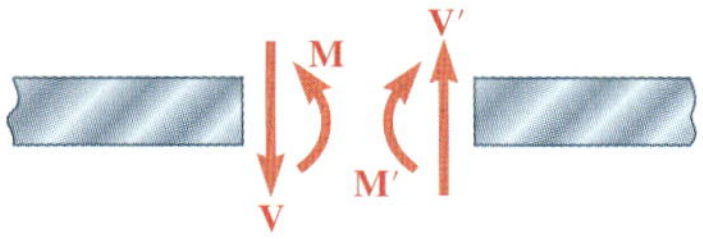

내력(양의 전단력과 양의 휨모멘트)

그림 12.15

$|M|$의 최댓값과 최댓값이 발생하는 단면은 전단력도와 휨모멘트도로부터 간편하게 파악할 수 있다. 전단력도와 휨모멘트도는 보의 축방향을 따라 발생하는 전단력과 휨모멘트의 변화를 그림으로 나타낸 것이며, 보의 각 점에서 구한 V와 M의 값을 사용하여 작성한다. 각 점에서의 V와 M의 값은 그 점을 통과하는 단면으로 보를 분리하고, 분리된 한쪽에 대한 자유물체도로부터 구할 수 있다. 전단력 **V**와 휨모멘트 **M**의 부호를 혼동하지 않기 위해(분리된 보의 두 부분에서 서로 반대방향으로 작용하므로) 부호규약에 대해 앞에서 설명했으며, [그림 12.15]에 다시 한번 나타내었다.

하중, 전단력, 휨모멘트 사이의 관계

다음의 관계를 이용하면 전단력도와 휨모멘트도를 더 수월하게 작성할 수 있다. w는 단위길이당 작용하는 분포하중의 크기이며, 아래 방향일 때 부호를 양(+)이라고 하면 식은 다음과 같다.

$$\frac{dV}{dx} = -w \tag{12.5}$$

$$\frac{dM}{dx} = V \tag{12.7}$$

이 식들의 양변을 적분하면 다음과 같이 표현할 수도 있다.

$$V_D - V_C = -(\text{구간 } CD\text{에서 하중선도 아래의 면적}) \tag{12.6b}$$

$$M_D - M_C = \text{구간 } CD\text{에서 전단력도 아래의 면적} \tag{12.8b}$$

식 (12.6b)를 사용하면 분포하중에 대한 하중선도와 보의 한쪽 끝에서의 전단력 V의 값을 사용하여 전단력도를 그릴 수 있다. 또한 식 (12.8b)를 사용하면 전단력도와 한쪽 끝에서의 M값을 사용하여 휨모멘트도를 그릴 수 있다. 하지만 집중하중이 작용하는 경우에는 전단력도에 불연속이 발생하고, 집중모멘트는 휨모멘트도에 불연속을 발생시키기 때문에, 집중하중이나 집중모멘트가 작용하는 경우에는 이들의 영향을 별도로 고려해야 한다. 또한 식 (12.7)로부터 휨모멘트가 최대 또는 최솟값을 갖는 곳에서 전단력은 0임을 알 수 있다.

균일단면보의 설계

재료의 허용응력 σ_{all}을 알고 있고, 최대 수직응력에 의해 설계가 지배되는 경우에 단면의 최소 허용 단면계수는 다음과 같다.

$$S_{\min} = \frac{|M|_{\max}}{\sigma_{\text{all}}} \tag{12.9}$$

직사각형 단면을 갖는 목재보에서 $S = \frac{1}{6}bh^2$이며, 여기서 b는 보의 폭, h는 보의 높이이다. 따라서 단면의 치수는 $\frac{1}{6}bh^2 \geq S_{\min}$이 되도록 결정해야 한다.

압연형강을 사용하는 경우에는 〈부록 D〉의 표를 참고한다. 사용 가능한 단면들 중에서 단면계수 $S \geq S_{\min}$인 단면만 고려한다. 이때 일반적으로 단위길이당 중량이 가장 가벼운 단면을 선택한다.

Chapter 12 종합문제

12.77 ~ 12.78 그림과 같은 보와 하중조건에 대해 전단력도와 휨모멘트도를 작성하고, (a) 전단력의 절대최댓값과 (b) 휨모멘트의 절대최댓값을 구하시오.

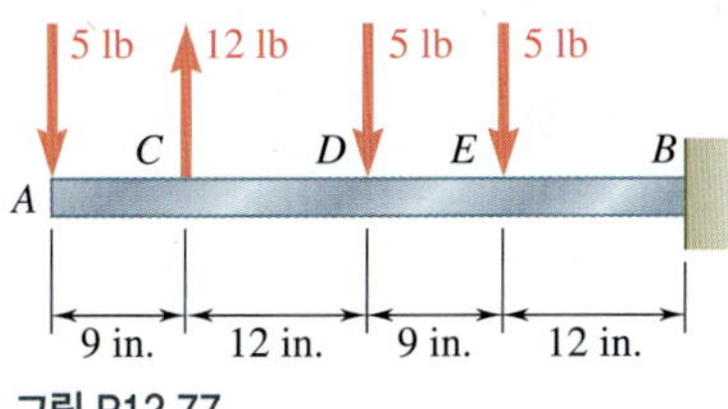

그림 P12.77

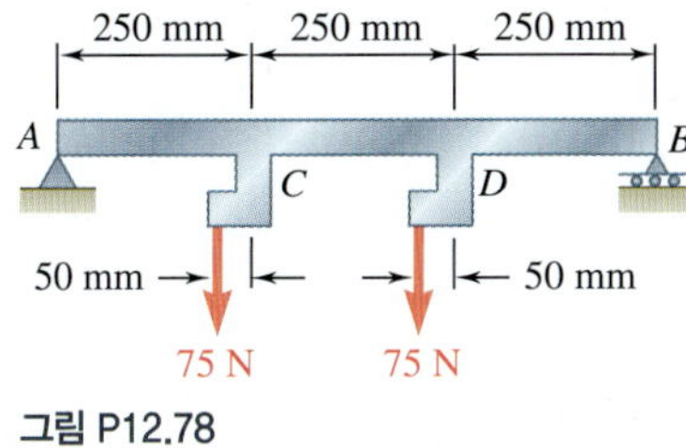

그림 P12.78

12.79 (a) 다음 하중을 받는 보에 대해 전단력과 휨모멘트의 식을 구하시오. (b) 보에 발생하는 휨모멘트의 절대최댓값을 구하시오.

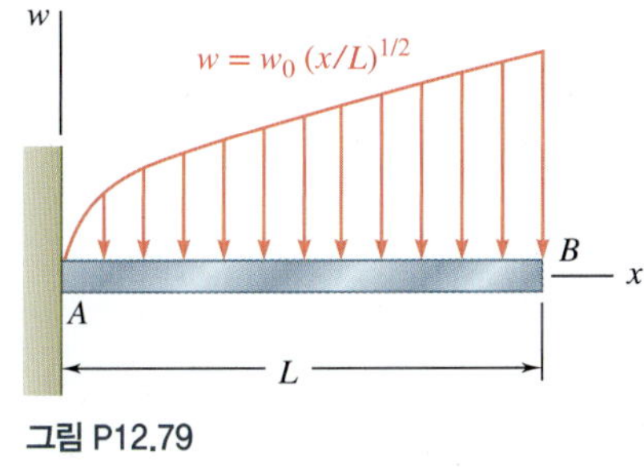

그림 P12.79

12.80 ~ 12.81 그림과 같은 보와 하중조건에 대해 전단력도와 휨모멘트도를 작성하고, 휨에 의한 수직응력의 최댓값을 구하시오.

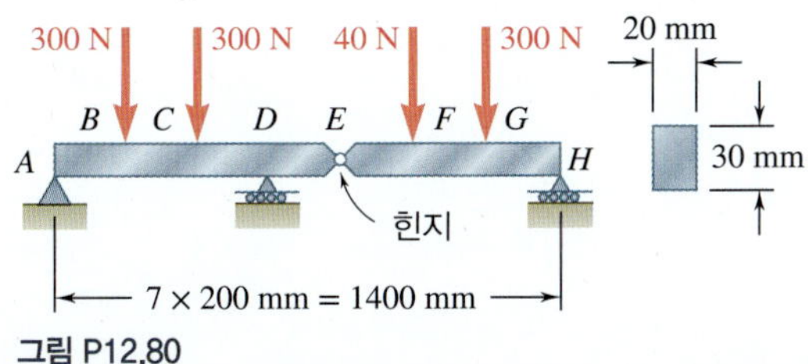

그림 P12.80

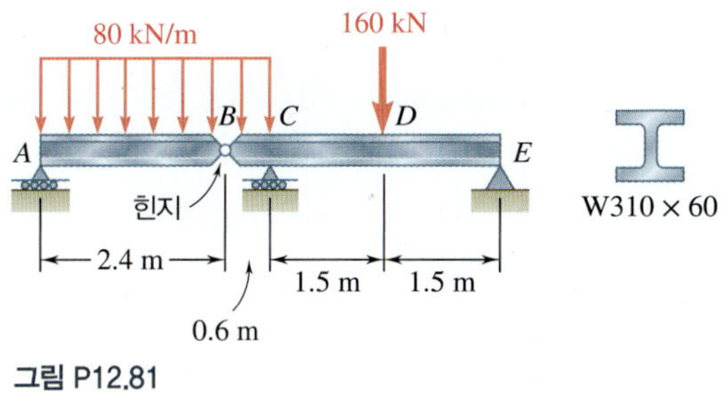

그림 P12.81

12.82 (a) 보에 발생하는 휨모멘트의 절대최댓값이 가장 작아지도록 힌지의 위치 a를 결정하시오. (b) 이때 보에 발생하는 수직응력의 최댓값을 구하시오.

HINT 휨모멘트도를 작성한 뒤 양의 최댓값과 음의 최댓값의 절댓값이 서로 같다는 조건을 이용하시오.

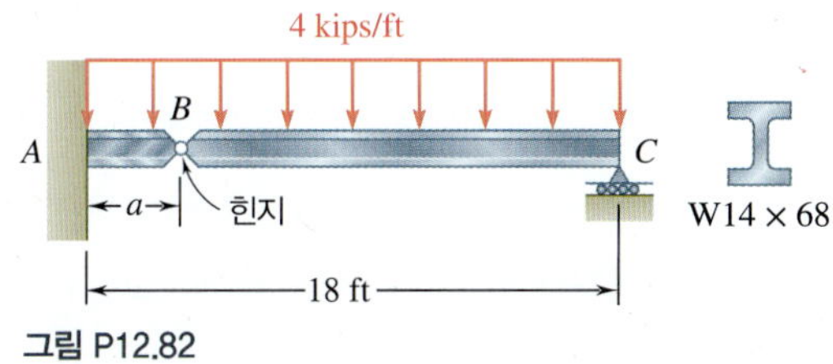

그림 P12.82

12.83 그림과 같이 길이가 L인 보 AB는 한 변의 길이가 a인 정사각형 단면으로 제작되었으며, 점 C에서 힌지로 지지되어 있다. (a) 주어진 하중에 대해 보가 평형상태인지 확인하시오. (b) 휨에 의한 최대 수직응력은 점 C에서 발생하고, 그 크기는 $w_0L^2/(1.5a)^3$임을 보이시오.

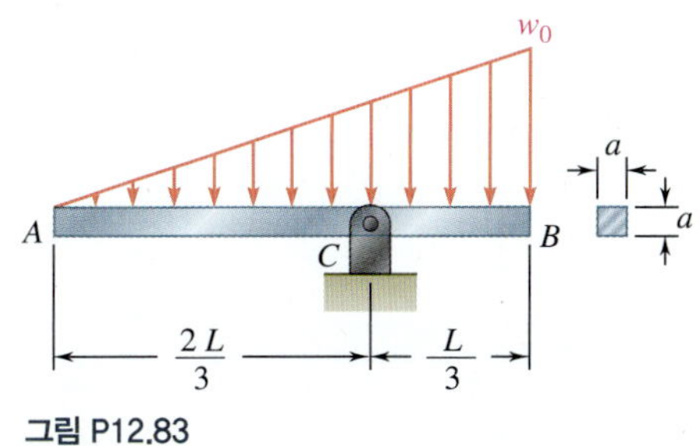

그림 P12.83

12.84 주어진 하중에 대해 보 AB가 평형을 이루고 있다. 전단력도와 휨모멘트도를 작성하고, 휨에 의한 수직응력의 최댓값을 구하시오.

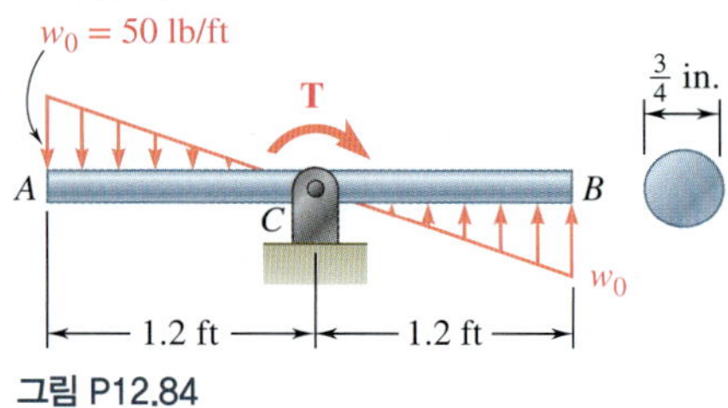

그림 P12.84

12.85 세 장의 강판을 용접하여 그림과 같은 보를 제작했다. 사용된 강재의 허용 수직응력이 22 ksi일 때, 사용할 수 있는 플랜지 폭 b의 최솟값을 구하시오.

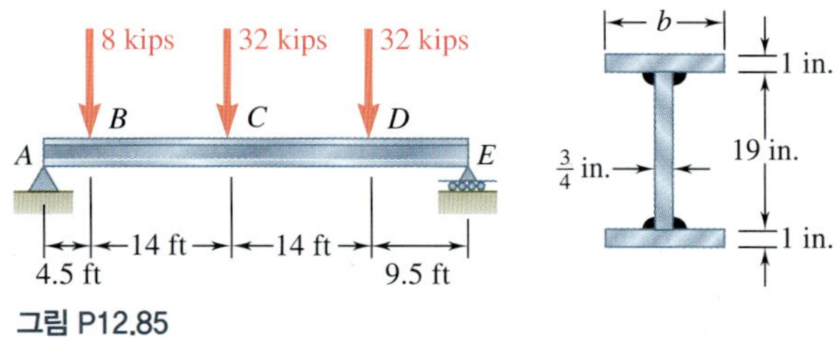

그림 P12.85

12.86 그림과 같이 주어진 하중에 대해 보의 단면을 설계하시오. 사용할 목재의 허용 수직응력은 12 MPa이다.

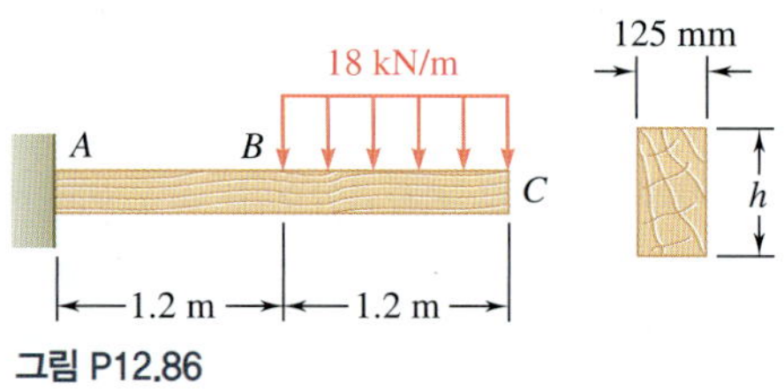

그림 P12.86

12.87 그림과 같은 보와 하중조건에 대해 최대 허용하중 **P**를 구하시오. 허용 수직응력은 인장에 대해 +80 MPa, 압축에 대해 −140 MPa이다.

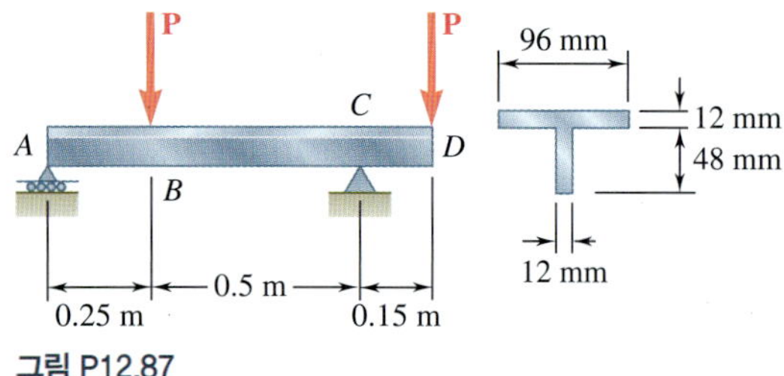

그림 P12.87

12.88 사용된 강재의 허용 수직응력이 24 ksi일 때, 그림의 하중을 지지하기 위해 사용할 수 있는 가장 경제적인 H형강의 단면을 선택하시오.

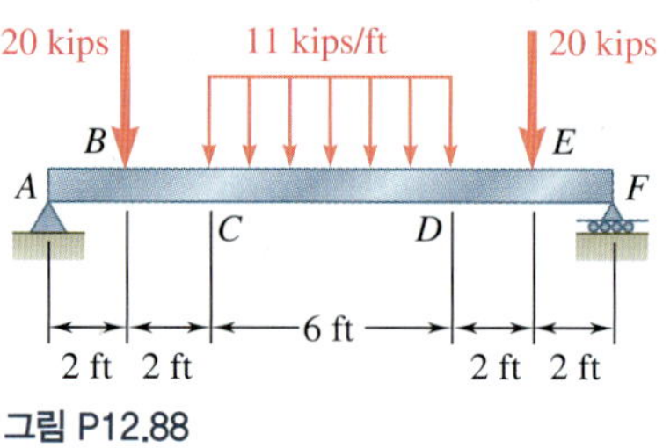

그림 P12.88

David H. Wells/Aurora Photos/Cavan Images/Alamy Stock Photo

13

보와 박판부재의 전단응력

강합성 박스 거더교composite box girder bridge는 철근콘크리트 데크deck를 얇은 강부재thin-walled steel sections에 연결하여 제작한다. 이 장에서는 여러 종류의 보와 거더에 작용하는 전단응력을 구하는 방법을 배운다.

목차

학습목표

- 보에 작용하는 횡하중이 어떻게 전단응력을 발생시키는지 이해한다.
- 보의 수평면에 작용하는 응력과 전단류를 구한다.
- 박판부재에 작용하는 전단응력을 구한다.

서론

이전 장에서는 휨모멘트에 의해 수직응력이 발생하는 보의 설계를 공부했다. 횡단면에 작용하는 전단력에 의해 발생하는 전단응력 또한 중요한데, 특히 길이가 짧은 보의 설계에서 중요하다. 이번 장에서는 이러한 보의 해석을 다룬다.

[그림 13.1]은 xy 평면이 단면의 수직대칭면인 균일단면보prismatic beam에서 횡단면(yz 평면)에 작용하는 수직력과 전단력이 휨모멘트 $\mathbf{M}$과 전단력 $\mathbf{V}$와 등가임을 보여준다. 이를 표현하기 위해 여섯 개의 식이 사용된다. 이 여섯 개의 식 중 세 개는 수직력 $\sigma_x dA$만 포함하고 11.1.1절에서 다루었다. 식 (11.1)은 수직력의 합은 0이 된다는 것을 의미하고, 식 (11.2)와 식 (11.3)은 각각 y축과 z축에 대한 모멘트의 합은 0과 $\mathbf{M}$이 된다는 것을 나타낸다. 나머지 세 개의 식은 전단력 $\tau_{xy} dA$와 $\tau_{xz} dA$에 관한 식이다. 그 중 하나는 x축에 대한 전단력의 모멘트합은 0이 된다는 것을 표현하는데, 이 식은 xy 평면에 대해 보의 단면이 대칭이므로 무시할 수 있다. 나머지 두 개의 식은 y축과 z축 방향의 요소로 다음과 같다.

$$y\text{축 요소 : } \int \tau_{xy}\, dA = -V \tag{13.1}$$

$$z\text{축 요소 : } \int \tau_{xz}\, dA = 0 \tag{13.2}$$

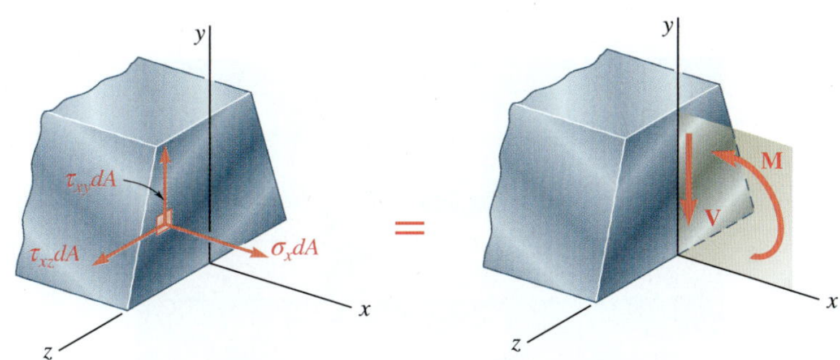

그림 13.1 단면에 발생하는 모든 응력(좌측)의 합은 전단력(**V**)과 휨모멘트(**M**)가 된다.

식 (13.1)은 횡하중이 작용할 때 y축 방향 전단응력이 보의 횡단면에 반드시 존재한다는 것을 나타낸다. 식 (13.2)는 모든 단면에서 z축 방향 전단응력의 평균이 0이 된다는 것을 나타낸다. 하지만 이러한 사실이 전단응력 τ_{xz}가 모든 위치에서 0이 된다는 것을 의미하지는 않는다.

이제 보의 수직대칭면($\tau_{xz}=0$이어야 함)에 위치한 작은 정육면체 요소의 면(그림 13.2)에 작용하는 응력을 확인해보자. 수직응력 σ_x와 전단응력 τ_{xy}가 x축에 수직인 두 면에 작용하고 있다. 8장에서 정육면체 요소의 수직면에 전단응력 τ_{xy}가 작용하면, 그 요소의 수평면에도 같은 크기의 전단응력이 반드시 작용한다는 것을 배웠다. 그러므로 횡하중이 작용하는 요소에서는 반드시 길이방향longitudinal direction(또는 축방향, 종방향) 전단응력이 작용한다. 이러한 사실은 널빤지 여러 개로 보를 만든 후 한쪽 끝단을 묶어 고정한 외팔보를 통해 증명할 수 있다(그림 13.3a). 횡하중 $\mathbf{P}$가 합성보의 자유단에 작용하면 [그림 13.3b]와 같이 널빤지가 서로 미끄러지게 된다.

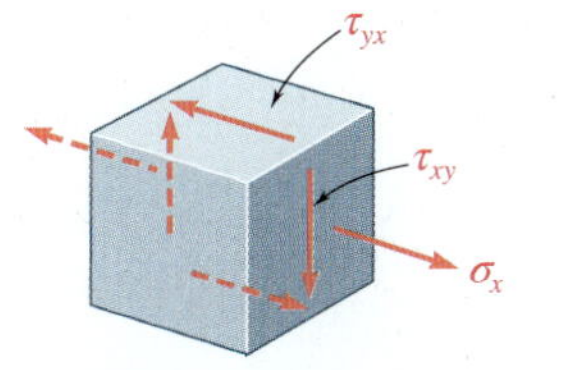

그림 13.2 횡하중을 받는 보의 응력요소

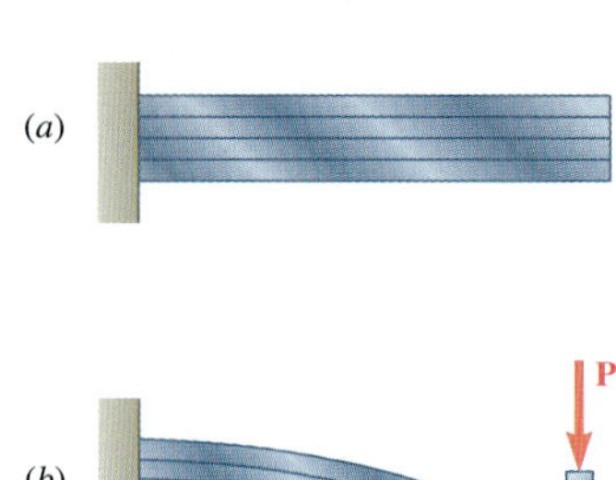

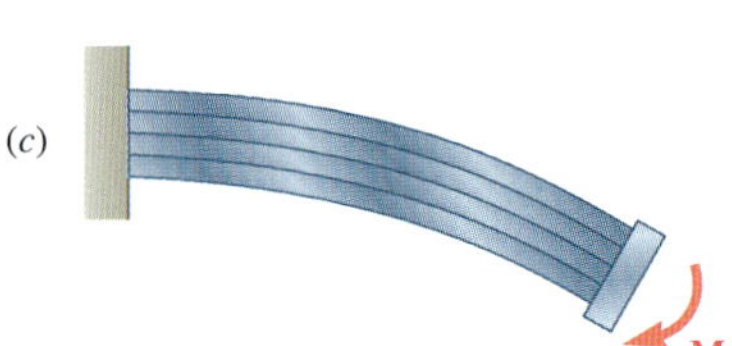

그림 13.3 (a) 전단응력의 역할을 보여 주기 위해 만들어진 널빤지 보 (b) 횡하중이 작용할 때 널빤지들이 서로 미끄러진다. (c) 휨모멘트가 작용할 때는 미끄러짐 없이 변형만 발생한다.

반면에, 보의 자유단에 휨모멘트 **M**이 작용하면 [그림 13.3c]와 같이 여러 개의 널빤지가 중심이 같은 원호의 형태로 구부러지지만, 서로 미끄러지지는 않는다. 이러한 현상은 순수 휨을 받는 보에서는 전단이 발생하지 않는다는 11.1.2절 내용을 확인시켜 준다.

횡하중 **P**가 균질하고 응집력이 있는 강재와 같은 재료로 만들어진 보에 작용할 때는 실제로 미끄러짐이 발생하지는 않지만 미끄러지려고 하는 경향은 있으므로 수직면뿐 아니라 길이방향의 수평면에도 응력이 발생한다. 전단에 취약한 목재보의 경우에는 [사진 13.1]과 같이 전단에 의해 수직면보다는 수평면을 따라 파괴가 발생하게 된다.

13.1.1절에서는 수평면 하나와 횡단면 두 개를 경계로 하는 길이 Δx인 보 요소를 고려한다. 수평면에 작용하는 전단력 $\Delta\mathbf{H}$와 단위길이당 전단력인 **전단류**shear flow q도 결정한다. 수직대칭면을 갖는 보에서 전단응력을 결정하는 식은 13.1.2절에 수록했으며, 13.1.3절에서는 일반적인 보에서의 전단응력을 결정한다.

13.1절의 방법은 13.2절에서 더욱 확장되어 두 개의 횡단면과 곡면으로 둘러싸인 보 요소의 경우까지 고려한다. 이러한 방법을 이용하면 13.3절의 광폭플랜지보wide-flange beam나 박스형 보box beam와 같이 단면이 대칭인 박판부재thin-walled members의 모든 지점에서 전단응력을 구할 수 있다.

사진 13.1 목재보에서 발생하는 길이방향 전단파괴 실험 결과
Courtesy of John Dewolf

13.1 보의 길이방향 전단응력

13.1.1 보 요소의 수평면에 작용하는 전단력

단면이 수직대칭면인 균일단면보 AB에 [그림 13.4]와 같이 집중하중과 분포하중이 작용한다. 보의 끝단 A에서 x만큼 떨어진 위치에서 길이가 Δx인 요소 $CDD'C'$를 떼어내보자. 이 요소는 [그림 13.5]와 같이 보의 중립축으로부터 y_1만큼 떨어진 수평면에서 보의 윗면까지를 경계로 한다.

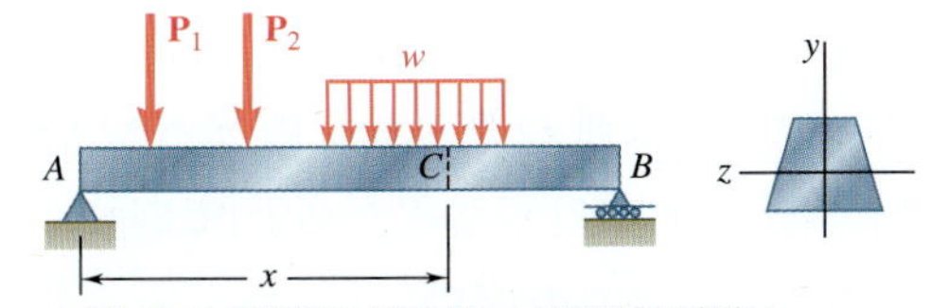

그림 13.4 횡하중이 작용하는 수직대칭 단면보

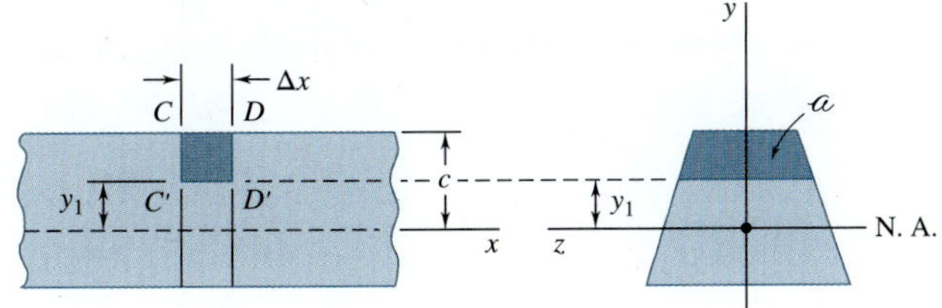

그림 13.5 응력요소 $CDD'C'$를 포함하는 보의 일부분

이 요소에 작용하고 있는 힘은 [그림 13.6]과 같이 수직전단력 $\mathbf{V}'_C$와 $\mathbf{V}'_D$, 요소의 아랫면에 작용하는 전단력 $\Delta\mathbf{H}$, 길이방향의 수직력인 $\sigma_C dA$, $\sigma_D dA$와 작용하중 $w\Delta x$이다.

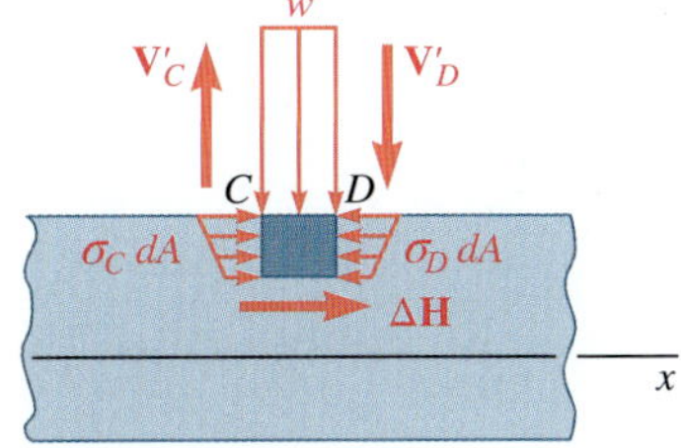

그림 13.6 보 요소 $CDD'C'$에 작용하는 힘

길이방향의 힘에 대한 평형방정식은 다음과 같다.

$$\overset{+}{\rightarrow}\Sigma F_x = 0 \;:\; \Delta H + \int_{a} (\sigma_C - \sigma_D)\, dA = 0$$

여기서 적분은 $y = y_1$선의 위쪽에 진한 색으로 표시된 면적 a에 대해 수행한다. 식 (12.2) $\sigma = My/I$를 이용하여 점 C와 D에서의 수직응력을 휨모멘트로 나타낸 후 ΔH에 대해 풀면 다음과 같다.

$$\Delta H = \frac{M_D - M_C}{I} \int_{a} y\, dA \tag{13.3}$$

식 (13.3)의 적분은 보의 횡단면에서 $y = y_1$의 위쪽인 면적 a의 중립축에 대한 **단면1차모멘트**first moment를 나타내고 Q라고 표시한다. 식 (12.7)을 상기해보면, 휨모멘트의 증가량 $M_D - M_C$는 다음과 같다.

$$M_D - M_C = \Delta M = (dM/dx)\,\Delta x = V\Delta x$$

이 식을 식 (13.3)에 대입하면 보 요소에 작용하는 수평전단력은 다음과 같다.

$$\Delta H = \frac{VQ}{I}\,\Delta x \tag{13.4}$$

$y = y_1$선의 위쪽에서 떼어낸 요소인 $CDD'C'$를 사용하는 대신 [그림 13.7]과 같이 아래쪽 요소인 $C'D'D''C''$를 사용해도 동일한 결과를 얻을 수 있다. 왜냐하면 두 요소에 작용하는 전단력 $\Delta\mathbf{H}$와 $\Delta\mathbf{H}'$는 서로 그 크기가 같고 방향이 반대이기 때문이다. 즉, [그림 13.7]에 나타낸 $y = y_1$선의 아래쪽 단면 a'에 대한 단면1차모멘트 Q가 [그림 13.5]에 나타낸 $y = y_1$선 위쪽 단면 a에 대한 단면1차모멘트와 비교할 때 크기가 같고 방향이 반대가 된다는 것을 의미한다. 이 두 단면1차모멘트의 합은 단면의 중립축에 대한 전체 면적의 단면1

차모멘트와 동일해야 하므로 그 값은 0이 되어야 한다. 이러한 특성을 이용하면 Q의 계산은 간단해진다. 또한 식 (13.3)을 이용해 Q를 계산할 때 $y>0$인 중립축 위쪽 단면의 요소들을 이용하면 그 값이 양이 되고 $y<0$인 중립축 아래의 요소들을 이용하면 그 값이 음이 되기 때문에, $y_1=0$일 때 Q의 값은 최대가 된다.

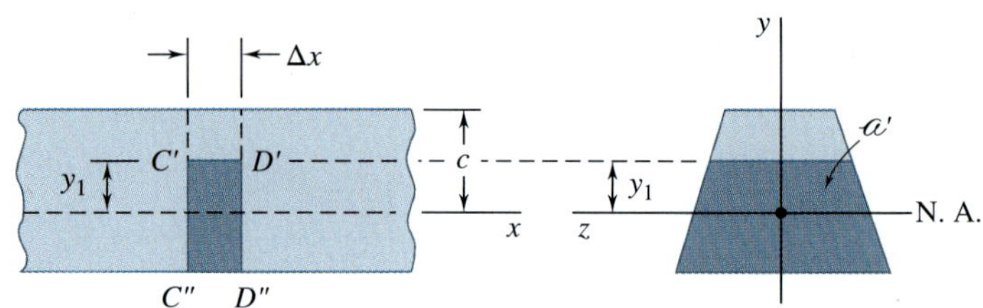

그림 13.7 응력요소 $C'D'D''C''$를 포함하는 보의 일부분

식 (13.4)로 다시 돌아가보자. 이 식은 보 요소에 작용하는 길이방향의 수평전단력을 나타내고 있다. 식 (13.4)를 Δx로 나누면, 단위길이당 수평전단력horizontal shear per unit length q를 구할 수 있다.

$$q=\frac{\Delta H}{\Delta x}=\frac{VQ}{I} \tag{13.5}$$

Q는 q를 계산하고자 하는 지점의 위쪽 또는 아래쪽의 단면에 대해 계산한 중립축에 대한 단면1차모멘트이다. 그리고 I는 중립축에 대한 전체entire 단면적의 단면2차모멘트이다. 단위길이당 수평전단력 q를 **전단류**shear flow라고 하며, 13.3절에서 살펴볼 것이다.

개념적용 13.1

단면이 20×100 mm인 판자 세 개를 못으로 연결하여 만든 보가 있다(그림 13.8a). 못 간격이 25 mm이고 이 보에 작용하는 전단력은 $V=500$ N일 때, 못 하나에 작용하는 전단력의 크기를 구하시오.

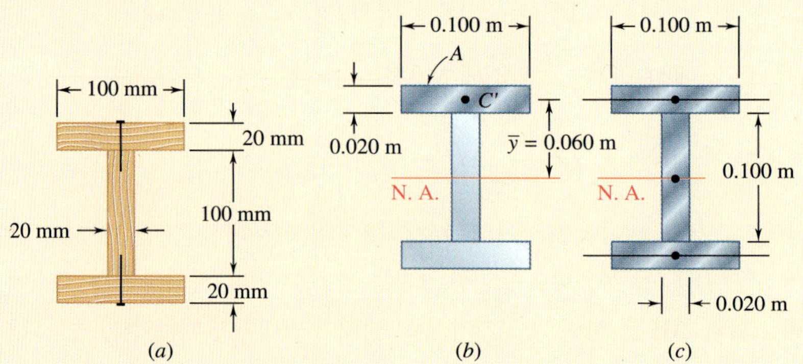

그림 13.8 (a) 세 개의 판자를 못으로 결합하여 만든 보 (b) Q값 계산에 사용되는 단면적 (c) 단면2차모멘트 계산에 적용되는 단면적

상부에 위치한 판자의 아래쪽 면에 작용하는 단위길이당 수평력 q를 식 (13.5)를 이용하여 구한다. 이 식에서 Q는 [그림 13.8b]에 진한 색으로 표시된 면적 A의 중립축에 대한 단면1차모멘트이고, I는 [그림 13.8c]에 나타낸 것과 같이 중립축에 대한 전체 단면의 단면2차모멘트를 의미한다. 중립축에 대한 면적의 단면1차모멘트는 해당 면적과 중립축에서 그 면적의 도심까지의 거리의 곱과 같다.[1]

1 5.1.1절을 참고하라.

$$Q = A\bar{y} = (0.020\text{ m} \times 0.100\text{ m})(0.060\text{ m})$$
$$= 120 \times 10^{-6}\text{ m}^3$$

$$I = \frac{1}{12}(0.020\text{ m})(0.100\text{ m})^3$$
$$+ 2[\frac{1}{12}(0.100\text{ m})(0.020\text{ m})^3$$
$$+ (0.020\text{ m} \times 0.100\text{ m})(0.060\text{ m})^2]$$
$$= 1.667 \times 10^{-6} + 2(0.0667 + 7.2)10^{-6}$$
$$= 16.20 \times 10^{-6}\text{ m}^4$$

계산된 결과를 식 (13.5)에 대입하면,

$$q = \frac{VQ}{I} = \frac{(500\text{ N})(120 \times 10^{-6}\text{ m}^3)}{16.20 \times 10^{-6}\text{ m}^4} = 3704\text{ N/m}$$

이다. 못 사이의 간격이 25 mm이므로 각각의 못에 작용하는 전단력은 다음과 같다.

$$F = (0.025\text{ m})q = (0.025\text{ m})(3704\text{ N/m}) = 92.6\text{ N}$$

13.1.2 보에 작용하는 전단응력

여러 종류의 집중하중과 분포하중이 수직대칭면에 작용하는 보를 다시 한번 고려해보자. [그림 13.7]과 같이 두 개의 횡단면과 수평단면 하나를 경계로 하는 길이가 Δx인 요소(그림 13.9)가 있다면, 요소의 수평면에 작용하는 전단력 ΔH의 크기는 식 (13.4)를 이용하여 계산할 수 있다. [그림 13.2]에 나타낸 응력의 정의에 대한 관례에 따라 이 전단력에 대응하는 전단응력은 τ_{yx}가 된다. 이 요소에서 수평면에 작용하는 평균 전단응력 τ_{ave}는 전단력 ΔH를 요소면의 면적 ΔA로 나누면 구할 수 있다. 이때 잘린 요소의 폭을 t라 하면 $\Delta A = t\Delta x$이므로 τ_{ave}는 다음 식과 같다.

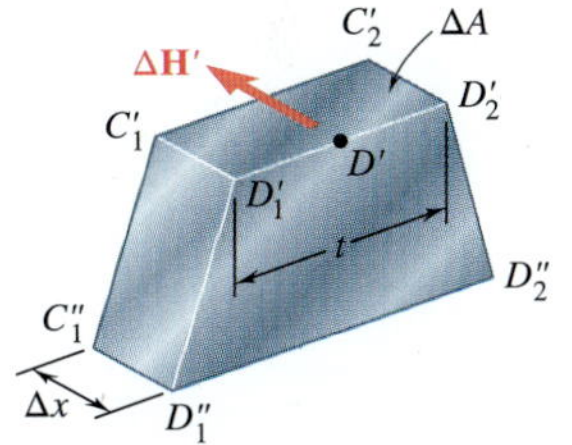

그림 13.9 응력요소 $C'D'D''C''$의 수평면에 작용하는 전단력

$$\tau_{\text{ave}} = \frac{\Delta H}{\Delta A} = \frac{VQ}{I}\frac{\Delta x}{t\,\Delta x}$$

또는

$$\tau_{\text{ave}} = \frac{VQ}{It} \qquad (13.6)$$

점 D'를 통과하는 수직면과 수평면에 작용하는 전단응력 τ_{xy}와 τ_{yx}는 같으므로, 식 (13.6)은 선 $D'_1D'_2$를 따라 작용하는 τ_{xy}의 평균값을 나타낸다(그림 13.10).

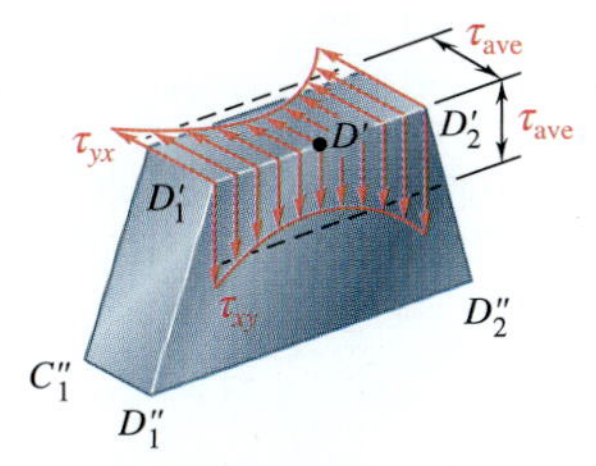

그림 13.10 응력요소 $C'D'D''C''$의 한 변 $D'_1D'_2$에서의 전단응력분포

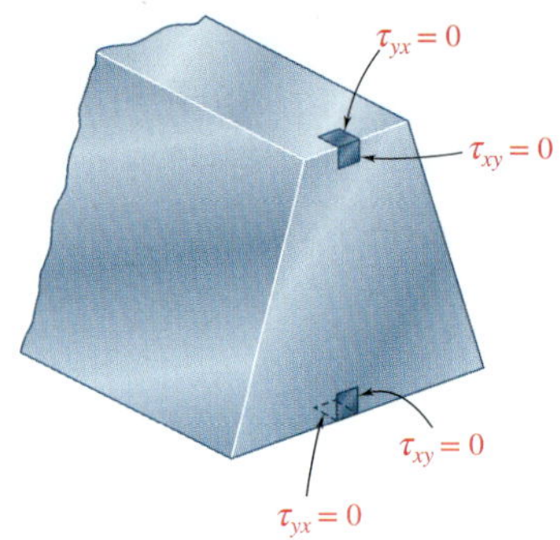

그림 13.11 보의 위쪽과 아래쪽에서 전단응력이 0이 된다.

2 S. P. Timoshenko and J. N. Goodier, Theory of Elasticity, McGraw-Hill, New York, 3d ed., 1970, sec. 124.

보의 윗면과 아랫면에 작용하는 힘은 없으므로 그 위치에서 $\tau_{yx} = 0$이 되고, 결과적으로 [그림 13.11]과 같이 횡단면의 위쪽 변과 아래쪽 변을 따라 작용하는 전단응력은 $\tau_{xy} = 0$이 된다. 또한 13.1.1절에서 공부한 바와 같이 $y = 0$인 위치에서 Q값은 최대가 되는 반면, τ_{ave}는 단면의 폭 t와 Q에 따라 변하기 때문에 중립축 위치에서 최대가 되지 않을 수도 있다.

보 단면에서 폭이 높이(또는 깊이)에 비해 좁을 경우, 전단응력의 크기는 [그림 13.10]에 나타낸 선 $D'_1D'_2$를 따라 거의 변하지 않으므로 선 $D'_1D'_2$ 위에 위치한 점에서 τ_{xy}를 계산할 때도 식 (13.6)을 사용할 수 있다. 실제로 τ_{xy}의 값은 점 D'에서 보다 점 D'_1과 D'_2에서 더 크다. 하지만 탄성론에 의하면 [그림 13.12]에 나타낸 것과 같은 폭이 b이고 높이가 h인 직사각형 단면 보에서는 $b \le h/4$를 만족한다면 점 C_1과 C_2에서의 전단응력의 값은 중립축을 따라 계산된 평균 전단응력값 τ_{ave}의 0.8%를 초과하지 않는다.[2]

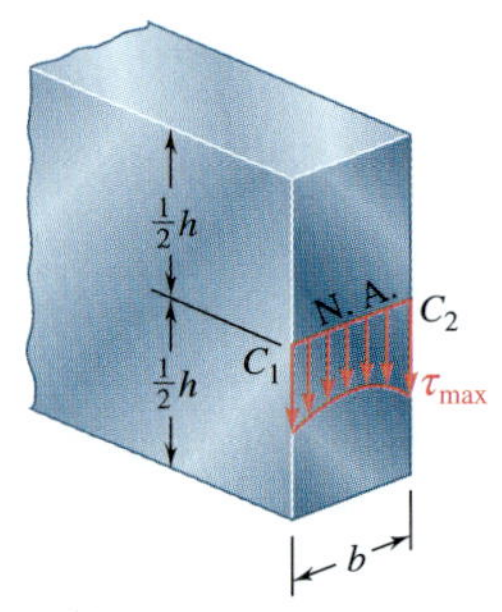

그림 13.12 직사각형 단면 보의 중립축에서의 전단응력분포

반면 b/h가 커지면 점 C_1과 C_2에서의 $\tau_{\max}$값은 아래 표에 나타낸 것처럼 중립축을 따라 계산된 평균 전단응력값 τ_{ave}보다 몇 배나 더 클 수도 있다.

b/h	0.25	0.5	1	2	4	6	10	20	50
$\tau_{\max}/\tau_{\text{ave}}$	1.008	1.033	1.126	1.396	1.998	2.582	3.770	6.740	15.65
$\tau_{\min}/\tau_{\text{ave}}$	0.996	0.983	0.940	0.856	0.805	0.800	0.800	0.800	0.800

13.1.3 일반적인 보에서의 전단응력 τ_{xy}

13.1.2절에서 **폭이 좁은 직사각형 단면 보**narrow rectangular beam, 즉 직사각형 단면의 폭을 b라 하고 높이를 h라고 할 때 $b \le h/4$인 보에서 전단응력 τ_{xy}의 폭에 따른 변화는 τ_{ave}의 0.8%보다 작다는 것을 배웠다. 그러므로 좁은 직사각형 단면 보의 임의의 점에서의 전단응력을 구할 때도 평균 전단응력값을 구하는 식 (13.6)을 사용한다.

$$\tau_{xy} = \frac{VQ}{It} \tag{13.7}$$

여기서 t는 보의 폭 b와 같고, Q는 [그림 13.13]에 진한 색으로 표시된 면적 A'의 중립축에 대한 단면1차모멘트이다.

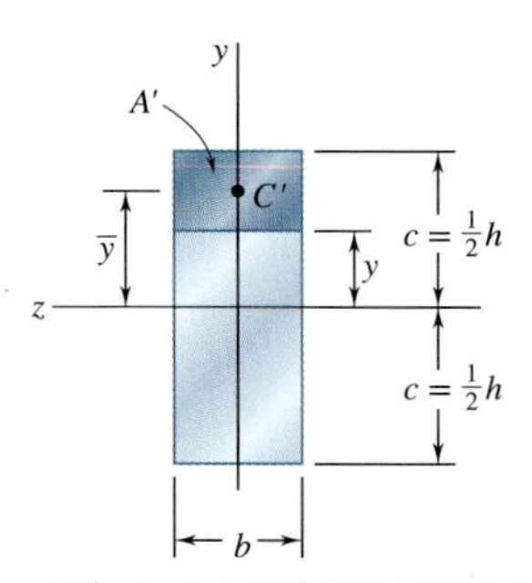

그림 13.13 전단응력을 계산하기 위해 사용되는 직사각형 단면 보의 기하학적 변수

중립축에서 면적 A'의 도심 C'까지의 거리가 $\bar{y} = \dfrac{1}{2}(c + y)$이고 $Q = A'\bar{y}$이므로, 단면1차모멘트 Q는 다음과 같다.

$$Q = A'\bar{y} = b(c - y)\frac{1}{2}(c + y) = \frac{1}{2}b(c^2 - y^2) \tag{13.8}$$

단면2차모멘트 $I = \dfrac{bh^3}{12} = \dfrac{2}{3}bc^3$이므로 τ_{xy}는 다음과 같다.

$$\tau_{xy} = \frac{VQ}{Ib} = \frac{3}{4}\,\frac{c^2 - y^2}{bc^3}\,V$$

또는 보의 단면적이 $A=2bc$이므로 τ_{xy}는 다음과 같다.

$$\tau_{xy} = \frac{3}{2}\frac{V}{A}\left(1 - \frac{y^2}{c^2}\right) \tag{13.9}$$

식 (13.9)는 직사각형 단면 보의 횡단면에 작용하는 전단응력의 분포가 [그림 13.14]와 같이 포물선parabolic 형태임을 나타낸다. 이미 학습한 바와 같이 전단응력은 단면의 제일 윗면($y=+c$)과 아랫면($y=-c$)에서 그 값이 0이 된다. 식 (13.9)에서 $y=0$을 대입하면, 좁은 직사각형 단면 보에 작용하는 전단응력의 최댓값을 구할 수 있다.

$$\tau_{\max} = \frac{3}{2}\frac{V}{A} \tag{13.10}$$

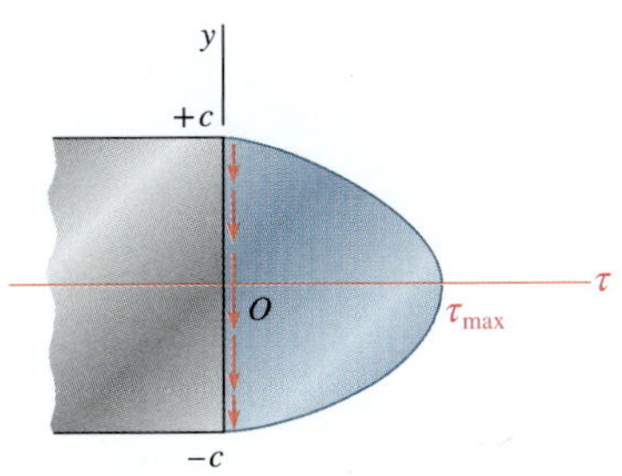

그림 13.14 직사각형 단면 보의 횡단면 전단응력분포

이 관계식은 직사각형 단면 보의 실제 최대 전단응력값은 전체 단면에서 응력분포가 일정하다고 잘못 가정하여 구한 값 V/A보다 50%가 더 크다는 것을 보여준다.

미국표준보American standard beam, S-beam 또는 **광폭플랜지보**wide-flange beam, W-beam의 경우, 식 (13.6)을 이용하면 [그림 13.15a]의 선 aa' 위치와 [그림 13.15b]의 선 bb' 위치에 작용하는 전단응력 τ_{xy}의 평균값을 구할 수 있다.

$$\tau_{\text{ave}} = \frac{VQ}{It} \tag{13.6}$$

여기서 V는 횡단면에 작용하는 수직방향 전단력을, t는 계산하려는 위치의 단면폭을, Q는 진한 색으로 표시된 면적의 중립축 cc'에 대한 단면1차모멘트를 나타내고, I는 전체 단면의 중립축 cc'에 대한 단면2차모멘트를 나타낸다. τ_{ave}값을 중립축에서의 수직 거리 y에 대해 그리면 [그림 13.15c]와 같은 곡선이 된다. 이 곡선에는 두 군데에서 불연속점이 존재하는데, 이것은 상부 플랜지 $ABGD$ 및 하부 플랜지 $A'B'G'D'$가 복부 $EFF'E'$와 만나는 두 지점에서 t의 값이 달라지기 때문이다.

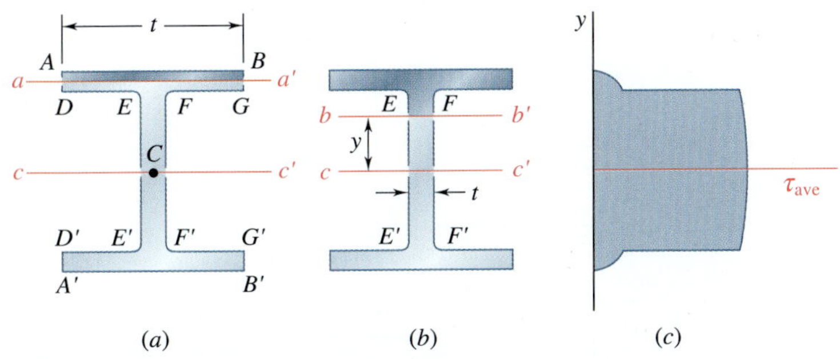

그림 13.15 광폭플랜지보 (a) 플랜지에서 단면1차모멘트를 구하기 위한 면적 (b) 복부에서 단면1차모멘트를 구하기 위한 면적 (c) 전단응력분포

복부에서는 전단응력 τ_{xy}가 선 bb'을 따라 미세하게 변하므로 평균값인 τ_{ave}와 같다고 가정한다. 하지만 이러한 가정은 플랜지에서는 유효하지 않다. 예를 들어, 수평선 $DEFG$를 고려해보면 τ_{xy}는 보의 자유면free surface인 D와 E 사이와 F와 G 사이에서는 0이 된다.

하지만 τ_{xy}는 E와 F 사이에서는 0이 아니고 식 (13.6)에 $t = EF$를 대입하여 구할 수 있다. 실제로는 모든 전단력이 복부에 전달된다고 가정하고, 단면에서 최대 전단응력에 대한 근삿값은 V를 복부의 단면적으로 나눠서 구한다.

$$\tau_{\max} = \frac{V}{A_{\text{web}}} \tag{13.11}$$

플랜지에서 전단응력 τ_{xy}의 수직성분은 무시할 수 있는 반면에, 수평성분인 τ_{xz}는 의미 있는 값이 되므로 13.3절에서 살펴볼 것이다.

개념적용 13.2

[예제 12.7]의 목재보에서 허용 전단응력이 $\tau_{\text{all}} = 0.250$ ksi일 때, 전단응력에 대해 적절한 설계인지를 확인하시오.

[예제 12.7]의 전단력도를 [그림 13.16]과 같이 다시 그리면 $V_{\max} = 4.50$ kips가 된다. 보의 실제 폭은 $b = 3.5$ in.이고 높이는 $h = 14.55$ in.이다. 좁은 직사각형 단면 보의 최대 전단응력에 대한 식 (13.10)을 이용하면 $\tau_{\max}$의 값은 다음과 같다.

$$\tau_{\max} = \frac{3}{2}\frac{V}{A} = \frac{3}{2}\frac{V}{bh}$$

$$= \frac{3(4.50 \text{ kips})}{2(3.5 \text{ in.})(14.55 \text{ in.})} = 0.1325 \text{ ksi}$$

$\tau_{\max} < \tau_{\text{all}}$이므로 [예제 12.7]의 설계는 적절하다.

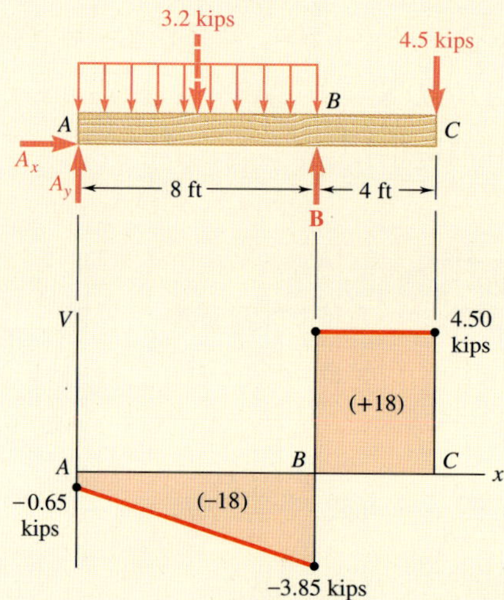

그림 13.16 [예제 12.7]에서 다뤘던 보의 전단력도

개념적용 13.3

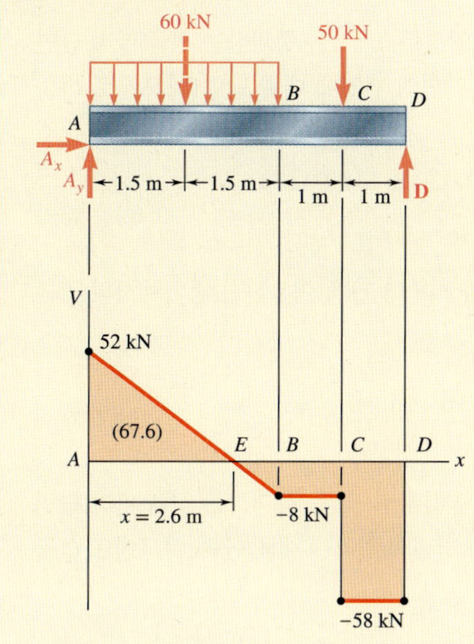

그림 13.17 [예제 12.8]에서 다뤘던 보의 전단력도

[예제 12.8]의 강재보에서 허용 전단응력이 $\tau_{all} = 90$ MPa일 때, W360×32.9를 적용한 설계가 전단응력에 대해 적절한지 확인하시오.

[예제 12.8]의 전단력도를 [그림 13.17]과 같이 다시 그리면 $|V|_{max} = 58$ kN이 된다. 전체 전단력은 복부에서 받는다고 가정할 수 있고, 이 보에서 전단응력의 최댓값은 식 (13.11)을 이용하여 계산할 수 있다. 〈부록 D〉로부터 W360×32.9의 높이와 복부의 두께는 각각 $d = 348$ mm이고 $t_w = 5.84$ mm이다. 그러므로 다음을 얻는다.

$$A_{web} = dt_w = (348 \text{ mm})(5.84 \text{ mm}) = 2032 \text{ mm}^2$$

$|V|_{max}$와 A_{web}를 식 (13.11)에 대입하면 τ_{max}는 다음과 같다.

$$\tau_{max} = \frac{|V|_{max}}{A_{web}} = \frac{58 \text{ kN}}{2032 \text{ mm}^2} = 28.5 \text{ MPa}$$

$\tau_{max} < \tau_{all}$이므로 [예제 12.8]의 설계는 적절하다.

예제 13.1

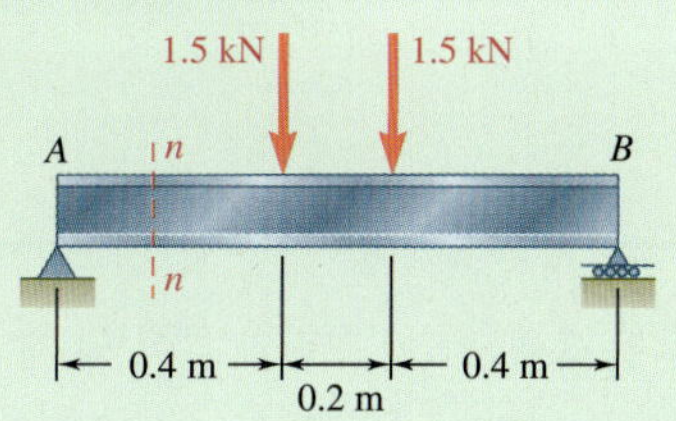

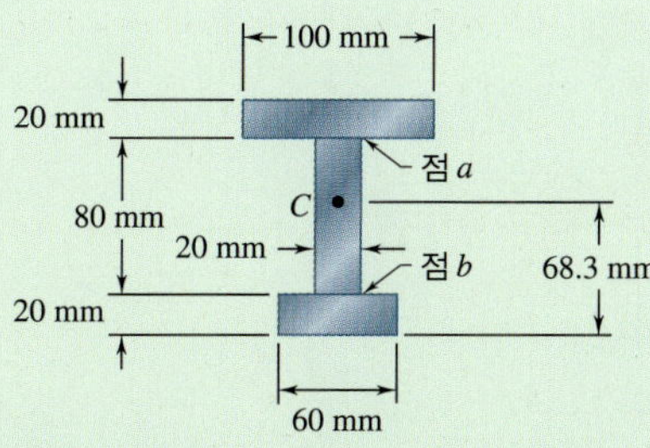

그림 1 도심의 위치와 단면 치수

세 개의 판을 접착하여 만든 보 AB의 수직대칭면에 그림과 같이 하중이 작용하고 있다. 접착된 각 판의 폭이 20 mm일 때, $n-n$지점에서 횡단면의 점 a와 b(그림 1)에 작용하는 평균 전단응력을 구하시오. 단면의 도심은 [그림 1]에 주어져 있고, 도심에서 단면2차모멘트의 값은 $I = 8.63 \times 10^{-6}$ m^{4}이다.

문제분석 자유물체도를 이용하여 해당 단면에 작용하는 전단력을 계산한다. 그 다음 식 (13.7)을 이용하여 각 점에서 평균 전단응력을 구한다.

모델링

$n-n$지점에 작용하는 수직방향 전단력 보와 하중 모두 보의 중앙점에 대해 대칭이므로 [그림 2]의 자유물체도를 이용하면 $\mathbf{A} = \mathbf{B} = 1.5$ kN ↑ 이다.

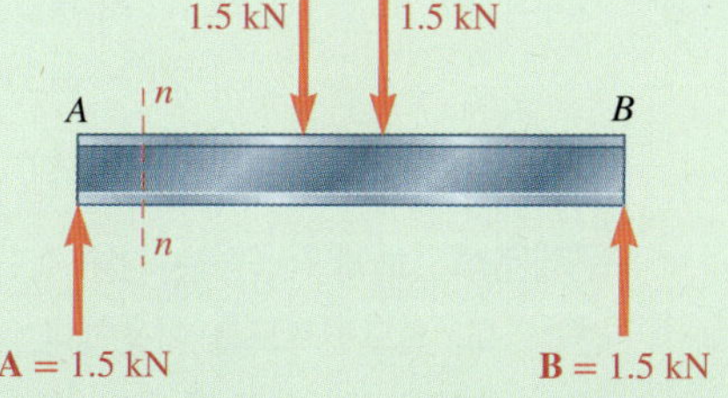

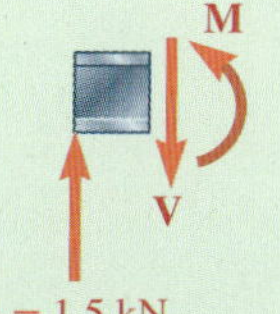

그림 2 보 AB와 $n-n$지점 좌측 보의 자유물체도

[그림 2]에 나타낸 $n-n$지점 좌측 보에 대한 자유물체도를 이용하면 다음을 얻는다.

$$+\uparrow \Sigma F_y = 0 : 1.5 \text{ kN} - V = 0, \qquad V = 1.5 \text{ kN}$$

풀이

점 a에서의 전단응력 [그림 3]과 같이 접착된 연결부 $a-a$를 통과하는 선을 따라 단면을 위쪽과 아래쪽으로 분리한 후, $a-a$ 위쪽 단면의 면적에 대해 단면1차모멘트 Q를 구한다.

그림 3 Q를 구하기 위해 사용되는 $a-a$ 위쪽 면적

$$Q = A\bar{y}_1 = [(0.100\ \text{m})(0.020\ \text{m})](0.0417\ \text{m})$$
$$= 83.4 \times 10^{-6}\ \text{m}^3$$

연결된 접착부의 폭이 $t = 0.020$ mm라는 것과 식 (13.7)을 이용하면 점 a에서의 평균 전단응력을 구할 수 있다.

$$\tau_{\text{ave}} = \frac{VQ}{It} = \frac{(1500\ \text{N})(83.4 \times 10^{-6}\ \text{m}^3)}{(8.63 \times 10^{-6}\ \text{m}^4)(0.020\ \text{m})} \qquad \tau_{\text{ave}} = 725\ \text{kPa}$$

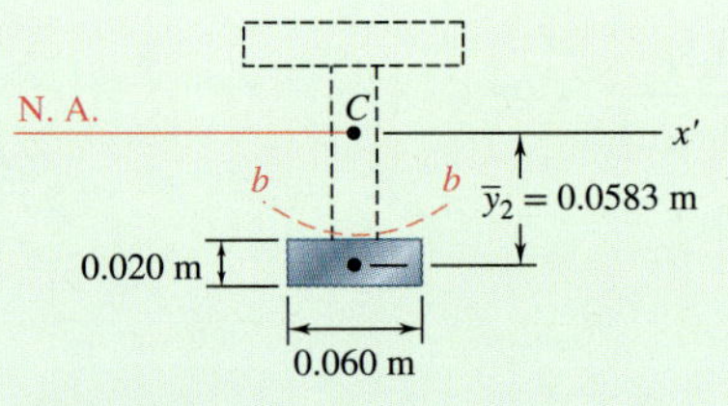

그림 4 Q를 구하기 위해 사용되는 $b-b$ 아래쪽 면적

점 b에서의 전단응력 [그림 4]와 같이 접착된 연결부 $b-b$를 통과하는 선을 따라 단면을 위쪽과 아래쪽으로 분리한 후, $b-b$ 아래쪽 단면의 면적에 대해 단면1차모멘트 Q를 구한다.

$$Q = A\bar{y}_2 = [(0.060\ \text{m})(0.020\ \text{m})](0.0583\ \text{m})$$
$$= 70.0 \times 10^{-6}\ \text{m}^3$$

$$\tau_{\text{ave}} = \frac{VQ}{It} = \frac{(1500\ \text{N})(70.0 \times 10^{-6}\ \text{m}^3)}{(8.63 \times 10^{-6}\ \text{m}^4)(0.020\ \text{m})} \qquad \tau_{\text{ave}} = 608\ \text{kPa}$$

예제 13.2

길이가 10 ft이고 공칭 폭이 4 in.(실제 폭은 3.5 in.)인 목재보 AB에 그림과 같이 세 개의 집중하중이 작용하고 있다. 사용된 목재의 등급이 $\sigma_{\text{all}} = 1800$ psi이고 $\tau_{\text{all}} = 120$ psi일 때, 보의 최소 소요높이 d를 구하시오.

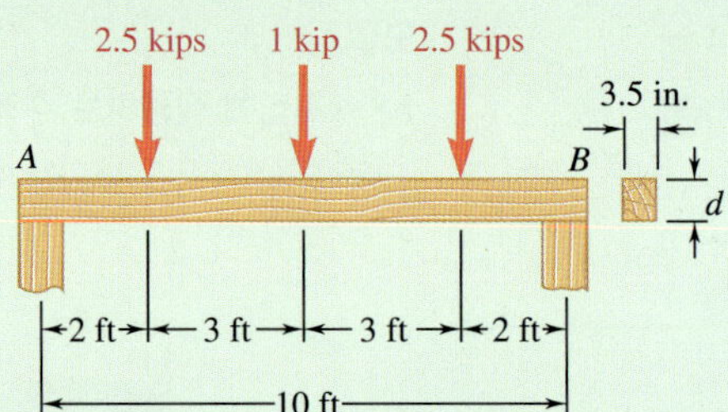

문제분석 보에 작용하는 최대 전단력과 최대 휨모멘트를 결정하기 위해 자유물체도와 전단력도, 휨모멘트도를 이용한다. 최종 설계는 두 종류의 허용응력값 조건을 만족해야 한다. 따라서 하나의 허용응력 조건을 먼저 적용하여 소요높이 d를 결정한다. 그 다음 계산된 높이 d를 이용하여 구한 응력이 다른 허용응력 조건을 만족하는지 확인한다. 만약 계산된 응력이 다른 허용응력값보다 크다면, 두 번째 허용응력 기준을 이용하여 설계를 수정한다.

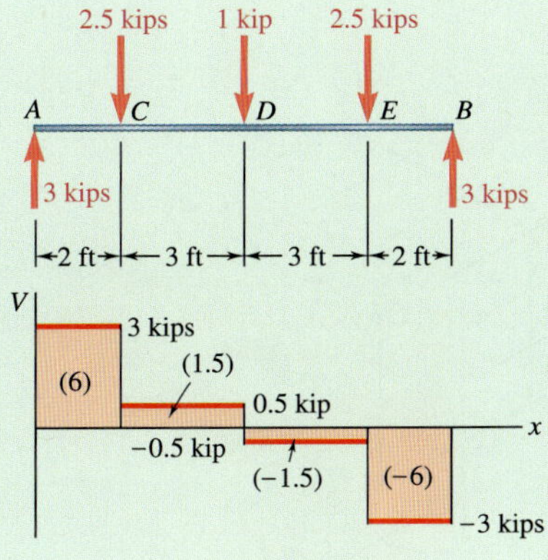

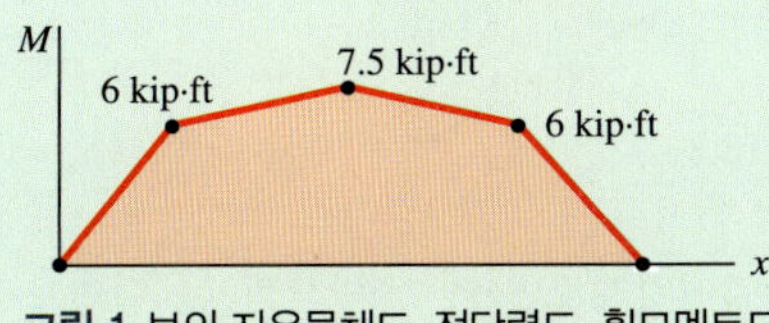

그림 1 보의 자유물체도, 전단력도, 휨모멘트도

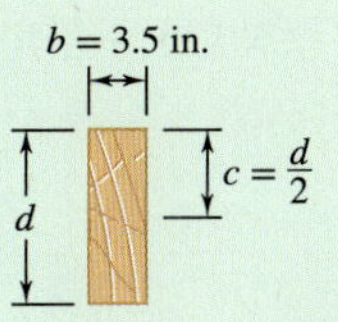

그림 2 높이가 d인 보의 단면

모델링

최대 전단력과 최대 휨모멘트 자유물체도를 이용하여 반력을 결정한 후, [그림 1]과 같이 전단력도와 휨모멘트도를 그린다. 이 전단력도와 휨모멘트도로부터 보에 작용하는 최대 전단력값과 최대 휨모멘트값을 구할 수 있다.

$$M_{\max} = 7.5 \text{ kip} \cdot \text{ft} = 90 \text{ kip} \cdot \text{in.}$$
$$V_{\max} = 3 \text{ kips}$$

풀이

허용 수직응력에 기반한 설계 먼저 [그림 2] 단면의 탄성 단면계수 S를 높이 d의 식으로 나타내면 다음과 같다.

$$I = \frac{1}{12} b d^3$$
$$S = \frac{1}{c} = \frac{1}{6} b d^2 = \frac{1}{6}(3.5) d^2 = 0.5833 d^2$$

$M_{\max} = 90 \text{ kip} \cdot \text{in.}$와 $\sigma_{\text{all}} = 1800 \text{ psi}$이므로, 이 조건을 만족하는 높이 d는 다음과 같다.

$$S = \frac{M_{\max}}{\sigma_{\text{all}}}, \qquad 0.5833\, d^2 = \frac{90 \times 10^3 \text{ lb} \cdot \text{in.}}{1800 \text{ psi}}$$
$$d^2 = 85.7, \qquad d = 9.26 \text{ in.}$$

계산된 높이 d는 조건 $\sigma_m \leq 1800$ psi를 만족한다.

전단응력 검토 $V_{\max} = 3$ kips이고, $d = 9.26$ in.이므로, 이 조건을 이용하여 구한 최대 전단응력은 다음과 같다.

$$\tau_m = \frac{3}{2}\frac{V_{\max}}{A} = \frac{3}{2}\frac{3000 \text{ lb}}{(3.5 \text{ in.})(9.26 \text{ in.})}, \qquad \tau_m = 138.8 \text{ psi}$$

허용 전단응력이 $\tau_{\text{all}} = 120$ psi이므로 높이 $d = 9.26$ in.는 적절하지 않다. 따라서 조건 $\tau_m \leq 120$ psi를 만족하도록 보를 재설계해야 한다.

허용 전단응력에 근거한 설계 이제 허용 전단응력이 설계를 지배한다는 것을 알고 있으므로 허용 전단응력 조건을 만족시키는 높이 d를 다음과 같이 구한다.

$$\tau_m = \tau_{\text{all}} = \frac{3}{2}\frac{V_{\max}}{A}, \qquad 120 \text{ psi} = \frac{3}{2}\frac{3000 \text{ lb}}{(3.5 \text{ in.})d}$$

$$d = 10.71 \text{ in.} ◀$$

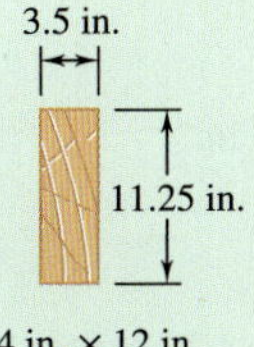

4 in. × 12 in.
공칭 규격

그림 3 설계단면

수직응력이 $\sigma_{\text{all}} = 1800$ psi보다 작고 허용 전단응력 조건도 만족하므로 구한 보의 높이 10.71 in.는 적절하다.

고찰 목재 단면의 높이는 일반적으로 2 in. 단위로 증가하므로 4×12 in.의 규격이 사용되어야 한다. 실제 단면적은 [그림 3]과 같이 3.5 in.×11.25 in.가 된다.

Section 13.1 연습문제

13.1 그림과 같이 단면이 1.5×3.5 in.인 세 개의 직사각형 널빤지를 못으로 고정하여 만든 보에 수직방향 전단력 250 lb가 작용하고 있다. 못 사이의 간격이 2.5 in.일 때, 각 못에 작용하는 전단력을 구하시오.

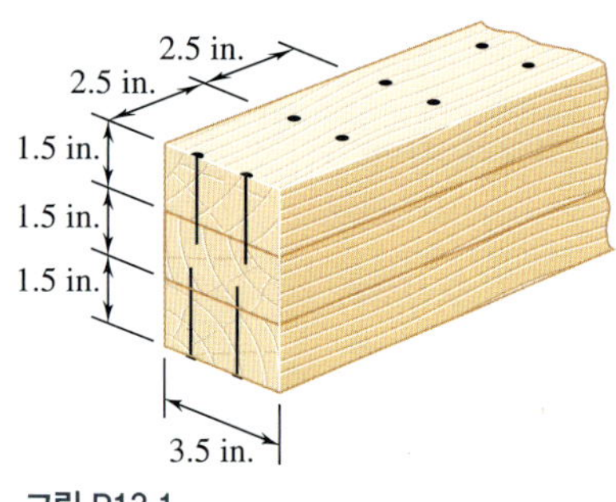

그림 P13.1

13.2 그림과 같이 두께가 2 in.인 세 개의 널빤지를 못으로 결합하여 만든 보에 수직방향 전단력이 작용하고 있다. 못의 허용전단력이 150 lb일 때, 못 사이의 간격 s가 3 in.라면 허용할 수 있는 전단력은 얼마인지 구하시오.

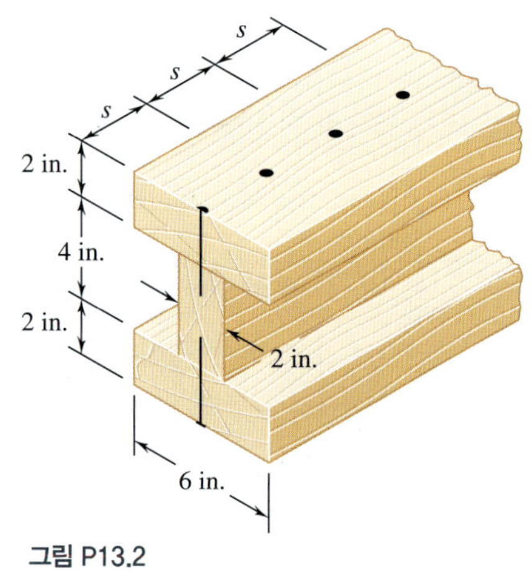

그림 P13.2

13.3 $w = 120$ mm인 두 개의 널빤지와 $w = 200$ mm인 널빤지 하나를 그림과 같이 못으로 결합하여 만든 보에 수직방향 전단력이 작용하고 있다. 못 사이의 간격이 $s = 75$ mm이고 못의 허용전단력이 400 N일 때, 허용전단력을 구하시오.

13.4 [문제 13.3]에서 제일 위쪽과 아래쪽 널빤지의 폭이 $w =$ 100 mm로 바뀐다면 보가 지지할 수 있는 허용전단력은 얼마인지 구하시오.

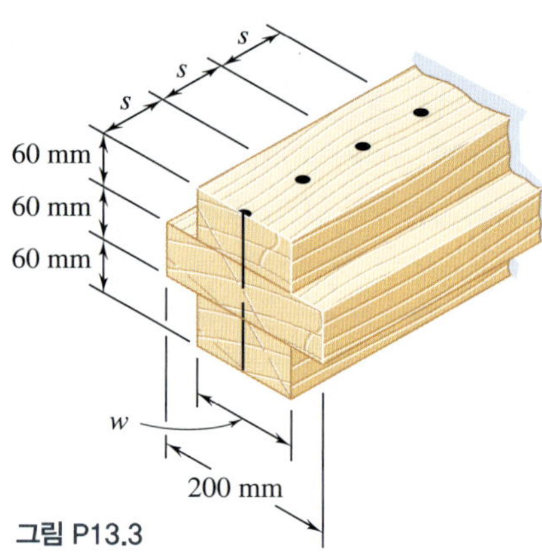

그림 P13.3

13.5 그림에 나타낸 압연강재보rolled-steel beam는 단면보강을 위해 플랜지에 12×175 mm 강판 두 개를 덧댄 후 지름 18 mm의 볼트를 125 mm간격으로 설치하여 연결했다. 볼트의 허용 전단응력이 85 MPa일 때, 수직방향 허용전단력의 최댓값을 구하시오.

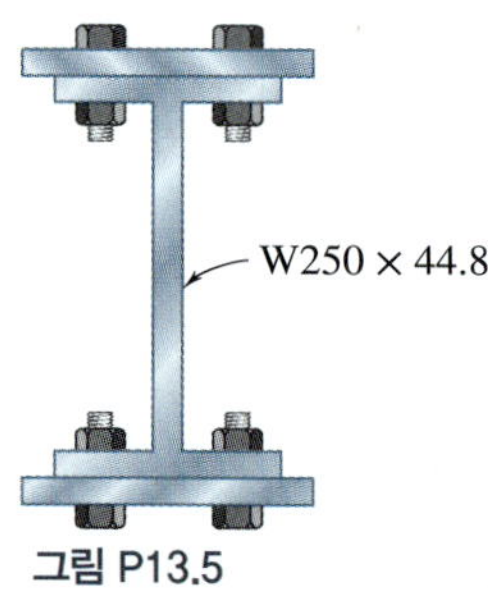

그림 P13.5

13.6 [문제 13.5]에서 보강 강판의 두께가 9 mm일 때 수직방향 허용전단력의 최댓값을 구하시오.

13.7 그림에서 보는 두 개의 채널(또는 ㄷ형강)과 두 개의 판재를 지름이 $\frac{3}{4}$ in.인 볼트를 7.5 in. 간격으로 설치하여 제작했다. y축과 평행한 방향으로 25 kips의 전단력이 작용할 때 볼트에 작용하는 평균 전단응력을 구하시오.

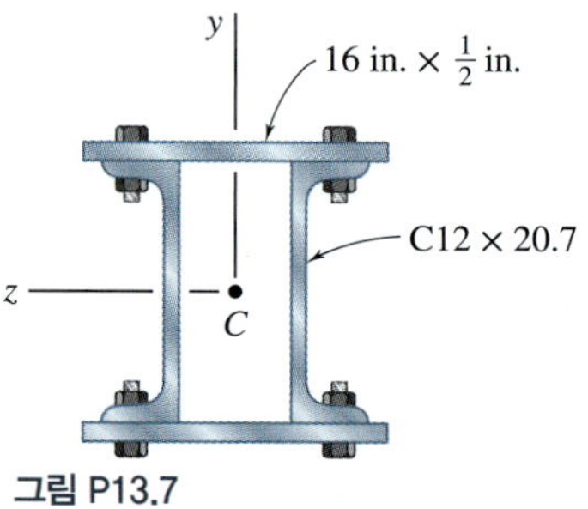

그림 P13.7

13.8 그림의 보는 5 in. 간격으로 설치된 지름이 $\frac{3}{4}$ in.인 볼트로 압연강부재를 연결하여 제작했다. y축과 평행한 방향으로 30 kips의 전단력이 작용할 때, 볼트에 작용하는 평균 전단응력을 구하시오.

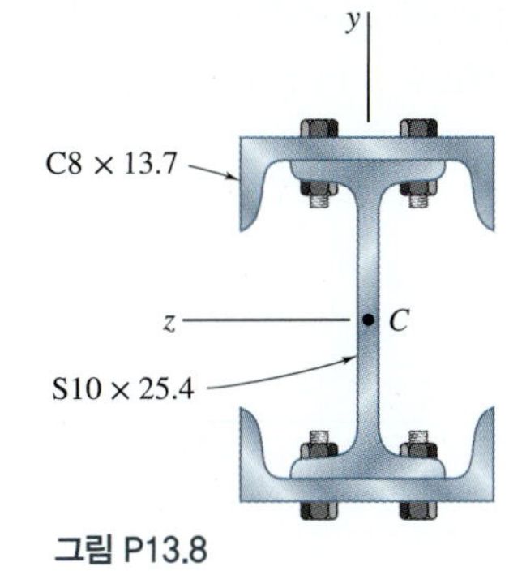

그림 P13.8

13.9 ~ 13.12 그림과 같이 보에 하중이 작용할 때, $n-n$지점에서 (a) 작용하는 최대 전단응력과 (b) 점 a에서의 전단응력을 구하시오.

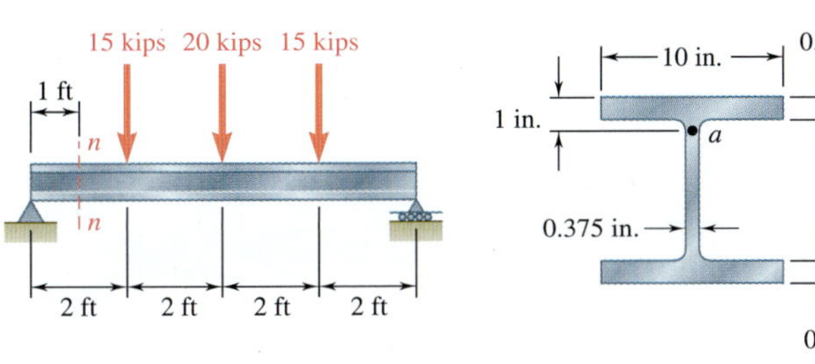

그림 P13.9

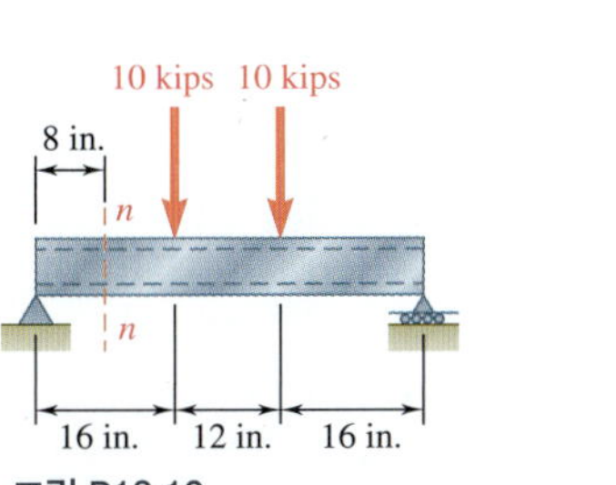

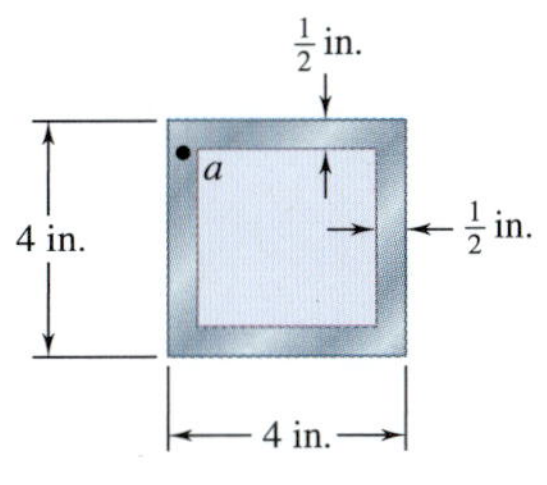

그림 P13.10

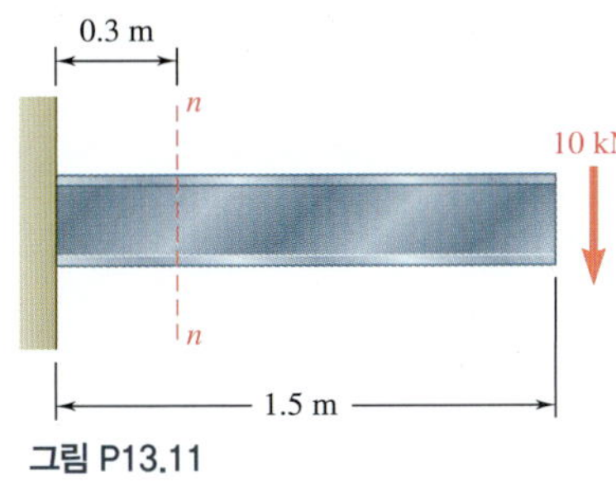

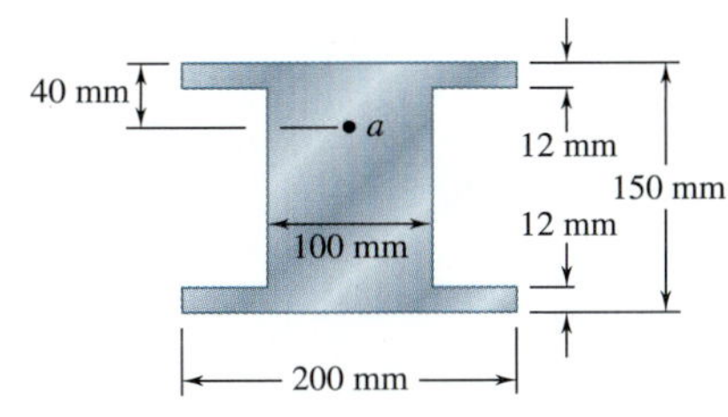

그림 P13.11

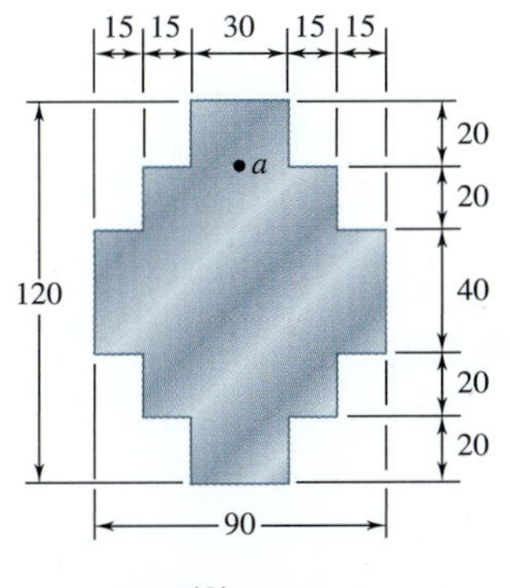

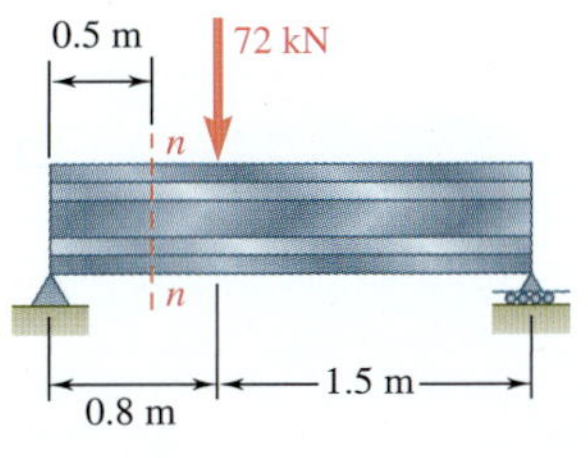

그림 P13.12

13.13 그림과 같이 하중이 작용하는 보에서 사용된 목재의 등급이 $\sigma_{all} = 1750$ psi이고 $\tau_{all} = 130$ psi일 때, 필요한 최소 높이 h를 구하시오.

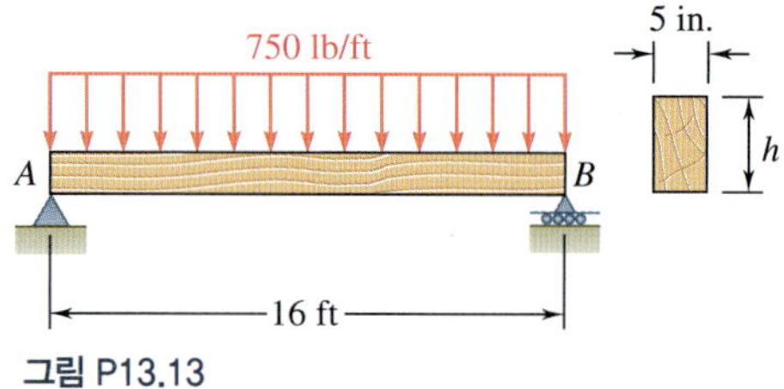

그림 P13.13

13.14 그림과 같이 하중이 작용하는 보에서 사용된 목재의 등급이 $\sigma_{all} = 12$ MPa이고 $\tau_{all} = 825$ kPa일 때, 필요한 최소 폭 b를 구하시오.

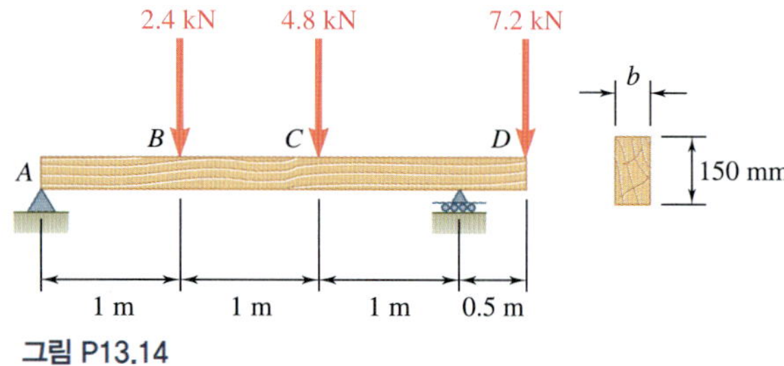

그림 P13.14

13.15 그림과 같이 하중이 작용하는 광폭플랜지보에서 최대 수직응력이 24 ksi이고 근사식 $\tau_m = V/A_{web}$를 사용하여 구한 최대 전단응력이 14.5 ksi일 때, 하중 **P**의 최댓값을 구하시오.

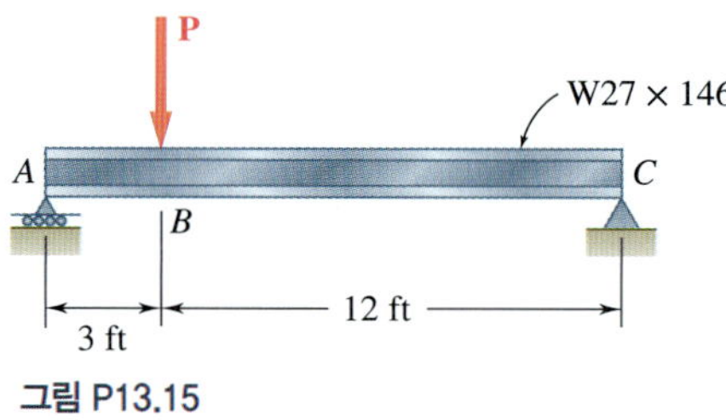

그림 P13.15

13.16 그림과 같이 하중이 작용하는 광폭플랜지보에서 최대 수직응력이 160 MPa이고 근사식 $\tau_m = V/A_{web}$를 사용하여 구한 최대 전단응력이 100 MPa일 때, 하중 **P**의 최댓값을 구하시오.

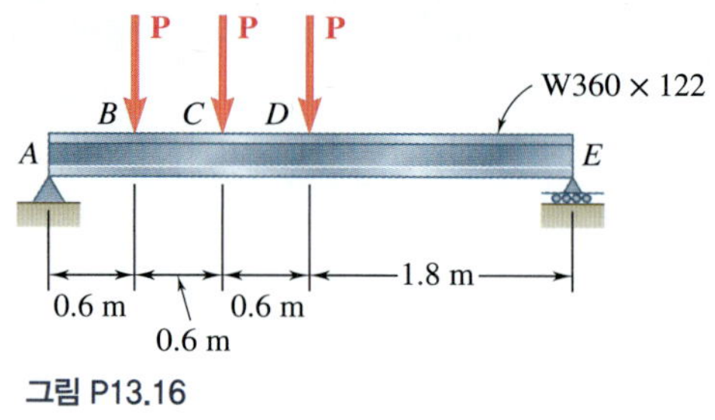

그림 P13.16

13.17 ~ 13.18 그림과 같이 보에 하중이 작용할 때, $n-n$지점에서 단면의 (a) 점 a에 작용하는 전단응력과 (b) 점 b에 작용하는 전단응력을 구하시오.

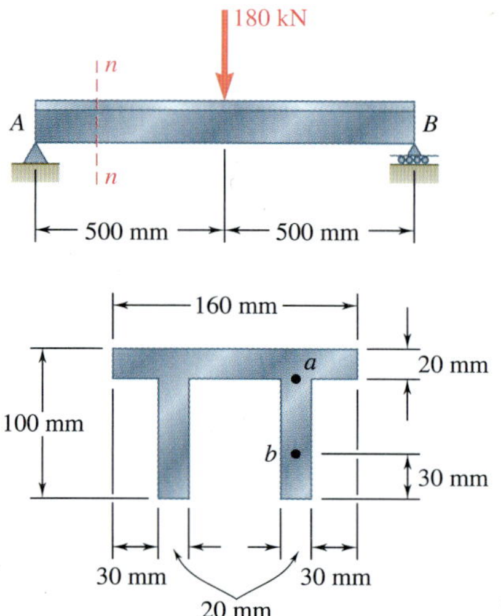

그림 P13.17, 13.19

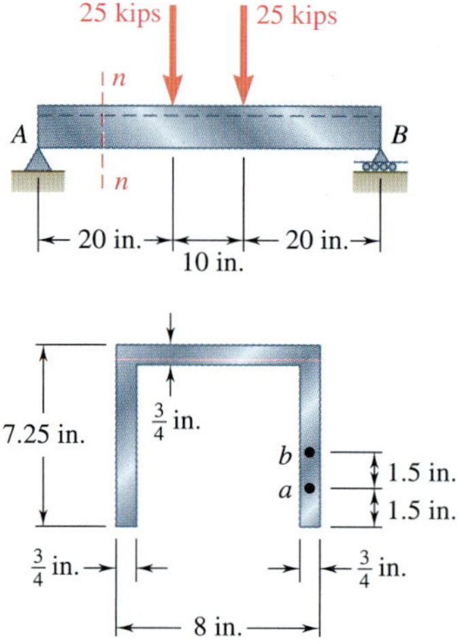

그림 P13.18, 13.20

13.19 ~ 13.20 그림과 같이 보에 하중이 작용할 때, $n-n$지점에서의 최대 전단응력을 구하시오.

13.21 ~ 13.24 단면이 그림과 같은 보에 수직방향 전단력 $\mathbf{V}$가 작용하고 있다. 이 보에 대해 (a) 전단응력이 최대가 되는 수평방향의 선과 (b) 최대 전단응력을 다음 식과 같이 표현할 때 k값을 구하시오. 여기서 A는 보의 단면적이다.

$$\tau_{\max} = k\frac{V}{A}$$

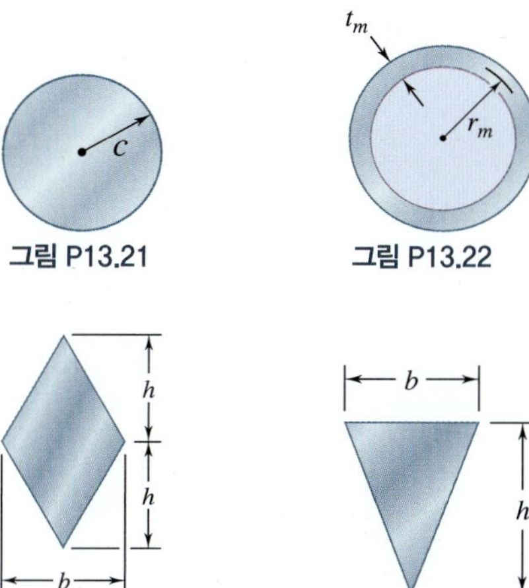

그림 P13.21　그림 P13.22

그림 P13.23　그림 P13.24

13.2 단면이 임의의 형상인 보 요소의 길이방향 전단력

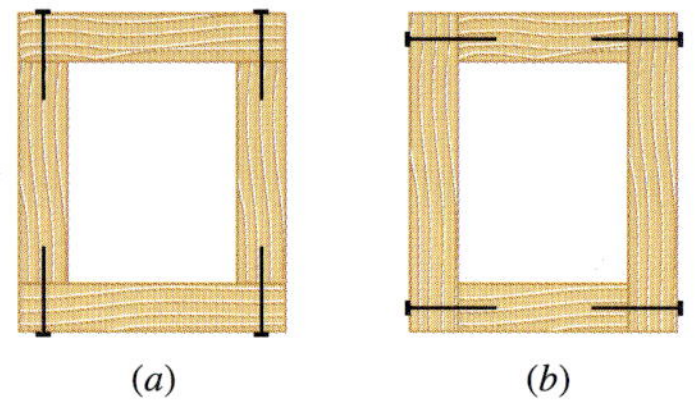

그림 13.18 판자를 못으로 고정하여 제작한 박스형 보

[그림 13.18a]와 같이 네 개의 판자를 못으로 고정하여 만든 박스형 보를 생각해보자. 13.1.1절에서는 판자가 접합된 수평면을 따라 단위길이당 전단력인 q를 결정하는 방법을 공부했다. 하지만 판자가 [그림 13.18b]와 같이 **수직면**을 따라 접합되어 있다면 q는 어떻게 구해야 할까? 13.1.3절에서는 광폭플랜지보W-beam 또는 미국표준보S-beam의 횡단면에 작용하는 수직방향 전단응력인 τ_{xy}의 분포를 학습했다. 이 응력의 크기는 보의 복부에서는 거의 일정했으며, 플랜지에서는 무시할 수 있을 정도로 작았다. 하지만 플랜지에 **수평방향**으로 작용하는 응력 τ_{xz}은 어떨까? 13.1.1절에서 배운 단위길이당 전단력 q를 구하는 과정을 이 경우에도 적용할 수 있다.

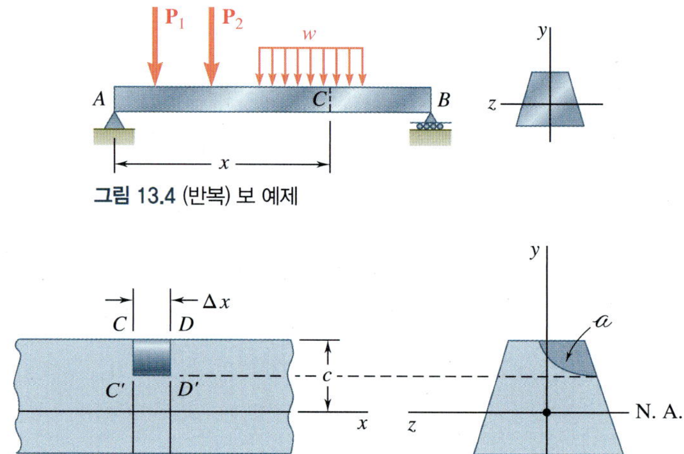

그림 13.4 (반복) 보 예제

그림 13.19 길이가 Δx인 요소 $CDD'C'$

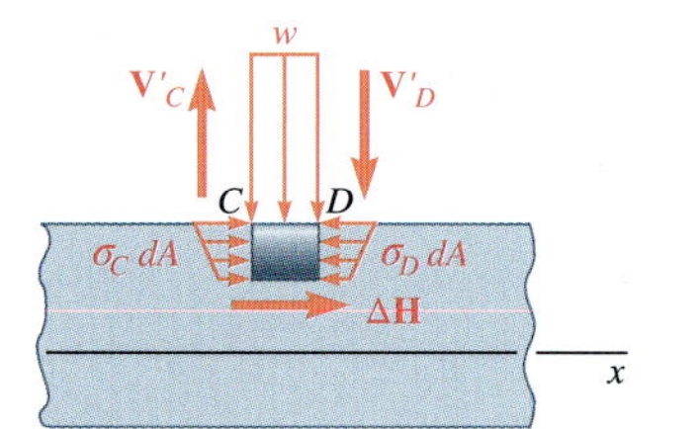

그림 13.20 요소 $CDD'C'$에 작용하는 힘

[그림 13.4]와 같이 하중이 수직대칭면에 작용하는 균일단면보 AB를 생각해보자. 지점 A로부터 x만큼 떨어진 거리에서 길이가 Δx인 요소 $CDD'C'$를 [그림 13.19]와 같이 떼어낸다. 하지만 13.1.1절의 [그림 13.5]에 나타낸 요소와는 다르게, 이번에 떼어낸 요소는 [그림 13.19]의 오른쪽에 나타낸 것과 같이 임의의 곡선면을 갖는다. 이 요소에 작용하는 힘은 수직방향 전단력 $\mathbf{V}'_C$와 $\mathbf{V}'_D$, 길이방향의 수직력 $\sigma_C\, dA$와 $\sigma_D\, dA$, 작용하중 $w\ \Delta x$, 길이방향 전단력 $\Delta\mathbf{H}$가 있다. 길이방향 전단력 $\Delta\mathbf{H}$는 [그림 13.20]의 곡면에 작용하는 길이방향 전단응력의 합력을 나타낸다. 이 힘들에 대한 평형방정식은 다음과 같다.

$$\overset{+}{\rightarrow}\Sigma F_x = 0 \ :\ \Delta H + \int_{a} (\sigma_C - \sigma_D)\, dA = 0$$

여기서 적분은 [그림 13.19]에 진한 색으로 표시된 면적 a에 대해 계산한다. 이 식은 13.1.1절에서 유도된 식과 동일하지만, 진한 색으로 표시된 면적 a가 이번에는 곡선면까지만 확장되는 것에 주목하자.

보 요소에 작용하는 길이방향 전단력은 다음과 같다.

$$\Delta H = \frac{VQ}{I} \Delta x \tag{13.4}$$

여기서 I는 전체 단면적의 단면2차모멘트이고, Q는 진한 색으로 표시된 면적 a의 중립축에 대한 단면1차모멘트이며, V는 횡단면에 작용하는 수직방향 전단력이다. 식 (13.4)의 양변을 Δx로 나눠주면 단위길이당 수평방향 전단력 또는 전단류를 얻을 수 있다.

$$q = \frac{\Delta H}{\Delta x} = \frac{VQ}{I} \tag{13.5}$$

개념적용 13.4

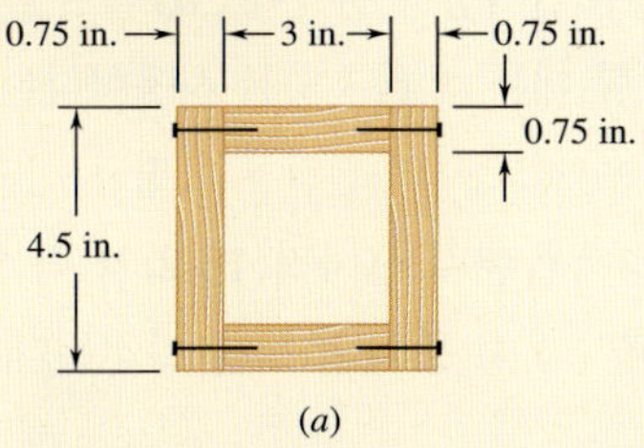

그림 13.21 (a) 판자를 못으로 고정하여 제작한 박스형 보

0.75×3 in. 판자 두 개와 0.75×4.5 in. 판자 두 개를 못으로 고정하여 [그림 13.21a]와 같이 박스형 보를 제작했다. 못 사이 간격이 1.75 in.이고 수직방향 전단력 $V = 600$ lb가 작용하고 있을 때, 각각의 못에 작용하는 전단력을 구하시오.

위쪽 판자를 따로 떼어내고, 양쪽 모서리에 작용하는 단위길이당 힘 q를 고려해보자. 식 (13.5)를 이용하면 Q는 [그림 13.21b]에 진한 색으로 표시된 면적 A'의 중립축에 대한 단면1차모멘트이고, I는 [그림 13.21c]에 나타낸 박스형 보 전체 단면의 중립축에 대한 단면2차모멘트가 된다.

$$Q = A'\bar{y} = (0.75\text{ in.})(3\text{ in.})(1.875\text{ in.}) = 4.22\text{ in}^3$$

한 변의 길이가 a인 정사각형 단면의 중립축에 대한 단면2차모멘트는 $I = \frac{1}{12}a^4$이므로,

$$I = \frac{1}{12}(4.5\text{ in.})^4 - \frac{1}{12}(3\text{ in.})^4 = 27.42\text{ in}^4$$

가 되고, 이 값을 식 (13.5)에 대입하면 다음과 같은 결과를 얻을 수 있다.

$$q = \frac{VQ}{I} = \frac{(600\text{ lb})(4.22\text{ in}^3)}{27.42\text{ in}^4} = 92.3\text{ lb/in.}$$

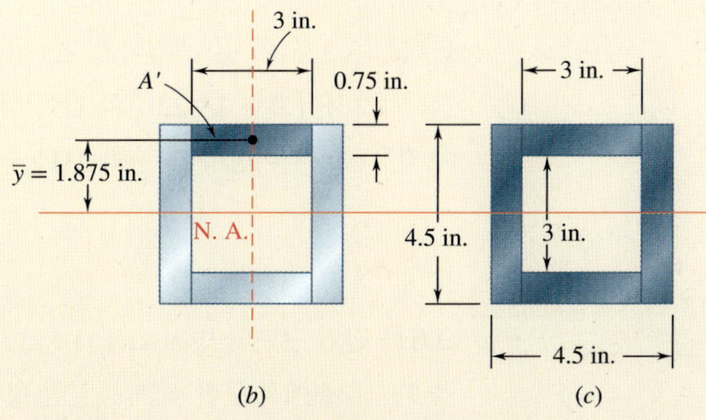

그림 13.21 (b) 위쪽 판자의 면적에 대한 단면1차모멘트를 구하기 위한 기하학적 형상 (c) 전체 단면의 단면2차모멘트를 구하기 위한 기하학적 형상

보와 위쪽 판자는 모두 하중이 작용하는 수직면에 대해 대칭이므로, 판자의 양쪽 모서리에는 동일한 크기의 힘이 작용한다. 그러므로 각각의 모서리에 작용하는 단위길이당 힘은 $\frac{1}{2}q=\frac{1}{2}(92.3)=46.15$ lb/in.가 된다. 못 사이의 간격이 1.75 in.이므로, 각각의 못에 작용하는 전단력은 다음과 같다.

$$F=(1.75\text{ in.})(46.15\text{ lb/in.})=80.8\text{ lb}$$

13.3 박판부재의 전단응력

사진 13.2 광폭플랜지보

Jake Wyman/The Image Bank/Getty Images

사진 13.3 구조용 각형관과 원형관

Rodho/Shutterstock

13.2절에서는 수직대칭면에 하중이 작용하는 부재의 경우 길이방향 전단력 $\Delta\mathbf{H}$를 구할 때는 식 (13.4)를 사용하고, 그에 해당하는 전단류 q를 구할 때는 식 (13.5)를 사용한다는 것을 배웠다. 이 절에서는 두 개의 식이 박판부재thin-walled members의 전단류와 평균 전단응력을 구할 때도 사용된다는 것을 배운다. 박판부재란 광폭플랜지보(사진 13.2)와 박스형 보의 플랜지 또는 구조용 각형관과 원형관의 벽체(사진 13.3) 등의 부재를 일컫는다.

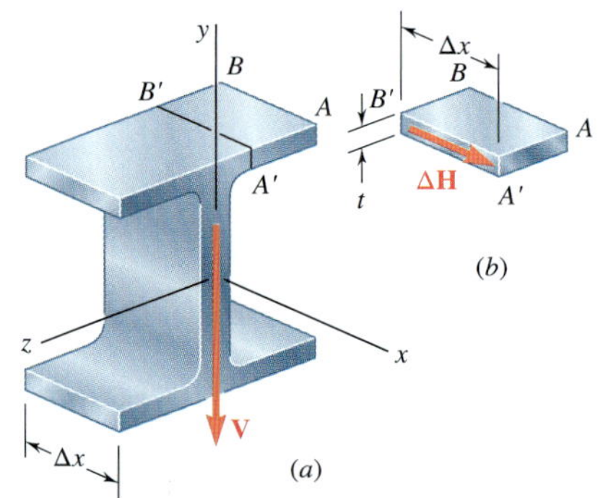

그림 13.22 (a) 수직방향 전단력 V가 작용하는 광폭플랜지보
(b) 길이방향 전단력 ΔH가 작용하는 플랜지 요소

[그림 13.22a]와 같이 길이가 Δx이고, 횡단면에 수직방향 전단력 $\mathbf{V}$가 작용하는 요소를 생각해보자. [그림 13.22b]와 같이 상부 플랜지에서 요소 $ABB'A'$를 떼어내보자. 이 요소에 작용하는 길이방향 전단력 $\Delta\mathbf{H}$는 식 (13.4)로부터 얻을 수 있다.

$$\Delta H=\frac{VQ}{I}\,\Delta x \tag{13.4}$$

ΔH를 잘린 단면의 면적 $\Delta A=t\,\Delta x$로 나누면, 요소 $ABB'A'$에 작용하는 평균 전단응력을 13.1.2절에서 구한 식과 동일한 형태로 나타낼 수 있다.

$$\tau_{\text{ave}}=\frac{VQ}{It} \tag{13.6}$$

여기서 τ_{ave}는 수직 절단면에 작용하는 전단응력 τ_{zx}의 평균값이다. 하지만 플랜지의 두께

t가 작기 때문에 절단면에서 τ_{zx}의 변화는 거의 없다. [그림 13.23]과 같이 $\tau_{xz} = \tau_{zx}$이므로, 플랜지의 횡단면 상의 어느 점에서든지 전단응력의 수평성분인 τ_{xz}의 값은 식 (13.6)을 이용해서 구할 수 있다. 이 식에서 Q는 [그림 13.24a]에 나타낸 것처럼 진한 색으로 표시된 면적의 중립축에 대한 단면1차모멘트를 나타낸다. [그림 13.24b]에 나타낸 것처럼 복부에 작용하는 수직방향 전단응력 τ_{xy}도 유사한 식으로 계산할 수 있다. 식 (13.6)은 하중이 수직대칭면에 작용하기만 한다면, 박스형 보(그림 13.25), 하프 파이프(그림 13.26) 또는 다른 형태의 박판부재의 전단응력을 구하는 데 사용할 수 있다. 각각의 경우, 절단면은 반드시 부재의 표면과 직각이어야 하고, 식 (13.6)을 이용하면 그 표면과 평행한 방향의 전단응력성분을 산출할 수 있다(두 개의 자유표면은 서로 근접한 위치에 있으므로 다른 성분은 0이라고 가정한다).

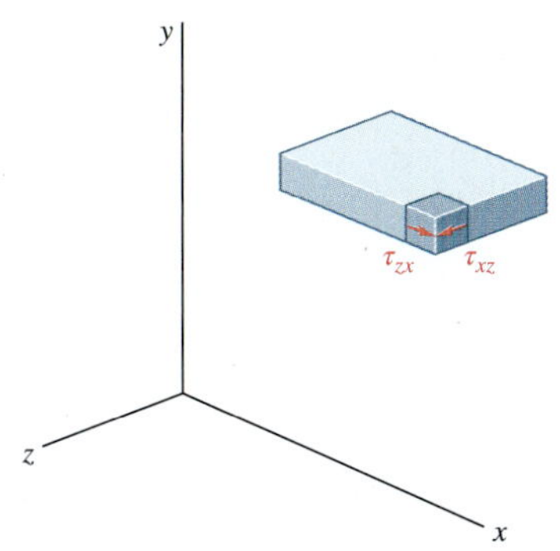

그림 13.23 잘라낸 플랜지 요소에 작용하는 전단응력

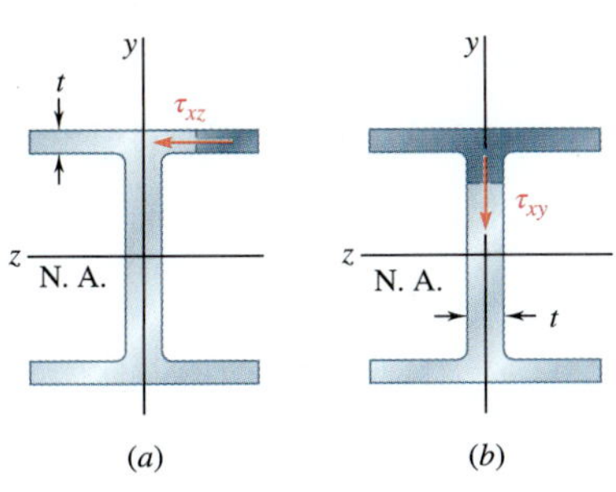

그림 13.24 광폭플랜지보의 (a) 플랜지에 작용하는 전단응력과 (b) 복부에 작용하는 전단응력. 진한 색으로 표시된 부분이 단면1차모멘트를 계산하는 데 사용된다.

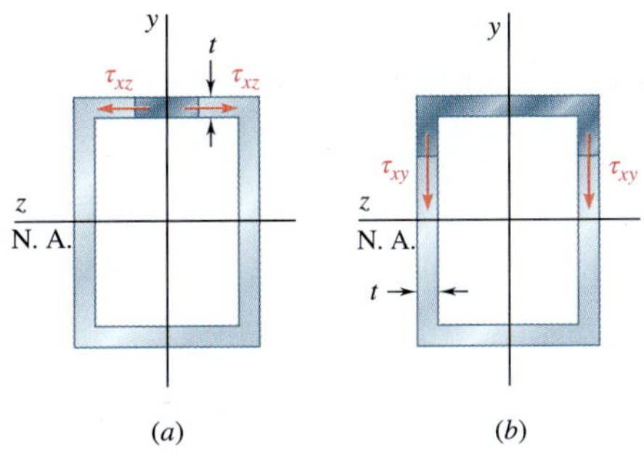

그림 13.25 박스형 보의 (a) 플랜지에 작용하는 전단응력과 (b) 복부에 작용하는 전단응력. 진한 색으로 표시된 부분이 단면1차모멘트를 계산하는 데 사용된다.

식 (13.5)와 식 (13.6)을 비교해보면, 단면의 한 점에서의 전단응력 τ와 그 점에서의 두께 t의 곱은 q와 같다는 것을 알 수 있다. V와 I가 일정하므로, q는 단면1차모멘트 Q만 알면 구할 수 있으며, 해당 단면에서 쉽게 그릴 수도 있다. [그림 13.27]의 박스형 보에서 q값은 점 A에서 0이었다가 중립축 위치인 점 C와 C'에서 최댓값에 도달할 때까지 점진적으로 증가한 후, 점 E에 다다를수록 다시 0으로 감소한다. 모서리 점인 B, D, B', D'를 통과할 때도 q값이 갑작스럽게 변하지는 않으며, 단면에서 수평인 요소(예 : 플랜지)에서의 q의 방향은 전단력 $\mathbf{V}$와 방향이 같은 q가 발생하는 수직인 요소(예 : 복부)를 함께 고려하면 손쉽게 구할 수 있다. [그림 13.28]과 같은 광폭플랜지보의 단면에서, 상부 플랜지의 AB와 $A'B$에서의 q값은 대칭이 된다.

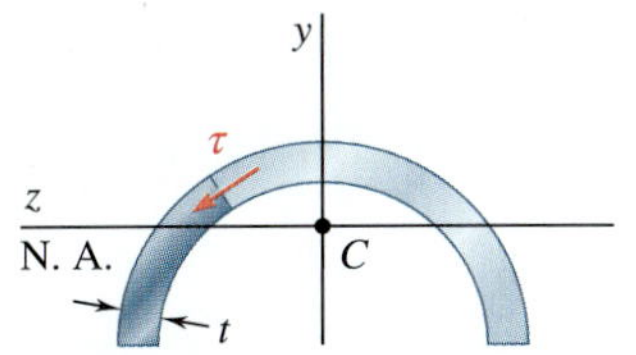

그림 13.26 하프 파이프 단면에 작용하는 전단응력. 진한 색으로 표시된 부분이 단면1차모멘트를 계산하는 데 사용된다.

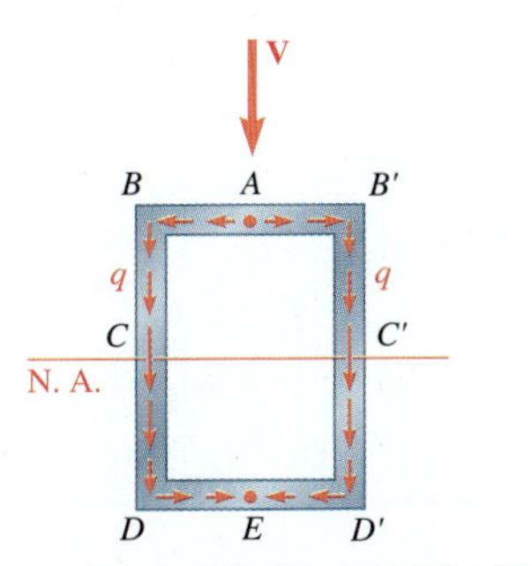

그림 13.27 박스형 보 단면에 작용하는 전단류 q

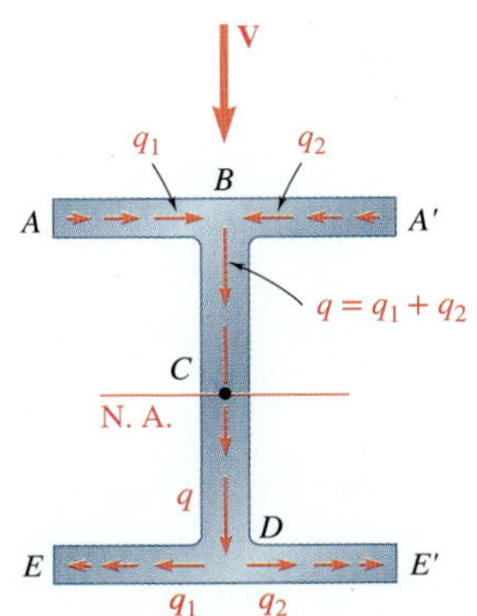

그림 13.28 광폭플랜지보 단면에 작용하는 전단류 q

복부의 점 B에서 q는 플랜지에서의 q값의 두 배가 되는데, 이는 복부의 상부에서 q값이 합쳐지기 때문이다. 중립축 위치인 점 C에서 최댓값에 도달한 후, q값은 점점 작아지다가 점 D에서는 두 개의 값으로 나눠진다. 단위길이당 전단력인 q를 흔히 **전단류**라 하는데, 이는 q의 성질이 개수로open channel 또는 파이프를 통과하는 유체 흐름의 특성과 유사하기 때문이다.

지금까지 모든 하중은 대칭면이 하나인 부재에 작용했다. [그림 13.24] 또는 [그림 13.27]과 같이 대칭면이 두 개인 부재의 경우에는 주어진 단면의 도심에 작용하는 어떠한 하중이든지 두 개의 대칭축에 대한 박판부재로 분해하여 풀이할 수 있다. 각각의 박판부재는 대칭면에서 휨을 유발할 것이고, 식 (13.6)을 이용하여 그에 대한 전단응력을 계산할 수 있다. 그 후 발생한 최종 응력을 계산하기 위해 중첩의 원리를 적용할 수 있다.

하지만 만약 부재가 비대칭 단면이거나 또는 대칭면이 하나인데 하중이 그 대칭면에 작용하지 않은 경우 해당 부재는 **휨과 비틂**을 동시에 받게 된다. 단, 하중이 **전단중심**shear center[3]이라 불리는 어떤 특별한 위치에 작용하는 경우는 예외이다. 이 전단중심은 일반적으로 단면의 도심과는 **일치하지 않을 수 있다**.

3 Ferdinand P. Beer, E. Russell Johnston Jr., John T. DeWolf, and David F. Mazurek, Mechanics of Materials, 7th ed., McGraw-Hill, New York, 2015, sec. 6.6.

예제 13.3

수직방향 전단력 50 kip가 W10×68 압연강재보에 작용할 때, 보의 상부 플랜지 모서리에서 4.31 in.만큼 떨어진 지점 a에서의 수평 전단응력을 구하시오. 해당 강재보의 치수 등 단면성질은 〈부록 D〉를 참조하시오.

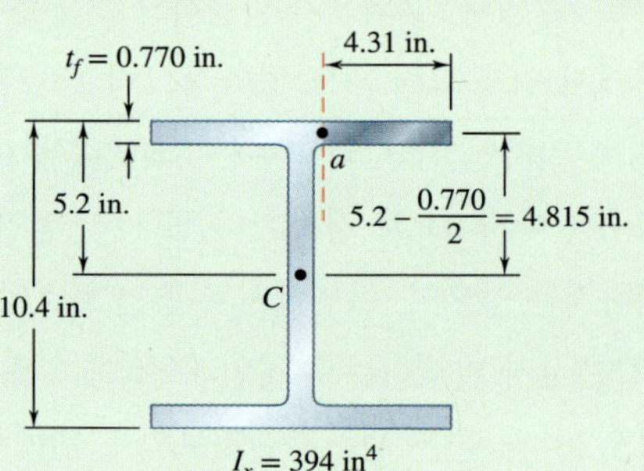

그림 1 강재보 W10×68의 단면 치수

문제분석 해당 단면에서 수평 전단응력을 구하시오.

모델링 [그림 1]에 나타난 바와 같이 점 a를 통과하는 점선을 따라 상부 플랜지를 잘라낸 후 진한 색으로 표시된 영역을 따로 떼어낸다.

$$Q = (4.31 \text{ in.})(0.770 \text{ in.})(4.815 \text{ in.}) = 15.98 \text{ in}^3$$

$$\tau = \frac{VQ}{It} = \frac{(50 \text{ kips})(15.98 \text{ in}^3)}{(394 \text{ in}^4)(0.770 \text{ in.})} \qquad \tau = 2.63 \text{ ksi}$$

예제 13.4

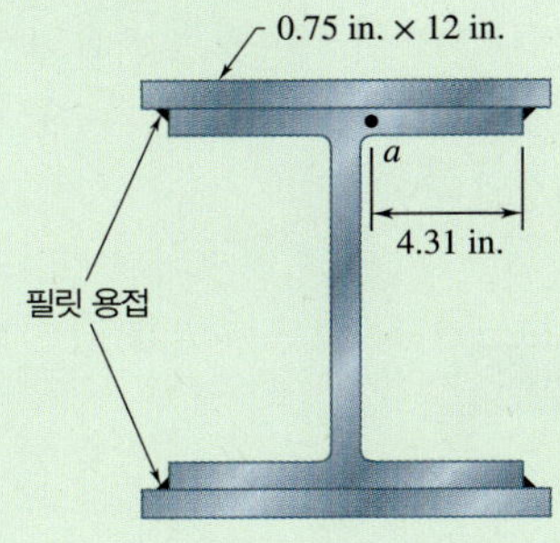

[예제 13.3]과 같은 W 10×68 강재보 플랜지에 0.75×12 in.의 판재를 필릿 용접fillet weld했을 때, 보의 상부 플랜지 모서리에서 4.31 in. 떨어진 지점 a에서의 수평 전단응력을 구하시오.

문제분석 보의 단면성질을 계산하고, 해당 단면에서 전단응력을 구한다.

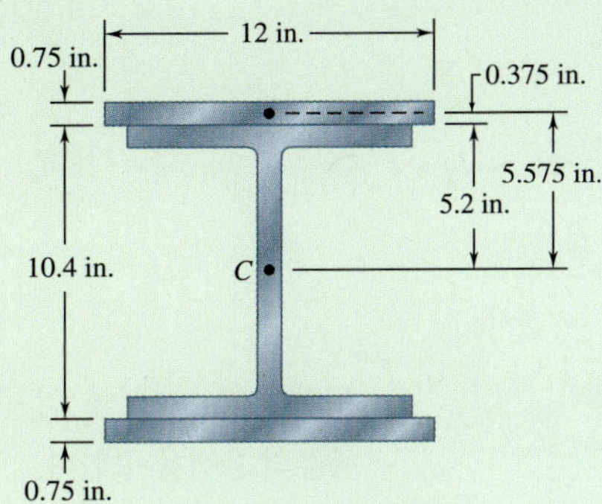

그림 1 단면2차모멘트 계산을 위한 단면 치수

모델링 [그림 1]에 나타낸 보의 단면2차모멘트는 다음과 같다.

$$I = 394\text{ in}^4 + 2\left[\frac{1}{12}(12\text{ in.})(0.75\text{ in.})^3 + (12\text{ in.})(0.75\text{ in.})(5.575\text{ in.})^2\right]$$
$$= 954\text{ in}^4$$

상부 판재와 플랜지는 끝단에만 용접되어 있으므로, 점 a에서의 전단응력은 [그림 2]에 점선으로 표시된 단면, 즉 점 a에서 플랜지를 통과하는 단면, 판재와 플랜지의 사이, 점 a에 대칭인 점 a'에서 플랜지를 통과하는 단면을 이용하여 구할 수 있다.

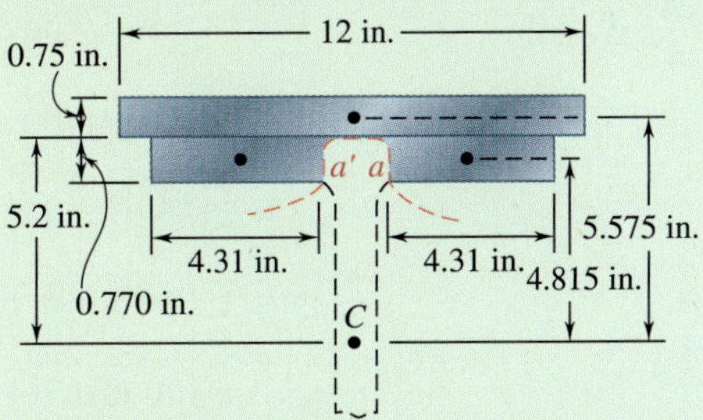

그림 2 플랜지와 복부가 만나는 지점에서 단면1차모멘트와 전단응력을 계산하기 위한 단면 치수

진한 색으로 표시된 면적에 작용하는 전단응력은 다음과 같다.

$$t = 2t_f = 2(0.770\text{ in.}) = 1.540\text{ in.}$$

$$Q = 2[(4.31\text{ in.})(0.770\text{ in.})(4.815\text{ in.})] + (12\text{ in.})(0.75\text{ in.})(5.575\text{ in.})$$
$$= 82.1\text{ in}^3$$

$$\tau = \frac{VQ}{It} = \frac{(50\text{ kips})(82.1\text{ in}^3)}{(954\text{ in}^4)(1.540\text{ in.})} \qquad \tau = 2.79\text{ ksi} ◀$$

예제 13.5

압출가공된 두께 3 mm의 알루미늄 박판단면 보에 전단력 5 kN이 작용할 때, (a) 점 A 에서의 전단응력과 (b) 보에 발생하는 최대 전단응력을 구하시오. 그림에 나타낸 치수들은 외부 표면과 내부 표면 사이에 위치한 중심선을 따라 측정된 값이다.

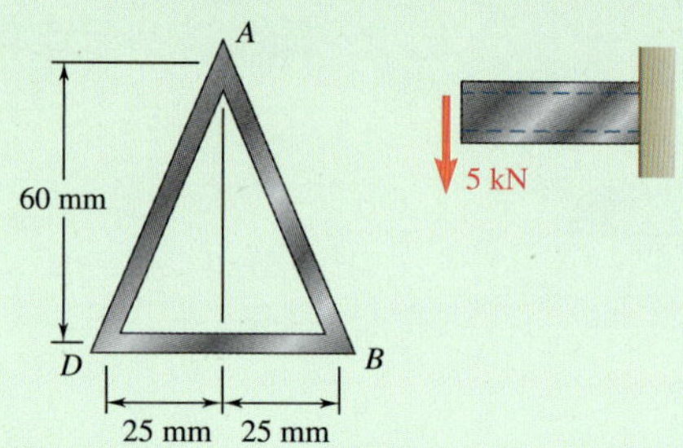

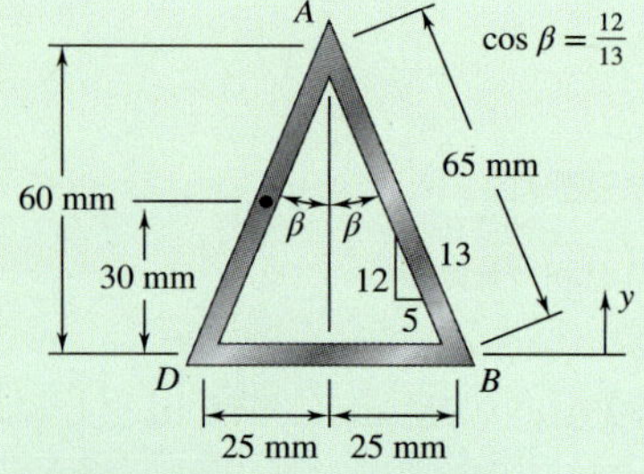

그림 1 도심을 구하기 위한 단면 치수

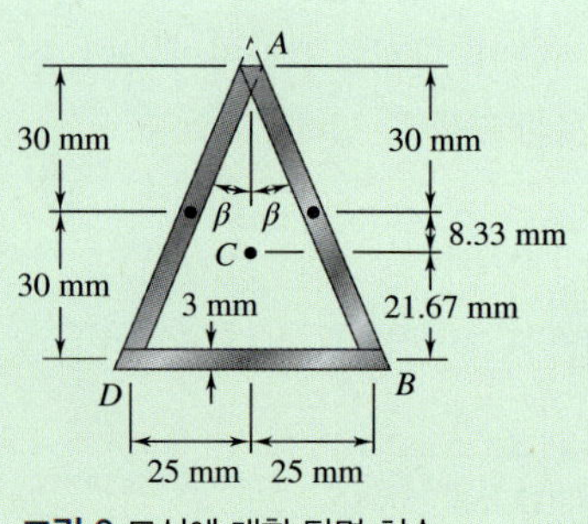

그림 2 도심에 대한 단면 치수

문제분석 도심의 위치를 결정하고 단면2차모멘트를 계산한 후, 문제에서 요구한 두 종류의 응력을 구한다.

모델링

도심 [그림 1]을 이용하면 $AB = AD = 65$ mm가 된다.

$$\bar{Y} = \frac{\Sigma \bar{y} A}{\Sigma A} = \frac{2[(65\text{ mm})(3\text{ mm})(30\text{ mm})]}{2[(65\text{ mm})(3\text{ mm})] + (50\text{ mm})(3\text{ mm})}$$
$$= 21.67\text{ mm}$$

도심축에 대한 단면2차모멘트 박판부재의 각 측면은 [그림 2]와 같이 평행사변형으로 간주할 수 있고, 이러한 경우 $I_{nn} = bh^3/12$가 된다. 여기서 b는 축 nn에 평행한 선을 그어 측정할 수 있다. [그림 3]을 이용하면 단면2차모멘트는 다음과 같이 계산할 수 있다.

$$b = (3\text{ mm})/\cos\beta = (3\text{ mm})(12/13) = 3.25\text{ mm}$$

$$I = \Sigma(\bar{I} + Ad^2)$$
$$= 2\left[\frac{1}{12}(3.25\text{ mm})(60\text{ mm})^3 + (3.25\text{ mm})(60\text{ mm})(8.33\text{ mm})^2\right] + \left[\frac{1}{12}(50\text{ mm})(3\text{ mm})^3 + (50\text{ mm})(3\text{ mm})(21.67\text{ mm})^2\right]$$

$$I = 214.6 \times 10^3\text{ mm}^4, \qquad I = 0.2146 \times 10^{-6}\text{ m}^4$$

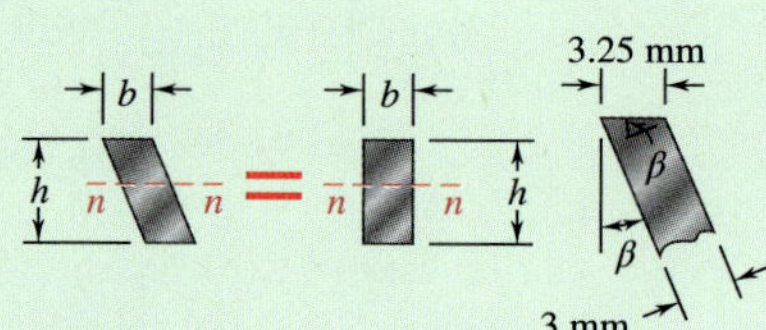

그림 3 측면요소의 수평방향 폭 결정

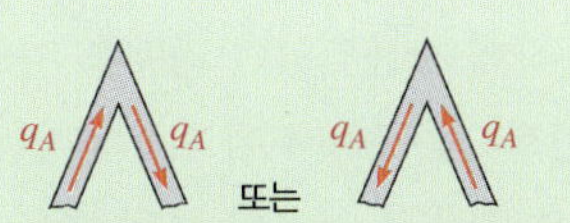

그림 4 점 A에서 고려할 수 있는 전단류의 모든 방향

a. 점 A에서의 전단응력 만약 점 A에서 전단응력 τ_A가 발생한다면 전단류는 $q_A = \tau_A t$가 될 것이고, 그 방향은 [그림 4]에 보인 두 가지 중 하나의 방향으로 작용할 것이다. 하지만 A를 통과하는 수직선에 대해 단면과 하중 모두 대칭이므로 전단류 또한 대칭이어야 한다. [그림 4]에서 고려한 전단류는 모두 비대칭이므로 다음과 같은 결론을 얻을 수 있다.

$$\tau_A = 0$$ ◀

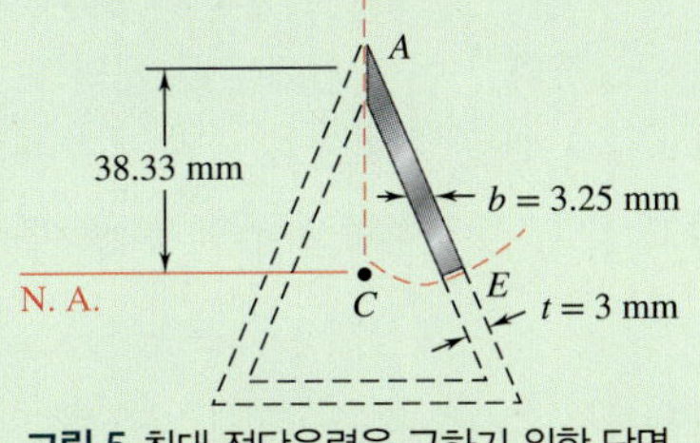

그림 5 최대 전단응력을 구하기 위한 단면

b. 최대 전단응력 부재 측면의 두께가 일정하므로 최대 전단응력은 Q가 최대가 되는 도심 위치에서 발생한다. 점 A에서 전단응력은 0이 된다는 것을 알기 때문에, [그림 5]와 같이 점선을 따라 단면을 자르고 진한 색으로 표시된 면적을 따로 떼어낸다. 최대 전단응력을 계산하기 위한 절단면은 중립축 위치에서 두께 $t = 3$ mm인 측면에 수직이어야 한다.

$$Q = [(3.25\text{ mm})(38.33\text{ mm})]\left(\frac{38.33\text{ mm}}{2}\right)$$

$$= 2387\text{ mm}^3 = 2.387 \times 10^{-6}\text{ m}^3$$

$$\tau_E = \frac{VQ}{It} = \frac{(5\text{ kN})(2.387 \times 10^{-6}\text{ m}^3)}{(0.2146 \times 10^{-6}\text{ m}^4)(0.003\text{ m})}$$

$$\tau_{\max} = \tau_E = 18.54\text{ MPa}$$ ◀

사례연구 13.1

[사례연구 7.1]에서는 플레이트 거더교 형식의 철도교인 해리만선Harriman Lines[4](그림 CS13.1)의 두 거더 중 한 거더의 중앙경간에서 수평 휨축에 대한 단면2차모멘트를 계산했다. 이 중앙경간의 상부와 하부 플랜지에는 세 개의 덮개판cover plate이 부착되어 있다. 이번에는 전단이 작용하는 두 거더요소에 관해 사례연구를 진행해보자.

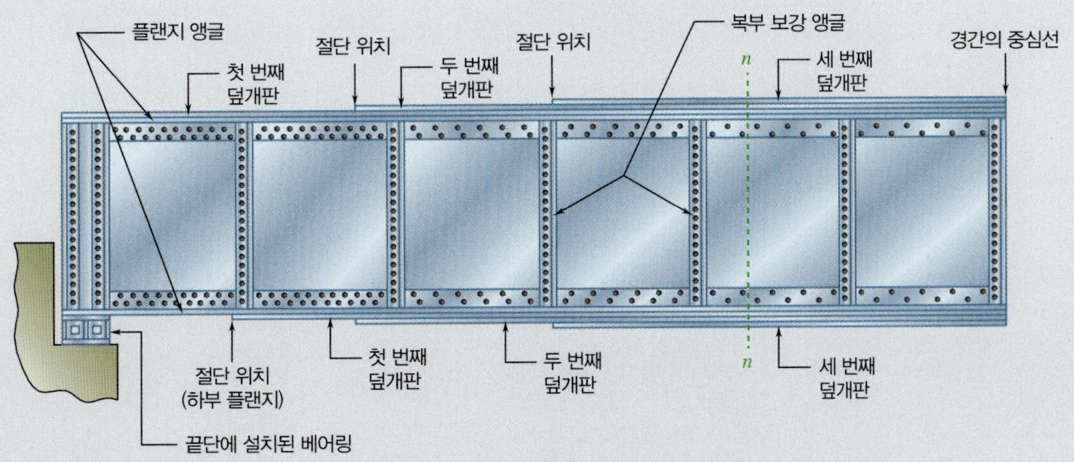

그림 CS13.1 길이 60 ft 플레이트 거더 철도교인 해리만선 1/2 경간의 특징적인 구조 형상

4 미국의 철도 라인이다.

이 특별한 교량의 설계는 1900년대 초에 완성되었다. 이 설계에서는 그 당시 강구조의 연결재로 흔하게 사용되었던 리벳을 사용하여 플레이트 거더교의 다양한 요소를 연결했다. 이 장에서 살펴본 바와 같이, 플랜지를 복부에 연결하는 접합부에 사용된 연결재에는 전단응력이 작용한다. 실제 설계에서 엔지니어들은 이런 형태의 거더와 같이 I-형강I-shaped beam을 사용한 보의 경우 복부가 단면에 작용하는 모든 전단력을 부담한다고 가정한다. 일반적으로 플레이트 거더교의 복부는 매우 세장slender하기 때문에, 전단응력이 작용하는 경우 복부에 앵글angle과 같은 수직방향 보강재가 없다면 매우 쉽게 좌굴buckle하는 경향이 있다. [그림 CS13.1]에 나타낸 앵글 보강재는 플레이트 거더교에 자주 적용되는 형상이다.

미국 철도공학 및 정비협회(AREMA)The American Railway Engineering and Maintenance-of-Way Association는 근대화된 철도용 강교량의 설계에 적용할 수 있도록 실무권장지침recommended practice을 편찬하여 재하되는 활화중을 규정했다.[5] 이 지침에는 두 개의 표준 기관차와 그에 연결되어 뒤따르는 나머지 열차를 나타내는 활하중으로 등분포하중을 사용하도록 했고, 각각 5 ft, 6 ft, 5 ft만큼 떨어진 4개의 100 kips 크기의 축하중으로 구성된 대체활하중Alternative Live Load도 포함하고 있다. 이 활하중은 추후 동적하중에 의한 충격의 영향을 고려해 일부 수정되었다.

이 사례연구에서는 충격을 고려한 대체활하중을 사용하고, 두 개의 거더 중 하나의 거더에 작용하는 축하중의 근삿값을 사용했다(그림 CS13.2). 실제로는 축하중이 거더에 직접 작용하지는 않고, 바닥시스템floor system을 통해 거더에 전달된다(바닥시스템의 형상은 [그림 6.3]에 나타내었다). [그림 CS13.2]와 같이 이 바닥시스템에는 두 패널panel마다 하나씩 바닥보floor beam가 설치되어 있다. 교량의 중앙부인 패널 5와 6에 초점을 맞춰본다면, [그림 CS13.2]와 같이 축하중을 재하하는 것이 (하중이 바닥보를 통해 전달되는 것을 고려할 때) 다른 경우보다 두 패널(패널 5와 6)에 가장 불리한 전단을 발생시킨다는 것을 (구조해석을 통해) 알 수 있다.

이 하중에 대해, 패널 5와 6에 발생하는 최대 전단응력의 근삿값을 계산해보자. 그리고 사용된 리벳의 지름이 7/8 in.이고 플랜지 앵글과 복부의 연결을 위해 길이방향으로 6 in. 간격으로 리벳을 설치했을 때, 리벳에 발생하는 최대 전단응력을 계산해보자.

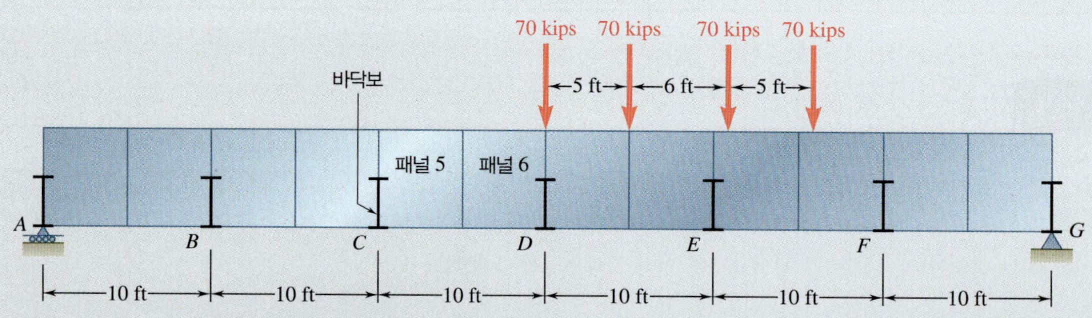

그림 CS13.2 충격의 영향을 고려한 대체활하중(AREMA). 패널 5와 6에 발생하는 전단력이 최대가 되도록 하중을 재하했다.

문제분석 주어진 하중에 대해 패널 5와 6에 발생하는 전단력이 결정되면, 식 (13.11)을 사용하여 해당 패널에 작용하는 최대 전단응력의 근삿값을 구할 수 있다. 또한 패널에 발생하는 전단력을 식 (13.5)에 대입하여 플랜지 앵글과 복부 사이에 발생하는 전단류를 계산할 수 있다. 리벳의 길이방향 간격을 알면 각각의 리벳에 작용하는 전단력과 전단응력의 값을 구할 수 있다.

모델링 [그림 CS13.2]에 나타낸 하중이 작용하는 거더의 자유물체도를 그린 후, 평형방정식을 이용하여 반력을 결정한다. 패널 5와 6에 발생하는 전단 $\mathbf{V}_{CD}$은 일정한 값이고 힘의 평형을 이용하여 구할 수 있다. 계산된 결과를 [그림 CS13.3]에 나타내었다.

5 Manual of Railway Engineering, AREMA, Lanham, MD, 2018, chap. 15.

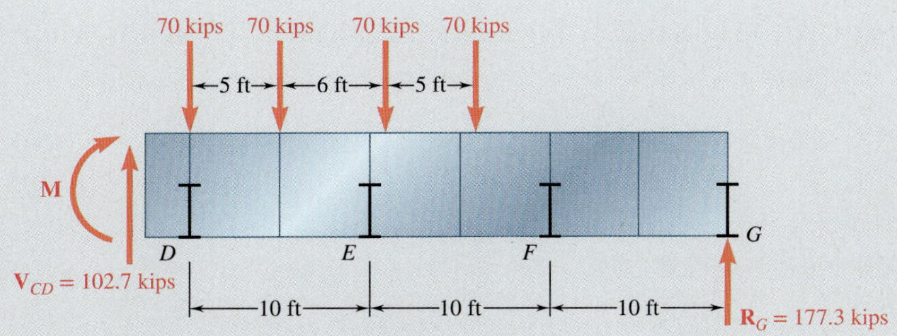

그림 CS13.3 $\mathbf{V}_{CD}$를 계산하기 위한 자유물체도

풀이

a. 패널 5와 6에 발생하는 최대 전단응력 패널 5와 6을 포함하는 부재의 단면 형상은 [사례연구 7.1]과 동일하고 [그림 CS13.4]에 나타내었다. 이 형상을 이용하여 복부의 면적을 계산할 수 있다.

$$A_{\text{web}} = dt_w = [76 + 2(1.5)\,\text{in.}]\left(\frac{3}{8}\ \text{in.}\right) = 29.625\ \text{in}^2$$

복부의 면적을 계산할 때는 전체 높이를 사용했음에 유의하자. 식 (13.11)을 이용하면 패널 5와 6에서의 최대 전단응력의 근삿값을 다음과 같이 계산할 수 있다.

$$\tau_{\max} = \frac{V_{CD}}{A_{\text{web}}} = \frac{102.7\ \text{kips}}{29.625\ \text{in}^2} \qquad \tau_{\max} = 3.47\ \text{ksi}$$

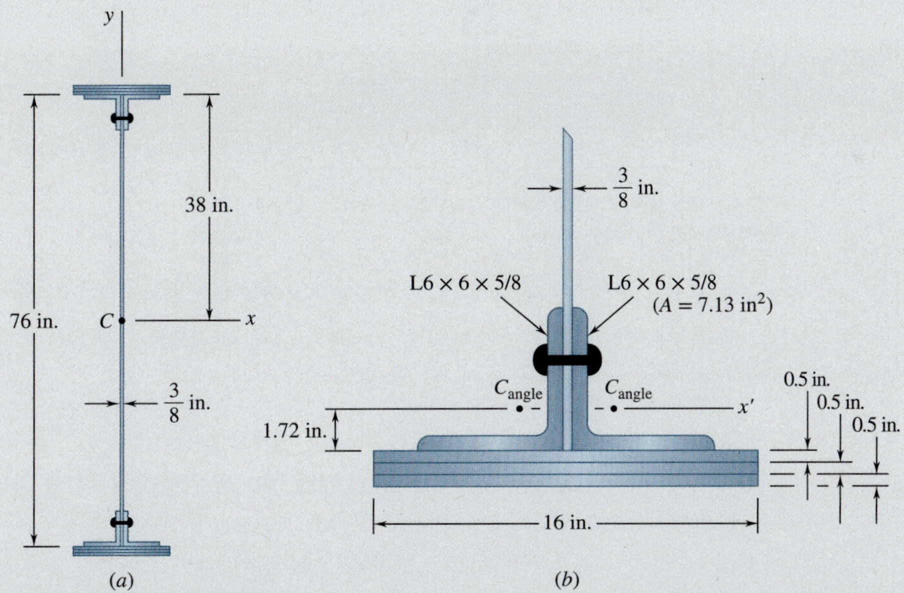

그림 CS13.4 (a) [그림 CS13.1]의 $n-n$지점에서의 거더 단면 (b) 하부 플랜지의 상세 형상(상부 플랜지 형상도 유사함)

b. 플랜지 앵글과 복부를 연결하는 리벳에 발생하는 전단응력 패널 5와 6을 구성하는 복부의 하부를 따라 설치된 리벳에 발생하는 전단응력을 계산하기 위해, [그림 CS13.5]와 같이 하부 플랜지와 플랜지 앵글을 따로 떼어 놓은 후, 해당 단면의 중립축에 대한 단면1차모멘트를 계산한다.

$$
\begin{aligned}
Q &= [2(7.13\text{ in}^2)(38\text{ in.} - 1.72\text{ in.})] + (16\text{ in.})(1.5\text{ in.})(38\text{ in.} + 0.75\text{ in.}) \\
&= 1447.4\text{ in}^3
\end{aligned}
$$

[사례연구 7.1]에서 구한 x축에 대한 단면2차모멘트는 다음과 같다.

$$I_x = 123{,}400\text{ in}^4$$

이 값을 식 (13.5)에 대입하여 전단류 q를 계산한다.

$$q = \frac{V_{CD}\,Q}{I_x} = \frac{(102.7\text{ kips})(1447.4\text{ in}^3)}{123{,}400\text{ in}^4} = 1.2046\text{ kips/in.}$$

리벳 사이의 간격이 6 in.이므로, 각각의 리벳에 작용하는 전체 전단력은 다음과 같다.

$$F = (6\text{ in.})(1.2046\text{ kips/in.}) = 7.228\text{ kips}$$

이때 리벳에는 **이면전단**double shear이 작용한다. 식 (8.6)을 사용하여 각 리벳에 작용하는 평균 전단응력을 계산하면 다음과 같다.

$$\tau_{\text{ave}} = \frac{F}{2A} = \frac{(7.228\text{ kips})}{2\left[\frac{1}{4}\pi\left(\frac{7}{8}\text{ in.}\right)^2\right]} \qquad \tau_{\text{ave}} = 6.01\text{ ksi} ◀$$

패널 5와 6을 구성하는 복부의 상부를 따라 설치된 리벳에 발생하는 전단응력도 같은 방식으로 구하면 동일한 결과를 얻을 수 있다.

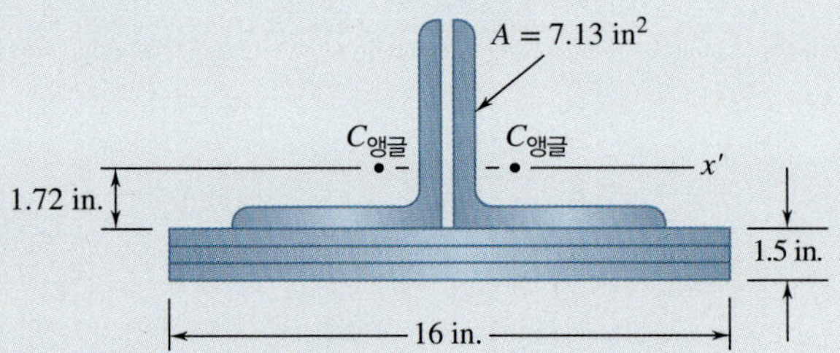

그림 CS13.5 플랜지 앵글과 복부의 접합부에서 단면1차모멘트를 계산하기 위한 단면 치수

고찰 일반적으로 주어진 교량 패널에 작용하는 최대 전단력은 교량의 지점에 가까워질수록 증가한다. 이러한 이유로 [그림 CS13.1]의 해리만선에서는 플랜지 앵글과 복부를 연결하는 리벳이 패널 1과 2에서는 2 in. 간격으로 가장 촘촘히 설치되어 있고, 그다음으로 패널 3과 4에서는 4 in. 간격으로, 패널 5과 6에서는 6 in. 간격으로 설치되어 있다.

비록 이 사례연구에서는 AREMA 대체활하중이 가장 지배적인 하중이기는 하지만, 실제로는 사하중과 풍하중 등과 같이 반드시 함께 고려해야 하는 다른 종류의 하중도 있다. 하지만 활하중만을 고려한다면 패널 5와 6의 리벳에 작용하는 평균 전단응력은 6.01 ksi가 된다. 만약 이 교량에 사용된 리벳이 ASTM A36과 같은 저강도 저탄소강(연강)mild carbon steel을 사용했다면 〈부록 C〉로부터 전단에 대한 항복강도가 21 ksi가 된다. 그러므로 다른 하중을 고려하지 않는다면 1900년대 초에 설계된 이 교량의 구조부재는 오늘날 철도 하중도 충분히 지지할 수 있을 것이다. 패널 5와 6의 복부에서 계산된 전단응력이 3.47 ksi이며, 복부 보강 앵글이 있더라도 부재의 성능은 주로 좌굴 강도에 의해 결정된다는 비교 분석 결과도 있다.

Section 13.2 ~ 13.3 연습문제

13.25 20×100 mm 판자 두 개와 20×180 mm 판자 두 개를 그림과 같이 접착제로 붙여서 120×200 mm 단면의 박스형 보를 제작했다. 이 보에 작용하는 수직방향 전단력이 3.5 kN일 때, 접착연결된 모서리부 (a) A와 (b) B에 작용하는 평균 전단응력을 구하시오.

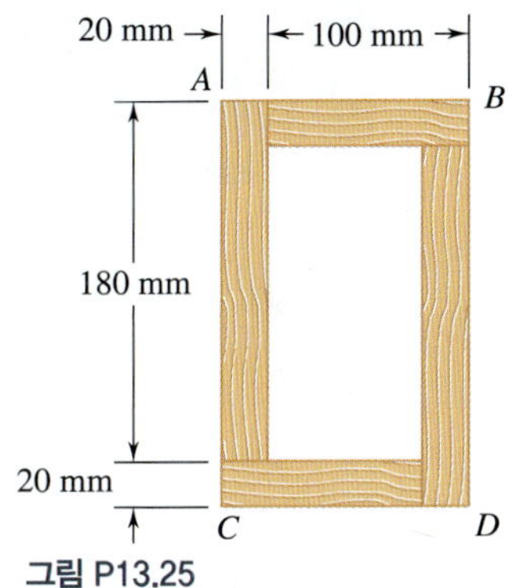

그림 P13.25

13.26 그림과 같이 수직방향 전단력 1200 lb가 작용하고 있는 목재 조립보built-up beam가 있다. 못의 허용전단력이 75 lb일 때, 못 사이의 최대 허용간격 s를 구하시오.

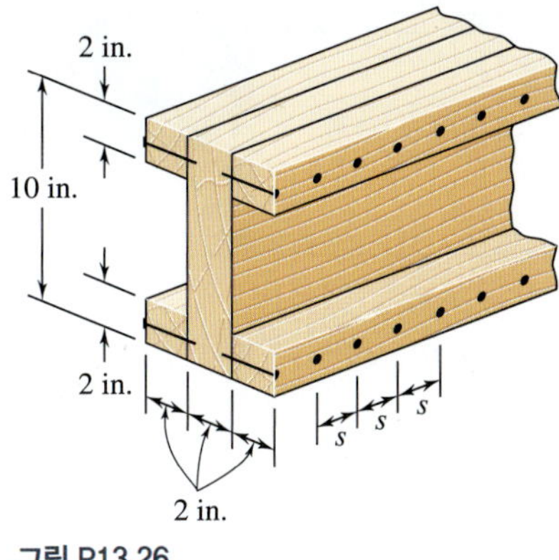

그림 P13.26

13.27 그림과 같이 나무판자 다섯 개를 접착하여 만든 조립보가 있다. 접착된 부분의 평균 허용 전단응력이 60 psi일 때, 보가 지지할 수 있는 수직방향 허용전단력의 최댓값을 구하시오.

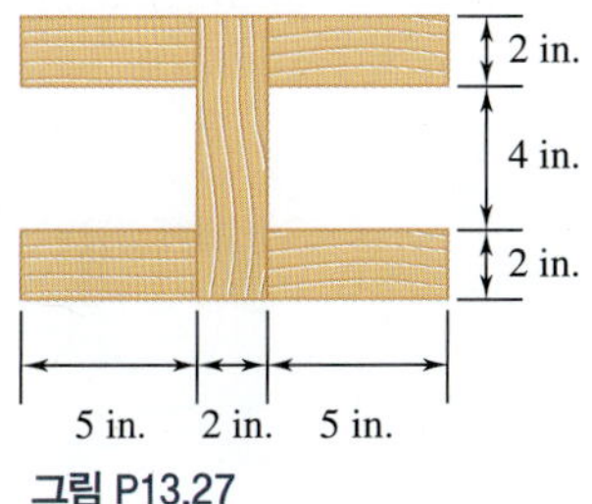

그림 P13.27

13.28 그림과 같은 W360×122 압연강재보에 수직방향 전단력 250 kN이 작용할 때, (a) 지점 a와 (b) 단면의 도심 C에 작용하는 전단응력을 구하시오.

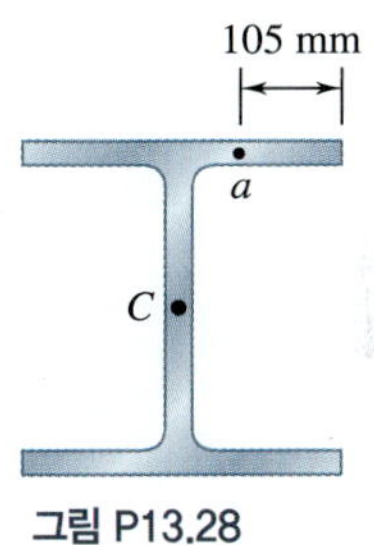

그림 P13.28

13.29 ~ **13.30** 압출가공된 알루미늄보의 단면이 그림과 같다. 이 보에 작용하는 수직방향 전단력이 150 kN일 때, (a) 지점 a와 (b) 지점 b에서의 전단응력을 구하시오.

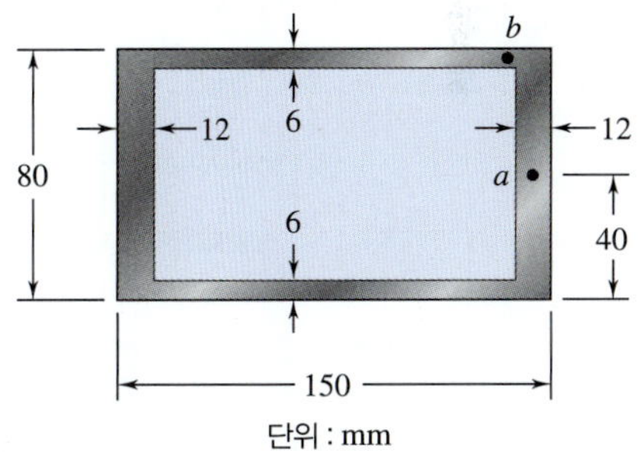

그림 P13.29

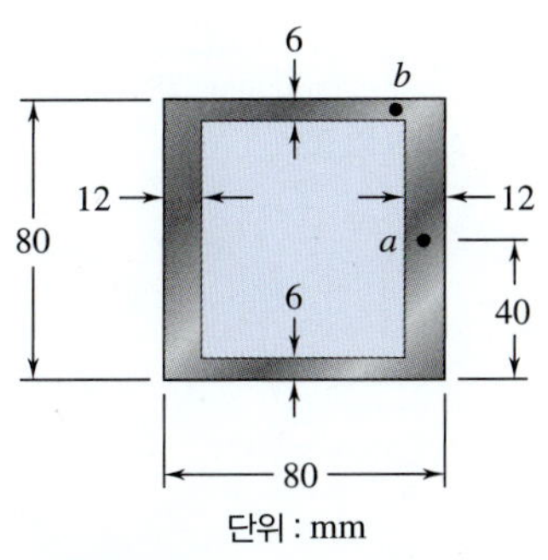

그림 P13.30

13.31 ~ **13.32** 압출가공된 알루미늄보의 두께가 1/8 in.로 일정하다. 이 보에 작용하는 수직방향 전단력이 2 kips일 때, 그림에 표시된 다섯 군데 위치($a \sim e$)에서의 전단응력을 구하시오.

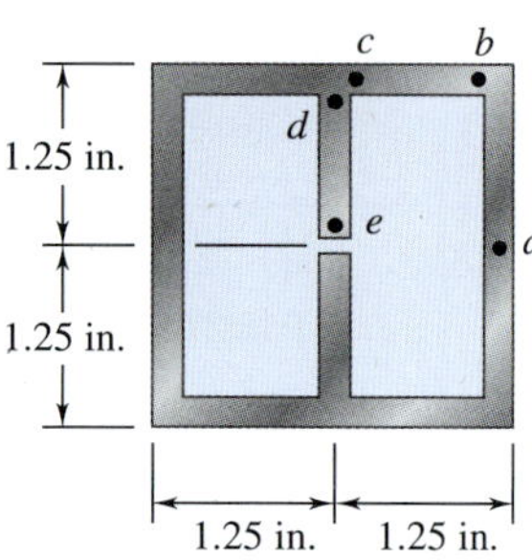

그림 P13.31

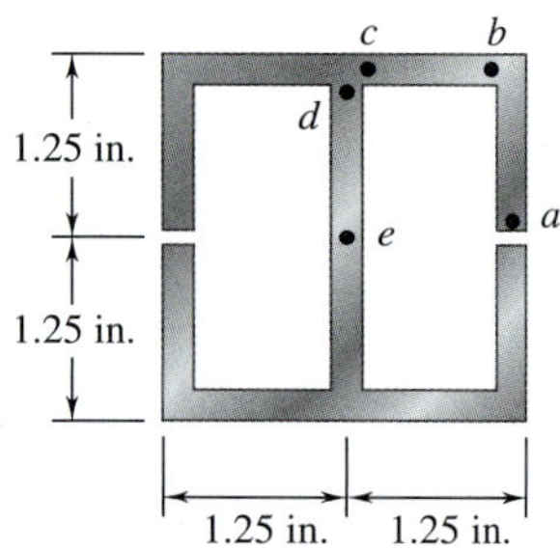

그림 P13.32

13.33 그림과 같이 모자 모양으로 압출가공된 보에 수직방향 전단력 **V**가 작용한다. 발생한 최대 전단응력이 75 MPa일 때, (a) 지점 a와 (b) 지점 b에 작용하는 전단응력을 구하시오.

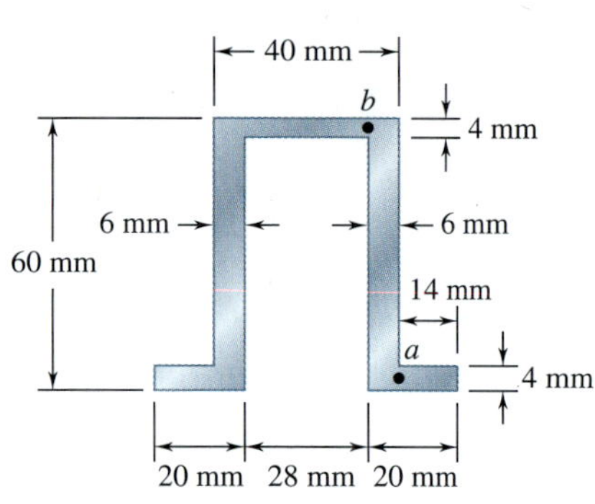

그림 P13.33

13.34 그림과 같이 수직방향 전단력 **V**가 압출가공된 보의 단면에 작용하여 최대 전단응력 75 MPa이 발생했다. 이때 그림에 표시된 세 군데 지점($a \sim c$)에서의 전단응력을 구하시오.

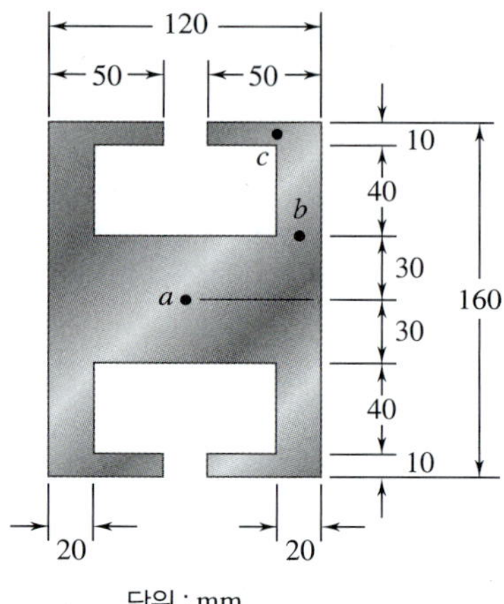

그림 P13.34

13.35 단면이 그림과 같은 보에 수직방향 전단력 1200 lb가 작용할 때 (a) 지점 a, (b) 지점 b에서의 전단응력을 구하시오. $d = 4$ in.이다.

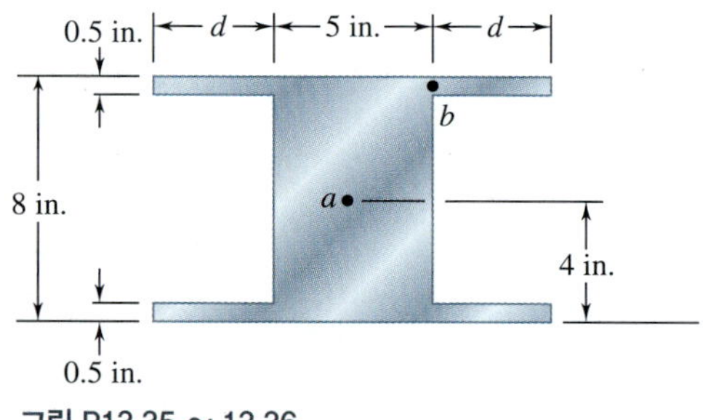

그림 P13.35 ~ 13.36

13.36 단면이 그림과 같은 보에 수직방향 전단력 1200 lb가 작용할 때 (a) $\tau_a = \tau_b$가 되는 위치 d, (b) 그때 지점 a와 b에서의 전단응력을 구하시오.

13.37 그림과 같이 판자 세 개를 간격이 225 mm인 강재 볼트로 연결하여 만든 보가 있다. 이 보에 작용하는 수직방향 전단력이 6 kN이고 각 볼트의 허용 평균 전단응력이 60 MPa일 때, 허용할 수 있는 볼트 지름의 최솟값을 구하시오.

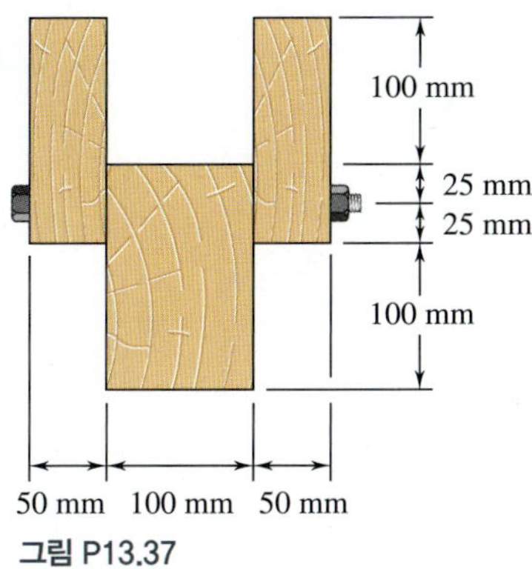

그림 P13.37

13.38 네 개의 L102×102×9.5 강재 앵글과 하나의 12×400 mm 강판을 볼트로 연결하여 만든 보의 단면이 그림과 같다. 볼트의 지름은 22 mm이고 길이방향 간격은 120 mm이다. 이 보에 수직방향 전단력 240 kN이 작용할 때, 각 볼트에 작용하는 평균 전단응력을 구하시오.

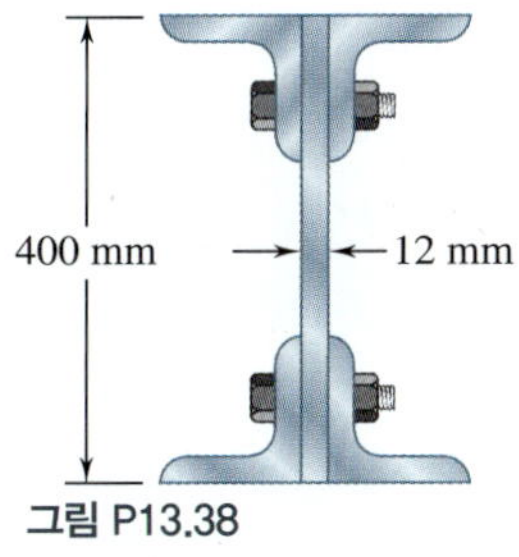

그림 P13.38

13.39 그림과 같이 세 개의 판자를 6 in. 간격으로 설치된 지름 3/8 in. 볼트로 연결하여 보를 제작했다. 수직방향 전단력 2.5 kips가 작용할 때, 각 볼트에 작용하는 평균 전단응력을 구하시오.

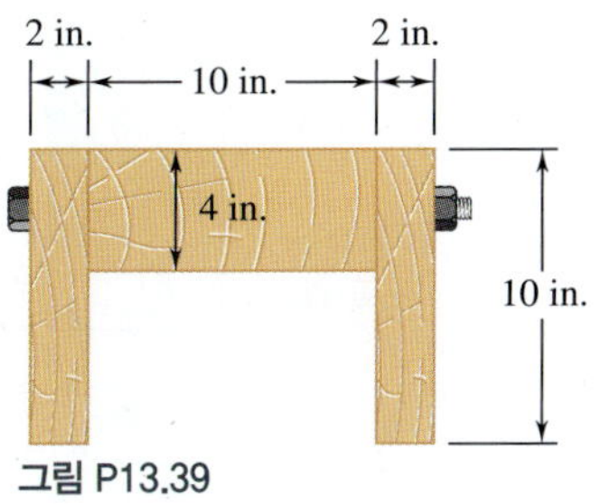

그림 P13.39

13.40 그림과 같이 1.5×6 in. 판자 다섯 개를 9 in. 간격으로 설치된 강재 볼트로 연결하여 보를 제작했다. 보에 작용하는 수직방향 전단력이 2000 lb이고 각 볼트의 허용 평균 전단응력이 7500 psi일 때, 허용 가능한 볼트 지름의 최솟값을 구하시오.

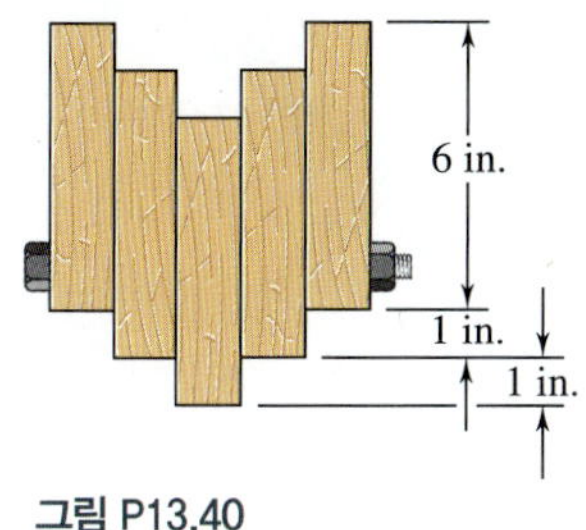

그림 P13.40

13.41 두께가 4 mm인 판을 휘어서 단면이 그림과 같은 보를 만들었다. 수직방향 전단력 12 kN이 작용할 때, (a) 점 A에 작용하는 전단응력과 (b) 보에 작용하는 최대 전단응력을 구하시오. 그리고 단면에 전단류를 그리시오.

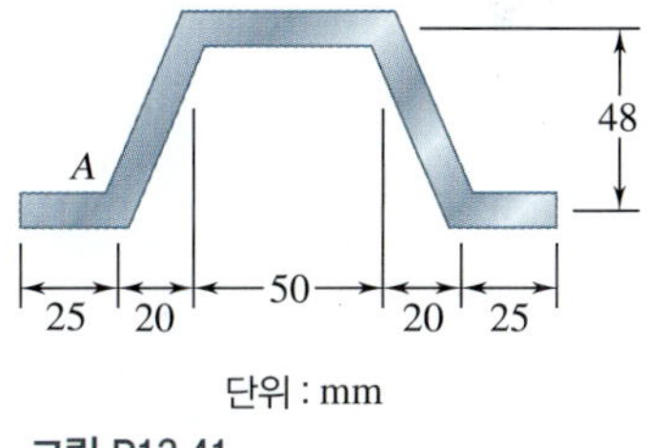

그림 P13.41

13.42 두께가 2 mm인 판을 휘어서 단면이 그림과 같은 보를 만들었다. 수직방향 전단력 5 kN이 작용할 때, 그림에 표시된 다섯 군데 위치($a \sim e$)에 작용하는 전단응력을 계산하고, 단면에 전단류를 그리시오.

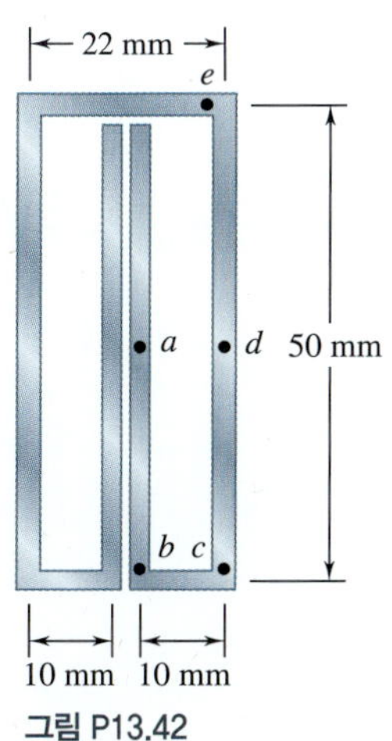

그림 P13.42

13.43 압출가공된 보의 단면이 그림에 나타낸 것과 같이 $a = 3$ in.이고 두께 $t = 0.25$ in.인 속이 빈 정사각형 형태이다. 수직방향 전단력 15 kips가 작용할 때, 보에 작용하는 최대 전단응력을 계산하고 단면에 전단류를 그리시오.

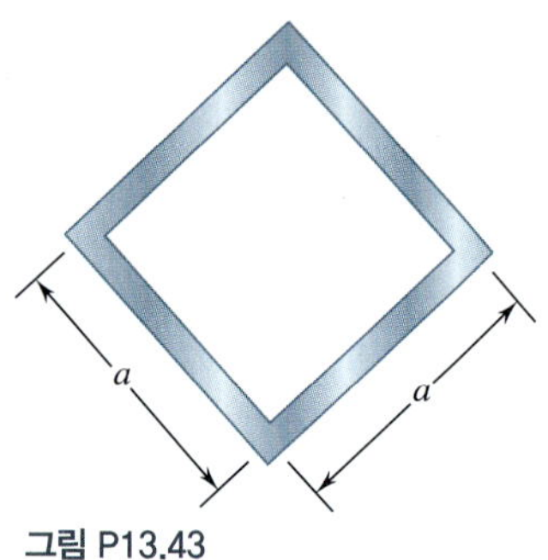

그림 P13.43

13.44 두께가 0.5 in.인 세 개의 판을 용접하여 단면이 그림과 같은 보를 만들었다. 수직방향 전단력 25 kips가 작용할 때, 용접된 표면에서의 전단류를 구하고 단면에 그리시오.

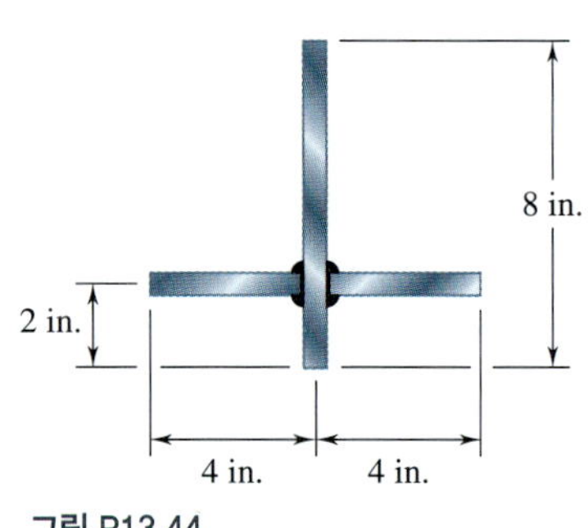

그림 P13.44

13.45 탄성계수가 서로 다른 두 가지 이상의 재료로 만들어진 보에 대해서, 만약 Q와 I가 11.3절에서 학습한 것과 같이 보의 환산단면을 사용하여 계산되고, t 또한 τ_{ave}를 계산하는 보의 실제 폭이라고 할 때, 식 (13.6)이 여전히 유효하여 적용할 수 있다는 것을 증명하시오.

$$\tau_{\text{ave}} = \frac{VQ}{It}$$

13.46 ~ 13.47 그림은 목재와 강재를 길이방향으로 200 mm 간격으로 지름 12 mm의 볼트를 설치하여 제작한 합성보의 단면을 보여준다. 목재와 강재의 탄성계수는 각각 10 GPa과 200 GPa이다. 수직방향 전단력 4 kN이 작용할 때, (a) 볼트에 작용하는 평균 전단응력과 (b) 단면의 중심에 작용하는 전단응력을 구하시오. HINT [문제 13.45]에서 보여준 방법을 사용한다.

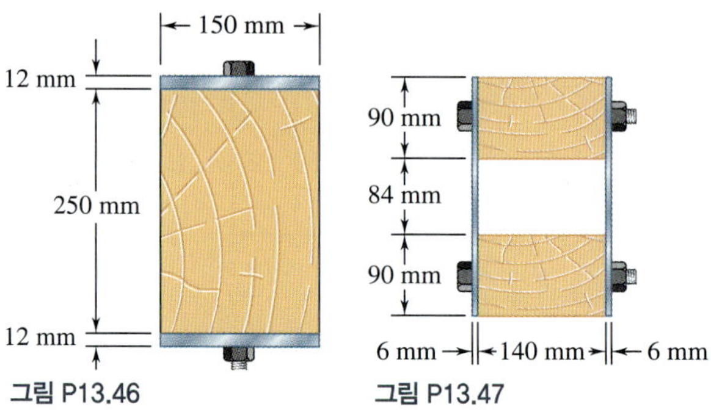

그림 P13.46 그림 P13.47

13.48 ~ 13.49 강재 막대bar와 알루미늄 막대를 서로 붙여서 단면이 그림과 같은 합성보를 만들었다. 이 보에 작용하는 수직방향 전단력의 크기는 4 kips이고 강재와 알루미늄의 탄성계수가 각각 29×10 psi와 10.6×10^6 psi일 때, (a) 맞붙여진 표면에 작용하는 평균 전단응력과 (b) 보에 작용하는 최대 전단응력을 구하시오. HINT [문제 13.45]에서 보여준 방법을 사용한다.

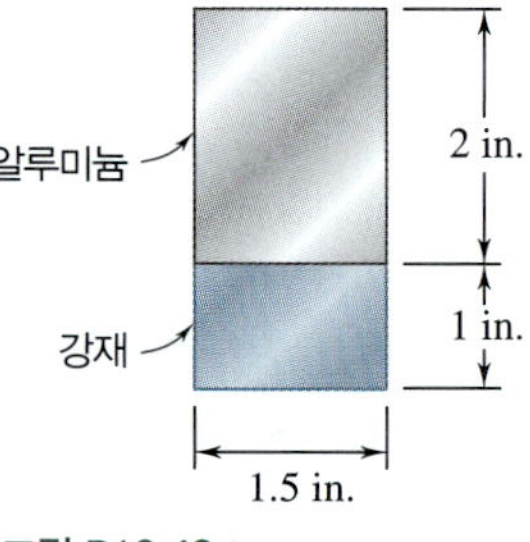

그림 P13.48

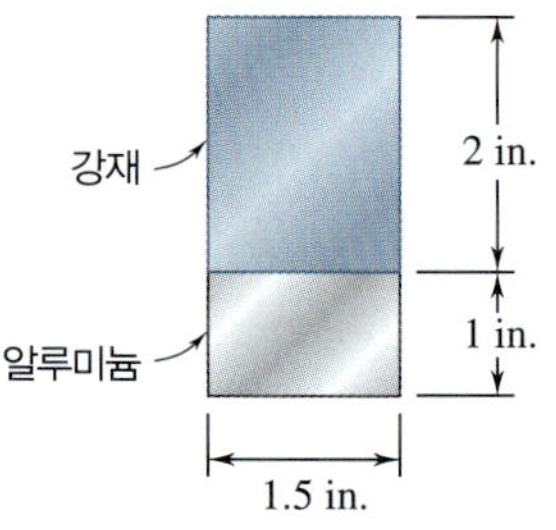

그림 P13.49

Chapter 13 핵심요약

보 요소에 작용하는 응력

[그림 13.29]와 같이 하중을 받는 보의 수직대칭면에 있는 미소요소를 고려할 때, 수직응력 σ_x와 전단응력 τ_{xy}는 그 요소의 횡단면에 작용한다. 그리고 τ_{xy}와 크기가 같은 전단응력 τ_{yx}는 수평면에 작용한다.

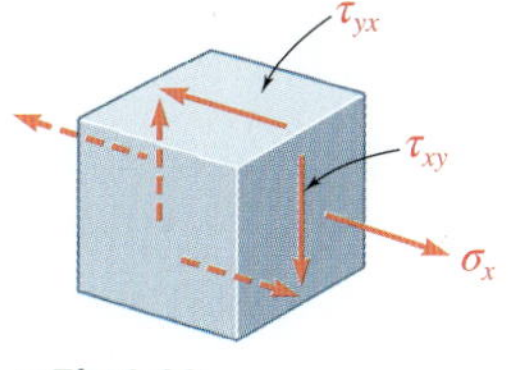

그림 13.29

수평전단력

[그림 13.30]과 같이 수직대칭면에 여러 종류의 집중하중과 분포하중이 작용하는 균일단면보 AB가 있다. 이 보의 한쪽 끝단 A에서부터 거리 x만큼 떨어진 위치에서 길이가 Δx인 요소 $CDD'C'$를 떼어낼 수 있다. 이 요소는 보의 위쪽 면과 중립축에서 y_1만큼 떨어진 수평면을 경계로 하고 폭은 보의 폭과 같다(그림 13.31). 이러한 보 요소의 아래쪽 면에 작용하는 전단력 $\Delta\mathbf{H}$의 크기는 다음과 같다.

$$\Delta H = \frac{VQ}{I}\Delta x \tag{13.4}$$

여기서 V는 주어진 횡단면에 작용하는 수직방향 전단력, Q는 진한 색으로 표시된 면적 $\mathscr{a}$의 중립축에 대한 단면1차모멘트, I는 전체 단면적의 중립축에 대한 단면2차모멘트이다.

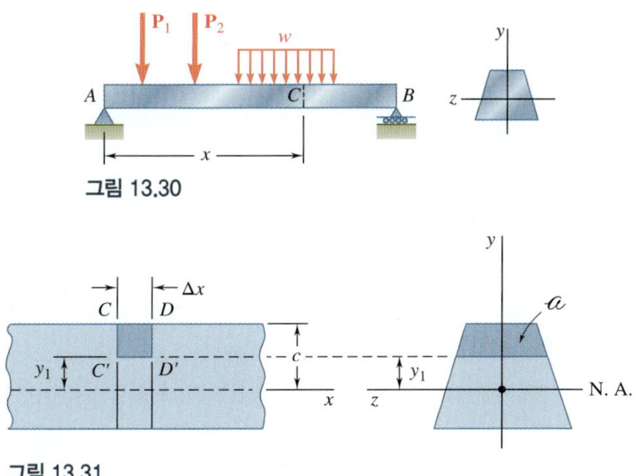

그림 13.30

그림 13.31

전단류

주로 q로 표시하는 단위길이당 수평방향 전단력 또는 전단류는 식 (13.4)의 양변을 Δx로 나눠서 다음과 같이 구할 수 있다.

$$q = \frac{\Delta H}{\Delta x} = \frac{VQ}{I} \tag{13.5}$$

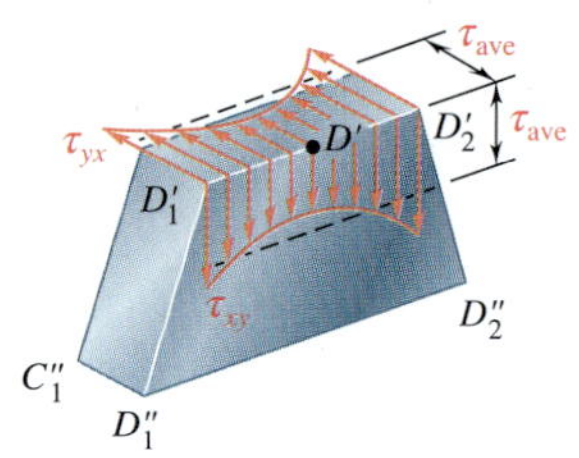

그림 13.32

보의 전단응력

식 (13.4)의 양변을 수평면의 면적 ΔA로 나눠주면 평균 전단응력을 구할 수 있다. 여기서 $\Delta A = t\Delta x$이고, t는 요소의 폭이다.

$$\tau_{\text{ave}} = \frac{VQ}{It} \tag{13.6}$$

전단응력 τ_{xy}와 τ_{yx}가 D'를 지나는 횡단면과 수평면에 각각 작용하고 있고 그 크기가 같으므로, 식 (13.6)은 [그림 13.32]에 나타낸 것처럼 선 $D'_1D'_2$에 작용하는 τ_{xy}의 평균값을 나타낸다.

직사각형 단면 보의 전단응력

직사각형 단면 보의 전단응력의 분포는 포물선 형태이다. 최대 전단응력은 단면의 중심에서 발생하고 그 크기는 다음과 같다.

$$\tau_{\max} = \frac{3}{2}\frac{V}{A} \tag{13.10}$$

여기서 A는 직사각형 단면의 면적이다. 광폭플랜지보의 경우, 전단력 V를 복부의 단면적으로 나누게 되면 최대 전단응력에 대한 적절한 근삿값을 구할 수 있다.

곡선면에 작용하는 길이방향 전단력

식 (13.4)와 식 (13.5)는 각각 길이방향 전단력 $\Delta\mathbf{H}$와 요소가 수평면 대신 [그림 13.33]과 같이 임의의 곡선 면에 의해 둘러싸여 있을 때 보 요소에 작용하는 전단류 q를 구하는 데 사용된다.

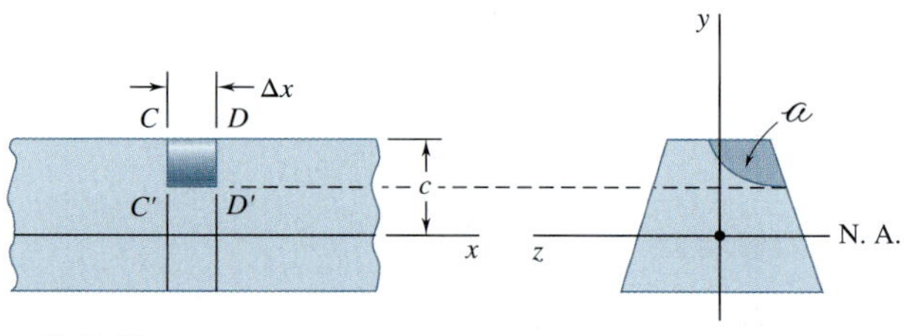

그림 13.33

박판부재에 작용하는 전단응력

[그림 13.34]에 나타낸 광폭플랜지보 또는 박스형 보와 같은 박판부재의 복부와 플랜지에 발생하는 평균 전단응력을 구할 때 식 (13.6)을 확장하여 사용할 수 있다.

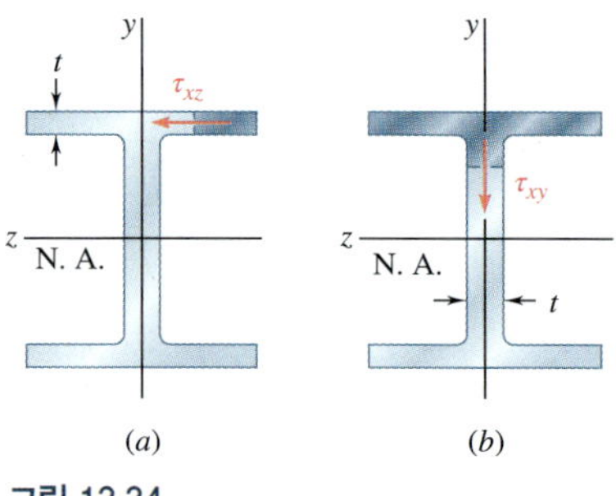

그림 13.34

Chapter 13 종합문제

13.50 그림과 같이 20×80 mm 크기의 판자 두 개와 20×120 mm 크기의 판자 두 개를 못으로 고정하여 정사각형 단면 박스형 보를 제작했다. 못 사이의 간격이 $s=30$ mm이고, 보에 작용하는 수직방향 전단력이 $V=1200$ N일 때, (a) 각각의 못에 작용하는 전단력과 (b) 보에 발생하는 최대 전단응력을 구하시오.

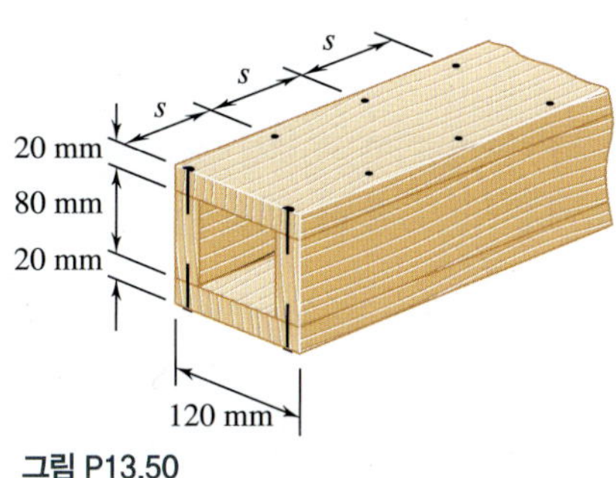

그림 P13.50

13.51 그림과 같이 두 개의 W6×20 압연강재를 6 in. 간격으로 설치된 지름 $\frac{5}{8}$ in. 볼트로 연결하여 보를 제작했다. 볼트의 허용 평균 전단응력이 10.5 ksi일 때, 보가 지지할 수 있는 수직방향 허용전단력의 최댓값을 구하시오.

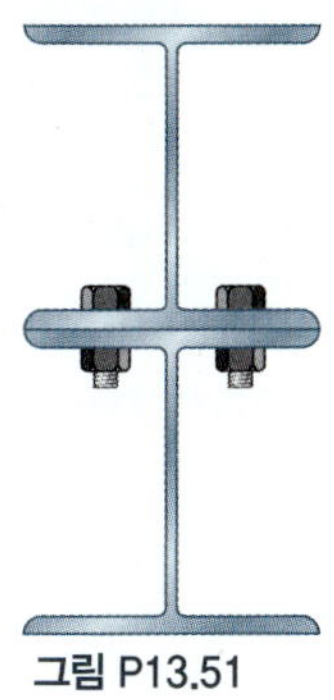
그림 P13.51

13.52 그림과 같이 전단력이 작용할 때, $n-n$ 지점에서 (a) 발생하는 최대 전단응력과 (b) 점 a에서의 전단응력을 구하시오.

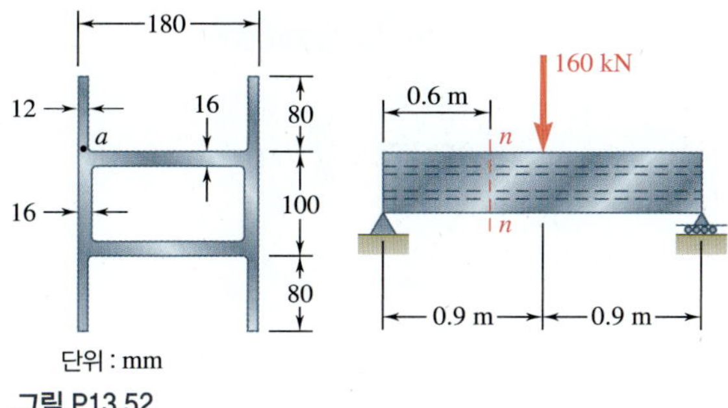

그림 P13.52

13.53 그림과 같이 길이가 L이고 단면이 직사각형인 목재보 AB에 등분포하중 w가 작용하고 있을 때, (a) 수직응력의 최댓값에 대한 전단응력의 최댓값의 비가 $\tau_m/\sigma_m=2h/L$임을 보이고, (b) $L=5$ m, $w=8$ kN/m, $\tau_m=1.08$ MPa, $\sigma_m=12$ MPa일 때 보의 높이 h와 폭 b를 구하시오.

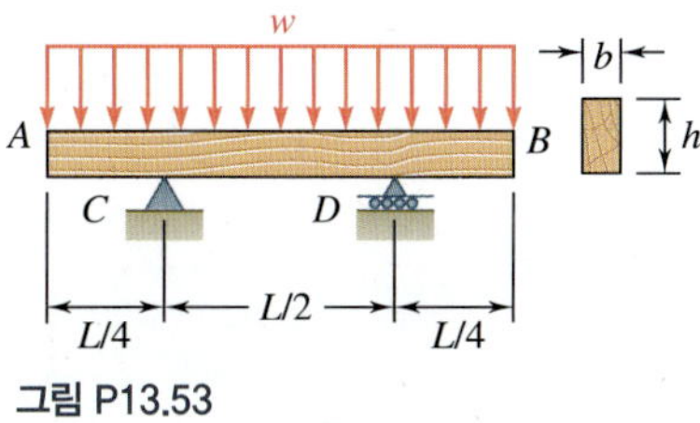

그림 P13.53

13.54 그림과 같이 보에 하중이 작용할 때, $n-n$ 지점에서 (a) 점 a와 (b) 점 b에 발생하는 전단응력을 구하시오.

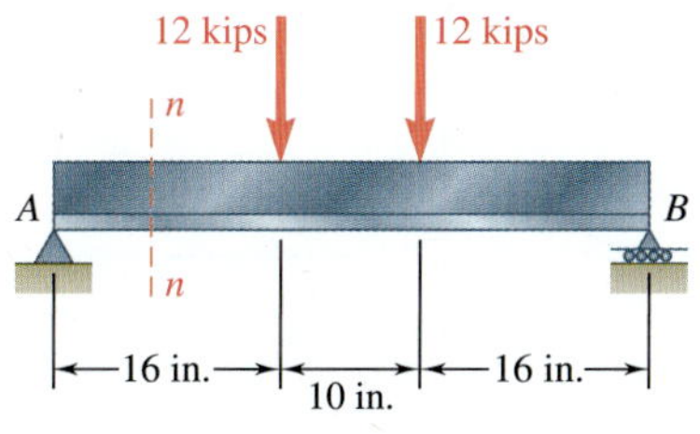

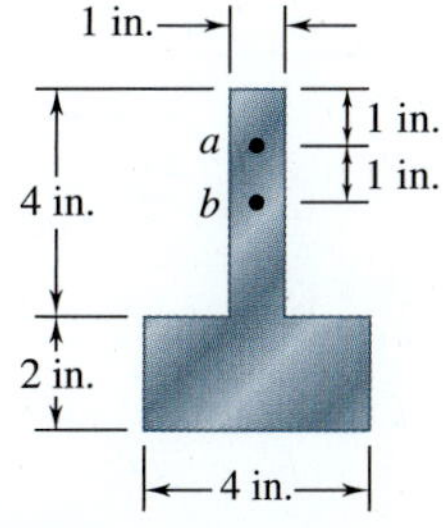

그림 P13.54

13.55 12×200 mm 직사각형 강판 두 개를 그림과 같이 W310 ×52 보에 용접했다. 보에 발생하는 전단응력이 90 MPa을 넘지 않도록 하는 수직방향 허용전단력의 최댓값을 구하시오.

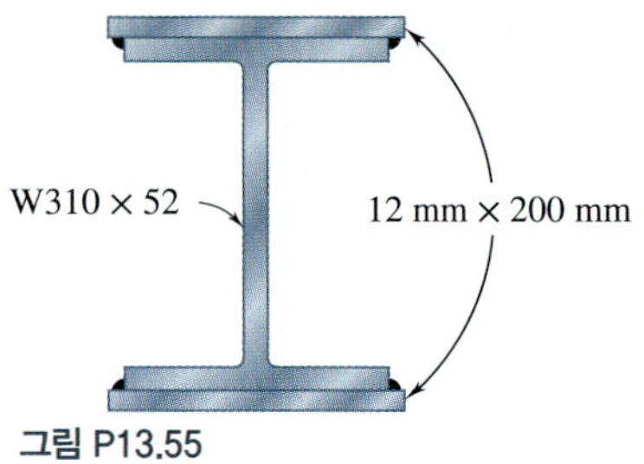

그림 P13.55

13.56 그림과 같이 여러 개의 나무판자를 접착하여 박스형 보를 제작했다. 이 보에 수직방향 전단력 3 kN이 작용할 때 (a) 점 A와 (b) 점 B에서 접착된 부분에 발생하는 평균 전단응력을 구하시오.

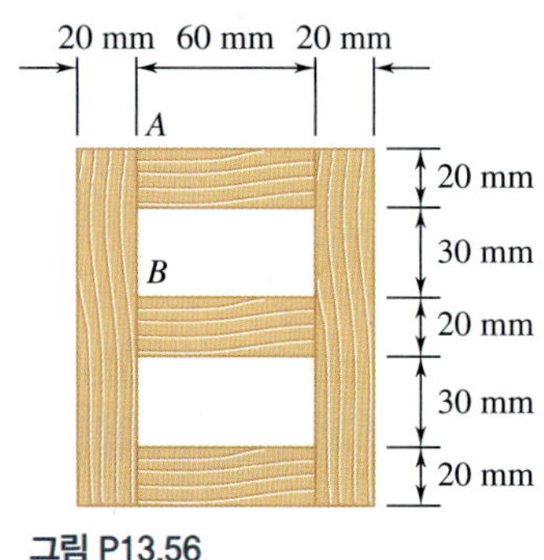

그림 P13.56

13.57 그림과 같은 조립보에 수직방향 전단력 1500 lb가 작용하고 있다. 못 사이의 간격이 $s=2.5$ in.이고 각각의 못 길이가 3.5 in.일 때, 하나의 못에 작용하는 전단력을 구하시오.

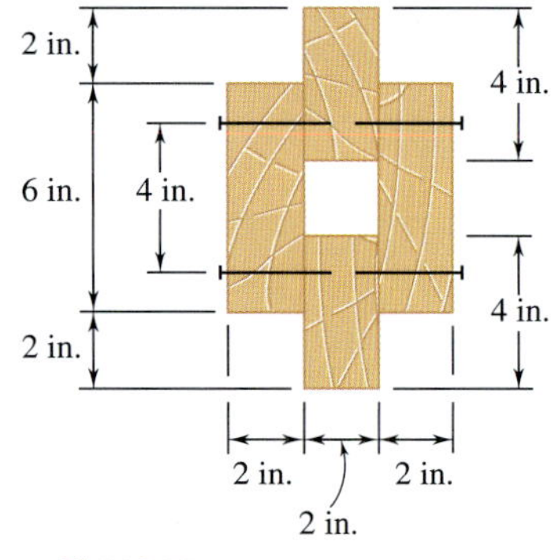

그림 P13.57

13.58 두께가 0.2 in.로 일정한 압출가공된 보의 단면 형상이 그림과 같다. 수직방향 전단력 **V**가 작용할 때 발생하는 최대 전단응력이 $\tau=9$ ksi라고 한다면, 그림에 표시된 네 군데 지점($a \sim d$)에 발생하는 전단응력을 구하시오.

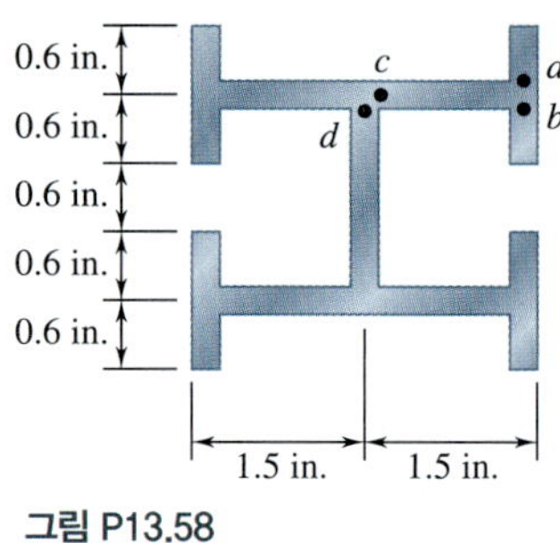

그림 P13.58

13.59 보에 수직방향 전단력 대신 수평방향 전단력 **V**가 작용한다고 가정하고 [문제 13.58]을 풀어 보시오.

13.60 3/8×4 in.인 수직방향 직사각형 판 두 개를 1/2×2 in.인 수평방향 직사각형 판 두 개에 용접하여 그림과 같은 보의 단면을 설계했다. 수직방향 전단력 **V**가 작용할 때, 용접면에 발생하는 전단류가 최대가 되는 a값을 구하시오.

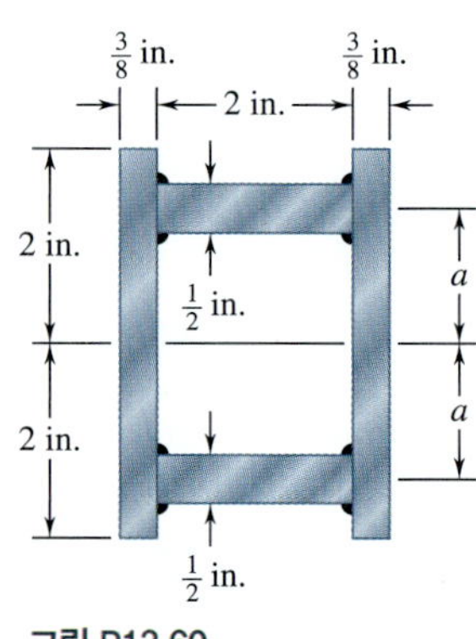

그림 P13.60

13.61 두께가 3 mm로 일정한 압출가공된 보의 단면 형상이 그림과 같다. 수직방향 전단력 10 kN이 작용할 때, (a) 점 A에 발생하는 전단응력과 (b) 보에 발생하는 최대 전단응력을 구하시오. 그리고 단면에 전단류를 그리시오.

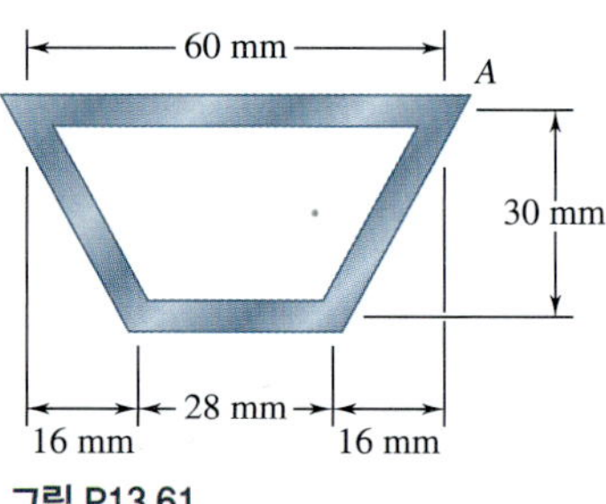

그림 P13.61

Tom Tschida/National Aeronautics and Space Administration (NASA)

14

응력의 변환

위 사진은 비행기 날개의 비틂시험 장면이다. 이 장에서는 구조물의 임의의 점에 작용하는 최대응력을 구하는 방법을 배운다.

목차

학습목표

- 구조물의 임의의 점에 작용하는 평면응력성분을 구하는 데 응력변환식을 적용한다.
- 평면응력의 변환을 위해 모어원Mohr's circle을 적용한다.
- 주응력과 같이 중요한 응력성분을 구하기 위해 응력변환 방법을 사용한다.
- 박판 압력용기의 평면응력상태를 분석한다.

서론

임의의 점 Q에 작용하는 일반적인 응력은 6개의 성분으로 표현할 수 있다는 것을 8.3절에서 살펴보았다. 이 중 3개의 성분 σ_x, σ_y, σ_z는 중심이 Q에 있고 좌표축과 방향이 같은 미소 정육면체 요소의 면에 작용하는 수직응력성분이다(그림 14.1a). 나머지 3개의 성분은 이 요소에 작용하는 전단응력성분 τ_{xy}, τ_{yz}, τ_{zx}이다.[1] 만일 좌표축이 [그림 14.1b]와 같이 회전하게 되면, 미소 정육면체 요소에 작용하는 응력(그림 14.1a)은 다른 응력성분의 조합(그림 14.1b)으로 표현될 것이다. 14.1절에서는 좌표축이 회전할 때 응력성분이 어떻게 변환되는지를 배운다.

1 8.3절에서 $\tau_{yx}=\tau_{xy}$, $\tau_{zy}=\tau_{yz}$, $\tau_{xz}=\tau_{zx}$였다는 것을 기억하자.

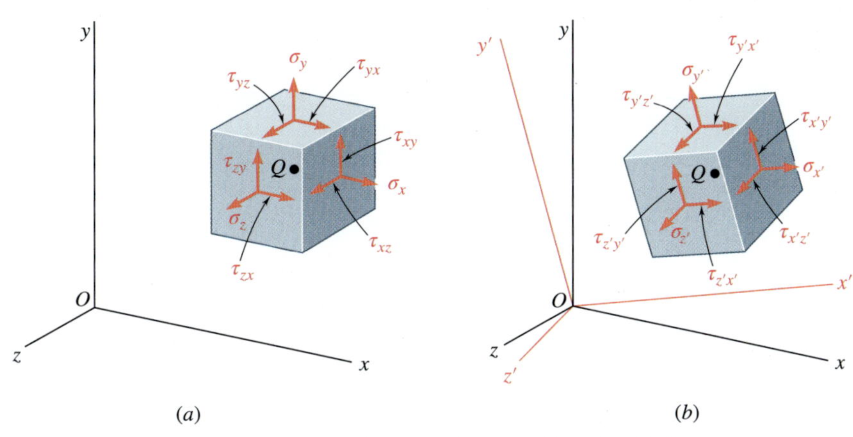

그림 14.1 주어진 점에서 (a) xyz 좌표축 (b) $x'y'z'$ 좌표축에 대한 평면응력상태

응력의 변환에서 주로 다루게 될 응력은 **평면응력**plane stress이다. 평면응력상태는 미소 정육면체 요소에서 평면 xy에 평행한 두 면에 응력이 작용하지 않는 응력상태를 의미한다. 만일 평행한 두 면이 z축에 수직인 면이라고 하면, $\sigma_z=\tau_{zx}=\tau_{zy}=0$이 되고, 6개의 성분 중 σ_x, σ_y, τ_{xy} 성분만 남게 된다(그림 14.2). 이러한 평면응력상태는 [그림 14.3]과 같이 얇은 판의 중앙면에 하중이 작용할 때 발생한다. 또한 [그림 14.4]와 같이 부재의 표면에 외부하중이 작용하지 않는 구조부재나 기계부품의 자유면free surface에서도 발생한다.

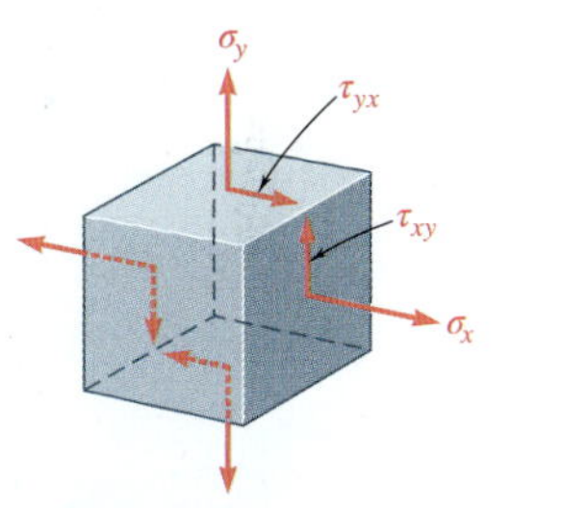

그림 14.2 평면응력상태에서 0이 아닌 응력성분

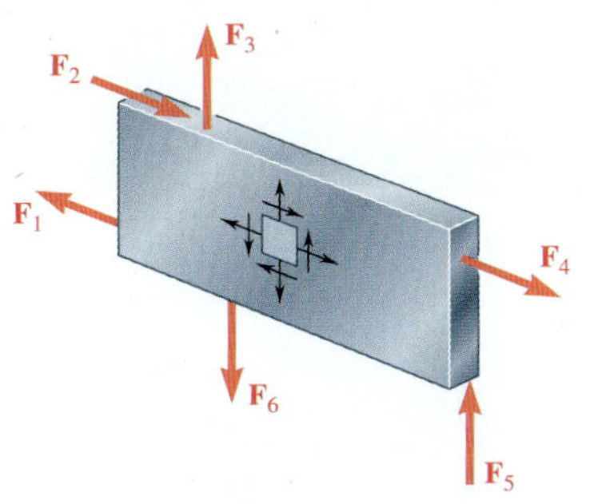

그림 14.3 평면응력의 예 : 면내하중in-plane load이 작용하는 얇은 판

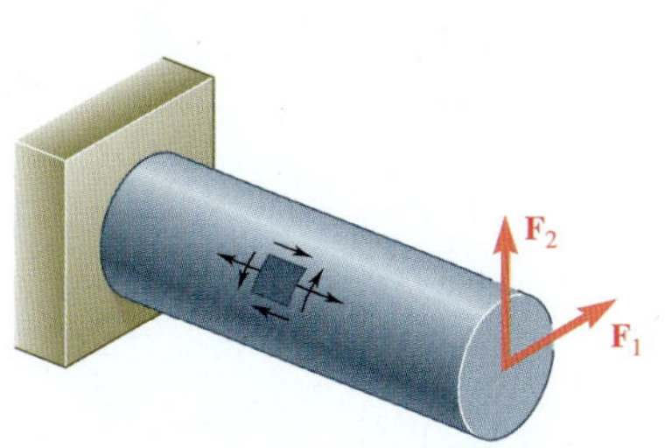

그림 14.4 평면응력의 예 : 구조부재의 자유면

14.1.1절에서는 임의의 점 Q에서의 평면응력 상태를 [그림 14.5a]와 같이 σ_x, σ_y, τ_{xy}로 표현하는 것을 배운다. 그리고 [그림 14.5b]와 같이 요소를 z축에 대해 각 θ만큼 회전시켰을 때 작용하는 응력 $\sigma_{x'}$, $\sigma_{y'}$, $\tau_{x'y'}$을 구하는 방법을 배운다. 14.1.2절에서는 $\sigma_{x'}$와 $\sigma_{y'}$가 최대응력과 최소응력이 되는 θ값인 θ_p를 구하는 방법을 배운다. 이러한 수직응력의 값을 점 Q에서의 **주응력**principal stress이라고 하며, 주응력과 관련된 면을 점 Q의 **주응력면**principal planes of stress이라고 한다. 전단응력이 최대가 되는 회전각 θ_s에 대해서도 공부하게 된다.

14.2절에서는 모어원Mohr's circle을 이용해 평면응력변환 문제를 푸는 방법을 배운다.

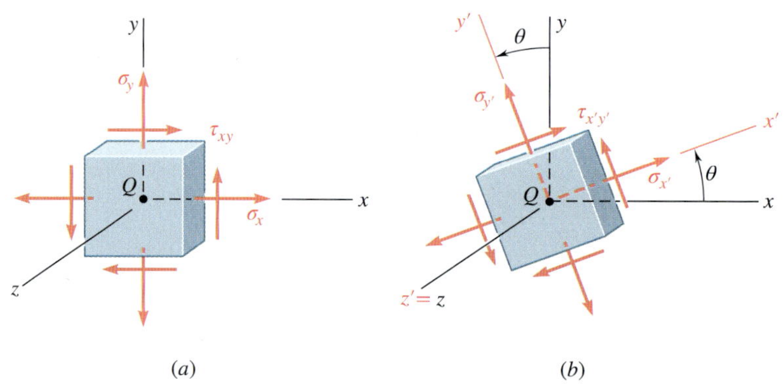

그림 14.5 주어진 점에서 (a) xyz 좌표축 (b) $x'y'z'$ 좌표축에 대한 평면응력상태

박판 압력용기thin-walled pressure vessels는 평면응력 해석에서 아주 중요한 구조물이다. 원통형cylindrical 압력용기(사진 14.1)와 구형spherical 압력용기(사진 14.2)에 대해서는 14.3절에서 배운다.

사진 14.1 원통형 압력용기
ChrisVanLennpPhoto/Shutterstock

사진 14.2 구형 압력용기
noomcpk/Shutterstock

14.1 응력의 변환

14.1.1 변환식

[그림 14.5a]와 같이 점 Q에서 평면응력상태($\sigma_z = \tau_{zx} = \tau_{zy} = 0$)인 요소의 응력은 σ_x, σ_y, τ_{xy}로 정의된다. 이제 이 요소를 [그림 14.5b]와 같이 z축에 대해 θ만큼 회전시켰을 때 요소에 작용하는 응력 $\sigma_{x'}$, $\sigma_{y'}$, $\tau_{x'y'}$을 σ_x, σ_y, τ_{xy}, θ로 표현해보자.

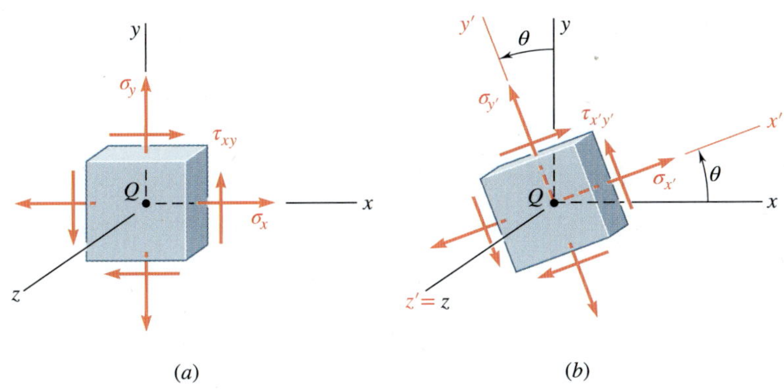

그림 14.5 (반복) (a) xyz 좌표축 (b) $x'y'z'$ 좌표축에 대한 응력상태

x'축에 수직인 면에 작용하는 수직응력 $\sigma_{x'}$와 전단응력 $\tau_{x'y'}$를 구하기 위해, [그림 14.6a]와 같이 각 면이 x, y, x'축에 수직인 삼각기둥 형상의 요소를 생각해보자. 경사진 면의 면적을 ΔA라 하면, 수직면과 수평면의 면적은 각각 $\Delta A \cos\theta$와 $\Delta A \sin\theta$가 된다. 경사진 면, 수직면, 수평면에 작용하는 **힘**을 [그림 14.6b]에 나타냈다(평면응력상태이므로 이 요소에서 z축에 수직인 삼각형 면에 작용하는 수직응력과 전단응력은 0이 된다). x'축과 y'축에 대한 평형방정식을 구해보면 다음과 같다.

$$\Sigma F_{x'} = 0 : \sigma_{x'}\Delta A - \sigma_x(\Delta A \cos\theta)\cos\theta - \tau_{xy}(\Delta A \cos\theta)\sin\theta - \sigma_y(\Delta A \sin\theta)\sin\theta - \tau_{xy}(\Delta A \sin\theta)\cos\theta = 0$$

$$\Sigma F_{y'} = 0 : \tau_{x'y'}\Delta A + \sigma_x(\Delta A \cos\theta)\sin\theta - \tau_{xy}(\Delta A \cos\theta)\cos\theta - \sigma_y(\Delta A \sin\theta)\cos\theta + \tau_{xy}(\Delta A \sin\theta)\sin\theta = 0$$

첫 번째 식을 $\sigma_{x'}$에 대해 풀고, 두 번째 식을 $\tau_{x'y'}$에 대해 풀면 다음과 같다.

$$\sigma_{x'} = \sigma_x \cos^2\theta + \sigma_y \sin^2\theta + 2\tau_{xy}\sin\theta\cos\theta \tag{14.1}$$

$$\tau_{x'y'} = -(\sigma_x - \sigma_y)\sin\theta\cos\theta + \tau_{xy}(\cos^2\theta - \sin^2\theta) \tag{14.2}$$

이 식에 다음과 같은 삼각방정식을 적용한다.

$$\sin 2\theta = 2\sin\theta\cos\theta, \qquad \cos 2\theta = \cos^2\theta - \sin^2\theta \tag{14.3}$$

$$\cos^2\theta = \frac{1 + \cos 2\theta}{2}, \qquad \sin^2\theta = \frac{1 - \cos 2\theta}{2} \tag{14.4}$$

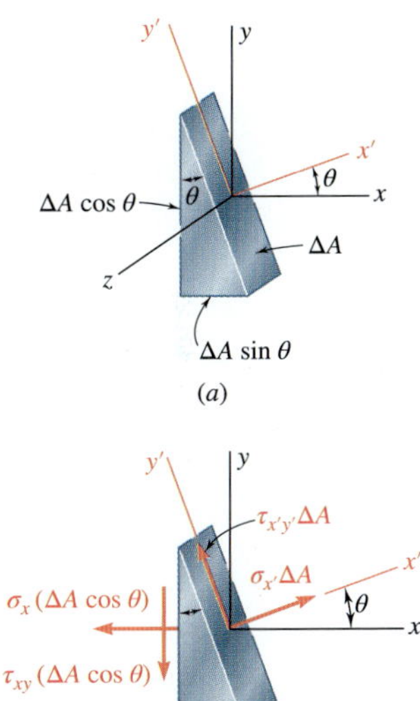

그림 14.6 임의의 삼각기둥 요소의 (a) 기하학적 형상과 (b) 자유물체도를 이용해 응력변환식을 구한다.

삼각방정식을 적용하면 식 (14.1)은 다음과 같이 정리할 수 있다.

$$\sigma_{x'} = \sigma_x \frac{1+\cos 2\theta}{2} + \sigma_y \frac{1-\cos 2\theta}{2} + \tau_{xy} \sin 2\theta$$

또는

$$\sigma_{x'} = \frac{\sigma_x+\sigma_y}{2} + \frac{\sigma_x-\sigma_y}{2} \cos 2\theta + \tau_{xy} \sin 2\theta \tag{14.5}$$

식 (14.3)의 관계식을 이용하면 식 (14.2)는 다음과 같이 정리할 수 있다.

$$\tau_{x'y'} = -\frac{\sigma_x-\sigma_y}{2} \sin 2\theta + \tau_{xy} \cos 2\theta \tag{14.6}$$

수직응력 $\sigma_{y'}$은 식 (14.5)의 θ 대신 y'축이 x축과 이루는 각 $\theta+90°$로 바꾸어 대입하면 구할 수 있다. $\cos(2\theta+180°) = -\cos 2\theta$이고, $\sin(2\theta+180°) = -\sin 2\theta$이므로 $\sigma_{y'}$는 다음과 같다.

$$\sigma_{y'} = \frac{\sigma_x+\sigma_y}{2} - \frac{\sigma_x-\sigma_y}{2} \cos 2\theta - \tau_{xy} \sin 2\theta \tag{14.7}$$

식 (14.5)와 식 (14.7)을 더하면 다음 식을 얻을 수 있다.

$$\sigma_{x'} + \sigma_{y'} = \sigma_x + \sigma_y \tag{14.8}$$

$\sigma_z = \sigma_{z'} = 0$이므로 평면응력상태의 정육면체 요소에 작용하는 수직응력의 합은 요소의 방향과는 무관하게 일정함을 알 수 있다.

14.1.2 주응력과 최대 전단응력

식 (14.5)와 식 (14.6)은 원에 대한 매개변수방정식이다. 즉, 직교좌표축에서 θ값에 대응하는 $\sigma_{x'}$과 $\tau_{x'y'}$이 각각 횡좌표와 종좌표인 점 M은 모두 원 위에 있게 된다. 이러한 특성을 확인하기 위해 식 (14.5)와 식 (14.6)에서 θ를 제거해보자. 먼저 식 (14.5)에서 $(\sigma_x+\sigma_y)/2$를 좌변으로 옮기고 양변을 제곱한다. 그리고 식 (14.6)의 양변을 제곱해 두 식을 서로 더하면 다음 식을 얻는다.

$$\left(\sigma_{x'} - \frac{\sigma_x+\sigma_y}{2}\right)^2 + \tau_{x'y'}^2 = \left(\frac{\sigma_x-\sigma_y}{2}\right)^2 + \tau_{xy}^2 \tag{14.9}$$

이때 σ_{ave}와 R은 다음과 같이 정의한다.

$$\sigma_{\text{ave}} = \frac{\sigma_x+\sigma_y}{2}, \qquad R = \sqrt{\left(\frac{\sigma_x-\sigma_y}{2}\right)^2 + \tau_{xy}^2} \tag{14.10}$$

식 (14.10)을 이용하면 식 (14.9)는 다음과 같이 된다.

$$(\sigma_{x'} - \sigma_{\text{ave}})^2 + \tau_{x'y'}^2 = R^2 \tag{14.11}$$

식 (14.11)은 [그림 14.7]에 나타낸 것과 같이 $(\sigma_{\text{ave}}, 0)$인 점 C를 중심으로 하고 반지름이 R인 원을 나타낸다. 이 원은 수평축에 대해 대칭이므로, 점 M 대신 횡좌표가 $\sigma_{x'}$이고 종좌표가 $-\tau_{x'y'}$인 점 N을 이용해도 같은 원을 그릴 수 있다(그림 14.8). 식 (14.11)로 표현되는 원이 수평축에 대해 대칭이라는 특성은 14.2절에서 사용될 것이다.

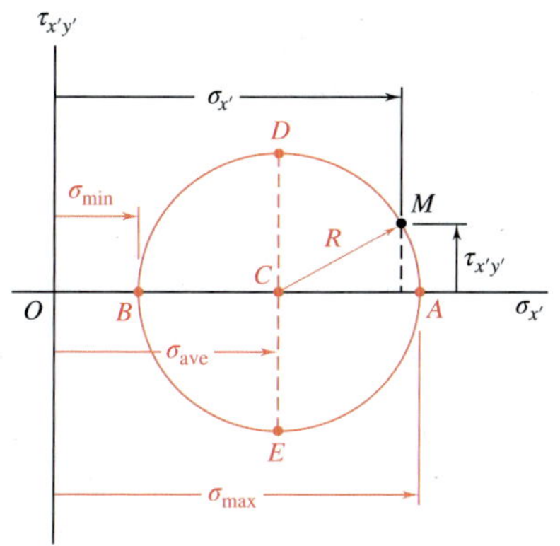

그림 14.7 원으로 표현되는 변환된 응력 간의 관계

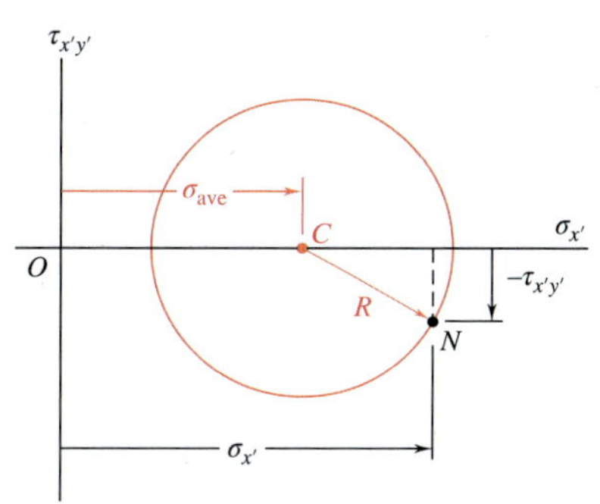

그림 14.8 수평축에 대한 대칭성을 이용해 만든 동일한 응력변환 원

[그림 14.7]에서 수평축과 원이 만나는 점 A와 B는 특별한 의미가 있는데, 각각 수직응력 $\sigma_{x'}$이 최댓값과 최솟값이 되는 점이다. 이 두 점에서 전단응력 $\tau_{x'y'}$은 0이 된다. 그러므로 두 점 A와 B에 대응하는 변수 θ의 값 θ_p는 식 (14.6)에서 $\tau_{x'y'} = 0$으로 놓으면 구할 수 있다.[2]

$$\tan 2\theta_p = \frac{2\tau_{xy}}{\sigma_x - \sigma_y} \tag{14.12}$$

2 식 (14.12)는 식 (14.5)의 $\sigma_{x'}$을 θ에 대해 미분한 뒤 그 값을 0으로 놓아도($d\sigma_{x'}/d\theta = 0$) 구할 수 있다.

이 식으로부터 180° 차이가 나는 두 개의 $2\theta_p$값(즉, 90° 차이가 나는 두 개의 θ_p값)을 구할 수 있다. 두 개의 θ_p값 중 하나는 [그림 14.9]에 나타낸 것과 같이 최대 수직응력과 최소 수직응력이 작용하는 요소의 방향을 결정하는 데 사용할 수 있다. 이러한 방법으로 구한 요소의 면이 포함된 평면을 점 Q에서의 **주응력면**principal planes of stress이라고 하고, 이 면에 작용하는 $\sigma_{\max}$값과 $\sigma_{\min}$값을 점 Q에서의 **주응력**principal stress이라고 한다. 식 (14.12)에서 두 개의 θ_p값을 구할 때, 식 (14.6)을 $\tau_{x'y'} = 0$으로 놓고 구했기 때문에 주응력면에 작용하는 전단응력의 값은 당연히 0이다.

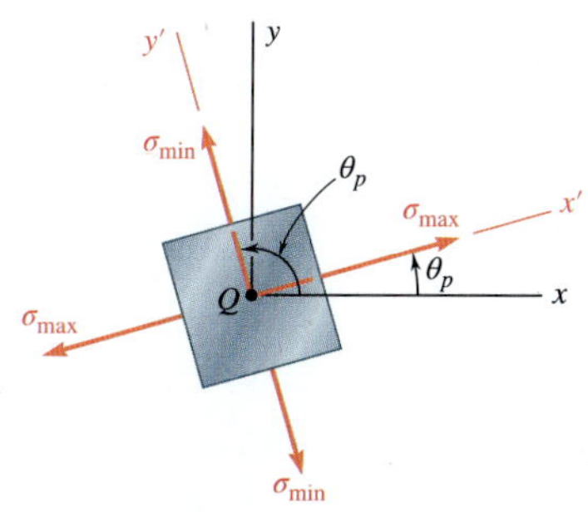

그림 14.9 주응력

[그림 14.7]로부터 다음이 성립한다.

$$\sigma_{\max} = \sigma_{\text{ave}} + R, \qquad \sigma_{\min} = \sigma_{\text{ave}} - R \tag{14.13}$$

이 식에 식 (14.10)의 σ_{ave}와 R을 대입하면 다음과 같다.

$$\sigma_{\max,\min} = \frac{\sigma_x + \sigma_y}{2} \pm \sqrt{\left(\frac{\sigma_x - \sigma_y}{2}\right)^2 + \tau_{xy}^2} \tag{14.14}$$

만일 두 주응력면 중 어느 면이 $\sigma_{\max}$에 대응하는지 또는 $\sigma_{\min}$에 대응하는지 판단하기 어렵다면, θ_p의 값 중 하나를 식 (14.5)에 대입하여 어떤 값을 대입했을 때 수직응력이 최대가 되는지 확인하면 쉽게 판단할 수 있다.

[그림 14.7]을 보면 점 D와 E에서는 전단응력 $\tau_{x'y'}$ 값이 최대가 된다. 점 D와 E의 횡좌표값은 $\sigma_{ave} = (\sigma_x + \sigma_y)/2$이므로, 이 두 점에 대응하는 변수 θ의 값 θ_s는 식 (14.5)에서 $\sigma_{x'} = (\sigma_x + \sigma_y)/2$라 놓고 구한다. 이때 식 (14.5)의 우변에 있는 끝의 두 항의 합은 0이어야 하므로, 이를 만족시키는 θ_s의 값은 다음과 같다.[3]

3 식 (14.15)는 식 (14.6)의 $\tau_{x'y'}$을 θ에 대해 미분한 뒤 그 값을 0으로 놓아도 ($d\tau_{x'y'}/d\theta = 0$) 구할 수 있다.

$$\frac{\sigma_x - \sigma_y}{2}\cos 2\theta_x + \tau_{xy}\sin 2\theta_x = 0$$

또는

$$\tan 2\theta_s = -\frac{\sigma_x - \sigma_y}{2\tau_{xy}} \tag{14.15}$$

이 식으로부터 180° 차이가 나는 두 개의 $2\theta_s$값(즉, 90° 차이가 나는 두 개의 θ_s값)을 구할 수 있다. 두 개의 θ_s값 중 하나는 [그림 14.10]에 나타낸 것과 같이 최대 전단응력이 작용하는 요소의 방향을 결정하는 데 사용할 수 있다. [그림 14.7]을 살펴보면 최대 전단응력값은 원의 반지름 R과 같다는 것을 알 수 있다. 그러므로 최대 전단응력은 식 (14.10)의 두 번째 식으로부터 다음과 같음을 알 수 있다.

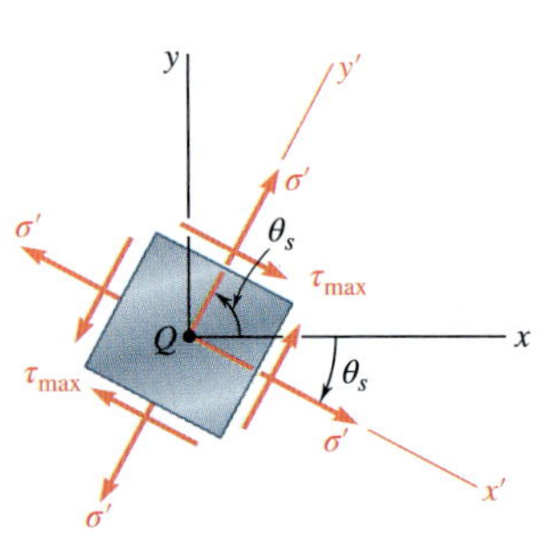

그림 14.10 최대 전단응력

$$\tau_{\max} = \sqrt{\left(\frac{\sigma_x - \sigma_y}{2}\right)^2 + \tau_{xy}^2} \tag{14.16}$$

앞에서 살펴본 바와 같이 최대 전단응력이 작용할 때 수직응력은 다음과 같다.

$$\sigma' = \sigma_{ave} = \frac{\sigma_x + \sigma_y}{2} \tag{14.17}$$

식 (14.12)와 식 (14.15)를 비교해보면, $\tan 2\theta_s$는 $\tan 2\theta_p$의 음의 역수임을 알 수 있다. 따라서 각 $2\theta_s$는 $2\theta_p$와 90° 차이가 나고, 각 θ_s는 θ_p와 45° 차이가 난다. 그러므로 **최대 전단응력이 발생하는 평면은 주응력면과 45° 만큼 차이가 난다.** 이는 8.3절에서 축하중을 받는 경우(그림 8.37)와 10.1.1절에서 비틂하중을 받는 경우(그림 10.17)에 대해 도출한 결과와 일치한다. 지금까지 배운 평면응력의 변환은 **응력이 작용하는 평면**이 회전하는 경우에만 적용할 수 있다. 만일 [그림 14.5]의 정육면체 요소를 z축이 아닌 다른 축에 대해 회전시키면, 식 (14.16)으로 구한 전단응력보다 더 큰 응력이 요소면에 발생할 수도 있다. 그러므로 식 (14.16)에서 구한 최대 전단응력값은 **면내**in-plane 전단응력의 최댓값이 된다.

개념적용 14.1

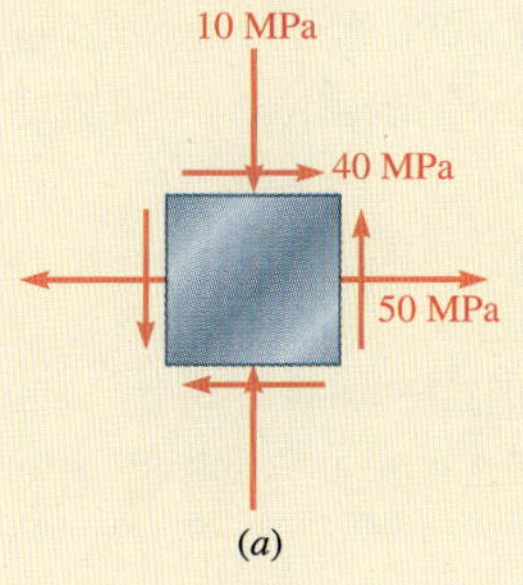

(a)

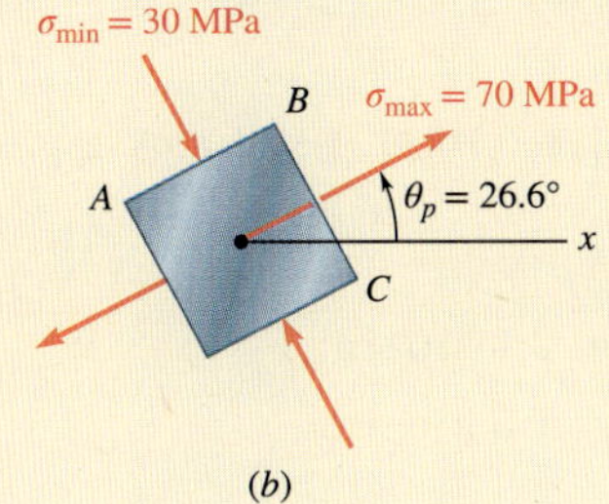

(b)

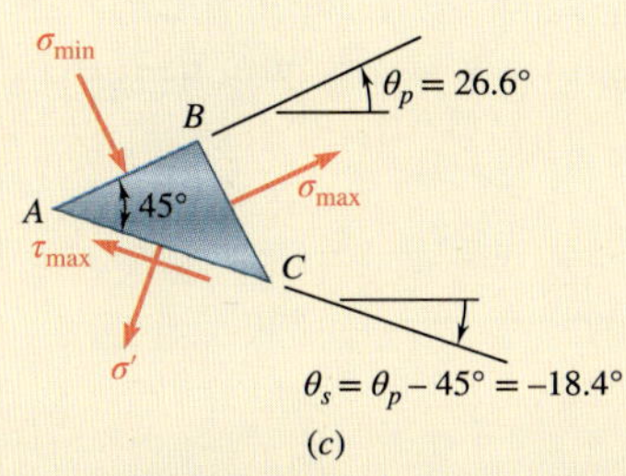

(c)

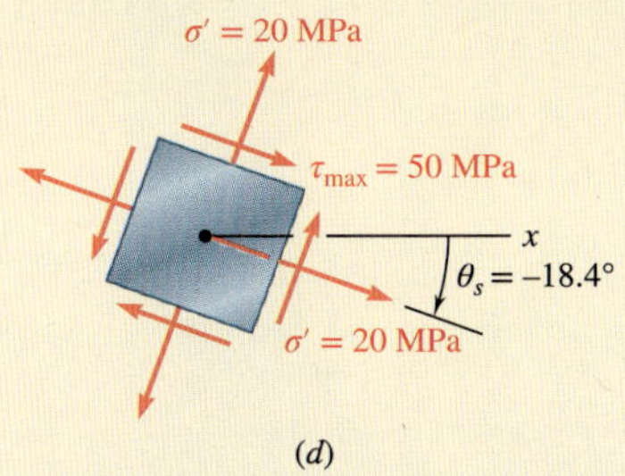

(d)

그림 14.11 (a) 문제에 주어진 평면응력요소 (b) 주응력 방향으로 회전시킨 평면응력요소 (c) 주응력과 최대 전단응력이 작용하는 평면응력요소 (d) 최대 전단응력이 작용하는 평면응력요소

[그림 14.11a]와 같은 평면응력상태에 대해 (a) 주응력면, (b) 주응력, (c) 최대 전단응력과 수직응력을 구하시오.

a. 주응력면 통상적인 부호규약에 따라 응력성분을 표기하면 다음과 같다.

$$\sigma_x = +50\ \text{MPa}, \quad \sigma_y = -10\ \text{MPa}, \quad \tau_{xy} = +40\ \text{MPa}$$

이 값들을 식 (14.12)에 대입해 주응력면을 구하면 다음과 같다.

$$\tan 2\theta_p = \frac{2\tau_{xy}}{\sigma_x - \sigma_y} = \frac{2(+40)}{50-(-10)} = \frac{80}{60}$$

$$2\theta_p = 53.1°, \quad 180° + 53.1° = 233.1°$$
$$\theta_p = 26.6°, \quad 116.6°$$

b. 주응력 식 (14.14)를 이용해 주응력을 구하면 다음과 같다.

$$\sigma_{\max,\min} = \frac{\sigma_x + \sigma_y}{2} \pm \sqrt{\left(\frac{\sigma_x - \sigma_y}{2}\right)^2 + \tau_{xy}^2}$$
$$= 20 \pm \sqrt{(30)^2 + (40)^2}$$
$$\sigma_{\max} = 20 + 50 = 70\ \text{MPa}$$
$$\sigma_{\min} = 20 - 50 = -30\ \text{MPa}$$

[그림 14.11b]에 주응력면과 주응력을 나타냈다. 식 (14.5)에 $2\theta = 53.1°$를 대입하면, 요소의 BC면에 작용하는 응력이 최대 주응력임을 확인할 수 있다.

$$\sigma_{x'} = \frac{50-10}{2} + \frac{50+10}{2}\cos 53.1° + 40\sin 53.1°$$
$$= 20 + 30\cos 53.1° + 40\sin 53.1° = 70\ \text{MPa} = \sigma_{\max}$$

c. 최대 전단응력 식 (14.16)을 이용해 최대 전단응력을 구하면 다음과 같다.

$$\tau_{\max} = \sqrt{\left(\frac{\sigma_x - \sigma_y}{2}\right)^2 + \tau_{xy}^2}$$
$$= \sqrt{(30)^2 + (40)^2} = 50\ \text{MPa}$$

$\sigma_{\max}$와 $\sigma_{\min}$의 부호가 반대이므로, 위에서 구한 $\tau_{\max}$은 실제로 전단응력의 최댓값을 의미한다. 최대 전단응력이 발생하는 면의 방향과 전단응력의 방향은 [그림 14.11b]에 나타낸 요소의 대각선면 AC를 따라 결정된다. 요소면 AB와 BC가 주응력면이므로, 대각선면 AC는 최대 전단응력이 작용하는 면 중의 하나이어야 한다(그림 14.11c). 그뿐만 아니라, 삼각기둥 모양의 요소 ABC에서 평형조건을 만족시키기 위해서는 전단응력이 대각선면 AC에 그림과 같은 방향으로 작용해야 한다. 최대 전단응력이 작용할 때 요소에 작용하는 응력을 [그림 14.11d]에 나타냈다. 요소의 네 면에 작용하는 수직응력은 식 (14.17)에 의해 다음과 같이 구할 수 있다.

$$\sigma' = \sigma_{\text{ave}} = \frac{\sigma_x + \sigma_y}{2} = \frac{50-10}{2} = 20\ \text{MPa}$$

예제 14.1

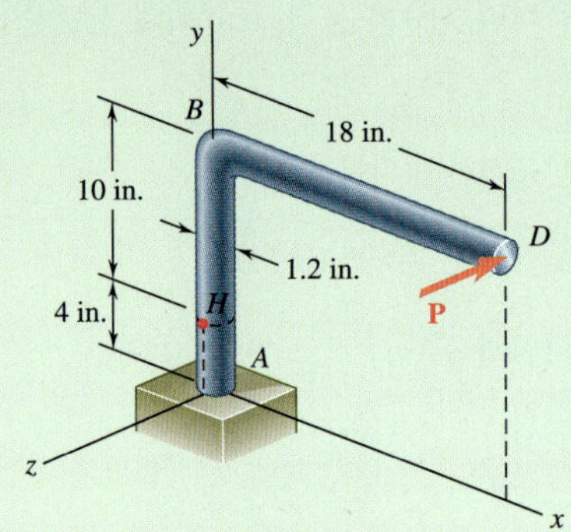

150 lb의 수평력 **P**가 지름이 1.2 in.인 레버 ABD의 끝단 D에 작용하고 있을 때 (a) 점 H에 위치한 요소 중 두 면이 x축과 y축에 평행한 요소에 작용하는 수직응력과 전단응력, (b) 주응력면과 주응력을 구하시오.

문제분석

점 H를 포함한 단면에 작용하는 등가의 힘과 모멘트, 비틂모멘트torque를 구하고, 그로부터 수직응력과 전단응력을 구한다. 그리고 응력변환을 통해 주응력과 그 방향을 결정한다.

모델링과 풀이

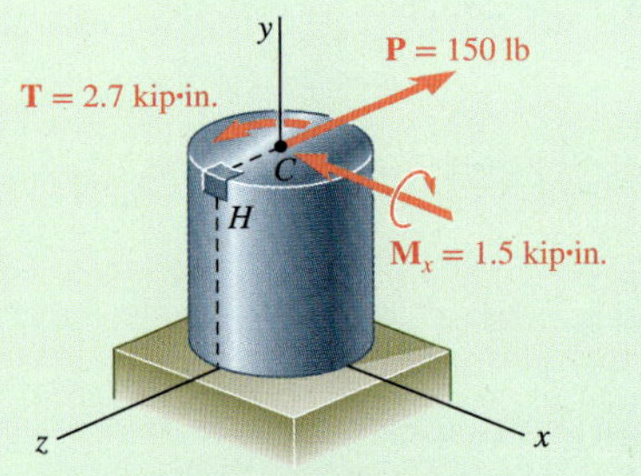

그림 1 점 H를 포함하는 횡단면에 작용하는 등가의 힘과 모멘트, 비틂모멘트

등가의 힘과 모멘트, 비틂모멘트 수평력 **P**를 점 H를 포함한 단면의 중심점 C에 작용하는 등가의 힘과 모멘트, 비틂모멘트로 바꿔준다(그림 1).

$$P = 150\text{ lb},\qquad T = (150\text{ lb})(18\text{ in.}) = 2.7\text{ kip}\cdot\text{in.}$$
$$M_x = (150\text{ lb})(10\text{ in.}) = 1.5\text{ kip}\cdot\text{in.}$$

a. 점 H의 응력 $\sigma_x, \sigma_y, \tau_{xy}$ [그림 14.2]에 나타낸 부호규약을 이용하여 점 C에 작용하는 등가의 힘과 모멘트, 비틂모멘트로부터 응력성분의 방향과 부호를 구한다(그림 1).

$$\sigma_x = 0 \blacktriangleleft$$

$$\sigma_y = +\frac{Mc}{I} = +\frac{(1.5\text{ kip}\cdot\text{in.})(0.6\text{ in.})}{\frac{1}{4}\pi(0.6\text{ in.})^4}$$

$$\sigma_y = +8.84\text{ ksi} \blacktriangleleft$$

$$\tau_{xy} = +\frac{Tc}{J} = +\frac{(2.7\text{ kip}\cdot\text{in.})(0.6\text{ in.})}{12\pi(0.6\text{ in.})^4}$$

$$\tau_{xy} = +7.96\text{ ksi} \blacktriangleleft$$

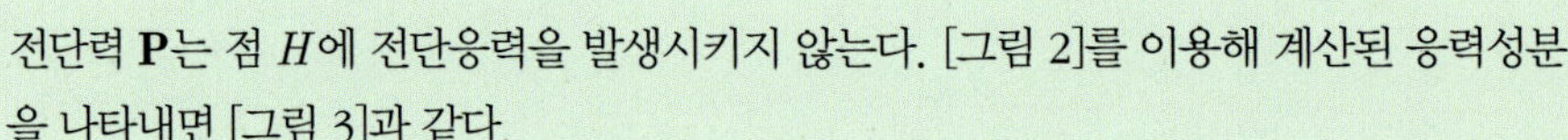

전단력 **P**는 점 H에 전단응력을 발생시키지 않는다. [그림 2]를 이용해 계산된 응력성분을 나타내면 [그림 3]과 같다.

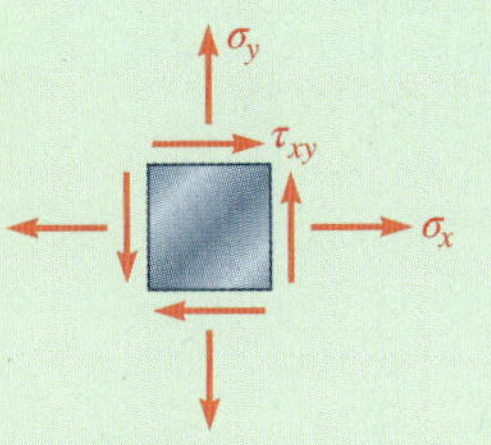

그림 2 일반적인 평면응력요소와 양의 방향 응력

b. 주응력면과 주응력 계산된 응력성분의 값을 식 (14.12)에 대입하면, 주응력면의 방향을 구할 수 있다.

$$\tan 2\theta_p = \frac{2\tau_{xy}}{\sigma_x - \sigma_y} = \frac{2(7.96)}{0 - 8.84} = -1.80$$

$$2\theta_p = -61.0°,\qquad 180° - 61.0° = +119°$$

$$\theta_p = -30.5°,\ +59.5° \blacktriangleleft$$

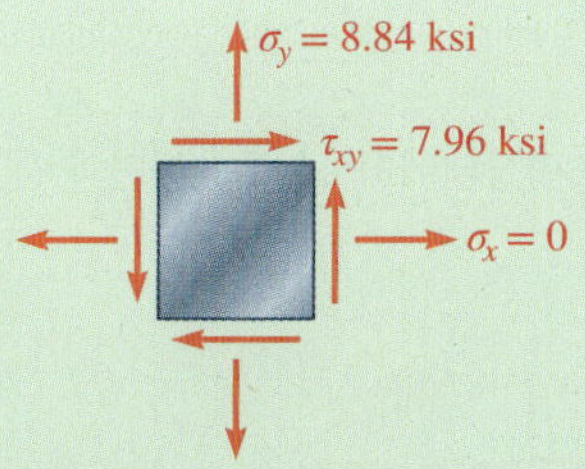

그림 3 점 H의 응력요소

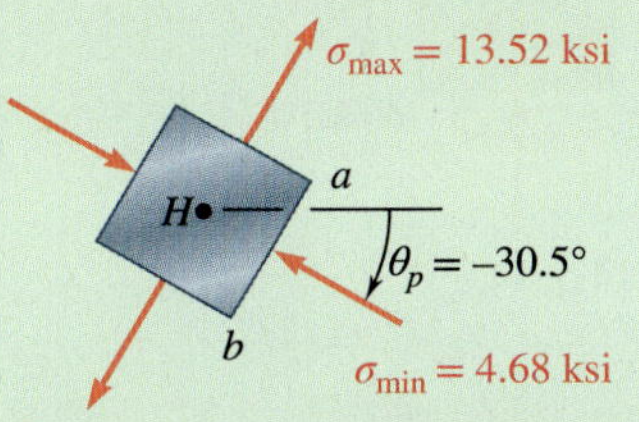

그림 4 점 H에서 주응력 방향으로 회전시킨 응력요소

계산된 결과를 식 (14.14)에 대입하면 주응력값을 구할 수 있다.

$$\begin{aligned}\sigma_{\max,\min} &= \frac{\sigma_x + \sigma_y}{2} \pm \sqrt{\left(\frac{\sigma_x - \sigma_y}{2}\right)^2 + \tau_{xy}^2} \\ &= \frac{0 + 8.84}{2} \pm \sqrt{\left(\frac{0 - 8.84}{2}\right)^2 + (7.96)^2} \\ &= +4.42 \pm 9.10\end{aligned}$$

$$\sigma_{\max} = +13.52 \text{ ksi} \blacktriangleleft$$

$$\sigma_{\min} = -4.68 \text{ ksi} \blacktriangleleft$$

요소의 ab면 방향은 $\theta_p = -30.5°$이고, 그 값을 식 (14.5)에 대입하면 작용하는 수직 응력 $\sigma_{x'} = -4.68$ ksi를 구할 수 있다. 요소에 작용하는 모든 주응력을 [그림 4]에 나타냈다.

Section 14.1 연습문제

14.1 ~ 14.4 그림과 같은 평면응력상태에서 진한 색으로 표시된 삼각형 요소의 경사진 면에 작용하는 수직응력과 전단응력을 구하시오. 14.1.1절에서 유도한 평형방정식을 이용하시오.

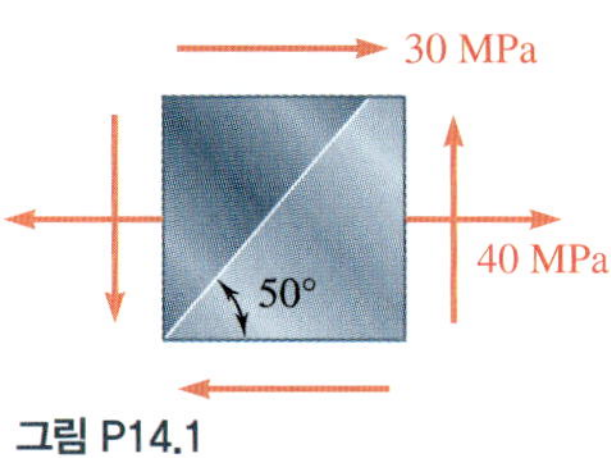

그림 P14.1

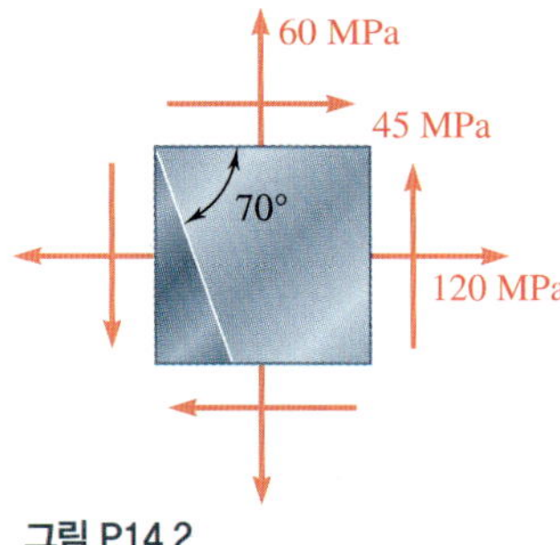

그림 P14.2

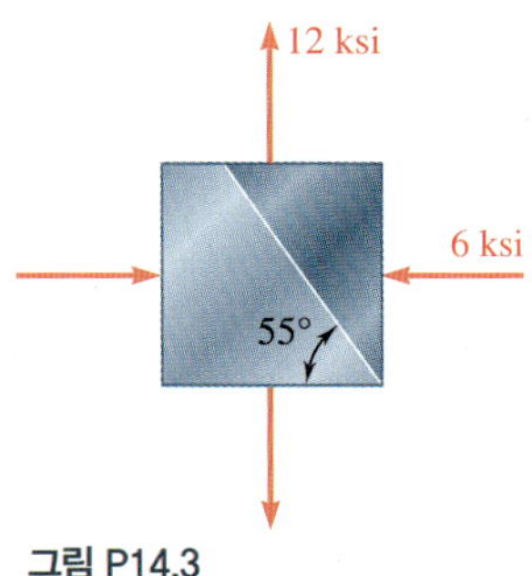

그림 P14.3

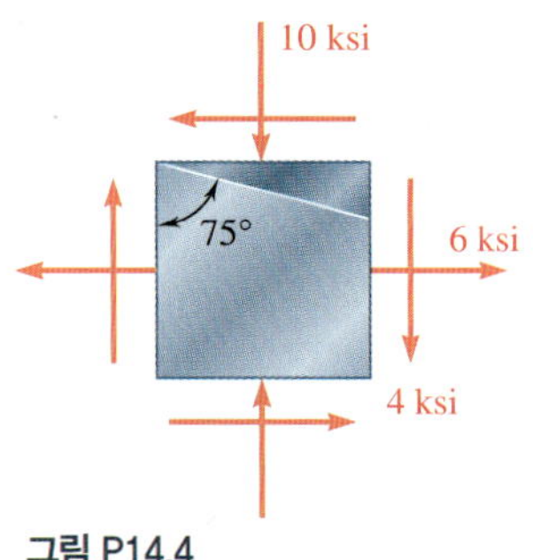

그림 P14.4

14.5 ~ 14.8 그림과 같은 평면응력상태에서 (a) 주응력면과 (b) 주응력을 구하시오.

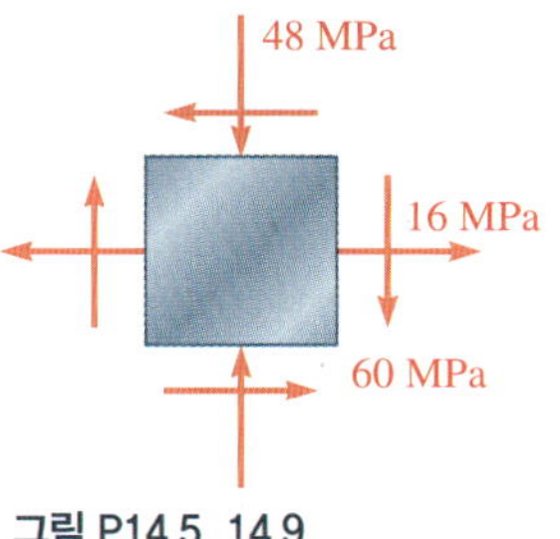

그림 P14.5, 14.9

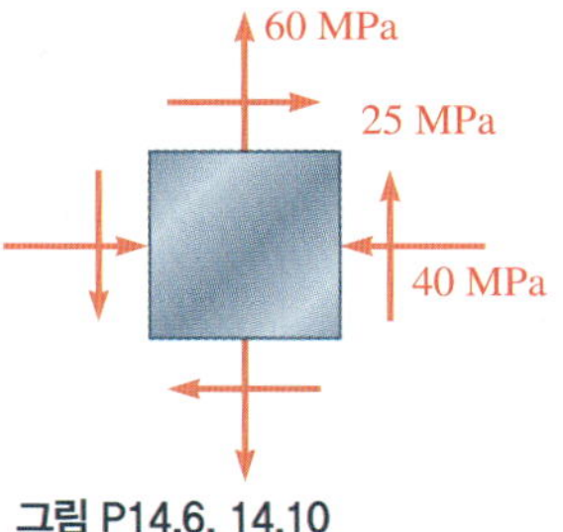

그림 P14.6, 14.10

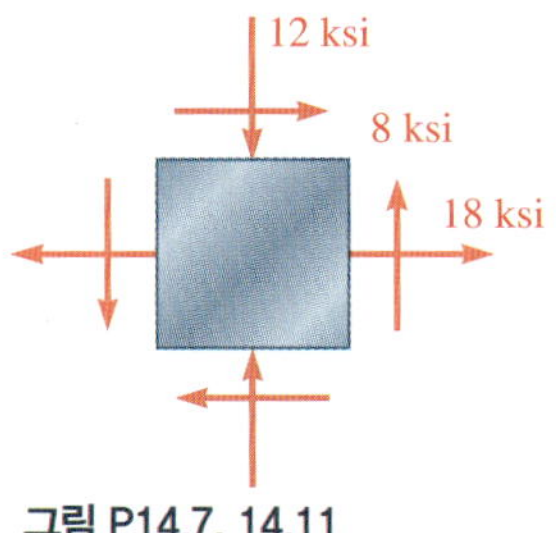

그림 P14.7, 14.11

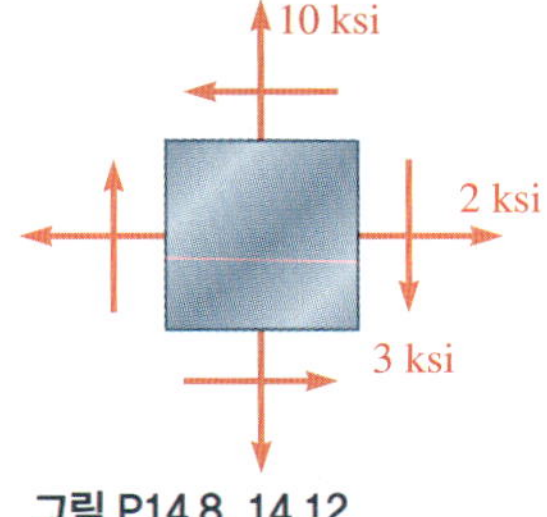

그림 P14.8, 14.12

14.9 ~ 14.12 그림과 같은 평면응력상태에서 (a) 최대 면내 전단응력이 작용하는 면의 방향, (b) 최대 면내 전단응력의 값, (c) 최대 면내 전단응력과 함께 작용하는 수직응력의 값을 구하시오.

14.13 ~ 14.16 그림과 같은 평면응력상태에서 그림의 요소가 (a) 시계방향으로 25° 회전한 경우 (b) 반시계방향으로 10° 회전한 경우에 작용하는 수직응력과 전단응력을 구하시오.

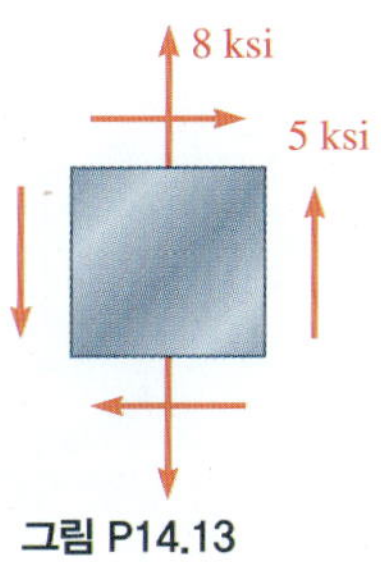

그림 P14.13

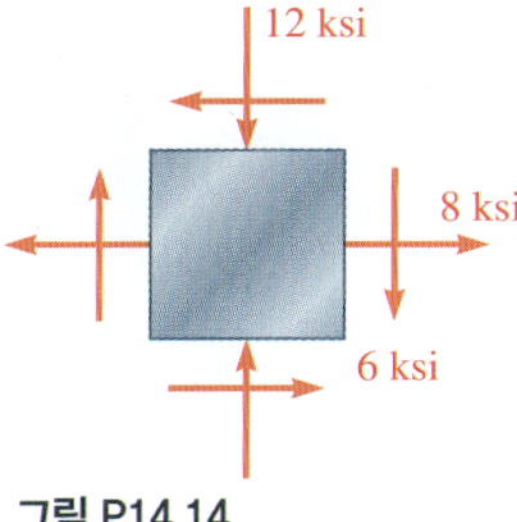

그림 P14.14

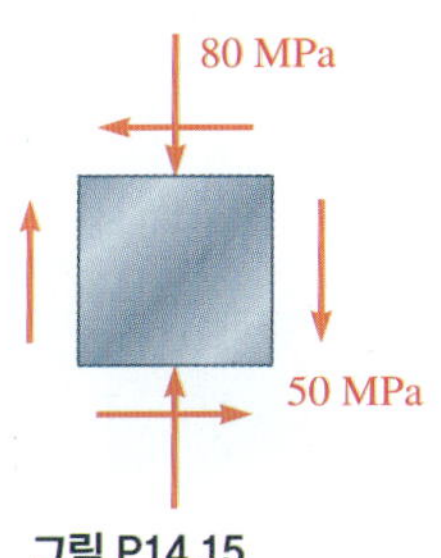

그림 P14.15

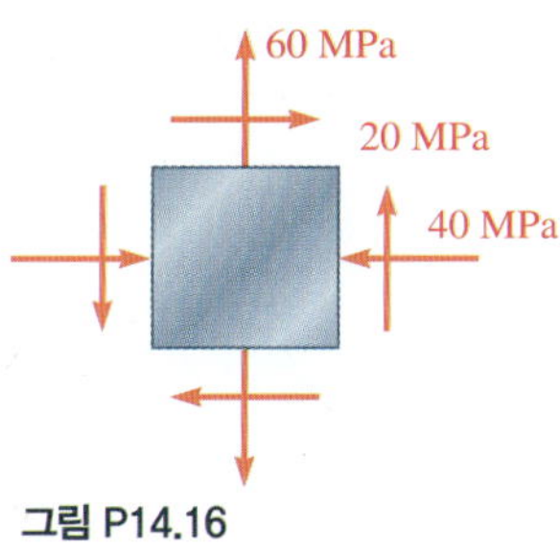

그림 P14.16

14.17 ~ 14.18 목재의 결grain이 그림과 같이 수직선과 15°의 각도를 이루고 있다. 주어진 평면응력상태에서 (a) 목재의 결과 평행한 방향으로 작용하는 면내 전단응력과 (b) 목재의 결에 수직으로 작용하는 수직응력을 구하시오.

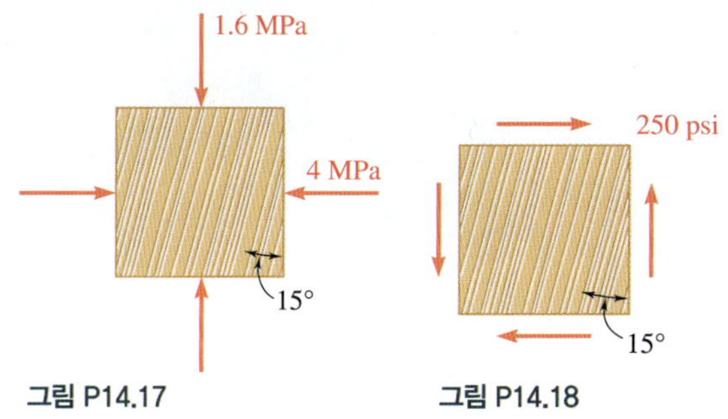

그림 P14.17 그림 P14.18

14.19 단면이 10×80 mm로 일정한 두 개의 강재판을 그림과 같이 용접했다. 단면의 중심에 100 kN의 힘이 작용하고 $\beta = 25°$일 때, (a) 용접에 평행하게 작용하는 면내 전단응력과 (b) 용접에 수직으로 작용하는 수직응력을 구하시오.

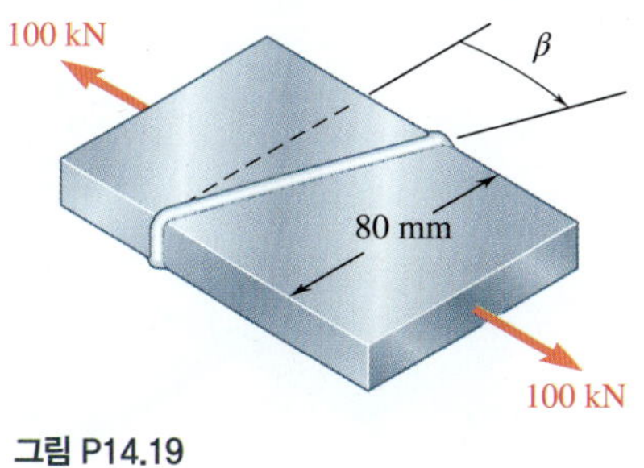

그림 P14.19

14.20 그림과 같이 짧은 기둥의 단면 중심에 힘 **P**가 작용하고 있다. 면 $a-a$에 작용하는 응력이 $\sigma = -15$ ksi이고 $\tau = 5$ ksi일 때, (a) 면 $a-a$가 수평면과 이루는 각 β와 (b) 기둥에 작용하는 최대 압축응력을 구하시오.

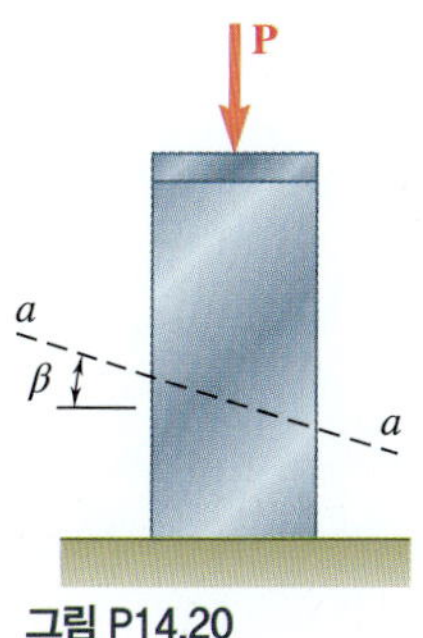

그림 P14.20

14.21 지름이 1 in.인 봉 AB에 연결된 기어 위의 한 점 D에 수직력 400 lb가 작용하고 있다. 봉 위의 한 점 H에 작용하는 주응력과 최대 전단응력을 구하시오.

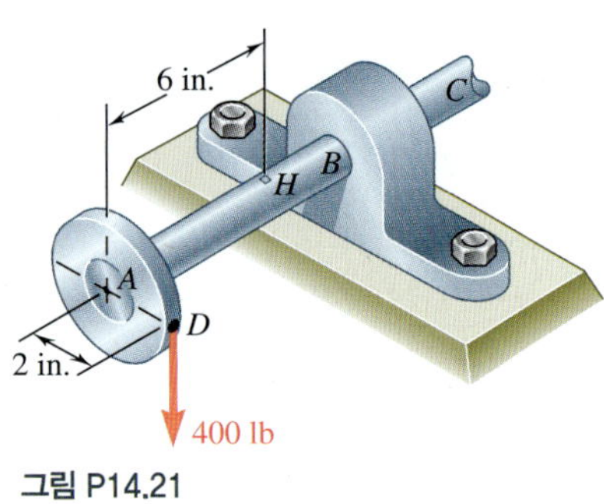

그림 P14.21

14.22 정비공이 점 E에 설치된 볼트를 풀기 위해 그림과 같은 크로우풋 렌치crowfoot wrench를 사용하려 한다. 정비공이 점 A에 수직력 24 lb를 가하고 있을 때, 지름이 $\frac{3}{4}$ in.인 봉 위의 한 점 H에 작용하는 주응력과 최대 전단응력을 구하시오.

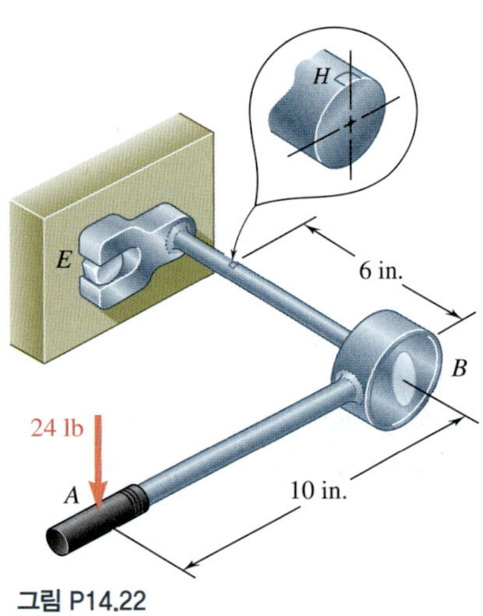

그림 P14.22

14.23 그림과 같은 강재 파이프 AB는 바깥쪽 지름이 102 mm이고 두께가 6 mm이다. 부재 CD가 파이프에 단단히 고정되어 있을 때, 점 K에 작용하는 주응력과 최대 전단응력을 구하시오.

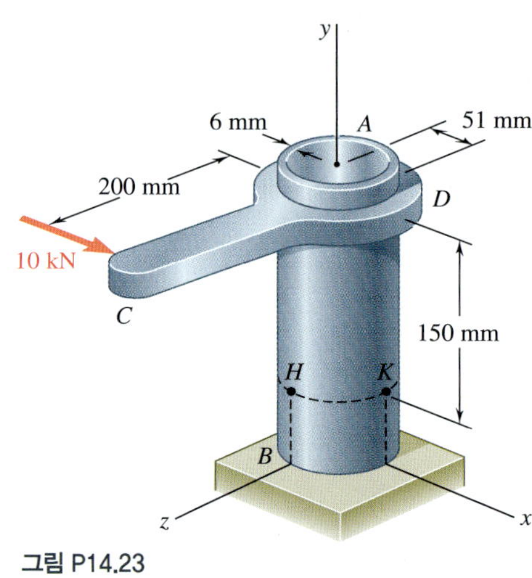

그림 P14.23

14.24 주어진 평면응력상태에서 최대 면내 전단응력의 값이 75 MPa 이하가 되도록 하는 σ_y의 최댓값을 구하시오.

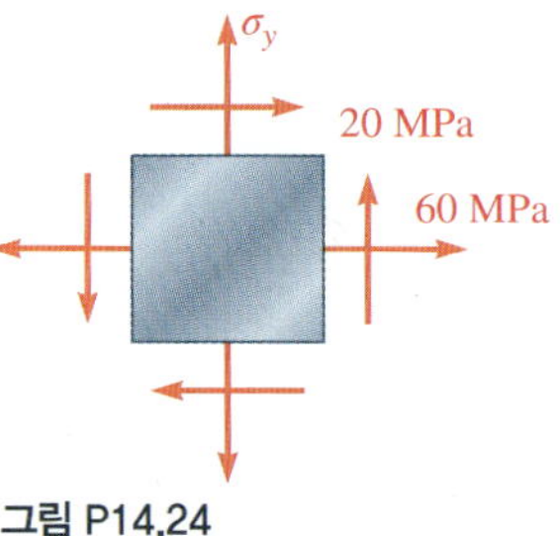

그림 P14.24

14.2 평면응력에 대한 모어원

평면응력의 변환식을 유도하기 위해 14.1.2절에서 사용된 원은 독일의 공학자 오토 모어 Otto Mohr, 1835~1918에 의해 도입되었으며 평면응력에 대한 **모어원** Mohr's Circle이라고 한다. 모어원을 이용하면 14.1절에서 풀었던 평면응력요소의 변환된 응력을 공식 대신 기하학적으로 구할 수 있으며, 경우에 따라서는 계산기가 필요하기도 하다.

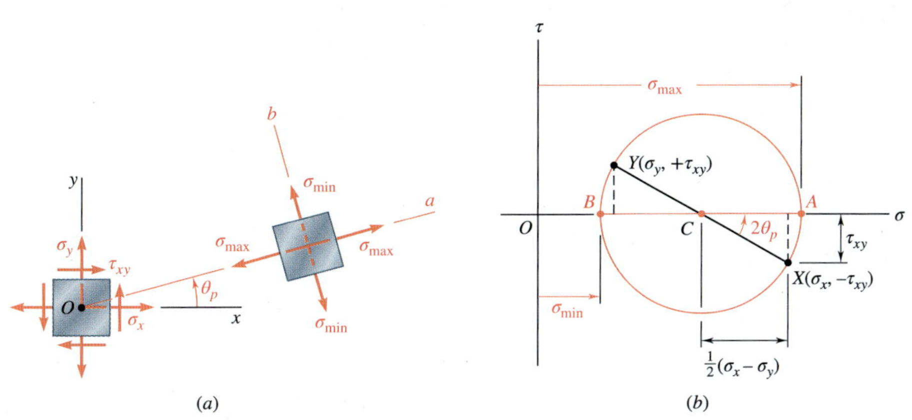

그림 14.12 (a) 평면응력요소와 주응력면 방향 (b) 주어진 평면응력에 대응하는 모어원

[그림 14.12a]와 같이 평면응력이 작용하는 정사각형 요소를 고려해보자. 이 요소에 작용하는 평면응력성분은 σ_x, σ_y, τ_{xy}이다. 먼저 좌표가 $(\sigma_x, -\tau_{xy})$인 점 X와 좌표가 $(\sigma_y, +\tau_{xy})$인 점 Y를 $\sigma-\tau$ 평면에 그린다(그림 14.12b).

만약 τ_{xy}가 [그림 14.12a]에 가정한 것과 같이 양의 값이면 점 X는 σ축의 아래쪽에 그리고, 점 Y는 σ축의 위쪽에 그린다(그림 14.12b). 반대로, 만약 τ_{xy}가 음의 값이면 점 X는 σ축의 위쪽에 그리고, 점 Y는 σ축의 아래쪽에 그린다. 점 X와 Y를 직선으로 연결하면 σ축과 점 C에서 만나게 되는데, 점 C를 원의 중심으로 하고 선분 XY를 지름으로 하는 원을 그린다. 점 C의 횡좌표값과 원의 반지름은 각각 식 (14.10)에서 구한 σ_{ave}와 R과 같다. 이 원이 바로 평면응력에 대한 모어원이 된다. 이 원이 σ축과 만나는 점 A와 B의 횡좌표값이 각각 주응력 σ_{max}와 σ_{min}이 된다.

$\tan(XCA) = 2\tau_{xy}/(\sigma_x - \sigma_y)$이므로, 각 XCA는 식 (14.12)를 만족시키는 각 $2\theta_p$ 중 하나이다. [그림 14.12a]의 각 θ_p는 [그림 14.12b]의 점 A에 대응하는 주응력면의 방향을 나타내므로, 그 값은 모어원에서 구한 각 XCA의 반이 된다. 이 예제와 같이 만일 $\sigma_x > \sigma_y$이고 $\tau_{xy} > 0$이면, CX를 CA로 회전시키는 방향은 반시계방향이다. 이때 주응력면에 대한 법선 Oa의 방향을 나타내는 식 (14.12)의 각 θ_p도 양의 값이므로, Ox를 Oa로 회전하는 방향 역시 반시계방향이 된다. 그러므로 [그림 14.12] 두 그림의 회전방향은 같으며, 모어원에서 CX를 반시계방향으로 $2\theta_p$만큼 회전하면 CA와 만나므로, [그림 14.12a]에서 Ox와 Oa가 만나려면 반시계방향으로 θ_p만큼 회전해야 한다.[4]

4 이는 모어원을 그릴 때 [그림 14.7]의 원 대신 [그림 14.8]의 원을 사용하기 때문이다.

[그림 14.13a]에 나타낸 x'축과 y'축에 대한 응력성분 $\sigma_{x'}$, $\sigma_{y'}$, $\tau_{x'y'}$을 사용해도 동일한 모어원을 그릴 수 있다. 좌표가 $(\sigma_{x'}, -\tau_{x'y'})$인 점 X'과 좌표가 $(\sigma_{y'}, +\tau_{x'y'})$인 점 Y'은 모어원 위에 있으며, [그림 14.13b]의 각 $X'CA$는 [그림 14.13a]의 각 $x'Oa$의 두 배와 같아야 한다. 각 XCA가 각 xOa의 두 배이므로, [그림 14.13b]의 각 XCX'는 [그림 14.13a]의 xOx'의 두 배가 된다. 그러므로 수직응력 $\sigma_{x'}$와 $\sigma_{y'}$와 전단응력 $\tau_{x'y'}$를 정의하는 지름 $X'Y'$는 [그림 14.13a]에서 x'축과 x축 사이의 각 θ의 두 배만큼 지름 XY를 회전시키면 구할 수 있다. [그림 14.13b]에서 지름 XY를 지름 $X'Y'$이 되게 하는 회전방향은 [그림 14.13a]에서 xy축을 $x'y'$축으로 회전하게 하는 방향과 같다.

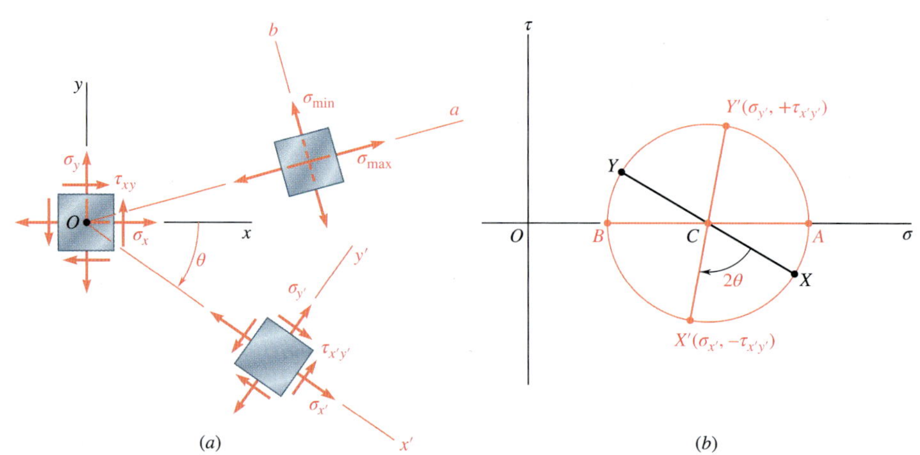

그림 14.13 (a) xy 좌표축과 $x'y'$ 좌표축에 대한 응력요소 (b) 주어진 평면응력을 이용해 그린 모어원

이러한 특성은 최대 전단응력이 작용하는 면이 주응력면에 대해 45°만큼 차이가 난다는 사실을 증명하는 데 사용된다. 모어원 상의 점 D와 E는 최대 전단응력이 작용하는 면이고, 점 A와 B는 주응력이 작용하는 면이다(그림 14.14b). 모어원의 지름 AB와 DE는 서로 90°만큼 차이가 나므로, 최대 전단응력이 작용하는 면과 주응력면도 45°만큼 차이가 난다(그림 14.14a).

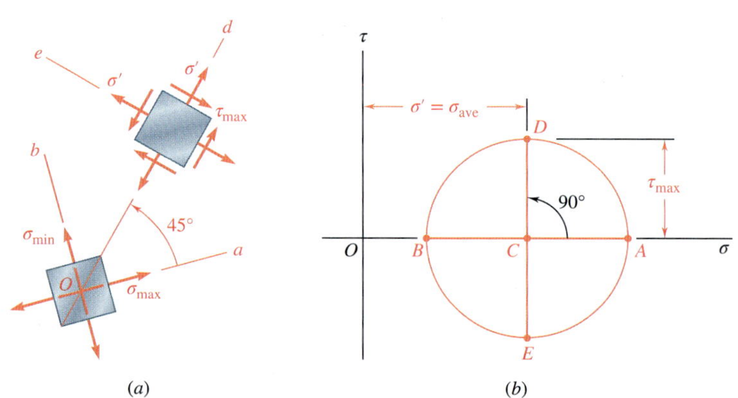

그림 14.14 (a) 주응력면과 최대 전단응력이 발생하는 면 사이의 방향 비교
(b) 주어진 평면응력을 이용해 그린 모어원

응력성분을 정의하기 위해 사용된 평면응력요소의 각 면을 개별적으로 생각하면 평면응력에 대해 모어원을 그리는 것이 간단해진다. [그림 14.12]와 [그림 14.13]으로부터 임의의 면에 작용하는 전단응력이 요소를 **시계방향**으로 회전시키면 그 면에 해당하는 모어원 위의 점은 σ축(수평축)의 **위쪽**에 그린다. 반면에, 전단응력이 요소를 **반시계방향**으로 회전시키면 그 면에 해당하는 모어원 위의 점은 σ축의 **아래쪽**에 그린다(그림 14.15).[5] 수직응력은 일반적인 부호규약에 따라 인장응력은 양의 값이므로 τ축(수직축)의 오른쪽에 그리고, 압축응력은 음의 값이므로 τ축의 왼쪽에 그린다.

5 "부엉에 시계clock는 위쪽above에 있고 조리대counter는 아래쪽below에 있다."라고 생각하면 이 규약을 쉽게 기억할 수 있다.

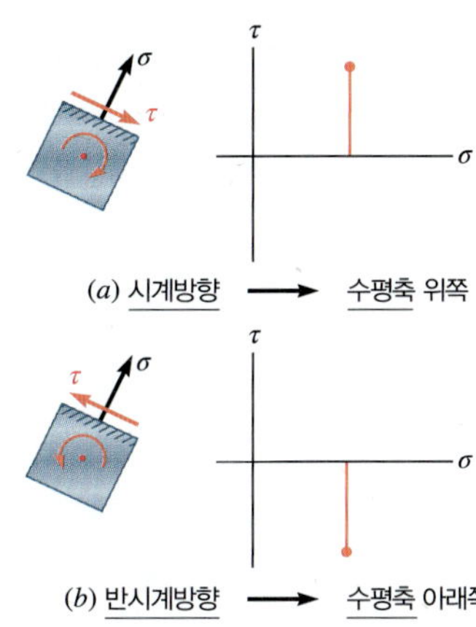

그림 14.15 전단응력에 해당되는 모어원 위의 점의 위치

개념적용 14.2

[개념적용 14.1]에 주어진 평면응력상태를 이용해 (a) 모어원을 그리고, (b) 주응력을 구하고, (c) 최대 전단응력값과 최대 전단응력이 발생할 때의 수직응력을 구하시오.

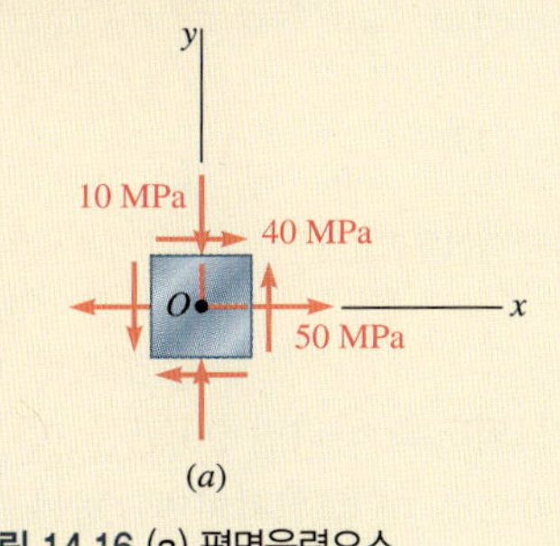

그림 14.16 (a) 평면응력요소

a. 모어원 그리기 [그림 14.16a]에서 x축에 수직인 면에 작용하는 수직응력은 인장응력(양의 값)이고, 전단응력은 요소를 반시계방향으로 회전시킨다. 그러므로 모어원 위의 점 X는 수직축의 오른쪽에 그리고 수평축의 아래쪽에 그린다(그림 14.16b). 요소의 위쪽 면에 작용하는 수직응력과 전단응력을 살펴보면, 점 Y는 수직축의 왼쪽과 수평축의 위쪽에 그려야 한다. XY선을 그리면 모어원의 중심점 C를 구할 수 있다. 모어원 중심의 횡좌표값은 다음과 같다.

$$\sigma_{\text{ave}} = \frac{\sigma_x + \sigma_y}{2} = \frac{50 + (-10)}{2} = 20 \text{ MPa}$$

진한 색으로 표시된 삼각형의 두 변의 길이는 다음과 같다.

$$CF = 50 - 20 = 30 \text{ MPa}, \qquad FX = 40 \text{ MPa}$$

따라서 모어원의 반지름은 다음과 같다.

$$R = CX = \sqrt{(30)^2 + (40)^2} = 50 \text{ MPa}$$

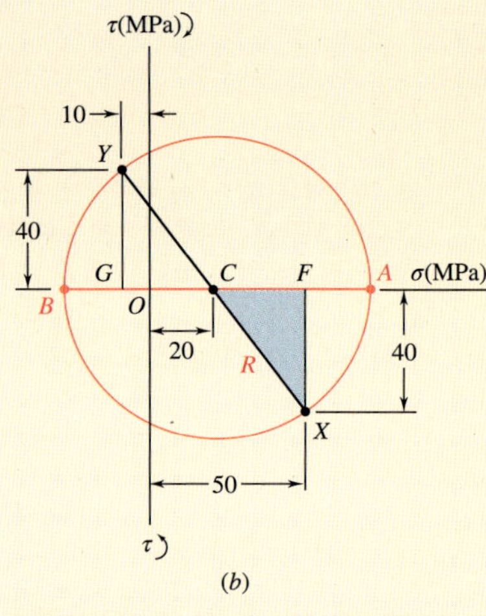

그림 14.16 (b) 주어진 평면응력을 이용해 그린 모어원

b. 주응력면과 주응력 주응력은 다음과 같다.

$$\sigma_{\max} = OA = OC + CA = 20 + 50 = 70 \text{ MPa}$$
$$\sigma_{\min} = OB = OC - BC = 20 - 50 = -30 \text{ MPa}$$

각 ACX는 $2\theta_p$이므로 θ_p값은 다음과 같다(그림 14.16b).

$$\tan 2\theta_p = \frac{FX}{CF} = \frac{40}{30}$$
$$2\theta_p = 53.1°, \quad \theta_p = 26.6°$$

[그림 14.16d]에서 CX를 CA가 되도록 하는 회전방향은 반시계방향이므로, [그림 14.16c]에서 Ox를 최대 주응력 $\sigma_{\max}$에 대응하는 Oa로 회전시키는 방향도 반시계방향이다.

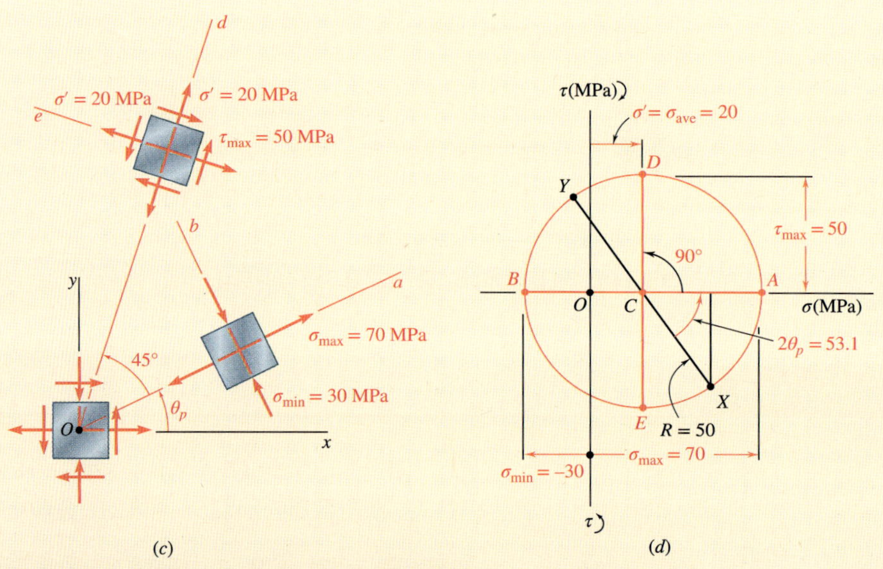

그림 14.16 (c) 주응력과 최대 전단응력이 발생하는 방향으로 회전된 평면응력요소
(d) 주응력과 최대 전단응력을 구하는 데 사용된 모어원

c. 최대 전단응력 [그림 14.16d]에서 CA를 CD가 되도록 하려면 90°만큼 더 회전시켜야 하므로, 평면응력요소를 45°만큼 반시계방향으로 더 회전시키면 Oa가 최대 전단응력이 발생하는 위치인 Od가 된다(그림 14.16d). [그림 14.16d]로부터 $\tau_{\max} = R = 50$ MPa이고 그때 작용하는 수직응력의 값은 $\sigma' = \sigma_{ave} = 20$ MPa이 된다. [그림 14.16d]에서 점 D가 σ축의 위쪽에 있으므로, Od에 직교하는 면에 작용하는 전단응력은 평면응력요소를 시계방향으로 회전시킨다.

모어원을 이용하는 방법은 8.3절의 축력과 10.1.3절의 비틂torsion이 함께 작용하는 부재에서 응력을 확인하는 데 유용한 방법이다. [그림 14.17a]와 같이 축력만 작용하는 경우, $\sigma_x = P/A$, $\sigma_y = 0$, $\tau_{xy} = 0$이 된다. 주어진 응력을 이용해 점 X와 Y를 그리면, 반지름 $R = P/2A$이고 좌표축의 원점을 통과하는 모어원을 그릴 수 있다(그림 14.17b). 점 D와 E를 구하면 [그림 14.17c]에서와 같이 최대 전단응력이 작용하는 면의 방향을 결정할 수 있을 뿐 아니라 $\tau_{\max}$와 수직응력 σ'도 구할 수 있다.

$$\tau_{\max} = \sigma' = R = \frac{P}{2A} \tag{14.18}$$

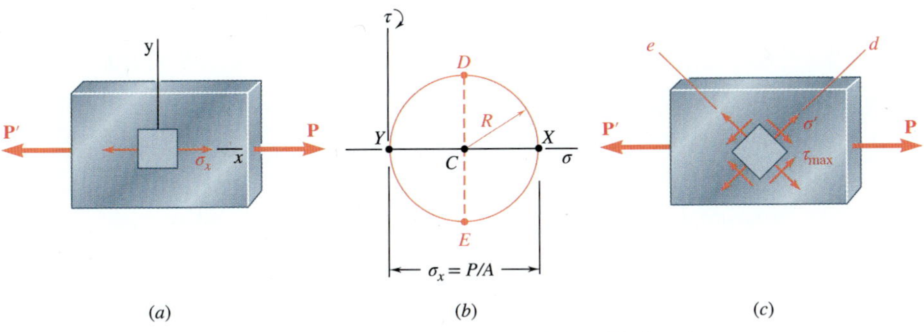

그림 14.17 (a) 축하중이 작용하는 부재 (b) 모어원 (c) 최대 전단응력이 작용하는 면

[그림 14.18a]와 같이 비틂이 작용하는 경우 $\sigma_x = \sigma_y = 0$이고 $\tau_{xy} = \tau_{\max} = Tc/J$가 된다. 그러므로 점 X와 Y는 τ축 위에 위치하고, 모어원은 [그림 14.18b]와 같이 중심이 원점이고 반지름은 $R = Tc/J$가 된다. 이때 주응력의 값은 다음과 같다.

$$\sigma_{\max,\min} = \pm R = \pm \frac{Tc}{J} \tag{14.19}$$

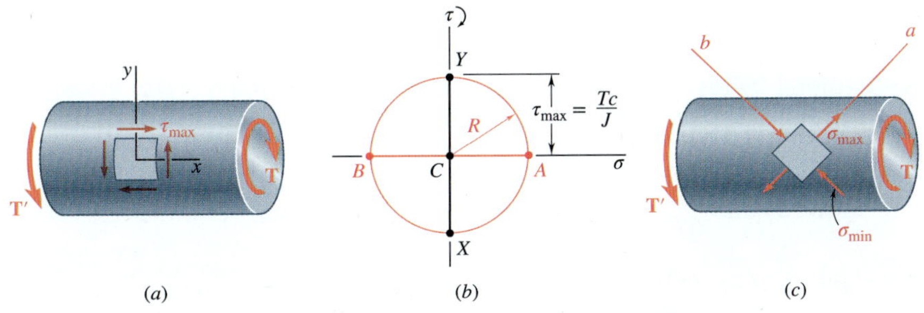

그림 14.18 (a) 비틂이 작용하는 부재 (b) 모어원 (c) 최대 전단응력이 작용하는 면

예제 14.2

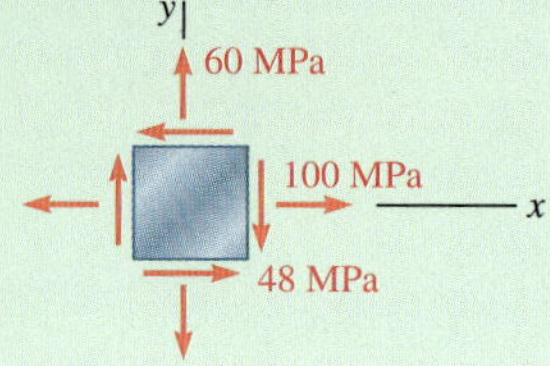

그림의 평면응력상태에서 (a) 주응력면과 주응력, (b) 요소를 반시계방향으로 30°만큼 회전시켰을 때 작용하는 응력성분을 구하시오.

문제분석 문제에 주어진 응력상태는 모어원 위의 두 점에 대응되므로 이를 이용해서 모어원을 그릴 수 있다. 주응력면을 포함한 다른 면의 응력상태는 모어원을 이용해 구할 수 있다.

모델링과 풀이

모어원 그리기(그림 1) x축에 수직인 면에 작용하는 수직응력은 인장응력이고 전단응력은 요소를 시계방향으로 회전시킨다. 따라서 점 X는 수직축에서 오른쪽으로 100만큼 떨어지고 수평축에서는 위쪽으로 48만큼 떨어진 위치에 그린다. 요소의 윗면에 작용하는 응력으로부터 점 $Y(60, -48)$을 그린다. 점 X와 Y를 직선으로 연결해 모어원의 중심 C를 구한다. 중심 C의 횡좌표 σ_{ave}와 모어원의 반지름 R을 계산하면 다음과 같다.

$$\sigma_{ave} = OC = \frac{1}{2}(\sigma_x + \sigma_y) = \frac{1}{2}(100 + 60) = 80 \text{ MPa}$$

$$R = \sqrt{(CF)^2 + (FX)^2} = \sqrt{(20)^2 + (48)^2} = 52 \text{ MPa}$$

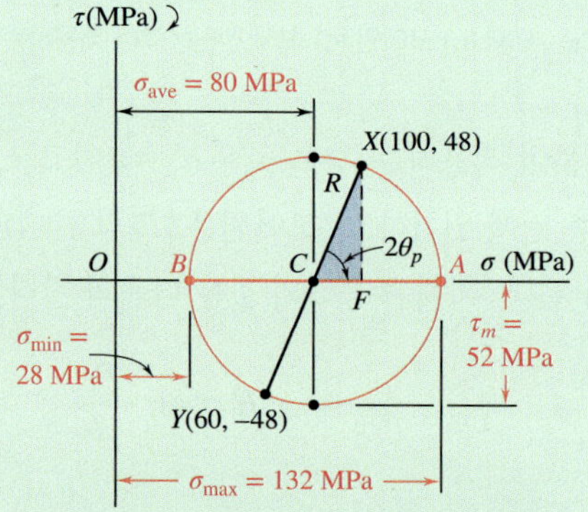

그림 1 주어진 응력상태를 이용해 그린 모어원

a. 주응력면과 주응력 지름 XY를 시계방향으로 $2\theta_p$만큼 회전시켜 AB와 일치하도록 하면 θ_p를 다음과 같이 구할 수 있다.

$$\tan 2\theta_p = \frac{XF}{CF} = \frac{48}{20} = 2.4 \qquad 2\theta_p = 67.4° \circlearrowright \qquad \theta_p = 33.7° \circlearrowright \blacktriangleleft$$

주응력값은 점 A와 B의 횡좌표로부터 구할 수 있다.

$$\sigma_{max} = OA = OC + CA = 80 + 52 \qquad \sigma_{max} = +132 \text{ MPa} \blacktriangleleft$$

$$\sigma_{min} = OB = OC - BC = 80 - 52 \qquad \sigma_{min} = +28 \text{ MPa} \blacktriangleleft$$

XY를 시계방향으로 회전하면 AB가 되므로, Ox를 σ_{max}에 대응하는 Oa축이 되게 하려면 시계방향으로 회전시킨다. θ_p값과 회전방향을 이용해 주응력면 방향을 그리면 [그림 2]와 같다.

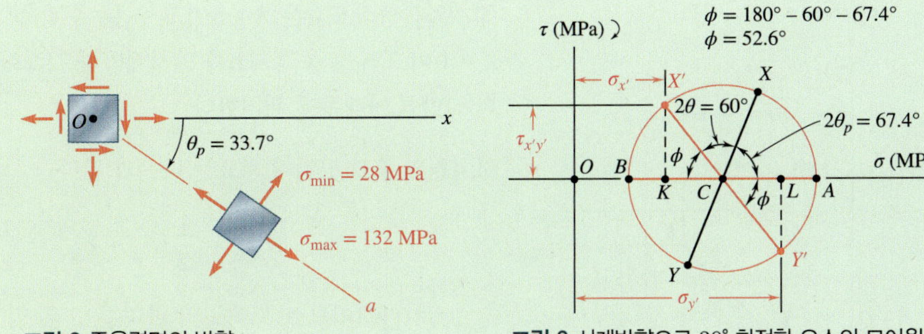

그림 2 주응력면의 방향

그림 3 시계방향으로 30° 회전한 요소의 모어원

b. 반시계방향으로 30° 회전한 요소의 응력성분 회전된 응력요소에 작용하는 응력값은 모어원에서 지름 XY를 시계방향으로 $2\theta = 60°$만큼 회전시킨 점 X'과 Y'을 이용해 구할 수 있다(그림 3).

$$\phi = 180° - 60° - 67.4° \qquad \phi = 52.6° \blacktriangleleft$$

$$\sigma_{x'} = OK = OC - KC = 80 - 52\cos 52.6° \qquad \sigma_{x'} = +48.4\text{ MPa} \blacktriangleleft$$

$$\sigma_{y'} = OL = OC + CL = 80 + 52\cos 52.6° \qquad \sigma_{y'} = +111.6\text{ MPa} \blacktriangleleft$$

$$\tau_{x'y'} = KX' = 52\sin 52.6° \qquad \tau_{x'y'} = 41.3\text{ MPa} \blacktriangleleft$$

점 X'이 수평축의 위쪽에 있으므로 Ox'축에 수직인 면에 작용하는 전단응력은 요소를 시계방향으로 회전시킨다. 이 요소에 작용하는 응력과 방향을 그리면 [그림 4]와 같다.

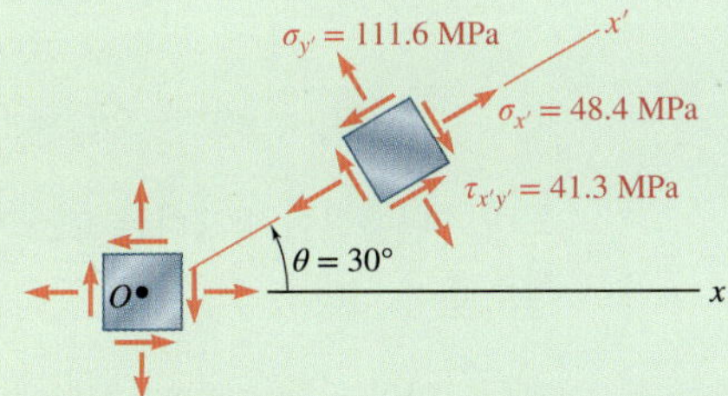

그림 4 반시계방향으로 30° 회전한 응력요소에 작용하는 응력성분

예제 14.3

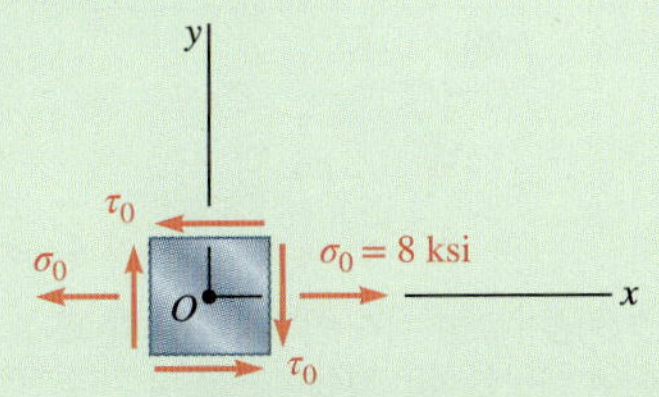

그림과 같이 평면응력요소의 수직면에는 수직응력 $\sigma_0 = 8$ ksi와 크기를 모르는 전단응력이 함께 작용하고 있다. (a) 수직응력의 최댓값이 10 ksi 이하가 되도록 하는 전단응력 τ_0의 크기와 (b) 최대 전단응력값을 구하시오.

문제분석 주어진 수직응력을 이용해서 평균 수직응력을 계산하고 모어원의 중심점 좌표를 구한다. 주어진 수직응력의 최댓값이 주응력이라는 것을 이용해 모어원을 그린다.

모델링과 풀이

모어원 그리기(그림 1) [그림 1]에 나타낸 방향으로 전단응력이 작용하고 있다고 가정하자. x축에 수직인 면에 작용하는 전단응력은 요소를 시계방향으로 회전시킨다.

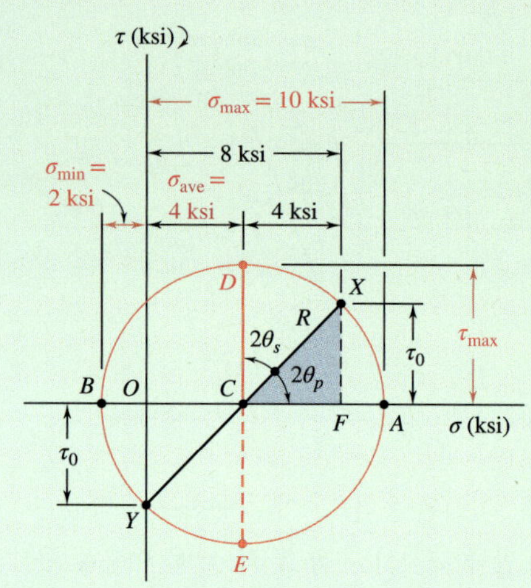

그림 1 주어진 응력상태를 이용해 그린 모어원

점 X의 횡좌표값은 8 ksi이고 τ_0는 수평축의 위에 그린다. 응력요소의 윗면에서 $\sigma_y = 0$이고 τ_0는 응력요소를 반시계방향으로 회전시킨다. 따라서 점 Y는 점 O에서부터 τ_0만큼 아래쪽에 위치한다.

모어원의 중심 C의 횡좌표는 다음과 같다.

$$\sigma_{\text{ave}} = \frac{1}{2}(\sigma_x + \sigma_y) = \frac{1}{2}(8+0) = 4 \text{ ksi}$$

$\sigma_{\max} = 10$ ksi이므로 모어원의 반지름 R은 점 A의 횡좌표를 이용해 다음과 같이 구할 수 있다.

$$\sigma_{\max} = \sigma_{\text{ave}} + R$$
$$10 \text{ ksi} = 4 \text{ ksi} + R, \qquad R = 6 \text{ ksi}$$

a. 전단응력 τ_0 전단응력 τ_0의 값은 직각삼각형 CFX를 이용해 다음과 같이 구할 수 있다.

$$\cos 2\theta_p = \frac{CF}{CX} = \frac{CF}{R} = \frac{4 \text{ ksi}}{6 \text{ ksi}}, \qquad 2\theta_p = 48.2°, \qquad \theta_p = 24.1° \downarrow$$

$$\tau_0 = FX = R\sin 2\theta_p = (6 \text{ ksi})\sin 48.2° \qquad \tau_0 = 4.47 \text{ ksi} \blacktriangleleft$$

b. 최대 전단응력 모어원 위의 점 D는 최대 전단응력을 의미하므로, 최대 전단응력과 최대 전단응력이 발생하는 면의 방향은 다음과 같이 구할 수 있다.

$$\tau_{\max} = R = 6 \text{ ksi} \qquad \tau_{\max} = 6 \text{ ksi} \blacktriangleleft$$

$$2\theta_s = 90° - 2\theta_p = 90° - 48.2° = 41.8° \uparrow \qquad \theta_s = 20.9° \uparrow$$

최대 전단응력이 발생하는 요소의 방향은 [그림 2]와 같다(주응력이 발생하는 요소의 방향도 함께 나타냈다).

고찰 만약 τ_0의 방향이 처음에 가정한 방향과 반대라면, 모어원과 응력값은 동일하다. 하지만 응력요소의 방향은 [그림 3]에 나타낸 것과 같이 달라진다.

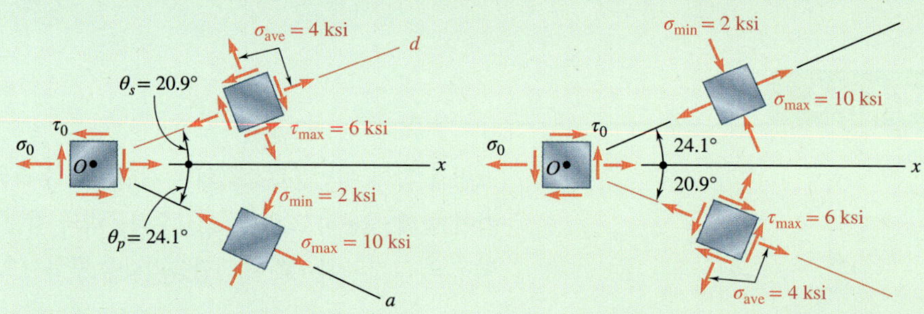

그림 2 τ_0의 방향을 [그림 1]과 같이 가정할 때 주응력면과 최대 전단응력이 발생하는 면의 방향

그림 3 τ_0의 방향을 [그림 1]과 반대로 가정할 때 주응력면과 최대 전단응력이 발생하는 면의 방향

Section 14.2 연습문제

14.25 모어원을 이용해 [문제 14.5]와 [문제 14.9]를 푸시오.

14.26 모어원을 이용해 [문제 14.6]과 [문제 14.10]을 푸시오.

14.27 모어원을 이용해 [문제 14.11]을 푸시오.

14.28 모어원을 이용해 [문제 14.12]를 푸시오.

14.29 모어원을 이용해 [문제 14.13]을 푸시오.

14.30 모어원을 이용해 [문제 14.14]를 푸시오.

14.31 모어원을 이용해 [문제 14.15]를 푸시오.

14.32 모어원을 이용해 [문제 14.16]을 푸시오.

14.33 모어원을 이용해 [문제 14.17]을 푸시오.

14.34 모어원을 이용해 [문제 14.18]을 푸시오.

14.35 모어원을 이용해 [문제 14.19]를 푸시오.

14.36 모어원을 이용해 [문제 14.20]을 푸시오.

14.37 모어원을 이용해 [문제 14.21]을 푸시오.

14.38 모어원을 이용해 [문제 14.22]를 푸시오.

14.39 모어원을 이용해 [문제 14.23]을 푸시오.

14.40 모어원을 이용해 [문제 14.24]를 푸시오.

14.41 그림과 같은 평면응력상태에서 모어원을 이용해 (a) 최대 면내 전단응력이 12 ksi 이하가 되는 τ_{xy}의 최댓값과 (b) 그때의 주응력을 구하시오.

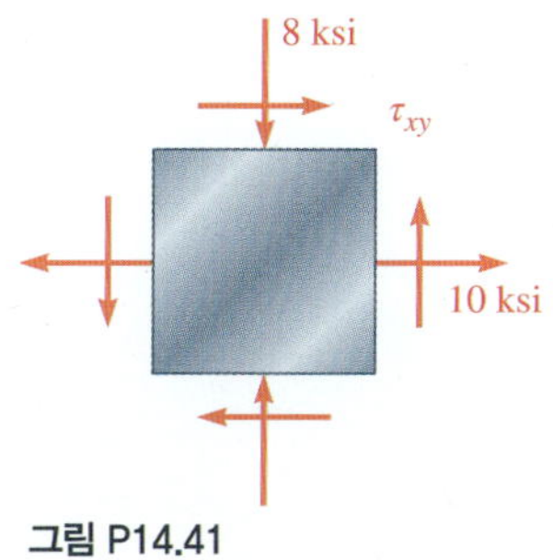

그림 P14.41

14.42 그림과 같은 평면응력상태에서 최대 면내 전단응력이 150 MPa 이하가 되는 τ_{xy}값의 범위를 구하시오.

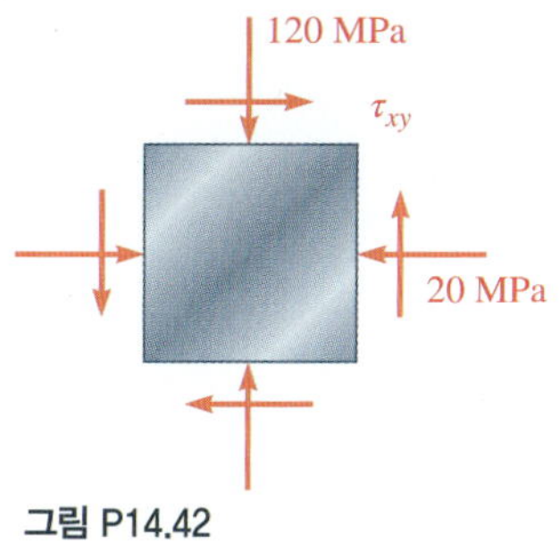

그림 P14.42

14.43 그림과 같은 평면응력상태에서 모어원을 이용해 (a) 용접에 평행한 면내 전단응력이 0이 되는 τ_{xy}값과 (b) 그때의 주응력을 구하시오.

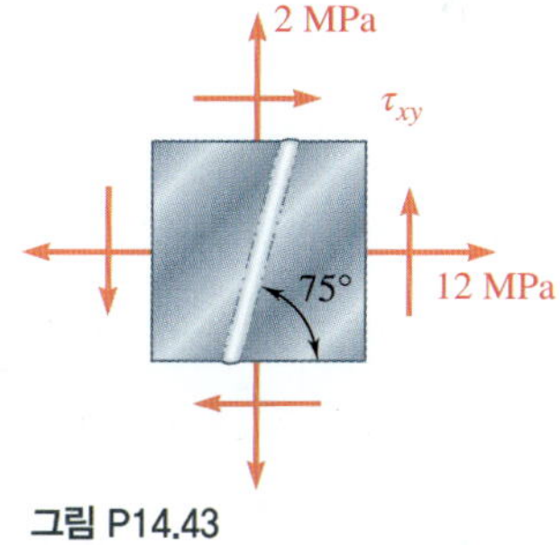

그림 P14.43

14.44 그림과 같은 평면응력상태에서 전단응력 $\tau_{x'y'}$의 값이 40 MPa 이하가 되는 θ의 범위를 구하시오.

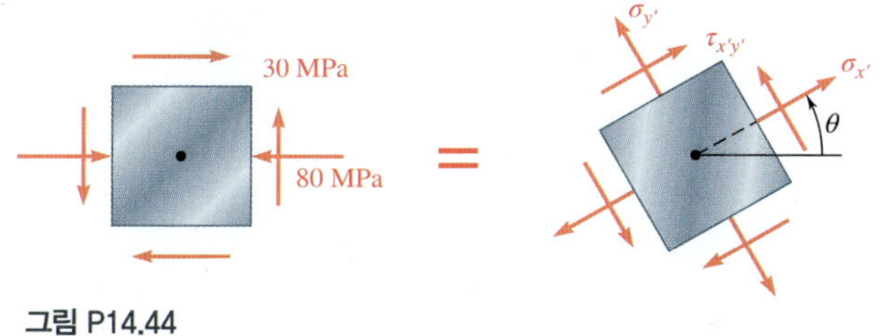

그림 P14.44

14.45 ~ 14.48 그림과 같은 두 종류의 응력상태를 더해서 새로운 평면응력상태를 얻을 때, 중첩superposition된 평면응력상태의 주응력면과 주응력값을 구하시오.

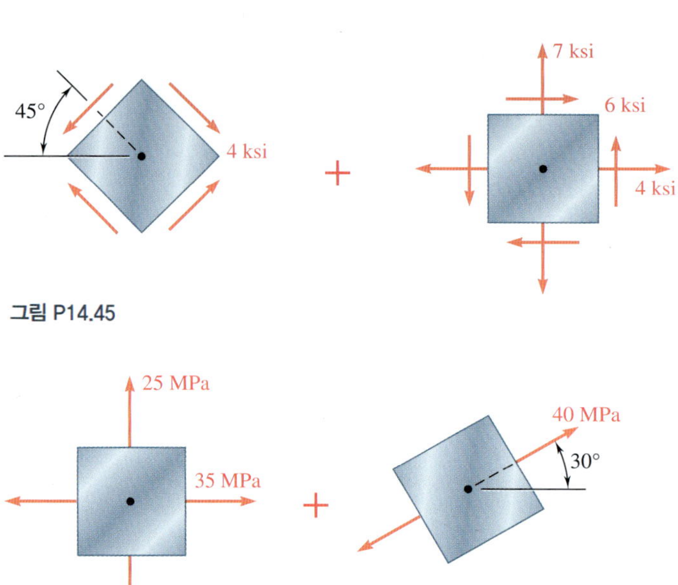

그림 P14.45

그림 P14.46

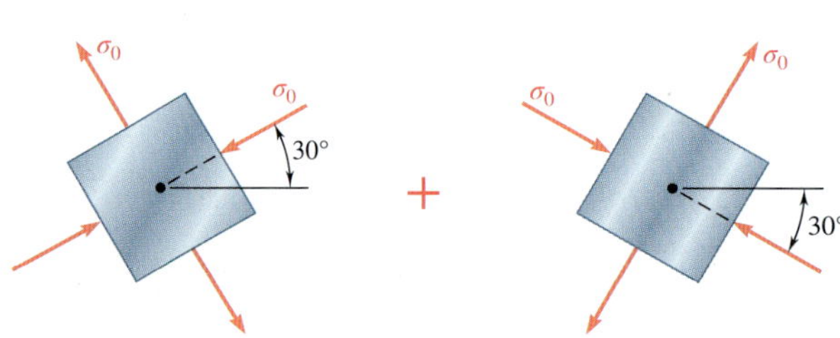

그림 P14.47

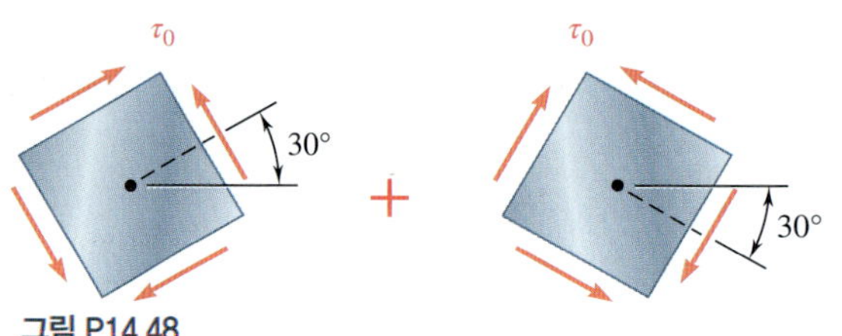

그림 P14.48

14.3 박판 압력용기의 응력

박판 압력용기thin-walled pressure vessels는 평면응력 해석에서 아주 중요한 적용 예제이다. 박판 압력용기의 벽체는 휨에 대한 저항이 거의 없으므로, 벽체 일부분에 작용하는 내력은 용기 표면에 대해 접선방향으로 작용한다고 가정할 수 있다(그림 14.19). 결과적으로 벽체 요소에 작용하는 응력은 용기 표면에 접하는 접평면에서 평면응력으로 작용한다.

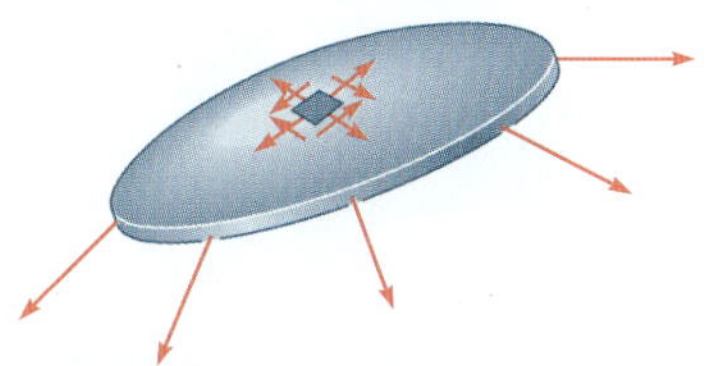

그림 14.19 박판 압력용기의 응력분포 가정

이 절에서는 대표적인 박판 압력용기인 원통형 압력용기cylindrical pressure vessels와 구형 압력용기spherical pressure vessels에 작용하는 응력을 다룬다(사진 14.3과 사진 14.4).

사진 14.3 원통형 압력용기
Ingram Publishing

사진 14.4 구형 압력용기
sezer66/Shutterstock

원통형 압력용기 용기의 안쪽 반지름이 r, 벽체의 두께가 t이고 유체가 담겨 압력이 작용하는 원통형 용기를 생각해보자(그림 14.20). 이 용기의 얇은 벽체에서 한쪽 변은 원통의 축과 평행하고 다른 한쪽 변은 수직인 미소요소를 떼어 내, 이 요소에 작용하는 응력을 구해보자. 용기와 그 안에 담긴 유체 모두 축대칭axisymmetry이므로, 이 요소에는 전단응력이 작용하지 않는다. 따라서 [그림 14.20]에 나타낸 수직응력 σ_1과 σ_2는 주응력이 된다. 이 중 σ_1을 **후프응력**hoop stress이라고 하는데, 이는 이러한 형태의 응력이 여러 종류의 나뭇조각으로 통을 만들 때 조각들을 고정하는 후프hoop에서 발견되는 응력이기 때문이다. σ_2는 **길이방향 응력**longitudinal stress이라고 일컫는다.[6]

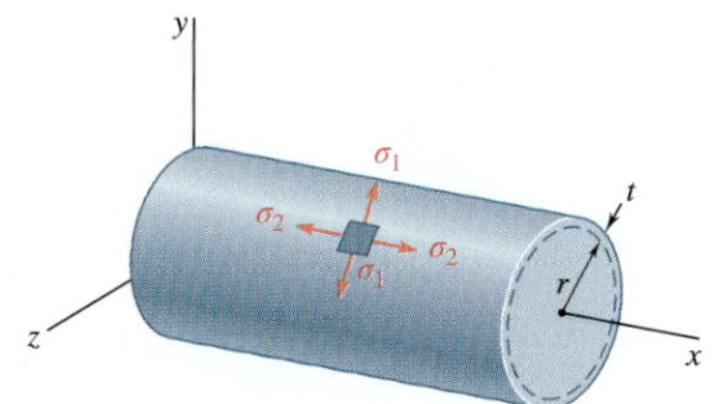

그림 14.20 압력이 작용하는 원통형 용기

6 길이방향 응력은 종방향 응력이라고도 한다.

후프응력 σ_1을 구하기 위해 먼저 용기를 평면 xy로 자른 후, 평면 yz와 평행하고 서로 떨어진 거리가 Δx인 두 개의 평면으로 용기를 잘라보자(그림 14.21). 잘린 자유물체에 z축 방향으로 작용하는 힘은 벽체 단면에 작용하는 내력 $\sigma_1 dA$와 자유물체에 포함된 유체에 의해 작용하는 힘 $p\,dA$이다. 이때 유체에 의해 작용하는 p는 **게이지 압력**gage pressure으로 용기 외부의 대기압을 초과하는 내부 압력의 크기를 의미한다. 내력 $\sigma_1 dA$는 σ_1과 벽체의 단면적 $2t\ \Delta x$의 곱이고, 압력 $p\,dA$는 p와 면적 $2r\ \Delta x$의 곱이다. 평형방정식 $\Sigma F_z = 0$을 이용하면 다음을 얻을 수 있다.

$$\Sigma F_x = 0 : \sigma_1 (2t\ \Delta x) - p(2r\ \Delta x) = 0$$

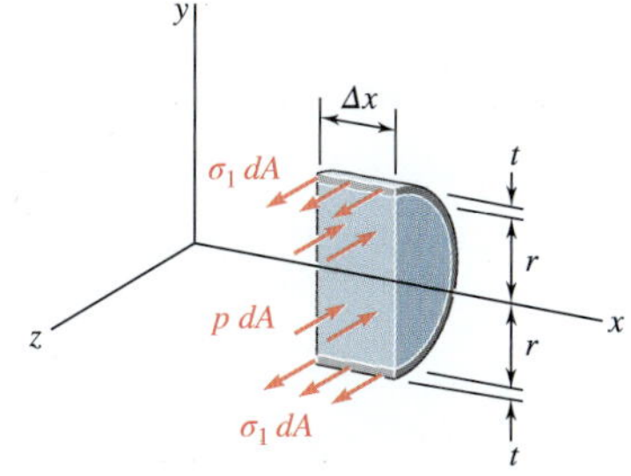

그림 14.21 원통형 압력용기에 작용하는 후프응력을 구하기 위한 자유물체도

이 식을 후프응력 σ_1에 관해 풀면 다음과 같다.

$$\sigma_1 = \frac{pr}{t} \tag{14.20}$$

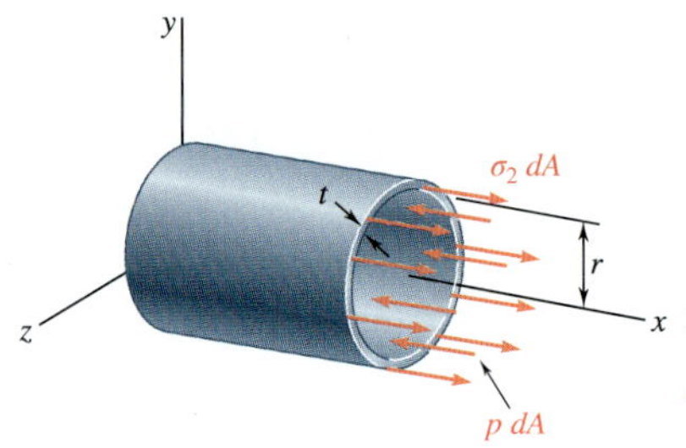

그림 14.22 원통형 압력용기에 작용하는 길이방향 응력을 구하기 위한 자유물체도

길이방향 응력 σ_2을 구하기 위해 용기를 x축과 직교하는 면으로 자르고, 자른 면의 좌측에 있는 잘린 용기와 내부 액체로 구성된 자유물체를 고려해보자(그림 14.22). 이 자유물체에 작용하는 힘은 벽체 단면에 작용하는 내력 $\sigma_2 dA$와 자유물체에 포함된 액체에 의해 작용하는 힘 $p\,dA$이다. 유체에 의한 힘이 작용하는 면적은 πr^2이고, 벽체의 단면적은 원통의 원주 $2\pi r$과 벽체의 두께 t의 곱으로 근사적으로 계산할 수 있다. 두 힘에 대해 평형방정식을 적용하면 다음과 같다.[7]

$$\Sigma F_x = 0 : \sigma_2(2\pi r t) - p(\pi r^2) = 0$$

이 식을 길이방향 응력 σ_2에 관해 풀면 다음과 같다.

$$\sigma_2 = \frac{pr}{2t} \tag{14.21}$$

식 (14.20)과 식 (14.21)로부터 후프응력 σ_1이 길이방향 응력 σ_2의 두 배라는 것을 알 수 있다.

$$\sigma_1 = 2\sigma_2 \tag{14.22}$$

7 힘의 합력을 계산할 때, 벽체의 평균 반지름 $r_m = r + \frac{1}{2}t$을 사용하면 더 정확한 길이방향 응력

$$\sigma_2 = \frac{pr}{2t}\frac{1}{1+\frac{t}{2r}}$$

을 구할 수 있다. 하지만 박판 압력용기의 경우 $t/2r$의 값은 충분히 작으므로 공학적인 설계나 해석에 식 (14.21)을 사용해도 무방하다. 만일 압력용기가 박판이 아닌 경우라면, 즉 $t/2r$이 작지 않은 경우라면, 응력 σ_1과 σ_2의 값은 벽체를 따라 변하게 되므로 탄성론에 기반해 구해야 한다.

구형 압력용기 용기의 안쪽 반지름이 r, 벽체의 두께가 t이고 유체가 담겨 게이지 압력 p가 작용하는 구형 압력용기를 생각해보자. 용기와 그 안에 담긴 유체 모두 대칭[symmetry]이므로, 미소요소의 네 변에 작용하는 응력은 모두 같다(그림 14.23).

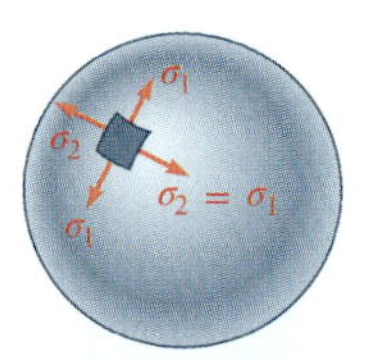

그림 14.23 압력이 작용하는 구형 용기

$$\sigma_1 = \sigma_2 \tag{14.23}$$

작용응력을 구하기 위해 용기의 중심 C를 통과하는 평면으로 구형 압력용기를 자르고, [그림 14.24]와 같이 자른 면의 좌측에 있는 용기의 일부분과 내부 액체로 구성된 자유물체를 고려해보자. 이 자유물체에 대한 평형방정식은 [그림 14.22]의 자유물체에 대한 평형방정식과 동일하다.

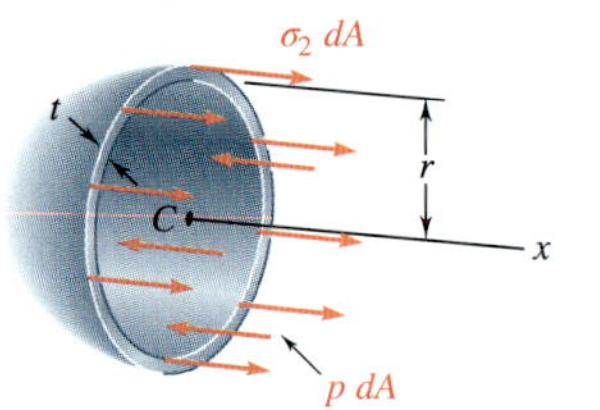

그림 14.24 구형 압력용기에 작용하는 응력을 구하기 위한 자유물체도

$$\sigma_1 = \sigma_2 = \frac{pr}{2t} \tag{14.24}$$

예제 14.4

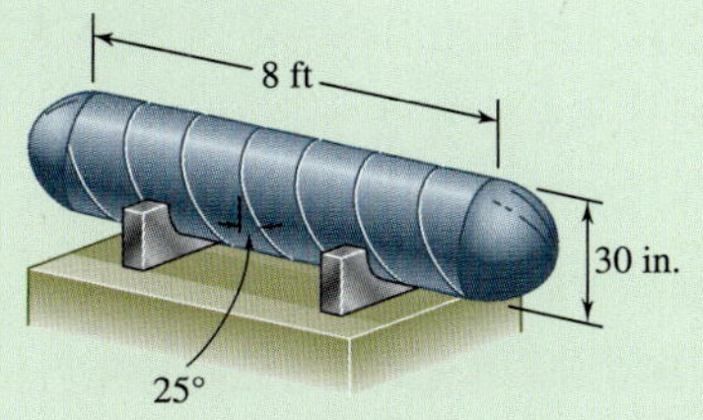

압축공기 탱크가 그림과 같이 두 개의 거치대cradle 위에 놓여 있다. 둘 중 하나의 거치대는 탱크에 길이방향의 힘이 발생하지 않도록 설계되었다. 바깥쪽 지름이 30 in.인 원통형 탱크는 $\frac{3}{8}$ in. 두께의 강판을 횡단면과 25°의 각을 이루고 있는 나선을 따라 맞대기 용접butt welding해 제작했다. 끝단을 막아주는 뚜껑cap의 모양은 구형이고 두께는 $\frac{5}{16}$ in.로 일정하다. 내부의 게이지 압력이 180 psi일 때, (a) 구형 뚜껑에 작용하는 수직응력과 (b) 나선모양 용접에 대해 수직과 평행으로 작용하는 응력을 구하시오.

문제분석 박판 압력용기에 대한 식을 사용해 끝단의 구형 뚜껑과 원통형 탱크의 몸체에 작용하는 평면응력상태를 결정한다. 그리고 모어원을 그려서 문제에서 요구한 응력성분을 구한다.

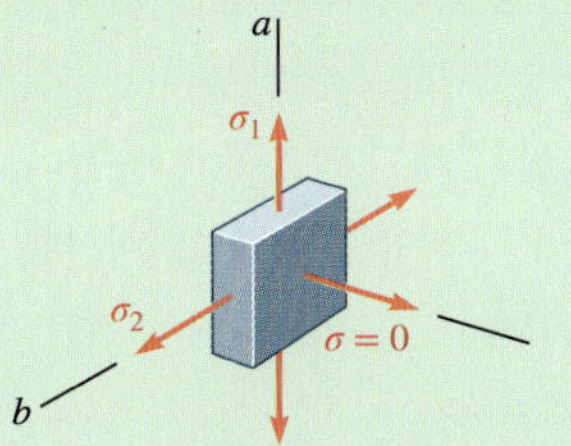

그림 1 구형 뚜껑의 응력상태

모델링과 풀이

a. 구형 뚜껑 구형 뚜껑에 작용하는 응력상태를 [그림 1]에 나타냈다. 식 (14.24)를 이용해 수직응력을 구하면 다음과 같다.

$$p = 180 \text{ psi}, \quad t = \frac{5}{16} \text{ in.} = 0.3125 \text{ in.}, \quad r = 15 - 0.3125 = 14.688 \text{ in.}$$

$$\sigma_1 = \sigma_2 = \frac{pr}{2t} = \frac{(180 \text{ psi})(14.688 \text{ in.})}{2(0.3125 \text{ in.})} \qquad \sigma = 4230 \text{ psi} \blacktriangleleft$$

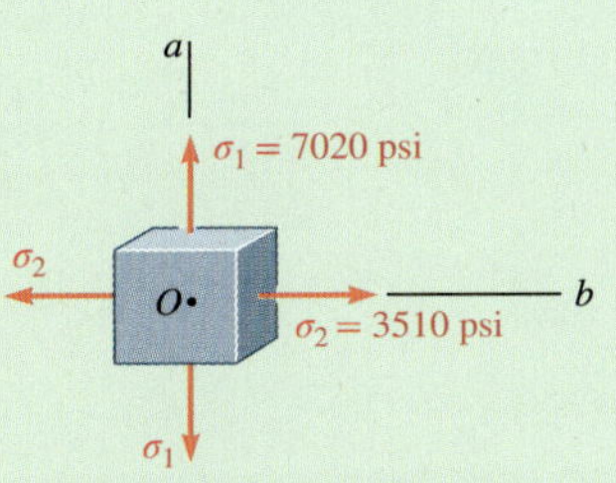

그림 2 원통형 몸체의 응력상태

b. 탱크의 원통형 몸체 탱크의 원통형 몸체에 작용하는 응력상태를 [그림 2]에 나타냈다. 식 (14.20)과 식 (14.22)를 이용하면 다음과 같이 후프응력 σ_1과 길이방향 응력 σ_2를 구할 수 있다.

$$p = 180 \text{ psi}, \quad t = \frac{3}{8} \text{ in.} = 0.375 \text{ in.}, \quad r = 15 - 0.375 = 14.625 \text{ in.}$$

$$\sigma_1 = \frac{pr}{t} = \frac{(180 \text{ psi})(14.625 \text{ in.})}{0.375 \text{ in.}} = 7020 \text{ psi}, \quad \sigma_2 = \frac{1}{2}\sigma_1 = 3510 \text{ psi}$$

$$\sigma_{\text{ave}} = \frac{1}{2}(\sigma_1 + \sigma_2) = 5265 \text{ psi}, \quad R = \frac{1}{2}(\sigma_1 - \sigma_2) = 1755 \text{ psi}$$

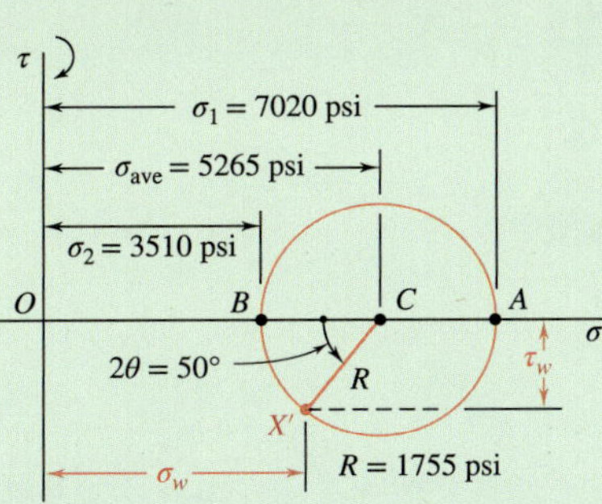

그림 3 원통형 몸체에 작용하는 응력에 대한 모어원

용접부에 작용하는 응력 후프응력과 길이방향 응력은 모두 주응력이므로 [그림 3]과 같이 모어원을 그릴 수 있다.

용접부와 평행한 면을 갖는 요소는 [그림 2]에서 Ob축과 직교하는 면을 반시계방향으로 25°만큼 회전시키면 얻을 수 있다. 따라서 용접부의 응력성분에 해당하는 점 X'은 [그림 3]의 모어원에서 반지름 CB를 반시계방향으로 $2\theta = 50°$만큼 회전시키면 구할 수 있다.

$$\sigma_w = \sigma_{\text{ave}} - R\cos 50° = 5265 - 1755\cos 50° \qquad \sigma_w = +4140 \text{ psi} \blacktriangleleft$$

$$\tau_w = R\sin 50° = 1755\sin 50° \qquad \tau_w = 1344 \text{ psi} \blacktriangleleft$$

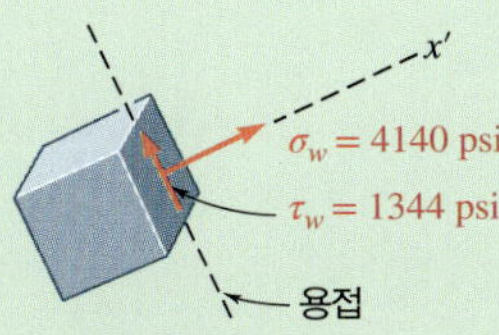

그림 4 용접에 작용하는 응력

점 X'이 수평축의 아래쪽에 있으므로, τ_w는 요소가 반시계방향으로 회전하도록 작용한다. 용접부에 작용하는 응력성분을 [그림 4]에 나타냈다.

사례연구 14.1

심해 생물연구에 헌신했던 윌리엄 비비William Beebe는 이전에는 도달해본 적이 없는 매우 깊은 심해를 탐사하는 유인 잠수정submersible을 만들고 싶어 했다. 그는 원래 원통형 모양의 압력용기 형태를 제안했다. 이 장에서 공부한 것과 같은 내압internal pressure이 작용하는 용기와는 달리, 이 잠수정에는 엄청난 외압external pressure이 작용하게 된다. 그러므로 인장응력 대신 수직압축응력이 작용하고, 이로 인해 원통형 압력용기가 파괴된다(이러한 파괴는 16장에서 다루게 될 축방향 압축을 받는 부재의 좌굴buckling과 비슷하다). 비비는 공학자 오티스 바턴Otis Barton에게 도움을 요청했는데, 바턴은 구형 압력용기가 원통형 용기보다 좌굴에 대한 저항능력이 더 좋기 때문에 실용적인 설계를 위해 구형 압력용기 형태를 선택했다. [사진 CS14.1]은 바턴의 설계에 의한 잠수구Bathysphere인데, 강재로 주조되었고 바깥쪽 지름이 57 in., 두께가 1.25 in.이고 구를 꿰뚫는 강관에 3개의 창을 설치했다. 각각의 창은 큰 강도와 높은 빛 투과율을 위해 지름이 8 in.이고 두께가 3 in.인 용융된 석영fused quartz으로 제작했다. 이 잠수정은 [사진 CS14.1]에 보이는 14 in. 크기의 구멍을 통해 출입할 수 있고, 10개의 볼트로 고정해 물이 새지 않도록 밀봉했다. 산소는 내부 탱크로 공급했고 습기와 이산화탄소를 흡수하는 분말 형태의 화학약품을 선반 위에 놓아 내부의 공기 질을 개선했다. 잠수구는 해수면에 떠 있는 배에 강재 케이블로 묶은 뒤 바닷속으로 내려졌다. 잠수구는 내부를 비추고 배와 통신할 수 있는 별도의 전선도 갖추고 있었다.[8]

사진 CS14.1 잠수구 (좌) 윌리암 비비와 (우) 잠수구 설계자이면서 잠수기술자인 오티스 바턴

Ralph White/Krista Few/Corbis Historical/Getty Images

미국기계학회American Society of Mechanical Engineers의 **보일러와 압력용기기준**Boiler and Pressure Vessel Code에서 요구되는 설계사항에는 압력용기에 작용하는 응력은 반드시 허용 수직응력 $0.625\ F_y$ 또는 $0.25\ F_u$를 초과해서는 안 된다고 규정되어 있다.[9] 이러한 두 가지 규정만을 고려하고 ASTM A36 강재를 사용한다고 가정했을 때, 잠수구의 구형 압력용기 벽체에 발생하는 응력이 허용 수직응력을 초과하지 않도록 최대 허용 잠수 깊이를 구해보자.

8 W. Beebe, Half Mile Down, Harcourt Brace and Company, New York, 1934.

9 J. F. Harvey, Theory and Design of Pressure Vessels, Van Nostrand Reinhold, New York, 1985, p.494.

문제분석 바닷물의 비중을 이용하면 잠수구에 작용하는 수압을 잠수 깊이의 함수로 나타낼 수 있다. 그리고 박판 구형 압력용기에 작용하는 응력을 계산하는 공식을 이용해 잠수 깊이에 대해 작용하는 응력의 최댓값을 구한 후, 이를 이용해 최대 허용 잠수 깊이를 구할 수 있다.

모델링 게이지 압력은 기본적으로 외압과 내압의 차이를 이용하면 간단하게 구할 수 있다. 단지 차이가 있다면, 지금은 게이지 압력이 음의 값이라는 것이다. 실제로 잠수구 모델은 내부에서 공기를 빨아들이고 있는 구형 압력용기와 유사하다. 용기의 중심을 통과하는 면으로 자른 후 자유물체도를 그리면 [그림 CS14.1]과 같다. [그림 14.24]와 비교해보면 힘의 방향이 반대라는 것 외에는 동일하다. 그러므로 식 (14.24)를 적용할 수 있고, 계산된 응력값만 압축응력이라는 차이가 있다.

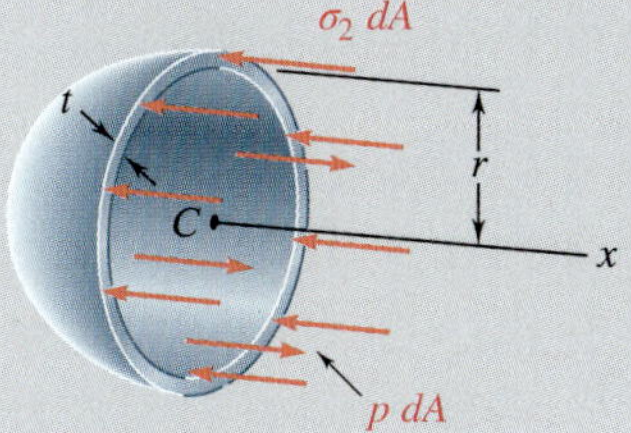

그림 CS14.1 반구의 자유물체도

풀이

a. 수압 유체의 게이지 압력 p는 유체의 비중 γ와 자유면에서의 수직거리 h를 이용해 $p = \gamma h$와 같이 구할 수 있다. 바닷물의 비중을 64 lb/ft^{3}이라고 가정하면, 게이지 압력은 다음과 같다.

$$p = \gamma h = \left(64\frac{\text{lb}}{\text{ft}^3}\right)\left(\frac{\text{ft}}{12\text{ in.}}\right)^3 h = 37.04 \times 10^{-3} h \text{ psi}$$

b. 허용응력 〈부록 C〉로부터 ASTM A36 강재는 $F_y = 36$ ksi이고 $F_u = 58$ ksi라는 것을 알 수 있다. 주어진 허용응력 기준을 이용해 각 값을 계산하면 다음과 같다.

$$\text{항복응력의 제한값} : \sigma_{\text{all}} = 0.625\,F_y = 0.625(36\text{ ksi}) = 22.5\text{ ksi}$$
$$\text{극한응력의 제한값} : \sigma_{\text{all}} = 0.25\,F_u = 0.25(58\text{ ksi}) = 14.50\text{ ksi (적용)}$$

c. 최대 허용 잠수 깊이 면내 주응력의 두 값 σ_1과 σ_2는 같은 값을 가지며, 식 (14.24)를 이용해 최대 허용 잠수 깊이 h를 다음과 같이 구할 수 있다.

$$t = 1.25\text{ in.}, \qquad r = 0.5(57) - 1.25 = 27.25\text{ in.}$$

$$\sigma_1 = \sigma_2 = \frac{pr}{2t} \le \sigma_{\text{all}}$$

$$\frac{(37.04 \times 10^{-3} h\text{ psi})(27.25\text{ in.})}{2(1.25\text{ in.})} \le 14.50 \times 10^3\text{ psi}$$

$$h \le 35.91 \times 10^3\text{ in.}$$

$$h \le 2990\text{ ft}$$ ◀

고찰 비비와 바턴은 1934년 8월 15일에 버뮤다Bermuda 앞바다에서 잠수구를 이용해 3028 ft까지 잠수하는 기록을 세웠다.[9] 이 깊이는 방금 계산한 최대 허용 가능 깊이인 2990 ft에 놀랄 만큼 근접한 값이다. 이미 언급한 것처럼 구형 압력용기는 원통형 압력용기보다 외부 압력으로 인한 파괴에 대한 저항능력이 훨씬 뛰어나다. 하지만 설계 시 잠재적인 좌굴 파괴형상도 반드시 고려해야 한다.

10 W. Beebe, Half Mile Down , Harcourt Brace and Company, New York, 1934.

Section 14.3 연습문제

14.49 바깥쪽 지름이 9.5 in.이고 두께가 0.125 in.인 농구공에 작용하는 수직응력을 구하시오. 이 농구공에 작용하는 게이지 압력은 9 psi이다.

14.50 원통형 저장탱크가 온도가 100°F이고 압력이 210 psi인 액화 프로판 가스를 저장하고 있다. 탱크의 바깥쪽 지름이 12.6 in.이고 두께가 0.11 in.일 때, 탱크에 작용하는 최대 수직응력과 최대 전단응력을 구하시오.

14.51 바깥쪽 지름이 10 in.이고 두께가 0.25 in.인 구형 강재 압력용기에 작용하는 최대 게이지 압력은 1150 psi로 알려져 있다. 압력용기에 사용된 강재의 극한강도가 $\sigma_u = 60$ ksi일 때 인장파괴에 대한 안전계수factor of safety를 구하시오.

14.52 바깥쪽 지름이 5 m이고 두께가 22 mm인 구형 가스용기를 $E = 200$ GPa이고 $\nu = 0.29$인 강재로 제작했다. 이 용기에 작용하는 게이지 압력이 0에서 1.7 MPa로 높아졌을 때 (a) 용기에 작용하는 최대 수직응력과 (b) 용기 지름의 증가량을 구하시오.

14.53 바깥쪽 지름이 3 m이고 두께가 12 mm인 구형 압력용기가 있다. 사용된 강재의 물성치가 $\sigma_{all} = 80$ MPa, $E = 200$ GPa, $\nu = 0.29$일 때 (a) 허용 게이지 압력과 (b) 허용 게이지 압력이 작용할 때 용기의 지름 증가량을 구하시오.

14.54 바깥쪽 지름이 750 mm인 구형 압력용기가 극한강도 $\sigma_u = 400$ MPa인 강재로 제작되었다. 안전계수가 4이고 게이지 압력을 4.2 MPa까지 증가시킬 수 있을 때 용기의 최소 두께를 구하시오.

14.55 바깥쪽 지름이 5.5 ft이고 두께가 $\frac{5}{8}$ in.인 원통형 탱크에 가할 수 있는 최대 내부 압력을 구하시오. 단, 탱크에 사용된 강재의 극한강도는 65 ksi이고 안전계수는 5.0이다.

14.56 그림과 같이 압력이 작용하지 않는 원통형 저장탱크를 두께가 $\frac{3}{16}$ in.이고 인장에 대한 극한강도가 60 ksi인 강재로 제작했다. 적용된 안전계수값이 4.0일 때, 물을 채울 수 있는 최대 높이 h를 구하시오. 단, 물의 비중은 62.4 lb/ft^{3}이다.

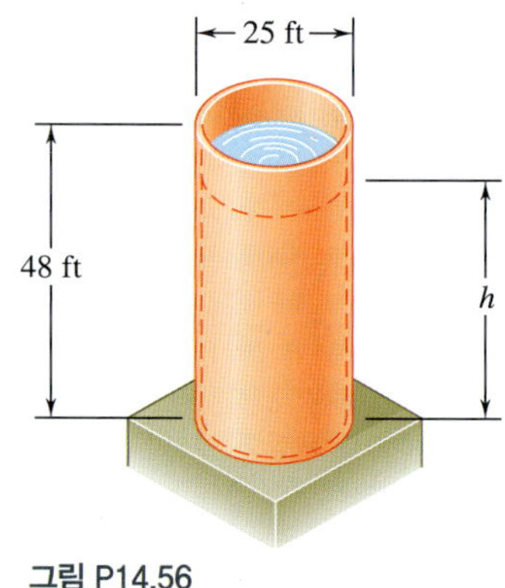

그림 P14.56

14.57 [문제 14.56]의 저장탱크에 물을 $h = 48$ ft 높이까지 채웠을 때, 원통형 벽체에 작용하는 최대 수직응력과 최대 전단응력을 구하시오.

14.58 [사진 14.3]의 프로판 저장탱크는 바깥쪽 지름이 3.3 m이고 두께가 18 mm이다. 내부 압력이 1.5 MPa이 되었을 때, 탱크에 작용하는 최대 수직응력을 구하시오.

14.59 바깥쪽 지름이 750 mm이고 두께가 12 mm인 강재 수압관penstock이 저수지(A)와 발전소(B)를 연결하고 있다. 물의 밀도가 1000 kg/m^{3}일 때, 정적static상태에서 수압관에 작용하는 최대 수직응력과 최대 전단응력을 구하시오.

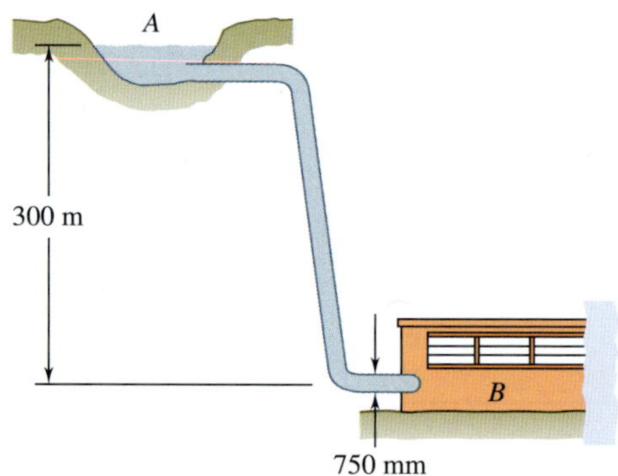

그림 P14.59 ~ 14.60

14.60 바깥쪽 지름이 750 mm인 강재 수압관이 저수지(A)와 발전소(B)를 연결하고 있다. 물의 밀도가 1000 kg/m^{3}이고 강재의 허용 수직응력이 85 MPa일 때, 수압관의 최소 두께를 구하시오.

14.61 그림과 같이 원통형 압축공기 탱크를 0.25 in. 두께의 판을 수평축과 $\beta = 30°$만큼 경사진 나선을 따라 용접해 제작했다. 용접에 대한 허용 수직응력이 10.5 ksi일 때, 탱크가 부담할 수 있는 게이지 압력의 최댓값을 구하시오.

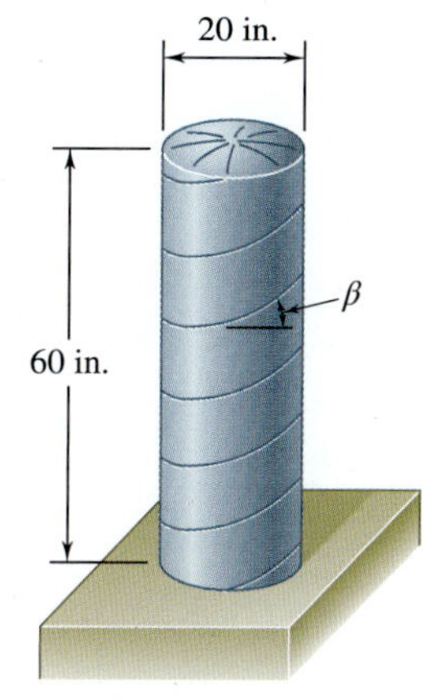

그림 P14.61

14.62 [문제 14.61]의 압축공기 탱크에서 용접에 평행한 방향으로 4 ksi의 전단응력이 발생하도록 하는 게이지 압력을 구하시오.

14.63 그림의 탱크는 두께가 8 mm이고 수직단면과 $\beta = 20°$만큼 경사진 선을 따라 맞대기 용접으로 제작했다. 게이지 압력이 600 kPa일 때, (a) 용접에 수직으로 작용하는 수직응력과 (b) 용접에 평행으로 작용하는 전단응력을 구하시오.

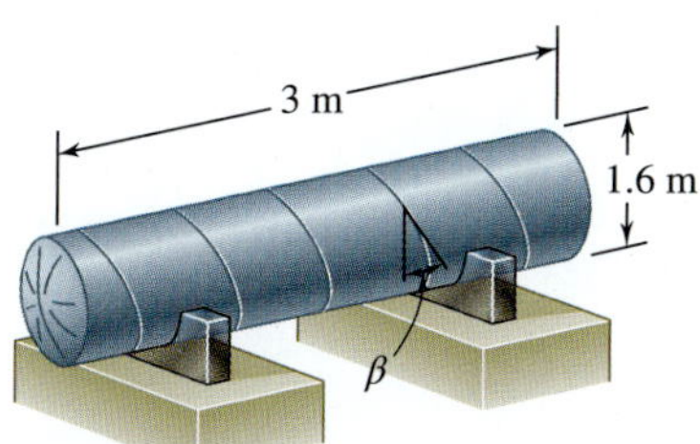

그림 P14.63

14.64 [문제 14.63]의 탱크에 대해 용접에 수직으로 작용하는 수직응력의 허용값이 120 MPa이고, 용접에 평행으로 작용하는 전단응력의 허용값이 80 MPa일 때, 게이지 압력의 최댓값을 구하시오.

14.65 그림과 같은 강재압력 탱크는 바깥쪽 지름이 750 mm, 두께가 9 mm, 작용하는 게이지 압력이 1.5 MPa이고, 수평축과 $\beta = 50°$만큼 경사진 선을 따라 맞대기 용접으로 제작했다. 이 탱크에서 (a) 용접에 수직으로 작용하는 수직응력과 (b) 용접에 평행으로 작용하는 전단응력을 구하시오.

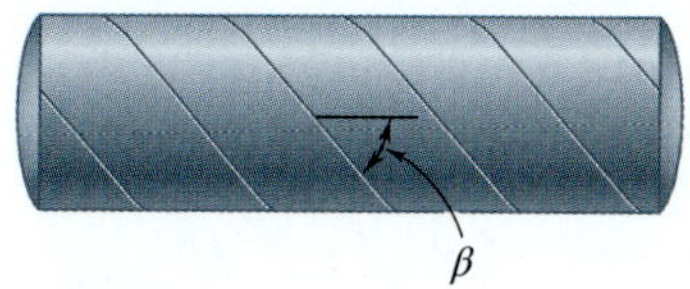

그림 P14.65 ~ 14.66

14.66 그림과 같은 강재압력 탱크는 수평축과 β만큼 경사진 선을 따라 용접해 제작했다. 이 탱크에서 용접에 수직으로 작용하는 수직응력이 탱크에 작용하는 최대응력의 85 %보다 크지 않을 때, 각도 β의 최댓값을 구하시오.

14.67 그림과 같은 압축공기 탱크 AB의 안쪽 지름은 450 mm이고 두께는 6 mm로 일정하다. 탱크의 내부 게이지 압력이 1.2MPa일 때, 탱크 위쪽 점 a에 작용하는 최대 수직응력과 최대 면내 전단응력을 구하시오.

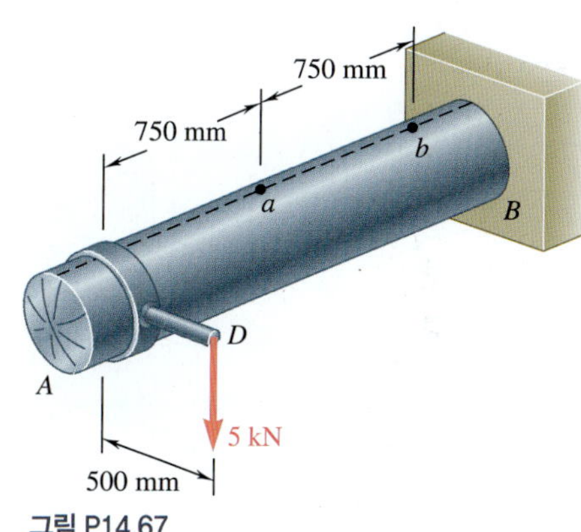

그림 P14.67

14.68 [문제 14.67]에 나타낸 압축공기 탱크에 그림과 같이 수직력 5 kN이 작용하고 있을 때, 탱크 위쪽 점 b에 작용하는 최대 수직응력과 최대 면내 전단응력을 구하시오.

14.69 안쪽 지름이 10 in., 두께가 0.25 in.인 압력용기를 나선형으로 용접된 길이 4 ft 파이프 AB를 이용해 그림과 같이 제작했다. 용기의 양쪽 끝은 단부판end plate으로 막아 고정했다. 용기의 안쪽에 작용하는 게이지 압력이 300 psi이고, 10 kip 크기의 축력 $\mathbf{P}$와 $\mathbf{P}'$가 단부판에 작용하고 있을 때 (a) 용접에 수직으로 작용하는 수직응력과 (b) 용접에 평행으로 작용하는 전단응력을 구하시오.

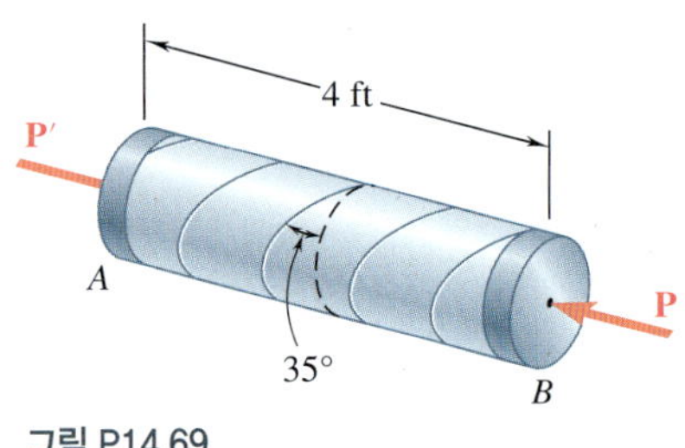

그림 P14.69

14.70 압축력 P의 크기를 30 kips로 증가시켰을 때, [문제 14.69]를 푸시오.

14.71 그림과 같이 안쪽 지름이 8 in., 두께가 0.32 in.인 원통형 탱크 AB의 내부에 작용하는 압력이 600 psi일 때, 점 K에 작용하는 최대 수직응력과 최대 면내 전단응력을 구하시오.

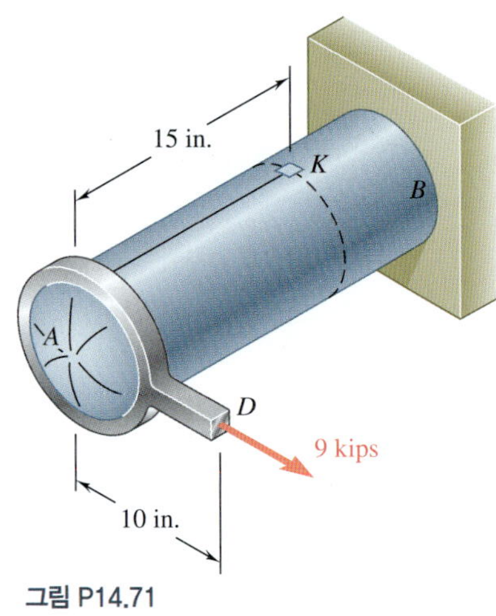

그림 P14.71

14.72 그림에서 점 D에 수직력 9 kip이 작용한다고 가정하고 [문제 14.71]을 푸시오.

Chapter 14 핵심요약

평면응력의 변환

점 Q에서 응력요소가 **평면응력**상태에 놓여 있다면 그 요소의 σ_z, τ_{zx}, τ_{zy}값은 0이 되고, 요소에 작용하는 응력성분은 [그림 14.25a]와 같다. 이 요소를 z축을 중심으로 θ만큼 회전한 요소에 작용하는 응력 $\sigma_{x'}$, $\sigma_{y'}$, $\tau_{x'y'}$은 다음과 같이 구할 수 있다(그림 14.25b).

$$\sigma_{x'} = \frac{\sigma_x + \sigma_y}{2} + \frac{\sigma_x - \sigma_y}{2}\cos 2\theta + \tau_{xy}\sin 2\theta \quad (14.5)$$

$$\sigma_{y'} = \frac{\sigma_x + \sigma_y}{2} - \frac{\sigma_x - \sigma_y}{2}\cos 2\theta - \tau_{xy}\sin 2\theta \quad (14.7)$$

$$\tau_{x'y'} = -\frac{\sigma_x - \sigma_y}{2}\sin 2\theta + \tau_{xy}\cos 2\theta \quad (14.6)$$

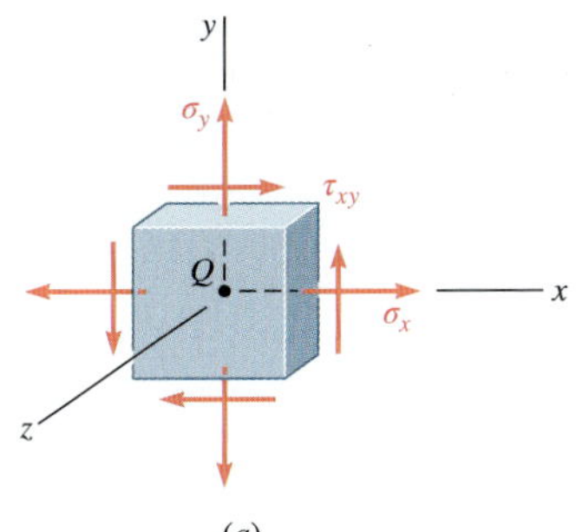

(a)

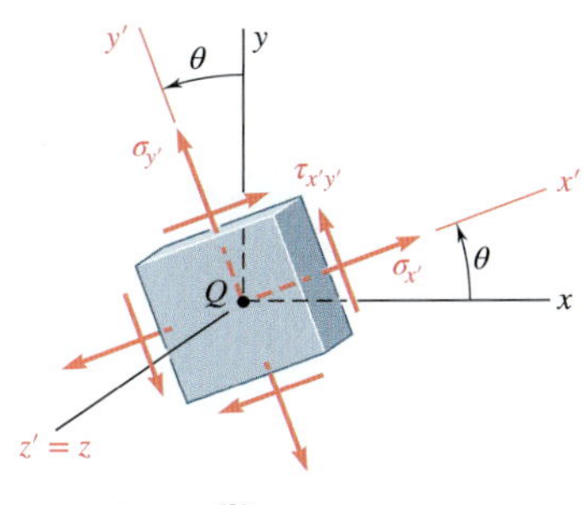

(b)

그림 14.25

점 Q에 작용하는 수직응력의 최댓값과 최솟값에 대응하는 회전각 θ_p는 다음과 같이 구할 수 있다.

$$\tan 2\theta_p = \frac{2\tau_{xy}}{\sigma_x - \sigma_y} \quad (14.12)$$

주응력면과 주응력

[그림 14.26]에 나타낸 것과 같이 90°만큼 차이가 나는 θ_p의 두 값은 점 Q에서의 **주응력면**을 나타낸다. 이때 작용하는 수직응력을 점 Q에서의 **주응력**이라고 하고 다음과 같이 구할 수 있다.

$$\sigma_{\max,\min} = \frac{\sigma_x + \sigma_y}{2} \pm \sqrt{\left(\frac{\sigma_x - \sigma_y}{2}\right)^2 + \tau_{xy}^2} \quad (14.14)$$

주응력이 발생할 때 전단응력의 값은 0이 된다.

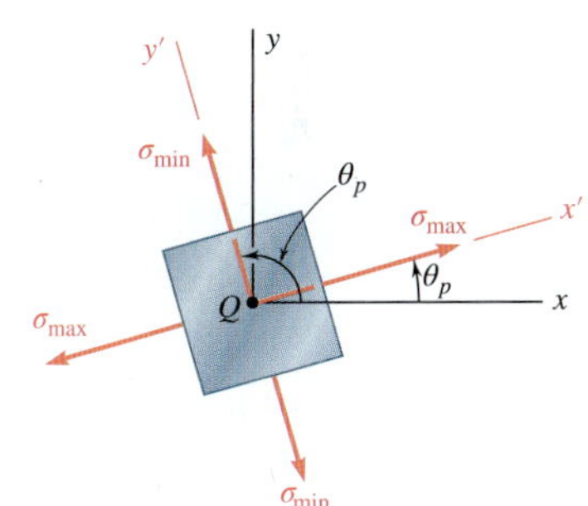

그림 14.26

최대 면내 전단응력

최대 전단응력이 발생하는 각 θ_s는 다음과 같이 구할 수 있다.

$$\tan 2\theta_s = -\frac{\sigma_x - \sigma_y}{2\tau_{xy}} \quad (14.15)$$

[그림 14.27]에 나타낸 것과 같이 θ_s의 두 값은 90° 차이가 나고, 주응력면과는 45° 차이가 난다. 최대 전단응력의 값은 다음과 같이 구할 수 있다.

$$\tau_{\max} = \sqrt{\left(\frac{\sigma_x - \sigma_y}{2}\right)^2 + \tau_{xy}^2} \quad (14.16)$$

최대 전단응력이 발생할 때 수직응력의 값은 다음과 같다.

$$\sigma' = \sigma_{\text{ave}} = \frac{\sigma_x + \sigma_y}{2} \quad (14.17)$$

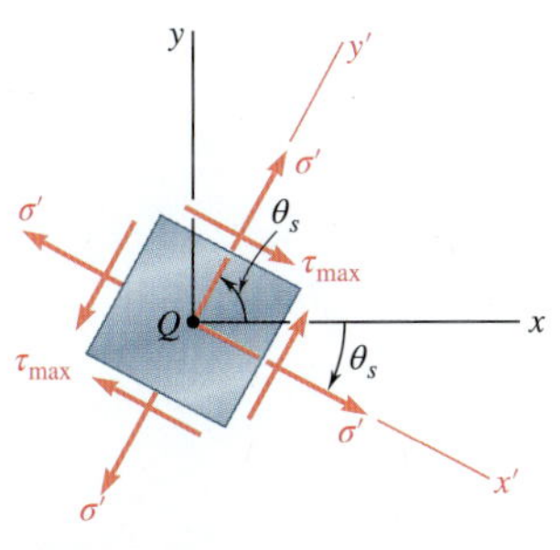

그림 14.27

응력에 대한 모어원

모어원을 이용하는 방법은 평면응력의 변환에 대한 답을 구하는 또 다른 방법으로 특별한 공식을 사용하기보다는 기하학적인 원리에 기초하고 있다.

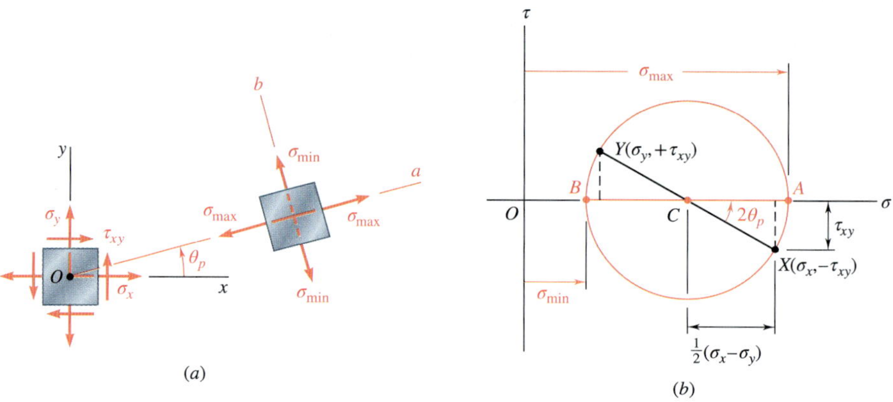

그림 14.28

그림 14.29

[그림 14.28a]의 왼쪽에 나타낸 응력요소로부터 [그림 14.28b]와 같이 (σ_x, $-\tau_{xy}$)와 (σ_y, $+\tau_{xy}$)를 좌표로 하는 점 X와 Y를 각각 그린다. 이때 XY를 지름으로 하는 원이 모어원이 되고, 이 모어원이 수평축과 만나는 점 A와 B를 주응력이라고 한다. [그림 14.28b]에서 지름 XY가 AB와 만날 수 있도록 회전시키는 회전각은 [그림 14.28a]의 오른쪽에 나타낸 주응력면을 정의하는 각 θ_p의 두 배가 된다. 지름 DE로부터 최대 전단응력값과 최대 전단응력이 발생하는 면의 방향을 구할 수 있다(그림 14.29).

원통형 압력용기

그림 14.30

박판 압력용기에 작용하는 응력과 그 응력을 구하는 식, 유체의 **게이지 압력** p에 대해 공부했다. 안쪽 지름이 r이고 두께가 t인 **원통형 압력용기**(그림 14.30)에서 **후프응력** σ_1과 **길이방향 응력** σ_2는 다음과 같다.

$$\sigma_1 = \frac{pr}{t} \tag{14.20}$$

$$\sigma_2 = \frac{pr}{2t} \tag{14.21}$$

구형 압력용기

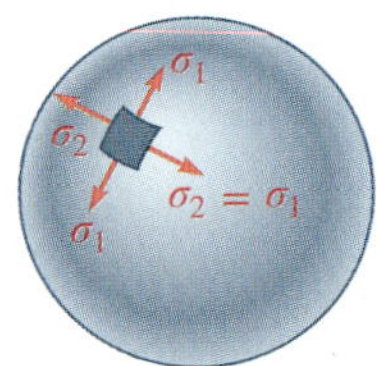

그림 14.31

안쪽 지름이 r이고 두께가 t인 **구형 압력용기**(그림 14.31)에서 두 주응력은 다음과 같다.

$$\sigma_1 = \sigma_2 = \frac{pr}{2t} \tag{14.24}$$

Chapter 14 종합문제

14.73 그림과 같은 강재 파이프는 바깥쪽 지름이 300 mm이고 두께가 8 mm인 판을 파이프 축과 수직인 평면에 대해 20° 만큼 경사진 선을 따라 용접해 제작했다. 250 kN의 축력 **P**와 12 kN·m의 비틂 **T**가 그림과 같이 작용할 때 (a) 용접에 수직으로 작용하는 수직응력과 (b) 용접에 평행으로 작용하는 전단응력을 구하시오.

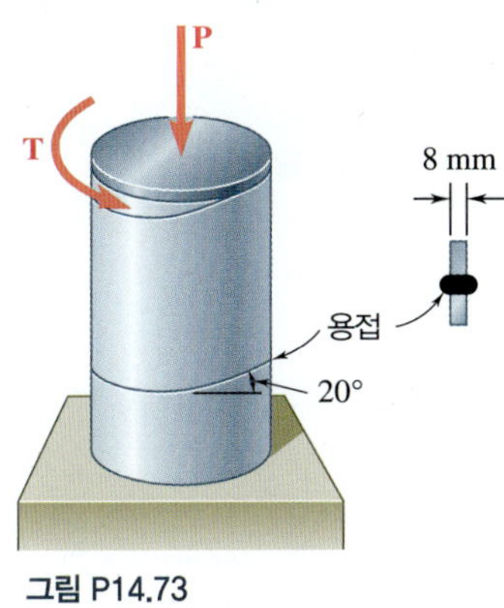

그림 P14.73

14.74 그림의 응력상태에서 수직응력 $\sigma_{x'}$이 20 ksi 이하가 되는 θ의 범위를 구하시오.

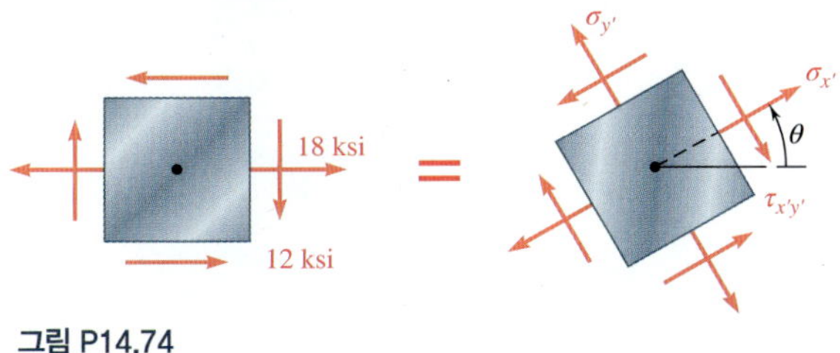

그림 P14.74

14.75 그림에서 최대 면내 전단응력이 10 ksi 이하가 되는 σ_x의 범위를 구하시오.

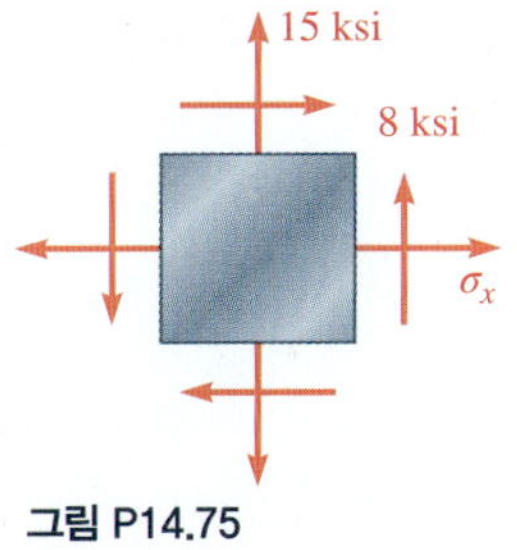

그림 P14.75

14.76 그림의 응력이 각각 $\sigma_x = 14$ ksi, $\sigma_y = 9$ ksi, $\sigma_{min} = 5$ ksi이다. (a) 주응력면의 방향, (b) 주응력 σ_{max}, (c) 최대 면내 전단응력을 구하시오.

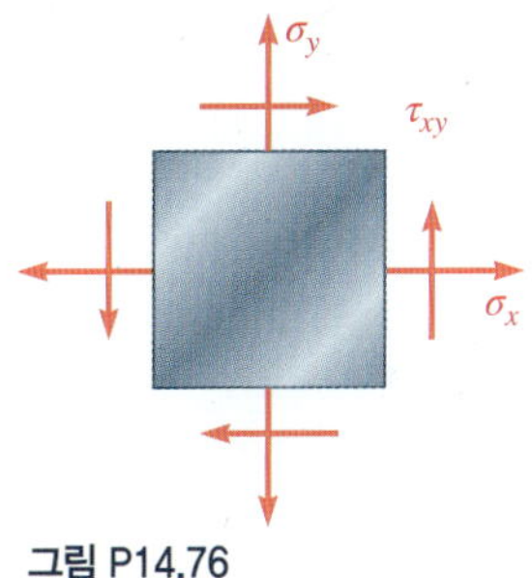

그림 P14.76

14.77 그림의 두 응력을 중첩해 구한 평면응력상태에 대해 주응력면과 주응력을 구하시오.

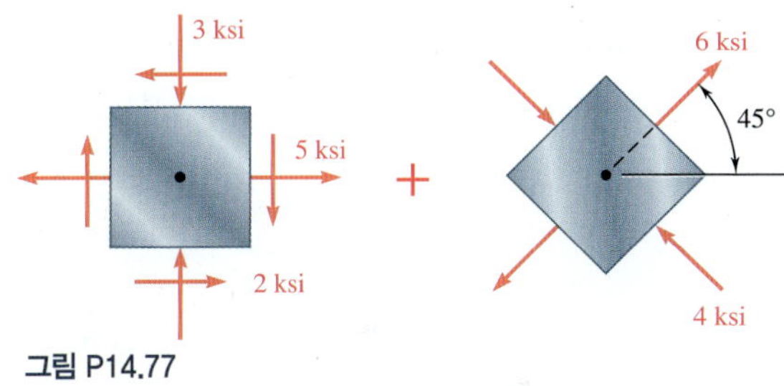

그림 P14.77

14.78 공칭지름이 12 in.인 표준중량standard-weight 강채 파이프에 압력이 400 psi인 물이 흐르고 있다. (a) 파이프의 바깥쪽 지름이 12.75 in.이고 두께가 0.375 in.일 때, 파이프에 작용하는 최대 인장응력을 구하시오. (b) 바깥쪽 지름이 12.75 in.이고 두께가 0.5 in.로 표준중량 파이프보다 튼튼한 파이프를 사용할 때, 이 파이프에 작용하는 최대 인장응력을 구하시오.

14.79 단면이 80×120 mm인 두 개의 직사각형 목재를 그림과 같이 경사진 부분을 접착해 연결했다. 접착부의 경사각은 $\beta=22°$이고, 최대 허용응력은 접착부에 수직으로 작용하는 인장에 대해서는 400 kPa이고, 평행으로 작용하는 전단에 대해서는 600 kPa일 때, 최대 축력 **P**를 구하시오.

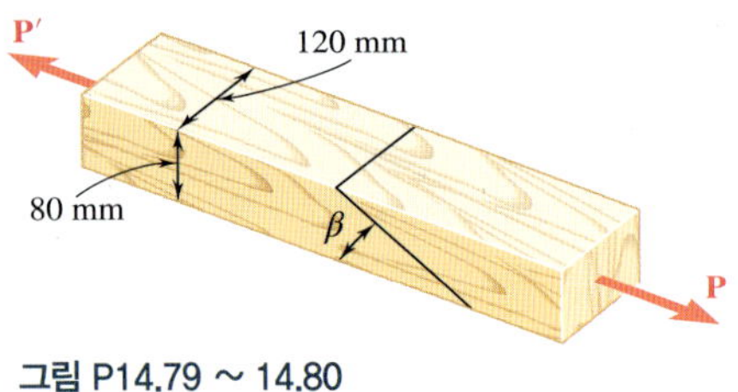

그림 P14.79 ~ 14.80

14.80 단면이 80×120 mm인 두 개의 직사각형 목재를 그림과 같이 경사진 부분을 접착해 연결했다. 접착부의 경사각은 $\beta=25°$이고, 작용하는 축력의 크기는 $P=10$ kN일 때, (a) 접착부에 평행으로 작용하는 면내 전단응력과 (b) 접착부에 수직으로 작용하는 인장응력을 구하시오.

14.81 자동차의 축에 작용하는 힘이 그림과 같다. 축의 지름이 32 mm일 때, 축의 위쪽 점 H에 대해 (a) 주응력면과 주응력을 구하고 (b) 최대 전단응력을 구하시오.

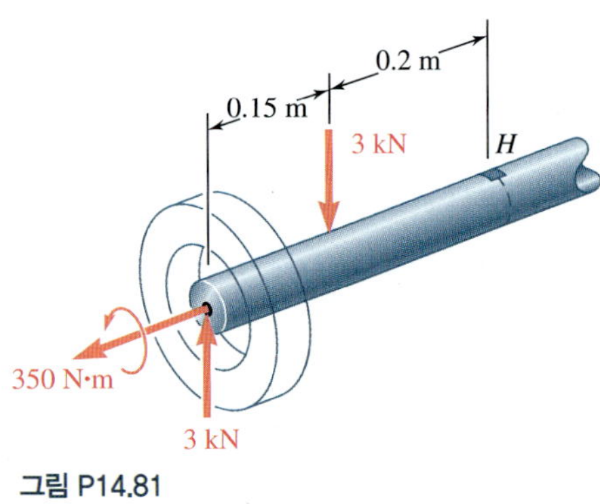

그림 P14.81

14.82 원통형 압축공기 탱크를 만들기 위해 두께가 0.5 in.인 정사각형 판재를 구부리고 용접해서 그림의 두 형태 중 하나로 제작하려 한다. 용접에 수직으로 작용하는 수직응력의 허용값이 12 ksi라면, 각각의 경우에 허용할 수 있는 최대 압력은 얼마인지 구하시오.

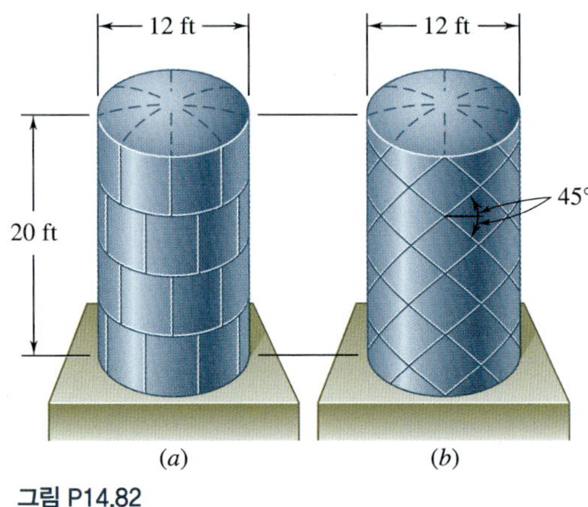

그림 P14.82

14.83 압력이 8 MPa인 압축공기가 들어있는 탱크의 끝단을 $T=12$ kN·m의 힘으로 비틀었다. 탱크의 안쪽 지름은 180 mm이고 두께는 12 mm일 때, 탱크에 작용하는 최대 수직응력과 최대 면내 전단응력을 구하시오.

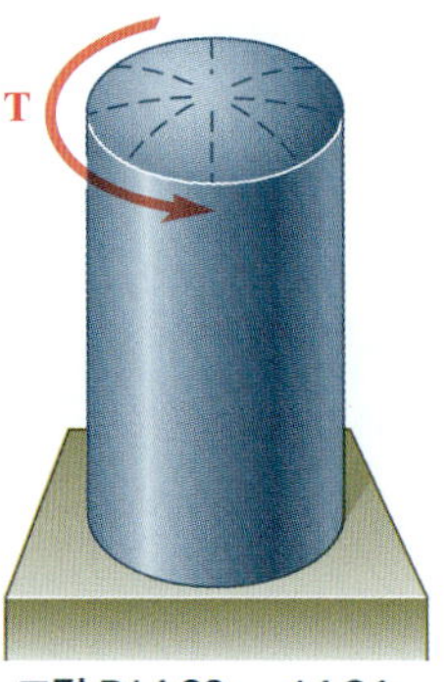

그림 P14.83 ~ 14.84

14.84 압력이 8 MPa인 압축공기가 들어있는 탱크의 안쪽 지름은 180 mm이고, 두께는 12 mm이다. 이 탱크에 작용하는 최대 수직응력이 75 MPa일 때, 작용하는 회전력 T의 크기를 구하시오.

Jetta Productions/Stockbyte/Getty Images

15

보의 처짐

교량 설계에서는 강도와 함께 처짐도 고려해야 한다.

목차

학습목표

- 탄성곡선에 대한 지배 미분방정식을 구하고, 보의 처짐을 구하는 기본적인 방법을 이해한다.
- 직접적분법을 사용하여 하중을 받는 보의 처짐각과 처짐을 구한다.
- 공식표와 중첩법을 사용하여 처짐각과 처짐을 구한다.
- 직접적분법과 중첩법을 적용하여 부정정보를 해석한다.

서론

이전 장에서는 보의 강도설계법을 공부했다. 이 장에서는 보의 설계에서 고려해야 할 항목으로 **처짐**deflection을 구하는 방법을 배운다. 설계기준에서는 일반적으로 보의 최대 허용처짐값을 규정하고 있기 때문에, 설계자들은 하중이 작용하는 보의 **최대처짐**maximum deflection값에 특별한 관심이 있다. 또한 지점반력의 개수가 반력을 구하기 위한 평형방정식의 개수보다 많은 **부정정보**statically indeterminate beam를 해석하려면 처짐 계산이 필요하다.

11.2절에서 순수 휨pure bending을 받는 균일단면보는 원호circular arc형상으로 휘어지고 탄성중립면의 곡률은 다음과 같다는 것을 배웠다.

$$\frac{1}{\rho} = \frac{M}{EI} \tag{11.21}$$

여기서 M은 휨모멘트, E는 탄성계수, I는 중립축에 대한 단면2차모멘트이다.

횡하중이 보에 작용하는 경우, 생–베낭의 원리Saint–Venant's principles를 적용할 수 있다면 식 (11.21)은 어느 횡단면에서든지 유효하다. 하지만 휨모멘트와 중립면의 곡률은 모두 단면에 따라 그 값이 달라진다. x를 보의 좌측 끝단에서부터의 거리라고 할 때, 중립면의 곡률은 다음과 같다.

$$\frac{1}{\rho} = \frac{M(x)}{EI} \tag{15.1}$$

보의 여러 위치에서의 곡률을 알면 하중을 받는 보의 처짐에 관해 어느 정도 일반적인 결과를 도출할 수 있다(15.1절).

주어진 점에서 보의 처짐각과 처짐을 구하기 위해서는 다음과 같은 선형 2차 미분방정식을 풀어야 한다. 이 방정식은 보의 처짐형상을 나타내는 **탄성곡선**elastic curve [1] 의 지배방정식이다.

$$\frac{d^2y}{dx^2} = \frac{M(x)}{EI}$$

만일 [그림 15.1]과 같이 휨모멘트 $M(x)$가 x에 대한 하나의 식으로 표현될 수 있다면, 보의 임의의 점에서의 처짐각 $\theta = dy/dx$와 처짐 y는 두 번의 적분으로 구할 수 있다. 이 과정에서 생기는 두 개의 적분상수는 경계조건boundary conditions을 이용하여 구할 수 있다.

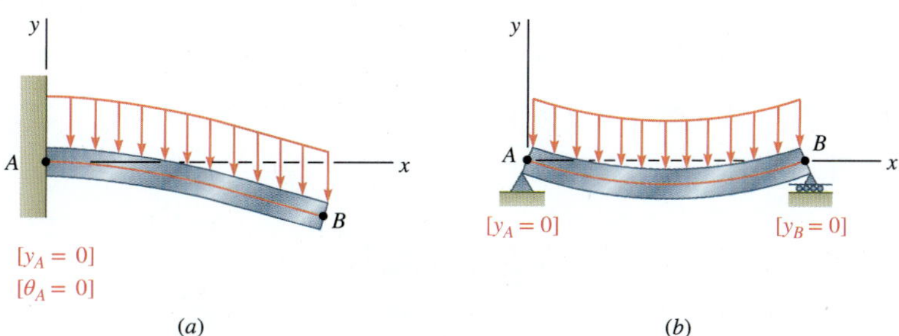

그림 15.1 휨모멘트가 하나의 $M(x)$식으로 표현되는 예 (a) 등분포하중이 작용하는 외팔보 (b) 등분포하중이 작용하는 단순보

1 역자주: 탄성곡선은 처짐곡선deflection curve이라고도 불린다.

하지만 만일 보의 휨모멘트를 구할 때 여러 개의 식이 필요하다면 미분방정식 또한 여러 개가 필요하고 탄성곡선을 정의할 때도 여러 개의 함수가 필요하다. 예를 들어, [그림 15.2]에 나타낸 하중이 작용하는 단순보에서는 두 개의 미분방정식이 필요하다. 하나는 구간 AD에 대한 식이고, 다른 하나는 구간 DB에 대한 식이다. 첫 번째 식은 θ_1과 y_1에 관한 식이고, 두 번째 식은 θ_2와 y_2에 관한 식이다. 전체적으로 네 개의 적분상수를 결정해야 하는데, 두 개는 점 A와 B에서 처짐이 0이라는 조건으로부터 구하고, 나머지 두 개는 점 D에서 구간 AD와 BD의 처짐각과 처짐이 같다는 조건으로부터 구한다.

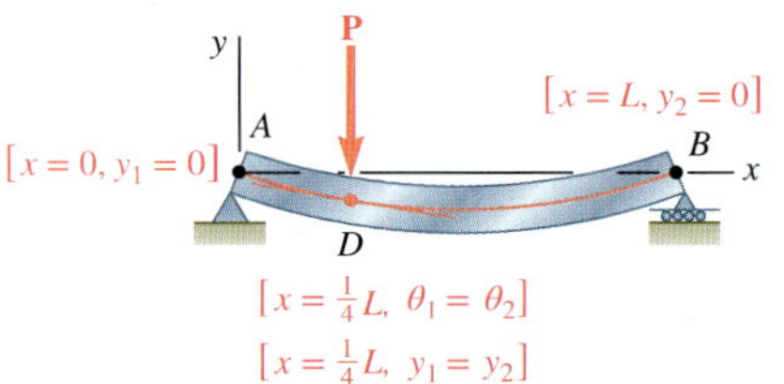

그림 15.2 휨모멘트가 두 개의 $M(x)$식으로 표현되는 예

15.1.2절에서는 분포하중 $w(x)$이 작용하는 보의 탄성곡선은 $w(x)$를 네 번 직접적분하여 구할 수 있다는 것을 배운다. 이 과정에서 생기는 적분상수는 경계에서의 V, M, θ, y로부터 구할 수 있다. 15.2절에서는 미지unknown의 지점반력 개수가 네 개 이상인 **부정정보**에 대해 배우게 된다. 지점에 부여된 경계조건으로부터 얻을 수 있는 식과 함께 세 개의 평형방정식을 반드시 사용해야 한다.

중첩법method of superposition은 보에 여러 종류의 하중이 작용할 때, 각각의 하중에 의해 발생하는 처짐각과 처짐을 따로따로 구한 다음 마지막에 모두 더해주는 방법이다(15.3절). 중첩법을 적용할 때 지점의 형태와 작용하중이 다양한 보에 발생하는 처짐각과 처짐 결과를 수록한 〈부록 E〉의 표를 이용하면 더욱 편리하다.

15.1 횡하중을 받는 보의 처짐

식 (11.21)은 순수 휨을 받는 보의 중립면 곡률과 휨모멘트와의 관계를 나타내는 식이다. 이 식은 생-베낭의 원리가 적용된다면 횡하중을 받는 보의 어느 횡단면에든지 적용할 수 있다. 하지만 휨모멘트와 중립면의 곡률이 단면마다 다른 경우에는 식 (11.21)을 일반적인 형태로 바꿔야 한다. 보의 왼쪽 끝단에서의 거리를 x라 하면, 식 (11.21)의 일반적인 형태는 다음과 같다.

$$\frac{1}{\rho} = \frac{M(x)}{EI} \tag{15.1}$$

예를 들어, 자유단 A에 집중하중 $\mathbf{P}$가 작용하는 길이 L인 외팔보 AB를 고려해보자(그림 15.3a). 이 경우 휨모멘트는 $M(x) = -Px$가 되고, 이를 식 (15.1)에 대입하면 다음과 같다.

$$\frac{1}{\rho} = -\frac{Px}{EI}$$

이 식은 중립면의 곡률이 점 A에서는 0(즉, 곡률반지름은 $\rho_A = \infty$), 점 B에서는 $-PL/EI$(즉, 곡률반지름은 $|\rho_B| = EI/PL$)이 된다. 또한 x에 대해 선형으로 변한다는 것을 보여준다(그림 15.3b).

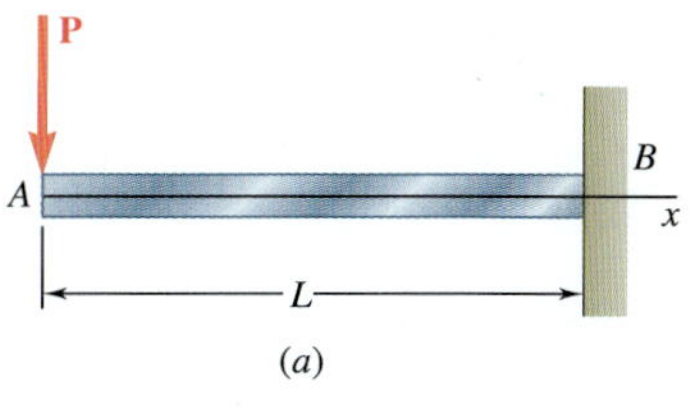

(a)

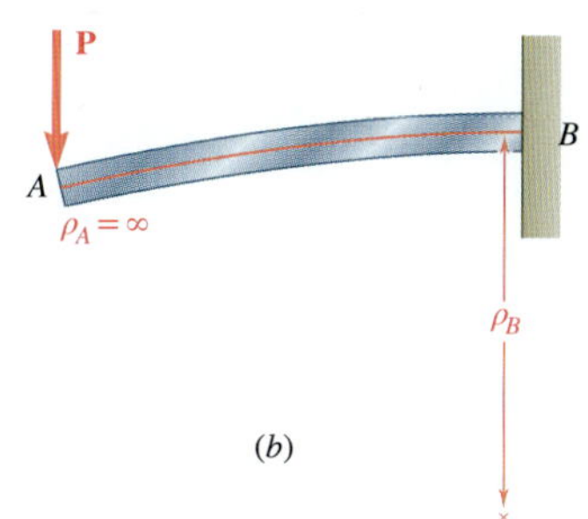

(b)

그림 15.3 (a) 집중하중이 작용하는 외팔보 (b) 변형된 보의 끝단 곡률

이제 [그림 15.4a]에 나타낸 두 개의 집중하중이 작용하는 내민보overhanging beam AD를 고려해보자. [그림 15.4b]의 자유물체도로부터 두 지점의 반력은 $R_A = 1$ kN이고 $R_C = 5$ kN이 된다. 이 보의 휨모멘트도는 [그림 15.5a]와 같다. 휨모멘트도로부터 보의 모멘트 M과 곡률은 양쪽 끝단과 $x = 4$ m인 점 E에서 모두 0이 된다. 점 A와 E 사이에서는 휨모멘트가 양수이고, 보는 아래로 볼록하다. 점 E와 D 사이에서는 휨모멘트가 음수이고, 보는 위로 볼록하다(그림 15.5b). 모멘트의 절댓값 $|M|$이 최대가 되는 지점 C에서 곡률은 최댓값이 되고, 곡률반지름은 최솟값이 된다.

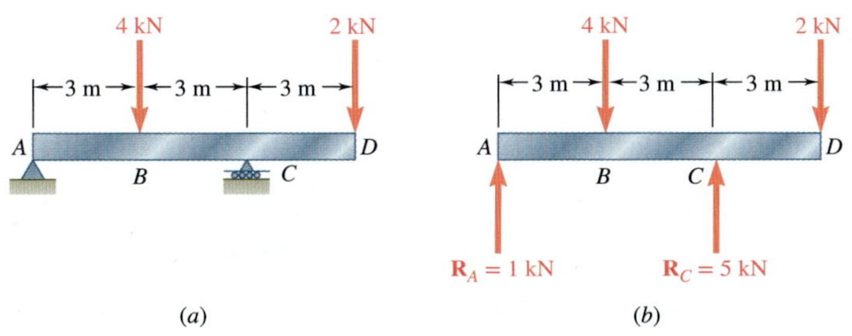

(a) (b)

그림 15.4 (a) 두 개의 집중하중이 작용하는 내민보 (b) 반력을 포함한 자유물체도

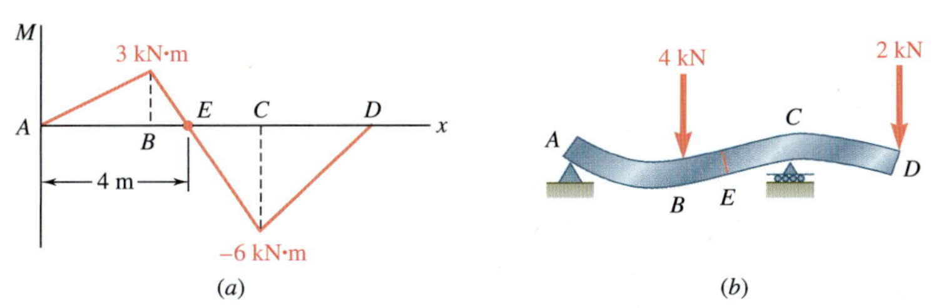

(a) (b)

그림 15.5 [그림 15.4]에 나타낸 보의 (a) 휨모멘트도 (b) 변형 후 형상

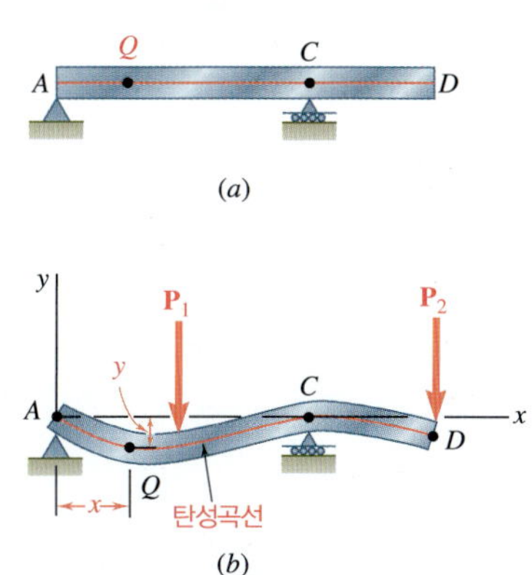

(a) (b)

그림 15.6 [그림 15.4]에 나타낸 보의 (a) 변형 전 형상 (b) 변형 후 형상

곡률에 대해 알면 변형된 보의 형상에 관한 여러 가지 정보를 얻을 수 있다. 하지만 보에 대한 해석과 설계를 수행할 때는 보의 여러 지점에서 정확한 **처짐**deflection과 **처짐각**slope의 값이 필요하다. 특히, 가장 중요한 값은 처짐의 최댓값이다. 15.1.1절에서 식 (15.1)은 고정된 원점에서 x만큼 떨어진 점 Q에서의 보의 처짐 y를 구하는 데 사용된다(그림 15.6). 이 관계식은 하중이 작용하여 변형된 보의 **탄성곡선**을 나타내는 식이다(그림 15.6b).[2]

2 이 장에서 y는 수직방향으로 발생하는 보의 처짐을 나타낸다. 이전 장에서는 y가 횡단면의 도심축에서 임의의 점까지의 수직방향 거리를 나타내는 데 사용되었다.

15.1.1 탄성곡선식

점 $Q(x, y)$에서 평면곡선의 곡률은 다음과 같은 미적분학의 기본식으로 표현된다.

$$\frac{1}{\rho} = \frac{\dfrac{d^2y}{dx^2}}{\left[1 + \left(\dfrac{dy}{dx}\right)^2\right]^{3/2}} \tag{15.2}$$

여기서 dy/dx와 d^2y/dx^2는 각각 곡선식 $y(x)$의 일차미분과 이차미분을 의미한다. 하지만 보에서 탄성곡선의 처짐각 dy/dx는 매우 작고 이 값의 제곱은 1과 비교했을 때 무시할 수 있을 정도로 작다. 따라서 식 (15.2)는 다음과 같이 나타낼 수 있다.

$$\frac{1}{\rho} = \frac{d^2y}{dx^2} \tag{15.3}$$

식 (15.3)의 $1/\rho$에 식 (15.1)을 대입하면 다음과 같다.

$$\frac{d^2y}{dx^2} = \frac{M(x)}{EI} \tag{15.4}$$

이 식은 선형 2차 미분방정식으로 탄성곡선의 지배방정식이다.

식 (15.4)에서 EI를 **휨강성**flexural rigidity이라고 한다. 균일단면보의 휨강성은 일정하지만, 길이방향에 따라 단면의 높이가 변하는 보의 경우 휨강성의 값 또한 변하게 되므로 식 (15.4)를 적분하기 전에 먼저 x의 함수식으로 나타내야 한다. 식 (15.4)의 양변에 EI를 곱한 후 x에 대해 적분하면 다음과 같다.

$$EI\frac{dy}{dx} = \int_0^x M(x)\,dx + C_1 \tag{15.5a}$$

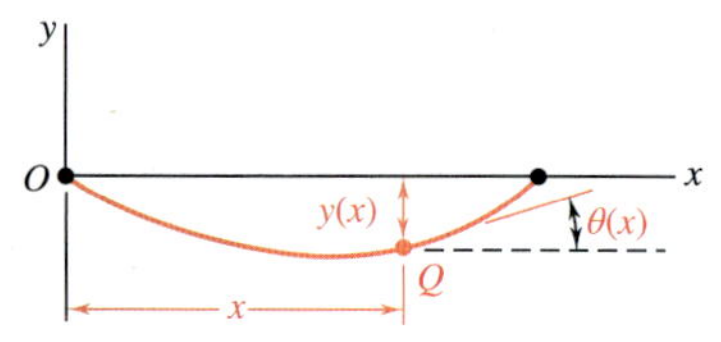

그림 15.7 탄성곡선 접선의 기울기 $\theta(x)$

여기서 C_1은 적분상수이다. [그림 15.7]과 같이 점 Q에서 탄성곡선의 접선과 수평축이 이루는 라디안 단위의 각을 $\theta(x)$라 하면, 이 각은 매우 작기 때문에 다음과 같이 근사화할 수 있다.

$$\frac{dy}{dx} = \tan\theta \simeq \theta(x)$$

그러므로 식 (15.5a)를 다음과 같이 다시 쓸 수 있다.

$$EI\theta(x) = \int_0^x M(x)\,dx + C_1 \tag{15.5b}$$

식 (15.5)를 x에 대해 적분하면 다음과 같다.

$$\begin{aligned} EIy &= \int_0^x \left[\int_0^x M(x)\,dx + C_1\right] dx + C_2 \\ &= \int_0^x dx \int_0^x M(x)\,dx + C_1x + C_2 \end{aligned} \tag{15.6}$$

여기서 C_2는 두 번째 적분상수이고, 우변의 첫 번째 항은 휨모멘트 $M(x)$를 x에 대해 두 번 적분한 x의 함수가 된다. 비록 적분상수 C_1과 C_2의 값은 아직 모르지만, 식 (15.6)은 임의의 점 Q에서 보의 처짐을 나타내며, 식 (15.5a)와 식 (15.5b)는 임의의 점 Q에서 보의 처짐각을 나타낸다.

적분상수 C_1과 C_2는 **경계조건**boundary conditions, 더 정확하게는 지점조건을 이용하여 구할 수 있다. 이 절에서는 평형방정식만 이용해도 지점반력을 구할 수 있는 **정정보**statically determinate beams의 처짐을 계산한다. 특히 **단순보**simply supported beam, **내민보**overhanging beam, **외팔보**cantilever beam와 같은 세 종류의 보 형식만 고려한다(그림 15.8).

[그림 15.8a]와 [그림 15.8b]에 나타낸 보에서 지점 A는 핀pin과 브라켓bracket이고, 지점 B는 롤러roller이며 각 지점에서 처짐은 0이다. 따라서 식 (15.6)에 $x=x_A$, $y=y_A=0$과 $x=x_B$, $y=y_B=0$을 대입하면 C_1과 C_2의 값을 구할 수 있다. [그림 15.8c]에 나타낸 외팔보의 경우 점 A에서의 처짐과 처짐각이 모두 0이므로, 식 (15.6)에 $x=x_A$, $y=y_A=0$과 식 (15.5b)에 $x=x_A$, $\theta=\theta_A=0$을 대입하면 C_1과 C_2의 값을 구할 수 있다.

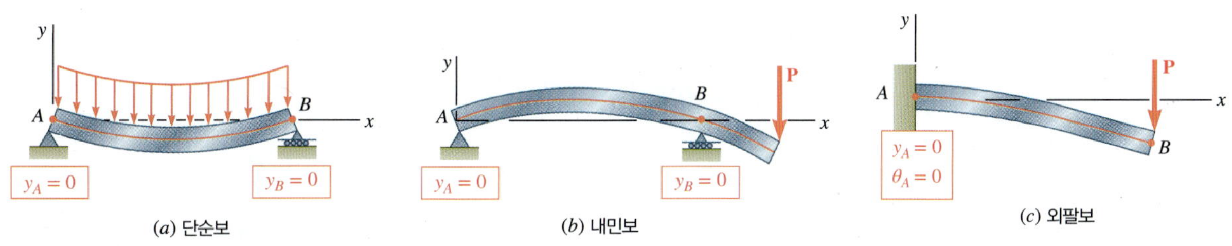

그림 15.8 정정보의 경계조건

개념적용 15.1

[그림 15.9a]와 같이 자유단 A에 하중 $\mathbf{P}$가 작용하는 단면이 일정한 외팔보 AB가 있다. 탄성곡선식을 구하고, 점 A에서의 처짐과 처짐각을 구하시오.

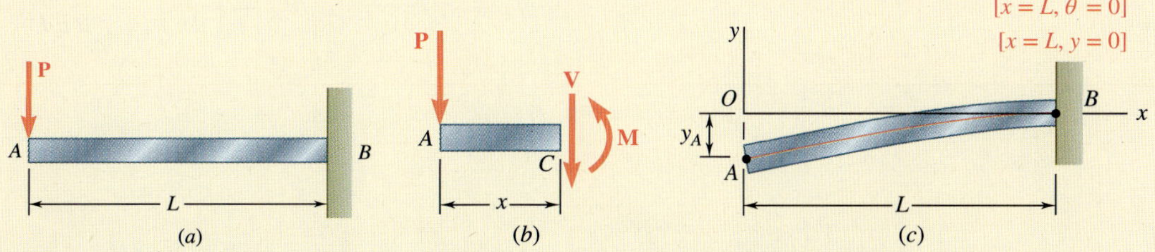

그림 15.9 (a) 끝단에 하중이 작용하는 외팔보 (b) 부재 AC의 자유물체도 (c) 처짐형상과 경계조건

[그림 15.9b]와 같이 보의 끝단 A와 A에서 x만큼 떨어진 점 C로 이뤄진 부재 AC에 대한 자유물체도로부터 다음의 식을 얻을 수 있다.

$$M=-Px \tag{1}$$

식 (1)을 식 (15.4)에 대입하고 양변에 EI를 곱하면 다음과 같다.

$$EI\frac{d^2y}{dx^2} = -Px$$

이 식을 x에 대해 적분하면 다음과 같다.

$$EI\frac{dy}{dx} = -\frac{1}{2}Px^2 + C_1 \tag{2}$$

[그림 15.9c]와 같이 $x=L$인 외팔보의 끝단 B에서 $\theta = dy/dx = 0$이므로, 이 조건을 식 (2)에 대입하면 다음과 같다.

$$C_1 = \frac{1}{2}PL^2$$

C_1을 식 (2)에 다시 대입하면 다음과 같다.

$$EI\frac{dy}{dx} = -\frac{1}{2}Px^2 + \frac{1}{2}PL^2 \tag{3}$$

식 (3)을 x에 대해 다시 적분하면 다음과 같다.

$$EIy = -\frac{1}{6}Px^3 + \frac{1}{2}PL^2x + C_2 \tag{4}$$

$x=L$인 외팔보의 끝단 B에서 $y=0$이므로, 이 조건을 식 (4)에 대입하면 다음과 같다.

$$0 = -\frac{1}{6}PL^3 + \frac{1}{2}PL^3 + C_2, \quad C_2 = -\frac{1}{3}PL^3$$

C_2를 식 (4)에 다시 대입하면 다음과 같이 탄성곡선식을 구할 수 있다.

$$EIy = -\frac{1}{6}Px^3 + \frac{1}{2}PL^2x - \frac{1}{3}PL^3$$

$$y = \frac{P}{6EI}(-x^3 + 3L^2x - 2L^3) \tag{5}$$

점 A에서의 처짐과 처짐각은 식 (3)과 식 (5)에 $x=0$을 대입하면 다음과 같이 구할 수 있다.

$$y_A = -\frac{PL^3}{3EI}, \quad \theta_A = \left(\frac{dy}{dx}\right)_A = \frac{PL^2}{2EI}$$

개념적용 15.2

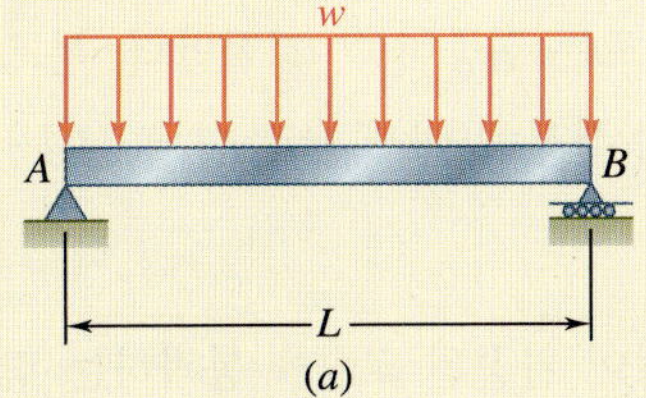

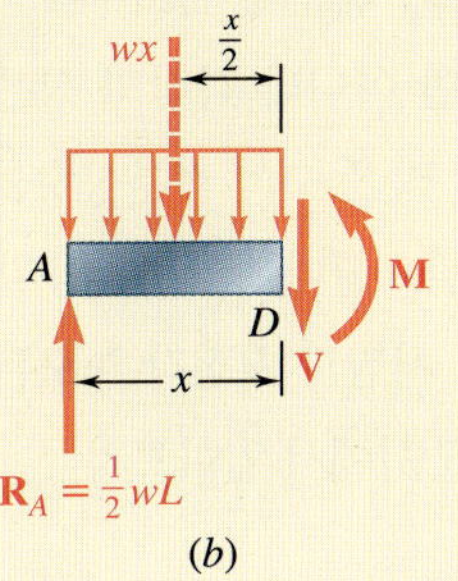

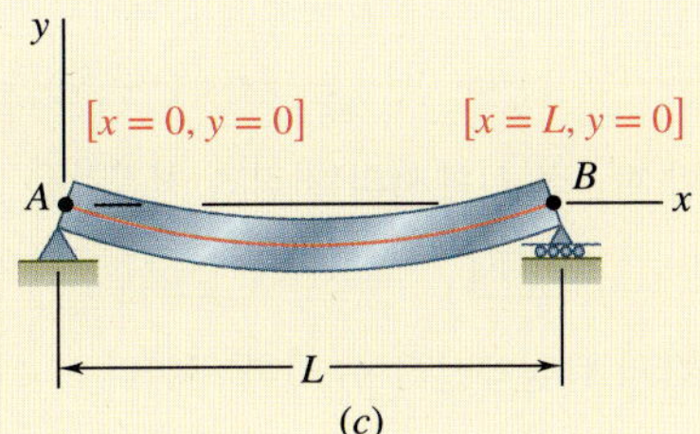

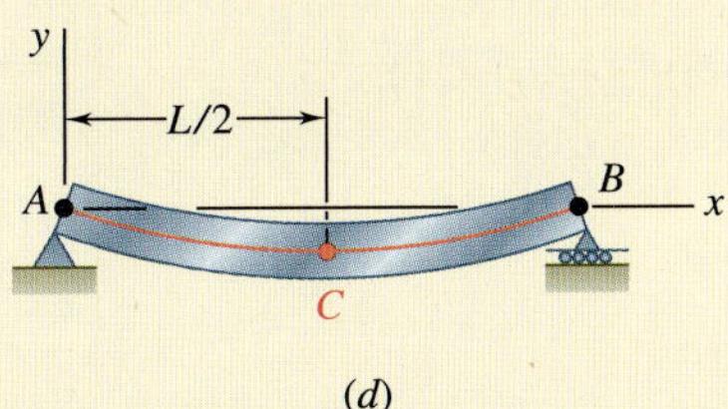

그림 15.10 (a) 등분포하중이 작용하는 단순보 (b) 부재 AD의 자유물체도 (c) 경계조건 (d) 최대처짐이 발생하는 위치

[그림 15.10a]와 같이 등분포하중 w가 작용하는 단순보 AB가 있다. 탄성곡선식을 구하고, 최대처짐을 구하시오.

[그림 15.10b]와 같이 부재 AD에 대한 자유물체도를 이용하면 점 D에 작용하는 모멘트를 구할 수 있다.

$$M = \frac{1}{2}wLx - \frac{1}{2}wx^2 \tag{1}$$

식 (1)을 식 (15.4)에 대입하고 양변에 EI를 곱하면 다음과 같다.

$$EI\frac{d^2y}{dx^2} = -\frac{1}{2}wx^2 + \frac{1}{2}wLx \tag{2}$$

식 (2)를 x에 대해 두 번 적분하면 다음과 같다.

$$EI\frac{dy}{dx} = -\frac{1}{6}wx^3 + \frac{1}{4}wLx^2 + C_1 \tag{3}$$

$$EIy = -\frac{1}{24}wx^4 + \frac{1}{12}wLx^3 + C_1x + C_2 \tag{4}$$

[그림 15.10c]와 같이 지점 A와 B에서 $y=0$이므로, 식 (4)에 $x=0$, $y=0$을 대입하면 $C_2=0$이 되고, $x=L$, $y=0$을 대입하면 C_1을 구할 수 있다.

$$0 = -\frac{1}{24}wL^4 + \frac{1}{12}wL^4 + C_1L$$

$$C_1 = -\frac{1}{24}wL^3$$

C_1과 C_2를 식 (4)에 다시 대입하면 다음과 같은 탄성곡선식을 구할 수 있다.

$$EIy = -\frac{1}{24}wx^4 + \frac{1}{12}wLx^3 - \frac{1}{24}wL^3x$$

$$y = \frac{w}{24EI}(-x^4 + 2Lx^3 - L^3x) \tag{5}$$

C_1을 식 (3)에 대입하면 $x=L/2$에서 처짐각이 0이 되는 것을 알 수 있다. 그러므로 보의 중앙점인 C에서 탄성곡선식은 최솟값을 갖게 되고, $x=L/2$를 식 (5)에 대입하면 다음과 같이 구할 수 있다.

$$y_C = \frac{w}{24EI}\left(-\frac{L^4}{16} + 2L\frac{L^3}{8} - L^3\frac{L}{2}\right) = -\frac{5wL^4}{384EI}$$

최대처짐(또는 처짐 절댓값의 최댓값)은 다음과 같다.

$$|y|_{\max} = \frac{5wL^4}{384EI}$$

사진 15.1 차량이 완공된 교량을 통과할 때, 보의 각 부분에 발생하는 모멘트를 구하기 위해서는 여러 개의 $M(x)$ 함수가 필요하다. Inga spence/Alamy Stock Photo

[개념적용 15.1]과 [개념적용 15.2]에서는 단 하나의 자유물체도만 이용해서 보의 길이방향 전체 구간에 대한 모멘트를 구했다. 즉, 보의 전체 길이에 대한 모멘트는 x에 대한 하나의 함수 $M(x)$로 나타냈다. 하지만 보에 작용하는 휨모멘트는 집중하중, 지점반력, 분포하중의 불연속성 등으로 인해 보를 여러 부분으로 나누고 각 부분에 대해 서로 다른 $M(x)$의 함수를 유도하는 것이 일반적이다.

예를 들어, [사진 15.1]과 같이 집중하중으로 모사된 차량이 완공된 교량을 통과하는 경우를 생각해보자. 보의 각 부분에서 모멘트 $M(x)$에 대한 식이 다르기 때문에 이로부터 구할 수 있는 처짐각 $\theta(x)$와 처짐 $y(x)$을 나타내는 식도 달라진다. 뿐만 아니라 각각의 식은 적분상수를 두 개씩 포함하고 있으므로, 전체 보에 대해 이전보다 더 많은 수의 적분상수를 구해야 한다. 미지의 상숫값을 구하기 위해 추가적인 경계조건이 필요한데, 이때 이용할 수 있는 조건은 전단력과 휨모멘트는 보의 여러 점에서 불연속이지만 **처짐**과 **처짐각**은 모든 점에서 **연속이어야 한다**는 것이다. 이와 관련된 내용을 [개념적용 15.3]에서 알아보자.

개념적용 15.3

[그림 15.11a]에 나타낸 균일단면보에 하중이 작용할 때, 점 D에서의 처짐과 처짐각을 구하시오.

먼저 보를 AD와 DB의 두 구간으로 나눈 후, 각 구간의 탄성곡선식 $y(x)$를 구한다.

1. 구간 $AD(x<L/4)$ [그림 15.11b]와 같이 $x<L/4$인 구간 AE의 자유물체도를 그린다. 점 E에서 모멘트에 대한 평형방정식을 이용하면 다음과 같다.

$$M_1 = \frac{3P}{4}x \tag{1}$$

식 (1)을 식 (15.4)에 대입하면 다음과 같다.

$$EI\frac{d^2y_1}{dx^2} = \frac{3}{4}Px \tag{2}$$

여기서 $y_1(x)$는 보의 ***AD* 구간**의 탄성곡선을 정의하는 함수식이다. 이 식을 x에 대해 적분하면 다음과 같다.

$$EI\theta_1 = EI\frac{dy_1}{dx} = \frac{3}{8}Px^2 + C_1 \tag{3}$$

$$EIy_1 = \frac{1}{8}Px^3 + C_1x + C_2 \tag{4}$$

2. 구간 $DB(x>L/4)$ [그림 15.11c]와 같이 $x>L/4$인 구간 AE의 자유물체도를 그린다. 점 E에서 모멘트에 대한 평형방정식을 이용하면 다음과 같다.

$$M_2 = \frac{3P}{4}x - P\left(x - \frac{L}{4}\right) \tag{5}$$

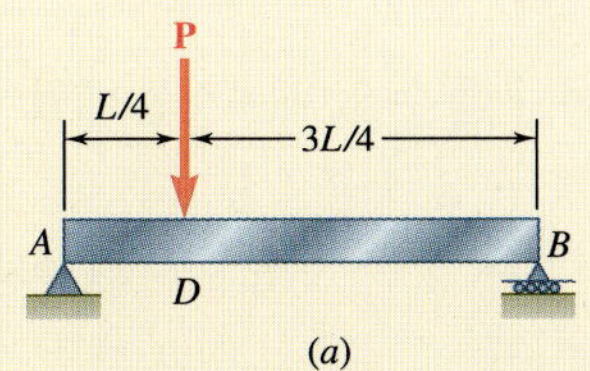

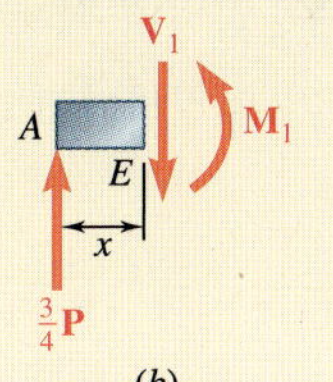

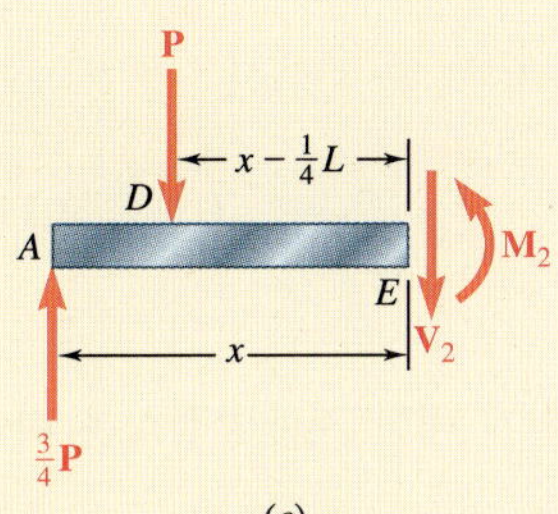

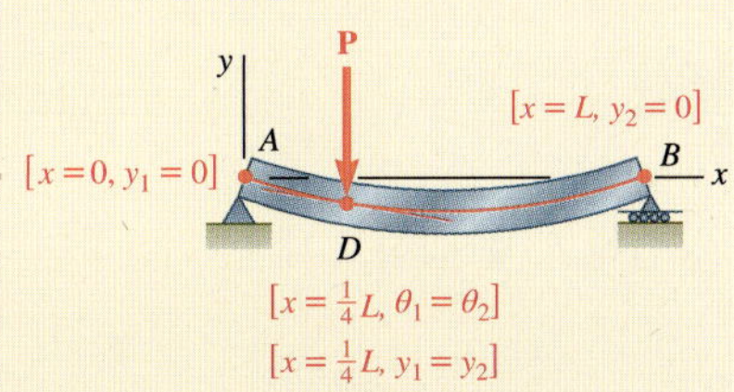

그림 15.11 (a) 횡하중 **P**가 작용하는 단순보
(b) 횡하중 작용점의 왼쪽 횡단면에 발생하는 모멘트를 구하기 위한 AE의 자유물체도
(c) 횡하중 작용점의 오른쪽 횡단면에 발생하는 모멘트를 구하기 위한 AE의 자유물체도
(d) 경계조건

식 (5)를 식 (15.4)에 대입한 후 정리하면 다음과 같다.

$$EI\frac{d^2y_2}{dx^2} = -\frac{1}{4}Px + \frac{1}{4}PL \tag{6}$$

여기서 $y_2(x)$는 보의 $\boldsymbol{DB}$ **구간**의 탄성곡선을 정의하는 함수식이다. 이 식을 x에 대해 적분하면 다음과 같다.

$$EI\theta_2 = EI\frac{dy_2}{dx} = -\frac{1}{8}Px^2 + \frac{1}{4}PLx + C_3 \tag{7}$$

$$EIy_2 = -\frac{1}{24}Px^3 + \frac{1}{8}PLx^2 + C_3x + C_4 \tag{8}$$

적분상수 계산 적분상수를 구하기 위해 만족해야 하는 경계조건을 [그림 15.11d]에 나타냈다. 점 A에서는 처짐이 0이므로 식 (4)에 $x=0$, $y_1=0$을 대입한다. 점 B에서도 처짐이 0이므로 식 (8)에 $x=L$, $y_2=0$을 대입한다. 점 D에서 처짐과 처짐각이 급격하게 변하지 않기 때문에 $x=L/4$일 때, $y_1=y_2$이고 $\theta_1=\theta_2$가 된다. 이 조건을 적용하면 다음과 같다.

$[x=0,\ y_1=0]$: 식 (4)로부터, $0=C_2$ (9)

$[x=L,\ y_2=0]$: 식 (8)로부터, $0=\frac{1}{12}PL^3+C_3L+C_4$ (10)

$[x=L/4,\ \theta_1=\theta_2]$: 식 (3)과 식 (7)로부터,

$$\frac{3}{128}PL^2 + C_1 = \frac{7}{128}PL^2 + C_3 \tag{11}$$

$[x=L/4,\ y_1=y_2]$: 식 (4)과 식 (8)로부터,

$$\frac{PL^3}{512} + C_1\frac{L}{4} = \frac{11PL^3}{1536} + C_3\frac{L}{4} + C_4 \tag{12}$$

식 (9) ~ 식 (12)를 풀면 다음과 같이 적분상수를 구할 수 있다.

$$C_1 = -\frac{7PL^2}{128}, \quad C_2 = 0, \quad C_3 = -\frac{11PL^2}{128}, \quad C_4 = \frac{PL^3}{384}$$

C_1과 C_2를 식 (3)과 식 (4)에 대입하면 $x \le L/4$인 구간에서 다음과 같은 결과를 얻을 수 있다.

$$EI\theta_1 = \frac{3}{8}Px^2 - \frac{7PL^2}{128} \tag{13}$$

$$EIy_1 = \frac{1}{8}Px^3 - \frac{7PL^2}{128}x \tag{14}$$

식 (13)과 식 (14)에 $x=L/4$를 대입하면 점 D에서의 처짐각과 처짐을 구할 수 있다.

$$\theta_D = -\frac{PL^2}{32EI}, \qquad y_D = -\frac{3PL^3}{256EI}$$

$\theta_D \neq 0$이므로, 점 D에서 구한 처짐이 보의 **최대처짐은 아니다**.

15.1.2 하중분포로부터 탄성곡선 결정

15.1.1절에서 탄성곡선식은 다음 미분방정식을 두 번 적분하여 구할 수 있다는 것을 배웠다.

$$\frac{d^2y}{dx^2} = \frac{M(x)}{EI} \tag{15.4}$$

여기서 $M(x)$는 보의 휨모멘트이다. 보에 분포하중 $w(x)$가 작용하는 경우, 임의의 점에서 $dM/dx = V$이고 $dV/dx = -w$가 된다는 것을 12.2절에서 배웠다. EI가 일정하다고 가정하고, 식 (15.4)의 양변을 x에 대해 미분하면 다음과 같다.

$$\frac{d^3y}{dx^3} = \frac{1}{EI}\frac{dM}{dx} = \frac{V(x)}{EI} \tag{15.7}$$

이 식을 다시 한번 x에 대해 미분하면 다음과 같다.

$$\frac{d^4y}{dx^4} = \frac{1}{EI}\frac{dV}{dx} = -\frac{w(x)}{EI}$$

그러므로 균일단면보에 분포하중 $w(x)$가 작용할 때, 탄성곡선에 대한 지배방정식은 다음과 같은 4차 선형 미분방정식이 된다.

$$\frac{d^4y}{dx^4} = -\frac{w(x)}{EI} \tag{15.8}$$

보에 분포하중 $w(x)$가 작용하는 경우, 식 (15.8)의 양변에 EI를 곱하고 네 번 적분하면 다음의 식을 얻게 된다.

$$\begin{aligned}
EI\frac{d^4y}{dx^4} &= -w(x) \\
EI\frac{d^3y}{dx^3} &= V(x) = -\int w(x)\,dx + C_1 \\
EI\frac{d^2y}{dx^2} &= M(x) = -\int dx\int w(x)\,dx + C_1x + C_2 \\
EI\frac{dy}{dx} &= EI\theta(x) = -\int dx\int dx\int w(x)\,dx + \frac{1}{2}C_1x^2 + C_2x + C_3 \\
EIy(x) &= -\int dx\int dx\int dx\int w(x)\,dx + \frac{1}{6}C_1x^3 + \frac{1}{2}C_2x^2 + C_3x + C_4
\end{aligned} \tag{15.9}$$

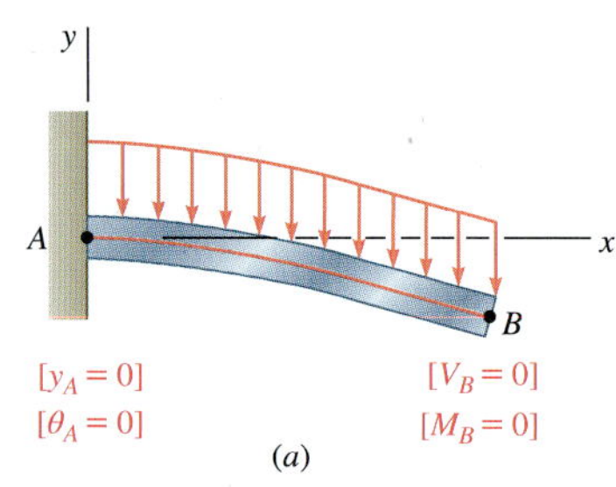

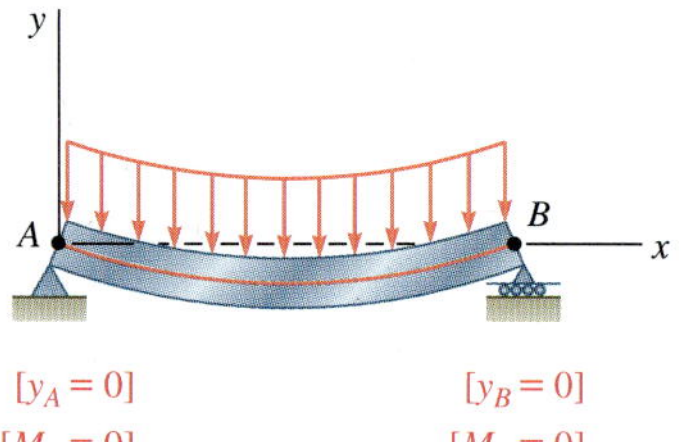

그림 15.12 (a) 외팔보와 (b) 단순보의 경계조건

식 (15.9)에 포함된 미지의 적분상수 네 개는 경계조건으로부터 구할 수 있다. 예를 들면, 지점에서의 처짐 또는 처짐각 조건(15.1.1절), 외팔보의 자유단에서 V와 M이 0이 되는 조건 또는 단순보의 양쪽 지점에서 M이 0이 되는 조건(12.2절) 등이다. 이러한 조건들을 [그림 15.12]에 나타냈다. 하중분포로부터 탄성곡선을 구하는 이 방법은 분포하중이 작용하는 외팔보와 단순보의 경우에 효과적이다. 내민보의 경우에는 지점반력으로 인해 y를 세 번 미분해서 구할 수 있는 전단력이 불연속이 되므로 전체 보의 탄성곡선을 정의하기 위해 서로 다른 여러 개의 함수가 필요하다.

개념적용 15.4

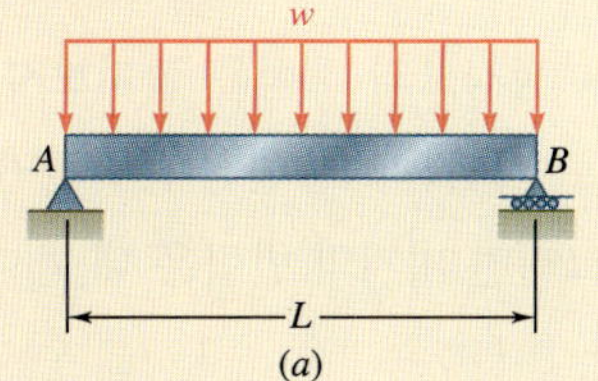

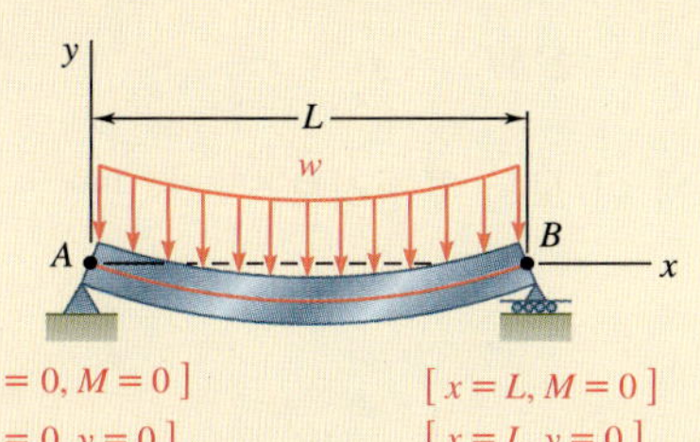

그림 15.13 (a) 등분포하중이 작용하는 단순보 (b) 경계조건

[그림 15.13a]와 같이 균일단면인 단순보 AB에 등분포하중 w가 작용하고 있다. 탄성곡선식과 최대처짐을 구하시오. 참고로, 이 문제에서 다루는 보와 하중은 [개념적용 15.2]에서 다뤘던 보 및 하중과 동일하다.

w가 일정하므로, 식 (15.9)의 처음 세 개의 식은 다음과 같다.

$$EI\frac{d^4y}{dx^4} = -w$$

$$EI\frac{d^3y}{dx^3} = V(x) = -wx + C_1$$

$$EI\frac{d^2y}{dx^2} = M(x) = -\frac{1}{2}wx^2 + C_1x + C_2 \tag{1}$$

[그림 15.13b]와 같이 양쪽 끝단의 경계조건은 $M=0$이다. 그러므로 식 (1)에 $x=0$, $M=0$을 대입하면 $C_2=0$이 되고, $x=L$, $M=0$을 대입하면 $C_1=\frac{1}{2}wL$이 된다.

C_1과 C_2를 다시 식 (1)에 대입한 후 두 번 적분하면 다음과 같다.

$$EI\frac{d^2y}{dx^2} = -\frac{1}{2}wx^2 + \frac{1}{2}wLx$$

$$EI\frac{dy}{dx} = -\frac{1}{6}wx^3 + \frac{1}{4}wLx^2 + C_3$$

$$EIy = -\frac{1}{24}wx^4 + \frac{1}{12}wLx^3 + C_3x + C_4 \tag{2}$$

이때 보의 양쪽 끝단에서 $y=0$이라는 경계조건을 적용할 수 있다. 따라서 식 (2)에 $x=0$, $y=0$을 대입하면 $C_4=0$이 되고, $x=L$, $y=0$을 대입하면 C_3를 구할 수 있다.

$$0 = -\frac{1}{24}wL^4 + \frac{1}{12}wL^4 + C_3L$$

$$C_3 = -\frac{1}{24}wL^3$$

C_3과 C_4를 다시 식 (2)에 대입한 후, 양변을 EI로 나누면 다음과 같이 탄성곡선식을 구할 수 있다.

$$y = \frac{w}{24EI}(-x^4 + 2Lx^3 - L^3x) \tag{3}$$

최대처짐은 식 (3)에 $x=L/2$을 대입하여 구할 수 있다.

$$|y|_{\max} = \frac{5wL^4}{384EI}$$

15.2 부정정보

지금까지는 정정보의 해석을 다루었다. 이 절에서는 부정정보의 해석을 살펴보자. [그림 15.14a]와 같이 지점 A가 고정단이고 지점 B가 롤러로 지지된 이동단인 균일단면보 AB를 고려해보자. [그림 15.14b]와 같이 자유물체도를 그리면 미지의 반력은 네 개이다. 반면에 평형방정식은 다음과 같이 세 개만 적용할 수 있다.

$$\Sigma F_x = 0, \qquad \Sigma F_y = 0, \qquad \Sigma M_A = 0 \tag{15.10}$$

평형방정식을 이용하면 A_x만 구할 수 있기 때문에 이 보는 **부정정보**Statically Indeterminate Beam이다.

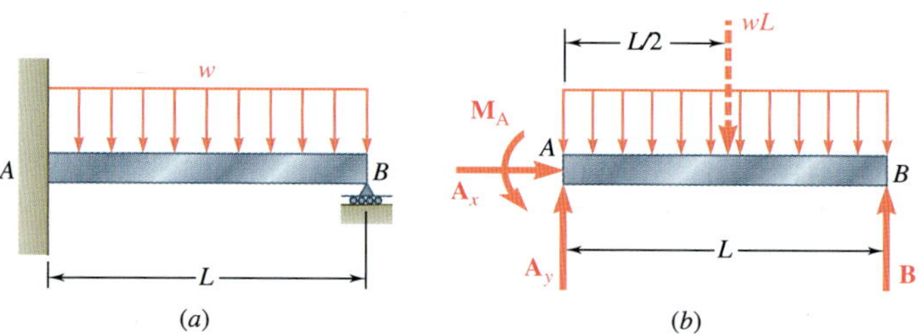

그림 15.14 (a) 등분포하중이 작용하는 부정정보 (b) 네 개의 미지 반력을 포함한 자유물체도

9장과 10장에서 배운 바와 같이 부정정보의 반력은 구조물의 **변형**을 함께 고려해야 구할 수 있었다. 그러므로 부정정보의 해석을 위해서는 보의 처짐각과 처짐도 구해야 한다. 15.1.1절에서 배운 방법을 이용하여 보 AB의 임의의 점 x에서 휨모멘트 $M(x)$를 주어진 하중, 미지의 반력에 관한 식으로 표현한다. 그다음 이 식을 이전과 같이 x에 대해 적분하여 θ와 y를 구할 수 있다. 이때 적분한 식에는 미지의 적분상수 C_1과 C_2가 포함되어 있다. 따라서 θ와 y에 대한 식은 미지의 적분상수 C_1과 C_2와 함께 반력도 미지수가 되고, 이를 구하기 위해 총 여섯 개의 식이 필요하다. 미지수를 구하기 위한 여섯 개의 식은 식 (15.10)과 같은 세 개의 평형방정식과 세 개의 경계조건식으로부터 얻을 수 있다. 이 경우, 점 A에서 처짐과 처짐각이 0이라는 조건과 점 B에서 처짐이 0이라는 경계조건을 만족해야 한다 (그림 15.15). 이와 같은 과정을 거쳐 지점반력과 탄성곡선식을 구할 수 있다.

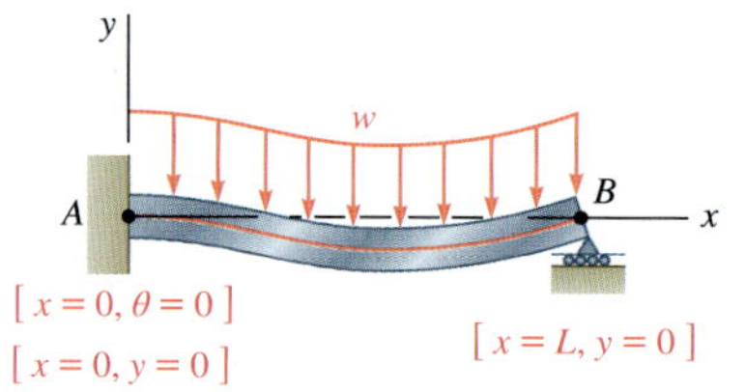

그림 15.15 [그림 15.14]에 나타낸 보의 경계조건

개념적용 15.5

[그림 15.14a]에 나타낸 균일단면보의 지점반력을 구하시오.

평형방정식 [그림 15.14b]의 자유물체도로부터 다음과 같은 평형방정식을 얻을 수 있다.

$$\overset{+}{\rightarrow}F_x = 0 : A_x = 0$$
$$+\uparrow\Sigma F_y = 0 : A_y + B - wL = 0 \quad (1)$$
$$+\circlearrowleft\Sigma M_A = 0 : M_A + BL - \frac{1}{2}wL^2 = 0$$

탄성곡선식 [그림 15.16]에 나타낸 AC의 자유물체도로부터 다음과 같은 식을 얻을 수 있다.

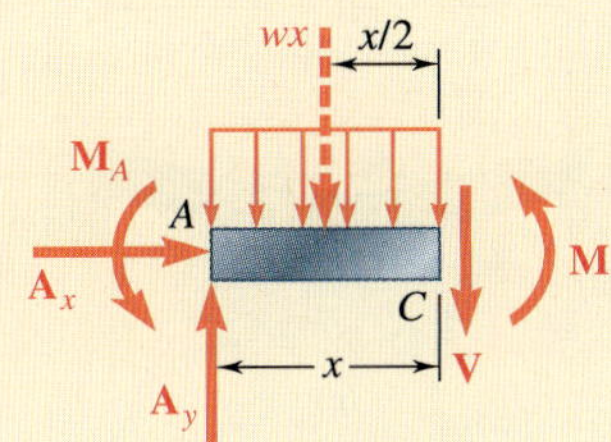

그림 15.16 AC의 자유물체도

$$+\circlearrowleft\Sigma M_C = 0 : M + \frac{1}{2}wx^2 + M_A - A_y x = 0 \quad (2)$$

식 (2)를 M에 대해 정리한 후, 식 (15.4)에 대입하면 다음과 같다.

$$EI\frac{d^2y}{dx^2} = -\frac{1}{2}wx^2 + A_y x - M_A$$

이 식을 x에 대해 적분하면 다음과 같다.

$$EI\theta = EI\frac{dy}{dx} = -\frac{1}{6}wx^3 + \frac{1}{2}A_y x^2 - M_A x + C_1 \quad (3)$$

$$EIy = -\frac{1}{24}wx^4 + \frac{1}{6}A_y x^3 - \frac{1}{2}M_A x^2 + C_1 x + C_2 \quad (4)$$

[그림 15.15]에 나타낸 경계조건으로부터 식 (3)에 $x=0$, $\theta=0$을 대입하고, 식 (4)에 $x=0$, $y=0$을 대입하면 $C_1=C_2=0$이 된다. 따라서 식 (4)는 다음과 같이 다시 쓸 수 있다.

$$EIy = -\frac{1}{24}wx^4 + \frac{1}{6}A_y x^3 - \frac{1}{2}M_A x^2 \quad (5)$$

세 번째 경계조건은 $x=L$, $y=0$이므로, 이 조건을 식 (5)에 대입하면 다음과 같다.

$$0 = -\frac{1}{24}wL^4 + \frac{1}{6}A_y L^3 - \frac{1}{2}M_A L^2$$

$$3M_A - A_y L + \frac{1}{4}wL^2 = 0 \quad (6)$$

식 (6)을 식 (1)의 평형방정식 세 개와 함께 풀어주면 지점반력을 구할 수 있다.

$$A_x = 0, \quad A_y = \frac{5}{8}wL, \quad M_A = \frac{1}{8}wL^2, \quad B = \frac{3}{8}wL$$

[개념적용 15.5]에는 하나의 잉여반력redundant reaction이 있다. 즉, 평형방정식만 적용하면 하나의 반력을 구할 수 없다. 이러한 보를 **1차 부정정**statically indeterminate to the first degree이라고 한다. [예제 15.3]에서 1차 부정정보의 다른 예를 살펴볼 것이다. [그림 15.17a]와 같이 두 개의 지점반력이 잉여반력이 되는 보를 **2차 부정정**statically indeterminate to the second degree이라고 한다. 이 보는 [그림 15.17b]에서와 같이 다섯 개의 미지반력이 있고 두 개의 미지 적분상수가 있으므로 총 일곱 개의 식이 필요하다. 이 중 네 개는 경계조건으로부터 얻을 수 있다(그림 15.17c).

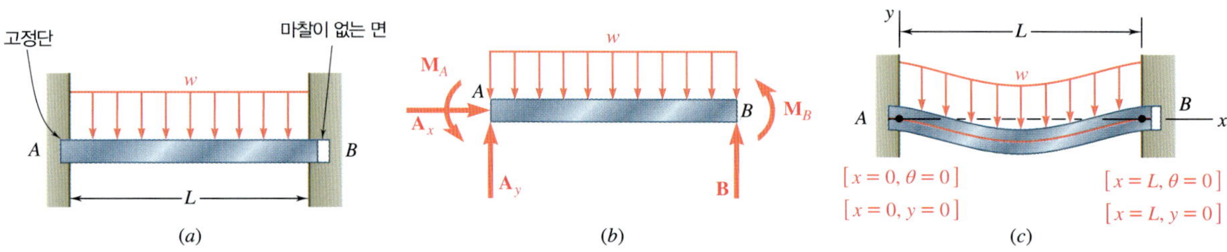

그림 15.17 (a) 2차 부정정보 (b) 자유물체도 (c) 경계조건

예제 15.1

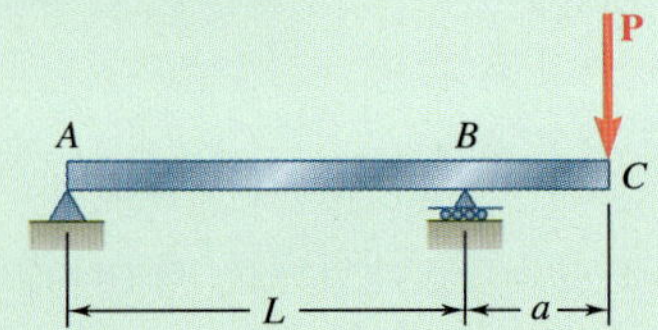

강재 내민보 ABC의 점 C에 집중하중 $\mathbf{P}$가 작용하고 있다. 구간 AB의 (a) 탄성곡선식을 유도하고, (b) 최대처짐값을 구하고, (c) 다음 조건을 이용하여 $y_{\max}$를 구하시오.

W 14 × 68	$I = 722\ \text{in}^4$	$E = 29 \times 10^6$ psi
$P = 50$ kips	$L = 15$ ft $= 180$ in.	$a = 4$ ft $= 48$ in.

문제분석 제일 먼저 구간 AB에 대한 휨모멘트 식을 구한다. 그다음 이 식을 탄성곡선의 미분방정식에 대입하고, 두 번 적분한 후 주어진 경계조건을 적용한다. 이를 통해 탄성곡선식을 유도할 수 있고, 처짐을 구할 수 있다.

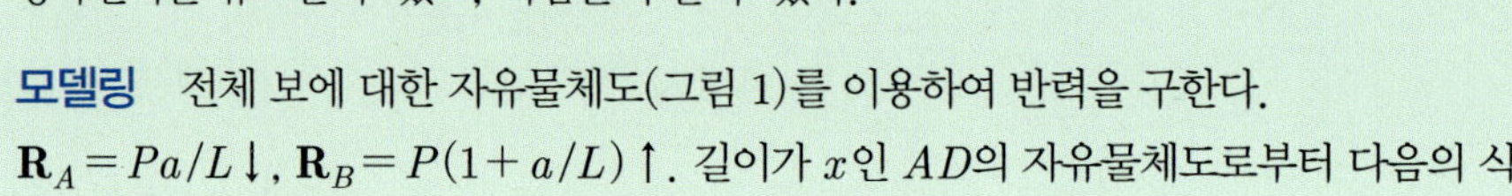

모델링 전체 보에 대한 자유물체도(그림 1)를 이용하여 반력을 구한다. $\mathbf{R}_A = Pa/L\downarrow$, $\mathbf{R}_B = P(1 + a/L)\uparrow$. 길이가 x인 AD의 자유물체도로부터 다음의 식을 유도할 수 있다.

$$M = -P\frac{a}{L}x \qquad (0 < x < L)$$

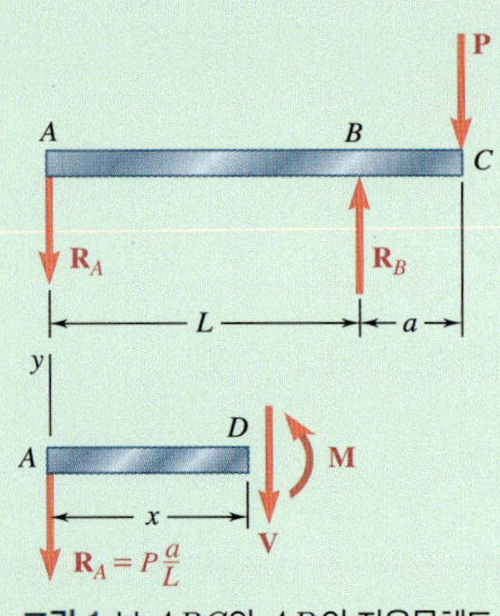

그림 1 보 ABC와 AD의 자유물체도

풀이

탄성곡선의 미분방정식 식 (15.4)를 이용하면 다음과 같다.

$$EI\frac{d^2y}{dx^2} = -P\frac{a}{L}x$$

휨강성 EI는 상수이므로, 이 식을 두 번 적분하면 다음과 같다.

$$EI\frac{dy}{dx} = -\frac{1}{2}P\frac{a}{L}x^2 + C_1 \tag{1}$$

$$EIy = -\frac{1}{6}P\frac{a}{L}x^3 + C_1x + C_2 \qquad (2)$$

적분상수 계산 주어진 경계조건은 다음과 같다.

$[x=0,\ y=0]$: 식 (2)로부터, $C_2=0$

$[x=L,\ y=0]$: 식 (2)로부터,

$$EI(0) = -\frac{1}{6}P\frac{a}{L}L^3 + C_1L, \qquad C_1 = +\frac{1}{6}PaL$$

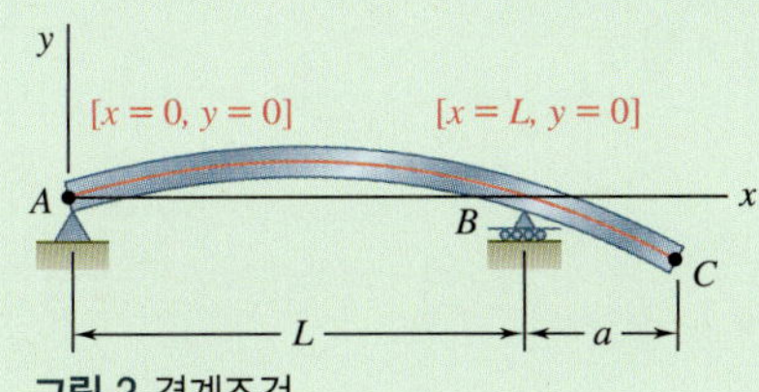

그림 2 경계조건

a. 탄성곡선식 C_1과 C_2를 식 (1)과 식 (2)에 대입하면 다음과 같다.

$$EI\frac{dy}{dx} = -\frac{1}{2}P\frac{a}{L}x^2 + \frac{1}{6}PaL, \qquad \frac{dy}{dx} = \frac{PaL}{6EI}\left[1 - 3\left(\frac{x}{L}\right)^2\right] \qquad (3)$$

$$EI\,y = -\frac{1}{6}P\frac{a}{L}x^3 + \frac{1}{6}PaLx, \qquad y = \frac{PaL^2}{6EI}\left[\frac{x}{L} - \left(\frac{x}{L}\right)^3\right] \qquad (4) ◀$$

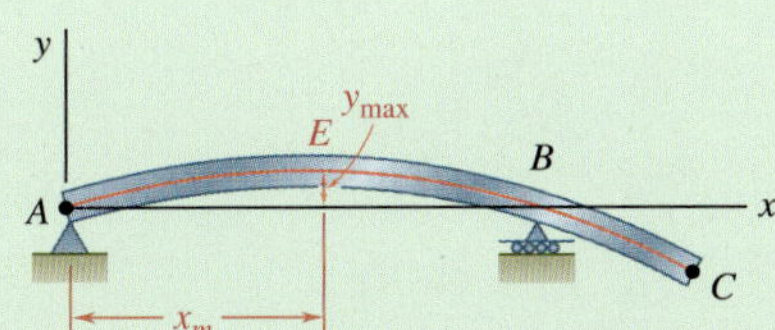

그림 3 최대처짐이 발생하는 위치와 탄성곡선의 처짐

b. AB의 최대처짐 최대처짐 y_{max}는 탄성곡선의 처짐각이 0이 되는 지점인 E에서 발생한다(그림 3). 따라서 식 (3)에 $dy/dx=0$을 적용하면 점 E의 좌표 x_m은 다음과 같다.

$$0 = \frac{PaL}{6EI}\left[1 - 3\left(\frac{x_m}{L}\right)^2\right], \qquad x_m = \frac{L}{\sqrt{3}} = 0.577\,L$$

$x_m/L=0.577$을 식 (4)에 대입하면 다음과 같다.

$$y_{max} = \frac{PaL^2}{6EI}\left[(0.577) - (0.577)^3\right] \qquad y_{max} = 0.0642\frac{PaL^2}{EI} ◀$$

c. y_{max} 계산 주어진 조건을 이용하면 y_{max}를 다음과 같이 구할 수 있다.

$$y_{max} = 0.0642\frac{(50\text{ kips})(48\text{ in.})(180\text{ in.})^2}{(29\times10^6\text{ psi})(722\text{ in}^4)} \qquad y_{max} = 0.238\text{ in.} ◀$$

고찰 최대처짐값이 양수이므로, 그 방향은 위쪽이 된다. 작용하는 하중을 고려해보면, 처짐방향이 위쪽이 될 것임을 예상할 수 있다.

예제 15.2

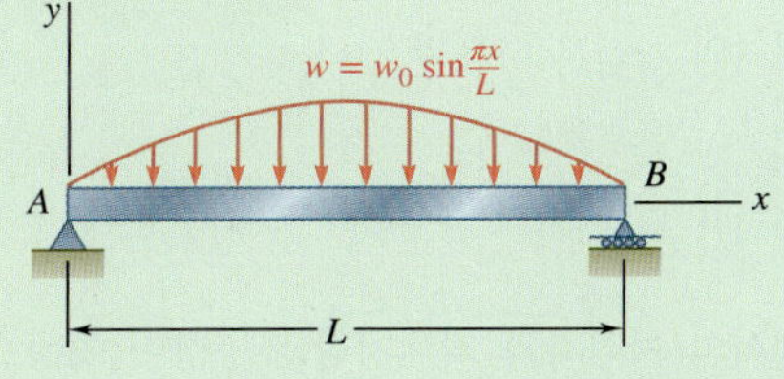

단순보에 그림과 같은 하중이 작용할 때 (a) 탄성곡선식을 유도하고, (b) 점 A에서의 처짐각과 (c) 최대처짐값을 구하시오.

문제분석 식 (15.8)로 하중분포로부터 탄성곡선식을 직접 구한 후 적절한 경계조건을 적용한다. 이를 통해 탄성곡선식을 유도할 수 있고, 처짐과 처짐각을 구할 수 있다.

모델링과 풀이

탄성곡선 미분방정식 주어진 하중분포에 대해 식 (15.8)을 이용하면 다음과 같다.

$$EI\frac{d^4y}{dx^4} = -w(x) = -w_0 \sin\frac{\pi x}{L} \qquad (1)$$

식 (1)을 두 번 적분하면 다음과 같다.

$$EI\frac{d^3y}{dx^3} = V = +w_0\frac{L}{\pi}\cos\frac{\pi x}{L} + C_1 \qquad (2)$$

$$EI\frac{d^2y}{dx^2} = M = +w_0\frac{L^2}{\pi^2}\sin\frac{\pi x}{L} + C_1x + C_2 \qquad (3)$$

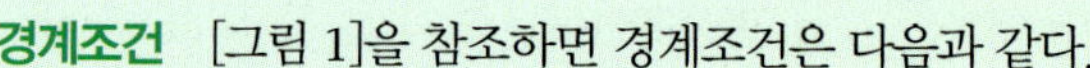

경계조건 [그림 1]을 참조하면 경계조건은 다음과 같다.

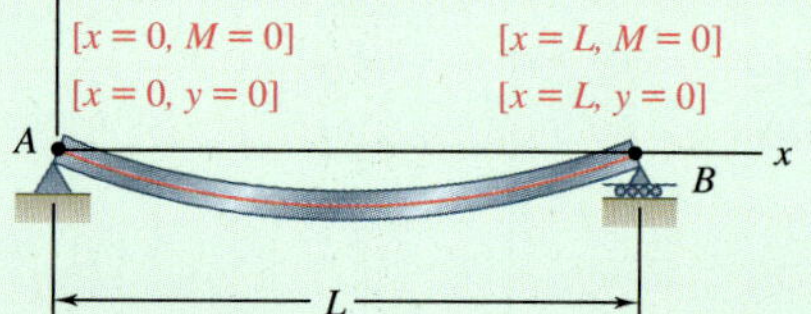

그림 1 경계조건

$[x=0,\ M=0]$: 식 (3)으로부터, $C_2=0$

$[x=L,\ M=0]$: 식 (3)으로부터,

$$0 = w_0\frac{L^2}{\pi^2}\sin\pi + C_1L, \qquad C_1 = 0$$

그러므로 식 (3)은 다음과 같다.

$$EI\frac{d^2y}{dx^2} = +w_0\frac{L^2}{\pi^2}\sin\frac{\pi x}{L} \qquad (4)$$

식 (4)를 두 번 적분하면 다음과 같다.

$$EI\frac{dy}{dx} = EI\theta = -w_0\frac{L^3}{\pi^3}\cos\frac{\pi x}{L} + C_3 \qquad (5)$$

$$EIy = -w_0\frac{L^4}{\pi^4}\sin\frac{\pi x}{L} + C_3x + C_4 \qquad (6)$$

경계조건 [그림 1]을 참조하면 경계조건은 다음과 같다.

$[x=0,\ y=0]$: 식 (6)으로부터, $C_4=0$

$[x=L,\ y=0]$: 식 (6)으로부터, $C_3=0$

a. 탄성곡선식 $\qquad EIy = -w_0\dfrac{L^4}{\pi^4}\sin\dfrac{\pi x}{L}$ ◀

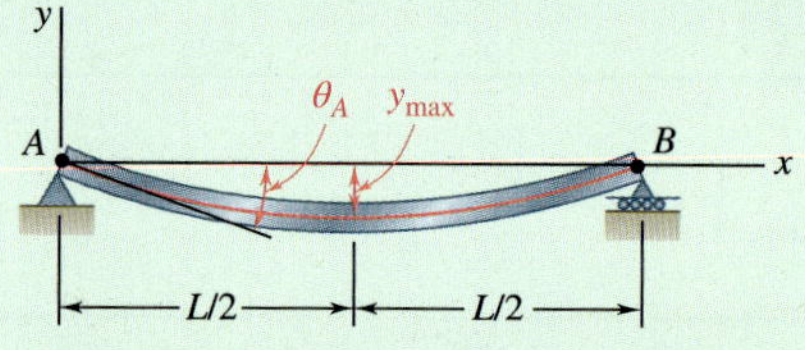

그림 2 점 A의 처짐각과 최대처짐이 표시된 탄성곡선의 처짐형상

b. 점 A에서의 처짐각 [그림 2]를 참조하면 $x=0$에서의 처짐각은 다음과 같다.

$$EI\,\theta_A = -w_0\frac{L^3}{\pi^3}\cos 0 \qquad \theta_A = \frac{w_0L^3}{\pi^3EI}$$ ◀

c. 최대처짐 [그림 2]를 참조하면 $x=\frac{1}{2}L$에서의 처짐은 다음과 같다.

$$EIy_{max} = -w_0\frac{L^4}{\pi^4}\sin\frac{\pi}{2} \qquad y_{max} = \frac{w_0L^4}{\pi^4EI}\downarrow$$ ◀

고찰 작용하는 하중을 고려해보면, 점 A에서의 처짐각과 최대처짐의 방향이 예상한 방향과 일치하는 것을 확인할 수 있다.

예제 15.3

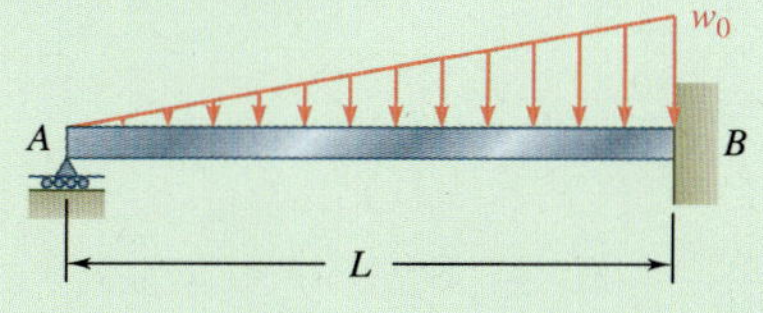

그림에 나타낸 보 AB에 대해 (a) 점 A에서의 반력을 구하고, (b) 탄성곡선식을 유도하고, (c) 점 A에서의 처짐각을 구하시오. 보 AB는 1차 부정정이다.

문제분석 1차 부정정보이므로, 점 A에서의 반력을 잉여반력으로 놓은 후, 휨모멘트에 대한 식을 잉여반력과 작용하는 하중의 함수로 표현한다. 휨모멘트 식을 탄성곡선의 미분방정식에 대입한 후 두 번 적분하고, 경계조건을 적용하면 잉여반력을 구할 수 있다. 유도된 탄성곡선식을 이용하여 점 A에서의 처짐각을 구한다.

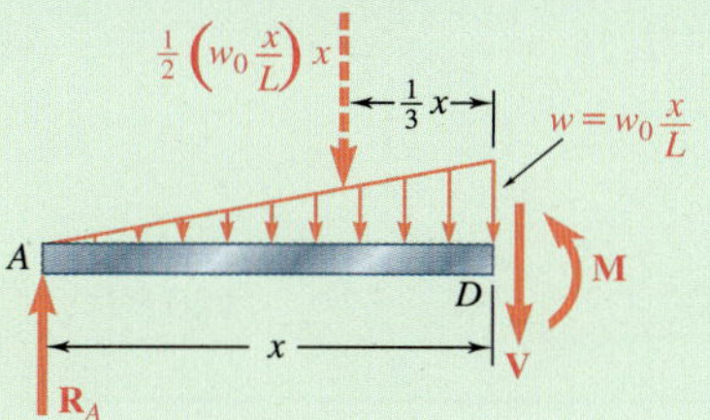

그림 1 AD의 자유물체도

모델링 [그림 1]의 자유물체도를 이용하여 휨모멘트에 대한 식을 구한다.

$$+\circlearrowleft \Sigma M_D = 0 : R_A x - \frac{1}{2}\left(\frac{w_0 x^2}{L}\right)\frac{x}{3} - M = 0, \qquad M = R_A x - \frac{w_0 x^3}{6L}$$

풀이

탄성곡선 미분방정식 식 (15.4)를 이용하면 다음과 같다.

$$EI\frac{d^2y}{dx^2} = R_A x - \frac{w_0 x^3}{6L}$$

휨강성 EI는 상수이므로, 이 식을 두 번 적분하면 다음과 같다.

$$EI\frac{dy}{dx} = EI\theta = \frac{1}{2}R_A x^2 - \frac{w_0 x^4}{24L} + C_1 \tag{1}$$

$$EIy = \frac{1}{6}R_A x^3 - \frac{w_0 x^5}{120L} + C_1 x + C_2 \tag{2}$$

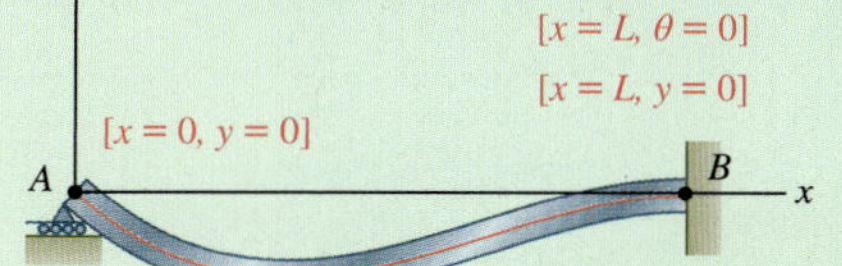

그림 2 경계조건

경계조건 [그림 2]에 나타낸 세 개의 경계조건을 만족해야 한다.

$$[x = 0,\ y = 0] : C_2 = 0 \tag{3}$$

$$[x = L,\ \theta = 0] : \frac{1}{2}R_A L^2 - \frac{w_0 L^3}{24} + C_1 = 0 \tag{4}$$

$$[x = L,\ y = 0] : \frac{1}{6}R_A L^3 - \frac{w_0 L^4}{120} + C_1 L + C_2 = 0 \tag{5}$$

a. 점 A에서의 반력 식 (4)에 L을 곱하고 식 (5)를 빼면 다음과 같다. 이때 $C_2 = 0$이다.

$$\frac{1}{3}R_A L^3 - \frac{1}{30}w_0 L^4 = 0 \qquad \mathbf{R}_A = \frac{1}{10}w_0 L \uparrow \blacktriangleleft$$

이 식에서와 같이 반력은 E와 I의 영향을 받지 않는다. $R_A = \frac{1}{10}w_0 L$을 식 (4)에 대입하면 다음과 같다.

$$\frac{1}{2}\left(\frac{1}{10}w_0 L\right)L^2 - \frac{1}{24}w_0 L^3 + C_1 = 0, \qquad C_1 = -\frac{1}{120}w_0 L^3$$

b. 탄성곡선식　R_A, C_1, C_2를 식 (2)에 대입하면 다음과 같다.

$$EIy = \frac{1}{6}\left(\frac{1}{10}w_0 L\right)x^3 - \frac{w_0 x^5}{120L} - \left(\frac{1}{120}w_0 L^3\right)x$$

$$y = \frac{w_0}{120EIL}(-x^5 + 2L^2x^3 - L^4x) ◀$$

c. 점 A 에서의 처짐각(그림 3)　탄성곡선식을 x에 대해 미분하면 다음과 같다.

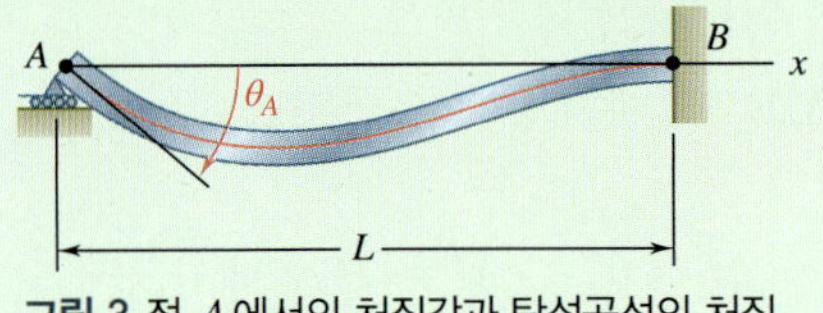

그림 3 점 A 에서의 처짐각과 탄성곡선의 처짐

$$\theta = \frac{dy}{dx} = \frac{w_0}{120EIL}(-5x^4 + 6L^2x^2 - L^4)$$

$x=0$을 대입하면 다음과 같다.

$$\theta_A = -\frac{w_0 L^3}{120EI} \qquad \theta_A = \frac{w_0 L^3}{120EI} ⟲ ◀$$

사례연구 15.1

시공 중인 철골steel-frame 건물의 전형적인 바닥시스템을 [사진 CS15.1]에 나타냈다. 이 바닥시스템은 강재보와 거더girder를 망처럼 연결하여 철근콘크리트 데크deck를 지지하고 있다. [사진 CS15.2]는 콘크리트 데크 타설 전 바닥의 강재 프레임들을 상세하게 보여준다. 강재 프레임은 보를 거더가 지지하고, 다시 거더를 기둥이 지지하는 형식이다.

사진 CS15.1 시공 중인 철골 건물
DNY59/E+/Getty Image

사진 CS15.2 구조물의 바닥 뼈대(콘크리트 데크 타설 전)
Kozmoat98/E+/Getty Images

보는 거더의 복부에 연결되어 있기 때문에, 일반적으로 단순지지된 것으로 간주하고(사례연구 4.2를 참조하라), 길이가 8.8 m인 W410×60 강재를 동일한 간격 2.2 m로 설치했다고 가정한다. 설계 시 각각의 보에는 보의 간격과 동일한 폭의 데크를 함께 고려하기도 하는데, 이런 데크의 일부분은 보에 **속한**tributary 것으로 간주한다. 보의 간격을 2.2 m로 가정한 경우, [그림 CS15.1]과 같이 콘크리트 데크도 2.2 m의 폭이 보에 속한 것으로 간주한다. 일반적으로 이러한 바닥구조를 이루는 콘크리트는 양생이 될 때까지 콘크리트를 지지하는 금속 데크ribbed metal deck 위에 타설한다. 이 사례연구에서 단면 환산 시 금속 데크의 영향은 고려하지 않는 것으로 가정한다.

설계 대상 시스템이나 구조물은 예상되는 모든 하중에 대해 안전해야 하고, 경제적이어야 한다. 하지만 종종 만족해야 할 부수적인 조건들도 있다. 이러한 조건은 기능적인 또는 사용상 만족해야 하는 조건으로 **사용성**serviceability 조건이라고 한다. 이 사례연구에서 철골 건물의 경우, 도금된 천장과 같은 비구조 요소가 손상된다거나 과도한 처짐에 의해 의도치 않은 영향을 받지 않도록

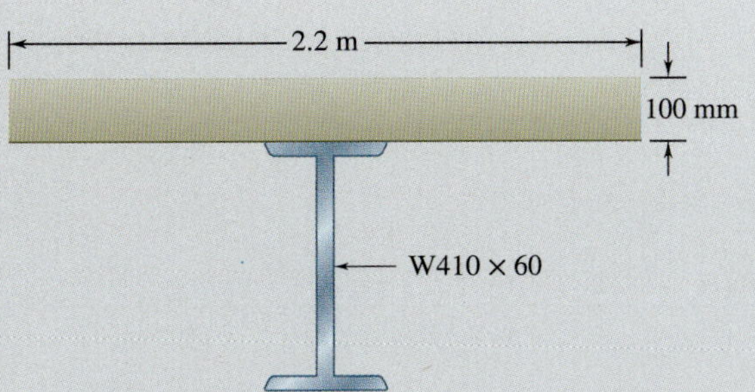

그림 CS15.1 강재보와 철근콘크리트 데크로 구성된 전형적인 단면

활하중에 의한 바닥의 처짐을 제한하는 것을 예로 들 수 있다. 그리고 평상시 건물을 사용할 때 바닥구조의 진동에 의해 사용자의 편의성 또는 매우 민감한 기기의 사용성이 손상되지 않도록 해야 한다. **사용자의 활동에 의한 철골구조 시스템의 진동**Vibration of Steel-framed Structural Systems Due to Human Activity[3]에 관한 설계지침은 이러한 사용성의 평가 방법을 제시하고 있다. 이때 중요한 변수로 단위시간(초)당 진동수cycles/s를 의미하는 보의 고유진동수 f_b를 사용한다. 이 설계지침은 다음과 같이 보의 고유진동수를 계산하는 근사식을 제공한다.

$$f_b = 0.18\sqrt{\frac{g}{\Delta}} \tag{1}$$

여기서 g는 중력가속도, Δ는 단순보가 실제로 지지하는 중량에 의한 중앙경간의 정적처짐이다. [개념적용 15.2]로부터 중앙경간의 처짐은 다음과 같다.

$$\Delta = \frac{5wL^4}{384\,E_s I_t} \tag{2}$$

여기서 w는 실제 작용하는 사하중과 활하중에 의한 등분포하중, L은 보의 길이, E_S는 강재의 탄성계수, I_t는 콘크리트를 강으로 환산한 전체 단면의 단면2차모멘트이다.

바닥 단면과 보 단면의 기하학적 형상을 이용하고 콘크리트와 강재의 탄성계수를 각각 $E_C = 25$ GPa과 $E_S = 200$ GPa, 각각의 보에 작용하는 실제 하중을 $w_{\text{dead}} = 7$ kN/m과 $w_{\text{live}} = 1$ kN/m라고 가정하면, 보의 고유진동수를 구할 수 있다.

문제분석 11.3절에서 배운 내용에 따르면 [그림 CS15.1]의 콘크리트와 강재단면을 강재만으로 이뤄진 환산단면으로 변환할 수 있다. 그다음 환산단면과 보의 고유진동수에 대한 근사식을 이용하여 보의 고유진동수를 구할 수 있다.

모델링

환산단면 먼저 탄성계수의 비를 구한다.

$$n = \frac{E_c}{E_s} = \frac{25\text{ GPa}}{200\text{ GPa}} = \frac{1}{8}$$

콘크리트를 강재로 환산했기 때문에 콘크리트의 탄성계수를 분자에, 강재의 탄성계수를 분모에 놓고 계산했다. 환산 전 콘크리트를 대체하는 강재의 폭은 콘크리트의 폭에 n을 곱해 다음과 같이 구한다.

$$n(2.2\text{ m}) = \frac{1}{8}(2.2\text{ m}) = 275\text{ mm}$$

3 T. M. Murray, D. E. Allen, E. E. Ungar, and D. B. Davis, *Vibration of Steel-FramedvStructural Systems Due to Human Activity*, 2nd ed., Steel Design Guide 11, American Institute of Steel Construction, Chicago, IL, 2016.

중립축 [그림 CS15.2]에 강재만으로 이뤄진 환산단면을 나타냈다. 〈부록 D〉로부터, W410×60의 단면성질은 다음과 같다.

$$d = 406\ \text{mm}, \quad A = 7610\ \text{mm}^2, \quad I_x = 216 \times 10^6\ \text{mm}^4$$

환산단면의 도심을 통과하는 중립축의 위치는 다음과 같다.

$$\overline{Y} = \frac{\Sigma \overline{y} A}{\Sigma A} = \frac{(253\ \text{mm})(275\ \text{mm} \times 100\ \text{mm}) + 0}{(275\ \text{mm} \times 100\ \text{mm}) + (7610\ \text{mm}^2)} = 198.2\ \text{mm}$$

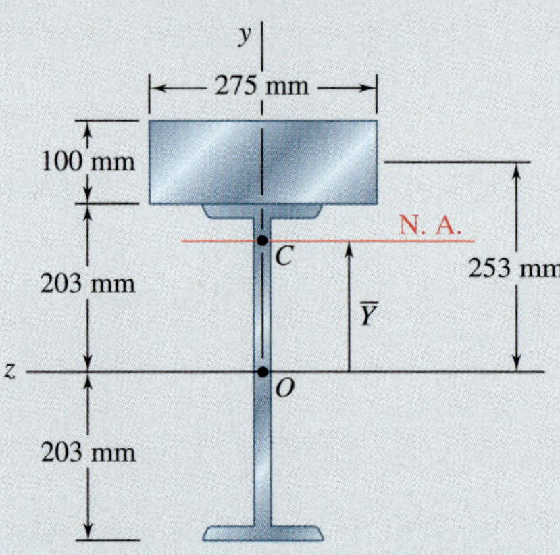

그림 CS15.2 전체가 강재로 이뤄진 환산단면

환산단면의 단면2차모멘트 [그림 CS15.2]와 평행축 정리를 이용하면 환산단면의 단면2차모멘트를 구할 수 있다.

$$I_t = \frac{1}{12}(275)(100)^3 + (275 \times 100)(253 - 198.2)^2 + 216 \times 10^6 + (7610)(198.2)^2$$

$$I_t = 620.4 \times 10^6\ \text{mm}^4$$

풀이

중앙경간의 정적처짐 식 (2)와 주어진 조건을 이용하면 중앙경간의 정적처짐을 다음과 같이 구할 수 있다.

$$w = w_{\text{dead}} + w_{\text{live}} = 7\ \text{kN/m} + 1\ \text{kN/m} = 8\ \text{kN/m}$$

$$\Delta = \frac{5wL^4}{384 E_s I_t} = \frac{5(8 \times 10^3\ \text{N/m})(8.8\ \text{m})^4}{384(200 \times 10^9\ \text{N/m}^2)(620.4 \times 10^{-6}\ \text{m}^4)} = 5.035 \times 10^{-3}\ \text{m}$$

보의 고유진동수 식 (1)과 $g = 9.8\ \text{m/s}^2$을 이용하면 보의 고유진동수를 구할 수 있다.

$$f_b = 0.18\sqrt{\frac{g}{\Delta}} = 0.18\sqrt{\frac{9.81\ \text{m/s}^2}{5.035 \times 10^{-3}\ \text{m}}} \qquad f_b = 7.95\ \text{cycles/s} ◂$$

고찰 이와 같이 보의 고유진동수를 구할 수 있다. 하지만 전체 바닥구조의 고유진동수는 보를 지지하고 있는 거더의 진동 특성에 의해서도 영향을 받을 것이다. 참고한 설계지침에 주어진 방법에 의하면 거더의 고유진동수 f_g는 보의 고유진동수 f_b를 구하는 방법과 유사한 방법으로 구할 수 있고, 바닥구조의 고유진동수 f는 다음과 같은 관계식을 이용하여 구할 수 있다.[4]

$$\frac{1}{f^2} = \frac{1}{f_b^2} + \frac{1}{f_g^2}$$

4 T. M. Murray, D. E. Allen, E. E. Ungar, and D. B. Davis, *Vibration of Steel-Framed Structural Systems Due to Human Activity*, 2nd ed., Steel Design Guide 11, American Institute of Steel Construction, Chicago, IL, 2016.

Section 15.1 ~ 15.2 연습문제

* 모든 문제에서 보의 휨강성 EI는 일정하다고 가정한다.

15.1 ~ 15.4 그림과 같이 하중이 작용할 때, (a) 외팔보 AB의 탄성곡선식, (b) 자유단에서의 처짐, (c) 자유단에서의 처짐각을 구하시오.

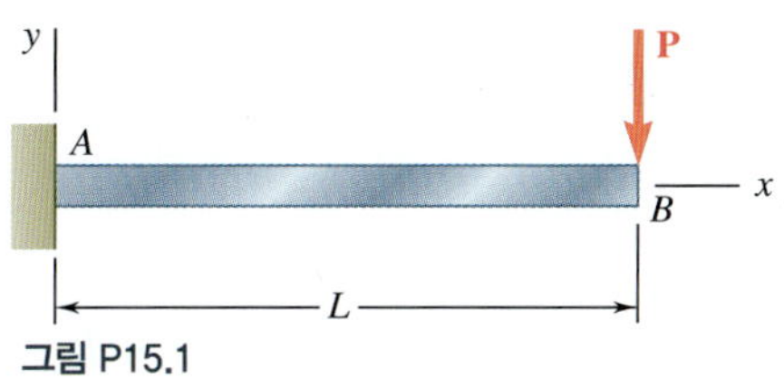

그림 P15.1

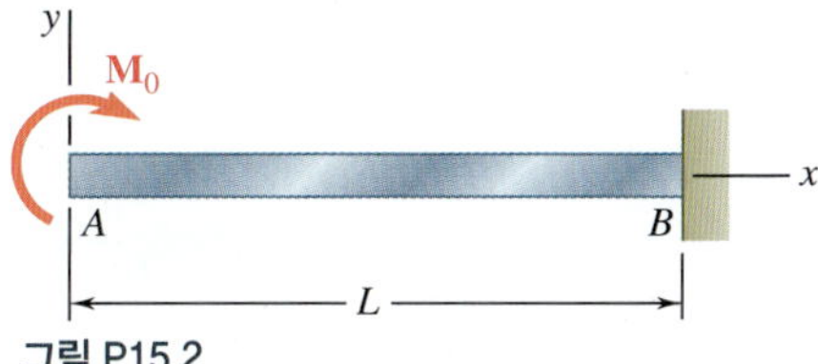

그림 P15.2

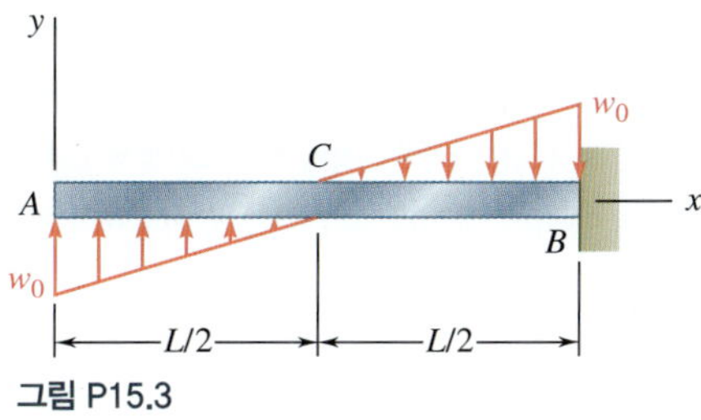

그림 P15.3

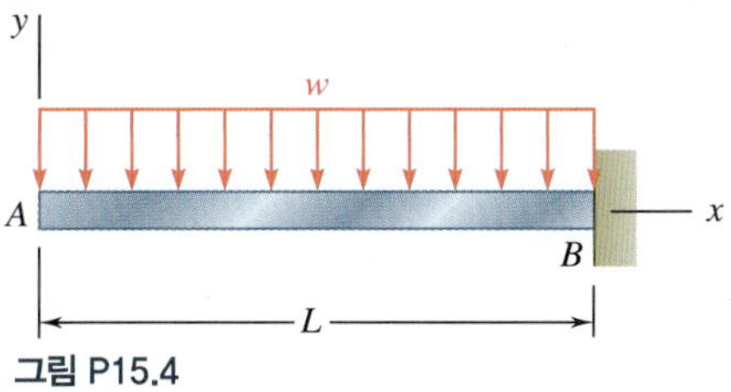

그림 P15.4

15.5 ~ 15.6 그림과 같은 하중이 작용하는 외팔보에서 (a) 부재 AB의 탄성곡선식, (b) 점 B의 처짐, (c) 점 B의 처짐각을 구하시오.

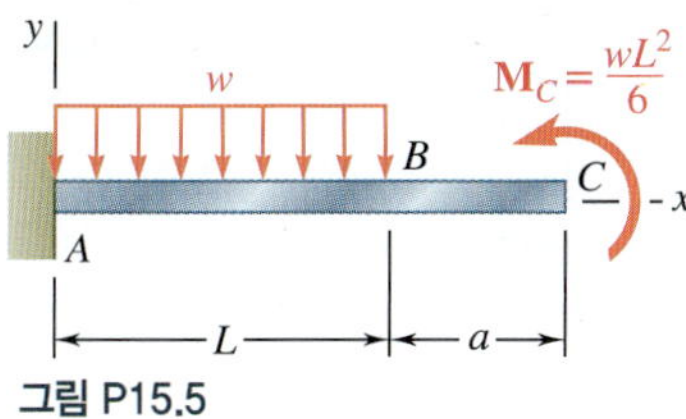

그림 P15.5

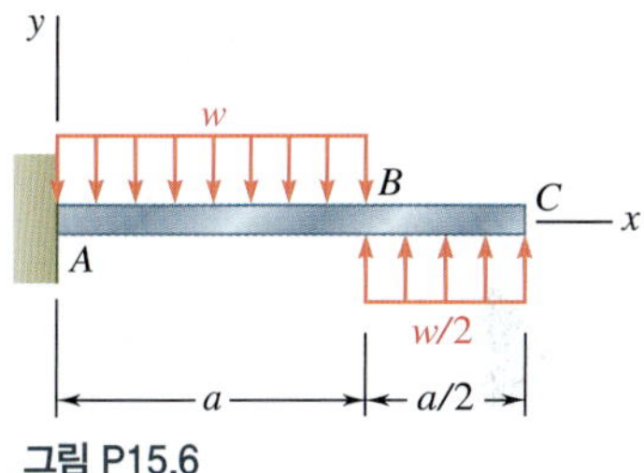

그림 P15.6

15.7 그림과 같은 하중이 작용하는 보에서 (a) 부재 AB의 탄성곡선식, (b) 점 A의 처짐각, (c) 점 B의 처짐각을 구하시오.

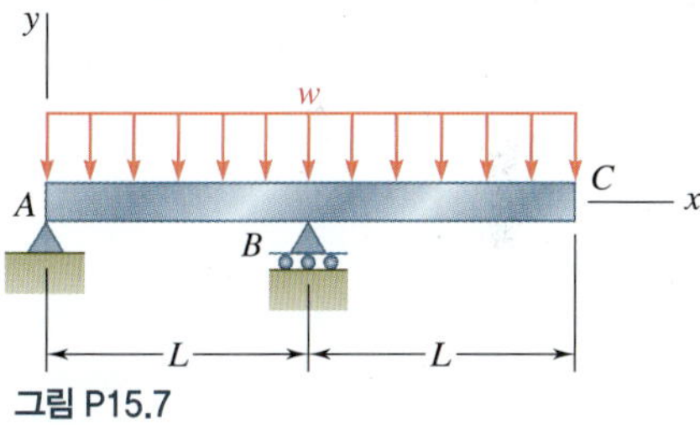

그림 P15.7

15.8 그림과 같은 하중이 작용하는 보에서 (a) 부재 AB의 탄성곡선식, (b) 중앙경간에서의 처짐, (c) 점 B의 처짐각을 구하시오.

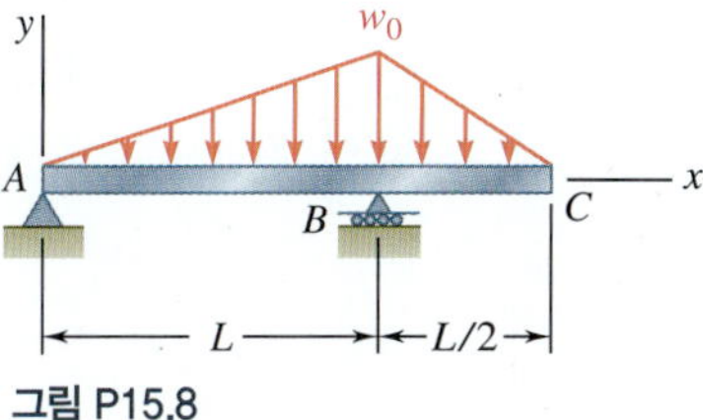

그림 P15.8

15.9 그림의 보가 S200×34 압연강재이고 $P=60$ kN, $L=2$ m, $E=200$ GPa일 때 (a) 점 A의 처짐각, (b) 점 C의 처짐을 구하시오.

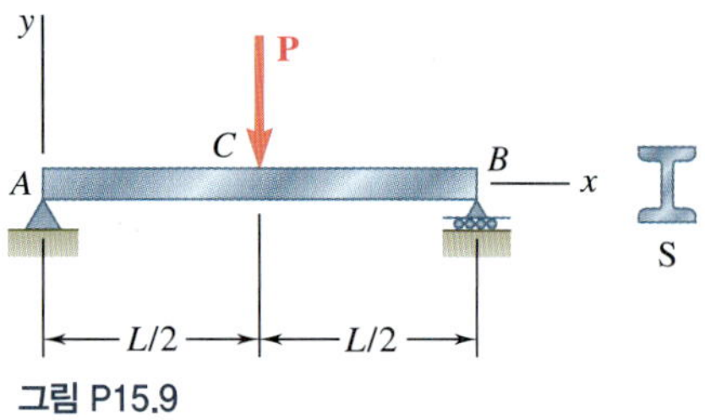

그림 P15.9

15.10 그림의 보가 W10×33 압연강재이고 $w_0=3$ kips/ft, $L=12$ ft, $E=29\times10^6$ psi일 때 (a) 점 A에서의 처짐각과 (b) 점 C에서의 처짐을 구하시오.

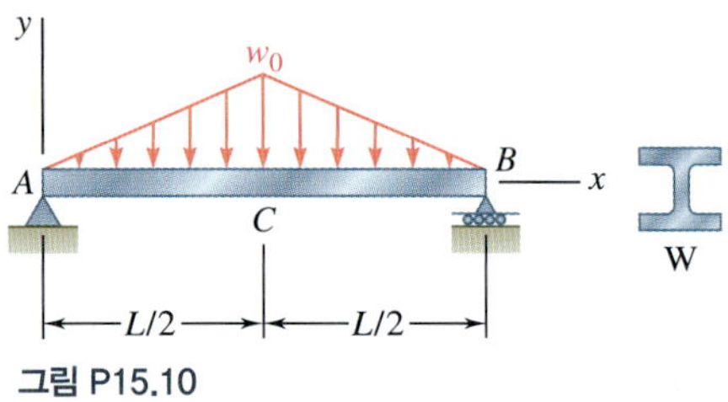

그림 P15.10

15.11 (a) 보 AB의 최대처짐값과 최대처짐이 발생하는 위치를 구하시오. (b) 그림의 보가 W360×64 압연강재이고 $L=3.5$ m, $E=200$ GPa일 때, 최대처짐이 1 mm를 초과하지 않도록 하는 모멘트 $\mathbf{M}_0$의 최대허용값을 구하시오.

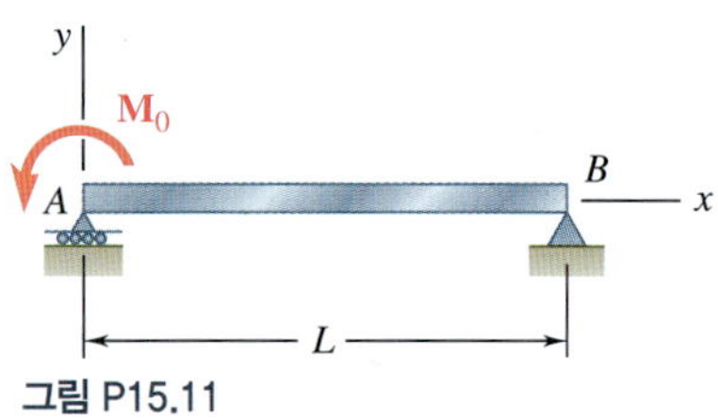

그림 P15.11

15.12 그림과 같은 하중이 작용하는 보에서 (a) 최대처짐의 크기와 위치를 w_0, L, E, I로 나타내시오. (b) 보 AB가 W18×50 압연강재이고 $w_0=4.54$ kips/ft, $L=18$ ft, $E=29\times10^6$ psi일 때, 최대처짐값을 구하시오.

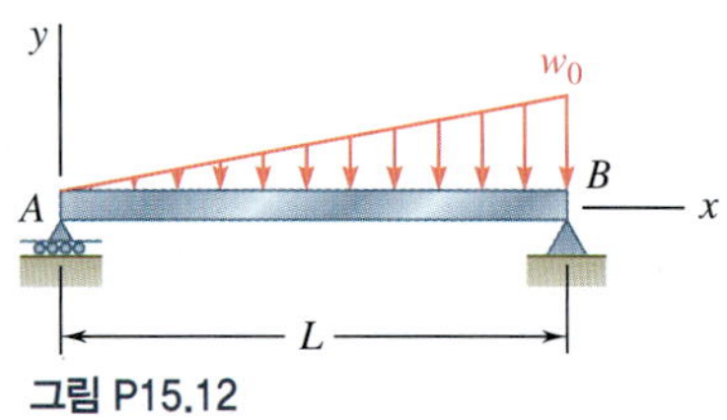

그림 P15.12

15.13 그림과 같은 하중이 작용하는 보에서 $a=2$ m, $w=50$ kN/m, $E=200$ GPa일 때 (a) 점 A에서의 처짐각, (b) 점 C에서의 처짐을 구하시오.

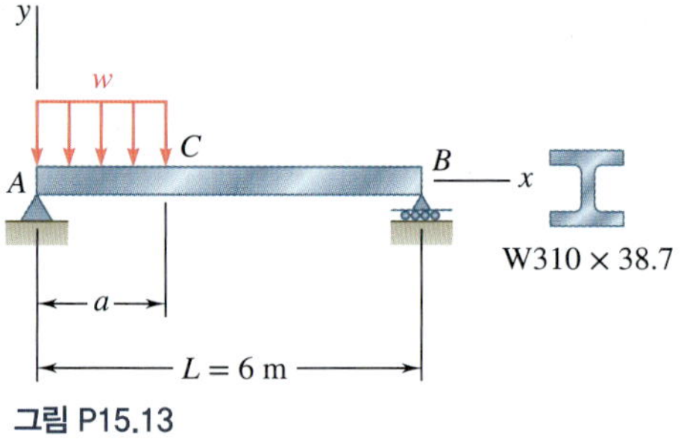

그림 P15.13

15.14 그림과 같은 하중이 작용하는 보에서 $E=29\times10^6$ psi일 때, 점 C에서의 처짐을 구하시오.

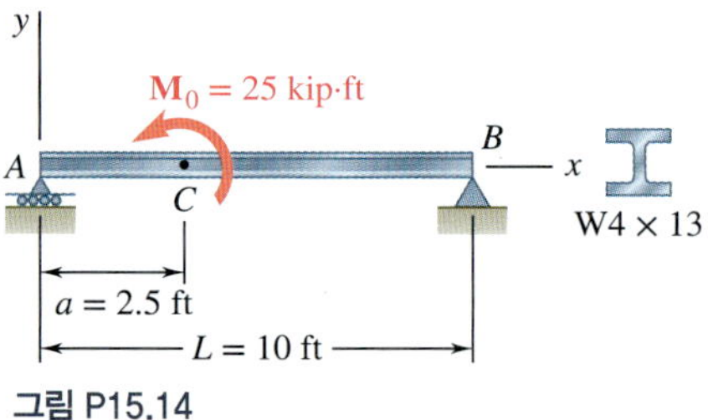

그림 P15.14

15.15 그림과 같은 하중이 작용하는 보에서 (a) 탄성곡선식, (b) 점 A에서의 처짐각, (c) 중앙경간에서의 처짐을 구하시오.

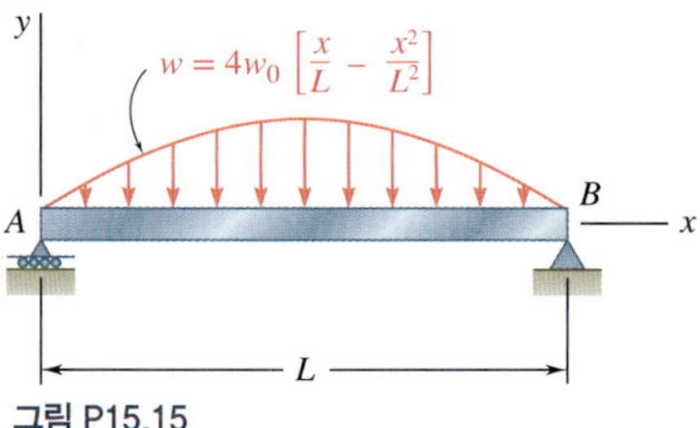

그림 P15.15

15.16 그림과 같은 하중이 작용하는 보에서 (a) 탄성곡선식, (b) 자유단에서의 처짐을 구하시오.

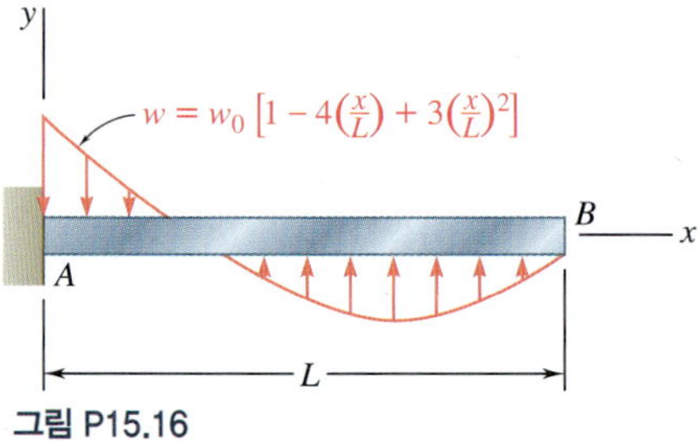

그림 P15.16

15.17 ~ 15.20 그림과 같은 하중이 작용하는 보의 이동단에서의 반력을 구하시오.

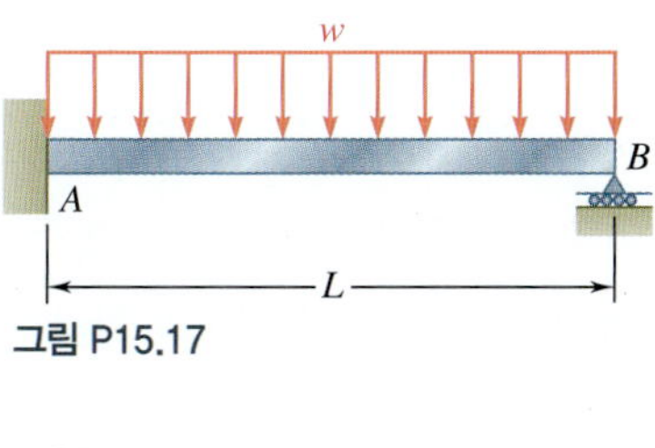

그림 P15.17

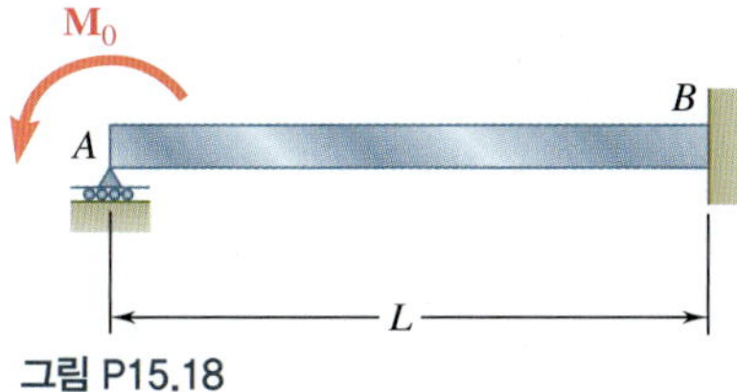

그림 P15.18

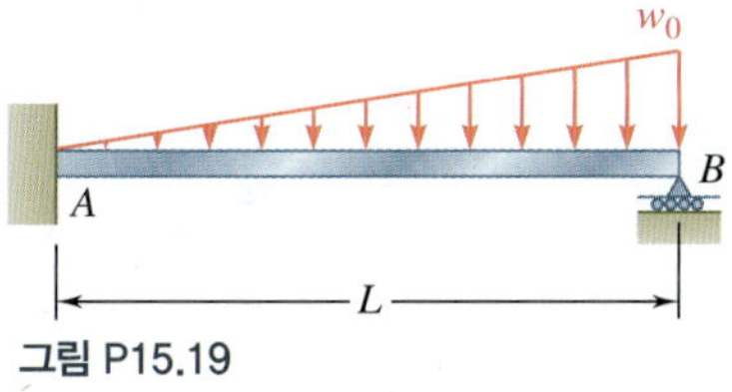

그림 P15.19

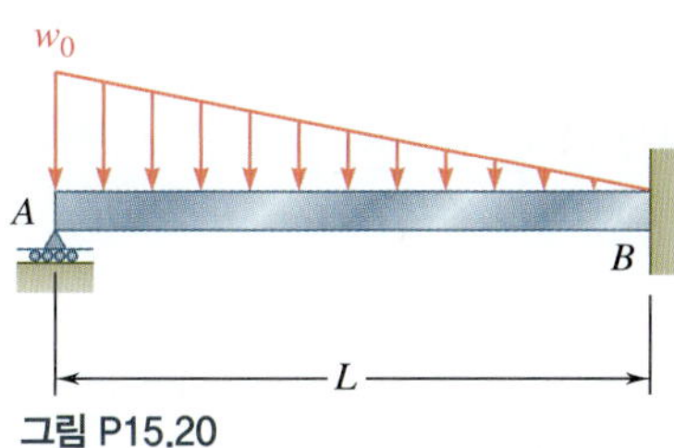

그림 P15.20

15.21 ~ 15.22 그림과 같은 하중이 작용하는 보의 이동단에서의 반력을 구하고 휨모멘트도를 그리시오.

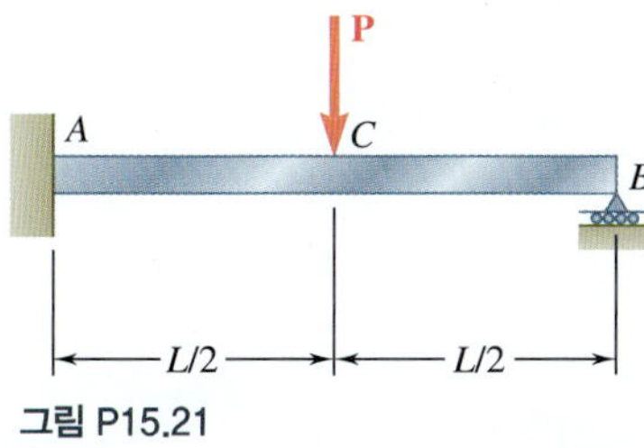

그림 P15.21

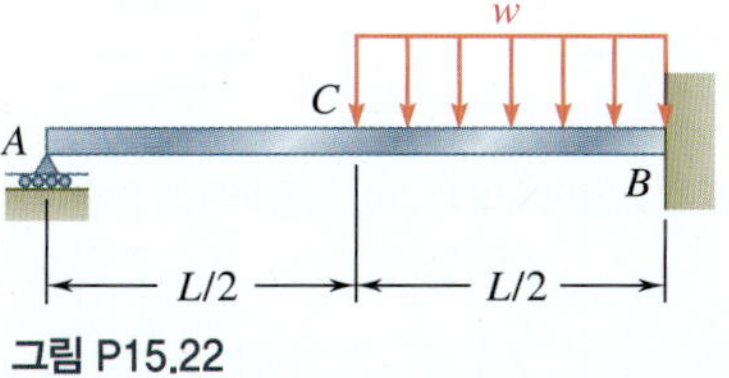

그림 P15.22

15.23 ~ 15.24 그림과 같은 하중이 작용하는 보에서 $a = L/3$일 때, 이동단에서의 반력과 점 D에서의 처짐을 구하시오.

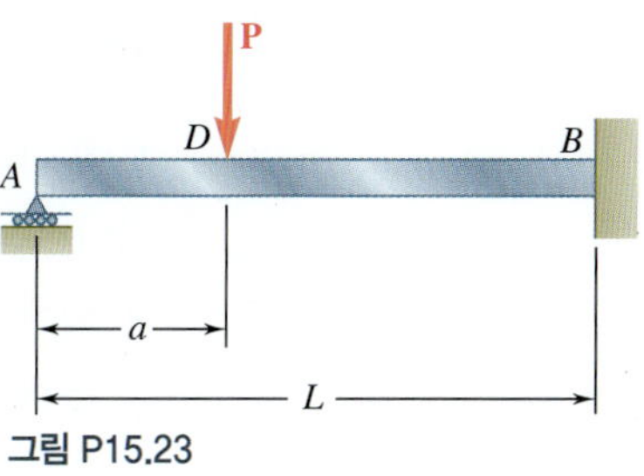

그림 P15.23

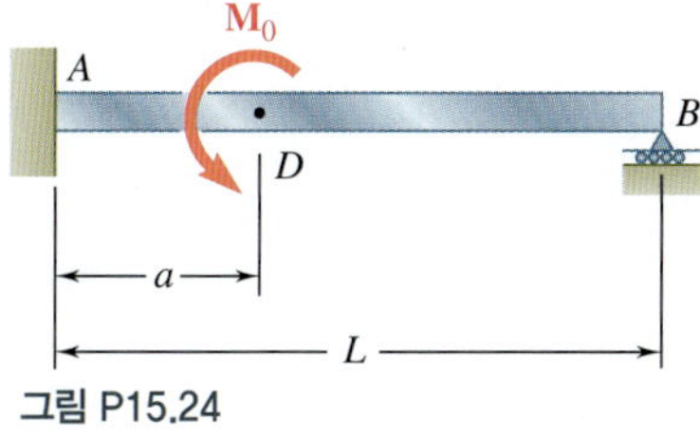

그림 P15.24

15.25 ~ 15.26 그림과 같은 하중이 작용하는 보의 점 A에서의 반력을 구하고 휨모멘트도를 그리시오.

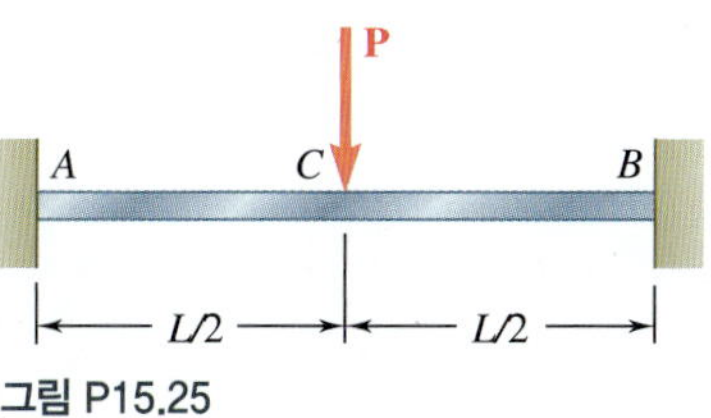

그림 P15.25

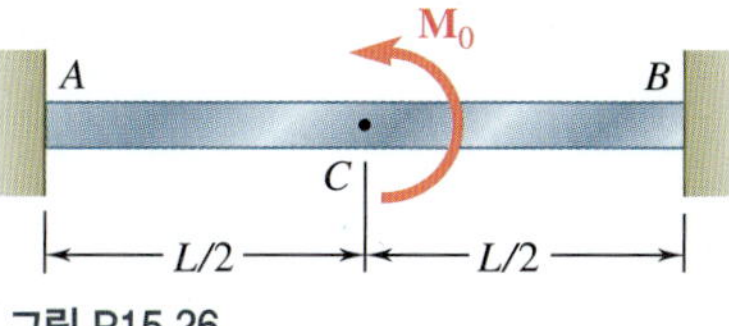

그림 P15.26

15.3 중첩법

15.3.1 정정보

보에 여러 종류의 집중하중과 분포하중이 작용할 때, 중첩법(9.5절)을 적용하는 것이 편리하다. 중첩법은 각 하중에 의해 발생하는 처짐과 처짐각을 먼저 구하고, 여러 종류의 하중에 의해 발생하는 처짐과 처짐각은 각각의 하중에 대해 구한 처짐과 처짐각을 더해서 구하는 방법이다.

개념적용 15.6

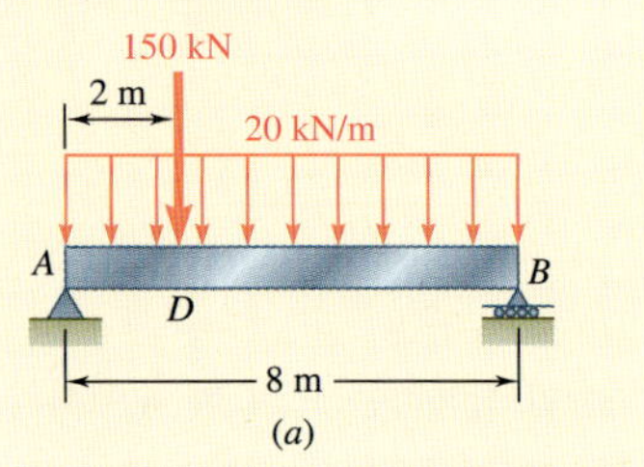

그림 15.18 (a) 분포하중과 집중하중이 작용하는 단순보

[그림 15.18a]에 나타낸 하중이 작용하는 보에서 점 D에 발생하는 처짐각과 처짐을 구하시오. 보의 휨강성은 $EI = 100\ \mathrm{MN \cdot m^2}$이다.

보의 임의의 점에 발생하는 처짐각과 처짐은 집중하중에 의해 발생하는 처짐각과 처짐을 분포하중에 의해 발생하는 처짐각과 처짐에 각각 더하여 구할 수 있다(그림 15.18b).

[그림 15.18c]에 나타낸 집중하중은 보 전체 길이의 1/4 위치에 작용하기 때문에 [개념적용 15.3]의 결과를 이용하여 다음과 같이 구할 수 있다.

$$(\theta_D)_P = -\frac{PL^2}{32EI} = -\frac{(150\times10^3)(8)^2}{32(100\times10^6)} = -3\times10^{-3}\ \mathrm{rad}$$

$$(y_D)_P = -\frac{3PL^3}{256EI} = -\frac{3(150\times10^3)(8)^3}{256(100\times10^6)}$$

$$= -9\times10^{-3}\ \mathrm{m} = -9\ \mathrm{mm}$$

[개념적용 15.2]에서 풀었던 등분포하중이 작용하는 보의 탄성곡선식을 기억해보자. 이를 이용하면 [그림 15.18d]에 나타낸 처짐은 다음과 같이 구할 수 있다.

$$y = \frac{w}{24EI}(-x^4 + 2Lx^3 - L^3x) \tag{1}$$

이 식을 x에 대해 미분하면 다음과 같다.

$$\theta = \frac{dy}{dx} = \frac{w}{24EI}(-4x^3 + 6Lx^2 - L^3) \tag{2}$$

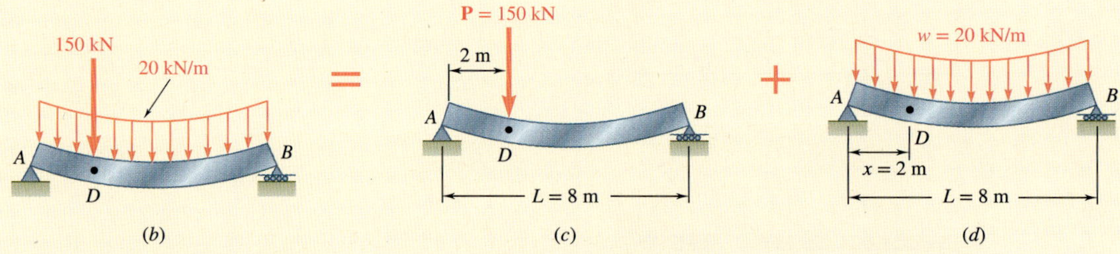

그림 15.18 (b) 분포하중과 집중하중에 의한 처짐은 각 하중에 의한 처짐을 더하여 구한다. (c) 집중하중에 의한 처짐 (d) 분포하중에 의한 처짐

식 (1)과 식 (2)에 $w=20\text{ kN/m}$, $x=2\text{ m}$, $L=8\text{ m}$를 대입하면 등분포하중에 의해 발생하는 처짐각과 처짐을 다음과 같이 구할 수 있다.

$$(\theta_D)_w = \frac{20\times 10^3}{24(100\times 10^6)}(-352) = -2.93\times 10^{-3}\text{ rad}$$

$$(y_D)_w = \frac{20\times 10^3}{24(100\times 10^6)}(-912) = -7.60\times 10^{-3}\text{ m}$$
$$= -7.60\text{ mm}$$

집중하중과 분포하중에 의해 발생하는 처짐각과 처짐은 각각의 결과를 더하여 구할 수 있다.

$$\theta_D = (\theta_D)_P + (\theta_D)_w = -3\times 10^{-3} - 2.93\times 10^{-3}$$
$$= -5.93\times 10^{-3}\text{ rad}$$

$$y_D = (y_D)_P + (y_D)_w = -9\text{ mm} - 7.60\text{ mm} = -16.60\text{ mm}$$

설계자들의 작업 편의를 위해 대부분의 구조공학편람은 여러 종류의 하중과 지점조건에 대해 처짐각과 처짐값을 표의 형태로 제공한다. 이 책에서는 〈부록 E〉에 수록했다. [그림 15.18a]에 나타낸 보의 처짐각과 처짐도 제공된 표로 구할 수 있다. 5번과 6번의 결과를 이용하면 $x \le L/4$인 위치에 발생하는 처짐을 구할 수 있다. 이러한 방법으로 구한 식을 미분하면 해당 위치에 발생하는 처짐각도 구할 수 있다. 또한 보의 양쪽 끝단에 발생하는 처짐각도 표에 주어진 값을 더하기만 하면 구할 수 있다. 하지만 [그림 15.18a]의 최대처짐은 〈부록 E〉의 5번과 6번에 대한 최대처짐을 더해서는 **구할 수 없다**. 왜냐하면 두 경우 최대처짐이 발생하는 위치가 다르기 때문이다.[5]

5 보의 최대처짐에 대한 근삿값은 x의 여러 값에 대한 y의 값을 그려서 구할 수 있다. 최대처짐의 정확한 값과 위치는 보의 처짐각에 대한 식을 0으로 만드는 x값을 찾아야 구할 수 있다.

15.3.2 부정정보

부정정보의 지점반력은 중첩법을 사용하여 구하는 것이 편리하다. [사진 15.2]에 나타낸 1차 부정정보를 예로 들어보자. 15.2절에서 배운 방법을 사용하여 하나의 반력을 잉여반력으로 간주한다. 해당 잉여반력은 다른 하중과 함께 미지의 하중으로 취급한 뒤, 경계조건을 적용할 때 잉여반력 설정 이전의 지점조건에 일치하는 처짐이 발생하도록 한다. 지점이 바뀌거나 제거된 위치에서의 처짐각과 처짐은 주어진 하중과 잉여반력에 의해 발생하는 처짐을 따로 구한 후 각각 중첩한다. 지점반력이 결정되면 처짐과 처짐각을 구할 수 있다.

사진 15.2 연속교 형태인 고속도로 고가교 highway overpass는 지점이 세 개이므로 부정정보이다. Courtesy of John Dewolf

개념적용 15.7

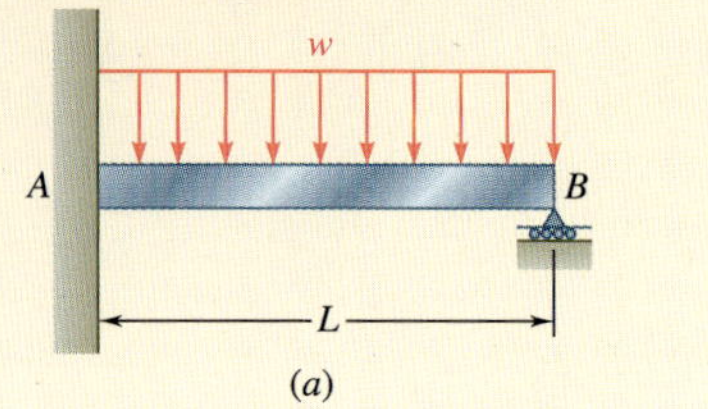

그림 15.19 (a) 분포하중이 작용하는 부정정보

[그림 15.19a]에 나타낸 하중이 작용하는 균일단면보의 지점반력을 구하시오. 이 보는 [개념적용 15.5]의 보와 동일하다.

점 B의 반력을 잉여반력으로 놓고 지점을 풀어준다. 지점반력 $\mathbf{R}_B$를 미지의 하중으로 간주하고(그림 15.19b), 점 B에서의 처짐이 0이어야 한다는 조건을 이용해서 구한다. 부정정보의 처짐은 등분포하중 w에 의해 발생하는 처짐 $(y_B)_w$과 잉여반력 $\mathbf{R}_B$(그림 15.19d)에 의해 같은 위치에 발생하는 처짐 $(y_B)_R$을 따로 계산하여 구한다.

〈부록 E〉의 2번과 1번의 결과로부터 다음과 같이 처짐을 구할 수 있다.

$$(y_B)_w = -\frac{wL^4}{8EI}, \qquad (y_B)_R = +\frac{R_B L^3}{3EI}$$

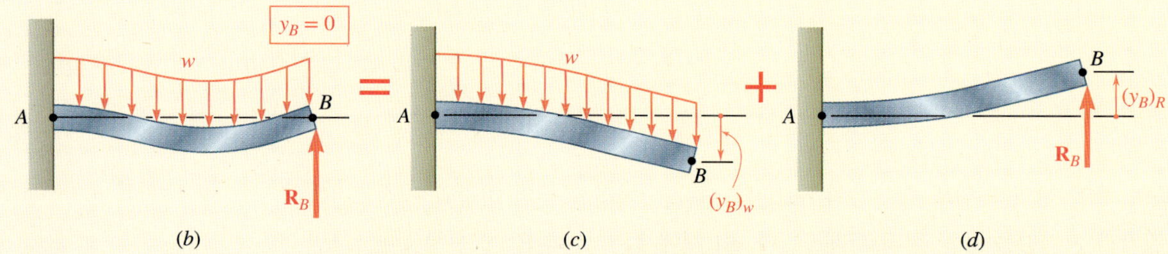

그림 15.19 (b) 두 개의 정정 외팔보의 결과를 중첩하여 부정정보를 해석한다. (c) 등분포하중이 작용하는 정정보 (d) 잉여반력이 작용하는 정정보

점 B의 처짐은 위에서 구한 두 처짐의 합이고 그 값은 0이 되어야 한다.

$$y_B = (y_B)_w + (y_B)_R = 0$$

$$y_B = -\frac{wL^4}{8EI} + \frac{R_B L^3}{3EI} = 0$$

이 식을 $\mathbf{R}_B$에 대해 나타내면 다음과 같다.

$$R_B = \frac{3}{8}wL, \qquad \mathbf{R}_B = \frac{3}{8}wL\uparrow$$

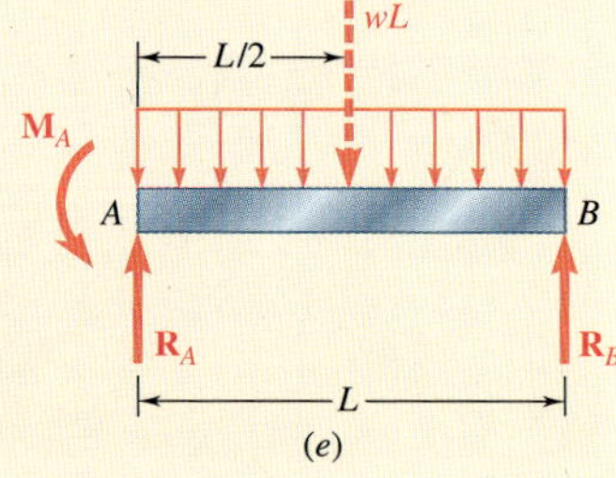

그림 15.19 (e) 부정정보의 자유물체도

[그림 15.19e]와 같이 자유물체도를 그리고, 평형방정식을 이용한다.

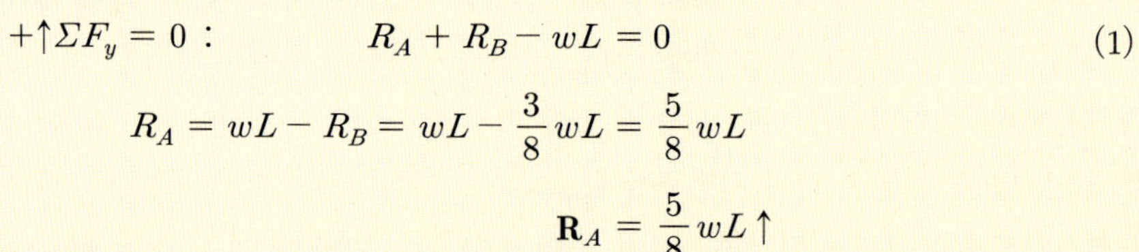

$$+\uparrow\Sigma F_y = 0: \qquad R_A + R_B - wL = 0 \tag{1}$$

$$R_A = wL - R_B = wL - \frac{3}{8}wL = \frac{5}{8}wL$$

$$\mathbf{R}_A = \frac{5}{8}wL\uparrow$$

$$+\circlearrowleft\Sigma M_A = 0: \qquad M_A + R_B L - (wL)\left(\frac{1}{2}L\right) = 0 \tag{2}$$

$$M_A = \frac{1}{2}wL^2 - R_B L = \frac{1}{2}wL^2 - \frac{3}{8}wL^2 = \frac{1}{8}wL^2$$

$$\mathbf{M}_A = \frac{1}{8}wL^2\circlearrowleft$$

다른 방법 점 A에 작용하는 반력 중 모멘트를 잉여반력으로 간주하고, 고정단을 회전단pin-and-bracket으로 바꿔준다. 그러면 모멘트 $\mathbf{M}_A$가 잉여반력이 되고(그림 15.19f), 점 A의 처짐각은 0이어야 한다는 조건으로부터 구할 수 있다. 부정정보의 처짐각은 등분포하중 w에 의해 점 A에 발생하는 처짐각$(\theta_A)_w$(그림 15.18g)과 잉여반력 $\mathbf{M}_A$(그림 15.19h)에 의해 같은 위치에 발생하는 처짐각$(\theta_A)_M$을 따로 계산하여 구한다.

〈부록 E〉의 6번과 7번의 결과를 이용하되 7번에서 점 A와 B를 서로 바꿔주면 다음의 결과를 얻을 수 있다.

$$(\theta_A)_w = -\frac{wL^3}{24EI}, \quad (\theta_A)_M = \frac{M_A L}{3EI}$$

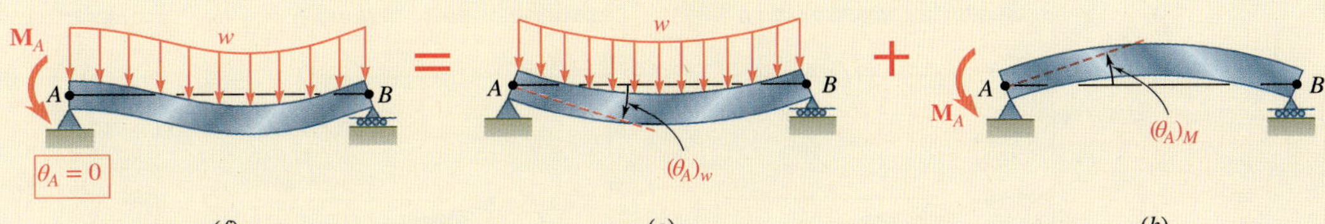

그림 15.19 (f) 두 개의 정정 단순보의 결과를 중첩하여 부정정보를 해석한다. (g) 등분포하중이 작용하는 정정보 (h) 잉여반력이 작용하는 정정보

점 A의 처짐각은 위에서 구한 두 처짐각의 합이고 그 값은 0이 된다.

$$\theta_A = (\theta_A)_w + (\theta_A)_M = 0$$

$$\theta_A = -\frac{wL^3}{25EI} + \frac{M_A L}{3EI} = 0$$

이 식을 M_A에 대해 풀어주면 다음과 같다.

$$M_A = \frac{1}{8}wL^2, \quad \mathbf{M}_A = \frac{1}{8}wL^2 \circlearrowleft$$

R_A와 R_B는 평형방정식인 식 (1)과 식 (2)를 이용하면 구할 수 있다.

[개념적용 15.7]에서 다뤘던 보는 1차 부정정이다. 2차 부정정보(15.2절)의 경우에는 두 개의 지점반력을 잉여반력으로 간주하고 해당 지점을 제거하거나 수정해야 한다. 그다음에 지점반력을 다른 하중과 마찬가지로 미지의 하중으로 간주하여 처짐을 구한 후 원래의 지점조건에 맞도록 경계조건을 적용해야 한다(예제 15.6).

예제 15.4

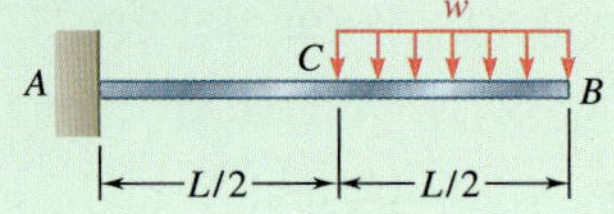

그림과 같은 하중이 작용하는 보에서 점 B에 발생하는 처짐각과 처짐을 구하시오.

문제분석 작용하는 하중을 부록에 주어진 처짐공식이 있는 하중의 합으로 모델링한 후 중첩법을 적용한다.

모델링 [그림 1]에 나타낸 것과 같이 두 하중을 중첩하면 문제에 주어진 하중과 같아진다. 각각의 그림에 나타낸 보 AB는 동일하다.

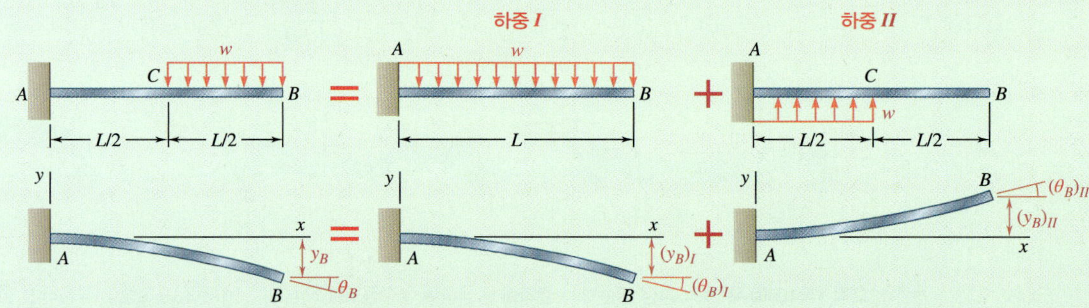

그림 1 두 분포하중을 중첩하면 문제에 주어진 하중과 같아진다.

풀이 [그림 2]에 자세히 나타낸 각 하중에 대해 〈부록 E〉를 이용하여 점 B에서의 처짐각과 처짐을 구한다.

하중 I $(\theta_B)_I = -\dfrac{wL^3}{6EI}$, $\quad (y_B)_I = -\dfrac{wL^4}{8EI}$

하중 II $(\theta_C)_{II} = +\dfrac{w(L/2)^3}{6EI} = +\dfrac{wL^3}{48EI}$, $\quad (y_C)_{II} = +\dfrac{w(L/2)^4}{8EI} = +\dfrac{wL^4}{128EI}$

구간 CB에서 하중 II에 의한 휨모멘트는 0이다. 그러므로 탄성곡선은 직선이 된다.

$$(\theta_B)_{II} = (\theta_C)_{II} = +\frac{wL^3}{48EI}$$

$$(y_B)_{II} = (y_C)_{II} + (\theta_C)_{II}\left(\frac{L}{2}\right) = \frac{wL^4}{128EI} + \frac{wL^3}{48EI}\left(\frac{L}{2}\right) = +\frac{7wL^4}{384EI}$$

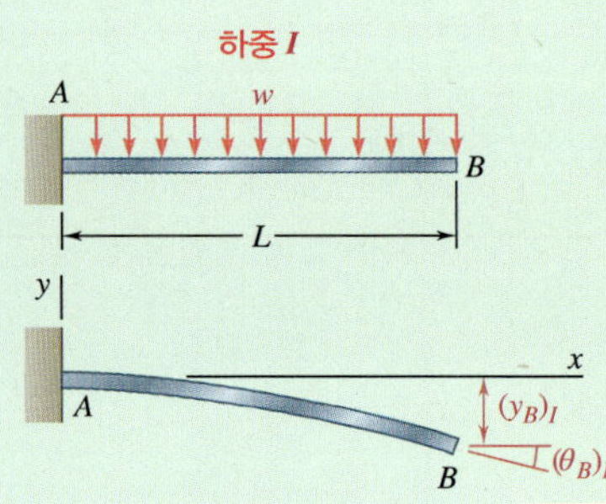

점 B에서의 처짐각

$$\theta_B = (\theta_B)_I + (\theta_B)_{II} = -\frac{wL^3}{6EI} + \frac{wL^3}{48EI} = -\frac{7wL^3}{48EI}$$

$$\theta_B = \frac{7wL^3}{48EI} \;\; ◀$$

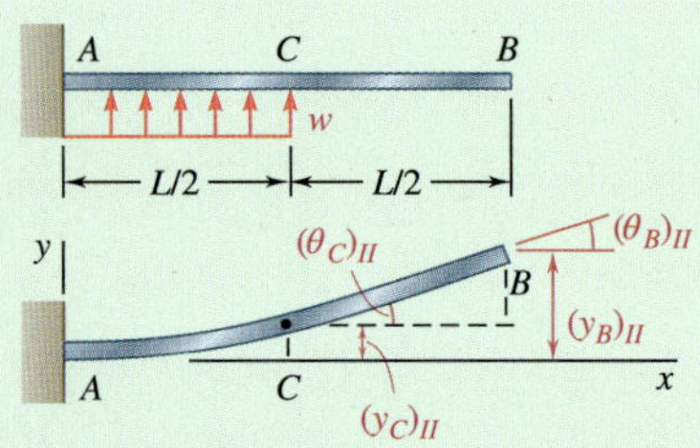

그림 2 하중 I과 하중 II에 의한 처짐 형상

점 B에서의 처짐

$$y_B = (y_B)_I + (y_B)_{II} = -\frac{wL^4}{8EI} + \frac{7wL^4}{384EI} = -\frac{41wL^4}{384EI}$$

$$y_B = \frac{41wL^4}{384EI} \downarrow \;\; ◀$$

고찰 이 문제의 하중 II에서 본 것처럼 부록에 주어진 공식은 부록에 수록되지 않은 하중이 작용하는 보의 처짐을 구하기 위해 종종 확장되어 사용되기도 한다.

예제 15.5

그림과 같이 하중이 작용하는 보에서 (a) 각 지점에 작용하는 반력과 (b) 점 A의 처짐각을 구하시오.

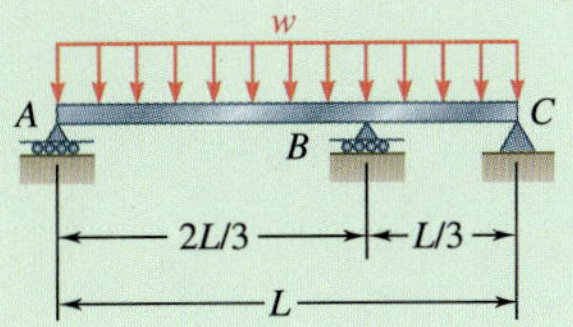

문제분석 주어진 1차 부정정보의 경우, 점 B의 지점반력을 잉여반력으로 선택하면 부록에 주어진 처짐공식과 중첩법을 이용해 쉽게 문제를 풀 수 있다.

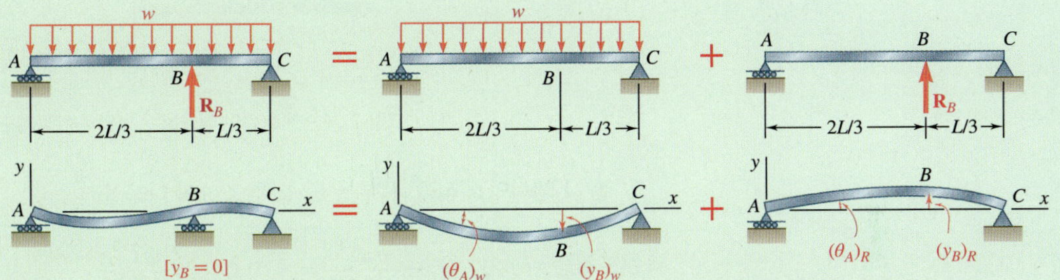

그림 1 점 B의 지점반력을 잉여반력으로 선택하여 문제의 부정정보를 두 개의 정정 단순보의 중첩으로 모델링했다.

모델링 지점반력 $\mathbf{R}_B$를 잉여반력으로 선택한 후 미지의 하중으로 간주한다. 중첩법을 적용하면 분포하중과 지점반력 $\mathbf{R}_B$에 의한 처짐을 [그림 1]과 같이 각각 고려할 수 있다.

풀이 각각의 하중에 대해 점 B에서의 처짐을 ⟨부록 E⟩의 처짐과 처짐각 표를 이용하여 구한다.

분포하중 ⟨부록 E⟩의 6번을 이용하면 다음과 같다.

$$y = -\frac{w}{24EI}(x^4 - 2Lx^3 + L^3x)$$

점 B에서 $x = \frac{2}{3}L$이므로 처짐은 다음과 같다.

$$(y_B)_w = -\frac{w}{24EI}\left[\left(\frac{2}{3}L\right)^4 - 2L\left(\frac{2}{3}L\right)^3 + L^3\left(\frac{2}{3}L\right)\right]$$

$$= -0.01132\frac{wL^4}{EI}$$

잉여반력 ⟨부록 E⟩의 5번에 $a = \frac{2}{3}L$과 $b = \frac{1}{3}L$을 대입하면 다음과 같다.

$$(y_B)_R = -\frac{Pa^2b^2}{3EIL} = +\frac{R_B}{3EIL}\left(\frac{2}{3}L\right)^2\left(\frac{L}{3}\right)^2$$

$$= 0.01646\frac{R_BL^3}{EI}$$

a. 지점반력 $y_B = 0$을 이용하면 지점반력을 구할 수 있다.

$$y_B = (y_B)_w + (y_B)_R$$

$$0 = -0.01132\frac{wL^4}{EI} + 0.01646\frac{R_B L^3}{EI} \qquad \mathbf{R}_B = 0.688\,wL\uparrow \blacktriangleleft$$

지점반력 R_B를 구했으므로, 다른 지점반력은 [그림 2]와 같이 정역학적 방법으로 구할 수 있다.

$$\mathbf{R}_A = 0.271\,wL\uparrow, \quad \mathbf{R}_C = 0.0413\,wL\uparrow \blacktriangleleft$$

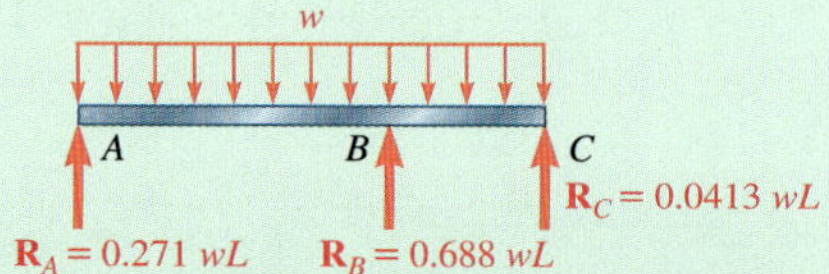

그림 2 계산된 반력이 작용하는 보의 자유물체도

b. 점 A 에서의 처짐각 〈부록 E〉를 참조하여 다음을 얻는다.

분포하중 $(\theta_A)_w = -\dfrac{wL^3}{24EI} = -0.04167\dfrac{wL^3}{EI}$

잉여반력 $P = -R_B = 0.688wL$과 $b = \dfrac{1}{3}L$을 대입하면 다음과 같다.

$$(\theta_A)_R = -\frac{Pb(L^2 - b^2)}{6EIL}$$

$$= +\frac{0.688wL}{6EIL}\left(\frac{L}{3}\right)\left[L^2 - \left(\frac{L}{3}\right)^2\right]$$

$$= 0.03398\frac{wL^3}{EI}$$

그러므로 다음을 얻는다.

$$\theta_A = (\theta_A)_w + (\theta_A)_R$$

$$= -0.04167\frac{wL^3}{EI} + 0.03398\frac{wL^3}{EI}$$

$$= -0.00769\frac{wL^3}{EI}$$

$$\theta_A = 0.00769\frac{wL^3}{EI} \;\text{↻} \blacktriangleleft$$

예제 15.6

그림에 나타낸 하중이 작용하는 보에서 고정단인 점 C의 반력을 구하시오.

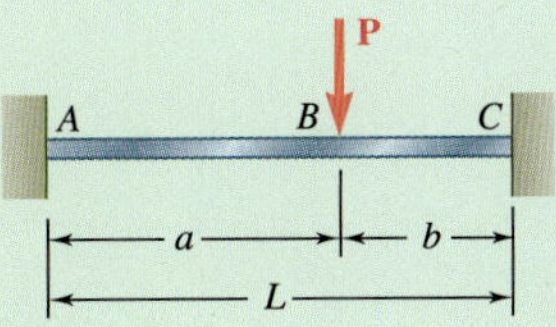

문제분석 주어진 2차 부정정보의 경우, 점 C의 지점반력을 잉여반력으로 선택하면 부록에 주어진 처짐공식과 중첩법을 이용해 쉽게 문제를 풀 수 있다.

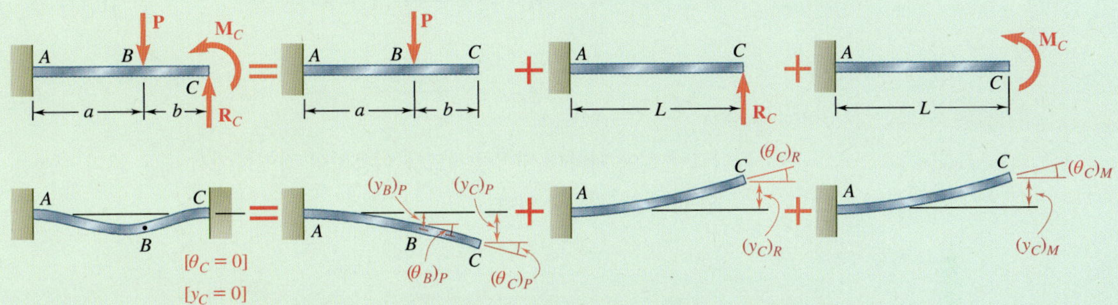

그림 1 점 C의 지점반력을 잉여반력으로 선택하여 문제의 부정정보를 세 개의 정정보의 중첩으로 모델링했다.

모델링 보에 작용하는 축방향 힘을 0이라고 가정하면, 보 ABC는 2차 부정정이다. 따라서 두 개 지점반력을 잉여반력으로 선택해야 하므로, 점 C의 수직방향 반력 $\mathbf{R}_C$와 모멘트 $\mathbf{M}_C$를 잉여반력으로 선택해보자. 주어진 하중 $\mathbf{P}$, 수직방향 반력 $\mathbf{R}_C$, 모멘트 $\mathbf{M}_C$에 의해 발생하는 처짐을 각각 계산한다.

풀이 각각의 하중에 대해 점 C에서의 처짐각과 처짐을 〈부록 E〉의 처짐과 처짐각 표를 이용하여 구한다.

하중 P 이 하중에 대해 부재 BC는 휘어지지 않고 직선 형태의 처짐이 발생한다.

$$(\theta_C)_P = (\theta_B)_P = -\frac{Pa^2}{2EI}$$

$$(y_C)_P = (y_B)_P + (\theta_B)_p b$$

$$= -\frac{Pa^3}{3EI} - \frac{Pa^2}{2EI}b = -\frac{Pa^2}{6EI}(2a + 3b)$$

잉여반력 R_C $(\theta_C)_R = +\dfrac{R_C L^2}{2EI}, \quad (y_C)_R = +\dfrac{R_C L^3}{3EI}$

잉여반력 M_C $(\theta_C)_M = +\dfrac{M_C L}{EI}, \quad (y_C)_M = +\dfrac{M_C L^2}{2EI}$

경계조건 점 C에서 처짐각과 처짐은 0이어야 한다.

$$[x=L,\ \theta_C=0]:\ \theta_C=(\theta_C)_P+(\theta_C)_R+(\theta_C)_M$$

$$0=-\frac{Pa^2}{2EI}+\frac{R_C L^2}{2EI}+\frac{M_C L}{EI} \tag{1}$$

$$[x=L,\ y_C=0]:\ y_C=(y_C)_P+(y_C)_R+(y_C)_M$$

$$0=-\frac{Pa^2}{6EI}(2a+3b)+\frac{R_C L^3}{3EI}+\frac{M_C L^2}{2EI} \tag{2}$$

점 C에서의 지점반력 식 (1)과 식 (2)를 풀면 다음과 같다.

$$R_C=+\frac{Pa^2}{L^3}(a+3b) \qquad \mathbf{R}_C=\frac{Pa^2}{L^3}(a+3b)\uparrow \blacktriangleleft$$

$$M_C=-\frac{Pa^2b}{L^2} \qquad \mathbf{M}_C=\frac{Pa^2b}{L^2}\ \circlearrowright \blacktriangleleft$$

[그림 2]에 나타낸 자유물체도를 이용하여 정역학에서 배운 힘의 평형을 적용하면 점 A의 반력을 구할 수 있다.

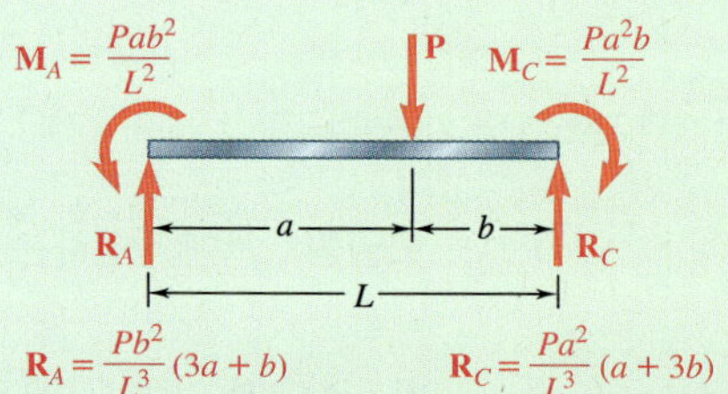

그림 2 계산된 반력이 작용하는 보의 자유물체도

고찰 이 문제는 양쪽 끝단의 모멘트를 잉여반력으로 선택해도 동일한 해를 구할 수 있다. 이때 주어진 문제는 부록에 수록된 단순보의 처짐공식을 중첩하여 해를 구할 수 있다.

Section 15.3 연습문제

* 모든 문제는 중첩법을 이용하여 구한다. 단, 모든 보의 휨강성 EI는 상수라고 가정한다.

15.27 ~ 15.30 그림과 같은 하중이 작용하는 보에서 (a) 점 C에서의 처짐과 (b) 점 A에서의 처짐각을 구하시오.

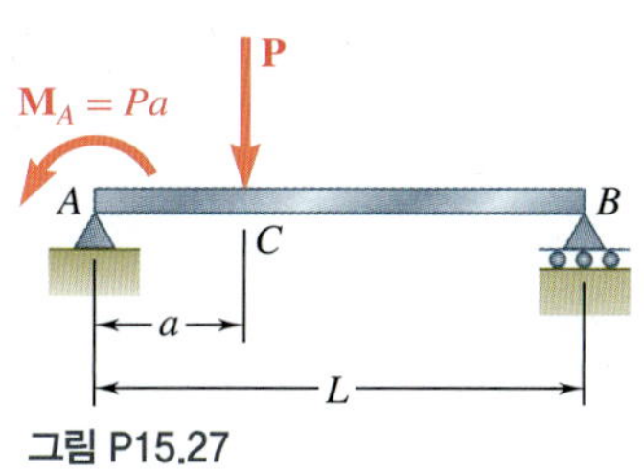

그림 P15.27

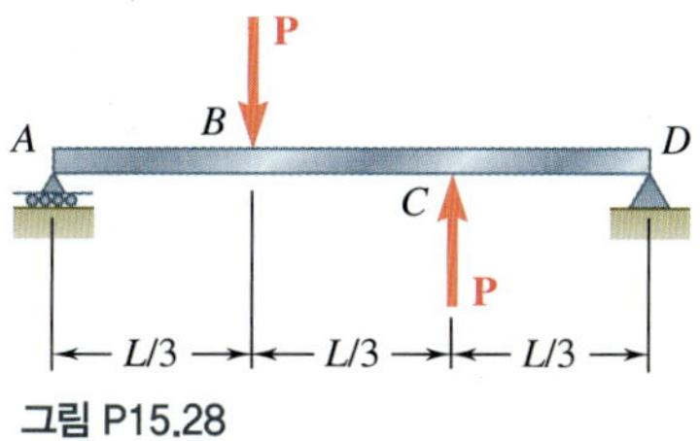

그림 P15.28

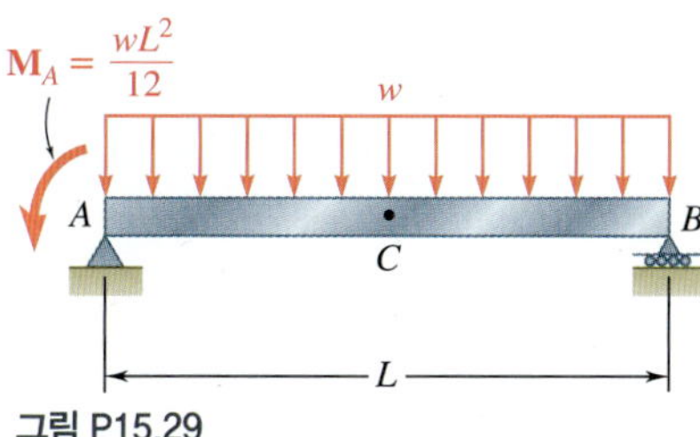

그림 P15.29

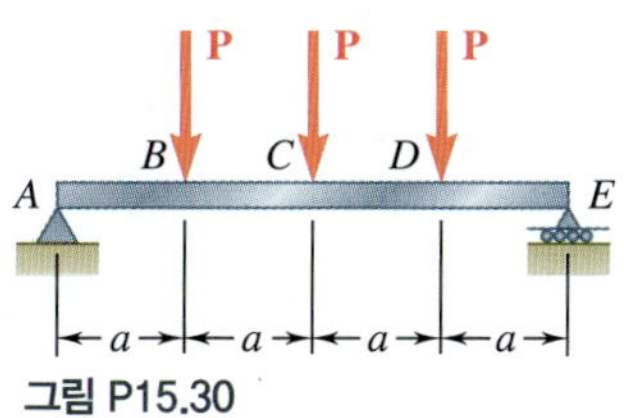

그림 P15.30

15.31 ~ 15.32 그림과 같이 하중이 작용하는 외팔보 자유단의 처짐각과 처짐을 구하시오.

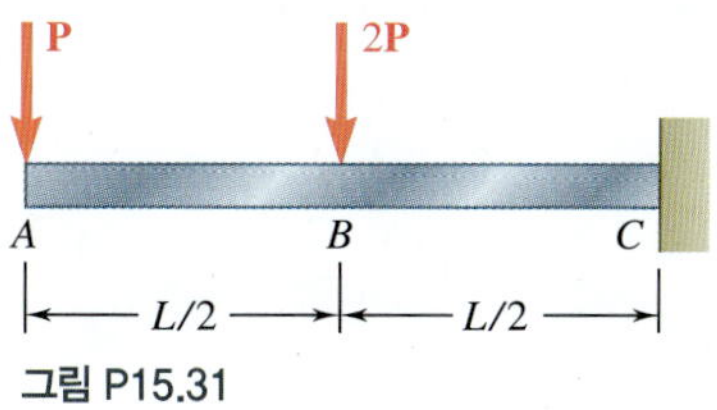

그림 P15.31

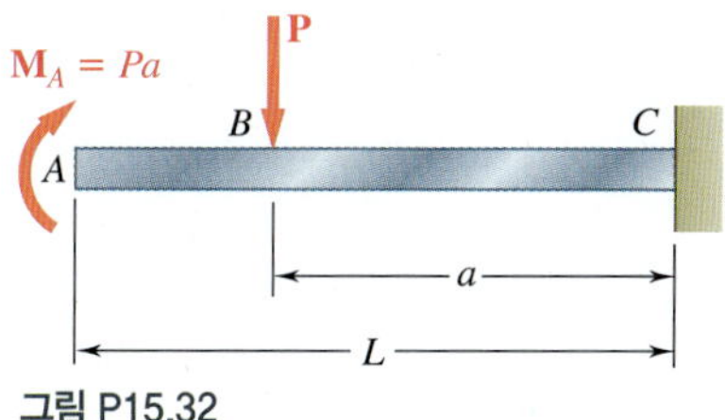

그림 P15.32

15.33 ~ 15.34 그림과 같은 하중이 작용하는 외팔보의 점 C에서의 처짐각과 처짐을 구하시오.

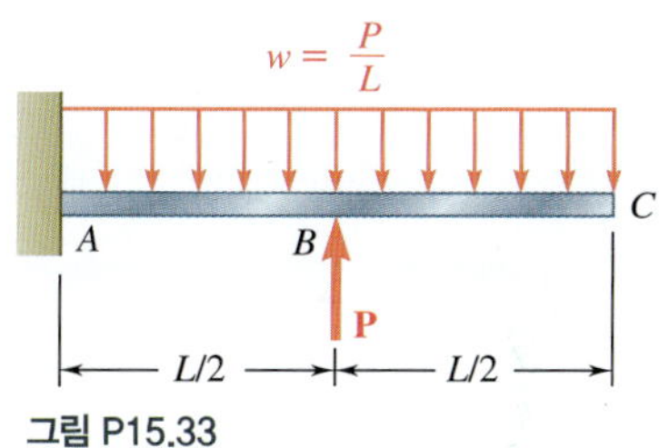

그림 P15.33

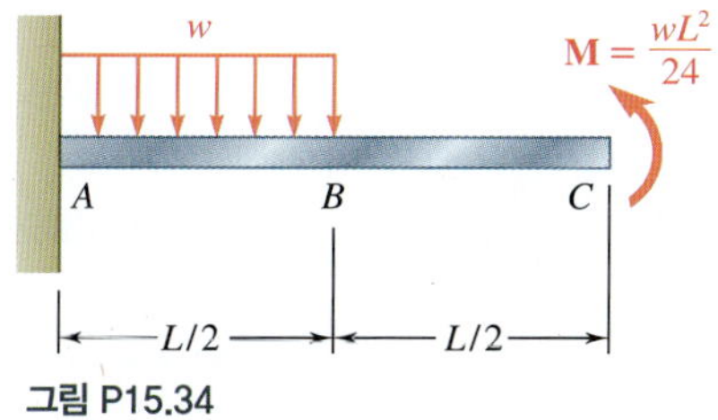

그림 P15.34

15.35 그림과 같은 하중이 작용하는 외팔보의 점 A에서의 처짐각과 처짐을 구하시오. 단, 탄성계수는 $E=29\times10^6$ psi이다.

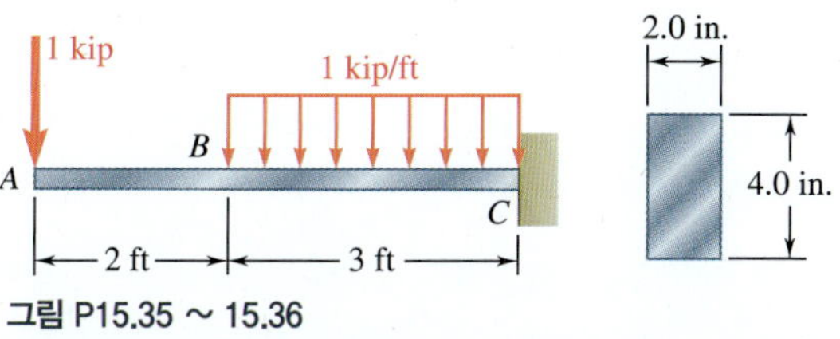

그림 P15.35 ~ 15.36

15.36 그림과 같은 하중이 작용하는 외팔보의 점 B에서의 처짐각과 처짐을 구하시오. 단, 탄성계수는 $E = 29 \times 10^6$ psi이다.

15.37 ~ 15.38 그림과 같은 하중이 작용하는 보에서 (a) 점 A에서의 처짐각과 (b) 점 C에서의 처짐을 구하시오. 단, 탄성계수는 $E = 200$ GPa이다.

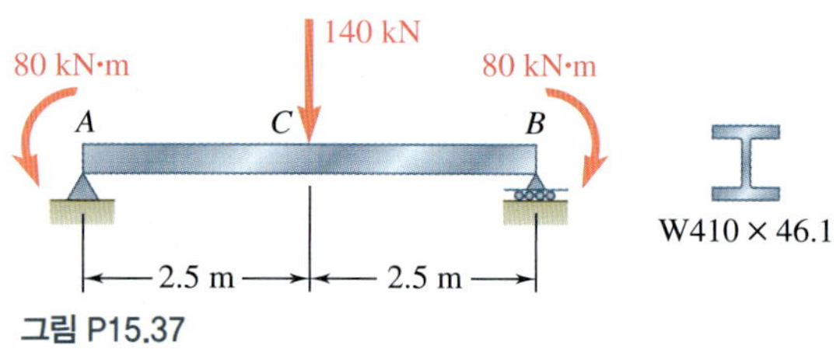

그림 P15.37

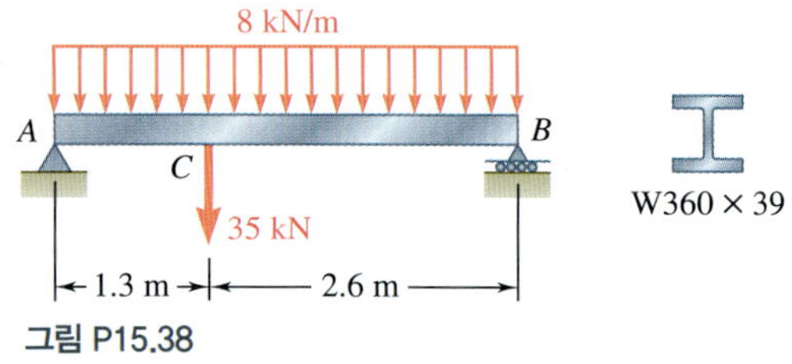

그림 P15.38

15.39 ~ 15.40 그림과 같은 하중이 작용하는 보에서 (a) 점 A에서의 지점반력과 (b) 점 B에서의 지점반력을 구하시오.

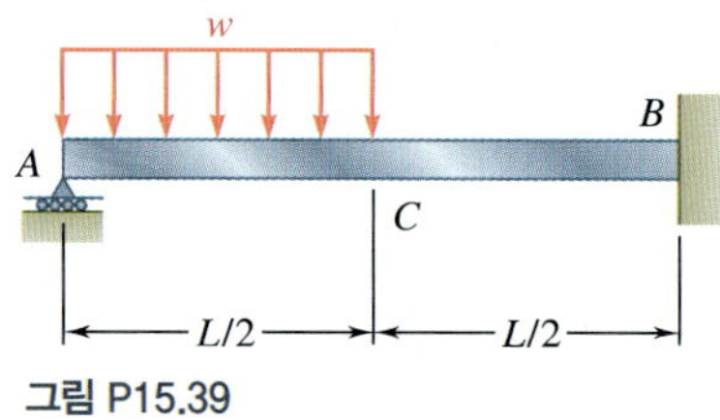

그림 P15.39

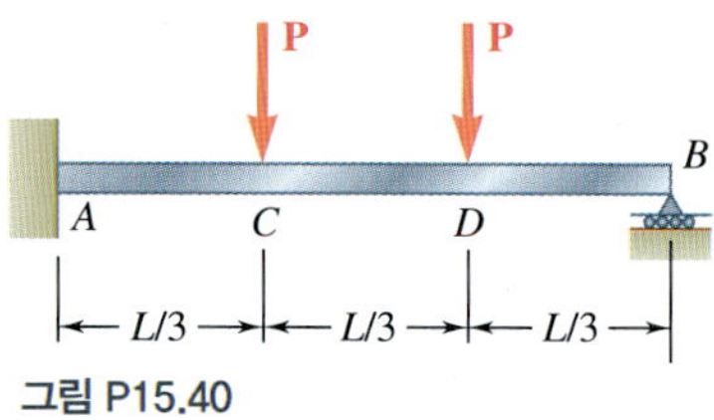

그림 P15.40

15.41 ~ 15.42 그림과 같은 하중이 작용하는 보에서 각각의 지점에 작용하는 반력을 구하시오.

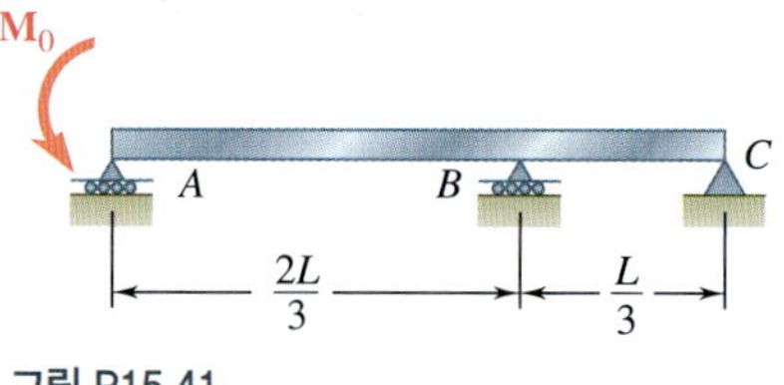

그림 P15.41

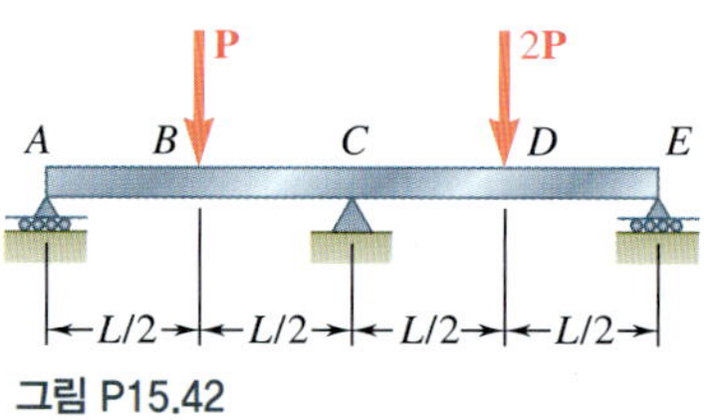

그림 P15.42

15.43 ~ 15.44 그림과 같은 하중이 작용하는 보에서 점 B에 작용하는 지점반력을 구하시오.

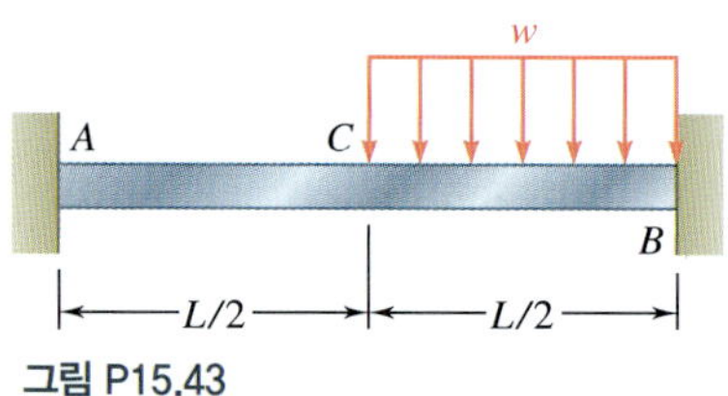

그림 P15.43

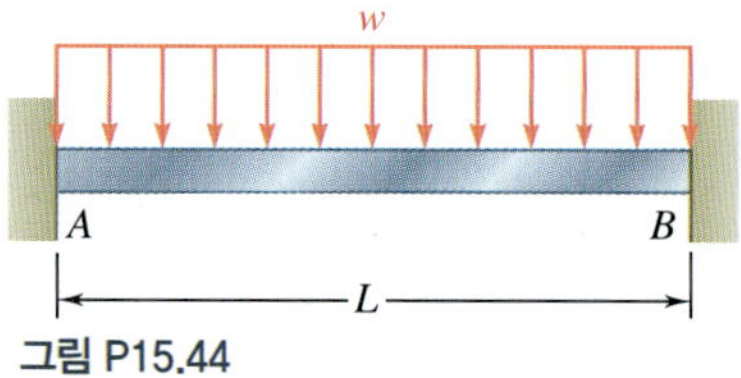

그림 P15.44

15.45 단면이 같은 두 개의 보를 그림과 같이 점 C에서 힌지hinge로 연결했을 때, (a) 점 A에서의 처짐각과 (b) 점 B에서의 처짐을 구하시오. 단, 탄성계수는 $E = 29 \times 10^6$ psi이다.

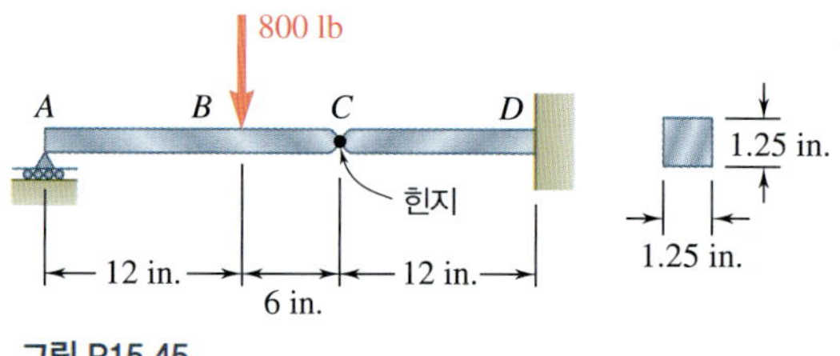

그림 P15.45

15.46 그림과 같이 보 BD에 두 개의 외팔보 AB와 DE를 힌지로 연결했다. 모든 보의 단면이 동일할 때, 점 C에서의 처짐이 3 mm를 넘지 않도록 하는 w의 최댓값을 구하시오. 단, 탄성계수는 $E = 200$ GPa이다.

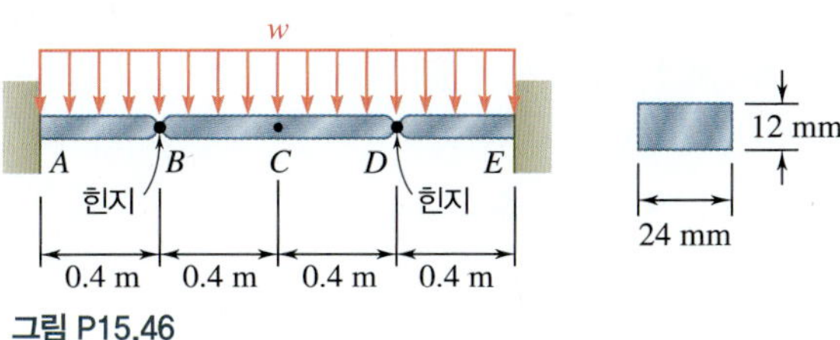

그림 P15.46

15.47 휨강성이 동일한 보 AB와 보 DE에 그림과 같은 하중이 작용할 때 (a) 점 B와 (b) 점 E에 작용하는 지점반력을 구하시오.

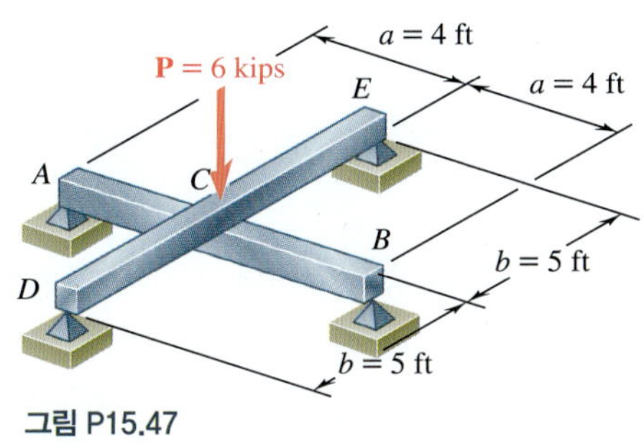

그림 P15.47

15.48 동일한 강재로 제작된 봉 ABC와 케이블 BD가 그림과 같이 연결된 구조물에서 (a) 점 B에서의 처짐과 (b) 점 A에서의 반력을 구하시오. 단, 탄성계수는 $E = 200$ GPa이다.

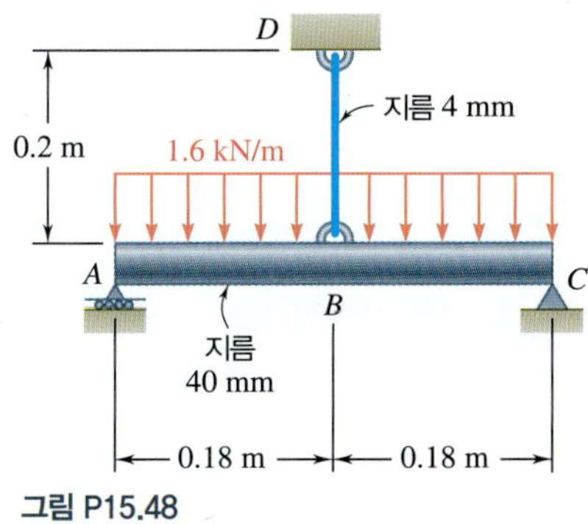

그림 P15.48

15.49 지름이 16 mm인 봉 ABC를 그림과 같이 굽혀 놓았다. 200 N의 힘이 그림과 같이 작용할 때 점 C에서의 처짐을 구하시오. 단, $E = 200$ GPa, $G = 80$ GPa이다.

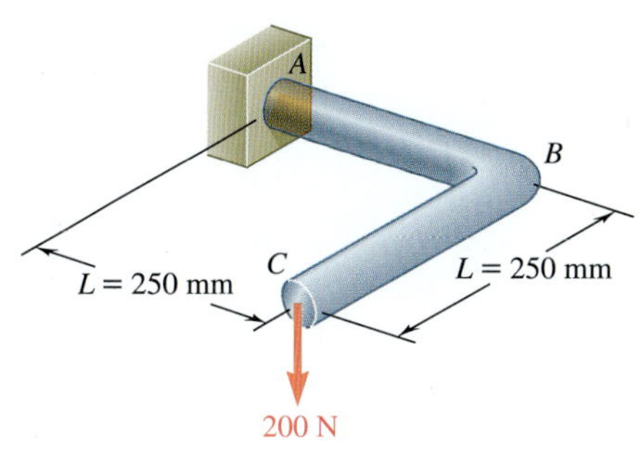

그림 P15.49

15.50 지름이 $\frac{7}{8}$ in.인 봉 BC의 한쪽 끝은 점 C에 고정되어 있고 다른 한쪽은 지렛대 AB에 연결되어 있다. 지렛대 AB의 단면은 두께가 $\frac{3}{8}$ in.이고 높이가 1 in.로 일정하다. 그림과 같이 하중이 작용할 때, 점 A에서의 처짐을 구하시오. 단, $E = 29 \times 10^6$ psi, $G = 11.2 \times 10^6$ psi이다.

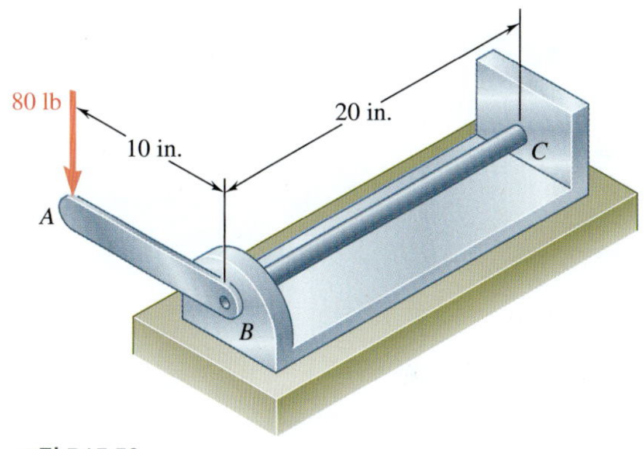

그림 P15.50

Chapter 15 핵심요약

이 장에서는 횡하중과 모멘트가 작용하는 보의 처짐각과 처짐을 구하는 방법에 대해 공부했다. 미분방정식을 적분하여 보의 임의의 점에서의 처짐각과 처짐을 구했다. 특별히 주어진 하중에 대한 최대처짐을 구하는 데에 초점을 두었다. 이 방법은 지점반력의 개수가 평형방정식의 개수보다 많은 부정정보의 지점반력과 처짐을 구하는 데에도 사용할 수 있다.

횡하중에 의한 처짐

순수 휨을 받는 균일단면보에서 중립면의 곡률 $1/\rho$과 휨모멘트 M 간의 관계식을 횡하중을 받는 보에 적용했다. 단, 횡하중을 받는 경우에는 M과 $1/\rho$ 모두 단면의 위치에 따라 그 값이 변한다. 보의 왼쪽 끝단에서의 거리를 x라고 하면 다음의 관계식을 얻는다.

$$\frac{1}{\rho} = \frac{M(x)}{EI} \tag{15.1}$$

이 식을 이용하면 임의의 x에 대해 중립면의 곡률반지름을 구할 수 있고 처짐이 발생한 보에 관한 일반적인 결론을 도출할 수 있다.

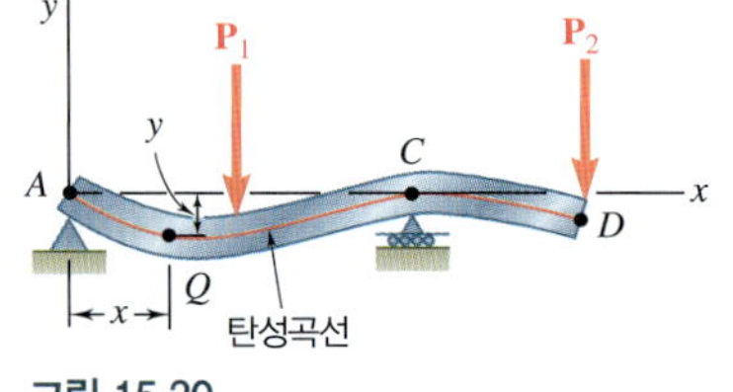

그림 15.20

고정된 원점으로부터 점 Q까지의 거리를 x라 할 때, 점 Q에서의 보의 처짐 y을 x에 대한 방정식으로 표현할 수 있다(그림 15.20). 이 관계식을 보의 **탄성곡선식**elastic curve equations이라고 한다. 식 (15.1)의 곡률 $1/\rho$를 함수 $y(x)$의 미분식으로 바꿔주면, 다음과 같은 2차 선형 미분방정식을 얻는다.

$$\frac{d^2y}{dx^2} = \frac{M(x)}{EI} \tag{15.4}$$

이 식을 두 번 적분하면 다음과 같이 처짐각에 대한 식 $\theta(x) = dy/dx$와 처짐에 대한 식 $y(x)$를 구할 수 있다.

$$EI\frac{dy}{dx} = \int_0^x M(x)\,dx + C_1 \tag{15.5}$$

$$EIy = \int_0^x dx \int_0^x M(x)\,dx + C_1x + C_2 \tag{15.6}$$

여기서 EI는 보의 **휨강성**flexural rigidity이다. 두 개의 미지 적분상수 C_1과 C_2는 보의 지점에 부여된 **경계조건**boundary conditions으로부터 구할 수 있다(그림 15.21). 최대처짐은 처짐각이 0이 되는 위치 x에서의 처짐값 y로부터 구한다.

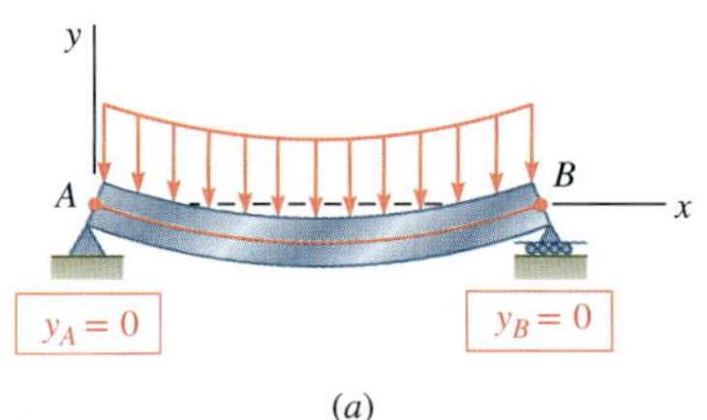

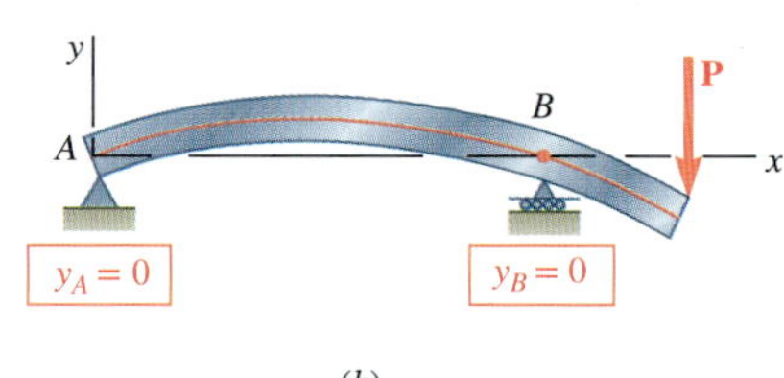

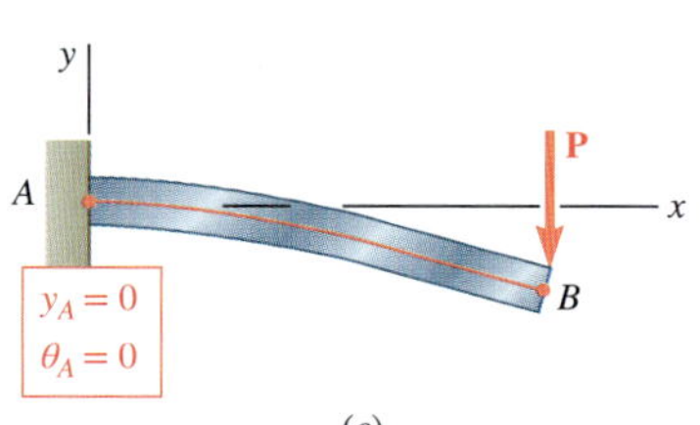

그림 15.21

여러 함수로 정의된 탄성곡선

보에 작용하는 하중으로 인해 보의 휨모멘트를 여러 개의 함수식으로 표현해야 한다면, 처짐각 $\theta(x)$와 처짐 $y(x)$를 구하기 위해서도 여러 개의 미분방정식을 사용해야 한다. [그림 15.22]에 나타낸 보의 경우 AD와 DB에 대해 서로 다른 미분방정식 두 개가 필요하다. 첫 번째 미분방정식으로부터 θ_1과 y_1에 관한 식을 얻을 수 있고, 두 번째 미분방정식으로부터 θ_2와 y_2에 관한 식을 얻을 수 있다. 두 미분방정식을 각각 적분하면 총 네 개의 미지 적분상수가 생기는데, 이 중 두 개는 점 A와 B에서 처짐이 0이라는 경계조건을 이용하여 구하고, 나머지 두 개는 AD와 DB는 점 D에서 동일한 처짐각과 처짐을 갖는다는 경계조건을 이용하여 구한다.

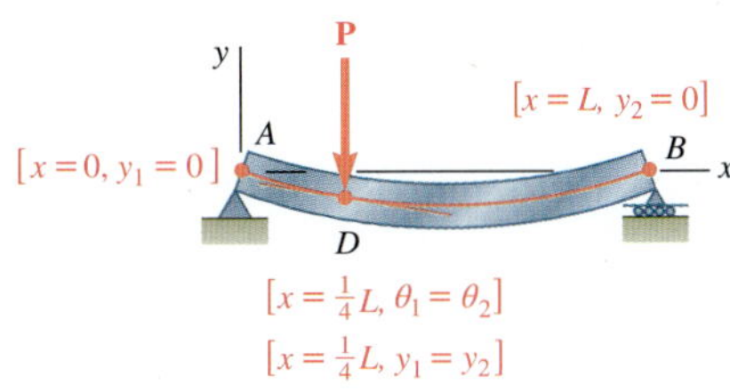

그림 15.22

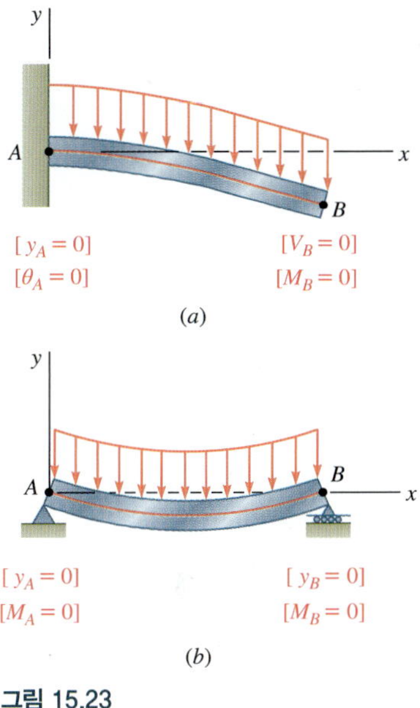

그림 15.23

분포하중 $w(x)$를 받는 보의 탄성곡선은 $w(x)$를 네 번 직접적분하여 구할 수 있다. 이 과정에서 생기는 적분상수는 경계에서의 V, M, θ, y로부터 구할 수 있다. [그림 15.23a]의 외팔보와 [그림 15.23b]의 단순보의 경우, 네 개의 적분상수는 네 개의 경계조건을 이용하여 구할 수 있다.

부정정보

부정정보statically indeterminate beams는 미지의 지점반력 개수가 네 개 또는 그 이상이 되는 보를 일컫는다. 미지의 지점반력을 계산하는 데 있어서 사용 가능한 평형방정식은 세 개뿐이기 때문에 지점에 부여된 경계조건을 함께 이용해야 한다.

[그림 15.24]의 보에서 미지의 지점반력 개수는 M_A, A_x, A_y, B로 네 개이다. 이러한 보를 1차 부정정보라고 한다(만약 미지반력의 개수가 5개이면, 2차 부정정보라고 한다). 휨모멘트 $M(x)$를 네 개의 미지반력의 식으로 표현한 후 두 번 적분하면 처짐각 $\theta(x)$와 처짐 $y(x)$를 미지반력과 미지 적분상수 C_1과 C_2의 식으로 나타낼 수 있다. 여섯 개의 미지수는 [그림 15.24b]의 자유물체도를 이용한 평형방정식 세 개와 세 개의 경계조건식($x=0$일 때 $\theta=0$이고 $y=0$, $x=L$일 때 $y=0$)으로부터 구할 수 있다.

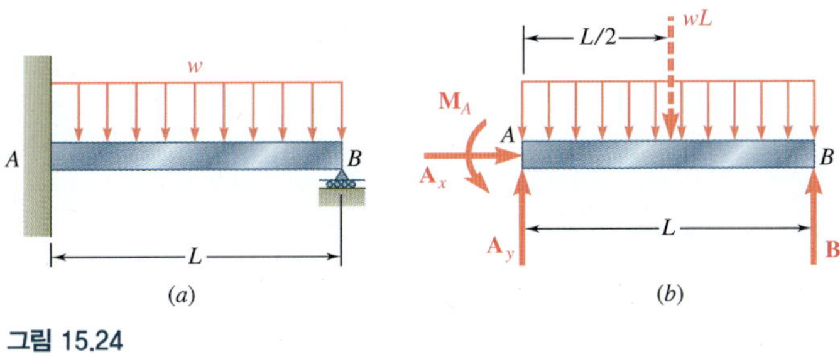

그림 15.24

중첩법

중첩법method of superposition은 보에 여러 종류의 하중이 작용할 때, 각각의 하중에 대한 처짐각과 처짐을 구한 후 그 결과를 더해서(즉, 중첩하여) 처짐각과 처짐을 구하는 방법이다. 이 방법은 여러 종류의 하중과 지점형식에 대해 처짐각과 처짐을 구한 후 표의 형태로 제공하는 〈부록 E〉를 이용하면 더욱 편리하다.

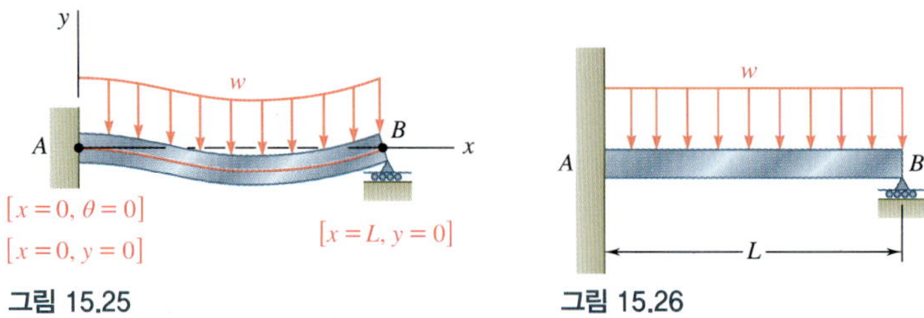

그림 15.25

그림 15.26

중첩법에 의한 부정정보의 해석

중첩법은 부정정보를 해석할 때 매우 효과적인 방법이다. 예를 들어, [그림 15.26]에 나타낸 보의 경우 미지의 지점반력이 네 개이므로 **1차** 부정정보이다. 점 B의 반력을 **잉여반력**redundant으로 선택하고 해당 지점을 풀어준다. 지점반력 $\mathbf{R}_B$을 미지의 힘으로 간주하고 주어진 분포하중과 $\mathbf{R}_B$에 의한 처짐을 따로따로 구한 후, 점 B에서의 처짐의 합이 0이 된다는 것을 이용하여 해석한다(그림 15.27). 미지의 지점반력이 다섯 개인 **2차** 부정정보의 경우, 두 개의 반력을 잉여반력으로 간주하고 해당 지점을 풀어준다.

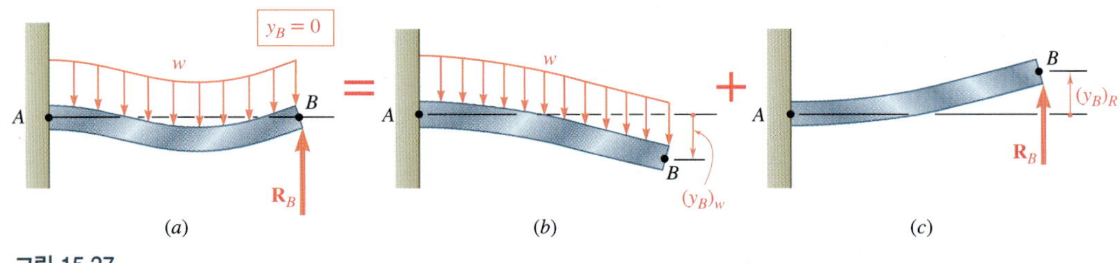

그림 15.27

Chapter 15 종합문제

15.51 그림과 같이 하중이 작용하는 보에서 (a) 부재 AB의 탄성곡선식, (b) 점 A에서의 처짐각, (c) 점 B에서의 처짐각을 구하시오.

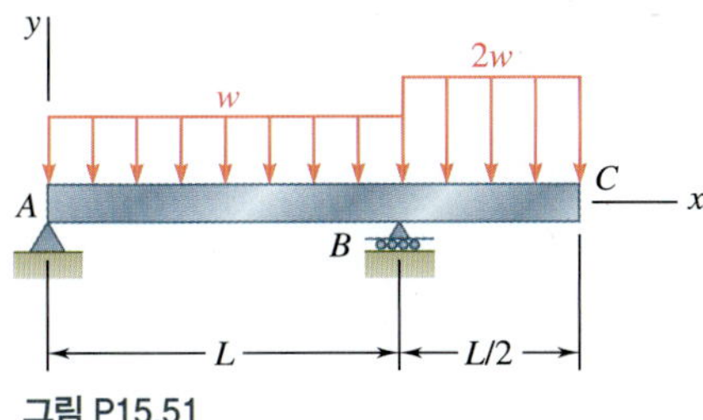

그림 P15.51

15.52 (a) 보 AB의 최대처짐값과 발생 위치를 구하시오. (b) 보 AB가 W310×143이고, $M_0 = 80$ kN·m, $E = 200$ GPa일 때, 최대처짐이 1.8 mm를 넘지 않도록 하는 보의 길이 L의 최대허용값을 구하시오.

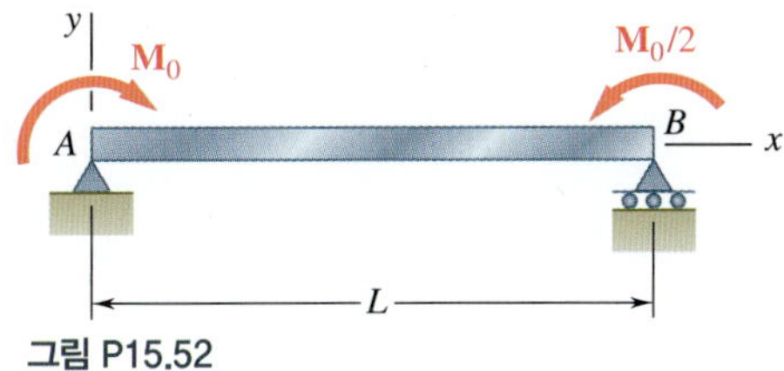

그림 P15.52

15.53 보 AE가 S200×27.4 압연강재이고 $P = 17.5$ kN, $L = 2.5$ m, $a = 0.8$ m, $E = 200$ GPa일 때 (a) BD의 탄성곡선식, (b) 보의 중앙경간 점 C에서의 처짐을 구하시오.

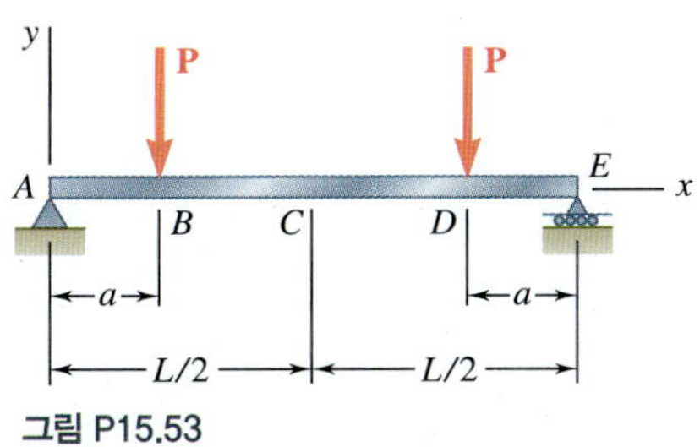

그림 P15.53

15.54 그림과 같이 하중이 작용하는 보에서 (a) 탄성곡선식, (b) 점 A에서의 처짐각, (c) 보의 중앙경간에서의 처짐을 구하시오.

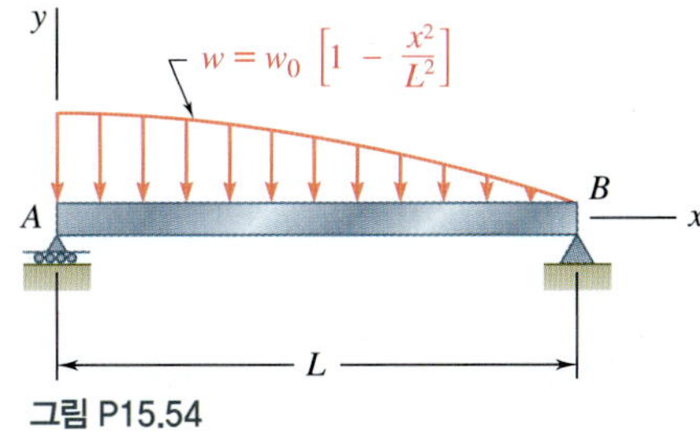

그림 P15.54

15.55 그림과 같이 하중이 작용하는 보에서 롤러[roller]에 작용하는 반력을 구하시오. 단, $w_0 = 6$ kips/ft이다.

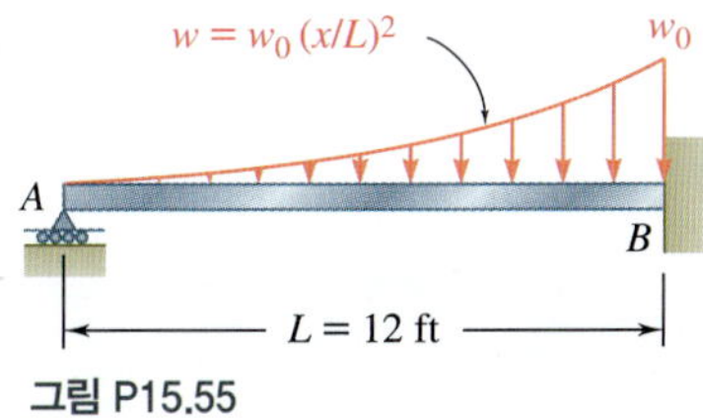

그림 P15.55

15.56 그림과 같이 하중이 작용하는 보에서 이동단에 작용하는 반력을 구하고 휨모멘트도를 그리시오.

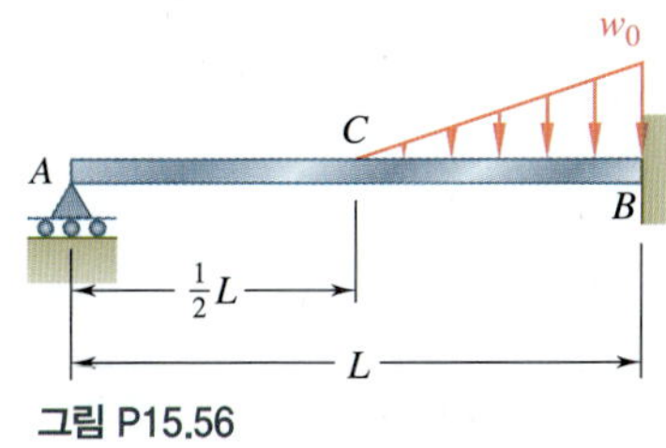

그림 P15.56

15.57 그림과 같이 하중이 작용하는 외팔보의 자유단에서의 처짐각과 처짐을 구하시오.

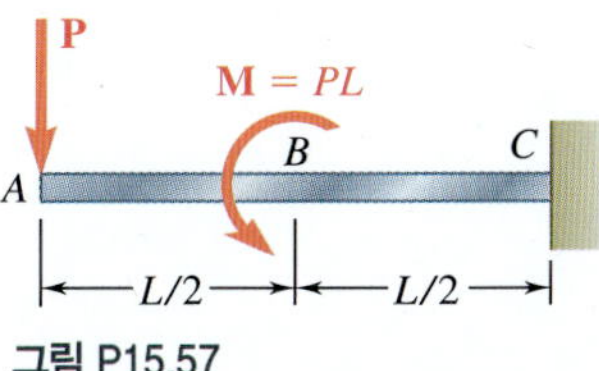

그림 P15.57

15.58 그림과 같이 하중이 작용하는 보의 (a) 점 C에서의 처짐과 (b) 점 A에서의 처짐각을 구하시오.

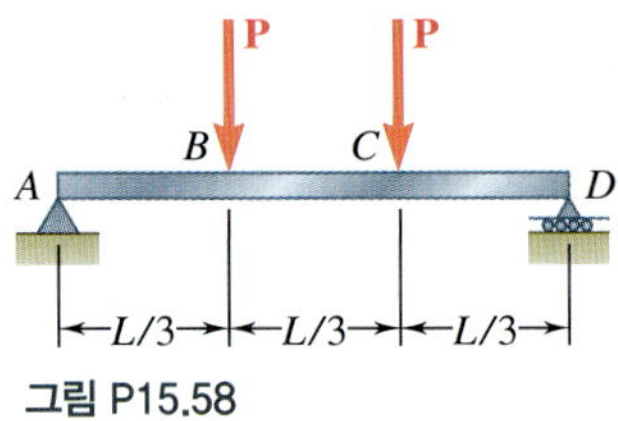

그림 P15.58

15.59 그림과 같이 하중이 작용하는 외팔보에서 점 C에서의 처짐각과 처짐을 구하시오. 단, $E = 200$ GPa이다.

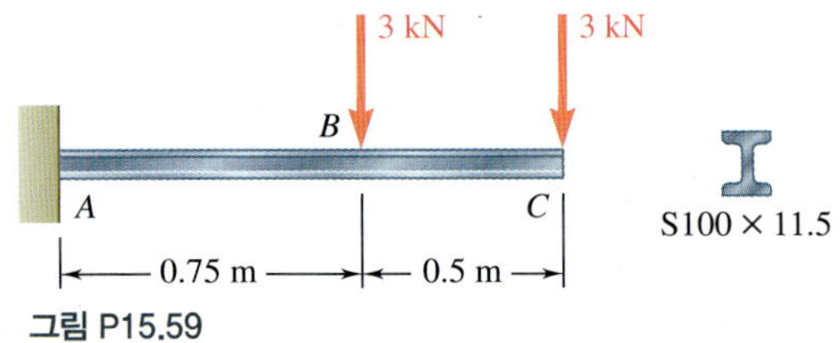

그림 P15.59

15.60 그림과 같이 하중이 작용하는 보에서 각각의 지점에 발생하는 반력을 구하시오.

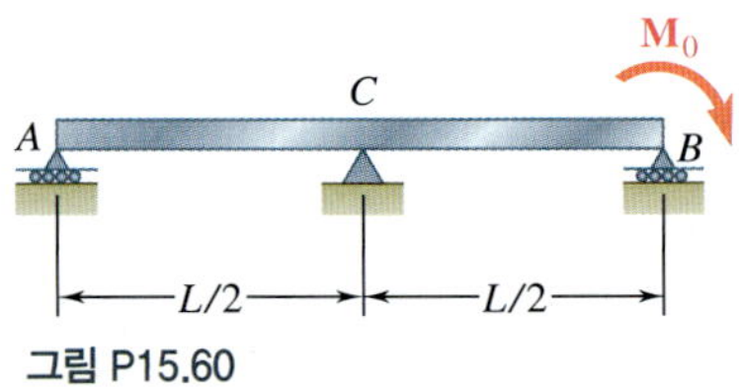

그림 P15.60

15.61 등분포하중 w가 작용하기 전에 외팔보 AB와 CD 사이에는 그림과 같이 $\delta_0 = 1.2$ mm 크기의 틈이 있었다. $E =$ 105 GPa, $w = 30$ kN/m일 때, (a) 점 A와 (b) 점 D의 지점반력을 구하시오.

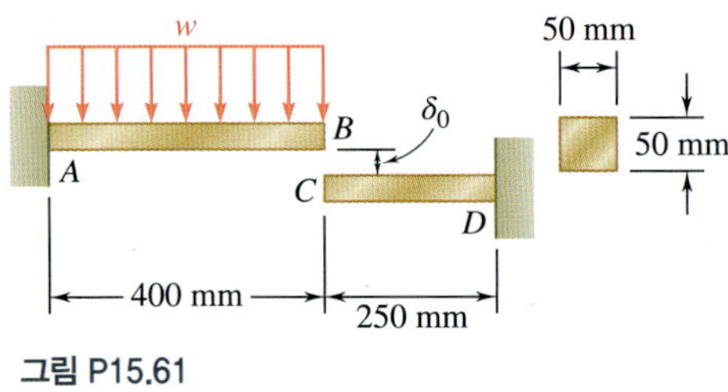

그림 P15.61

15.62 하중 2 kips/ft이 작용하기 전에 W16×40 단면보와 지점 C 사이에는 그림과 같은 $\delta_0 = 0.8$ in. 크기의 틈이 있었다. $E = 29 \times 10^6$ psi일 때 등분포하중이 작용한 후 각 지점에 작용하는 반력을 구하시오.

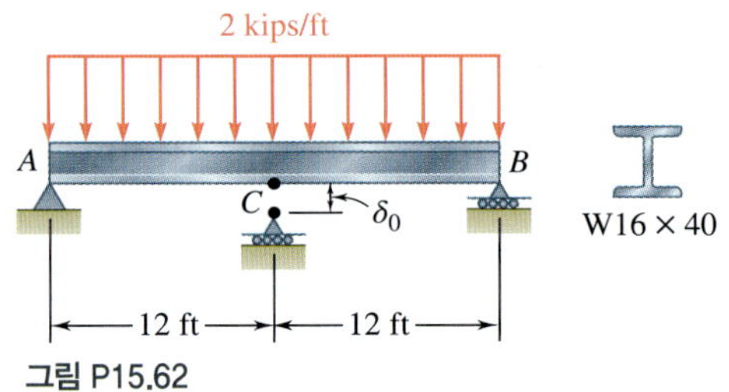

그림 P15.62

Jose Manuel/Photographer's Choice/Getty Images

16

기둥

위 사진을 보면 여러 개의 기둥이 곡선 보도교를 지지하고 있다. 이 장에서는 축방향 압축력이 작용하는 부재의 해석과 설계에 관한 내용을 다룬다.

목차

학습목표

- 기둥부재의 안정성을 이해한다.
- 유효길이를 사용하여 지점조건이 다른 기둥에 대한 오일러 공식을 유도한다.
- 강재, 알루미늄, 목재로 만든 기둥을 허용응력 설계법으로 설계한다.

서론

지금까지는 (1) 구조물에 과다한 응력이 발생하지 않고 주어진 하중을 지지할 수 있는 능력인 강도와 (2) 과다한 변형이 발생하지 않고 주어진 하중을 지지할 수 있는 구조물의 능력을 학습하는 데 중점을 두어 왔다. 이 장에서는 갑작스러운 구조물의 형상 변화 없이 작용하중을 지지할 수 있는 능력인 구조물의 안정성stability에 대해 학습할 것이다. 특히, 축방향 압축력이 작용하는 균일단면 부재인 기둥을 설계하고 해석하는 데 초점을 둔다.

16.1절에서는 핀과 스프링으로 두 개의 강봉을 연결한 단순 기둥 모델에 하중 $\mathbf{P}$가 작용할 때의 안정성에 대해 학습한다. 평형상태를 살짝 벗어나면, 이러한 구조는 가해지는 하중 P가 **임계하중**critical load이라 불리는 P_{cr}를 초과하지 않는 한 원래의 평형위치로 돌아오게 되는데, 이러한 구조계를 **안정**stable이라고 한다. 반면 $P > P_{cr}$인 경우, 이러한 구조는 원래의 위치에서 벗어나 새로운 평형상태에 도달하게 되는데, 이러한 구조계를 **불안정**unstable이라고 한다.

16.1.1절에서는 양단 지점이 핀(또는 힌지)인 기둥의 도심에 축하중이 작용하는 **탄성기둥의 안정성**stability of elastic columns에 관해 학습한다. 이러한 기둥의 임계하중에 관한 **오일러 공식**Euler's formula을 유도하고, 이와 연관된 기둥의 임계응력을 구한다. 임계하중에 안전계수를 적용하여 양단 지점이 핀인 기둥에 대한 허용하중을 구한다.

16.1.2절에서는 양단 지점이 핀이 아니고 다른 종류인 기둥에 대해 **유효길이**effective length를 구하여 안정성을 판단하는 법을 학습한다.

16.1절에서는 각 기둥이 직선이고 균일단면인 것으로 가정한다. 반면에, 16.2절에서는 실제 기둥에 대해 전문기관에 의해 제정된 경험식을 사용하여 설계하고 해석하는 방법을 학습한다. 16.2.1절에서는 도심축하중이 작용하는 강재, 알루미늄, 목재 기둥의 허용응력에 대한 설계식을 소개한다.

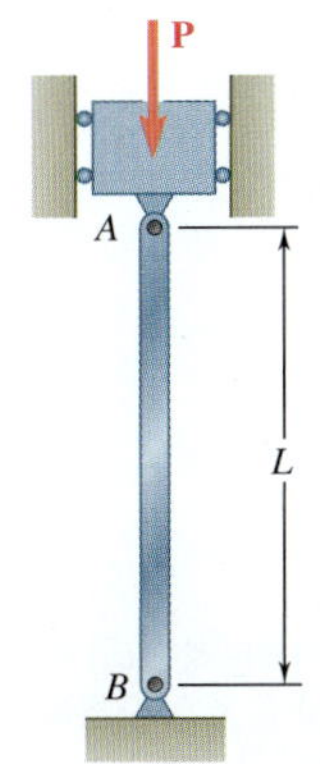

그림 16.1 양단 지점이 핀이고 축방향 하중이 작용하는 기둥

16.1 구조물의 안정성

[그림 16.1]과 같이 하중 $\mathbf{P}$가 작용하는 길이 L인 기둥 AB를 설계한다고 가정해보자. 이 기둥은 양단 지점이 핀이고, $\mathbf{P}$는 도심에 작용하는 축하중이다. 기둥의 단면적 A에 작용하는 응력 $\sigma = P/A$가 재료의 허용응력 σ_{all}보다 작고, 처짐 $\delta = PL/AE$이 주어진 규정보다 작으면, 이 기둥은 적절하게 설계되었다고 결론지을 수 있다. 하지만 하중이 작용할 때, 이 기둥은 [그림 16.2]와 같이 **좌굴**buckle될 수도 있다. [사진 16.1]은 기둥의 형태가 완벽하게 직선 형태로 유지되는 것이 아니라 갑작스럽게 휘어질 수 있다는 것을 보여준다. [사진 16.1]과 같이 하중에 의해 좌굴된 기둥은 적절하게 설계되지 않은 것이 분명하다.

사진 16.1 기둥 좌굴실험 Courtesy of Fritz Engineering Laboratory, Lehigh University

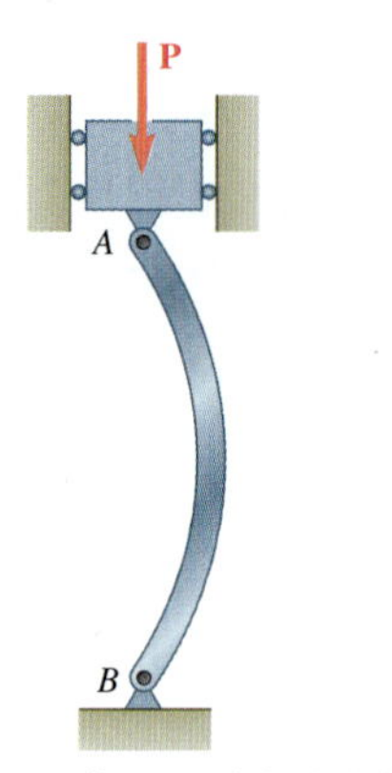

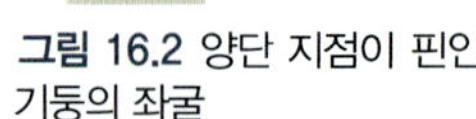

그림 16.2 양단 지점이 핀인 기둥의 좌굴

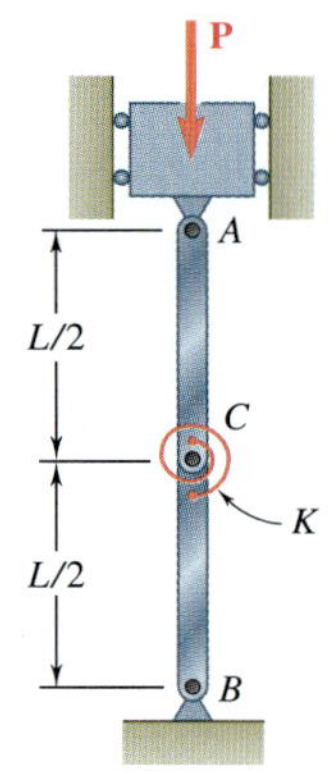

그림 16.3 두 개의 강봉이 점 C에서 회전 스프링으로 연결된 기둥 모델

탄성기둥의 안정성을 이해하기 위해 [그림 16.3]과 같은 단순한 기둥 모델을 고려해보자. 이 기둥 모델은 점 C에서 핀으로 연결된 두 개의 강봉 AC와 BC에 스프링 계수가 K인 회전 스프링을 설치한 모델이다.

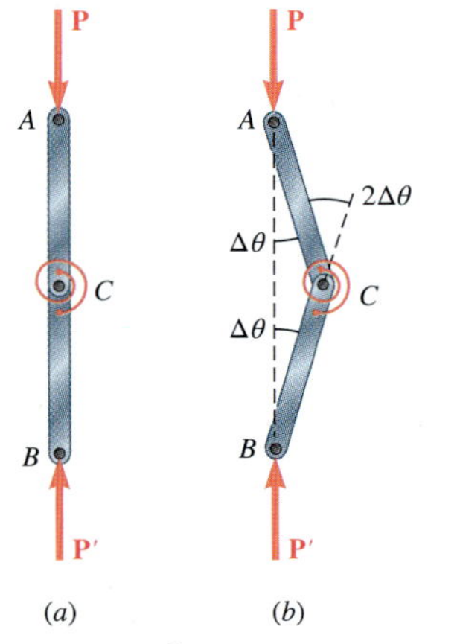

그림 16.4 기둥 모델의 자유물체도 (a) 완벽한 직선 형태의 기둥 (b) 점 C의 오른쪽으로 작은 초기 변형이 발생한 기둥

만일 두 강봉과 하중 **P**, **P**′가 완벽하게 일직선상에 있고, 이 구조계에 수평방향 변형이 발생하지 않도록 한다면 [그림 16.4a]에 나타낸 것처럼 평형상태를 유지할 것이다. 하지만 점 C를 약간 오른쪽으로 움직여서 봉과 수직선 사이에 크기가 작은 각 $\Delta\theta$가 생긴 경우를 가정해보자(그림 16.4b). 이때 이 구조계는 원래의 평형상태로 돌아올까 아니면 지금보다 더 평형상태에서 벗어나려고 할까? 이 구조계가 원래의 평형상태로 돌아오는 경우 **안정**stable 한 상태라고 하고, 평형에서 더 벗어나는 경우를 **불안정**unstable한 상태라고 한다.

두 개의 강체로 구성된 구조계의 상태가 안정인지 불안정인지를 결정하기 위해 강봉 AC에 작용하는 힘을 고려해보자(그림 16.5). 도심축하중 **P**와 **P**′가 작용하고, 크기가 $P(L/2)\sin\Delta\theta$인 모멘트가 발생한다. 이 모멘트는 두 도심축하중의 작용선이 일직선이 아니기 때문에 발생하며, 강봉의 변형을 증가시킨다.

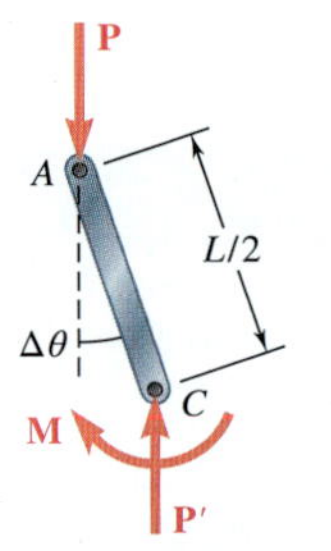

그림 16.5 초기 변형이 발생한 강봉 AC의 자유물체도

반대로, 스프링에 의해 모멘트 **M**이 작용하는데 이 모멘트는 강봉이 원래의 수직위치로 돌아가도록 한다. 스프링의 회전각이 $2\Delta\theta$이므로, 스프링에 의해 작용하는 모멘트 **M**은 $M = K(2\Delta\theta)$가 된다. 스프링에 의한 모멘트가 도심축하중에 의한 모멘트보다 크면 이 구조는 안정상태인 원래의 평형위치로 되돌아가지만, 반대의 경우 원래의 평형위치에서 더 많이 벗어나 불안정 상태가 될 것이다. 두 모멘트가 서로 균형을 이루는 하중을 **임계하중**critical load P_{cr}이라고 하며, 다음의 조건을 만족한다.

$$P_{cr}(L/2)\sin\Delta\theta = K(2\Delta\theta) \tag{16.1}$$

좌굴이 시작되는 바로 그 시점에서 점 C의 변위는 매우 작으므로, $\sin\Delta\theta \approx \Delta\theta$라 할 수 있고, 이때 식 (16.1)을 다음과 같이 쓸 수 있다.

$$P_{cr} = 4K/L \tag{16.2}$$

$P < P_{cr}$일 때 구조계는 안정인 반면, $P > P_{cr}$일 때 구조계는 불안정이다.

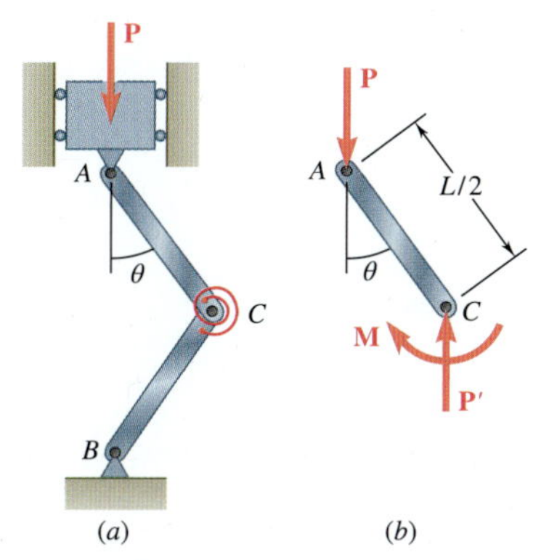

그림 16.6 (a) 좌굴이 발생한 기둥 모델 (b) 강봉 AC의 자유물체도

$P > P_{cr}$인 하중이 [그림 16.3]에 나타낸 두 강봉에 작용하여 구조계에 변형이 발생했다고 가정하자. $P > P_{cr}$이므로 구조계는 일직선이었던 원래의 위치에서 벗어나게 될 것이고 몇 번 진동한 후 새로운 평형위치에 도달하게 될 것이다(그림 16.6a). 부재 AC의 자유물체도의 평형을 고려해보면(그림 16.6b), 식 (16.1)과 유사한 식을 얻을 수 있다. 하지만 이 식에서 θ의 값이 작지 않아서 $\sin\theta \approx \theta$와 같이 근사화할 수 없다.

$$P(L/2)\sin\theta = K(2\theta)$$

또는

$$\frac{PL}{4K} = \frac{\theta}{\sin\theta} \tag{16.3}$$

[그림 16.6]에 나타낸 평형상태에서의 θ의 값은 식 (16.3)을 풀어서 구할 수 있는데, 이때 식 (16.3)을 여러 번 반복하여 풀이하는 **시행착오법**trial and error을 사용한다. 하지만 양의 θ 값 모두에 대해 $\sin\theta < \theta$이므로, 식 (16.3)의 좌변이 1보다 큰 경우에만 0이 아닌 θ값을 구할 수 있다. 식 (16.2)를 함께 고려하면 0이 아닌 θ값은 $P > P_{cr}$일 때만 구할 수 있다는 것을 알 수 있다. $P < P_{cr}$인 경우 [그림 16.6]에 나타낸 두 번째 평형상태는 불가능하며, 유일하게 가능한 평형상태는 오직 $\theta = 0$일 때라는 것을 알 수 있다. 그러므로 $P < P_{cr}$인 경우, $\theta = 0$일 때의 위치는 반드시 안정한 상태이어야 한다.

이러한 사실은 일반적인 구조계와 기계시스템에 적용할 수 있고, 다음 절에서 탄성기둥의 안정성을 학습할 때 사용할 수 있다.

16.1.1 양단 지점이 핀인 기둥에 대한 오일러 공식

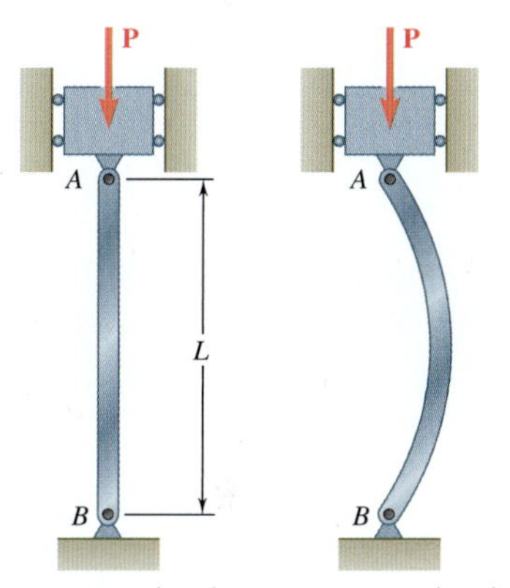

그림 16.1 (반복) **그림 16.2** (반복)

[그림 16.1]의 기둥 AB로 다시 돌아가서 하중 **P**의 임계값, 즉 임계하중 P_{cr}값을 구해보자. $P > P_{cr}$인 경우에는 기둥이 약간만 일직선에서 벗어나도 좌굴이 발생하여 [그림 16.2]와 같이 휘어진다.

이 현상을 이용하면 기둥의 형상이 [그림 16.2]와 같이 휘어지는 조건을 구할 수 있다. 먼저 기둥을 축방향으로 힘이 작용하는 수직방향으로 놓인 보 구조로 가정해보자. 15장에서와 같이 먼저 x를 끝단 A에서 탄성곡선 위의 점 Q까지의 거리, y를 Q점의 처짐[1]이라 하자(그림 16.7a). 그러면 x축은 아래 방향으로 향하는 수직축이 되고 y축은 오른쪽으로 향하는 수평축이 된다.

1 **역자주**: 기둥을 수직방향으로 놓인 보라고 가정하므로 변형 대신 처짐이라 했으며, 이 이후부터는 처짐으로 번역했다.

[그림 16.7b]와 같이 AQ에 대한 자유물체도를 그린 후 평형을 고려하면 점 Q에서의 휨 모멘트는 $M = -Py$가 된다. 이 값을 식 (15.4)에 대입하면 다음과 같다.

$$\frac{d^2y}{dx^2} = \frac{M}{EI} = -\frac{P}{EI}y \tag{16.4}$$

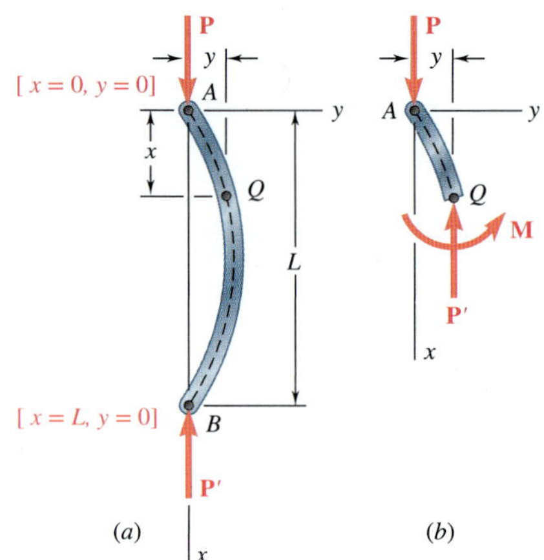

그림 16.7 (a) 좌굴된 기둥의 자유물체도 (b) AQ의 자유물체도

식 (16.4)의 마지막 항을 좌변으로 이항하면 다음과 같다.

$$\frac{d^2y}{dx^2} + \frac{P}{EI}y = 0 \tag{16.5}$$

식 (16.5)는 계수가 상수인 2차 선형 제차 미분방정식linear homogeneous differential equation of the second order이다. 변수 p^2을 다음과 같이 정의한다.

$$p^2 = \frac{P}{EI} \tag{16.6}$$

이를 식 (16.5)에 대입하면 다음과 같다.

$$\frac{d^2y}{dx^2} + p^2y = 0 \tag{16.7}$$

식 (16.7)은 독립변수를 시간 t 대신 거리 x로 사용했다는 것만 제외하면 조화운동harmonic motion에 대한 미분방정식과 동일한 형태이다. 그러므로 식 (16.7)의 일반해는 다음과 같다.

$$y = A \sin px + B \cos px \tag{16.8}$$

식 (16.8)의 y와 이를 두 번 미분한 식 d^2y/dx^2을 식 (16.7)에 대입하면 식 (16.8)이 식 (16.7)의 해가 된다는 것을 확인할 수 있다. 기둥의 양쪽 끝단 A와 B에서 만족해야 하는 경계조건을 적용해보자(그림 16.7a). 점 A에서의 경계조건은 $x=0$, $y=0$이므로, 이를 식 (16.8)에 대입하면 $B=0$이 된다. 점 B에서의 경계조건 $x=L$, $y=0$을 대입하면 다음과 같다.

$$A \sin pL = 0 \tag{16.9}$$

이 식은 $A=0$ 또는 $\sin pL=0$일 때 성립한다. 만일 $A=0$이라면 식 (16.8)은 $y=0$이 되어 기둥이 일직선이라는 것을 의미한다(그림 16.1). 만일 $\sin pL=0$이라면 $pL=n\pi$이므로 이를 식 (16.6)에 대입하여 P에 관해 풀면 다음과 같다.

$$P = \frac{n^2\pi^2 EI}{L^2} \tag{16.10}$$

$n=1$일 때, 식 (16.10)으로 정의된 P가 최소가 되므로 임계하중은 다음과 같다.

$$P_{cr} = \frac{\pi^2 EI}{L^2} \tag{16.11a}$$

이 식을 스위스의 수학자 레온하르트 오일러Leonhard Euler, 1707~1783의 이름을 따서 **오일러 공식**Euler's formula이라고 한다. 오일러 공식을 식 (16.6)에 대입하여 얻은 p를 식 (16.8)에 대입하면 $B=0$이므로 다음과 같은 식을 얻을 수 있다.

$$y = A \sin \frac{\pi x}{L} \tag{16.12}$$

식 (16.12)가 좌굴된 기둥의 탄성곡선식이다(그림 16.2). 이 식에서 최대처짐값인 $y_m = A$는 아직 결정되지 않았는데, 이것은 미분방정식 (16.5)가 탄성곡선에 대한 지배 미분방정식의 선형근사식이기 때문이다.[2]

$P < P_{cr}$인 경우에는 $\sin pL = 0$ 조건을 만족시킬 수 없으므로 식 (16.12)의 해가 존재하지 않는다. 따라서 $A=0$이어야 하고, 기둥의 형상은 반드시 직선이어야 한다. 그러므로 $P < P_{cr}$인 경우에는 [그림 16.1]에 나타낸 것과 같이 기둥이 일직선일 때가 유일하게 안정인 상태이다.

단면이 원형이거나 정사각형인 기둥의 경우, 도심축에 대한 단면2차모멘트 I는 두 직교하는 축에 대해 그 값이 같으므로 기둥 끝단의 구속조건이 같으면 두 직교하는 축에 대한 임계하중값도 같다. 하지만 단면 형상이 원형 또는 정사각형이 아닌 경우에는 임계하중값을 결정할 때 식 (16.11a)에 $I = I_{min}$을 대입해야 한다. 이때 좌굴은 I_{min}인 축에 수직인 평면에서 발생한다.

임계하중으로부터 **임계응력**critical stress σ_{cr}을 구할 수 있다. A를 단면적, r을 회전반지름radius of gyration이라고 할 때, 식 (16.11a)에 $I = Ar^2$을 대입하면 다음과 같은 임계응력에 관한 식을 얻게 된다.

$$\sigma_{cr} = \frac{P_{cr}}{A} = \frac{\pi^2 EAr^2}{AL^2}$$

또는

$$\sigma_{cr} = \frac{\pi^2 E}{(L/r)^2} \tag{16.13a}$$

이 식에서 L/r항을 기둥의 **세장비**slenderness ratio라고 한다. 기둥의 세장비와 임계응력값을 구할 때 회전반지름의 최솟값을 이용해야 한다는 것을 알 수 있다.

식 (16.13)은 임계응력값이 재료의 탄성계수에 비례하고 기둥의 세장비의 제곱에 반비례한다는 것을 알 수 있다. $E = 200$ GPa이고 $\sigma_Y = 250$ MPa인 구조용 강structural steel의 L/r에 대한 σ_{cr}값을 [그림 16.8]에 나타냈다.

2 $d^2y/dx^2 = M/EI$는 15.1.1절에서 보의 처짐각 dy/dx는 무시할 수 있으며, 보의 정확한 곡률식인 식 (15.3)을 $1/\rho = d^2y/dx^2$로 대체할 수 있다고 가정하여 유도한 식이다.

[그림 16.8]에서 σ_{cr}의 값을 계산할 때 안전계수가 적용되지 않았다는 것에 주의해야 한다. 식 (16.13a)를 이용하여 구한 σ_{cr}값이나 [그림 16.8]의 곡선을 이용하여 구한 σ_{cr}값이 항복강도 σ_Y보다 큰 경우에는 기둥이 압축에 대해 항복하거나 좌굴이 발생하기도 전에 비탄성 거동을 할 수 있으므로 임계응력값의 상한선은 항복응력값 σ_Y로 표시되었다.

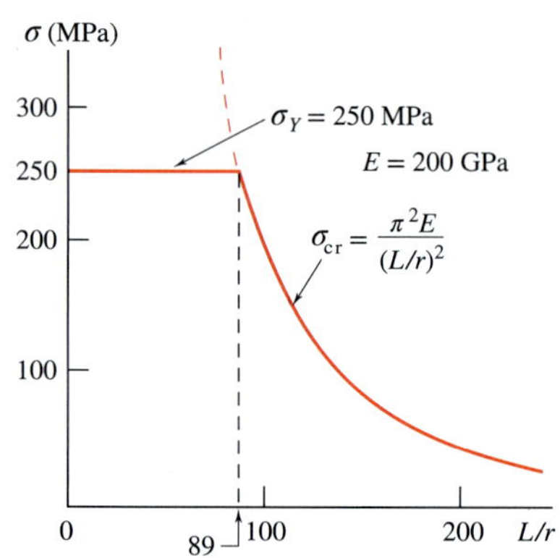

그림 16.8 구조용 강의 임계응력값

개념적용 16.1

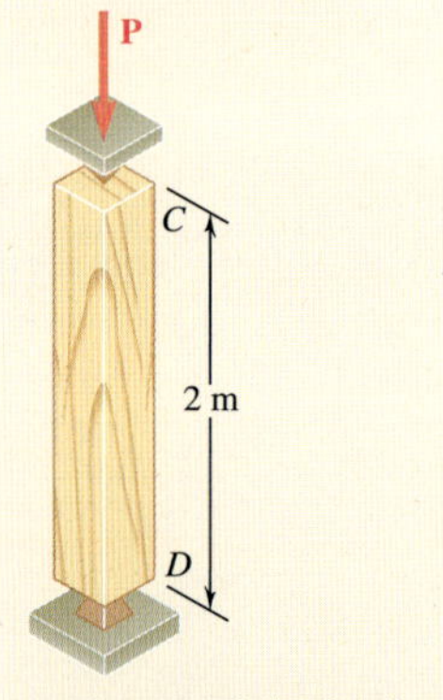

그림 16.9 양단 지점이 핀인 정사각형 목재 기둥

양단 지점이 핀인 길이 2 m의 목재 기둥이 있다(그림 16.9). $E = 13$ GPa, $\sigma_{all} = 12$ MPa이고 오일러 공식을 이용하여 임계하중을 계산할 때 안전계수를 2.5라고 가정하자. 이때 (a) 100 kN의 하중과 (b) 200 kN의 하중을 지지하기 위한 정사각형 기둥의 치수를 구하시오.

a. 100 kN의 하중을 지지할 경우

주어진 안전계수를 사용하면 임계하중의 크기는 다음과 같다.

$$P_{cr} = 2.5(100 \text{ kN}) = 250 \text{ kN}, \quad L = 2 \text{ m}, \quad E = 13 \text{ GPa}$$

식 (16.11a)의 오일러 공식을 사용하여 I를 구하면 다음과 같다.

$$I = \frac{P_{cr}L^2}{\pi^2 E} = \frac{(250 \times 10^3 \text{ N})(2 \text{ m})^2}{\pi^2(13 \times 10^9 \text{ Pa})}$$
$$= 7.794 \times 10^{-6} \text{ m}^4$$

한 변의 길이가 a인 정사각형 단면에서 $I = a^4/12$이므로 a의 값은 다음과 같다.

$$\frac{a^4}{12} = 7.794 \times 10^{-6} \text{ m}^4, \quad a = 98.3 \text{ mm} \approx 100 \text{ mm}$$

기둥에 작용하는 수직응력은 다음과 같다.

$$\sigma = \frac{P}{A} = \frac{100 \text{ kN}}{(0.100 \text{ m})^2} = 10 \text{ MPa}$$

이 식에서 구한 σ가 허용응력보다 작기 때문에 100×100mm의 단면은 적절하다.

b. 200kN의 하중을 지지할 경우

식 (16.11a)의 오일러 공식과 $P_{cr}=2.5(200)=500$ kN을 사용하여 I와 a를 구하면 다음과 같다.

$$I = 15.588 \times 10^{-6}\ \text{m}^4$$

$$\frac{a^4}{12} = 15.588 \times 10^{-6}, \quad a = 116.95\ \text{mm}$$

기둥에 작용하는 수직응력은 다음과 같다.

$$\sigma = \frac{P}{A} = \frac{200\ \text{kN}}{(0.11695\ \text{m})^2} = 14.62\ \text{MPa}$$

이 식에서 구한 σ가 허용응력보다 크기 때문에 선택한 단면은 적절하지 않다. 따라서 압축저항에 근거하여 단면을 선택해야 한다.

$$A = \frac{P}{\sigma_{all}} = \frac{200\ \text{kN}}{12\ \text{MPa}} = 16.67 \times 10^{-3}\ \text{m}^2$$

$$a^2 = 16.67 \times 10^{-3}\ \text{m}^2, \quad a = 129.1\ \text{mm}$$

계산 결과 130×130 mm의 단면이 적절하다는 것을 알 수 있다.

16.1.2 지점이 핀이 아닌 기둥에 대한 오일러 공식

앞 절에서는 양쪽 지점이 모두 핀인 기둥에 대해 식 (16.11)의 오일러 공식을 유도했다. 이 절에서는 지점이 핀이 아닌 기둥을 대상으로 임계하중 P_{cr}을 구해보자.

하중 **P**가 작용하는 지점 A는 자유단이고 다른 지점 B는 고정단인 기둥(그림 16.10a)은 양쪽 지점이 모두 핀인 기둥을 반으로 나눴을 때 그 기둥의 위쪽 반 부분과 동일하게 거동한다(그림 16.10b). 따라서 [그림 16.10a]에 나타낸 기둥의 임계하중은 [그림 16.10b]에 나타낸 기둥, 즉 양쪽 지점이 모두 핀이고 길이가 $2L$인 기둥의 임계하중과 같다. 그러므로 해당 기둥의 임계하중은 기둥의 실제 길이의 두 배인 $2L$을 식 (16.11a)의 오일러 공식에 대입하여 구할 수 있다. 이때 $2L$을 기둥의 **유효길이**effective length라고 하며, 임계하중은 오일러 공식에 $L_e=2L$을 대입하여 구한다.

$$P_{cr} = \frac{\pi^2 EI}{L_e^2} \tag{16.11b}$$

그림 16.10 지점이 고정단과 자유단이고 길이가 L인 기둥의 유효길이는 양쪽 지점이 핀이고 길이가 $2L$인 기둥의 유효길이와 같다.

임계하중으로부터 임계응력을 구하면 다음과 같다.

$$\sigma_{cr} = \frac{\pi^2 E}{(L_e/r)^2} \tag{16.13b}$$

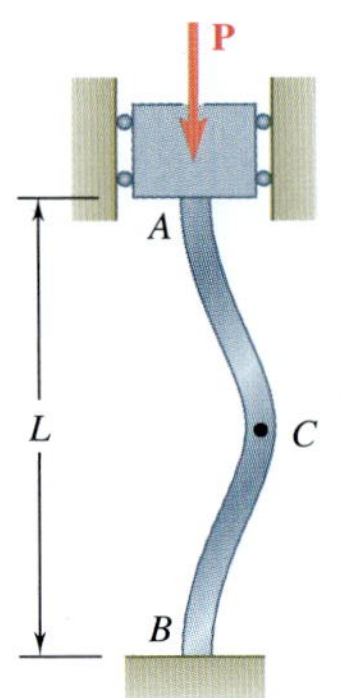

그림 16.11 양쪽 지점이 모두 고정단인 기둥

이 식에서 L_e/r을 기둥의 **유효세장비**effective slenderness라고 하며, [그림 16.10a]의 경우 그 값은 $2L/r$이 된다.

이제 하중 **P**가 작용하는 지점 A와 다른 지점 B가 모두 고정단인 기둥을 고려해보자(그림 16.11). 경간의 중앙점 C를 통과하는 수평축에 대해 지점조건과 하중이 대칭이므로, 점 C에서의 전단력과 지점 A와 B에서의 수평반력 성분은 0이 된다(그림 16.12). 그러므로 이 기둥의 상부와 하부의 구속조건은 동일하다(그림 16.13).

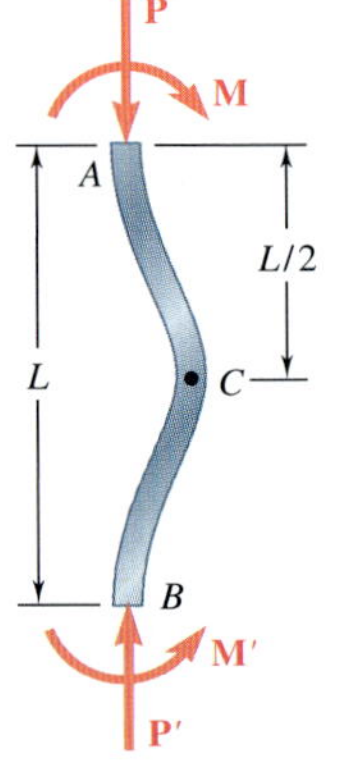

그림 16.12 양쪽 지점이 모두 고정단이고 좌굴이 발생한 기둥의 자유물체도

상부 AC 부재는 중앙점 D에 대해 대칭이어야 하므로 점 D는 휨모멘트가 0이 되는 변곡점이어야 한다. 마찬가지로, 하부의 중앙점 E에서의 휨모멘트도 0이어야 한다(그림 16.14a). 양쪽 지점이 핀인 기둥의 두 지점에서는 휨모멘트가 0이 되므로 [그림 16.13a]에 나타낸 기둥의 DE 부분은 양쪽 지점이 핀인 기둥과 동일하게 거동한다(그림 16.14b). 그러므로 양쪽 지점이 고정단인 기둥의 유효길이는 $L_e = L/2$가 된다.

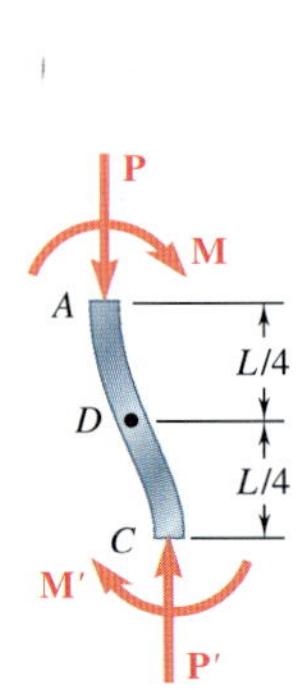

그림 16.13 양쪽 지점이 모두 고정단이고 좌굴이 발생한 기둥의 상부 $L/2$에 대한 자유물체도

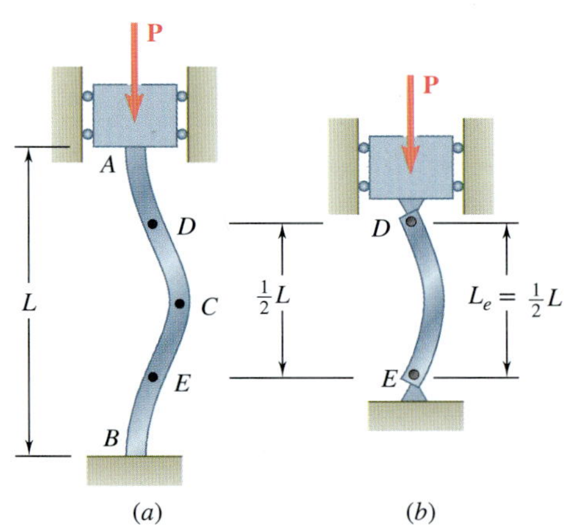

그림 16.14 양쪽 지점이 모두 고정단이고 길이가 L인 기둥의 유효길이는 양쪽 지점이 핀이고 길이가 $L/2$인 기둥의 유효길이와 같다.

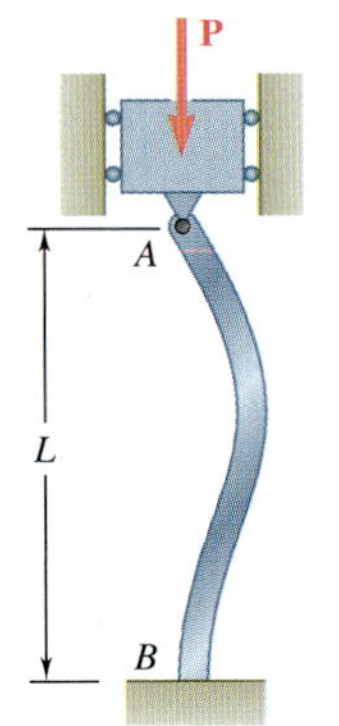

그림 16.15 지점이 고정단과 핀인 기둥

[그림 16.15]와 같이 한쪽 지점 B는 고정단이고 하중 **P**가 작용하는 다른 쪽 지점 A는 핀인 기둥을 고려해보자. 이 기둥의 유효길이를 구하기 위해서는 탄성곡선에 대한 미분방정식을 풀어야 한다. [그림 16.16]에 나타낸 전체 기둥에 대한 자유물체도로부터 하중 **P**와 수평반력 **V**가 점 A에 작용하고 있으며, 이때 **V**는 부정정력이라는 것을 알 수 있다. 부재 AQ의 자유물체도를 그려보면(그림 16.17), 점 Q에서의 휨모멘트는 다음과 같다.

$$M = -Py - Vx$$

이 값을 15.1.1절의 식 (15.4)에 대입하면 다음과 같다.

$$\frac{d^2y}{dx^2} = \frac{M}{EI} = -\frac{P}{EI}y - \frac{V}{EI}x$$

변수 p^2을 16.1.1절에서와 동일하게 정의하고, y를 포함하고 있는 항을 좌변으로 이항하면 다음과 같다.

$$p^2 = \frac{P}{EI} \tag{16.6}$$

$$\frac{d^2y}{dx^2} + p^2y = -\frac{V}{EI}x \tag{16.14}$$

식 (16.14)는 계수가 상수인 2차 선형 비제차nonhomogeneous 미분방정식이다. 식 (16.7)의 좌변과 식 (16.14)의 좌변은 같으므로 식 (16.14)의 일반해는 식 (16.7)로부터 구한 해(식 (16.8))에 식 (16.14)의 특수해를 더하면 구할 수 있다. 식 (16.14)의 특수해는 다음과 같다.

$$y = -\frac{V}{p^2EI}x$$

식 (16.6)을 이용하면 특수해를 다음과 같이 다시 적을 수 있다.

$$y = -\frac{V}{P}x \tag{16.15}$$

식 (16.8)과 식 (16.15)를 더하면 다음과 같이 식 (16.14)의 일반해를 구할 수 있다.

$$y = A\sin px + B\cos px - \frac{V}{P}x \tag{16.16}$$

계수 A와 B 그리고 미지반력 V의 값은 [그림 16.16]에 나타낸 경계조건을 적용하여 구한다. 식 (16.16)에 $x=0$, $y=0$을 대입하면 $B=0$이 된다. 그리고 $x=L$, $y=0$을 대입하면 다음과 같다.

$$A\sin pL = \frac{V}{P}L \tag{16.17}$$

$B=0$을 대입한 후 식 (16.16)을 미분하면 다음과 같다.

$$\frac{dy}{dx} = Ap\cos px - \frac{V}{P}$$

이 식에 $x=L$, $dy/dx=0$을 대입하면 다음과 같다.

$$Ap\cos pL = \frac{V}{P} \tag{16.18}$$

식 (16.17)의 양변을 식 (16.18)의 양변으로 나눠주면 식 (16.16)의 해는 다음의 조건이 만족될 때만 존재한다.

$$\tan pL = pL \tag{16.19}$$

식 (16.19)를 시행착오법으로 풀면 pL의 최솟값은 다음과 같다.

$$pL = 4.4934 \tag{16.20}$$

식 (16.20)의 p값을 식 (16.6)에 대입하고 [그림 16.15]에 나타낸 기둥의 임계하중 P에 대해 풀면 다음과 같다.

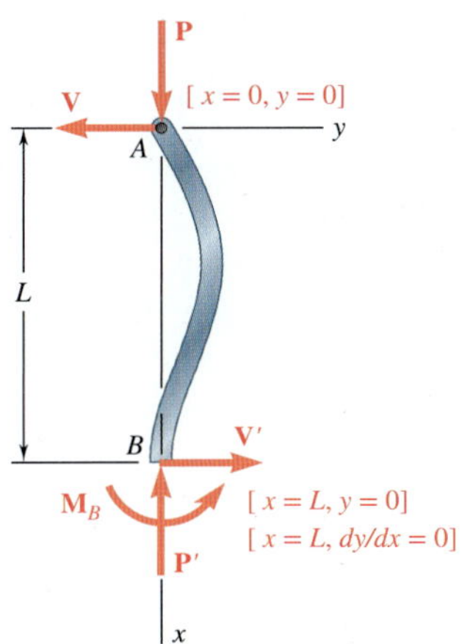

그림 16.16 지점이 고정단과 핀이고 좌굴이 발생한 기둥의 자유물체도

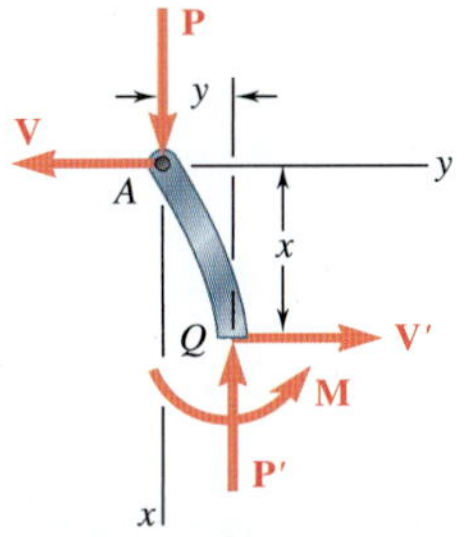

그림 16.17 지점이 고정단과 핀이고 좌굴이 발생한 기둥에서 AQ의 자유물체도

$$P_{cr} = \frac{20.19\,EI}{L^2} \tag{16.21}$$

이 기둥의 유효길이는 식 (16.11b)의 우변식과 식 (16.21)의 식을 같다고 놓으면 구할 수 있다.

$$\frac{\pi^2 EI}{L_e^2} = \frac{20.19EI}{L^2}$$

한쪽 지점이 고정단이고 다른 한쪽이 핀인 기둥의 유효길이는 $L_e = 0.699L \approx 0.7L$이다. 지점조건이 다양한 여러 기둥의 유효길이를 [그림 16.18]에 나타냈다.

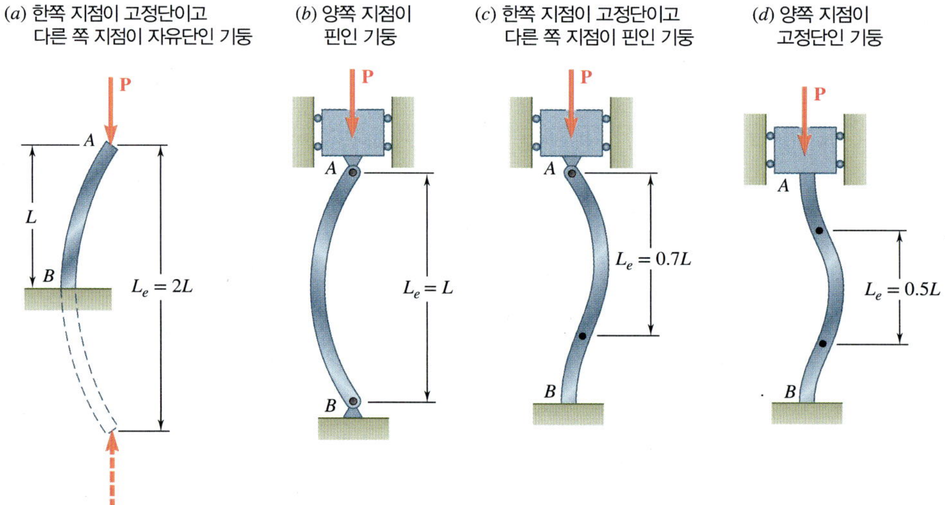

그림 16.18 지점이 다양한 여러 기둥의 유효길이

예제 16.1

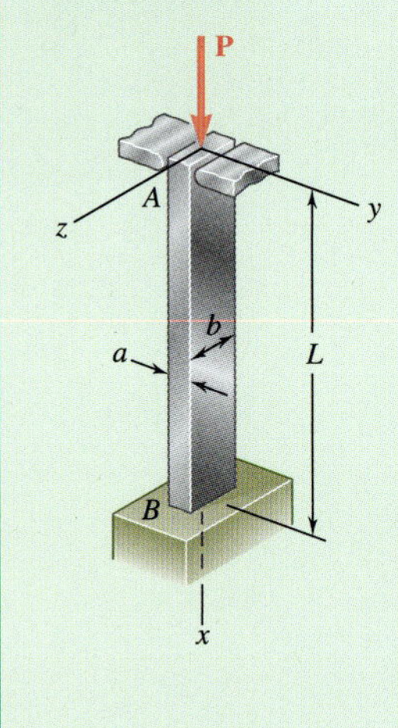

길이가 L이고 단면이 직사각형인 알루미늄 기둥의 지점 B는 고정단이고, 지점 A에는 도심축하중이 작용하고 있다. 두 개의 고정된 매끄러운 판은 지점 A가 y축 방향으로는 움직이지 못하도록 구속하고 있지만 z축 방향의 움직임은 구속하지 않는다. (a) 좌굴에 대해 가장 효율적인 단면이 되도록 두 변의 비 a/b를 구하고, (b) $L = 20$ in., $E = 10.1 \times 10^6$ psi, $P = 5$ kips일 때 소요안전계수가 2.5가 되도록 하는 가장 효율적인 기둥 단면을 설계하시오.

문제분석 가장 효율적인 설계는 두 개의 좌굴모드에 대한 임계응력이 같아지도록 설계하는 것이다. 즉, 직교하는 두 축에 대해 식 (16.13b)로부터 구한 좌굴응력의 값이 같은 경우를 의미한다. 그러므로 문제 (a)의 경우에는 유효세장비의 값이 같아야 한다. 유효길이를 구하기 위해서는 [그림 16.18]을 이용한다. 문제 (b)의 경우에는 주어진 설계조건과 식 (16.13b)를 함께 이용하면 단면의 치수를 구할 수 있다.

모델링

평면 xy에서의 좌굴 [그림 16.18c]를 보면 평면 xy에서 좌굴에 대한 유효길이는

$L_e = 0.7L$ 이다. 단면의 회전반지름 r_z는 다음과 같이 구할 수 있다.

$$I_z = \frac{1}{12}ba^3, \qquad A = ab$$

그리고 $I_z = Ar_z^2$을 대입하면 회전반지름은 다음과 같다.

$$r_z^2 = \frac{I_z}{A} = \frac{\frac{1}{12}ba^3}{ab} = \frac{a^2}{12}, \qquad r_z = a/\sqrt{12}$$

평면 xy에서 발생하는 좌굴에 대한 유효세장비를 계산하면 다음과 같다.

$$\frac{L_e}{r_z} = \frac{0.7L}{a/\sqrt{12}} \tag{1}$$

평면 xz에서의 좌굴 [그림 16.18a]를 보면 평면 xz에서 좌굴에 대한 유효길이는 $L_e = 2L$ 이다. 단면의 회전반지름은 $r_y = b/\sqrt{12}$ 이므로 유효세장비는 다음과 같다.

$$\frac{L_e}{r_y} = \frac{2L}{b/\sqrt{12}} \tag{2}$$

풀이

a. 가장 효율적인 설계 가장 효율적인 설계는 두 개의 좌굴모드에 대한 임계응력이 같아지도록 설계하는 것이다. 식 (16.13b)를 살펴보면 두 좌굴모드에 대한 임계응력이 같아지기 위해서는 두 좌굴모드에 대한 유효세장비의 값이 같아야 한다.

$$\frac{0.7L}{a/\sqrt{12}} = \frac{2L}{b/\sqrt{12}}$$

이 식을 a/b에 대해 풀면 다음과 같다.

$$\frac{a}{b} = \frac{0.7}{2} \qquad\qquad \frac{a}{b} = 0.35 ◀$$

b. 주어진 조건을 적용한 설계 소요안전계수의 값이 2.5이므로(즉 $F.S. = 2.5$) 임계하중은 다음과 같이 구할 수 있다.

$$P_{cr} = (F.S.)P = (2.5)(5 \text{ kips}) = 12.5 \text{ kips}$$

$a = 0.35b$ 이므로, $A = ab = 0.35b^2$이고 $\sigma_{cr} = \dfrac{P_{cr}}{A} = \dfrac{12{,}500 \text{ lb}}{0.35b^2}$ 이다. 식 (2)에 $L = 20$ in.을 대입하면 $L_e/r_y = 138.6/b$가 된다. E, L_e/r, σ_{cr}을 식 (16.13b)에 대입하면 다음과 같다.

$$\sigma_{cr} = \frac{\pi^2 E}{(L_e/r)^2}, \qquad \frac{12{,}500 \text{ lb}}{0.35b^2} = \frac{\pi^2(10.1 \times 10^6 \text{ psi})}{(138.6/b)^2}$$

$$b = 1.620 \text{ in.}, \qquad a = 0.35b = 0.567 \text{ in.} ◀$$

고찰 계산된 임계 좌굴응력은 재료의 항복강도를 초과해서는 안 된다. 이 문제에서 $\sigma_{cr} = 13.6$ ksi가 된다. 어떤 종류의 합금인지는 정확하게 주어지지 않았지만, 이 값은 〈부록 C〉에 제공된 모든 종류의 알루미늄 합금의 인장강도 σ_Y보다는 작다.

사례연구 16.1

16.1.1절에서는 양쪽 지점이 핀인 기둥에 도심축하중이 작용할 때 임계하중을 유도했다. 임계하중 P_{cr}을 구하는 데 사용된 이론은 기둥에 작용하는 도심축하중이 임계하중에 도달할 때까지 초기의 일직선 형상이 유지된다는 가정에 근거하고 있다. 하지만 실제 기둥은 이와는 다르다.

[그림 CS16.1]은 양쪽 지점이 핀이고, 초기 형상이 일직선에서 약간 벗어난 실제 기둥의 모습을 나타낸다. 일직선에서 벗어난 정도는 x의 함수인 y_0값으로 나타냈다. 하중이 가해질 때 이 기둥의 거동은 약간의 편심이 작용하는 일직선 기둥의 거동과 비슷하다(좌굴을 고려하지 않은 이러한 형태의 기둥을 11.4절에서 배운 바 있다). [그림 CS16.1]의 기둥에서 전체적인 처짐은 하중이 증가할수록 커진다. 초기 처짐 이후 발생하는 추가 처짐을 y라 하자. 초기 변형 형상은 일반적으로 간단한 곡선 형태가 아니지만, 하중이 작용할 때 기둥의 변형 형상은 초기에 직선이었던 기둥의 변형 형상과 결국 같아진다고 가정할 수 있다.

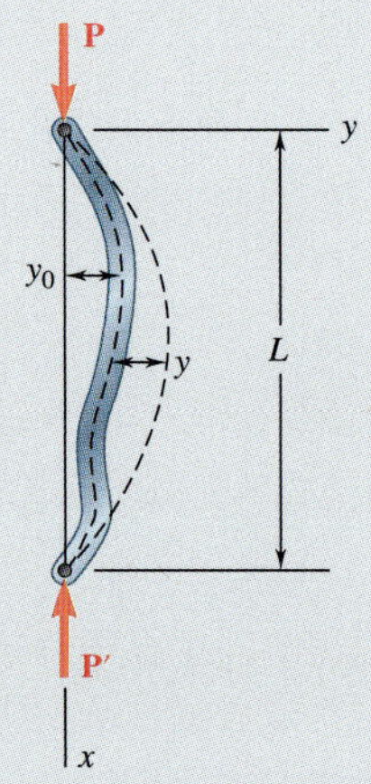

그림 CS16.1 하중 **P**가 작용하고 양단 지점이 핀이며 초기 형상이 일직선이 아닌 기둥의 자유물체도

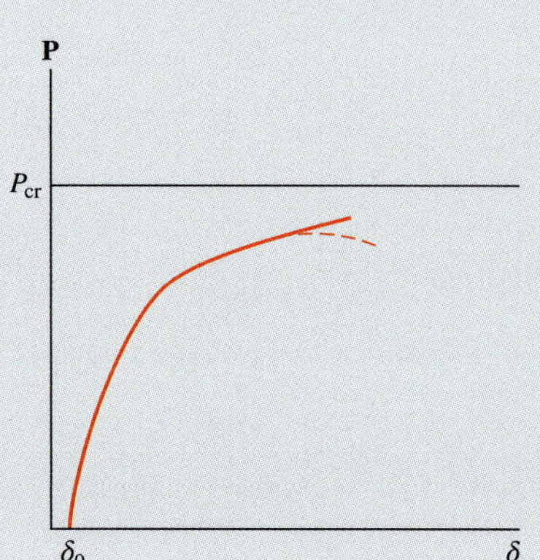

그림 CS16.2 하중 **P**가 증가할 때 하중–변위곡선

[그림 CS16.2]는 [그림 CS16.1]에 나타낸 것과 유사한 기둥의 하중–변위곡선이다. 여기서 δ는 기둥 중앙에서의 전체 처짐이다. 초기 처짐 δ_0는 하중이 작용하기 전 기둥 중앙점에서의 y_0와 같다. 하중이 증가할수록 기둥의 수평방향 처짐도 증가한다. [그림 CS15.2]에 나타낸 실험 결과에 의하면 작용하중 P는 아직 임계하중 P_{cr}에 도달하지 않았다. 게다가 처짐이 증가할수록 기둥 일부분에서는 재료의 탄성한계를 초과할 수도 있다. 만일 이런 상황이 발생하면 하중–변위곡선은 [그림 CS16.2]에 나타낸 점선을 따라가게 될 것이다. 그러므로 초기 처짐이 있는 실제 기둥의 임계하중을 결정하는 데 있어서 하중–변위 실험은 유용한 방법이 아니며 임계하중 P_{cr}을 결정하기 위해서는 실험 데이터를 이용하는 다른 방법을 고려해야 한다.

문제분석 16.1.1절에서 양쪽 지점이 핀이고 초기 처짐이 없으며 도심축하중이 작용하는 기둥의 임계하중을 구하기 위해 사용했던 이론을 복습해보자. 이 이론을 수정하여 [그림 CS16.1]에 나타낸 것과 같은 초기 처짐이 있는 기둥에 적용해보고, 실제 실험 데이터로부터 임계하중을 산정하는 방법을 알아보자.

모델링 이전에도 논의한 바와 같이 양쪽 지점이 핀인 기둥의 초기 처짐 형상은 [그림 CS16.1]에 나타낸 것과 같이 자유물체도를 그려서 모델링할 수 있다. 임의의 위치 x에서의 전체 처짐이 이번에는 y 대신 $(y+y_0)$가 된다는 것만 제외하면 [그림 16.7]의 기둥 모델과 동일한 방법을 적용할 수 있다. [그림 16.7b]와 유사하게 이 기둥 상부에 대한 자유물체도의 평형을 고려하면, 임의의 위치 x에서의 휨모멘트값은 $M=-P(y+y_0)$가 될 것이다.

풀이 휨모멘트값을 식 (16.4)에 대입하면 다음과 같다.

$$\frac{d^2y}{dx^2}=\frac{M}{EI}=-\frac{P}{EI}(y+y_0)$$

이 식을 다시 정리하면 다음과 같다.

$$\frac{d^2y}{dx^2} + \frac{P}{EI}y = -\frac{P}{EI}y_0 \tag{1}$$

이전에 설명한 것과 같이 실제 초기 처짐은 간단한 곡선 형태가 아니지만, 하중이 가해질 때 전체적인 처짐 형상은 초기에 직선 형태인 기둥에 편심하중이 작용할 때 변형되는 형상에 가까워진다. 이제 초기 처짐을 대칭 형상이라고 가정하고 y_0의 값이 양쪽 끝단에서 0이라는 것을 적용하면 y_0를 다음과 같이 정의할 수 있다.

$$y_0 = \delta_0 \sin\frac{\pi x}{L} \tag{2}$$

여기서 δ_0는 기둥 중앙에서의 초기 변형을 의미한다. 변수 p^2은 16.1.1절에서와 동일하게 $p^2 = \dfrac{P}{EI}$로 정의한다. 이제 식 (1)을 다음과 같이 나타낼 수 있다.

$$\frac{d^2y}{dx^2} + p^2y = -p^2\delta_0\sin\frac{\pi x}{L} \tag{3}$$

식 (3)의 해는 다음과 같다.

$$y = A\sin px + B\cos px + \frac{1}{\dfrac{\pi^2}{p^2L^2} - 1}\delta_0\sin\frac{\pi x}{L} \tag{4}$$

이 식에서 $x=0$일 때 $y=0$이므로, $B=0$이 된다. $x=L$일 때 $y=0$을 대입하면 $A=0$이 된다. 따라서 처짐식은 다음과 같다.

$$y = \frac{1}{\dfrac{\pi^2}{p^2L^2} - 1}\delta_0\sin\frac{\pi x}{L} \tag{5}$$

식 (16.11a)로부터 $P_{\text{cr}} = \pi^2EI/L^2$이다. 변수 β를 다음과 같이 정의한다.

$$\beta = \frac{P}{P_{\text{cr}}} = \frac{P}{\dfrac{\pi^2EI}{L^2}} = \frac{p^2L^2}{\pi^2}$$

이 식을 이용하면 처짐은 다음과 같다.

$$y = \frac{1}{\dfrac{1}{\beta} - 1}\delta_0\sin\frac{\pi x}{L} = \frac{\beta}{1-\beta}\delta_0\sin\frac{\pi x}{L} \tag{6}$$

식 (6)은 하중에 의한 추가 처짐이다. 이 값을 초기 처짐에 더하면 전체적인 처짐을 다음 식으로 구할 수 있다.

$$y + y_0 = \frac{\beta}{1-\beta}\delta_0\sin\frac{\pi x}{L} + \delta_0\sin\frac{\pi x}{L} = \frac{1}{1-\beta}\delta_0\sin\frac{\pi x}{L} \tag{7}$$

기둥의 중앙에서의 전체 처짐 $(\delta)_{x=L/2}$은 다음과 같다.

$$(\delta)_{x=\frac{L}{2}} = \delta_0\frac{1}{1-\beta} = \delta_0\frac{1}{1-\dfrac{P}{P_{\text{cr}}}} \tag{8}$$

식 (8)은 $x=L/2$인 기둥 중앙에서 발생하는 처짐은 하중이 작용하기 전 기둥 중앙에서 발생한 초기 처짐 δ_0보다 크다는 것을 보여준다. 이 식을 그림으로 나타내면 [그림 CS16.2]와 비슷할 것이다. 이 결과를 실제 기둥 실험에 적용하기 위해 기둥 중앙에서 측정된 처짐이 실험을 수행하는 동안 점진적으로 증가시킨 하중에 의해 유발된 것이라고 생각해보자. 그러면 $x=L/2$에서 실제 측정된 처짐은 식 (8)로 구한 전체 처짐에서 식 (2)로 정의된 초기 처짐을 뺀 값이 된다. 따라서 $x = L/2$에서 실험을 통해 측정된 처짐 δ_{test}은 다음과 같다.

$$\left(\delta_{test}\right)_{x=\frac{L}{2}} = \delta_0\left(\frac{1}{1-\dfrac{P}{P_{cr}}} - 1\right) = \delta_0\left(\frac{\dfrac{P}{P_{cr}}}{1-\dfrac{P}{P_{cr}}}\right) = \delta_0\left(\frac{1}{\dfrac{P_{cr}}{P} - 1}\right) \tag{9}$$

식 (9)의 분모를 없애면 다음과 같다.

$$\left(\delta_{test}\right)_{x=\frac{L}{2}}\left(\frac{P_{cr}}{P} - 1\right) = \delta_0 \tag{10}$$

이 식은 다음과 같이 다시 쓸 수 있다.

$$\frac{\left(\delta_{test}\right)_{x=\frac{L}{2}}}{P} = \frac{1}{P_{cr}}\left(\delta_0 + \left(\delta_{test}\right)_{x=\frac{L}{2}}\right) \tag{11}$$

이 식은 직선식이다. $\dfrac{\left(\delta_{test}\right)_{x=\frac{L}{2}}}{P}$을 수직축에 $\left(\delta_{test}\right)_{x=\frac{L}{2}}$을 수평축에 그리면, $-\delta_0$에서 x축을 통과하고 기울기가 $\dfrac{1}{P_{cr}}$인 직선이다. 그러므로 임계하중은 그려진 직선의 기울기의 역수가 된다. 앞에서 유도한 것과 같이 초기 처짐이 있는 실제 기둥으로부터 얻은 실험 데이터로부터 임계하중을 구하는 방법은 사우스웰Southwell이 처음으로 제안했다.[3] 이 방법은 탄성거동을 하고 초기 처짐이 작은 기둥에 대해 뛰어난 결과를 제공한다. 추후 연구자들은 이 방법이 편심이 작은 기둥, 즉 하중이 정확하게 도심축에 작용하지 않는 기둥에 대해서도 사용할 수 있다는 것을 발견했다.

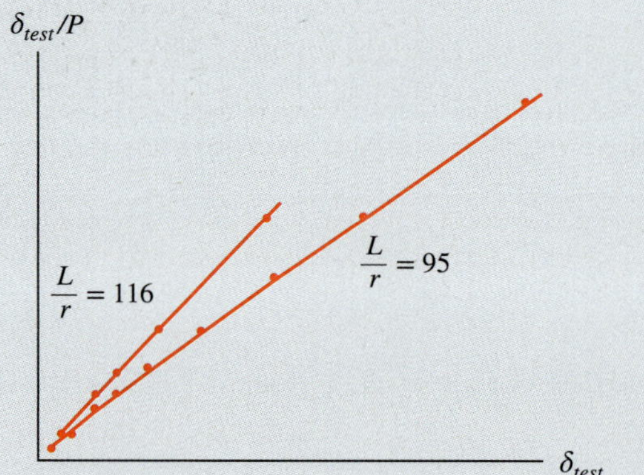

그림 CS16.3 실험변위에 대한 하중으로 실험변위를 나눈 값의 그래프

고찰 사우스웰은 이 기법의 정확도를 평가하기 위해 카르만T. von Kármán이 수행한 실험 데이터를 이용했다. 이 실험은 구조용 연강으로 제작되고 양쪽 지점이 핀인 단주, 중간주, 장주를 대상으로 했고, 하중이 정확하게 중심에 작용하도록 주의하여 수행되었다. 총 8개의 기둥을 대상으로 실험했는데, 기둥의 단면은 직사각형이고 세장비 L/r은 대략 95에서 116 사이에 분포되어 있었다. 두 개의 데이터 집합에 대한 결과를 [그림 CS16.3]에 나타냈다. 8개의 기둥 전체에 대한 그래프가 유사한데, 이 중 한 종류는 세장비가 작고($L/r = 95$), 다른 종류는 크다($L/r = 116$). 각각의 실험 예에서 볼 수 있듯이, 데이터값에 대한 회귀식은 근사적으로 일직선이 된다. 이 직선은 두 축의 교점을 통과하지는 않지만, 하중이 기둥에 작용하기 전 초기 처짐값에 해당하는 수평축을 통과해야만 한다. 사우스웰은 8개의 기둥 그래프에 대해 회귀분석을 수행하여 임계하중을 결정했다. 8개의 기둥에 대한 실험 결과를 그린 도표로부터 구한 임계하중값과 식 (16.11a)의 오일러 공식으로부터 구한 임계하중값의 비는 0.980에서 1.022 사이에 분포했다. 그러므로 실험 결과를 이용하여 구한 임계하중값과 오일러 공식을 이용하여 구한 값과의 차이는 대략 2% 정도가 된다. 실제 기둥은 초기 처짐이 있고 작용하중이 단면의 도심축에 정확하게 가해지지 않는 등 불완전한 상황에 놓여 있다. 사우스웰의 방법은 만일 기둥이 완전히 탄성이고 초기 처짐이 크지 않기만 하다면 이러한 불완전성을 모두 고려할 수 있는 방법이다. 이 방법은 실제 실험 결과로부터 임계하중을 구하는 연구에 폭넓게 사용되었으며, [사진 16.1]에 나타낸 기둥 실험에서도 사용되었다.

3 R. V. Southwell, "On the Analysis of Experimental Observations in Problems of Elastic Stability," *Proceedings of the Royal Society*, 1932, Volume 135, pp. 601–616.

Section 16.1 연습문제

16.1 점 A의 스프링 계수가 k이고 봉 AB가 강체일 때, 임계하중 P_{cr}을 구하시오.

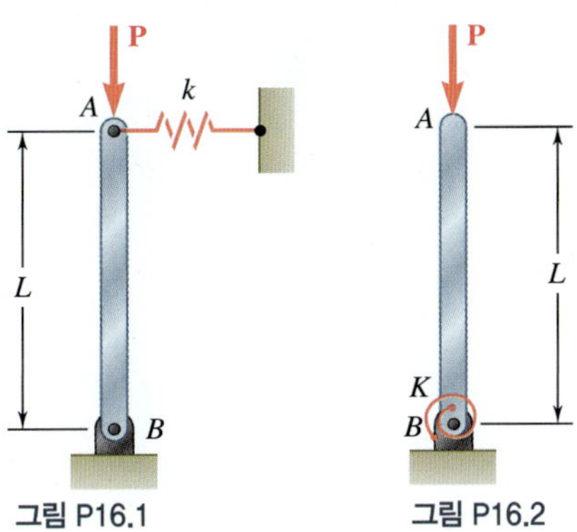

그림 P16.1 그림 P16.2

16.2 점 B의 회전스프링 계수가 K이고 봉 AB가 강체일 때, 임계하중 P_{cr}을 구하시오.

16.3 두 개의 강봉 AC와 BC가 스프링 계수 k인 스프링에 연결되어 있다. 스프링이 인장 또는 압축을 모두 받을 수 있다면, 이 구조계의 임계하중 P_{cr}을 구하시오.

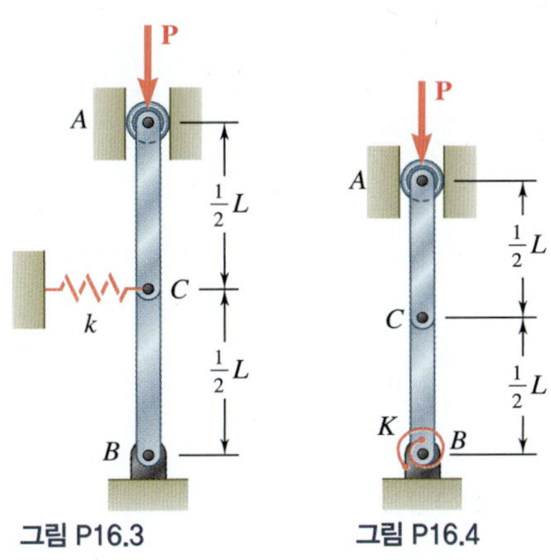

그림 P16.3 그림 P16.4

16.4 두 개의 강봉 AC와 BC가 점 C에서 핀으로 연결되어 있다. 점 B의 회전스프링 계수가 K일 때, 이 구조계의 임계하중 P_{cr}을 구하시오.

16.5 강봉 AB가 점 A에서 힌지에 연결되어 있고, 인장 또는 압축을 받는 스프링 계수가 $k = 2$ kips/in.인 두 스프링에 연결되어 있다. $h = 2$ ft일 때 임계하중을 구하시오.

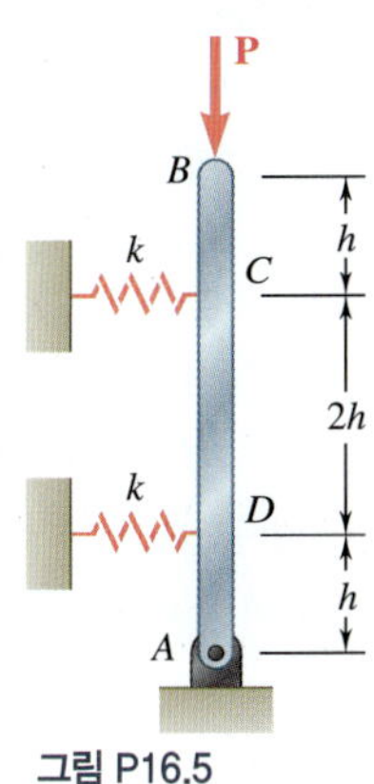

그림 P16.5

16.6 스프링 계수가 K인 네 개의 회전스프링과 네 개의 앵글로 이뤄진 프레임frame이 있다. 점 A와 D에 동일한 **P**가 작용하고 있을 때, 이 프레임의 임계하중 P_{cr}을 구하시오.

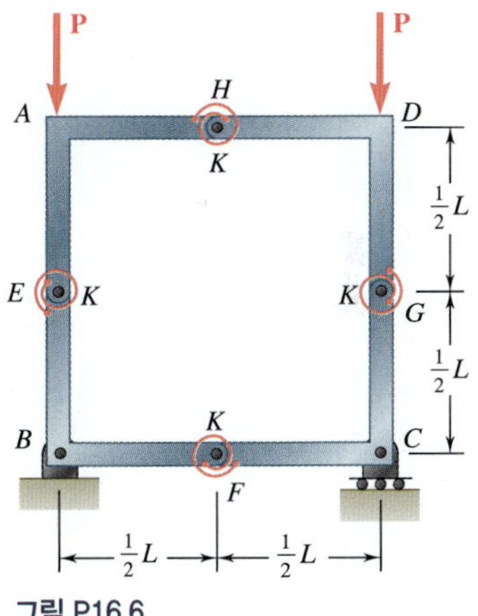

그림 P16.6

16.7 양쪽 지점이 핀이고 길이가 3 ft이며 직사각형 단면의 치수가 $\frac{3}{16} \times 1\frac{1}{4}$ in.인 나무 막대의 임계하중을 구하시오. 단, $E = 1.6 \times 10^6$ psi이다.

16.8 길이가 5 m, 바깥지름이 100 mm, 양쪽 지점이 핀이고 두께가 16 mm인 강봉의 임계하중을 구하시오. 단, $E = 200$ GPa이다.

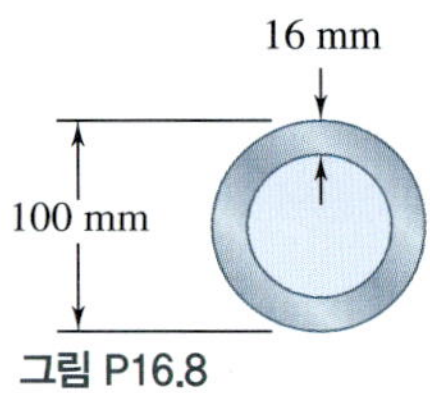

그림 P16.8

16.9 유효길이가 20 in.인 압축부재가 지름이 1 in.인 중실solid 알루미늄 봉으로 만들어졌다. 부재의 무게를 25% 줄이기 위해 중실봉을 중공hollow 봉으로 교체했다. 이때 임계하중의 크기가 (a) 몇 % 만큼 그리고 (b) 얼마만큼 줄어드는가? 단, $E = 1.6 \times 10^6$ psi이다.

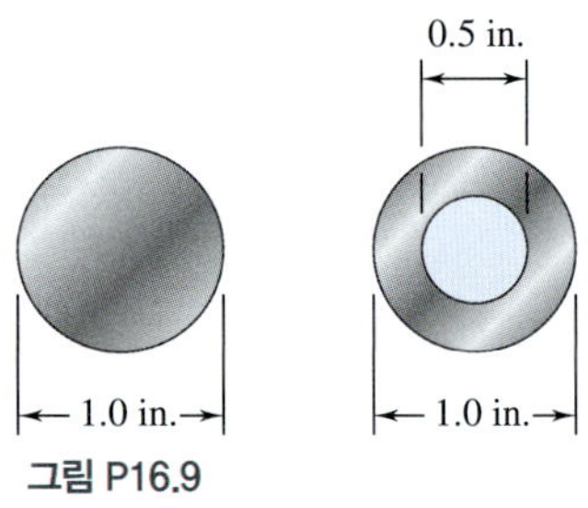

그림 P16.9

16.10 유효길이가 3 m인 압축부재를 단면이 그림과 같은 구리봉으로 만들었다. (a) 단면적이 같은 중공 정사각형 봉의 벽두께는 얼마인가? (b) $E = 105$ GPa일 때, 각 봉의 임계하중을 구하시오.

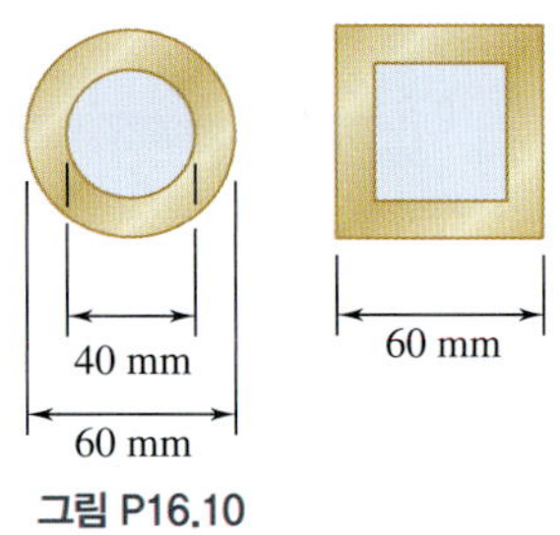

그림 P16.10

16.11 정사각형 스트럿strut과 단면적이 같은 원형 스트럿의 반지름을 구하고 임계하중을 구하시오. 단, $E = 200$ GPa이다.

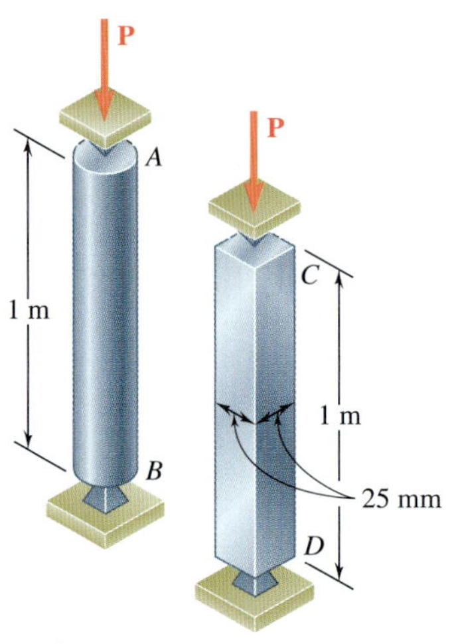

그림 P16.11

16.12 유효길이가 L인 기둥을 그림과 같이 동일한 널빤지를 못으로 고정하여 만들었다. 각 널빤지의 두께가 그림과 같고, 기둥의 단면을 각각 a, b처럼 만들었을 때, 임계하중의 비를 구하시오.

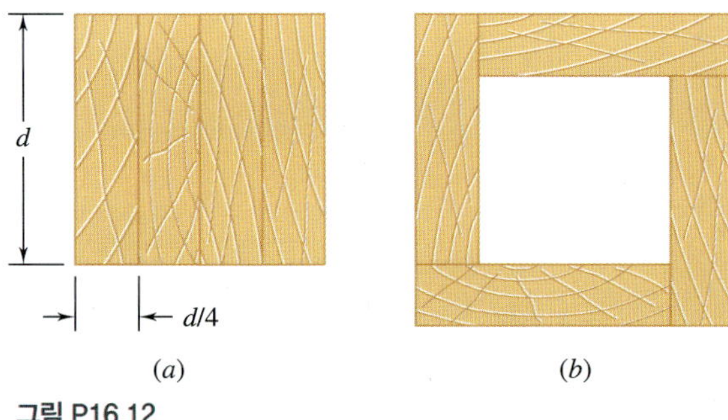

그림 P16.12

16.13 L152×102×12.7 규격의 앵글을 용접하여 그림과 같이 유효길이가 7 m인 압축부재를 제작했다. $E = 200$ GPa이고 소요안전계수가 2.2일 때, 도심축에 작용하는 허용압축력을 구하시오.

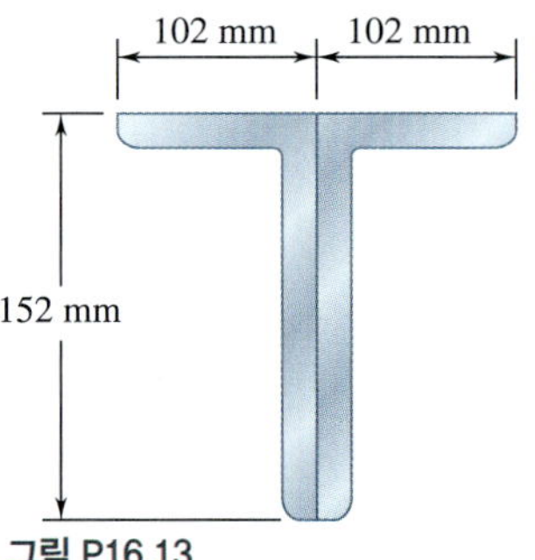

그림 P16.13

16.14 유효길이가 27 ft인 압축부재를 그림과 같이 강재 ㄷ형강 C8×11.5 두 개를 격자모양 연결재lacing bar로 연결하여 만들었다. 안전계수가 1.85일 때 부재의 도심축에 작용하는 허용하중을 구하시오. 단, $E=29\times10^6$ psi, $d=4.0$ in.이다.

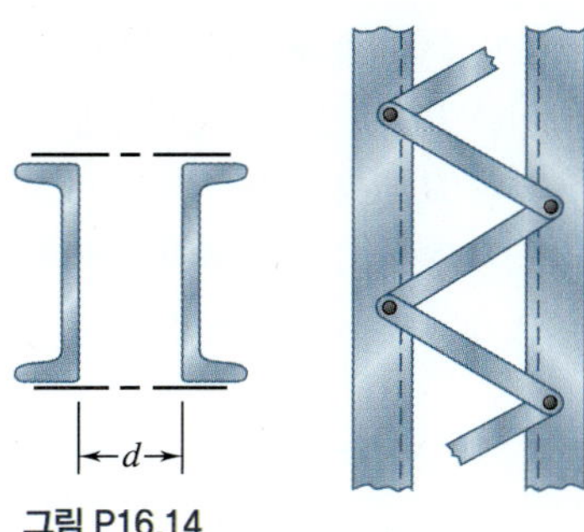

그림 P16.14

16.15 유효길이가 22 ft인 압축부재를 그림과 같이 강재로 된 두 개의 판 9×0.5 in.에 압연강 W8×35를 용접하여 제작했다. 소요안전계수가 2.3일 때 도심축에 작용하는 허용하중을 구하시오. 단, $E=29\times10^6$ psi이다.

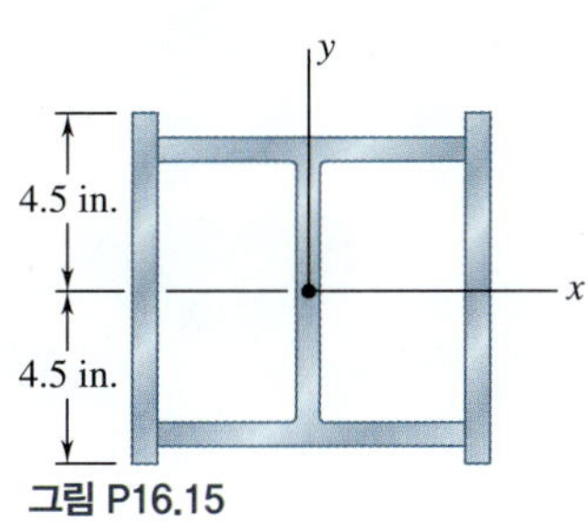

그림 P16.15

16.16 두 개의 강재 ㄷ형강 C130×13을 그림과 같이 용접하여 유효길이가 3 m인 압축부재를 제작했다. $E=200$ GPa이고 소요안전계수가 2.4일 때, 도심축에 작용하는 허용압축력을 구하시오.

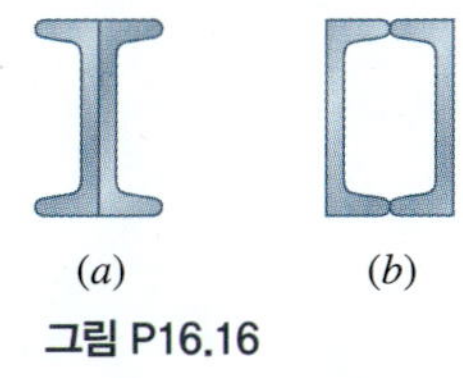

그림 P16.16

16.17 소요안전계수가 2.6일 때, 그림과 같은 구조계에 작용하는 하중 **P**의 최댓값을 구하시오. 단, $E=200$ GPa이고, 구조물 평면에서의 좌굴만 고려하시오.

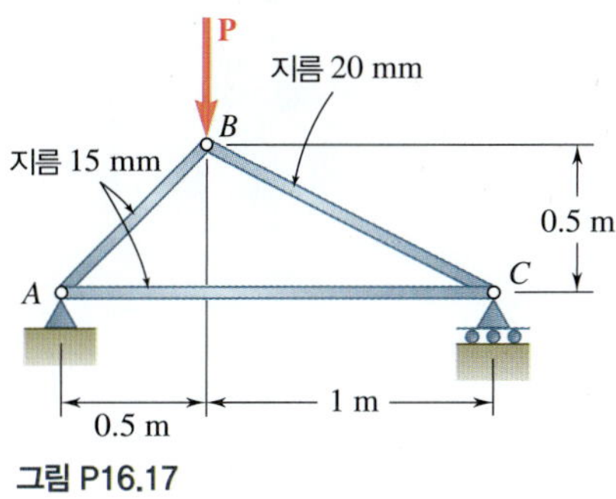

그림 P16.17

16.18 부재 AB와 CD는 지름이 30 mm인 강봉이고, 부재 BC와 AD는 지름이 22 mm인 강봉이다. 턴버클turnbuckle을 조이면 대각부재 AC에 인장이 작용한다. 좌굴에 대한 소요안전계수가 2.75일 때, 부재 AC의 최대 허용인장력을 구하시오. 단, $E=200$ GPa이고, 구조물 평면에서의 좌굴만 고려하시오.

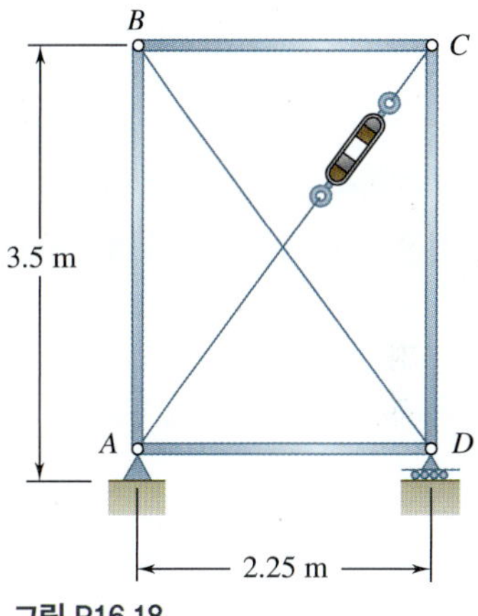

그림 P16.18

16.19 한 변이 1 in.인 정사각형 단면 알루미늄 스트럿이 그림과 같이 점 A에서는 핀으로 지지되고 있고 점 B와 C에서는 스트럿의 면내 회전을 방지하기 위해 롤러로 지지되고 있다. $L_{AB}=3$ ft, $L_{BC}=4$ ft, $L_{CD}=1$ ft이고, 좌굴에 대한 안전계수가 3.2일 때 허용하중 **P**를 구하시오. 단, 그림의 평면에서 발생하는 좌굴만을 고려하고, $E=10.4\times10^6$ psi이다.

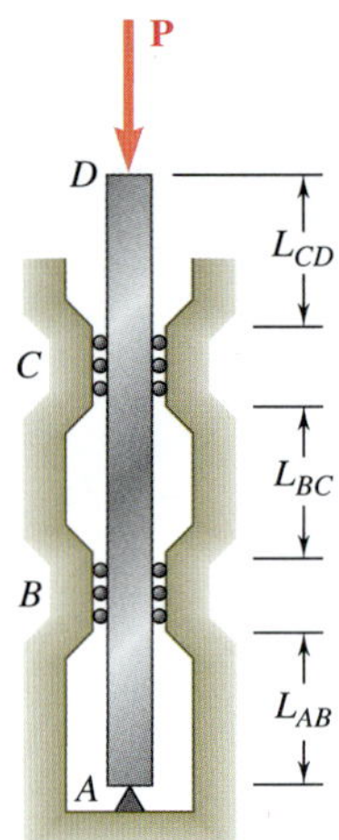

그림 P16.19 ~ 16.20

16.20 한 변이 1 in.인 정사각형 단면 알루미늄 스트럿이 그림과 같이 점 A에서는 핀으로 지지되고 있고 점 B와 C에서는 스트럿의 면내 회전을 방지하기 위해 롤러로 지지되고 있다. $L_{AB}=3$ ft일 때 (a) 허용하중 **P**가 최댓값일 때 L_{BC}와 L_{CD}의 최댓값을 구하고, (b) 그때의 허용하중값을 구하시오. 단, 그림의 평면에서 발생하는 좌굴만을 고려하고, $E=10.4\times10^6$ psi이다.

16.21 기둥 ABC는 단면이 직사각형이고 중앙점 C에서 평면 xz의 움직임이 구속되어 있다. (a) 평면 xz와 yz에서 발생하는 좌굴에 대해 동일한 안전계수를 갖도록하는 b/d의 비를 구하시오. (b) $P=4.4$ kN, $L=1$ m, $E=200$ GPa이고 단면비 b/d값은 문제 (a)에서 구한 값을 이용할 때 안전계수의 값이 3.0이 되도록 단면을 설계하시오.

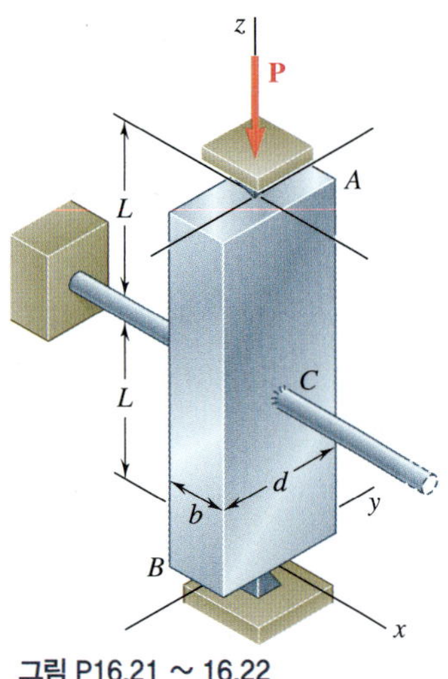

그림 P16.21 ~ 16.22

16.22 기둥 ABC는 $b=12$ mm이고 $d=22$ mm인 직사각형 단면 기둥으로 중앙점 C에서 평면 xz의 움직임이 구속되어 있고 도심축하중 $\mathbf{P}=3.8$ kN이 작용하고 있다. 소요안전계수가 3.2일 때, 최대 허용길이 L을 구하시오. 단, $E=200$ GPa이다.

16.23 W8×21 압연강재가 그림과 같이 케이블에 연결되어 있다. 케이블 BC와 BD는 팽팽하게 긴장되어 있어서 평면 xz에서 점 B의 움직임이 구속되어 있다. $L=24$ ft이고 소요안전계수가 2.2일 때 허용 도심축하중 **P**의 값을 구하시오. 단, $E=29\times10^6$ psi이다.

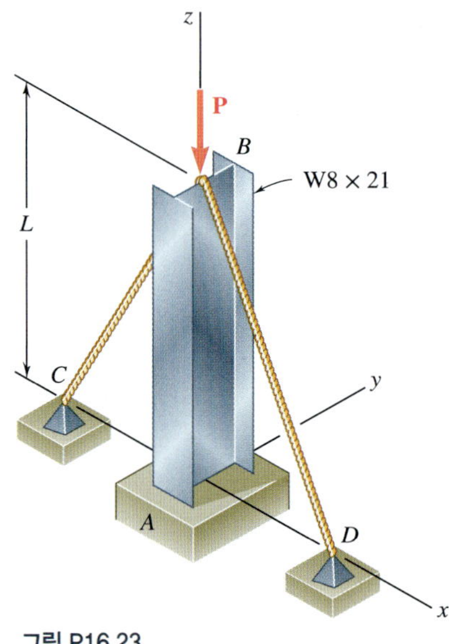

그림 P16.23

16.24 그림과 같은 다섯 개의 스트럿은 모두 중실 강봉으로 만들어졌다. (a) 스트럿 (1)의 지름이 0.8 in.일 때, 좌굴에 대한 허용안전계수를 구하시오. (b) 스트럿 (2) ~ (5)의 안전계수가 문제 (a)의 안전계수와 같을 때 각 스트럿의 지름을 구하시오. 단, $E=29\times10^6$ psi이다.

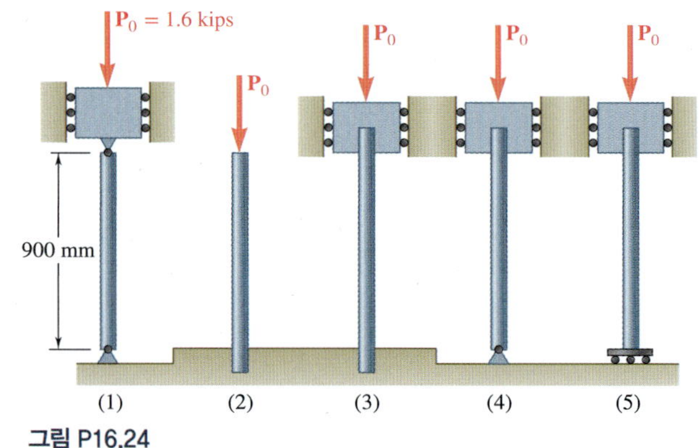

그림 P16.24

16.2 도심축하중[4]을 받는 기둥의 설계법

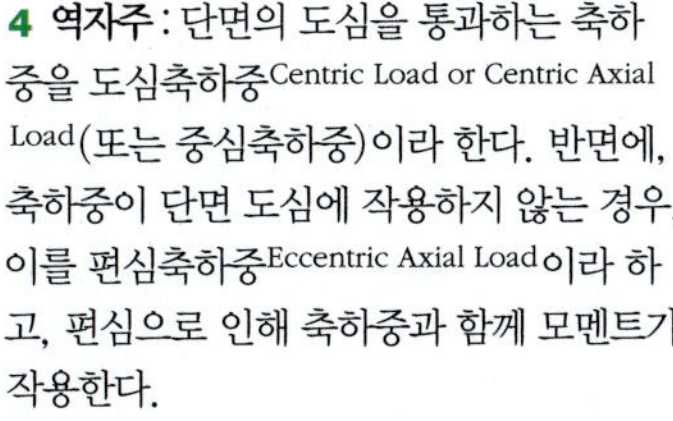

4 역자주 : 단면의 도심을 통과하는 축하중을 도심축하중Centric Load or Centric Axial Load(또는 중심축하중)이라 한다. 반면에, 축하중이 단면 도심에 작용하지 않는 경우, 이를 편심축하중Eccentric Axial Load이라 하고, 편심으로 인해 축하중과 함께 모멘트가 작용한다.

지금까지는 오일러 공식을 사용하여 임계하중을 구했다. 이때 모든 응력은 비례한도 proportional limit보다 작고 기둥은 초기 처짐이 없는 직선 형태의 균질단면이라고 가정했다. 하지만 실제 기둥은 이와 같지 않다. 실제로는 존재할 수 없는 이상화된 기둥과 실제 기둥 간의 차이점을 고려하기 위해 기둥을 설계할 때에는 실험을 통해 개발된 경험식을 기반으로 설계한다.

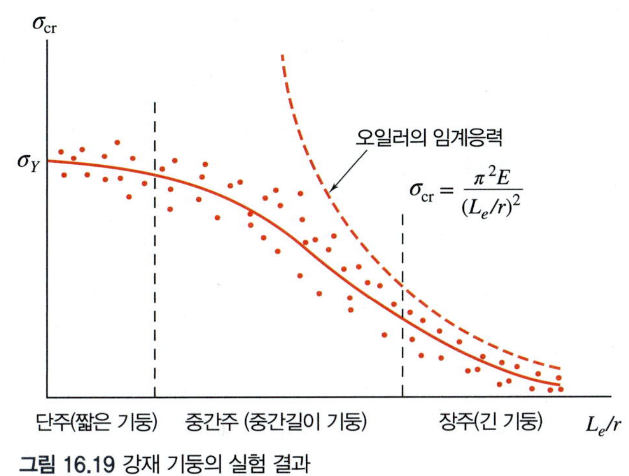

그림 16.19 강재 기둥의 실험 결과

지난 백 년 동안 여러 종류의 강재 기둥에 도심축하중을 재하하고 파괴가 일어날 때까지 하중의 크기를 증가시키면서 실험을 수행했다. 이러한 실험 결과를 [그림 16.19]에 나타냈다. [그림 16.19]의 세로축과 가로축은 각각 파괴 시의 임계응력 σ_{cr}값과 유효세장비 L_e/r값을 나타낸다. 실험 결과가 상당 부분 흩어져 있긴 하지만, 3가지 파괴 유형에 해당하는 영역을 확인할 수 있다.

- L_e/r값이 큰 장주(긴 기둥)의 경우, 오일러 공식을 이용하여 파괴를 예측할 수 있다. 그리고 σ_{cr}값은 사용된 강재의 항복강도 σ_Y보다는 탄성계수 E에 의해 결정된다.
- 단주(짧은 기둥)와 압축을 받는 블록block의 경우, 파괴는 본질적으로 항복의 결과로 발생하며 $\sigma_{cr} \approx \sigma_Y$가 된다.
- 중간주(중간길이의 기둥)의 경우, 파괴는 σ_Y와 E값에 의해 결정된다. 이 범위에서 기둥의 파괴는 무척 복잡한 현상이며 설계기준과 설계식을 개발하는 데 있어서 실험 데이터가 광범위하게 사용되었다.

유효세장비로 표현된 허용응력 또는 임계응력에 대한 경험식이 처음으로 소개된 것은 백 년보다 더 오래전 일이었고, 그 이후에도 경험식을 지속적으로 개선해왔다. 실험 데이터를 근사하기 위한 전형적인 경험식을 [그림 16.20]에 나타냈다. 모든 L_e/r값에 대해 하나의 식을 사용하는 것이 항상 가능한 것은 아니다. 대부분의 설계기준은 여러 개의 공식을 사용하는데 각 식은 명확한 적용 영역이 있다.

따라서 사용 전에 각 식의 적용 영역을 기둥의 L_e/r값을 이용하여 반드시 확인해야 한다. 그뿐만 아니라, 그 식이 적절한 안전계수가 적용되어야 하는 임계응력값을 계산하는 데 사용되는지 혹은 허용응력값을 계산하는 데 사용되는지를 결정해야 한다.

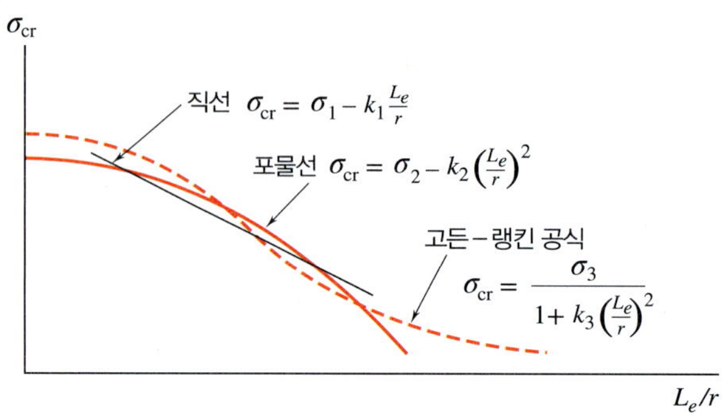

그림 16.20 임계응력에 대한 경험식 그래프

[사진 16.2]는 이러한 설계기준식을 사용하여 설계된 여러 기둥의 예를 보여준다. 세 가지 다른 재료에 대해 **허용응력 설계법**Allowable Stress Design을 사용한 설계식을 다음 절에 수록했으며, 그 이후 **하중저항계수 설계법**Load and Resistance Factor Design[5]에 근거한 강재 기둥의 설계법을 수록했다.

5 설계기준에 수록된 공식에 사용된 L은 항상 기둥의 유효길이를 의미한다.

(a) Steve Photo/Alamy Stock Photo

(b) Aleks Kend/Shutterstock

사진 16.2 (a) 강재 기둥이 물탱크를 지지하고 있다. (b) 나무 기둥이 시공 중인 건물을 지지하고 있다.

16.2.1 허용응력 설계법

구조용 강재 도심축하중이 작용하는 강재 기둥의 허용응력 설계법에서 가장 보편적으로 사용되는 식은 미국강구조협회(AISC)American Institute of Steel Construction[6]의 강구조물설계기준Specification for Structural Steel Buildings에서 찾을 수 있다. 단주와 중간주에 대한 σ_{all}을 구할 때에는 지수함수exponential expression를 사용했고, 장주의 경우에는 오일러 공식에 근거한 식을 사용했다. 설계는 다음과 같이 두 단계로 수행된다.

6 **강구조시공편람**(Manual of Steel Construction), 15th ed., American Institute of Steel Construction, Chicago, 2017.

❶ L/r의 함수로 표현되는 σ_{cr}의 값을 나타낸 곡선을 찾는다(그림 16.21). 이 곡선은 안전계수가 적용되지 않은 곡선이다.[7]

7 강구조물설계기준 Specification for Structural Steel Buildings에서 응력은 F로 표시된다.

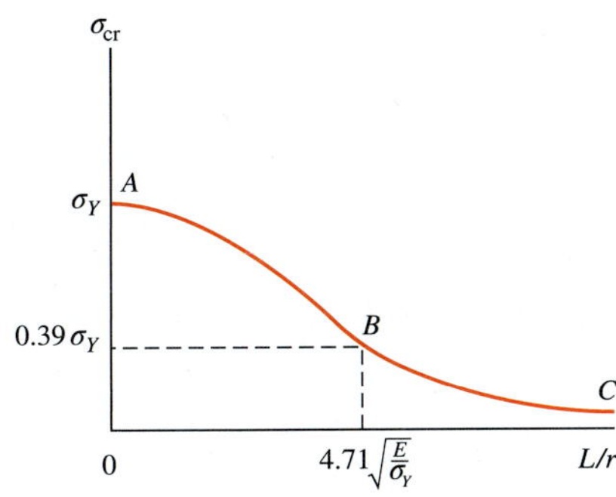

그림 16.21 미국강구조협회(AISC)에서 권고하는 기둥의 설계곡선

이 곡선의 AB에 대한 식은 다음과 같다.

$$\sigma_{cr} = [0.658^{(\sigma_Y/\sigma_e)}]\sigma_Y \tag{16.22}$$

여기서 σ_e는 다음과 같다.

$$\sigma_e = \frac{\pi^2 E}{(L/r)^2} \tag{16.23}$$

이 곡선의 BC는 다음과 같이 표현할 수 있다.

$$\sigma_{cr} = 0.877\,\sigma_e \tag{16.24}$$

식 (16.22)에서 $L/r=0$일 때, $\sigma_{cr}=\sigma_Y$가 된다. 식 (16.22)의 곡선은 점 B에서 식 (16.24)의 곡선과 만난다. 두 식이 만나는 점에서의 세장비 L/r은 다음과 같다.

$$\frac{L}{r} = 4.71\sqrt{\frac{E}{\sigma_Y}} \tag{16.25}$$

만일 L/r이 식 (16.25)의 값보다 작으면, σ_{cr}은 식 (16.22)를 이용하여 구할 수 있다. 만일 L/r이 식 (16.25)의 값보다 크면, σ_{cr}은 식 (16.24)를 이용하여 구할 수 있다. 세장비가 식 (16.25)의 값과 같으면 $\sigma_e=0.44\sigma_Y$가 되고, 이 값을 식 (16.24)에 대입하면 $\sigma_{cr}= 0.877(0.44\sigma_Y)=0.39\sigma_Y$가 된다.

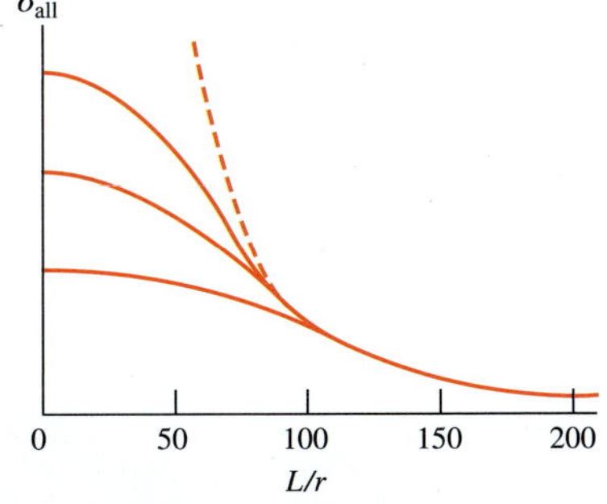

그림 16.22 강종이 다른 강재 기둥의 기둥 설계곡선

❷ 최종 설계과정에서 안전계수가 사용되어야 한다. 기준에서 제시한 안전계수는 1.67이다.

$$\sigma_{all} = \frac{\sigma_{cr}}{1.67} \tag{16.26}$$

이 식은 단위계의 종류, 즉 미국상용단위계 U.S. customary units 또는 SI 단위계(국제단위계) SI units와 상관없이 사용할 수 있다. 식 (16.22), 식 (16.24), 식 (16.25), 식 (16.26)을 사용하면 강재 기둥에서 임의의 세장비 L/r에 대한 허용 축방향응력을 구할 수 있다. 허용 축방향응력을 구하는 계산 과정은 다음과 같다. 먼저 식 (16.25)를 사용하여 두 식의 교점에 해당하는 세장비 L/r을 구한다. 주어진 기둥의 세장비가 이보다 작은 경우에는 식 (16.22)와 식 (16.26)을 이용하여 σ_{all}을 계산하고, 큰 경우에는 식 (16.24)와 식 (16.26)을 이용한다. [그림 16.22]는 강종이 다른 기둥에서 σ_{all}이 L/r에 따라 어떻게 변하는지를 보여준다.

개념적용 16.2

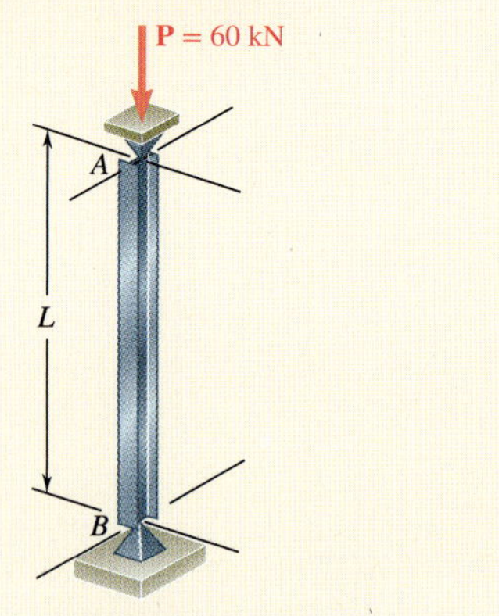

그림 16.23 도심축하중이 작용하는 압연강부재 S100×11.5

[그림 16.23]과 같이 압연강부재 S100×11.5가 안전하게 압축력 $\mathbf{P}=60$ kN을 지지할 수 있도록하는 부재의 최대 비지지 길이 L을 구하시오. $\sigma_Y=250$ MPa, $E=200$ GPa이라고 가정하시오.

〈부록 D〉로부터 S100×11.5의 단면성질은 다음과 같다.

$$A = 1460\text{ mm}^2, \quad r_x = 41.7\text{ mm}, \quad r_y = 14.6\text{ mm}$$

압축력 60kN을 안전하게 지지하기 위한 소요 σ_{all}를 구하면 다음과 같다.

$$\sigma_{\text{all}} = \frac{P}{A} = \frac{60\times 10^3\text{ N}}{1460\times 10^{-6}\text{ m}^2} = 41.1\times 10^6\text{ Pa}$$

임계응력 σ_{cr}을 구하기 위해 L/r이 식 (16.25)로 주어진 세장비보다 크다고 가정하자. 이 가정에 따라 식 (16.23)과 식 (16.24)를 사용하면 다음과 같다.

$$\sigma_{\text{cr}} = 0.877\sigma_e = 0.877\frac{\pi^2 E}{(L/r)^2}$$

$$= 0.877\frac{\pi^2(200\times 10^9\text{ Pa})}{(L/r)^2} = \frac{1.731\times 10^{12}\text{ Pa}}{(L/r)^2}$$

이 식과 식 (16.26)을 함께 사용하면 다음을 얻는다.

$$\sigma_{\text{all}} = \frac{\sigma_{\text{cr}}}{1.67} = \frac{1.037\times 10^{12}\text{ Pa}}{(L/r)^2}$$

이 값을 소요 σ_{all}값과 같다고 놓아 세장비를 구하면 다음과 같다.

$$\frac{1.037\times 10^{12}\text{ Pa}}{(L/r)^2} = 41.1\times 10^6\text{ Pa}, \quad L/r = 158.8$$

식 (16.25)로부터 세장비는 다음과 같다.

$$\frac{L}{r} = 4.71\sqrt{\frac{200\times 10^9}{250\times 10^6}} = 133.2$$

처음 가정한 L/r값이 식 (16.25)로 구한 세장비보다 크기 때문에 가정이 옳다는 것을 확인할 수 있고, 두 회전반지름 중 작은 값을 선택하면 최대 비지지 길이는 다음과 같다.

$$\frac{L}{r_y} = \frac{L}{14.6\times 10^{-3}\text{ m}} = 158.8, \quad L = 2.32\text{ m}$$

알루미늄 다양한 종류의 알루미늄 합금이 구조물과 기계에 사용된다. 알루미늄협회기준The specifications of the Aluminum Association[8]은 세 부분의 세장비 범위에 대한 설계식을 제공한다. 단주는 재료의 파괴에 의해 지배된다. 장주의 경우, 오일러 공식과 유사한 식이 사용된다. 중간주의 경우 이차식이 이용된다. 이러한 공식을 이용해 L/r에 대한 σ_{all}의 변화를 그리면 [그림 6.24]와 같다. 이 책에서는 가장 자주 사용되는 두 종류 알루미늄 합금에 대해 빌딩 구조의 설계에 사용되는 SI 단위계 공식과 미국상용단위계 공식을 수록했다. 2014–T6 합금에 대한 식은 압출 성형된 단면에 적용하지만, 압출 성형하지 않은 기둥 설계에도 보수적으로 사용할 수 있다.

8 알루미늄 구조기준(Specifications for Aluminum Structures), Aluminum Association, Inc., Washington, D.C., 2015.

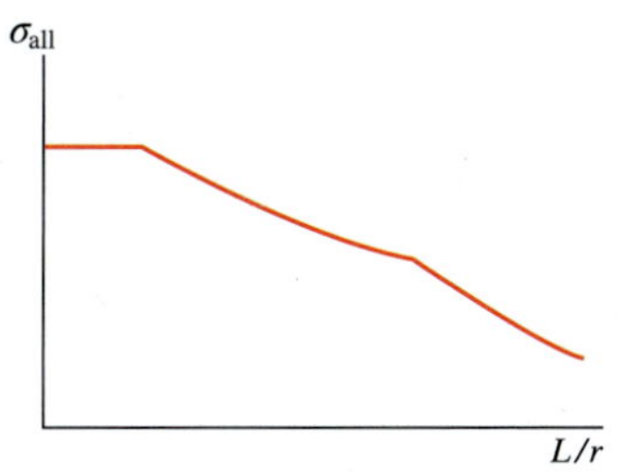

그림 16.24 알루미늄협회에서 권고하는 기둥의 설계곡선

6061–T6 합금

$$L/r \le 17.8 : \sigma_{\text{all}} = [21.2]\ \text{ksi} \tag{16.27a}$$

$$= [146.3]\ \text{MPa} \tag{16.27b}$$

$17.8 < L/r < 66.0$:

$$\sigma_{\text{all}} = [25.2 - 0.232(L/r) + 0.00047(L/r)^2]\ \text{ksi} \tag{16.28a}$$

$$= [173.9 - 1.602(L/r) + 0.00323(L/r)^2]\ \text{MPa} \tag{16.28b}$$

$$L/r \ge 66.0 : \sigma_{\text{all}} = \frac{51{,}400\ \text{ksi}}{(L/r)^2} \tag{16.29a}$$

$$\sigma_{\text{all}} = \frac{356 \times 10^3\ \text{MPa}}{(L/r)^2} \tag{16.29b}$$

2014–T6 합금

$$L/r \le 17.0 : \sigma_{\text{all}} = [32.1]\ \text{ksi} \tag{16.30a}$$

$$= [221.5]\ \text{MPa} \tag{16.30b}$$

$17.0 < L/r < 52.7$:

$$\sigma_{\text{all}} = [39.7 - 0.465(L/r) + 0.00121(L/r)^2]\ \text{ksi} \tag{16.31a}$$

$$= [273.6 - 3.205(L/r) + 0.00836(L/r)^2]\ \text{MPa} \tag{16.31b}$$

$$L/r \ge 52.7 : \sigma_{\text{all}} = \frac{51{,}400\ \text{ksi}}{(L/r)^2} \tag{16.32a}$$

$$\sigma_{\text{all}} = \frac{356 \times 10^3\ \text{MPa}}{(L/r)^2} \tag{16.32b}$$

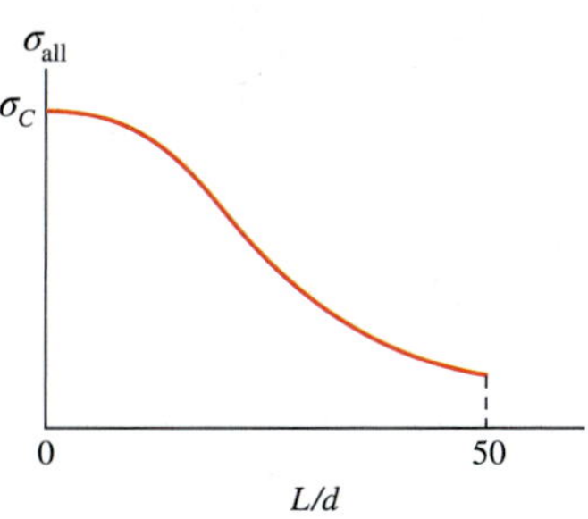

그림 16.25 미국목재위원회에서 권고하는 기둥의 설계곡선

목재 도심축하중이 작용하는 목재 기둥의 설계를 위해 미국목재위원회American Wood Council[9]의 기준에서는 하나의 식으로 단주, 중간주, 장주의 허용응력을 산정하도록 하고 있다. 직사각형 단면의 양 변 길이가 b와 $d(d<b)$인 목재 기둥의 경우, L/d에 대한 σ_{all}의 변화는 [그림 16.25]와 같다. 한 토막의 나무로 만든 기둥이나 얇은 판을 접착시켜 만든 기둥의 경우, 허용응력값 σ_{all}은 다음과 같다.

9 목재시공설계기준(National Design Specification for Wood Construction), American Wood Council, Washington, D.C., 2015.

$$\sigma_{\text{all}} = \sigma_C C_P \tag{16.33}$$

10 목재시공 설계기준에서 응력은 F로 표시되어 있다.

여기서 σ_C는 나뭇결에 평행한 방향의 압축에 대해 보정된 허용응력이다.[10] σ_C에 대한 보정은 작용하중의 지속시간과 같은 여러 변화를 고려하기 위해 기준에 포함되었다. 기둥의 길이를 고려한 기둥안정계수column stability factor C_p는 다음과 같다.

$$C_P = \frac{1+(\sigma_{CE}/\sigma_C)}{2c} - \sqrt{\left[\frac{1+(\sigma_{CE}/\sigma_C)}{2c}\right]^2 - \frac{\sigma_{CE}/\sigma_C}{c}} \tag{16.34}$$

변수 c는 기둥의 유형에 대한 상수로 톱질한 목재 기둥에 대해서는 0.8을, 목재 판재를 접착한 기둥에 대해서는 0.90을 사용한다. σ_{CE}는 다음과 같다.

$$\sigma_{CE} = \frac{0.822E}{(L/d)^2} \tag{16.35}$$

여기서 E는 기둥 좌굴에 대해 보정된 탄성계수이다. 목재시공설계기준National Design Specification for Wood Construction에서는 L/d가 50을 넘는 기둥을 금하고 있다.

개념적용 16.3

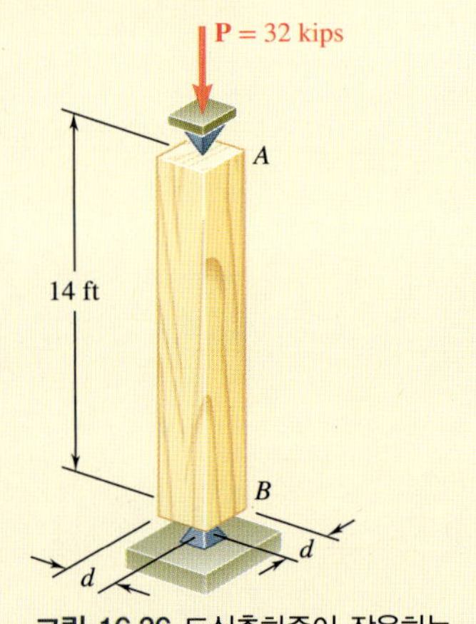

그림 16.26 도심축하중이 작용하는 목재 기둥

[그림 16.26]에 나타낸 기둥 AB는 유효길이가 14 ft로 안전하게 32 kips의 하중을 지지하고 있다. 목재판을 접착하여 만든 정사각형 단면 기둥 AB를 설계하시오. 단, 목재의 보정된 탄성계수는 $E = 800 \times 10^3$ psi이고, $\sigma_C = 1060$ psi이다.

목재판을 접착시켜 만든 기둥의 경우, $c = 0.90$이다. 식 (10.35)를 이용하여 σ_{CE}를 구하면 다음과 같다.

$$\sigma_{CE} = \frac{0.822E}{(L/d)^2} = \frac{0.822(800\times 10^3 \text{ psi})}{(168 \text{ in.}/d)^2} = 23.299d^2 \text{ psi}$$

식 (16.34)를 이용하여 기둥안정계수를 d에 관한 식으로 표현한다. 식 (16.34)에서 $(\sigma_{CE}/\sigma_C) = (23.299d^2/1.060\times 10^3) = 21.98\times 10^{-3}d^2$이므로 기둥안정계수는 다음과 같다.

$$C_P = \frac{1+(\sigma_{CE}/\sigma_C)}{2c} - \sqrt{\left[\frac{1+(\sigma_{CE}/\sigma_C)}{2c}\right]^2 - \frac{\sigma_{CE}\sigma_C}{c}}$$

$$= \frac{1+21.98\times 10^{-3}d^2}{2(0.90)}$$

$$- \sqrt{\left[\frac{1+21.98\times 10^{-3}d^2}{2(0.90)}\right]^2 - \frac{21.98\times 10^{-3}d^2}{0.90}}$$

기둥이 32 kips를 지지해야 하므로, 식 (16.33)에 의해 σ_{all}은 다음과 같다.

$$\sigma_{\text{all}} = \frac{32 \text{ kips}}{d^2} = \sigma_C C_P = 1.060\, C_P$$

이 식을 C_P에 대해 풀고 이전 식에 대입하면 다음의 결과를 얻을 수 있다.

$$\frac{30.19}{d^2} = \frac{1 + 21.98 \times 10^{-3} d^2}{2(0.90)} - \sqrt{\left[\frac{1 + 21.98 \times 10^{-3} d^2}{2(0.90)}\right]^2 - \frac{21.98 \times 10^{-3} d^2}{0.90}}$$

시행착오법에 의해 d를 계산하면 $d = 6.45$ in.가 된다.

주의 16.2절에 수록한 설계식들은 여러 종류의 설계방법에 대한 일부 예이다. 이 식은 다양한 설계기준에서 요구하는 모든 경우에 적용 가능한 것은 아니다. 그러므로 실제로 설계를 수행하기 전에 반드시 적절한 기준을 참조해야 한다.

예제 16.2

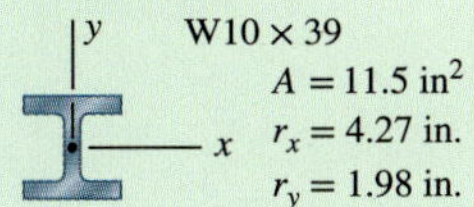

기둥 AB는 $\sigma_Y = 36$ ksi이고 $E = 29 \times 10^6$ psi인 압연강재 W10×39로 만들어졌다. (a) 기둥의 유효길이가 모든 방향에 대해 24 ft일 때 허용 도심축하중 $\mathbf{P}$를 구하고, (b) 중앙점 C가 평면 xz 내에서 움직이지 않도록 그림과 같이 횡지지된 경우, 허용 도심축하중 $\mathbf{P}$를 구하시오. 중앙점 C가 평면 yz 내에서는 횡지지되지 않아 움직임이 구속되지 않았다고 가정한다.

문제분석 문제 (a)의 허용 도심축하중은 강재에 대한 허용응력 설계법의 지배방정식인 식 (16.22) 또는 식 (16.24)를 이용하여 구할 수 있다. (a)의 경우, 모든 방향에 대해 유효길이가 같기 때문에, 좌굴이 발생하는 면은 두 축에 대한 회전반지름을 비교하면 찾을 수 있다. 문제 (b)의 경우, 브레이싱bracing이 유효길이를 감소시키므로 이를 고려하여 두 축에 대한 유효세장비를 먼저 계산해야 하고, 세장비가 더 큰 축에 대해 설계한다.

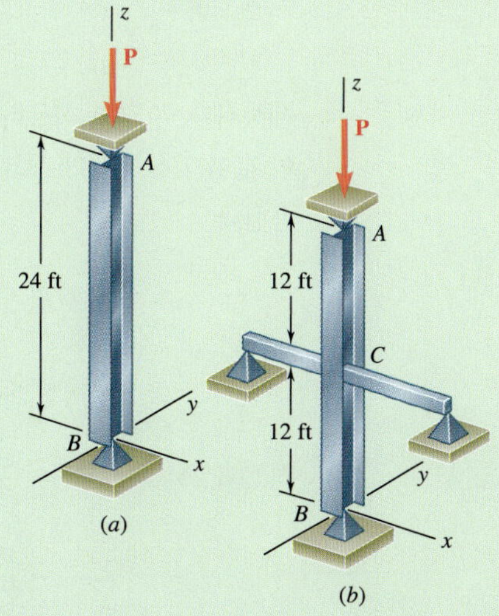

그림 1 도심축하중이 작용하고 (a) 횡지지되지 않은 기둥 (b) 횡지지된 기둥

모델링 식 (16.25)와 $\sigma_Y = 36$ ksi를 이용하여 세장비를 계산한다.

$$\frac{L}{r} = 4.71\sqrt{\frac{29 \times 10^6}{36 \times 10^3}} = 133.7$$

풀이

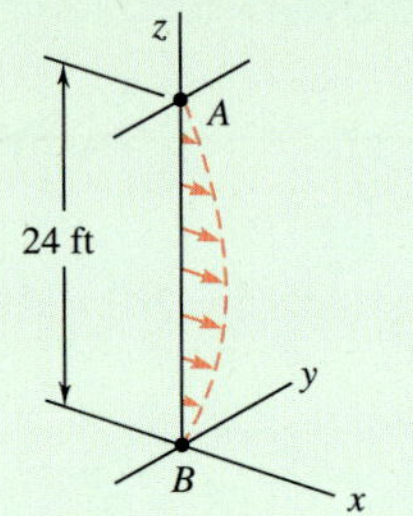

그림 2 횡지지되지 않은 기둥의 좌굴형상

a. 유효길이 = 24 ft [그림 1a]의 기둥은 $r_y < r_x$이므로, 좌굴은 평면 xz 내에서 발생한다(그림 2). $L = 24$ ft이고 $r = r_y = 1.98$ in.이므로 세장비는 다음과 같다.

$$\frac{L}{r_y} = \frac{(24 \times 12)\text{ in.}}{1.98\text{ in.}} = \frac{288\text{ in.}}{1.98\text{ in.}} = 145.5$$

$L/r > 133.7$이므로 식 (16.23)과 식 (16.24)를 사용하면 임계응력을 다음과 같이 구할 수 있다.

$$\sigma_{cr} = 0.877\sigma_e = 0.877\frac{\pi^3 E}{(L/r)^2} = 0.877\frac{\pi^2(29 \times 10^3\text{ ksi})}{(145.5)^2} = 11.86\text{ ksi}$$

식 (16.26)을 사용하면 허용응력과 허용압축력을 구할 수 있다.

$$\sigma_{all} = \frac{\sigma_{cr}}{1.67} = \frac{11.86\text{ ksi}}{1.67} = 7.10\text{ ksi}$$

$$P_{all} = \sigma_{all}A = (7.10\text{ ksi})(11.5\text{ in}^2) = 81.7\text{ kips} \blacktriangleleft$$

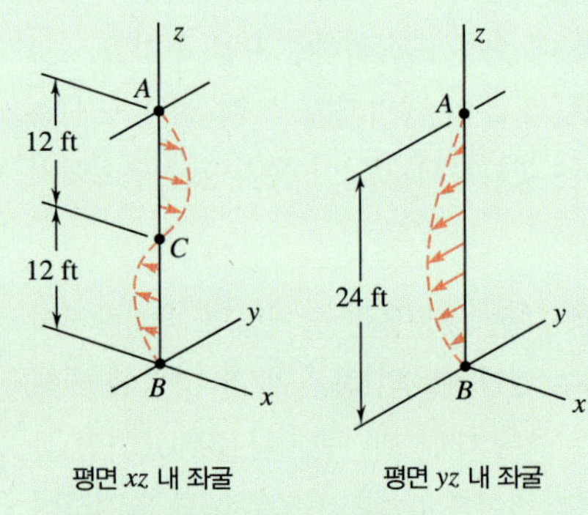

그림 3 횡지지된 기둥의 좌굴형상

b. 중앙점 C가 횡지지된 경우 [그림 1b]의 기둥은 중앙점 C에 설치된 브레이싱이 평면 xz 내의 움직임은 구속하지만 평면 yz 내의 움직임은 허용하기 때문에, [그림 3]과 같이 좌굴에 대한 세장비를 두 축에 대해 계산해서 어느 값이 더 큰지 확인해야 한다.

평면 xz 유효길이 = 12 ft = 144 in., $r = r_y = 1.98$ in.

$$L/r = (144\text{ in.})/(1.98\text{ in.}) = 72.7$$

평면 yz 유효길이 = 24 ft = 288 in., $r = r_x = 4.27$ in.

$$L/r = (288\text{ in.})/(4.27\text{ in.}) = 67.4$$

세장비가 더 크면 허용하중이 더 작다. 그러므로 앞의 두 값 중 $L/r = 72.7$을 선택한다. 이 값이 $L/r = 133.7$보다 작기 때문에, σ_{cr}을 구하려면 식 (16.23)과 식 (16.22)를 사용한다.

$$\sigma_e = \frac{\pi^2 E}{(L/r)^2} = \frac{\pi^2(29 \times 10^3\text{ ksi})}{(72.7)^2} = 54.1\text{ ksi}$$

$$\sigma_{cr} = [0.658^{(\sigma_Y/\sigma_e)}]\sigma_Y = [0.658^{(36\text{ ksi}/54.1\text{ksi})}]36\text{ ksi} = 27.3\text{ ksi}$$

식 (16.26)을 이용하여 구한 허용응력과 허용하중은 다음과 같다.

$$\sigma_{all} = \frac{\sigma_{cr}}{1.67} = \frac{27.3\text{ ksi}}{1.67} = 16.32\text{ ksi}$$

$$P_{all} = \sigma_{all}A = (16.32\text{ ksi})(11.5\text{ in}^2) \qquad P_{all} = 187.7\text{ kips} \blacktriangleleft$$

고찰 이 예제는 전형적인 강재단면인 광폭플랜지 단면을 사용한 기둥에서 직교하는 두 축에 대한 회전반지름값이 현저하게 차이가 나는 경우, 브레이싱에 의해 횡구속하여 약축 좌굴에 대한 유효길이를 줄여줌으로써 얻을 수 있는 이점을 잘 보여준다.

예제 16.3

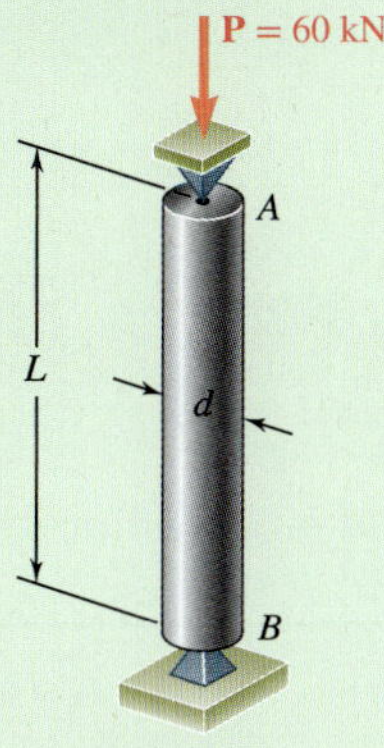

그림의 기둥은 알루미늄 합금 2014-T6로 만들어졌다. (a) $L=750$ mm일 때와 (b) $L=300$ mm일 때 도심축하중 $P=60$ kN을 지지할 수 있는 단면의 최소 지름을 구하시오.

문제분석 알루미늄 기둥의 허용응력식을 이용하여 단면의 최소 지름을 구한다. L/r에 대한 두 종류의 설계식이 있으므로, 먼저 어떤 세장비를 이용하여 설계할 것인지를 가정하고 추후에 그 가정이 옳았는지를 확인한다.

모델링 [그림 1]에 나타낸 중실 원형봉에 대해 다음을 계산한다.

$$I = \frac{\pi}{4}c^4, \quad A = \pi c^2, \quad r = \sqrt{\frac{I}{A}} = \sqrt{\frac{\pi c^4/4}{\pi c^2}} = \frac{c}{2}$$

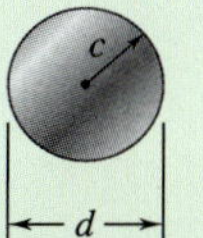

그림 1 알루미늄 기둥의 단면

풀이

a. 길이가 750 mm일 때 봉의 지름을 모르기 때문에 L/r값을 가정해야 한다. $L/r>52.7$이라고 가정하고 식 (16.32)를 사용한다. 도심축하중 **P**에 대해 $\sigma=P/A$이므로 다음과 같이 σ_{all}을 구할 수 있다.

$$\frac{P}{A} = \sigma_{\text{all}} = \frac{356 \times 10^3 \text{ MPa}}{(L/r)^2}$$

$$\frac{60 \times 10^3 \text{ N}}{\pi c^2} = \frac{356 \times 10^9 \text{ Pa}}{\left(\dfrac{0.750 \text{ m}}{c/2}\right)^2}$$

$$c^4 = 120.7 \times 10^{-9} \text{ m}^4, \qquad c = 18.64 \text{ mm}$$

$c=18.64$ mm일 때 세장비는 다음과 같다.

$$\frac{L}{r} = \frac{L}{c/2} = \frac{750 \text{ mm}}{(18.64 \text{ mm})/2} = 80.5 > 52.7$$

L/r이 52.7보다 크다는 가정이 옳다는 것을 확인할 수 있다. $L=750$ mm일 경우 소요 지름은 다음과 같다.

$$d = 2c = 2(18.64 \text{ mm}) \qquad d = 37.3 \text{ mm} ◀$$

b. 길이가 300 mm일 때 먼저 $L/r>52.7$이라 가정하고 식 (16.32b)를 사용한다. (a)에서 사용한 계산 과정과 동일하게 계산하면 $c=11.79$ mm이고 $L/r=50.9$가 된다. L/r이 52.7보다 작으므로 $L/r>52.7$이라는 가정이 틀렸다는 것을 확인할 수 있다.

이제 L/r값이 17.0과 52.7 사이의 값이라고 가정하고 식 (16.31b)를 사용하여 설계를 수행한다.

$$\frac{P}{A} = \sigma_{\text{all}} = \left[273.6 - 3.205\left(\frac{L}{r}\right) + 0.00836\left(\frac{L}{r}\right)^2\right] \text{MPa}$$

$$\frac{60 \times 10^3 \text{ N}}{\pi c^2} = \left[273.6 - 3.205\left(\frac{0.3 \text{ m}}{c/2}\right) + 0.00836\left(\frac{0.3 \text{ m}}{c/2}\right)^2\right] 10^6 \text{ Pa}$$

$$c = 11.95 \text{ mm}$$

$c = 11.95$ mm일 때 세장비는 다음과 같다.

$$\frac{L}{r} = \frac{L}{c/2} = \frac{300 \text{ mm}}{(11.95 \text{ mm})/2} = 50.2$$

L/r이 17.0과 52.7 사이에 있다는 두 번째 가정이 옳다는 것을 확인할 수 있다.

$L =$ 300 mm일 경우 소요 지름은 다음과 같다.

$$d = 2c = 2(11.95 \text{ mm}) \qquad d = 23.9 \text{ mm} ◀$$

Section 16.2 연습문제

16.25 단면이 그림과 같은 강재 파이프로 기둥을 만들었다. 기둥의 유효길이가 (a) 18 ft일 때, (b) 26 ft일 때, 허용응력 설계법을 사용하여 허용 도심축하중을 구하시오. 단, $\sigma_Y = 36$ ksi, $E = 29 \times 10^6$ psi이다.

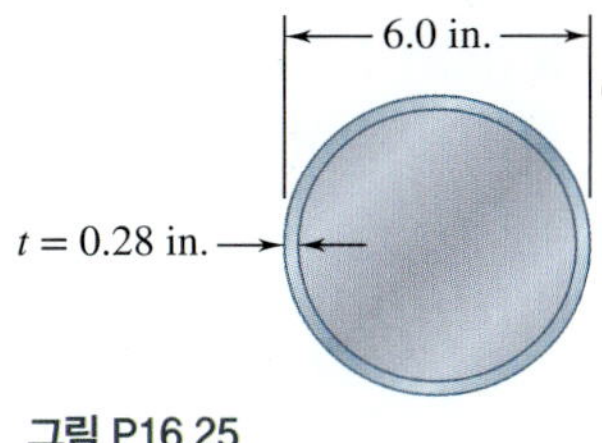

그림 P16.25

16.26 단면이 그림과 같은 직사각형 단면 강재 튜브로 유효길이가 5 m인 기둥을 만들었다. $\sigma_Y = 250$ MPa, $E = 200$ GPa일 때 허용응력 설계법을 사용하여 강재 기둥이 지지할 수 있는 최대 도심축하중을 구하시오.

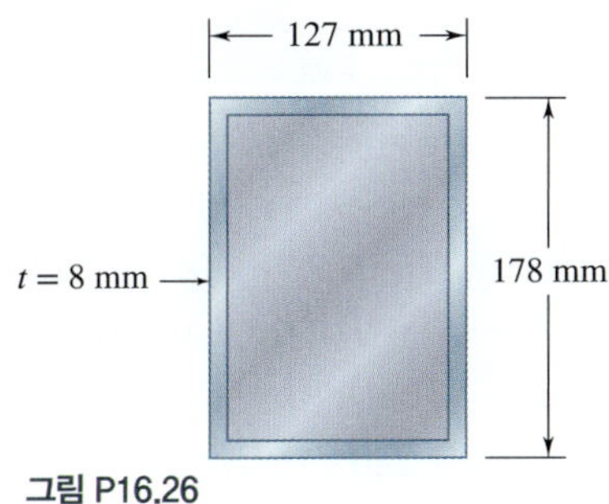

그림 P16.26

16.27 허용응력 설계법을 사용하여 유효길이가 6 m인 기둥의 허용 도심축하중을 구하시오. 이때 기둥은 (a) W200×35.9와 (b) W200×86인 압연강재로 만들어졌다. 단, $\sigma_Y = 250$ MPa, $E = 200$ GPa이다.

16.28 W8×31 압연강재를 사용하여 유효길이 21 ft의 기둥을 만들었다. 강재의 항복강도가 (a) $\sigma_Y = 36$ ksi일 때, (b) $\sigma_Y = 50$ ksi일 때 허용응력 설계법을 사용하여 허용 도심축하중을 구하시오. 단, $E = 29 \times 10^6$ psi이다.

16.29 단면이 114×140 mm인 목재로 만든 유효길이 3.5 m의 기둥이 있다. 나뭇결에 평행인 방향의 압축에 대해 보정된 허용응력이 $\sigma_C = 7.6$ MPa이고, 보정된 탄성계수가 $E = 2.8$ MPa일 때, 최대 허용 도심축하중을 구하시오.

16.30 단면이 7.5×5.5 in.인 목재로 만든 유효길이 18 ft의 기둥이 있다. 나뭇결에 평행인 방향의 압축에 대해 보정된 허용응력이 $\sigma_C = 1200$ psi이고, 보정된 탄성계수가 $E = 470 \times 10^3$ psi일 때, 최대 허용 도심축하중을 구하시오.

16.31 알루미늄 합금 2014-T6로 만든 기둥 AB에 작용하는 도심축하중 **P**의 크기가 (a) 150 kN, (b) 90 kN, (c) 25 kN일 때 기둥의 최대 허용 유효길이를 구하시오.

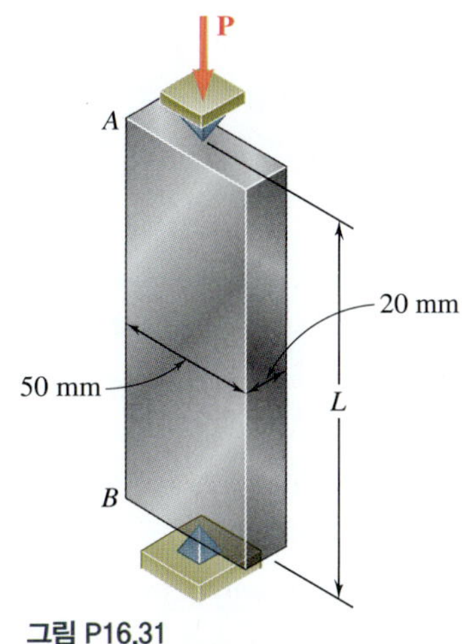

그림 P16.31

16.32 압축부재의 단면이 그림과 같고 유효길이는 5 ft이다. 알루미늄 합금 6061-T6가 사용되었을 때 허용 도심축하중의 크기를 구하시오.

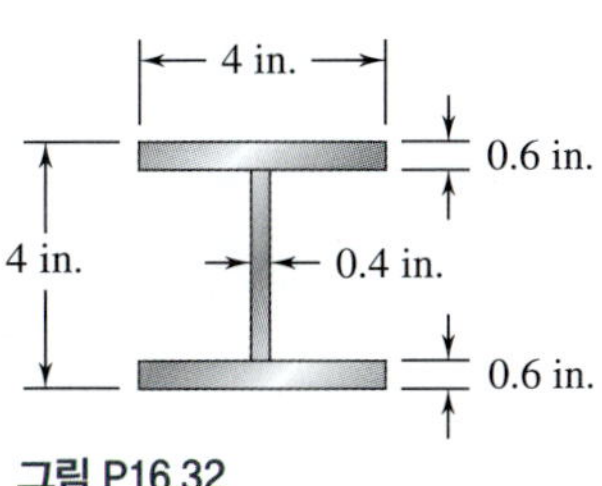

그림 P16.32

16.33 ~ 16.34 그림과 같이 두 개의 10 mm 두께 강판을 W250 ×80 압연강재에 용접하여 유효길이가 9 m인 압축부재를 제작했다. $\sigma_Y = 245$ MPa이고, $E = 200$ GPa일 때, 허용응력 설계법을 사용하여 허용 도심축하중의 크기를 구하시오.

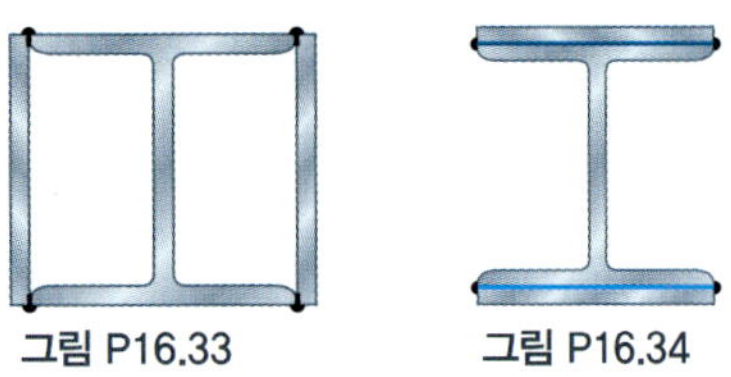

그림 P16.33　　그림 P16.34

16.35 두 개의 L5×3×$\frac{1}{2}$ in. 강재 앵글을 볼트로 연결하여 유효길이가 8.2 ft인 압축부재를 제작했다. $\sigma_Y = 36$ ksi이고, $E = 29 \times 10^6$ psi일 때, 허용응력 설계법을 사용하여 허용 도심축하중의 크기를 구하시오.

그림 P16.35

16.36 유효길이가 21 ft인 압축부재를 [그림 P16.36]과 같이 두 개의 강재 ㄷ형강 C10×20을 격자모양 연결재로 연결하여 제작했다. $\sigma_Y = 36$ ksi이고, $E = 29 \times 10^6$ psi일 때, 허용응력 설계법을 사용하여 허용 도심축하중의 크기를 구하시오.

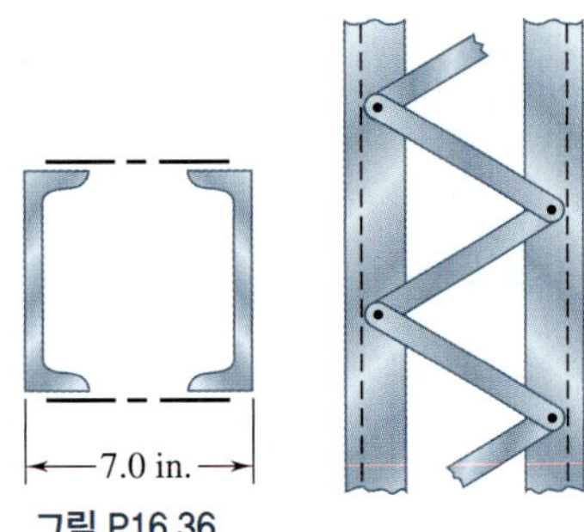

그림 P16.36

16.37 단면이 38×190 mm인 네 개의 널빤지를 접착하여 기둥을 만들었다. 나뭇결에 평행한 방향의 압축에 대해 보정된 허용응력이 $\sigma_C = 10$ MPa이고 $E = 12$ GPa이다. 기둥의 유효길이가 (a) 7 m, (b) 3 m일 때의 최대 허용 도심축하중의 크기를 구하시오.

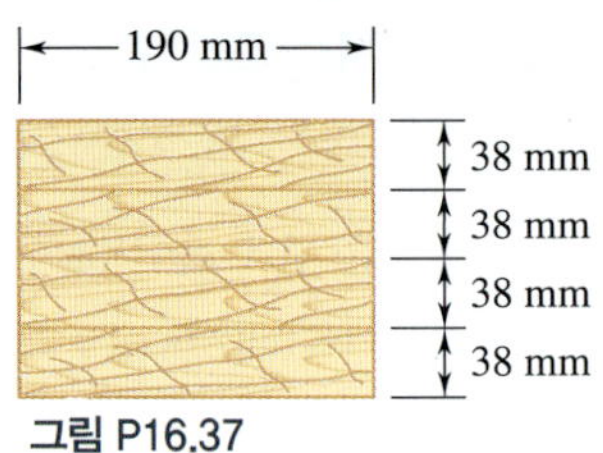

그림 P16.37

16.38 그림과 같이 알루미늄 튜브에 두 개의 판재를 볼트로 연결하여 유효길이가 1.7 m인 기둥을 제작했다. 2014-T6 알루미늄 합금을 사용했을 때 최대 허용 도심축하중의 크기를 구하시오.

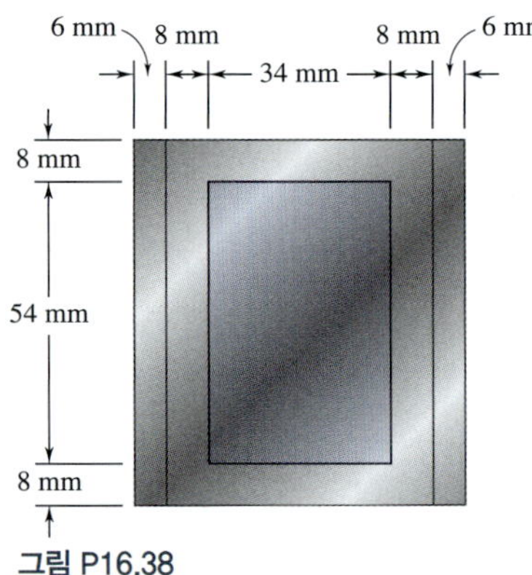

그림 P16.38

16.39 도심축하중 18 kips가 유효길이가 22 ft인 직사각형 단면 목재 기둥에 작용하고 있다. 나뭇결에 평행한 방향의 압축에 대해 보정된 허용응력이 $\sigma_C = 1050$ psi이고 보정된 탄성계수가 $E = 440 \times 10^3$ psi일 때, 최소 단면규격을 구하시오. 단, $b = 2d$이다.

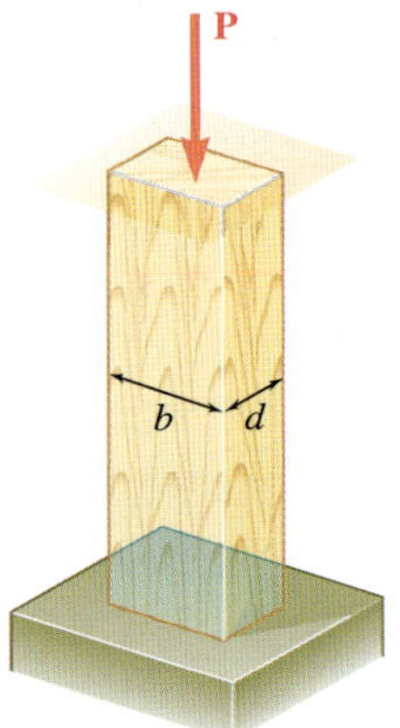

그림 P16.39

16.40 단면이 24×100 mm인 널빤지를 접착하여 유효길이가 3 m인 기둥을 만들었다. 나뭇결에 평행한 방향의 압축에 대해 보정된 허용응력이 $\sigma_C = 9$ MPa이고 $E = 11$ GPa일 때, 작용하중 (a) $P = 34$ kN, (b) $P = 17$ kN을 지지할 수 있는 기둥을 만들려면 몇 개의 널빤지를 사용해야 하는지 구하시오.

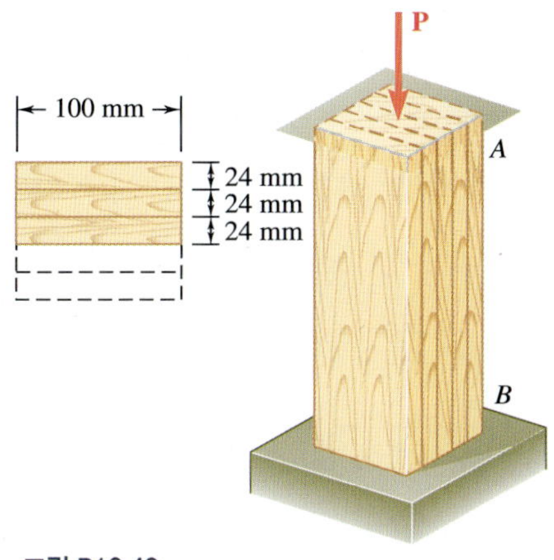

그림 P16.40

16.41 도심축하중 55 kip를 지지할 수 있도록 알루미늄 합금 2014-T6로 만든 정사각형 단면 압축부재의 최소 규격을 구하시오.

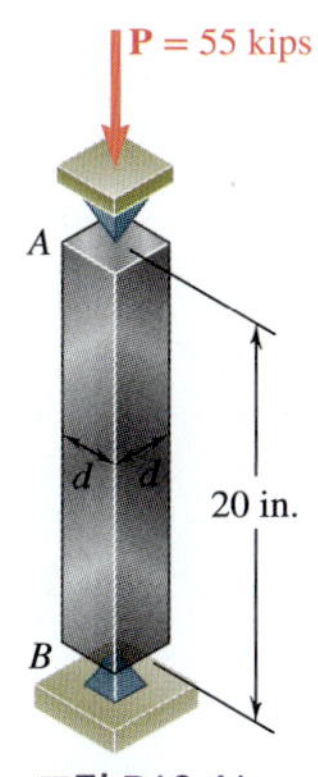

그림 P16.41

16.42 바깥쪽 지름이 90 mm인 알루미늄 튜브에 도심축하중 120 kN이 작용하고 있다. 이 튜브가 알루미늄 2014-T6로 만들어지고 벽두께가 6 mm부터 15 mm까지 3 mm간격으로 증가할 때 사용 가능한 가장 가벼운 튜브를 구하시오.

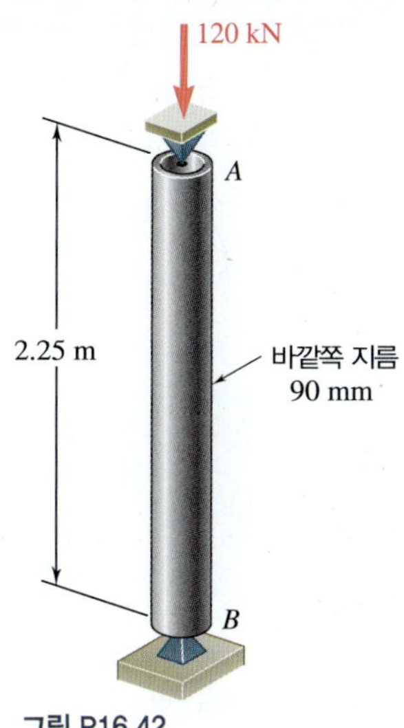

그림 P16.42

16.43 도심축하중 **P**가 강봉 AB에 작용하고 있다. 도심축하중의 크기가 (a) $P = 108$ kN, (b) $P = 166$ kN일 때 허용응력 설계법을 사용하여 단면의 최소 규격 d를 구하시오. 단, $\sigma_Y = 250$ MPa이고 $E = 200$ GPa이다.

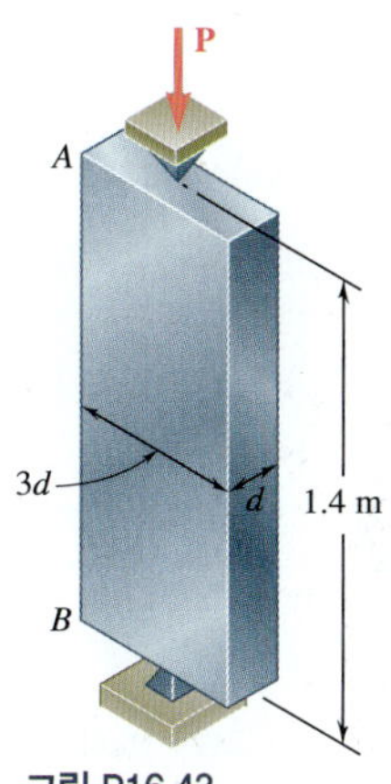

그림 P16.43

16.44 유효길이가 4.5 m인 기둥에 도심축하중 900 kN이 작용하고 있다. $\sigma_Y = 345$ MPa이고 $E = 200$ GPa일 때, 허용응력 설계법을 이용하여 공칭 높이가 250 mm인 광폭플랜지 단면을 선택하시오.

16.45 유효길이가 17.5 ft인 기둥에 도심축하중 338 kips가 작용하고 있다. $\sigma_Y = 50$ ksi이고 $E = 29 \times 10^6$ psi일 때 허용응력 설계법을 이용하여 공칭 높이가 12 in.인 광폭플랜지 단면을 선택하시오.

16.46 유효길이가 26 ft이고 단면이 그림과 같은 강재 정사각형 튜브로 만든 기둥에 도심축하중 65 kips가 작용하고 있다. 가용한 강재 튜브는 벽두께가 $\frac{1}{4}$ in.에서 $\frac{3}{4}$ in.까지 $\frac{1}{16}$ in. 크기로 증가한다. $\sigma_Y = 36$ ksi이고 $E = 29 \times 10^6$ psi일 때, 허용응력 설계법을 이용하여 가장 가벼운 튜브를 선택하시오.

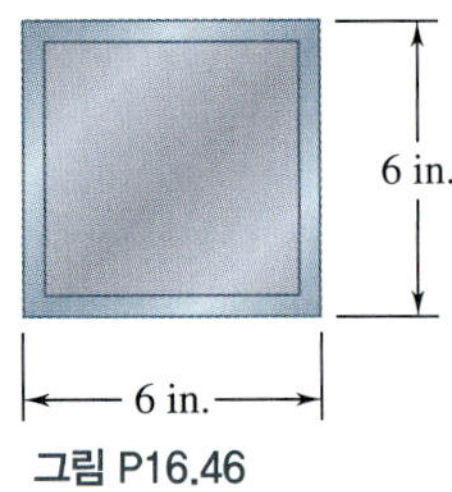

그림 P16.46

16.47 다른 모든 조건은 [문제 16.46]의 기둥과 동일하고 유효길이만 20 ft일 때, 가장 가벼운 기둥은 어떤 튜브를 이용해야 하는지 구하시오.

16.48 두 개의 $3\frac{1}{2} \times 2\frac{1}{2}$ in. 앵글을 볼트로 연결하여 제작한 유효길이 6 ft의 기둥에 도심축하중 54 kips가 작용하고 있다. 사용 가능한 앵글의 두께가 $\frac{1}{4}$, $\frac{3}{8}$, $\frac{1}{2}$ in.일 때 허용응력 설계법을 사용하여 가장 가벼운 앵글을 선택하시오. 단, $\sigma_Y = 36$ ksi이고, $E = 29 \times 10^6$ psi이다.

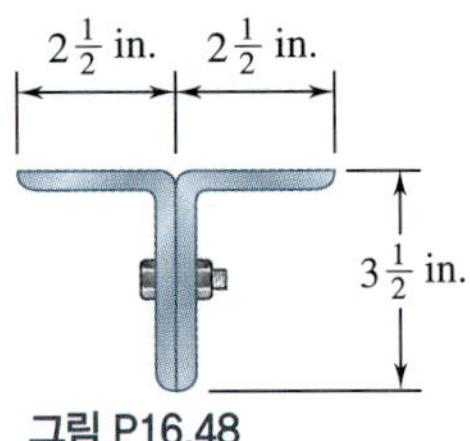

그림 P16.48

Chapter 16 핵심요약

임계하중

도심축하중이 작용하는 균일단면 기둥의 설계와 해석은 **임계하중**critical load을 구하는 데 초점이 있다. 기둥 모델의 평형위치는 두 가지가 가능하다. 첫 번째 위치는 기둥에 횡방향으로 처짐이 발생하지 않은 원래의 직선 위치이고, 두 번째 위치는 상당히 큰 횡방향 처짐이 발생한 위치이다. 첫 번째 평형위치에서 $P > P_{cr}$인 경우에는 불안정하고 $P < P_{cr}$인 경우에는 안정하다. $P < P_{cr}$인 경우에는 원래의 직선 위치만이 유일한 평형위치가 된다.

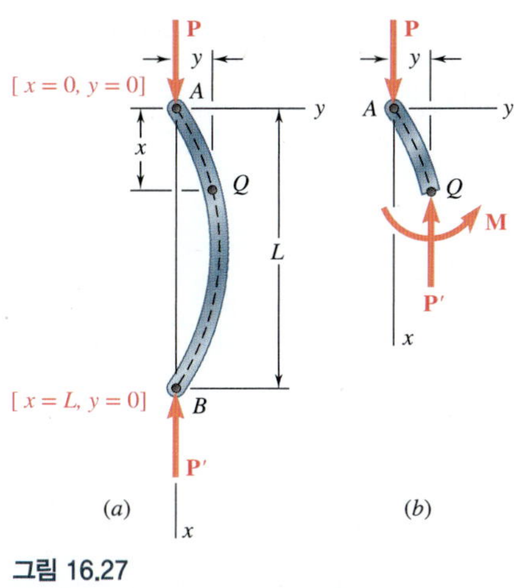

그림 16.27

먼저 양쪽 지점이 핀이고 길이가 L, 휨강성이 EI인 기둥에 도심축하중 P가 작용하는 경우를 학습했다. 이 기둥이 좌굴된 경우(그림 16.27), 점 Q에서의 휨모멘트는 $-Py$가 되므로 다음 식이 성립한다.

$$\frac{d^2y}{dx^2} = \frac{M}{EI} = -\frac{P}{EI}y \tag{16.4}$$

오일러 공식

식 (16.4)의 미분방정식을 풀고 양쪽 끝단의 핀 지점에 대한 경계조건을 적용하면 좌굴을 유발하는 하중 중에서 가장 작은 도심축하중 P를 구할 수 있다. 이 힘을 임계하중 P_{cr}이라고 하며 다음과 같은 오일러 공식을 얻는다.

$$P_{cr} = \frac{\pi^2 EI}{L^2} \tag{16.11a}$$

여기서 L은 기둥의 길이이다. 임계하중 이상의 힘이 작용하면 기둥이 불안정하게 되고 횡방향 처짐이 발생한다.

세장비

기둥의 단면적을 A, 회전반지름을 r이라 할 때, 임계하중 P_{cr}에 대응하는 임계응력 σ_{cr}은 다음과 같다.

$$\sigma_{cr} = \frac{\pi^2 E}{(L/r)^2} \tag{16.13a}$$

이 식에서 L/r항을 **세장비**slenderness ratio라고 한다. [그림 16.28]에 임계응력 σ_{cr}을 세장비 L/r의 함수로 나타냈다. 좌굴응력은 재료의 항복강도 이하라는 사실에 근거하여 해석했다. 그러므로, $\sigma_{cr} > \sigma_Y$인 경우 기둥은 파괴된다.

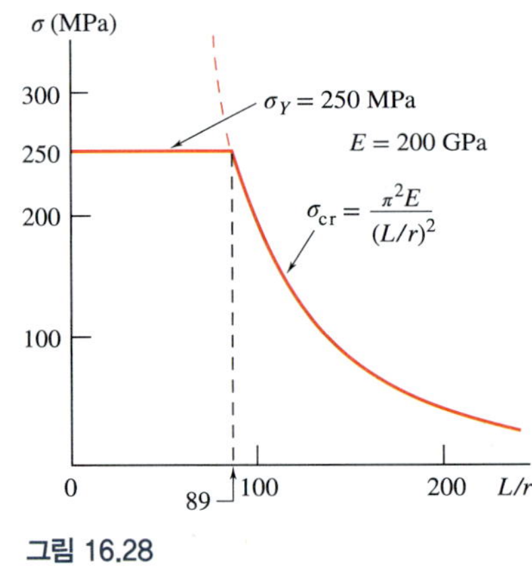

그림 16.28

유효길이

양쪽 지점이 핀인 경우를 제외한 다른 지점조건에 대한 임계하중은 다음의 식을 이용해서 구할 수 있다.

$$P_{cr} = \frac{\pi^2 EI}{L_e^2} \tag{16.11b}$$

여기서 L_e를 기둥의 **유효길이**effective length라고 한다. 이 유효길이는 양쪽 지점이 핀인 기둥과 동일한 변형 형상을 갖는 길이로, 다양한 지점 형식에 대한 유효길이의 값을 16.1.2절(그림 16.18)에 정리했다.

실제 기둥 설계

모든 기둥은 결함이 있으므로 **실제 기둥 설계**design of real columns는 실험 결과를 바탕으로 전문 기관을 통해 기준 또는 코드로 제정된 경험식에 근거하여 수행된다. 도심축하중이 작용하는 강, 알루미늄, 목재 기둥의 경우, 세장비 L/r의 함수인 허용응력식에 근거하여 설계한다.

Chapter 16 종합문제

16.49 단면이 그림과 같은 기둥의 유효길이는 13.5 ft이다. 안전계수 2.8을 사용하여 허용 도심축하중을 구하시오. 단, $E = 29 \times 10^6$ psi이다.

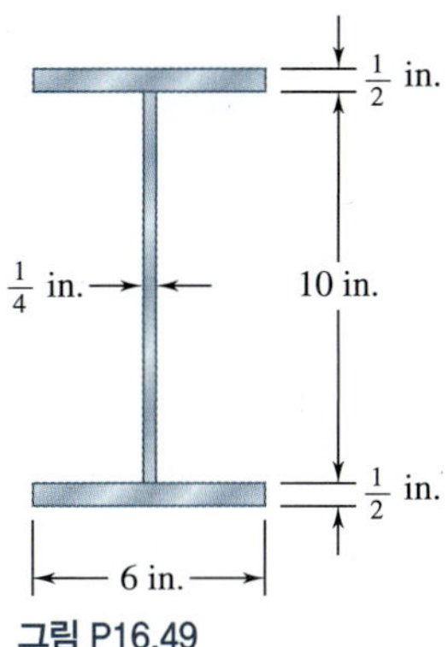

그림 P16.49

16.50 강봉 AD가 스프링 계수 k인 두 개의 스프링에 연결되어 그림과 같이 평형상태에 있다. 크기가 같고 방향이 반대인 두 힘 **P**와 **P**′이 수평을 유지할 때, 이 구조계의 임계하중 P_{cr}을 구하시오.

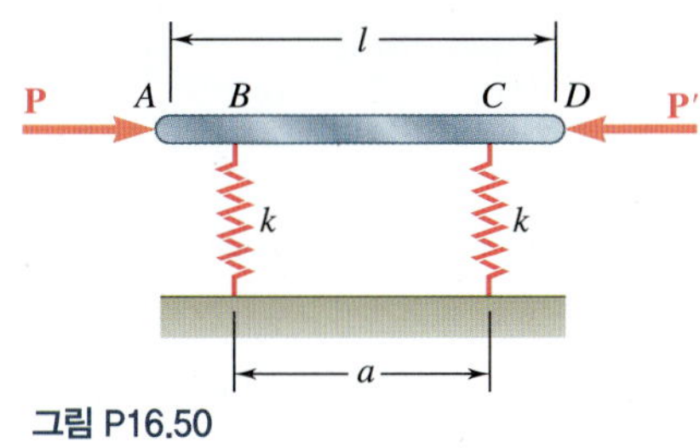

그림 P16.50

16.51 질량이 m인 강체를 그림과 같이 네 종류의 방법으로 지지하는 구조계가 있다. 각각의 기둥은 바깥쪽 지름이 44 mm이고 벽두께가 4 mm인 알루미늄 튜브로 만들어졌다. $E = 70$ GPa이고 안전계수가 2.8일 때 각각의 구조계에 대한 허용질량을 구하시오.

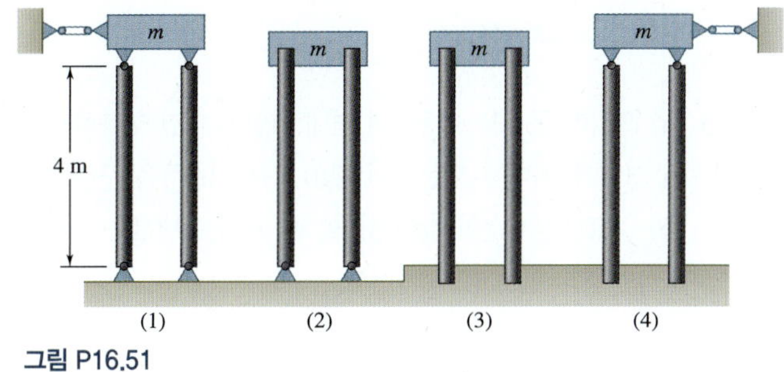

그림 P16.51

16.52 강봉 BC의 한쪽 끝은 강봉 AB와 연결되어 있고 다른 쪽은 고정단 C에 연결되어 있다. $G = 11.2 \times 10^6$ psi이고 이 구조계의 임계하중이 $P_{cr} = 80$ lb일 때, BC의 지름을 구하시오.

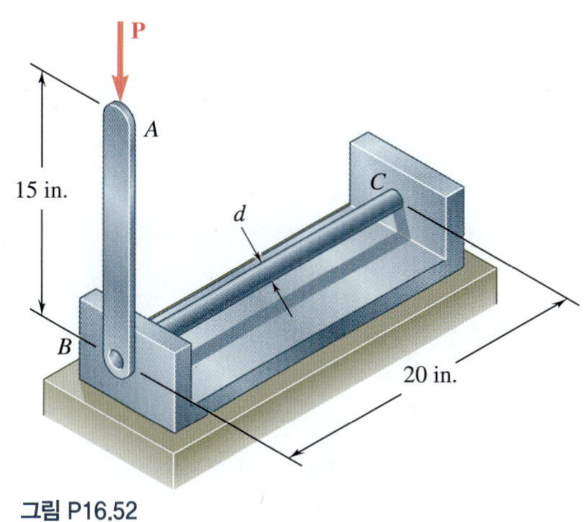

그림 P16.52

16.53 길이가 L인 기둥의 양단이 핀으로 지지되어 있다. 온도가 T_0일 때 기둥에 작용하는 힘이 0이고 온도가 $T_1 = T_0 + \Delta T$일 때 좌굴이 발생했다면, ΔT를 b, L, 열팽창계수 α로 나타내시오.

16.54 부재 AB는 길이가 2.5 m인 강재 ㄷ형강 C130×10.4 하나로 이뤄져 있다. 핀으로 연결된 지점 A와 B가 단면의 도심을 통과하고 $\theta = 30°$일 때, 면내 좌굴에 대한 안전계수를 구하시오. 단, $E = 200$ GPa이고, 오일러 공식을 이용하시오.

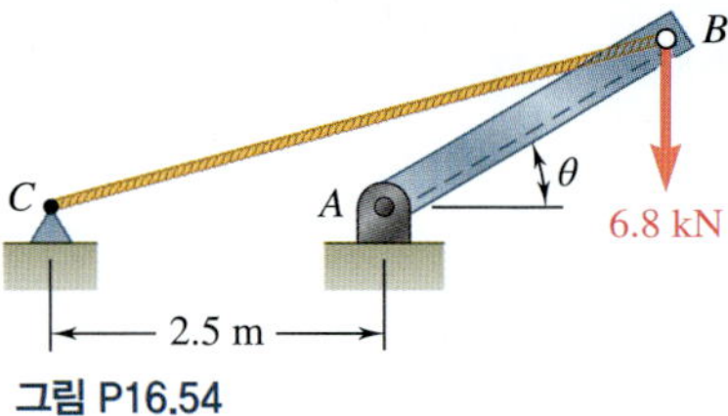

그림 P16.54

16.55 (a) 오일러 공식을 이용하여 면내 좌굴에 대한 허용하중 **P**의 크기가 최대가 되는 θ의 값($0 < \theta < 90°$)을 구하시오. (b) 소요안전계수의 값이 3.2일 때 P의 최댓값을 구하시오. 단, $E = 29 \times 10^6$ psi이다.

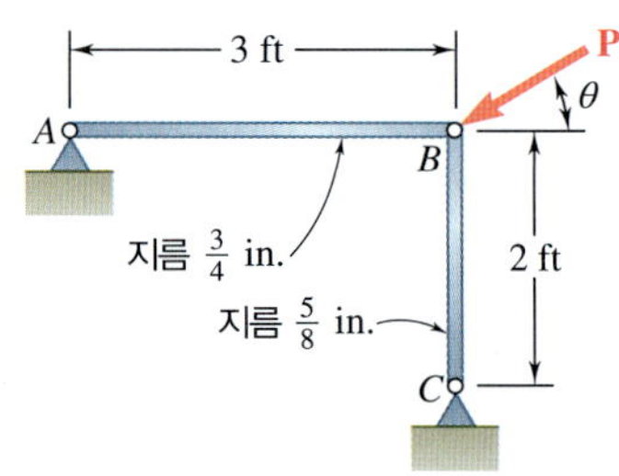

그림 P16.55

16.56 20×36 mm 직사각형 단면 알루미늄 봉 AB는 그림과 같이 핀과 브라켓bracket으로 지지되고 있다. 봉의 양쪽 끝단은 핀으로 연결되어 있어서 수평축에 대해 자유롭게 회전하지만, 수직축에 대한 회전은 브라켓으로 구속되어 있다. $E = 70$ GPa이고 소요안전계수가 2.5일 때, 허용 도심축하중 **P**를 구하시오.

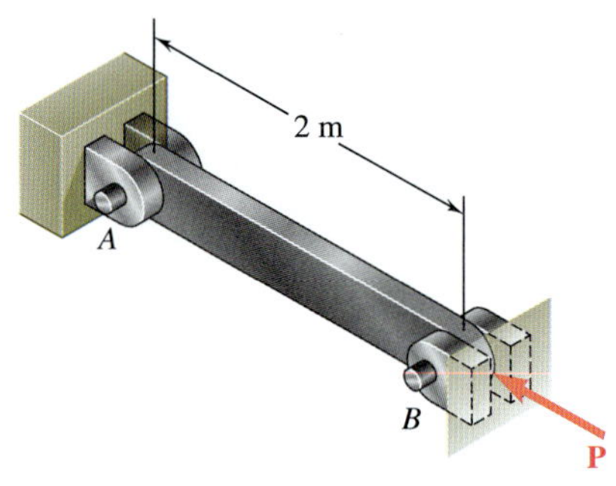

그림 P16.56

16.57 (a) 강재 스트럿에 대한 임계하중을 구하시오. (b) 알루미늄 스트럿의 임계하중이 강재 스트럿과 같아지도록 d를 구하시오. (c) 강재 스트럿에 대한 알루미늄 스트럿의 무게비를 퍼센트(%) 단위를 사용하여 구하시오.

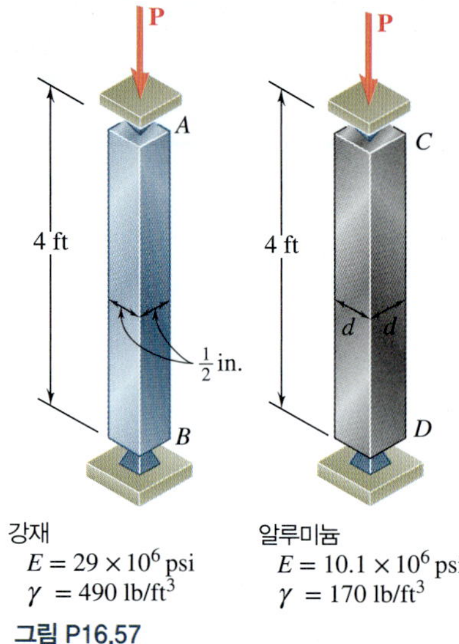

그림 P16.57

16.58 단면적이 그림과 같은 압축부재의 유효길이가 5 ft이다. 알루미늄 2014-T6로 제작된 이 기둥의 허용 도심축하중을 구하시오.

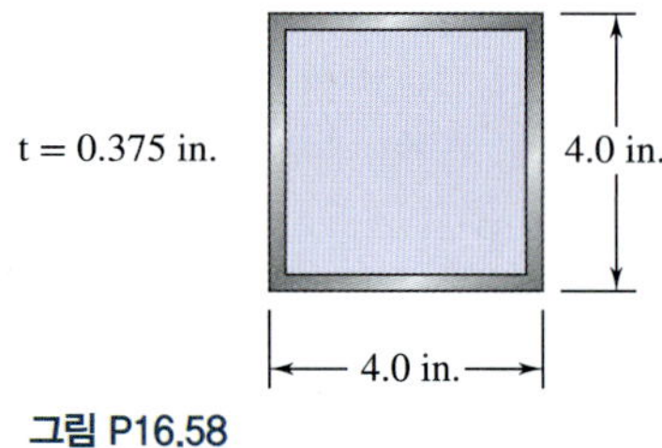

그림 P16.58

16.59 W360×216 압연강재의 반을 이용하여 그림과 같은 기둥을 제작했다. 이 기둥의 유효길이가 (a) 4.0 m, (b) 6.5 m일 때, 허용응력 설계법을 이용하여 허용 도심축하중을 구하시오. 단, $\sigma_Y = 345$ MPa이고 $E = 2100$ GPa이다.

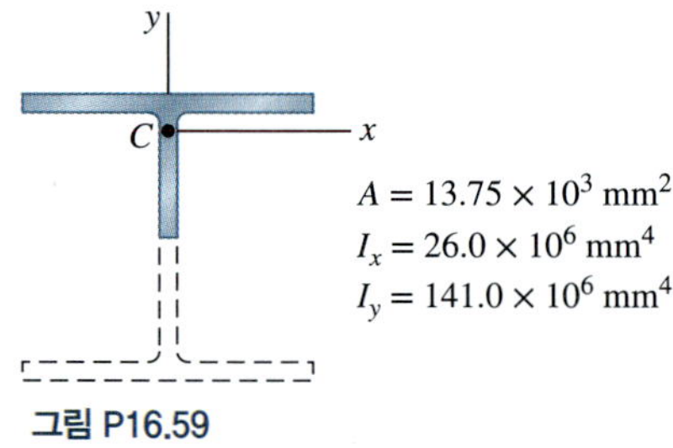

그림 P16.59

16.60 유효길이가 4.6 m인 기둥에 도심축하중 525 kN이 작용하고 있다. $\sigma_Y = 345$ MPa, $E = 200$ GPa일 때 허용응력 설계법을 사용하여 이 기둥으로 사용할 수 있는 단면을 공칭 높이가 200 mm인 광폭플랜지 단면 중에서 선택하시오.

부록

목차

부록 A 지점과 연결부의 반력

2차원 구조물의 지점과 연결부의 반력

지점 또는 연결부	반력	미지수의 개수
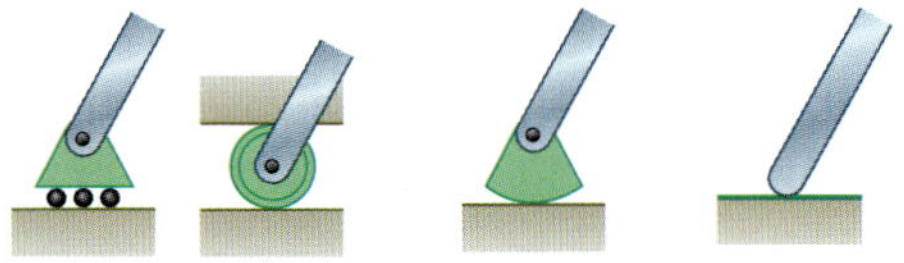 롤러(또는 이동단) / 로커Rocker[1] / 마찰이 없는 표면	 작용방향을 알고 있는 힘	1
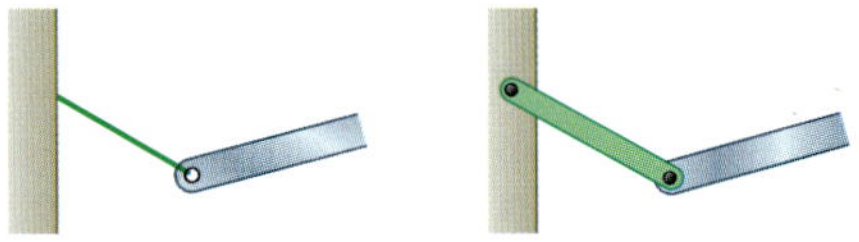 짧은 케이블 / 짧은 링크link	 작용방향을 알고 있는 힘	1
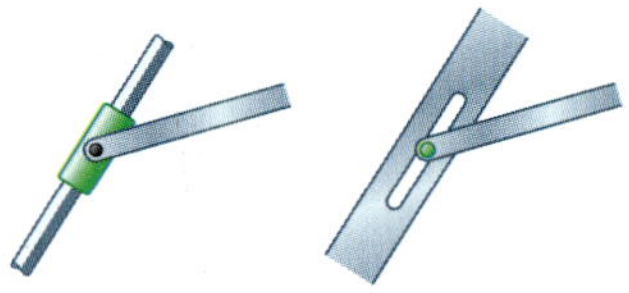 마찰이 없는 봉의 이음고리collar / 슬롯slot 내부 마찰이 없는 핀	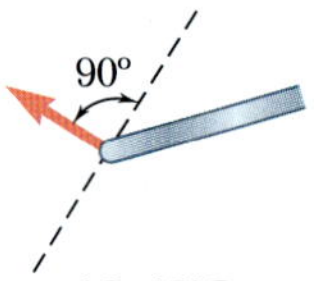 90° 작용방향을 알고 있는 힘	1
마찰이 없는 핀 또는 힌지 / 거친 표면	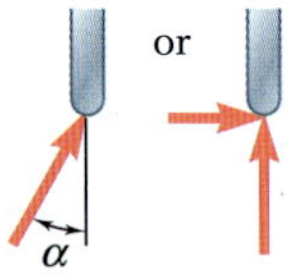 or α 작용방향을 모르는 힘	2
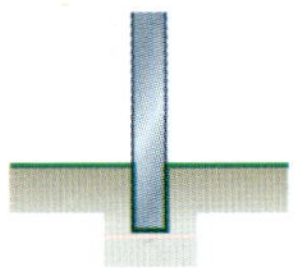 고정단	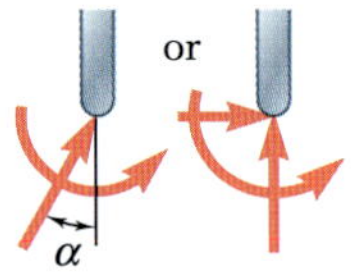 or α 힘과 모멘트	3

강체의 평형에 관한 문제를 푸는 첫 번째 단계는 적절한 자유물체도를 그리는 것이다. 자유물체도는 지면 또는 다른 물체에 의해 강체의 운동방향과 반대로 작용하는 반력을 포함해야 한다. 이 페이지와 다음 페이지에 물체에 작용하는 2차원과 3차원의 반력을 정리했다.

1 **역자주**: 흔들의자 밑 부분에 대는 활 모양의 지점 형태

3차원 구조물의 지점과 연결부 반력

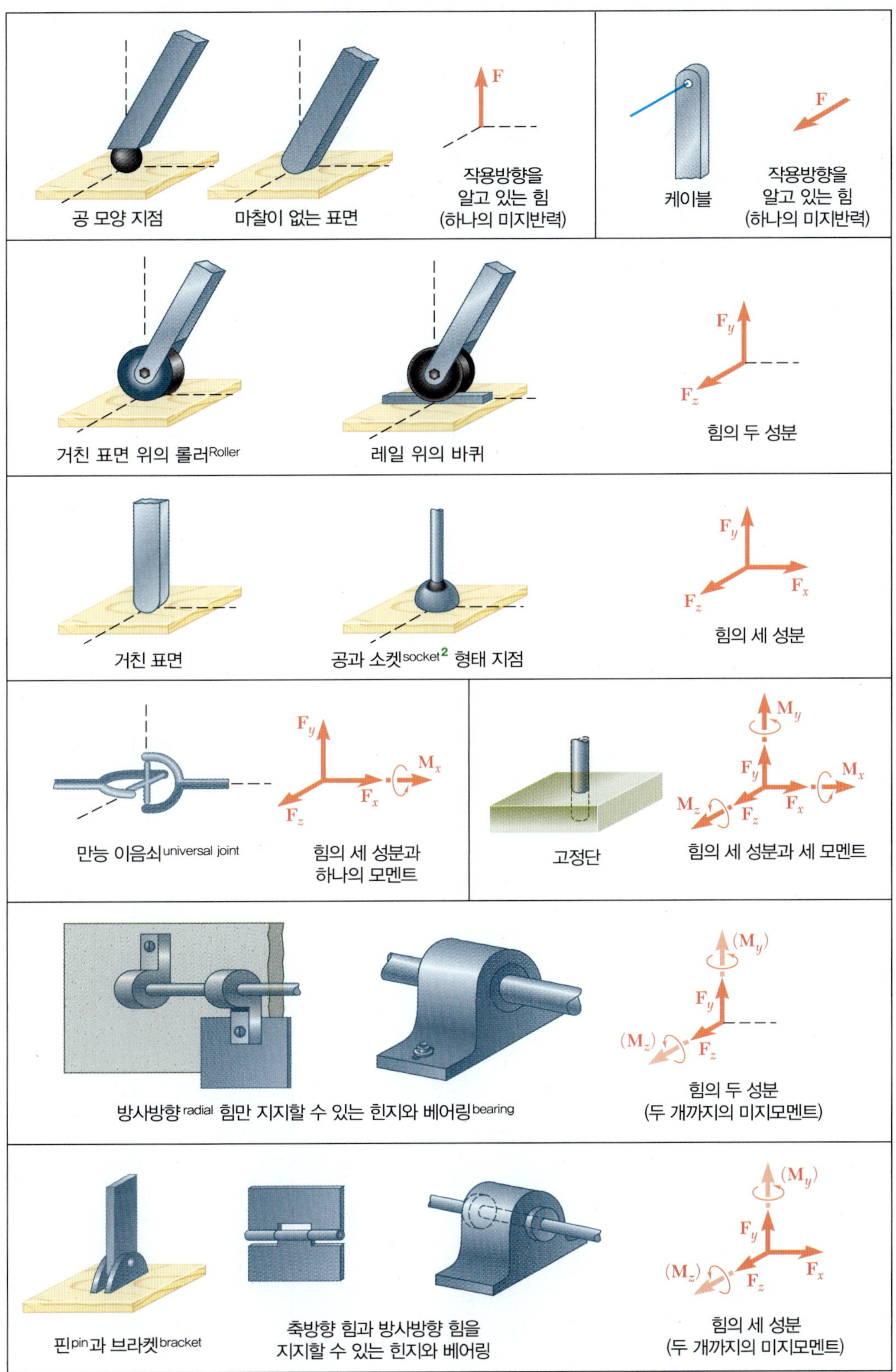

2 **역자주**: 움푹하게 들어간 구멍 형태의 지점

부록 B 단면도심과 단면2차모멘트

일반적인 단면의 면적과 도심

형상		$\bar{x}$	$\bar{y}$	면적 또는 길이
삼각형 단면	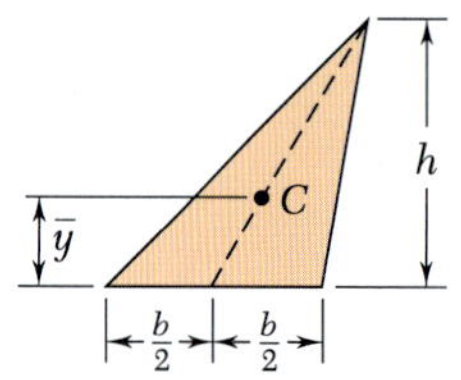		$\frac{h}{3}$	$\frac{bh}{2}$
사등분한 원 단면	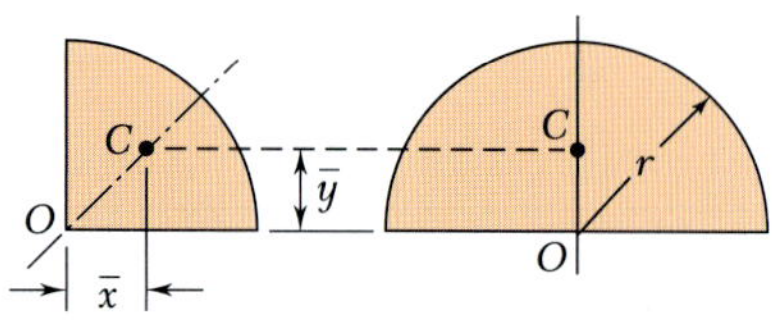	$\frac{4r}{3\pi}$	$\frac{4r}{3\pi}$	$\frac{\pi r^2}{4}$
반원 단면		0	$\frac{4r}{3\pi}$	$\frac{\pi r^2}{2}$
포물선 단면의 반 semiparabolic area	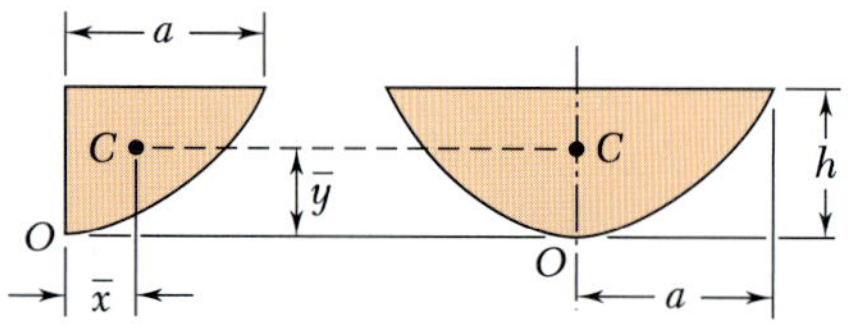	$\frac{3a}{8}$	$\frac{3h}{5}$	$\frac{2ah}{3}$
포물선 단면		0	$\frac{3h}{5}$	$\frac{4ah}{3}$
포물선 스팬드럴spandrel[3] 단면	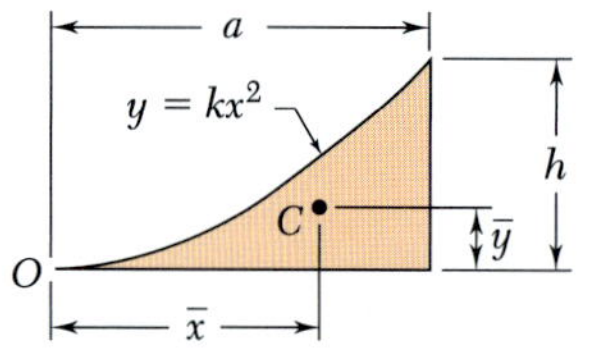	$\frac{3a}{4}$	$\frac{3h}{10}$	$\frac{ah}{3}$
부채꼴 단면	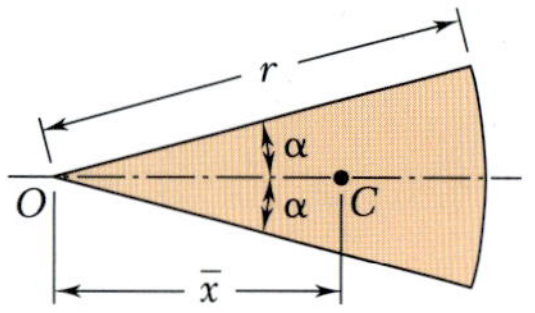	$\frac{2r\sin\alpha}{3\alpha}$	0	αr^2
사등분한 원의 호arc	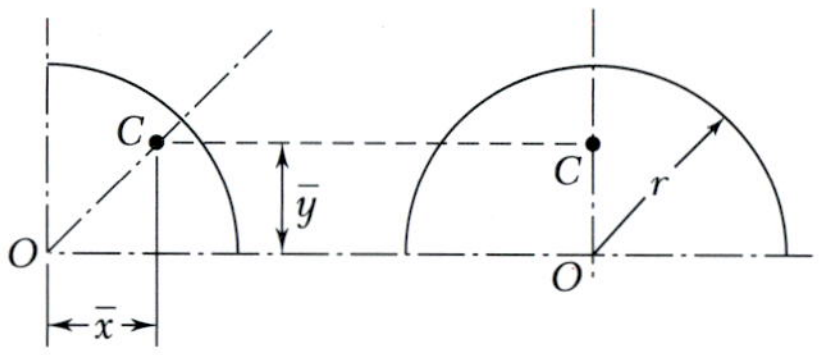	$\frac{2r}{\pi}$	$\frac{2r}{\pi}$	$\frac{\pi r}{2}$
반원의 호		0	$\frac{2r}{\pi}$	πr
원의 호	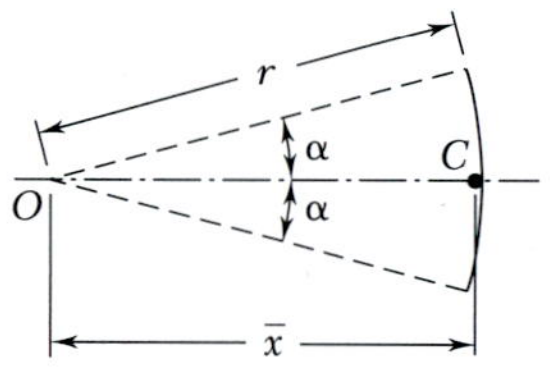	$\frac{r\sin\alpha}{\alpha}$	0	$2\alpha r$

3 **역자주**: 인접한 포물선이 수직선 또는 수평선과 이루는 세모꼴 형태의 면적

단면의 관성모멘트

직사각형	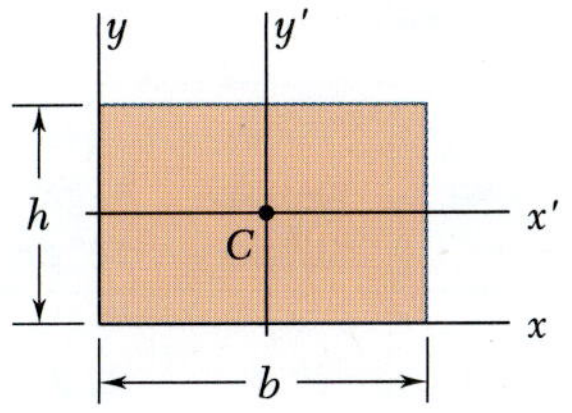	$\bar{I}_{x'} = \frac{1}{12}bh^3$ $\bar{I}_{y'} = \frac{1}{12}b^3h$ $I_x = \frac{1}{3}bh^3$ $I_y = \frac{1}{3}b^3h$ $J_C = \frac{1}{12}bh(b^2 + h^2)$
삼각형	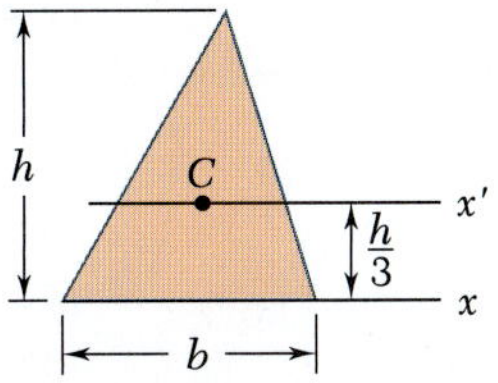	$\bar{I}_{x'} = \frac{1}{36}bh^3$ $I_x = \frac{1}{12}bh^3$
원	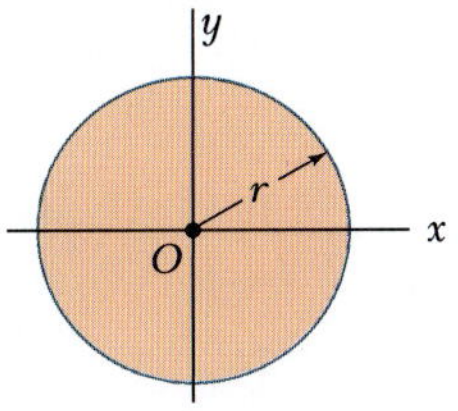	$\bar{I}_x = \bar{I}_y = \frac{1}{4}\pi r^4$ $J_O = \frac{1}{2}\pi r^4$
반원	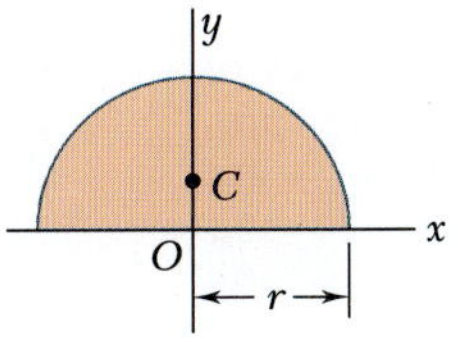	$I_x = I_y = \frac{1}{8}\pi r^4$ $J_O = \frac{1}{4}\pi r^4$
사등분한 원	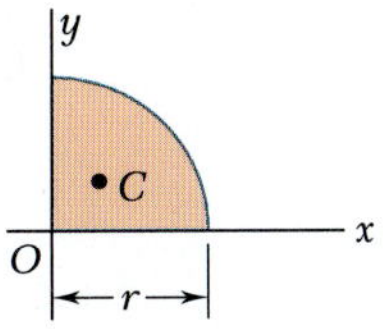	$I_x = I_y = \frac{1}{16}\pi r^4$ $J_O = \frac{1}{8}\pi r^4$
타원	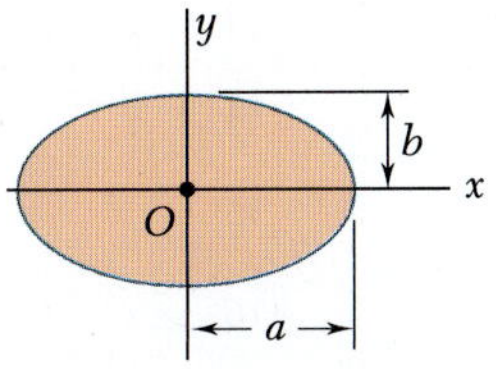	$\bar{I}_x = \frac{1}{4}\pi ab^3$ $\bar{I}_y = \frac{1}{4}\pi a^3b$ $J_O = \frac{1}{4}\pi ab(a^2 + b^2)$

부록 C 공학 분야에 사용되는 재료의 대표적인 물성치[4,5]

미국상용단위계(U.S. Customary Units)

재료	비중	극한강도			항복강도[6]		탄성계수	전단 탄성계수	열팽창 계수	연성, 2 in.당
	lb/in³	인장 ksi	압축[7] ksi	전단 ksi	인장 ksi	전단 ksi	10^6 psi	10^6 psi	10^{-6}/°F	%-신장률
Steel										
Structural (ASTM-A36)	0.284	58			36	21	29	11.2	6.5	21
High-strength-low-alloy										
ASTM-A709 Grade 50	0.284	65			50		29	11.2	6.5	21
ASTM-A913 Grade 65	0.284	80			65		29	11.2	6.5	17
ASTM-A992 Grade 50	0.284	65			50		29	11.2	6.5	21
Quenched & tempered										
ASTM-A709 Grade 100	0.284	110			100		29	11.2	6.5	18
Stainless, AISI 302										
Cold-rolled	0.286	125			75		28	10.8	9.6	12
Annealed	0.286	95			38	22	28	10.8	9.6	50
Reinforcing Steel										
Medium strength	0.283	70			40		29	11	6.5	
High strength	0.283	90			60		29	11	6.5	
Cast Iron										
Gray Cast Iron										
4.5% C, ASTM A-48	0.260	25	95	35			10	4.1	6.7	0.5
Malleable Cast Iron										
2% C, 1% Si										
ASTM A-47	0.264	50	90	48	33		24	9.3	6.7	10
Aluminum										
Alloy 1100-H14 (99% Al)	0.098	16		10	14	8	10.1	3.7	13.1	9
Alloy 2014-T6	0.101	66		40	58	33	10.9	3.9	12.8	13
Alloy 2024-T4	0.101	68		41	47		10.6		12.9	19
Alloy 5456-H116	0.095	46		27	33	19	10.4		13.3	16
Alloy 6061-T6	0.098	38		24	35	20	10.1	3.7	13.1	17
Alloy 7075-T6	0.101	83		48	73		10.4	4	13.1	11
Copper										
Oxygen-free copper (99% Cu)										
Annealed	0.322	32		22	10		17	6.4	9.4	45
Hard-drawn	0.322	57		29	53		17	6.4	9.4	4
Yellow Brass (65% Cu, 35% Zn)										
Cold-rolled	0.306	74		43	60	36	15	5.6	11.6	8
Annealed	0.306	46		32	15	9	15	5.6	11.6	65
Red Brass (85% Cu, 15% Zn)										
Cold-rolled	0.316	85		46	63		17	6.4	10.4	3
Annealed	0.316	39		31	10		17	6.4	10.4	48
Tin bronze (88 Cu, 8 Sn, 4Zn)	0.318	45			21		14		10	30
Manganese bronze (63 Cu, 25 Zn, 6 Al, 3 Mn, 3 Fe)	0.302	95			48		15		12	20
Aluminum bronze (81 Cu, 4 Ni, 4 Fe, 11 Al)	0.301	90	130		40		16	6.1	9	6

4 금속재료의 성질은 구성요소, 열처리, 기계적인 작업 등의 변화로 달라질 수 있다.

5 Marks' Mechanical Engineering Handbook, 12th ed., McGraw-Hill, New York, 2018; Annual Book of ASTM, American Society for Testing Materials, Philadelphia, PA; Metals Handbook, American Society for Metals, Metals Park, OH; Aluminum Design Manual, The Aluminum Association, Washington, DC.

6 0.2% 오프셋

7 연성 금속의 경우, 압축강도는 일반적으로 인장강도와 같다고 가정한다.

부록 C 공학 분야에 사용되는 재료의 대표적인 물성치

SI 단위계

재료	밀도 kg/m³	극한강도			항복강도		탄성계수 GPa	전단 탄성계수 GPa	열팽창 계수 10^{-6}/°C	연성, 50 mm당 %-신장률
		인장 MPa	압축 MPa	전단 MPa	인장 MPa	전단 MPa				
Steel										
Structural (ASTM-A36)	7860	400			250	145	200	77.2	11.7	21
High-strength-low-alloy										
ASTM-A709 Grade 345	7860	450			345		200	77.2	11.7	21
ASTM-A913 Grade 450	7860	550			450		200	77.2	11.7	17
ASTM-A992 Grade 345	7860	450			345		200	77.2	11.7	21
Quenched & tempered										
ASTM-A709 Grade 690	7860	760			690		200	77.2	11.7	18
Stainless, AISI 302										
Cold-rolled	7920	860			520		190	75	17.3	12
Annealed	7920	655			260	150	190	75	17.3	50
Reinforcing Steel										
Medium strength	7860	480			275		200	77	11.7	
High strength	7860	620			415		200	77	11.7	
Cast Iron										
Gray Cast Iron										
4.5% C, ASTM A-48	7200	170	655	240			69	28	12.1	0.5
Malleable Cast Iron										
2% C, 1% Si										
ASTM A-47	7300	345	620	330	230		165	65	12.1	10
Aluminum										
Alloy 1100-H14										
(99% Al)	2710	110		70	95	55	70	26	23.6	9
Alloy 2014-T6	2800	455		275	400	230	75	27	23.0	13
Alloy 2024-T4	2800	470		280	325		73		23.2	19
Alloy 5456-H116	2630	315		185	230	130	72		23.9	16
Alloy 6061-T6	2710	260		165	240	140	70	26	23.6	17
Alloy 7075-T6	2800	570		330	500		72	28	23.6	11
Copper										
Oxygen-free copper										
(99% Cu)										
Annealed	8910	220		150	70		120	44	16.9	45
Hard-drawn	8910	390		200	265		120	44	16.9	4
Yellow Brass										
(65% Cu, 35% Zn)										
Cold-rolled	8470	510		300	410	250	105	39	20.9	8
Annealed	8470	320		220	100	60	105	39	20.9	65
Red Brass										
(85% Cu, 15% Zn)										
Cold-rolled	8740	585		320	435		120	44	18.7	3
Annealed	8740	270		210	70		120	44	18.7	48
Tin bronze	8800	310			145		95		18.0	30
(88 Cu, 8 Sn, 4 Zn)										
Manganese bronze	8360	655			330		105		21.6	20
(63 Cu, 25 Zn, 6 Al, 3 Mn, 3 Fe)										
Aluminum bronze	8330	620	900		275		110	42	16.2	6
(81 Cu, 4 Ni, 4 Fe, 11 Al)										

부록 C 공학 분야에 사용되는 재료의 대표적인 물성치

미국상용단위계(U.S. Customary Units)

재료	비중 lb/in^3	극한강도			항복강도		탄성계수 10^6 psi	전단 탄성계수 10^6 psi	열팽창 계수 10^{-6}/°F	연성, 2 in.당 %-신장률
		인장 ksi	압축 ksi	전단 ksi	인장 ksi	전단 ksi				
Magnesium Alloys										
Alloy AZ80 (Forging)	0.065	50		23	36		6.5	2.4	14	6
Alloy AZ31 (Extrusion)	0.064	37		19	29		6.5	2.4	14	12
Titanium										
Alloy (6% Al, 4% V)	0.161	130			120		16.5		5.3	10
Monel Alloy 400 (Ni–Cu)										
Cold–worked	0.319	98			85	50	26		7.7	22
Annealed	0.319	80			32	18	26		7.7	46
Cupronikel										
(90% Cu, 10% Ni)										
Annealed	0.323	53			16		20	7.5	9.5	35
Cold–worked	0.323	85			79		20	7.5	9.5	3
Timber, air dry[8]										
Douglas fir	0.017	15	7.2	1.1			1.9	0.1	Varies	
Spruce, Sitka	0.015	8.6	5.6	1.1			1.5	0.07	1.7 to 2.5	
Shortleaf pine	0.018		7.3	1.4			1.7			
Western white pine	0.014		5.0	1.0			1.5			
Ponderosa pine	0.015	8.4	5.3	1.1			1.3			
White oak	0.025		7.4	2.0			1.8			
Red oak	0.024		6.8	1.8			1.8			
Western hemlock	0.016	13	7.2	1.3			1.6			
Shagbark hickory	0.026		9.2	2.4			2.2			
Red wood	0.015	9.4	6.1	0.9			1.3			
Concrete										
Medium strength	0.084		4.0				3.6		5.5	
High strength	0.084		6.0				4.5		5.5	
Plastic										
Nylon, type 6/6, (molding compound)	0.0412	11	14		6.5		0.4		80	50
Polycarbonate	0.0433	9.5	12.5		9		0.35		68	110
Polyester, PBT (thermoplastic)	0.0484	8	11		8		0.35		75	150
Polyester elastomer	0.0433	6.5		5.5			0.03			500
Polystyrene	0.0374	8	13		8		0.45		70	2
Vinyl, rigid PVC	0.0520	6	10		6.5		0.45		75	40
Rubber	0.033	2							90	600
Granite (Avg. values)	0.100	3	35	5			10	4	4	
Marble (Avg. values)	0.100	2	18	4			8	3	6	
Sandstone (Avg. values)	0.083	1	12	2			6	2	5	
Glass, 98% silica	0.079		7				9.6	4.1	44	

8 목재의 성질은 하중이 나무결에 평행하게 작용할 때의 물성치이다.

부록 C 공학 분야에 사용되는 재료의 대표적인 물성치

SI 단위계

재료	밀도 kg/m³	극한강도			항복강도		탄성계수 GPa	전단 탄성계수 GPa	열팽창 계수 10^{-6}/°C	연성, 50 mm당 %-신장률
		인장 MPa	압축 MPa	전단 MPa	인장 MPa	전단 MPa				
Magnesium Alloys										
Alloy AZ80 (Forging)	1800	345		160	250		45	16	25.2	6
Alloy AZ31 (Extrusion)	1770	255		130	200		45	16	25.2	12
Titanium										
Alloy (6% Al, 4% V)	4730	900			830		115		9.5	10
Monel Alloy 400 (Ni–Cu)										
Cold–worked	8830	675			585	345	180		13.9	22
Annealed	8830	550			220	125	180		13.9	46
Cupronikel										
(90% Cu, 10% Ni)										
Annealed	8940	365			110		140	52	17.1	35
Cold–worked	8940	585			545		140	52	17.1	3
Timber, air dry										
Douglas fir	470	100	50	7.6			13	0.7	Varies	
Spruce, Sitka	415	60	39	7.6			10	0.5	3.0 to 4.5	
Shortleaf pine	500		50	9.7			12			
Western white pine	390		34	7.0			10			
Ponderosa pine	415	55	36	7.6			9			
White oak	690		51	13.8			12			
Red oak	660		47	12.4			12			
Western hemlock	440	90	50	10.0			11			
Shagbark hickory	720		63	16.5			15			
Red wood	415	65	42	6.2			9			
Concrete										
Medium strength	2320		28				25		9.9	
High strength	2320		40				30		9.9	
Plastic										
Nylon, type 6/6, (molding compound)	1140	75	95		45		2.8		144	50
Polycarbonate	1200	65	85		35		2.4		122	110
Polyester, PBT (thermoplastic)	1340	55	75		55		2.4		135	150
Polyester elastomer	1200	45		40			0.2			500
Polystyrene	1030	55	90		55		3.1		125	2
Vinyl, rigid PVC	1440	40	70		45		3.1		135	40
Rubber	910	15							162	600
Granite (Avg. values)	2770	20	240	35			70	4	7.2	
Marble (Avg. values)	2770	15	125	28			55	3	10.8	
Sandstone (Avg. values)	2300	7	85	14			40	2	9.0	
Glass, 98% silica	2190		50				65	4.1	80	

부록 D 압연강재의 단면성질

미국상용단위계

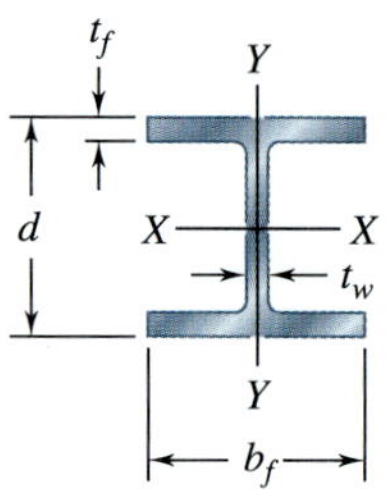

W Shapes(광폭플랜지단면)

단면[9]	면적 A, in^2	높이 d, in.	플랜지 폭 b_f, in.	플랜지 두께 t_f, in.	복부 두께 t_w, in.	X–X 축 I_x, in.^{4}	X–X 축 S_x, in.^{3}	X–X 축 r_x, in.	Y–Y 축 I_y, in.^{4}	Y–Y 축 S_y, in.^{3}	Y–Y 축 r_y in.
W36 × 302	88.8	37.3	16.7	1.68	0.945	21100	1130	15.4	1300	156	3.82
135	39.7	35.6	12.0	0.790	0.600	7800	439	14.0	225	37.7	2.38
W33 × 201	59.2	33.7	15.7	1.15	0.715	11600	686	14.0	749	95.2	3.56
118	34.7	32.9	11.5	0.740	0.550	5900	359	13.0	187	32.6	2.32
W30 × 173	51.0	30.4	15.0	1.07	0.655	8230	541	12.7	598	79.8	3.42
99	29.1	29.7	10.50	0.670	0.520	3990	269	11.7	128	24.5	2.10
W27 × 146	43.1	27.4	14.0	0.975	0.605	5660	414	11.5	443	63.5	3.20
84	24.8	26.70	10.0	0.640	0.460	2850	213	10.7	106	21.2	2.07
W24 × 104	30.6	24.1	12.8	0.750	0.500	3100	258	10.1	259	40.7	2.91
68	20.1	23.7	8.97	0.585	0.415	1830	154	9.55	70.4	15.7	1.87
W21 × 101	29.8	21.4	12.3	0.800	0.500	2420	227	9.02	248	40.3	2.89
62	18.3	21.0	8.24	0.615	0.400	1330	127	8.54	57.5	14.0	1.77
44	13.0	20.7	6.50	0.450	0.350	843	81.6	8.06	20.7	6.37	1.26
W18 × 106	31.1	18.7	11.2	0.940	0.590	1910	204	7.84	220	39.4	2.66
76	22.3	18.2	11.0	0.680	0.425	1330	146	7.73	152	27.6	2.61
50	14.7	18.0	7.50	0.570	0.355	800	88.9	7.38	40.1	10.7	1.65
35	10.3	17.7	6.00	0.425	0.300	510	57.6	7.04	15.3	5.12	1.22
W16 × 77	22.6	16.5	10.3	0.760	0.455	1110	134	7.00	138	26.9	2.47
57	16.8	16.4	7.12	0.715	0.430	758	92.2	6.72	43.1	12.1	1.60
40	11.8	16.0	7.00	0.505	0.305	518	64.7	6.63	28.9	8.25	1.57
31	9.13	15.9	5.53	0.440	0.275	375	47.2	6.41	12.4	4.49	1.17
26	7.68	15.7	5.50	0.345	0.250	301	38.4	6.26	9.59	3.49	1.12
W14 × 370	109	17.9	16.5	2.66	1.66	5440	607	7.07	1990	241	4.27
145	42.7	14.8	15.5	1.09	0.680	1710	232	6.33	677	87.3	3.98
82	24.0	14.3	10.1	0.855	0.510	881	123	6.05	148	29.3	2.48
68	20.0	14.0	10.0	0.720	0.415	722	103	6.01	121	24.2	2.46
53	15.6	13.9	8.06	0.660	0.370	541	77.8	5.89	57.7	14.3	1.92
43	12.6	13.7	8.00	0.530	0.305	428	62.6	5.82	45.2	11.3	1.89
38	11.2	14.1	6.77	0.515	0.310	385	54.6	5.87	26.7	7.88	1.55
30	8.85	13.8	6.73	0.385	0.270	291	42.0	5.73	19.6	5.82	1.49
26	7.69	13.9	5.03	0.420	0.255	245	35.3	5.65	8.91	3.55	1.08
22	6.49	13.7	5.00	0.335	0.230	199	29.0	5.54	7.00	2.80	1.04

9 미국상용단위계에서 광폭플랜지단면의 이름은 W로 시작하고 공칭높이(단위 : 인치) × 단위길이(foot)당 무게(lb) 순으로 기입한다.

부록 D 압연강재의 단면성질

SI 단위계

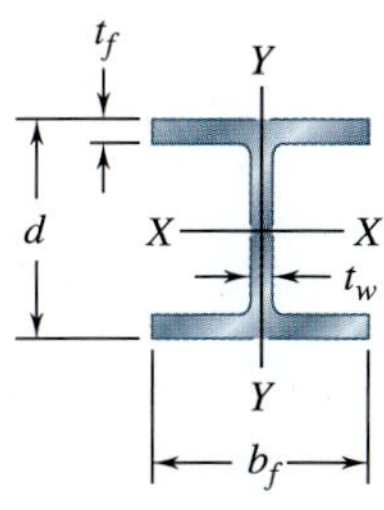

W Shapes(광폭플랜지단면)

			플랜지			*X*–*X* 축			*Y*–*Y* 축		
단면[10]	면적 A, mm^2	높이 d, mm	폭 b_f, mm	두께 t_f, mm	복부 두께 t_w, mm	I_x, 10^6 mm^4	S_x, 10^3 mm^3	r_x, mm	I_y, 10^6 mm^4	S_y, 10^3 mm^3	r_y, mm
W920 × 449	57 300	947	424	42.7	24.0	8 780	18 500	391	541	2 560	97.0
201	25 600	904	305	20.1	15.2	3 250	7 190	356	93.7	618	60.5
W840 × 299	38 200	856	399	29.2	18.2	4 830	11 200	356	312	1 560	90.4
176	22 400	836	292	18.8	14.0	2 460	5 880	330	77.8	534	58.9
W760 × 257	32 900	772	381	27.2	16.6	3 430	8 870	323	249	1 310	86.9
147	18 800	754	267	17.0	13.2	1 660	4 410	297	53.3	401	53.3
W690 × 217	27 800	696	356	24.8	15.4	2 360	6 780	292	184	1 040	81.3
125	16 000	678	254	16.3	11.7	1 190	3 490	272	44.1	347	52.6
W610 × 155	19 700	612	325	19.1	12.7	1 290	4 230	257	108	667	73.9
101	13 000	602	228	14.9	10.5	762	2 520	243	29.3	257	47.5
W530 × 150	19 200	544	312	20.3	12.7	1 010	3 720	229	103	660	73.4
92	11 800	533	209	15.6	10.2	554	2 080	217	23.9	229	45.0
66	8 390	526	165	11.4	8.89	351	1 340	205	8.62	104	32.0
W460 × 158	20 100	475	284	23.9	15.0	795	3 340	199	91.6	646	67.6
113	14 400	462	279	17.3	10.8	554	2 390	196	63.3	452	66.3
74	9 480	457	191	14.5	9.02	333	1 460	187	16.7	175	41.9
52	6 650	450	152	10.8	7.62	212	944	179	6.37	83.9	31.0
W410 × 114	14 600	419	262	19.3	11.6	462	2 200	178	57.4	441	62.7
85	10 800	417	181	18.2	10.9	316	1 510	171	17.9	198	40.6
60	7 610	406	178	12.8	7.75	216	1 060	168	12.0	135	39.9
46.1	5 890	404	140	11.2	6.99	156	773	163	5.16	73.6	29.7
38.8	4 950	399	140	8.76	6.35	125	629	159	3.99	57.2	28.4
W360 × 551	70 300	455	419	67.6	42.2	2 260	9 950	180	828	3 950	108
216	27 500	376	394	27.7	17.3	712	3 800	161	282	1 430	101
122	15 500	363	257	21.7	13.0	367	2 020	154	61.6	480	63.0
101	12 900	356	254	18.3	10.5	301	1 690	153	50.4	397	62.5
79	10 100	353	205	16.8	9.40	225	1 270	150	24.0	234	48.8
64	8 130	348	203	13.5	7.75	178	1 030	148	18.8	185	48.0
57.8	7 230	358	172	13.1	7.87	160	895	149	11.1	129	39.4
44	5 710	351	171	9.78	6.86	121	688	146	8.16	95.4	37.8
39	4 960	353	128	10.7	6.48	102	578	144	3.71	58.2	27.4
32.9	4 190	348	127	8.51	5.84	82.8	475	141	2.91	45.9	26.4

10 SI 단위계에서 광폭플랜지단면의 이름은 W로 시작하고 공칭높이(단위 : mm) × 단위길이(m)당 질량(kg) 순으로 기입한다.

부록 D 압연강재의 단면성질

미국상용단위계

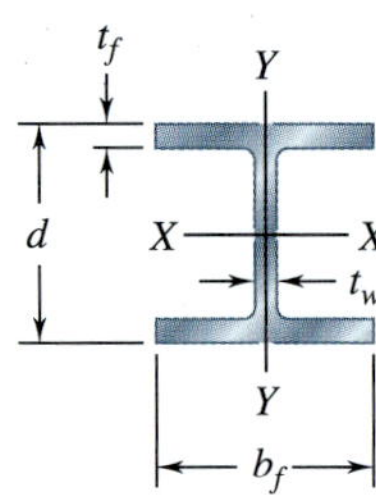

W Shapes(광폭플랜지단면)

단면[11]	면적 A, in^2	높이 d, in.	플랜지 폭 b_f, in.	플랜지 두께 t_f, in.	복부 두께 t_w, in.	$X-X$ 축 I_x, in^4	$X-X$ 축 S_x, in^3	$X-X$ 축 r_x, in.	$Y-Y$ 축 I_y, in^4	$Y-Y$ 축 S_y, in^3	$Y-Y$ 축 r_y, in.
W12 × 96	28.2	12.7	12.2	0.900	0.550	833	131	5.44	270	44.4	3.09
72	21.1	12.3	12.0	0.670	0.430	597	97.4	5.31	195	32.4	3.04
50	14.6	12.2	8.08	0.640	0.370	391	64.2	5.18	56.3	13.9	1.96
40	11.7	11.9	8.01	0.515	0.295	307	51.5	5.13	44.1	11.0	1.94
35	10.3	12.5	6.56	0.520	0.300	285	45.6	5.25	24.5	7.47	1.54
30	8.79	12.3	6.52	0.440	0.260	238	38.6	5.21	20.3	6.24	1.52
26	7.65	12.2	6.49	0.380	0.230	204	33.4	5.17	17.3	5.34	1.51
22	6.48	12.3	4.03	0.425	0.260	156	25.4	4.91	4.66	2.31	0.848
16	4.71	12.0	3.99	0.265	0.220	103	17.1	4.67	2.82	1.41	0.773
W10 × 112	32.9	11.4	10.4	1.25	0.755	716	126	4.66	236	45.3	2.68
68	20.0	10.4	10.1	0.770	0.470	394	75.7	4.44	134	26.4	2.59
54	15.8	10.1	10.0	0.615	0.370	303	60.0	4.37	103	20.6	2.56
45	13.3	10.1	8.02	0.620	0.350	248	49.1	4.32	53.4	13.3	2.01
39	11.5	9.92	7.99	0.530	0.315	209	42.1	4.27	45.0	11.3	1.98
33	9.71	9.73	7.96	0.435	0.290	171	35.0	4.19	36.6	9.20	1.94
30	8.84	10.5	5.81	0.510	0.300	170	32.4	4.38	16.7	5.75	1.37
22	6.49	10.2	5.75	0.360	0.240	118	23.2	4.27	11.4	3.97	1.33
19	5.62	10.2	4.02	0.395	0.250	96.3	18.8	4.14	4.29	2.14	0.874
15	4.41	10.0	4.00	0.270	0.230	68.9	13.8	3.95	2.89	1.45	0.810
W8 × 58	17.1	8.75	8.22	0.810	0.510	228	52.0	3.65	75.1	18.3	2.10
48	14.1	8.50	8.11	0.685	0.400	184	43.2	3.61	60.9	15.0	2.08
40	11.7	8.25	8.07	0.560	0.360	146	35.5	3.53	49.1	12.2	2.04
35	10.3	8.12	8.02	0.495	0.310	127	31.2	3.51	42.6	10.6	2.03
31	9.12	8.00	8.00	0.435	0.285	110	27.5	3.47	37.1	9.27	2.02
28	8.24	8.06	6.54	0.465	0.285	98.0	24.3	3.45	21.7	6.63	1.62
24	7.08	7.93	6.50	0.400	0.245	82.7	20.9	3.42	18.3	5.63	1.61
21	6.16	8.28	5.27	0.400	0.250	75.3	18.2	3.49	9.77	3.71	1.26
18	5.26	8.14	5.25	0.330	0.230	61.9	15.2	3.43	7.97	3.04	1.23
15	4.44	8.11	4.01	0.815	0.245	48.0	11.8	3.29	3.41	1.70	0.876
13	3.84	7.99	4.00	0.255	0.230	39.6	9.91	3.21	2.73	1.37	0.843
W6 × 25	7.34	6.38	6.08	0.455	0.320	53.4	16.7	2.70	17.1	5.61	1.52
20	5.87	6.20	6.02	0.365	0.260	41.4	13.4	2.66	13.3	4.41	1.50
16	4.74	6.28	4.03	0.405	0.260	32.1	10.2	2.60	4.43	2.20	0.967
12	3.55	6.03	4.00	0.280	0.230	22.1	7.31	2.49	2.99	1.50	0.918
9	2.68	5.90	3.94	0.215	0.170	16.4	5.56	2.47	2.20	1.11	0.905
W5 × 19	5.56	5.15	5.03	0.430	0.270	26.3	10.2	2.17	9.13	3.63	1.28
16	4.71	5.01	5.00	0.360	0.240	21.4	8.55	2.13	7.51	3.00	1.26
W4 × 13	3.83	4.16	4.06	0.345	0.280	11.3	5.46	1.72	3.86	1.90	1.00

11 미국상용단위계에서 광폭플랜지단면의 이름은 W로 시작하고 공칭높이(단위 : 인치) × 단위길이(foot)당 무게(lb) 순으로 기입한다.

부록 D 압연강재의 단면성질

SI 단위계

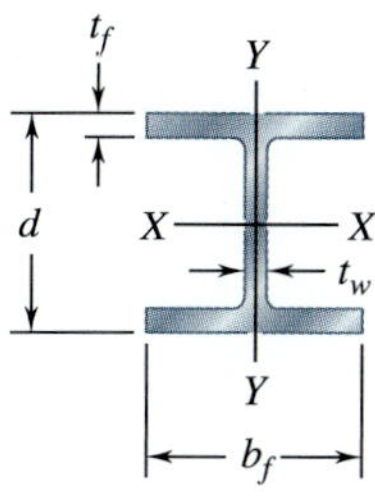

W Shapes(광폭플랜지단면)

단면[12]	면적 A, mm^2	높이 d, mm	플랜지 폭 b_f, mm	플랜지 두께 t_f, mm	복부 두께 t_w, mm	$X-X$ 축 I_y, 10^6 mm^4	$X-X$ 축 S_x, 10^3 mm^3	$X-X$ 축 r_x, mm	$Y-Y$ 축 I_y, 10^6 mm^4	$Y-Y$ 축 S_y, 10^3 mm^3	$Y-Y$ 축 r_y, mm
W310 × 143	18 200	323	310	22.9	14.0	347	2 150	138	112	728	78.5
107	13 600	312	305	17.0	10.9	248	1 600	135	81.2	531	77.2
74	9 420	310	205	16.3	9.40	163	1 050	132	23.4	228	49.8
60	7 550	302	203	13.1	7.49	128	844	130	18.4	180	49.3
52	6 650	318	167	13.2	7.62	119	747	133	10.2	122	39.1
44.5	5 670	312	166	11.2	6.60	99.1	633	132	8.45	102	38.6
38.7	4 940	310	165	9.65	5.84	84.9	547	131	7.20	87.5	38.4
32.7	4 180	312	102	10.8	6.60	64.9	416	125	1.94	37.9	21.5
23.8	3 040	305	101	6.73	5.59	42.9	280	119	1.17	23.1	19.6
W250 × 167	21 200	290	264	31.8	19.2	298	2 060	118	98.2	742	68.1
101	12 900	264	257	19.6	11.9	164	1 240	113	55.8	433	65.8
80	10 200	257	254	15.6	9.4	126	983	111	42.9	338	65.0
67	8 580	257	204	15.7	8.89	103	805	110	22.2	218	51.1
58	7 420	252	203	13.5	8.00	87.0	690	108	18.7	185	50.3
49.1	6 260	247	202	11.0	7.37	71.2	574	106	15.2	151	49.3
44.8	5 700	267	148	13.0	7.62	70.8	531	111	6.95	94.2	34.8
32.7	4 190	259	146	9.14	6.10	49.1	380	108	4.75	65.1	33.8
28.4	3 630	259	102	10.0	6.35	40.1	308	105	1.79	35.1	22.2
22.3	2 850	254	102	6.86	5.84	28.7	226	100	1.20	23.8	20.6
W200 × 86	11 000	222	209	20.6	13.0	94.9	852	92.7	31.3	300	53.3
71	9 100	216	206	17.4	10.2	76.6	708	91.7	25.3	246	52.8
59	7 550	210	205	14.2	9.14	60.8	582	89.7	20.4	200	51.8
52	6 650	206	204	12.6	7.87	52.9	511	89.2	17.7	174	51.6
46.1	5 880	203	203	11.0	7.24	45.8	451	88.1	15.4	152	51.3
41.7	5 320	205	166	11.8	7.24	40.8	398	87.6	9.03	109	41.1
35.9	4 570	201	165	10.2	6.22	34.4	342	86.9	7.62	92.3	40.9
31.3	3 970	210	134	10.2	6.35	31.3	298	88.6	4.07	60.8	32.0
26.6	3 390	207	133	8.38	5.84	25.8	249	87.1	3.32	49.8	31.2
22.5	2 860	206	102	8.00	6.22	20.0	193	83.6	1.42	27.9	22.3
19.3	2 480	203	102	6.48	5.84	16.5	162	81.5	1.14	22.5	21.4
W150 × 37.1	4 740	162	154	11.6	8.13	22.2	274	68.6	7.12	91.9	38.6
29.8	3 790	157	153	9.27	6.60	17.2	220	67.6	5.54	72.3	38.1
24	3 060	160	102	10.3	6.60	13.4	167	66.0	1.84	36.1	24.6
18	2 290	153	102	7.11	5.84	9.20	120	63.2	1.24	24.6	23.3
13.5	1 730	150	100	5.46	4.32	6.83	91.1	62.7	0.916	18.2	23.0
W130 × 28.1	3 590	131	128	10.9	6.86	10.9	167	55.1	3.80	59.5	32.5
23.8	3 040	127	127	9.14	6.10	8.91	140	54.1	3.13	49.2	32.0
W100 × 19.3	2 470	106	103	8.76	7.11	4.70	89.5	43.7	1.61	31.1	25.4

12 SI 단위계에서 광폭플랜지단면의 이름은 W로 시작하고 공칭높이(단위 : mm) × 단위길이(m)당 질량(kg) 순으로 기입한다.

부록 D 압연강재의 단면성질

미국상용단위계

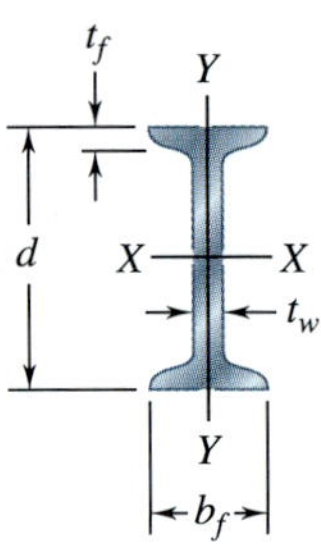

S Shapes(미국표준단면American Standard Shape)

단면[13]	면적 A, in^2	높이 d, in.	플랜지 폭 b_f, in.	플랜지 두께 t_f, in.	복부 두께 t_w, in.	X–X 축 I_x, in^4	X–X 축 S_x, in^3	X–X 축 r_x, in.	Y–Y 축 I_y, in^4	Y–Y 축 S_y, in^3	Y–Y 축 r_y, in.
S24 × 121	35.5	24.5	8.05	1.09	0.800	3160	258	9.43	83.0	20.6	1.53
106	31.1	24.5	7.87	1.09	0.620	2940	240	9.71	76.8	19.5	1.57
100	29.3	24.0	7.25	0.870	0.745	2380	199	9.01	47.4	13.1	1.27
90	26.5	24.0	7.13	0.870	0.625	2250	187	9.21	44.7	12.5	1.30
80	23.5	24.0	7.00	0.870	0.500	2100	175	9.47	42.0	12.0	1.34
S20 × 96	28.2	20.3	7.20	0.920	0.800	1670	165	7.71	49.9	13.9	1.33
86	25.3	20.3	7.06	0.920	0.660	1570	155	7.89	46.6	13.2	1.36
75	22.0	20.0	6.39	0.795	0.635	1280	128	7.62	29.5	9.25	1.16
66	19.4	20.0	6.26	0.795	0.505	1190	119	7.83	27.5	8.78	1.19
S18 × 70	20.5	18.0	6.25	0.691	0.711	923	103	6.70	24.0	7.69	1.08
54.7	16.0	18.0	6.00	0.691	0.461	801	89.0	7.07	20.7	6.91	1.14
S15 × 50	14.7	15.0	5.64	0.622	0.550	485	64.7	5.75	15.6	5.53	1.03
42.9	12.6	15.0	5.50	0.622	0.411	446	59.4	5.95	14.3	5.19	1.06
S12 × 50	14.6	12.0	5.48	0.659	0.687	303	50.6	4.55	15.6	5.69	1.03
40.8	11.9	12.0	5.25	0.659	0.462	270	45.1	4.76	13.5	5.13	1.06
35	10.2	12.0	5.08	0.544	0.428	228	38.1	4.72	9.84	3.88	0.980
31.8	9.31	12.0	5.00	0.544	0.350	217	36.2	4.83	9.33	3.73	1.00
S10 × 35	10.3	10.0	4.94	0.491	0.594	147	29.4	3.78	8.30	3.36	0.899
25.4	7.45	10.0	4.66	0.491	0.311	123	24.6	4.07	6.73	2.89	0.950
S8 × 23	6.76	8.00	4.17	0.425	0.441	64.7	16.2	3.09	4.27	2.05	0.795
18.4	5.40	8.00	4.00	0.425	0.271	57.5	14.4	3.26	3.69	1.84	0.827
S6 × 17.2	5.06	6.00	3.57	0.359	0.465	26.2	8.74	2.28	2.29	1.28	0.673
12.5	3.66	6.00	3.33	0.359	0.232	22.0	7.34	2.45	1.80	1.08	0.702
S5 ×10	2.93	5.00	3.00	0.326	0.214	12.3	4.90	2.05	1.19	0.795	0.638
S4 × 9.5	2.79	4.00	2.80	0.293	0.326	6.76	3.38	1.56	0.887	0.635	0.564
7.7	2.26	4.00	2.66	0.293	0.193	6.05	3.03	1.64	0.748	0.562	0.576
S3 × 7.5	2.20	3.00	2.51	0.260	0.349	2.91	1.94	1.15	0.578	0.461	0.513
5.7	1.66	3.00	2.33	0.260	0.170	2.50	1.67	1.23	0.447	0.383	0.518

13 미국상용단위계에서 미국표준단면의 이름은 S로 시작하고 공칭높이(단위 : 인치) × 단위길이(foot)당 무게(lb) 순으로 기입한다.

부록 D 압연강재의 단면성질

SI 단위계

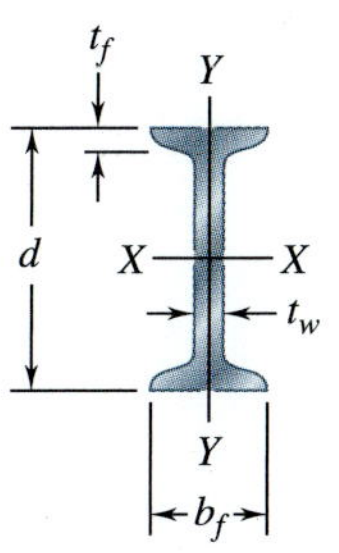

S Shapes(미국표준단면American Standard Shape)

단면[14]	면적 A, mm²	높이 d, mm	플랜지 폭 b_f, mm	플랜지 두께 t_f, mm	복부 두께 t_w, mm	X–X 축 I_x, 10^6 mm⁴	X–X 축 S_x, 10^3 mm³	X–X 축 r_x, mm	Y–Y 축 I_y, mm⁴	Y–Y 축 S_y, mm³	Y–Y 축 r_y, mm
S610 × 180	22 900	622	204	27.7	20.3	1 320	4 230	240	34.5	338	38.9
158	20 100	622	204	27.7	15.7	1 320	3 930	247	32.0	320	39.9
149	18 900	610	184	22.1	18.9	991	3 260	229	19.7	215	32.3
134	17 100	610	181	22.1	15.9	937	3 060	234	18.6	205	33.0
119	15 200	610	178	22.1	12.7	874	2 870	241	17.5	197	34.0
S510 × 143	18 200	516	183	23.4	20.3	695	2 700	196	20.8	228	33.8
128	16 300	516	179	23.4	16.8	653	2 540	200	19.4	216	34.5
112	14 200	508	162	20.2	16.1	533	2 100	194	12.3	152	29.5
98.2	12 500	508	159	20.2	12.8	495	1 950	199	11.4	144	30.2
S460 × 104	13 200	457	159	17.6	18.1	384	1 690	170	10.0	126	27.4
81.4	10 300	457	152	17.6	11.7	333	1 460	180	8.62	113	29.0
S380 × 74	9 480	381	143	15.8	14.0	202	1 060	146	6.49	90.6	26.2
64	8 130	381	140	15.8	10.4	186	973	151	5.95	85.0	26.9
S310 × 74	9 420	305	139	16.7	17.4	126	829	116	6.49	93.2	26.2
60.7	7 680	305	133	16.7	11.7	112	739	121	5.62	84.1	26.9
52	6 580	305	129	13.8	10.9	94.9	624	120	4.10	63.6	24.9
47.3	6 010	305	127	13.8	8.89	90.3	593	123	3.88	61.1	25.4
S250 × 52	6 650	254	125	12.5	15.1	61.2	482	96.0	3.45	55.1	22.8
37.8	4 810	254	118	12.5	7.90	51.2	403	103	2.80	47.4	24.1
S200 × 34	4 360	203	106	10.8	11.2	26.9	265	78.5	1.78	33.6	20.2
27.4	3 480	203	102	10.8	6.88	23.9	236	82.8	1.54	30.2	21.0
S150 × 25.7	3 260	152	90.7	9.12	11.8	10.9	143	57.9	0.953	21.0	17.1
18.6	2 360	152	84.6	9.12	5.89	9.16	120	62.2	0.749	17.7	17.8
S130 × 15	1 890	127	76.2	8.28	5.44	5.12	80.3	52.1	0.495	13.0	16.2
S100 × 14.1	1 800	102	71.1	7.44	8.28	2.81	55.4	39.6	0.369	10.4	14.3
11.5	1 460	102	67.6	7.44	4.90	2.52	49.7	41.7	0.311	9.21	14.6
S75 × 11.2	1 420	76.2	63.8	6.60	8.86	1.21	31.8	29.2	0.241	7.55	13.0
8.5	1 070	76.2	59.2	6.60	4.32	1.04	27.4	31.2	0.186	6.28	13.2

14 SI 단위계에서 미국표준단면의 이름은 S로 시작하고 공칭높이(단위 : mm) × 단위길이(m)당 질량(kg) 순으로 기입한다.

부록 D 압연강재의 단면성질

미국상용단위계

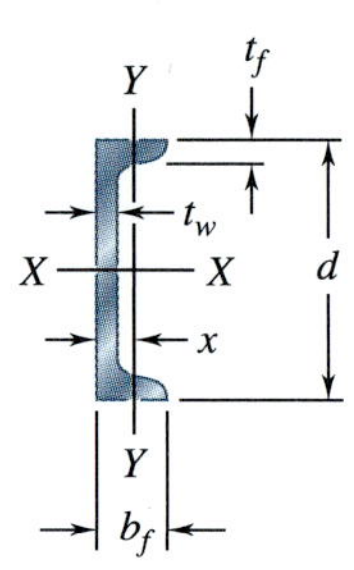

C Shapes(미국표준 ㄷ형강 American Standard Channels)

단면[15]	면적 A, in²	높이 d, in.	플랜지 폭 b_f, in.	플랜지 두께 t_f, in.	복부 두께 t_w, in.	X–X 축 I_x, in⁴	X–X 축 S_x, in³	X–X 축 r_x, in.	Y–Y 축 I_y, in⁴	Y–Y 축 S_y, in³	Y–Y 축 r_y, in.	Y–Y 축 x, in.
C15 × 50	14.7	15.0	3.72	0.650	0.716	404	53.8	5.24	11.0	3.77	0.865	0.799
40	11.8	15.0	3.52	0.650	0.520	348	46.5	5.45	9.17	3.34	0.883	0.778
33.9	10.0	15.0	3.40	0.650	0.400	315	42.0	5.62	8.07	3.09	0.901	0.788
C12 × 30	8.81	12.0	3.17	0.501	0.510	162	27.0	4.29	5.12	2.05	0.762	0.674
25	7.34	12.0	3.05	0.501	0.387	144	24.0	4.43	4.45	1.87	0.779	0.674
20.7	6.08	12.0	2.94	0.501	0.282	129	21.5	4.61	3.86	1.72	0.797	0.698
C10 × 30	8.81	10.0	3.03	0.436	0.673	103	20.7	3.42	3.93	1.65	0.668	0.649
25	7.34	10.0	2.89	0.436	0.526	91.1	18.2	3.52	3.34	1.47	0.675	0.617
20	5.87	10.0	2.74	0.436	0.379	78.9	15.8	3.66	2.80	1.31	0.690	0.606
15.3	4.48	10.0	2.60	0.436	0.240	67.3	13.5	3.87	2.27	1.15	0.711	0.634
C9 × 20	5.87	9.00	2.65	0.413	0.448	60.9	13.5	3.22	2.41	1.17	0.640	0.583
15	4.41	9.00	2.49	0.413	0.285	51.0	11.3	3.40	1.91	1.01	0.659	0.586
13.4	3.94	9.00	2.43	0.413	0.233	47.8	10.6	3.49	1.75	0.954	0.666	0.601
C8 × 18.7	5.51	8.00	2.53	0.390	0.487	43.9	11.0	2.82	1.97	1.01	0.598	0.565
13.7	4.04	8.00	2.34	0.390	0.303	36.1	9.02	2.99	1.52	0.848	0.613	0.554
11.5	3.37	8.00	2.26	0.390	0.220	32.5	8.14	3.11	1.31	0.775	0.623	0.572
C7 × 12.2	3.60	7.00	2.19	0.366	0.314	24.2	6.92	2.60	1.16	0.696	0.568	0.525
9.8	2.87	7.00	2.09	0.366	0.210	21.2	6.07	2.72	0.957	0.617	0.578	0.541
C6 × 13	3.81	6.00	2.16	0.343	0.437	17.3	5.78	2.13	1.05	0.638	0.524	0.514
10.5	3.08	6.00	2.03	0.343	0.314	15.1	5.04	2.22	0.860	0.561	0.529	0.500
8.2	2.39	6.00	1.92	0.343	0.200	13.1	4.35	2.34	0.687	0.488	0.536	0.512
C5 × 9	2.64	5.00	1.89	0.320	0.325	8.89	3.56	1.83	0.624	0.444	0.486	0.478
6.7	1.97	5.00	1.75	0.320	0.190	7.48	2.99	1.95	0.470	0.372	0.489	0.484
C4 × 7.2	2.13	4.00	1.72	0.296	0.321	4.58	2.29	1.47	0.425	0.337	0.447	0.459
5.4	1.58	4.00	1.58	0.296	0.184	3.85	1.92	1.56	0.312	0.277	0.444	0.457
C3 × 6	1.76	3.00	1.60	0.273	0.356	2.07	1.38	1.08	0.300	0.263	0.413	0.455
5	1.47	3.00	1.50	0.273	0.258	1.85	1.23	1.12	0.241	0.228	0.405	0.439
4.1	1.20	3.00	1.41	0.273	0.170	1.65	1.10	1.17	0.191	0.196	0.398	0.437

15 미국상용단위계에서 미국표준 채널Channel(또는 ㄷ형강)의 이름은 C로 시작하고 공칭높이(단위 : 인치) × 단위길이(foot)당 무게(lb) 순으로 기입한다.

부록 D 압연강재의 단면성질

SI 단위계

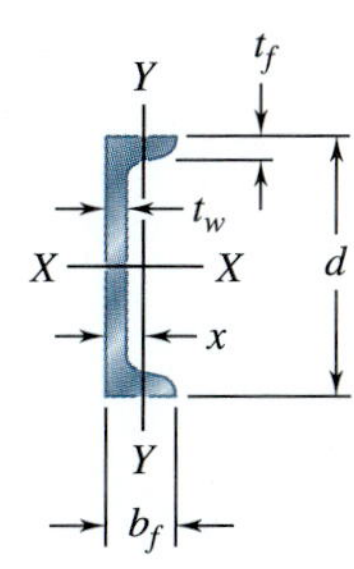

C Shapes(미국표준 ㄷ형강American Standard Channels)

			플랜지			X−X 축			Y−Y 축			
단면[16]	면적 A, mm^2	높이 d, mm	폭 b_f, mm	두께 t_f, mm	복부 두께 t_w, mm	I_x, 10^6 mm^4	S_x, 10^3 mm^3	r_x, mm	I_y, 10^6 mm^4	S_y, 10^3 mm^3	r_y, mm	x, mm
C380 × 74	9 480	381	94.5	16.5	18.2	168	882	133	4.58	61.8	22.0	20.3
60	7 610	381	89.4	16.5	13.2	145	762	138	3.82	54.7	22.4	19.8
50.4	6 450	381	86.4	16.5	10.2	131	688	143	3.36	50.6	22.9	20.0
C310 × 45	5 680	305	80.5	12.7	13.0	67.4	442	109	2.13	33.6	19.4	17.1
37	4 740	305	77.5	12.7	9.83	59.9	393	113	1.85	30.6	19.8	17.1
30.8	3 920	305	74.7	12.7	7.16	53.7	352	117	1.61	28.2	20.2	17.7
C250 × 45	5 680	254	77.0	11.1	17.1	42.9	339	86.9	1.64	27.0	17.0	16.5
37	4 740	254	73.4	11.1	13.4	37.9	298	89.4	1.39	24.1	17.1	15.7
30	3 790	254	69.6	11.1	9.63	32.8	259	93.0	1.17	21.5	17.5	15.4
22.8	2 890	254	66.0	11.1	6.10	28.0	221	98.3	0.945	18.8	18.1	16.1
C230 × 30	3 790	229	67.3	10.5	11.4	25.3	221	81.8	1.00	19.2	16.3	14.8
22	2 850	229	63.2	10.5	7.24	21.2	185	86.4	0.795	16.6	16.7	14.9
19.9	2 540	229	61.7	10.5	5.92	19.9	174	88.6	0.728	15.6	16.9	15.3
C200 × 27.9	3 550	203	64.3	9.91	12.4	18.3	180	71.6	0.820	16.6	15.2	14.4
20.5	2 610	203	59.4	9.91	7.70	15.0	148	75.9	0.633	13.9	15.6	14.1
17.1	2 170	203	57.4	9.91	5.59	13.5	133	79.0	0.545	12.7	15.8	14.5
C180 × 18.2	2 320	178	55.6	9.30	7.98	10.1	113	66.0	0.483	11.4	14.4	13.3
14.6	1 850	178	53.1	9.30	5.33	8.82	100	69.1	0.398	10.1	14.7	13.7
C150 × 19.3	2 460	152	54.9	8.71	11.1	7.20	94.7	54.1	0.437	10.5	13.3	13.1
15.6	1 990	152	51.6	8.71	7.98	6.29	82.6	56.4	0.358	9.19	13.4	12.7
12.2	1 540	152	48.8	8.71	5.08	5.45	71.3	59.4	0.286	8.00	13.6	13.0
C130 × 13	1 700	127	48.0	8.13	8.26	3.70	58.3	46.5	0.260	7.28	12.3	12.1
10.4	1 270	127	44.5	8.13	4.83	3.11	49.0	49.5	0.196	6.10	12.4	12.3
C100 × 10.8	1 370	102	43.7	7.52	8.15	1.91	37.5	37.3	0.177	5.52	11.4	11.7
8	1 020	102	40.1	7.52	4.67	1.60	31.5	39.6	0.130	4.54	11.3	11.6
C75 × 8.9	1 140	76.2	40.6	6.93	9.04	0.862	22.6	27.4	0.125	4.31	10.5	11.6
7.4	948	76.2	38.1	6.93	6.55	0.770	20.2	28.4	0.100	3.74	10.3	11.2
6.1	774	76.2	35.8	6.93	4.32	0.687	18.0	29.7	0.0795	3.21	10.1	11.1

16 SI 단위계에서 미국표준 채널Channel(또는 ㄷ형강)의 이름은 C로 시작하고 공칭높이(단위 : mm) × 단위길이(m)당 질량(kg) 순으로 기입한다.

부록 D 압연강재의 단면성질

미상용단위계

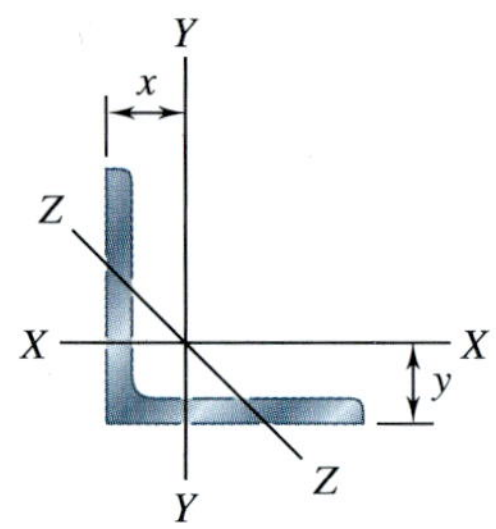

Angles(앵글)

규격과 두께, in.	단위길이당 무게, lb/ft	면적, in^2	X–X 축과 Y–Y 축 I, in^4	S, in^3	r, in.	x 또는 y, in.	Z–Z 축 r_z, in.
L8 × 8 × 1	51.0	15.0	89.1	15.8	2.43	2.36	1.56
3/4	38.9	11.4	69.9	12.2	2.46	2.26	1.57
1/2	26.4	7.75	48.8	8.36	2.49	2.17	1.59
L6 × 6 × 1	37.4	11.0	35.4	8.55	1.79	1.86	1.17
3/4	28.7	8.46	28.1	6.64	1.82	1.77	1.17
5/8	24.2	7.13	24.1	5.64	1.84	1.72	1.17
1/2	19.6	5.77	19.9	4.59	1.86	1.67	1.18
3/8	14.9	4.38	15.4	3.51	1.87	1.62	1.19
L5 × 5 × 3/4	23.6	6.94	15.7	4.52	1.50	1.52	0.972
5/8	20.0	5.86	13.6	3.85	1.52	1.47	0.975
1/2	16.2	4.75	11.3	3.15	1.53	1.42	0.980
3/8	12.3	3.61	8.76	2.41	1.55	1.37	0.986
L4 × 4 × 3/4	18.5	5.44	7.62	2.79	1.18	1.27	0.774
5/8	15.7	4.61	6.62	2.38	1.20	1.22	0.774
1/2	12.8	3.75	5.52	1.96	1.21	1.18	0.776
3/8	9.80	2.86	4.32	1.50	1.23	1.13	0.779
1/4	6.60	1.94	3.00	1.03	1.25	1.08	0.783
$L3\frac{1}{2} \times 3\frac{1}{2} \times 1/2$	11.1	3.25	3.63	1.48	1.05	1.05	0.679
3/8	8.50	2.48	2.86	1.15	1.07	1.00	0.683
1/4	5.80	1.69	2.00	0.787	1.09	0.954	0.688
L3 × 3 × 1/2	9.40	2.75	2.20	1.06	0.895	0.929	0.580
3/8	7.20	2.11	1.75	0.825	0.910	0.884	0.581
1/4	4.90	1.44	1.23	0.569	0.926	0.836	0.585
$L2\frac{1}{2} \times 2\frac{1}{2} \times 1/2$	7.70	2.25	1.22	0.716	0.735	0.803	0.481
3/8	5.90	1.73	0.972	0.558	0.749	0.758	0.481
1/4	4.10	1.19	0.692	0.387	0.764	0.711	0.482
3/16	3.07	0.900	0.535	0.295	0.771	0.687	0.482
L2 × 2 × 3/8	4.70	1.36	0.476	0.348	0.591	0.632	0.386
1/4	3.19	0.938	0.346	0.244	0.605	0.586	0.387
1/8	1.65	0.484	0.189	0.129	0.620	0.534	0.391

부록 D 압연강재의 단면성질

SI 단위계

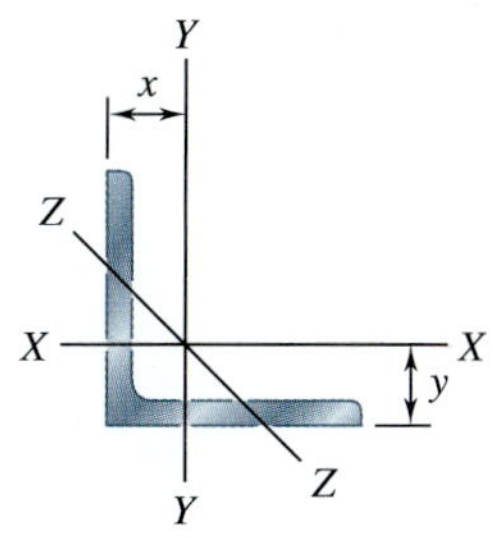

Angles(앵글)

규격과 두께, mm	단위길이당 질량, kg/m	면적, mm^2	X–X 축과 X–X 축 I, 10^6 mm^4	S, 10^3 mm^3	r, mm	x 또는 y, mm	Z–Z 축 r_z, mm
L203 × 203 × 25.4	75.9	9 680	37.1	259	61.7	59.9	39.6
19	57.9	7 350	29.1	200	62.5	57.4	39.9
12.7	39.3	5 000	20.3	137	63.2	55.1	40.4
L152 × 152 × 25.4	55.7	7 100	14.7	140	45.5	47.2	29.7
19	42.7	5 460	11.7	109	46.2	45.0	29.7
15.9	36.0	4 600	10.0	92.4	46.7	43.7	29.7
12.7	29.2	3 720	8.28	75.2	47.2	42.4	30.0
9.5	22.2	2 830	6.41	57.5	47.5	41.1	30.2
L127 × 127 × 19	23.6	4 480	6.53	74.1	38.1	38.6	24.7
15.9	20.0	3 780	5.66	63.1	38.6	37.3	24.8
12.7	16.2	3 060	4.70	51.6	38.9	36.1	24.9
9.5	12.3	2 330	3.65	39.5	39.4	34.8	25.0
L102 × 102 × 19	27.5	3 510	3.17	45.7	30.0	32.3	19.7
15.9	23.4	2 970	2.76	39.0	30.5	31.0	19.7
12.7	19.0	2 420	2.30	32.1	30.7	30.0	19.7
9.5	14.6	1 850	1.80	24.6	31.2	28.7	19.8
6.4	9.80	1 250	1.25	16.9	31.8	27.4	19.9
L89 × 89 × 12.7	16.5	2 100	1.51	24.3	26.7	26.7	17.2
9.5	12.6	1 600	1.19	18.8	27.2	25.4	17.3
6.4	8.60	1 090	0.832	12.9	27.7	24.2	17.5
L76 × 76 × 12.7	14.0	1 770	0.916	17.4	22.7	23.6	14.7
9.5	10.7	1 360	0.728	13.5	23.1	22.5	14.8
6.4	7.30	929	0.512	9.32	23.5	21.2	14.9
L64 × 64 × 12.7	11.4	1 450	0.508	11.7	18.7	20.4	12.2
9.5	8.70	1 120	0.405	9.14	19.0	19.3	12.2
6.4	6.10	768	0.288	6.34	19.4	18.1	12.2
4.8	4.60	581	0.223	4.83	19.6	17.4	12.2
L51 × 51 × 9.5	7.00	877	0.198	5.70	15.0	16.1	9.80
6.4	4.70	605	0.144	4.00	15.4	14.9	9.83
3.2	2.40	312	0.0787	2.11	15.7	13.6	9.93

부록 D 압연강재의 단면성질

미국상용단위계

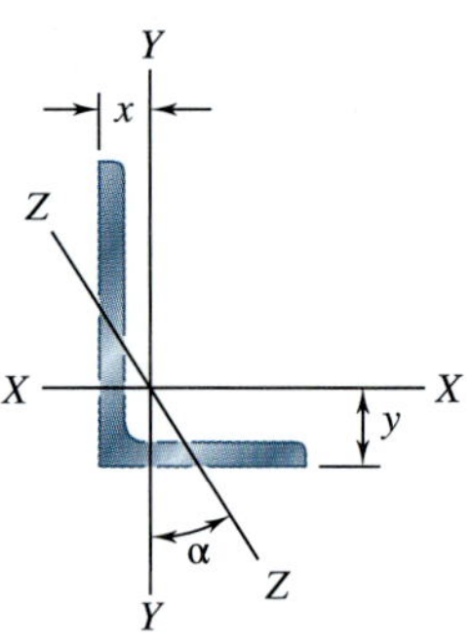

Angles(부등변 Unequal Legs 앵글)

규격과 두께, in.	단위길이당 무게, lb/ft	면적, in^2	X–X 축				Y–Y 축				Z–Z 축	
			I_x, in^4	S_x, in^3	r_x, in.	y, in.	I_y, in^4	S_y, in^3	r_y, in.	x, in.	r_z, in.	tan α
L8 × 6 × 1	44.2	13.0	80.9	15.1	2.49	2.65	38.8	8.92	1.72	1.65	1.28	0.542
3/4	33.8	9.94	63.5	11.7	2.52	2.55	30.8	6.92	1.75	1.56	1.29	0.550
1/2	23.0	6.75	44.4	8.01	2.55	2.46	21.7	4.79	1.79	1.46	1.30	0.557
L6 × 4 × 3/4	23.6	6.94	24.5	6.23	1.88	2.07	8.63	2.95	1.12	1.07	0.856	0.428
1/2	16.2	4.75	17.3	4.31	1.91	1.98	6.22	2.06	1.14	0.981	0.864	0.440
3/8	12.3	3.61	13.4	3.30	1.93	1.93	4.86	1.58	1.16	0.933	0.870	0.446
L5 × 3 × 1/2	12.8	3.75	9.43	2.89	1.58	1.74	2.55	1.13	0.824	0.746	0.642	0.357
3/8	9.80	2.86	7.35	2.22	1.60	1.69	2.01	0.874	0.838	0.698	0.646	0.364
1/4	6.60	1.94	5.09	1.51	1.62	1.64	1.41	0.600	0.853	0.648	0.652	0.371
L4 × 3 × 1/2	11.1	3.25	5.02	1.87	1.24	1.32	2.40	1.10	0.858	0.822	0.633	0.542
3/8	8.50	2.48	3.94	1.44	1.26	1.27	1.89	0.851	0.873	0.775	0.636	0.551
1/4	5.80	1.69	2.75	0.988	1.27	1.22	1.33	0.585	0.887	0.725	0.639	0.558
L$3\frac{1}{2}$ × $2\frac{1}{2}$ × 1/2	9.40	2.75	3.24	1.41	1.08	1.20	1.36	0.756	0.701	0.701	0.532	0.485
3/8	7.20	2.11	2.56	1.09	1.10	1.15	1.09	0.589	0.716	0.655	0.535	0.495
1/4	4.90	1.44	1.81	0.753	1.12	1.10	0.775	0.410	0.731	0.607	0.541	0.504
L3 × 2 × 1/2	7.70	2.25	1.92	1.00	0.922	1.08	0.667	0.470	0.543	0.580	0.425	0.413
3/8	5.90	1.73	1.54	0.779	0.937	1.03	0.539	0.368	0.555	0.535	0.426	0.426
1/4	4.10	1.19	1.09	0.541	0.953	0.980	0.390	0.258	0.569	0.487	0.431	0.437
L$2\frac{1}{2}$ × 2 × 3/8	5.30	1.55	0.914	0.546	0.766	0.826	0.513	0.361	0.574	0.578	0.419	0.612
1/4	3.62	1.06	0.656	0.381	0.782	0.779	0.372	0.253	0.589	0.532	0.423	0.624

부록 D 압연강재의 단면성질

SI 단위계

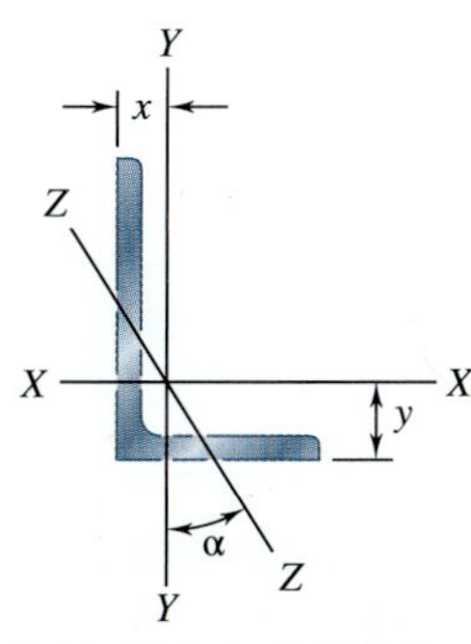

Angles(부등변Unequal Legs 앵글)

규격과 두께, mm	단위길이당 질량, kg/m	면적, mm^2	X–X 축				Y–Y 축				Z–Z 축	
			I_x, 10^6 mm^4	S_x, 10^3 mm^3	r_x, mm	y, mm	I_y, 10^6 mm^4	S_y, 10^3 mm^3	r_y, mm	x, mm	r_z, mm	tan α
L203 × 152 × 25.4	65.5	8390	33.7	247	63.2	67.3	16.1	146	43.7	41.9	32.5	0.542
19	50.1	6410	26.4	192	64.0	64.8	12.8	113	44.5	39.6	32.8	0.550
12.7	34.1	4350	18.5	131	64.8	62.5	9.03	78.5	45.5	37.1	33.0	0.557
L152 × 102 × 19	35.0	4480	10.2	102	47.8	52.6	3.59	48.3	28.4	27.2	21.7	0.428
12.7	24.0	3060	7.20	70.6	48.5	50.3	2.59	33.8	29.0	24.9	21.9	0.440
9.5	18.2	2330	5.58	54.1	49.0	49.0	2.02	25.9	29.5	23.7	22.1	0.446
L127 × 76 × 12.7	19.0	2420	3.93	47.4	44.2	44.2	1.06	18.5	20.9	18.9	16.3	0.357
9.5	14.5	1850	3.06	36.4	42.9	42.9	0.837	14.3	21.3	17.7	16.4	0.364
6.4	9.80	1250	2.12	24.7	41.7	41.7	0.587	9.83	21.7	16.5	16.6	0.371
L102 × 76 × 12.7	16.4	2100	2.09	30.6	33.5	33.5	0.999	18.0	21.8	20.9	16.1	0.542
9.5	12.6	1600	1.64	23.6	32.3	32.3	0.787	13.9	22.2	19.7	16.2	0.551
6.4	8.60	1090	1.14	16.2	31.0	31.0	0.554	9.59	22.5	18.4	16.2	0.558
L89 × 64 × 12.7	13.9	1770	1.35	23.1	30.5	30.5	0.566	12.4	17.8	17.8	13.5	0.485
9.5	10.7	1360	1.07	17.9	29.2	29.2	0.454	9.65	18.2	16.6	13.6	0.495
6.4	7.30	929	0.753	12.3	27.9	27.9	0.323	6.72	18.6	15.4	13.7	0.504
L76 × 51 × 12.7	11.5	1450	0.799	16.4	27.4	27.4	0.278	7.70	13.8	14.7	10.8	0.413
9.5	8.80	1120	0.641	12.8	26.2	26.2	0.224	6.03	14.1	13.6	10.8	0.426
6.4	6.10	768	0.454	8.87	24.9	24.9	0.162	4.23	14.5	12.4	10.9	0.437
L64 × 51 × 9.5	7.90	1000	0.380	8.95	21.0	21.0	0.214	5.92	14.6	14.7	10.6	0.612
6.4	5.40	684	0.273	6.24	19.8	19.8	0.155	4.15	15.0	13.5	10.7	0.624

부록 E 보의 처짐과 처짐각

보와 하중	탄성곡선[17]	최대처짐	끝단의 처짐각	탄성곡선식
1 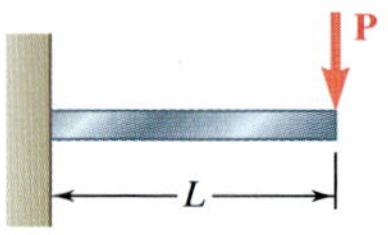	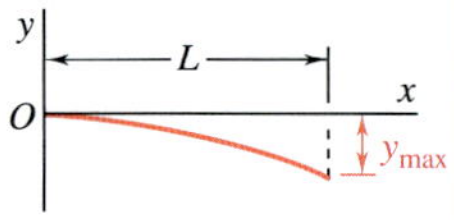	$-\dfrac{PL^3}{3EI}$	$-\dfrac{PL^2}{2EI}$	$y = \dfrac{P}{6EI}(x^3 - 3Lx^2)$
2 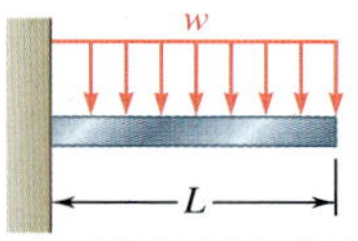	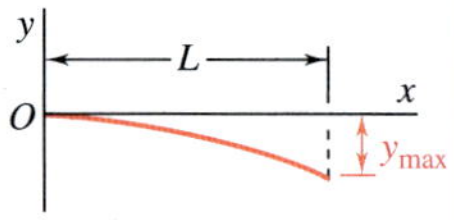	$-\dfrac{wL^4}{8EI}$	$-\dfrac{wL^3}{6EI}$	$y = -\dfrac{w}{24EI}(x^4 - 4Lx^3 + 6L^2x^2)$
3 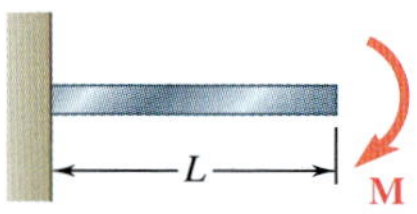	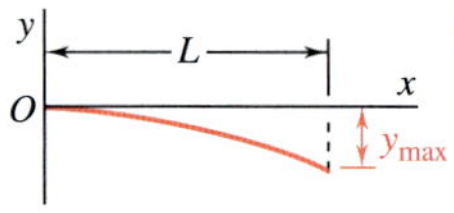	$-\dfrac{ML^2}{2EI}$	$-\dfrac{ML}{EI}$	$y = -\dfrac{M}{2EI}x^2$
4 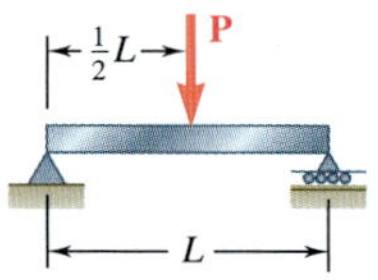	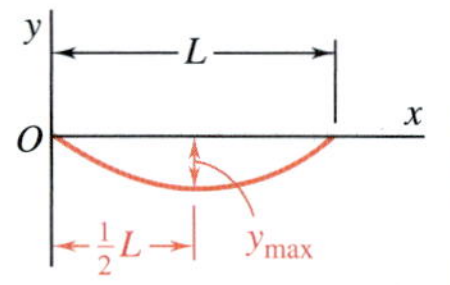	$-\dfrac{PL^3}{48EI}$	$\pm\dfrac{PL^2}{16EI}$	$x \le \frac{1}{2}L$일 때: $y = \dfrac{P}{48EI}(4x^3 - 3L^2x)$
5 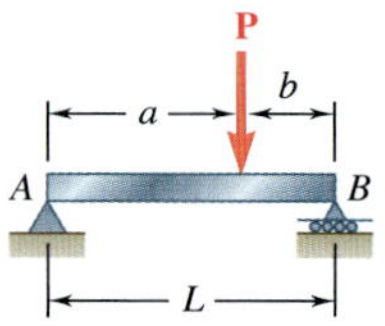	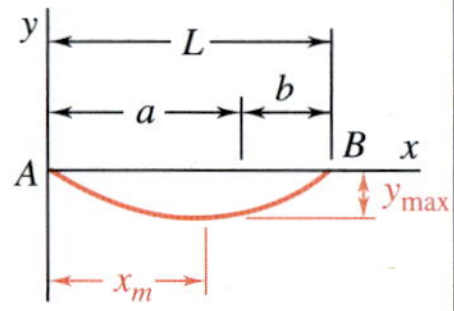	$a > b$일 때: $x_m = \sqrt{\dfrac{L^2 - b^2}{3}}$ x_m 위치에서 $-\dfrac{Pb(L^2 - b^2)^{3/2}}{9\sqrt{3}EIL}$	$\theta_A = -\dfrac{Pb(L^2 - b^2)}{6EIL}$ $\theta_B = +\dfrac{Pa(L^2 - a^2)}{6EIL}$	$x < a$일 때: $y = \dfrac{Pb}{6EIL}[x^3 - (L^2 - b^2)x]$ $x = a$일 때: $y = -\dfrac{Pa^2b^2}{3EIL}$
6 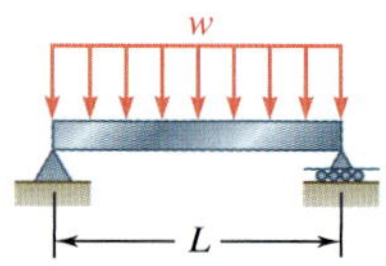	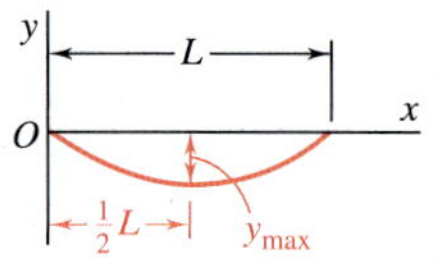	$-\dfrac{5wL^4}{384EI}$	$\pm\dfrac{wL^3}{24EI}$	$y = -\dfrac{w}{24EI}(x^4 - 2Lx^3 + L^3x)$
7 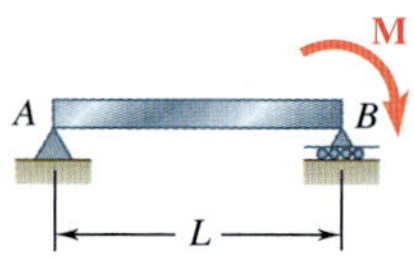	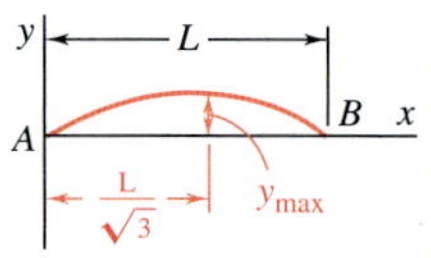	$\dfrac{ML^2}{9\sqrt{3}EI}$	$\theta_A = +\dfrac{ML}{6EI}$ $\theta_B = -\dfrac{ML}{3EI}$	$y = -\dfrac{M}{6EIL}(x^3 - L^2x)$

17 역자주: 탄성곡선elastic curve은 처짐곡선deflection curve으로도 불린다.

찾아보기

숫자

ㄱ

ㄴ

ㄷ

ㅁ

ㅂ

ㅅ

ㅇ

ㅈ

ㅊ

ㅋ

ㅌ

ㅍ

ㅎ

T